《现代机械设计手册》

第 二 版 卷 目

第1篇 机械设计基础资料
第2篇 零件结构设计
第3篇 机械制图和几何精度设计
第4篇 机械工程材料
第5篇 连接件与紧固件

第6篇 轴和联轴器
第7篇 滚动轴承
第8篇 滑动轴承
第9篇 机架、箱体及导轨
第10篇 弹簧
第11篇 机构
第12篇 机械零部件设计禁忌
第13篇 带传动、链传动

第14篇 齿轮传动
第15篇 减速器、变速器
第16篇 离合器、制动器
第17篇 润滑
第18篇 密封

第19篇 液力传动
第20篇 液压传动与控制
第21篇 气压传动与控制

第22篇 智能装备系统设计
第23篇 工业机器人系统设计
第24篇 传感器
第25篇 控制元器件和控制单元
第26篇 电动机

第27篇 机械振动与噪声
第28篇 疲劳强度设计
第29篇 可靠性设计
第30篇 优化设计
第31篇 逆向设计
第32篇 数字化设计
第33篇 人机工程与产品造型设计
第34篇 创新设计
第35篇 绿色设计

“十三五”国家重点出版物
出版规划项目

现代机械设计手册

第二版

第5卷

秦大同　谢里阳　主编

MODERN HANDBOOK OF MECHANICAL DESIGN

化学工业出版社
·北 京·

《现代机械设计手册》第二版是顺应“中国制造 2025”智能装备设计新要求、技术先进、数据可靠的一部现代化的机械设计大型工具书，涵盖现代机械零部件及传动设计、智能装备及控制设计、现代机械设计方法三部分内容。第二版重点加强机械智能化产品设计（3D 打印、智能零部件、节能元器件）、智能装备（机器人及智能化装备）控制及系统设计、现代设计方法及应用等内容。

《现代机械设计手册》共 6 卷，其中第 1 卷包括机械设计基础资料，零件结构设计，机械制图和几何精度设计，机械工程材料，连接件与紧固件；第 2 卷包括轴和联轴器，滚动轴承，滑动轴承，机架、箱体及导轨，弹簧，机构，机械零部件设计禁忌，带传动、链传动；第 3 卷包括齿轮传动，减速器、变速器，离合器、制动器，润滑，密封；第 4 卷包括液力传动，液压传动与控制，气压传动与控制；第 5 卷包括智能装备系统设计，工业机器人系统设计，传感器，控制元器件和控制单元，电动机；第 6 卷包括机械振动与噪声，疲劳强度设计，可靠性设计，优化设计，逆向设计，数字化设计，人机工程与产品造型设计，创新设计，绿色设计。

新版手册从新时代机械设计人员的实际需求出发，追求现代感，兼顾实用性、通用性、准确性，涵盖了各种常规和通用的机械设计技术资料，贯彻了最新的国家和行业标准，推荐了国内外先进、智能、节能、通用的产品，体现了便查易用的编写风格。

《现代机械设计手册》可作为机械装备研发、设计技术人员和有关工程技术人员的工具书，也可供高等院校相关专业师生参考使用。

图书在版编目（CIP）数据

现代机械设计手册. 第 5 卷/秦大同，谢里阳主编. —2 版. —北京：化学工业出版社，2019. 3

ISBN 978-7-122-33383-4

Ⅰ. ①现… Ⅱ. ①秦… ②谢… Ⅲ. ①机械设计-手册 Ⅳ. ①TH122-62

中国版本图书馆 CIP 数据核字（2018）第 267807 号

责任编辑：张兴辉　王烨　贾娜　邢涛　项潋　曾越　金林茹　　装帧设计：尹琳琳

责任校对：宋夏

出版发行：化学工业出版社（北京市东城区青年湖南街 13 号　邮政编码 100011）

印　　装：中煤（北京）印务有限公司

787mm×1092mm　1/16　印张 96½　字数 3281 千字　2019 年 3 月北京第 2 版第 1 次印刷

购书咨询：010-64518888　　售后服务：010-64518899

网　　址：http://www.cip.com.cn

凡购买本书，如有缺损质量问题，本社销售中心负责调换。

定　　价：198.00 元

京化广临字 2019——04

撰稿和审稿人员

手册主编　　秦大同（重庆大学）　　谢里阳（东北大学）

卷	篇	篇主编	撰稿人	审稿人
第1卷	第1篇	化学工业出版社组织编写	张红燕、刘　梅、李　翔、董　敏	王建军
	第2篇	翟文杰（哈尔滨工业大学）	翟文杰	王连明
	第3篇	郑　鹏（郑州大学） 方东阳（郑州大学）	郑　鹏、方东阳、张琳娜、赵凤霞、焦利敏、职占新、刘栋梁、吴江昊、王　敏、尹浩田、辛传福、武钰瑾	张爱梅
	第4篇	方昆凡（东北大学）	方昆凡、单宝峰、石加联、梁　京、夏永发、陈述平、崔虹雯、黄　英	谭建荣
	第5篇	王三民（西北工业大学）	王三民、袁　茹、高　举、李洲洋	陈国定
第2卷	第6篇	吴立言（西北工业大学）	刘　岚、李洲洋、吴立言	陈国定
	第7篇	郭宝霞 （洛阳轴承研究所有限公司）	郭宝霞、周　宇、勇泰芳、张小玲、秦汉涛、陈庆熙、张　松	杨晓蔚
	第8篇	徐　华（西安交通大学）	徐　华、诸文俊、谢振宇、郭宝霞、冯　凯、张胜伦	朱　均
	第9篇	王　瑜（哈尔滨工业大学） 翟文杰（哈尔滨工业大学）	王　瑜、翟文杰、郭宝霞	王连明
	第10篇	姜洪源（哈尔滨工业大学） 敖宏瑞（哈尔滨工业大学）	姜洪源、敖宏瑞、李胜波、王廷剑	陈照波
	第11篇	李瑰贤（哈尔滨工业大学） 郝振洁（陆军军事交通学院）	李瑰贤、郝振洁、孙开元、张丽杰、徐来春、马　超、李改玲、孙爱丽、王文照、刘雅倩、赵永强	李瑰贤 孙开元
	第12篇	向敬忠（哈尔滨理工大学）	向敬忠、潘承怡、宋　欣	于惠力 向敬忠
	第13篇	姜洪源（哈尔滨工业大学） 闫　辉（哈尔滨工业大学）	姜洪源、闫　辉	曲建俊 郭建华
第3卷	第14篇	秦大同（重庆大学） 陈兵奎（重庆大学）	张光辉、郭晓东、林腾蛟、林　超、秦大同、陈兵奎、石万凯、邓效忠、罗文军、廖映华、张卫青、欧阳志喜	李钊刚
	第15篇	秦大同（重庆大学） 龚仲华（常州机电职业技术学院）	孙冬野、刘振军、秦大同、廖映华、龚仲华	吴晓铃
	第16篇	秦大同（重庆大学）	秦大同、朱春梅、田兴林	孔庆堂
	第17篇	吴晓铃（郑州大学）	吴晓铃、刘　杰、吴启东	陈大融
	第18篇	郝木明（中国石油大学）	郝木明、孙鑫晖、王淮维、刘馥瑜	陈大融

卷	篇	篇主编	撰稿人	审稿人
第4卷	第19篇	马文星(吉林大学)	马文星、杨乃乔、王宏卫、邹铁汉、宋　斌、刘春宝、卢秀泉、王松林、宋春涛、曹晓宇、熊以恒、潘志勇、邓洪超、才　委、何延东、赵紫苓、姜丽英、侯继海、王佳欣、魏亚宵	方佳雨 刘春朝 刘伟辉
	第20篇	高殿荣(燕山大学)	刘　涛、吴晓明、张　伟、张齐生、赵静一、高殿荣	高殿荣 姚晓先 吴晓明
	第21篇	吴晓明(燕山大学)	吴晓明、包　钢、杨庆俊、向　东	姚晓先
第5卷	第22篇	孟新宇(沈阳工业大学) 郝长中(沈阳理工大学)	孟新宇、刘慧芳、杨国哲、王　剑、勾　轶、谷艳玲、郝长中、王铁军、吴东生、杨　青、高启扬	于国安
	第23篇	吴成东(东北大学) 姜　杨(东北大学)	吴成东、姜　杨、房立金、王　斐、迟剑宁	贾子熙 丁其川
	第24篇	孙红春(东北大学)	王明赞、李　佳、孙红春、胡智勇、叶大勇	林贵瑜
	第25篇	王　洁(沈阳工业大学)	王　洁、王野牧、谷艳玲、杨国哲、孙洪林、张　靖	徐　方
	第26篇	时献江(哈尔滨理工大学)	时献江、杜海艳、王　昕、柴林杰	邵俊鹏
第6卷	第27篇	华宏星(上海交通大学)	华宏星、陈　锋、谌　勇、董兴建、黄修长、黄　煜、焦素娟、蒋伟康、雷　敏、李富才、刘树英、龙新华、饶柱石、塔　娜、吴海军、严　莉、张文明、张志谊	胡宗武 塔　娜
	第28篇	谢里阳(东北大学)	谢里阳、王　雷	赵少汴
	第29篇	谢里阳(东北大学)	谢里阳、钱文学、吴宁祥	孙志礼
	第30篇	何雪浤(东北大学)	何雪浤、张　翔、张瑞金	颜云辉
	第31篇	盛忠起(东北大学) 朱建宁(大连交通大学)	盛忠起、谢华龙、许之伟、李　飞、朱建宁、尤学文、韩朝建、徐　超、葛亦凡、李照祥	卢碧红 隋天中
	第32篇	李卫民(辽宁工业大学)	李卫民、刘淑芬、赵文川、刘　阳、刘志强、唐兆峰、宋小龙、于晓丹、邢　颖	刘永贤
	第33篇	曾　红(辽宁工业大学)	曾　红、陈　明	刘永贤
	第34篇	赵新军(东北大学)	赵新军、钟　莹、孙晓枫	李赤泉
	第35篇	张秀芬(内蒙古工业大学)	张秀芬、蔚　刚	胡志勇

前言

FORWORD

《现代机械设计手册》第一版自2011年3月出版以来，赢得了机械设计人员、工程技术人员和高等院校专业师生广泛的青睐和好评，荣获了2011年全国优秀畅销书（科技类）。同时，因其在机械设计领域重要的科学价值、实用价值和现实意义，《现代机械设计手册》还荣获2009年国家出版基金资助和2012年中国机械工业科学技术奖。

《现代机械设计手册》第一版出版距今已经8年，在这期间，我国的装备制造业发生了许多重大的变化，尤其是2015年国家部署并颁布了实现中国制造业发展的十年行动纲领——中国制造2025，发布了针对“中国制造2025”的五大“工程实施指南”，为机械制造业的未来发展指明了方向。在国家政策号召和驱使下，我国的机械工业获得了快速的发展，自主创新的能力不断加强，一批高技术、高性能、高精尖的现代化装备不断涌现，各种新材料、新工艺、新结构、新产品、新方法、新技术不断产生、发展并投入实际应用，大大提升了我国机械设计与制造的技术水平和国际竞争力。《现代机械设计手册》第二版最重要的原则就是紧密结合“中国制造2025”国家规划和创新驱动发展战略，在内容上与时俱进，全面体现创新、智能、节能、环保的主题，进一步呈现机械设计的现代感。鉴于此，《现代机械设计手册》第二版被列入了“十三五国家重点出版物规划项目”。

在本版手册的修订过程中，我们广泛深入机械制造企业、设计院、科研院所和高等院校进行调研，听取各方面读者的意见和建议，最终确定了《现代机械设计手册》第二版的根本宗旨：一方面，新版手册进一步加强机、电、液、控制技术的有机融合，以全面适应机器人等智能化装备系统设计开发的新要求；另一方面，随着现代机械设计方法和工程设计软件的广泛应用和普及，新版手册继续促进传动设计与现代设计的有机结合，将各种新的设计技术、计算技术、设计工具全面融入传统的机械设计实际工作中。

《现代机械设计手册》第二版共6卷35篇，它是一部面向“中国制造2025”，适应智能装备设计开发新要求、技术先进、数据可靠、符合现代机械设计潮流的现代化的机械设计大型工具书，涵盖现代机械零部件及传动设计、智能装备及控制设计、现代机械设计方法及应用三部分内容，具有以下六大特色。

1. 权威性。《现代机械设计手册》阵容强大，编、审人员大都来自于设计、生产、教学和科研第一线，具有深厚的理论功底、丰富的设计实践经验。他们中很多人都是所属领域的知名专家，在业内有广泛的影响力和知名度，获得过多项国家和省部级科技进步奖、发明奖和技术专利，承担了许多机械领域国家重要的科研和攻关项目。这支专业、权威的编审队伍确保了手册准确、实用的内容质量。

2. 现代感。追求现代感，体现现代机械设计气氛，满足时代要求，是《现代机械设计手册》的基本宗旨。“现代”二字主要体现在：新标准、新技术、新材料、新结构、新工艺、新产品、智能化、现代的设计理念、现代的设计方法和现代的设计手段等几个方面。第二版重点加强机械智能化产品设计（3D打印、智能零部件、节能元器件）、智能装备（机器人及智能化装备）控制及系统设计、数字化设计等内容。

(1)“零件结构设计”等篇进一步完善零部件结构设计的内容，结合目前的3D打印（增材制造）技术，增加3D打印工艺下零件结构设计的相关技术内容。

前言

FORWORD

“机械工程材料”篇增加3D打印材料以及新型材料的内容。

（2）机械零部件及传动设计各篇增加了新型智能零部件、节能元器件及其应用技术，例如“滑动轴承”篇增加了新型的智能轴承，“润滑”篇增加了微量润滑技术等内容。

（3）全面增加了工业机器人设计及应用的内容：新增了“工业机器人系统设计”篇；“智能装备系统设计”篇增加了工业机器人应用开发的内容；“机构”篇增加了自动化机构及机构创新的内容；“减速器、变速器”篇增加了工业机器人减速器选用设计的内容；“带传动、链传动”篇增加并完善了工业机器人适用的同步带传动设计的内容；“齿轮传动”篇增加了RV减速器传动设计、谐波齿轮传动设计的内容等。

（4）“气压传动与控制”“液压传动与控制”篇重点加强并完善了控制技术的内容，新增了气动系统自动控制、气动人工肌肉、液压和气动新型智能元器件及新产品等内容。

（5）继续加强第5卷机电控制系统设计的相关内容：除增加“工业机器人系统设计”篇外，原“机电一体化系统设计”篇充实扩充形成“智能装备系统设计”篇，增加并完善了智能装备系统设计的相关内容，增加智能装备系统开发实例等。

“传感器”篇增加了机器人传感器、航空航天装备用传感器、微机械传感器、智能传感器、无线传感器的技术原理和产品，加强传感器应用和选用的内容。

“控制元器件和控制单元”篇和“电动机”篇全面更新产品，重点推荐了一些新型的智能和节能产品，并加强产品选用的内容。

（6）第6卷进一步加强现代机械设计方法应用的内容：在3D打印、数字化设计等智能制造理念的倡导下，“逆向设计”“数字化设计”等篇全面更新，体现了“智能工厂”的全数字化设计的时代特征，增加了相关设计应用实例。

增加“绿色设计”篇；“创新设计”篇进一步完善了机械创新设计原理，全面更新创新实例。

（7）在贯彻新标准方面，收录并合理编排了目前最新颁布的国家和行业标准。

3. 实用性。新版手册继续加强实用性，内容的选定、深度的把握、资料的取舍和章节的编排，都坚持从设计和生产的实际需要出发：例如机械零部件数据资料主要依据最新国家和行业标准，并给出了相应的设计实例供设计人员参考；第5卷机电控制设计部分，完全站在机械设计人员的角度来编写——注重产品如何选用，摒弃或简化了控制的基本原理，突出机电系统设计，控制元器件、传感器、电动机部分注重介绍主流产品的技术参数、性能、应用场合、选用原则，并给出了相应的设计选用实例；第6卷现代机械设计方法中简化了繁琐的数学推导，突出了最终的计算结果，结合具体的算例将设计方法通俗地呈现出来，便于读者理解和掌握。

为方便广大读者的使用，手册在具体内容的表述上，采用以图表为主的编写风格。这样既增加了手册的信息容量，更重要的是方便了读者的查阅使用，有利于提高设计人员的工作效率和设计速度。

为了进一步增加手册的承载容量和时效性，本版修订将部分篇章的内容放入二维码中，读者可以用手机扫描查看、下载打印或存储在PC端进行查看和使用。二维码内容主要涵盖以下几方面的内容：即将被废止的旧标准（新标准一旦正式颁布，会及时将二维码内容更新为新标准的内容)；部分推荐产品及参数；其他相关内容。

4. 通用性。本手册以通用的机械零部件和控制元器件设计、选用内容为主，主要包括机械设计基础资料、机械制图和几何精度设计、机械工程材料、机械通用零部件设计、机械传动系统设计、液压和气压传动系统设计、机构设计、机架设计、机械振动设计、智能装备系统设计、控制元器件和控制单元等，既适用于传统的通用机械零部件设计选用，又适用于智能化装备的整机系统设计开发，能够满足各类机械设计人员的工作需求。

5. 准确性。本手册尽量采用原始资料，公式、图表、数据力求准确可靠，方法、工艺、技术力求成熟。所有材料、零部件和元器件、产品和工艺方面的标准均采用最新公布的标准资料，对于标准规范的编写，手册没有简单地照抄照搬，而是采取选用、摘录、合理编排的方式，强调其科学性和准确性，尽量避免差错和谬误。所有设计方法、计算公式、参数选用均经过长期检验，设计实例、各种算例均来自工程实际。手册中收录通用性强、标准化程度高的产品，供设计人员在了解企业实际生产品种、规格尺寸、技术参数，以及产品质量和用户的实际反映后选用。

6. 全面性。本手册一方面根据机械设计人员的需要，按照“基本、常用、重要、发展”的原则选取内容，另一方面兼顾了制造企业和大型设计院两大群体的设计特点，即制造企业侧重基础性的设计内容，而大型的设计院、工程公司侧重于产品的选用。因此，本手册力求实现零部件设计与整机系统开发的和谐统一，促进机械设计与控制设计的有机融合，强调产品设计与工艺技术的紧密结合，重视工艺技术与选用材料的合理搭配，倡导结构设计与造型设计的完美统一，以全面适应新时代机械新产品设计开发的需要。

经过广大编审人员和出版社的不懈努力，新版《现代机械设计手册》将以崭新的风貌和鲜明的时代气息展现在广大机械设计工作者面前。值此出版之际，谨向所有给过我们大力支持的单位和各界朋友表示衷心的感谢！

主　编

目录

CONTENTS

第22篇　智能装备系统设计

第1章　智能装备系统设计基础知识

1.1　智能装备系统的定义、特点和发展趋势 …… 22-3
1.2　智能装备系统基本构成要素 …… 22-5
1.2.1　系统构成 …… 22-5
1.2.2　技术构成 …… 22-6
1.2.3　系统分类及特征 …… 22-8
1.3　智能装备系统产品的设计方法 …… 22-9
1.3.1　智能装备系统主要的分析方法 …… 22-9
1.3.1.1　系统的解耦与耦合 …… 22-9
1.3.1.2　系统设计公理 …… 22-10
1.3.1.3　单元化设计原理 …… 22-12
1.3.1.4　智能装备系统的结构层次 …… 22-13
1.3.1.5　智能装备系统的基本分析 …… 22-16
1.3.2　模块化设计方法 …… 22-19
1.3.3　柔性化设计方法 …… 22-19
1.3.4　取代设计方法 …… 22-19
1.3.5　融合设计方法 …… 22-20
1.3.6　优化设计方法 …… 22-20
1.3.7　人-机-环境系统设计方法 …… 22-20
1.3.8　可靠性设计方法 …… 22-21
1.3.9　系统安全性设计方法 …… 22-24
1.4　智能装备系统总体设计 …… 22-25
1.4.1　智能装备产品的需求分析 …… 22-25
1.4.2　智能装备系统设计技术参数与技术指标制定方法 …… 22-25
1.4.3　智能装备系统原理方案设计 …… 22-26
1.4.3.1　系统的原理方案分析 …… 22-26
1.4.3.2　基本功能单元的原理方案分析 …… 22-26
1.4.3.3　系统的功能结构图设计方法 …… 22-27
1.4.4　智能装备系统结构方案设计 …… 22-28
1.4.4.1　系统结构方案设计的程序 …… 22-28
1.4.4.2　系统结构方案设计的基本原则 …… 22-29
1.4.5　智能装备系统总体布局设计 …… 22-29
1.4.6　总体准确度分析与设计 …… 22-29
1.5　智能装备系统设计流程 …… 22-30

第2章　传感检测系统设计

2.1　传感检测系统 …… 22-33
2.1.1　传感检测系统的概念与特点 …… 22-33
2.1.2　传感检测系统的结构与组成 …… 22-33
2.1.2.1　非电量的特征 …… 22-33
2.1.2.2　传感检测系统的结构 …… 22-34
2.1.2.3　传感检测系统的硬件组成 …… 22-36
2.1.2.4　传感检测系统的软件组成 …… 22-36
2.1.3　传感器信号的处理 …… 22-37
2.1.4　信号传输 …… 22-37
2.2　传感器及其应用 …… 22-38
2.2.1　传感器的组成与分类 …… 22-38
2.2.2　传感器的主要性能指标 …… 22-38
2.2.3　各种用途的常用传感器 …… 22-39
2.2.4　基于各种工作原理的常用传感器 … 22 43
2.2.4.1　电阻式传感器 …… 22-43
2.2.4.2　电容式传感器 …… 22-48
2.2.4.3　电感传感器 …… 22-51
2.2.4.4　压电传感器 …… 22-58
2.2.4.5　磁电传感器 …… 22-63
2.2.4.6　磁致伸缩传感器 …… 22-65
2.2.4.7　热电式传感器 …… 22-71
2.2.4.8　霍尔式传感器 …… 22-77
2.2.4.9　光纤传感器 …… 22-80
2.2.4.10　光电传感器 …… 22-85
2.2.4.11　红外线传感器 …… 22-91
2.2.4.12　激光式传感器 …… 22-92
2.2.4.13　数字式传感器 …… 22-97
2.2.4.14　气敏传感器 …… 22-101
2.2.5　智能传感器 …… 22-114

2.2.6 微传感器 …………………………… 22-117
2.2.6.1 定义特点及分类 ………………… 22-117
2.2.6.2 机械量微传感器 ………………… 22-117
2.2.6.3 基于 MEMS 技术的气体微传感器 …………………………… 22-120
2.2.7 传感器的选用 ……………………… 22-120
2.2.8 多传感器信息融合 ………………… 22-122
2.3 模拟信号检测系统设计 ……………… 22-124
2.3.1 模拟信号检测系统的组成 ………… 22-124
2.3.2 基本转换电路 ……………………… 22-125
2.3.3 信号放大电路 ……………………… 22-127
2.3.4 信号调制与解调 …………………… 22-130
2.3.5 滤波电路 …………………………… 22-131
2.3.6 电平转换电路 ……………………… 22-133
2.3.7 采样-保持电路 …………………… 22-133
2.3.8 运算电路 …………………………… 22-133
2.3.9 A/D 转换电路 ……………………… 22-136
2.3.10 数字信号的预处理 ……………… 22-137
2.3.11 抗干扰设计 ……………………… 22-142
2.4 数字信号检测系统设计 ……………… 22-144
2.4.1 数字信号检测系统的组成 ………… 22-144
2.4.2 编码器及光栅信号的电子细分方法 ………………………………… 22-145
2.5 现代传感检测技术的新发展 ………… 22-150
2.6 典型传感系统设计应用实例和检测装置 ……………………………………… 22-152
2.6.1 CX300 型数控车铣加工中心传感检测系统设计实例 ………………… 22-152
2.6.2 飞锯检测系统设计实例 …………… 22-153
2.6.3 新风节能系统设计实例 …………… 22-156

第 3 章 伺服系统设计

3.1 伺服系统 ……………………………… 22-159
3.2 伺服系统的基本要求和设计方法 ……… 22-159
3.2.1 伺服系统的基本要求 ……………… 22-159
3.2.2 伺服系统的设计步骤 ……………… 22-160
3.3 伺服系统执行元件及其控制 ………… 22-160
3.3.1 执行元件种类和特点 ……………… 22-160
3.3.2 电气执行元件 ……………………… 22-161
3.3.2.1 直流伺服电机及其驱动 ……… 22-161
3.3.2.2 交流伺服电机及其驱动 ……… 22-163
3.3.2.3 松下 MINAS A5 伺服电机 … 22-165
3.3.2.4 步进电机及其驱动 …………… 22-170
3.3.3 液压执行机构 ……………………… 22-176
3.3.4 气动执行装置 ……………………… 22-176
3.3.5 新型执行装置 ……………………… 22-177
3.3.6 电液伺服阀 ………………………… 22-177
3.3.7 电液比例阀 ………………………… 22-178
3.3.8 电液数字阀 ………………………… 22-178
3.4 执行电机的选择及设计 ……………… 22-179
3.4.1 交流电动机调速方式 ……………… 22-179
3.4.2 交流变频调速器 …………………… 22-180
3.5 开环控制伺服系统及其设计 ………… 22-181
3.6 闭环伺服系统设计 …………………… 22-182
3.7 数字伺服系统的设计 ………………… 22-183

第 4 章 机械系统设计

4.1 智能装备机械系统的基本要求和组成 ……………………………………… 22-185
4.2 机械传动机构设计 …………………… 22-186
4.2.1 机械传动机构的分类及选用 ……… 22-186
4.2.1.1 智能装备系统对机械传动的要求 ………………………………… 22-186
4.2.1.2 机械传动机构的分类 ………… 22-187
4.2.1.3 机械传动机构的选用 ………… 22-188
4.2.1.4 机械传动系统方案的选择 …… 22-188
4.2.2 传动因素分析 ……………………… 22-189
4.2.3 丝杠螺母机构传动设计 …………… 22-191
4.2.3.1 滚珠丝杠副基本结构 ………… 22-191
4.2.3.2 滚珠丝杠副的主要尺寸和精度等级 ………………………………… 22-201
4.2.3.3 滚珠丝杠副的选择设计计算 ………………………………… 22-205
4.2.3.4 滚珠螺母安装连接尺寸 ……… 22-210
4.2.3.5 静压丝杠螺母副 ……………… 22-217
4.2.4 其他传动机构 ……………………… 22-219
4.2.4.1 齿轮传动 ……………………… 22-219
4.2.4.2 挠性传动 ……………………… 22-224
4.2.4.3 间歇传动 ……………………… 22-225
4.3 机械导向机构设计 …………………… 22-227
4.4 机械执行机构设计 …………………… 22-232
4.4.1 执行机构分析 ……………………… 22-232
4.4.1.1 主要性能指标 ………………… 22-232
4.4.1.2 系统的品质 …………………… 22-235
4.4.1.3 能量转换接口 ………………… 22-238
4.4.2 微动机构 …………………………… 22-240
4.4.3 误差补偿机构 ……………………… 22-244
4.4.4 定位机构 …………………………… 22-246
4.4.5 设计实例 …………………………… 22-247
4.4.5.1 数控机床动力卡盘与回转

刀架 …………………………………… 22-247
4.4.5.2 工业机器人末端执行器 ……… 22-250
4.5 支撑系统和机架设计 ……………………… 22-252
4.5.1 轴系设计的基本要求及类型 ……… 22-252
4.5.2 机架的基本要求及结构设计要点 …………………………………… 22-254

第5章 微机控制系统设计

5.1 微机控制系统的基本组成与分类 ……… 22-258
5.1.1 微机控制系统的基本组成 ………… 22-258
5.1.1.1 微机控制系统的硬件组成 …… 22-258
5.1.1.2 微机控制系统的软件组成 …… 22-259
5.1.2 微机控制系统的分类 ………………… 22-259
5.2 微机控制系统设计的方法和步骤 ……… 22-260
5.2.1 模拟化设计方法和步骤 ……………… 22-260
5.2.1.1 模拟化设计思想 ……………… 22-260
5.2.1.2 香农采样定理 ………………… 22-260
5.2.1.3 模拟化设计步骤 ……………… 22-261
5.2.1.4 数字PID控制系统设计 ……… 22-262
5.2.2 离散化设计方法和步骤 ……………… 22-265
5.3 微机控制系统的数学模型 ………………… 22-265
5.3.1 差分方程 ……………………………… 22-265
5.3.1.1 差分的概念和差分方程 ……… 22-265
5.3.1.2 差分方程的求解方法 ………… 22-266
5.3.2 Z传递函数 …………………………… 22-266
5.3.2.1 基本概念 ……………………… 22-266
5.3.2.2 开环系统的脉冲传递函数 …… 22-266
5.4 微机控制系统分析 ………………………… 22-268
5.4.1 线性离散系统的时域响应分析 …… 22-268
5.4.2 离散系统的稳定性分析 ……………… 22-269
5.4.2.1 Z平面内的稳定条件 ………… 22-269
5.4.2.2 S平面与Z平面之间的映射关系 ……………………………… 22-269
5.4.2.3 稳定判据 ……………………… 22-270
5.4.3 离散系统的稳态误差 ………………… 22-270
5.4.4 离散系统的暂态性能 ………………… 22-271
5.4.4.1 闭环极点与暂态分量的关系 ……………………………… 22-271
5.4.4.2 离散系统暂态性能的估算 …… 22-272
5.4.5 离散系统的根轨迹分析法 …………… 22-273
5.4.5.1 Z平面上的根轨迹 …………… 22-273
5.4.5.2 用根轨迹法分析离散系统 …… 22-275
5.4.6 离散系统的频率法 …………………… 22-275
5.5 典型微机控制系统及设计应用实例 …… 22-276
5.5.1 基于工业控制计算机的微机控制系统 …………………………………… 22-276
5.5.1.1 系统结构和特点 ……………… 22-276
5.5.1.2 工控组态软件 ………………… 22-276
5.5.2 基于单片机的微机控制系统 ……… 22-276
5.5.3 基于可编程控制器的微机控制系统 …………………………………… 22-276

第6章 接口设计

6.1 接口设计基本方法和接口芯片 ………… 22-278
6.1.1 接口设计与分析的基本方法 ……… 22-278
6.1.2 常用的接口芯片 ……………………… 22-278
6.2 人机接口电路设计 ………………………… 22-278
6.2.1 人机接口电路类型与特点 ………… 22-278
6.2.2 输入接口电路设计 …………………… 22-279
6.2.3 输出接口电路设计 …………………… 22-280
6.3 机电接口电路设计 ………………………… 22-290
6.3.1 机电接口电路类型与特点 ………… 22-290
6.3.2 信号采集通道接口中的A/D转换接口电路设计 ……………………………… 22-290
6.3.3 控制量输出通道中的D/A转换接口电路设计 ……………………………… 22-292
6.3.4 控制量输出通道中的功率接口电路设计 ………………………………… 22-294
6.3.4.1 PWM整流电路 ……………… 22-294
6.3.4.2 光耦合器驱动接口设计 ……… 22-296
6.3.4.3 继电器 ………………………… 22-298
6.3.5 被控量反馈通道中的接口电路设计 ……………………………………… 22-301
6.3.5.1 速度反馈接口 ………………… 22-301
6.3.5.2 位移反馈接口 ………………… 22-301

第7章 设计实例

7.1 数控机床的改造 …………………………… 22-304
7.1.1 数控车床的改造 ……………………… 22-304
7.1.1.1 数控车床的改造方案组成框图 ……………………………… 22-304
7.1.1.2 机械结构改造设计方案 ……… 22-304
7.1.1.3 数控车床计算机控制系统改造硬件设计 ……………………… 22-307
7.1.1.4 数控车床计算机控制系统改造软件设计 ……………………… 22-312
7.1.2 大型数控落地镗铣床的系统改造实例 ……………………………………… 22-312
7.2 工业机器人系统设计实例 ………………… 22-314

7.2.1 工业机器人的组成与分类 ………… 22-314
7.2.2 SCARA 型装配机器人系统设计 … 22-314
7.2.3 BJDP-1 型机器人设计 ………… 22-319
7.2.4 缆索并联机器人设计 ………… 22-323
7.3 无人搬运车（AGV）系统设计………… 22-327
7.3.1 无人搬运车系统（AGVS） ……… 22-327
7.3.2 无人搬运车的工作原理和结构 …… 22-330
7.3.2.1 无人搬运车的引导方式 ……… 22-330
7.3.2.2 无人搬运车的结构 ………… 22-331
7.3.3 典型的无人搬运车 ………… 22-333
7.3.3.1 瑞典 AGV 电子有限公司的产品 ………… 22-333
7.3.3.2 美国 AGV 产品有限公司的产品 ………… 22-335
7.3.3.3 中国新松 AGV 产品 ………… 22-338
7.4 信函连续作业自动处理系统设计 ……… 22-343
7.4.1 信函自动处理流水线 ………… 22-344
7.4.1.1 信函自动处理流水线的组成 ………… 22-344
7.4.1.2 信函自动处理的前提条件 …… 22-345
7.4.2 信函分类机 ………… 22-345
7.4.3 缓冲储存器 ………… 22-347
7.4.4 理信盖销机 ………… 22-349
7.4.5 信函分拣机 ………… 22-352
7.4.5.1 信函分拣的同步入格控制 …… 22-352
7.4.5.2 条形码及光学条码自动识别 ………… 22-352
7.4.5.3 光学文字自动识别 ………… 22-355

参考文献………… 22-360

第 23 篇 工业机器人系统设计

第 1 章 工业机器人技术基础

1.1 工业机器人定义 ………… 23-3
1.2 工业机器人组成 ………… 23-3
1.2.1 操作机 ………… 23-3
1.2.2 控制器 ………… 23-6
1.2.3 示教器 ………… 23-8
1.2.4 驱动系统 ………… 23-8
1.2.5 传感器 ………… 23-10
1.3 视觉技术 ………… 23-10
1.4 工业机器人主要性能参数 ………… 23-11
1.5 工业机器人基本术语 ………… 23-13
1.5.1 有关机械结构和性能的术语 ……… 23-13
1.5.2 有关控制和安全的术语 ………… 23-14
1.6 工业机器人分类 ………… 23-15
1.6.1 按结构特征划分 ………… 23-15
1.6.2 按控制方式划分 ………… 23-16
1.6.3 按驱动方式划分 ………… 23-17
1.6.4 按应用领域划分 ………… 23-17
1.7 工业机器人应用和发展趋势 ………… 23-19

第 2 章 机器人运动学与动力学

2.1 数理基础 ………… 23-22
2.1.1 位置描述 ………… 23-22
2.1.2 方位描述 ………… 23-22
2.1.3 位姿描述 ………… 23-23
2.2 坐标变换 ………… 23-23
2.2.1 平移坐标变换 ………… 23-23
2.2.2 旋转坐标变换 ………… 23-23
2.3 齐次坐标变换 ………… 23-24
2.3.1 齐次变换 ………… 23-24
2.3.2 平移齐次坐标变换 ………… 23-24
2.3.3 旋转齐次坐标变换 ………… 23-24
2.4 物体的变换及逆变换 ………… 23-25
2.4.1 物体位置描述 ………… 23-25
2.4.2 齐次变换的逆变换 ………… 23-25
2.4.3 变换方程初步 ………… 23-26
2.5 通用旋转变换 ………… 23-26
2.5.1 通用旋转变换公式 ………… 23-26
2.5.2 等效转角与转轴 ………… 23-27
2.6 机器人运动学 ………… 23-28
2.6.1 机器人运动方程的表示 ………… 23-28
2.6.1.1 运动姿态和方向角 ………… 23-28
2.6.1.2 运动位置和坐标 ………… 23-30
2.6.1.3 连杆变换矩阵及其乘积 ……… 23-31
2.6.2 机械手运动方程的求解 ………… 23-32
2.6.2.1 欧拉变换解 ………… 23-32
2.6.2.2 滚、仰、偏变换解 ………… 23-34
2.6.2.3 球面变换解 ………… 23-34
2.7 机器人动力学 ………… 23-35
2.7.1 刚体动力学 ………… 23-35
2.7.1.1 刚体的动能与位能 ………… 23-35
2.7.1.2 动力学方程的两种求法 ……… 23-36
2.7.2 机械手动力学方程 ………… 23-39

2.7.2.1 速度的计算 …………………… 23-39
2.7.2.2 动能和位能的计算 ………… 23-40
2.7.2.3 动力学方程的推导 ………… 23-42

第3章 工业机器人本体

3.1 概述 …………………………………… 23-44
3.1.1 工业机器人的本体结构 ………… 23-44
3.1.2 工业机器人本体的发展趋势 ……… 23-45
3.2 工业机器人自由度与坐标形式 ………… 23-46
3.2.1 工业机器人的自由度 …………… 23-46
3.2.2 工业机器人本体的运动副 ……… 23-46
3.2.3 工业机器人运动坐标形式 ……… 23-48
3.2.4 工业机器人的主要构型 ………… 23-48
3.3 工业机器人工作空间与结构尺寸 ……… 23-50
3.3.1 机器人工作空间 ………………… 23-50
3.3.2 确定工作空间的几何法 ………… 23-51
3.3.3 工作空间与机器人结构尺寸的关系 … 23-51
3.4 机器人结构优化 ……………………… 23-51
3.4.1 结构优化的目的 ………………… 23-51
3.4.2 位置结构的优化设计 …………… 23-51
3.4.3 要求使工作空间最小的优化设计 … 23-52
3.4.4 要求使工作空间最大的优化设计 … 23-52
3.5 机器人整机设计原则和方法 ………… 23-52
3.5.1 机器人整机设计原则 …………… 23-52
3.5.2 机器人本体设计步骤 …………… 23-53
3.6 机器人的机械结构 …………………… 23-54
3.6.1 腰部结构 ………………………… 23-54
3.6.2 臂部结构 ………………………… 23-55
3.6.3 腕部结构 ………………………… 23-57
3.6.4 末端执行器结构 ………………… 23-58
3.6.5 工业机器人的运动传动机构 ……… 23-58
3.6.6 工业机器人的移动机构 ………… 23-63
3.6.7 SCARA …………………………… 23-65
3.6.8 并联机器人 ……………………… 23-66
3.6.9 AGV ……………………………… 23-67
3.7 刚度、强度计算及误差分配 ………… 23-69
3.7.1 机器人刚度计算 ………………… 23-69
3.7.2 机器人本体强度计算 …………… 23-69
3.7.3 机器人本体连杆参数误差分配 …… 23-69

第4章 工业机器人控制系统

4.1 概述 …………………………………… 23-70
4.1.1 工业机器人控制系统的特点 ……… 23-70
4.1.2 工业机器人控制系统的主要功能 … 23-70
4.1.3 工业机器人的控制方式 ………… 23-71
4.1.4 工业机器人控制系统达到的功能 … 23-71
4.1.5 工业机器人控制系统的特点 ……… 23-71
4.2 工业机器人先进控制技术和方法 ……… 23-71
4.2.1 自适应控制 ……………………… 23-72
4.2.2 滑模变结构控制 ………………… 23-72
4.2.3 鲁棒控制 ………………………… 23-72
4.2.4 智能控制 ………………………… 23-72
4.3 机器人控制系统分类 ………………… 23-73
4.3.1 集中式控制系统 CCS …………… 23-73
4.3.2 分布式控制系统 DCS …………… 23-73
4.4 机器人控制系统设计 ………………… 23-74
4.4.1 控制系统结构 …………………… 23-74
4.4.2 下位机控制系统的设计 ………… 23-75
4.4.3 示教盒从机的设计 ……………… 23-76
4.5 机器人典型控制方法 ………………… 23-76
4.5.1 机器人 PID 控制 ………………… 23-76
4.5.1.1 机器人独立 PD 控制 ………… 23-76
4.5.1.2 基于重力补偿的机器人 PD 控制 ……………………… 23-77
4.5.1.3 机器人鲁棒自适应 PD 控制 … 23-77
4.5.2 滑模控制 ………………………… 23-78
4.5.2.1 工作原理 …………………… 23-79
4.5.2.2 滑模控制设计流程 ………… 23-79
4.5.2.3 机械手滑模鲁棒控制 ……… 23-80
4.5.2.4 基于计算力矩法的滑模控制 … 23-81
4.5.2.5 基于输入输出稳定性理论的滑模控制 ……………………… 23-82
4.5.3 自适应控制 ……………………… 23-83
4.5.3.1 自适应控制系统 …………… 23-83
4.5.3.2 自适应控制系统类型 ……… 23-83
4.5.3.3 自适应机器人 ……………… 23-84
4.5.3.4 自适应控制常用的控制器 …… 23-84
4.5.4 模糊控制 ………………………… 23-86
4.5.4.1 基本原理 …………………… 23-86
4.5.4.2 模糊控制规则生成 ………… 23-87
4.5.4.3 规则形式 …………………… 23-87
4.5.4.4 Fuzzy-PID 复合控制 ………… 23-87
4.5.5 机器人顺应控制 ………………… 23-88
4.5.5.1 概述 ………………………… 23-88
4.5.5.2 被动式顺应控制 …………… 23-88
4.5.5.3 主动式顺应控制 …………… 23-89
4.5.6 位置和力控制 …………………… 23-89
4.5.6.1 位置控制 …………………… 23-89
4.5.6.2 力控制 ……………………… 23-89
4.5.6.3 位置和力的混合控制 ……… 23-92

4.5.6.4 R-C 控制器 …………………… 23-92
4.5.6.5 改进的 R-C 力和位置混合控制 …………………… 23-93
4.6 控制系统硬件构成 …………………… 23-94
4.6.1 机器人控制系统硬件组成 …………… 23-94
4.6.2 机器人控制系统结构 …………… 23-94
4.6.3 机器人控制器 …………………… 23-96
4.7 控制系统软件构成 …………………… 23-97
4.7.1 程序数据建立 …………………… 23-97
4.7.1.1 初识程序数据 …………………… 23-97
4.7.1.2 程序数据的类型与分类 ………… 23-97
4.7.1.3 关键的程序数据 …………………… 23-98
4.7.2 RAPID 程序创建 …………………… 23-98
4.7.2.1 程序模块与例行程序 ………… 23-98
4.7.2.2 RAPID 控制指令 …………………… 23-98
4.8 机器人常用编程语言 …………………… 23-99

第 5 章 工业机器人驱动系统

5.1 概述 …………………… 23-100
5.2 机器人驱动系统特点 …………………… 23-100
5.2.1 基本驱动系统的特点 …………………… 23-100
5.2.2 电液伺服驱动系统的特点 …………… 23-100
5.3 电动驱动系统 …………………… 23-100
5.3.1 同步式交流伺服电动机及驱动器 …………………… 23-101
5.3.1.1 交流伺服电动机分类和特点 …………………… 23-102
5.3.1.2 交流同步伺服电动机 …………… 23-104
5.3.1.3 应用举例：工业机器人伺服电动机行业测试解决方案——MPT1000 …………………… 23-104
5.3.2 步进电动机及驱动器 …………………… 23-105
5.3.2.1 概述 …………………… 23-105
5.3.2.2 驱动方式 …………………… 23-107
5.3.2.3 步进电动机驱动板说明 ………… 23-108
5.3.2.4 步进电动机及步进驱动器配套选型 …………………… 23-109
5.3.3 直流伺服电动机及驱动器 …………… 23-109
5.3.3.1 直流伺服电动机的特点 ………… 23-110
5.3.3.2 直流伺服电动机的工作原理 …………………… 23-110
5.3.3.3 工作特性 …………………… 23-111
5.3.3.4 直流伺服电动机调速原理 …… 23-112
5.3.3.5 直流伺服电动机特点及应用范围 …………………… 23-115
5.3.4 直接驱动电动机 …………………… 23-115
5.3.4.1 直线电动机工作原理 ………… 23-116
5.3.4.2 直线电动机的特点 …………… 23-117
5.3.4.3 直线电动机的分类 …………… 23-118
5.3.4.4 力矩电动机工作原理、特点及分类 …………………… 23-118
5.3.4.5 直流驱动电动机应用实例 …… 23-119
5.4 电液伺服驱动系统 …………………… 23-120
5.4.1 系统组成 …………………… 23-121
5.4.2 特点 …………………… 23-121
5.4.3 工作原理 …………………… 23-121
5.4.4 要求 …………………… 23-121
5.4.5 设计步骤 …………………… 23-121
5.4.6 液压系统及其在机器人驱动与控制中的应用 …………………… 23-122
5.5 气动驱动系统 …………………… 23-122
5.5.1 气动驱动系统构件 …………………… 23-122
5.5.2 气动比例控制系统 …………………… 23-123
5.5.2.1 气动比例控制系统组成 ……… 23-123
5.5.2.2 MPYE 型伺服阀 …………………… 23-123
5.5.3 控制原理 …………………… 23-124
5.5.4 控制应用 …………………… 23-124
5.5.4.1 张力控制 …………………… 23-124
5.5.4.2 加压控制 …………………… 23-124
5.5.4.3 位置和力控制 …………………… 23-124
5.5.5 气动系统在机器人驱动与控制中的应用 …………………… 23-125
5.5.5.1 气动系统在机器人中应用的优势 …………………… 23-125
5.5.5.2 气动机器人的适合场合 ……… 23-125
5.5.5.3 气动机器人技术应用进展 …… 23-125
5.5.5.4 气动机器人应用 …………………… 23-126

第 6 章 工业机器人常用传感器

6.1 概述 …………………… 23-128
6.1.1 传感器定义及指标 …………………… 23-128
6.1.2 机器人的感觉策略 …………………… 23-128
6.1.3 机器人传感器的分类 …………………… 23-129
6.1.4 传感器选用原则 …………………… 23-130
6.2 内传感器 …………………… 23-131
6.2.1 规定位置/角度的检测 …………… 23-131
6.2.2 位置和角度的检测 …………………… 23-132
6.2.3 速度和角速度的检测 …………………… 23-135
6.2.4 加速度和角加速度的测量 …………… 23-136
6.2.5 姿态角的检测 …………………… 23-138

6.3 外传感器 …………………………………… 23-140
6.3.1 视觉传感器 ……………………… 23-140
6.3.2 触觉传感器 ……………………… 23-144
6.3.3 力觉传感器 ……………………… 23-147
6.3.4 接近觉传感器 …………………… 23-150
6.3.5 长距离传感器 …………………… 23-152
6.3.6 听觉传感器 ……………………… 23-154
6.3.7 其他相关传感器 ………………… 23-155

第7章 机器人视觉技术

7.1 概述 ………………………………………… 23-157
7.1.1 应用背景 ………………………… 23-157
7.1.2 发展现状 ………………………… 23-157
7.1.3 视觉伺服关键技术问题 ………… 23-158
7.2 机器人视觉系统组成 ………………… 23-160
7.2.1 机器人视觉系统的分类 ………… 23-160
7.2.1.1 视觉伺服系统的分类 ………… 23-160
7.2.1.2 全向视觉系统分类 …………… 23-161
7.2.2 机器人视觉伺服控制系统的组成 ………………………………… 23-162
7.2.3 镜头和视觉传感器 ……………… 23-163
7.2.3.1 针孔摄像机 …………………… 23-163
7.2.3.2 高斯光学 ……………………… 23-163
7.2.3.3 远心镜头 ……………………… 23-165
7.2.3.4 视觉传感器 …………………… 23-166
7.3 单目视觉 ……………………………… 23-168
7.3.1 单目摄像机标定 ………………… 23-168
7.3.2 单目视觉的位置测量 …………… 23-169
7.3.3 单目视觉定位方法 ……………… 23-170
7.3.3.1 基于单帧图像的定位方法 …… 23-170
7.3.3.2 基于双帧或多帧图像的定位 ………………………………… 23-171
7.4 双目视觉 ……………………………… 23-171
7.4.1 双目立体视觉原理 ……………… 23-171
7.4.2 双目立体视觉的精度分析 ……… 23-173
7.4.3 双目立体视觉的系统结构 ……… 23-174
7.4.3.1 基于两个摄像机的双目系统结构 ………………………………… 23-175
7.4.3.2 基于单个摄像机的双目系统结构 ………………………………… 23-175
7.4.4 双目立体视觉中的极线几何 …… 23-176
7.4.5 双目立体视觉中的对应点匹配 …… 23-177
7.4.5.1 图像匹配的常用方法 ………… 23-177
7.4.5.2 已知极线几何的对应点匹配方法 ………………………………… 23-178
7.4.5.3 未知极线几何的对应点匹配方法 ………………………………… 23-179
7.4.6 双目视觉系统标定 ……………… 23-181
7.4.6.1 双目立体视觉常规标定方法 ………………………………… 23-181
7.4.6.2 基于标准长度的标定方法 ………………………………… 23-181
7.5 机器人二维视觉信息处理 …………… 23-182
7.5.1 数字化处理 ……………………… 23-182
7.5.1.1 采样 …………………………… 23-182
7.5.1.2 量化 …………………………… 23-182
7.5.2 编码压缩 ………………………… 23-183
7.5.2.1 压缩的原理 …………………… 23-183
7.5.2.2 编码分类 ……………………… 23-183
7.5.3 图像增强和复原 ………………… 23-183
7.5.3.1 图像增强 ……………………… 23-183
7.5.3.2 图像复原 ……………………… 23-187
7.5.4 图像分割 ………………………… 23-187
7.5.4.1 阈值化 ………………………… 23-187
7.5.4.2 基于边缘的分割 ……………… 23-187
7.5.4.3 基于区域的分割 ……………… 23-188
7.5.5 形态学处理 ……………………… 23-188
7.5.5.1 二值形态学 …………………… 23-188
7.5.5.2 灰度形态学 …………………… 23-189
7.5.6 特征提取 ………………………… 23-190
7.5.6.1 特征的定义与分类 …………… 23-190
7.5.6.2 特征选取的准则 ……………… 23-191
7.5.6.3 基本纹理特征 ………………… 23-191
7.5.7 模式识别 ………………………… 23-192
7.5.7.1 模式与模式识别 ……………… 23-192
7.5.7.2 统计模式识别 ………………… 23-193
7.5.7.3 句法模式识别 ………………… 23-193
7.6 机器人三维视觉信息处理 …………… 23-195
7.6.1 三维重建 ………………………… 23-195
7.6.1.1 被动式三维重建技术 ………… 23-195
7.6.1.2 主动式三维重建技术 ………… 23-196
7.6.2 基于深度传感器的三维重建流程 ………………………………… 23-198
7.6.2.1 相关概念 ……………………… 23-198
7.6.2.2 具体流程 ……………………… 23-200
7.7 机器人视觉技术应用 ………………… 23-203
7.7.1 消防机器人视觉感知技术 ……… 23-203
7.7.2 基于机器视觉的工业机器人分拣技术 ………………………………… 23-203
7.7.3 苹果采摘机器人视觉感知技术 ………………………………… 23-205

第 8 章 工业机器人典型应用

8.1 焊接机器人 …………………………… 23-207
8.1.1 焊接机器人的分类及特点 ………… 23-207
8.1.2 焊接机器人的系统组成 ………… 23-208
8.1.2.1 点焊机器人 ………………… 23-208
8.1.2.2 弧焊机器人 ………………… 23-209
8.1.2.3 激光焊接机器人 ……………… 23-210
8.1.3 焊接机器人的周边设备与布局 …… 23-210
8.1.3.1 周边设备 ………………… 23-210
8.1.3.2 工位布局 ………………… 23-212
8.1.4 焊接机器人应用案例 …………… 23-213
8.1.4.1 点焊机器人应用案例 ………… 23-213
8.1.4.2 弧焊机器人应用案例 ………… 23-213
8.1.4.3 激光焊接机器人应用案例 …… 23-213
8.2 搬运机器人 …………………………… 23-213
8.2.1 搬运机器人的分类及特点 ………… 23-213
8.2.2 搬运机器人的系统组成 ………… 23-214
8.2.3 搬运机器人的周边设备与工位布局 …………………………… 23-214
8.2.3.1 周边设备 ………………… 23-214
8.2.3.2 工位布局 ………………… 23-215
8.2.4 搬运机器人应用实例 …………… 23-215
8.3 码垛机器人 …………………………… 23-215
8.3.1 码垛机器人分类及特点 ………… 23-215
8.3.2 码垛机器人的系统组成 ………… 23-215
8.3.3 码垛机器人的周边设备和工位布局 …………………………… 23-216
8.3.3.1 周边设备 ………………… 23-216
8.3.3.2 工位布局 ………………… 23-217
8.3.4 码垛机器人应用实例 …………… 23-218
8.4 装配机器人 …………………………… 23-218
8.4.1 装配机器人分类及特点 ………… 23-218
8.4.2 装配机器人的系统组成 ………… 23-219
8.4.3 装配机器人的周边设备和工位布局 …………………………… 23-220
8.4.3.1 周边设备 ………………… 23-220
8.4.3.2 工位布局 ………………… 23-220
8.4.4 装配机器人应用实例 …………… 23-220
8.5 涂装机器人 …………………………… 23-220
8.5.1 涂装机器人分类及特点 ………… 23-220
8.5.2 涂装机器人的系统组成 ………… 23-221
8.5.3 涂装机器人的周边设备和工位布局 …………………………… 23-221
8.5.3.1 周边设备 ………………… 23-222
8.5.3.2 工位布局 ………………… 23-222
8.5.4 涂装机器人应用实例 …………… 23-222
8.6 打磨抛光机器人 ……………………… 23-222
8.6.1 打磨抛光机器人分类及特点 ……… 23-222
8.6.2 打磨抛光机器人的系统组成 ……… 23-223
8.6.3 打磨抛光机器人的周边设备和工位布局 …………………………… 23-224
8.6.3.1 周边设备 ………………… 23-224
8.6.3.2 工位布局 ………………… 23-225
8.6.4 打磨抛光机器人应用实例 ……… 23-225
8.7 协作机器人 …………………………… 23-225
8.7.1 协作机器人定义和特点 ………… 23-226
8.7.2 协作机器人的典型产品 ………… 23-226

参考文献 …………………………… 23-228

第 24 篇 传感器

第 1 章 传感器的名词术语和评价指标

1.1 传感器的通用术语 …………………… 24-3
1.1.1 传感器一般分类术语 …………… 24-3
1.1.2 物理量传感器术语 ……………… 24-5
1.1.2.1 力学量传感器 ……………… 24-5
1.1.2.2 热学量传感器 ……………… 24-8
1.1.2.3 其他物理量传感器 ………… 24-9
1.2 传感器命名法及代码 ………………… 24-10
1.2.1 传感器命名方法 ………………… 24-10
1.2.1.1 命名法的构成 ……………… 24-10
1.2.1.2 命名法范例 ………………… 24-10
1.2.2 传感器代号标记方法 …………… 24-11
1.2.2.1 传感器代号的构成及意义 …… 24-11
1.2.2.2 传感器代号标记示例 ……… 24-13
1.3 传感器特性及相关术语 ……………… 24-16
1.4 传感器主要静态性能指标计算方法 …… 24-22
1.4.1 基本术语和静态性能指标的定义 … 24-22
1.4.1.1 基本术语 ………………… 24-22
1.4.1.2 静态性能指标的定义 ………… 24-23
1.4.2 静态校准特性的建立 …………… 24-25
1.4.2.1 静态校准的一般要求 ………… 24-25
1.4.2.2 静态校准特性的计算 ………… 24-25

1.4.2.3 传感器等精度性的检验 ········ 24-25
1.4.3 量程（x_{FS}） ································ 24-26
1.4.4 满量程输出（Y_{FS}） ······················· 24-26
1.4.5 分辨力（R_x） ························· 24-26
1.4.6 灵敏度（s_i） ························· 24-26
1.4.7 回差（ξ_H） ····························· 24-26
1.4.8 重复性（ξ_R） ························· 24-26
1.4.8.1 计算方法 ································ 24-26
1.4.8.2 包含因子的确定 ······················ 24-26
1.4.8.3 样本标准偏差的计算 ················ 24-27
1.4.8.4 传感器样本标准偏差的选取 ··· 24-27
1.4.9 线性度（ξ_L） ························· 24-27
1.4.10 符合度（ξ_C） ························· 24-28
1.4.10.1 一般计算公式 ··························· 24-28
1.4.10.2 不同参比曲线的符合度 ·········· 24-28
1.4.11 漂移 ··· 24-30
1.4.11.1 零点输出漂移（D_0） ··········· 24-30
1.4.11.2 满量程输出漂移（D_{FS}） ······· 24-30
1.4.11.3 热零点偏移（γ） ················ 24-30
1.4.11.4 热满量程输出偏移（β） ······ 24-30
1.5 传感器的动态特性 ···························· 24-30
1.5.1 动态量测试技术的通用术语 ········· 24-30
1.5.2 传感器主要动态参数测定方法 ······ 24-33
1.5.2.1 主要特性参数 ·························· 24-33
1.5.2.2 动态参数的测定 ······················ 24-34
1.6 传感器主要技术指标和选择 ············· 24-35
1.6.1 传感器的主要技术指标 ··············· 24-35
1.6.2 传感器选择 ································ 24-36

第2章 力参数测量传感器

2.1 国家标准-力敏元器件术语与电阻应变计命名规则 ································ 24-37
2.1.1 力敏元器件分类术语 ·················· 24-37
2.1.2 力敏元器件性能参数术语 ············ 24-38
2.1.3 力敏元器件结构术语 ·················· 24-40
2.1.4 电阻应变计命名规则 ·················· 24-40
2.2 电阻应变计 ···································· 24-41
2.2.1 电阻应变计的工作原理 ··············· 24-41
2.2.2 电阻应变计的基本结构与材料 ······ 24-42
2.2.3 电阻应变计的分类 ····················· 24-43
2.2.4 电阻应变计的工作特性及选择 ······ 24-45
2.2.4.1 电阻应变计的工作特性 ············ 24-45
2.2.4.2 应变计的选用原则 ··················· 24-48
2.2.5 电阻应变计的安装 ····················· 24-49
2.2.5.1 常用黏结剂的种类与性能 ········· 24-49
2.2.5.2 电阻应变计的粘贴 ················· 24-49
2.2.5.3 电阻应变计的防护 ················· 24-50
2.2.6 常用电阻应变计产品 ················· 24-50
2.3 应力与应变测量 ···························· 24-57
2.3.1 电阻应变测量系统 ···················· 24-57
2.3.1.1 测量系统 ······························· 24-57
2.3.1.2 电阻应变仪 ··························· 24-57
2.3.1.3 电阻应变测量中的干扰及防护措施 ······································ 24-57
2.3.1.4 电阻应变仪产品 ···················· 24-58
2.3.2 电桥测量电路 ··························· 24-61
2.3.2.1 直流电桥 ······························· 24-61
2.3.2.2 交流电桥 ······························· 24-62
2.3.3 应力应变测量举例 ···················· 24-62
2.3.3.1 单向应力测量 ························ 24-62
2.3.3.2 平面应力状态下主应力的测量 ··································· 24-65
2.4 拉压力传感器 ······························· 24-66
2.4.1 拉压力传感器的形式与特点 ········ 24-66
2.4.1.1 电阻应变式测力装置 ··············· 24-66
2.4.1.2 其他测力传感器 ····················· 24-69
2.4.2 常用拉压力传感产品 ················· 24-71
2.4.2.1 荷重传感器 ··························· 24-71
2.4.2.2 拉压力传感器 ························ 24-71
2.4.3 拉压力传感器设计及应用 ··········· 24-73
2.5 扭矩传感器 ··································· 24-75
2.5.1 扭矩测量原理 ··························· 24-75
2.5.2 常用扭矩传感器产品 ················· 24-78

第3章 位移测量中的传感器

3.1 位移传感器的分类和主要技术指标 ······ 24-85
3.2 小位移传感器 ······························· 24-86
3.2.1 电阻式位移传感器 ···················· 24-86
3.2.1.1 变阻式位移传感器（电位器式传感器） ··································· 24-86
3.2.1.2 应变式位移传感器 ·················· 24-86
3.2.2 电感式位移传感器 ···················· 24-88
3.2.2.1 可变磁阻式传感器 ·················· 24-88
3.2.2.2 涡流式位移传感器 ·················· 24-90
3.2.2.3 线性可变差动变压器（LVDT）式位移传感器 ···························· 24-90
3.2.3 电容式位移传感器 ···················· 24-91
3.2.4 霍尔式位移传感器 ···················· 24-92
3.2.5 光纤式位移传感器 ···················· 24-95
3.3 大位移传感器 ······························· 24-97

3.3.1 感应同步器 …………………………… 24-97
3.3.2 光栅式传感器 ………………………… 24-99
3.3.3 激光位移传感器 ……………………… 24-99
3.4 编码器 ……………………………………… 24-102
3.4.1 编码器的分类 ………………………… 24-102
3.4.2 编码器的选用原则 …………………… 24-104
3.4.3 编码器产品 …………………………… 24-104

第4章 振动测量中的传感器

4.1 机械振动与机械测试名词术语 ………… 24-107
4.1.1 机械振动名词术语 …………………… 24-107
4.1.2 测试技术名词术语 …………………… 24-110
4.2 振动传感器的分类及其特点 …………… 24-113
4.2.1 常用的振动传感器 …………………… 24-113
4.2.2 振动传感器直接测量参数的选择 …………………………………… 24-113
4.2.3 描述惯性式传感器特性的规定 …… 24-113
4.3 振动位移传感器 ………………………… 24-115
4.3.1 电涡流式振动位移传感器 ………… 24-115
4.3.1.1 电涡流式振动位移传感器的组成和安装 …………………… 24-115
4.3.1.2 电涡流式振动位移传感器典型产品 …………………………… 24-116
4.3.2 光纤振动位移传感器 ……………… 24-117
4.3.2.1 光纤振动位移传感器的结构和工作原理 ……………… 24-117
4.3.2.2 MTI系列光纤测量系统……… 24-117
4.3.3 电感式振动位移传感器 …………… 24-118
4.4 振动速度传感器 ………………………… 24-119
4.4.1 磁电式速度传感器 ………………… 24-119
4.4.1.1 磁电式速度传感器的原理及应用 ……………………………… 24-119
4.4.1.2 磁电式速度传感器的典型产品 ……………………………… 24-119
4.4.2 激光多普勒速度传感器 …………… 24-120
4.5 振动加速度传感器 ……………………… 24-122
4.5.1 压电式加速度传感器 ……………… 24-122
4.5.1.1 IEPE型压电加速度计 ……… 24-123
4.5.1.2 电荷型压电加速度计 ……… 24-128
4.5.2 电阻/压阻式加速度传感器 ……… 24-131
4.5.3 电容式加速度传感器 ……………… 24-132
4.5.4 伺服式加速度传感器 ……………… 24-133
4.5.4.1 伺服式加速度传感器的工作原理 ……………………………… 24-133
4.5.4.2 伺服式加速度传感器典型产品 ……………………………… 24-133
4.5.5 加速度计的选择和技术要求 ……… 24-134
4.5.6 加速度计的机械安装 ……………… 24-135
4.5.6.1 加速度计的安装特性 ……… 24-135
4.5.6.2 基本安装共振频率的测定 …… 24-136
4.5.6.3 具体的安装方式 …………… 24-136
4.5.6.4 接地绝缘和接地噪声 ……… 24-137
4.6 振动的激励设备 ………………………… 24-137
4.6.1 激振信号发生设备 ………………… 24-137
4.6.1.1 激振信号的类型及其特点 …… 24-137
4.6.1.2 激振信号发生器及功率放大器 …………………………… 24-138
4.6.2 力锤和激振器 ……………………… 24-139
4.6.2.1 力锤 ………………………… 24-139
4.6.2.2 激振器 ……………………… 24-140
4.7 振动与冲击传感器校准方法 ………… 24-141
4.7.1 振动与冲击传感器校准的相关国家标准 ……………………………… 24-141
4.7.2 振动与冲击校准仪器 ……………… 24-141
4.7.2.1 手持式振动校准仪 ………… 24-141
4.7.2.2 加速度校准传感器 ………… 24-141

第5章 过程控制中的传感器

5.1 温度传感器 ……………………………… 24-144
5.1.1 热学基本知识 ……………………… 24-144
5.1.1.1 温度和温标 ………………… 24-144
5.1.1.2 温度测量方法 ……………… 24-144
5.1.1.3 温度传感器的分类和主要性能比较 …………………………… 24-144
5.1.2 热电偶传感器 ……………………… 24-144
5.1.2.1 热电偶传感器的工作原理 …… 24-147
5.1.2.2 热电偶产品 ………………… 24-150
5.1.3 半导体热敏电阻温度传感器 ……… 24-151
5.1.3.1 半导体热敏电阻分类 ……… 24-151
5.1.3.2 半导体热敏电阻的基本参数 ………………………………… 24-151
5.1.3.3 常用半导体热敏电阻产品 …… 24-152
5.1.4 热电阻温度传感器 ………………… 24-152
5.1.4.1 热电阻温度传感器的特点、材料和结构 ……………………… 24-152
5.1.4.2 常用热电阻温度传感器产品 …………………………………… 24-153
5.1.5 热膨胀型温度传感器 ……………… 24-153
5.1.5.1 热膨胀型温度传感器工作原理 ……………………………… 24-153

5.1.5.2 双金属式温度传感器产品 …… 24-154
5.1.6 示温涂料传感器 …… 24-154
5.1.6.1 示温涂料传感器工作原理 …… 24-154
5.1.6.2 示温涂料产品 …… 24-155
5.1.7 红外测温仪与热像仪 …… 24-156
5.1.7.1 红外测温仪产品 …… 24-159
5.1.7.2 红外热像仪产品 …… 24-160
5.1.8 高温计 …… 24-161
5.1.8.1 高温计的工作原理 …… 24-161
5.1.8.2 高温计产品 …… 24-163
5.1.9 光纤温度传感器 …… 24-163
5.1.9.1 光纤温度传感器分类与工作原理 …… 24-163
5.1.9.2 光纤温度传感器产品 …… 24-164
5.2 压力传感器 …… 24-165
5.2.1 概述 …… 24-165
5.2.1.1 压力的基本概念 …… 24-165
5.2.1.2 压力仪器的分类 …… 24-165
5.2.2 常用压力传感器的结构原理与工作特性 …… 24-166
5.2.2.1 弹性式压力传感器 …… 24-166
5.2.2.2 电测式压力传感器 …… 24-168
5.2.2.3 常用压力传感器产品 …… 24-172
5.2.3 测压传感器的标定 …… 24-172
5.2.3.1 测压传感器的标定方法与结构原理 …… 24-172
5.2.3.2 测压传感器标定设备产品 …… 24-173
5.3 液体流量传感器 …… 24-174
5.3.1 概述 …… 24-174
5.3.1.1 流量的概念与单位 …… 24-174
5.3.1.2 流量计的主要参数 …… 24-176
5.3.1.3 流量计的分类 …… 24-177
5.3.1.4 流量计的选择和性能比较 …… 24-177
5.3.2 容积式流量计 …… 24-178
5.3.2.1 椭圆齿轮流量计 …… 24-178
5.3.2.2 腰轮转子流量计 …… 24-180
5.3.2.3 齿轮流量计 …… 24-180
5.3.2.4 其他类型的容积式流量计 …… 24-181
5.3.2.5 容积式流量计产品 …… 24-182
5.3.3 速度式流量计 …… 24-182
5.3.3.1 涡轮流量计 …… 24-182
5.3.3.2 超声波流量计 …… 24-185
5.3.3.3 电磁流量计 …… 24-188
5.3.3.4 涡街流量计 …… 24-192
5.3.4 差压式流量计 …… 24-196
5.3.4.1 差压式流量计的计算公式 …… 24-196
5.3.4.2 差压式流量计分类 …… 24-196
5.3.4.3 节流装置的结构与特点 …… 24-197
5.3.4.4 差压式流量计产品 …… 24-201
5.3.5 流体阻力式流量计 …… 24-202
5.3.5.1 浮子流量计（转子流量计） … 24-202
5.3.5.2 靶式流量计 …… 24-205

第6章 柔性制造过程中的传感器

6.1 用于工件尺寸及位置检测的传感器 …… 24-207
6.1.1 光栅位移传感器 …… 24-207
6.1.2 脉冲编码器 …… 24-208
6.1.3 感应同步器 …… 24-209
6.1.4 旋转变压器 …… 24-210
6.1.5 磁栅尺 …… 24-211
6.2 用于加工状态检测的传感器 …… 24-211
6.2.1 压电石英晶体三维力传感器 …… 24-211
6.2.2 电阻应变式传感器 …… 24-213
6.3 用于刀具磨损、破损检测的传感器 …… 24-217
6.3.1 声发射传感器 …… 24-217
6.3.2 振动传感器 …… 24-217
6.4 用于异常状态检测的传感器 …… 24-217
6.5 工件识别-机器视觉系统 …… 24-219
6.5.1 机器视觉系统的组成 …… 24-219
6.5.2 相机的选择 …… 24-219
6.5.3 典型产品 …… 24-220

第7章 精密加工中的高级传感器

7.1 位移测量传感器 …… 24-221
7.1.1 电容传感器 …… 24-221
7.1.2 电感传感器 …… 24-221
7.1.3 纳米级的光栅测量系统 …… 24-222
7.2 直线度测量及直线运动传感器 …… 24-224
7.2.1 自准直仪 …… 24-224
7.2.2 激光干涉仪 …… 24-226
7.3 精密圆度测量传感器 …… 24-228
7.4 精密加工中的环境监测传感器 …… 24-229
7.4.1 温度传感器 …… 24-229
7.4.2 噪声测量传感器 …… 24-229
7.4.2.1 传声器 …… 24-229
7.4.2.2 声级计 …… 24-232
7.4.2.3 声校准器 …… 24-234

第8章 机器人领域的传感器

8.1 机器人传感器的分类 …… 24-235

8.2 常用的内部传感器 ………………………… 24-236
8.2.1 位置传感器 ………………………… 24-236
8.2.1.1 直线式光电编码器（光栅尺） ………………… 24-236
8.2.1.2 旋转式光电编码器 ………… 24-236
8.2.2 速度传感器 ………………………… 24-237
8.2.3 加速度传感器 ……………………… 24-238
8.2.3.1 应变片加速度传感器 ……… 24-238
8.2.3.2 伺服加速度传感器 ………… 24-238
8.2.3.3 压电加速度传感器 ………… 24-238
8.2.4 倾斜角传感器 ……………………… 24-239
8.3 常用的外部传感器 ………………………… 24-239
8.3.1 视觉传感器 ………………………… 24-239
8.3.1.1 CCD 传感器原理和特性……… 24-240
8.3.1.2 CMOS 传感器原理和特性 …… 24-240
8.3.1.3 CCD 和 CMOS 的选择和应用 ……………………… 24-241
8.3.2 触觉传感器 ………………………… 24-241
8.3.2.1 接触觉传感器 ……………… 24-242
8.3.2.2 压觉传感器 ………………… 24-243
8.3.2.3 滑觉传感器 ………………… 24-243
8.3.3 接近觉（知觉）传感器 ……………… 24-244
8.3.3.1 接近觉传感器 ……………… 24-244
8.3.3.2 接近开关术语及分类 ……… 24-245
8.3.3.3 电容式接近开关 …………… 24-248
8.3.3.4 电感式接近开关 …………… 24-251
8.3.3.5 光电式接近开关 …………… 24-254
8.3.3.6 霍尔式接近开关 …………… 24-255
8.3.3.7 超声波接近开关 …………… 24-258
8.3.4 力觉传感器 ………………………… 24-259
8.3.4.1 腕力传感器 ………………… 24-259
8.3.4.2 握力传感器 ………………… 24-260
8.3.4.3 脚力传感器 ………………… 24-260
8.3.4.4 手指式力传感器 …………… 24-261
8.4 光敏传感器 ………………………………… 24-261
8.4.1 光敏元器件性能参数术语 ………… 24-261
8.4.2 光敏二极管 ………………………… 24-263
8.4.3 光敏三极管 ………………………… 24-263

第 9 章 航空航天领域的传感器

9.1 航空航天领域传感器的测试参数及测试特点 ……………………………… 24-265
9.1.1 航空航天中的主要测试参数 ……… 24-265
9.1.2 测试参数的作用 …………………… 24-266
9.1.3 航空航天用传感器的特点 ………… 24-267
9.2 陀螺仪 ……………………………………… 24-267
9.2.1 陀螺仪的特性 ……………………… 24-268
9.2.2 陀螺仪的基本类型 ………………… 24-268
9.2.3 陀螺仪的性能参数和选择时考虑的因素 ……………………………… 24-269
9.2.4 典型产品 …………………………… 24-270
9.3 加速度传感器 ……………………………… 24-271
9.3.1 类型及原理 ………………………… 24-271
9.3.2 主要特性 …………………………… 24-272
9.3.3 主要性能参数和选择 ……………… 24-272
9.3.4 典型产品 …………………………… 24-273
9.4 高度传感器 ………………………………… 24-274
9.4.1 测量原理与分类 …………………… 24-274
9.4.2 典型产品 …………………………… 24-275
9.5 攻角传感器 ………………………………… 24-275
9.5.1 风标式攻角传感器 ………………… 24-275
9.5.2 零压式攻角传感器 ………………… 24-276
9.5.3 压差比攻角传感器 ………………… 24-276
9.5.4 攻角传感器选用 …………………… 24-277
9.6 基于 MEMS 技术的传感器 ……………… 24-277
9.6.1 MEMS 惯性导航系统 ……………… 24-277
9.6.2 MEMS 加速度传感器 ……………… 24-278
9.6.3 MEMS 压力传感器 ………………… 24-278

第 10 章 新型传感器

10.1 微机械传感器 ……………………………… 24-280
10.1.1 微加速度传感器 …………………… 24-280
10.1.2 微机械陀螺 ………………………… 24-284
10.1.3 微流量传感器 ……………………… 24-284
10.1.4 微压力传感器 ……………………… 24-289
10.2 智能传感器 ………………………………… 24-294
10.2.1 智能惯性传感器 …………………… 24-295
10.2.2 智能磁场传感器 …………………… 24-298
10.2.3 智能压力传感器 …………………… 24-299
10.2.4 智能温度传感器 …………………… 24-300
10.3 无线传感器 ………………………………… 24-301
10.3.1 无线温度传感器 …………………… 24-301
10.3.1.1 工作原理 ………………… 24-301
10.3.1.2 无线温度传感器产品 ……… 24-301
10.3.2 无线温湿度传感器 ………………… 24-302
10.3.3 无线压力传感器 …………………… 24-302
10.3.4 无线传感器应用 …………………… 24-303

参考文献 ………………………………………… 24-304

第25篇 控制元器件和控制单元

第1章 低压电器

1.1 低压电器分类及型号说明 …………………… 25-3
1.1.1 低压电器的分类 ………………………… 25-3
1.1.2 低压电器的型号表示方法 ……………… 25-3
1.1.3 低压电器选型的一般原则 ……………… 25-3
1.2 熔断器 ………………………………………… 25-3
1.2.1 熔断器的分类及结构原理 ……………… 25-4
1.2.2 熔断器的主要技术参数 ………………… 25-4
1.2.3 常用熔断器的型号及适用场合 ………… 25-4
1.2.4 常用熔断器的主要技术参数 …………… 25-6
1.2.5 熔断器的选用原则及应用场合 …… 25-10
1.3 断路器 ……………………………………… 25-11
1.3.1 断路器的类型 ……………………… 25-11
1.3.2 断路器的主要技术参数 …………… 25-11
1.3.3 断路器的型号及适用场合 ………… 25-11
1.3.4 常用万能式断路器的主要技术参数 ……………………………………… 25-15
1.3.5 常用塑料外壳式断路器的主要技术参数 ………………………………… 25-17
1.3.6 常用剩余电流动作断路器的主要技术参数 ………………………………… 25-20
1.3.7 断路器的选用原则 ………………… 25-22
1.4 接触器 ……………………………………… 25-22
1.4.1 接触器的分类及结构原理 ………… 25-22
1.4.2 接触器的主要技术参数 …………… 25-22
1.4.3 常用接触器的型号及应用场合 …… 25-23
1.4.4 常用接触器的主要技术参数 ……… 25-30
1.4.5 接触器的选用原则及应用场合 …… 25-41
1.5 继电器 ……………………………………… 25-42
1.5.1 继电器分类及用途 ………………… 25-42
1.5.2 继电器主要技术参数 ……………… 25-42
1.5.3 电磁继电器 ………………………… 25-42
1.5.4 热过载继电器 ……………………… 25-48
1.5.5 时间继电器 ………………………… 25-50
1.5.6 其他形式的继电器 ………………… 25-55
1.5.6.1 保护类继电器 …………………… 25-55
1.5.6.2 计数继电器 ……………………… 25-58
1.5.6.3 正反转控制继电器 ……………… 25-62
1.5.6.4 液位继电器 ……………………… 25-63
1.5.6.5 固态继电器 ……………………… 25-64
1.5.7 继电器的选用 ……………………… 25-64
1.6 开关 ………………………………………… 25-65
1.6.1 刀开关 ……………………………… 25-65
1.6.1.1 刀开关的类型、用途及特点 … 25-65
1.6.1.2 常用开启式刀开关技术参数 … 25-66
1.6.1.3 刀开关的选用原则 …………… 25-67
1.6.2 隔离开关 …………………………… 25-67
1.6.2.1 隔离开关的类型及用途 ……… 25-67
1.6.2.2 常用隔离开关的主要技术参数 …………………………………… 25-68
1.6.2.3 隔离开关的选用原则 ………… 25-71
1.6.3 负荷开关 …………………………… 25-71
1.6.3.1 负荷开关的分类及特点 ……… 25-71
1.6.3.2 常用负荷开关的主要技术参数 …………………………………… 25-71
1.6.3.3 负荷开关的选用原则 ………… 25-72
1.6.4 组合开关 …………………………… 25-72
1.6.4.1 组合开关的类型及特点 ……… 25-72
1.6.4.2 常用组合开关的主要参数 …… 25-73
1.6.4.3 组合开关选用原则 …………… 25-73
1.6.5 转换开关 …………………………… 25-73
1.6.5.1 转换开关的类型及特点 ……… 25-74
1.6.5.2 常用转换开关的主要技术参数 …………………………………… 25-76
1.6.5.3 转换开关的选用 ……………… 25-78
1.6.6 行程开关 …………………………… 25-78
1.6.6.1 行程开关的类型、特点及技术参数 ……………………………… 25-78
1.6.6.2 行程开关的主要性能参数 …… 25-80
1.6.6.3 行程开关的选用原则 ………… 25-83
1.6.7 微动开关 …………………………… 25-83
1.6.7.1 微动开关的型号及适用场合 … 25-83
1.6.7.2 微动开关的主要性能参数 …… 25-83
1.6.8 接近开关 …………………………… 25-84
1.6.9 光电开关 …………………………… 25-91
1.6.10 倒顺开关 ………………………… 25-94
1.6.11 脚踏开关 ………………………… 25-95
1.7 按钮及指示灯 ……………………………… 25-95
1.7.1 按钮的分类及用途 ………………… 25-95
1.7.2 常用按钮及指示灯的主要技术参数 ……………………………………… 25-96
1.7.3 常用按钮及指示灯型号与应用场合 ……………………………………… 25-96
1.7.4 常用产品的主要技术参数 ………… 25-100

1.7.5 按钮开关的选用原则 …… 25-101
1.8 电源 …… 25-101
1.8.1 稳压电源 …… 25-101
1.8.2 稳压器 …… 25-105
1.8.3 模块电源 …… 25-109
1.8.4 逆变电源 …… 25-110
1.8.5 UPS不间断电源 …… 25-110
1.8.6 电源的选用原则 …… 25-110
1.9 其他电器 …… 25-110
1.9.1 保护类电器 …… 25-110
1.9.1.1 BP系列频敏变阻器 …… 25-110
1.9.1.2 启动器 …… 25-113
1.9.1.3 电动机综合保护器 …… 25-118
1.9.2 操作屏 …… 25-119
1.9.3 接线端子 …… 25-119
1.9.4 变压器 …… 25-123
1.9.5 互感器 …… 25-127
1.9.6 电磁铁 …… 25-131
1.10 应用举例 …… 25-132
1.10.1 设计方法简介 …… 25-132
1.10.2 设计实例 …… 25-133
1.10.2.1 龙门刨床横梁升降和卡紧机构电气控制系统设计 …… 25-133
1.10.2.2 运料小车的电气控制系统设计 …… 25-136

第2章 单 片 机

2.1 单片机分类及应用 …… 25-138
2.1.1 单片机分类 …… 25-138
2.1.2 单片机应用 …… 25-138
2.2 基本硬件结构 …… 25-139
2.2.1 基本组成 …… 25-139
2.2.2 硬件结构 …… 25-139
2.2.3 主要特点 …… 25-140
2.3 指令系统 …… 25-140
2.3.1 单片机的编程方法与一般规则 …… 25-140
2.3.2 指令系统 …… 25-140
2.4 常用单片机主要技术参数规格 …… 25-140
2.4.1 MCS-51系列 …… 25-140
2.4.2 AVR单片机 …… 25-146
2.4.3 Freescale单片机 …… 25-148
2.4.4 PIC单片机 …… 25-151
2.4.5 NXP单片机 …… 25-158
2.4.6 MSP430系列单片机 …… 25-161
2.5 选用原则及应用场合 …… 25-162
2.5.1 选用原则 …… 25-162
2.5.2 应用场合 …… 25-163
2.6 应用举例 …… 25-163
2.6.1 单片机应用系统设计步骤 …… 25-163
2.6.2 单片机应用系统设计举例 …… 25-163
2.6.2.1 电火花机床单片机控制系统设计 …… 25-163
2.6.2.2 某高校学生宿舍用电管理系统设计 …… 25-164

第3章 可编程控制器（PLC）

3.1 基本结构原理 …… 25-166
3.1.1 可编程控制器的基本结构 …… 25-166
3.1.2 可编程控制器的工作原理 …… 25-167
3.1.3 可编程控制器的特点和分类 …… 25-168
3.1.3.1 特点 …… 25-168
3.1.3.2 分类 …… 25-169
3.2 指令系统 …… 25-170
3.2.1 PLC的编程方法与一般规则 …… 25-170
3.2.2 指令系统 …… 25-171
3.2.2.1 PLC的基本指令 …… 25-172
3.2.2.2 PLC的功能指令 …… 25-172
3.3 常用PLC规格和技术参数 …… 25-174
3.3.1 西门子PLC …… 25-175
3.3.2 ABB PLC …… 25-179
3.3.3 AB罗克韦尔PLC …… 25-182
3.3.4 欧姆龙PLC …… 25-183
3.3.4.1 微型机 …… 25-184
3.3.4.2 小型机 …… 25-189
3.3.5 三菱PLC …… 25-190
3.3.6 台达PLC …… 25-196
3.4 选用原则及应用场合 …… 25-200
3.4.1 选用原则 …… 25-200
3.4.1.1 机型的选择 …… 25-200
3.4.1.2 输入/输出的选择 …… 25-201
3.4.1.3 PLC存储器类型及容量选择 …… 25-203
3.4.1.4 软件选择 …… 25-203
3.4.1.5 支撑技术条件的考虑 …… 25-203
3.4.1.6 PLC的环境适应性 …… 25-203
3.4.2 应用场合 …… 25-204
3.5 应用举例 …… 25-204
3.5.1 简单应用 …… 25-204
3.5.1.1 三相异步电动机正反转控制 …… 25-204

3.5.1.2 三相异步电动机Y-△启动 …… 25-206
3.5.2 PLC 在机械手步进控制中的应用 … 25-208
3.5.3 用 PLC 实现分段液位的控制 …… 25-210

第4章 变频器

4.1 变频器的分类、组成和结构原理 …… 25-214
4.1.1 变频器的分类 …… 25-214
4.1.2 变频器的组成 …… 25-214
4.1.3 变频器的结构原理 …… 25-215
4.1.4 变频器的主要特点 …… 25-216
4.2 常用变频器技术参数、规格 …… 25-216
4.2.1 VFD 系列产品的技术参数、规格 …… 25-216
4.2.2 ATV 系列产品的技术参数、规格 …… 25-220
4.2.3 CDI 系列产品的技术参数、规格 …… 25-225
4.2.4 MM 系列产品的技术参数、规格 …… 25-227
4.2.5 OMRON 系列产品的技术参数、规格 …… 25-230
4.3 选用原则及应用场合 …… 25-233
4.3.1 选用原则 …… 25-233
4.3.2 应用场合 …… 25-233
4.4 应用举例——MM440 变频调速系统在铣床上的应用 …… 25-235

第5章 工控机

5.1 基本结构原理 …… 25-237
5.1.1 组成 …… 25-237
5.1.2 基本结构 …… 25-237
5.1.3 主要特点 …… 25-238
5.1.4 工控机分类 …… 25-238
5.2 常用工控机主要技术参数和规格 …… 25-238
5.2.1 研华工控机 …… 25-238
5.2.2 研祥工控机 …… 25-246
5.2.3 阿尔泰工控机 …… 25-249
5.2.4 NI PXI 工控机 …… 25-253
5.3 常用数据输入输出板卡及模块 …… 25-254
5.3.1 研华数据输入输出板卡及模块 …… 25-254
5.3.2 阿尔泰数据输入输出板卡及模块 …… 25-266
5.4 选用原则及应用场合 …… 25-274
5.4.1 选用原则 …… 25-274
5.4.2 应用场合 …… 25-275
5.5 应用举例 …… 25-276
5.5.1 试验器的主要技术要求 …… 25-276
5.5.2 试验器主要技术环节的实现方法 …… 25-276
5.5.3 液压和气压控制系统简介 …… 25-277
5.5.4 试验器电气系统硬件部分 …… 25-278
5.5.5 试验器电气系统软件部分 …… 25-280
5.5.5.1 系统软件环境 …… 25-280
5.5.5.2 软件主要功能 …… 25-280

第6章 数控系统

6.1 数控系统的分类、组成及功能 …… 25-282
6.1.1 数控系统的定义 …… 25-282
6.1.2 数控系统的分类 …… 25-282
6.1.3 CNC 系统组成 …… 25-283
6.1.4 计算机数控装置的组成 …… 25-284
6.1.5 CNC 系统功能 …… 25-285
6.1.6 计算机数控装置的工作原理 …… 25-288
6.2 数控系统的硬件结构 …… 25-289
6.2.1 CNC 系统的硬件构成特点 …… 25-289
6.2.2 单 CPU 结构 GNC 系统的硬件结构 …… 25-289
6.2.3 多 CPU 结构 CNC 系统的硬件结构 …… 25-290
6.3 CNC 系统的软件结构 …… 25-291
6.3.1 CNC 装置软硬件的界面 …… 25-291
6.3.2 CNC 系统控制软件的结构特点 … 25-292
6.3.3 常规 CNC 系统的软件结构 …… 25-294
6.4 数控系统的 I/O 接口 …… 25-297
6.4.1 CNC 装置的输入/输出和通信要求 …… 25-297
6.4.2 数控系统的 I/O 接口电路的作用和要求 …… 25-297
6.4.3 机床 I/O 接口 …… 25-298
6.4.4 通用 I/O 接口 …… 25-299
6.5 数控机床用可编程序控制器 …… 25-299
6.5.1 数控系统 PLC 的类型 …… 25-299
6.5.2 数控机床中 PLC 控制功能的实现 …… 25-300
6.5.3 PLC 在数控机床上的应用举例…… 25-303
6.6 常用数控系统技术参数规格 …… 25-304
6.6.1 FANUC 数控系统 …… 25-304
6.6.2 西门子数控系统 …… 25-304

6.6.3　广州数控数控系统 …………………… 25-306
6.6.4　华中数控系统 …………………… 25-306
6.6　数控系统的选择 …………………………… 25-308

第 7 章　工业机器人

7.1　工业机器人系统组成及设计应用 ……… 25-309
7.1.1　SCARA 型装配机器人系统设计原理及应用 ………………………… 25-309
7.1.2　BJDP-1 型机器人系统设计原理及应用 ………………………… 25-312
7.1.3　并联机器人系统设计原理及应用 ………………………………… 25-315
7.2　典型工业机器人产品选用 ………………… 25-317
7.2.1　ABB 工业机械手…………………………… 25-318
7.2.2　库卡（KUKA）工业机械手 ……… 25-323
7.2.3　新松（SIASUN）工业机械手 …… 25-330

参考文献…………………………………………… 25-334

第 26 篇　电动机

第 1 章　常用驱动电动机

1.1　电动机的分类、特性和用途 ………………… 26-3
1.1.1　电动机的分类 ……………………………… 26-3
1.1.2　电动机产品型号 …………………………… 26-3
1.1.3　电动机的结构及安装型式 ……………… 26-3
1.1.4　电动机外壳防护等级分类 ……………… 26-6
1.1.5　电动机冷却方法（IC 代码） ………… 26-6
1.1.6　电动机的工作方式分类 ………………… 26-6
1.1.7　电动机的工作定额 ………………………… 26-7
1.1.8　常用电动机的特点及用途 ………… 26-10
1.2　电动机的选择方法及功率计算 ………… 26-14
1.2.1　电动机的种类选择 ……………………… 26-14
1.2.2　电动机型式的选择 ……………………… 26-14
1.2.3　额定电压的选择 ………………………… 26-15
1.2.4　额定转速的选择 ………………………… 26-15
1.2.5　额定功率的选择与计算 ……………… 26-15
1.2.5.1　长期工作制时电动机功率选择 …………………………………… 26-15
1.2.5.2　短时工作制电动机功率选择 … 26-18
1.2.5.3　周期断续工作方式电动机额定功率选择 ……………………… 26-19
1.2.5.4　选择电动机功率的统计法 …… 26-19
1.2.5.5　调速电动机的功率选择 ……… 26-20
1.2.6　带冲击负载对电动机额定功率选择的影响 ………………………… 26-20
1.2.7　驱动电动机的功率计算实例 ……… 26-21
1.3　常用驱动电动机规格 ……………………… 26-23
1.3.1　一般异步电动机规格及技术参数 … 26-23
1.3.1.1　Y 系列（IP44）三相异步电动机 ……………………………… 26-23
1.3.1.2　Y 系列（IP23）三相异步电动机 ……………………………… 26-31
1.3.1.3　Y2 系列（IP54）三相异步电动机 ……………………………… 26-34
1.3.1.4　Y3 系列（IP55）三相异步电动机 ……………………………… 26-44
1.3.1.5　M2QA、QAL 系列三相异步电动机 ……………………………… 26-54
1.3.1.6　1LG0 系列三相异步电动机 …… 26-62
1.3.1.7　YR 系列绕线转子三相异步电动机 ……………………………… 26-68
1.3.1.8　YH 系列高转差率三相异步电动机 ……………………………… 26-72
1.3.1.9　YX 系列高效率节能三相异步电动机 ……………………………… 26-76
1.3.1.10　YEJ 系列电磁制动三相异步电动机 ……………………………… 26-77
1.3.2　变速异步电动机规格及技术参数 … 26-80
1.3.2.1　YD 系列（IP44）变极多速三相异步电动机 ………………… 26-80
1.3.2.2　YCT、YCTD 系列电磁调速三相异步电动机 ………………… 26-90
1.3.2.3　YVP（IP44）系列变频调速三相异步电动机 ………………… 26-94
1.3.2.4　QABP 变频调速三相异步电动机 ……………………………… 26-98
1.3.3　YZ、YZR 系列起重及冶金用三相异步电动机 ……………………… 26-100
1.3.4　防爆异步电动机 ………………………… 26-104
1.3.4.1　YB2 系列隔爆型三相异步电动机 ……………………………… 26-104
1.3.4.2　YA 系列增安型三相异步电动机 ……………………………… 26-109
1.3.5　YZO 系列振动源三相异步

电动机 …………………………… 26-114
1.3.6 小型盘式制动电动机 ………… 26-117
1.3.7 小功率异步电动机 …………… 26-120
1.3.8 单相异步电动机 ……………… 26-125
1.3.8.1 YL 系列单相双值电容异步电动机 ………………… 26-125
1.3.8.2 YBDC2 系列隔爆型电容启动单相异步电动机 ………… 26-128
1.3.9 Z4 系列直流电动机 ………… 26-132
1.3.10 电动机滑轨 ………………… 26-145

第 2 章 控制电动机

2.1 步进电动机 ……………………… 26-148
2.1.1 常用步进电动机的类型、特点及用途 ……………………………… 26-148
2.1.2 步进电动机的参数及其选择 ……… 26-148
2.1.3 步进电动机的计算与选型 ……… 26-149
2.1.3.1 步进电动机的选型原则 ……… 26-149
2.1.3.2 步进电动机选型的计算公式 ……………………………… 26-149
2.1.3.3 步进电动机的初选 ………… 26-151
2.1.3.4 步进电动机的性能校核 ……… 26-151
2.1.3.5 步进电动机的选型步骤 ……… 26-151
2.1.3.6 步进电动机选型实例 ……… 26-151
2.1.4 常用步进电动机的技术特性 ……… 26-152
2.1.4.1 步进电动机的型号标注方法 ……………………………… 26-152
2.1.4.2 BYG 系列两相混合式步进电动机 …………………………… 26-152
2.1.4.3 BYG 系列三相混合式步进电动机 …………………………… 26-163
2.1.4.4 BYG 系列五相混合式步进电动机 …………………………… 26-168
2.1.4.5 混合式步进电动机驱动器 …… 26-172
2.1.4.6 KINCO 系列两相、三相混合式步进电动机及驱动器 ……… 26-172
2.1.4.7 VRDM 系列三相混合式步进电动机 …………………………… 26-180
2.1.4.8 BY 系列微型永磁式步进电动机 …………………………… 26-182
2.2 直流伺服电动机 …………………… 26-184
2.2.1 直流伺服电动机简介 ……………… 26-184
2.2.2 直流伺服电动机的类型及选用原则 ……………………………… 26-185
2.2.3 常用直流伺服电动机的技术特性 ……………………………… 26-185
2.2.3.1 BL 系列无刷直流电动机及驱动器 …………………………… 26-185
2.2.3.2 FBL 系列无刷直流电动机及驱动器 …………………………… 26-187
2.2.3.3 SY 系列有刷直流伺服电动机 …………………………… 26-189
2.2.3.4 SZ 系列有刷直流伺服电动机 …………………………… 26-193
2.3 交流伺服电动机 …………………… 26-198
2.3.1 交流伺服电动机简介 …………… 26-198
2.3.2 交流伺服电动机的工作特性及参数 ……………………………… 26-198
2.3.3 交流伺服电动机的选择原则与容量计算 ……………………………… 26-199
2.3.3.1 交流伺服电动机容量选择的基本原则与步骤 ……………… 26-199
2.3.3.2 伺服电动机容量选择实例 …… 26-202
2.3.4 常用交流伺服电动机的技术特性 ……………………………… 26-204
2.3.4.1 MINAS A6 系列交流伺服电动机 …………………………… 26-204
2.3.4.2 SIGMA 7 系列交流伺服电动机 …………………………… 26-227
2.3.4.3 ECM 系列交流伺服电动机 … 26-239
2.4 直线电动机 ……………………… 26-245
2.4.1 概述 ……………………………… 26-245
2.4.2 直线电动机的原理及分类 ………… 26-246
2.4.3 直线伺服电动机的容量选择及示例 ……………………………… 26-246
2.4.4 常用直线伺服电动机的技术数据与外形尺寸 ……………………………… 26-247
2.4.4.1 Linear Σ系列直线伺服电动机 …………………………… 26-247
2.4.4.2 SGLC 系列方筒型直线伺服电动机 …………………………… 26-255
2.4.4.3 Σ-Trac 系列直线滑块 ……… 26-261

第 3 章 信号电动机与微型电动机

3.1 测速发电机 ……………………… 26-269
3.1.1 测速发电机简介 ………………… 26-269
3.1.2 直流测速发电机 ………………… 26-269
3.1.2.1 CY 系列永磁直流测速发电机 …………………………… 26-269
3.1.2.2 CYB 系列带温度补偿永磁

直流测速发电机 ………………… 26-271
3.1.2.3 CYD 型永磁低速直流测速发电机 ……………………………… 26-273
3.1.3 CK 系列交流测速发电机 ………… 26-274
3.2 ZY 型永磁微型直流电动机 …………… 26-275

附录 主要控制电动机生产企业汇总

参考文献……………………………………………… 26-283

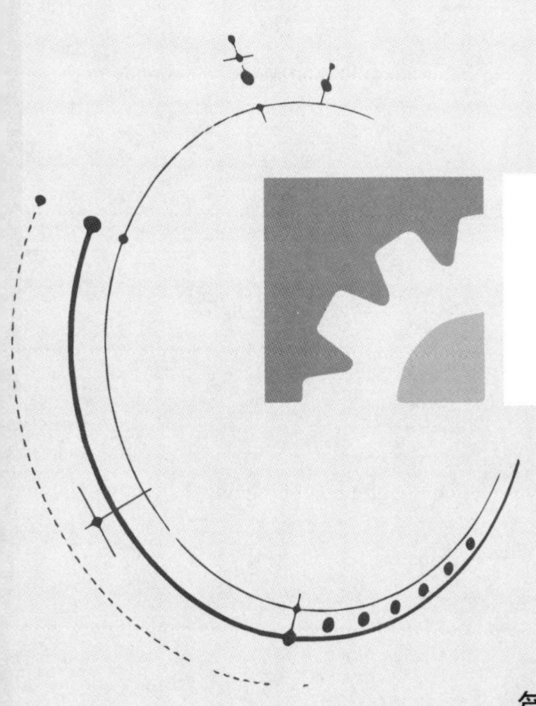

第 22 篇 智能装备系统设计

篇主编：孟新宇　郝长中

撰　稿：孟新宇　刘慧芳　杨国哲　王　剑
勾　轶　谷艳玲　郝长中　王铁军
吴东生　杨　青　高启扬

审　稿：于国安

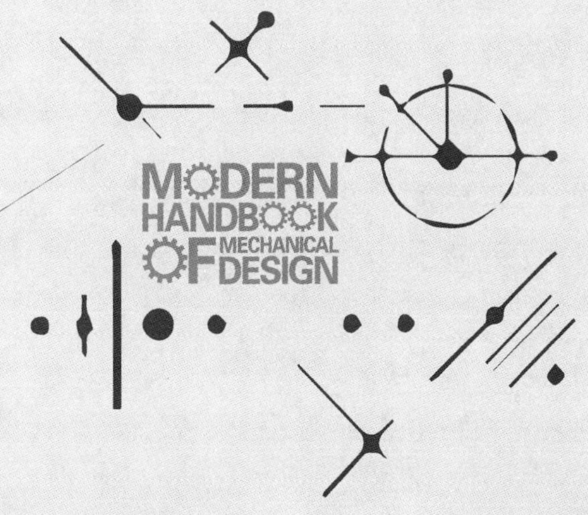

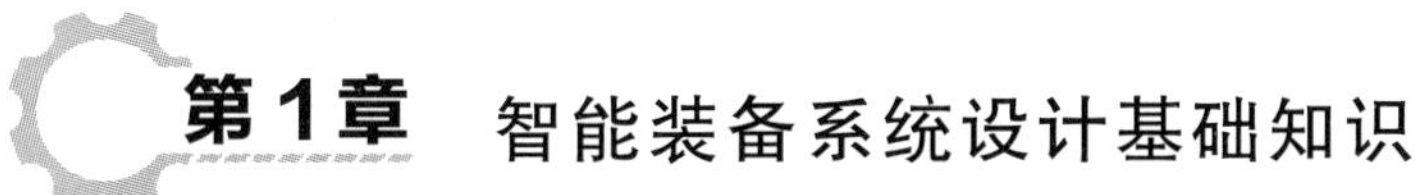

第1章　智能装备系统设计基础知识

1.1　智能装备系统的定义、特点和发展趋势

表 22-1-1　智能装备系统的定义、特点和发展趋势

<table>
<tr><td>定义</td><td colspan="2">现代机械系统已发展成为集光、机、电、磁、声、热、液、气、化学于一体的技术系统，具有感知、分析、推理、决策功能的制造装备，是先进制造技术、信息技术和智能技术的集成和深入融合
目前，国内外尚未对“智能装备系统”形成统一的、严格的定义，不同国家、地区和不同学者给出了不同的定义和解释，归纳起来大致有如下几种定义或描述
①智能装备系统是融合了光学、机械、电工与电子、软件及网络的综合性技术
②智能装备系统是在现代光学技术、网络技术和机电一体化技术基础上发展起来的一门新兴交叉学科，是综合光学、机械学、电子学、信息处理与控制等领域中先进技术的群体技术
③智能装备系统是由精密机械技术、激光技术、微电子技术和计算机技术等有机结合而成的先进制造技术
综上所述，智能装备系统可描述为：综合运用光学、机械学、电工电子学、计算机技术、信息技术、网络技术、控制技术和系统科学等多学科知识和技术，根据系统功能目标和优化组织结构目标，合理配置与布局机械本体，执行机构，动力驱动单元，传感测试元件，控制元件，光学与激光元件，光电子接收、分析、加工、处理、生产、传输单元和线路以及接口元件等硬件元素，并使之在人工智能、先进制造技术和微电子电路逻辑的有目的信息流向导引下，相互协调、有机融化和集成，形成物质、能量和信息三要素的有序运动，在多功能、高质量、高精度、高可靠性、低能耗意义上实现多种技术功能复合的系统工程技术</td></tr>
<tr><td rowspan="7">特点</td><td colspan="2">智能装备系统技术特征</td></tr>
<tr><td>特点</td><td>说　明</td></tr>
<tr><td>体积小、重量轻、成本低、适应性强、操作方便</td><td>传统的机械产品主要靠机械传动来连接各个子系统的相关动作部件，这样使得产品体积庞大，非常笨重。而智能装备产品大量采用微机械、微电子、微型光学的器件和技术，使得产品的体积、重量和成本大幅下降，机械结构大大简化，操作人员可以灵活方便地按需控制和操作</td></tr>
<tr><td>高精度、多功能、部分硬件软件化、智能化</td><td>智能装备系统的信息处理能力使系统中的机械传动部件大为减少，从而使机械磨损、受力变形及配合间隙等所引起的动作误差大大减小，同时各种干扰因素造成的误差又可通过自动控制系统的自诊断、自校正、自补偿来达到单纯机械方式所不能实现的工作精度，应用领域更宽，适用面更广，易于满足各种需要
智能装备系统通过改变程序、指令等软件内容而无需改动硬件部分，就可灵活地适应不同的工作环境和变化的功能要求，并可以方便地采用人工智能、知识工程、模糊控制、神经网络等先进理论和技术，使机械控制功能内容的确定和变化趋向“软件化”和“智能化”</td></tr>
<tr><td>高可靠性、高稳定性、长寿命</td><td>传统机械装置的运动部分，一般都伴随着磨损及运动部件配合间隙所引起的动作误差，导致摩擦、撞击、振动等加重，严重影响装置的寿命、稳定性和可靠性。而智能装备系统广泛采用光电和电磁等非接触式传感器和驱动器，代替传统机械系统中的敏感装置和运动部件，有效减少了因部件磨损、运动间隙、冲击振动引起的系统工作可靠性、稳定性和使用寿命降低等问题</td></tr>
<tr><td>衍生出许多功能更强、性能更好的新产品</td><td>智能装备系统衍生出许多功能更强、性能更好的新一代技术装备。人们很熟悉的静电复印机、彩色印像机等，就是由机、电、光、磁、化学等多种学科和技术复合创新的新型产品</td></tr>
<tr><td>综合性与系统性</td><td>智能装备系统是一门跨学科的边缘科学，其所涉及的机械技术、自动控制技术、信息技术、传感技术、接口技术、智能算法，以及网络安全技术等，在综合成一个完整的系统时，不仅发挥出各项技术的原有性能，而且还通过结构效应和规模效应涌现出新的整体特性，更具有系统性</td></tr>
</table>

续表

	特点	说明	
特点	产品技术层次多，应用范围广	智能装备系统与产品存在不同的层次，应用领域覆盖面很广。一般而言，对于智能装备单机产品，主要采用简繁并举、高低级并存的多层次发展途径进行设计开发，因而就存在技术指标和应用范围不同的多种类型产品。如，功能附加型的低级产品、功能替代型的中级产品和机电融合型的高级产品。在不同的应用领域，可以根据实际需要选择合适的产品类型	
	传统机械产品与智能装备产品的比较		
	比较内容	传统产品	智能装备产品
	外形	系统结构庞大	系统结构紧凑
	内部	机构复杂	机构简化
	运动方式	运动周期不可调	运动周期可调、可编程
	驱动方式	恒速驱动	无级变速驱动
	同步方式	机械同步	电子同步
	连接方式	刚性固定连接	柔性可变连接
	精度	由机械允差确定	反馈调节、精度高
	操作方法	人工或半自动操纵	自动化、无人化
	控制算法	程序设计者个人经验控制	先进制造技术下的控制目标
	发展趋势	说明	
发展趋势	信息化	微处理器和微控制器的发展奠定了单机数字化的基础，如不断发展的数控机床和机器人。而计算机网络的迅速崛起，为数字化制造铺平了道路，如计算机集成制造。数字化要求智能装备系统产品的软件具有高可靠性、可维护性，以及自诊断能力，其人机界面对用户更加友好，易于使用，并且用户能根据需要参与改进	
	智能化	赋予智能装备产品一定的智能，使它具有人的判断推理、逻辑思考、自主决策能力。例如：在 CNC 数控机床上增加了人-机对话功能、智能 I/O 通道和智能工艺数据库、远程数据库访问和故障诊断，给使用、操作和维护带来了极大的方便。随着人工智能技术、神经网络技术及光纤技术等领域取得的巨大进步，大量的智能化产品不断涌现	
	模块化	由于智能装备系统的产品种类和生产厂家繁多，研制和开发具有标准机械接口、电气接口、动力接口、环境接口的智能功能单元是一项十分复杂但又非常重要的工作。如研制集减速、智能调速、电机于一体的动力单元，具有视觉、图像处理、识别和测距等功能的控制单元，以及各种能完成典型操作的机械装置，这样可利用标准单元迅速开发出新产品，同时也可以扩大生产规模。智能装备系统产品模块化的发展可以有效促进新产品开发，使品种增多、花样翻新和开发周期缩短	
	网络化	网络技术将全球经济、生产连成一片，基于网络的各种远程控制和监视技术方兴未艾。智能装备系统产品无疑也将朝着网络化方向发展	
	人性化	智能装备系统产品的最终使用对象是人，如何在智能产品里赋予人的智能、情感和人性显得愈来愈重要，智能装备产品除了完善的性能外，还要求在色彩、造型等方面都与环境相协调，融于一体。使用这些产品，对人来说是一种艺术享受，如服务机器人的最高境界就是人机一体化	
	微型化	20 世纪 80 年代末，智能装备开始向微型机器和微观领域发展。目前，微光电机械系统（MOEMS）泛指几何尺寸不超过 $1cm^3$ 的智能装备产品。其体积小、耗能少、运动灵活，在生物医疗、军事、信息等方面具有不可比拟的优势，发展的瓶颈在于微机械技术	

续表

	发展趋势	说明
发展趋势	集成化	集成化既包含各种技术的相互融合和各种产品不同结构的优化与复合，又包含在生产过程中同时处理加工、装配、检测、管理等多种工序。为了实现多品种、小批量生产的自动化与高效率，应使系统具有更广泛的柔性。首先可将系统分解为若干层次，使系统功能分散，且各部分协调而又安全地运转，然后再通过硬件、软件将各个层次有机地联系起来，使其性能最优、功能最强
	可视化	科学计算可视化可用于高效处理数据和解释数据，使信息交流不再局限于用文字表达，而是可以直接使用图形、图像、动画等可视信息。可视化技术与虚拟环境技术相结合，进一步拓宽了应用领域。这对缩短产品设计周期、提高产品质量、降低产品成本具有重要意义
	带源化	智能装备系统产品自带动力源具有独特的好处，尤其在许多无法使用外接电能场合下具有特殊优势。带源化是光机电一体化产品的发展方向之一
	绿色化	工业的发达给人们生活带来了巨大变化，一方面物质丰富，生活舒适；另一方面资源减少，生态环境受到严重污染。于是，人们呼吁保护环境和资源，回归自然。智能装备系统产品的绿色化主要是指生产时资源利用率极高，使用时不污染生态环境，报废后能回收利用
	仿生物系统化	仿生学研究领域中已发现的一些优良的生物体机构可为智能装备系统产品提供新型机体。生物的特点是硬件(肌体)—软件(大脑)一体，不可分割。智能装备系统产品向生物系统化发展的过程是漫长的

1.2　智能装备系统基本构成要素

1.2.1　系统构成

在信息科学技术发展的推动下，制造业的资源配置已向信息（知识）密集型的方向发展。发展先进制造技术的目的，不仅是要高效制造出满足用户需求的优质产品，而且还要清洁、灵活地进行生产，以提高产品对动态多变的市场的适应能力和竞争能力。

一个较完善的智能装备系统由机械系统（机构）、电子信息处理系统（计算机）、动力系统（动力源）、传感检测系统（传感器）、执行元件系统（如电动机）五个子系统组成。通常采用拟人表达形式描述智能装备系统，见表 22-1-2。

表 22-1-2　智能装备系统构成

系统	说明
机械系统	机械系统就是机械本体，包括机身、框架、连接等，相当于智能装备系统的躯体，支撑着其他各个部分，要在机械结构、材料、加工工艺性以及几何尺寸等方面适应智能装备产品的高效率、多功能、高可靠性和节能、小型、轻量、美观等要求
计算机信息处理和控制系统	计算机信息处理和控制系统相当于智能装备系统的头脑，一般由计算机、可编程控制器(PLC)、数控装置以及逻辑电路、A/D 与 D/A 转换、I/O 接口和计算机外部设备等组成。它将来自各传感器的检测信息和外部输入命令进行集中、储存、分析和加工，并根据信息处理结果，按照一定的程序和节奏发出相应的指令，控制整个系统有目的地运行
动力系统	动力系统相当于智能装备系统的内脏，为系统的运动提供动力(能量)，保证系统正常运行。驱动部分是在控制信息作用下提供动力，驱动各执行机构完成各种动作和功能 智能装备系统一方面要求用尽可能小的动力输入获得尽可能大的功能输出，另一方面要求驱动的高效率和快速响应特性，同时要求对水、油、温度、尘埃等外部环境的适应性和可靠性
传感检测系统	传感检测系统相当于智能装备系统的感官，由专门的传感器及转换电路组成，对系统运行中所需要的本身和外界环境的各种参数及状态进行检测，变成可识别信号，传输到信息处理单元，经过分析、处理后产生相应的控制信息
执行元件	执行机构相当于智能装备系统的肌肉，使“躯体”能发挥效能，即根据控制信息和指令完成要求的动作。执行机构是运动部件，一般采用机械、电磁、电液等机构

1.2.2 技术构成

智能装备系统包括产品和技术两个方面。智能装备系统产品是包含机械技术、光电子技术、计算机技术、信息技术、自动控制技术和网络通信技术的高科技产品；而其技术是指智能化产品的技术原理及其得以实现、使用和发展的技术。智能装备系统的技术构成见表22-1-3，应用技术领域见表22-1-4。

表22-1-3 智能装备系统的技术构成

技术	说　明
机械技术	对于绝大多数的智能装备产品，机械本体在重量、体积等方面都占有很大比例，这些机械结构的设计和制造问题，除了要充分利用传统的机械技术外，还要大力发展精密加工技术、结构优化设计方法、动态设计方法、虚拟设计方法等；研究开发新型复合材料，以便使机械结构减轻重量，缩小体积，改善在控制方面的快速响应特性；研究高精度导轨、高精度滚轴丝杠、具有高精密度的齿轮和轴承，以提高关键零部件的精度和可靠性；通过使零部件标准化、系列化、模块化来提高其设计、制造和维修的水平
光电子技术	光电子技术是电子技术与光子技术的自然结合与扩展，它不仅拓展了传统电子技术的功能，而且使之有更强的适应性。目前，信息的探测、传输、存储、显示、运算和处理已由光子和电子共同参与来完成。光通信、光存储和光电显示技术的兴起和飞速发展，已使人们认识到光电子技术的重要性和其广阔的发展前景
激光技术	激光就是"受激辐射的光放大"，具有单色性好、亮度高、方向性强和相干性强等特点。激光技术是涉及到光、机、电、材料及检测等多门学科的一门综合技术，它的研究范围一般可分为：a. 激光加工系统，包括激光器、导光系统、加工机床、控制系统及检测系统；b. 激光加工技术，包括对材料（包括金属与非金属）进行非接触、高速度、高精度的切割、打孔、焊接、表面处理、微加工，以及作为光源识别物体等 激光传感器是利用激光技术进行测量的传感器，由激光器、激光检测器和测量电路组成。激光传感器的优点是能实现无接触远距离测量，速度快，精度高，量程大，抗光、电干扰能力强等。激光的空间控制性和时间控制性很好，对加工对象的材质、形状、尺寸和加工环境的自由度都很大，特别适用于自动化加工，激光加工系统与计算机数控技术相结合为优质、高效和低成本的自动化加工生产开辟了广阔的前景
计算机与信息技术	信息处理技术是指利用电子计算机及其外部设备对信息进行输入、转换、运算、存储和输出等技术，电子计算机包括工控机、单片机和可编程控制器等 对于电子设备，通过进一步提高其集成度来提高其运算速度和便于嵌入机械本体；通过自诊断、自恢复及容错技术来提高其可靠性；通过人工智能技术和专家系统来加速其智能化。以上这些措施可以使其在恶劣的工业环境中长期、安全、可靠地工作
自动控制技术与接口技术	自动控制技术范围很广，可在控制理论指导下，进行系统设计、系统仿真和现场调试。控制技术包括高精度定位控制、速度控制、自适应控制、自诊断校正、补偿、再现、检索等 在智能装备系统中，计算机与外设（如执行机构、传感器、机械本体、动力源和人机交互设备等）之间的连接和信息交换环节称为接口。接口包括硬件电路和相应的接口软件（驱动程序）。接口的作用：一是把外设输入给计算机的信息转换成计算机所能接受的格式或把计算机的输出信息转换成外设所能接受的格式；二是使计算机与外设之间信息的传输速度相互匹配；三是在计算机与外设之间对传输信息进行缓冲和对信号电平进行转换等
传感检测技术	传感检测技术是产品实现自动控制、自动调节的关键环节。现代工程要求传感器能快速、精确地获取信息，并能经受严酷环境的考验，它是智能装备系统达到高水平的保证。传感技术的核心是传感器，传感器按照一定的精度将被测量转换为与之有确定对应关系的电信号。智能装备产品中使用的传感器一方面向高灵敏度、高精度和高可靠性方向发展，另一方面向集成化、智能化和微型化的方向发展
伺服传动技术	伺服驱动技术主要是指与执行机构相关的一些技术问题。伺服驱动的方式主要有电动、气动和液压等各种类型。液压和气动主要包括泵、阀、油（气）缸、液压（气动）马达及其附属液（气）压元器件等；电动驱动主要包括交流伺服电机、直流伺服电机和步进电机等。伺服系统是实现电信号到机械动作的转换装置，对系统的动态性能、控制质量和功能有决定性的影响
系统技术	系统总体技术是一种从全局角度和系统目标出发，用系统的观点和方法将系统分解成若干个相互有联系的功能单元，找出能完成各个功能的技术方案，并将其进行分析、评价和优化的综合应用技术。智能装备系统作为一个整体，即使是性能一般的元件，只要从系统出发组合得当，也可能构成性能优良的系统。反之，即使各个部分的性能、可靠性都很好，如果整个系统不能很好地协调，它也很难保证正常、可靠地运行

表 22-1-4　智能装备系统的应用技术领域

<table>
<tr><th>技术领域</th><th>说　　明</th></tr>
<tr><td>机械制造生产过程的智能装备</td><td>
生产过程中智能装备的采用意味着整个工业体系的智能装备系统化，如机械制造过程、冶金生产、化工生产、粮食及食品加工过程、纺织工业、排版与印刷等。生产过程的智能装备系统根据生产过程的特点又可划分为以机械制造业为代表的、离散制造过程的智能装备和以化工生产流程为代表的、连续生产过程的智能装备
机械制造过程的智能装备系统包括产品设计、加工、装配、检验的自动化，生产过程自动化，经营管理自动化等，它所涵盖的相关技术如下
<table>
<tr><th>技术</th><th>说　　明</th></tr>
<tr><td>计算机辅助设计 CAD (computer aided design)</td><td>CAD 是指用计算机系统进行所需产品的设计全过程，其中包括资料检索、方案构思、计算分析、工程绘图和编制文件等。CAD 的目的是使整个设计过程实现自动化。CAD 系统可以把设计人员从繁重的计算、制图工作中解放出来，使他们有更多的时间去进行创造性活动，同时也缩短了新产品的设计周期，提高了企业对市场的应变能力</td></tr>
<tr><td>计算机辅助工艺过程设计 CAPP(computer aided process planning)</td><td>CAPP 是指在计算机系统的支持下，根据产品设计要求，选择加工方法、确定加工顺序、分配加工设备、安排加工刀具的整个过程。CAPP 的目的是实现生产准备工作的自动化。由于工艺过程的设计非常复杂，又与企业和技术人员的经验有关，开发难度较大。在多数情况下，把 CAPP 看作 CAM 的一个组成部分</td></tr>
<tr><td>计算机辅助制造 CAM (computer aided manufacturing)</td><td>从广义来说，CAM 是指在机械制造过程中，利用计算机通过各种设备，如数控机器人、加工中心、数控机床、传送装置等，自动完成机械产品的加工、装配、检测和包装等制造过程，包括计算机辅助工艺设计 CAPP 和数控编程。采用 CAM 技术可改善对产品多变的适应能力，提高加工效率和生产自动化水平，缩短加工准备时间，降低生产成本，提高产品质量</td></tr>
<tr><td>CAD/CAM 集成系统</td><td>目前，CAD、CAPP、CAM 独立存在的情况已越来越少，它们在计算机网络和数据库环境下相互结合，产生了 CAD/CAM 集成系统或 CAD/CAPP/CAM 集成系统。利用 CAD/CAM 集成系统或 CAD/CAPP/CAM 集成系统进行资料查询和修改设计，可大幅提高设计周期与工效，从而显著提高生产效率。系统提供的优化方法能够合理地确定设计参数，使产品性能好、用料省，提高了产品的性能价格比，缩短了研制周期，节省了试制、试验费用及材料</td></tr>
<tr><td>光学模式识别系统</td><td>光学模式识别系统是利用激光和摄影折射晶片作为记录介质，来记录和读取三维全息图。摄影折射晶片存储着从三维物体和平面波基准光束反射的干涉条纹构造的光束密度。物体的形状信息就是这样存储在摄影折射晶片内。当相同位置上的原物体被需要识别的物体替换时，物体上反射的光与原先记录的全息图光发生衍射，衍射光复制了像平面上形成的图像，这个图像显示了由傅立叶变换的模板物体光束以及需要比较的物体之间的相关程度</td></tr>
<tr><td>基于光学数据传输的远程操作系统</td><td>数据传输广泛应用于以下场合：从传感器获取承受外部电噪声的数据(或信号)；大批量数据传输；远距离执行操作等。现在，远距离对系统进行操作是很常见的现象，尤其是基于互联网的监控、检测和控制，在很多实际系统中广泛使用</td></tr>
<tr><td>材料激光加工系统</td><td>激光加工是通过激光光源和伺服机构协同实现的。此系统可以改变材料的特性或工件的切割面和热加工面。与传统的激光器相比，微型激光器由于成本低、精度高，应用广泛。微制造、在药物上钻孔和切槽、晶片干洗以及陶瓷机都用到了这种微机械技术</td></tr>
</table>
</td></tr>
</table>

第22篇

续表

技术领域	说明	
	技术	说明
机械制造生产过程的智能装备	柔性制造系统FMS	FMS是一个计算机化的制造系统，主要由计算机、数控机床、机器人、料盘、自动搬运小车和自动化仓库等组成。它可以随机地、实时地、按量地按照装配部门的要求，生产能力范围内的任何工件。它特别适合于多品种、中小批量生产、设计更改频繁的离散零件的批量生产。它可以根据市场需要修改原设计，轻而易举地将原制造系统变成一个新的制造系统 FMS需要数据库的支持。FMS所用的数据库一般有两种。一种是零件数据库，存储工件尺寸、工具要求、工件夹持点、成组代码、材料、加工计划、加工进给量和速度等数据。另一种数据库存储管理与控制信息、每台设备的状态信息，以及每个工件加工完成情况等信息
	柔性制造单元FMC	FMC是一种柔性加工生产设备，是FMS向廉价化、小型化发展的产物。FMC可以作为独立的生产设备，也可以作为FMS的一个组成部分，特别适用于中小企业。FMC具有柔性制造的主要特征，它至少由一台数控机床(或加工中心)，自动上、下料装置和刀具交换装置等组成
	计算机集成制造系统CIMS(computer integrated manufacturing system)	CIMS是机械制造过程智能装备系统的高级形式，其核心是集成。CIMS是在柔性制造技术、信息技术和系统科学的基础上，把分散在产品设计制造过程中各种孤立的自动化子系统有机地集成起来，形成适用于多品种、小批量生产，实现整体效益的集成化和智能化制造系统。集成化反映了自动化的广度，它包括信息集成、过程集成及企业间集成三个阶段的集成优化，它把系统的范围扩展到了市场预测、产品设计、加工制造、检验、销售及售后服务等的全过程。智能化则体现了自动化的深度，它不仅涉及物资流控制的传统体力劳动自动化，还包括信息流控制的脑力劳动的自动化
产品的智能化	产品的智能化是智能装备系统的核心，是生产过程智能化的物质基础。智能装备系统产品的设计目标就是将机械技术与光电子技术、计算机技术相结合，充分发挥各自的长处，弥补各自技术上的不足 无论是开发一个智能装备系统，还是设计单台智能装备产品，都应面向需求，以先进技术为选择标准，以能否明显改进产品性能、不过度提高产品成本、有效提高经济效益为依据，使产品设计与用户愿望相吻合。在此设计思想指导下，应合理确定系统或产品内部功能的基本设计原则，即：在主功能上，系统误差要小，抗干扰能力要强，变换效率要高；在动力功能上，输入功率要小，动力源应内装；在控制功能上，控制I/O数要少，手动操作要少；在结构功能上，几何尺寸和重量要小，强度要高；除以上内容之外，还应考虑安全可靠、维修方便、造型美观等问题	

1.2.3 系统分类及特征

开发智能装备系统产品有不同的层次和灵活的自由度，可根据光学元件与机械元件和电子元件的集成方式的不同，将智能装备系统分成表22-1-5所示的三大类。

表22-1-5 **智能装备系统的分类**

分类	说明
机电一体化系统	在这类利用机电一体化原理设计的、全新的智能装备产品中，光学和机电元件在功能上是不能分离的，若将组成系统的光学或机电元件移走，那么系统就不能正常工作。这表明这两种元件是在功能和结构上密切关联的，以便达到理想的系统性能 石英电子钟代替机械式钟表是典型的例子。对于机械表来说，它的动力靠手工上劲儿的“发条”，时针、分针和秒针的转动要靠一系列相互啮合的齿轮来带动。机械表的走时精度靠“发条”的力学特性、齿轮的精度以及装配情况来决定。而电子表则完全不同，它是以微型电池提供的电能为动力，推动晶体振荡产生电脉冲，然后用记数电路记数，并通过液晶显示器把月、日、时、分、秒、星期等用数字形式显示出来。有的电子表还具有定时报警、异地时间显示等功能。由于晶体振荡器的振荡频率稳定性很高，故电子表的精度很高

续表

分类	说　明
光学嵌入式机电系统	这类系统基本上是由光学、机械和电子元件组成的机电系统。为了充分发挥智能装备系统的优点，必须使机械本体达到高精度、轻量化和高可靠性。在这类系统中，光学元件嵌入到机电系统中，使产品在质量、功能、效率和节能等方面向更高水平发展，或使产品产生新的功能。光学元件也可以从系统中分离出来，但是系统的性能就会下降 大多数工程上带有光学元件的机电一体化系统都属于这种类型，例如：微型计算机控制的数控机床、电子式自动变速器、电子控制的汽车防滑器、全自动洗衣机、真空清洁器、制造工艺监测控制系统和工业机器人等 采用光电式（光栅、光码盘、光电开关等）、电磁式（感应同步器、磁尺、旋转变压器等）或其他电动式（电阻式、电感式、电容式、压电式）的传感器作检测器时，容易与电子式控制器相匹配。这些传感器能把非电量的位移、压力、温度等信号转换为电信号，便于采用电子技术。用这样的电子式检测器来取代机械挡块、刻度盘和行程开关等，可以提高检测精确度和灵敏度
机电嵌入式光学系统	这类系统基本上是光学系统，它集成了机械和电子的一些元件。很多光学系统都需要定位伺服机构来操作，以便控制光束的排列和光的极化作用。机电嵌入式光学系统，常见的如照相机、光学放映机、检流计、串并联扫描仪、光学开关、光纤挤压式偏振控制器等

1.3　智能装备系统产品的设计方法

智能装备是机械技术、光电子技术和信息技术的有机结合，需考虑哪些功能由机械技术实现，哪些功能由光电子技术实现，进一步还需要考虑在光电子技术中哪些功能由硬件实现，哪些功能由软件实现；需要考虑光机电有机结合如何实现，机、电、液传动如何匹配，智能装备系统如何进行整体优化等不同于传统机电产品设计的一些特点。因此，智能装备产品必然有一些特有的设计方法，能够综合运用各种相关技术的特长，使其充分发挥智能装备的优越性。

传统和现代设计方法是普遍适用的，在智能装备产品设计中也有着不同程度的应用，解耦和耦合等智能装备系统独特的分析方法是现代设计方法的重要组成部分，它们与各种传统和现代设计方法一起构成了智能装备系统产品的设计方法。

1.3.1　智能装备系统主要的分析方法

1.3.1.1　系统的解耦与耦合

智能装备系统产品存在着多种能量转换和多重复杂的非线性耦合。这些产品在工作过程中要求各执行机构以所需的相对运动规律协调运动。但由于系统的复杂性以及制造误差，很难保证足够的运动精度和稳定性。如机器人手臂颤动、数控机床达不到所需的加工精度、高速运行的汽轮机转子由于运动规律的变化造成重大设备事故，这些现象都说明，在复杂智能装备产品中存在着深度的光机电有机结合，而这种特性在系统设计和运行过程中还没有被充分考虑。

（1）智能装备系统产品是复杂系统

智能装备系统产品与传统机械产品和机电一体化产品都不同，是一种十分复杂的系统，其设计方法与传统机械产品和机电一体化产品的设计方法也不完全相同。机械系统的设计方法（静力学、运动学、动力学、机械学、摩擦学和疲劳设计、可靠性设计等）适合于纯机械系统设计，主要解决机械的零件与零件、零件与部件、部件与部件等在空间（如装配和运动关系）和时间（时序配合及主从运动关系）上的关系，以及强度、刚度、振动和寿命问题。机电一体化产品的设计方法是先考虑机械部分的设计，再考虑控制部分的要求。而智能装备系统产品的设计方法是在系统设计的开始阶段就将光电控制、控制系统、传感器及信号处理系统的存在作为前提来考虑，进行光学技术、电子技术、计算机技术和机械技术的结合和集成。

归纳起来，智能装备系统有以下技术特点：

一是智能装备系统是一个高阶系统，混合在一起的多维参数对应（控制）多种物理功能。

二是智能装备系统是一个多回路的反馈系统，与执行体有关的各种信息通过各反馈回路传输到驱动体或控制体，完成实时信息处理和控制。

三是智能装备系统是一个非线性系统，主要表现在光机电单元的非线性和滞后现象。许多情况下，单元的输入与输出并非简单的比例关系，而是复杂的非线性关系。上述情况导致了智能装备系统不同于一般纯机械系统和机电系统动力学所研究的系统，分析和设计方法也不同于这两种系统的分析和设计方法。解耦和耦合等就是智能装备系统独特的分析方法。

（2）智能装备系统中的解耦系统与耦合系统

引起智能装备系统复杂性的主要原因是所谓的高阶性，而引起高阶性的根本原因在于此种系统所具有的复杂功能。功能越复杂和相互耦合的控制参数越多，其阶数则越高。其物理表现为：存在时序上和空间上的冲突，以及各功能间此消彼涨的现象，此即工程冲突。

工程冲突是苏联学者 GenrikhAhshuller 在其创造性设计理论（俄文缩写 TRIZ）中提出的一个观点。所谓工程冲突，是指用原来方法修改某一个系统参数将导致其他参数变化的现象。工程冲突是普遍存在的，如汽车的舒适性、安全性和经济性就构成一种工程冲突，这种工程冲突的不断解决就是汽车设计进步的过程。自动导引车既要跟踪预定的轨迹，又要控制随轨迹变化的速度，还要接受地面控制站发来的各种指令，依据这些指令做出控制上的修改。反映这些功能的参数和指令耦合应协调一致，以解决空间上和时序上的矛盾，也就是要解决工程冲突。

智能装备系统各部分间存在“机械”上的弱联系，而又在“光”和“电”方面存在联系，为解决其工程冲突提供了一个主要的途径。利用机械上弱联系之特点，根据所设计系统之功能域、主功能和辅助功能的主线，将系统降阶为多个单因素控制的、单个功能的光机电单元的组合——解耦系统。其目的在于发现工程冲突，发现冗余单元，并为耦合做好系统上的准备。解耦系统是一个虚拟的系统，它是解耦过程的结果。

耦合是解耦的逆过程。将多个光机电单元耦合成一个完整的系统，创造出单个光机电单元所不具备的功能，并解决工程冲突问题的过程称为耦合。耦合就是在解决工程冲突的基础上，建立各参数之间的正确耦合关系。解耦与耦合是对立的统一，是智能装备系统发展和进化的原动力。通过解耦发现工程冲突，通过耦合解决工程冲突，都是创造性的过程，是智能装备系统分析、研究、设计和开发的主要方法。

下面将对解耦与耦合的具体方法与过程进行详细介绍。

1.3.1.2　系统设计公理

将公理化设计原理的信息量定义为产品系统的功能需求信息量，简称功能信息量，用 I_R 表示，并将其含义进行扩展：功能信息量不仅表示了设计对象的知识需求和制造难度，而且还表示了设计对象的功能大小。对于某一设计，当设计方案的总信息量最小时，这个最小的总信息量就度量了设计对象的功能。此时，用功能信息量 I_R 来定量地表示系统功能的大小。即

$$I_R=\min(I_R^{(k)})\quad(k=1,2,3,\cdots)\qquad(22\text{-}1\text{-}1)$$

式中，$I_R^{(k)}$ 表示不同设计方案。

信息量含义的扩展是合理的，因为式（22-1-1）是定义在设计对象的功能域上的，它的直接含义应该是系统所实现功能的难易程度，而且，在一般情况下，知识需求越多、制造难度越大的系统，功能越强。

用最小总信息量来度量，避免了设计过程人为的因素，尽可能客观地对系统功能进行评价。需要说明的是，尽管引进了功能信息量 I_R 来度量设计对象的功能，但功能大小的比较是定义在同种功能之间，不同功能间的比较是没有意义的。

对于一个产品系统，需要分析用户提出的要求，准确地定义出功能需求 FR；在设计公理的指导下，进行设计，得到满足功能需求 FR 产品的设计参数 DP。

设计参数 DP 的内容非常广泛，包含多种物理描述（如形状、位置、大小等）和物理过程（如运动、加热、切割、辐射、发声等），必须用某种物理变量来表示，否则无法准确实现。常用的物理变量有尺寸、距离、速度、温度和力等。在用这些物理变量来量化设计参数时，有些设计参数可以给出确定值，有些设计参数不能给出确定值，而只能给出一个取值范围，特别是描述物理过程的参数。

一个产品系统在实现其功能时，它的状态必须是实时确定的，也就是说，实现功能的参数必须是确定的，那些在设计阶段不确定的物理量，在系统运行时必须取某一值，否则系统将处于不确定的状态。另一方面，产品系统的参数不可能在设计阶段完全确定。因为系统的运行要适应不同的工作要求、工作环境以及工作内容。针对这一客观现象，将设计参数分成两类，并在设计阶段对这两类参数区别对待。在设计过程中，一些能给出确定值的设计参数，称为结构参数（structure parameter），用 SP 表示；另一些不能给出确定值，而只能给出取值范围的设计参数，称为时域参数（time-domain parameter），用 TP 表示。

结构参数 SP 作为产品系统功能实现的基础，在设计阶段，应当是确定在产品系统的结构中，而且希望在产品制造和运行状态下，有较好的稳定性。

有些产品的功能可以完全由结构参数确定，如刀具、模具以及大多数手工工具等。这些产品功能体现在形态（材料）结构上，其功能用它的尺寸、形态（材料）就能描述。

结构参数的实现是在产品制造和系统建立阶段。同样可以定义结构参数的信息量 I_{SP}，设结构参数 SP 的值是 L_{SP}，制造允许的精度是 $\pm e$，若精度分布沿 L_{SP} 全程是均匀的，则对应的信息量是

$$I_{SP}=\lg\left(\frac{L_{SP}}{2e}\right)\qquad(22\text{-}1\text{-}2)$$

结构参数的信息量反映了系统结构实现的不确定性和制造的困难程度。信息量越大，系统建立和制造

的难度就越大。

与结构参数不同，时域参数不能在设计阶段确定，必须在产品系统工作运行时确定。而且在系统启动、运行和制动时，这些时域参数的物理量都会随时间而变化。智能装备系统的功能特征主要由时域参数决定，其原因如下。

首先，智能装备系统的功能特点是在系统运行时反映出来的。它与刀具、工具不同，摆放在那儿不运行是体现不出它的性能的。

其次，智能装备系统的运行状态是一个有组织、有次序的协调工作的状态，是一个有序、低熵值的状态；一旦外界停止输入能量，系统停止运行，系统就将处于一个自然的、无序的、随机的、高熵值的状态；系统的运行状态对应于一个能级较高的非平衡态，需要输入能量和信息，以维持这个非平衡态；而系统的停机状态，对应于一个能级较低的平衡态，没有能量和信息的输入和输出；在系统的启动和制动过程中，系统状态将随时间而变化。在系统的运行过程中，系统状态也会随时间成周期性或单调地变化。所以，系统状态应由一些随时间变化的参数来描述。这些时域参数决定着系统的状态及其功能实现。

结构参数和时域参数的划分是相对的。设计参数是结构参数还是时域参数，并不能按参数的物理种类来定，而要根据系统分析和功能需求来定。在产品设计中，不同的选择会导致系统功能的变化。这种变化往往是技术创新的开始。

对时域参数的处理不同于对结构参数的处理。由于时域参数的实际值需要在产品运行时确定，因此，在设计阶段需要确定时域参数的控制方法和“定位”手段。采用以微型处理器为核心的自动控制装置是智能装备系统的设计思想，由此得出智能装备系统设计的第一条原则——时域参数控制原则，即一个智能装备系统的设计，必须利用自动控制回路实现对时域参数的控制。时域参数控制原理要求将系统的时域参数置于系统控制器的控制之下。这是实现对系统运行状态和功能进行控制的充要条件。

正如前文所阐述的，系统状态由一些随时间变化的参数决定和描述。它们与产品的系统功能可以用下面的形式表示

$$F(t)=F(DP_1(t),DP_2(t),DP_3(t),\cdots) \tag{22-1-3}$$

式中，$F(t)$ 是系统的功能函数

$$DP_i(t)=\begin{cases} SP_k & DP_i(t)=\text{常数},\dfrac{\partial DP_i}{\partial t}\approx 0 \\ TP_k(t) & DP_i(t)\neq \text{常数} \end{cases} \tag{22-1-4}$$

有的系统功能函数 $F(t)$ 有明确的数学模型，而大多数系统没有明显的数学表示。由于在产品制造和系统建立时，结构参数被确定在结构中，在系统运行时始终保持不变。因此，在 $F(t)$ 中，结构参数以常数的形式出现，系统功能可以认为只是时域参数的函数。

在智能装备系统的运行过程中，各时域参数之间，以及时域参数与环境参数之间存在着相互协同、相互配合的关系。同时，外界各种因素对系统产生干扰，引起参数变化，造成系统输出改变。这些都要求对时域参数进行实时监控。如果不对时域参数进行实时监控，系统一旦受到干扰，其输出性能就会受到影响。

在设计智能装备系统时，遵循时域参数控制原则，用控制器将产品的时域参数控制起来，就能够设计出运行可靠、自动化程度高、抗干扰能力强的智能装备系统。

时域参数有一定的变化范围，$TP\in[a,b]$。在实现对时域参数控制时，不可能无限精确地确定它的值，存在一定的分辨率，设为 ε。可以定义时域参数的信息量 I_{TP}

$$I_{TP}=\lg\left(\frac{|a-b|}{\varepsilon}\right) \tag{22-1-5}$$

时域参数信息量表示在 ε 分辨率下，在区间 $[a,b]$ 上得到某一确定值的不确定性。它在一定程度上反映出时域参数的控制复杂性。可以看出时域参数信息量的定义与信息论中对信息量的定义是一致的。控制范围越大，控制精度越高，分辨率越高，$\dfrac{\varepsilon}{|a-b|}$ 就越小，所需信息量 I_{TP} 就越多。当对数的基为 2 时，信息量 I_{TP} 还直接表示在 ε 分辨率下，在区间 $[a,b]$ 上确定某一值所需二进制数据的最小长度。

例如，光学精密仪器制造系统中，时域参数 TP_1 表示 Y 轴直线运行，行程 $S=530\text{mm}$，分辨率 $\varepsilon=0.01\text{mm}$。该时域参数的信息量是

$$I_y=\log_2\left(\frac{S}{\varepsilon}\right)=\log_2\left(\frac{530}{0.01}\right)=15.69$$

时域参数 TP_2 表示 X 轴直线运行，行程 $S=700\text{mm}$，分辨率 $\varepsilon=0.06\text{mm}$。该时域参数的信息量是

$$I_x=\log_2\left(\frac{S}{\varepsilon}\right)=\log_2\left(\frac{700}{0.06}\right)=13.51$$

这两个时域参数信息量表示：Y 轴直线运动上某个有效的值 y，需要 15.69≈16 位二进制数；而为了表示 X 轴直线运动上某个有效的值 x，需要 13.51≈14 位二进制数；由于 $I_x<I_y$，表明 X 轴控制的复杂

性小于 Y 轴控制的复杂性。

一个智能装备系统，每个时域参数 TP_i，都有一个信息量 I_{TP_i}，则设计的总时域参数信息量 M 为

$$M = \sum_i I_{TP_i} \quad (22\text{-}1\text{-}6)$$

M 称为控制信息需求量，它表明产品在运行时的、系统总的不确定性和需要的最小信息总量。

当设计违反独立性设计公理时，时域参数之间存在耦合情况，系统需要的信息总量将大于 M。一个具体的系统，其所有时域参数不一定都被控制器控制。将被控制器控制的时域参数的信息量相加，称为控制信息处理量 P，表示系统运动时，控制系统提供的实际信息总量及其消除的系统不确定性

$$P = \sum_k I_{TP_k} \quad (22\text{-}1\text{-}7)$$

功能信息量 I_R是定义在设计的功能需求域上的，而时域参数的信息量 I_{TP} 是定义在设计的物理域上的，两者含义有所不同，分别表示设计中的需求和实现两个方面。

由于每个时域参数 TP 都对应着一个功能需求 FR，时域参数的变化区间 $[a,b]$ 应包含功能需求的范围 L，而时域参数的分辨率 ε 应小于功能需求的精度。因为 $L \leqslant |a-b|$ 和 $2\Delta L \geqslant \varepsilon$，则有

$$I_R = \lg \frac{L}{2\Delta L} \leqslant \lg \frac{|a-b|}{\varepsilon} = I_{TP} \quad (22\text{-}1\text{-}8)$$

由此得出智能装备系统设计时时域参数设计的约束条件：时域参数的信息量 I_{TP}必须不小于对应的功能需求的功能信息量 I_R，这是时域参数满足功能需求的必要条件。

时域参数设计的约束条件给出了时域参数信息量的下限，而时域参数信息量的上限一方面受到控制条件、控制器选择和价格成本的限制，另一方面还受到下面将介绍的控制效率的约束。

设产品功能需求 FR 的总信息量 $I_R = \sum_j I_{R_j}$，对于智能装备系统的某一设计方案，其功能需求 FR 的总信息量 I_R 与时域参数的总信息量 M 的比值记为 η

$$\eta = \frac{I_R}{M} \times 100\% \quad (22\text{-}1\text{-}9)$$

式中，η 称为该方案的时域参数控制效率，表示一定时域参数所控制的产品系统功能。

当系统的功能需求不变，即 I_R一定时，减少时域参数的数量或时域参数的信息量，η 值就增大，表明所选择的时域参数的控制效率高；而时域参数的设计不变，即 M 一定时，通过功能重新组合、集成，挖掘产品潜力，使功能增强，I_R值增大，η 值增加，表明设计的控制效率增大。降低控制信息量需求意味着系统在运动时，控制器的负担减轻；而提高功能信息量意味着系统的功能增加。

对于一个智能装备系统，η 值的大小是衡量其设计好坏的一个重要标准。这样得出智能装备系统设计的第二条原则——最大控制效率原则：一个好的智能装备系统设计应满足独立性和最小信息量原则，并在满足时域参数信息量的约束条件下，追求时域参数的控制效率最大。

由于功能信息量 I_R 的比较限定在同种功能之间，所以时域参数控制效率的比较也限定在同种功能的系统，特别是同一系统的不同设计方案之间。这一限定并不妨碍最大控制效率原则的应用。因为系统设计需要在多个方案之间选择；而某个设计方案的优劣，只有在与其他方案和其他同类系统的比较中才能发现，没有一个绝对的标准能涵盖所有系统的功能。

在智能装备系统的设计中，一方面要增加控制手段，提高系统的光机电化率，提高可控性和自动化水平，增加时域参数的控制信息量；另一方面又要在满足约束条件和保证系统功能需求不变的情况下，减少时域参数的控制信息量，提高控制效率，降低控制器负担，降低产品的造价。上述两方面的要求是一个问题的两个方面，一个好的设计就是在二者之间寻找到最优解。

1.3.1.3 单元化设计原理

时域参数是智能装备系统重要的设计参数，它决定了系统的运行特性和性能指标。在实现对时域参数的控制时，光机电单元是一种有效的手段。

在系统设计阶段，可靠性是需要充分考虑的因素。时域参数的性质决定了其可靠性直接影响着系统的可靠性。在设计阶段，要保证对时域参数控制的安全可靠，将控制功能分散是提高系统可靠性的重要办法。在早期的系统设计中，由于处理器的成本较高，多采用集中控制，即将系统中的所有运算、控制功能置于一台主控计算机里，控制回路中的其他元件，如驱动器、执行机械、信号采集及反馈元件，与主控计算机成星状连接，系统的可靠性几乎全部由主控计算机的可靠性来决定，因此集中控制系统的可靠性较低。

随着计算机成本的降低和通信成本的提高，将控制功能分散到下层控制器的分散化系统结构逐渐采用。由于控制功能分布在多个控制器中，主控计算机的负荷降低了。每个控制单元具有较独立的自主性，互相间影响较少，降低了各部分间的耦合。如果某个

控制单元出现故障，不会影响到系统的其他部分。即使主控计算机出现故障，也不会造成过大的损失。因此系统的可靠性大大地提高了。

在系统设计阶段，得到时域参数后，按照时域参数控制原则要对时域参数进行控制，对每个时域参数构造一个控制回路。由于时域参数之间是非耦合或解耦的，各控制回路在逻辑上可以认为是一个相互独立的，包含控制器、驱动器、传动执行机构和反馈元件的光机电单元。对于有些不能用一个控制回路控制的时域参数，还需要进行更深一层的从功能需求到设计参数的设计过程，将功能进一步分解，直至得到参数单一的时域参数并对其进行控制。

光机电单元是随着微处理器、光电子、精密加工等现代制造和加工工艺的发展而产生的。它反映了这样一种发展趋势，即机械、电子与光学的结合，从系统和子系统的结合（如 CNC 机床、CIMS 等）向更加基础的元素——部件的结合发展。这种趋势继续发展就意味着将来可能出现类似于细胞大小的、具有自主性的微型机构。

光机电单元不仅是一种产品部件，更重要的还是一种设计思想和产品开发的方向。在现阶段，真正能实现集控制器、驱动器、传动及执行器为一体的单元并不多，往往是以相对独立的形式存在，如大部分直线运动单元没有成为一体，导轨、丝杠、驱动器和电动机是分立的，还需要将它们装配、连接起来。目前有大量的技术成熟、系列化的商品部件供应市场，在市场上选购合适部件，将它们装配成一个光机电单元是比较容易的。

用光机电单元的思想，即控制功能分散和控制回路独立，进行系统设计，选用适当的配套元件加以实现，是快速、可靠地开发智能装备系统的有效途径。

1.3.1.4　智能装备系统的结构层次

智能装备系统设计的过程就是其解耦与耦合的过程。为此，应该把一个复杂的智能装备系统看作多个在结构上、功能上相对独立的光机电单元的耦合，而每一个光机电单元都包含机械本体、执行、传感、信息处理和功率驱动五个部分。通过对系统进行需求分析并逐级分解、细化，可以将系统的需求描述得更为完整，而且这种描述可以与设计中的单元紧紧地联系起来。通过将智能装备系统解耦，或称为功能结构分解，可以将一个复杂的、规律不明显的智能装备系统的设计转化为多个较简单的、规律较明显的光机电单元的设计，可以大大简化系统的设计，加快开发速度，提高开发质量。

智能装备是一种光机电系统（optical mechanical electronics system，OMES），是由“光机电组元”（optical mechanical electronics component，OMEC）通过电子计算机软件集成而得到的，而 OMEC 又是由“光机电单元”（optical mechanical electronics element，OMEE）耦合而成的，对于较简单的 OMES，也可以由 OMEE 直接耦合得到，但通常认为光机电系统具有 OMEE、OMEC 和 OMES 三级结构，如图 22-1-1 所示。OMEE 的结构和特点见表 22-1-6。

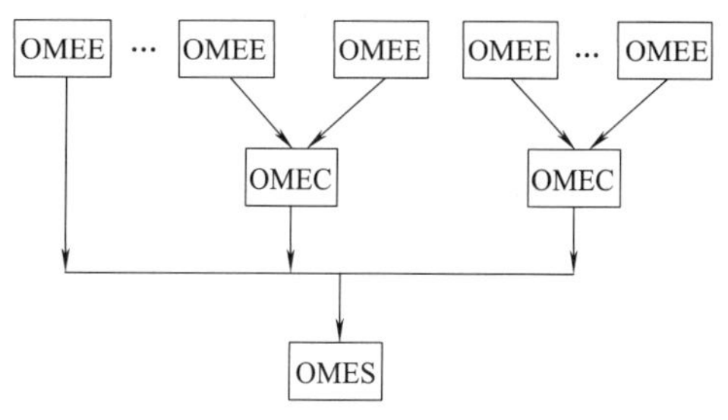

图 22-1-1　智能装备产品的三级结构

表 22-1-6　OMEE 的结构和特点

项目	说　明
基本结构	OMEE 是构成 OMES 的最基本结构单元，它是具有独立信息处理能力，通过自动控制完成某一特定物理功能的基础单元，包括控制部分、驱动部分、电源、执行部分和检测部分。图(a)中 C、D、E、M、S 分别为控制部分、驱动部分、电源、执行部分和检测部分，其中，检测量可以根据不同情况分别取自驱动部分、执行部分或最终输出的物理量，机械本体部分与执行部分合并为执行部分，并把电源单独提出来 图(a)OMEE 结构图

续表

<table>
<tr><th>项目</th><th colspan="2">说　明</th></tr>
<tr><td>基本结构</td><td colspan="2">OMEE控制体的典型结构如图(b)所示，它由微处理器、功能器件、控制软件、控制信息和信息接口组成，实现光机电单元的输入输出控制。目前，许多光机电单元都是典型的OMEE控制体结构，如，实现温度控制的温度单元有多种形式的温控器，实现位移控制的位移单元也具有多种形式的控制器，用户在进行OMEE设计时，只需要根据实际控制需求选择控制器产品即可。当实际控制需求较特殊而难以找到典型控制器产品时，也可以按照图(b)的结构自行开发
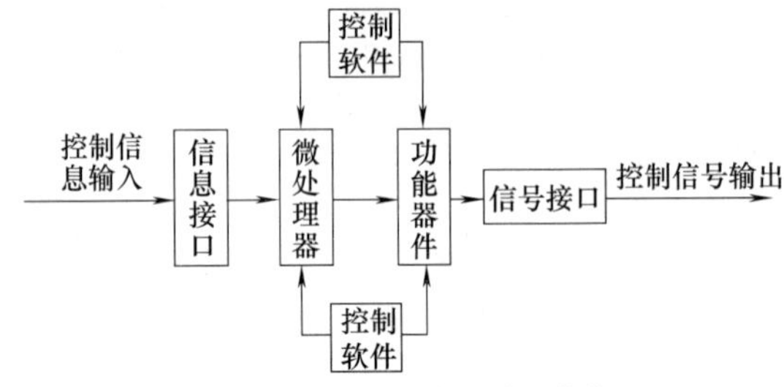

图(b)OMEE控制体的典型结构
OMEE驱动部分从电源得到能量，驱动执行部分实现特定物理量输出，完成特定功能。一般来说，OMEE的驱动部分及执行部分中的执行部件均具有成熟的产品，且驱动部分与执行部件相匹配，用户很少自行开发。实际上，用户的主要设计工作体现在两个方面。一方面是进行执行部分中机械部分的设计，为获得最佳性能奠定基础，如运动精度、谐振频率、刚度、加热均匀性、光路质量等；另一方面是进行检测部分设计，包括检测元件的选择、安装位置设计及检测信号处理等</td></tr>
<tr><td rowspan="4">特点</td><td>特点</td><td>说　明</td></tr>
<tr><td>OMEE比传统机械单元更具柔性</td><td>传统机械单元，如凸轮、轴、曲柄连杆等，只携带一种加工信息，即只能完成一种加工要求。如凸轮的轮廓携带了位移的轨迹信息，而每一个凸轮只能完成一种预定轨迹的加工。也就是说，加工信息与机械单元是刚性结合的，机械单元本身不具备信息处理能力。要改变加工参数就意味着必须有一个新的机械单元。OMEE则是在机构的最基层将物理过程与信息过程结合了起来，OMEE的功能参数可随时改变，以适应不同的加工要求</td></tr>
<tr><td>OMEE使机构更加简化</td><td>传统机械由于结构与信息的刚性化结合，在功能复杂时，需要将若干机械单元按一定的加工逻辑关系连接起来，组成一个部件或机床。机械单元之间的连接通常是刚性的，每一连接都对应一种固定不变的加工功能。随着加工功能的复杂，响应的机械结构也越复杂，复杂的机构会导致控制逻辑的复杂化。这样的机构积重难返，结果是，每改变一种加工参数都需付出巨大的时间和资金的代价。而OMEE具有信息处理能力，使其能以同一种结构完成不同参数的操作。还以凸轮为例，OMEE用 X 向和 Y 向最基本的两个位移单元替代了许多凸轮，当运行轨迹改变时只需改变两个位移单元的速度控制参数，就可组合各种各样的运行轨迹，再也不必针对每一运行轨迹都加工一个凸轮了，使结构大为简化</td></tr>
<tr><td>OMEE容易完成更复杂的功能</td><td>传统机械由于结构与信息刚性化的结合，功能的增加伴随着单元数量的增加，功能越复杂，结构也越复杂。有时，还会由于机构过于复杂带来的结构臃肿、机构干涉、效率损失等一系列新问题，限制了功能的不断扩展，无法实现某些复杂的功能要求。OMEE则可以通过改变参数来改变单元功能，以简单的结构完成复杂的功能，或者说，对于相同复杂程度的机构，OMEE可以完成更复杂的功能</td></tr>
</table>

续表

<table>
<tr><th>项目</th><th colspan="2">说　　明</th></tr>
<tr><td rowspan="7">典型 OMEE</td><td>单元</td><td>说　　明</td></tr>
<tr><td>位移单元(D-OMEE)</td><td>位移单元是能按照指令要求自动完成特定运动控制的光机电单元，简称 D-OMEE(displacement optical mechanical electronics element)，其中运动控制可以是位移控制、速度控制或加速度控制。D-OMEE 包括角位移单元和线位移单元两类</td></tr>
<tr><td>力单元(F-OMEE)</td><td>力单元是能按照指令要求自动产生一定作用力的光机电单元，简称 F-OMEE (force optical mechanical eletronics element)。F-OMEE 包括力单元和转矩单元</td></tr>
<tr><td>温度单元
(T-OMEE)</td><td>温度单元是能按照指令要求使加热对象自动保持特定温度的光机电单元，简称 T-OMEE(temperature optical mechanical eletronics element)</td></tr>
<tr><td>激光功率单元
(P-OMEE)</td><td>激光功率单元是能按照指令要求自动控制激光输出功率的光机电单元，简称 P-OMEE (power optical mechanical electronics element)</td></tr>
<tr><td>其他</td><td>除此之外，光机电系统中还常常含有输入/输出单元、AD/DA 单元等</td></tr>
<tr><td colspan="2">一套光机电系统一般包含多个不同类别的 OMEE，如多数快速成型设备主要包括三类单元：线位移单元(实现 X、Y、Z 三轴及辅助轴的运动)、激光功率单元(实现激光切割、烧结或固化等)和温度单元(实现某些对象的温度控制)</td></tr>
<tr><td>总体结构图</td><td colspan="2">光机电系统由 OMEC 和 OMEE 组成，归根到底，智能装备系统是由许多 OMEE 组成，其总结构图如图(c)所示
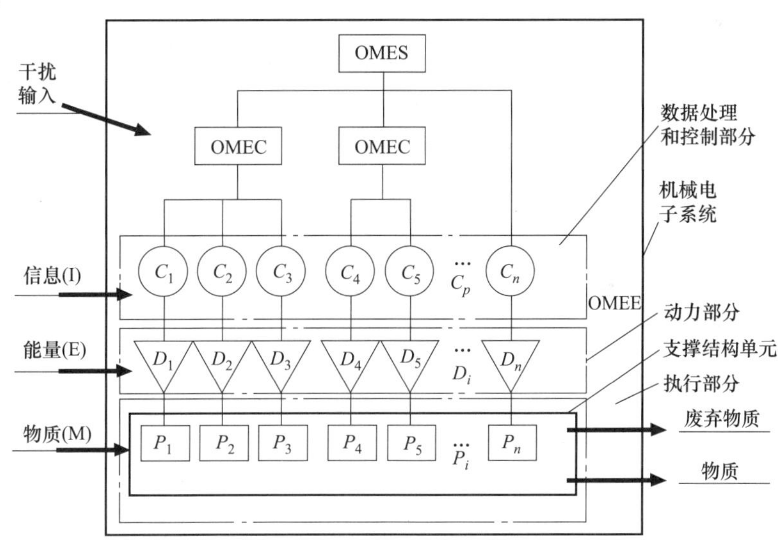

图(c)智能装备系统总结构图
从图(c)横向看，OMEE 中的各控制体 C_i 总是以某种形式组成 OMES 的数据处理和控制部分[图(c)中的点画线框]，外界的信息(I)输入到这一部分。D_i 组成 OMES 的动力部分，外界的能量(E)输入到这一部分。P_i 在支撑结构单元的支撑和约束下形成 OMES 的执行部分，OMES 的物理功能最终是通过该执行部分来实现的。外界物质(M)通过执行部分被转换(加工、处理等)、转移或储存。任何一个 OMES 都会受到外界各种形式的干扰；OMES 也一定会有废弃物输出(如烟尘、噪声、化学废弃物等)，这些在总体设计时一定要引起注意，并认真处理
通过 OMEE 的耦合产生新的功能，最终组成 OMES 的主功能。这种耦合可通过 C_i 来完成，亦可通过 P_i 和 D_i 来完成(图中的三个点画线框表示耦合)，选用何种方式正是总体设计中应注意的问题
应该强调指出的是，图(c)中，纵向是强连接(实线)，横向的点画线表示弱连接，这表明了一种先进的光机电总体设计思想，它打破了传统的“堆砌设计思想”(在机械产品上加上电子计算机控制和管理以完成机电系统的观念)，而是从“细胞”(单元)的层次，即 OMEE 就进行“光”“机”和“电”的融合。每一个 OMEE 均在执行功能、控制和驱动器方面具有独立性(或自主性)。在这种思想的指导下，设计者并不刻意地追求结构和机构的巧妙，而是强调 OMEE 的功能和它们之间的耦合。堆砌设计思想只适用于对老的、旧的机械产品进行电子计算机的改造，而不属于创造性设计思想，难以完成创造性产品的设计</td></tr>
</table>

1.3.1.5　智能装备系统的基本分析

表22-1-7　　智能装备系统的基本分析

<table>
<tr><th>层次</th><th colspan="2">说　明</th></tr>
<tr><td rowspan="6">需求分析</td><td colspan="2">智能装备系统设计的目标是面对用户需求所能达到的总体结果。目标分析的第一层次是需求分析，它应包括OMES的用途、水平、主功能，以及影响总体结构的主要参数（如系统主功能的频次和所能达到的精度）</td></tr>
<tr><td>项目</td><td>说　明</td></tr>
<tr><td>用途</td><td>按用途（种类）可将OMES分为不同类别。例如：材料加工类设备包括激光切割和激光打标设备等；医学诊断及治疗用设备包括B超、磁共振医学诊断用设备、体外肾结石碎石机等；集成电路加工设备包括集成电路焊接设备、封装设备、清洗设备；机器人包括危险工作用机器人、仿人机器人、军用机器人等。应明确所设计的OMES是属于哪一类的智能装备系统，抓住该类系统的共性问题，并学习已取得的成熟经验，摒弃错误的设计思想，避免重复已发生的问题</td></tr>
<tr><td>水平</td><td>系统具有不同的水平，“水平”是一个对总体设计影响很大的概念，对于后继每一设计步骤均会产生影响。水平与用途不应混淆，一般来说，低“水平”与产品的“简化型”“低精度型”“经济型”有类似之处。根据用户的需要，可以将产品分为诸如“精品”“一般产品”和“简化型”等档次</td></tr>
<tr><td>主功能的频次</td><td>OMES的工作频次是影响到整个设计技术路线和步骤的关键参数，应将其放到目标中来讨论。如 台数控压力机，每2分钟一个工作循环（板料压制成型压力机）和每分钟10个工作循环（汽车覆盖件冲压成型），此差别足以使压力机的方案产生根本的改变：前者可以采用液压传动的液压机，后者采用机械传动的曲柄压力机
与此相关的一个概念是柔性问题。如OMES是用于单件成批生产，则要求它具有很高的柔性，即在无需改变专用工装和工具的前提下，提高OMES对不同任务的适应性，这时并不太强调OMES的频次。相反，如OMES是用于大批量生产的环境，则其柔性不是最关键的，而应强调其频次</td></tr>
<tr><td>精度</td><td>OMES主要功能所能达到的精度应在总体目标中加以分析，精度确定的基本原则如下
首先是最低精度原则。即能满足要求的最低精度为适宜精度
其次是金字塔原则。对于多级运动传递的执行体（极为常见的情况），各级的精度 δ_i 可用式(22-1-10)计算
$$\delta_i=\frac{\delta_P}{10^i} \tag{22-1-10}$$
式中，δ_P为该执行体所完成的加工件精度；i 为运动传递链中的级次
式（22-1-10）不仅可用来设计运动传动链各级之精度等级，而且还可以用来预测被加工件可能达到的最高精度。例如，一个二级运动传递链，处于最高一级即 $i=2$ 的步进电动机细分为4000步/转，如丝杠的导程为4mm，则每一脉冲引起的线位移为 $4/4000=10^{-3}$mm。如其他环节的精度都达到要求，则工件在此位移方向上的精度不可能超过 $\delta_P=10^i\delta_i=10^2\times10^{-3}=10^{-1}$mm
式（22-1-10）还显示出被加工件精度要求的微小变化将引起各执行部分、控制部分，以及它们耦合关系的巨大变化，甚至整个设计方案的变化。如设计一台激光切割成型设备，被加工件的精度为±0.5mm，则采用步进电动机拖动的开环控制和一般同步齿形带传动机构即可，而精度要求提高到±0.1mm，则需要采用伺服电动机半闭环控制及精度较高的滚珠丝杠导轨传动机构
在精度等级较低的情况下，提高系统主要功能的精度是比较容易的。当精度已达到了相当高的水平时，再提高其精度等级，则需付出数倍乃至数十倍的努力方能实现</td></tr>
</table>

续表

<table>
<tr><th>层次</th><th>说　明</th></tr>
<tr><td>需求分析</td><td>
<table>
<tr><th>项目</th><th>说　明</th></tr>
<tr><td>主功能</td><td>主功能是指为实现 OMES 目标所应具有的主要功能。如自动导引车(AGV)的主功能为根据上位机的指令在规定的时间内将物料从起始地址输送到目的地址；肾结石体外击碎机的主功能为以冲击波击碎结石且不伤害人体组织；激光切割机的主功能则为根据 CAD 图样以确定的精度和速度完成板材的分离
任何一个 OMES 的主功能并不是独立存在的，只有在辅助功能的支持下才得以实现。在总体设计时，主功能在系统中占有明显第一的位置，因为辅助功能再强。精度再高也是无用的。另一方面，辅助功能也是总体设计的重要内容，往往也会对总体设计产生重要影响，甚至是根本性的影响
应指出的是，在进行需求分析时，不宜对主功能带有方法性的限制，这种限制会影响到主功能的正确确定以及实现方法的合理选择。例如：要创造一种精密齿轮加工机床，可以确定目标为“完成精密齿轮的加工”，不宜提“完成精锻齿轮的加工”。后一目标具有锻造方法的含义，这种目标显然排除了其他方法的选择，在目标确定阶段就受到这种限制对总体设计是不利的。换句话说，对主功能的描述力求回溯到它最原始的需求形态，而不对实现的过程和方法额外附加其他的限制条件，这样有利于设计者开拓思路，为完成该功能选择最佳的、很可能是前人从未采用过的方法</td></tr>
</table>
</td></tr>
<tr><td>原理方案分析</td><td>原理方案是指使产品拥有目标中规定的某种功能所采用的数学-物理原理的总称。原理方案的确定和选择本身就是一个创新的过程。总体设计的创新性主要体现在原理方案的选择阶段，要特别注意不受制于传统方法，要大胆选取新的技术物理效应原理，创造新的原理方案。许多机械电子产品没有创新性的根本原因在于总体设计阶段没有经过原理方案分析和选择的阶段，忽略了这一高层次的创造性阶段，而过早地将精力集中在工艺层次的创造上。OMES 是复杂的产品系统，其创造性是无穷无尽的。在原理方案分析阶段，应根据目标(用途、功能、水平、精度和频次)由“大领域”到“小领域”搜索可能采用的方法
例如，要获得石墨电极的形状、尺寸和精度，设计一台石墨切削机是最易考虑到的方法。但可否利用石墨材料比较软这一特性，用快速研磨的方法去除余量材料而获得电极？想得再开阔一些，可否将石墨材料精确堆积起来形成一个石墨电极？这些都是属于在“大领域”中搜索原理方案，也是所谓高层次的创造性阶段。对应上述三种设想，可提出如下三种原理方案
<table>
<tr><th>方案</th><th>说　明</th></tr>
<tr><td>石墨电极的数控加工成型法</td><td>在数控铣床上根据石墨电极的形状编程加工。无需设计专用设备，使用一台数控铣床即可</td></tr>
<tr><td>石墨电极研磨成型法</td><td>采用石墨电极的原型(如采用激光快速成型方法所获得的原型)，翻制具有很强磨削能力的研具，快速研磨石墨毛坯而获得石墨电极。显然，这是一种总体方案的选择</td></tr>
<tr><td>采用离散/堆积成型原理获得石墨电极的方法</td><td>通过 CAD 离散石墨电极的几何实体，获得堆积的路径和控制方法，直接堆积石墨材料而成型石墨电极。此方法的优点在于直接根据电极的 CAD 模型获得电极，具有最高的柔性。任意复杂形状的、难以数控加工的、难以研磨成型的电极都可以采取堆积成型这一方法</td></tr>
</table>
以上完成了大领域的搜索，如果根据目标的具体情况，选择离散/堆积成型的原理方案后，则可在这一领域中进行下一层次的搜索，即过渡到小领域的搜索
离散/堆积成型仍是一个较宽的领域，进一步选择哪一种原理方案呢？选择的依据和限制则是更加具体的一些因素，如堆积层间的连接强度、精度、表面粗糙度、堆积速率等。可以采用分层粘结的原理方案，也可以设想更为新颖的原理方案。如在一个充满 C_2H_2 的密闭容器中采用激光束进行三维聚焦照射(即聚焦点进行三维运动)，在焦点上，C_2H_2 分解，碳原子沉积下来而堆积成电极
对辅助功能的实现也同样存在原理方案分析的问题。原理方案分析无论对主功能或辅助功能都是极为重要的一步，是对总体设计具有全局性影响的步骤。从根本上讲，原理方案分析主要靠设计者的工程经验、知识面，尤其是现代科学知识的广博性以及设计者的灵感
工艺是实现主、辅功能的细化，在总体设计阶段尽管不必对工艺做出详细的分析，但一定程度的细化是必要的，有时忽略一个重要的工艺细节会引起很大的返工，应认真加以分析</td></tr>
</table>

续表

<table>
<tr><th>层次</th><th colspan="2">说明</th></tr>
<tr><td rowspan="4">输入分析</td><td colspan="2">任何一种 OMES 运行时，就必须对它输入“物质”“能量”和“信息”。所谓输入分析是指从总体设计的角度，对所输入物质、能量和信息的条件、形态、格式、规范等问题进行考察和分析，以保证该设计任务总体上的可行性</td></tr>
<tr><td>物质分析</td><td>以材料加工类 OMES 设计为例加以说明。对材料类加工机床，输入的物质就是要加工的材料，材料本身的发展和进步就是该类 OMES 产品产生的依据和改进的推动力。因此，根据要求获得尺寸参数稳定、价格合理的加工材料制品就成为该类机床能否为市场接受的关键问题</td></tr>
<tr><td>能量输入</td><td>在总体设计阶段，需要考虑该产品使用地区所能提供的能源与产品需求的一致性。如电能，常指电压、电流、相数和频率。一般来说，可以用单相电源的情况尽量使用单相，以使该种产品便于推广使用。其他能源常存在输送与保管问题。对于水源的要求(如冷却器用水)也是某些产品需特别考虑的。如高水平的小功率的 He-Cd 激光器无需冷却水，而功率较大的 Ar 离子激光器件则需用充足的冷却水去冷却从激光器导入换热器的冷却液。这些在总体设计时都应加以考虑</td></tr>
<tr><td>信息输入</td><td>OMES 与普通机械系统最显著的区别之一就是需要输入信息(如数据和各种参数)，这就存在一个接口问题。例如，为了将 CAD 模型输入激光快速成型加工设备，通常是将 CAD 数据转换成 STL 文件，也有的用一般的 DXF(data exchange format)、IGES(initial graphico exchange specification)或采用 STEP 协议。在总体设计阶段，显然应考虑好信息输入的数据格式和转换标准。参数的输入往往是以人机对话式输入，因此应考虑设计一个合适的人机对话的界面，使于使用者方便地将参数输入或修改
各种干扰也是一种输入，如电磁干扰、电压波动干扰、振动干扰等都是特别需要加以重点考虑的。这些干扰往往是 OMES 产品这一部分对另一部分的影响。严重时，干扰可以使整个系统瘫痪，消除干扰源或加以屏蔽则是常用的解决方法</td></tr>
<tr><td>输出分析</td><td colspan="2">输出分为产品(制成品或信息)和废弃物两大类
一类是在总体设计阶段应考虑好如何不损伤精度且方便地将制成品从 OMES 上取下和存储。信息往往是 OMES 的中间输出而非最终输出
另一类是废弃物。随着人类生产规模的扩大，废弃物对环境的影响越来越不可忽视。总的来说，任何一种 OMES 的输入和输出都应与环境和谐统一，这是总体设计阶段应认真考虑和解决的问题。废弃物是广义的，各种噪声、振动都属于废弃物。例如，激光快速成型设备如无很好的抽排装置，将激光气化材料产生的气体直接排放在办公室或生产车间内，将会造成严重的污染。事实上，加上抽排装置就能方便地解决烟气污染</td></tr>
<tr><td>参数种类分析</td><td colspan="2">参数分析是对目标分析的量化。只有通过量化，才能将目标更具体化，并发现所存在的问题
目标参数是指有关主功能所能实现目标的参数，这是用户首先应关心的参数。如激光快速成型设备所能制造原型的轮廓尺寸(长×宽×高)，AGV 所能承载的重量和体积大小，数控折弯机所能加工板料的宽度和厚度。目标参数的修改和变化对总体设计的影响是全局性的
功能参数是指主功能的参数。显然，影响效率和精度的参数是功能参数的基本内容，这在前面已经介绍了。此外还有许多参数是属于这一类的，如激光加工设备中激光管的输出功率、频率、模式，扫描系统的扫描速度和加速度；AGV 的运行速度、停位精度(0.02～10mm)以及最小转弯半径(m)；数控折弯机的行程和速度等
接口参数是指输入 OMES 信息的格式。如激光快速成型设备所能接受的被成型件的 CAD 数据格式；STL 文件格式或 DXF、IGES 和 STEP 等数据格式。OMES 中可以在其数据处理软件中有一个接受输入信息的模块，或是专门开发一个接口软件负责接受输入的信息。此外，输入 OMES 的电工参数(功率和频率)也属此范畴
结构参数是指反映 OMES 的结构特征的参数、外形尺寸和重量等。如激光快速成型设备的长×宽×高＝2m×0.8m×1.5m，AGV 的长×宽×高＝1.5m×1.2m×1.4m，重 500kg。结构参数便于用户设计安装空间和运输系统的调度
影响环境参数是指有关该 OMES 对环境有影响的输出物(废弃物)的参数。例如，空调排放的尘烟，压机增压器运行时所产生的噪声等</td></tr>
</table>

续表

层次	说　明
参数的时变性分析	我们可以用一个在六维空间中的函数 Φ 来描写 OMES，即 $$\Phi=\Phi(X,Y,Z,F,H,L) \quad (22\text{-}1\text{-}11)$$ 式中，X、Y、Z、F、H、L 分别为某一点 i 在六维空间中的坐标；X 为 X 向的几何坐标（mm）；Y 为 Y 向的几何坐标（mm）；Z 为 Z 向的几何坐标（mm）；F 为力值（N）；H 为热能值（J）；L 为光能值（J） 如令 $G_i=[X_i,Y_i,Z_i]$ 代表 OMES 中某一点的几何坐标，则式（22-1-11）变形为 $$\Phi_i=\Phi(G_i,F_i,H_i,L_i) \quad (22\text{-}1\text{-}12)$$ 即每一点均可能接受力、热能和光能，也可以发生几何位移。该点的速度和加速度分别为 $v_i=\frac{\partial G_i}{\partial t}$ 和 $a_i=\frac{\partial^2 G_i}{\partial t^2}$。考虑到受力的速率、受热和受光的功率，则有 $$v_{iF}=\frac{\partial F_i}{\partial t},a_{iF}=\frac{\partial^2 F_i}{\partial t^2}$$ $$v_{iH}=\frac{\partial H_i}{\partial t},a_{iH}=\frac{\partial^2 H_i}{\partial t^2}$$ $$v_{iL}=\frac{\partial L_i}{\partial t},a_{iL}=\frac{\partial^2 L_i}{\partial t^2}$$ 可以认为 OMES 的所有参数都是 Φ 在 X、Y、Z、F、H 和 L 六维空间中的函数、一阶导数和二阶导数，以及这些组合量对时间的各阶导数 OMES 是一种机械系统，故遵守几何相容性原则，即 OMES 中各点在任一时刻在几何上是不互相冲突的，有：$G_i \neq G_{i+1}(0\leqslant i\leqslant n)$ 所谓 OMES 的时序相容性是指，当时间由时刻 1 过渡到时刻 2 时，对某一点 G_i 的 F_i、H_i 和 L_i 一般只能有一个或两个元素发生变化，三个元素同时发生变化是困难的 OMES 时序的复杂性和实时性已经达到用人力无法控制的地步，必须用计算机来完成。而且，如果发生时序不相容，则各单元在先后顺序上会发生冲突

1.3.2 模块化设计方法

智能装备系统产品或设备可设计成由相应于五大要素的功能部件或若干功能子系统组成，而每个功能部件或功能子系统又包含若干组成要素。这些功能部件或功能子系统就是具有三级结构特性的光机电系统 OMES、光机电组元 OMEC 和光机电单元 OMEE，将其标准化、通用化和系列化，就成为功能模块。每一个功能模块可视为一个独立体，在设计时只需了解其性能规格，按其功能来选用，而无需了解其结构细节。

在新产品设计时，可以把各种功能模块组合起来，形成我们所需的产品。采用这种方法可以缩短设计与研制周期，节约工装设备费用，从而降低生产成本，也便于生产管理、使用和维护。例如：将工业机器人各关节的驱动器、检测传感元件、执行元件和控制器做成智能的驱动功能模块，可用来驱动不同的关节。还可以研制机器人的机身回转、肩部关节、臂部伸缩、肘部弯曲、腕部旋转、手部俯仰等各种功能模块，并进一步标准化、系列化，就可以用来组成结构和用途不同的各种工业机器人。

1.3.3 柔性化设计方法

将智能装备产品或系统中完成某一功能的检测传感元件、执行元件和控制器做成智能功能模块，因控制器具有可编程的特点，则该模块就成为柔性模块。例如：采用凸轮机构可以实现位置控制，但这种控制是刚性的，一旦运动改变时，则必须改变凸轮外廓的几何形状，若采用伺服电机驱动，则可以使机械装置简化，且利用电子控制装置可以进行复杂的运动控制以满足不同的运动和定位要求。

1.3.4 取代设计方法

取代设计方法又称为互补设计方法。该方法的主要特点是利用通用或专用智能器件取代传统机械产品中的复杂机械部件，以便简化结构，获得更好的功能和特性。

智能传感器是把敏感元件、信号处理电路与微处理器集成在一起的传感器。用这种智能传感器取代传统的传感器，以提高检测精度和可靠性。

取代设计方法既适合于旧产品的改造，也适合于新产品的开发。例如：可用单片机应用系统（微控制器)、可编程控制器(PLC)和驱动器取代机械式变速(减速)机构、凸轮机构、离合器,代替插销板、拨码盘、步进开关、时间继电器等,以弥补机械技术的不足,从而大大地减小控制模块的重量和体积,且使其柔性化。可编程序控制器还可以嵌入机械结构内部。又如采用多机驱动的传动机构代替单纯的机械传动机构,可省去许多机械传动件,如齿轮、带轮、轴等。其优点是可以在较远的距离实现动力传动,大幅度提高设计自由度,增加柔性,有利于提高传动精度和性能。因此,需要开发相应的同步控制、定速比控制、定函数关系控制及其他协调控制软件。

1.3.5 融合设计方法

融合设计方法是把智能装备产品的某些功能部件或子系统设计成该产品所专用的。用这种方法可以使该产品各要素和参数之间的匹配问题考虑得更充分、更合理、更经济、更能体现智能装备的优越性。融合法还可以简化接口,使彼此融为一体。例如:在激光打印机中就把激光扫描镜的转轴与电机轴制作成一体,使结构更加简单、紧凑。在金属切削机床中,把电机轴与主轴部件做成一体,是驱动器与执行机构相结合的又一实例。

融合法主要用于智能装备新产品的设计与开发。

1.3.6 优化设计方法

对于智能装备或系统,同样的功能有时既可以通过机械技术来实现,也可以通过光电子技术或软件技术来实现,这就要求设计者予以通盘考虑,对智能装备系统的各类参数(机、电、光、液)加以优化,使系统或产品工作在最优状态,即体积最小、重量最轻、功能最强、成本最低、功耗最省。常用的优化方法有数学规划法、最优控制理论和方法、遗传算法、神经网络等。

(1)硬件和软件的交叉与优化

计算机控制在现代工业中已获得非常广泛的应用。计算机软件在控制精度以及性能价格比等方面都比模拟控制器有着明显的优越性,可以很方便地改变控制规律,尤其当采用计算机控制多个生产过程时,上述优点就显得更加突出。在智能装备系统中,有些功能既可以通过硬件来实现,也可以通过软件来实现。究竟应该采用那一种方法来实现,这也是对智能装备或系统进行整体优化的重要问题之一。这里所说的硬件包括电子电路和机械结构两个方面。

对于机械结构,也有很多功能可以通过软件来实现。首先,在利用通用或专用电子部件取代传统机械产品或系统中的复杂机械部件时,一般都需要配合相应的计算机软件。另外,由于微机受字长与速度的限制,采用软件的速度往往没有采用硬件的速度快。随着信息技术的发展,计算机速度也在成倍增长。例如:实现数控机床的轮廓轨迹控制所需的插补功能,可以有专用的硬件插补、软件插补和软硬件结合插补等多种方案。

对于由电子电路组成的硬件所能实现的功能,如果能用通用的大规模集成电路芯片和超大规模集成电路芯片组成所需的电路,则最好采用硬件。因为用这样芯片组成的电路,不仅价廉,而且可靠性高,处理速度快,控制模式也可控可调。

(2)智能装备产品的整体优化

以计算机为工具,以非线性数学规划为方法的优化设计是普遍适用的,即首先建立智能装备系统的数学模型,确定变量,拟定目标函数,列出约束条件,然后选择合适的计算方法,如搜索法、复合型法、可行方向法、惩罚函数法、坐标轮换法、共轭梯度法等,然后编制程序,用计算机求出最优解。但由于智能装备系统的复杂性,目前还无法找到一个通用的数学模型对智能装备产品进行整体优化,而只能针对具体产品、具体问题进行优化求解。

1.3.7 人-机-环境系统设计方法

人-机-环境系统设计是智能装备系统总体设计的重要部分之一,它是把人与环境看成系统中的组成因素,设计以人为主体,详细分析人与环境和系统的相互关系,其中主要是外形美观设计、最佳操作界面设计、安全可靠性设计、人与环境的界面设计。目的是提高智能装备系统的整体效能,使人能够舒适、安全、可靠及高效地使用。人-机-环境系统设计方法见表22-1-8。

表 22-1-8 人-机-环境系统设计方法

基本要求	人-机系统设计应与人体的机能特性和人的生理、心理特性相适应,具体有以下六点要求:一是总体操作布局与人体高度尺寸相适应;二是系统工作操作台显示清晰,易于观察,便于监控;三是操作方便省力,减轻疲劳;四是信息的检测与处理与人的感知特性和反应速度相适应;五是安全性高、可靠性好、舒适性好,使操作者心情舒畅;六是技术与艺术的融合是艺术造型设计的依据,要充分体现产品的功能美、外形美,与环境融合
结合形式	人-机结合具体形式有很大差别,但都会有信号传递、信息处理、控制和反馈等基本功能

续表

<table>
<tr><td>艺术造型设计基本原理</td><td colspan="2">对一个智能装备产品艺术造型的具体构思来说，考虑问题是经过由功能到造型，由造型再到功能的反复过程；同时又要经过由总体到局部，由局部返回到总体的反复过程。造型设计还与使用材料、颜色有关。因此，造型设计贯穿了产品设计的全过程，其设计特点是以形象思维为主，突出美观，色调协调，操作方便，显示直观等，并且要充分考虑智能装备产品与所在工作环境之间的相互影响，尤其要考虑热、光、声等环境因素对人的影响</td></tr>
<tr><td rowspan="5">设计要点</td><td colspan="2">人-机系统设计的核心是确定最优的人机功能分配，将人和系统有机地结合起来组成高效的完整系统。设计功能分析就是从人和系统各自的特点出发做出各种比较，例如：检测能力、操作能力、信息处理机能、耐久性、可靠性、效率、适应力等；并充分考虑人体的机能特性，例如：人体尺度、操作方式、疲劳极限、人的感知特性和反应时间、心理、生理特性等
在进行功能分配时，要充分发挥人与系统各自的特性，进行协调的界面设计，显示装置与控制装置的设计</td></tr>
<tr><td>显示器设计</td><td>显示器设计的基本要求是，使操作者获取信息的过程迅速，准确而不疲劳。人机系统设计所要解决的不是具体的技术问题，而是从适合人的使用的角度，向设计人员提供必要的参数和要求。显示器主要有两种：一种是听觉显示，例如：蜂鸣器、铃、喇叭、报警器等；另一种是视觉显示，例如：影视屏幕、数字仪表、显示信号灯、标记等。当选择信息显示器时，应按信息的种类和人的视觉、听觉等感知器官的特性来选择设计显示器的类型</td></tr>
<tr><td>控制器设计</td><td>利用人本身的功能信号去控制系统工作的装置叫作控制器。根据人体的特性可以设计出手动控制器、脚动控制器、声控器及光电控制器等各种控制器。控制器设计的核心是实现最简单、最方便的操作，减少操作负荷。任何控制器都应适合人体特征的要求，应布置在人的肢体活动所能达到的范围内；控制器的尺度应与人体的尺度相适应；控制器的应用范围也应在人的体能范围之内；并应按人的反应速度确定操作速度的要求。所以控制器设计的基本要求是便于识别、操作简单省力、外形美观、尺度适合等</td></tr>
<tr><td>监控系统设计</td><td>由显示器、控制器和操作者组成的子系统就是监控系统。要把显示器、控制器的设计与人的获取信息与输出信息的特性结合起来全盘考虑。根据人体功能特点，希望在人面部上前方配置系统的显示部分，在系统下方部位或人的前方配置控制部分。典型的例子是汽车驾驶室中设计的监控系统。监控系统设计时还应充分利用数字化显示功能，使其美观大方、使用操作方便、显示监控合理等</td></tr>
<tr><td>环境因素设计</td><td>智能装备产品进入市场后，首先给人以重要的直觉印象的就是其外观造型，以人为主是用户普遍的心理需求。随着科学技术的高速发展，人的文化和生活水平的提高，艺术造型设计已经成为产品设计的重要方面，并与环境紧密结合，实现产品布局合理、结构紧凑、功能合理、智能化合理组合的要求，同时也要适应网络化、虚拟化、智能化的人机工程未来发展设计趋势</td></tr>
</table>

1.3.8　可靠性设计方法

在设计一个新的智能装备产品时，要对各种设计方案进行分析比较，要想得到一个最佳方案，首先应使它可靠地工作。因此，可靠性设计是智能装备系统设计的一个重要组成部分。智能装备系统（或产品）是由多个单元子系统的组合体，每个单元子系统的可靠性如何直接影响到系统总体性能的可靠性。可靠性设计方法见表 22-1-9。

表 22-1-9　可靠性设计方法

基本概念	所谓可靠性，是指产品（或系统）在规定条件下和规定时间内，完成规定功能的能力。完成规定功能就是能够连续地保持产品（或系统）的工作能力，使各项技术指标符合使用要求。如果产品不能完成规定功能，就称为失效，对于可维修的产品，也可称为故障。可见，失效（或故障）越频繁，可靠性就越低，常称为工作不稳定。规定条件是指使用时的工作条件、环境条件和存储时的存储条件等，规定条件不同，产品的可靠性也不同。规定时间长短的不同，产品的可靠性也不同。总的来看，可靠性的概念包括产品（或系统）的无故障性和耐久性两方面的含义。产品的无故障性是指产品在某一段工作时间内，连续不断地保持其工作能力的性能。产品的耐久性是指产品在整个使用期限内和规定的维修条件下，保持其工作能力的性能

续表

<table>
<tr><td rowspan="4">保证智能装备系统(或产品)可靠性的方法</td><td colspan="2">保证设计产品具有很好的可靠性是一个综合性问题,不能单纯依靠某一特定的方法。在保证产品可靠性的方法中,提高产品的设计和制造质量是最根本的方法,它的作用是消除故障于发生之前,或者降低故障率。从某种意义上讲,故障是一种随机性事件,因而是不可避免的。在这种情况下,冗余技术就成为保证产品可靠性的一种重要方法。它可以在故障发生之后把故障造成的影响掩蔽起来,使产品在一定时间内继续保持工作能力。如果说冗余技术是一种掩蔽法,那么诊断技术就是一种暴露法,它可以把已经出现的或即将出现的故障及时暴露出来,以便迅速修复</td></tr>
<tr><td>提高产品设计和制造质量的措施</td><td>要从设计和制造入手,在保证实现各种基本性能指标的同时,保证产品的可靠性。在设计过程中,要进行可靠性分析,估计系统和单元中各种引起失效的可能因素,采取必要的可靠性预防措施,以降低产品的故障率。这时可以采用可靠性预测的方法,对各种可靠性指标进行估计。制造阶段中的原材料和制造工艺,都要保证完全达到各项设计指标。最后,可对产品进行可靠性试验,以便确定实际产品的可靠性指标。对于可靠性要求特别高的产品,除采用诊断技术外,还可采用裕度法,加大设计的安全系数,以保证一定的可靠性储备
利用智能装备技术的优势,使产品(或系统)具有自适应、自调整、自诊断甚至自修复的功能,这样可以大大提高产品的可靠性。这是因为自适应和自调整等自动化技术,能使机器具有适应工作条件经常变化的功能(对外界作用做出反应),以及恢复丧失了的工作能力的功能,使产品不仅具有完成规定任务的能力,而且能够长期地保持这种能力,不必担心外界影响,也不必担心产品本身在运转过程中发生故障。此外,在设计阶段就应考虑到在使用阶段如何保证产品可靠性的问题,应规定适当的环境条件、维护保养条件和操作规程。产品结构应具有良好的维修性,如易损件应便于更换、故障应便于诊断、容易修复等</td></tr>
<tr><td>冗余技术</td><td>冗余技术又称储备技术。它是利用系统的并联模型来提高系统可靠性的一种手段。冗余有工作冗余和后备冗余两类
工作冗余又称为工作储备或掩蔽储备,是一种两个或两个以上单元并行工作的并联模型。平时,由各个单元平均负担工作能力,因此工作能力有冗余。只要还有任意一个单元未失效,系统就能可靠地工作,不过此时这个单元要负担额定的全部工作能力。例如:天气变化记录系统、军事指挥信息记录系统设计等
后备冗余又称为非工作储备或待机储备。平时只需一个单元工作,另一个单元是冗余的,用于待机备用。这种系统必须设置失效检测与转换装置,不断检测工作单元的工作状态,一旦发现失效就启动转换装置,用后备单元代替失效的工作单元。例如:供电转换系统
究竟采用哪种冗余法好,要根据具体情况分析。如果失效检测和转换装置绝对可靠,则后备冗余的可靠度比工作冗余法高,如果不是要求绝对可靠,可以采用工作冗余法。因工作冗余系统还有一个优点,就是由于冗余单元分担了工作能力,各单元的工作能力都低于额定值,因此其可靠度比预定值高。选择冗余法必须考虑产品性能上的要求,如果由多个单元同时完成同一工作,明显影响系统的工作特性时,就不能采用工作冗余法。例如:如果多个工作单元同时工作而产生系统所不能允许的温升时,最好采用后备冗余法
决定是否采用冗余技术时,要分析引起失效的可能原因。当失效真正是随机失效时,冗余技术就能大大提高可靠度;但如果失效是由于过超载能力或环境因素引起的,冗余单元也并不可靠
通常,机械系统很少采用冗余技术,而常采用裕度法来提高可靠性。例如:在强度、刚度、抗振性等方面采取较大安全系数,实现可靠性储备</td></tr>
<tr><td>诊断技术</td><td>从本质上来看,诊断技术是一种检测技术,测试法有两种:在故障出现之后,为了迅速确定故障的种类和位置,对诊断对象进行的试验性测试,这时诊断对象处于非工作状态,这种情况称为诊断测试;在故障发生之前,诊断对象处于工作状态,为了确定产品中有关元器件距离极限状态的程度,查明产品工作能力下降的原因而进行的在线测试,这种方法称为故障监测。目前在自动化生产线上使用较多
诊断技术诊断的过程是:首先对诊断对象进行特定的测试,取得诊断信号(输出参数),再从诊断信号中分离出能表征故障种类和位置的异常性信号,即征兆;然后将征兆与标准数据相比较,确定故障的种类和故障位置;最后提供待修理的单元部件,并且分析产生的原因,有利于修理后的长期使用</td></tr>
</table>

续表

干扰和抗干扰措施	电场、磁场的干扰是智能装备系统(或产品)产生部件失效、数据传输及处理失误,进而影响其可靠性的最常见和最主要的因素,也是智能装备系统设计中不可忽视的问题之一 (1)干扰源 一般说来,在智能装备系统中,用专用或通用微型计算机组成的控制器,其硬件经过筛选和老化处理,可靠性非常高。因此,引起控制系统、检测系统单元和计算机系统单元故障(失效)的原因多半不在于其本身,而在于从各种渠道进入控制器的干扰信号 系统干扰信号进入控制系统的各种渠道可分为两大类型:一是传导型,通过各种线路传入控制器,包括供电干扰、强电干扰和接地干扰等;二是辐射型,磁场干扰通过空间感应进入控制器,包括电磁干扰和静电干扰等 ①供电干扰。干扰信号主要来源于附近大容量用电设备负载的变化、启动与制动时产生的电压波动,以及供电电网的瞬时断电。控制器一般都配备有专用的直流稳压电源,即使如此,从交流供电网传来的干扰信号仍然可能影响配备有专用的直流稳压电源的稳定性,并可能窜入控制系统 ②强电干扰。驱动电路中的强电元件,如继电器、电磁铁和接触器等感性负载,在断电时会产生冲击电流和过电压。这些干扰信号不仅影响驱动电路本身,还会通过电磁感应干扰其他信号线路,并通过 I/O 接口进入控制系统和弱电系统等 ③接地干扰。接地干扰是由于形成接地环路产生的,接地环路的一种典型情况是由于接地点远而形成的环路,另一种典型情况是公用地线串联接地形成的环路。这两种情况下形成的地电位差都会产生一个干扰电流,从而干扰低电平信号电路 ④辐射干扰。如果在控制系统附近存在磁场、电磁场、静电场或电磁波辐射源,就可能通过空间感应直接干扰系统中的各设备(控制器、驱动接口、转换接口等)和导线,使其中的电平发生变化,或产生脉冲干扰信号 ⑤静电干扰。人体与处于浮动状态的设备都可能带有静电,这将干扰微电子系统的正常运行 (2)抗干扰措施 指用来抑制上述各种干扰信号的产生或防止干扰信号危害的抗干扰措施,既有针对各种干扰源的性质和部位而采取的措施,也有从全局出发而采取的提高产品可靠性的措施 ①供电系统的抗干扰措施。针对交流供电网络这个干扰所采取的抗干扰措施主要是采用稳压源、滤波器、光电耦合法。采用电子交流稳压器可以提高电源电压的稳定性,抗电源高频干扰;采用滤波器滤去电源中的高频分量或脉冲电流,抗电源高频干扰;采用隔离变压器阻断干扰信号的传导通路,并抑制干扰信号的强度;在可靠性要求很高的地方,可采用高精度稳压电源,以解决瞬时停电或瞬时电压降所造成的危害 ②接口电路的抗干扰措施。在控制器与执行元件之间的驱动接口电路中,通、断电感负载的接点是产生强电干扰的干扰源。对此,可以采取吸收的方法抑制其产生,或采取隔离的方法阻断其传导。采用 RC 电路或二极管,用二极管吸收在电感负载断开时产生的过电压,以消除强电干扰。对于开关器件的闭合与断开干扰采用小电容吸收法。采用光电隔离措施以防止驱动接口中的强电干扰及其他干扰信号进入控制系统和计算机系统。采用光电耦合器,信号在其中单向传输,其输入端与输出端之间的寄生电容很小,绝缘电阻又非常大,因此干扰信号很难从输出端反馈到输入端,从而起到隔离作用。转换接口的隔离,为了防止各种干扰影响由检测传感器输出的较弱的模拟信号,通常采用差动式运算放大器输入法来隔离干扰信号 ③系统接地的抗干扰措施。防止从系统接地传来干扰的方法就是切断接地环路,从而消除接地环路引起地电位差产生的干扰信号。采用单点接地的方法来切断由于接地点远而形成的接地环路,接地线采用屏蔽导线。采用并联接地的方法来切断由多个设备采用公用地线串联接地形成的接地环路。采用光电耦合器来切断由于用长线传输数字信号引起的接地环路 ④最佳组合抗干扰措施。在设计智能装备系统时,对检测系统、计算机控制系统、各个单元部件采用最佳组合法,正负信号接线一致,相互之间阻抗匹配,信号传输线采用屏蔽导线法,可有效抑制仪器之间的干扰信号和外界干扰信号;输入端采用电容滤波可以减小高频干扰影响等方法,并且要筛选噪声小的器件;合理布局和设计电路

续表

软件的可靠性技术	(1)利用软件来提高系统的可靠性 由于系统是由硬件和软件组成的,因而系统的可靠性可分为硬件可靠性和软件可靠性两个方面,仅通过提高硬件的可靠性,要想得到理想的可靠度是不够的,还要求利用软件来进一步提高系统的可靠性 利用软件提高系统可靠性的措施:一是增加系统信息管理的软件,它与硬件配合,对信息进行保护,用软件进行系统调度,这包括在发生故障时,进行现场保护、迅速将故障装置切换成备用装置;在过负荷或环境条件变化时,采取应急措施;在排除故障后,使系统迅速恢复正常,投入正常工作等;二是利用软件的冗余,防止信息的输入/输出及传送过程中出错,如对关键数据的信息采用重复传送并进行校验等;三是编制诊断程序,及时发现故障,找出故障的部位,以便缩短修理时间 (2)提高软件的可靠性 由于种种原因,软件本身也会发生故障。为了提高软件的可靠性,应该采取以下措施:程序分段和模块结构。在进行程序结构设计时,将程序分成若干具有独立功能的子程序块,各程序可单独,也可和其他程序一起使用,各程序块之间通过一个固定的通信区和一些指定的单元进行通信。每个程序块能进行调整和修改而不影响其他程序块。软件故障往往是在设计阶段由于人为错误引起,或者在运行初期由于输入程序时的操作错误而引起。显然,通过反复调试才能发现存在于程序内的错误,为了使软件便于测试,应进行提高可测试性的设计。通常有三种方法:第一种方法是明确软件要求规格,使测试易于进行;第二种方法是把测试手段的设计作为软件开发的一部分来进行;第三种方法是把程序结构本身设计成便于测试的形式。对软件进行多次测试,每测试一次修改一次,逐步完善 (3)软件可靠性测试 软件测试按照下述步骤进行:一是单元测试,即对每个程序块单独地进行测试,通过对各程序块的测试,找出程序设计中的错误,测试可利用事先准备好的经过某种算法产生的测试码来进行;二是局部或系统测试,即对由若干程序块组成的局部程序或系统程序进行测试,以发现各程序块之间连接的正确性;三是系统功能测试,测试该软件能实现的功能;四是现场安装,综合验收测试 工程应用软件的可靠性取决于设计和使用条件,故必须根据现场条件,按设计使用双方共同拟定的标准进行验收调试,直到满足用户要求,达到验收标准为止

1.3.9　系统安全性设计方法

随着智能装备系统设计水平的提高，其安全性设计越来越重要，要根据所设计的系统的特点和应用场合，增加安全性设计措施，提高产品安全性能。对于设计者，尤其是家用电器产品、自动化程度较高的产品、军工新型产品等的设计者，必须考虑并坚持安全性设计是第一位的问题。

下面以工业机器人的安全措施设计为例说明智能装备系统安全性设计的基本方法。故障自动保护法是工业机器人重要的安全措施之一，其具体的安全措施设计大致有以下几种。

① 设置安全开关。具备连接功能，即拔出门上的安全插销时，机器人就自动停止。

② 安装警示灯。在自动运转中开启指示灯，提醒操作人员不要进入因等待条件而停止的机器人的工作区。

③ 安装监视器。采用光电式、静电电容式传感器或安全网等，设置监视人的不安全动作的系统。

④ 安装防越程装置。即使机器人可以回转 270°，一般也应限制其使用范围，必须安装限位开关和机械式止动器。

⑤ 安装紧急停止装置。工业机器人一般采用软件方式进行减速、停止定位，但从控制装置容易发生故障的现状来看，紧急停止功能是很重要的。通常对紧急停止装置的要求是：能紧急停止；电路是独立的，以确保高可靠性；除控制台以外，在作业位置上也要安装紧急停止按钮；紧急停止后不能自动恢复工作。

⑥ 低速示教。为了确保安全，应设置较低的示教速度，即示教中产生误动作，也不致造成重大事故。随着机器人的构造与功能的进步，机器人的自由度增加了、运动范围扩大了，其应用范围也在不断扩大，人机的安全问题就更加突出。

除了以上智能装备产品本身设计所需要的现场安全防护，与智能装备产品相连接的工业互联网安全性也是相当重要的组成部分。由于工业互联网打开了与信息世界连接的通道，所以工业互联网使得闭环公司在产生新的链接模式和商业模式的同时，也面临着信息世界的诸如病毒、黑客等安全威胁。建立工业控制系统的安全保障基本策略要求是通信可控、区域隔离、报警追踪，实现多道防线的防护。实施的安全防护措施是去中心化、智能下移、异构冗余、分布协同和蜜罐技术。

1.4　智能装备系统总体设计

在智能装备系统中，机械和光电器件的性能是规律截然不同的物理模型，因而存在匹配上的困难，会遇到许多问题。例如：相互干扰与耦合的问题、系统的复杂性带来的可靠性问题、产品的小型化及智能化增加的状态监测与维修问题，等等。因此，在设计中就要考虑系统整个使用寿命周期的总体技术。

智能装备系统设计的第一个环节是总体设计，就是在具体设计之前，对所要设计的智能装备系统的各方面，根据简单、实用、经济、安全、美观等基本原则，从整体目标出发，用系统的观点和方法，把机械与光电器件的功能用先进制造技术结合起来，其主要设计内容有：主要技术参数及技术指标的制定，智能装备系统原理方案设计，结构方案设计，总体布局与环境设计，总体方案的评价与决策，可靠性设计，安全性设计等。

在总体设计过程中，应完成以下技术文件与图纸设计资料：智能装备系统组成的结构方块图及工作原理流程图；智能装备系统组成单元工作原理图；智能装备系统单元装配图，电路单元布线图；智能装备系统总装配图；总体设计技术报告；总体设计方案论证报告；总体设计资料汇编；总体设计评审报告。

总体设计是智能装备系统设计的最重要环节，其优劣直接影响到系统的总体性能及使用。在总体设计中，要充分应用现代化设计方法中提供的各种先进的设计原理、设计方法、科学试验方法，使总体设计实现原理新颖、技术先进、经济性好、应用性好、可实现性好等目标。

1.4.1　智能装备产品的需求分析

智能装备产品设计的需求分析应包括智能装备系统的用途、水平、主功能，以及影响总体结构的主要参数，见表 22-1-10。

表 22-1-10　　智能装备产品设计的需求分析

用途与水平		智能装备系统所代表的设备与产品广泛分布在各个领域，按用途(种类)可将智能装备系统分为材料加工类设备、医学诊断及治疗设备、集成电路加工设备、办公用品设备、物料输送设备、物料储存设备、机器人、消费用电器设备、光学仪器类等不同类别。同一类用途的系统具有不同的水平，根据用户的需要将产品分为精品、一般产品和简化型等档次
主功能的频次分析		智能装备系统的工作频次是影响到整个设计技术路线和步骤的关键参数，应将其放到目标中来讨论
精度分析		智能装备系统主要功能所能达到的精度应在总体目标中加以分析，精度确定的基本原则是最低精度原则和金字塔原则
主要参数	主功能分析	任何一个智能装备系统的主功能并不是独立存在的，只有在辅助功能的支持下才得以实现。因此，将智能装备系统的目标定位在一个合适的水平上，由此出发，分析并确定达成目标所需要的主功能和主要辅助功能，这是总体设计中最为重要的任务 在进行需求分析时，对主功能的描述力求回溯到它最原始的需求形态，而不对实现的过程和方法额外附加其他的限制条件，这样有利于设计者创造性设计
	参数种类分析	参数分析是对目标分析的量化。只有通过量化，才能将目标更具体化，并发现所存在的问题。包括以下参数：目标参数、功能参数、接口参数、结构参数、影响环境参数
	参数的时变性	智能装备系统中各点在任一时刻在几何上是不相互冲突的，但当时间由时刻 1 过渡到时刻 2 时，对某一点的力值、热能值和光能值一般只能有一个或两个元素发生变化，三个元素同时变化是困难的，而且，必须用计算机来完成控制

1.4.2　智能装备系统设计技术参数与技术指标制定方法

智能装备系统的主要技术参数是能够基本表征该系统的概貌与特征的。智能装备系统的技术指标主要是指其精度、功能等。因此，技术指标既是系统性能的基本依据，又是检验系统质量的依据。根据所设计的系统，确定合适的技术指标，将是所设计的设备或产品能否质优价廉的依据。确定智能装备系统的技术参数和技术指标，必须是根据系统的用途、功能和使用要求，结合当前技术水平，系统的技术可实现性、可靠性、先进性、可使用性的要求来确定。如果设计的技术参数和技术指标提得过高，当前的技术水平实现不了，也不能达到设计要求。如果设计参数和指标提得过低，应具有的先进性、可靠性、可使用性就体现不出来，就会导致产品的市场竞争力差。智能装备技术指标的确定依据见表 22-1-11。

表 22-1-11 智能装备技术指标的确定依据

依　据	说　明
根据产品用途的设计	在设计前进行的市场信息调查中，用户在提出产品的设计要求时，往往只提出使用要求，设计人员必须将使用要求转换成设计工作所需要的技术参数和技术指标，这项工作有时很复杂，需要首先进行原理方案设计，进行大量的试验研究，通过试验研究分析整理，再制定系统设计技术参数和技术指标 例如：设计一个检验压力传感器动态性能指标及评价测试系统性能的压力校准系统。标定压力、标定频率范围、标定正弦波形失真度、标定精度、标定系统控制精度、标定控制压力等技术参数和技术指标的获得，就应在充分试验的基础上，进行分析和研究后，才能确定合理的设计技术指标和参数 在设计新型智能装备系统或产品时，必须采用初步原理性设计，在大量试验研究分析后，再制定合理的设计技术参数和指标，有利于实现设计要求。如果是老产品的改造性设计，则根据改造后的技术要求、目前的技术条件和所选单元部件已具备的性能指标，可以直接确定系统设计的技术参数和技术指标，不需要进行复杂的试验研究
根据智能装备系统控制量特性的设计	智能装备系统的控制量是指输入量、输出量所包括的能量流和信息流 智能装备系统控制量本身的性质、特点、尺寸等都可能成为系统技术参数与指标的确定依据。例如：对于正弦压力标定系统的设计，根据目前所用传感器的量程大小、频率大小、常用校准精度大小、校准技术水平、控制技术水平等，便可确定新型的正弦压力标定系统的标定最大压力值、标定最大频率、最小失真度、最高准确度等各项技术参数和指标
根据加工条件对系统精度要求的设计	为了保证系统的精度，在总体设计时，必须以保证输出量的精度作为主要技术指标的依据。例如：在设计高精度压力标定装置圆盘时，要求加工出圆孔 3mm，圆度误差 2μm，圆孔间距 3mm，间距误差 2μm，一个圆盘上共计分布 155 个孔的工件，在加工时，必须选择高精度的加工设备，才能保证设计技术指标的要求
根据系统应用场合要求的设计	在智能装备系统设计中，不仅要充分考虑系统本身的技术参数及性能指标，而且应当充分考虑应用条件的因素，以保证或扩大系统的应用范围。例如：在测控系统设计中，电机的干扰信号直接影响到信号检测精度，所以在制定技术参数和指标时，必须将系统应用条件考虑到设计中，有利于系统设计的可实现性和应用范围的广泛性

1.4.3 智能装备系统原理方案设计

在智能装备系统总体设计中，所要设计的系统技术性能和功能不同、使用要求不同，则可以选择不同的原理方案。即原理方案设计没有固定的格式可采用，只有必须遵循的总体设计的基本原则。首先根据设计系统功能要求进行分析，从原理上分析可能实现的设计方案有几种，每个设计方案的组成原理及所采用的单元部件有哪些，然后进行分析对比，根据经济性、可靠性、先进性，技术和条件的可实现性、可使用性，确定最佳设计原理方案。

1.4.3.1 系统的原理方案分析

总体设计的创新性主要体现在系统原理方案的选择阶段，要大胆选取新的技术物理效应原理。为了提高机械电子产品的创新性，不能过早地将精力集中在工艺层次的创新上，在总体设计阶段就要充分地进行原理方案的分析和选择。智能装备产品是复杂的产品系统，其创造性是无穷无尽的。在原理方案分析阶段，应根据系统设计的目标，例如用途、功能、水平、精度和频次，首先在“大领域”搜索可能采用的原理方案。然后，根据“大领域”选择的原理方案，在这一领域中进行下一层次的搜索，即过渡到小领域的搜索。

辅助功能的实现也同样存在原理方案分析的问题。原理方案分析无论对主功能或辅助功能都是极为重要的一步，是对总体设计具有全局性影响的步骤。从根本上讲，原理方案分析主要靠设计者的工程经验、知识面，尤其是现代科学知识的广博性以及设计者的灵感。

1.4.3.2 基本功能单元的原理方案分析

智能装备系统是由多个功能单元组成的，系统与单元的功能就是指输入量与输出量之间的关系，可以利用功能简图方式表示信号的传输过程。图 22-1-2 表示由检测传感器、放大器、控制器组成的定位检测控制系统。

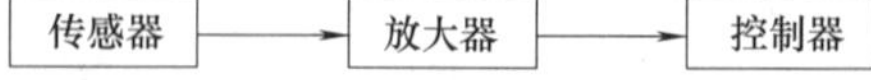

图 22-1-2 定位检测控制系统

智能装备系统设计中常用的基本功能单元可分为：物理功能单元、逻辑功能单元、数学功能单元、机械结构功能单元、操作使用单元等。

① 物理信号检测单元是实现不同形式能量之间变换的单元，例如：把物理信号利用不同的传感器转换为电信号，再把电能转换为机械能等。在设计中根据具体要求，确定物理功能单元。

② 控制功能单元是根据系统的工作状态和工作方法，按照事先设计的逻辑关系，由控制器、逻辑控制器经编制程序达到功能要求的控制系统。逻辑关系与操作方式、顺序、安全性、可靠性、抗干扰性有关。

③ 计算功能单元具有由程序实现计算微分、积分、滤波、信号分析、信号处理、通信等功能。可根据设计系统要求选用以上计算功能单元。

④ 机械结构功能单元可以根据智能装备系统的功能需求设计，分为组合结构、整体结构、立式结构、框架结构和装置主体等功能单元。

⑤ 操作使用单元是根据产品特点、使用要求、外形美观而设计的，在设计任何类型的智能装备系统中都是十分重要的。例如：飞机驾驶仪操作单元、电厂发电系统操作平台和数字式加工设备的操作界面等。

在设计智能装备系统中，功能单元原理方案设计所需要考虑的主要问题，一是在满足设计要求的条件下，要考虑附加要求，例如：当要求采用机械实现传动时，就要考虑安装的问题，特别是在高精度条件下，设计高精度控制装置可以采用另加稳定盘来解决抖动问题；二是在选择功能单元时，应从全局考虑，参考有关资料、专利或新产品，互相补充，综合设计，采用配套性方法，使原理方案简化；三是对于体现产品特色的、关键性功能单元，应多采用创造性思维方法，开拓思路，探讨新颖性设计；四是根据设计要求，详细分析，借助于其他产品设计功能单元原理方案，提出多种实现功能单元的可能原理方案，以便总体设计评价，择优采用，例如：位置检测系统有多种方法实现，传感器可选用电阻式、光电式、电感式等。通过分析对比传感器的性能、可靠性、价格等，确定最佳功能单元设计方案。

1.4.3.3　系统的功能结构图设计方法

在设计智能装备系统中，对于所设计的系统，按照功能分解为机械单元、检测单元、控制单元、信息处理单元和执行单元等，最后组合起来，以满足总功能的要求。

（1）基本功能结构类型

以功能单元为基础，组合成功能结构的方式有三种基本类型，如图 22-1-3 所示，分别为串联结构、并联结构和回路结构。

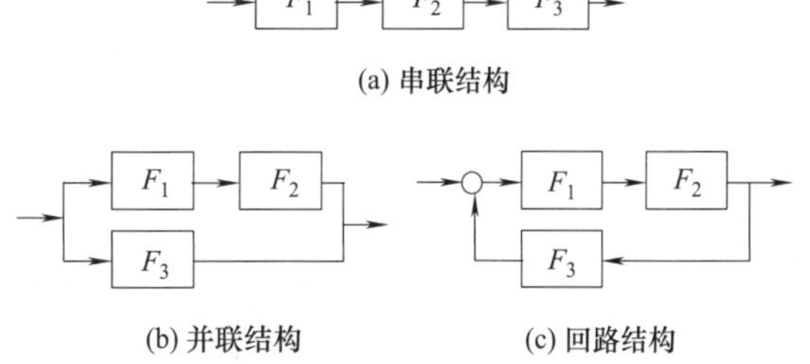

图 22-1-3　基本功能结构

（2）功能原理结构图的设计

在设计智能装备系统功能结构图时，首先把所设计的系统按系统功能分解，分析单元之间的功能关系，再设计功能结构图。以压力传感器动态校准系统为例，说明功能结构图的设计方法。

压力传感器动态校准系统是一个高精度压力传感器动态标定系统，它由发生器主机、压力源调节系统、标定频率控制系统、标定信号测试系统组成。下面介绍功能结构图的设计。

正弦压力发生器主机系统由控制盘、功能盘和压力室组成，如图 22-1-4 所示。

图 22-1-4　正弦压力发生器主机功能结构

标定频率控制系统由计算机、控制板、接口电路、电机驱动器和步进电动机组成，如图 22-1-5 所示。

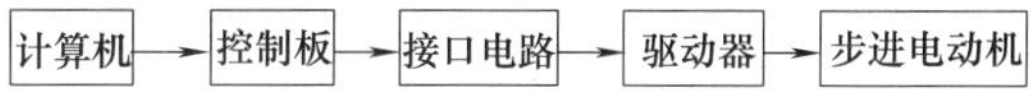

计算机 → 控制板 → 接口电路 → 驱动器 → 步进电动机

图 22-1-5　标定频率控制系统

压力源调节系统由高压气瓶、过滤器、减压阀和高压电磁阀组成，如图 22-1-6 所示。

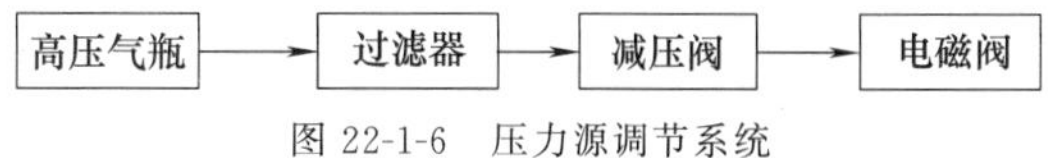

图 22-1-6　压力源调节系统

标定信号测试系统由参考传感器、被标传感器、动态电阻应变仪和动态测试分析仪组成，如图 22-1-7 所示。

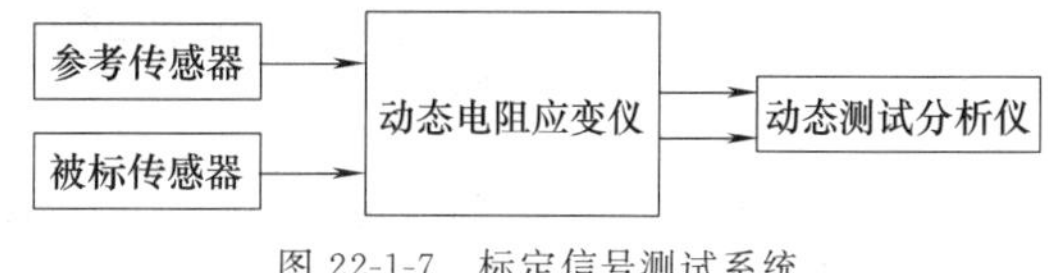

图 22-1-7　标定信号测试系统

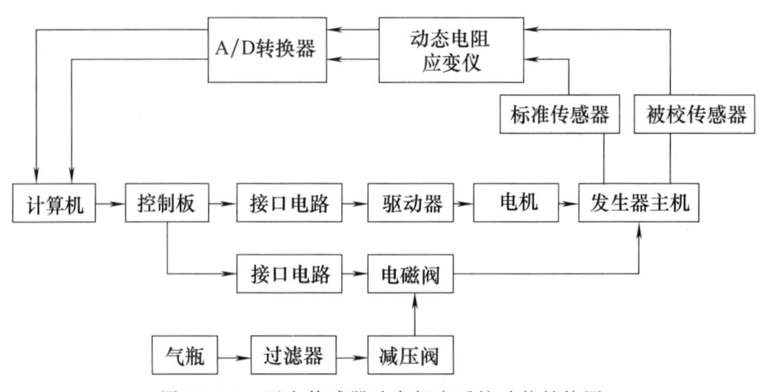

图 22-1-8　压力传感器动态标定系统功能结构图

如图 22-1-8 所示为正弦压力标定系统功能结构图，按照这种方式来建立系统功能结构图，无论系统多么复杂，功能结构的设计工作都可以有计划、有步骤、有条不紊地进行。系统规模再大、再复杂的系统，均可以按功能单元分解，设计出单元的功能结构图，为系统总体设计提供详细的功能图。

(3) 原理方案的选择原则

在智能装备系统设计中，根据设计要求对系统及其功能单元的原理方案进行设计，可实现的原理方案是多解的，每种原理方案不同，技术上实现不同，投入的研制费用不同，性能和功能也不同，必须进行详细的分析对比，选择最佳方案。其选择的原则包括：新颖性、先进性、使用性；技术可实现性；经济性、可靠性；结构合理、外观造型好；操作简单、使用方便。

1.4.4　智能装备系统结构方案设计

智能装备系统原理方案确定之后，对于系统所确定的各种功能单元，可分成两大类：一类是机械类功能单元，例如：机械传动系统、导向系统、主轴组件、机械本体等；另一类是光电系统功能单元，例如：光电检测传感器、电压放大器、控制电路、控制电机、计算机硬件系统等。

对于机械类功能单元，在市场上已有标准化的、通用的部件，设计人员根据设计要求进行选择；智能装备系统具有不同的工作性能和功能，因此，其机械结构方案和总体结构方案也千变万化。所以，机械结构设计仍是智能装备系统总体结构方案设计的重要内容。机械结构设计工作包括两个方面，即总体结构设计和单元部件结构设计。

对于光电系统功能单元，若市场已有现成的产品，设计人员可以根据设计要求选择；若是市场上没有的产品，设计人员根据设计要求进行设计、调试、完善，以便满足设计使用要求。

1.4.4.1　系统结构方案设计的程序

结构设计阶段的工作特点与原理方案构思有很大的不同。原理方案构思主要靠创造性思维和系统化方法，而结构设计的复杂性和具体性则要求除了创新思维之外，更多地是进行紧密联系实际的综合分析和设计工作。其主要特点是：工艺及经济观念占主导地位，结构方案可行性的审核贯彻始终，要不断地进行功能、制造、装配可能性、使用性能、制造成本等方面的审核，因此并没有固定的设计程序。这个过程一般可以粗略地分为：初步设计、详细设计、完善与审核，见表 22-1-12。

表 22-1-12　　系统结构方案设计的程序

阶段	说　明
第一阶段：初步设计	初步设计阶段主要是完成主功能载体的初步设计。一般把功能结构中对实现的能量、信号的转换等有决定性意义的功能称为主功能，把满足主功能的单元称为主功能单元。对于某种主功能，可以由不同的功能组元和功能单元来完成，首先可以确定几种功能单元，然后确定它们的主要工作面、形成主要尺寸，再按比例画出结构草图，最后在几种结构草图中择优确定一个方案作为后续设计基础
第二阶段：详细设计	详细设计阶段的第一步是进行副功能单元设计，在明确实现主功能需要哪些副功能单元的条件下，副功能尽量直接选用现有的结构部件，例如：选用标准件、通用件或从设计目录和手册中查找相应的、满足要求的部件；第二步是进行主功能单元的详细设计
第三阶段：结构方案的完善与评价	结构方案的完善与评价是在前面两个阶段工作的基础上，进行设计工作的评价，目的是对单元设计的关键技术问题和薄弱环节进行优化设计，并进行设计分析、经济性分析、可实现性分析，检查预计成本等是否达到预期目标

1.4.4.2　系统结构方案设计的基本原则

表 22-1-13　系统结构方案设计的基本原则

原则	说　明
明确设计要求	在结构方案设计时，所考虑的各个要求均应体现明确性。首先是所选的设计功能单元工作原理明确，才能使所设计的结构可靠地实现物流、能量流、信号流的转换，这时必须考虑到所依据的工作原理可能的各种物理效应，尽可能避免出现意外情况。另一方面，要明确各功能单元的使用条件，特别是对于假设的工作条件及载荷情况，应随时检查其设计的正确性
简单性	组成系统方案的零部件数目要尽可能少，几何形状要简单、规则等，以达到便于操作、监控、制造、装配的目的，简单性设计是优化设计的重要内容之一
安全可靠性	安全可靠性设计包括电路与构件的可靠性、功能可靠性、工作安全性和环境适应性 ①电路与构件的可靠性是指在规定的外载荷下，规定的时间内，电路与构件不发生过度变形、磨损、器件老化、器件失效和工作不稳定等现象 ②功能可靠性是指保证在规定的条件下实现总功能 ③工作安全性是指保证操作人员工作安全、身心健康 ④环境适应性是指不得造成超标准的环境污染，并使机器能适应环境工作条件
运动学	运动学设计原则就是根据物体需要实现的运动方式、工作状态和负载特性，设计选择控制方案，并施加约束条件
基面合一	在机械结构方案设计时，要尽量使定位基面与使用基面和加工基面合为一体，这样可以减小由于基面不一致所带来的加工误差
最短传动链	尽量使驱动系统的自动调速范围宽，且运动形式与执行机构形式一致，以便用最短的传动链实现执行机构的运动要求。传动链越短，系统性能的稳定性越好，精度越高。这是智能装备系统设计与一般机械系统设计的不同之处
标准化	在智能装备系统设计中，必须采用产品部件的系列化、通用化和标准化原则进行设计，从而保证零部件的互换性，实现工艺过程典型化，有效地缩短研制周期，降低成本，并为以后的使用维护带来方便
老化处理	在智能装备系统设计中，除了根据所设计产品的性能及应用场合不同，选择高精度、高可靠性器件外，必须对控制系统或电路系统中所用器件给出老化处理要求，为筛选合格的器件提供依据，尤其是高性能智能装备系统及军工产品
结构强度的设计原则	①等强度。在设计零部件时，应尽量使同一零部件各处的强度接近相等，以使各处都能充分利用其强度，保证最有效地利用材料和减轻体积和重量，使各处的寿命相等 ②力自平衡。智能装备系统的某些部件在运行中会产生额外的力矩或受力，若能予以力平衡，可抵消其不利影响，使整机正常稳定运行，且体积更小、质量更轻 ③力自加强。例如：在设计液压密封装置的密封件位置时，应使其在两边液体工作压力差作用下，越贴越紧，以自动加强密封效果 ④力作用路径最短。在力或力矩作用路径中，均要产生应力和变形，缩短力作用路径，一方面可减少材料、简化结构；另一方面使变形环节减少，有利于提高构件强度，提高整机精度 ⑤力自保护。智能装备系统运行时，如偶遇外力或故障，可能会使某些部件受到异常大的力或力矩作用，发生损坏或断裂，若在设计中考虑，一旦异常力作用于这些部件时，部件能及时脱离而得到自保护，则可避免事故或意外

1.4.5　智能装备系统总体布局设计

智能装备系统总体布局设计是总体设计的重要环节，是一个带有全局性的问题，对产品的制造和使用都有很大影响，特别是对维修、抗干扰、小型化等。布局设计的任务是确定系统各主要部件之间相对应的位置关系，以及它们之间所需要的相对运动关系。

1.4.6　总体准确度分析与设计

总体准确度是衡量智能装备系统性能和质量的一个主要的技术指标。由于现代智能装备设备和产品的自动化程度愈来愈高，功能也更先进，因此机、电、光、磁等多学科相互渗透的程度更强，智能装备系统总的准确度指标是由各功能组元和功能单元共同作用的结果。在准确度要求较高的系统设计时，其准确度分析与计算是一项十分重要的工作，往往要通过理论分析计算与试验统计分析相结合的方法，完成系统准确度的设计，以满足总体准确度的要求。

在总体设计阶段，系统准确度分析与计算的核心任务是误差分配和误差综合。

误差分配是指根据智能装备系统总准确度指标，在准确度分析的基础上，考虑各功能组元和功能单元的工作原理、材料及工艺水平、元器件的技术水平、实现高准确度的难易程度等因素，合理地确定各功能组元、功能单元及器件的准确度。

误差综合是指在设计完成后，按照已确定的各子系统，根据各功能组元、功能单元及器件的误差、公差等技术条件，分析各种误差因素对总准确度的影响，并求出智能装备系统的总精度。

不同的总体方案确定了不同的机、电、光各功能组元和功能单元，误差分配的对象也就不相同。通过误差分配，应使误差组成部分的准确度在技术上能实现，又不至于产生结构复杂、工艺性差、成本高等不利因素。各功能组元和功能单元的功能及其之间的相互作用又决定了系统的性能指标，所以误差的合理分配与优良的总体方案设计之间是相辅相成的关系。

在总体设计阶段，要进行误差计算，把各功能组元和功能单元的误差按系统误差、随机误差、加工允许误差分别计算，与分配的准确度进行比较，反复修改，使其准确度尽可能合理。选择的功能组元和功能单元的准确度必须小于总体设计分配的准确度或要求应达到的准确度。确保总体设计准确度要求及使用要求。

1.5 智能装备系统设计流程

智能装备产品的设计过程中，一定要坚持贯彻智能与先进制造技术的系统思维方法，要从系统整体的角度出发，分析研究各个组成要素间的有机联系，从而确定系统各功能组元和功能单元的设计方法。

智能装备系统设计的过程是“目标—设计—效果”的多次分析与综合的过程。综合可以理解为各种解决问题要素的拼合过程，这是一种高度的创造行为。分析是综合的反行为，是提高综合水平的必要手段，通过分解与剖析，对综合后的解决方案提出质疑、论证和改进，排除不合适的方案或方案中不合适的部分，为改善、提高和评价决策做准备。

智能装备系统的设计流程如图 22-1-9 所示。智能装备系统或产品的设计，可以参考该工程路线与设计流程，而其中许多过程常常需要多次反复，具体说明见表 22-1-14。

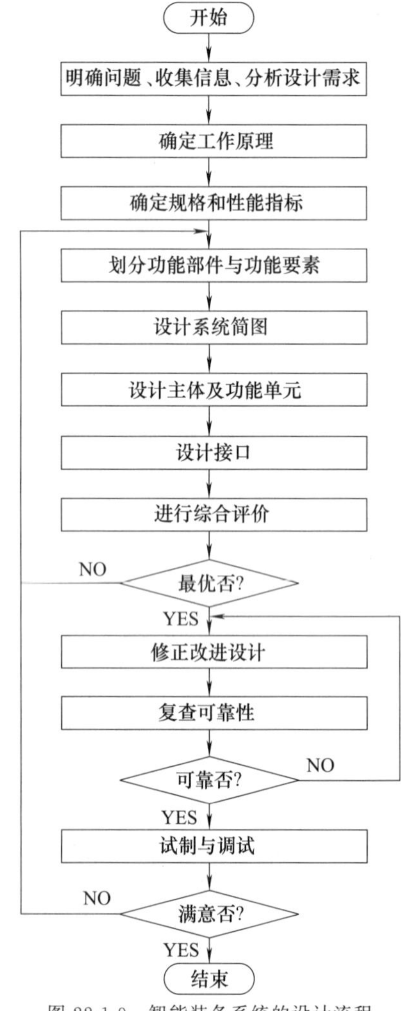

图 22-1-9 智能装备系统的设计流程

表 22-1-14 智能装备系统的设计流程说明

明确问题、搜集信息、分析设计需求	开发任何类型的智能装备系统，首先，需明确要解决什么问题，应详细描述对系统的功能和性能的要求，全面分析清楚系统的工作环境；其次，要详尽搜集所设计产品的信息，包括关于环境、政策、资源等方面的原始信息，以及设计需求、设计基础条件、技术条件、本技术领域和同类系统的状况及其发展趋势；再次，在深入、广泛调查研究的基础上，应做出用户真正需要什么样产品的判断 一般情况下的设计需求包括：

续表

明确问题、搜集信息、分析设计需求	①所设计产品的工作效率。包括其年工作效率、小时工作效率及动力传动系统的机械效率 ②所设计产品具有的主要性能和功能。包括总功能及其单元功能的工作特点，特别是操作人员在总功能实现中所介入的程度 ③所设计产品与其工作环境的界面。主要有输入/输出界面、装载工件形式、操作员控制器界面、辅助装置的界面、温度、湿度、灰尘等情况 ④所设计产品对操作者技术水平的需求。要求操作人员达到什么技术等级，并具备哪些专业知识 ⑤所设计产品是否被制造过。假如类似的产品已在生产，则应参观生产过程，并收集有关的设计与生产文件，再根据所设计产品要求进行创新设计
确定工作原理	产品工作原理的设计是总体设计的关键。设计质量的优劣取决于设计人员能否勇于探索新的工作原理，合理地利用现有设计技术和现有的物质条件进行创新设计，使总体设计方案更合理、更先进
确定规格和性能指标	系统的目的功能指必须实现一定的运动，并提供必要的动力，由此确定的基本性能指标主要指实现运动的自由度数、轨迹、行程、精度、速度、动力、稳定性和自动化程度。用来评价智能装备系统质量的基本性能指标主要包括以下参数： ①运动参数。用来表征机器工作运动的轨迹、行程、方向和起、止点位置正确性的指标 ②动力参数。用来表征机器输出动力大小的指标，如力、力矩和功率等 ③品质指标。用来表征运动参数和动力参数品质的指标，例如运动轨迹和行程的精度、运动行程和方向的可变性，运动速度的高低与稳定性，力和力矩的可调性或恒定性等 在满足基本性能指标的前提下，还需考虑工艺性指标、人机工程学指标、美学指标和标准化指标等
划分功能部件与功能要素	智能装备系统必须具备适当的结构才能满足所需性能。为了形成具体结构，可以以各构成要素及要素之间的接口为基础来划分功能部件或功能子系统(即功能组元或功能单元) 合理划分功能单元，准确定义功能单元边界及其参数，搞清楚各功能单元之间的连接关系和信息传递关系，并用合适的表达工具来详细地描述设计系统。对于较大的系统，通常是分层次进行的，即大的功能组元再细分成较小的功能单元，直到每个功能组元或功能单元都可以找到成熟的设计方法，然后就可以具体实施设计工作了 复杂机器的运动常由若干直线或回转运动组合而成，在控制上形成若干自由度。因此，也可以按运动的自由度划分成若干功能组元，再按功能组元划分功能单元。可根据整机的性能指标确定各功能组元或功能单元的规格要求 特定机器的执行机构和机体这类功能组元或功能单元，通常必须自行设计。而执行元件、检测传感元件和控制器等功能组元或功能单元，既可自行设计，也可选购通用产品
设计系统简图	在智能装备系统总体设计完成各功能单元后，采用各种符号或方块图形式表示功能组元或功能单元，包括控制系统、传动系统、电器系统、传感检测系统、机械执行系统、机械主机系统等。根据系统总体方案的工作原理、工作流程画出它们的总体图，组成各功能单元有机结合的智能装备系统简图。根据这些简图，进行方案论证，分析研究修改，确定最佳设计方案。在总体系统图设计中，机构执行系统应以机构运动简图或机构运动示意图表示，机械主机系统应以结构原理草图表示，电路系统应以电路原理图表示，其他子系统可用方框图表示
设计主体及功能单元	智能装备系统机械结构类型很多，选择主要结构方案时，必须保证系统所要求的精度、工作稳定性和制造工艺等。对于外形结构，在允许条件下，应符合体积小、质量轻、外形美观、结构合理的原则。对于运动单元，应符合运动学设计原则，不允许有过多的约束条件。但当约束点有相对运动且载荷较大时，约束点变形大，易磨损，这时可以采用误差均化原理进行结构设计，允许有过多的约束条件 要认真选择运动机构的摩擦形式。导轨副相对运动时的摩擦形式有滑动、滚动、液体静压滑动、气体静压滑动等几种形式，各有优缺点，可以综合考虑各方面因素，选取具有适应于工作要求摩擦形式的导轨

续表

设计主体及功能单元	检测系统和控制系统设计，按照电路结构方案设计方法可分为两大类：一类是设计选择式，根据系统对总体功能及单元性能的要求，分别选择传感器、放大器、电源、驱动器、控制器、电机、记录设备、通讯设备等，进行合理的组合，满足总体方案设计要求；另一类是以设计为主、单元的选择为辅，设计人员必须根据系统设计的总体功能及检测系统和控制系统的性能进行设计，选择稳定性好、可靠性高、精度高的器件，电路结构方案设计要合理
设计接口	接口问题是关于各功能组元或功能单元间的匹配问题。例如，执行元件与运动机构之间、检测传感元件与运动机构之间通常是机械接口。机械接口有两种形式，一种是执行元件与运动机构之间的联轴器和传动轴，以及直接将检测传感元件与执行元件或运动机构连接在一起的联轴器（如波纹管、十字接头）、螺钉、铆钉等，直接连接时不存在任何运动和运动变换；另一种是机械传动机构，如减速器、丝杠螺母等，再如，控制器与执行元件之间的驱动接口，控制器与检测传感元件之间的转换接口，电子传输与转换电路
进行综合评价	对智能装备系统的综合评价主要是从系统功能性、技术经济性以及安全性等多方位对设计方案的各层次的功能、性能和结构进行深入的研究和评价，检验预测该方案是否能达到设计要求，整体效果如何，实施后果如何，适应性如何 装备智能化的目的是提高产品的附加价值，而附加价值的高低必须以衡量产品性能和结构质量的各种定量指标为依据。不同的评价指标可选用不同的评价方法 具体设计时，常采用不同的设计方案来实现产品的目的功能、规格要求和性能指标。因此，必须对这些方案及其结构进行综合评价，从中找出最佳方案
修正改进设计	通过评价比较，常常会发现各方案及其结构的优缺点，通过取长补短，为调整修改原来的设计提供具体的指导，也可以发现更好的改进方案，获得更好的设计
复查可靠性	智能装备系统既可能产生电子故障、软件故障，又可能产生机械故障，而且容易受到电噪声的干扰。因此，可靠性问题显得格外突出，也是用户最关心的问题之一。在产品设计中，除采用可靠性设计方法外，还必须采取必要的可靠性措施，在产品设计初步完成之后，还需要进行可靠性复查和分析，以便发现问题，及时改进
试制与调试	样机试制是检验产品设计的制造可行性的重要阶段，并通过样机调试来验证各项性能指标是否符合设计要求，该阶段也是最终发现设计中的问题，以便及时修改和完善产品设计的必要阶段

第2章　传感检测系统设计

2.1　传感检测系统

2.1.1　传感检测系统的概念与特点

传感检测系统是智能装备系统的感受环节，是控制系统的信息入口，其主要任务是对系统运行中所需的本身和外界的各种参数及状态（非电量）进行检测，并转成与被测量有确定对应关系的电信号，通过信号调理电路传输到计算机的信息处理单元，经过分析处理后，产生相应的控制信息。系统对测量模块的要求是不失真地反映被测物理参数的时间变化曲线，这里包含分辨率、精度、线性范围、动态响应等一系列技术指标。

计算机技术日新月异的发展以及高速度、高精度A/D转换器和其他功能电路的产生，将检测技术推向一个新的发展阶段，利用微机来辅助检测，使得数据采集、处理和控制融为一体。高性能的传感检测系统具有许多优点，如表 22-2-1 所示。

2.1.2　传感检测系统的结构与组成

2.1.2.1　非电量的特征

在生产过程和科学研究中所接触到的被测量大多数是非电物理量。例如，机械量（如位移、力、转速和扭矩）、发动机试验参数（如应力、流量和振动）、气象火箭探测量（如温度、气压、风速和空气密度）等。可见，非电量种类繁多，特性千差万别，了解非电信号的特点，有利于对各种各样的非电量检测进行分析。

表 22-2-1　传感检测系统的优点

<table>
<tr><th>优点</th><th colspan="2">说　明</th></tr>
<tr><td>通道多</td><td colspan="2">一台仪器一般不具备同时测量多个参数的能力，微机传感检测系统配备多个信号通道，对于多路信号，通过计算机软件控制，进行高速扫描采样。从宏观上看，测量过程是同时进行的，大大提高了工作效率</td></tr>
<tr><td>精度高</td><td colspan="2">检测精度是对检测仪器的基本要求。目前高性能检测系统一般采用 14～16 位 A/D 转换器，而且具有自动校准，以便消除零漂、温漂、增益不稳定等系统误差的功能；具有多次测量求平均值以便消除随机系统误差的功能；具有软件线性化处理，以便对传感器等硬件的非线性特性进行校正的功能；具有软件滤波，以便消除系统内部和外部引入的干扰等功能。另外，采用自动显示或打印结果，可消除人为的判读误差。以上几点使检测系统具有较高精度</td></tr>
<tr><td>速度快</td><td colspan="2">高速测量与处理是检测系统追求的目标之一，速度与精度是一对矛盾，一般来讲，精度要求低，速度可加快。影响速度的主要因素是 A/D 转换时间、计算机处理数据的时间、数据传输时间和终端运行时间。目前，采用 16 位的 A/D 转换器，其采样速度在 100kHz 以上，采用 8 位 A/D 转换器，采样速度可提高到 200MHz。如果多个 A/D 转换器并行工作，又可成倍提高数据采集速度。计算机的运行速度主要取决于时钟频率，目前 32 位微机时钟频率在 33MHz 以上</td></tr>
<tr><td rowspan="9">功能强</td><td>典型功能</td><td>说　明</td></tr>
<tr><td>选择功能</td><td>量程、信号通道、通道扫描方式和采样频率的选择等</td></tr>
<tr><td>信号分析与处理</td><td>FFT、相关分析、统计分析和平滑滤波等</td></tr>
<tr><td>波形显示</td><td>实时显示多个被测信号的时域波形，即具有存储示波器功能</td></tr>
<tr><td>自诊断</td><td>系统越复杂，自身故障的诊断显得越重要。一些通用性较强的检测系统，可以诊断到关键部位</td></tr>
<tr><td>自校准</td><td>高精度的传感检测系统都配有标准信号源。检测时，对标准信号和被测信号分别进行检测，计算机对两个检测结果进行分析，消除系统误差。以上过程全是自动完成的</td></tr>
<tr><td>绘图与打印</td><td>检测系统可以配有绘图仪和打印机，将检测结果以图形和表格形式输出，做到图文并茂，一目了然</td></tr>
<tr><td>操作简便</td><td>先进的检测系统在检测与处理过程中无需人工参与，在检测前仅做简单的准备工作。一般来说，专用系统采用面板选择较多，而较通用的系统则采用键盘操作，以人机对话方式设定系统工作模式，从而省去了繁琐的人工调节和大量的数据处理工作</td></tr>
</table>

表 22-2-2　　非电量的特征

序号	特　征
1	从时域特性来看，非电信号有模拟信号和离散信号之分。离散信号是在离散时间变量上定义的，如果信号的幅度也是离散的，则为数字信号。而模拟信号是连续时间、连续幅度的信号。大多数非电信号是模拟信号，为适应电子计算机工作，把模拟量转换为数字量就是检测系统的一个重要环节
2	从频域特性来看，机械工程中信号的频率有高有低，但大多数属低频范围，有的近似于直流量。信号的频率高，要求采样速度和计算机处理速度高；信号的频率低，对检测来说是有利的一面，但工业干扰正好落在此频段内，直流放大亦将引入零点漂移，而且不利于信号传输。因此，滤波技术、调制技术就显得尤为重要
3	非电信号并非独立存在，它们都处于环境的干扰和噪声的包围之中。非电信号能量强弱悬殊，其中强信号的检测指标容易达到，而弱信号的检测要难得多。考虑到前面的特点，弱信号检测对整个系统的灵敏度和精度都提出了较高的要求。因此，信号调节技术、抗干扰技术、误差处理技术是传感检测系统的重要课题
4	理论和实践证明，大多数非电量的信号通过一定形式的变换，可变成相应的电量。这一点极为重要，可以用电测法检测各种非电量。电测技术在理论上比较成熟，实践证明行之有效

2.1.2.2　传感检测系统的结构

表 22-2-3　　传感检测系统的结构

典型的传感检测系统结构	现代传感检测系统对数据具有计算、分析和判断的能力，由包括微机在内的一些模块构成。由于集成度很高，模块不至于很多，因此结构紧凑，可靠性高。由于采用硬件和软件相结合的技术，系统具有相当的通用性，性能指标也可达到令人满意的程度。这种系统的基本结构形式如图(a)所示 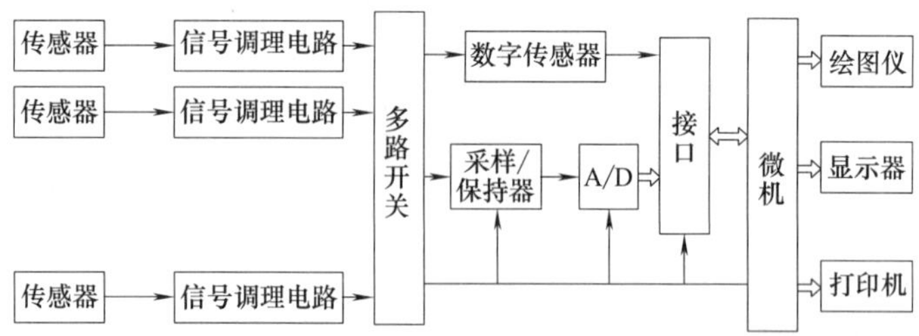 图(a)　传感检测系统基本结构 被测信号由传感器转换成相应的电信号，这是任何非电检测必不可少的环节。不同信号的传感器是不同的。传感器输出的信号不能直接送到输出设备进行显示或记录，需要进一步处理。信号的处理由两部分完成，即模拟信号处理和数字信号处理。后者由微机承担，微机以前的全部信号处理都是模拟信号处理。A/D(模/数)转换的作用是将模拟量转换为数字量以适应计算机工作，在此以后的全部信号都是数字信号 模拟信号调节与处理的内容是相当丰富的。信号调节的主要作用是使传感器输出信号与A/D转换器相适配，例如，A/D转换的输入电平是0～5V，而传感器输出电平仅几毫伏(mV)，这时必须采取放大措施以减小量化误差，放大器输出电平愈接近A/D输入的满标，相对误差也就愈小，这时的信号调节器是放大器。当然，若传感器输出电平过大，则信号调节器应为衰减器。如果传感器在输出信号或传输信号过程中，混入了虚假成分，就需要进行滤波、压缩频带，以降低采样频率。另外，阻抗变换、屏蔽接地、调制与解调和信号线性化等，皆属处理范畴。一般说来，对弱信号检测、放大与滤波是最基本的环节。并非每个系统都得包含上述全部内容，对不同的检测任务，系统应包含哪些环节是有所选择的 在图(a)中，若有 n 个被测信号，相应的 n 个通道共享一个A/D转换器，以降低成本，减小体积。为了使各路信号互不混叠，系统中必须采用模拟多路切换开关。切换开关相当于一个单刀多掷开关，它的作用是把各路信号按预定时序分时地与保持电路接通。保持电路的引入是因为A/D转换需要一定时间，在转换期间，模拟信号应保持不变
独立式传感检测系统的结构	在图(a)所示的典型系统中，各通道共享一个A/D转换器，优点是以较低的成本来采集多路信号，但这是用牺牲精度换来的。这是因为模拟多路切换开关并非是理想开关，易受失调电压、开关噪声、非线性和信号之间窜扰的影响。因此，各路信号及其干扰都会或多或少地窜到A/D转换器的输入端。采用如图(b)所示的方案可以克服这个缺点。此方案的特点是各通道独自备有一个A/D转换器，干扰出现的概率是很小的。这种系统各通道互不影响，各自独立 必须指出，如图(a)所示方案，由于各通道互相影响，要使各通道测量指标都能达到要求，不仅公共通道部分需要有高的速度、高的精度和不易受干扰的影响，而且各通道器件都需要严格精选。相比之下，如图(b)所示方案对各路器件的技术要求就不必那么严格。在数据采集的过程中，微机起主导作用，它和外部的联系将通过总线进行

续表

<table>
<tr><td>独立式传感检测系统的结构</td><td>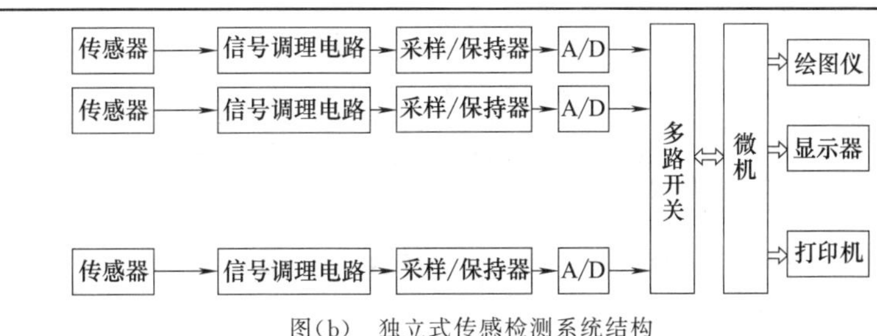

图(b) 独立式传感检测系统结构</td></tr>
<tr><td>模拟多路转换开关</td><td>模拟多路转换开关作用是分别或依次把各路检测信号与A/D转换器接通，以节省A/D转换器件。多路开关还常在电路中用于信号通路的切换。对多路开关的基本要求是：导通电阻小、开路电阻大、交叉干扰小、开关的切换速度快和传输信号的线性度好
多路开关主要有电力机械开关和电子开关两类。电力机械开关如继电器等，由于其体积大、开关速度慢，因而不适于信号采集。电子开关是以二极管、双极型晶体管、MOS(金属-氧化物-半导体)场效应晶体管等作开关元件而构成的开关电路，其中又以MOS场效应晶体管集成开关电路应用最多
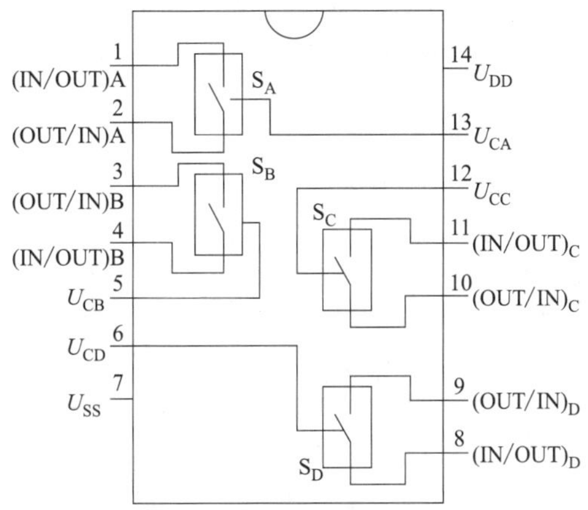

图(c) CC4066型四双向模拟开关的引脚功能图
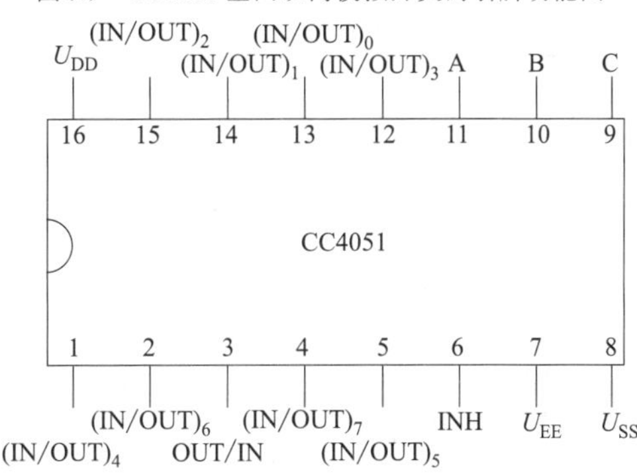

图(d) CC4051引脚功能图
图(c)是CC4066型四双向模拟开关的引脚功能图。该集成电路芯片中共有四个双向模拟开关，分别标为S_A～S_D。U_{DD}和U_{SS}分别为电源和接地引脚，U_{CA}～U_{CD}分别是四个模拟开关的控制信号引脚。当控制信号引脚接高电平时，相应的开关闭合，即每一个模拟开关都相当于一个可控的单刀单掷开关。对CC4066中的四个双向模拟开关进行适当组合，可构成各种模拟多路开关
为了采用较少的控制信号来选通多路开关，可在各控制信号U_{CA}～U_{CD}之前加上译码电路。集成电路芯片CC4051就是带有译码电路的八选一多路开关，其引脚功能如图(d)所示，其中$(IN/OUT)_0$～$(IN/OUT)_7$分别是八路信号的输入或输出端；OUT/IN是公共输出或输入端；A、B、C是各开关的数字控制信号输入端，当CBA=000～111时，可分别选通开关通道0～7；INH是禁止端，当其为高电平时，各通道均被关闭，只有当该引脚上的信号为低电平时，各开关才能在控制信号的控制下正常通断。如果信号分别从$(IN/OUT)_0$～$(IN/OUT)_7$八个引脚输入，并从公共端OUT/IN输出时，该芯片是一个模拟多路开关；如果信号从公共端输入，并向八个引脚分配输出时，该芯片可作为信号分配器使用。在CC4051芯片中，除电源引脚U_{DD}和接地引脚U_{SS}外，还有另一电源引脚U_{EE}，供电平移位时使用，以便传输具有正、负极性的模拟信号</td></tr>
</table>

第22篇

2.1.2.3　传感检测系统的硬件组成

表 22-2-4　传感检测系统的硬件组成

现代传感检测系统的硬件组成如图(a)所示。按各部分在系统中的作用,系统可分为主机、输入输出通道、常规外部设备、接口电路、运行操作台和系统总线等几大部分

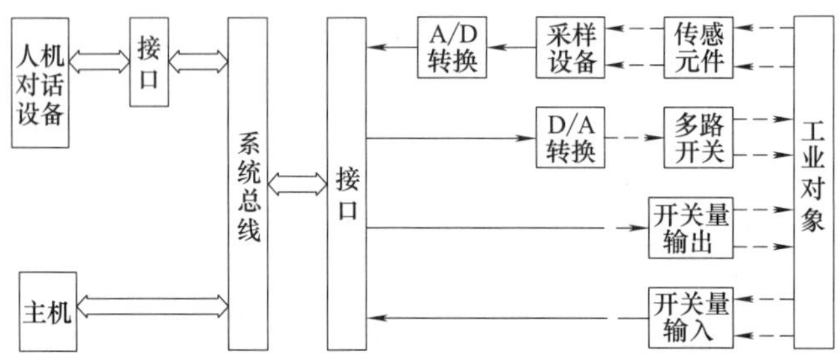

图(a)　现代传感检测系统的硬件组成

名　称	说　明
主机	CPU 及其内存储器(ROM、RAM)合称为主机,这部分是系统的核心。主机根据输入通道检测得到的各种参数,按照人们预先安排的程序,自动地进行信息处理、分析和计算,最终得到与被测参数相对应的精确结果。采用何种计算机作主机,取决于系统任务的复杂程度及需要达到的技术指标。多数测控系统采用微机作主机
输入输出通道	过程输入输出通道是微机与外部物理世界(如生产过程)建立信息传递与转换的连接渠道。过程通道又可分为模拟量输入通道、模拟量输出通道、开关量输入通道和开关量输出通道 带有 A/D 转换器的模拟量输入通道用来连接各类以模拟信号为输出的传感器,也可直接用作模拟形式的电压或电流的输入端 模拟量输出通道带有 D/A 转换器,使微机能对模拟形式的执行机构或输出设备进行控制 开关量输入通道用来接收外界以“开关”形式表示的信息。例如,在电网实时监控系统中,它可用来监视电网各类断路器的开合状态。在另一些在线检测中,开关量输入可用来表示“超值”、“告警”和“极性转换”等状态,并通知微机做相应的处理。开关量输入也可用编码的形式向微机系统输入信息,这种信息既可以是命令信息(要求微机执行某种动作),也可以是单纯的数据信息。开关量输出通道通常用来控制开关型执行机构(继电器、步进电机等),也可用来以编码形式输出信息
外部设备	按功能可分为三类:输入设备、输出设备和外存储器 常用的输入设备有键盘、纸带输入机等,输入设备主要用来输入程序和数据 常用的输出设备有打印机、记录仪、显示器和纸带穿孔机等。输出设备主要用来把各种信息和数据按人们容易接受的形式,如数字、曲线和字符等提供给操作人员 外存储器如磁带机、磁盘机等,主要用来存储系统的程序及有关数据
接口电路	接口电路在过程通道与外部设备间起着媒介作用,使主机与过程通道及外部设备之间的信息交换得以顺利实现。在组成以微型计算机为主机的测控系统中,接口设计是关键环节之一
运行操作台	运行操作台可以说是一台专用的外部设备,是系统实现人-机对话的主要手段。操作人员通过它可了解系统的运行情况,必要时可通过它修改系统的某些参数,干预系统的运行。操作台至少应配有输入设备(如键盘,供输入命令或数据使用)及显示设备(如 CRT,用来显示运行状态)
系统总线	接口电路是连接各硬件模块的纽带,系统总线是连接各硬件模块的基础。选择什么样的系统总线不仅影响系统的性能,还会影响系统的成本及组建速度。如果系统从 CPU 级开始组装,则可以采用自行设计的系统总线,这种针对具体应用而设计的总线导线条数少,成本会降低。如果组装系统是以选购一台计算机为基础,则可利用该计算机的总线作为系统总线,可以充分利用计算机的扩展插槽加入自行研制的硬件部分,使组建系统的速度加快。如果想购置由计算机厂商提供的各类硬件模块来组成系统,则需选取标准的系统总线,如 STD、S-100、VME 等,这种组建方法也能缩短系统硬件的研制周期

2.1.2.4　传感检测系统的软件组成

软件通常分为应用软件和系统软件两大类。

应用软件是针对检测目的而编写的所有程序。应用程序要由系统设计者自己编写，应用程序的开发占软件开发工作量的大部分，应用程序的优劣将会给系统的精度和效率带来很大影响。

系统软件一般包括操作系统、监控程序、程序设计语言、编译程序及调试查错程序等。如果测控系统采用制造商提供的成品计算机，则可有相应配套的系

统软件提供。为更适合应用目的，可以适当修改或补充已有的系统软件。如果从硬件模块级开始组装系统，往往系统软件也需要自行编制。

2.1.3　传感器信号的处理

根据传感器输出信号形式的不同和系统的功能要求，可以将信号处理电路分为模拟量测量电路、开关量测量电路和编码测量电路三种类型，见表 22-2-5。

2.1.4　信号传输

在有些场合，传感器采集的信号需要送到远处的主控系统。为了增强传输的抗干扰能力，通常采用电流环来传输信号。有两种传输方式，一种是模拟信号的直接传输；另一种是先把信号转变成为数字量，然后传输。电流环的最大优点是低阻的传输线对电气噪声不敏感。传感信号传输的方式见表 22-2-6。

表 22-2-5　　信号处理电路的类型

类　型	说　　明
模拟量测量电路	若传感器输出的是模拟信号，则处理电路应采用模拟量测量电路
开关量测量电路	若传感器输出为开关信号，则信号处理电路应采用开关量测量电路。这时，处理电路的实质是功率放大器
编码测量电路	编码测量电路主要包括绝对码测量电路和增量码测量电路。绝对码测量是现代测量技术发展的趋势，目前常用的是增量码测量电路。增量码信号经放大、整形后形成数字脉冲信号，此信号可根据测量的需要进行灵活处理

表 22-2-6　　传感信号传输的方式

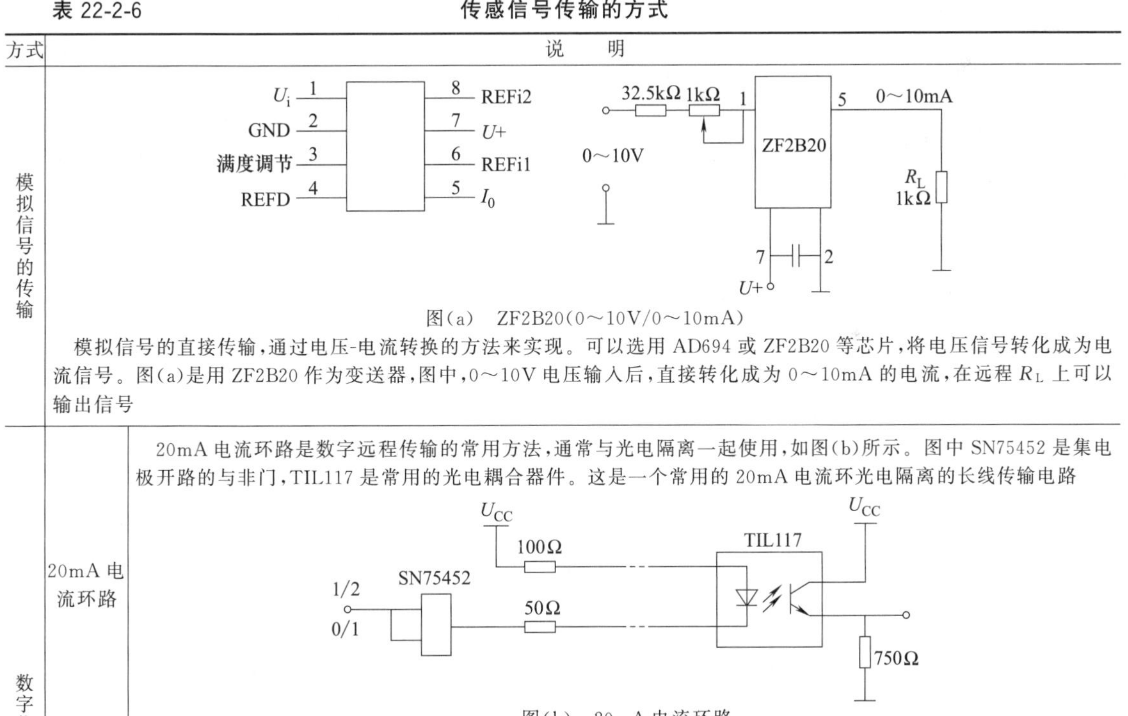

方式		说　　明
模拟信号的传输		图(a)　ZF2B20(0～10V/0～10mA) 模拟信号的直接传输，通过电压-电流转换的方法来实现。可以选用 AD694 或 ZF2B20 等芯片，将电压信号转化成为电流信号。图(a)是用 ZF2B20 作为变送器，图中，0～10V 电压输入后，直接转化成为 0～10mA 的电流，在远程 R_L 上可以输出信号
数字信号的传输	20mA 电流环路	20mA 电流环路是数字远程传输的常用方法，通常与光电隔离一起使用，如图(b)所示。图中 SN75452 是集电极开路的与非门，TIL117 是常用的光电耦合器件。这是一个常用的 20mA 电流环光电隔离的长线传输电路 图(b)　20mA 电流环路
	调制解调器	数字远程传输的另一种方法是使用调制解调器(MODEM)，将数字信号“1”和“0”转化成不同的正弦波信号。调制的方法有幅移键控 ASK、频移键控 FSK、相移键控 PSK。其中频移键控 FSK 是最常用的调制方法，如图(c)所示。利用调制解调器进行远程数据的传输是十分有效的，可以利用现有的电话网络，进行远程的信号传输 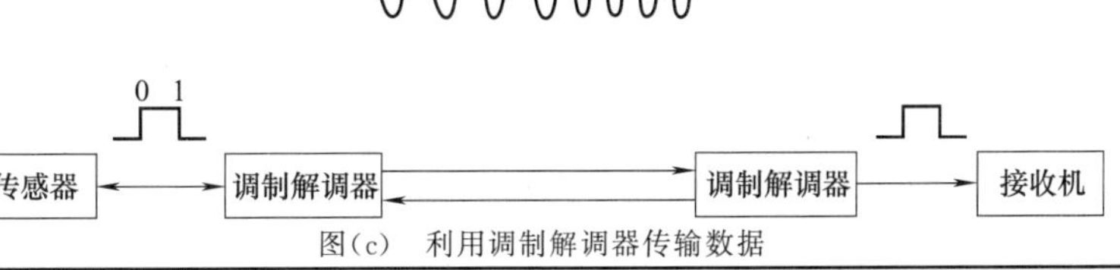 图(c)　利用调制解调器传输数据

2.2 传感器及其应用

2.2.1 传感器的组成与分类

表 22-2-7　　传感器的组成与分类

组成	传感器通常由直接响应于被测量的敏感元件和产生可用信号输出的转换元件以及信号调节与转换电路所组成，组成框图如图(a)所示 图(a)　传感器组成框图	
	敏感元件	指能直接感受、获取被测量并能输出与被测量有确定函数关系的非电量元件
	转换元件	一般情况下不直接感受被测量，而是将敏感元件输出的非电量(亦可直接将非电量)转换成电量输出的元件。需要指出的是，并不是所有的传感器都能明显地分清敏感元件和转换元件两部分，如热敏电阻、电容式传感器的这两部分是分开的压电传感器，霍尔器件直接将非电量转换成电量，其敏感元件和转换元件合二为一
	测量电路	指将传感器输出的电量变成便于显示、记录、控制和处理的有用的电信号的电路。测量电路本身并不是传感器，测量电路的类型视传感器的类型而定
分类	分类方法	说　　明
	被测物理量性质	这种分类方法明确地表示了传感器的用途，便于使用者选择。如位移传感器、速度传感器、力和压力传感器、加速度传感器、温度传感器、湿度传感器、光度传感器等，以及由这些基本物理量派生的各类物理量的传感器
	传感器工作原理	这种分类方法清楚地表明了传感器的工作原理，有利于传感器设计和应用。如电阻式、电感式、磁电式、压电式、电容式、光电式、热电式等
	传感器转换能量的方式	一般可分为能量转换和能量控制两种 ①能量转换型又称发电型，该型传感器本身就是一个换能器，它能将非电功率转换成电功率，其所配合的测量电路通常为电压测量电路或放大器，这种传感器有电磁式、压电式、热电式等，这类传感器的能量一般是可逆的，这类传感器也叫有源传感器 ②能量控制型又称参量型，该型传感器本身不能起换能作用，被测量仅对传感器能量起控制和调制作用，它必须具有辅助电源，所以也称无源传感器，这类传感器包括电阻式、电感式、电容式、霍尔式、热敏电阻、光敏电阻等传感器
	传感器输出信号的形式	将传感器分为开关型、模拟型和数字型 ①开关型(二值型)传感器包括接触型(如微动开关、接触开关等)和非接触型(如光电开关、接近开关等)两种 ②模拟型传感器输出模拟信号，目前传感器的大部分均属于此类 ③数字型传感器输出数字信号，包括计数型(二值＋计数器)和编码型(如编码器、磁尺等)两种

2.2.2 传感器的主要性能指标

表 22-2-8　　传感器主要性能指标及其概念

量程指标	测量范围	在允许误差限内，被测量值的范围
	量程	测量范围的上限值和下限值之差
	过载能力	在不导致其规定性能指标永久改变的条件下，传感器允许超过测量范围的能力。一般用允许超过测量上限(或下限)的被测量值与量程的百分比表示

续表

灵敏度			传感器输出变化量与引起此变化的输入变化量之比	
分辨力			传感器能检测到的最小的输入增量，分辨率在输入零点附近的分辨力称为阈值	
静态精度指标	精确度		表示测量结果与其理论值(真值)的靠近程度。一般用极限误差或极限误差与满量程输出之比的百分数表示。精确度一般在标定或校验过程中确定，此时的“真值”由工作基准或更高精确度的仪器给出	
	线性度		被测值稳定时，传感器标定曲线对拟合直线的接近程度	
	重复性		传感器在输入量按同一方向做全量程连续多次变动时所得特性曲线不一致的程度	
	迟滞		传感器在正(输入量增大)反(输入量减少)行程中输出输入特性曲线的不重合程度	
	稳定性		传感器在长时间工作的情况下，输入量不变时，输出量变化的值	
	零漂		传感器在零输入状态下，输出值的变化	
传感器动态性能	传递函数		初始条件为零时，输出拉氏变换与输入拉氏变换之比。传递函数只取决于传感器本身的结构参数，与输入输出函数无关	
	频率特性		初始条件为零时，输出的傅里叶变换与输入的傅里叶变换之比。输入为各频率的正弦信号，输出为与输入同频率的稳态响应	
	幅频特性		频率特性的模，也即输出与输入的幅值比	
	相频特性		频率特性的相角，也即输出与输入的相角差	
	脉冲响应函数		初始条件为零时，传感器对单位脉冲函数的响应，是在时域内对传感器动特性的描述，其拉氏变换就是传递函数	
	单位阶跃响应		初始条件为零时，传感器对单位阶跃输入的响应	
传感器动特性指标	稳态特性	频率响应范围	传感器具有足够精度响应的频率范围，也称频响范围，简称频带或通频带。工程上是指输出与输入幅值比保持衰减 3dB 的频率范围	
		幅值误差	在频响范围内，相对理想传感器产生的幅值误差	输入为正弦，只与物理参数有关，与时间无关
		相位误差	在频响范围内，相对理想传感器产生的相位误差	
	瞬态特性	上升时间	输出从稳态值的 10%上升到 90%所需的时间	输入单位阶跃信号，表征传感器响应速度，表征稳定性
		响应时间	从输入量开始起作用到输出进入稳定值的允许误差范围(如±5%或±2%)内所需的时间	
		超调量	输出超过最终稳定值的最大量	
环境参数		温度	工作温度范围、温度误差、温度漂移、温度系数、热滞后	
		振动、冲击	允许各向抗冲击振动的频率、振幅及加速度，冲击振动所允许引入的误差	
		其他	抗潮湿能力、抗介质腐蚀能力、抗电磁场干扰能力等	
可靠性			工作寿命、平均无故障时间、保险期、疲劳性能、绝缘电阻、耐压	
使用条件			电源要求(直流、交流、电压范围、频率、功率、稳定度)、外形尺寸、质量、备件、壳体材质、结构特点、安装方式、馈线电缆、出厂日期、保修期、校准周期等	
经济性			价格、性能价格比	

2.2.3　各种用途的常用传感器

表 22-2-9　　线位移、位置传感器的主要性能及优缺点

类型		测量范围/mm	线性度	分辨力/μm	优缺点
电阻式	电位计式	0～300	0.1%～1%	10	结构简单，性能稳定，成本低；分辨力不高，易磨损
	电阻应变式	0～50	0.1%～0.5%	1	精度较高；动态范围窄
电感式	自感式	1～200	0.1%～1%	＜0.01	动态范围宽，线性度好，抗干扰能力强；有残余电压
	互感式	1～1000	0.1%～0.5%	0.01	分辨力高，线性度好；有残余电压(如差动变压器)
	电涡流式	1～5	1%～3%	0.05～5	结构简单，能防水和油污；灵敏度随检测对象的材料而变
	电感调频式	1～100	0.2%～1.5%	1～5	导杆移动导致磁阻变化，使调频振荡器频率发生变化，抗干扰能力强；结构复杂

续表

类型		测量范围/mm	线性度	分辨力/μm	优缺点
电磁式	磁敏电阻式	<5	精度 0.5%	0.3	体积小，结构简单，精度高，用于非接触测量；量程小
	感应同步式	200～40000	精度 2.5μm/m	0.1	在机床加工和自动控制中应用广泛，动态范围宽、精度高；安装不便
	磁栅式	1000～20000	精度 1～2μm/m	1	制造简单，使用方便，磁信号可重新录制，用来检测大位移；需磁屏蔽和防尘措施
	霍尔效应式	5	< 2%，1 脉冲	1	结构简单，体积小；对温度敏感
电容式	容栅式	1～100	0.5%～1%	0.01～0.001	结构简单，动态性能好，灵敏度和分辨力高，用于无接触检测，能适应恶劣环境；轴端窜动和电缆电容等对测量精度有影响，输出阻抗高，需要采取屏蔽措施
光电式	反射式	±1	—	1	
	光栅式	30～3000	精度 0.5～3μm/m	0.1～10	
	激光式	0～80000	精度 10^{-7}～10^{-8}	0.0001～1	
	光纤式	1	1%	0.25	
	光电码盘式	1～1000	0.5%～1%	±1 个二进制数	

表 22-2-10 **角度、角位移传感器的主要性能及优缺点**

类型		量程(FS)	精确度	分辨力	优缺点	
电位器式	绕线型	0°～330°	—	0.1～1μm	结构简单、测量范围广、输出信号大、抗干扰能力强、精度较高；分辨力有限、存在接触摩擦、动态响应低	
	非绕线型	0°～330°	—	2″～6″	分辨力高、耐磨性好、阻值范围宽	接触电阻、噪声、附加力矩较大
	光电型	0°～330°	—	较高	无附加力矩、寿命长、响应快	
应变计式		±180°	—	—	性能稳定可靠	
旋转变压器式		360°	2′～5′	—	环境要求低，抗干扰能力强，性能稳定；精度不高，线性范围小	
感应同步器式		360°	±0.5″～±1″	0.1″	精度较高，易数字化，能动态测量，结构简单；电路较复杂	
电容式		70°	25″	0.1″	分辨力高，结构简单，灵敏度高，耐恶劣环境；需屏蔽	
编码盘式		360°	0.7″	±1 个二进制数	分辨力和精度高，寿命长，功耗小，可靠，电路复杂	
光栅式		360°	±0.5″	0.1″最高 0.01″	易数字化，精度高，能动态测量；对环境要求较高	
磁栅式		360°	±0.5″～±5″	—	易数字化，结构简单，录磁方便，成本低；需磁屏蔽	
激光式		±45°	—	D=50cm，0.1rad	精度高，常作为计量基准；设备复杂，成本高	
陀螺式		±30°～±70°	—	—	能测动坐标转角，新型结构时精度高；结构复杂，工艺要求高	

表 22-2-11 **速度传感器的主要性能及优缺点**

类型	精度	分辨力或灵敏度	优缺点
磁电感应式	5%～10%	600mV・s/cm	灵敏度高、性能稳定、使用方便；但是频率下限受限制、体积与重量较大
差动变压器式	0.2%～1%	50mV・s/mm	漂移小；只能测低速 ⩽±(10～200)mm/s

续表

类 型	精 度	分辨力或灵敏度	优 缺 点
光电式	0.1%～0.5%或±1个脉冲	—	结构简单、体积小、重量轻、非接触测量、工作可靠、成本低、精度高
电容式	±1个脉冲	—	非接触测量，结构简单，可靠性高，灵敏度、分辨力高
电涡流式	±1个脉冲	—	耐油污染，可测转速，灵敏度高，线性范围宽，灵敏度随被测材料而变
霍尔效应式	±1个脉冲		结构简单、体积小；但对温度敏感
测速发电机	—	0.4～5mV·min/r	线性度好、灵敏度高、输出信号大、性能稳定

表 22-2-12 加速度传感器的主要性能及优缺点

类型		测量范围/g	线性度	灵 敏 度	分辨力/g	优 缺 点
惯性式	微型硅型	±5	1(跨度)	偏轴灵敏度<跨度的1%		测量值的零偏小、迟滞很小、不受过载的影响
	压电型（膜盒式）	±10	0.2%	500Hz/g	0.002	体积小、重量轻、需要前置放大器
	石英挠性伺服型	10^{-5}～2		电压 1～600V/g	10^{-5}	
冲击式	压电型	2000～300000		电荷灵敏度 2～10pC/(m·s^{-2}) 电压灵敏度 3～40mV/(m·s^{-2})		体积小、重量轻、动态范围大，频率范围大，需要阻抗变换器或电荷放大器
	应变型（含压阻式）	±(5～1000)	1%～5%	0.5%～8%		体积小、重量轻、灵敏度高、频响宽
	磁电式振动型	0.5～10	< 1.5%	0.15～0.75mV/μs^2		可用于检测机械结构的振动加速度

表 22-2-13 力、压力和转矩传感器的主要性能及其优缺点

类型		特 点	应 用
电阻式	应变型	测量范围宽(测力 10^{-3}～10^{8} N，测压为几十至 10^{11} Pa)，精度≤0.1%，动态性能好，寿命长、体积小、重量轻、价格便宜，在恶劣环境工作，一定的非线性误差，抗干扰能力差。	粘贴成不同形式的弹性件表面来测力、转矩、负荷等
	压阻型	测量范围大、频响范围宽，灵敏度、分辨力高，体积小，易集成，非线性误差和温度误差较大，需进行温度补偿	主要用于测量压力
压电式		结构简单、工作可靠、使用方便，无需外加电源，抗磁、声干扰能力强，线性好，频响范围宽，灵敏度高、迟滞小、重复性良好，温度系数低	用来测量准静态力及动态力、压力
压磁式		结构简单，工作可靠，无需外加电源，抗干扰能力强，线性好，频响范围宽，灵敏度高，迟滞小，重复性好，温度系数低	常用于测量力、力矩和称重
电容式		结构简单，灵敏度高，动态特性好，过载能力强，对环境要求不高，成本低，易受干扰	
霍尔效应式		结构简单，体积小，频带宽，动态范围大，寿命长，可靠性高，易集成，但温度影响大，转换效率较低	测量压力、转矩等
电位计式		线性度较好，结构简单，输出信号大，使用方便，但精度不高，动态响应较慢	
电感式		灵敏度、分辨力较高，线性度可达±0.1%Fs，工作可靠，输出功率较大。但频响慢，不易快速动态测量	测量力、压力、转矩、荷重
光电式		结构简单，工作可靠，工作转速可达 80～100r/min，测量精度可达1%	测转矩
弹性元件式		利用膜盒、波纹管、膜片等弹性敏感元件，把力、压力、转矩等被测参数变换为应变或位移，再转换为电量输出，其灵敏度随弹性敏感元件敏感性变化。使用可靠，动态响应慢	测量力、压力、转矩等

表 22-2-14 **流量传感器的主要性能及优缺点**

类型		检测范围/$m^3 \cdot h^{-1}$	精度/%FS	特点
超声式流量计		0～36000	1～1.5	适用于检测各种高温液体管道流量，适用性强
涡流式流量传感器		液体 3～3800 气体 6～20000	±1	多用于工业用水、城市煤气、饱和蒸汽的检测与控制
		蒸汽 40～60000	—	
电磁式流量计		0～36000	1～2.5	适用于腐蚀、导电或带微粒流量的检测
转子式流量计	玻璃管式	液体 0.01～40 气体 0.016～103	1～2.5	可用于石油及纯水装置等的流量检测，玻璃管式的体积小、重量小、成本低。金属管式的寿命长
	金属管式	液体 0.01～100 气体 0.4～1000	±2	

表 22-2-15 **温度传感器的主要性能及优缺点**

类型		特点	应用
接触式	热电偶型	镍铬-金铁热电偶在低温和超低温下仍具有较高的灵敏度。铁-铜镍热电偶在氧化介质中的测量范围为－40～75℃。钨铼等系列热电偶灵敏度高、稳定性好，工作范围可达 0～2800℃，但只适合于在真空和惰性气体中使用	测量物质(流体或气体)的温度
	金属热电阻型	铂热电阻式抗氧化能力强、测量精度高、范围大，成本高；铜热式测温精度低、测量范围小、成本低；铟热式量程 275～366℃，易损坏；镍热式灵敏度高、稳定性差	可用于工业测温
	热敏电阻型	常用的由陶瓷半导体组成的热敏电阻，一般是锰、镍、钴、铁、铜等氧化物以及碳化硅、硅、锗及有机新材料。温度系数比金属热电阻式大，体积小、重量轻，结构简单，热惯性小、响应速度快，分为具有正温度系数(PTC)和负温度系数(NTC)两种	适用于小空间的温度测量，可测量温度的快速变化
	半导体型	利用半导体 P-N 结温度特性测量，有二极管式和三极管式。二极管式结构简单、价格便宜、测量误差大，量程 0～50℃；三极管式测量误差小、范围宽，量程－50～150℃	常用于工业、医疗领域
非接触式	全辐射型	在高温及超高温时，可采用非接触式热辐射和光电检测方法，全辐射温度传感器是利用全光谱范围内总辐射能量与温度的关系进行温度测量的。检测范围为 100～2000℃	适用于远距离且不能直接接触的高温物质
	亮度型	这种传感器是利用单色辐射高度随温度变化的原理，是由被测物质光谱的一个小狭窄区域内的亮度与标准辐射体的亮度进行比较来测量温度的。测量范围宽、精度较高	一般用于测量 700～3200℃范围内的轧钢、锻压、热处理浇注时的温度
	比色型	比色温度传感器以测量两个波长的辐射亮度之比为基础，测量范围为 800～2000℃，精度为 0.5%，响应速度快，测量温度接近于实际温度值	用于连续自动测量钢水、炉渣和表面没有覆盖物的物体温度

表 22-2-16 **物位传感器的主要性能及优缺点**

类型		检测范围/m	分辨力	特点
超声波式	物位检测	10^{-4}～10^{-2}	精度 0.1%，(校准) 一般可达 2mm	利用超声波在气体、液体或固体介质中传播的回声测距原理检测物位。有气介式、液介式、固介式等；有单探头式和双探头式。可用于危险场所，精度高，寿命长，但单探头要注意检测的盲区
	界面检测	10^{-2}～10	精度 0.1%，±1mm/m	用于检测液-液、液-固两种介质界面。利用反射时间差法检测

续表

类型		检测范围/m	分辨力	特　点
微波式	物位检测	10^{-2}～1	精度 2%	波长 0.01～1m 电磁波在各种障碍物界面上产生良好的反射，定向辐射性好。利用被测介质对微波的吸收量与介质的介质系数成正比原理进行检测，抗烟尘干扰能力强。检测范围宽，性能稳定，但精度不高
光电式	液位检测		精度±1mm	利用光的反射和折射检测容器的液面位置。该检测方法与被检测液体的密度、压力及导电性能无关，使用方便

表 22-2-17　视觉、触觉传感器的主要性能及优缺点

类　型		特　点
视觉传感器	工业摄像机	一般由照明、接收、光电转换、扫描等几部分组成。可进行位置检测，通过图像处理进行图像识别，识别物体，读出文字、符号等
	固体半导体 CCD 摄像机	
	红外图像传感器	红外图像传感器由红外敏感元件和电子扫描电路组成，可将波长 2～20μm 的红外光图像转换为电视图像
	激光式视觉传感器	由光电转换部件、高速旋转多面棱镜、激光器等部件组成，可识别物品条形码，检测产品表面缺陷
触觉传感器	接触觉传感器	由微动开关、感压橡胶、含碳海绵、人工皮肤等制成，可通过接触力感知物品等
	滑动觉传感器	有光电式、电位计式等之分，都是将滑动位移量通过光电码或旋转电位计转换为电信号来检测滑动量

2.2.4　基于各种工作原理的常用传感器

2.2.4.1　电阻式传感器

电位器式传感器的传感元件是电位器，它能将机械线位移或角位移转换为与其成一定函数关系的电阻或电压输出。电位器的基本作用是作为变阻器和分压器使用。

电位器式传感器的种类较多，按其结构形式可分为线绕式、薄膜式、导电塑料式和光电式等。具体结构与工作原理见表 22-2-18。

表 22-2-18　电位器式传感器

<table>
<tr><td>线绕电位器的结构和工作原理</td><td>
线绕电位器式传感器的核心是线绕电位器。线绕电位器的结构由绕于骨架上的线圈和沿电阻器移动的电刷两部分组成，其结构与工作原理如图(a)所示。它的骨架截面处处相等，线圈由材料均匀的导线按等节距绕制而成。此时电位器单位长度上的电阻值处处相等，当电刷行程为 x，L 为其总长度，对应于电刷移动量 x 的电阻值为 R_x，令 $S_R=\frac{R}{L}$、$S_U=\frac{U_i}{L}$，若电位器为空载（$R_L=\infty$）时，对应的电阻变化为 $\frac{R_x}{R}=\frac{x}{L}$。于是，对应的输出电压为
$$U_0=U_i\frac{R_x}{R}=S_U x \quad (22\text{-}2\text{-}1)$$
$$R_x=\frac{Rx}{L}=S_R x \quad (22\text{-}2\text{-}2)$$
显然，空载时，改变测量电阻值 R_x 所引起的输出电压 U_o 的变化为线性变化
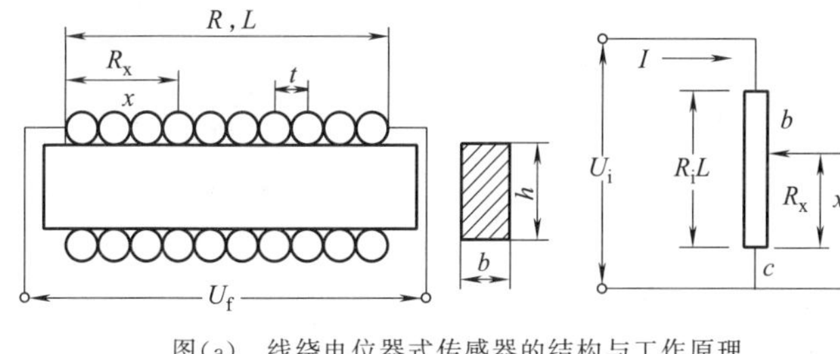

图(a)　线绕电位器式传感器的结构与工作原理
</td><td>S_R——线绕电位器的电阻灵敏度，表示单位位移所能引起的输出电阻
S_U——线绕电位器的电压灵敏度，表示单位位移所能引起的输出电压</td></tr>
</table>

续表

线绕电位器的结构和工作原理	由图(a)可以看出：$R=\frac{\rho}{A}2(b+h)$和$L=nt$，所以 $S_R=\frac{R}{L}=\frac{2\rho(b+h)}{Ant}$　(22-2-3) $S_U=\frac{U_i}{L}=\frac{2\rho(b+h)I}{Ant}$　(22-2-4) 由式(22-2-3)和式(22-2-4)可见，线性电位器的电阻灵敏度S_R和电压灵敏度S_U均为常数。它们与骨架尺寸b及h、导线直径d、材料电阻率ρ、绕线节距t等结构参数有关。电压灵敏度还与通过电位器的电流I有关 线绕电位器具有精度高、性能稳定、线性好等优点，但分辨率低、耐磨性差、寿命短	ρ——导线的电阻率 A——导线的截面积 I——导线中的电流 n——导线匝数

非线绕电位器的结构和工作原理	膜式电位器	通常分碳膜电位器和金属电位器。碳膜电位器是在绝缘骨架表面涂一层均匀电阻液，烘干聚合后形成电阻膜。其优点是分辨率高、耐磨性好、工艺简单、低成本，但接触电阻大。金属电位器是在玻璃等绝缘基体上喷涂一层铂铑、铂铜合金金属膜制成。这种电位器温度系数小，适合高温工作，但功率小、耐磨性差、阻值小
	导电塑料电位器	导电塑料电位器又称有机实心电位器。采用塑料和导电材料(石墨、金属合金粉末等)混合模压而成。特点是分辨率高、使用寿命长、旋转力矩小、功率大。缺点是接触电阻大、耐热、耐湿性能差
	光电电位器	光电电位器是非接触电位器，采用光束代替电刷。其结构如图(b)所示。光束在电阻带、光电导层上移动时，光电导层受到光束激发，使电阻带和集电带导通，在负载电阻两端便有电压输出。光电电位器的特点是阻值范围宽(500Ω～15MΩ)、无磨损、寿命长、分辨率高。缺点是不能输出大电流，测量电路复杂 图(b)　光电电位器结构示意图 1—光电导层；2—基体；3—电阻带；4—窄光束；5—集电器

典型电位器式传感器结构	电位器式传感器主要用来测量直线位移和角位移。和弹性元件相结合，也可测量压力、力、加速度等量 电位器式传感器负载效应较大，在测量电路中引进运算放大器可以解决这个问题。运算放大器接成电压跟随器的形式。由于放大器输入阻抗很高，电位器滑动臂不会取用很大电流
	位移传感器：图(c)；角位移传感器：图(d)

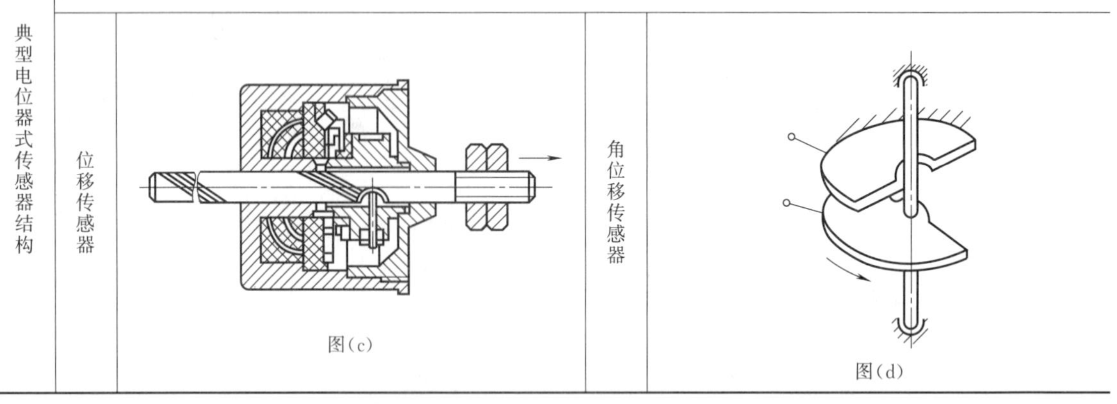

图(c)　　图(d)

续表

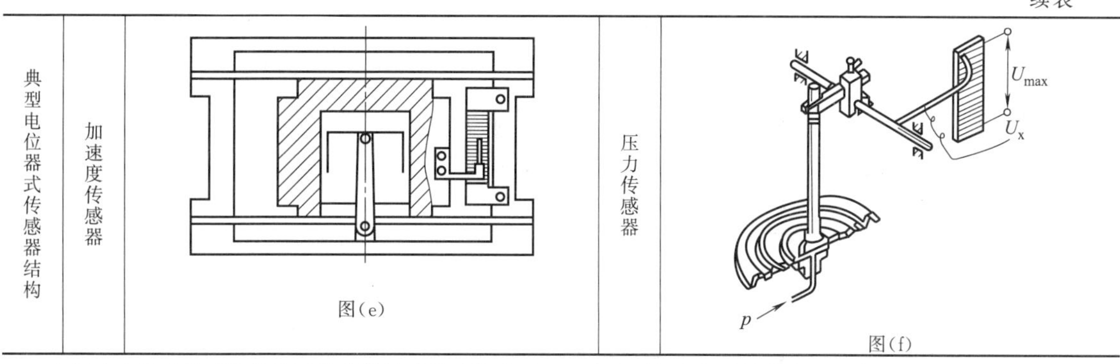

典型电位器式传感器结构	加速度传感器	图(e)	压力传感器	图(f)

电阻应变片式传感器是利用传感器的弹性元件感受所测的物理量并转化为应变，用粘贴于弹性元件上的应变片测量应变并转换为电压或电流信号的传感器，常用于测量力、压力、加速度等物理量，见表 22-2-19。

表 22-2-19　　电阻应变片式传感器

应变式力传感器和称重传感器	力传感器用于推力、拉力等的测量。称重传感器则用于测量物体的质量，主要作为各种电子秤使用。应变式力和称重传感器的弹性元件有柱式、轮辐式、悬臂梁式、剪切梁式、环式、框式和桥式等几种		
	圆柱式力传感器		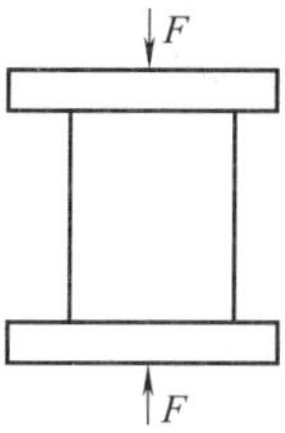 圆柱式力传感器的弹性元件分实心和空心两种[见图(a)、图(b)]，都是测量正应力。实心圆柱可以承受大的负荷，但测量灵敏度低。空心圆筒在同样横截面情况下，横向刚度大，横向稳定性好。在小集中力测量时，多采用空心圆筒，量程在 1～10000N 之间 图(a)　实心柱式 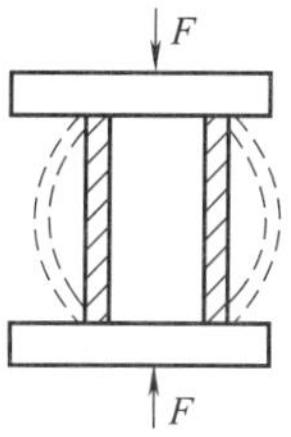　　图(b)　空心柱式
	梁式力传感器	等截面梁	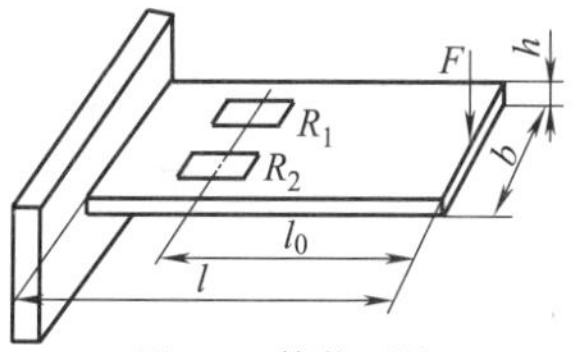 如图(c)所示，弹性元件为一端固定的悬臂梁，力作用在自由端，在距固定端较近，距载荷点 l_0 的上下表面，顺着 l 的方向分别贴上 R_1、R_2、R_3、R_4 电阻应变片，组成差动电桥。适于测量 5000N 以下的载荷 图(c)　等截面梁
		等强度梁	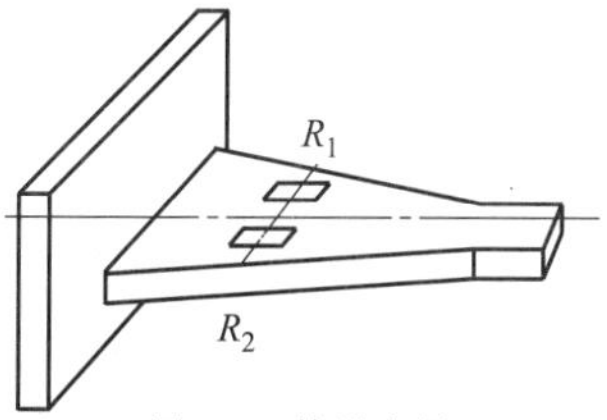 如图(d)所示，和等截面梁相似，但梁上各点应力相同，对在长度方向上贴片位置要求低。适于测量 5000N 以下的载荷 图(d)　等强度梁
		双孔梁	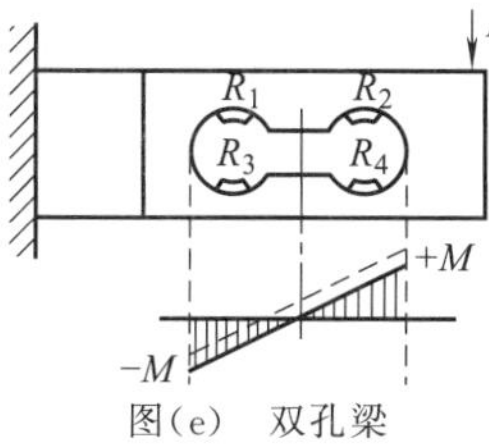 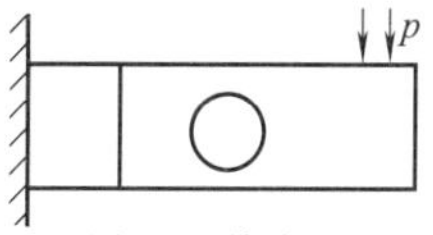 图(e)　双孔梁　　图(f)　单孔梁
		单孔梁	双、单孔梁的集中力作用于其端部，孔内承受弯曲变形。应变片粘贴在孔的内壁，处于相反的应力区内，四个应变片组成差动电桥。这种梁主要用于小量程工业和商业电子秤，优点是输出特性的线性度好、动态特性好、滞后小、精度高。单孔梁只有一个孔，其对力点位置移动很敏感

续表

类别		名称	结构图	说明
应变式力传感器和称重传感器	梁式力传感器	S 形弹性元件力传感器	图(g)　S 形弹性元件力传感器	S 形弹性元件在中心位置加力，适于测量较小量程的载荷，特点是精度较高、输出灵敏度大、抗侧向能力好，但加工较难，多用于高精度工业电子秤
		剪切梁式力传感器	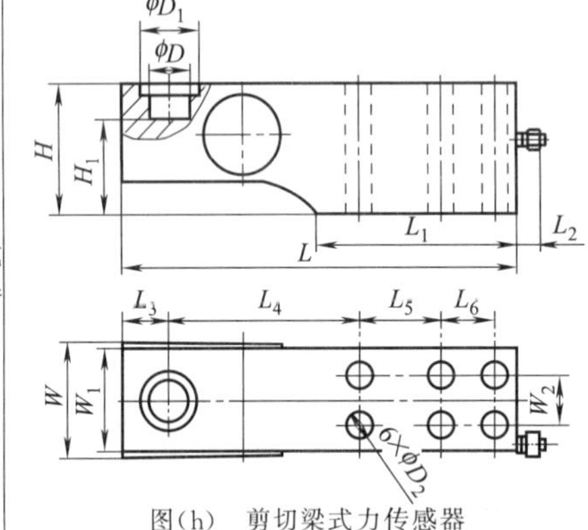 图(h)　剪切梁式力传感器	如图(h)所示，采用圆截面工字梁结构。其特点是用测量剪切应力代替测量弯曲应力。在与中心轴线成 45°角的方向上粘贴两片应变片，测出相应的拉伸与压缩变形，算出切应力的大小。优点是高度低、精度和稳定性高、抗侧向能力强、拉压对称性好和加工简单。这种传感器常用于高精度电子秤
	薄壁圆环式力传感器		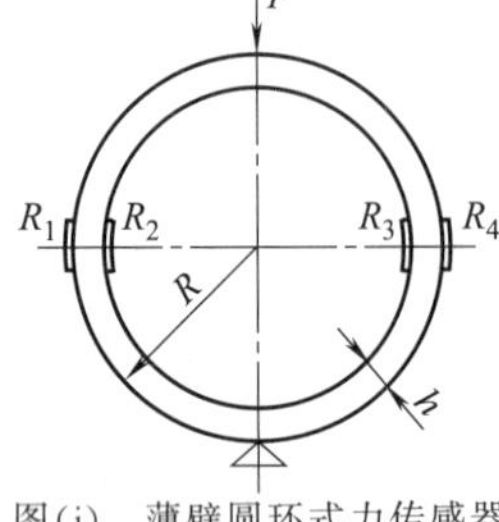 图(i)　薄壁圆环式力传感器	如图(i)所示。其线性误差可达 0.2%，滞后误差可达 0.1%，但上下受力点必须是线接触。这种传感器适用于$(1\sim30)\times10^4$N 的测量。它的特点是结构简单、灵敏度高、温度均匀性好
	轮辐式剪切力传感器		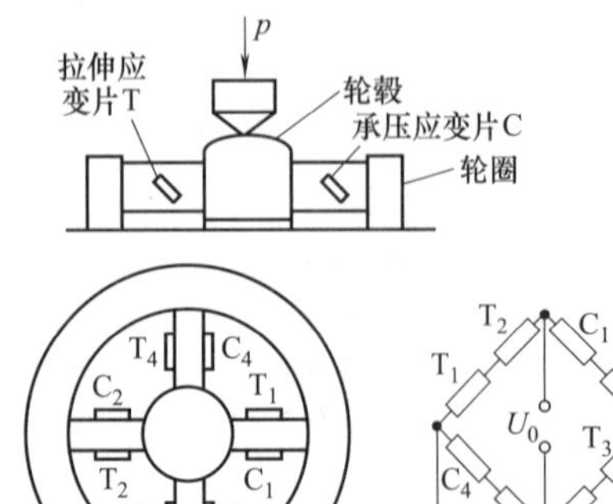 图(j)　轮辐式剪切力传感器	轮辐式剪切力传感器由轮毂、四个轮辐和轮缘三部分组成，如图(j)所示。外加载荷作用在轮毂的顶部和轮缘的底部，在轮缘和轮毂间的轮辐上受到纯剪切力，故称为轮辐式剪切力传感器。其优点是线性好、对力作用点不敏感、抗侧向和过载能力强。主要用于$(0.5\sim500)\times10^4$N 测量传感器

续表

		型号	名称	精度等级	灵敏度 /mV · V^{-1}	非线性误差 /%FS	滞后误差 /%FS	重复误差 /%FS	允许过载 /%RL	使用温度范围 /℃	生产厂商
应变式力传感器和称重传感器	常见应变片式力/称重传感器	HLL-1	波形管悬臂梁式	0.03	2	0.03	0.03	0.015	120	−10～+55	上海佳华冶金仪表实业公司
		HLL-2	商用悬臂梁式	0.03～0.05	1.5	0.03～0.05		0.015～0.025	120	−10～+55	
		HLL-3	剪切悬臂梁式	0.03	2	0.03	0.03	0.015	120	−10～+55	
		HLF-1	剪切双梁式	0.05	2	0.05	0.05	0.025	120	−10～+55	
		HLF-2	梁式		1.5	0.5	0.5	0.5	150	−10～+55	
		HLF-3	剪切双梁式	0.05	2	0.05	0.05	0.025	150	−10～+55	
		HMZ-1	全密封充氦柱式	0.03	2	0.03	0.03	0.015	150	−10～+55	
		HGS-2	S形拉式	0.05	1.5	0.05	0.05	0.025	120	−10～+55	
		CYL	柱式	0.05	—	0.05	0.03	0.03	150	−10～+55	襄樊泰和电气
		YS-2	柱式	—	1	—	0.5	0.5	—	—	沈阳仪器仪表工艺研究所
		YJ-1	柱销式	—	—	0.1	0.1	0.1	300	—	
		XY-1	悬臂梁式	—	—	0.5	0.5	0.5	120	—	
		ST-1	S形	—	1	0.5	0.5	0.5	120	—	
		LY-1	轮辐式	—	—	0.5	0.5	1	120	−30～+60	
		HJF-1	剪切轮辐式	0.05	2	0.05	0.05	0.025	150	−10～+55	上海佳华冶金仪表实业公司

应变式压力传感器	应变式压力传感器主要用于液体和气体的动静态压力测量		
	薄板式	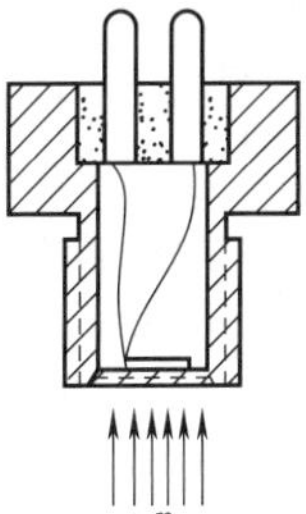 图(k)　薄板式传感器	薄板式传感器的圆薄板和壳体制作在一起，引线从壳体的上端引出。工作时将传感器的下端旋入管壁，均匀分布的压力作用在薄板的一面，薄板的另一面粘贴应变片。这种传感器可以测量气体压力
	筒式	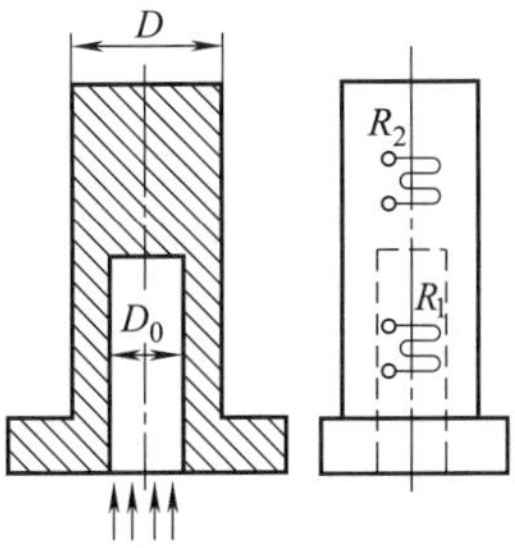 图(l)　筒式压力传感器	筒式压力传感器圆柱体内有一盲孔，一端有法兰盘与被测系统连接。被测压力进入应变筒的腔内，使筒发生变形。圆筒外表面上沿着圆周线产生环向应变。盲孔的外端部的实心部分上沿圆周方向贴温度补偿片。这类传感器可用来测量压力范围，一般在几至几十兆帕

续表

类别		系列	产品名称	疲劳寿命/h	机械滞后/με	蠕变/$\mu\varepsilon \cdot h^{-1}$	横向系数/%	使用温度范围/℃	用途	生产厂商
应变式压力传感器	部分应变式压力传感器	SX	镍铬锰硅丝式应变片	10^7	<2	<2	—	−40～+80	测力传感器及应力分析	航天工业总公司701所
		BX	箔式应变片	10^7	<3	<5	0.5	−40～+80	精密传感器及应力分析	
		BA	箔式应变片	10^7	<3	<1	0.5	−150～+200		
		BF	箔式应变片	10^7	≤1	≤1	0.3	−40～+80	高精度传感器及应力分析	
		BH	箔式应变片	10^7	≤1	≤1	0.3	−40～+80		
		BH	环氧应变片	10^7	—	—	—	−50～+80	高精度传感器	中原电测仪器厂
		BH-N/T	蠕变应变片	10^7	—	—	—	−50～+80		
		BE	酚醛-缩醛应变片	5×10^6	—	—	—	−30～+80	传感器应力分析	
		BE-K	残余应力应变片	5×10^6	—	—	—	−30～+80	残余应力分析	
		BA	聚酰亚胺应变片	10^7	—	—	—	−160～+80	常温应力分析	
		BQ	低基应变片	10^6	—	—	—	−50～+80	混凝土应力分析	
		BB	25℃应变片	5×10^6	—	—	—	−30～+250	中温应力分析和传感器	
		TJ	水下应变片	10^6	—	—	—	−30～+60	水下测量	
		TA	大应变应变片	10^6	—	—	—	−30～+150	大应变测量	

应变式加速度传感器

应变式加速度传感器的结构如图(m)所示。等强度梁5的一端固定惯性质量块，另一端用螺钉固定在壳体上，在梁的上下两面粘贴应变片6。梁和惯性块的周围充满阻尼液(硅油)4。测量加速度时，将传感器壳体和被测对象刚性连接。当有壳体振动时，由于梁的刚度很大，惯性质量也以同样的加速度运动，产生的惯性力正比于加速度的大小。应变片测量此惯性力就得到了加速度。这种传感器常用于低频振动测量

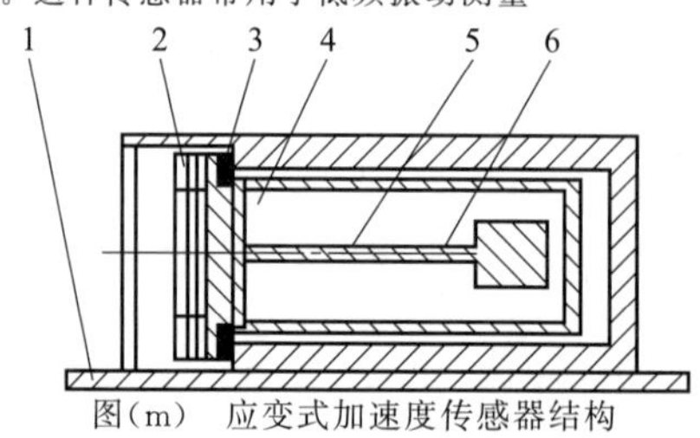

图(m)　应变式加速度传感器结构

1—底座；2—接线板；3—密封垫；4—阻尼液；5—悬臂梁；6—应变计

2.2.4.2　电容式传感器

表22-2-20　　电容式传感器测量原理

电容式传感器是一种以电容器作为传感元件，将被测非电量变化转换为电容量的变化输出的传感器。可直接测量的物理量有直线位移、角位移及介质的含水量和几何尺寸(或称物位)，用于这三类物理量变换测量的变换器无需进行任何预变换。可以间接测量的物理量有力、压力、加速度等，这些量必须进行预变换，将被测参数转换成d、S或ε的变化。电容传感器还可以用于非接触测量(如金属表面状况、厚度、振幅等)

原理

电容式传感器的基本工作原理可以用图(a)所示的平板电容器来说明。用两块金属平板做电极，以空气为介质，可构成最简单的电容器。当忽略边缘效应时，其电容量为

$$C=\frac{\varepsilon A}{d}=\frac{\varepsilon_0\varepsilon_r A}{d} \tag{22-2-5}$$

由式(2-5)可知，当改变d、A和ε的某一项，就会引起电容C的变化。通过测量电路测出电容的变化，就可以反应被测量。其中d和A的变化可以反应线位移或角位移的变化，也可以间接反应弹力、压力等变化；ε的变化则可反应液面的高度、材料成分、温度等的变化

C——电容量
ε——两极板间介质的介电常数
ε_0——真空介电常数，$\varepsilon_0=8.854\times10^{-12}$ F/m
ε_r——极板间介质的相对介电常数，$\varepsilon_r=\varepsilon/\varepsilon_0$
A——两平行极板所覆盖的面积
d——两平行极板之间的距离

续表

原理	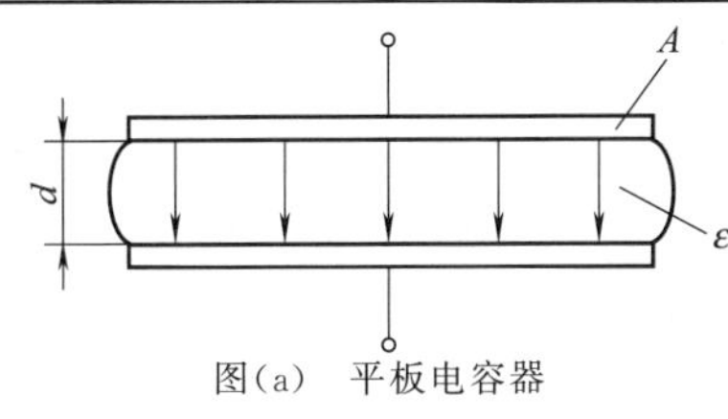 图(a)　平板电容器
特点	①测量范围大。金属应变片由于应变极限的限制，$\Delta R/R$ 一般低于 1%，半导体应变片可达 20%，而电容传感器相对变化可大于 100% ②灵敏度高。如用变压器电桥测出电容值，其相对变化量可达 10^{-7} ③动态响应好。由于电容传感器可动部分质量很小，因此其固有频率很高，适用于动态信号测量 ④阻抗高，功率小 ⑤机械损耗小。电容传感器电极间相互吸引力十分微小，又无摩擦，其自热效应甚微，从而保证传感器具有较高的精度 ⑥结构简单，性能稳定，适应性强，可在恶劣环境下工作。电容传感器一般用金属作电极，以无机材料（如玻璃、石英、陶瓷）作绝缘支承，因此电容传感器能承受很大的温度变化和各种形式的强辐射作用，适合在恶劣环境条件下工作 ⑦没有振动漂移 ⑧可进行非接触测量 ⑨检测分布电容和传感器的寄生电容对测量误差影响较大。分布电容和寄生电容的存在不但降低了测量灵敏度，而且引起非线性输出，甚至使传感器处于不稳定工作状态 ⑩电容量的变化与极板间距离变化为非线性
类型	变极距型电容传感器有一个固定极板和可动极板，其间为空气介质，当动极板因被测量变化而向上移动时，电容量增大，电容传感器的灵敏系数表示了单位位移引起电容量相对变化的大小
	变面积型电容传感器有四种类型：平板电容器，又称线位移式电容传感器；圆柱形电容器，有线位移式和差动式两种；角位移电容器；齿型极板电容器，又称容栅式传感器
	变介质型电容传感器的各种介质的介电常数是不同的，如下表所示。变介质型电容传感器的结构很多，其中有介质本身介电常数变化的电容传感器，可以用来测量粮食、纺织品、木材、煤或泥料等非导电固体物质的湿度；还有介质本身的介电常数没有变化，但极板之间的介质成分由一种介质变为两种或两种以上介质，引起电容量的变化。根据这一原理可以用来测量纸张、绝缘薄膜的厚度或测量位移

表 22-2-21　电容式传感器的结构

电容式加速度传感器

一种差动式电容加速度传感器的原理结构如图(a)所示。这里有两个固定极板，极板中间有一用弹簧支撑的质量块。质量块的两个端面经过磨平抛光后作为可动极板。当传感器测量垂直方向上的直线加速度时，质量块在绝对空间中相对静止，而两个固定电极将相对质量块产生位移，此位移大小正比于被测加速度，使 C_1、C_2 中一个增大，一个减小

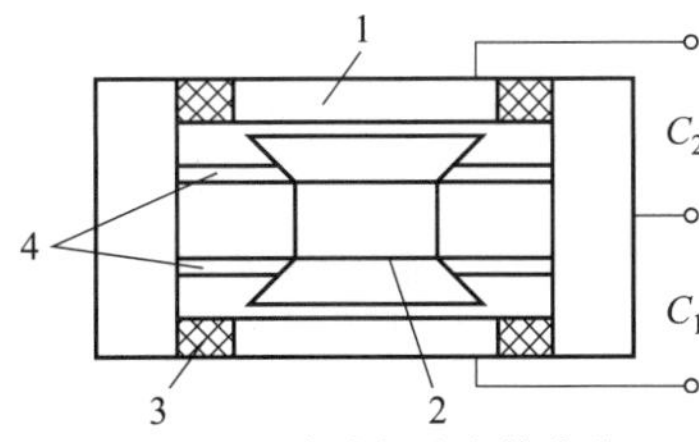

图(a)　电容式加速度传感器

1—固定电极；2—质量块（动电极）；3—绝缘体；4—弹簧片

硅电容加速度传感器

型号	灵敏度 /mV·g^{-1}	频度响应 /Hz		温度范围 /℃	精度 /%FS	生产厂商
		低端	高端			
7130	—	0	2	−20～+85	0.5	SMI 北京圣业
7290A-2	1000	0	0.052	—	—	
7290A-10	200	0	0.6	−55～+121	—	
7290A-30	66	0	1	—	—	
7290A-100	20	0	1	—	—	

续表

电容压力传感器

电容式压力传感器一般采用不锈钢膜片作为一个极板，当膜片受到流体压力作用时，就会产生弯曲变形，膜片（电极板）向另一个极板靠近，从而改变了两极板间的电荷，测量电容器（敏感元件）上的电荷进而测得流体压力

双定片结构在隔膜偏移时，它对一个定片的电容增加，而同时对另一个定片的电容减少，也就是差动电桥。将传感器分作两部分并将它们作为交流电桥的两个臂，如图(b)所示，就能很好地利用这一效应。电容压力传感器可测量0.8～70MPa 的范围

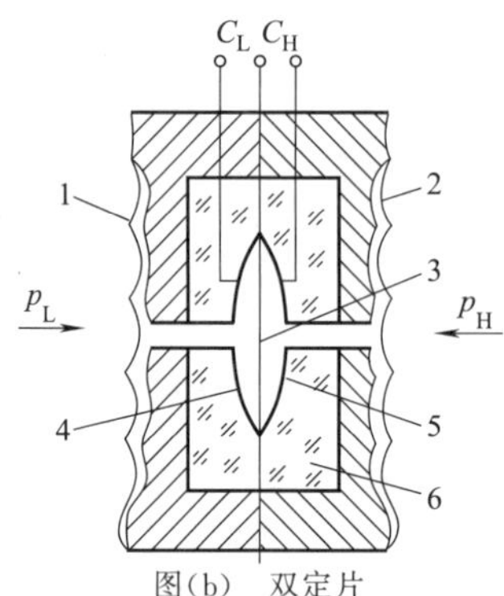

图(b)　双定片

1，2—测量膜片；3—感压膜片；4，5—电容传感器；6—绝缘体

和其他压力传感器相比，电容压力传感器的动态响应时间短、精度高、输出信号和过载能力高。部分产品见下表

型号	精度	压力范围 /0.1MPa	非线性 /±%FS	滞后	非重复性	零点温度系数 /%FS	工作温度 /℃	生产厂商
FCI	—	0.4～4	0.25	0.1	—	0.6×10^{-2}/60℃	－30～＋80	—
270	0.05	0～700	0.05	0.01	0.01	0.2/38℃	－80～＋80	西特传感技术
206/207	0.13	—	0.1	0.08	0.02	0.01/100℃	－40～＋125	

电容式称重传感器

电容式称重传感器结构原理如图(c)所示。用一块特种钢在同一高度上并排平行打圆孔，在孔的内壁以特殊的胶黏剂固定两个截面为 T 形的绝缘体，保持其平行并留有一定间隙，在相对面上粘贴铜箔，从而形成一排平板电容。当圆孔受荷重变形时，电容值将改变，在电路上各电容并联，因此总电容增量将正比于被测平均荷重 F。其误差小，接触面影响小，测量电路可装置在孔中

F

图(c)　电容式称重传感器

电容式物位和厚度传感器

在被测带材的上下两边各置一块面积相等、与带材距离相同的极板。极板与带材形成两个电容器（带材也作为一个极板）。金属带材在轧制过程中不断送进，如果带材厚度发生变化，将引起它与上下两个极板间距变化，引起电容量的变化。电容量的变化反映带材的厚度。这种测厚仪用来测量金属带材在轧制过程中的厚度。另外类似的原理也可以用于物位、液位测量

电容式接近开关

电容式接近开关按照静电容量的变化开始振荡或停止，利用这种振荡回路进行检测。其原理如图(d)所示。这种接近开关的特点是可以检测所有物体，也可以检测非金属容器中的物体

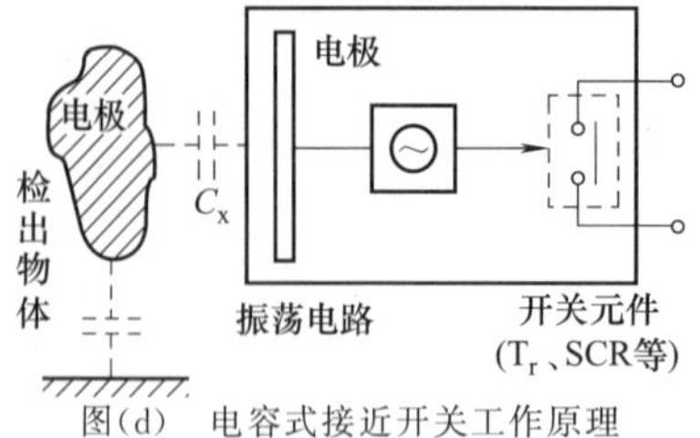

图(d)　电容式接近开关工作原理

续表

		名称	输出形式	开关距离/mm	开关频率/Hz	输出负载/mA	工作温度/℃	厂商
电容式接近开关	电容接近开关性能	KMAP-4010/C	PNP-NO/NC	1～10	10	200	－20～＋70	德国 Selectron
		KMAN-4010/C	PNP-NO/NC	1～10	10	200	－20～＋70	
		KNSP-3035/C	PNP-NO	1～35	10	300	－20～＋70	
		KNSN-3035/C	PNP-NO	1～35	10	300	－20～＋70	
		KNS-2035	AC-NO	1～35	10	200	－20～＋70	
		KNO-2035	AC-NO	1～35	10	200	－20～＋70	
		34mmAC	PNP-NO/NC	0～32	15	5～250	－25～＋70	德国 BALLUFF
		18mmDC		0～8	250	200	－25～＋70	
		50mmDC		(50±10)%	15	400	－25～＋70	
		70mmDC		(70±10)%	15	400	－25～＋70	

2.2.4.3 电感传感器

电感式传感器是利用电磁感应原理，将被测量电量的变化转换成线圈的自感或互感变化的机电转换装置。它常用来检测位移、振动、力、应变、流量、密度等物理量。

电感式传感器的种类很多，根据传感器转换原理不同，可分为自感式、互感式、涡流式、压磁式和感应同步器等；据结构形式不同，可分为气隙式和螺管式两种；据改变的参数不同，又分为变气隙厚度式、变气隙面积式、变铁芯磁导率式三种。

表 22-2-22　　自感式传感器的结构与工作原理

<table>
<tr><td>结构</td><td colspan="2">图(a)为一种简单的自感式传感器，它由线圈、铁芯和衔铁三部分组成。铁芯和衔铁都是由导磁材料如硅钢片、软铁、坡莫合金制成
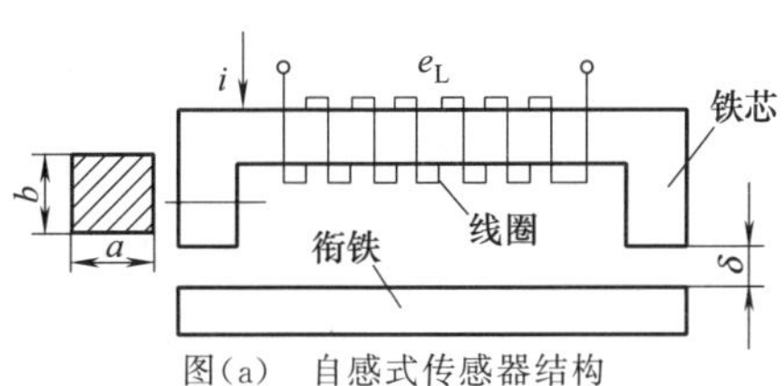

图(a)　自感式传感器结构</td></tr>
<tr><td>原理</td><td>铁芯上绕有线圈，铁芯与活动衔铁之间有气隙 δ，衔铁与被测体相连。当衔铁产生位移时，气隙厚度 δ 或铁芯与衔铁的覆盖面积 A 发生变化，从而导致电感 L 变化。然后通过测量电路转换成与位移成正比的电量，实现非电量到电量对转换。线圈电感 L 为
$$L=\frac{N^2}{R_m}\approx\frac{N^2}{\frac{2\delta}{\mu_0 A}}=\frac{N^2\mu_0 A}{2\delta} \qquad (22\text{-}2\text{-}6)$$
根据式(22-2-6)可知，当线圈匝数 N 确定之后，改变 δ、A 和 μ_0 均导致电感变化。因此，电感式传感器又可分为变气隙厚度(δ)式电感传感器、变气隙面积(A)式电感传感器和变铁芯磁导率(μ)式电感传感器。第一种自感系数 L 与气隙厚度 δ 成反比，灵敏系数 K_L 高，但有非线性误差；第二种自感系数 L 与截面积 A 成正比，呈线性关系，但灵敏系数 K_L 较低；第三种利用铁磁材料的压磁效应改变磁导率 μ，可构成压磁式传感器
为了解决灵敏度高的单线圈变气隙厚度式电感传感器的非线性误差比较大问题，可以采用差动式结构，其结构原理如图(b)所示。两个线圈反接，则差动式结构传感器比单线圈结构传感器灵敏度提高了一倍，非线性误差减小了一个数量级
在图(a)中，若保持气隙 δ 不变，令截面积随被测量变化，即构成变气隙面积式自感传感器，气隙面积 $A=ab$，则电感相对变化为</td><td>R_m——磁路的磁阻
N——线圈的匝数
δ——空气隙的厚度
A——空气隙面积
μ_0——空气隙的磁导率</td></tr>
</table>

续表

原理

$$\frac{\Delta L}{L}=\frac{\Delta a}{a} \tag{22-2-7}$$

其灵敏度为

$$K_{\mathrm{L}}=\frac{\Delta L/L_0}{\Delta a}=\frac{1}{a} \tag{22-2-8}$$

可见，变气隙面积式自感传感器的电感值变化与水平位移 Δa 呈线性关系，但单元件结构灵敏度比较低，故在实际应用中常采用差动式结构

差动变气隙面积式自感传感器如图(c)所示，则电感相对变化为

$$\frac{\Delta L'}{L}=2\frac{\Delta b}{b} \tag{22-2-9}$$

其灵敏度为

$$K'_{\mathrm{L}}=\frac{\Delta L/L}{\Delta b}=\frac{2}{b} \tag{22-2-10}$$

可见，差动式结构传感器灵敏度提高一倍，即输出信号增加一倍。另外，这种差动式结构使其对外界干扰、环境温度、电源波动、电磁吸力等影响因素有相互抵消作用

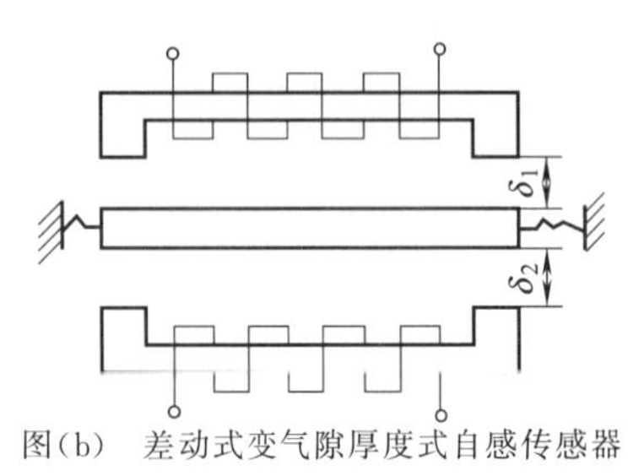

图(b) 差动式变气隙厚度式自感传感器

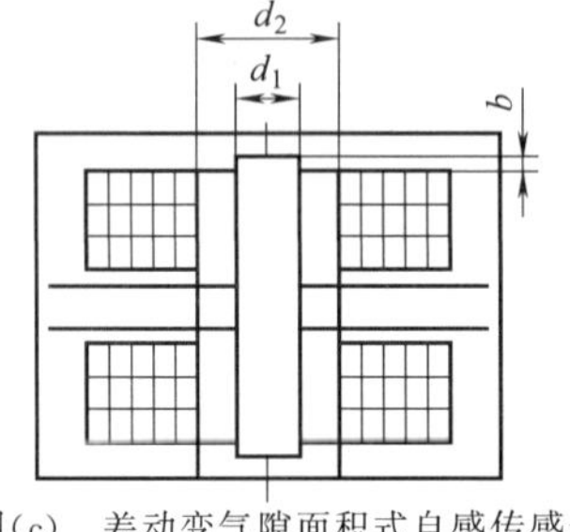

图(c) 差动变气隙面积式自感传感器

b——衔铁与铁芯的起始重叠长度(上下重叠长度应相等)

d_1——衔铁外径

d_2——线圈圆柱的内径

表 22-2-23 互感式传感器的结构与工作原理

自感式传感器是基于将电感线圈电感变化代替被测量的变化，从而实现对非电量参数的测量。而互感传感器则是把被测量的变化转换为线圈互感变化的传感器。由于其原理类似变压器，但其副边接成差动式，所以称为差动变压器

结构

差动变压器的结构形式很多，按工作方式分类有变气隙式、变面积式和螺管式；按结构形式分类有五段式、四段式、三段式和两段式等。目前应用最广泛的是螺管形差动变压器。可以测量 1～100mm 的机械位移，并且有测量精度高、灵敏度高、结构简单、性能可靠等优点，因此被广泛应用于非电量的测量

螺管形差动变压器结构如图(a)所示。由初级线圈 S，两个次级线圈 S_1、S_2，骨架和插入线圈中央的圆柱形铁芯 b 四部分组成。初级线圈，亦称原边，或称一次线圈；次级线圈，亦称副边，或称二次线圈。副边有两个，相互反接，构成差动式。原、副边线圈绕于骨架上，骨架用塑料制成。可动部分铁芯，由良导磁材料(软铁或坡莫合金)制成，与被测对象相连接

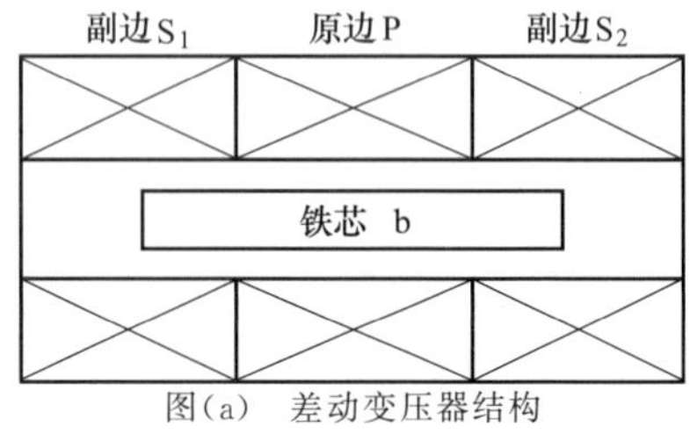

图(a) 差动变压器结构

原理

差动变压器线圈的电气连接如图(b)所示。次级线圈 S_1、S_2 反极性连接。当初级线圈 S 加上某一频率的正弦电压 $\dot{U}_{\mathrm{i}}$ 后，次级线圈产生感应电压 $\dot{U}_1$ 和 $\dot{U}_2$，它们的大小与铁芯在线圈内的位置有关。$\dot{U}_1$ 和 $\dot{U}_2$ 反极性连接，所以输出电压 $\dot{U}_0$ 为两电压之差，即 $\dot{U}_0=\dot{U}_1-\dot{U}_2$。①当铁芯位于线圈中心位置时，$L_{\mathrm{S1}}=L_{\mathrm{S2}}$，$\dot{U}_1=\dot{U}_2$，$\dot{U}_0=0$；②当铁芯向上移动时，$L_{\mathrm{S1}}>L_{\mathrm{S2}}$，$\dot{U}_1>\dot{U}_2$，$\dot{U}_0>0$；当铁芯向下移动时，$L_{\mathrm{S1}}<L_{\mathrm{S2}}$，$\dot{U}_1<\dot{U}_2$，$\dot{U}_0<0$。由上述分析可知，当铁芯偏离中心位置时，输出电压 $\dot{U}_0$ 随铁芯位移大小而变化，而且与位移的方向有关

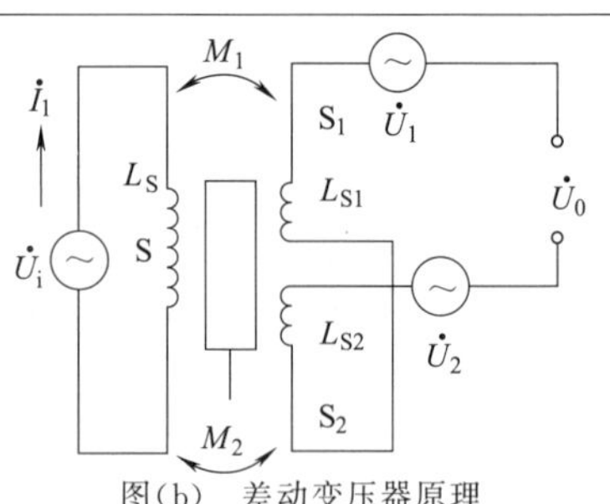

图(b) 差动变压器原理

表 22-2-24　　电涡流式传感器的工作原理与特性

金属导体在交变磁场中产生感应电流的现象称为涡流效应。形成电涡流必须具备的两个条件：一是存在交变磁场；二是导体处于交变磁场中或在磁场中做切割磁力线运动

涡流的大小与金属体的电阻 ρ、磁导率 μ、厚度 t 以及线圈与金属的距离 x，线圈的激磁电流角频率 ω 等参数有关。若固定其中的若干参数，就能按涡流的大小测量出另外某一参数

涡流式传感器的最大特点是可以对一些参数进行非接触测量

项目	被测参数	变换量	特　征
涡流式传感器在工业测量中的应用	位移	x	①非接触，连续测量 ②受剩磁的影响
	厚度		
	振动		
	表面温度	ρ	①非接触，连续测量 ②对温度变化进行补偿
	电解质浓度		
	材质判别		
	速度(温度)		
	应力	μ	①非接触，连续测量 ②受剩磁和材质的影响
	硬度		
	探伤	x,μ,ρ	可以定量测定

电涡流传感器的结构及工作原理

电涡流传感器主要由产生交变磁场的通电线圈和置于线圈附近的金属导体两部分组成。金属导体也可以是被测对象本身。图(a)为电涡流传感器的基本结构和工作原理图

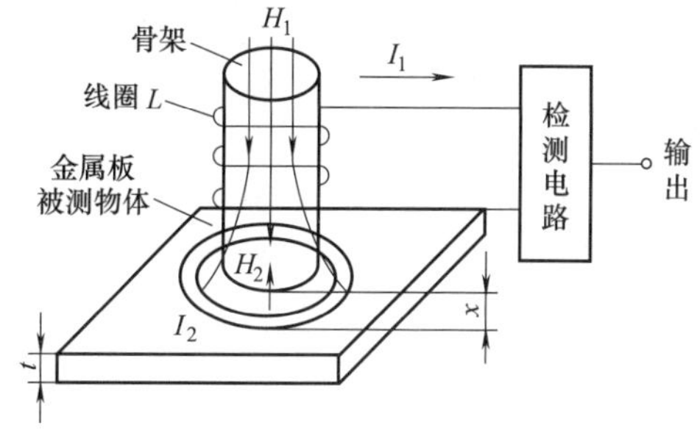

图(a)　涡流式传感器工作原理

高频电流 I_1 通入靠近金属板的电感线圈 L，便产生高频磁场 H_1，作用于金属板表面，使金属板表面产生感应电流 I_2。I_2 也会产生一个新的磁场 H_2 反作用于线圈 L，力图削弱 H_1，从而导致线圈电感量、阻抗、品质因数发生变化。这些变化与导体的几何形状、电导率、磁导率、线圈的几何参数、电源频率以及线圈到被测导体间的距离有关。如果使上述参数之一改变，其余不变，便构成三种涡流式传感器：测距式涡流传感器、测厚式涡流传感器和探伤式涡流传感器

根据激磁电源频率不同，又构成两种涡流传感器：高频反射式测距涡流传感器和低频透射式测厚涡流传感器。对非导磁金属($\mu\approx1$)，若 I_1 及 L 等参数已定，金属板的厚度远大于涡流渗透深度，则感应的涡流 I_2 几乎只取决于线圈 L 至金属板的距离，而与板厚度及电阻率的变化无关

电涡流的径向形成范围

线圈-导体系统产生的电涡流既是线圈与导体间距离 x 的函数，又是沿线圈半径方向 r 的函数，当 x 一定时，电流密度仅为 r 的函数，如图(b)所示

①电涡流的径向形成范围在传感器线圈外半径 1.8～2.5 倍范围内，且分布不均匀

②在被测导体内存在有无涡流区，电流密度在短路环半径 r_0 范围内为零

③电涡流的最大值在线圈平均半径附近的一个狭窄区域内

④涡流穿透深度 h 与激磁电源频率 f 大小成反比

$$h=\sqrt{\frac{\rho}{\pi\mu f}}=5000\sqrt{\frac{\rho}{\mu f}}\quad(\text{cm})$$

式中，$\mu=\mu_0\mu_r$，$\mu_0=4\pi\times10^{-7}\,\text{H/m}=4\pi\times10^{-9}\,\text{H/cm}$

续表

<table>
<tr><td>电涡流的径向形成范围</td><td>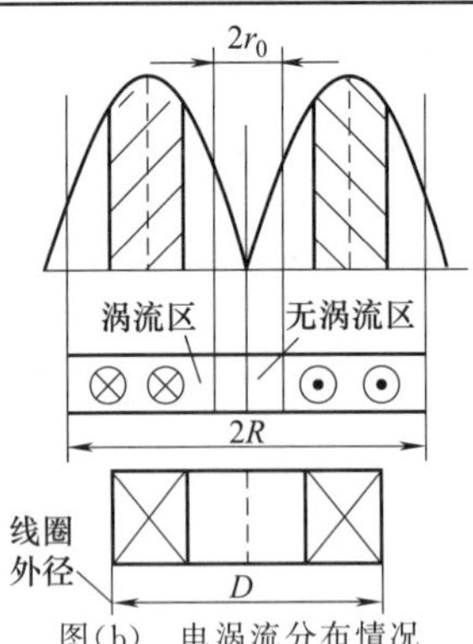图(b) 电涡流分布情况</td></tr>
<tr><td>使用涡流传感器应注意的问题</td><td>①被测导体外径 2R 应与线圈外径 D 相匹配，即应满足 $2R \leqslant 2.5D$，超过 2.5D 的区域无电涡流，将使灵敏度下降
②被测导体在 $2R=0$ 附近无电涡流。$2R<1.8D$ 电涡流较小，故被测导体外径应满足 $2R>1.8D$，否则灵敏度很低，不能测
③被测导体的电涡流在线圈平均外径 D_{pj} 处最大，故应使 $2.5D>2R>1.8D$，此处灵敏度最高
④利用高频反射式涡流传感器测距时，要求被测导体厚度 t 与涡流穿透深度 h 满足 $t>2h$，否则将不会感应出足够的电涡流而导致传感器灵敏度下降</td></tr>
</table>

表 22-2-25　　压磁式传感器的工作原理

<table>
<tr><td colspan="2">压磁式传感器又称弹性式传感器，是利用铁磁材料的磁弹性效应工作的传感器</td></tr>
<tr><td>压磁式测力传感器</td><td>铁磁材料在外力作用下，引起内部发生形变，产生应力，使磁畴的磁化强度矢量偏转，从而使材料的磁化强度发生相应的变化，这种由于应力引起铁磁材料性质变化的现象称为压磁效应。其具体内容为：①材料受到压力作用时，在作用力方向磁导率 μ 减小，而在垂直作用力方向 μ 略有增加；作用力为拉力时，其效果相反；②作用力被取消后，材料的磁导率复原；③铁磁材料的压磁效应还与外磁场有关，为此需保持外磁场数值恒定
压磁式测力传感器的压磁原件由硅钢片叠成，其上冲有 4 个对称孔。孔 1、2 的连线与孔 3、4 的连线相互垂直，如图(a)中(ⅰ)所示。孔 1、2 间绕有励磁线圈 N_{12}；孔 3、4 间绕有输出线圈 N_{34}，两平面成 90°角
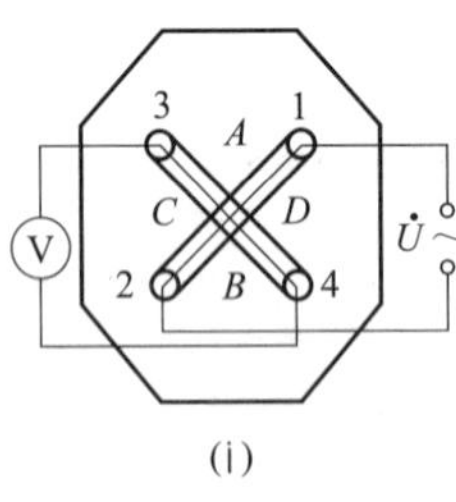(ⅰ)
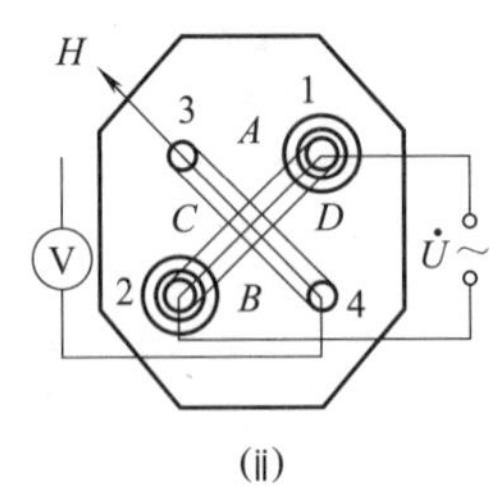(ⅱ)
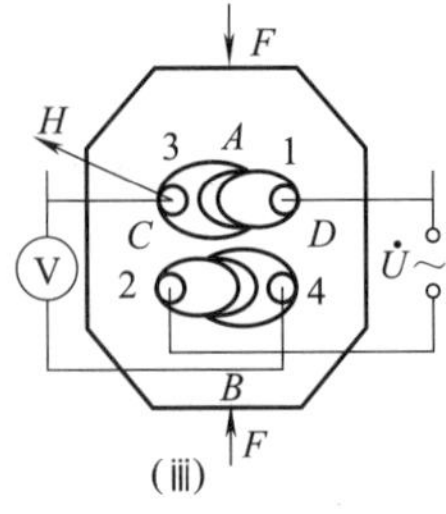(ⅲ)
图(a) 压磁式传感器工作原理
初始时，在 N_{12} 通过一定的交变电流，铁芯中就会产生磁场 H，方向朝左上角，如图(a)中(ⅱ)所示。如把孔间分成 A、B、C、D 四个区域，在无压力情况下，A、B、C、D 四个区域的导磁系数是相同的，磁力线对称分布，合成磁场强度 H 与测量线圈 N_{34} 的平面平行；磁力线不与测量线圈 N_{34} 交链，故 N_{34} 不产生感应电动势，输出电压 $U_0=0$
工作时，如对压磁元件施加压力 F，A、B 区域将产生很大的应力 σ，C、D 区域基本不变。于是 A、B 区域磁导率下降，磁阻增大；而 C、D 区域的磁导率基本不变。这样，励磁线圈产生的磁力线将有部分经过 C、D 区域闭合，而与 N_{34} 线圈交链产生感应电动势，如图(a)中(ⅲ)所示。F 值越大，与 N_{34} 交链的磁通越多，e 值越大。通过测量电路便可用电流表或电压表测出被测力 F 的大小
影响压磁式传感器特性的因素很多，主要有磁场强度 H、励磁电流 I、励磁频率 f、预加载荷、铁芯材料、环境温度等</td></tr>
</table>

续表

<table>
<tr><td>磁致伸缩传感器</td><td>磁致伸缩传感器是基于磁致伸缩效应的一种传感器。磁致伸缩效应是压磁效应的相反过程，指磁化过程中各磁畴之间界限发生移动产生机械变形的现象。其大小可理解为外磁场下杆件长度 l 的相对变化量 $\lambda=\Delta l/l$。有些铁磁体有正的磁化效应（磁场作用下尺寸增大），而另一些则有负的磁化效应（磁场作用下尺寸减小）。不同材料磁致伸缩效应与场强有关。目前可以获得磁致伸缩效应在 1.5×10^{-3} 以上的材料
磁致伸缩位移传感器原理如图(b)所示
磁致伸缩传感器的特点是高性能和高精度，分辨率可达 2μm，而且安装简易，可靠性高，可实现无接触测量，可用于测量磁场强度、位移和液体容积等参数
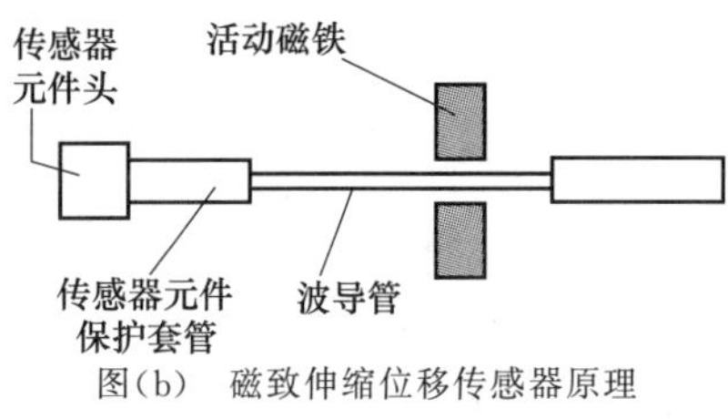

图(b)　磁致伸缩位移传感器原理</td></tr>
</table>

表 22-2-26　电感式传感器的应用

<table>
<tr><td colspan="8">电感式传感器主要用于位移测量，也可以用于振动、压力、荷重、流量、液位等参数的测量</td></tr>
<tr><td>电感式位移传感器</td><td colspan="7">电感式位移传感器有多种，按基本结构可以分为轴向和旁向两种。图(a)为轴向电感式位移计的结构，其测杆的位移直接使铁芯运动。旁向位移计的位移通过杠杆使活动铁芯运动
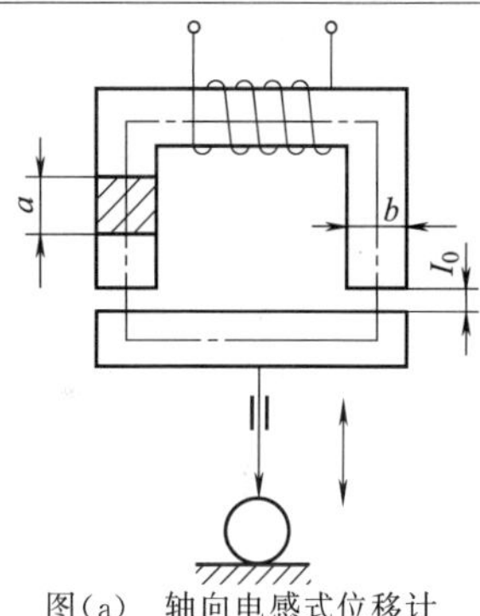

图(a)　轴向电感式位移计</td></tr>
<tr><td>电感式压力传感器</td><td colspan="7">电感式压力传感器结构如图(b)所示，膜片在压力下变形移动，使差动布置的两组线圈电感量发生变化
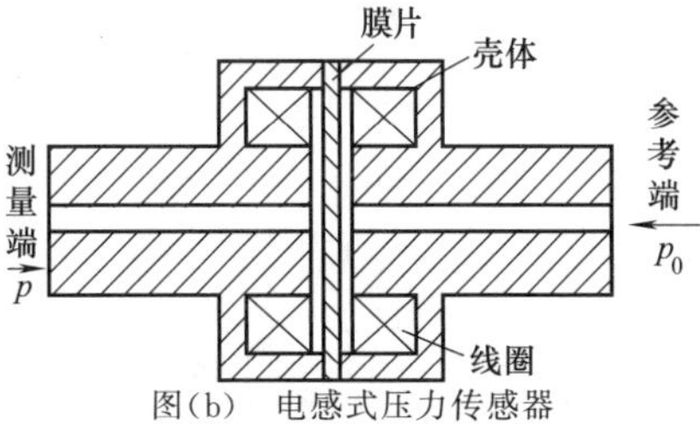

图(b)　电感式压力传感器</td></tr>
<tr><td></td><td>电感式压力传感器主要参数</td><td>量程/kPa</td><td>非线性度/%</td><td>分辨率/10^{-4}FS・Hz^{-1}</td><td>输出信号幅值/V</td><td>工作温度/℃</td><td>主要用途</td></tr>
<tr><td></td><td></td><td>0～50，
0～5000</td><td>0.1，0.2，
0.35，0.5，1</td><td><8.5</td><td>>1</td><td>−20～+50</td><td>液体气体压力
动静态压力</td></tr>
</table>

续表

<table>
<tr><td rowspan="5">电感式接近开关</td><td colspan="7">电感式接近开关[其原理如图(c)所示]分为高频振荡式、差动线圈式和磁性式。高频振荡式根据高频振荡回路中振荡线圈阻抗的变化停止振荡而检测。差动线圈式根据检测物体之中微电流磁束，利用检测线圈和比较线圈的磁束差进行比较检测。磁性式则利用磁铁引力直接动作
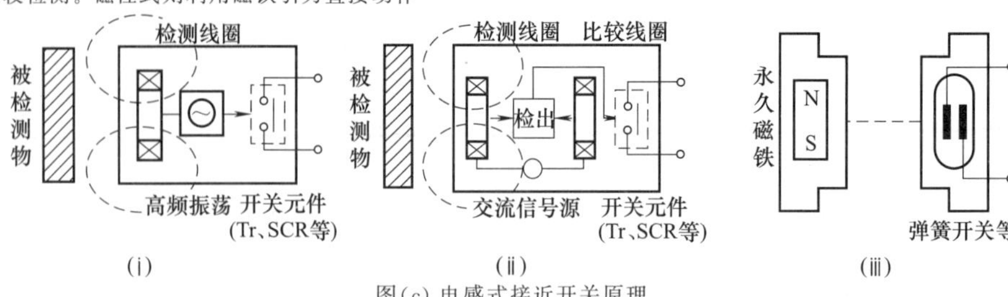

图(c) 电感式接近开关原理</td></tr>
<tr><td rowspan="4">电感接近开关性能</td><td>名称</td><td>开关距离/mm</td><td>开关频率/Hz</td><td>负载能力/mA</td><td>输出方式</td><td>生产厂商</td></tr>
<tr><td>30mm 圆柱形</td><td>8.1</td><td>200</td><td>≤130</td><td>PNP 常开
NPN 常闭
互补</td><td rowspan="2">德国 BALLUFF</td></tr>
<tr><td>36mm 圆柱形</td><td>16</td><td>200</td><td>400</td><td>PNP 常开
NPN 常闭
互补</td></tr>
<tr><td>M12×1</td><td>1～1.6
0～3.2
0～1.2
0～2</td><td>1500
300
350</td><td></td><td>3 线 PNP 常开
常开</td><td>法国 TE</td></tr>
<tr><td>差动变压器式加速度传感器</td><td colspan="7">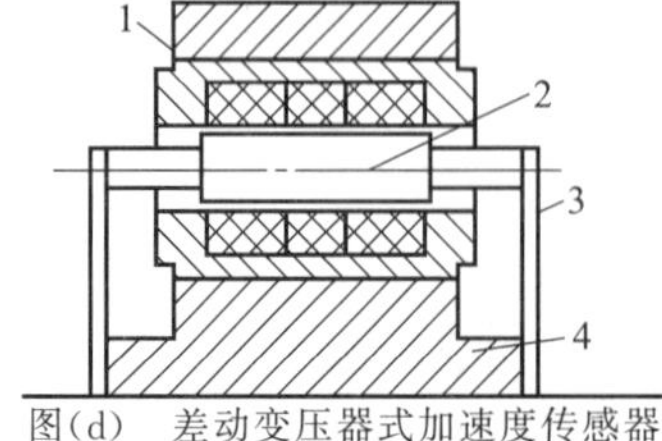

图(d) 差动变压器式加速度传感器
1—差动变压器；2—衔铁；3—弹簧；4—壳体</td></tr>
<tr><td>差动变压器式位移传感器</td><td colspan="7">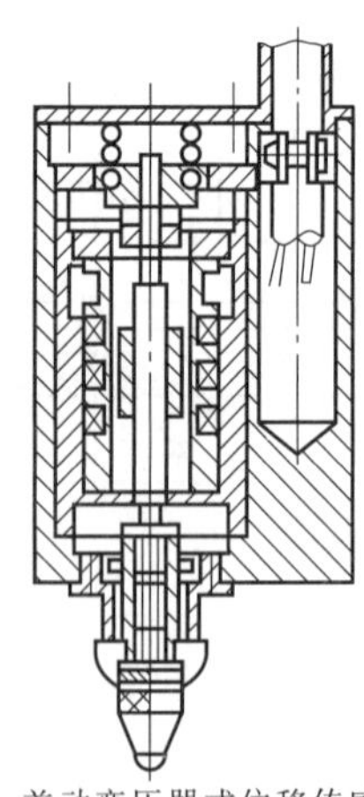
图(e) 差动变压器式位移传感器原理</td></tr>
</table>

续表

类别	产品	型号	量程/mm	非线性度/%	灵敏度/$mV \cdot V^{-1} \cdot mm^{-1}$	工作温度/℃	生产厂商
差动变压器式位移传感器	差动变压器式位移传感器产品	FX 14 24 34	±1～±5	0.3,0.5	150～100	40～85	阜新传感器厂
		FX 11 21 31	±10～±60	0.2,0.3,0.5	200～40	40～85	
		FX 13 23 33	±5～±40	0.1,0.2	200～40	40～85	
		SL	±2.5～±25	0.3,0.5	60～50	40～85	
		GH	±0.1～±10	0.3,0.5	100～140	40～85	
		FX 61 71 81	±10～±60	0.2,0.3,0.5	—	40～85	
		DM	±2.5～±25	0.3,0.5	—	40～85	
		WY-AC/DC	±0.1～±1500	0.2～20	—	−10～+70	安徽传感器厂
		WYDC	1～1000	—	—	−10～+70	

电涡流式位移传感器

电涡流传感器测量位移的范围为 0～5mm 左右，分辨力可达测量范围的 0.1%，可测汽轮机立轴的轴向位移、金属试样的热膨胀系数等

产品	名称	型号	量程/mm	灵敏度/$mV \cdot \mu m^{-1}$	分辨率/μm^{-1}	线性度/%	工作温度/℃	生产厂商
电涡流式位移传感器产品	8 探头前置器	85811-01-85745-01	1.5	8	1	1.5	−30～+120	北京测振仪器厂
	11 探头前置器	85811-01-85745-02	3.4	4	3	2	−30～+120	
	25 探头前置器	85811-01-85745-03	10	0.8	10	1.5	−30～+120	
	CWY-DO	—	0～50	4～8	0.1	—	−30～+60	珠海天瑞公司
	TR81	—	0.5～50	—	—	—	−50～+100	

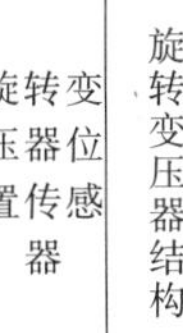

旋转变压器位置传感器

旋转变压器结构

旋转变压器又叫同步分解器，是一种小型精密交流电动机，由定子和转子组成，分有刷结构和无刷结构两种

在有刷结构中，定子与转子上均为两相交流分布绕组。两相绕组轴线相互垂直，转子绕组的端点通过电刷和滑环引出

无刷旋转变压器结构如图(f)所示。它没有电刷与滑环，由两大部分组成：一部分叫分解器，其结构与有刷旋转变压器基本相同；另一部分叫变压器，其一次绕组绕在与分解器转子轴固定在一起的线轴(高导磁材料)上，与转子一起转动；其二次绕组绕在与转子同心的定子轴线上。分解器定子线圈接外加的励磁电压，它的转子线圈输出信号接在变压器的一次绕组，从变压器的二次绕组引出最后的输出信号。无刷旋转变压器具有可靠性高、寿命长、不用维修以及输出信号大等特点

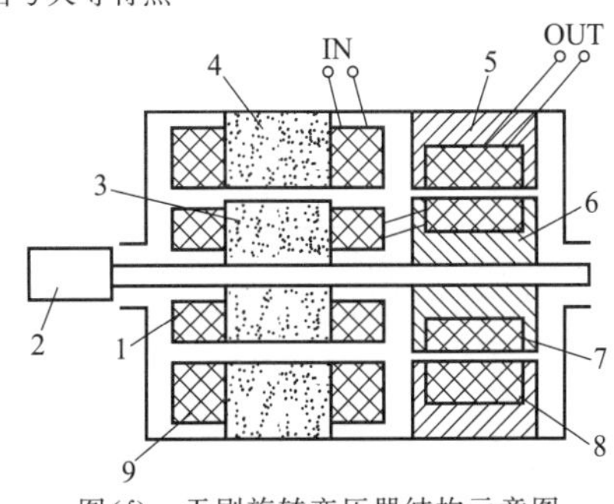

图(f)　无刷旋转变压器结构示意图

1—分解器转子线圈；2—转子轴；3—分解器转子；4—分解器定子；5—变压器定子；6—变压器转子；7—变压器一次线圈；8—变压器二次线圈；9—分解器定子线圈

续表

旋转变压器位置传感器	工作原理	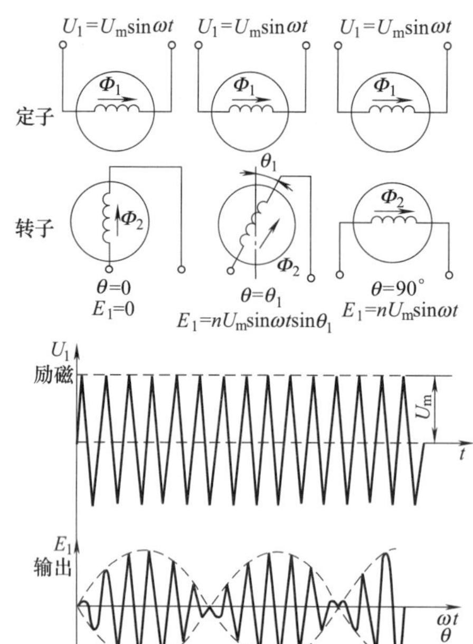 图(g)　旋转变压器的工作原理 旋转变压器在结构上保证定子和转子之间空隙内磁通分布符合正弦规律，因此当励磁电压加到定子绕组上时，通过电磁耦合，转子绕组产生感应电动势，如图(g)所示。其输出电压的大小取决于转子的角度位置，即随着转子偏转的角度呈正弦变化。当转子绕组的磁轴与定子绕组的磁轴位置转动角度 p 时，绕组中产生的感应电动势应为 $$E_1=nU_1\sin\theta=nU_m\sin\omega t\cdot\sin\theta$$ 式中，n 为变压比；U_1 为定子的输出电压；U_m 为定子最大瞬时电压 当转子转到两磁轴平行时，即 $\theta=90°$时，转子绕组中感应电动势最大，即 $E_1=nU_m\sin\omega t$
	应用方法	旋转变压器作为位置检测装置，有两种应用方法：鉴相式工作方式和鉴幅式工作方式 ①鉴相式工作方式。在此状态下，旋转变压器定子两相正向绕组分别加上幅值相等、频率相同，而相位差为90°的正弦交流电压。旋转变压器转子绕组中的感应电动势与定子绕组中的励磁电压同频率，但相位不同。测量转子绕组输出电压的相位角，即可测量转子相对于定子的空间转角位置。在实际应用中，把定子正弦绕组励磁的交流电压相位作为基准相位，与转子绕组输出电压进行比较，来确定转子转角的位置 ②鉴幅式工作方式。在这种工作方式中，定子两相绕组加的是频率相同、相位角相同，而幅值分别按正弦、余弦变化的交流电压

2.2.4.4　压电传感器

表 22-2-27　　压电式传感器测量原理

压电式传感器是利用晶体压电效应为转换原理的传感器。压电晶体是机电转换元件，可以测量力、压力、加速度等物理量 常见的压电材料有石英等压电晶体和钛酸钡、锆钛酸铅等压电陶瓷。这两种材料压电效应产生的机理不同	
晶体压电效应	晶体压电效应是由于施加压力时离子间的相对错动导致正负电荷向两侧积聚而产生的。如图(a)所示，天然结构的石英晶体是个六角形晶柱。在直角坐标系中，z 轴表示其纵向轴，称为光轴，x 轴平行于正六面体的棱线，称为电轴；y 轴垂直于正六面体棱面，称为机械轴。从晶体上沿轴线切下的薄片称为晶体切片。沿电轴（x 轴）方向的力作用下产生电荷的压电效应称为“纵向压电效应”。沿机械轴（y 轴）方向的力作用下产生电荷的压电效应称为“横向压电效应”。在光轴（z 轴）方向受力时则不产生压电效应

续表

晶体压电效应	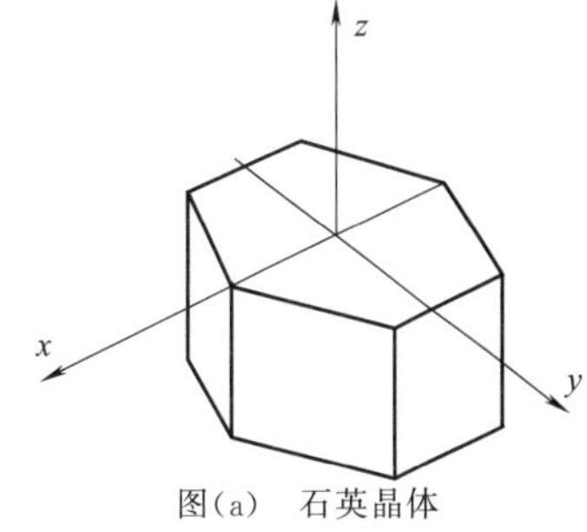 图(a)　石英晶体 纵向压电效应在与电轴垂直的 yz 平面上产生电荷，切片上产生的电荷多少与切片的几何尺寸无关，其符号由受压力还是受拉力决定。横向压电效应也在与 x 轴垂直的 yz 平面上产生电荷，但极性方向与正向压电效应相反，产生的电荷与晶体切片的尺寸有关。在四种受力条件下，产生电荷的符号如图(b)所示 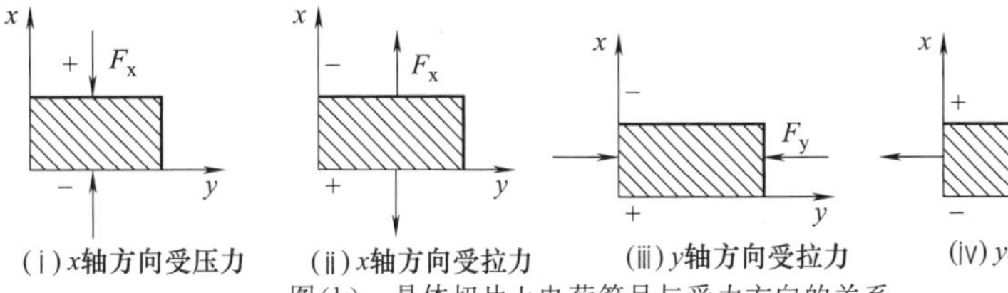 图(b)　晶体切片上电荷符号与受力方向的关系	
陶瓷压电效应	压电陶瓷属于人造的多晶体，其晶粒内原有一些随机排放的自发极化电畴，整体内极化强度为 0。经外电场极化作用后，一部分电畴按外电场原方向取向，其内电场极化强度不再为 0。由于束缚电荷的作用，在陶瓷片的电极表面上很快吸附了一层来自外界的自由电荷，屏蔽和抵消了陶瓷片内极化强度对外的作用，因此陶瓷片对外不表现极性。当在压电陶瓷片上加一个与极化方向平行的外力，陶瓷片将产生压缩变形，片内的正、负束缚电荷之间距离变小，电畴发生偏转，极化强度也变小，原来吸附在极板上的部分自由电荷被释放而产生放电。当压力撤销后，陶瓷片恢复原状，片内的正、负电荷之间的距离变大，极化强度也变大，电荷上又吸附一部分自由电荷而产生充电现象。这就是压电陶瓷正压电效应的产生机理。放电电荷的多少与外力的大小成比例关系，即 $$Q=d_{33}F$$	Q——电荷量 d_{33}——压电陶瓷的压电系数 F——作用力
压电常数	压电常数定义如下：当压电元件沿各方向受到力作用时，会在相应的表面上产生表面电荷 $$q=d_{ij}\sigma$$ 压电常数有两个下脚注，其中第一个脚注 i 表示晶体的极化方向(对应于电荷的表面垂直于 x 轴、y 轴或 z 轴时，i 分别等于 1、2 或 3)，第二个下脚注 j 表示晶体的受力方向(对于沿 x 轴、y 轴、z 轴方向作用的正应力和在垂直于 x 轴、y 轴、z 轴的平面即 yz 平面、xz 平面、xy 平面作用的剪切力，j 分别等于 1～6)。正应力的符号规定为：拉应力为正，压应力为负；剪切力的符号规定为自旋转轴的正向看去使其Ⅰ、Ⅱ象限的对角线伸长为正。当晶体在任意受力状态下所产生的表面电荷密度可由下列方程组决定 $$\begin{bmatrix} q_{xx} \\ q_{yy} \\ q_{zz} \end{bmatrix} = \begin{bmatrix} d_{11} & d_{12} & d_{13} & d_{14} & d_{15} & d_{16} \\ d_{21} & d_{22} & d_{23} & d_{24} & d_{25} & d_{26} \\ d_{31} & d_{32} & d_{33} & d_{34} & d_{35} & d_{36} \end{bmatrix} \begin{bmatrix} \sigma_{xx} \\ \sigma_{yy} \\ \sigma_{zz} \\ \tau_{yz} \\ \tau_{zx} \\ \tau_{xy} \end{bmatrix}$$ 对于各种压电晶体，压电常数矩阵中的参数很多为 0。只有不为 0 的压电常数才表示有能量转换，有电荷产生	q——电荷的表面密度 σ——单位面积上的作用力 d_{ij}——压电常数 q_{xx}, q_{yy}, q_{zz}——分别表示在垂直于 x 轴、y 轴和 z 轴的表面上产生的电荷密度 $\sigma_{xx}, \sigma_{yy}, \sigma_{zz}$——分别表示沿 x 轴、y 轴、z 轴方向作用的拉应力或压应力 $\tau_{yz}, \tau_{zx}, \tau_{xy}$——分别表示在 yz 平面、xz 平面、xy 平面内作用的剪切力

续表

		材料	压电常数 /pC · N^{-1}				
			d_{11}	d_{14}	d_{31}	d_{33}	d_{15}
压电常数	压电材料的压电常数	石英(20℃)	2.31	0.727	—	—	—
		PZT-4 压电陶瓷	—	—	−160	230	约 500
		PZT-5 压电陶瓷	—	—	−180	600	约 750
		PZT-8 压电陶瓷	—	—	−100	210	约 330
		PMN　压电陶瓷	—	—	−230	约 700	—

压电元件结构形式和等效电路

除单元件使用外，还可以采用串联形式和并联形式，如图(c)所示。压电转换元件在压电传感器中必须保持一定预压力，以保持线性关系

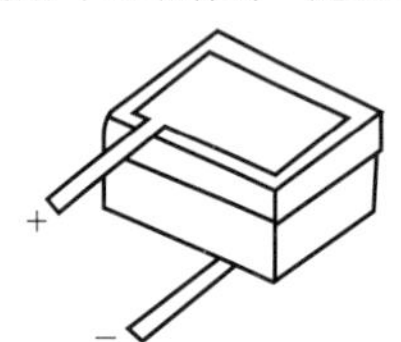

(ⅰ) 串联

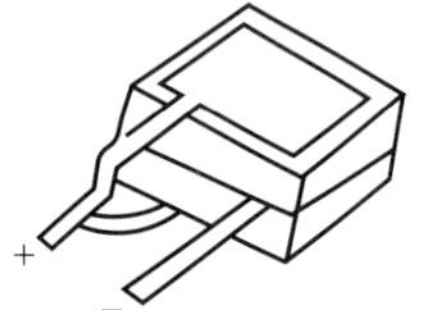

(ⅱ) 并联

图(c)　压电元件结构形式

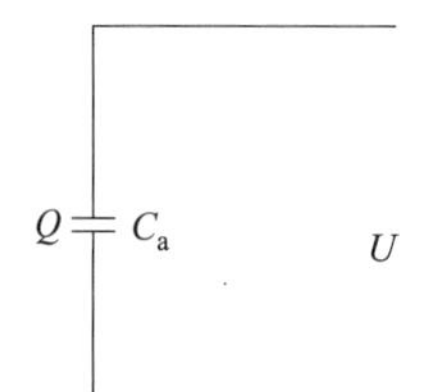

图(d)　压电传感器的等效电路

压电传感器可以等效为图(d)所示的串联电路。其中电源 $U=Q/C_a$，电容 C_a 等于

$$C_a=\frac{\varepsilon s}{h}=\frac{\varepsilon_r\varepsilon_0 s}{h}$$

s——极板面积

h——压电片厚度

ε——介质介电常数

ε_0——空气介电常数，$\varepsilon_0=8.86\times10^{-4}$F/cm

ε_r——压电材料的相对介电常数，随材料不同而变

表 22-2-28　　压电式传感器的误差

误差类型	具 体 说 明
横向灵敏度及其所引起的误差	压电式加速度传感器主轴方向的灵敏度称为纵向灵敏度或主轴灵敏度。若在与主轴方向正交的加速度作用下，传感器也产生电信号输出，则此输出信号与横向作用的加速度之比称为传感器的横向灵敏度，通常以主轴灵敏度的百分数表示。由于加工和装配工艺的误差，导致传感器灵敏度最大的方向与传感器几何主轴不一致，造成传感器横向作用的加速度在传感器最大灵敏方向上的分量不为 0，从而引起传感器的输出。为减小此项误差，在实际使用中应将传感器的最小横向灵敏度置于最大横向干扰方向
温度影响	环境温度的变化会引起压电元件的压电常数变化、压电陶瓷等热输出和机械变形热输出等，因而传感器的灵敏度也将随着发生变化，而且传感器对瞬间的温度变化比对缓慢的温度变化更敏感，尤其影响低频测量。此外，由于传感器等效电容的变化，对外部电压前置放大器也有影响。普通电荷放大器适于−40～+200℃测量
湿度、磁场和声场的影响	湿度影响压电晶体介电系数和电阻率，导致内阻降低和传感器的损坏。周围存在的磁场和声场也会使传感器产生误差输出。因此，应根据传感器具体工作环境及对测量精度采取相应的隔离、屏蔽保护措施
电缆噪声	电缆噪声是指信号电缆受到突然的拉动或振动时自身产生的虚假信号。由于压电式传感器是电容性的，在低频(20Hz 以下)工作时，内阻抗极高(约上百兆欧)。因此电缆噪声不会很快消失，而进入放大器被放大，成为一种干扰信号。为了减小电缆噪声，除选用特制的低噪声电缆外，在测量过程中应将电缆紧固，以避免相对运动

表 22-2-29 压电式加速度传感器的结构和工作原理

根据压电元件的受力和变形，压电式加速度传感器的结构通常可以分为厚度变形、长度变形、体积变形和厚度剪切变形四种。目前最常见的是基于厚度变形的压缩式和基于剪切变形的剪切式两种

压缩式压电加速度传感器的结构原理

图(a)所示为压缩式压电加速度传感器的结构原理。压电元件一般由两片压电片组成。在压电片上放置一个密度较大的质量块，并用硬弹簧或螺栓、螺母对质量块预加载荷。整个组件装在一个厚基座的金属壳体中。测量时，将传感器基座与试件刚性固定在一起，当传感器受振动时，由于弹簧的刚度很大，而质量块的质量相对较小，因此可认为质量块感受与传感器基座相同的振动，并受到与加速度方向相反、大小成正比的交变惯性力的作用，压电片的两个表面上就产生交变电荷(电压)。当振动频率远低于传感器的固有频率时，传感器的输出电荷(电压)与试件的加速度成正比。形式有外圆配合压缩式、中心配合压缩式和倒装中心配合压缩式等

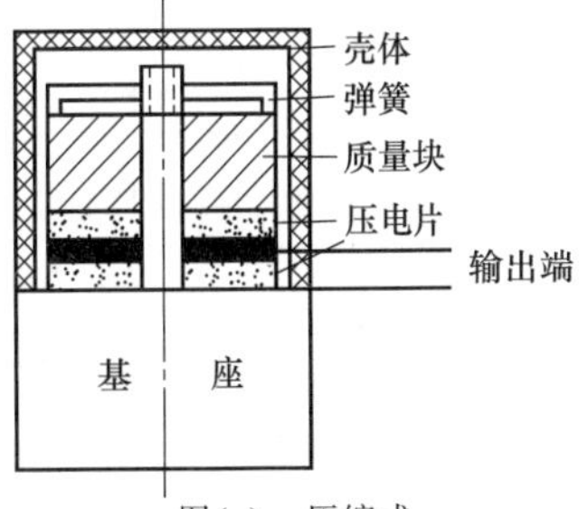

图(a) 压缩式

剪切式加速度传感器的结构原理

图(b)是剪切式加速度传感器。其底座向上延伸出一圆柱，管式压电元件套在圆柱上，压电元件上再套上惯性质量环。如传感器感受向上的振动，由于惯性力的作用使质量环保持滞后，这样，在压电元件中就出现剪切应力，使其产生剪切变形，从而在压电元件的内外表面上就产生电荷，其电场方向垂直于极化方向。如果某瞬时传感器感受向下的运动，则压电元件的内外表面上的电荷极性相反。这种结构类型的传感器结构小巧，灵敏度大，横向灵敏度小，能减少基座应变和声学噪声、温度冲击等环境的影响，且固有频率低，频响范围宽，特别适用于测量高频振动。但装配工艺高，成品率低，且不适合在高温环境下使用

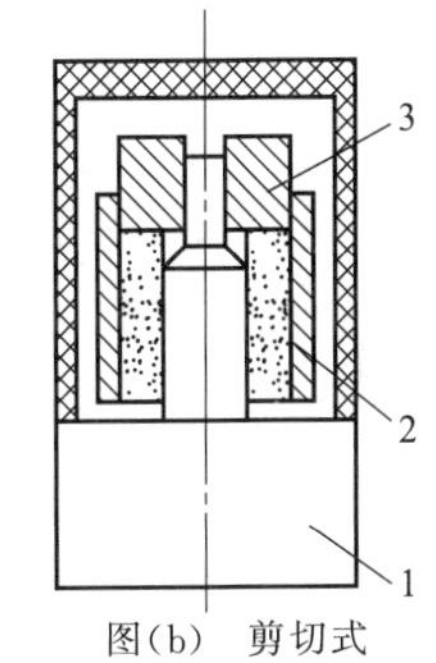

图(b) 剪切式

1—基座；2—压电晶片；3—质量块

部分压电加速度传感器产品

型号(系列)	频率低/Hz	频率高/kHz	灵敏度	安装共振频率/kHz	工作温度/℃	说明	生产厂商
770XA-200	1	4	200.0pC·g^{-1}	—	−55～+288	低 g 值振动	—
770XA-1000	1	2	1000.0pC·g^{-1}	—	−55～+288	低 g 值振动	—
2225	1	10	0.75pC·g^{-1}	—	−55～+177	测量冲击	—
7240B	1	20	2.7pC·g^{-1}	—	−55～+260	测量高频振动	—
2273A	1	6	3.0pC·g^{-1}	—	−185～+400	高温测量	—
2276	1	5	10.0pC·g^{-1}	—	−55～+482	高温测量	—
2271A	1	6	11.5pC·g^{-1}	—	−270～+260	低温测量	—
2221D	1	6	17.0pC·g^{-1}	—	−55～+177	一般振动测量	—
2221F	1	12	10.0pC·g^{-1}	—	−55～+260	一般振动测量	—
223D(3X)	1	6	12.0pC·g^{-1}	—	−55～+177	一般振动测量	—
7221	1	10	10pC·g^{-1}	—	−55～+177	一般振动测量	—
2273AM1	1	5	10pC·g^{-1}	—	−55～+370	辐射环境测量	—
SHQ-16	20	3	0.14pC/(m·s^{-2})	25	<+80	二级振动标准	北京航空工艺研究所
SHQ-17	5	3	(1±5)%pC/(m·s^{-2})	12	<+400	高温振动测量	
SHQ-30	2	5	10pC/(m·s^{-2})	18	<+80	一般振动测量	
9001	3	10	8mV·g^{-1}	>80	−53～+121		美 VIBRA METRICS

续表

	型号（系列）	频率低/Hz	频率高/kHz	灵敏度	安装共振频率/kHz	工作温度/℃	说明	生产厂商
部分压电加速度传感器产品	3103A	2	1	100mV·g^{-1}	16	−53～+121		美 Dynamic 传感器公司
	3200A	1	20	0.05mV·g^{-1}	130	−53～+121		
	CZ3-10A	5	1					航天部 704 所
	CZ3-15-1	5	6	2pC·g^{-1}				

表 22-2-30　　压电式测力传感器

结构	单向压电式测力传感器如图(a)所示。石英晶片的上盖为传力元件，其变形壁的厚度为 0.1～0.5mm，由测力范围决定。绝缘套用来绝缘和定位。三向力传感器可以同时测量 x、y、z 三个相互垂直的力分量 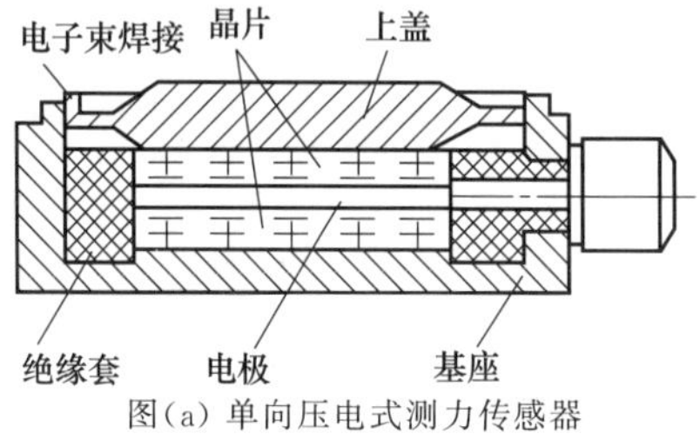 图(a) 单向压电式测力传感器								
压电式力传感器的性能指标	型号	压力范围/kN	灵敏度/mV·N^{-1}	线性/%	放电时间常数/s	冲击/g	温度范围/℃	生产厂商	应用
	229A	220	0.44	2	2000	2000	−77～+121	美国 PCB 公司	成形力测量
	209A	0.0088	9680	1	≥1	1000	−77～+121		微量力测量
	208A03	2.2	44	1	2000	1000	−77～+121		压缩、传动力测量

表 22-2-31　　压电式压力传感器

结构	如图(a)所示为压电式压力传感器。弹性膜片感受外部压力，压缩压电组件产生输出。其特点是带有加速度和温度补偿元件。筒外的空腔可以连接冷却系统，以提高传感器工作温度范围 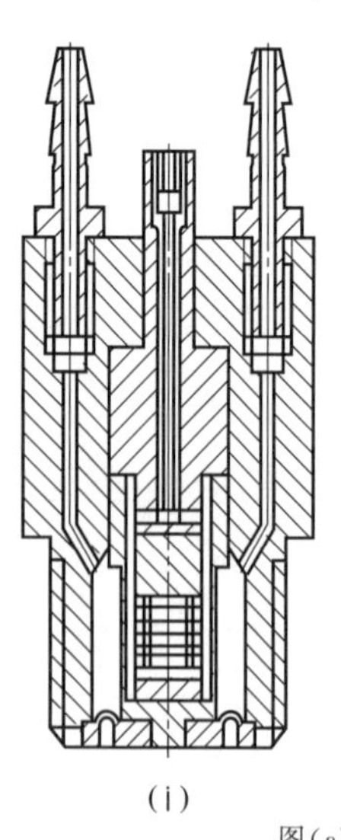 (ⅰ) 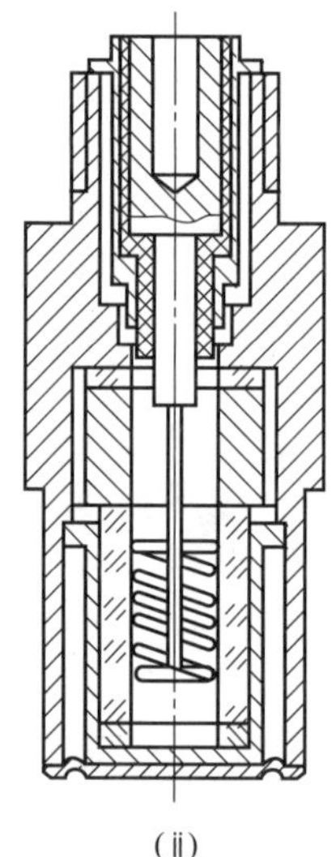 (ⅱ) 图(a)　压电式压力传感器

续表

	型号	压力范围/kPa	灵敏度/mV·kPa^{-1}	放电时间常数/s	共振频率/kHz	线性/%FS	工作温度/℃	生产厂商
压电式压力传感器的性能指标	2510V	70000	0.7	60	60	±1	−51～+121	美国 Dynamic 传感器公司
	2011V	7000	0.7	4	60	±1	−51～+121	
	2300V1	1750	2.8	2	500	±1	−73～+121	
	2100V1	700	1.12	1	300	±1	−73～+121	
	2100V4	35000	0.14	4	300	±1	−51～+121	
	2000V1 一般用途	700	7	1	300	±1	−51～+121	
	2000V1 加速度补偿	700	7	1	250	±1	−51～+121	
	2200V6	70000	0.07	100	250	±1	−51～+121	
	2000C1	700	0.049pC·kPa^{-1}		300	±1	−238～+260	
	2200C6	70000	0.149pC·kPa^{-1}		250	±1	−238～+260	

2.2.4.5　磁电传感器

表 22-2-32　磁电传感器测量原理

基于电磁感应原理的传感器称为磁电式传感器，也称电动式传感器。由电磁感应定律可知，感应电动势 E 与穿过线圈的磁通量 Φ 有如下关系

$$E=-N\frac{\mathrm{d}\Phi}{\mathrm{d}t}$$

式中，N 为线圈匝数。当由于磁铁与线圈之间做相对运动、磁路中磁阻的变化或恒定磁场中线圈面积的变化等原因导致磁通量 Φ 变化时，感应电动势也发生变化。利用这个原理可以制造不同类型的磁电式传感器。磁电式传感器直接应用于速度的测量，在接一个积分电路或微分电路后，就可用来测量位移或加速度

定磁通式磁电传感器的结构和原理

定磁通式传感器的结构如图(a)所示，其基本元件有两个：一个是磁路系统，由它产生恒定的直流磁场，为了减小传感器的体积，一般都采用永久磁铁；另一个是线圈。磁场和工作气隙都是恒定不变的，通过线圈或磁铁的运动切割磁力线产生感应电动势，因此又可以分为动圈式和动铁式。还有一些其他附属元件，如壳体、支承、阻尼器、接线装置等

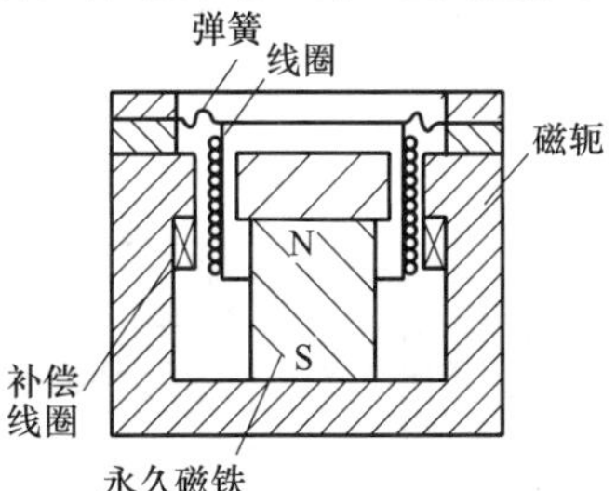

图(a)　定磁通式磁电传感器结构

磁阻式磁电传感器的结构和原理

磁阻式磁电传感器又称为变磁通式磁电传感器。这类传感器线圈和磁铁部分都是静止的，变化的是磁路的工作气隙。它通过运动的导磁材料改变磁路的磁阻，进而改变贯穿线圈的磁通量，在线圈中产生感应电动势。磁阻式传感器一般都做成转速传感器，以产生感应电动势的频率作为输出，而电势的频率取决于磁通变化的频率

开磁路磁阻式转速传感器	开磁路磁阻式转速传感器磁路不封闭[见图(b)]。齿轮 4 安装在被测转轴上与被测体一起旋转，永久磁铁 1 产生的磁力线通过的软铁端部对准齿轮的齿顶。当齿轮旋转时，齿的凹凸引起磁阻的变化，而使磁通量发生变化，进而在线圈 3 中感应出交变的电势，其频率 f 等于齿轮的齿数 Z 和转速 n 的乘积。这样当已知 Z，测得 f 就可知道 n 了。开磁路转速传感器结构比较简单，但输出信号较小，另外当被测轴振动较大时，传感器输出波形失真较大

续表

<table>
<tr>
<td rowspan="2">磁阻式磁电传感器的结构和原理</td>
<td>开磁路磁阻式转速传感器</td>
<td>
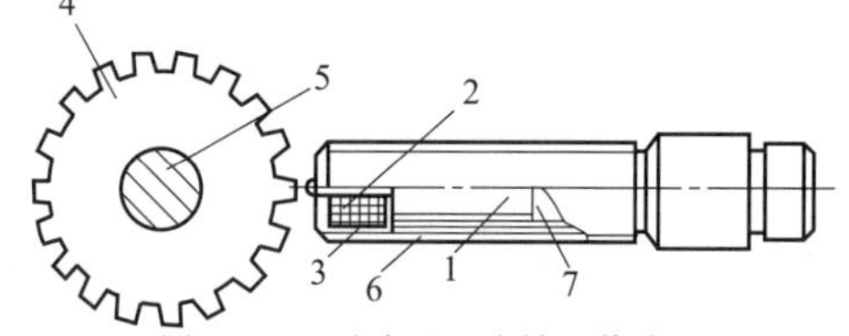

图(b) 开磁路磁阻式转速传感器
1—永久磁铁;2—软铁;3—感应线圈;4—齿轮;5—转轴;6—外壳;7—填料
</td>
</tr>
<tr>
<td>闭磁路磁阻式转速传感器</td>
<td>
闭磁路磁阻式转速传感器的结构如图(c)所示,它是由装在转轴上的内齿轮和永久磁铁、外齿轮、线圈构成,内、外齿轮的齿数相同,当转轴连接到被测轴上与被测轴一起转动时,内外齿轮的相对运动使磁路气隙发生变化,因而磁阻发生变化并使贯穿于线圈的磁通量变化,在线圈中感应出电动势。通过感应电动势频率可以测量转数。在振动强的场合往往采用闭磁路速度传感器
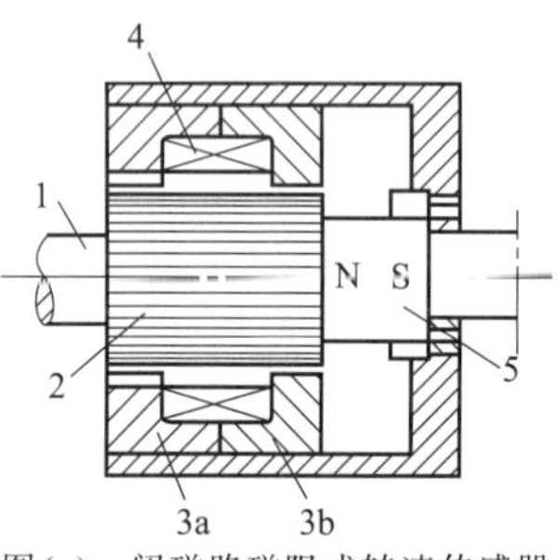

图(c) 闭磁路磁阻式转速传感器
1—转轴;2—内齿轮;3a,3b—外齿轮;4—线圈;5—永久磁铁
</td>
</tr>
<tr>
<td>磁电式速度传感器的结构和原理</td>
<td colspan="2">
图(d)为磁电式速度传感器。它可以把两个相对运动着物体的振动转换为电量。工作时,把其外壳紧固于振动着的物体,而其顶杆顶着另一振动物体,这样两物之间的相对运动必导致磁路系统气隙和线圈之间的相对运动,于是线圈切割磁力线,产生正比于振动速度的感应电动势
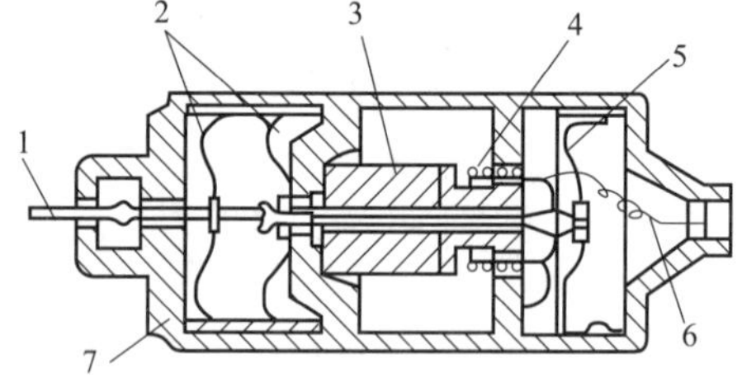

图(d) 磁电式速度传感器
1—顶杆;2,5—弹簧片;3—磁铁;4—线圈;6—引出线;7—壳体
</td>
</tr>
</table>

<table>
<tr><td rowspan="3">磁电式加速度传感器</td><td>型号</td><td>灵敏度/mV·cm^{-1}</td><td>频率范围/Hz</td><td>线性/%FS</td><td>横向灵敏度比</td><td>温度范围/℃</td><td>应用</td><td>生产厂商</td></tr>
<tr><td>MLV-8</td><td>200</td><td>10~1000</td><td>3</td><td><5%</td><td>−30~+120</td><td>振动分析仪器</td><td>北京豪瑞斯测控技术有限公司</td></tr>
<tr><td>GGZ-1</td><td>60~90</td><td>20~500</td><td>≤5</td><td></td><td>−60~+120</td><td>振幅加速度</td><td>航天部长风机械厂</td></tr>
</table>

2.2.4.6　磁致伸缩传感器

(1) 磁致伸缩位移传感器

表 22-2-33　磁致伸缩位移传感器

<table>
<tr><td>工作原理</td><td>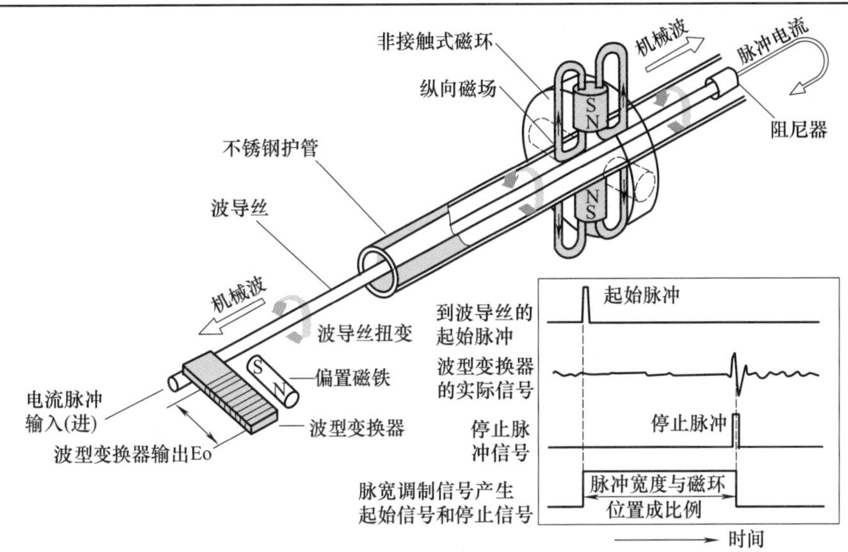

磁致伸缩位移传感器工作原理图
磁致伸缩位移(液位)传感器是利用磁致伸缩材料的磁致伸缩效应原理,通过两个不同磁场相交产生一个应变脉冲信号,进而对位置测量的一种绝对式位移传感器。磁致伸缩效应是指铁磁材料和亚铁磁材料在磁场作用下,由于磁化状态的改变,其长度和体积都要发生微小变化的现象</td></tr>
<tr><td>结构与工作过程</td><td>磁致伸缩位移传感器的结构如上图所示,主要由信号检测系统、波导管、磁致伸缩波导丝以及内含磁铁的浮子组成,在某些位移传感器中浮子用磁环代替。波导丝是磁致伸缩位移传感器的敏感元件,是由某些具有磁致伸缩特性的铁磁性物质(如铁、镍等)设计而成。通常铁镍合金的磁致伸缩效果微弱(约为 30×10^{-6});近些年出现的铽镝铁及铁镓合金等新型超磁致伸缩材料具有更大磁致伸缩系数(可达到 1000×10^{-6}),在该领域具有较好的应用前景
工作时,脉冲发生器首先在磁致伸缩波导丝上施加一个电脉冲信号,此电脉冲伴随一个环型磁场以光速沿波导丝向下传递。当环形磁场遇到浮子中磁铁所产生的纵向磁场时,将与之进行矢量叠加,形成一个螺旋形磁场。当合成磁场发生变化形成螺旋形磁场时,磁致伸缩波导丝产生伸缩变形和扭曲形变,从而激发扭转波。扭转波沿波导丝以超声波的形式回传到信号检测系统中的感应线圈,并转换成横向应力。根据发射脉冲与回波信号的时间差计算活动磁铁的位置,从而确定了目标位置的位移量</td></tr>
<tr><td>特性</td><td>① 测量精度高、测量范围大、分辨精度高、线性度高。不但测量精度可达到微米级,并且能满足不同的量程
② 直线传感器是一种绝对位移传感器,不需要进行调零校准
③ 由于采用波导管传播超声波,所以介质的雾化和蒸气、介质表面的泡沫等不会对测量精度造成较大影响。输出信号一般采用 4～20mA 标准电流信号或 RS485 数字信号,可直接接入 DCS 系统或其他计算机管理系统,便于微机对信号进行处理
④ 适用于各种非接触式位移测量。性能可靠,使用寿命长,无故障工作时间可长达 23 年,适合多种恶劣环境
⑤ 安装、调试、标定简单方便
⑥ 可进行多点、多参数的测量,有自校正、免维护等独特功能
⑦ 安全性高。适合在各种易燃、易爆、高温、高压等危险环境下工作</td></tr>
<tr><td>产品</td><td>部分工业用途磁致伸缩位移传感器的性能(美国特斯拉品牌部分位移传感器)
<table>
<tr><td rowspan="2">型号系列</td><td rowspan="2">特点</td><td rowspan="2">测量行程/mm</td><td colspan="2">输出</td><td rowspan="2">非线性度/%F. S.</td><td rowspan="2">现场总线</td><td colspan="2">分辨率</td><td rowspan="2">生产厂商</td></tr>
<tr><td>电压/VDC</td><td>电流/mA</td><td>模拟</td><td>数字</td></tr>
<tr><td>RH</td><td>耐压外管,内置于液压缸内</td><td>25～7600</td><td>0～10
10～0
−10～10</td><td>4(0)～20
20～4(0)</td><td><±0.01</td><td>CANopen;Profibus;EtherCAT;EtherNet/IP;Profinet;Powerlink</td><td>16 位;0.0015%</td><td>CAN:2μm;Profibus,Profinet,Powerlink,EtherCAT&EtherNet/IP:1μm;SSI:0.5μm</td><td>美国MTS</td></tr>
</table></td></tr>
</table>

续表

	型号系列	特点	测量行程/mm	输出		非线性度/%F. S.	现场总线	分辨率		生产厂商
				电压/VDC	电流/mA			模拟	数字	
产品	RP	坚固的铝制外壳，外置式安装	25～5000	0～10 10～0 −10～10	4(0)～20 20～4(0)	<±0.01	CANopen；Profibus；EtherCAT；EtherNet/IP；Profinet；Powerlink	16 位；0.0015%	CAN：2μm； Profibus，Profinet，Powerlink，EtherCAT&EtherNet/IP：1μm； SSI：0.5μm	美国MTS
	RF	柔性外管	25～20000	0～10 10～0 −10～10	4(0)～20 20～4(0)	<±0.02	CANopen；Profibus；EtherCAT；EtherNet/IP；Profinet；Powerlink	16 位；0.0015%	CAN：2μm； Profibus，Profinet，Powerlink，EtherCAT&EtherNet/IP：1μm； SSI：0.5μm	
	RD4	分体式，用于紧凑型场合	25～5000	0～10 10～0 −10～10	4(0)～20 20～4(0)	<±0.02	CANopen；Profibus；EtherCAT；EtherNet/IP；Profinet；Powerlink	16 位；0.0015%	CAN：2μm； Profibus，Profinet，Powerlink，EtherCAT&EtherNet/IP：1μm； SSI：0.5μm	
	RS	IP69K 防护等级，用于恶劣环境	50～7600	0～10 10～0 −10～10	4(0)～20 20～4(0)	<±0.01	CANopen；Profibus；EtherCAT	16 位；0.0015%	CAN：2μm； Profibus & EtherCAT：1μm； SSI：0.5μm	
	EH	紧凑式耐压外管，内置于液压缸内	50～2500	0～10 和/或 10～0	4～20 20～4	≤±0.02	CANopen	取决于控制器	SSI：20μm CANopen：10μm Start/Stop：controller dependent	
	EP	外置式安装	50～2500	0～10 和/或 10～0	4～20 20～4	≤±0.02	CANopen	取决于控制器	SSI：20μm CANopen：10μm Start/Stop：controller dependent	
	EL	紧凑式设计，外置式安装	50～2500	0～10 和/或 10～0	4～20 20～4	≤±0.02	CANopen	取决于控制器	SSI：20μm CANopen：10μm Start/Stop：controller dependent	
	ER	活塞式设计	50～1500	0～10 和/或 10～0	4～20 20～4	≤±0.02	—	取决于控制器	SSI：20μm Start/Stop：controller dependent	
	EE	紧凑式设计，可完全内置于液压缸内	50～2500	—	4～20 20～4	≤±0.02	—	取决于控制器	—	
	GH	耐压外管，内置于液压缸内	50～7600	0～10 10～0 −10～10	4(0)～20 20～4(0)	<±0.02	—	取决于控制器	5μm	
	GP	铝制外壳，易于安装在设备上	50～5000	0～10 10～0 −10～10	4(0)～20 20～4(0)	<±0.02	—	取决于控制器	5μm	

续表

	型号系列	特点	测量行程/mm	输出 电压/VDC	输出 电流/mA	非线性度/%F. S.	现场总线	分辨率 模拟	分辨率 数字	生产厂商
产品	GB	扁平式电子头，用于特定场合	50～3250	0～10 10～0	4～20 20～4	<±0.02	—	取决于控制器	5μm	美国MTS
	GT	耐压外管，双路或三路冗余测量	50～2900	0～10 10～0 −10～10	4(0)～20 20～4(0)	<±0.02	—	取决于控制器	—	
	GTE	耐压外管，双冗余测量，适用于高温环境	50～2540	0～10 10～0 −10～10	4(0)～20 20～4(0)	<±0.02	—	取决于控制器	—	
	GBS	耐压外管，适用于高温环境	25～3250	0～10 10～0	4(0)～20 20～4(0)	<±0.02	—	16 位	5μm	
	TH	耐压外管型的安全产品	25～7600	—	4(0)～20 20～4(0)	<±0.01	—	16 位	—	

(2) 磁致伸缩扭矩传感器

表 22-2-34　　磁致伸缩扭矩传感器

工作原理

磁致伸缩扭矩传感器是基于磁致伸缩逆效应特性实现的。磁致伸缩逆效应是指铁磁性材料受到机械应力（如扭矩作用引起的应力）作用时，材料的磁导率等导磁性发生改变的现象。磁导率相对变化率 $\Delta\mu$ 与所受应力 σ 的关系为：

$$\frac{\Delta\mu}{\mu}=\frac{2\lambda_m}{B_m^2}\sigma$$

式中　μ——磁致伸缩材料的磁导率

B_m——饱和磁感应强度

λ_m——饱和磁致伸缩系数

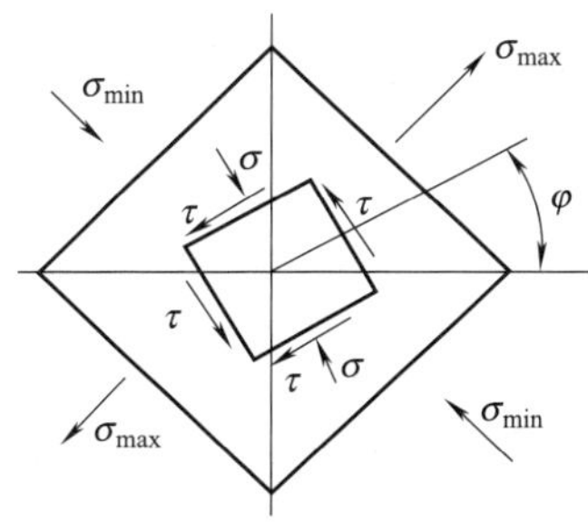

图(a)　单元面积上的平面应力状态

如图(a)所示为受扭材料的切向和法向应力在单元面积上的平面应力状态。转轴在扭矩作用下，在转轴表面产生的应力沿不同方向的大小也不同，它们之间的关系为：

$$\sigma=\tau\sin(2\varphi)$$

式中，φ 为应力与转轴母线的夹角，在与转轴成 45°方向时法向应力最大：

续表

工作原理		$$\sigma_{\max}=\mid-\sigma_{\min}\mid=\mid\tau\mid=\frac{M}{W_p}$$ 式中 M——作用在轴上的扭矩 W_p——轴的抗扭截面系数 当 $M=0$ 时，轴不表现出磁致伸缩逆效应，传感器的输出为零；而当 $M\neq0$ 时，轴表现出磁致伸缩逆效应，传感器输出与扭矩成单值函数关系的电压或电流。传感器测量扭矩的信号变化过程为： $$T\rightarrow\Delta\sigma\rightarrow\Delta\mu\rightarrow\Delta R_m\rightarrow\Delta V$$ 式中 $\Delta\sigma$——被测轴表面最大正应力变化量 ΔR_m——被测轴磁阻的变化量 ΔV——传感器输出电压的变化量
形式与结构	磁头型磁致伸缩扭矩传感器	磁头型磁致伸缩扭矩传感器的结构如图(b)所示。这种传感器是利用被测轴本身的磁致伸缩逆效应和装有 U 形磁芯的检测线圈(磁头)进行检测。两个 U 形磁芯彼此相互垂直且与被测轴间留有一定气隙($\delta\geqslant1$mm)，与轴线成 45°和 135°角。当转轴受到扭矩作用时，轴表面的磁导率在这两个方向上呈现各向异性，其差值与扭矩成正比。利用两磁头和两电阻构成桥路，通过非接触方式检测这一差值，进而可测出扭矩 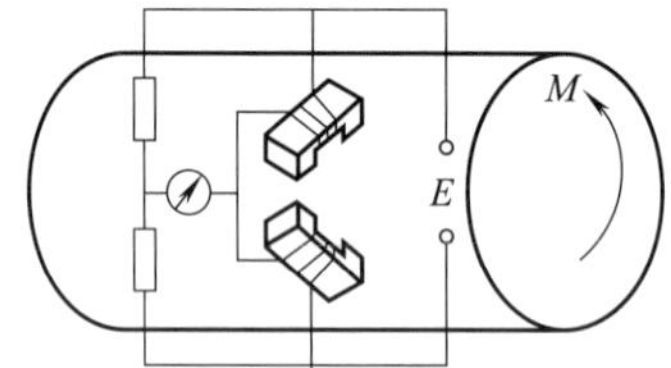 图(b) 磁头型磁致伸缩扭矩传感器结构 磁头型磁致伸缩扭矩传感器的不足之处是：轴材质的不均匀性会造成轴表面磁导率在各区段、各方向上的不同，轴的偏心振动等原因会使轴和磁极之间的间隙不断变化
	变压器依附式磁弹性扭矩传感器	变压器依附式磁弹性扭矩传感器是一种特殊的差动变压器，结构如图(c)所示，包括五个磁极，中心磁极上绕有激励线圈，周围四个磁极上绕有测量线圈。对角线方向上的两个磁极测量线圈串联，串联起来的两对线圈再并联 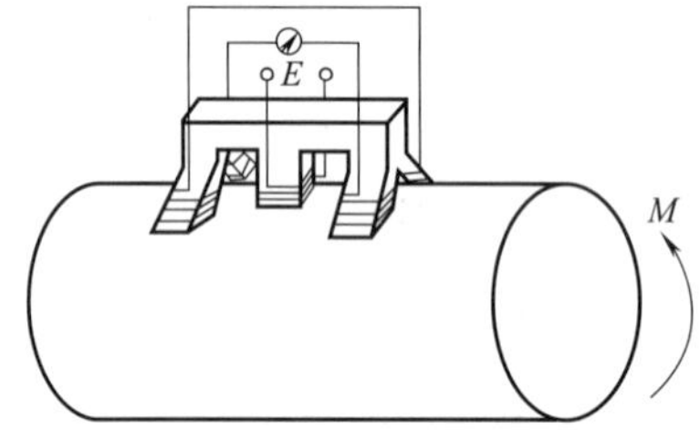 图(c) 变压器依附式磁弹性扭矩传感器结构 测量时，使四个磁极的两个对角线与轴中心线成 45°角，以保证磁路与轴表面的主应力方向趋于一致。没有扭矩作用时，各测量磁极和激励磁极在转轴区段上的磁阻相等，各测量绕组中的电动势也相等，没有电动势输出；有扭矩作用时，各测量绕组中的电动势不同，输出端呈现不同的电动势，进而可计算扭矩值 这种传感器采用差动输出，灵敏度较高；但铁芯形状较复杂，需要专用的模具或冲压设备进行加工
	十字型磁致伸缩扭矩传感器	十字型磁致伸缩扭矩传感器的结构如图(d)所示，它由具有激磁绕组 2 的“Π”型铁芯 1 和具有测量绕组 4 的“Π”型铁芯 3 组成。激励铁芯顺着转轴中心线安装，测量铁芯与激励铁芯成 90°角并相互对称，以保证各相邻磁极的连线与被测轴中心线成 45°和 135°角 图(d) 十字型磁致伸缩扭矩传感器结构 1，3—铁芯；2—激磁绕组；4—测量绕组

续表

形式与结构	十字型磁致伸缩扭矩传感器	激励铁芯的磁通通过转轴气隙形成与测量铁芯磁场相对称的磁场，故测量铁芯的磁通为零。当转轴受到扭矩作用时，激励磁极和测量磁极在转轴上投影区段中的磁导率发生变化，引起轴磁场畸变；当测量铁芯处于不同磁势下，测量线圈中可感应出与扭矩成正比例的交流电动势 这种传感器的缺点表现在：输出电压与气隙值有关，使得测量准确性降低；回转轴材料的不均匀性使输出电压产生剧烈脉冲且对扭矩方向不敏感
	环形差动式磁弹性扭矩传感器	环形差动式磁弹性扭矩传感器的结构如图(e)所示，该传感器由两个差动变压器组成，形状为环形，使用过程中套在被测轴上。三个与被测轴同心安装的环形铁芯，在中间环铁 4 的磁极上装有激磁线圈 1，两侧环铁 3 的磁极上装有测量线圈 2。将每组测量线圈的各个绕组分别串联，各环铁间用环形器 5 加以隔离，使激励磁路和测量磁路分离。两组测量线圈中产生的电压经整流后，用微分电路加以比较，即可得到轴上扭矩的输出信号 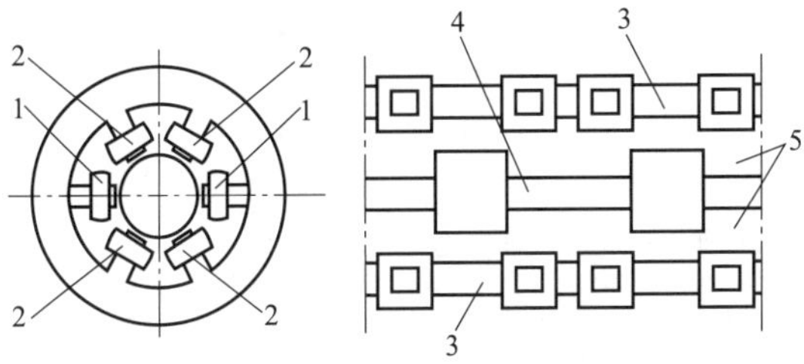 图(e)　环形差动式磁弹性扭矩传感器结构 1—激磁线圈；2—测量线圈；3，4—环铁；5—环形器 该传感器对转轴的扭矩方向较为敏感且具有线性转换的函数关系，是最具发展前途的磁弹性传感器之一；但结构复杂、制作加工、安装调整不方便，因铁芯是环形封闭结构，因此安装到轴上后便不能随意拆下，只能专轴专用
	同轴线圈式非晶态磁致伸缩扭矩传感器	非晶态磁致伸缩扭矩传感器是利用在回转轴表面上附着一层具有明显磁致伸缩效应的非晶态合金材料研制，如 Fe 基非晶态合金薄带、薄膜或细丝等。图(f)为采用线爆喷涂膜的磁致伸缩扭矩传感器结构，其首先利用高黏附力的线爆喷涂膜在转轴表面进行反复喷涂，形成八条斜条形模(每条相差 45°)，再利用斜条形膜构成双磁芯多谐振荡器桥路而制成。膜的电感因转矩作用而变化，使电桥不平稳而产生输出电压，可获得没有磁滞、线性良好的电压-扭矩特性。该传感器的输出响应几乎与旋转频率无关，具有很好的商业应用前景 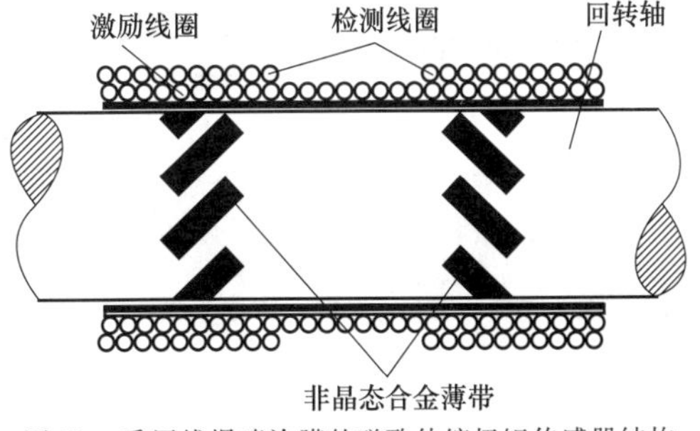 图(f)　采用线爆喷涂膜的磁致伸缩扭矩传感器结构
发展趋势		① 利用最新开发的非晶材料研制新型扭矩传感器 ② 由间接通过应变测量应力或扭矩向直接测应力或扭矩的方向发展 ③ 测试系统向微型化、数字化、智能化、虚拟化和网络化方向发展 ④ 从单功能向多功能发展，包括自补偿、自修正、自适应、自诊断、远程设定、状态组合、信息存储和记忆 ⑤ 从扭矩检测向与动力装置控制系统相结合的方向发展，达到转速、扭矩、输出功率间的优化配置，保证机械设备运行在最佳状态 ⑥ 从短时控制向连续在线监测发展 ⑦ 从单件单品种向系列化方向发展

(3) 磁致伸缩力传感器

表 22-2-35 磁致伸缩力传感器

<table>
<tr><td colspan="2">工作原理</td><td>磁致伸缩力传感器是基于晶态或非晶态磁致伸缩材料所具有的磁致伸缩逆效应原理。磁致伸缩力传感器的实现原理如图(a)所示。磁致伸缩材料在外力激励下发生磁致伸缩逆效应，其内部的磁化状态和磁通密度发生变化。一方面，可通过直接监测磁通密度的变化实现对力的测量；另一方面，当材料周围存在线圈，磁致伸缩逆效应会与法拉第电磁效应耦合，并在线圈中产生感应电压，因此可通过监测感应电压而实现对力的测量
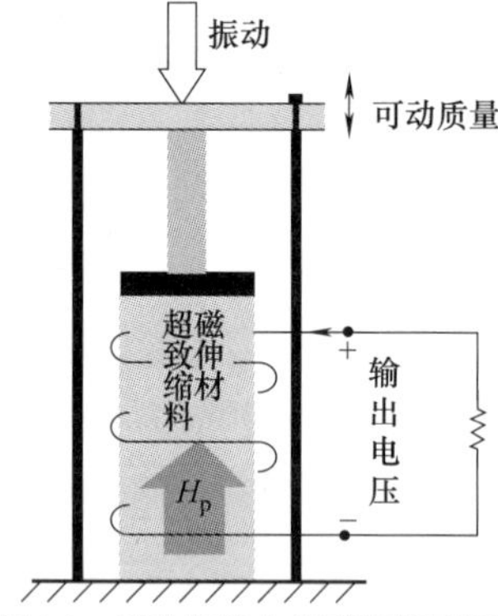

图(a) 磁致伸缩力传感器实现原理</td></tr>
<tr><td rowspan="2">结构</td><td>接触式磁致伸缩力传感器</td><td>接触式磁致伸缩力传感器结构如图(b)所示，包含两个磁致伸缩组件和两个刚性底板，其中一个组件被激励线圈环绕，另一个被拾取线圈环绕。在一种操作模式下，激励线圈中通入交流电时将在传感器中产生磁场，相应地在拾取线圈中产生电压；当施加力以后，组件的磁导率在磁场中发生改变，并且拾取线圈中的电压亦发生变化，通过检测拾取线圈的电压变化即可实现对外力测量。在另一种操作模式下，传感器工作于恒定磁场，需要改变激励电压以保持拾取线圈的输出电压恒定，激励电压的变化与外部施加的力成正比，通过检测激励电压的变化即可实现对外力的测量
图(b) 接触式磁致伸缩力传感器结构
与传统的力传感器相比(如基于应变计的力传感器)，该传感器更简单，更加坚固，且检测电路简单</td></tr>
<tr><td>永磁式磁致伸缩力传感器</td><td>永磁式磁致伸缩力传感器结构如图(c)所示。该传感器以柱状超磁致伸缩材料为敏感元件，其与永磁铁、轭铁、空气隙形成磁路，永磁铁提供预磁化场对敏感元件进行预磁化。当有外力作用时，超磁致伸缩材料的磁导率发生变化，整个磁路的磁阻随之改变，进而使空气隙中的磁通密度变化。因此，通过高斯计直接检测空气隙中的磁通密度变化，即可实现对力的测量
图(c) 永磁式磁致伸缩力传感器结构
该传感器省略了电磁信号的放大环节，简化了装置结构，同时避免了直流电源引起的发热问题</td></tr>
</table>

续表

<table>
<tr><td rowspan="1">结构</td><td>环形磁致伸缩力传感器</td><td>环形磁致伸缩力传感器如图(d)所示。该传感器以镍铁合金作为敏感元件，设计过程中采用了降噪自感的方法。两层磁致伸缩材料分别分布在内外圈，单根导线在内层磁致伸缩材料上、下凹槽内分别顺、逆时针地绕数次，克服了传统电阻应变式传感器对外界电磁干扰敏感性的问题。此外，由于外界磁场对上、下凹槽内线圈中电压产生的影响大小相等，但符号相反，因此达到了净零的效果
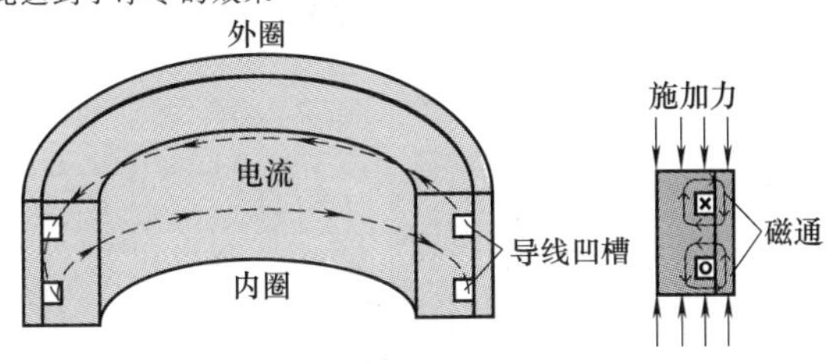

图(d)　环形磁致伸缩力传感器原理图</td></tr>
</table>

2.2.4.7　热电式传感器

热电式传感器是一种将温度变化转换为电量变化的传感器，它利用测温敏感元件的电参数随温度变化的特性，通过测量电量变化来检验温度。

表 22-2-36　　热电偶工作原理、分类和结构

<table>
<tr><td colspan="2">热电偶是工业上应用最广泛的温度传感器，它利用金属温差电动势进行温度检测，具有结构简单、使用方便、准确度高、热惯性小、稳定性好等优点，并且可以测量上千度高温，这是其他温度传感器无法替代的</td></tr>
<tr><td>工作原理和热电效应</td><td>热电偶测温原理如图(a)所示，两种不同类型的金属导体两端分别连在一起构成闭合回路，当两个结点温度不等，即有温度差时($T>T_0$)，导体回路里有电流流动，会产生热电势，这种现象称为热电效应。利用这种效应，只要知道一端结点温度就可以测出另一端结点的温度。热电偶标定方法如图(b)所示，将基准端装入冰水，根据所测得的电压值确定测点的温度
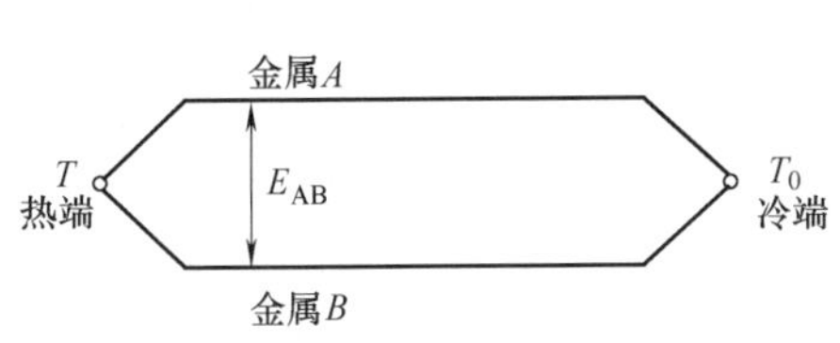

图(a)　热电偶测温原理
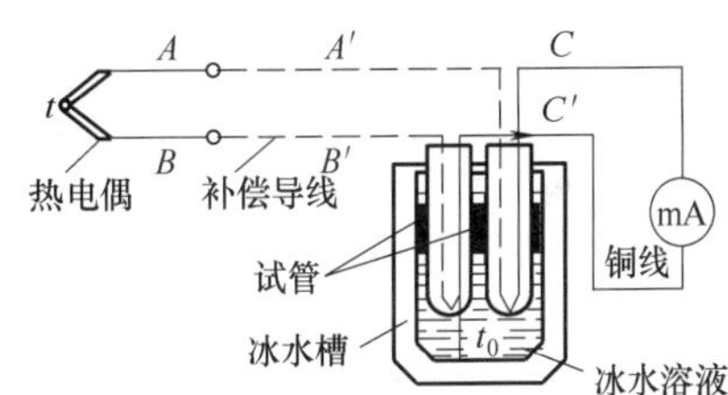

图(b)　热电偶冷端冰点的温度标定方法
热电偶中的热电势主要是由接触电势和温差电势两部分组成
不同金属的自由电子密度不同，当两种金属接触在一起时，在结点处会发生电子迁移扩散。电子从浓度大的一侧金属向浓度小的一侧金属扩散，当扩散达到某种动态平衡时，形成一个稳定的接触电势。两种导体的接触电势
$$e_{AB}(T)-e_{AB}(T_0)=\frac{K}{e}(T-T_0)\ln\frac{N_A}{N_B}$$
式中，A、B 分别代表不同的材料；K 是玻尔兹曼常数；e 为电子电荷量；T、T_0 分别为热端和冷端温度；N_A、N_B 为导体 A、B 的自由电子浓度
对于单一金属，当两边温度不同时，导体内高温端自由电子相对于低温端具有较大的动能，高温端自由电子向低温端迁移扩散，在导体两端形成温差电势。A、B 两导体构成闭合回路的总的温差电势为
$$e_A(T,T_0)-e_B(T,T_0)=\int_{T_0}^{T}(\sigma_A-\sigma_B)\mathrm{d}T$$
式中，σ_A、σ_B 分别为 A、B 导体的温度系数
热电偶总的热电势可表示为
$$E_{AB}(T,T_0)=\frac{K}{e}(T,T_0)\ln\frac{N_A}{N_B}+\int_{T_0}^{T}(\sigma_A-\sigma_B)\mathrm{d}T$$
一般规定：在以 $T=0℃$ 为基准端温度的条件下，给出测量端的温度与该温差电动势的电压数值对照表，分度表见表 1</td></tr>
</table>

续表

工作原理和热电效应

表1　镍铬-镍硅热电偶（K型）分度表（参考段温度为0℃）

温度/℃	0	10	20	30	40	50	60	70	80	90
	热电动势/mV									
0	0.000	0.397	0.798	1.203	1.611	2.022	2.436	2.850	3.266	3.681
100	4.095	4.508	4.919	5.327	5.733	6.137	6.539	6.939	7.338	7.737
200	8.137	8.537	8.938	9.341	9.745	10.151	10.560	10.969	11.381	11.793
300	12.207	12.623	13.039	13.456	13.874	14.292	14.712	15.132	15.552	15.974
400	16.395	16.818	17.241	17.664	18.088	18.513	18.938	19.363	19.788	20.214
500	20.640	21.066	21.493	21.919	22.346	22.772	23.198	23.624	24.050	24.476
600	24.902	25.327	25.751	26.176	26.599	27.022	27.445	27.867	28.288	28.700
700	29.128	29.547	29.965	30.383	30.799	31.214	31.629	32.024	32.455	32.566
800	33.272	33.686	34.095	34.502	34.909	35.314	35.718	36.121	36.524	36.925
900	37.325	37.724	38.122	38.519	38.915	39.310	39.703	40.096	40.488	40.879
1000	41.269	41.657	42.045	42.432	42.817	43.202	43.585	43.968	44.349	44.729
1100	45.108	45.486	45.863	46.238	46.612	46.985	47.356	47.726	48.095	47.462
1200	48.826	49.192	49.555	49.916	50.276	50.633	50.990	51.344	51.697	52.649
1300	52.398	52.747	53.093	53.439	53.782	54.125	54.466	54.807	—	—

分类和结构

热电偶分类

热电偶分为标准化与非标准化两大类，非标准化热电偶只在标准化热电偶不能满足要求的情况下选用，一般较少使用。标准化热电偶是指国家标准规定了其热电势与温度关系及允许误差，并有统一标准分度表的热电偶。标准化热电偶属国家定型的产品，可直接与仪表配套使用。标准化热电偶类型主要按制作热电偶的材料划分，有贵金属热电偶、普通金属热电偶、铜-康铜热电偶等。常用热电偶型号、测温范围及允许误差见表2

表2　常用热电偶型号及测温范围

名称	型号	分度表	测温范围/℃		允许偏差			
			长期	短期	温度/℃	偏差	温度/℃	偏差
铂铑-铂铑	WRLL	B	0～1600	0～1800	1000～1500	±0.5%	>1500	±7.5%
铂铑-铂	WRLB	S	0～1300	0～1600	0～600	±2.4%	>600	±0.4%
铂铬-镍硅	WREU	K	0～1000	0～1300	0～300	±4%	>400	±1%
铂铬-考铜	WREA	E	0～600	0～800	0～300	±4%	>300	±1%
铜-康铜		T	0～600 0～1000	0～900 0～1200 0～400				

热电偶结构

热电偶主要是针对检测对象和应用场合的特征所设计的。常见的热电偶结构类型主要有普通热电偶、薄膜热电偶、铠装热电偶、表面热电偶等，如图(c)所示

(ⅰ)普通热电偶　　(ⅱ)薄膜热电偶

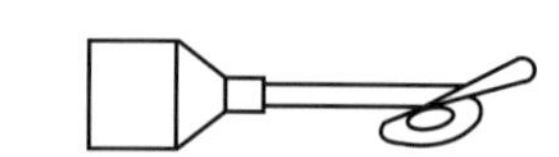

(ⅲ)铠装热电偶

图(c)　热电偶的结构类型

①普通热电偶为棒形结构，主要用于气体、蒸气、液体等介质的温度检测

②薄膜热电偶的结构较薄，有片状和针状。其特点是热容量小、响应速度快，可直接贴附于被测表面，常用于火箭、飞机喷嘴的温度测量

③铠装热电偶的结构细长，可弯曲，用于测量狭小对象

④表面热电偶，专门用于各种固体表面的测温

⑤消耗式热电偶，可直接插入液融态金属中进行测量，主要用于钢水、铝水、铜水及熔融合金的温度测量

续表

热电偶测量电路及应用

因为热电偶输出电压极小，约几十微伏，通常需要采用低失调电压运算放大器作为转换输出。某 K 型热电偶的测量电路如图(d)所示，主要由热电偶、高增益低失调运算放大器 OP07、零点调节电阻器 RP_0 与增益调节电阻器 RP_2 组成。通过调节 RP_0 和 RP_2，使系统在 0～600℃温度检测范围输出 0～6V 电压。查表可得 K 型热电偶在 $T_0=0$℃时产生的热电势为 0mV，用电压表观测放大器输出端电压，调整零输出电位器 RP_0，使运放输出为零；$T=600$℃时，热电偶热电势应为 24.902mV，调节反馈电阻 RP_2，当放大器增益为 240.94 时，得到满量程输出 6V。这一范围可视为测温工作曲线，利用工作曲线可以测量待测温度值

查找热电偶分度表可得知热电偶产生的热电势，如果实际应用中参考端温度不为 0℃，而被测工作端温度为 T 时，可先由分度表查出 $E_{AB}(T,0)$，再通过参考电极定律计算出实际温度值

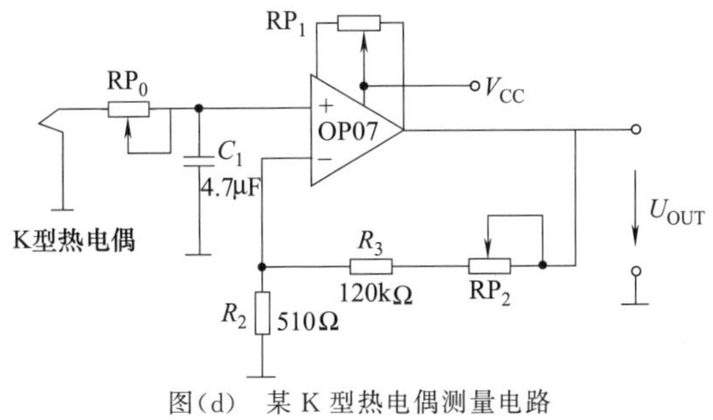

图(d)　某 K 型热电偶测量电路

表 22-2-37　　热电阻与热敏电阻工作原理和结构

热电阻工作原理和结构

热电阻一般采用纯金属做材料，利用金属热电阻的电阻值随温度变化成一定函数关系的特性进行温度测量。金属热电阻广泛应用于－200～＋850℃温度范围，少数可以测量 1000℃；普通金属热电阻一般用于－200～＋500℃的温度测量

金属热电阻材料多为纯铂金属丝，也有铜、镍金属。热电阻结构形式如图(a)所示

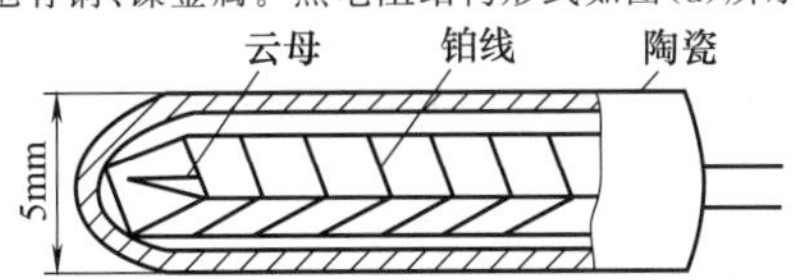

图(a)　带保护管的铂丝热敏电阻结构

以铂热电阻为例，按照 IEC (国际电工委员会)的标准，铂热电阻阻值与温度变化之间的关系近似为

$$-200\sim0℃\text{负温度范围},R_t=R_0[1+AT+BT^2+C(T-100)T^3]$$

$$0\sim+850℃\text{正温度范围},R_t=R_0[1+AT+BT^2]$$

式中，R_0、R_t分别是温度为 0℃和温度 T 时的电阻值，其电阻值与温度的关系可通过试验的方法获得；A、B、C 为温度系数，国际温标 ITS-90 标准中对常数 A、B、C 规定为

$$A=3.96847\times10^{-3}℃^{-1}$$

$$B=-5.84\times10^{-7}℃^{-2}$$

$$C=-4.22\times10^{-12}℃^{-3}$$

金属热电阻的阻值与 R_0 有关，要确定热电阻 R_t 与温度 T 的关系，首先要确定电阻 R_0 的值，R_0 为金属热电阻在 0℃时的标称值。R_0 不同，R_t 与温度 T 的关系特性不同。目前，我国规定工业用铂热电阻有两种公称值，即 $R_0=10\Omega$ 和 $R_0=100\Omega$，分度号分别为 PT10 和 PT100。下表为铂热电阻分度表，分度号为 PT100

铂热电阻 PT100 分度表 (ITS-90)

分度号：PT100　　　　$R(0℃)=100.00\Omega$

t(℃)	－200	－190	－180	－170	－160	－150	－140	－130	－120	－110	－100
R(Ω)	18.52	22.83	27.10	31.34	35.54	39.72	43.88	48.00	52.11	56.19	60.26
t(℃)	－90	－80	－70	－60	－50	－40	－30	－20	－10	0	
R(Ω)	64.30	68.33	72.33	76.33	80.31	84.27	88.22	92.16	96.09	100.00	
t(℃)	0	10	20	30	40	50	60	70	80	90	100
R(Ω)	100.00	103.90	107.79	111.67	115.54	119.40	123.24	127.08	130.90	134.71	138.51
t(℃)	110	120	130	140	150	160	170	180	190	200	210
R(Ω)	142.29	146.07	149.83	153.58	157.33	161.05	164.77	168.48	172.17	175.86	179.53

续表

热电阻工作原理和结构

t(℃)	220	230	240	250	260	270	280	290	300	310	320
R(Ω)	183.19	186.84	190.47	194.10	197.71	201.31	204.90	208.48	212.05	215.61	219.15
t(℃)	330	340	350	360	370	380	390	400	410	420	430
R(Ω)	222.68	226.21	229.72	233.21	236.70	240.18	243.64	247.09	250.53	253.96	257.38
t(℃)	440	450	460	470	480	490	500	510	520	530	540
R(Ω)	260.78	264.18	267.56	270.93	274.29	277.64	280.98	284.30	287.62	290.92	294.21
t(℃)	550	560	570	580	590	600	610	620	630	640	650
R(Ω)	297.49	300.75	304.01	307.25	310.49	313.71	316.92	320.12	323.3	326.48	309.64
t(℃)	660	670	680	690	700	710	720	730	740	750	760
R(Ω)	332.79	335.93	339.06	342.18	345.28	348.38	351.46	354.53	357.59	360.64	363.67
t(℃)	770	780	790	800	810	820	830	840	850		
R(Ω)	366.70	369.71	372.71	375.70	378.68	381.65	384.60	387.55	390.84		

铂热电阻的温度特性如图(b)所示。金属热电阻的特点是温度越高电阻越大

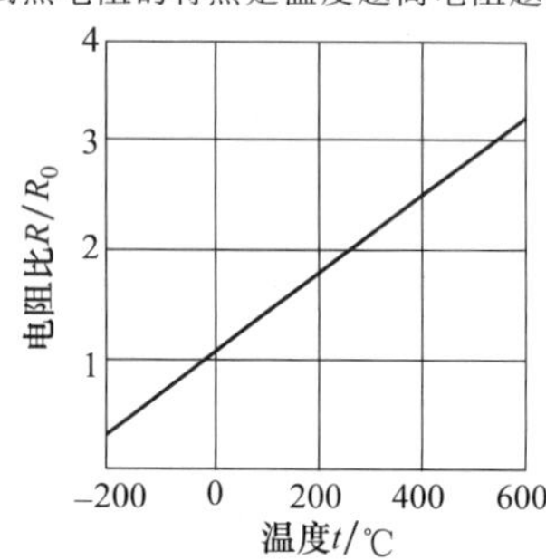

图(b)　铂热敏电阻温度特性

热敏电阻工作原理和结构

热敏电阻由半导体材料组成，热敏电阻是利用半导体热电阻的电阻值与温度成一定函数关系的原理制成的温度传感器。热敏电阻用途很广，近年来家用电器产品中的温度传感器多使用热敏电阻。热电阻和热敏电阻的电路符号均可采用图(c)所示的符号

R_T

图(c)　电路符号

特点

与热电阻相比，热敏电阻的特点是电阻温度系数大(约是热电阻的10倍)，因此灵敏度高，使用寿命长。另外，热敏电阻结构简单、体积小、热惯性小，可进行点温检测，利用半导体掺杂技术，可测量40～100K的温度范围，因此热敏电阻是一种重要的低温传感器。最大的缺点是产品一致性差、互换性不好，因此一般不在石油、钢铁、制造业中使用

结构形式

热敏电阻是用半导体-金属氧化物材料复合，掺入一定的黏合剂成形，再经高温烧结而成；主要材料有Mn、Co、Ni、Cu、Fe氧化物。封装形式有珠状、圆片状、片状、杆状等，结构分为二端、三端、四端、直热式、旁热式。热敏电阻封装结构形式如图(d)所示

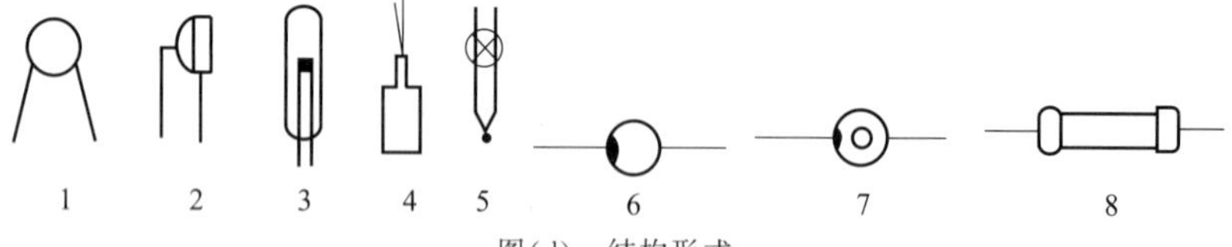

图(d)　结构形式

1—圆片形；2—薄膜形；3—管形；4—平板形；5—珠形；6—扁圆形；7—垫圈形；8—杆形

主要特性

热敏电阻按温度特性主要分为三类：正温度系数型热敏电阻、负温度系数型热敏电阻、临界温度热敏电阻(在特定温度条件下，电阻器会发生突变)

多数半导体热敏电阻具有负温度系数，即温度升高，电阻下降。热敏电阻随温度上升而电阻下降的同时，灵敏度也有所下降，这限制了它在高温下使用，目前热敏电阻温度上限约为300℃

负温度系数热敏电阻的电阻值与温度间关系的经验公式为：

$$R_T=A(T-1)e^{(B/T)}$$

式中，R_T为温度为T时的电阻值；A与材料和形状有关；B为常数

热敏电阻的标称电阻值R_{25}(Ω)表示热敏电阻在25℃的阻值，用温度系数表示：

$$R_{25}=R_T/[1+\alpha_{25}(t-25)]$$

式中，α_{25}是热敏电阻在25℃时的电阻温度系数

表 22-2-38 **集成温度传感器**

集成温度传感器是把热敏晶体管和放大器、偏置电源及线性电路制作在同一芯片上，可以完成温度测量及模拟信号输出的专用 IC 器件。集成温度传感器利用晶体管 P-N 结的电流、电压特性与温度的关系进行温度测量，一般测量温度范围在150℃以下，具有体积小、反应快、线性好、价格低等优点。集成温度传感器有 AD590、AD592、TMP17、LM135 等，模拟可编程集成温度控制开关模块有 LM56、AD22105 等

测温原理

集成温度传感器多采用匹配的差分对管作为温度敏感元件，根据绝对温度比例关系，利用两个晶体管发射极的电流密度在恒定比率下工作时，一对晶体管的基极与发射极之间电压差与温度成线性关系进行温度测量

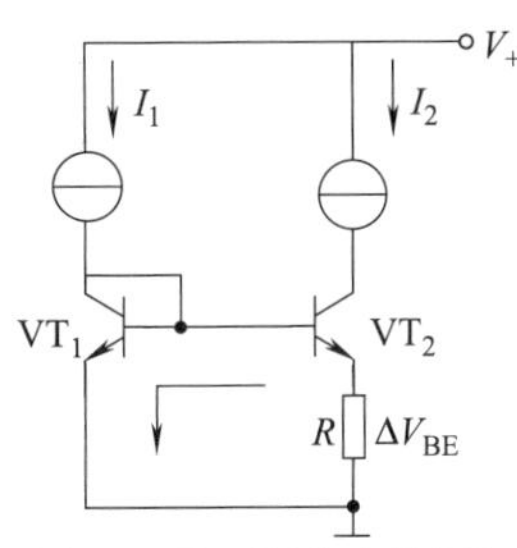

图(a) 绝对温度比例电路

图(a)是绝对温度比例电路，VT_1、VT_2是两只互相匹配的温敏晶体管，I_1、I_2是集电极电流，电阻 R 上的电压就是两个晶体管的发射极和基极之间电压差 ΔV_{BE}，它与温度的关系可表示为

$$\Delta V_{BE}=V_{BE1}-V_{BE2}=\frac{KT}{q}\ln\frac{I_1}{I_2}\gamma$$

式中，K 为玻尔兹曼常数；q 为电子电荷量；T 为绝对温度；γ 为 VT_1、VT_2发射级的面积比。只要保证电流比 I_1/I_2恒定，结电压 ΔV_{BE}即为正比于绝对温度 T 的单值函数

信号输出方式 — 电压输出型

电压输出型绝对温度比例集成温度传感器是输出电压正比于绝对温度的温度传感器，基本电路原理如图(b)所示。VT_1、VT_2为温敏晶体管，其发射极结面积比为 1∶β，电路输出电压为

$$U_0=\frac{R_2}{R_1}\times\frac{KT}{q}\ln\beta$$

电压型集成温度传感器线性度好，输出电压 U_0正比于绝对温度 T，与 R_2、R_1电阻比有关

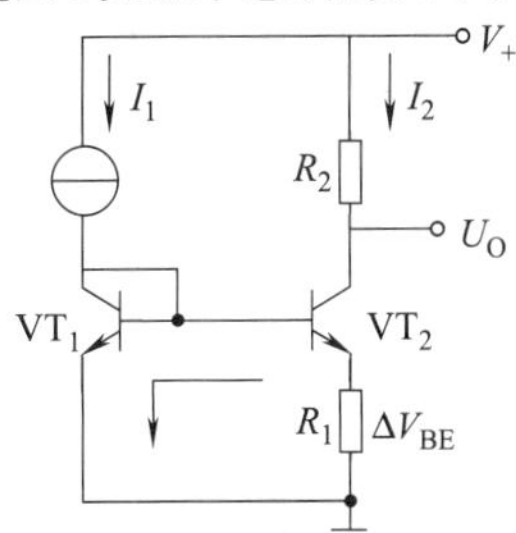

图(b) 电压输出型绝对温度比例集成温度传感器基本电路原理

信号输出方式 — 电流输出型

电流输出型绝对温度比例集成温度传感器是输出电流正比于绝对温度的恒流型传感器，基本电路原理如图(c)所示。VT_1、VT_2为恒流源负载，VT_3、VT_4是测温用晶体管，VT_3管发射结面积是 VT_4管发射结面积的 8 倍($n=8$)，流过电路的总电流为

$$I_T=2I_1=\frac{2\Delta V_{BE}}{R}=\frac{2KT}{qR}\ln(n)$$

若取电阻 $R=358\Omega$，电流输出型传感器的电路输出温度系数为

$$C_T=\frac{dI_T}{dT}=\frac{2K}{qR}\ln(n)=1\mu A/K$$

这表示，温度变化 1°(开尔文)时，温敏晶体管输出电流为 1μA

假设电阻 R 与温度无关，则输出电流 I_T正比于绝对温度 T

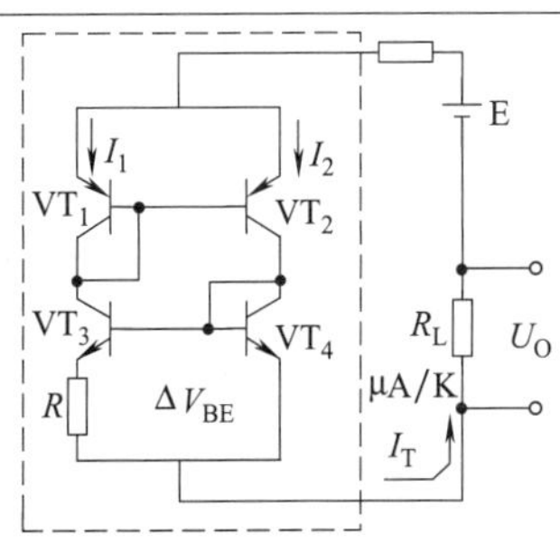

图(c) 电流输出型绝对温度比例集成温度传感器基本电路原理

续表

产品(AD590集成温度传感器)	美国AD公司生产的AD590是典型的电流输出型集成温度传感器，国内同类产品有SG590，电路符号和引脚如图(d)所示，该器件工作电源电压为4～30V，测温范围是－50～＋150℃ 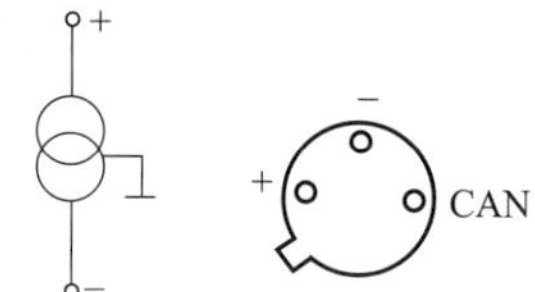 图(d) AD590电路的符号、引脚和封装图 AD590在温度为25℃(298.15K)时，理想输出为298.15μA。其常用标定方法有一点校正法和两点校正法。 一点校正法如图(e)所示，基本电路仅对某点温度进行校准。输出电阻 $R=1\text{k}\Omega$ 时，每1℃对应于1mV输出电压。若25℃输出电流并非298.15μA，调节100Ω电阻，可使输出电压温度系数值为298.15mV 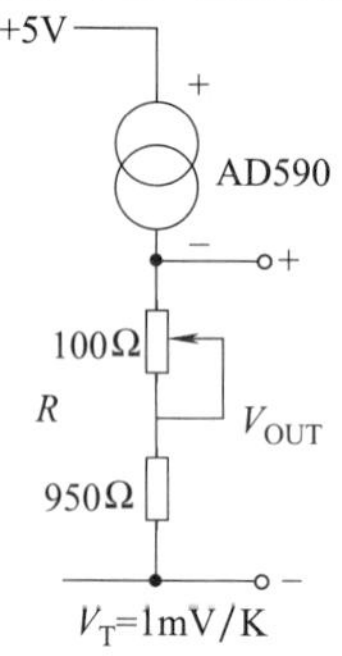 图(e) 一点校正法基本电路 两点校正法如图(f)所示，首先在0℃时调节AD590的 R_1，使输出 $V_{OUT}=0\text{V}$；再将AD590置于100℃中，调节反馈 R_2 使 $V_{OUT}=10\text{V}$，使输出电压温度系数值为100mV/℃ 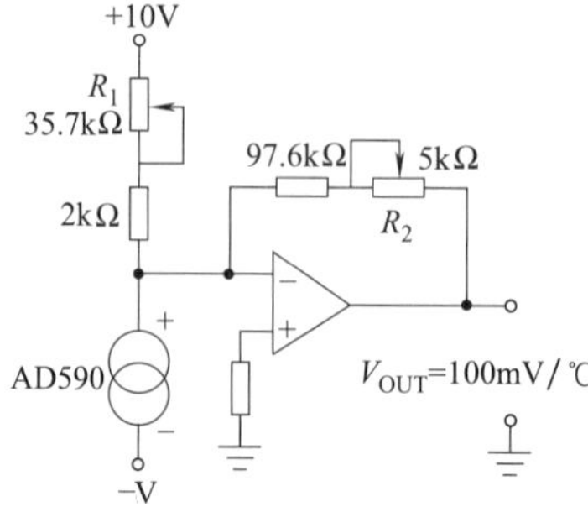 图(f) 两点校正法基本电路 AD590温度传感器的典型应用电路如图(g)所示，该电路是一个温度控制电路。AD590可视为电流源，电阻 R_1 上流过的电流随温度变化而变化，使LM311输入电压变化。LM311为比较器，温度达到限定值时，比较器输出端电压极性翻转，控制复合晶体管VT导通或截止，从而控制加热器电流变化。调节电阻 R_W 可以改变比较器的比较电压值，调整控制温度的阈值范围 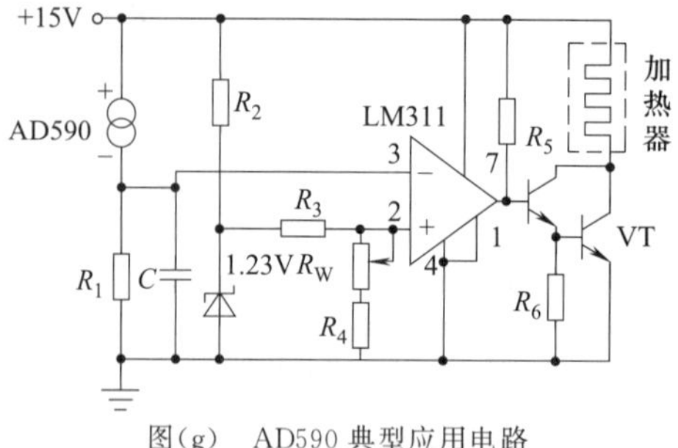 图(g) AD590典型应用电路

2.2.4.8　霍尔式传感器

表 22-2-39　**霍尔式传感器**

<table>
<tr><td colspan="4">霍尔式传感器是采用半导体霍尔效应进行测量的传感器，广泛用于工业控制或安全系统中的位置、位移、速度和电流的测量</td></tr>
<tr><td>霍尔元件的材料和结构类型</td><td colspan="3">任何载流子不为 0 的材料，在一定条件下都能产生霍尔电势。半导体材料有很高的载流子迁移率，而且电阻率也较大，适合作霍尔材料。常用的霍尔材料有 N 型锗、锑化铟、砷化铟等半导体单晶材料。锗温度特性和线性好，但输出小，常用于高精度测量；锑化铟温度特性较差，但输出大些；砷化铟性能较好，得到广泛应用
为了获得较大的霍尔输出电势，采用几片叠加的连接方式。图(a)中(i)所示为直流供电情况，控制电流端并联，由 R_1、R_2 调节两个元件的输出霍尔电势。A、B 为输出端，则它的输出电势为单块的 2 倍。图(a)中(ii)所示为交流供电情况，控制电流端串联，各元件输出端接输出变压器 B 的初级绕组，变压器 B 的次级绕组便有霍尔电势信号叠加值输出
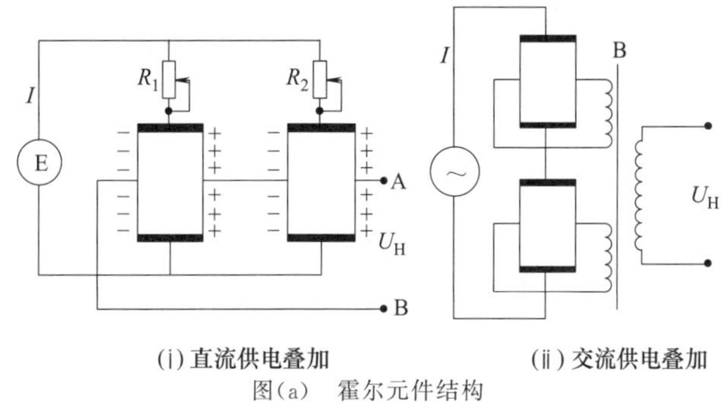
(i) 直流供电叠加　(ii) 交流供电叠加
图(a)　霍尔元件结构</td></tr>
<tr><td>测量电路</td><td colspan="3">霍尔元件测量电路如图(b)所示，激励电流由电压 E 供给，可变电阻 R_L 用来调节激励电流的大小。R_L 为输出霍尔电势的负载电阻。霍尔电势建立时间很短，其响应频率可高达 10^9 Hz 以上
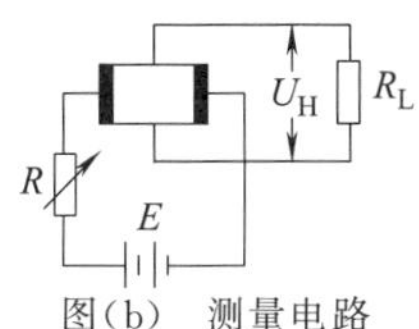
图(b)　测量电路</td></tr>
<tr><td rowspan="6">霍尔元件的测量误差和补偿方法</td><td rowspan="6">零位误差及其补偿方法</td><td colspan="2">零位误差是霍尔元件在加控制电流或不加外磁场时出现的霍尔电势</td></tr>
<tr><td>不等位电势</td><td>由于霍尔元件两侧的电极不等电位或端面接触不良引起，是主要的零位误差</td></tr>
<tr><td>寄生直流电势</td><td>霍尔元件在未加外磁场时，通以交流控制电流，这时输出除了有交流不等位电势外，还存在着一个直流电势分量，称为寄生直流电势，它也是由制造工艺产生</td></tr>
<tr><td>感应零电势 U_{i0}</td><td>没有控制电流时，在交流或脉动磁场作用下，产生的电势称感应零位电势，它由引线的干扰磁场产生</td></tr>
<tr><td>自激场零电势</td><td>当霍尔元件通以控制电流时，此电流会产生磁场，称为自激磁场，当自激磁场使元件左右两半场强度不等时，就会有霍尔电势出现，该电势就是自激场零电势</td></tr>
<tr><td colspan="2">为了减少或消除不等位电势，可以采用电桥平衡原理来补偿，可以把霍尔元件等效于一个四臂电桥，如图(c)所示。当两个霍尔电势 A、B 处在同一等位面上时，桥路处于平衡状态。当两个霍尔电势极不在同一等位面上，电桥不平衡，不等位电势 $U_0 \neq 0$。此时，根据 A、B 两点电位高低，在一桥臂上并联一个电阻，使电桥平衡，消除了不等位电势。图(d)所示为几种常用的补偿方法。其中，图(ⅰ)～图(ⅴ)是用于直流供电补偿的方法，图(ⅵ)为交流供电时的补偿方法
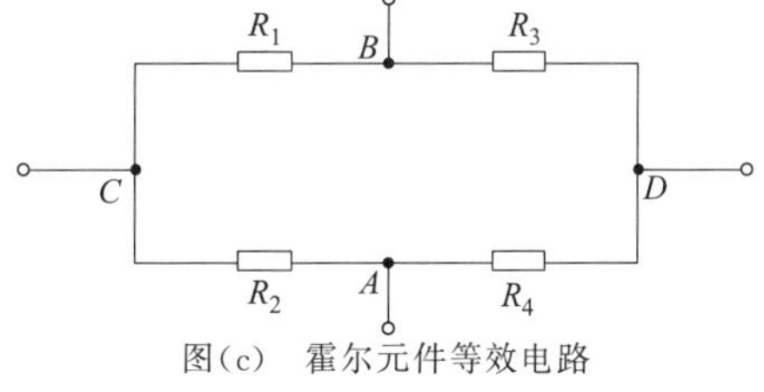
图(c)　霍尔元件等效电路</td></tr>
</table>

续表

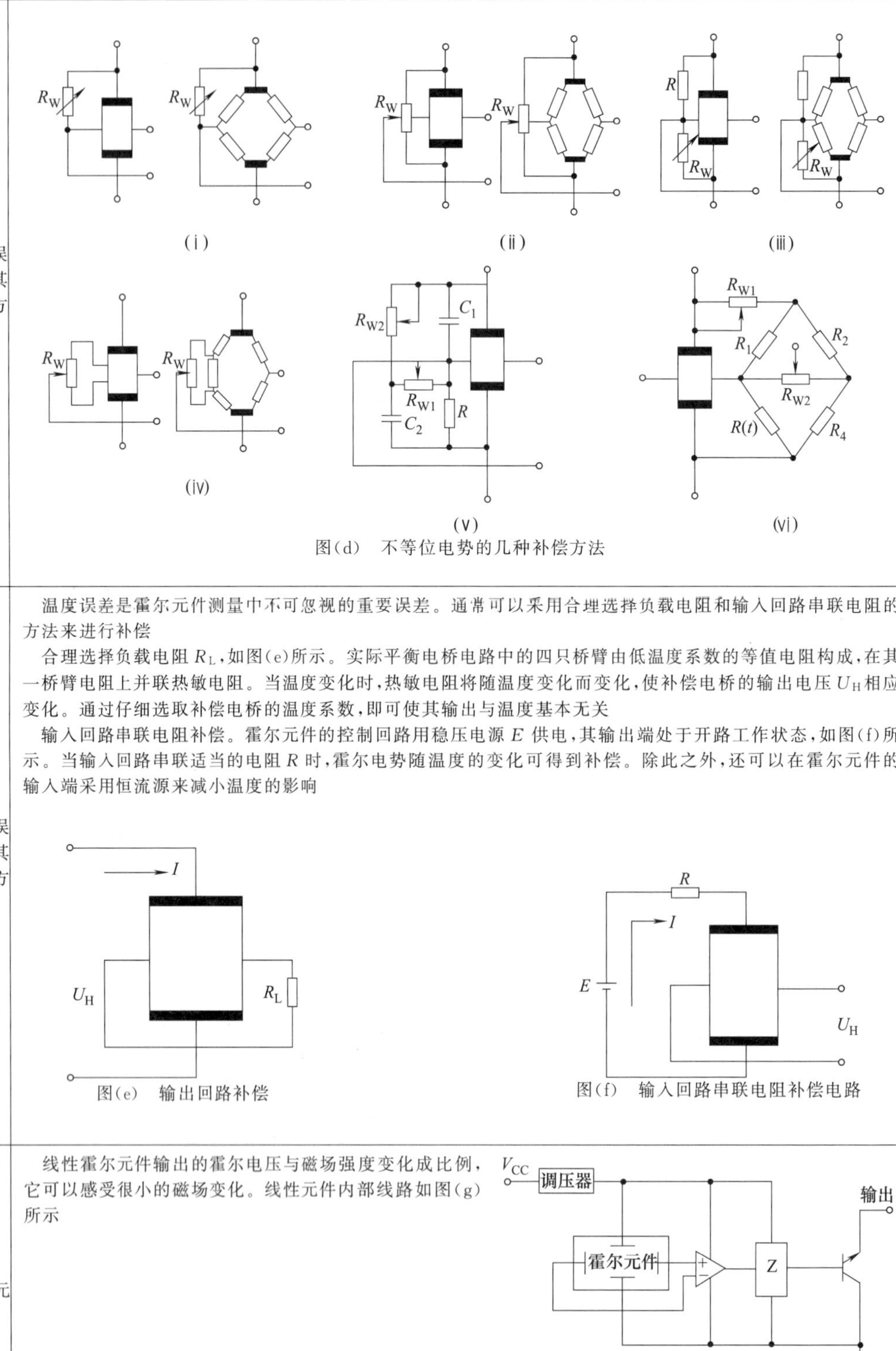

霍尔元件的测量误差和补偿方法	零位误差及其补偿方法	图(d)　不等位电势的几种补偿方法
	温度误差及其补偿方法	温度误差是霍尔元件测量中不可忽视的重要误差。通常可以采用合理选择负载电阻和输入回路串联电阻的方法来进行补偿 合理选择负载电阻 R_L，如图(e)所示。实际平衡电桥电路中的四只桥臂由低温度系数的等值电阻构成，在其一桥臂电阻上并联热敏电阻。当温度变化时，热敏电阻将随温度变化而变化，使补偿电桥的输出电压 U_H 相应变化。通过仔细选取补偿电桥的温度系数，即可使其输出与温度基本无关 输入回路串联电阻补偿。霍尔元件的控制回路用稳压电源 E 供电，其输出端处于开路工作状态，如图(f)所示。当输入回路串联适当的电阻 R 时，霍尔电势随温度的变化可得到补偿。除此之外，还可以在霍尔元件的输入端采用恒流源来减小温度的影响 图(e)　输出回路补偿 图(f)　输入回路串联电阻补偿电路
霍尔式传感器产品	线性元件	线性霍尔元件输出的霍尔电压与磁场强度变化成比例，它可以感受很小的磁场变化。线性元件内部线路如图(g)所示 图(g)　线性元件内部线路

续表

霍尔式传感器产品

开关元件

适于只需要开关且输出的应用场合。开关包括单极性开关和双极性开关。单极性开关只响应磁铁的一个极（通常为S极）。当磁场到达某数值时，霍尔开关接通（称吸和点）。而当磁感应强度降低到某一值以下，开关断开（称释放点），如图(h)所示。单极性开关触发的典型值为零点零几特。工作温度为－55～＋150℃，最小滞环为 5×10^{-3}T。双极性开关和单极性开关相似，但它的最大吸合点为正，而最小释放点为负

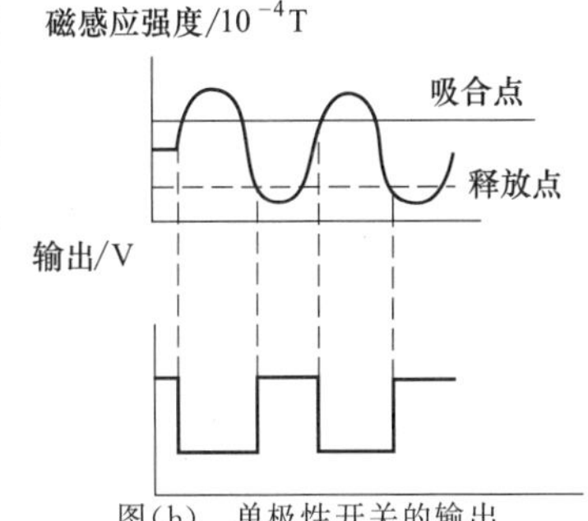

图(h)　单极性开关的输出

	材料	型号	霍尔输出电流 (B=50mT, U_c=1V)/mA	额定控制电压/mV	零磁场剩余电压/mV	霍尔电压平均温度系数 /$10^{-2}\cdot℃^{-1}$	工作温度/℃	生产厂商
霍尔元件	InSb	MCH201S	50～270	1	±7,±10	－2	－20～＋100	沈阳仪器仪表工艺研究所
	InSb	MCH211S	20～70	1	±7,±10	－2	－40～＋110	
	CaAs	MCH1 系列	50	—	—	－0.06	－55～＋125	

	型号	U_{cc}/V	工作距离/mm	最高频率/kHz	精度/mm	输出极性	工作温度/℃	生产厂商
霍尔开关	HKK 2002B	5～9	2	100	0.02	NPN	－25～＋70	南京中旭微电子有限公司
	HKZ 2002E	12～30	2	100	0.02			
	5002B	5～9	5	100	0.02			
	8002B	5～9	8	100	0.02			
	HKK 2020B	5～9	2	50	0.02			
	HKB 5020B	5～9	5	50	0.02			
	HKZ8020B	5～9	8	50	0.02			
	2050B	5～9	2	50	0.02			

锁存器

适于要求保证输出占空比为50%的应用。锁存器具有更精确地控制吸合点和释放点参数的能力。当霍尔元件置于磁铁的S极，锁存器接通，即使磁铁S极移开，锁存器仍保持接通，直至磁铁N极移到传感器的前面才释放。大部分锁存器的输出占空比接近50%

专用传感器

专用传感器包括电流传感器、叶片开关、齿型转速传感器和多路智能开关等。电流传感器通过测量环绕载流导体的磁场，从而实现测量电流。这个系列的传感器感受交流时可输出直流或交流。叶片开关采用中断工作方式，磁铁和传感器可封装在同一个牢固的组件内。当磁铁和传感器之间没有铁磁叶片经过时，磁通直接到达传感器，它就接通。当铁磁叶片在磁铁和传感器之间经过时，使磁通偏离，传感器断开，如图(i)所示。叶片开关通常用于分配器中和各种位置的敏感应用中。齿型转速传感器采用两个霍尔元件感受铁磁场体通过而引起的磁场差，常用于测量速度，如图(j)所示。在机械轴转动时，带动齿轮转动，当齿轮对准磁极时，磁阻减小，磁通量增大。而齿隙对准磁极时，磁阻增大，磁通减小。随磁通量的变化，霍尔元件便输出一系列脉冲信号。旋转一周所产生的脉冲等于齿轮的齿数，因此脉冲信号就反映了转速高低

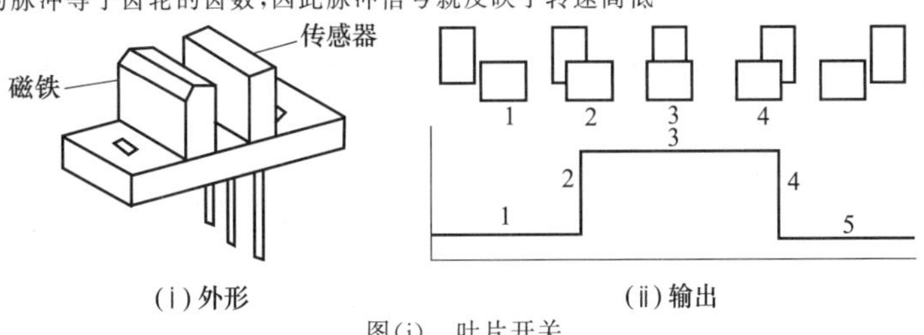

(ⅰ)外形　　(ⅱ)输出

图(i)　叶片开关

续表

霍尔式传感器产品	专用传感器	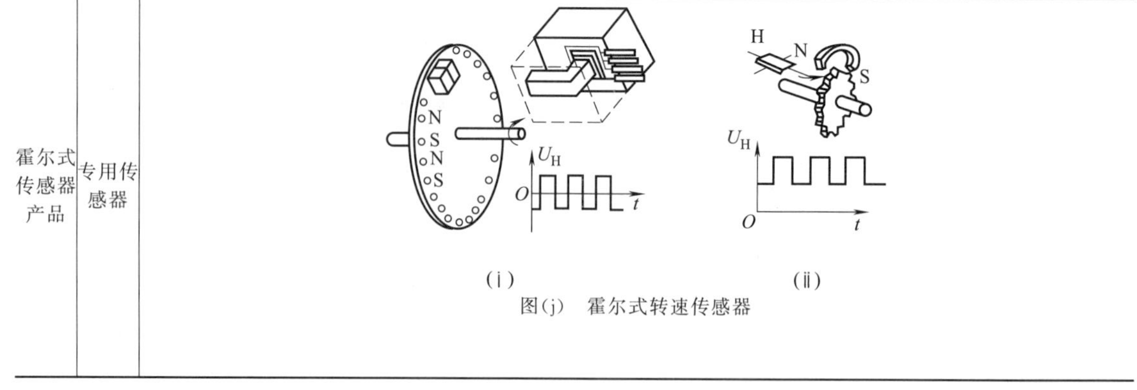 (ⅰ) (ⅱ) 图(j) 霍尔式转速传感器

2.2.4.9 光纤传感器

表 22-2-40 光纤传感器的分类

光纤传感器的基本原理是将来自光源的光经过光纤送入调制器，使待测量参数与进入调制区的光相互作用后，导致光的光学性质（如光的强度、波长、频率、相位、偏振态等）发生变化，成为被调制的信号光，再经过光纤送入光探测器，经解调器解调后，获得被测参数		
按传感器工作原理分类	功能型	或称传感型、探测型。功能型光纤传感器是利用对外界信息具有敏感能力和检测功能的光纤作传感元件，光纤不仅起传光作用，而且还利用光纤在外界因素（弯曲、相变）的作用下，其光学特性（光强、相位、偏振等）的变化来实现传和感的功能。因此，传感器中的光纤是连续的，如图(a)所示。此类光纤传感器的优点是结构紧凑、灵敏度高，但成本高。功能型光纤传感器常用单模光纤 光源 入射光纤 调制器 出射光纤 输出 微弯曲 相位变化 偏振态 ϕ B 图(a) 传感型光纤传感器
	非功能型	或称传光型、结构型、强度型、混合型。在非功能型光纤传感器中，光纤仅作为传播光的介质，光纤是不连续的，对外界信息的“感觉”功能是依靠中断部分接上的其他介质敏感元件来完成的。这类光纤传感器无需特殊光纤及其他特殊技术，易实现，成本低，但灵敏度也低。非功能型光纤传感器常用多模光纤
	拾光型	拾光型光纤传感器是用光纤作为探头，接收由被测对象辐射的光或被其反射、散射的光。其典型例子如光纤激光多普勒速度计、辐射式光纤温度传感器等
根据光受被测对象调制形式分类	强度调制型光纤传感器	是利用被测量的因素变化改变光纤中光的强度，再通过光强的变化来测量外界物理量
	偏振调制型光纤传感器	是一种利用光的偏振态变化不定期传递被测对象信息的传感器。常见的有利用光在磁场中的媒质内传播的法拉第效应做成的电流、磁场传感器；利用光在电场中的压电晶体内传播的泡尔效应做成的电场、电压传感器；利用物质的光弹效应构成的压力、振动或声传感器；以及利用光纤的双折射性构成的压力、温度振动等传感器
	频率调制型光纤传感器	是一种利用由被测对象引起的光频率变化来进行监测的传感器，而且常采用传光型光纤传感器
	相位调制传感器	其基本原理是利用被测对象对敏感元件的作用，使敏感元件的折射率或传播常数发生变化，而导致光的相位变化，然后用干涉仪来检测这种相位变化而得到被测对象的信息。通常有利用光弹效应的声、压力或振动传感器；利用磁致伸缩效应的电流、磁场传感器；利用电致伸缩效应的电场、电压传感器等。这类传感器的灵敏度很高，但由于需用特殊光纤及高精度检测系统，因此成本高
	波长调制传感器	其优点在于它对引起光纤或连接器损耗增加的某些器件的稳定性不敏感，该方法广泛应用于液体浓度的化学分析、磷光和荧光现象分析、黑体辐射分析，以及用在法布里-帕罗·里奥特或类似的光学滤波器上

表 22-2-41　**光纤传感器的结构**

光纤传感器一般由光源、光纤、光电元件三部分构成，如图(a)所示 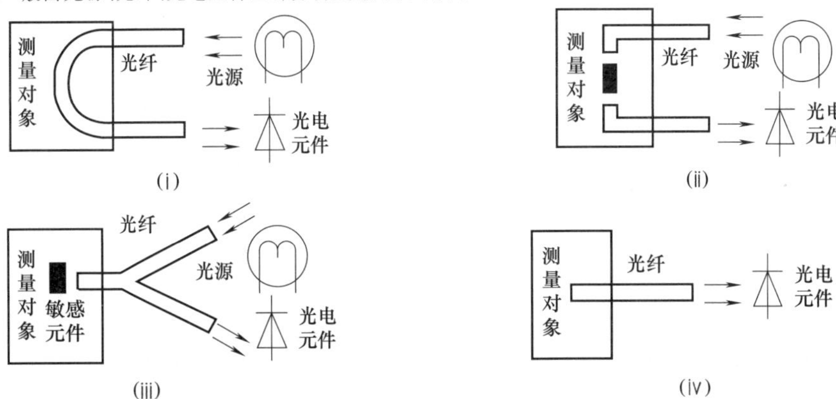 图(a)　光纤传感器的基本结构原理示意图	
光源	光纤传感器所用光源种类繁多，包括白炽灯、气体激光器、晶体激光器、发光二极管(LED)和激光二极管等 白炽灯源的辐射近似地为黑体辐射，优点是价廉、容易获得、使用方便。但因其辐射密度小，只能与光纤束和粗芯阶跃光纤配合使用。其缺点是稳定性差，寿命短(通常只有几百小时) 常见的气体激光器有：氦氖激光器、二氧化碳激光器和氩离子激光器等 晶体激光器主要指固态钕离子激光器等，这类激光器的优点是体积小巧，坚固耐用；高功率、高辐射密度；发射光谱均匀且窄，容许单膜工作等。其缺点是相干性和频率稳定性都不如气体激光器 发光二极管(LED)和激光二极管具有亮度高、尺寸小等优点 光源选择准则：根据系统要求，光源的辐射强度足够大，而且在敏感元件的工作波长上有最大的辐射功率；光源必须与光纤相匹配，以便获得最好的耦合效率；光源的稳定性要好，能长期在室温下工作
光电元件	光电元件也称为光探测器和光电检测器。在光纤传感器中，光电元件起着把光信号变为电信号的关键作用。多采用半导体光电二极管作为光探测器，偶尔也用电荷耦合器件、光导体和光电倍增管等 ①光电二极管。在外形尺寸要求严格的光纤传感器中，采用微型半导体光电二极管更合适、更经济。典型的光电二极管连接电路如图(b)中的图(ⅰ)所示。响应速度与偏压的强弱、二极管的结构和光波的波长等有关。当光入射在二极管上时，电流正比于响应速度 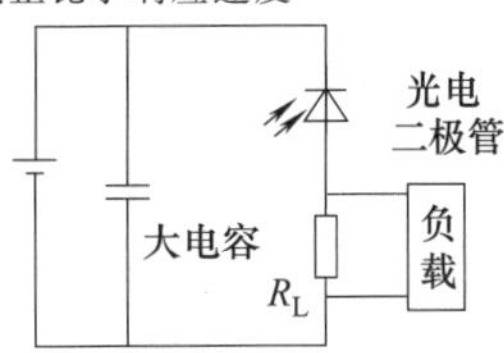 (ⅰ)光电二极管典型连接电路 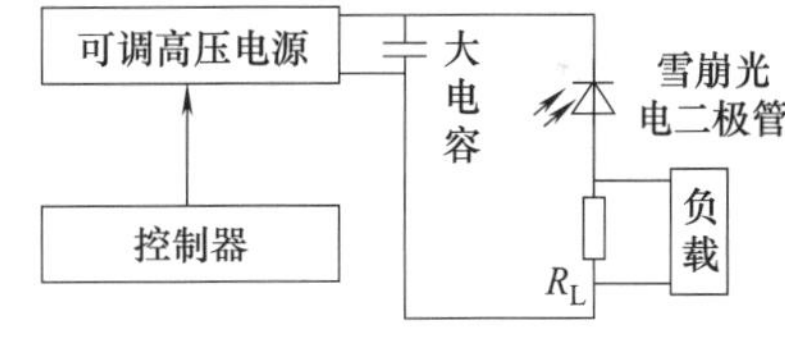 (ⅱ)雪崩光电二极管偏置电路 图(b)　光电二极管和雪崩光电二极管电路 ②雪崩光电二极管。雪崩光电二极管的偏置电路如图(b)中的(ⅱ)所示。温度变化时，雪崩光电二极管的击穿电压随之变化，因而为保持固定的雪崩增益，偏压值必须在适当范围内变化。雪崩光电二极管的优点是灵敏度高，可接收微弱信号；缺点是动态范围小，入射光变大时，线性会被破坏

表 22-2-42　**光纤机械量传感器应用**

反射式光强调制位移传感器	反射式强度调制双光路、双探头光纤位移传感器结构如图(a)所示。光源发出的光耦合进光纤后，经 1∶1 Y 型耦合器传输到两个探头的发射光纤中，再经透镜系统会聚照射到被测反射体上；反射体的反射光经同一透镜系统后，传输到两探头的接收光纤中。两探头的发射光纤和接收光纤的排列形式均采用同轴排列型，两者端面间距是 7mm；两发射光纤中心距是 1.2mm；透镜系统焦距是 $f'=17.02$mm。光源采用的是多模半导体激光器(波长 0.85μm)，接收器是硅光池	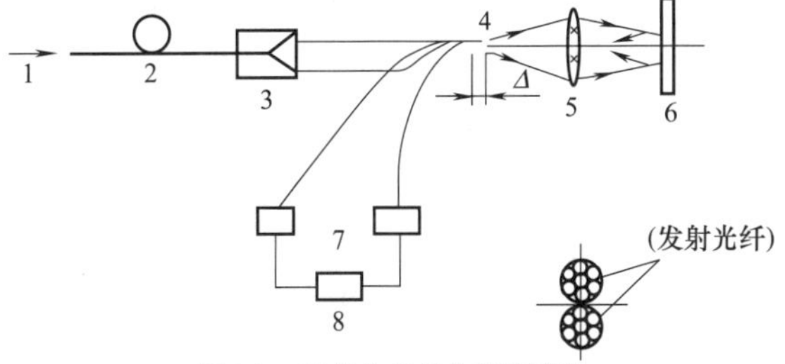 图(a)　双探头光纤位移传感器 1—光源；2—光纤；3—Y 型耦合器；4—光纤探光；5—透镜；6—反射体；7—光电探测器；8—信号处理系统

续表

干涉式光纤位移传感器	在自聚焦透镜的一个端面用折射率匹配的光学胶粘上一个高反射多层介质膜镜片，另一端与光纤直接耦合，两个这样的自聚焦透镜的高反射端面平行相对放置，就构成了一个微型F-P干涉仪，再用光纤把两个F-P干涉仪串接起来，就构成了双F-P干涉仪系统，如图(b)所示。在这个系统中，光纤仅用于传光，选用芯径为50μm的多模渐变折射率光纤，并让它与发光二极管直接耦合(使用折射率匹配胶)，可使系统的输出光强足够大。图(b)所示的两个F-P干涉仪中，一个是传感干涉仪，一个是参考干涉仪。当这个光纤传感器用于传感微位移时，传感F-P干涉仪的机械结构可以用弹簧导轨构成，参考F-P干涉仪的一个自聚焦透镜可以直接固定在腔长调制元件上。当传感干涉仪的腔长发生微小变化时，伺服系统通过腔长调制元件使参考干涉仪的腔长跟随这一变化，由此得到待测物作用于传感干涉仪所产生的位移。这种干涉型光纤传感器以发光二极管替代激光器作为光源，克服了激光器自身的噪声及外部产生的反馈光所引起的噪声对这类传感器灵敏度的影响，且成本低 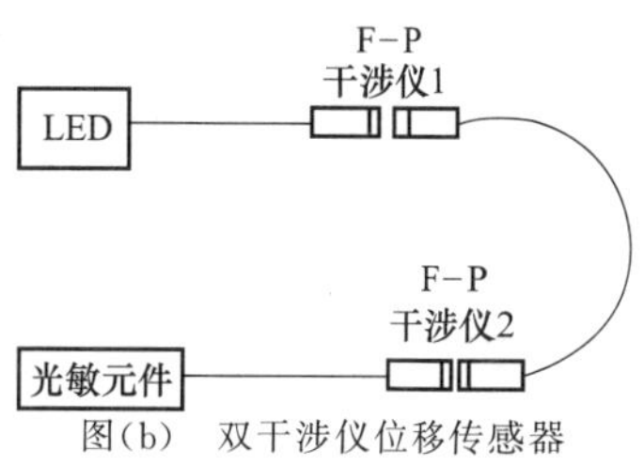 图(b) 双干涉仪位移传感器
集成光学光纤微位移传感器	图(c)是一个由迈克尔干涉仪组成的集成光学微位移传感器的原理图。该传感器由两个截面不对称的波导结X、两个固定反射镜组成。对每一个结X，它又分成两个Y型连接，即一个宽度为3.5μm的波导，另一个宽度为4μm和3μm的波导。前一个宽度相同的Y型连接分别作为参考臂和型号臂，后一个宽度不同的Y型连接分别与保偏光纤和多模光纤相连，作为干涉仪的输入臂和输出臂。两个参考臂的终端与溅射金属的固定镜相连，信号臂的终端与棒状透镜、可动镜连接。为了测量位移的方向，两个参考臂的光程差调整到1/4波长 从保偏光纤注入的光被波导分成两束输入光，每一束输入光又在结X分成参考光和信号光。参考光的光程是固定的，而信号光的光程随棒状透镜和可动透镜之间的距离而变化。从镜面的反射光通过结X转变成强度送入多模光纤，进行测量。这种位移传感器可以测量位移的大小和方向，而且稍作改进就能测量振动 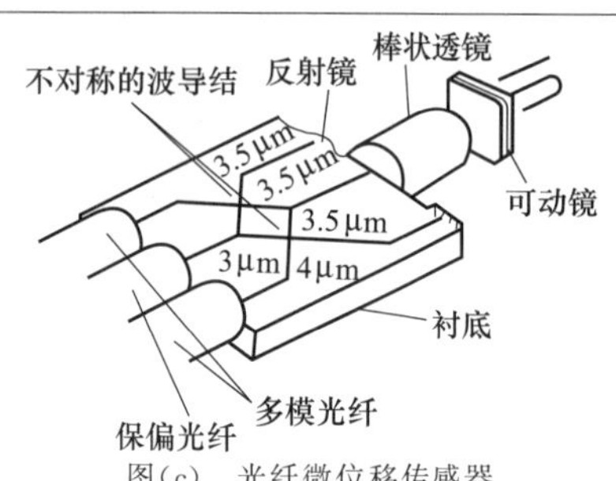 图(c) 光纤微位移传感器
周期性微弯式光纤压力传感器	图(d)是周期性强度调制型光纤压力传感器的结构图。激光经过扩束后聚焦到多模光纤中，包层中的非导波模由脱模器(一般是涂数厘米长黑漆于光纤上)去掉，然后进入到周期性变形器(一般为5个周期，节距3mm)。当变形器受外界压力作用时，光纤的微弯程度发生变化，改变光纤中传输的光能量，由光电探测器测量这个变化，进而确定它所受外界压力。这种测量传感器，最小可检测的位移是0.08nm，频响是20～1100Hz，线性度为1% 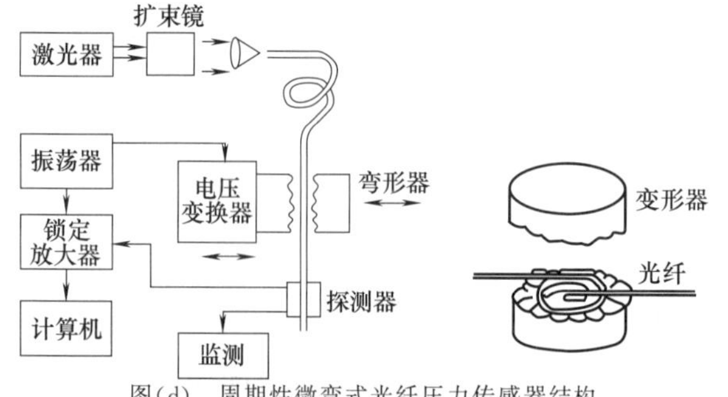 图(d) 周期性微弯式光纤压力传感器结构
模片反射式光纤压力传感器	一种反射型强度调制压力传感器的原理性结构如图(e)所示。光通过截面排成圆周形的光纤束射到模片上，称为照明光束；紧靠照明光束的内外两侧的光纤束称为采样光束。当作用于模片上的压力是零时，模片是平面，内、外两侧采样光束接收的光信号强度相等。若模片受到压力作用而呈凹形，外侧采样光束比内侧接收的光信号强度大；若模片受负压时，则情况正好相反。将内外采样光束分别送两个光电管接收，转换成电信号并送到一减法器上，这样就能同时测出外力的大小和方向(即正、负压)。由于这里是检测相对量，所以这个结构能自动补偿光强波动、光纤的损耗以及模片表面反射率的变化；而压力的测定取决于模片的弯曲，与模片、光束端面的距离无关，从而克服温度的影响。此外，由于能够保证较好的线性，所以系统易于标定。通过改变模片厚度和材料，这种压力传感器的测量范围可以达到0～414kPa 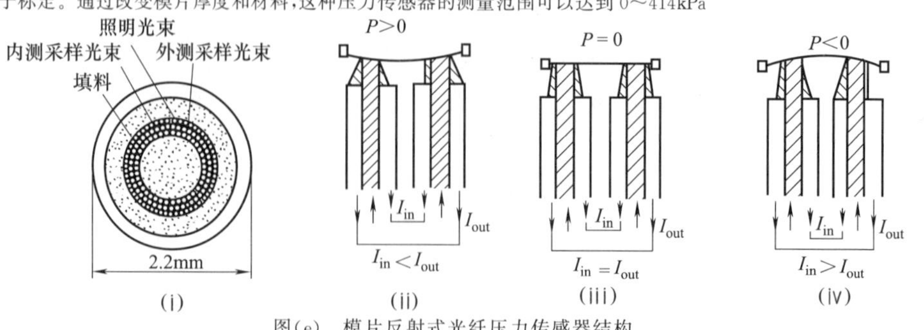 图(e) 模片反射式光纤压力传感器结构

续表

<table>
<tr>
<td>弹性片变形式光纤振动传感器</td>
<td>
这种传感器建立在弹性片受迫振动的基础上，利用光学三角反射测量技术制成。图(f)显示出了其原理性结构。图中 A 是被测振动体；B 是弹性片，一端固定在传感头壳体上，另一端做自由振动；F_1 是入射光纤，L_1 是准直用自聚焦透镜；当被测体振动时，弹片随之振动。输入光功率由光纤 F_1 耦合到 L_1 上，由它发出平行光束照射到弹片上，被弹片反射的光被透镜 L_2 耦合到光纤 F_2 中。当弹片随物体振动时，从 F_2 输出的光功率随之变化，通过测量输出光功率变化可以感知被测振动体的振动状态

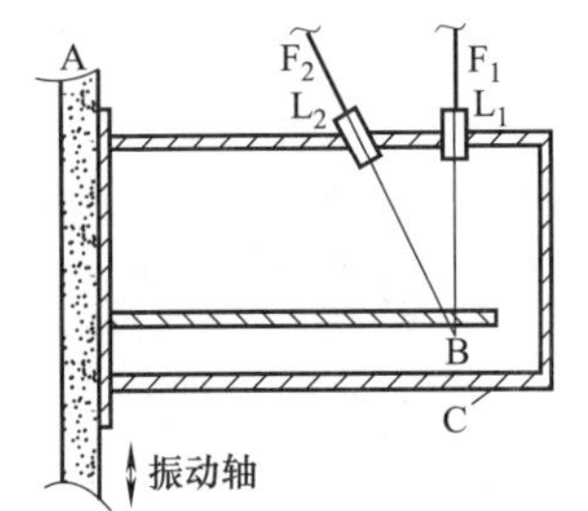

图(f)　弹性片变形式光纤振动传感器

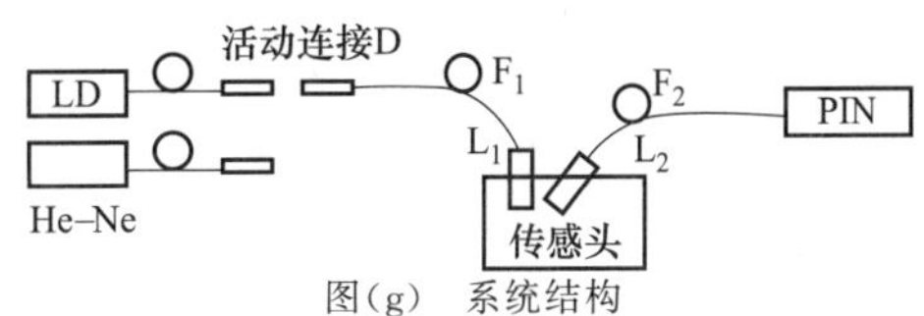

图(g)　系统结构

整个系统结构如图(g)所示。系统采用光源是 1.3μm 的半导体 He-Ne 激光器，它与检测用光源之间通过光纤活动连接器来转换。光纤是 50/125μm 的多模光纤。自聚焦透镜接收孔径是 1mm、弹片为 30mm 长的云母片，云母片厚度和宽度设计要使之有较高响应的振动功率，并不要同其固有频率相同，避免发生共振。这里设计的工作频率是 100Hz。透镜到弹片距离为 10mm，β 角为 6°

由光电探测器输出的电信号，送到如图(h)所示的电路框图进行信号处理。通过测定 V_1/V_0，即可确定出振动的程度。该传感器线性工作区是 0.8mm 峰值，分辨率是 10μm，可以测定的频率范围为数百赫兹

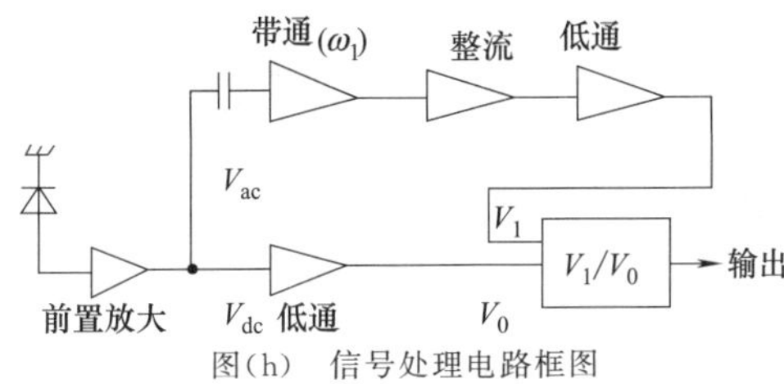

图(h)　信号处理电路框图
</td>
</tr>
<tr>
<td>双波长差动式光纤振动传感器</td>
<td>
这种传感器是利用双波长交替工作来测量振动体的状态，其原理性结构如图(i)所示

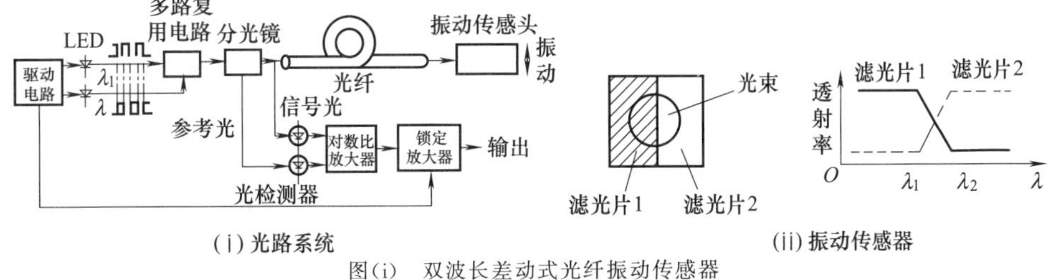

图(i)　双波长差动式光纤振动传感器

这里光源是波长 $\lambda_1=0.75\mu m$ 和 $\lambda_2=0.85\mu m$ 的 LED，并使它们以 14kHz 的频率交替发光。光束经分光镜一路作参考光，另一路送入光纤中，投射到由两片滤光片构成的振动传感头上，这两片滤光片的投射率与波长关系正好相反。光源交替改变的频率比振动频率高得多，可以认为 λ_1 和 λ_2 的光斑位置不变，这样 λ_1 和 λ_2 的反射光强会因振动位移发生差动变化
</td>
</tr>
</table>

续表

双波长差动式光纤振动传感器	光源与光纤的传输特性变化对于 λ_1 和 λ_2 光束来讲是共模干扰。为消除这种干扰，采用来自传感头部分的信号光强与参考光强的对数比作为处理信号，并在交替频率下进行同步检波，驱除 λ_1 和 λ_2 成分的信号差，实现不受光源与光纤的特性变化影响的稳定测量
脉冲延迟式形变传感器	这种传感器利用外加应力使光纤长度发生改变，导致光脉冲在其内传播时间发生延迟，测量延迟量来决定光纤的变形和外加机械应力。传感器的原理如图(j)所示 GaAs 激光器将峰值功率为 3mW 的光脉冲送入多模光纤，脉冲宽度为 10ns。光脉冲在光纤中传播时间 τ(200m 长光纤约为 1μs)后，由光电二极管(PD)接收，其转换成电脉冲信号经放大后送入脉冲鉴别器。它的输出一方面送频率计数器，测量光纤长度形变产生的延时；另一方面送入脉冲触发器，使激光发射下一个测量光脉冲。这个结构实质相当于一个传输时间振荡器，周期可以用标准门计数器来精确测量。采用手动式开关来提供一个单脉冲，激励系统起始工作 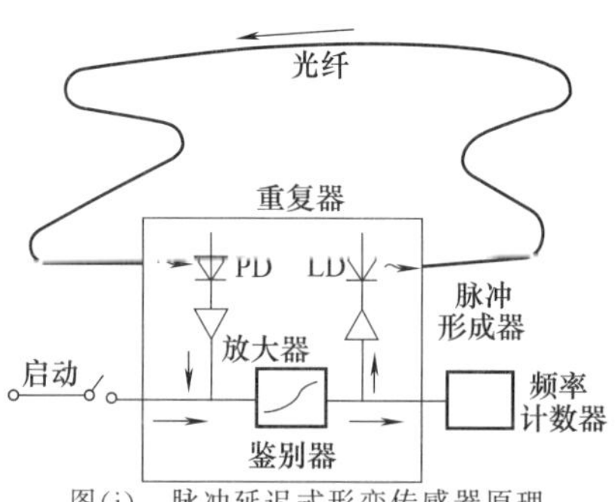 图(j)　脉冲延迟式形变传感器原理
位相型光纤加速度传感器	图(k)所示为用迈可尔逊干涉仪结构组成的位相型双光纤加速度传感器的原理。激光束经 3dB 的耦合器分成两束光进入到迈可尔逊干涉仪的两光纤臂，通过附着在重物 A 上的反射镜将光返回，并再次通过 3dB 耦合器进入光电检测器。为使光纤保持 $\pi/2$ 位相差，以获得最佳灵敏度，在干涉仪的一臂上加一 PZT 移相器。壳体的直径是 2cm、高度为 4.2cm，壳体中的 4 片膜板是限幅物体横移，壳体两端各有一个光纤的夹紧装置。当壳体受到垂直向上加速度 a 时，由于重物 A 受到与重物方向相反的惯性力 $f=ma$ 的作用，导致框架与重物之间距离变化。这样上光纤将伸长 ΔL，下光纤将缩短 ΔL，这个改变量与加速度 a 成正比 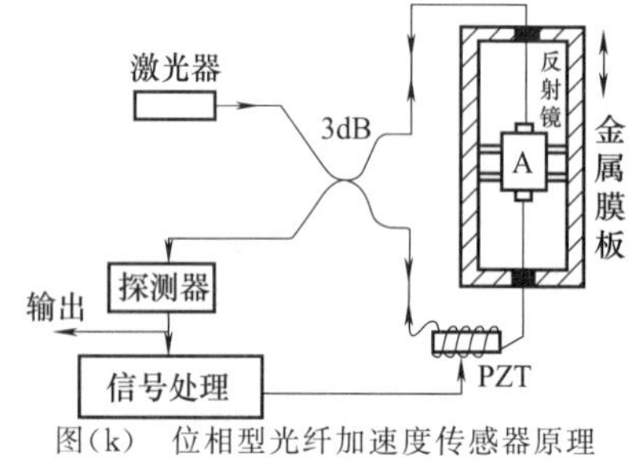 图(k)　位相型光纤加速度传感器原理
强度型光纤加速度传感器	图(l)是强度型光纤加速度传感器的原理。在运动系统上固定一对光纤，光纤孔径上下对准，分别作为输入光纤和接收光纤，同时还固定一个带有遮光片的单模光纤——光纤微振子。当运动系统匀速运动时，光纤微振子相对运动系统静止，此时遮光片正好遮住光纤孔径面积的一半，光纤接收系统接收的光强为恒量。当运动系统产生加速度时，光纤微振子将产生振动，使遮光片产生与加速度方向相反的位移，接收光纤收到的光强度随之变化，检测接收光纤输出的光功率可以确定遮光板的位移，进而确定出运动系统的加速度 当运动系统加速度运动时，遮光片位移与加速度成正比。而遮光片位移大小将按比例改变输出光纤的光功率，所以，光纤输出的光功率反比例于加速度。根据这一原理设计出如图(m)所示的光纤加速度装置

续表

强度型光纤加速度传感器	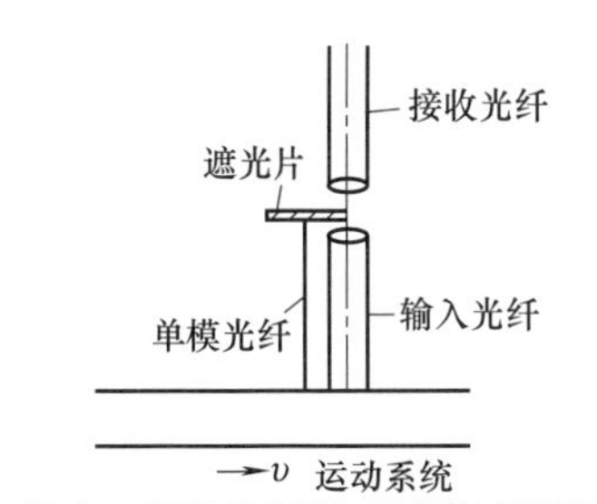 图(l)　强度型光纤加速度传感器原理 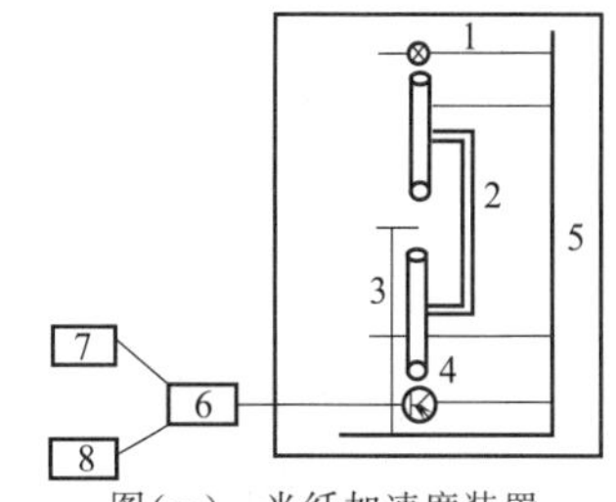 图(m)　光纤加速度装置 1—光源；2—输入接收媒介(玻璃柱体)；3—光纤微振子；4—光强探测器(硅光电三极管)；5—封闭外壳；6—电路放大器；7—数字式电压毫伏表；8—台式记录仪

2.2.4.10　光电传感器

光敏传感器是能对光信号的变化做出迅速反应，并将被测量变化通过光信号转化成电信号，又称为光电式传感器。光电式传感器具有可靠性高、抗干扰能力强、不受电磁辐射影响及本身也不辐射电磁波的特点。

具有检测光信号功能的材料称为光敏材料，利用这种材料做成的器件称光敏（光电）器件。光电器件的工作原理是利用光电效应。光照射在某些物质上，使该物质吸收光能后，电子能量和电特性发生变化，这种现象称为光电效应。光电效应可分为两大类，即外光电效应和内光电效应，内光电效应又可分为光电导效应和光生伏特效应。

外光电效应是指，在光线作用下，物体内的电子逸出物体表面向外发射的现象。内光电效应是指，当光线照在物体上，使物体的电导率发生变化或产生光生电动势的现象；入射光强改变物质导电率的物理现象称为光电导效应；光照射时物体中能产生一定方向电动势的现象称为光生伏特效应。

表 22-2-43　　光电器件

光电器件种类很多，基于外光电效应的器件有：光电管、光电倍增管等；基于内光电效应的器件有：光敏电阻、光敏二极管、光敏晶体管、光电池等	
光电管	光电管是一个抽成真空或充满惰性气体的玻璃管。内部有光阴极和阳极，光阴极涂有光敏材料。光电管的基本工作原理、外形结构及电路符号如图(a)所示 当光线照射在光敏材料上时，如果光子的能量大于电子的逸出功，就会有电子逸出产生电子发射。电子被带有正电的阳极吸引加速，在光电管内形成电子流，电流在电阻上产生正比于光电流大小的压降。因此，负载电阻上输出电压与光强成正比 目前光电管主要用于各种光学自动装置、光电比色计等分析仪器 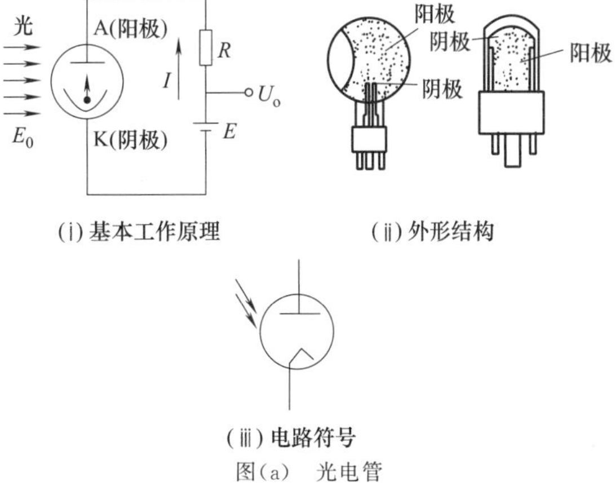 图(a)　光电管

续表

<table>
<tr><td rowspan="4">光电倍增管</td><td colspan="2">光照很弱时，光电管从光阴极发射出的光电子产生的电流很小，在某些应用场合，为提高灵敏度常常使用光电倍增管</td></tr>
<tr><td>结构</td><td>光电倍增管从外形分为侧面探测窗和顶部探测窗，如图(b)所示。光电倍增管由光阴极、阳极、倍增极组成，结构原理图如图(c)所示。光电倍增管与普通光电管不同，它在光阴极和阳极之间加了许多倍增极，通常为 12～14 级，多的可达 30 级。阳极的作用是收集倍增级末级发射的二次电子，并向外输出电流
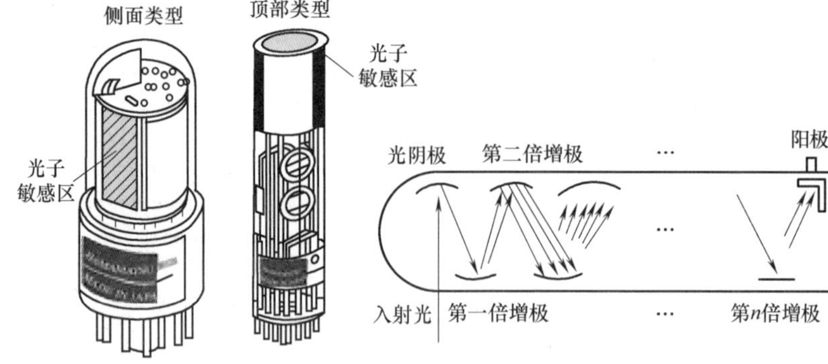

图(b) 光电倍增管外形　　图(c) 光电倍增管结构原理</td></tr>
<tr><td>工作原理</td><td>光电倍增管电路工作原理如图(d)所示，它利用二次电子释放效应，将光电信号在管内进行放大。所谓二次电子释放是指高速电子撞击固体表面，再发出二次电子的现象。光电倍增管通常工作在几百至上千伏的高压下，一般电压为 1000～2500V。光电倍增管可将阴极的光电流放大几万至几百万倍，所以光电倍增管的灵敏度比普通光电管高很多
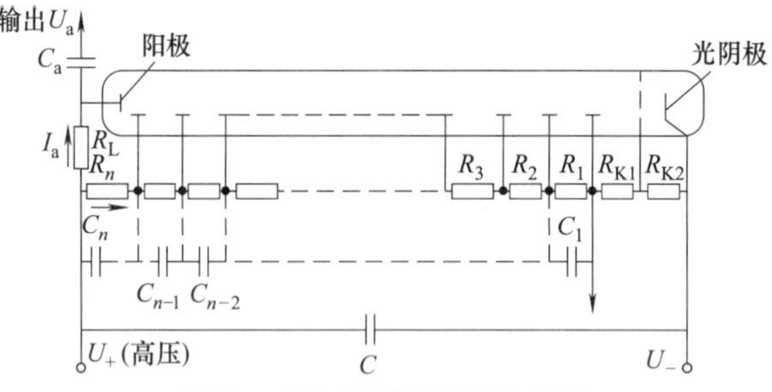

图(d) 光电倍增管电路工作原理</td></tr>
<tr><td>主要参数</td><td>光电倍增管的放大性能用倍增系数 K 衡量，倍增极外加电压 U_d 与增益 G 关系近似表示为
$$G=KU_d^N$$
式中，N 是光电倍增管倍增级数
光电倍增管的增益变化量为
$$\Delta G/G=N(\Delta U_d/U_d)$$
外加电压 U_d 的变化会引起光电倍增管增益的变化，对输出影响很大，因此系统对供给光电倍增管的工作电源的电压要求较高，必须有极好的稳定性</td></tr>
<tr><td>光敏电阻</td><td colspan="2">光敏电阻又称光导管，工作原理基于光电导效应，结构及电路符号如图(e)所示。光敏电阻是在玻璃底板上涂一层对光敏感的半导体物质，两端有梳状金属电极，然后在半导体上覆盖一层漆膜或压入塑料封装体内，就制成了光敏电阻
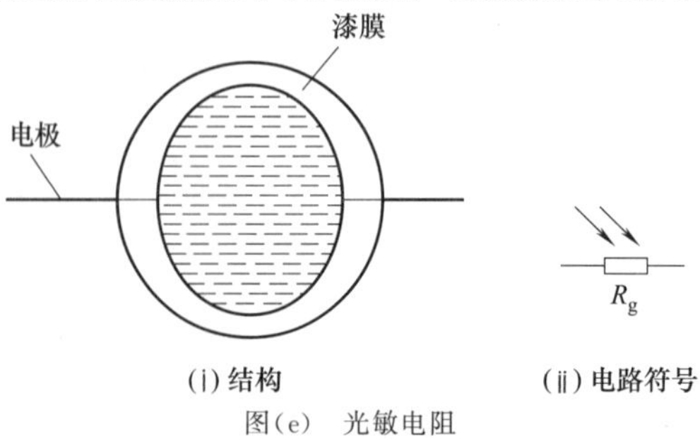

图(e) 光敏电阻</td></tr>
</table>

续表

<table>
<tr>
<td rowspan="2">光敏电阻</td>
<td>工作原理</td>
<td>把光敏电阻 R_g 连接到如图(f)所示的电路中，在外加电压的作用下，回路中电流 I 随光敏电阻变化而变化。光敏电阻 R_g 在受到光照时，由于光电导效应使其导电性能增加，电阻下降，流过负载电阻 R_g 和 R_L 的电流增加，引起输出电压变化。光照越强，回路电流越大；当光照停止时，电阻恢复原值，光电效应消失
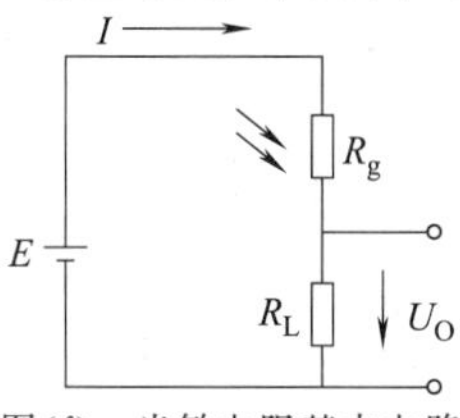

图(f)　光敏电阻基本电路</td>
</tr>
<tr>
<td>光敏电阻的基本特性</td>
<td>光敏电阻的伏安特性如图(g)所示。在给定偏压情况下，光照越大，光敏电阻的光电流越大；给定光照度(光照度为单位面积的光通量)时，电压越大，光电流越大
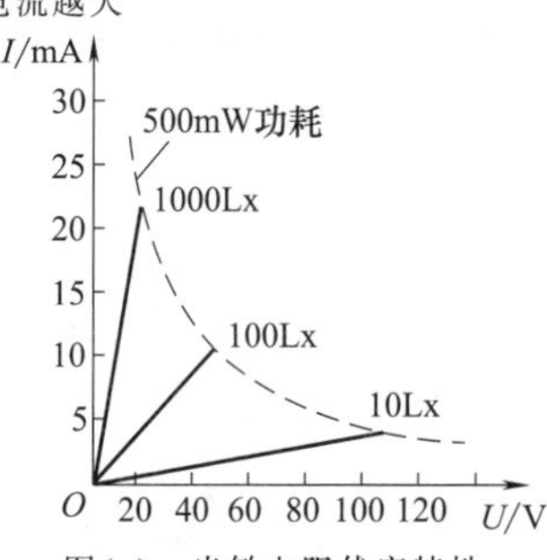

图(g)　光敏电阻伏安特性

光敏电阻的温度特性如图(h)所示，温度变化影响光敏电阻的灵敏度、暗电流和光谱效应。温度上升，波长变短，相对灵敏度向波长短的方向移动
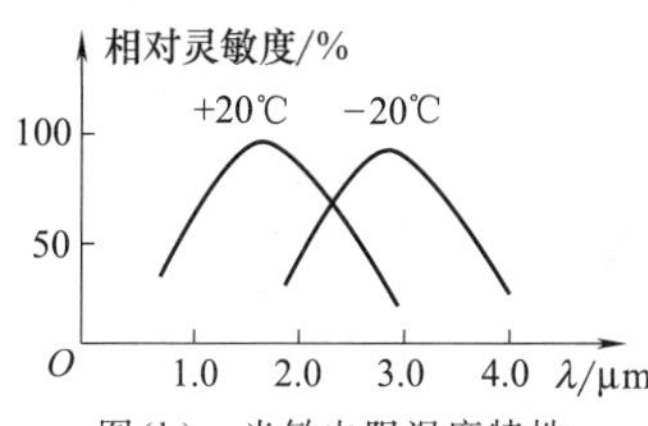

图(h)　光敏电阻温度特性

光敏电阻灵敏度与入射波长有关，光敏电阻的光谱特性如图(i)所示。不同波长照射时，光敏电阻相对光谱灵敏度不同。光敏电阻灵敏度与半导体掺杂的材料有关，不同材料的光敏电阻灵敏度峰值波长不同
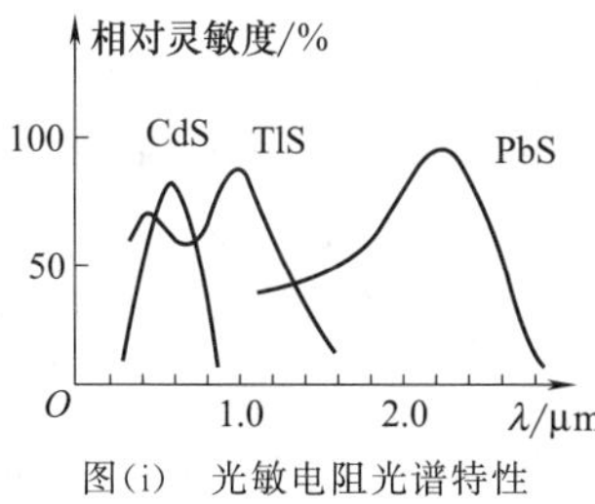

图(i)　光敏电阻光谱特性</td>
</tr>
<tr>
<td>光敏二极管和光敏三极管</td>
<td colspan="2">光敏晶体管工作原理主要基于光生伏特效应。光敏晶体管是重要的光敏器件，尤其是光敏二极管，具有响应速度快、灵敏度高、可靠性高等优点，广泛应用于可见光和远红外探测以及自动控制、自动报警、自动计数装置等</td>
</tr>
</table>

续表

光敏二极管和光敏三极管	光敏二极管	光敏二极管结构、电路符号与外形特征如图(j)所示，工作原理如图(k)所示。光敏二极管在电路中一般处于反向偏置状态，无光照时反向电阻很大，反向电流很小；当有光照在P-N结时，P-N结处产生光生电子-空穴对，光生电子-空穴对在反向偏压和P-N结内电场作用下做定向运动，形成光电流；光电流随入射光强度变化，光照越强，光电流越大。光敏二极管在不受光照时，处于截止状态；受光照时，光电流方向与反向电流一致 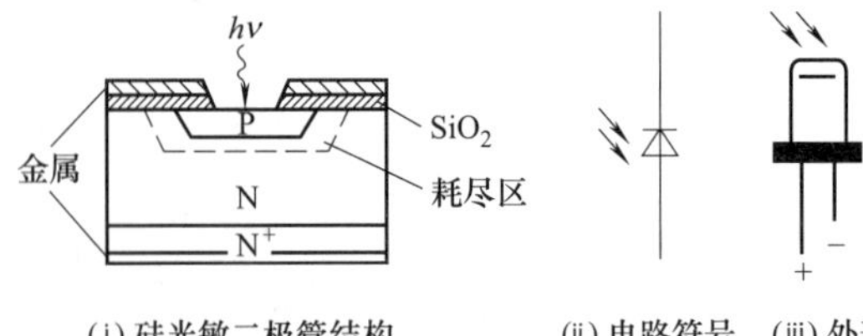 (ⅰ)硅光敏二极管结构　(ⅱ)电路符号　(ⅲ)外形 图(j)　光敏二极管 图(l)是硅光敏二极管在小负载电阻下的光照特性，光敏二极管的光电流与照度成线性关系 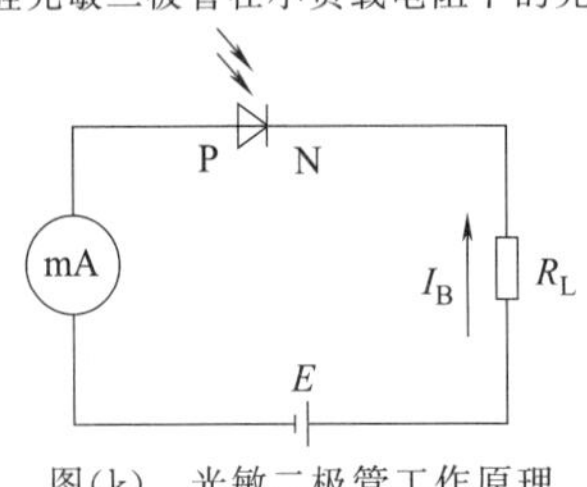 图(k)　光敏二极管工作原理 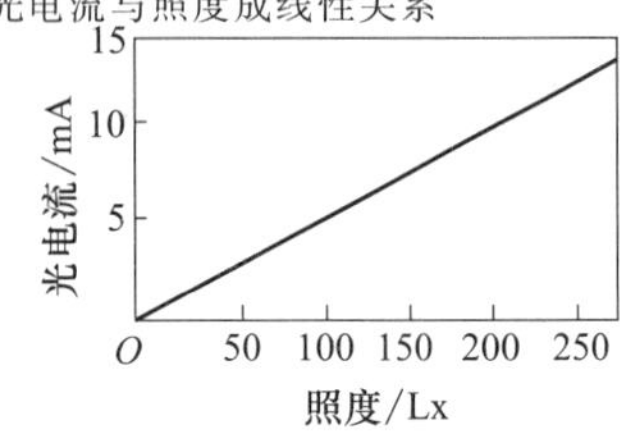 图(l)　硅光敏二极管光照特性
	发光二极管	发光二极管又称LED，电路符号如图(m)所示。发光二极管的工作原理是利用固体材料的电致发光，它是一种将电能转换为光能的器件，半导体掺杂材料不同时，发光二极管发出的光颜色不同。在P-N结加正向电压时，电子与空穴结合过程中发射一定频率的光信号 +　　− 图(m)　发光二极管符号
	光敏三极管	光敏三极管是把光敏二极管产生的光电流进一步放大，是具有更高灵敏度和响应速度的光敏传感器，结构如图(n)所示。光敏三极管将集电极结作为光敏二极管，无论是NPN型还是PNP型都用集电结做受光结 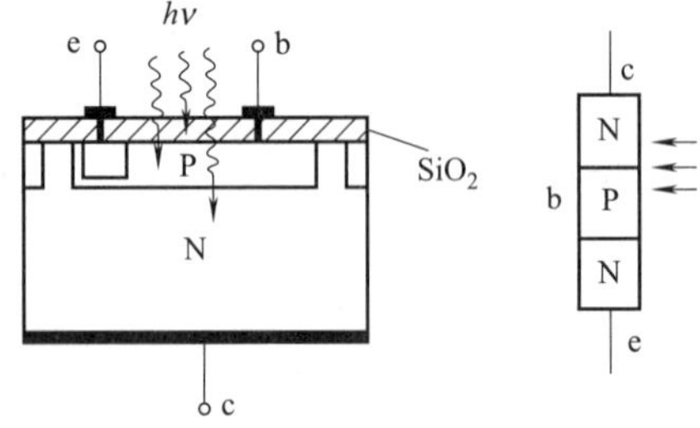 图(n)　光敏三极管结构 光敏三极管电路符号与等效电路如图(o)所示。当光照射在集电结上时，集电极结附近产生光生电子-空穴对，在外电场作用下光生电子被拉向集电极，基区留下正电荷(空穴)，相当于三极管基极电流，同时使基极与发射极之间的电压升高，发射极有大量电子经基极流向集电极，形成三极管输出电流，使晶体管具有电流增益，从而在集电极回路中得到一个放大了的信号电流。该电流信号在负载电阻上的输出电压为 $$U_o=\beta i_g R_L$$ 式中，β为三极管电流放大系数；i_g为集电结二极管电流源电流；R_L为负载电阻 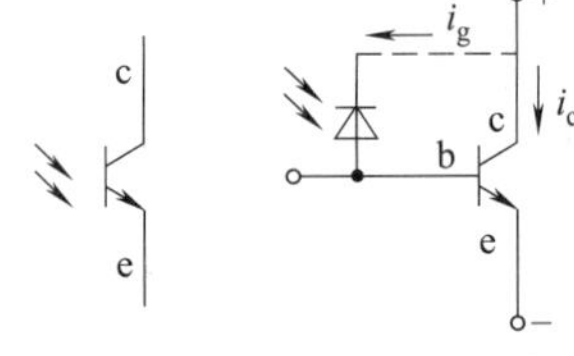 (ⅰ)符号　(ⅱ)等效电路 图(o)　光敏三极管电路符号及等效电路

续表

光电池		光电池是基于光生伏特效应原理，是一种可直接将光能转换成电能的器件，有光线作用时就是电源
	种类及特征	光电池种类很多，有硒光电池、锗光电池、硅光电池、硫化砣光电池、砷化镓光电池、氧化铜光电池等 硅光电池转换效率高、价格低廉、寿命长，是使用最广泛的一种光电池 硒光电池的光谱响应与人眼的视觉范围相符，适于接受可见光，是很多分析仪器和测量仪表常用器件 砷化镓光电池的光谱响应与太阳光谱吻合，耐高温、耐宇宙射线，是宇航光电池首选材料
	工作原理	光电池结构与电路符号和工作原理如图(p)所示。光电池实质上是一个大面积 P-N 结，上电极为栅状受光电极，下电极是一层铝衬底。当光照射在 P-N 结的一个面时，光生的电子-空穴对迅速扩散，在 P-N 结电场作用下建立一个与光照强度有关的电动势 上电极　SiO₂　P　栅状受光电极　N　下电极(铝衬底) (i) 结构　(ii) 符号 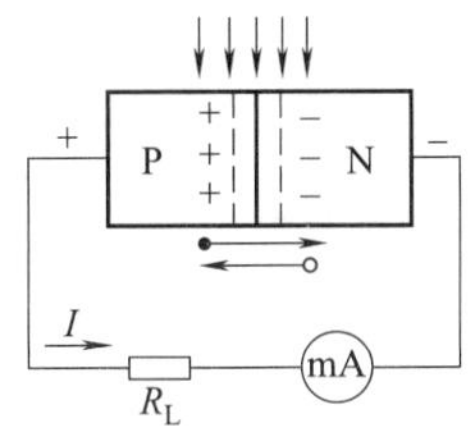 (iii) 工作原理 图(p)　光电池结构与电路符号
	电路连接	光电池电路连接方法如图(q)所示。锗晶体管的发射结导通压降为 0.2～0.3V，硅光电池开路电压可达 0.5V，所以可直接将硅光电池接入晶体管的基极，控制晶体管工作。光照度变化时，硅光电池上电压变化引起基极电流 I_b 变化，引起集电极电流发生 β 倍的变化，电流 I_c 与光照有近似的线性关系。硅晶体管的发射结导通电压为 0.6～0.7V，光电池的 0.5V 电压对基极无法起到控制作用，这时可以将两个光电池串联后接入晶体管基极，或者采用偏压电阻和二极管产生附加电压。光电池作为电源使用时，应根据使用要求进行连接，需要高电压时应将光电池串联使用；需要大电流时可将光电池并联使用 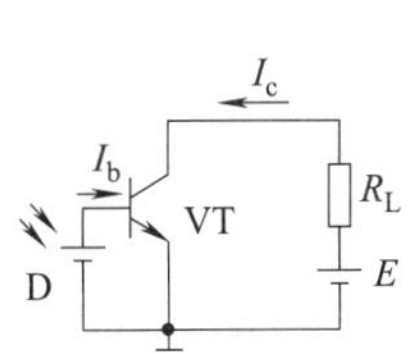 (i) 光电池做锗管控制单元 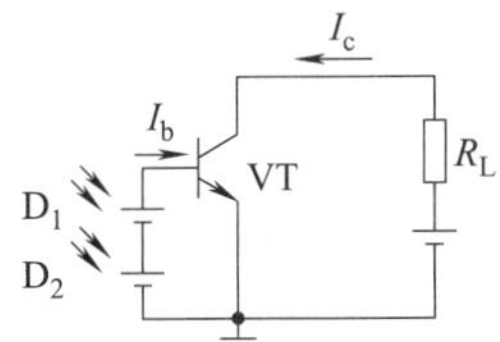 (ii) 光电池做硅管控制单元 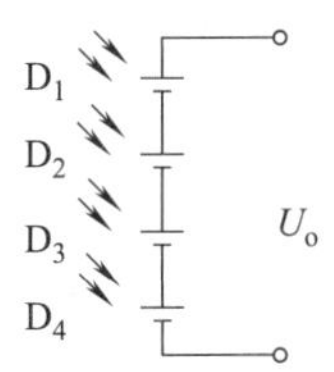 (iii) 光电池串联 D_1 D_2 D_3 U_o (iv) 光电池并联 图(q)　光电池电路连接

	类型	原理和特性
其他特性的光电器件	PIN 型硅光敏二极管	一种高速光敏二极管，响应时间达 1ns，适宜用于遥控设备等装置
	雪崩式光敏二极管	具有高速响应和放大功能，有较高的电流增益，相当于电子倍增管，可有效读取微弱光线，用于 0.8μm 范围的光纤通信、光磁盘受光元件装置
	光电闸流晶体管(光激晶闸管)	由入射光线触发导通的晶闸管元件
	达林顿光敏晶体管(光电复合晶体管)	输入极是光敏晶体管，输出极是普通晶体管，电流增益很大
	光敏场效应晶体管	该器件可被看成光敏二极管与具有高输入阻抗和低噪声场效应晶体管的组合，具有灵敏度高、线性动态范围大、光谱响应范围宽、输出阻抗低、体积小、价格便宜等优点，广泛用于对微弱信号和紫外光的检测
	光耦合器件(简称光耦)	光耦又称光隔离器，由发光元件和接收光敏元件集成在一起。电路如图(r)所示。LED 辐射可见光或红外光，受光器件在光辐射作用下控制输出电流大小，通过电-光、光-电两次转换进行输入与输出间耦合。特点是，输入输出完全隔离，有独立的输入输出抗阻，输入与输出间绝缘电阻在 10^{11}～$10^{12}\Omega$ 范围，有很强的抗干扰能力和隔离性能，可避免振动和噪声干扰，特别适宜做数字电路的开关信号传输、逻辑电路隔离器，计算机测量、控制系统中做无触点开关等

续表

<table>
<tr><th></th><th>类型</th><th>原理和特性</th></tr>
<tr><td rowspan="2">其他特性的光电器件</td><td>光耦合器件(简称光耦)</td><td> 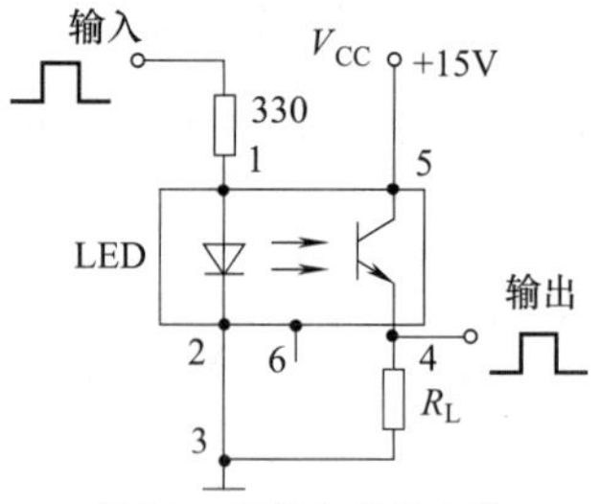图(r) 光耦合器件电路</td></tr>
<tr><td>光电开关</td><td>由光敏器件与发光器件集成在一起。光电开关的光检测信号由被测非电量控制,光电开关基本电路原理如图(s)所示。工作方式有透射式和反射式两种形式
透射式光电开关工作时,发射与接收器件的光轴在一条直线上,当不透明物质位于二者中间时,光路被阻断,接收光电器件随物体有无产生电信号输出的高低变化
反射式光电开关的发射与接收器件的光轴交汇处在同一平面上,以某一角度相交,交点处为待测点,当有物体经过待测点时,接收元件接收到物体表面反射的光线,产生电信号输出 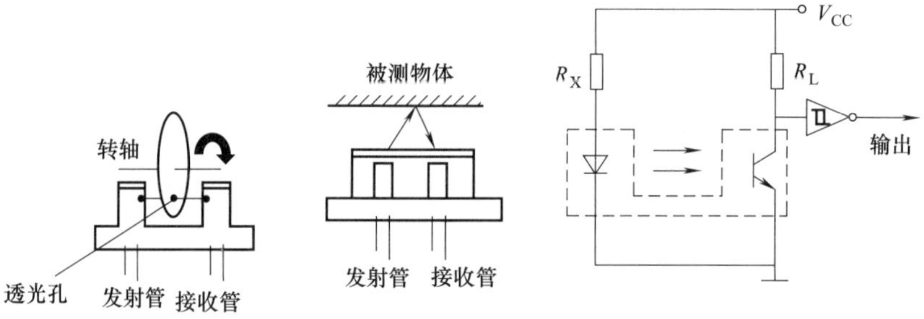
(ⅰ)透射式 (ⅱ)反射式 (ⅲ)基本电路
图(s) 光电开关基本电路原理</td></tr>
<tr><td>半导体色敏传感器</td><td colspan="2">半导体色敏传感器的工作原理基于光电效应,是可将光信号转换为电信号的光辐射探测器,可以直接测量从可见光到近远红外波段内的单色辐射波长。半导体色敏传感器相当于两只结构不同的光敏二极管,为P^+-N-P结构。结构与等效电路如图(t)所示
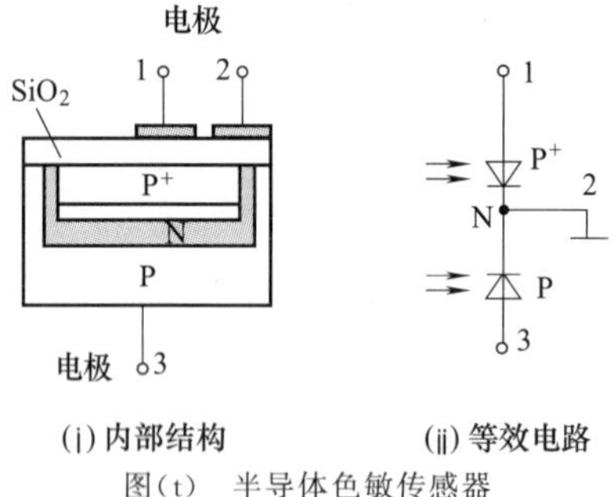

(ⅰ)内部结构 (ⅱ)等效电路
图(t) 半导体色敏传感器
检测电路原理示意图如图(u)所示,检测电路由对数电路OP_1、OP_2和运放OP_3组成
I_1是浅结二极管的短路电流,在短波区电流较大;I_2是深结二极管的短路电流,在长波区电流较大。电流较小时,二极管两端电压存在近似对数关系,OP_1、OP_2输出电压分别与$\ln I_1$、$\ln I_2$成比例,由OP_3取出电压差值U_o。该电压可经后续A/D转换电路处理后输出显示波长或颜色信号
$$U_o=C(\ln I_2-\ln I_1)=C\ln(I_2/I_1)$$
式中,C为比例常数</td></tr>
</table>

续表

半导体色敏传感器	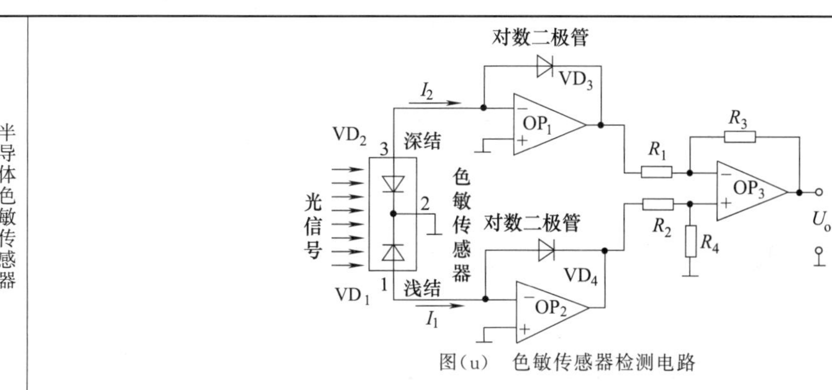 图(u)　色敏传感器检测电路

2.2.4.11　红外线传感器

红外线传感器可分为红外热成像遥感技术、红外搜索（跟踪目标、确定位置、红外制导）、红外辐射测量、通信、测距、红外测温等多种形式。红外传感器主要由红外辐射源和红外探测器两部分组成。

表 22-2-44　　红外线传感器

<table>
<tr><td>红外辐射源</td><td colspan="2">有红外辐射的物体就可视为红外辐射源。红外辐射又称为红外光，是不可见光，波长为 0.75～103μm，是介于可见光和微光之间的电磁波</td></tr>
<tr><td rowspan="2">红外探测器</td><td colspan="2">红外探测器是能将红外辐射能转化为电能的热电或光电器件，它是红外探测系统的关键部件，也称为红外传感器
光子探测器与热释电传感器在性能上最大的区别是，光量子型红外光电探测器探测的波长较窄，而热探测器几乎可以探测整个红外波长范围</td></tr>
<tr><td>红外热探测器(热电型)</td><td>包括热释电、热敏电阻、热电偶。热探测器主要是利用红外辐射的热效应，工作的物理过程是：当器件吸收辐射能使温度上升，使材料有赖于温度的物理量变化，检测其中一种性能的变化，即可探知辐射的存在和强弱。热释电元件在温度变化时产生的电流和电压与温度变化的关系为
$$I=S\frac{dP}{dt}=Sg\frac{dT}{dt}$$
输出电压为
$$U_o=S\frac{dP}{dt}Z$$
式中，S 为元件面积；P 为极化强度；g 为热释电系数；Z 为热释电元件的等效阻抗
热释电元件结构和等效电路如图(a)所示。T 为热释电晶体，R_d是输入绝缘电阻，R_L为外接负载电阻。热释电传感器绝缘电阻很高，达几十兆欧至几百兆欧，很容易引入噪声，因此使用时要求有较高的输入电阻
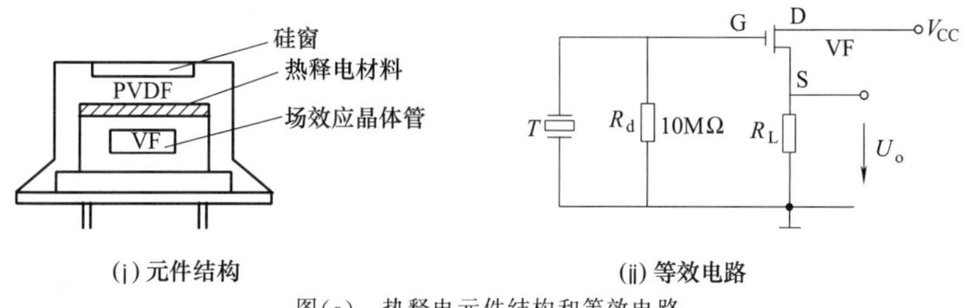
图(a)　热释电元件结构和等效电路
热释电传感器工作温度范围为－40～＋80℃，工作视角一般为 85°</td></tr>
</table>

续表

红外探测器	红外光量子探测器（量子型）	光量子型红外探测器是能将红外辐射的光能直接转化为电能的光敏器件。利用某些半导体材料在红外辐射的照射下产生光电子效应，使材料的电学性质发生变化。包括光敏电阻、光敏晶体管、光电池等 光量子型红外传感器主要有以下类型 ① 光电导型(PC)。利用光敏电阻受光照后引起电阻变化 ② 光电型(PV)。由于光照产生光生电子-空穴对，形成光生电动势 ③ 光电磁性(PEM)。器件利用光电磁效应，在电场和磁场作用的同时产生与光照成正比的感应电荷 ④ 肖特基型(ST)。利用金属与半导体接触形成肖特基势垒随光照而变化

2.2.4.12 激光式传感器

激光检测具有精度高、测量范围大、检测时间短、非接触式等优点。

按激光检测技术形成的原理，其可以分为两类：一类是同频率，同振动方向，相位差恒定的单色波相互干涉，按光程差测量长度、位移、振动和密度等；相应的仪器有激光比长仪、激光应变仪、激光干涉定位仪等；另一类是频率稍有不同的两束单色波相互干涉，按两束单色波的频率差的变化产生拍，由拍的频率测出速度、转速、流速和振动等。相应的仪器有激光干涉测速仪、激光多普勒测速仪等。激光干涉仪还可引申测出平面、球面、螺距、折射率和波像差等各种物理量参数，其用途非常广泛。

干涉仪的主要用途与相应的干涉仪简单归纳于表22-2-45。

表 22-2-45 激光干涉测量仪

激光干涉仪的基本框架如图(a)所示

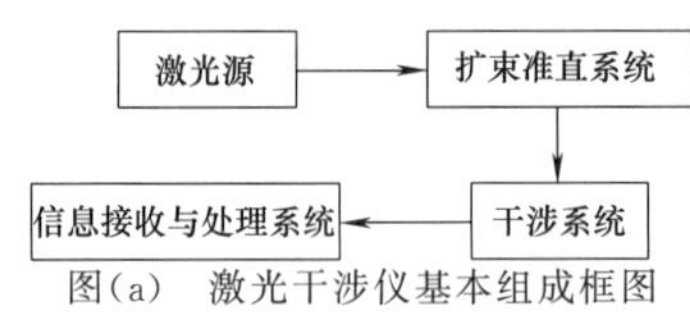

图(a) 激光干涉仪基本组成框图

	可测的物理量	典型应用	相应的干涉仪	主要技术指标
激光干涉仪的应用	长度	各种长度基准的校验（如线纹尺和块规等）	激光比长仪、激光量块干涉仪	测量范围≥1m 测量精度≥±0.2μm/m
		工业中精密测长仪（如机械零件或机构的长度、机床的安装与调整、工具运动的控制、控制机床的加工运动等）	激光干涉测长仪、激光干涉测长机、丝杠动态测量仪等	测量范围≥1m 测量精度≥±1μm/m
	位移	地壳微动及大陆漂移的监测，工件的变形与位移的监测	激光地震仪、长基线激光干涉仪，激光应变仪、全息干涉仪	1～100m 的基线长度可得位移量的灵敏度为 10^{-6}～10^{-2}个干涉条纹
	精密定位	机床与工件的精密定位、光刻与线纹尺刻划中的精密定位	激光干涉定位系统	定位精度≤1μm
	光程差	表面不平度、面形误差、双面不平行性、大曲率半径和透镜的波像差测量、光学材料均匀性和等离子体密度等测量	波面干涉仪、全息干涉仪、马赫-泽德尔型激光干涉仪	光程差的灵敏度<(λ/500)～(λ/100)双面不平行度为0.1″～0.2″
	速度	运动体的线速度、重力加速度，转动体的角速度及线速度	激光干涉测速仪、激光重力仪、激光多普勒测速仪	可测最大速度 3cm/s
	角度	光学零件的小角度测量	牛顿干涉仪、斐索干涉仪、秦曼-格林干涉仪	测量范围：0°～90°（相对）弧秒量级（绝对）；测量精度0.1″～0.2″
	折射率	气体和液体折射率的高精度测量	瑞利干涉仪、三光束干涉仪	测量精度 10^{-8}～10^{-7}

续表

激光干涉测长仪的结构和工作原理	激光干涉测长仪是工业中的精密测长仪，测量范围≥1m，测量精度为±1μm/m。图(b)所示为其典型结构之一。由 He-Ne 激光器 1 的两端发出的激光束，一端经光电二极管 D 进入稳频器，另一端经反射镜 2 和 3 改变方向，由聚光镜 4 汇聚在光阑 5 上，再由准直物镜 6 扩束而平行地射到分束器 7 被分成两路，其中一路反射到分束器 9，另一路透射至测量镜 8 并被反射到分束器 9 与另一路来的光束汇合而发生干涉。干涉信号将通过狭缝 10 和 12 分别由光电倍增管 A 与 B 接收。适当调整狭缝 10 与 12 的位置，使光电倍增管 A 与 B 所接收的两组干涉信号位相差 $\pi/2$，再由光子系统进行细分和判别测量镜的移动方向，由辨向器出来的电脉冲信号经过小数有理化及波长修正后进行计数，最后由显示器示出长度值 考虑温度变化和导轨变形等各部分引起的误差的修正值，激光干涉测长仪的基本测量公式为 $$L=\frac{N\lambda_0}{2mn}+\alpha(20-t)L_0+x$$ 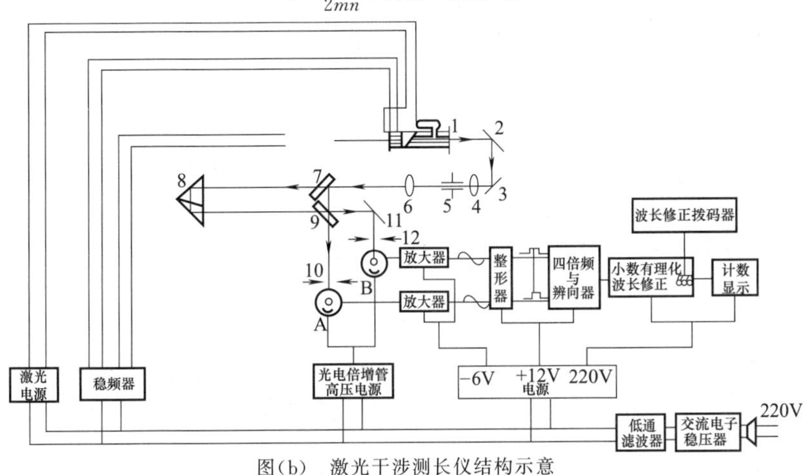 图(b)　激光干涉测长仪结构示意 1—He-Ne 激光器；2，3，11—反射镜；4—聚光镜；5—小孔光阑；6—准直物镜；7，9—分束器；8—测量镜；10，12—狭缝	N——倍频电子计数器读出的脉冲总数 λ_0——真空中的光波长，mm m——倍频数(即干涉条纹的细分数) n——空气折射率 L_0——工件的长度，mm α——工件的线胀系数，℃$^{-1}$ t——工件的温度，℃ x——与仪器结构有关的误差修正值，mm
激光比长干涉仪的结构和工作原理	激光比长干涉仪用于各种长度基准的校验，其测量范围≥1m，测量精度大于等于±0.2μm/m，其原理如图(c)所示。稳频 He-Ne 激光器 4 发出的线偏振光经 $\lambda/4$ 波片及准直扩束系统 5 以后变成准直的圆偏振光，由反射镜 M_1 反射至分束器 M 分成两束光。其中一束透过 M 经 M_3 反射到角锥棱镜 P_2；另一束由 M 和反射镜 M_2 反射到角锥棱镜 P_1。待测的线纹尺 15 与角锥棱镜 P_2 固定在同一工作台上一起移动，由角锥棱镜 P_1 与 P_2 反射回来的准直光沿原路回至分束器并发生干涉。干涉条纹经 M_4 和分束器 9 反射，由光电倍增管 7 与 11 接收后变成电脉冲送入可逆计数器 12，线纹尺 15 的第一条刻线中心经过光电显微镜 14 光轴的瞬间，位于显微镜像面上的光电倍增管输出一个电脉冲，打开计数器的门，使计数器计数。计数器中装有几个波段开关，当相邻的第二条刻线的中心经过显微镜光轴时，又发出一个电脉冲，进入计数器，使计数器的一个波段开关关闭。这样，可分别测出分度值为 0.01mm、0.1mm 和 1mm 的刻线间隔的实际值或给出名义值的偏差，由计数累加器记下刻度引起的总脉冲数，即可得出刻度的总长度的实际值或偏差值 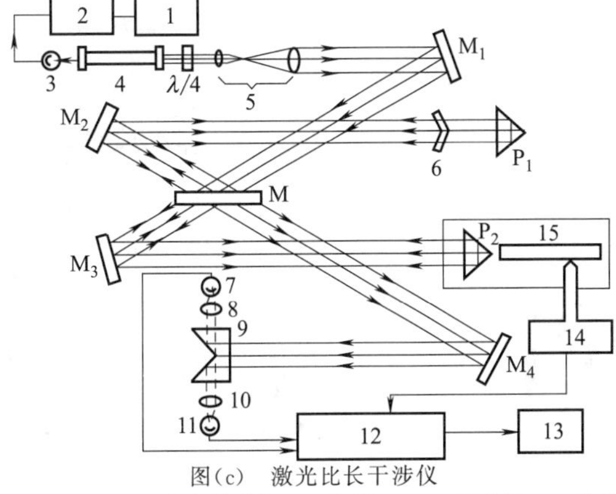 图(c)　激光比长干涉仪 1—高压电源；2—稳频电路；3，7，11—光电倍增管；4—稳频 He-Ne 激光器；5—准直扩束系统；6—翼形板；8，10—聚焦透镜；9—分束器；12—可逆计数器与计算机；13—打印机；14—光电显微镜；15—待测线纹尺	

续表

激光精密定位干涉仪	一维精密定位干涉系统用于刻划精密线纹尺、计量光栅和物理光栅时的微定位。其工作原理和系统结构与激光干涉测长仪相似，当工作台载着刻划坯件移动到预定位置时(由干涉条纹计数而定)，计数器或电子数字控制系统发出指令，控制刻划 二维精密定位干涉系统用于分步重复照相机等。要求 X、Y 方向实现定位精度高于 $1\mu m$ 的微定位。本系统采用两个激光干涉测长仪，分别控制 X、Y 两个方向的微定位
激光丝杠动态测量干涉仪的结构和工作原理	如图(d)所示是国产丝杠动态干涉仪的原理。当丝杠转动时，螺纹推动测量头，使测量镜做直线运动。如果丝杠的螺距为 h，转动 θ 角时测量镜相应的位移为 Δh，则丝杠的螺旋方程为 $$h\theta=360°\Delta h$$ 该测量仪的最大量程为 1m。该仪器中丝杠的转角由圆光栅和指示光栅形成的莫尔条纹检出。测量头调整到被测丝杠中径处与牙面相接触。干涉系统测出的位移量即为丝杠的位移量 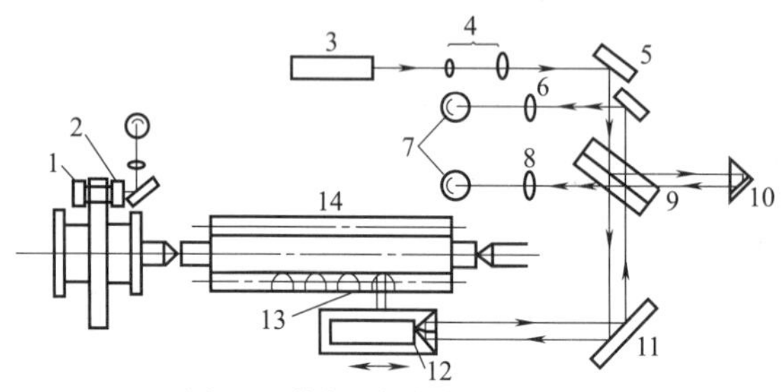 图(d) 激光丝杠动态测量干涉仪 1—圆光栅；2—指示光栅；3—He-Ne 激光器；4—扩束准直镜；5，11—反射镜；6，8—聚焦镜；7—光电倍增管；9—分束器；10—参考镜；12—测量头；13—测量杆；14—丝杠
激光平面干涉仪的结构和工作原理	激光平面干涉仪主要用于检测光学零件的质量，如平面零件的平面性、平面平板的平行性和小角度光楔的楔角等。测角精度可达 0.1″。仪器的基本原理如图(e)所示 He-Ne 激光光束经大透镜 7 准直后垂直地射向标准平板 8(楔形)。被检零件 9 放在能微调的工作台 10 上，使楔形板的下表面和被检平面之间产生等厚干涉。通过观测系统或投影系统 11 观测干涉条纹。如图(f)所示，分别为不同表面的视场图 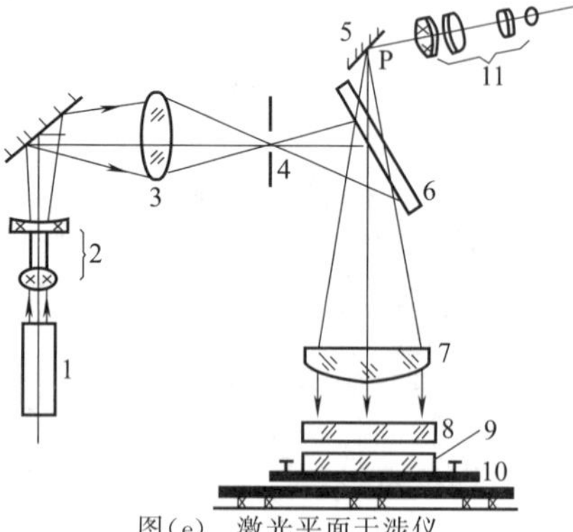 图(e) 激光平面干涉仪 1—He-Ne 激光器；2—扩束镜；3—聚光镜；4—针孔；5—反射镜；6—半透半反射镜；7—大透镜；8—标准平板；9—被检零件；10—工作台；11—观察或投影系统  (i) 平板呈楔形  (ii) 表面平直  (iii) 表面局部不平 图(f) 激光平面干涉仪的干涉图形

表 22-2-46　激光测距仪

<table>
<tr><td>相位式激光测距仪的结构和工作原理</td><td>远距离野外测量常通过测量激光在待测距离上往返一次所需要的时间来求出距离，而时间的测量有直接测量、间接测量。相位式激光测距仪是对时间的间接测量，即用连续光波通过一个调制器让激光强度按调制信号随时间 t 而变化。测出该光波在时间 t 内的位相变化从而计算出时间 t。该测距仪是在测程的一端放置测距仪，另一端置一反射靶，强度被调制的激光束由测距仪射向反射靶，如图(a)所示
自反射靶返回的激光束经物镜接收后送往光电探测器，经混频和鉴相器比较返回光束和发射光束之间的相位，从而求出位相差。鉴相器读出的相位差以 2π 为周期，距离为
$$D=\frac{1}{2}ct=\frac{c}{f}(N+\Delta N)\qquad(22\text{-}2\text{-}11)$$
鉴相器由于只能测出小数周期 ΔN，还未能测出整相位数 N，因而式(22-2-11)就产生了多值解。为此，在测距仪中设置几种不同的测尺频率进行分段测量。每一频率所测量的距离均小于相应的测尺长度，即相当于设置了几把长度不同、最小分划值也不相同的尺子，用它们分段测量某一距离，然后将各自所测的结果组合起来，就可得到所要测量的距离
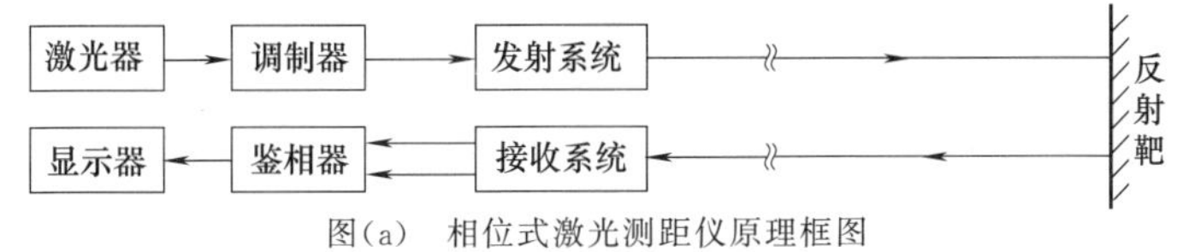

图(a)　相位式激光测距仪原理框图</td><td>c——光速
N——整数周期的数目
ΔN——周期的小数
f——测尺频率，Hz。在测距仪中，常称 $c/(2f)$ 为测尺长度</td></tr>
<tr><td>脉冲式激光测距仪的结构和工作原理</td><td colspan="2">脉冲式激光测距仪是通过时间的直接测量而测距的，即用脉冲光波，当发射的光脉冲被远处目标反射回来后，通过一个测量时间的装置直接测出激光往返的时间 t，进而根据式 $D=(ct)/2$ 来求出距离 D
如图(b)所示为脉冲式激光测距仪典型结构示意图。测距时，激光脉冲射向目标，在同一瞬间由光电二极管取出一小部分光脉冲信号送入接收系统的门电路，把“门”打开，使时标振荡器输出的时标脉冲通过“门”进入计数显示系统并记录下来。当目标反射回来的脉冲信号被接收后，通过放大器送入门电路，即刻把“门”关闭，使计数器停止工作。由于每个时标脉冲的时间都是一定的，所以在开门到关门的时间内计数脉冲相应的时间，即为脉冲在测程上往返的时间
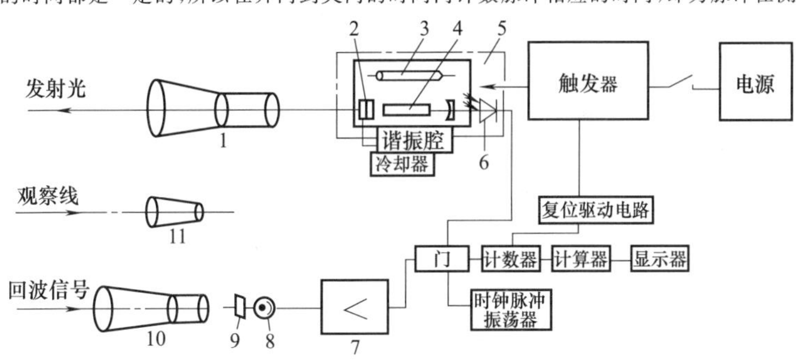

图(b)　脉冲式激光测距仪结构示意
1—发送望远镜；2—Q 开关；3—氙灯；4—激光棒；5—Q 开关激光器；6—光电二极管；7—放大器；8—光电倍增管；9—滤光片；10—接收望远镜；11—瞄准望远镜
与相位式的相比，脉冲式激光测距仪的精度较低。为提高精度，采用超短脉冲技术及相应的测量方法，使脉冲前沿的持续时间大为缩短，从而使测量精度大大提高。对于激光器的选择，应是高质量的脉冲及波长处在大气窗口附近，根据大气透过率与波长的关系，He-Ne，CO_2，Nd：YAG 和红宝石激光器的波长均处于大气窗口附近，其中 CO_2 激光器最有发展前途</td></tr>
</table>

表 22-2-47　激光测速仪

激光干涉测速仪	如图(a)所示是激光干涉测速仪，是改进的激光迈克尔逊干涉仪。其电信号正比于被测物体的速度，主要用来绝对校准由于冲击引起的运动，并可用以测量大速度和较大位移的运动。其系统类似于激光测长仪，相干光束是圆偏振光。由两个光电接收器得到两个位相差 $\pi/2$ 的电信号输出。在相应的平衡混频器中经过本机振荡器的输出倍增后送入适当的线路里相加。经解调器解调就得到反比于瞬时频率的偏移，进而求出瞬时速度

续表

激光干涉测速仪	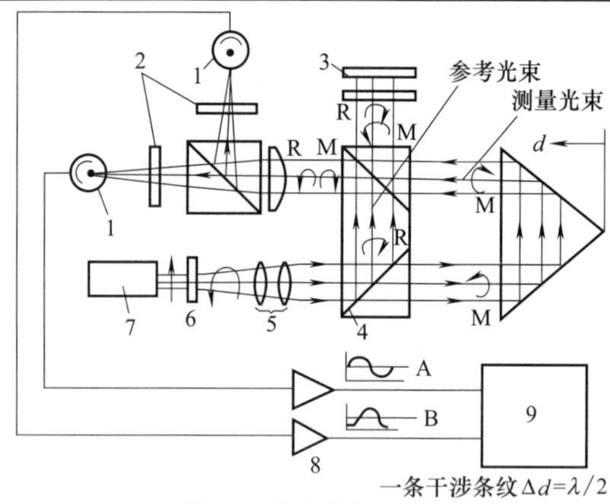 图(a) 激光干涉测速仪 1—光电倍增管；2—偏振片；3—观察屏；4—分束器；5—准直扩束系统；6—$\lambda/4$ 波片；7—激光器；8—前置放大器；9—速度信号处理系统	
激光散斑测速仪	如图(b)所示是测量粗糙表面速度的散斑测速仪。激光照射粗糙表面，其漫反射光之间将发生干涉而产生许多亮的小光斑——散斑。当粗糙表面运动时，散斑也随之运动，运动速度是物体表面速度的 2 倍，设计仪器时，用一块光栅 4 放在光电倍增管 5 之前。当一个光斑跨越栅距为 d 的光栅时，将产生一系列脉冲，其频率为 $\nu=2v/d$ 每一光斑都产生一系列脉冲，其位相是无规则的，但其频率相同，因此，测出光电倍增管 5 输出的中心频率就可确定物体表面运动的速度。该系统测量范围为 15～300m/min，精度为 0.1% 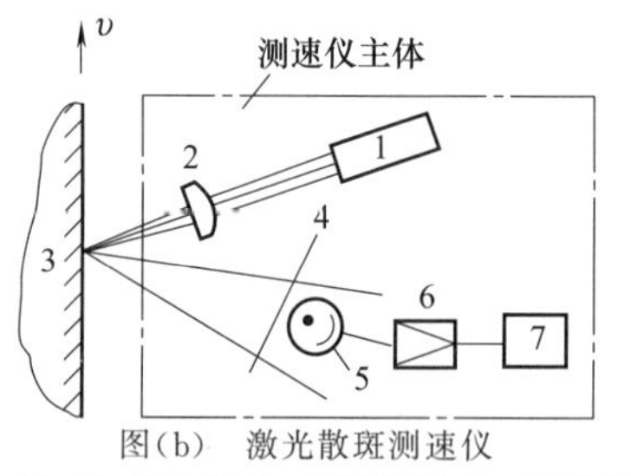 图(b) 激光散斑测速仪 1—He-Ne 激光器；2—聚焦系统；3—被测体；4—光栅；5—光电倍增管；6—频率跟踪器；7—速度显示器	v——被测表面运动的速度，mm/s d——光栅的栅距，mm
激光多普勒转速仪	激光多普勒转速仪如图(c)所示，是采用激光干涉测速仪的原理测量转动物体的速度 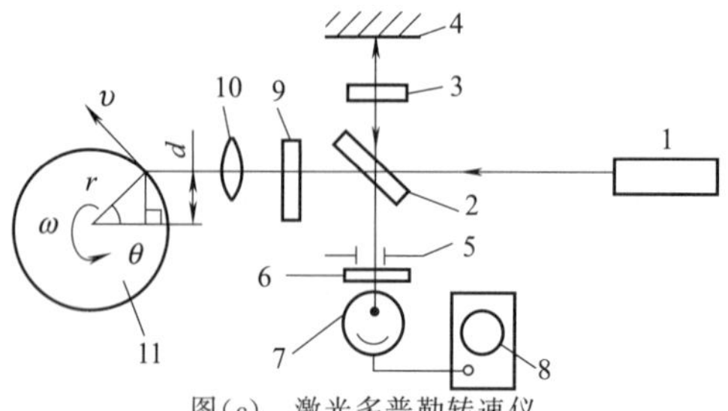 图(c) 激光多普勒转速仪 1—He-Ne 激光器；2—分束器；3—光学衰减速器；4—参考镜；5—小孔光阑；6—滤波器；7—光电倍增管；8—示波器；9—偏振镜；10—聚焦透镜；11—旋转物体 其原理是当聚焦透镜将激光束聚焦在旋转体上时，其中绝大部分光将按照反射定律确定的方向进行反射，还有一部分光沿着入射方向返回，但因旋转体的表面在入射方向有速度分量 $v\cos\theta$，所以使干涉仪的测量光束产生了多普勒频移，与参考光束相干时则得拍频信号 $$\nu_D=2\frac{\omega}{v}d\nu \quad (22\text{-}2\text{-}12)$$ 通过式(22-2-12)，由拍频 ν_D 可求出 ω 为了获得高的信噪比，仪器中设置了衰减速器 3、小孔光阑 5 和滤波器 6，偏振镜 9 是为了使反射光与入射光的偏振方向一致	ω——旋转体的角速度 ν——激光频率 d——旋转轴与激光束照射位置间的距离

2.2.4.13　数字式传感器

数字式传感器是把输入量转换成数字量输出的传感器，它有以编码方式产生数字信号的代码型和将输出的连续信号经过简单的整理、微分电路处理输出离散脉冲信号的计数型两种。

代码型数字式传感器输出的信号是数字代码，每一个代码相当于一个一定量的输入值。常用来检测执行元件的位置或速度，如绝对式光电脉冲编码器、接触式码盘等。

计数型数字式传感器可以是任何一种脉冲发生器，所发生的脉冲数与输入量成正比，加上计数器就可对输入量进行计数，可用来检测通过输送带上的产品个数，也可用来检测执行机构的位移量。如增量式光电脉冲编码器和光栅传感器等。

简单的数字式传感器就是编码器，主要由编码和读码两部分所组成，其分辨率取决于码道的多少。编码器包括光栅、磁栅、感应同步器、球栅和容栅等栅式测量系统，都是应用了重复周期的结构设计。

表 22-2-48　**编码测量型传感器**

	分类依据	类型	特点
编码器的分类	读出方式	接触式	接触式采用电刷输出，电刷接触导电区或绝缘区来表示代码的状态是"1"还是"0"
		非接触式	非接触式的接受敏感元件是光敏元件或磁敏元件，采用光敏元件时以透光区和不透光区来表示代码的状态是"1"还是"0"
	检测原理	光学式	光电码盘与电动机同轴同速旋转，经发光二极管等电子元件组成的检测装置检测输出若干脉冲信号，脉冲的个数反映当前电动机的转速，还可根据码盘提供的相位相差 90°两路脉冲信号判断旋转方向。具有体积小、精度高、性能可靠性高、接口数字化等优点
		磁式	磁电式编码器通过磁感应器件、利用磁场的变化来产生和提供转子的绝对位置，利用磁器件代替了传统的码盘，弥补了光电编码器的一些缺陷，具有抗振、耐腐蚀、耐污染、性能可靠性更高、结构更简单、体积更小，精度更高等优点
		感应式	以磁场为基础并整合感磁原件，设计成非接触感测头来感应齿轮上的齿数，并以电路修正信号或分割信号处理成正弦波或方波。其特点有：无机械磨损；直接传动没有机构背隙；体积小；可用于恶劣环境；系统稳定性好
		电容式	采用等节距栅型结构，利用电容的电荷耦合方式将机械位移量转变成为电信号的相应变化量，其构成的测量仪器工作可靠、精度高、能耗低、重量轻、抗干扰性能强、抗振动、耐污染、功能多、运用方便
	测量方式	旋转型	用于测量旋转角度，关键部件是圆形的码盘。码盘根据用途和成本的需要，可由金属、玻璃和聚合物等材料制作，其原理是在运动过程中产生代表运动位置的数字化的光学信号。分辨率以每转脉冲数表示
		直线型	用于测量直线尺寸，关键部件是直尺形的码尺。码尺同样可以由金属、玻璃和聚合物等材料制作，其原理是在运动过程中产生代表运动位置的数字化的光学信号。分辨率以栅距表示
	刻度方法及信号输出形式	增量式	增量式编码器是将位移转换成周期性的电信号，再把这个电信号转变成计数脉冲，用脉冲的个数表示位移的大小
		绝对式	绝对式编码器的每一个位置对应一个确定的数字码，只与测量的起始和终止位置有关，而与测量的中间过程无关 绝对编码器一般选用串行输出或总线型输出
编码器的结构与工作原理	旋转型光电编码器		光电脉冲编码器的结构如图(a)所示。在一个圆盘(一般用真空镀膜的玻璃圆盘)的圆周上刻有间距相等的细密线纹，分为透明和不透明部分，称为圆盘形主光栅。主光栅与转轴一起旋转。在主光栅刻线的圆周位置，与主光栅平行地放置一个固定的指示光栅，它是一小块扇形薄片，制有 3 个狭缝。其中两个狭缝在同一圆周上相差 1/4 节距(称为辨向狭缝)，另外一个狭缝称为零位狭缝，主光栅转一周时，由此狭缝发出一个脉冲。在主光栅和指示光栅两边，与主光栅垂直的方向上固定安装有光源、光电接收元件。此外，还有用于信号处理的印制电路板。光电脉冲编码器通过十字连接头与伺服电动机相连，它的法兰盘固定在电动机端面上，罩上防护罩，构成一个完整的检测装置 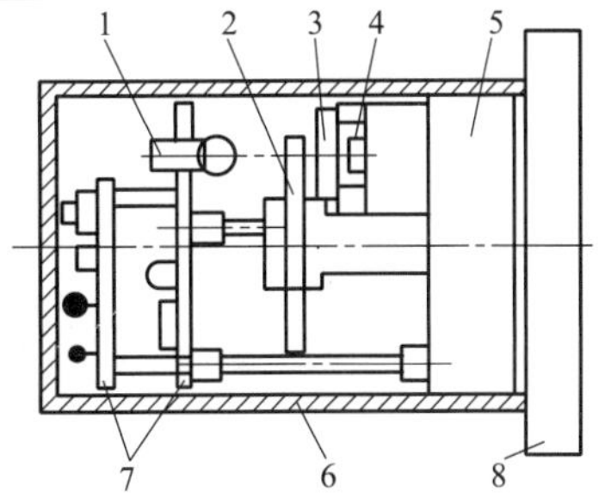 图(a)　光电脉冲编码器的结构 1—光源；2—圆光栅；3—指示光栅；4—光电池组；5—机械部件；6—护罩；7—印制电路板；8—法兰盘

续表

<table>
<tr>
<td rowspan="3">编码器的结构与工作原理</td>
<td>旋转型光电编码器</td>
<td>
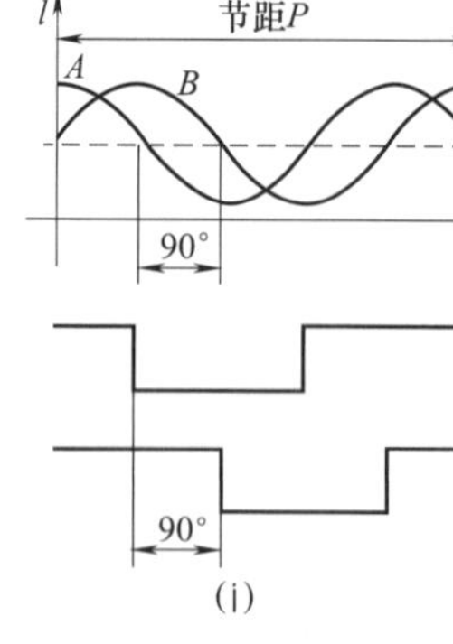

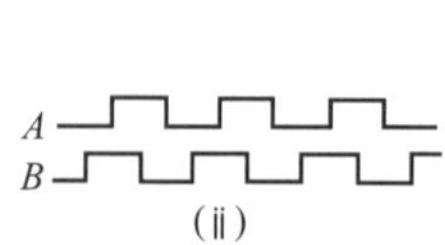

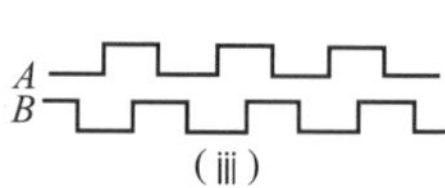

图(b)　光电脉冲编码器的输出波形
当圆光栅旋转时，光线透过两个光栅的线纹部分，形成明暗相间的条纹。光敏元件接收这些明暗相间的光信号，并转换为交替变化的电信号。该信号为两组近似于正弦波的电流信号 A 和 B，A 信号和 B 信号相差 90°，经过放大和整形变成方波，如图(b)所示
通过两个光栅的信号，还有一个“一转脉冲”(一转发出一个脉冲)，称为 Z 相脉冲。该脉冲也是通过上述处理得来的，Z 相脉冲用来产生机床的基准点，该脉冲以差动形式 Z 和 $\overline{Z}$(Z 的反相)输出。由图(b)中(ⅰ)可知，根据信号 A 和 B 的发生顺序，即可判断光电编码器轴的正反转。如 A 相超前于 B 相，对应为正转，如图(b)中(ⅱ)所示；若 B 相超前于 A 相，则为反转，如图(b)中(ⅲ)所示，利用这一相位关系来判断方向
在应用时，从光电脉冲编码器输出的 A 相和经反相后的 $\overline{A}$ 以及 B 相和经反相的 $\overline{B}$ 4 个方波被引入位置控制回路，经辨向和乘以倍率后，形成代表位移的测量脉冲，经频率-电压变换器变成正比于频率的电压，作为速度反馈信号，供给速度控制单元，进行速度调节。光电脉冲编码器的输出信号 A、$\overline{A}$、B 和 $\overline{B}$ 为差动信号。差动信号大大提高了传输的抗干扰能力
</td>
</tr>
<tr>
<td>直线型光电编码器</td>
<td>
直线光电编码器可理解为将旋转编码器的编码部分由环形拉直而演变成直尺形。因此，也称为光栅尺位移传感器(光栅尺传感器)。它是利用光栅的光学原理工作的测量反馈装置。光栅尺按照制造方法和光学原理的不同，分为透射光栅和反射光栅。光栅尺经常应用于闭环伺服系统直线位移的检测，其测量输出的信号为数字脉冲，具有检测范围大、检测精度高、响应速度快的特点。直线光电编码器同样可制作为增量式和绝对式
直线增量式编码器的工作原理如图(c)所示。图中可以看到光源经透镜形成平行光束，经过 5 个指示光栅(又称扫描光栅、定光栅)照射到标尺光栅(又称主光栅、动光栅)上。这里的指示光栅与前面介绍的旋转编码器中挡板的作用相同，可以制作为一个整体。透过光栅组合的光线在对应的光电器件上产生 A、B 和零位等 5 个信号，可以和旋转编码器一样，利用这些信号产生方向信号和倍频细分信号
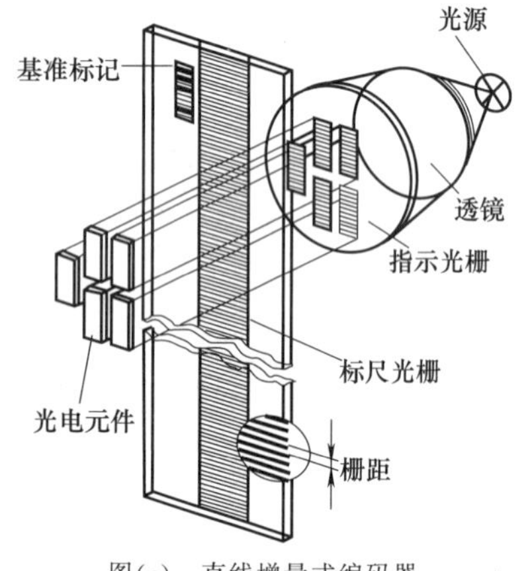

图(c)　直线增量式编码器
</td>
</tr>
<tr>
<td>光栅</td>
<td>
直线编码器光栅组合中挡板或指示光栅的栅线与主光栅的栅线是平行的，这在一些编码器的设计中也确实如此。如果两组栅线不平行会产生什么后果呢？这就是光栅检测要讨论的问题
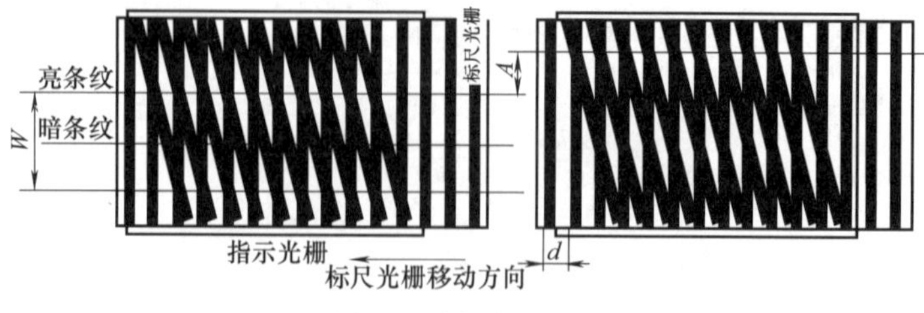

图(d)　光栅检测原理
</td>
</tr>
</table>

续表

<table>
<tr><td rowspan="2">编码器的结构与工作原理</td><td>光栅</td><td>将两片具有相同栅距的光栅重叠，并使两组栅线之间形成一个很小的角度 θ，那么沿着与栅线近于垂直的方向上，即沿着主光栅(标尺光栅)的运动方向上就会产生平行的、明暗相间的莫尔条纹，亮纹由两片光栅的透光部分重叠而成，而暗纹则由遮光部分重叠而成。两条亮纹或两条暗纹之间的距离称为莫尔条纹的宽度。若以 W 表示条纹宽度，以 d 表示光栅的栅距，则有 $W=d/2\sin\theta/2\approx d/\theta$。式中 θ 以弧度计量。当 θ 很小时，莫尔条纹对栅距有很大的放大作用，因此，对位移也有同样的放大作用。对比图(d)左右两个图，可以发现：当主光栅移动很小的距离(图中约为半个栅距)，便导致莫尔条纹在与其运动方向垂直的方向上移动了一个较大的距离 A。显然，主光栅移动一个栅距 d，莫尔条纹的移动距离则是 W
应用莫尔条纹的第一个好处是可以用对莫尔条纹位移的测量代替对主光栅位移的测量。虽然得到的波形与前述方法得到的波形相同，但是因为莫尔条纹的位移量大，给指示光栅和光电器件的安装和定位带来了便利。例如可以在莫尔条纹的范围内，沿着栅线的方向按 $W/4$ 的间隔放置 4 个光电元件，那么它们输出信号的相位间隔为 90°；而由于 W 的距离较大，其安装和调整定位是比较宽松的
莫尔条纹的第二个好处是可以减少光栅制作局部误差的影响。因为莫尔条纹是由数十上百条栅线形成的，对莫尔条纹的测量是对其综合效果的测量，个别栅线的栅距误差、毛疵对整体测量的影响得到了淡化</td></tr>
<tr><td>磁栅</td><td>磁栅又称为磁尺，结构如图(e)所示。按照基体的形状，磁尺可以分为平面实体型磁尺、带状磁尺、线状磁尺和回转磁尺，前三种用于测量直线位移，后一种用于测量角位移
磁栅的工作原理是用录磁磁头将相等节距、同期变化的电信号记录到磁性标尺上，用它作为测量位移量的基准尺。在检测时，用拾磁磁头读取记录在磁性标尺上的磁信号，通过检测电路将位移量用数字显示出来或送至位置控制系统
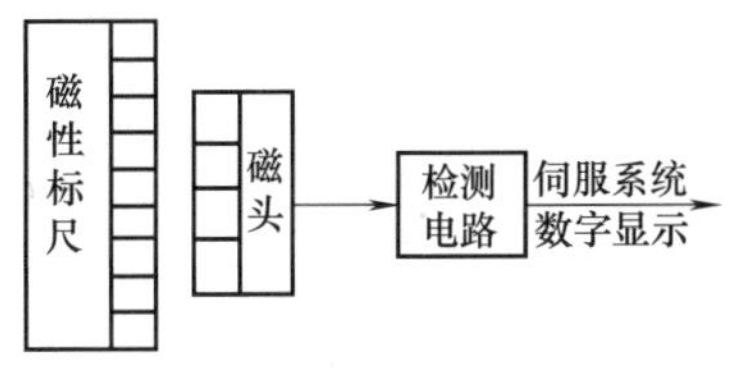

图(e)　磁尺结构
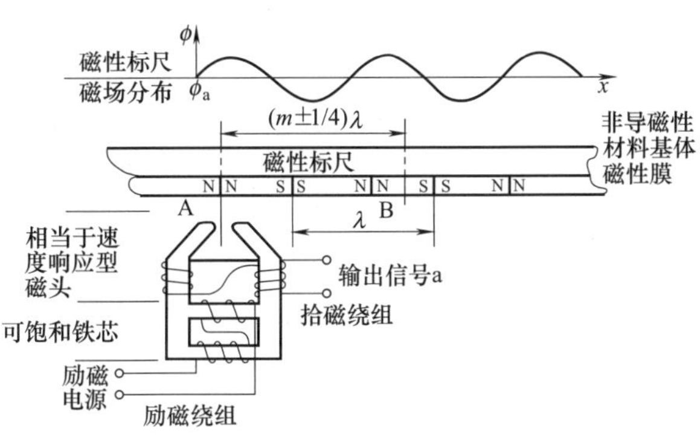

图(f)　磁通响应型拾磁磁头
磁头是进行磁-电转换的器件，磁通响应型拾磁磁头是利用可饱和铁芯的磁性调制器原理制成的，如图(f)所示。在普通录音磁头上加有励磁线圈的可饱和铁芯，用 5kHz 的励磁电流给该线圈励磁，产生周期性正反向饱和磁化。当磁头靠近磁尺时，磁通在磁头气隙处进入铁芯闭合，被 5kHz 励磁电流产生的磁通调制，在线圈中得到该励磁电流的二次调制波电动势输出。磁头输出信号的幅值是位移的函数，只要测出该电动势过零的次数，就可以知道位移的大小。为了辨别磁头的移动方向，通常采用间距为 $(m+1/4)\lambda$ 的两组磁头($m=1,2,3,\cdots$)，并使用两组磁头的励磁电流相位相差 45°，这样两组磁头输出电势信号的相位相差 90°，则输出电压分别为
$$e_1=E_0\sin\frac{2\pi x}{\lambda}\sin\omega t$$
$$e_2=E_0\cos\frac{2\pi x}{\lambda}\sin\omega t$$
其中，E_0 为系数，λ 为磁尺上磁化信号节距，x 为磁头在磁尺上的位移量，ω 为励磁电流的倍频，e_1 和 e_2 是相位相差 90°的两列脉冲
使用单个磁头输出信号小，而且对磁性标尺上磁化信号的节距和波形精度要求高，所以实际上，总是将几十个磁头以一定方式串联，构成多间隙磁头使用
磁栅检测电路包括磁头励磁电路、读取信号的放大、滤波及辨向电路、细分内插电路、显示及控制电路等各个部分</td></tr>
</table>

续表

编码器的结构与工作原理	磁栅	图(g)所示为磁栅相位检测系统的一种原理框图。由脉冲发生器发出的 400kHz 脉冲列经 80 分频，得到 5kHz 的励磁信号，再经带通滤波器变成正弦波后分成两路，一路经功率放大器送到第一组磁头的励磁线圈，另一路经 45°移相，后由功率放大器送第二组磁头的励磁线圈。从两组磁头读出信号（e_1 和 e_2），由求和电路求和，即得相位随位移 x 而变化的合成信号。该信号经放大、滤波整形后变成 10kHz 的方波，再与一相励磁信号（基准相位）经鉴相以及细分内插的处理，即可得到分辨率为 5μm 的位移测量脉冲。该脉冲可送至显示计数器或位置控制回路 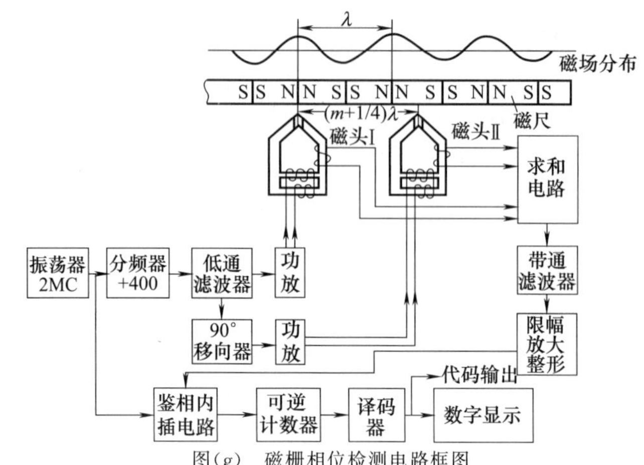 图(g)　磁栅相位检测电路框图

绝对式编码器的性能指标	型　号	GSB14—B	JX65　14	JX110—16
	编码范围	0～360°		
	分辨力	$360°/2^{14}=80''$		$360°/2^{16}=20''$
	精度	±30″	±80″	±30″
	外形尺寸	ϕ130mm×110mm	ϕ76mm×62mm	ϕ110mm×100mm
	轴径		ϕ6mm	ϕ8mm
	移动力矩	<0.002N·m	<0.001N·m	<0.015N·m
	允许转数	$60/(°)\cdot s^{-1}$	200r/min	15r/min
	质量	2kg	600g	800g
	电源	DC4V、5V 及 20～30V	DC12V±5%　200mA	
	工作温度/℃	－30～＋50	－40～＋55	－30～＋45

增量式编码器的技术参数		型　号	ZG60	ZG100	LEC
		输出脉冲/r^{-1}	200/256/360/500/512/600/700/1000/1024/1200/1270/1500/1800/2000/2048/2500/3300/3600/4096/5000	3600/4096/5000/6000/6480/7200/8192/10000/10800	20/25/30/40/50/90/100/125/150/200/250/300/360/400/500/512/600/800/1000/1024/1200/1500/1600/1800/2000/2045/2500
	电器参数	输出信号	两种正弦波和一路基准三角波	两路正弦波和一路基准三角波	三路方波
		电源	DC5V±5% 2000mA	DC5V±5% 550mA	DC5V±5% 150mA
		输出方波电压/V	高≥4.7 低≤0.2	高≥4.7 低≤0.2	高≥3.5 低≤0.5
		精度	±1/2(Bit)	±20″～±30″	
		光源	微型白炽灯	白炽灯	发光二极管
		响应频率/kHz	100	50～100	
	机械参数	最高容许转数/$r\cdot min^{-1}$	3500	2500	5000
		转动惯量/$g\cdot cm^2$	22	400	35
		轴的容许负荷/kg	轴向 1 径向 2～4	轴向 1～2 径向 2～4	轴向 1 径向 2

续表

增量式编码器的技术参数	机械参数	启动力矩(20℃)/N·m	0.001	0.0015	0.003
		质量/kg	0.4	1.7	0.35
		外径×总长/mm	φ60×71	φ100×112	φ66×68
		轴径/mm	φ6	φ8	φ5
		振动/g	4～6	4	2(10～200Hz)
		冲击/g	20	15～20	100(6ms 2 次)
	环境参数	工作环境相对湿度	90%max	90%max	
		工作温度范围/℃	−30～+50	−25～+50	−10～+60
		保存温度范围/℃	−50～+80	−50～+80	−20～+60

	项　　目	参　　数	项　　目	参　　数
国外RD型光电编码器的参数	发光元件	GaAs 发光二极管	允许最高转速	6000r/min
	受光元件	光敏三极管	启动转矩	≤10gf·cm(0.1N·cm)
	电源	5V、250mA	最高响应频率	200kHz
	二相波形相位差	90°	每转产生的脉冲数	1000～5400
	零信号	1P/r	最高响应旋转速度	200kHz 脉冲数/转
	输出信号电平	“1”时 1.5V±0.5V “0”时 0～0.4V	质量	约 620g
	信号积累误差	<±P/5	使用环境温度	0～50℃

2.2.4.14　气敏传感器

表 22-2-49　　　　气敏传感器类型

原理及分类

气敏传感器也称为气体传感器，是指能够将气体信息变成电信号的装置，可用来测量气体类型、浓度和成分。根据工作原理分为电学类(包括电阻式和非电阻式)、光学类(红外吸收式、可见光吸收光度式、光干涉式、电量式、离子电极式)及其他类型(高分子式、谐振式、气相色谱法)。按照气敏特性分为半导体式、固体电解质式、电化学式、接触燃烧式、光学式和热导式等类型。主要的气敏元件类型如表 1 所示。

表 1　主要的气敏元件类型

名称	检测原理、现象		具有代表性的气敏元件及材料	检测气体
半导体气敏元件	电阻型	表面控制型	SnO_2、ZnO、In_2O_3、WO_3、V_2O_3、ZrO_2、有机半导体、金属酞菁、蒽	可燃性气体、CO、$C-Cl_2F_2$、NO_2、NH_3 等
		体控制型	γ-Fe_2O_3、α-Fe_2O_3、CoC_3、Co_3O_4、$La_{1-x}Sr_xCoO_3$、TiO_2，CoO、CoO-MgO、Nb_2O_5、$ZnSnO_4$、BaO_2、SnInO 等	可燃性气体 O_2、CO(空燃比)NO_x、氯气
	非电阻型	二极管整流作用	Pd/CdS、Pd/TiO_2、Pd/ZnO、Pt/TiO_2、Au/TiO_2、Pd/MOS、Pt-SiO_2-SiC	H_2、CO、SiH_4、丙烷、丁烷
		FET 气敏元件	以 Pd、Pt、SnO_2 为栅极的 MOSFET	H_2、CO、H_2S、NH_3 等
		电容型	Pb-$BaTiO_3$、CuO-$BaSnO_3$、CuO-$BaTiO_3$，铝阳极氧化膜、钽阳极氧化膜等	CO_2、H_2O
固体电解质气敏元件	电池电动势		CaO-ZrO_2、Y_2O_3-ZrO_2、Y_3O_3-ThO_2、LaF_3、KAg_4I_5、$PbCl_2$、$PbBr_2$、K_2SO_4、Na_2SO_4、β-Al_2O_3、$LiSO_4$-Ag_2SO_4、K_2CO_3、$Ba(NO_3)_2$、$SrCa_{0.95}Yb_{0.05}O_3$、YST-Au-WO_3	O_2、卤素、SO_2、SO_3、CO_2、NO_x、H_2O、H_2、H_2S
	混合电位		CaO-ZrO_2、$Zr(HPO_4)_2nH_2O$、有机电解质 NASICON($Na_3Zr_2Si_2POl_2$)	CO、H_2、CO_2
	界限电流		CaO-ZrO_2、YF_2、LaF_3、SrF_2 透气膜、$Ag_{0.4}Na_2(AlSi_4)_6(NO_3)_2$	O_2、F_2H_2S、NO_2
	短路电流		$Sb_2O_3\cdot nH_2O$、NH+4-Ca_2O_3	H_2、NH_3

续表

	名称	检测原理、现象	具有代表性的气敏元件及材料	检测气体
原理及分类	接触燃烧式	燃烧热(电阻)	Pt丝+催化剂(Rh、Pd、Pt-Al_2O_3、CuO)	可燃性气体
	电化学式	恒电位电解电流	气体透过膜+贵金属阴极+贵金属阳极	CO、NO_x、H_2S、SO_2、O_2
		原电池式(伽伐尼电池式)	气体透过膜+贵金属阴极+贱金属阳极	O_2、NH_3、H_2S、毒性气体
	其他类型	高分子型(电阻式、电容式、石英振子式、声表面波(SAW)式) 红外吸收型、石英振荡型、光导纤维型、热传导型、异质结型、电子鼻等		

性能指标

气敏传感器的参数与特性主要有灵敏度、响应时间、选择性、稳定性等

①灵敏度。标志着气敏元件对气体的敏感程度,决定了测量精度。它一般用气敏元件的输出变化量(如电压变化量ΔU)与气体浓度的变化量ΔP之比来表示,用S_g表示;另一种表示方法,即气敏元件在空气中的输出量(U_o)与在被测气体中的输出量(U_g)之比,用K_g表示

$$S_g=\frac{\Delta U}{\Delta P}$$

$$K_g=\frac{U_o}{U_g}$$

②响应时间。表示气敏元件对被测气体浓度的反应速度。是指从气敏元件与被测气体接触,到其输出值达到某一规定值所需要的时间

③选择性。也称为交叉灵敏度,是指在多种气体共存的条件下气敏元件区分气体种类的能力

④稳定性。当气体浓度不变而其他条件发生变化时,在规定的时间内气敏元件输出特性维持不变的能力,即对于气体浓度外各种因素的抵抗能力。稳定性取决于零点漂移和区间漂移

半导体电阻式气敏传感器 — 表面电阻控制型气敏传感器 — SnO_2系气敏元件

以SnO_2为基础材料制备的气敏元件具有以下特点:工作温度低,最佳工作温度在300℃以下,延长了加热器与气敏元件的使用寿命;在一般检测范围内(被测气体浓度为10^2~10^4ppm),电阻率变化范围宽,输出信号强,信号处理方便,有利于检测精度的提高

当SnO_2元件与被测还原性气体(如H_2、CO气体)接触时,吸附氧与被测气体发生反应,使被氧束缚的n个电子释放出来,晶体表面电导增加,使器件电阻减小,即

$$O_{ad}^{n-}+H_2 \rightarrow H_2O+ne$$

$$O_{ad}^{n-}+CO \rightarrow CO_2+ne$$

①烧结型SnO_2气敏元件。烧结型SnO_2气敏元件主要用于检测可燃的还原性气体,工作温度约为300℃。直热式SnO_2气敏元件的结构、图形符号如图(a)所示,由芯片(包括敏感体和加热器)、基座和金属防爆网罩组成

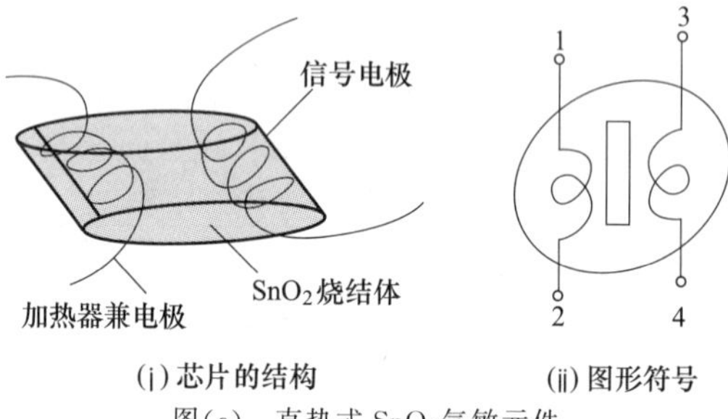

图(a) 直热式SnO_2气敏元件

特点:气敏元件结构简单、成本低廉,但其热容量小、易受环境气流影响、稳定性差

②旁热式SnO_2气敏元件。其结构如图(b)所示,此结构的气敏元件是目前市售量最大的SnO_2系气敏元件。

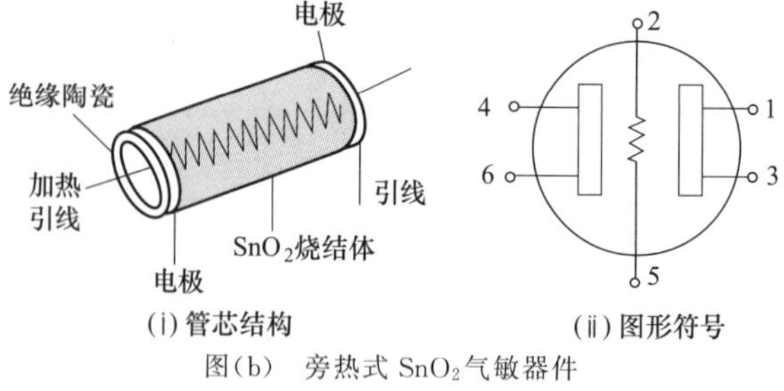

图(b) 旁热式SnO_2气敏器件

续表

<table>
<tr>
<td rowspan="2">半导体电阻式气敏传感器</td>
<td rowspan="2">表面电阻控制型气敏传感器</td>
<td>SnO_2系气敏元件</td>
<td>管芯的测量电极与加热器分离，避免了相互干扰；且元件的热容量较大，减少了环境温度变化对敏感元件特性的影响；其可靠性和使用寿命都优于直热式 SnO_2 气敏元件
③厚膜型 SnO_2 气敏元件。厚膜型 SnO_2 气敏元件结构如图(c)所示，通常由基片、加热器和气体敏感层三个主要部分组成
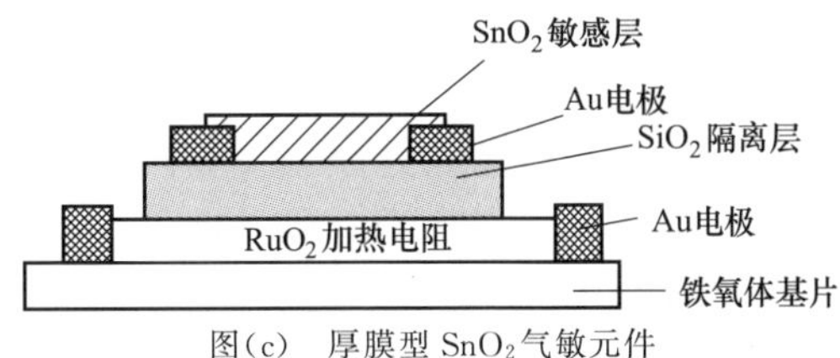

图(c)　厚膜型 SnO_2 气敏元件
其力学强度和一致性都较好，特别是可与厚膜混合集成电路具有较好的工艺相容性，能与阻容元件制作在同一基片上构成具有一定功能的器件
④薄膜型 SnO_2 气敏元件。薄膜型 SnO_2 气敏元件的结构如图(d)所示。其敏感层具有很大的比表面积，自身活性较高，本身气敏性很好，工作温度较低(约为 250℃)。此气敏元件对乙醇气体的灵敏度很高，而对丁烷气体不灵敏
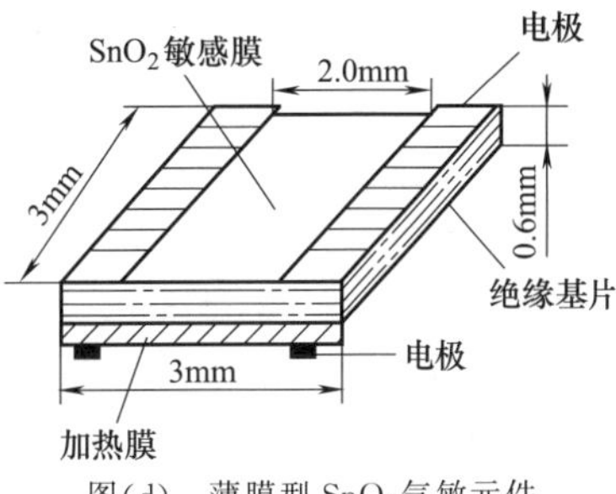

图(d)　薄膜型 SnO_2 气敏元件</td>
</tr>
<tr>
<td>ZnO系气敏元件</td>
<td>ZnO 半导体中存在过剩的 Zn 离子，在大气中能吸附氧分子，氧离子会夺取半导体的电子，使其电阻值上升。若遇到还原性气体，催化剂促进还原性气体与氧进行反应，还原性气体被氧化，吸附的氧离子脱离半导体，半导体的电阻将下降
①ZnO 薄膜气敏元件。ZnO 薄膜气敏元件结构如图(e)所示，该气敏元件对乙醇具有较好选择性。ZnO 酒精敏感元件的工作电压为 1～6V，工作温度为 320℃，响应时间小于 10s。当乙醇蒸气浓度为 75ppm 时，灵敏度 $R_a/R_g>6$
图(e)　ZnO 薄膜气敏元件
②ZnO 氟利昂气敏元件。在 ZnO 中添加由钒-铂-铝组成的三元复合催化剂后，对氟氯烃气体有较高灵敏度，可以用来检测大气中氟氯烃气体的浓度。ZnO 氟利昂气敏元件的相对灵敏度如图(f)所示，其中以它对 CO 的灵敏度作为基准(定为 1.0)
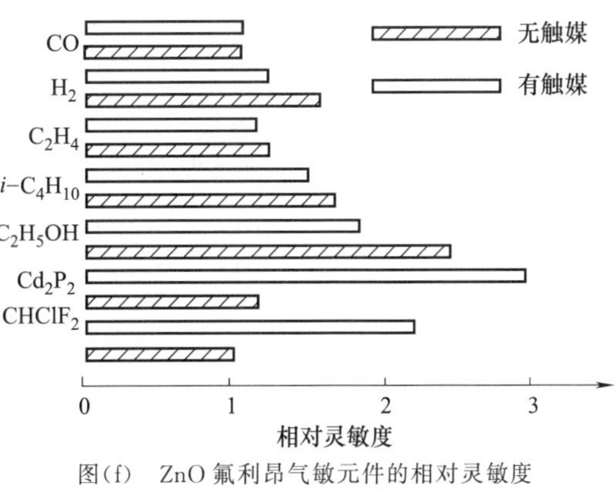

图(f)　ZnO 氟利昂气敏元件的相对灵敏度</td>
</tr>
</table>

续表

半导体电阻式气敏传感器 — 表面电阻控制型气敏传感器 — WO_3系气敏元件

WO_3系气敏元件对H_2、N_3H_4、NH_3、H_2S及碳氢化合物等气体都很敏感。WO_3元件对各种气体的检测情况见表2

表2 WO_3元件对各种气体的检测情况

检测气体	气体浓度/$\mu L \cdot L^{-1}$	灵敏度/s
H_2S	10	22
H_2	1000	2.7
CO	1000	2.4
CH_4	1000	2.3
C_4H_{10}	1000	2.6
C_2H_5OH	400	17

半导体电阻式气敏传感器 — 体电阻控制型气敏传感器

体电阻控制型气敏传感器是指材料的体电阻随某气体的浓度发生变化的元件

Fe_2O_3系气敏元件

由Fe_2O_3、ABO_3型化合物材料制成的气敏元件都属于体电阻控制型，它们通过与气体反应，其体组成或价态发生变化，从而使其电导率发生变化

①γ-Fe_2O_3气敏元件。电阻型气敏元件的测试原理如图(g)中的(ⅰ)所示。其中一路用V_H提供加热，一路气敏电阻与输出电阻R_L串联。当温度恒定后，先测量清洁空气中气敏元件阻值为R_0时的输出电阻V_O，再测出不同气体浓度时R_g稳定后的输出电压，通过气体浓度与输出电压的曲线即可分析气敏元件的灵敏度

γ-Fe_2O_3气敏元件的特性曲线如图(g)中的(ⅱ)所示，该气敏元件对丙烷(C_3H_8)和异丁烷(i-C_4H_{10})的灵敏度较高，因为它们是液化石油气(LPG)的主要成分，因此，γ-Fe_2O_3气敏传感器又可称为"城市煤气传感器"

γ-Fe_2O_3气敏元件需要在较高温度(400～420℃)下工作

(ⅰ) 电阻型气敏元件的测试原理图

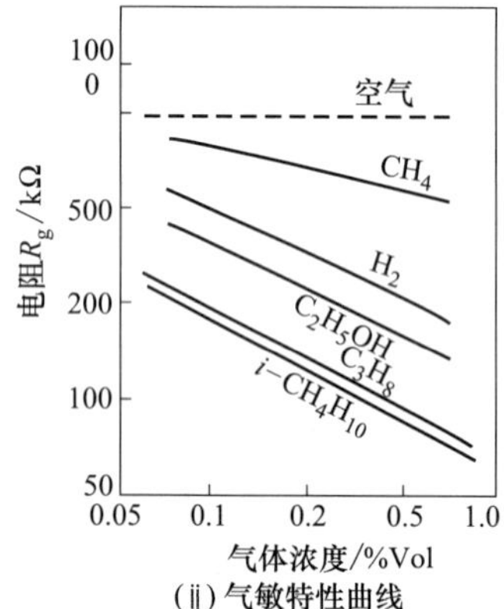

(ⅱ) 气敏特性曲线

图(g) γ-Fe_2O_3气敏元件的特性测试

V_H—加热电压；V_C—测量回路电压；R_L—取样电阻

②α-Fe_2O_3气敏元件。α-Fe_2O_3传感器的电阻值R_g对多种烷类在1000～10000μL/L浓度范围内有如下关系

$$R_g \propto C^{-n}$$

式中，C是气体浓度；n是与不同气体有关的常数

α-Fe_2O_3气敏传感器的阻值随温度和气体种类变化。在被测气体浓度为2000μL/L时，R_g随环境温度上升而下降，β_T可以表示为

$$\beta_T = -\lg \frac{R_g(2000\mu L/L, T_1)}{R_g(2000\mu L/L, T_2)} / (T_2 - T_1)$$

式中，$R_g(T_1)$、$R_g(T_2)$分别是在被检测气体中温度为T_1、T_2时的电阻值

气敏性也会随湿度而变化。一般规定40℃、2000ppm浓度的被测气体，低湿35%RH和高湿95%RH的阻值R_S之比为湿度系数，以β_H表示

$$\beta_H = \frac{R_s(2000\mu L/L, 35\%RH)}{R_s(2000\mu L/L, 95\%RH)}$$

图(h)为α-Fe_2O_3气敏器件的初期稳定性及响应特性曲线

续表

半导体电阻式气敏传感器	体电阻控制型气敏传感器	Fe_2O_3系气敏元件	图(h)　α-Fe_2O_3气敏器件初期稳定性和响应特性曲线
	多层薄膜及复合型气敏传感器		① 多层薄膜气敏传感器。采用多层薄膜的气敏传感器可实现对气体选择性检测。多层薄膜气敏传感器结构如图(i)所示，基底玻璃上第一层是 $Fe_2O_3+TiO_2$ 复合导电层，第二层是 SnO_2 或 WO_3 敏感层，其次是电极 Pt 若用 SnO_2 薄膜，则对 H_2 和 CO 灵敏度高；若用 WO_3 薄膜，则对异丁烷灵敏度高；若用 SnO_2-Fe_2O_3，SnO_2-TiO_2-Fe_2O_3 等双层或三层气敏薄膜材料制成旁热式传感器，则对乙醇有很高的灵敏度与选择性 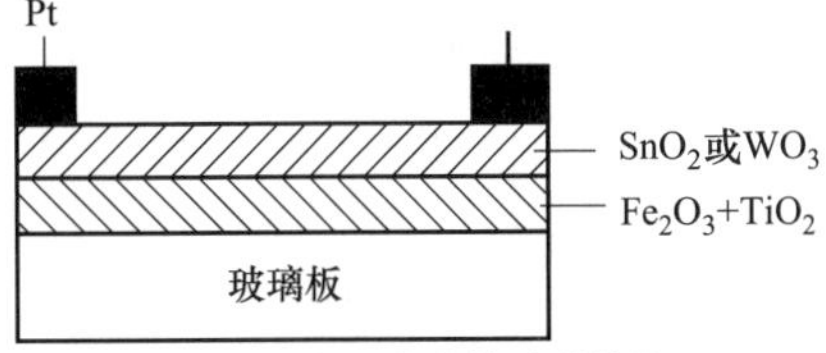 图(i)　多层薄膜传感器结构 ② 混合型厚膜气敏传感器。在陶瓷基片上，用印刷技术集成的混合型厚膜气敏元件的典型结构如图(j)所示。分为三种金属氧化物半导体材料敏感膜：测 CH_4 的 SnO_2 膜、测 CO 的 WO_3 膜、测 C_2H_5OH 的 $LaNiO_3$ 膜 优点是：可通过不同敏感膜对气体进行选择性检测；易实现元件敏感膜和加热器的集成化；可制作成小型化、低电压工作的器件；温度特性好；易于组装；成本低、易于批量生产 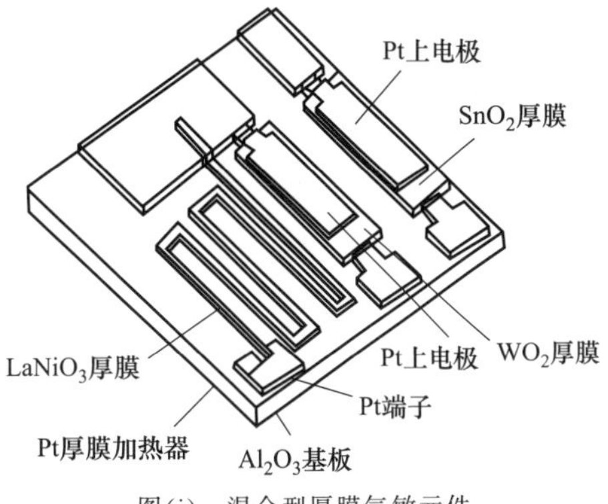 图(j)　混合型厚膜气敏元件
结型气敏传感器	结型二极管式、MOS 二极管式及场效应管式气敏传感器都属于非电阻式半导体气敏传感器，其电流或电压随着气体含量而变化，主要用于检测氢和硅烷气等可燃性气体		
	MOS二极管气敏元件		MOS 二极管气敏元件结构如图(k)中(ⅰ)所示。MOS 二极管气敏元件是在 P 型硅上集成一层二氧化硅(SiO_2)层，在氧化层上蒸发一层钯(Pd)金属膜作电极 MOS 二极管气敏元件等效电路如图(k)中(ⅱ)所示，氧化层(SiO_2)电容 Ca 固定不变，而硅片与 SiO_2层电容 C_S 是外加电压的功函数，因此传感器总电容 C 也是偏压的函数，MOS 二极管的等效电容 C 随偏压 U 变化 C-U 特性曲线如图 k 中(ⅲ)所示。由于金属钯(Pd)对氢气(H_2)特别敏感，当 Pd 电极有氢气吸附时，Pd 的功函数下降，使 MOS 管 C-U 特性向左平移。利用这一特性可测定氢气浓度

续表

结型气敏传感器	MOS二极管气敏元件	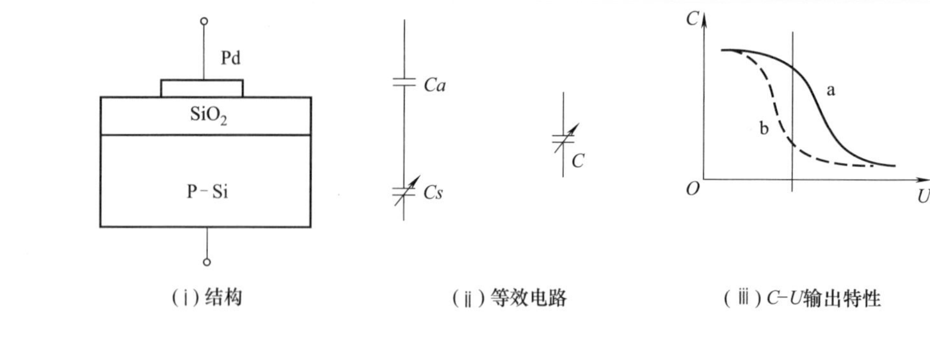 图(k)　MOS二极管气敏元件
	MOSFET气敏元件	钯(Pd)-MOSFET 管结构如图(l)所示，MOSFET 管工作原理如图(m)所示。当加正向偏压 $U_{GS}>U_T$ 时，MOSFET 进入工作状态，若在 S-D 间加漏源电压 U_{DS}，*S-D* 间则有电流 I_{DS}流过，I_{DS}随 U_{DS}和 U_{GS}变化 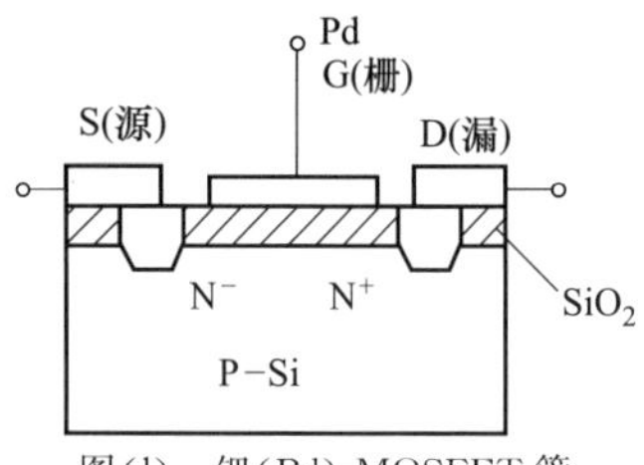 图(l)　钯(Pd)-MOSFET 管 阈值电压与漏源电流关系特性如图(n)中的曲线 *a* 所示。氢气扩散到钯-硅介质边界时形成电偶层，使 MOS 场效应管的阈值 U_T下降，特性曲线左移，如图(n)中曲线 *b* 所示。Pd-MOSFET 器件就是利用 H_2在钯栅电极吸附气体后改变功函数使 U_T下降，在栅源电压 U_{GS}不变时，由气体变化改变漏源电流实现氢气浓度检测  图(m)　MOSFET 管正偏压连接　　图(n)　MOSFET 管的输入特性
	肖特基二极管气敏元件	利用金属和半导体接触的界面会形成肖特基势垒，构成金属-半导体二极管。当金属与半导体界面处吸附某种气体时，气体将影响半导体的禁带宽度或使金属的功函数降低，使整流特性发生变化，即电流变化。在同样正向偏压条件下，H_2气体浓度增大，正向电流增大，输出负载上电压增大。测试电流或电压就可检测 H_2气体浓度
浓差电池式气敏传感器	O_2传感器	氧敏元件结构如图(o)中(ⅰ)所示。主体是稳定化致密的 ZrO_2固体电解质管状材料，内外两侧有多孔性金属电极；有圆圈处的元件截面微观原理结构如图(o)中(ⅱ)所示，在一定高温下，当稳定化 ZrO_2两侧氧浓度不同时，便会出现高浓度侧的氧通过 ZrO_2固体中的氧空位以 O^{2-}离子状态向低氧浓度一侧迁移，从而形成氧离子电导，使 ZrO_2显示出氧离子导电特性，并在固体电解质两侧电极上产生氧浓差电极 若稳定化 ZrO_2的离子迁移数为 1，产生的电动势 *E* 为 $$E=\frac{RT}{4F}\ln\frac{C_{PO_2}}{a_{PO_2}}$$ 式中，*R* 为气体常数[即 8.314J/(mol·K)]，*T* 为绝对温度，*F* 为法拉第常数(即 9.6485×10^4c/mol)，C_{PO_2}为高氧浓度(即阴极侧)氧含量，a_{PO_2}为低氧浓度(即阳极侧)氧含量

续表

<table>
<tr>
<td rowspan="2">浓差电池式气敏传感器</td>
<td>O_2传感器</td>
<td>

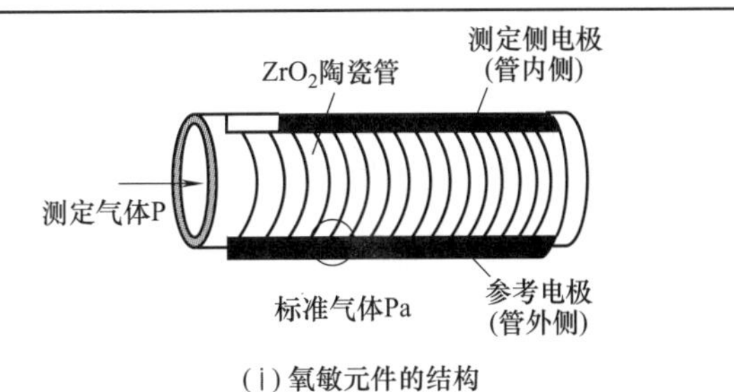

(ⅰ)氧敏元件的结构　(ⅱ)原理结构

图(o)　氧浓差电池式气敏传感器

</td>
</tr>
<tr>
<td>SO_2和H_2S传感器</td>
<td>

浓差电池式SO_2气敏传感器的结构如图(p)所示。固体电解质采用Li^+离子导体，即Li_2SO_4。如果在一侧流过已知浓度的SO_2，由电动势就可求得另一侧的SO_2浓度

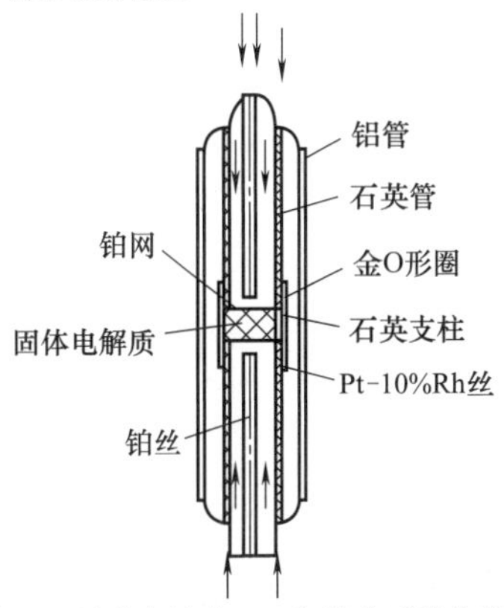

图(p)　浓差电池式SO_2气敏传感器的结构

当氧浓度高时，电动势E为

$$E=\frac{RT}{2F}\ln\frac{P''_{SO_4}P''^{1/2}_{SO_2}}{P'_{SO_2}P'^{1/2}_{O_2}}\approx\frac{RT}{2F}\ln\frac{P''_{SO_4}(in)}{P'_{SO_2}(in)}$$

式中，$P_{SO_2}(in)$是送入的SO_2的分压

以金、镍/钛复合氧化物为敏感电极和NASICON或YST-Au-WO_3固体电解质组成的硫化氢气敏传感器，平衡状态下敏感电极处的电极电位E_M为

$$E_M=E_0+nA\ln C_{O_2}-mA\ln C_{H_2S}$$

式中，C_{O_2}和C_{H_2S}为O_2和H_2S的浓度；E_0、n、m、A为常数

在320℃时对硫化氢的灵敏度为−72.4mV/decade，对5×10^{-6}和50×10^{-6}的硫化氢的响应时间分别为10s和4s，恢复时间分别为20s和40s，并且对硫化氢具有良好选择性、抗湿特性及快速的响应和恢复特性

</td>
</tr>
<tr>
<td>接触燃烧式气敏传感器</td>
<td>气敏元件结构及其工艺</td>
<td>

接触燃烧式气敏传感器的结构如图(q)所示，由敏感芯、陶瓷管、网状保护罩和引线组成

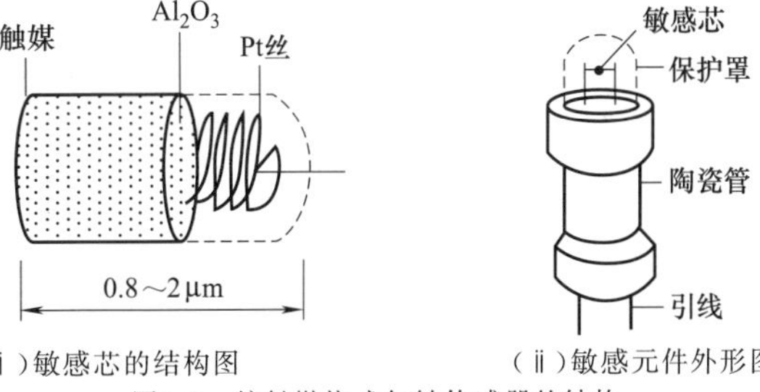

(ⅰ)敏感芯的结构图　(ⅱ)敏感元件外形图

图(q)　接触燃烧式气敏传感器的结构

</td>
</tr>
</table>

续表

接触燃烧式气敏传感器	检测原理	可燃性气体与氧接触会发生氧化反应，产生的反应热使作为温度敏感材料的铂丝温度升高，电阻值相应增大。测定铂丝电阻的变化值，可以检测出空气中可燃性气体的浓度 接触燃烧式气敏传感器的检测电路如图(r)所示。其中 F_1 是气敏元件，F_2 是补偿元件。当 F_1 与可燃性气体接触时，因剧烈的氧化作用而释放出热量，使得 F_1 的温度升高且电阻值增大，电桥不再平衡，并产生电位差 阻值变化与可燃性气体的浓度 m[%(vol)]的关系为 $$\Delta R_{F_1}=\alpha\Delta T=\alpha\frac{\Delta H}{C}=\alpha\beta\frac{Q}{C}m$$ 式中，α 为气敏元件的电阻温度系数；C 为气敏元件的热容量；Q 为可燃性气体的燃烧热；β 为由气敏元件上涂覆的催化剂决定的常数 电位差与可燃性气体的浓度成正比 $$U_{AB}=k\alpha\beta\frac{Q}{C}m$$ 式中，$k=U_{CD0}R_1/[(R_1+R_2)(R_{F_1}+R_{F_2})]$ 接触燃烧式气敏传感器的感应特性曲线如图(s)所示 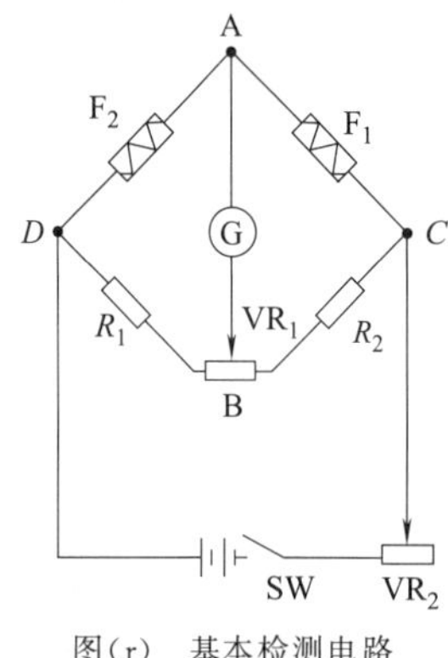 图(r)　基本检测电路 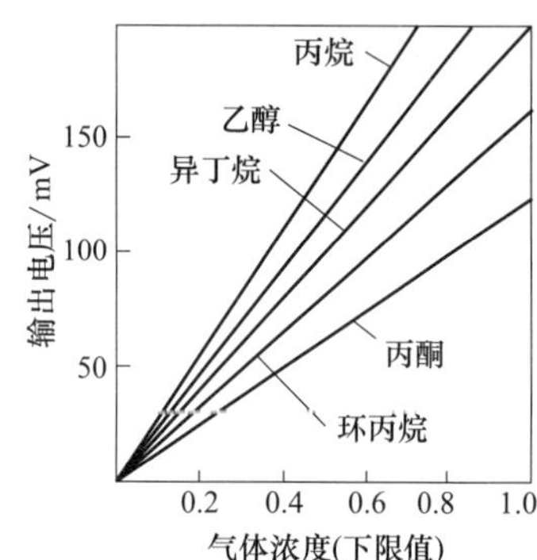 图(s)　接触燃烧式气敏传感器的感应特性曲线
	优点及特性	①其输出信号与可燃性气体的浓度成比例，具有良好的线性关系 ②除少数可燃性气体外，大多数可燃性气体的摩尔燃烧热(Q)与可燃性气体的爆炸下限浓度(m_0)的乘积(m_0Q)是一个常数。这样，与之配套的二次仪表设计制作都可以简化 ③在检测时不受空气中水蒸气的影响，因此可以作为定量检测元件
光学类气敏传感器	红外吸收式气敏传感器	①气体的红外吸收原理。红外吸收式气敏传感器是基于气体的吸收光谱随物质不同而异的原理制成。不同波长的红外辐射依次照射到样品气体，穿过气体时特征频率谱线的光能会被气体吸收，从而特征波长的辐射能被有选择地吸收而变弱，产生红外吸收光谱。同一种样品气体有不同浓度时，在同一吸收峰位置的吸收强度与浓度成正比，通过检测气体的红外吸收光谱便可确定气体的种类和浓度 如果摩尔分子吸收系数 $\alpha_M(\lambda)$、光和气体的作用长度(传感长度)L 已知，通过检测 I、I_0 就可以得到待检测气体浓度 C $$C=\frac{1}{\alpha_M(\lambda)L}\ln\frac{I_0}{I}$$ 式中，I_0 为入射红外光的频率强度 ②单通道红外吸收式气敏传感器。红外 CO_2 传感器探头结构如图(t)所示。由光源、测量槽、可调干涉滤光镜、红外光敏元件、光调制电路、放大系统等组成。红外光源采用镍铬丝，其通电加热后可发出 3～10μm 的红外线，其中包含了 4.26μm 处 CO_2 气体的强吸收峰 在气室中 CO_2 吸收光源发出特定波长的光，经探测器检测可显示出 CO_2 对红外线的吸收情况。可改变干涉滤光镜的通过光波波段，进而改变探测器可探测信号的强弱。红外探测器为薄膜电容器，吸收了红外能量后电容器腔内气体温度升高，导致室内压力增大，电容器两级间的距离就要改变，电容值随之改变。CO_2 气体的体积分数越大，电容值改变也就越大，通过检测电容值变化来检测红外线强度即可知 CO_2 气体的浓度 检测原理如图(u)所示，先由红外传感器将探测到的 CO_2 气体的体积分数转换成电信号，滤波电路提取电信号并输出到放大电路，经过单片机系统处理后输出，再送入显示电路以实现对 CO_2 气体体积分数的检测 ③双通道红外吸收式气敏传感器。电容麦克型双通道红外吸收式气敏传感器的结构如图(v)所示，包括两个构造形式完全相同的光学测量系统：一个是比较气室，室内密封着某种气体；另一个是测量气室，室内通入被测气体

续表

光学类气敏传感器	红外吸收式气敏传感器	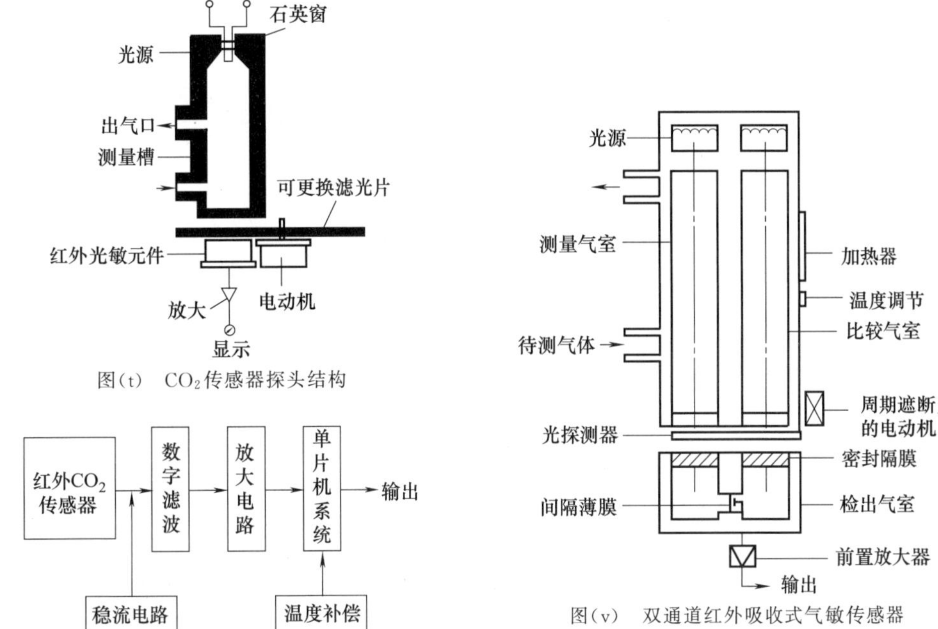 图(t)　CO_2传感器探头结构 图(u)　CO_2 检测原理 图(v)　双通道红外吸收式气敏传感器 当测量气室的红外光照射到被测气体时，不同种类的气体对不同波长红外光具有不同的吸收特性，同时同种气体在不同浓度下，对红外光的吸收量也彼此相异。通过检测测量气室和比较气室的红外光光谱、光强变化，测量出光量差值来确定被测气体的种类和浓度 由于两个光学系统以一定的周期开闭，光量差值以振幅形式输入到检测器；两种光量振幅的周期性变化被检出气室内气体吸收后可以变为温度的周期性变化，致使竖的间隔薄膜两侧的压力变化，最终以电容量的改变量输出至放大器
	光纤吸收式气敏传感器	①气体复折射率吸收原理。在光纤传感器设计中，用复数折射率来描述气体的吸收 $$E=E_0\exp(-k_0k_1)\exp i(\omega t-k_0n_{r_1})$$ 式中，$k_0=2\pi/\lambda$，λ 是光的波长，n_r是气体折射率的实部，k_1是气体折射率的虚部 气体浓度 C 为 $$C=\frac{1}{\alpha_M L}\ln\frac{I_0}{I}=2k_0k_1/(\alpha_M L)=4\pi k_1/(\lambda\alpha_M L)$$ 在被测气体的光吸收过程中，不同的气体物质有不同的吸收谱，决定了气体光吸收测量法的选择性和鉴别性，满足气体含量的唯一确定性，于是用光电探测器的输出表征被测气体的特性状态 ②实例——差分吸收式光纤传感器 基于DⅡ-180℃直角棱镜的差分气体吸收池的结构原理如图(w)所示 两个相同直角棱镜 D_1、D_2 的两个底面 F_1、F_2平行放置，构成吸收池，探测光束经输入光纤传送到基准装置，成为细平行光束，垂直入射到直角棱镜 D_1，由 D_1 反射后垂直入射到直角棱镜 D_2，又被 D_2 反射后再次垂直入射到 D_1，如此在 D_1、D_2 间多次往返，再由输出光纤输出 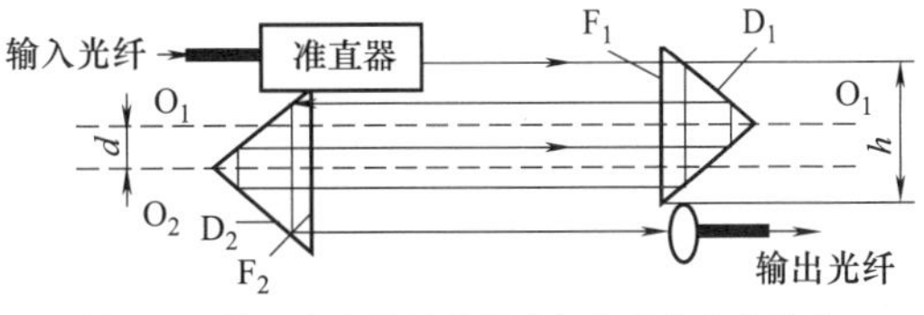 图(w)　基于直角棱镜的差分气体吸收池的结构 待测气体的浓度 $$c=\frac{1}{Nl_0[\alpha(\lambda)-\alpha(\lambda_r)]}\ln\frac{I_0(\lambda)I_{out}(\lambda_r)}{I_0(\lambda_r)I_{out}(\lambda)}=\frac{\delta_A}{Nl_0[\alpha(\lambda)-\alpha(\lambda_r)]}$$ 式中，δ_A为吸光度差 $$\delta_A=A-A_r=\ln\frac{I_0(\lambda)}{I_{out}(\lambda)}-\ln\frac{I_0(\lambda_r)}{I_{out}(\lambda_r)}$$ 式中，A 和 A_r分别为测量光束和参考光束的吸光度 让测量光束和参考光束一同经过吸收池后传送到光接收器，再由光分波器分别送到带前置放大器的探测器 1 和探测器 2，光信号被转换为电信号，经调理并被转换为数字信号，最后被单片机系统采集，单片机系统根据采集到的吸光度差算出气体浓度

表 22-2-50 **气敏传感器产品**

检测气体	检测浓度 /μL·L^{-1}	标准电路条件				标准测试条件下元件特性					标准测试条件		生产厂商
		回路电压 V_C /V	加热电压 V_H/V	加热时间 T_L/s	负载电阻 R_L	加热电阻 R_H/Ω	加热功耗 P_H/mW	敏感体表面电阻 R_S /kΩ	灵敏度 S	浓度斜率 α	温度、湿度	标准测试电路/V	
可燃气体、烟雾	300～10000（可燃气体）	≤24 DC	5.0±0.2 AC 或 DC	—	可调	31±3（室温）	≤900	2～20（2000 ppmCO）	Rs(空气)/Rs(100μL/L 异丁烷)≥5	≤0.6 ($R_{300\mu L/L}$/R_{100ppm} C_3H_8)	20℃±2℃；65%±5%RH	V_C：5.0±0.1；V_H：5.0±0.1	TELE SKY
一氧化碳	10～1000	≤10 DC	5.0±0.2 AC 或 DC（高） 1.5±0.1 AC 或 DC（低）	60±1（高） 90±1（低）	可调	31±3（室温）	≤350	2～20(100 ppmCO)	Rs(空气)/Rs(100μL/L CO)≥5	≤0.6 ($R_{3000ppm}$/$R_{1000ppm}$CO)	20℃±2℃；65%±5%RH	V_C：5.0±0.1；V_H(高)5.0±0.1；V_H(低)：1.5±0.1	
检测气体	量程	检测精度	工作电压 /VDC	工作电流 /mA	响应时间 /s	预热时间 /min	操作温度 /℃	操作压力 /100Pa	操作湿度 /%RH	输出	低限警报	高限警报	生产厂商
六氟化硫 (SF_6)	0～1000（0～100%TLV）	±2%FS	12～28 ±5%	70	<25	<2	−10～40	950～1050	0～95	Modbus ASCII via RS485 4～20mA/0～20mA 0～1V/0～2.5V	7%LEL（可设置）	14%LEL（可设置）	德国 smart GAS
一氧化碳 (CO)	0～20000 (SMC-COM)	±2%FS（标准型）	12～28 ±5%	70	<25	<2	−10～40	950～1050	0～95	Modbus ASCII via RS485 4～20mA/0～20mA 0～1V/0～2.5V	7%LEL（可设置）	14%LEL（可设置）	
二氧化碳 (CO_2)	0～5000(SMC-CDT) 0～2%(SMC-CDM) 0～20%(SMC-CDH)	±2%FS(标准型) ±1%FS(高精度型)	12～28 ±5%	70	<25	<2	−10～40	950～1050	0～95	Modbus ASCII via RS485 4～20mA/0～20mA 0～1V/0～2.5V	7%LEL（可设置）	14%LEL（可设置）	
甲烷 (CH_4)	0～4.4%	±2%FS(标准型) ±1%FS（高精度型）	12～28 ±5%	70	<25	<2	−10～40	950～1050	0～95	Modbus ASCII via RS485 4～20mA/0～20mA 0～1V/0～2.5V	7%LEL（可设置）	14%LEL（可设置）	

续表

检测气体	量程	检测精度	工作电压/VDC	工作电流/mA	响应时间/s	预热时间/min	操作温度/℃	操作压力/100Pa	操作湿度/%RH	输出	低限警报	高限警报	生产厂商
乙炔(C_2H_2)	0～2.3%(0～100%LEL)(SMC-AYL)	±2%FS(标准型) ±1%FS(高精度型)	12～28±5%	70	<25	<2	−10～40	950～1050	0～95	Modbus ASCII via RS485 4～20mA/0～20mA 0～1V/0～2.5V	7%LEL(可设置)	14%LEL(可设置)	德国smart GAS
丁烷(C_4H_{10})	0～1.4%(0～100%LEL)(SMC-BUL)	±2%FS(标准型) ±1%FS(高精度型)	12～28±5%	70	<25	<2	−10～40	950～1050	0～95	Modbus ASCII via RS485 4～20mA/0～20mA 0～1V/0～2.5V	7%LEL(可设置)	14%LEL(可设置)	
乙烯(C_2H_4)	0～1.4%(0～100%LEL)(SMC-EYL), 0～2000ppm(SMC- EYL)	±2%FS(标准型)	12～28±5%	70	<25	<2	−10～40	950～1050	0～95	Modbus ASCII via RS485 4～20mA/0～20mA 0～1V/0～2.5V	7%LEL(可设置)	14%LEL(可设置)	
丙烷(C_3H_8)	0～1.7%(0～100%LEL)(SMC-PAL)	±2%FS(标准型) ±1%FS(高精度型)	12～28±5%	70	<25	<2	−10～40	950～1050	0～95	Modbus ASCII via RS485 4～20mA/0～20mA 0～1V/0～2.5V	7%LEL(可设置)	14%LEL(可设置)	
六氟化硫(SF_6)	0～100ppm(0～100%TLV), 可定制 0～100%Vol	±2%FS	6.0±5%	70	<15(@0.5L/min)	<2	−10～40	950～1050	0～95	Modbus via UART,Open Collector(VA,HA,SysError)	7%LEL(可设置)	14%LEL(可设置)	
一氧化碳(CO)	0～20000ppm(SMF-COM), 0～10%(SMF-COH)	±2%FS(标准型)	5.0±5%	70	<5	<2	−10～40	950～1050	0～95	Modbus via UART,Open Collector(VA,HA,SysError)	7%LEL(可设置)	14%LEL(可设置)	

续表

检测气体	量程	检测精度	工作电压/VDC	工作电流/mA	响应时间/s	预热时间/min	操作温度/℃	操作压力/100Pa	操作湿度/%RH	输出	低限警报	高限警报	生产厂商
二氧化碳(CO_2)	0～5000ppm(SMF-CDT) 0～2%(SMF-CDM) 0～20%(SMF-CDH) 0～100%(SMF-CDX)	±2%FS(标准型) ±1%FS(高精度型)	5.0±5%	70	<5	<2	−10～40	950～1050	0～95	Modbus via UART,Open Collector(VA,HA,SysError)	7%LEL(可设置)	14%LEL(可设置)	德国smart GAS
甲烷(CH_4)	0～4.4%(0～100%LEL)(SMF-MAL) 0～100%(SMF-MAX)	±2%FS(标准型) ±1%FS(高精度型)	5.0±5%	70	<15(@0.5 L/min)	<2	−10～40	950～1050	0～95	Modbus via UART,Open Collector(VA,HA,SysError)	7%LEL(可设置)	14%LEL(可设置)	
乙炔(C_2H_2)	0～2.3%(0～100%LEL)(SMF-AYL)	±2%FS(标准型) ±1%FS(高精度型)	5.0±5%	70	<5	<2	−10～40	950～1050	0～95	Modbus via UART,Open Collector(VA,HA,SysError)	7%LEL(可设置)	14%LEL(可设置)	
丁烷(C_4H_{10})	0～1.4%(0～100%LEL)(SMF-BUL)	±2%FS(标准型) ±1%FS(高精度型)	5.0±5%	70	<15(@0.5L/min)	<2	−10～40	950～1050	0～95	Modbus via UART,Open Collector(VA,HA,SysError)	7%LEL(可设置)	14%LEL(可设置)	
乙烯(C_2H_4)	0～2.4%(0～100%LEL)(SMF-EYL), 0～2000ppm(SMF- EYT)	±2%FS(标准型)	5.0±5%	70	<5	<2	−10～40	950～1050	0～95	Modbus via UART,Open Collector(VA,HA,SysError)	7%LEL(可设置)	14%LEL(可设置)	
丙烷(C_3H_8)	0～1.7%(0～100%LEL)(SMF- PA L) 0～100%(SMF- PAX)	±2%FS(标准型) ±1%FS(高精度型)	5.0±5%	70	<15(@0.5L/min)	<2	−10～40	950～1050	0～95	Modbus via UART,Open Collector(VA,HA,SysError)	7%LEL(可设置)	14%LEL(可设置)	
六氟化硫(SF_6)	0～1000ppm(0～100%TLV)	±2%FS	6.0±5%	70	<25	<2	10～40	950～1050	0～95	Modbus via UART,Open Collector(VA,HA,SysError) TTL(Ok,VA,HA,Inc,Ex,Tox,SysError)	7%LEL(可设置)	14%LEL(可设置)	

续表

检测气体	量程	检测精度	工作电压/VDC	工作电流/mA	响应时间/s	预热时间/min	操作温度/℃	操作压力/100Pa	操作湿度/%RH	输出	低限警报	高限警报	生产厂商
一氧化碳(CO)	0～20000ppm(SM-COM)	±2%FS(标准型) ±1%FS(高精度型) 不适用于-COM	5.0 ±5%	70	<25	<2	10～40	950～1050	0～95	Modbus via UART, Open Collector(VA, HA, SysError) TTL(Ok, VA, HA, Inc, Ex, Tox, SysError)	7%LEL(可设置)	14%LEL(可设置)	德国 smart GAS
二氧化碳(CO_2)	0～5000ppm(SM-CDT) 0～2%(SM-CDM) 0～20%(SM-CDH)	±2%FS(标准型) ±1%FS(高精度型)	5.0 ±5%	70	<25	<2	10～40	950～1050	0～95	Modbus via UART, Open Collector(VA, HA, SysError) TTL(Ok, VA, HA, Inc, Ex, Tox, SysError)	7%LEL(可设置)	14%LEL(可设置)	
甲烷(CH_4)	0～4.4%(0～100%LEL)(SMF-MAL)	±2%FS(标准型) ±1%FS(高精度型)	5.0 ±5%	70	<25	<2	10～40	950～1050	0～95	Modbus via UART, Open Collector(VA, HA, SysError)	7%LEL(可设置)	14%LEL(可设置)	
乙炔(C_2H_2)	0～2.3%(0～100%LEL)(SM-AYL)	±2%FS(标准型) ±1%FS(高精度型)	5.0 ±5%	70	<25	<2	10～40	950～1050	0～95	Modbus via UART, Open Collector(VA, HA, SysError)	7%LEL(可设置)	14%LEL(可设置)	
丁烷(C_4H_{10})	0～1.4%(0～100%LEL)(SM-BUL)	±2%FS(标准型) ±1%FS(高精度型)	5.0 ±5%	70	<25	<2	10～40	950～1050	0～95	Modbus via UART, Open Collector(VA, HA, SysError)	7%LEL(可设置)	14%LEL(可设置)	
乙烯(C_2H_4)	0～2.4%(0～100%LEL)(SM-EYL), 0～2000ppm(SM- EYT)	±1%FS ±2%FS(标准型)	5.0 ±5%	70	<25	<2	10～40	950～1050	0～95	Modbus via UART, Open Collector(VA, HA, SysError)	7%LEL(可设置)	14%LEL(可设置)	
丙烷(C_3H_8)	0～1.7%(0～100%LEL)(SM- PAL)	±2%FS(标准型) ±1%FS(高精度型)	5.0 ±5%	70	<25	<2	10～40	950～1050	0～95	Modbus via UART, Open Collector(VA, HA, SysError)	7%LEL(可设置)	14%LEL(可设置)	

2.2.5　智能传感器

表 22-2-51　　智能传感器

定义	所谓智能传感器，就是带微处理器、兼有信息检测和信息处理功能的传感器。智能传感器的最大特点就是将传感器检测信息的功能与微处理器的信息处理功能有机地融合在一起。带微处理器包含两种情况：一种是将传感器与微处理器集成在一个芯片上构成单片智能传感器；另一种是指传感器能够配微处理器
结构	如图(a)所示，智能传感器主要由传感器、微处理器及相关电路组成。传感器将被测量物理量转换成电信号，送到信号调理电路，经滤波、放大、A/D转换送入微处理器。微处理器对接收信号进行计算、存储、分析处理后，一方面通过反馈回路调节传感器与信号调理电路，以实现对测量过程的调节和控制；另一方面将结果送到输出接口，通过接口电路处理后按输出格式、界面定制输出数字化的测量结果 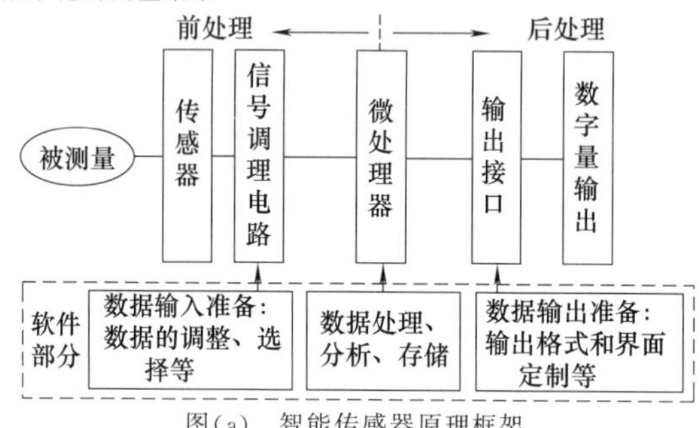 图(a)　智能传感器原理框架
功能	①具有自动调零、自校准、自标定功能 ②具有逻辑判断和信息处理功能，能对被测量物理量进行信号调理或信号处理(对信号进行预处理、线性化，或对温度、静压力等参数进行自动补偿等) ③具有自诊断功能 ④具有组态功能，使用灵活 ⑤具有数据存储和记忆功能，能随时存取检测数据 ⑥具有双向通信功能，能通过各种标准总线接口、无线协议等直接与微型计算机及其他传感器、执行器通信
特点	与传统传感器相比，智能传感器主要具有以下特点 ①高精度 ②宽量程 ③高信噪比与高分辨力 ④自适应能力强 ⑤高可靠性与高稳定性 ⑥高性价比 ⑦超小型化、微型化 ⑧低功耗
选用原则	基本传感器是智能传感器的基础，在很大程度上决定着智能传感器的性能，基本传感器的选用原则如下 ①采用微结构方式。微结构传感器，特别是其中的硅传感器、光纤传感器，以及石英、陶瓷等材料制作的先进传感器，因其具有优良的物理性质，或与硅集成电路工艺良好的相容性，或易构成阵列式，为智能传感器设计提供了基础 ②选用具有准数字或直接数字输出的传感器。发展直接输出数字或准数字信号的传感器，并与微处理器控制系统配套，可省去A/D和D/A变换，且可进一步提高智能化传感器的精度 ③优先考虑重复性和稳定性指标。在智能化传感器的设计过程中，基本传感器并非一定要线性，只需要其重复性和稳定性好。在基本传感器的设计和生产阶段，应从材料选用、结构设计、热处理和稳定处理、生产检验等方面，采取合理而有效的措施，力求减少传感器的迟滞误差和重复性误差 ④减少材料缺陷和内在特性对长期稳定性的影响。必须在传感器生产阶段，设法消除或减少材料的物理缺陷和内在特性对传感器长期稳定性的影响；也可通过远程通信和控制功能，现场校验基本传感器 ⑤改善动态特性。传感器在实际测量背景下的动态响应改善，可在掌握其具体应用背景的动态特性规律的基础上，考虑是从硬件途径还是软件途径进行

续表

<table>
<tr><td rowspan="2">类型</td><td>非集成化智能传感器</td><td>①结构及原理。非集成化智能传感器是将基本传感器、信号处理电路和带数字总线接口的微处理器相隔一定距离组合在一起而构成的测量系统，如图(b)所示。传感器与微处理器是两个独立的部分，传感器及变送器将待测物理量转换成相应的电信号，传感器的输出信号经预处理及接口电路转换成数字信号送至微处理器，微处理器根据得到的数据，对测量过程进行各种控制、逻辑推理、数据处理等，使传感器获得智能
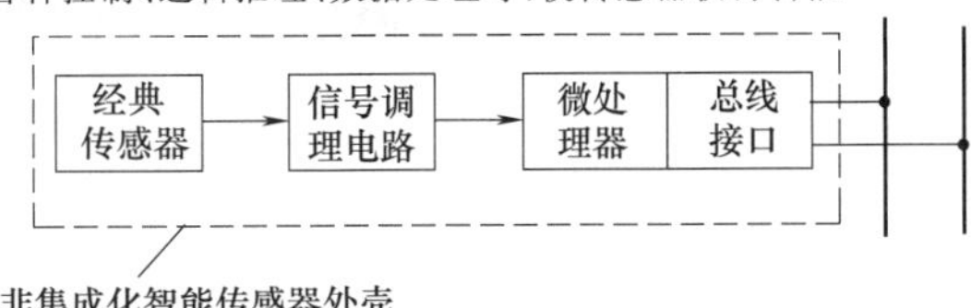

图(b)　非集成化智能传感器框图
②特点。非集成化智能传感器系统实现方便、快捷，在测量现场环境条件比较恶劣的情况下，便于远程控制和操作。例如，美国罗斯蒙特公司、SMAR公司生产的电容式智能压力(差)变速器系列产品</td></tr>
<tr><td>集成化智能传感器</td><td>以硅材料为基础，采用微米级的微机械加工技术和大规模集成电路工艺，把传感元件、信号处理电路、输入/输出接口、微处理器等制作在同一块硅芯片上，形成独立的智能传感器功能块，即集成化智能传感器。它不仅具有完善的智能化功能，还具有更高级的传感器阵列信息融合等功能，从而使其集成度更高、功能更强大
①特点。集成智能传感器具有以下特点
a. 微型化。如微型压力传感器可以小到放在注射针头内送进血管以测量血液流动情况
b. 结构一体化。采用MEMS工艺，在硅杯的非承受力区制作调理电路、微处理器单元，甚至微执行器，实现整个系统的一体化
c. 精度高。结构一体化后改善了迟滞和重复性指标，减少了时间漂移，减少了由引线长度带来的寄生参量的影响
d. 多功能化。如可感受压力、压差及温度三个功能，并有处理信号功能
e. 阵列式。如集成化应变计式面阵触觉传感器有1024个(32×32)敏感阵列触点，再配合处理电路和相应图像处理软件，可实现成像
f. 全数字化。将微结构的固有谐振频率设计成某种物理参量(如温度或压力)的单值函数，可直接输出数字量，方便地与微处理器接口
g. 使用方便，操作简单。它没有外部连接元件，外接连线包括电源线、通信线可以少至4条；还可以自动进行整体自校，无需长时间地反复多环节调节与校验
② 分类与实例：按传感器的集成度不同分成三种形式：初级形式、中级形式和高级形式
a. 初级形式。将没有微处理器单元，只有敏感单元与信号调理电路的传感器元件封装在一个外壳里的形式称为智能传感器的初级形式。该形式具有比较简单的自动校零、非线性的自动校正和温度自动补偿功能
MOTOROLA公司的MPX3100单片集成压力传感器是一个初级形式的智能传感器，其被测量物理量包括压差、表压、绝对压力，量程为0～100kPa。单个X型的压敏电阻器由应变仪＋温度补偿、校准、信号调理＋激光修正组成，其结构如图(c)所示，它利用单片机压敏电阻器产生随压力变化的输出电压，再由横向电压抽头的对准度决定失调误差
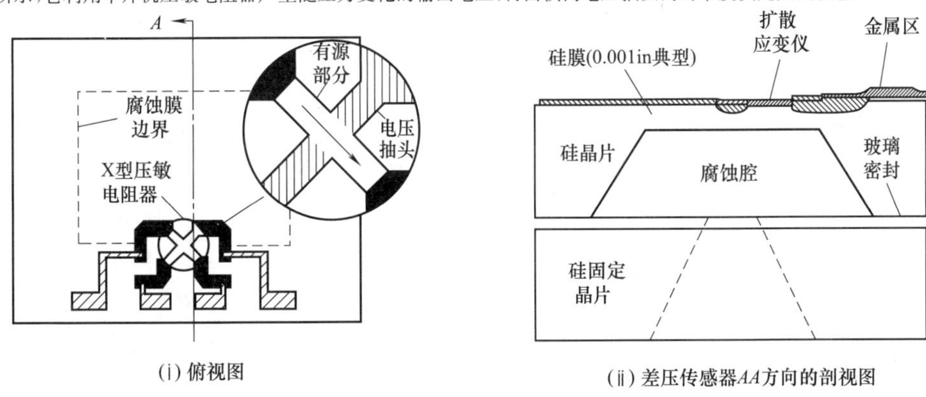

图(c)　X型压阻压力传感器基本结构图
b. 中级形式。中级形式是在初级形式的基础上增加了微处理器和硬件接口电路，扩展功能有自诊断(指故障、超量程)、自校正(进一步消除测量误差)、数据通信
如Honeywell的ST-3000型智能压力传感器。其原理框图和实物如图(d)所示，包括检测和变送两部分。被测的力或压力通过隔离的膜片作用于扩散电阻器上，引起阻值的变化，扩散电阻电桥的输出代表被测压力的大小，在硅</td></tr>
</table>

续表

<table>
<tr>
<td rowspan="2">类型</td>
<td>集成化智能传感器</td>
<td>片上制成两个辅助传感器，分别检测静压力和温度，在同一个芯片上检测出差压、静压、温度三个信号，经多路开关分时地送到 A/D 转换器中变成数字信号送到变送部分，由微处理器 CPU 处理这些数据
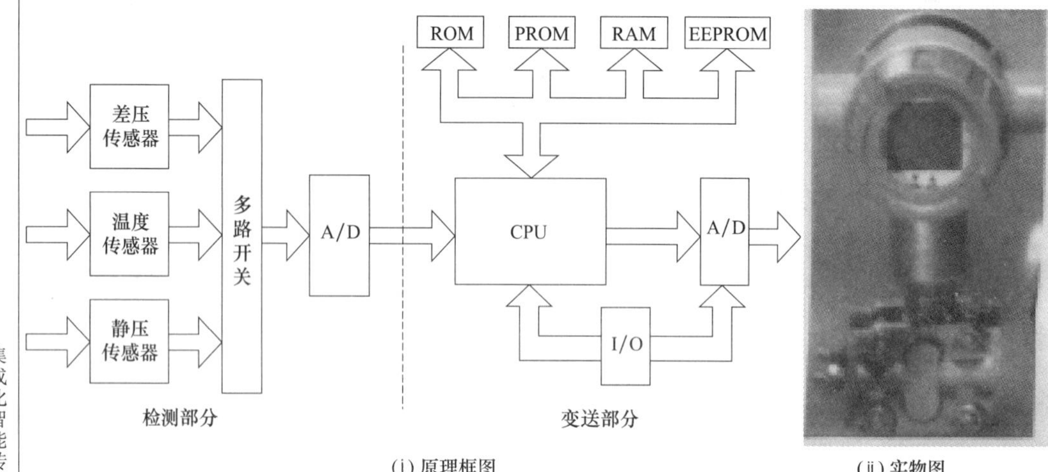

图(d)　ST-3000 系列智能压力传感器
其测量精度优于±0.1%，输出信号有 4～20mA 标准模拟信号(信噪比为 0.075%FS)和数字信号(信噪比为 0.0625%FS)两种，有−40～110℃的宽域温度及 0～210kgf/cm³＝22Atm 的静压补偿
c. 高级形式。在中级形式的基础上，高级形式实现了硬件上的多维化和阵列化，软件上具有人脑的识别、记忆、学习、思维等基本功能，它的集成度进一步提高，具有更高级的智能化功能，还具有更高级的传感器阵列信息融合功能，以及成像与图像处理等功能，最终将达到和超过人类五官对环境的感测能力，部分代替人的认知活动，已能够进行多维检测、图像显示及识别等
图(e)为高级智能传感器处理系统，它由运算传感器、神经网络和数字计算机组成。传感器可进行局部处理、目标优化、数据缩减和样本特征提取；神经网络能进行传感信号处理、高层次特征辨识、全局性处理和并行处理；数字计算机可以用算法、符号进行运算，进而实现未来的任务，如应用机器智能的故障探测和预报、目标成分分析的远程传感和用于资源有效循环的传感器智能
图(e)　高级智能传感处理系统</td>
</tr>
<tr>
<td>混合集成智能传感器</td>
<td>将传感元件、信号处理电路、微处理器、数字总线接口等各个部分以不同的组合方式分别集成在几个芯片上，并封装在一个外壳内，就是混合集成智能传感器。混合型集成智能传感器整合芯片技术，结合敏感电子元件，研发的具有多种功能的智能传感器的精度更高、成本更低、稳定性更好。实现原理如图(f)所示，其中 A、B、C、D 都是集成化的智能传感器，它们可以分别制作在 1 个外壳、2 个或 3 个芯片上，按照一定的总线时序要求连接到一起并与上位计算机进行通信，上位计算机根据实际应用，协调、管理各个智能传感器
图(f)　智能传感器的混合实现原理</td>
</tr>
</table>

续表

发展方向	大多数智能传感器都涉及多种学科、多个领域的高新技术，但目前远没有达到真正的人工智能水平，要提高传感器智能化、微型化的程度，还需要向多传感器融合技术、模糊技术、人工神经网络技术、微传感器系统等方面发展 ①向微型化发展。如利用激光等各种微细加工技术制成的硅加速度传感器体积非常小、互换性可靠性都较好 ②向集成化、多功能化与智能化方向发展。将同一类型的单个传感元件集成排列，形成线性传感器；将传感器与放大、运算及温度补偿等集成在一起，使之不仅具有检测功能，还具有信息处理、逻辑判断、自诊断及“思维”等人工智能 ③利用生物技术及纳米技术研制传感器。如分子和原子生物传感器、纳米开关和纳米电动机等 ④开发智能材料，完善智能器件原理。研究将信息注入材料的主要方式和有效途径，探求功能效应和信息流在人工智能材料内部的转换机制，开发人工脑系统，发展高级智能机器人和完善人工脑 ⑤向微功耗及无源化传感器发展 ⑥向高精度、高可靠性、宽温度范围发展

2.2.6　微传感器

2.2.6.1　定义特点及分类

微传感器一般是指采用 MEMS 技术制作的、芯片的特征尺寸为微米级的各类传感器的总称，它利用微细加工技术，把电子、机械、光学等部件集成在微小空间内，形成具有一定智能的优化复杂系统。

微传感器的主要特点如下。

① 微型化与集成化。敏感元件的尺寸是微米级甚至亚微米级；MEMS 传感器的体积可小至亚微米以下，其尺寸精度可达纳米级，质量可达纳克量级。

② 高精度与长寿命。

③ 低成本和低功耗。功耗可降至毫瓦乃至更低水平。

④ 快速响应。微传感器和微执行器之间不存在信号延迟等问题。

微传感器的分类方法有许多种，主要有以下几种。

① 按敏感元件的转换原理，分为物理微传感器、化学微传感器、生物微传感器等。

② 按被测量的性质，分为压力微传感器、加速度微传感器，体积分数微传感器、离子浓度微传感器等。

③ 按制备技术和使用材料，分为薄膜微传感器、半导体微传感器、陶瓷微传感器等。

④ 按应用领域，分为汽车用微传感器、医用微传感器、航空航天用微传感器等。

⑤ 按微传感器的组成方式，又可以分成阵列式微传感器、网络化微传感器等。

2.2.6.2　机械量微传感器

表 22-2-52　　机械量微传感器

机械量微传感器是将机械信号转换为电信号的一类微传感器		
典型微机械压力传感器	电容式压力微传感器	电容式压力微传感器对压力的测量，是通过检测膜变形所导致的压力敏感膜与固定基片上敏感电极之间的间隙变化实现的。如图(a)所示为电容式压力微传感器的常见结构，被测压力引起敏感膜的变化，从而导致敏感电容的变化 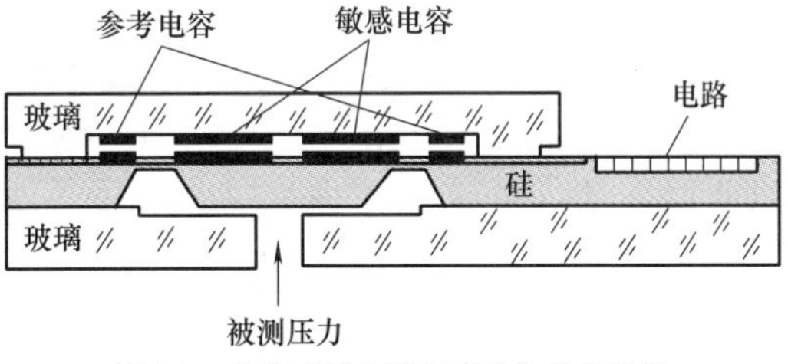 图(a)　电容式压力微传感器的常见结构
	硅谐振式压力微传感器	谐振式压力微传感器利用压力变化改变谐振器的谐振频率，从而通过测频率变化间接测量压力。图(b)为一种硅谐振梁式压力微传感器结构示意图。膜片厚度由压力量程确定（100～270μm），谐振梁尺寸（600×40×6）μm^3。采用静电激励、压阻拾振。信号经分设在外部的专用集成电路放大并反馈给激励电极，以维持谐振梁的等幅振动 该传感器测压范围在 0.5～130kPa 和 0.5～3000kPa，精度为 0.01%（满刻度），年漂移<100×10^{-6}（满刻度），满足航空温度环境（−55～125℃）要求

第22篇

续表

典型微机械压力传感器	硅谐振式压力微传感器	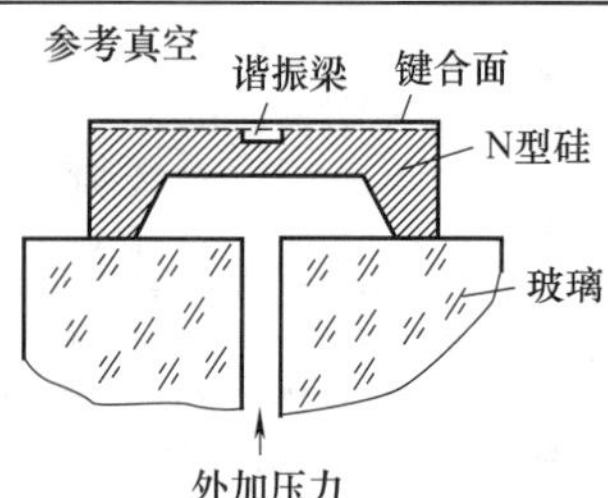 图(b)　硅谐振梁式压力微传感器结构示意图
加速度微传感器	加速度微传感器通常是利用敏感质量块或振动块来测加速度	
	压阻式加速度微传感器	压阻式加速度微传感器是利用质量块敏感加速度，将加速度转换为质量块的位移，并通过压阻来测量质量块的位移 图(c)为悬臂梁式压阻式加速度微传感器结构示意图，其将力敏电阻制作在弹性硅梁上。硅梁一般是悬臂梁式结构，质量块固定在悬臂梁的一端。当加速度作用于悬臂梁自由端质量块时，应变 ε 为 $\varepsilon=6mLE^{-1}b^{-1}h^{-2}a$ 式中，$6mLE^{-1}b^{-1}h^{-2}$为常数，应变与加速度成正比 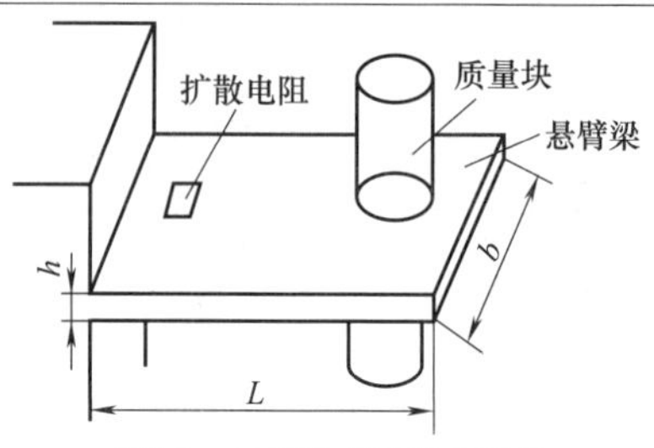 图(c)　悬臂梁式压阻式加速度微传感器结构示意图 一种单悬臂梁加速度微传感器的结构如图(d)所示，它采用(100)晶面的N型硅单晶作为悬臂梁。加速度微传感器电桥与扩散电阻的电阻应变系数、应变、供桥电压之间的关系为 $U_o=GU_C\varepsilon=6GU_CmLE^{-1}b^{-1}h^{-2}a$ 式中，U_o为输出电压，U_C为供桥电压；G为扩散电阻的电阻应变系数 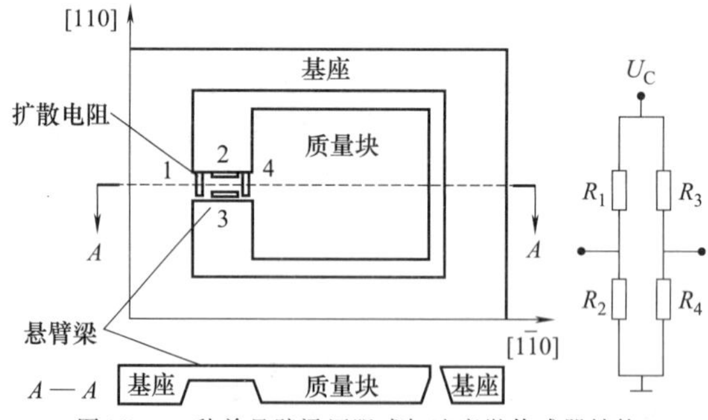 图(d)　一种单悬臂梁压阻式加速度微传感器结构 图(e)所示为一种具体的单悬臂梁式硅加速度微传感器结构，整个传感器由一块硅片(包括敏感质量块和悬臂梁)和两块玻璃键合而成。在悬臂梁上，通过扩散法集成了电阻。当质量块运动时，悬臂梁弯曲，压阻的阻值随之发生变化该传感器的总体积仅为$(2\times3\times0.6)\mathrm{mm}^3$，可植入人体内测量心脏的加速度值，测量的最低加速度值可达0.001g 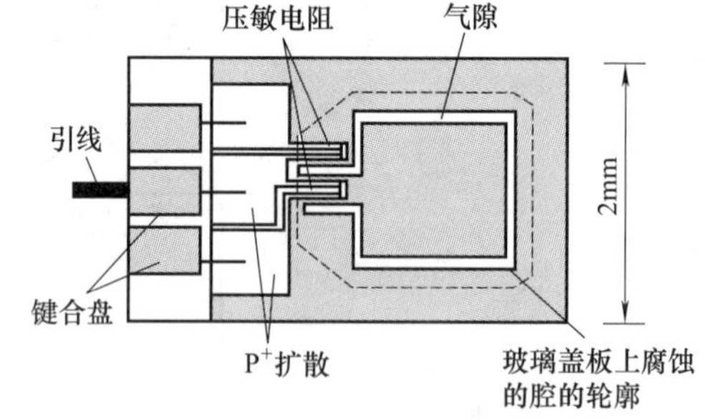 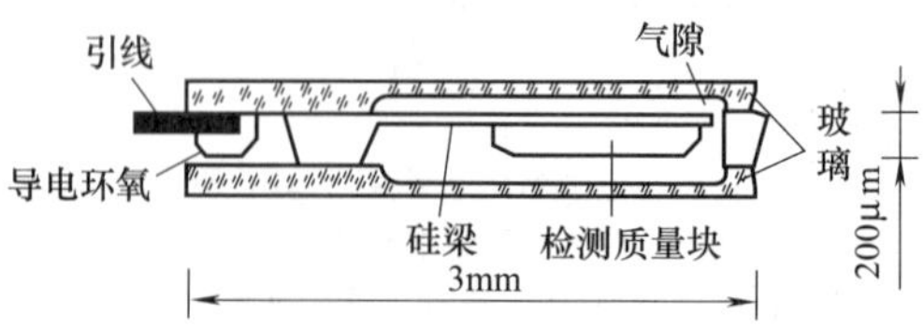 图(e)　一种具体的单悬臂梁式硅加速度微传感器结构

续表

加速度微传感器	电容式加速度微传感器	在电容式加速度微传感器中，电容的一个电极制作在惯性质量块上，外部加速度的变化引起该电极与衬底上固定电极之间电容的改变。因此，通过测量电容值便可实现对外部加速度的检测 图(f)是一个典型的电容式加速度微传感器的结构，用于敏感 y 轴方向的加速度测量。电容变化与外部加速度信号成线性关系，检测电容变化即可得到外部加速度的大小。电容的变化量与加速度的关系为 $$\Delta C=C_1-C_2=C\frac{-2y_0\Delta y}{y_0^2-\Delta y^2}\approx -C\frac{2}{y_0}\times\frac{m}{k}a$$ 测量范围为±5g，分辨率为 0.005g 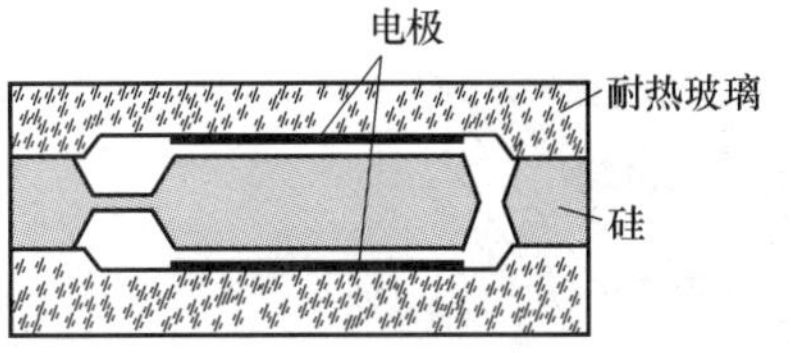 图(f)　电容式加速度微传感器结构 零位力平衡式硅电容式加速度传感器的结构如图(g)中(ⅰ)所示，该传感器是根据力平衡概念和反馈原理设计，敏感器件采用 Si-玻璃-Si-玻璃-Si 结构。两玻璃层(键合连接)在中间硅微结构的上、下，与悬臂梁连接的活动极板(质量块)构成差动平板电容器 工作原理如图(g)中(ⅱ)所示。当有加速度 a 作用时，质量块沿垂直方向上下振动，由于偏离(悬臂梁)水平中间位置，引起电容量变化。变化量 ΔC 由检测(如开关-电容)电路检测到，并由放大器 A 输出到脉宽调制器，脉宽调制器感受到电容变化 ΔC 并输出对应的调制电压信号 U_E 和 $\overline{U}_E$，分别加到差动平板电容器上，在活动极板相应位置产生一个静电力阻止活动极板偏离零位 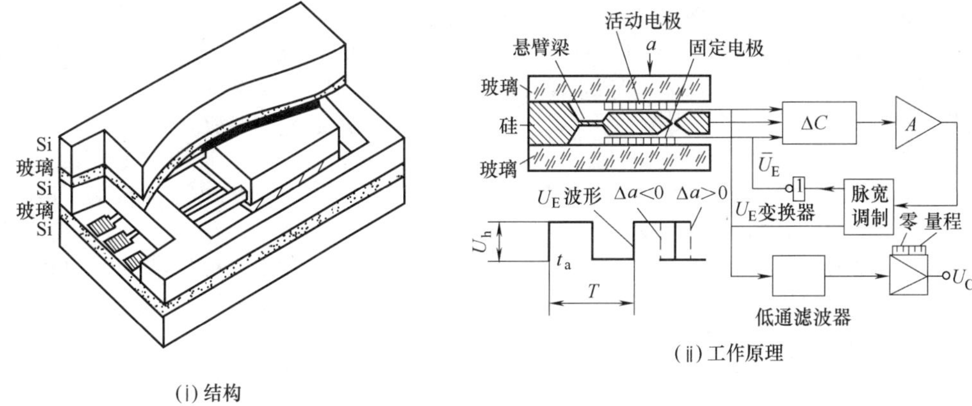 图(g)　零位平衡式硅电容式加速度传感器
	谐振式加速度微传感器	图(h)为硅谐振梁式加速度微传感器结构。塔形敏感质量块 m 悬挂在与其中心线平行且对称的两根水平支承悬臂梁上，悬臂梁另一端固定在框架上。在中心轴线，同样有一根用于信号检测的谐振(悬臂)梁。被测加速度使敏感质量块 m 转换成载荷作用于悬臂梁上，导致悬臂梁产生拉伸或压缩应变，硅梁的谐振频率发生变化，其变化量与被测加速度成正比 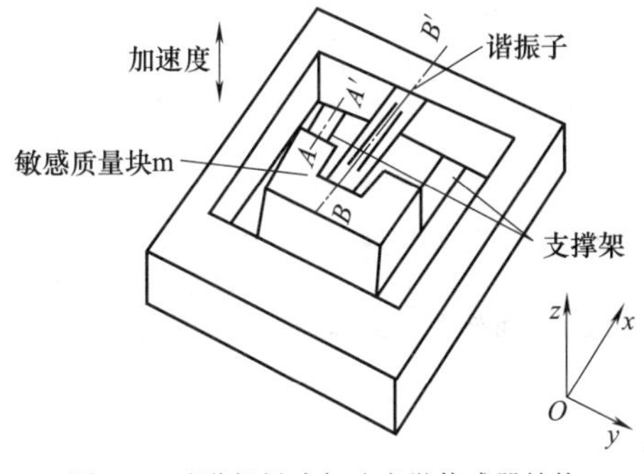 图(h)　硅谐振梁式加速度微传感器结构

续表

<table>
<tr><td rowspan="2">加速度微传感器</td><td rowspan="2">微型磁通门磁强计</td><td>采用MEMS技术和CMOS工艺，将磁通门传感器元件(包括激励线圈、接收线圈、溅射磁性薄膜或电镀磁性薄膜)、界面控制电路集成在同一芯片上，即可形成磁通门微磁强计系统
磁通门微磁强计是一种磁调制器，用做测量磁场的探头。它是利用高磁导率铁芯，在饱和交变电场的激励下选通调制铁芯中的直流磁场成分，将直流磁场转变为交流电压信号，从而完成对弱小直流磁场的测量
图(i)给出了两种微型磁通门磁强计的结构形式。开U形槽的微磁通门磁芯线圈结构如图(i)中(ⅰ)所示，先通过微机械加工在硅片上刻出一个U形槽，然后在槽的上面形成金属线圈的下半部分，在制备一层绝缘膜以后，再制备坡莫合金磁芯。在制备第二层绝缘膜之后，再制备金属线圈的上半部分。线圈的上、下部分结合在一起，就形成一个绕在坡莫合金磁芯外部的完整线圈。用同样的方法也可制作如图(i)中(ⅱ)所示的结构，但不需要开U形槽</td></tr>
<tr><td>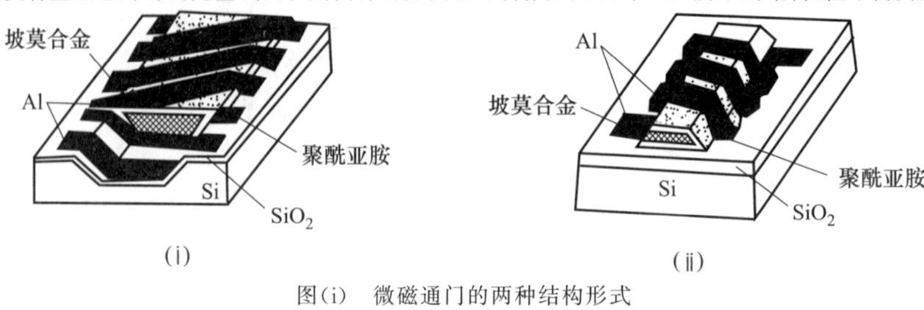

图(i) 微磁通门的两种结构形式</td></tr>
</table>

2.2.6.3 基于MEMS技术的气体微传感器

与物理量传感器不同的是，气体微传感器的敏感元件上需要有可以与被检测分子产生相互作用的物质。MEMS技术将传感器与IC电路集成在一起，具有精度高、体积小、质量轻、功耗低、选择性好、稳定性高等优点，且器件的互换性好，可批量生产。

基于MEMS的新型微结构气敏传感器，主要有硅基微结构气敏传感器与硅微结构气敏传感器。

硅基微结构气敏传感器的衬底为硅，敏感层为非硅材料，主要有金属氧化物半导体、固体电解质型、电容型、谐振器型。

硅微结构气敏传感器主要是金属化合物-半导体-场效应管（MOSFET）型和钯金属-绝缘体-半导体（MIS）二极管型。

SnO_2氧化物薄膜气体微传感器。在利用MEMS工艺制作的可控制温度的电导敏感元件中央部位表面上，利用纳米材料制作气体敏感薄膜（如SnO_2），则该元件即成为气体微传感器的基础元件。SnO_2氧化物薄膜对气体的敏感特性与温度有关的，且温度还会引起微结构的尺寸变化。

2.2.7 传感器的选用

必须根据实际使用的目的、技术指标要求、环境条件要求等，来选择传感器，见表22-2-53。首先要按实际需要确定适当的性能指标，不要盲目地追求高指标。如灵敏度定得过高，那么不稳定性就会增加，这往往成为误动作的原因，从而降低了系统的可靠性。其次是在应考虑的因素中，要有不同侧重点，例如：若光机电一体化产品是需要长时间连续使用的，应重视选择长期稳定性好的传感器；检测时间比较短的、重复性使用的，应选择灵敏度和动态特性比较好的传感器；检测信号要求精度高的，应选择高精度传感器；当检测条件差、温度高的场合检测时，应选择具有抗高温性强的传感器。

各种传感器的变换原理、结构、使用目的、环境条件虽各不相同，但对其主要性能要求却是一致的，应根据实际需要，确定其主要指标参数。

表22-2-53 传感器的选用

<table>
<tr><td rowspan="2">选用原则</td><td>线性范围</td><td>为了保证测量的精确度，传感器必须在线性区域内工作。线性范围越宽，表明传感器的工作量程越大。在许可限度内，也可以在其近似线性区域应用。在满足要求的条件下，选用量程较小的传感器，一般线性范围应大于检测信号最大值的1.2～1.5倍</td></tr>
<tr><td>精度</td><td>传感器的精度并非愈高愈好，因为还要考虑到经济性。应从实际出发来选择，首先应了解检测目的，是定性分析还是定量分析。如果属于相对比较性的试验研究，只需获得相对比较值即可，那么对传感器的精度要求可低些。然而对于定量分析，必须获得精确量值，因而要求传感器应有足够高的精度
测量精度的选择要适当，要与系统其他部分精度合理匹配。一般要求传感器的准确度小于系统总不确定度的1/3倍</td></tr>
</table>

续表

<table>
<tr><td rowspan="7">选用原则</td><td>灵敏度</td><td>传感器的灵敏度高，与测量信号无关的外界噪声也容易混入，并且噪声也会被放大。因此，对传感器往往要求有较大的信噪比。同时，过高的灵敏度会影响测量范围
传感器的灵敏度的选择主要取决于外界信号的最小变化量和后部接口电路线性范围。灵敏度越高，后部放大电路所需放大倍数则越小</td></tr>
<tr><td>响应特性</td><td>通常考虑频率响应特性，传感器的响应特性必须在所测频率范围内尽量保持不失真。但实际传感器的响应总有迟延，但迟延时间越短越好。在选用时，应根据输入信号的特征（如稳态、瞬变、随机等）进行选择。传感器的固有频率应大于检测信号频率的 5 倍以上</td></tr>
<tr><td>力学特性</td><td>主要考虑传感器的结构形式、安装尺寸；电器接插件类型及位置；所测流体的物理和化学性质；密封或壳体（如密封、防爆、防水）等</td></tr>
<tr><td>电特性</td><td>主要考虑传感器的正常和最大电压或电流；输出阻抗；输入阻抗；绝缘电阻或额定击穿电压等</td></tr>
<tr><td>环境特性、稳定性、可靠性</td><td>影响传感器稳定性的因素是时间与环境。环境特性主要考虑环境因素（如温度、加速度、冲击、振动等）对工作性能的影响程度。传感器工作温度大于传感器测量温度的 2 倍
稳定性与可靠性主要考虑工作循环寿命、长时间储存后的误差、故障以及稳定性。长期使用重复性误差应小于±0.02%</td></tr>
<tr><td>应考虑的其他问题</td><td>传感器选用时，除了考虑传感器对其性能指标的要求外，还应考虑下列问题
①检测条件。包括检测的目的、检测量的选择、检测范围、过输入发生频率、输入信号的频带宽、要求精度、检测所需时间等
②采购和保存。包括价格、交货期、服务体制、配换零件的价格等
③使用条件。包括设置场所、检测时间、同显示器的距离、同外围设备的连接、要求电源的容量等</td></tr>
<tr><td colspan="2"></td></tr>
<tr><td rowspan="4">性能改善方法</td><td>平均技术</td><td>常用的平均技术有误差平均效应和数据平均处理。误差平均效应是利用 n 个传感器单元同时感受被测量，其输出将是这些单元输出的总和。这在光栅、感应同步器等栅状传感器中都可取得明显效果。数据平均处理是在相同条件下重复测量 n 次，然后取其平均值，因此，该技术可以使随机误差小 $\sqrt{n}$ 倍</td></tr>
<tr><td>差动技术</td><td>差动技术在电阻应变式、电感式、电容式等传感器中得到广泛应用，它可以消除零位输出和偶次非线性项，抵消共模误差，减小非线性</td></tr>
<tr><td>稳定性处理</td><td>传感器作为长期使用的元件，稳定性显得特别重要，对传感器的结构材料要进行时效处理，对电子元件进行筛选等</td></tr>
<tr><td>屏蔽和隔离</td><td>屏蔽、隔离措施可抑制电磁干扰，隔热、密封、隔振等措施可削弱温度、湿度、机械振动的影响</td></tr>
<tr><td rowspan="3">性能评价方法</td><td colspan="2">根据国家计量规程要求，在传感器出厂前或者是在使用前都必须进行标定。使用中的传感器应适时校准。对于不同类型的传感器采用不同的标定或校准方法，确保传感器准确度满足检测使用要求，在使用中可靠性好、安全性好</td></tr>
<tr><td>标定</td><td>标定是指利用标准设备产生已知非电量（标准量），或用基准量来确定传感器输出电量与非电输入量之间关系的过程。工程检测中传感器的标定在与使用条件相似的环境状态下进行，并将传感器所配用放大器及电缆线和传感器连接后一起标定。标定时应按传感器规定的安装条件进行安装，标定方法及数据处理方法按照国家制定的标定规程进行
对标定设备的要求是：具有足够的精度，至少应比被标定的传感器及其系统高两个精度等级，且符合国家计量量值传递的规定。经计量部门检定合格，量程范围应与被标定的传感器的量程相一致，性能稳定可靠，能适用不同环境
标定系统一般由被测非电量的标准发生器、被测非电量的标准检测系统、待标定传感器所配接的信号调节器和显示、记录器等组成。传感器静态性能指标和动态性能指标常采用的评价方法是静态标定方法和动态标定方法
静态标定方法指输入已知标准非电量，测出传感器的输出电压，给出标定曲线，求标定方程和标定常数，计算灵敏度、线性度、滞后性、重复性等传感器的静态性能指标。静态标定用于检测传感器（或系统）的静态性能指标
动态标定方法用于确定传感器动态性能指标。通过确定其线性工作范围（用同一频率不同幅值的正弦信号输入传感器，测量其输出），频率响应函数，幅频特性和相频特性。用阶跃响应曲线来确定传感器的频率响应范围、幅值误差和相位误差、时间常数、阻尼比、固有频率等。不同类型的传感器，选择不同的动态标定设备</td></tr>
<tr><td>校准</td><td>传感器需定期检测其基本参数，判定是否可继续使用，如能继续使用，则应对其有变化的主要指标（如灵敏度）进行数据修正。确保传感器的测量准确度的过程，称之为传感器的校准。校准与标定的内容是基本相同的，只是应用的场合不同和要求不同</td></tr>
</table>

2.2.8　多传感器信息融合

表 22-2-54　　多传感器信息融合

<table>
<tr><td>定义</td><td colspan="2">多传感器信息融合是指把分布在不同位置，处于不同状态的多个同类型或不同类型的传感器所提供的局部不完整观察量加以综合处理，消除多传感器信息之间可能存在的冗余和矛盾，利用信息互补，降低不确定性，以形成对系统环境相对完整一致的理解，从而提高智能系统决策、规划的科学性，反应的快速性和正确性，进而降低决策风险的过程</td></tr>
<tr><td>分类</td><td colspan="2">信息融合目前有许多的分类方法。一种分类方法是，按信息传递方式不同，将其分为串联型信息融合、并联型信息融合、串并混合型信息融合；另一种是，根据处理对象的层次不同，将其分为像素层融合、特征层融合和决策层融合</td></tr>
<tr><td rowspan="5">多传感器信息融合的系统结构</td><td colspan="2">根据信息融合处理方式的不同，可以将多传感器信息融合的系统结构分为集中型、分散型、混合型、反馈型等</td></tr>
<tr><td>集中型</td><td>集中型融合结构的信息融合中心直接接收来自被融合传感器的原始信息，此时传感器仅起到信息采集的作用，一般适用于小规模的融合系统，如图(a)所示
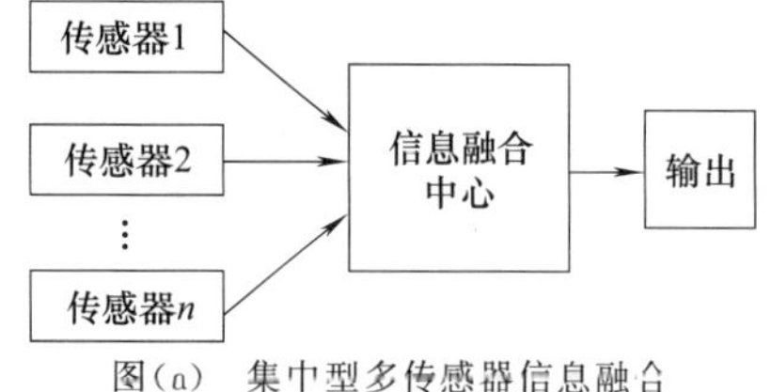

图(a)　集中型多传感器信息融合</td></tr>
<tr><td>分散型</td><td>分散型信息融合系统中，各传感器已完成一定量的计算和处理任务后，将压缩后的传感器数据送到融合中心，融合中心将接受到的多维信息进行组合和推理，最终得到融合结果。一般适用于远距离配置的多传感器系统，如图(b)所示
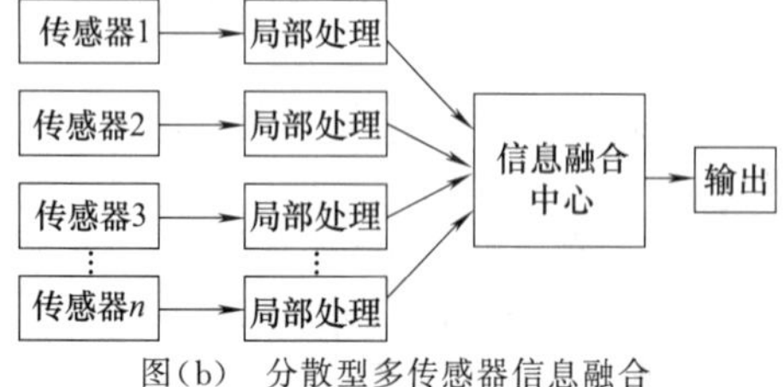

图(b)　分散型多传感器信息融合</td></tr>
<tr><td>混合型</td><td>混合型多传感器信息融合吸收了分散型和集中型信息融合结构的特点，既有集中处理，又有分散处理，各传感器信息均可被多次利用，结构如图(c)所示。适用于大型的多传感器信息融合，但其结构复杂，计算量很大
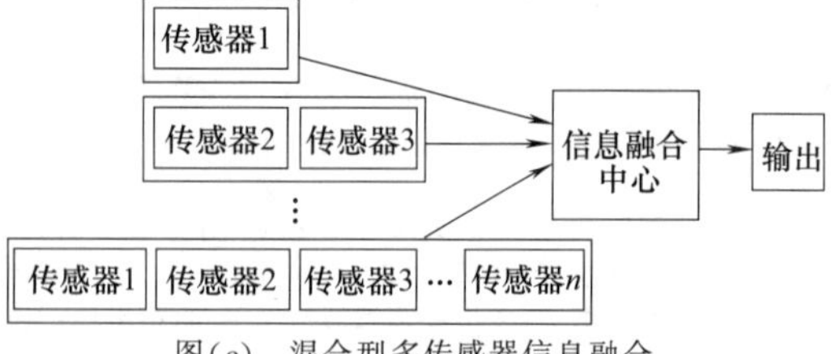

图(c)　混合型多传感器信息融合</td></tr>
<tr><td>反馈型</td><td>反馈型多传感器信息融合的结构如图(d)所示。信息融合中心不仅接收来自传感器的原始信息，而且接收已经获得的融合信息，这样能够提高融合的处理速度
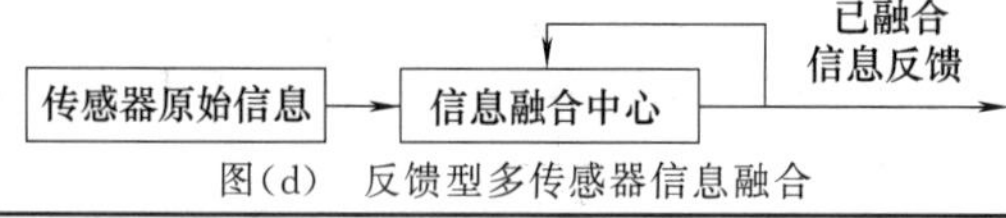

图(d)　反馈型多传感器信息融合</td></tr>
</table>

续表

<table>
<tr><td rowspan="5">多传感器信息融合的方法</td><td colspan="2">多传感器所获取的关于对象和环境全面、完整的信息，主要体现在融合算法上。多传感器信息融合的常用方法可以分为以下四类：估计方法、分类方法、推理方法和人工智能，如图(e)所示
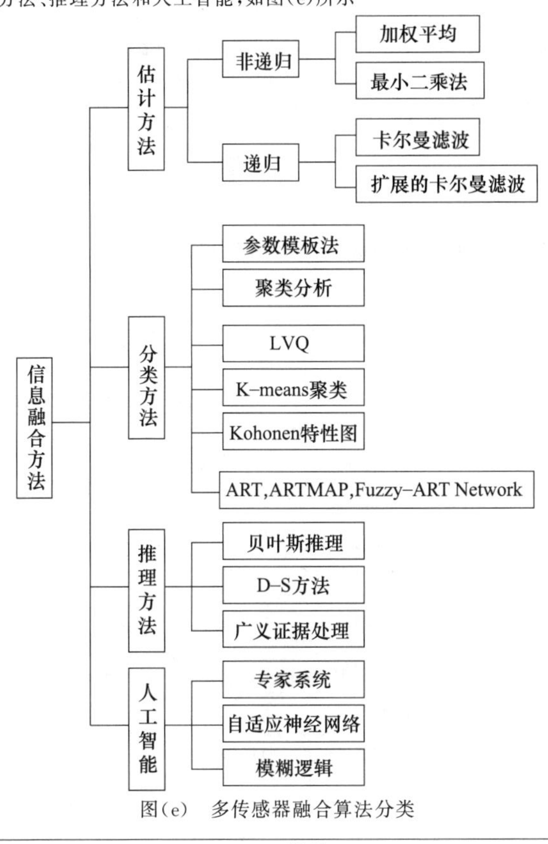

图(e)　多传感器融合算法分类</td></tr>
<tr><td>方法</td><td>说明</td></tr>
<tr><td>加权平均法</td><td>将来自各个传感器的冗余信息进行处理后，按照每个传感器所占的权值进行加权平均，将得到的加权平均值作为融合的结果</td></tr>
<tr><td>卡尔曼滤波法</td><td>卡尔曼滤波主要用于融合低层次实时动态多传感器冗余数据。如果系统具有线性动力学模型，且系统与传感器噪声是高斯分布的白噪声，卡尔曼滤波为融合数据提供一种统计意义下的最优估计</td></tr>
<tr><td>基于参数估计的信息融合方法</td><td>基于参数估计的信息融合方法主要包括最小二乘法、极大似然估计、贝叶斯估计和多贝叶斯估计
极大似然估计将融合信息取为使似然函数达到极值的估计值
贝叶斯估计使传感器信息依据概率原则进行组合，测量不确定性以条件概率表示。当传感器组的观测坐标一致时，可以直接对传感器的数据进行融合</td></tr>
</table>

续表

<table>
<tr><td rowspan="5">多传感器信息融合的方法</td><td>Dempster-Shafer证据推理</td><td>Dempster-Shafer证据推理的基本要点是：基本概率赋值函数、信任函数和似然函数。它将严格的前提条件从仅是可能成立的条件中分离开来，从而使任何涉及先验概率的信息缺乏得以显示化。它用信任区间描述传感器的信息，不但表示了信息的已知性和确定性，而且能够区分未知性和不确定性</td></tr>
<tr><td>产生式规则</td><td>产生式规则采用符号表示目标特征和相应传感器信息之间的联系，与每一个规则相联系的置信因子表示它的不确定性程度</td></tr>
<tr><td>模糊逻辑推理</td><td>模糊逻辑是多值逻辑，通过指定一个0～1之间的实数表示真实度，相当于隐含算子的前提，允许将多个传感器信息融合过程中的不确定性直接表示在推理过程中</td></tr>
<tr><td>神经网络</td><td>神经网络根据样本的相似性，通过网络权值表述在融合的结构中，首先通过神经网络特定的学习算法来获得知识，得到不确定推理机制，然后根据这一机制进行融合和再学习</td></tr>
<tr><td colspan="2">常用的信息融合方法及特征比较
<table>
<tr><th>融合方法</th><th>运行环境</th><th>信息类型</th><th>信息表示</th><th>不确定性</th><th>融合技术</th><th>适用范围</th></tr>
<tr><td>加权平均</td><td>动态</td><td>冗余</td><td>原始读数值</td><td></td><td>加权平均</td><td>低层数据融合</td></tr>
<tr><td>卡尔曼滤波</td><td>动态</td><td>冗余</td><td>概率分布</td><td>高斯噪声</td><td>系统模型滤波</td><td>低层数据融合</td></tr>
<tr><td>贝叶斯分布</td><td>静态</td><td>冗余</td><td>概率分布</td><td>高斯噪声</td><td>贝叶斯估计</td><td>高层数据融合</td></tr>
<tr><td>统计决策理论</td><td>静态</td><td>冗余</td><td>概率分布</td><td>高斯噪声</td><td>极值决策</td><td>高层数据融合</td></tr>
<tr><td>证据推理</td><td>静态</td><td>冗余互补</td><td>命题</td><td></td><td>逻辑推理</td><td>高层数据融合</td></tr>
<tr><td>模糊推理</td><td>静态</td><td>冗余互补</td><td>命题</td><td>隶属度</td><td>逻辑推理</td><td>高层数据融合</td></tr>
<tr><td>神经网络</td><td>动/静态</td><td>冗余互补</td><td>神经元输入</td><td>学习误差</td><td>神经元网络</td><td>低/高层</td></tr>
<tr><td>生产式规则</td><td>动/静态</td><td>冗余互补</td><td>命题</td><td>置信因子</td><td>逻辑推理</td><td>高层数据融合</td></tr>
</table></td></tr>
</table>

2.3　模拟信号检测系统设计

在选择测量方法时，要综合考虑被测量本身的特性、所要求的测量准确度、测量环境和现有的测量设备等因素。

2.3.1　模拟信号检测系统的组成

模拟式传感器输出是与被测物理量相对应的连续变化的电信号。典型的模拟信号检测系统如图22-2-1所示。其中，振荡器用于对传感器信号进行调制，并为解调提供参考信号；量程变换电路的作用是避免放大器饱和并满足不同测量范围的需要；解调器用于将已调制信号恢复成原有形式；滤波器可将无用的干扰信号滤除，并取出代表被测物理量的有效信号；运算电路可对信号进行各种处理，以正确获得所需的物理量；计算机对信号进行进一步运算处理后，可获得相应的控制信号去控制执行机构，而在不需要执行机构的智能化量仪中，计算机则将有关信息送去显示或打印输出。

在具体光机电一体化产品的检测系统中，也可能没有图22-2-1中的某些部分或增加一些其他部分，如有些传感器信号可不进行调制与解调，而直接进行阻抗匹配、放大和滤波等。

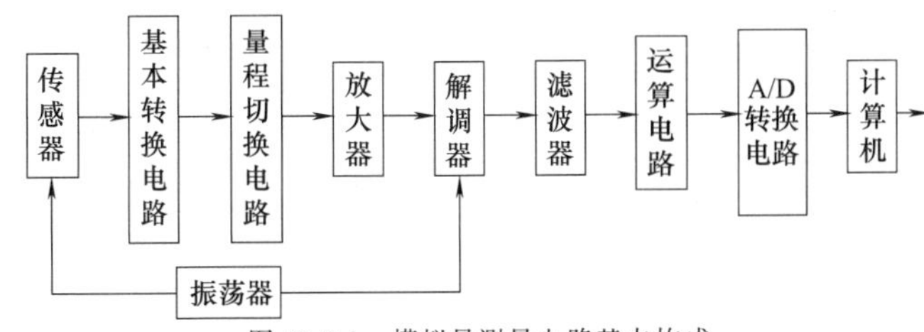

图 22-2-1　模拟量测量电路基本构成

2.3.2　基本转换电路

被测物理量经传感器变换后，往往成为电阻、电容、电感等电参数的变化，或电荷、电压、电流等电量的变化。当传感器的输出信号是电参数形式时，需采用基本转换电路将其转换成电量形式，然后再送入后续检测电路。

不同的传感器的输出阻抗不一样。有的传感器的输出阻抗特别大，例如压电陶瓷传感器，输出阻抗高达 $10^8\Omega$；有的传感器的阻抗比较小，如电位器式位移传感器，总电阻为 1500Ω；动圈式传声器的阻抗更低，只有 30～70Ω。对于高阻抗的传感器，通常用场效应管或运算放大器来实现匹配；对于阻抗特别低的传感器，在交变输入时，往往可采用变压器匹配。

表 22-2-55　基本转换电路

<table>
<tr><td>分压电路</td><td>
利用变压器可以很方便地进行阻抗匹配，在一定的带宽范围内，无畸变地传输电压信号。图(a)是几种常用的分压电路
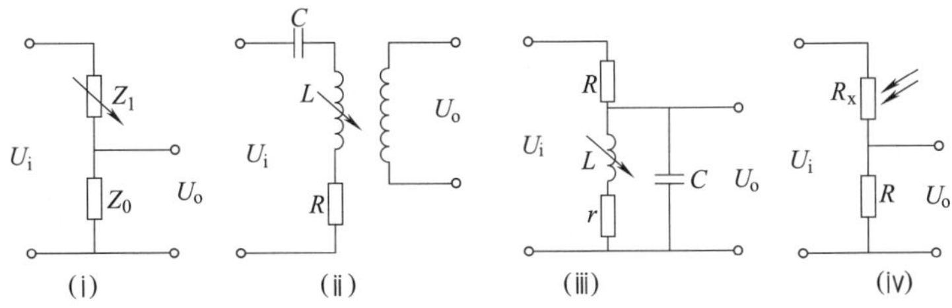

图(a)　常用分压电路
图(a)中(ⅰ)是最简单的分压电路，用于将传感器的阻抗变化转换成输出电压的变化。该电路的输出电压 U_o为
$$U_o=\frac{Z_0}{Z_0+Z_1}U_i \quad (22\text{-}2\text{-}13)$$
当 Z_0和 Z_1均为纯电阻时可采用直流供电，则式(22-2-13)可改写成
$$U_o=\frac{R_0}{R_0+R_1}U_i \quad (22\text{-}2\text{-}14)$$
图(a)中(ⅱ)是一种串联谐振式分压电路，其中 C 和 L 分别是传感器电容和电感；R 是电感线圈与变压器等效电阻之和；U_i和 U_o分别是传感器电源电压和分压电路输出电压。当被测物理量发生变化时，传感器电容或电感也随之变化，导致变压器一侧的电流发生变化，因而其输出电压也发生变化，其函数关系为
$$U_o=\frac{-j\omega M_2U_i}{j\omega L-j\dfrac{1}{\omega C}+R} \quad (22\text{-}2\text{-}15)$$
图(a)中(ⅲ)是一种并联谐振式分压电路，其中 L、C 和 R 分别是传感器电感、电容和内阻。输出电压 U_o随 L、C 的变化规律为
$$U_o=\frac{(r+j\omega L)U_i}{(1-\omega^2LC)R+j\omega L+R(1+j\omega RC)} \quad (22\text{-}2\text{-}16)$$
图(ⅱ)和图(ⅲ)两种分压电路都可用于 L 和 C 发生变化的场合，且应通过参数配置使电路工作在谐振点附近，以获得较高的灵敏度
图(a)中(ⅳ)是一种光电分压电路，传感器是一种光敏元件，电阻为 R_x。当照射到传感器上的光通量发生变化时，R_x也随之变化，则电路的输出电压为
$$U_o=\frac{R}{R+R_x}U_i \quad (22\text{-}2\text{-}17)$$
</td><td>
U_i——输入信号电压
Z_0——标准阻抗
Z_1——传感器阻抗
R_0——标准电阻
R_1——传感器电阻
ω——交流电源角频率
M_2——变压器互感
</td></tr>
</table>

续表

差动电路	差动电路主要用于差动式传感器信号的转换。图(b)列出了四种常用的差动电路 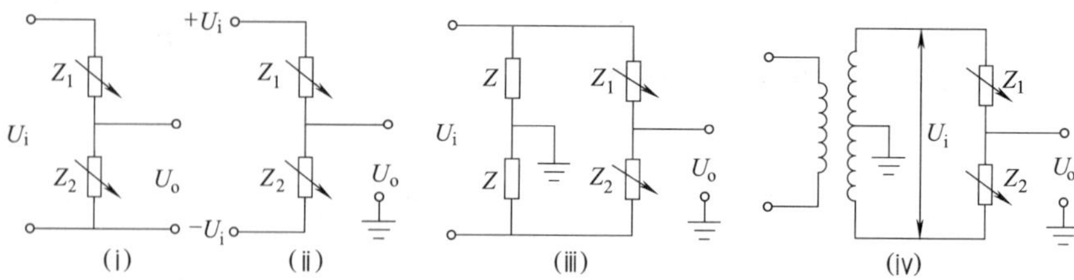 图(b)　常用差动电路 图(b)中(ⅰ)利用传感器的一对差动阻抗 Z_1 和 Z_2 构成分压器，在平衡状态，$Z_1=Z_2=Z_0$；当被测量发生变化时，传感器阻抗也随之变化，该变化量为 ΔZ，则 $Z_1=Z_0+\Delta Z$，$Z_2=Z_0-\Delta Z$，于是 $$U_o=\frac{Z_2}{Z_2+Z_1}U_i=\frac{Z_0-\Delta Z}{2Z_0}U_i \quad (22\text{-}2\text{-}18)$$ 阻抗的变化被转换成了输出电压的变化。对于非差动式传感器，电路中的一个阻抗可以是用作补偿环境变化影响的阻抗元件 图(b)中(ⅱ)采用了对称电源供电，在传感器处于平衡位置时，电路输出为零；当传感器失衡后，输出电压与阻抗的变化成正比，即 $$U_o=-\frac{\Delta Z}{Z_0}U_i \quad (22\text{-}2\text{-}19)$$ 图(b)中(ⅲ)是一种桥式差动电路，主要用于直流电桥中，两个阻抗元件 Z 的中点接地，构成对称供电形式。当传感器处于平衡位置时，输出电压为零；当传感器失衡后，输出电压为 $$U_o=-\frac{\Delta Z}{2Z_0}U_i \quad (22\text{-}2\text{-}20)$$ 图(b)中(ⅳ)采用变压器配成桥式差动电路，通过具有中间抽头的变压器二次线圈对传感器的一对差动阻抗对称供电，其输出电压与传感器阻抗变化之间的关系与式(22-2-20)相同
非差动桥式电路	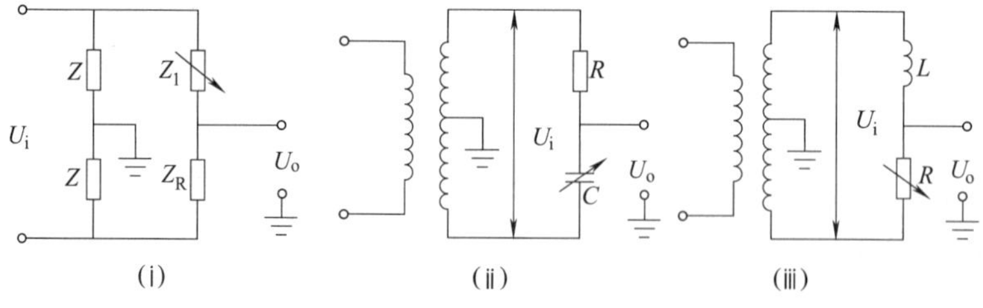 图(c)　非差动桥式电路 图(c)中(ⅰ)中的传感器是非差动式的，其阻抗为 Z_1，采用标准阻抗 Z_R 作为电桥的另一臂。若传感器基准阻抗为 Z_0，并取 $Z=Z_R=Z_0$，传感器阻抗随被测量的变化为 ΔZ，则 $$U_o=\frac{\Delta Z}{-4Z_0+2\Delta Z}U_i \quad (22\text{-}2\text{-}21)$$ 图(c)中(ⅱ)是一种阻容相位电桥，当电容传感器的电容 C 或电阻传感器的电阻 R 变化时，输出电压的幅值 $U_o=U_i/2$ 不变，但相位角 φ 却随之变化，其输出特性表达式为 $$\varphi=2\arctan\frac{1}{\omega CR} \quad (22\text{-}2\text{-}22)$$ 图(c)中(ⅲ)是阻感相位电桥，其输出信号相位随传感器电感 L 或电阻 R 的变化关系为 $$\varphi=2\arctan\frac{1}{\omega L} \quad (22\text{-}2\text{-}23)$$
调频电路	图(d)是一种适用于电容式传感器的调频电路。由传感器电容 C 和标准电感 L 构成谐振电路并接入振荡器中，振荡器输出信号的频率/随传感器电容 C 的变化关系为 $$f=\frac{1}{2\pi\sqrt{LC}} \quad (22\text{-}2\text{-}24)$$ 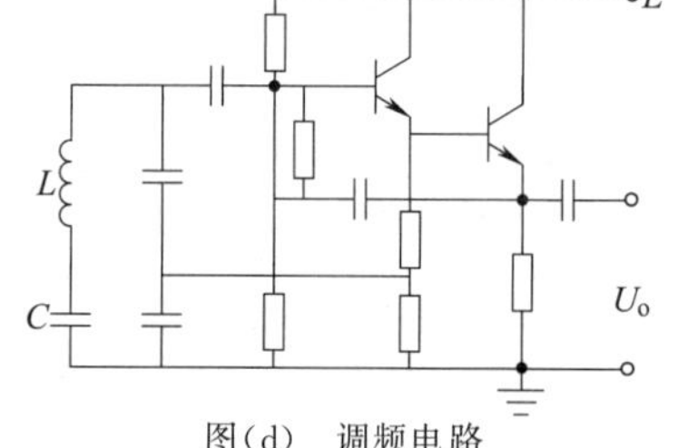 图(d)　调频电路

续表

<table>
<tr><td>脉冲调宽电路</td><td>图(e)是一种将传感器的电容 C 或电阻 R 的变化转换成输出信号 U_o的脉冲宽度变化的电路。其工作原理是电源 U_i通过 R 对 C 充电，当 C 上的充电电压超过参考电压 U_R时，比较器 N 翻转，使 U_o发生阶跃变化，同时通过开关控制电路控制开关 S 使 C 放电。输出信号 U_o的脉宽 B 会随电容 C 或电阻 R 的变化而变化，即
$$B=kRC \tag{22-2-25}$$ 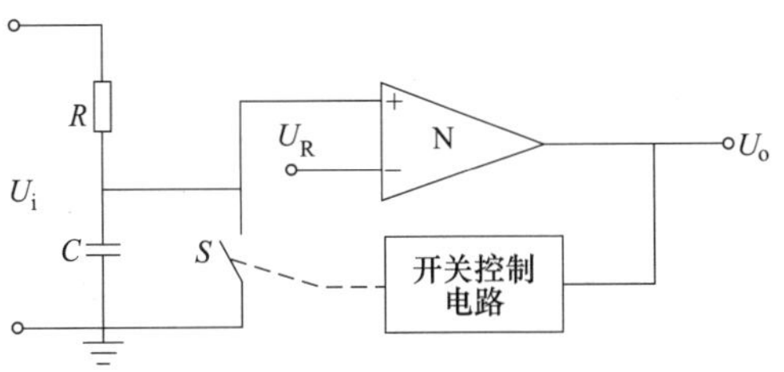
图(e)　脉冲调宽电路</td><td>k——与 U_R/U_i 有关的常数</td></tr>
</table>

2.3.3　信号放大电路

信号放大电路亦称放大器，用于将传感器或经基本转换电路输出的微弱信号不失真地加以放大，以便于进一步加工和处理。

表 22-2-56　　**信号放大器**

<table>
<tr><td rowspan="11">减小噪声和提高稳定性方法</td><td colspan="2">放大电路中常见的噪声有热噪声、散粒噪声和低频噪声等，必须采取措施抑制这些噪声，以免有用信号被淹没在噪声中</td></tr>
<tr><td rowspan="4">常用抑制放大器噪声的措施</td><td>压缩放大器带宽，滤除通带以外的各种噪声信号</td></tr>
<tr><td>减小信号源电阻，并尽量使其与放大器的等效噪声电阻相等，以实现噪声阻抗匹配</td></tr>
<tr><td>选用低噪声放大器件，以减少噪声的产生</td></tr>
<tr><td>减小接线电缆电容的影响及各种干扰因素的影响</td></tr>
<tr><td colspan="2">放大器的稳定性是指其在环境、输入信号或电路中某些参数发生变化时能够稳定工作的能力</td></tr>
<tr><td rowspan="5">提高放大器稳定性的措施</td><td>采用具有高稳定度的无源元件或引入直流负反馈来稳定静态工作点</td></tr>
<tr><td>采用集成运算放大器及深度负反馈来稳定放大倍数</td></tr>
<tr><td>采用电容和电阻进行相位补偿，以消除由寄生电容或其他寄生耦合所引起的自激振荡</td></tr>
<tr><td>妥善接地与屏蔽，以减小寄生电容、寄生耦合等因素的影响</td></tr>
<tr><td>采取散热与均热措施，以保证温度稳定，减小热漂移</td></tr>
<tr><td>高输入阻抗放大器</td><td colspan="2">要进行高精度的测量，传感器和输入电路必须很好地匹配。这就要求放大器有较高的输入阻抗，其数量级在兆欧以上。通常利用场效应管或集成运算放大器本身的输入阻抗非常高的优点来实现高阻抗放大的作用。下面通过两个例子，介绍高阻抗匹配的方法
场效应管的电路虽然可以用自生偏置来获得静态工作电压，但为了使场效应管工作在线性区，通常用分压电路来获得静态工作电压。在图(a)中的电路中，电源电压 E 经过 R_1和 R_2分压，通过 R_g耦合，作为场效应管的偏置电压
观察一下图(a)中电路的输入阻抗。这是一个跟随电路。观察 R_g两端的电压，交变信号通过电容 C_1耦合到电阻 R_g的一端，同时，由于是跟随设计，所以场效应管 VT 的源极的电压和栅极的电压大小近似相等，相位相同。这个信号通过 C_2耦合到电阻 R_g的另一端。这样，R_g两端的电压接近相同，所以流过 R_g的电流很小。也就是说，场效应管的输入阻抗并没有因为分压电路的存在而降低。为了获得好的自举效果，自举电容 C_2必须取得足够大。通常 R_g两端电压的相位差应小于 0.6°
当然，如果只为了提高输入阻抗，可以不使用自举电路，而采用阻值很高的 R_g，如 R_g可选用达到兆欧量级的电阻，如图(b)所示。但是当 R_g很大时，自身的稳定性会变差，噪声会变大，这对放大器的低噪声设计带来不利</td></tr>
</table>

续表

高输入阻抗放大器

图(a)　场效应管的自举反馈电路

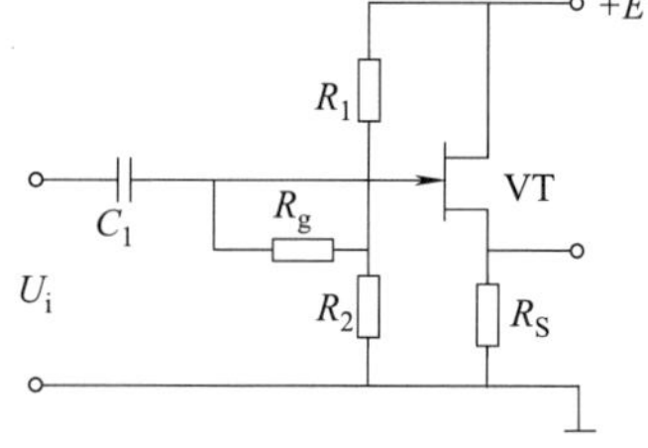

图(b)　普通的场效应管电路

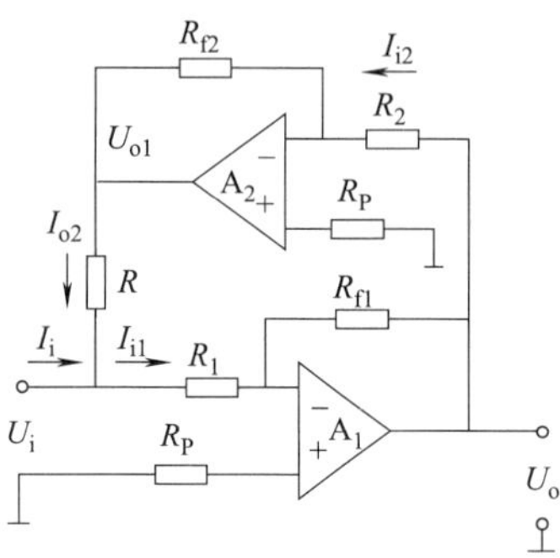

图(c)　自举型高输入阻抗放大器

在实际应用中，通常还采用运算放大器来实现放大器的高阻抗输入。图(c)为自举型高输入阻抗放大器。图中 A_1、A_2 为理想放大器。该电路的原理分析如下。根据虚地原理，放大器 A_1的“－”端电位与“＋”端相同，为 0；而从“－”到“＋”的电流为 0。放大器 A_2的情况与 A_1相同。于是有

$$I_{i1}=\frac{U_i-0}{R_1}=\frac{0-U_o}{R_{f1}} \tag{22-2-26}$$

$$U_o=\frac{R_{f1}}{R_1}U_i \tag{22-2-27}$$

同理，

$$I_{i2}=\frac{U_o-0}{R_2}=\frac{0-U_{o1}}{R_{f2}} \tag{22-2-28}$$

$$U_{o1}=\frac{R_{f1}R_{f2}}{R_1R_2}U_i \tag{22-2-29}$$

所以，

$$I_{o2}=\frac{U_{o1}-U_i}{R}=\frac{(R_{f1}R_{f2}-R_1R_2)}{R_1R_2R}U_i \tag{22-2-30}$$

$$I_i=I_{i1}-I_{o2}=\left(\frac{1}{R}-\frac{R_{f1}R_{f2}-R_1R_2}{R_1R_2R}\right)U_i \tag{22-2-31}$$

因此输入阻抗为

$$R_i=\frac{U_i}{I_i}=\left(\frac{1}{R}-\frac{(R_{f1}R_{f2}-R_1R_2)}{R_1R_2R}\right)^{-1}=\frac{RR_1R_2}{RR_2-R_{f1}R_{f2}+R_1R_2} \tag{22-2-32}$$

令 $R_{f1}=R_2$，$R_{f2}=2R_1$，则

$$R_i=\frac{RR_1}{R-R_1} \tag{22-2-33}$$

当 $R_1=R_2$时，R_i趋于无穷。输入电流 I_i实际由 A_2提供。当然，实际应用时，R 和 R_1存在一定的偏差。若$\frac{R-R_1}{R}$为 0.01%，且 $R_1=10\text{k}\Omega$ 时，则输入阻抗高达 100MΩ。一般的反向放大电路是达不到的

高共模抑制比放大器

在检测系统中，常采用具有高共模抑制能力的差动放大器，在对所感兴趣的两被测信号的差值进行放大的同时，抑制来自环境的共模干扰

在图(d)的(ⅰ)中，两被测信号 U_{i1}和 U_{i2}分别从运算放大器的两端输入，其输出信号为

$$U_o=\left(1+\frac{R_f}{R_1}\right)\frac{R_3}{R_2+R_3}U_{i2}-\frac{R_f}{R_1}U_{i1} \tag{22-2-34}$$

若取 $R_1=R_2$，$R_3=R_f$，则上式变为

$$U_o=\frac{R_f}{R_1}(U_{i2}-U_{i1}) \tag{22-2-35}$$

即该电路的差模增益为 R_f/R_1。若只有共模信号输入，即 $U_{i2}=U_{i1}=U_{ic}$，由式(22-2-34)可得

$$U_o=\left[\left(1+\frac{R_f}{R_1}\right)\frac{R_3}{R_2+R_3}-\frac{R_f}{R_1}\right]U_{ic} \tag{22-2-36}$$

若使电路参数满足匹配关系 $R_1=R_2$，$R_3=R_f$，则由式(22-2-36)得 $U_o=0$，即放大器共模增益为零，共模抑制比(差模增益与共模增益之比)为无穷大

续表

高共模抑制比放大器

在这种放大器中，若要改变差模增益 R_f/R_1，必须同时改变电阻 R_2 和 R_3。为便于增益调整，且保持高共模抑制比，可采用图(d)中(ⅱ)所示电路，其输出信号为

$$U_o=\frac{2R_f}{R_1}\left(1+\frac{R_f}{R_W}\right)(U_{i2}-U_{i1}) \tag{22-2-37}$$

可见，只需调节 R_0，即可改变差模增益

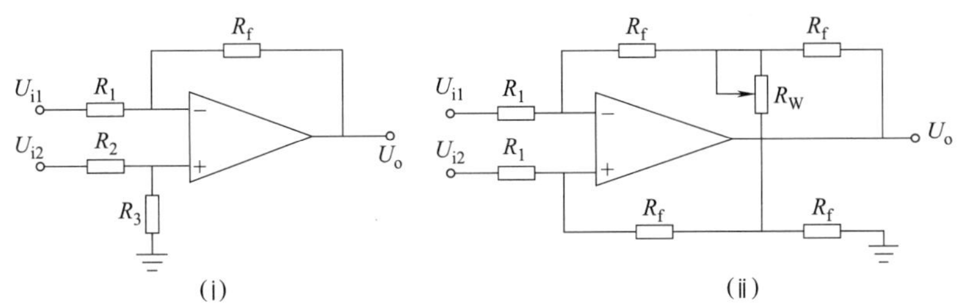

图(d)　高共模抑制比差动放大器

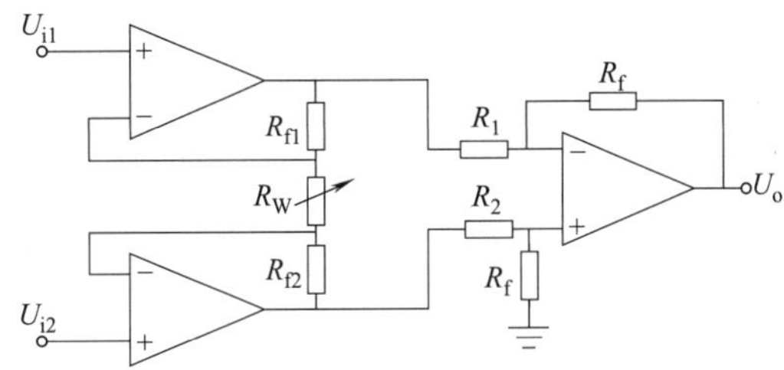

图(e)　同相输入并串联差动放大器

图(e)是一种同相输入并串联差动放大器。当 $R_1=R_2$，$R_{f1}=R_{f2}=R_f$时，电路输出为

$$U_o=\frac{R_f}{R_1}\left(1+\frac{2R_f}{R_W}\right)(U_{i2}-U_{i1}) \tag{22-2-38}$$

其差模增益为$(R_f/R_1)(1+2R_f/R_W)$，共模增益为零

在实际检测系统中，传感器信号往往要经较长的屏蔽线送到放大器输入端。由于两路信号电缆的电阻和电容不同，可能引起附加差模输入信号。为了避免这一现象，常采用驱动电缆技术，即电缆屏蔽层不像通常那样接地，而是接到电路中的适当位置，使其电位等于共模信号电压，如图(f)所示

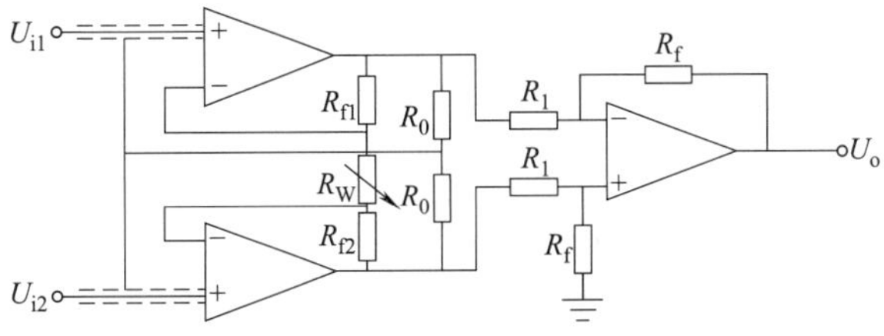

图(f)　采用驱动电缆的差动放大器

参量放大器

当传感器的输出是其电参数的变化时，可采用前面介绍的基本转换电路将其转换成电量的变化，然后再进行放大，也可将传感器直接接入放大器，使电参数的变化引起输出电压的变化。实现这一功能的放大器称为参量放大器，它有利于简化电路

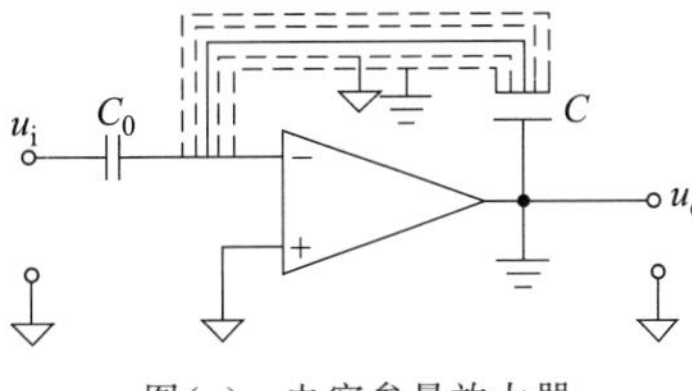

图(g)　电容参量放大器

续表

参量放大器	图(g)是电容参量放大器，其中 C 是传感器电容，C_0 是标准电容，u_i 是标准输入电压。放大器的输出电压为 $u_o=\dfrac{\delta C_0}{\varepsilon S}u_i$　　(22-2-39) 当 δ 随被测量变化而变化时，u_o 也随之变化 为了减小传感器电缆屏蔽层与芯线之间的寄生电容及其变化对检测信号的影响，电容参量放大器中常采用驱动电缆技术，即采用双层屏蔽电缆，将外屏蔽层接大地，内屏蔽层接线地，芯线接虚地(即放大器输入端)，使内屏蔽层与芯线基本等电位，如图(g)中虚线所示 对于电阻式传感器，可采用图(h)所示的桥式参量放大器。图(ⅰ)用于将单臂传感器的电阻变化 ΔR 转换成输出电压 u_o 的变化。若取 $R_1=R_2$，$R_3=R$(R 是传感器电阻公称值)，则 $u_o=-\dfrac{\Delta R}{R_1+R}u_i$　　(22-2-40) 图(ⅱ)用于将差动式传感器的电阻变化转换成电压变化，其中传感器电阻 R_3 和 R_4 分别为 $R_3=R-\Delta R$，$R_4=R+\Delta R$。若取 $R_1=R_2=R$，且 $R_f\gg R$，则 $u_o=\left(\dfrac{1}{2}+\dfrac{R_f}{R}\right)\dfrac{\Delta R}{R}u_i$　　(22-2-41) 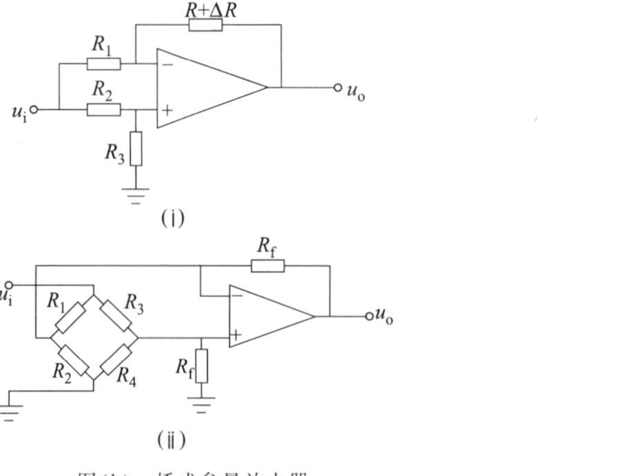 图(h)　桥式参量放大器	ε——电容传感器的介电常数 S——极板工作面积 δ——极板之间的距离，或称气隙
电荷放大器	电荷放大器输出的电压正比于输入电荷。它要求放大器的输入阻抗非常高，以至于电荷损失很少。通常，电荷放大器利用高增益的放大器和绝缘性能很好的电容来实现，如图(i)所示 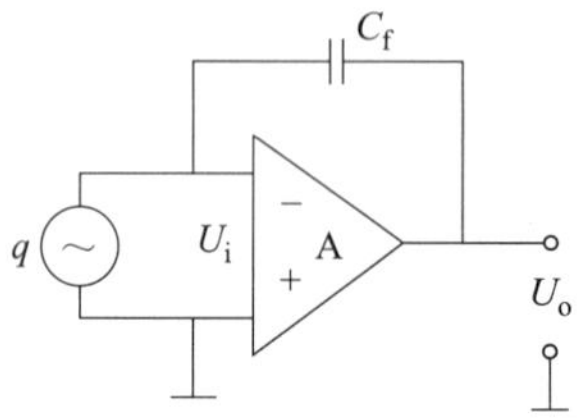 图(i)　电荷放大器示意图 图(i)中，电容 C_f 是反馈电容，将输出信号 U_o 反馈到反向输入端。当 A 为理想放大器时，根据虚地原理，反向端接地，所以，$U_i=0$。有 $Q=(0-U_o)C_f$，即 $U=-\dfrac{Q}{C_f}$　　(22-2-42) 所以，输出电压和电荷成正比，比例决定于反馈电容 C_f。理论上与信号的频率特性没有关系	

2.3.4 信号调制与解调

调制与解调方法被广泛应用于通信中，以便给不同的信号赋予不同的特征，将它们相互区别开来。在光机电一体化产品中也常采用这种方法对信号进行检测，以防止干扰信号对检测精度的影响。如表 22-2-44 所示。例如，采用特定频率的交流电源对电感传感器供电，或对由应变片、热敏电阻等组成的桥路供电，其目的都是为了对信号进行调制。经过调制的信号在经过放大后，还需通过解调（或称检波）的方法将其还原成原始信号，以获得被测物理量及其变化的信息。信号调制的方法有幅值调制、相位调制、频率调制和脉宽调制等，其中前三种又分别简称为调幅、调相和调频。对应不同的信号调制方法，需采用不同的方法来解调。

表 22-2-57　**信号调制与解调方法**

幅值调制与解调	幅值调制的基本思想是让一个具有特定角频率 ω_c 的高频信号的幅值随被测量 x 而变化。该高频信号称为载波信号，被测量 x 称调制信号，载波信号经被测量 x 调制后所得到的幅值随 x 变化的信号称已调制信号或调幅信号。信号的幅值调制可直接在传感器内进行，也可在电路中进行。在电路中对信号进行幅值调制的方法有相乘调制和相加调制 包络检波是一种对调幅信号进行解调的方法，其原理是利用二极管等具有单向导电性能的器件，截去调幅信号的下半部，再用滤波器滤除其高频成分，从而得到按调幅波包络线变化的调制信号 相敏检波方法是利用开关控制调幅信号输入通道的相乘型半波和全波相敏检波，再经低通滤波器滤除载波信号后，得到调制信号。相敏检波电路有着极广泛的应用，已有集成化的商品，如 AD532 ICL8031 等，供设计检测系统时选用 在设计调幅及其解调电路时，应注意合理选择各参数。如果调制信号的最大角频率为 ω_m，则要求载波频率 $\omega_c>10\omega_m$，否则会给滤波器设计带来困难或降低信号检测精度。为了保证调幅信号顺利通过并被放大，放大器的通频带应按 $\omega_c\pm\omega_m$ 选取。在相敏检波后，滤波器应保留频率在 ω_m 以下的信号。在包络检波后，滤波器应滤除频率在 $\omega_c-\omega_m$ 或 $2\omega_c-\omega_m$ 以上的信号
相位调制与解调	相位调制的基本思想是让一个具有特定角频率 ω_c 的高频载波信号的相位随被测量 x 而变化，则已调制信号中就包含 x 的全部信息 相位解调又称鉴相或比相，常用的方法有异或门鉴相、RS 触发器鉴相、脉冲采样鉴相和相敏检波器鉴相等
频率调制与解调	频率调制的基本思想是让一个高频振荡的载波信号的频率随被测量 x（调制信号）而变化，则得到的已调制信号中就包含了 x 的全部信息。常用的调频方法有传感器调频、电参数调频、电压调频等 频率解调又称鉴频或频率检波，常用的方法有微分鉴频、斜率鉴频和相位鉴频三种

2.3.5　滤波电路

滤波电路可以由电感、电容、电阻这些无源器件组成，成为无源滤波器；也可以将无源器件和放大器结合，组成有源滤波器。有源滤波器可以只用阻容器件实现，因此体积小。由于采用集成放大器，带宽和增益控制非常方便。

滤波器通常可分为低通滤波器、高通滤波器、带通滤波器、带阻滤波器等，还有用于提取宽带信号的梳状滤波器，由电感电容元件组成的 LC 滤波器等。见表 22-2-58。

表 22-2-58　**滤波电器**

低通滤波器	低通滤波器用于衰减高频信号，而让频率较低的信号过去。一般阻容低通滤波器的电路简单，但其在通频带内，增益随着频率的增大而下降。所以，为了改善在上界频率附近的频响特性，通常可以采用有源滤波，如图(a)所示。该电路中，电信号经过阻容低通滤波器后，经过同相放大，一部分通过电阻反馈到同相输入端。该低通滤波器的高端的频响有较好的改善。令 $f_0=1/(2\pi RC)$，$Q=1/(3-K_A)$，$K_A=R_f/R_1$，因此，它的传输函数为 $$K_{fv}=\frac{K_A}{\left[1-\left(\frac{f}{f_0}\right)^2\right]+j\frac{1}{Q}\times\frac{f}{f_0}} \qquad (22\text{-}2\text{-}43)$$ 其幅频特性曲线如图(b)所示。其中，K_A 必须小于 3，否则会引起自激振荡 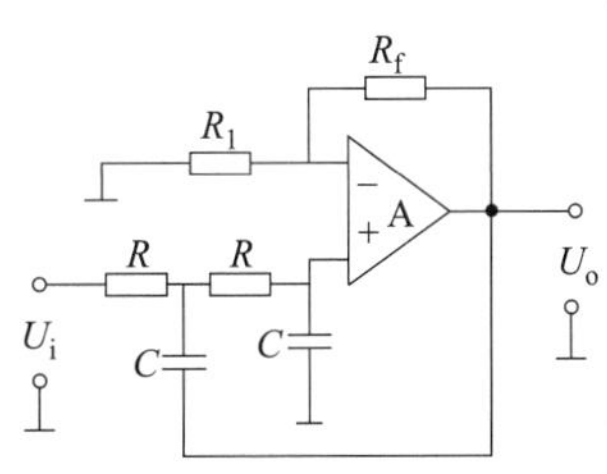 图(a)　有源低通滤波器 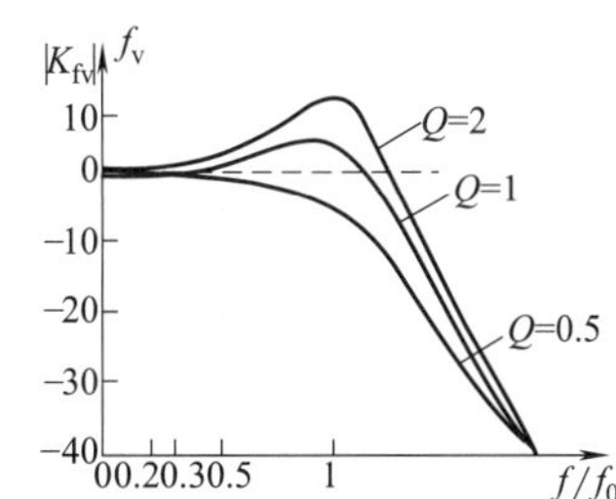 图(b)　有源低通滤波器的幅频特性曲线

续表

<table>
<tr>
<td>高通滤波器</td>
<td>

与低通滤波器相反，高通滤波器用于衰减低频信号，而让频率较高的信号通过。与阻容低通滤波器相同，虽然阻容高通滤波器电路简单，但是在其通频带内，幅频特性曲线不是特别理想，增益随着频率的下降而下降。所以，为了改善其下界的频率附近的频响，可以采用如图(c)所示的电路

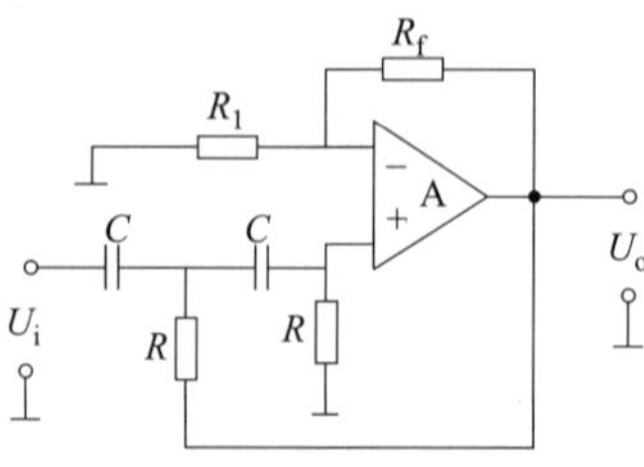

图(c) 有源高通滤波器

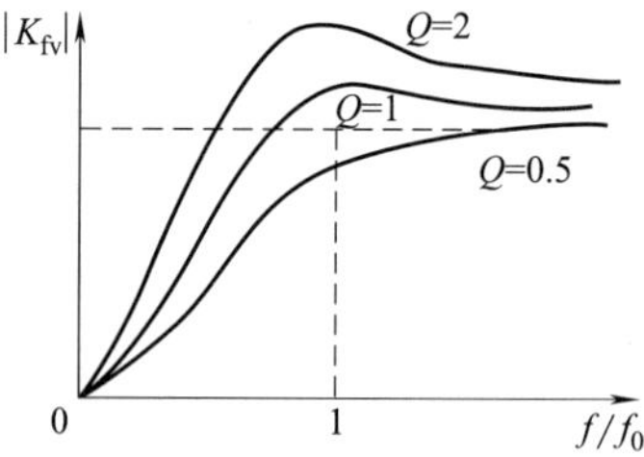

图(d) 有源高通滤波器的幅频特性曲线

该电路经过阻容高通滤波器后，经过同相放大，一部分信号通过电阻反馈到输入端。该高通滤波器的低端的频响有较好的改善。它的传输函数为

$$K_{fv}=\frac{-K_A\left(\frac{f}{f_0}\right)^2}{\left[1-\left(\frac{f}{f_0}\right)^2\right]+j\frac{1}{Q}\times\frac{f}{f_0}} \tag{22-2-44}$$

式中，$f_0=1/(2\pi RC)$，$Q=1/(3-K_A)$，$K_A=R_f/R_1$。其幅频特性曲线如图(d)所示。同样，K_A必须小于 3，否则会引起自激振荡

</td>
</tr>
<tr>
<td>带通滤波器</td>
<td>

带通滤波器的特点是让在某一个频率段的信号通过。图(e)是典型的有源带通滤波器电路。其增益为

$$K_{fv}=\frac{aK_A}{a-K_A}\times\frac{1+jQ'\left(\frac{f}{f_0}-\frac{f_0}{f}\right)}{1+jQ\left(\frac{f}{f_0}-\frac{f_0}{f}\right)} \tag{22-2-45}$$

式中，$a=1+\frac{C_1}{C_2}+\frac{R_1}{R_2}$，$Q=\frac{1}{a-K_A}\sqrt{\frac{R_1C_1}{R_2C_2}}$，$Q'=\frac{1}{a}\sqrt{\frac{R_1C_1}{R_2C_2}}$，$K_A=\frac{R_{f1}}{R_{f2}}$。其典型的幅频特性曲线如图(f)所示

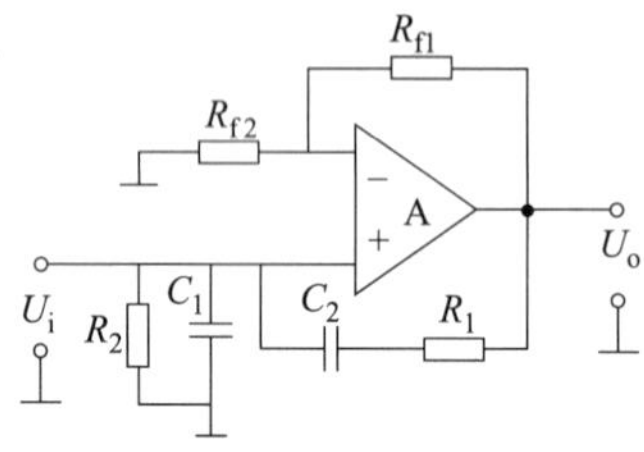

图(e) 有源带通滤波器

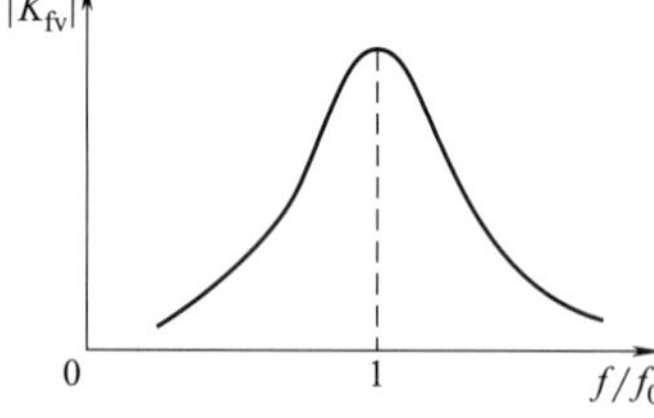

图(f) 有源带通滤波器的幅频特性曲线

为了保证环路的稳定，$K_A<a$。另外，当增益 K_A减小时，Q 增大，带宽增加；而增益越大，则带宽越窄

</td>
</tr>
<tr>
<td>带阻滤波器</td>
<td>

与带通滤波器相反，带阻滤波器是使某一个频段的信号被阻隔，其余部分可以通过最典型的双 T 桥带阻滤波器，如图(g)所示，其幅频特性如图(h)所示

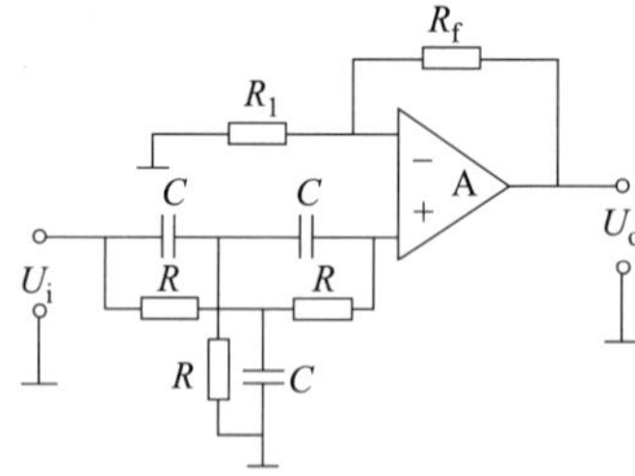

图(g) 双 T 桥带阻滤波器

图(h) 有源带阻滤波器的幅频特性曲线

该电路的电压增益为

$$K_{fv}=\frac{K_A}{1+K_A}\times\frac{\left(\frac{f}{f_0}\right)^2-1}{\left[\left(\frac{f}{f_0}\right)^2-1\right]-j\frac{4}{(1+K_A)\frac{f}{f_0}}} \tag{22-2-46}$$

当 K_A足够大的时候，K_{fv}在一个相当宽的频域内满足 $K_{fv}\approx K_A/(1+K_A)$。也就是改善了通频带内的幅频特性。$K_A$越大，带阻越窄

</td>
</tr>
</table>

2.3.6　电平转换电路

对于一些采样器件，输入的电压必须限制在一定的范围内。所以，需要将电平调整为合适值。图 22-2-2是最基本的电平转换电路。图中的电位器 R_P 用来调整信号的电平偏移。U_1、U_2为采样器件对输入电平的上下限。选择合适的 A，使得信号范围在 U_1、U_2之间 VD_1、VD_2用于限定输入范围，起到过压保护的作用。

电平转换电路的形式是多样的，应该根据具体的要求设计。

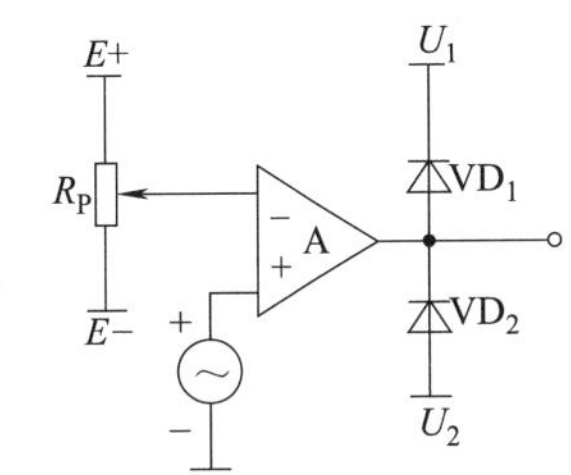

图 22-2-2　电平转换电路

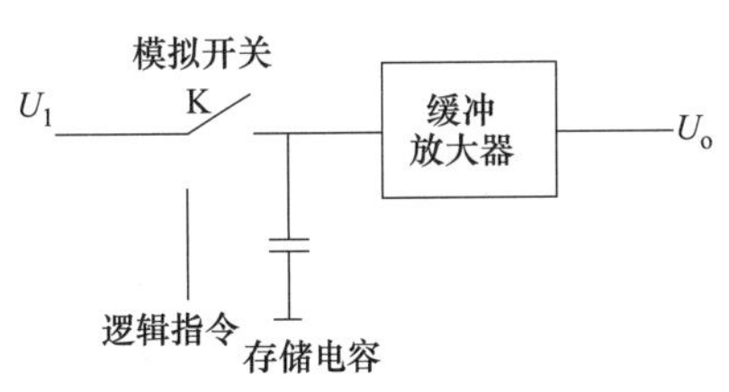

图 22-2-3　采样-保持电路原理示意图

2.3.7　采样-保持电路

采样-保持电路通过逻辑指令控制，使电路对输入信号进行采样，并使电路的输出级跟踪输入量。通过保持指令，使输入量在电路中一直保留着，直到下一个新的采样指令到来。在需要对输入信号瞬时采样和存储的场合，都需要采样保持电路，如峰值检波、瞬时量的测量和模拟信号的采样电路。

采样-保持电路主要由模拟开关、电容和缓冲器组成，如图 22-2-3 所示。模拟开关在逻辑指令的控制下，用于决定当前是采样还是保持。电容用于存储模拟信号。缓冲器放大器由射随电路组成，提供高的输入阻抗和低的输出阻抗。

当逻辑指令为采样指令时，模拟开关接通，输入信号 U_i通过模拟开关对电容 C 进行充电，电容上的电压 U_c随着输入电压 U_i而变化，输出电压 U_o和 U_c一致，这个过程就是采样的过程。当逻辑指令为保持指令时，模拟开关断开，电容上的电压 U_c与保持指令开始时刻的输入电压 U_i相一致。

采样-保持电路可以用分立元件构成，也可采用现成的集成电路。由于采样和保持的状态不是立即能够完成的，所以在选择电路器件时，必须注意采样-保持电路或器件的捕获时间和断开时间。

2.3.8　运算电路

运算电路是能对信号运算处理的电路，模拟运算电路具有直接、简单、运算速度快等特点，对于一些比较简单的运算，仍采用模拟运算电路来实现。

表 22-2-59　　**运算电路**

<table>
<tr><td rowspan="2">线性加、减运算电路</td><td colspan="3">模拟信号的加、减运算多采用运算放大器来实现</td></tr>
<tr><td>反相输入加法放大器</td><td>图(a)是一反相输入加法放大器，其输出是输入 $U_i(i=1,2,3)$ 的线性相加，即
$$U_o=-R_f\left(\frac{U_1}{R_1}+\frac{U_2}{R_2}+\frac{U_3}{R_3}\right) \quad (22\text{-}2\text{-}47)$$
图(a)　反相输入加法放大器</td><td>R_f/R_i可看作是各输入信号 U_i的权</td></tr>
</table>

续表

线性加、减运算电路	同相输入加法运算电路	图(b)是一同相输入加法运算电路，其输出与各输入之间的关系为 $U_o=\left(1+\frac{R_f}{R_0}\right)\left(\frac{1}{R_1}+\frac{1}{R_2}+\frac{1}{R_3}+\frac{1}{R_P}\right)^{-1}\left(\frac{U_1}{R_1}+\frac{U_2}{R_2}+\frac{U_3}{R_3}\right)$ (22-2-48) 在式(22-2-47)和式(22-2-48)中，若取 $R_1=R_2=R_3=R$，则变成对各输入信号权重相等的加法运算 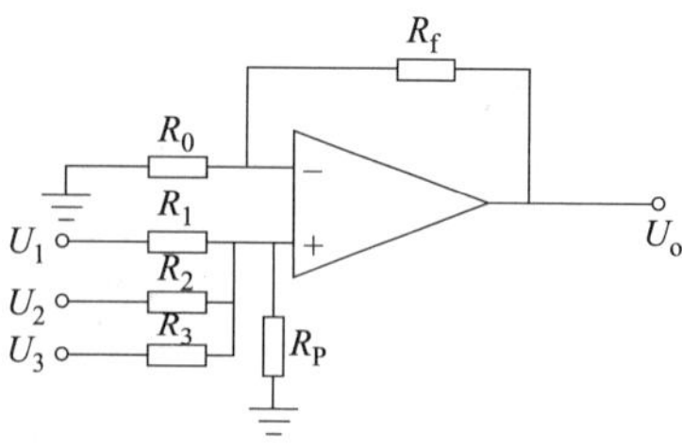 图(b) 同相输入加法运算电路
	减法运算电路	图(c)是一减法运算(又称差动运算)电路，两个输入信号分别从同相和反相输入端输入，其输出信号 U_o 为 $U_o=\frac{R_f}{R}(U_2-U_1)$ (22-2-49) 实现了对信号的减法运算及对差值的比例运算 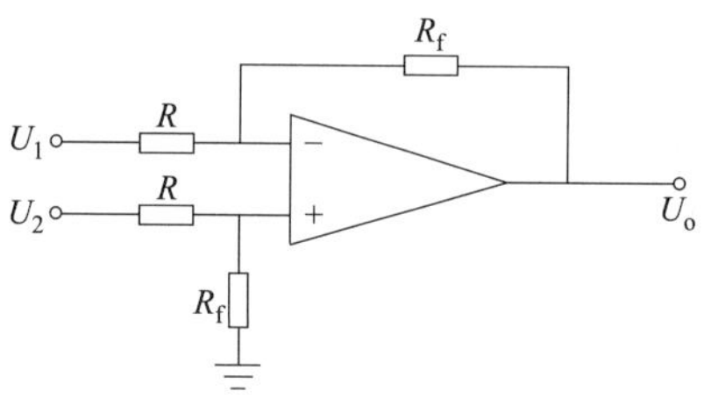 图(c) 减法运算电路
积分与微分运算电路		图(d)是采用运算放大器和电阻、电容构成的基本积分运算电路，其输出电压 u_o 为 $u_o=-u_c=-\frac{1}{C}\int i_c\mathrm{d}t=-\frac{1}{RC}\int u_i\mathrm{d}t$ (22-2-50) 式中，RC 为积分时间常数。当输入信号 u_i 是角频率 ω 的交变信号时，积分器的放大倍数为 $1/(\omega RC)$，ω 越小，放大倍数越大。当 u_i 是直流信号时，放大倍数为∞，放大器工作在开环状态下，输出电压 u_o 直至达到正或负的饱和电位为止 图(e)是同相积分电路，输出电压为 $u_o=\frac{2}{R_1C}\int u_i\mathrm{d}t$ (22-2-51) 其积分时间常数为 $R_1C/2$ 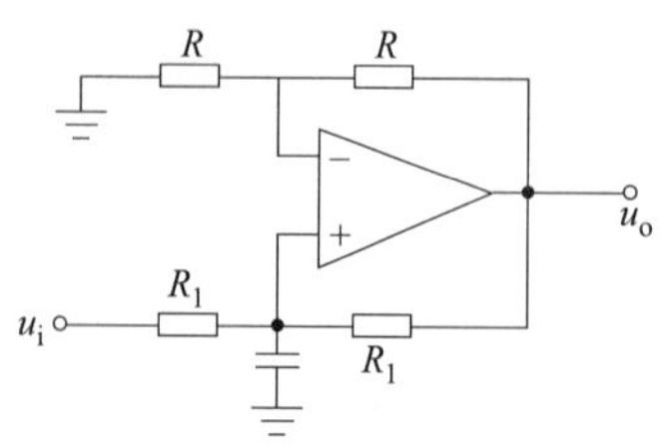 图(d) 基本积分运算电路 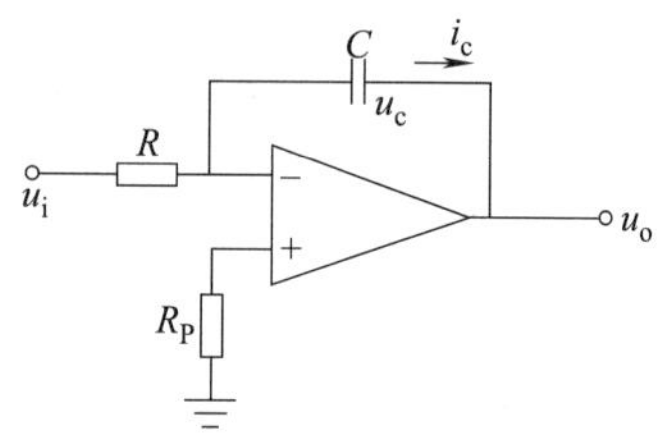 图(e) 同相积分电路

续表

积分与微分运算电路

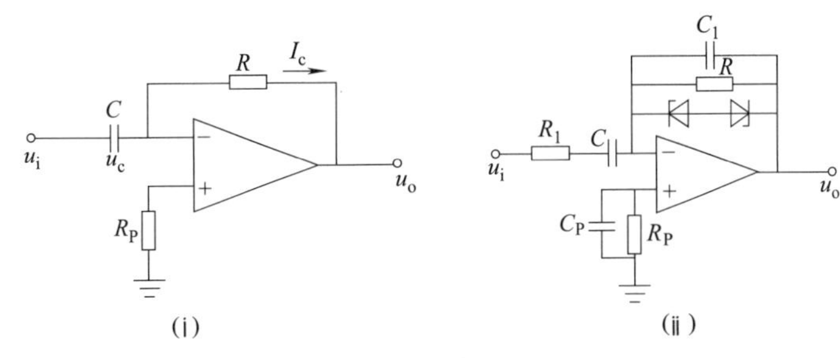

图(f)　微分运算电路

图(f)中(ⅰ)是一基本微分运算电路，可实现下述微分运算

$$u_o=-I_cR=-RC\frac{\mathrm{d}u_c}{\mathrm{d}t}=-RC\frac{\mathrm{d}u_i}{\mathrm{d}t} \tag{22-2-52}$$

式中，RC 为微分时间常数。该电路的主要缺点是对干扰信号敏感，易产生自激振荡，在输入信号 u_i 突变时易产生阻塞现象。为克服上述缺点，可采用图(f)中(ⅱ)所示的改进电路，在输入回路中引入电阻 R_1，以限制输入端噪声和突变电压的影响，同时增大了电路的阻尼系数，有利于抑制自激振荡。在反馈电阻 R 上并联一个校正电容 C_1，并取 $RC_1=R_1C$，在 R_P 旁并联电容 C_P，以实现相位补偿。R 上还并联了两个稳压管，以限制输出幅度，防止进入饱和状态

参量控制式乘除运算电路

图(g)中(ⅰ)是采用场效应晶体管源漏极之间的沟道电阻 r_{DS} 作为输入电阻的参量控制式乘法运算电路，可实现两个输入信号 U_x 和 U_y 的乘积。由于 $1/r_{DS}$ 与栅源极电压 U_{GS}(即 U_x)之间有着良好的线性关系，即 $U_{GS}=U_x=k/r_{DS}$，其中 k 为比例系数，则电路输出 U_o 为

$$U_o=-\frac{R_f}{r_{DS}}U_y=-\frac{R_f}{k}U_xU_y \tag{22-2-53}$$

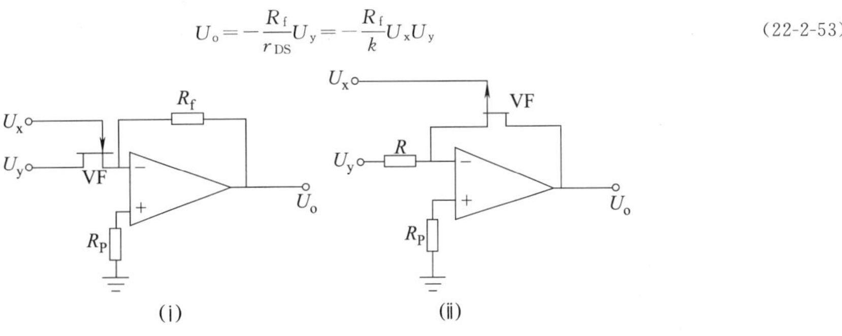

图(g)　参量控制式乘除法运算电路

图(g)中(ⅱ)是采用场效应晶体管沟道电阻 r_{DS} 作为反馈电阻的参量控制式除法运算电路，可实现两输入信号 U_x 和 U_y 的除法运算，即

$$U_o=-\frac{r_{DS}}{R}=-\frac{k}{R}\times\frac{U_y}{U_x} \tag{22-2-54}$$

在光机电一体化产品中，传感器常将被测参数的变化转换成电参数的变化，若需将某一电压量与这些参数相乘除，则利用上述参量控制电路实现乘除运算更为方便。例如将图(g)中(ⅰ)的场效应晶体管换成传感器电阻 R_x，且 R_x 与被测参数 x 呈线性关系，即 $R_x=kx$，则电路输出为

$$U_o=-\frac{R_f}{k}\times\frac{U_y}{x} \tag{22-2-55}$$

峰值运算电路

图(h)是用于求取信号峰值的电路，其中图(ⅰ)、图(ⅱ)分别用于求取信号的正、负峰值。在图(ⅰ)中，信号 U_i 从 N_1 同相端输入，N_2 接成跟随器。在运算开始时，U_K 瞬时接高电平，使场效应晶体管 VF 的栅极电位为零，开关导通，电容 C 通过 VF 放电。随后 U_K 降为低电平，VF 截止。当 $U_i>U_c$ 时，N_1 输出为正，VD_1 导通，VD_2 截止，使电容 C 迅速充电，直至 $U_o=U_c=U_i$。只要 U_i 略小于 U_o，则 VD_1 截止，VD_2 导通，C 停止充电，从而将 U_i 的正峰值保持在电容 C 上，并由跟随器输出。在图(ⅱ)中，信号 U_i 从 N_1 的反相端输入。当 $U_i<0$ 时，N_1 输出正电平，VD_1 导通，C 充电，N_2 的输出 U_o 随 U_i 的减小而增加。当 U_i 变到最小值，即负峰值时，C 充电到最高电位，$U_o=U_c=|U_i|$。一旦 U_i 离开负峰值而增加时，N_1 的输出电位将低于 C 上存储的电位 U_c，因而 VD_1 截止，VD_2 导通，C 停止充电，从而将 U_i 的负峰值保持在电容 C 上，并通过跟随器输出。在下一次运算开始前，应将 U_K 与高电平瞬时相接，让电容 C 通过场效应晶体管开关 VF 放电，为下一次运算作好准备

第22篇

续表

峰值运算电路	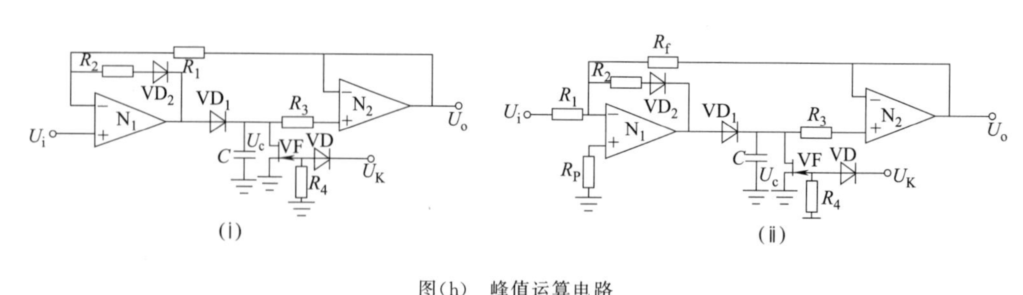 图(h) 峰值运算电路

2.3.9 A/D转换电路

A/D转换电路是指把模拟电信号转化成为数字量的电路。根据采样的原理，可以分为双积分型、跟踪型、逐次逼近型和并列型等，选择时主要从速度、精度和价格上考虑。

表 22-2-60 A/D转换电路

逐次逼近型	逐次逼近型A/D转换器是一种速度较快、精度较高的A/D转换器，它是通过最高位(D_{N-1})至最低位(D_0)的逐次检测来逼近被转换的输入电压。这种A/D转换器是以D/A转换为基础，加上比较器、N位逐次逼近寄存器、置数控制逻辑电路以及时钟等组成 整个转换过程是通过对分搜索比较逼近实现的，其转换速度由时钟频率决定，一般在几微秒到上百微秒之间。常用的8位A/D转换器有ADC0809、ADC0804等，12位A/D转换器有ADC1210、ADC1211等
双积分型	双积分A/D转换器是基于间接测量原理，将被测电压值U转换成时间常数，由测量时间常数得到未知电压值。它由电子开关、积分器、比较器、计数器、逻辑控制门等部件组成。所谓双积分，就是进行一次A/D转换需要两次积分。转换时，控制门通过电子开关把被测电压加到积分器的输入端，在固定时间内对被测电压积分(称定时积分)，积分输出终值与被测电压成正比；接着，控制门将电子开关切换到极性与被测电压相反的基准电压上，进行反向积分。由于基准电压恒定，所以积分输出将按固定时间期间积分的值以恒定的斜率下降(称定值积分)，由比较器检测积分输出过零时，停止积分器工作。反相积分的T，与定值积分的初值(即定时积分的终值)成比例关系，故可以通过测量反相积分时间T_1计算出被测电压。反相积分时间由计数器对时钟脉冲计数得到 双积分型A/D转换器需要较长的时间，但是如果基准电压精度取得较高，计数器的位数足够高，双积分型A/D可以得到较高的精度 常见的5G14433是CMOS工艺的$3\frac{1}{2}$位双积分A/D集成电路转换器，广泛用于低速的数据采集系统
并列型	并列型A/D转换器是常用的转换器，其原理如图(a)所示。模拟信号通过一组比较器，获得和基准电压的各个分压的比较结果(1或0)，经过逻辑电路网络的编码，最后输出与输入的模拟电压相对应的数字量 并列型A/D转换器进行并行工作，其时延主要是比较器和逻辑电路，所以它的转换时间很短，常用于高速转换的场合 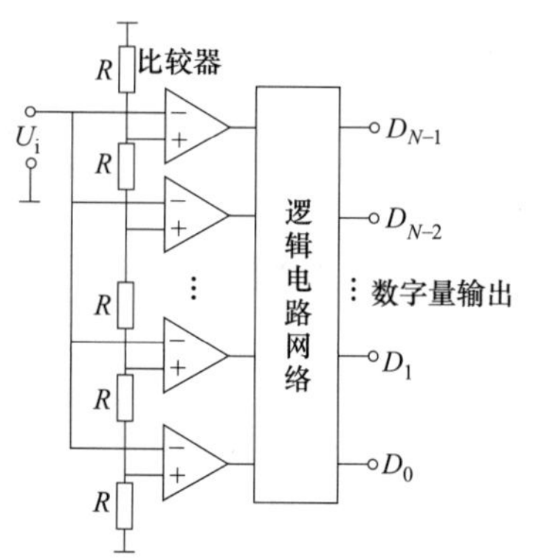 图(a) 并列型A/D转换器原理

续表

Σ-△模数转换器特点	Sigma-Delta 转换技术是目前高分辨率应用中非常通用的一项技术。Σ-△模数转换器由于造价低、精度高(16bit 或 24bit 转换精度)、性能稳定及使用方便等特点,越来越广泛地使用在一些高精度仪器仪表和测量设备中。Σ-△模数转换器的工作原理简单来讲,就是将模数转换过后的数字量再做一次窄带低通滤波处理。当模拟量进入转换器后,先在调制器中做求积处理,并将模拟量转为数字量,在这个过程中会产生一定的量化噪声,这种噪声将影响到输出结果,因此,采用将转换过的数字量以较低的频率一位一位地传送到输出端,同时在这之间加一级低通滤波器的方法,就可将量化噪声过滤掉,从而得到一组精确的数字量 常用的Σ-△模数转换器有 16 位的 AD7701、AD7703 等,24 位的 AD7710、AD7711 等

2.3.10　数字信号的预处理

检测信号被采入计算机后，尚需经过预处理才能交付应用程序使用。预处理的主要任务：一是去除混杂在有用信号中的各种干扰信号；二是采用软件方法对实际传感器的非线性传输特性进行补偿，既降低对传感器的要求，又不需要额外的硬件投资（表 22-2-62）；三是补偿温度漂移和时间漂移引起的零位误差和增益误差（表 22-2-63）。

干扰信号有周期性干扰和随机性干扰两类。典型的周期性干扰是 50Hz 的工频干扰，采用积分时间为 20ms 整数倍的双积分型 A/D 转换器，可有效地消除其影响。对于随机性干扰，可采用数字滤波（见表 22-2-61）的方法予以削弱或消除。

表 22-2-61　　数字滤波

<table>
<tr><td colspan="2">数字滤波实质上是一种程序滤波,与模拟滤波相比具有突出的优点:一是不需要额外的硬件设备,不存在阻抗匹配问题,可靠性高,稳定性好;二是可以对频率很低或很高的信号实现滤波;三是可根据信号的不同,采用不同的滤波方法或滤波参数,灵活、方便、功能强
数字滤波方法很多,下面仅就常用的几种方法及相应的用 MCS-51 指令系统编写的程序加以介绍</td></tr>
<tr><td>中值滤波</td><td>中值滤波方法对缓慢变化的信号中由于偶然因素引起的脉冲干扰具有良好的滤除效果。其原理是,对信号连续进行 n 次采样,然后对采样值排序,并取序列中位值作为采样有效值。采样次数 n 一般取为大于 3 的奇数。下面的程序是 $n=3$ 的中值滤波程序
<pre>
FILTE:MOV A,R2   ;判 R2<R3 否
      CLR C
      SUBB A,R3
      JC FILT1   ;R2≤R3 时,转 FILT1,保持原顺序不变
      MOV A,R2   ;R2>R3 时,交换 R2、R3
      XCH A,R3
FILT1:MOV R2,A
      MOV A,R3   ;判 R3<R4 否
      CLR C
      SUBB A,R4
      JC FILT2   ;R3≤R4 时,转 FILT2,排序结束
      MOV A,R4   ;R3>R4 时,交换 R3、R4
      XCH A,R4   ;判 R3>R2 否
      CLR C
      SUBB A,R2
      JNC FILT2
      MOV A,R3   ;R3>R2 时,排序结束
FILT2:MOV R3,A   ;R3<R2 时,以 R2 为中值
      RET   ;中值送 R3
</pre>在该程序中,连续三次采样值分别存放在 R2、R3、R4 中,排序结束后,三个寄存器中数值的大小顺序为 R2<R3<R4,中位值在 R3 中。若连续采样次数 $n>5$,则排序过程比较复杂,可采用"冒泡"算法等通用的排序方法</td></tr>
<tr><td>算术平均滤波</td><td>算术平均滤波方法是对信号连续进行 n 次采样,以其算术平均值作为有效采样值。该方法对压力、流量等具有周期脉动特点的信号具有良好的滤波效果。采样次数 n 越大,滤波效果越好,但灵敏度也越低,一般为了便于运算处理,常取 $n=4,8,16$。下面是一个采样次数 $n=8$ 的算术平均滤波程序清单</td></tr>
</table>

续表

算术平均滤波

```
FILTE:CLR A                ;清累加器
      MOV R2,A
      MOV R3,A
      MOV R0,#30H          ;指向第一个采样值
      MOV A,@ R0           ;取一个采样值
FILT1:ADD A,R3             ;累加到 R2、R3 中
      MOV R3,A
      CLR A
      ADDC A,R2
      MOV R2,A
      INC R0
      CJNE R0,#38H,FILT1   ;判是否累加 8 次
      SWAP A               ;累加完,求平均值
      RL A
      XCH A,R3
      SWAP A
      ADD A,#80H           ;四舍五入
      ANL A,#1FH
      ADDC A,R3            ;结果在 A 中
      RET
```

滑动平均滤波

在中值滤波和算术平均滤波方法中,每获得一个有效的采样数据,必须连续进行 n 次采样,当采样速度较慢或信号变化较快时,系统的实时性往往得不到保证。为了避免这一缺点,可采用滑动平均滤波的方法。该方法采用循环队列作为采样数据存储器,队列长度固定为 n,每进行一次新的采样,把采样数据放入队尾,扔掉原来队首的一个数据。这样,在队列中始终有 n 个最新的数据。对这 n 个最新数据求取平均值,作为此次采样的有效值。这种方法每采样一次,便可得到一个有效采样值,因而速度快,实时性好,对周期性干扰具有良好的抑制作用

图(a)是滑动平均滤波程序的流程图。如果取 $n=16$,以 40H～4FH 共 16 个单元作为环形队列存储器,用 R0 作为队尾(在环形队列里同时也是队首)指针,则可设计相应的滑动滤波程序如下

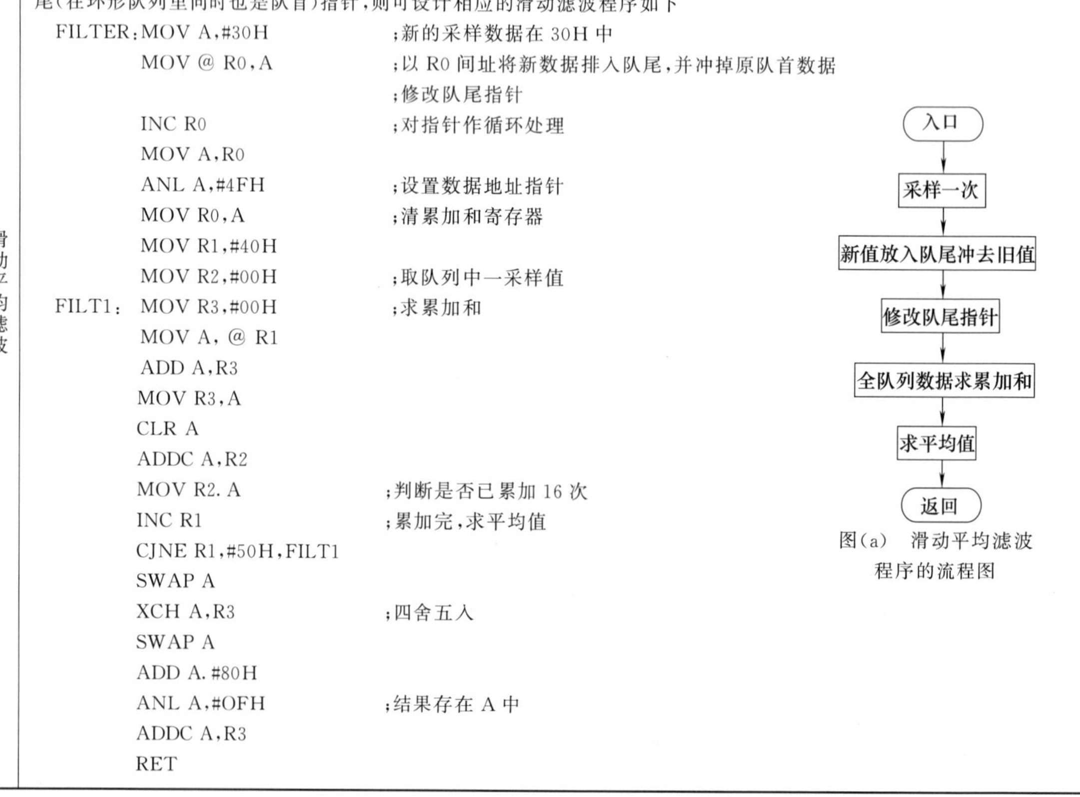

```
FILTER:MOV A,#30H            ;新的采样数据在 30H 中
       MOV @ R0,A            ;以 R0 间址将新数据排入队尾,并冲掉原队首数据
                             ;修改队尾指针
       INC R0                ;对指针作循环处理
       MOV A,R0
       ANL A,#4FH            ;设置数据地址指针
       MOV R0,A              ;清累加和寄存器
       MOV R1,#40H
       MOV R2,#00H           ;取队列中一采样值
FILT1: MOV R3,#00H           ;求累加和
       MOV A, @ R1
       ADD A,R3
       MOV R3,A
       CLR A
       ADDC A,R2
       MOV R2. A             ;判断是否已累加 16 次
       INC R1                ;累加完,求平均值
       CJNE R1,#50H,FILT1
       SWAP A
       XCH A,R3              ;四舍五入
       SWAP A
       ADD A. #80H
       ANL A,#OFH            ;结果存在 A 中
       ADDC A,R3
       RET
```


图(a)　滑动平均滤波程序的流程图

续表

低通滤波

当被测信号缓慢变化时，可采用数字低通滤波的方法去除干扰。数字低通滤波器是用软件算法来模拟硬件低通滤波器的功能

对于典型的 RC 低通滤波器，用 x 表示输入电压，y 表示输出电压，并将微分方程转换成差分方程可知 $X(n)=\tau\dfrac{Y(n)-Y(n-1)}{\Delta t}+Y(n)$，整理后得

$$Y(n)=\frac{\Delta t}{\tau+\Delta t}X(n)+\frac{\tau}{\tau+\Delta t}Y(n-1) \tag{22-2-56}$$

取

$$\alpha=\frac{\Delta t}{\tau+\Delta t} \tag{22-2-57}$$

则式(22-2-57)可改写成

$$Y(n)=\alpha X(n)+(1-\alpha)Y(n-1) \tag{22-2-58}$$

式中，α 称为滤波平滑系数，通常取 $\alpha \ll 1$。由式(22-2-56)可见，滤波器的本次输出值主要取决于其上次输出值，本次采样值对滤波输出仅有较小的修正作用，因此该滤波算法相当于一个具有较大惯性的一阶惯性环节，模拟了低通滤波器的功能，其截止频率为

$$f_c=\frac{1}{2\pi\tau}=\frac{\alpha}{2\pi\Delta t(1-\alpha)}\approx\frac{\alpha}{2\pi\Delta t} \tag{22-2-59}$$

如取 $\alpha=1/32$，$\Delta t=0.5$s，即每秒采样两次，则 $f_c\approx0.01$Hz，可用于频率相当低的信号的滤波

τ——滤波器的时间常数
Δt——采样周期
$X(n)$——本次采样值
$Y(n)$——本次的滤波器输出值
$Y(n-1)$——上次的滤波器输出值

图(b)的程序清单如下

```
FILTER:MOV 30H,32H          ;更新 Y(n-1)
       MOV 31H,33H
       MOV A,40H            ;采样值 X(n)在 40H 中
       MOV B,#8             ;取 α=8/256
       MUL AB               ;计算 αX(n)
       MOV 32H,B            ;将 αX(n)临时存入 Y(n)
       MOV 33H,A
       MOV B,#248
       MOV A,31H            ;1-α=248/256
       MUL AB
       RLC A                ;计算(1-α)Y(n-1)的低位
       MOV A,B              ;四舍五入
       ADDC A,33H
       MOV 33H. A           ;累加到了 Y(n)中
       JNC FILT1
       INC 32H
FILT1: MOV B,#248
       MOV A,30H
       MUL AB
       ADD A,33H            ;计算(1-α)Y(n-1)的高位
       MOV 33H,             ;累加小数
       MOV A,B
       ADDC A,32H
       MOV 32H,A
       RET                  ;Y(n)存于 32H、33H 中
```

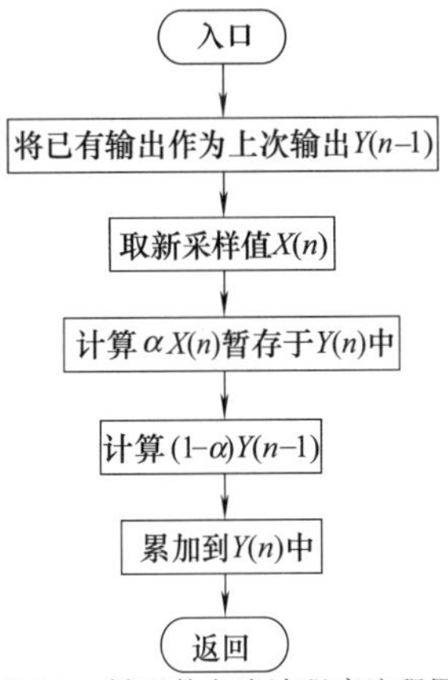

入口 → 将已有输出作为上次输出 $Y(n-1)$ → 取新采样值 $X(n)$ → 计算 $\alpha X(n)$ 暂存于 $Y(n)$ 中 → 计算 $(1-\alpha)Y(n-1)$ → 累加到 $Y(n)$ 中 → 返回

图(b)　低通数字滤波程序流程图

程序中，采样数据为单字节，滤波输出值用双字节，一个字节整数，一个字节小数，以防止因舍去尾数而使输出值不变化；为计算方便，取 $\alpha=8/256$，$1-\alpha=248/256$，运算时分别用 8 和 248 代入相乘，然后在积中将小数点左移 8 位

表 22-2-62　　**传感器的非线性补偿**

许多实际传感器的传输特性是非线性的，直接影响信号的检测精度。在光机电一体化产品中，常采用软件方法对此非线性传输特性进行补偿，以降低对传感器的要求。与硬件补偿方法相比，软件补偿方法灵活，不需要额外的硬件投资，因而应用广泛。软件补偿方法很多，概括起来有计算法和查表法两大类，下面仅介绍计算法中的代数插值法

具体方法

代数插值法以多项式作为插值函数，因而又称为多项式插值法。采用这种方法进行非线性补偿时，首先需根据传感器的标定数据建立插值多项式，其具体方法如下

设传感器的输入信号为 y，输出信号为 x（x 也就是被计算机采入的数据），输入与输出的函数关系为 $y=f(x)$，通过标定可得到对应于 $n+1$ 个相异的输出值 $x_0<x_1<\cdots<x_n$ 的传感器输入值 $y_i=f(x_i)$，$i=0,1,2,\cdots,n$。设法用一个多项式 $p_n(x)$ 去逼近 $f(x)$，并使 $p_n(x_i)=f(x_i)$，则 $p_n(x)$ 就称为 $f(x)$ 的插值多项式，x_i 称为插值节点。在 $p_n(x)$ 确定后，可根据传感器的输出值 x，用 $p_n(x)$ 代替 $f(x)$ 去计算传感器的输入值 y，从而实现非线性补偿。可见，代数插值法的关键是确定插值多项式 $p_n(x)$

设 $p_n(x)$ 是次数不超过 n 的代数多项式，即

$$p_n(x)=a_nx^n+a_{n-1}x^{n-1}+\cdots+a_1x+a_0 \tag{22-2-60}$$

由于在 $x_i(i=0,1,2,\cdots,n)$ 处应满足 $p_n(x_i)=f(x_i)$，则将 x_i 代入式(22-2-60)可得到关于系数 $a_j(j=0,1,2,\cdots,n)$ 的 $n+1$ 元一次方程组

$$\begin{cases} a_nx_0^n+a_{n-1}x_0^{n-1}+\cdots+a_1x_0+a_0=f(x_0) \\ a_nx_1^n+a_{n-1}x_1^{n-1}+\cdots+a_1x_1+a_0=f(x_1) \\ \quad\vdots \\ a_nx_n^n+a_{n-1}x_n^{n-1}+\cdots+a_1x_n+a_0=f(x_n) \end{cases} \tag{22-2-61}$$

解此方程组，可得到 $n+1$ 个系数 a_j，从而得到插值多项式 $p_n(x)$

在实际应用中，$p_n(x)$ 的阶次 n 需根据要求的逼近精度来确定。一般来讲，n 值越大，逼近精度越高，但计算工作量也越大。阶次 n 还与被逼近的函数 $f(x)$ 的特性有关，若 $f(x)$ 接近于线性，可取 $n=1$，即用一次多项式逼近；若 $f(x)$ 接近于抛物线，可取 $n=2$，即用二次多项式逼近。为便于计算，实际中最常用的是线性多项式插值方法，这时，$n=1$，式(22-2-60)变为

$$p_1(x)=a_1x+a_0 \tag{22-2-62}$$

采用线性插值方法，相当于在传感器的两个相邻标定点 (x_i,y_i) 和 (x_{i+1},y_{i+1}) 之间用直线 $p_1(x)$ 相连，在区间 $[x_i,x_{i+1}]$ 内用 $p_1(x)$ 代替 $f(x)$ 去计算传感器的输入值 y。若传感器有 $n+1$ 个标定点，则可建立 n 个区间（区间长度可相等，也可不等），各区间上的线性插值多项式为

$$p_{1i}=a_{1i}+a_{0i} \tag{22-2-63}$$

式中

$$a_{1i}=\frac{f(x_i)-f(x_{i-1})}{x_i-x_{i-1}} \tag{22-2-64}$$

$$a_{0i}=f(x_{i-1})-a_{1i}x_{i-1} \tag{22-2-65}$$

在采用线性插值法对传感器的非线性进行补偿时，应先根据传感器的标定值按式(22-2-64)、式(22-2-65)求出系数 a_{1i}、a_{0i}，然后将 a_{1i}、a_{0i} 做成表格，编在程序里。程序运行时，先判断采样值 x 位于哪个区间，然后取出该区间对应的系数 a_{1i} 和 a_{0i}，按式(22-2-63)即可求得对应于 x 的传感器输入值（即被测量）y

举例

已知某传感器的标定值 x_i、$y_i(i=0,1,\cdots,4)$ 如下表所示，根据式(22-2-64)、式(22-2-65)求出的系数 a_{1i} 和 a_{0i} 也列入该表中。按线性插值法所设计的求取被测量 $y=f(x)\approx p_1(x)$ 的程序如下

```
LINEAR:ACALL SAMP          ;调用采样子程序
       MOV A,R2            ;采样值在R2中
       MOV B,A             ;采样值xi暂存于B
       ANL A,#0COH
       RL A                ;求取区间号
       RL A
       RL A                ;区间号乘2
       MOV R7,A
       ADD A,#0DH          ;加偏移量
       MOVCA,@ A + PC      ;查表取a0i
```

续表

举例

```
        MOV R2,A          ;暂存 a0i
        MOV A,R7
        ADD A,#08H        ;加偏移量
        MOVCA,@ A + PC    ;查表取 a1i
        MUL AB            ;计算 a1ixi
        ADD A,#80H        ;四舍五入
        MOV A,B
        ADDC A,R2         ;计算 a1ixi+a0i
        MOV R2,A          ;结果存于 R2 中
        RET
TAB:    DB 02H,0FCH,06H,0ECH
        DB 0CH,0EOH,1EH,0C8H
```

在该程序中，SAMP 是采样子程序，它将采样值 x_i 置于 R2 中；线性插值补偿结果按四舍五入取整数，并存于 R2 中

某传感器标定值及线形插值系数

i	x_i	y_i	a_{1i}(十)	a_{1i}(十六)	a_{0i}(十)	a_{0i}(十六)
0	0	2				
1	64	65	0.984375	0.FCH	2	02H
2	128	124	0.921875	0.ECH	6	06H
3	192	180	0.875	0.EOH	12	0CH
4	256	230	0.78125	0.C8H	30	1EH

表 22-2-63　零位误差和增益误差的补偿

在检测系统中，不可避免地存在温度漂移和时间漂移，并引起零位误差和增益误差。当误差较大时，常采用软件方法对其进行补偿

零位误差补偿

采用软件对零位误差进行补偿的方法又称数字调零，其原理如图(a)所示。模拟多路开关可在微型计算机控制下将任一路被测信号接通，并经测量及放大电路和 A/D 转换器后，将信号采入微型计算机。在测量时，先将多路开关接通某一被测信号，然后将其切换到零信号输入端，由微型计算机先后对被测量和零信号进行采样。设采样值分别为 x 和 a_0，其中 a_0 即为零位误差，由微型计算机执行运算 $y=x-a_0$，就可得到经过零位误差补偿后的采样值 y

这种零位误差补偿方法简单、灵活，可把检测系统的零点漂移一次性地全部补偿掉，既提高了检测精度，又降低了对元器件的要求

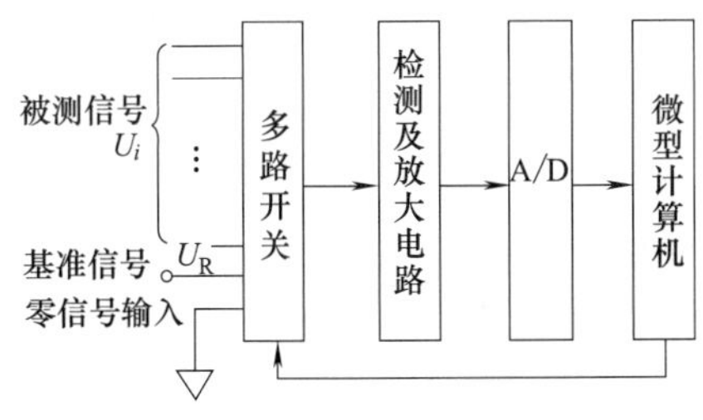

图(a)　数字调零及全自动校准原理

增益误差补偿

增益误差补偿又称校准，采用软件方法可实现全自动校准，其原理与数字调零相似。在系统工作时，可每隔一定时间自动校准一次。校准时，在微型计算机控制下先把多路开关接地[如图(a)所示]，得到采样值 a_0，然后把多路开关接基准输入 U_R，得到采样值 x_R，并寄存 a_0 和 x_R。在正式测量时，如测得对应输入信号 U_i 的采样值为 x_i，则输入信号 U_i 可按下式计算

$$U_i=\frac{x_i-a_0}{x_R-a_0}U_R$$

采用上述校准方法可使测得的输入信号 U_i 与检测系统的漂移和增益变化无关，因而实现了增益误差的补偿

2.3.11 抗干扰设计

传感器电路的设计中，必须考虑抗干扰设计。抗干扰是传感器电路设计是否成功的关键。

干扰可能来自外部的电磁干扰，可能来自供电电路，也可能是由器件自身的性能引起的。通常在选取元件时，选用低噪声的电阻、电容和放大器。除此之外，良好的电路设计有助于减少干扰。表 22-2-64 只介绍由传感器及元器件引起的干扰。

表 22-2-64 **抗干扰设计**

<table>
<tr><td rowspan="5">传感器的抗干扰</td><td colspan="2">当传感器接触或接近被测对象而获取信息时，传感器与被测对象同时都处于被干扰的环境中而受到干扰，因此需有相应的抗干扰措施。传感器采取的抗干扰措施根据传感器的结构、种类和特性的不同而不同</td></tr>
<tr><td>检测微弱信号的传感器</td><td>对于检测出的信号微弱而其输出阻抗又很高的传感器，它的抗干扰问题尤为突出，设计时需要考虑的问题和采取的措施如下
①传感器自身应采取屏蔽措施防止电磁干扰，同时还要考虑分布电容的影响
②由于其输出信号较弱、输出阻抗很高，因此必须解决传感器的绝缘问题，包括印刷电路板的绝缘电阻等都必须满足要求
③传感器前置电路必须与传感器相适应，即输入阻抗要足够高，并选用低噪声器件
④对于信号传输线，需要考虑信号的衰减和传输电缆分布电容的影响，必要时应采用驱动屏蔽</td></tr>
<tr><td>传感器的结构</td><td>改进传感器的结构在一定程度上也可避免干扰的引入，通常采用的途径有
①将信号处理电路与传感器的敏感元件一体化，这样使传输的信号增强，提高抗干扰能力，同时因为是一体化，也就减少了干扰的引入
②采用结构紧凑、功能强大的集成化传感器，有利于提高抗干扰能力
③采用智能化传感器，可多方面在软件上采取抗干扰措施，如数字滤波、定时自校等</td></tr>
<tr><td>共模干扰</td><td>对于由敏感元件组成桥路的传感器，由供电电源引起的、同时加载在各个输入信号接口段与地线之间的干扰称为共模干扰。消除共模干扰的方法包括
①应采用正负对称的电源供电，使电桥输出端形成的共模干扰电压接近于 0
②测量电路应采用输入端对称电路或用差分放大器来提供抑制共模干扰的能力
③采用合理的接地系统，可减少共模干扰形成的干扰电流流入测量电路</td></tr>
<tr><td>差模干扰</td><td>抗差模干扰措施有
①合理设计传感器的结构并采用完全屏蔽措施，可防止外界进入和内部寄生耦合干扰
②信号传输时也应采取抗干扰措施，如用双绞线、屏蔽电缆、信号线滤波等
③尽量采用电流或数字量进行信号传送</td></tr>
<tr><td>电阻器的抗干扰</td><td colspan="2">电阻的干扰来自于电阻中的电感、电容效应，以及电阻本身的热噪声。不同类型电阻的效果不同
例如一个阻值为 R 的实芯电阻，等效于电阻 R、寄生电容 C、寄生电感 L 的串并联，如图(a)所示。一般来说，寄生电容大约为 0.1～0.5pF，寄生电感大约在 5～8nH。在频率高于 1MHz 的时候，这些寄生的电感电容就不可忽视了。而且对于高频的条件，阻值低的电阻以寄生电感为主，阻值高的电阻以寄生电容为主
又如一个阻值为 R 的绕线电阻，也等效于电阻 R、寄生电容 C、寄生电感 L 的串并联，如图(b)所示。具体寄生电容、寄生电感的值取决于绕线的工艺。绕线电阻如果采用双绕线的设计，虽然电感可以减小，但是回路电容会增大
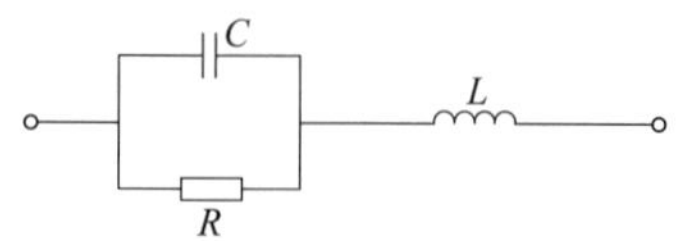

图(a) 实芯电阻的等效电路
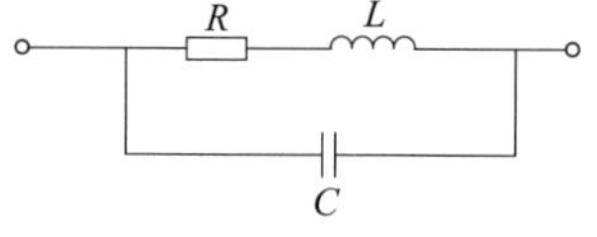

图(b) 绕线电阻的等效电路</td></tr>
</table>

续表

<table>
<tr><td>电阻器的抗干扰</td><td colspan="2">膜式电阻是将电阻材料采用真空蒸镀、溅射和化学沉淀、热分解沉积等方法被覆在绝缘线上制成的，它有螺旋型和曲折型两种结构，它的寄生电感比实芯电阻大，但是比绕线电阻小
在强磁场中，非绕线电阻主要吸收电磁能产生热效应；绕线电阻由于其电感较大，将产生电压和电流
各类电阻都会产生热噪声。如果以 R 为电阻的阻值；波耳兹曼常数 $k=1.374\times(10^{-23}\mathrm{J/K})$；$T$ 为绝对温度(K)；B 为噪声带宽(Hz)，则热噪声电压 $U_t=\sqrt{4RkTB}$
如果某一电阻 $R=500\mathrm{k}\Omega$，$B=1\mathrm{MHz}$，$T=20℃=293\mathrm{K}$，则 $U_t=90\mu\mathrm{V}$。如果信号为微伏数量级，则会被热噪声所掩盖
另外，电阻还会产生接触噪声。若以 U_c 表示接触噪声产生的电压，I 为流过电阻的电流均方值；f 为中心频率；k 是与材料的几何形状有关的常数，则 $U_c=I\sqrt{\dfrac{k}{f}}$。由于 U_c 在低频段起重要的作用，所以它是低频传感器电路的主要噪声源</td></tr>
<tr><td>电容器的抗干扰</td><td colspan="2">电容器有很多种类型，通常从结构上可以分为纸质电容器、聚酯树脂电容器、云母电容器、陶瓷电容器、电解电容器、钽电容器等，通常它们可以等效为如图(c)所示的电路
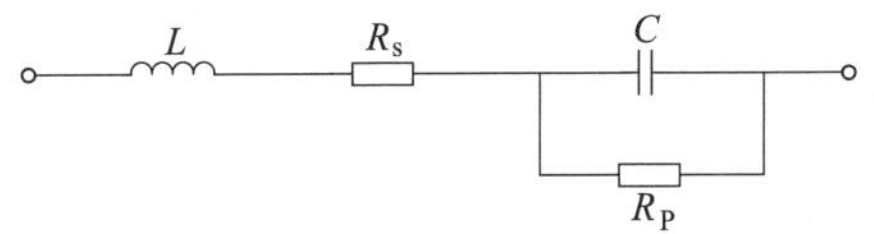

图(c)　电容器的等效电路
电阻和电容的存在，影响电路的时间常数。当频率高的时候，电感的效果会增强，在某一个频率会形成共振，从而电容失去效用。电容工作的下限频率决定于电容器的容量。容量越大，工作频率下限越低。这样，在选用电容器的时候，需要注意电容器适用的工作频率
纸介质和聚酯树脂电容器的串联电阻一般远小于1Ω，但有一定的电感量，电容量一般在μF的数量级，工作频率的上限在MHz数量级，通常用于滤波、旁路、耦合。这类电容器的一个端子和电容器的外层箔片相连接，所以当这个端子和地相连接的时候，可以起到屏蔽的作用，减少外电场的影响。另外，聚苯乙烯电容的精度可以做到小于0.5%，用于需要精密电容的场合
云母电容器和陶瓷电容器的串联电阻和电感都很小，可以用于高频的场合，如高频滤波、旁路、耦合等。由于云母温度稳定性较好，所以该类电容器的温度特性比较稳定。在通常的情况下，陶瓷电容器也有很好的温度特性。但是有些陶瓷对温度比较敏感，所以必须注意工作的温度范围
电解电容器通常是铝电容，其容量大，体积小。但是铝电解电容的串联电阻通常有0.1Ω。当电容量较大时，电感量也大。而且介质的损耗随着频率的增高和温度的减小而增大，铝电容的工作温度范围为−20～+50℃。铝电解电容常常用于电源、低频的滤波、旁路和去耦。工作电压应低于额定电压的80%。当频率较高时，应当并联一个低容量、低电感的电容。另外，铝电解电容工作时，纹波电压不能超过最大额定纹波电压。当极性接反时，铝电解电容会爆裂，因此，使用时必须特别注意极性
钽电容器其实是电解电容的一种，金属钽和氧化钽稳定性很高，因此寿命较长；而且采用硫酸作为电解液，可降低电容的损耗。钽氧化膜的介电常数较大，所以体积可以做得更小。这种电容工作温度的上限可达200℃
在实际的电路设计中，需要根据具体的要求选择合适的电容器。例如，设计宽带滤波器时，可以使用一个电解电容来提供较大的电容量，同时又并联一个小容量、低电感的云母电容器在较高频率上进行补偿；对于级间耦合电容，应该选择低噪声电容
由于制作工艺的改进，各类电容器的特性可能会有变化，实际使用时需要参看产品的性能说明</td></tr>
<tr><td>电感器的抗干扰</td><td colspan="2">电感器是电路中的常用元件，常用于高频振荡、滤波、延时等。电感器既是一个干扰源，同时也是抑制干扰的重要元件
电感器工作时，其发出的磁力线会影响邻近的回路；同时电感器也容易接收外来的电磁干扰。因此，应该尽量采用闭环型的电感器</td></tr>
<tr><td rowspan="2">电路干扰的控制</td><td colspan="2">如果电路具有较强的去耦能力，则能较好地消除和抑制电磁干扰。另外，合理的电路布局，也有利于干扰的抑制</td></tr>
<tr><td>去耦电路</td><td>电源和电路的关系可以用如图(d)所示的框图来描述。从图(d)可以看出，如果电源存在干扰电压 U_o，必然加到各个电路上去；同时，如果某一个电路产生干扰，必然会在 R_S 上产生干扰电压，该电压反过来将影响其他电路，应该采用阻容去耦的方法来减少干扰，RC 去耦电路如图(e)所示</td></tr>
</table>

续表

电路干扰的控制	去耦电路	图(d)　电源供电电路示意图　　图(e)　RC 去耦电路 采用了滤波电路以后，电源上的噪声得到很好的抑制，同时也消除了各个电路之间的耦合。当然，也可以用电感代替电阻。电阻的缺点是消耗电能，降低供电电压；电感虽然不会引起电压明显的降低，但是电感的两端将辐射噪声，对其他电路造成部分干扰。因此，应该根据具体的场合进行选择设计
	线路板的布局	当选取了正确的元件，采取了抗干扰措施后，还需要考虑线路板的布局。如果元件的布局不合理，会导致严重干扰 一般说来，布线时，干扰源和易受干扰的元件应尽量分开；非辐射元件或单级元件应该尽量靠近，以减小公共的阻抗；低频模拟电路和数字逻辑电路应尽可能分开；高速电路应占据最小回路面积和最短的引线；应尽量避免窄长的平行长线，当不得不用长平行线的时候，可用线隔开；地线和电源线的距离应大于 1mm；地线尽量粗些，但是不能太粗，否则寄生电容太大；如果频率小于 1MHz，可采用单点接地；当频率在 1～10MHz 时，如果地线长度小于 $\lambda/20$，则可采用单点接地，否则应采用多点接地；当频率高于 10MHz 时，应采用多点接地；当电路板上需要转弯时，或者向两个方向各转 45°，或者以圆弧连接；如果是多层板，所有元件与连接器都应安装在接地平面内，即接地平面应环绕每一个焊点和过孔的周长

2.4　数字信号检测系统设计

2.4.1　数字信号检测系统的组成

由于近年来微型计算机的普及应用，在光机电一体化产品中许多复杂的信号处理都采用微型计算机来完成，因此模拟信号往往需先经模/数转换后，再采用微型计算机进行处理，这无疑将增加系统的复杂性和成本，而且模拟信号的检测精度较低，易受干扰影响，不便于远距离传输。数字式传感器可直接将被测量转换成数字信号输出，既可提高检测精度、分辨力及抗干扰能力，又易于信号的运算处理、存储和远距离传输。因此，尽管目前数字式传感器品种还不是很多，但却得到了越来越多的应用。

最常见的数字式传感器有光电编码器、光栅、磁栅、容栅、感应同步器及激光干涉仪等，主要用于几何位置、速度等的测量。这些传感器所输出的信号都是增量码形式的数字信号。所谓增量码信号是指信号变化的周期数与被测位移成正比的信号。这类数字信号检测系统的典型组成如图 22-2-4 所示。

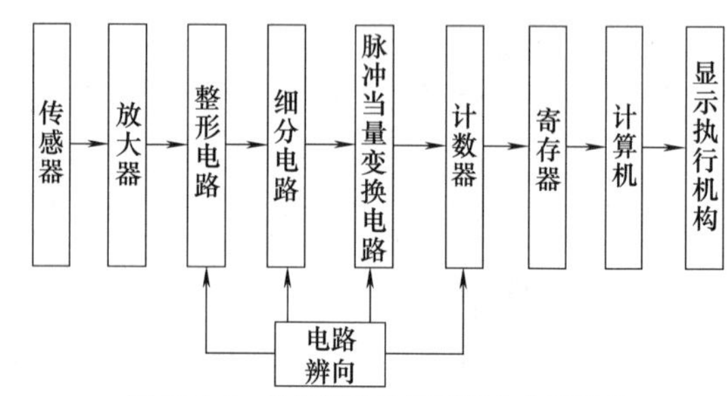

图 22-2-4　数字信号检测系统的典型组成

在图 22-2-4 中，传感器的输出多数为正弦波信号，需先经放大、整形后变成数字脉冲信号。在精度要求不高和无需辨向时，脉冲信号可直接送入计数器和计算机，但在多数情况下，为提高分辨力，常采用细分电路，使传感器信号每变化 $1/n$ 个周期计一个数，其中 n 称为细分数。辨向电路用于辨别被测量的变化方向。当脉冲信号所对应的被测量不便于读出和处理时，需进行脉冲当量变换。计算机可对信号进行复杂的运算处理，并将结果直接送去显示或打印输出，或求取控制量去控制执行机构。

2.4.2　编码器及光栅信号的电子细分方法

现代制造技术已经可以将编码器的分辨率提高到很高的程度，旋转编码器的每转脉冲数可达数万，直线编码器的栅距已达微米级。但是这种制作能力毕竟是有极限的，要得到更高的分辨率，就要采用光学和电子的方法对现有信号进行细分。

光学细分的方法有多种，其中一种是光栅倍增细分法。该方法采用细光栅作为指示光栅，而采用栅距为细光栅 N 倍的粗光栅作为主光栅。当主光栅移动一个粗光栅栅距时，莫尔条纹区某检测位置上将通过 N 个莫尔条纹。这种细分方法的优点是避免了制作高分辨率长光栅的难度，将重点放在高分辨率和高精度的指示光栅的制作上，最终得到细光栅的分辨率。

表 22-2-65　编码器及光栅信号的电子细分方法

多路信号的采集细分与辨向

通过图(a)中(ⅰ)所示的逻辑电路，就可实现对光栅信号的四细分与辨向。在图(ⅰ)中，差动放大器可在对信号放大的同时去掉其中的直流分量。整形电路可将正弦波转换成相位相同的矩形波，这些矩形波又通过微分电路变成尖脉冲，以作为计数脉冲，而未经微分电路的矩形脉冲被用作后面与门的开门控制信号。各信号经过与门后分成两组，分别送入两个或门，上面的或门在标尺光栅相对于指示光栅向左移动的每个周期内输出 4 个计数脉冲，下面的或门在光栅向右相对移动的每个周期内也输出 4 个计数脉冲。上述过程中，信号的波形如图(a)中(ⅱ)所示。通过对或门输出的脉冲进行加、减计数，便可获得相对位移量及位移方向。如果该系统中光栅栅距 $W=0.02$mm，则经过四细分后，每个计数脉冲代表的位移量为 $W/4=0.005$mm，从而使检测分辨力提高 4 倍。图(ⅰ)中的信号整形功能可采用图(b)所示的过零比较器来实现。当输入信号 $u_i>0$ 时，输出信号 $u_o<0$，接在反馈回路中的稳压管 VS_1 工作在稳压状态，稳压值为 $U_{Z1}=U_{Z2}=U_Z$，而 VS_2 工作在正向导通状态，导通压降为 $U_{D2}=U_{D1}=U_D$，由于 VS_1、VS_2 及电阻 R 的限幅作用，使得比较器的输出信号为 $u_o=-(U_Z+U_D)$。如图(b)所示，当 $u_i<0$ 时，通过与上述类似的分析可知 $u_o=+(U_Z+U_D)$

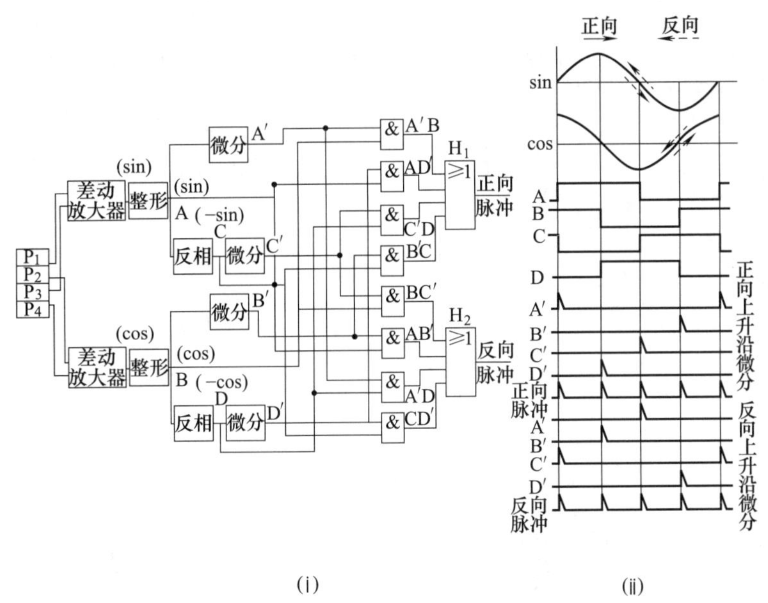

图(a)　光栅信号的四细分与辨向原理

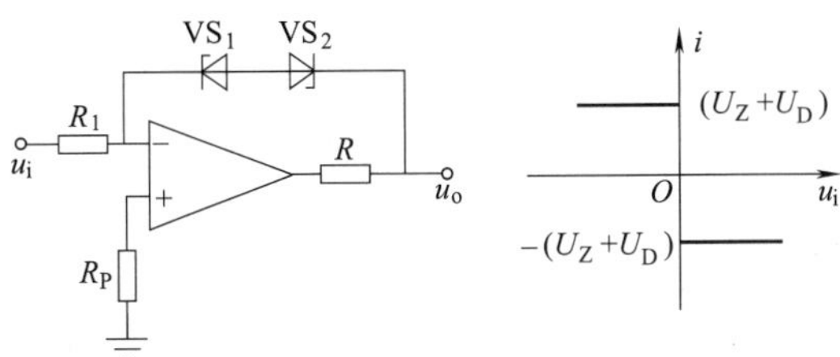

图(b)　过零比较器

续表

电阻链移相细分与辨向

由于受结构尺寸等限制，多路信号采集细分的方法一般仅用于四细分，如果采用光电管阵列或电荷耦合器件，最高可实现十细分。为了实现更高的细分数，可在多路信号采集细分的基础上，利用细分电路对所获得的信号进一步细分

电阻链移相细分就是这样一种细分方法，其细分数可高达 8～60。图(c)是电阻链移相细分的原理图，其中 u_1 和 u_2 分别是来自传感器的相位差为 90°的正弦币Ⅱ余弦信号，即 $u_1=U_m\sin\theta$，$u_2=U_m\cos\theta$。根据叠加原理，输出信号 u_o为

$$u_o=\frac{R_2}{R_1+R_2}u_1+\frac{R_1}{R_1+R_2}u_2=\frac{R_2}{R_1+R_2}U_m\sin\theta+\frac{R_1}{R_1+R_2}U_m\cos\theta \tag{22-2-66}$$

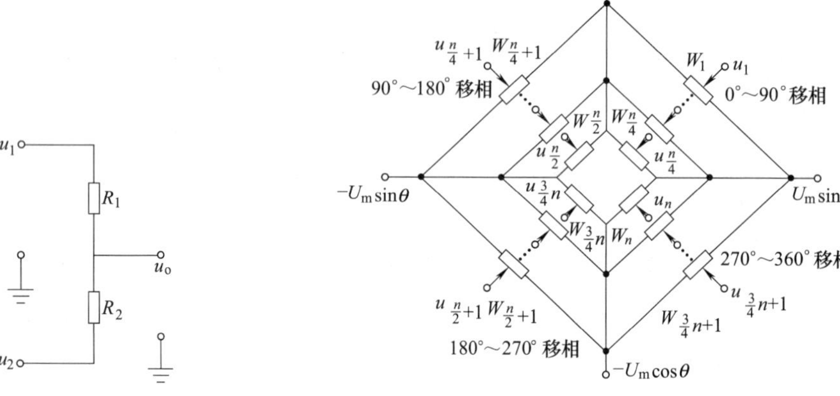

图(c)　电阻链移相细分原理图　　　图(d)　并联电阻链移相细分电路

由式(22-2-66)可见，输入的正、余弦信号经电阻链运算电路进行线性叠加后，得到一相位移为 φ 的输出信号。改变 R_1 与 R_2 的比值，就可获得具有不同相位的输出信号，但相位移 φ 只能在 0°～90°范围内变化。为了获得 0°～360°范围内的移相信号，可采用图(d)所示的电阻链移相电路。在图(d)中，4 路相位差依次为 90°的输入信号 $U_m\sin\theta$、$U_m\cos\theta$、$-U_m\sin\theta$ 和 $-U_m\cos\theta$ 分别从电阻链的 4 个角点输入，经过移相的信号分别从各电位器的电刷处输出。若需细分数为 n，则电阻链中需采用 n 个电位器 $W_i(i=1,2,\cdots,n)$，相应的输出信号为 u_i。调整各电位器电刷两端的阻值比，可使各输出信号的相移为 $\varphi_i=360°(i-1)/n$。则经过该电阻链移相电路后，可获得 n 个相位差依次为 $360°/n$ 的输出信号，实现 n 细分。设各桥臂上电位器 W_i 的总阻值为 R_i，电刷两边的阻值分别为 R_{i1} 和 R_{i2}，其中 R_{i1} 为接到 $U_m\sin\theta$ 或 $-U_m\sin\theta$ 侧的阻值

由于 $R_i=R_{i1}+R_{i2}$，则 $|\tan\varphi_i|=\frac{R_{i1}}{R_{i2}}=\frac{R_{i1}}{R_i-R_{i1}}$，于是

$$R_{i1}=\frac{|\tan\varphi_i|}{1+|\tan\varphi_i|}R_i \quad i=1,2,\cdots,n \tag{22-2-67}$$

$$R_{i2}=\frac{1}{1+|\tan\varphi_i|}R_i \quad i=1,2,\cdots,n \tag{22-2-68}$$

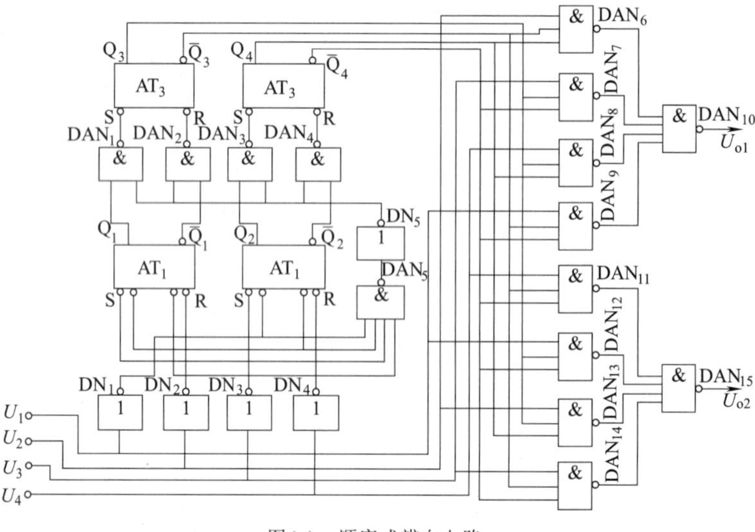

图(e)　顺序式辨向电路

续表

<table>
<tr>
<td>电阻链移相细分与辨向</td>
<td>

已知各输出信号 u_i 所要求的相移 φ_i，按式(22-2-67)或式(22-2-68)调整各相应的电位器 W_i 就可实现对输入信号的 n 细分。各路细分后的信号 u_i 在经过整形、微分或单稳电路变成窄脉冲后，可送入如图(e)所示的顺序式辨向电路进行辨向。为简化分析，图中仅示出了细分数 $n=4$ 的辨向电路。若实际应用中 $n>4$，只需按同样原理对该电路稍加扩展即可

在图(e)中，若某一时刻来到的细分脉冲是 U_1，经非门 DN_1 反相后可将 RS 触发器 AT_1 和 AT_2 分别置为 0 态和 1 态。在脉冲消失后，与非门 DAN_5 的四个输入端都是高电平，使非门 DN_5 的输出也为高电平，并将触发器 AT_3 和 AT_4 分别置成与 AT_1 和 AT_2 相同的状态。这时只有与非门 DAN_{11} 和 DAN_6 各有两个输入端为高电平。如果下一时刻来到的脉冲是 U_2，则 DAN_6 通过 DAN_{10} 输出一个正向记数脉冲 U_{o1}；反之，若下一个来到的脉冲不是 U_2，而是 U_4，则 DAN_{11} 通过 DAN_{15} 输出一个反向计数脉冲 U_{o2}，与脉冲 U_1 到来后的情况类似，在脉冲 U_2 到来后，它通过 DN_2 将 AT_1 和 AT_2 分别置成 1 态和 0 态。脉冲消失后，AT_3 和 AT_4 被分别置成与 AT_1 和 AT_2 相同的状态，并将与非门 DAN_7 和 DAN_{12} 开启。若随后来到的脉冲是 U_3，则 DAN_7 通过 DAN_{10} 输出一个正向计数脉冲 U_{o1}；否则，若随后来到的脉中是 U_1，则 DAN_{12} 通过 DAN_{15} 输出一个反向计数脉冲 U_{o2}。在脉冲 U_3 和 U_4 来到后，电路的工作情况与上述类似，不再赘述。这样，如对正向计数脉冲 U_{o1} 进行加法计数，对反向计数脉冲 U_{o2} 进行减法计数，便可确定出实际位移量及其方向，实现细分与辨向功能

在电路中采用锁存双稳 RS 触发器 AT_3 和 AT_4 的目的是等计数脉冲通过后，再改变状态并开启与非门 DAN_6～DAN_9 和 DAN_{11}～DAN_{14}，以提高电路工作的可靠性。此外，顺序式辨向电路的抗干扰性能好。假如在 U_1 之后出现 U_3，显然 U_3 是受干扰引起的，则该电路不会输出计数脉冲

</td>
</tr>
<tr>
<td>锁相倍频细分与辨向</td>
<td>

锁相倍频细分原理如图(f)所示，如果被测信号的变化频率为 f_i，通过锁相倍频电路使输出信号的频率为 $f_o=nf_i$。若对输出信号的周期进行计数，则输入信号每变化一个周期，在输出端可计 n 个数，从而实现 n 细分。为了使输出信号跟踪输入信号 f_i 变化，并始终保持 $f_o=nf_i$，电路中对 f_o 采用了闭环控制，首先将 $f_o n$ 分频，然后反馈回来与 f_i 进行比较。当 $f_o=nf_i$ 时，输入信号与反馈信号频率相同，相位差不变，因而鉴相器的输出 U_d 保持不变，使倍频压控振荡器的振荡频率 f_o 也保持不变。当 $f_o\neq nf_i$ 时，输入信号与反馈信号的相位差发生变化，相应地，鉴相器的输出 U_d 也发生变化，并通过滤波器使加到振荡器的电压发生变化，振荡频率 f_o 发生变化，直至 $f_o=nf_i$，重新达到稳定状态为止

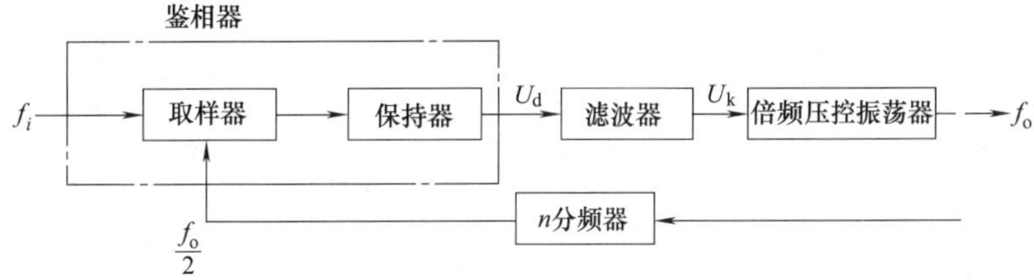

图(f) 锁相倍频细分原理

图(f)中的鉴相器可以采用相敏检波鉴相、异或门鉴相、RS 触发器鉴相或脉冲采样鉴相等方法，其中以脉冲采样鉴相应用最广。图(g)中(ⅰ)是一种带有积分环节的脉冲采样式鉴相器，其中频率为 f_i 的输入信号 u_i 经比较器 N_1 后变成方波信号 u_{o1}，u_{o1} 又经 R_1 和 C_1 构成的积分电路对 C_1 充电。由于积分时间常数 R_1C_1 很大，因而 C_1 上的充电电压 u_{c1} 为一近似三角波，并通过耦合电容 C_2 加到场效应晶体管 VF 的源极。锁相细分电路中频率为 f_o/n 的反馈信号经微分或单稳电路后形成采样脉冲 U_B，并加到 VF 的栅极。当 U_B 到来时，VF 瞬时导通，将该瞬时的电压 u_s 储存在电容 C_3 上。由运算放大器 N_2 接成的跟随器具有很高的输入阻抗，用以减慢 C_3 的放电，从而减小由此产生的误差。N_2 的输出即为鉴相器的输出 U_d，它与 U_i 和 U_B 之间的相位差呈线性关系。上述过程中各信号的波形如图(g)中(ⅱ)所示

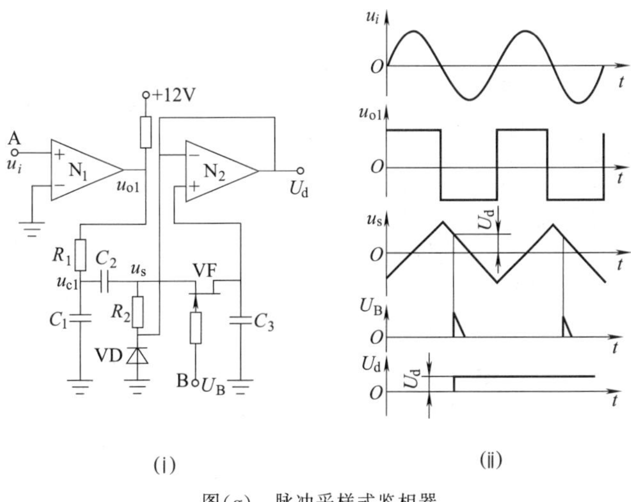

图(g) 脉冲采样式鉴相器

</td>
</tr>
</table>

续表

耦合电容 C_2 的作用有:①隔除信号 u_{c1} 中的直流分量而得到交变分量 u_s;②与电阻 R_2 构成另一积分电路,用以对输出信号 U_d 进行积分。因而采用这种鉴相器时,输出信号 U_d 可直接送到压控振荡器,而不必再另加起积分作用的滤波器。图(g)中(ⅰ)的二极管 VD 为嵌位二极管,它使 $U_d \geqslant -0.7V$,以免 U_d 太低而导致振荡器停振

压控振荡器是一种用加在控制端的电压来控制振荡频率变化的振荡器,它实质上是一种电压/频率变换器,其电路原理如图(h)所示。图中,晶体管 VT_1、VT_2 为振荡管,电阻 R_{b1}、R_{b2} 为其偏置电阻;VT_1、VT_2 各自的集电极电压分别通过射极跟随器 VT_3、VT_4 和电容 C_1、C_2 耦合到另一振荡管的基极,形成方波振荡;振荡信号 u_o 从 VT_2 的集电极输出。设在某一时刻,VT_1 由导通变为截止,VT_2 由截止变为导通,这时各点电位大致如图(h)中所示,输出信号 u_o 为低电平。随后 +12V 电源通过 R_{b1} 及由 VT_3、R_{e5} 至 VT_5 两条回路向 C_2 反向充电,即相当于 C_2 通过 R_{c4} 放电。当 C_2 反向充电到一定电位后,使 VT_1 导通,VT_3、VT_5 截止,并通过 C_1 使 VT_2 截止,输出信号 u_o 变为高电平。与此同时,VT_4 和 VT_6 导通,+12V 电源又通过 R_{b2} 和由 VT_4、R_{e6} 至 VT_6 两条回路向 C_1 反向充电,直至使 VT_2 再次变为导通,VT_1 再次变为截止。上述过程重复进行,就可从 VT_2 的集电极输出一定频率的脉冲信号 u_o

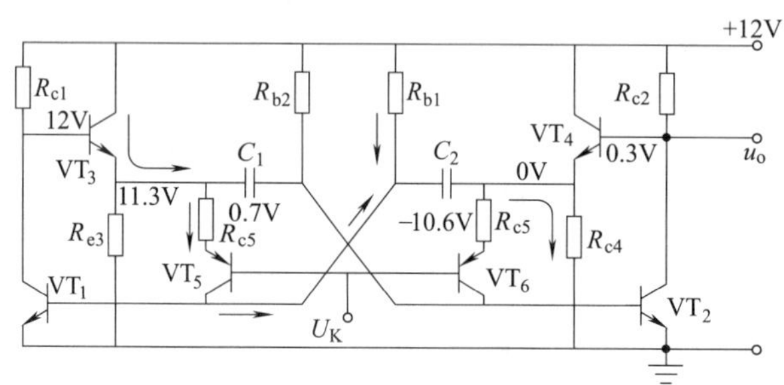

图(h) 压控振荡器电路

当输入的控制信号 U_K 改变时,晶体管 VT_5 或 VT_6 的导通程度也随之改变,等效内阻发生变化,从而改变充电时间常数和振荡器的振荡频率。合理设计电路参数,就可用图(g)中的输出电压 U_d(即 U_K)来控制振荡器输出信号 u_o 的频率 f_o,并使之与鉴相器的输入信号频率 f_i 成 n 倍关系,即 $f_o = nf_i$,从而构成倍频压控振荡器

图(f)中的 n 分频器实质上是一种计数电路。可采用图(i)所示的集成电路 74LS393 来实现。74LS393 是一种双四位二进制计数器芯片,每片上有两个独立的四位二进制计数器,每个计数器由四个 T 触发器构成。计数脉冲从 $\overline{CP}$ 端输入,输出脉冲可取自 Q_A、Q_B、Q_C 或 Q_D 端,频率分别是输入计数脉冲频率的 1/2、1/4、1/8 或 1/16,即实现对输入信号的 2、4、8 或 16 分频。若将一片 74LS393 上的两个计数器互连,可构成一个八位二进制计数器,实现 32、64、128 或 256 分频。图(i)中的 CLR 为清零信号输入端,用于使计数器复位

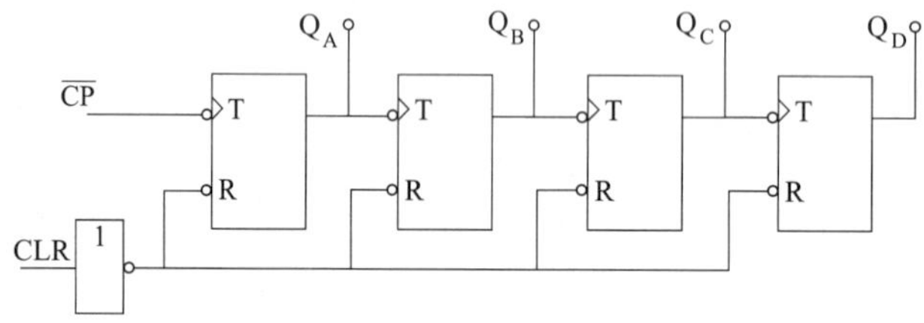

图(i) 74LS393 型四位二进制计数器逻辑电路

锁相倍频细分电路是靠 f_i 与 f_o/n 的相位锁定而实现频率锁定的,它要求输入信号频率 f_i 基本恒定,即只能在一个小范围内变动,因此主要用于速度基本恒定的位移测量中

锁相倍频细分电路还可用于相位调制信号的细分,其原理如图(j)所示。来自光栅或感应同步器的调相信号 $U_m\sin(\omega t+\theta)$ 与参考信号(即载波信号)$U_m\sin\omega t$ 分别 n 倍频后,由差值计数器求取两路信号变化周期数之差。由于 $\theta = 2\pi x/W$(其中 x 是光栅尺或感应同步器的位移,W 是栅距),如果信号不经倍频电路,则 x 每变化 W,θ 变化 2π,两路信号相差一个周期,在信号经过 n 倍频后,x 每变化 W,两路信号将相差 n 个周期,差值计数器将计 n 个数,从而实现 n 细分

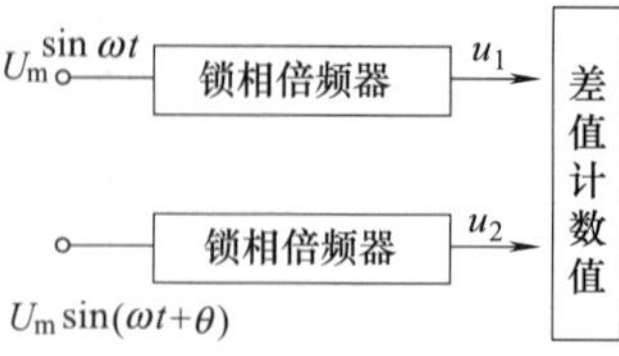

图(j) 调相信号锁相倍频细分原理

续表

由于调相信号的频率 ω 很高，由位移 x 而引起的频率变化相对很小，经 n 倍频后两路信号的频率非常接近，因而有许多脉冲在时间上是重叠或紧挨着的，若采用可逆计数器实现差值计数，很容易出现差错。为防止出错，可对两路信号分别计数，然后求取差值，或采用对顶脉冲与交错脉冲消除电路来求取差值

对顶脉冲与交错脉冲消除电路如图(k)中(ⅰ)所示，其中 U_1 和 U_2 分别是锁相倍频器输出的两路信号 u_1 和 u_2 经整形后得到的方波；AT_1 和 AT_2 是整步双稳触发器，即 D 触发器，其 Q 端的输出状态由时钟脉冲 CP 到来前的 D 端状态决定，且状态的转换出现在 CP 脉冲的上升沿。U_1、U_2、Q_1 和 Q_2 的信号波形如图(k)中(ⅱ)所示

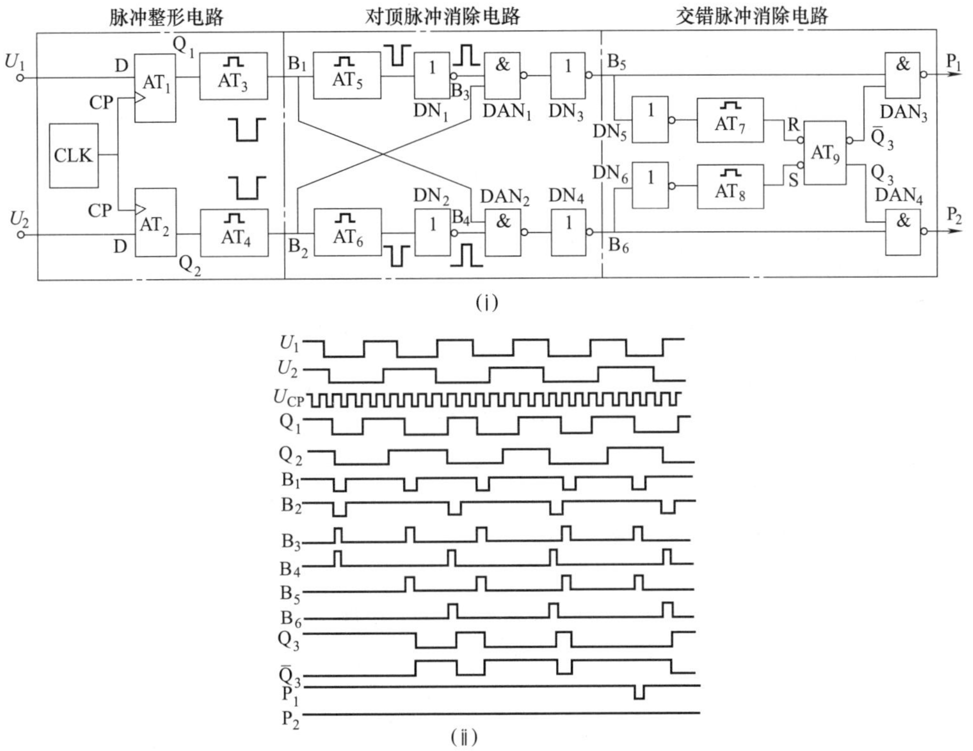

图(k)　对顶脉冲与交错脉冲消除电路及波形

将 Q_1 和 Q_2 分别送入单稳态触发器 AT_3 和 AT_4，得到两组脉宽 $\tau_1=\tau_2$ 的窄脉冲 B_1 和 B_2，它们具有如下特点

①B_1、B_2 的个数分别与 U_1、U_2 的变化周期数相同

②B_1、B_2 的前沿出现在 U_1、U_2 下降后的下一个 CP 脉冲的上升沿处。如果 B_1、B_2 由同一个 CP 脉冲整步产生[如图(k)中 B_1、B_2 的第一个脉冲]，那么它们在时间上完全重叠，称为对顶脉冲；如果 B_1、B_2 由不同的 CP 脉冲产生，在时间上相互错开，在顺序上交替出现，则称之为交错脉冲

将 B_1、B_2 分别送入单稳态触发器 AT_5、AT_6，形成宽度进一步缩小的两路脉冲，再经反相器 DN_1、DN_2 后得到两路窄正脉冲 B_3、B_4，其脉宽 $\tau_3=\tau_4<\tau_1=\tau_2$。对于对顶脉冲，正脉冲 B_3 完全落在 AT_4 输出的负脉冲 B 区间内，因而与非门 DAN_1 被关闭，没有脉冲输出。同样道理，负脉冲 B，也将与非门 DAN_2 关闭，使与之对顶的脉冲 B 不能输出，因而消除了对顶脉冲

对于交错脉冲，因 DN_1 输出 B_3 期间，B_2 处于高电平而将 DAN_1 打开，让 B_3 通过并反相，再经 DN_3 得到一个与 B_3 同样宽度的正脉冲 B_5。同样道理，在 DN_2 输出 B_4 期间，通过 DAN_2 和 DN_4 也可得到一个与 B_4 同样宽度的正脉冲 B_6。这样，经过对顶脉冲消除电路后，对顶脉冲被消除，而交错脉冲被全部保留，然后将保留下来的脉冲送入交错脉冲消除电路。设某时刻来到一个 B_5 脉冲，经 DN_5 反相及 AT_7 延时后，将 AT_9 置为 0 态，因而关闭 DAN_4，开启 DAN_3。若下一刻到来的是 B_6 脉冲，它将受到 DNA_4 的阻塞而不能通过，在 P_2 端无脉冲输出；若下一个到来的不是 B_6 脉冲而是 B_5 脉冲，即两个 B_5 脉冲连续到来，则将通过 DAN，从 P_1 端输出一个加法计数脉冲，标志着信号 U_1 比 U_2 多变化了一个周期。同样道理，在 B_6 脉冲到来后，它经 DN_6、AT_8 将 AT_9 置为 1 态，关闭 DAN_3，开启 DAN_4，使紧跟着到来的 B_5 脉冲被 DAN_3 阻塞，而 B_6 脉冲却可以通过 DAN_4，并从 P_2 端输出一个减法计数脉冲，表明信号 U_1 比 U_2 少变化了一个周期。这样，通过交错脉冲消除电路后，只有那些既非对顶，也非交错的脉冲被保留下来

如将 P_1 端输出的加法计数脉冲和 P_2 端输出的减法计数脉冲送入可逆计数器，就可获得两路信号变化周期数之差，它与相位差 θ 以及位移量 x 成比例。此外，根据可鉴计数器中数值的正负，还可辨别传感器中动尺相对于定尺的移动方向

续表

<table>
<tr><td>脉冲填充细分与辨向</td><td>脉冲填充细分方法可用于调相信号的细分处理，其工作原理如图(l)所示。将调相信号 $U_m\sin(\omega t+\theta)$ 作为门电路的开门信号，参考信号 $U_m\sin\omega t$ 作为关门信号，则门电路的开启时间与两路信号的相位差 θ 及传感器中动尺相对于定尺的位移 x 成正比
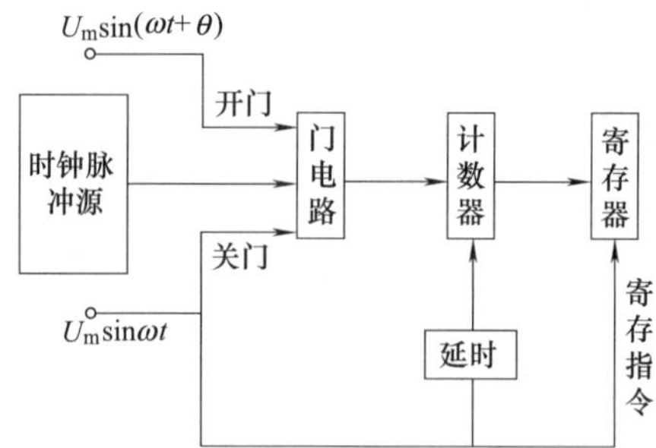

图(l) 脉冲填充细分工作原理
为了实现 n 细分，采用频率为 $f=n\omega/(2\pi)$ 的时钟脉冲作为计数脉冲。在门电路开启期间，时钟脉冲通过门电路进入计数器。在调相信号的每个周期内，计数器所计的脉冲数为 $N=n\theta/(2\pi)$ 与相位差 θ 成正比。在关门脉冲到来时，门电路被关闭，阻止时钟脉冲通过，同时发出寄存指令，将计数器的值 N 锁存到寄存器中，并在延时片刻后将计数器清零，为下一周期的计数做好准备。由寄存器中的数值 N 可确定相位差 θ，继而确定位移 x
脉冲填充法细分主要用于被测信号相位变化较小的情况，即 $x<2\pi$ 的情况。当 $x>2\pi$ 时，可先将两路信号送入对顶脉冲与交错脉冲消除电路，求出整周期数之差 M，然后再通过脉冲填充细分电路求取单周期内相位差所对应的计数值 N，则由 $N+nM$ 便可确定总的相位差 θ，由 θ 可确定出位移量 x。此外，采用对顶脉冲与交错脉冲消除电路还可实现运动方向的辨别</td></tr>
</table>

2.5 现代传感检测技术的新发展

表 22-2-66 现代传感检测技术的发展

<table>
<tr><td rowspan="5">虚拟仪器</td><td colspan="3">仪器与计算机技术的深层次结合产生了全新的仪器结构概念。从虚拟仪器、卡式仪器、VXI 总线仪器，直至集成仪器概念。一般来说，将数据采集卡插入计算机空槽中，利用软件在屏幕上生成虚拟面板，在软件导引下进行信号采集、运算、分析和处理，实现仪器功能并完成检测的全过程，这就是所谓的虚拟仪器。即由数据采集卡、计算机、输出及显示器这种结构模式组成仪器通用硬件平台，在此平台基础上调用检测软件完成某种(D/A)功能的检测任务，便构成该种功能的检测仪器，成为具有虚拟面板的虚拟仪器。在此同一平台上，调用不同的检测软件就可构成不同功能的虚拟仪器，故可方便地将多种检测功能集于一体，实现多功能集成仪器。因此，出现了“软件就是仪器”的概念，如对采集的数据通过检测软件进行标定和数据点的显示就构成一台数字存储示波器；若对采集的数据利用软件进行 FFT 变换，则构成一台频谱分析仪
虚拟仪器是计算机技术同仪器技术按层次结合产生的全新概念的仪器，是对传统仪器概念的重大突破，是仪器领域内的一次革命。虚拟仪器是继第一代仪器——模拟式仪表、第二代仪器——分立元件式仪表、第三代仪器——数字式仪表、第四代仪器——智能化仪器之后的新一代仪器</td></tr>
<tr><td rowspan="4">功能</td><td colspan="2">测量仪器的内部功能可划分为：输入信号的测量转换、数据分析处理和测量结果的显示 3 部分。虚拟仪器也不例外，但在实现上述功能的方式上有所不同</td></tr>
<tr><td>信号采集与控制功能</td><td>虚拟仪器是由计算机和仪器硬件组成的硬件平台，实现对信号的采集、测量、转换与控制。硬件平台由两部分组成：其一是计算机，可以是笔记本计算机、PC 机或工作站；其二是仪器硬件，可以是必要的外围接口电路和插入式数据采集板(含信号调理电路、A/D 转换器、数字 I/O、定时器、D/A 转换器等)，或者是带标准总线接口的仪器，如 GPIB 仪器、VXI 仪器、RS-232 仪器等</td></tr>
<tr><td>数据分析处理功能</td><td>虚拟仪器充分利用了计算机的存储、运算功能，并通过软件实现对输入信号数据的分析处理。处理内容包括进行数字信号处理、数字滤波、统计处理、数值计算与分析等。虚拟仪器比传统仪器及以微处理器为核心的智能仪器有更强大的数据分析处理功能</td></tr>
<tr><td>测量结果的表达</td><td>虚拟仪器充分利用计算机资源，如内存、显示器等，对测量结果数据的表达与输出有多种方式，这也是传统仪器远不能及的。例如，虚拟仪器可以实现：通过总线网络进行数据传输；通过磁盘、光盘拷贝输出；通过文件存于硬盘内存中；计算机屏幕显示或图形用户接口</td></tr>
</table>

续表

<table>
<tr><td rowspan="2">虚拟仪器</td><td>Ⅵ系统的构成方式</td><td colspan="2">虚拟仪器系统是由计算机、应用软件和仪器硬件三大要素构成的。计算机与仪器硬件称为Ⅵ的通用仪器硬件平台。Ⅵ系统有多种构成方式
①PC-DAQ 检测系统：是以数据采集柜组成的检测系统
②GPIB 系统：是以 GPIB 标准总线仪器与计算机为硬件平台组成的检测系统
③VXI 系统：是以 VXI 标准总线仪器与计算机为硬件平台组成的检测系统
④串口系统：是以 Serial 标准总线仪器与计算机为硬件平台组成的检测系统
⑤现场总线系统：是以 Fieldbus 标准总线仪器与计算机为硬件平台组成的检测系统
无论上述哪种Ⅵ系统，都是通过应用软件将仪器硬件与各类计算机相结合，其中 PC-DAQ 测试系统是构成Ⅵ的基本方式。实际上，数据采集系统 DAS 也是构成各种标准总线仪器的基础，故虚拟仪器是基于“信息的数据采集(DAS)-信号的分析与处理(DSP)-输出(DAS)及显示”的结构模式建立的通用仪器硬件平台。在这个通用仪器硬件平台上，调用不同的测量软件就构成了不同功能的仪器</td></tr>
<tr><td>特点</td><td colspan="2">目前，为不同的应用目的和环境，已设计了多种性能和精度的数据采集板(卡)，从低速采集板到高速同步采集板，并有成熟的商品为虚拟仪器系统的建立提供了物质基础
虚拟仪器具有明显的优点与特点：在通用硬件平台确立后，可由软件而不是硬件来决定仪器的功能；仪器的功能是用户根据需要由软件来定义的，而不是事先由厂家定义好了的，因此，用户不必购买多台不同功能的传统仪器，也不必购买昂贵的多种功能的传统仪器；为提高仪器性能或需要构造新的仪器功能时，可由用户自己改变软件来实现，而不必重新购买新的仪器；虚拟仪器灵活、开放，可与计算机同步发展，可与网络及其他周边设备互联。决定虚拟仪器具有上述传统仪器不可能具备的特点的根本原因在于：虚拟仪器的关键是软件</td></tr>
<tr><td>测试软件</td><td colspan="3">检测软件不论对大的检测系统还是单台仪器子系统来讲都是十分重要的，而且是未来发展的焦点。可以说：“在检测平台上，下一次大变革就是软件。”信号分析与处理要求获取的特征值，如：峰值、有效值、平均值、均方根值、方差、标准差等，若用硬件电路来获取，其电路是极为复杂的；若要获得多个特征值，电路系统则很庞大；而另一些数据特征值，如相关函数、频谱、概率密度函数等则是不可能用一般硬件电路来获取的，即使是具有微处理器的智能化仪器，如频谱分析仪、传递函数分析仪等也是很困难的，而且价格极其昂贵。而在检测平台上，信号数据特征的定义式用软件编程很容易实现，从而使得那些只能是价格极其昂贵的分析仪器才具有的信号分析与检测功能得以在一般工程检测中广泛应用
软件技术和计算机技术在现代检测系统中具有十分重要的地位，但计算机软件永远不可能全部取代检测系统的硬件。而且，只有深刻地理解传感检测系统的基本原理，才能正确地应用计算机技术并组建传感检测系统。因此，现代检测技术既要求检测人员熟练掌握计算机应用技术，更要深入掌握检测技术的基本理论</td></tr>
<tr><td rowspan="7">现场总线智能仪器仪表</td><td colspan="3">随着现代工业规模的不断扩大，对自动化程度的要求越来越高。从 20 世纪 60 年代起，由于计算机的飞速发展，出现了生产过程的计算机集中控制系统。到了 20 世纪 70 年代中期，计算机技术、控制技术及通信技术相继得到长足发展，于是出现了基于 3C(计算机、通信、控制)技术的分散控制系统(DCS)。分散控制系统是对计算机集中控制系统的合理分解，形成单回路、多回路分散控制与集中监视相结合的分布式体系结构，从而能够运用现代控制理论和大系统理论，实现优化控制、分级协调控制和管理自动化等功能。与自动控制系统的发展相适应，控制系统中的检测仪表也相应同步地发展</td></tr>
<tr><td rowspan="6">特点</td><td colspan="2">基于现场总线的控制系统(FCS)是分散型控制系统(DCS)的继承、完善和进一步发展，是继 DCS 之后检测仪表与控制系统领域的又一次重大变革。现场总线技术的发展是 FCS 检测系统发展的基础。与 DCS 系统中的现场仪表相比，FCS 现场总线控制检测仪表的主要特点如下</td></tr>
<tr><td>控制功能</td><td>FCS 系统将许多控制功能从控制室移至现场仪表，大量过程检测与控制信息就地采集，就地处理，就地使用，实施就地控制，使过程控制基本分散到现场。因此，现场仪表的微处理器中装入 PID 等控制模块就具有控制功能，可以实现就地控制。控制室中的上位机主要进行优化控制、协调控制、监督控制和管理的自动化</td></tr>
<tr><td>智能化功能</td><td>FCS 系统中的现场仪表必须具有智能化功能，最大限度地保证自己工作正常稳定。因此，都具有内附微处理器，能够自动进行非线性校正、频率补偿、温度补偿以及故障诊断等智能化功能。其量程设定和零点调整以遥控方式进行</td></tr>
<tr><td>开放性与互换性</td><td>采用统一的国际标准，不同厂家的产品在硬件、软件、通信规程、连接方式等方面互相兼容，可以互换和联用。这种开放性系统对用户使用、操作、维修、扩展都十分有利</td></tr>
<tr><td>有总线接口</td><td>现场仪表相互之间要完成闭环控制功能需要传送信息，控制模块既可以装在流量变送器中的微处理器中，也可以装在调节阀中的微处理器里。组成闭环控制的信息传递就是通过各自的接口经现场总线传输的。同时现场仪表与控制室中上位机之间的通信也是由接口经现场总线传输进行的</td></tr>
<tr><td>通信功能</td><td>所有的智能化现场仪表，包括变送器、执行器等都通过接口挂接在现场总线上。现场总线可采用双绞线、光缆或无线电方式，而主要以双绞线为主。也就是说上位机与所有现场仪表的连接只有两根导线，这两根线不仅可以承担现场仪表所需的供电，而且承担了它们之间全数字化、双向串行通信。用数字信号取代模拟信号可以提高抗干扰能力，延长信息传输距离，降低现场与控制室之间的导线安装费用</td></tr>
</table>

续表

现场总线智能仪器仪表	现场总线智能仪表的基本结构，以微处理器来划分，可分为前向通道与后向通道两部分。前向通道由传感器、信号调理、数据采集系统、微处理器组成，它们是现代测试系统的基本形式，可完成信号检测、转换、采集以及分析处理。后向通道反映了现场总线智能仪器仪表硬件结构的主要特点，处于后向通道的数/模/数转换部分的主要功能根据需要可以是：调制，由微处理器输出的数字量，可能是代表被测量信息或者代表控制模块输出的控制量，经转换并调制为现场总线上的(数字码)通信信号送至上位机或送至执行器；解调，将来自现场总线上的(数字码)信号进行解调传送至微处理器；供电，将现场总线传输的交流信号进行变换处理，转换为微处理器、数据采集系统的供电电源或传感器及调理电路的供电电源 应特别强调通信功能是现场总线智能仪表的十分重要、不可缺少的功能，占有非常重要的地位。现场总线网络的每一个节点都装有一台智能化仪表(包括变送器、执行器等)，现场仪表相互之间，上位机与每台现场仪表之间的信息传递都要通过现场总线来实现全数字化的、而且是双向的、又是多站的通信。因此，遵循统一的通信规则与标准，是很必要的。为了使控制系统具有开放性和相互兼容性，更需要有国际上的统一标准通信规则，但是该标准化的工作正在进行，尚未最后完成。目前，国际上有多种现场总线通信标准(或称通信协议模式)，如 HART 可寻址远程传感器高速公路通信协议模式、FF 基金会现场总线通信协议模式、CAN 控制局域网络通信协议模式和 LonWorks 局部操作网络通信协议模式等。根据国际现场总线技术发展的总趋势，LonWorks 局部操作网络通信协议模式更具有广阔的发展应用前景 可见，通用集成仪器平台的构成技术与数据采集、数字信号分析处理的软件技术是决定现代测试仪器、系统性能与功能的两大关键技术

2.6　典型传感系统设计应用实例和检测装置

数控车铣加工中心作为综合了微电子技术、计算机技术、自动控制、精密测量和机床等方面技术而发展起来的高效自动化精密机床，是一种典型的光机电一体化产品。

2.6.1　CX300 型数控车铣加工中心传感检测系统设计实例

表 22-2-67　　数控车铣加工中心传感系统设计

加工中心技术指标	目前，复合加工已经成为数控加工设备发展的一个主要趋势。车铣复合加工中心在多种复合加工领域是发展最为完善的。CX300 型数控车铣加工中心利用车、铣合成运动共同完成各类表面加工，在一次装夹中可完成外圆、端面、内孔、沟槽、螺旋槽及复杂空间面的加工。具有加工效率高、加工精度高、刀具寿命长、切削平稳等特性，可以解决通常单独用车或铣难以实现或根本无法实现的加工难题 CX300 型数控车铣加工中心技术指标为：床身最大回转直径为 850mm；盘类零件最大车铣直径为 400mm；轴类零件最大车铣直径为 300mm；车铣最大加工长度为 1000mm；滑鞍最大行程(z、x、y)为 1450mm×640mm×270mm；B 轴回转角度为±90°；主轴最高转速为 2000r/min；主电机功率为 22kW；铣头电机功率为 9kW；刀库工位数为 16 位
加工中心工作原理与组成	CX300 型数控车铣加工中心加工工件的工作过程如图(a)所示。首先对被加工的零件及其毛坯进行分析，根据工件图样要求，制定工件加工的工艺过程，具体包括确定有关基准、选择加工方案、选择刀具和切削用量、制定补偿方案及确定工艺指令等。然后用规定的代码和程序格式将它们编制成加工程序，并记录在外部计算机的硬盘上。加工时，由系统输入装置或直接从外部计算机将加工程序输入或调入数控装置，数控系统对信息进行处理后，向伺服系统输出响应的指令信号，伺服系统便安排指令驱动运动部件按照预定的轨迹运动，从而自动加工出所要求的合格工件 CX300 型数控车铣加工中心的一般组成如图(b)所示 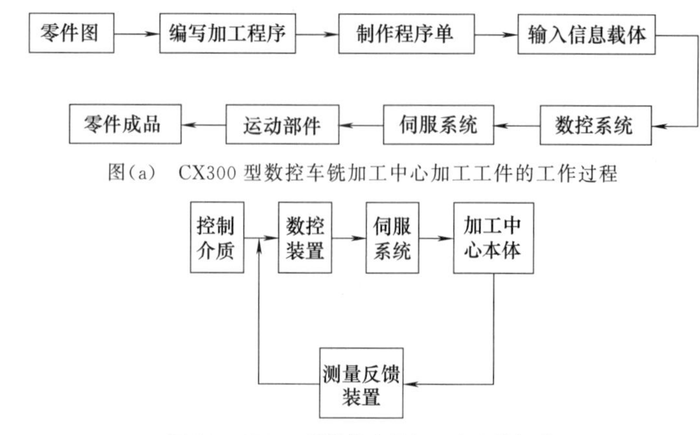 图(a)　CX300 型数控车铣加工中心加工工件的工作过程 图(b)　CX300 型数控车铣加工中心的组成

续表

<table>
<tr><td>加工中心工作原理与组成</td><td>数控装置相当于 CX300 型数控车铣加工中心的大脑，用来接收并处理输入介质的信息，并将代码加以识别、存储和运算，并输出响应的命令脉冲，经过功率放大驱动伺服系统，使加工中心按规定要求动作
伺服系统包括主轴驱动单元（速度控制）、进给驱动单元（速度控制和位置控制）、主轴电动机、进给电动机和检测元件等。伺服系统把数控装置输出的脉冲信号通过放大和驱动元件使移动部件运动或执行机构动作，以加工出符合要求的零件
加工中心本体包括床身、主轴箱、导轨、进给机构、工作台、刀架或自动换刀装置和一些辅助装置等机械部件。加工中心的主运动、各个坐标轴的进给运动都由单独的电动机驱动，各个坐标轴之间的运动关系通过计算机来进行协调
测量反馈装置由检测元件和相应的电路组成，其作用主要是检测速度和位移，并将信息反馈回控制系统，构成半闭环控制。测量元件有脉冲编码器、旋转变压器及光栅检测系统等</td></tr>
<tr><td>控制方式</td><td>CX300 型数控车铣加工中心的进给伺服驱动系统是按半闭环反馈控制方式工作的，如图（c）所示。检测元件安装在伺服电动机的轴端或丝杠端，通过角位移的测量，间接计算出机床工作台的实际位置。其中的光电编码盘或旋转变压器反馈到位置比较电路和速度控制电路中的信号是由测速发电机和光电码盘测出的转角推算出的工作台实际位移量，用此值与指令值进行比较，用差值实现控制。其特点是结构简单，系统不易受机械传动装置干扰，工作稳定性好
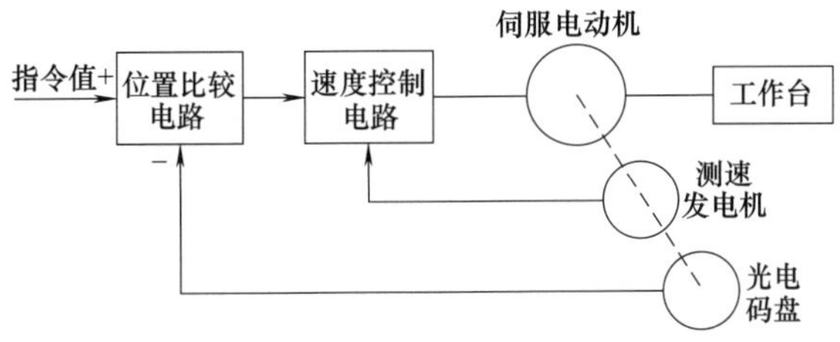

图（c）　CX300 型数控车铣加工中心的半闭环控制系统框图</td></tr>
<tr><td>控制对象及控制功能</td><td>CX300 型数控车铣加工中心属于拥有 B 轴功能的高端车铣设备，通过 B 轴摆角定位加工或 XYZBC 五轴联动加工，可以完成复杂的叶轮叶片加工，并获得优秀的加工表面质量
该加工中心有多个进给轴，在数控系统中，称其为进给坐标，其中可以是直线进给坐标，也可以是回转进给坐标。对进给坐标的控制包括以下几个方面
①连续进给时，控制各瞬间坐标轴移动的位置（即刀具相对于工件的运动轨迹）。根据需要，运动轨迹可为直线、平面曲线或空间曲线。为实现复杂的曲线轨迹运动，要求几个坐标联动
②坐标位置的精确定位。对位置的控制包含两方面，一是在上述连续轨迹运动时，其结束点要求准确地停在指令位置，其误差应最小或无误差，此外，在运动中的位置误差也应最小，以保证工件加工精度；二是在点位控制中，要求坐标的移动能准确地停在指定的位置
③运动或定位速度的控制。在坐标联动时，各坐标只有按相应比率的速度运行才能加工出合乎要求的直线或曲线轨迹，这一比率由数控插补器根据所需轨迹计算得出。起、制动或拐角处切削时自动加、减速度控制，空行程时的快速进给控制
④主轴的控制包括主轴转速、转向的控制，主轴的定向准确以及主轴径向方向停于某指定位置的控制，主轴的转速与进给量的同步控制</td></tr>
<tr><td>检测元件的选择</td><td>加工中心传感系统的重要组成部分是检测元件，其作用是检测位移和速度，发送反馈信号。该加工中心的加工精度主要由传感系统的精度决定
对检测元件的主要要求：一是高可靠性和高抗干扰性。检测装置应能抗各种电磁干扰，抗干扰能力强，且基准尺对温、湿度敏感性低，温、湿度变化对测量精度影响小；二是高精度和高速度，即在满足数控机床最大位移速度的条件下，达到一定的检测精度和较小的累积误差
安装精度要合理，使用维护方便，要有较好的防尘、防油雾和防切屑等措施，适合机床运行环境，成本低，寿命长
加工中心分 X 轴、Y 轴、Z 轴、B 轴、C 轴 5 个伺服轴。对于与伺服电机同轴相联的旋转变压器，选用法国施耐德公司的产品。旋转变压器有两个作用，一是作为速度环的反馈脉冲，同时经驱动整形后产生方波信号送进 NC 形成位置环。主轴为伺服主轴，具备 C 轴功能，对于与其伺服电机同轴相联的旋转脉冲编码器，根据表 22-2-48，选用 Fagor 高分辨率 9000 线的旋转脉冲编码器，作为 C 轴的位置环</td></tr>
</table>

2.6.2　飞锯检测系统设计实例

管材、型材等轧制线的高精度连续自动跟踪切割技术已经在工业生产中广泛使用，其中关键设备飞锯系统是一种经济、实用、高效、快速的典型光机电一体化产品。

表 22-2-68　　**飞锯传感系统设计**

<table>
<tr><td rowspan="14">焊管生产线工艺流程与飞锯系统技术指标</td><td rowspan="14">高频直缝焊管生产线用于生产焊管及相应的方、矩形管和冷弯型钢。焊管生产线工艺流程如下
卷料开卷→剪切对焊→活套储料→成形→焊接→冷却→定径→飞锯切料→钢管收集
目前，生产对管材、型材等轧制线连续自动跟踪切割技术的要求是：①生产线速度小于 120m/min 时，可以连续自动跟踪切割；②切割精度在±5mm 之内，如驱动器为伺服驱动器切割精度在±1mm 之内；③连续自动跟踪切割方式可以长尺，也可以短尺
CD 系列飞锯系统可以全面满足上述要求，并针对钢管直径繁多、长度不同的特点，专门设计了可变直径、变长度控制的、高精度连续自动跟踪切割的系统。其技术特点为：一是采样周期短，为 0.5ms；二是切割精度可达到 1mm 之内；三是全部参数可现场修改，达到光机电完美结合；四是系统稳定、精度高；五是由液晶屏可直接观察设备运行情况</td><td colspan="2">工艺技术参数</td></tr>
<tr><td>参数名称</td><td>范围</td></tr>
<tr><td>零位稳定度</td><td>00.000～99.999</td></tr>
<tr><td>跟踪稳定度</td><td>0.000～99.999</td></tr>
<tr><td>锯车跟踪起步时的加速度/m·s⁻²</td><td>0.000～9.999</td></tr>
<tr><td>锯车跟踪结束时的减速度/m·s⁻²</td><td>0.000～9.999</td></tr>
<tr><td>锯车返回起步时的加速度/m·s⁻²</td><td>0.000～9.999</td></tr>
<tr><td>锯车返回结束时的减速度/m·s⁻²</td><td>0.000～9.999</td></tr>
<tr><td>锯车和管同步调整时间/ms</td><td>0～9999</td></tr>
<tr><td>夹紧时间/ms</td><td>0～9999</td></tr>
<tr><td>抬锯时间/ms</td><td>0～9999</td></tr>
<tr><td>松夹时间/ms</td><td>0～9999</td></tr>
<tr><td>切管时间/ms</td><td>0～9999</td></tr>
<tr><td>模拟速度/m·min⁻¹</td><td>0～120</td></tr>
<tr><td></td><td></td><td>返车最大速度/m·min⁻¹</td><td>0～120</td></tr>
<tr><td>飞锯系统的组成</td><td colspan="3">飞锯系统由机械模块、控制模块、检测模块和人机操作界面模块组成
机械模块由传动轴、齿轮齿条、减速箱、锯切机构以及气动或液压系统组成，飞锯机由固定轨道和移动小车组成。小车上装有锯片传动机构、落锯锯切机构和钢管夹紧机构。轨道和小车之间装有小车与移动焊管的同步传动机构和定尺机构。锯切过程中锯片必须和运行的钢管同步，飞锯机应能锯切不同的定尺长度，并且要保证锯切的切口平直。在一个锯切过程中，飞锯机的行走机构都要经过启动、加速、同步运行、锯切焊管、正向减速、反向加速、反向减速、制动、等待下一次锯切的动作
控制模块由运动控制器、人机操作界面、安川变频器、继电系统、液压或气动系统、测速系统等组成</td></tr>
<tr><td>飞锯检测系统的构成</td><td colspan="3">检测模块由测速辊、光电编码器和接近开关等部分构成。管编码器用于测量管速，管长和锯车编码器用于测量锯车行走的长度，前极限接近开关和后极限接近开关用于保护锯车意外飞车时的紧急制动。飞锯检测模块组成框图如图(a)所示，飞锯检测控制系统的布线示意图如图(b)所示
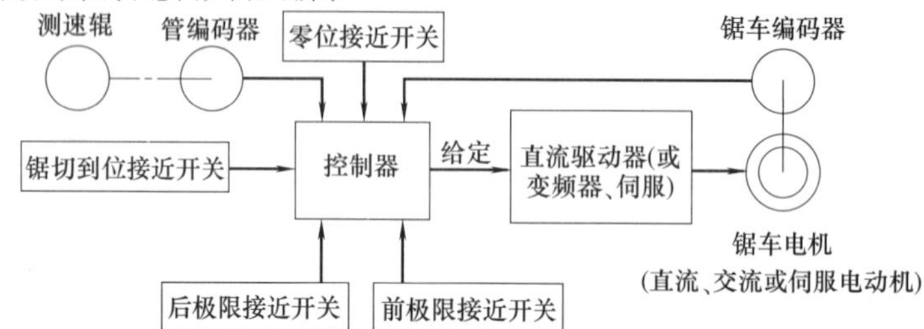

注：图中的粗实线为电线(缆)穿镀锌钢管(一寸以上)或电缆槽铺设
图(a)　飞锯检测模块组成框图
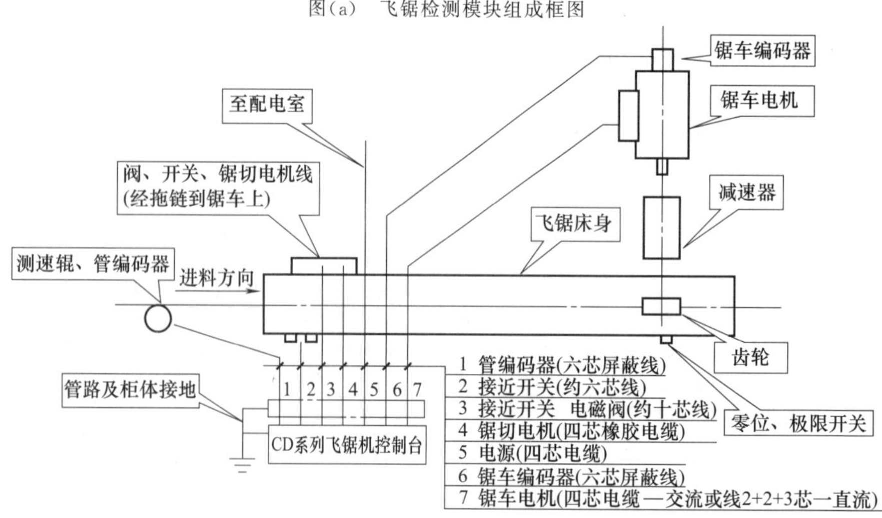

图(b)　飞锯检测控制系统的布线示意图</td></tr>
</table>

续表

光电编码器的选用	可以考虑钢管移动速度及锯车跟踪电机转速测量用编码器均选用 OMRON 公司的增量型光电编码器 E6B2-CWZ1X，外径为 $\phi 40$，对应电源电压 DC5～24V，集电极开路输出型，备有 2000P/R 的分辨率，具备使 Z 相对简单化的原点位置显示功能，实现轴负重、径向 30N、推力向 20N，附有逆接、负荷短路保护回路，改善了可靠性，也备有线性驱动输出 通常选择管编码器为 2000 脉冲/转，锯车编码器为 1000 脉冲/转。按以上公式设定后，观察显示长度和实际长度是否有误差，如有误差，还需进一步校正 测量得到的钢管移动脉冲数乘以脉冲系数即可计算出钢管移动的距离，把该程序放在固定周期的中断中，即可计算出钢管移动速度 锯车脉冲系数可按下面的公式计算：$K=\dfrac{\pi ZM}{4iP}$，式中 Z 为齿轮齿数，M 为模数，i 为减速箱传动比，P 为脉冲编码器每转脉冲数 锯车跟踪电机转速计算：管脉冲系数可按下面的公式计算：$K=\dfrac{\pi D}{4P}$，式中 D 为测速辊直径
测速辊的安装	测速辊应安装在轧机的最后两道机架之间，这样可以有效避免振动对飞锯测速的影响，从而提高了飞锯的稳定性。测速辊不正确安装的几种情况见图(c)的分析 由图(c)分析可以看出，安装、调整好测速辊的位置非常重要。要确保测速辊和所切物料良好接触，避免打滑和转动不灵活的现象，同时还要注意测速辊和编码器之间的联轴器是否连接牢固，否则将影响飞锯系统的正常、稳定工作 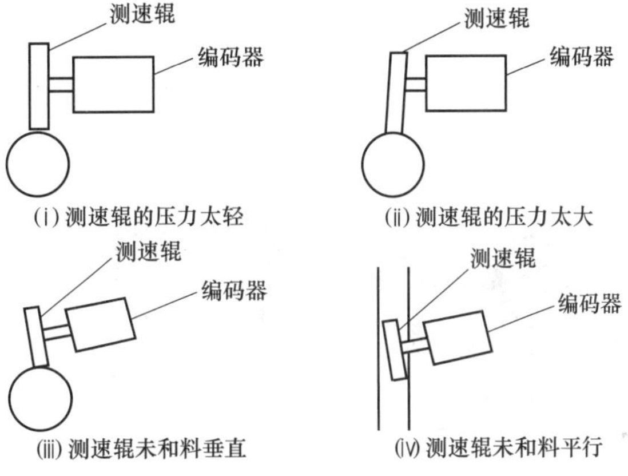 图(c) 测速辊不正确安装的情况
接近开关的选用	接近开关采用 CAOREN 系列 LJA18M-10N1H 型。主要安装在锯车零位，锯车前极限，锯车后极限。锯车零位用于锯车的定位，锯车前极限，锯车后极限用于锯车的保护 对于不同的材质的检测体和不同的检测距离，应选用不同类型的接近开关，以使其在系统中具有高的性能价格比，为此在选型中应遵循以下原则 ①当检测体为金属材料时，应选用高频振荡型接近开关，该类型接近开关对铁镍、A3 钢类检测体检测最灵敏。对铝、黄铜和不锈钢类检测体，其检测灵敏度就低 ②当检测体为非金属材料时，如：木材、纸张、塑料、玻璃和水等，应选用电容型接近开关 ③金属体和非金属要进行远距离检测和控制时，应选用光电型接近开关或超声波型接近开关 ④对于检测体为金属时，若检测灵敏度要求不高时，可选用价格低廉的磁性接近开关或霍尔式接近开关 ⑤动作距离测定：当动作片由正面靠近接近开关的感应面时，使接近开关动作的距离为接近开关的最大动作距离，测得的数据应在产品的参数范围内 ⑥释放距离的测定：当动作片由正面离开接近开关的感应面，开关由动作转为释放时，测定动作片离开感应面的最大距离 ⑦回差的测定：最大动作距离和释放距离之差的绝对值 ⑧动作频率测定：用调速电机带动胶木圆盘，在圆盘上固定若干钢片，调整开关感应面和动作片间的距离，约为开关动作距离的 80%左右，转动圆盘，依次使动作片靠近接近开关，在圆盘主轴上装有测速装置，开关输出信号经整形，接至数字频率计。此时启动电机，逐步提高转速，在转速与动作片的乘积与频率计数相等的条件下，可由频率计直接读出开关的动作频率 ⑨重复精度测定：将动作片固定在量具上，由开关动作距离的 120%以外，从开关感应面正面靠近开关的动作区，运动速度控制在 0.1mm/s 上。当开关动作时，读出量具上的读数，然后退出动作区，使开关断开。如此重复 10 次，最后计算 10 次测量值的最大值和最小值与 10 次平均值之差，差值大者为重复精度误差

2.6.3　新风节能系统设计实例

新风，即室外空气，取新风，就是想利用其优良的物质性和能量性。例如：在舒适性空调中，用新风一般是取其中的氧气供人呼吸；而在节能中，是将其作为冷源。但空气中也有不良的成分，其中的灰尘就是有害物，必须将其去除。空气中的水分过多或过少，也是在利用新风时的一个重要问题。因此在采用新风节能时，要趋利避害，就必须通过技术手段解决这些问题。

表 22-2-69　　新风节能系统设计

总体功能框图	各通信基站内由于不间断长期使用电力、电子及通信设备，其发热导致基站内温度超过设备的工作环境温度。如果一年四季均用空调来保持站内温度（主要是降温），则冬、春、秋三季及夏季早晚时段的室外低温便可散热降温的有利条件被忽视，从而导致电能的浪费，增加营运成本 本系统的主体部分是由主控制箱和新风执行系统、网管中心三部分构成。此系统是根据通信基站、机房室内外的环境条件温差引入室外清洁的冷空气对通信基站、机房进行自然降温，同时排出基站、机房内的热空气，从而达到在常年大多数条件下替代空调制冷的效果，避免了空调长时间运行所造成的电能浪费，有效降低通信机房空调的运行时间，达到降低通信机房电能消耗的目的 新风节能设备构成如图(a)所示 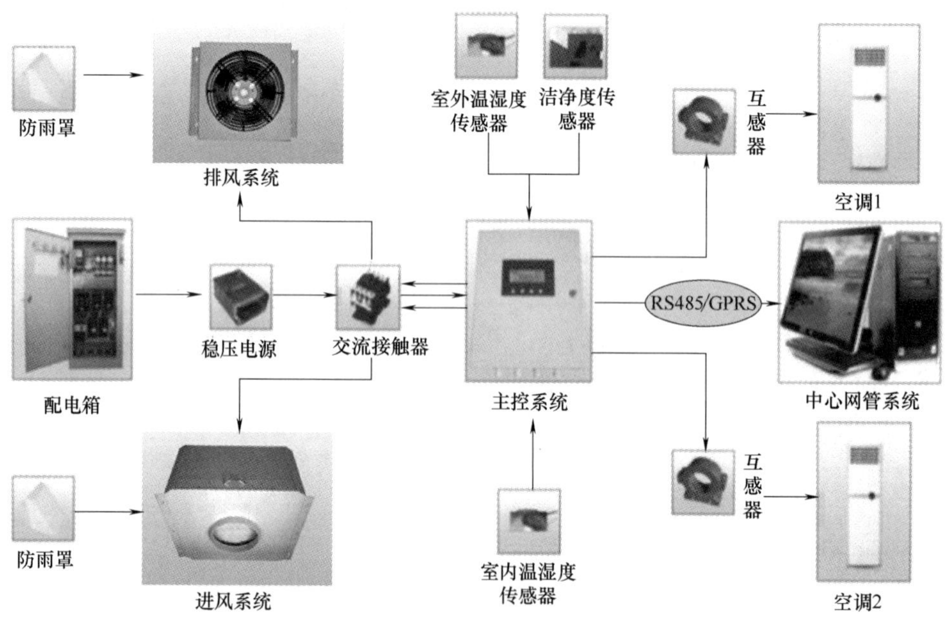 图(a)　新风节能设备构成

续表

节能设备功能图

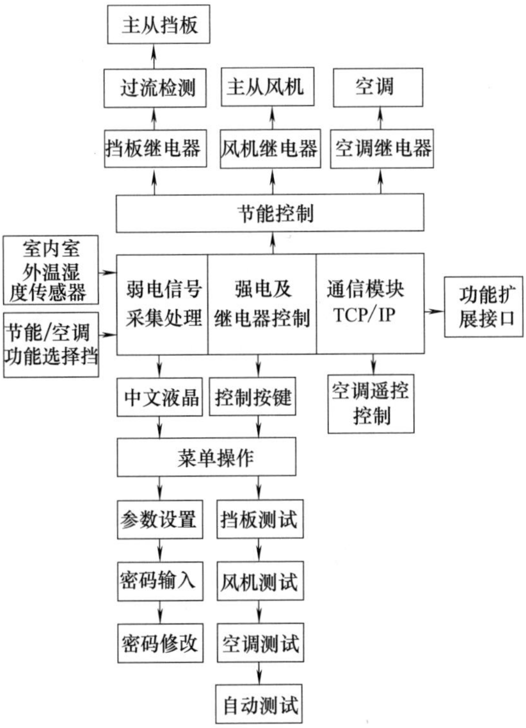

主从挡板
过流检测
主从风机
空调
挡板继电器
风机继电器
空调继电器
节能控制
室内室外温湿度传感器
节能/空调功能选择挡
弱电信号采集处理
强电及继电器控制
通信模块 TCP/IP
功能扩展接口
中文液晶
控制按键
空调遥控控制
菜单操作
参数设置
挡板测试
密码输入
风机测试
密码修改
空调测试
自动测试

图(b)　新风节能设备功能图

控制机制及参数说明

参数符号	参数名称	出厂设置	注释
T_1	室内温度		测量精度±0.5℃
T_2	室外温度		测量精度±0.5℃
H	室内湿度		%
TA	空调开启温度	30	℃
TB	风机开启温度	24	℃
TC	挡板开启温度	22	℃
BH	空调保温上限	19	℃,高于此值,空调停止加热
BL	空调保温下限	15	℃,低于此值,空调开始加热
HA	湿度上限	90	%,高于此值,禁止风机开启
HL	湿度下限	80	%RH,低于此值,才允许风机开启
HX	湿度校正	0	−10～10 可调
DL	挡板电流	35	35°～50°可调
TF	额定风量	800	m^3/h
TE	空调故障处理温度	40	℃,当 T1 高于 TE,认为空调出现故障,此时进入"空调故障处理模式"(开启空调,开启风机挡板,此时液晶显示"高温故障")。当 T1 低于 TA+1 的时候,退出该模式,进入正常开启空调模式。该功能可以通过<菜单>操作项添加和移除,模式是添加该功能

风机与挡板控制机制:
风机开启条件:$TA>T_1>TB$ 并且 $T_1>T_2+1$ 并且 $H<HL$
风机关闭条件:$T_1>TA$ 或者 $T_1<TC-2$ 或者 $T_1<T_2$ 或者 $H\geqslant HA$

续表

检测器件选择	湿度传感器的选择	①选择测量范围。和测量重量、温度一样，选择湿度传感器首先要确定测量范围。除了气象、科研部门外，温、湿度测控研究一般不需要全湿程(0～100%RH)测量 ②选择测量精度。测量精度是最重要的指标，每提高一个百分点，对湿度传感器来说就是上了一个台阶，甚至是上了一个档次。所以使用者一定要量体裁衣，不宜盲目追求“高、精、尖” 提出过高的测湿精度是不合适的。多数情况下，如果没有精确的控温手段，或者被测空间是非密封的，±5%RH的精度就足够了。对于要求精确控制恒温、恒湿的局部空间，或者需要随时跟踪记录湿度变化的场合，再选用±3%RH以上精度的湿度传感器 ③考虑时漂和温漂。在实际使用中，由于尘土、油污及有害气体的影响，使用时间一长，电子式湿度传感器会产生老化，精度下降，电子式湿度传感器年漂移量一般都在±2%左右，甚至更高。一般情况下，生产厂商会标明1次标定的有效使用时间为1年或2年，到期需重新标定 ④其他注意事项。湿度传感器是非密封性的，为保护测量的准确度和稳定性，应尽量避免在酸性、碱性及含有机溶剂的气氛中使用，也避免在粉尘较大的环境中使用。为正确反映欲测空间的湿度，还应避免将传感器安放在离墙壁太近或空气不流通的死角处。如果被测的房间太大，就应放置多个传感器 本系统湿度传感器采用SHT11，分辨率为0.5%RH，量程范围为0～100%RH，线性化≤1%RH，长期稳定性<0.5%RH。采用工业标准I^2C总线通讯模式，能够满足应用要求
	温度传感器的选择	①根据应用的工作温度范围来选材。温度传感器作为测温用的敏感元器件，要根据不同的工作环境温度来选择不同的材质。如：工作温度在105℃以内的，应选用耐温105℃ PVC线；工作温度到125℃的，应选用耐温125℃左右的辐照线；温度高达200℃时，应选用铁氟龙线或硅胶线 ②要根据测量对象和测量环境的不同来选型。不同的工作环境，温湿度条件不同。不同的测量对象，也有不同的要求(如水温的测量、人体体温的测量等)，因此，这就需要温度传感器要有良好的绝缘性。在选型时，在考虑工作环境温度范围时，同时要兼顾工作环境的湿度，是否接触到水或水蒸气，是否接触到人体，有无耐压要求等。不同的材料附着力，密封性及耐温特性都是不一样的 ③要根据工作场合所要求的灵敏度来选型。不同的应用场合要求温度传感器的响应速度快慢不一，而不同的材料有不同的导热系数。影响温度传感器响应速度的有以下几个因素：一是热敏电阻芯片的热时间常数，热时间常数小的，响应速度快；二是感温头外壳材质的导热系数，导热系数高的材料热传导性能优良；三是感温头尺寸的大小，感温头尺寸小的，热传导时间会相应短，反应速度会快一点；四是感温头内填充了导热系数高的导热硅脂的会比没填充或填充了导热系数低的导热硅脂反应速度快 ④要根据工作场合所要求测温的精度来选型。精度是传感器的一个重要的性能指标，是关系到整个测量系统测量精度的一个重要环节。传感器的精度越高，其价格越昂贵，因此，传感器的精度只要满足整个测量系统的精度要求就可以。决定温度传感器精度的两个因素，一是热敏电阻本身的误差；二是传感器的感温头与测温对象的接触方式，直接接触的比间接接触的测量精度要高。另因热敏电阻的r-t曲线是非线性的，尽可能选择离中心工作温度点邻近范围为线性区间的测量范围。如：用于测人体体温的传感器，一般会选择37℃左右作为中心工作温度点 ⑤温度传感器的稳定性。传感器使用一段时间后，其性能保持不变的能力称为稳定性。影响传感器长期稳定性的因素除热敏电阻芯片的稳定性、可靠性、传感器本身的结构外，还有传感器的使用环境。要使传感器具有良好的稳定性，传感器必须要有较强的环境适应能力。稳定性的确认应从以下三个方面着手：一是选用高可靠性的热敏电阻芯片作为核心；二是选用合理的结构，要有较强的机械强度；三是针对不同的使用环境，选用不同的填充材质 本系统的温度测量开关采用Dallas公司的DS18B20单线数字温度传感器，支持“一线总线”接口，测量温度范围为−55～125℃，在−10～85℃范围内，精度为±0.5℃

第3章　伺服系统设计

3.1　伺服系统

伺服系统也叫随动系统，是一种能够跟踪输入的指令信号进行动作，从而获得精确的位置、速度或力矩输出的自动控制系统。

大多数伺服系统具有检测反馈回路，因而伺服系统是一种反馈控制系统，按照反馈控制理论，伺服系统需不断检测在各种扰动作用下被控对象输出量的变化，与指令值进行比较，并用两者的偏差值对系统进行自动调节，以消除偏差，使被控对象输出量始终跟踪输入的指令值。伺服系统是根据输入的指令值与输出的物理量之间的偏差进行动作控制的。因此伺服系统的工作过程是一个偏差不断产生，又不断消除的动态过渡过程。许多机电一体化产品（如数控机床、工业机器人等），需要对输出量进行跟踪控制，因而伺服系统是智能装备的一个重要组成部分，而且往往是实现某些产品目的功能的主体。伺服系统中离不开机械和电子技术的综合运用，其功能是通过机电结合才得以实现的，因此，伺服系统本身也就是一个典型的机电一体化系统。

表 22-3-1　伺服系统的种类

按被控量的不同	位置伺服系统，速度伺服系统，力矩伺服系统
按采用的执行元件不同	电气伺服系统，液压伺服系统，气压伺服系统
按控制方式不同	开环伺服系统，闭环伺服系统，半闭环伺服系统

表 22-3-2　伺服系统的构成

比较元件	将输入的指令信号与系统的反馈信号进行比较，以获得控制系统动作的偏差信号的环节
控制器	电流控制器，速度控制器，位置控制器
执行元件	在控制信号的作用下，将输入的各种形式的能量转换成机械能，驱动被控对象工作
被控对象	被控对象一般都是机械装置，包括传动机构和执行机构
测量和反馈元件	指传感器及其信号检测装置，用于实时检测被控对象的输出量并将其反馈到比较元件
主回路	整流，滤波，软启动，制动，逆变

伺服系统的种类如表 22-3-1 所示，伺服系统的构成如表 22-3-2 所示。

3.2　伺服系统的基本要求和设计方法

3.2.1　伺服系统的基本要求

由于伺服系统所服务的对象千差万别，因而对伺服系统的要求也有差别。工程上对伺服系统的技术要求很具体，归纳如表 22-3-3 所示。

表 22-3-3　伺服系统的基本要求

对系统稳态性能的要求	系统静态误差
	系统速度误差
	系统加速度误差
对系统精度的要求	传动系统中的传动误差和回路要对控制系统性能产生影响，而各个环节的误差因其在系统中所处位置不同，对系统输出的精度的影响是不同的，且同一环节误差的高频分量和低频分量对输出精度的影响也不同
对伺服系统动态性能的要求	一般用最大超调量、过渡过程时间、振荡次数等特征作为衡量指标。频域响应特性则用最大振荡指标、系统的频带宽度特征量作评价指标
对系统工作环境的要求	温度、湿度、防化、防辐射、抗振动
对系统制造成本、标准化程度、能源条件等方面的要求	按照用户所提出的具体要求，确立伺服系统的基本性能指标，同时要充分了解市场上元器件的供应、价格、性能、售后服务等情况，还要密切关注新技术、新工艺、新器件的发展动态

3.2.2　伺服系统的设计步骤

伺服系统设计通常从选择执行电机开始。作为伺服系统的执行元件，应能方便地实现连续且平滑的可逆调速，对控制信号反应快捷，才能保证整个系统带动被控对象按所需要的规律运动。伺服系统的具体设计步骤见表22-3-4。

表22-3-4　伺服系统的设计步骤

序号	步骤	说明
1	制定伺服系统的总体方案	明确伺服系统的几个组成部分，系统的控制方式为开环控制、闭环控制或复合控制。硬件电路可以分为3个部分：主控电路模块、功率驱动模块和位置检测模块。主控电路模块一般以DSP为核心，目前多为DSP2407或DSP2812；外围电路主要包括：调试仿真接口电路、外部存储器扩展电路、串行通信接口电路、CAN总线接口、脉冲量控制接口、模拟量控制接口、数字模拟转换电路和输入及输出扩展接口；功率驱动电路包括整流电路、逆变器主电路等，目前小功率驱动单元多采用IPM模块。位置检测模块主要包括转子位置检测电路、轴角变换器等
2	伺服系统的稳态设计	对控制对象运动与动力学分析、负载分析、执行电动机及传动装置的确定、测量元件的选择、放大装置的选择与设计计算。确定系统的基本不变部分的结构，稳态设计的结果确定了系统的控制能力
3	建立伺服系统的数学模型	推导系统的开环或闭环传递函数或建立系统的状态方程。数学模型尽量反映系统的实际情况
4	伺服系统的动态设计	动态设计计算则是使系统达到要求的动态性能，包括满足动态误差、稳定性及快速性要求
5	伺服系统的仿真试验	应用计算机软件(如MATLAB)进行系统模拟试验

3.3　伺服系统执行元件及其控制

3.3.1　执行元件种类和特点

执行元件亦称为驱动元件，是各类工业机器人、数控机床、自动化机械、计算机外设、车辆电子设备、医疗器械等机电一体化系统或产品必不可少的驱动部件，如数控机床的主轴转动、工作台的进给运动以及工业机器人手臂升降、回转和伸缩运动等都用到驱动部件。该元件是处于智能装备系统的机械运行机构与微电子控制装置的接点部位的能量转换元件，能在微电子装置的控制下，将输入的各种形式的能量转换为机械能。

根据使用能量的不同，可以将驱动元件分为电气式、液压式和气压式等几种类型。电气式是将电能变成电磁力，并用该电磁力驱动运行机构运动。液压式是先将电能变换为液压能并用电磁阀改变压力油的流向，从而使液压执行元件驱动运行机构运动。气压式与液压式的原理相同，只是将介质由油改为气体而已。

表22-3-5　执行元件种类及特点

种类	特点
电气执行元件	电气执行元件包括控制用电机(步进电机、直流伺服电机和交流伺服电机)、静电电机、磁致伸缩器件、压电元件、超声波电机以及电磁铁等。其中，利用电磁力的电机和电磁铁为常用元件。对控制电机的性能除了要求稳速运转之外，还要求具有良好的加速、减速性能以及频繁使用时的适应性和便于维修性能 控制用电机驱动系统一般由电源供给电力，经电力变换后输送给电机，使电机作回转(或直线)运动，驱动负载机械运动，并在控制器给定的指令位置定位停止 另外，其他电气式执行元件中还有微量位移的器件，例如：电磁铁是由线圈和衔铁两部分组成，结构简单，由于是单向驱动，故需要弹簧复位，用于实现两固定点间的快速驱动；压电驱动器是利用压电晶体的压电效应来驱动运行机构作微量位移的；电热驱动器是利用物体(如金属棒)的热变形来驱动运行机构的直线位移，用控制电热器(电阻)的加热电流来改变位移时，可用于微量进给

续表

种类	特点
液压执行元件	在同样输出功率下，液压驱动装置具有重量轻、惯量小、快速性好等优点。它通常不用减速器便可以直接驱动机构得到平滑的运动，且无死区。它适用于驱动中大规模的机器，液压式执行元件主要包括往复运动的油缸、回转油缸、液压马达等，其中油缸占绝大多数。目前，世界上已开发了各种数字式液压执行元件，例如电液伺服马达和电液步进马达，这些电液马达的最大优点是比电动机的转矩大，可以直接驱动运行机构，过载能力强，适合于重载的高加减速驱动。电液式马达在强力驱动和高精度定位时性能好，而且使用方便。对一般的电液伺服系统，可采用电液伺服阀控制油缸的往复运动。比数字伺服式执行元件便宜得多的是用电子装置控制电磁阀开关的开关式伺服机构，其性能适当，而且对液压伺服起辅助作用 液压系统主要由高压油泵、伺服阀、液压马达和其他辅助元件组成，其主要部件功能特点如下 ① 高压油泵是液压系统的心脏，它由三相电机带动，产生高压油供给整个系统。为保证整个油路的清洁，在高压油泵的进出口油路上都有过滤器，以防止油液受污染 ② 伺服阀用于控制高压油流过伺服阀的速度。电液伺服阀由电信号控制，即伺服阀流出的高压油流速与伺服阀输入的信号成正比。伺服的时间常数约在 5ms 数量级，与其他各油路部分的滞后相比是很小的，可以忽略 ③ 液压马达有旋转和直线运动两种类型。它的运动速度和伺服阀给出的高压油的流动速度成正比。行程小的直线运行可以用油缸直接带动。旋转式液压马达用在大功率的液压伺服系统中，它能以较高速度运动，通过齿轮减速驱动机构运行，直线行程大的机构也可用旋转式液压马达配上齿条一起工作。有齿轮工作的伺服系统会产生死区 ④ 单向阀防止高压油直接回流到油泵去。因为如果有了这种回流，将破坏高压油的压力，影响整个系统性能。溢流阀的作用是当高压油超过规定的压力时，泄漏一部分高压油直接回到储油箱，以保持油压的恒定 ⑤ 其他辅助元件储油箱回收用过的高压油，并通过回流回路回到高压油泵，形成整个油泵的闭路循环。其他还有一些必要的液压阻尼器，过滤器，各种阀门、管道等 液压系统也有它固有的一些缺点，如对管道的安装、调整，整个油路的防止污染及维护等性能都要求较高。管路中不可避免的泄漏、油液黏度随温度变化的特性以及各个输油管引起的动态延迟等都将使控制特性变坏。因此，在中小规模的机电系统中更多地使用电动驱动装置
气压执行元件	气压式执行元件除了用压缩空气作工作介质外，与液压式执行元件并无什么区别，其驱动功率在液压和电动之间。具有代表性的气压执行元件有气缸、气压马达等，具有结构简单、可靠性高、价格低等优点。气动的驱动装置由于它的控制特性不好，一般只用在点到点的简单固定动作，且对其中间位置无要求的机器中。气压驱动虽可得到较大的驱动力、行程和速度，但由于空气黏性差，具有可压缩性，故不能在定位精度较高的场合使用

3.3.2　电气执行元件

3.3.2.1　直流伺服电机及其驱动

表 22-3-6　　直流伺服电机工作原理及运行特性

项目		说明
优缺点		直流伺服电机具有响应迅速、精度和效率高、调速范围宽、负载能力大、控制特性优良等优点，被广泛应用在闭环或半闭环控制的伺服系统中。其缺点就是转子上安装了具有机械运动性质的电刷和换向器，需要定期维修和更换电刷，使用寿命短、噪声大，电机功率不能太大等
工作原理		直流电机的构造由永磁体定子、线圈转子(电枢)、电刷和换向器构成。当电流通过电刷、换向器流入处于永磁体磁场中的转子线圈时，产生的电磁力驱动转子转动。为了得到连续运动，必须不断地改变电流的方向，因此需要换向器和电刷。电机的基本控制就是转矩和转速控制。对于直流伺服电机，改变电枢电压或者励磁电压，就可以控制转速。根据电工学原理，永磁式直流电机的转矩与流过电枢回路的电流成正比
运行特性	计算关系	电枢控制时，直流伺服电机的原理如图(a)所示 为了分析简便，先作如下假设：电机磁路不饱和，即认为电机的磁化曲线为一直线；电枢反应的去磁作用忽略不计；电机电刷位于几何中性线，电动机的每相气隙磁通 Φ 保持恒定。这样，直流伺服电机电枢回路的电压平衡方程式为 $$U_a=E_a+I_aRa \quad (22\text{-}3\text{-}1)$$ 式中，Ra 为电机电枢回路的总电阻(包括电刷接触电阻)。当磁通 Φ 恒定时，电枢绕组的感应电动势与转速成正比，即有 $$E_a=C_e\Phi n \quad (22\text{-}3\text{-}2)$$ 电机的电磁转矩为 $$T=C_t\Phi I_a \quad (22\text{-}3\text{-}3)$$ 图(a)　电枢控制原理 将式(22-3-1)、式(22-3-2)、式(22-3-3)联立求解，即可得出直流伺服电机的转速与转矩的关系公式 $$n=\frac{U_a}{C_e\Phi}-\frac{Ra}{C_eC_t\Phi^2}T \quad (22\text{-}3\text{-}4)$$ 由转速公式便可得到直流伺服电机的力学特性和调节特性

续表

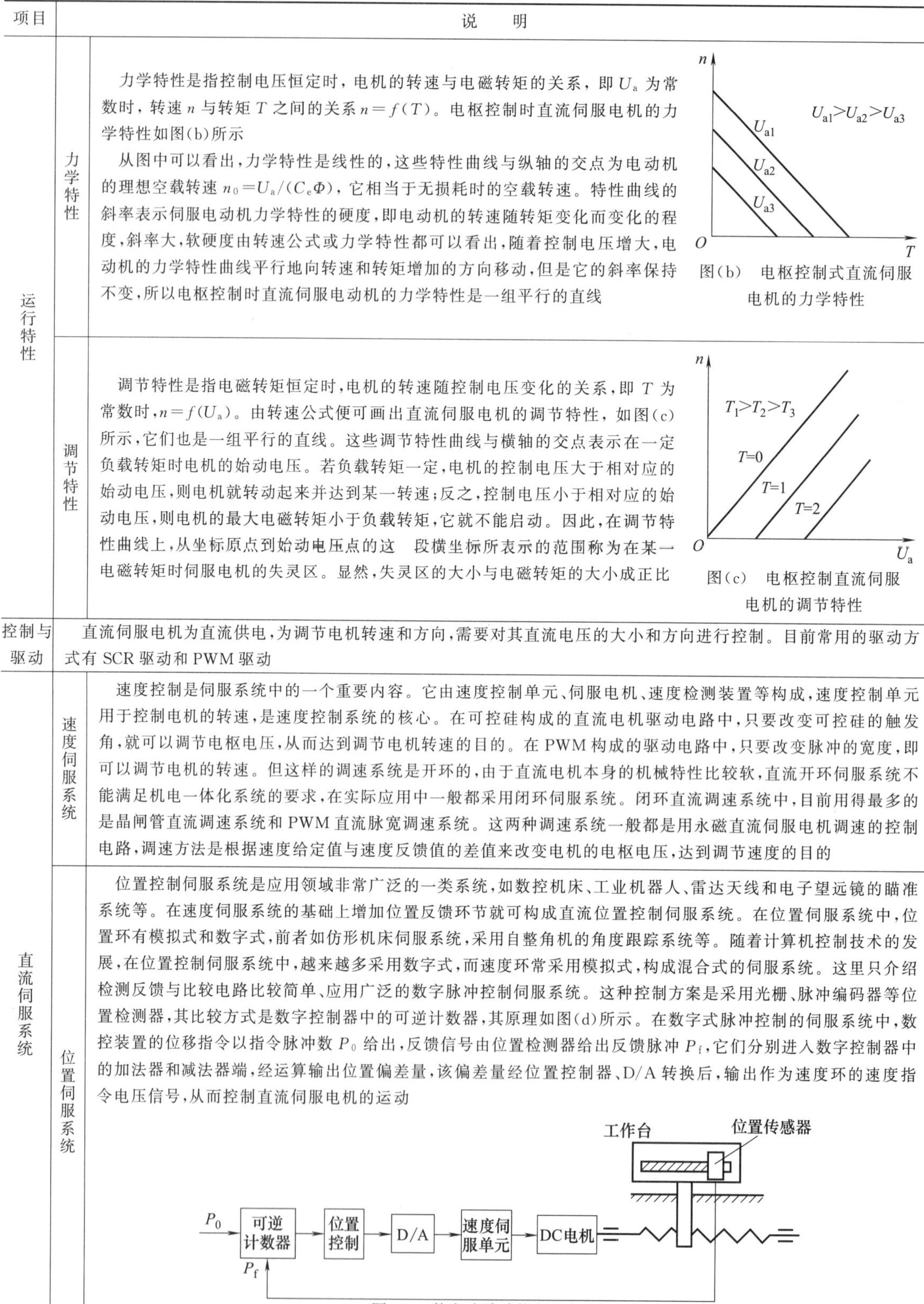

项目		说明
运行特性	力学特性	力学特性是指控制电压恒定时，电机的转速与电磁转矩的关系，即 U_a 为常数时，转速 n 与转矩 T 之间的关系 $n=f(T)$。电枢控制时直流伺服电机的力学特性如图(b)所示 从图中可以看出，力学特性是线性的，这些特性曲线与纵轴的交点为电动机的理想空载转速 $n_0=U_a/(C_e\Phi)$，它相当于无损耗时的空载转速。特性曲线的斜率表示伺服电动机力学特性的硬度，即电动机的转速随转矩变化而变化的程度，斜率大，软硬度由转速公式或力学特性都可以看出，随着控制电压增大，电动机的力学特性曲线平行地向转速和转矩增加的方向移动，但是它的斜率保持不变，所以电枢控制时直流伺服电动机的力学特性是一组平行的直线 图(b) 电枢控制式直流伺服电机的力学特性
	调节特性	调节特性是指电磁转矩恒定时，电机的转速随控制电压变化的关系，即 T 为常数时，$n=f(U_a)$。由转速公式便可画出直流伺服电机的调节特性，如图(c)所示，它们也是一组平行的直线。这些调节特性曲线与横轴的交点表示在一定负载转矩时电机的始动电压。若负载转矩一定，电机的控制电压大于相对应的始动电压，则电机就转动起来并达到某一转速；反之，控制电压小于相对应的始动电压，则电机的最大电磁转矩小于负载转矩，它就不能启动。因此，在调节特性曲线上，从坐标原点到始动电压点的这 段横坐标所表示的范围称为在某一电磁转矩时伺服电机的失灵区。显然，失灵区的大小与电磁转矩的大小成正比 图(c) 电枢控制直流伺服电机的调节特性
控制与驱动		直流伺服电机为直流供电，为调节电机转速和方向，需要对其直流电压的大小和方向进行控制。目前常用的驱动方式有 SCR 驱动和 PWM 驱动
直流伺服系统	速度伺服系统	速度控制是伺服系统中的一个重要内容。它由速度控制单元、伺服电机、速度检测装置等构成，速度控制单元用于控制电机的转速，是速度控制系统的核心。在可控硅构成的直流电机驱动电路中，只要改变可控硅的触发角，就可以调节电枢电压，从而达到调节电机转速的目的。在 PWM 构成的驱动电路中，只要改变脉冲的宽度，即可以调节电机的转速。但这样的调速系统是开环的，由于直流电机本身的机械特性比较软，直流开环伺服系统不能满足机电一体化系统的要求，在实际应用中一般都采用闭环伺服系统。闭环直流调速系统中，目前用得最多的是晶闸管直流调速系统和 PWM 直流脉宽调速系统。这两种调速系统一般都是用永磁直流伺服电机调速的控制电路，调速方法是根据速度给定值与速度反馈值的差值来改变电机的电枢电压，达到调节速度的目的
	位置伺服系统	位置控制伺服系统是应用领域非常广泛的一类系统，如数控机床、工业机器人、雷达天线和电子望远镜的瞄准系统等。在速度伺服系统的基础上增加位置反馈环节就可构成直流位置控制伺服系统。在位置伺服系统中，位置环有模拟式和数字式，前者如仿形机床伺服系统，采用自整角机的角度跟踪系统等。随着计算机控制技术的发展，在位置控制伺服系统中，越来越多采用数字式，而速度环常采用模拟式，构成混合式的伺服系统。这里只介绍检测反馈与比较电路比较简单、应用广泛的数字脉冲控制伺服系统。这种控制方案是采用光栅、脉冲编码器等位置检测器，其比较方式是数字控制器中的可逆计数器，其原理如图(d)所示。在数字式脉冲控制的伺服系统中，数控装置的位移指令以指令脉冲数 P_0 给出，反馈信号由位置检测器给出反馈脉冲 P_f，它们分别进入数字控制器中的加法器和减法器端，经运算输出位置偏差量，该偏差量经位置控制器、D/A 转换后，输出作为速度环的速度指令电压信号，从而控制直流伺服电机的运动 图(d) 数字式脉冲控制的伺服系统

3.3.2.2　交流伺服电机及其驱动

表 22-3-7　交流伺服电机工作原理、控制特性及发展方向

项目	说　　明
交流伺服电机工作原理	（见下文）

以感应式交流电机为例来介绍交流伺服电机的工作原理。感应交流电机有一个能产生旋转磁场的定子和一个金属圆筒形（或金属圆条形）转子。当转子处在旋转磁场中时，相当于转子不断地切割磁场，设定子的磁场以逆时针方向旋转，如图(a)所示，则转子相当于以顺时针方向切割磁力线。若把金属圆筒形转子看成由很多金属条组成，则根据电磁感应定律可知，圆筒的上半周金属条中产生向里的感应电势，下半周金属条产生向外的感应电势（均垂直于纸面），在金属条中形成的感应电流和感应电势方向相同。此感应电流与磁场产生磁力，由右手定理，电磁力 F 的方向在转子的上半周向左，下半周向右，转子在此电磁力作用下，也将以逆时针方向（与旋转磁场相同的方向）旋转。当定子的旋转磁场反方向旋转时，转子也将跟着以反方向旋转

图(a)　交流电机工作原理

转子的旋转方向与旋转磁场的方向相同，其旋转速度以可表达为

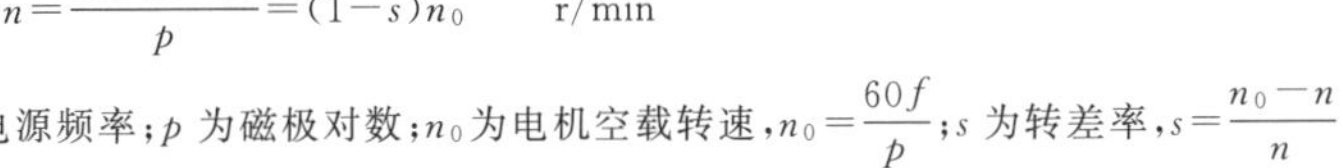

$$n=\frac{60f(1-s)}{p}=(1-s)n_0\qquad \text{r/min}$$

式中，f 为交流电源频率；p 为磁极对数；n_0 为电机空载转速，$n_0=\frac{60f}{p}$；s 为转差率，$s=\frac{n_0-n}{n}$

交流电机的结构特点和应用范围如下表所示

种类	产品型号	结构特点	性能特点	应用范围
笼式转子	SL	与一般笼式电机结构相同，但转子做得细而长，转子导体用高电阻率的材料	励磁电流较小，机械强度高，但是低速运行不够平稳，有时快时慢的抖动现象	小功率的自动控制系统
空心杯形转子	SK	转子做成薄壁圆筒形，放在内、外定子之前	转动惯量小，运行平滑，无抖动现象，但是励磁电流较大，体积也较大	要求运行平滑的系统

由图(a)所示的交流电机的工作原理可以看出，交流伺服电机具有以下几个特点

①交流伺服电机首先要有一个旋转磁场。旋转磁场是由定子上两个在空间互相垂直的绕组中通以相位上相差 90°的交流电产生的

②使转子旋转的电磁力是转子在旋转磁场中感应电流与旋转磁场产生的，所以这种原理的交流电机通常称为感应电机

交流伺服电机在结构上为两相异步电动机，其定子上有空间相差 90°电角度的两相分布绕组，它们可以有相同或不同的匝数。定子绕组的一相作为励磁绕组，运行时接到电压为 U_f 的交流电源上，另一相作为控制绕组，输入控制信号电压 U_k。电压 U_f 和 U_k 同频率，一般为 50Hz 或 400Hz。常用的转子结构有两种形式：高电阻笼型转子和非磁性空心杯转子。高电阻笼型转子的结构和普通笼型感应电动机一样，但是为了减小转子的转动惯量，常将转子做成细而长的形状。笼型转子的导条和端环可以采用高电阻率的材料（如黄铜，青铜等）制造，也可采用铸铝转子

两相交流伺服电机的两相绕组轴线位置在空间相差 90°电角度，当两相绕组分别加以交流电压以后，就会在气隙中产生旋转磁场。当转子导体切割旋转磁场的磁力线时，便会感应电动势，产生电流，转子电流与气隙磁场相互作用产生电磁转矩，使转子随旋转磁场的方向而旋转。图(b)所示为两相交流伺服电机的原理图

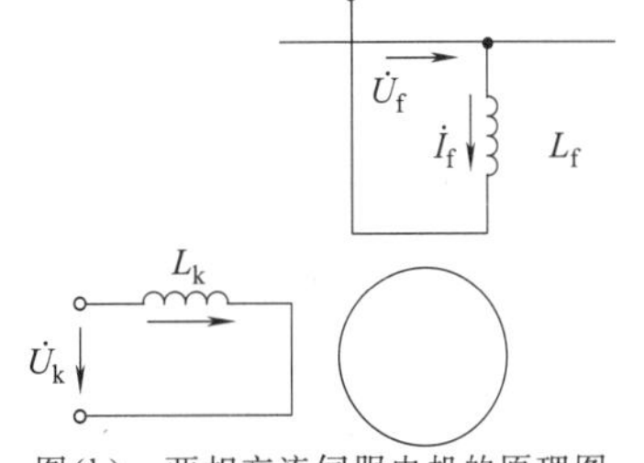

图(b)　两相交流伺服电机的原理图

从交流伺服电机的原理可知，两个在空间上互相垂直的定子绕组通以幅值相等（当两个绕组的匝数相同时）、相位相差 90°的交流电，就可以产生圆形旋转磁场。实际应用时，其中一台绕组用来作为控制绕组，通过改变绕组中的电压或电流来实现其控制。因此，一般来说，这台定子绕组并不满足产生圆形磁场的条件，也就是说，它产生的并不是圆形旋转磁场，而是椭圆形旋转磁场。经分析，椭圆形旋转磁场可以分解成方向相反、大小不同的两个圆形磁场。因而使交流伺服电机的各种关系更为复杂，非线性更严重，效率也更低。如某台直流伺服电机的效率为 75%，而与之输入功率差不多的交流伺服电机的最高效率超不过 35%，所以交流伺服电机只能用在小功率系统中，带动小的负载

续表

项目	说明	
两相伺服电机的控制与驱动	两相伺服电机运行时，因控制绕组所加的控制电压是变化的，一般说来得到的是椭圆形旋转磁场，并由此产生电磁转矩而使电机旋转。若改变控制电压的大小或改变它与励磁电压之间的相位角，都能使电机气隙中旋转磁场的椭圆度发生变化，从而影响到电磁转矩。因此两相伺服电机的控制方式有以下三种 ①幅值控制。调节控制电压的大小就可以实现对电机转速的控制，而控制电压与励磁电压之间的相位角始终保持90°电角度 ②相位控制。调节控制电压的相位来控制电机的转速，控制电压的幅值保持不变 ③幅值-相位控制。可以通过同时改变幅值和相位的方法来实现对控制电压的改变	
交流伺服技术发展方向	高效率化	主要包括永磁材料性能的改进和更好的磁铁安装结构设计，包括逆变器驱动电路的优化，加减速运动的优化，再生反馈以及更好的冷却方式等
	直接驱动	直接驱动包括采用盘式电机的转台伺服驱动和采用直线电机的驱动，由于消除了中间传递误差，从而实现了高速化和高定位精度。直线改变形状的特点可以使采用线性直线机构的各种装置实现小型化和轻量化
	高速、高精、高性能化	采用更高精度的编码器(每转百万脉冲级)，更高采样精度和数据位更快的DSP，无齿槽效应的高性能旋转电机、直线电机以及应用自适智能等各种现代控制策略，不断将伺服系统的指标提高
	一体化和集成化	电动机、反馈、控制、驱动、通信的纵向一体化成为当前小功率伺服的发展方向。有时称这种集成了驱动和通信的电机为智能化，把集成了运动控制和通信的驱动器称为智能化伺服驱动
	通用化	通用型驱动器配置有大量的参数和丰富的菜单功能，便于用户方便地设置成V/F控制，无速度传感器开环矢量控制，矢量控制，永磁无刷交流伺服电动机控制及再生单元等多种工作方式，可以驱动不同类型的电机，比如异步电机、永磁同步电机、步进电机，也可以适应不同的传感器类型甚至无位置传感器。可以配置构成半闭环控制系统，也可以通过接口与外部的位置或传感器构成高精度全闭环控制系统
	智能化	现代交流伺服驱动器都具备参数记忆，故障自诊断和分析功能，驱动器都具备负载惯量测定和自动增益调整功能，有的可以自动辨识，自动测定编码器零位，有些则能自动进行振动抑制。将电子齿轮、步跟踪、插补运动等控制功能和驱动结合在一起，对于伺服用户来说是更好的体验
	网络化和模块化	将现场总线和工业以太网技术，甚至无线网络技术集成到伺服驱动已经成为欧洲和美国厂商的常用做法。现代工业局域网发展的重要方向和标准竞争的焦点就是如何适应高性能运动控制对数据传输实时性、同步性的要求。随着国内对大规模分布式控制装置的需求上升，网络化数字伺服的开发已经成为当务之急。模块化指伺服电源模块、再生制动模块、通信模块之间的组合方式
	从故障诊断到预测性维护	随着机器安全标准的不断发展，传统的故障诊断和保护技术(问题判断原因并采取措施避免故障扩大化)已经落伍，最新产品可使人们及时了解重要技术参数的动态趋势。比如：关注电流的升高，负载变化时评估尖峰电流，监视温度传感器，以及对电流波形发生的任何畸变保持警惕
	专用化和多样化	虽然市场上存在通用化的伺服产品系列，但是为某种特定应用场合制造的伺服系统比比皆是。利用磁性材料不同性能、不同形状、不同结构嵌入式永磁转子电机出现，分割式铁芯结构使永磁无刷伺服电机的生产实现了高效率、大批量和自动化的研究
	小型化和大型化	无论是永磁无刷伺服电机还是步进电机都向更小的尺寸发展，同时也在发展更大功率和尺寸的机种，体现了向两极化发展的倾向
	其他动向	发热抑制，静音化，清洁技术等

3.3.2.3　松下 MINAS A5 伺服电机

MINAS A5II/A5 型号说明：

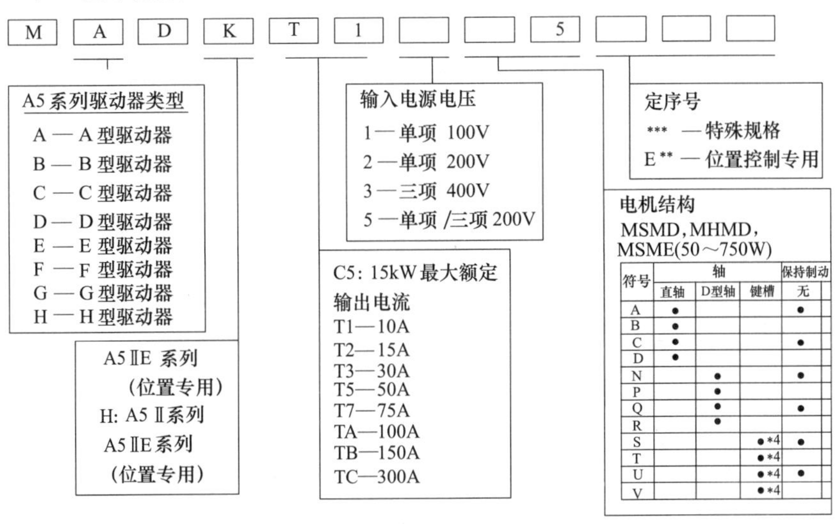

MINAS A5AC 伺服电机型号说明：

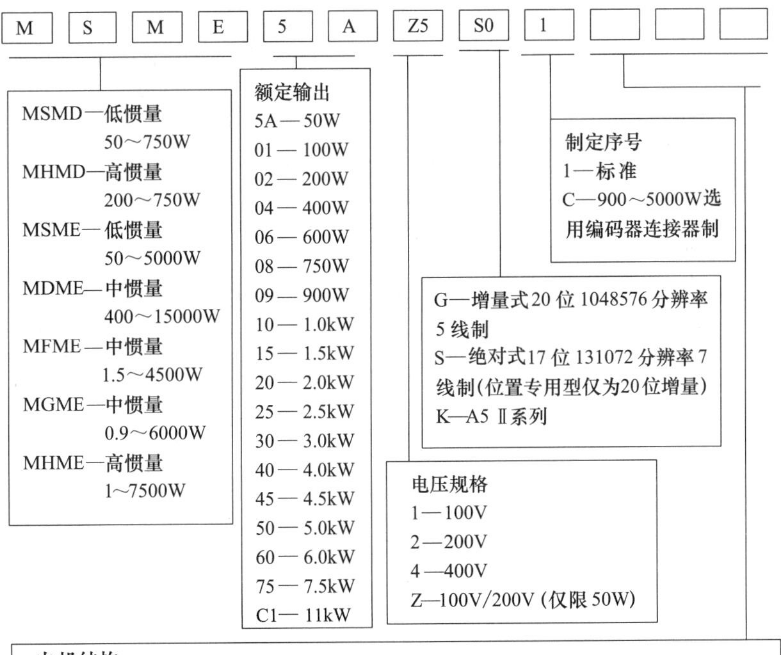

电机结构

MSMD, MHMD
MSME(50～750W)

符号	轴			保持制动器		油封	
	直轴	D型轴	键槽	无	有	无	有①
A	●			●		●	
B	●				●	●	
C	●			●			●
D	●				●		●
N		●		●		●	
P		●			●	●	
Q		●		●			●
R		●			●		●
S			●②	●		●	
T			●②		●	●	
U			●②	●			●
V			●②		●		●

MSME(750W [400V] 1000～5000W),
MDME, MFME, MGME, MHME

符号	轴		保持制动器		油封	
	直轴	键槽	无	有	无	有
C	●		●			●
D	●			●		●
G		●	●			●
H		●		●		●

①附带油封接受预订生产。
②键槽轴端中心螺纹孔。
注：具有标准产品和订购产品两种。
详情请咨询代理店。

表 22-3-8　　**驱动器通用规格**

分类	项目	子项	细项	型号	规格
基本规格	输入电源	100V 系列	主电路电源		单相 100～115V+10%/−15% 50/60Hz
			控制电路电源		单相 100～115V +10%/−15% 50/60Hz
		200V 系列	主回路电源	A～D 型	单相/三相 200～240V +10%/−15% 50/60Hz
				E～H 型	三相 200～240V +10%/−15% 50/60Hz
			控制回路电源	A～D 型	单相 200～230V +10%/−15% 50/60Hz
				E～H 型	单相 200～230V +10%/−15% 50/60Hz
		400V 系列 *1	主电路电源		单相 380～480V +10%/−15% 50/60Hz
			控制电路电源		DC24V±15%
	绝缘耐压				一次接地间 AC1500V,可耐压 1500V(漏电触发电流 20mA)(100/200V 系列) AC1960V,可耐压 1500V(漏电触发电流 20mA)(400V 系列)
	工况	温度			工作温度:0～55℃;保存温度:−20～65℃
		湿度			工作/保存:20%～85%RH(无露水)
		海拔高度			≤1000m
		振动			≤5.88m/s²,10～60Hz(不需工作在共振点)
	控制方式				IGBT PWM 正弦波控制驱动方式
	编码器反馈				17 位(分辨率:131072),7 线制串行绝对式编码器 2500p/r(分辨率:10000),5 线制串行增量式编码器
	外部反馈装置				A/B · 原点信号差动输入 可配 AT573A(Mitutoyo 三丰出品,Magnescale)
	控制信号	输入			通用 10 点输入:根据参数 Pr4.00～4.09 选择通用输入功能
		输出			通用 6 点输出:根据参数 Pr4.10～4.15 选择通用输出功能
	模拟量信号	输入			3 点输入:16 位 A/D(1 点输出),12 位 A/D(2 点输入)
		输出			2 点输出(模拟监控器用)
	脉冲信号	输入			2 点输入(光电耦合输入、长线驱动输入) 通过光耦电路可接受长线驱动 I/F 或集电极开路信号 通过长线驱动输入:可接收过长线驱动 I/F 差分信号
		输出			4 点输出: 编码器信号(A/S/Z 相)或外部反馈装置信号:(EXA/EXB/EXZ 相)输出差分信号;Z 相或 EXZ 相也可以输出集电极开路信号
	通讯功能	USB			可连接电脑进行参数设定、监控状态等
		RS232			主机 1:1 通讯
		RS485			主机 1:n 通讯,n≤15
	显示面板与操作按键				①5 个按键 MODE 、 SET 、 ▲ 、 ▼ 、 ◀ ②6 位 LED 显示 ③监视器用连接器
	再生放电自动电阻				A、B 型驱动器:没有内置制动电阻(只可外接) C～F 型驱动器:内置制动电阻(也可以在外界制动电阻)
	动态制动器				A～G 型内置(G 型也可以外置);H 型只可以外置
	控制模式				通过参数选择以下 7 种模式:①位置控制;②速度控制;③转矩控制;④位置控制/速度控制;⑤位置/转矩控制;⑥速度/转矩控制;⑦全闭环控制
功能	控制输入				①伺服开启输入;②警报清除输入;③增益切换输入;④正方向驱动禁止输入;⑤负方向驱动禁止输入;⑥强制警报输入;⑦惯量切换输入
	控制输出				①伺服报警输出;②伺服准备输出;③外部制动器解除信号;④速度达到输出;⑤转矩限制中信号输出;⑥零速度检测信号;⑦警告输出;⑧报警清除属性输出;⑨伺服开启状态输出

续表

功能	位置控制	控制输入		①偏差计数器清除；②指令脉冲禁止输入；③指令分倍频切换；④制振控制切换；⑤转矩限制切换；⑥控制模式切换
		控制输出		①定位结束；②位置指令有无输出
		脉冲输入	最大指令脉冲频率	光耦输入：500kpps；线驱动器输入：2Mpps
			输入脉冲串形式	差分输入；根据参数设定选择：①CCW/CW，②A/B 两相，③指令/方向
			指令脉冲分倍频（电子齿轮比设定）	指令脉冲频率数×电子齿轮比 $\frac{1\sim2^{30}}{1\sim2^{30}}$作为位置指令处理，但是请使用电子齿轮比为 1/1000～1000 倍
			平滑滤波器	指令脉冲可选择初级延时过滤器或者 FIR 滤波器
		模拟输入	转矩限制指令输入	各方向的转矩限制有个别的可以
			转矩前馈输入	可根据模拟电压输入转矩前馈
		瞬间速度观测器		可用
		振动抑制控制		可用
	速度控制	控制输入		①内部指令速度选择；②零速度箱位；③速度指令符号输入；④控制模式切换
		控制输出		①速度一致输出；②速度指令有无输出
		模拟输入	速度指令输入	可根据模拟电压输入速度指令。反馈尺设定和指令极性依据参数
			转矩限制指令输入	各方向的转矩限制有个别的可以
			转矩前馈输入	可根据模拟电压输入转矩前馈
		内部速度指令		通过控制输入点可选 8 段内部速度
		软启动/断电功能		可分别设置 0～10s、1000r/m 的加速度、减速度；S 形加减速度时间可设置
		零速箝位		通过零速箝位输入使得内部速度保持为 0
		瞬间速度观测器		可以
		速度指令 FIR 滤波器		可以
		2 自由度控制		仅 A5 Ⅱ系列可用
	转矩控制	控制输入		①零速度箱位；②转矩指令符号输入；③控制模式切换
		控制输出		①速度一致输出；②速度限制输出
		模拟输入	转矩指令输入	可根据模拟电压输入转矩指令。反馈尺设定和指令极性依照参数
		速度限制功能		根据参数可设定速度限制值
	全闭环控制	控制输入		①偏差计数器清除；②指令脉冲禁止输入；③指令分倍频切换；④制振控制切换；⑤转矩限制切换
		控制输出		①定位结束；②位置指令有无输出
		脉冲输入	最大指令脉冲频率	光耦输入：500kpps；线驱动器输入：2Mpps
			输入脉冲串形式	差分输入；根据参数设定选择：①CCW/CW；②A/B 两相；③指令/方向
			指令脉冲分倍频（电子齿轮）	指令脉冲频率数×电子齿轮比 $\frac{1\sim2^{30}}{1\sim2^{30}}$作为位置指令处理，但是请使用电子齿轮比为 1/1000～1000 倍
			平滑滤波器	对指令脉冲可选择初级延时过滤器或者 FIR 滤波器
		模拟输入	转矩限制指令输入	各方向的转矩限制有个别的可以
			转矩前馈输入	可根据模拟电压输入转矩前馈
		外部反馈装置分倍频设置		1/40～160 倍 编码器前馈脉冲（分子）和外部反馈装置脉冲（分母）的比值可在分子（分母）$=1\sim2^{20}$范围内任意设定，但要求在上述范围内
		振动抑制控制		可以用
	共同点	自动调整		由上位的动作指令以及由支持软件（PANATERM）发出的动作指令的电机驱动状态下，实时推定负载惯量，自动设定与刚性设定相对应的增益
		反馈脉冲的分频功能		脉冲数可任意设定（但是，编码器反馈脉冲数最大）
		保护功能	软件出错	位置偏差过大、指令脉冲分频、EEPROM 异常等
			硬件出错	过电压、电压不足、过速度、过负载、过热、过电流、编码器异常等
		报警数据跟踪功能		可参照报警数据的历史记录

表 22-3-9 **通用的输入信号及其功能**

<table>
<tr><th>信号</th><th>记号</th><th>引脚号码</th><th>功 能</th><th>I/O 信号接口</th></tr>
<tr><td rowspan="2">控制信号电源</td><td>COM+</td><td>7</td><td>①连接到外置直流电源(12～24V)的正极(+)
②电源请采用 12～24V(±5%)</td><td rowspan="2"></td></tr>
<tr><td>COM−</td><td>41</td><td>①连接到外置直流电源(12～24V)的负极(−)
②电源的容量取决于 I/O 信号的组合应用,建议不小于 0.5A</td></tr>
<tr><td>伺服使能</td><td>SRV-ON</td><td>29</td><td>①此信号与 COM−短接,即进入伺服使能状态(电机通电)
②此信号与 COM−短接后,请在至少 100ms 后再输入指令脉冲
③如果与 COM−的连接断开,则伺服系统进入不使能状态(没有电流进入电机)
④参照 Pr5.06 修改伺服关闭时序及关闭后的减速、停止状态
⑤在电机停止和电机旋转状态时伺服不使能(伺服 OFF)而引起的动态制动器动作可用参数 Pr4.37 和 Pr4.38 选择设定
注意:
①伺服使能信号在电源接通约 2s 后输入才有效(请参考时序图)
②请勿用伺服使能信号(ON/OFF)来启动、停止电机
③请在伺服使能信号接通后至少 100ms 后再输入脉冲指令</td><td>i-1</td></tr>
<tr><td>控制模式切换</td><td>C-MODE</td><td>32</td><td>如果参数 Pr0.01(控制模式选择)设为 1～6,控制模式的选择如下表所示
<table><tr><th>Pr0.01 值</th><th>C-MODE 与 COM-开路(选择第 1 控制模式)</th><th>C-MODE 与 COM-短路(选择第 2 控制模式)</th></tr><tr><td>0</td><td>位置</td><td>—</td></tr><tr><td>1</td><td>速度</td><td>—</td></tr><tr><td>2</td><td>转矩</td><td>—</td></tr><tr><td>3</td><td>位置控制</td><td>速度控制</td></tr><tr><td>4</td><td>位置控制</td><td>转矩控制</td></tr><tr><td>5</td><td>速度控制</td><td>转矩控制</td></tr><tr><td>6</td><td>全闭环</td><td>—</td></tr></table>注意:
用 C-MODE 信号切换控制模式时,电机的运转可能会由于对应的控制模式的指令不同而产生剧烈变化,10ms 内不要输入命令。调整 A5 Ⅱ系列独有功能时,参考 Pr6.47 的相关内容</td><td>i-1</td></tr>
<tr><td>CW 行程限位</td><td>CWL</td><td>8</td><td>①这个引脚可以用来输入 CW(顺时针)方向的行程限位信号
②设备的移动部件越过了 CW 方向的限位开关时,CWL 信号与 COM-的连接断开,使得 CW 方向的转矩不再产生
③如果 CWL 信号与 COM-断路,电机在 CW 方向不产生转矩
④如果参数 Pr5.04(行程限位禁止输入无效设置)=1,那么 CWL 信号的输入是无效的。出厂默认值设为 0(禁止)
⑤参数 Pr5.05(行程限位时报警时序)可以用来选择 CWL 输入有效时的动作。出厂默认值(Pr5.04=0)可以使动态制动器动作快速地停止</td><td>i-1</td></tr>
<tr><td>CCW 行程限位</td><td>CCWL</td><td>9</td><td>含义、用法与 CWL 信号相同</td><td>i-1</td></tr>
</table>

续表

<table>
<tr><th>信号</th><th>记号</th><th>引脚号码</th><th>功　　能</th><th>I/O 信号接口</th></tr>
<tr><td>偏差计数器清零或内部速度选择 2</td><td>CL
INTSPD2</td><td>30</td><td>这个引脚的功能取决于不同的控制模式<table>
<tr><td>位置控制
全闭环控制</td><td>①可用来将偏差计数器和全闭环偏差计数器的内容清零(CL 信号)
②此引脚与 COM-信号短接,即可把计数器内容清零
③可用 Pr5.17(计数器清零输入方式)选择清零方式<table>
<tr><th>Pr5.17 值</th><th>功　　能</th></tr>
<tr><td>0
(出厂值)</td><td>CL 信号与 COM-短路(≥100μs),计数器内容即清零</td></tr>
<tr><td>1</td><td>CL 与 COM-的连接从开路变为短路,计数器即清零,但仅有一次清零动作</td></tr>
<tr><td>2</td><td>CL 信号被屏蔽,即输入无效</td></tr>
</table></td></tr>
<tr><td>速度控制</td><td>用来输入内部速度选择 2 信号(INTSPD2)。通过与 INH/INTSPD1 信号和 DIV/INTSPD3 信号不同的组合,可以选择 8 段内部速度</td></tr>
<tr><td>转矩控制</td><td>输入无效</td></tr>
</table></td><td>i-1</td></tr>
<tr><td>指令脉冲禁止输入
或
内部速度选择 1</td><td>INH
INTSPD1</td><td>33</td><td>这个引脚的功能取决于不同的控制模式<table>
<tr><td>位置控制
全闭环控制</td><td>①可用来禁止指令脉冲的输入(INH 信号)
②只有输入管脚 SI10 可分配
③可用 Pr5.18(指令脉冲禁止输入无效设置)选择此信号屏蔽<table>
<tr><th>Pr5.18 值</th><th>功能</th></tr>
<tr><td>0</td><td>INH 信号有效</td></tr>
<tr><td>1(出厂值)</td><td>INH 信号无效,被屏蔽</td></tr>
</table></td></tr>
<tr><td>速度控制</td><td>用来输入内部速度选择 1 信号(INTSPD1)。通过与 CL/INTSPD2 信号和 DIV/INTSPD3 信号不同的组合,可以选择 8 段内部速度</td></tr>
<tr><td>转矩控制</td><td>输入无效</td></tr>
</table></td><td>i-1</td></tr>
<tr><td>零速箝位
或
振动抑制控制切换选择</td><td>ZEROSPD
VS-SEL</td><td>26</td><td>这个引脚的功能取决于不同的控制模式<table>
<tr><td>速度控制
转矩控制</td><td>用来输入零速箝位指令(ZEROSPD 信号)<table>
<tr><th>Pr3.15</th><th>与 COM-</th><th>功能</th></tr>
<tr><td>0</td><td>—</td><td>零速箝位信号无效,被屏蔽</td></tr>
<tr><td rowspan="2">1</td><td>开路</td><td>速度指令为 0,即零速箝位</td></tr>
<tr><td>短路</td><td>正常运行</td></tr>
<tr><td rowspan="2">2</td><td>开路</td><td>速度指令是 CCW 方向的</td></tr>
<tr><td>短路</td><td>速度指令是 CW 方向的</td></tr>
<tr><td>3</td><td colspan="2">零速度箝位(ZEROSPD)输入信号为 ON,速度指令低于零速度箝位等级(Pr3.16)时切换为位置控制,在此位置进行伺服锁定</td></tr>
</table></td></tr>
<tr><td>位置控制
全闭环控制</td><td>用来输入振动抑制控制切换选择信号(VS-SEL)
Pr2.13(振动抑制滤波器切换选择)=1,若此信号与 COM-的连接断开,则选择第 1 振动抑制滤波器(Pr2.14、Pr2.18);若与 COM-短接,则第 2 滤波器(Pr2.16、Pr2.20)有效</td></tr>
</table></td><td>i-1</td></tr>
</table>

续表

<table>
<tr><th>信号</th><th>记号</th><th>引脚号码</th><th>功 能</th><th>I/O 信号接口</th></tr>
<tr><td>增益切换
或
转矩限制
切换</td><td>GAIN
TL-SEL</td><td>27</td><td>可以用参数 Pr5.21(转矩限制选择)切换第 1、2 转矩限位的功能选择
使用 Pr5.23 和 Pr5.24 进行转矩限位切换设定，根据 Pr0.13、Pr5.22、Pr5.25、Pr5.26 进行正负方向转矩限位</td><td>i-1</td></tr>
<tr><td>报警清除</td><td>A-CLR</td><td>31</td><td>此信号与 COM-的连接保持闭合，120ms 以上，就可以将报警状态清除掉
报警清除的同时，偏差计数器的内容也会被清零
某些报警状态无法用此信号清除</td><td>i-1</td></tr>
<tr><td>指令脉冲
分倍频选择
或
内部速度
选择 3</td><td>DIV
INTSPD3</td><td>28</td><td>这个引脚的功能取决于不同的控制模式
<table>
<tr><td>速度控制</td><td>用来输入内部速度选择第 3 信号(INTSPD 3)
通过与 INH/INTSPD1 信号与 CL/INTSPD2 信号不同的组合，可以选择 8 段内部速度</td></tr>
<tr><td>转矩控制</td><td>输入无效</td></tr>
<tr><td>位置控制
全闭环控制</td><td>可以选择指令脉冲分倍频设置的分子
指令分倍频的分子用 DIV 1，DIV2 最大可进行 4 个切换，分子为 Pr0.09、Pr5.00、Pr5.01、Pr5.01、Pr5.02，分母为 Pr0.10</td></tr>
</table>
注意：不要在切换动作的前/后 10ms 内输入指令脉冲</td><td>i-1</td></tr>
</table>

3.3.2.4 步进电机及其驱动

(1) 步进电机分类与基本概念

由步进电机原理得知，步进电机转子的转角与输入的脉冲数成比例，转速则与输入脉冲频率成正比，是脉冲信号控制，在负载能力范围内不因电源电压、负载大小、环境条件的波动而变化，开环控制即可达到目的，因而使控制系统简化。在办公自动化中和工厂自动化中得到了广泛的应用，是数字控制系统中的一种执行元件。

表 22-3-10 步进电机分类

分类		特 点
依据转子材料	永磁式(PM)	转子用永久磁铁构成，产生转矩时兼有吸引力和排斥力。因永磁体的存在，该类型电机具有较强的反电势，其自身阻尼作用比较好，使其在运转过程中比较平稳、噪声低、低频振动小。在无激磁情况下能保持转矩的作用，特别适合于断电后要求保持位置的情况
	反应式(VR)	转子用高导磁系数的材料，磁极上加工成齿状。定子也加工成齿状，其上绕有线圈。当定子磁极绕组上通电时，吸引转子凸极，可使其旋转一个角度。当磁极绕组不通电时，不能产生转矩，即此种步进电机没有保持转矩。这种类型的步进电机适用于比较大转矩要求的生产机械
	混合式(HB)	在激磁磁极及相对的转子外围设计多个齿轮状凸极，且在轴方向加入磁化永久磁铁。这样，既有永磁式步进电机特性，又有反应式步进电机的特性。一般地说，混合型步进电机具有高精度、高转矩、步距角小的优点。混合式步进电机应用很广，特别是在办公自动化和工厂自动化中得到广泛应用
依据磁极的对数或励磁相数	三相、四相(两相)、五相、六相步进电动机	在相同频率情况下，相数增加，每相导通电流的时间增加，各相平均电流高些，步进电机的转速和转矩特性更好些，步距角也减小。但相数增加，结构变得复杂，通常多用 3～6 相步进电机

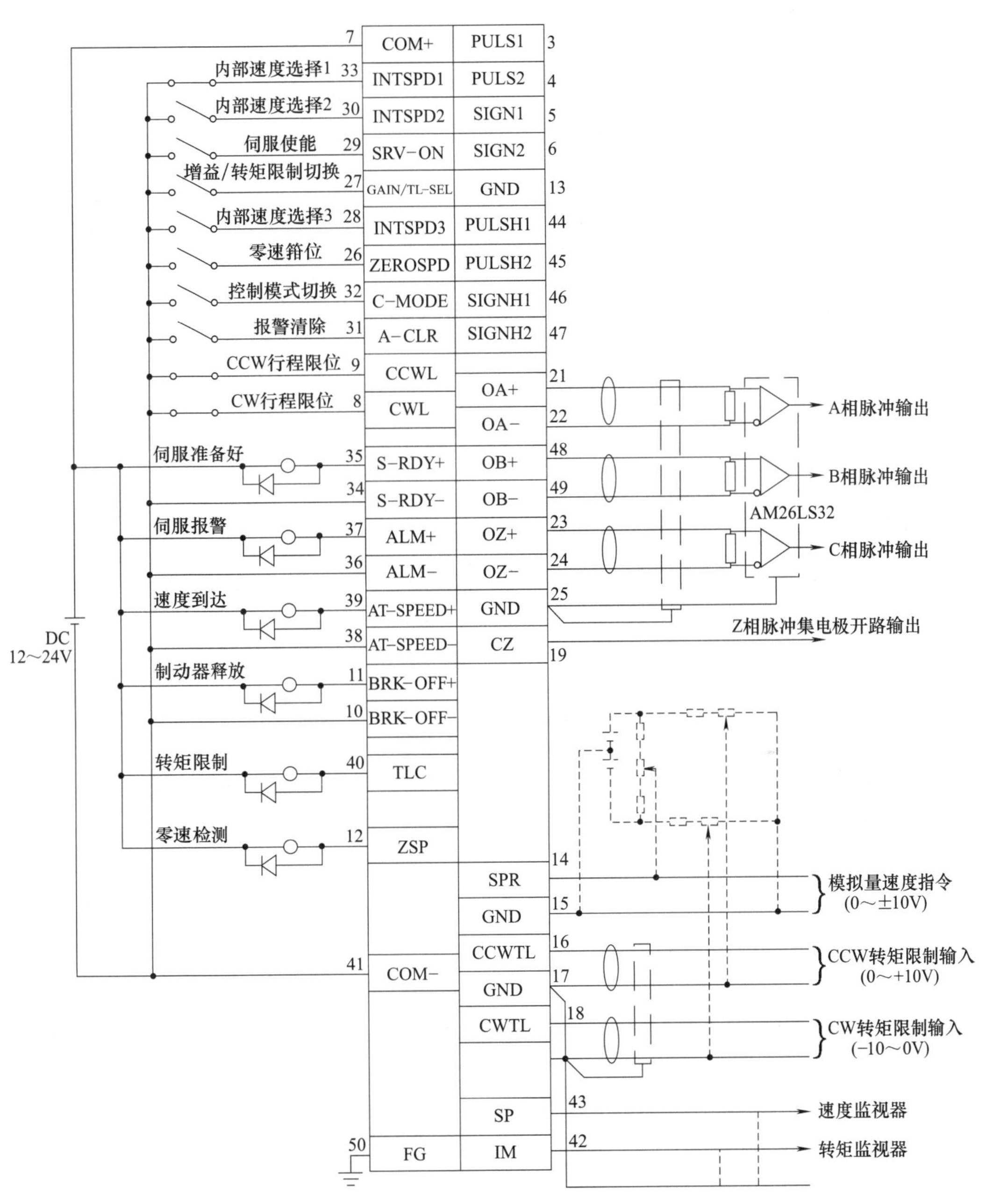

图 22-3-1　MINAS A5 速度控制接线图

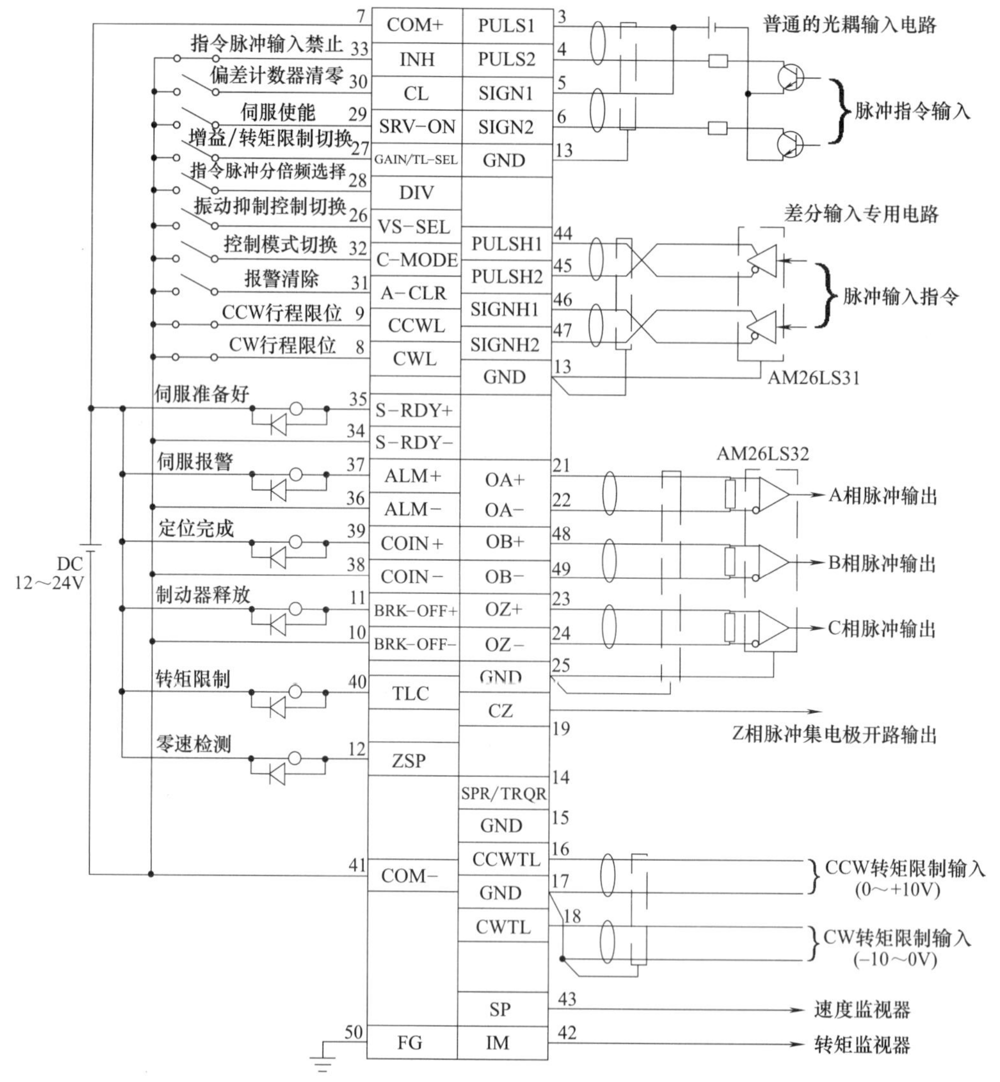

图 22-3-2　MINAS A5 位置控制接线图

表 22-3-11　　**步进电机常用术语**

术　语	定　义
相数	产生不同对极 N、S 磁场的激磁线圈对数。常用 m 表示
拍数	完成一个磁场周期性变化所需脉冲数或导电状态，用 n 表示；或指电机转过一个齿距角所需脉冲数
步距角	步距角为输入一个脉冲步进电机转过的角度 步进电机的步距角和步进电机自身结构有关，即与步进电机的相数 m 和齿数 z 有关，还与通电方式有关。步进电机步距角的计算公式为 $$\theta=\frac{360}{zmK}(^\circ)$$ 式中　m——步进电机相数 z——步进电机转子的齿数 K——通电方式。相邻两次通电相数相同，$K=1$；相邻两次通电相数不同，$K=2$

续表

<table>
<tr><th>术　语</th><th colspan="2">定　义</th></tr>
<tr><td>矩角特性</td><td colspan="2">矩角特性是指在不改变通电状态，即控制绕组电流不变时，步进电机的静转矩与转子失调角的关系，即
$$T=-Z_sZ_rlF_\delta^2\lambda_1\sin\theta$$
矩角特性是步进电机最本质的特性
式中　Z_s——定子每极的齿数
Z_r——转子的齿数
l——电机铁芯的长度
F_δ——电机单边气隙的磁势
λ_1——气隙比磁导
θ——失调角</td></tr>
<tr><td>最大静止转矩</td><td colspan="2">步进电机静止时能发出的最大转矩。图(a)矩角特性的峰值即为最大静止转矩，表示步进电机承受负载的能力。最大静止转矩越大，电机带负载能力越强，运行的快速性和稳定性越好 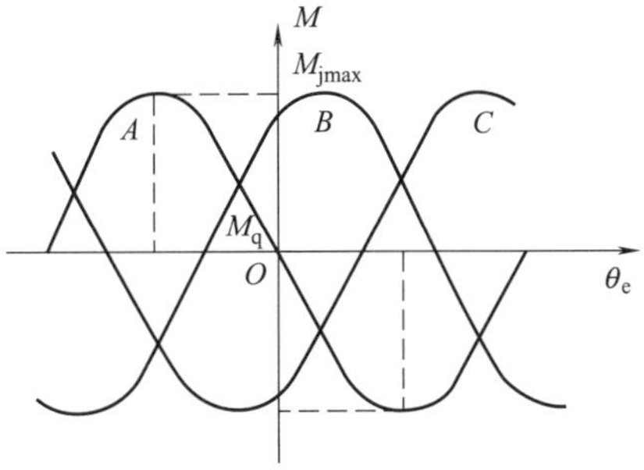
图(a)　矩角特性</td></tr>
<tr><td rowspan="8">其他参数</td><td>最大启动转矩</td><td>使步进电机转动的最大转矩。当外加负载超过最大启动力矩时，步进电机就不能启动</td></tr>
<tr><td>保持转矩</td><td>磁转子型步进电机，在无激磁时具有的磁吸引力的作用，此作用可以保持电机轴的位置</td></tr>
<tr><td>最大启动频率和启动时的惯频特性</td><td>步进电机空载时，在静止状态下能不失步地突然启动的最大输入脉冲频率，称为最大启动频率或称为突跳频率。是步进电机快速性能的重要指标</td></tr>
<tr><td>矩频特性</td><td>当负载转动惯量不变且稳态运行时，最大输出转矩与输入信号频率的关系曲线，称为矩频特性。矩频特性表征了步进电机的动态性能及运行时承受负载的能力 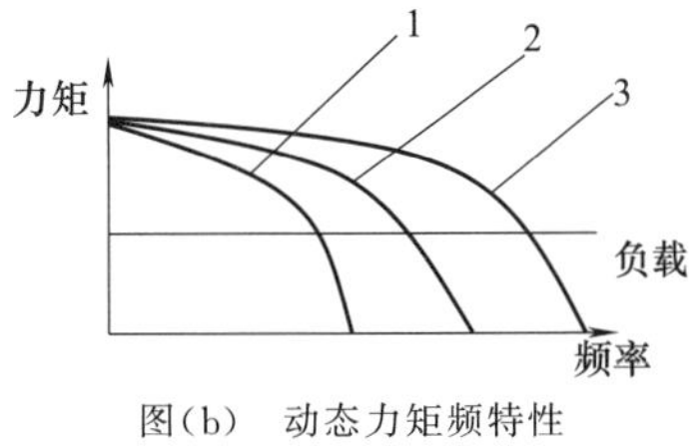
图(b)　动态力矩频特性
曲线 3 电流最大或电压最高；曲线 1 电流最小或电压最低。曲线与负载的交点为负载的最大速度点。要使平均电流大，应尽可能提高驱动电压</td></tr>
<tr><td>最大连续响应频率</td><td>步进电机在最大启动频率以下启动，进入连续运转特性范围，当输入脉冲信号频率连续上升时，能不失步运行的最大输入信号频率，以 f_{max} 表示。通常，f_{max} 远远大于启动频率</td></tr>
<tr><td>安定时间</td><td>步进电机由输入脉冲停止，到转子静止所需要的时间</td></tr>
<tr><td>步距角精度</td><td>步进电机每转过一个步距角的实际值与理论值的误差</td></tr>
<tr><td>失步</td><td>电机运转时运转的步数，称之为失步。不等于理论上的步数</td></tr>
<tr><td colspan="3">电机一旦选定，电机的静力矩确定，而动态力矩却不然，电机的动态力矩取决于电机运行时的平均电流(而非静态电流)，平均电流越大，电机输出力矩越大，即电机的频率特性越硬</td></tr>
</table>

表 22-3-12　**反应式步进电机不同通电方式与相应的步距角**

相数	分配方式	名称	状态数	K	步距角
3	A→B→C	三相单三状态	3	1	360°/mz
3	AB→BC→CA	三相双三状态	3	1	360°/mz
3	A→AB→B→BC→C→CA	三相六状态	6	2	360°/2mz
4	A→B→C→D	四相单四状态	4	1	360°/mz
4	AB→BC→CD→DA	四相双四状态	4	1	360°/mz
4	A→AB→B→BC→C→CD→D→DA	四相八状态	8	2	360°/2mz
4	AB→ABC→BC→BCD→CD→CDA→DA→DAB	四相八状态	8	2	360°/2mz
5	A→B→C→D→E	五相单五状态	5	1	360°/mz
5	AB→BC→CD→DE→EA	五相双五状态	5	1	360°/mz
5	AB→B→BC→C→CD→D→DE→E→EA→A	五相十状态	10	2	360°/2mz
5	AB→ABC→BC→BCD→CD→CDE→DE→DEA→EA→EAB	五相十状态	10	2	360°/2mz
5	ABCD→ABCDE→BCDE→BCDEA→CDEA→CDEAB→DEAB→DEABC→EABC→EABCD	五相十状态	10	2	360°/2mz
m		m 相 m 状态	m	m	360°/mz
m		m 相 $2m$ 状态	m	$2m$	360°/2mz

(2) 步进电机驱动与选择

选择步进电机，必须根据负载的特性，例如，最大负载力矩、最大启动力矩、最大速度、最大加速度等，根据步进电动机的特性，综合考虑，进行选择。其中主要考虑步距角（涉及到相数）、静转矩及电流三大要素。一旦三大要素确定，步进电机的型号便确定下来了。

表 22-3-13　**步进电动机驱动装置特点**

步进电机构成		特　点
步进电机与输入脉冲		步进电机的输入脉冲频率变高，输出转矩变小，可以这样解释：驱动步进电机输入的是阶跃电压，因线圈含有电感，线圈电流不会是阶跃电流，而是一阶滞后信号。输入脉冲频率越高，电感的影响越大，电流落后越显著。在暂态没结束时，就已换相，则输入频率越高，线圈的电流就越低，产生的转矩就变小
步进电机的驱动	脉冲信号发生器	在步进电机的各种不同运行状态的控制中，脉冲信号发生器应能按要求发出不同的脉冲信号。可以用主控计算机产生，也可以用专门的硬件电路产生。对细分的步进电机，要求的脉冲频率更高些
	环形分配器	根据步进电机的不同驱动方式，按照绕组的通电顺序，将脉冲信号送到功率放大电路
	功率驱动电路	步进电机的功率驱动电路种类很多，可以用晶体管驱动电源、高频晶闸管驱动电源、可关断晶闸管驱动电源、混合元件驱动电源等。驱动电源可以是单电压驱动、高低电压驱动、调频调压驱动、细分驱动等

表 22-3-14　**步进电动机驱动选择与控制**

项　目	说　明
步距角	电机的步距角取决于负载精度的要求，将负载的最小分辨率（当量）换算到电机轴上，每个当量电机应走多少角度（包括减速），电机的步距角应等于或小于此角度。目前市场上步进电机的步距角一般有 0.36°/0.72°（五相电机）、0.9°/1.8°（二、四相电机）、1.5°/3°（三相电机）等
静力矩	步进电机的动态力矩很难一下子确定。静力矩选择的依据是电机工作的负载，而负载可分为惯性负载和摩擦负载两种。一般情况下，静力矩应为摩擦负载的 2～3 倍内较好。静力矩一旦选定，电机的机座及长度便能确定下来（几何尺寸）
电流	静力矩一样的电机，由于电流参数不同，其运行特性差别很大，可依据矩频特性曲线图判断电机的电流（参考驱动电源及驱动电压）

续表

<table>
<tr><th>项　　目</th><th colspan="2">说　　明</th></tr>
<tr><td>步进电动机的升、降频控制</td><td colspan="2">应用步进电机驱动的系统中，要求步进电机定位准确、速度高、工作可靠。为了保证步进电机可靠地运行，在运行频率很高时，应该采用升降频控制。步进电机升、降频控制特性如图(a)所示。当要求步进电机的速度较高时，步进电机的同步脉冲频率高于步进电机的负载启动频率，为使步进电机不失步，必须使同步脉冲频率从 f_1 或稍低于 f_1 逐步上升，直至达到要求的速度，这便是升频或升速控制。步进电机以要求的速度稳定地运行。当要求步进电机从稳定的速度停止时，则必须通过降频(降速)过程，直至步进电机达到某一速度，方可停止同步脉冲，使步进电机停止运行 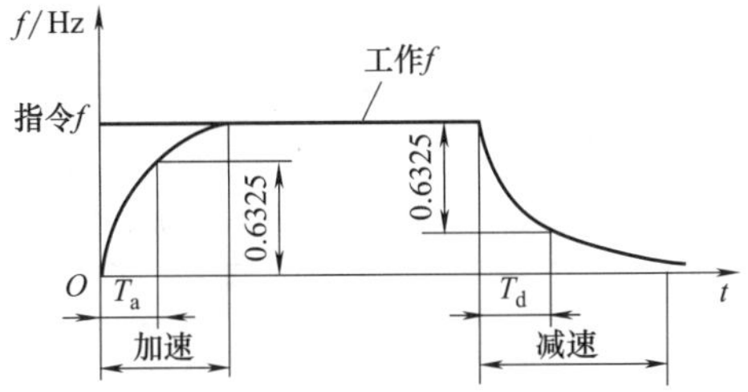
图(a)　步进电机升、降频过程</td></tr>
<tr><td rowspan="4">升、降频控制的实现</td><td colspan="2">步进电机升、降频控制可以由电子电路实现，也可以由计算机软件实现。依据不同的控制规律，图(b)～图(d)绘出了常用的升、降频规律</td></tr>
<tr><td>常用型</td><td>这种控制是以恒定的加速度进行升、降速，容易实现，方法简单，但加速时间较长 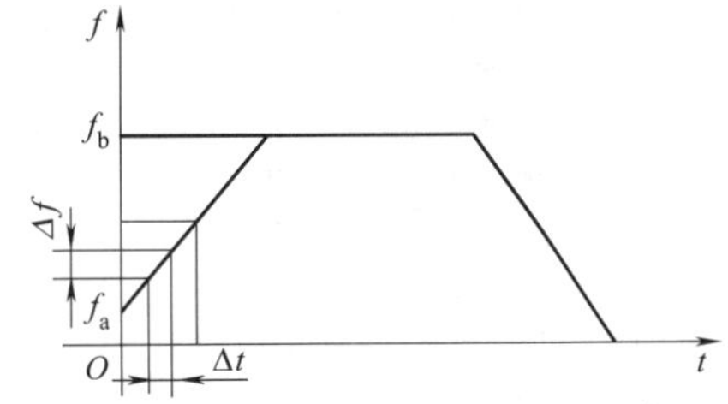
图(b)　线性升、降频控制</td></tr>
<tr><td>指数型</td><td>这种特性从步进电机运行矩频特性推导出来，符合步进电机加、减速的运动规律，能充分利用步进电机的有效转矩，因而，快速响应好，缩短了升、降速时间 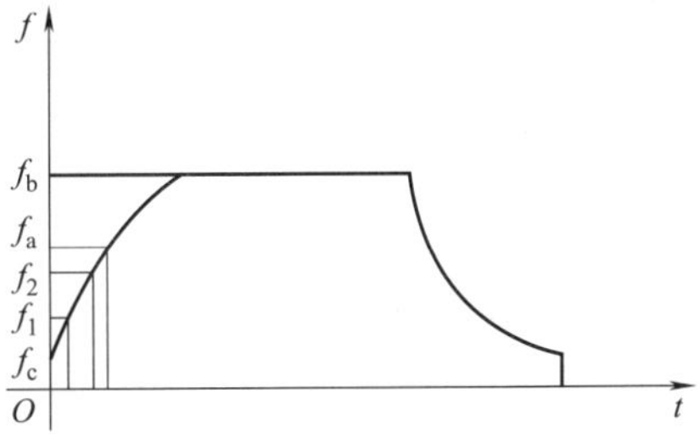
图(c)　指数曲线升、降频控制特性</td></tr>
<tr><td>抛物线</td><td>这种方法充分利用步进电机低速时的有效转矩，使升、降速时间大大缩短 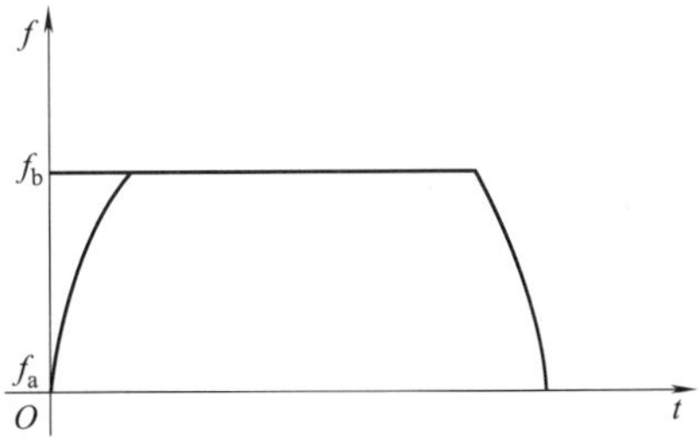
图(d)　抛物线升、降频控制特性</td></tr>
</table>

3.3.3 液压执行机构

液压执行装置将液体压力能转换为机械能，带动负载实现直线或回转运动。液压执行装置多数用液压油作为传递动力的介质。液压系统由液压泵、减压阀、管路、控制阀、执行装置等组成。

液压泵将电动机或发动机驱动的旋转机械能转变为流体能。减压阀用于将液压泵的出口压力保持为一定的压力值。管路相当于电气系统的导线，用于传递流体能和流体信号。因为控制阀用于控制液压油的流量、压力和流动方向的，所以分别称为流量控制阀、压力控制阀、换向阀等。执行装置是将流体能再转变为机械能的装置，由它产生位移、速度和力等机械量。

液压执行装置主要包括直线运动的液压油缸、回转液压油缸、液压马达和可以在280°范围内转动的摆动油缸。液压执行装置具有承载能力强、工作平稳、输出转矩大、控制流量实现无级调速、电液联合易实现自动化等优点，在光机电一体化系统中得到广泛应用。

表 22-3-15　液压执行装置组成及应用

组成	特性及应用
往复运动液压油缸	往复运动液压油缸分为活塞式和柱塞式两大类。活塞式可进一步分为活塞两端都有活塞杆的双杆型和只有一端有活塞杆的单杆型两种。在液压伺服系统中，一般都采用控制性能好的往复双杆型油缸，它由杠体、活塞、拉杆、支架、密封圈等组成
摆动油缸	摆动液压缸又叫摆动液压马达，它将液压能转变为机械能，使其输出轴实现往复摆动的液压执行元件。摆动液压缸结构紧凑，无需任何变速机构就能使负载直接获得所要求速度下的摆动运动。因此，摆动液压缸在机器人、鱼雷发射架的启闭、汽车零件加工自动生产线等设备中得到广泛应用 摆动液压缸按照结构划分，有叶片式摆动液压缸和活塞式摆动液压缸两种。①叶片式摆动液压缸由端盖、缸体、输出轴、轴承、密封等零件组成。缸体和止挡做成一体，叶片和输出轴连成一体。叶片两侧高低压腔的密封，是靠在叶片两侧沿周边直接硫化成形的橡胶密封唇实现密封，轴上的内花键传递转矩。②活塞式摆动液压缸。进入缸内的液压油，推动活塞向左作直线运动，经齿轮齿条的啮合，变直线运动为旋转运动，由齿轮轴输出转矩。调节螺钉的作用是调整活塞的行程，即控制输出转角大
液压马达	液压马达将液压能转变为输出轴的机械能，其结构和液压泵类似。液压马达可以分为齿轮马达、叶片马达和柱塞式马达等。齿轮马达由两个齿轮和壳体构成。液压油从左端进入，右端流出时，齿轮转动，从而带动与之同轴的负载转动。齿轮的旋转方向和输出力矩的大小由左右两个口的压力差决定，输出轴的转速由油的流量控制。齿轮马达具有结构简单、质量轻、价格便宜、抗振动等优点 叶片马达其结构是在转子的径向上插入若干片叶片，叶片的悬伸部分在液压的作用下产生转矩。叶片马达具有输出转矩平稳、噪声低、转矩、质量比高等优点 活塞式马达分为径向柱塞式马达和轴向柱塞式马达。因马达的转动部分惯量小，配流套又采用了液压平衡。因此马达的启动转矩小、动态响应高、调速范围宽，属于精密型液压马达。除作为一般传动用液压马达外，还可作为电液伺服系统的电液伺服马达，用于高精度的数控机床等设备上

3.3.4 气动执行装置

气动执行装置除了用压缩空气作为工作介质外，其他与液压执行装置类似。气动马达和气缸是典型的气动执行装置。气动执行装置本质上与液压执行装置相同，但因为空气的可压缩性及油的润滑性，二者有一些细微的差别。气动执行装置结构简单、安全可靠、价格便宜。由于空气的可压缩性，而精度较差、可控性较差，不能应用在高精度的场合。

由于空气的可压缩性，使得气缸的特性与液压油缸的特性有所不同。因为空气的温度和压力变化时将导致密度的变化，所以采用质量流量比体积流量更方便。

典型的气动马达有叶片马达和径向活塞马达，其工作原理与液压马达相同。气动机械的噪声较大，有时要安装消声器。叶片气动马达的优点是转速高、体积小、质量轻，其缺点是启动力矩较高。这种气动马达的转速可以达到 25000r/min，在气动工具中应用较多。径向活塞马达的优点是输出功率大、启动转矩高，其缺点是结构复杂体积大。

3.3.5　新型执行装置

表 22-3-16　　新型执行装置种类及典型应用

项目	说　明
种类	随着微光机电一体化技术的发展，出现很多利用新工作原理制造的新型执行装置，如热变形执行装置、压电执行装置、静电执行装置、形状记忆合金执行装置、光执行装置等，光执行装置仍在研究中，没有实用化
压电执行装置	压电执行装置是利用压电陶瓷的逆压电效应来实现微量位移的执行装置。所谓的压电效应是指某些压电材料在机械力的作用下发生变形，内部产生极化现象，在材料的上下表面产生极性相反的电荷。当去掉外力后，电荷消失。这种现象就是压电效应。逆压电效应是指对压电陶瓷施加一直流电场，改变其表面的极性强度，从而使压电陶瓷的形状和尺寸发生改变 如果压电陶瓷通以脉冲电源，则可以实现微型行走机构，用于微型机器人中。将双压电晶片加工成一定曲率的弓形，一端加上配重，另一端加上脉冲电源，使其产生变形并行走。改变脉冲电源的频率，双压电晶片的振动模式发生变化，因此可以控制它的前进和后退
形状记忆合金执行装置	对于形状记忆合金执行装置，一般金属材料受到外力作用后，首先发生弹性变形。当外力达到金属的屈服点后，金属产生塑性变形。应力消除后就留下了永久变形。某些特殊的金属材料在发生了塑性变形后，经过加热到某一温度之上，仍能回复到变形前的形状。研究者将这种现象叫做形状记忆效应。具有形状记忆效应的金属通常是由两种以上金属元素组成的合金，这种合金叫做形状记忆合金。1963 年首次发现 TiNi 合金具有形状记忆效应之后，对形状记忆合金材料的研究才进入了一个新的阶段。20 世纪 70 年代初，又发现 CuAlNi 合金也具有良好的形状记忆效应。到 1975 年左右，相继开发出具有形状记忆效应的合金达 20 多种。研究人员在不少铁基合金，尤其是 FeMnSi 基合金和不锈钢中也发现了形状记忆效应，有些很快在工业界获得了应用，并形成商品。形状记忆合金的应用领域极其广泛，包括电子、机械、宇航、运输、建筑、化学、医疗、能源、家电以及日常生活用品等

3.3.6　电液伺服阀

表 22-3-17　　电液伺服阀

项目	说　明
特点及应用	电液伺服阀是闭环控制系统中最重要的一种伺服控制元件，它能将微弱的电信号转换成大功率的液压信号。用它做转换元件组成的闭环系统称为电液伺服系统 电液伺服系统用电信号作为控制信号和反馈信号，灵活、快速、方便；用液压元件作执行机构，重量轻、惯量小、响应快、精度高。对整个系统来说，电液伺服阀是信号转换和功率放大元件；对系统中的液压执行机构来说，电液伺服阀是控制元件；阀本身也是个多级放大的闭环电液伺服系统，提高了伺服阀的控制性能。电液伺服系统是液压伺服系统和电子技术相结合的产物，由于它具有更快的响应速度，更高的控制精度，在军事、航空、航天、机床等领域中得到广泛的应用。目前，液压伺服系统特别是电液伺服系统已经成为武器自动化和工业自动化的一个重要方面，应用十分广泛
组成及工作原理	电液伺服阀由电气-机械转换器和液压放大器构成，如图所示。电气-机械转换器是将电信号转换成机械位移；液压放大器是将电气-机械转换器输出的机械位移放大后推动阀芯运动，液压放大器由前置放大级和功率放大级组成，前置放大级采用滑阀、喷嘴挡板阀或射流管阀，功率级采用滑阀形式 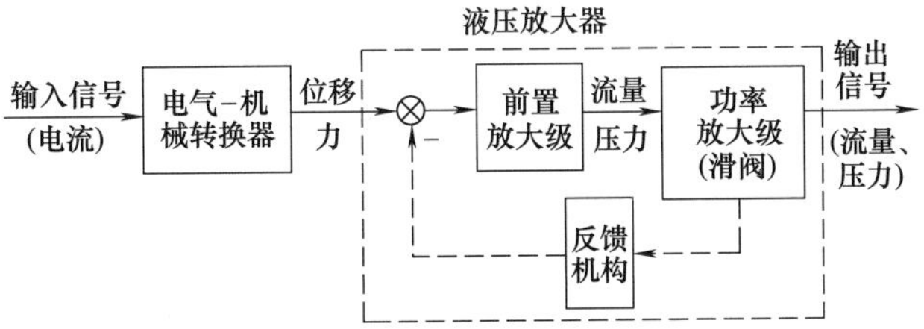 液压放大器 输入信号(电流)　电气-机械转换器　位移力　前置放大级　流量压力　功率放大级(滑阀)　输出信号(流量、压力) 反馈机构
分类	电液伺服阀分为单级、二级和三级。单级电液伺服阀直接由力马达或力矩马达驱动滑阀阀芯，用于压力低于 613 MPa 、流量小于 4L/min 和负载变化小的系统；二级电液伺服阀有两级液压放大器，用于流量小于 200L/min 的系统；三级电液伺服阀可输出更大的流量和功率。选用伺服阀要依据伺服阀的特点和系统性能要求。伺服阀最大的弱点是抗污染能力差，过滤器的颗粒粒度必须小于 3μm。伺服阀侧重应用在动态精度和控制精度高、抗干扰能力强的闭环系统中，对动态精度要求一般的系统可用比例阀

续表

项目		说明
典型产品	直动阀	现形成系列产品的有Moog公司的D633、D634系列的直动阀、伊顿威格士(Eaton vickers)公司的LFDC5V型、德国Bosch公司的NC10型、日本三菱及KYB株式会社合作开发的MK型阀及Moog公司与俄罗斯沃斯霍得工厂合作研制的直动阀等。该类型的伺服阀去掉了一般伺服阀的前置级，利用一个较大功率的力矩马达直接拖动阀芯，并由一个高精度的阀芯位移传感器作为反馈。该阀的最大特点是无前置级，提高了伺服阀的抗污染能力。同时由于去掉了许多难加工零件，降低了加工成本，可广泛使用于工业伺服控制的场合
	DFplus控制阀	此外，Park公司开发了“音圈驱动(Voice Coil Drive)”技术(VCD)，以及以此技术为基础开发的DFplus控制阀。所谓音圈驱动技术，顾名思义，即是类似于扬声器的一种驱动装置，其基本结构就是套在固定的圆柱形永久磁铁上的移动线圈，当信号电流输入线圈时，在电磁效应的作用下，线圈中产生与信号电流相对应的轴向作用力，并驱动与线圈直接相连的阀芯运动，驱动力很大。线圈上内置了位移反馈传感器，因此，采用VCD驱动的DFplus阀本质上是以闭环方式进行控制的，线性度相当好。此外，由于VCD驱动器的运动零件只是移动线圈，惯量极小，相对运动的零件之间也没有任何支承，DFplus阀的全部支承就是阀芯和阀体间的配合面，大大减小了摩擦这一非线性因素对控制品质的影响。综合上述的技术特点，配合内置的数字控制模块，使DFplus阀的控制性能佳，尤其在频率响应方面更是优越，可达400Hz
	发展趋势	从发展趋势来看，新型直动型电液伺服阀在某些行业有替代传统伺服阀特别是喷嘴挡板式伺服阀的趋向，但它的最大问题在于体积大、重量重，只适用于对场地要求较低的工业伺服控制场合。如能减轻其重量、减小其体积，在航空、航天等军工行业亦具有极大的发展潜力

3.3.7 电液比例阀

电液比例阀是阀内比例电磁铁根据输入的电压信号产生相应动作，使工作阀阀芯产生位移，阀口尺寸发生改变并以此完成与输入电压成比例的压力、流量输出的元件。阀芯位移也可以以机械、液压或电的形式进行反馈。对应于普通的液压阀都能够找到一种与之对应的电液比例阀。电液比例阀可以用于开环系统中实现随液压参数的遥控，也可以作为信号转换与放大元件用于闭环控制系统。

电液比例阀是电液比例控制技术的核心元件，它按照输入电信号指令，连续成比例地控制液压系统的压力、流量或方向等参数。

电液比例阀与伺服控制系统中的伺服阀相比，在某些方面还有一定的性能差距，其主要性能比较，如表22-3-18所示。但它显著的优点是抗污染能力强，大大地减少了因污染所造成的工作故障。提高了液压系统的工作稳定性和可靠性。另一方面比例阀的成本比伺服阀低，结构也简单，已在许多场合获得广泛应用。

表 22-3-18 电液伺服阀、比例阀、开关阀的性能对比

类别	伺服阀	比例阀	开关阀
介质过滤精度/μm	3	25	25
阀内压力降/MPa	7	0.5～2	0.25～0.5
稳态滞环/%	1～3	1～3	—
重复精度/%	0.5～1	0.5～1	—
脉宽/Hz	20～200	～25	—
中位死区	无	有	有
价格因子	3	1	0.5

电液比例阀包括比例流量阀、比例压力阀、比例换向阀。根据工程机械液压操作的特点，以结构形式划分电液比例阀主要有两类：一类是螺旋插装式比例阀，另一类是滑阀式比例阀。

螺旋插装式比例阀是通过螺纹将电磁比例插装件固定在油路集成块上的元件，螺旋插装阀具有应用灵活、节省管路和成本低廉等特点。常用的螺旋插装式比例阀有二通、三通、四通和多通等形式，二通式比例阀主要是比例节流阀，它常与其他元件一起构成复合阀，对流量、压力进行控制；三通式比例阀主要是比例减压阀，也是移动式机械液压系统中应用较多的比例阀，它主要是对液动操作多路阀的先导油路进行操作。四通或多通的螺旋插装式比例阀可以对工作装置实现单独的控制。

滑阀式比例阀又称分配阀，是移动式机械液压系统最基本的元件之一，是能实现方向与流量调节的复合阀。电液滑阀式比例多路阀是比较理想的电液转换控制元件，它不仅保留了手动多路阀的基本功能，还增加了位置电反馈的比例伺服操作和负载传感等先进的控制手段。

3.3.8 电液数字阀

用数字信息直接控制阀口的开启和关闭。实现液流压力、流量、方向控制的液压控制阀，称为电液数字阀，简称数字阀。数字阀可直接与计算机接口，不需要D/A转换器。与伺服阀、比例阀相比，具有结构简单、工艺性好、价格低廉、抗污染能力强、工作稳定可靠、功耗小等优点。在微机实时控制的电液系统中，数字阀已部分取代了比例阀或伺服阀，为计算机在液压领域的应用开拓了一个新的途径。

数字阀主要有两种类型：一是采用步进电动机作 D/A 转换器，用增量方式进行控制的数字阀；二是采用脉宽调制原理控制的高速开关型数字阀，如表 22-3-19 所示。增量式数字阀使用较成熟，应用较广泛，国内外已有系列产品。脉宽调制式数字阀应用了脉宽调制式数字阀和比例伺服阀构成液压容错控制。使电液随动系统具有较高的可靠性。

表 22-3-19　电液数字阀分类

<table>
<tr><td rowspan="3">增量式数字控制阀</td><td colspan="2">数字流量阀</td></tr>
<tr><td colspan="2">数字方向流量阀</td></tr>
<tr><td colspan="2">数字压力阀</td></tr>
<tr><td rowspan="4">脉宽调制式数字阀</td><td rowspan="4">结构形式</td><td>球式</td></tr>
<tr><td>盘式电磁铁-锥阀组合式</td></tr>
<tr><td>螺管电磁铁-阀组合式</td></tr>
<tr><td>压电晶体-滑阀组合式</td></tr>
</table>

3.4 执行电机的选择及设计

在伺服系统应用的许多场合，要想改换别种类型的执行电机，常会遇到机械结构、体积重量、使用环境条件、电源配备的种类等方面的限制，使设计难以实现。可用作执行元件的电机种类很多，从大的类别看：有直流伺服电机（他激的或永磁的）、直流力矩电机、直流无刷电机、两相异步电动机、三相异步电动机、滑差电动机、同步电动机、各种步进电机等。由于它们调速方法不同，所需电源种类不同、驱动它们运转的功率放大装置更是多种多样，因而它们的力学特性、调速特性、过载能力、线路的复杂程度、驱动功率的大小，以及构成系统的总成本，都各不相同，需要认真地具体分析比较来确定。选择执行电机不能只停留在确定电机的类别及其控制方式上，还必须确定具体型号与规格，需要做定量的核算。为此，要根据被控对象的运动形式（旋转或直线运动），运动的变化规律，运动负载的性质和具体数量，运行工作体制（是长期连续运行或短时运行或间歇式运行），结合系统的稳态性能指标要求，作定量的分析。伺服系统带动被控对象运动，常常很难用简单的数学表达式描述，为便于工程设计计算，需作合理的简化。

3.4.1 交流电动机调速方式

三相异步电动机转速公式为：$n=\dfrac{60f}{p(1-s)}$

从上式可见，改变供电频率 f、电动机的极对数 p 及转差率 s 均可改变转速。从调速的本质来看，不同的调速方式无非是改变交流电动机的同步转速或不改变同步转速两种。各种电动机调速的方法和特点如表 22-3-20 所示。

表 22-3-20　电动机调速方法和特点

调速方法		特　点
变极对数调速	改变定子绕组的接线方式来改变笼型电动机定子极对数达到调速目的	具有较硬的力学特性，稳定性良好，无转差损耗，效率高接线简单、控制方便、价格低；有级调速，级差较大，不能获得平滑调速；可以与调压调速、电磁转差离合器配合使用，获得较高效率的平滑调速特性。适用于不需要无级调速的生产机械，如金属切削机床、升降机、起重设备、风机、水泵等
变频调速	改变电动机定子电源的频率，从而改变其同步转速的调速方法	效率高，调速过程中没有附加损耗；应用范围广，可用于笼型异步电动机；调速范围大，特性硬，精度高；技术复杂，造价高，维护检修困难；适用于要求精度高、调速性能较好场合
串级调速	绕线式电动机转子回路中串入可调节的附加电势来改变电动机的转差，达到调速的目的	可将调速过程中的转差损耗回馈到电网或生产机械上，效率较高；装置容量与调速范围成正比，成本低，适用于调速范围在额定转速70%～90%的生产机械上；调速装置故障时可以切换至全速运行，避免停产；晶闸管串级调速功率因数偏低，谐波影响较大。本方法适合在风机、水泵及轧钢机、矿井提升机上使用
绕线式电动机转子串电阻调速	转子串入附加电阻，使电动机的转差率加大，电动机在较低的转速下运行。串入的电阻越大，电动机的转速越低	此方法设备简单，控制方便，但转差功率以发热的形式消耗在电阻上。属有级调速，力学特性较软
定子调压调速	改变电动机的定子电压时，可以得到一组不同的力学特性曲线，从而获得不同转速	调压调速线路简单，易实现自动控制；调压过程中转差功率以发热形式消耗在转子电阻中，效率较低。调压调速一般适用于100kW以下的生产机械

3.4.2　交流变频调速器

表 22-3-21　　交流变频调速器

<table>
<tr><th>项目</th><th>说　明</th></tr>
<tr><td>分类</td><td>在交流变频调速传动中,改变频率的同时协调地改变电机的端电压。通常把这种变频器叫做 VVVF 装置
VVVF 控制技术分为两种,一种是把 VV 与 VF 分开完成,这种前后分开控制的 VVVF 控制技术称为脉冲幅值调制方式,简称 PAM 方式。另一种是将 VV 于 VF 集中于逆变器一起来完成的,这种控制技术称为脉冲宽度调制方式,简称 PWM 方式
在 VVVF 控制技术发展的早期均采用 PAM 方式,这是由于当时的半导体器件是普通晶闸管等半控型器件,其开关频率不高,所以逆变器输出的电压波形只能是方波。而要使方波电压的有效值随输出频率的变化而改变,只能靠改变方波的幅值,即只能靠前面的环节改变中间直流电压的大小。随着全控型快速半导体开关器件 IGBT、(绝缘栅晶体管)、GTO(可关断晶体管)等的发展,发展为 PWM 方式</td></tr>
<tr><td>PWM 控制思想</td><td>PWM 控制技术从控制思想上分,可以把它们分成四类,即等脉宽 PWM 法、正弦波 PWM 法(SPWM 法)、磁链追踪型 PWM 法和电流跟踪 PWM 法
等脉宽 PWM 法是为了克服 PAM 方式中逆变器部分只能输出频率可调的方波电压而不能调压的缺点而发展来的,是 PWM 法中最为简单的一种。它每一脉冲的宽度均相等。改变脉冲列的周期可以调频,改变脉冲的宽度或占空比可以调压,采用适当控制方法即可使电压下频率协调变化。其缺点是输出电压中除基波外,还包含较大的谐波分量。SPWM 法是为了克服等脉宽 PWM 法的缺点而发展来的。它从电机供电电源的角度出发,着眼于如何产生一个可调频调压的三相对称正弦波电源。还有许多与上述 SPWM 法类似的 PWM 法,如梯形波与三角波相交的方法、马鞍形波与三角波相交的方法等。它们的着眼点都在于如何使变频器的输出电压更好地获得三相对称的正弦波
磁链追踪型 PWM 法与 SPWM 法不同,它是从电机的角度出发的,着眼点在于如何使电机获得圆磁场。它是以三相对称正弦波电压供电时交流电机的理想磁链圆为基准,用逆变器不同开关模式所产生的实际磁链矢量来追踪基准磁链圆,由追踪的结果决定出逆变器的开关模式,形成 PWM 波。当然,这样所形成的 PWM 波也必然是三相对称的正弦波
SPWM 法与磁链追踪型 PWM 法,由于着眼点不同,所建立的数学模型也完全不同。磁链追踪型 PWM 法的数学模型是建立在电机统一理论、电机轴系坐标变换理论基础上的,它把电机看成是一个整体加以处理,所得数学模型简单,便于由微机实现实时处理,从而可使控制系统结构简单,实时性强,能获得更好的性能
上述三种 PWM 方法都是控制输出电压的电压源逆变器,而电流跟踪型 PWM 法虽然也采用电压源逆变器,却是控制输出电流的。其基本思想是将电机定子电流的检测信号与正弦波电流给定信号用比较器进行比较,如果实际电流大于给定值,则通过逆变器的开关动作使之减小,反之使之增大。这样,实际电流波形围绕给定的正弦波作锯齿状变化,而且开关器件的开关频率越高,电流波动就越小。使用这种方法,电动机的电压数学模型改成电流模型,可使控制简单,动态响应加快,还可以防止逆变器过电流。因而,近年来在交流调速和伺服系统中使用这种 PWM 控制方法的也较多</td></tr>
<tr><td>安川变频调速器调试实例</td><td>操作模式选择:按 MENU 键可切换至 OPERATION、QUICK SETUP、PROGRAMMING、MODIFIED CONSTS、AUTO-TUNING,切换至 PROGRAMMING,确认。下表为针对快速往复型负载时,安川变频器的设定方法

安川变频器的设定方法
<table>
<tr><th>参数</th><th>设定值</th><th>含义</th><th>参数</th><th>设定值</th><th>含义</th></tr>
<tr><td>A1-02</td><td>3</td><td>PG 为矢量控制</td><td>C1-02</td><td>0.2</td><td>减速时间</td></tr>
<tr><td>H1-03</td><td>12</td><td>点动正转</td><td>C2-01</td><td>0.05</td><td>S 型加速时间</td></tr>
<tr><td>H1-04</td><td>13</td><td>点动反转</td><td>C2-02</td><td>0.05</td><td>S 型加速结束时间</td></tr>
<tr><td>H3-01</td><td>1</td><td>输入完成</td><td>C2-03</td><td>0.05</td><td>S 型减速时间</td></tr>
<tr><td>C1-01</td><td>0.2</td><td>加速时间</td><td></td><td></td><td></td></tr>
</table>

参数设定后,需要进行自学习,按 MENU 键切换至 AUTO-TUNING,确认。自学习步骤如下:
①T-01　设为 0
②T-02　输入实际的电机功率
③T-03　输入实际的电机电压
④T-04　输入实际的电机电流
⑤T-05　输入实际的电机频率
⑥T-06　输入实际的电机极数
⑦T-07　输入实际的电机转数
⑧T-08　输入实际的电机旋转一周的脉冲数
⑨按 ∧ 键,0.0Hz/0.0A 按 RUN 键
大约 40s 出现 TUNE SUCCESSFUL 自学习完成。按 MENU 键至 OPERATION,确认,自学习结束</td></tr>
</table>

3.5　开环控制伺服系统及其设计

伺服系统设计一般分为伺服系统的动力学方法和控制论方法。伺服系统的动力学方法是在机械设计的基础上进行的，主要任务是确定伺服电机的型号以及电机与机械系统的参数匹配，不需要计算控制电路参数和控制系统的动态、稳态性能参数，因此这种设计方法通常称为静态设计。伺服系统的控制理论方法是在经典的控制理论和现代控制理论的方法指导下，确定伺服系统工程各个环节的参数，使机电参数得到合理匹配，保证伺服系统具有良好的稳态、动态性能。开环控制系统结构简单、稳定性好、成本低，在精度要求不高、负载不大的场合得到广泛的应用。

伺服系统的机械系统设计和控制系统设计应在系统论指导下有机进行（见表 22-3-22）。机械系统设计的好坏，直接关系到控制系统的复杂程度和性能。因此应该重视机械系统的设计和计算。机械设计与计算主要包括确定执行机构的参数、机械传动比、转动惯量、负载力矩以及电机型号等。开环控制伺服系统设计实例如表 22-3-23 所示。

表 22-3-22　**伺服系统的机械系统设计和控制系统设计**

<table>
<tr><td rowspan="6">机械系统设计</td><td colspan="2">确定脉冲当量，初选电机</td></tr>
<tr><td colspan="2">确定机械系统的传动比和传动方式</td></tr>
<tr><td colspan="2">计算系统的转动惯量</td></tr>
<tr><td colspan="2">计算电机负载力矩</td></tr>
<tr><td colspan="2">确定电机的型号并验算</td></tr>
<tr><td colspan="2">选择电机配套的驱动器</td></tr>
<tr><td rowspan="6">控制系统设计</td><td rowspan="3">硬件设计</td><td>正确选择微处理器芯片</td></tr>
<tr><td>选择单片机的存储容量和 I/O 口</td></tr>
<tr><td>电路设计和仿真</td></tr>
<tr><td rowspan="3">软件设计</td><td>按照结构化和模块化的思路，将执行软件和系统监控软件分成不同的模块，对每个模块说明其功能、入口参数和出口参数</td></tr>
<tr><td>资源分配，系统的硬件资源包括 RAM/ROM、I/O 口、定时器/计数器、中断等</td></tr>
<tr><td>程序编写与调试</td></tr>
</table>

表 22-3-23　**开环控制伺服系统设计实例**

<table>
<tr><th>步骤</th><th>设 计 要 点</th></tr>
<tr><td>已知条件</td><td>某数控车床的纵向进给系统，通常采用步进电机驱动滚珠丝杠，带动装有刀架的床身作直线往复运动。假设床身的质量为 300kg，床身与导轨的摩擦因数为 0.06，车削时最大切削负载 $F_z=2000\text{N}$，垂直于导轨的 Y 方向力 $F_y=2F_z$，要求刀具的进给速度 $v_1=10\sim500\text{mm/min}$，空载时快进速度为 $v_2=3000\text{mm/min}$，滚珠丝杠的直径为 32mm，导程为 6mm，总长度为 1400mm，床身的最大行程为 1150mm，系统的定位精度为±0.01mm，试设计此系统</td></tr>
<tr><td>初选步进电机</td><td>目前我国市场常用的步进电机有反应式和混合式两种。本例中要求刀具空载时快进速度比较高，定位精度要求不高，步距角可以选大一些。初步选定价格便宜、转动惯量小、运行频率高的反应式步进电机。选定三相六拍的反应式步进电机，步距角为 0.75°，脉冲当量为 0.01mm</td></tr>
<tr><td>确定机械系统的传动比和传动方式</td><td>根据脉冲当量，可以求出传动比 i
$$i=\frac{t\theta}{360\times0.01}=1.25$$
传动比比较小，采用一级齿轮传动。主动齿轮的齿数为 $z_1=20$，大齿轮的齿数 $z_2=25$，模数 $m=2$，取齿宽为 $b=10\text{mm}$</td></tr>
</table>

续表

步骤	设计要点
计算等效转动惯量	大小齿轮的转动惯量分别为 $$J_{z1}=\frac{\pi\rho d_1^4 b_1}{32}=1.96\times10^{-5}\text{kg}\cdot\text{m}^2$$ $$J_{z2}=\frac{\pi\rho d_2^4 b_2}{32}=4.78\times10^{-5}\text{kg}\cdot\text{m}^2$$ 滚珠丝杠的转动惯量为 $$J_{sg}=\frac{\pi\rho d^4 l}{32}=1.12\times10^{-3}\text{kg}\cdot\text{m}^2$$ 床身的转动惯量为 $$J_w=m\left(\frac{t}{2\pi}\right)^2=2.74\times10^{-4}\text{kg}\cdot\text{m}^2$$ 等效到电机上的总转动惯量为 $$J_e=J_{z1}+\frac{J_{z2}+J_{sg}+J_w}{i^2}=9.42\times10^{-4}\text{kg}\cdot\text{m}^2$$
计算等效负载	空载时等效摩擦转矩 T_f 为 $T_f=\frac{uWt}{2\pi\eta i}=0.169\text{N}\cdot\text{m}$ 车削加工时的等效负载转矩 T_{el} 为 $T_{el}=\frac{[F_z+u(W+F_y)]t}{2\pi\eta i}=2.31\text{N}\cdot\text{m}$ 式中 $\eta=0.8$，为丝杠预紧时的传动效率
确定步进电机的型号及验证速度是否匹配	已知 $T_{el}=2.31\text{N}\cdot\text{m}$，$J_e=9.42\times10^{-4}\text{kg}\cdot\text{m}^2$，初步确定步进电机的型号为110BF003，其最大静转矩 $T_{max}=7.84\text{N}\cdot\text{m}$，转子的转动惯量为 $J_m=4.61\times10^{-4}\text{kg}\cdot\text{m}^2$，验证转动惯量和容量匹配原则，即计算 $$\frac{T_{el}}{T_{max}}=\frac{2.31}{7.84}=0.295<0.5$$ $$\frac{J_e}{J_m}=\frac{1.13\times10^{-3}}{4.61\times10^{-4}}=2.45<4$$ 可见满足转动惯量和容量匹配原则

3.6　闭环伺服系统设计

闭环系统是负反馈控制系统，检测元件将执行部件的位移、转角、速度等量变换成电信号，反馈到系统的输入端并与指令进行比较，得出误差信号的大小，然后按照减小误差大小的方向控制驱动电路，直到误差减小到零，反馈检测元件一般精度比较高，系统传动链的误差、闭环内各元件的误差以及运动中造成的误差都可以得到补偿，从而大大提高了系统的跟随精度和定位精度。

闭环伺服系统适合于高精度或大负载的系统，系统的设计比开环伺服系统复杂得多。但设计步骤却与开环伺服系统设计类似。

对于伺服元件的选型，闭环伺服系统和开环伺服系统传动部件的设计和选型基本类似，这里仅讨论闭环伺服系统的执行元件和检测元件的选型。

（1）执行元件的选型

闭环伺服系统广泛采用的执行元件通常有交、直流伺服电机、液压伺服马达。在负载较大的大型伺服系统中常采用液压伺服马达；在中、小型伺服系统中，则多采用交、直流伺服电机。20世纪90年代以前，直流伺服电机一直是闭环系统中执行元件的主流。直流伺服电机通常有永磁直流伺服电机、无槽电枢直流伺服电机、空心杯电枢直流伺服电机。一般直流伺服系统选用永磁直流伺服电机；需要快速动作、功率较大的伺服系统选用无槽电枢直流伺服电机；需要快速动作的伺服系统选用空心杯电枢直流伺服电机。

近年来，交流伺服技术得到迅速发展。交流伺服电机不仅具有直流伺服电机的优良静、动态性能，并且交流伺服电机具有无电刷磨损、维修方便、价格较低等优点，交流伺服电机在大、中型功率的伺服系统中有逐步取代直流伺服电机的趋势。闭环伺服系统的静动态设计见表22-3-24。交流伺服电机分同步型交流伺服电机和异步型交流伺服电机两种。同步型交流伺服电机常用于位置伺服系统，如数控机床进给系统、机器人关节伺服系统及其他机电一体化产品的运动控制，包括点位控制和连续轨迹控制。常见的功率范围是数十瓦到数千瓦，个别的达到数十千瓦，异步型伺服电机主要用于需要以恒功率扩展调速范围的大功率调速系统中，如数控机床的主轴系统驱动，常见的功率范围是数千瓦以上。

表22-3-24　闭环伺服系统的静动态设计

闭环伺服系统的静态设计	确定电机的型号和参数、传动机构的传动方式和传动比、检测元件的参数等
闭环伺服系统的动态设计	建立系统的数学模型，计算系统的开环增益、设计校正装置，评价系统的动态性能指标，动态设计的经典方法有时域法、频域法和根轨迹法

(2) 检测元件的选型

闭环伺服系统通常是位置环、速度环、电流环三环联合的反馈系统。因此，选择检测元件就是选择位置传感器和速度传感器，如表22-3-25所示。

表22-3-25　检测元件的选型

位置检测传感器	被测量为直线位移	直线位移传感器，如光栅尺、磁尺、直线感应同步器
	被测量为角位移	选取圆形的角位移传感器，如光电编码器、圆感应同步器、旋转变压器、码盘
速度传感器	测速发电机	直流测速发电机，交流测速发电机
	光电编码器	增量光电编码器，绝对光电编码器

3.7　数字伺服系统的设计

随着技术的迅速发展，微型计算机尤其是单片微型计算机的体积变小了，重量减轻了，可靠性增强了，价格低廉了，在伺服系统中取代了大量的模拟和数字电路，增强了伺服系统的通用性和灵活性，促进了伺服系统向数字化方向发展。

根据输入信号的输入方式不同，数字伺服系统主要有两大类：一类是脉冲列输入控制的数字伺服系统；另一类是数值指令输入方式的数字伺服系统。这两类系统除输入方式不同外，控制上也不相同。设计数字伺服系统时可以根据系统的性能要求和控制环境，选择其中的某一种进行设计。

表22-3-26　数字伺服系统原理及设计要点

项目	说　明
脉冲输入控制的数字伺服系统	步进电机的开环位置伺服系统存在失步问题。为了克服开环系统的缺点，产生了由计算机控制的、采用伺服电机闭环控制的、按照步进电机的控制方式工作的伺服系统，称为基准脉冲系统。该系统由硬件电路实现位置闭环控制和调节，因此又称为硬件伺服系统。图(a)是硬件伺服系统的原理框图。计算机输出的指令脉冲直接进入脉冲偏差计数器，计数器可以根据输入脉冲作适当的向上和向下计数。输出轴带动负载运转。同时，与输出轴连接的增量式光电编码器输出轴角位置对应的编码。该编码作为另外一路脉冲列反馈到偏差计数器，与指令脉冲进行比较，形成位置误差，经双极性D/A将其转换成模拟量电压，作为速度伺服单元的速度指令电压。经过功率放大器，驱动伺服电机运转。当输入脉冲和反馈脉冲相等时，偏差计数器内的计数值为0，D/A输出电压也为0，电动机停止转动，负载轴达到输入脉冲要求达到的位置 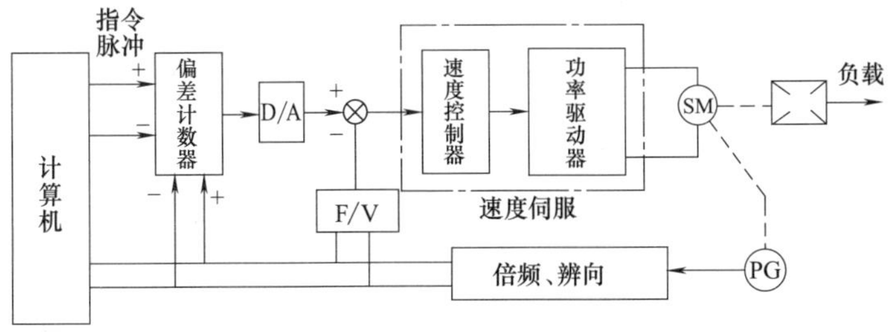 图(a)　硬件伺服系统的原理框图 这种伺服系统的硬件结构，使得它的各调节器参数在机电联调整定后被固定下来，不能改变。对于负载量变化不大的位置，伺服系统可以获得较高的控制性能。对于负载惯量变化大的伺服系统，就很难获得满意的效果

续表

项目	说　明
数值输入的软件伺服系统	数字伺服系统更多采用数值指令输入的方式。数值的位置控制指令由上位计算机提供，通过并行或串行接口进行传输。数值指令输入方式的软件伺服系统如图(b)所示。它是硬件、软件结合的伺服系统。用户选择的控制方式和参数，由伺服单元的数字计算机读入并转换工作方式，修改参数后存入 EEPROM。伺服单元是一个数字控制器，其计算机可以实现各种先进的控制算法和控制理论，下图为数值指令输入方式的软件伺服系统 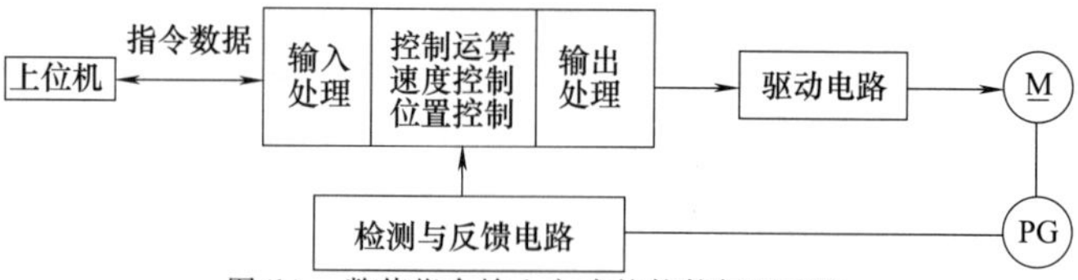 上位机 ⟷ 指令数据 → 输入处理 | 控制运算 速度控制 位置控制 | 输出处理 → 驱动电路 → M — PG → 检测与反馈电路 → 控制运算 图(b)　数值指令输入方式的软件伺服系统
设计要点	数字伺服系统的设计任务主要是根据系统的性能要求以及被控制对象的特性，设计一个数字调节器，给出调节器的离散数学模型，然后通过计算机来实现该数学模型所描述的调节控制规律。设计数字伺服系统，通常需要完成以下两项工作 ①根据预定的伺服系统动态品质要求，设计控制算法 ②选择计算机硬件和软件编码，完成整个系统的设计任务

第4章　机械系统设计

4.1　智能装备机械系统的基本要求和组成

传统机械一般由动力件、传动件、执行件三部分加上电气和机械控制部分组成。1984 年美国机械工程师协会（ASME）提出，现代机械的定义为“由计算机信息网络协调与控制的，用于完成包括机械力、运动和能量流等动力学任务的机械和（或）机电部件相互联系的系统”。由此可见，现代机械应是一个智能化的光机电一体化的机械系统，其核心应是由计算机控制的，包括机、电、液、光等技术的伺服系统。

由于计算机的强大功能，使传统的作为动力源的电机转换为具有动力、变速与执行等多重功能的伺服电机。伺服电机的伺服变速功能在很大程度上代替了机械传动中对传动比有严格要求的“内联系”传动链中调整速比的“换置机构”，缩短了每条传动链和取代了几个执行件之间的传动联系，大大减少了传动件的数量，简化了结构，使动力件、传动件与执行件朝着合为一体的最小系统前进。

因此，智能装备的机械系统与一般的机械系统相比，除要求具有较高的定位精度之外，还应具有良好的动态响应特性，就是说响应要快、稳定性要好。一个典型的光机电一体化系统，通常由控制部件、接口电路、功率放大电路、执行元件、机械传动部件、导向支承部件，以及检测传感部件等组成。这里所说的机械系统一般由减速装置、丝杠螺母副、蜗轮蜗杆副等各种线性传动部件以及连杆机构、凸轮机构等非线性传动部件、导向支承部件、旋转支承部件、轴系及机架等结构组成。

智能装备对机械系统的基本要求及为了达到基本要求可以采取的措施见表 22-4-1。一般来说，智能装备机械系统应包括传动机构、导向支承机构、执行机构三大部分，如表 22-4-2 所示。

表 22-4-1　机械系统的基本要求及措施

项目		说明
基本要求	高精度	精度直接影响产品的质量，智能装备的技术性能、工艺水平和功能比普通机械产品都有很大的提高，因此智能装备的机械系统的高精度要求是首要的。如果机械系统的精度不能满足要求，无论智能装备的其他系统工作再精确，也无法完成其预定的机械操作
	低惯性	快速响应是控制系统的一项重要指标，这就要求作为伺服系统一部分的机械系统惯性要低，包括重量轻和转动惯量小、低阻尼等要求
	稳定性	要求机械系统的工作性能不受外界环境的影响，抗干扰能力强
	其他	还要求机械系统具有较大的刚度、良好的可靠性、体积小、寿命长等
措施	采用低摩擦阻力的传动部件和导向支承部件，如采用滚珠丝杠副、滚动导向支承、动（静）压导向支承等	
	缩短传动链，提高传动与支承刚度，如用加预紧的方法提高滚珠丝杠副和滚动导轨副的传动与支承刚度；采用大扭矩、宽调速的直流或交流伺服电机直接与丝杠螺母副连接以减少中间传动机构，丝杠的支承设计中采用两端轴向预紧或预拉伸支承结构等	
	选用最佳传动比，以达到提高系统分辨率、减少等效到执行元件输出轴上的等效转动惯量，尽可能提高加速能力	
	缩小反向死区误差，如采取消除传动间隙、减少支承变形的措施	
	改进支承及架体的结构设计以提高刚性、减少振动、降低噪声。如选用复合材料等来提高刚度和强度，减轻重量、减少体积使结构紧密化，以确保系统的小型化、轻量化、高速化和高可靠性	

表 22-4-2　智能装备机械系统机构组成

组成机构	说明
传动机构	智能装备机械系统中的传动机构不仅仅是运动和力矩的变换器，而且已经成为伺服系统的一部分，它要根据伺服控制的要求进行设计，以满足整个系统的良好伺服性能。传动机构的性能主要取决于传动类型及其传动方式、传动精度、动态特性及可靠性，在伺服系统中，还要考虑它们对伺服系统的精度、稳定性和快速性的影响 对于开环系统，其传动精度不仅取决于单个传动件的精度，还取决于传动系统的整体精度；对于闭环系统，虽然对单个传动件的精度可以放宽一些，但对其系统精度仍有较高的要求，以免在闭环控制时无法实现对误差的补偿 此外智能装备系统中传动机构还要满足小型化、轻量化、高速化、低振动、低噪声和高可靠性等方面的要求

续表

组成机构	说　明
导向支承机构	智能装备要求其机械系统的各运动机构必须得到安全的支承,并能准确地完成其特定方向的运动,这个任务由导向支承机构来完成。导向支承机构的精度、刚度、抗振性、热稳定性等因素都会影响整个系统的精度、动态特性和可靠性
执行机构	执行机构根据操作指令的要求在动力源的带动下完成预定的操作,实现产品的功能。因此要求执行机构能准确定位,具有较高的灵敏度、良好的可重复性和可靠性

4.2　机械传动机构设计

智能装备系统中的传动系统是将动力机的运动和动力传递给工作（执行）机构的中间传动装置，主要有机械传动、流体传动、电力和磁力传动等几种形式，这里主要介绍机械传动。

传动的主要任务是：①将动力机输出的速度降低或增高，以适合工作机构的需要；②用动力机构直接进行调速不经济或不可能时，采用变速传动来满足工作机构经常变速的需要；③将动力机输出的转矩变换为工作机构所需要的转矩或力；④将动力机输出的等速旋转运动转变为工作机构所需要的按某种规律变化的旋转或非旋转运动；⑤实现由一个或多个动力机驱动若干个相同或不相同的工作机构；⑥由于受到动力机或工作机构机体外形、尺寸等的限制，或为了安全和操作方便，工作机构不宜与动力机构直接联系，也需要用传动装置来连接。

因此，机械传动机构实质上是一种转矩、转速变换器。其目的是使执行元件与负载之间在转矩与转速方面得到最佳匹配。对工作机中的传动机构，既要求能实现运动的变换，又要求能实现动力的变换；对信息机中的传动机构，则主要要求具有运动的变换功能，只需要克服惯性力（力矩）和各种摩擦阻力（力矩）及较小的负载即可。

4.2.1　机械传动机构的分类及选用

4.2.1.1　智能装备系统对机械传动的要求

机械的主功能是完成机械运动。一部机器必须完成相互协调的若干机械运动。每个机械运动可由单独的由控制电机、传动件和执行机构组成的子系统来完成，若干个机械运动由计算机来协调与控制。这就使设计机械时的总体布局、机构选型和结构造型更加合理和多样化。

由于受当前技术发展水平的限制，智能装备系统的各种元器件目前还不能完全满足需要，机械传动机构还不能完全取消。但是，智能装备机械系统中的机械传动装置，已不仅仅是变换转速和转矩的变换器，而成为伺服系统的组成部分，要根据伺服控制的要求来进行选择设计。近年来，由控制电机不通过机械传动装置直接驱动负载的“直接驱动”（D. D.）技术得到发展，但一般都需要低转速大转矩的伺服电机，并要考虑负载的非线性和耦合性等因素对执行电机的影响，从而增加了控制系统的复杂性。所以，在一般情况下，尽可能缩短传动链，但还不能取消传动链。

传动机构的性能主要取决于传动类型及其传动方式、传动精度、动态特性及可靠性等。在伺服控制中，还要考虑其对伺服系统的精度、稳定性和快速性的影响。开环伺服系统中的传动机构的传动精度，不仅取决于组成系统的各单个传动件的精度，还取决于传动机构的系统精度。闭环伺服系统中的传动机构，虽然对各单个传动件的精度要求可以稍低，但对系统精度仍有相当高的要求，以免在控制时因误差随机性太大不能补偿。

对工作机中的传动机构，既要求能实现运动的变换，又要求能实现动力的变换。对信息机中的传动机构，则主要要求具有运动的变换功能，只需要克服惯性力（力矩）和各种摩擦阻力（力矩）及较小的负载即可。

随着智能化技术的不断发展，要求传动机构不断适应新的技术要求，具体内容见表 22-4-3。

表 22-4-3　　传动机构的技术要求

要求	说　明
精密化	对于某种特定的智能装备来说,应根据其性能的需要提出适当的精密度要求。虽然不是越精密越好,但由于要适应产品的高定位精度等性能的要求,对机械传动机构的精密度要求也越来越高
高速化	产品工作效率的高低,直接与机械传动部分的运动速度相关。因此,机械传动机构应能适应高速运动的要求

续表

要求	说　　明
小型化、轻量化	随着智能装备系统(或产品)精密化、高速化的发展,必然要求其传动机构小型轻量化,以提高运动灵敏度(响应性)、减小冲击、降低能耗。为与电子部件的微型化相适应,也要尽可能做到使机械传动部件短小轻薄化
其他	光机电一体化系统中的传动机构还需满足低冲击振动、低噪声和高可靠性等要求

影响智能装备系统中传动机构的动力学性能的因素,一般有以下几个。

① 负载的变化。负载包括工作负载、摩擦负载等。要合理选择驱动电机和传动链,使之与负载变化相匹配。

② 传动链惯性的大小。惯性不但影响传动链的启停特性,也影响控制的快速性、位移偏差和速度偏差的大小等。

③ 传动链固有频率的大小。固有频率影响系统谐振和传动精度。

④ 间隙、摩擦、润滑和温升影响传动精度和运动平稳性。

4.2.1.2　机械传动机构的分类

表 22-4-4　　机械传动机构的分类

<table>
<tr><th>分类依据</th><th>说　　明</th></tr>
<tr><td>按工作原理分类</td><td>根据传动原理的不同,机械传动可分为摩擦传动、啮合传动和推压传动三类,常用的如下表所示,以啮合传动应用最为广泛
<table>
<tr><td colspan="18">机 械 传 动</td></tr>
<tr><td colspan="5">摩擦传动</td><td colspan="9">啮合传动</td><td colspan="4">推压传动</td></tr>
<tr><td colspan="2">直接接触</td><td colspan="3">有中间件</td><td colspan="6">直接接触</td><td colspan="3">有中间件</td><td colspan="3">直接接触</td><td>有中间件</td></tr>
<tr><td>摩擦轮机构</td><td>摩擦式无级变速</td><td>带传动</td><td>带式无级变速</td><td>绳传动</td><td>普通齿轮传动</td><td>非圆齿轮传动</td><td>不完全齿轮传动</td><td>行星齿轮传动</td><td>蜗杆传动</td><td>螺旋传动</td><td>链传动</td><td>链式无级变速</td><td>同步带传动</td><td>凸轮机构</td><td>棘轮机构</td><td>槽轮机构</td><td>连杆机构</td></tr>
</table></td></tr>
<tr><td>按传动比是否改变分类</td><td>根据传动比是否改变,机械传动可分为固定传动比传动、可调传动比传动和变传动比传动。常用类型如下表所示
<table>
<tr><td colspan="14">机械传动</td></tr>
<tr><td colspan="6">固定传动比</td><td colspan="2">可调传动比</td><td colspan="6">变传动比</td></tr>
<tr><td>摩擦轮机构</td><td>带传动</td><td>链传动</td><td>齿轮传动</td><td>蜗杆传动</td><td>螺旋传动</td><td>有级变速传动</td><td>无级变速传动</td><td>连杆机构</td><td>非圆齿轮传动</td><td>不完全齿轮传动</td><td>凸轮机构</td><td>槽轮机构</td><td>棘轮机构</td></tr>
</table></td></tr>
<tr><td>按能量流动路线分类</td><td>根据能量流动路线的不同,机械传动可分为单流传动与多流传动,多流传动又分为分流传动、汇流传动和混流传动,如下图所示
机械传动
单流传动：动力机 → 传动1 → 传动2 → 执行机构
多流传动
分流：动力机 → 传动1 → 执行机构1；动力机 → 传动2 → 执行机构2；动力机 → 传动3 → 执行机构3
汇流：动力机1 → 传动1；动力机2 → 传动2；动力机3 → 传动3；→ 执行机构
混流：动力机 → 传动 → 传动1、传动2 → 执行机构、执行机构</td></tr>
</table>

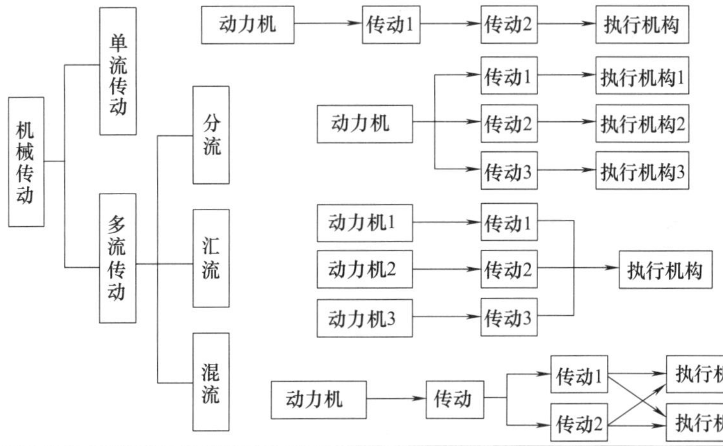

4.2.1.3 机械传动机构的选用

常用机械传动机构有丝杠螺母、齿轮、同步带、蜗杆、链及间歇机构等。

智能装备机械系统中目前使用最多的是齿轮传动，主要原因是齿轮传动的瞬时传动比为常数，传动精确，可做到零侧隙无回差，强度大，能承受重载，结构紧凑，摩擦力小，效率高。蜗杆传动与齿轮传动比较，主要缺点是摩擦因数较大，效率较低。新型蜗杆效率较高，但技术要求高，成本高。丝杠螺母传动可以方便地实现转动和移动之间的运动形式的变换。同步带传动可做到传动比准确，效率高，工作平稳，能吸收振动，噪声小，维护保养方便，不需润滑；缺点是安装带轮中心距要求严格，在传递同样功率转速的条件下，结构不如齿轮传动紧凑，常用于轻载工作条件。链传动由于其瞬时传动比不为常数，金属链易产生冲击噪声，惯性较大，使用较少。间歇机构应用在有间歇要求的场合。

智能装备系统中所用的传动机构及其传动功能如表22 4 5所示。从表中看出，一种传动机构可满足一项或同时满足几项功能要求。如齿轮齿条传动既可将直线运动或回转运动转换为回转运动或直线运动，又可将直线驱动力或转矩转换为转矩或直线驱动力；带传动、蜗轮蜗杆及各类齿轮减速器（如谐波齿轮减速器）既可进行升速或降速，也可进行转矩大小的变换。

4.2.1.4 机械传动系统方案的选择

智能装备机械系统要求高精度、运行平稳、工作可靠。这不仅是机械传动和结构本身的问题，而且要通过控制装置，使机械传动部分与伺服电机的动态性能相匹配，要在设计过程中综合考虑这三部分的相互影响。

对于伺服机械传动系统，一般来说，应达到高的机械固有频率、高刚度、合适的阻尼、线性的传递性能、小惯量等。这些都是保证伺服系统具有良好的伺服特性（精度、快速响应和稳定性）所必需的。应考虑多种设计方案，进行优化评价决策，反复比较，选出最佳方案。

以数控机床进给系统为例，可以有三种选择：丝杠传动、齿条传动和蜗杆传动（蜗轮：旋转工作台），如图22-4-1所示。若丝杠行程大于4m，由于刚度原因，可选择齿条传动。

当选择丝杠传动后，丝杠与伺服电机的连接关系有两种：直接传动；中间用齿轮或同步带传动。在同样的工作条件下，选择不同类型的电机，相应的丝杠尺寸和齿轮传动比也不同。

表22-4-5 传动机构及其功能

传动机构 \ 基本功能	运动的变换				动力的变换	
	形式	形成	方向	速度	大小	形式
丝杠螺母	√				√	√
齿轮			√	√	√	
齿轮齿条	√					√
链轮链条	√					
带、带轮			√	√		
缆绳、绳轮	√		√	√	√	√
杠杆机构		√		√	√	
连杆机构		√		√	√	
凸轮机构	√	√	√	√		
摩擦轮			√	√	√	
万向节			√			
软轴			√			
蜗轮蜗杆			√	√	√	
间歇机构	√					

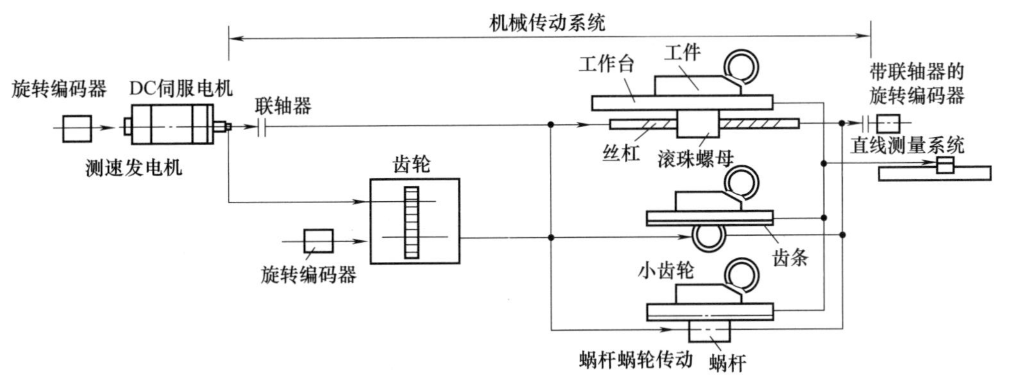

图 22-4-1　机床进给系统方案示例

4.2.2　传动因素分析

表 22-4-6　　**传动因素分析**

传动因素	说　明
转动惯量	在不影响系统刚度条件下，机械部件的质量和转动惯量应尽可能小。转动惯量大产生的影响有：使机械负荷增大；使系统响应速度变慢，降低灵敏度；使系统固有频率下降，容易产生谐振。转动惯量大使电气驱动部件的谐振频率降低，而阻尼增加 图(a)表示机械传动部件的转动惯量对小惯量电机驱动系统谐振频率的影响。横坐标为折算到电机轴上的外载荷转动惯量 J_e 与电机轴转动惯量 J_m 之比。纵坐标为带有外载荷的谐振频率 f_{oa} 与不带外载荷的谐振频率 f_{oa}^* 之比 图(a)　外载荷对谐振频率的影响
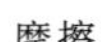 摩擦	两物体或有相对运动趋势或已产生相对运动，其接触面间产生摩擦力。摩擦力在应用上可简化为黏性摩擦力、库仑摩擦力与静摩擦力三大类，方向均与运动方向相反 图(b)所示为黏性摩擦力，大小与两物体相对运动速度成正比。图(c)所示为库仑摩擦力，是接触面对物体的阻力，大小为常数。静摩擦力是有相对运动趋势但仍处于静止状态的摩擦力，其最大值发生在相对运动开始前的一瞬间，运动开始后，静摩擦力即消失 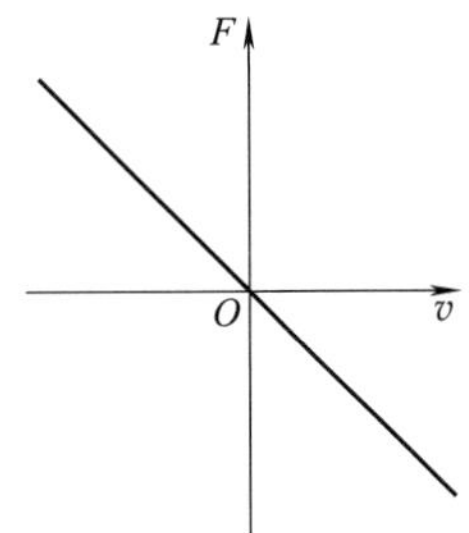 图(b)　黏性摩擦力与速度的关系 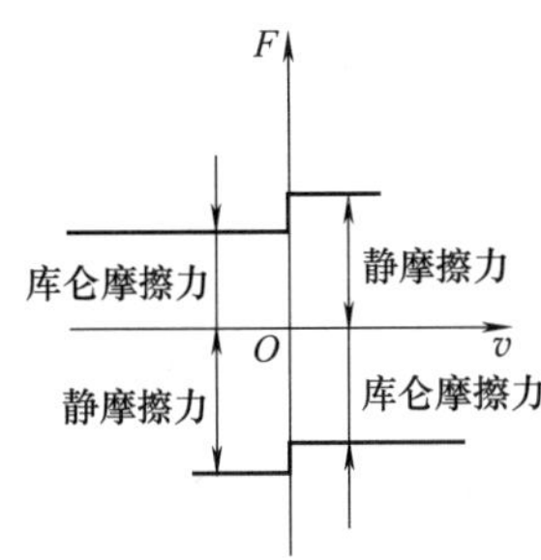 图(c)　静摩擦力与库仑摩擦力与速度的关系

续表

传动因素	说明	
阻尼	机械部件产生振动时，系统中阻尼越大，最大振幅越小且衰减越快。线性阻尼下的振动为实模态，非线性阻尼下的振动为复模态 机械部件产生振动时，金属材料的内摩擦较小（附加的非金属减振材料的内摩擦较大），运动副特别是导轨的阻尼是主要的。实际应用的摩擦阻尼一般简化为黏性摩擦的线性阻尼。对于动态特性要求严格的机械，要通过大量实验取得非线性阻尼的特性 阻尼对弹性系统的振动特性的影响有正反两个方面 ①系统的静摩擦阻尼越大，使系统的实动量和反转误差越大，定位精度越低，加上摩擦—速度特性的负斜率，易产生爬行，降低机械的性能 ②系统的黏性阻尼越大，使系统的稳态误差增加，精度降低 ③在系统刚度低、质量大的情况下，为了减少振幅和衰减振动，要求黏性阻尼增大 机械部件若简化为二阶振动系统，其阻尼比 ζ 为 $$\zeta=\frac{c}{2\sqrt{mk}}$$ 根据经验，一般可将阻尼比取为 $0.1\leqslant\zeta\leqslant0.2$	c——黏性阻尼系数 m——系统质量 k——系统刚度
刚度	刚度是使弹性体产生单位变形量所需的作用力，包括构件产生各种变形时的刚度和两接触面的接触刚度。静态力与变形之比为静刚度；动态力（交变力、冲击力等）和变形之比为动刚度 对伺服系统的失动量来说，系统刚度越大，失动量越小。对于系统固有频率来说，系统刚度越大，固有频率越高，产出系统的频带宽度，不易产生共振。对伺服系统的稳定来说，刚度对开环系统的稳定性没有影响，而对闭环系统的稳定性有很大影响。提高刚度，可以提高闭环系统的稳定性 但是，刚度的提高如果伴随着转动惯量、摩擦和成本的增加，则要综合考虑，选择多个方案做优化设计	
谐振频率	包括机械传动部件在内的弹性系统，若阻尼不计，就可以简化为质量—弹簧系统。对于质量为 m，拉力刚度系数为 K 的单自由度直线运动弹性系统，其固有频率 f 为 $$f=\frac{1}{2\pi}\sqrt{\frac{K}{m}}$$ 对于转动惯量为 J，扭转刚度系数为 K 的单自由度旋转运动弹性系统，其固有频率 f 为 $$f=\frac{1}{2\pi}\sqrt{\frac{K}{J}}$$ 当外界传来的振动的激振频率接近或等于系统的固有频率时，系统会产生谐振，不能正常工作 传动部件实际是个多自由度系统，有一个最低的基本固有频率，若干个高阶固有频率，称为机械传动部件的第一谐振频率 ω_{omech1} 和 n 阶谐振频率 ω_{omechn} 电气驱动部件是位于位置调节环之内的速度调节环。为了减少机械传动部件的扭矩反馈对电动机动态性能的影响，机械部件的谐振频率 ω_{omech} 必须大于电气驱动部件的谐振频率 ω_{oA}	
间隙	机械传动系统中的间隙产生反转回差，增加轮廓误差，影响伺服系统中位置环的稳定性，有间隙时应减小位置环增益 在传动系统中，常见的间隙类型有：齿轮传动的侧隙；丝杠螺母的传动间隙；丝杠轴承的轴向间隙；联轴器的扭转间隙等。在后面相应的内容中，有消除间隙的方法的具体介绍	

4.2.3　丝杠螺母机构传动设计

机械设备的进给运动链中丝杠螺母副是常用的方法之一。丝杠螺母机构又称为螺旋传动机构，它主要用来将旋转运动变为直线运动或将直线运动变为旋转运动。有以传递能量为主的（如螺旋压力机、千斤顶等），也有以传递运动为主的（如工作台的进给丝杠），还有调整零件之向相对位置的螺旋传动机构等。

丝杠螺母机构有滑动摩擦和滚动摩擦之分。滑动丝杠螺母机构结构简单、加工方便、制造成本低、具有自锁功能。但其摩擦阻力大、传动效率低。滚动丝杠螺母机构虽然结构复杂、制造成本高，但其最大优点是摩擦阻力小、传动效率高。

所谓滚珠丝杠螺母副是将螺纹变成了半圆弧槽，形成圆弧形的螺旋滚道，然后在滚道中放入钢球，通过滚动体来传递运动，将滑动摩擦变成滚动摩擦。滚珠必须放在螺母中形成循环，必须有回珠器和回珠通道。滚珠丝杠螺母副由弧形滚道面的丝杠、滚珠、滚珠循环返回器（回珠器），以及圆弧形滚道面的螺母组成。

滚珠丝杠副是一种新型螺旋传动机构，其具有螺旋槽的丝杠与螺母之间装有中间传动元件——滚珠。图 22-4-2 为滚珠丝杠螺母机构组成示意图，从图可知，它由螺母 1、滚珠 2、丝杠 3 和反向器（滚珠循环反向装置）4 四部分组成。当丝杠转动时，带动滚珠沿螺纹滚道滚动，为防止滚珠从滚道端面掉出，在螺母的螺旋槽两端设有滚珠回程引导装置构成滚珠的循环返回通道，从而形成滚珠流动的闭合通路。

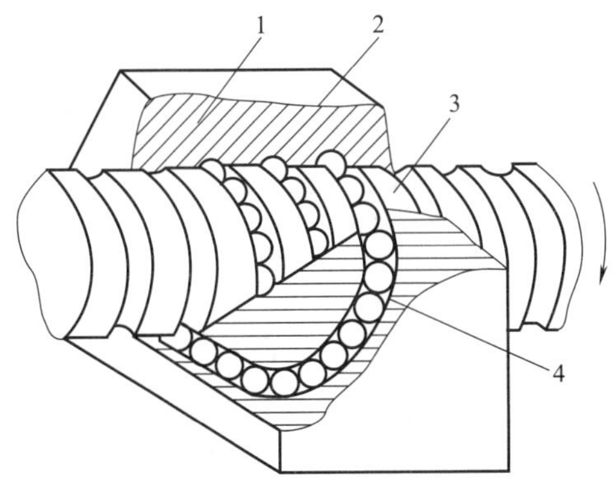

图 22-4-2　滚珠丝杠副构成原理

1—螺母；2—滚珠；3—丝杠；4—反向器

由于滚珠丝杠螺母副是以滚动摩擦代替滑动摩擦，所以具有下列特点。

① 摩擦损失小，传动效率高，效率可以达到 0.92～0.96，相当于滑动丝杠的 4 倍。

② 动作灵敏，低速运动平稳性好，随动精度和定位精度高；滚珠丝杠螺母副的摩擦阻力小，动静摩擦力差小，不易产生爬行现象。

③ 磨损小，精度保持性好，使用寿命长。

④ 不自锁，可以进行逆向传动。

⑤ 进行适当的预紧后，可以消除轴向间隙，提高轴向运动精度和刚度。

滚珠丝杠副与滑动丝杠副相比，除上述优点外，还具有轴向刚度高（即通过适当预紧可消除丝杠螺母之间的轴向间隙）、运动平稳、传动精度高、不易磨损、使用寿命长等优点。但由于不能自锁，具有传动的可逆性，在用作升降传动机构时，需要采取制动等措施。

缺点是工艺复杂、制造成本高；另外，由于不能自锁，垂直和倾斜安装的时候需考虑制动装置；运动速度受到一定的限制，传动速度过高时，容易出现滚珠在其回路滚道内卡珠的现象。

目前我国已经制定了相应的国家标准和行业标准，我国滚珠丝杠专业生产厂家都是按照这些标准生产的。有关滚珠丝杠的国家标准有 GB/T 17587.1—1998《滚珠丝杠副第 1 部分：术语和符号》、GB/T 17587.2—1998《滚珠丝杠副第 2 部分：公称直径和公称导程 公制系列》和 GB/T 17587.3—1998《滚珠丝杠副第 3 部分：验收条件和验收检验》，行业标准 JB/T 3162.4—1993《滚珠丝杠副　丝杠轴端型式尺寸》及 JB/T 9893—1999《滚珠丝杠副 滚珠螺母 安装连接尺寸》。

4.2.3.1　滚珠丝杠副基本结构

（1）丝杠螺母基本传动形式

根据丝杠和螺母相对运动组合情况，其基本传动形式有五种，如表 22-4-7 所示。

（2）滚珠丝杠副的典型结构类型

根据滚珠丝杠螺母副的滚道型面不同，可以分为圆弧型面和双圆弧型面两种类型。对于双圆弧型面，滚珠与滚道只在内相切的两点接触，接触角不变。两圆弧交接处有一小空隙，可容纳一些脏物，这对滚珠的流动有利。对于单圆弧型面，接触角随着负载的大小而变化，因而轴承刚度和承载能力也随之而变化，应用较少。双圆弧型面，接触角选定后是不变的，应用较广泛。

滚珠丝杠副的结构类型可以从螺纹滚道的截面形状、滚珠的循环方式和消除轴向间隙的调整预紧方式进行区别，如表 22-4-8 所示。

表 22-4-7　　**丝杠螺母机构传动基本传动形式**

形式	项目	内容
螺母固定丝杠转动并移动	示意图	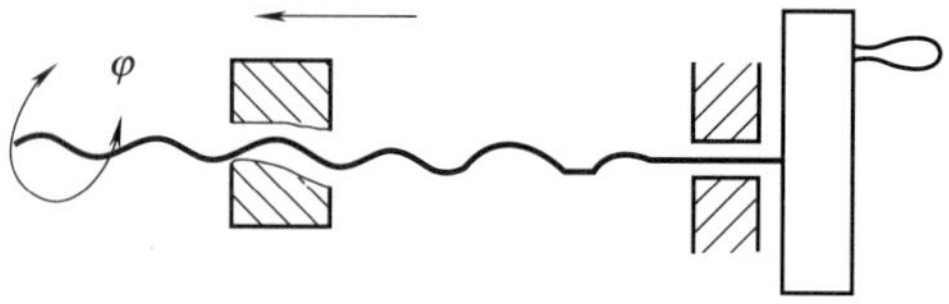
	特点	该传动形式因螺母本身起着支承作用，消除了丝杠轴承可能产生的附加轴向窜动。该传动形式结构较简单，可获得较高的传动精度。但其轴向尺寸不易太长，刚性较差。因此只适用于行程较小的场合
丝杠转动螺母移动	示意图	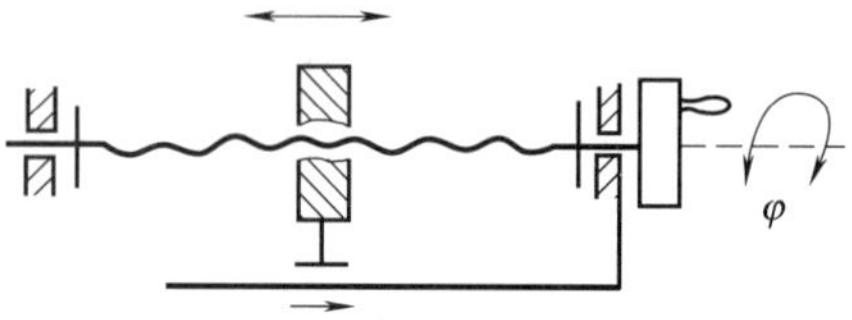
	特点	该传动形式需要限制螺母的转动，故需导向装置。其特点是结构紧凑、丝杠刚性较好。适用于工作行程较大的场合
螺母转动丝杠移动	示意图	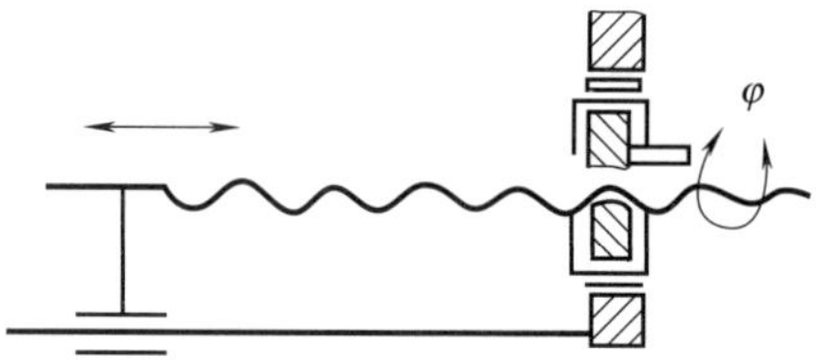
	特点	该传动形式需要限制螺母移动和丝杠的转动，由于结构较复杂且占用轴向空间较大，故应用较少
丝杠固定螺母转动并移动	示意图	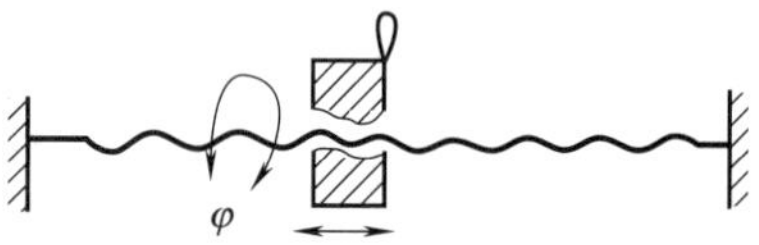
	特点	该传动方式结构简单、紧凑，但在多数情况下，使用极不方便，故很少应用
差动传动方式	示意图	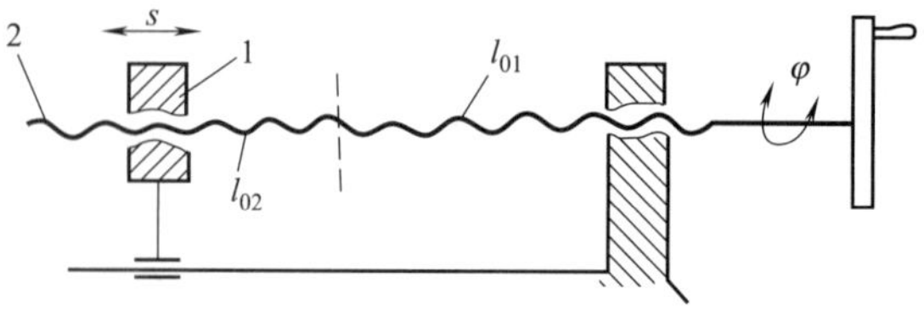
	特点	该方式的丝杠上有基本导程（或螺距）不同的（如 l_{01}、l_{02}）两段螺纹。其旋向相同。当丝杠 2 转动时，可动螺母 1 移动距离为 $s=n\times(l_{01}-l_{02})$，如果两基本导程的大小相差较少，则可以获得较小的位移 s。因此，这种传动方式多用于各种微动机构中

表 22-4-8　滚珠丝杠副的结构类型

类型			说　明
螺纹滚道的截面形状	接触角定义		滚道型面与滚珠接触点的法线与丝杠轴向的垂线间的夹角 α 被称为接触角，一般为 45°
	单圆弧型	结构形式	1—丝杠；2—滚珠；3—螺母 单圆弧型的螺纹滚道的接触角随轴向载荷大小的变化而变化，主要由轴向载荷所引起的接触变形的大小而定。α 增大时，传动效率、轴向刚度以及承载能力也随之增大。由于单圆弧型滚道加工用砂轮成形较简单，故容易得到较高的加工精度。单圆弧型面的滚道圆弧半径 R 稍大于滚珠半径 r_b。国内采用的 R/r_b 有 1.04 和 1.11 两种
	双圆弧型	结构形式	1—丝杠；2—滚珠；3—螺母 双圆弧型的螺纹滚道的接触角 α 在工作过程中基本保持不变，故传动效率、承载能力和轴向刚度比较稳定。两圆弧相交处有一小空隙，可使滚道底部与滚珠不接触，并能存一定的润滑油以减少摩擦和磨损。由于加工其型面的砂轮修整和加工、检验均较困难，故其加工成本较高
滚珠的循环方式			图(a)所示为外循环式，图(b)所示为内循环式。二者的区别是滚动体的返回方式不同，前者使用回珠管引导，滚珠返回时，不与丝杠外圆接触，所有滚珠形成一个循环体；后者使用反向器引导，滚珠返回时，直接越过丝杠的齿顶，每一圈滚珠形成一个循环体 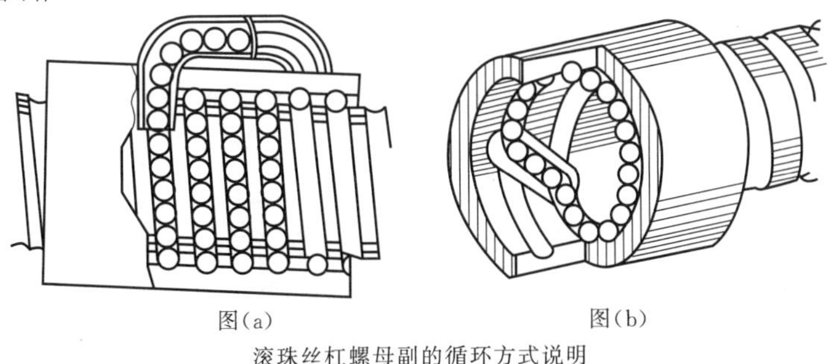 图(a)　图(b) 滚珠丝杠螺母副的循环方式说明
	内循环	定义及特点	滚珠在循环过程中始终与丝杠表面保持接触的循环方式称为内循环方式。内循环方式滚珠循环的回路短、流畅性好、效率高，径向尺寸也小，其缺点就是反向器加工困难，装配、调试也不容易

续表

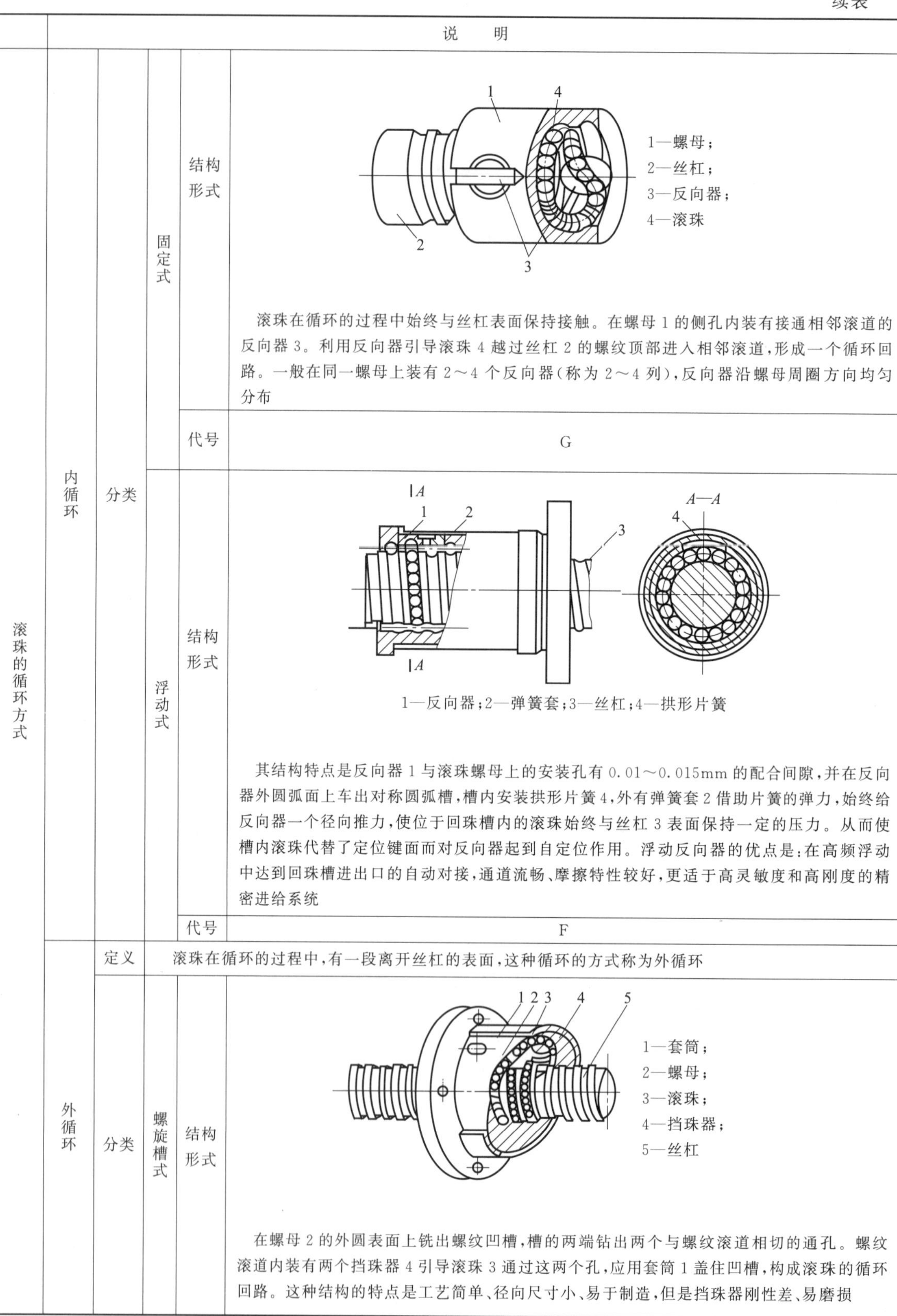

					说　明
滚珠的循环方式	内循环	分类	固定式	结构形式	1—螺母；2—丝杠；3—反向器；4—滚珠 滚珠在循环的过程中始终与丝杠表面保持接触。在螺母 1 的侧孔内装有接通相邻滚道的反向器 3。利用反向器引导滚珠 4 越过丝杠 2 的螺纹顶部进入相邻滚道，形成一个循环回路。一般在同一螺母上装有 2～4 个反向器（称为 2～4 列），反向器沿螺母周圈方向均匀分布
				代号	G
			浮动式	结构形式	1—反向器；2—弹簧套；3—丝杠；4—拱形片簧 其结构特点是反向器 1 与滚珠螺母上的安装孔有 0.01～0.015mm 的配合间隙，并在反向器外圆弧面上车出对称圆弧槽，槽内安装拱形片簧 4，外有弹簧套 2 借助片簧的弹力，始终给反向器一个径向推力，使位于回珠槽内的滚珠始终与丝杠 3 表面保持一定的压力。从而使槽内滚珠代替了定位键面而对反向器起到自定位作用。浮动反向器的优点是：在高频浮动中达到回珠槽进出口的自动对接，通道流畅、摩擦特性较好，更适于高灵敏度和高刚度的精密进给系统
				代号	F
	外循环	定义	滚珠在循环的过程中，有一段离开丝杠的表面，这种循环的方式称为外循环		
		分类	螺旋槽式	结构形式	1—套筒；2—螺母；3—滚珠；4—挡珠器；5—丝杠 在螺母 2 的外圆表面上铣出螺纹凹槽，槽的两端钻出两个与螺纹滚道相切的通孔。螺纹滚道内装有两个挡珠器 4 引导滚珠 3 通过这两个孔，应用套筒 1 盖住凹槽，构成滚珠的循环回路。这种结构的特点是工艺简单、径向尺寸小、易于制造，但是挡珠器刚性差、易磨损

续表

<table>
<tr><th>类型</th><th colspan="6">说　明</th></tr>
<tr><td rowspan="6">滚珠的循环方式</td><td rowspan="6">外循环</td><td rowspan="6">分类</td><td rowspan="2">螺旋槽式</td><td>结构形式</td><td>这种结构是在螺母体上轴向相隔数个半导程处钻两个孔，与螺旋槽相切，作为滚珠的进口与出口。再在螺母的外表面上铣出回珠槽，并沟通两孔。另外，在螺母内进出口处，各装一挡珠器，并在螺母外表面装一套筒，这样构成封闭的循环滚道。外循环结构制造工艺简单，使用较为广泛。其缺点是滚道接缝处很难做得平滑，影响滚珠滚动的平稳性，甚至发生卡珠现象，噪声也较大 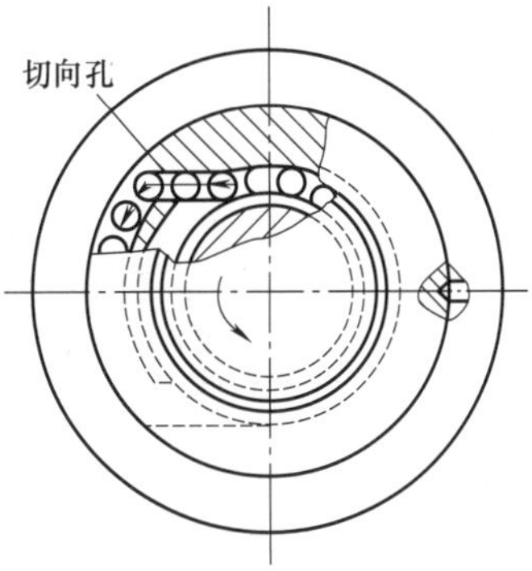</td></tr>
<tr><td>代号</td><td>L</td></tr>
<tr><td rowspan="2">插管式</td><td>结构形式</td><td> 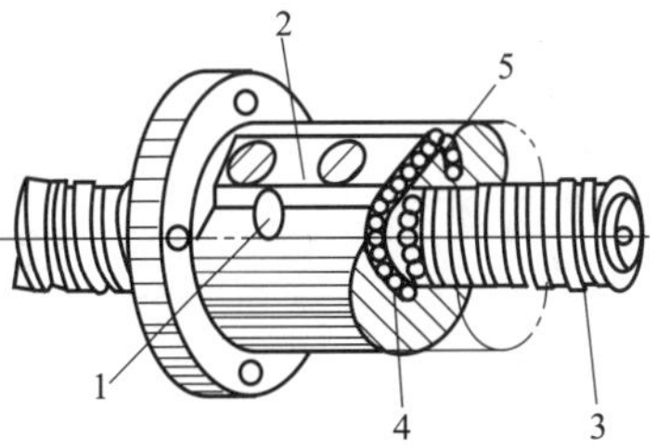1—弯管；2—压板；3—丝杠；4—滚珠；5—螺纹滚道 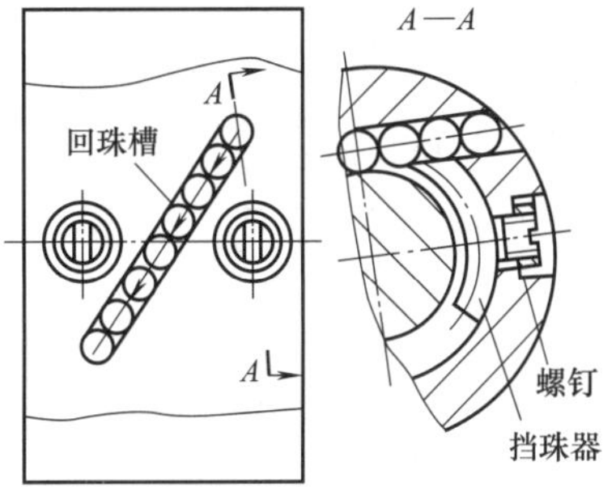
用一弯管 1 代替螺纹凹槽，弯管的两端插入与螺纹滚道 5 相切的两个孔内，用弯管的端部引导滚珠 4 进入弯管，构成滚珠的循环回路，再用压板 2 和螺钉将弯管固定。插管式结构简单、容易制造，但是径向尺寸较大，弯管端部用作挡珠器比较容易磨损</td></tr>
<tr><td>代号</td><td>C</td></tr>
<tr><td rowspan="2">端盖式</td><td>结构形式</td><td> 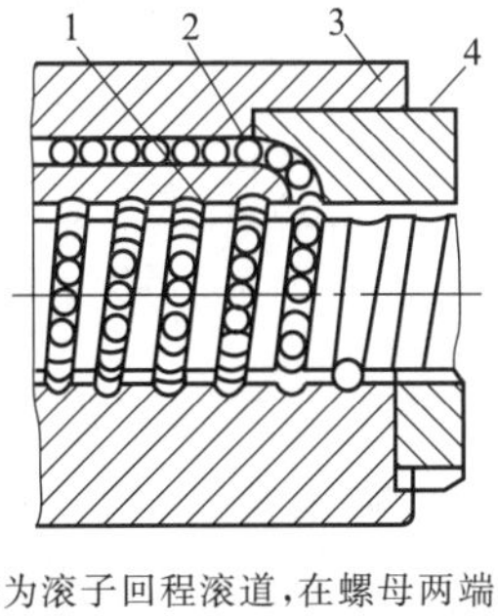1—丝杠；2—滚珠；3—螺母；4—端盖
在螺母 3 上钻出纵向孔作为滚子回程滚道，在螺母两端的端盖 4 上铣出短槽与螺纹滚道和纵向通孔相切，引导滚珠进出通道构成滚珠循环回路。滚道半径为滚珠直径的 1.4～1.6 倍。端盖式结构紧凑，工艺性好，但滚道吻接和弯曲处圆角不易做准确而影响其性能，故应用较少，常以单螺母形式用作升降传动机构</td></tr>
<tr><td>代号</td><td>D</td></tr>
</table>

续表

<table>
<tr><th>类型</th><th colspan="3">说　　明</th></tr>
<tr><td rowspan="9">消除轴向间隙的调整预紧方式</td><td colspan="2">需要消除轴向间隙的原因</td><td>根据滚珠丝杠的用途不同，将滚珠丝杠副分为定位滚珠丝杠副（P型）和传动滚珠丝杠副（T型）两种。P型滚珠丝杠副用于精确定位且能够根据旋转角度和导程间接测量轴向行程，因此这种滚珠丝杠副是无间隙的，需要采取措施消除其轴向间隙。若滚珠螺旋中有轴向间隙或在载荷作用下滚珠与滚道接触处有弹性变形，当丝杠转动方向改变时，将产生空程，因而影响机构的传动精度。为了消除空程，需要采用预紧方法来消除轴向间隙</td></tr>
<tr><td>方式</td><td colspan="2">说　　明</td></tr>
<tr><td rowspan="3">双螺母螺纹预紧调整式</td><td>结构形式</td><td> 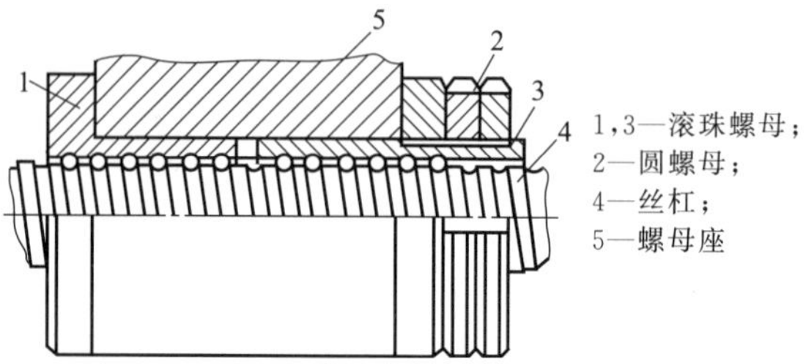1，3—滚珠螺母；
2—圆螺母；
4—丝杠；
5—螺母座

滚珠螺母1的外端有凸缘，滚珠螺母3的外端虽无凸缘，但制有螺纹，并通过两个圆螺母固定。调整时旋转圆螺母2消除轴向间隙并产生一定的预紧力，然后用另一圆螺母锁紧</td></tr>
<tr><td>特点</td><td>结构简单、刚性好、预紧可靠、使用中调整方便，但不能实现定量微调，螺母轴向尺寸大，用于不需要准确预加载荷且用户自调的场合，难以实现“内顶紧”，使用不准确，应用不广泛</td></tr>
<tr><td>代号</td><td>L</td></tr>
<tr><td rowspan="3">双螺母齿差预紧调整式</td><td>结构形式</td><td>1—套筒；
2—内齿轮；
3—圆柱齿轮；
4—丝杠

两个螺母的两端分别制有圆柱齿轮3，二者齿数相差一个齿，通过两端的两个内齿轮2与上述圆柱齿轮相啮合并用螺钉和定位销固定在套筒1上。调整时先取下两端的内齿轮2，当两个滚珠螺母相对于套筒同一方向转动同一个齿固定后，则一个滚珠螺母相对于另一个滚珠螺母产生相对角位移，使两个滚珠螺母产生相对移动，从而消除间隙并产生一定的预紧力</td></tr>
<tr><td>特点</td><td>可实现定量调整，即可进行精密微调（如0.002mm），使用中预紧可靠，调整较方便，结构复杂，轴向尺寸偏大，工艺复杂，用于要求准确预加载荷的精密定位系统。“内预紧”结构形式，方便用户使用。一般不提倡用户自调，而由生产厂家根据用户要求用仪器检测来调整</td></tr>
<tr><td>代号</td><td>Ch（或C）</td></tr>
</table>

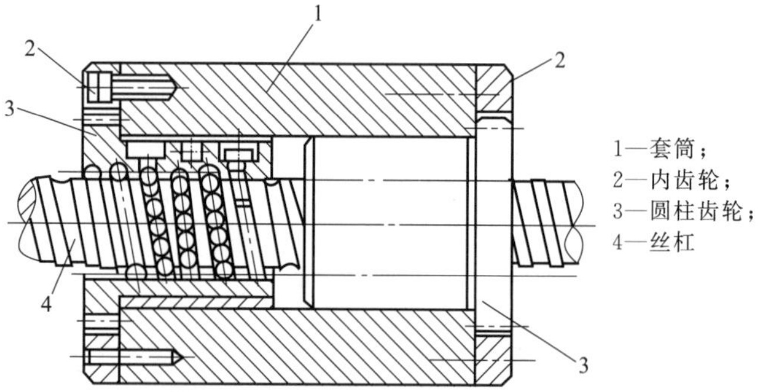

续表

类型			说　明
消除轴向间隙的调整预紧方式	双螺母垫片调整预紧式	结构形式	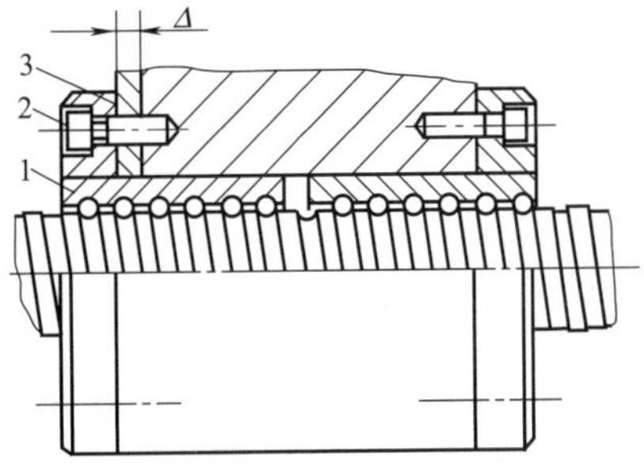 Δ　3　2　1 1—双螺母； 2—螺钉； 3—调整垫片 调整垫片3的厚度Δ，可使螺母产生轴向移动，以达到消除轴向间隙、产生预紧拉力的目的
		特点	结构简单、轴向刚性好、预紧可靠，但使用中不可调整，轴向尺寸适中，工艺性好，用于高刚度、重载荷的传动，目前应用最广泛，是"内预紧"结构形式，方便用户使用，一般不提倡用户自调，而由生产厂家根据用户要求用仪器检测来调整
		代号	D
	弹簧式自动调整预紧式	结构形式	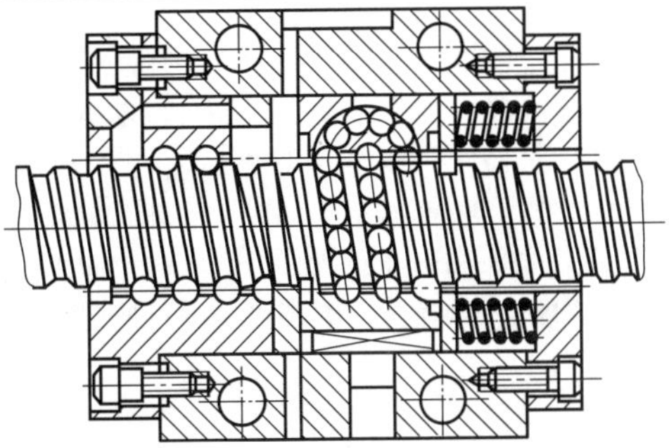 双螺母中一个活动另一个固定，用弹簧使其之间产生轴向位移并获得预紧力，以消除间隙
		特点	能消除使用过程中由于磨损或弹性变形产生的间隙，但结构复杂、轴向刚度低
	单螺母变位导程自预紧式	结构形式	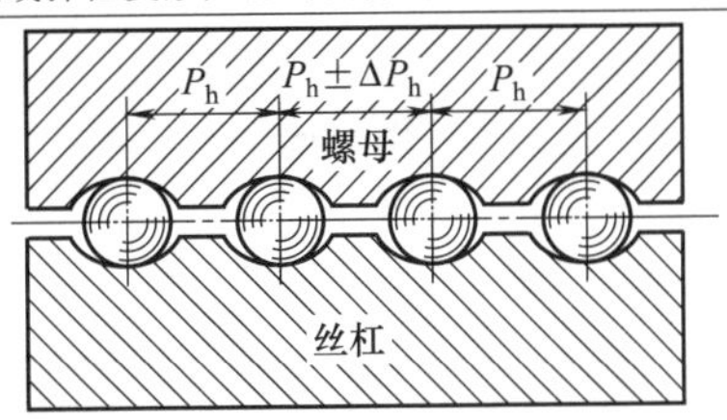 P_h　$P_h \pm \Delta P_h$　P_h　螺母　丝杠 在滚珠螺母体内的两列循环滚珠链之间，使内螺纹滚道在轴向制作一个$\pm \Delta P_h$的导程突变量，从而使两列滚珠在轴向错位而实现预紧。预紧力的大小取决于ΔP_h和单列滚珠的径向间隙
		特点	结构简单紧凑，完全避免了双螺母结构中形位误差的干扰，技术性强，但使用中不能调整，且制造困难。用于中等载荷以下，且对预加载荷有要求的精密定位、传动系统，是最典型的"内预紧"结构，应用广泛
		代号	B
	单螺母增大钢球预紧式	结构形式	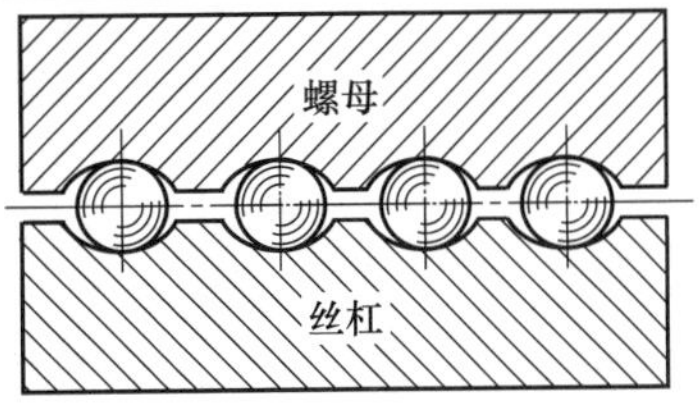 螺母　丝杠 采用安装直径比正常值大几个微米的钢球进行预紧装配，是一种过盈配合的预紧方法，一般用于滚道截面为双圆弧形时
		特点	结构最简单、紧凑，但不适合预紧力过大的场合，不可调整，轴向尺寸小。用于中等载荷以下轴向尺寸受限制的场合，最典型的"内预紧"结构，应用广泛
		代号	Z

(3) 滚珠丝杠副精度和刚度选择

① 滚珠丝杠的精度及其选择。目前我国滚珠丝杠螺母副的精度标准为四级，即普通级 P、标准级 B、精密级 J 和超精密级 C。各级精度所规定的各项允差可查有关手册。一般的数控机床可选用标准级 B，精密数控机床可选精密级 J 或超精密级 C。

在设计和选用滚珠丝杠螺母副时，首先要确定螺距 t、名义直径 D_0、滚珠直径 d_0 等主要参数。在确定参数时，采用与验算滚珠轴承相似的方法进行校核，即规定在最大轴向载荷 Q 作用下，滚珠丝杠能以 33.3r/min 的转速运转 500h 而不出现点蚀。

选择螺距 t 时，一般应根据丝杠的承载能力和刚度要求，首先确定名义直径 D_0，之所以称为名义直径，是指滚珠中心圆的直径，而丝杠的实际外径略小于名义直径。然后根据名义直径 D_0 尽量取较大的螺距，常用的螺距 $t=4$，5，6，8，10，12（mm）。螺距小，在一定轴向力作用下摩擦力矩较小；但 t 小时(滚珠也小)，导致滚珠丝杠承载能力显著下降。另外，丝杠名义直径 D_0 一定时，t 减小，螺旋升角也随之减小，传动效率也随之降低。D_0 根据承受的载荷来选取。D_0 愈大，丝杠承载能力和刚度愈大。为了满足传动刚度和稳定性的要求，D_0 通常应大于丝杠长度的1/30～1/35。

滚珠直径 d_0 对承载能力有直接影响，应尽可能取较大的数值。一般 $d_0\approx0.6t$，其最后尺寸按照滚珠标准选用。

滚珠的工作圈数 j、列数 K 和工作滚珠总数 N 对丝杠工作特性影响很大。根据试验，每一个循环回路中，各圈所受轴向载荷不均匀，滚珠第一圈约承受总载荷的 50%，第二圈约承受 30%，第三圈约承受 20%。因此，圈数过多，并不能加大承载能力，反而增加了轴向尺寸。一般工作圈数 $j=2.5$～3.5 圈。若工作圈数必须超过 3.5 圈时，可制成双列或三列，列数多，增加了接触刚度，提高了承载能力。但并不是成比例增加，列数多，增加承载能力并不显著，反而加大了螺母的轴向尺寸。一般 $K=2$～3 列。工作滚珠总数 N 不宜过多，一般 $N<150$；否则，容易引起流通不畅而堵塞。但也不宜过少，这样会使每个滚珠所受载荷加大，弹性变形也大。

② 滚珠丝杠的刚度。丝杠刚度主要包括拉压刚度和扭转刚度。滚珠丝杠的刚度与直径大小直接相关，直径大，刚度好，但直径大转动惯量也大大增大。所以，一般在兼顾二者的情况下选取最佳直径。有关资料推荐：小型加工中心采用 32mm、40mm 的滚珠丝杠；中型加工中心选用 40mm、50mm 的滚珠丝杠；大型加工中心采用 50mm、63mm 的滚珠丝杠。

对细长丝杠来说，扭转刚度是不可忽视的因素。因为扭矩引起的扭转变形会使轴向移动产生滞后。

滚珠丝杠的主要载荷是轴向载荷，径向载荷来自卧式丝杠的自重。因此，滚珠丝杠的轴向刚度和位移精度要求很高。为提高传动刚度，不仅应合理确定滚珠丝杠螺母副的参数，还应合理确定螺母座的结构、丝杠两端的支承形式，以及它们与机床的连接刚度。因此，螺母座的孔与螺母之间必须有良好的配合，保证孔与端面的垂直度，螺母座宜增添加强筋，加大螺母座和机床结合面的接触面积，这些措施均可提高螺母座的局部刚度和接触刚度。

(4) 滚珠丝杠副支承方式的选择

① 支承方式。实践证明，丝杠的轴承组合、轴承座及其他零件的连接刚性不足，将严重影响滚珠丝杠副的传动精度和刚度，在设计安装时应认真考虑。为了提高轴向刚度，常用止推轴承为主的轴承组合来支承丝杠。当轴向载荷较小时，也可用向心推力球轴承来支承丝杠。滚珠丝杠传动常用轴承的组合方式如表 22-4-9 所示。

② 轴承组合支承安装示例。如图 22-4-3 所示。丝杠两端采用多重支承，即多个止推轴承和向心球轴承，并施加预紧拉力。这种结构方式可以使丝杠的热变形转化为止推轴承的预紧力，但设计时要注意提高止推轴承的承载能力和支架刚度。

表 22-4-9　　滚珠丝杠传动常用轴承的组合方式

单推-单推式（两端铰支）	示意图	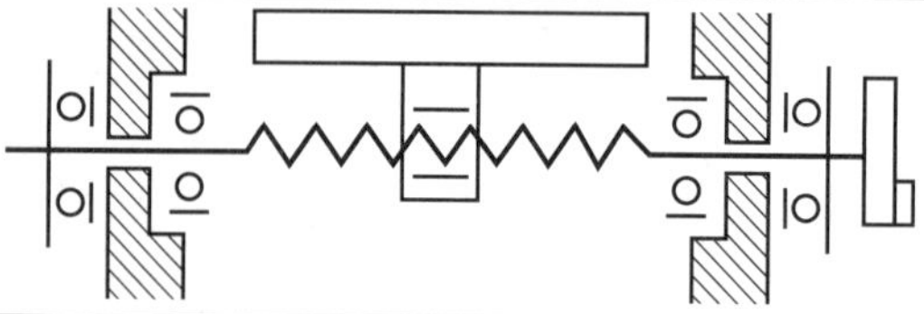
	说　明	在丝杠两端都安装一个推力轴承和一个向心球轴承，并施加一定的预紧力。其特点是轴向刚度较高，适用于中速、精度较高的场合；预拉伸安装时，预紧力较大；丝杠对热变形敏感，轴承寿命比双推-双推式低

续表

双推-双推式 （两端固定）	示意图	
	说　明	在丝杠两端都安装两个推力轴承和两个向心球轴承，并施加预紧力，使其刚度最高。该方式适合于高刚度、高速度、高精度的精密丝杠传动系统。由于随温度的升高会使丝杠的预紧力增大，故易造成两端支承的预紧力不对称
双推-简支式 （一端固定，一端铰支）	示意图	
	说　明	一端装两个推力轴承，另一端装向心球轴承。这种安装轴向刚度不高，双推端可预拉伸安装，预紧力小，轴承寿命较高，适用于中速、精度较高的长丝杠传动系统。使用时要将推力轴承安装在远离常用段，以减少丝杠热变形的影响
双推-自由式 （一端固定，一端自由）	示意图	
	说　明	一端装两个推力轴承，另一端悬空。因其一端是自由状态，故轴向刚度和承载能力低，多用于轻载、低速的短丝杠或者垂直安装丝杠的场合

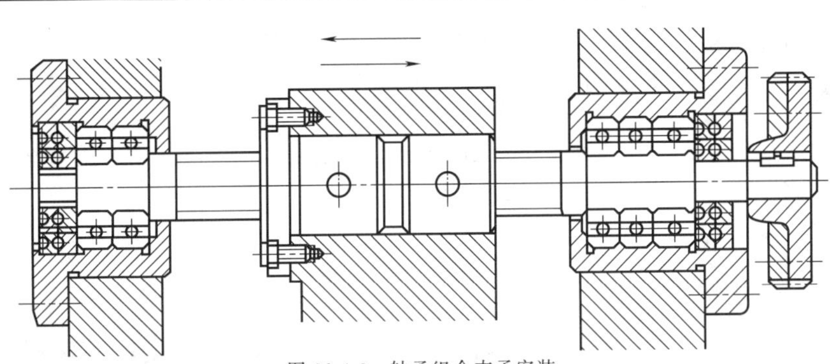

图 22-4-3　轴承组合支承安装

实践证明，丝杠的轴承组合、轴承座及其他零件的连接刚性不足，将严重影响滚珠丝杠副的传动精度和刚度，在设计安装时应认真考虑。为了提高轴向刚度、常用止推轴承为主的轴承组合来支承丝杠。当轴向载荷较小时，也可用向心推力球轴承来支承丝杠。

接触角为 60°的角接触球轴承可以组成面对面、背靠背的形式承受两个方向的轴向载荷。由于丝杠支承与螺母中心线不可避免有误差，希望轴承有一定的调心作用，面对面时两接触线与轴线支点间的距离比背靠背时小，调心较容易。所以丝杠支承多采用面对面的结构（这与主轴多用背靠背结构正好相反）。此外还有三联（两个同向与第三个面对面）、四联（两两同向、面对面，三个同向与另一个面对面）多重支撑结构。

美国 CINCINNATI 10HC 卧式加工中心的 Z 坐标（立柱水平方向移动）的滚珠丝杠支承采用一端固定一端自由的结构形式，如图 22-4-4 所示。固定端采用四个 60°接触角的推力角接触球轴承，两个同向面对面安装，加上预紧，轴向刚度和承载能力都很高。该固定端连同伺服电机都安装在支架 2 上。丝杠的另一端自由悬伸，滚珠丝杠螺母固定在底座上，可视为一种辅助支承。工作时，伺服电机 4 带动滚珠丝杠 3 旋转，并推动支架和重达 5t 的立柱 1（包括主轴箱和刀库）沿着 Z 方向的 800mm 行程范围运动。

CINCINNATI 10HC 卧式加工中心的 Y 坐标如图 22-4-5 所示，为实现主轴箱和刀库在立柱上的升降运动，行程为 1000mm，其轴向刚度和位移精度同样要求很高，故 Y 坐标的滚珠丝杠支承结构与 X 坐标相同，不再赘述。这里要特别提到的是 Y 坐标滚珠丝杠处于垂直位置，为了防止在停机时，因滚珠丝杠不自锁造成主轴箱自动下滑的事故，在滚珠丝杠的下端设置了液压制动器。当机床工作时，高压油进入油缸活塞的上腔，活塞下移压缩弹簧，下摩擦盘随着活塞下移，使上摩擦盘和下摩擦盘之间分开的间隙达到0.1～0.3mm，滚珠丝杠便能自由转动；当停机或断电时，油缸活塞的上腔无高压油，在弹簧恢复力作用下，上、下摩擦盘接触，滚珠丝杠即被制动而不能自由旋转。

滚珠丝杠工作时要发热，其热膨胀将使导程加大，影响定位精度。为补偿热膨胀，可将丝杠预拉伸，预拉伸量应略大于热膨胀量。发热后，热膨胀量抵消了部分预拉伸量，使丝杠的拉应力下降，长度却没有变化。需预拉伸的丝杠在制造时，应使其目标行程（在常温下螺纹部分的长度）等于公称行程（螺纹部分的理论长度等于公称导程乘以丝杠上螺纹圈数）减去预拉伸量。拉伸后恢复公称行程值减去的量，称为行程补偿值。根据预拉伸量和丝杠的尺寸，采用拉伸公式可计算轴预拉力的大小。

丝杠精度中的导程误差对机床定位精度影响明显，而丝杠在运转中由于温升引起的丝杠伸长也将直接影响机床的定位精度。通常，需要把导程值预先置成负值，这叫做丝杠的方向目标值。用户在订购滚珠丝杠时，必须提出滚珠丝杠的方向目标值。

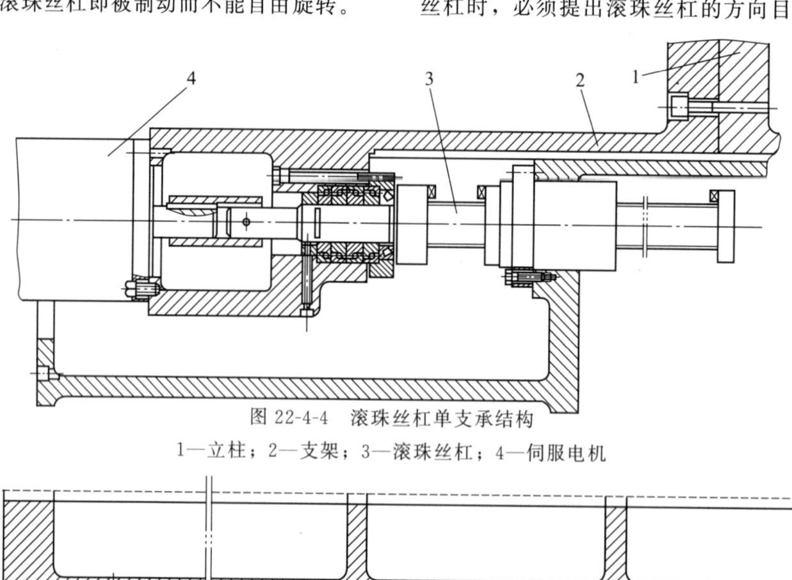

图 22-4-4　滚珠丝杠单支承结构

1—立柱；2—支架；3—滚珠丝杠；4—伺服电机

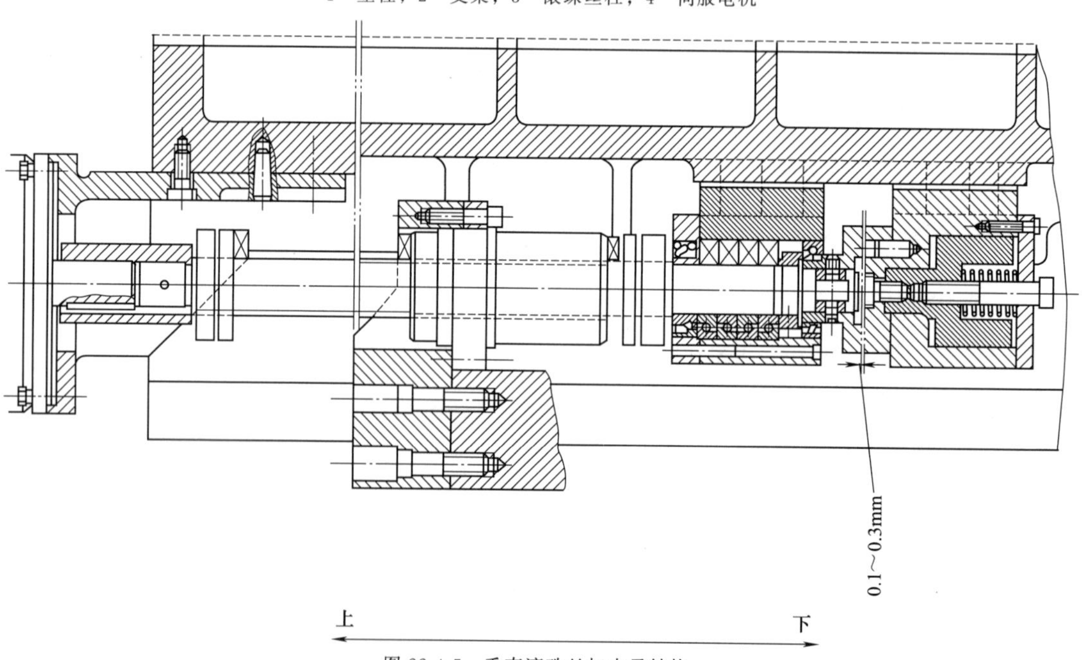

图 22-4-5　垂直滚珠丝杠支承结构

③ 制动装置。滚珠丝杠传动垂直安装时，因其传动效率高，无自锁作用，故必须设置当驱动力中断后防止被驱动部件因自重发生逆传动的自锁或制动装置，或重力平衡装置。常用的制动装置有体积小、重量轻、易于安装的超越离合器。选购滚珠丝杠副时可同时选购相宜的超越离合器（如图 22-4-6 所示）。另外还可选用如图 22-4-7 所示的制动装置。当主轴 7 作上、下进给运动时，电磁线圈 2 通电并吸引铁芯 1，从而打开摩擦离合器 4，此时电动机 5 通过减速齿轮、滚珠丝杠副 6 拖动上、下运动部件 7 作垂直上下运动。当电机停止运动或断电时，电磁线圈 2 也同时断电，在弹簧 3 的作用下，摩擦离合器 4 压紧制动轮，使滚珠丝杠不能自由转动。从而防止因上、下运动部件的自重而自动下降。

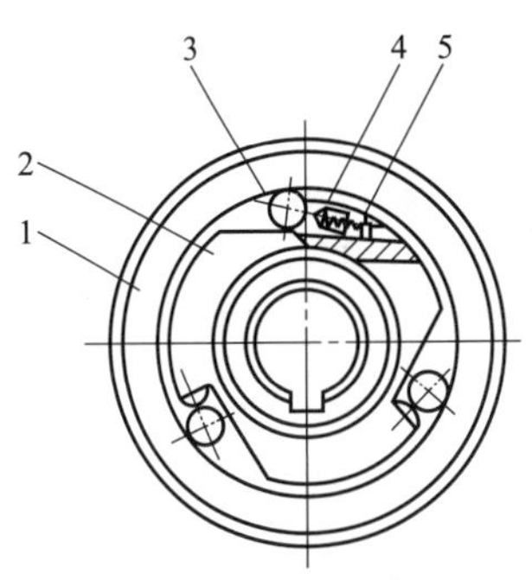

图 22-4-6　超越离合器

1—外圈；2—星轮；3—滚珠；4—活销；5—弹簧

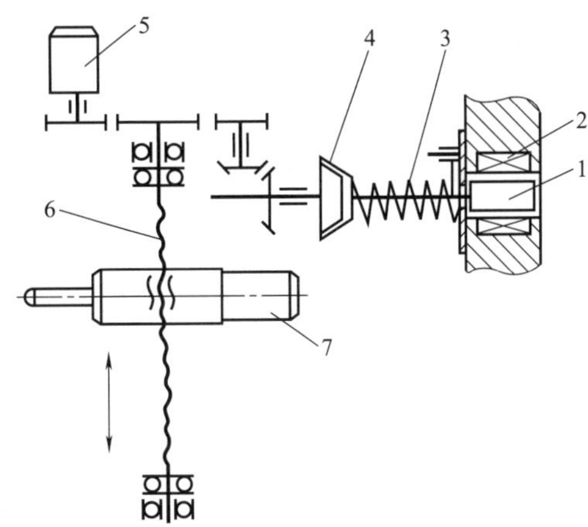

图 22-4-7　电磁-摩擦制动装置原理

1—铁芯；2—电磁线圈；3—弹簧；4—摩擦离合器；5—电动机；6—滚珠丝杠副；7—上、下运动部件

（5）滚珠丝杠副的密封与润滑

滚珠丝杠副可用防尘密封圈或防护套密封，防止灰尘及杂质进入滚珠丝杠副。使用润滑剂来提高耐磨性及传动效率，从而维持传动精度，延长使用寿命。密封圈有接触式和非接触式两种，将其安装在滚珠螺母的两端即可。非接触式密封圈通常由聚氯乙烯等塑料制成，其内孔螺纹表面与丝杠螺纹之间略有间隙，故又称为迷宫式密封圈。接触式密封圈用具有弹性的耐油橡胶或尼龙等材料制成，因此有接触压力并产生一定的摩擦力矩，但其防尘效果好。常用的润滑剂有润滑油和润滑脂两类。润滑脂一般在安装过程中放进滚珠螺母滚道内，因此为定期润滑，而使用润滑油时应注意经常通过注油孔注油。

防护套可防止尘土及杂质进入滚珠丝杠，影响其传动精度。防护套的形式有折叠式密封套、伸缩套管和伸缩挡板式。其材料有耐油塑料、人造革等。图 22-4-8为防护套示例。

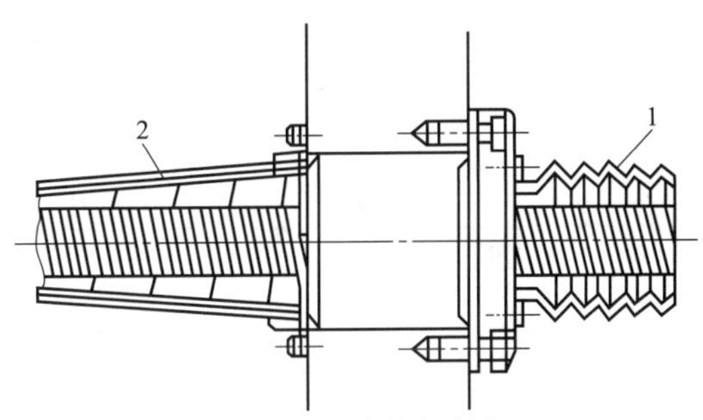

图 22-4-8　防护套示例

1—折叠式密封套；2—螺旋弹簧钢带伸缩套管

4.2.3.2　滚珠丝杠副的主要尺寸和精度等级

（1）滚珠丝杠副的主要尺寸参数

滚珠丝杠副的主要尺寸参数（GB/T 17587.1—1998）如表 22-4-10 所示，滚珠丝杠副的主要尺寸计算公式列于表 22-4-11 中。

表 22-4-10　滚珠丝杠副的主要尺寸参数

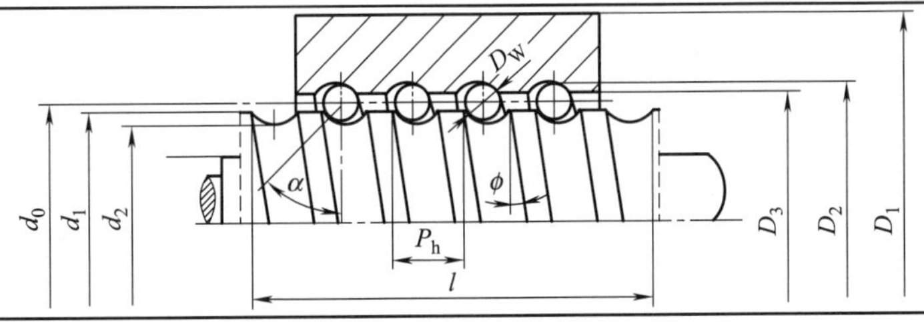

续表

公称直径 d_0	滚珠与螺纹滚道在理论上接触角状态时包络滚珠球心的圆柱直径，它是滚珠丝杠副的特征尺寸。公称直径越大，承载能力和刚度越大，推荐滚珠丝杠副的公称直径应大于丝杠长度的 1/30
导程 P_h	指丝杠相对于螺母旋转 2π 弧度时，螺母上基准点的轴向位移。导程按承载能力选取，选取后验算步距，以满足单位进给脉冲的步距要求，还要验算螺旋升角，以满足效率要求
公称导程 P_{h0}	通常用于尺寸标识的导程值
目标导程 P_{hs}	根据实际需要提出的具有方向目标的导程，一般目标导程值比公称导程稍小一点，用以补偿丝杠在工作时由于温度上升和载荷引起的伸长量
行程 l	指丝杠相对于螺母旋转任意弧度时，螺母上基准点的轴向位移
公称行程 l_0	公称导程与旋转圈数的乘积
目标行程 l_s	目标导程与螺旋圈数的乘积，有时目标行程可由公称行程和行程的补偿值表示
实际行程 l_a	在给定旋转圈数的情况下，滚珠螺母相对于滚珠丝杠的实际轴向位移
有效行程 l_u	有指定精度要求的行程部分，也就是行程加上滚珠螺母体的长度
余程 l_e	没有指定精度要求的行程部分
接触角 α	在螺纹滚道法向剖面内滚珠球心与滚道接触点连线的夹角，理想接触角为 45°
滚珠直径 D_W	滚珠直径应根据轴承厂提供的尺寸选用。滚珠直径大，则承载能力也大。但在导程已确定的情况下，滚珠的直径受到丝杠相邻两螺纹过渡部分最小宽度的限制，在一般情况下，滚珠直径 $D_W \approx 0.6P_h$，计算出的滚珠直径要按滚珠标准尺寸系列圆整
滚珠的工作圈数 j	试验结果表明，在每一个循环回路中，各圈滚珠所受的负载是不均匀的，第一圈滚珠承受总负载的 50%左右，第二圈约承受 30%，第三圈约为 20%。因此滚珠丝杠副中的每个循环回路的滚珠工作圈数取为2.5～3.5 圈。工作圈数大于 3.5 圈无实际意义
滚珠总数 N	一般滚珠总数不超过 150 个，若设计计算时超过规定的最大值，则因流通不畅容易产生堵塞现象。若出现这样的情况，可从单回路改为双回路或加大滚珠丝杠的公称直径来解决。反之，若工作滚珠的总数 N 太少，将使得每个滚珠的负载加大，引起过大的弹性变形
其他参数	除了上述参数外，滚珠丝杠副还有丝杠螺纹大径 d_1，螺纹小径 d_2，螺母大径 D_2，螺母小径 D_3，滚道圆弧偏心距 e，滚道圆弧半径 R，螺母外径 D_1 等参数

表 22-4-11 滚珠丝杠副的主要尺寸计算公式

主要尺寸及符号	计算公式											
公称直径 d_0/mm	30		40		50			60			80	
螺距 t/mm	5	6	6	8	6	8	10	8	10	12	10	12
螺旋升角 ϕ	3°2′	3°39′	2°44′	3°39′	2°11′	2°55′	3°39′	2°26′	3°2′	3°39′	2°17′	2°44′
滚珠直径 D_W/mm	3.175	3.969	3.969	4.763	5.953	4.763	5.953	4.763	5.953	7.144	9.593	7.144
螺纹滚道半径 R	一般 $R=(0.52\sim0.58)d_0$，内循环取 $R=0.52d_0$，外循环取 $R=0.52d_0$ 或 $R=0.56d_0$											
接触角 α	$\alpha=45°$											
偏心距 e	$e=\left(R-\frac{D_W}{2}\right)\sin\alpha=0.707\left(R-\frac{D_W}{2}\right)$											
丝杠外径 d_1	$d_1=d_0-(0.2\sim0.25)D_W$											
丝杠内径 d_2	$d_2=d_0+2e-2R$											
螺纹牙顶圆角半径 r_3	$r_3=0.1D_W$（用于内循环）											
螺母小径 D_3	$D_3=d_0-2e+2R$											
螺母大径 D_2	$D_2=d_0+(0.2\sim0.25)D_W$（外循环） $D_2=d_0+\frac{d_0-D_W}{3}$（内循环）											
每圈滚珠数 m	$m=\frac{\pi D_0}{d_0\cos\lambda}\approx\frac{\pi D_0}{d_0}$											
总滚珠数 N	$N=mjB=\frac{\pi D_0 jK}{d_0}$ j 为每列的工作圈数；K 为每个螺母的循环列数，一般 $N=(60\sim80)K$											

注：公称直径和螺距可以根据承载能力选用；螺旋升角 $\phi=\arctan\frac{t}{\pi D_0}$，一般取 2°～5°。

(2) 滚珠丝杠副的精度等级及标注方法

① 精度等级，根据 GB/T 17587.3—1998《滚珠丝杠副 第 3 部分：验收条件和验收检验》标准，对滚珠丝杠副的精度分为 1、2、3、4、5、7、10 共七个等级，最高级为 1 级，最低级为 10 级。一般情况下，标准公差等级 1～5 级精度用于 P 型，即采取预紧形式滚珠丝杠副，7 级和 10 级精度的滚珠丝杠副为 T 型，即采用非预紧形式滚珠丝杠副。

滚珠丝杠副的精度指标包括目标行程偏差以及跳动和位置公差。行程偏差包括 2π 行程内允许的行程变动量 $V_{2\pi P}$，300mm 行程内允许的行程变动量 V_{300P}，有效行程内允许的行程变动址 V_{uP}，目标行程公差 e_P。对定位型（P 型）滚珠丝杠副要检验全部项目，对于传动型（T 型）滚珠丝杠副只检验目标行程公差和 300mm 内行程变动量。

滚珠丝杠副的制造成本，主要取决于制造精度和长径比，因为制造精度越高，长径比越大，工艺难度越大，成品合格率就越低。因此在满足使用要求的前提下，尽可能选择低精度的滚珠丝杠副。设计选用时，要根据传动机构的精度（如定位精度，重复精度等）要求，选择滚珠丝杠副的精度等级。滚珠丝杠的行程偏差的验收检验项目如表 22-4-12 所示，其行程偏差和变动量如表 22-4-13 所示。按实际使用要求，在每一精度等级内制定了行程偏差和变动量允差大小，表 22-4-14 为滚珠丝杠的跳动和位置偏差。各类型机械产品使用的滚珠丝杠精度推荐如表 22-4-15 所示。

表 22-4-12　　**行程偏差检验项目**

每一基准长度的行程偏差	滚珠丝杠副的类型	
	P(定位型)	T(传动型)
	检验序号	
有效行程 l_u 内的行程补偿值 c	用户规定	$c=0$
目标行程公差 e_P	E1.1	E1.2
有效行程 l_u 内允许的行程变动量 V_{uP}	E2	—
300mm 行程内允许的行程变动量 V_{300P}	E3	E3
2π 弧度内允许的行程变动量 $V_{2\pi P}$	E4	—

表 22-4-13　　**行程偏差和变动量**（部分）

序号	检验项目	允差							
E1.1	有效行程 l_u 内的平均行程偏差 e	定位滚珠丝杠							
		有效行程 l_u/mm	标准公差等级						
			1	2	3	4	5	7	10
			e_P/μm						
		≤315	6	8	12	16	23	—	—
		>315～400	7	9	13	18	25	—	—
		>400～500	8	10	15	20	27	—	—
		>500～630	9	11	16	22	32	—	—
		>630～800	10	13	18	25	36	—	—
		>800～1000	11	15	21	29	40	—	—
E1.2	有效行程 l_u 内的平均行程偏差 e	传动滚珠丝杠							
		标准公差等级							
		1	2	3	4	5	7	10	
		$c=0, e_P=2\dfrac{l_u}{300}V_{300P}$，$V_{300P}$ 见 E3							
E2	有效行程 l_u 内的平均行程变动量 V_u	定位滚珠丝杠							
		有效行程 l_u/mm	标准公差等级						
			1	2	3	4	5	7	10
			V_{uP}/μm						
		≤315	6	8	12	16	23	—	—
		>315～400	6	9	12	18	25	—	—
		>400～500	7	9	13	19	26	—	—
		>500～630	7	10	14	20	29	—	—
		>630～800	8	11	16	22	31	—	—
		>800～1000	9	12	17	24	34	—	—

续表

序号	检验项目	允差						
E3	任意 300mm 轴向行程内行程变动量 V_{300}	定位或传动滚珠丝杠						
		标准公差等级						
		1	2	3	4	5	7	10
		$V_{300P}/\mu m$						
		6	8	12	16	23	52	210
E4	2π 弧度内行程变动量 $V_{2\pi}$	定位或传动滚珠丝杠						
		标准公差等级						
		1	2	3	4	5	7	10
		$V_{2\pi}/\mu m$						
		4	5	6	7	8	—	—

表 22-4-14　　跳动和位置偏差

序号	检验项目	允差								
E5	每 l_5（规定的测量间隔）长度处滚珠丝杠的径向跳动 t_5，用以确定相对于 AA'（置滚珠丝杠于两个间距为 AA' 的 V 形铁上）的直线度	定位或传动滚珠丝杠								
		公称直径 d_0/mm	l_s/mm	标准公差等级						
				1	2	3	4	5	7	10
				l_5 长度上的 $t_{5P}/\mu m$						
		≥6～12	80	20	22	25	28	32	40	80
		>12～25	160							
		>25～50	315							
		>50～100	630							
		>100～200	1250							
		长径比 l_1/d_0		$l_1 \geqslant 4l_5$ 长度上的 $t_{5maxP}/\mu m$						
		≤40		40	45	50	57	64	80	160
		>40～60		60	67	75	85	96	120	240
		>60～80		100	112	125	142	160	200	400
		>80～100		160	180	200	225	256	320	600

表 22-4-15　　滚珠丝杠副精度选择推荐表

主机类型		坐标轴	精度等级 1	2/3	4	5	7	10
NC CNC 机床	车床	x	√	√	√			
		z		√	√	√		
	磨床	x	√	√				
		z	√	√				
	镗床	xy	√	√	√			
		z		√	√			
		w			√	√		
	坐标镗床	xy	√	√				
		z	√	√				
		w	√	√				
	铣床	x		√	√	√		
		z		√	√	√		
	钻床	x		√	√			
		z			√	√		
	加工中心	xy	√	√	√			
		z	√	√	√			
		w		√	√			

主机类型		坐标轴	精度等级 1	2/3	4	5	7	10
NC CNC 机床	切割机床	xy	√	√				
		uv		√	√			
	电火花机床	xy	√	√				
		z		√	√			
	激光加工机床	xy		√	√			
		z		√	√			
普通通用机床					√	√	√	√
三坐标测量机			√	√				
工业机器人	直角坐标型	装配	√	√	√	√		
		其他			√	√	√	
	垂直多关节型	装配	√	√	√			
		其他		√	√	√		
	圆柱坐标型			√	√	√	√	
NC 机械	绘图机	xy		√	√	√		
	冲压机	xy			√	√	√	
一般机械						√	√	√

② 滚珠丝杠副的标注方法

型号意义：

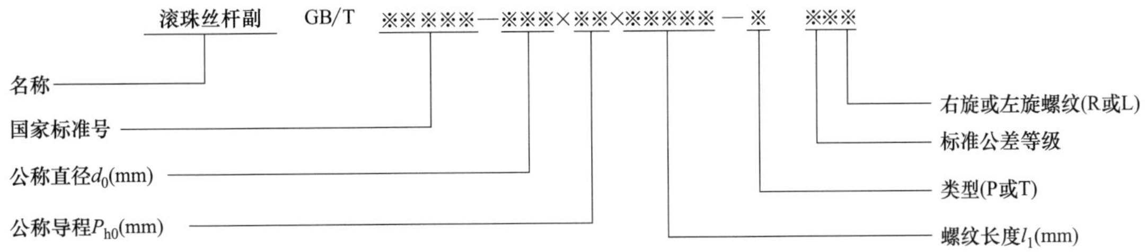

生产厂家一般省略 GB 号，而滚珠丝杠副的名称则以各厂自己的商标打头，后续加上表示循环方式、连接方式、预紧方式的字母。

4.2.3.3　滚珠丝杠副的选择设计计算

（1）滚珠丝杠副的选择设计计算步骤

滚珠丝杠在工作过程中承受轴向载荷，使得滚珠和滚道型面间产生接触应力，对滚道型面上某一点来说是交变接触应力，它的工作状况与滚动轴承类似，所以它的主要失效形式是疲劳点蚀和塑性变形。除此之外，对滚珠丝杠副还要进行效率计算和刚度、稳定性及临界转速等方面的校核计算。

计算滚珠丝杠副尺寸之前，必须先弄清楚适用对象及工作条件，包括工作载荷、速度与加速度、工作行程、定位精度、运转条件、预期寿命、工作环境、润滑密封条件等，然后根据表 22-4-16 程序进行计算。

表 22-4-16　滚珠丝杠的设计计算步骤

步骤	计算内容	计算公式		说　明
1	初算导程 P_h	$P_h \geqslant v_{max}/n_{max}$		P_h——丝杠导程，mm，其值要从表 22-4-17 中选择标准值 v_{max}——丝杠副最大移动速度，mm/min n_{max}——丝杠副最大相对转速，r/min
2	计算当量载荷 F_m	一般情况	$F_m=\sqrt[3]{\dfrac{F_1^3n_1t_1+F_2^3n_2t_2+\cdots}{n_1t_1+n_2t_2+\cdots}}$	F_m——当量载荷，N F_1,F_2——轴向变载荷，N n_1,n_2——对应 F_1、F_2时的转速，r/min t_1,t_2——对应 F_1、F_2时的时间，h F_{max},F_{min}——轴向最大、最小载荷，N
		当载荷在 F_{max}、F_{min}之间周期变化时	$F_m=(2F_{max}+F_{min})/3$	
3	计算当量转速 n_m	一般情况	$n_m=\dfrac{n_1t_1+n_2t_2+\cdots}{t_1+t_2+\cdots}$	n_m——当量转速，r/min n_1,n_2——不同阶段的转速，r/min t_1,t_2——对应 n_1,n_2的时间，h n_{max},n_{min}——分别为最大、最小转速，r/min
		当转速在 n_{max}、n_{min}之间周期变化时	$n_m=(n_{max}+n_{min})/2$	
4	计算额定动载荷 C_{am}	按预期工作时间计算	$C_{am}=\dfrac{f_wF_m\sqrt[3]{60n_mL_h}}{100f_af_c}$	C_{am}——额定动载荷，N f_a——精度系数，按表 22-4-18 选取 f_c——可靠性系数，按表 22-4-19 选取 f_w——载荷性质系数，按表 22-4-20 选取 L_h——预期工作寿命，h f_e——预加载荷系数，按表 22-4-21 选取 F_{max}——最大轴向载荷，N
		当有预加载荷时还要对预加载荷进行评估，然后取两者中的最大值作为额定动载荷的预期值	$C'_{am}=f_eF_{max}$	

续表

<table>
<tr><th>步骤</th><th>计算内容</th><th colspan="2">计 算 公 式</th><th>说 明</th></tr>
<tr><td>5</td><td>估算滚珠丝杠螺纹小径 d_{2m}</td><td colspan="2">$$d_{2m}=a\sqrt{\frac{\mu_0 WL}{\delta_m}}$$</td><td>d_{2m}——滚珠丝杠螺纹小径，mm
a——支承方式系数，按表 22-4-22 选取
μ_0——导轨静摩擦因数
W——滚珠丝杠副拖动工作台的质量
L——滚珠丝杠两轴承支点间的距离，mm，常取 $L=1.1$ 行程＋(10～14)P_h
δ_m——滚珠丝杠最大允许轴向变形，μm，取(1/3～1/4)重复定位精度和(1/4～1/5)定位精度中的较小值</td></tr>
<tr><td>6</td><td>确定滚珠丝杠规格代号</td><td colspan="2">按照使用要求，选取合适的滚珠循环方式和预紧方式，根据上述计算的 P_h、C_{am}、d_{2m} 值，按照滚珠丝杠生产厂家提供的样本选取</td><td></td></tr>
<tr><td rowspan="2">7</td><td rowspan="2">计算预紧力 F_p</td><td>当最大轴向工作载荷 F_{max} 能够确定时</td><td>$F_p=F_{max}/3$</td><td rowspan="2">F_p——预紧力，N
b——系数，按表 22-4-21 选取
C_a——滚珠丝杠额定动载荷，由滚珠丝杠样本查得</td></tr>
<tr><td>当最大轴向工作载荷 F_{max} 不能确定时</td><td>$F_p=bC_a$</td></tr>
<tr><td>8</td><td>计算行程补偿值 C</td><td colspan="2">$C=11.8\Delta t l_u\times10^{-3}$</td><td>$C$——行程补偿值，μm
Δt——温度变化值，2～3℃
l_u——滚珠丝杠有效行程，mm，l_u＝行程＋(8～14)P_h</td></tr>
<tr><td>9</td><td>计算预拉伸力 F_t</td><td colspan="2">$F_t=1.95\Delta t d_2^2$</td><td>F_t——预拉伸力，N
Δt——温度变化值，2～3℃
d_2——丝杠螺纹小径，mm</td></tr>
<tr><td>10</td><td>选择轴承</td><td colspan="2">按照轴承设计规范选择轴承</td><td></td></tr>
<tr><td>11</td><td>验算系统刚度 K</td><td colspan="2">$$K=1/\left(\frac{1}{K_s}+\frac{1}{K_b}+\frac{1}{R}\right)\geqslant\frac{1.6F_0}{\text{反向误差或重复定位精度}}$$</td><td>K——系统刚度，N/μm
K_b——轴承刚度，与轴承类型和丝杠两端支承方式有关，见表 22-4-23，N/μm
R——轴向接触刚度，从滚珠丝杠样本查得
K_s——滚珠丝杠副的预拉刚度，计算公式见表 22-4-23，N/μm
F_0——静摩擦力，N</td></tr>
<tr><td>12</td><td>验算滚珠丝杠压杆稳定性 F_c</td><td colspan="2">$$F_c=\frac{K_1K_2d_2^4}{L_{c1}^2}\times10^5\geqslant F_{amax}$$</td><td>F_c——临界压缩载荷，N
K_1——安全系数，丝杠垂直安装取 1/2，水平安装取 1/3
K_2——支撑系数，见表 22-4-22
d_2——丝杠螺纹小径，mm
L_{c1}——丝杠最大受压长度，mm
F_{amax}——丝杠副所受最大轴向压缩载荷，N</td></tr>
</table>

续表

步骤	计算内容	计算公式	说明
13	验算滚珠丝杠副极限转速 n_c	$n_c=\dfrac{fd_2}{L_{c2}^2}\times10^7$	n_c——极限转速，r/min f——支承方式系数，见表 22-4-22 d_2——丝杠螺纹小径，mm L_{c2}——螺母运动到极限工作位置时，丝杠轴承支点到螺母中点的距离，mm
14	校验 d_0 值	$d_0n_{max}\leqslant70000$	d_0——滚珠丝杠副公称直径，mm n_{max}——滚珠丝杠副最大转速，r/min
15	验算额定静载荷 C_{0a}	$f_sF_{amax}\leqslant C_{0a}$	C_{0a}——滚珠丝杠副基本轴向额定静载荷，N，由滚珠丝杠副样本提供 f_s——静安全系数，一般取 1～2，有冲击及振动时取 2～3 F_{amax}——轴向最大载荷，N
16	验算丝杠抗拉强度	$\dfrac{\sigma_p\pi d_2^2}{4}\geqslant F_{amax}$	σ_p——丝杠材料的许用抗拉应力，MPa F_{amax}——滚珠丝杠副最大轴向载荷，N d_2——丝杠螺纹小径，mm

表 22-4-17　**滚珠丝杠副的标准参数组合**　mm

公称直径	公称导程														
6	1	2	2.5												
8	1	2	2.5	3											
10	1	2	2.5	3	4	5	6								
12			2.5	3	4	5	6	8	10	12					
16			2.5	3	4	5	6	8	10	12	16				
20				3	4	5	6	8	10	12	16	20			
25					4	5	6	8	10	12	16	20	25		
32					4	5	6	8	10	12	16	20	25	32	
40						5	6	8	10	12	16	20	25	32	40
50						5	6	8	10	12	16	20	25	32	40
63						5	6	8	10	12	16	20	25	32	40
80							6	8	10	12	16	20	25	32	40
100									10	12	16	20	25	32	40
125									10	12	16	20	25	32	40
160										12	16	20	25	32	40
200										12	16	20	25	32	40

注：含有下划线的尺寸为优先选择的尺寸。

表 22-4-18　**精度系数 f_a**

精度等级	1	2	3	4	5	7	10
f_a		1.0		0.9		0.8	0.7

表 22-4-19　**可靠性系数 f_c**

可靠性/%	90	95	96	97	98	99
f_c	1	0.62	0.53	0.44	0.33	0.21

表 22-4-20 **载荷性质系数 f_w**

载荷性质	无冲击(很平稳)	轻微冲击	有冲击或振动
f_w	1～1.2	1.2～1.5	1.5～2

表 22-4-21 **预加载荷系数 f_e、b**

预加载荷系数	轻载荷	中载荷	重载荷
f_e	6.7	4.5	3.4
b	0.05	0.1	0.15

表 22-4-22 **支承方式系数 a、K_2、f**

支承方式	一端固定、一端自由	一端固定、一端铰支	两端铰支	两端固定
a	0.078		0.039	
K_2	0.25	2	1	4
f	3.4	15.1	9.7	21.9

表 22-4-23 **系统刚度计算有关参数** N/μm

轴承类型	K_B	K_{B0}
角接触球轴承	$2.34\sqrt[3]{d_Q Z^2 F_a \sin^5\beta}$	$4.68\sqrt[3]{d_Q Z^2 F_{amax} \sin^5\beta}$
推力球轴承	$1.95\sqrt[3]{d_Q Z^2 F_a}$	$3.9\sqrt[3]{d_Q Z^2 F_{amax}}$
圆锥滚子轴承	$7.8\sin^{1.9}\beta L_r^{0.8} Z^{0.9} F_a^{0.1}$	$15.6\sin^{1.9}\beta L_r^{0.8} Z^{0.9} F_{amax}^{0.1}$
推力圆柱滚子轴承	$7.8L_r^{0.8} Z^{0.9} F_a^{0.1}$	$15.6L_r^{0.8} Z^{0.9} F_{amax}^{0.1}$

支承形式	K_b	K_s
一端固定一端自由	$K_b = K_{B0}$	$165\dfrac{d_2^2}{l_u}$
一端固定一端铰支	$K_b = K_{B0}$	
两端铰支	预紧 $K_b = K_{B0}$ 未预紧 $K_b = K_B$	$660\dfrac{d_2^2}{l_u}$
两端固定	$K_b = 2K_{B0}$	

β——轴承接触角,(°)
Z——滚珠数
d_2——丝杠螺纹小径,mm
L_r——滚子有效长度,mm
d_Q——滚子体直径,mm
F_a——轴向工作载荷,N
F_{amax}——最大轴向工作载荷,N
l_u——滚珠丝杠有效行程,mm

(2) 滚珠丝杠副的选择设计实例

例 某台加工中心工作台进给用滚珠丝杠副的选择设计计算。已知：工作台重量 $W_1=6000$N，工件及夹具最大重量 $W_2=2000$N，工作台最大行程 $L_K=1000$mm，工作台导轨的摩擦因数，动摩擦因数 $\mu=0.1$，静摩擦因数 $\mu_0=0.2$，快速进给速度 $V_{max}=15$m/min，定位精度 20μm/300mm，全行程 25μm，重复定位精度 10μm，要求寿命 20000h（两班制工作十年）。表 22-4-24 所示为工作台工作循环。

表 22-4-24 **工作台工作循环**

切削方式	纵向切削力 P_{xi}/N	垂直切削力 P_{zi}/N	进给速度 V_i/(m/min)	工作时间百分比 /%	丝杠转速 /(r/min)
强力切削	2200	1000	0.6	10	60
一般切削	1200	200	0.8	30	80
精切削	550	200	1	50	100
快速进给	0	0	15	10	1500

解 选择设计计算具体步骤见表 22-4-25。

表 22-4-25　滚珠丝杠副的选择设计计算实例

步骤	计算内容	计算过程
1	导程 P_h	$P_h \geqslant \dfrac{v_{max}}{n_{max}}=\dfrac{15000}{1500}=10mm$
2	当量载荷 F_m	由　$F_i=P_{xi}+\mu(W_1+W_2+P_{zi})$ $i=1,2,3,4$ 分别对应强力切削、一般切削、精切削和快速进给四种情况 求得丝杠轴向载荷：$F_1=3100N,F_2=2020N,F_3=1370N,F_4=800N$ 由　$F_m=\sqrt[3]{\dfrac{F_1^3n_1t_1+F_2^3n_2t_2+\cdots}{n_1t_1+n_2t_2+\cdots}}$ 求得：　$F_m=1363N$
3	当量转速 n_m	$n_m=\dfrac{n_1t_1+n_2t_2+\cdots}{t_1+t_2+\cdots}=230r/min$
4	预期额定动载荷 C_{am}	按预期工作时间估算： 按表 22-4-20 查得：轻微冲击取 $f_w=1.3$ 按表 22-4-18 查得：精度等级 1～3 取 $f_a=1.0$ 按表 22-4-19 查得：可靠性 98%取 $f_c=0.33$ 已知：$L_h=20000h$ 得：　$C_{am}=\dfrac{f_wF_m\sqrt[3]{60n_mL_h}}{100f_af_c}=34960N$
		拟采用预紧滚珠丝杠，按最大载荷 F_{max} 计算： 按表 22-4-21 查得：中预紧取 $f_e=4.5$ $F_{max}=F_1=3100N$，代入得 $C'_{am}=f_eF_{max}=13950N$
		取两种结果的最大值 $C_{am}=34960N$
5	估算滚珠丝杠螺纹小径 d_{2m}	①估算丝杠允许的最大轴向变形量 已知：重复定位精度 10μm，定位精度 25μm $\delta_m=(1/4\sim1/3)$重复定位精度$=3\mu m$ 或者 $\delta_m=(1/5\sim1/4)$定位精度$=6\mu m$ 取两种结果的较小值　$\delta_m=3\mu m$ ②估算螺纹小径 丝杠要求预拉伸，取两端固定的支承形式，查表得 $a=0.039$ 已知：行程为 1000mm，$W_1=6000N,W_2=2000N,\mu_0=0.2$ $L=(1.1\sim1.2)$行程$+(10\sim14)P_h=1350mm$ 有：　$d_{2m}=a\sqrt{\dfrac{\mu_0WL}{\delta_m}}=0.039\times\sqrt{\dfrac{0.2\times8000\times1350}{3}}=33.1mm$
6	确定滚珠丝杠规格代号	①选内循环浮动式法兰，直筒双螺母型垫片预紧形式 ②由计算出的 P_h、C_{am}、d_{2m} 在南京工艺装备制造厂生产的滚珠丝杠样本中选取规格代号为 FFZD4010-5 的滚珠丝杠副，其相应参数为 $P_h=10mm$ $C_a=46500N>C_{am}=34960N,\ C_{0a}=110500N$ $d_0=40mm,\ d_2=34.3mm>d_{2m}=33.1mm$
7	计算预紧力 F_p	$F_p=F_{max}/3=3100/3=1034N$
8	计算行程补偿值 C	滚珠丝杠有效行程 $l_u=$行程$+(8\sim14)P_h=1000+12\times10=1120mm$ $C=11.8\Delta tl_u\times10^{-3}=11.8\times2\times1120\times10^{-3}\approx26\mu m$
9	计算预拉伸力 F_t	$F_t=1.95\Delta td_2^2=1.95\times2\times34.3^2=4588N$

续表

步骤	计算内容	计算过程
10	选择轴承	①轴承所承受的最大轴向载荷 $$F_{Bmax}=F_t+F_{max}=4588+3100=7688N$$ ②轴承类型 本滚珠丝杠副采用两端固定的支承形式，选背对背60°角接触推力球轴承 ③轴承内径 轴承内径 d 略小于 $d_2=34.3mm$，取轴承内径 $d=30mm$ ④ 轴承预加负荷 F_V $$F_V \geqslant \frac{1}{3}F_{Bmax}=7688/3=2563N$$ ⑤按样本选轴承型号规格 由条件 $d=30mm$，预加负荷 $F_{By}\geqslant 2563N$ 所以选 FAG 7602030-TVP 轴承，其内径 $d=30mm$，预加负荷 $F_V=2900>2563N$ 其他主要参数为 $d_Q=7.144, Z=17, \beta=60°$
11	验算系统刚度 K	有 $$\frac{1.6F_0}{反向误差或重复定位精度}=\frac{1.6\times 0.2\times(6000+2000)}{10}=256N/\mu m$$ 又由 $$K_s=660\frac{d_2^2}{l_u}=660\times\frac{34.3^2}{1120}=693N/\mu m$$ $$K_b=2K_{B0}=2\times 4.68\sqrt[3]{d_Q Z^2 F_{amax}\sin^5\beta}=1340N$$ $$R=1585N/\mu m$$ 得 $$K=1/\left(\frac{1}{K_s}+\frac{1}{K_b}+\frac{1}{R}\right)=354.6>256N/\mu m$$ 所以系统刚度 K 合格
12	验算滚珠丝杠压杆稳定性 F_c	取丝杠最大受压长度 $L_{c1}=l_u=1120mm$ $$F_c=\frac{K_1K_2d_2^4}{L_{c1}^2}\times 10^5=\frac{1/3\times 4\times 34.3^4}{1120^2}=147122N\geqslant F_{amax}=3100N$$ 滚珠丝杠压杆稳定性合格
13	验算滚珠丝杠副极限转速 n_c	$$n_c=\frac{fd_2}{L_{c2}^2}\times 10^7=\frac{21.9\times 34.3}{1350^2}\times 10^7=4122r/min>n_{max}=1500r/min$$ 滚珠丝杠副极限转速合格
14	校验 d_0 值	$$d_0n_{max}=40\times 1500=60000<70000$$ 合格
15	验算额定静载荷 C_{0a}	$$f_sF_{amax}=2.5\times 3100=7750<C_{0a}=110500N$$ 合格
16	验算丝杠抗拉强度	取丝杠材料的许用抗拉应力 $\sigma_p=100MPa$ $$\frac{\sigma_p\pi d_2^2}{4}=\frac{100\times 3.14\times 34.3^2}{4}=92894N\geqslant F_{amax}=3100N$$ 合格
17	滚珠丝杠工作图设计	略

4.2.3.4 滚珠螺母安装连接尺寸

我国机械行业标准 JB/T 9893—1999 中规定了常用滚珠丝杠副的滚珠螺母安装、连接尺寸。该标准适用于机床及各类机械产品使用的下列六种结构的公制滚珠丝杠副：a. 内循环滚珠丝杠副（包括浮动反向器型和固定反向器型）；b. 外循环埋入式滚珠丝杠副；c. 外循环凸出式滚珠丝杠副；d. 外循环埋入式大导程滚珠丝杠副；e. 外循环凸出式大导程滚珠丝杠副；f. 外循环埋入式微型滚珠丝杠副。表 22-4-26～表 22-4-31为六种结构的滚珠丝杠副滚珠螺母安装、连接尺寸。其他结构可参照使用。

该标准中的规格代号是用数字表示的，前两位或三位数字表示公称直径，后两位数字表示公称导程。

表 22-4-26　内循环滚珠丝杠副滚珠螺母安装、连接尺寸　mm

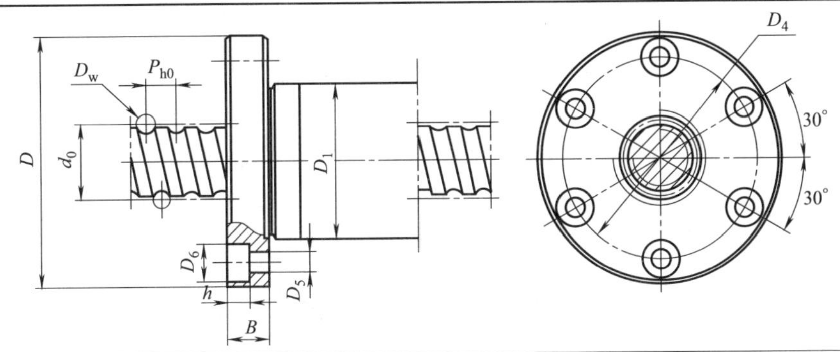

规格代号	公称直径 d_0	基本导程 P_{h0}	滚珠螺母安装、连接尺寸						
			D_1	D	D_4	B	D_5	D_6	h
1604	16	4	28	52	38	11	5.5	10	5.7
1605		5	(32)	(55)	(42)				
2004	20	4	36	61	48	11	5.5	10	5.7
2005		5							
2006		6	40	66	53	11			
2008		8				13			
2504	25	4	40	61	48	11	5.5	10	5.7
2505		5							
2506		6	40 (45)	66 (69)	53 (56)				
2508		8	45	74	60	13	6.6	11	6.8
3204	32	4	50	76	63	11	5.5	10	5.7
3205		5	50	82	67	13	6.6	11	6.8
3206		6							
3208		8	53	90	71	15	9	15	9
3210		10							
4005	40	5	60	93	75	15	9	15	9
4006		6							
4008		8	63	99	80	15	9	15	9
4010		10	63	107	85	18	11	18	11
4012		12	67						
5005	50	5	71	109	90	15	9	15	9
5006		6							
5008		8	75	117	95	18	11	18	11
5010		10							
5012		12	80	129	105	22	13.5	20	13
5016		16	85	134	110	28	13.5	20	13
6305	63	5	85	128	105	18	11	18	11
6306		6							
6308		8	90	133	110	18	11	18	11
6310		10	90	137	112	22	13.5	20	13
6312		12							
6316		16	95	145	120	28	13.5	20	13

续表

规格代号	公称直径 d_0	基本导程 P_{h0}	滚珠螺母安装、连接尺寸						
			D_1	D	D_4	B	D_5	D_6	h
8010	80	10	105	156	130	22	13.5	20	13
8012		12	110	158	132	22	13.5	20	13
8016		16	118	166	140	28	13.5	20	13
8020		20							
10010	100	10	125	178	150	25	13.5	20	13
10012		12	130	194	160	25	17.5	26	17.5
10016		16	140	204	170	28	17.5	26	17.5
10020		20							
12510	125	10	150	214	180	28	17.5	26	17.5
12512		12	160	224	190	28	17.5	26	17.5
12516		16	170	251	210	32	22	33	21.5
12520		20							
16020	160	20	200	277	236	36	22	33	21.5

注：1. 公称直径和公称导程的组合按 GB/T 17587.2—1998（以下同）。

2. D_5、D_6、h 按照 GB/T 152.2—2014（以下同）。

3. 表中括号内数据为双螺母垫片预紧结构滚珠螺母安装连接尺寸（以下同）。

表 22-4-27　外循环埋入式滚珠丝杠副滚珠螺母安装、连接尺寸　mm

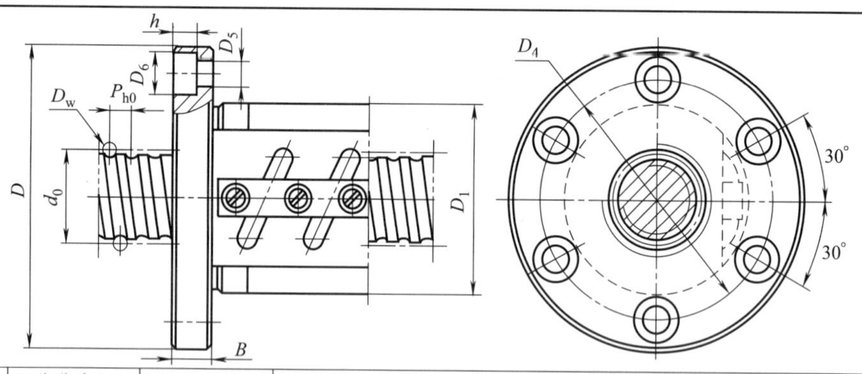

规格代号	公称直径 d_0	基本导程 P_{h0}	滚珠螺母安装、连接尺寸						
			D_1	D	D_4	B	D_5	D_6	h
1604	16	4	36	60	47	11	5.5	10	5.7
1605		5	40	66	53	11	5.5	10	5.7
2004	20	4	40	66	53	11	5.5	10	5.7
2005		5	45	69	56	11	5.5	10	5.7
2006		6	50	76	63	11	5.5	10	5.7
2008		8				13			
2504	25	4	50	76	63	11	5.5	10	5.7
2505		5							
2506		6	53	80	67				
2508		8	60	89	75	13	6.6	11	6.8
2510		10				15			
2512		12				15			
3204	32	4	56	85	71	11	5.5	10	5.7
3205		5	60	90	75	13	6.6	11	6.8
3206		6							
3208		8	67	104	85	15	9	15	9
3210		10	75	109	90	15	9	15	9
3212		12							

续表

规格代号	公称直径 d_0	基本导程 P_{h0}	滚珠螺母安装、连接尺寸						
			D_1	D	D_4	B	D_5	D_6	h
4005	40	5	67	104	85	15	9	15	9
4006		6	71	109	90	15	9	15	9
4008		8	75	109	90	18	9	15	9
4010		10	85	127	105	18	11	18	11
4012		12	90	132	110	18	11	18	11
4016		16				22			
5005	50	5	80	114	95	15	9	15	9
5006		6	85	119	100	15	9	15	9
5008		8	85	127	105	18	11	18	11
5010		10	95	140	118	18	11	18	11
5012		12	100	149	125	22	13.5	20	13
5016		16				22			
5020		20				28			
6305	63	5	95	141	118	18	11	18	11
6306		6	100	143	120	18	11	18	11
6308		8	105	148	125	18	11	18	11
6310		10	110	157	132	22	13.5	20	13
6312		12	118	165	140	22	13.5	20	13
6316		16	125	175	150	28	13.5	20	13
6320		20							
8010	80	10	10	130	186	22	13.5	20	13
8012		12	12	140	170	22	13.5	20	13
8016		16	150	206	180	28	13.5	20	13
8020		20							
10010	100	10	160	224	190	25	17.5	26	17.5
10012		12							
10016		16	170	234	200	28	17.5	26	17.5
10020		20							
12510	125	10	190	254	220	28	17.5	26	17.5
12512		12							
12516		16	200	281	240	32	22	33	21.5
12520		20							
16020	160	20	240	321	280	36	22	33	21.5

表 22-4-28　外循环凸出式滚珠丝杠副滚珠螺母安装、连接尺寸　mm

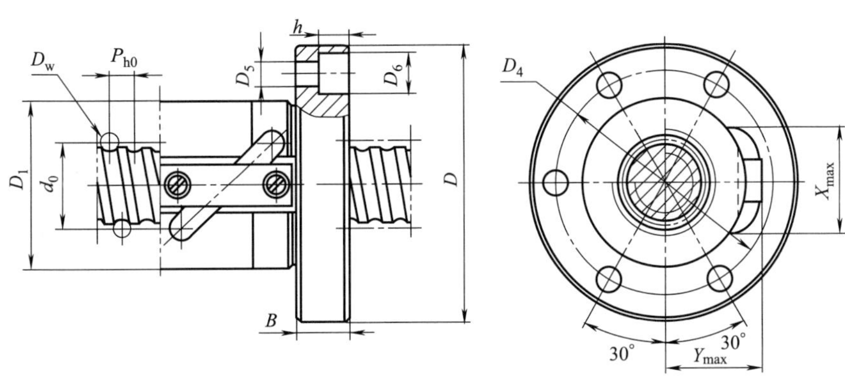

续表

规格代号	公称直径 d_0	基本导程 P_{h0}	滚珠螺母安装、连接尺寸								
			D_1	D	D_4	B	D_5	D_6	h	X_{max}	Y_{max}
1604	16	4	28 (32)	52 (55)	38 (42)	11	5.5	10	5.7	20	20(22)
1605		5								21	21(23)
2004	20	4	36	61	48	11	5.5	10	5.7	23	24
2005		5								25	26
2006		6	40	66	53	11				26	28
2008		8				13					
2504	25	4	40	66	53	11	5.5	10	5.7	28	26
2505		5								29	27
2506		6	40 (45)	66 (69)	53 (56)					31	28(31)
2508		8	45	74	60	13	6.6	11	6.8	32	32
2510		10	50	78	63	15	6.6	11	6.8	37	39
2512		12									
3204	32	4	50	76	63	11	5.5	10	5.7	35	31
3205		5	50	82	67	13	6.6	11	6.8	36	32
3206		6								37	33
3208		8	53	90	71	15	9	15	9	39	36
3210		10	56	90	71	15	9	15	9	41	40
3212		12									
4005	40	5	60	94	75	15	9	15	9	44	38
4006		6								45	38
4008		8	63	99	80	15	9	15	9	47	41
4010		10	63	107	85	18	11	18	11	49	44
4012		12	67							51	48
4016		16	71	112	90	22	11	18	11	51	50
5005	50	5	71	109	90	15	9	15	9	54	43
5006		6								55	44
5008		8	75	117	95	18	11	18	11	56	47
5010		10								58	50
5012		12	80	129	105	22	13.5	20	13	61	54
5016		16	85	134	110	28	13.5	20	13	64	60
5020		20									
6305	63	5	85	128	105	18	11	18	11	67	50
6306		6								67	51
6308		8	90	133	110	18	11	18	11	69	55
6310		10	90	137	112	22	13.5	20	13	71	57
6312		12								73	59
6316		16	95	145	120	28	13.5	20	13	76	65
6320		20									
8010	80	10	105	156	130	22	13.5	20	13	87	65
8012		12	110	158	132	22	13.5	20	13	90	69
8016		16	118	166	140	28	13.5	20	13	93	77
8020		20									
10010	100	10	125	178	150	25	13.5	20	13	107	75
10012		12	130	194	160	25	17.5	26	17.5	109	79
10016		16	140	204	170	28	17.5	26	17.5	112	87
10020		20									

续表

规格代号	公称直径 d_0	基本导程 P_{h0}	滚珠螺母安装、连接尺寸								
			D_1	D	D_4	B	D_5	D_6	h	X_{max}	Y_{max}
12510	125	10	150	214	180	28	17.5	26	17.5	131	87
12512		12	160	224	190	28	17.5	26	17.5	133	94
12516		16	170	251	210	32	22	33	21.5	136	97
12520		20									
16020	160	20	200	277	236	36	22	33	21.5	174	122

表 22-4-29　外循环埋入式大导程滚珠丝杠副滚珠螺母安装、连接尺寸　mm

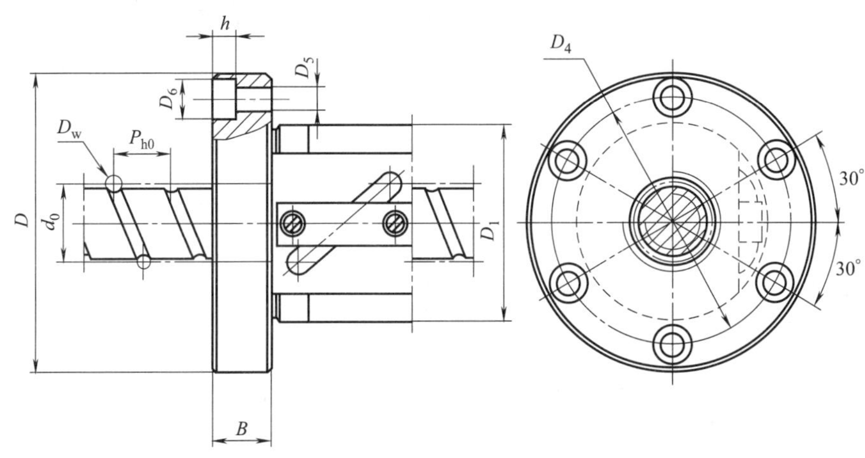

规格代号	公称直径 d_0	公称导程 P_{h0}	滚珠螺母安装、连接尺寸						
			D_1	D	D_4	B	D_5	D_6	h
2010	20	10	50	76	63	15	5.5	10	5.7
2012		12							
2016		16							
2020		20							
2516	25	16	60	89	75	15	6.6	11	6.8
2520		20							
2525		25							
3216	32	16	67	104	85	15	9	15	9
3220		20							
3225		25							
3232		32							
4020	40	20	85	127	105	22	11	18	11
4025		25							
4032		32							
4040		40							
5025	50	25	100	149	125	28	13.5	20	13
5032		32							
5040		40							

表 22-4-30　**外循环凸出式大导程滚珠丝杠副滚珠螺母安装、连接尺寸**　mm

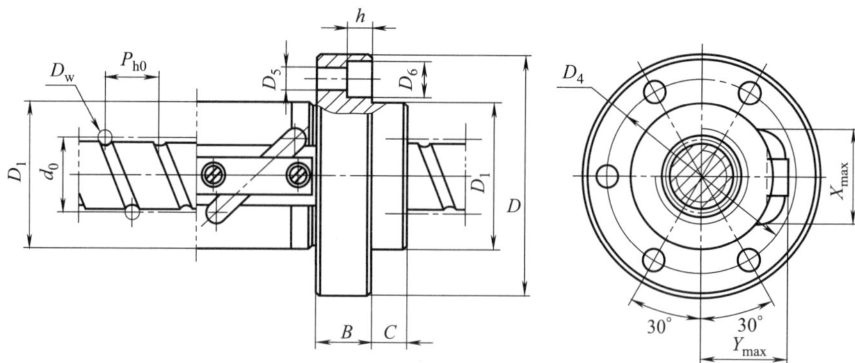

规格代号	公称直径 d_0	公称导程 P_{h0}	滚珠螺母安装、连接尺寸									
			D_1	D	D_4	B	C	D_5	D_6	h	X_{max}	Y_{max}
2010	20	10	40	66	53	13	8	5.5	10	5.7	26	28
2012		12					10					
2016		16					10					
2020		20					10					
2516	25	16	45	74	60	15	10	6.6	11	6.8	37	39
2520		20										
2525		25										
3216	32	16	53	90	71	22	10	9	15	9	41	39
3220		20										
3225		25										
3232		32										
4020	40	20	63	107	105	85	10	11	18	11	49	44
4025		25										
4032		32										
4040		40										
5025	50	25	85	134	110	28	12	13.5	20	13	61	57
5032		32										
5040		40										

表 22-4-31　**外循环埋入式微型滚珠丝杠副滚珠螺母安装、连接尺寸**　mm

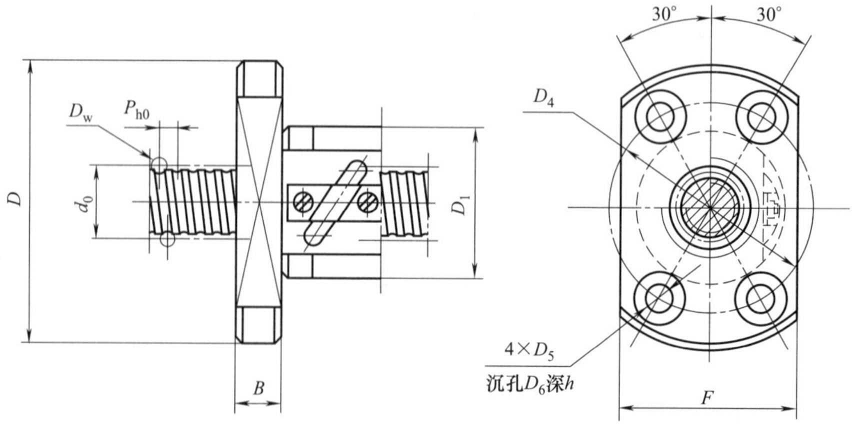

续表

规格代号	公称直径 d_0	公称导程 P_{h0}	滚珠螺母安装、连接尺寸							
			D_1	D	D_4	B	D_5	D_6	h	F
0602	6	2	20	37	28	6	3.4	6	3.4	24
0602.5		2.5								
0802	8	2	22	43	32	8	4.5	8	4.6	29
0802.5		2.5								
0803		3								
1002	10	2	24	45	34	8	4.5	8	4.6	30
1002.5		2.5								
1003		3	26	47	36	8	4.5	8	4.6	31
1004		4								
1202	12	2	26	47	36	8	4.5	8	4.6	31
1202.5		2.5								
1203		3	28	49	38	10	4.5	8	4.6	32
1204		4	30	51	40	10	4.5	8	4.6	32
1205		5	32	53	42	10	4.5	8	4.6	34

4.2.3.5　静压丝杠螺母副

静压丝杠螺母副是在丝杠和螺母的螺纹之间保持一定厚度，且具有一定刚度的压力油膜，使丝杠和螺母之间由边界摩擦而变为液体摩擦。当丝杠转动时通过油膜推动螺母直线移动，反之，螺母转动也可使丝杠直线移动。

(1) 静压丝杠螺母的特点

① 摩擦系数很小，仅为 0.0005，比滚珠丝杠(摩擦系数为 0.002～0.005) 的摩擦损失还小，启动力矩很小，传动灵敏，避免了爬行。

② 油膜层可以吸振，提高了运动的平稳性，由于油液不断流动，有利于散热和减少热变形，提高了机床的加工精度和粗糙度。

③ 油膜层具有一定刚度，大大减小了反向间隙，同时油膜层介于螺母与丝杠之间，对丝杠的误差有“均化”作用，即丝杠螺母副的传动误差比丝杠本身的制造误差还小。

④ 承载能力与供油压力成正比，与转速无关。

静压丝杠螺母副要有一套供油系统，而且对油的清洁度要求较高，如果在运行中供油突然中断，将造成不良后果。下面就其工作原理、结构与类型做简要介绍。

(2) 工作原理

油膜在螺旋面的两侧，而且互不相通，如图22-4-9所示。压力油经节流器进入油腔，并从螺纹根部与端部流出。设供油压力为 p_H，经节流器后的压力为 p_i (即油腔压力)，当无外载时，螺纹两侧间隙 $h_1=h_2$，从两侧油腔流出的流量相等，两侧油腔中的压力也相等，即 $p_1=p_2$。这时，丝杠螺纹处于螺母螺纹的中间平衡状态的位置。

当丝杠或螺母受到轴向力 F 作用后，受压一侧的间隙减小，油腔压力 p_2 增大。相反的一侧间隙增大，而压力 p_1 下降，因而形成油膜压力差 $\Delta p=p_2-p_1$，以平衡轴向力 F。平衡条件近似地表示为

$$F=(p_2-p_1)AnZ \tag{22-4-1}$$

式中　A——单个油腔在丝杠轴线垂直面内的有效承载面积；

n——每扣螺纹单侧油腔数；

Z——螺母的有效扣数。

油膜压力差力图平衡轴向力，使间隙差减小并保持不变，这种调节作用总是自动进行的。

(3) 结构与类型

静压丝杠副结构设计主要是螺母部分的结构设计，油腔节流器一般在螺母上，而丝杠结构与一般滑动丝杠基本相同。静压丝杠副的设计原则是：在保证设计要求刚度的前提下，使结构尽量简单，制造、安装和维修尽量方便。

如图 22-4-10 所示，8 为丝杠，节流器 7 安装在螺母 1 的侧端面，并用油塞 6 堵住，螺母全部有效牙扣上的同侧同圆周位置上的油腔共用一个节流器控

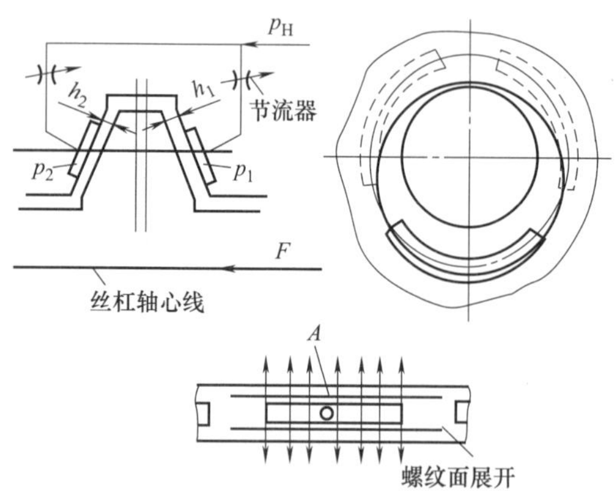

图 22-4-9　静压丝杠原理说明图

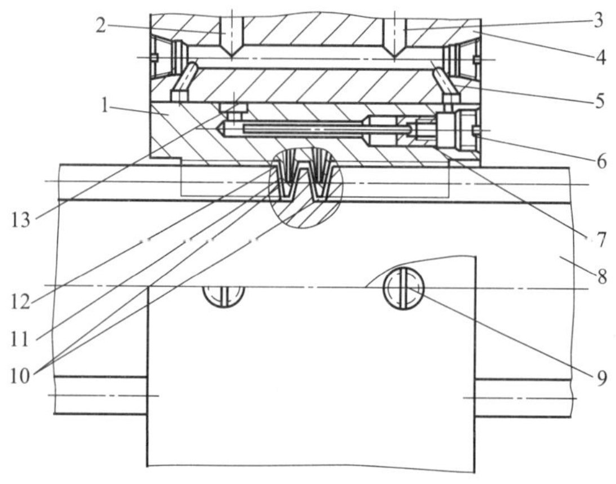

图 22-4-10　静压丝杠螺母副装配图

1—螺母；2—接压力表油孔；3,5,12—进油孔；4—螺母座；6—油塞；7—节流器；8—丝杠；9—螺钉；10—回油槽；11—油腔；13—进油槽

制，若每扣同侧圆周分布有三个油腔，则共需要六个节流器。从油泵来的油由螺母座 4 上的进油孔 3 和 5 经节流器 7 进入螺母外圆面上的进油槽 13，再经进油孔 12 进入油腔 11，油液经回油槽 10 从螺母端面流回油箱。接压力表油孔 2 用于安装油压表。

1）按照油腔开在螺纹面上的形式和节流控制方式的不同。目前，机床上采用的静压丝杠有以下三种。

① 在螺纹面中径上开一条连通的螺旋沟槽油腔。每一侧油腔只用一个节流器控制，称为集中阻尼节流。其结构示意图如图 22-4-11 所示。这种形式的静压丝杠基本上不能承受径向载荷和颠覆力矩。

② 在螺纹面每侧中径上开 3～4 个油腔，每个油腔用一个节流器控制称为分散阻尼节流。其结构示意如图 22-4-12 所示。这种形式的静压丝杠具有一定的径向承载能力和抗颠覆力矩能力，但节流器的数目较多，结构较复杂，制造和安装困难。

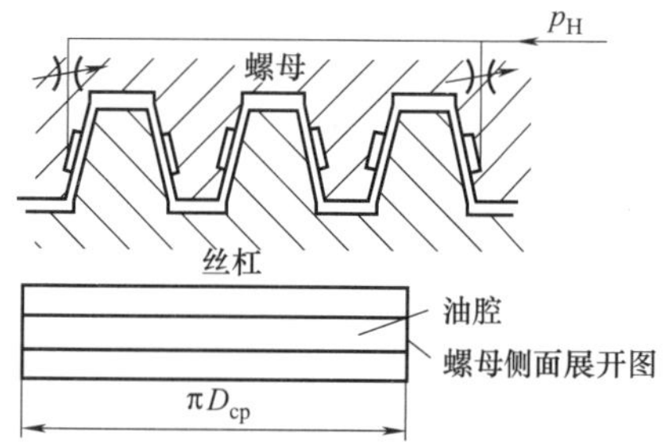

图 22-4-11　集中阻尼节流

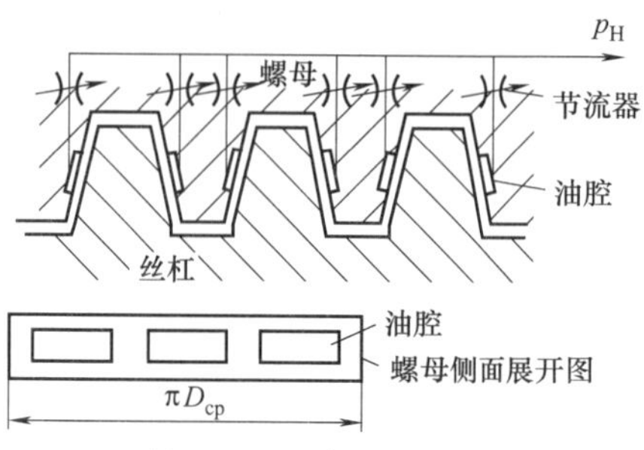

图 22-4-12　分散阻尼节流

③ 在螺纹面每侧中径上开 3～4 个油腔，将分布于同侧、同方位上的油腔用一个节流器控制，称为分散集中阻尼节流。其结构示意如图 22-4-13 所示。这种形式的静压丝杠具有一定的径向承载能力和抗颠覆力矩能力。节流器的数量较少（一般 6～8 个节流器），制造和安装较方便，使用可靠。

2）按照节流形式不同，目前，机床上采用的静压丝杠有以下两种。

① 毛细管节流式（属于固定节流）。结构简单、调试方便、使用可靠、性能稳定，节流器制造也简便，主要用于中、小型机床，目前国内应用较多。但此种节流方式对油液的清洁程度要求较高。实践证明，当油温超过 40℃时，油膜刚度有下降的趋势。

② 薄膜双面反馈式（属于可变节流）。油膜刚度较高，适用于大型重载机床。此种节流方式对油液的清洁程度要求较低。由于薄膜的制造精度不易保证，调整费事，往往影响使用。

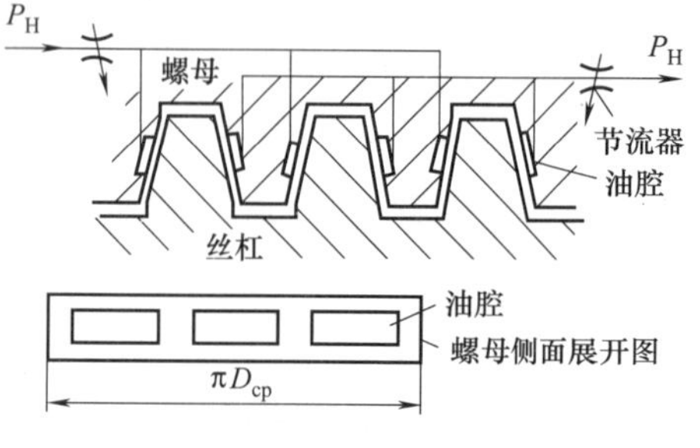

图 22-4-13　分散集中阻尼节流控制方式

4.2.4 其他传动机构

4.2.4.1 齿轮传动

齿轮传动是机械传动系统中最常见的形式，在光机电一体化系统设计中普通齿轮传动和谐波齿轮传动最为常见。普通齿轮传动需要特别注意其传动类型、传动比及齿轮间隙的调整等问题，谐波齿轮传动涉及传动原理、传动比大小及产品类型选择等情况，详见表 22-4-32。

表 22-4-32　　齿轮传动

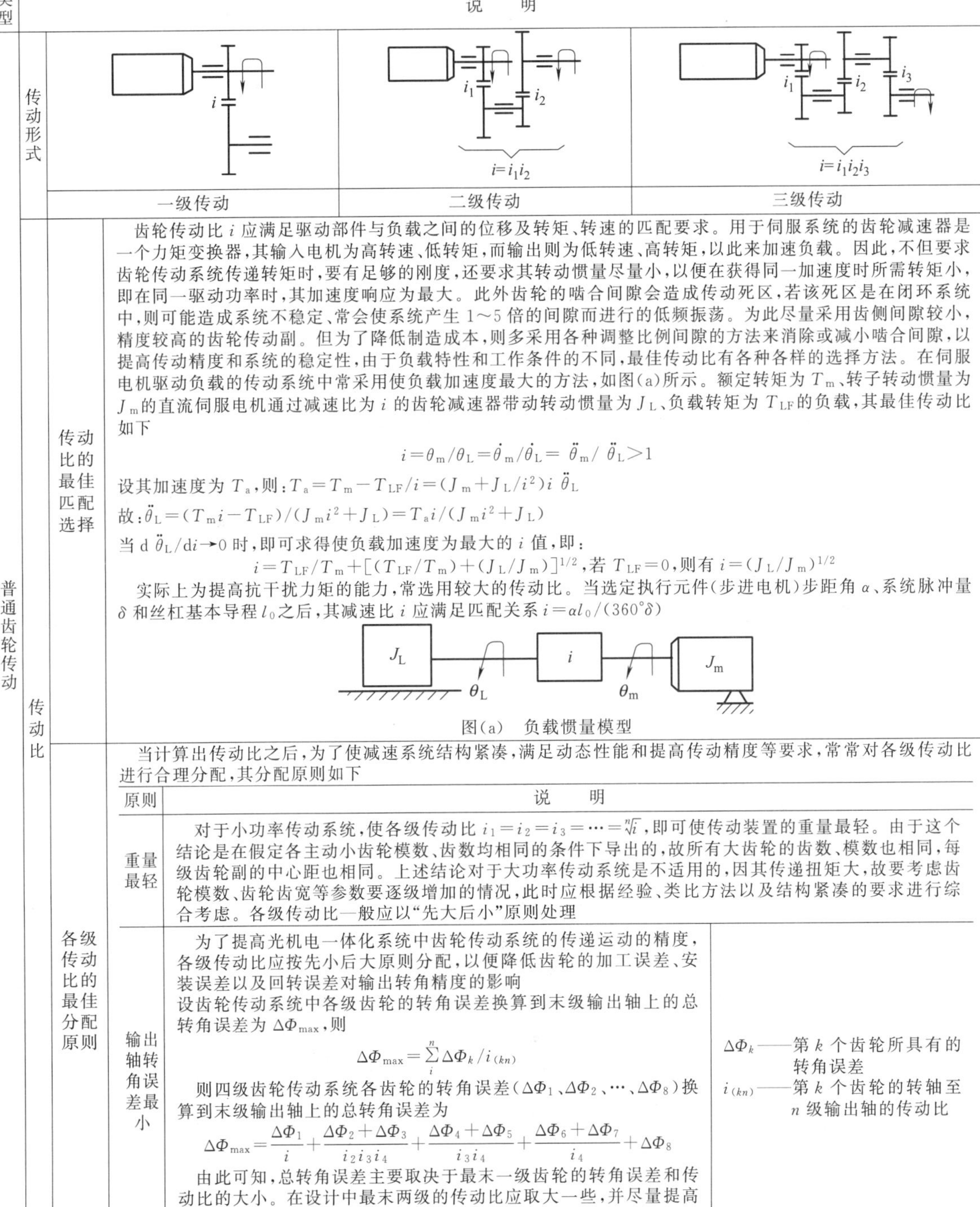

类型	项目	原则	说明	
普通齿轮传动	传动形式	一级传动	i	
		二级传动	i_1　i_2　$i=i_1i_2$	
		三级传动	i_1　i_2　i_3　$i=i_1i_2i_3$	
	传动比 / 传动比的最佳匹配选择		齿轮传动比 i 应满足驱动部件与负载之间的位移及转矩、转速的匹配要求。用于伺服系统的齿轮减速器是一个力矩变换器，其输入电机为高转速、低转矩，而输出则为低转速、高转矩，以此来加速负载。因此，不但要求齿轮传动系统传递转矩时，要有足够的刚度，还要求其转动惯量尽量小，以便在获得同一加速度时所需转矩小，即在同一驱动功率时，其加速度响应为最大。此外齿轮的啮合间隙会造成传动死区，若该死区是在闭环系统中，则可能造成系统不稳定、常会使系统产生 1～5 倍的间隙而进行的低频振荡。为此尽量采用齿侧间隙较小，精度较高的齿轮传动副。但为了降低制造成本，则多采用各种调整比例间隙的方法来消除或减小啮合间隙，以提高传动精度和系统的稳定性，由于负载特性和工作条件的不同，最佳传动比有各种各样的选择方法。在伺服电机驱动负载的传动系统中常采用使负载加速度最大的方法，如图(a)所示。额定转矩为 T_m、转子转动惯量为 J_m 的直流伺服电机通过减速比为 i 的齿轮减速器带动转动惯量为 J_L、负载转矩为 T_{LF} 的负载，其最佳传动比如下 $i=\theta_m/\theta_L=\dot{\theta}_m/\dot{\theta}_L=\ddot{\theta}_m/\ddot{\theta}_L>1$ 设其加速度为 T_a，则：$T_a=T_m-T_{LF}/i=(J_m+J_L/i^2)i\ddot{\theta}_L$ 故：$\ddot{\theta}_L=(T_mi-T_{LF})/(J_mi^2+J_L)=T_ai/(J_mi^2+J_L)$ 当 $d\ddot{\theta}_L/di\rightarrow 0$ 时，即可求得使负载加速度为最大的 i 值，即： $i=T_{LF}/T_m+[(T_{LF}/T_m)+(J_L/J_m)]^{1/2}$，若 $T_{LF}=0$，则有 $i=(J_L/J_m)^{1/2}$ 实际上为提高抗干扰力矩的能力，常选用较大的传动比。当选定执行元件(步进电机)步距角 α、系统脉冲量 δ 和丝杠基本导程 l_0 之后，其减速比 i 应满足匹配关系 $i=\alpha l_0/(360°\delta)$ J_L　i　J_m　θ_L　θ_m 图(a)　负载惯量模型	
	传动比 / 各级传动比的最佳分配原则		当计算出传动比之后，为了使减速系统结构紧凑，满足动态性能和提高传动精度等要求，常常对各级传动比进行合理分配，其分配原则如下	
		重量最轻	对于小功率传动系统，使各级传动比 $i_1=i_2=i_3=\cdots=\sqrt[n]{i}$，即可使传动装置的重量最轻。由于这个结论是在假定各主动小齿轮模数、齿数均相同的条件下导出的，故所有大齿轮的齿数、模数也相同，每级齿轮副的中心距也相同。上述结论对于大功率传动系统是不适用的，因其传递扭矩大，故要考虑齿轮模数、齿轮齿宽等参数要逐级增加的情况，此时应根据经验、类比方法以及结构紧凑的要求进行综合考虑。各级传动比一般应以“先大后小”原则处理	
		输出轴转角误差最小	为了提高光机电一体化系统中齿轮传动系统的传递运动的精度，各级传动比应按先小后大原则分配，以便降低齿轮的加工误差、安装误差以及回转误差对输出转角精度的影响 设齿轮传动系统中各级齿轮的转角误差换算到末级输出轴上的总转角误差为 $\Delta\Phi_{max}$，则 $\Delta\Phi_{max}=\sum_{i}^{n}\Delta\Phi_k/i_{(kn)}$ 则四级齿轮传动系统各齿轮的转角误差($\Delta\Phi_1$、$\Delta\Phi_2$、…、$\Delta\Phi_8$)换算到末级输出轴上的总转角误差为 $\Delta\Phi_{max}=\frac{\Delta\Phi_1}{i}+\frac{\Delta\Phi_2+\Delta\Phi_3}{i_2i_3i_4}+\frac{\Delta\Phi_4+\Delta\Phi_5}{i_3i_4}+\frac{\Delta\Phi_6+\Delta\Phi_7}{i_4}+\Delta\Phi_8$ 由此可知，总转角误差主要取决于最末一级齿轮的转角误差和传动比的大小。在设计中最末两级的传动比应取大一些，并尽量提高最末一级齿轮副的加工精度	$\Delta\Phi_k$——第 k 个齿轮所具有的转角误差 $i_{(kn)}$——第 k 个齿轮的转轴至 n 级输出轴的传动比

续表

类型			说明
普通齿轮传动	传动比	各级传动比的最佳分配原则	（见下表）

原则	说明
等效转动惯量最小	利用该原则所设计的齿轮传动系统，换算到电机轴上的等效转动惯量为最小 设有一小功率电机驱动的二级齿轮减速系统，如图(b)所示。设其总传动比为 $i=i_1i_2$。若先假设各主动小齿轮具有相同的转动惯量，各齿轮均近似看成实心圆柱体，分度圆直径 d、齿宽 B、比重 γ 均相同，其转动惯量为 J，如不计轴和轴承的转动惯量，则等效到电机轴上的等效转动惯量为 图(b)　二级减速传动 $$J_{me}=J_1+\frac{J_2+J_3}{i_1^2}+\frac{J_4}{i_1^2i_2^2}$$ 因为　$J_1=\frac{\pi B\gamma}{32g}d_1^4=J_3$ 所以　$J_2=J_1i_1^4, J_4=J_1i_2^4=J_1(i/i_1)^4$ 代入上式可得 $$J_{me}=J_1+(J_1i_1^4+J_1)/i_1^2+J_1(i/i_1)^4/[i_1^2(i^2/i_1^2)]$$ $$=J_1\left(1+i_1^2+\frac{1}{i_1^2}+\frac{i^2}{i_1^4}\right)$$ 令 $\frac{\partial J_{me}}{\partial i_1}=0$，则 $i_1^6-i_1^2-2i^2=0$ 或 $i_1^4-1-2i_2^2=0$ 由此可得 $i_2=\sqrt{(i_1^4-1)/2}$，当 $i_1^4\gg1$ 时，则可简化为 $i_2\approx i_1^2/\sqrt{2}$ 或 $i_1=(\sqrt{2}i_2)^{1/2}$，故 $i_1\approx(\sqrt{2}i)^{1/3}=(2i^2)^{1/6}$ 同理，可得 n 级齿轮传动系统各级转动比之通式如下 $$i_1=2^{\frac{2n-n-1}{2(2n-1)}}i^{\frac{1}{2n-1}}, i_k=\sqrt{2}\left(\frac{i}{2^{n/2}}\right)^{\frac{2(k-1)}{2n-1}}, (k=2,3,4,\cdots,n)$$ 在计算中，不必精确到几位小数，因为在系统机构设计时还要作适当调整。按此原则计算的各级传动比也是按“先小后大”次序分配，可使其结构紧凑。该分配原则中的假设对大功率传功的齿轮传动系统不通用。虽然其计算公式不能通用，但其分配次序应符合“由小到大”的分配次序

综上所述，在设计中应根据上述的原则并结合实际情况的可行性和经济性对转动惯量、结构尺寸和传动精度提出适当要求。具体来讲有以下几点：

①对于要求体积小、重量轻的齿轮传动系统，可用重量最轻原则

②对于要求运动平稳、启停频繁和动态性能好的伺服系统的减速齿轮系统，可按最小等效转动惯量和总转角误差最小的原则来处理。对于变负载的齿轮传动系统的各级传动比最好采用不可约的比数，避免周期啮合以降低噪声和振动

③对于提高传动精度和减小回程误差为主的传动齿轮系统，可按总转角误差最小原则设计。对于增速传动，由于增速时容易破坏传动齿轮系工作的平稳性，应在开始几级就增速，并且要求每级增速比最好大于3，以有利于增加轮系刚度、减小传动误差

④对较大传动比传动的齿轮系，往往需要将定轴轮系和行星轮系巧妙结合为混合轮系。对于相当大的传动比、并且要求传动精度与传动效率高、传动平稳、体积小重量轻时，可选用新型的谐波齿轮传动

类型		方法	结构图	说明
常用的调整齿侧间隙的方法	直齿圆柱齿轮传动	偏心套(轴)调整法	1—偏心套； 2—电动机； 3—减速箱； 4,5—减速齿轮	将相互啮合的一对齿轮中的一个齿轮4装在电机输出轴上，并将电动机2安装在偏心套1(或偏心轴)上。通过转动偏心套(偏心轴)的转角，就可调节两啮合齿轮的中心距，从而消除圆柱齿轮正、反转时的齿侧间隙。特点是结构简单，但其侧隙不能自动补偿

续表

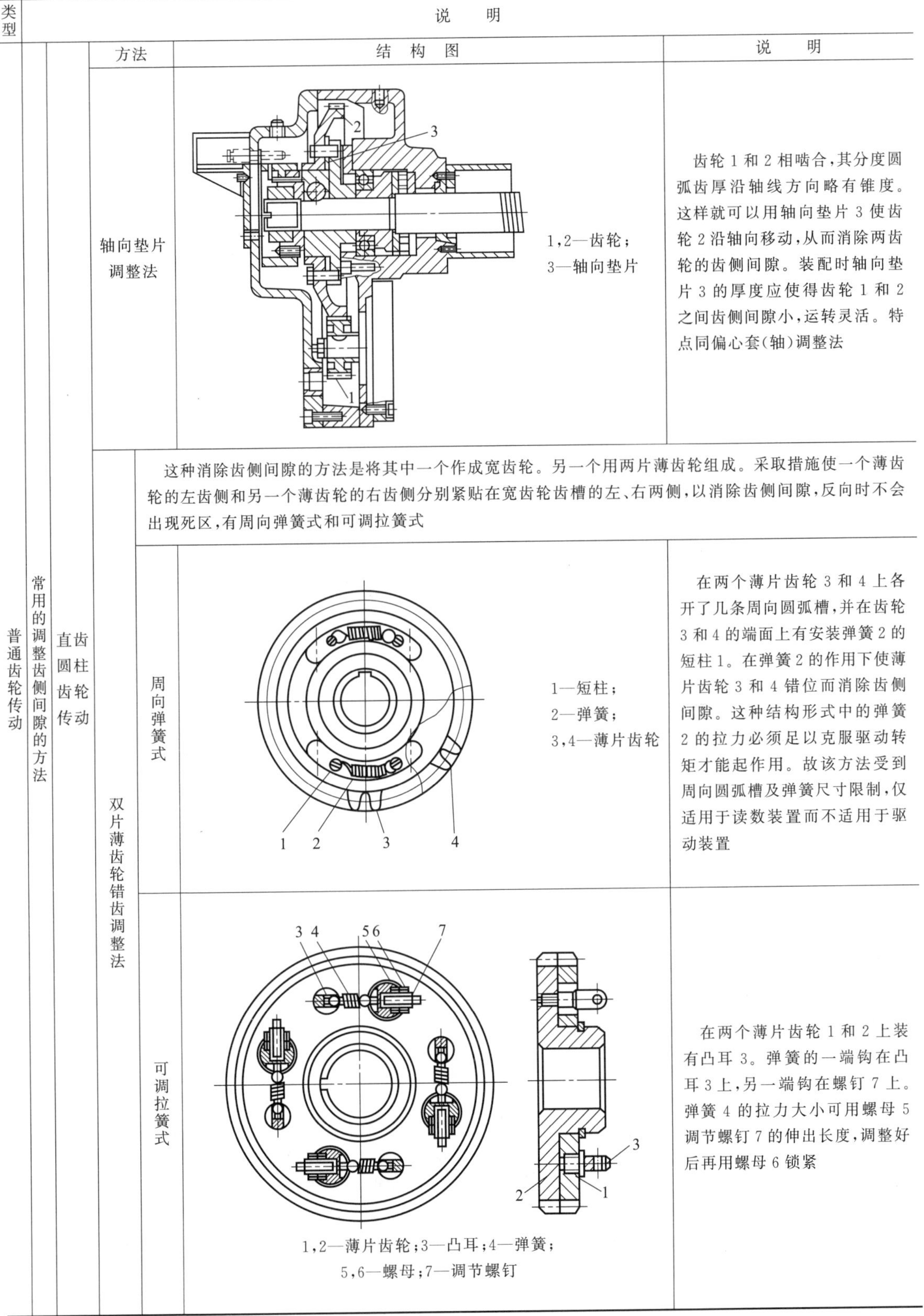

类型	说明					
			方法		结构图	说明
普通齿轮传动	常用的调整齿侧间隙的方法	直齿圆柱齿轮传动	轴向垫片调整法		1,2—齿轮； 3—轴向垫片	齿轮 1 和 2 相啮合，其分度圆弧齿厚沿轴线方向略有锥度。这样就可以用轴向垫片 3 使齿轮 2 沿轴向移动，从而消除两齿轮的齿侧间隙。装配时轴向垫片 3 的厚度应使得齿轮 1 和 2 之间齿侧间隙小，运转灵活。特点同偏心套(轴)调整法
			双片薄齿轮错齿调整法	这种消除齿侧间隙的方法是将其中一个作成宽齿轮。另一个用两片薄齿轮组成。采取措施使一个薄齿轮的左齿侧和另一个薄齿轮的右齿侧分别紧贴在宽齿轮齿槽的左、右两侧，以消除齿侧间隙，反向时不会出现死区，有周向弹簧式和可调拉簧式		
				周向弹簧式	1—短柱； 2—弹簧； 3,4—薄片齿轮	在两个薄片齿轮 3 和 4 上各开了几条周向圆弧槽，并在齿轮 3 和 4 的端面上有安装弹簧 2 的短柱 1。在弹簧 2 的作用下使薄片齿轮 3 和 4 错位而消除齿侧间隙。这种结构形式中的弹簧 2 的拉力必须足以克服驱动转矩才能起作用。故该方法受到周向圆弧槽及弹簧尺寸限制，仅适用于读数装置而不适用于驱动装置
				可调拉簧式	1,2—薄片齿轮；3—凸耳；4—弹簧； 5,6—螺母；7—调节螺钉	在两个薄片齿轮 1 和 2 上装有凸耳 3。弹簧的一端钩在凸耳 3 上，另一端钩在螺钉 7 上。弹簧 4 的拉力大小可用螺母 5 调节螺钉 7 的伸出长度，调整好后再用螺母 6 锁紧

续表

<table>
<tr><th>类型</th><th colspan="5">说明</th></tr>
<tr><td rowspan="4">普通齿轮传动</td><td rowspan="4">常用的调整齿侧间隙的方法</td><td rowspan="4">斜齿圆柱齿轮传动</td><td>方法</td><td>结构图</td><td>说明</td></tr>
<tr><td colspan="3">消除斜齿轮传动齿侧间隙的方法与上述错齿调整法基本相同，也是用两个薄片齿轮与一个宽齿轮啮合，只是在两个薄片斜齿轮的中间隔开了一小段距离，这样它的螺旋线便错开了</td></tr>
<tr><td>垫片错齿调整法</td><td> 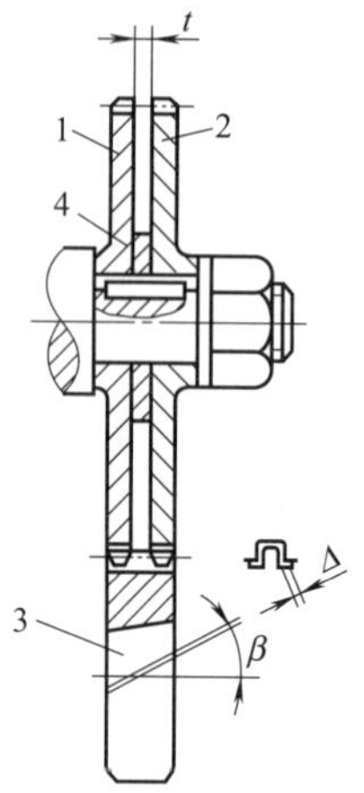1，2—薄片齿轮
3—宽齿轮；
4—垫片</td><td>其特点是结构比较简单，但调整较费时，且齿侧间隙不能自动补偿</td></tr>
<tr><td>轴向压簧错齿调整法</td><td> 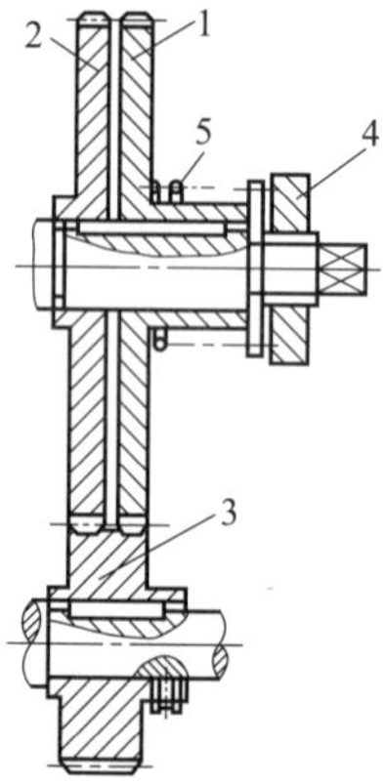1，2—薄片齿轮；
3—宽齿轮；
4—调整螺母；
5—弹簧</td><td>其特点是齿侧隙可以自动补偿，但轴向尺寸较大，结构欠紧凑</td></tr>
<tr><td rowspan="2">谐波齿轮传动</td><td colspan="5">谐波齿轮传动具有结构简单、传动比大(几十至几百)、传动精度高、回程误差小、噪声低、传动平稳、承载能力强、效率高等优点。故在工业机器人、航空、火箭等光机电一体化系统中的应用日益广泛</td></tr>
<tr><td>工作原理</td><td colspan="4">谐波齿轮传动与少齿差行星齿轮传动十分相似。它是依靠柔性齿轮产生的可控变形波引起齿间的相对错齿来传递动力和运动的。因此它与一般齿轮传动具有本质上的差别。如图(c)所示，谐波齿轮传动系统由波形发生器3(H)、刚轮1和柔轮2组成。波形发生器为主动件，刚轮或柔轮为从动件。刚轮有内齿圈、柔轮有外齿圈。其齿形为渐开线或三角形，周节 t 相同而齿数不同，刚轮的齿数 Z_g 比柔轮的齿数 Z_r 多几个齿。柔轮是薄圆筒形，由于波形发生器的长径比柔轮内径略大，故装配在一起时就将柔轮撑成椭圆形。工程上常用的波形发生器有一个触头的即双波发生器，也有三个触头的。具有双波发生器的谐波减速器，其刚轮和柔轮的齿数之差为 Z_g-Z_r-2。其椭圆长轴的两端柔轮与刚轮的牙齿相啮合，在短轴方向的牙齿完全分离。当波形发生器逆时针转一圈时。两轮相对位移为两个齿距。当刚轮固定时，则柔轮的回转方向与波形发生器的回转方向相反</td></tr>
</table>

续表

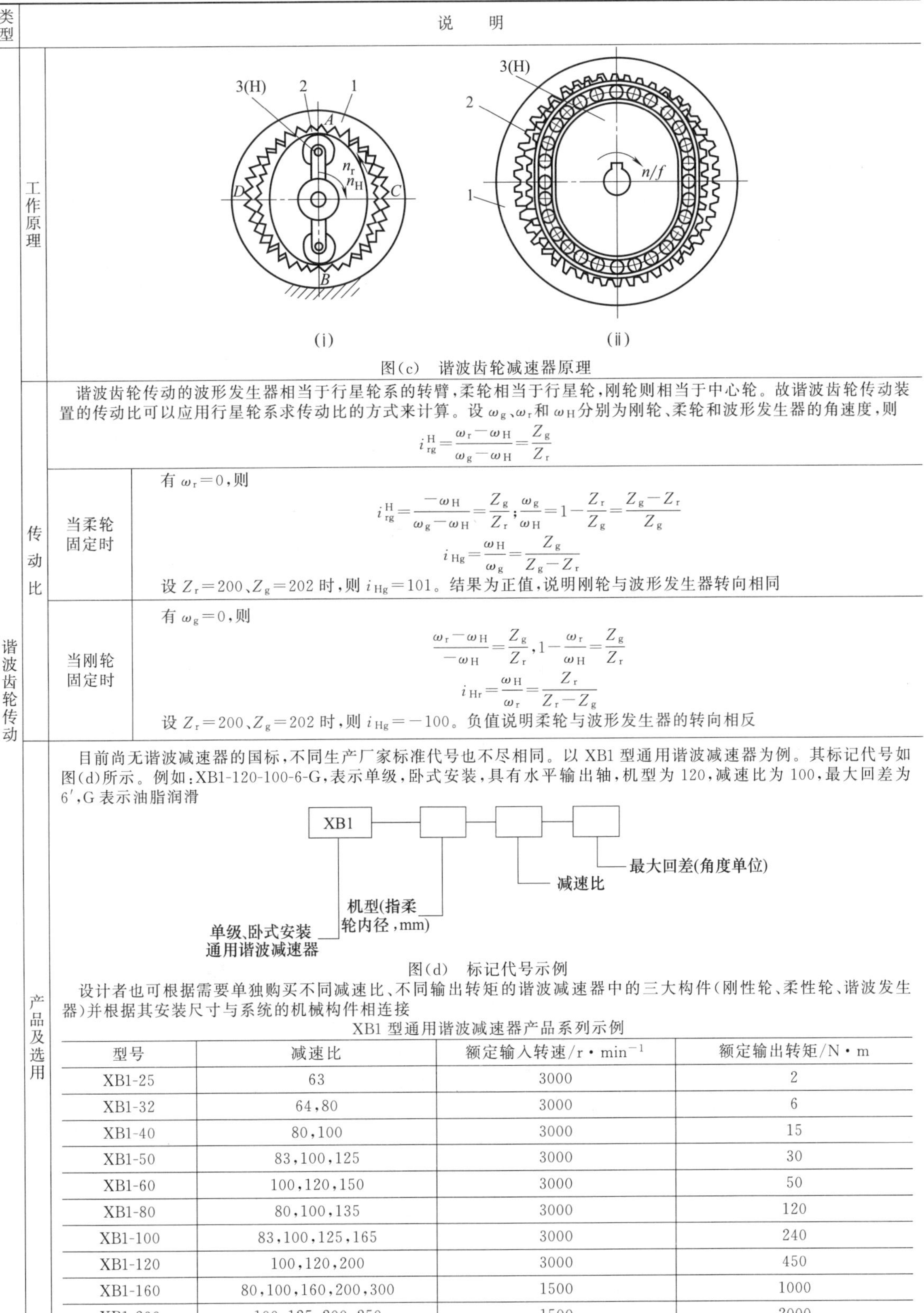

类型		说　明
谐波齿轮传动	工作原理	见图(c)

图(c)　谐波齿轮减速器原理

谐波齿轮传动 · 传动比

谐波齿轮传动的波形发生器相当于行星轮系的转臂，柔轮相当于行星轮，刚轮则相当于中心轮。故谐波齿轮传动装置的传动比可以应用行星轮系求传动比的方式来计算。设 ω_g、ω_r和 ω_H分别为刚轮、柔轮和波形发生器的角速度，则

$$i_{rg}^{H}=\frac{\omega_r-\omega_H}{\omega_g-\omega_H}=\frac{Z_g}{Z_r}$$

当柔轮固定时：

有 $\omega_r=0$，则

$$i_{rg}^{H}=\frac{-\omega_H}{\omega_g-\omega_H}=\frac{Z_g}{Z_r};\frac{\omega_g}{\omega_H}=1-\frac{Z_r}{Z_g}=\frac{Z_g-Z_r}{Z_g}$$

$$i_{Hg}=\frac{\omega_H}{\omega_g}=\frac{Z_g}{Z_g-Z_r}$$

设 $Z_r=200$、$Z_g=202$ 时，则 $i_{Hg}=101$。结果为正值，说明刚轮与波形发生器转向相同

当刚轮固定时：

有 $\omega_g=0$，则

$$\frac{\omega_r-\omega_H}{-\omega_H}=\frac{Z_g}{Z_r},1-\frac{\omega_r}{\omega_H}=\frac{Z_g}{Z_r}$$

$$i_{Hr}=\frac{\omega_H}{\omega_r}=\frac{Z_r}{Z_r-Z_g}$$

设 $Z_r=200$、$Z_g=202$ 时，则 $i_{Hg}=-100$。负值说明柔轮与波形发生器的转向相反

谐波齿轮传动 · 产品及选用

目前尚无谐波减速器的国标，不同生产厂家标准代号也不尽相同。以 XB1 型通用谐波减速器为例。其标记代号如图(d)所示。例如：XB1-120-100-6-G，表示单级，卧式安装，具有水平输出轴，机型为 120，减速比为 100，最大回差为 6′，G 表示油脂润滑

图(d)　标记代号示例

设计者也可根据需要单独购买不同减速比、不同输出转矩的谐波减速器中的三大构件(刚性轮、柔性轮、谐波发生器)并根据其安装尺寸与系统的机械构件相连接

XB1 型通用谐波减速器产品系列示例

型号	减速比	额定输入转速/r·min^{-1}	额定输出转矩/N·m
XB1-25	63	3000	2
XB1-32	64，80	3000	6
XB1-40	80，100	3000	15
XB1-50	83，100，125	3000	30
XB1-60	100，120，150	3000	50
XB1-80	80，100，135	3000	120
XB1-100	83，100，125，165	3000	240
XB1-120	100，120，200	3000	450
XB1-160	80，100，160，200，300	1500	1000
XB1-200	100，125，200，250	1500	2000

4.2.4.2　挠性传动

除滚珠丝杠副、齿轮副等传动部件之外，光机电一体化系统中还大量使用同步齿形带、钢带、钢丝绳及尼龙绳等挠性传动部件。光机电一体化系统中常用的挠性传动机构见表 22-4-33。

表 22-4-33　　光机电一体化系统中常用的挠性传动机构

类型		说　　明
同步带传动	特点	为保证带和带轮作无滑差的同步传动，其齿形带采用了承载后无弹性变形的高强度材料，以保证带的节距不变。同步带传动具有传动比准确、传动效率高（可达 0.98）、能吸振、噪声低、传动平稳、能高速传动、维护保养方便等优点，故使用范围较广，但安装精度要求高，中心距要求严格，具有一定的蠕变
	实例	图(a)为同步齿形带在打印机字车送进系统中的应用实例 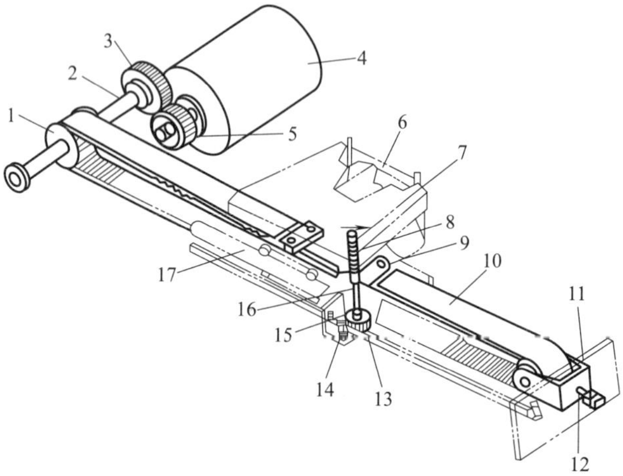 图(a)　打印机中同步带传动系统 1—驱动轮；2—驱动轴；3—从动轮；4—伺服电机；5—电机齿轮；6—字车；7—色带驱动手柄；8—销；9—连接环；10—字车驱动同步带；11—支架；12—带张力调节螺杆；13—色带驱动带；14—压带轮；15—色带驱动轮；16—色带驱动轴；17—导杆
钢带传动	特点	钢带与带轮间接触面积大、无间隙、摩擦阻力大无滑动，结构简单紧凑、运行可靠、噪声低、驱动力大、寿命长，钢带无蠕变
	实例	图(b)为钢带传动在磁头定位机构中的应用实例。α 形钢带挂在驱动轮上，磁头固定在往复运动的钢带上，结构紧凑，磁头移动迅速，运行可靠 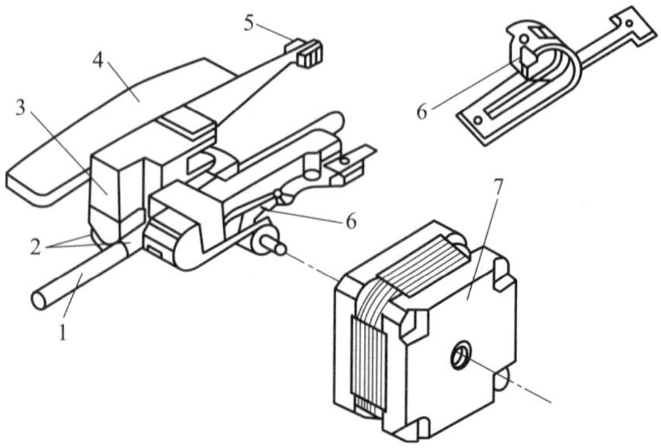 图(b)　α 形钢带传动定位机构 1—导杆；2—轴承；3—小车；4—导轨；5—磁头；6—α 形钢带；7—步进电机

续表

类型		说　　明
绳轮传动	特点	绳轮传动结构简单，传动刚度大，结构柔软，成本较低，噪声低，但带轮较大，安装面积大，加速度不宜太高
	实例	图(c)为打印机字车的绳轮传动送进机构图 图(c)　绳轮传动在打印机字车送进机构中的应用 1—字车；2—绳轮(电机输出轴上)；3—伺服电机；4—钢丝绳

三者比较	传动方式	传动带	带轮	传动刚度	蠕变	结构
	同步带传动	同步带	齿形带	中等	有	简单
	钢带传动	钢带	无齿带轮	大	无	简单
	绳轮传动	钢丝绳(尼龙绳)	开槽绳轮	大(小)	有	较简单

4.2.4.3　间歇传动

光机电一体化系统中常用的间歇传动部件有：棘轮传动、槽轮传动、蜗形凸轮传动等部件。这种传动部件可将原动机构的连续运动转换为间歇运动。其基本要求是移位迅速，移位过程中运动无冲击，停位准确可靠，基本情况见表 22-4-34。

表 22-4-34　　光机电一体化系统中常用的间歇传动机构

类型		说　　明
棘轮传动机构	原理	棘轮机构主要由棘轮和棘爪组成，其工作原理如图(a)所示。棘爪 1 装在摇杆 4 上，能围绕 O 点转动。摇杆空套在棘轮凸缘上作往复摆动。当摇杆(主动件)作逆时针方向摆动时，棘爪与棘轮 2 的齿啮合，克服棘轮轴上的外加力矩 M，推动棘轮朝逆时针方向转动，此时止动爪 3(或称止回爪、闸爪)在棘轮齿上打滑。当摇杆摆过一定角度 λ 而反向作顺时针摆动时，止动爪 3 把棘轮闸住，使其不致因外加力矩 M 的作用而随同摇杆一起作反向转动，此时棘爪 1 在棘轮齿上打滑而返回到起始位置。摇杆如此往复不停地摆动时，棘轮就不断地按逆时针方向间歇地转动。扭簧 5 用于帮助棘爪与棘轮齿啮合
		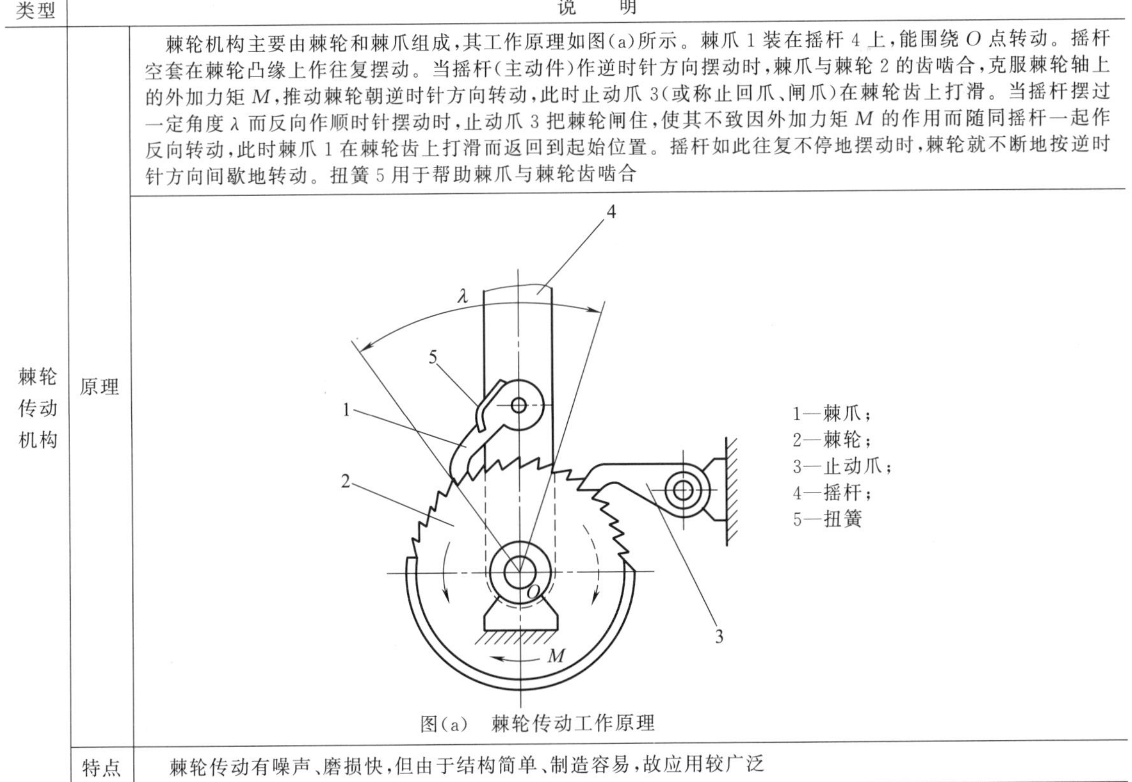 图(a)　棘轮传动工作原理
	特点	棘轮传动有噪声、磨损快，但由于结构简单、制造容易，故应用较广泛

续表

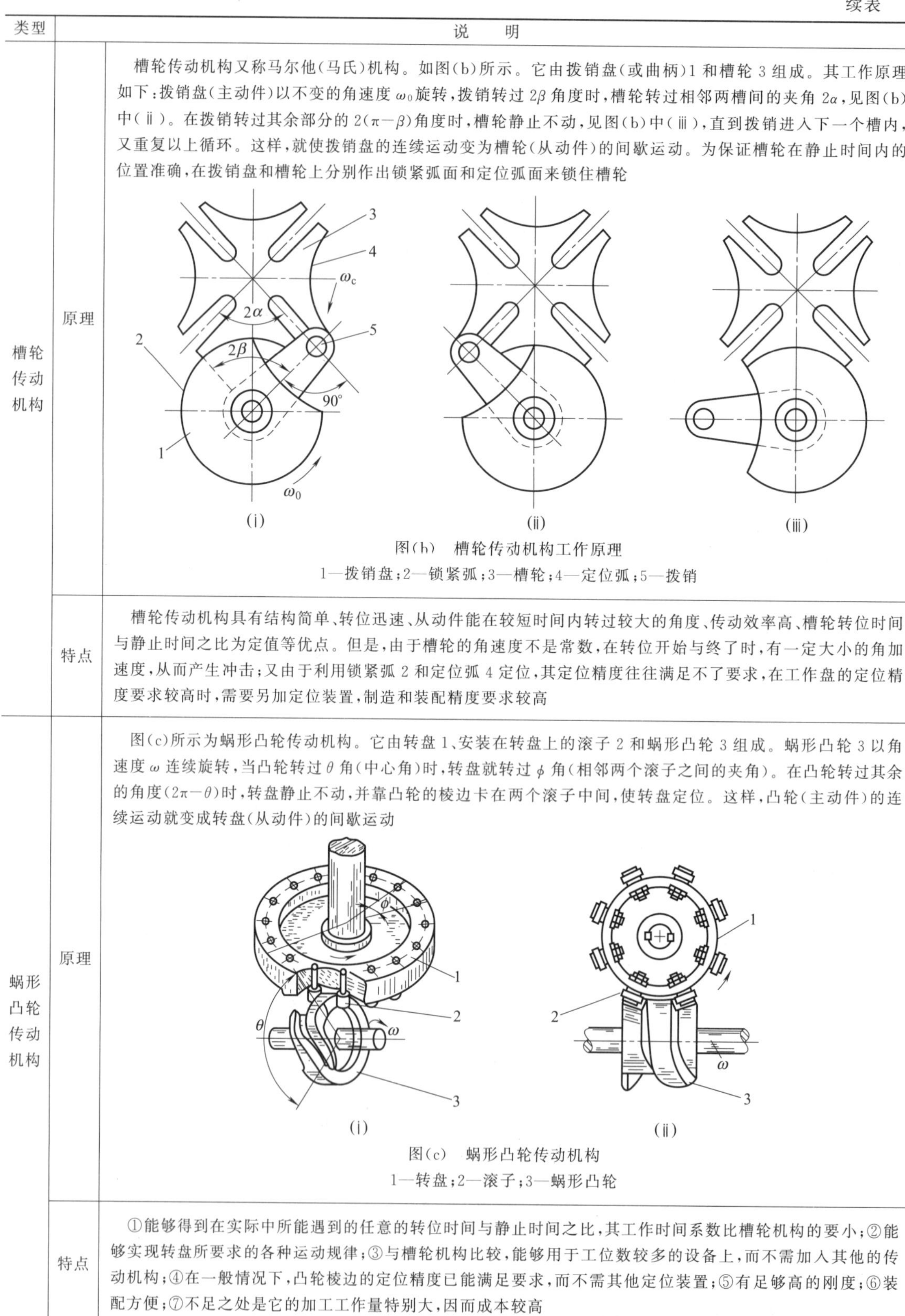

类型		说　明
槽轮传动机构	原理	槽轮传动机构又称马尔他(马氏)机构。如图(b)所示。它由拨销盘(或曲柄)1 和槽轮 3 组成。其工作原理如下：拨销盘(主动件)以不变的角速度 ω_0 旋转，拨销转过 2β 角度时，槽轮转过相邻两槽间的夹角 2α，见图(b)中(ⅱ)。在拨销转过其余部分的 $2(\pi-\beta)$ 角度时，槽轮静止不动，见图(b)中(ⅲ)，直到拨销进入下一个槽内，又重复以上循环。这样，就使拨销盘的连续运动变为槽轮(从动件)的间歇运动。为保证槽轮在静止时间内的位置准确，在拨销盘和槽轮上分别作出锁紧弧面和定位弧面来锁住槽轮 图(b)　槽轮传动机构工作原理 1—拨销盘；2—锁紧弧；3—槽轮；4—定位弧；5—拨销
	特点	槽轮传动机构具有结构简单、转位迅速、从动件能在较短时间内转过较大的角度、传动效率高、槽轮转位时间与静止时间之比为定值等优点。但是，由于槽轮的角速度不是常数，在转位开始与终了时，有一定大小的角加速度，从而产生冲击；又由于利用锁紧弧 2 和定位弧 4 定位，其定位精度往往满足不了要求，在工作盘的定位精度要求较高时，需要另加定位装置，制造和装配精度要求较高
蜗形凸轮传动机构	原理	图(c)所示为蜗形凸轮传动机构。它由转盘 1、安装在转盘上的滚子 2 和蜗形凸轮 3 组成。蜗形凸轮 3 以角速度 ω 连续旋转，当凸轮转过 θ 角(中心角)时，转盘就转过 ϕ 角(相邻两个滚子之间的夹角)。在凸轮转过其余的角度 $(2\pi-\theta)$ 时，转盘静止不动，并靠凸轮的棱边卡在两个滚子中间，使转盘定位。这样，凸轮(主动件)的连续运动就变成转盘(从动件)的间歇运动 图(c)　蜗形凸轮传动机构 1—转盘；2—滚子；3—蜗形凸轮
	特点	①能够得到在实际中所能遇到的任意的转位时间与静止时间之比，其工作时间系数比槽轮机构的要小；②能够实现转盘所要求的各种运动规律；③与槽轮机构比较，能够用于工位数较多的设备上，而不需加入其他的传动机构；④在一般情况下，凸轮棱边的定位精度已能满足要求，而不需其他定位装置；⑤有足够高的刚度；⑥装配方便；⑦不足之处是它的加工工作量特别大，因而成本较高

4.3 机械导向机构设计

导向支承部件的作用是支承和限制运动部件按给定运动要求和规定的方向运动。这样的部件通常被称为导轨副，简称导轨。运动方向为直线的被称为直线运动导轨副，运动方向为回转的被称为回转运动导轨副。常用的导轨副的种类很多，按其接触面的摩擦性质可分为滑动导轨、滚动导轨、流体介质摩擦导轨等。按其结构特点可分为开式（借助重力或弹簧弹力保证运动件与承导面之间的接触）导轨和闭式（只靠导轨本身的结构形状保证运动件与承导面之间的接触）导轨。

智能装备系统对导轨的基本要求是导向精度高、刚性好、运动轻便平稳、耐磨性好、温度变化影响小以及结构工艺性好等。对精度要求高的直线运动导轨，还要求导轨的承载面与导向面严格分开。当运动件较重时，必须设有卸荷装置，运动件的支承必须符合三点定位原理。

常见的导轨副的结构特点及设计要点见表 22-4-35。常用导轨结构形式及其性能比较见表 22-4-36。

表 22-4-35　　常见的导轨副的结构特点和设计要点

导轨类型	说明				
滑动导轨	截面形状及特点	常见的导轨截面形状，有三角形（分对称、不对称两类）、矩形、燕尾形及圆形四种，每种又分为凸形和凹形两类。凸形导轨不易积存切屑等脏物，也不易储存润滑油，宜在低速下工作。凹形导轨则相反，可用于高速，但必须有良好的防护装置，以防切屑等脏物落入导轨			
		形　状		示　意　图	特　点
		基本形式	对称三角形	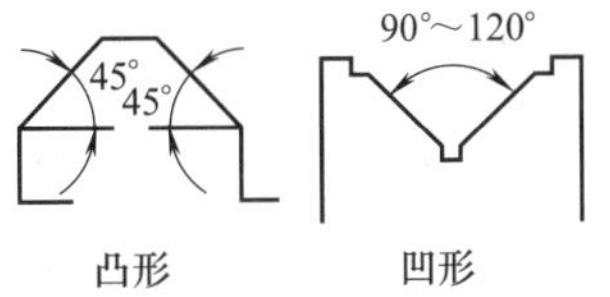 45° 45° 凸形　90°～120° 凹形	导轨尖顶朝上的对称三角形导轨，尖顶朝下的对称 V 形导轨。该导轨在垂直载荷的作用下，磨损后能自动补偿，不会产生间隙，故导向精度较高。但压板面仍需有间隙调整装置。它的截面角度由载荷大小及导向要求而定，一般为 90°。为增加承载面积，减小比压，在导轨高度不变的条件下，应采用较大的顶角（110°～120°）；为提高导向性，可采用较小的顶角（60°）。如果导轨上所受的力在两个方向上的分力相差很大，应采用不对称三角形，使力的作用方向尽可能垂直于导轨面。此外，导轨水平与垂直方向误差相互影响，给制造、检验和修理带来困难
			不对称三角形	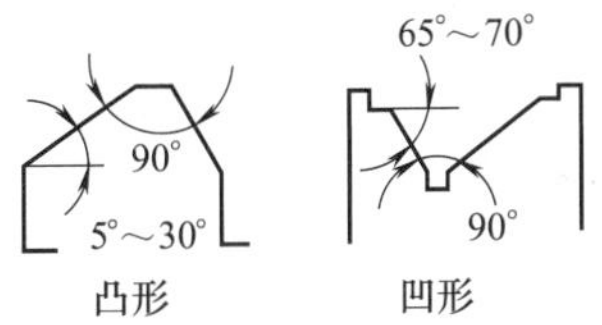 90° 5°～30° 凸形　65°～70° 90° 凹形	
			矩形	 凸形　凹形	矩形导轨结构简单，制造、检验和修理方便，导轨面较宽，承载能力大，刚度高，故应用广泛。矩形导轨的导向精度没有三角形导轨高，磨损后不能自动补偿，必须有调整间隙装置，但水平和垂直方向上的位置各不相关，因此安装调整均较方便。在导轨的材料、载荷、宽度相同情况下，矩形导轨的摩擦阻力和接触变形都比三角形导轨小
			燕尾形	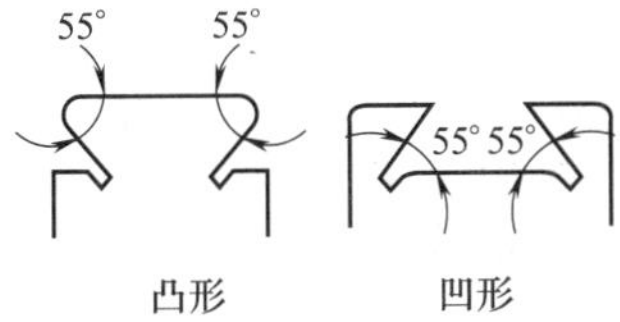 55° 55° 凸形　55° 55° 凹形	燕尾形导轨磨损后不能自动补偿间隙，需设调整间隙装置。两燕尾面起压板面作用，用一根镶条就可以调整水平与垂直方向的间隙，且高度小，结构紧凑，可以承受颠覆力矩，但刚度较差，摩擦力较大，制造、检验和维修都不方便。用于运动速度不高、受力不大、高度尺寸受到限制的场合
			圆形	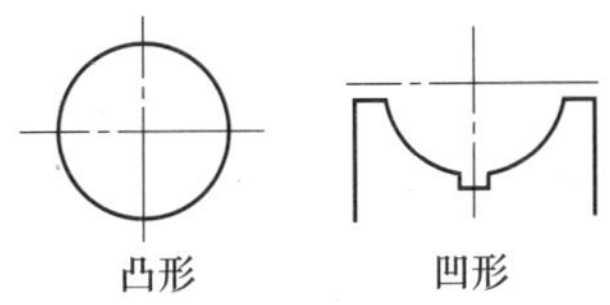 凸形　凹形	圆形导轨制造方便，外圆采用磨削、内孔经过珩磨，可达到精密配合，但磨损后很难调整和补偿间隙。圆柱形导轨有两个自由度，适用于同时作直线运动和转动的地方。若要限制转动，可在圆柱表面开键槽或加工出平面，但不能承受大的扭矩，亦可采用双圆柱导轨。圆柱导轨用于承受轴向载荷的场合

续表

导轨类型	说明					
滑动导轨	截面形状及特点	组合形式	双三角形导轨	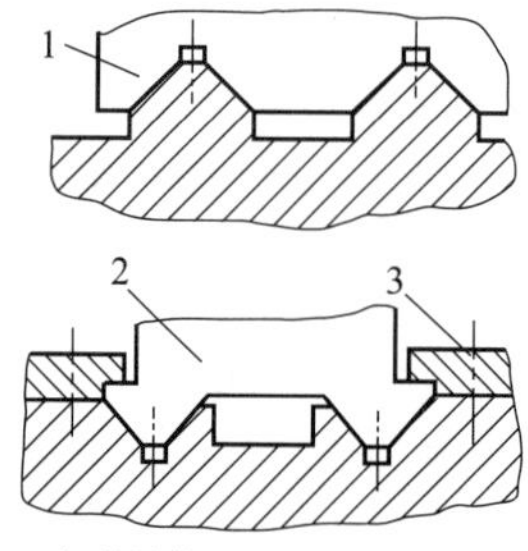 1—三角形导轨;2—V 形导轨;3—压板	两条三角形导轨同时起支承和导向作用,由于结构对称,驱动元件可对称地放在两导轨中间,并且两条导轨磨损均匀,磨损后相对位置不变,能自动补偿垂直和水平方向的磨损,故导向性和精度保持性都高,接触刚度好。但工艺性差,对导轨的四个表面刮削或磨削也难以完全接触。如果床身和运动部件热变形不同,也很难保证四个面同时接触。因此多用于精度要求较高的机床设备	
			矩形和矩形组合	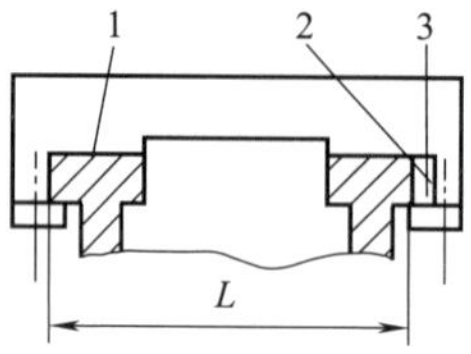 图(a) 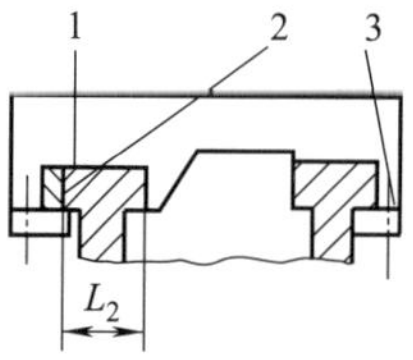 图(b) 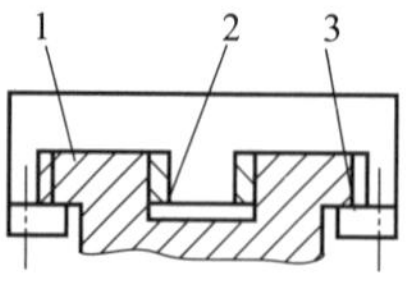 图(c) 1—承载面;2—导向面;3—辅助导轨面	承载面 1 和导向面 2 分开,因而制造与调整简单。导向面的间隙,用镶条调节,接触刚度低。闭式结构有辅助导轨面 3,其间隙用压板调节 采用矩形和矩形组合时,应合理选择导向面。如图(a)所示,以两侧面作导向面时,间距 L 大,热变形大,要求间隙大,因而导向精度低,但承载能力大。若以外侧面作导向面,如图(b)所示,其间距 L_2 较小,加工测量方便,容易获得较高的平行度。热变形小,可选用较小的间隙,因而导向精度高;两内侧面作导向面,如图(c)所示,导向面 2 对称分布在导轨中部。当传动件位于对称中心线上时,避免了由于牵引力与导向中心线不重合而引起的偏转,不致在改变运动方向时引起位置误差,故导向精度高	
			三角形和矩形组合	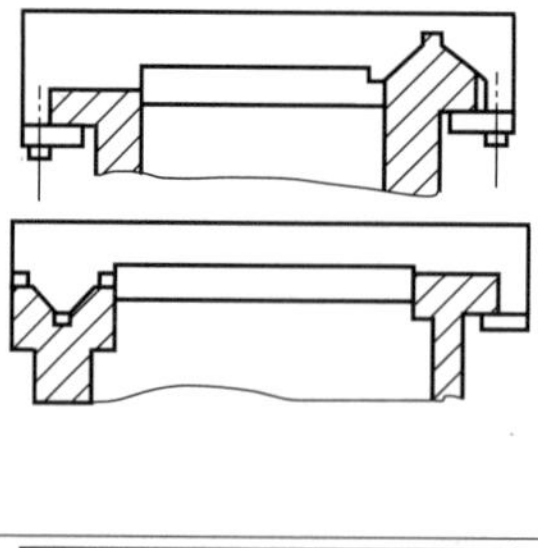	这种组合形式兼有三角形导轨的导向性好,矩形导轨的制造方便、刚性好等优点,并避免了由于热变形所引起的配合变化,但导轨磨损不均匀,一般是三角形导轨比矩形导轨磨损快,磨损后又不能通过调节来补偿,故对位置精度有影响。闭合导轨有压板面,能承受颠覆力矩。这种组合有 V-矩、棱-矩两种形式。V-矩组合导轨易储存润滑油,低、高速都能采用;棱-矩组合不能储存润滑油,只能用于低速移动	由于三角形和矩形或平面导轨的摩擦阻力不相等,因此在布置牵引力的位置时,应使导轨的摩擦阻力的合力与牵引力在同一直线上,否则就会产生力矩,使三角形导轨对角接触,影响运动件的导向精度和运动的灵活性
			三角形和平面导轨组合	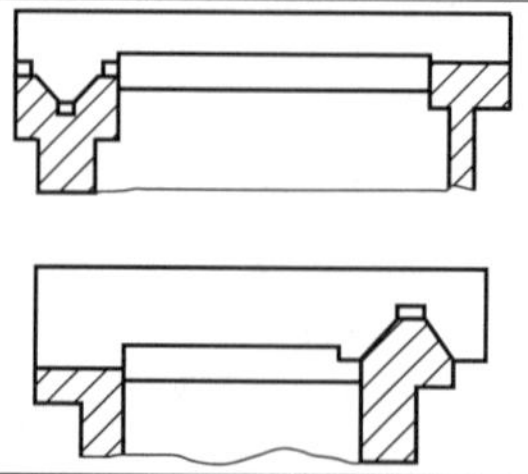	这种组合形式的导轨具有三角形和矩形组合的基本特点,但由于没有闭合导轨装置,因此只能用于受力向下的场合	

续表

<table>
<tr><th>导轨类型</th><th colspan="5">说　明</th></tr>
<tr><td rowspan="3">滑动导轨</td><td>截面形状及特点</td><td>组合形式</td><td>燕尾形导轨及其组合</td><td>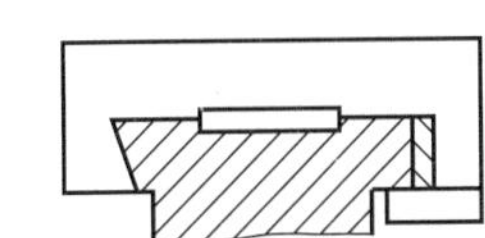</td><td>燕尾与矩形组合兼有调整方便和能承受较大力矩的优点，多用于横梁、立柱和摇臂等导轨</td></tr>
<tr><td>间隙的调整</td><td colspan="4">为保证导轨正常工作，导轨滑动表面之间应保持适当的间隙。间隙过小，会增加摩擦阻力；间隙过大，会降低导向精度。导轨的间隙如依靠刮研来保证，要费很大的劳动量，而且导轨经长期使用后，会因磨损而增大间隙，需要及时调整，故导轨应有间隙调整装置。矩形导轨需要在垂直和水平两个方向上调整间隙。常用的调整方法有压板和镶条法两种方法
对矩形导轨可采用镶条（垫片）方法同时调整垂直和水平两个方向的间隙[图(d)]
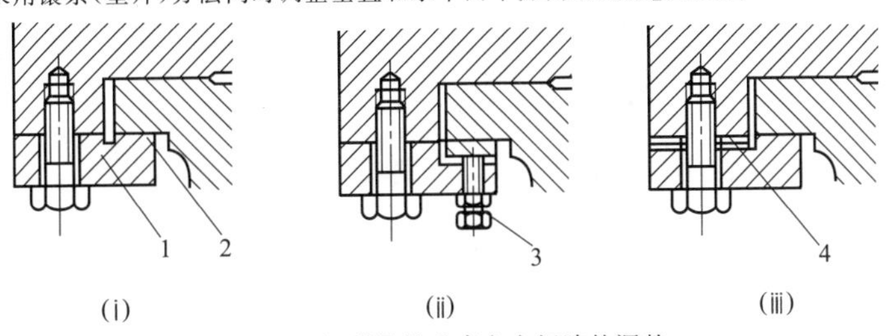

图(d)　矩形导轨垂直方向间隙的调整
1—压板；2—接合面；3—调整螺钉；4—调整垫片
图(e)中(ⅰ)所示为采用平镶条调整导轨侧面间隙的结构。平镶条横截面积为矩形或平行四边形（用燕尾导轨），以镶条的横向位移来调整间隙。平镶条一般放在受力小的一侧，用螺钉调节，螺母锁紧。因各螺钉单独拧紧，预紧力不易一致，使镶条在螺钉的着力点有挠度，使接触不均匀，刚性差，易变形，调整较麻烦，故用于受力较小、或短的导轨。图(e)中(ⅱ)和(ⅲ)所示为采用两根斜镶条调整导轨侧面间隙的结构。调整时拧动螺钉，使斜镶条纵向（平行运动方向）移动来调整间隙。采用斜镶条调整的优点是：镶条两侧面与导轨面全部接触，故刚性好，但斜镶条必须加工成斜形，因此制造困难，但使用可靠，调整方便，故应用较广
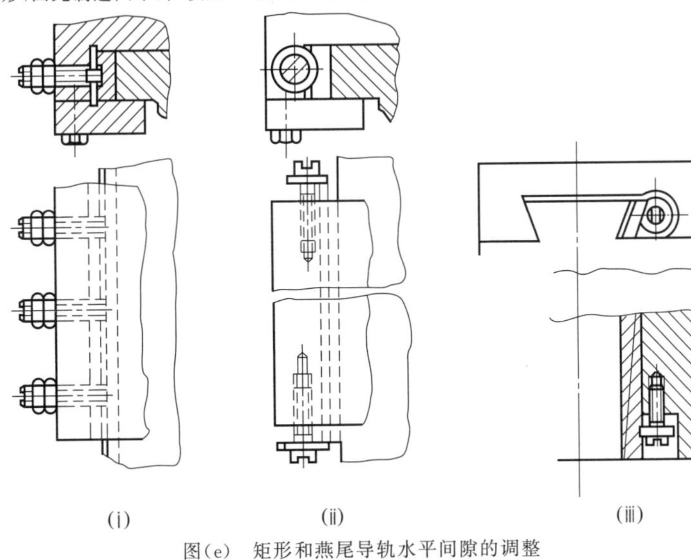

图(e)　矩形和燕尾导轨水平间隙的调整</td></tr>
<tr><td>材料的选择</td><td colspan="4">导轨常用材料有铸铁、钢、有色金属和塑料等。常使用铸铁-铸铁、铸铁-钢的导轨。镶装塑料导轨具有耐磨性好，抗振性能好，工作温度适应范围广（−200～260℃），抗撕伤能力强，动、静摩擦因数低，差别小，可降低低速运动的临界速度，加工性和化学稳定性好，工艺简单，成本低等优点。目前在各类机床的动导轨及图形发生器工作台的导轨上都有应用，塑料导轨多与不淬火的铸铁导轨搭配</td></tr>
</table>

续表

<table>
<tr><td>导轨类型</td><td colspan="6">说　明</td></tr>
<tr><td rowspan="5">滑动导轨</td><td rowspan="5">提高耐磨性的措施</td><td colspan="5">导轨的使用寿命取决于导轨的结构、材料、制造质量、热处理方法以及使用与维护。提高导轨的耐磨性，使其在较长时期内保持一定的导向精度，就能延长设备的使用寿命</td></tr>
<tr><td colspan="2">措　施</td><td colspan="3">说　明</td></tr>
<tr><td colspan="2">采用镶装导轨</td><td colspan="3">为了提高导轨的耐磨性，又要使导轨的制造工艺简单，修理方便，成本低等，往往采用镶装导轨，即在支承导轨（如底座、床身等）上镶装淬硬钢条、钢板或钢带，在动导轨上镶装塑料或有色金属板</td></tr>
<tr><td colspan="2">提高导轨的精度与改善表面粗糙度</td><td colspan="3">减少导轨的摩擦和磨损，从而提高耐磨性</td></tr>
<tr><td colspan="2">减小导轨单位面积上的压力</td><td colspan="3">要减小导轨面比压，应减轻运动部件的重量和增大导轨支承面的面积。减小两导轨面之间的中心距可以减小外形尺寸和减轻运动部件的重量。但减小中心距受到结构尺寸的限制，同时，中心距太小，将导致运动不稳定。降低导轨比压的另一办法是采用卸荷装置，即在导轨载荷的相反方向，增加弹簧或液压作用力，以抵消导轨所承受的部分载荷</td></tr>
<tr><td rowspan="7">滚动导轨</td><td>特点</td><td colspan="5">摩擦因数小（0.003～0.005），运动灵活；动、静摩擦因数基本相同，因而启动阻力小，不易产生爬行；可以预紧，刚度高；寿命长；精度高；润滑方便，可以采用脂润滑，一次装填，长期使用；工厂生产，可以外购选用。但导轨面与滚动体是点接触或线接触，所以抗振性差，接触应力大；对导轨的表面硬度、表面形状精度和滚动体的尺寸精度要求高，若滚动体的直径不一致，导轨表面有高低，会使运动部件倾斜，产生振动，影响运动精度；结构复杂、制造困难，成本较高；对脏物比较敏感，必须有良好的防护装置。因此滚动导轨副广泛地被应用于精密机床、数控机床、测量机和测量仪器等</td></tr>
<tr><td rowspan="6">类型</td><td colspan="5">直线运动滚动导轨副的滚动体有循环的和不循环的两大类型</td></tr>
<tr><td>类型</td><td colspan="2">说　明</td><td colspan="2">示　意　图</td></tr>
<tr><td rowspan="4">滚动体不循环的滚动导轨副</td><td colspan="4">这种导轨的滚动体可以是滚珠、滚针或圆柱滚子。它们的共同特点是滚动体不循环，因而行程不能太长，这种导轨结构简单，制造容易，成本较低，但有时难以施加预紧力。刚度较低、抗振性能差，不能承受冲击载荷</td></tr>
<tr><td>滚珠导轨副</td><td>摩擦阻力小，但承载能力差、刚度低；不能承受大的颠覆力矩和水平力；经常工作的滚珠接触部位，容易压出凹坑，使导轨副丧失精度。这种导轨适用于载荷不超过200N的小型部件。设计时应注意尽量使驱动力和外加载荷作用点位于两条导轨副的中间</td><td> 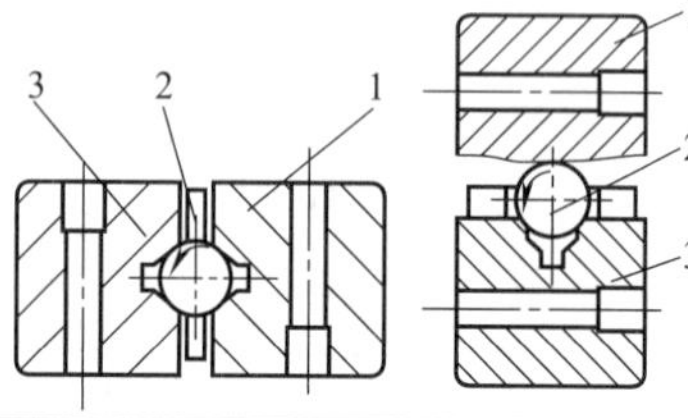</td><td rowspan="3">1—动导轨；2—滚珠；3—定导轨；4—滚柱；5—滚针</td></tr>
<tr><td>滚针导轨副</td><td rowspan="2">承荷能力比滚珠导轨副高近10倍；刚度也比滚珠导轨副高；其中的交叉滚柱导轨副四个方向均能受载，导向性能也高。但是，滚针和滚柱对导轨面的平行度误差比较敏感，且容易侧向偏移和滑动，引起磨损加剧</td><td> 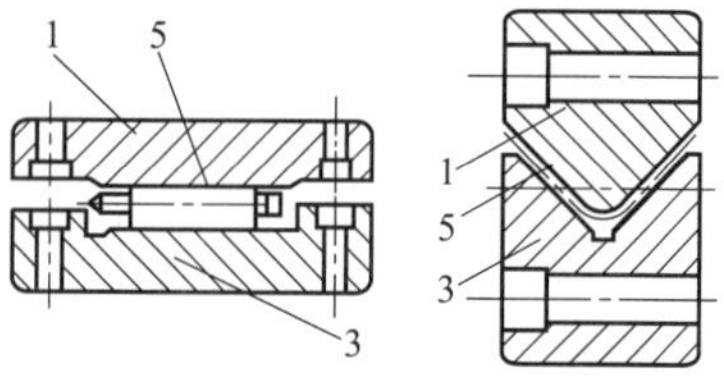</td></tr>
<tr><td>圆柱滚子导轨副</td><td> 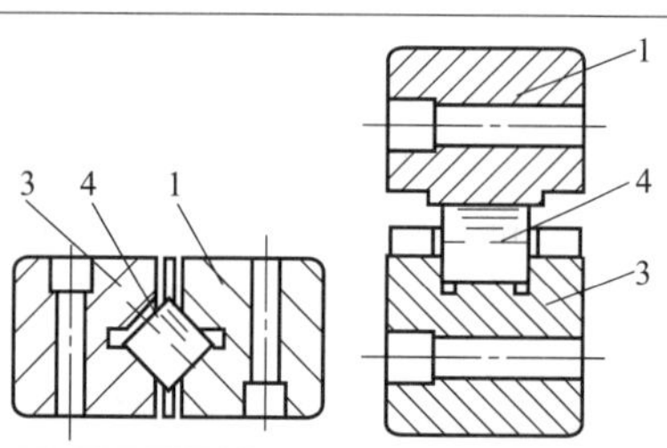</td></tr>
</table>

续表

<table>
<tr><th>导轨类型</th><th colspan="3">说　明</th></tr>
<tr><td rowspan="3">滚动导轨</td><td rowspan="3">类型</td><td rowspan="3">滚动体循环的滚动导轨副</td><td>图(f)为行程无限的标准滚动导轨副。这种导轨副用于重载条件下，但结构较复杂，装卸调整不方便
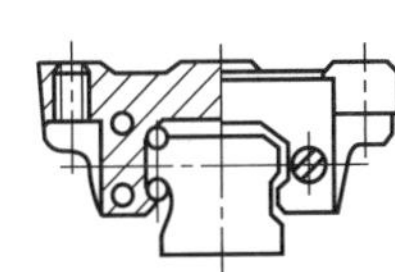 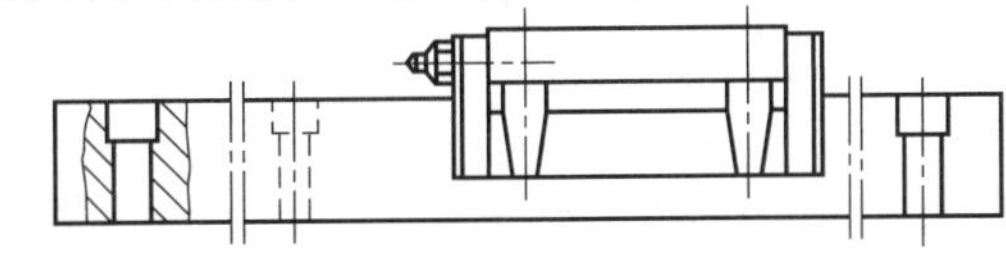
图(f)　滚动导轨副</td></tr>
<tr><td>图(g)为标准化的滚动导轨块，其特点是行程长，装卸调整方便。图(g)中(ⅰ)为滚柱导轨块，可按额定动负荷选用，其基本参数为高度 H；图(g)中(ⅱ)为滚珠导轨块，它的结构紧凑，尤其是高度小，容易安装，滚珠不会像圆柱滚子那样发生歪斜；但是它的承载能力差，抗振性能也略低
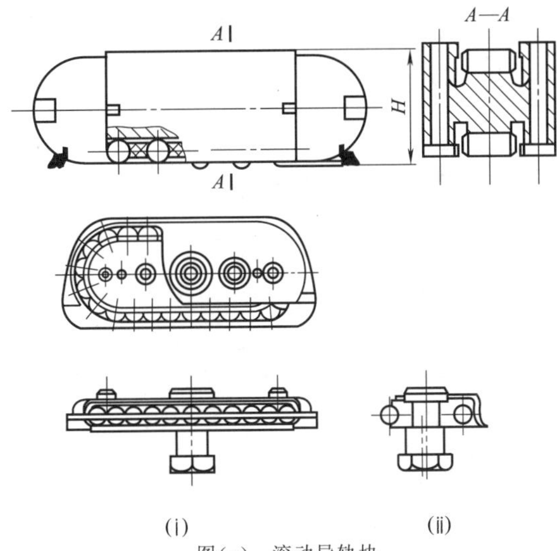

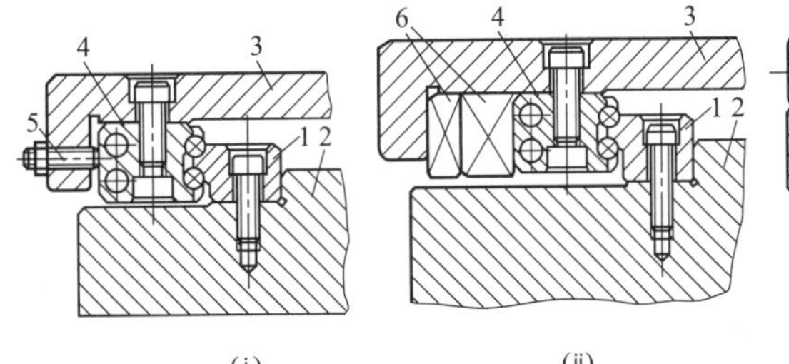
(ⅰ)　(ⅱ)
图(g)　滚动导轨块</td></tr>
<tr><td>图(h)为标准化的滚动导轨副。它具有不同的间隙预紧结构。图(h)中(ⅰ)定导轨 1 用螺钉固定在机身 2 上，动导轨 4 固定在运动件 3 上，其间隙可用调整螺钉 5 调节，故其精度和刚度均较低。图(h)中(ⅱ)采用塞块 6 调整间隙，其精度和刚度均较高。图(h)中(ⅲ)所示结构采用偏心销轴进行间隙调整
(ⅰ)　(ⅱ)　(ⅲ)
图(h)　滚动导轨副
1—定导轨；2—机身；3—运动件；4—动导轨；
5—调整螺钉；6—塞块；7—偏心调整销轴</td></tr>
</table>

表 22-4-36　常用导轨性能比较

导轨类型	结构示意图	结构工艺性	方向精度	摩擦力	对温度变化的敏感性	承载能力	耐磨性	成本
开式圆柱面导轨		好	高	较大	不敏感	小	较差	低

续表

导轨类型	结构示意图	结构工艺性	方向精度	摩擦力	对温度变化的敏感性	承载能力	耐磨性	成本
闭式圆柱面导轨		好	较高	较大	较敏感	较小	较差	低
燕尾导轨		较差	高	大	敏感	大	好	较高
闭式直角导轨		较差	较低	较小	较敏感	大	较好	较低
开式“V”形导轨		较差	较高	较大	不敏感	大	好	较高
开式滚珠导轨		较差	高	小	不敏感	较小	较好	较高
闭式滚珠导轨		差	较高	较小	不敏感	较小	较好	高
开式滚柱导轨		较差	较高	小	不敏感	较大	较好	较高
滚动轴承导轨		较差	较高	小	不敏感	较大	好	较高
液体静压导轨		差	高	很小	不敏感	大	很好	很高

4.4　机械执行机构设计

4.4.1　执行机构分析

智能装备系统执行机构，一般是指根据操作信号完成位移或动作的执行元件或执行机构。一般要求执行机构动作敏捷（灵敏度高）、精确度高、重复性好、可靠性高。光机电一体化系统就其本质而言，是以提高或变更价值为目的的，具有信息处理系统、物流系统和加工系统。因此，机电产品或设备是以能量或者信息传递、处理、转换、保存等为目的的技术系统，从而需要各种形式的执行装置。

智能装备系统的执行机构是实现系统主要功能的重要环节，其动力源（电动式、气动式、液压式或综合式）应根据整个系统的具体技术要求而定。执行机构能快速完成预期的动作，响应速度要快，动态特性要好，静动态精度要高。此外，动作灵敏度要高，便于集中控制，因此应具备高效率、体积小、重量轻、自控性强、可靠性高等技术特点。

当前，执行机构正朝标准化、系列化和智能化方向发展。

4.4.1.1　主要性能指标

为了更好地达到系统目标，把完全确定的输入量，即把物料、能量和信息（指令）在一定空间、时间条件下，完成所期望的转化效应（输出量），则要求执行机构能经济有效地达到主要性能指标。精度、稳定性、响应速度和可靠性的详细情况见表22-4-37。

表 22-4-37　**执行机构的主要性能指标**

<table>
<tr><th>性能指标</th><th>说　　明</th></tr>
<tr><td>精度</td><td>

对于系统中的执行机构，要求其传动精度和定位精度要高

传动系统中的传动误差和回程误差对控制系统性能的影响，按其在系统中所处位置不同有所差异，如图(a)所示

一般传动误差可视为两部分组成：伺服带宽以内的低频分量和伺服带宽以外的高频分量。闭环前的传动链 G_1 的传动误差低频分量影响伺服精度，而高频分量则无影响。G_2 的传动误差高频分量影响伺服精度，而低频分量则无影响。对于反馈回路上的 G_3 与 G_1 类似。闭环后的 G_4，其传动误差的高频、低频分量均影响数据的传递精度

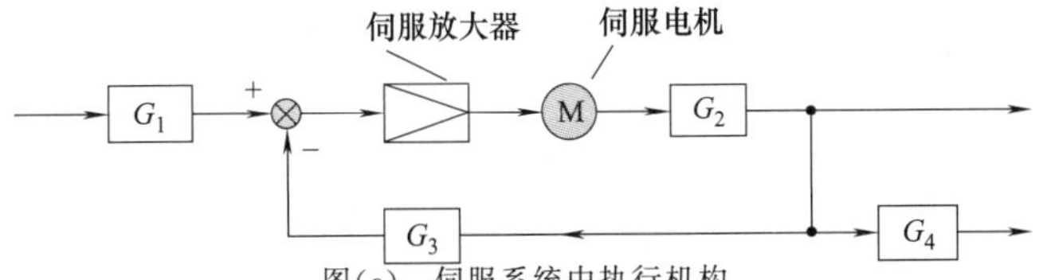

图(a)　伺服系统中执行机构

对于闭环前的传动 G_1，其回程误差将影响伺服精度，而 G_2 的回程误差不影响伺服精度，但对稳定性有很大影响。G_3 的回程误差对伺服精度与稳定性均有影响，而 G_4 影响数据的传递精度

由于伺服系统中传动链传动误差的低频分量和高频分量对伺服精度的影响不同，因此必须对传动误差进行频谱分析

在线性控制系统中，定位精度与快速响应两者具有相互矛盾的特性。图(b)所示位置控制系统，描述两者间的定量关系

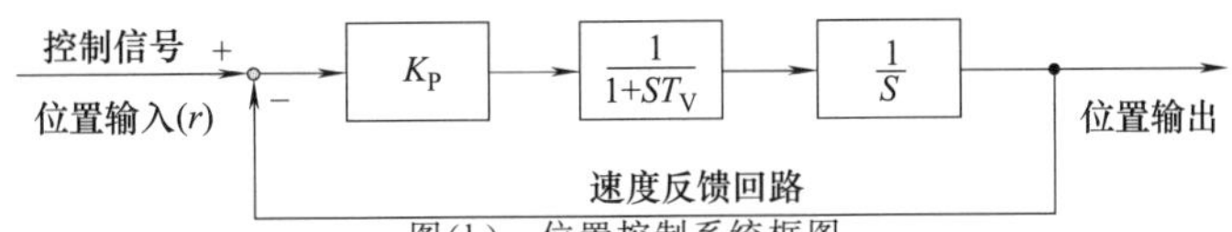

图(b)　位置控制系统框图

该系统的输入输出的传递函数 $G(S)$，由下式表示

$$G(S)=\frac{\frac{K_P}{T_V}}{S^2+\frac{1}{T_V}S+\frac{K_P}{T_V}}=\frac{\omega_n^2}{S^2+2\zeta\omega_n S+\omega_n^2}\tag{22-4-2}$$

式中，ω_n 为固有频率(1/s)，$\omega_n=\sqrt{\frac{K_P}{T_V}}$；$\zeta$ 为阻尼比，$\zeta=\frac{1}{2\sqrt{T_V K_P}}$；$T_V$ 为时间常数，s；K_P 为系统回路增益，1/s

对于阶跃输入的响应

$$\begin{cases}1-\frac{e^{-\zeta\omega_n t}}{\sqrt{1-\zeta^2}}\sin(\omega_n t\sqrt{1-\zeta^2}+\arccos\zeta) & \zeta<1\\ 1-e^{-\zeta\omega_n t}(\omega_n t+1) & \zeta=1\\ \frac{\zeta\omega_n t}{1-\sqrt{\zeta^2-1}}\sin\left(\omega_n t\ \sqrt{\zeta^2-1}+\arctan\frac{\sqrt{\zeta^2-1}}{\zeta}\right) & \zeta>1\end{cases}\tag{22-4-3}$$

图(c)所示为不产生超调时，整定后的临界控制状态 $\zeta=1$ 时的残余偏差(残差)与基准时间 $\omega_n t$ 的关系曲线。由图可知，输入量为偏差(rad)，当残差为 0.01rad 时所达到时刻的 $\omega_n t\approx 6.5$。求出控制参数 K_P、T_V 值，不难计算出该值变换后的实际时间。当 $K_P=50\text{s}^{-1}$，$T_V=0.002\text{s}$ 时，则实际时间 $t=\frac{6.5}{\omega_n}=6.5\times\sqrt{\frac{T_V}{K_P}}=0.04\text{s}$

若达到高精度同时减小定位时间，则必须提高系统的固有频率 ω_n。增大 ω_n，就要提高 K_P，降低 T_V，提高系统的增益。但是，对执行机构或电动机，因共振或磨损等因素，阻止提高系统的增益。由于存在摩擦阻力和磨损，又影响精度和速度两者同时达到理想效果。若同时实现位置控制的高速化和高精度，要考虑各环节以及整个系统的控制形式，并加以实施。执行机构中的机械传动部分要消除磨损、间隙、变形等，摩擦阻力要尽量低，同时各部分结构要合理配置

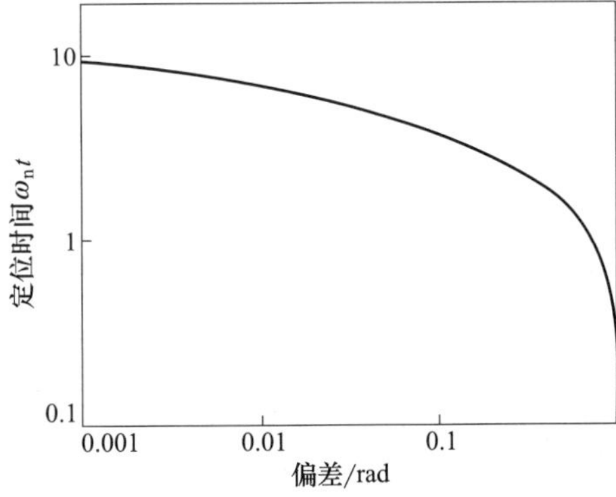

图(c)　偏差与定位时间($\zeta=1$，无超调临界控制条件)

</td></tr>
</table>

续表

性能指标	说　　明	
稳定性	稳定性与振动、热效应以及其他环境因素有关，要提高系统的抗振性就必须增大执行机构的固有频率，一般不应低于 50～100Hz，并需提高系统的阻尼能力 在光机电一体化系统中，执行机构一般处于系统回路之内[图(d)中(ⅰ)]，其结构固有频率和回程误差将影响系统的稳定性，而传动误差的低频分量(指频率低于伺服带宽的那部分传动误差)可得到校正。对图(d)中(ⅱ)所示的开环系统，无检测装置，不对过程位置进行检测和反馈，执行机构的传动误差和回程误差直接影响整个系统的精度，但不存在稳定性问题 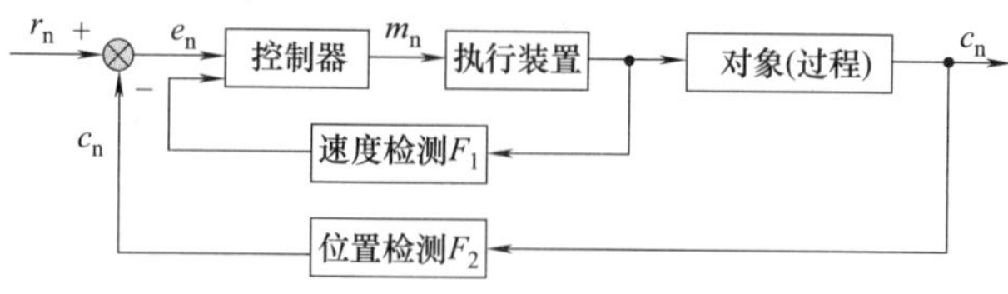 (ⅰ) 闭环控制系统 r_n → 控制器 → 执行装置 → 对象(过程) → c_n (ⅱ) 开环控制系统 图(d)　计算机控制系统中的执行装置 系统的稳定性还取决于系统的相对阻尼系数，它与执行机构的力矩放大系数有关 闭环系统的相对阻尼系数为$\frac{\delta}{2\sqrt{J_{\Sigma M}K}}$，其中，$\delta$ 为黏性阻尼系数；$J_{\Sigma M}$为所有传动件的转动惯量折算到输出轴上的值；K 为系统的开环传递函数，$K=K_{\rm I}K_{\rm D}/i_{\rm t}$($K_{\rm I}$为执行机构之前的系统各环节传递系数，$K_{\rm D}$为执行机构的力矩放大系数，$i_{\rm t}$为执行装置的总转速比) $i_{\rm t}$选择的大小对控制系统性能有一定影响，既要考虑对系统稳定性、精确性、快速性的影响，也要考虑执行元件与负载的最佳匹配问题。选择较大的 $i_{\rm t}$，可使系统的相对阻尼系数增大，有利于系统的稳定性 低速时，摩擦不稳定，造成低速爬行。加大 $i_{\rm t}$，伺服电机的转速就相对提高，从而可避免爬行现象 选择的总转速比 $i_{\rm t}$偏大，将造成传动级数增加，结构不紧凑，传动精度、效率、刚度与结构的固有频率降低，可能使输出轴得不到所需峰值转速。一般总转速比 $i_{\rm t}$的数值不宜超过伺服电机的额定转速与负载峰值转速之比	
响应速度	响应主要取决于系统的加速度，要提高角加速度，就必须提高伺服电机的输出转矩，减小摩擦力矩，减小电机和负载的转动惯量，提高传动效率	
可靠性	可靠性、抗干扰性和运行安全性是确定光机电一体化系统使用价值和使用效能的主要质量指标 光机电一体化系统的基本特征是能自动地完成能量变换和对信息的处理与控制。在系统中具有很低能量水平的自动化信息处理电子装置(控制和调节装置，微型计算机)常常同强功率的电气装置(如电磁铁、电动机、整流器等)装在一个紧密的有限空间结构内运行。原理上给系统造成电气扰动的影响，在元件间或系统间产生有害电气相互作用。这可能是由寄生电位、电容或电感耦合产生的，或者由系统元件固有的非线性特性(集肤效应、信号导线上的反射现象、颤动过程等)引起的 光机电一体化系统都是可修理的系统，系统可靠性可以持续可用性来表示 $$V_{\rm P}=\frac{T}{T+\overline{T}_{\rm A}}=\frac{1}{1+\frac{\overline{T}_{\rm A}}{T}}\qquad(22\text{-}4\text{-}4)$$ 假设系统为串联系统(只要其中一个元件失效，整个系统停止工作)，且有恒定的元件故障率，则 $$T=\frac{1}{\sum_{i=1}^{n}\lambda_i}\qquad(22\text{-}4\text{-}5)$$ 为了使式(4-3)有很高的数值，必须使 T 值尽可能高。因此，执行机构作为子系统，其元件故障率要尽量小，各元件实现合理的结构布置并采取有效保护措施，以防止化学、机械、电、热等方面的过载荷和使元件受到影响。有时使系统元件在欠载荷下运行，来保证系统正常或完全可靠的运行 由于执行装置的工作情况千差万别，所承受载荷大小也多种多样，因此载荷的综合视具体情况而定。一般情况，作用在执行机构上的载荷，主要有工作载荷、惯性载荷、摩擦载荷。它们的综合，通常采用峰值综合和均值综合两种方法	T——系统有工作能力时间，即平均停机间隔时间 $\overline{T}_{\rm A}$——平均停机时间 λ_i——第 i 个系统元件的故障率 n——系统元件的数目

4.4.1.2　系统的品质

系统的最基本要求是工作稳定性、精确性（稳态精度）、快速性和阻尼程度等。通常它们是通过系统输入特定信号的过渡过程和稳态的一些特征值来表征的。

这些品质指标是比较各种方案优劣以及制定产品协议的基础，是检验最佳化的尺度。一般是按实际要求由实验方法确定的。

过渡过程表征了系统的动态性能。它是指系统的被控制量 $c(t)$，在受到控制量或扰动量作用时，由原来的平衡状态（或稳态）变化到新的平衡状态时的过程而言的。

如图 22-4-14 所示为单位阶跃信号作用下控制系统的过渡过程曲线 $c(t)$。曲线① 振荡收敛，系统稳定；曲线② 单调收敛，系统稳定；曲线③ 振荡发散，系统不稳定；曲线④ 单调发散，系统不稳定。

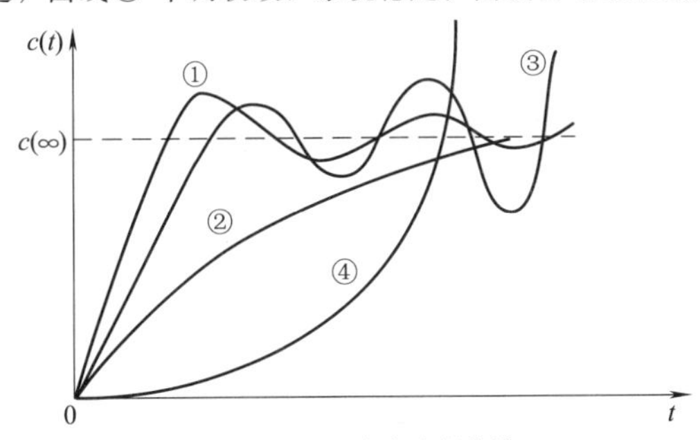

图 22-4-14　过渡过程曲线

稳定性是控制系统自身的固有特性，也是系统能正常工作的首要条件。精确性指的是控制系统的稳态精度。

（1）系统的品质指标

如图 22-4-15 所示为二阶系统在单位阶跃信号作用下过渡过程的一般形式。通常，希望二阶系统工作在欠阻尼状态。在这种状态下将有一个振荡特性适度、持续时间较短的过渡过程。但并不排除在某些情况需要采用过阻尼或临界阻尼状态。

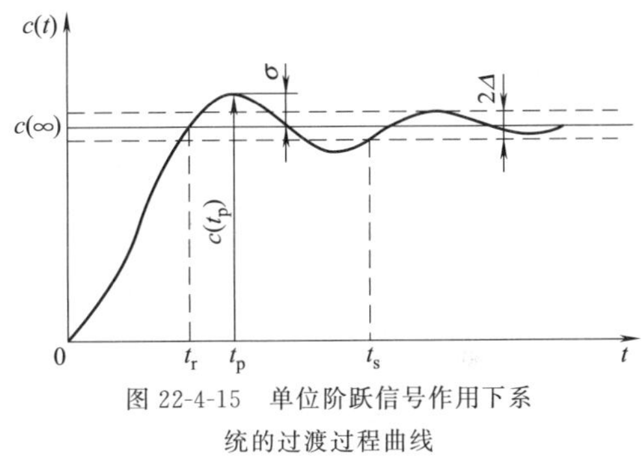

图 22-4-15　单位阶跃信号作用下系统的过渡过程曲线

二阶系统（图 22-4-15）在欠阻尼状态下用阶跃响应的特征值来表征系统的品质指标，如表 22-4-38 所示。

表 22-4-38　系统的品质指标

<table>
<tr><th>指　标</th><th colspan="2">说　明</th></tr>
<tr><td>稳态误差</td><td colspan="2">将被控制信号的期望值 $c_r(t)$ 与稳态值 $c(\infty)$ 之差称为稳态误差。它是系统控制精度的一种度量，是由于系统不能很好地跟踪输入信号而引起的原理性误差
若系统中执行装置的元器件不完善，如静摩擦、间隙或放大器的零点漂移、元件老化或变质等，都会造成系统的误差，称为静差
稳态误差和静差是表征系统稳态精度的一项性能指标
利用误差系数，可方便地求出稳态误差。误差系数可通过对误差传递函数求导或用查表法等求出</td></tr>
<tr><td>上升时间 t_r</td><td colspan="2">对于欠阻尼二阶系统，过渡过程曲线从零上升到 100% 稳态值所需时间称为上升时间 t_r。对于过阻尼系统，把过渡过程曲线从稳态值的 10% 上升到 90% 所需时间，称为上升时间 t_r</td></tr>
<tr><td>峰值时间 t_p</td><td colspan="2">过渡过程曲线达到第一个峰值所需时间称为峰值时间 t_p</td></tr>
<tr><td>最大超调量 σ</td><td>图 4-7 中曲线 $c(t)$ 是一条衰减的正弦振荡曲线，其振荡程度用超调量 σ 来描述
$$\sigma=\frac{c(t_p)-c(\infty)}{c(\infty)}\times 100\% \qquad (22\text{-}4\text{-}6)$$
σ 的大小表明系统的阻尼特性</td><td>$c(t_p)$——过渡过程曲线 $c(t)$ 第一次达到的最大输出值
$c(\infty)$——过渡过程的稳态值</td></tr>
<tr><td>过渡过程时间 t_s</td><td colspan="2">若 $t\geqslant t_s$ 时，有 $|c(t)-c(\infty)|\leqslant\Delta$，则 t_s 为系统的过渡过程时间。用稳态值的百分数 Δ 表示允许误差范围（一般，$\Delta=5\%$ 或 $\Delta=2\%$），这样过渡过程曲线达到并永远保持在 Δ 范围内所需时间，即为 t_s（或称调节时间）。t_s 的大小表征控制系统反应输入信号的快速性</td></tr>
<tr><td>振荡次数 N</td><td colspan="2">在 $0\leqslant t\leqslant t_s$ 时间内，过渡过程 $c(t)$ 穿越其稳态值 $c(\infty)$ 次数的一半，称为振荡次数 N。它也是反映系统阻尼特性的一个特征值，N 越小，系统的阻尼性能越好</td></tr>
</table>

t_s、t_p、σ 和 N 称为控制系统的动态品质指标，其中 t_s 和 t_p 表征系统的快速性能，σ 和 N 表征系统的阻尼性能。

设计一个智能装备系统，其中执行装置作为子系统，既要保证系统的稳定性和稳态精度的要求，又要满足动态品质指标，这是一项必须实现的基本任务。

(2) 单位阶跃响应的特征量计算（表 22-4-39）

表 22-4-39　　单位阶跃响应的特征量计算

计算值	说明	
二阶系统的阶跃响应	由式(22-4-2)得知，二阶系统的闭环传递函数为 $$G(S)=\frac{c(S)}{R(S)}=\frac{\omega_n^2}{S^2+2\zeta\omega_n S+\omega_n^2}$$ 由该式求得二阶系统在单位阶跃函数作用下输出信号的拉氏变换，即 $$c(S)=\frac{\omega_n^2}{S^2+2\zeta\omega_n S+\omega_n^2}\times\frac{1}{S} \quad (22\text{-}4\text{-}7)$$ 对上式进行拉氏反变换，得 $$c(t)=L^{-1}[c(S)]$$ 显然，由式(22-4-3)看出，对于 $0<\zeta<1$ 的过渡过程 $c(t)$ 为衰减正弦振荡曲线，其衰减速度取决于 $\zeta\omega_n$ 值的大小，其衰减振荡频率(有阻尼自振频率)$\omega_d=\omega_n\sqrt{1-\zeta^2}$。可见，衰减振荡周期 $T_d=\frac{2\pi}{\omega_d}=\frac{2\pi}{\omega_n\sqrt{1-\zeta^2}}$。将 $\zeta=0$ 代入系统阶跃响应式(22-4-3)，得 $c(t)=1-\cos\omega_n t\ (t\geqslant 0)$，这是欠阻尼的一种特殊情况，其阶跃响应是等幅正弦振荡。显然，$\omega_d<\omega_n$，且随 ζ 值增大，ω_d 值将减小	
上升时间 t_r	根据定义，当 $t=t_r$ 时，$c(t_r)=1$。将式(22-4-7)展开，并进行拉氏反变换，得 $$c(t_r)=1-e^{-\zeta\omega_n t_r}\left(\cos\omega_d t_r+\frac{\zeta}{\sqrt{1-\zeta^2}}\sin\omega_d t_r\right)=1$$ 即 $$e^{-\zeta\omega_n t_r}\left(\cos\omega_d t_r+\frac{\zeta}{\sqrt{1-\zeta^2}}\sin\omega_d t_r\right)=0$$ 因 $$e^{-\zeta\omega_n t_r}\neq 0$$ 故 $$\cos\omega_d t_r+\frac{\zeta}{\sqrt{1-\zeta^2}}\sin\omega_d t_r=0$$ 或者 $\tan\omega_d t_r=\frac{\omega_n\sqrt{1-\zeta^2}}{-\zeta\omega_n}$ 由图(a)得 $$\tan\omega_d t_r=\tan(\pi-\varphi)$$ 因此，上升时间为 $$t_r=\frac{\pi-\varphi}{\omega_n\sqrt{1-\zeta^2}} \quad (22\text{-}4\text{-}8)$$ 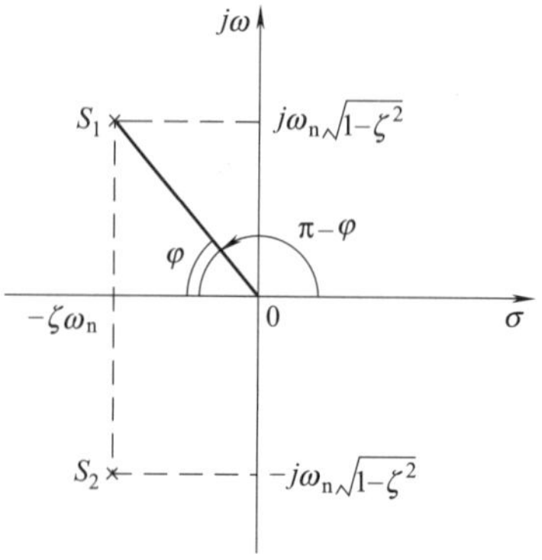 图(a)　φ 角的定义	$\varphi=\arctan\frac{\sqrt{1-\zeta^2}}{\zeta^2}$
最大超调量 σ	由定义得 $$\sigma=\frac{c(t_p)-c(\infty)}{c(\infty)}\times 100\%=e^{-\zeta\omega_n t_p}\times 100\%=e^{-\frac{\zeta\pi}{\sqrt{1-\zeta^2}}}\times 100\% \quad (22\text{-}4\text{-}9)$$	

续表

计算值	说　明	
峰值时间 t_p	将式(22-4-3)对时间求导，并令$\left.\frac{dc(t)}{dt}\right\vert_{t=t_p}=0$，经整理后，得 $$\sin(\omega_d t_p+\varphi)=\frac{\sqrt{1-\zeta^2}}{\zeta^2}\cos(\omega_d t_p+\varphi)$$ 将上式变换为　$\tan(\omega_d t_p+\varphi)=\tan\varphi$ 所以　$$\omega_d t_p=0,\pi,2\pi,3\pi,\cdots$$ 由于峰值时间是过渡过程达到第一个峰值所对应的时间，因此 $\omega_d t_p=\pi$ 所以　$$t_p=\frac{\pi}{\omega_d}=\frac{\pi}{\omega_n\sqrt{1-\zeta^2}} \quad (22\text{-}4\text{-}10)$$	
过渡过程时间 t_s	按式(22-4-3)以及 t_s的定义，可近似认为 $$\frac{e^{-\zeta\omega_n t_s}}{\sqrt{1-\zeta^2}}=\Delta$$ 则　$$t_s=\frac{1}{\zeta\omega_n}\left(\ln\frac{1}{\Delta}+\ln\frac{1}{\sqrt{1-\zeta^2}}\right)$$ 若取 $\Delta=5\%$，且忽略 $\ln\frac{1}{\sqrt{1-\zeta^2}}$项($0<\zeta<0.9$)时，则 $$t_s\approx\frac{3}{\zeta\omega_n} \quad (22\text{-}4\text{-}11)$$ 若取 $\Delta=2\%$，且忽略 $\ln\frac{1}{\sqrt{1-\zeta^2}}$项时，则 $$t_s\approx\frac{4}{\zeta\omega_n} \quad (22\text{-}4\text{-}12)$$ 从式(22-4-8)～式(22-4-12)得知，t_r、t_p、t_s均与阻尼比 ζ 和无阻尼自振频率ω_n有关，而 σ 只是阻尼比 ζ 的函数，与 ω_n无关。当系统阻尼比 ζ 确定后，可求得对应的 σ。反之，σ 已知，也可求出相应的阻尼比 ζ 的数值。图(b)给出了 σ 与 ζ 的关系曲线。一般为获得良好的过渡过程，阻尼比 $\zeta=0.4\sim0.8$ 为宜，相应的 $\sigma=25\%\sim2.5\%$。ζ 值小($\zeta<0.4$)，将造成系统的过渡过程严重超调；ζ 值大($\zeta>0.8$)，将使系统的调节时间变得缓慢 通常，阻尼比 ζ 根据 σ 的要求而定，过渡过程时间 $t_s(t_r、t_p)$，可主要依据 ω_n来确定，即不改变 σ 的情况下，调整 ω_n来改变系统快速性 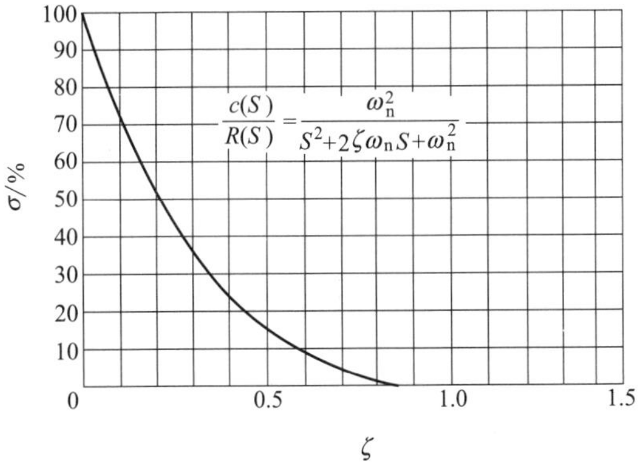 $$\frac{c(S)}{R(S)}=\frac{\omega_n^2}{S^2+2\zeta\omega_n S+\omega_n^2}$$ 图(b)　σ 与 ζ 的关系曲线	
振荡次数 N	$$N=\frac{t_s}{T_d}$$ 当 $\Delta=2\%$时，$t_s=\frac{4}{\zeta\omega_n}$，则 $N=\frac{2\sqrt{1-\zeta^2}}{\pi\zeta}$　(22-4-13) 当 $\Delta=5\%$时，$t_s=\frac{3}{\zeta\omega_n}$，则 $N=\frac{1.5\sqrt{1-\zeta^2}}{\pi\zeta}$　(22-4-14) 若已知 $\sigma=e^{\frac{-\pi\zeta}{\sqrt{1-\zeta^2}}}$，即 $\ln\sigma=-\frac{\pi\zeta}{\sqrt{1-\zeta^2}}$，则	$T_d=\frac{2\pi}{\omega_n\sqrt{1-\zeta^2}}$

续表

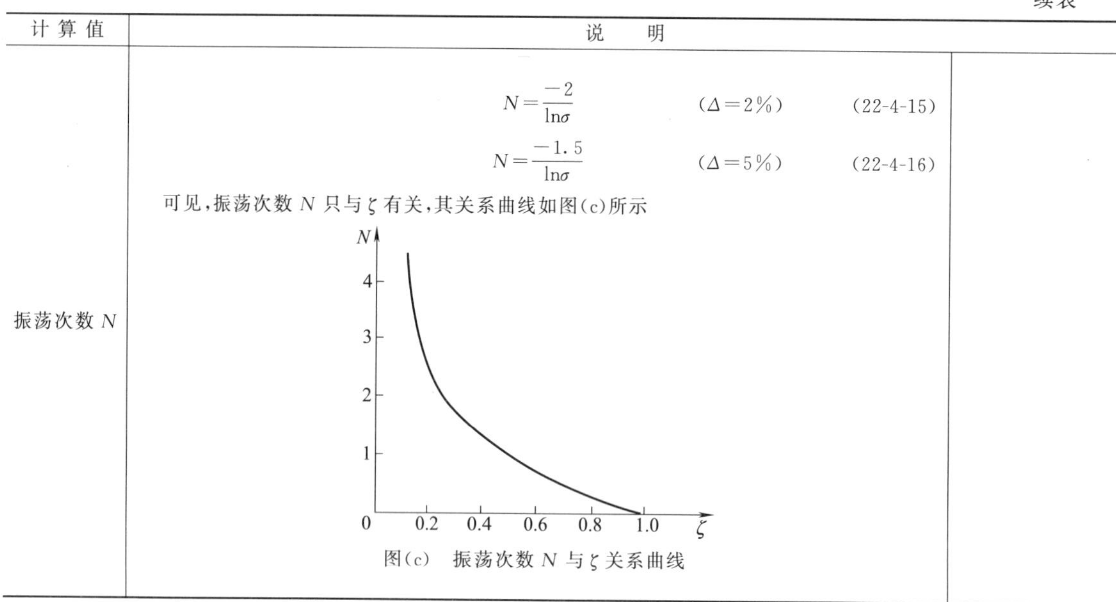

计算值	说明
振荡次数 N	$$N=\frac{-2}{\ln\sigma}\quad(\Delta=2\%)\qquad(22\text{-}4\text{-}15)$$ $$N=\frac{-1.5}{\ln\sigma}\quad(\Delta=5\%)\qquad(22\text{-}4\text{-}16)$$ 可见，振荡次数 N 只与 ζ 有关，其关系曲线如图(c)所示 图(c) 振荡次数 N 与 ζ 关系曲线

(3) 频率特性法的品质指标

在工程上，通常传动系统的设计多采用频率特性法，系统品质指标应当用频率特性来表示，见表22-4-40。

表 22-4-40 **频率特性法的品质指标**

系统类型	主要品质指标	说明	图形
开环系统	频率 $\omega=0$ 时的放大系数 V_0	表征系统的精度	$\lg\|F\|$，$\lg V_0$，ω_d，0，ω，φ，-90°，-180°，γ 图(a) 开环频率特性的品质指标
	穿越频率 ω_d	即对数幅频特性通过横轴时的频率，表征系统的快速性	
	穿越频率处的相位裕量 γ	即相频特性在 ω_d 处距离 $-180°$ 的相位差，表征系统的振荡特性	
闭环系统	截止频率 ω_g	即闭环系统放大系数降到 0.7 时的频率，该频率相当开环系统的穿越频率	$\lg\|F_g\|$，$\lg\|F_g\|_m$，lg0.7，ω，ω_m，ω_g 图(b) 闭环系统频率特性品质指标
	谐振频率 ω_m	即闭环幅频特性具有最大幅值时的频率，当 $\gamma\geqslant 63°$时，没有此值	
	谐振峰值 $\|F_g\|_m$	谐振频率处的幅值，当 $\gamma\geqslant 63°$ 时，没有此值	

4.4.1.3 能量转换接口

智能装备执行系统的能量转换接口主要包括系统的接口和系统-机械装置的能量转换接口两部分内容，详见表 22-4-41。

表 22-4-41　　执行系统的能量转换接口

<table>
<tr><th>项目</th><th colspan="3">说　明</th></tr>
<tr><td rowspan="5">系统的接口</td><td colspan="3">对系统与外部周围联系，系统结构（系统元件间的联系）和功能描述，都可以表征系统的性能。接口通常指计算机与系统各元件间连接技术
光机电一体化系统与外部的主要联系，如图(a)所示。系统含有两个彼此有信息耦合的子系统：电-机械能变量与控制，以能量为主的子系统（通常指传动系统功率部分）和实现控制、保护和监测功能的信息处理子系统
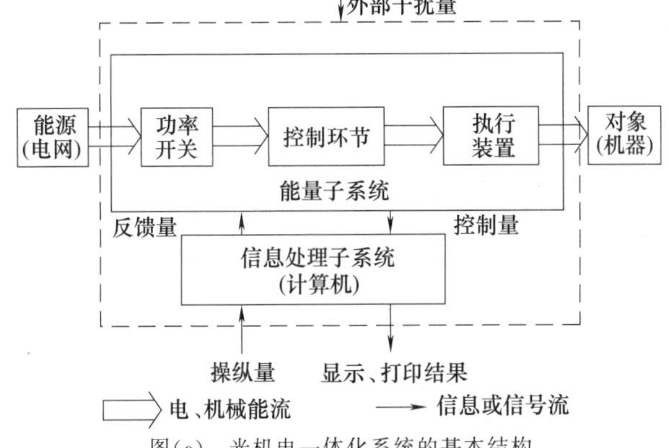

图(a)　光机电一体化系统的基本结构</td></tr>
<tr><td colspan="2">每一种光机电一体化系统都是根据系统元件的工作方式及其结构，实现一种确定的系统外部函数关系：
$$y=f(x,d)\qquad(22\text{-}4\text{-}17)$$</td><td>y——被控制量
x——给定值
d——扰动量</td></tr>
<tr><td colspan="3">为了能长时间稳定地复现 y 与 x 之间预期关系，则必须：
①选择元件性能和系统结构，不致因扰动量 d 的影响，破坏其预期关系
②确保内部扰动量不产生作用（抗干扰），以及元件的磨损、腐蚀和疲劳效应等不使系统功能过早失效（可靠性）
③设计光机电一体化系统与外部的主要联系和三个接口[图(a)]尤为重要</td></tr>
<tr><td>系统-机械装置接口</td><td>通过该接口的机械能为：
$$\frac{\mathrm{d}W_{\mathrm{mech}}}{\mathrm{d}t}=T\omega\quad 或\quad \frac{\mathrm{d}W_{\mathrm{mech}}}{\mathrm{d}t}=Fv\qquad(22\text{-}4\text{-}18)$$</td><td>T——机械转矩
ω——角速度
F——作用力
v——速度</td></tr>
<tr><td>系统-电网接口</td><td>该接口通过的电能：
$$\frac{\mathrm{d}W_{\mathrm{et}}}{\mathrm{d}t}=\sum u_n i_n\quad n=1,2,3,\cdots\qquad(22\text{-}4\text{-}19)$$</td><td>u_n——工作电压
i_n——工作电流</td></tr>
<tr><td></td><td>系统-操作级接口</td><td>实现系统控制和监测所需的信息流：
$$J_\mu=\frac{\mathrm{d}M_\mu}{\mathrm{d}t}\qquad(22\text{-}4\text{-}20)$$</td><td>M_μ——总的接口信息量</td></tr>
<tr><td rowspan="3">系统-机械装置的能量转换接口</td><td colspan="3">设计系统-机械装置的接口，首先要分析系统的运动过程以及在运动过程相反方向上作用的转矩 T 和力 F 的大小，主要包括以下两部分内容</td></tr>
<tr><td>运动过程的状态变量</td><td colspan="2">由电机驱动实现的运动过程，其特征量是角速度 $\omega=f(t)$ 或线速度 $v=f(t)$，从而可导出：角度 $\varphi=\int\omega\mathrm{d}t$ 或行程 $x=\int v\mathrm{d}t$；角速度 $\dot{\omega}=\frac{\mathrm{d}\omega}{\mathrm{d}t}$ 或直线加速度 $\dot{v}=\frac{\mathrm{d}v}{\mathrm{d}t}$
组合上述各量，可把运动过程特征量表示在一个三维相空间内，从而可完整描述与时间有关的运动过程
利用转角、角速度和角加速度的极限值（或直线运动的相应极限值）可以围成传动系统实际工作的一个有限空间，在该给定的限制值内实现运动的最佳化
任何机械传动系统，其状态可由旋转成直线运动物体的能量函数来表示。由于能量函数决定于物体的角速度或线速度，因此速度是系统的状态变量。一个具有 n 个运动质量的传动系统，可用 n 维角速度状态向量来描述。状态向量表征 n 维状态空间内系统的运动过程
分析系统-机械装置接口，就是定量地确定运动过程的状态向量，同时要明确各个运动物体的运动特征量，保持给定的函数关系和精确度，以及状态变量所在状态空间的有限范围</td></tr>
<tr><td>阻力或阻转矩以及动态力或动态转矩</td><td colspan="2">描述系统-机械装置接口的另一目的，在于确定与运动过程方向相反的阻力或阻转矩大小，以及将产生的动态力或动态转矩
阻转矩是加工过程本身和机器中的摩擦所引起的，一般只能近似地确定。实际上，运动过程是一种随机过程，其幅值特性由高斯密度分布函数确定，而时间特性由自相关函数确定。此外，工程上还采用功率密度来表征随机过程。将功率密度积分，就可确定与随机过程有关的总功率（如阻转矩中损耗功率）。借助于专门的测试仪器可把随机过程从恒定部分和周期变化部分中分离出来，从而确定自相关函数和功率密度的参数，作为精确地计算传动系统的基础
对快速的位置控制传动系统要特别注意系统的动态过程，即快速响应和低速平稳性。要明确主要的扰动量，哪些需要调节以及允许的最大调节偏差值。当给定值（参考值）和扰动量变化时，要明确调节时间
在设计高质量机械传动系统时，必须使系统具有良好的传递特性。应力求使线性多质量系统有足够阻尼，其固有频率 ω_n 应比控制系统的穿越频率 ω_d 高。若谐振点位于调节的工作范围内，则造成系统不允许的振荡，可通过接入滤波器来减少振荡程度</td></tr>
</table>

4.4.2 微动机构

表 22-4-42 **微动机构**

<table>
<tr><td colspan="4">微动机构或称微量进给机构，是一种使执行元件在一定范围内能精确、微小地移动到给定的位置，或作特定的微量进给运动的机构。它的性能优劣，将影响系统的精确度和操作性能。微动机构应满足的基本要求是：灵敏度高，使微动机构的最小位移量达到使用要求；传动灵活、平稳，无空程与爬行，制动后能保持稳定的位置；抗干扰能力强，快速响应要好，良好的结构工艺性</td></tr>
<tr><td rowspan="2">热变形式微动机构</td><td>原理</td><td>热变形式微动机构是利用热元件作为动力源，靠该元件的热变形来实现微小位移
图(a)所示为热变形传动原理。当线圈2通电加热时，传动件1受热伸长量为
$$\Delta L=\alpha_t L(t_1-t_0)=\alpha_t L\Delta t \quad (22\text{-}4\text{-}21)$$
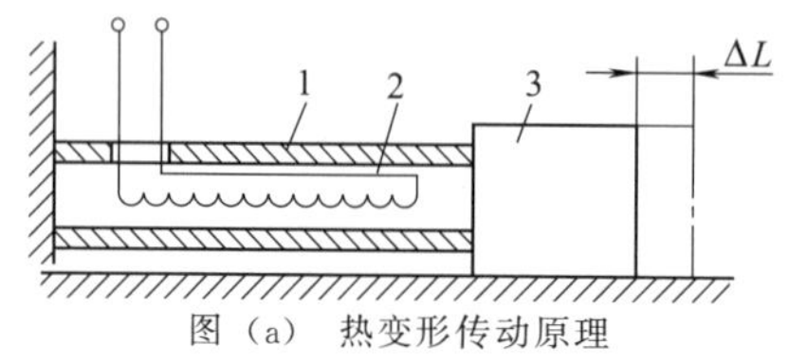

图(a) 热变形传动原理
若传动杆热伸长而产生的力大于导轨上静摩擦力时，则机床部件3开始移动。其传动位移精度和临界速度，取决于传动杆本身的刚度，即传动系统刚度
作为热变形传动的最佳材料，其线胀系数和弹性模量要高
理想情况是：传动件伸长量等于移动件的位移量。由于导轨副摩擦力性质、位移速度、移动件质量，以及系统阻尼等影响，实际上移动件的位移量为
$$\alpha=\Delta L+C/K \quad (22\text{-}4\text{-}22)$$
相对误差为
$$\frac{\alpha-\Delta L}{\Delta L}=\pm\frac{C}{EA\alpha_t\Delta t} \quad (22\text{-}4\text{-}23)$$
减少相对位移误差，应适当增大传动杆的弹性模量、线胀系数和横截面积
传动件可通过杆外或杆腔内的电阻丝2进行加热，也可直接将大电流接入传动件来加热。该方法热惯性和热损失较大，结构简单
利用调节变阻器的电阻、变压器的电压等方式，可调节传动杆的加热速度，实现对位移速度和微位移的控制。用压缩空气或乳化液流经传动件内腔进行冷却，可使传动杆恢复原始位置</td><td>α_t——传动杆材料的线胀系数
L——传动杆长度
t_1——加热温度
t_0——加热前温度

ΔL——传动杆伸长量
C——考虑摩擦力特性、位移速度和系统阻尼的系数
K——与传动杆材料的弹性模量（E）和单位长度截面积（A/L）有关的系数，$K=E\times A/L$</td></tr>
<tr><td>机床的微动机构</td><td colspan="2">图(b)所示为机床的微动机构，传动杆2与托架4、8连接（托架4固定在移动件5上，托架8固定在机座上）。传动杆2内装有加热件3和高频感应线圈，套筒1与传动杆2形成一个空腔，供冷却液通过。绝缘体7隔离传动杆和加热件
当线圈由导线6通以高频电流后，使元件3加热，传动杆2产生热伸长，经托架4使移动件产生微位移。该机构可根据机械工作时动态测试的指令，严格地给出所需的加热量。当件5到达预定位置时，根据测量仪器的指令，通入冷却液或压缩空气，使传动杆冷却而恢复到原来位置。该机构可保证微米级的位移精度
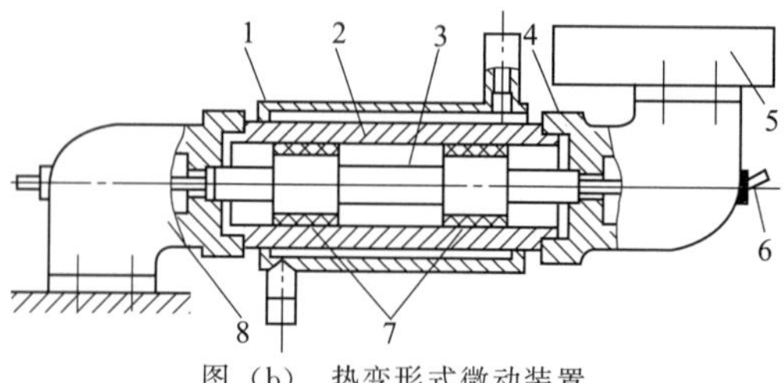

图(b) 热变形式微动装置</td></tr>
</table>

续表

<table>
<tr>
<td rowspan="2">热变形式微动机构</td>
<td>超薄切片机的微动机构</td>
<td colspan="2">

图(c)所示为超薄切片机的微动机构，供显微分析时，切制厚度为 0.05～0.06μm 的生物组织切片

传动杆 2 的前端装有可夹持被切样品的夹头 1，后端两侧分别固定的翼板 3 与一块弹簧板 4 相连。这两块弹簧板(厚度为 0.4mm)由压板 5 夹固在机座上，防止任何方向移动。力矩电机 6 经尼龙绳 7 控制传动杆上下运动。由于弹簧板的作用，夹头 1 的运动轨迹是以弹簧板扭转中心为轴线的圆弧。在调整玻璃刀片与样品的位置后，在重力作用下，力矩电机逆时针转动，则传动杆向下作切片运动；力矩电机顺时针转动，传动杆向上运动，刀架带动刀片作让刀运动，同时传动件加热伸长，为下一次切片作微量进给

传动杆必须采用含有镍、钴成分的精密定膨胀系数合金钢(4J31，4J36)制作。它们在一定温度范围内 α_t = 常数。例如，4J36 的 $\alpha_t = 6.5\times10^{-6}\text{K}^{-1}$，若对 200mm 长的传动杆加热，温度每升高 0.05℃，其热伸长量为 $\Delta L = 6.5\times10^{-6}\times200\times0.05 = 0.065\text{mm}$

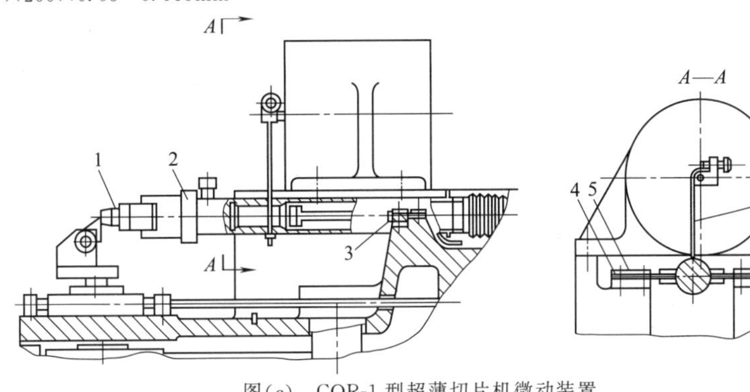

图(c)　CQR-1 型超薄切片机微动装置

</td>
</tr>
<tr>
<td>特点及应用</td>
<td colspan="2">

热变形式微动机构与大降速比的机械式微动机构相比，具有高刚度和无间隙的优点。若采用高频感应间断加热，则可实现小脉冲间歇位移。由于热惯性以及传动杆的冷却进度难以精确控制等因素，因此这种微动机构适用于行程较短、频率不高的传动系统

随着微机械电子技术的不断发展，新型热变形式微动机构被研制出来，应用于光机电一体化系统中。例如，日本东京大学生产技术研究所制成了一种模仿动物的爬行运动式热变形微型执行机构。其设计思想是首先制造出能够发生挠曲的执行机构，并装上保持电路和延迟电路。当给出信号时，有一个执行机构利用保持电路保持挠曲状态。同时，该信号又被送到相邻的执行机构。由于延迟电路的作用，在前面的执行机构开始恢复挠曲时，后面的执行机构才开始挠曲，依次重复上述动作。为此，该研究所研制了利用塑料和金属的热胀系数差的执行机构，一面使用聚酰亚胺作薄膜，另一面利用金属线作加热器，将它们纵向连接起来，完成步行动作系统

</td>
</tr>
<tr>
<td>磁致伸缩式微动机构</td>
<td>原理</td>
<td>

磁致伸缩式微动机构是利用某些材料在磁场作用下具有改变尺寸的磁致伸缩效应，来实现微位移的一种机构，其原理如图(d)所示

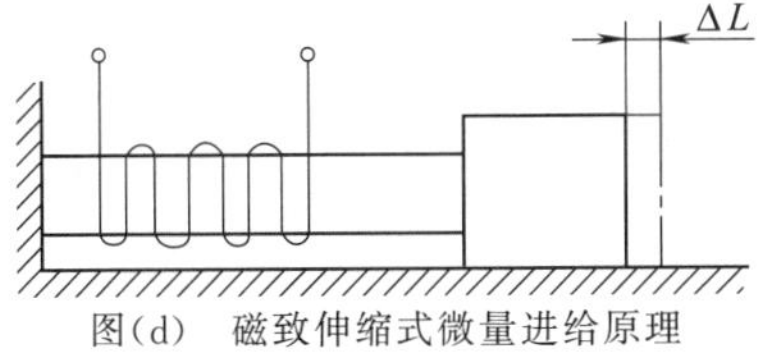

图(d)　磁致伸缩式微量进给原理

在磁场作用下，伸缩棒的变形量为

$$\Delta L = \pm\varepsilon L \tag{22-4-24}$$

最小位移量：

$$\Delta L_{\min} > F_0/k$$

放大位移量：

$$\Delta L_{\max} \geqslant \varepsilon_S L - F_d/k$$

材料的磁致伸缩性质与以下因素有关：

①合金材料成分配比的准确度

②ε_S 值随伸缩棒（镍棒）的温度变化而变化的情况

③在一定磁场强度下，轴向力增加，伸缩棒的位移按比例下降

</td>
<td>

ε——材料相对磁致伸缩系数

L——伸缩棒被磁化部分的长度

F_0——克服移动件导轨副的静摩擦力

k——伸缩棒的纵向刚度

ε_S——磁饱和时材料的相对磁致伸缩系数

F_d——导轨副的动摩擦力

</td>
</tr>
</table>

续表

<table>
<tr><td rowspan="2">磁致伸缩式微动机构</td><td>特点及应用</td><td>磁致伸缩式微动机构具有重复位移精度高、无间隙、刚性好、传动惯性小、工作稳定性好、结构简单紧凑等优点。该机构适用于精确位移调整，切削刀具的磨损补偿，温度变形补偿以及自动调节系统等</td></tr>
<tr><td>实现大进给方案</td><td>工程材料的磁致伸缩量是有限的。例如，长100mm的铁钴钒棒，只能伸长7μm，为了实现较大进给，常用如下两种方案
<table>
<tr><th>方案</th><th colspan="2">原理</th></tr>
<tr><td>精、粗进给分离式</td><td>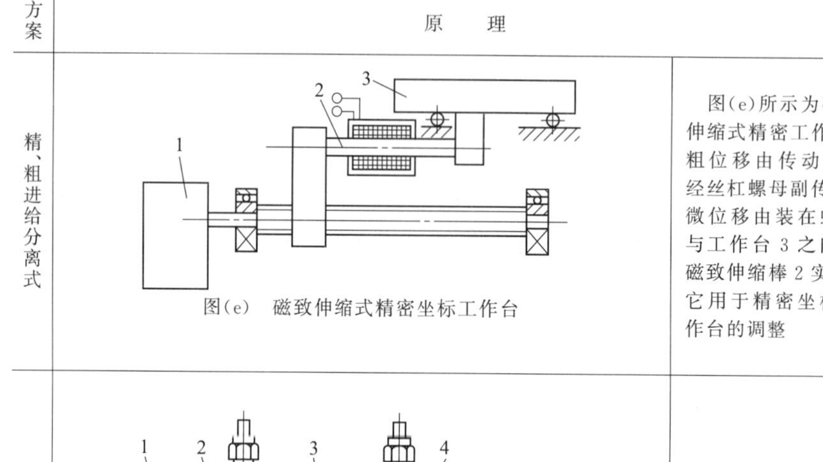
图(e)　磁致伸缩式精密坐标工作台</td><td>图(e)所示为磁致伸缩式精密工作台。粗位移由传动箱1经丝杠螺母副传动；微位移由装在螺母与工作台3之间的磁致伸缩棒2实现。它用于精密坐标工作台的调整</td></tr>
<tr><td>步进进给式</td><td>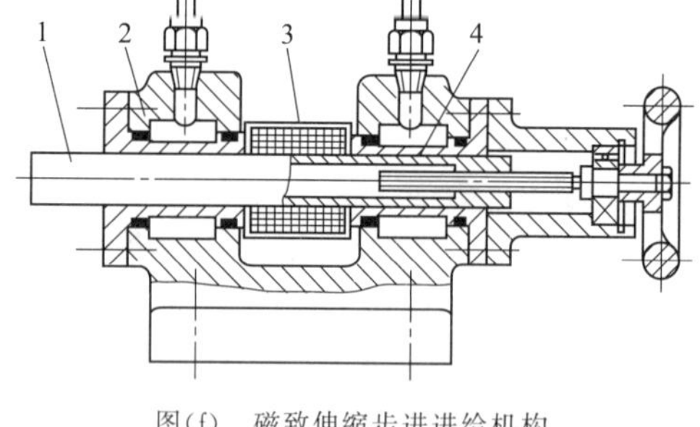
图(f)　磁致伸缩步进进给机构
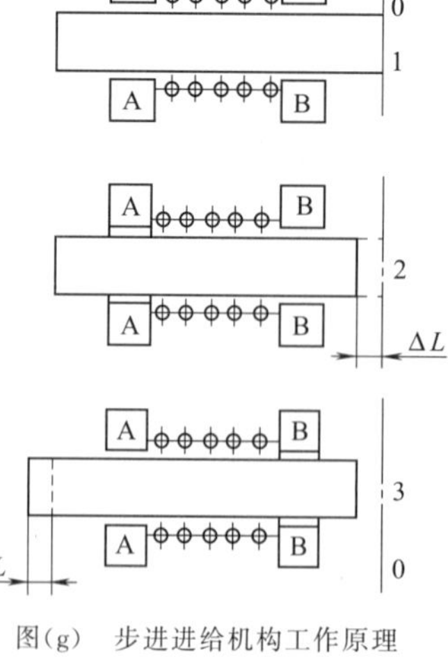
图(g)　步进进给机构工作原理</td><td>伸缩棒1中间装有激磁线圈3[见图(f)]，棒的左、右端放置在夹头2、4中，夹头的夹紧和放松按图(g)所示的顺序进行时，就可以使伸缩棒实现步进进给ΔL或位移$n\Delta L$（n为线圈励磁循环的次数）</td></tr>
</table>
</td></tr>
</table>

续表

压电式微动机构	原理		压电式微动机构是利用压电陶瓷的逆压电效应来实现微量位移的一种执行机构。压电效应是指某些压电材料，例如锆钛酸铅压电陶瓷(PZT)，具有从机械能转变成电能，或者由电能转变成机械能的一种物理效应。前者称为正压电效应；后者称为逆压电效应，即压电陶瓷施加一直流电场，改变其极化强度，从而使陶瓷体的外形尺寸发生变化
	特点		这种机构消除了机械结构造成的误差。具有位移分辨率极高(可达千分之几微米)、结构简单、尺寸小、发热少、无杂散电磁场和便于自动控制等特点
	类型		按结构形式的不同，工程上主要应用的有圆管式和叠片式两种。另外，按驱动方式还有脉冲式
		圆管式压电陶瓷机构	图(h)所示为压电式微动机构结构。压电陶瓷 8(PZT-5)的尺寸为 ϕ24mm×27mm×48mm，内外壁为电极。当压电陶瓷 8 通以正向直流电压后，向左伸长，推动装在刀体 1 内的滑柱 7、方形楔块 6 和圆形楔块 2，并借助楔块 2 的斜面，克服压板弹簧 5 的弹力，将固定镗刀 4 的刀套 3 顶起，实现一次微位移。反之，当压电陶瓷上通一反向直流电压时，向右收缩。楔块 6 的右端出现空隙，在弹簧作用下楔块 6 向下移动，填补压电陶瓷收缩时所产生的空隙。可见，对压电陶瓷 8 通以正反向交替变化的直流脉冲电压，实现连续地径向补偿。该机构刀尖总位移量为 0.1mm 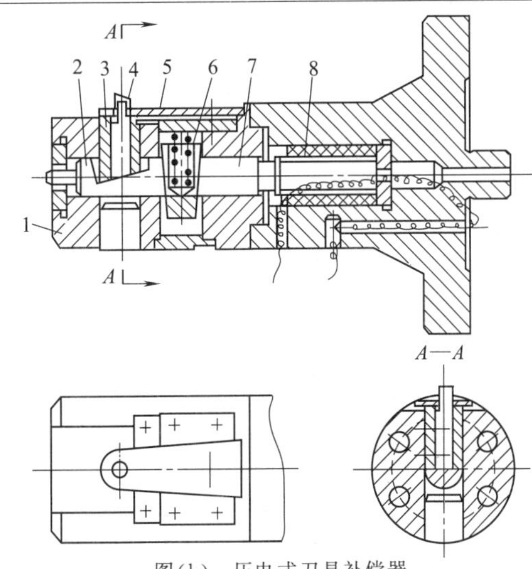 图(h)　压电式刀具补偿器 1—刀体；2—圆形楔块；3—刀套；4—固定镗刀；5—压板弹簧；6—楔块；7—滑柱；8—压电陶瓷
		叠片式压电陶瓷机构	叠片式压电陶瓷是由许多相同的压电陶瓷片串联而成的。使用时，电场以并联方式加到每片上。相邻的陶瓷片有相反的极化方向，但每片的极化方向和电场方向一致，如图(i)所示。当加上电场后，每片均有相同的伸长量 ΔL，总伸长量为 $L=n\Delta L$，其中 n 为叠片的片数。若压电陶瓷的一端固定，另一端就可以推动负载微位移 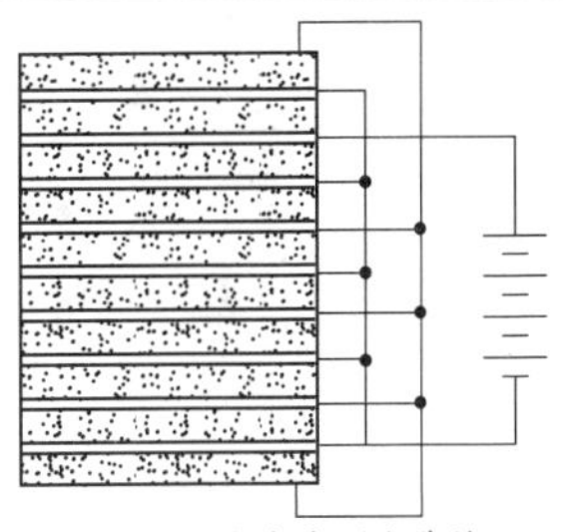 图(i)　叠片式压电陶瓷
			图(j)所示为一种微机控制的高精度压电式车削微动机构的结构。它用压电陶瓷 PZT-La 作为微位移发生器，整体尺寸为 14mm×16mm×60mm，每片厚度为 0.5mm，施加最大电压可达 500V，最大变形最可达 40μm 在直流电场作用下，产生应变与电场强度的平方成正比，即 $\varepsilon=ME^2$　(22-4-25) 总伸长量为 $f=nMV^2/h$　(22-4-26) 若 $M=(0.6\sim0.8)\times10^{-15}\mathrm{m^2/V^2}$，$h=0.5$mm，$V=500$V，$n=100$ 时，则 $L=30\sim40\mu$m 由图(j)得知，刀头与刀体之间以双重平行板弹簧相连组成一整体结构，压电陶瓷以过盈配合嵌在矩形槽内。两端面分别与刀头和刀体粘成一体。当压电陶瓷施加一直流电压，则压电体伸长，推动刀头向前位移，其位移量由电感测微仪监测 去掉电压后，压电体缩短，在粘接力和弹性力作用下，刀头向后位移 ε——应变量 M——电致伸缩常数 E——电场强度 n——片数 h——每片厚度 V——电压

续表

压电式微动机构	类型	叠片式压电陶瓷机构	双重平行板弹簧的弹性变形方程为 $$f=\frac{F}{4Ec(1-\mu^2)}\left(\frac{a}{b}\right)^3 \quad (22\text{-}4\text{-}27)$$ 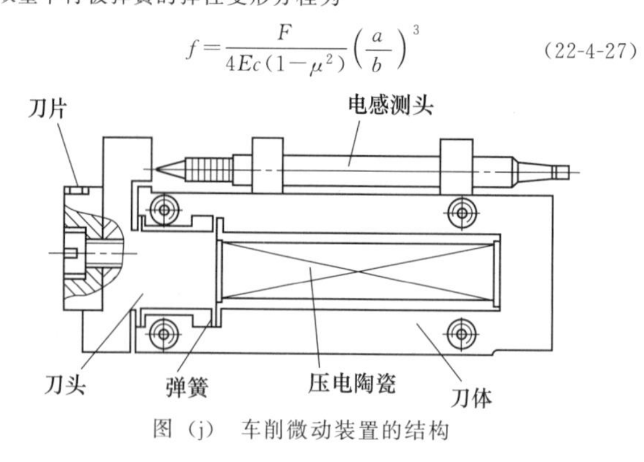 图 (j) 车削微动装置的结构	f——弹性变形量 E——弹性模量 F——作用力 a，b，c——分别为板弹簧长度、厚度和宽度 μ——泊松比，μ=0.25～0.30
		脉冲式压电微动机构	脉冲式压电微动机构是一种利用压电元件制成的脉冲驱动机构。它由移动体、压电元件和惯性体构成，其工作原理如图 (k) 所示 首先，使压电元件处于收缩状态，移动体急剧地伸展，并朝惯性体的反方向移动，如图 (k) Ⅰ～Ⅱ所示。然后，以较低速度使惯性体回到原状，如图 (k) Ⅲ所示。此时，使惯性力小于移动体的滑动表面的摩擦力，以使移动体处于停止状态；而且当压电元件收缩的瞬时，惯性体移动突然停止，如图 (k) Ⅳ所示。当惯性体突然停止时，就向移动体发生冲击力，使整个机构克服静摩擦力，如图 (k) Ⅴ所示 若使压电元件伸长，即可产生相反方向的移动。控制电压大小即可控制每一步移动量。在电压幅值为 1V、每步为 0.004μm 时，可使其连续移动 该驱动机构应用于四个自由度的手臂构成的微型机器人。其手臂尖端的最高回转速度为 2～5mm/s，同一手臂尖端的负荷为 0.01～0.02kg 此外，手术用的细胞微型手术器也采用压电元件驱动微纫针管的脉冲式驱动机构，来实现 0.1μm 的定位和提高操作的可靠性	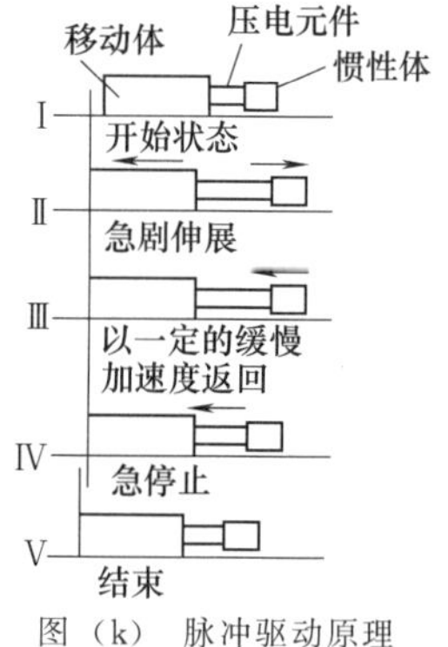 图 (k) 脉冲驱动原理

4.4.3 误差补偿机构

在智能装备系统中，由于各种因素（元器件磨损、腐蚀、变形、工作环境的变化等）的影响易造成误差，使系统不能达到预期的输出。采用按误差正负变化作反向修正的机构，则称为误差补偿机构。

误差补偿动作由测试系统或伺服驱动系统的补偿机构来实现，则称为硬件误差补偿。

对误差补偿机构的要求是：结构简单，灵敏度高，能有效地消除或减小误差，同时制造和装配调整要方便。

表 22-4-43　误差补偿机构

刀具位置的补偿系统	图(a)所示为日本研制的一种磨削镗刀机构的位置控制系统。图中 10 为存储孔径尺寸设定值的存储单元，11 为孔径尺寸测量值的存储单元。12 为孔径尺寸设定值与测量值之差值的减法器。根据减法器的输出值，使镗刀刀架的微动机构 3 移动，控制磨削机构 5 定位 若孔径尺寸设定值为 100，而经过粗镗或试切后为 99.98，则镗刀刀尖的位置需补偿其差值的 1/2，即 0.01。为了刀具补偿，首先借助微动机构将刀具移出。如图(a)中(ⅱ)所示，a 表示刀尖的最初位置，c 为刀具移动后的刀尖位置，b 为所要求的位置。修正是根据减法器 12 的输出值，用数字控制磨削机构 5 的位置，在正确位置上刃磨刀尖，即磨削机构需移动到位置 b，修磨刀尖。修磨完毕，磨削机构退回到双点画线位置，刀具补偿结束

续表

刀具位置的补偿系统	(ⅰ) 粗镗后 (ⅱ) 刀具补偿 (ⅲ) 框图 图(a)　磨削装置位置控制
力补偿式主动跟刀架机构	图(b)所示为日本研制的力补偿式主动跟刀架，用来提高外圆磨削圆柱度和圆度，它由两个方位沿径向压向工件，分别抵消在磨削过程中作用在工件上的法向和切向磨削力 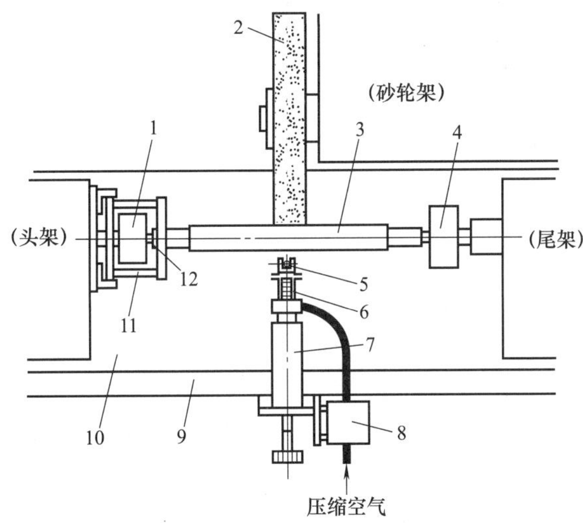 图(b)　主动跟刀架装置 1,4—双向测力仪；2—砂轮；3—工件；5—滚子；6—气箱；7—主动跟刀架；8—电动压力控制阀；9—床身；10—工作台；11—浮动驱动臂；12—中心球 主动跟刀架产生的补偿力是由电动压力控制阀控制膜盒腔内的压力。该机构用于切入磨削和纵磨，主动跟刀架安装在床身上，面对砂轮位置。通过安装在头架和尾架上顶尖的两个应变式测力仪检测得到磨削力大小，其信号经过加法积分环节进入电动压力控制阀[见图(c)]，该阀控制膜盒腔中的气压，随积分信号成正比变化，并产生所需的补偿力。若补偿力不等于磨削力，测力仪检测其差值，再使积分信号、气压、补偿力作出相应变化，使工件上所作用的合力进一步减少

续表

力补偿式主动跟刀架机构	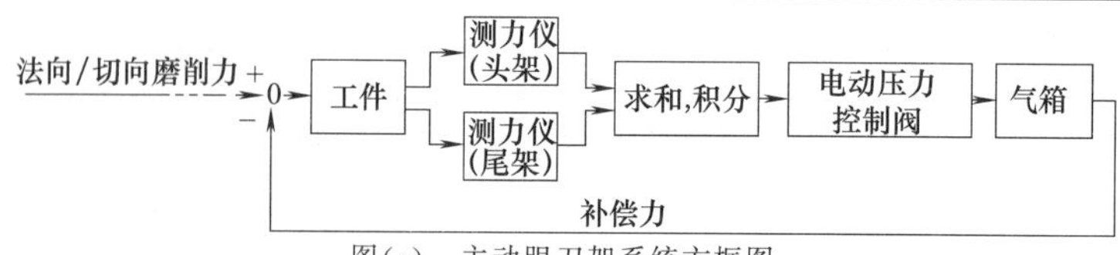 图(c) 主动跟刀架系统方框图 该机构的结构如图(d)所示。主动跟刀架的膜盒尺寸,由能补偿的最大磨削力所确定,当砂轮线速度为 30m/s,电机驱动功率为 3700W 时,则最大法向力和最大切向力分别为 360N 和 120N。电动压力控制阀的最大输出为 6×10^5Pa 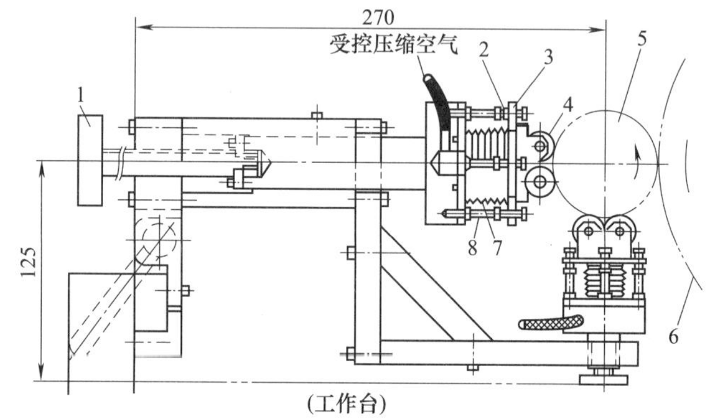 图(d) 主动跟刀架结构 1—调整螺栓;2—弹簧;3—法兰盘;4—滚子;5—工件;6—砂轮;7—气箱;8—导杆

4.4.4 定位机构

定位机构是智能装备系统中一种确保移动件占据准确位置的机构。通常采用将分度机构和锁紧机构组合的机构，来实现精密定位的要求。

表 22-4-44　定位机构

加工中心工作台精密定位机构	图(a)所示用电气方式实现 Solon3-1 型加工中心工作台 4×90°的精密定位系统。其工作原理如下:用固定在工作台的滑台上的电感双线圈作为传感器,M 为软铁定位块,装在工作台下端滑环上。双线圈 L_1 和 L_2 是串联在一起的,要求其电感量与几何尺寸等参数相同,线圈 L_1 和 L_2 作为 10000Hz 振荡器的负载接入回路。在无外界感应作用时,L_1 和 L_2 线圈的电感量是相等的,其差值为零($\Delta L=0$)。当工作台旋转,定位块 M 接近某一线圈(接近 L_1)时,则在 L_1 上的电感量增加,而 L_2 的电感量不变。此时两线圈之间产生电感差 ΔL($\Delta L\neq0$),输入到相敏放大器后的模拟量,再经过跟随器放大,其输出电压可达 14.5V 左右,作为伺服系统的给定电压 U_{TV},当 0°定位指令有效时,PC 输出的相应接口地址(例如 Q5.0 为高电平),则定位系统工作。干簧继电器线圈 k_4 通电,其常闭触点切除控制机 NC,给伺服系统模拟电压 U_{NC},同时接通定位系统输出电压 U_{TV},并以 U_{TV} 取代 U_{NC} 驱动工作台 当软铁定位块 M 随工作台旋转至两个线圈 L_1 和 L_2 正中时,L_1 和 L_2 的电感量再次相等,$\Delta L=0$,即传感器信号为零。此时,定位系统输出电压为零,伺服系统无输出,伺服电机停止运转,工作台便精确定位。另外,定位系统的输出电压 U_{TV},同时输入电压平衡比较器进行比较,并有三种结果:定位系统在位信号 S^-、S^+,以及该系统到位信号 IN-POS 输出。这三个信号分别同 10000Hz 振荡器的变压器负载信号 $\overline{U}_{FV}$ 相"与"。相"与"结果是:当定位系统驱动伺服系统时,PC 地址 I10.7 为高电平;定位系统输出为零时,则该系统使 PC 地址 I10.6 为高电平。PC 查得 I10.6 为高电平时,便执行工作台定位动作,同时撤销 NC 闭锁,完成定位 该定位系统在工作台上安装示意,如图(b)所示 该定位系统具有重复定位精度高,安装方便,体积小,抗干扰能力强,高增益,性能可靠等特点。定位精度为±2″

续表

加工中心工作台精密定位机构	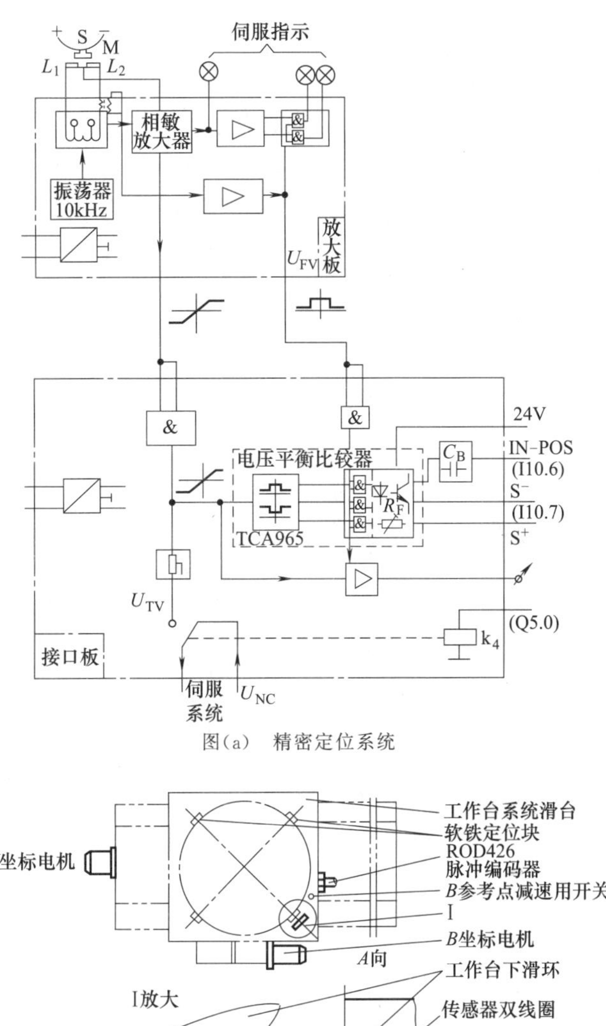 图(a)　精密定位系统 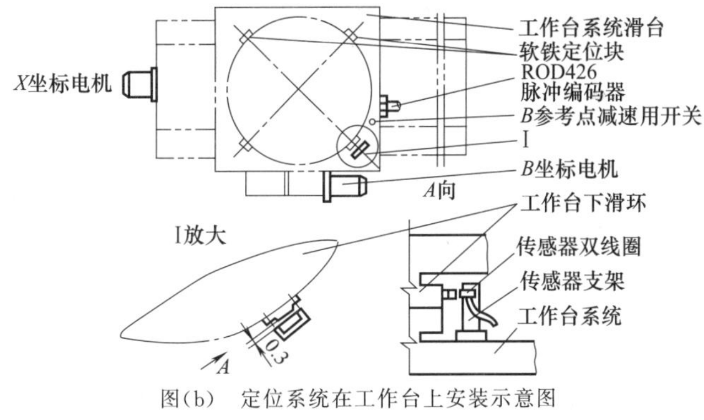 图(b)　定位系统在工作台上安装示意图

4.4.5　设计实例

4.4.5.1　数控机床动力卡盘与回转刀架

表 22-4-45　　数控机床动力卡盘与回转刀架

动力卡盘	自动回转卡盘	在十字形零件和T形零件的车削中，广泛采用自动回转卡盘。在机床主轴转动情况下，工件能自动回转，做到工件一次装夹，完成全部加工工序。在自动回转卡盘中，工件回转或紧定，都是通过分度机构完成的。回转轴上的分度机构，最常用的是三棱或四棱体，分别能完成60°或45°的转角。它无需附加固定销，结构简单，尺寸小，可靠性高

续表

动力卡盘	德国公司的分度机构	图(a)为德国 Forkardt 公司的分度机构。该机构由分度元件 1 和卡盘座中的液压缸 4、5 构成。液压缸活塞杆 2 和 3 依次作用在分度元件的多棱体回转轴上，每次使分度元件逆时针旋转 45°。当分度元件回转时，活塞杆 3 向下运动，而活塞杆 2 向上移动。当分度元件紧定时，两活塞杆各向相反方向运动，移动完毕后，活塞杆被楔紧，使分度元件可靠地固定 夹紧爪和调整爪的形状，必须与工件的基准面吻合，调整爪固定在装有滚针轴承的回转轴上 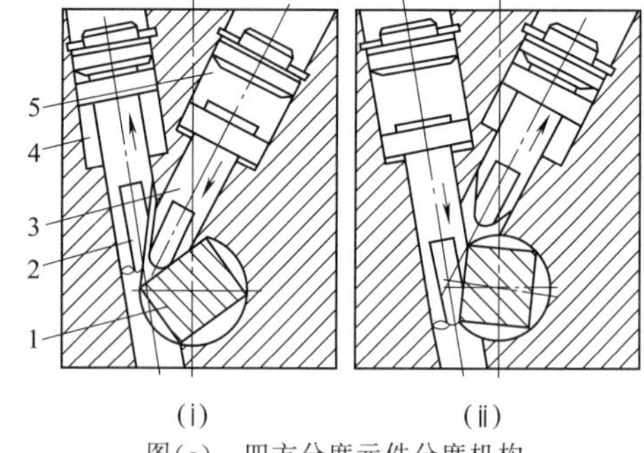 (ⅰ)　(ⅱ) 图(a)　四方分度元件分度机构 1—分度元件；2，3—活塞杆；4，5—液压缸
	摆杆式分度机构	该机构是原苏联重型机器设计和工艺研究院研制的，如图(b)所示。分度元件的多棱体 1 和摆杆 2 相互作用，摆杆 2 又与作往复运动的液压缸柱塞 3 相连。摆杆装在枢轴上。其两个止推面相互平行，彼此相差一个距离 a。当液压缸里的柱塞作往复运动时，摆杆止推面交替作用于分度元件的各棱面上，使分度元件朝一个方向转动一个恒定角度，并紧定。为绕过顶部，在止推面之间开有凹槽 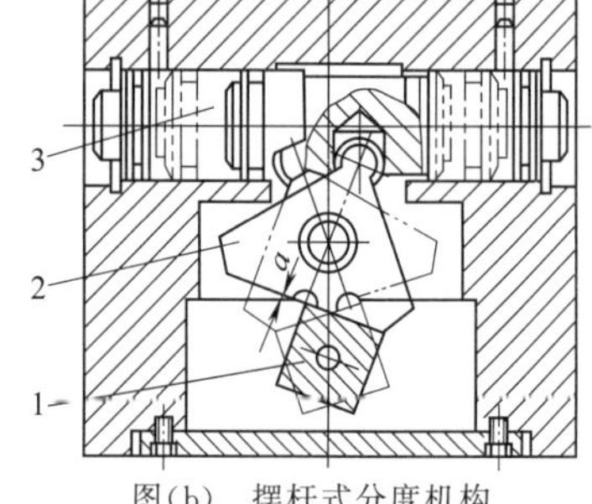 图(b)　摆杆式分度机构 1—多棱体；2—摆杆；3—液压缸柱塞
	自动回转卡盘结构	图(c)所示为 BP4-22 型转塔车床自动回转卡盘。卡盘体由两部分组成：不动部分 2 和可动部分 4。不动盘体中装行动力传动元件(活塞杆 3 用于夹紧工件 8，两个液压缸 13 用于回转工件)，由装在盘体中心孔的配油管，沿不动盘体中的管路，液压油送至液压缸 在可换盘体中装有分度元件，枢轴 10 是一多棱体，摇杆 12 装在心轴 11 上，枢轴的具体结构根据工件回转角度而定，夹紧卡爪 7 和定位爪 9，根据工件的形状确定 该卡盘由法兰盘 1 固定在机床上，其工作过程：工件在定位爪上定位；压力油进入液压缸的左腔；活塞杆 3 推动滑块 5(滑块的支承套 6 上装有夹紧卡爪 7)向下运动；压紧工件；发生信号，主轴旋转，六角刀架趋进。当工件的一面加工完后，压力油进入液压缸 13，活塞杆处于左端的一个液压缸(此时，另一液压缸的工作腔与泄漏管接通)，使作用在摇杆 12 臂上的活塞移动，摇杆臂依次与多棱体的棱面接触，使之回转 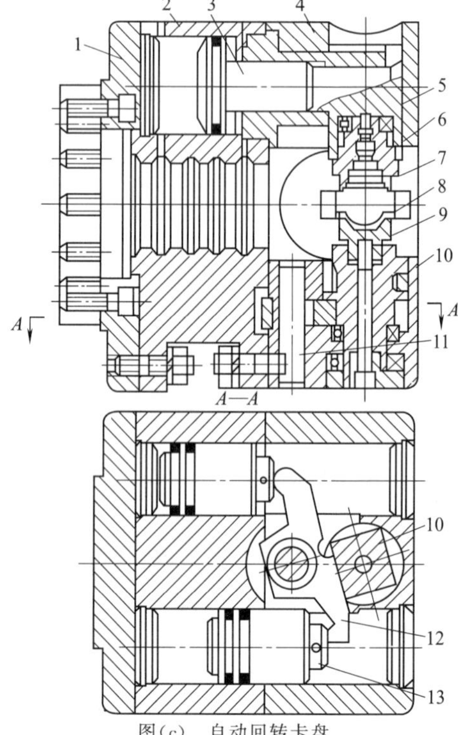 图(c)　自动回转卡盘 1—法兰盘；2—不动部分；3—活塞杆；4—可动部分；5—滑块；6—支承套；7—夹紧卡爪；8—工件；9—定位爪；10—枢轴；11—心轴；12—摇杆；13—液压缸

续表

高速动力卡盘

由于机床功率和转速的提高，则卡爪的离心力将急剧增大，从而降低了夹紧力。例如，ϕ380mm 楔式动力卡盘，转速为 2000r/min 时的夹紧力只有静态时的 1/4。因此，出现了高速下工作可靠的动力卡盘

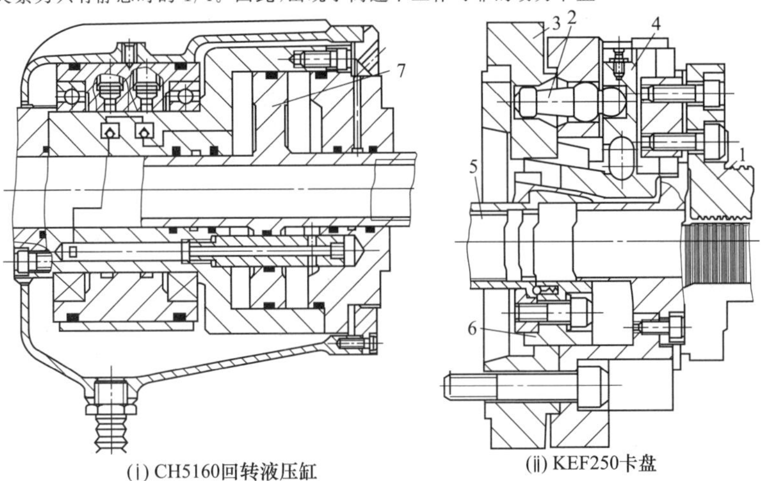

(i) CH5160回转液压缸　(ii) KEF250卡盘

图(d)　KEF250 中空式高速液动卡盘

1—卡爪；2—杠杆；3—补偿块；4—卡爪座；5—螺母；6—滑体；7—活塞

图(d)所示为 KEF250 中空式高速液动卡盘(带离心力补偿机构)和 CH5160 回转液压缸的结构示意。在高速旋转时，卡盘对工件的动态夹紧力为

$$F_{dy}=F_{spz}-\Delta F_c+iF_{ci} \tag{22-4-28}$$

式中　F_{spz}——卡盘的静态夹紧力

ΔF_c——旋转卡盘因离心力而损失的夹紧力

iF_{ci}——旋转卡盘因补偿块离心作用而增加的夹紧力

若增大 F_{dy}，采用增加 F_{spz} 方式，不经济且又对加工精度不利；采用降低卡爪组件的离心力，减少其质量，但受到结构限制；本结构采用补偿机构的作用，即附加 iF_{ci} 来抵消卡爪组件的离心力，使 $F_{dy}\approx F_{spz}$。高速动力卡盘就是利用这种补偿原理来设计补偿块的质量

KEF250 卡盘的工作过程：当液压缸活塞 7 的右端进液压油而向左移动时，通过与卡盘上螺母 5 相连的中空拉杆，使滑体 6 也随螺母 5 一起向左移动。滑体 6 上有三组斜槽，分别与三只卡爪座 4 相啮合。借斜面作用，卡爪座 4 带着卡爪作径向移动，从而夹紧工件

当活塞 7 的左端进液压油而向右移动时，即可放松。当卡盘高速旋转时，卡爪组件(卡爪、卡爪座、T 形螺母与连接钉等)产生离心力。与此同时，补偿块 3 产生离心力，通过杠杆 2(杠杆比 $i=2$)使离心力变成压向卡爪座的夹紧力。当 i 值确定后，补偿块 3 越重，其补偿作用就越大，夹紧力损失越小

试验证明，补偿块质量的选择，应使夹紧力损失在 25%左右为宜

为适应工件尺寸，卡爪 1 与卡爪座 4 用端面梳形齿连接。此外，装配后按精密主轴要求进行动平衡。卡盘材料采用优质合金钢制造，并经渗碳淬火和探伤处理

回转刀架

自动回转刀架是在一限定的空间范围内，能设置使方刀台执行自动松开、转位、精密定位、锁紧、发回指令等一系列动作的一种装置

图(e)所示为 WKZD-1 型自动回转刀架和电气控制线路。它是一个由主体部分“刀架”和辅助部分“刀架电气控制箱”所组成。采用微机延时控制的换位方式，即用发出的转换刀位延时脉冲时间长短来控制所需刀位。刀架在自行接受指令后，能完成一次转位的全部动作

该回转刀架的主要特点是：微机对每种转位的延时范围较宽，即使刀架在转位时出现某些机械特性运行误差，仍能作出正确转位；锁紧力大小能自动调节，保持定值；结构合理，密封性好

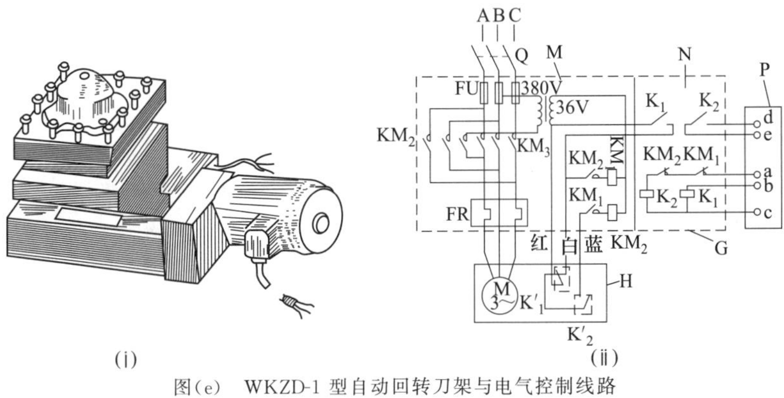

(i)　(ii)

图(e)　WKZD-1 型自动回转刀架与电气控制线路

4.4.5.2　工业机器人末端执行器

工业机器人末端执行器装在操作机手腕的前端，它是操作机直接执行工作的装置。

末端执行器因用途不同而结构各异，一般可分为三大类：机械夹持器、特种末端执行器和万能手（或灵巧手）。

表 22-4-46　　工业机器人末端执行器

机械夹持器	机械夹持器是工业机器人中最常用的一种末端执行器		
	功能	机械夹持器应具备以下两项基本功能： ①其有夹紧和松开的功能。夹持器夹持工件时，应有一定的力约束和形状约束，以保证被夹工件在移动、停留和装入过程中，不改变姿态。当需要松开工件时，应完全松开 ②保证工件夹持姿态再现几何偏差规定在给定的公差带内	
	分类和结构形式	机械夹持器常用压缩空气作驱动源，经传动机构实现手指运动。根据手指夹持工件时的运动轨迹的不同，机械夹持器分为圆弧开合式、圆弧平行开合式和直线平行开合式几种形式	
		圆弧开合式	手指在传动机构带动下，指端绕支点作圆弧运动。图(a)和图(b)是分别采用凸轮机构和连杆机构实现圆弧开合式的夹持器。夹持器工作时，两手指同时对工件进行夹持和定心。这类夹持器对工件被夹持部位的尺寸有较严格的要求，否则易使工件姿态失常 图(a)　凸轮式圆弧开合型夹持器 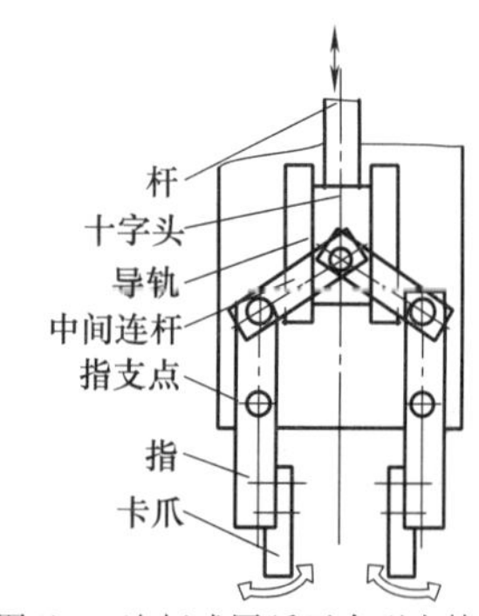 图(b)　连杆式圆弧开合型夹持器
		圆弧平行开合式	如图(c)所示，它们采用平行四边形传动机构。这类夹持器两手指工作时作平行开合运动，而指端运动轨迹为一圆弧运动。这一特点应结合工作对象进行选用 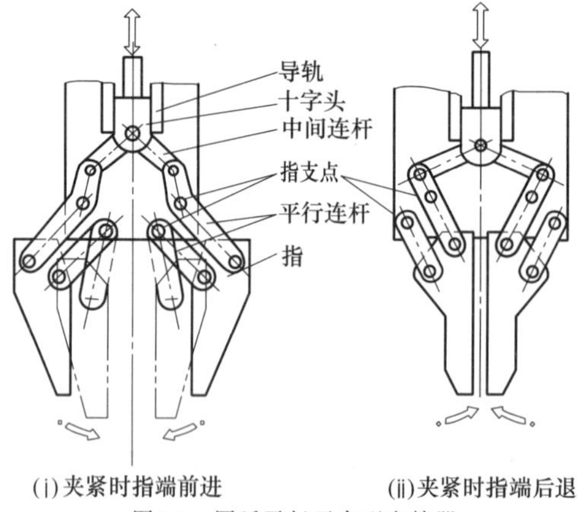 图(c)　圆弧平行开合型夹持器
		直线平行开合式	图(d)是采用凸轮机构实现手指平行开合的夹持器。在各指的滑动块上开有斜形凸轮槽。当活塞杆上下运动时，通过装在活塞杆末端的滚子在凸轮槽中的运动，实现手指平行运动。为减少平行运动的摩擦，本装置采用了导向滚子。图(e)是采用齿轮-齿条机构，来实现手指平行开合的夹持器。当活塞杆上下运动时，活塞杆末端的齿条带动齿轮旋转，通过齿轮的旋转，实现手指齿条的平行开合

续表

机械夹持器	分类和结构形式	直线平行开合式	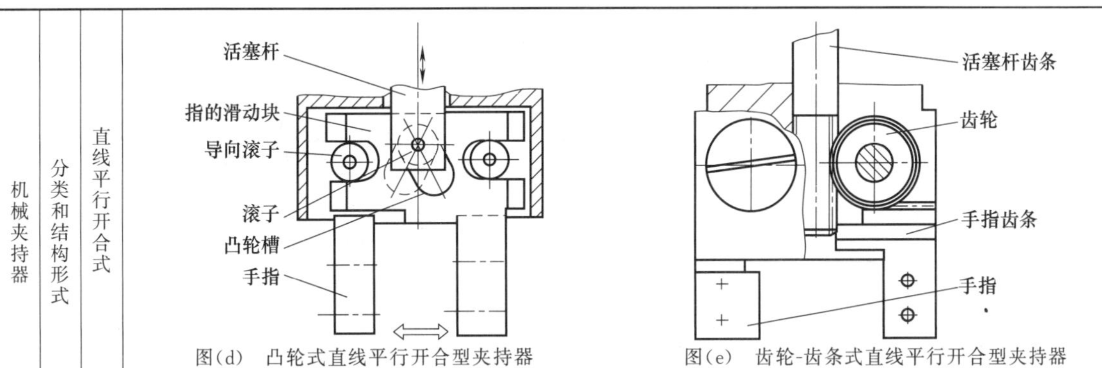 图(d)　凸轮式直线平行开合型夹持器　　图(e)　齿轮-齿条式直线平行开合型夹持器
		夹持器根据作业的需要，其形式繁多。有时为了抓取特别复杂形体的工件，还设计有特种手指机构的夹持器，如具有钢丝绳滑轮机构的多关节柔性手指夹持器、膨胀式橡胶袋手指夹持器等	
特种末端执行器	特种末端执行器是供工业机器人完成某类特定的作业		
	常见特种末端执行器	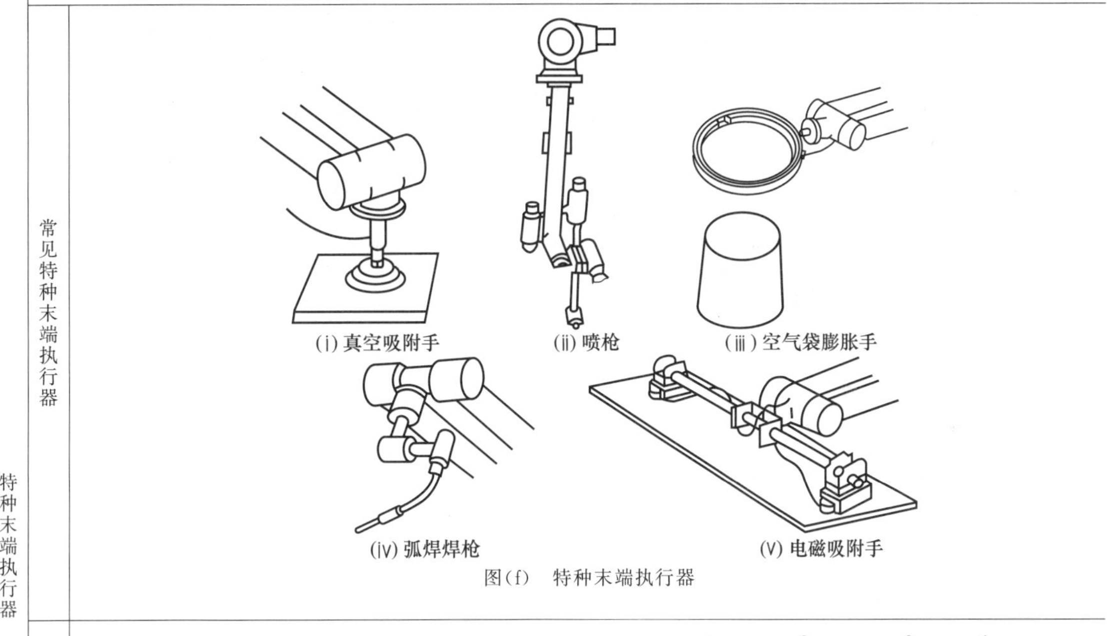 (ⅰ)真空吸附手　(ⅱ)喷枪　(ⅲ)空气袋膨胀手　(ⅳ)弧焊焊枪　(Ⅴ)电磁吸附手 图(f)　特种末端执行器	
	真空吸附手	真空吸附手结构简单、价格低廉，常用于小件搬运，它也可以根据工件形状、尺寸和重量的不同将多个吸附器组合使用。工业机器人中常把它与负压发生装置组成一个工作系统[图(g)]，这样，控制电磁阀的开合就能实现吸附或脱开作用 由于吸附手的结构形式及采用橡胶制造，因此容许吸附作业具有一定的柔顺性[图(h)]。这样，即使工件有一定的尺寸偏差和位置偏差也能被吸附和脱开	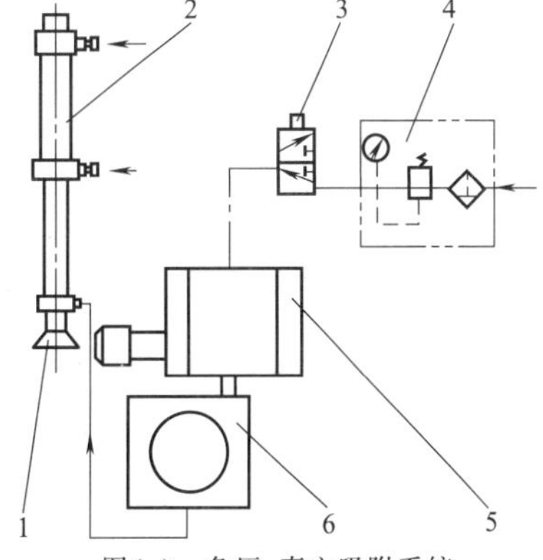 图(g)　负压、真空吸附系统 1—吸附手；2—送进缸；3—电磁换向阀；4—调压单元；5—负压发生器；6—空气净化过滤器

续表

特种末端执行器	真空吸附手	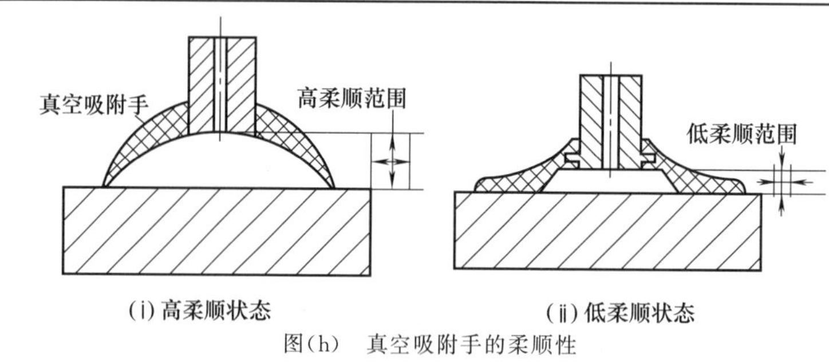 图(h)　真空吸附手的柔顺性
	电磁吸附手	电磁吸附手是利用接通电磁线圈来实现吸附工件的目的。它同样具有结构简单、价格低廉等特点 电磁吸附手最大的特点是:它能从与工件尚处于非接触状态下就开始吸着工件,直到将漂浮状工件紧固地吸附在手中止,此间由极大的柔顺状态突变到低的柔顺状态 目前市场上供应的吸附手一般只限于吸附平坦表面。为适应吸附曲面工件,可设计成图(i)所示的电磁吸附手。这种吸附手在磁铁吸附部位装有磁粉袋,这样当线圈通电前可变形的磁粉袋紧贴在工件表面上,而通电激磁后,磁粉袋中磁粉体使磁粉袋端部外形固定成被吸附工件表面形状,从而达到吸附不同表面形状的工件 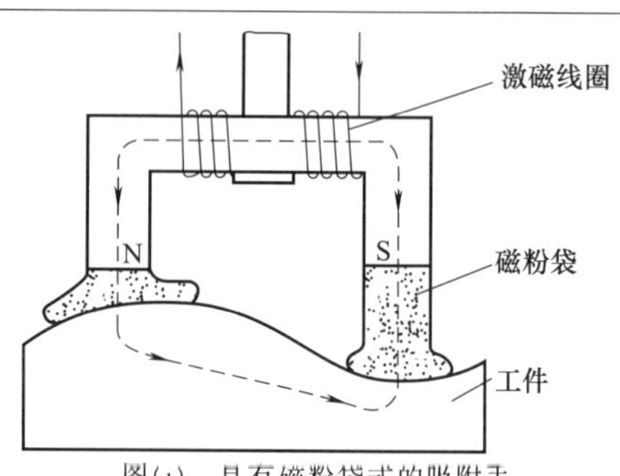 图(i)　具有磁粉袋式的吸附手
灵巧手		简单的两指单自由度夹持器不能适应物体外形的变化,不能对物体施加任意方向的微小位移——细微调整,不能控制夹持器在抓取物体时的夹持内力,因而无法满足对任意形状、不同材质的物体的操作和抓持要求。采用多指多关节的灵巧手是解决上述要求的重要途径之一

4.5　支撑系统和机架设计

4.5.1　轴系设计的基本要求及类型

轴系由轴及安装在轴上的齿轮、带轮等传动部件组成，有主轴轴系和中间传动轴轴系。轴系的主要作用是传递转矩及精确的回转运动，它直接承受外力（力矩）。在智能装备系统设计中，轴系设计主要考虑轴系设计的基本要求、轴系轴承的类型与选择以及提高轴系性能的措施等基本问题，详见表 22-4-47。

表 22-4-47　　轴系设计

		说　明
轴系设计的基本要求	旋转精度	旋转精度是指在装配之后,在无负载、低速旋转的条件下,轴前端的径向跳动和轴向窜动量。其大小取决于轴系各组成零件及支承部件的制造精度与装配调整精度。如高精密金刚石车刀切削加工机床主轴的轴端径向跳动量为 0.025μm 时,才能达到零件加工表面粗糙度 Ra<0.05μm 的要求 在工作转速下,其旋转精度即它的运动精度取决于其转速、轴承性能以及轴系的动平衡状态
	刚度	轴系的刚度反映了轴系组件抵抗静、动载荷变形的能力。载荷为弯矩、转矩时,相应的变形量为挠度、扭转角,相应的刚度为抗弯刚度和抗扭刚度。轴系受载荷为径向力(如带轮、齿轮上承受的径向力)时会产生弯曲变形。所以除强度验算之外,还必须进行刚度验算
	抗振性	轴系的振动表现为强迫振动和自激振动两种形式。其振动原因有轴系组件质量不均引起的动不平衡、轴的刚度不足及单向受力等。它们直接影响旋转精度和轴承寿命。对高速运动的轴系必须以提高其静刚度、动刚度,增大轴系阻尼比等措施来提高轴系的动态性能,特别是抗振性
	热变形	轴系的受热会使轴伸长或使轴系零件间隙发生变化,影响整个传动系统的传动精度、旋转精度及位置精度。又由于温度的上升会使润滑油的黏度发生变化,使滑动或滚动轴承的承载能力降低。因此应采取措施将轴系部件的温升限制在一定范围之内

续表

			说　明
轴系设计的基本要求	轴上零件的布置		轴上传动件的布置是否合理对轴的受力变形、热变形及振动影响较大，因此在通过带轮将运动传入轴系尾部时，应该采用卸荷式结构，使带的拉力不直接作用在轴端。另外传动齿轮应尽可能安置在靠近支承处，以减少轴的弯曲和扭转变形。如主轴上装有两对齿轮，均应尽量靠近前支承，并使传递扭矩大的齿轮副更靠近前支承，使主轴受扭转部分的长度尽可能缩短。在传动齿轮的空间布置上，也应尽量避免弯曲变形的重叠
轴系用轴承的类型与选择	标准滚动轴承		滚动轴承已经标准化和系列化，有向心轴承、向心推力轴承和推力轴承，共十种类型。在轴承设计中应根据承载的大小、旋转精度、刚度、转速等要求选用合适的轴承类型，举例如下
		球轴承	轴系用球轴承有单列向心球轴承和角接触球轴承。前者一般不能承受轴向力，且间隙不能调整，常用于旋转精度和刚度要求不高的场合。后者既能承受径向载荷，也能承受轴向载荷，并且可以通过内外圈之间的相对位移来调整其间隙大小，因此在轻载时应用广泛
		双列向心短圆柱滚子轴承	较为常见的是 NN 3000 系列轴承和 NNU0000 系列轴承，前者滚道开在内圈上，后者滚道开在外圈上。这两类轴承的圆柱滚子数目多、密度大，分两列交叉排列，旋转时支承刚度变化较小，内圈上均有 1∶12 的锥孔与带锥度的轴颈配合，内圈相对于轴颈作轴向移动时，内圈被涨大，从而可调整轴承的径向间隙或实现预紧。因此，其承载能力大、支承刚度高，但只能承受径向载荷，与其他推力轴承组合使用，可用于较大载荷、较高转速场合
		圆锥滚子轴承	典型如 35000 系列双向圆锥滚子轴承。其外圈一侧有凸沿，这样可将箱体座孔设计成通孔，修磨隔套的厚度便可实现间隙调整和预紧，该类轴承能承受较大载荷，用其代替短圆柱滚子轴承和推力轴承，则刚度提高，虽极限转速有所降低，但仍能达到高精度的要求
		推力轴承	典型如 51000 系列(单向)和 5200 系列(双向)推力球轴承，其轴向承载能力很强，支承刚度很大，但极限转速较低，运动噪声较大 新发展起来的 23000 系列为 60°接触角双列推力球轴承，其外径公差带在零线以下，因此与箱体座孔配合较松，目的在于不承受径向载荷，仅承受轴向推力，修磨其隔套可实现轴承间隙的调整和预紧，它与双列向心短圆柱滚子轴承的组合配套使用获得广泛应用
	非标滚动轴承		非标滚动轴承是适应轴承精度要求较高，结构尺寸较小或因特殊要求而不能采用标准轴承时自行设计的。图(a)为微型滚动轴承。图中(ⅰ)与(ⅱ)具有杯形外圈而没有内圈，锥形轴颈与滚珠直接接触，其轴向间隙由弹簧或螺母调整。图中(ⅲ)采用碟形垫圈来消除轴承间隙，垫圈的作用力比作用在轴承上的最大轴向力大 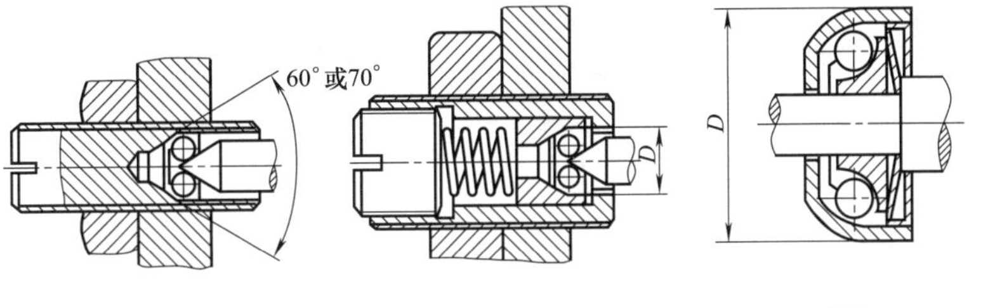 60°或70°　D　D (ⅰ)　(ⅱ)　(ⅲ) 图(a)　微型滚动轴承 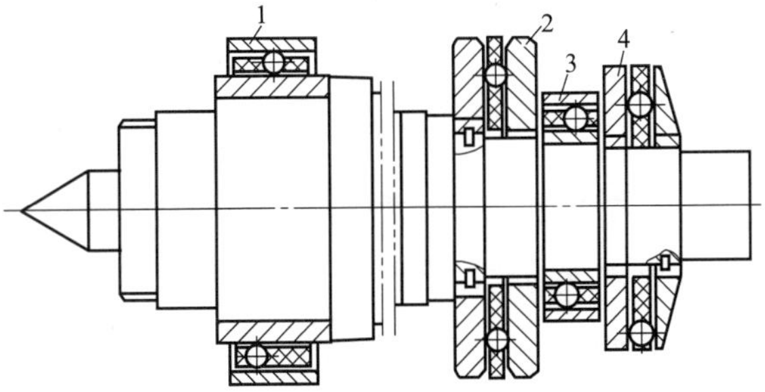 1　2　3　4 (ⅰ) 图(b)

续表

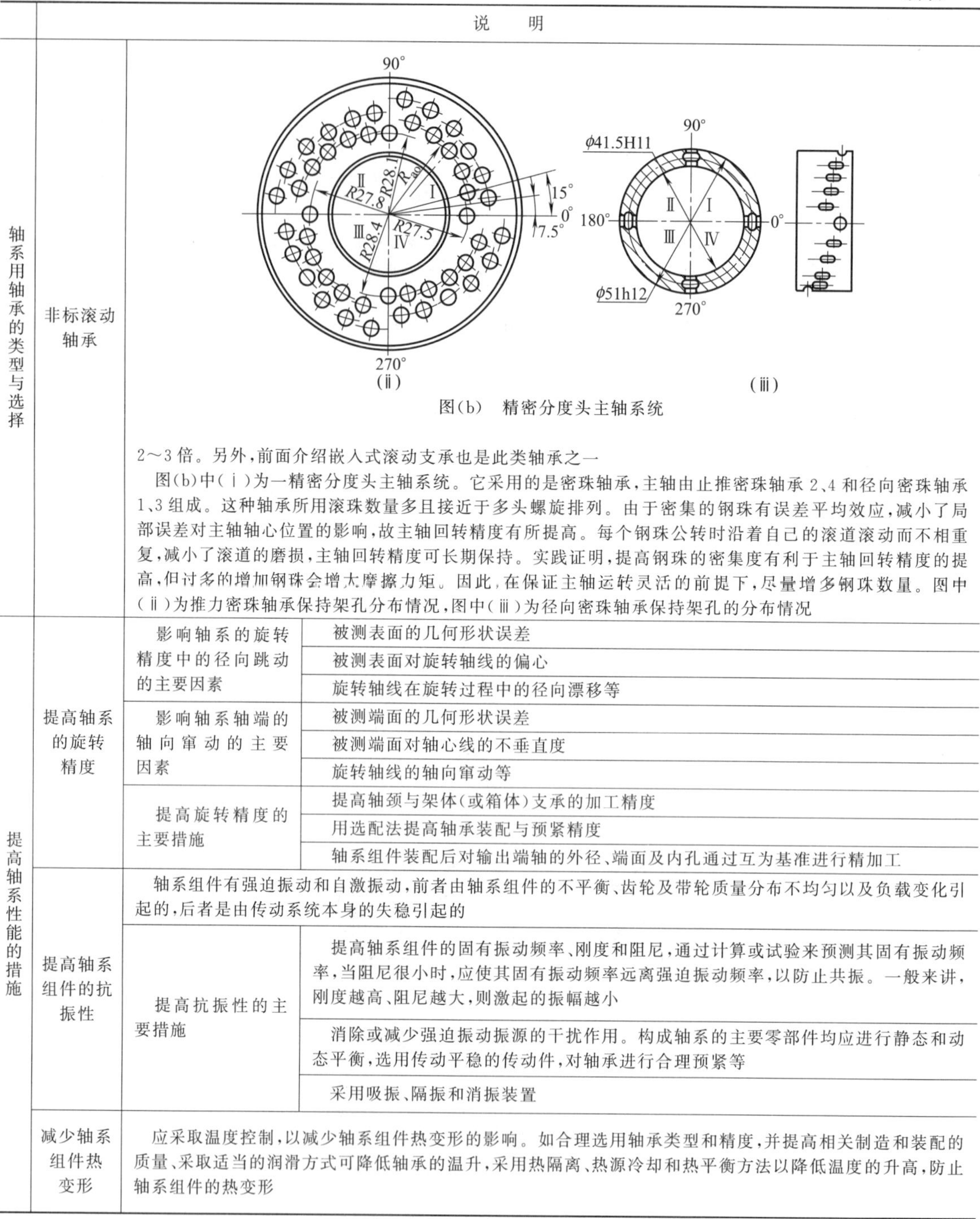

		说　明	
轴系用轴承的类型与选择	非标滚动轴承	图(b)　精密分度头主轴系统 2～3 倍。另外，前面介绍嵌入式滚动支承也是此类轴承之一 图(b)中(ⅰ)为一精密分度头主轴系统。它采用的是密珠轴承，主轴由止推密珠轴承 2、4 和径向密珠轴承 1、3 组成。这种轴承所用滚珠数量多且接近于多头螺旋排列。由于密集的钢珠有误差平均效应，减小了局部误差对主轴轴心位置的影响，故主轴回转精度有所提高。每个钢珠公转时沿着自己的滚道滚动而不相重复，减小了滚道的磨损，主轴回转精度可长期保持。实践证明，提高钢珠的密集度有利于主轴回转精度的提高，但过多的增加钢珠会增大摩擦力矩。因此，在保证主轴运转灵活的前提下，尽量增多钢珠数量。图中(ⅱ)为推力密珠轴承保持架孔分布情况，图中(ⅲ)为径向密珠轴承保持架孔的分布情况	
提高轴系性能的措施	提高轴系的旋转精度	影响轴系的旋转精度中的径向跳动的主要因素	被测表面的几何形状误差
			被测表面对旋转轴线的偏心
			旋转轴线在旋转过程中的径向漂移等
		影响轴系轴端的轴向窜动的主要因素	被测端面的几何形状误差
			被测端面对轴心线的不垂直度
			旋转轴线的轴向窜动等
		提高旋转精度的主要措施	提高轴颈与架体(或箱体)支承的加工精度
			用选配法提高轴承装配与预紧精度
			轴系组件装配后对输出端轴的外径、端面及内孔通过互为基准进行精加工
	提高轴系组件的抗振性	轴系组件有强迫振动和自激振动，前者由轴系组件的不平衡、齿轮及带轮质量分布不均匀以及负载变化引起的，后者是由传动系统本身的失稳引起的	
		提高抗振性的主要措施	提高轴系组件的固有振动频率、刚度和阻尼，通过计算或试验来预测其固有振动频率，当阻尼很小时，应使其固有振动频率远离强迫振动频率，以防止共振。一般来讲，刚度越高、阻尼越大，则激起的振幅越小
			消除或减少强迫振动振源的干扰作用。构成轴系的主要零部件均应进行静态和动态平衡，选用传动平稳的传动件，对轴承进行合理预紧等
			采用吸振、隔振和消振装置
	减少轴系组件热变形	应采取温度控制，以减少轴系组件热变形的影响。如合理选用轴承类型和精度，并提高相关制造和装配的质量、采取适当的润滑方式可降低轴承的温升，采用热隔离、热源冷却和热平衡方法以降低温度的升高，防止轴系组件的热变形	

4.5.2　机架的基本要求及结构设计要点

机座或机架是支承其他零部件的基础部件。它既承受其他零部件的重量和工作载荷，又起保证各零部件相对位置的基准作用。机座多采用铸件，机架多由型材装配或焊接构成。其基本特点是尺寸较大、结构复杂、加工面多，几何精度和相对位置精度要求较高。在设计时，首先应对某些关键表面及其相对位置精度提出相应的精度要求，以保证产品总体精度。其次，机架或机座的变形和振动将直接影响产品的质量和正常运转，故应对其提出下列基本要求。机架设计的基本要求及结构设计要点见表 22-4-48。

表 22-4-48　**机架设计的基本要求及结构设计要点**

<table>
<tr><th colspan="2"></th><th colspan="2">说　明</th></tr>
<tr><td rowspan="4">基本要求</td><td>刚度与抗振性</td><td>刚度是抵抗载荷变形的能力。抵抗恒定载荷变形的能力称静刚度；抵抗交变载荷变形的能力称为动刚度。如果基础部件的刚性不足，则在工件的重力、夹紧力、摩擦力、惯性力和工作载荷等的作用下，就会产生变形、振动或爬行，而影响产品定位精度、加工精度及其他性能
机座或机架的静刚度，主要是指它们的结构刚度和接触刚度。动刚度与静刚度和材料阻尼及固有振动频率有关。在共振条件下的动刚度 K_ω 可用下式表示
$$K_\omega=2K\zeta=2K\frac{B}{\omega_n} \quad (22\text{-}4\text{-}29)$$
动刚度是衡量抗振性的主要指标。在一般情况下，动刚度越大，抗振性越好。抗振性是指承受受迫振动的能力。受迫振动的振源可能存在于系统（或产品）内部，如驱动电动机转子或转动部件旋转时的不平衡等。振源也可能来自于设备的外部，如邻近机器设备、运行车辆、人员活动（走路、开门、关门、搬运东西等）以及恒温设备等。当机座或机架受到振源的影响时，整机会摇晃振动，使各主要部件及其相互间产生弯曲或扭转振动，尤其是当振源振动频率与机座或机架的固有振动频率重合时，将产生共振而严重影响机电一体化系统的正常工作和使用寿命
为提高机架或机座的抗振性，可采取下列措施
<table><tr><th>措　施</th><th>说　明</th></tr><tr><td>提高静刚度</td><td>从提高固有振动频率入手，以避免产生共振</td></tr><tr><td>增加阻尼</td><td>因为增加阻尼对提高动刚度的作用很大。如液（气）动、静压导轨的阻尼比滚动导轨大，故抗振性能好</td></tr><tr><td>减轻重量</td><td>在不降低机架或机座静刚度的前提下，减轻重量可提高固有振动频率。如适当减薄壁厚、增加肋和隔板，采用钢材焊接代替铸件等</td></tr><tr><td>采取隔振措施</td><td>如加减振橡胶垫脚、用空气弹簧隔板等</td></tr></table></td><td>K——静刚度，N/m
ζ——阻尼比
B——阻尼系数
ω_n——固有振动频率，1/s</td></tr>
<tr><td>热变形</td><td colspan="2">系统运转时，电动机、强光源、烘箱等热源散发的热量，零部件间相对运动而摩擦生热，电子元器件发热等，都将传到机座或机架上。如果热量分布不均匀、散热性能不同，就会由于不同部位的温差而产生热变形，影响其原有精度
为了减小热变形，可采取以下措施
<table><tr><th>措施</th><th>说　明</th></tr><tr><td>控制热源</td><td>除了控制环境温度之外，对机座或机架内的热源（如强光源、电动机等）也要严格控制。例如，采用延时继电器，以控制灯光的发光时间；采用发光二极管等冷光源；采用胶木、石棉等隔热垫片；采用风扇、冷却液等以充分散热；将热源远离机座或机架；对于有相对运动的零部件，如轴承副、导轨副、丝杠副等，则应从结构上和润滑方面改善其摩擦性、减少摩擦生热和使热传递减小</td></tr><tr><td>采用热平衡的办法</td><td>控制各处的温差，从而减小其相对变形</td></tr></table></td></tr>
<tr><td>稳定性</td><td colspan="2">机座或机架的稳定性是指长时间地保持其几何尺寸和主要表面相对位置精度，以防止产品原有精度的丧失。为此，对铸件机座应进行时效处理来消除产生机座变形的内应力。时效的常用方法有自然时效和人工时效（热处理法和振动法等）。振动时效，是将铸件或焊接件在其固有振动频率下，共振 10～40min 即可。其优点是时间短，设备费用低，消耗动力少；结构轻巧，操作简便；可以消除热处理无法处理的非金属材料的内应力；时效后无氧化皮和尺寸变化，也不会因振动而引起新的内应力</td></tr>
<tr><td>其他要求</td><td colspan="2">还应考虑工艺性、经济性及人机工程等其他方面的要求</td></tr>
</table>

续表

<table>
<tr><th></th><th colspan="4">说　明</th></tr>
<tr><td rowspan="9">结构设计要点</td><td colspan="4">机座或机架的结构设计必须保证其自身刚度、连接处刚度和局部刚度，同时要考虑安装方式、材料选择、结构工艺性以及节省材料、降低成本和缩短生产周期等问题</td></tr>
<tr><td rowspan="8">铸造机座的设计要点</td><td rowspan="4">保证铸造机座自身刚度的措施</td><td>措施</td><td>说　明</td></tr>
<tr><td>合理选择截面形状和尺寸</td><td>机座受力不外是拉、压、弯、扭的作用。当机架只受拉、压作用时，变形只和截面积有关，设计时主要根据拉力或压力的大小选择合理的结构尺寸。如果受弯曲和扭转载荷，机座的变形不但与截面面积大小有关，且与截面形状（截面惯性矩）有关。合理选择截面形状，可以提高机座的自身刚度。一般来讲，①封闭空心截面结构的自身刚度比实心的大；②无论是实心截面还是空心的封闭截面，都是矩形的抗弯刚度最大，圆形的最小；而抗扭刚度则相反，圆形最大，矩形最小；③保持横截面积不变，减小壁厚、增大轮廓尺寸，可以提高刚度；④封闭截面比不封闭截面的抗扭刚度大得多</td></tr>
<tr><td>合理布置肋板和加强肋</td><td>为了提高机座的刚度，一般应增加肋板或加强肋。在两壁之间起连接作用的内壁，称为肋板，又称隔板。常见肋板和加强肋的形式有纵向、横向、斜向及十字肋、斜交叉肋、米字肋、井字肋等不同形式，可根据不同的结构及要求合理布置。加强肋的高度，一般不应大于支承部件壁厚的5倍，厚度一般取壁厚的0.7～0.8</td></tr>
<tr><td>合理的开孔和加盖</td><td>在机座壁上开窗孔，将显著降低机座的刚度，特别是扭转刚度。实践证明，当$b_0/b<0.2$时[如图(a)所示]，其刚度降低很少，在开一孔后再在对面壁上开孔，其下降幅度也较小。因此，开孔应沿机座或机架壁中心线排列，或在中心线附近交错排列，孔宽（孔径）以不大于机座或机架壁宽的0.25倍为宜，即$b_0/b<0.25$，在开孔板上加盖板，并用螺钉紧固，则可将弯曲刚度恢复到接近未开孔时的刚度，而对提高抗扭刚度无明显效果
b_0
b
图(a)　面壁开孔</td></tr>
<tr><td>提高机座连接处的接触刚度</td><td colspan="2">在两个平面接触处，由于微观的不平度，实际接触的只是凸起部分。当受外力作用时，接触点的压力增大，产生一定的变形，这种变形称为接触变形
为了提高连接处的接触刚度，固定接触面的表面粗糙度应优于$Ra2.5\mu m$，以增加实际接触面积；固定螺钉应在接触面上造成一个预压力，压强一般为2MPa，并据此设计固定螺钉的直径和数量，以及拧紧螺母的扭矩（其大小在装配时用测力扳手控制）；如图(b)所示，在安装螺钉处加厚凸缘，或用壁龛式螺钉孔，或采用添置加强肋的办法来增加局部刚度，并提高连接刚度
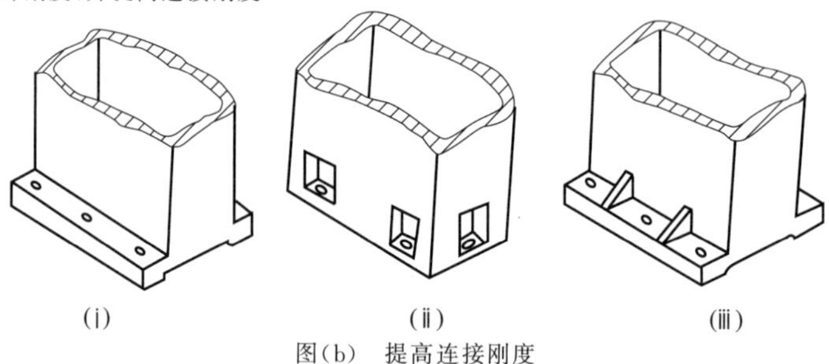

图(b)　提高连接刚度</td></tr>
<tr><td>机座的模型刚度试验</td><td colspan="2">由于机座的结构形状复杂，用力学方法计算刚度很困难。采用模型试验方法，则可测得与实际较接近的变形量。模型试验，就是将实物按比例缩小制成模型，利用模型模拟实物进行试验。模型试验可以用来进行静态和动态试验，也可进行抗振性和热变形试验等
在做模型试验时，一般用有机玻璃作为模型材料，因它具有良好的热塑性和粘接功能，制造工艺简单，弹性模量低，只要加很小的力就能得到较大的变形量。加载和测量都较方便。但其力学性能不稳定，弹性模量随温度而变比，在常温下，就存在明显的蠕动现象，当加载后需经过一定时间变形后才趋于稳定。因此，用有机玻璃做模型试验时，必须正确掌握上述规律并采取相应的措施才能保证必要的试验精度
采用有限元法是目前计算机座或机架刚度的一种最快最好的方法</td></tr>
<tr><td>机座的结构工艺性</td><td colspan="2">机座一般体积较大、结构复杂、成本高，尤其要注意其结构工艺性，以便于制造和降低成本。在保证刚度的条件下，应力求铸件形状简单，拔模容易，泥芯要少，便于支撑和制造。机座壁厚应尽量均匀，力求避免截面的急剧变化、凸起过大、壁厚过薄、过长的分型线和金属的局部堆积等。铸件要便于清砂，为此，必须开有足够大的清砂口，或几个清砂口。在同一侧面的加工表面，应处于同一个平面上，以便一起刨出或铣出。机座必须有可靠的加工工艺基面，若因结构原因没有工艺基准，必须铸出四个或两个“工艺凸台”，加工时，先把凸台加工平，然后以凸台作基面来进行其他加工，加工完毕后把凸台割去</td></tr>
</table>

续表

<table>
<tr><th colspan="3"></th><th colspan="2">说　　明</th></tr>
<tr><td rowspan="6">结构设计要点</td><td>铸造机座的设计要点</td><td>机座的材料选择</td><td colspan="2">机座材料应根据其结构、工艺、成本、生产批量和生产周期等要求选择。常用的有铸铁、钢、陶瓷、花岗岩等材料</td></tr>
<tr><td rowspan="5">焊接机架的设计要点</td><td>优点</td><td colspan="2">在刚度相同的情况下可以减轻重量 30%左右，改型快，废品极少，生产周期短，成本低</td></tr>
<tr><td rowspan="4">结构形式</td><td colspan="2">机架常用普通碳素结构钢材（钢板、角钢、槽钢、钢管等）焊接制造。轻型机架也可用铝制型材连接制成。对于轻载焊接机架，由于其承受载荷较小，故常用型材焊成立体框架，再装上面板、底板及盖板。常用型材焊接框架的接头型式如下所示</td></tr>
<tr><td>型材类型</td><td>框架的接头型式</td></tr>
<tr><td>板料</td><td>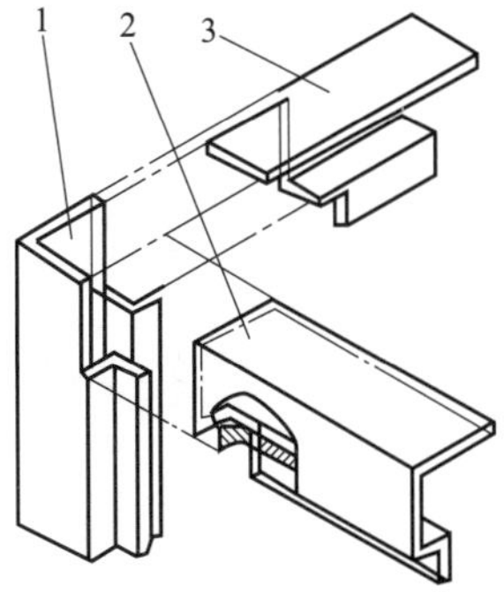
1—竖梁；2—前横梁；3—左横梁</td></tr>
<tr><td>槽钢</td><td>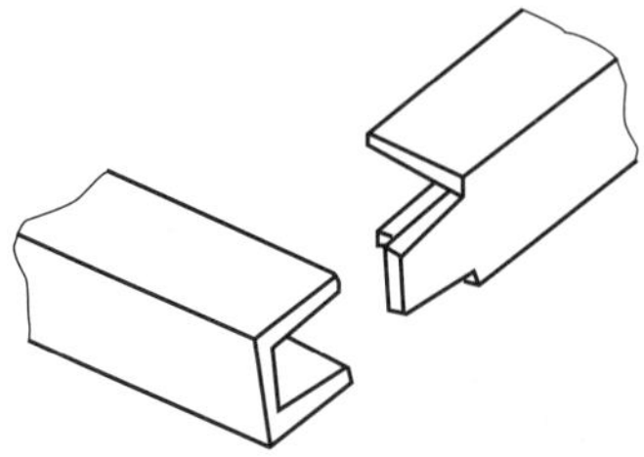</td></tr>
<tr><td></td><td></td><td></td><td>角铁</td><td>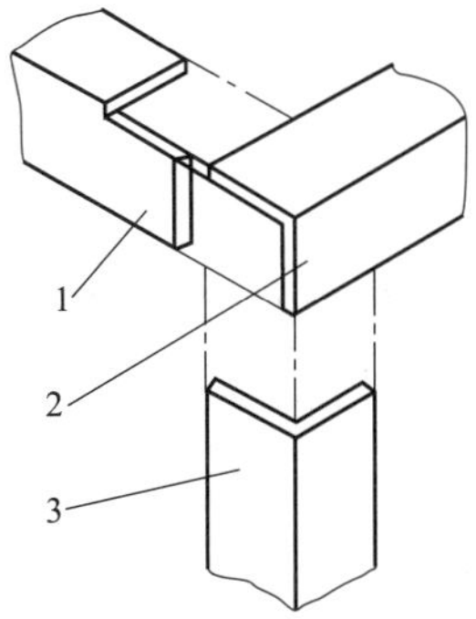
1—左横梁；2—前横梁；3—竖梁</td></tr>
</table>

第 5 章　微机控制系统设计

5.1　微机控制系统的基本组成与分类

5.1.1　微机控制系统的基本组成

计算机控制系统是在自动控制技术和计算机技术发展的基础上产生的。将自动控制系统中的控制器的功能用计算机来实现，就组成了典型的计算机控制系统。如果计算机是微型计算机，就是微型计算机控制系统，简称微机控制系统。典型的微型计算机控制系统由硬件和软件组成。

5.1.1.1　微机控制系统的硬件组成

图 22-5-1 为微机控制系统的典型硬件组成框图。

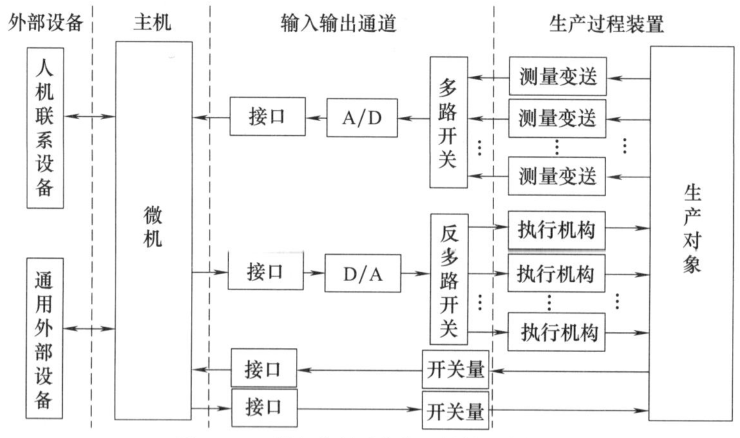

图 22-5-1　微机控制系统典型硬件组成框图

表 22-5-1　微机控制系统典型硬件组成

主机	是微型计算机控制系统的核心，它可以通过接口向系统的各个部分发出各种命令，同时对被控对象的被控参数进行实时检测及处理。主机的主要功能是控制整个生产过程，按控制规律进行各种控制运算(如 PID 调节规律运算、最优化计算等)和操作，根据运算结果作出控制决策；对生产过程进行监督，使之处于最优工作状态；对事故进行预测和报警；编制生产技术报告，打印制表等
输入输出通道	是微机和生产对象之间进行信息交换的桥梁和纽带。过程输入通道把生产对象的被控参数转换成微机可以接收的数字代码。过程输出通道把微机输出的控制命令和数据，转换成可以对生产对象进行控制的信号。过程输入输出通道包括：模拟量输入输出通道、开关量或数字量输入输出通道。根据应用要求的不同，模拟量输入输出通道可以有不同的结构形式
外部设备	是实现微机和外界进行信息交换的设备，简称外设，包括人机联系设备(操作台)、输入输出设备(驱动器、键盘、打印机、显示终端等)和外存储器(磁盘)。其中，操作台应具备显示功能，即根据操作人员的要求，能立即显示所要求的内容；还应有按钮，完成系统的启、停等功能；操作台还要保证即使操作错误也不会造成恶劣后果，即应具有保护功能
测量变送单元	在微机控制系统中，为了收集和测量各种参数，采用了各种检测元件及变送器，其主要功能是将被检测参数的非电量转换成电量，例如：热电偶把温度转换成 mV 信号；压力变送器把压力转换变为电信号，这些信号经变送器转换成统一的标准电平信号(0～5V 或 4～20mA)后，再送入微机
执行机构	其功能是根据微机输出的控制信号，改变输出的角位移或直线位移，并通过执行机构改变被调介质的流量或能量，使生产过程符合预定的要求。例如，在温度控制系统中，微机根据温度的误差计算出相应的控制量，输出给执行机构(调节阀)来控制进入加热炉的煤气量，以实现预期的温度值。常用的执行机构有电动、液动和气动等控制形式
生产对象	即被控生产设备和生产过程

5.1.1.2　微机控制系统的软件组成

软件是指能够完成各种功能的计算机程序的总和。整个计算机系统的动作，都是在软件的指挥下协调进行的，因此说软件是微机系统的中枢神经。微机控制系统的软件主要由系统软件和应用软件组成，如表 22-5-2 所示。

表 22-5-2　　微机控制系统的软件组成

系统软件	是由计算机设计者提供的专门用来使用和管理计算机的程序。对用户来说，系统软件只是作为开发应用软件的工具，是不需要自己设计的。它包括 ①操作系统：管理程序、磁盘操作系统程序、监控程序等 ②诊断系统：调节程序及故障诊断程序 ③开发系统：各种程序设计语言、语言处理程序（编译程序）、服务程序（装配程序和编辑程序）、模拟主系统（系统模拟、仿真、移植软件）、数据管理系统等 ④信息处理：指文字翻译、企业管理等
应用软件	是面向用户本身的程序，即指由用户根据要解决的实际问题而编写的各种程序。它包括： ①过程监视程序：巡回检测程序、数据处理程序、上下限检查及报警程序、操作面板服务程序、数字滤波及标度变换程序、判断程序、过程分析程序等 ②过程控制计算程序：控制算法程序、事故处理程序和信息管理程序，其中信息管理程序包括信息生成调度、文件管理及输出、打印、显示程序等 ③公共服务程序：包括基本运算程序、函数运算程序、数码转换程序、格式编码程序

5.1.2　微机控制系统的分类

表 22-5-3　　微机控制系统的分类

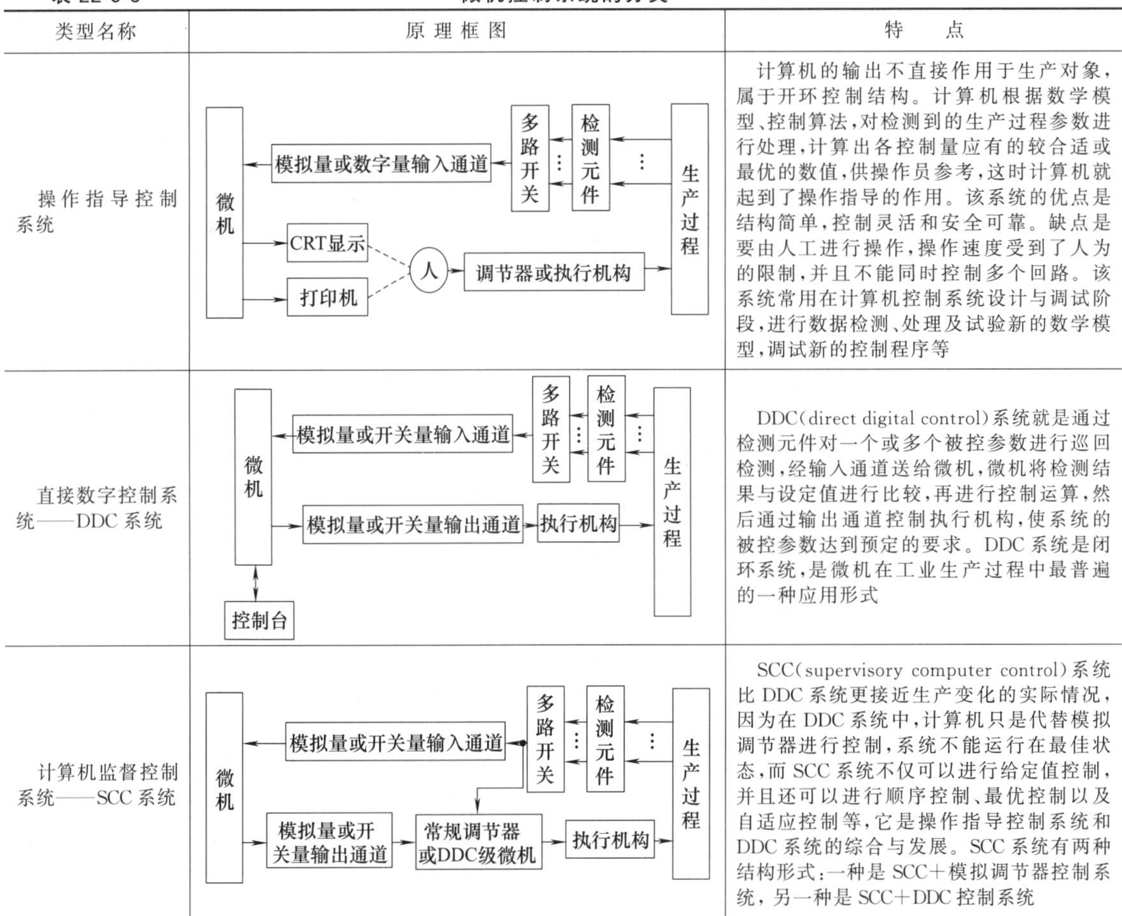

类型名称	原理框图	特　点
操作指导控制系统		计算机的输出不直接作用于生产对象，属于开环控制结构。计算机根据数学模型、控制算法，对检测到的生产过程参数进行处理，计算出各控制量应有的较合适或最优的数值，供操作员参考，这时计算机就起到了操作指导的作用。该系统的优点是结构简单，控制灵活和安全可靠。缺点是要由人工进行操作，操作速度受到了人为的限制，并且不能同时控制多个回路。该系统常用在计算机控制系统设计与调试阶段，进行数据检测、处理及试验新的数学模型，调试新的控制程序等
直接数字控制系统——DDC 系统		DDC(direct digital control)系统就是通过检测元件对一个或多个被控参数进行巡回检测，经输入通道送给微机，微机将检测结果与设定值进行比较，再进行控制运算，然后通过输出通道控制执行机构，使系统的被控参数达到预定的要求。DDC 系统是闭环系统，是微机在工业生产过程中最普遍的一种应用形式
计算机监督控制系统——SCC 系统		SCC(supervisory computer control)系统比 DDC 系统更接近生产变化的实际情况，因为在 DDC 系统中，计算机只是代替模拟调节器进行控制，系统不能运行在最佳状态，而 SCC 系统不仅可以进行给定值控制，并且还可以进行顺序控制、最优控制以及自适应控制等，它是操作指导控制系统和 DDC 系统的综合与发展。SCC 系统有两种结构形式：一种是 SCC+模拟调节器控制系统，另一种是 SCC+DDC 控制系统

续表

类型名称	原理框图	特　　点
集散型控制系统——DCS系统	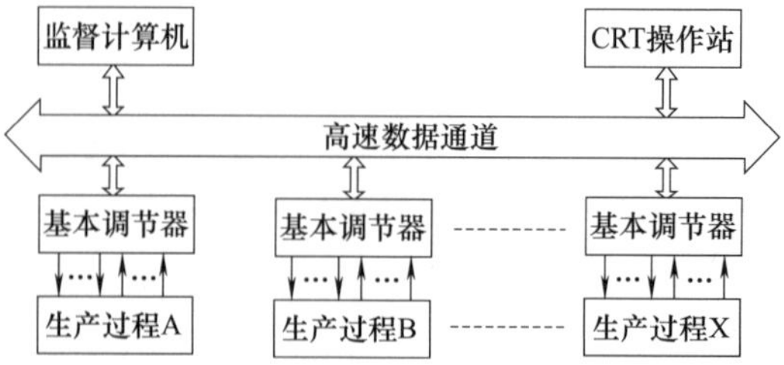 监督计算机；CRT操作站；高速数据通道；基本调节器；基本调节器；基本调节器；生产过程A；生产过程B；生产过程X	DCS(distributed control system)是采用积木式结构，以一台主计算机和两台或多台从计算机为基础的一种结构体系，所以也叫主从结构或树形结构，从机绝大部分时间都是并行工作的，只是必要时才与主机通信。DCS具有如下特点：采用分散控制、集中操作、分级管理和综合协调的设计原则与网络化的控制结构，形成分级分布式控制。现已开发出第四代DCS集散控制系统
现场总线控制系统——FCS系统	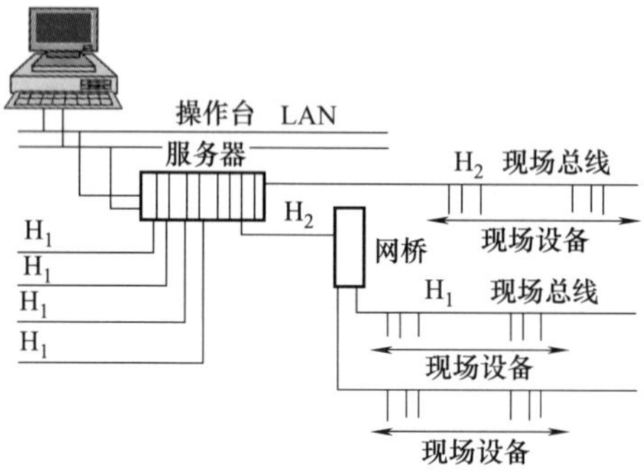 操作台　LAN；服务器；H_2　现场总线；H_2；H_1；H_1；H_1；H_1；网桥；现场设备；H_1　现场总线；现场设备；现场设备	FCS(fieldbus control system)有两个显著特点，一是系统内各设备的信号传输实现了全数字化，提高了信号传输的速度、精度和距离，使系统的可靠性提高；二是实现了控制功能的彻底分散，即把控制功能分散到各现场设备和仪表中，使现场设备和仪表成为具有综合功能的智能设备和仪表。其结构模式为："工作站—现场总线智能仪表"二层结构，完成了DCS中的三层结构功能，降低了成本，提高了可靠性，并且在统一国际标准下可实现真正的开放式互连系统结构
计算机集成综合自动化控制系统	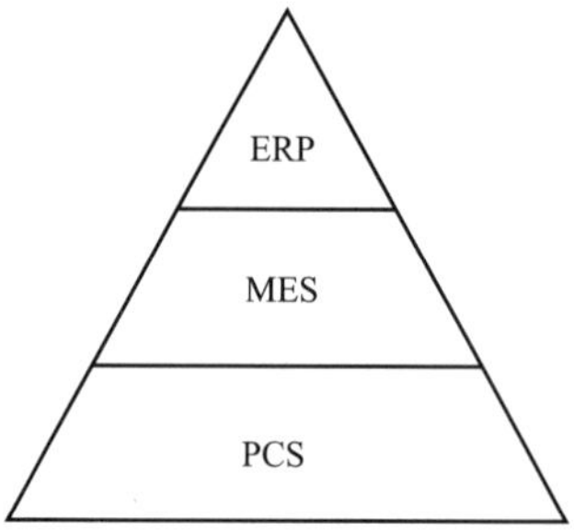 ERP；MES；PCS	一般由企业资源信息管理系统ERP(enterprise resources planning)、生产执行系统MES(manufacturing execution system)和生产过程控制系统PCS(process control system)三层结构构成。主要包括：制造业的计算机集成制造系统CIMS(computer integrated manufacture system)和流程工业的计算机集成过程系统CIPS(computer integrated process system)

5.2　微机控制系统设计的方法和步骤

微机控制系统设计的主要方法有：模拟化设计方法、离散化设计方法、状态空间设计方法。

5.2.1　模拟化设计方法和步骤

5.2.1.1　模拟化设计思想

模拟化设计是将如图22-5-2所示的微机控制系统看作一个连续系统，即忽略控制回路中所有的零阶保持器和采样器，然后采用连续系统设计方法设计出

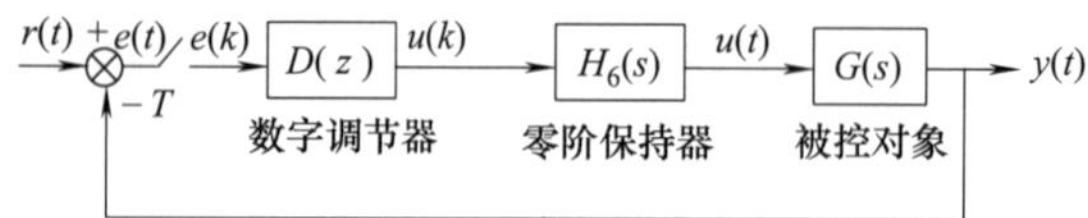

图22-5-2　微机控制系统的典型方块图

模拟控制器$D(s)$，在满足一定条件下，做出某种近似，从而将模拟控制器$D(s)$离散化成数字控制器$D(z)$，以便用计算机算法来实现已设计好的模拟校正装置的功能。

模拟化设计方法的适用前提是：采样角频率ω_s要比系统的通频带ω_b或开环截止频率ω_c高得多（一般要求$\omega_s \geqslant 10\omega_b$或$10\omega_c$），以至于由采样器和保持器所引起的附加影响较小，甚至可以被忽略，这样，系统的离散部分可以用连续环节来代替。

5.2.1.2　香农采样定理

设连续信号$x(t)$的频带宽度是有限的，所包含的最高频率为ω_{max}，为了能使连续信号$x(t)$采样后的离散频谱$x^*(j\omega)$彼此不重叠，并能复现原信号$x(t)$的全部信息，则要求采样频率ω_s满足下述关系：$\omega_s \geqslant 2\omega_{max}$。

5.2.1.3 模拟化设计步骤

(1) 设计模拟控制器 $D(s)$

首先，将图22-5-2所示的微机控制系统假想为一个连续系统，如图22-5-3所示，即将实现数字控制器的微机、采样器和零阶保持器合在一起，作为一个模拟环节看待，其等效传递函数为 $D(s)$。之后，按照对数频率特性法、根轨迹法等连续系统的校正方法，可以设计连续系统的校正环节 $D(s)$。

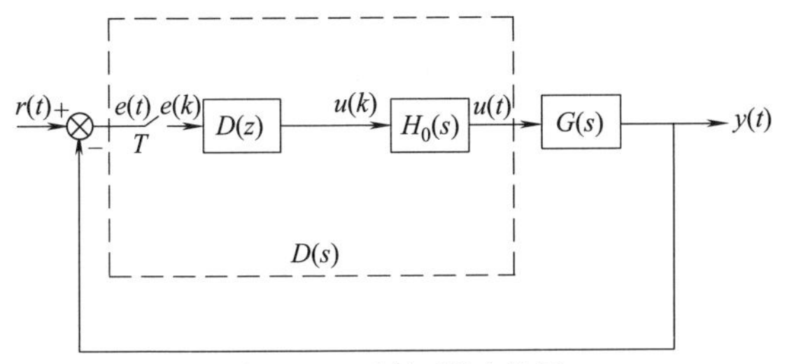

图22-5-3 连续系统方块图

(2) 正确选择采样周期 T

① 从调节品质上看，希望采样周期短，以减小系统纯滞后的影响，提高控制精度。通常保证在95%的系统的过渡过程时间内，采样6～15次即可。

② 从快速性和抗扰性方面考虑，希望采样周期尽量短，这样给定值的改变可以迅速地通过采样得到反映，而不致产生过大的延时。

③ 从计算机的工作量和回路成本考虑，采样周期 T 应长些，尤其是多回路控制时，应使每个回路都有足够的计算时间；当被控对象的纯滞后时间 τ 较大时，常选 $T=\tau$。

④ 从计算精度方面考虑，采样周期 T 不应过短，当主机字长较小时，若 T 过短，将使前后两次采样值差别小，调节作用因此会减弱。另外，采样周期 T 必须大于执行机构的调节时间。

(3) 将 $D(s)$ 离散化为 $D(z)$

主要方法有：

① 双线性变换法：$D(z)=D(s)\big|_{s=\frac{2}{T}\times\frac{z-1}{z+1}}$

② 后向差分法：$D(z)=D(s)\big|_{s=\frac{1-z^{-1}}{T}}$

③ 零阶保持器法：$D(z)=Z\left[\frac{1-e^{-Ts}}{s}D(s)\right]$，

Z变换的具体计算可见表22-5-4和表22-5-5。

此外，还可采用零极点匹配等方法。

(4) 求出与 $D(s)$ 对应的差分方程

要想用计算机实现数字控制器 $D(z)$，则必须求出相应的差分方程，此时有两条途径：一是由 $D(s)$ 写出系统的微分方程，并进行差分处理得到相应的差分方程，如数字PID控制算法即由此推导出；另一途径是根据数字调节器 $D(z)$，用直接程序设计法、串联实现法等将其变为差分方程。

(5) 根据差分方程编制相应程序

设计好的控制算法投入使用前，要进行数字仿真，若不合乎要求，应予以修改，直至满足要求为止。

表22-5-4 常用Z变换表

$F(s)$	$f(t)$	$f(kT)$	$F(z)$
e^{-nTs}	$\delta(t-nT)$	$\delta(kT-nT)$	z^{-n}
1	$\delta(t)$	$\delta(kT)$	1
$\frac{1}{s}$	$1(t)$	$1(kT)$	$\frac{z}{z-1}$
$\frac{1}{s^2}$	t	kT	$\frac{Tz}{(z-1)^2}$
$\frac{1}{s^3}$	$\frac{1}{2}t^2$	$\frac{1}{2}(kT)^2$	$\frac{T^2z(z+1)}{2(z-1)^3}$
$\frac{T}{Ts-\ln a}$	$a^{t/T}$	a^k	$\frac{z}{z-a}$
$\frac{1}{s+a}$	e^{-at}	e^{-akT}	$\frac{z}{z-e^{-aT}}$
$\frac{1}{(s+a)^2}$	te^{-at}	kTe^{-akT}	$\frac{Tze^{-aT}}{(z-e^{-aT})^2}$
$\frac{a}{s(s+a)}$	$1-e^{-at}$	$1-e^{-akT}$	$\frac{(1-e^{-aT})z}{(z-1)(z-e^{-aT})}$
$\frac{a}{s^2(s+a)}$	$t-\frac{1-e^{-at}}{a}$	$kT-\frac{1-e^{-akT}}{a}$	$\frac{Tz}{(z-1)^2}-\frac{(1-e^{-aT})z}{a(z-1)(z-e^{-aT})}$
$\frac{\omega}{s^2+\omega^2}$	$\sin\omega t$	$\sin\omega kT$	$\frac{z\sin\omega T}{z^2-2z\cos\omega T+1}$
$\frac{s}{s^2+\omega^2}$	$\cos\omega t$	$\cos\omega kT$	$\frac{z(z-\cos\omega T)}{z^2-2z\cos\omega T+1}$

表 22-5-5　　Z 变换基本定理

定理名称	定 理 内 容
线性定理	设 a、a_1、a_2 为任意常数，连续时间函数 $f(t)$、$f_1(t)$ 和 $f_2(t)$ 的 Z 变换分别为 $F(z)$、$F_1(z)$ 及 $F_2(z)$，则有 $$h[af(t)]=aF(z)$$ $$h[a_1f_1(t)+a_2f_2(t)]=a_1F_1(z)+a_2F_2(z)$$
滞后定理	设连续时间函数在 $t<0$ 时，$f(t)=0$，且 $f(t)$ 的 Z 变换为 $F(z)$，则有 $$h[f(t-kT)]=z^{-k}F(z)$$
超前定理	设连续时间函数 $f(t)$ 的 Z 变换为 $F(z)$，则有 $$h[f(t+kT)]=z^kF(z)-\sum_{m=0}^{k-1}f(mT)z^{k-m}$$
终值定理	设连续时间函数 $f(t)$ 的 Z 变换为 $F(z)$，则有 $$f(\infty)=\lim_{z\to1}(1-z^{-1})F(z)=\lim_{z\to1}(z-1)F(z)$$
初值定理	设连续时间函数 $f(t)$ 的 Z 变换为 $F(z)$，则有 $$f(0)=\lim_{z\to\infty}F(z)$$
卷积和定理	设连续时间函数 $f(t)$ 和 $g(t)$ 的 Z 变换分别为 $F(z)$ 及 $G(z)$，若定义 $\sum_{i=0}^{k}g(iT)f(kT-iT)=\sum_{i=0}^{k}g(kT-iT)f(iT)=g(kT)*f(kT)$，则 $$h[g(kT)*f(kT)]=G(z)F(z)$$
求和定理	设连续时间函数 $f(t)$ 和 $g(t)$ 的 Z 变换分别为 $F(z)$ 及 $G(z)$，若有 $$g(kT)=\sum_{i=0}^{k}f(iT)$$ 则 $$G(z)=\frac{F(z)}{1-z^{-1}}$$
初值定理	设连续时间函数 $f(t)$ 的 Z 变换为 $F(z)$，则有 $$f(0)=\lim_{z\to\infty}F(z)$$
位移定理	设 a 为任意常数，连续时间函数 $f(t)$ 的 Z 变换为 $F(z)$，则有 $$h[f(t)\mathrm{e}^{-at}]=F(z\mathrm{e}^{aT})$$
微分定理	设连续时间函数 $f(t)$ 的 Z 变换为 $F(z)$，则有 $$h[tf(t)]=-Tz\frac{\mathrm{d}[F(z)]}{\mathrm{d}z}$$

5.2.1.4　数字 PID 控制系统设计

(1) 连续 PID 控制

连续 PID 控制方框图如图 22-5-4 所示。

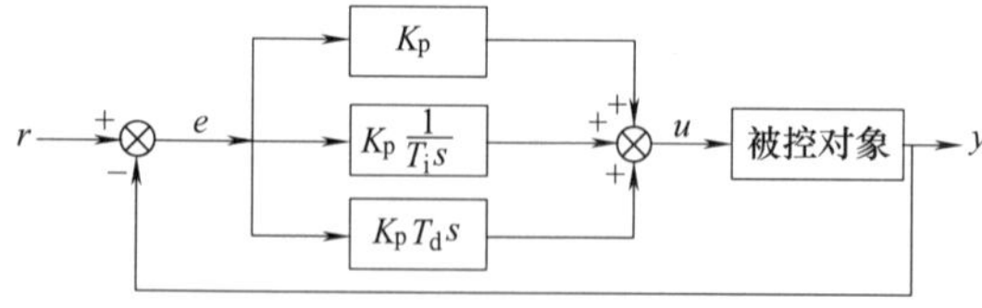

图 22-5-4　连续 PID 控制方框图

① 比例（P）控制规律

$$u=K_pe$$

式中　K_p——比例系数。

② 比例积分（PI）控制规律。采用比例控制的系统存在静差，为了消除静差，在比例控制的基础上加入积分控制，组成比例积分控制器，其控制规律为

$$u=K_p\left(e+\frac{1}{T_i}\int_0^t e\mathrm{d}t\right)$$

式中　T_i——积分常数，T_i 越大，积分作用越弱。

③ 比例积分微分（PID）控制规律。比例积分控制消除系统误差需经过较长的时间，为进一步改进控制器，可以通过检测误差的变化率来预报误差，根据误差变化趋势，产生强烈的调节作用，使偏差尽快地消除在萌芽状态，数学上描述这个概念就是微分，因此在 PI 控制器的基础上加入微分调节，就构成了连续 PID 控制，其控制规律为

$$u=K_p\left(e+\frac{1}{T_i}\int_0^t e\mathrm{d}t+T_d\frac{\mathrm{d}e}{\mathrm{d}t}\right)$$

式中　T_d——微分常数，T_d 越大，微分作用越强。

连续 PID 控制器的传递函数为

$$D(s)=K_p+\frac{K_p}{T_i}\times\frac{1}{s}+K_pT_ds$$

（2）标准数字 PID 控制算法

包括位置式数字 PID 控制算法、增量式数字 PID 控制算法、递推形式位置式数字 PID 控制算法，和其他改进型 PID 控制算法。

① 位置式数字 PID 控制算法。为了实现微机控制生产过程变量，必须将模拟 PID 算式离散化，变为数字 PID 算式，为此，在采样周期 T 远小于信号变化周期时，作如下近似

$$\int_0^t e\mathrm{d}t \approx T\sum_{j=0}^{k}e(j)$$

$$\frac{\mathrm{d}e}{\mathrm{d}t}\approx\frac{e(k)-e(k-1)}{T}$$

于是有位置式数字 PID 算法

$$u(k)=K_p\left\{e(k)+\frac{T}{T_i}\sum_{j=0}^{k}e(j)+\frac{T_d}{T}[e(k)-e(k-1)]\right\}$$

$u(k)$ 是全量值输出，每次的输出值都与执行机构的位置（如控制阀门的开度）一一对应，所以称之为位置式 PID 算法。图 22-5-5 为位置式数字 PID 控制系统结构，图 22-5-6 为位置式数字 PID 算法程序流程。

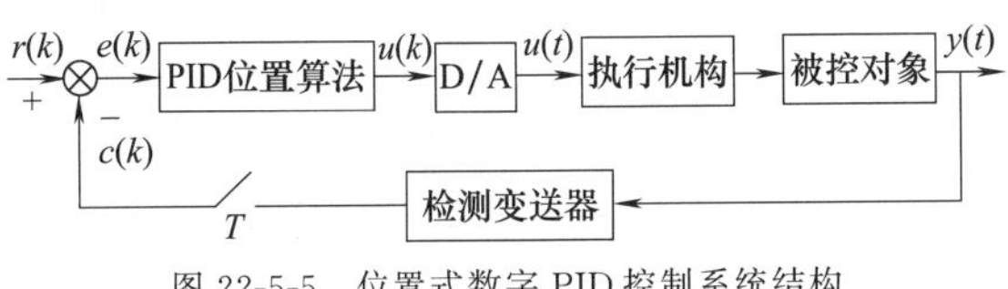

图 22-5-5　位置式数字 PID 控制系统结构

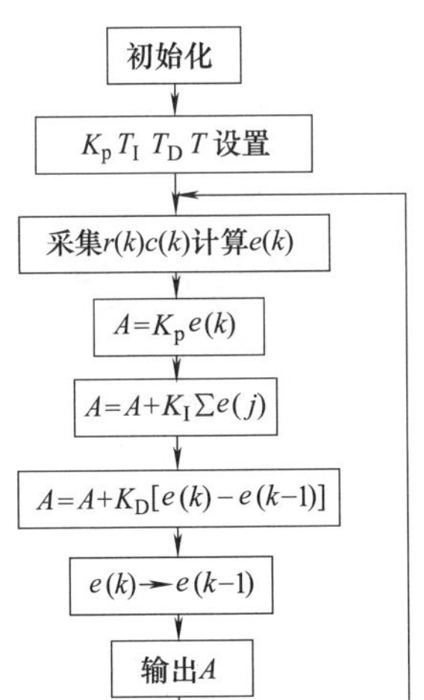

图 22-5-6　位置式数字 PID 算法程序流程

② 增量式数字 PID 控制算法。当控制系统中的执行器为步进电机、电动调节阀、多圈电位器等具有保持历史位置功能的这类装置时，一般均采用增量式数字 PID 控制算法。增量式数字 PID 控制算法表达式为

$$\Delta u(k)=K_p\left\{[e(k)-e(k-1)]+\frac{T}{T_i}e(k)+\frac{T_d}{T}[e(k)-2e(k-1)+e(k-2)]\right\}$$

图 22-5-7 为增量式数字 PID 控制系统结构，图 22-5-8 为增量式 PID 算法程序流程。

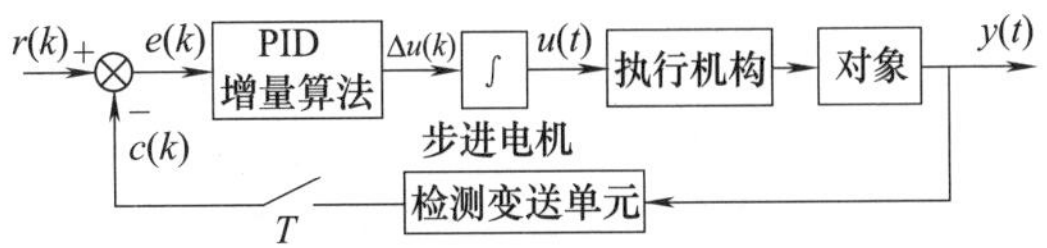

图 22-5-7　增量式数字 PID 控制系统结构

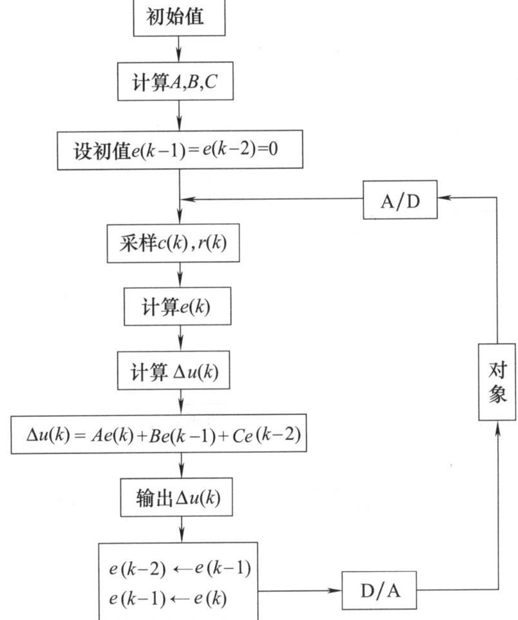

图 22-5-8　增量式数字 PID 算法程序流程

与位置算法相比，增量型数字 PID 算法有如下优点。

a. 位置式算式每次输出与整个过去状态有关，计算式中要用到过去偏差的累加值，容易产生较大的累积计算误差；而在增量型算式中，由于消去了积分项，从而可消除调节器的积分饱和，在精度不足时，计算误差对控制量的影响较小，容易取得较好的控制效果。

b. 为实现手动—自动无扰动切换，在切换瞬时，计算机的输出值应设置为原始阀门开度 u_0，若采用增量型算法，其输出对应于阀门位置的变化部分，即算式中不出现 u_0 项，所以易于实现从手动到自动的无扰动切换。

c. 采用增量式算法时所用的执行器本身都具有寄存作用，所以即使计算机发生故障，执行器仍能保持在原位，不会对生产造成恶劣影响。

③ 递推形式位置式数字 PID 控制算法。利用增量型数字 PID 控制算法，可得到位置型数字 PID 控制算法的递推形式，即

$$\Delta u(k)=K_p\left\{[e(k)-e(k-1)]+\frac{T}{T_i}e(k)+\frac{T_d}{T}[e(k)-2e(k-1)+e(k-2)]\right\}$$

$$u(k)=u(k-1)+\Delta u(k)$$

此外，还有多种改进型数字 PID 控制算法。

(3) 数字 PID 调节器参数的整定方法

① 扩充临界比例度法整定 PID 参数。扩充临界比例度法是以模拟 PID 调节器中使用的临界比例度为基础的一种数字 PID 调节器参数的整定方法。整定步骤如下。

a. 选择一个足够短的采样周期 T，例如被控过程有纯滞后时，采样周期 T 取滞后时间的 1/10 以下，此时调节器只作纯比例控制，给定值 r 作阶跃输入。

b. 逐渐加大比例系数 K_p，使控制系统出现临界振荡。由临界振荡过程求得相应的临界振荡周期 T_τ，并记下此时的比例系数 K_p，将其记作临界振荡增益 K_τ。此时的比例度为临界比例度，记作

$$\delta_s=\frac{1}{K_\tau}$$

c. 选择控制度。所谓控制度是数字调节器和模拟调节器所对应的过渡过程的误差平方的积分之比。

控制度是数字调节器和模拟调节器控制效果相比较的一种性能评价指示。通常不需要去计算。当控制度为 1.05 时，数字调节器与模拟调节器的控制效果相当；当控制度为 2.0 时，数字调节器的控制质量差一倍。

d. 根据控制度，查表 22-5-6 求出 T、K_p、T_i 和 T_d 的值。

表 22-5-6　扩充临界比例度法整定 PID 参数

控制度	控制规律	T/T_τ	K_p/K_τ	T_i/T_τ	T_d/T_τ
1.05	PI	0.03	0.55	0.88	
	PID	0.014	0.63	0.49	0.14
1.20	PI	0.05	0.49	0.91	
	PID	0.043	0.47	0.47	0.16
1.50	PI	0.14	0.42	0.99	
	PID	0.09	0.34	0.43	0.20
2.00	PI	0.22	0.36	1.05	
	PID	0.16	0.27	0.40	0.22
模拟控制器	PI	—	0.57	0.83	
	PID		0.70	0.50	0.13
简化扩充临界比例度法	PI		0.45	0.83	
	PID	0.10	0.60	0.50	0.125

e. 按照求得的整定参数，投入系统运行，观察控制效果，再适当调整参数，直到获得满意的控制效果为止。

② 扩充响应曲线法整定 PID 参数

a. 断开数字调节器，让系统处于手动操作状态。将被调量调节到给定值附近并稳定后，突然改变给定值，即给对象输入一个阶跃信号。

b. 用仪表记录被控参数在阶跃输入下的整个变化过程曲线，如图 22-5-9 所示。

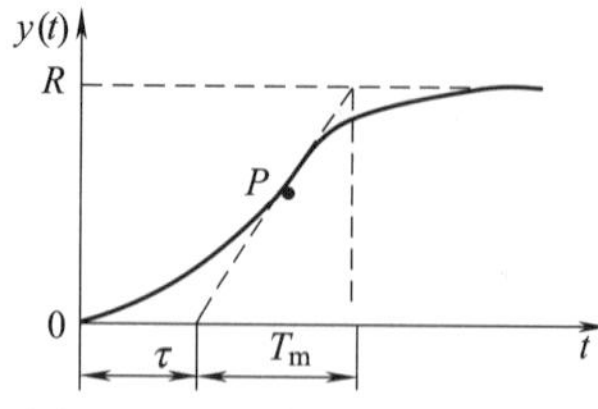

图 22-5-9　对象的阶跃响应曲线

c. 在曲线最大斜率 P 处作切线，求得滞后时间 τ、被控对象的时间常数 T_m，以及它们的比值 T_m/τ。

d. 选择控制度。

e. 由 τ、T_c、T_c/τ 值，查表 22-5-7，求出数字控制器的 T、K_p、T_i 和 T_d。

表 22-5-7　扩充响应曲线法整定 PID 参数

控制度	控制规律	T/τ	$K_p/(T_m/\tau)$	T_i/τ	T_d/τ
1.05	PI	0.10	0.84	3.40	—
	PID	0.05	1.15	2.00	0.45
1.20	PI	0.20	0.78	3.60	—
	PID	0.16	1.00	1.90	0.55
1.50	PI	0.50	0.68	3.90	—
	PID	0.34	0.85	1.62	0.65
2.00	PI	0.80	0.57	4.20	—
	PID	0.60	0.60	1.50	0.82
模拟控制器	PI	—	0.90	3.30	—
	PID	—	1.20	2.00	0.40
简化扩充响应曲线法	PI	—	0.90	3.30	—
	PID	—	1.20	3.00	0.50

③ 试凑法

a. 只采用比例控制，K_p 由小变大，若响应时间、超调、静差已达到要求，只采用比例调节即可。

b. 静差不满足，则加入积分控制，将 K_p 减小，例如取 $0.8K_p$ 代替 K_p，T_i 由大到小，反复测试多组的 K_p 和 T_i 值，从中确定合适的参数。

c. 若动特性不满足，比如超调量过大，或调节时间过长，则加入微分控制，T_d 由小到大，逐步凑多组 PID 参数，从中找出一组最佳调节参数。

5.2.2 离散化设计方法和步骤

离散化设计方法也称直接设计方法。其主要思想是：首先将保持器和被控对象所构成的连续部分离散化，即取

$$G(z)=Z[G_h(s)G_0(s)]$$

然后把整个系统当作完全的离散系统，在离散域内设计数字控制器 $D(z)$。

离散化设计的主要方法见表 22-5-8。

表 22-5-8　离散化设计的主要方法

设计方法名称	简要工作原理
解析设计法	通过代数解法计算出数字控制器的脉冲传递函数 $D(z)$，以达到期望的系统性能指标。例如，用解析设计法可对最少拍系统进行设计
Z 平面根轨迹设计法	采用零极点配置的方法，将系统的闭环极点配置在期望的位置上
W 平面频率设计法	将离散域设计问题转换到类似 S 平面的 W 平面上，从而可采用 S 平面的一切设计方法

5.3 微机控制系统的数学模型

微机控制系统可用差分方程、Z 传递函数、状态空间表达式来描述。

5.3.1 差分方程

5.3.1.1 差分的概念和差分方程

在微机控制系统中，某环节（如数字控制器）的输入和输出信号都是离散时间 kT 的函数，都是以离散序列形式，如 $x(kT)$ 和 $y(kT)$（$k=0, 1, 2, \cdots$），来表示的。此环节的行为不能再用连续时间的微商来描述，它的运算规律只取决于前后离散序列的数值，这就引出了差分的概念和差分方程。

(1) 差分的概念

设连续时间函数为 $x(t)$，其采样后的离散时间函数为 $x(kT)$，为了书写方便，令

$$x(kT)=x(k)=x_k$$

一阶前向差分定义为

$$\Delta x(k)=x(k+1)-x(k)$$

二阶前向差分定义为

$$\begin{aligned}\Delta^2 x(k)&=\Delta[\Delta x(k)]=\Delta[x(k+1)-x(k)]\\&=\Delta x(k+1)-\Delta x(k)\\&=x(k+2)-2x(k+1)+x(k)\end{aligned}$$

n 阶前向差分定义为

$$\begin{aligned}\Delta^n x(k)&=\Delta^{n-1}x(k+1)-\Delta^{n-1}x(k)\\&=x(k+n)-C_n^1x(k+n-1)+\\&\quad C_n^2x(k+n-2)+\cdots+\\&\quad(-1)^lC_n^lx(k+n-l)+\cdots+\\&\quad(-1)^nx(k)\end{aligned}$$

式中，C_n^l 是组合值，即

$$C_n^l=\frac{n(n-1)\cdots(n-l+1)}{l!}$$

同理，一阶后向差分定义为

$$\nabla x(k)=x(k)-x(k-1)$$

二阶后向差分定义为

$$\begin{aligned}\nabla^2 x(k)&=\nabla x(k)-\nabla x(k-1)\\&=x(k)-2x(k-1)+x(k-2)\end{aligned}$$

n 阶后向差分定义为

$$\nabla^n x(k)=\nabla^{n-1}x(k)-\nabla^{n-1}x(k-1)$$

T 足够小的条件下，连续时间函数 $x(t)$ 对时间 t 的导数可近似用前向差分与 T 之比来表示。当 $t=kT$ 时，有

$$\left.\frac{\mathrm{d}x(t)}{\mathrm{d}t}\right|_{t=kT}\approx\frac{\Delta x(kT)}{T}=\frac{x(k+1)-x(k)}{T}$$

(2) 差分方程

若在一个方程中含有离散时间函数的差分，则称此方程为差分方程。差分方程的一般形式为

$$\Phi[\Delta^n x(k),\Delta^{n-1}x(k),\cdots,\Delta x(k)]=0$$

差分方程又可表示为

$$\Phi[x(k+n),x(k+n-1),\cdots,x(k)]=0$$

和微分方程相类似，差分方程也可按“阶”数来分类。所谓差分方程的“阶”数，是指自变量的最大值与最小值之差。例如

$$ax(k+2)+bx(k)=0$$

是一个二阶差分方程。

描述微机控制系统的差分方程一般表达式为

$$y(k+n)+a_1y(k+n-1)+\cdots+a_{n-1}y(k+1)+a_ny(k)=b_0x(k+m)+b_1x(k+m-1)+\cdots+b_{m-1}x(k+1)+b_mx(k)$$

或

$$y(k)+a_1y(k-1)+\cdots+a_{n-1}y(k-n+1)+a_ny(k-n)=b_0x(k+m-n)+b_1x(k+m-$$

$n-1)+\cdots+b_m x(k-n)$

式中，$m\leqslant n$，n 为差分方程的阶数；$x(k)$、$y(k)$分别为离散输入、输出序列。

5.3.1.2　差分方程的求解方法

（1）用迭代法求解差分方程

设 n 阶前向差分方程为

$$y(k+n)=-a_1 y(k+n-1)-\cdots-a_{n-1}y(k+1)-a_n y(k)+b_0 x(k+m)+b_1 x(k+m-1)+\cdots+b_{m-1}x(k+1)+b_m x(k)$$

只要知道输出序列初始值 $y(0)ly(1)$，…，$y(n-1)$ 和任何时刻的输入序列 $x(i)$，$i=0$，1，2，…，那么系统任何时刻的输出序列 $y(k)$，$k\geqslant n$，都可以由上式逐步递推计算出来。

例　求下列差分方程的解 $y(k)$。

$$y(k)+y(k-1)=x(k)-x(k-1),\qquad k\geqslant 0$$

式中 $x(k)=\begin{cases}1, & k\text{ 为偶数}\\0, & k\text{ 为奇数}\end{cases}$

且 $y(-1)=x(-1)=0$

解　$y(k)--y(k-1)+x(k)-x(k-1)$

令 $k=0$，1，2，…，一步一步迭代解差分方程。

$$y(0)=-y(-1)+x(0)-x(-1)=1$$

$$y(1)=-y(0)+x(1)-x(0)=-2$$

$$y(2)=-y(1)+x(2)-x(1)=3$$

$$y(3)=-y(2)+x(3)-x(2)=-4$$

$$y(4)=-y(3)+x(4)-x(-3)=5$$

$$\cdots$$

（2）用Z变换法求解差分方程

在输入和初始条件已知的情况下，用迭代法不难求出在任一采样时刻上差分方程的解，但这种方法却不容易得到解的一般表达式。与用拉氏变换法求解微分方程相类似，用Z变换法也可以求解差分方程。

用Z变换法求解差分方程基本步骤如下。

① 对差分方程两边取Z变换。

② 再利用Z变换的超前和迟后定理将差分方程变换为以 z 为变量的代数方程。

③ 求解此代数方程。

④ 再对所得结果进行Z反变换法，求得采样时刻上解的一般表达式。

例　试用Z变换法求解下列二阶差分方程

$$y(k+2)-3y(k+1)+2y(k)=x(k)$$

其中 $y(0)=0, y(1)=0, x(k)=\begin{cases}1 & k=0\\0 & k\neq 0\end{cases}$

解　由Z变换定义，得

$$Z[x(k)]=1$$

对差分方程两边取Z变换，并代入初始条件，整理后

$$Y(z)=\frac{1}{z^2-3z+2}$$

用部分分式法对上式进行Z反变换，因

$$\frac{Y(z)}{z}=\frac{1}{z(z-1)(z-2)}=\frac{0.5}{z}-\frac{1}{z-1}+\frac{0.5}{z-2}$$

方程两边同乘以Z

$$Y(z)=0.5-\frac{z}{z-1}+\frac{0.5z}{z-2}$$

对上式进行Z反变换，查表22-5-4，最后得

$$y(k)=0.5\delta(k)-1+0.5\times 2^k$$

5.3.2　Z传递函数

Z传递函数也称脉冲传递函数。

5.3.2.1　基本概念

在离散系统中，把零初始条件下，系统（或环节）的输出离散信号的Z变换与输入离散信号的Z变换之比，定义为该系统（或环节）的脉冲传递函数。

$$\xrightarrow[X(z)]{x(kT)}\boxed{G(z)}\xrightarrow[Y(z)]{y(kT)}$$

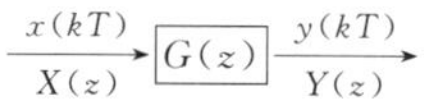

图22-5-10　离散系统

对于图22-5-10所示的离散系统，脉冲传递函数定义为

$$G(z)=\frac{Y(z)}{X(z)}$$

式中　$X(z)=Z[x^*(t)], Y(z)=Z[y^*(t)]$

脉冲传递函数具有明显的物理意义。离散系统的脉冲传递函数就是系统单位脉冲响应 $g(t)$ 的Z变换，即

$$G(z)=Z[g(t)]=\sum_{k=0}^{\infty}g(kT)z^{-k}$$

上式表明，若将脉冲传递函数 $G(z)$ 展开成关于 z^{-1} 的升幂多项式形式，其展开的项数越少，说明系统的单位脉冲响应 $g(t)$ 衰减得愈快，系统的响应速度也愈快。

对于图22-5-10所示的离散系统，其脉冲传递函数还可以表示成

$$G(z)=Z[G(s)]=G^*(s)\big|_{s=\frac{1}{T}\ln z}$$

根据脉冲传递函数的定义，离散系统在采样时刻的输出值为

$$y^*(t)=Z^{-1}[Y(z)]=Z^{-1}[G(z)X(z)]$$

如果输入信号 $X(z)$ 已知，则求取输出响应 $y^*(t)$ 的关键，是如何求出系统的脉冲传递函数 $G(z)$。

5.3.2.2　开环系统的脉冲传递函数

（1）系统（或环节）的脉冲传递函数

对于图22-5-10所示的离散系统（或环节），a. 若已知该系统（或环节）连续部分的传递函数 $G(s)$

或单位脉冲响应 $g(t)$，则对 $G(s)$ 或 $g(t)$ 取 Z 变换，即得 $G(z)$；b. 若已知该系统（或环节）的差分方程，且该系统处于零初始条件下，则对差分方程两边取 Z 变换，即得 $G(z)$。

例　设离散系统的差分方程为

$$y(k)+a_1y(k-1)+a_2y(k-2)+\cdots+a_ny(k-n)=b_0x(k)+b_1x(k-1)+b_2x(k-2)+\cdots+b_nx(k-m)$$

系统的初始条件为零，试求系统的脉冲传递函数 $G(z)$。

解　对差分方程两边取 Z 变换，由迟后定理得

$$(1+a_1z^{-1}+a_2z^{-2}+\cdots+a_nz^{-n})Y(z)=(b_0+b_1z^{-1}+b_2z^{-2}+\cdots+b_mz^{-m})X(z)$$

整理得

$$G(z)=\frac{Y(z)}{X(z)}=\frac{b_0+b_1z^{-1}+b_2z^{-2}+\cdots+b_mz^{-m}}{1+a_1z^{-1}+a_2z^{-2}+\cdots+a_nz^{-n}}$$

(2) 环节串联时的脉冲传递函数

在离散系统中，环节串联有 3 种典型形式，如图 22-5-11 所示。

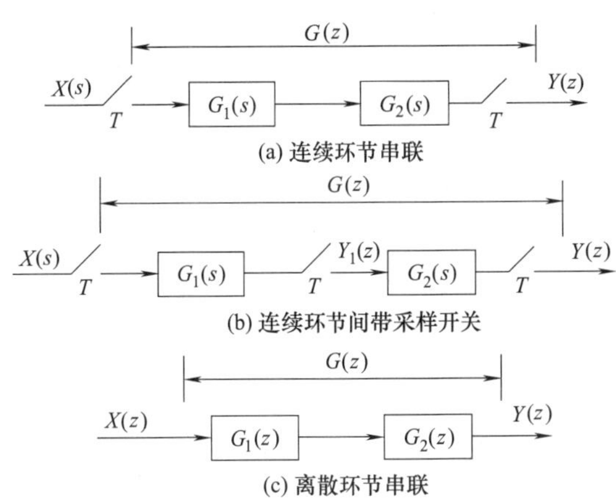

图 22-5-11　环节串联时的离散系统

① 串联环节之间无采样开关。在图 22-5-11 (a) 所示的开环系统中，两个环节 $G_1(s)$ 和 $G_2(s)$ 之间无采样开关，它们之间是以连续信号传递的。根据脉冲传递函数的定义，应当把这两个串联环节等效地看成前后均有采样开关的一个环节。该环节的传递函数是 $G(s)=G_1(s)G_2(s)$，它的脉冲传递函数为

$$G(z)=\frac{Y(z)}{X(z)}=Z[G_1(s)G_2(s)]=G_1G_2(z)$$

式中，$G_1G_2(z)$ 是 $Z[G_1(s)G_2(s)]$ 的缩写，它表示先将 $G_1(s)$ 与 $G_2(s)$ 相乘后再取乘积的 Z 变换。

结论：当开环系统由两个连续环节串联，而环节之间又无采样开关分隔时，开环系统的脉冲传递函数等于两个环节传递函数相乘后再取乘积的 Z 变换。此结论可以推广到 n 个环节直接串联时的情况。

定理：若 $G(s)$ 所对应的 Z 变换式是 $G(z)$，则 $(1-e^{-Ts})G(s)$ 所对应的 Z 变换式为 $(1-z^{-1})G(z)$。

② 串联环节之间有采样开关。在图 22-5-11 (b) 和图 22-5-11 (c) 所示的开环系统中，两个串联环节之间有采样开关，它们之间是以离散信号传递的。对于第一个环节，前后都存在采样开关，其输入为离散信号 $x^*(t)$，输出经采样开关后为 $y_1^*(t)$。根据脉冲传递函数的定义，有

$$G_1(z)=\frac{Y_1(z)}{X(z)}$$

对于第二个环节，其输入为 $y_1^*(t)$，输出为 $y(t)$，脉冲传递函数为

$$G_2(z)=\frac{Y(z)}{Y_1(z)}$$

两个环节串联后，总的脉冲传递函数为

$$G(z)=\frac{Y(z)}{X(z)}=\frac{G_2(z)Y_1(z)}{\dfrac{Y_1(z)}{G_1(z)}}=G_1(z)G_2(z)$$

结论：被采样开关隔开的两个环节串联时，总的脉冲传递函数等于两个环节各自的脉冲传递函数的乘积。如果有 n 个环节串联而所有串联环节之间都有同步采样开关时，则整个开环系统的脉冲传递函数等于各环节的脉冲传递函数的乘积。

③ 闭环系统的脉冲传递函数。在离散系统中，由于采样开关配置方式是多种多样的，所以闭环系统的方块图形式也不是统一的。表 22-5-9 列出了某些常见离散反馈系统的方块图及其输出信号的 Z 变换 $Y(z)$，其中序号为 6～10 的方块图，因为输入信号没有直接受到采样，所以只能得到输出信号的 Z 变换，而不能定义脉冲传递函数。

表 22-5-9　常见离散反馈系统的方块图及其输出信号

类　型	系统结构图	$Y(z)$
1	R(s) ⊗ +− T → G(s) → T Y(z)；反馈 F(s)	$Y(z)=\dfrac{G(z)}{1+GF(z)}R(z)$
2	R(s) ⊗ +− T → G₁(s) → T → G₂(s) → T Y(z)；反馈 F(s)	$Y(z)=\dfrac{G_1(z)G_2(z)}{1+G_1(z)G_2F(z)}R(z)$

续表

类　型	系统结构图	$Y(z)$
3	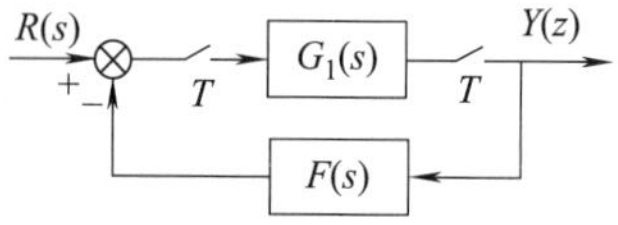 $R(s)$ + − T $G_1(s)$ T $Y(z)$ $F(s)$	$Y(z)=\dfrac{G(z)}{1+G(z)F(z)}R(z)$
4	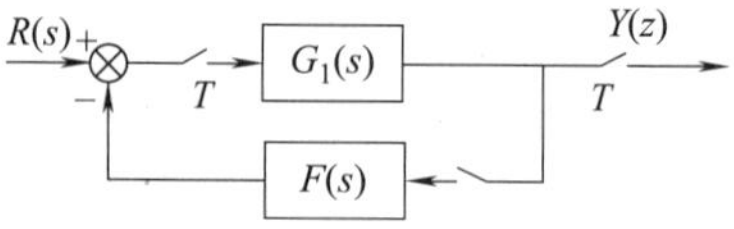 $R(s)$ + − T $G_1(s)$ $Y(z)$ T $F(s)$	$Y(z)=\dfrac{G(z)}{1+G(z)F(z)}R(z)$
5	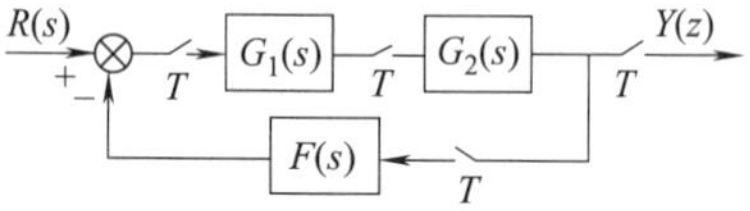 $R(s)$ + − T $G_1(s)$ T $G_2(s)$ T $Y(z)$ $F(s)$ T	$Y(z)=\dfrac{G_1(z)G_2(z)}{1+G_1(z)G_2(z)F(z)}R(z)$
6	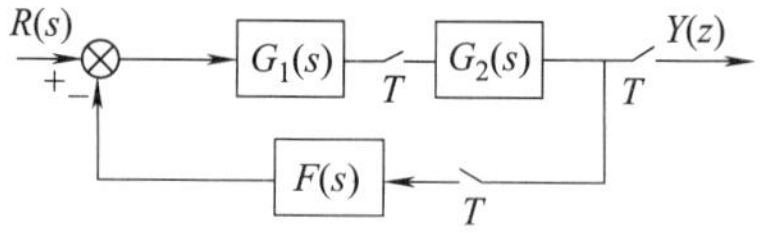 $R(s)$ + − $G_1(s)$ T $G_2(s)$ T $Y(z)$ $F(s)$ T	$Y(z)=\dfrac{G_2(z)}{1+G_2(z)G_1F(z)}RG_1(z)$
7	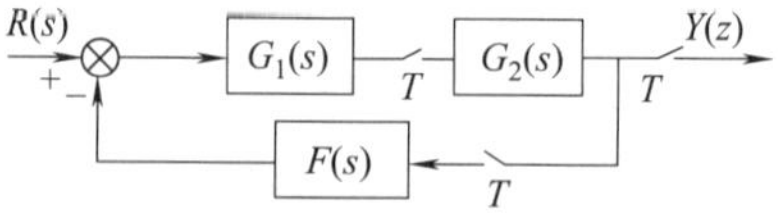 $R(s)$ + − $G_1(s)$ T $G_2(s)$ T $Y(z)$ $F(s)$ T	$Y(z)=\dfrac{G_2(z)}{1+G_2(z)G_1F(z)}RG_1(z)$
8	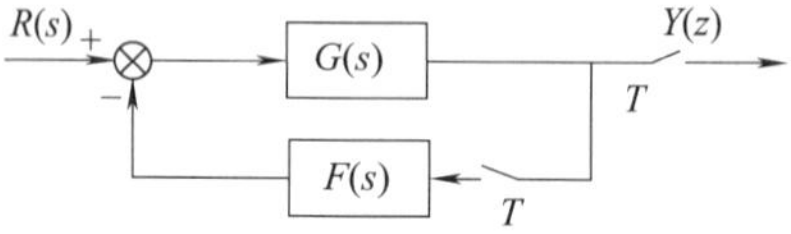 $R(s)$ + − $G(s)$ $Y(z)$ T $F(s)$ T	$Y(z)=\dfrac{1}{1+GF(z)}RG(z)$
9	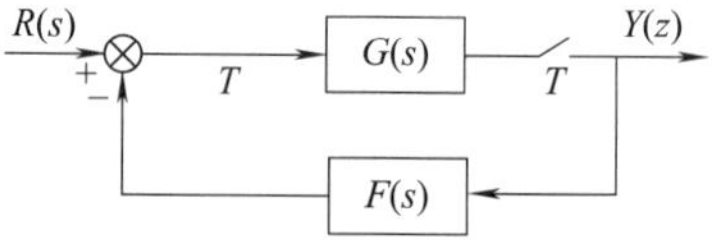 $R(s)$ + − T $G(s)$ T $Y(z)$ $F(s)$	$Y(z)=\dfrac{1}{1+GF(z)}RG(z)$
10	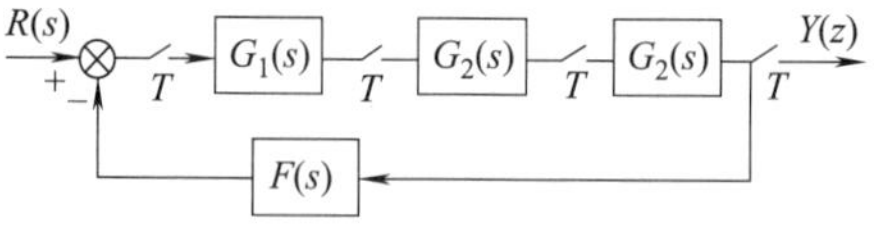 $R(s)$ + − T $G_1(s)$ T $G_2(s)$ T $G_2(s)$ T $Y(z)$ $F(s)$	$Y(z)=\dfrac{G_1(z)G_2(z)G_3(z)}{1+G_1(z)G_2(z)G_3F(z)}R(z)$

5.4　微机控制系统分析

微机控制系统，在一定条件下，一般可近似为线性离散系统，其经典分析方法一般分为三种：时域分析法、根轨迹法和频率法。分析的内容也包括三个方面：系统的稳定性、稳态性能和暂态性能。

5.4.1　线性离散系统的时域响应分析

根据离散系统的闭环脉冲传递函数 $G_B(z)$ ［或 $Y(z)$表达式］，及给定的输入信号 $r(t)$［或 $r^*(t)$］，求取输出响应信号 $y(t)$ 的 Z 变换 $Y(z)$，然后对 $Y(z)$进行 Z 反变换，便可得到 $y(t)$ 在各采样时刻的值$y(kT)$ ［或 $y^*(t)$］；如果还需要详细得到 $y(t)$ 在非采样时刻的值，可采用扩展 Z 变换。根据输出响应曲线，按超调量、暂态过程时间以及稳态误差等项时域性能指标，便可分析离散系统的性能。

例　试求图 22-5-12 所示离散系统在单位阶跃信号作用下的输出响应，并分析其暂态和稳态性能。已知 $K=1$，$T=1$。

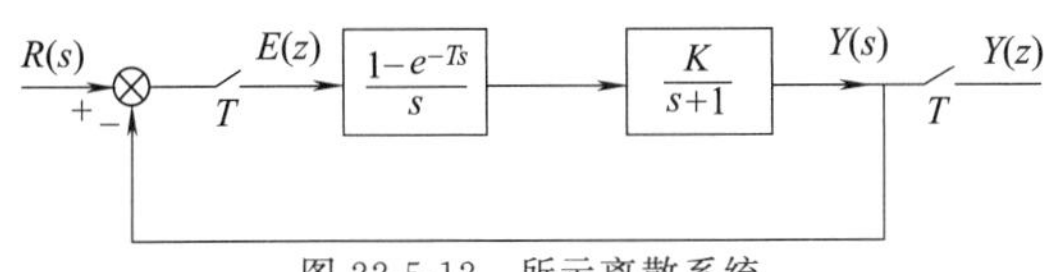

图 22-5-12　所示离散系统

解　系统的开环脉冲传递函数为

$$G_K(z)=Z\left[\frac{1-e^{Ts}}{s}\times\frac{1}{s(s+1)}\right]$$

闭环脉冲传递函数为

$$G_B(z)=\frac{G_K(z)}{1+G_K(z)}$$

在单位阶跃信号作用下，有

$$R(z)=\frac{z}{z-1}$$

$$Y(z)=G_B(z)R(z)$$
$$=\frac{(T-1+e^{-T})z+(1-Te^{-T}-e^{-T})}{z^2-(2-T)z+(1-Te^{-T})}\times\frac{z}{z-1}$$

将 $T=1$，代入上式

利用长除法

$$Y(z)=\frac{0.368z^{-1}+0.264z^{-2}}{1-2z^{-1}+1.632z^{-2}-0.632z^{-3}}$$
$$=0.368z^{-1}+z^{-2}+1.4z^{-3}+1.4z^{-4}+1.15z^{-5}+0.895z^{-6}+0.802z^{-7}+0.868z^{-8}+0.993z^{-9}+1.077z^{-10}+1.081z^{-11}+1.032z^{-12}+0.981z^{-13}+0.961z^{-14}+0.973z^{-15}+\cdots$$

取 Z 反变换得

$$y^*(t)=0.368\delta(t-T)+1.0\delta(t-2T)+1.4\delta(t-3T)+1.4\delta(t-4T)+1.15\delta(t-5T)+0.895\delta(t-6T)+0.802\delta(t-7T)+0.868\delta(t-8T)+0.993\delta(t-9T)+1.077\delta(t-10T)+1.081\delta(t-11T)+1.032\delta(t-12T)+0.981\delta(t-13T)+0.961\delta(t-14T)+0.973\delta(t-15T)+\cdots$$

按上式，将输出响应在各采样时刻的值绘于图 22-5-13，并用平滑曲线将各采样点连接起来（严格讲，应该应用扩展 Z 变换）。

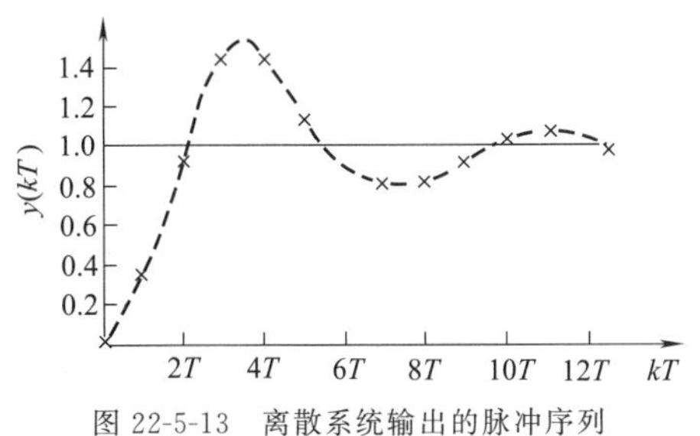

图 22-5-13　离散系统输出的脉冲序列

5.4.2　离散系统的稳定性分析

离散系统的分析主要建立在 Z 变换基础上，所以这里关于稳定性的讨论也只限于采样时刻上的值是否稳定。另外，在离散系统的分析中，是以 Z 变换代替拉氏变换，所以应在 Z 域内判别离散系统的稳定性，并在此基础上导出稳定判据。

5.4.2.1　Z 平面内的稳定条件

设离散系统的闭环脉冲传递函数为

$$G_B(z)=\frac{b_0z^m+b_1z^{m-1}+\cdots+b_{m-1}z+b_m}{z^n+a_1z^{n-1}+\cdots a_{n-1}z+a_n}$$

通常 $m\leqslant n$，且系统具有均不相同的闭环极点 p_1、p_2、…、p_n。在单位阶跃输入信号作用下，输出信号的 Z 变换为

$$Y(z)=G_B(z)R(z)=\frac{z(b_0z^m+b_1z^{m-1}+\cdots+b_{m-1}z+bm)}{(z-1)(z-p_1)(z-p_2)\cdots(z-p_n)}$$

上式两边同除以 z，并展开成部分分式

$$\frac{Y(z)}{z}=\frac{A_0}{z-1}+\frac{A_1}{z-p_1}+\cdots+\frac{A_n}{z-p_n}$$

故　$$Y(z)=A_0\frac{z}{z-1}+\sum_{i=1}^{n}A_i\frac{z}{z-p_i}$$

对上式取 Z 反变换，并写成序列形式

$$y(kT)=A_0 1(kT)+\sum_{i=1}^{n}A_ip_i^k$$

上式右边第一项为系统输出的稳态分量，第二项为系统输出的暂态分量。显然若系统是稳定的，当 t 趋于无穷大（相当于 k 趋于无穷大）时，系统输出的暂态分量应趋于零，即

$$\lim_{k\to\infty}\sum_{i=1}^{n}A_ip_i^k\to 0$$

为满足这一条件，要求系统的闭环脉冲传递函数的全部极点 p_i（$i=1,2,\cdots,n$）应满足

$$|p_i|<1$$

上式说明，离散系统稳定的充分条件是：离散系统的闭环脉冲传递函数的全部极点（或特征方程的全部根）应位于 Z 平面上以原点为圆心的单位圆内。反之，若闭环脉冲传递函数有位于单位圆外部的极点，则闭环系统是不稳定的。Z 平面上单位圆的圆周是稳定域的边界。

上述结论也可以从 S 平面与 Z 平面之间的映射关系中得出。

5.4.2.2　S 平面与 Z 平面之间的映射关系

在 Z 变换定义中已确定了 s 和 z 之间的映射关系为

$$z=e^{Ts}$$

式中，s 是复变量，可写成 $s=\sigma+j\omega$，所以 z 也是复变量，即

$$z=e^{T(\sigma+j\omega)}=e^{T\sigma}e^{j\omega T}$$

写成极坐标形式

$$z=|z|e^{j\theta}$$

式中，$|z|=e^{T\sigma}$，$\theta=\omega T$。

离散系统的闭环脉冲传递函数在 Z 平面的极点 p_i 与 s_i 的关系见表 22-5-10。

表 22-5-10　Z 平面的极点 p_i 与 s_i 的关系

在 S 平面内	系统性质	在 Z 平面内
$s_i>0$	不稳定	$\|p_i\|>1$
$s_i=0$	临界稳定	$\|p_i\|=1$
$s_i<0$	稳定	$\|p_i\|<1$

由表 22-5-10 可见，S 平面的左半平面映射到 Z 平面上以原点为圆心的单位圆内；S 平面的虚轴映射到 Z 平面上单位圆的圆周上；S 平面的右半平面映射到 Z 平面上单位圆的外部。

5.4.2.3　稳定判据

虽然根据特征方程的根在 Z 平面上的分布可以判别离散系统的稳定性，但是对于高阶系统来说，解特征方程是很困难的，所以必须找出简单、实用的稳定判据。常见的离散系统稳定判据有劳氏判据、朱氏判据和奈奎斯特判据等。下面简述离散系统劳氏判据。

在连续系统中，应用劳氏判据可以判别特征方程（代数方程）的根是否全部具有负实部，但劳氏判据却不能判别特征方程（代数方程）的根是否全在单位圆内部。为了能应用劳氏判据判别离散系统的稳定性，必须先施加变换把 Z 平面单位圆内部映射到另一复平面的左半平面上。显然，不能将 Z 平面再复现回 s 平面，否则特征方程又变成 s 的超越方程，而不是代数方程。新引入的变换称为双线性变换，或称为 W 变换，定义为

$$z=\frac{1+w}{1-w}\quad 或\quad w=\frac{z-1}{z+1}$$

它把 Z 平面单位圆内部映射到 W 平面的左半平面上。

判别离散系统稳定性的一般步骤：

① 求出离散系统的特征方程 $D(z)=0$；

② 在 $D(z)$ 中令 $z=(1+w)/(1-w)$，得到代数方程 $D(w)=0$；

③ 用劳氏判据判别 $D(w)=0$ 的根是否全部具有负实部。如果全部具有负实部，说明 $D(z)$ 的全部极点分布在 Z 平面单位圆内，离散系统是稳定的；反之，系统不稳定。

例　设离散系统的闭环特征方程为

$$D(z)=45z^3-117z^2-119z-39=0$$

试应用劳氏判据判别此系统的稳定性。

解　在特征方程中做 $z=(1+w)/(1-w)$ 的变量代换，得

$$45\left(\frac{1+w}{1-w}\right)^3-117\left(\frac{1+w}{1-w}\right)^2-119\left(\frac{1+w}{1-w}\right)-39=0$$

整理后

$$D(w)=40w^3+2w^2+2w+1=0$$

列劳氏计算表

w^3	40	2	0
w^2	2	1	0
w^1	−18	0	
w^0	1		

其中第一列元素变号两次，说明 $D(w)=0$ 有两个根据具有正实部，即 $D(z)=0$ 有两个根在单位圆外，此离散系统不稳定。

对于二阶离散系统，稳定性的判别变得十分简单。设系统的闭环特征方程为

$$D(z)=z^2+a_1z+a_2=0$$

应用劳氏判据可推导出二阶离散系统稳定的充分必要条件为

$$\begin{cases}|D(0)|<1\\ D(1)>0\\ D(-1)>0\end{cases}$$

对于一般的离散系统，稳定性主要受以下几个方面的影响：a. 系统的开环放大倍数 K，通常 K 越大，稳定性越差；b. 系统的采样周期 T，通常 T 越大，稳定性越差；c. 系统的结构和其他参数。

5.4.3　离散系统的稳态误差

离散系统的稳态误差与本身的结构和参数有关，也与系统的输入信号有关。离散系统的稳态误差既可以从响应曲线中求得，也可以应用 Z 变换的终值定理来计算。

设单位反馈的离散系统如图 22-5-14 所示，误差信号的 Z 变换为

$$E(z)=\varepsilon(z)=\frac{1}{1+G_K(z)}R(z)$$

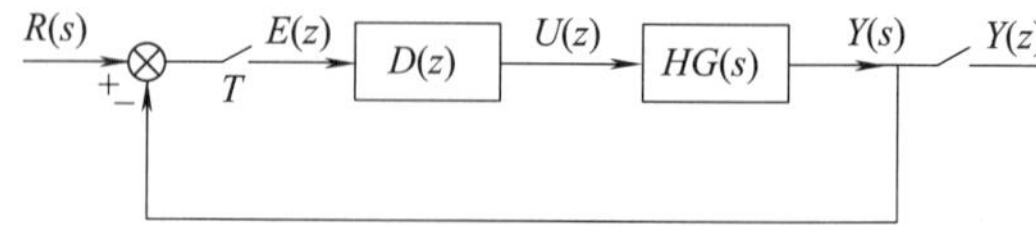

图 22-5-14　单位反馈的离散系统

应用 Z 变换的终值定理，得到离散系统的稳态误差

$$e(\infty)=\lim_{k\to\infty}e(kT)=\lim_{z\to1}(z-1)E(z)$$

$$=\lim_{z\to1}(z-1)\frac{1}{1+G_K(z)}R(z)$$

由于 Z 平面上 $z=1$ 的极点与 s 平面上 $s=0$ 的极点相对应，这从 $Z[1/s]=z/(z-1)$ 可明显看出，因此，离散系统可按其开环脉冲传递函数 $G_K(z)$ 在 $z=1$ 处的极点数来确定其类型。把 $z=1$ 处的极点数

为 0、1、2、…的系统分别称为 0 型、Ⅰ型、Ⅱ型…系统。下面分别讨论在三种典型输入信号作用下，三种典型系统的稳态误差。

(1) 单位阶跃输入时的稳态误差

单位阶跃函数 $r(t)=1(t)$，$R(z)=z/(z-1)$，得

$$e(\infty)=\lim_{z\to 1}(z-1)\frac{1}{1+G_K(z)}\times\frac{z}{z-1}$$

$$=\frac{1}{1+\lim\limits_{z\to 1}G_K(z)}=\frac{1}{1+K_p}$$

式中，$K_p=\lim\limits_{z\to 1}G_K(z)$ 称为系统的位置误差系数。

对于 0 型系统：$G_K(z)$ 没有 $z=1$ 的极点，K_p=有限值

$$e(\infty)=\frac{1}{1+K_p}=\text{有限值}$$

对于Ⅰ（或Ⅱ）型系统：$G_K(z)$ 有 1 个（或两个）$z=1$ 的极点，$K_p=\infty$

$$e(\infty)=0$$

(2) 单位斜坡输入时的稳态误差

单位斜坡函数 $r(t)=t$，$R(z)=\dfrac{Tz}{(z-1)^2}$，得

$$e(\infty)=\lim_{z\to 1}(z-1)\frac{1}{1+G_K(z)}\times\frac{Tz}{(z-1)^2}$$

$$=\lim_{z\to 1}\frac{T}{(z-1)G_K(z)}=\frac{1}{K_v}$$

式中，$K_v=\dfrac{1}{T}\lim\limits_{z\to 1}(z-1)G_K(z)$ 称为系统的速度误差系数。

对于 0 型系统：$G_K(z)$ 没有 $z=1$ 的极点，$K_v=0$，$e(\infty)=0$

对于Ⅰ型系统：$G_K(z)$ 有 1 个 $z=1$ 的极点，K_v=有限值，$e(\infty)=\dfrac{1}{K_v}$=有限值

对于Ⅱ型系统：$G_K(z)$ 有两个 $z=1$ 的极点，$K_v=\infty$，$e(\infty)=0$

(3) 单位抛物线输入时的稳态误差

单位抛物线函数 $r(t)=\dfrac{1}{2}t^2$，$R(z)=\dfrac{T^2z(z+1)}{2(z-1)^3}$，得

$$e(\infty)=\lim_{z\to 1}(z-1)\frac{1}{1+G_K(z)}\times\frac{T^2z(z+1)}{2(z-1)^3}$$

$$=\lim_{z\to 1}\frac{T^2}{(z-1)^2G_K(z)}=\frac{1}{K_a}$$

式中，$K_a=\dfrac{1}{T^2}\lim\limits_{z\to 1}(z-1)^2G_K(z)$ 称为系统的加速度误差系数。

对于 0 型（或Ⅰ型）系统：$G_K(z)$ 有 0 个（或 1 个）$z=1$ 的极点，$K_a=0$，$e(\infty)=\infty$。

对于Ⅱ型系统：$G_K(z)$ 有两个 $z=1$ 的极点，K_a=有限值，$e(\infty)=1/K_a$=有限值。

以上结果可归纳为表 22-5-11。

表 22-5-11　采样时刻上的稳态误差

系统	阶跃输入 $r(t)=1(t)$	斜坡输入 $r(t)=t$	抛物线输入 $r(t)=t^2/2$
0 型	$\dfrac{1}{1+K_p}$	∞	∞
Ⅰ型	0	$\dfrac{1}{K_v}$	∞
Ⅱ型	0	0	$\dfrac{1}{K_a}$

5.4.4　离散系统的暂态性能

假定外作用是单位阶跃信号。在这种情况下，系统输出的 Z 变换为

$$Y(z)=G_B(z)R(z)=G_B(z)\frac{z}{z-1}$$

5.4.4.1　闭环极点与暂态分量的关系

单位阶跃信号输入时，系统输出响应在采样时刻值的一般表达式为

$$y(kT)=A_0 1(kT)+\sum_{i=1}^{n}A_i p_i^k$$

上式右边的第一项为系统输出的稳态分量，第二项为系统输出的暂态分量。显然，闭环极点在平面上的位置不同，它所对应的暂态分量的形状也不同。下面分几种情况加以讨论。

(1) 闭环极点在 Z 平面实轴上

当第 i 个闭环极点 p_i 为实数，也就是在实轴上，p_i 所对应的暂态分量为 $y_i(kT)=A_ip_i^k$。

① $p_i>1$，极点在单位圆外正实轴上，$y_i(kT)$ 为单调发散过程；

② $p_i=1$，极点在正实轴的单位圆上，$y_i(kT)$ 始终等于常值 A_i；

③ $0<p_i<1$，极点在单位圆内正实轴上，$y_i(kT)$ 为单调衰减过程，且 p_i 离原点越近，衰减也越快；

④ $-1<p_i<0$，极点在单位圆内负实轴上，$y_i(kT)$ 为正负交替的衰减振荡过程，振荡频率最高，周期为 $2T$，且 p_i 离原点越近，振荡衰减也越快；

⑤ $p_i=-1$，极点在负实轴的单位圆上，$y_i(kT)$ 为幅值等于 A_i 的正负交替的等幅振荡过程；

⑥ $p_i<-1$，极点在单位圆外复实轴上，$y_i(kT)$ 为正负交替的发散振荡过程。

这六种情况示于图 22-5-15 中。

(2) 闭环极点为一对共轭复极点

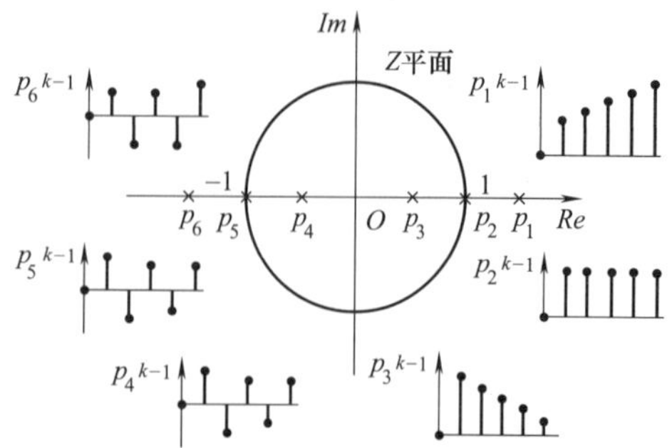

图 22-5-15　离散系统实数极点对应的暂态分量

设 p_i 和 $\overline{p_i}$ 为成对出现的共轭复极点，它们可分别表示为

$$p_i=|p_i|e^{j\theta_i},\ \overline{p_i}=|p_i|e^{-j\theta_i}$$

对应的暂态分量分别为

$$y_{p_i}(kT)=A_ip_i^k,\ y_{\overline{p}_i}(kT)=\overline{A_i}\ \overline{p_i}^k$$

式中，$A_i=|A_i|e^{j\varphi_{A_i}}$，$\overline{A_i}=|A_i|e^{-j\varphi_{A_i}}$。

这一对共轭复极点所对应的暂态分量为

$$\begin{aligned}y_i(kT)&=y_{p_i}(kT)+y_{\overline{p}_i}(kT)\\&=|A_i||p_i|^ke^{j(k\theta_i+\varphi_{A_i})}+\\&\quad|A_i||p_i|^ke^{-j(k\theta_i+\varphi_{A_i})}\\&=2|A_i||p_i|^k\cos(k\theta_i+\varphi_{A_i})\end{aligned}$$

① $|p_i|>1$，共轭复极点在单位圆外，$y_i(kT)$ 为发散振荡过程；

② $|p_i|=1$，共轭复极点在单位圆上，$y_i(kT)$ 为等幅振荡过程；

③ $|p_i|<1$，共轭复极点在单位圆内，$y_i(kT)$ 为衰减振荡过程。

这三种情况示于图 22-5-16 中。

一个振荡周期内包含的采样周期 T 的个数为

$$n=\frac{2\pi}{\theta_i}$$

所以，极点的相角 θ_i 反映了对应的暂态分量的振荡激烈程度。θ_i 越大，n 越小，振荡越激烈。作为极端情况，当 $\theta_i=0$ 时（极点在正实轴上），$n=\infty$，暂态分量是非周期的；当 $\theta_i=\pi$ 时，$n=2$，一个振荡周期内包含了两个采样周期，暂态分量为正负交替的、最激烈的振荡过程。这和前面的分析相符合。

综上所述，为了使离散系统具有较为满意的暂态性能，其闭环脉冲传递函数的极点应尽可能避免分布在 Z 平面单位圆内的左半部，尤其不要靠近负实轴，闭环极点最好分布在单位圆内的右半部，靠近原点的位置。

5.4.4.2　离散系统暂态性能的估算

闭环极点越接近单位圆周（即在圆内离原点越远），暂态分量衰减得越缓慢。假设离散系统中有一对闭环复极点最靠近单位圆周，而其他闭环零极点均在原点附近，离这一对闭环复极点相当远，那么系统的暂态响应主要由这一对闭环复极点决定，这一对闭环复极点称为闭环主导极点。

如果系统中存在着闭环主导极点，并可表示为

$$p_{1,2}=\alpha_1\pm j\beta_1=|p_1|e^{\pm j\theta_1}$$

而其余闭环极点都在单位圆内，并且相对来说远离单位圆周，这时可忽略掉远离单位圆周的闭环极点所对应的暂态分量，只考虑闭环主导极点所对应的暂态分量。

经过推导，得离散系统暂态性能指标的近似计算公式

$$\begin{cases}t_p\approx\dfrac{T}{\theta_1}\left(\pi-\sum\limits_{k=1}^{m}\theta_{zk}+\sum\limits_{k=3}^{n}\theta_{pk}\right)\\[2ex]\sigma_p\approx\prod\limits_{k=3}^{n}\dfrac{|1-p_k|}{|p_1-p_k|}\times\prod\limits_{k=1}^{m}\dfrac{|p_1-z_k|}{|1-z_k|}\times|p_1|^{\frac{t_p}{T}}\end{cases}$$

式中　m——闭环零点数；

n——闭环极点数；

z_k——闭环零点，$k=1,2,\cdots,m$；

$p_{1,2}$——闭环主导极点，$p_{1,2}=|p_1|e^{\pm j\theta_1}$；

p_k——主导极点以外的闭环极点，$k=3,4,\cdots,n$；

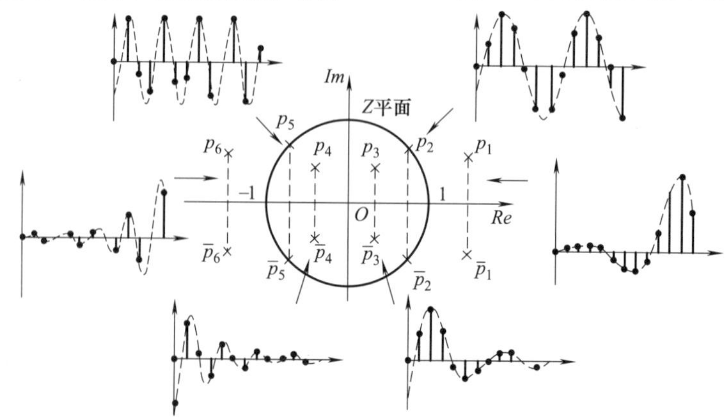

图 22-5-16　离散系统共轭复极点对应的暂态分量

$\theta_{z_k}=\angle(p_1-z_k)\quad(k=1,2,\cdots,m)$；

$\theta_{p_k}=\angle(p_1-p_k)\quad(k=3,4,\cdots,n)$。

系统闭环零极点对暂态性能的影响如下。

① 减小闭环主导极点的模值$|p_1|$可以减小超调量σ_p，增大闭环主导极点的相角θ_1可以使峰值时间t_p减小，但θ_1的增加会使暂态响应振荡过程加剧。

② 如果把主导极点以外的闭环零极点叫做附加零极点，那么这些附加零极点对系统暂态性能的影响如下。

a. 附加零极点对峰值时间的影响。附加零点的引入使相角$\sum\theta_{z_k}$增大，从而减小峰值时间t_p；反之，附加极点的引入使相角$\sum\theta_{p_k}$增大，峰值时间t_p增大。为了减小峰值时间，可以使附加零点右移、附加极点左移。

b. 附加零极点对超调量σ_p的影响。对于实数零点（或靠近实轴的复数零点），在右半平面的单位圆内，$|p_1-z_k|/|1-z_k|$的值一般比左半平面的大，所以，附加零点的右移会使σ_p增大；实数极点（或靠近实轴的复数极点）的左移一般会使$|1-p_k|/|p_1-p_k|$的值增大，所以，附加极点的左移会使σ_p增大。

可见，附加零极点对σ_p的影响与对t_p的影响相反。事实上，由于$|p_i|<1$，所以峰值时间t_p的增大会使超调量σ_p减小。在设计系统时，应根据对σ_p和t_p的要求配置零极点。

当系统只有一对闭环复极点而没有其他零极点时，$\sum\theta_{z_k}=0$，$\sum\theta_{p_k}=0$，

$$\prod_{k=3}^{n}\frac{|1-p_k|}{|p_1-p_k|}\times\prod_{k=1}^{m}\frac{|p_1-z_k|}{|1-z_k|}=1$$

相应的二阶离散系统的峰值时间t_p和超调量σ_p分别为

$$\begin{cases}t_p\approx\dfrac{\pi T}{\theta_1}\\ \sigma_p\approx|p_1|^{\frac{t_p}{T}}\end{cases}$$

5.4.5　离散系统的根轨迹分析法

在已知开环脉冲传递函数零极点的条件下，用根轨迹法可以确定出闭环极点的位置；此外，用根轨迹法还可以确定系统中某一个参数变化时，闭环极点的变化轨迹，从而研究参数变化对系统性能的影响。

5.4.5.1　*Z* 平面上的根轨迹

设离散系统的开环脉冲传递函数为

$$G_K(z)=k\frac{(z-z_1)(z-z_2)\cdots(z-z_m)}{(z-p_1)(z-p_2)\cdots(z-p_n)}$$

式中　p_1，p_2，…，p_n——离散系统的开环极点；

z_1，z_2，…，z_m——离散系统的开环零点；

k——根轨迹放大倍数。

根据开环脉冲传递函数的零极点确定闭环极点的位置，需要求解系统的闭环特征方程

$$1+G_K(z)=0$$

上式可以通过幅值和相角条件来表示，即

$$|G_K(z)|=1$$

$$\angle G_K(z)=\pm\pi(2\mu+1)\quad(\mu=0,1,2,\cdots)$$

上式就是在 *Z* 平面上绘制离散系统根轨迹所依据的两个基本条件。

表 22-5-12 列出了绘制线性离散系统的基本法则。表 22-5-13 列出了常见线性离散系统的根轨迹图。

表 22-5-12　　线性离散系统的绘制法则

序号	内　容	法　则
1	起点 终点	起于开环极点 终于开环零点(包括无线零点)
2	分支数 对称数	等于开环极点数 $n(>m)$ 或等于开环零点数 $m(>n)$ 根轨迹对称于实轴
3	$n-m$ 条渐近线与实轴交角 $n-m$ 条渐近线与实轴交点	$\varphi_a=\dfrac{\pi(2k+1)}{n-m}\quad(k=0,1,2,\cdots,n-m-1)$ $\sigma_a=\dfrac{\sum\limits_{i=1}^{n}p_i-\sum\limits_{i=1}^{m}z_i}{n-m}$
4	实轴上的根轨迹	实轴上某一区域,若其右方开环实数零点和极点个数之和为奇数时,则该区域必定为根轨迹
5	根轨迹的分离点 d 根轨迹的分离角 φ_β	l 条根轨迹分支相遇,分离点 d 坐标由下式决定 $\sum\limits_{i=1}^{m}\dfrac{1}{d-z_i}=\sum\limits_{i=1}^{n}\dfrac{1}{d-p_i}$ 分离角 $\varphi_\beta=\dfrac{\pi(2k-1)}{l}\quad(k=0,\pm1,\pm2,\cdots)$

续表

序号	内　　容	法　　则
6	根轨迹的起始角 θ_{p_i} 根轨迹的终止角 φ_{z_j}	起始角 $\theta_{p_i}=180°+(\sum_{j=1}^{m}\varphi_{z_jp_i}-\sum_{\substack{j=1\\j\neq i}}^{n}\theta_{p_jp_i})$ 终止角 $\varphi_{z_j}=180°-(\sum_{\substack{j=1\\j\neq i}}^{m}\varphi_{z_jz_i}-\sum_{j=1}^{n}\theta_{p_jz_i})$
7	与单位圆交点	根轨迹与单位圆交点的 K 值可以用劳斯判据来确定(需经过 Z－W 变换)
8	闭环极点之和 闭环极点之积	特征方程为 $a_0z^n+a_1z^{n-1}+a_2z^{n-2}+\cdots+a_n=0$ $-\sum_{i=1}^{n}p_i=a_i$；当 $n-m\geqslant 2$ 时，a_i 与 K 无关 $(-1)^n\prod_{i=j}^{n}p_i=a_n$
9	根轨迹上 z_1 点的放大倍	$K_l=\dfrac{\|z_1-p_1\|\ \|z_1-p_2\|\cdots\|z_1-p_n\|}{\|z_1-z_1\|\ \|z_1-z_2\|\cdots\|z_1-z_n\|}$
10	两个开环极点和 1 个开环有限零点的根轨迹	两个开环极点(实数或复数)和附近 1 个有限零点的根轨迹是以零点为圆心、零点到分离点距离为半径的圆周或部分圆周

表 22-5-13　　常见线性离散系统的根轨迹图

序号	$G_0(z)$	根轨迹	序号	$G_0(z)$	根轨迹
1	$\dfrac{1}{z-1}$	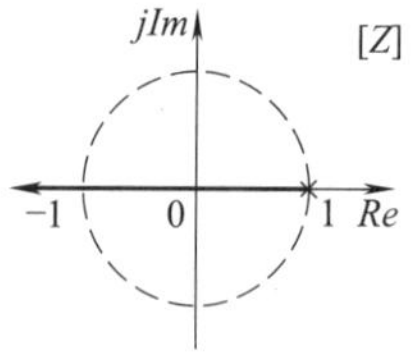	6	$\dfrac{z}{(z-p_1)(z-p_2)}$	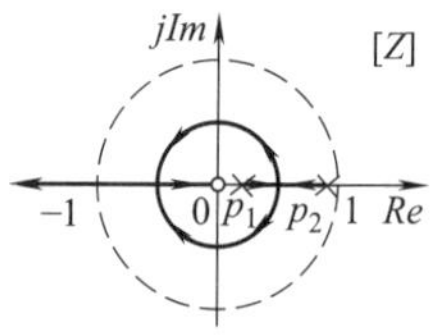
2	$\dfrac{z}{z-1}$	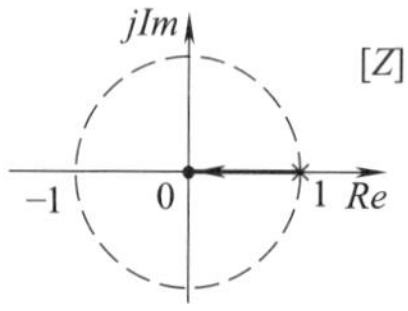	7	$\dfrac{z+z_0}{(z-1)(z-p)}$	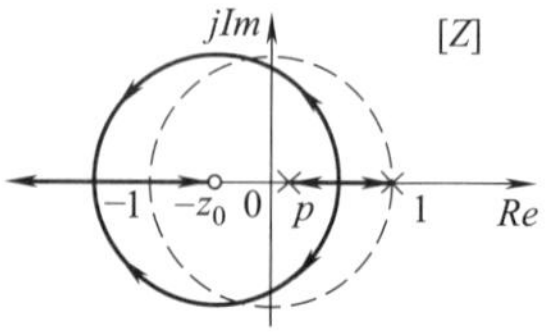
3	$\dfrac{z}{z-p}$	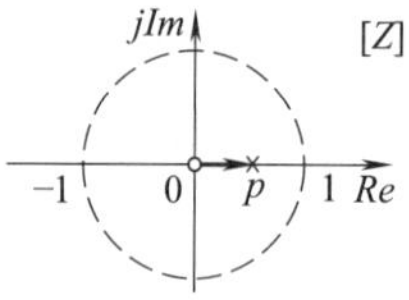	8	$\dfrac{z+z_1}{(z-1)(z-p_1)}$ $z_1>z_0$ $p_1>p$	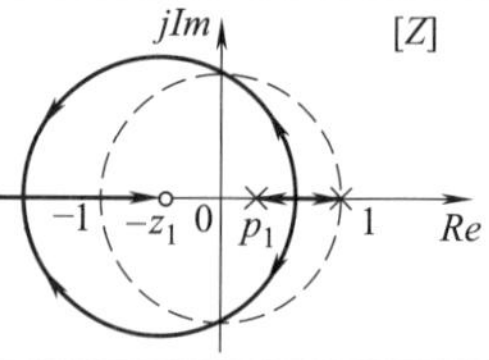
4	$\dfrac{z}{(z-1)^2}$	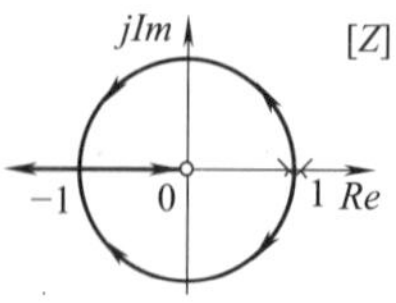	9	$\dfrac{z}{(z-p_1)(z-p_2)}$	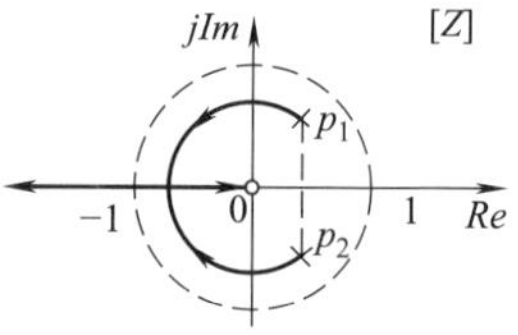
5	$\dfrac{z}{(z-p)^2}$	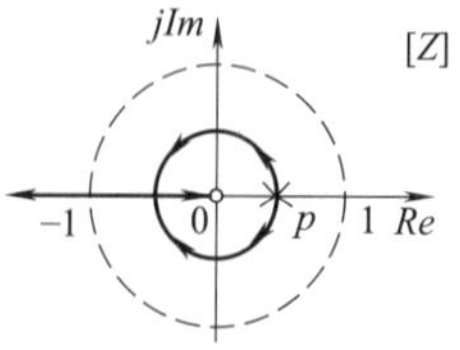	10	$\dfrac{z(z-z_0)}{(z-p_1)(z-p_2)}$	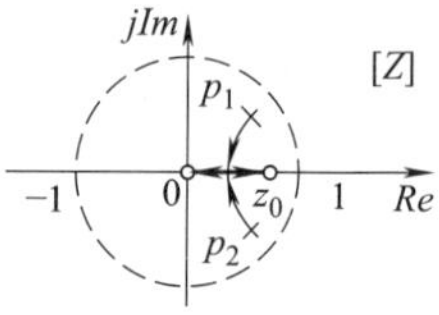

5.4.5.2　用根轨迹法分析离散系统

下面通过例题说明如何用根轨迹法对离散系统的性能进行分析。

例　设二阶离散系统的方块图如图 22-5-17 所示，采样周期 $T=1s$，试在 Z 平面上绘制 K 从 0 变化到∞时系统的根轨迹，并确定系统的临界放大倍数 $K_{临}$。

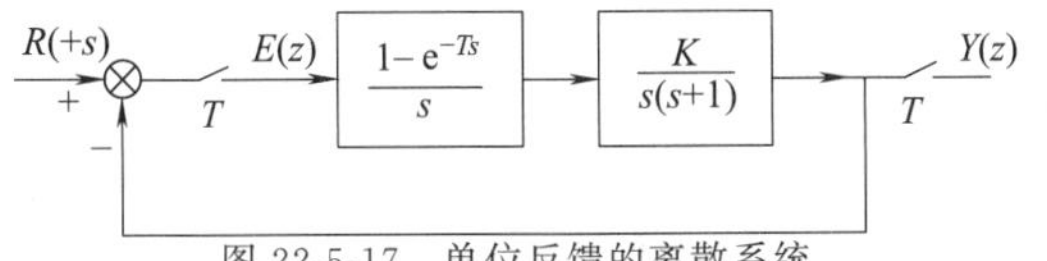

图 22-5-17　单位反馈的离散系统

解　此系统的开环脉冲传递函数

$$G_K(z)=\frac{Kz(1-e^{-T})}{(z-1)(z-e^{-T})}$$

将 $T=1s$ 代入上式，得

$$G_K(z)=\frac{0.632Kz}{(z-1)(z-0.368)}$$

根据绘制根轨迹的基本规则可得如下结果。

① 根轨迹共有两条，分别从开环脉冲传递函数的两个极点 $p_1=1$ 和 $p_2=0.368$ 出发，当 $K\to\infty$时，一条根轨迹趋向零点 $z=0$，另一条根轨迹趋向$-\infty$处。

② 在实轴上，1～0.368 和 0～$-\infty$线段上有根轨迹存在。

③ 根轨迹与实轴的分离点和会合点可由下式求得

$$\frac{d}{dz}\left[\frac{(z-1)(z-0.368)}{0.632z}\right]=0$$

整理得

$$z^2-0.368=0$$

解上式可求得分离点为 0.607，合点为-0.607。

④ 根据相角条件可以证明，根轨迹的复共轭段是以零点 $z=0$ 为圆心、以零点与会合点的距离 0.607 为半径的圆。

由以上结果绘制出该系统的根轨迹，如图 22-5-18 所示。从图可见，根轨迹与单位圆相交于 $z=-1$

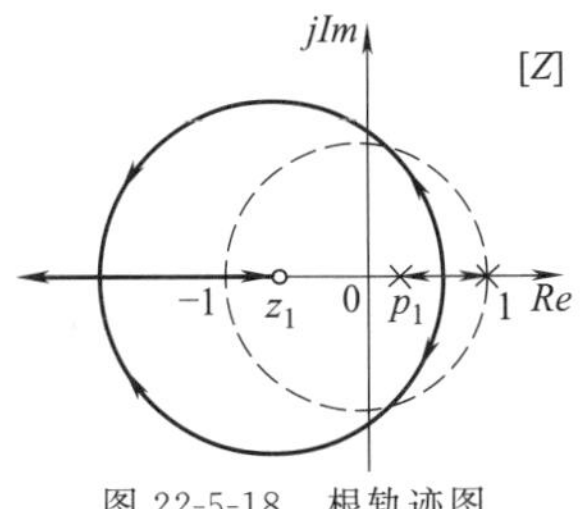

图 22-5-18　根轨迹图

处。根据幅值条件，求得系统的临界放大倍数 $K_{临}$ 为

$$K_{临}=\left|\frac{(z-1)(z-0.368)}{0.632z}\right|_{z=-1}=4.32$$

5.4.6　离散系统的频率法

设离散系统的脉冲传递函数为 $G(z)$，将 $s=j\omega$ 代入，便可求得它的频率特性为

$$G^*(j\omega)=G^*(s)\big|_{s=j\omega}=G(z)\big|_{z=e^{j\omega T}}$$

下面说明离散系统频率特性的物理意义。设离散系统的输入为正弦信号，即

$$x(t)=A\sin\omega t$$

经过采样后

$$x(kT)=A\sin k\omega T$$

其 Z 变换为

$$X(z)=Z[x(kT)]=\frac{zA\sin\omega T}{(z-e^{j\omega T})(z-e^{-j\omega T})}$$

于是，系统输出响应的 Z 变换可写为

$$Y(z)=G(z)X(z)=G(z)\frac{zA\sin\omega T}{(z-e^{j\omega T})(z-e^{-j\omega T})}$$

其 Z 反变换为

$$y(kT)=\frac{|G(e^{j\omega T})|A}{2j}[e^{j(k\omega T+\varphi)}-e^{-j(k\omega T+\varphi)}]+\sum_{i=1}^{n}A_ip_i^k$$

式中右边最后一项为系统的暂态响应分量，对于稳定的系统，$|p_i|<1$，当时间足够长以后，暂态项消失，系统的稳态输出响应为

$$y(kT)=\frac{|G(e^{j\omega T})|A}{2j}[e^{j(k\omega T+\varphi)}-e^{-j(k\omega T+\varphi)}]$$

$$=|G(e^{j\omega T})|A\sin(k\omega T+\varphi)$$

上式表明，图示的离散系统在正弦信号的作用下，其稳态输出响应的包络线仍为正弦函数，包络线的频率与输入信号的频率相同。输出信号包络线的幅值与输入信号的幅值之比，称为系统的幅频特性，表示为$|G(e^{j\omega T})|$；输出信号包络线与输入信号之间的相角差 φ，称为系统的相频特性，表示为$\angle G(e^{j\omega T})$。

离散系统的频率特性具有以下重要性质：

① $G(e^{j\omega T})$ 是 ω 的周期函数，其周期为采样角频率 ω_s；

② 幅频特性$|G(e^{j\omega T})|$是 ω 的偶函数；

③ 相频特性$\angle G(e^{j\omega T})$ 是 ω 的奇函数；

④ 若在 $\omega\geqslant\omega_s/2$ 频段内$|G(j\omega)|$不等于零，即不满足采样定理，则 $G^*(j\omega)$ 就会出现混叠现象。

根据以上性质，在实际绘制频率特性时，一般只需绘制 $0\leqslant\omega\leqslant\omega_s/2$ 部分的频率特性就可以了。

利用离散系统的开环频率特性可以分析离散系统的性能，所用的概念和方法与连续系统中所使用的类似。

5.5 典型微机控制系统及设计应用实例

5.5.1 基于工业控制计算机的微机控制系统

5.5.1.1 系统结构和特点

工业控制计算机（IPC）是在个人计算机（PC）基础上改进和发展起来的适合工业现场的计算机，简称工控机。典型的工业控制计算机结构如图22-5-19所示，它采用了总线结构形式，整个系统由各种不同的模板组成。

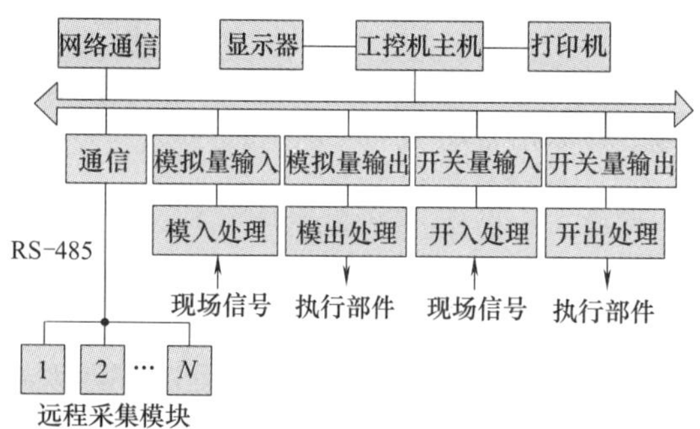

图22-5-19 典型的工业控制计算机的系统结构

工业控制机是用于工业控制现场的计算机，其应用对象及使用环境的特殊性，决定了工业控制机主要有以下一些特点和要求。

① 实时性。实时性是指计算机控制系统能在限定的时间内对外来时间作出反应的能力。

② 高可靠性。要求工业控制机具有高质量和很强的抗干扰能力，并且具有较长的平均故障间隔时间。

③ 硬件配置的可装配可扩充性。硬件模板功能单一化，模板品种多样齐全并尽量采用各种OEM（original equipment manufacture）板级产品，使硬件配置有最灵活的装配性和可扩充性，硬件开发周期降到最小。

④ 可维护性。工业控制机应有很好的可维护性，这要求系统的结构设计合理，便于维修，系统使用的板级产品一致性好，更换模板后，系统的运行状态和精度不受影响；软件和硬件的诊断功能强，在系统出现故障时，能快速准确地定位。

5.5.1.2 工控组态软件

组态软件是为微机控制系统监控层级提供软件平台和开发环境的专用软件，能以灵活多样的组态方式（而不是编程方式）提供良好的用户开发界面和简捷的使用方法，其预设置的各种软件模块可以容易地实现和完成监控层的各项功能，并能同时支持各种硬件厂家的计算机和I/O设备，与高可靠的工控计算机和网络系统结合，可向控制层和管理层提供软、硬件的全部接口，进行系统集成。目前世界上有不少专业厂商（包括专业软件公司和硬件系统厂商）生产和提供各种组态软件产品，如：WinCC，Citech，Intouch，MCGS，力控等。

5.5.2 基于单片机的微机控制系统

所谓单片机（single chip microcomputer），是指在一块芯片中集成有中央处理器（CPU）、存储器（RAM和ROM）、基本I/O接口以及定时器/计数器等部件，并具有独立指令系统的智能器件，即在一块芯片上实现一台微型计算机的基本功能。单片机也称为微型控制器，是专为实时控制而设计制造的芯片，它将微处理器、存储器、I/O接口、定时器、中断源、串行通信接口等集成在一块芯片内，集成度高，工作可靠。这种芯片多采用低功耗高速CMOS工艺。如果是简单控制对象，只需利用单片机作为控制核心，不需另外增加外部设备就能完成。对于较复杂的系统，只需对单片机进行适当扩展即可，十分方便。

主要单片机类型：MSP430；SPMC75；PIC系列；AT89S51系列等。由于单片机系统小巧玲珑，控制功能强、体积小，便于嵌入被控设备之内，大大推动了产品的智能化。如数控机床、机器人、智能仪器仪表、洗衣机、电冰箱、电视机等都是典型的机电一体化设备和产品。典型的基于单片机的微机控制系统如图22-5-20所示。

5.5.3 基于可编程控制器的微机控制系统

可编程控制器（programmable controller，简称PC），也可称之为可编程逻辑控制器（programmable logic controller，简称PLC），是一种专为工业环境应用而设计的计算机控制器。它具有可靠性高、编程灵活简单、易于扩展和价格低廉等许多优点。随着PLC的发展，它除了具有逻辑运算、逻辑判断等功能外，还具有数据处理、故障自诊断、PID运算及网络等功能，不仅能处理开关量，而且还能够实现模拟量的控制，多台PLC之间可方便地进行通讯与联网。目前从单机自动化到工厂自动化，从柔性制造系统、机器人到工业局部网络都可以见到PLC的成功应用。

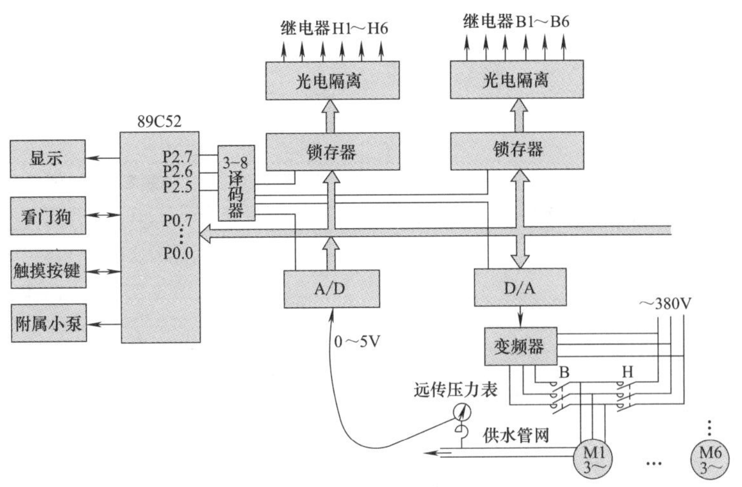

图 22-5-20　典型的基于单片机的微机控制系统示意图

PLC 的基本结构框图如图 22-5-21 所示。PLC 主要组成有：输入部件；输出部件；中央处理器(CPU)；存储器及存储器扩展；通信接口；智能 I/O 接口；I/O 扩展接口；功能开关与指示灯；编程器。

基于 PLC 的微机控制系统一般设计步骤见图22-5-22。

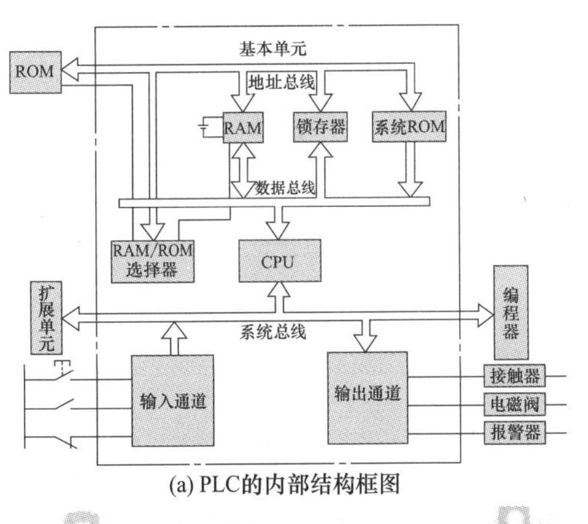

(a) PLC的内部结构框图

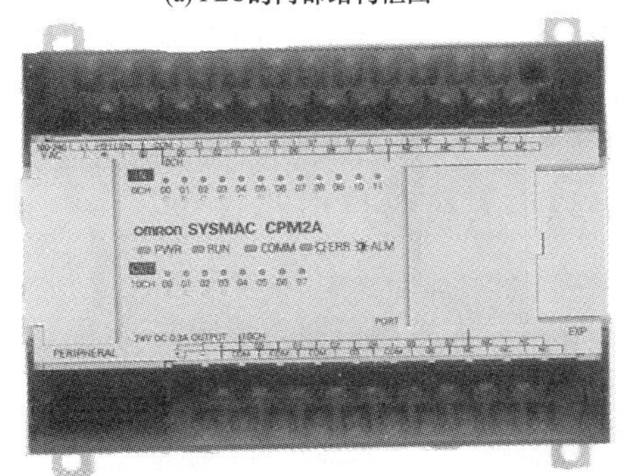

(b) 单元式结构

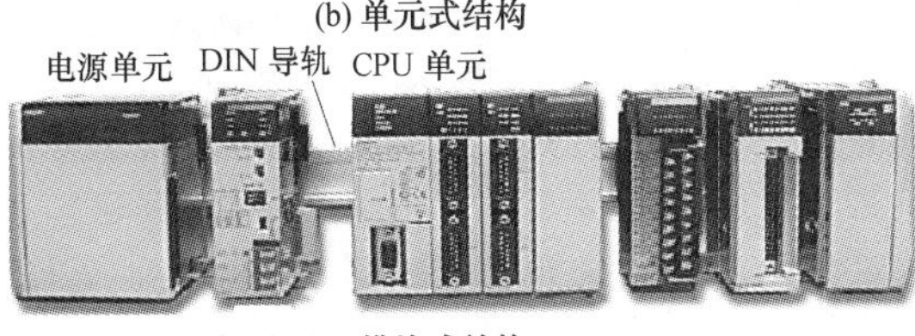

(c) 模块式结构

图 22-5-21　PLC 的基本结构形式

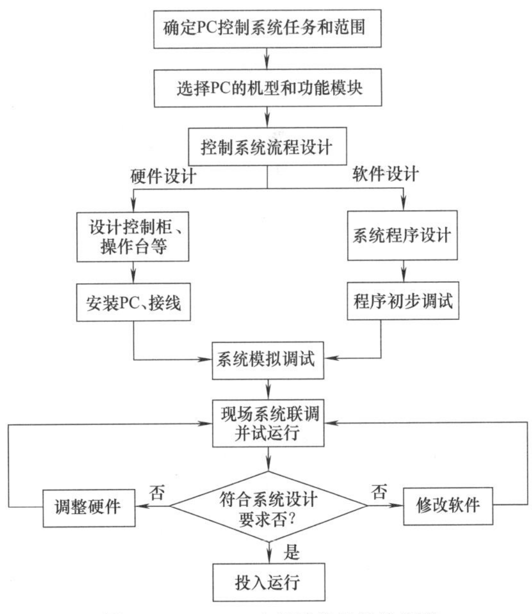

图 22-5-22　PLC 应用系统的设计步骤

第6章 接口设计

6.1 接口设计基本方法和接口芯片

6.1.1 接口设计与分析的基本方法

尽管各种接口芯片的功能和引脚不相同，但在使用方法上有共同之处，使用这些芯片进行接口电路设计和分析的基本方法也是相同的。

（1）分析和设计接口两侧的情况

接口作为CPU与外设的中间界面，一面要与CPU连接，另一面要与外设连接。对CPU一侧，要弄清CPU的类型和引脚的定义，如它提供的数据线宽（8bit、16bit、32bit）、地址线宽度（16bit、20bit、24bit）和控制线的逻辑定义（高电平有效、低电平有效、脉冲跳变有效），以及时序关系有什么特点。对于数据线，要解决的一个问题就是：目前使用的微机外设多数都是8位的，接口芯片多数也是8位的，它们与8位CPU相接当然不存在问题，然而，如何与16位或32位CPU连接呢？这是接口设计和分析的一个关键。

对于外设一侧，连线只有三种：数据线、控制线和状态线。设计和分析的重点与关键应放在控制和状态线上，因为接口上的同一个引脚接不同外设时作用可能不同，同时外设的速度也千差万别，而且相差悬殊。

（2）进行适当的信号转换

有些接口芯片的信号线可直接与CPU系统连接，有些信号线则需要经过一定的处理或改造，这种改造包括逻辑上、时序上或电平上的，特别是接外设一侧的信号线，由于外设需要的电平常常不是TTL电平，而且要求有一定驱动能力，因此，多数情况下，要经过一定转换和改造才能连接。总之，CPU和外设之间的各种不匹配都要由接口电路来完成双方的匹配和协调工作，以保证信息的正确传输。

（3）接口驱动程序分析与设计

现在使用的接口芯片多数是可编程的，因此设计接口不仅仅是硬件上的问题，而且还包括编写驱动程序。编制驱动程序可按表22-6-1所示的三个步骤进行。

表22-6-1 编制驱动程序的三个步骤

掌握接口芯片的编程	控制字各位的含义，各控制字的使用顺序和使用场合，它们对应的端口等
确定接口的工作方式	包括CPU与外设的数据传送方式和接口芯片本身的工作方式
编写驱动程序	包括接口的初始化程序和接口控制的输入/输出工作程序

6.1.2 常用的接口芯片

现代微机接口电路大部分都做成可编程接口芯片，因此，在接口设计中，通常不需要繁杂的电路参数计算，而是要熟练地掌握和深入了解各类芯片的工作原理和外部特性，尤其是掌握它们的使用方式和编程技巧，以便用它们合理地与CPU和外设连接起来，并编写相应的驱动程序。采用集成接口芯片不仅使接口部件体积小，功能强，可靠性高，易于扩展，应用灵活方便，而且推动接口向智能化方向发展。所以接口芯片在微机接口设计中起着极其重要的作用，应给予足够重视。常用的接口芯片见表22-6-2。

表22-6-2 常用的接口芯片

并行接口芯片	8255A
串行接口芯片	8251
USB接口芯片	CMD USB0670、USB0673 Cypress、Motorola MPC850
通信接口芯片	MC1488、MC1489、MAX232、MC3487、MC3486、SN75150、SN75174及SN75175

6.2 人机接口电路设计

6.2.1 人机接口电路类型与特点

人机接口是操作者与机电系统（主要是控制微机）之间进行信息交换的接口。按照信息的传递方向，可以分作两大类：输入接口与输出接口。机电系统通过输出接口向操作者显示系统的各种状态、运行参数及结果等信息；另一方面，操作者通过输入接口向机电系统输入各种控制命令，干预系统的运行状态，以实现所要求完成的任务。常用的输入输出设备如表22-6-3所示。

人机接口作为“人”与“机”之间进行信息传递的通道，有着其自身的一些特点，需要在进行设计时予以特殊考虑。

表 22-6-3　常用的输入输出设备

常用的输入设备	开关、拨码开关、按钮、键盘
常用的输出设备	状态指示灯、发光二极管、显示器、微型打印机、扬声器、电铃、蜂鸣器

① 专用性。每一种机电产品都有其自身特定的功能，对人机接口有着不同的要求，所以人机接口的设计方案要根据产品的要求而定。例如对于一些简单的二值性的控制参数，可以考虑采用控制开关；对于一些少量的数值型参数的输入，可以考虑使用 BCD 码拨盘；而当系统要求输入的控制命令和参数比较多时，则应考虑使用行列式键盘等。

② 低速性。与控制微机的工作速度相比，大多数人机接口设备的工作速度是很低的，所以在进行人机接口设计时，要考虑控制微机与接口设备间的速度匹配，提高控制微机的工作效率。

③ 高性能价格比。由于机电的结合大大强化了机械系统功能，使整个机电系统具有高性能价格比。所以在进行人机接口设计时，在满足功能要求的前提下，输入、输出设备配置以小型、微型、廉价为原则。

6.2.2　输入接口电路设计

(1) 开关输入接口设计

对于一些二值化的控制命令和参数，可以采用简单的开关作为输入设备，常用的开关有按钮、转换开关等。

控制微机通过 I/O 口或扩展 I/O 口对某点电位进行检测，从而判断开关的状态。

由于这类开关大都是机械开关（触摸开关），机械触点的弹性作用使开关在闭合及断开瞬间产生抖动，造成某点电位产生一系列脉冲。抖动时间的长短与力学特性有关，一般为 5～10ms。按钮的稳定闭合期由操作员的按键动作决定，一般在几百微秒至几秒之间。所以在进行实际开关类接口设计时，必须采取软件或硬件措施进行消抖处理。

软件消抖的办法是：在检测到开关状态后，延时一段时间再进行检测，若两次检测到的开关状态相同，则认为有效。延时时间应大于抖动时间。

(2) 74C922 16 键盘编码电路

74C922 16 键盘编码电路如图 22-6-1 所示。

CMOS 工艺技术制造，工作电压 3～15V，“二键锁定”功能，编码输出为三态输出，可直接与微处理器数据总线相连，内部振荡器能完成 4×4 矩阵键盘扫描，亦可用外部振荡器使键盘操作与其他处理同步，通过外接电容避免开关发生前、后沿弹跳所需的延时。有按键按下时，数据有效线变高，同时封锁其他键，片内锁存器将保持键盘矩阵的 4 位编盘，可由微处理器读出，引脚 Y1-Y4 为行，X1-X4 为列，A-D 为数据输出，VDD＝＋3V～＋15V。

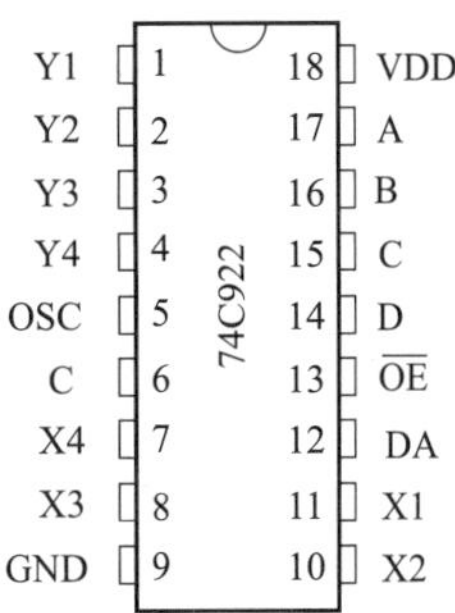

图 22-6-1　74C922 16 键盘编码电路

(3) 不用专用 IC 的键盘电路

① 一个 I/O 口一个键。这种键盘电路比较简单，但缺点也是很明显的：非常浪费系统宝贵的硬件资源；适合键盘比较少但硬件资源比较充裕的场合。

② 如图 22-6-2 所示的键盘电路非常巧妙，并且使用的 I/O 口比较少。先检测三根行线是否被拉低，如果没有，再将最下面那条行线拉低（软件置低），然后再检测上面两条行线是否被拉低。如果没有，则表示无按键按下，然后将最下面那条行线设为输入，扫描完毕。如果检测三根行线时，有被拉低的，则就是右边的三个按键中对应的那个按键被按下。如果检测两条行线时，有被拉低的，则就是上面的两个按键中对应的那个按键被按下。

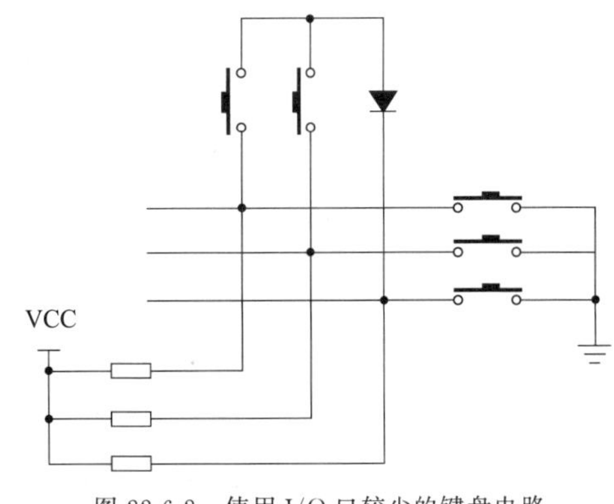

图 22-6-2　使用 I/O 口较少的键盘电路

③ 图 22-6-3 所示电路为不用专用 IC 的键盘电路。

扫描方法如下：硬件部分分为两块：一块是普通键盘矩阵，另外一块是中断和接口电路，主要由相应数目的二极管和电阻组成。具体对 6 个 I/O 口的情况而言，实现 5×5 的按键矩阵的中断和接口电路，共

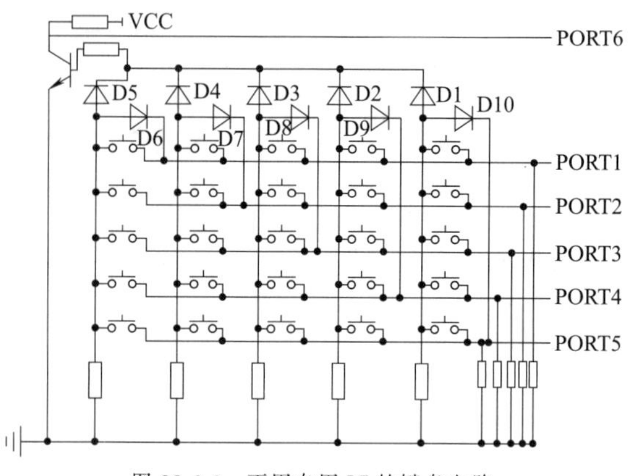

图 22-6-3 不用专用 IC 的键盘电路

需要 10 只二极管、12 只电阻和 1 只三极管。10 只二极管按其在电路中所起的作用可分为两组：第一组包括 D6，D7，D8，D9 和 D10，用于保证按键信息的单一流向；第二组包括 D1，D2，D3，D4 和 D5，它们在电路上对 NPN 三极管的基极构成“或”的逻辑关系，对单片机进行初始化。除了 PORT6 以外，其余的 I/O 口均被置成高电平，这样当有键按下时，三极管的基极由低变高，三极管导通：集电极由高电平跳变成低电平，向单片机发出中断信号，从而启动键盘扫描程序。

④ 图 22-6-4 是一个非常典型的矩阵键盘，特点是电路简单，缺点是 I/O 口使用的比较多，扫描方法也比较简单。

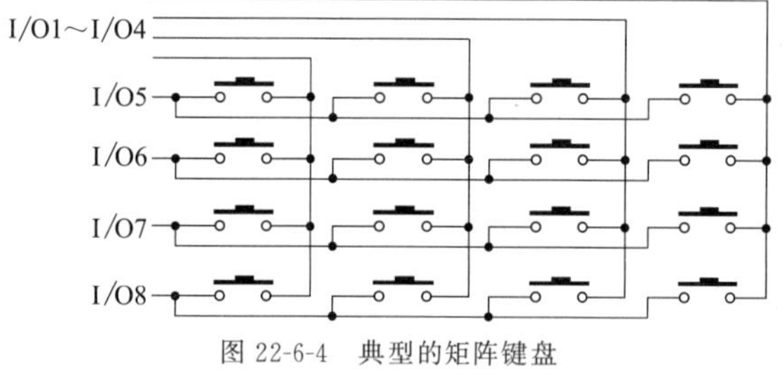

图 22-6-4 典型的矩阵键盘

⑤ 如图 22-6-5 所示为节省资源的键盘电路。

⑥ 如图 22-6-6 所示为复合矩阵按键典型排列情况。

⑦ 键盘电路如图 22-6-7 所示。

6.2.3 输出接口电路设计

输出接口是操作者对机电系统进行监测的窗口，通过输出接口，机电系统向操作者显示自身的运行状态、关键参数及运行结果等，并进行故障报警。

(1) 常见 LED 驱动电路的分析

电容降压电路是一种常见的小电流电源电路，由于其具有体积小、成本低、电流相对恒定等优点，也常应用于 LED 的驱动电路中。

图 22-6-8 为一个实际的采用电容降压的 LED 驱动电路。大部分应用电路中没有连接压敏电阻或瞬变电压抑制晶体管，建议连接上，因压敏电阻或瞬变电压抑制晶体管能在电压突变瞬间（如雷电、大用电设备启动等）有效地将突变电流泄放，从而保护二极管和其他晶体管，它们的响应时间一般在毫秒级。

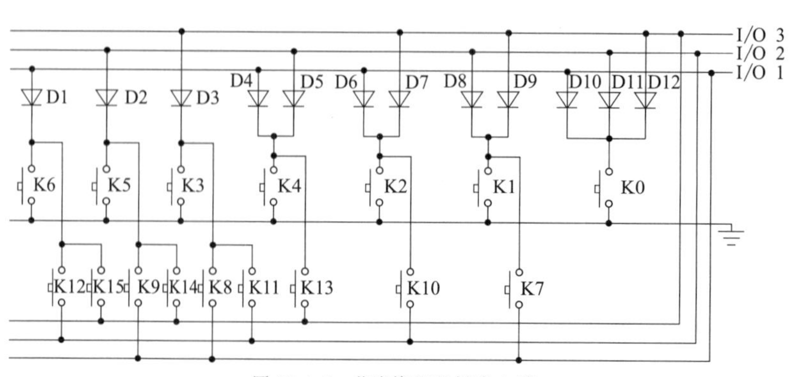

图 22-6-5 节省资源的键盘电路

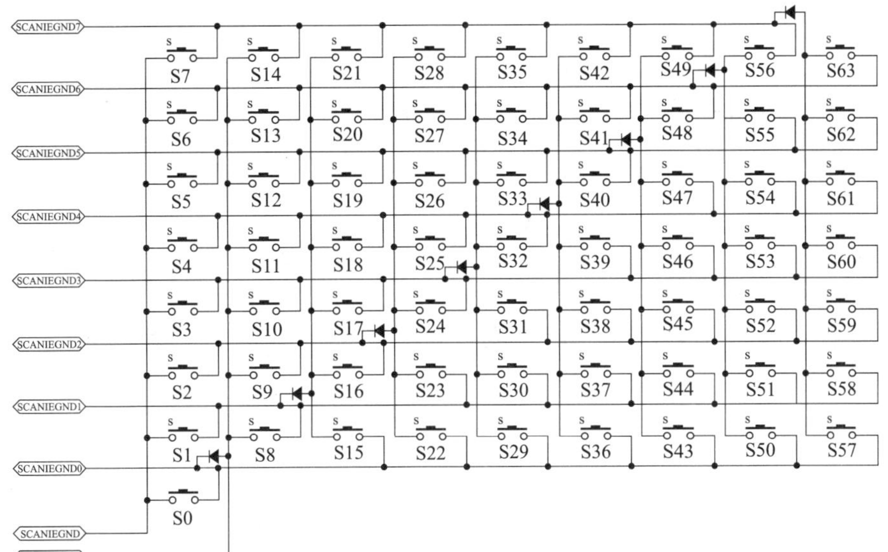

图 22-6-6 复合矩阵按键典型排列

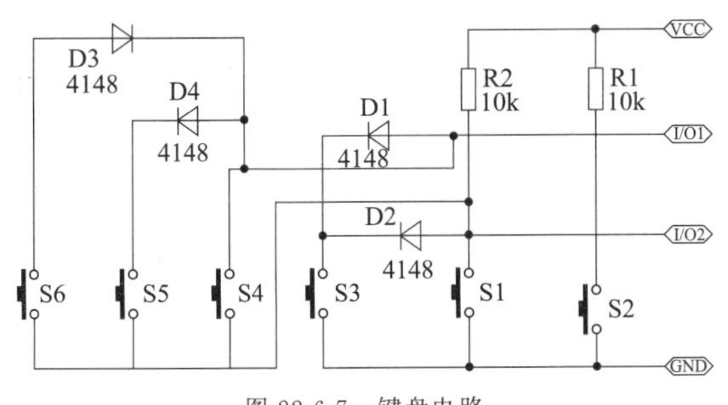

图 22-6-7 键盘电路

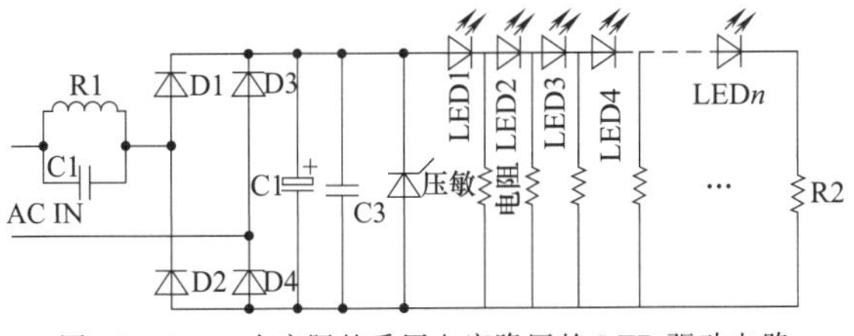

图 22-6-8 一个实际的采用电容降压的 LED 驱动电路

电容 C_1 的作用为降压和限流，电容的特性是通交流、隔直流，当电容连接于交流电路中时，其容抗计算公式为

$$XC=1/2\pi fC$$

式中 XC——电容的容抗；

f——输入交流电源的频率；

C——降压电容的容量。

流过电容降压电路的电流计算公式为

$$I=U/XC$$

式中 I——流过电容的电流；

U——电源电压；

XC——电容的容抗。

在 220V、50Hz 的交流电路中，当负载电压远远小于 220V 时，电流与电容的关系式为 $I=69C$，其中电容的单位为 μF，电流的单位为 mA。

(2) 七段 LED 显示器接口电路设计

① 数码管的外形及管脚。选择数码管需要注意以下问题：共阴还是共阳，字体大小，字数，字的显示颜色等。最常用的数码管型号为“3641AH”，即该数码管字高 0.36in、四字一体、共阴、红色。3641AH 的外形及管脚定义如图 22-6-9 所示，图 22-6-10为共阴和共阳数码管。

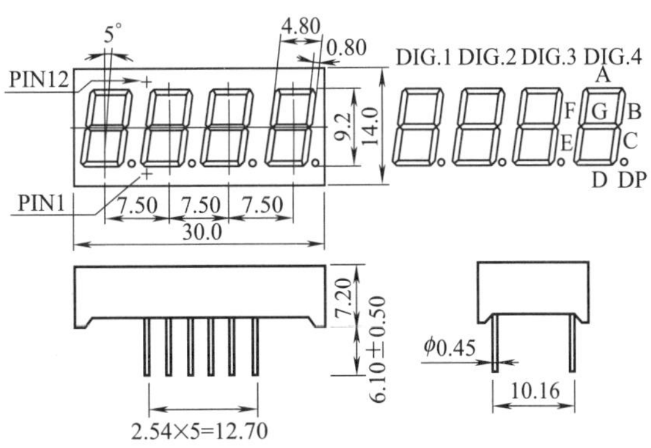

图 22-6-9 数码管的外形及管脚

建议不要直接用单片机驱动数码管，这样做单片机的程序量和单片机处理显示的时间都会大幅度增加，并且如果用单片机管脚直接驱动段 LED，则无法保证亮度，如果用单片机扩展三极管来驱动段 LED，则 8 个字的数码管需要 16 个三极管，太麻烦。

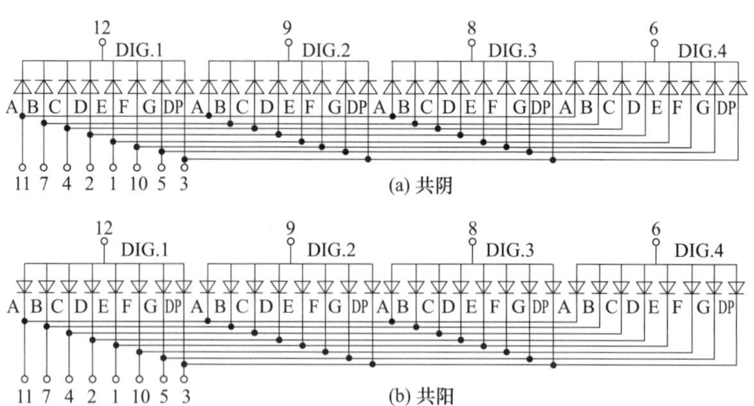

图 22-6-10　共阴和共阳数码管

而且当单片机系统还需要键盘的时候，无疑使用数码管驱动芯片最合适，性价比最高的 LED 驱动芯片是 HD7279A。

② 数码管、键盘驱动芯片 HD7279A 的应用

HD7279A 可以驱动 8 位共阴数码管或 64 只独立的 LED，在驱动数码管的同时还能检测 64 键的键盘矩阵，如图 22-6-11 所示。HD7279A 需要与单片机连接的管脚共有 5 个，见表 22-6-4。

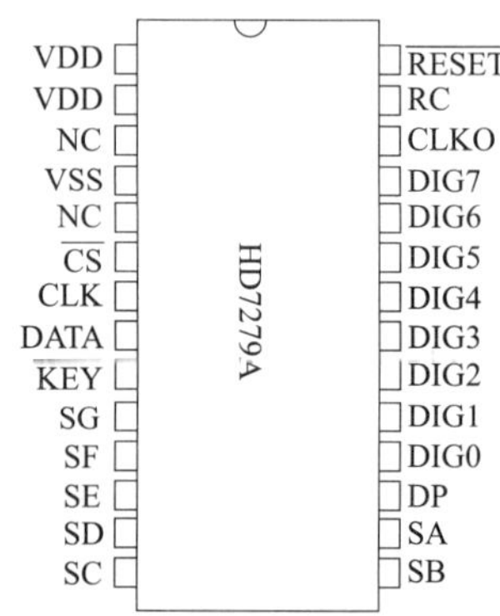

图 22-6-11　数码管及键盘驱动芯片 HD7279A

表 22-6-4　HD7279A 需要与单片机连接的管脚

序号	管脚	操　　作
1	片选线 CS	单片机可以通过分时控制 CS 管脚来带动多片 HD7279A，从而驱动更多的数码管。如果单片机系统只需要一片 HD7279A，此管脚可接地，即片选信号永久有效
2	复位线 RESET	在工业现场，数码管驱动器可能会出现死机或显示出现乱码，所以单片机一定要对其进行定时复位和刷新显示
3	串行数据输入输出 DATA	单片机通过此管脚向 HD7279A 写入命令和显示数据，从此管脚读取键盘数据
4	串行数据的同步时钟 CLK	在 CLK 时钟信号的上升沿，DATA 端数据对 HD7279A 有效
5	键盘触发判断 KEY	有键按下时，此管脚输出低电平，释放后恢复高电平。该管脚可以让单片机用中断方式处理按键触发。如果单片机用命令查询的方式判断按键触发，则 KEY 管脚可以不用

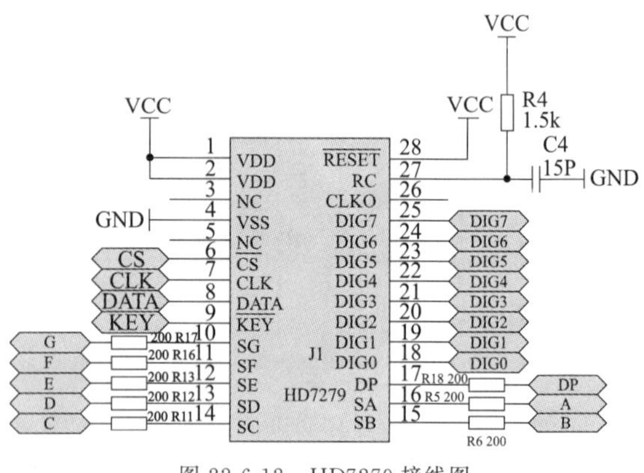

图 22-6-12　HD7279 接线图

HD7279 接线图如图 22-6-12 所示。HD7279A 的工作电压是 5V，VDD 接＋5V、VSS 接 GND。该芯片有两个正电源管脚 VDD，因为 HD7279A 驱动的是共阴数码管，需要从电源管脚吸收电流来完成驱动，单段（1 个 LED）的典型驱动电流为 $(5-1.6)/200=17mA$，满负荷时 64 段同时点亮，需要 $17\times 64=1088mA$ 的驱动电流。在使用该芯片时需要给 VDD 管脚加较大的去耦电容，建议使用 470μF/16V 电解，电容同时用 10μF 钽电容和 0.1μF 陶瓷电容并联作旁路。而且在满足亮度要求的前提下，尽量使用较大的 LED 串联电阻，以减小驱动电流，从而使 HD7279A 工作更稳定。

HD7279A 内部使用动态扫描的方式驱动数码管，

需要外部匹配阻容振荡电路。RC管脚是频率输入端。CLKO是振荡输出端，当使用两片HD7279A时，可将一片CLKO管脚连到另一片的RC管脚，而无需使用两套振荡电路。

假设HD7279A实际驱动了2个3641AH数码管，排列如图22-6-13所示。HD7279A的管脚SA、SB、SC、SD、SE、SF、SG、DP应该和两个数码管的A、B、C、D、E、F、G、DP管脚都连接。DIG0～DIG7连接到如图22-6-13对应的数码位置，DIG0到DIG7的连接一定不要随意颠倒，否则HD7279A的移位命令将导致显示错误。

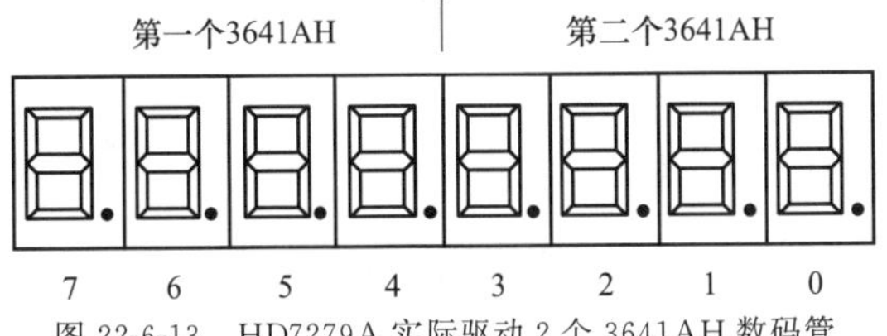

图22-6-13　HD7279A实际驱动2个3641AH数码管

对HD7279A编程的关键就是控制好时序图中T1～T8这8个延时的长度。

(3) 8×8 LED点阵显示驱动技术

① 显示内容。在8×8 LED点阵上显示柱形，让其先从左到右平滑移动三次，其次从右到左平滑移动三次，再次从上到下平滑移动三次，最后从下到上平滑移动三次，如此循环下去。

② 电路原理图。8×8 LED点阵显示驱动电路原理图如图22-6-14所示。

③ 硬件电路连线

a. 把"单片机系统"区域中的P1端口用8芯排芯连接到"点阵模块"区域中的"DR1～DR8"端口上。

b. 把"单片机系统"区域中的P3端口用8芯排芯连接到"点阵模块"区域中的"DC1～DC8"端口上。

④ 程序设计内容。

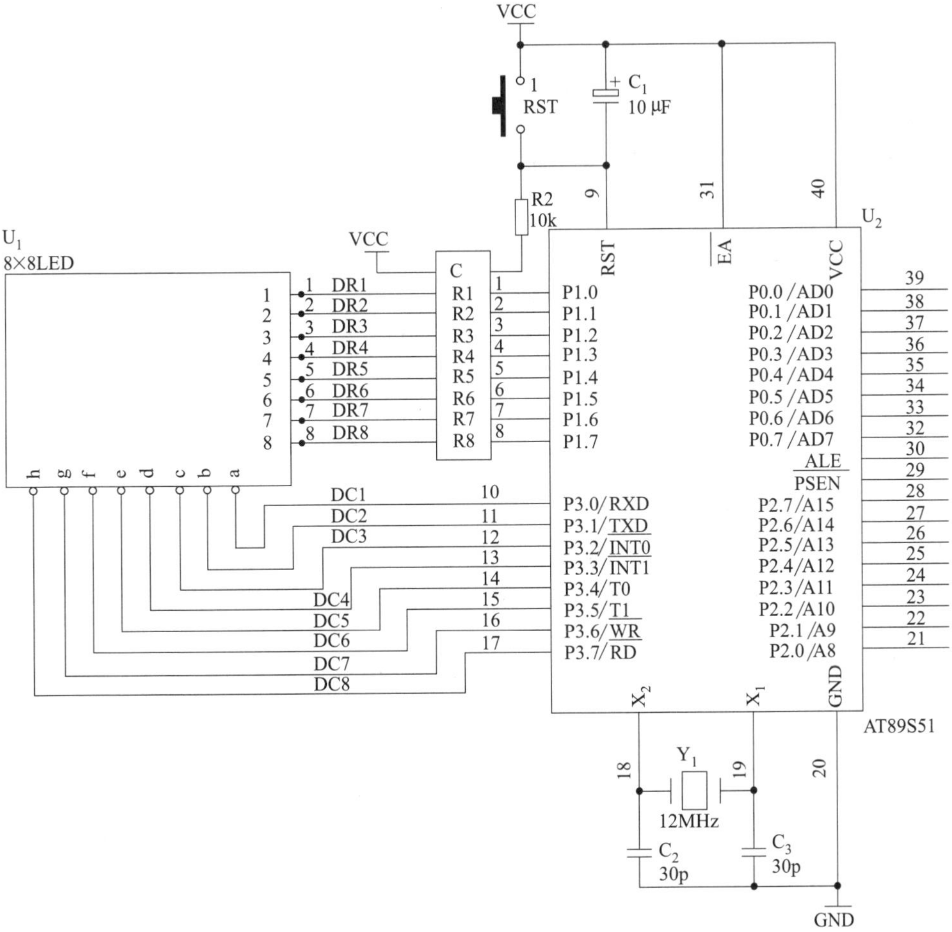

图22-6-14　8×8 LED点阵显示驱动电路原理图

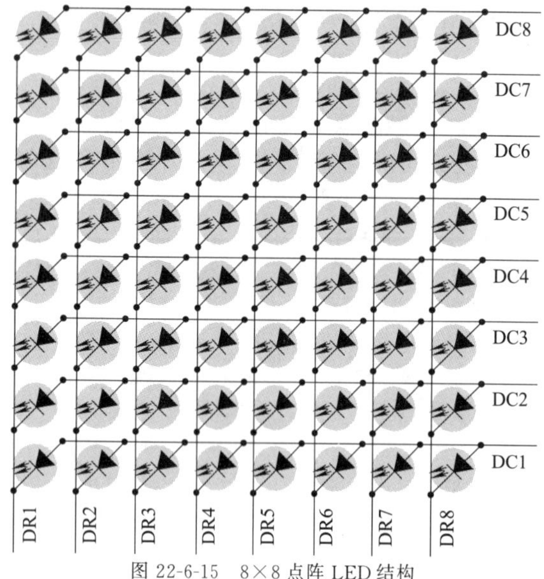

图 22-6-15　8×8 点阵 LED 结构

8×8 点阵 LED 结构如图 22-6-15 所示，从图中可以看出，8×8 点阵共需要 64 个发光二极管，且每个发光二极管是放置在行线和列线的交叉点上，当对应的某一列置 1 电平，某一行置 0 电平，则相应的二极管就亮；因此要实现一根柱形的亮法，对应的一列为一根竖柱，或者对应的一行为一根横柱。实现柱形亮的方法如下所述。

一根竖柱：对应的列置 1，逐行置 0，采用逐行扫描的方法来实现。

一根横柱：对应的行置 0，逐列置 1，采用逐列扫描的方法来实现。

⑤ C 语言程序

```
#include <AT89X52. H>
unsigned char code taba[]={0xfe,0xfd,0xfb,0xf7,0xef,0xdf,0xbf,0x7f};
unsigned char code tabb[]={0x01,0x02,0x04,0x08,0x10,0x20,0x40,0x80};
void delay(void)
{
unsigned char i,j;
for(i=10;i>0;i--)
for(j=248;j>0;j--);
}
void delay1(void)
{
unsigned char i,j,k;
for(k=10;k>0;k--)
for(i=20;i>0;i--)
for(j=248;j>0;j--);
}
void main(void)
{
unsigned char i,j;
while(1)
{
for(j=0;j<3;j++)    //from left to right 3 time
{
for(i=0;i<8;i++)
{
P3=taba[i];
P1=0xff;
delay1();
}
}
for(j=0;j<3;j++)    //from right to left 3 time
{
for(i=0;i<8;i++)
{
P3=taba[7-i];
P1=0xff;
delay1();
}
}
for(j=0;j<3;j++)    //from top to bottom 3 time
{
for(i=0;i<8;i++)
{
P3=0x00;
P1=tabb[7-i];
delay1();
}
}
for(j=0;j<3;j++)//from bottom to top 3 time
{
for(i=0;i<8;i++)
{
P3=0x00;
P1=tabb[i];
delay1();
}
}
}
}
```

(4) 通信接口

表 22-6-5　　**通信接口**

<table>
<tr><td>RS232接口</td><td>

RS232 串行接口，适用于设备之间的通讯距离不大于 15m，传输速率最大为 20kbps 的情况。通常由单片机串行口 UART 扩展的 RS232 接口，只用到 9 针串口线中的 RXD、TXD、GND 这 3 条线。单片机串口扩展最主要的目的就是同计算机 COM 口连接。单片机的 RS232 接口电路如图(a)所示

最常用的 RS232 接口芯片是 MAX232，单片机的 RS232 接口电路如图(b)所示。图中的 MCU-TXD 和 MCU-RXD 表示连到单片机的 TXD 和 RXD 管脚，是 TTL 电平。PC-TXD 和 PC-RXD 是 232 电平，它们通过串口线(平行线)与 PC 机的 COM 口相连。注意，单片机的 TXD 要连计算机的 RXD，单片机的 RXD 要连计算机的 TXD，还要将单片机与计算机共地

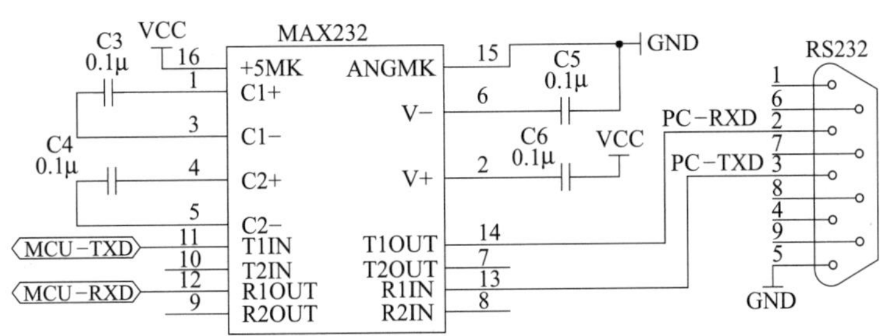

图(a)　单片机的 RS232 接口电路

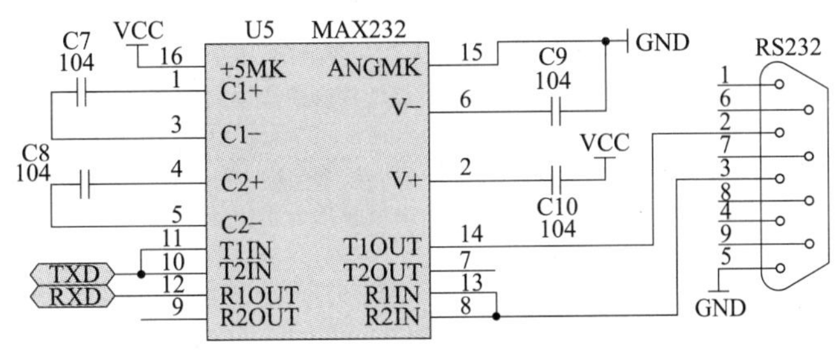

图(b)　MAX232 接口电路

</td></tr>
<tr><td>RS485接口</td><td>

RS485 收发器采用平衡发送和差分接收，因此具有抑制共模干扰的能力，加上接收器具有高灵敏度，能检测 200mV 的电压，故信号传输距离可达千米以上。由于 RS485 是半双工的，不能同时进行接收和发送，所以使用时要进行发送、接收之间的切换

RS485 仅需两根线(双绞线)就可以方便地组成一个小型的网络。由 MAX485 或 SN75176 芯片构成的网络最多可包含 32 个节点，由 MAX487 芯片构成的网络最多可包含 128 个节点。RS485 网络拓扑一般采用终端匹配的总线型结构，不支持环形或星形网络，最好采用一条总线将各个节点串接起来，主机(PC)应置于总线一端。从总线到每个节点的引出线长度应尽量短，以便使引出线中的反射信号对总线信号的影响最低。长线信号传输时，为了减少由于不匹配而引起的信号反射噪声，要进行终端匹配，电阻值取决于电缆的阻抗特性，与电缆的长度无关。RS485 总线一般采用双绞线(屏蔽或非屏蔽)连接，终端电阻一般介于 100～140Ω 之间，典型值为 120Ω。实际配置时，在电缆的最近端和最远端两个节点上，在差分端口 A、B 间各跨接一个 120Ω 的终端匹配电阻，而处于中间部分的节点则不能接入终端电阻，否则将导致通讯出错。匹配的缺点是增加了功耗。通信距离和通信速率有关，通信速率越高距离越短。在收发转换之间加一定的延时，有助于提高数据传输质量。RS485 网络一般采用一主多从的工作方式，由网络上的主机以广播方式发送包含地址信息的命令，只有被寻址的终端响应该命令。注意，从机的 A、B 端应该交叉接到总线的 B、A 端

对于收发控制端 $\overline{RE}$、DE，建议采用 MCU 引脚通过反相器进行控制，不宜采用 MCU 引脚直接进行控制，保证系统上电时 RS485 芯片处于接收状态，以防止 485 网络中某节点上电时对总线产生干扰。异步通信数据以字节的方式传送，在每一个字节传送之前，先要通过一个低电平起始位实现握手。为防止干扰信号误触发 $\overline{RE}$(接收器输出)，产生负跳变，使接收端 MCU 进入接收状态，建议 485 接口芯片的 $\overline{RE}$ 管脚外接 10kΩ 上拉电阻

提高 RS485 网络抗雷击和抗静电冲击性能的主要办法就是选择高性能的 485 接口芯片。常见的芯片有 MAX485E、MAX487E 等。特别值得一提的是 SN75LBC184，它采用单一电源 VCC，电压在 +3～+5.5V 范围内都能正常工作。它不但能抗雷电的冲击，而且能承受高达 8kV 的静电放电冲击，片内集成 4 个瞬时过压保护管，可承受高达 400V 的瞬态脉冲电压。因此，它能显著提高防止雷电损坏器件的可靠性。对一些环境比较恶劣的现场，

</td></tr>
</table>

续表

<table>
<tr><td>RS485接口</td><td>
可直接与传输线相接而不需要任何外加保护元件。该芯片还有一个独特的设计，当输入端开路时，其输出为高电平，这样可保证接收器输入端电缆有开路故障时，不影响系统的正常工作。另外，它的输入阻抗为RS485标准输入阻抗的2倍（≥24kΩ），故可以在总线上连接64个收发器。芯片内部设计了限斜率驱动，使输出信号边沿不会过陡，使传输线上不会产生过多的高频分量，从而有效扼制电磁干扰。SN75LBC184是目前市场上不可多得的一款RS485接口芯片。通过在A、B之间及A、B对地接入TVS瞬态电压抑制二极管，可以提高总线防雷击性能

用光耦合器对单片机电路和RS485接口进行电气隔离，其主要目的是保护单片机电路不受RS485传输线上浪涌电流及静电电压的损害。要实现完全隔离，必须对单片机电路和RS485接口芯片单独供电，将电源和地全部隔离。为了保证数据波形良好，建议使用高速光耦，如6N136、6N137等

实际的RS485网络系统中，各节点分布较远，现场存在各种干扰，所以通信的可靠性不高。如何保障RS485总线通信的可靠性是485组网的关键。实际工程中可能有以下两个问题出现：一是数据在总线上传输的可靠性问题；二是单个节点的故障（如死机）将总线拉死的问题

RS485接口采用差分传输方式，各节点之间的通信都是通过一对双绞线作为传输介质。RS485的标准规定，接收器的接收灵敏度为±200mV，即接收端的差分电压≥+200mV时，接收器输出为高电平；差分电源≤−200mV时，接收器输出为低电平；介于±200mV之间时，接收器输出为不确定状态。在总线空闲时（即传输线上所有节点都为接收状态以及传输线存在开路或短路故障），若不采取特殊措施，则接收器可能输出高电平，也可能输出低电平。一旦某个节点的接收器产生低电平，就会使串行接收器（UART）找不到起始位，从而引起通信异常。解决此类问题的方法有以下两种

①使用带故障保护的芯片SN75LBC184、SN75276等，它会在总线开路、短路和空闲的情况下，使接收器的输出为高电平，从而达到故障保护的目的

②若使用不带故障保护的芯片时，可在软件上作一些处理，即在进入正常的数据通信之前，由主机预先将总线驱动为大于+200mV，并保持一段时间，使所有节点的接收器产生高电平输出。具体做法是主机连续发送几个同步字，同步字要包含多次边沿变化（如55H，AAH），让接收端先收到同步字再接收数据，从而保证正确通信

RS485总线故障保护的另一个对象是“死锁”，即某节点RS485转换器的管脚恒为高电平导致该节点永久占用总线。由于单片机死机造成的死锁可以通过断电复位的方法解决，如果是RS485转换器损坏则需要人工查找故障点

由于其硬件电路已比较成熟，设计中的问题主要集中在网络协议上。网络协议是保证通信畅通的关键，在一定程度上也影响着网络通信的可靠性，即它必须能够抵抗实际运作环境的干扰。另外通信只是整个系统中的一个部分，系统还必须完成诸如数据采集和控制的功能。这就要求通信占用尽量少的时间，以求达到整个系统的高效率。在通信数据量一定的情况下，采用较高的波特率当然比较好，但高的波特率必定要降低传输距离，在实际应用中必须仔细衡量。更好的办法就是采用数据压缩算法，在传输前对数据进行压缩，可使通信数据量大大减少，网络效率成倍提高

MAX485的自动收发转换电路如图(c)所示

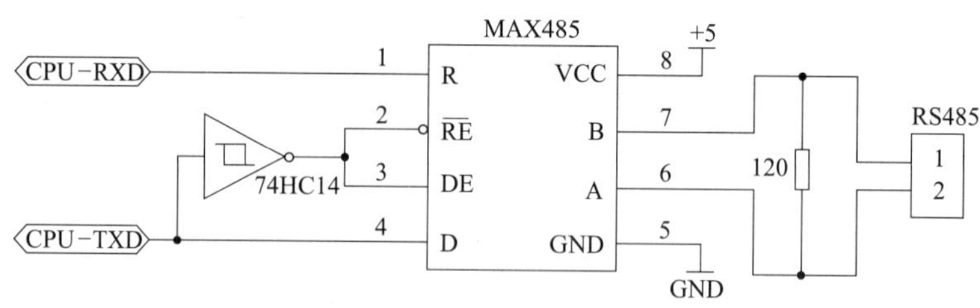

图(c)　MAX485的自动收发转换电路
</td></tr>
<tr><td>波特率</td><td>
波特率表示数据传输的速度，单位是bps（bits per second，每秒多少位）。“9600，8，N，1”，它表示串口传输数据的字节模式，即波特率为9600，8位数据，无奇偶校验，1位停止位。当然1位起始位是必需的。传输一个完整的数据需要1起始位+8数据位+1停止位=10bits，又因为波特率为9600bps，所以该串口模式下每秒传输的字节数为9600/10=960字节

51系列单片机经常使用11.0592MHz和22.1184MHz的晶振。其目的就是为了让单片机定时器产生的波特率最大限度的精确，以满足高波特率的使用要求。用其他频率晶振产生的波特率都存在误差，并且随着波特率增加，其误差会加大
</td></tr>
<tr><td>232-485转换器</td><td>
千万不要通过串口窃电方式给232-485转换器供电，那样获得的电源很不稳定，根本满足不了大数据量长时间稳定传输的需要，具体转换电路如图(d)所示
</td></tr>
</table>

续表

<table>
<tr><td>232-485
转换器</td><td>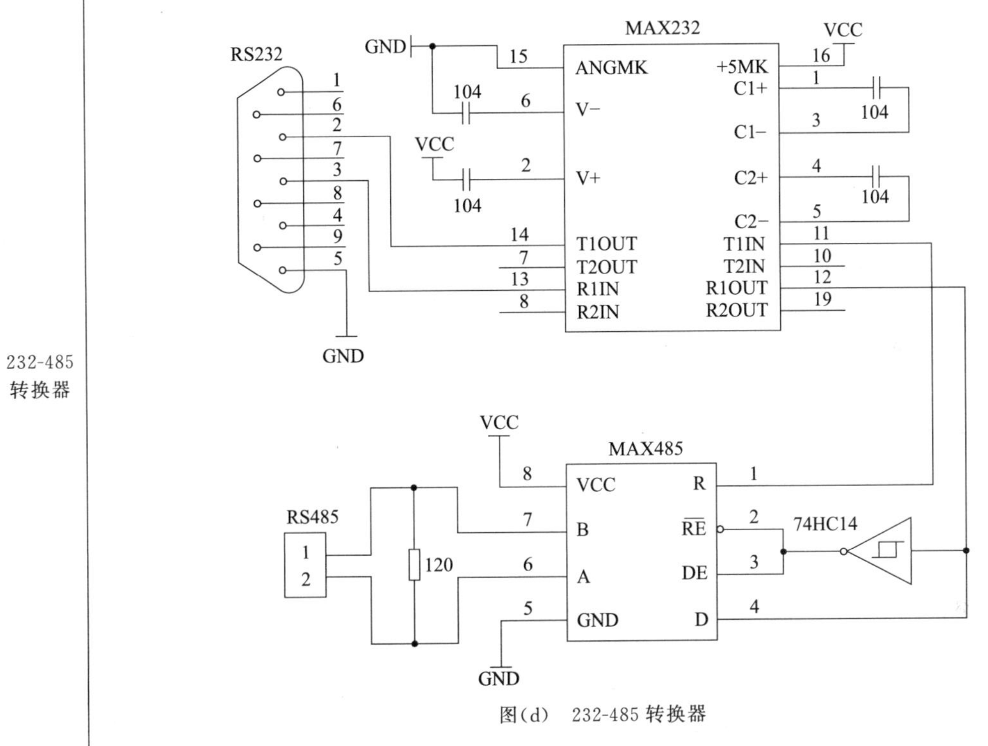

图(d)　232-485 转换器</td></tr>
</table>

(5) ISD2500 系列语音录放电路

① 管脚排列图。ISD2500 管脚排列见图 22-6-16。

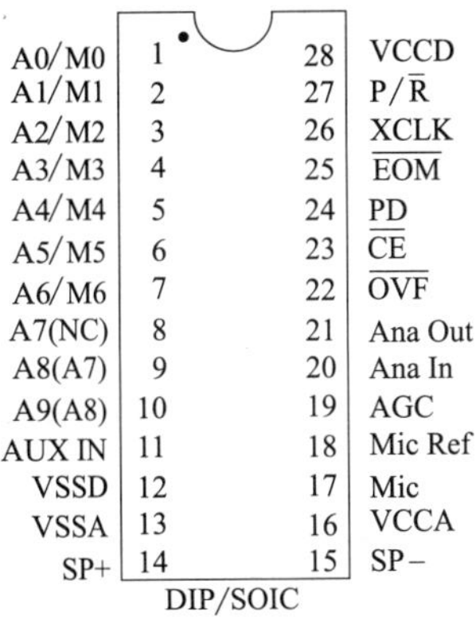

图 22-6-16　ISD2500 管脚排列图

表 22-6-6　按键录放音模式

录放音模式	操　作
单段录放音	此时，全部地址线接地，P/$\overline{\text{R}}$端为低电平，按住$\overline{\text{CE}}$端（片选键）开始录音，放开或录满时录音自动停止。放音时 P/$\overline{\text{R}}$端置高，按$\overline{\text{CE}}$端，开始放音，按 PD 端或放音结束时停止放音

② 应用原理图。ISD2500 应用原理见图 22-6-17。

注：MICREF 可不用，即不接任何元件，但噪声会变大。

③ 工作模式。

a. 按键录放音模式。按键录放音模式见表 22-6-6。

b. 工作模式。2500 系列内置了若干操作模式，可用最少的外围器件实现最多的功能。操作模式也由地址端控制：当最高两位都为 1 时，其他地址端置高就选择某个（或某几个）模式。因此操作模式和直接寻址相互排斥。操作模式可由微控制器，也可由硬件实现。使用操作模式有以下两点注意。

(a) 所有操作最初都是从 0 地址，即存储空间的起始端开始。后续操作根据所选用的模式可从其他地址开始。而且，电路由录转为放，或由放转为录时（M6 模式除外），或执行了掉电周期后，地址计数器复位为 0。

(b) 当/CE 变低，最高两位地址位同高时，执行操作模式。这种操作模式一直有效，除非/CE 再次由高变低，芯片重新锁存当前的地址/模式端电平，然后执行相应操作。2500 系列操作模式见表 22-6-7，2500 模式作用见表 22-6-8，$\overline{\text{CE}}$、PD、$\overline{\text{EOM}}$的作用重新定义如表 22-6-9 所示。

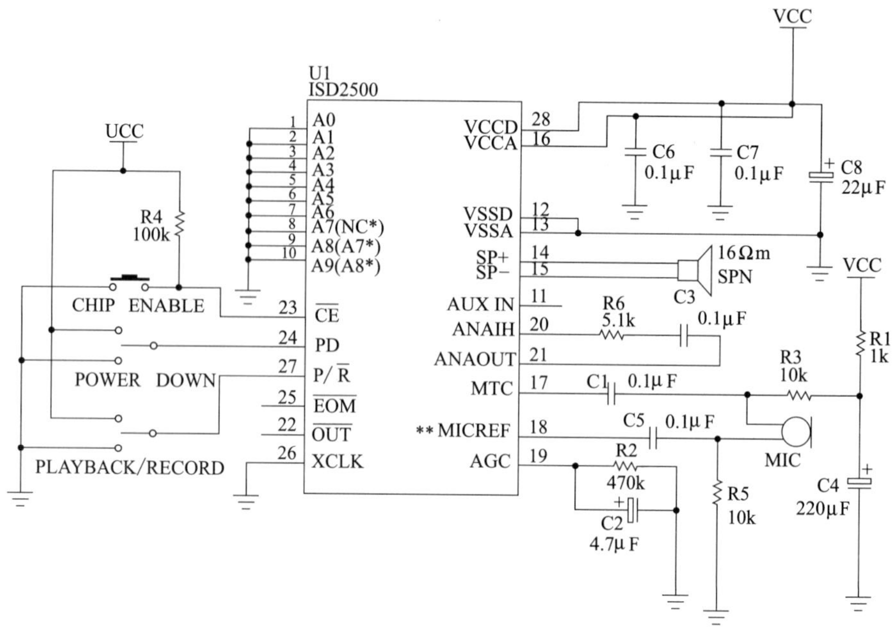

图 22-6-17　ISD2500 应用原理

表 22-6-7　　2500 系列操作模式简表

模式	功　　能	典 型 应 用	可组合使用的模式
M0	信息检索	快进信息	M4 M5 M6
M1	删除 EOM	在最后一条信息结束处放 EOM	M3 M4 M5 M6
M3	循环	从 0 地址连续放音	M1 M5 M6
M4	连续寻址	录放连续的多段信息	M0 M1 M5
M5	$\overline{CE}$电平有效	允许暂停	M0 M1 M3 M4
M6	按键模式	简化外围电路	M0 M1 M3

表 22-6-8　　2500 系列模式作用简表

模　　式	作　　用
M0(信息检索)	快速跳过信息而不必知道其确切地址。$\overline{CE}$每输入一个低脉冲，内部地址计数器就跳到下一条信息。此模式仅用于放音，通常与 M4 同时使用
M2(删除 EOM 标志)	使分段信息变为一条信息，信息最后保留一个 EOM 标志。这个模式完成后，录入所有信息就变成一条连续的信息
M3(信息循环)	循环重放位于存储空间起始处的那条信息。一条信息可以完全占满存储空间，那么循环就从头到尾进行，这时$\overline{OVF}$不变低
M4(连续寻址)	正常操作中，重放遇到 EOM 标志时，地址计数器复位。M4 禁止地址计数器复位，使得信息可连续录入或重放
M5($\overline{CE}$电平有效)	通常，录音时$\overline{CE}$为电平触发，放音时$\overline{CE}$为边沿触发。本模式将放音时$\overline{CE}$设置为电平触发，特别适用于需用$\overline{CE}$终止放音的场合。操作为：$\overline{CE}$变低后，从内存起始处开始放音，$\overline{CE}$变高放音即刻停止；$\overline{CE}$再变低后，仍从内存起始处开始放音，除非 M4 也是高
M6(按键模式)	本模式的外围电路最简单，成本大为降低：在录放结束，$\overline{CE}$变高后，自动进入节电模式

表 22-6-9 $\overline{CE}$、PD、$\overline{EOM}$的作用重新定义

管脚	作 用	重新定义的作用
$\overline{CE}$	开始/暂停，低脉冲有效	$\overline{CE}$端的下降沿控制操作的开始和暂停。当不录放时，$\overline{CE}$的下降沿就启动录/放操作。之后，如果没遇到EOM标志（放音时）或没发生溢出前，再来一个$\overline{CE}$下降沿将暂停当前操作。暂停后，地址并不复位，再来一个$\overline{CE}$下降沿后，从暂停处继续操作
PD	停止/复位，高脉冲有效	PD端的上升沿停止当前录/放操作，并复位地址
$\overline{EOM}$	运行指示	$\overline{EOM}$变高表示录/放操作正在进行，可驱动LED

④ ISD2500系列管脚说明。

表 22-6-10 ISD2500系列管脚说明

管脚名称	管脚说明
电源（VCCA，VCCD）	芯片内部的模拟和数字电路使用不同的电源总线，并且分别引到外封装上，这样可使噪声最小。模拟和数字电源最好分别走线，尽可能在靠近供电源处相连，而去耦电容应尽量靠近芯片
地线（VSSA，VSSD）	芯片内部的模拟和数字电路也使用不同的地线，这两脚最好在引脚焊盘上相连
节电控制（PD）	本端拉高使芯片停止工作，进入节电状态。芯片发生溢出，即$\overline{OVF}$端输出低电平后，要将本端短暂变高复位芯片，才能使之再次工作
片选（$\overline{CE}$）	本端变低后（而且PD为低），进行录放操作。在本端的下降沿锁存地址线和P/$\overline{R}$端的状态
录放模式（R/$\overline{R}$）	本端状态在$\overline{CE}$的下降沿锁存。高电平放音，低电平录音。录音时，由地址端提供起始地址，录音持续到$\overline{CE}$或PD变高，或内存溢出；如果是前一种情况，会自动在录音结束时写入EOM标志。放音时，由地址端提供起始地址，放音持续到EOM标志。如$\overline{CE}$一直为低，或电路工作在某些操作模式，放音会忽略EOM，继续进行下去
信息结尾标志（$\overline{EOM}$）	EOM标志在录音时自动插入到该信息的结尾。放音遇到EOM时，本端输出低电平脉冲。芯片内部会检测电源电压以维护信息的完整性，当电压低于3.5V时，本端变低，芯片只能放音
溢出标志（$\overline{OVF}$）	处于存储空间末尾时，本端输出低电平脉冲表示溢出，之后，本端状态跟随$\overline{CE}$端的状态，直到PD端变高。本端可用于级联
话筒输入（MIC）	本端连至前置放大器。自动增益控制电路（AGC）将前置增益控制在－15～24db。外接话筒应通过串联电容耦合到本端。耦合电容值和本端的10kΩ输入阻抗决定了芯片频带的低频截止点
话筒参考（MIC REF）	本端是前置放大器的反向输入，当以差分形式连接话筒时，可减小噪声，提高共模抑制比
自动增益控制（AGC）	AGC动态调整前置增益以补偿话筒输入电平的宽幅变化，使得录制变化很大的音量（从耳语到喧嚣声）时失真都能保持最小。响应时间取决于本端的5kΩ输入阻抗和外接的对地电容（即线路图中C2）的时间常数。释放时间取决于本端外接的并联对地电容和电阻（即图6-17中R2和C2）的时间常数。470kΩ和4.7μF的标称值在绝大多数场合下可获得满意的效果
模式输出（ANA OUT）	前置放大器输出。前置电压增益取决于AGC端电平
模拟输入（ANA IN）	本端为芯片录音信号输入。对话筒输入来说，ANA OUT端应通过外接电容连至本端。该电容和本端的3kΩ输入阻抗给出了芯片频带的附加低端截止频率。其他音源可通过交流耦合直接连至本端（绕过了ISD的前置）
喇叭输出（SP＋，SP－）	这对输出端能驱动16Ω以上的喇叭（内存放音时功率为12.2mW，AUX IN放音时功率为50mW）。单端使用时必须在输出端和喇叭间接耦合电容，而双端输出既不用电容又能将功率提高到4倍。录音和节电模式下，它们保持为低电平。注意：多个芯片的喇叭输出端绝对不能并联，否则可能损坏芯片！不用的喇叭输出端绝对不能接地
辅助输入（AUX IN）	当$\overline{CE}$和P/$\overline{R}$为高，放音不进行，或处于放音溢出状态时，本端的输入信号通过内部功放驱动喇叭输出端。当多个2500芯片级联时，后级的喇叭输出通过本端连接到本级的输出放大器。为防止噪声，建议在放内存信息时，本端不要有驱动信号
外部时钟（XCLK）	本端内部有下拉元件，不用时应接地。芯片内部的采样时钟在出厂前已调校，误差在＋1%内。商业级芯片在整个温度和电压范围内，频率变化在＋2.25%内。工业级芯片在整个温度和电压范围内，频率变化在＋5%内，建议使用稳压电源。若要求更高精度或系统同步，可从本端输入外部时钟，频率如前表所示；由于内部的防混淆及平滑滤波器已设定，故上述推荐的时钟频率不应改变。输入时钟的占空比无关紧要，因内部首先进行了分频
地址/模式输入（Ax/Mx）	地址端有两个作用，取决于最高两位（MSB），即2532/2540/2548/2564的A7和A8，或2560/2590/25120的A8和A9的状态。当最高两位中有一个为0时，所有输入均解释为地址位，作为当前录放操作的起始地址。地址端只作输入，不输出操作过程中的内部地址信息。地址在$\overline{CE}$的下降沿锁存

6.3 机电接口电路设计

6.3.1 机电接口电路类型与特点

所谓机电接口，是指机电产品中的机械装置与控制微机的接口。按照信息的传递方向可以将机电接口分为信息采集接口（传感器接口）与控制输出接口，其各自的任务与特点见表 22-6-11。

6.3.2 信号采集通道接口中的 A/D 转换接口电路设计

TLC2543 是 TI 公司的 12 位串行模数转换器，使用开关电容逐次逼近技术完成 A/D 转换过程。由于是串行输入结构，TLC2543 与外围电路的连线简单，能够节省 51 系列单片机 I/O 资源。自动完成采样，有转换结束标志管脚，分辨率较高，且价格适中，因此在仪器仪表中有较为广泛的应用。

表 22-6-11 机电接口电路类型与特点

类　型	任务与特点
信息采集接口	在一个机电产品中，控制微机要对机械装置进行有效控制，使其按预定的规律运行，完成预定的任务，就必须随时对机械系统的运行状态进行监控，随时检阅各种工作和运行参数，如位置、速度、转矩、压力、温度、流量等。因此进行系统设计时，必须选用相应的传感器将这些物理量转换为电量，再经过信息采集接口的整形、放大、匹配、转换，变成微机可以接收的信号传送给微机。传感器的输出信号中，既有开关信号(如限位开关、时间继电器等)，又有频率信号(超声波无损探伤)；既有数字量，又有模拟量(如温敏电阻、应变片等) 针对不同性质的信号，信息采集接口要对其进行不同的处理，例如对模拟信号必须进行模/数转换，变成微机可以接受的数字量再传送给微机。另外，在机电产品中，传感器要根据机械系统的结构来布置、环境往往比较恶劣，易受干扰；再者，传感器与控制微机之间常要采用长线传输，加之传感器输出信号一般又比较弱，所以抗干扰设计也是信息采集接口设计的一个重要内容
控制输出接口	控制微机通过信息采集接口检测机械系统的状态，经过运算处理，发出有关控制信号，经过控制输出接口的匹配、转换、功率放大，驱动执行元件去调节机械系统的运行状态，使其按设计要求运行。根据执行元件的需要不同，控制接口的任务也不同，例如对于交流电动机变频调速器，控制信号为 0～10V 电压或 4～20mA 电流信号，则控制输出接口必须进行数/模转换，对于交流接触器等大功率器件，必须进行功率驱动。由于机电系统中执行元件多为大功率设备，如电动机、电热器、电磁铁等，这些设备产生的电磁场、电源干扰往往会影响微机的正常工作，所以抗干扰设计同样是控制输出接口设计时应考虑的重要内容

表 22-6-12 信号采集通道接口中的 A/D 转换接口电路设计

<table>
<tr><td rowspan="11">TLC2543 特点</td><td>12 位分辨率 A/D 转换器</td></tr>
<tr><td>在工作温度范围内 10μs 转换时间</td></tr>
<tr><td>11 个模拟输入通道</td></tr>
<tr><td>3 路内置自测试方式</td></tr>
<tr><td>固有的采样与保持</td></tr>
<tr><td>线性误差±1LSB max</td></tr>
<tr><td>片内系统时钟</td></tr>
<tr><td>有转换结束输出指示 EOC</td></tr>
<tr><td>具有单、双极性输出</td></tr>
<tr><td>可编程的 MSB 或 LSB 前导</td></tr>
<tr><td>可编程输出数据长度</td></tr>
<tr><td>TLC2543 的引脚说明</td><td>AIN0 1 — 20 VCC
AIN1 2 — 19 EOC
AIN2 3 — 18 I/O CLOCK
AIN3 4 — 17 DATA INPUT
AIN4 5 — 16 DATA OUT
AIN5 6 — 15 $\overline{CS}$
AIN6 7 — 14 REF+
AIN7 8 — 13 REF−
AIN8 9 — 12 AIN10
GND 10 — 11 AIN9
图(a) TLC2543 引脚图</td></tr>
</table>

续表

	引脚号	名 称	I/O	说 明
TLC2543的引脚说明	1～9,11,12	AIN0～AIN10	I	模拟量输入端。11路输入信号由内部多路器选通。对于4.1MHz的I/O CLOCK,驱动源阻抗必须小于或等于50Ω,而且用60pF电容来限制模拟输入电压的斜率
	15	/CS	I	片选端。在$\overline{CS}$端由高变低时,内部计数器复位。由低变高时,在设定时间内禁止DATAINPUT和I/O CLOCK
	17	DATAINPUT	I	串行数据输入端。由4位的串行地址输入来选择模拟量输入
	16	DATAOUT	O	A/D转换结果的三态串行输出端。$\overline{CS}$为高时处于高阻抗状态,$\overline{CS}$为低时处于激活状态
	19	EOC	O	转换结束端。在最后的I/O CLOCK下降沿之后,EOC从高电平变为低电平并保持到转换完成和数据准备传输为止
	10	GND		内部电路的地回路端。除另有说明外,所有电压测量都相对GND而言
	18	I/O CLOCK	I	输入/输出时钟端。I/O CLOCK接收串行输入信号并完成以下四个功能 ①在I/O CLOCK的前8个上升沿,8位输入数据存入输入数据寄存器 ②在I/O CLOCK的第4个下降沿,被选通的模拟输入电压开始向电容器充电,直到I/O CLOCK的最后一个下降沿为止 ③将前一次转换数据的其余11位输出到DATA OUT端,在I/O CLOCK的下降沿时数据开始变化 ④I/O CLOCK的最后一个下降沿,将转换的控制信号传送到内部状态控制位
	14	REF+	I	正基准电压端。基准电压的正端(通常为VCC)被加到REF+,最大的输入电压范围由加于本端与REF−端的电压差决定
	13	REF−	I	负基准电压端。基准电压的低端(通常为地)被加到REF−端
	20	VCC		电源

TLC2543的接口时序

每次转换和数据传递可以使用12或16个时钟周期得到全12位分辨率;可以使用8个时钟周期得到8位分辨率

一个片选($\overline{CS}$)脉冲要插到每次转换的开始处,或是在转换时序的开始处变化一次后保持$\overline{CS}$为低,直到时序结束。图(b)显示每次转换和数据传递使用16个时钟周期和在每次传递周期之间插入$\overline{CS}$的时序,即进行一次转换操作一次$\overline{CS}$。图(c)显示每次转换和数据传递使用16个时钟周期,仅在每次转换序列开始处插入一次$\overline{CS}$时序,即连续进行多次转换只操作一次$\overline{CS}$

从时序图(b)、图(c)可以看出,在TLC2543的$\overline{CS}$变低时开始转换和数据传送,CPU将通道选择、数据长度选择、前导选择、单双极性选择的控制信息送入DATAINPUT脚的同时,还从DATAOUT脚读出AD转换的结果。因此,本次读出的AD转换结果是上一次操作TLC2543所选择的通道对应的数据。通道选择、数据

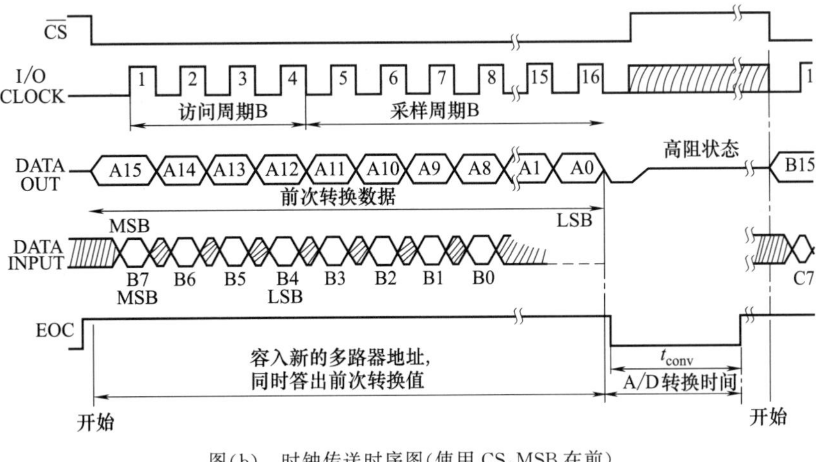

图(b) 时钟传送时序图(使用CS,MSB在前)

续表

<table>
<tr><td>TLC2543 的接口时序</td><td>
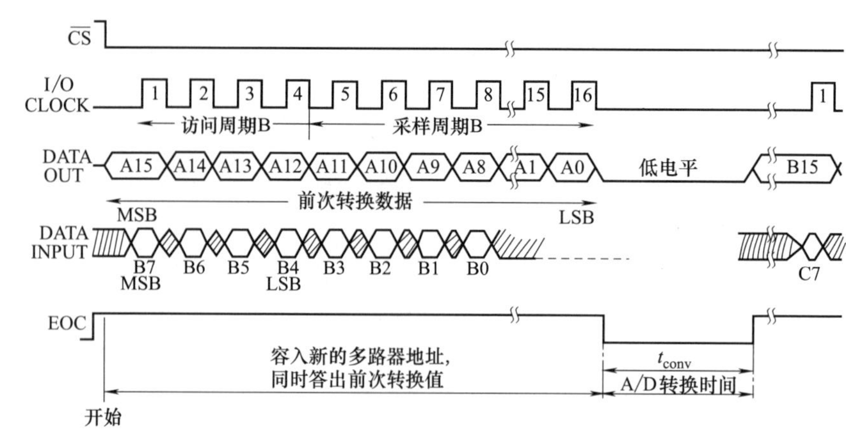

图(c) 时钟传送时序图(不使用 CS,MSB 在前)
长度选择、前导选择、单双极性选择这四项的设置数据共 8 位，I/O CLOCK 的前 8 个上升沿将这 8 位的工作模式设置数据从 DATAINPUT 键入输入数据寄存器，如果工作在 12 或 16 时钟周期模式则后 4 位或 8 位的 DATAINPUT 数据没意义，可任意给出，这 4 或 8 位时钟只是为了补齐 12 或 16 个时钟，使 12 位的 AD 转换结果同步输出。使用 16 时钟时，读出的 AD 数据为 16 位，因为有效数据只有 12 位，应根据程序屏蔽高或低 4 位
在 I/O CLOCK 上升沿时数据变化。即 I/O CLOCK 低电平时将要写入 DATAINPUT 的数据准备好，当 I/O CLOCK 高电平时读出 DATAOUT 的数据
当 CS 为高时，I/O CLOCK 和 DATA INPUT 被禁止，DATA OUT 为高阻态，不能操作
</td></tr>
<tr><td>TLC2543 与 AT89S51 硬件连接</td><td>
由于 MCS-51 系列单片机不具有 SPI 或相同能力的接口，为了便于与 TLC2543 接口，采用软件合成 SPI 操作。为减少数据传送速度受微处理器时钟频率的影响，尽可能选用较高时钟频率。接口电路如图(d)所示
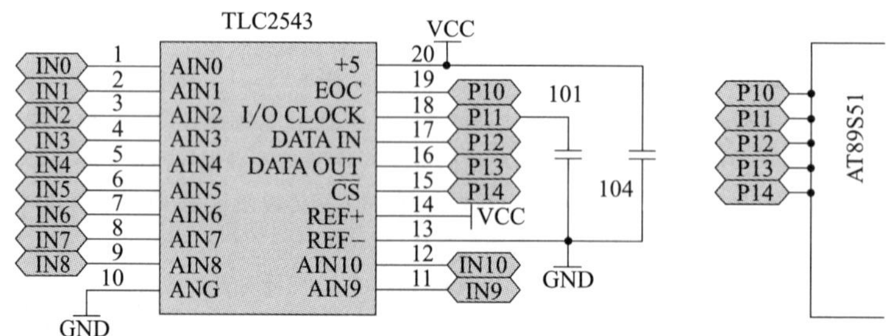

图(d) TLC2543 与 AT89S51 接口电路
</td></tr>
</table>

6.3.3 控制量输出通道中的 D/A 转换接口电路设计

D/A 集成芯片很多，D/A 芯片可分为：电流输出型，如 DAC0832、AD7522 等；电压输出型，如 AD558、AD7224 等。电压输出型又可分为单极性输出和双极性输出等。下面介绍两种典型的，目的在于掌握 D/A 芯片的用途及接口电路设计方法。

(1) TLC5617 双路 10 位数模转换器

TLC5617 是双路 10 位电压输出数字-模拟转换（DAC），可实现单路输出或双路同时输出，输出电压范围为基准电压的两倍。TLC5617 通过 CMOS 兼容的 3 线串行总线与单片机连接，最大时钟频率 20MHz。TLC5617 接收单片机的 16 位控制字，产生模拟输出。芯片管脚定义见表 22-6-13。TLC5617 芯片管脚见图 22-6-18，TLC5617 操作时序见图22-6-19。

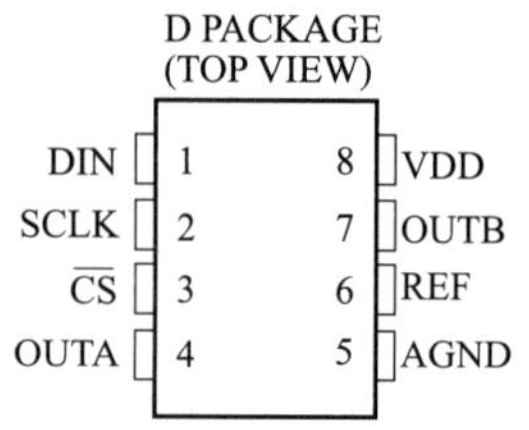

图 22-6-18 TLC5617 芯片管脚图

表 22-6-13　**TLC5617 芯片管脚定义**

引脚		I/O/P	说　明
名称	编号		
AGND	5	P	地
$\overline{CS}$	3	I	片选端，用于能/禁止输入
DIN	1	I	数字串行数据输入端
OUTA	4	O	DAC A 模拟电压输入端
OUTB	7	O	DAC B 模拟电压输入端
REF	6	I	模拟基准电压输入端
SCLK	2	I	数字串行时钟输入端
VDD	8	P	正电源电压

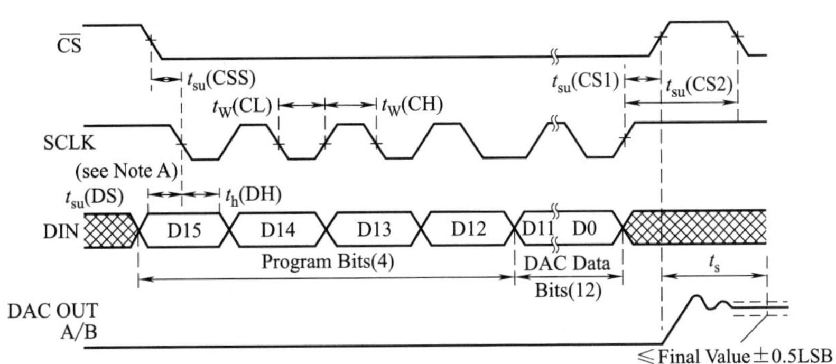

图 22-6-19　TLC5617 操作时序图

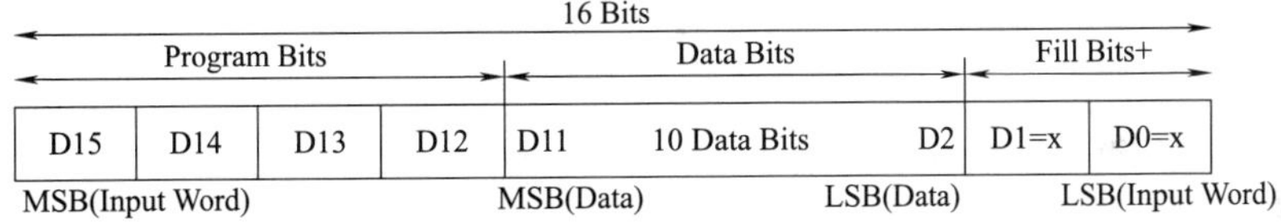

图 22-6-20　TLC5617 的 16 位控制字结构

表 22-6-14　**编程位 D15～D12 的功能**

编程位组合方式				功能描述
D15	D14	D13	D12	
1	X	X	X	将电压控制数据写入 A 锁存器，同时将缓冲器中已经存在的数据写入 B 锁存器
0	X	X	0	将电压控制数据写入缓冲器和 B 锁存器
0	X	X	1	将电压控制数据只写入缓冲器
X	1	X	X	12.5μs 建立时间
X	0	X	X	2.5μs 建立时间
X	X	0	X	芯片正常工作
X	X	1	X	芯片掉电，节能

(2) TLC5617 的 16 位控制字结构

TLC5617 的 16 位控制字结构如图 22-6-20 所示。D15～D12 是编程位，控制通道选择等。D11～D2 是数据位，控制输出电压大小。D1～D0 没用，补零即可。编程位 D15～D12 的功能见表 22-6-14、图 22-6-21。

输出电压与输入数据满足如下对应关系：输出电压$=2\times V_{ref}\times$输入数据/1024。其中，V_{ref}是给定的参考电压。

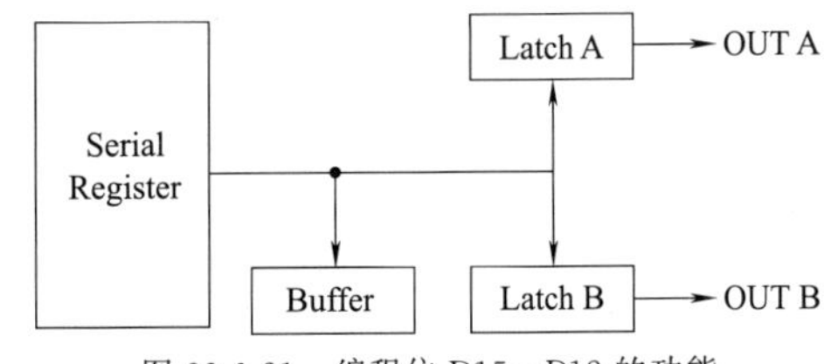

图 22-6-21　编程位 D15～D12 的功能

6.3.4　控制量输出通道中的功率接口电路设计

在机电产品中，被控对象所需要的驱动功率一般都比较大，而计算机发出的数字控制信号或经 D/A 转换后所得到的模拟控制信号的功率都很小，必须经过功率放大后才能用来驱动被控对象。实现功率放大功能的接口电路被称为功率接口电路。

6.3.4.1　PWM 整流电路

在电力系统中，电压和电流应是完好的正弦波。但是在实际的电力系统中，由于非线性负载的影响，实际的电网电压和电流波形总是存在不同程度的畸变，给电力输配电系统附近的其他电气设备带来许多问题，因而就有必要采取措施限制其对电网和其他设备的影响。随着电力电子技术的迅速发展，各种电力电子装置在电力系统、工业、交通、家庭等众多领域中的应用日益广泛，大量的非线性负载被引入电网，导致了日趋严重的谐波污染。电网谐波污染的根本原因在于电力电子装置的开关工作方式，引起网侧电流、电压波形的严重畸变。目前，随着功率半导体器件研制与生产水平的不断提高，各种新型电力电子变流装置不断涌现，特别是用于交流电机调速传动的变频器性能的逐步完善，为工业领域节能和改善生产工艺提供了十分广阔的应用前景。相关资料表明，电力电子装置生产量在未来的十年中将以每年不低于 10%的速度递增，同时，由这类装置所产生的高次谐波约占总谐波源的 70%以上。

为了抑制电力电子装置产生的谐波，其中的一种方法就是对整流器本身进行改进，使其尽量不产生谐波，且电流和电压同相位。这种整流器称为高功率因数变流器或高功率因数整流器。高功率因数变流器主要采用 PWM 整流技术，一般需要使用自关断器件。对电流型整流器，可直接对各个电力半导体器件的通断进行 PWM 调制，使输入电流成为接近正弦且与电源电压同相的 PWM 波形，从而得到接近 1 的功率因数。对电压型整流器，需要将整流器通过电抗器与电源相连。只要对整流器各开关器件施以适当的 PWM 控制，就可以对整流器网侧交流电流的大小和相位进行控制，不仅可实现交流电流接近正弦波，而且可使交流电流的相位与电源电压同相，即系统的功率因数总是接近于 1。

表 22-6-15　　PWM 整流器基础器件和整流电路

<table>
<tr><td rowspan="6">功率开关器件</td><td colspan="3">PWM 整流器的基础是电力电子器件，其与普通整流器和相控整流器的不同之处是其中用到了全控型器件，器件性能的好坏决定了 PWM 整流器的性能。优质的电力电子器件必须具有如下特点
①能够控制通断，确保在必要时可靠导通或截止
②能够承受一定的电压和电流，阻断状态时能承受一定电压，导通时允许通过一定的电流
③具有较高的开关频率，在开关状态转换时具有足够短的导通时间和关断时间，并能承受高的 di/dt 和 dv/dt</td></tr>
<tr><td rowspan="5">在 PWM 整流器中得到广泛应用的电力电子器件</td><td>电力电子器件名称</td><td>介　绍</td></tr>
<tr><td>门极可关断晶闸管(GTO)</td><td>GTO 是最早的大功率自关断器件，是目前承受电压最高和流过电流最大的全控型器件。它能由门极控制导通和关断，具有通过电流大、管压降低、导通损耗小，dv/dt 耐量高等优点，目前已达 6kV/6kA 的应用水平，在大功率的场合应用较多。但是 GTO 的缺点也很明显，驱动电路复杂并且驱动功率大，导致关断时间长，限制了器件的开关频率；关断过程中的集肤效应容易导致局部过热，严重情况下使器件失效；为了限制 dv/dt，需要复杂的缓冲电路，这些都限制了 GTO 在各个领域的应用，现在 GTO 主要应用在中、大功率场合</td></tr>
<tr><td>电力晶体管(GTR)</td><td>电力场效应管又称为巨型晶体管，是一种耐高压、大电流的双极结型晶体管，该器件与 GTO 一样都是电流控制型器件，因而所需驱动功率较大，但其开关频率要高于 GTO，因而自 20 世纪 80 年代以来，主要应用于中小功率的变频器或 UPS 电源等场合。目前其地位大多被绝缘栅双极晶体管(IGBT)和电力场效应管(Power MOSFET)所取代</td></tr>
<tr><td>电力场效应管(Power MOSFET)</td><td>电力场效应管是用栅极电压来控制漏极电流的，属于电压控制型器件，因此它的第一个显著特点是驱动电路简单，需要的驱动功率小。其第二个显著特点是开关速度快，工作频率高。Power MOSFET 的热稳定性优于 GTR，但是 Power MOSFET 电流容量小，耐压低，一般只适用于功率不超过 10kW 的场合</td></tr>
<tr><td>绝缘栅双极晶体管(IGBT)</td><td>IGBT 是后起之秀，将 MOSFET 和 GTR 的优点集于一身，既具有 MOSFET 的输入阻抗高、开关速度快的优点，又具有 GTR 耐压高、流过电流大的优点，是目前中等功率电力电子装置中的主流器件。目前的应用水平已经达到 3.3kV/1.2kA。栅极为电压驱动，所需驱动功率小，开关损耗小、工作频率高，不需缓冲电路，适用于较高频率的场合。其主要缺点是高压 IGBT 内阻大，通态压降大，导致导通损耗大；在应用于高(中)压领域时，通常需要多个串联</td></tr>
</table>

续表

		电力电子器件名称	介绍
功率开关器件	在PWM整流器中得到广泛应用的电力电子器件	集成门极换流晶闸管(IGCT)	IGCT是在GTO的基础上发展起来的新型复合器件，兼有MOSFET和GTO两者的优点，又克服了两者的不足之处，是一种较为理想的兆瓦级、高(中)压开关器件。与MOSFET相比，IGCT通态压降更小，承受电压更高，通过电流更大；与GTO相比，通态压降和开关损耗进一步降低，同时使触发电流和通态时所需的门极电流大大减小，有效地提高了系统的开关速度。IGCT采用的低电感封装技术使得其在感性负载下的开通特性得到显著改善。与GTO相比，IGCT的体积更小，便于和反向续流二极管集成在一起，这样就大大简化了电压型PWM整流器的结构，提高了装置的可靠性
		对称门极换流晶闸管(SGCT)	IGCT改进形式之一称为对称门极换流晶闸管(SGCT)，两者的特性相似，不同之处是SGCT可双向控制电压，主要应用于电流型PWM中。目前，两者的应用水平已经达到6kV/6kA
PWM整流器的主电路拓扑结构	PWM整流器根据主电路中开关器件的多少，可以分为单开关型和多开关型；根据输入电源相数，可以分为单相PWM整流电路和三相整流电路；根据输出要求，可以分为电压源和电流源型。下面介绍几种常见的三相PWM整流电路的拓扑结构并简要分析它们的工作特性		
	三相单开关PWM整流电路	单开关Boost型(升压型)	电路如图(a)所示，其中输出电压恒定，工作于电流断续模式(DCM)，这种电路结构简单，在PWM整流电路中应用广泛 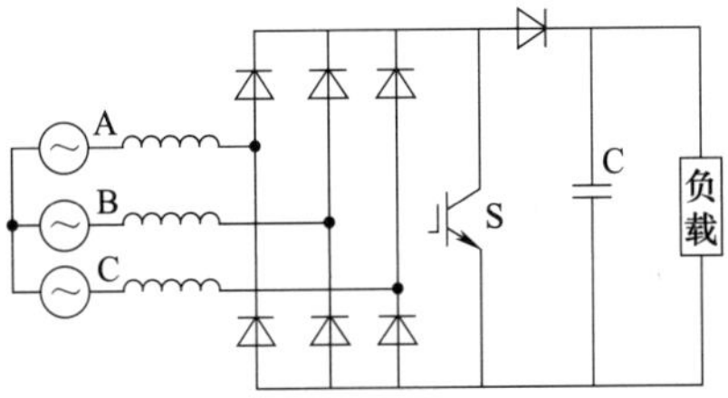 图(a) 三相单开关Boost型
		单开关Buck型(降压型)	电路如图(b)所示，与升压型成对偶关系，其输出电流恒定，输出电压较低，仍然工作于断续电流模式(DCM) 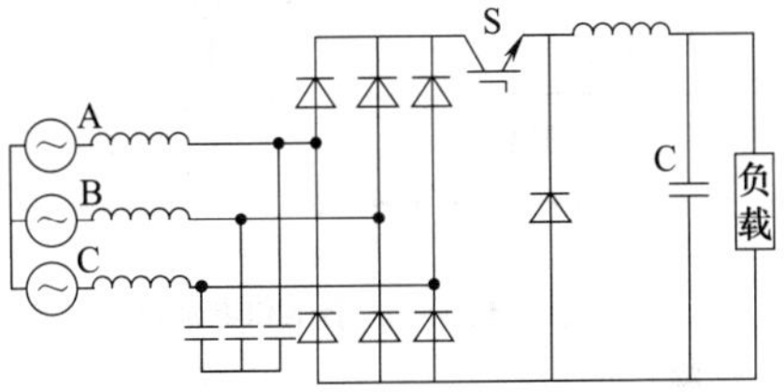 图(b) 三相单开关Buck型
	三相多开关PWM整流电路	六开关Boost型	也可称为两电平电压型整流器或三相桥式可逆PWM整流器，电路如图(c)所示，每个桥臂上的可关断开关管都带有反并联二极管，可以实现能量的双向流动，每只开关管的导通作用，一般都是使交流侧滤波电感L蓄积磁能，而在开关管关断时，迫使电感产生较高的电压Ldi/dt，通过另一桥臂的续流二极管向直流侧释放磁能。因此，从广义上讲，这种桥式PWM可逆整流器拓扑，仍属于升压式结构。六开关Boost型PWM整流器的特点是结构简单且易于实现有源逆变，因而是目前应用和研究最为活跃的一种类型，也是多开关PWM整流电路中应用最为广泛的一种 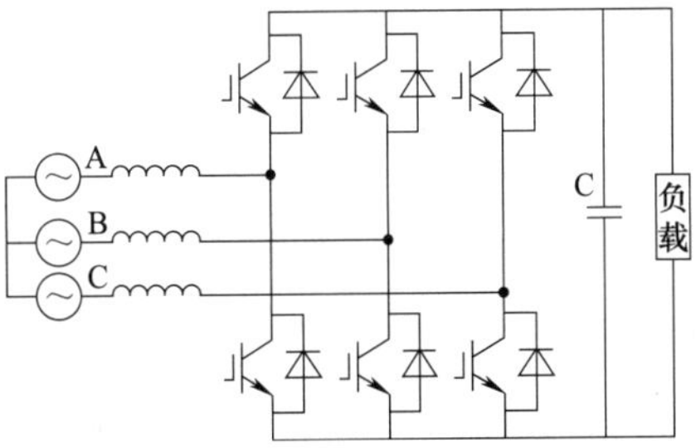 图(c) 三相多开关Boost型
		六开关Buck型	也可称为两电平电流型整流器，电路如图(d)所示，直流侧电抗器一般要求很大。由于电流型变换器的特点，交流侧输入LC滤波器通常是必不可少的，以改善电流波形和功率因数。这种电路拓扑较适合于空间矢量调制，且有降压作用。其缺点是由于直流侧大电感内阻较大，消耗功率较大，导致其效率略低于六开关Boost型 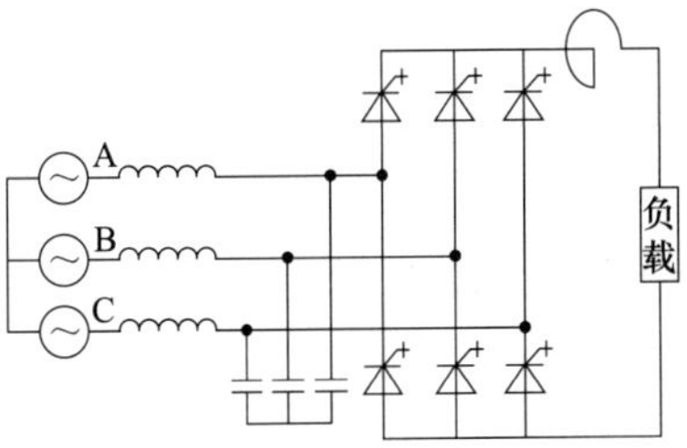 图(d) 三相多开关Buck型

续表

PWM整流器的主电路拓扑结构	三相多开关PWM整流电路	三电平PWM整流电路	在大功率 PWM 变流装置中，常采用拓扑结构，如图(e)所示的三点式电路，这种电路也称为中点钳位型电路。与两点式 PWM 相比，三点式 PWM 调制波的主要优点，一是对于同样的基波与谐波要求而言，开关频率低得多，从而可以大幅度降低开关损耗；二是每个主开关器件关断时所承受的电压仅为直流侧电压的一半，因此这种电路特别适合于高电压大容量的应用场合。不过三点式 PWM 可逆整流器的缺点也是显而易见的，一方面其主电路拓扑使用功率开关器件较多，另一方面，控制也比两点式复杂，尤其是需要解决中点电位平衡问题 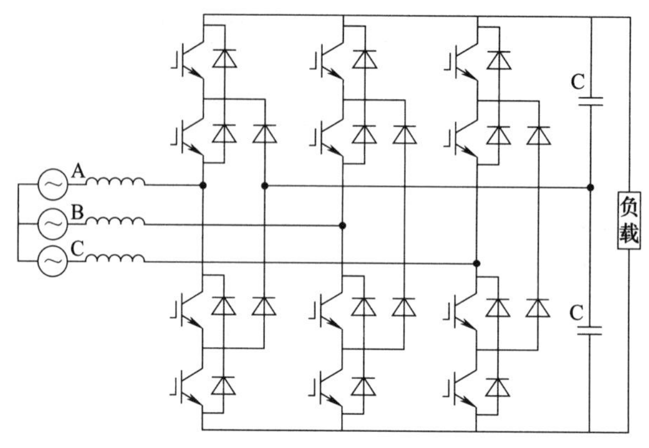 图(e) 三电平 PWM 整流电路 从上面的分析可以知道，单开关主电路拓扑结构的共同优点在于，控制结构简单，易于实现，且电源工作可靠性高；缺点在于其应用场合受到开关器件的影响，开关器件的耐压水平高低和开关频率的高低限制了这种电路的应用，其主要应用于中小功率的变频器或 UPS 电源。与单开关结构的 PWM 整流器相比，多开关 PWM 整流电路的共同优点在于功率因数高，谐波失真小，可实现能量的双向流动，调节速度快，应用范围广，主要应用于中大功率场合。缺点也很突出，电路结构复杂，控制难度大，而且需要检测和控制的点较多，提高了控制成本；器件的增多也降低了系统的可靠性。但由于其性能指标要高于单开关结构的 PWM 整流器，且可实现能量的双向流动，是很有发展前途的拓扑结构

6.3.4.2 光耦合器驱动接口设计

表 22-6-16 **光耦合器驱动接口设计**

光电耦合器结构特点	光电耦合器的主要结构是把发光器件(红外发光二极管)和光接收器件(光敏二极管或光敏三极管)组装在一个密闭的管壳内，利用发光器件的管脚作输入端，而把光接收器的管脚作为输出端。这样，当在输入端加电信号时，发光器件发光，把输入的电信号变换成光，而光接收器件把光又重新变换成电信号。实现了以“光”为媒介的电信号传输，而器件的输入和输出两端在电气上是绝缘的 光电耦合器的主要特点如下 ①输入和输出端之间的绝缘电阻一般都很大，耐压一般可超过 1kV，有的甚至可以达到 10kV 以上 ②由于光传输的单向性，所以信号从光源单向传输到光接收器，不会出现反馈现象，也就是说输出信号不会影响输入信号，实现了完全的电气隔离 ③由于发光器件(砷化镓红外发光二极管)是电流型工作的低阻元件，而噪声是一种高内阻微电流信号，因此光电耦合器件的共模抑制比很大，可以很好地抑制干扰。在长线传输中作为终端隔离元件可以大大提高信噪比 ④光电耦合器件的时间常数通常在微秒级，响应速度快 ⑤体积小、寿命长、无触点	
光电耦合器应用实例	信号隔离电平变换电路	信号隔离电平变换电路如图(a)所示，当 IN＝5V 时，OUT＝12V；当 IN＝0V 时，OUT＝0V 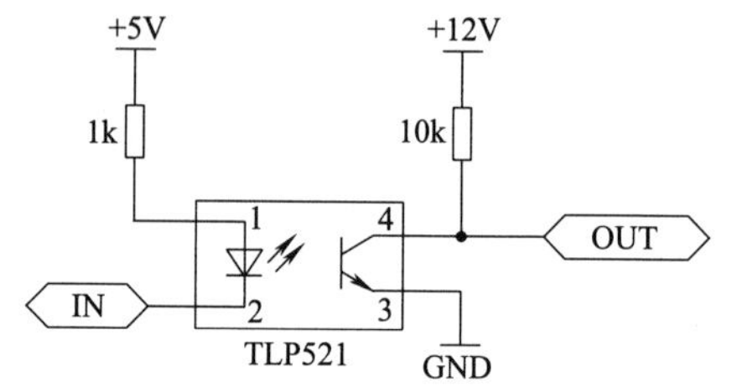 图(a) 信号隔离电平变换电路

续表

<table>
<tr>
<td rowspan="2">光电耦合器应用实例</td>
<td>功率器件控制隔离电路</td>
<td>功率器件控制隔离电路如图(b)所示。因为 TLP521 光耦的输出电流不够大，所以需要加 8550 三极管进行功率放大。如果选用达林顿晶体管输出形式的光耦 TLP627，则 8550 可以省略，即用 TLP627 的输出三极管直接驱动继电器，电路更简洁。1N4007 为继电器的续流二极管；100Ω 电阻和 104 CBB 电容构成的电路，用来吸收继电器线圈断电时产生的尖峰电压
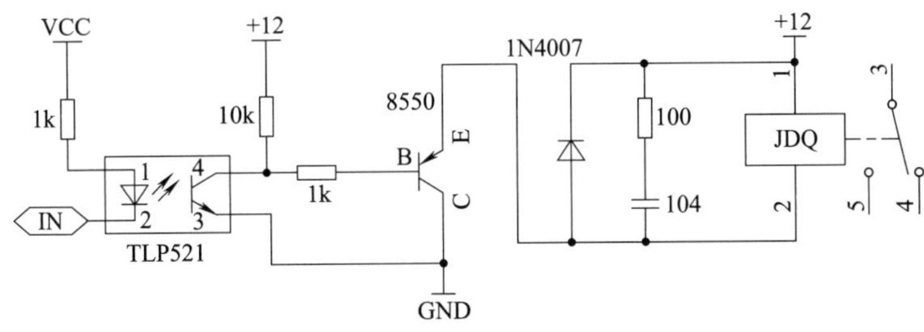

图(b)　功率器件控制隔离电路</td>
</tr>
<tr>
<td>长线或开关输入隔离电路</td>
<td>长线或开关输入隔离电路如图(c)所示。使用光耦作为长线按钮或开关的输入隔离，可以大大降低输入线上的噪声干扰
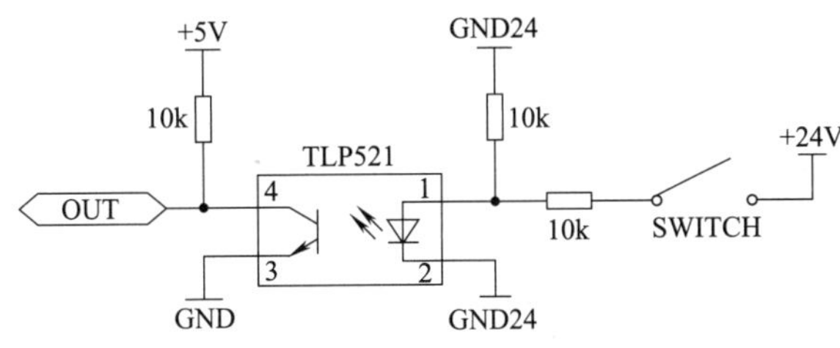

图(c)　长线或开关输入隔离电路</td>
</tr>
<tr>
<td colspan="2">线性光耦</td>
<td>在测试系统中，常常需要用低压器件去测量高电压、强电流等模拟量，为了防止高电压、强电流造成的干扰串入低压器件，需要进行电气隔离。对于交流模拟信号，通常使用变压器来实现隔离、变换，但变压器对于直流信号的隔离却无能为力。霍尔元件和线性光耦是直流信号隔离最佳的选择
最常用的线性光耦型号是 HCNR200/201。HCNR200 的隔离电压峰值达 8000V，输入输出线性度达±0.05%。HCNR200 和 HCNR201 的内部结构完全相同，只是 HCNR201 具有更高的线性度
线性光耦只是将普通光耦的单发单收模式稍加改变，变成单发双收，即增加了一个用于反馈的光接收电路。这样，虽然两个光接收电路都是非线性的，但两个光接收电路的非线性特性都是一样的，这样，就可以通过反馈通路的非线性来抵消直通通路的非线性，从而达到线性隔离的目的。线性光耦的内部结构如图(d)所示
图(d)　线性光耦的内部结构
它由发光二极管 D1、反馈光电二极管 D2、输出光电二极管 D3 组成。其中 1、2 引作为隔离信号的输入，3、4 引脚用于反馈，5、6 引脚用于输出，7、8 是空脚。输入电压的变化体现在电流 IF 上，IPD1 和 IPD2 基本与 IF 呈线性关系，线性系数分别记为 K1 和 K2，即 K1＝IPD1/IF，K2 ＝ IPD2/IF。K1 与 K2 一般很小（HCNR200 是 0.50%），并且随温度变化较大，但芯片的设计使得 K1 和 K2 相等
当 D1 通过驱动电流 IF 时，D1 发出的光均匀照射在 D2、D3 上。反馈光电二极管 D2 产生电流 IPD1(IPD1＝IPD2＝0.005IF)，该电流通过外接运放来调节 IF 以补偿 D1 的非线性。输出光电二极管 D3 产生的输出电流 IPD2 与 D1 发出的光强成线性比例关系。电流增益 K1＝I1/If，正向增益 K2＝I2/If，则传输增益 K3＝K2/K1＝I2/I1，K3 的典型值为 1
线性光耦真正隔离的是电流，要想真正隔离电压，需要在输入和输出处增加运算放大器等辅助电路。图(e)是 HCNR200/201 的一种典型应用电路
发光管 D1 的电流允许范围是 1～20mA，需要根据输入电压确定 R3 阻值。直流 500V 输入电压被 1M 和 4.7K 电阻分压，即运放 IC7A 构成跟随器的输入电压最大值是 2.34V。运放 IC7B 和 D1、D2、R1、R3 共同构成同向比例放大电路，通常先假设其增益为 1，即 IC7B 的输出电压最大值也是 2.34V，当 R3＝220Ω 时，发光管 D1 流过的电流最大约为 10mA，满足 D1 允许的 1～20mA 电流范围，流过输出光电二极管 D3 的电流为 0.05mA，线性光耦的输出电压为 0.05mA×100K＝5V</td>
</tr>
</table>

续表

<table>
<tr><td>线性光耦</td><td>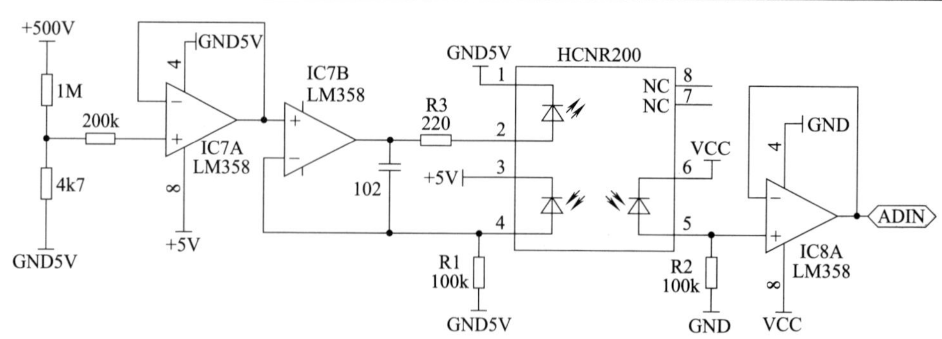图(e) HCNR200/201的典型应用电路

以上参数的估算只是提供了器件取值的大概范围，在实际应用中还需要根据实际的输入电压和获得的输出电压进行调整，以获得最终的器件参数。最重要的是要根据多组输入输出电压的实际值，判断线性度是否满足设计要求。常被一些设计者忽略的问题是，运算放大器能输出的最高电压一般不会超过运放电源电压的2/3，即如果运放为5V供电，则运放输出电压最大值不会超过3.3V，有的运放还会更低</td></tr>
<tr><td>高速光耦</td><td>高速光耦的应用电路同普通光耦基本一样，唯一的差别就是输入输出侧电阻阻值的配置略有不同。常用的高速光耦是6N139，最大传输速率为100kBit/秒，其基本应用电路如图(f)所示。调整输入电阻R1的阻值将影响传输脉冲上升沿的建立时间，调整输出电阻R2的阻值将影响下降沿的建立时间。在给定频率输入脉冲的作用下，要想知道输出波形的好坏，最好用示波器确认
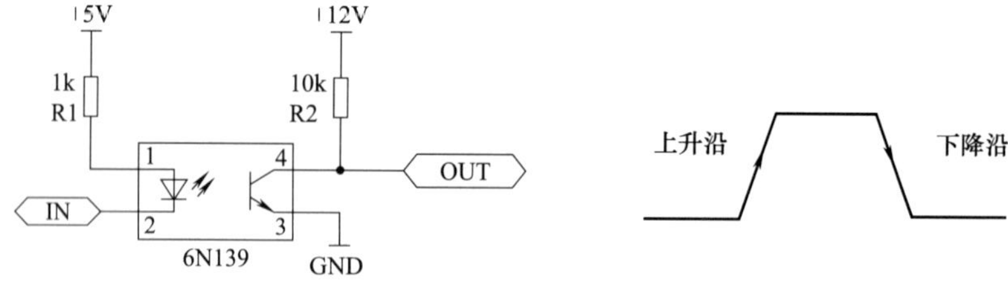图(f) 高速光耦的应用电路</td></tr>
<tr><td>光电开关</td><td>光电开关也是由发光二极管和光电三极管构成，遮挡物将影响发射端和接收端之间光的强弱变化，从而达到检测的目的。光电开关属于位置传感器的一种

光电开关的两种常用形式
<table>
<tr><th>光电开关形式</th><th>作　用</th></tr>
<tr><td>反射式光电开关</td><td>集发射器与接收器于一体，光电开关发射器发出的光线经过反射镜反射回接收器，当被检测物体经过且完全阻断光线时，光电开关就产生了检测开关信号</td></tr>
<tr><td>对射式光电开关</td><td>包含了在结构上相互分离且光轴相对的发射器和接收器，发射器发出的光线直接进入接收器，当被检测物体经过发射器和接收器之间且阻断光线时，光电开关就产生了开关信号。当检测物体为不透明时，对射式光电开关是最可靠的检测装置</td></tr>
</table></td></tr>
</table>

6.3.4.3 继电器

(1) 电磁继电器

表 22-6-17　　电磁继电器

电磁继电器的工作原理	电磁式继电器一般由线圈及铁芯、衔铁、簧片及触点、复位弹簧等组成。在线圈两端加上一定的电压让线圈中有电流流过，铁芯就会产生磁力，衔铁在磁力吸引下克服复位弹簧的拉力而被吸向铁芯，从而带动簧片及动触点产生运动，完成开、闭的吸合变化。当线圈断电后，铁芯磁力消失，衔铁就会在复位弹簧的作用下返回原来的位置，使动、静触点恢复原来的接触状态。通过控制继电器线圈的通电和断电，从而实现了触点的通断控制。对于继电器的常开、常闭触点可以这样来区分：线圈未通电时处于断开状态的称为“常开触点对”，处于接通状态的称为“常闭触点对”。电磁式继电器的结构示意图如图(a)所示

续表

<table>
<tr><td>电磁继电器的工作原理</td><td colspan="2">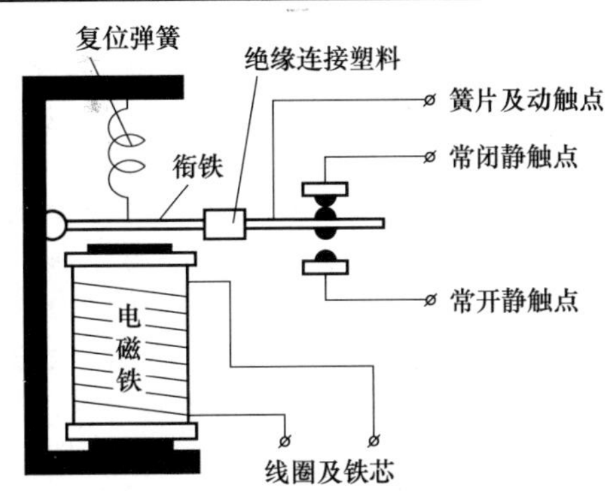

图(a)　电磁式继电器的结构示意图</td></tr>
<tr><td>电磁继电器的驱动</td><td colspan="2">如图(b)所示，ULN2003 是 7 路达林顿三极管阵列，单路输出电流达 500mA，并且内部集成驱动电磁继电器时需要的泄放二极管，输入兼容 TTL/CMOS 电平。ULN2003 是驱动多路电磁继电器的最佳选择。ULN2803 与 ULN2003 的性能一样，只是 ULN2803 为 8 路达林顿三极管阵列。使用晶体管驱动继电器时，唯一需要考虑的就是晶体管的输出电流应大于继电器线圈的额定工作电流
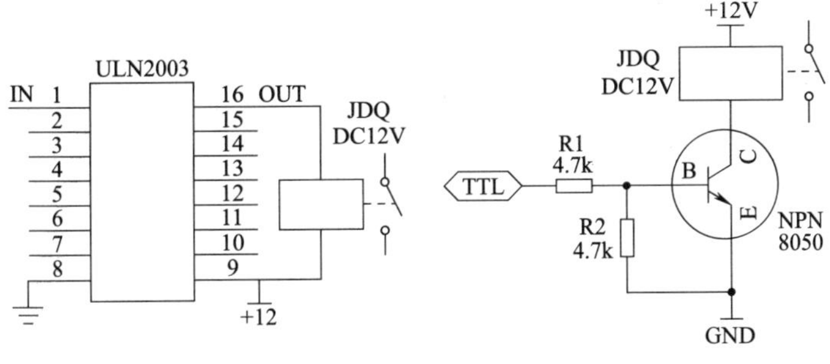

图(b)　电磁继电器的驱动</td></tr>
<tr><td rowspan="3">电磁继电器选择的关键参数</td><td>关键参数</td><td>作　用</td></tr>
<tr><td>线圈的工作电压</td><td>与用户密切相关的输入量是线圈工作电压。设计时，应将线圈作为接入负载来计算实际电压，特别是电源内阻大时更是如此。当用三极管作为开关控制线圈通断时，对 6VDC 以下工作电压的继电器来讲，还应扣除三极管饱和压降。当然，线圈工作电压并非加的愈高愈好，超过额定工作值太高，会使线圈发热增加，缩短电气寿命，增加衔铁的冲击磨损，增加触点回跳次数</td></tr>
<tr><td>触点电压、电流</td><td>长期实践证明，约 70%的继电器故障发生在触点上，这足见正确选择和使用继电器触点非常重要，应根据被控回路实际情况确定需要几组常开、常闭触点。由于动合(常开)触点组接通时触点回跳次数少和触点烧蚀后补偿量大，其负载能力和接触可靠性较动断(常闭)触点组要高，尽量多用动合触点。认为触点切换负荷小一定比切换负荷大更可靠的说法是不正确的。一般来说，继电器触点的切换负荷应在额定电压下，令电流大于 100mA 且小于额定电流的 75%最好。电流小于 100mA 时会使触点积碳增加，可靠性下降</td></tr>
</table>

(2) 固态继电器

固态继电器 SSR (solid state reley) 使用数字信号作输入控制，输入与输出之间使用光耦隔离，输出器件为大功率三极管、功率场效应管、单/双向可控硅等，是一种无触点的电子开关，可实现相当于电磁继电器一样的功能。固态继电器的输出形式有交流输出和直流输出两种，它们分别在交流或直流电源上作负载的开关，不能混用。

直流型 SSR 负载为感性负载时，如直流电磁阀或电磁铁，应在负载两端并联一只二极管，二极管的电流应等于负载工作电流，电压应大于负载工作电压的 4 倍。

交流型 SSR 又分为电压过零导通型（简称过零型)、电压随机导通型（简称随机型)。交流过零型固体继电器采用了过零控制电路，具有电压过零时开启、负载电流过零时关断的特性，在负载上可以得到一个完整的正弦波形，减少了对负载的冲击和对电网的污染。过零型与随机型的工作波形图见表 22-6-18。

表 22-6-18 过零型与随机型的工作波形图

选型	工作波形图
过零型	负载电压 输入信号 ON OFF 负载电流
随机型	负载电压 输入信号 ON OFF 负载电流

过零型交流固态继电器原理分析如下。

如图 22-6-22 所示，固态继电器由三部分组成：输入电路、隔离（耦合）和输出电路组成，在输入电路控制端加入信号后，IC1 光电耦合器内光敏三极管呈导通状态，R1 串接电阻对输入信号进行限流，以保证光耦合器不致损坏。LED 发光二极管指示输入端控制信号，VD1 可防止当输入信号正负极性接反时以保护光耦 IC1。

V1 在线路中起到交流电压检测作用，使固态继电器在电压过零时开启、负载电流过零时关断。当 IC1 光敏三极管截止时（控制端无信号输入时），V1 通过 R2 获得基极电流使之饱和导通，从而使 SCR 可控硅门极触发电压 UGT 被箝在低电位而处于关断状态，最终导致 BTA 双向可控硅在门极控制端 R6 上无触发脉冲而处于关断状态。

当 IC1 光敏三极管导通时（控制端有信号输入时），SCR 可控硅的工作状态由交流电压零点检测三极管 V1 来确定其工作状态。如电源电压经 R2 与 R3 分压，A 处电压大于过零电压时（VA>VBE1），V1 处饱和导通状态，SCR、BTA 可控硅都处于关断状态；如电源电压经 R2 与 R3 分压，A 处电压小于过零电压时（VA>VBE1），V1 处截止状态，SCR 可控硅通过 R4 获得触发信号而导通，从而使 BTA 在 R6 上也获得触发信号也呈导通状态，对负载电源进行关断控制。如此时控制端信号关断后，负载电流也随之减小至 BTA，双向可控硅的维持电流 IH 时可自行关断，切断负载电源。

固态继电器的优缺点及主要参数与选用见表 22-6-19。

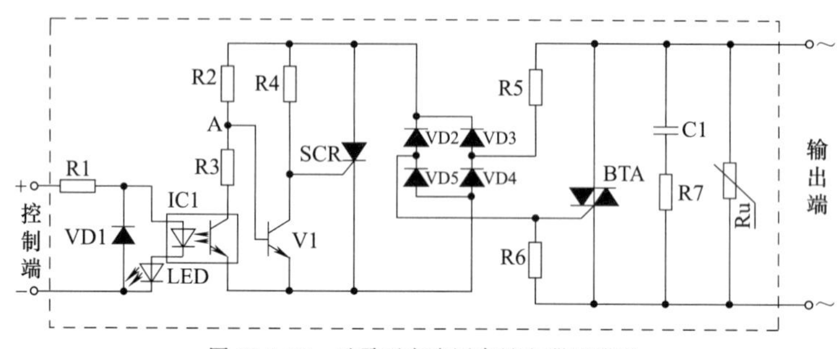

图 22-6-22 过零型交流固态继电器原理图

表 22-6-19 固态继电器的优缺点及主要参数与选用

优点	①固态继电器寿命长，SSR 的开关次数可达 10^8～10^9 次，而一般的电磁继电器的动作次数为 10^6 次 ②固态继电器没有运动的机械零部件，因此能在高冲击、振动的环境下工作，可靠性高 ③因为采用电子器件，固态继电器输出切换速度快，切换速度可从几毫秒至几微秒 ④固态继电器没有输入线圈，没有触点燃弧和回跳，因而电磁干扰小。大多数交流输出固态继电器是一个零电压开关，在零电压处导通，零电流处关断，减少了电流波形的突然中断，从而减少了开关瞬态效应
缺点	①导通后的管压降大，可控硅或双向可控硅的正向降压可达 1～2V，大功率晶体管的饱和压降在 1～2V 之间，一般功率场效应管的导通电阻也较机械触点的接触电阻大 ②由于管压降大，导通后的功耗和发热量也大，大功率固态继电器的体积远远大于同容量的电磁继电器，成本也较高 ③半导体器件关断后仍可有数微安至数毫安的漏电流，因此不能实现理想的关断 ④电子线路的抗干扰能力较差，耐辐射能力也较差，如不采取有效措施，则工作可靠性低 ⑤固态继电器对温度的敏感性很强，工作温度超过标称值后，必须外加散热器 ⑥固态继电器对过载有较大的敏感性，必须用快速熔断器或 RC 阻尼电路对其进行过载保护。固态继电器的负载与环境温度有关，温度升高，负载能力将迅速下降 ⑦在感性负载的场合，当 SSR 由通态关断时，由于电流、电压的相位不一致，将产生一个很大的电压上升率 dv/dt（换向 dv/dt）加在双向可控硅两端

续表

	主要参数	选用
主要参数与选用	额定输入电压	在指定条件下能承受的稳态阻性负载的最大允许电压有效值。如果负载电压有波动或非阻性负载,必须考虑所选产品是否能承受工作状态变化时所产生的冲击电压 负载为感性时,交流型固态继电器所选额定输出电压必须大于两倍电源电压值,而且所选产品的击穿电压应高于负载电源电压峰值的两倍。如在电源电压为交流220V,一般的小功率非阻性负载的情况下,建议选用额定电压为400～600V的SSR产品;但对于频繁启动的单相或三相电机负载,建议选用额定电压为660～800V的SSR产品 当负载为非稳定性负载或感性负载时,还需要在输出回路中加一个瞬态抑制电路(RC串联吸收回路或压敏电阻器),防止从电源中传来的尖峰、浪涌(电压)对开关器件双向可控硅管的冲击和干扰。通常选$R=150\Omega$,$C=0.5\mu F$或$R=39\Omega$,$C=0.1\mu F$,它可以有效地抑制加至SSR输出端的瞬态电压和电压指数上升率dv/dt。在设计电路时,建议用户根据负载的有关参数和环境条件,认真计算和试验RC回路的选值
	额定输出电流和浪涌电流	额定输出电流是指在给定条件下(环境温度、额定电压、功率因素、有无散热器等)所能承受的电流最大的有效值。一般生产厂家都提供热降额曲线。如周围温度上升,应按曲线作降额使用。固态继电器对温度的敏感性很强,工作温度超过标称值后,必须降热或外加散热器。浪涌电流是指在给定条件下(室温、额定电压、额定电流和持续的时间等)不会造成永久性损坏所允许的最大非重复性峰值电流。交流继电器的浪涌电流为额定电流的5～10倍(一个周期),直流产品为额定电流的1.5～5倍(1s)。在选用时,如负载为稳态阻性,SSR可全额或降额10%使用。对于电加热器、接触器等,初始接通瞬间出现的浪涌电流可达3倍的稳态电流,因此,SSR降额20%～30%使用。对于白炽灯类负载,SSR应按降额50%使用,并且还应加上适当的保护电路。对于变压器负载,所选产品的额定电流必须高于负载工作电流的两倍。对于负载为感应电机,所选SSR的额定电流值应为电机运转电流的2～4倍,SSR的浪涌电流值应为额定电流的10倍
	输入控制电压	采用TTL或CMOS等逻辑电平控制时,最好采用有足够带载能力的低电平驱动,并尽可能使电平低于0.8V。如在噪声很强的环境下工作,不能选用通、断电压值相差小的产品,必需选用通、断电压值相差大的产品(如选接通电压为8V或12V的产品),这样不会因噪声干扰而造成控制失灵

6.3.5 被控量反馈通道中的接口电路设计

在机电控制系统中，有时需要采用闭环控制的方式，实时监测被控量的参数变化，将系统输出值与期望值进行比较，并利用二者的偏差进行自动调节控制，实现精确的跟随或重现某种过程。

6.3.5.1 速度反馈接口

机电设备的速度检测元件多采用测速发电机。测速发电机是一种能将转速信息转换为输出电动势的微特电机。当被测机构与测速发电机同轴连接时，只要检测出测速发电机的输出电动势，就能获得被测机构的转速。

测速发电机的输出电动势 E 和转速 n 成线性关系，其换算公式为

$$\boldsymbol{U}_{\mathrm{a}}=\boldsymbol{K}_{\mathrm{a}}\boldsymbol{n}=\frac{\boldsymbol{R}_{\mathrm{L}}\boldsymbol{C}_{\mathrm{e}}\boldsymbol{\Phi}}{\boldsymbol{R}_{\mathrm{L}}+\boldsymbol{R}_{\mathrm{a}}}\boldsymbol{n} \tag{22-6-1}$$

式中 $\boldsymbol{U}_{\mathrm{a}}$——输出发电机输出电压；

$\boldsymbol{n}$——转速；

$\boldsymbol{R}_{\mathrm{L}}$——测速发电机负载电阻；

$\boldsymbol{R}_{\mathrm{a}}$——测速发电机电枢电阻；

$\boldsymbol{\Phi}$——每极总磁通；

$\boldsymbol{C}_{\mathrm{e}}$——常数。

图 22-6-23 为测速发电机速度反馈接口电路图。逐次逼近型 A/D 转换器 ADC0809 用于将测速发电机的电压数值转换为数字量。IN0～IN7 为 8 条模拟量输入通道，ADDA、ADDB、ADDC 为选择输入通道的地址输入线，同时为 0 时选取 IN0 输入通道。数据转换完成后 EOC 发出中断信号，并将转换结果通过 DB0～DB7 送入微机。

6.3.5.2 位移反馈接口

(1) 角度位移量反馈

对于执行机构角度位移量的检测，可以采用旋转变压器与光电编码器两种方法。采用旋转变压器检测位移量的接口与测速发电机类似，不再赘述。

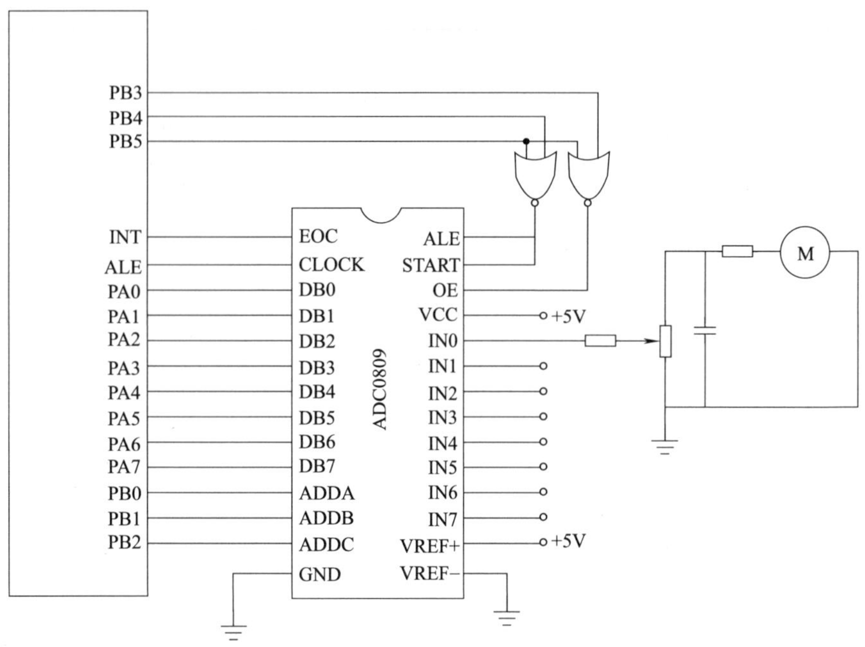

图 22-6-23 测速发电机速度反馈接口

光电编码器可以通过光电转换直接将执行机构的角度位移量转换为二进制编码输入计算机。图22-6-24所示为 8 位光电编码盘，在编码盘上开若干透光孔（透光孔呈同心圆布置，黑色框表示可以透光），在编码盘下方设置 8 个光敏元件分别连接计算机数道。当编码盘随同执行机构转过一定角度后，读取光敏元件的二进制编码即可获得执行机构的角度位置信息。

图 22-6-24 光电编码盘

需要指出的是，为避免制造精度等因素引起的误差，光电编码盘多采用循环码编码方式。循环码可以通过式（22-6-2）转换为二进制码。

$$B_m=\begin{cases}R_m & m=n\\ B_{m+1}\oplus R_m & 0\leqslant m\leqslant n\end{cases}\tag{22-6-2}$$

式中 B_m——二进制码中第 m 位的值；

R_m——循环码中第 m 位的值；

n——循环码最高位下标。

（2）直线位移量反馈

光栅是检测机构直线位移量的最常用方式，由标尺光栅和指示光栅两部分组成，如图 22-6-25 所示，指示光栅与标尺光栅的条纹间有一个微小夹角 α。当光栅下方光源照过光栅时，在指示光栅上就会形成明暗相间的条纹，即莫尔条纹。而当指示光栅相对于标尺光栅左右移动时，莫尔条纹上下移动。

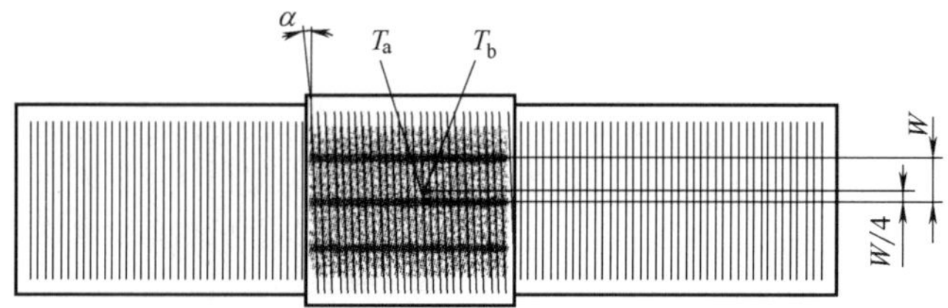

图 22-6-25 标尺光栅及指示光栅

设莫尔条纹宽度为 W，在指示光栅上方设置两个光敏元件 T_a、T_b，间距为 $W/4$。从零时刻开始记录 T_a、T_b的高电平、低电平交替次数即可获得指示光栅的位移量，而记录 T_a、T_b波形的相位关系就可以获得指示光栅的位移方向。

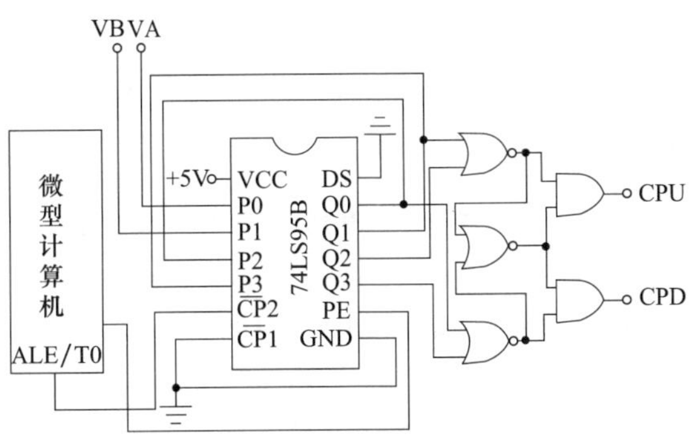

图 22-6-26　位移反馈逻辑电路

如图 22-6-26 所示为位移反馈逻辑电路，VA、VB 分别连接光敏元件 T_a和 T_b，四位并入并出寄存器 74LS95B 的输出 Q0、Q1、Q2、Q3 分别为光敏元件 T_a、T_b本次及上次的输出结果。通过图中逻辑电路判断指示光栅的位移量，左移 CPD 输出高电平，右移 CPU 输出高电平，保持原位则 CPU、CPD 均输出低电平。输出结果经 8 位计数器送入计算机，获得指示光栅的位移量。8 位计数器电路见图 22-6-27。

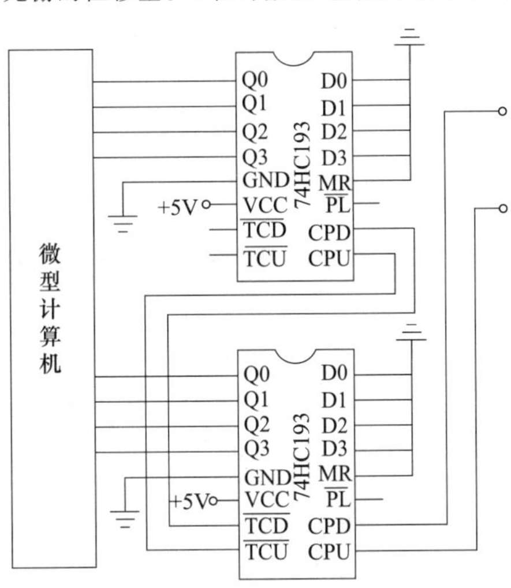

图 22-6-27　8 位计数器电路

第 22 篇

第 7 章　设计实例

7.1　数控机床的改造

7.1.1　数控车床的改造

7.1.1.1　数控车床的改造方案组成框图

在现代机械加工工业中，如果对绝大多数传统的落后机床，都改用先进的微机控制，实现智能化改造，将会适应多品种、小批量、复杂零件加工的需求，不但能提高加工精度和生产率，而且会减少工人劳动强度，降低生产成本，缩短生产周期，更加适合我国国情。利用微机实现对机床的智能化改造通常有两种方法：一种是以微机为中心设计控制系统；另一种是采用标准的步进电动机数控系统作为主要控制装置。前者需要重新设计控制系统，比较复杂；后者选用国内标准化的微机控制系统，比较简单。这种标准的微机控制系统通常采用单板机或单片机、驱动电源、步进电动机及专用控制程序组成的开环控制（如图 22-7-1 所示），其结构简单，价格低廉。对机床的控制过程一般是由单片机或单板机按照输入的加工程序进行插补运算，由软件或硬件实现脉冲分配，输出一系列脉冲，经功率放大后，驱动带动机床纵横轴运动的步进电机来实现。

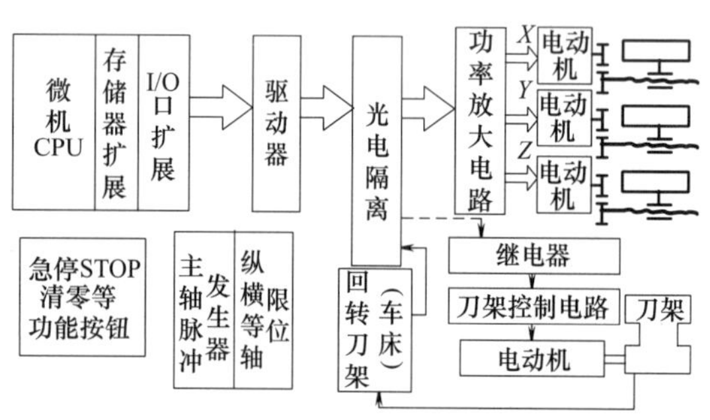

图 22-7-1　数控车床的改造方案组成框图

7.1.1.2　机械结构改造设计方案

图 22-7-2 表示一种普通车床改造后的方案。图中不改变车床主轴箱，即主轴变速仍靠人工控制，走刀丝杠改成滚珠丝杠 11，去掉光杠，在走刀段右端增加一个丝杠支承。丝杠 11 的右端用纵向步进电动机 4 直接驱动（或经传动齿轮减速驱动）。纵向走刀丝杠采用滚珠丝杠的目的是为了提高纵向走刀的移动精度，对于半精加工的车床可直接使用原来的丝杠。同样，横向走刀丝杠由步进电动机 3 直接驱动，完成横向走刀的进给和变速。另外，刀架部分采用了电动刀架 1 实现自动换刀，为了使车床能实现自动车制螺纹，还要在主轴尾部加装光电编码器（图中未示出）作为主轴位置检测装置，使车刀运动与主轴位置相配合，详见表 22-7-1。

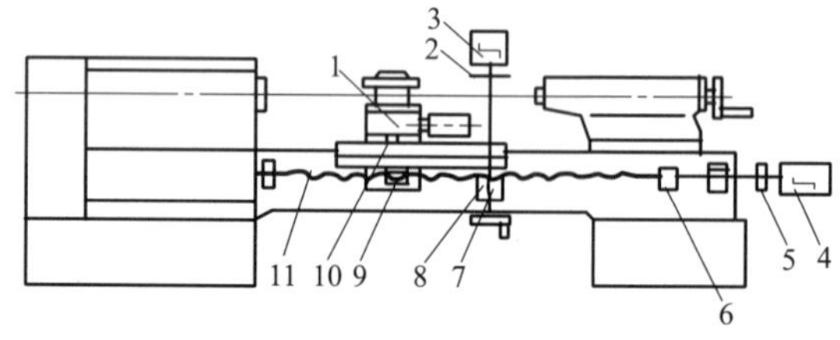

图 22-7-2　改造后的车床传动系统

1—电动刀架；2，5—联轴器；3—横向步进电机；4—纵向步进电机；6—纵向微调机构；7—横向滚珠丝杠；8—横向螺母；9—纵向螺母；10—横向微调机构；11—纵向滚珠丝杠

表 22-7-1　机械结构改造设计方案

改造方案	说　明
步进电机与丝杠连接	步进电机与丝杠的连接要可靠，传动无间隙。为了便于编程，保证加工精度，一般要求纵向运动的步进当量为 0.01mm，横向运动的步进当量为 0.005mm，步进电机与丝杠的连接方式有直连式（同轴连接）和齿轮连接两种形式 直连式如图(a)所示，步进电机与丝杠轴采用联轴套直接同轴相连，这种连接方式结构紧凑，改装方便 丝杠 1 2 3 4 图(a)　直连式示意图 1—车床支架；2—销钉；3—联轴套；4—步进电机

续表

<table>
<tr><th>改造方案</th><th>说明</th></tr>
<tr><td>步进电机与丝杠连接</td><td>齿轮连接方式如图(b)所示。在步进电机步距角β、步进脉冲当量δ及丝杠螺距L确定后，步进电机与丝杠的连接传动比不一定正好是1∶1的关系，这时可采用一对齿轮，齿轮传动比可根据下式计算
$$i=\frac{z_2}{z_1}=\frac{\beta L}{360\delta} \quad (22\text{-}7\text{-}1)$$
例　设改造一台C620车床，其纵向丝杠的螺距$L=12$mm，采用110B F003型步进电机，步距角$\beta=1.2°$，系统规定的纵向步进当量$\delta=0.01$mm，计算步进电机与纵向丝杠之间的连接传动比
解　根据式(22-7-1)，$i=\frac{z_2}{z_1}=\frac{\beta L}{360\delta}=\frac{1.2\times12}{360\times0.01}=\frac{4}{1}$。可选$z_1=20$，$z_2=80$，模数$m=1.5$mm的齿轮传动副
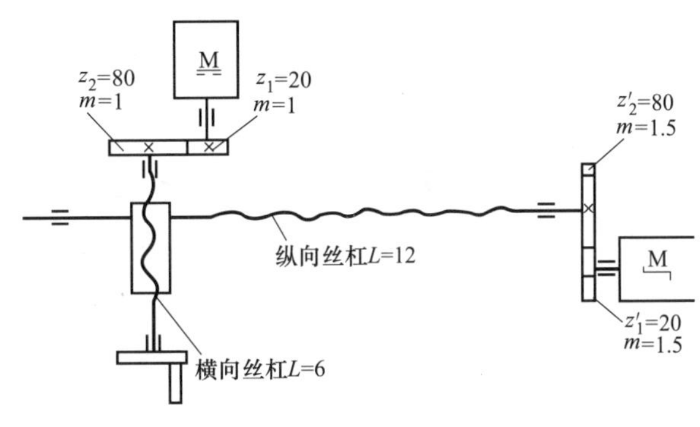

图(b)　齿轮连接示意图</td></tr>
<tr><td>步进电机与床身的连接</td><td>步进电机与床身的连接，不但要求安装方便、可靠，而且要求同时能确保精度。常用的有固定板连接和变速器连接两种，如图(c)和图(d)所示
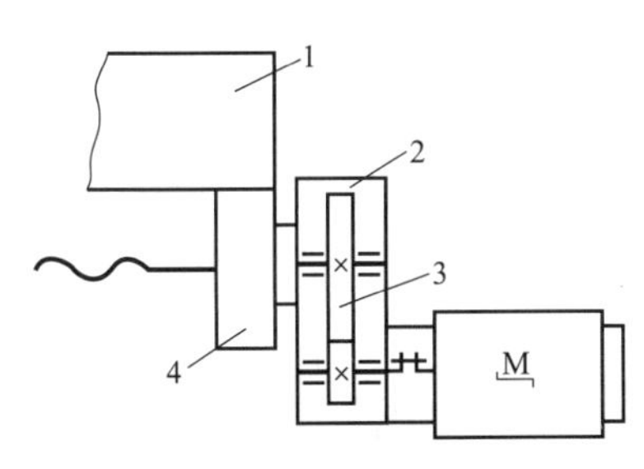

图(c)　固定板连接示意图
1—床身；2—齿轮箱；3—变速齿轮；4—丝杠支架
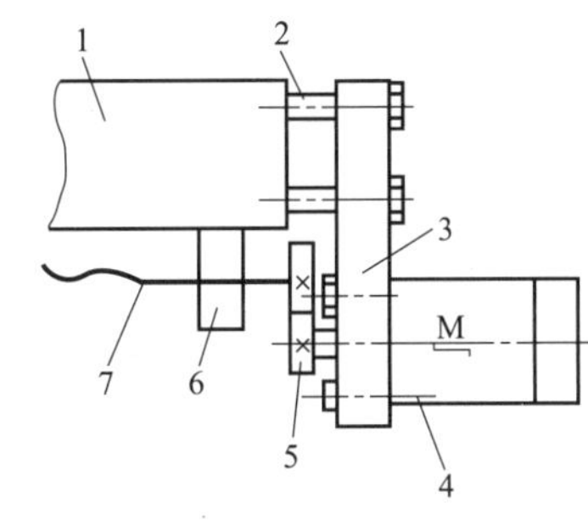

图(d)　变速器连接示意图
1—床身；2—圆柱套筒；3—连接板；4—步进电机；5—齿轮；6—丝杠托架；7—丝杠</td></tr>
<tr><td>自动回转刀架</td><td>加工复杂工件时，需要几把车刀轮换使用，这就要求刀架能自动换位，如图(e)所示
当控制计算机系统发出换刀信号后，如果要求的刀号与实际在位的刀号不一致，电动机正转，通过螺杆推动螺母使刀台上升到精密端齿盘脱开时的位置；当刀台随螺杆体转动至与刀号要求相符的位置时，控制计算机发出反转信号，使电动机反转，于是刀台被定位卡死而不能转动，便缓慢下降至精密端齿盘的啮合位置，实现精密定位并锁紧。当夹紧力增大到推动弹簧而窜动压缩触点时，电动机立即停转，并向控制计算机发出换刀完成的应答信号，程序继续执行</td></tr>
</table>

续表

改造方案	说　明
自动回转刀架	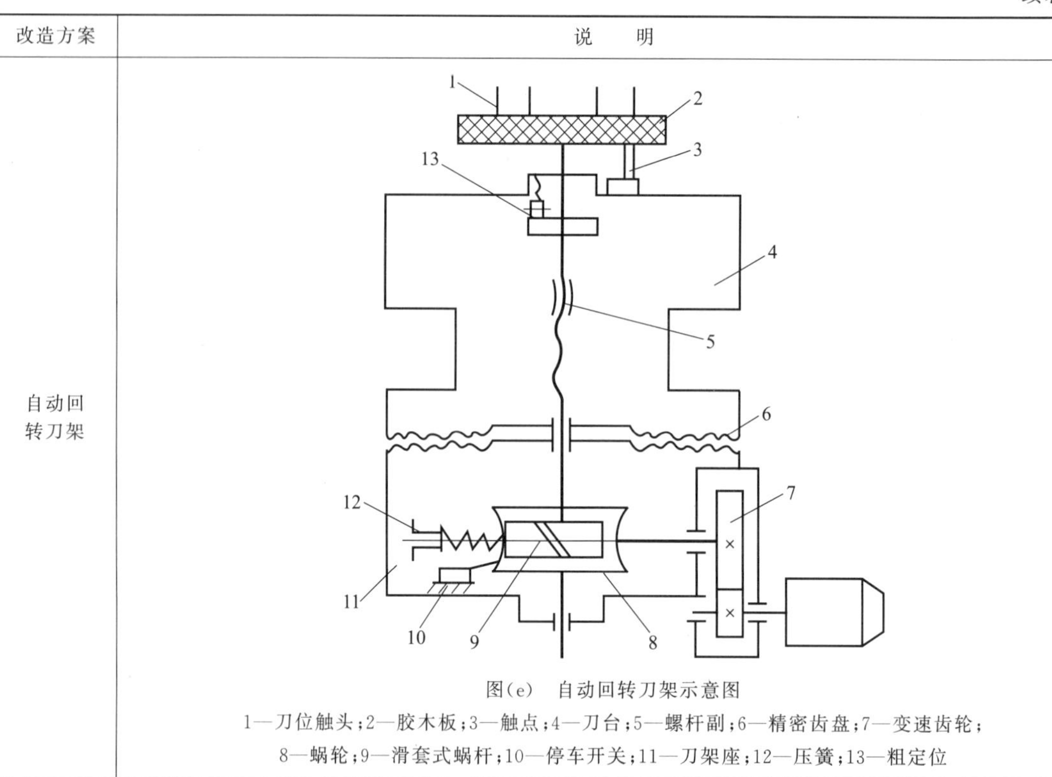 图(e)　自动回转刀架示意图 1—刀位触头；2—胶木板；3—触点；4—刀台；5—螺杆副；6—精密齿盘；7—变速齿轮；8—蜗轮；9—滑套式蜗杆；10—停车开关；11—刀架座；12—压簧；13—粗定位
电动尾座	有的数控车床为实现轴类零件的自动化加工，采用了电动尾座装置，如图(f)所示是一种适用于经济型数控车床的可控制电动尾座。电动机通电转动，通过一对齿轮副减速，带动丝杠转动，再通过装在轴套上的丝杠螺母使轴套前进，并稍稍压缩碟形弹簧。当顶尖推动丝杠转动，迫使顶尖紧顶工件时，丝杠以及螺母不能前进，这样就迫使丝杠后退，压缩碟形弹簧并使从动齿轮后退。从动齿轮后退时压下顶杆，顶杆又压下微动开关，切断电动机的电源，至此顶紧操作完成。顶尖后退时，利用一个微型限位开关进行限位控制，电动机控制电路除要有正反转点动控制外，还需要接上控制计算机的开关 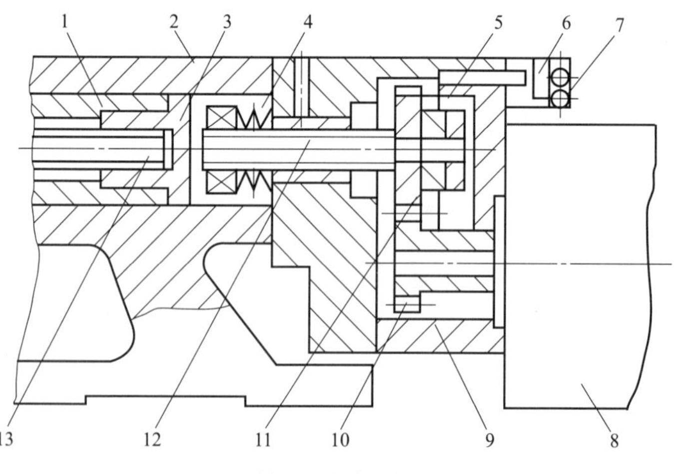 图(f)　电动尾座 1—轴套；2—原尾架体；3—丝杠螺母；4—碟形弹簧；5—顶杆；6—微型限位开关；7—调整螺钉；8—电动机；9—减速器；10—主动齿轮；11—从动齿轮；12—丝杠；13—顶尖推动丝杠

7.1.1.3　数控车床计算机控制系统改造硬件设计

数控机床微机系统有两种基本形式，即经济型和全功能型。所谓经济型系统是用一个计算机系统作主控单元，伺服系统大都为功率步进电动机，采用开环控制系统，步进脉冲当量为 0.01～0.005mm/脉冲，机床快速移动速度为 5～8m/min，传动精度较低，功能也较为简单。全功能型的系统用 2～4 个计算机系统进行控制，各 CPU 之间采用标准总线接口，或者采用中断方式通信。在主控计算机的管理下，各计算机之间分别进行指令识别、插补运算、文本及图形显示、控制信号的输入输出等。伺服系统一般采用交流或直流电动机伺服驱动的闭环或半闭环控制，这种形式可方便地控制进给速度和主轴转速。机床最快移动速度为 8～24m/min，步进脉冲当量为 0.01～0.001mm/脉冲，控制的轴数多达 20～24 个，因而广泛用于精密数控车床、铣床、加工中心等精度要求高、加工工序复杂的场合。

数控车床计算机控制系统改造硬件设计见表 22-7-2。

表 22-7-2　**数控车床计算机控制系统改造硬件设计**

项目	说　明
单片机系统	早期的经济型数控系统多采用功能简单的 Z80 单板机控制。近年来，多采用单片机为核心，做成专用的数控系统，如图(a)所示为一种经济数控系统的硬件框图，适用于卧式车床的数控系统 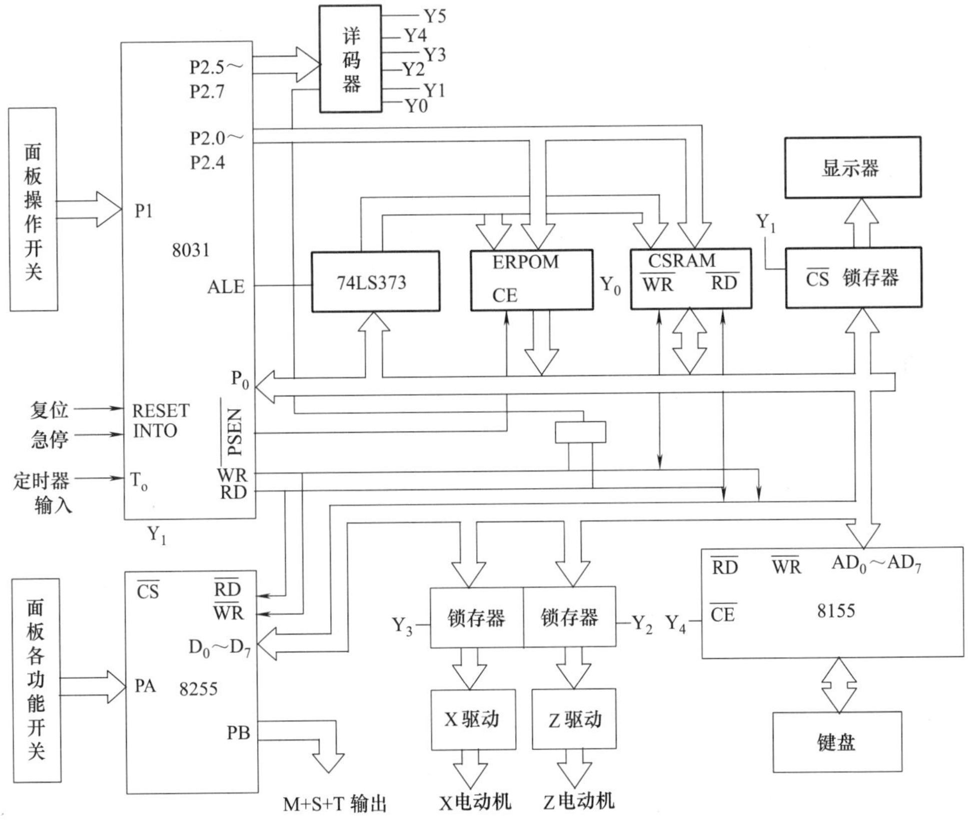 图(a)　经济型数控系统的硬件框图 图(a)中键盘用于手工输入零件的加工程序，显示器用于显示输入的指令和加工状态，8031 单片机对加工程序进行指令识别和运算处理后，向锁存器 Y2、Y3 输出进给脉冲，经 X、Y 驱动模块伺服放大后，驱动 *X* 轴、*Z* 轴步进电动机，产生进给运动；8255 的 PB 口输出控制信号 M. S. T. 。其中 M 为辅助功能，主要是主电动机、冷却电动机的起/停控制信号；S 为主轴调速控制信号；T 为转刀架的转位换刀控制信号

续表

<table>
<tr><th>项目</th><th colspan="3">说　明</th></tr>
<tr><td rowspan="8">单片机系统</td><td>存储器扩展电路</td><td colspan="2">存储器扩展电路如图(b)所示，EPROM 用于存储控制程序，RAM 用于存储加工程序。为了保证 RAM 在掉电时加工数据不丢失，电路中还设计了掉电保护电路 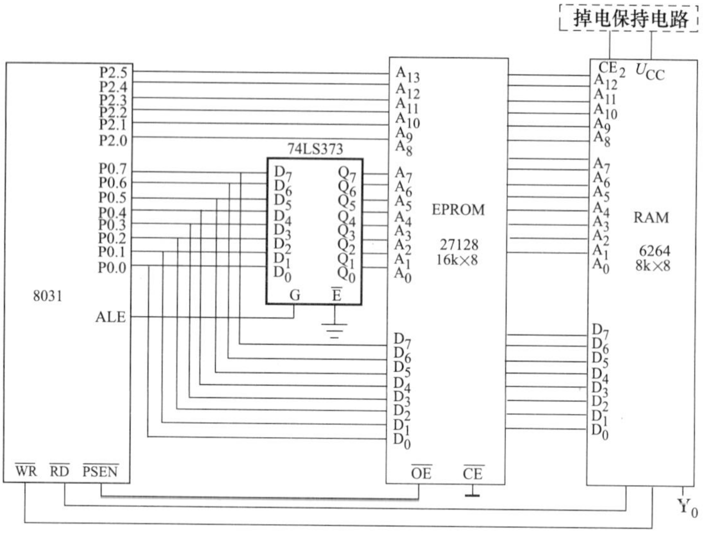

图(b)　系统的存储器</td></tr>
<tr><td rowspan="7">面板操作键和功能选择开关</td><td colspan="2">面板操作键与 8031 的 P1 口接口电路如图(c)所示。图中 $SB_1 \sim SB_4$ 为手动操作进给键，分别完成人工操作的 $\pm X$、$\pm Y$ 的进给。运行时按下此键，可中断程序的运行。SA_1 是一个两位开关，用于单段/连续控制，置于“单段”位置时，每运行一个程序段就暂停，只有按下启动键，才继续运行下一个程序段。单段工作方式一般用于检查输入的加工程序。SA_1 置于连续位置时，程序将连续执行。功能选择开关 SA_2 为一个单刀 8 掷波段开关，它与系统的 8255 的 PA 口相连，如图(d)所示，用于编辑、空运行、自动、回零、手动、通信等功能的选择</td></tr>
<tr><td>编辑方式</td><td>用于加工程序的输入、检索、修改、插入和删除等操作</td></tr>
<tr><td>空运行方式</td><td>启用加工程序后，只执行加工指令，对 M. S. T. 指令则跳过不执行，而且刀具以设定的速度运行。这种方式主要用于检查加工程序，不用于加工</td></tr>
<tr><td>自动方式</td><td>只有在这个方式下，才可以按启动键实行加工。在编辑状态下输入程序并经检查无误后，将 SA_2 置于自动方式，再按下启动键，认定当前刀具为起点位置，开始执行加工程序</td></tr>
<tr><td>手动方式</td><td>用于加工前对刀调整或进行简单加工。该方式有Ⅰ、Ⅱ、Ⅲ共 3 种选择，分别对应于不同的进给速度</td></tr>
<tr><td>回零方式</td><td>使刀架沿 X 轴、Z 轴回到机械零点</td></tr>
<tr><td>通信方式</td><td>该方式中包括系统与盒式磁带机、打印机及上位机的数据通信、转存等操作</td></tr>
</table>

续表

项目	说 明	
单片机系统	面板操作键和功能选择开关	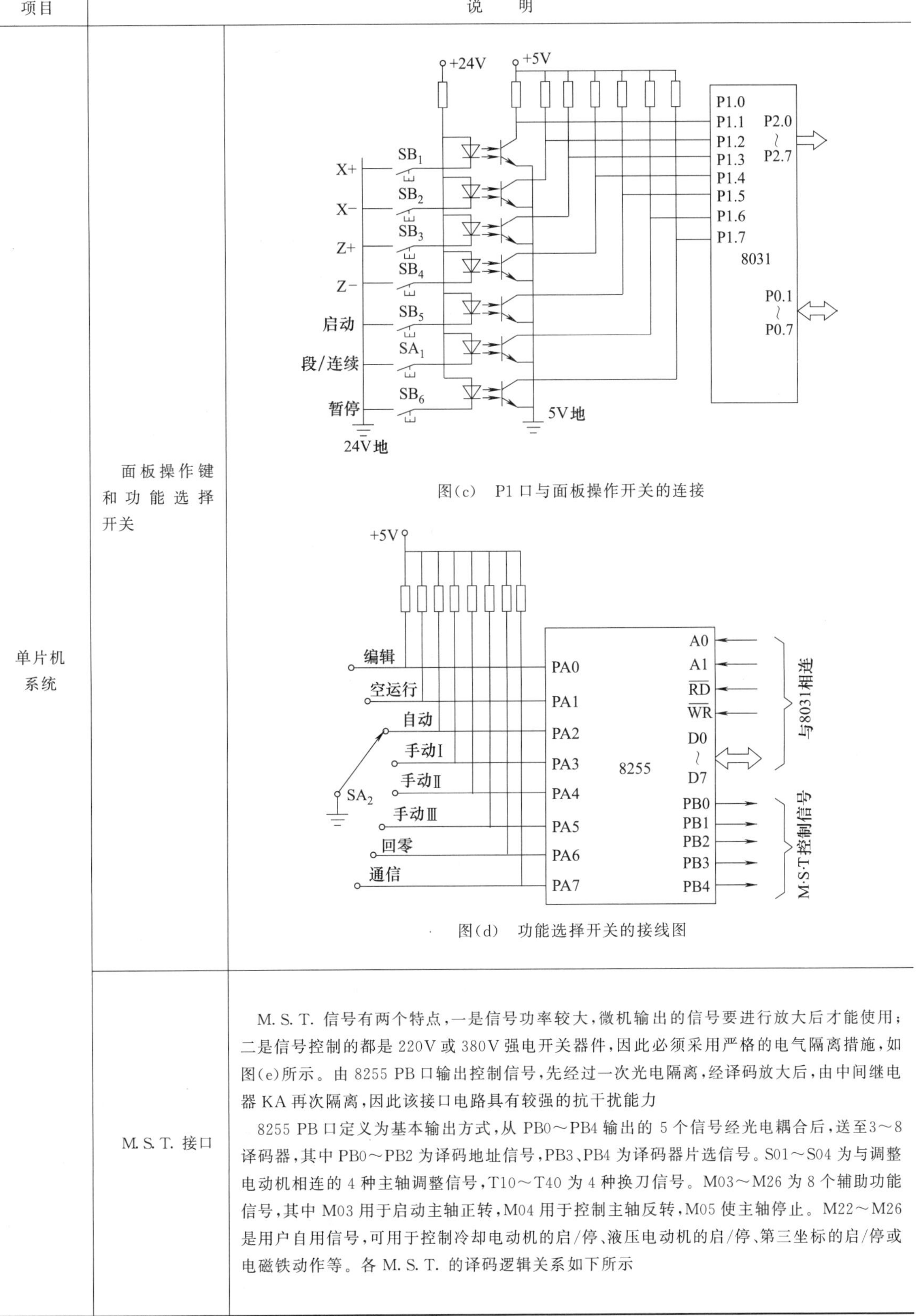 图(c) P1 口与面板操作开关的连接 图(d) 功能选择开关的接线图
	M. S. T. 接口	M. S. T. 信号有两个特点，一是信号功率较大，微机输出的信号要进行放大后才能使用；二是信号控制的都是 220V 或 380V 强电开关器件，因此必须采用严格的电气隔离措施，如图(e)所示。由 8255 PB 口输出控制信号，先经过一次光电隔离，经译码放大后，由中间继电器 KA 再次隔离，因此该接口电路具有较强的抗干扰能力 8255 PB 口定义为基本输出方式，从 PB0～PB4 输出的 5 个信号经光电耦合后，送至3～8 译码器，其中 PB0～PB2 为译码地址信号，PB3、PB4 为译码器片选信号。S01～S04 为与调整电动机相连的 4 种主轴调整信号，T10～T40 为 4 种换刀信号。M03～M26 为 8 个辅助功能信号，其中 M03 用于启动主轴正转，M04 用于控制主轴反转，M05 使主轴停止。M22～M26 是用户自用信号，可用于控制冷却电动机的启/停、液压电动机的启/停、第三坐标的启/停或电磁铁动作等。各 M. S. T. 的译码逻辑关系如下所示

续表

<table>
<tr><th>项目</th><th colspan="2">说　明</th></tr>
<tr><td>单片机系统</td><td>M. S. T. 接口</td><td>
<table>
<tr><th colspan="5">8255PB 口</th><th rowspan="2">输出信号</th><th colspan="5">8255PB 口</th><th rowspan="2">输出信号</th></tr>
<tr><th>PB4</th><th>PB3</th><th>PB2</th><th>PB1</th><th>PB0</th><th>PB4</th><th>PB3</th><th>PB2</th><th>PB1</th><th>PB0</th></tr>
<tr><td>0</td><td>1</td><td>0</td><td>0</td><td>0</td><td>S01</td><td>1</td><td>0</td><td>0</td><td>0</td><td>0</td><td>M03</td></tr>
<tr><td>0</td><td>1</td><td>0</td><td>0</td><td>1</td><td>S02</td><td>1</td><td>0</td><td>0</td><td>0</td><td>1</td><td>M04</td></tr>
<tr><td>0</td><td>1</td><td>0</td><td>1</td><td>0</td><td>S03</td><td>1</td><td>0</td><td>0</td><td>1</td><td>0</td><td>M05</td></tr>
<tr><td>0</td><td>1</td><td>0</td><td>1</td><td>1</td><td>S04</td><td>1</td><td>0</td><td>0</td><td>1</td><td>1</td><td>M22</td></tr>
<tr><td>0</td><td>1</td><td>1</td><td>0</td><td>0</td><td>T10</td><td>1</td><td>0</td><td>1</td><td>0</td><td>0</td><td>M23</td></tr>
<tr><td>0</td><td>1</td><td>1</td><td>0</td><td>1</td><td>T20</td><td>1</td><td>0</td><td>1</td><td>0</td><td>1</td><td>M24</td></tr>
<tr><td>0</td><td>1</td><td>1</td><td>1</td><td>0</td><td>T30</td><td>1</td><td>0</td><td>1</td><td>1</td><td>0</td><td>M25</td></tr>
<tr><td>0</td><td>1</td><td>1</td><td>1</td><td>1</td><td>T40</td><td>1</td><td>0</td><td>1</td><td>1</td><td>1</td><td>M26</td></tr>
</table>
图(e)　强电接口电路
</td></tr>
<tr><td>STD 总线系统</td><td colspan="2">如图(f)所示为一种两坐标的 STD 数控系统。它由 CPU、带掉电保护的 RAM、键盘、步进电动机接口、I/O 接口、CRT 显示接口 6 个模板组成。CPU 模块采用 Z80A 作 CPU，晶振频率为 4MHz，EPROM 容量为 32kB；用于存放系统的控制程序。板内的 CTC0 通道作串行口波特率发生器，CTC2 号通道作监控程序的单步操作，板内并行口采用 Z80PIO 芯片，提供 2×8 位并行接口。串行口为 RS232C 标准，用于与上位机的数据通信。64k 的 RAM 模块用于存放加工程序，为使掉电后输入的加工程序不被丢失，选用带掉电保护功能的静态 RAM 模板。两个轴的步进电动机共用一个接口模板，该模板有两组相同结构的电路，包括进给脉冲发生器、脉冲计数器、进给方向控制逻辑和脉冲分配器等。进给脉冲发生器与脉冲计数器由 8253 定时/计数器芯片实现。8253 的 0 号通道作进给脉冲发生器，进给脉冲频率由装入的时间常数决定
8253 的 1 号通道为脉冲计数器，用来监测是否有脉冲丢失。进给方向逻辑主要用于控制步进电动机的进给方向，脉冲分配器则将进给脉冲依次分配给步进电动机的各相绕组。I/O 模板中的输入通道主要与机床侧面的各种开关相连，如限位开关、零点接近开关等；输出通道用于输出
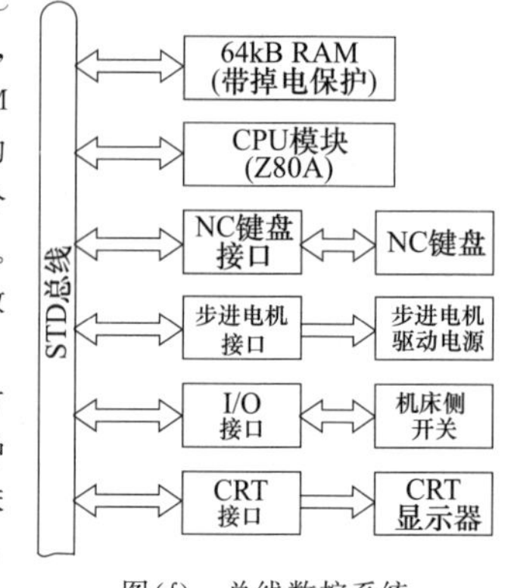

图(f)　总线数控系统</td></tr>
</table>

续表

项目	说明
STD总线系统	M.S.T.功能信号，输出信号经锁存器、光电隔离及晶体管放大后，可以驱24V，200mA以下的继电器、电磁阀等。CRT模板与普通CRT监视器连接可实现数控过程的显示及加工程序、加工零件显示。该模板以MC6845CRT控制器为核心，产生CRT所需的行同步场同步信号，并与STD总线接口
全功能型数控系统的硬件	全功能型数控系统也称标准数控系统，是国际上较流行的数控系统，其构成框图如图(g)所示 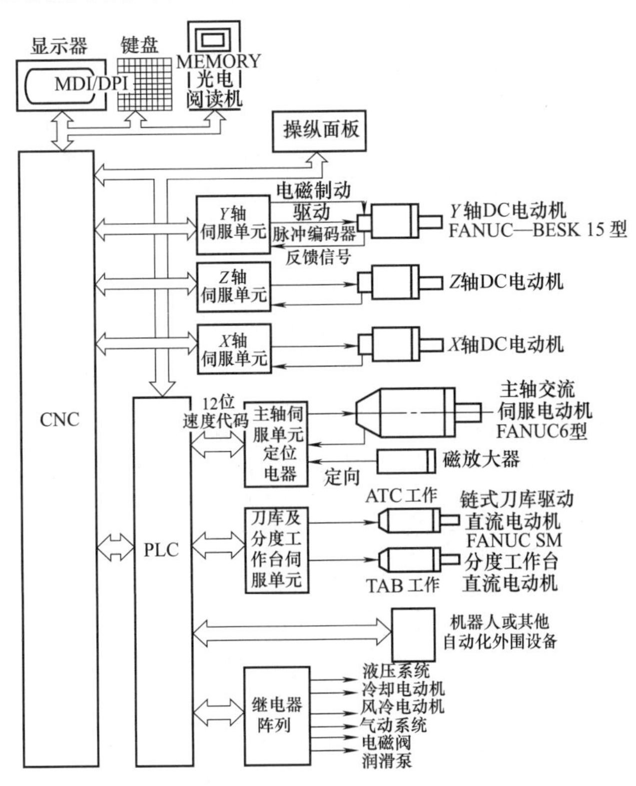 图(g) 全功能型数控系统框图 该系统由X、Y、Z三轴控制，其中任意两轴可联动。链式刀库可储存40～60把刀具，由换刀机械手自动进行换刀(ATC)。系统配有工作台精密转动控制(TAB)，转动角度由数控编程中的第二辅助功能B指定。该系统可完成各种加工工序(如铣、钻、镗、扩和攻螺纹等)的控制。系统通过接口接受来自MD的数据，并在CRT上显示，又可通过RS232C接口读入上位机传来的数控加工程序。操作面板上有各种功能选择开关。从机床和操纵面板上输出的信号，大部分由PLC处理，但也有一部分信号，如紧急停车、超程、返回原点等，可直接输入计算机控制系统 三轴驱动采用伺服驱动方式，各电动机均加装光编码器作为位置和速度的检测反馈元件。反馈信号一路输入计算机系统(CNC)作为精插补；另一路经F/V变换送入伺服驱动模块中的速度调节器；速度放大部分可配SRC或PWM。在计算机控制系统(CNC)的控制下，经PLC进行译码可输出12位二进制速度代码，再经D/A转换和电压比较后形成主轴电动机转速控制信号，由矢量处理电路得到三种相位相差120°的电流信号，经PWM调制放大后加到三相桥式晶体管电路，使主轴的交流伺服电动机按规定的转速和方向转动，磁放大器为主轴定向之用。计算机控制系统(CNC)将相应的T、M、B功能送至PLC，经PLC译码识别，发出相应的控制信号，该信号自动切换伺服单元工作状态，即由ATC转换为TAB，或由TAB转换为ATC。刀库和分度台均由直流伺服电动机驱动，通过控制相应的直流伺服电动机，实现自动换刀和工作台的分度 从上面的介绍中可以看出，除进给插补外，几乎其他所有的工作(S、T、M、B)都离不开PLC，经PLC处理的信号有194个之多

7.1.1.4　数控车床计算机控制系统改造软件设计

表 22-7-3　　数控车床计算机控制系统改造软件设计

<table>
<tr><td>加工软件</td><td colspan="3">加工软件是描述被加工零件的几何形状、加工顺序、工艺参数的程序，它用国际标准的数控编程语言编程，有关数控编程的规范和编程方法，可参阅有关资料</td></tr>
<tr><td rowspan="11">控制软件</td><td colspan="3">控制软件是为完成机床数控而编制的系统软件，因为各数控系统的功能设置、控制方案、硬件线路均不相同，因此在控制软件的结构和规模上相差很大，但从数控的要求来看，控制软件应包括输入数据预处理、插补运算、速度控制、自诊断和管理程序等模块</td></tr>
<tr><td>模块</td><td colspan="2">说　明</td></tr>
<tr><td>数据输入模块</td><td colspan="2">系统输入的数据主要是零件的加工程序（指令），一般通过键盘输入，也有通过上一级计算机直接传入的（如 CAD/CAM 系统）。系统中所设计的输入管理程序通常采用中断方式。例如，当通过键盘输入加工程序时，每按一次键，键盘就向 CPU 发出一次中断请求，CPU 响应中断后就转入键盘服务程序，对相应的按键命令进行处理</td></tr>
<tr><td>数据处理模块</td><td colspan="2">输入的零件加工程序是用标准的数控语言编写的 ASCII 字符串，因此需要把输入的数控代码转换成系统能进行运算操作的二进制代码，还要进行必要的单位换算和数控代码的功能识别，以便确定下一步的操作内容</td></tr>
<tr><td>插补运算模块</td><td colspan="2">数控系统必须按照零件加工程序中提供的数据，如曲线的种类、起点、终点等，按插补原理进行运算，并向各坐标轴发出相应的进给脉冲。进给脉冲通过伺服系统驱动刀具或工作台作相应的运动，完成程序规定的加工。插补运算模块除实现插补各种运算外，还有实时性要求。在数控过程中，往往是一边插补一边加工的，因此插补运算的时间要尽可能短</td></tr>
<tr><td>速度控制模块</td><td colspan="2">一条曲线的进给运动往往需要刀具或工作台在规定的时间内走许多步来完成，因此除输出正确的插补脉冲外，为了保证进给运动的精度及平稳性，还应控制进给的速度。在速度变化较大时，要进行自动加减速控制，以避免因速度突变而造成伺服系统的驱动失步</td></tr>
<tr><td rowspan="3">输出控制模块</td><td>伺服控制</td><td>将插补运算出的进给脉冲转变为有关坐标的进给运动</td></tr>
<tr><td>误差补偿</td><td>当进给脉冲改变方向时，根据机床的精度进行反向信息补偿处理</td></tr>
<tr><td>M. S. T 等辅助功能的输出</td><td>在加工中，需要启动机床主轴、调整主轴速度和换刀等，因此，软件需要根据控制代码，从相应的硬件输出口输出控制脉冲或电平信号</td></tr>
<tr><td>管理程序</td><td colspan="2">管理程序负责对数据输入、处理、插补运算等操作，对加工过程中的各程序模块进行调度管理。管理程序还要对面板命令、脉冲信号、故障信号等引起的中断进行处理</td></tr>
<tr><td>诊断程序</td><td colspan="2">系统应对硬件工作状态和电源状况进行监视，在系统初始化过程中还需对硬件的各个资源（如存储器、I/O 口等）进行检测，使系统出现故障时能及时停止</td></tr>
</table>

7.1.2　大型数控落地镗铣床的系统改造实例

20 世纪 80 年代引进的一台大型数控镗铣床需要大修，由于数控系统的更新换代，原机床上配备的数控系统都已停产，系统的备件相当昂贵，因此利用机床大修的时机进行数控系统的改造。机床所配的数控系统是西门子公司的 8M 系统，PLC 则是西门子公司的 S5-150 系列，而驱动部分是西门子的直流驱动。

表 22-7-4　　大型数控落地镗铣床的系统改造实例

<table>
<tr><td rowspan="2">改造方案的选择</td><td>数控系统的选择</td><td>在确定改造方案时，由于经费等方面的原因，大部分用户都会选择驱动及电机部分保留而只更换系统的方案，出于系统的延续性和兼容性的原因，用户多会选择西门子公司 SINUMERIK 840C 系统。该系统是西门子公司在 20 世纪 90 年代初推出的高档系统，功能强大，使用灵活，适用于各种类型的机械加工设备，目前在国内也拥有大量的用户。如果用户在经费方面没有问题，则还可以有另一种选择，即选用 SINUMERIK840D 系统，这样的话，则驱动和电机都需要更换。SINUMERIK840D 系统是西门子公司 20 世纪 90 年代中期推出的一款纯数字的高档数控系统，与之匹配的驱动和电机也都是数字的，从发展趋势看，该系统已进入成熟期，现已成为西门子公司高档系统中的主流机型</td></tr>
<tr><td>PLC 的选择</td><td>根据所选系统的不同，也就相应选择了不同的 PLC。SINUMERIK840C 系统所配的 PLC 是 S5-135WD，在这里可供用户选择的是 PLC 硬件的形式。一种选择是分布式 I/O(DMP)，另一种选择是扩展单元 185U；两种选择相比较而言，DMP 的接线比较麻烦，但价格便宜；而 185U 接线简单，原 150 的前连接器都可保留，但价格较贵。从使用的角度来讲，两种方案都可以满足系统的功能要求。SINUMERIK840D 系统所配的 PLC 是 S7-300，相对来讲，接线的工作量与 840C 系统选择的 DMP 类似</td></tr>
</table>

续表

改造方案的选择	机床电气系统的处理	在电气系统的处理上，要以“少动”为原则，基本上保留原机床的电气系统，只将跟系统有关的部分重新设计。对于外围输入输出点的处理，则以保留原地址为原则，即使有不用的点，也最好保留它的地址，不要被其他点占用，这样在PLC程序的处理上要有利得多
	PLC程序的处理	对PLC程序的处理，一个基本原则是尽量保留原PLC程序，只是在原程序的外围加一个转换程序，将与系统有关的部分作必要的转换，这样可最大限度地减少工作量，同时又最大限度地保留了原PLC程序中的一些安全保护措施。从经验来看，这种方法是这类系统改造项目最好的处理办法
	系统功能块(Function Block)的处理	在西门子的PLC产品中，不同的系统有不同的系统功能块，因此在进行系统更新时，必须要对系统功能块进行相应的处理。在将8M系统更新为840C系统时，对于跟数据块有关的功能块(FB11，FB60)要更新为新的FB11和FB60，其他的系统功能块则可以删除
系统接口信号的处理	在西门子的系统中，NC与PLC之间的通讯都是通过接口信号实现的，而接口信号又包括NC→PLC和PLC→NC两大部分，其中PLC→NC属于控制信号，通过这些信号可以完成对系统动作的控制；NC→PLC属于系统给出的状态信号，可用于判断系统是否正确执行了控制信号的要求。因此，如何处理这部分PLC程序是系统改造中的重点 在8M系统中，所有的接口信号都是占用的标志位(Flag)，而840C系统中，接口信号基本上都在数据块(DB)中，因此在新的PLC程序中要增加信号转换这部分程序。由于接口信号是双向的，因此在设计转换程序时要设计两个程序块，一个用于处理NC→PLC的信号，一个用于处理PLC→NC的信号	
	标志位(Flag)的处理	在SINUMERIK840C系统中，FY0－FY24是被系统占用的；而在8M系统中，这部分信号则是接口信号中的一部分，因此在作PLC程序的转换时首先要处理这部分信号。具体方法是：在调用原8M系统OB1之前，将FY0－FY24保存到数据块中，在调用之后，再将FY0－FY24恢复，以便840C系统能正常工作
	手动方式(Manual Control)的处理	在这种类型的机床上几乎都配置了手动操作方式，这种操作方式与840C有较大差别，而操作者对这种操作方式又比较习惯，因此在系统更新时最好予以保留。这样的话，就牵扯到了机床控制面板的处理，从经验来看，最好保留原机床操作面板，这样会最大限度地保留原操作风格，使操作者易于接受，同时也易于掌握
	系统操作方式的处理	在对系统操作方式的处理上，有两种方式要注意：第一是8M系统中的“手动数据输入”(manual data input)方式，这种方式在840C中是没有的，因此在PLC程序中要删除与之相关的部分；第二是“增量”(incremental)方式，这种方式在8M的接口信号中只有一位(F25.5)，而在840C中则有1INC/10INC/100INC/1000INC/10000INC/VAR六个信号属于增量方式，因此在PLC程序中要将这六个信号对应到原程序中的F25.5
	轴信号的处理	(1)PLC→NC信号的处理 在这部分的处理中，要将原8M系统PLC程序中所用到的所有PLC→NC信号对应到840C系统的接口信号上，而对840C专有的信号也要作相应的处理。下面给出部分信号的对应关系以方便理解 8M：F*.0——840C：DB32/Dk+2.9 (Limit Switch plus) 8M：F*.1——840C：DB32/Dk+2.8 (Limit Switch minus) 8M：F*.2——840C：DB32/Dk+1.10 (Controller enable) 其他信号也同样处理 (2)NC→PLC信号的处理 信号的处理方法与PLC→NC信号的处理是一样的，唯一要注意的是信号的对应方向。在PLC→NC信号的处理中，是将8M的信号对应到840C系统的信号上，而在处理NC→PLC的信号时，则是将840C系统的信号对应到8M上。举例如下 840C：DB32/Dk.10——8M：F*.1(Motion command－) 840C：DB32/Dk.11——8M：F*.0(Motion command＋) 840C：DB32/Dk.12——8M：F*.2(Reference point reached)
	主轴信号的处理	(1)PLC→NC信号的处理 在这里要注意的是主轴摆动信号(oscillation)的处理。在8M中摆动动作只要一个信号F14.2即可完成，而在840C中摆动动作则必须有DB31/Dk＋2.6(Reciprocation speed)及DB31/Dk＋2.0(PLC spindle control)两个信号才可完成该动作，因此在程序中必须将F14.2同时对应到DB31/Dk＋2.6和DB31/Dk＋2.0 (2)NC→PLC信号的处理 这部分信号中一般用到的只有主轴停(spindle at standstill)信号

续表

系统接口信号的处理	辅助功能的处理	在这种类型的机床中，使用最多的是 M 功能，也有个别机床使用 H 功能，在这部分处理中只需将相关的信号互相对应即可，具体对应如下： 840C：DB10/DL18——8M：FY225 840C：DB10/DL19——8M：FY226 840C：DB10/DL20——8M：FY227 840C：DB10/DL30——8M：FY237 以上是 M 功能(M0－M99)的对应关系，下面的是 H 功能的对应 840C：DB10/DR45——8M：FY32 840C：DB10/DL45——8M：FY33 840C：DB10/DR44——8M：FY34 除此之外，还有两个修饰信号要处理： 840C：DB10/D17.13——8M：F31.0 840C：DB10/D17.8——8M：F31.3
	报警的处理	(1)接口信号的处理 在 8M 系统中，有关报警的接口信号被安排在 FY188－FY219 中，而在 840C 系统中则被安排在 DB58 中，具体对应关系如下 8M：FY188——840C：DB58/DL3 8M：FY189——840C：DB58/DR3 8M：FY190——840C：DB58/DL4 8M：FY219——840C：DB58/DL19 (2)报警文本的处理 在 8M 系统中，报警文本按照主谓结构存放在两个数据块中(DB4、DB5)，而文本的组合关系则存放在另一个数据块 DB7 中，每个报警信号对应 DB7 中的一个数据字，而这个数据字则确定了相应的报警文本是由数据块 DB4 及 DB5 中哪两个文本构成的。例如，F188.0 对应 DB7/DW0，若 DW0 的内容为 KY＝000，000，则对应的报警文本就是由 DB4 及 DB5 的第一段文本组合而成的 在进行系统更新时，首先要根据 DB7、DB4 及 DB5 的内容生成每个报警信号对应的报警文本，然后再将该文本按照 840C 系统报警文本的格式输入到系统中，这样就完成了报警文本的对应
	模拟量的处理	因为这一类机床属于大型设备，造价都比较高，因此机床厂商在生产时对安全防护措施都考虑得相当全面，而在这些安全防护措施里面有一部分就是通过系统的模拟输入及模拟输出模块来完成的。因此，当我们进行系统改造时，对这一部分一定要仔细研究，使用新的模块来实现原来的功能，而不能简单地套用原程序，因为原来所用的模块与新的模块在数据格式、字长等方面有较大的不同，这一点是必须要注意的，否则可能就起不到防护的作用了
新系统的调整	新系统的调整主要是指坐标轴和主轴的调整 坐标轴的调整分为速度环和位置环。速度环的调整是指速度的匹配，即坐标轴的实际速度与系统指令电压的匹配，这里需要调整的参数是最大指令电压所对应的最高速度。另外，也可能要调整驱动部分测速机的反馈电位计。位置环的调整主要是调整轴的特性，包括跟踪特性及加/减速特性，需要调整的参数就是轴的位置环增益及加速度。在这里有一点要特别强调，各插补轴在相同速度下跟踪误差要基本保持一致，这样才能加工轮廓的圆整 主轴的调整主要是速度环的调整，即各挡速度的调整。这里只需掌握一个基本原则，即各挡的最高速度都对应 10V 的指令电压	

7.2　工业机器人系统设计实例

7.2.1　工业机器人的组成与分类

工业机器人是一种能模拟人的手、臂的部分动作，按照预定的程序、轨迹及其他要求，实现抓取、搬运工件或操纵工具的自动化装置，是很有发展前途的机电一体化典型产品，将在实现智能化、多功能化、柔性自动化生产、提高产品质量、代替人在恶劣环境条件下工作中发挥重大作用。工业机器人的组成、分类及主要技术参数见表 22-7-5。

7.2.2　SCARA 型装配机器人系统设计

SCARA 是具有选择顺应性的装配机器人。这种机器人在水平方向具有顺应性，而在垂直方向则具有很大的刚性，最适合于装配作业使用。它有大臂回转、小臂回转、腕部升降与回转 4 个自由度，如图 22-7-3所示。下面以 ZP-1 型多手臂装配机器人为例

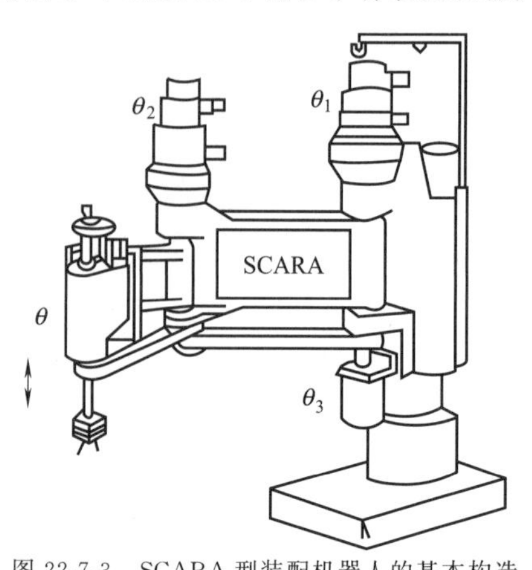

图 22-7-3　SCARA 型装配机器人的基本构造

作一介绍，详见表22-7-6。

表22-7-5　　**工业机器人的组成、分类及主要技术参数**

<table>
<tr><td rowspan="8">组成</td><td colspan="2">工业机器人一般应由机械系统、驱动系统、控制系统、检测传感系统和人工智能系统等组成</td></tr>
<tr><td>组成</td><td>说　　明</td></tr>
<tr><td>机械系统</td><td>机械系统是完成抓取工件或工具实现所需运动的机械部件，包括以下几个部分
①手部　是工业机器人直接与工件或工具接触，用来完成握持工件或工具的部件，有些工业机器人直接将工具(如焊枪、喷枪、容器)装在手部位置，而不再设置手部
②腕部　是连接手部与臂部的部件，主要用来确定手部工作方位、姿态并适当扩大臂部动作范围
③臂部　是支承腕部、手部，实现较大范围运动的部件
④机身　是用来支承臂部、安装驱动装置及其他装置的部件
⑤行走机构　是扩大工业机器人活动范围的机构，有的是专门的行走装置，有的是轨道、滚轮机构</td></tr>
<tr><td>驱动系统</td><td>驱动系统的作用是向执行元件提供动力。随驱动源不同，驱动系统的传动方式有液动式、气动式、电动式和机械式四种</td></tr>
<tr><td>控制系统</td><td>控制系统是工业机器人的指挥系统。它控制工业机器人按规定的程序运动，可记忆各种指令信息(如动作顺序、运动轨迹、运动速度及时间等)，同时按指令信息向各执行元件发出指令。必要时还可对机器人动作进行监视，当动作有误或发生故障时即发出警报信号</td></tr>
<tr><td>检测传感系统</td><td>它主要检测工业机器人执行系统的运动位置、状态，并随时将执行系统的实际位置反馈给控制系统，并与设定的位置进行比较，然后通过控制系统进行调整，从而使执行系统以一定的精度达到设定位置状态</td></tr>
<tr><td>人工智能系统</td><td>该系统主要赋予工业机器人五感功能，以实现机器人对工件的自动识别和适应性操作</td></tr>
<tr><td colspan="2"></td></tr>
<tr><td>分类</td><td colspan="2">工业机器人通常按坐标形式可分为五类，如图(a)～图(e)所示
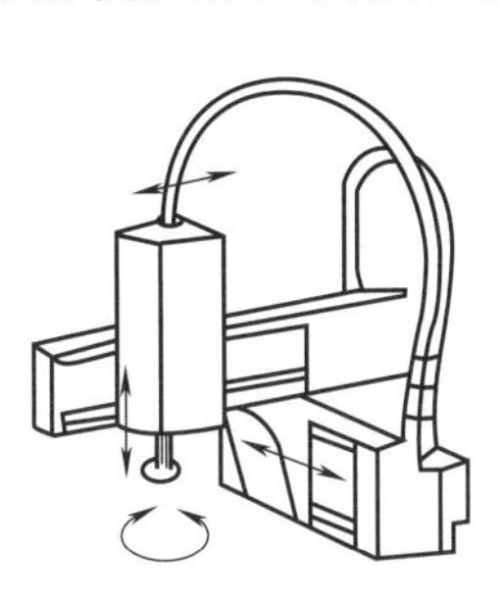
图(a)　直角坐标型
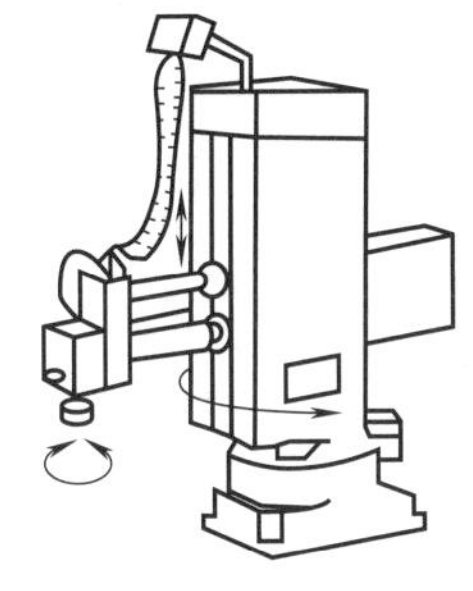
图(b)　圆柱坐标型
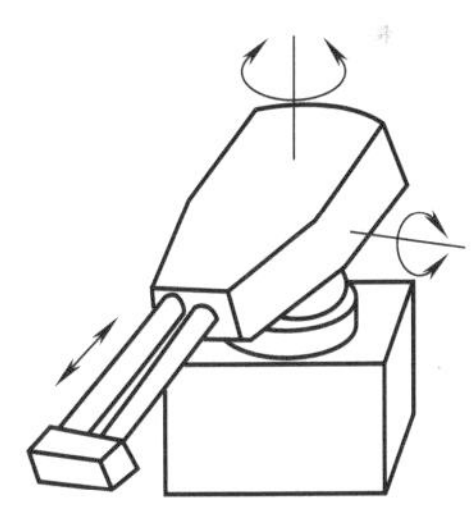
图(c)　极坐标型
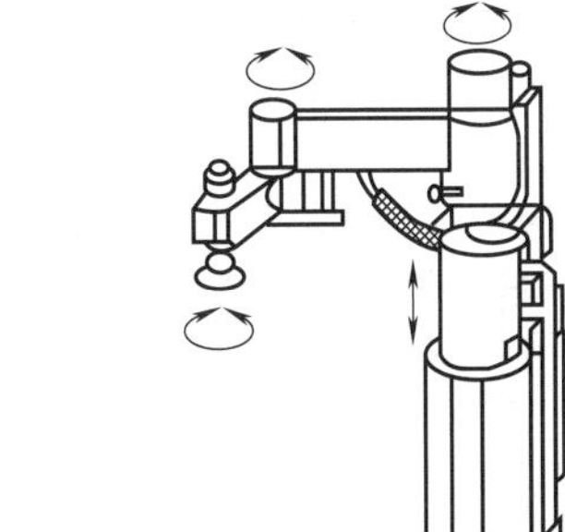
图(d)　SCARA型
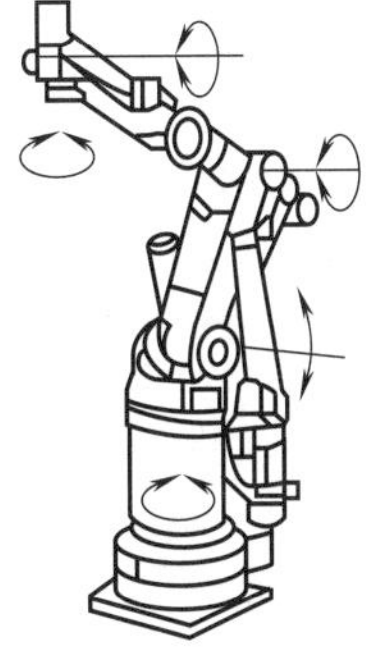
图(e)　多关节型</td></tr>
</table>

续表

主要技术参数	握取重量	即臂力,握取重量标明了机器人的负荷能力。这项参数与机器人的运动速度有关,通常指正常运行速度下所能握取的工件重量。当机器人运行速度可调时,低速运行时所能握取工件的最大重量比高速时为大。为安全起见,也有将高速下所能握取的工件重量作为指标的情况,此时常指明运行速度
	运动速度	运动速度是反映机器人性能的一项重要技术参数。它与机器人握取重量、定位精度等参数都有密切关系,同时也直接影响机器人的运动周期
	自由度	工业机器人自由度越多,其动作越灵活,适应性越强,但结构也相应越复杂。一般具有 4～6 个自由度即可满足使用要求
	定位精度	定位精度即重复定位精度,是衡量机器人工作质量的又一项重要指标。定位精度的高低取决于位置控制方式以及运动部件本身的制造精度和刚度,与握取重量、运动速度等也有密切关系
	程序编制与存储容量	该技术参数是用来说明机器人的控制能力的,存储容量大,则适应性强、通用性好,从事复杂作业的能力强

表 22-7-6　　ZP-1 型多手臂装配机器人

用途		该机器人装配系统用于装配 40 火花式电雷管,代替人从事易燃易爆的危险作业。电雷管的组成如图(ⅰ)所示。机器人完成的工作是:①将导电帽弹簧组合件装在雷管体上;②将小螺钉拧到雷管体上,把导电帽、弹簧组合件和雷管体连成一体;③检测雷管体外径、总高度及雷管体与导电帽之间是否短路。装配前雷管体倒立在 10 行×10 列的料盘 5 上,弹簧与导电帽的组合件插放在另一个 10 行×10 列的料盘 6 上,小螺钉散放在振动料斗 8 中,装配好的成品放在 10 行×10 列料盘 7 上,如图(ⅱ)所示。机器人在装配点的重复定位精度可达±0.05 mm,电雷管重约 100g,一次装配过程约需 20s 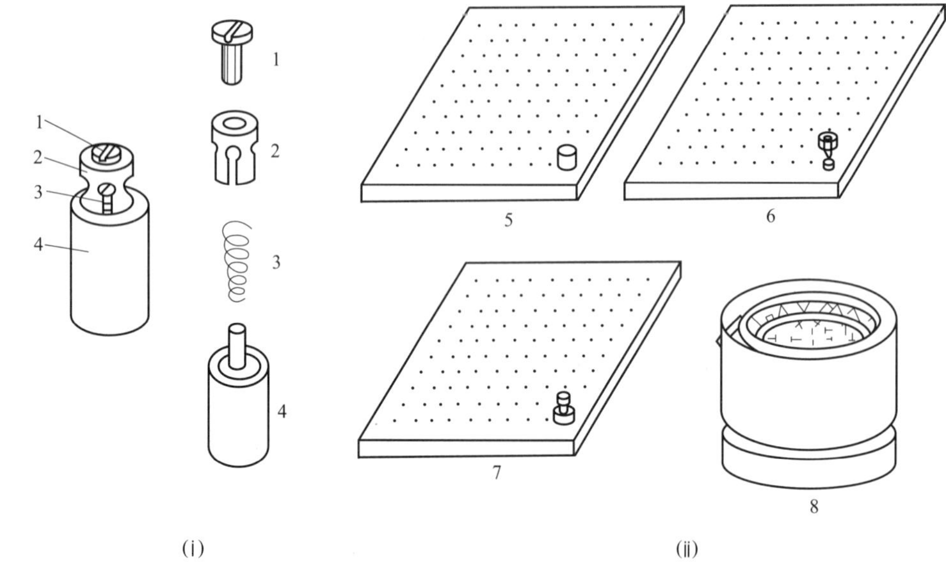 (ⅰ)　(ⅱ) 图(a)　40 火花式电雷管的组成及料盘 1—螺钉;2—导电帽;3—弹簧;4—雷管体;5～7—料盘;8—振动料斗
构成	总体结构	该机器人装配系统主要由机器人本体和控制柜组成,其本体如图(b)所示,由左、中、右三只手臂组成,左右手臂的结构基本相同,大臂长 200mm,小臂长(肘关节至手部中心)为 160mm。两立柱间距为 710mm,总高度约 820mm(可适当调整)。左(右)手臂各有大臂 1(1′)、小臂 2(2′)、手腕 3(3′)和手部 4(4′);驱动大臂的为步进电动机 5(5′)及谐波减速器 6(6′)与位置反馈用光电编码器 7(7′);驱动小臂的为步进电动机 8(8′)及谐波减速器 9(9′)与位置反馈用光电编码器 10(10′);另外还有平行四连杆机械 11(11′);整个手臂安装在支架和立柱 12(12′)上,并由基座 19(19′)支承。手腕的升降、回转和手爪的开闭都是气动的,因此有相应的气缸、输气管路。右臂右侧雷管料盘为 13′、左臂左侧为导电帽与弹簧组合件料盘 13,第三只手臂(中臂)为拧螺钉装置,放在左、右手臂中间的工件上,装有摆动臂 14 和气动改锥 15,它的左侧装有供螺钉用的振动料斗 16。成品料盘 17 安装在右手臂的右前方

续表

构成	总体结构	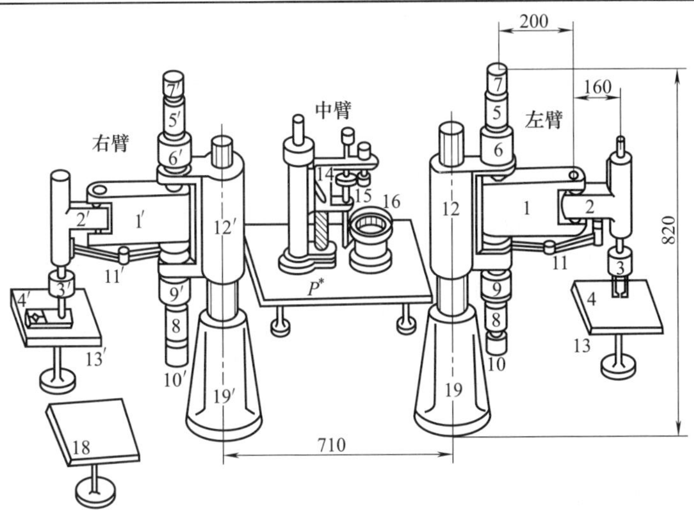 图(b)　ZP-1 型机器人装配系统本体构成
	驱动系统	该机器人两手臂在 X-Y 平面内的运动是由步进电机驱动的，所选用的步进电机型号为 70BF10、六相、按 2-3 方式分配，共 12 拍，电动机的启动频率为 600 步/s，达到运行频率 24000 步/s，所需的启动时间为 0.6s。一个关节的电动机驱动系统见图(c) 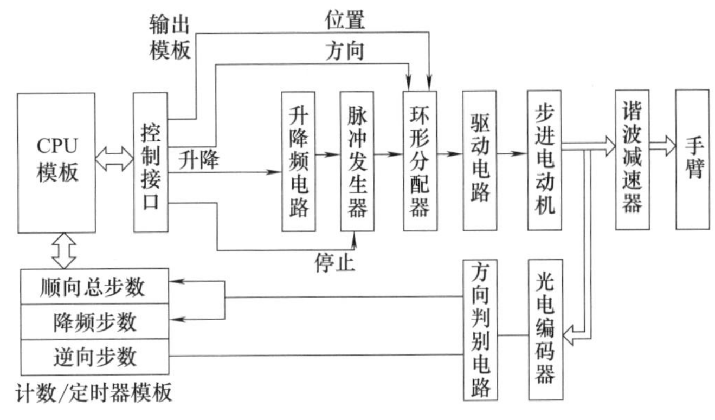 图(c)　一个关节的步进电动机驱动系统
	控制、检测传感系统	控制系统原理如图(d)所示，由 7 个 CSA-816 型电涡流传感器分别检测两手臂到达装配点的位置、雷管的直径与高度、手爪是否抓住雷管体与弹簧组件，以及雷管体与导电帽的短路状态等。这些信号送到测量仪与设定值进行比较，确定是否合格或过、欠，再经过测量接口电路，送到 CMC80 工业控制机进行处理、产生中断信号 计算机的输出口有两部分，一部分有 17 路，通过控制接口电路、功率放大电路驱动气动电磁阀。根据计算机指令，使左、右手腕分别做升、降、回转动作，使手爪做闭合夹紧动作等。另一部分有 16 路，通过控制接口电路分别向 4 台步进电机发出置位、升降速、方向及停止信号，并通过升降速电路、脉冲分配器、功率驱动电路，使步进电机按照预定的程序做启动、升速、高速运行和降速、停止等动作 四台步进电机的轴伸端分别与左、右大小臂连接，使手臂在装配点与取(放)工件点之间运动。当手臂回到装配点时，相应的电涡流传感器发出到位信号，计算机收到这一信号后，发出停止命令，使步进电机与相应的手臂停止运动。当手臂到达取(放)工件点时，由计数器记录的步进电机步进步数与预置步数相一致时，计算机发出停止命令。在步进电机的另一轴伸端分别连接一个光电编码器，步进电机每走一步，光电编码器发一个脉冲。步进电机的转动方向由方向判别电路判别

续表

<table>
<tr>
<td rowspan="2">构成</td>
<td>控制、检测传感系统</td>
<td>
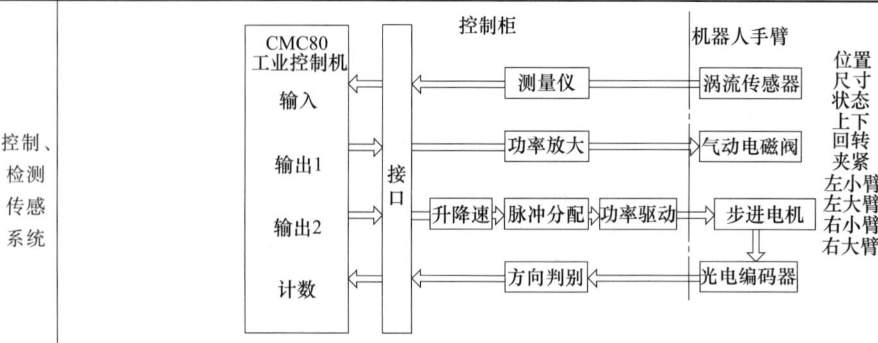

图(d)　控制系统原理框图
</td>
</tr>
<tr>
<td>微机组成</td>
<td>
该机器人选用 CMC80 微型计算机作为主控制器，具有比较丰富的功能模板，可根据需要选用若干模板组成预定功能的自动检测和控制系统。采用国际通用的微机用 STD 标准总线，系统的组成和扩展比较方便。CMC80 微机的组成如图(e)所示，各块模板的主要功能如下

<table>
<tr><th>模块</th><th>功　　能</th></tr>
<tr><td>CPU 板（编号 8400）</td><td>采用 Z80CPU，主频 2MHz，允许三种中断方式；板上内存 RAM(2116)或 EPROM(2716)为 2 ～16K；板上有一个编程调试板接口；一个 2×8 位并行接口，一个 RS232C 串行接口</td></tr>
<tr><td>内存扩展板(8401)</td><td>可将内存扩展 16～32K，RAM(2116)或 EPROM(2716)均可，寻址空间为 4000H～BFFFH</td></tr>
<tr><td>32 路输入板(8422)</td><td>内有两片 Z80-PIO，其中一片经光耦合器(TIL113)接受外部输入信号，即 16 路光隔离输入信号。一片经反相器接受外部输入信号，即 16 路 TTL 输入，每路输入均可产生中断信号</td></tr>
<tr><td>64 路光隔离输出板(8430)</td><td>内有 8 片 8D 锁存器，共 64 位，全部经过光耦合器(TILI13)输出</td></tr>
<tr><td>2 路计数/定时器板(8428)</td><td>内装 8 片 Z80-CTC，每片有 4 个计数/定时器通道，共 32 个通道，其中 16 个为光电隔离计数/定时器通道、16 个为 TTL 计数/定时器通道，每个通道均可产生中断</td></tr>
<tr><td>编程调试板(8490)</td><td>与 CPU 板相配合进行人机联系，用于编制程序，进行系统和接口的调试、诊断、运行，可直接在板上进行 EPROM 的写入、程序的转储、数字结果的显示等。该板上有 6 个七段 LED 显示、30 个小键盘、磁带机接口等</td></tr>
<tr><td>机箱电源</td><td>微机机箱采用 19in 标准机箱，内装有六路高抗干扰、高精度直流稳压电源供机箱各模板使用，也可由面板引出线供外部电路使用。各路电源均有短路、过载保护，过载时有声光报警</td></tr>
</table>

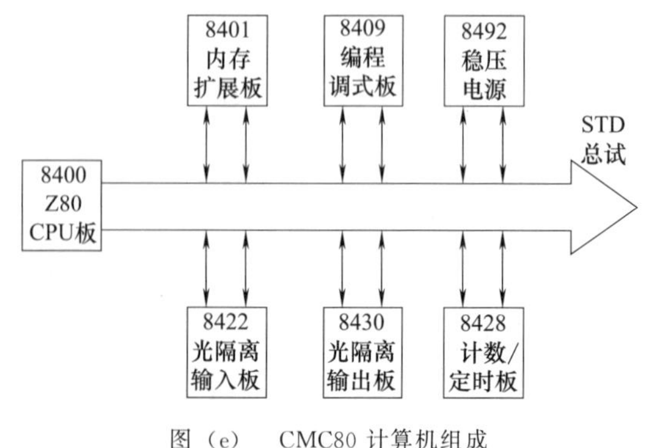

图 (e)　CMC80 计算机组成
</td>
</tr>
</table>

续表

构成	装配工作过程	开机后，计算机发出指令，首先使两手臂先后返回装配点清零，然后，右手移动到雷管体料盘停在预定的某行某列位置上，手腕下降，手爪夹紧雷管体，手腕抬起并翻转 180°，使雷管体杆芯朝上。与此同时，左手移动到导电帽、弹簧组件料盘，并停在某行某列位置上，手腕下降，手爪夹紧导电帽、弹簧组件，手腕抬起。此后，右手返回到装配点。接着左手也返回到装配点，手腕边压下、边回转，将导电帽弹簧组件装到雷管体的杆芯上，左手离开装配点。此时螺钉已在振动料斗中自动整列排队、逐个落下，第三只手臂取螺钉后摆动到装配点，压下气动改锥将螺钉旋入雷管体杆芯的螺孔中，右手抓取雷管体时检测直径是否过大（不合格）或过小（抓空）；左手抓取弹簧导电帽组件时，检测是否抓空，第三只手的改锥压下之前检测螺钉有无，装配完成后检测雷管高度是否合格，是否符合短路要求。如果没有螺钉，第三只手返回，再次去取螺钉，进行拧螺钉动作。不合格品则放到备好的废品盒内。计算机对总工件数和废品数进行统计，当装满一料盘成品（100 件）时发出呼叫信号，工人将成品盘搬走，换上一个空料盘，继续装配

7.2.3　BJDP-1 型机器人设计

BJDP-1 型机器人为全电动式、五自由度、具有连续轨迹控制等功能的多关节型示教再现型机器人，用于高噪声、高粉尘等恶劣环境的喷砂作业，见表 22-7-7。

表 22-7-7　　BJDP-1 型机器人

组成	说　明	
机器人本体	BJDP-1 型机器人的五个自由度分别是立柱回转（L）、大臂回转（D）、小臂回转（X）、腕部俯仰（W_1）、腕部转动（W_2），其机构原理、传动关系如下	
	机器人的机构原理	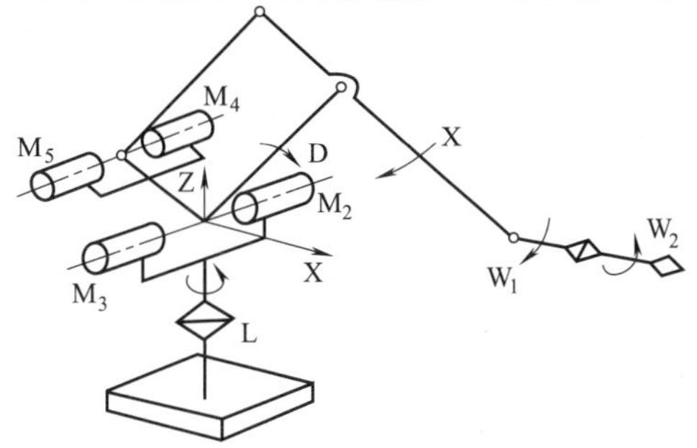 图（a）　机器人的机构原理
	机器人机构传动关系	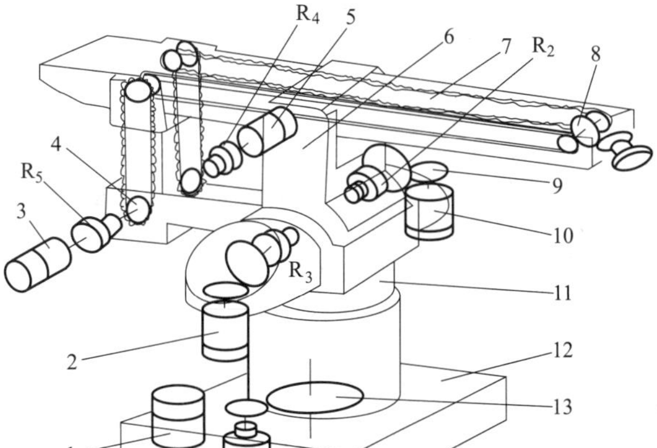 图（b）　机器人机构传动关系 1—立柱驱动器 M_1；2—小臂驱动电动机 M_3；3—腕部回转电动机 M_5；4—链轮链条；5—腕部俯仰电动机 M_4；6—大臂；7—小臂；8，9—锥齿轮；10—大臂驱动电动机 M_2；11—立柱；12—基座门；13—直齿轮；14—R_1；R_2～R_5—谐波减速器

续表

<table>
<tr><th>组成</th><th>说　明</th></tr>
<tr><td>控制（驱动与检测）系统</td><td>
控制系统（包括驱动与检测）主要由微型计算机、接口电路、速度控制单元、位置检测（码盘-编码器）电路、示教盒等组成，如图(c)所示
<table>
<tr><td>计算机</td><td>实现机器人示教、校验、再现的控制功能，包括示教数据编辑、坐标正逆变换、直线插补运算，以及伺服系统闭环控制</td></tr>
<tr><td>接口电路</td><td>通过光电编码器进行机器人各关节坐标的模数转换（A/D），及把计算机运算结果的数字量转换为模拟量（D/A）传送给速度控制单元。速度控制单元是驱动机器人各关节运动的电气驱动系统</td></tr>
<tr><td>示教盒</td><td>它是人-机联系的工具，主要由一些点动按键和指令按键组成。通过点动按键可对机器人各关节的运动位置进行示教，利用指令按键完成某一指定的操作动作、实现示教、再现的各种功能</td></tr>
</table>
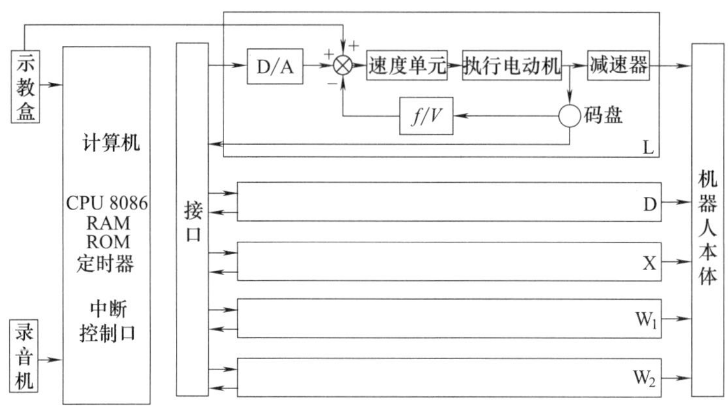

图(c)　机器人控制（驱动、检测）系统框图

微机控制系统的硬件组成如图(d)所示，CPU 为 Intel8086，主频 5MHz。RAM 16k 主要用于存储示教数据。ROM 32k 存储计算机的监控程序和示教再现的全部控制程序。两片 8259A 中断控制器相连，共有 15 级中断，用于向计算机输入示教、校验、再现的所有控制指令。定时器 8253 用于产生计算机实时时钟信号，通过中断实现采样控制。A/D 变换器完成将机器人关节转角 θ_L、θ_D、…、θ_{W2} 转换成数字量，变换器为 16 位，主要由光电（码盘）编码器（包括方向判别、可逆计数、清零电路及与计算机的接口电路）组成。首先由装在电机轴上的增量式光电编码器将关节转角变换成数字脉冲，然后经方向判别电路将变换后的脉冲分成正转脉冲和反转脉冲，用可逆计数器记录这些脉冲数，从而实现由转角向数字量的变换。D/A 变换器位数为 9 位，由一片集成 D/A 变换器 DAC0832 和一个触发器、反相器、运算放大器组成，基准电源 5V，输出是双极性的，其原理如图(e)所示。计算机输出的数码低 8 位 D_0～D_7 由八位 DAC0832 变换，计算机输出的最高位（符号位）D_{15}，由 D 触发器接收，经反相器反相之后，将 $D_{15}=1$ 变换成 5V，将 $D_{15}=0$ 变换成 0V。运算放大器 2 对 DAC0832 和反相器的输出进行综合，实现 9 位双极性 D/A 变换，输出模拟量电压到驱动速度控制单元。各关节速度控制单元都是双环速度闭环系统，其框图如图(f)所示。电动机为永磁式直流伺服电动机（功率 400W，最高转速 2000r/min，额定电流 12A），功率放大器为晶闸管三相全波可控整流可逆电路，内环为电流反馈环，采用纯比例调节。外环为速度环，由于电机轴上的光电编码器输出的数字脉冲频率与电动机转速成正比，因此只要将码盘的脉冲频率变换成与频率成比例的电压就能测出电动机的转速，所以速度检测就是进行频率/电压转换（f/V），由 f/V 的输出作为速度负反馈，速度环的调节器为带有非线性特性的 PID 调节器
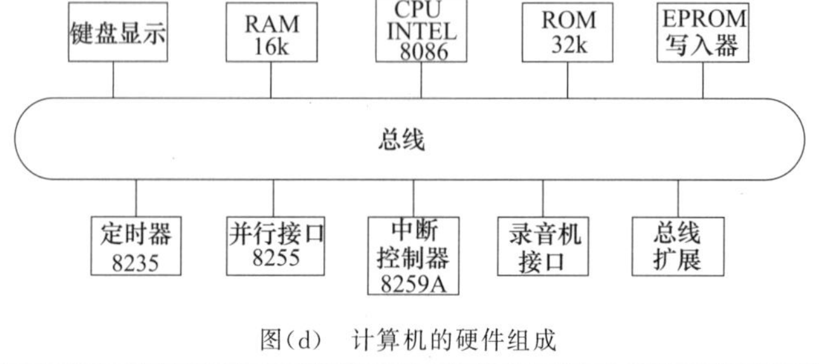

图(d)　计算机的硬件组成
</td></tr>
</table>

续表

组成	说　明
控制(驱动与检测)系统	图(e)　D/A 变换；图(f)　速度控制单元框图

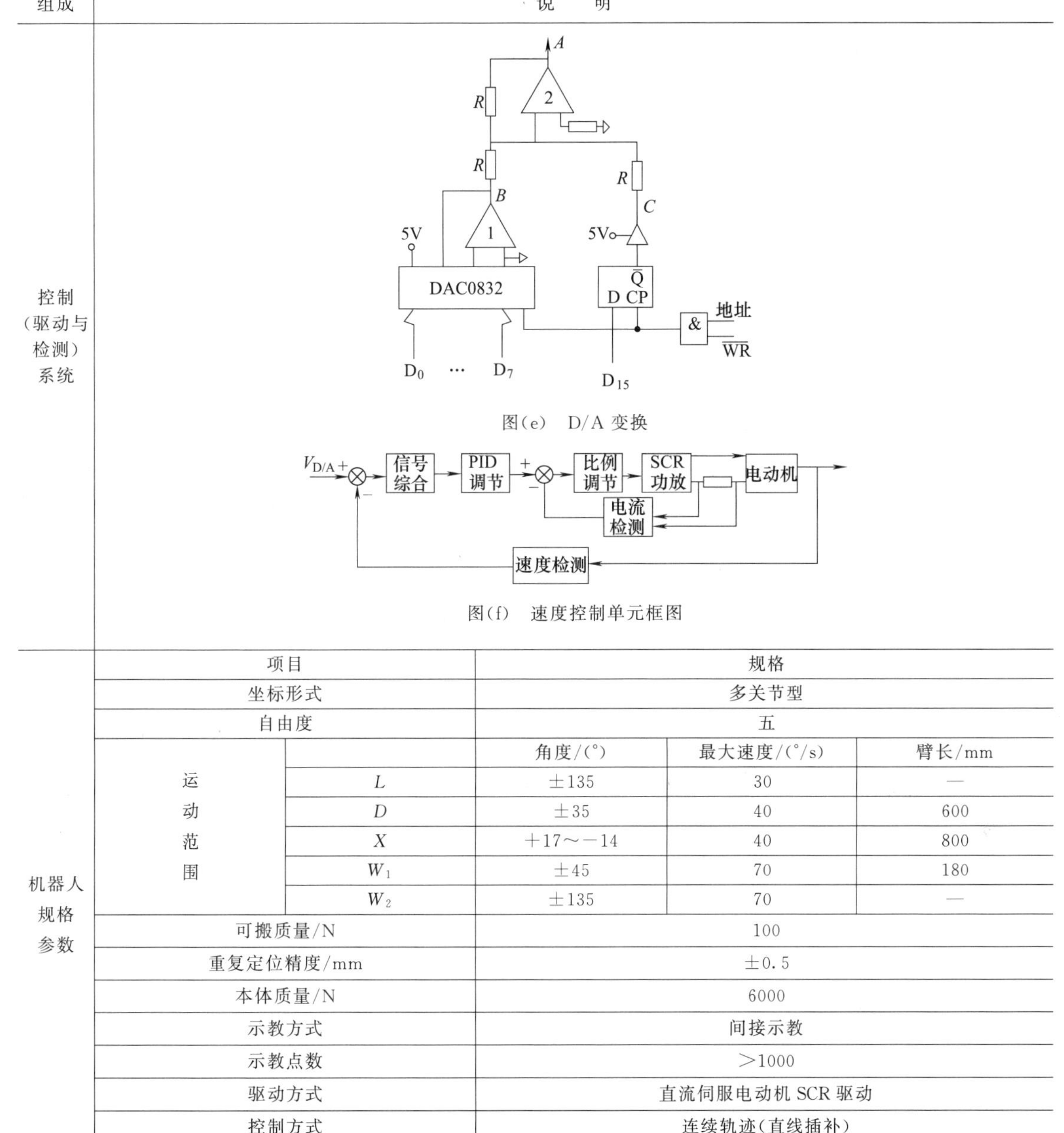

图(e)　D/A 变换

图(f)　速度控制单元框图

组成	项目		规格		
机器人规格参数	坐标形式		多关节型		
	自由度		五		
	运动范围		角度/(°)	最大速度/(°/s)	臂长/mm
		L	±135	30	—
		D	±35	40	600
		X	+17～−14	40	800
		W_1	±45	70	180
		W_2	±135	70	—
	可搬质量/N		100		
	重复定位精度/mm		±0.5		
	本体质量/N		6000		
	示教方式		间接示教		
	示教点数		>1000		
	驱动方式		直流伺服电动机 SCR 驱动		
	控制方式		连续轨迹(直线插补)		
	控制轴数		五轴同步控制		

组成		说明
控制算法	坐标的指定	关节坐标如图(g)所示，X、Y、Z 为直角坐标系。$\theta_1\sim\theta_5$ 为指定的关节坐标，分别对应五路 A/D 变换器得到的数值，其方向如图(g)中"+"、"−"号所示。θ_1：立柱 L_1 相对基座 L_0 的转角；θ_2：大臂 L_2 与铅垂线的夹角；θ_3：小臂 L_3 与水平面的夹角；θ_4：手腕轴 L_4 与小臂 L_3 延长线的夹角；θ_5：差动轮系中的转角；θ_5 与 θ_4 合成的结果是手部相对于手腕的转角；A：姿态参数，且 $A=\theta_3+\theta_4$ 即手腕轴线与水平面的夹角；B：姿态参数，$B=\theta_4-\theta_3$，即喷枪与铅垂面的夹角(喷枪与手腕垂直固定)；P 点为加工点，其在直角坐标系中的位置为 x、y、z 关节坐标到直角坐标的正变换，示教点的关节坐标 $\theta_1\sim\theta_5$ 与直角坐 x、y、z 及姿态参数 A、B 的正变换公式为

续表

组成		说明
控制算法	坐标的指定	$$\begin{cases} x=(-L_5S_AC_B+L_4C_A+L_3C_3+L_2S_2)C_1+L_5S_1S_B \\ y=(-L_5S_AC_B+L_4C_A+L_3C_3+L_2S_2)S_1-L_5C_1S_B \\ z=-L_5C_AC_B-L_4S_A-L_3S_3+L_2C_2 \\ A=\theta_3+\theta_4 \\ B=\theta_4-\theta_5 \end{cases}$$ 式中，$C_i=\cos\theta_i$，$S_i=\sin\theta_i$（$i=1,2,\cdots,5,A,B$）；L_i（$i=2,\cdots,5$）为各臂杆长度 示教时，计算机读进关节坐标 θ_i，然后经坐标正变换，转换为工作点 P 的位置与姿态参数存入内存作为示教点参数 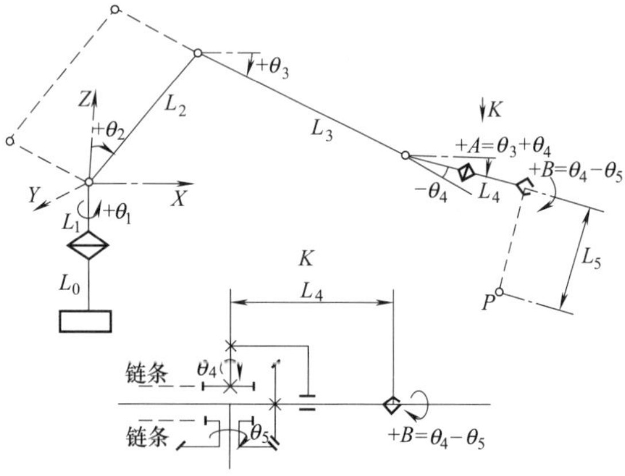 图(g) 关节坐标
	直线插补	取机器人的零位[如图(h)所示]为每次工作的初始位置。工作完后又返回到这个初始位置。零位坐标为 $\Theta_0=[\theta_1,\theta_2,\theta_3,\theta_4,\theta_5]^{\mathrm{T}}=[0,0,0,0,0]^{\mathrm{T}}$，$X_0=[x,y,z,A,B]^{\mathrm{T}}=[x_0,0,z_0,0,0]^{\mathrm{T}}$ 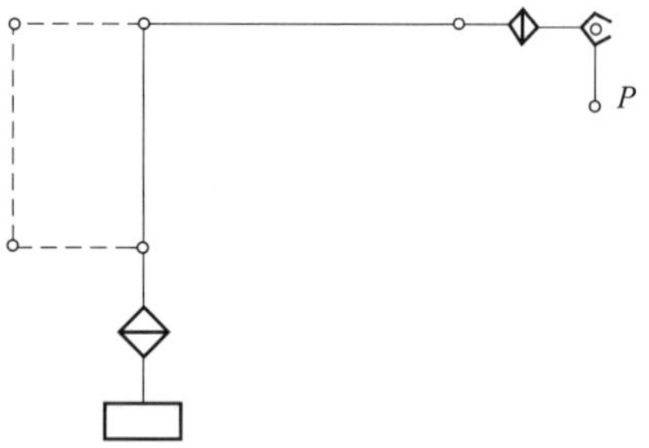 图(h) 机器人零位 设再现到第 i 个示教点，要在第 i 点和第 $i+1$ 点之间进行直线插补，并设工作点 P 的位置与姿态坐标是（x_i,y_i,z_i,A_i,B_i），取第 $i+1$ 个示教数据（$x_{i+1},y_{i+1},z_{i+1},A_{i+1},B_{i+1}$），则 $\Delta x'_{i+1}=x_{i+1}-x_i$；$\Delta y'_{i+1}=y_{i+1}-y_i$；$\Delta z'_{i+1}=z_{i+1}-z_i$；$\Delta A'_{i+1}=A_{i+1}-A_i$；$\Delta B'_{i+1}=B_{i+1}-B_i$ v_{i+1} 为示教速度；$N_{i+1}=\mathrm{INT}\left[\dfrac{\sqrt{\Delta x'^2_{i+1}+\Delta y'^2_{i+1}+\Delta z'^2_{i+1}}}{v_{i+1}}\right]$ 表示一个采样周期内所走的距离。求运动增量如下 $\Delta x_{i+1}=\dfrac{\Delta x'_{i+1}}{N_{i+1}}$；$\Delta y_{i+1}=\dfrac{\Delta y'_{i+1}}{N_{i+1}}$；$\Delta z_{i+1}=\dfrac{\Delta z'_{i+1}}{N_{i+1}}$；$\Delta A_{i+1}=\dfrac{\Delta A'_{i+1}}{N_{i+1}}$；$\Delta B_{i+1}=\dfrac{\Delta B'_{i+1}}{N_{i+1}}$

续表

<table>
<tr><th colspan="2">组成</th><th>说 明</th></tr>
<tr><td rowspan="2">控制算法</td><td>位置与增量的逆变换</td><td>由直线插补得到的位置与姿态增量必须经坐标逆变换，转换成关节坐标的增量才能作为各关节伺服系统的给定值，控制机器人按给定轨迹运动。逆变换的计算式为
$\Delta\theta_1=\dfrac{C_1\Delta y-S_1\Delta x+L_5C_B\Delta B}{C_1x+S_1y}$； $\Delta\theta_2=\dfrac{C_3M-S_3N}{L_2C_{2-3}}$；
$\Delta\theta_3=-\dfrac{S_2M+C_2N}{L_3C_{2-3}}$； $\Delta\theta_4=\Delta A-\Delta\theta_3$； $\Delta\theta_5=\Delta\theta_4-\Delta B$
式中 $M=C_1\Delta x+S_1\Delta y+(C_1y-S_1x)\Delta\theta_1+(L_4S_A+L_5C_AC_B)\Delta A-L_5S_AS_B\Delta B$
$N=\Delta Z+(L_4C_A-L_5S_AC_B)\Delta A-L_5C_AS_B\Delta B$
$C_i=\cos\theta_i$，$C_{2-3}=\cos(\theta_2-\theta_3)$，$S_i=\sin\theta_i$</td></tr>
<tr><td>数字 PID</td><td>机器人五个关节的位置闭环是由计算机实现的。数字 PID 为位置环的调节算法，是为了系统稳定而设置的。每当实时时钟中断之后，计算机就采样五个关节的坐标值，然后与坐标逆变换出来的五个坐标给定值进行比较，求出关节误差，经数字 PID 运算输出关节速度控制系统的控制信号，经 D/A 变换后送到速度控制单元。数字 PID 算式是带有前馈和积分分离的 PID 算式
$u(k)=K_pe(k)+K_d\Delta e(k)+K_i\sum_{i=0}^{k}e(i)+K_f\Delta\theta(k)$
当 $\lvert e(k)\rvert\leqslant\varepsilon$ 时引入积分，当 $\lvert e(k)\rvert>\varepsilon$ 时取消积分。式中，K_p 为比例常数；K_d 为微分常数；K_i 为积分常数；K_f 为前馈常数。前馈信号的引入是为了提高系统的速度跟踪精度，积分项是为了提高系统抗负载扰动的能力，比例项是为了保证位置精度，微分项是为了提高系统的稳定性</td></tr>
</table>

7.2.4 缆索并联机器人设计

表 22-7-8 缆索并联机器人设计

<table>
<tr><td>设计说明</td><td>缆索并联机器人吊机设计从基本的并联机构设计理论出发，参考国内外资料，按照四视图设计方法进行功能分析，搭建了一个高 170cm 的模型。该模型是由 6 根 20mm×20mm 空心方形钢管在底部两两连接、在顶部与三根钢管组成的正三角形连接的空间框架结构。框架上安装 6 个控制电动机，协调带动各自的滚筒旋转，以改变缠绕在滚筒上的缆线到动平台的长度，完成动平台的空间运动。在软件方面，把结构的物理模型通过 Matlab 建立数学模型，使用串口通信技术建立控制与电动机的通信连接。采用 LabVIEW 编程技术在虚拟界面上实时控制动平台的运动。所开发的原型实时完成操作者对动平台的上下移动、左右移动和顺逆时针旋转等，完成原型的运动功能要求</td></tr>
<tr><td>功能设计</td><td>工业机器人分串联和并联两种形式。并联机器人与目前广泛应用的串联机器人在应用上形成互补关系，扩大了整个机器人的应用领域。并联机器人可作为航天飞船对接器等，还可作为航海潜艇救援器等；在工业上可作为大件装配机器人。在医疗上可作为精密操作的微动机器人。近年来出现虚拟轴的并联运动加工中心，应用日益广泛
缆索并联机构是并联机构学的一个分支，一般由六根缆索控制动平台。最先由美国国家标准与技术局（National Institute of Standards and Technology）在 20 世纪 80 年代开发和研制的。设计源于 Stewart 并联机构，用缆索代替连杆来实现并联运动。缆索的长度由电动机控制。动平台下安装不同的执行设备，可以广泛地应用于完成陆地、水中、空间的各种工作条件下的机械作业，特别在大型工作面上的工作
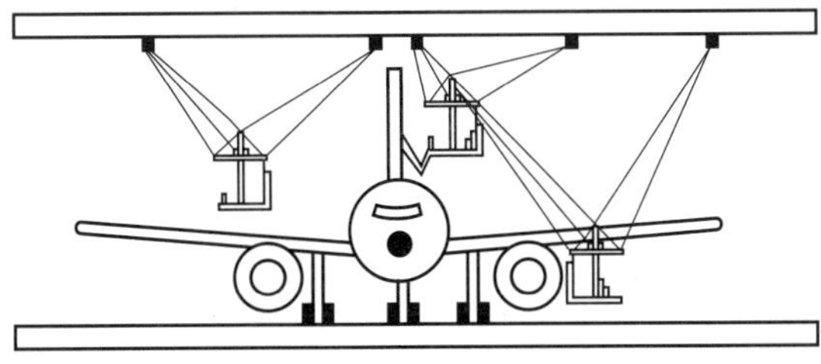
图(a) 用于航天工业飞机维修的并联运动平台
如图(a)所示是并联机构在航空工业中的应用。操作者在缆索平台上，对飞机进行维护修理
为适应不同的工作条件，有些缆索并联机器人经过变形，外形结构都有明显的差异，很难看出它们属于并联机器人，但是其控制理论都是并联机构运动学，其机构学问题属于空间多自由度多环并联机构学，有重要的实用价值</td></tr>
</table>

续表

结构设计	图(b)为开发出的原型，六根支撑分别两两连接，整个原型结构对称，提高了刚度，保证了上平台(基础平台)的水平。可承载比自身重十倍以上的重物，选用具体结构参数如下 基础平台边长：1000mm；动平台边长：250mm；基础平台距地面高度：1700mm；三支撑点落在直径为1500mm的圆上，圆心与基础平台重心在水平面投影点重合  图(b)　开发的吊机原型	
控制系统设计	建立数学模型	把选好结构尺寸的物理模型转化为数学模型。数学模型建立的出发点是对计算目标位置点的缆索长度进行实时控制，包括平台在空间坐标系 X、Y、Z 中沿 X、Y、Z 轴移动和绕 Z 轴转动共四个自由度的运动 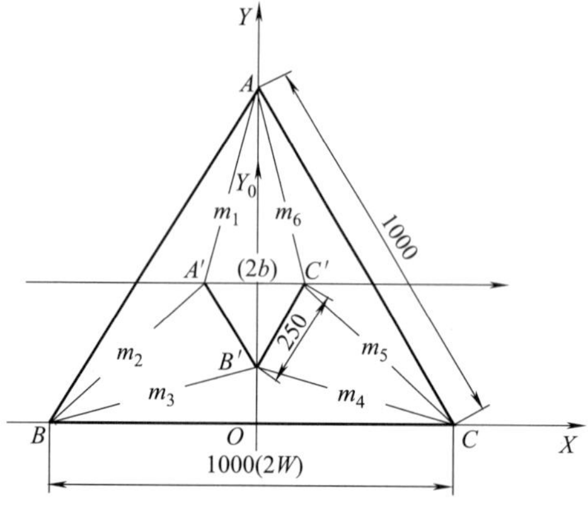 图(c)　选用结构的数学模型 如图(c)所示是所选用并联基架的俯视图，将定坐标系定义在顶架的三角形上，动坐标系位于动平台上，则顶架三顶点 A、B、C 在固定坐标系的矢量坐标为 $A:(0\quad \sqrt{3}L\quad 0)^{\mathrm{T}}$　　$B:(-L\quad 0\quad 0)^{\mathrm{T}}$　　$C:(L\quad 0\quad 0)^{\mathrm{T}}$ 同理，动平台上三顶点 A_0、B_0、C_0 在动坐标的矢量坐标为 $A_0:(-l\quad 0\quad 0)^{\mathrm{T}}$　　$B_0:(0\quad -\sqrt{3}l\quad 0)^{\mathrm{T}}$　　$C_0:(l\quad 0\quad 0)^{\mathrm{T}}$ 式中，L、l 分别是顶架和动平台的边长代号 设动平台原点 O_0，在固定坐标系中的坐标为 $O_0:(x\quad y\quad z)^{\mathrm{T}}$ 绕 Z 轴的转角为 θ，同时坐标变换矩阵设为 T，则 A_0、B_0、C_0 在固定坐标系中，可表示为 $A_1=TA_0+O_0$，$B_1=TB_0+O_0$，$C_1=TC_0+O_0$ 其中

续表

<table>
<tr>
<td rowspan="2">控制系统设计</td>
<td>建立数学模型</td>
<td>

$$T=\begin{pmatrix}a_{11} & a_{12} & a_{13}\\ a_{21} & a_{22} & a_{23}\\ a_{31} & a_{32} & a_{33}\end{pmatrix}$$

在这里，由于动平台不绕 X、Y 轴转动，所以其方向余弦为 0

$$T=\begin{pmatrix}\cos\theta & -\sin\theta & 0\\ \sin\theta & \cos\theta & 0\\ 0 & 0 & 1\end{pmatrix}\qquad A_1=\begin{pmatrix}\cos\theta & -\sin\theta & 0\\ \sin\theta & \cos\theta & 0\\ 0 & 0 & 1\end{pmatrix}\begin{pmatrix}-1\\ 0\\ 0\end{pmatrix}+\begin{pmatrix}x\\ y\\ z\end{pmatrix}$$

$$B_1=\begin{pmatrix}\cos\theta & -\sin\theta & 0\\ \sin\theta & \cos\theta & 0\\ 0 & 0 & 1\end{pmatrix}\begin{pmatrix}0\\ -\sqrt{3}\,l\\ 0\end{pmatrix}+\begin{pmatrix}x\\ y\\ z\end{pmatrix}$$

$$C_1=\begin{pmatrix}\cos\theta & -\sin\theta & 0\\ \sin\theta & \cos\theta & 0\\ 0 & 0 & 1\end{pmatrix}\begin{pmatrix}1\\ 0\\ 0\end{pmatrix}+\begin{pmatrix}x\\ y\\ z\end{pmatrix}$$

从图(c)中可以看出，六根绳索长度 m_1、m_2、m_3、m_4、m_5、m_6 可用向量 AA_1、BA_1、BB_1、CB_1、CC_1、AC_1 的模表示

如：$$\|AA_1\|=|A-A_1|=\left|\begin{pmatrix}0\\ \sqrt{3}L\\ 0\end{pmatrix}-\begin{pmatrix}\cos\theta & -\sin\theta & 0\\ \sin\theta & \cos\theta & 0\\ 0 & 0 & 1\end{pmatrix}\begin{pmatrix}-1\\ 0\\ 0\end{pmatrix}+\begin{pmatrix}x\\ y\\ z\end{pmatrix}\right|$$

同理，可得：$$\|BA_1\|=\left|\begin{pmatrix}-L\\ 0\\ 0\end{pmatrix}-\begin{pmatrix}\cos\theta & -\sin\theta & 0\\ \sin\theta & \cos\theta & 0\\ 0 & 0 & 1\end{pmatrix}\begin{pmatrix}-1\\ 0\\ 0\end{pmatrix}+\begin{pmatrix}x\\ y\\ z\end{pmatrix}\right|$$

$$\|BB_1\|=\left|\begin{pmatrix}-L\\ 0\\ 0\end{pmatrix}-\begin{pmatrix}\cos\theta & -\sin\theta & 0\\ \sin\theta & \cos\theta & 0\\ 0 & 0 & 1\end{pmatrix}\begin{pmatrix}0\\ -\sqrt{3}\,l\\ 0\end{pmatrix}+\begin{pmatrix}x\\ y\\ z\end{pmatrix}\right|$$

$$\|CB_1\|=\left|\begin{pmatrix}L\\ 0\\ 0\end{pmatrix}-\begin{pmatrix}\cos\theta & -\sin\theta & 0\\ \sin\theta & \cos\theta & 0\\ 0 & 0 & 1\end{pmatrix}\begin{pmatrix}0\\ -\sqrt{3}\,l\\ 0\end{pmatrix}+\begin{pmatrix}x\\ y\\ z\end{pmatrix}\right|$$

$$\|CC_1\|=\left|\begin{pmatrix}L\\ 0\\ 0\end{pmatrix}-\begin{pmatrix}\cos\theta & -\sin\theta & 0\\ \sin\theta & \cos\theta & 0\\ 0 & 0 & 1\end{pmatrix}\begin{pmatrix}1\\ 0\\ 0\end{pmatrix}+\begin{pmatrix}x\\ y\\ z\end{pmatrix}\right|$$

$$\|AC_1\|=\left|\begin{pmatrix}0\\ -\sqrt{3}L\\ 0\end{pmatrix}-\begin{pmatrix}\cos\theta & -\sin\theta & 0\\ \sin\theta & \cos\theta & 0\\ 0 & 0 & 1\end{pmatrix}\begin{pmatrix}1\\ 0\\ 0\end{pmatrix}+\begin{pmatrix}x\\ y\\ z\end{pmatrix}\right|$$

在上式中，只有 θ、x、y、z 未知，动平台的空间运动可以简化成空间内一点（动坐标原点 O_0）的运动，这是在默认 $\theta=0$ 时的情况。在实时控制中，正是以它们作为变量，实时计算绳长的变化量。例如，设定动平台的初始位置为固定坐标系垂直下方 1400mm 处，动坐标原点 O_0，位置为 $x=0$、$y=(L+l)/\sqrt{3}$、$c=1400$、$\theta=0$，经计算，此时绳长为 1473.3mm，这样就完成平台的初始化工作。以后将此点定为零位点

</td>
</tr>
<tr>
<td>工作平台的受力分析</td>
<td>

工作平台受力分析是指拉动平台的六根绳索在瞬时状态受力的大小。受力分析是进行工作空间分析的前提，也是进行可靠性设计的依据。前面已经用向量表示出六根绳长，并利用求模公式计算六根绳索的瞬时长度。则可在此基础上，进而求得各绳的受力。因为向量已知后，根据六根绳索向量相对于固定坐标 X、Y、Z 方向的偏转角，即可求出在此方向的分力。根据受力平衡原理，在平台慢速运动的情况下，可近似看作等速运动，则可建立如下方程

$$F_i>0$$

$$\sum F_x=0\qquad \sum F_y=0\qquad \sum F_z=0$$

$$\sum M_x=0\qquad \sum M_y=0\qquad \sum M_z=0$$

</td>
</tr>
</table>

续表

<table>
<tr><td rowspan="13">控制系统设计</td><td>工作平台的受力分析</td><td colspan="2">以 m_1 即向量 AA_1 为例，令 a 即 AA_1 相对于 X、Y、Z 方向的余弦分别为 $\cos\alpha_1$、$\cos\beta_1$、$\cos\gamma_1$ 分别为
$$\cos\alpha_1=\frac{a_x}{\sqrt{a_x^2+a_y^2+a_z^2}};\cos\beta_1=\frac{a_y}{\sqrt{a_x^2+a_y^2+a_z^2}};\cos\gamma_1=\frac{a_z}{\sqrt{a_x^2+a_y^2+a_z^2}}$$
设被起重的物重力为 m_1，受力为 F_1，则在 X、Y、Z 方向的分力为 $F_1\cos\alpha_1$、$F_1\cos\beta_1$、$F_1\cos\gamma_1$，同理可解其他绳索在其他方向上的力，由此可建立六元一次方程组的系数矩阵
$$\begin{pmatrix} \cos\alpha_1 & \cos\alpha_2 & \cos\alpha_3 & \cos\alpha_4 & \cos\alpha_5 & \cos\alpha_6 & 0 \\ \cos\beta_1 & \cos\beta_2 & \cos\beta_3 & \cos\beta_4 & \cos\beta_5 & \cos\beta_6 & 0 \\ \cos\gamma_1 & \cos\gamma_2 & \cos\gamma_3 & \cos\gamma_4 & \cos\gamma_5 & \cos\gamma_6 & G \\ l\cos\beta_1 & l\cos\beta_2 & l\cos\beta_3+\sqrt{3}l\cos\alpha_3 & l\cos\beta_4+\sqrt{3}l\cos\alpha_4 & 0 & 0 & 0 \\ 2l\cos\gamma_1 & 2l\cos\gamma_2 & l\cos\gamma_3 & l\cos\gamma_4 & 0 & 0 & GL \\ 0 & 0 & \sqrt{3}l\cos\gamma_3 & \sqrt{3}l\cos\gamma_4 & 0 & 0 & \frac{\sqrt{3}}{3}GL \end{pmatrix}$$
当该系数矩阵为非奇异阵时，方程有唯一解，动平台可能在工作空间内，还要根据其他工作空间限定条件继续分析。当该系数矩阵为奇异阵时，一定是工作空间以外的点。所以，用上述方程联立求解工作空间范围时，必要的条件，即 A 为非奇异阵，且解大于零
在解上述矩阵时，使用 MATLAB 软件（Windows 环境）。其中包括：一般数值分析、矩阵运算、数字信号处理、建模和系统控制和优化等应用程序，并集应用程序和图形于一便于使用的集成环境中。在此环境下所解问题的 MATLAB 语言表述形式和其数学表达形式相同，不需要传统的编程
在满足力平衡的前提下，控制六根缆索长度变化以完成动平台运动要求，是控制 6 个电动机的转速的协调同步。使用的硬件条件是：PCI 四串口卡，Cool Muscle 伺服电动机与基于 PC 机的 Win XP 操作系统下的各种软件。矢量伺服电动机（Cool Muscle）实际是个矢量驱动伺服系统。该产品集电动机、控制器、驱动器、编码器为一体，是一个全积分闭环矢量驱动伺服系统，内含 32-bit 精简指令计算机、分辨力高达每周 50000 细分的编码器、驱动电源及电动机，具有体积小、控制简单、可靠性及定位精度高、性价比高的优点，是实现精密运动的理想电动机</td></tr>
<tr><td rowspan="12">分析控制功能</td><td colspan="2">建立了完整的数学模型，动平台能准确完成前后、左右、上下以及顺逆旋转四个自由度方向上的运动。这是控制程序设计应完成的基本功能，在此基础上进一步开发并完善的具体功能有如下几种</td></tr>
<tr><td>功能</td><td>说　明</td></tr>
<tr><td>开机</td><td>开机主要是完成各种硬件设备的初始化工作，包括：使电动机进入准备状态（电动机通电，产生保持转矩），设置各个串口状态参数，例如波特率、奇偶校验位等</td></tr>
<tr><td>调用参数数据</td><td>开机后，程序将自动调用前一次动平台运动参数，包括停留位置，缆长，与此相对应的是关机时保存的动平台停止前的运动参数。因为没有检测缆的长度和动平台的空间位置的传感器，故程序要记住绳长，动平台空间位置也必须通过上次运动参数的调用来实现。如果在每次开机后，没有调用上一次运动参数，动平台的实际位置和软件记录来实现的动平衡的位置就可能产生偏差。偏差产生的后果可能会使平台移动到一个危险的位置而电动机和程序并没有发觉</td></tr>
<tr><td>手动模式</td><td>手动模式是通过按虚拟面板上的方向按钮来实现动平台在空间坐标系中沿 X、Y、Z 轴的移动和绕过 Z 轴的转动四自由度的运动。示教模式、自动模式都是在手动模式基础上设计和开发的新功能</td></tr>
<tr><td>示教模式</td><td>示教模式是指动平台能按照人教给它的运动轨迹进行重复运动。在示教模式中，系统将记录动平台的运动轨迹并将之保存。当示教模式完成后，动平台能够按照刚才示教内容自动运行操作者指定的循环次数</td></tr>
<tr><td>自动模式</td><td>自动模式是指在没有操作者的控制下，系统自动调用示教模式内容，进行自动循环运动。在自动模式中，可以设置循环次数、动平台的运动速度。在实际生产过程中，通过手动模式转到自动模式这样的过程，可以大大提高生产效率，降低劳动强度，提高产品的质量</td></tr>
<tr><td>速度调节</td><td>操作者可以对动平台运动速度进行调节。一般在手动模式中，速度较慢，当运动轨迹生成后，可以加快速度，让平台自动运行</td></tr>
<tr><td>清除功能</td><td>清除功能用来清除系统保存的诸如运动参数、示教模式内容等。一般来说，清除功能需与对话框功能结合使用</td></tr>
<tr><td>常见错误处理</td><td>常见错误处理功能对平台在运动过程中可能出现的软件和硬件的问题作出判断，建立错误处理机制。当运行中有错误发生时，程序有多种方法提示有错误产生，例如，LED 红色灯亮显示、弹出对话框等</td></tr>
<tr><td>对话框功能</td><td>对话框功能主要是给用户一个使用向导功能。当操作者不熟悉虚拟面板、或者当用到清除功能、或出现了一些误操作的时候，系统将弹出对话框。这里已在可能出现问题的地方设置了多个对话框，包括选择对话框和确定对话框</td></tr>
<tr><td>关机</td><td>当动平台停止运动和退出程序结束时，程序将自动做一些保存设置，如关闭电动机、保存运动数据等</td></tr>
</table>

续表

信息系统设计	用 LabVIEW 软件设计虚拟面板，用来实现其各种功能 LabVIEW 是一个完全的、开放式的虚拟仪器开发系统应用软件，利用它组建仪器测试系统和数据采集系统可以大大简化程序的设计。LabVIEW 与 Visual C ＋＋、VisualBasic、Lab-W indows/CV I 等编程语言不同，后者采用的是基于文本语言的程序代码，而 LabVIEW 则是使用图形化程序设计语言 C，用方框图代替了传统的程序代码。LabVIEW 所运用的设备图标与科学家、工程师们习惯的大部分图标基本一致，这使得编程过程和思维过程非常相似。图形化程序设计编程简单、直观、开发效率高。随着虚拟仪器技术的不断发展，图形化的编程语言必将成为测试和控制领域内应用最广的发展方向。虚拟仪器系统是硬件工作平台主要基于 PC 总线的虚拟仪器。即是将现有的计算机主流技术与革新的灵活易用的软件和高性能模块化硬件结合在一起，建立起功能强大的基于计算机的测试。这种方式不但可享用到普通 PC 机不断发展的性能，还可体会到完全自定义的测量和自动化系统功能的灵活性，最终构建起满足特定需求的系统。虚拟仪器是充分利用现有计算机资源、配以独特设计的软硬件，实现普通仪器的全部功能以及一些在普通仪器上无法实现的功能。虚拟仪器不但功能多样、测量准确，而且界面友好，操作简易，与其他设备集成方便灵活 应用程序设计从功能实现出发，首先建立起前面板，以及前面板中的各种控件，例如：数字显示、开关、LED、表格图形。然后再在编程框中建立它们的逻辑关系，并在不断的调试开发中添加或者删除各种控件。这样可以使整个程序沿着一个正确的方向运行，并不断扩大。程序的建立其实也是一个程序由基本功能到功能扩充，直至完善功能过程的过程。这也是 LabVIEW 编程语言的特点 调试运行的主要目的是验证理论计算结果，分析工作空间，调试运行速度，分析误差产生原因，进行安全性分析。由于设计采用的是细分距离的方法，平台的运动是很多小段运动的集合，电动机每走一个单位长度，有一个停顿。因此，就有一个问题产生了，如何求得单位长度和速度的最佳取值？因为如果速度取得太大，则平台完成一步的时间很短，这样每一小步，都会有启动停止的冲击，平台颤动幅度大。特别在重载情况下，结构会产生脉动疲劳循环。如果速度小，而单位长度取得较大，则当电动机没有走完上一步步数时，程序已经计算下一点的缆长，发送新的指令，这样有可能使串口数据溢出、丢失，而且当松开手柄时，电动机仍在运动，不能做到很好的同步。所以，必须通过实际调试的方法，找到速度-步长的最佳值

7.3 无人搬运车（AGV）系统设计

7.3.1 无人搬运车系统（AGVS）

表 22-7-9 无人搬运车系统介绍及特点

介绍	无人搬运车系统（automated guided vehicles system，简称 AGVS）是当今柔性制造系统（FMS）、计算机集成制造系统（CIMS）、自动化仓储系统中物流运输的有效手段。由于上述系统的自动化程度和生产效率都非常高，因此，要求 AGVS 也必须具有较高的自动化水平及一定程度的智能化，并能与系统有机结合起来。对于像 CIMS 这样的大规模复杂系统，任何微小差错都会给生产带来严重影响。所以，要求 AGVS 系统具有高的可靠性和良好的工作性能 无人搬运车系统的核心是无人搬运车（automated guided vehicles，简称 AGV）。作为一种无人驾驶工业运输车辆，AGV 在 20 世纪 50 年代即得到了应用，一般用蓄电池作为动力，载重量从几千克到上百吨，工作场地可以是办公室、车间，也可以是港口、码头 现代的 AGV 都是由计算机控制的，车上装有微处理器，多数配有系统管理计算机，用于对 AGV 的作业过程进行优化、发出搬运指令、跟踪传送中的物料以及疏导 AGV 的交通
特点	①能够自动沿着指定路线行驶，并能自动前进、后退、转弯和在任意位置停车 ②能够对恶劣路面发出警告，并利用超声波或红外线查明前进路线上的障碍物，自动停车，排除障碍物后，自动继续运行 ③能呼叫正在待命的其他无人搬运车 ④当搬运线上有多台无人搬运车同时工作时，具有防撞或自动避让功能 ⑤具有物料自动装卸机构 ⑥具有自动记录累计搬运物料质量及路程的功能

物流及其控制系统在柔性制造系统（FMS）中占有十分重要的地位。要保证机床最大的利用率，就要有适配灵活的物流系统。物流系统越灵活，造价就越高，控制越复杂。好的物流系统能使机床的运行等待时间为零，不好的物流系统不会使FMS得到好的效益。

FMS的物流包括工件、夹具、刀具、托盘等在系统中的传送。小型的、简单的FMS，物流输送系统也很简单，而且允许人工参与输送。具有一定规模的、工件较重的FMS，则需要采用自动化物流输送系统。这种系统一般由无人搬运车（AGV）、工业机器人、随行托盘、传送装置及自动化仓库等组成。随行托盘作为每一台机床前面的物料缓冲区。以无人搬运车为核心的物流输送系统的组成和控制如表22-7-10所示。

表 22-7-10　　物流输送系统的组成和控制

<table>
<tr><td rowspan="4">组成</td><td colspan="2">物流系统包括工件装卸工作站、自动化仓库、无人搬运车系统、随行工作台存放站、中央刀具库和刀具检测工作站以及物流控制管理系统等</td></tr>
<tr><td>工件装卸工作站</td><td>工件装卸工作站有两类。当作为FMS物料输入的开始部位时，又称为毛坯入库工作站，它将待加工的毛坯整齐地装在托盘上送入系统。当加工完的成品或半成品从系统输出时，此时在该处的工作站称为出库工作站，而工件随托盘一起从系统输出</td></tr>
<tr><td>自动化仓库</td><td>自动化仓库包括多层货架、堆装起重机、传动齿条及导轨等，如图(a)所示。每两个货架之间称为巷道，堆装起重机在巷道中行走。巷道两边的货架分别称为左货架和右货架。货架上下按“层”划分，堆装起重机的行走方向按“行”划分。“层”和“行”之间构成货格，每一个货格内可以存放货箱或装入完整的托盘。每一个货格对应一个“地址”，由仓库计算机进行管理 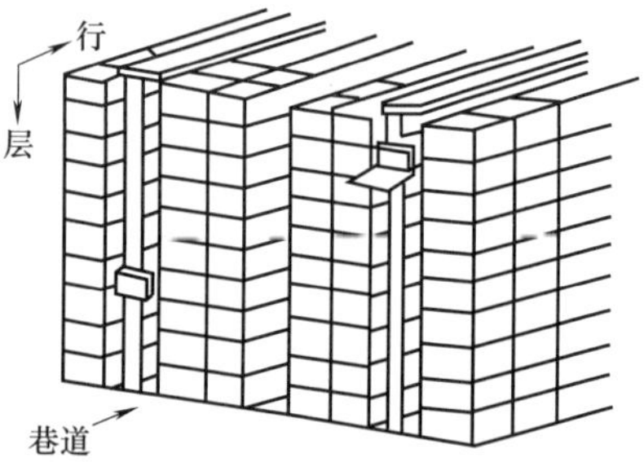
行
层
巷道
图(a)　自动化仓库示意</td></tr>
<tr><td>无人搬运车系统(AGVS)</td><td>无人搬运车系统包括无人搬运车(AGV)、AGV控制装置、控制电缆和充电站等几部分。无人搬运车又分为有轨式和无轨式两大类，控制方式也是多种多样的。无人搬运车的引导方式主要有电磁引导、光学引导、激光引导和标记追踪等。无人搬运车的工作台面移载方式主要有滚轴驱动式、滑台叉架式、平移工作台式、提升输送式、推拉杆式和机器人结合式等</td></tr>
<tr><td>控制</td><td>控制结构</td><td>物流是指刀具流以外的毛坯、工件和夹具的流动。物流控制管理系统包括自动化仓库及其控制装置、随行工作台及其控制装置、无人搬运车及其控制装置。图(b)所示为物流系统控制结构 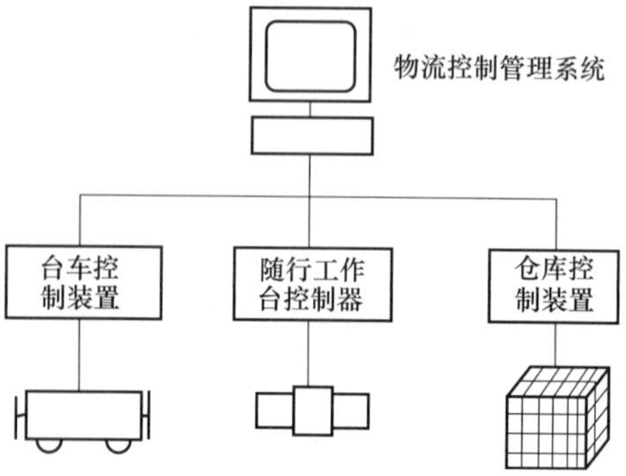
物流控制管理系统
台车控制装置
随行工作台控制器
仓库控制装置
图(b)　物流系统控制结构</td></tr>
</table>

续表

<table>
<tr><td rowspan="2">控制</td><td rowspan="2">物流系统分类</td><td>有轨式</td><td>这种物流方案多数为直线式导轨[见图(c)]，机床和其他加工设备在导轨的一侧，随行工作台或随行托盘在导轨的另一侧。其特点是物流控制方法简单、成本低，但难以适应加工工序频繁变化的场合 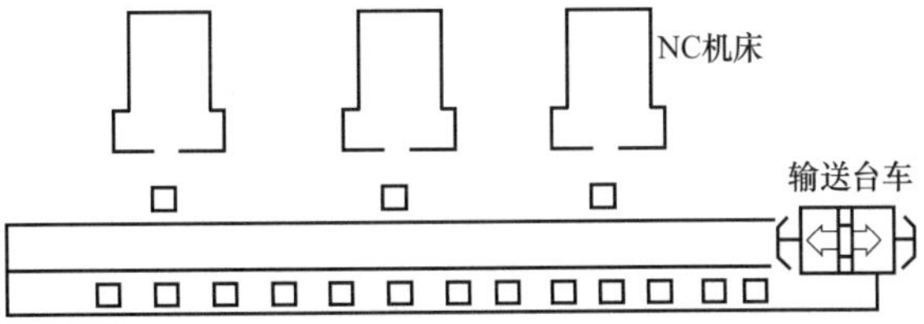
NC机床
输送台车
图(c) 有轨式物流系统</td></tr>
<tr><td>无轨式</td><td>这种物流方案多用于机床品种和台数较多、加工工序较复杂、要求系统的柔性较大的情形，采用导航式无人搬运车。所采用的无人搬运车系统可采用电磁感应引导、激光引导等多种引导方式，其物流也有多种布局
<table>
<tr><th>物流布局形式</th><th>示意图</th><th>说　明</th></tr>
<tr><td>外环封闭型</td><td> 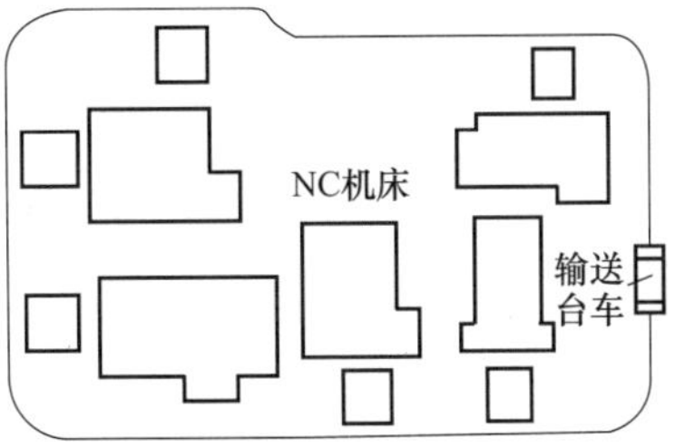NC机床
输送台车</td><td>一般情况下，外环封闭型物流布局系统中有较多的机床品种，如加工中心、NC车床、NC磨床、测量机等。机床设备均放在中间，无人搬运车路线从外围封闭一圈。其优点是占地面积小，机床、随行工作台和工件等均在同一侧</td></tr>
<tr><td>多环型</td><td> 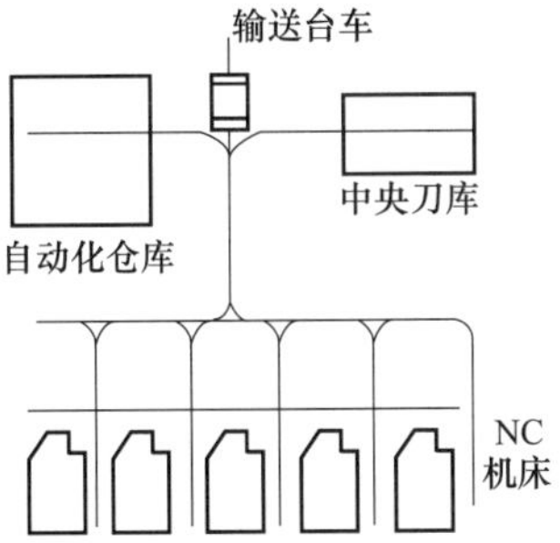输送台车
中央刀库
自动化仓库
NC机床</td><td>多环型物流布局，用于完全由加工中心组成的FMS。这种系统柔性好，但物流控制复杂，成本高，占地面积大</td></tr>
<tr><td>开环型</td><td> 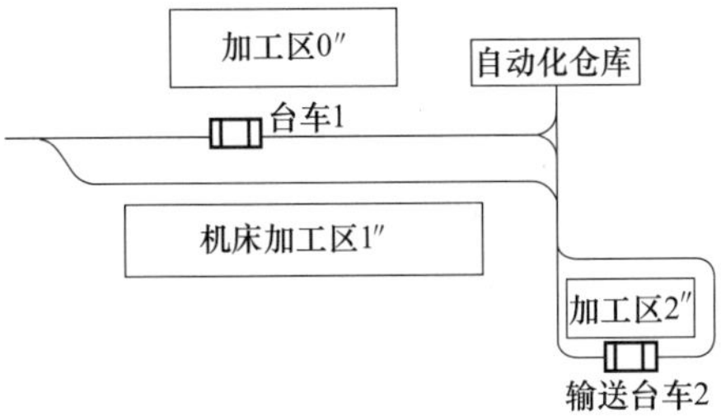加工区0″
自动化仓库
台车1
机床加工区1″
加工区2″
输送台车2</td><td>开环型物流布局，用于机床的品种和数量均较多的场合。物流的路线更加灵活，系统中配置多台无人搬运车。其控制虽复杂，但获得的效益也是很好的</td></tr>
</table></td></tr>
</table>

7.3.2　无人搬运车的工作原理和结构

无人搬运车可以采用不同的引导方式，目前常用的引导方式见表22-7-11。

7.3.2.1　无人搬运车的引导方式

表22-7-11　　无人搬运车的引导方式

引导方式	说　明
电磁感应引导	电磁感应引导也称为导线引导，是利用低频引导线形成的电磁场及电磁传感装置引导无人搬运车运行。这种引导方式的基本原理是，交变电流流过导线时，在导线周围将产生电磁场，离导线越近，其场强越强；离导线越远，其场强越弱 通过线圈的电磁场将在线圈两端感应出电压，这一电压与磁场强度成正比。引导天线由两个线圈组成，分别处于埋入地表下的引导电缆两侧。两个线圈的电位差就是操纵AGV的转向电机的转向信号。当电缆处于线圈中间时，两线圈的电压相等，转向信号为零。当引导天线偏向引导电缆的任一侧时，一侧线圈的电压升高，另一侧线圈的电压降低，这一电压差就会产生转向操纵信号，控制转向电机的旋转方向[见图(a)] AGV运行路线的地表下埋设若干条不同频率的电缆，AGV中的控制板可检测出来。一台AGV至少要有一个引导天线和一个横跨引导电缆的横向天线用于检测引导电缆，横向天线用于确定AGV的精确位置。多数AGV还有用于后退的天线 这种引导方式优点是成本低，工作可靠；缺点是需要在运行线路地表埋设电缆，施工时间长，成本高，不易变更路线。适用于大、中型的AGV GND　Vi　Vr　天线　地面　40mm　20mm　磁力线 图(a)　电磁感应引导原理
金属引导	金属引导是利用传感器识别特殊的金属材料，用此材料组成引导追踪路线。这种引导方式的优点是线路施工成本低、时间短，容易变更路线和分流；缺点是不能用引导线进行通讯控制。适用于中、小型的AGV
光学引导	光学引导是利用铝或不锈钢带制成反光板，用光学开关和光电传感器件作为检测装置引导无人搬运车运行。这种引导方式的优点是线路施工时间短，成本低，容易变更运行路线，高可靠性；缺点是对环境要求严格，不适合于室外搬运，一般用于小型AGV
磁性铁氧体引导	磁性铁氧体引导是利用钛或铁氧粉制成磁性路标，由磁传感装置进行检测来引导无人搬运车运行。适用于中、小型的AGV
图像传感-计算机引导	图像传感-计算机引导是利用摄像机识别特定标记，输入计算机进行比较、判断来引导AGV运行，这种引导方式的优点是易于线路施工，易于线路变更和线路分流，可靠性高等；缺点是成本较高，对环境要求严，不易维护。可适用于大、中、小型AGV
激光引导	激光引导是利用安装在无人搬运车上的激光扫描器识别路面引导标志来确定其坐标位置，从而引导AGV运行 激光扫描器通过串行口连接到AGV的控制板上。一般安装在AGV的较高位置上，以便使其对引导标志具有较好的能见度。引导标志是由高反光材料制成的。AGV在运行中保持能看到5个标志，每次至少要检测出3个标志。引导标志的可见距离通常在30m以上。激光扫描器测出每个引导标志的距离和角度，计算出X和Y坐标。激光扫描器利用GaAs脉冲激光器发出激光并通过一个内部反射镜以10r/s的转速旋转对周围区域进行扫描。激光扫描器内部带有微处理器，对于新的引导平面图具有学习功能 激光引导装置由于可以采用标准器件、标准控制板和标准软件。这种引导方式优点是容易安装，容易编程和性能价格比高等；缺点是比电磁感应式引导（导线引导）的成本高一些，引导精度稍差，在有些环境下易受干扰
磁铁-陀螺引导	磁铁-陀螺引导是利用特制的磁性位置传感器检测安装在地面上的小磁铁，再利用陀螺仪技术连续控制AGV的运行方向。将小磁铁沿引导路径安装在地面上，每5～10m安装一对。陀螺传感器是一种固态、六轴角速率传感器，其输出电压与其敏感轴上的转速成正比，由此确定搬运车的方向。磁性传感器是一种利用霍耳元件检测磁场的基于微处理器的传感器，当AGV通过路面上的小磁铁时，传感器给出AGV的X和Y坐标 如果采用高质量元件，自由运动式磁铁-陀螺引导系统具有很高的精度；如果采用标准元件，可以大幅度降低成本。其缺点是成本比电磁感应式要高一些
GPS(全球定位系统)导航	通过卫星对非固定路面系统中的控制对象进行跟踪和制导，此项技术还在发展和完善，通常用于室外远距离的跟踪和制导，其精度取决于卫星在空中的固定精度和数量，以及控制对象周围环境等因素 由此发展出来的是iGPS(室内GPS)和dGPS(用于室外的差分GPS)，其精度要远远高于民用GPS，但地面设施的制造成本是一般用户无法接受的

7.3.2.2　无人搬运车的结构

叉车式无人搬运车一般由电控系统、蓄电池、驱动单元、举升单元、固定式门架、双节伸缩式门架、货叉、前部防撞装置、后支腿等组成。

表 22-7-12　无人搬运车的结构

结构组成	组成	说　明
电控系统		电控系统一般包括带 I/O 控制板、断路器、转向电机和举升电机。以瑞典 AGV 电子公司的电控系统为例，说明如下
	CB12 控制板	CB12 控制板具有如下特性：①系统电压为 24V 或 48V，LED 指示数字输入和输出；②蓄电池电压监测，继电器输出的安全保护模块；③用于扩展数字 I/O 和其他 I/O 的并行总线；④16 位的微处理器；⑤12 位的 A/D 转换器；⑥12 位的 D/A 转换器；⑦断路器接口；⑧编码器接口；⑨可变模拟信号接口；⑩从串行通讯环路中下载程序
	DIS20 控制终端	电控柜的前部是控制终端(DIS20)，用于把一台 AGV 加入无人搬运车交通控制系统时输入信息以及 AGV 的各种故障定位。控制终端的显示特性如下：①当前错误信息；②最近 16 条错误信息的历史记录；③控制板上所有软件的状态；④所有数字 I/O 的状态；⑤引导状态；⑥电源、驱动电机和举升电机的工作时数；⑦电池电压；⑧控制命令状态；⑨可从键盘更改的存储器内容
	SM20 保险控制模块	控制柜中有一个单独的保险控制模块。所有来自防撞装置和紧急停止按钮的保险信号都连接到保险控制模块上。SM20 时刻监视 AGV 的需要保险的部件，以确保所有保险装置一直处于工作状态。由于在 AGV 运行期间可以测试保险功能，所以 AGV 的运行是非常安全的 SM20 具有双保险电路和保险继电器输出。SM20 检测保险元件和保险电路中的单个故障。两个保险电路必须处于相同状态，如果一个出现故障，SM20 就不能再启动 保险模块的特性如下：①双保险电路；②单个故障检测；③保险继电器输出；④LED 指示；⑤紧急停车功能；⑥保险杠停车功能，保险杠光电管测试；⑦保险杠旁路功能；⑧再启动功能；⑨驱动电机接触器的反馈环
	钥匙开关和紧急停车按钮	在电控柜的侧面通常有一个钥匙开关，用于选择 OFF/AUTOMATIC/MANUAL(关闭/自动/手动)模式、在 OFF(关闭)状态，电源被关闭；在 AUTOMATIC(自动)状态，AGV 在系统中处于正常的自动运行模式；MANUAL(手动)模式，只用于向系统加入 AGV 时进行手动操作或手动移动 AGV。装卸货物也可用手动模式 在电控柜的两侧各有一个紧急停车按钮，可以切断电机电源，断开接触器并向微处理器发出急停信号，停止 AGV 的一切功能
	手动控制单元	手动控制单元(MCU)位于电控柜的侧面，一般每台 AGV 有一套 MCU，用于手动控制 AGV 的所有功能
蓄电池		AGV 的蓄电池可采用牵引型铅酸蓄电池、凝胶蓄电池或镍-镉蓄电池。一般情况下，AGV 都采用 48V 蓄电池，其容量取决于蓄电池的种类、AGV 的类型及工作方式。不同类型的电池说明如下
	类型	说　明
	牵引型铅酸蓄电池	大部分的 AGV 系统都使用标准卡车的(牵引型)铅酸蓄电池。这种蓄电池可用于深度循环放电。根据蓄电池的大小和工作情况，充电后可工作 8～24h，其额定容量的 80%都可以得到利用。蓄电池在放电后，必须重新充电 7～9h
	铅酸蓄电池	铅酸蓄电池的优点是可深度放电，能量利用率高，价格低廉；缺点是质量较大，耗费一定能量，充电时间较长，每周需要一次注水维护工作
	牵引型凝胶蓄电池	凝胶蓄电池是一种铅蓄电池，内部填充凝胶而不是酸。在 AGV 上，可利用其额定容量的 80%。凝胶蓄电池的优点是既不需要注水也不需要密封；缺点是充电时间长，一般需要 8～12h，与铅酸蓄电池相比，其价格也较高
	镍-镉蓄电池	48V 供电的 AGV 可使用 38～40 格的镍-镉蓄电池。AGV 用的镍-镉蓄电池通常可利用其最大容量的 30%～50%。这种蓄电池的充电电流可高达 200 A，因此充电时间短
	其他类型	某些特殊用途的 AGV 可能使用其他类型的蓄电池：①牵引蓄电池组，由一些中等价格的较小铅酸蓄电池组成的电池组，能深度放电；②凝胶蓄电池组，由较小的低成本凝胶蓄电池组成的电池组，深度放电性能差一些；③汽车启动电池组，成本极低，没有深度放电能力

续表

<table>
<tr><th>结构组成</th><th>说　明</th></tr>
<tr><td>驱动单元</td><td>叉车型 AGV 的驱动单元一般位于前保险杠的后面，是驱动电机与安全制动器的集成单元。驱动单元安装在与转台固定的安装板上。转向电机也固定在安装板上，当 AGV 运行时使整个单元转动
<table>
<tr><th>组成</th><th>说　明</th></tr>
<tr><td>弹簧悬挂</td><td>五轮叉车型 AGV 的驱动单元安装在弹簧悬挂上。弹簧以恒定压力将驱动轮压到地面上，使驱动轮与地面接触良好，以便提供足够的摩擦力</td></tr>
<tr><td>直流电机</td><td>驱动单元与转向单元使用直流电机，均为永磁(PM)电机。电机规格取决于 AGV 的载重量。电机的维护一般仅需要更换电刷</td></tr>
<tr><td>编码器</td><td>增量式编码器直接安装在驱动电机上，编码器向控制板发出脉冲，用于测距和速度控制</td></tr>
<tr><td>转向电位计</td><td>转向电位计位于 AGV 驱动单元的顶部，直接与转向装置相连，向 AGV 的控制板发出反馈信号，给出转向轮的精确角度</td></tr>
<tr><td>引导天线</td><td>在电磁引导式 AGV 的驱动轮前面，是前主引导天线。天线直接安装在驱动单元的安装板上并跟随车轮的转向角。这一天线用于主干路径的引导</td></tr>
<tr><td>导向天线</td><td>电磁引导式 AGV 通常有一横向天线，安装在临近驱动单元处，与车轮成一条直线。这一天线垂直于引导天线安装，用于检测 AGV 所经过的横向电缆。通过对横向电缆计数，一条简单的指令即可得到经过的横向电缆数量，控制 AGV 运行很长距离。AGV 的停车准确性要求很高，利用横向天线可使 AGV 在横向电缆上精确定位</td></tr>
<tr><td>行驶驱动电控系统</td><td>AGV 的驱动和转向电机是由电控柜中的四象限断路器控制的。断路器使 AGV 的启动和停车平稳并能够实现精确定位。在急停时，驱动断路器通过接触器断开电源，驱动制动器制动</td></tr>
</table></td></tr>
<tr><td>举升机构</td><td>AGV 的举升机构一般由滚珠丝杠及螺母、直流电机、蜗轮-蜗杆减速器和制动器组成。这种结构的举升定位精度高，尤其适用于大举升量的 AGV
<table>
<tr><th>组成</th><th>说　明</th></tr>
<tr><td>举升丝杠</td><td>举升丝杠通常是滚珠丝杠，上面装有滚珠螺母。滚珠丝杠安装在顶部的蜗轮-蜗杆减速器上，滚珠螺母安装在叉架或门架上</td></tr>
<tr><td>蜗轮-蜗杆减速器</td><td>蜗轮-蜗杆减速器安装在直流电机与举升丝杠之间，上面装有机电控制的制动器，用于举升机构的紧急制动和停车制动</td></tr>
<tr><td>直流电机</td><td>举升机构所用的直流电机一般是永磁(PM)电机，其规格取决于 AGV 的载重量和举升频率，其维护工作一般只是更换电刷</td></tr>
<tr><td>编码器</td><td>增量式编码器直接安装在举升丝杠的顶部，用于向 AGV 的控制板发出脉冲，以测量举升高度</td></tr>
<tr><td>举升电控单元</td><td>AGV 的举升驱动电机是由特殊的举升电控单元控制的，它是一个四象限断路器，内部的接触器用于切换电机转向和急停。举升电控单元安装在电控柜内，其作用是控制举升电机平稳启动和停车，并能使举升装置以很高精度停在任意位置。急停时，内部接触器使得举升电机与电源脱开，在断电的瞬间举升制动器制动</td></tr>
</table></td></tr>
<tr><td>固定式门架</td><td>叉车型 AGV 的门架与普通叉车的门架相同，是预制的槽形钢架结构。门架焊接到 AGV 的底板上，使其成为 AGV 结构件的一部分。门架的内侧就是上下运动的叉架，带有 4 个辊子，在门架的槽形轨道的内侧滚动。高举升式 AGV 具有双节伸缩式门架，伸缩门架的辊子在固定门架的槽形轨道内运动
蓄电池安装在与固定门架焊接到一起的横梁上。电控柜与固定门架用螺栓连接。在门架的顶部是一个与门架焊接的十字接头，举升机构就与该接头相连接</td></tr>
<tr><td>双节伸缩式门架</td><td>高举升式 AGV 采用双节伸缩式门架以增加举升高度，而不增加搬运车的高度
叉车式 AGV 的双节伸缩式门架是由槽形预制钢架组成的，其形式与普通叉车相同。伸缩门架上装有辊子，这些辊子在固定门架的槽形轨道内运动。叉架依靠其辊子在伸缩门架的槽形轨道内运动
伸缩门架是由举升螺母提升的，它再通过链轮提升链条。提升链条与固定门架顶的十字接头连接，再与叉架连接。叉架的运行速度是举升螺母和伸缩门架的两倍
搬运车还可以有独立的举升装置，这使得较低的搬运车具有较高的举升高度。如果要求很高的举升高度，还可以有第三个门架，使得举升高度可达 7m</td></tr>
</table>

续表

<table>
<tr><th>结构组成</th><th>说　　明</th></tr>
<tr><td>货叉</td><td>AGV 的货叉通常是焊接到叉架上。根据 AGV 的类型和载重量的大小，货叉的底面可能是开口的，也可能是封闭的。在有些情况下，也使用锻造的实心货叉
在每条叉臂的尖部装有一个缓冲器，用来检测障碍物。如果叉臂碰到障碍物，AGV 将停止运动。这种情况一般发生在手动操作或所叉取的货物位置不正时
在货叉的后面靠近货叉背面的位置安装负荷传感器，有些负荷传感器装在货叉中</td></tr>
<tr><td>前部防撞装置</td><td>AGV 的前部防撞装置是一种安全装置，当 AGV 受到障碍物阻挡时，它能使 AGV 立即停车。AGV 的前部防撞装置一般设计成包围着 AGV 前部的聚碳酸酯护板，安装在与 AGV 车架固定的两个铰链上。缓冲护板的形状可通过连接到护板和 AGV 车架的绳索调节
防撞装置的主要用途就是保护人员和 AGV 本身免受损伤。在 AGV 与人工操纵叉车混用的现场环境中，防撞装置是必不可少的。这种防撞装置结构简单、成本低廉、易于维护
前部防撞装置所用的传感器有光电管和限位开关两种。一般标准设计是在控制柜的顶部安装一个光电管，用以检测装在防撞装置护板上的反射器。控制板可利用光电管的可测试输入端时刻监测整个 AGV 的防撞电路。另一种设计是将防撞装置的护板通过拉索与两个限位开关相连。上述传感器还可与 AGV 侧面的限位开关相结合，用以检测侧面的障碍物。这些限位开关是可选件，其用途取决于防撞装置的几何形状
此外，还有其他类型的防撞装置，主要是各种涂层泡沫。有些公司使用特制的涂层泡沫和不同种类的检测传感器。这些防撞装置的优点是其保护范围覆盖整个安装宽度，在防撞装置区域内的任何位置都会触动防撞装置。但是，其最大缺点就是这些防撞装置在工业现场环境下容易损坏，虽然可以修复，但维护和维修费用较高
利用安装在柔性结构上的光电管也可构成防撞装置。光电管向保护区域发出光束，其作用范围仅限于光电管光束的高度
利用激光扫描器还可以组成独立的安全防护装置。其优点是可以编程，使得有可能在 AGV 投入运行后，可以改变 AGV 的保护区域形状。激光扫描器的保护范围只能达到激光束的高度，而且激光扫描器相当昂贵</td></tr>
<tr><td>后支腿</td><td>后支腿焊接到底板上，成为 AGV 结构件的一部分
<table>
<tr><th>组成</th><th>说　　明</th></tr>
<tr><td>后轮</td><td>后轮安装在支腿上，上面装有保护罩</td></tr>
<tr><td>引导天线</td><td>电磁引导式 AGV，在后轮的后面安装着引导天线。后支腿上的天线用于引导后退行驶，而前支腿上的天线用于引导前进行驶</td></tr>
<tr><td>后防撞装置</td><td>后防撞装置位于每个支腿的后端，是一块装有弹簧的由耐久塑料制成的塑料板，当碰到障碍时，传感器就发出信号</td></tr>
</table></td></tr>
</table>

7.3.3　典型的无人搬运车

7.3.3.1　瑞典 AGV 电子有限公司的产品

瑞典 AGV 电子有限公司（AGV ELECTRONICS INC）的无人搬运车从小型产品到载重 5t 的大型产品，已形成系列。全自动搬运的最大举升量可达 7m。其主要尺寸、产品外形和主要技术参数见表 22-7-13。

表 22-7-13　瑞典 AGV 电子有限公司无人搬运车的主要尺寸、产品外形和主要技术参数

产品型号	产品外形	说　　明
FLA		带有外伸支腿的 A 型叉车式 AGV 最大载重量：1800kg 最大举升高度：3m（高举升式）或 1.5m（中等举升式） 驱动方式：5 轮式或 3 轮式，驱动轮弹簧承载

续表

产品型号	产品外形	说明
FLB		B 型叉车式 AGV,带有支腿 最大载重量:1500kg 最大举升高度:3m(高举升式)或 1.5m(中等举升式) 驱动方式:5 轮式,驱动轮弹簧承载
FLD		带有外伸支腿的 D 型重载叉车式 最大载重量:3500kg(FLD/1 型)或 4500kg(FLD/2 型) 最大举升高度:3m 驱动方式:5 轮式或 3 轮式,驱动轮弹簧承载
FLQ	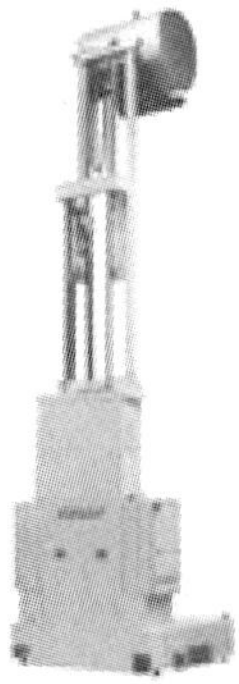	Q 型四方向运动叉车式,具有双转向/驱动单元 最大载重量:5000kg 举升高度:0.4～7m 驱动方式:6 轮式,弹簧承载双驱动轮 行走方式:由于具有双转向/驱动单元,AGV 可以向 4 个方向运动
LVA FVA		A 型低式搬运车 工作方式:与高处的装卸装置配合使用 主要组成:辊子或链式运输机,固定托架,举升托架或机械手伸缩式货叉 最大载重量:1000kg 驱动方式:3 轮或 5 轮式 行走方式:单向或双向

续表

产品型号	产品外形	说明
LVC FVC		C型低式搬运车 工作方式:与高处的装卸装置配合使用 主要组成:辊子或链式运输机,固定托架,举升托架或机械手伸缩式货叉 最大载重量:400kg 驱动方式:3轮式 行走方式:单向或双向
LVQ		Q型四方向运动低式搬运车 工作方式:与高处的装卸装置配合使用 主要组成:辊子或链式运输机,固定托架,举升托架或机械手伸缩式货叉 最大载重量:1000kg 驱动方式:6轮式,其中两个弹簧承载驱动轮,4个脚轮 行走方式:双转向/驱动单元,4个方向运动
SLA		侧面装卸高举升AGV 工作方式:高举升货叉,双侧装卸 最大载重量:1400kg 举升高度:0.4～6m 驱动方式:7轮式,其中有一个弹簧承载驱动轮,4个脚轮 行走方式:双向运动

7.3.3.2　美国AGV产品有限公司的产品

美国AGV产品有限公司(AGV PRODUCTS INC)生产的无人搬运车主要采用电磁感应引导,也可选用惯性或激光引导方式,无线电或红外线通信,能自由导航运行。其运行可由车载微机控制,也可由远程控制系统进行遥控。标准可编程序控制器或小型台式计算机可控制多台AGV。该公司开发的AGV控制软件包TRACE可运行在基于PC机的Windows NT环境下,对各种AGV系统的AGV交通进行实时控制,并能预先定义运行路线图。该公司的标准AGV产品分为叉车型和转载式两类,其产品外形主要尺寸、技术参数如表22-7-14。

表22-7-14　美国AGV产品有限公司标准AGV产品的外形、主要尺寸及技术参数

类型		产品外形	主要尺寸及技术参数	
			FLA型和FLB型AGV的主要尺寸	
叉车型	FLA		宽	取决于货物尺寸,最小43in
			长	取决于货物尺寸,标准92in
			总高度	与举升高度有关,一般为83in
			前转向半径	后轮的位置决定了该尺寸可以很小,一般为50in
			后转向半径	与货物尺寸有关
			举升高度	FLA/M、FLB/M型　5.25ft FLA/H、FLB/H型　9.75ft
			缓冲器行程	与最大速度有关,一般为16in

续表

<table>
<tr><th colspan="2">类型</th><th>产品外形</th><th colspan="2">主要尺寸及技术参数</th></tr>
<tr><td rowspan="12">叉车型</td><td rowspan="12">FLB</td><td rowspan="12"> </td><td colspan="2">FLA 型和 FLB 型 AGV 主要性能和技术参数</td></tr>
<tr><td>行走驱动单元</td><td>轮内集成式电机驱动</td></tr>
<tr><td>转向单元</td><td>轮内集成式电机驱动</td></tr>
<tr><td>行走制动器</td><td>电磁式，与行走单元集成</td></tr>
<tr><td>蓄电池</td><td>48V 直流，铅酸或镍镉蓄电池，容量可达 420A·h</td></tr>
<tr><td>举升单元</td><td>电机、滚珠丝杠和减速箱</td></tr>
<tr><td>举升速度</td><td>FLA/M、FLB/M 型 3in/s
FLA/H、FLB/H 型 4in/s</td></tr>
<tr><td>行走轮尺寸</td><td>驱动轮直径 10.5in 后轮直径 12in</td></tr>
<tr><td>行走</td><td>前进、后退、转向和离线行走</td></tr>
<tr><td>行走速度</td><td>前进：3.25ft/s；后退：1.6ft/s</td></tr>
<tr><td>质量
（不包括蓄电池）</td><td>FLA/M、FLB/M 型 1800 lb
FLA/H、FLB/H 型 2600 lb</td></tr>
<tr><td>控制方式</td><td>电磁感应自动行走和离线行走，手动控制</td></tr>
<tr><td></td><td></td><td></td><td>举升能力</td><td>在距重心 26in 处
FLA/M、FLB/M 型 4000 lb
FLA/H、FLB/H 型 2200 lb</td></tr>
<tr><td></td><td></td><td></td><td>安全功能</td><td>闪烁报警灯，前后防撞装置
货叉缓冲器，紧急停止按钮</td></tr>
<tr><td rowspan="23">叉车型</td><td rowspan="23">FLD</td><td rowspan="23"> </td><td colspan="2">主要尺寸</td></tr>
<tr><td>宽</td><td>取决于货物尺寸，最小 59in</td></tr>
<tr><td>长</td><td>取决于货物尺寸，标准 114in</td></tr>
<tr><td>总高度</td><td>与举升高度有关，一般为 87in</td></tr>
<tr><td>前转向半径</td><td>后轮的位置决定了该尺寸可以很小，一般为 81in</td></tr>
<tr><td>后转向半径</td><td>与货物尺寸有关</td></tr>
<tr><td>举升高度</td><td>FLD/1 型 3.3ft
FLD/2 型 1.6ft</td></tr>
<tr><td>缓冲器行程</td><td>与最大速度有关，一般为 20in</td></tr>
<tr><td colspan="2">主要性能和技术参数</td></tr>
<tr><td>行走驱动单元</td><td>轮内集成式电机驱动，48V，2kW</td></tr>
<tr><td>转向单元</td><td>轮内集成式电机驱动</td></tr>
<tr><td>行走制动器</td><td>电磁式，与行走单元集成</td></tr>
<tr><td>蓄电池</td><td>48V 直流，铅酸或镍镉蓄电池，容量可达 700A·h</td></tr>
<tr><td>举升单元</td><td>电机、滚珠丝杠和减速箱</td></tr>
<tr><td>举升速度</td><td>FLD/1 型 2.4in/s
FLD/2 型 2in/s</td></tr>
<tr><td>行走轮尺寸</td><td>驱动轮直径 14～16.5in
后轮直径 12～14in</td></tr>
<tr><td>行走</td><td>前进、后退、转向和离线行走</td></tr>
<tr><td>行走速度</td><td>前进：3.3ft/s；后退：1.6ft/s</td></tr>
<tr><td>质量
（不包括蓄电池）</td><td>FLD/1 型 3527 lb
FLD/2 型 9921 lb</td></tr>
<tr><td>控制方式</td><td>电磁感应自动行走和离线行走，手动控制</td></tr>
<tr><td>举升能力</td><td>在距重心 26in 处
FLD/1 型 7700 lb
FLD/2 型 9900 lb</td></tr>
<tr><td>安全功能</td><td>闪烁报警灯，前后防撞装置
货叉缓冲器，紧急停止按钮</td></tr>
</table>

续表

<table>
<tr><th colspan="2">类型</th><th>产品外形</th><th colspan="2">主要尺寸及技术参数</th></tr>
<tr><td rowspan="36">转载式</td><td rowspan="18">LVA</td><td rowspan="18"> </td><td colspan="2">主要尺寸</td></tr>
<tr><td>宽</td><td>取决于货物尺寸,最小 56in</td></tr>
<tr><td>长</td><td>不带后防撞装置的标准型 64in
带后防撞装置的标准型 85in
随货物尺寸而定</td></tr>
<tr><td>总高度</td><td>随传送装置的配置而定,最小 24.6in</td></tr>
<tr><td>传送装置宽度</td><td>随传送装置的配置而定,标准 35.5in</td></tr>
<tr><td>传送装置高度</td><td>随传送装置的配置而定,最小 23.6in</td></tr>
<tr><td>缓冲器行程</td><td>全尺寸,全速后部缓冲 15in
半尺寸,低速后部缓冲 8in</td></tr>
<tr><td colspan="2">主要性能和技术参数</td></tr>
<tr><td>行走驱动单元</td><td>轮内集成式电机驱动,48V,1kW</td></tr>
<tr><td>转向单元</td><td>与行走单元集成,48V,400W</td></tr>
<tr><td>行走制动器</td><td>电磁式,与行走单元集成,48V</td></tr>
<tr><td>蓄电池</td><td>48V 直流,铅酸或镍镉蓄电池,容量可达 240A·h</td></tr>
<tr><td>举升单元</td><td>电机、滚珠丝杠和减速箱</td></tr>
<tr><td>行走轮尺寸</td><td>驱动轮直径 10.5in,后轮直径 11.8in</td></tr>
<tr><td>行走</td><td>前进、后退、转向和离线行走</td></tr>
<tr><td>行走速度</td><td>带两个全尺寸防撞装置前进和后退 3.25ft/s</td></tr>
<tr><td>质量
(不包括蓄电池)</td><td>1764 lb</td></tr>
<tr><td>控制方式</td><td>电磁感应自动行走和离线行走,手动控制</td></tr>
<tr><td colspan="3"></td><td>举升能力</td><td>2200 lb</td></tr>
<tr><td colspan="3"></td><td>安全功能</td><td>闪烁报警灯,前后防撞装置
货叉缓冲器,紧急停止按钮</td></tr>
<tr><td rowspan="22">LVC</td><td rowspan="22"> </td><td colspan="2">主要尺寸</td></tr>
<tr><td>宽</td><td>取决于货物尺寸,最小 31.5in</td></tr>
<tr><td>长</td><td>标准型为 55in,随货物尺寸而定</td></tr>
<tr><td>总高度</td><td>随传送装置的配置而定,最小 36.5in</td></tr>
<tr><td>传送装置宽度</td><td>随传送装置的配置而定,标准 29.5in</td></tr>
<tr><td>传送装置高度</td><td>随传送装置的配置而定,最小 15.75in</td></tr>
<tr><td>缓冲器行程</td><td>前部缓冲装置 11in
半尺寸,低速后部缓冲 6in</td></tr>
<tr><td colspan="2">主要性能和技术参数</td></tr>
<tr><td>行走驱动单元</td><td>轮内集成式电机驱动,48V,500W</td></tr>
<tr><td>转向单元</td><td>与行走单元集成,48V,50W</td></tr>
<tr><td>行走制动器</td><td>电磁式,与行走单元集成,24V</td></tr>
<tr><td>蓄电池</td><td>48V 直流,铅酸或镍镉蓄电池,容量可达 100A·h</td></tr>
<tr><td>行走轮尺寸</td><td>驱动轮直径 8.25in;后轮直径 6in</td></tr>
<tr><td>行走</td><td>前进、后退、转向和离线行走</td></tr>
<tr><td>行走速度</td><td>前进 0～3.3ft/s;后退 0～1.6ft/s</td></tr>
<tr><td>质量
(不包括蓄电池)</td><td>660 lb</td></tr>
<tr><td>控制方式</td><td>电磁感应自动行走和离线行走,手动控制</td></tr>
<tr><td>举升能力</td><td>440 lb</td></tr>
<tr><td>安全功能</td><td>闪烁报警灯;前后防撞装置
货叉缓冲器;紧急停止按钮</td></tr>
</table>

注：1in=25.4mm；1ft=0.3048m；1lb=0.4536kg。

7.3.3.3　中国新松 AGV 产品

新松机器人自动化股份有限公司（以下简称“新松”）隶属中国科学院，是一家以机器人技术为核心，致力于全智能产品及服务的高科技上市企业。作为中国机器人产业的翘楚和工业 4.0 的践行者与推动者，成功研制了具有完全自主知识产权的工业机器人、移动机器人、特种机器人、服务机器人四大系列百类产品，面向智能装备、智能物流、智能工厂、智能交通，形成八大产业方向，致力于打造数字化物联新模式。

表 22-7-15　　中国新松机器人自动化股份有限公司 AGV 产品

激光叉车 AGV

激光叉车[见图(a)]是新松公司根据不同行业的实际需求而研发的系列激光导航 AGV 产品，主要由 AGV 车体、升降装置等组成。该设备承担空托盘、带载托盘、货物等升降搬运工作

激光导航可使用反光板、无反光板等各种形式。采用最新 Linde\Hyster\Jungheinrich\合力\江淮等国内外知名厂家各种叉车车体，也可以按照客户要求对现有叉车进行改造，提升高度从 100mm 至最高 4500mm，改造后保留原门架举升行程。保留原厂交流驱动和转向电机。保留原厂油路阀组和电机的液压系统，采用新松自主研发大功率驱动模块进行举升驱动控制，以取得连续调速的平稳性和位置的精确控制。采用大容量镍镉快充电池，电池保养一键式操作

图(a)　激光叉车 AGV(新松机器人自动化股份有限公司)

新松机器人自动化股份有限公司激光叉车 AGV 主要参数

AGV 驱动方式	单舵轮驱动
行走方式	前进、后退、转弯
导航方式	激光导航
AGV 额定负载能力/kg	1300
最大速度	直线 60，转弯 25
工作速度/$m \cdot min^{-1}$	直线 45，转弯 20
AGV 自重/kg	1000
防碰装置	运动方向激光区域扫描传感器
自动导航精度/mm	±10
停车精度/mm	±5

续表

<table>
<tr><td>货架机器人AGV</td><td>
新松研发的货架机器人[见图(b)]实际上就是适应“拆零拣选”中“货到人”拣选技术的一种新的尝试，在计算机系统的控制下，利用AGV的快速搬运，把货物载体送到拣选人员面前，并设置DPS电子标签辅助拣选系统，从而完成整个拆零拣选。“货到人”拣选可以按单拣选，也可以提总拣选。其拣选速度不仅取决于AGV的总体能力，也取决于计算机系统的调度能力。“货到人”拣选技术对计算机系统、AGV系统要求不是很高，具有广泛的适应性、较高的拣选效率和准确性、较低的劳动强度，必将在未来配送中心拆零拣选中被广泛采用
电子商务是互联网行业里最热门的领域，对于竞争最为激烈的B2C零售商们来说，供应链的管理能力逐渐成为其核心竞争力。良性供应链管理的精髓就是通过预测消费者的需求，应用网络和信息化、智能化的处理设备，主动反应订单。这对传统交付中心交付效率提出了挑战，运用货架机器人这种自动化技术，能够移动货架和货品，将货品直接发往拣选员工，随后进行包装和发货，提高仓库拣选效率，减少理货人员，真正实现仓储自动化。

图(b)　货架机器人AGV(新松机器人自动化股份有限公司)

新松机器人自动化股份有限公司货架机器人AGV主要参数

<table>
<tr><td rowspan="8">产品规格</td><td>产品外形尺寸：1000mm×700mm×420mm</td></tr>
<tr><td>货架规格：1000mm×1000mm×1800mm</td></tr>
<tr><td>图标规格：二维码标识：50mm×50mm</td></tr>
<tr><td>图标间距：1200～2500mm</td></tr>
<tr><td>导引方式：惯性导航</td></tr>
<tr><td>驱动方式：双轮差动</td></tr>
<tr><td>额定速度：1.5m/s(直线最大速度)</td></tr>
<tr><td>重复停位精度：±10mm</td></tr>
<tr><td rowspan="4">使用环境要求</td><td>①地面承载能力1t/m^2</td></tr>
<tr><td>②地面不平度在4800mm×1800mm范围内小于5mm</td></tr>
<tr><td>③地面要求能够释放静电，绝缘电阻小于10～8Ω</td></tr>
<tr><td>④AGV行驶路段不得有积水、油渍</td></tr>
<tr><td>电池续航时间</td><td>2.5h</td></tr>
</table>
</td></tr>
<tr><td>重载AGV</td><td>
重载AGV[见图(c)]主要应用于仓储、制造、港口、机场、危险场所、特种行业等，新松公司研制成功的重载AGV不但填补了国内重载物料搬运机器人领域的空白，还将有力提高重载领域物流自动化的水平，减轻人的劳动强度，提高生产效率，缩短物流周期，加速资金周转，提高经济效益
重载运输车是用来装载和运输重型零件或组件的一种运输工具；重载运输具有自动升降、自动导向、运行控制、防撞击、运行提示、全方位转向、适应不平地面等功能，操作方便，安全性较高，运行稳定。大物料(超重、超长)的自动化搬运一直是AGV行业的技术难点
</td></tr>
</table>

续表

<table>
<tr>
<td>重载AGV</td>
<td>

图(c) 重载AGV(新松机器人自动化股份有限公司)

新松机器人自动化股份有限公司重载AGV主要参数

<table>
<tr><td>基本尺寸/mm</td><td>6000×2500×1200(1.2m为车头高度)</td></tr>
<tr><td>承载重量/t</td><td>85</td></tr>
<tr><td>自重/t</td><td>12</td></tr>
<tr><td>运行速度(最大)/m·min^{-1}</td><td>$V_{max}=25$</td></tr>
<tr><td>电源/V</td><td>铅酸电池 380</td></tr>
<tr><td>车轮电机</td><td>每个车轮带两个电机</td></tr>
<tr><td>行走方式</td><td>全方向行走</td></tr>
<tr><td>工作时间</td><td>连续工作8h</td></tr>
<tr><td>控制方式</td><td>遥控器控制</td></tr>
<tr><td>安全装置</td><td>急停功能、紧急停止功能、防撞安全探测</td></tr>
<tr><td>特色</td><td>举升位移监测、多车联动、可适合任意载荷</td></tr>
<tr><td>举升行程/mm</td><td>100</td></tr>
<tr><td>地面不平度</td><td>±20mm以内的地面不平度</td></tr>
<tr><td>倾斜坡度</td><td>4%</td></tr>
</table>

</td>
</tr>
<tr>
<td>洁净AGV</td>
<td>针对不同行业、企业的洁净环境要求,新松公司合理规划设计出具有先进性、可靠性、实用性的AGV系统,如图(d)所示,可实现在洁净度10万级、100万级的空间中使用
很多企业在加工生产的过程中,要求有洁净的操作空间,而这种环境下的物料搬运就成为一种难题,新松公司多年深耕于AGV领域,可为不同企业提供各种解决方案</td>
</tr>
</table>

续表

<table>
<tr><td>洁净AGV</td><td>

图(d)　洁净AGV(新松机器人自动化股份有限公司)

新松机器人自动化股份有限公司洁净AGV主要参数

<table>
<tr><td>负载/kg</td><td>250kg</td></tr>
<tr><td>控制系统:</td><td>新松系统</td></tr>
<tr><td>车体外形尺寸/mm</td><td>1050×700×1850(暂定)</td></tr>
<tr><td>行走功能</td><td>前进、后退、转弯、自旋</td></tr>
<tr><td>转向方式</td><td>双轮差动</td></tr>
<tr><td>制动方式</td><td>电磁抱闸</td></tr>
<tr><td>车体地隙高度/mm</td><td>30</td></tr>
<tr><td>提升方式</td><td>电动</td></tr>
<tr><td>提升高度/mm</td><td>1000～1500</td></tr>
<tr><td>导航方式</td><td>磁导航</td></tr>
<tr><td>导航精度/mm</td><td>±10</td></tr>
<tr><td>停车精度/mm</td><td>±10</td></tr>
<tr><td>供电形式</td><td>锂电池</td></tr>
<tr><td>补充电能方式</td><td>电池更换</td></tr>
<tr><td>电池容量/Ah</td><td>60</td></tr>
<tr><td>电池电压/V</td><td>24</td></tr>
<tr><td>通信方式</td><td>2.4G无线通信</td></tr>
<tr><td>安全装置</td><td>非接触防碰传感器、急停按钮、警示灯、蜂鸣器</td></tr>
<tr><td>工作噪声/db</td><td>≤75</td></tr>
</table>

</td></tr>
<tr><td>装配型AGV</td><td>用于汽车底盘线动力总成、后桥总成与车身合装的AGV根据系统装配工艺要求分为双举升装配型AGV、单举升装配型AGV两种，如图(e)所示。两种类型AGV均具有同步动态跟踪功能，可实现动力总成、后桥总成在装配段任何工位进行动态装配
导航方式均采用磁导航，改变导航磁条路径可以适应生产工艺变更的要求。AGV运行路线为封闭的环形运行路线，分为装配路段、侧移路段和非装配路段。在装配路段，AGV与悬链同步运行，可以同时进行动力总成及后桥总成与白车身合装，在非装配段站点分别将动力总成、后桥总成从分装线向AGV装配托盘上吊装输送。根据产量、装配时间、AGV性能指标核算AGV数量均能满足生产节拍要求</td></tr>
</table>

续表

装配型AGV

图(e) 装配型AGV(新松机器人自动化股份有限公司)

车间物料搬运AGV

根据AGC系统的设计要求,新松公司结合自身在AGV领域多年的研究成果,设计AGC系统,实现物料在车间与物流库之间的转运

车间物料搬运一直是企业生产中面临的重要课题,如何实现现代企业管理的物料信息追溯、产品生产流程标准化、柔性化?新松公司结合自身在AGV领域多年的研究成果,根据AGV系统的设计特点,可针对不同行业、各类企业具体的车间物料运输要求,满足其生产节拍,提供合理的解决方案

某企业车间物流搬运AGV系统,如图(f)所示,导航方式采用磁导航,改变导航磁条路径可以适应生产工艺变更的要求。根据产量、装配时间、AGV性能指标核算,AGV数量满足生产节拍要求

图(f) 装配型AGV(新松机器人自动化股份有限公司)

新松机器人自动化股份有限公司装配型AGV主要参数

AGV控制方式	控制台集中调度、监控、管理AGV系统的运行状态活动
通信方式	无线局域网
AGV导航方式	磁导航
负载能力/kg	AGV最大承载能力1000(根据甲方要求)
AGV自重/kg	400(以最终设计为准)
AGV车体尺寸/mm	1600×800×500(以最终设计为准)
运动方向	直线前进、转弯行走
移载方式	人工移载
工作速度/m·min^{-1}	直线30
最大速度/m·min^{-1}	直线42
最小转弯半径/m	1
转弯速度/m·min^{-1}	12
停车精度/mm	±10
防碰装置	非接触式防碰传感器、接触式保险杠
充电方式	手动充电或自动充电

7.4 信函连续作业自动处理系统设计

信函自动处理就是利用机器将信函自动分拣到相应的格口。信函分拣机的研究和利用一直是世界各国邮政机械化、自动化的重要课题。从1927年荷兰的唐素尔码分拣机投入试用到现在，已有几十年的历史，以信函的分拣方式和识别技术为依据，可以将信函分拣机的发展划分为三代，如表22-7-16所示。

表 22-7-16 信函分拣机的发展

信函分拣机		说明
第一代	人工按键信函分拣机	人工按键信函分拣机有单席位少格口[如图(a)所示]、单席位多格口[如图(b)所示]、多席位多格口之分。分拣员在视窗中阅读分拣地址，并通过按键控制将信函传送到指定格口，其工作流程如图(c)所示 多席位信函分拣机实现了几个人同时同机进行分拣操作，每个席位都具有单独的地址阅读窗和操作键盘。为实现多席位操作及多格口动作的协调，采用了缓冲调度控制和同步控制技术，是实用的第一代信函分拣机。我国研制成功并已投入试用的五席位人工按键信函分拣机的分拣效率为8000～12000件/h 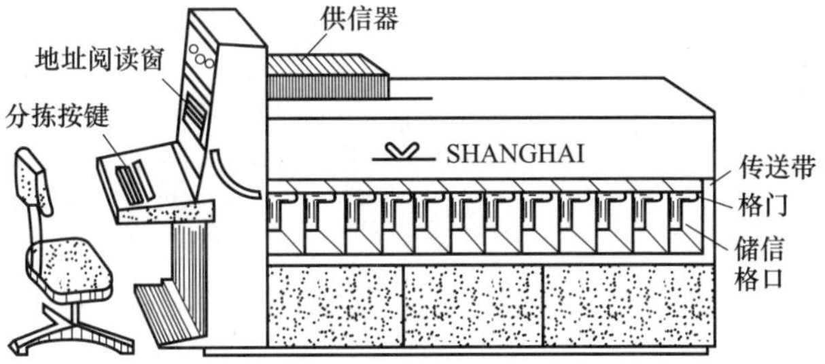 图(a) 单席位少格口信函分拣机 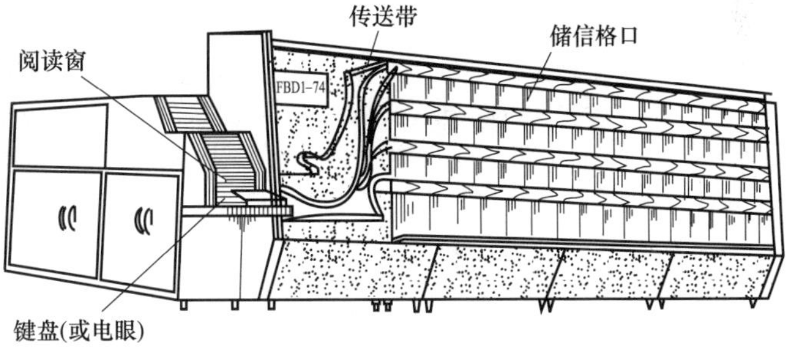 图(b) 单席位多格口信函分拣机 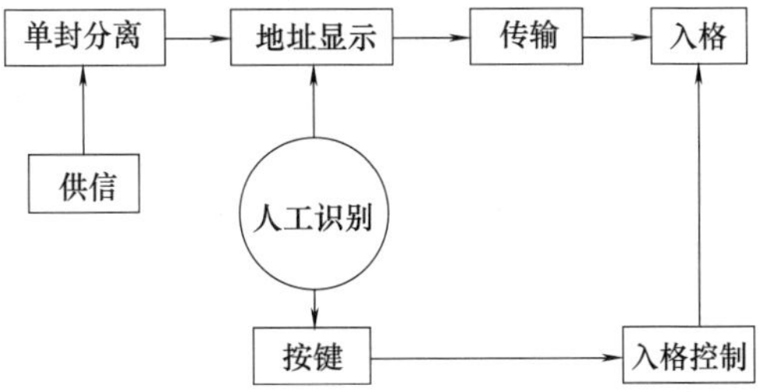 图(c) 人工按键信函分拣机工作流程

第22篇

续表

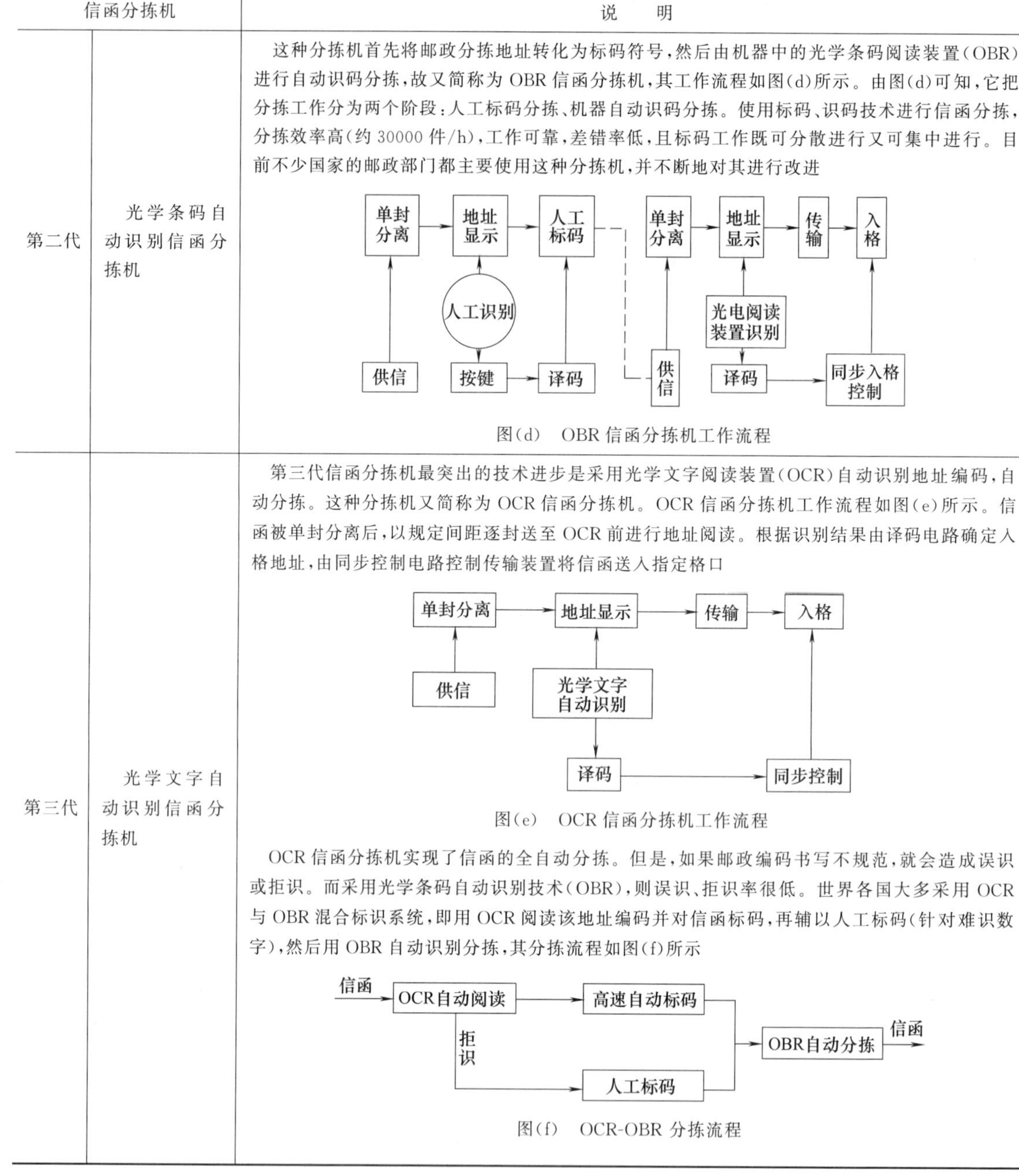

信函分拣机		说明
第二代	光学条码自动识别信函分拣机	这种分拣机首先将邮政分拣地址转化为标码符号，然后由机器中的光学条码阅读装置（OBR）进行自动识码分拣，故又简称为 OBR 信函分拣机，其工作流程如图（d）所示。由图（d）可知，它把分拣工作分为两个阶段：人工标码分拣、机器自动识码分拣。使用标码、识码技术进行信函分拣，分拣效率高（约 30000 件/h），工作可靠，差错率低，且标码工作既可分散进行又可集中进行。目前不少国家的邮政部门都主要使用这种分拣机，并不断地对其进行改进 图（d） OBR 信函分拣机工作流程
第三代	光学文字自动识别信函分拣机	第三代信函分拣机最突出的技术进步是采用光学文字阅读装置（OCR）自动识别地址编码，自动分拣。这种分拣机又简称为 OCR 信函分拣机。OCR 信函分拣机工作流程如图（e）所示。信函被单封分离后，以规定间距逐封送至 OCR 前进行地址阅读。根据识别结果由译码电路确定入格地址，由同步控制电路控制传输装置将信函送入指定格口 图（e） OCR 信函分拣机工作流程 OCR 信函分拣机实现了信函的全自动分拣。但是，如果邮政编码书写不规范，就会造成误识或拒识。而采用光学条码自动识别技术（OBR），则误识、拒识率很低。世界各国大多采用 OCR 与 OBR 混合标识系统，即用 OCR 阅读该地址编码并对信函标码，再辅以人工标码（针对难识数字），然后用 OBR 自动识别分拣，其分拣流程如图（f）所示 图（f） OCR-OBR 分拣流程

7.4.1 信函自动处理流水线

7.4.1.1 信函自动处理流水线的组成

信函的处理主要是指分拣。所谓分拣，就是将寄往同一地区、城市的信函拣出并分别存放。分拣之前要对信函分类、理信；分拣之后还要做信把捆扎、信把分拣。因此，信函处理的作业程序是：邮袋开拆→信函分类→信函整理→盖销邮资→分拣入格→信把捆扎→入袋封装。

欲实现信函的自动分拣处理，就要解决信函的自动分类、理信、销票、分离、识别、分拣、捆把等一系列技术问题。因此信函自动处理流水线通常由信函分类机、理信盖销机、缓冲储存器、信函分拣机、信把捆扎机、信把分拣机等组成。

7.4.1.2　信函自动处理的前提条件

表 22-7-17　信函自动处理的前提条件

前提条件	说　明
标准化信封	凡按 GB/T 1416 规定印制的信封均为标准化信封。GB/T 1416 规定：标准信封分为普通信封、航空信封、大型信封三种。在信封的封面上要设计有：邮政编码书写扫描区、荧光条码标识区、邮票或邮资粘贴盖销区、标签粘贴识读区，以及收信人和寄信人的地址、名称书写阅读区等[见图(a)]。此外，每种信封的具体尺寸、纸张质量、书写格式等，标准中都作了具体规定 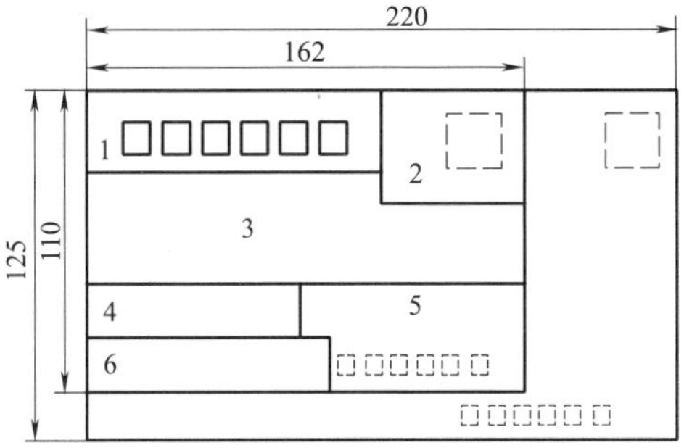 图(a)　标准普通信封封面区域分布 1—邮政编码书写区；2—邮票粘贴盖销区；3—收信人地址、名称书写区； 4—标签粘贴识读区；5—寄信人地址、名称、邮政编码书写区；6—荧光条码标识区
邮政编码	邮政编码按其结构可分为摘录编码、数字编码和字母数字混合编码三种形式。由于数字编码结构简单、使用方便且识别容易，因此被大多数国家采用 所谓数字编码就是用 0～9 十个阿拉伯数字把全国所有的邮局，按照邮件的运转路线各编上一个不同的号码，从而达到邮政分拣地址表达方式数字化的目的 我国邮政编码采用四级六位数编码，六位阿拉伯数字分别表示省、邮区、县、投送点四级
理信标志	为了达到自动理信和盖销邮票的目的，必须设置理信标志。由于规定邮票必须贴在信封正面右上角，因此，根据理信标志就可确定信封的面向，从而找到邮政编码和邮票 发光邮票是一种带有发光质的邮票，是常用的理信标志之一。常用的发光质有磷光材料和荧光材料两大类，磷光材料和荧光材料在紫外光照射下都会发出特有的光亮。所不同的是磷光材料在照射消失后仍能保持一定时间的余辉，而荧光材料则余辉时间极短。目前世界上有几十个国家采用磷光邮票作为理信标志 另外一种常用的理信标志是书写邮政编码的红框。目前我国主要是选用邮编红框作为理信标志

7.4.2　信函分类机

表 22-7-18　信函分类机及工作原理

信函分类机的作用	信函分类机设在流水线的入口处，其作用是将尺寸特大、特小、形体特异以及信内夹有硬杂异物而不适合机器处理的信函及印刷品剔除出去，而将适合机器处理的信函，从混乱的成堆状态转变为按信的长边成行排列的信流。其工作流程如图(a)所示 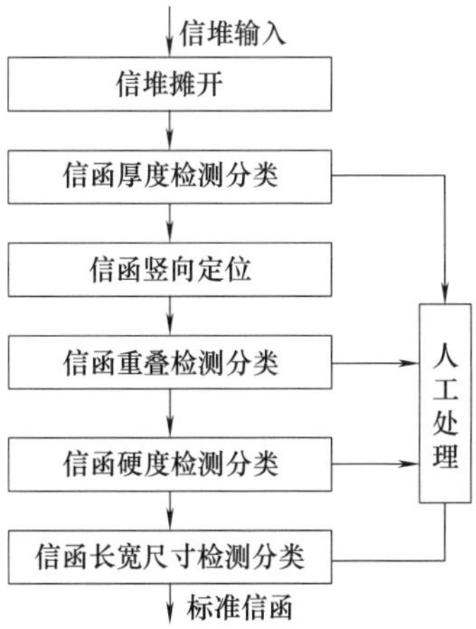 图(a)　信函分类机工作流程

续表

<table>
<tr><td>摊开的方法</td><td colspan="2">通常，信函是间断地、成堆地由容器倒入分类机中，所以输入分类机的信函处于混乱的不均匀状态。信函摊开的目的就是使不均匀的信件变为较均匀的状态输送到下一环节
用来实现供信摊开的方法很多。如图(b)所示为一种滑道振动摊开装置，该装置由输送滑道和振动器组成。振动器可由简单的平面连杆机构来实现。如图(c)所示为振动器结构的运动简图。此结构由曲柄 1、连杆 2 以及输送滑道 3 组成。当驱动装置驱动曲柄做匀速整周转动时，连杆将带动输送滑道往复摆动。由理论分析可知，这种结构使输送滑道具有急回特性。正是这种急回特性使输送滑道变速地往复摆动，从而实现信堆的摊开
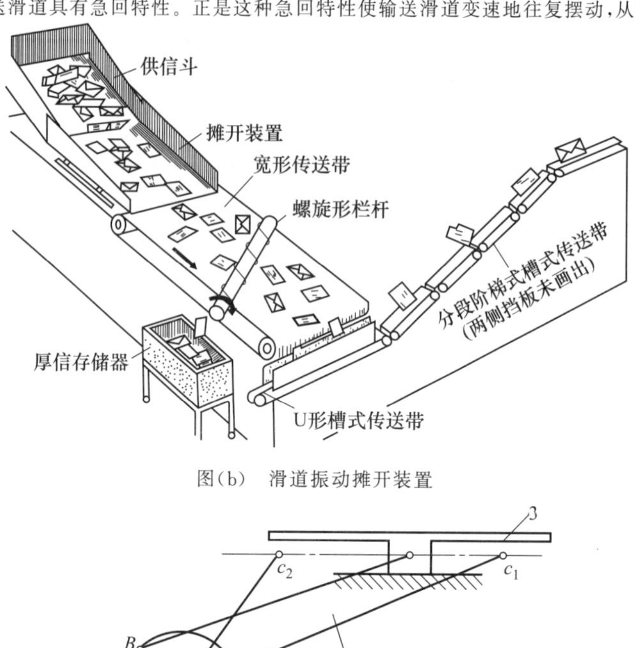

图(b)　滑道振动摊开装置
图(c)　振动器运动简图
1—曲柄；2—连杆；3—输送滑道</td></tr>
<tr><td rowspan="2">厚、硬信检测剔除的方法</td><td>利用横向传送带装置实现厚信剔除</td><td>横向传送带厚信剔除装置如图(b)所示。该装置由宽传送带和一根螺旋形栏杆组成。螺旋形栏杆斜向放置在传送带的上面，与传送带带面之间留有一定的间隙(一般为 6mm)。这样，厚度在 6mm 以下的信函可顺利地通过栏杆，而超过 6mm 的过厚信件则被栏杆挡住，并且由于螺旋形栏杆的旋转作用，超厚的信函被逐步推向传送带的边缘，直至排到下面的厚信储存器中</td></tr>
<tr><td>利用旋转滚筒实现厚信剔除</td><td>图(d)所示为旋转滚筒式厚信剔除装置。该装置的主要部件是一个由钢板制成的圆形滚筒(长 3m，外径 1.3m)，筒内安装有活动挡板，各挡板之间留有一定的缝隙。滚筒向前下方稍斜(约 7°)。滚筒沿纵向分为两部分，前部滚筒内活动挡板之间的缝隙为 6mm，后部滚筒内活动挡板之间的缝隙为 25mm。滚筒按逆时针方向转动。当信件进入滚筒后，随着滚筒的旋转，厚度在 6mm 以下的信件就从前部挡板缝隙中滑落到一个 U 形汇集信槽内；而超过 6mm 的信件则从后部挡板的缝隙中滑落到一条汇集传送带上，送交人工处理
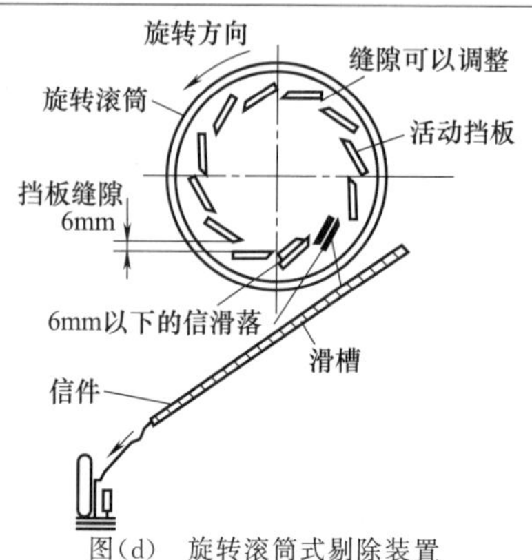

图(d)　旋转滚筒式剔除装置</td></tr>
</table>

续表

<table>
<tr><td>厚、硬信检测剔除的方法</td><td>利用气吸原理实现过硬信函剔除</td><td>气吸式硬信剔除装置的构成如图(e)所示。该装置主要由负压吸气箱、多孔吸引传送带、分路器和过硬信件存储器等组成
负压吸气箱上的吸气嘴外表面呈圆弧形状，多孔传送带围绕吸气箱做循环往复回转运动。负压吸气箱通过导气管与真空泵或离心式风机相连，启动真空泵或离心式风机则可在箱中产生负压，并通过吸气嘴和传送带吸气孔产生负压气流作用于信件，信件受负压作用将被传送带吸附而产生变形，根据信件被吸附时变形的状态可检测剔除硬信
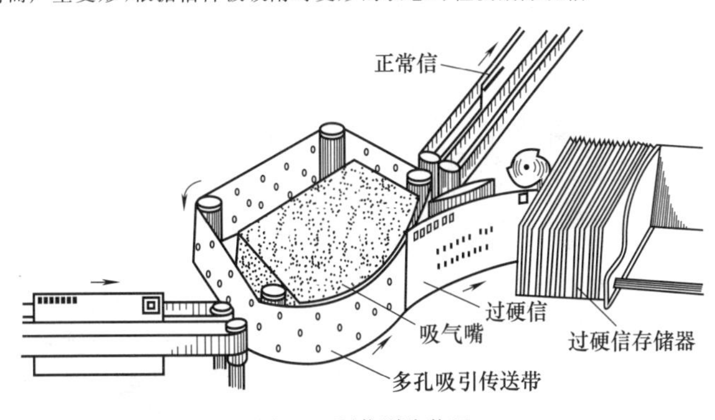

图(e)　硬信剔除装置</td></tr>
<tr><td>信函长宽尺寸检测原理</td><td colspan="2">检测长、短信函的原理如图(f)所示。图中 VD_a、VD_b为左、右两只在信流基准面同一水平高度上的光敏二极管、控制电路由 FH(反相器)、DW(单稳态触发器)和 D 型触发器组成。当信件由图(f)所示位置从左向右进入该装置时，首先遮住 VD_a，信件继续移动，并以一定速度在规定的时间内走完规定的信长间距而遮住 VD_b。此时，如果 VD_a仍被遮住，则为长信；如果信头遮住了 VD_b，而信尾又刚好打开 VD_a，则为标准信长；如果信头未遮住 VD_b，而信尾早以打开了 VD_a，则为短信
无论是长信还是短信，通过检测电路时 D 型触发器的 Q 端都要输出高电位；而标准信件通过时，Q 端输出低电位。高电位信号将控制长、短信剔除分路器动作，将长、短信剔除
信函宽度尺寸检测方式与长度尺寸检测相似，只不过两只光电管呈上下排布，其间距等于标准信宽
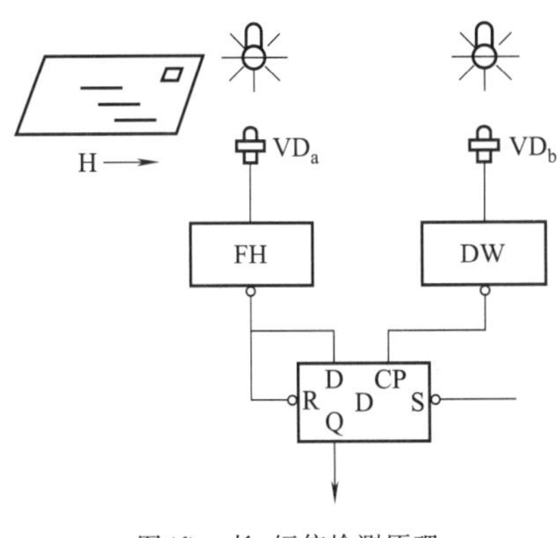

图(f)　长、短信检测原理</td></tr>
</table>

7.4.3　缓冲储存器

表 22-7-19　　缓冲储存器及工作原理

缓冲储存器的作用	缓冲储存器在信函分类机与理信盖销机之间、理信盖销机与信函分拣机之间各安装一台。其作用是：当上一道工序处理信函的速度高于下一道工序时，多余的信函就暂时存放在缓冲储存器中；当下一道工序需要信函进行处理时，由缓冲储存器向下一道工序供信。因为理信盖销机和信函分拣机需要的是有规则的单封信流，所以缓冲储存器在向外供信时，必须将暂存其内的信函作单封分离

续表

分离方法			说明
信函单封分离的方法	摩擦分离法	间歇式摩擦分离装置	如图(a)所示为间歇式摩擦装置结构原理。该装置由摩擦轮 K(分离器)、传送轮 B、阻尼器 N、挡轮 D 等组成。摩擦轮 K 的轮廓曲线由两条不同半径的圆弧所组成，大的为工作圆弧，小的为间歇圆弧 设工作圆弧半径 $R=50\text{mm}$，则其圆周长为 314mm。取工作圆弧的弧长为 162mm，摩擦轮与传输轮之间距为 162mm，且两轮转动的线速度相等 当摩擦轮运转时，工作圆弧部分使表面第一封信 H_1 移动 162mm，然后 H_1 与传输轮接触，由传输轮继续向前输送。但这时摩擦轮的间歇圆弧部分对着第二封信 H_2，因此 H_2 不能移动。一直等到 H_1 在传输轮作用下又向前移动了 152mm 时，摩擦轮的工作圆弧前端开始与 H_2 接触，才开始对 H_2 进行分离。此时 H_1 的前端离开 H_2 的前端已有 314mm。如此循环，则可形成有规则的单封信流 通常摩擦轮采用橡胶材料制成。设置阻尼器是为了克服信函之间的亲缘力，防止出双。为减小阻尼器对正在分离信函的摩擦阻力，应使阻尼器材料的摩擦因数小于摩擦轮的摩擦因数 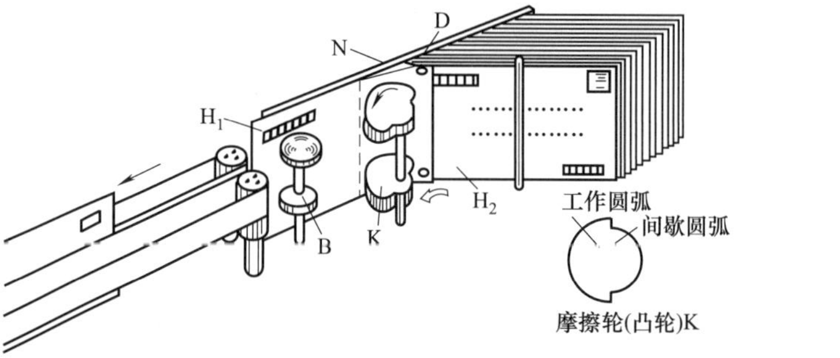 图(a) 间歇式摩擦分离装置结构原理
		摩擦带式分离装置	如图(b)所示为摩擦带式分离装置。该装置由挡信板、阻尼板、输送压板、摩擦输送带等组成 摩擦输送带做连续的循环回转运动，输送压板受弹簧力的作用紧压在摩擦输送带上，从而产生摩擦分离力 可设 f_{dx} 为信件与输送带之间的静摩擦因数，f_{xx} 为信件与信件之间的静摩擦因数，f_{yx} 为输送压板与信件之间的静摩擦因数。如果有 $f_{dx}>f_{yx}>f_{xx}$，则有 $F_{dx}>F_{yx}>F_{xx}$。当信件进入分离装置时，只有贴紧输送带的信件能随着摩擦输送带前进，而其他信件将静止不动。随着输送带的连续回转，信件实现单封分离 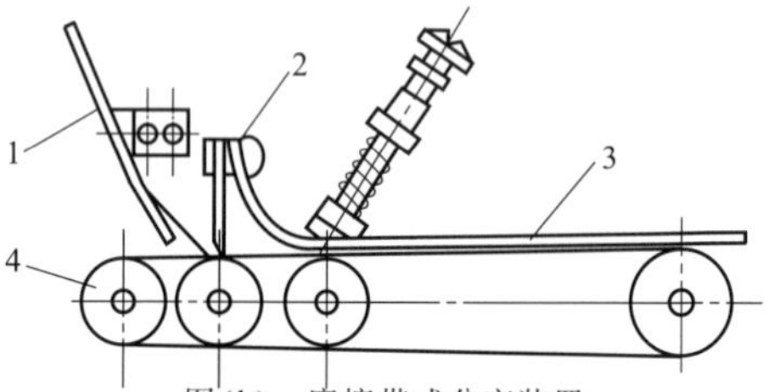 图(b) 摩擦带式分离装置 1—挡信板；2—阻尼板； 3—输送压板；4—摩擦输送带 摩擦分离结构简单，制造容易，成本低，但是分离的效果差
	气吸分离法		气吸分离法利用大气负压将信函吸附在分离器上并随同分离器运动，使在分信函与待分信函分开 如图(c)所示为循环吸带式气吸分离装置。该装置主要由负压吸气箱和吸引传送带等组成。吸气箱构成负压气源，通过吸气嘴产生负压气流。吸引传送带紧靠在吸气嘴前表面做连续回转运动。传送带上每隔一定距离就有一组吸气孔，传送带的另一边放置着待分信函，待分信函由链式供信器输送到位 当吸引传送带上有孔部分运转至吸气嘴前时，负压气流便通过吸气孔对信函产生吸力，使最表面的一封信被吸附在吸引传送带上，并随之一起运动，然后被送入输信线路向前传送。而传送带上无孔部分运转至吸气嘴前时，负压气流被阻挡，对信函不产生吸力，信函静止不动

续表

信函单封分离的方法	气吸分离法	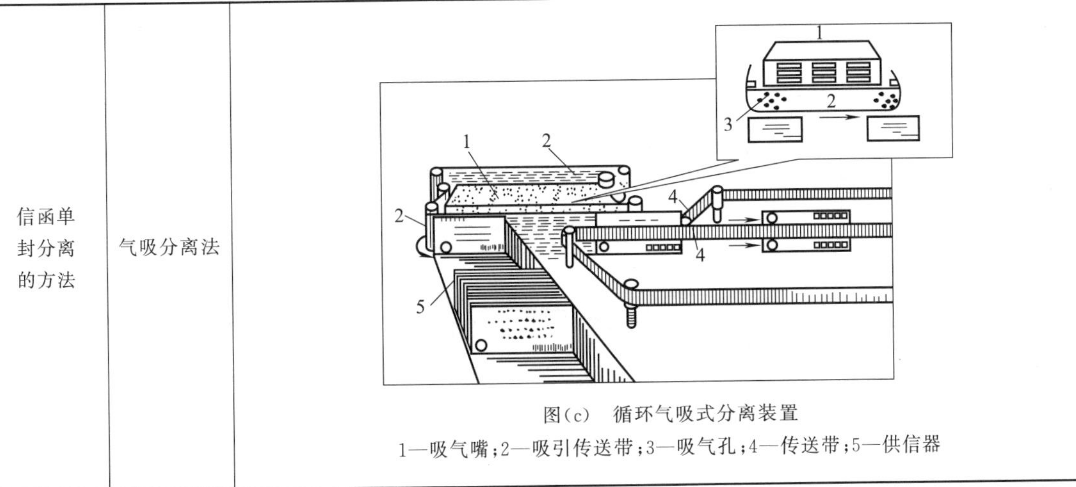 图(c) 循环气吸式分离装置 1—吸气嘴;2—吸引传送带;3—吸气孔;4—传送带;5—供信器

7.4.4 理信盖销机

表 22-7-20 理信盖销机及工作原理

盖销机的作用	经分类机处理后进入缓冲储存器的信函,其面向状态大体可归为四类[见图(a)]。为了对邮票进行盖销及对邮政编码进行阅读,必须对信函进行整理,使四种状态归于一种状态。理信盖销机的作用就是以信封上所贴的磷光邮票或书写邮政编码的六个红框为基准,对信件做顺向顺面的整理,使信件面向一致且邮票均置于同一端,然后检测邮资并由盖销装置对邮票进行盖销,理信盖销机的工作流程如图(b)所示 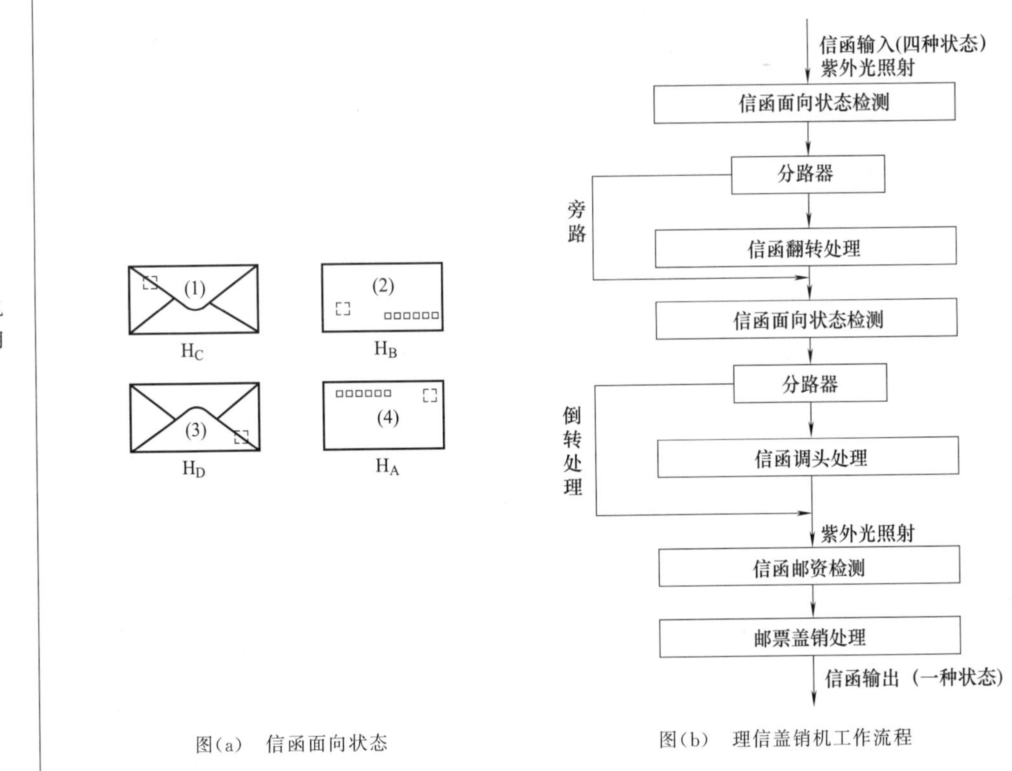 图(a) 信函面向状态　　图(b) 理信盖销机工作流程

续表

<table>
<tr><td rowspan="5">信函面向调整处理</td><td colspan="2">信函面向调整处理主要是指信函的翻转处理、调头处理和倒转处理。这些处理可由翻转器、倒转器、分路器三大部件来完成</td></tr>
<tr><td>处理部件</td><td>说　明</td></tr>
<tr><td>翻转器</td><td>翻转器由一对传送带组成，传送带中间的一段扭成麻花形[见图(c)]
设要输出的信函为(2)、(3)状态，则(1)、(4)状态的信函进入该装置后被送入翻转器里，并以前进方向为轴线旋转 180°，至此，邮票的位置都调整到信函的下端 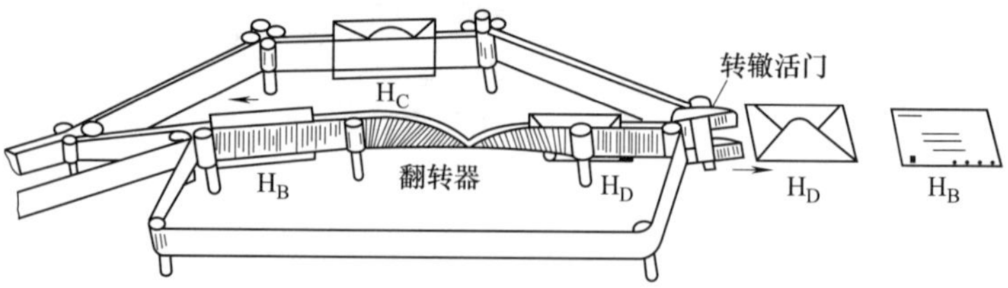

图(c)　翻转器结构示意</td></tr>
<tr><td>倒转器</td><td>倒转器由气吸式调头处理装置和倒转传送带组成[见图(d)]。其作用是将信函调头和调转，以使信函面向一致
当(2)状态的信函从右向左进入倒转器时，由状态检测装置控制拨轮将信函拨向负压吸气箱，负压气流通过多孔传送带吸附信函，并使之从左向右运动，从而实现信函的调头处理，但信函的状态没有改变
当(3)状态信函进入倒转器时，状态检测装置控制分路器将该信函送入倒转传送带，由传送带夹带着围绕调头装置运行 180°后，变成了(2)状态，即完成了面向调整处理 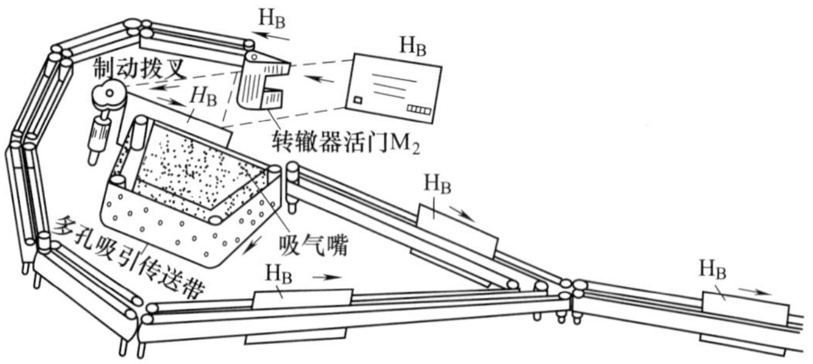

图(d)　倒转器结构示意</td></tr>
<tr><td>分路器</td><td>分路器相当于铁路线上的“道岔”。其作用是在控制装置的指挥下，把行进中的信函分别送往不同的路线
实际上，分路器就是一扇活门，门向上，信函输往下面那条路线；门向下，信函输往上面那条路线，其结构如图(e)所示
分路器活门受电磁铁控制，而电磁铁又是受由邮票检测装置产生的电信号控制的 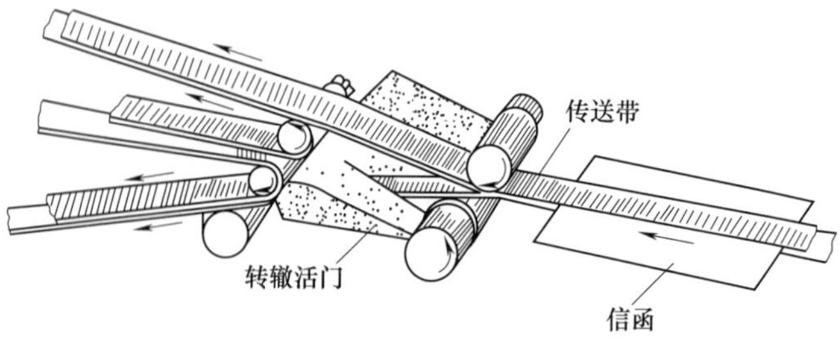

图(e)　分路器结构示意</td></tr>
</table>

续表

磷光邮票检测原理

磷光邮票检测的目的是判断信函的面向状态以及邮票的面值。检测装置一般由光学扫描器和检测电路组成

光学扫描器由激励光源、光栅、滤色片和光电倍增管构成。激励光线通过光栅射到邮票上，使磷光邮票反射出来的光被光电倍增管接收并转变为电脉冲，由检测电路检测后，发出指令信号触发相应的执行机构(分路器或日戳)动作

如图(f)所示为光学扫描器结构示意。四只光电倍增管(U_1、U_2、U_3、U_4)安装在暗箱中信函前进方向左、右两面的上部和下部。光电管 U_0 安装在暗箱入口处，其作用是启动电路进入工作状态

检测电路由清零、信函面向状态记忆和邮票面值计数三部分电路组成，如图(g)所示，检测电路原理详见下表

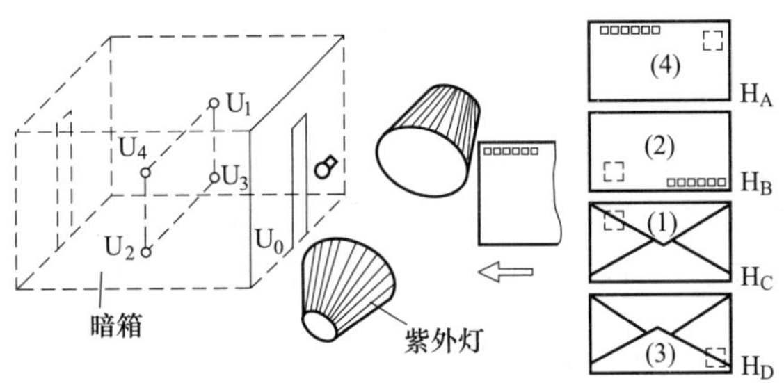

图(f) 光学扫描器结构示意

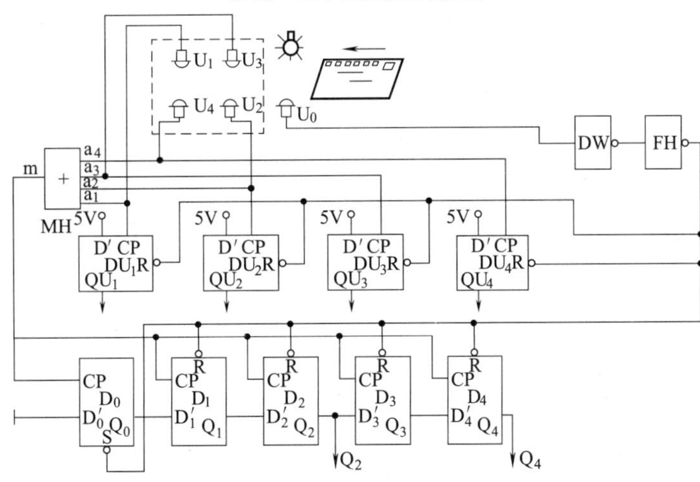

图(g) 磷光邮票检测电路原理

检测电路原理

电路	工作原理
清零电路	清零电路由单稳态触发器 DW 和反相器 FH 组成。被测信函进入暗箱时，首先对 U_0 遮光，使 DW 输入端电位由高变低，DW 输出一个脉冲，经 FH 反相后分别输向 D 型触发器的 R 端(D_0是输向 S 端)，使 D_1～D_4、DU_1～DU_4 共八个 D 型触发器的 Q 端清“0”，而 D_0 则置成“1”。控制电路进入了起始工作状态
计数电路	计数电路由或门 MH 和五只 D 型触发器(D_0～D_4)组成 设(4)状态的信件进入暗箱，邮票上有四条磷光条杠，它使 U_4 得到四次照光而发出四个脉冲。U_4的脉冲由 a_4 端输入到 MH，因此时 U_1、U_2、U_3都没有得到光照，所以 MH 的输出端 $m=a_4$，并分别输向 D_0～D_4的 CP 端 计数电路在清零后的状态为：输出端 Q_0为“1”，Q_1～Q_4均为“0”。对应的各输入端电位是：D'_1为“1”，D'_2～D'_4均为“0”。D'_0因接地，总是为“0” 当 MH 发出的第一个 CP 脉冲到来时，计数电路五个触发器的输入输出端状态是：$Q_1=1$，$Q_2=Q_3=Q_4=Q_0=0$；$D'_1=0$，$D'_2=1$，$D'_3=D'_4=D'_0=0$ 当第二个 CP 脉冲到来时，各触发器输出端电位变为：$Q_1=0$，$Q_2=1$，$Q_3=Q_4=Q_0=0$，依此类推，当第三第四个脉冲到来时，将有 $Q_3=1$，$Q_4=1$，其他输出端电位为 0 电路中 D_2、D_4触发器输出端 Q_2、Q_4的引出线是邮票面值的标志位，即 $Q_4=1$，表示邮票上有四条磷光条杠；如 $Q_2=1$，则有两条
信函面向状态记忆电路	该电路由四只 D 型触发器(DU_1～DU_4)组成。在电路清零后，DU_1～DU_4 的输出端 QU_1～QU_4 均为“0”状态，而输入端均接 5V 高电位，即长置“1”状态 当 U_4发出第一个 CP 脉冲后，使 $QU_4=1$，以后三个 CP 脉冲 QU_4的状态不变，并一直保持到第二封信到来，U_0发出清零脉冲为止 $QU_4=1$，表明信函面向是(4)状态；$QU_3=1$，表明是(3)状态；其余依此类推

7.4.5 信函分拣机

7.4.5.1 信函分拣的同步入格控制

所谓同步入格控制是指代表信函地址的信息码跟踪信函的运动，并控制信函进入相应的格口。常用的控制方法有时间同步和信号跟踪同步两种，控制原理见表 22-7-21。

表 22-7-21 同步入格控制原理

控制方法	控制原理
时间同步	时间同步是指信函从进入传输系统到运行至指定格口所需要的时间，严格地与控制其入格信息触发该格口分路器(格门)的时间相等 时间同步具有结构简单、节省器件等优点，但是必须使信流传输的速度保持稳定
信号跟踪同步	信号跟踪同步是指被分拣到某格口的信函，在传输中与控制其入格的信息保持亦步亦趋的关系、常用的信号跟踪同步方式为光电跟踪同步 光电跟踪同步是在每一个格门前安装一套光电监视器。信函每经过一个格口，光电监视器就发出一个脉冲信号，于是跟踪同步电路中的控制信息也随之在移位存储器中移动一步。当信函到达指定格口时，其控制信息正好与格口码相一致，于是触发该格口的分路器，使信函落入该格口中

7.4.5.2 条形码及光学条码自动识别

表 22-7-22 条形码及光学条码自动识别

<table>
<tr><td>条形码定义</td><td colspan="2">所谓条形码，是指由若干线条和空白按照一定规则组合后，用以表示阿拉伯数、符号或字母的码字</td></tr>
<tr><td rowspan="4">编码规则</td><td colspan="2">条形码一般采用二进制编码，最常用的是五取二码和五取三码。五取二码是将邮政编码的每位数字均转换为五位，打印其中的二位。五取三码则是打印其中的三位，两者互为反码。五取二(或三)码又分为矩阵码和线性码</td></tr>
<tr><td>编码规则</td><td>说明</td></tr>
<tr><td>五取二矩阵码</td><td>如图(a)所示为五取二矩阵码的编码表，表中横坐标代表着“权”值，从上到下分别为 0、1、2、4、7，纵坐标代表着组成邮政编码的 10 位数字。每位数字纵横坐标相交处，有条码符号即代表有信息，反之为无信息
例如，左起第三列在权 1、2 线上各有一根条形码，则 1+2=3，即代表邮政编码数字 3。特殊规定，当权 4、7 线上同时有条形码时，则令 4+7=0，即代表邮政编码数字 0 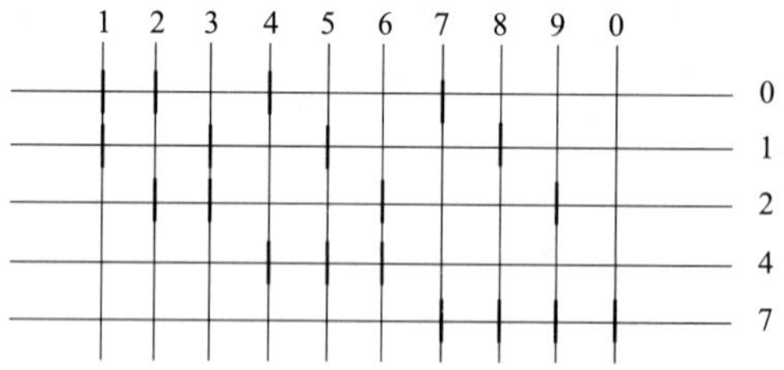
图(a) 五取二矩阵码编码表</td></tr>
<tr><td>五取二(或三)线性码</td><td>五取二(或三)线性码可视为将矩阵码的五条“权”值线重叠，排列在一根水平线上，如图(b)所示，五取二条形码的编码规则见下表。表中 0、1、2、4、7 称为码的“权”值，即在某位出动条形码符号时所代表的数字。例如，下表中在一个码字中左起第 3 位和第 4 位出现了条形码符号，则此组编码所代表的邮政编码数字为 2+4=6。特殊规定，在一个码字中，如第 4 位和第 5 位出现了条形码符号，则此码字所表示的邮政编码数字为 0</td></tr>
</table>

续表

编码规则	编码规则	说　明
编码规则	五取二（或三）线性码	见下

五取二（或三）线性码编码规则

数字	五取二码					起始码	二进制信息
	0	1	2	4	7		
1	1	1				1	110001
2	1		1			1	101001
3		1	1			1	011001
4	1			1		1	100101
5		1		1		1	010101
6			1	1		1	001101
7	1				1	1	100011
8		1			1	1	010011
9			1		1	1	001011
0				1	1	1	000111

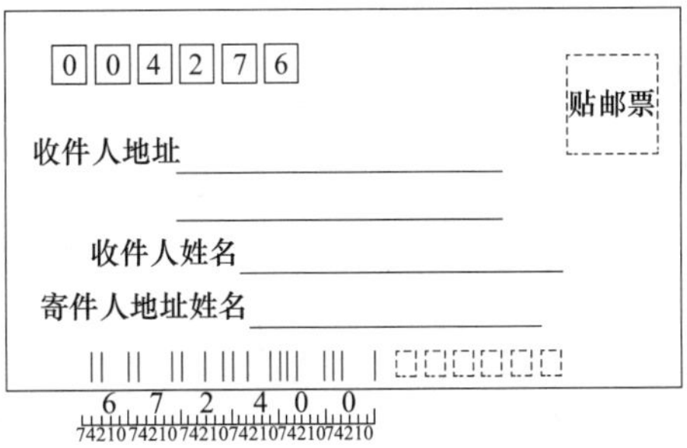

图(b)　五取二线性码

这种编码的每一个数字都用两个条形符号来表示，多了或少了都表明发生了差错。为了在检验时保证机电严格同步，每五位前增加一位起始码起定位作用

五取三线性条形码的编码规则与此相似

标码方法

所谓标码，就是将分拣地址转换成条形码并打印在信封的指定位置。标码的方法有人工和自动两种。用来标印条形码的材料主要有发光材料（磷光或荧光物质）、磁性墨水、普通墨汁等。用于标印条形码的标码机主要有人工标码机、视屏标码机和 OCR 自动标码机。各种标码方式如下表

标码方式	说　明
单席位分散标码	这种标码方式采用简易的人工标码台进行标码操作。标码台由地址阅读窗、操作键盘、打印机构组成，如图(c)所示。标码员顺序阅读信封上的分拣地址和邮政编码，并按动相关键钮，则信函便从地址阅读窗送入打印机构，打印机构根据按键指令，在信封的规定部位打印出代表收件人邮政分拣地址的条形码符号

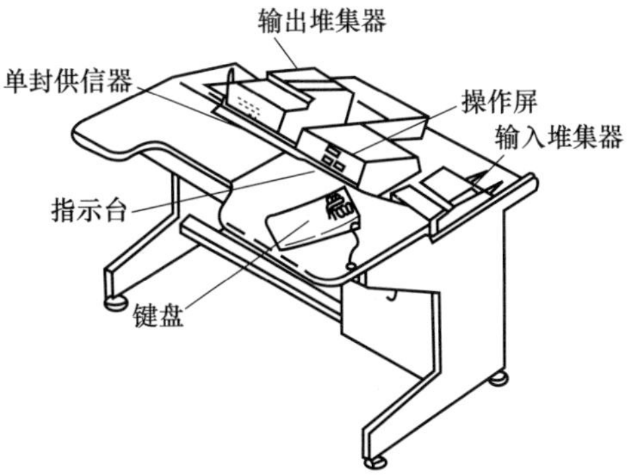

图(c)　人工标码台示意

续表

<table>
<tr><th></th><th>标码方式</th><th>说　　明</th></tr>
<tr><td rowspan="3">标码方法</td><td>多席位
集中标码</td><td>这种标码方式是集中数台单席位标码台，并用传送带相互连接起来组成标码系统</td></tr>
<tr><td>视屏
标码</td><td>这种标码系统如图(d)所示。信函经过单封分离后，通过摄像管把信封上的分拣地址转换为电信号，再利用微机将这些电信号分配到各标码席位上显示。信函本身则进入一条机械延迟线来回传输等待，直到标码员根据席位前荧光屏上的信函图像按键后，该信才退回延迟线，进入标码区接受快速喷印
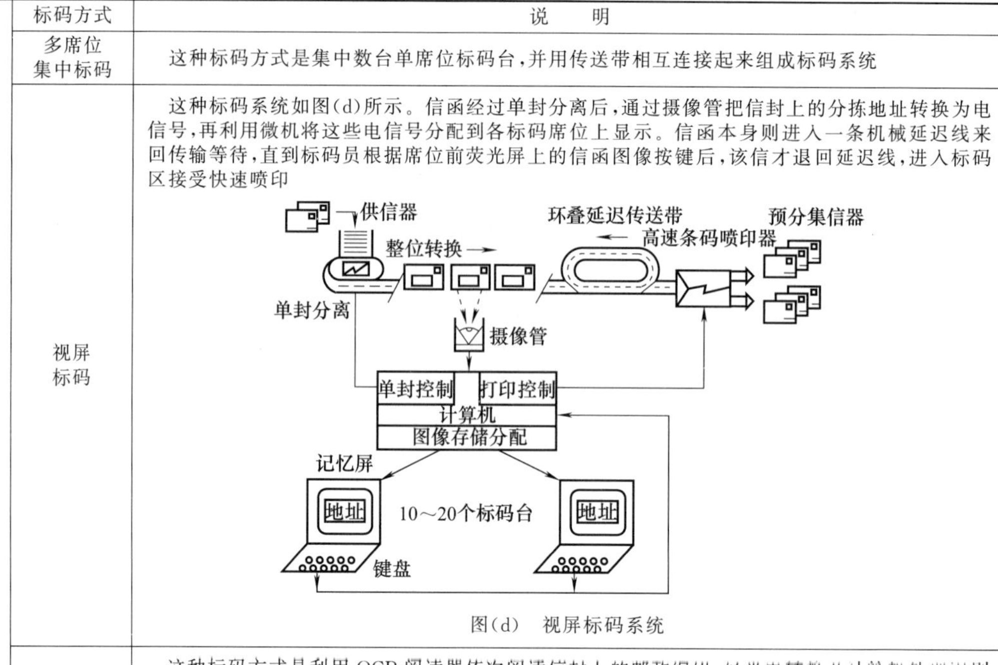

图(d)　视屏标码系统</td></tr>
<tr><td>自动
标码</td><td>这种标码方式是利用 OCR 阅读器依次阅读信封上的邮政编码，经光电转换及计算机处理识别后由高速喷印器自动喷印条码
自动标码机是将 OCR 阅读器、视屏标码机以及高速喷码器三者合为一体的自动标码系统，若再配装上预分槽，则成为一种信函自动标码预分机。该机的主要优点是结构精练、效率高、误识率低。只需经过一次操作即可同时在信封上标印出条形码并将信函预分 10～20 路，从而可以把大城市和大路向的信函一次分出，大大加快了信函的分拣过程，因而被欧美各国广泛采用
自动信函标码预分机的工作流程如图(e)所示
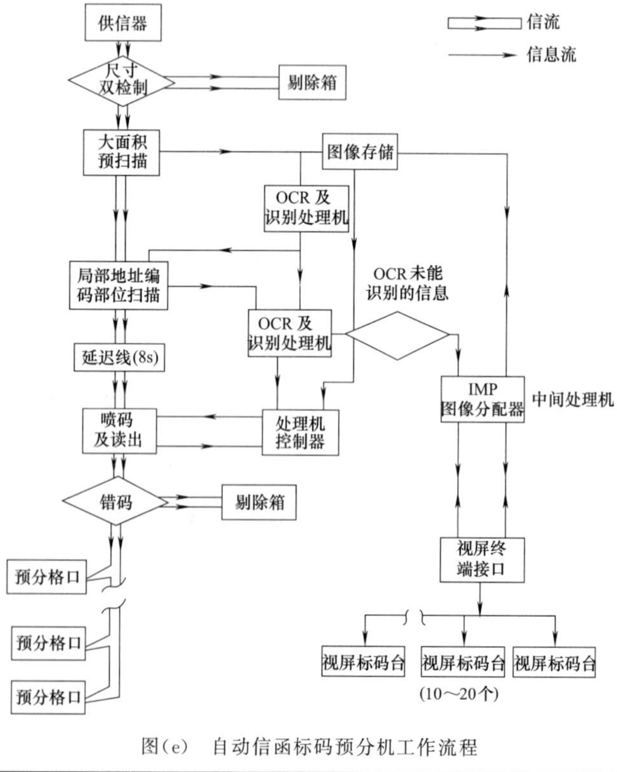

图(e)　自动信函标码预分机工作流程</td></tr>
</table>

续表

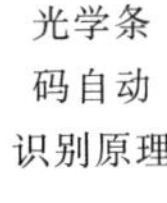 光学条码自动识别原理	如图(f)所示为一种用来识别五取二矩阵的条码自动识别电路原理。电路由光电探测和逻辑判决两部分组成 光电探测部分由五个光电管组成探测头。每个光电管的安装位置与五取二矩阵码的“权”值线相对应。光电管装在暗箱内，当信函匀速通过光电管前时，光电管感受到信函上条形码发出的磷光余辉信息，于是发出一个脉冲信号去触发 DW 单稳电路，单稳电路就会产生一个符合规定的脉冲信号。显然，五个单稳电路发出的脉冲分别代表了 0、1、2、4、7 这五个数值，这些脉冲输往逻辑判决部分 逻辑判决部分由译码器和检错器组成。A～J 10 个代表十位数字 0～9 的与门集成电路构成了译码器。在正常情况下，某一瞬时只有其中两个 DW 发出脉冲，使其中某一个与门的两个输入端同时为“1”，则输出端也为“1”，该与门对应的数值即为每一组编码符号所代表的数字 信函在光电探测头前面经过，识别装置就获得了每一组编码符号所代表的数字，并依次把它们记录在数字寄存器中。一封信上的编码符号全都识出后，便知这封信的邮政分拣地址，从而也就确定了这封信应进入的储信格口。数字寄存器再把这一信号发往同步入格控制电路，使地址信息跟踪运动的信函，并最终引导信函正确入格 检错器实际上是一套计数电路，用来记录五个 DW 单稳电路在同一时刻有几个发出了脉冲信号。如果是两个发出了信号，则表示信函上的编码符号正确无误，否则就发出一个“错误”信息给同步入格控制电路，使标印有错误条码信息的信函进入异常信函储信格口，从而避免了错分 对于五取二线性条码来说，由于其条码均分布在同一水平线上，因此用一个固体扫描器作为阅读头即可完成条形码的阅读 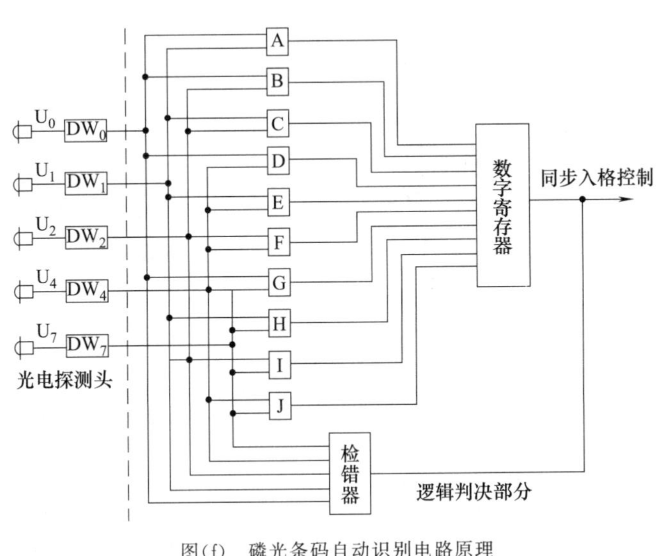 图(f)　磷光条码自动识别电路原理

7.4.5.3　光学文字自动识别

表 22-7-23　　光学文字自动识别

项目	说　　明
自动识别的原理	光学文字自动识别的原理是根据识读区内手写(或打印)数字与衬底对光线的反射率不同，使阅读装置接受不同强弱的反射光信号来自动确认有笔道部分(信息“1”)和无笔道部分(信息“0”)，然后再由识别装置对信息进行处理，最终识别出手写(或打印)的数字 光学文字识别装置，实际上是带有光电转换装置的专用电子计算机。光电转换装置把文字的光学信息转换为电子信息，输送给电子计算机，然后由电子计算机完成识字功能 任何识别都是辨识被辨识对象与哪种模式类同。光学文字识别装置先把各种字符外形中有利于识别的辨认特征编制成数字模型，并“记忆”在计算机的存储器中。识别时，将光电转换后的文字形态的电子信息进行逻辑分析，抽取字形的辨认特征，并与计算机“记忆”的特征进行比较，从而得出识别结果

续表

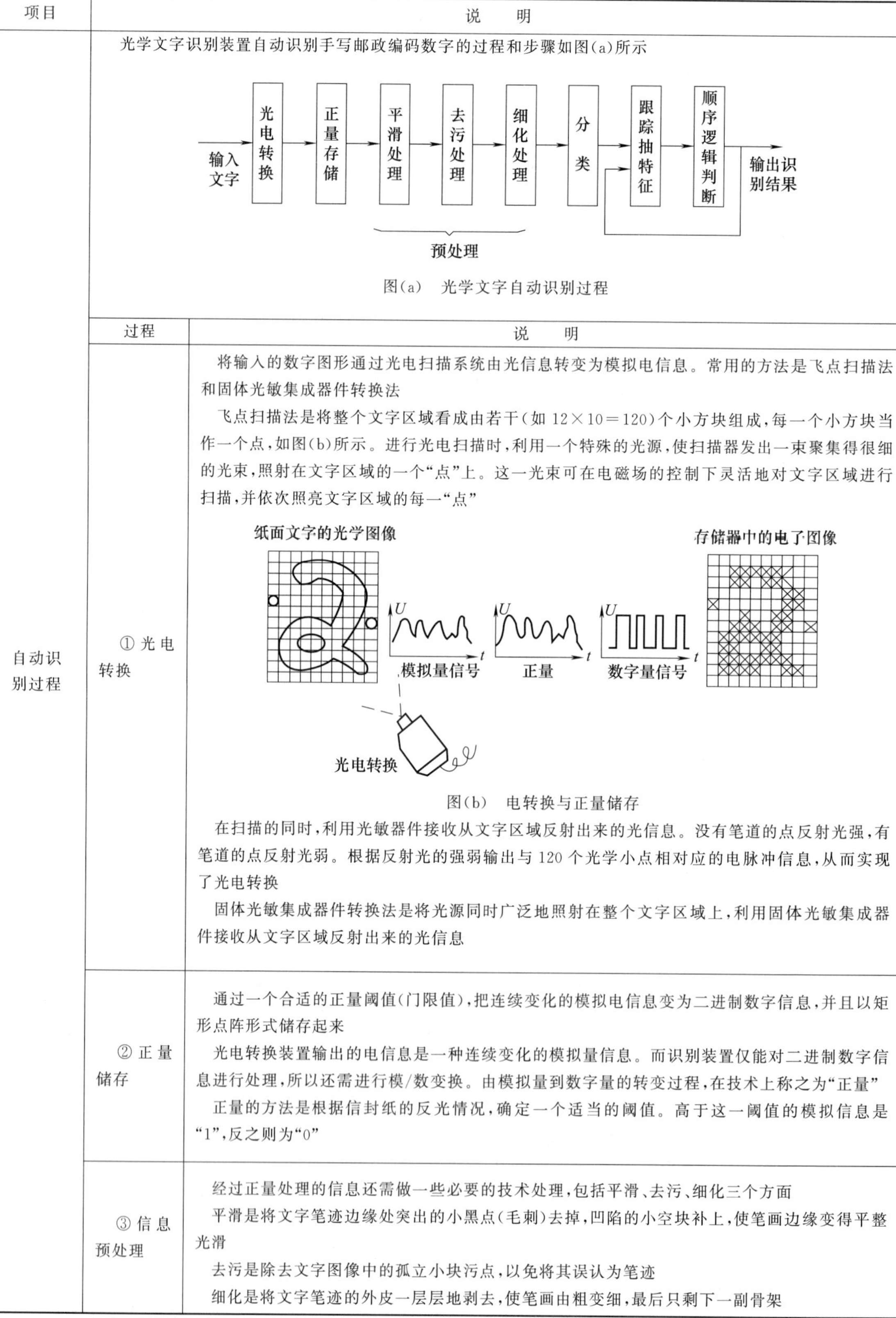

项目	过程	说明
自动识别过程		光学文字识别装置自动识别手写邮政编码数字的过程和步骤如图(a)所示 图(a)　光学文字自动识别过程
	过程	说明
	① 光电转换	将输入的数字图形通过光电扫描系统由光信息转变为模拟电信息。常用的方法是飞点扫描法和固体光敏集成器件转换法 飞点扫描法是将整个文字区域看成由若干(如 12×10＝120)个小方块组成，每一个小方块当作一个点，如图(b)所示。进行光电扫描时，利用一个特殊的光源，使扫描器发出一束聚集得很细的光束，照射在文字区域的一个“点”上。这一光束可在电磁场的控制下灵活地对文字区域进行扫描，并依次照亮文字区域的每一“点” 图(b)　电转换与正量储存 在扫描的同时，利用光敏器件接收从文字区域反射出来的光信息。没有笔道的点反射光强，有笔道的点反射光弱。根据反射光的强弱输出与 120 个光学小点相对应的电脉冲信息，从而实现了光电转换 固体光敏集成器件转换法是将光源同时广泛地照射在整个文字区域上，利用固体光敏集成器件接收从文字区域反射出来的光信息
	② 正量储存	通过一个合适的正量阈值(门限值)，把连续变化的模拟电信息变为二进制数字信息，并且以矩形点阵形式储存起来 光电转换装置输出的电信息是一种连续变化的模拟量信息。而识别装置仅能对二进制数字信息进行处理，所以还需进行模/数变换。由模拟量到数字量的转变过程，在技术上称之为“正量” 正量的方法是根据信封纸的反光情况，确定一个适当的阈值。高于这一阈值的模拟信息是“1”，反之则为“0”
	③ 信息预处理	经过正量处理的信息还需做一些必要的技术处理，包括平滑、去污、细化三个方面 平滑是将文字笔迹边缘处突出的小黑点(毛刺)去掉，凹陷的小空块补上，使笔画边缘变得平整光滑 去污是除去文字图像中的孤立小块污点，以免将其误认为笔迹 细化是将文字笔迹的外皮一层层地剥去，使笔画由粗变细，最后只剩下一副骨架

续表

项目	说　明	
	过程	说　明
自动识别过程	③信息预处理	（见下文）
	④分类	（见下文）

自动识别过程 — ③信息预处理

信息预处理，首先要建立信息处理逻辑式，然后由逻辑电路根据逻辑式完成逻辑判断任务。例如，要判断存字区中笔迹边缘处某一黑点是不是小毛刺，需要参考这个点周围的几个点的情况。设被判断点为 d_0，则其周围的参考点为 d_1、d_2、…、d_8，由此组成一个 3×3 的九点辅助矩阵[见图(c)]。由于 $d_0=1$，如 $d_6+d_7+d_8+d_1+d_2=0$，则不论周围其余三个点的状态如何，均可判断中心点 d_0是毛刺而必须去掉，即令 d_0由 1 变为 0

通常毛刺可能出现在向上、向左、向下、向右突出的四种情况。如果在 $d_0=1$ 时

$$d_6+d_7+d_8+d_1+d_2=0$$

$$d_8+d_1+d_2+d_3+d_4=0$$

$$d_2+d_3+d_4+d_5+d_6=0$$

$$d_4+d_5+d_6+d_7+d_8=0$$

四个等式中有一个成立，则 d_0即可判断为毛刺

以上四式叫做“去点逻辑式”。同样可以列出“补点逻辑式”，“去污逻辑式”和“细化逻辑式”，并通过各种逻辑运算达到预处理的目的[见图(c)中的(ⅲ)]

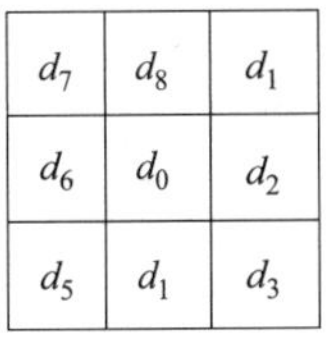

d_7	d_8	d_1
d_6	d_0	d_2
d_5	d_1	d_3

(ⅰ)九点辅助矩阵结构

○	○	○
○	×	○
×	×	×

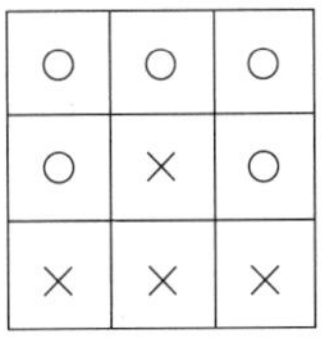

(ⅱ)九点辅助矩阵结构对毛刺的判断

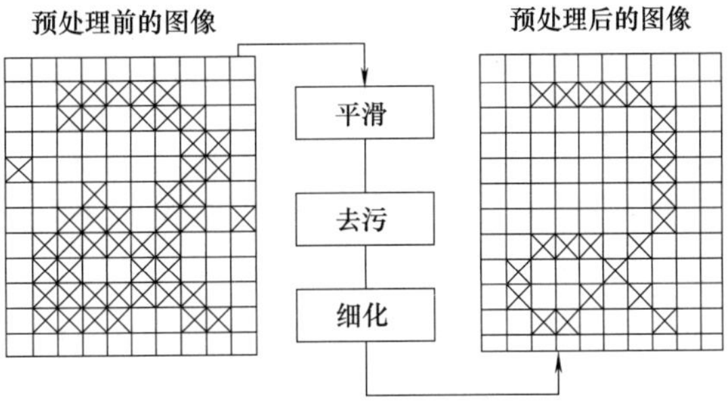

预处理前的图像　平滑　去污　细化　预处理后的图像

(ⅲ)图像

图(c)　信息预处理

自动识别过程 — ④分类

分类是将相近的数字图形归为一类，以缩小识别范围，提高识别效率

分类的方法是将细化后的数字骨架按端点数(α)、三节点数(β)和四节点数(γ)的不同分别划为不同的类型，部分字形分类如下表

类别＼字	1	2	3	4	5	6	7	8	9	0
200	1	2	3		5	6	7		9	0
310		2	3	4	5		7		9	
000										0
110		2				6		8	9	
220		2		4		6		8	9	
201		2		4				8		
001								8		
400				4	5					

续表

项目	过程	说明
自动识别过程	④分类	分类后少数情况可立即得到识别，例如，000 类，无端点、无三节点、无四节点，是数字 0；001 类，可判为数字 8。而多数情况不能直接确认，但却缩小了识别范围。识别时，只需判断该字属于哪一类，然后在该类所包括的字形中确定出是哪个字即可 实现数字分类也是利用九点辅助矩阵对存字区中每一个点做逻辑分析与判断。例如，以 d_0 为检查分析对象，它周围 8 邻点 d_1 ～ d_8 作为判断参考点，并用 m 表示 8 邻点中任何相邻二点由黑到白的变化次数。当 $d_0=1$ 时，如 $m=1$，则定义 d_0 为端点；$m=3$，则定义 d_0 为三节点；$m=4$，则定义 d_0 为四节点；$m=2$，则定义 d_0 为连点 将顺时针方向发生任何相邻两点由黑到白的变化用逻辑关系式来表达，有 $$d_n\overline{d}_{n+1}=1$$ d_0 周围 8 个邻点中，每相邻两点作一次逻辑分析，共有八种情况，即 $d_1\overline{d}_2$、$d_2\overline{d}_3$、$d_3\overline{d}_4$、$d_4\overline{d}_5$、$d_5\overline{d}_6$、$d_6\overline{d}_7$、$d_7\overline{d}_8$、$d_8\overline{d}_1$。将 8 种情况用 8 个与门来代替，就得到逻辑判断电路[见图(d)]。利用逻辑判断电路图，就可以知道文字笔迹每个点的分枝特征，再把所有各点的分枝特征综合起来，就得出一个字的分类值 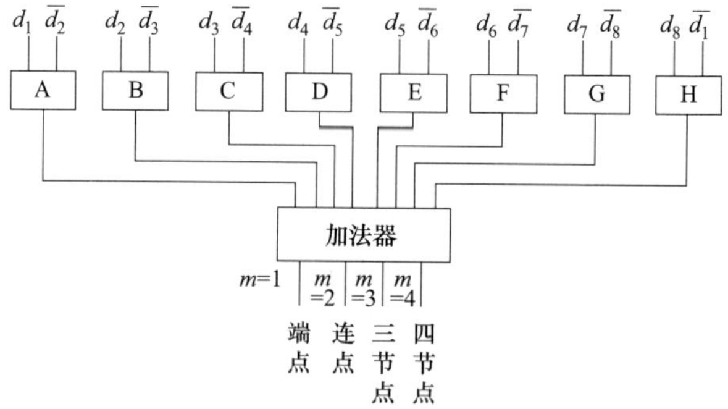 图(d)　判断分枝特征逻辑电路
	⑤跟踪抽特征	是对文字区中的数字骨架逐点进行跟踪，以获得被识别文字实时图像的辨识特征 跟踪抽特征的方法仍是借助于九点辅助矩阵。从字的某一个端点(没有端点则从最高点)开始，按照规定的顺序，沿着文字骨架逐点跟踪，并获得该点的方向、分枝、长度的实时特征。有了实时特征，即可与只读储存器中的记忆特征进行比较查对。辨识特征如图(e)所示。分枝特征即端点、连点、三节点和四节点 方向特征是指这一点从上一点延伸而来的方向，分别由 f_1 ～ f_8 代表八个方向。长度特征为由某种方向的几个点所构成的线段的长度 如图(f)所示为跟踪文字笔迹 2 所取得的关键性几点的实时特征内容 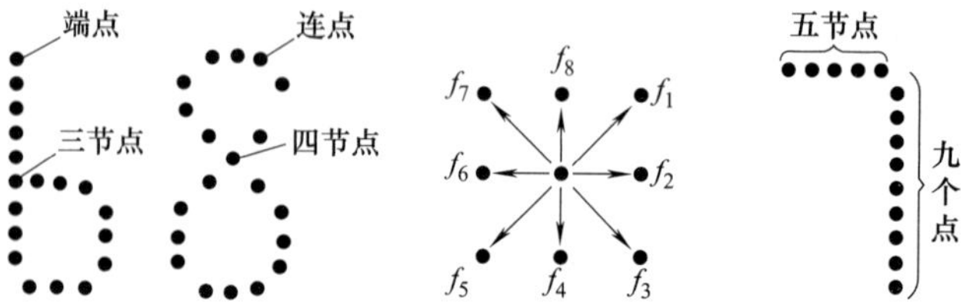 (i)分枝特征　(ii)方向特征　(iii)长度特征 图(e)　辨识特征

续表

项目	过程	说明
自动识别过程	⑤跟踪抽特征	见下方图(f)
	⑥顺序逻辑判断	见下方说明及图(g)

⑤跟踪抽特征

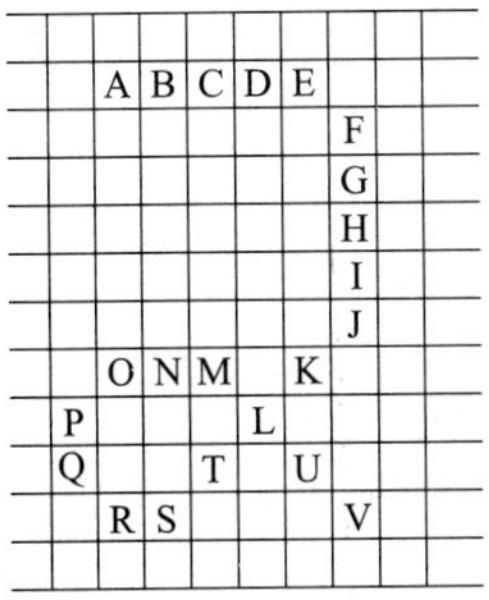

A B C D E
F
G
H
I
J
O N M K
P L
Q T U
R S V

跟踪点	方向特征								分枝特征			
	f_1	f_2	f_3	f_4	f_5	f_6	f_7	f_8	端点	连点	三节点	四节点
A	0	0	0	0	0	0	0	0	1	0	0	0
B	0	1	0	0	0	0	0	0	0	1	0	0
C	0	1	0	0	0	0	0	0	0	1	0	0
⋮												
L	0	0	0	0	1	0	0	0	0	0	0	1
M	0	0	0	0	0	0	1	0	0	1	0	0
⋮												
V	0	0	1	0	0	0	0	0	1	0	0	0

图(f)　文字笔迹 2 的实时特征

⑥顺序逻辑判断

顺序逻辑判断是对文字的辨识特征进行比较查对

比较的一方是只读存储器里的记忆特征，另一方是实时特征。记忆特征表示的内容是对被识文字的字形笔迹在方向、分枝、长度三个方面的要求，这种要求有一个允许变形的范围。而实时特征则表示被识文字的字形笔迹在方向、分枝、长度三个方面的实有内容。实时特征必须在记忆特征允许的范围内，否则就拒识

顺序逻辑判断可由比较器和控制器来完成，也可利用微机技术来实现

如图(g)所示为多微机手写邮政编码识别装置结构原理，该装置由 A～G 七台微机组成。其中 A 机用作管理、调度及人机对话；B 机用作装置的输入输出及字形定位；C 机在硬件 ST 的支持下完成平滑和细化；D 机用作抽取字形特征；E 机和 F 机共同完成通链识别；G 机用作字形转置并通过显示接口 DI 制电视机 TV 作系统显示。装置中 M_0 为共享存储器，用作微机间数据通讯的链桥

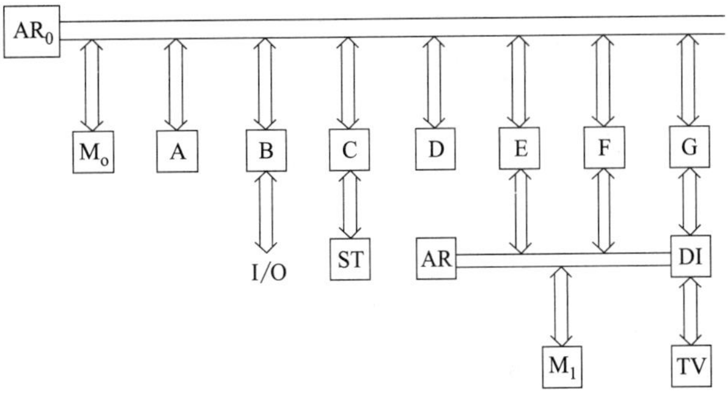

AR_0
M_0　A　B　C　D　E　F　G
I/O　ST　AR　DI
M_1　TV

图(g)　多微机手写邮政编码识别装置结构原理

参考文献

[1] 《机械设计手册》编委会. 机械设计手册：机电一体化系统设计（单行本）. 北京：机械工业出版社，2007.
[2] 《机电一体化技术手册》编委会. 机电一体化技术手册（上册）. 北京：机械工业出版社，1994.
[3] 《机电一体化技术手册》编委会. 机电一体化技术手册（下册）. 北京：机械工业出版社，1994.
[4] 赵丁选. 光机电一体化设计使用手册（上册）. 北京：化学工业出版社，2003.
[5] 赵丁选. 光机电一体化设计使用手册（下册）. 北京：化学工业出版社，2003.
[6] 高安邦. 机电一体化设计禁忌. 北京：机械工业出版社，2008.
[7] 游英杰，叶俊. 机电一体化专业必备知识与技能手册. 武汉：华中科技大学出版社，2006.
[8] 林宋，刘勇，郭瑜筎. 光机电一体化技术应用 100 例. 北京：机械工业出版社，2006.
[9] 张训文. 机电一体化系统设计与应用. 北京：北京理工大学出版社，2006.
[10] 石祥钟. 机电一体化系统设计（机电一体化技术应用丛书）. 北京：化学工业出版社，2009.
[11] 巩明德. 机电一体化系统设计（机电一体化技术应用丛书）. 北京：化学工业出版社，2009.
[12] 范宁军，李杰，王正杰，何光林. 光机电一体化系统设计（光机电一体化技术丛书）. 北京：机械工业出版社，2010.
[13] Dedas Shetty，Richard A. kolk. MECHATRONICS SYSTEM DESIGN.（英文版）. 北京：机械工业出版社，2004.
[14] 刘杰，赵春雨，宋伟刚，张镭. 机电一体化技术基础与产品设计. 北京：冶金工业出版社，2003.
[15] Dedas Shetty. 机电一体化系统设计. 张树生等译. 北京：机械工业出版社，2006.
[16] 方建军. 光机电一体化系统设计. 北京：化学工业出版社，2003.
[17] 方建军. 光机电一体化理论基础. 北京：化学工业出版社，2003.
[18] 方建军. 光机电一体化实用技术. 北京：化学工业出版社，2003.
[19] 罗庆生，韩宝玲等. 光机电一体化系统常用机构. 北京：机械工业出版社，2009.
[20] 于金主. 机电一体化系统设计及实践. 北京：化学工业出版社，2008.
[21] 周继明，汪世明. 传感器技术与应用. 长沙：中南大学出版社，2009.
[22] 卿太全，郭明琼. 最新传感器选用手册. 北京：中国电力出版社，2009.
[23] 高学山. 光机电一体化系统典型实例. 北京：机械工业出版社，2007.
[24] GB/T 17587. 1—2017 滚珠丝杠副 第 1 部分：术语和符号.
[25] JB/T 9893—1999 滚珠丝杠副 滚珠螺母 安装连接尺寸.
[26] 杨渝钦. 控制电机. 北京：机械工业出版社，2001.
[27] 李忠高. 控制电机及其应用. 武汉：华中科技大学出版社，1986.
[28] 李鹏. 控制电机及其应用. 北京：中国电力出版社，1998.
[29] 许大中. 电机控制. 杭州：浙江大学出版社，2001.
[30] 陈隆昌. 控制电机. 西安：西安电子科技大学出版社，1994.
[31] 胡崇岳. 现代交流调速技术. 北京：机械工业出版社，1998.
[32] 陈理璧. 步进电动机及其应用. 上海：上海科学技术出版社，1985.
[33] Panasonic Minas A4 系列 AC 伺服驱动器技术资料. 北京：中国电力出版社，2009.
[34] 李友善. 自动控制原理. 北京：国防工业出版社，1981.
[35] 王锦标. 计算机控制系统. 第 2 版. 北京：清华大学出版社，2008.
[36] 高金源，夏洁. 计算机控制系统. 北京：清华大学出版社，2007.
[37] 李正军. 计算机控制系统. 北京：机械工业出版社，2005.
[38] 席爱民. 计算机控制系统. 北京：高等教育出版社，2004.
[39] 何克忠，李伟. 计算机控制系统. 北京：清华大学出版社，1998.
[40] 姜学军，刘新国，李晓静. 计算机控制技术. 第 2 版. 北京：清华大学出版社，2009.
[41] 赵帮信. 计算机控制技术. 北京：科学出版社，2008.
[42] 曾庆波，左晓英，陈秀芳. 微型计算机控制技术. 电子科技大学出版社，2007.
[43] 王永初，任秀珍. 现代控制工程的数学基础. 北京：化学工业出版社，1985.
[44] 韩成，张延伟. 拿来就用单片机. 北京：人民邮电出版社，2008.
[45] 杨振江，冯军. 单片机原理与应用. 北京：高等教育出版社，2004.
[46] 张毅刚. 单片机原理与应用. 北京：高等教育出版社，2004.
[47] 赵德安. 单片机原理与应用. 北京：机械工业出版社，2004.
[48] 王迎旭. 单片机原理与应用. 北京：中国电力出版社，1998.

[49] 任万强. 单片机原理与应用. 北京：中国电力出版社，2006.
[50] 杨振江. 流行单片机实用子程序及应用实例. 西安：西安电子科技大学出版社，2002.
[51] 郎福仲. 单片微型计算机及其应用. 北京：高等教育出版社，1988.
[52] 杨振江. 智能仪器与数据采集系统. 西安：西安电子科技大学出版社，2001.
[53] 王幸之. AT89系列单片机原理与接口技术. 北京：北京航空航天大学出版社，2004.
[54] 余锡存. 单片机原理与接口技术. 西安：西安电子科技大学出版社，2000.
[55] 苏家健. 单片机原理与接口技术. 北京：高等教育出版社，2004.
[56] [日] 三浦宏文. 机电一体化实用手册. 杨晓辉译. 北京：科学出版社，2001.
[57] GB/T 17587.2—1998 滚珠丝杠副 第2部分：公称直径和公称导程公制系列.
[58] GB/T 17587.3—1998 滚珠丝杠副 第3部分：验收条件和验收检验.

第 23 篇
工业机器人系统设计

篇主编：吴成东　姜杨

撰　稿：吴成东　姜杨　房立金　王斐　迟剑宁

审　稿：贾子熙　丁其川

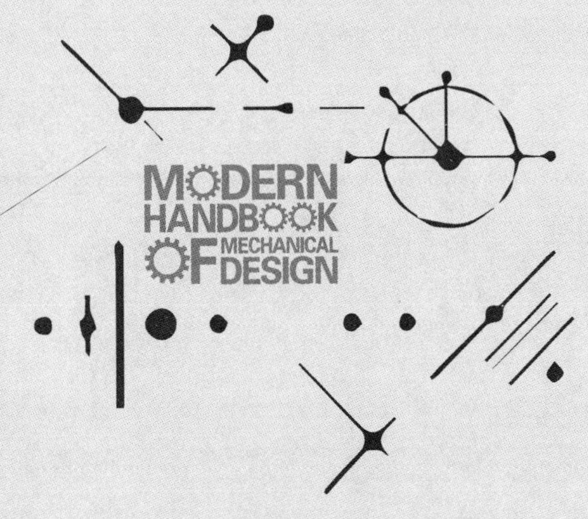

第1章　工业机器人技术基础

1.1　工业机器人定义

机器人（robot）一词来源于捷克斯洛伐克作家卡雷尔·萨佩克于 1921 年创作的一个名为《Rossums Uniersal Robots》（罗萨姆万能机器人）的剧本。在剧本中，萨佩克把在罗萨姆万能机器人公司从事生产劳动的那些家伙取名为“Robot”（汉语音译为“罗伯特”），其意为“不知疲倦地劳动”。萨佩克把机器人定义为服务于人类的家伙，机器人的名字也由此而生。后来，机器人一词频繁出现在现代科幻小说和电影中。

机器人这一概念随着现代科技的不断发展正逐步演变成现实。在现代工业的发展过程中，机器人逐渐融合了机械、电子、运动、动力、控制、传感检测、计算技术等多个学科，成为现代科技发展极为重要的组成部分。在科技界，科学家会给每一个科技术语一个明确的定义，但机器人问世已有几十年，其定义仍是仁者见仁，智者见智，没有一个统一的意见。其原因之一是机器人还在发展，新的机型、新的功能不断涌现。根本原因主要是机器人涉及人的概念，使其成为一个难以回答的哲学问题。也许正是由于机器人定义的模糊，才给人们充分的想象和创造空间。以下为各国科学家从不同角度出发给出的一些具有代表性的工业机器人定义。

美国机器人协会（RIA）将工业机器人定义为：“一种用于移动各种材料、零件、工具或专用装置的，通过程序动作来执行各种任务的，并具有编程能力的多功能操作机”。

日本机器人协会（JRA）提出：“工业机器人是一种带有存储器件和末端操作器的通用机械，它能够通过自动化的动作替代人类劳动”。

我国将工业机器人定义为：“一种自动化的机器，所不同的是这种机器具备一些与人或者生物相似的智能能力，如感知能力、规划能力、动作能力和协同能力，是一种具有高度灵活性的自动化机器”。

国际标准化组织（ISO）将其定义为：“工业机器人是一种能自动控制，可重复编程，多功能、多自由度的操作机，能搬运材料、工件或操持工具来完成各种作业”。目前国际大都遵循 ISO 所下的定义。

由以上定义不难发现，工业机器人具有四个显著特点：

① 具有特定的机械机构，其动作具有类似于人或其他生物的某些器官（肢体、感受等）的功能；

② 具有通用性，可从事多种工作，可灵活改变动作程序；

③ 具有不同程度的智能，如记忆、感知、推理、决策、学习等；

④ 具有独立性，完整的机器人系统在工作中可以不依赖于人的干预。

1.2　工业机器人组成

工业机器人是一种模拟人手臂、手腕和手功能的机电一体化装置，可对物体运动的位置、速度和加速度进行精确控制，从而完成某一工业生产的作业要求。当前工业中应用最多的第一代工业机器人主要由操作机、控制器和示教器组成，如图 23-1-1 所示。对于第二代及第三代工业机器人还包括感知系统和分析决策系统，它们分别由传感器及软件实现。

1.2.1　操作机

操作机（或称机器人本体）是工业机器人的机械主体，是用来完成各种作业的执行机构。它主要由机械臂、驱动装置、传动单元及内部传感器等部分组成。由于机器人需要实现快速而频繁的起停、精确的到位和运动，因此必须采用位置传感器、速度传感器等检测元件实现位置、速度和加速度闭环控制。图 23-1-2 为 6 自由度关节型工业机器人操作机的基本构造。为适应不同的用途，机器人操作机最后一个轴的机械接口通常为一连接法兰，可接装不同的机械操作装置（习惯上称末端执行器），如夹紧爪、吸盘、焊枪等（图 23-1-3）。

（1）机械臂

关节型工业机器人的机械臂是由关节连在一起的许多机械连杆的集合体。它本质上是一个拟人手臂的空间开链式机构，一端固定在基座上，另一端可自由运动。关节通常包括旋转关节和移动关节，旋转关节仅允许连杆之间发生旋转运动，移动关节允许连杆作直线移动。由关节—连杆结构所构成的机械臂大体可分为基座、腰部、臂部（大臂和小臂）和手腕 4 个部分，由 4 个独立旋转“关节”（腰关节、肩关节、肘

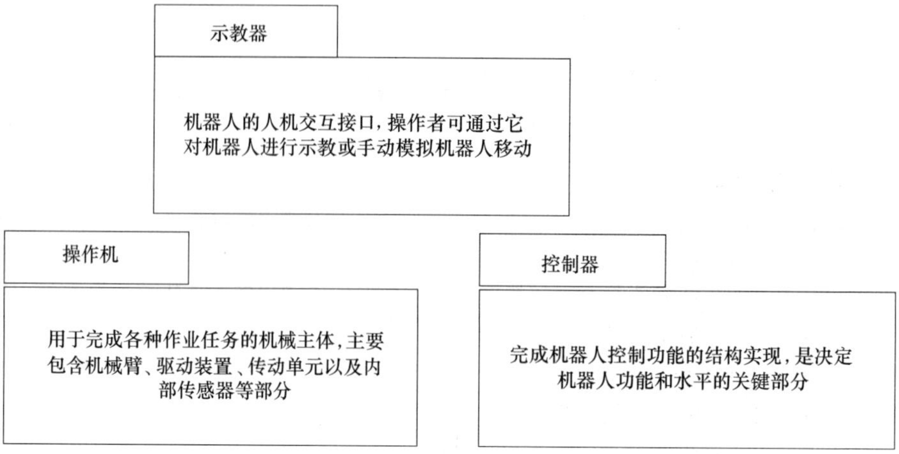

示教器
机器人的人机交互接口，操作者可通过它对机器人进行示教或手动模拟机器人移动
操作机
用于完成各种作业任务的机械主体，主要包含机械臂、驱动装置、传动单元以及内部传感器等部分
控制器
完成机器人控制功能的结构实现，是决定机器人功能和水平的关键部分

图 23-1-1 工业机器人的基本组成

腕关节
小臂
伺服电动机
减速器
肘关节
手腕
连接法兰
皮带传动
大臂
腰部
肩关节
腰关节
基座
机器人操作机的每个关节
均采用1个交流伺服马达驱动

图 23-1-2 关节型工业机器人操作机的基本构造

(a) 夹紧爪　(b) 吸盘　(c) 焊枪

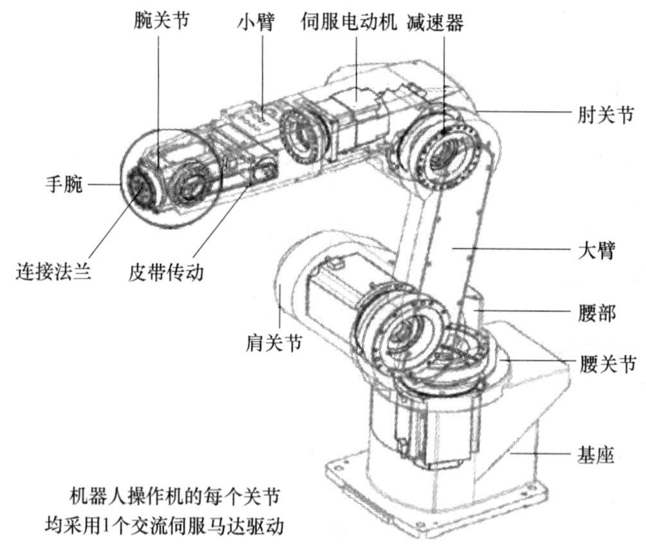

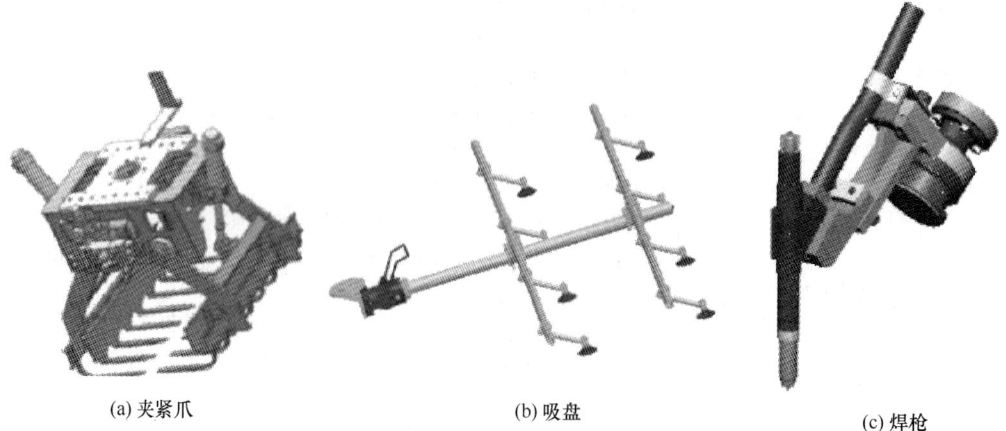

图 23-1-3 工业机器人操作机末端执行器

关节和腕关节）串联而成，如图 23-1-2 所示。它们可在各个方向运动，这些运动就是机器人在"做工"。

1）基座。基座是机器人的基础部分，起支撑作用。整个执行机构和驱动装置都安装在基座上。对移动式机器人而言，是安装在移动机构上，可分为有轨和无轨两种；而对固定式机器人，则是直接连接在地面基础上。

2）腰部。腰部是机器人手臂的支撑部分。根据执行机构坐标系的不同，腰部可以在基座上转动，也可以和基座制成一体。有时腰部也可以通过导杆或导槽在基座上移动，从而增大工作空间。

3）手臂。手臂是连接机身和手腕的部分，由操作机的动力关节和连接杆件等构成。它是执行结构中的主要运动部件，也称主轴，主要用于改变手腕和末端执行器的空间位置，满足机器人的作业空间要求，并将各种载荷传递到基座。

4）手腕。手腕是连接末端执行器和手臂的部分，将作业载荷传递到臂部，也称次轴，主要用于改变末端执行器的空间姿态。

（2）驱动装置

驱使工业机器人机械臂运动的机构。按照控制系统发出的指令信号，借助于动力元件使机器人产生动作，相当于人的肌肉、经络。机器人常用的驱动方式主要有液压驱动、气压驱动和电气驱动三种基本类型，见表 23-1-1。目前，除个别运动精度不高、重负载或有防爆要求的机器人采用液压、气压驱动外，工业机器人大多采用电气驱动，而其中交流伺服电动机应用最广，且驱动器布置大都采用一个关节一个驱动器。

（3）传动单元

驱动装置的受控运动必须通过传动单元带动机械臂进行运动，以精确地保证末端执行器所要求的位置、姿态和实现其运动。目前工业机器人广泛采用的机械传动单元是减速器，与通用减速器相比，机器人关节减速器要求具有传动链短、体积小、功率大、质量轻和易于控制等特点。大量应用在关节型机器人上的减速器主要有两类：谐波减速器和 RV 减速器。精密减速器使机器人伺服电动机在一个合适的速度下运转，并精确地将转速降到工业机器人各部位需要的速度，在提高机械本体刚性的同时输出更大的转矩。一般将谐波减速器放置在小臂、腕部或手部等轻负载位置（主要用于 20kg 以下的机器人关节）；而将 RV 减速器放置在基座、腰部、大臂等重负载位置（主要用于 20kg 以上的机器人关节）。此外，机器人还采用齿轮传动、链条（带）传动、直线运动单元等，如图 23-1-4 所示。

1）谐波减速器。同行星齿轮传动一样，谐波齿轮传动（简称谐波传动）通常由 3 个基本构件组成：一个有内齿的刚轮，一个工作时可产生径向弹性变形并带有外齿的柔轮和一个装在柔轮内部、呈椭圆形、外圈带有柔性滚动轴承的波发生器，如图 23-1-5 所示。在这 3 个基本构件中可任意固定一个，其余一个为主动件，另一个为从动件（如刚轮固定不变，波发生器为主动件，柔轮为从动件）。

表 23-1-1　三种驱动方式特点比较

驱动方式	输出力	控制性能	维修使用	结构体积	使用范围	制造成本
液压驱动	压力高，可获得大的输出力	油液不可压缩，压力、流量均容易控制，可无级调速，反应灵敏，可实现连续轨迹控制	维修方便，液体对温度变化敏感，油液泄漏易着火	在输出力相同的情况下，体积比气压驱动方式小	中、小型及重型机器人	液压元件成本较高，油路比较复杂
气压驱动	气体压力低，输出力较小，如需输出力大时，其结构尺寸过大	可高速运行，冲击较严重，精确定位困难，气体压缩性大，阻尼效果差，精度不易控制，不易与 CPU 连接	维修简单，能在高温、粉尘等恶劣环境中使用，泄漏无影响	体积较大	中、小型机器人	结构简单，工作介质来源方便，成本低
电气驱动	输出力较小或较大	容易与 CPU 连接，控制性能好，响应快，可精确定位，但控制系统复杂	维修使用较复杂	需要减速装置，体积较小	高性能、运动轨迹要求严格的机器人	成本较高

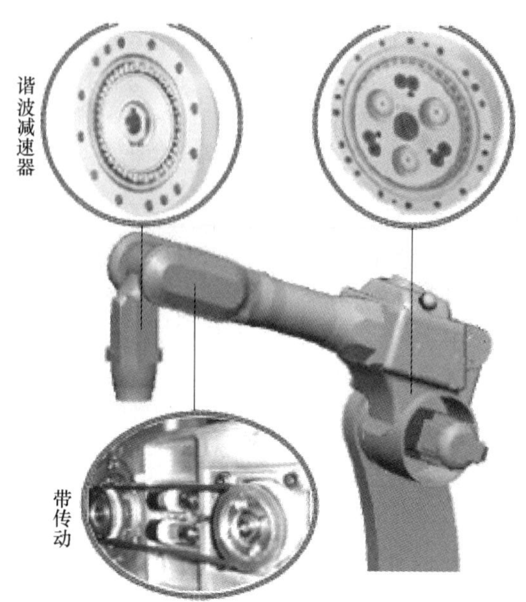

图 23-1-4　机器人关节传动单元

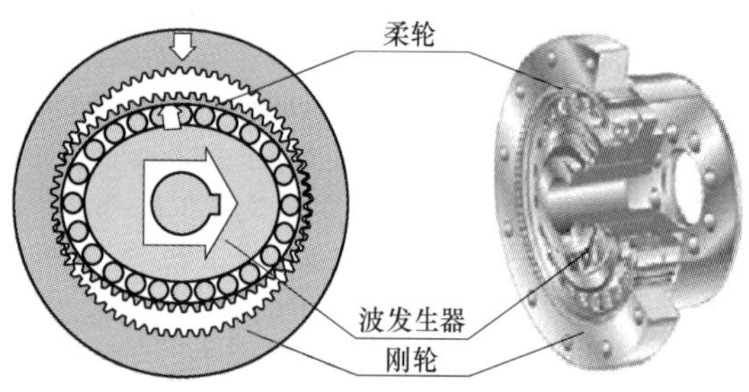

图 23-1-5　谐波减速器原理图

当波发生器装入柔轮后，迫使柔轮的剖面由原先的圆形变成椭圆形，其长轴两端附近的齿与刚轮的齿完全啮合，而短轴两端附近的齿则与刚轮完全脱开，周长上其他区段的齿处于啮合和脱离的过渡状态。当波发生器沿某一方向连续转动时，柔轮的变形不断改变，使柔轮与刚轮的啮合状态也不断改变，啮入、啮合、啮出、脱开、再啮入……周而复始地进行，柔轮的外齿数少于刚轮的内齿数，从而实现柔轮相对刚轮沿波发生器相反方向的缓慢旋转。

2）RV 减速器。与谐波传动相比，RV 传动具有较高的疲劳强度和刚度以及较长的寿命，而且回差精度稳定，不像谐波传动，随着使用时间的增长，运动精度就会明显降低，故高精度机器人传动多采用 RV 减速器，且有逐渐取代谐波减速器的趋势。图 23-1-6 所示为 RV 减速器原理图，主要由太阳轮（中心轮）、行星轮、转臂（曲柄轴）、转臂轴承、摆线轮（RV 齿轮）、针齿、刚性盘与输出盘等零部件组成。

RV 传动装置是由第 1 级渐开线圆柱齿轮行星减速机构和第 2 级摆线针轮行星减速机构两部分组成，是一封闭差动轮系。执行电动机的旋转运动由齿轮轴或太阳轮传递给两个渐开线行星轮，进行第 1 级减速；行星轮的旋转通过曲柄轴带动相距 180°的摆线轮，从而生成摆线轮的公转。同时，由于摆线轮在公转过程中会受到固定于针齿壳上针齿的作用力而形成与摆线轮公转方向相反的力矩，进而造成摆线轮的自转运动，完成第 2 级减速。运动的输出通过两个曲柄轴使摆线轮与刚性盘构成平行四边形的等角速度输出机构，将摆线轮的转动等速传递给刚性盘及输出盘。

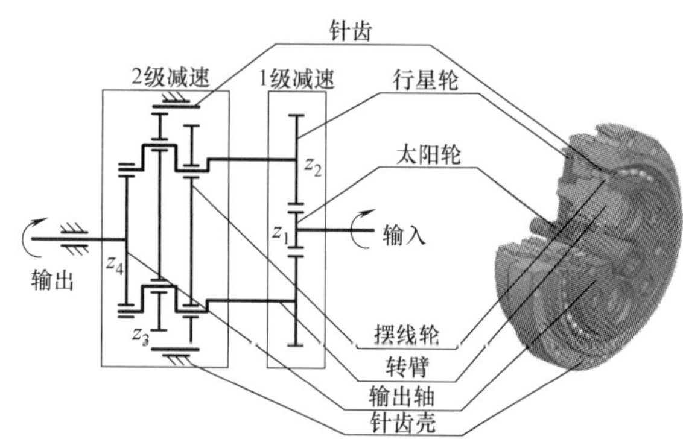

图 23-1-6　RV 减速器原理图

1.2.2　控制器

如果把操作机当作机器人的“肢体”，那么控制器则可以看作机器人的“大脑”和“心脏”。机器人控制器是根据指令以及传感信息控制机器人完成一定动作或作业任务的装置，是决定机器人功能和性能的主要因素，也是机器人系统中更新和发展最快的部分。它通过各种控制电路中硬件和软件的结合来操纵机器人，并协调机器人与周边设备的关系，其基本功能如下。

◇示教功能：包括在线示教和离线示教两种方式。

◇坐标设定功能：可在关节、直角、工具等常见坐标系之间进行切换。

◇传感器接口功能：位置检测、视觉、触觉、力觉等。

◇记忆功能：存储作业顺序、运动路径和方式及与生产工艺有关的信息等。

◇位置伺服功能：机器人多轴联动、运动控制、速度和加速度控制、动态补偿等。

◇与外围设备联系功能：包括输入/输出接口、通信接口、网络接口等。

◇故障诊断安全保护功能：运行时的状态监视、故障状态下的安全保护和自诊断。

控制器是完成机器人控制功能的结构实现。依据控制系统的开放程度，机器人控制器可分为三类：封闭型、开放型和混合型。目前应用中的工业机器人控制系统基本上都是封闭型系统（如日系机器人）或混合型系统（如欧系机器人）。按计算机结构、控制方式和控制算法的处理方法，机器人控制器又可分为集中式控制和分布式控制两种方式。

1）集中式控制器。利用一台微型计算机实现系统的全部控制功能，早期机器人（如 Hero-I、Robot-1 等）常采用这种结构，如图 23-1-7 所示。集中式控制器的优点是：硬件成本较低，便于信息的采集和分析，易于实现系统的最优控制，整体性与协调性较好，基于 PC 的系统硬件扩展较为方便。但其缺点也显而易见：系统控制缺乏灵活性，控制危险容易集中，一旦出现故障，其影响面广，后果严重；由于工业机器人的实时性要求很高，当系统进行大量数据计算时，会降低系统实时性，系统对多任务的响应能力也会与系统的实时性相冲突；系统连线复杂，会降低系统的可靠性。

2）分布式控制器。其主要思想是“分散控制，集中管理”，即系统对其总体目标和任务可以进行综合协调和分配，并通过子系统的协调工作来完成控制任务，整个系统在功能、逻辑和物理等方面都是分散的。子系统是由控制器和不同被控对象或设备构成的，各个子系统之间通过网络等进行通信。分布式控制结构提供了一个开放、实时、精确的机器人控制系统。分布式系统中常采用两级控制方式，由上位机和下位机组成，如图 23-1-8 所示。上位机负责整个系统管理以及运动学计算、轨迹规划等，下位机由多 CPU 组成，每个 CPU 控制一个关节运动。上、下位机通过通信总线（如 RS-232、RS-485、以太网等）相互协调工作。分布式控制系统的优点在于系统灵活性好，控制系统的危险性降低，采用多处理器的分散控制，有利于系统功能的并行执行，提高系统的处理效率，缩短响应时间。

ABB 第五代机器人控制器 IRC5 就是一个典型的模块化分布设计。IRC5 控制器（灵活型控制器），见图 23-1-9，由控制模块和驱动模块组成，可选增过程模块以容纳定制设备和接口，如点焊、弧焊和胶合等。配备这三种模块的灵活型控制器完全有能力控制一台 6 轴机器人外加伺服驱动工件定位器及类似设备。控制模块作为 IRC5 的心脏，自带主计算机，能

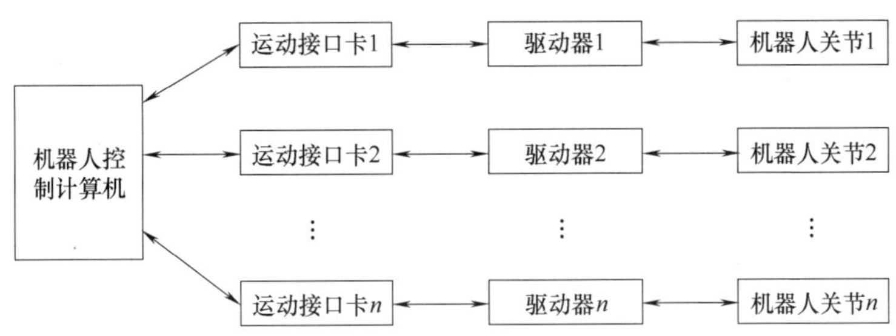

(a) 使用单独接口卡驱动每一机器人关节

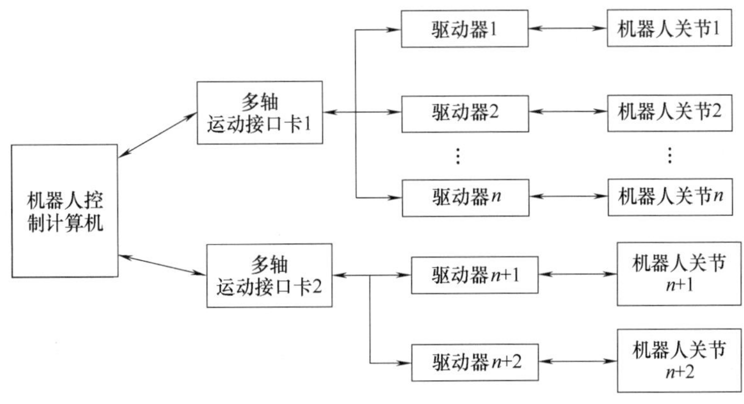

(b) 使用多轴运动控制卡驱动多个机器人关节

图 23-1-7 集中式机器人控制器结构框图

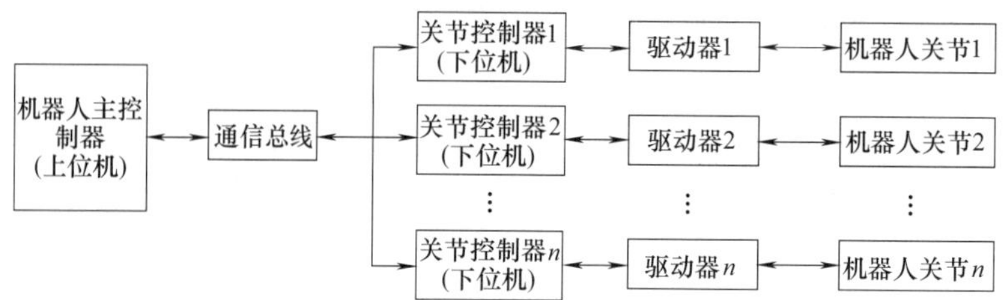

图 23-1-8　分布式机器人控制器结构框图

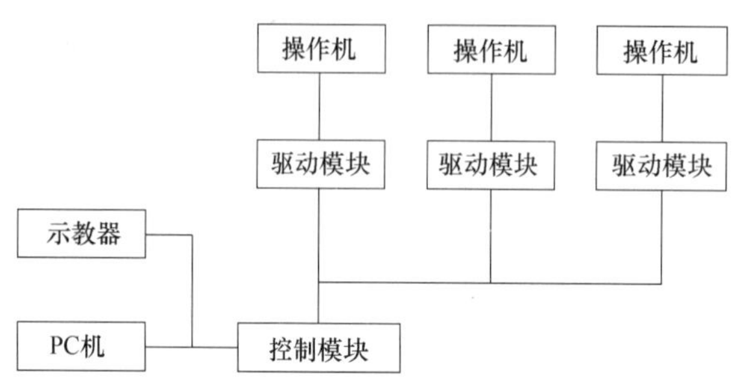

图 23-1-9　ABB 机器人控制器 IRC5 的模块化分布设计

够执行高级控制算法，为多达 36 个伺服轴进行复合路径计算，并且可指挥四个驱动模块。控制模块采用开放式系统架构，配备基于商用 Intel 主板和处理器的工业 PC 机以及 PCI 总线。如需增加机器人的数量，只需为每台新增机器人增装一个驱动模块，还可选择安装一个过程模块。各模块间只需要两根连接电缆，一根为安全信号传输电缆，另一根为以太网连接电缆，供模块间通信使用，模块连接简单易行。由于采用标准组件，用户不必担心设备淘汰问题，随着计算机处理技术的进步能随时进行设备升级。

1.2.3　示教器

示教器也称示教编程器或示教盒，主要由液晶屏幕和操作按键组成，可由操作者手持移动。它是机器人的人机交互接口，机器人的所有操作基本上都是通过示教器来完成的，如点动机器人编写、测试和运行机器人程序，设定、查阅机器人状态设置和位置等。如图 23-1-10 所示，实际操作时，当用户按下示教器上的按键时，示教器通过线缆向主控计算机发出相应的指令代码（S0），此时，主控计算机上负责串口通信的通信子模块接收指令代码（S1）；然后由指令码解释模块分析判断该指令码，并进一步向相关模块发送与指令码相应的消息（S2），以驱动有关模块完成该指令码要求的具体功能（S3）；同时，为让操作用户时刻掌握机器人的运动位置和各种状态信息，主控计算机的相关模块同时将状态信息（S4）经串口发送给示教器（S5），在液晶显示屏上显示，从而与用户沟通，完成数据的交换功能。因此，示教器实质上就是一个专用的智能终端。

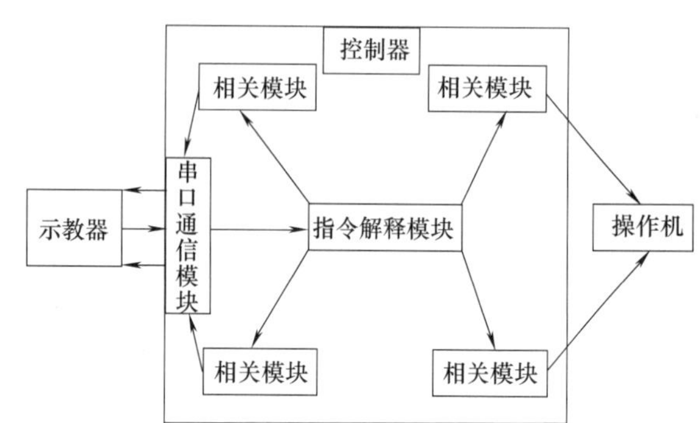

图 23-1-10　示教时的数据流关系

1.2.4　驱动系统

工业机器人的驱动系统，按动力源分为电动、液压和气动三大类。根据需要也可由这三种基本类型组合成复合式的驱动系统，如电液伺服驱动系统。

（1）电动驱动系统

工业机器人电动伺服驱动系统是利用各种电动机产生的力矩和力直接或间接地驱动工业机器人本体。以获得工业机器人的各种运动的执行机构。对工业机器人关节驱动的电动机，要求有最大功率质量比和扭矩惯量比、高启动转矩、低惯量、较宽广且平滑的调速范围。特别是工业机器人末端执行器（手爪）应采用体积、质量尽可能小的电动机，尤其是要求快速响应时，伺服电动机必须具有较高的可靠性和稳定性，并且具有较大的短时过载能力。这是伺服电动机在工业机器人中应用的先决条件。

1）直流伺服电动机驱动器。直流伺服电动机驱动器多采用脉宽调制（PWM）伺服驱动器，通过改变脉冲宽度来改变加在电动机电枢两端的平均电压，从而改变电动机的转速。PWM 伺服驱动器具有调速范围宽、低速特性好、响应快、效率高、过载能力强等特点，在工业机器人中常作为直流伺服电动机驱动器。

2）同步式交流伺服电动机驱动器。同直流伺服电动机驱动系统相比，同步式交流伺服电动机驱动器具有转矩转动惯量比高、无电刷及换向火花等优点，在工业机器人中得到广泛应用。同步式交流伺服电动机驱动器通常采用电流型脉宽调制（PWM）相逆变器和具有电流环为内环、速度环为外环的多闭环控制系统，以实现对三相永磁同步伺服电动机的电流控制。根据工作原理、驱动电流波形和控制方式的不同，同步式交流伺服电动机驱动系统又可分为矩形波电流驱动的永磁交流伺服系统和正弦波电流驱动的永磁交流伺服系统两种。采用矩形波电流驱动的永磁交流伺服电动机称为无刷直流伺服电动机，采用正弦波电流驱动的永磁交流伺服电动机称为无刷交流伺服电动机。

3）步进电动机驱动器。步进电动机是将电脉冲信号变换为相应的角位移或直线位移的元件，它的角位移和线位移量与脉冲数成正比。转速或线速度与脉冲频率成正比。在负载能力的范围内，这些关系不因电源电压、负载大小、环境条件的波动而变化，误差不长期积累，步进电动机驱动系统可以在较宽的范围内，通过改变脉冲频率来调速，实现快速启动、正反转、制动。作为一种开环数字控制系统，在小型工业机器人中得到较广泛的应用。但由于其存在过载能力差、调速范围相对较小、低速运动有脉动、不平衡等缺点，一般只应用于小型或简易型机器人中。步进电动机所用的驱动器，主要包括脉冲发生器、环形分配器和功率放大器等几大部分，其原理框图如图23-1-11所示。

4）直接驱动。所谓直接驱动（DD）系统，就是电动机与其所驱动的负载直接耦合在一起，中间不存在任何减速机构。同传统的电动机伺服驱动相比，DD系统减少了减速机构，从而减少了系统传动过程中减速机构所产生的间隙和松动，极大地提高了机器人的精度，同时也减少了由于减速机构的摩擦及传送转矩脉动所造成的工业机器人控制精度降低。由于DD系统具有上述优点，所以其机械刚性好，可以实现高速高精度动作，且具有部件少、结构简单、容易维修、可靠性高等特点，在高精度、高速工业机器人应用中越来越引起人们的重视。DD系统技术的关键环节是DD电动机及其驱动器。它应具有以下特性。

① 输出转矩大：为传统驱动方式中伺服电动机输出转矩的50～100倍。

② 转矩脉动小：DD电动机的转矩脉动可抑制在输出转矩的5%～10%以内。

③ 效率：与采用合理阻抗匹配的电动机（传统驱动方式下）相比，DD电动机是在功率转换较差的条件下工作的。因此，负载越大，越倾向于选用较大的电动机。目前，DD电动机主要分为变磁阻型和变磁阻混合型，有以下两种结构型式：双定子结构变磁阻型DD电动机和中央定子型结构的变磁阻混合型DD电动机。

5）特种驱动器。

① 压电驱动器。利用压电元件的电或电致伸缩现象已制造出应变式加速度传感器和超声波传感器，压电驱动器利用电场能把几微米到几百微米的位移控制在高于微米级大的力，所以压电驱动器一般用于特殊用途的微型工业机器人系统中。

② 超声波电动机。

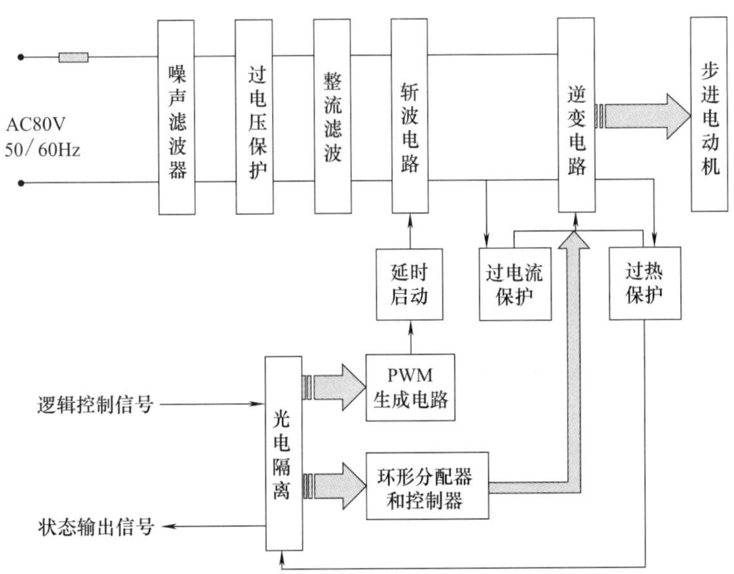

图 23-1-11　步进电动机驱动器原理框图

③ 真空电动机。用于超洁净环境下工作的真空工业机器人，例如用于搬运半导体硅片的超真空工业机器人等。

(2) 液压驱动系统

在机器人的发展过程中液压驱动是较早被采用的驱动方式。世界上首先问世的商品化机器人尤尼美特即为液压驱动的机器人。液压驱动主要用于中大型机器人和有防爆要求的机器人。一个完整的液压驱动系统由五部分组成，即动力元件、执行元件、控制元件、辅助元件（附件）和液压油。

(3) 气动驱动系统

气动驱动系统在多数情况下用于实现两位式的或有限点位控制的中、小机器人中。这类机器人多是圆柱坐标型和直角坐标型或二者的组合型结构，3～5个自由度，负荷在200N以内，速度300～1000mm/s，重复定位精度为±0.1～±0.5mm。控制装置目前多数选用可编程控制器（PLC控制器）。在易燃、易爆的场合下可采用气动逻辑元件组成控制装置。气动机器人采用压缩空气为动力源，一般从工厂的压缩空气站引到机器作业位置，也可单独建立小型气源系统。由于气动机器人具有气源使用方便、不污染环境、动作灵活迅速、工作安全可靠、操作维修简便以及适于在恶劣环境下工作等特点，因此它在冲压加工、注塑及压铸等有毒或高温条件下作业，机床上、下料，仪表及轻工行业中、小型零件的输送和自动装配等作业，食品包装及输送，电子产品输送、自动插接，弹药生产自动化等方面获得广泛应用。

(4) 电液伺服驱动系统

电液伺服驱动系统是由电气信号处理单元与液压功率输出单元组成的闭环控制系统。在工业机器人的电液伺服驱动系统中，常用的电液伺服动力机构是电液伺服液压缸和电液伺服摆动电动机。对采用电液伺服驱动系统的工业机器人来说，期望机器人能够按给定的运动规律实现其运动位置和姿态，且机器人运动速度可控。

1.2.5 传感器

在当今信息时代的发展过程中，各种信息的感知、功能的采集、转换、传输和处理设备——传感器已成为各个应用领域，特别是自动检测、自动控制系统中不可缺少的重要技术工具。捕捉各种信息的传感器无疑是“掌握”这些系统的命脉。为了检测作业对象及环境或机器人与它们的关系，在机器人上安装速度传感器、加速度传感器、触觉传感器、视觉传感器、力觉传感器、接近觉传感器、超声波传感器和听觉传感器等，能够很大程度上改善机器人工作状况，使其更充分地完成复杂的工作。根据检测对象的不同可以将传感器分为内传感器和外传感器。内传感器多用来检测机器人本身状态（如手臂间角度），多为检测位置和角度的传感器。外部传感器多用来检测机器人所处环境（如是哪种物体，离物体的距离有多远等）及状况（如抓取的物体时是否有滑动），具体有物体识别传感器、力觉传感器、接近觉传感器、距离传感器、听觉传感器等。由于外部传感器为集多种学科于一身的产品，有些方面还在探索之中，随着外部传感器的进一步完善，机器人的功能会越来越强大，将在许多领域为人类做出更大贡献。

1.3 视觉技术

人们通过眼睛来获取客观世界的信息，因此视觉信息是当前信息研究的中心内容之一。视觉传感器具有快速获取大量信息、易于自动处理且精度高、易于同设计信息以及加工控制信息集成、非接触式感知环境等特点，因此机器人视觉系统在机器人的研究和应用中占有十分重要的地位，对机器人的智能化起着决定性的作用。机器人视觉伺服系统的研究不仅具有重要的理论意义，而且具有广阔的工业应用前景。

视觉伺服是利用从图像中提取的视觉信息特征，进行机器人末端执行器的位置闭环控制。具体讲，它是利用机器视觉的原理，应用视觉传感器得到目标和机器人的图像信息，并通过快速图像处理和图像理解，在尽可能短的时间内给出反馈信息，参与机器人的控制决策，构成机器人位置闭环控制系统。从计算理论这个层次来看，视觉信息处理必须用三级内部表达来加以描述。所谓表达，是指一种能把某些实体或几类信息描述清楚的形式化系统，以及说明该系统如何行使其职能的若干规则。这三级表达是：要素图（图像的表达）、2.5维图（可见表面的表达）和三维模型表达（用于识别的三维物体形状表达）。即视觉信息从最初的原始数据（二维图像数据）到最终对三维环境的表达经历了三个阶段的处理，如图23-1-12所示。

图23-1-12 Marr框架的视觉三阶段

我国的视觉伺服研究正在迅速发展，并取得了一些初步性成果。在机器人视觉伺服控制系统的理论研究及实现方面已经进行了大量深入的工作，机器人视觉在产品检验、机器人装配、搬运、焊接以及为移动机器人导航等方面正逐步走向应用，某些带有视觉的智能机器人系统也接近实用化。但是，由于实际问题的复杂性，视觉控制算法有待进一步研究，具体实现过程中仍存在视觉信息处理瓶颈、适用范围窄等实际问题。目前工业领域应用的机器人视觉系统仍处于专用的简易视觉系统，通过简单的图像特征提取、模板匹配完成二维目标识别、定位或跟踪等视觉任务，复杂的三维视觉系统仍处于研究开发阶段。

1.4　工业机器人主要性能参数

工业机器人的技术参数是各工业机器人制造商在产品供货时所提供的技术数据。表 23-1-2～表 23-1-4 分别为三种工业机器人的主要技术参数。尽管各厂商提供的技术参数不完全一样，工业机器人的结构、用途等有所不同，且用户的要求也不同，但工业机器人的主要参数一般应有自由度、定位精度、工作范围、最大工作速度和承载能力等。

表 23-1-2　三菱装配机器人 Movemaster EXRV—M1 的主要技术参数

项目		技术参数（5 自由度，立式关节式）
工作空间	腰部转动	（最大角速度）
	肩部转动	（最大角速度）
	肘部转动	（最大角速度）
	腕部俯仰	（最大角速度）
	腕部翻转	（最大角速度）
臂长	上臂	250mm
	前臂	160mm
承载能力		最大 1.2kg（包括手爪）
最大线速度		（腕表面）
重复定位精度		0.3mm（腕旋转中心）
驱动速度		直流伺服电机
机器人重量		约 19kg
电机功耗		J1 到 J3 轴：30W；J4、J5 轴：11W

（1）自由度（degree of freedom）

自由度是指机器人所具有的独立坐标轴运动的数目，不包括手爪（末端操作器）的开合自由度。在三维空间中描述一个物体的位置和姿态（简称位姿）需要 6 个自由度，但是工业机器人的自由度是根据其用途而设计的，可能小于 6 个自由度，也可能大于 6 个自由度。例如，A4020 装配机器人具有 4 个自由度，可以在印刷电路板上接插电子器件；PUMA562 机器人具有 6 个自由度，如图 23-1-13 所示，可以进行复杂空间曲面的弧焊作业。从运动学的观点看，在完成某一特定作业时具有多余自由度的机器人，叫做冗余自由度机器人。例如，PUMA562 机器人去执行印刷电路板上接插电子器件的作业时就成为冗余自由度机器人。利用冗余自由度可以增加机器人的灵活性、躲避障碍物和改善动力性能。人的手臂（大臂、小臂、手腕）共有 7 个自由度，所以工作起来很灵巧，手部可回避障碍而从不同方向到达同一个目的点。

无论机器人的自由度有多少，其在运动形式上分为两种，即直线运动（P）和旋转运动（R），如

表 23-1-3　PUMA562 机器人的主要技术参数

项　　目	技术参数
自由度	6
驱动	直流伺服电机
手爪控制	气动
控制器	系统机
重复定位精度	
承载能力	4.0kg
手腕中心最大距离	866mm
直线最大速度	
功率要求	1150W
重量	182kg

表 23-1-4　BR-210 并联机器人的主要技术参数

项　　目	技术参数
载重能力	25kg
轴数	33
重复定位精度	0.5mm
工作范围	长：1100mm；高：400mm；旋转
最大速度	6m/s
最大加速度	$40m/s^2$
电源电压	200～600V，50/60Hz
额定功率	KAV

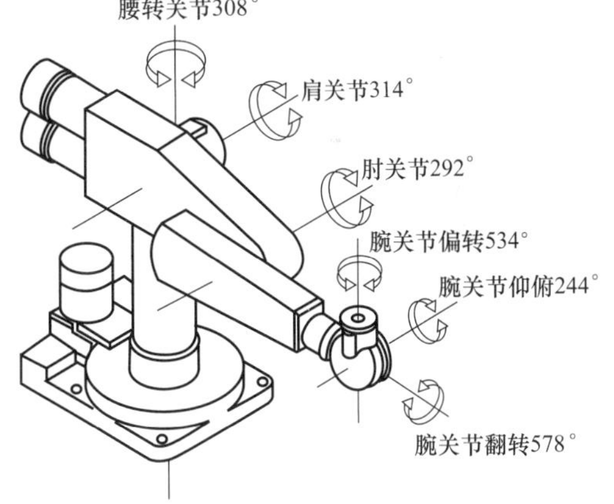

图 23-1-13　PUMA562 机器人

RPRR 表示有 4 个运动自由度，从基座到臂端，关节的运动方式为旋转—直线—旋转—旋转。

（2）定位精度（positioning accuracy）

工业机器人精度是指定位精度和重复定位精度。定位精度是指机器人手部实际到达位置与目标位置之间的差异。重复定位精度是指机器人重复定位其手部于同一目标位置的能力，可以用标准偏差这个统计量来表示，它是衡量一列误差值的密集度（即重复度），如图 23-1-14 所示。

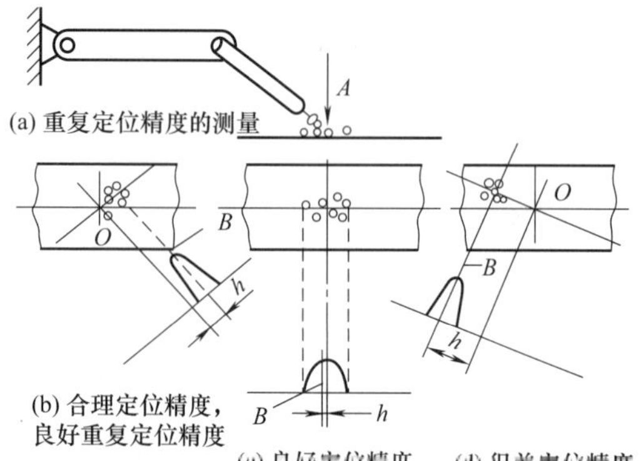

图 23-1-14 工业机器人定位精度和重复定位精度的典型情况

（3）工作范围（workspace）

工作范围是指机器人手臂末端或手腕中心所能到达的所有点的集合，也叫工作区域。因为末端操作器的尺寸和形状是多种多样的，为了真实反映机器人的特征参数，这里是指不安装末端操作器时的工作区域。工作范围的形状和大小是十分重要的，机器人在执行作业时可能会因为存在手部不能到达的作业死区（deadzone）而不能完成任务。图 23-1-15 和图23-1-16 所示分别为 PUMA 机器人和 A4020 型 SCARA 机器人的工作范围。

（4）速度（speed）和加速度

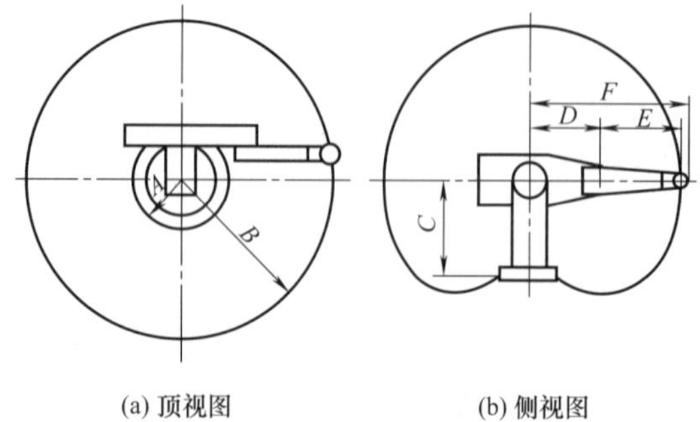

图 23-1-15 PUMA 机器人工作范围

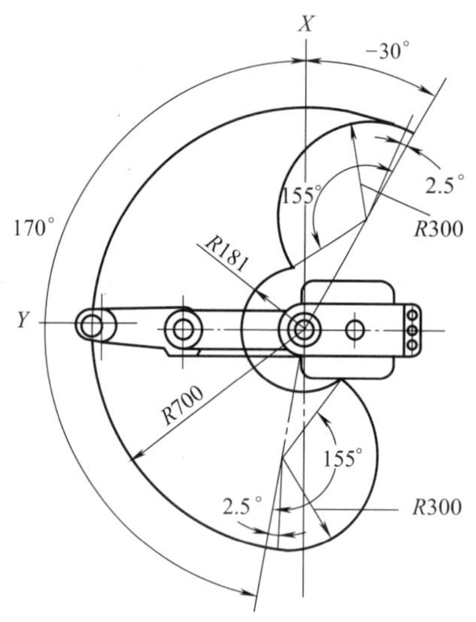

图 23-1-16 A4020 型 SCARA 机器人工作范围

速度和加速度是表明机器人运动特性的主要指标。说明书中通常提供了主要运动自由度的最大稳定速度，但在实际应用中单纯考虑最大稳定速度是不够的。这是因为，由于驱动器输出功率的限制，从启动到最大稳定速度或从最大稳定速度到停止，都需要一定时间。如果最大稳定速度高，允许的极限加速度小，则加减速的时间就会长一些，对应用而言的有效速度就要低一些；反之，如果最大稳定速度低，允许的极限加速度大，则加减速的时间就会短一些，这有利于有效速度的提高。但如果加速或减速过快，有可能引起定位时超调或振荡加剧，使得到达目标位置后需要等待振荡衰减的时间增加，则也可能使有效速度降低。所以，考虑机器人运动特性时，除注意最大稳定速度外，还应注意其最大允许的加减速度。

（5）承载能力（payload）

承载能力是指机器人在工作范围内的任何位姿上所能承受的最大质量。承载能力不仅决定于负载的质量，而且还与机器人运行的速度和加速度的大小、方向有关。为了安全起见，承载能力这一技术指标是指机器人高速运行时的承载能力。通常，承载能力不仅指负载，而且还包括了机器人末端操作器的质量。机器人有效负载的大小除受到驱动器功率的限制外，还受到杆件材料极限应力的限制，并且和环境条件（如地心引力）、运动参数（如运动速度、加速度以及它们的方向）有关。如加拿大臂，它的额定可搬运质量为 15000kg，在运动速度较低时能达到 30000kg。然而，这种负荷能力只是在太空中失重条件下才有可能达到，在地球上，该手臂本身的重量达 450kg，它连自重引起的臂杆变形都无法承受，更谈不上搬运质量了。一三菱装配机器人带电动手爪时的承载能力示意如图 23-1-17

所示。

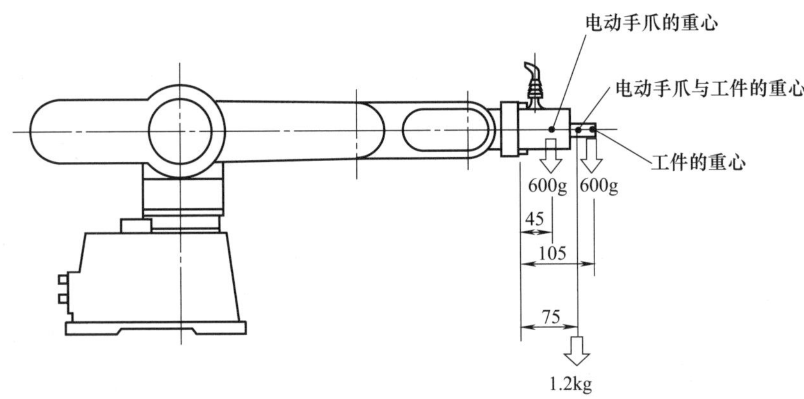

图 23-1-17　三菱装配机器人带电动手爪时的承载能力

1.5　工业机器人基本术语

参照国家标准 GB/T 12642—2013 和 GB/T 12643—2013，本篇所涉及的机器人专用术语，部分见本章前面几节，其余列于本节。

1.5.1　有关机械结构和性能的术语

表 23-1-5　有关机械结构和性能的术语

术　　语	含　　义
轴(axis)	描述机器人构件独立运动的方向线(可沿此作直线运动或转动)
绝对坐标系(world coordinate system)	参照工作现场地面的坐标系
机座坐标系(base coordinate system)	以机座安装面为参照的坐标系
机械接口坐标系(mechanical interface coordinate system)	参照末端执行器机械接口的坐标系
杆件坐标系(link coordinate system)	参照工业机器人指定构件的坐标系
位姿(pose)	工业机器人末端执行器在指定坐标系中的位置和姿态
调准位姿(alignment pose)	机械接口坐标系相对于机座坐标系的一个指定位姿
工具中心(tool center point)	在机械接口坐标系中,根据工作要求定义的实点或虚点,是一个和工具有关的参考点
自由度(degree of freedom)	表示工业机器人动作灵活程度的参数,一般是以沿轴线移动和绕轴线转动的独立运动数来表示
手腕参考点(wrist reference point)	手腕两个最前端轴的交点,无交点时则为前端轴的一个规定点
工作空间(working space)	工业机器人正常运行时,手腕参考点能在空间活动的最大范围
机械原点(mechanical origin)	在机座坐标系中,工业机器人的各运动轴都归零时的原始点
操作原点(operating origin)	工业机器人操作时选定的基准点
额定速度(rated velocity)	工业机器人在额定负载、匀速运动过程中,机械接口中心或工具中心的最大速度
单轴速度(individual axis velocity)	某一轴运动时的速度
合成速度(resultant velocity)	由各轴速度分量合成的速度
路径速度(path velocity)	在连续路径控制中,末端执行器或工具中心沿指定路径运动时获得的合成速度
额定加速度(rated acceleration)	工业机器人在额定负载、等加速运动过程中,机械接口中心或工具中心速度的最大变化率
单轴加速度(individual axis acceleration)	某一轴在运动时的加速度
合成加速度(resultant acceleration)	由各轴加速度的分量合成的加速度
轨迹加速度(path acceleration)	在连续轨迹控制中,末端执行器或工具中心沿指定轨迹运动达到预定速度前的合成加速度
负载(load)	是机器人所承受质量、惯性力矩和静、动态力的一种能力,在规定的速度和加速度条件下,用沿各运动轴方向作用于机械接口处的力和转矩来表示
额定负载(rated load)	在工业机器人规定的性能范围内,机械接口处能承受负载的允许值
极限负载(limiting load)	工业机器人在限制的操作条件下,保证其机械结构不损坏、机械接口处能承受负载的最大值
最大推力(maximum thrust)	保证工业机器人机械结构不损坏的情况下,连续作用于机械接口处力的最大值

续表

术　　语	含　　义
最大力矩(转矩)[maximum moment (torque)]	保证工业机器人机构不损坏的情况下，连续作用于机械接口处力矩(转矩)的最大值
定位时间(positioning time)	在额定负载条件下，机械接口中心或工具中心由某一位置运动到另一位置的稳定状态所需要的时间
分辨力(resolution)	工业机器人各运动轴能够实现的最小移动距离或最小转动角度
静态柔顺性(static compliance)	工业机器人机械接口上施加单位负载所产生的最大位移量
位姿准确性(pose accuracy)	多次执行同一位姿指令，实到位姿与指令位姿之间的不一致程度
位姿重复性(pose repeata bility)	在相同的条件下，用同一方法操作时，重复多次所测得的同一位姿散布的不一致程度
路径准确度(path accuracy)	机械接口中心跟随指令运动路径的不一致程度
路径重复性(path repeatability)	机械接口中心沿同一路径运动，重复多次所测得的路径的不一致程度
路径速度准确度(path velocity accuracy)	机械接口中心沿某一路径运动时，指令速度和实际速度之间的不一致程度
路径速度重复性(path velocity repeatability)	在相同条件下，重复多次运动的实际速度之间的不一致程度
循环时间(cycle time)	机器人重复执行一个给定的操作程序所需要的时间
路径速度波动(path velocity fluctuation)	对一指令速度重复一次时速度的最大偏差
距离准确度(distance accuracy)	指令距离和实到距离平均值之间位置和姿态的偏差
距离重复性(distance repeatability)	在同一方向上对同一指令距离重复运行 n 次，n 个实到距离之间散布的不一致程度
位姿稳定时间(pose stabilization time)	从机器人发出“位姿到达”信号的瞬间至实际位姿达到规定偏差之内的瞬时止所经历的时间
位姿超调量(pose overshoot)	机器人给出位姿到达信号后，瞬时位姿和稳定位姿之间的最大偏差
位姿准确度漂移(drift pose accuracy)	在指定时间间隔内实到位姿的缓慢变化程度
拐角偏差(corner deviation)	当指令路径由互相垂直两直线组成时，在拐角处指令路径和实际路径之间的偏差
稳定路径长度(stable path length)	从指令路径拐角点起，到在第二段指令路径上机器人开始能按路径特性运行的点之间的长度

1.5.2 有关控制和安全的术语

表 23-1-6　　有关控制和安全的术语

术　　语	含　　义
协调控制(cooperative control)	使多手臂或多台机器人互相协调，同时进行一种或多种作业的控制
分级控制(hiemrchical control)	将系统按控制的性质或规模分为几个级别，对各级采用相应的控制装置进行控制
自适应控制(adaptive control)	在控制系统中，不断地自动修正控制参数，以达到接近最佳性能和要求的控制
群控系统(group control system)	用一个控制装置集中控制多台机器人，或集中控制多台控制对象的控制系统
感觉控制(sensory control)	机器人的运动或力可按照外部传感器输出信号进行调整的控制方式
学习控制(learning control)	将过去作业周期中取得的经验自动地用于改变控制参数和(或)算法的控制方式
自动方式(automatic mode)	机器人控制系统按照作业程序进行的操作方式
手动方式(manual mode)	机器人通过诸如按钮或操作杆等进行操作的方式
正常操作状态(自动操作)(normal operating state, automatic operation)	通过执行连续程序而无误地完成其编程作业的机器人状态
紧急停机功能(emergency stop function)	为防止由于机器人的误动作产生危险所具有迅速而准确停机的能力
报警功能(warning function)	机器人具有事先警告潜在人身安全事故等的能力
示教编程(teaching programming)	通过人工导引末端执行器或机械模拟装置或示教盒进行示教，使机器人运动达到预期要求的示教方式
目标编程(goal directed programming)	所需完成的任务由程序员给出，而末端执行器的轨迹不预先确定的编程方法
存储容量(memory capacity)	机器人的存储器中可存储的位置、顺序、速度等信息量，通常用时间或位置点数来表示
自诊断功能(self diagnosis ability)	机器人判断本身的全部或部分状态是否处于正常的能力
示教盒(teaching box)	与控制系统连接，用以对机器人编程(或使之运动)的一种手持装置
操作杆(joystick)	通过所测不同位置和姿态或给出的力，产生机器人控制系统指令的一种手动控制装置

1.6　工业机器人分类

关于工业机器人的分类，国际上没有制定统一的标准，有的按负载质量分，有的按控制方式分，有的按自由度分，有的按结构分，有的按应用领域分。例如，机器人首先在制造业大规模应用，所以机器人曾被简单地分为两类，即用于汽车、IT、机床等制造业的机器人称为工业机器人，其他的机器人称为特种机器人。随着机器人应用的日益广泛，这种分类显得过于粗糙。现在除工业领域之外，机器人技术已经广泛地应用于农业、建筑、医疗、服务以及空间和水下探索等多个领域。依据具体应用领域的不同，工业机器人又可分成物流、码垛、服务等搬运型机器人和焊接、车铣、修磨、注塑等加工型机器人等。可见，机器人的分类方法和标准很多。

1.6.1　按结构特征划分

机器人的结构形式多种多样，典型机器人的运动特征用其坐标特性来描述。按结构特征来分，工业机器人通常可以分为直角坐标机器人、柱面坐标机器人、球面坐标机器人（又称极坐标机器人）、多关节机器人、并联关节机器人等，如图 23-1-18 所示。

（1）直角坐标机器人

直角坐标机器人是指在工业应用中，能够实现自动控制的、可重复编程的、在空间上具有相互垂直关系的三个独立自由度的多用途机器人，其结构如图 23-1-19 所示。直角坐标机器人末端执行器的姿态由参数（x，y，z）决定。

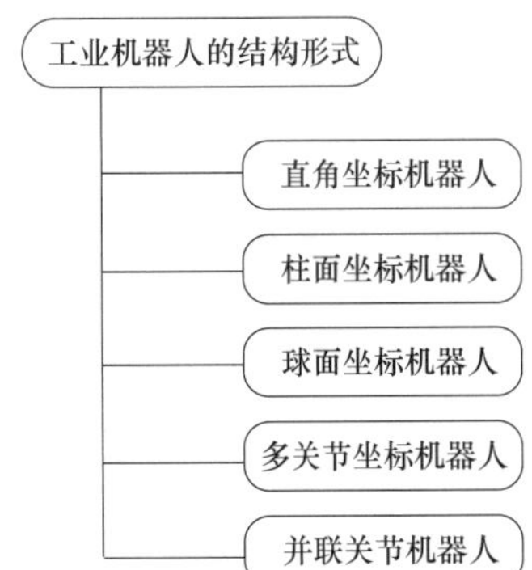

图 23-1-18　工业机器人结构形式类型

从图 23-1-19 中可以看出，机器人在空间坐标系中有三个相互垂直的移动关节 X、Y、Z，每个关节都可以在独立的方向移动。

直角坐标机器人的特点是直线运动，控制简单。缺点是灵活性较差，自身占据空间较大。

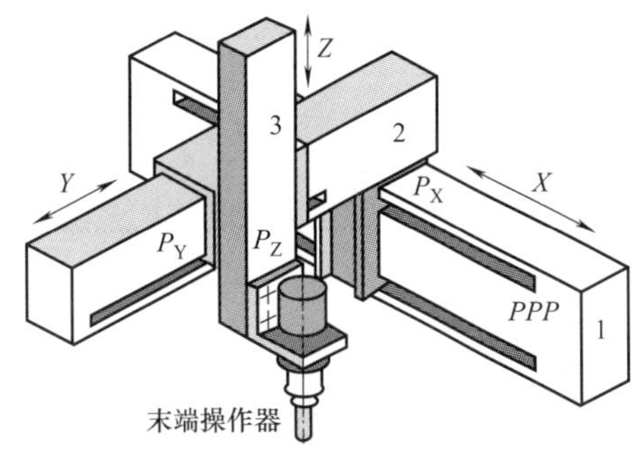

图 23-1-19　直角坐标机器人

目前，直角坐标机器人可以非常方便地用于各种自动化生产线中，完成诸如焊接、搬运、上下料、包装、码垛、检测、探伤、分类、装配、贴标、喷码、打码、喷涂、目标跟随以及排爆等一系列工作。

（2）柱面坐标机器人

柱面坐标机器人是指能够形成圆柱坐标系的机器人，如图 23-1-20 所示。其结构主要由一个旋转机座形成的转动关节和垂直、水平移动的两个移动关节构成。柱面坐标机器人末端执行器的姿态由参数（z，r，θ）决定。

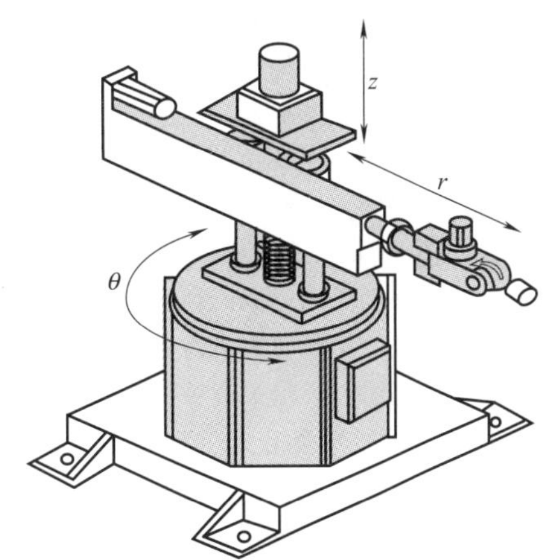

图 23-1-20　柱面坐标机器人

柱面坐标机器人具有空间结构小、工作范围大、末端执行器速度高、控制简单、运动灵活等优点。缺点是工作时必须有沿 r 轴线前后方向的移动空间，空间利用率低。

目前，柱面坐标机器人主要用于重物的装卸、搬运等工作。著名的 Versatran 机器人就是一种典型的柱面坐标机器人。

（3）球面坐标机器人

球面坐标机器人的结构如图 23-1-21 所示，一般由两个回转关节和一个移动关节构成。其轴线按极坐标配置，R 为移动坐标，β 是手臂在铅垂面内的摆动角，θ 是绕手臂支承底座垂直轴的转动角。这种机器人运动所形成的轨迹表面是半球面，所以称为球面坐标机器人。

球面坐标机器人占用空间小，操作灵活且范围大，但运动学模型较复杂，难以控制。

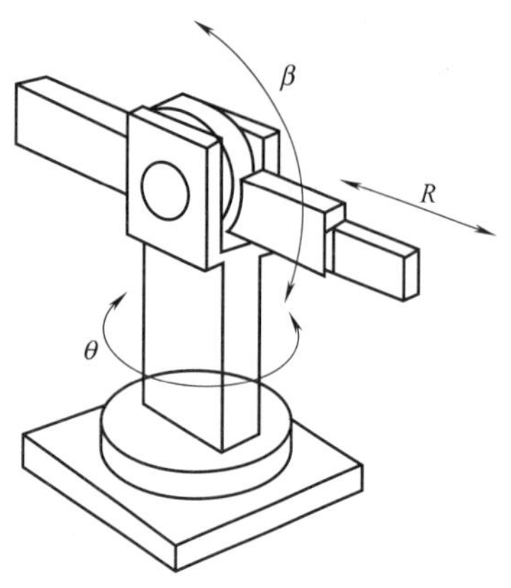

图 23-1-21 球面坐标机器人

（4）多关节机器人

关节机器人也称关节手臂机器人或关节机械手臂，是当今工业领域中应用最为广泛的一种机器人。多关节机器人按照关节的构型不同，又可分为垂直多关节机器人和水平多关节机器人。

垂直多关节机器人主要由机座和多关节臂组成，目前常见的关节臂数是 3～6 个。某品牌六关节臂机器人的结构如图 23-1-22 所示。由图可知，这类机器人由多个旋转和摆动关节组成，结构紧凑，工作空间大，动作接近人类，工作时能绕过机座周围的一些障碍物，对装配、喷涂、焊接等多种作业都有良好的适应性，且适合电动机驱动，关节密封、防尘比较容易。目前，瑞士 ABB、德国 KUKA、日本安川以及国内的一些公司都在推出这类产品。

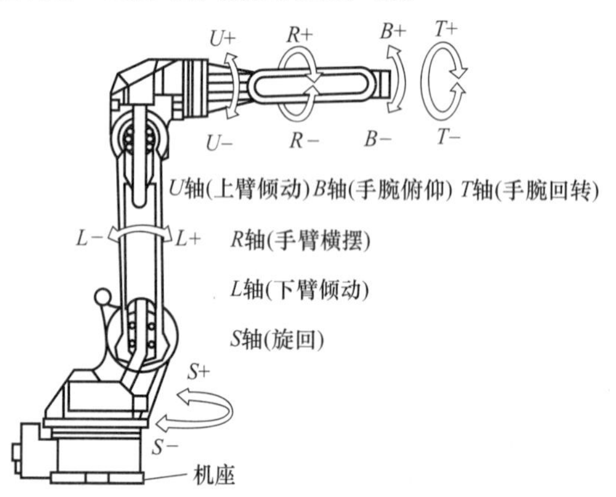

图 23-1-22 六关节臂机器人的结构

水平多关节机器人也称为 SCARA（selective compliance assembly robot arm）机器人，水平多关节机器人的结构如图 23-1-23 所示。这类机器人一般具有四个轴和四个运动自由度，它的第一、二、四轴具有转动特性，第三轴具有线性移动特性，并且第三轴和第四轴可以根据工作需要的不同，制造成多种不同的形态。水平多关节机器人的特点在于作业空间与占地面积比很大，使用起来方便；在垂直升降方向刚性好，尤其适合平面装配作业。

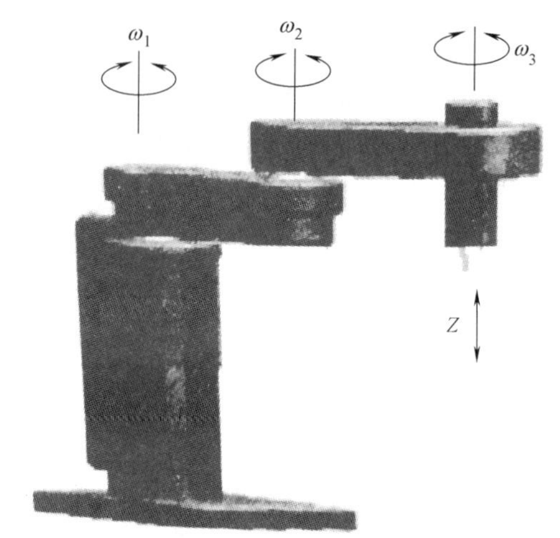

图 23-1-23 水平多关节机器人

目前，水平多关节机器人广泛用于电子产品、汽车，塑料、药品和食品等工业领域，用以完成搬取、装配、喷涂和焊接等操作。

（5）并联机器人

并联机器人是近些年来发展起来的一种由固定机座和具有若干自由度的末端执行器以不少于两条独立运动链连接形成的新型机器人。

图 23-1-24 所示为六自由度并联机器人。和串联机器人相比，并联机器人具有以下特点：

① 无累积误差，精度较高。

② 驱动装置可置于定平台上或接近定平台的位置，运动部分重量轻，速度高，动态响应好。

③ 结构紧凑，刚度高，承载能力大。

④ 具有较好的各向同性。

⑤ 工作空间较小。

并联机器人广泛应用于装配、搬运、上下料、分拣、打磨、雕刻等需要高刚度、高精度或者大载荷而无需很大工作空间的场合。

1.6.2 按控制方式划分

工业机器人根据控制方式的不同，可以分为伺服控制机器人和非伺服控制机器人两种。机器人运动控制系统最常见的方式就是伺服系统。伺服系统是指精确地跟随或复现某个过程的反馈控制系统。在很多情况下，机器人伺服系统的作用是驱动机器人机械手准确地跟随系统输出位移指令，达到位置的精确控制和轨迹的准确跟踪。

伺服控制机器人又可细分为连续轨迹控制机器人和点位控制机器人。点位控制机器人的运动为空间点到点之间的直线运动。连续轨迹控制机器人的运动轨迹可以是空间的任意连续曲线。

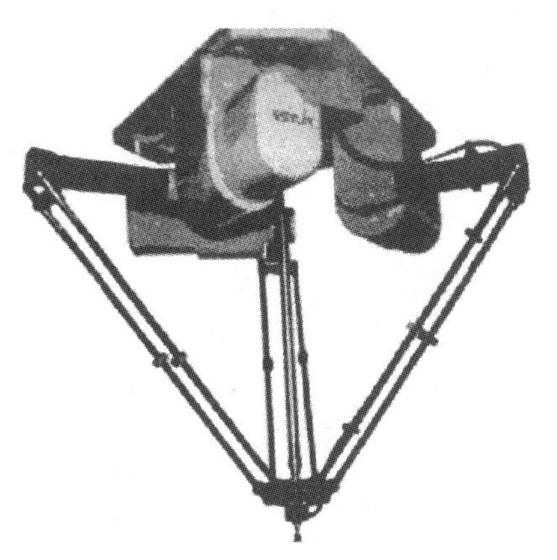

图 23-1-24　并联机器人

1.6.3　按驱动方式划分

根据能量转换方式的不同，工业机器人驱动类型可以划分为气压驱动、液压驱动、电力驱动和新型驱动四种类型。

(1) 气压驱动

气压驱动机器人是以压缩空气来驱动执行机构的。这种驱动方式的优点是：空气来源方便，动作迅速，结构简单。缺点是：工作的稳定性与定位精度不高，抓力较小，所以常用于负载较小的场合。

(2) 液压驱动

液压驱动是使用液体油液来驱动执行机构的。与气压驱动机器人相比，液压驱动机器人具有大得多的负载能力，其结构紧凑，传动平稳，但液体容易泄漏，不宜在高温或低温场合作业。

(3) 电力驱动

电力驱动是利用电动机产生的力矩驱动执行机构的。目前，越来越多的机器人采用电力驱动方式。电力驱动易于控制，运动精度高，成本低。

电力驱动又可分为步进电动机驱动、直流伺服电动机驱动及无刷伺服电动机驱动等方式。

(4) 新型驱动

伴随着机器人技术的发展，出现了利用新的工作原理制造的新型驱动器，如静电驱动器、压电驱动器、形状记忆合金驱动器、人工肌肉及光驱动器等。

1.6.4　按应用领域划分

工业机器人按作业任务的不同可以分为焊接、搬运、装配、码垛、喷涂等类型机器人。

(1) 焊接机器人

焊接机器人是从事焊接作业的工业机器人，如图 23-1-25 所示。焊接机器人常用于汽车制造领域，是应用最为广泛的工业机器人之一。目前，焊接机器人的使用量约占全部工业机器人总量的 30%。

焊接机器人又可以分为点焊机器人和弧焊机器人。焊接机器人主要具有以下优点：

① 可以稳定提高焊件的焊接质量。

② 提高了企业的劳动生产率。

③ 改善了工人的劳动强度，可替代人类在恶劣环境下工作。

④ 降低了工人操作技术的要求。

⑤ 缩短了产品改型换代的准备周期，减少了设备投资。

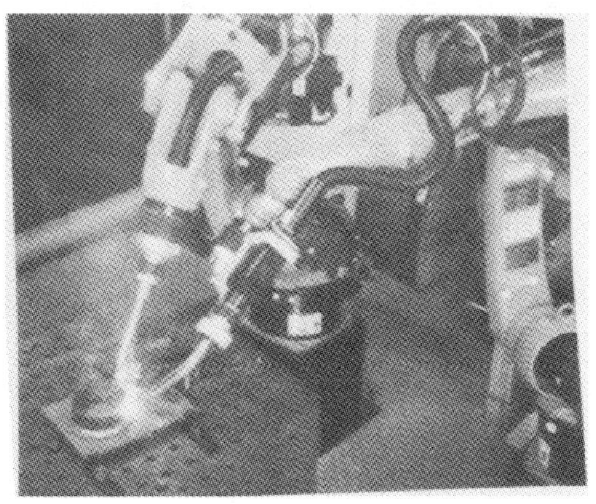

图 23-1-25　焊接机器人

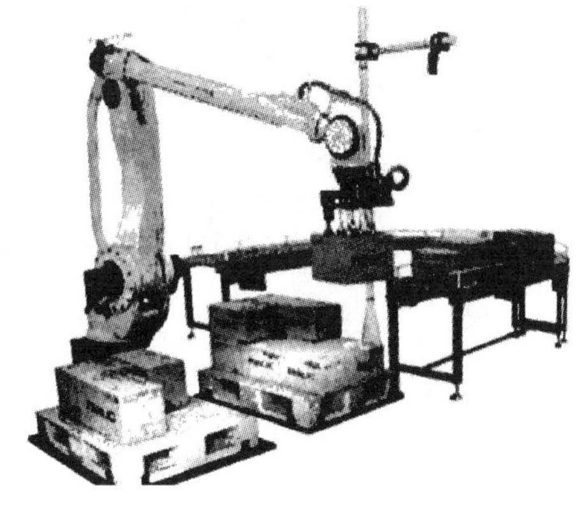

图 23-1-26　搬运机器人

(2) 搬运机器人

搬运机器人是可以进行自动搬运作业的工业机器人，如图 23-1-26 所示。最早的搬运机器人是 1960 年美国设计的 Versatran 和 Unimate，搬运时机器人末端夹具设备握持工件，将工件从一个加工位置移动到另一个加工位置。目前世界上使用的搬运机器人超过 10 万台，广泛用于机床上下料、压力机自动化生产线、自动装配流水线、码垛搬运、集装箱搬运等场合。

搬运机器人又分为可以移动的搬运小车(AGV)、用于码垛的码垛机器人、用于分解的分解机器人、用于机床上下料的上下料机器人等。其主要作用就是实现产品、物料或工具的搬运，主要优点如下：

① 提高生产率，一天可以 24h 无间断地工作。

② 改善工人劳动条件，可在有害环境下工作。

③ 降低工人劳动强度，减少人工成本。

④ 缩短了产品改型换代的准备周期，减少相应的设备投资。

⑤ 可实现工厂自动化、无人化生产。

(3) 装配机器人

装配机器人是专门为装配而设计的机器人。常用的装配机器人主要完成生产线上一些零件的装配或拆卸工作。从结构上来分，主要有 PUMA 机器人（可编程通用装配操作手）和 SCARA 机器人（水平多关节机器人）两种类型。

PUMA 机器人是美国 Unimation 公司于 1977 年研制的由计算机控制的多关节装配机器人。它一般有 5～6 个自由度，可以实现腰、肩、肘的回转以及手腕的弯曲、旋转和扭转等功能，如图 23-1-27 所示。

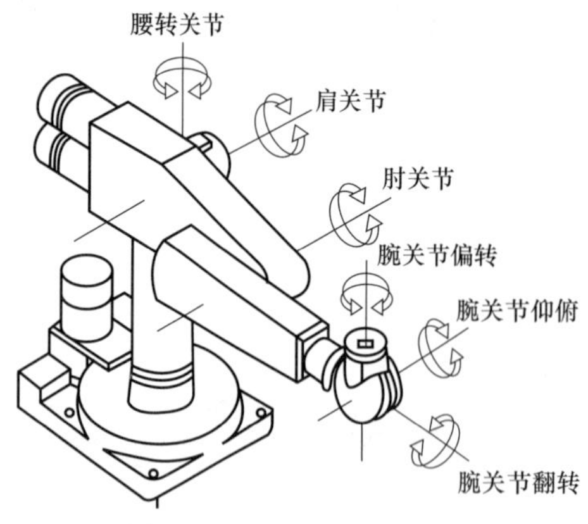

图 23-1-27　PUMA562 机器人

SCARA 机器人是一种特殊的柱面坐标工业机器人，它有三个旋转关节，其轴线相互平行，在平面内进行定位和定向：另一个关节是移动关节，用于完成末端件在垂直方向上的运动。这类机器人的结构轻便、响应快，如 Adept1 型 SCARA 运动速度可达 10m/s，比一般关节机器人快数倍。它最适用于平面定位、垂直方向进行装配的作业。图 23-1-28 所示为某品牌的 SCARA 机器人。

与一般工业机器人相比，装配机器人具有精度高、柔顺性好、作业空间小、能与其他系统配套使用等特点。在工业生产中，使用装配机器人可以保证产品质量，降低成本，提高生产自动化水平。目前，装配机器人主要用于各种电器（包括家用电器，如电视机、录音机、洗衣机、电冰箱、吸尘器）的制造，小型电动机、汽车及其零部件、计算机、玩具、机电产品及其组件的装配等。图 23-1-29 所示为装配机器人装配作业。

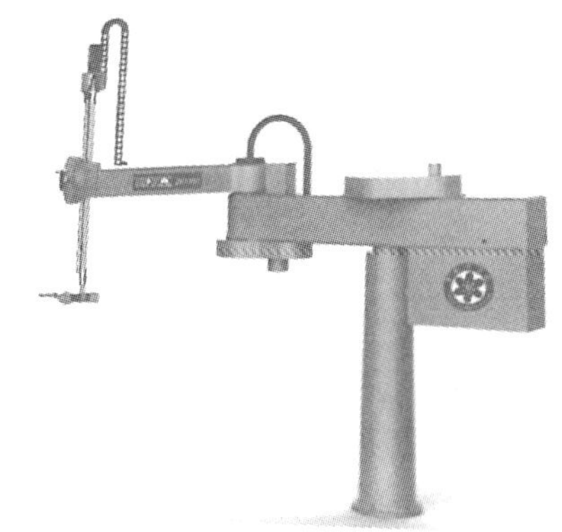

图 23-1-28　某品牌的 SCARA 机器人

图 23-1-29　装配机器人装配作业

(4) 喷涂机器人

喷涂机器人是可进行自动喷漆或喷涂其他涂料的工业机器人，主要由机器人本体、计算机和相应的控制系统组成。液压驱动的喷涂机器人还包括液压动力装置，如油泵、油箱和电动机等。喷涂机器人多采用五自由度或六自由度关节式结构，手臂有较大的工作空间，并可做复杂的轨迹运动，其腕部一般有2～3个自由度，可灵活运动。较先进的喷涂机器人腕部采用柔性手腕，既可向各个方向弯曲，又可转动，其动作类似人的手腕，能方便地通过较小的孔伸入工件内部，喷涂其内表面。

喷涂机器人一般采用液压驱动，具有动作速度快、防爆性能好等特点，可通过手动示教或点位示教实现示教编程。喷涂机器人广泛用于汽车、仪表、电器、搪瓷等工艺生产部门。图23-1-30所示为喷涂机器人在汽车表面喷涂作业。

图23-1-30　喷涂机器人在汽车表面喷涂作业

喷涂机器人的主要优点如下：

① 柔性大，工作空间大。

② 可提高喷涂质量和材料利用率。

③ 易于操作和维护，可离线编程，大大地缩短了现场调试时间。

④ 设备利用率高，喷涂机器人的利用率可达90%～95%。

1.7　工业机器人应用和发展趋势

（1）机器人搬运

搬运作业是指用一种设备握持工件，从一个加工位置移到另一个加工位置。搬运机器人可安装不同的末端执行器（如机械手爪、真空吸盘、电磁吸盘等）以完成各种不同形状和状态的工件搬运，大大减轻人类繁重的体力劳动。通过编程控制，可以让多台机器人配合各个工序不同设备的工作时间，实现流水线作业的最优化。搬运机器人具有定位准确、工作节拍可调、工作空间大、性能优良、运行平稳可靠、维修方便等特点。目前世界上使用的搬运机器人已超过10万台，广泛用于机床上下料、自动装配流水线、码垛搬运、集装箱等的自动搬运，机器人搬运如图23-1-31所示。

（2）机器人码垛

码垛机器人是机电一体化高新技术产品，如图23-1-32所示。它可满足中低产量的生产需要，也可按照要求的编组方式和层数，完成对料袋、胶块、箱体等各种产品的码垛。机器人替代人工搬运、码垛，生产上能迅速提高企业的生产效率和产量，同时能减少人工搬运造成的错误；机器人码垛可全天候作业，因此每年能节约大量的人力资源成本，达到减员增效的目的。码垛机器人广泛用于化工、饮料、食品、啤酒、塑料等生产企业中，且对纸箱、袋装、罐装、啤酒箱、瓶装等各种形状的包装成品都适用。

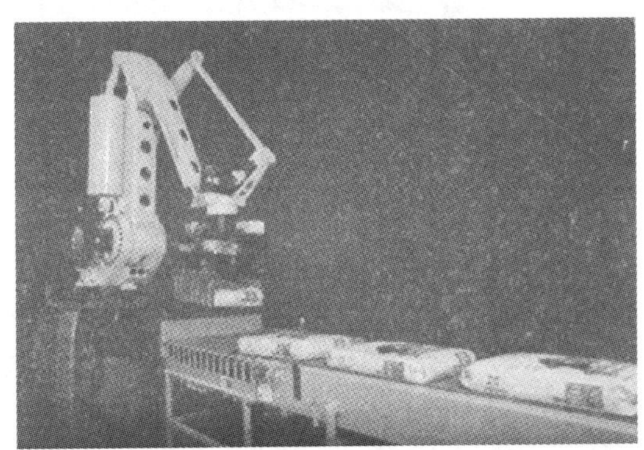

图23-1-31　机器人搬运

图23-1-32　机器人码垛

（3）机器人焊接

机器人焊接是目前最大的工业机器人应用领域（如工程机械、汽车制造、电力建设、钢结构等）。它能在恶劣的环境下连续工作并能提供稳定的焊接质量，提高了工作效率，减轻了工人的劳动强度。采用机器人焊接是焊接自动化的革命性进步，它突破了焊接刚性自动化（焊接专机）的传统方式，开拓了一种柔性自动化生产方式，能在一条焊接机器人生产线上同时自动生产若干种焊件，如图 23-1-33 所示。

图 23-1-33 机器人焊接

(4) 机器人涂装

机器人涂装工作站或生产线充分利用了机器人灵活、稳定、高效的特点，适用于生产量大、产品型号多、表面形状不规则的工件外表面涂装，广泛用于汽车、汽车零配件（如发动机、保险杠、变速箱、弹簧、板簧、塑料件、驾驶室等）、铁路（如客车、机车、油罐车等）、家电（如电视机、电冰箱、洗衣机、电脑、手机等外壳）、建材（如卫生陶瓷）、机械（如电动机减速器）等行业，如图 23-1-34 所示。

(5) 机器人装配

装配机器人（图 23-1-35）是柔性自动化系统的核心设备，末端执行器为适应不同的装配对象而设计成各种“手爪”；传感系统用于获取装配机器人与环境和装配对象之间相互作用的信息。与一般工业机器人相比，装配机器人具有精度高、柔顺性好、工作范围小、能与其他系统配套使用等特点，主要用于各种电器的制造行业及流水线产品的组装作业，具有高效、精确、可不间断工作的特点。

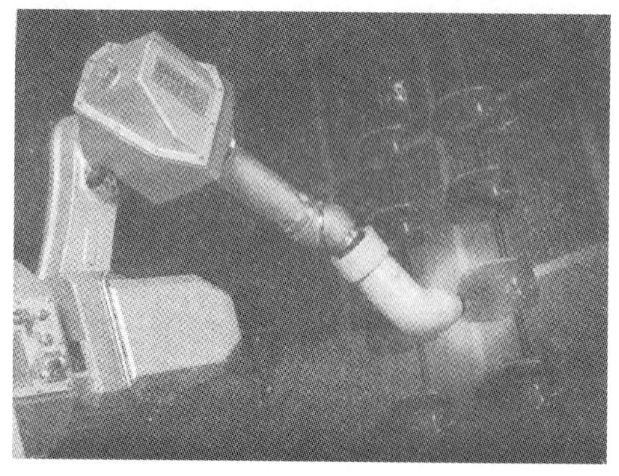

图 23-1-34 机器人涂装

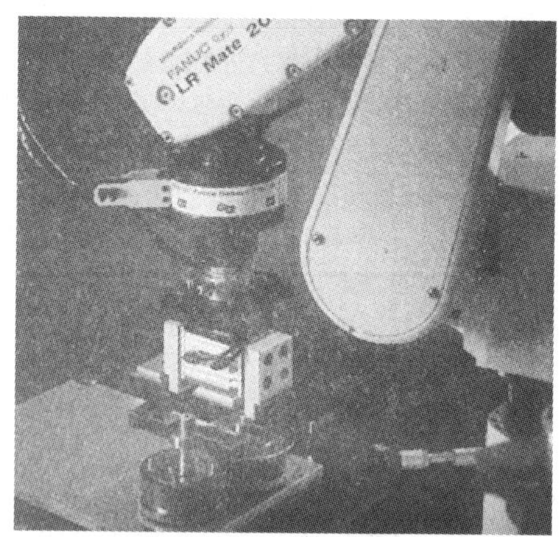

图 23-1-35 机器人装配

综上所述，在工业生产中应用机器人可以方便迅速地改变作业内容或方式，以满足生产要求的变化。比如，改变焊缝轨迹，改变涂装位置，变更装配部件或位置等。随着工业生产线柔性要求的提高，对各种机器人的需求也会越来越强烈。

工业机器人在以上生产领域的应用实践证明，它在提高生产自动化水平，提高劳动生产率、产品质量及经济效益，改善工人劳动条件等方面，发挥着重要的作用。随着科学技术的进步，机器人产业必将更加快速的发展，工业机器人将得到更加广泛的应用。

(1) 技术发展趋势

在技术发展方面，工业机器人正向结构轻量化、智能化、模块化和系统化的方向发展。未来主要的发展趋势如下：

① 机器人结构的模块化和可重构化。

② 控制技术的高性能化、网络化。

③ 控制软件架构的开放化、高级语言化。

④ 伺服驱动技术的高集成度和一体化。

⑤ 多传感器融合技术的集成化和智能化。

⑥ 人机交互界面的简单化、协同化。

(2) 应用发展趋势

自工业机器人诞生以来，汽车行业一直是其应用的主要领域。2014 年，北美机器人工业协会在年度报告中指出，截至 2013 年年底，汽车行业仍然是北美机器人最大的应用市场，但其在电子、电气、金属加工、化工、食品等行业的出货量却增速迅猛。由此可见，未来工业机器人的应用将依托汽车产业，并迅速向各行业延伸。对于机器人行业来讲，这是一个非常积极的信号。

(3) 产业发展趋势

国际机器人联合会公布的数据显示，2013 年，全球机器人装机量达到 17.9 万台，亚洲、澳洲占 10 万台，其中中国占 36560 台，整个行业产值 300 亿美元。2014 年，全球机器人销量 22.5 万台，亚洲的销量占到 2/3，中国市场的机器人销量近 45500 台，增长 35%。到目前为止，全球的主要机器人市场集中在亚洲、澳洲、欧洲及北美，累计安装量已超过 200 万台。工业机器人的时代即将来临，并将在智能制造领域掀起一场变革。

目前国际机器人界都在加大科研力度，进行机器人共性技术的研究，并朝着智能化和多样化方向发展，其主要研究内容集中表现方面见表 23-1-7。

表 23-1-7　　**机器人技术发展的重点方面**

①工业机器人结构的优化设计技术	探索新的高强度轻质材料，进一步提高负载自重比，同时机构向着模块化、可重构方向发展。通过有限元分析、模态分析及仿真设计等现代设计方法的运用，机器人已实现了优化设计。以德国 KUKA 公司为代表的机器人公司，已将机器人并联平行四边形结构更新为开链结构，拓展了机器人的工作范围，加之轻质铝合金材料的应用，大大提高了机器人的性能。此外，采用先进的 RV 减速器及交流伺服电动机，使机器人几乎成为免维护系统
②并联机器人	采用并联机构，利用机器人技术，实现高精度测量及加工，这是机器人技术向数控技术的拓展，为将来实现机器人和数控技术一体化奠定了基础。意大利 COMAU、日本 FANUC 等公司已开发出了此类产品
③机器人控制技术	控制系统的性能进一步提高，已由过去控制标准的 6 轴机器人发展到现在能够控制 21 轴甚至 27 轴，并且实现了软件伺服和全数字控制。人机界面更加友好，基于图形操作的界面也已问世。编程方式仍以示教编程为主，但在某些领域的离线编程已实现实用化。微软开发了 Microsoft Robotics Studio，以期提供廉价的开发平台，让机器人研发者能够轻而易举地把软件和硬件整合到机器人的设计中。重点研究开放式、模块控制系统，人机界面更加友好，语言、图形编程界面正在研制之中。机器人控制器标准化和网络化以及基于 PC 机的网络式控制器已成为研究热点。编程技术除进一步提高在线编程的可操作性之外，离线编程的实用化将成为研究重点
④多传感系统	研究热点在于有效可行的多传感器融合算法，特别是在非线性及非平稳、非正态分布情形下的多传感器融合算法。另一问题就是传感系统的实用化
⑤小型化	机器人的结构灵巧，控制系统越来越小，二者正朝着一体化方向发展
⑥机器人遥控及远程监控技术	机器人半自主和自主技术，多机器人和操作者之间的协调控制，通过网络建立大范围内的机器人遥控系统，在有延时的情况下，建立预先显示进行遥控等。日本 YASKAWA 和德国 KUKA 公司的最新机器人控制器已实现了与 CANBus、ProfiBus 总线及一些网络的连接，使机器人由过去的独立应用向网络化应用迈进了一大步，也使机器人由过去的专用设备向标准化设备发展
⑦虚拟机器人技术	基于多传感器、多媒体和虚拟现实以及临场感知技术，实现机器人的虚拟遥控操作和人机交互
⑧多智能体(multi-agent)控制技术	这是目前机器人研究的一个崭新领域。主要对多智能体的群体体系结构、相互间的通信与磋商机理、感知与学习方法、建模和规划、群体行为控制等方面进行研究
⑨微型和微小型机器人技术(micro/miniature robotics)	微小型机器人技术的研究主要集中在系统结构、运动方式、控制方法、传感技术、通信技术以及行走技术等方面
⑩软机器人技术(soft robotics)	主要用于医疗、护理、休闲和娱乐场合。传统机器人设计未考虑与人紧密共处，因此其结构材料多为金属或硬性材料，软机器人技术要求其结构、控制方式和所用传感系统在机器人意外地与人碰撞时是安全的，机器人对人是友好的
⑪仿人和仿生技术	这是机器人技术发展的最高境界，目前仅在某些方面进行一些基础研究
⑫可靠性	由于微电子技术的快速发展和大规模集成电路的应用，机器人系统的可靠性有了很大提高。过去机器人系统的可靠性 MTBF 一般为几千小时，而现在已达到 50000h，几乎可以满足任何场合的需求

第2章　机器人运动学与动力学

2.1　数理基础

机械手是机器人系统机械运动部分，它的执行机构是用来保证复杂空间运动的综合刚体，而且它自身往往也需要在机械加工或装配等过程中作为统一体进行运动。因此，需要一种描述单一刚体位移、速度和加速度以及动力学问题的有效而又方便的数学方法。本书将采用矩阵法来描述机器人机械手的运动学和动力学问题。这种数学描述是以四阶方阵变换三维空间点的齐次坐标为基础的，能够将运动、变换和映射与矩阵运算联系起来。

研究操作机器人的运动不仅涉及机械手本身，而且涉及各物体间以及物体与机械手的关系。因此需要讨论齐次坐标及其变换，用来表达这些关系。用位置矢量、平面和坐标系等概念来描述物体（如零件、工具或机械手）间的关系需要首先建立相关概念及其表示法。

2.1.1　位置描述

一旦建立了一个坐标系，就能够用某个3×1位置矢量来确定该空间内任一点的位置。对于直角坐标系$\{A\}$，空间任一点p的位置可用3×1的列矢量$^{A}\boldsymbol{p}$表示。

$$^{A}\boldsymbol{p}=\begin{bmatrix}p_x\\p_y\\p_z\end{bmatrix} \tag{23-2-1}$$

式中，p_x，p_y，p_z是点p在坐标系$\{A\}$中的三个坐标分量。$^{A}\boldsymbol{p}$的上标A代表参考坐标系$\{A\}$。$^{A}\boldsymbol{p}$被称为位置矢量，见图23-2-1。

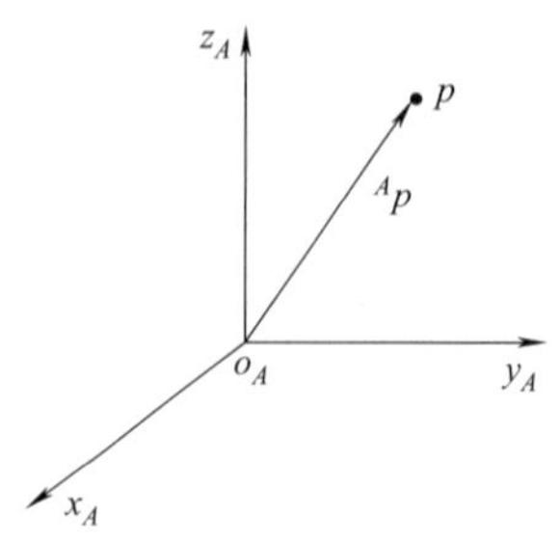

图23-2-1　位置表示

2.1.2　方位描述

研究机器人的运动与操作不仅要表示空间某个点的位置，而且需要表示物体的方位（orientation）。物体的方位可由某个固接于此物体的坐标系描述。为了规定空间某刚体B的方位，设置直角坐标系$\{B\}$与此刚体固接。用坐标系$\{B\}$的三个单位主矢量$\boldsymbol{x}_B$，$\boldsymbol{y}_B$，$\boldsymbol{z}_B$相对于参考坐标系$\{A\}$的方向余弦组成的3×3矩阵来表示刚体B相对于坐标系$\{A\}$的方位。$^{A}_{B}\boldsymbol{R}$称为旋转矩阵。

$$^{A}_{B}\boldsymbol{R}[^{A}\boldsymbol{x}_B\ ^{A}\boldsymbol{y}_B\ ^{A}\boldsymbol{z}_B]=\begin{bmatrix}r_{11}&r_{12}&r_{13}\\r_{21}&r_{22}&r_{23}\\r_{31}&r_{32}&r_{33}\end{bmatrix} \tag{23-2-2}$$

式中，上标A代表参考坐标系$\{A\}$，下标B代表被描述的坐标系$\{B\}$。$^{A}_{B}\boldsymbol{R}$共有9个元素，但只有3个是独立的。由于$\boldsymbol{R}$的三个列矢量$^{A}\boldsymbol{x}_B$、$^{A}\boldsymbol{y}_B$和$^{A}\boldsymbol{z}_B$都是单位矢量，且相互垂直，因此它的9个元素满足6个约束条件（正交条件）。

$$^{A}\boldsymbol{x}_B\cdot{}^{A}\boldsymbol{x}_B={}^{A}\boldsymbol{y}_B\cdot{}^{A}\boldsymbol{y}_B={}^{A}\boldsymbol{z}_B\cdot{}^{A}\boldsymbol{z}_B=1 \tag{23-2-3}$$

$$^{A}\boldsymbol{x}_B\cdot{}^{A}\boldsymbol{y}_B={}^{A}\boldsymbol{y}_B\cdot{}^{A}\boldsymbol{z}_B={}^{A}\boldsymbol{z}_B\cdot{}^{A}\boldsymbol{x}_B=0 \tag{23-2-4}$$

可见，旋转矩阵$^{A}_{B}\boldsymbol{R}$是正交的，并且满足条件

$$^{A}_{B}\boldsymbol{R}^{-1}={}^{A}_{B}\boldsymbol{R}^{\mathrm{T}};\ |{}^{A}_{B}\boldsymbol{R}|=1 \tag{23-2-5}$$

式中，上标T表示转置；$|\cdot|$为行列式符号。

对应于轴x，y或z作转角为θ的旋转变换，其旋转矩阵分别为：

$$\boldsymbol{R}(x,\theta)=\begin{bmatrix}1&0&0\\0&\mathrm{c}\theta&-\mathrm{s}\theta\\0&\mathrm{s}\theta&\mathrm{c}\theta\end{bmatrix} \tag{23-2-6}$$

$$\boldsymbol{R}(y,\theta)=\begin{bmatrix}\mathrm{c}\theta&0&\mathrm{s}\theta\\0&1&0\\-\mathrm{s}\theta&0&\mathrm{c}\theta\end{bmatrix} \tag{23-2-7}$$

$$\boldsymbol{R}(z,\theta)=\begin{bmatrix}\mathrm{c}\theta&-\mathrm{s}\theta&0\\\mathrm{s}\theta&\mathrm{c}\theta&0\\0&0&1\end{bmatrix} \tag{23-2-8}$$

式中，s表示sin，c表示cos，以后将一律采用此约定。

图23-2-2表示一物体（这里为抓手）的方位。此物体与坐标系$\{B\}$固接，并相对于参考坐标系

{A} 运动。

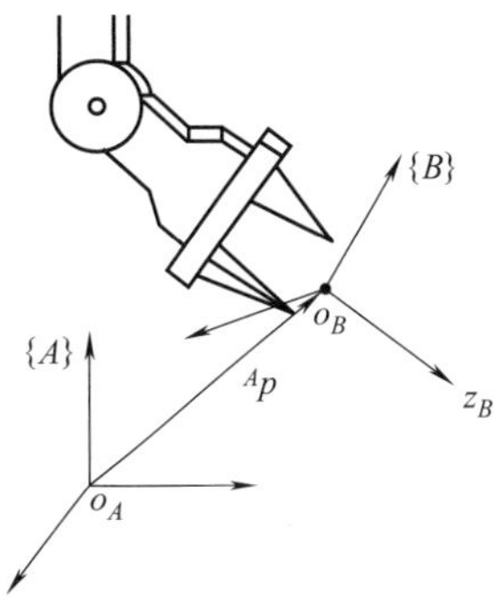

图 23-2-2　方位表示

2.1.3　位姿描述

以上讨论了采用位置矢量描述点的位置，而用旋转矩阵描述物体的方位。要完全描述刚体 B 在空间的位姿（位置和姿态），通常将物体 B 与某一坐标系 {B} 固接。{B} 的坐标原点一般选在物体 B 的特征点上，如质心等。相对参考系 {A}，坐标系 {B} 的原点位置和坐标轴的方位分别由位置矢量 $^A\boldsymbol{P}_{Bo}$ 和旋转矩阵 $^A_B\boldsymbol{R}$ 描述。这样，刚体 B 的位姿可由坐标系 {B} 来描述，即有

$$\{B\}=\{^A_B\boldsymbol{R}\ ^A\boldsymbol{P}_{Bo}\} \tag{23-2-9}$$

当表示位置时，式（23-2-9）中的旋转矩阵 $^A_B\boldsymbol{R}=\boldsymbol{I}$（单位矩阵）；当表示方位时，式（23-2-9）中的位置矢量 $^A\boldsymbol{P}_{Bo}=\boldsymbol{0}$

2.2　坐标变换

空间中任意点 p 在不同坐标系中的描述是不同的。为了阐明从一个坐标系的描述到另一个坐标系的描述关系，需要讨论这种变换的数学问题。

2.2.1　平移坐标变换

设坐标系 {B} 与 {A} 具有相同的方位，但 {B} 坐标系的原点与 {A} 的原点不重合。用位置矢量 $^A\boldsymbol{p}_{B0}$ 描述它相对于 {A} 的位置，如图 23-2-3 所示，称 $^A\boldsymbol{p}_{B0}$ 为 {B} 相对于 {A} 的平移矢量。如果点 p 在坐标系 {B} 中的位置为 $^B\boldsymbol{p}$，那么它相对于坐标系 {A} 的位置矢量 $^A\boldsymbol{p}$ 可由矢量相加得出，即

$$^A\boldsymbol{p}={}^B\boldsymbol{p}+{}^A\boldsymbol{p}_{B0} \tag{23-2-10}$$

式（23-2-10）称为坐标平移方程。

2.2.2　旋转坐标变换

设坐标系 {B} 与 {A} 有共同的坐标原点，但两者的方位不同，如图 23-2-4 所示。用旋转矩阵 $^A_B\boldsymbol{R}$ 描述 {B} 相对于 {A} 的方位。同一点 p 在两个坐标系 {A} 和 {B} 中的描述 $^A\boldsymbol{p}$ 和 $^B\boldsymbol{p}$ 具有如下变换关系：

$$^A\boldsymbol{p}={}^A_B\boldsymbol{R}\,^B\boldsymbol{p} \tag{23-2-11}$$

上式称为坐标旋转方程。

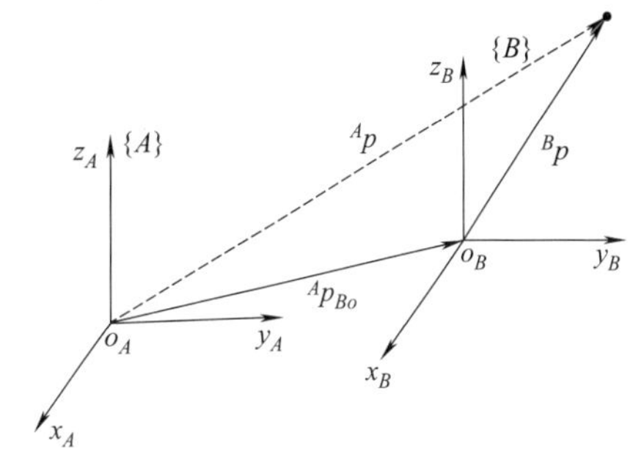

图 23-2-3　平移变换

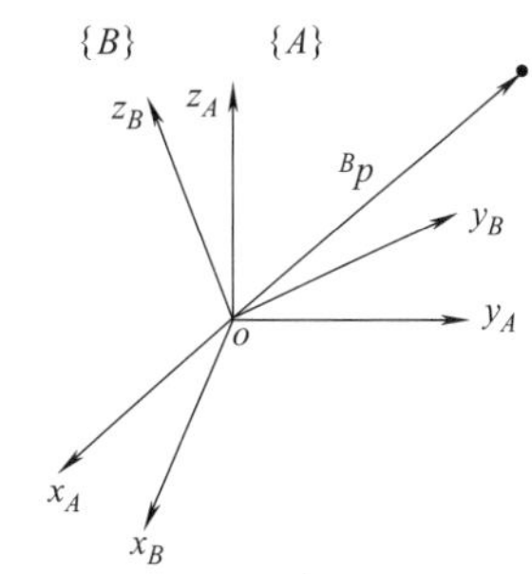

图 23-2-4　旋转变换

可以类似地用 $^A_B\boldsymbol{R}$ 描述坐标系 {A} 相对于 {B} 的方位。$^A_B\boldsymbol{R}$ 和 $^B_A\boldsymbol{R}$ 都是正交矩阵，两者互逆。根据正交矩阵的性质［式（23-2-5）］可得：

$$^A_B\boldsymbol{R}={}^A_B\boldsymbol{R}^{-1}={}^A_B\boldsymbol{R}^{\mathrm{T}} \tag{23-2-12}$$

对于最一般的情形：坐标系 {B} 的原点与 {A} 的原点既不重合，{B} 的方位与 {A} 的方位也不相同。用位置矢量 $^A\boldsymbol{p}_{B0}$ 描述 {B} 的坐标原点相对于 {A} 的位置，用旋转矩阵状 $^A_B\boldsymbol{R}$ 描述 {B} 相对于 {A} 的方位，如图 23-2-5 所示。对于任一点 p 在两坐标系，{A} 和 {B} 中的描述 $^A\boldsymbol{p}$ 和 $^B\boldsymbol{p}$ 具有以下变换关系：

$$^A\boldsymbol{p}={}^A_B\boldsymbol{R}\,^B\boldsymbol{p}+{}^A\boldsymbol{p}_{B0} \tag{23-2-13}$$

可把上式看成坐标旋转和坐标平移的复合变换。实际上，规定一个过渡坐标系 {C}，使 {C} 的坐标原点与 {B} 的原点重合，而 {C} 的方位与 {A} 的相同。据式（23-2-11）可得向过渡坐标系的变换：

$$^C\boldsymbol{p}={}^C_B\boldsymbol{R}\,^B\boldsymbol{p}={}^A_B\boldsymbol{R}\,^B\boldsymbol{p} \tag{23-2-14}$$

再由式（23-2-10），可得复合变换：

$$^A\boldsymbol{p}={}^C\boldsymbol{p}+{}^A\boldsymbol{p}_{C0}={}^A_B\boldsymbol{R}\,^B\boldsymbol{p}+{}^A\boldsymbol{p}_{B0} \tag{23-2-15}$$

第 23 篇

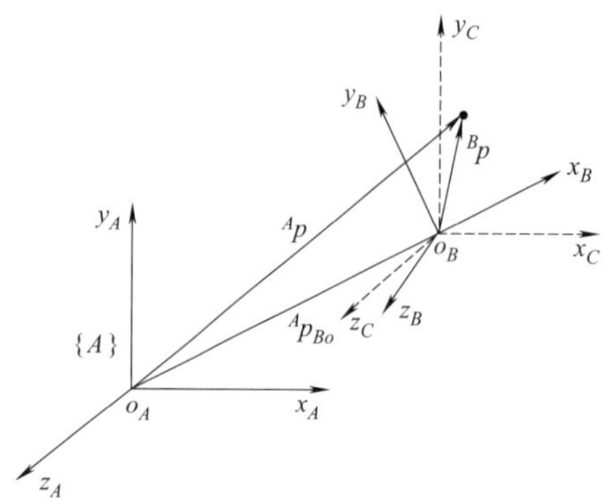

图 23-2-5　复合变换

2.3　齐次坐标变换

已知一直角坐标系中的某点坐标，那么该点在另一直角坐标系中的坐标可通过齐次坐标变换求得。

2.3.1　齐次变换

变换式（23-2-13）对于点 ^Bp 而言是非齐次的，但是可以将其表示成等价的齐次变换形式：

$$\begin{bmatrix} ^A\boldsymbol{p} \\ 1 \end{bmatrix} = \begin{bmatrix} ^A_B\boldsymbol{R} & ^A\boldsymbol{p}_{B0} \\ 0 & 1 \end{bmatrix} \begin{bmatrix} ^Bp \\ 1 \end{bmatrix} \tag{23-2-16}$$

其中，4×1 的列向量表示三维空间的点，称为点的齐次坐标，仍然记为 $^A\boldsymbol{p}$ 或 $^B\boldsymbol{p}$。可把上式写成矩阵形式：

$$^A\boldsymbol{p} = {}^A_B\boldsymbol{T}\,^B\boldsymbol{p} \tag{23-2-17}$$

式中，齐次坐标 $^A\boldsymbol{p}$ 和 $^B\boldsymbol{p}$ 是 4×1 的列矢量，与式（23-2-13）中的维数不同，加入了第 4 个元素，齐次变换矩阵 $^A_B\boldsymbol{T}$ 是 4×4 的方阵，具有如下形式：

$$^A_B\boldsymbol{T} = \begin{bmatrix} ^A_B\boldsymbol{R} & ^A\boldsymbol{p}_{B0} \\ 0 & 1 \end{bmatrix} \tag{23-2-18}$$

$^A_B\boldsymbol{T}$ 综合地表示了平移变换和旋转变换。

变换式（23-2-13）和式（23-2-16）是等价的，实质上，式（23-2-16）可写成：

$$^A\boldsymbol{p} = {}^A_B\boldsymbol{R}\,^B\boldsymbol{p} + {}^A\boldsymbol{p}_{B0};1=1 \tag{23-2-19}$$

位置矢量 $^A\boldsymbol{p}$ 和 $^B\boldsymbol{p}$ 到底是 3×1 的直角坐标函数还是 4×1 的齐次坐标，要根据上下文关系而定。

坐标原点的矢量，即零矢量表示为 $[0, 0, 0, 1]^T$。矢量 $[0, 0, 0, 1]^T$ 是没有定义的。具有形如 $[a, b, c, 0]^T$ 的矢量表示无限远矢量，用来表示方向，即用 $[1, 0, 0, 0]^T$，$[0, 1, 0, 0]^T$，$[0, 0, 1, 0]^T$ 分别表示 x，y 和 z 轴的方向。

规定两矢量 a 和 b 的内积：

$$\boldsymbol{a} \cdot \boldsymbol{b} = a_x b_x + a_y b_y + a_z b_z \tag{23-2-20}$$

为一标量，而两矢量的外积为与此两相乘矢量所决定的平面垂直的矢量：

$$\boldsymbol{a} \times \boldsymbol{b} = (a_y b_z - a_z b_y)\boldsymbol{i} + (a_z b_x - a_x b_z)\boldsymbol{j} + (a_x b_y - a_y b_x)\boldsymbol{k} \tag{23-2-21}$$

或者用下列行列式来表示：

$$\boldsymbol{a} \times \boldsymbol{b} = \begin{vmatrix} \boldsymbol{i} & \boldsymbol{j} & \boldsymbol{k} \\ a_x & a_y & a_z \\ b_x & b_y & b_z \end{vmatrix} \tag{23-2-22}$$

2.3.2　平移齐次坐标变换

空间某点由矢量 $a_i + b_j + c_k$ 描述。其中，$\boldsymbol{i}$，$\boldsymbol{j}$，$\boldsymbol{k}$ 为轴 x，y，z 上的单位矢量。此点可用平移齐次变换表示为：

$$Trans(a,b,c) = \begin{bmatrix} 1 & 0 & 0 & a \\ 0 & 1 & 0 & b \\ 0 & 0 & 1 & c \\ 0 & 0 & 0 & 1 \end{bmatrix} \tag{23-2-23}$$

式中，$Trans$ 表示平移变换。

对已知矢量 $\boldsymbol{u} = [x, y, z, w]^T$ 进行平移变换所得的矢量 $\boldsymbol{v}$ 为：

$$\boldsymbol{v} = \begin{bmatrix} 1 & 0 & 0 & a \\ 0 & 1 & 0 & b \\ 0 & 0 & 1 & c \\ 0 & 0 & 0 & 1 \end{bmatrix} \begin{bmatrix} x \\ y \\ z \\ w \end{bmatrix} = \begin{bmatrix} x+aw \\ y+bw \\ z+cw \\ w \end{bmatrix} = w \begin{bmatrix} x/w+a \\ y/w+b \\ z/w+c \\ 1 \end{bmatrix} \tag{23-2-24}$$

即可把此变换看作矢量 $(x/w)\boldsymbol{i} + (y/w)\boldsymbol{j} + (z/w)\boldsymbol{k}$ 与矢量 $a\boldsymbol{i} + b\boldsymbol{j} + c\boldsymbol{k}$ 之和。

用非零常数乘以变换矩阵的每个元素，不改变该变换矩阵的特性。

2.3.3　旋转齐次坐标变换

对应于轴 x，y 或 z 作转角为 θ 的旋转变换，分别可得：

$$\mathrm{Rot}(x,\theta) = \begin{bmatrix} 1 & 0 & 0 & 0 \\ 0 & \mathrm{c}\theta & -\mathrm{s}\theta & 0 \\ 0 & \mathrm{s}\theta & \mathrm{c}\theta & 0 \\ 0 & 0 & 0 & 1 \end{bmatrix} \tag{23-2-25}$$

$$\mathrm{Rot}(y,\theta) = \begin{bmatrix} \mathrm{c}\theta & 0 & \mathrm{s}\theta & 0 \\ 0 & 1 & 0 & 0 \\ -\mathrm{s}\theta & 0 & \mathrm{c}\theta & 0 \\ 0 & 0 & 0 & 1 \end{bmatrix} \tag{23-2-26}$$

$$\mathrm{Rot}(z,\theta) = \begin{bmatrix} \mathrm{c}\theta & -\mathrm{s}\theta & 0 & 0 \\ \mathrm{s}\theta & \mathrm{c}\theta & 0 & 0 \\ 0 & 0 & 1 & 0 \\ 0 & 0 & 0 & 1 \end{bmatrix} \tag{23-2-27}$$

式中，Rot 表示旋转变换。

2.4 物体的变换及逆变换

2.4.1 物体位置描述

可以用描述空间一点的变换方法来描述物体在空间的位置和方向。例如，图 23-2-6 所示物体可由固定该物体的坐标系内的六个点来表示。

如果首先让物体绕 z 轴旋转 90°，接着绕 y 轴旋转 90°，再沿 x 轴方向平移 4 个单位，那么，可用下式描述这一变换：

$$T=\text{Trans}(4,0,0)\text{Rot}(y,90°)\text{Rot}(z,90°)=\begin{bmatrix}0&0&1&4\\1&0&0&0\\0&1&0&0\\0&0&0&1\end{bmatrix} \tag{23-2-28}$$

这个变换矩阵表示对原参考坐标系重合的坐标系进行旋转和平移操作。

可对上述楔形物体的六个点变换如下：

$$\begin{bmatrix}0&0&1&4\\1&0&0&0\\0&1&0&0\\0&0&0&1\end{bmatrix}\begin{bmatrix}1&-1&-1&1&1&-1\\0&0&0&0&4&4\\0&0&2&2&0&0\\1&1&1&1&1&1\end{bmatrix}=\begin{bmatrix}4&4&6&6&4&4\\1&-1&-1&1&1&-1\\0&0&0&0&4&4\\1&1&1&1&1&1\end{bmatrix} \tag{23-2-29}$$

变换结果见图 23-2-6（b）。由此图可知，这个用数字描述的物体与描述其位置和方向的坐标系具有确定的关系。

2.4.2 齐次变换的逆变换

给定坐标系｛A｝，｛B｝和｛C｝，若已知｛B｝相对｛A｝的描述为${}^A_B\boldsymbol{T}$，｛C｝相对｛B｝的描述为${}^B_C\boldsymbol{T}$，则

$${}^B\boldsymbol{P}={}^B_C\boldsymbol{T}{}^C\boldsymbol{P} \tag{23-2-30}$$

$${}^A\boldsymbol{P}={}^A_B\boldsymbol{T}{}^B\boldsymbol{P}={}^A_B\boldsymbol{T}{}^B_C\boldsymbol{T}{}^C\boldsymbol{P} \tag{23-2-31}$$

定义复合变换：

$${}^A_C\boldsymbol{T}={}^A_B\boldsymbol{T}{}^B_C\boldsymbol{T} \tag{23-2-32}$$

表示｛C｝相对于｛A｝的描述。据式（23-2-18）可得：

$$\begin{bmatrix}{}^A_CR&\vdots&{}^AP_{C0}\\\cdots&\cdots&\cdots\\0&\vdots&1\end{bmatrix}=\begin{bmatrix}{}^A_BR{}^B_CR&\vdots&{}^A_BR{}^BP_{C0}+{}^AP_{B0}\\\cdots&\cdots&\cdots\\0&\vdots&1\end{bmatrix} \tag{23-2-33}$$

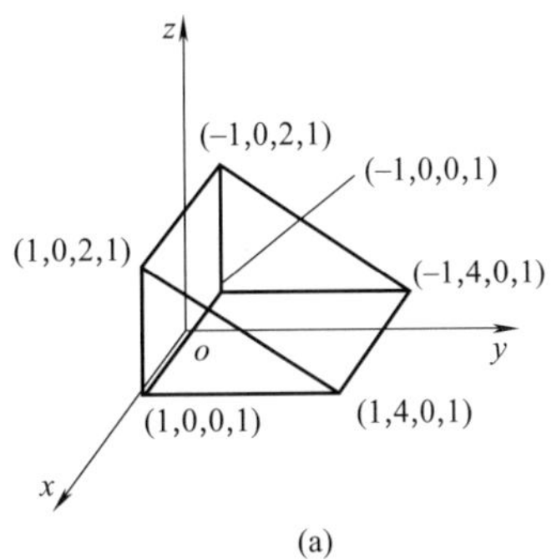

(a)

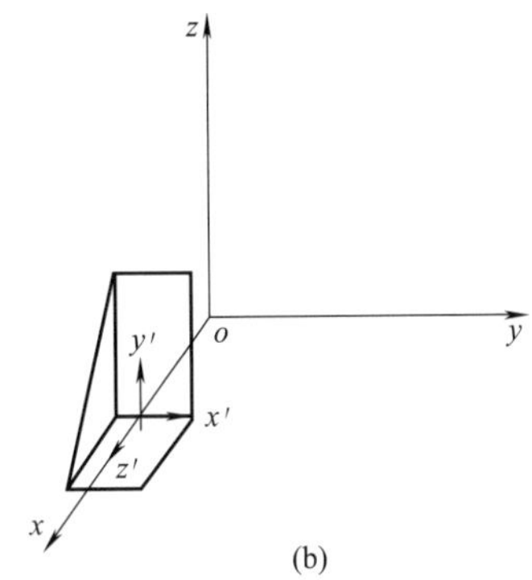

(b)

图 23-2-6 对楔形物体的变换

从坐标系｛B｝相对坐标系｛A｝的描述${}^A_B\boldsymbol{T}$求得｛A｝相对于｛B｝的描述${}^B_A\boldsymbol{T}$是齐次变换求逆问题。一种求解方法是直接对 4×4 的齐次变换矩阵${}^A_B\boldsymbol{T}$求逆；另一种是利用齐次变换矩阵的特点，简化矩阵求逆运算。下面先讨论变换矩阵求逆方法。

对于给定${}^A_B\boldsymbol{T}$求${}^B_A\boldsymbol{T}$，等价于给定${}^A_B\boldsymbol{R}$和${}^A\boldsymbol{P}_{B0}$计算${}^B_A\boldsymbol{R}$和${}^B\boldsymbol{P}_{A0}$。利用旋转矩阵的正交性，可得：

$${}^B_A\boldsymbol{R}={}^A_B\boldsymbol{R}^{-1}={}^A_B\boldsymbol{R}^{\mathrm{T}} \tag{23-2-34}$$

再据式（23-2-13），求原点${}^A\boldsymbol{P}_{B0}$在坐标系｛B｝中的描述：

$${}^B({}^AP_{B0})=({}^B_AR)({}^AP_{B0})+{}^BP_{A0} \tag{23-2-35}$$

${}^B({}^A\boldsymbol{P}_{B0})$表示｛$B$｝的原点相对于｛B｝的描述，为 **0** 矢量，因而上式为 **0**，可得：

$${}^BP_{A0}=(-{}^B_AR)({}^AP_{B0})=(-{}^B_AR)^{\mathrm{T}}({}^AP_{B0}) \tag{23-2-36}$$

综上分析，并据式（23-2-34）和式（23-2-36）经推算可得：

$${}^B_AT=\begin{bmatrix}{}^A_BR^{\mathrm{T}}&\vdots&-({}^A_BR)^{\mathrm{T}}({}^AP_{B0})\\\cdots&\cdots&\cdots\\0&\vdots&1\end{bmatrix} \tag{23-2-37}$$

式中，${}^B_A\boldsymbol{T}={}^A_B\boldsymbol{T}^{-1}$。式（23-2-37）提供了一种求解齐次变换逆矩阵的简便方法。

下面讨论直接对 4×4 齐次变换矩阵的求逆方法。

实际上，逆变换是由被变换了的坐标系变回为原坐标系的一种变换，也就是参考坐标系相对于被变换了的坐标系的描述。图 23-2-6（b）所示物体，其参考坐标系相对于被变换了的坐标系来说，坐标轴 x，y 和 z 分别为 $[0, 0, 1, 0]^{\mathrm{T}}$，$[1, 0, 0, 0]^{\mathrm{T}}$ 和 $[0, 1, 0, 0]^{\mathrm{T}}$，而其原点为 $[0, 0, -4, 0]^{\mathrm{T}}$。于是，可得逆变换为：

$$\boldsymbol{T}^{-1}=\begin{bmatrix}0 & 1 & 0 & 0\\0 & 0 & 1 & 0\\1 & 0 & 0 & -4\\0 & 0 & 0 & 1\end{bmatrix} \tag{23-2-38}$$

用变换 $\boldsymbol{T}$ 乘此逆变换而得到单位变换，就能够证明此逆变换的确是变换 $\boldsymbol{T}$ 的逆变换：

$$\boldsymbol{T}^{-1}\boldsymbol{T}=\begin{bmatrix}0 & 1 & 0 & 0\\0 & 0 & 1 & 0\\1 & 0 & 0 & -4\\0 & 0 & 0 & 1\end{bmatrix}\begin{bmatrix}0 & 0 & 1 & 4\\1 & 0 & 0 & 0\\0 & 1 & 0 & 0\\0 & 0 & 0 & 1\end{bmatrix}$$

$$=\begin{bmatrix}1 & 0 & 0 & 0\\0 & 1 & 0 & 0\\0 & 0 & 1 & 0\\0 & 0 & 0 & 1\end{bmatrix} \tag{23-2-39}$$

一般情况下，已知变换 $\boldsymbol{T}$ 的各元素：

$$\boldsymbol{T}=\begin{bmatrix}n_x & o_x & a_x & p_x\\n_y & o_y & a_y & p_y\\n_z & o_z & a_z & p_z\\0 & 0 & 0 & 1\end{bmatrix} \tag{23-2-40}$$

则其逆变换为：

$$\boldsymbol{T}^{-1}=\begin{bmatrix}n_x & n_y & n_z & -\boldsymbol{p}\cdot\boldsymbol{n}\\o_x & o_y & o_z & -\boldsymbol{p}\cdot\boldsymbol{o}\\a_x & a_y & a_z & -\boldsymbol{p}\cdot\boldsymbol{a}\\0 & 0 & 0 & 1\end{bmatrix} \tag{23-2-41}$$

式中，“·”表示矢量的内积，$\boldsymbol{p}$、$\boldsymbol{n}$、$\boldsymbol{o}$ 和 $\boldsymbol{a}$ 是四个列矢量，分别称为原点矢量、法线矢量、方向矢量和接近矢量。由式（23-2-41）右乘式（23-2-40）不难证明这一结果的正确性。

2.4.3 变换方程初步

建立机器人各连杆之间、机器人同环境之间的运动关系，用于描述机器人的操作，需要规定各种坐标系来描述机器人与环境的相对位姿关系。在图 23-2-7（a）中，$\{B\}$ 代表基坐标系，$\{T\}$ 是工具系，$\{S\}$ 是工作站系，$\{G\}$ 是目标系，它们之间的位姿关系可用相应的齐次变换来描述：

${}^{B}_{S}\boldsymbol{T}$ 表示工作站系 $\{S\}$ 相对于基坐标系 $\{B\}$ 的位姿；${}^{S}_{G}\boldsymbol{T}$ 表示目标系 $\{G\}$ 相对于 $\{S\}$ 的位姿，${}^{B}_{T}\boldsymbol{T}$ 表示工具系 $\{T\}$ 相对于基坐标系 $\{B\}$ 的位姿。

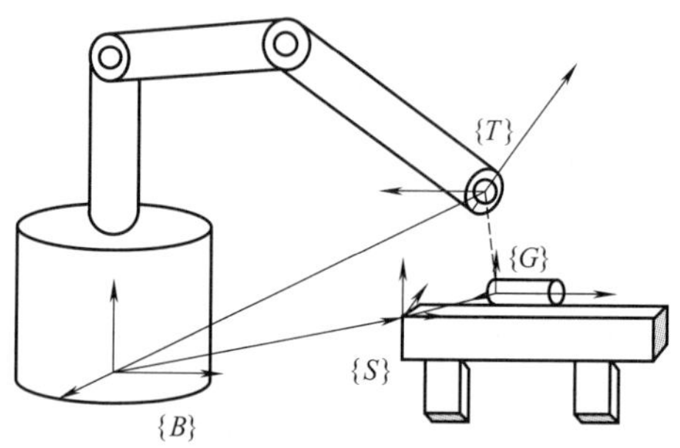

(a) 机械手与环境间的运动关系

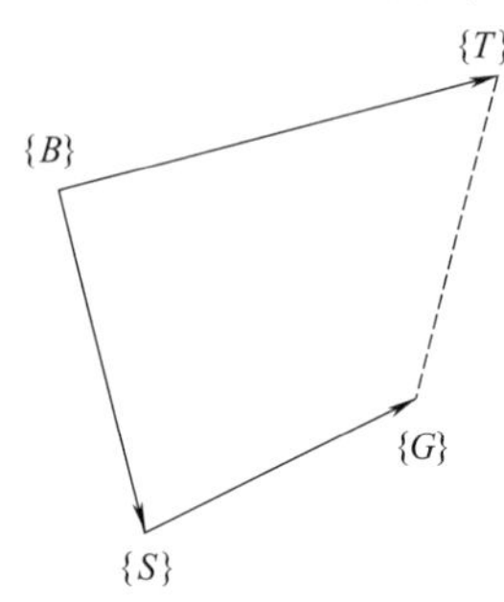

(b) 对应的有向变换图

图 23-2-7 变换方程及其有向变换图

对物体进行操作时，工具系 $\{T\}$ 相对目标系 $\{G\}$ 的位姿直接影响操作效果。它是机器人控制和规划的目标，与其他变换之间的关系可用空间尺寸链（有向变换图）来表示，如图 23-2-7（b）所示。工具系 $\{T\}$ 相对于基坐标系 $\{B\}$ 的描述可用下列变换矩阵的乘积来表示：

$${}^{B}_{T}\boldsymbol{T}={}^{B}_{S}\boldsymbol{T}\,{}^{S}_{G}\boldsymbol{T}\,{}^{G}_{T}\boldsymbol{T} \tag{23-2-42}$$

建立起这样的矩阵变换方程后，当上述矩阵变换中只有一个变换未知时，就可以将这一未知的变换表示为其他已知变换的乘积的形式。对于图 23-2-7 所示的场景，如要求目标系 $\{G\}$ 相对于工具系 $\{T\}$ 的位姿 ${}^{T}_{G}\boldsymbol{T}$，则可在式（23-2-42）两边同时左乘 ${}^{B}_{T}\boldsymbol{T}$ 的逆变换 ${}^{B}_{T}\boldsymbol{T}^{-1}$，再同时右乘 ${}^{T}_{G}\boldsymbol{T}$ 得到：

$${}^{T}_{G}\boldsymbol{T}={}^{B}_{T}\boldsymbol{T}^{-1}\,{}^{B}_{S}\boldsymbol{T}\,{}^{S}_{G}\boldsymbol{T} \tag{23-2-43}$$

2.5 通用旋转变换

已经在前面研究了绕轴 x、y 和 z 的旋转变换矩阵，现在来研究最一般的情况，即研究某个绕着从原点出发的任一矢量（轴）$\boldsymbol{f}$ 旋转 θ 角时的旋转矩阵。

2.5.1 通用旋转变换公式

设想 $\boldsymbol{f}$ 为坐标系 $\{C\}$ 的 z 轴上的单位矢量，即

$$C=\begin{bmatrix} n_x & o_x & a_x & 0 \\ n_y & o_y & a_y & 0 \\ n_z & o_z & a_z & 0 \\ 0 & 0 & 0 & 1 \end{bmatrix} \tag{23-2-44}$$

$$\boldsymbol{f}=a_x\boldsymbol{i}+a_y\boldsymbol{j}+a_z\boldsymbol{k} \tag{23-2-45}$$

于是，绕矢量 $\boldsymbol{f}$ 旋转等价于绕坐标系 {C} 的 z 轴旋转，即有

$$\mathrm{Rot}(\boldsymbol{f},\theta)=\mathrm{Rot}(C_z,\theta) \tag{23-2-46}$$

如果已知以参考坐标描述的坐标系 {T}，那么能够求得以坐标系 {C} 描述的另一坐标系 {S}，因为

$$\boldsymbol{T}=\boldsymbol{CS} \tag{23-2-47}$$

式中，$\boldsymbol{S}$ 表示 $\boldsymbol{T}$ 相对于坐标系 {C} 的位置。对 $\boldsymbol{S}$ 求解得：

$$\boldsymbol{S}=\boldsymbol{C}^{-1}\boldsymbol{T} \tag{23-2-48}$$

$\boldsymbol{T}$ 绕 $\boldsymbol{f}$ 旋转等价于 $\boldsymbol{S}$ 绕坐标系 {C} 的 z 轴旋转：

$$\mathrm{Rot}(\boldsymbol{f},\theta)T=C\mathrm{Rot}(z,\theta)S \tag{23-2-49}$$

$$\mathrm{Rot}(\boldsymbol{f},\theta)T=C\mathrm{Rot}(z,\theta)C^{-1}T \tag{23-2-50}$$

于是可得：

$$\mathrm{Rot}(\boldsymbol{f},\theta)=C\mathrm{Rot}(z,\theta)C^{-1} \tag{23-2-51}$$

因为 $\boldsymbol{f}$ 为坐标系 {C} 的 z 轴方向矢量，所以对式 (23-2-51) 加以扩展可以发现 $C\mathrm{Rot}(z,\theta)\ C^{-1}$ 仅仅是 $\boldsymbol{f}$ 的函数，因为

$$C\mathrm{Rot}(z,\theta)C^{-1}=\begin{bmatrix} n_x & o_x & a_x & 0 \\ n_y & o_y & a_y & 0 \\ n_z & o_z & a_z & 0 \\ 0 & 0 & 0 & 1 \end{bmatrix}\begin{bmatrix} c\theta & -s\theta & 0 & 0 \\ s\theta & c\theta & 0 & 0 \\ 0 & 0 & 1 & 0 \\ 0 & 0 & 0 & 1 \end{bmatrix}\begin{bmatrix} n_x & n_y & n_z & 0 \\ o_x & o_y & o_z & 0 \\ a_x & a_y & a_z & 0 \\ 0 & 0 & 0 & 1 \end{bmatrix}$$

$$=\begin{bmatrix} n_x & o_x & a_x & 0 \\ n_y & o_y & a_y & 0 \\ n_z & o_z & a_z & 0 \\ 0 & 0 & 0 & 1 \end{bmatrix}\begin{bmatrix} n_x c\theta-o_x s\theta & n_y c\theta-o_y s\theta & n_z c\theta-o_z s\theta & 0 \\ n_x s\theta+o_x c\theta & n_y s\theta+o_y c\theta & n_z s\theta+o_z c\theta & 0 \\ a_x & a_y & a_z & 0 \\ 0 & 0 & 0 & 1 \end{bmatrix}$$

$$=\begin{bmatrix} n_x n_x c\theta-n_x o_x s\theta+n_x o_x s\theta+o_x o_x c\theta+a_x a_x & n_x n_y c\theta-n_x o_y s\theta+n_y o_x s\theta+o_y o_x c\theta+a_x a_y & n_x n_z c\theta-n_x o_z s\theta+n_z o_x s\theta+o_z o_x c\theta+a_x a_z & 0 \\ n_y n_x c\theta-n_y o_x s\theta+n_x o_y s\theta+o_y o_x c\theta+a_y a_x & n_y n_y c\theta-n_y o_y s\theta+n_y o_y s\theta+o_y o_y c\theta+a_y a_y & n_y n_z c\theta-n_y o_z s\theta+n_z o_y s\theta+o_z o_y c\theta+a_y a_z & 0 \\ n_z n_x c\theta-n_z o_x s\theta+n_x o_z s\theta+o_z o_x c\theta+a_z a_x & n_z n_y c\theta-n_z o_y s\theta+n_y o_z s\theta+o_y o_z c\theta+a_z a_y & n_z n_z c\theta-n_z o_z s\theta+n_z o_z s\theta+o_z o_z c\theta+a_z a_z & 0 \\ 0 & 0 & 0 & 1 \end{bmatrix} \tag{23-2-52}$$

根据正交矢量点积、矢量自乘、单位矢量和相似矩阵特征值等性质，并令 $\boldsymbol{z}=\boldsymbol{a}$，$\mathrm{vers}\theta=1-c\theta$，$\boldsymbol{f}=\boldsymbol{z}$，对式 (23-2-52) 进行化简（请读者自行推算）可得：

$$\mathrm{Rot}(\boldsymbol{f},\theta)=$$

$$\begin{bmatrix} f_x f_x \mathrm{vers}\theta+c\theta & f_y f_x \mathrm{vers}\theta-f_z s\theta & f_z f_x \mathrm{vers}\theta+f_y s\theta & 0 \\ f_x f_y \mathrm{vers}\theta+f_z s\theta & f_y f_y \mathrm{vers}\theta+c\theta & f_z f_y \mathrm{vers}\theta-f_x s\theta & 0 \\ f_x f_z \mathrm{vers}\theta-f_y s\theta & f_y f_z \mathrm{vers}\theta+f_x s\theta & f_z f_z \mathrm{vers}\theta+c\theta & 0 \\ 0 & 0 & 0 & 1 \end{bmatrix} \tag{23-2-53}$$

这是一个重要的结果。

从上述通用旋转变换公式，能够求得各个基本旋转变换。例如，当 $f_x=1$，$f_y=0$ 和 $f_z=0$ 时，$\mathrm{Rot}(\boldsymbol{f},\ \theta)$ 即为 $\mathrm{Rot}(x,\ \theta)$。若把这些数值代入式 (23-2-53)，即可得：

$$\mathrm{Rot}(x,\theta)=\begin{bmatrix} 1 & 0 & 0 & 0 \\ 0 & c\theta & -s\theta & 0 \\ 0 & s\theta & c\theta & 0 \\ 0 & 0 & 0 & 1 \end{bmatrix} \tag{23-2-54}$$

与式 (23-2-25) 一致。

2.5.2　等效转角与转轴

给出任一旋转变换，能够由式 (23-2-53) 求得进行等效旋转 θ 角的转轴，已知旋转变换：

$$\boldsymbol{R}=\begin{bmatrix} n_x & o_x & a_x & 0 \\ n_y & o_y & a_y & 0 \\ n_z & o_z & a_z & 0 \\ 0 & 0 & 0 & 1 \end{bmatrix} \tag{23-2-55}$$

令 $\boldsymbol{R}=\mathrm{Rot}(\boldsymbol{f},\ \theta)$，即：

$$\begin{bmatrix} n_x & o_x & a_x & 0 \\ n_y & o_y & a_y & 0 \\ n_z & o_z & a_z & 0 \\ 0 & 0 & 0 & 1 \end{bmatrix}$$

$$= \begin{bmatrix} f_x f_x \text{vers}\theta + c\theta & f_y f_x \text{vers}\theta - f_z s\theta & f_z f_x \text{vers}\theta + f_y s\theta & 0 \\ f_x f_y \text{vers}\theta + f_z s\theta & f_y f_y \text{vers}\theta + c\theta & f_z f_y \text{vers}\theta - f_x s\theta & 0 \\ f_x f_z \text{vers}\theta - f_y s\theta & f_y f_z \text{vers}\theta + f_x s\theta & f_z f_z \text{vers}\theta + c\theta & 0 \\ 0 & 0 & 0 & 1 \end{bmatrix} \tag{23-2-56}$$

把上式两边的对角线项分别相加，并简化得：

$$n_x + o_y + a_z = (f_x^2 + f_y^2 + f_z^2)\text{vers}\theta + 3c\theta = 1 + 2c\theta \tag{23-2-57}$$

以及

$$c\theta = \frac{1}{2}(n_x + o_y + a_z - 1) \tag{23-2-58}$$

把式（23-2-56）中的非对角线项成对相减可得：

$$o_z - a_y = 2f_x s\theta$$
$$a_x - n_z = 2f_y s\theta$$
$$n_y - o_x = 2f_z s\theta \tag{23-2-59}$$

对式（23-2-59）中各式平方相加后得：

$$(o_z - a_y)^2 + (a_x - n_z)^2 + (n_y - o_x)^2 = 4s^2\theta \tag{23-2-60}$$

以及

$$s\theta = \pm \frac{1}{2}\sqrt{(o_z - a_y)^2 + (a_x - n_z)^2 + (n_y - o_x)^2} \tag{23-2-61}$$

把旋转规定为绕矢量 $\boldsymbol{f}$ 的正向旋转，使得 $0 \leqslant \theta \leqslant 180°$。这时，式（23-2-61）中的符号取正号。于是，转角 θ 被唯一地确定为：

$$\tan\theta = \frac{\sqrt{(o_z - a_y)^2 + (a_x - n_z)^2 + (n_y - o_x)^2}}{n_x + o_y + a_z - 1} \tag{23-2-62}$$

而矢量 $\boldsymbol{f}$ 的各分量可由式（23-2-60）求得：

$$f_x = (o_z - a_y)/2s\theta$$

$$f_y = (a_x - n_z)/2s\theta$$

$$f_z = (n_y - o_x)/2s\theta \tag{23-2-63}$$

2.6 机器人运动学

机器人的工作是由控制器指挥的，对应于驱动末端位姿运动的各关节参数是需要实时计算的。当机器人执行工作任务时，其控制器根据加工轨迹指令规划好位姿序列数据，实时运用逆向运动学算法计算出关节参数序列，并依此驱动机器人关节，使末端按照预定的位姿序列运动。

机器人运动学或机构学从几何或机构的角度描述和研究机器人的运动特性，而不考虑引起这些运动的力或力矩的作用。机器人运动学中有如下两类基本问题。

（1）机器人运动方程的表示问题，即正向运动学

对一给定的机器人，已知连杆几何参数和关节变量，欲求机器人末端执行器相对于参考坐标系的位置和姿态，这就需要建立机器人运动方程。运动方程的表示问题，即正向运动学，属于问题分析。因此，也可以把机器人运动方程的表示问题称为机器人运动的分析。

（2）机器人运动方程的求解问题，即逆向运动学

已知机器人连杆的几何参数，给定机器人末端执行器相对于参考坐标系的期望位置和姿态（位姿），求机器人能够达到预期位姿的关节变量，这就需要对运动方程求解。机器人运动方程的求解问题，即逆向运动学，属于问题综合。因此，也可以把机器人运动方程的求解问题称为机器人运动的综合。

要知道工作物体和工具的相对速度，就要指定手臂逐点运动的速度。雅可比矩阵是由某个笛卡儿坐标系规定的各单个关节速度对最后一个连杆速度的线性变换。大多数工业机器人具有 6 个关节，这意味着雅可比矩阵是 6 阶方阵。

2.6.1 机器人运动方程的表示

机械手是一系列由关节连接起来的连杆构成的一个运动链。将关节链上的一系列刚体称为连杆，通过转动关节或移动关节将相邻的两个连杆连接起来。六连杆机械手可具有 6 个自由度，每个连杆含有一个自由度，并能在其运动范围内任意定位与定向。按机器人的惯常设计，其中 3 个自由度用于规定位置，而另外 3 个自由度用来规定姿态。

2.6.1.1 运动姿态和方向角

（1）机械手的运动方向

图 23-2-9 表示机器人的一个夹手。把所描述的坐标系的原点置于夹手指尖的中心，此原点由矢量 $\boldsymbol{p}$ 表示。描述夹手方向的三个单位矢量的指向如下：z 向矢量处于夹手进入物体的方向上，并称为接近矢量 $\boldsymbol{a}$；y 向矢量的方向从一个指尖指向另一个指尖，处于规定夹手方向上，称为方向矢量 $\boldsymbol{o}$；最后一个矢量叫做法线矢量 $\boldsymbol{n}$，它与矢量 $\boldsymbol{o}$ 和 $\boldsymbol{a}$ 一起构成一个右手矢量集合，并由矢量的外积所规定：$\boldsymbol{n} = \boldsymbol{o} \times \boldsymbol{a}$，令 $\boldsymbol{T}_6$ 表示机械手的位置和姿态，则变换 $\boldsymbol{T}_6$ 具有下列元素。

$$T_6=\begin{bmatrix} n_x & o_x & a_x & p_x \\ n_y & o_y & a_y & p_y \\ n_z & o_z & a_z & p_z \\ 0 & 0 & 0 & 1 \end{bmatrix} \tag{23-2-64}$$

六连杆机械手的矩阵（$\boldsymbol{T}_6$）由指定其 16 个元素的数值来决定。在这 16 个元素中，只有 12 个元素具有实际含义。底行由三个 0 和一个 1 组成。左列矢量 $\boldsymbol{n}$ 是第二列矢量 $\boldsymbol{o}$ 和第三列矢量 $\boldsymbol{a}$ 的外积，当对 $\boldsymbol{p}$ 值不存在任何约束时，只要机械手能够到达期望位置，那么矢量 $\boldsymbol{o}$ 和 $\boldsymbol{a}$ 两者都是正交单位矢量，并且互相垂直，即有：$\boldsymbol{o}\cdot\boldsymbol{o}=1$，$\boldsymbol{a}\cdot\boldsymbol{a}=1$，$\boldsymbol{o}\cdot\boldsymbol{a}=0$。这些对矢量 $\boldsymbol{o}$ 和 $\boldsymbol{a}$ 的约束，使得对其分量的指定比较困难，除非是末端执行装置与坐标系平行这种简单情况。

也可以应用本章讨论过的通用旋转矩阵，把机械手端部的方向规定为绕某轴 $\boldsymbol{f}$ 旋转 θ 角，即 $\mathrm{Rot}(\boldsymbol{f},\theta)$。但是在达到某些期望方向时，这一转轴没有明显的直观感觉。

(2) 用旋转序列表示运动姿态

机械手的运动姿态往往由一个绕轴 x、y 和 z 的旋转序列来规定。这种转角的序列称为欧拉（Euler）角。欧拉角用一个绕 z 轴旋转 ϕ 角，再绕新的 y 轴（y'）旋转 θ 角，最后围绕新的 z 轴（z''）旋转 ψ 角来描述任何可能的姿态，见图 23-2-8。

在任何旋转序列下，旋转次序是十分重要的。这一旋转序列可由基系中相反的旋转次序来解释：先绕 z 轴旋转 ψ 角，再绕 y 轴旋转 θ 角，最后绕 z 轴旋转 ϕ 角。欧拉变换 Euler（ϕ，θ，ψ）可由连乘三个旋转矩阵来求得，即

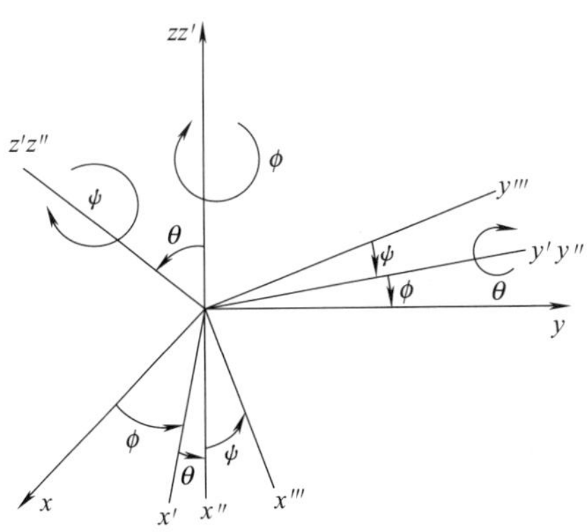

图 23-2-8　欧拉角的定义

$$\mathrm{Euler}(\phi,\theta,\psi)=\begin{bmatrix} c\phi & -s\phi & 0 & 0 \\ s\phi & c\phi & 0 & 0 \\ 0 & 0 & 1 & 0 \\ 0 & 0 & 0 & 1 \end{bmatrix}$$

$$=\begin{bmatrix} c\theta & 0 & s\theta & 0 \\ 0 & 1 & 0 & 0 \\ -s\theta & 0 & c\theta & 0 \\ 0 & 0 & 0 & 1 \end{bmatrix}\begin{bmatrix} c\psi & -s\psi & 0 & 0 \\ s\psi & c\psi & 0 & 0 \\ 0 & 0 & 1 & 0 \\ 0 & 0 & 0 & 1 \end{bmatrix}\cdot$$

$$\begin{bmatrix} c\phi c\theta c\psi - s\phi s\psi & -c\phi c\theta s\psi - s\phi c\psi & c\phi s\theta & 0 \\ s\phi c\theta c\psi + c\phi s\psi & -s\phi c\theta s\psi + c\phi c\psi & s\phi s\theta & 0 \\ -s\theta c\psi & s\theta s\psi & c\theta & 0 \\ 0 & 0 & 0 & 1 \end{bmatrix} \tag{23-2-65}$$

(3) 用横滚、俯仰和偏转角表示运动姿态

另一种常用的旋转集合是横滚（roll）、俯仰（pitch）和偏转（yaw）。

如果想象有只船沿着 z 轴方向航行，见图 23-2-9（a），这时，横流对应于围绕 z 轴旋转 ϕ 角，俯仰对应于围绕 y 轴旋转 θ 角，而偏转则对应于围绕 x 轴旋转 ψ 角。适用于机械手端部执行装置的这些旋转，见图 23-2-9（b）。

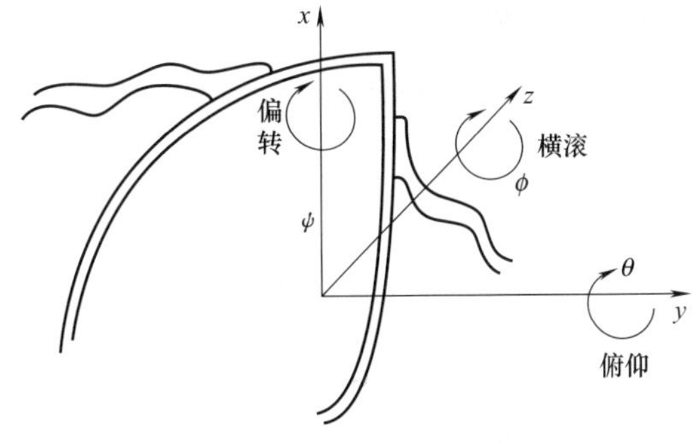

(a) 运动示意图

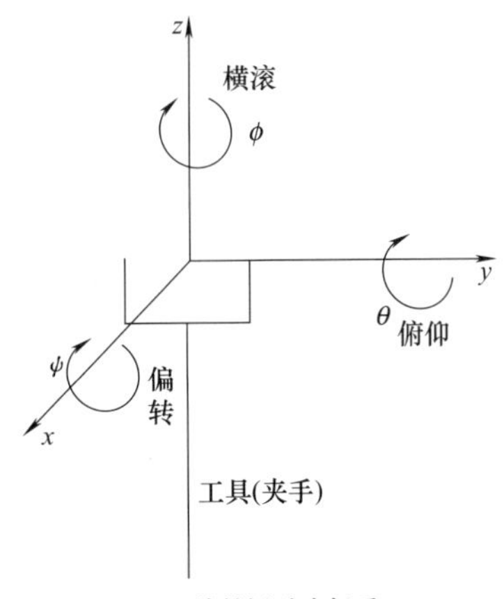

(b) 旋转运动坐标系

图 23-2-9　用横滚、俯仰和偏转表示机械手运动姿态

对于旋转次序作如下规定：

$$\mathrm{RPY}(\phi,\theta,\psi)=\mathrm{Rot}(z,\phi)\mathrm{Rot}(y,\theta)\mathrm{Rot}(x,\psi) \tag{23-2-66}$$

式中，RPY 表示横滚、俯仰和偏转三旋转的组

第 23 篇

合变换．也就是说，先绕 x 轴旋转 ψ 角，再绕 y 轴旋转 θ 角，最后绕 z 轴旋 ϕ 角。此旋转变换计算如下：

$$\mathrm{RPY}(\phi,\theta,\psi)=\begin{bmatrix}c\phi & -s\phi & 0 & 0\\ s\phi & c\phi & 0 & 0\\ 0 & 0 & 1 & 0\\ 0 & 0 & 0 & 1\end{bmatrix}\begin{bmatrix}c\theta & 0 & s\theta & 0\\ 0 & 1 & 0 & 0\\ -s\theta & 0 & c\theta & 0\\ 0 & 0 & 0 & 1\end{bmatrix}\begin{bmatrix}1 & 0 & 0 & 0\\ 0 & c\psi & -s\psi & 0\\ 0 & s\psi & c\psi & 0\\ 0 & 0 & 0 & 1\end{bmatrix}$$

$$=\begin{bmatrix}c\phi c\theta & c\phi s\theta s\psi-s\phi c\psi & c\phi s\theta c\psi+s\phi s\psi & 0\\ s\phi c\theta & s\phi s\theta s\psi+c\phi c\psi & s\phi s\theta c\psi-c\phi s\psi & 0\\ -s\theta & c\theta s\psi & c\theta c\psi & 0\\ 0 & 0 & 0 & 1\end{bmatrix} \tag{23-2-67}$$

2.6.1.2　运动位置和坐标

一旦机械手的运动姿态由某个姿态变换规定之后，它在基系中的位置能够由左乘一个对应于矢量 $\boldsymbol{p}$ 的平移变换来确定：

$$\boldsymbol{T}_6=\begin{bmatrix}1 & 0 & 0 & p_x\\ 0 & 1 & 0 & p_y\\ 0 & 0 & 1 & p_z\\ 0 & 0 & 0 & 1\end{bmatrix}[\text{某姿态变换}] \tag{23-2-68}$$

这一平移变换可用不同的坐标来表示。

除了已经讨论过的笛卡儿坐标外，还可以用柱面坐标和球面坐标来表示这一平移。

(1) 用柱面坐标表示运动位置

首先用柱面坐标来表示机械手手臂的位置，即表示其平移变换。这对应于沿 x 轴平移 r，再绕 z 轴旋 α，最后沿 z 轴平移 z，如图 23-2-10 (a) 所示。

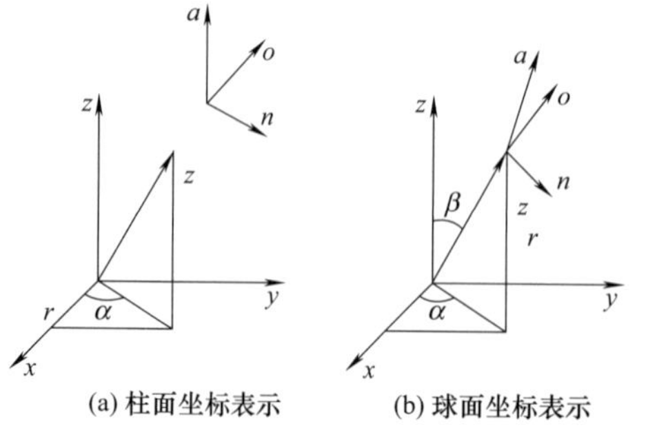

图 23-2-10　用柱面坐标和球面坐标表示位置

即有

$$\mathrm{Cyl}(z,\alpha,r)=\mathrm{Trans}(0,0,z)\mathrm{Rot}(z,\alpha)\mathrm{Trans}(r,0,0) \tag{23-2-69}$$

式中，Cyl 表示柱面坐标组合变换。计算上式并化简得：

$$\mathrm{Cyl}(z,\alpha,r)=\begin{bmatrix}1 & 0 & 0 & 0\\ 0 & 1 & 0 & 0\\ 0 & 0 & 1 & z\\ 0 & 0 & 0 & 1\end{bmatrix}\begin{bmatrix}c\alpha & -s\alpha & 0 & 0\\ s\alpha & c\alpha & 0 & 0\\ 0 & 0 & 1 & 0\\ 0 & 0 & 0 & 1\end{bmatrix}\begin{bmatrix}1 & 0 & 0 & r\\ 0 & 1 & 0 & 0\\ 0 & 0 & 1 & 0\\ 0 & 0 & 0 & 1\end{bmatrix}$$

$$=\begin{bmatrix}c\alpha & -s\alpha & 0 & rc\alpha\\ s\alpha & c\alpha & 0 & rs\alpha\\ 0 & 0 & 1 & z\\ 0 & 0 & 0 & 1\end{bmatrix} \tag{23-2-70}$$

如果用某个如式 (23-2-68) 所示的姿态变换右乘上述变换式，那么，手臂将相对于基系绕 z 轴旋转 α 角，要使变换后机器人末端相对基系的姿态不变，那么就应对式 (23-2-70) 绕轴旋转一个 $-\alpha$ 角，即有

Cyl (z,α,r)

$$=\begin{bmatrix}c\alpha & -s\alpha & 0 & rc\alpha\\ s\alpha & c\alpha & 0 & rs\alpha\\ 0 & 0 & 1 & z\\ 0 & 0 & 0 & 1\end{bmatrix}\begin{bmatrix}c(-\alpha) & -s(-\alpha) & 0 & 0\\ s(-\alpha) & c(-\alpha) & 0 & 0\\ 0 & 0 & 1 & 0\\ 0 & 0 & 0 & 1\end{bmatrix}$$

$$=\begin{bmatrix}1 & 0 & 0 & rc\alpha\\ 0 & 1 & 0 & rs\alpha\\ 0 & 0 & 1 & z\\ 0 & 0 & 0 & 1\end{bmatrix} \tag{23-2-71}$$

这就是用以解释柱面坐标 Cyl(z,α,r) 的形式。

(2) 用球面坐标表示运动位置

现在讨论用球面坐标表示手臂运动位置矢量的方法。这个方法对应于沿 z 轴平移 r，再绕 y 轴旋转 β 角，最后绕 z 轴旋转 α 角，如图 23-2-10 (b) 所示，即

$$\mathrm{Sph}(\alpha,\beta,r)=\mathrm{Rot}(z,\alpha)\mathrm{Rot}(y,\beta)\mathrm{Trans}(0,0,r) \tag{23-2-72}$$

式中，Sph 表示球面坐标组合变换。对上式进行计算结果如下：

$$\mathrm{Sph}(\alpha,\beta,r)=\begin{bmatrix}c\alpha & -s\alpha & 0 & 0\\ s\alpha & c\alpha & 0 & 0\\ 0 & 0 & 1 & 0\\ 0 & 0 & 0 & 1\end{bmatrix}\begin{bmatrix}c\beta & 0 & s\beta & 0\\ 0 & 1 & 0 & 0\\ -s\beta & 0 & c\beta & 0\\ 0 & 0 & 0 & 1\end{bmatrix}\begin{bmatrix}1 & 0 & 0 & 0\\ 0 & 1 & 0 & 0\\ 0 & 0 & 1 & r\\ 0 & 0 & 0 & 1\end{bmatrix}$$

$$=\begin{bmatrix} c\alpha c\beta & -s\alpha & c\alpha s\beta & r c\alpha s\beta \\ s\alpha c\beta & c\alpha & s\alpha s\beta & r s\alpha s\beta \\ -s\beta & 0 & c\beta & r c\beta \\ 0 & 0 & 0 & 1 \end{bmatrix} \tag{23-2-73}$$

如果希望变换后机器人末端坐标系相对基系的姿态不变，那么就必须用 Rot（y，$-\beta$）和 Rot（z，$-\alpha$）右乘式（23-2-73），即

$$\mathrm{Sph}(\alpha,\beta,r)=\mathrm{Rot}(z,\alpha)\mathrm{Rot}(y,\beta)\mathrm{Trans}(0,0,r)\mathrm{Rot}(y,-\beta)\mathrm{Rot}(z,-\alpha)$$

$$=\begin{bmatrix} 1 & 0 & 0 & r c\alpha s\beta \\ 0 & 1 & 0 & r s\alpha s\beta \\ 0 & 0 & 1 & r c\beta \\ 0 & 0 & 0 & 1 \end{bmatrix} \tag{23-2-74}$$

以上为用于解释球面坐标的形式。

2.6.1.3　连杆变换矩阵及其乘积

为机器人的每一连杆建立一个坐标系，并用齐次变换来描述这些坐标系间的相对位置和姿态，可以通过递归的方式获得末端执行器相对于基坐标系的齐次变换矩阵，即求得机器人的运动方程。

（1）广义连杆

相邻坐标系间及其相应连杆可以用齐次变换矩阵来表示。要求出操作手所需要的变换矩阵，每个连杆都要用广义连杆来描述。在求得相应的广义变换矩阵之后，可对其加以修正，以适合每个具体的连杆。

从机器人的固定基座开始为连杆进行编号，一般称固定基座为连杆 0，第一个可动连杆为连杆 1，依此类推，机器人最末端的连杆为连杆 n。为了使末端执行器能够在三维空间中达到任意的位置和姿态，机器人至少需要 6 个关节（对应 6 个自由度——3 个位置自由度和 3 个方位自由度）。

机器人机械手是由一系列连接在一起的连杆（杆件）构成的。可以将连杆各种机械结构抽象成两个几何要素及其参数，即公共法线距离 a_i 和垂直于 a_i 所在平面内两轴的夹角 α_i。另外，相邻杆件之间的连接关系也被抽象成两个量，即两连杆的相对位置 d_i 和两连杆法线的夹角 θ_i，如图 23-2-11 所示。

各参考坐标系建立约定如图 23-2-11 所示，其特点是每一杆件的坐标系 z 轴和原点固连在该杆件的前一个轴线上，除第一个和最后一个连杆外，每个连杆两端的轴线各有一条法线，分别为前、后相邻连杆的公共法线，这两法线间的距离即为 d_i，a_{i-1} 被称为连杆长度，α_{i-1} 为连杆扭角，d_i 为两连杆距离，θ_i 为两连杆夹角。

机器人机械手连杆连接关节的类型有两种——转动关节和棱柱联轴节。对于转动关节，θ_i 为关节变量。连杆 i 的坐标系原点位于轴 $i-1$ 和 i 的公共法线与关节 i 轴线的交点上，如果两相邻连杆的轴线相交于一点，那么原点就在这一交点上。如果两轴线互相平行，那么原点选择时应使其对下一连杆（其坐标原点已确定）的距离 d_{i+1} 为零，连杆 i 的 z 轴与关节 $i+1$ 的轴线在一直线上，而 x 轴则在连杆 i 和 $i+1$ 的公共法线上，其方向从 i 指向 $i+1$，见图 23-2-12。当两关节轴线相交时，x 轴的方向与两矢量的外积 $z_{i-1}\times z_i$ 平行或反向平行，x 轴的方向总是沿着公共法线从转轴 i 指向 $i+1$。当两轴 x_{i-1} 和 x_i 平行且同向时，第 i 个转动关节的 θ_i 为零。

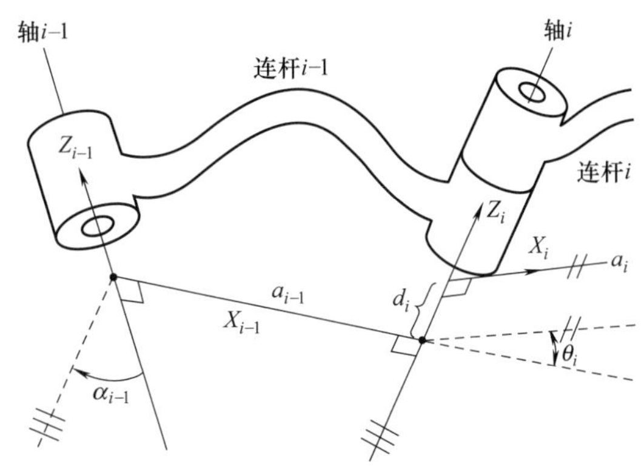

图 23-2-11　连杆四参数及坐标系建立示意图

在建立机器人杆件坐标系时，首先在每一杆件 i 的首关节轴 i 上建立坐标轴 z_i，z_i 正向在两个方向中选一个方向即可，但所有 z 轴应尽量一致。图 23-2-11所示的 a_i、α_i、θ_i 和 d_i 四个参数，除 $a_i\geqslant 0$ 外，其他三个值皆有正负，因为 α_i、θ_i 分别是围绕 X_i、Z_i 轴旋转定义的，它们的正负就根据判定旋转矢量方向的右手法则来确定。d_i 为沿 Z_i 轴由 X_{i-1} 垂足到 X_i 垂足的距离，距离移动时与 Z_i 正向一致时符号取为正。

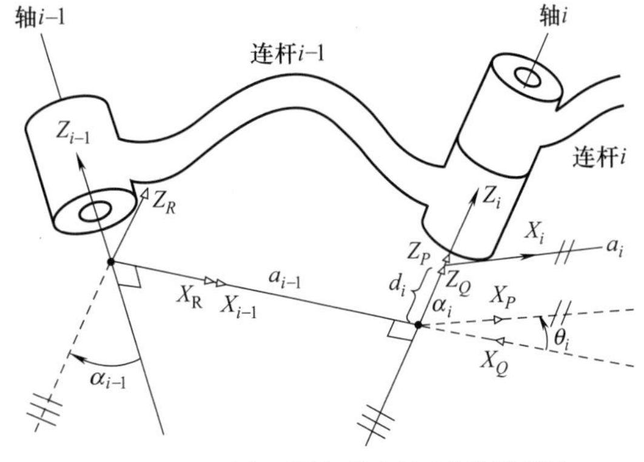

图 23-2-12　连杆两端相邻坐标系变换示意图

(2) 广义变换矩阵

一旦对全部连杆规定坐标系之后，可以按照下列顺序由两个旋转和两个平移来建立相邻两连杆坐标系 $i-1$ 与 i 之间的相对关系，见图 23-2-11 与图23-2-12。

① 绕 X_{i-1} 轴旋转 α_{i-1} 角，使 Z_{i-1} 转到 Z_R，同 Z_i 方向一致，使坐标系 $\{i-1\}$ 过渡到 $\{R\}$。

② 坐标系 $\{R\}$ 沿 X_{i-1} 或 X_R 轴平移一距离 a_{i-1}，将坐标系移到 i 轴上，使坐标系 $\{R\}$ 过渡到 $\{Q\}$。

③ 坐标系 $\{Q\}$ 绕 Z_Q 或 Z_i 轴转动 θ_i 角，使 $\{Q\}$ 过渡到 $\{P\}$。

④ 坐标系 $\{P\}$ 再沿 Z_i 轴平移一距离 d_i，使 $\{P\}$ 过渡到和 i 杆的坐标系 $\{i\}$ 重合。

这种关系可由表示连杆 i 对连杆 $i-1$ 相对位置的四个齐次变换来描述。根据坐标系变换的链式法则，坐标系 $\{i-1\}$ 到坐标系 $\{i\}$ 的变换矩阵可以写成：

$$ {}^{i-1}_{i}T={}^{i-1}_{R}T{}^{R}_{Q}T{}^{Q}_{P}T{}^{P}_{i}T \tag{23-2-75}$$

式 (23-2-75) 中的每个变换都是仅有一个连杆参数的基础变换（旋转或平移变换），根据中间坐标系的设置，式 (23-2-75) 可以写成：

$$ {}^{i-1}_{i}T=\mathrm{Rot}(x,\alpha_{i-1})\mathrm{Trans}(a_{i-1},0,0)\mathrm{Rot}(z,\theta_i)\mathrm{Trans}(0,0,d_i) \tag{23-2-76}$$

由 4 矩阵连乘可以计算出式 (23-2-76)，即${}^{i-1}_{i}T$ 的变换通式为：

$$ {}^{i-1}_{i}\boldsymbol{T}=\begin{bmatrix} c\theta_i & -s\theta_i & 0 & \alpha_{i-1} \\ s\theta_i c\alpha_{i-1} & c\theta_i c\alpha_{i-1} & -s\alpha_{i-1} & -d_i s\alpha_{i-1} \\ s\theta_i s\alpha_{i-1} & c\theta_i s\alpha_{i-1} & c\alpha_{i-1} & d_i c\alpha_{i-1} \\ 0 & 0 & 0 & 1 \end{bmatrix} \tag{23-2-77}$$

机械手端部对基座的${}^{0}_{6}T$ 关系为：

$$ {}^{0}_{6}T={}^{0}_{1}T{}^{1}_{2}T{}^{2}_{3}T{}^{3}_{4}T{}^{4}_{5}T{}^{5}_{6}T $$

如果机器人 6 个关节中的变量分别是 θ_1、θ_2、θ_3、θ_4、θ_5、θ_6，则末端相对基座的齐次矩阵也应该是包含这 6 个变量的 4×4 矩阵，即

$$ {}^{0}_{6}T(\theta_1,\theta_2,d_3,\theta_4,\theta_5,\theta_6)={}^{0}_{1}T(\theta_1){}^{1}_{2}T(\theta_2){}^{2}_{3}T(d_3){}^{3}_{4}T(\theta_4){}^{4}_{5}T(\theta_5){}^{5}_{6}T(\theta_6) \tag{23-2-78}$$

式 (23-2-78) 就是机器人正向运动学的表达式，即通过机器人各关节值计算出末端相对于基座的位姿。

若机器人基座相对工件参照系有一个固定变换 $\boldsymbol{Z}$，机器人工具末端相对手腕端部坐标系 $\{6\}$ 也有一个固定变换 $\boldsymbol{E}$，则机器人工具末端相对工件参照系的变换 $\boldsymbol{X}$ 为：

$$ \boldsymbol{X}=\boldsymbol{Z}{}^{0}_{6}\boldsymbol{T}\boldsymbol{E} \tag{23-2-79}$$

2.6.2　机械手运动方程的求解

前面讨论了机器人的正向运动学，本节将研究难度更大的逆向运动学问题，即机器人运动方程的求解问题。已知工具坐标系相对于工作台坐标系的期望位置和姿态，求机器人能够达到预期位姿的关节变量。大多数机器人程序设计语言，是用某个笛卡儿坐标系来指定机械手末端位置的。这一指定可用于求解机械手最后一个连杆的姿态 $\boldsymbol{T}_6$。不过，在机械手被驱动至该姿态之前，必须知道与该位置有关的所有关节的位置。

2.6.2.1　欧拉变换解

(1) 基本隐式方程解

首先令

$$ \mathrm{Euler}(\phi,\theta,\psi)=\boldsymbol{T} \tag{23-2-80}$$

式中，

$$ \mathrm{Euler}(\phi,\theta,\psi)=\mathrm{Rot}(z,\phi)\mathrm{Rot}(y,\theta)\mathrm{Rot}(z,\psi) \tag{23-2-81}$$

已知任意变换 $\boldsymbol{T}$，求 ϕ、θ 和 ψ。即已知 $\boldsymbol{T}$ 矩阵各元素的数值，求其所对应的 ϕ、θ 和 ψ 值。为解决该问题，根据下式

$$ \begin{bmatrix} n_x & o_x & a_x & p_x \\ n_y & o_y & a_y & p_y \\ n_z & o_z & a_z & p_z \\ 0 & 0 & 0 & 1 \end{bmatrix} = \begin{bmatrix} c\phi c\theta c\psi - s\phi s\psi & -c\phi c\theta s\psi - s\phi c\psi & c\phi s\theta & 0 \\ s\phi c\theta c\psi + c\phi s\psi & -s\phi c\theta c\psi + c\phi c\psi & s\phi s\theta & 0 \\ -s\theta c\psi & s\theta s\psi & c\theta & 0 \\ 0 & 0 & 0 & 1 \end{bmatrix} \tag{23-2-82}$$

令矩阵方程两边各对应元素一一相等，可得 16 个方程式，其中有 12 个为隐式方程。从这些隐式方程中可以求得所需参数。在式 (23-2-82) 中，只有 9 个隐式方程式，因为其平移坐标是明显解。这些隐式方程如下：

$$ n_x=c\phi c\theta c\psi - s\phi s\psi \tag{23-2-83}$$

$$ n_y=s\phi c\theta c\psi + c\phi s\psi \tag{23-2-84}$$

$$ n_z=-s\theta c\psi \tag{23-2-85}$$

$$ o_x=-c\phi c\theta s\psi - s\phi c\psi \tag{23-2-86}$$

$$ o_y=-s\phi c\theta s\psi + c\phi c\psi \tag{23-2-87}$$

$$ o_z=s\theta s\psi \tag{23-2-88}$$

$$ a_x=c\phi s\theta \tag{23-2-89}$$

$$ a_y=s\phi s\theta \tag{23-2-90}$$

$$ a_z=c\theta \tag{23-2-91}$$

(2) 用双变量反正切函数确定角度

可以试探地对 ϕ、θ 和 ψ 进行如下求解。根据式 (23-2-91) 得：

$$\theta=c^{-1}(a_z) \tag{23-2-92}$$

根据式 (23-2-89) 和式 (23-2-91) 有：

$$\phi=c^{-1}(a_x/s\theta) \tag{23-2-93}$$

又根据式 (23-2-85) 和式 (23-2-91) 有：

$$\psi=c^{-1}(-n_z/s\theta) \tag{23-2-94}$$

但是，这些解答是无用的，因为：

① 当由余弦函数求角度时不仅此角度的符号是不确定的，而且所求角度的准确程度又与该角度本身有关，即 $\cos\theta=\cos(-\theta)$ 以及 $\mathrm{d}\cos(\theta)/\mathrm{d}\theta|_{0,180°}=0$。

② 在求解 ϕ 和 ψ 时，见式 (23-2-93) 和式 (23-2-94)，再次用到反余弦函数，而且分母为 $\sin\theta$。当 $\sin\theta$ 接近于 0 时，总会产生不准确。

③ 当 $\theta=0°$ 或 $\theta=\pm180°$ 时，式 (23-2-93) 和式 (23-2-94) 没有定义。

因此，在求解时，总是采用双变量反正切函数 atan2 来确定角度。atan2 提供 2 个自变量，即纵坐标 y 和横坐标 x，见图 23-2-13。当 $-\pi\leqslant\theta\leqslant\pi$，由 atan2 反求角度时，同时检查 y 和 x 的符号来确定其所在的象限。这一函数也能检验什么时候 x 或 y 为 0，并反求出正确的角度。atan2 的精确程度对其整个定义域都是一样的。

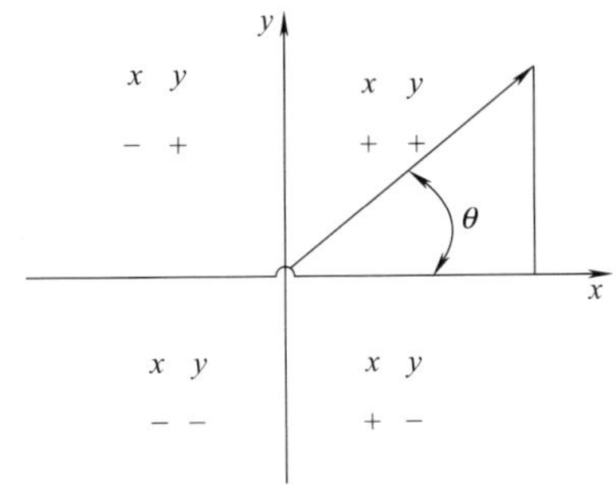

图 23-2-13 反正切函数 atan2

(3) 用显式方程求各角度

要求得方程式的解，采用另一种通常能够导致显式解答的方法。用未知逆变换依次左乘已知方程，对于欧拉变换有：

$$\begin{bmatrix} c\phi & s\phi & 0 & 0\\ -s\phi & c\phi & 0 & 0\\ 0 & 0 & 1 & 0\\ 0 & 0 & 0 & 1\end{bmatrix}\begin{bmatrix} n_x & o_x & a_x & p_x\\ n_y & o_y & a_y & p_y\\ n_z & o_z & a_z & p_z\\ 0 & 0 & 0 & 1\end{bmatrix}=\begin{bmatrix} c\theta c\psi & -c\theta c\psi & s\theta & 0\\ s\psi & c\psi & 0 & 0\\ -s\theta c\psi & s\theta s\psi & c\theta & 0\\ 0 & 0 & 0 & 1\end{bmatrix} \tag{23-2-95}$$

在计算此方程式之前，用下列形式来表示乘积：

$$\begin{bmatrix} f_{11}(\boldsymbol{n}) & f_{11}(\boldsymbol{o}) & f_{11}(\boldsymbol{a}) & f_{11}(\boldsymbol{p})\\ f_{12}(\boldsymbol{n}) & f_{12}(\boldsymbol{o}) & f_{12}(\boldsymbol{a}) & f_{12}(\boldsymbol{p})\\ f_{13}(\boldsymbol{n}) & f_{13}(\boldsymbol{o}) & f_{13}(\boldsymbol{a}) & f_{13}(\boldsymbol{p})\\ 0 & 0 & 0 & 1\end{bmatrix} \tag{23-2-96}$$

其中，$f_{11}=c\phi x+s\phi y$，$f_{12}=-s\phi x+c\phi y$，$f_{13}=z$，而 x、y 和 z 为 f_{11}、f_{12} 和 f_{13} 的各相应分量，例如：

$$f_{11}(\boldsymbol{a})=-s\phi a_x+c\phi a_y \tag{23-2-97}$$

$$f_{11}(\boldsymbol{p})=c\phi p_x+s\phi p_y \tag{23-2-98}$$

据此可把式 (23-2-95) 重写为：

$$\begin{bmatrix} f_{11}(\boldsymbol{n}) & f_{11}(\boldsymbol{o}) & f_{11}(\boldsymbol{a}) & f_{11}(\boldsymbol{p})\\ f_{12}(\boldsymbol{n}) & f_{12}(\boldsymbol{o}) & f_{12}(\boldsymbol{a}) & f_{12}(\boldsymbol{p})\\ f_{13}(\boldsymbol{n}) & f_{13}(\boldsymbol{o}) & f_{13}(\boldsymbol{a}) & f_{13}(\boldsymbol{p})\\ 0 & 0 & 0 & 1\end{bmatrix}=\begin{bmatrix} c\theta c\psi & -c\theta c\psi & s\theta & 0\\ s\psi & c\psi & 0 & 0\\ -s\theta c\psi & s\theta s\psi & c\theta & 0\\ 0 & 0 & 0 & 1\end{bmatrix} \tag{23-2-99}$$

检查上式可见，p_x，p_y 和 p_z 均为 0。这是理想结果，因为欧拉变换不产生任何平移。此外，位于第二行第三列的元素也为 0。所以可得 $f_{12}(\boldsymbol{a})=0$，即

$$-s\phi a_x+c\phi a_y=0 \tag{23-2-100}$$

上式两边分别加上 $s\phi a_x$，再除以 $c\phi a_x$，可得

$$\tan\phi=\frac{s\phi}{c\phi}=\frac{a_y}{a_x} \tag{23-2-101}$$

这样，即可以从反正切函数 atan2 得到：

$$\phi=\operatorname{atan2}(a_y,a_x) \tag{23-2-102}$$

对式 (23-2-100) 两边分别加上 $-c\phi a_y$，然后除以 $-c\phi a_x$，可得

$$\tan\phi=\frac{s\phi}{c\phi}=\frac{-a_y}{-a_x} \tag{23-2-103}$$

这时可得式 (23-2-102) 的另一个解为：

$$\phi=\operatorname{atan2}(-a_y,-a_x) \tag{23-2-104}$$

式 (23-2-102) 与式 (23-2-104) 两解相差 180°。

除非出现 a_y 和 a_x 均为 0 的情况，否则总能得到式 (23-2-101) 的两个相差 180°的解。当 a_y 和 a_x 均为 0 时，角度 ϕ 没有定义。这种情况是在机械手臂垂直向上或向下，且 ϕ 和 ψ 两角又对应于同一旋转时出现的。这种情况称为退化 (degeneracy)。这时，任取 $\phi=0$。

求得 ϕ 值之后，式 (23-2-99) 左式的所有元素也就随之确定。令左式元素与右边对应元素相等，可得：$s\theta=f_{11}(\boldsymbol{a})$，$c\theta=f_{13}(\boldsymbol{a})$，或 $s\theta=c\phi a_x+s\phi a_y$，$c\theta=a_z$。于是有：

第
23
篇

$$\theta=\text{atan2}(c\phi a_x+s\phi a_y, a_z) \quad (23\text{-}2\text{-}105)$$

当正弦和余弦都确定时，角度 θ 总是唯一确定的，而且不会出现前述角度 ϕ 那种退化问题。

最后求解角度 ψ。由式（23-2-99）有：

$$s\psi=f_{12}(\boldsymbol{n}), c\psi=f_{12}(\boldsymbol{o}),$$

或 $s\psi=-s\phi n_x+c\phi n_y$，$c\psi=-s\phi o_x+c\phi o_y$

(23-2-106)

从而得到：

$$\psi=\text{atan2}(-s\phi n_x+c\phi n_y, -s\phi o_x+c\phi o_y) \quad (23\text{-}2\text{-}107)$$

概括地说，如果已知一个表示任意旋转的齐次变换，那么就能够确定其等价欧拉角：

$$\phi=\text{atan2}(a_y, a_x), \phi=\phi+180°$$
$$\theta=\text{atan2}(c\phi a_x+s\phi a_y, a_z)$$
$$\psi=\text{atan2}(-s\phi n_x+c\phi n_y, -s\phi o_x+c\phi o_y) \quad (23\text{-}2\text{-}108)$$

2.6.2.2　滚、仰、偏变换解

在分析欧拉变换时已经知道，只有用显式方程才能求得确定的解答。所以在这里直接从显式方程来求解用滚动、俯仰和偏转表示的变换方程。式（23-2-66）和式（23-2-67）给出了这些运动方程式。从式（23-2-67）得：

$$\text{Rot}(z,\phi)^{-1}T=\text{Rot}(y,\theta)\text{Rot}(x,\psi)$$

$$\begin{bmatrix} f_{11}(n) & f_{11}(o) & f_{11}(a) & f_{11}(p) \\ f_{12}(n) & f_{12}(o) & f_{12}(a) & f_{12}(p) \\ f_{13}(n) & f_{13}(o) & f_{13}(a) & f_{13}(p) \\ 0 & 0 & 0 & 1 \end{bmatrix} = \begin{bmatrix} c\theta & s\theta s\psi & s\theta c\psi & 0 \\ 0 & c\psi & -s\psi & 0 \\ -s\theta & c\theta s\psi & c\theta c\psi & 0 \\ 0 & 0 & 0 & 1 \end{bmatrix} \quad (23\text{-}2\text{-}109)$$

式中，f_{11}、f_{12} 和 f_{13} 的定义同前。令 $f_{12}(\boldsymbol{n})$ 与式（22-2-109）右式的对应元素相等可得：

$$-s\phi n_x+c\phi n_y=0 \quad (23\text{-}2\text{-}110)$$

从而得：

$$\phi=\text{atan2}(n_y, n_x) \quad (23\text{-}2\text{-}111)$$
$$\phi=\phi+180° \quad (23\text{-}2\text{-}112)$$

又令式（23-2-109）中左右式中的（3，1）及（1，1）元素分别相等，有：$-s\theta=n$，$c\theta=c\phi n_x+s\phi n_y$，于是得：

$$\theta=\text{atan2}(-n, c\phi n_x+s\phi n_y) \quad (23\text{-}2\text{-}113)$$

最后令第（2，3）和（2，2）对应元素分别相等，有 $-s\psi=-s\phi a_x+c\phi a_y$，$c\psi=-s\phi o_x+c\phi o_y$，据此可得：

$$\psi=\text{atan2}(s\phi a_x-c\phi a_y, -s\phi o_x+c\phi o_y) \quad (23\text{-}2\text{-}114)$$

综上分析可得 RPY 变换各角如下：

$$\phi=\text{atan2}(n_y, n_x)$$
$$\phi=\phi+180°$$
$$\theta=\text{atan2}(-n_x, c\phi n_x+s\phi n_y)$$
$$\psi=\text{atan2}(s\phi a_x-c\phi a_y, -s\phi o_x+c\phi o_y) \quad (23\text{-}2\text{-}115)$$

2.6.2.3　球面变换解

也可以把上述求解技巧用于球面坐标系表示的运动方程，这些方程如式（23-2-116）所示。由式（23-2-116）可得：

$$\text{Rot}(z,\alpha)^{-1}T=\text{Rot}(y,\beta)\text{Trans}(0,0,r) \quad (23\text{-}2\text{-}116)$$

$$\begin{bmatrix} c\alpha & s\alpha & 0 & 0 \\ -s\alpha & c\alpha & 0 & 0 \\ 0 & 0 & 1 & 0 \\ 0 & 0 & 0 & 1 \end{bmatrix}\begin{bmatrix} n_x & o_x & a_x & p_x \\ n_y & o_y & a_y & p_y \\ n_z & o_z & a_z & p_z \\ 0 & 0 & 0 & 1 \end{bmatrix} = \begin{bmatrix} c\beta & 0 & s\beta & rs\beta \\ 0 & 1 & 0 & 0 \\ -s\beta & 0 & c\beta & rc\beta \\ 0 & 0 & 0 & 1 \end{bmatrix}$$

$$\begin{bmatrix} f_{11}(n) & f_{11}(o) & f_{11}(a) & f_{11}(p) \\ f_{12}(n) & f_{12}(o) & f_{12}(a) & f_{12}(p) \\ f_{13}(n) & f_{13}(o) & f_{13}(a) & f_{13}(p) \\ 0 & 0 & 0 & 1 \end{bmatrix} = \begin{bmatrix} c\beta & 0 & s\beta & rs\beta \\ 0 & 1 & 0 & 0 \\ -s\beta & 0 & c\beta & rc\beta \\ 0 & 0 & 0 & 1 \end{bmatrix}$$

令上式两边的第四列相等，即有：

$$\begin{bmatrix} c\alpha p_x+s\alpha p_y \\ -s\alpha p_x+c\alpha p_y \\ p_z \\ 1 \end{bmatrix} = \begin{bmatrix} rs\beta \\ 0 \\ rc\beta \\ 1 \end{bmatrix} \quad (23\text{-}2\text{-}117)$$

由此可得，$-s\alpha p_x+c\alpha p_y=0$，即：

$$\alpha=\text{atan2}(p_y, p_x) \quad (23\text{-}2\text{-}118)$$
$$\alpha=\alpha+180° \quad (23\text{-}2\text{-}119)$$

以及 $c\alpha p_x+s\alpha p_y=rs\beta$，$p_z=rc\beta$。当 $r>0$ 时

$$\beta=\text{atan2}(c\alpha p_x+s\alpha p_y, p_z) \quad (23\text{-}2\text{-}120)$$

要求得 z，必须用 $\text{Rot}(y,\beta)^{-1}$ 左乘式（23-2-116）的两边，

$$\text{Rot}(y,\beta)^{-1}\text{Rot}(z,\alpha)^{-1}T=\text{Trans}(0,0,r) \quad (23\text{-}2\text{-}121)$$

计算式（23-2-121）后，让其右式相等：

$$\begin{bmatrix} c\beta(c\alpha p_x+s\alpha p_y)-s\beta p_z \\ -s\alpha p_x+c\alpha p_y \\ s\beta(c\alpha p_x+s\alpha p_y)+c\beta p_z \\ 1 \end{bmatrix}=\begin{bmatrix} 0 \\ 0 \\ r \\ 1 \end{bmatrix} \tag{23-2-122}$$

从而可得：

$$r=s\beta(c\alpha p_x+s\alpha p_y)+c\beta p_z \tag{23-2-123}$$

综上讨论可得球面变换的解为：

$$\alpha=\mathrm{atan2}(p_y,p_x),\alpha=\alpha+180°$$
$$\beta=\mathrm{atan2}(c\alpha p_x+s\alpha p_y,p_z)$$
$$r=s\beta(c\beta p_x+s\alpha p_y)+c\beta p_z \tag{23-2-124}$$

2.7 机器人动力学

操作机器人是一种主动机械装置，原则上它的每个自由度都具有单独传动。从控制观点来看，机械手系统代表冗余的、多变量的和本质非线性的自动控制系统，也是个复杂的动力学耦合系统。每个控制任务本身就是一个动力学任务，因此，研究机器人机械手的动力学问题，就是为了进一步讨论控制问题。

通过下列两种理论来分析机器人操作的动态数学模型。

① 动力学基本理论，包括牛顿-欧拉方程。

② 拉格朗日力学，特别是二阶拉格朗日方程。

第一种理论方法即为力的动态平衡法。应用此法时需要从运动学出发求得加速度，并消去各内作用力。对于较复杂的系统，此种分析方法十分复杂，因此本章只讨论一些比较简单的例子。第二种理论方法即拉格朗日功能平衡法，它只需要速度而不必求内作用力，因此是一种直截了当且简便的方法。在本手册中，主要采用这一方法来分析和求解机械手的动力学问题。通过求得动力学问题的符号解答，有助于对机器人控制问题的深入理解。

动力学有两个相反的问题，其一是已知机械手各关节的作用力或力矩，求各关节的位移、速度和加速度，求得运动轨迹；其二是已知机械手的运动轨迹，即各关节的位移、速度和加速度，求各关节所需要的驱动力或力矩。前者称为动力学正问题，后者称为动力学逆问题。一般操作机器人的动态方程用六个非线性微分联立方程表示，但是除了一些比较简单的情况外，这些方程式是不能求得一般解答的。往往通过矩阵形式求得动态方程，并简化它们，以获得控制所需要的信息。在实际控制时，通常要对动态方程做出某些假设，进行简化处理。

2.7.1 刚体动力学

拉格朗日函数 L 可定义为系统的动能 K 和位能 P 之差，即

$$L=K-P \tag{23-2-125}$$

其中，K 和 P 可以用任何方便的坐标系来表示。

系统动力学方程式，即拉格朗日方程如下：

$$F_i=\frac{\mathrm{d}}{\mathrm{d}t}\frac{\partial L}{\partial \dot{q}_i}-\frac{\partial L}{\partial \dot{q}_i},i=1,2,\cdots,n \tag{23-2-126}$$

式中，q_i 为表示动能和位能的坐标，$\dot{q}_i$ 为相应的速度，而 F_i 为作用在第 i 个坐标上的力或力矩。F_i 为力还是力矩，是由 q_i 为直线坐标或角坐标决定的。这些力、力矩和坐标称为广义力、广义力矩和广义坐标，n 为连杆数目。

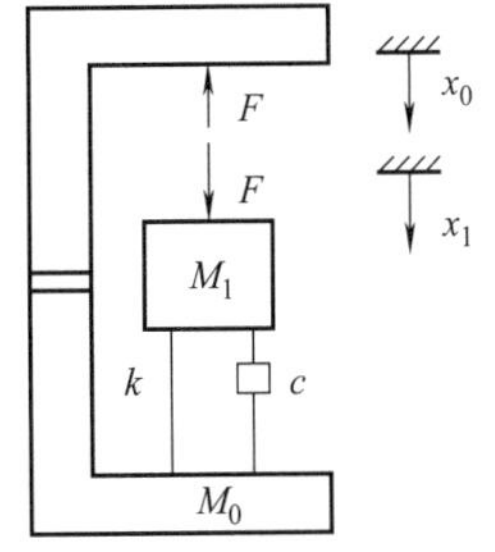

图 23-2-14　一般物体的动能与位能

2.7.1.1 刚体的动能与位能

根据力学原理，对如图 23-2-14 所示的一般物体平动时所具有的动能和位能进行计算如下：

$$K=\frac{1}{2}M_1\dot{x}_1^2+\frac{1}{2}M_0\dot{x}_0^2 \tag{23-2-127}$$

$$P=\frac{1}{2}k\ (x_1-x_0)^2-M_1gx_1-M_0gx_0 \tag{23-2-128}$$

$$D=\frac{1}{2}c\ (\dot{x}_1-\dot{x}_0)^2 \tag{23-2-129}$$

$$W=Fx_1-Fx_0 \tag{23-2-130}$$

式中，K、P、D 和 W 分别表示物体所具有的动能、位能、所消耗的能量和外力所做的功；M_0 和 M_1 为支架和运动物体的质量；$\dot{x}_0$ 和 $\dot{x}_1$ 为运动坐标；g 为重力加速度；k 为弹簧胡克系数；c 为摩擦系数；F 为外施作用力。

对于这一问题，存在两种情况。

（1）$x_0=0$，x_1 为广义坐标

$$\frac{\mathrm{d}}{\mathrm{d}t}\left(\frac{\partial K}{\partial \dot{x}_1}\right)-\frac{\partial K}{\partial x_1}+\frac{\partial D}{\partial \dot{x}_1}+\frac{\partial P}{\partial x_1}=\frac{\partial W}{\partial x_1} \tag{23-2-131}$$

其中，左式第一项为动能随速度（或角速度）和时间的变化；第二项为动能随位置（或角度）的变化；第三项为能耗随速度的变化；第四项为位能随位置的变化。右式为实际外加力或力矩，代入相应各项的表达式，并化简可得：

$$\frac{d}{dt}(M_1\dot{x}_1)-0+c_1\dot{x}_1+kx_1-M_1g=F \tag{23-2-132}$$

表示为一般形式为：

$$M_1\ddot{x}_1+c_1\dot{x}_1+kx_1=F+M_1g \tag{23-2-133}$$

即为所求 $x=0$ 时的动力学方程式。其中，左式三项分别表示物体的加速度、阻力和弹力，右式两项分别表示外加作用力和重力。

(2) $x_0=0$，x_0 和 x_1 均为广义坐标

此时有下式：

$$M_1\ddot{x}_1+c(\dot{x}_1-\dot{x}_0)+k(\dot{x}_1-\dot{x}_0)-M_1g=F \tag{23-2-134}$$

$$M_0\ddot{x}_0+c(\dot{x}_1-\dot{x}_0)-k(x_1-x_0)-M_0g=-F \tag{23-2-135}$$

或用矩阵形式表示为：

$$\begin{bmatrix} M_1 & 0 \\ 0 & M_0 \end{bmatrix}\begin{bmatrix} \ddot{x}_1 \\ \ddot{x}_0 \end{bmatrix}+\begin{bmatrix} c & -c \\ -c & c \end{bmatrix}\begin{bmatrix} \dot{x}_1 \\ \dot{x}_0 \end{bmatrix}+\begin{bmatrix} k & -k \\ -k & k \end{bmatrix}\begin{bmatrix} x_1 \\ x_0 \end{bmatrix}=\begin{bmatrix} F \\ -F \end{bmatrix} \tag{23-2-136}$$

下面来考虑二连杆机械手（见图 23-2-15）的动能和位能。这种运动机构具有开式运动链，与复摆运动有许多相似之处。图中，m_1 和 m_2 为连杆 1 和连杆 2 的质量，且以连杆末端的点质量表示；d_1 和 d_2 分别为两连杆的长度；θ_1 和 θ_2 为广义坐标；g 为重力加速度。

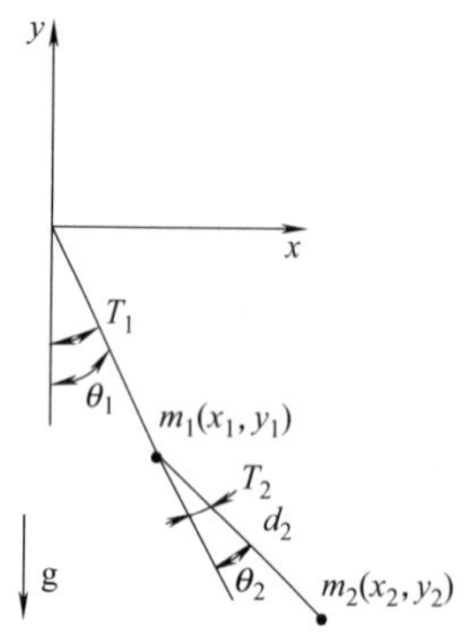

图 23-2-15 二连杆机械手（1）

先计算连杆 1 的动能 K_1 和位能 P_1。因为：

$$K_1=\frac{1}{2}m_1v_1^2, v_1=d_1\dot{\theta}_1 \text{。}$$

$$P_1=m_1gh_1, h_1=-d_1\cos\theta_1 \tag{23-2-137}$$

所以有：

$$K_1=\frac{1}{2}m_1d_1^2\dot{\theta}_1^2 \tag{23-2-138}$$

$$P_1=-m_1gd_1\cos\theta_1 \tag{23-2-139}$$

再求连杆 2 的动能 K_2 和位能 P_2：

$$K_2=\frac{1}{2}m_2v_2^2, P_2=mgy_2 \tag{23-2-140}$$

式中

$$v_2^2=\dot{x}_1^2+\dot{y}_1^2 \tag{23-2-141}$$

$$x_2=d_1\sin\theta_1+d_2\sin(\theta_1+\theta_2) \tag{23-2-142}$$

$$y_2=-d_1\cos\theta_1-d_2\cos(\theta_1+\theta_2) \tag{23-2-143}$$

$$\dot{x}_2=d_1\cos\theta_1\dot{\theta}_1+d_2\cos(\theta_1+\theta_2)(\dot{\theta}_1+\dot{\theta}_2) \tag{23-2-144}$$

$$\dot{y}_2=d_1\sin\theta_1\dot{\theta}_1+d_2\sin(\theta_1+\theta_2)(\dot{\theta}_1+\dot{\theta}_2) \tag{23-2-145}$$

于是可求得：

$$v_2^2=d_1^2\dot{\theta}_1^2+d_2^2(\dot{\theta}_1^2+2\dot{\theta}_1\dot{\theta}_2+\dot{\theta}_2^2)+2d_1d_2\cos\theta_2(\dot{\theta}_1^2+\dot{\theta}_1\dot{\theta}_2) \tag{23-2-146}$$

以及

$$K_2=\frac{1}{2}m_2d_1^2\dot{\theta}_1^2+\frac{1}{2}m_2d_2^2(\dot{\theta}_1+\dot{\theta}_2)^2+m_2d_1d_2\cos\theta_2(\dot{\theta}_1^2+\dot{\theta}_1\dot{\theta}_2) \tag{23-2-147}$$

$$P_2=-m_2gd_1\cos\theta_1-m_2gd_2\cos(\theta_1+\theta_2) \tag{23-2-148}$$

这样，二连杆机械手系统的总动能和总位能分别为：

$$\begin{aligned} K&=K_1+K_2\\ &=\frac{1}{2}(m_1+m_2)d_1^2\dot{\theta}_1^2+\frac{1}{2}m_2d_2^2(\dot{\theta}_1+\dot{\theta}_2)^2+m_2d_1d_2\cos\theta_2(\dot{\theta}_1^2+\dot{\theta}_1\dot{\theta}_2) \end{aligned} \tag{23-2-149}$$

$$\begin{aligned} P&=P_1+P_2\\ &=-(m_1+m_2)gd_1\cos\theta_1-m_2gd_2\cos(\theta_1+\theta_2) \end{aligned} \tag{23-2-150}$$

2.7.1.2 动力学方程的两种求法

(1) 拉格朗日功能平衡法

二连杆机械手系统的拉格朗日函数 L 可据式（23-2-125）、式（23-2-149）和式（23-2-150）求得：

$$L=K-P$$

$$=\frac{1}{2}(m_1+m_2)d_1^2\dot{\theta}_1^2+\frac{1}{2}m_2d_2^2(\dot{\theta}_1^2+2\dot{\theta}_1\dot{\theta}_2+$$

$\dot\theta_2^2)+m_2d_1d_2\cos\theta_2(\dot\theta_1^2+\dot\theta_1\dot\theta_2)+(m_1+m_2)g d_1\cos\theta_1+m_2 g d_2\cos(\theta_1+\theta_2)$ (23-2-151)

对 L 求偏导数和导数：

$$\frac{\partial L}{\partial\theta_1}=-(m_1+m_2)g d_1\sin\theta_1-m_2 g d_2\sin(\theta_1+\theta_2)$$

$$\frac{\partial L}{\partial\theta_2}=-m_2d_1d_2\sin\theta_2(\dot\theta_1^2+\dot\theta_1\dot\theta_2)-m_2 g d_2\sin(\theta_1+\theta_2)$$

$$\frac{\partial L}{\partial\dot\theta_1}=(m_1+m_2)d_1^2\dot\theta_1+m_2d_2^2\dot\theta_1+m_2d_2^2\dot\theta_2+2m_2d_1d_2\cos\theta_2\dot\theta_1+m_2d_1d_2\cos\theta_2\dot\theta_2$$

$$\frac{\partial L}{\partial\dot\theta_2}=m_2d_2^2\dot\theta_1+m_2d_2^2\dot\theta_2+m_2d_1d_2\cos\theta_2\dot\theta_1$$

以及

$$\frac{\mathrm{d}}{\mathrm{d}t}\frac{\partial L}{\partial\dot\theta_1}=[(m_1+m_2)d_1^2+m_2d_2^2+2m_2d_1d_2\cos\theta_2]\ddot\theta_1+(m_2d_2^2+m_2d_1d_2\cos\theta_2)\ddot\theta_2-2m_2d_1d_2\sin\theta_2\dot\theta_1\dot\theta_2-m_2d_1d_2\sin\theta_2\dot\theta_2^2$$

$$\frac{\mathrm{d}}{\mathrm{d}t}\frac{\partial L}{\partial\dot\theta_2}=m_2d_2^2\ddot\theta_1+m_2d_2^2\ddot\theta_2+m_2d_1d_2\cos\theta_2\ddot\theta_1-m_2d_1d_2\sin\theta_2\dot\theta_1\dot\theta_2$$

把相应各导数和偏导数代入式（23-2-126），即可求得力矩 T_1 和 T_2 的动力学方程式：

$$T_1=\frac{\mathrm{d}}{\mathrm{d}t}\frac{\partial L}{\partial\dot\theta_1}-\frac{\partial L}{\partial\theta_1}=[(m_1+m_2)d_1^2+m_2d_2^2+2m_2d_1d_2\cos\theta_2]\ddot\theta_1+(m_2d_2^2+m_2d_1d_2\cos\theta_2)\ddot\theta_2-2m_2d_1d_2\sin\theta_2\dot\theta_1\dot\theta_2-m_2d_1d_2\sin\theta_2\dot\theta_2^2+(m_1+m_2)g d_1\sin\theta_1+m_2 g d_2\sin(\theta_1+\theta_2) \quad (23\text{-}2\text{-}152)$$

$$T_2=\frac{\mathrm{d}}{\mathrm{d}t}\frac{\partial L}{\partial\dot\theta_2}-\frac{\partial L}{\partial\theta_2}=(m_2d_2^2+m_2d_1d_2\cos\theta_2)\ddot\theta_1+m_2d_2^2\ddot\theta_2+m_2d_1d_2\sin\theta_2\dot\theta_1^2+m_2 g d_2\sin(\theta_1+\theta_2) \quad (23\text{-}2\text{-}153)$$

式（23-2-152）和式（23-2-153）的一般形式和矩阵形式如下：

$$T_1=D_{11}\ddot\theta_1+D_{12}\ddot\theta_2+D_{111}\dot\theta_1^2+D_{122}\dot\theta_2^2+D_{112}\dot\theta_1\dot\theta_2+D_{121}\dot\theta_2\dot\theta_1+D_1 \quad (23\text{-}2\text{-}154)$$

$$T_2=D_{21}\ddot\theta_1+D_{22}\ddot\theta_2+D_{211}\dot\theta_1^2+D_{222}\dot\theta_2^2+D_{212}\dot\theta_1\dot\theta_2+D_{221}\dot\theta_2\dot\theta_1+D_2 \quad (23\text{-}2\text{-}155)$$

$$\begin{bmatrix}T_1\\T_2\end{bmatrix}=\begin{bmatrix}D_{11}&D_{12}\\D_{21}&D_{22}\end{bmatrix}\begin{bmatrix}\ddot\theta_1\\\ddot\theta_2\end{bmatrix}+\begin{bmatrix}D_{111}&D_{122}\\D_{211}&D_{222}\end{bmatrix}\begin{bmatrix}\dot\theta_1^2\\\dot\theta_2^2\end{bmatrix}+\begin{bmatrix}D_{112}&D_{121}\\D_{212}&D_{221}\end{bmatrix}\begin{bmatrix}\dot\theta_1\dot\theta_2\\\dot\theta_2\dot\theta_1\end{bmatrix}+\begin{bmatrix}D_1\\D_2\end{bmatrix} \quad (23\text{-}2\text{-}156)$$

式中，D_{ii} 称为关节 i 的有效惯量，因为关节 i 的加速度 $\ddot\theta_i$ 将在关节上产生一个等于 $D_{ii}\ddot\theta_i$ 的惯性力；D_{ii} 称为关节 i 和 j 间的耦合惯量，因为关节 i 和 j 的加速度 $\ddot\theta_i$ 和 $\ddot\theta_j$ 将在关节 j 或 i 上分别产生一个等于 $D_{ij}\ddot\theta_i$ 或 $D_{ij}\ddot\theta_j$ 的惯性力；$D_{ijk}\dot\theta_1^2$ 项是由关节 j 的速度 $\dot\theta_j$ 在关节 i 上产生的向心力；$(D_{ijk}\dot\theta_j\dot\theta_k+D_{ikj}\dot\theta_k\dot\theta_j)$ 项是由关节 j 和 k 的速度 $\dot\theta_j$ 和 $\dot\theta_k$ 引起的作用于关节 i 的哥氏力；D_i 表示关节 i 处的重力。

比较式（23-2-152）、式（23-2-153）与式（23-2-154）、式（23-2-155），可得本系统各系数如下：

有效惯量

$$D_{11}=(m_1+m_2)d_1^2+m_2d_2^2+2m_2d_1d_2\cos\theta_2$$

$$D_{22}=m_2d_2^2$$

耦合惯量

$$D_{12}=m_2d_2^2+m_2d_1d_2\cos\theta_2=m_2(d_2^2+d_1d_2\cos\theta_2)$$

向心加速度系数

$$D_{111}=0$$

$$D_{122}=-m_2d_1d_2\sin\theta_2$$

$$D_{211}=m_2d_1d_2\sin\theta_2$$

$$D_{222}=0$$

哥氏加速度系数

$$D_{112}=D_{121}=-m_2d_1d_2\sin\theta_2$$

$$D_{212}=D_{221}=0$$

重力项

$$D_1=(m_1+m_2)g d_1\sin\theta_1+m_2 g d_2\sin(\theta_1+\theta_2)$$

$$D_2=m_2 g d_2\sin(\theta_1+\theta_2)$$

下面对上例指定一些数字，以估计此二连杆机械手在静止和固定重力负荷下的 T_1 和 T_2 值。计算条件如下：

① 关节 2 锁定，维持恒速（$\ddot\theta_2=0$），即 $\dot\theta_2$ 为恒值；

② 关节 2 是不受约束的，即 $T_2=0$。

在第一个条件下，式（23-2-154）和式（23-2-155）简化为：$T_1=D_{11}\ddot\theta_1=I_1\ddot\theta_1$，$T_2=D_{12}\ddot\theta_1$。在第二个条件下，$T_2=D_{12}\ddot\theta_1+D_{22}\ddot\theta_2=0$，$T_1=D_{11}\ddot\theta_1+D_{12}\ddot\theta_2$。解之得：

第 23 篇

表 23-2-1　　各系数值及其与位置 θ_2 的关系

负载	θ_2	$\cos\theta_2$	D_{11}	D_{12}	D_{22}	I_1	I_f
地面空载	0° 90° 180° 270°	1 0 −1 0	6 4 2 4	2 1 0 1	1 1 1 1	6 4 2 4	2 3 2 3
地面满载	0° 90° 180° 270°	1 0 −1 0	18 10 2 10	8 4 0 4	4 4 4 4	18 10 2 10	2 6 2 6
外空间负载	0° 90° 180° 270°	1 0 −1 0	402 202 2 202	200 100 0 100	100 100 100 100	402 202 2 202	2 102 2 102

$$\ddot{\theta}_2=-\frac{D_{12}}{D_{22}}\ddot{\theta}_1$$

$$T_1=(D_{11}-\frac{D_{12}{}^2}{D_{22}}\ddot{\theta}_1)=I_i\ddot{\theta}_1$$

取$d_1=d_2=1$，$m_1=1$，4 和 100（分别表示机械手在地面空载、地面满载和在外空间负载的三种不同情况；对于后者，由于失重而允许有人的负载）三个不同数值下的各系数值。表 23-1-1 给出这些系数值及其与位置 θ_2 的关系。其中，对于地面空载，$m_1=m_2=1$；对于地面满载，$m_1=2$，$m_2=4$；对于外空间负载，$m_1=2$，$m_2=100$。

表 23-2-1 中最右两列为关节 1 上的有效惯量。在空载下，当 θ_2 变化时，关节 1 的有效惯量值在 3∶1（关节 2 锁定时）或 3∶2（关节 2 自由时）范围内变动。由表 23-2-1 还可以看出，在地面满载下，关节 1 的有效惯量随 θ_2 在 9∶1 范围内变化，此有效惯量值是空载时的三倍。在外空间负载 100 情况下，有效惯量变化范围更大，可达 201∶1。这些惯量的变化将对机械手的控制产生显著影响。

（2）牛顿—欧拉动态平衡法

为了与拉格朗日法进行比较，看看哪种方法比较简便，用牛顿-欧拉（Newton-Euler）动态平衡法来求上述同一个二连杆系统的动力学方程，其一般形式为：

$$\frac{\partial W}{\partial q_i}=\frac{\mathrm{d}}{\mathrm{d}t}\frac{\partial K}{\partial \dot{q}_i}-\frac{\partial K}{\partial q_i}+\frac{\partial D}{\partial q_i}+\frac{\partial P}{\partial q_i}\qquad i=1,2,\cdots,n \tag{23-2-157}$$

式中的 W、K、D、P 和q_i 等的含义与拉格朗日法一样；i 为连杆代号，n 为连杆数目。

质量m_1 和 m_2 的位置矢量 $\boldsymbol{r}_1$ 和 $\boldsymbol{r}_2$（见图 23-2-16）为：

$$\boldsymbol{r}_1=\boldsymbol{r}_0+(d_1\cos\theta_1)\boldsymbol{i}+(d_1\sin\theta_1)\boldsymbol{j}$$
$$=(d_1\cos\theta_1)\boldsymbol{i}+(d_1\sin\theta_1)\boldsymbol{j}$$

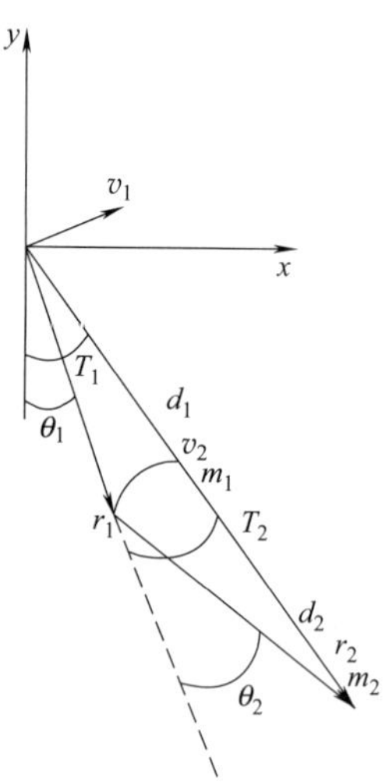

图 23-2-16　二连杆机械手（2）

$$\boldsymbol{r}_2=\boldsymbol{r}_1+[d_2\cos(\theta_1+\theta_2)]\boldsymbol{i}+[d_2\sin(\theta_1+\theta_2)]\boldsymbol{j}$$
$$=[d_1\cos\theta_1+d_2\cos(\theta_1+\theta_2)]\boldsymbol{i}+$$
$$[d_1\sin\theta_1+d_2\sin(\theta_1+\theta_2)]\boldsymbol{j}$$

速度矢量$\boldsymbol{v}_1$和$\boldsymbol{v}_2$为：

$$\boldsymbol{v}_1=\frac{\mathrm{d}r_1}{\mathrm{d}t}=[-\dot{\theta}_1 d_1\sin\theta_1]\boldsymbol{i}+[\dot{\theta}_1 d_1\cos\theta_1]\boldsymbol{j}$$

$$\boldsymbol{v}_2=\frac{\mathrm{d}r_2}{\mathrm{d}t}=[-\dot{\theta}_1 d_1\sin\theta_1-(\dot{\theta}_1+\dot{\theta}_2)d_2\sin(\theta_1+\theta_2)]\boldsymbol{i}+[\dot{\theta}_1 d_1\cos\theta_1+(\dot{\theta}_1+\dot{\theta}_2)d_2\cos(\theta_1+\theta_2)]\boldsymbol{j}$$

再求速度的平方，计算结果得：

$$v_1^2=d_1^2\dot{\theta}_1^2$$

$$v_2^2=d_1^2\dot{\theta}^2+d_2^2(\dot{\theta}_1{}^2+2\dot{\theta}_1\dot{\theta}_2+\dot{\theta}_2^2)+2d_1d_2(\dot{\theta}_1^2+\dot{\theta}_1\dot{\theta}_2)\cos\theta_2$$

于是得到系统动能：

$$K=\frac{1}{2}m_1v_1^2+\frac{1}{2}m_2v_2^2$$

$$=\frac{1}{2}(m_1+m_2)d_1^2\dot{\theta}_1^2+\frac{1}{2}m_2d_2^2(\dot{\theta}_1^2+2\dot{\theta}_1\dot{\theta}_2+\dot{\theta}_2^2)+m_2d_1d_2(\dot{\theta}_1^2+\dot{\theta}_1\dot{\theta}_2)\cos\theta_2$$

系统的位能随 r 的增大（位置下降）而减少，以坐标原点为参考点进行计算：

$$P=-m_1gr_1-m_2gr_2$$
$$=-(m_1+m_2)gd_1\cos\theta_1-m_2gd_2\cos(\theta_1+\theta_2)$$

系统能耗：

$$D=\frac{1}{2}c_1\dot{\theta}_1^2+\frac{1}{2}c_2\dot{\theta}_2^2$$

外力矩所做的功：

$$W=T_1\theta_1+T_2\theta_2$$

至此，求得关于 K、P、D 和 W 的四个标量方程式。有了这四个方程式，就能够求出系统的动力学方程式。为此，先求有关导数和偏导数。

当$q_i=\theta_i$时：

$$\frac{\partial K}{\partial\dot{\theta}_1}=(m_1+m_2)d_1^2\dot{\theta}_1+m_2d_2^2(\theta_1+\theta_2)+m_2d_1d_2(2\dot{\theta}_1+\dot{\theta}_2)\cos\theta_2$$

$$\frac{\mathrm{d}}{\mathrm{d}t}\frac{\partial K}{\partial\dot{\theta}_1}=(m_1+m_2)d_1^2\ddot{\theta}_1+m_2d_2^2(\ddot{\theta}_1+\ddot{\theta}_2)+m_2d_1d_2(2\ddot{\theta}_1+\ddot{\theta}_2)\cos\theta_2-m_2d_1d_2(2\dot{\theta}_1+\dot{\theta}_2)\dot{\theta}_2\sin\theta_2$$

$$\frac{\partial K}{\partial\theta_1}=0$$

$$\frac{\partial D}{\partial\dot{\theta}_1}=c_1\dot{\theta}_1$$

$$\frac{\partial P}{\partial\theta_1}(m_1+m_2)gd_1\sin\theta_1+m_2d_2g\sin(\theta_1+\theta_2)$$

$$\frac{\partial W}{\partial\theta_1}=T_1$$

把所求得的上列各导数代入式（23-2-154），经合并整理可得：

$$T_1=[(m_1+m_2)d_1^2+m_2d_2^2+2m_2d_1d_2\cos\theta_2]\ddot{\theta}_1+[m_2d_2^2+m_2d_1d_2\cos\theta_2]\ddot{\theta}_2+c_1\dot{\theta}_1-(2m_2d_1d_2\sin\theta_2)\dot{\theta}_1\dot{\theta}_2-(m_2d_1d_2\sin\theta_2)\dot{\theta}_2^2+[(m_1+m_2)gd_1\sin\theta_1+m_2d_2g\sin(\theta_1+\theta_2)]\tag{23-2-158}$$

当$q_i=\theta_2$时，

$$\frac{\partial K}{\partial\dot{\theta}_2}=m_2d_2^2(\dot{\theta}_1+\dot{\theta}_2)+m_2d_1d_2\dot{\theta}_1\cos\theta_2$$

$$\frac{\mathrm{d}}{\mathrm{d}t}\frac{\partial K}{\partial\dot{\theta}_2}=m_2d_2^2(\ddot{\theta}_1+\ddot{\theta}_2)+m_2d_1d_2\ddot{\theta}_1\cos\theta_2-m_2d_1d_2\ddot{\theta}_1\ddot{\theta}_2\sin\theta_2$$

$$\frac{\partial K}{\partial\dot{\theta}_2}=-m_2d_2^2(\dot{\theta}_1^2+\dot{\theta}_1\dot{\theta}_2)\sin\theta_2$$

$$\frac{\partial D}{\partial\dot{\theta}_2}=c_2\dot{\theta}_2$$

$$\frac{\partial P}{\partial\dot{\theta}_2}=m_2gd_2\sin(\theta_1+\theta_2)$$

$$\frac{\partial W}{\partial\theta_2}=T_2$$

把上列各式代入式（23-2-155），并化简得

$$T_2=(m_2d_2^2+m_2d_1d_2\cos\theta_2)\ddot{\theta}_1+m_2d_2^2\ddot{\theta}_2+m_2d_1d_2\sin\theta_2\dot{\theta}_1^2+c_2\dot{\theta}_2+m_2gd_2\sin(\theta_1+\theta_2)\tag{23-2-159}$$

也可以把式（23-2-158）、式（23-2-159）写成式（23-2-154）、式（23-2-155）那样的一般形式。

比较式（23-2-152）、式（23-2-153）与式（23-2-158）、式（23-2-159）可见，如果不考虑摩擦损耗（取$c_1=c_2=0$），式（23-2-152）与式（23-2-158）完全一致，式（23-2-153）与式（23-2-159）完全一致。在式（23-2-152）、式（23-2-153）中，没有考虑摩擦所消耗的能量，而式（23-2-158）、式（23-2-159）则考虑了这一损耗。因此所求两种结果出现了这一差别。

2.7.2　机械手动力学方程

上一节分析了二连杆机械手系统，下面分析由一组变换描述的任何机械手，求出其动力学方程。推导过程分五步进行：

① 计算任一连杆上任一点的速度；

② 计算各连杆的动能和机械手的总动能；

③ 计算各连杆的位能和机械手的总位能；

④ 建立机械手系统的拉格朗日函数；

⑤ 对拉格朗日函数求导，以得到动力学方程式。

一个四连杆机械手的结构如图 23-2-17 所示。首先从这个例子出发，求得此机械手某个连杆（例如连杆 3）上某一点（如点 P）的速度、质点和机械手的动能与位能、拉格朗日算子，再求系统的动力学方程式。然后，由特殊到一般，导出任何机械手的速度、动能、位能和动力学方程的一般表达式。

2.7.2.1　速度的计算

图 23-2-17 中连杆 3 上点 P 的位置为：

$${}^0r_p=T_3{}^3r_p\tag{23-2-160}$$

式中，${}^0r_p$ 为总（基）坐标系中的位置矢量；${}^3r_p$ 为局部（相对关节）坐标系中的位置矢量；T_3 为变

第23篇

换矩阵，包括旋转变换和平移变换。

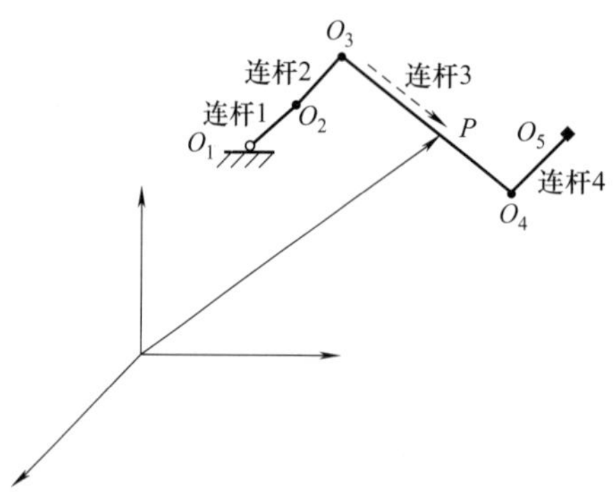

图 23-2-17 四连杆机械手

对于任一连杆上的一点，其位置为：

$$^0r=T_i{}^ir \tag{23-2-161}$$

点 P 的速度为：

$$^0v_p=\frac{\mathrm{d}}{\mathrm{d}t}(^0r_p)=\frac{\mathrm{d}}{\mathrm{d}t}(T_3{}^3r_p)=\dot{T}_3{}^3r_p \tag{23-2-162}$$

式中，$\dot{T}_3=\dfrac{\mathrm{d}T_3}{\mathrm{d}t}=\sum\limits_{j=1}^{3}\dfrac{\partial T_3}{\partial q_j}\dot{q}_j$，所以有：

$$^0v_p=\left(\sum_{j=1}^{3}\frac{\partial T_3}{\partial q_j}\dot{q}_j\right)(^3r_p) \tag{23-2-163}$$

对于连杆 i 上任一点的速度为：

$$v=\frac{\mathrm{d}r}{\mathrm{d}t}=\left(\sum_{j=1}^{i}\frac{\partial T_i}{\partial q_j}\dot{q}_j\right){}^ir \tag{23-2-164}$$

P 点的加速度为：

$$\begin{aligned}^0a_p&=\frac{\mathrm{d}}{\mathrm{d}t}(^0v_p)=\frac{\mathrm{d}}{\mathrm{d}t}(\dot{T}_3{}^3r_p)=\ddot{T}_3{}^3r_p\\&=\frac{\mathrm{d}}{\mathrm{d}t}\left(\sum_{j=1}^{3}\frac{\partial T_3}{\partial q_j}\dot{q}_j\right)(^3r_p)\\&=\left(\sum_{j=1}^{3}\frac{\partial T_3}{\partial q_j}\frac{\mathrm{d}}{\mathrm{d}t}\dot{q}_j\right)(^3r_p)+\\&\quad\left(\sum_{k=1}^{3}\sum_{j=1}^{3}\frac{\partial^2 T_3}{\partial q_j\partial q_k}\dot{q}_k\dot{q}_j\right)(^3r_p)\\&=\left(\sum_{j=1}^{3}\frac{\partial T_3}{\partial q_j}\ddot{q}_j\right)(^3r_p)+\\&\quad\left(\sum_{k=1}^{3}\sum_{j=1}^{3}\frac{\partial^2 T_3}{\partial q_j\partial q_k}\dot{q}_k\dot{q}_j\right)(^3r_p)\end{aligned} \tag{23-2-165}$$

速度的平方：

$$\begin{aligned}(^0v_p)^2&=(^0v_p)\cdot(^0v_p)=\mathrm{Trace}[(^0v_p)\cdot(^0v_p)^{\mathrm{T}}]\\&=\mathrm{Trace}[\sum_{j=1}^{3}\frac{\partial T_3}{\partial q_j}\dot{q}_j(^3r_p)\cdot\\&\quad\sum_{k=1}^{3}\left(\frac{\partial T_3}{\partial q_k}\dot{q}_k\right)^{\mathrm{T}}(^3r_p)^{\mathrm{T}}]\\&=\mathrm{Trace}[\sum_{j=1}^{3}\sum_{k=1}^{3}\frac{\partial T_3}{\partial q_j}(^3r_p)(^3r_p)^{\mathrm{T}}\\&\quad\frac{\partial T_3}{\partial q_k}^{\mathrm{T}}\dot{q}_j\dot{q}_k]\end{aligned} \tag{23-2-166}$$

对于任一机械手上一点的速度平方为：

$$\begin{aligned}v^2&=\left(\frac{\mathrm{d}r}{\mathrm{d}t}\right)^2=\mathrm{Trace}\left[\sum_{j=1}^{i}\frac{\partial T_i}{\partial q_j}\dot{q}_j{}^ir\sum_{k=1}^{i}\left(\frac{\partial T_i}{\partial q_k}\dot{q}_k{}^ir\right)^{\mathrm{T}}\right]\\&=\mathrm{Trace}\left[\sum_{j=1}^{i}\sum_{k=1}^{i}\frac{\partial T_i}{\partial q_j}{}^ir{}^ir^{\mathrm{T}}\left(\frac{\partial T_i}{\partial q_k}\right)^{\mathrm{T}}\dot{q}_j\dot{q}_k\right]\end{aligned} \tag{23-2-167}$$

式中，Trace 表示矩阵的迹。对于 n 阶方阵来说，其迹即为它的主对角线上各元素之和。

2.7.2.2 动能和位能的计算

令连杆 3 上任一质点 P 的质量为 $\mathrm{d}m$，则其动能为：

$$\begin{aligned}\mathrm{d}K_3&=\frac{1}{2}v_p{}^2\mathrm{d}m\\&=\frac{1}{2}\mathrm{Trace}\left[\sum_{j=1}^{3}\sum_{k=1}^{3}\frac{\partial T_3}{\partial q_j}{}^3r_p(^3r_p)^{\mathrm{T}}\left(\frac{\partial T_3}{\partial q_k}\right)^{\mathrm{T}}\dot{q}_j\dot{q}_k\right]\mathrm{d}m\\&=\frac{1}{2}\mathrm{Trace}\left[\sum_{j=1}^{3}\sum_{k=1}^{3}\frac{\partial T_3}{\partial q_j}(^3r_p\mathrm{d}m\,{}^3r_p{}^{\mathrm{T}})\left(\frac{\partial T_3}{\partial q_k}\right)^{\mathrm{T}}\dot{q}_j\dot{q}_k\right]\end{aligned} \tag{23-2-168}$$

任一机械手连杆 i 上位置矢量 ^ir 的质点，其动能如下式所示：

$$\begin{aligned}\mathrm{d}K_i&=\frac{1}{2}\mathrm{Trace}\left[\sum_{j=1}^{i}\sum_{k=1}^{i}\frac{\partial T_i}{\partial q_j}{}^ir{}^ir^{\mathrm{T}}\left(\frac{\partial T_i}{\partial q_k}\right)^{\mathrm{T}}\dot{q}_j\dot{q}_k\right]\mathrm{d}m\\&=\frac{1}{2}\mathrm{Trace}\left[\sum_{j=1}^{i}\sum_{k=1}^{i}\frac{\partial T_i}{\partial q_j}(^ir\mathrm{d}m\,{}^ir^{\mathrm{T}})\left(\frac{\partial T_i}{\partial q_k}^{\mathrm{T}}\right)\dot{q}_j\dot{q}_k\right]\end{aligned} \tag{23-2-169}$$

对连杆 3 积分 $\mathrm{d}K_3$，得连杆 3 的动能为：

$$\begin{aligned}K_3&=\int_{连杆3}\mathrm{d}K_3=\frac{1}{2}\mathrm{Trace}\\&\left[\sum_{j=1}^{3}\sum_{k=1}^{3}\frac{\partial T_3}{\partial q_j}\left(\int_{连杆3}{}^3r_p{}^3r_p{}^{\mathrm{T}}\mathrm{d}m\right)\left(\frac{\partial T_3}{\partial q_k}\right)^{\mathrm{T}}\dot{q}_j\dot{q}_k\right]\end{aligned} \tag{23-2-170}$$

式中，积分 $\int{}^3r_p{}^3r_p{}^{\mathrm{T}}\mathrm{d}m$ 称为连杆的伪惯量矩阵，并记为：

$$I_3=\int_{连杆3}{}^3r_p^3r_p{}^{\mathrm{T}}\mathrm{d}m \tag{23-2-171}$$

这样，

$$K_3=\frac{1}{2}\mathrm{Trace}\left[\sum_{j=1}^{3}\sum_{k=1}^{3}\frac{\partial T_3}{\partial q_j}I_3\left(\frac{\partial T_3}{\partial q_k}\right)^{\mathrm{T}}\dot{q}_j\dot{q}_k\right] \tag{23-2-172}$$

任何机械手上任一连杆 i 动能为：

$$K_i=\int_{\text{连杆}i} \mathrm{d}K_i=\frac{1}{2}\mathrm{Trace}\left[\sum_{j=1}^{i}\sum_{k=1}^{i}\frac{\partial T_i}{\partial q_j}I_i\left(\frac{\partial T_i}{\partial q_k}\right)^{\mathrm{T}}\dot{q}_j\dot{q}_k\right] \tag{23-2-173}$$

式中，I_i 为伪惯量矩阵，其一般表达式为：

$$I_i=\int_{\text{连杆}i} {}^ir^ir^{\mathrm{T}}\mathrm{d}m=\int_i {}^ir^ir^{\mathrm{T}}\mathrm{d}m$$

$$=\begin{bmatrix} \int_i {}^ix^2\mathrm{d}m & \int_i {}^ix^iy\mathrm{d}m & \int_i {}^ix^iz\mathrm{d}m & \int_i {}^ix\mathrm{d}m \\ \int_i {}^ix^iy\mathrm{d}m & \int_i {}^iy^2\mathrm{d}m & \int_i {}^iy^iz\mathrm{d}m & \int_i {}^iy\mathrm{d}m \\ \int_i {}^ix^iz\mathrm{d}m & \int_i {}^iy^iz\mathrm{d}m & \int_i {}^iz^2\mathrm{d}m & \int_i {}^iz\mathrm{d}m \\ \int_i {}^ix\mathrm{d}m & \int_i {}^iy\mathrm{d}m & \int_i {}^iz\mathrm{d}m & \int_i \mathrm{d}m \end{bmatrix} \tag{23-2-174}$$

根据理论力学或物理学可知，物体的转动惯量、矢量积以及一阶矩量为：

$$I_{xx}=\int(y^2+z^2)\mathrm{d}m, I_{yy}=\int(x^2+z^2)\mathrm{d}m,$$

$$I_{zz}=\int(x^2+y^2)\mathrm{d}m;$$

$$I_{xy}=I_{yx}=\int xy\mathrm{d}m, I_{xz}=I_{zx}=\int xz\mathrm{d}m,$$

$$I_{yz}=I_{zy}=\int yz\mathrm{d}m;$$

$$mx=\int x\mathrm{d}m, my=\int y\mathrm{d}m, mz=\int z\mathrm{d}m \tag{23-2-175}$$

如果令

$$\int x^2\mathrm{d}m=-\frac{1}{2}\int(y^2+z^2)\mathrm{d}m+\frac{1}{2}\int(x^2+z^2)\mathrm{d}m+\frac{1}{2}\int(x^2+y^2)\mathrm{d}m=(-I_{xx}+I_{yy}+I_{zz})/2$$

$$\int y^2\mathrm{d}m=\frac{1}{2}\int(y^2+z^2)\mathrm{d}m-\frac{1}{2}\int(x^2+z^2)\mathrm{d}m+\frac{1}{2}\int(x^2+y^2)\mathrm{d}m=(I_{xx}-I_{yy}+I_{zz})/2$$

$$\int z^2\mathrm{d}m=\frac{1}{2}\int(y^2+z^2)\mathrm{d}m+\frac{1}{2}\int(x^2+z^2)\mathrm{d}m-\frac{1}{2}\int(x^2+y^2)\mathrm{d}m=(I_{xx}+I_{yy}-I_{zz})/2 \tag{23-2-176}$$

于是可把 I_i 表示为：

$$I_i=\begin{bmatrix} \frac{-I_{ixx}+I_{iyy}+I_{izz}}{2} & I_{ixy} & I_{ixz} & m_i\bar{x}_i \\ I_{ixy} & \frac{I_{ixx}-I_{iyy}+I_{izz}}{2} & I_{iyz} & m_i\bar{y}_i \\ I_{ixz} & I_{iyz} & \frac{I_{ixx}+I_{iyy}-I_{izz}}{2} & m_i\bar{z}_i \\ m_i\bar{x}_i & m_i\bar{y}_i & m_i\bar{z}_i & m_i \end{bmatrix} \tag{23-2-177}$$

具有 n 个连杆的机械手总的动能为：

$$K=\sum_{i=1}^{n}K_i=\frac{1}{2}\sum_{i=1}^{n}\mathrm{Trace}\left[\sum_{j=1}^{i}\sum_{k=1}^{i}\frac{\partial T_i}{\partial q_j}I_i\frac{\partial T_i}{\partial q_k}^{\mathrm{T}}\dot{q}_i\dot{q}_k\right] \tag{23-2-178}$$

此外，连杆 i 的传动装置动能为：

$$K_{ai}=\frac{1}{2}I_{ai}\dot{q}_i^2 \tag{23-2-179}$$

式中，I_{ai} 为传动装置的等效转动惯量，对于平动关节，I_{ai} 为等效质量；$\dot{q}_i$ 为关节 i 的速度。

所有关节的传动装置总动能为：

$$K_a=\frac{1}{2}\sum_{i=1}^{n}I_{ai}\dot{q}_i^2 \tag{23-2-180}$$

于是得到机械手系统（包括传动装置的总动能为）：

$$K_t=K+K_a=\frac{1}{2}\sum_{i=1}^{6}\sum_{j=1}^{i}\sum_{k=1}^{i}\mathrm{Trace}\left(\frac{\partial T_i}{\partial q_j}I_i\frac{\partial T_i}{\partial q_k}^{\mathrm{T}}\right)\dot{q}_j\dot{q}_k+\frac{1}{2}\sum_{i=1}^{6}I_{ai}\dot{q}_i^2 \tag{23-2-181}$$

下面再来计算机械手的位能。众所周知，一个在高度 h 处的质量为 m 的物体，其位能为：

$$P=mgh \tag{23-2-182}$$

连杆 i 上位置 ${}^ir$ 处的质点 $\mathrm{d}m$，其位能为：

$$\mathrm{d}P_i=-\mathrm{d}mg^{\mathrm{T}\,0}r=-g^{\mathrm{T}}T_i{}^ir\mathrm{d}m \tag{23-2-183}$$

式中，$g^{\mathrm{T}}=[g_x, g_y, g_z, 1]$。

$$P_i=\int_{\text{连杆}i}\mathrm{d}P_i=-\int_{\text{连杆}i}g^{\mathrm{T}}T_i{}^ir\mathrm{d}m=-g^{\mathrm{T}}T_i\int_{\text{连杆}i}{}^ir\mathrm{d}m$$

$$=-g^{\mathrm{T}}T_im_i{}^i\bar{r}_i=-m_ig^{\mathrm{T}}T_i{}^i\bar{r}_i \tag{23-2-184}$$

其中，m_i 为连杆 i 的质量；${}^i\bar{r}_i$ 为连杆 i 相对于其前端关节坐标系的重心位置。

由于传动装置的重力作用 P_{ai} 一般是很小的，可

第23篇

以忽略不计，所以，机械手系统的总位能为：

$$P = \sum_{i=1}^{n}(P_i - P_{ai}) \approx \sum_{i=1}^{n}P_i = -\sum_{i=1}^{n}m_i g^{\mathrm{T}} T_i\, {}^i r_i \tag{23-2-185}$$

2.7.2.3 动力学方程的推导

求拉格朗日函数：

$$L = K_t - P$$
$$= \frac{1}{2}\sum_{i=1}^{n}\sum_{j=1}^{i}\sum_{k=1}^{j}\mathrm{Trace}\left(\frac{\partial T_i}{\partial q_j}I_i \frac{\partial T_i}{\partial q_k}^{\mathrm{T}}\right)\dot{q}_j\dot{q}_k + \frac{1}{2}\sum_{i=1}^{n}I_{ai}\dot{q}_i^2 + \sum_{i=1}^{n}m_i g^{\mathrm{T}} T_i r_i$$
$$n = 1,2,\cdots \tag{23-2-186}$$

再求动力学方程。先求导数：

$$\frac{\partial L}{\partial \dot{q}_p} = \frac{1}{2}\sum_{i=1}^{n}\sum_{k=1}^{i}\mathrm{Trace}\left(\frac{\partial T_i}{\partial q_p}I_i \frac{\partial T_i^{\mathrm{T}}}{\partial q_k}\right)\dot{q}_k + \frac{1}{2}\sum_{i=1}^{n}\sum_{j=1}^{i}\mathrm{Trace}\left(\frac{\partial T_i}{\partial q_j}I_i \frac{\partial T_i^{\mathrm{T}}}{\partial q_p}\right)\dot{q}_j + I_{ai}\dot{q}_p$$
$$p = 1,2,\cdots,n \tag{23-2-187}$$

据式（23-2-177）知，I_i 为对称矩阵，即 $I_i^{\mathrm{T}} = I_i$，所以下式成立：

$$\mathrm{Trace}\left(\frac{\partial T_i}{\partial q_j}I_i \frac{\partial T_i^{\mathrm{T}}}{\partial q_k}\right) = \mathrm{Trace}\left(\frac{\partial T_i}{\partial q_k}I_i^{\mathrm{T}} \frac{\partial T_i^{\mathrm{T}}}{\partial q_j}\right) = \mathrm{Trace}\left(\frac{\partial T_i}{\partial q_k}I_i \frac{\partial T_i^{\mathrm{T}}}{\partial q_j}\right)$$

$$\frac{\partial L}{\partial \dot{q}_p} = \sum_{i=1}^{n}\sum_{k=1}^{i}\mathrm{Trace}\left(\frac{\partial T_i}{\partial q_k}I_i \frac{\partial T_i^{\mathrm{T}}}{\partial q_p}\right)\dot{q}_k + I_{ap}\dot{q}_p \tag{23-2-188}$$

当 $p>i$ 时，后面连杆变量 q_p 对前面各连杆不产生影响，即 $\partial T_i/\partial q_p = 0$，$p>i$。这样可得：

$$\frac{\partial L}{\partial \dot{q}_p} = \sum_{i=p}^{n}\sum_{k=1}^{i}\mathrm{Trace}\left(\frac{\partial T_i}{\partial q_k}I_i \frac{\partial T_i^{\mathrm{T}}}{\partial q_p}\right)\dot{q}_k + I_{ap}\dot{q}_p \tag{23-2-189}$$

因为

$$\frac{\mathrm{d}}{\mathrm{d}t}\left(\frac{\partial T_i}{\partial q_i}\right) = \sum_{k=1}^{i}\frac{\partial}{\partial q_k}\left(\frac{\partial T_i}{\partial q_p}\right)\dot{q}_k \tag{23-2-190}$$

所以

$$\frac{\mathrm{d}}{\mathrm{d}t}\frac{\partial L}{\partial \dot{q}_p} = \sum_{i=p}^{n}\sum_{k=1}^{i}\mathrm{Trace}\left(\frac{\partial T_i}{\partial q_k}I_i \frac{\partial T_i^{\mathrm{T}}}{\partial q_p}\right)\ddot{q}_k + I_{ap}\ddot{q}_p + \sum_{i=p}^{n}\sum_{j=1}^{i}\sum_{k=1}^{j}\mathrm{Trace}\left(\frac{\partial^2 T_i}{\partial q_j\partial q_k}I_i \frac{\partial T_i^{\mathrm{T}}}{\partial q_k}\right)\dot{q}_j\dot{q}_k$$
$$+ \sum_{i=p}^{n}\sum_{j=1}^{i}\sum_{k=1}^{j}\mathrm{Trace}\left(\frac{\partial^2 T_i}{\partial q_p\partial q_k}I_i \frac{\partial T_i^{\mathrm{T}}}{\partial q_j}\right)\dot{q}_j\dot{q}_k$$
$$= \sum_{i=p}^{n}\sum_{k=1}^{i}\mathrm{Trace}\left(\frac{\partial T_i}{\partial q_k}I_i \frac{\partial T_i^{\mathrm{T}}}{\partial q_p}\right)\ddot{q}_k + I_{ap}\ddot{q}_p + 2\sum_{i=p}^{n}\sum_{j=1}^{i}\sum_{k=1}^{j}\mathrm{Trace}\left(\frac{\partial^2 T_i}{\partial q_i\partial q_k}I_i \frac{\partial T_i^{\mathrm{T}}}{\partial q_k}\right)\dot{q}_j\dot{q}_k \tag{23-2-191}$$

再求 $\partial L/\partial q_p$ 项：

$$\frac{\partial L}{\partial q_p} = \frac{1}{2}\sum_{i=p}^{n}\sum_{j=1}^{i}\sum_{k=1}^{j}\mathrm{Trace}\left(\frac{\partial^2 T_i}{\partial q_j\partial q_k}I_i \frac{\partial T_i^{\mathrm{T}}}{\partial q_k}\right)\dot{q}_j\dot{q}_k + \frac{1}{2}\sum_{i=p}^{n}\sum_{j=1}^{i}\sum_{k=1}^{j}\mathrm{Trace}\left(\frac{\partial^2 T_i}{\partial q_k\partial q_p}I_i \frac{\partial T_i^{\mathrm{T}}}{\partial q_j}\right)\dot{q}_j\dot{q}_k + \sum_{i=p}^{n}m_i g^{\mathrm{T}}\frac{\partial T_i}{\partial q_p}{}^i r_i$$
$$= \sum_{i=p}^{n}\sum_{j=1}^{i}\sum_{k=1}^{j}\mathrm{Trace}\left(\frac{\partial^2 T_i}{\partial q_p\partial q_j}I_i \frac{\partial T_i^{\mathrm{T}}}{\partial q_k}\right)\dot{q}_j\dot{q}_k + \sum_{i=p}^{n}m_i g^{\mathrm{T}}\frac{\partial T_i}{\partial q_p}{}^i r_i \tag{23-2-192}$$

在上述两式运算中，交换第二项和式的亚元 j 和 k，然后与第一项和式合并，获得化简式。由上述公式得：

$$\frac{\mathrm{d}}{\mathrm{d}t}\frac{\partial L}{\partial \dot{q}_p} - \frac{\partial L}{\partial q_p} = \sum_{i=p}^{n}\sum_{k=1}^{i}\mathrm{Trace}\left(\frac{\partial T_i}{\partial q_k}I_i \frac{\partial T_i^{\mathrm{T}}}{\partial q_p}\right)\ddot{q}_k + I_{ap}\ddot{q}_p + \sum_{i=p}^{n}\sum_{j=1}^{i}\sum_{k=1}^{j}\mathrm{Trace}\left(\frac{\partial^2 T_i}{\partial q_j\partial q_k}I_i \frac{\partial T_i^{\mathrm{T}}}{\partial q_p}\right)\dot{q}_j\dot{q}_k - \sum_{i=p}^{n}m_i g^{\mathrm{T}}\frac{\partial T_i}{\partial q_p}{}^i r_i \tag{23-2-193}$$

交换上列各和式中的亚元，以 i 代替 p，以 j 代替 i，以 m 代替 j，即可得具有 n 个连杆的机械手系统动力学方程如下：

$$T_i = \sum_{j=i}^{n}\sum_{k=1}^{j}\mathrm{Trace}\left(\frac{\partial T_j}{\partial q_k}I_j \frac{\partial T_j^{\mathrm{T}}}{\partial q_i}\right)\ddot{q}_k + I_{ai}\ddot{q}_i + \sum_{j=1}^{n}\sum_{j=1}^{j}\sum_{k=1}^{j}\mathrm{Trace}\left(\frac{\partial^2 T_i}{\partial q_k\partial q_m}I_j \frac{\partial T_j^{\mathrm{T}}}{\partial q_i}\right)\dot{q}_k\dot{q}_m - \sum_{j=1}^{n}m_j g^{\mathrm{T}}\frac{\partial T_i}{\partial q_i}{}^i r_i \tag{23-2-194}$$

这些方程式与求和次序无关。式（23-2-194）可以写成下列形式：

$$T_i = \sum_{j=1}^{n}D_{ij}\ddot{q}_j + I_{ai}\ddot{q}_i + \sum_{j=1}^{6}\sum_{k=1}^{6}D_{ijk}\dot{q}_j\dot{q}_k + D_i \tag{23-2-195}$$

式中，取 $n=6$，而且

$$D_{ij} = \sum_{p=\max(i,j)}^{6}\mathrm{Trace}\left(\frac{\partial T_p}{\partial q_j}I_p \frac{\partial T_p^{\mathrm{T}}}{\partial q_i}\right) \tag{23-2-196}$$

$$D_{ijk} = \sum_{p=\max(i,j,k)}^{6}\mathrm{Trace}\left(\frac{\partial^2 T_p}{\partial q_j\partial q_k}I_i \frac{\partial T_p^{\mathrm{T}}}{\partial q_i}\right) \tag{23-2-197}$$

$$D_i=\sum_{p=i}^{6}-m_p g^{\mathrm{T}}\frac{\partial T_p}{\partial q_i}{}^p r_p \quad (23\text{-}2\text{-}198)$$

上述各方程与 2.7.1.2 节中的惯量项及重力项一样。这些项在机械手控制中特别重要，因为它们直接影响机械手系统的稳定性和定位精度。只有当机械手高速运动时，向心力和哥氏力才是重要的，这时，它们所产生的误差不大。传动装置的惯量 I_{ai} 往往具有相当大的值，而且可减少有效惯量的结构相关性，对耦合惯量项的相对重要性产生影响。

第3章 工业机器人本体

工业机器人与一般的工业数控设备有明显的区别，主要体现在与工作环境的交互方面。机器人的机械系统是机器人的本体，机器人需要通过本体的运动和动作来完成特定的任务，不同应用领域的工业机器人本体存在着较大差异。因此，本章主要从工业机器人本体概论与发展、工作空间与结构尺寸、优化设计、本体机械结构以及强度刚度计算等方面展开论述。

3.1 概述

3.1.1 工业机器人的本体结构

工业机器人的本体一般由一系列连杆、关节以及其他形式的运动副组成，按照本体结构特点可将其分为以下两大类：

① 操作型本体结构。它类似于人的手臂和手腕，配上各种手爪和末端执行器后可进行一系列抓取动作和作业操作，工业机器人主要采用这种本体结构。

② 移动型本体结构。主要目的是实现移动功能，有轮式车、履带车、足腿式结构以及蛇形结构。

将上述两大类结构进行整合细分，可将工业机器人本体结构分为以下几大类：

(1) 五种基本坐标式机器人

工业机器人的结构随坐标形式的不同而有所不同，其主要结构形式和基本特点见表23-3-1。

表23-3-1 五种基本坐标形式机器人

类型	图例	基本特点
直角坐标型机器人	X Y Z	具有三个移动关节，能够使手臂末端沿着直角坐标系的 X，Y，Z 三个坐标轴作直线移动。其控制简单，易达到高精度，但操作灵活性差，运动速度较低，操作范围较小
圆柱坐标型机器人		只有一个转动关节和两个移动关节，构成圆柱形状的工作范围。其操作范围较大，运动速度较高，但随着水平臂沿水平方向伸长，其线位移分辨精度越来越低
球坐标型机器人		具有两个转动关节和一个移动关节，构成球缺形状的工作范围。其操作比圆柱坐标型机器人更为灵活，但旋转关节反映在末端执行器上的线位移分辨精度是一个变量

续表

类型	图例	基本特点
关节坐标型机器人		具有三个转动关节，其中两个关节轴线是平行的，构成较为复杂形状的工作范围。其操作灵活性最好，运动速度较高，操作范围大，但精度受手臂姿态的影响，实现高精度运动较困难
水平关节坐标型机器人		可以看成是关节坐标式机器人的特例，它只有平行的肩关节和肘关节，关节轴线共面，也可将其称为 SCARA(selective compliance assembly robot arm)机器人。该机器人具有四个轴和四个运动自由度，包括 X、Y、Z 方向的平动自由度和绕 Z 轴的转动自由度，其在垂直平面内具有很好的刚度，在水平面内具有较好的柔顺性，故在装配作业中能够获得良好的应用

(2) 两种冗余自由度结构机器人

① 整体控制的柔顺臂机器人，也叫象鼻子机器人。柔顺臂是用若干驱动源进行整体控制的，可使手臂产生任何方向柔软的弯曲。该类型机器人一般需要特殊材料加以支撑，常见的驱动方式为气动、液压等。

② 每一关节独立控制的冗余自由度机器人，例如在原有的直角坐标型机器人底部增加一个转动自由度，以此来扩大工作范围，适用于机床上下料等应用场合。

(3) 模块化结构机器人

机器人能够完成许多不同的任务，但一台机器人能完成任务的范围会受其自身机械结构的限制，模块化结构机器人的出现使问题迎刃而解。其通过“搭积木”的方式重新组合模块，可满足不同任务的需要。工业机器人模块化的主要含义是机器人由一些可供选择的标准化模块拼装而成，其中，标准化模块是具有标准化接口的机械结构模块、控制模块和传感器模块等。

该类型机器人特点明显，现已成为工业机器人与协作化机器人的发展趋势。该类型机器人在制造及应用上具有较高的灵活性与经济性，同时可在一定程度上通过选择或者改变机器人的组成满足用户的个性化要求。

(4) 并联机器人

与只有一条运动链的串联机器人不同，并联机器人的基座和末端执行器之间具有两条或者两条以上的运动链，图 23-3-1 所示为并联机器人的典型结构。由于具有多条运动链，并联机器人的基座和末端执行器之间具有环状的闭链约束。与串联机器人相比，具有闭链约束是并联机器人在结构方面最大的特点。从机构学上看，多条运动链同时操作末端执行器，不仅抵消了关节误差累积效应，而且使并联机器人具有运动惯量低、负载能力强、刚度大等优点，这恰恰弥补了串联机器人在这些方面的不足，使得并联机器人成为一个潜在的高速度、高精度运动平台。

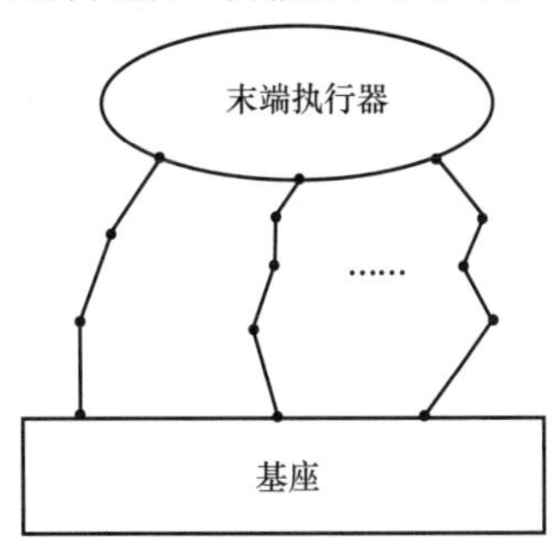

图 23-3-1　并联机器人的典型结构

3.1.2　工业机器人本体的发展趋势

(1) 标准化与模块化

工业机器人功能部件的标准化与模块化是提高机器人的运动精度和运动速度、降低成本、提高可靠性的重要途径。模块化指机械模块化、信息检测模块化、控制模块化等。对于工业机器人本体来说，其模块化和标准化针对的部分主要在于手臂、手腕以及机身的结构部分，例如臂伸缩轴、臂升降轴、臂俯仰轴、臂摆动轴、手腕旋转轴、手腕摆动轴、固定台身、机座移动轴等。

（2）柔顺化

就目前的发展趋势来看，柔顺化是下一代工业机器人技术的主要发展方向之一，同时也是协作机器人技术的核心方向。实现柔顺化一般有两种途径，一种是从检测、控制的角度出发，采取各种不同的搜索方法，实现边校正边工作，有的还在末端执行器上安装检测元件，如视觉传感器、力传感器等，这就是所谓的主动柔顺；另一种是从机械结构入手，机器人借助一些辅助的柔顺机构，使其在与环境接触时能够对外部作用力产生自然顺从，以满足柔顺化工作的需要，这就是被动柔顺。

3.2　工业机器人自由度与坐标形式

3.2.1　工业机器人的自由度

自由度是机器人的一个重要技术指标，它是由机器人的结构决定的，并直接影响到机器人的机动性。

（1）刚体的自由度

物体上任何一点都与坐标轴的正交集合有关。物体相对坐标系进行独立运动的数目称为自由度（degree of freedom，DOF）。如图 23-3-2 所示，物体所能进行的运动有：

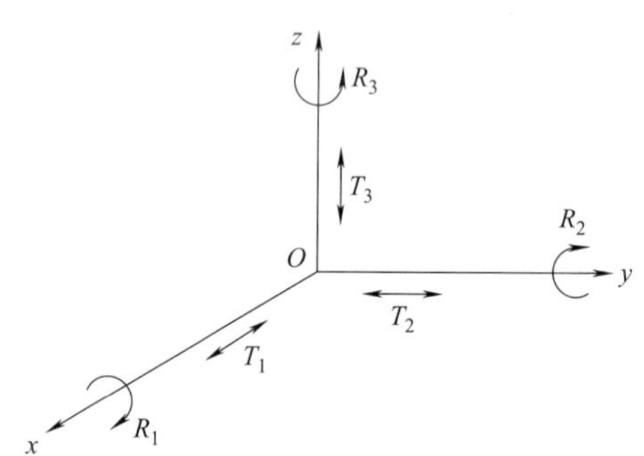

图 23-3-2　刚体的 6 个自由度

沿着坐标轴 x、y 和 z 的 3 个平移运动 T_1、T_2 和 T_3；

绕着坐标轴 x、y 和 z 的 3 个旋转运动 R_1、R_2 和 R_3。

这意味着物体能够通过 3 个平移和 3 个旋转相对于坐标系进行定向和运动。

一个简单物体有 6 个自由度。当两个物体之间建立起某种关系时，一个物体就对另一物体失去一些自由度。这种关系也可以用两物体间由于建立连接关系而不能进行的移动或者转动表示。

（2）机器人的自由度

机器人所具有的独立运动的数目一般不包括手爪（或末端执行器）的开合自由度。工业机器人的自由度与作业要求有关，自由度越多，执行器的动作就越灵活，机器人的通用性也就越好，但其机械结构和控制就越复杂，因此，工业机器人的自由度数目可能小于 6 个，也可能大于 6 个。例如，日本日立公司生产的 A4020 装配机器人有 4 个自由度，可以用于印刷电路板上接插电子元器件；PUMA562 机器人具有 6 个自由度，可以进行复杂空间曲面的弧焊作业。对于作业要求基本不变的批量作业机器人来说，运行速度、可靠性是其重要的技术指标，其自由度则可在满足作业要求的前提下适当减少；而对于多品种、小批量作业的机器人来说，通用性、灵活性指标显得更加重要，这样的机器人就需要有较多的自由度。

通常情况下，人们期望机器人能够以准确的方位把它的末端执行器或者与它连接的工具移动到给定点。如果机器人的用途事先不清楚或者预先要让执行器能够在三维空间内进行自由运动，那么它应当具有 6 个自由度，可在三维空间内任意改变位姿。不过，如果工具本身具有某种特别结构，那么就可能不需要 6 个自由度。例如，如图 23-3-3（a）所示，要把一个球放到空间某个给定位置，有 3 个自由度就足够了。又如，如图 23-3-3（b）所示，要对某个旋转钻头进行定位与定向就需要 5 个自由度，该钻头可表示为某个绕着其主轴旋转的圆柱体。

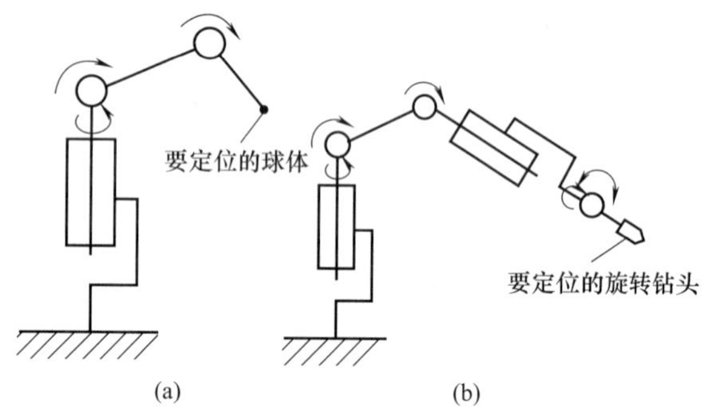

图 23-3-3　机器人自由度举例

如果机器人的自由度超过了 6 个，多余的自由度称为冗余自由度。冗余自由度一般用来避障。

在三维空间作业的多自由度机器人上，由第 1～3 轴驱动的 3 个自由度，通常用于手腕基准点（又称参考点）的空间定位，故称为定位机构；第 4～6 轴则用来改变末端执行器作业点的方向、调整执行器的姿态，如使刀具、工具与作业面保持垂直等，故称为定向机构。但是，当机器人实际工作时，定位和定向动作往往是同时进行的，因此需要多轴同时运动。

3.2.2　工业机器人本体的运动副

从运动学原理上说，绝大多数机器人的本体都是由若干关节和连杆组成的运动链。其中，工业机器人本体的重要特征是在三维空间运动的空间机构，这也是其区别于数控机床的原因。空间机构包括并联机构、串联机构以及串并联混合机构，其大多数均由低副机构组成。常见的低副有转动副（R——revolute joint）、移动副或棱柱副（P——prismatic joint）、螺旋副（H——helix joint）、圆柱副（C——cylinderjoint）、球面副（S——spherical joint）及虎克铰（hooke joint）或万向节（U——universal joint）。转动副（R）、移动副（P）和螺旋副（H）都是最基本的低副，自由度为 1。为了方便分析，当运动副的自由度数大于 1 时，将运动副用单自由度的运动副等效合成。各种低副机构的自由度和用多个单自由度等效的关节形式见表 23-3-2。

表 23-3-2　　低副机构的自由度和约束度

项目	转动副 R	移动副 P	螺旋副 H	圆柱副 C	球面副 S	万向节 U
运动副简图						
自由度	1	1	1	2	3	2
等效的单自由度关节形式				PR	RRR	RR

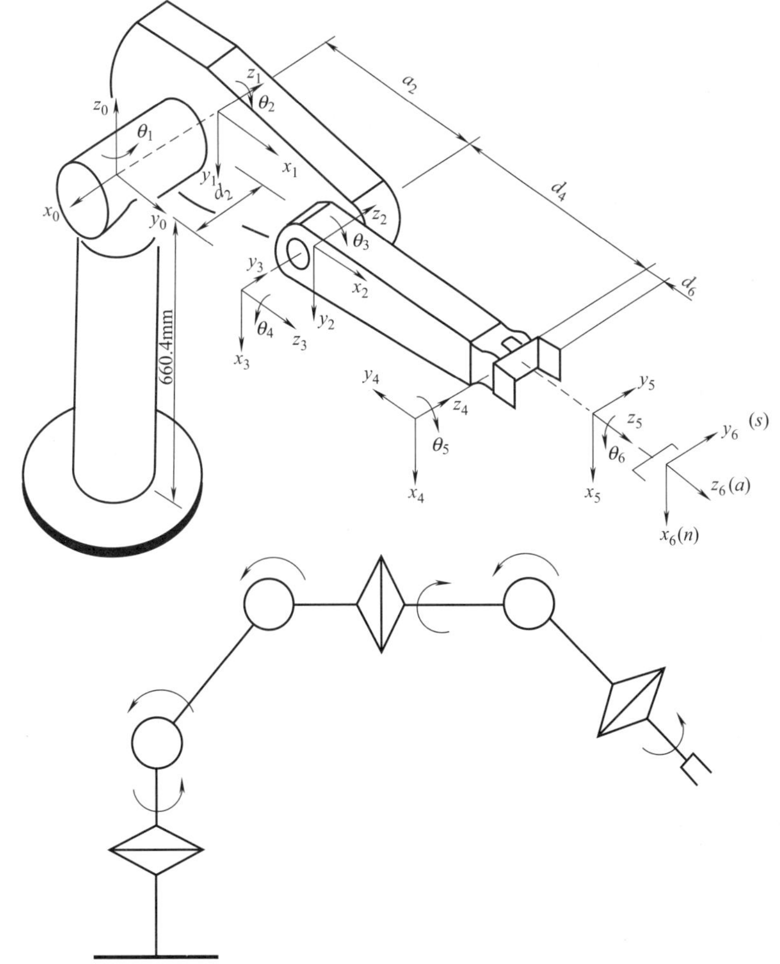

图 23-3-4　PUMA560 工业机器人结构及其自由度表示方法

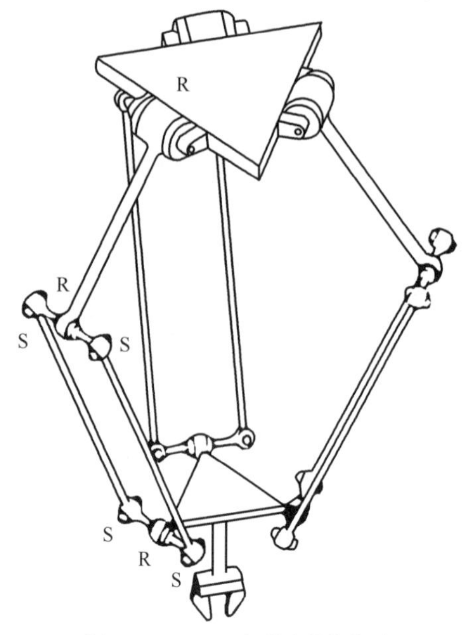

图 23-3-5　Delta 机器人结构简图

串联机构是杆之间的串联，前一个杆与后一个杆之间通过关节连接，形成一条开式运动链，所采用的关节通常为转动副和移动副两种，类似于人类的手臂，图 23-3-4 为 PUMA560 工业机器人结构及其自由度表示方法。并联机构具有两个或两个以上自由度，且至少通过两个独立的运动链将动平台与定平台进行连接，最终形成闭环运动链，图 23-3-5 为 Delta 机器人结构简图。

3.2.3　工业机器人运动坐标形式

按工业机器人末端执行器定位方式的不同，操作机的运动常采用五种坐标形式，具体见表 23-3-3。

表 23-3-3　工业机器人的五种坐标形式

直角坐标	即笛卡儿坐标，机器人的运动由三个相互垂直的直线运动来实现
圆柱坐标	机器人的运动由两个移动和一个转动来实现
球坐标	机器人的运动由一个移动和两个转动来实现
关节坐标	机器人的运动由三个转动来实现
水平关节坐标	即 SCARA 机器人，由三个在平面上的转动和一个平移运动副组成

3.2.4　工业机器人的主要构型

根据坐标形式以及结构特征的不同，工业机器人的主要构型及其自由度表示也有所差别，详情见表 23-3-4。

表 23-3-4　工业机器人主要构型以及自由度表示

类型	图例	自由度表示	补充说明
直角坐标型机器人			主体结构具有三个自由度，而手腕自由度的多少视用途而定，可简记为 PPP 型，是机器人中最简单的一种。常被用于点胶、滴塑、喷涂、码垛、分拣、包装、上下料等工业领域
圆柱坐标型机器人			主体结构具有三个自由度：腰转、升降、手臂伸缩，可简记为 RPP 型。此类工业机器人大约占工业机器人总数的 47%，应用领域非常广泛

续表

类型	图例	自由度表示	补充说明
球坐标型机器人	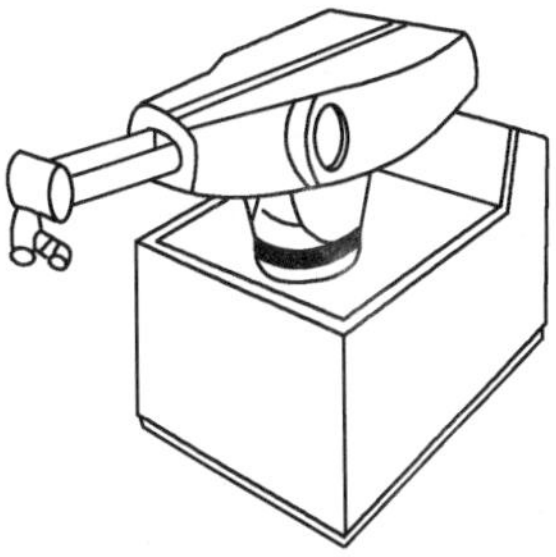	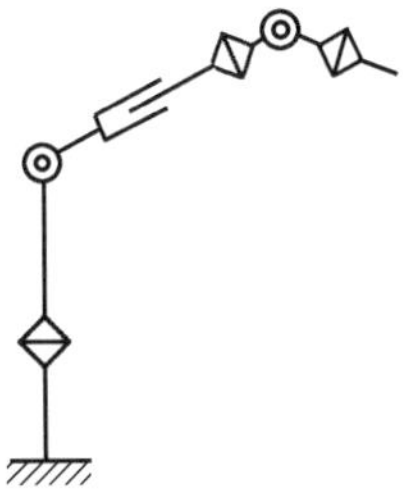	也可称其为极坐标型机器人，主体结构具有三个自由度，可简记为 RRP 型。手腕部分应具有三个自由度，当机器人主体运动时，装在手腕上的末端执行器才能维持应有的姿态。Unimation 2000 型和 4000 型均是典型的球坐标型机器人
关节坐标型机器人	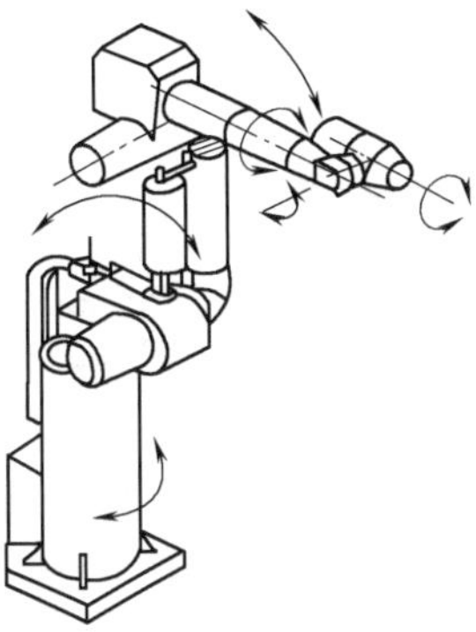	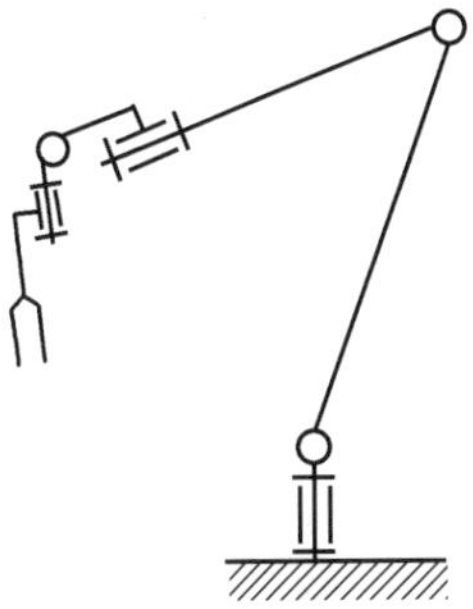	主体结构的三个自由度，腰转关节、肩关节、肘关节全部是转动关节，可简记为 RRR 型。手腕部分的三个自由度上的转动关节（俯仰、偏转和翻转）用来确定末端执行器的姿态。PUMA560、RMS 操作臂均是典型的关节坐标型机器人
水平关节坐标型机器人	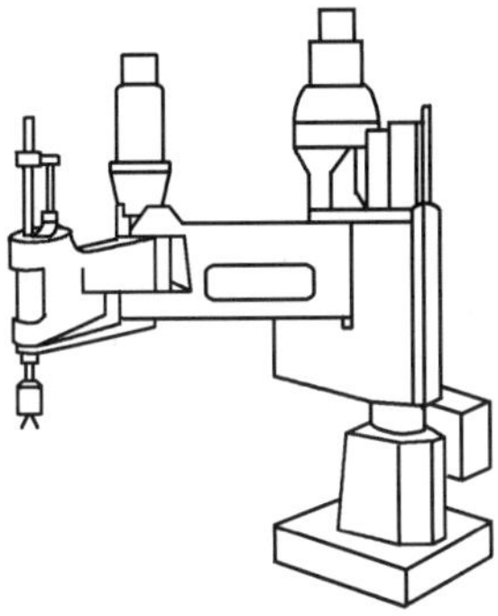	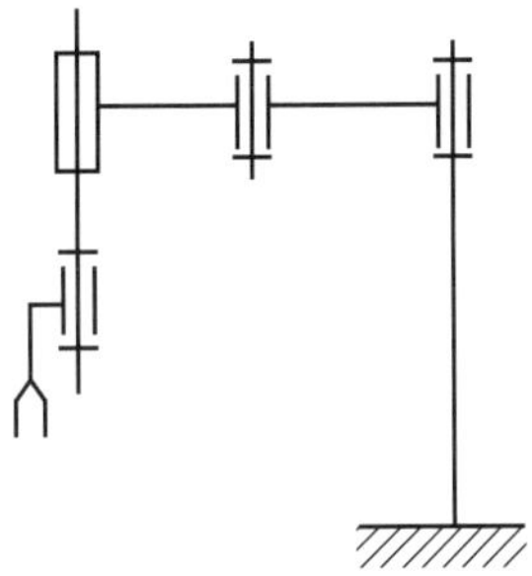	主体结构具有四个轴和四个运动自由度，包括 X、Y、Z 方向的平动自由度和绕 Z 轴的转动自由度，也可称其为 SCARA 机器人
并联关节型机器人	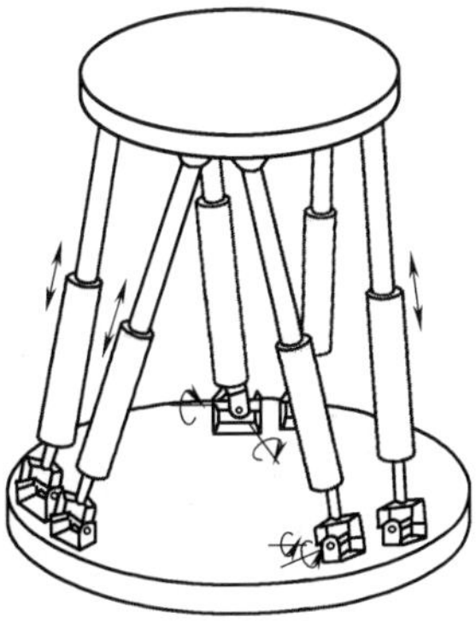	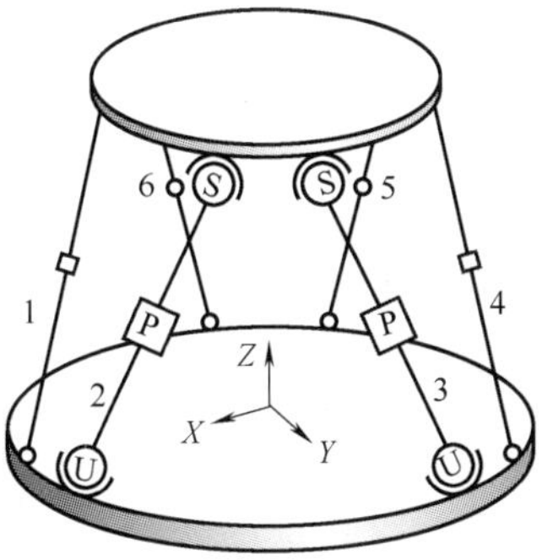	按自由度划分，有二自由度、三自由度、四自由度、五自由度和六自由度并联机器人；按机构划分，可分为平面结构机器人、球面结构机器人和空间结构机器人。左图为六自由度 Stewart-Gough 平台

3.3　工业机器人工作空间与结构尺寸

3.3.1　机器人工作空间

通常，机器人的工作空间是指末端执行器执行所有可能的运动时其末端扫过的全部体积，是由操作器的几何形状和关节运动的限位决定的。对于机器人来说，工作空间是评价其工作能力的一个重要指标，工作空间分析是机构设计的重要基础，工作空间的大小决定了串联机构的活动空间，机器人在执行作业时可能会因为存在手部不能到达的作业死区（dead zone）而不能完成任务。因此，在一定总体尺寸的约束之下，希望机构能够有尽可能大的工作空间且可顺利完成某项作业任务。工作空间的求法主要分为三大类：几何绘图法、解析法和数值法。

根据机器人学理论，机器人的工作空间是指操作臂末端执行器能够到达的空间范围与能够到达的目标点集合。工作空间可以分为两类：灵巧工作空间和可达工作空间。其中，可达工作空间定义为末端能够到达的所有点的集合，而灵巧工作空间为末端能够以任意姿态到达的所有点的集合，可见后者是前者的子集。灵巧空间仅存在于特定的理想几何构型中，真正的工作机器人一般带有关节限位，几乎没有灵巧空间。

描述工作空间的手腕参考点可以选在手部中心、手腕中心或者手指指尖，参考点不同，工作空间的大小、形状也不同。下面对几类常见的工业机器人工作空间进行简要介绍。

（1）直角坐标型机器人

直角坐标型机器人具有最简单的构型，结构简图与工作空间如图 23-3-6 所示。关节 1 到关节 3 都是移动副，且相互垂直，分别对应于直角坐标的 X、Y、Z 轴。

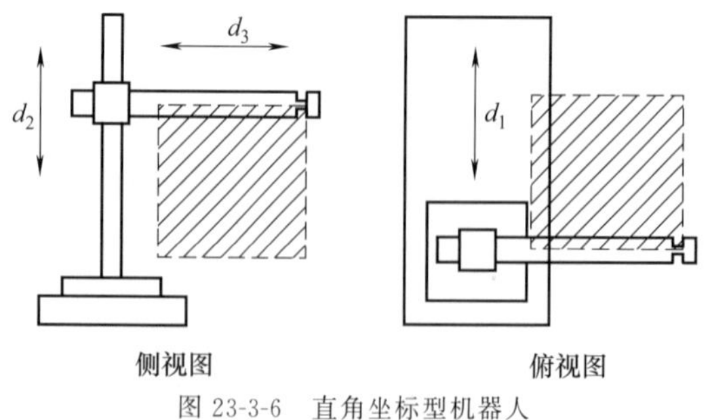

图 23-3-6　直角坐标型机器人

（2）关节坐标型机器人

图 23-3-7 即为关节型机器人。这种类型的机器人通常由两个“肩”关节（一个绕竖直轴旋转，一个改变相对于水平面的仰角）、一个“肘”关节（该关节的轴通常平行于俯仰关节）以及两个或者三个位于机器人末端的腕关节组成。

关节坐标型机器人减少了其在工作空间中的干涉，使机器人能够到达指定的空间位置，其整体结构比直角坐标型机器人小，可用于工作空间较小的场合，成本较低。

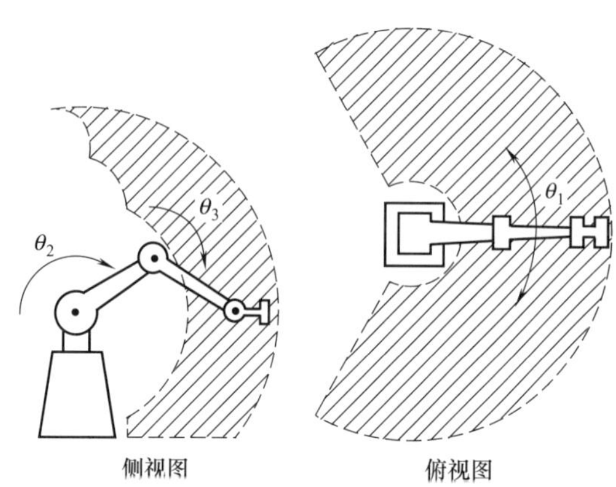

图 23-3-7　关节坐标型机器人

（3）水平关节坐标型机器人（SCARA 机器人）

如图 23-3-8 所示，SCARA 构型有三个平行的旋转关节（使机器人能够在一个平面内移动和定向），第四个移动关节可以使末端执行器垂直于该平面移动。这个结构的主要优点是前三个关节不必支撑机器人或者负载的重量，另外便于在连杆 0 中固定前两个关节的驱动器，因此驱动器可以做得很大，从而使机器人快速运动。该类机器人适合于执行平面内的任务。

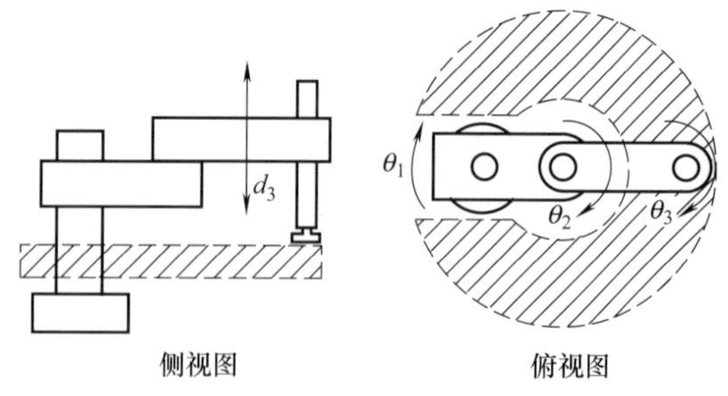

图 23-3-8　水平关节坐标型机器人

（4）球坐标型机器人

球坐标机器人如图 23-3-9 所示，该类型机器人与直角坐标型机器人有很多相似之处，不同之处在于前者用转动关节代替了肘关节。这种设计在某些场合比直角坐标型机器人更加适用。

（5）圆柱坐标型机器人

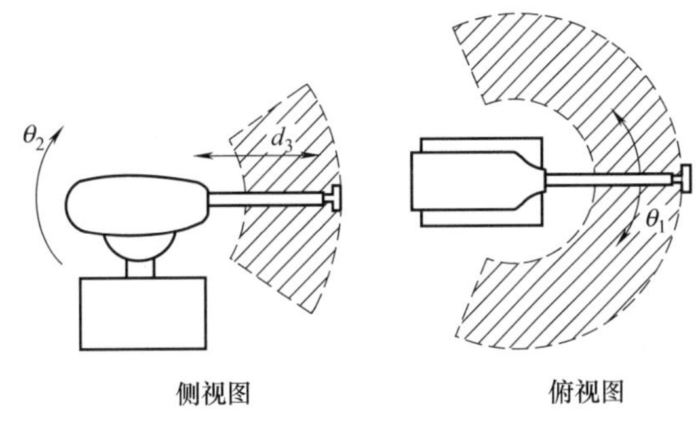

图 23-3-9　球坐标型机器人

如图 23-3-10 所示，圆柱坐标机器人由一个使手臂竖直运动的移动关节和一个绕竖直轴的旋转关节组成，另一个移动关节与旋转关节的轴正交，其末端执行器可安装在机器人的腕关节上，此处腕关节的形式不唯一。

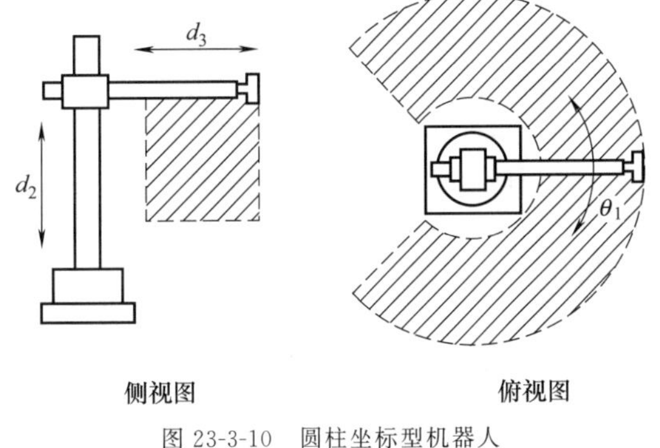

图 23-3-10　圆柱坐标型机器人

3.3.2　确定工作空间的几何法

采用改变某个关节变量而固定其他关节变量的方法，用几何作图可画出工作空间的部分边界，然后改变其他关节变量，又可得到部分边界。重复此方法，可得到完整的工作空间边界。

对于具有一个垂直旋转关节、两个水平旋转关节的机器人，将机器人的大臂和小臂伸展到奇异位置上，如图 23-3-11 所示，调整水平旋转关节可获得工作空间在 ZOY 截面中的前后边界及上下边界，调整垂直关节的旋转角可获得整个工作空间。

3.3.3　工作空间与机器人结构尺寸的关系

前文中已提到，工作空间的形状取决于机器人的机构形式，例如，直角坐标型机器人的工作空间为长方形；圆柱坐标型机器人的工作空间为中空的圆柱体；球坐标型机器人的工作空间为球体的一部分；铰链型（关节型）机器人的工作空间比较复杂，一般为多个空间曲面拼合的回转体的一部分。

直角坐标型机器人工作空间的大小取决于沿 X、

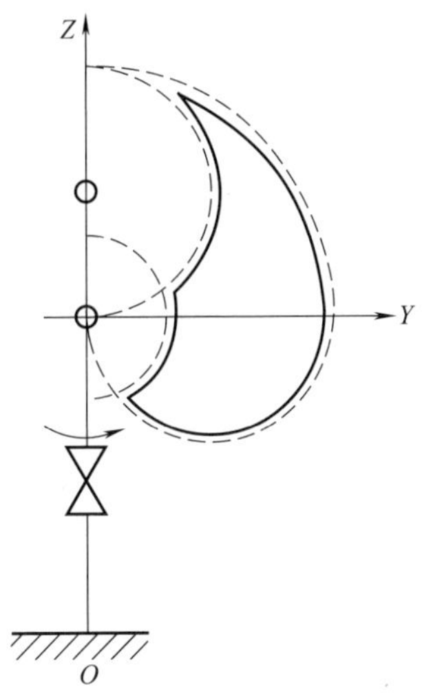

图 23-3-11　工作空间边界形成图

Y、Z 三个方向移动行程的大小；圆柱坐标型机器人工作空间的大小不仅取决于立柱的尺寸和水平臂沿立柱的上下行程，还取决于水平臂的尺寸以及水平伸缩的行程；球坐标型机器人工作空间的大小取决于工作臂的尺寸、工作臂绕垂直轴转动的角度及绕水平轴俯仰的角度；关节坐标型机器人工作空间的大小取决于大小臂的尺寸、大小臂关节转动的角度以及大臂绕垂直轴转动的角度。

3.4　机器人结构优化

3.4.1　结构优化的目的

机器人结构优化的目的是在众多可行设计方案中找出最优的方案。传统的设计基于经验，在参考现有结构的基础上，提出具体改进意见，进行可行性设计或延续以前的可行性设计。因为一个设计的可行性方案是众多的，其中一个可行设计方案可能不足以表明设计的先进性，而优化设计是找出可行性方案中充分表征先进性的方案。

3.4.2　位置结构的优化设计

对工业机器人位置结构的优化设计属于对机器人进行尺度规划的优化设计，尺度规划包含两类问题：一是对于一组给定的工作点，进行结构参数的优化，使所有工作点均包含于工作空间中，并且体积最小；二是增加对机器人总长度的约束条件，进行结构优化，并且使体积最大。所以，位置结构的优化设计不是对结构形式、材料属性等做改变，而是以结构长度作为要优化的变量，对各部分结构长度进行优化设计。

三自由度以上机器人的位置主要由从机座出发的前三个自由度决定，所以尺度规划主要是针对前三杆进行，并称前三杆为位置结构。

3.4.3 要求使工作空间最小的优化设计

以典型的前三个关节均为旋转关节的 RRR 结构为例，如图 23-3-12 所示。

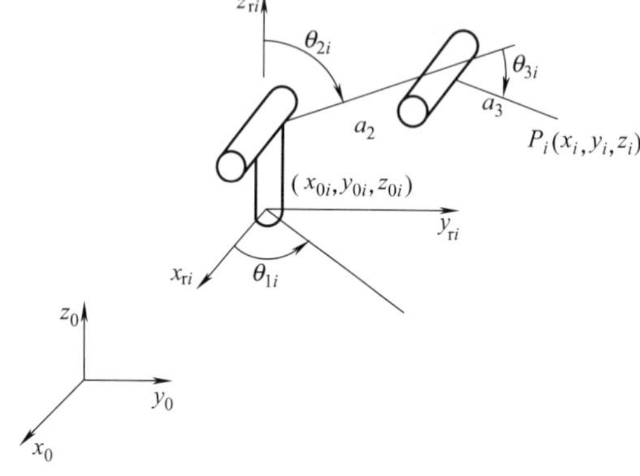

图 23-3-12 位置结构优化

① 设参考坐标系 $o_r x_r y_r z_r$ 的原点为（x_0，y_0，z_0），给定的工作点 P_i 在固定系中的坐标为（x_i，y_i，z_i），则工作点在参考系内的坐标为

$$x_{ri}=x_i-x_{oi}$$

$$y_{ri}=y_i-y_{oi}$$

$$z_{ri}=z_i-z_{oi}$$

② 设机器人的长度为

$$L=\max_{1\leqslant i\leqslant n}\{l_i\}$$

且设 $a_2=\dfrac{L}{k+1}$，$a_3=ka_2$。

式中 a_2，a_3——第 2、3 杆长度；

k——两臂不等长系数，一般 $k\geqslant1$。

③ 将以上数值代入下列式中求出θ_{1i}、θ_{2i}、θ_{3i}：

$$\theta_{1i}=\arctan(y_n/x_n)$$

$$\theta_{2i}=\arctan(z_n/l_i)-\arccos[(l_i^2-a_2^2-a_3^2)/(2a_2l_i)]$$

$$\theta_{3i}=\arccos[(l_i^2-a_2^2-a_3^2)/(2a_2a_3)]$$

④ 将θ_{1i}、θ_{2i}、θ_{3i}、a_2及a_3代入下列式中：

$$V=\Delta\theta A\bar{x}$$

$$A=2a_2a_3\Delta\theta_2\sin\bar{\theta}_3\sin\left(\frac{\Delta\theta_3}{2}\right)$$

$$A\bar{x}=a_2a_3^2\Delta\theta_3\sin\left(\frac{\Delta\theta_2}{2}\right)\cos\bar{\theta}_2+$$

$$4a_2^2a_3\sin\left(\frac{\Delta\theta_2}{2}\right)\sin\left(\frac{\Delta\theta_3}{2}\right)\sin\bar{\theta}_2\sin\bar{\theta}_3-$$

$$a_2a_3^2\Delta\theta_3\sin\left(\frac{\Delta\theta_2}{2}\right)\sin\Delta\theta_3\cos(\bar{\theta}_2+2\bar{\theta}_3)$$

$$\Delta\theta_i=\theta_{i\max}-\theta_{i\min}$$

$$\bar{\theta}_i=(\theta_{i\max}+\theta_{i\min})/2$$

式中 V——工作空间体积；

A——工作空间在子午截面内的面积；

$\bar{x}$——工作空间截面形心的横坐标。

⑤ 以 V 为优化目标函数求极小值，以x_{0i}、y_{0i}、z_{0i}及a_2、a_3为设计变量，优化后求得所需的位置结构。

3.4.4 要求使工作空间最大的优化设计

① 同 3.4.3 节步骤①。

② 取 a_2、a_3 值同上，但保证约束条件

$$\max_{1\leqslant i\leqslant n}\{l_i\}\leqslant L$$

恒成立，若不成立，重新选择 x_0、y_0、z_0。

③ 同 3.4.3 节步骤③。

④ 计算 V 值。

⑤ 以 V 为目标函数，优化其最大值。

对关节型机器人来说，当给定大小臂总长度时，要使工作空间最大，一般应使 $k=1$，即 $a_2=a_3$，大小臂等长最好。若从增加机器人的灵巧性角度来设计，则有 $a_2=\sqrt{2}a_3$。

3.5 机器人整机设计原则和方法

3.5.1 机器人整机设计原则

① 最小转动惯量原则。因为机器人运动部件较多，而运动状态经常改变必然产生冲击和振动，采用最小转动惯量原则，不仅可以增加机器人的运动平稳性，还可以提高机器人动力学特性。所以，设计时，在满足强度和刚度的前提下，应该尽量减小运动部件的质量，另外还需要注意运动部件对转轴的质心配置。

② 尺度规划最优原则。如果设计要求对工作空间进行限制，则通过尺度优化可以选定最小的臂杆尺寸，这对于机器人刚度的提高是有利的，而且还能使转动惯量进一步降低。

③ 可靠性原则。机器人的机构较复杂，组成环节也较多，其可靠性问题显得尤为重要。一般来说，元器件的可靠性应高于部件的可靠性，而部件的可靠性应高于整机的可靠性。为了设计出可靠度满足要求的零件或结构，可采用的方法有概率设计方法，当然也可以通过系统可靠性综合方法来评定机器人系统的可靠性。

④ 刚度设计原则。机器人设计中，刚度是一个

很重要的问题，甚至比强度还要重要，要使刚度最大，杆件剖面形状和尺寸的选择就显得尤为重要，提高接触刚度和支承刚度，同时要对作用在臂杆上的力和力矩进行合理地安排，并且尽量减少杆件的弯曲变形。

⑤ 工艺性原则。机器人是一种高精度、高集成度的自动机械系统，如果只是有合理的结构设计，但是工艺性却很差，那么机器人的性能必定不会很好，而且成本也必然会提高，这显然是不合理的。所以，良好的加工和装配工艺是设计时要考虑的重要原则之一。

由以上原则可以看出，在设计工业机器人的主体结构时，足够大的刚度、强度以及稳定性是必须加以考虑的。另外，运动的灵活性应该有所保证，结构的布置也应该尽量合理，而且对机器人结构的设计也要有良好的工艺性。之后应该考虑到机器人的结构材料问题，不同的机器人要根据机器人的特点选择合适的材料，例如，整体移动的机器人要选择质量较轻的材料，精密机器人对材料的刚度和振动方面均有要求。正确的选择材料也能降低成本，所以应该正确地选择材料。

3.5.2　机器人本体设计步骤

机器人本体设计主要包括概念设计、初步设计及详细设计三个步骤，其设计流程如图 23-3-13 所示。

（1）确定设计要求

① 负载。根据用户作业的不同要求，小到几公斤，大到数百公斤甚至几吨。

② 速度。速度的上下限要求需要给出。

③ 示教方式。确定采用哪种示教方式，是示教盒示教还是计算机示教。示教盒可以用来示教机器人的工作轨迹和参数设定，以及一些人机相互操作，拥有独立的 CPU 以及存储单元，与主计算机之间实现信息交互。

④ 工作空间。根据作业要求确定工作空间的大小和形状。

⑤ 附加运动。确定机器人是否需要整体移动以及工具是否需要直线运动或螺旋运动等。

⑥ 环境要求。是否在特殊环境下工作，比如是否需要防爆、防电磁干扰等。

（2）运动学构型设计

根据作业的内容和复杂程度的不同，确定采用哪种坐标形式，常用的有直角坐标、圆柱坐标、球坐标和关节坐标。直角坐标型的优点是结构简单、控制容易、直线运动速度快、定位精度高；缺点是运动范围

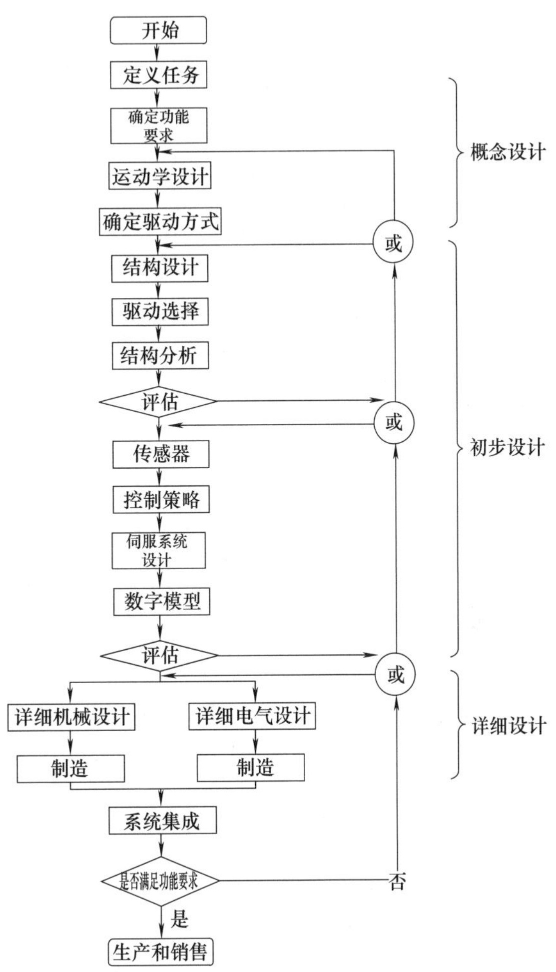

图 23-3-13　机器人本体设计流程

小、灵活性较差、结构尺寸大、占地面积大、移动部分惯量大。圆柱坐标型的优点是结构紧凑、控制较简单、精度高、转动惯量较直角坐标型小；缺点是结构庞大、工作范围小。球坐标型的优点是占地面积小、结构紧凑、精度较高；缺点是避障性能差。关节坐标型的优点是结构紧凑、占地面积小、灵活性好、避障性好、惯量小、驱动力小；缺点是控制存在耦合、大小臂伸展开时结构刚度低。目前，关节坐标型用得比较多。在满足作业的情况下，应使运动轴数最少，这有利于简化结构、提高控制精度、降低制造成本。

（3）选定驱动方式

根据作业的不同，可采取不同的机器人驱动方式，常用的有气压驱动、液压驱动和电驱动。气压驱动适用于快速运动场合，缺点是会产生较大的冲击力，负载能力较小，而且精度较难控制；优点是所需费用低。液压驱动优点是负载能力较大，运动平稳，定位精度比较高，能防爆、防火；缺点是费用较高。

电驱动控制灵活方便，它的负载能力适中，但是定位精度较高。目前，交流伺服驱动已很普遍，直流伺服驱动的应用逐渐减少。

（4）整机及部件配置设计

① 机器人机座的容积和尺寸主要由腰关节的支承结构和各轴电缆的通道尺寸决定。

② 肩关节对腰关节的偏置可以增大工作空间。

③ 大臂内的双连杆传动形式是设计肘关节传动时应优先考虑的方案，其传动刚度大，结构紧凑。

④ 腕关节传动可采用轴传动和链式传动等。

⑤ 在尺寸允许的情况下，最好将机器人的平衡机构装入机器人的内部。

⑥ 末端执行器接口方式应该根据作业和负载不同来进行选择。

（5）传动系统设计

① 直接连接驱动。驱动源直接与关节连接，其结构紧凑，但是电机比较重，会增大关节的转动惯量，从而增加能量消耗。

② 远距离连接驱动。驱动源通过远距离的机械传动后与关节进行连接，可以克服直接连接驱动的缺点，但是增大了结构尺寸，也会增加能量消耗。

③ 直接驱动。驱动源直接经过一个速比为 1 的中间环节与关节相连，优点是精度高、结构刚度好、结构紧凑、可靠性好；缺点是控制系统设计复杂，电机成本高。

④ 间接驱动。驱动源与关节之间有一个速比远大于 1 的中间环节，可以实现低速大转矩的要求，并且成本较直接驱动更低。

（6）臂的强度和刚度校核

在初步设计完成后，应对大小臂进行强度和动刚度校核，这里需要考虑负载、末端执行器重量及各杆惯性力。

（7）关节运动的耦合和解耦

运动耦合效应指对大多数非直线直接驱动的机器人而言，前面关节的运动会引起后面关节的附加运动的现象。此耦合附加运动的大小和方向随传动形式和传动比的不同而不同。在运动学计算时，可对其反向补偿，以此方法实现解耦。

（8）工艺性设计

机器人结构较一般的机械装置更为复杂，因此要特别谨慎地处理好其关键件的加工工艺，以保证机器人不仅装配性良好，而且易于调整，以便消除某些系统误差，从而达到提高机器人再现精度和运动平稳性的目的。

3.6 机器人的机械结构

机器人的机械结构是机器人进行各种运动的基础。所有的控制都是基于机器人的机械本体进行设计的，机器人需要通过机械结构之间的相互作用来完成特定的任务。机器人的机械结构主要包括腰部结构、臂部结构、腕部结构、末端执行器结构、运动传动结构和移动机构。

3.6.1 腰部结构

工业机器人腰座就是圆柱型坐标机器人、球坐标型机器人及关节型机器人的回转基座。它是机器人的第一个回转关节，机器人的运动部分全部安装在腰座上，它承受了机器人的全部重量，要有足够的强度和刚度，一般用铸铁或铸钢制造。腰座要有一定的尺寸，以便安装机器人的其他结构，保证工业机器人的稳定，满足驱动装置及电缆的安装。腰关节是负载最大的运动轴，对末端执行器运动精度影响最大，故设计精度要求高。

在设计机器人腰座结构时，要注意以下设计原则：

① 腰座要有足够大的安装基面，以保证机器人在工作时整体安装的稳定性。

② 腰座要承受机器人全部的重量和载荷，所以机器人的基座和腰部轴及轴承的结构要有足够大的强度和刚度，以保证其承载能力。

③ 机器人的腰座是机器人的第一个回转关节，它对机器人末端的运动精度影响最大，因此在设计时要特别注意保证腰部轴系及传动链的精度与刚度。

④ 腰部的回转运动要有相应的驱动装置，它包括驱动器（电动、液压及气动）及减速器。驱动装置一般都带有速度与位置传感器以及制动器。

⑤ 腰部结构要便于安装、调整。腰部与机器人手臂的连接要有可靠的定位基准面，以保证各关节的相互位置精度。要设有调整机构，用来调整腰部轴承间隙及减速器的传动间隙。

⑥ 为了减轻机器人运动部分的惯量，提高机器人的控制精度，一般腰部回转运动部分的壳体是由比重较小的铝合金材料制成，而不运动的基座是用铸铁或铸钢材料制成。

腰关节的轴可采用普通轴承的支承结构，如图 23-3-14 所示的 PUMA 机器人腰部结构。其优点是结构简单，安装调整方便，但腰部高度较高。为了减少腰部高度，可采用单列十字交叉滚子轴承。环形十字交叉轴承精度高，刚度大，负载能力高，装配方便，可以承受径向力、轴向力及倾翻力矩，许多机器人的腰关节都采用环形轴承支撑腰，但这种轴承的价格较高。环形交叉滚子轴承的安装方式如图 23-3-15 所示。

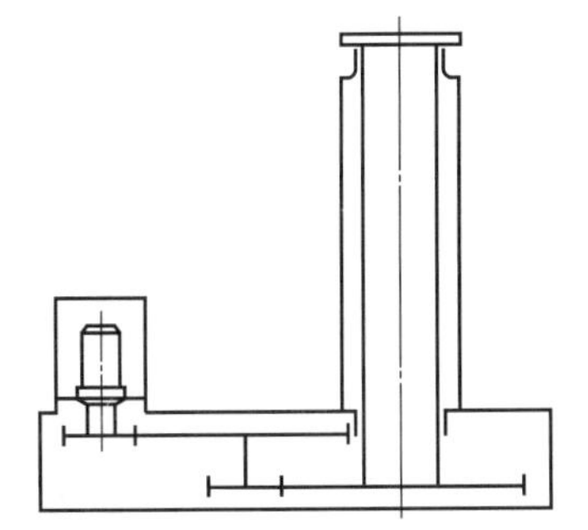

图 23-3-14　PUMA 机器人腰部结构

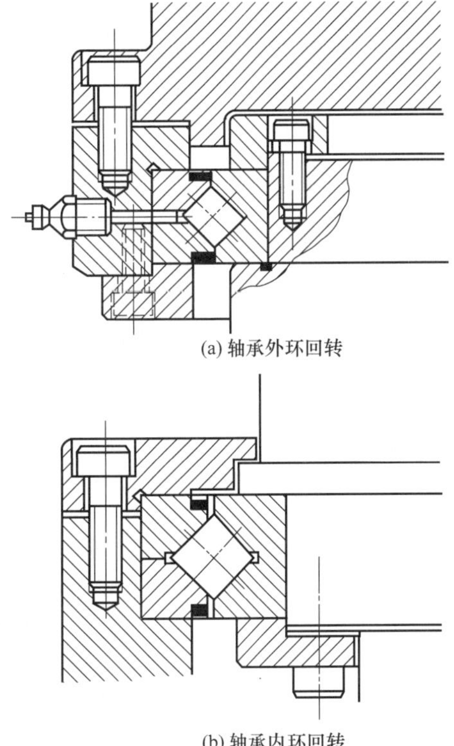

(a) 轴承外环回转

(b) 轴承内环回转

图 23-3-15　环形交叉滚子轴承的安装方式

3.6.2　臂部结构

手臂是机器人的一个重要结构，臂部的作用是连接腰部和腕部，实现机器人在空间里的运动，同时通过一定的运动将物体放置到指定的地点。机器人手臂一般要有三个自由度，分别完成手臂的升降、伸缩和回转运动。手臂需要承受工件、手腕、末端执行器以及本身的重量，手臂的结构、工作范围和工作精度都会影响机器人的工作性能。所以要根据机器人抓取重量、自由度数、运动速度以及定位精度来合理地设计手臂的结构形式。手臂的尺寸要满足工作空间的要求，各关节轴线应尽量平行，垂直的关节轴线尽量交汇于一点。由于手臂是腰部的负载且要运动灵活，故应尽可能选用高强度轻质材料，以减小其质量。

（1）手臂设计的基本要求

① 手臂的结构应该满足机器人作业空间的要求。

② 合理选择手臂截面形状。工字形截面的弯曲刚度一般比圆截面大，空心管的弯曲刚度和扭转刚度都比实心轴大得多，所以常用钢管制作臂杆及导向杆，用工字钢和槽钢制作支承板。

③ 尽量减小手臂重量和整个手臂相对于转动关节的转动惯量，以减小运动时的动载荷与冲击。

④ 合理设计与腕部和机身的连接部位。臂部安装形式和位置不仅关系到机器人的强度、刚度、承载能力以及工作精度，而且还直接影响机器人的外观。

⑤ 导向性要好。防止手臂在直线运动时沿运动轴线发生相对转动，可以设置导向装置或者方形、花键等形式的臂杆。

（2）臂部结构的基本形式

根据手臂数量，机器人手臂可分为单臂、双臂及多臂。

1）单臂机器人　单臂机器人是通过单只手臂的运动来完成任务，如图 23-3-16 所示。其中图（a）为丹麦 Universal Robots 公司的 UR3，图（b）为瑞士 F&P Personal Robotics 公司的 P-Rob2，图（c）为日本 FANUC 公司的 CR-35iA，图（d）为中国大族电机公司的 Elfin。

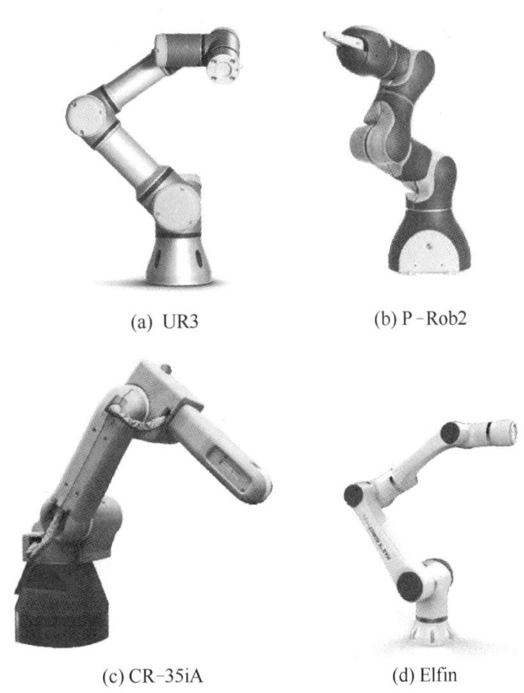

(a) UR3　(b) P-Rob2

(c) CR-35iA　(d) Elfin

图 23-3-16　单臂机器人样例

2）双臂机器人 现代工业应用中，单臂机器人受制于环境因素，很多工作难以完成。在此情况下，双臂机器人应运而生。如图 23-3-17 所示，其中图（a）为瑞士 ABB 公司的 YuMi，图（b）为日本 Kawada Industries 公司的 Nextage，图（c）为中国新松机器人公司的双臂协作机器人，图（d）为中国甘中学团队设计的双臂灵巧机器人。

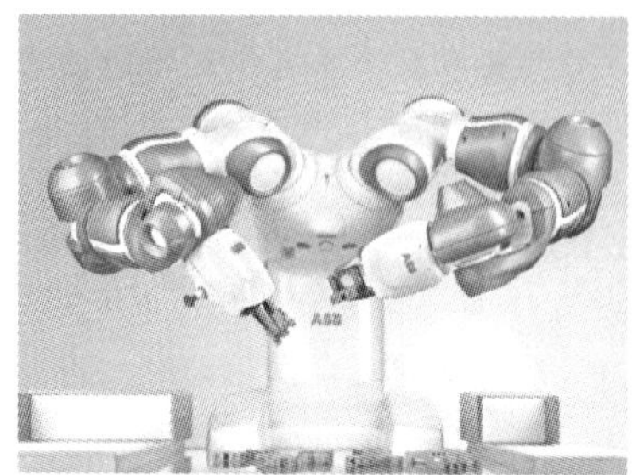

(a) YuMi

(b) Nextage

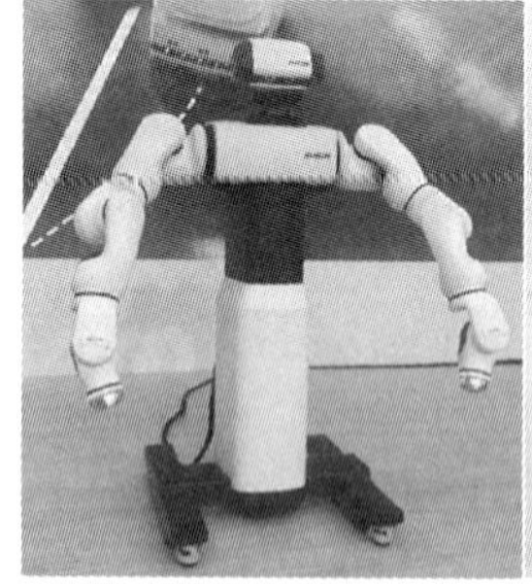

(c) 双臂协作机器人

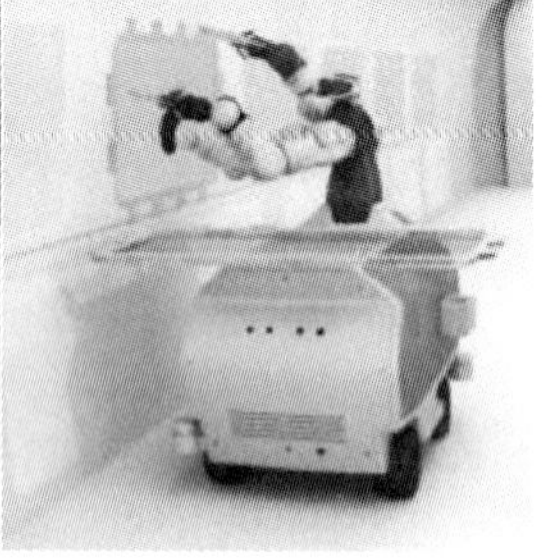

(d) 双臂灵巧机器人

图 23-3-17 双臂机器人举例

3）多臂机器人 随着劳动力成本上涨，工业机器人也迎来了顺势发展的良机。不过以往看到的生产车间机器人大多是单臂机器人，而未来机器人的发展将会根据专业化研发出分工明确的机器人，并且与 3D 打印、工业 VR 等充分结合，形成相互协作、共同分享的智能制造新模式。因此未来多臂机器人将更加受欢迎。

（3）手臂的运行机构

1）手臂的直线运行结构 机械手伸缩、升降及横向（或纵向）运动的机构实现形式较多，常用的有活塞油（气）缸、齿轮齿条机构、丝杠螺母机构以及连杆机构等。图 23-3-18 所示为采用四根导向柱的臂部伸缩结构。手臂的垂直伸缩运动由油缸 3 驱动，其特点是行程长、抓重大。工件形状不规则时，为了防止产生较大的偏重力矩，可采用四根导向柱。这种结构多用于箱体加工线上。

2）手臂回转和俯仰运行机构 实现机械手回转运动的常见机构有叶片式回转缸、齿轮传动机构、链传动机构、连杆机构等。齿轮齿条机构通过齿条的往复移动带动与手臂连接的齿轮作往复回转，即实现手臂的回转运动。带动齿条往复移动的活塞缸可以由压力油或压缩气体驱动。

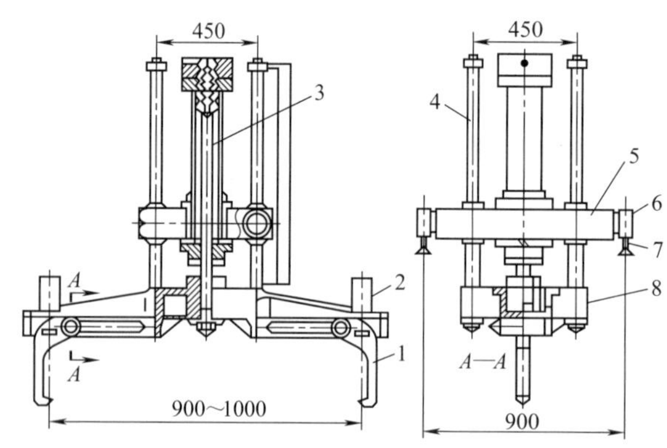

图 23-3-18 臂部伸缩机构

1—手部；2—夹紧缸；3—油缸；4—导向柱；5—运行架；6—行走车轮；7—轨道；8—支座

如图 23-3-19 所示，俯仰式机器人手臂的运动一般采用活塞油缸与连杆机构实现。活塞杆和手臂用铰链连接，缸体采用尾部耳环或中部销轴等方式与立柱连接。某些场合也采用无杆活塞缸驱动齿条齿轮或四连杆机构实现手臂的俯仰运动。

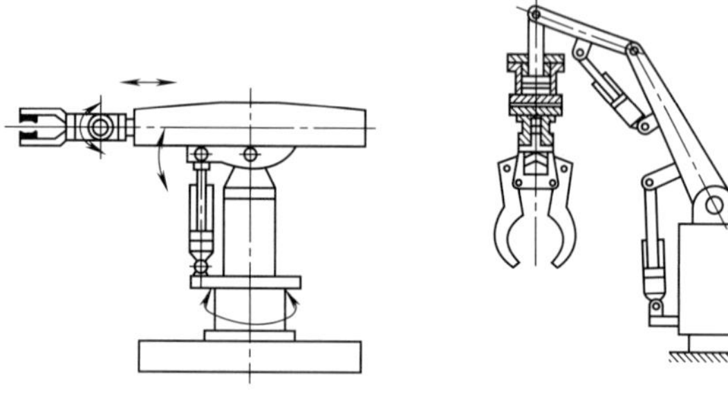

图 23-3-19 油缸铰链结构的俯仰机器人

3）手臂的复合运动机构 手臂的复合运动多数用于动作程序固定不变的专用机器人，它不仅使机器人的传动结构简单，而且可简化驱动系统和控制系统，并使机器人传动准确、工作可靠，因而在生产中应用比较多。除手臂实现复合运动外，手腕和手臂的运动亦能组成复合运动。手臂（或手腕）和手臂的复合运动，可以由动力部件（如活塞缸、回转缸、齿条活塞缸等）与常用机构（如凹槽机构、连杆机构、齿轮机构等）按照手臂的运动轨迹（即路线）或手臂和手腕的动作要求进行组合。

3.6.3　腕部结构

工业机器人的腕部起到支承手部的作用，机器人一般要具有 6 个自由度才能使手部（末端操作器）达到目标位置和处于期望的姿态，手腕上的自由度主要实现所期望的姿态。作为一种通用性较强的自动化作业设备，工业机器人的末端执行器（手部）是直接执行作业任务的装置，大多数手部的结构和尺寸都是根据不同的作业任务要求来设计的，从而形成了不同的结构形式。腕部一般应有 2～3 个自由度，结构要紧凑，质量要小，各运动轴采用分离传动。如图 23-3-20 所示，其中图（a）所示为 P-100 机器人腕部结构（其中轴 1～轴 3 为手臂轴，未画出），是一种典型的 3 轴分立形式，图（b）为 JRS-80 机器人的手腕原理图。

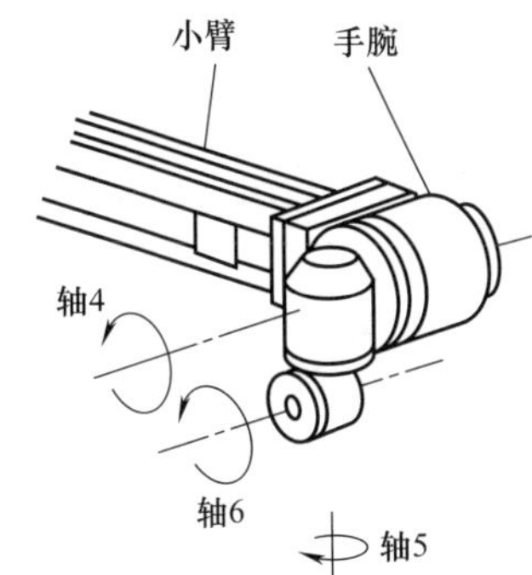

(a) P-100手腕

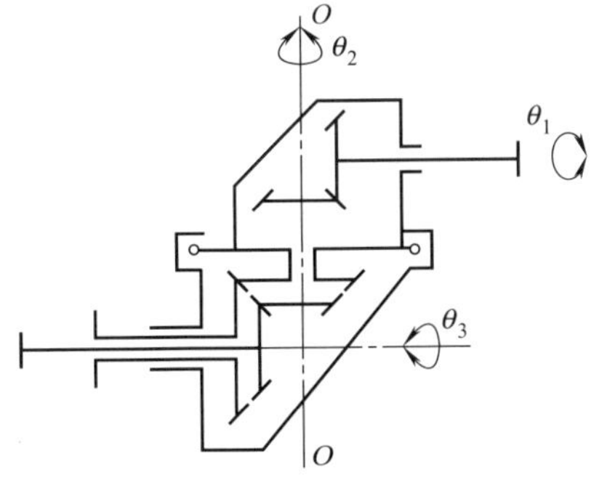

(b) JRS-80手腕

图 23-3-20　工业机器人手腕结构

手腕有不同的结构形式，按不同的标准可进行如下分类。

（1）按自由度数目来分

手腕按自由度数目来分，可分为单自由度手腕、2 自由度手腕和 3 自由度手腕。

① 单自由度手腕。如图 23-3-21 所示，图（a）是一种翻转（roll）关节，它把手臂纵轴线和手腕关节轴线构成共轴形式。这种 R 关节旋转角度大，可达到 360°以上。图（b）、图（c）是一种折曲（bend）关节（简称 B 关节），关节轴线与前后两个连接件的轴线相垂直。这种 B 关节因为受到结构上的干涉，旋转角度小，大大限制了方向角。图（d）所示为移动关节。

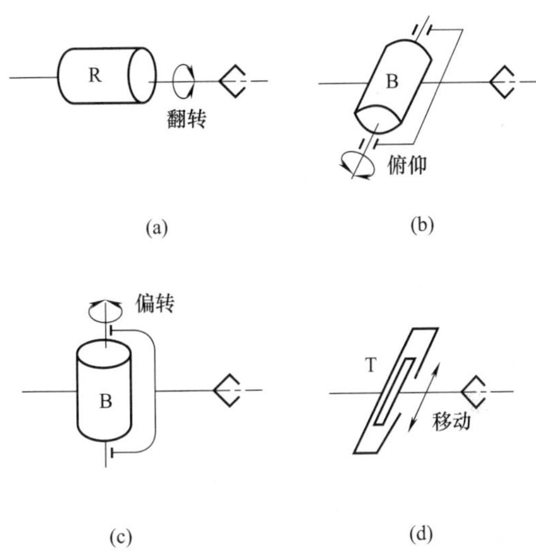

图 23-3-21　单自由度手腕

② 2 自由度手腕。如图 23-3-22 所示，2 自由度手腕可以由一个 R 关节和一个 B 关节组成 BR 手腕［见图 23-3-22（a）］，也可以由两个 B 关节组成 BB 手腕［见图 23-3-22（b）］，但是不能由两个 R 关节组成 RR 手腕。因为两个 R 关节共轴线，所以造成一个自由度退化了，实际只构成了单自由度手腕［见图 23-3-22（c）］。

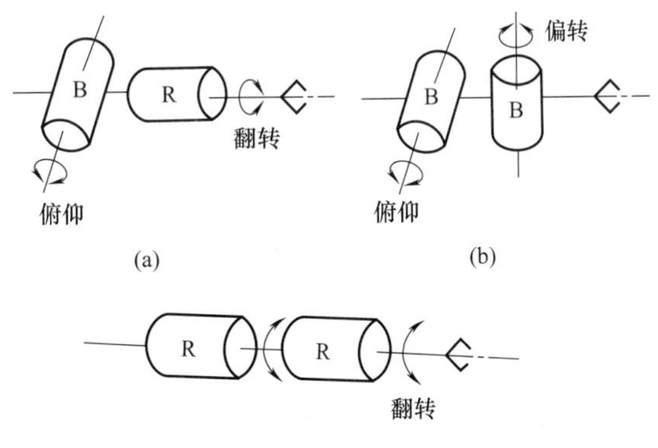

图 23-3-22　2 自由度手腕

③ 3 自由度手腕。如图 23-3-23 所示，3 自由度手腕可以由 B关节和 R 关节组成许多种形式。图 23-3-23（a）所示是常见的 BBR 手腕，使手部具有俯仰、偏转和翻转运动，即 RPY 运动。图 23-3-23（b）所示是一个 B 关节和两个 R 关节组成的 BRR 手腕，为了不使自由度退化，且使手部产生 RPY 运动，第一个 R 关节必须进行如图所示的偏置。图 23-3-23（c）所示是三个 R 关节组成的 RRR 手腕，它也可以实现手部 RPY 运动。图 23-3-23（d）所示是 BBB 手腕，很明显它已退化为二自由度手腕，只有 PY 运动，实际应用中不采用这种手腕。此外，B 关节和 R 关节排列次序不同，也会产生不同的效果，同时产生其他形式的三自由度手腕。为了使手腕结构紧凑，通常把两个 B 关节安装在一个十字接头上，这对于 BBR 手腕来说大大减小了手腕纵向尺寸。

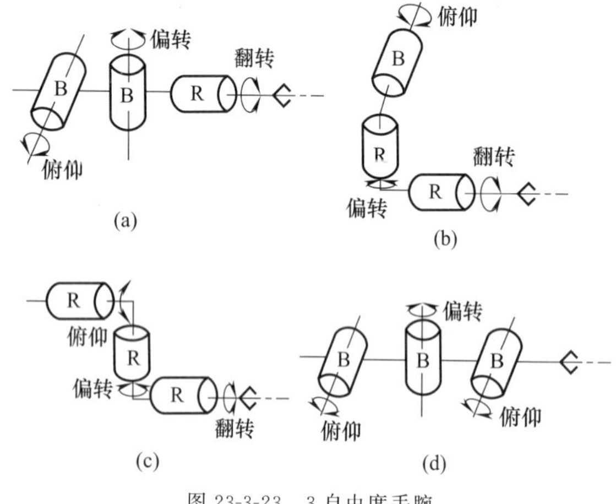

图 23-3-23　3 自由度手腕

（2）按驱动方式来分

手腕按驱动方式来分，可分为直接驱动手腕和远距离传动手腕。图 23-3-24 所示为 Moog 公司的一种液压直接驱动 BBR 手腕，设计紧凑巧妙。M_1、M_2、M_3 是液压马达，直接驱动手腕的偏转、俯仰和翻转三个自由度轴。图 23-3-25 所示为一种远距离传动的 RBR 手腕。轴Ⅲ的转动使整个手腕翻转，即第一个 R 关节运动。轴Ⅱ的转动使手腕获得俯仰运动，即第二个 B 关节运动。轴Ⅰ的转动即第三个 R 关节运动。当 c 轴离开纸平面后，RBR 手腕便在三个自由度轴上输出 RPY 运动。这种远距离传动的好处是可以把尺寸、重量都较大的驱动源放在远离手腕处，有时放在手臂的后端作平衡重量用。这不仅减轻了手腕的整体重量，而且改善了机器人整体结构的平衡性。

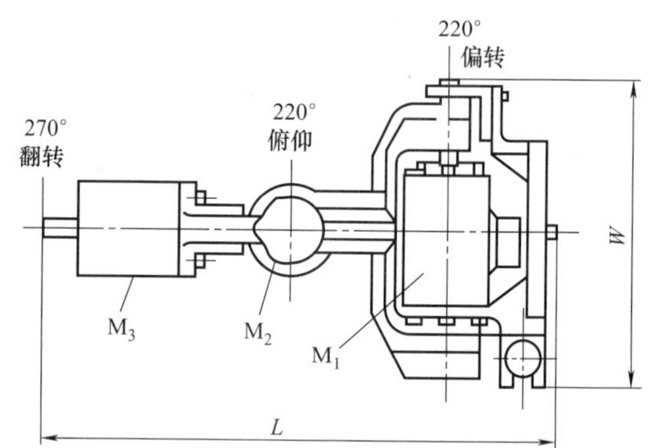

图 23-3-24　液压直接驱动 BBR 手腕

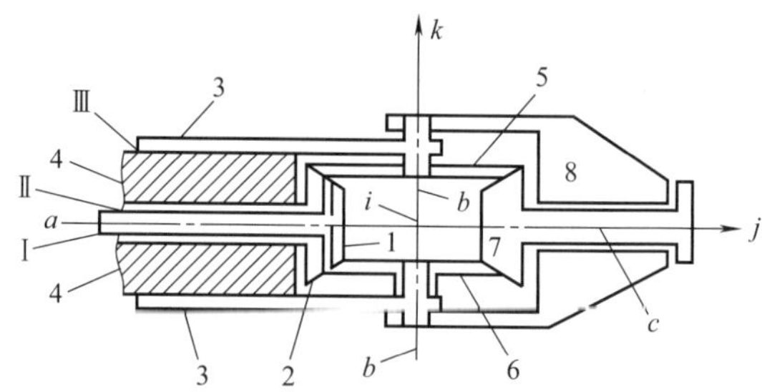

图 23-3-25　远距离传动 RBR 手腕

1，2，5～7—锥齿轮；3—手腕外壳；4—驱动轴；8—轴套

3.6.4　末端执行器结构

机器人末端执行器指的是任何一个连接在机器人边缘（关节）且具有一定功能的工具。这可能包含机器人抓手、机器人工具快换装置、机器人碰撞传感器、机器人旋转连接器、机器人压力工具、顺从装置、机器人喷涂枪、机器人毛刺清理工具、机器人弧焊焊枪、机器人电焊焊枪等。机器人末端执行器通常被认为是机器人的外围设备、机器人的附件、机器人工具、手臂末端工具（EOA）。

末端执行器包含以下要素：

① 机构形式；

② 抓取方式；

③ 抓取力；

④ 驱动装置及控制物件特征质量、外形、重心位置、尺寸大小、尺寸公差、表面状态、材质、强度、操作参数、操作空间环境、操作准确度、操作速度和加速度、夹持时间。

末端执行器可分为吸附式和夹持式，典型的结构见表 23-3-5。

3.6.5　工业机器人的运动传动机构

运动传动机构用来把原动机的运动传递到关节和动作部位。原动机外形小、重量轻，为获得大输出力常常要高速旋转，而受原动机驱动的机械部分则要求从低速到高速范围内实现平滑的运动。原动机和被驱动机械部分之间需要设置能完成速度和力矩变换与调节的机构，称为运动传动机构。本节主要讲述几个典型的传动机构——齿轮传动、丝杠传动、带传动和链传动、连杆与凸轮传动。

表 23-3-5　典型末端执行器的吸附与夹持机构

种类	形式	简　图	说　明
吸附式	气流负压吸盘	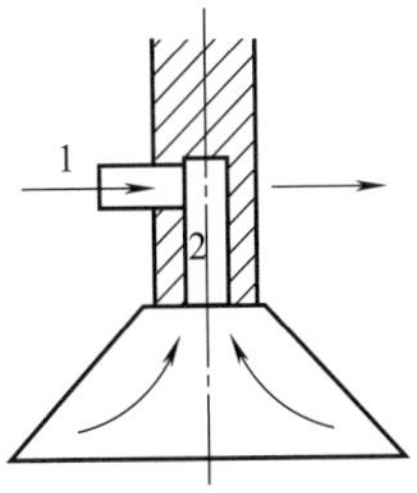 1 2	根据被搬运物体的重量和每只吸嘴的吸力大小，在一个吸盘上可装不同数量的吸嘴。由于生产车间常备有压力气源，因此常用的吸盘采用压力气源，而不采用真空源。具有一定压力的气体经电磁控制阀以很高的速度流过孔1，橡胶碗内的空气经孔2被抽出，在橡胶碗内形成负压，吸住被搬运物。吸盘只适用搬运表面平整的物体，为增加吸盘与物体接触时的柔韧性，在吸盘上安装有弹簧
	挤压排气式吸盘	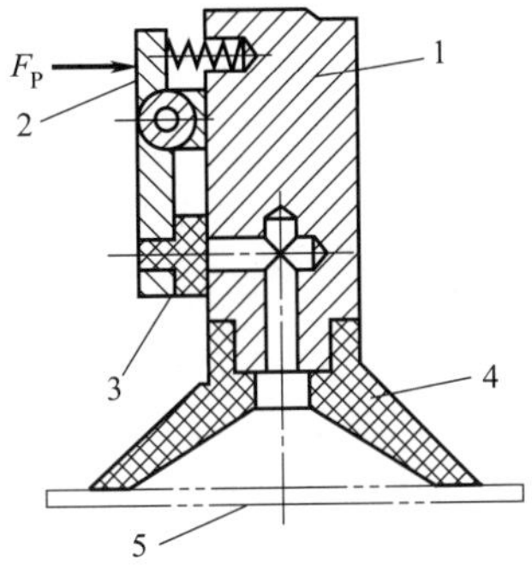 F_P 1 2 3 4 5 1—吸盘架；2—压盖；3—密封垫；4—吸盘；5—工件	挤压排气式吸盘靠向下的挤压力将吸盘中的空气全部排出，使其内部形成负压状态将工件吸住。有结构简单、重量轻、成本低等优点，但是吸力不大，多用于尺寸不太大、薄而轻的工件
	真空式吸盘	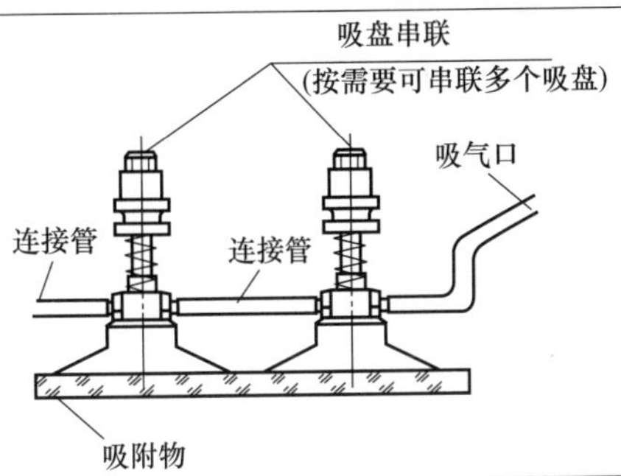 吸盘串联 (按需要可串联多个吸盘) 吸气口 连接管 连接管 吸附物	利用电机带动真空泵在吸盘处形成强大吸力吸附工件，电机停止工作，真空泵停止转动，大量空气涌入，吸力消失，放下工件。真空吸盘依靠吸力吸附工件不会有夹具的外力，不会造成工件变形，对于有色金属这种硬度低、受磁化影响材料制成的工件尤其适用。但是真空吸盘的吸力是有限度的，不适用于粗加工或半精加工这种需要大力切削的情况
	自适应式吸盘	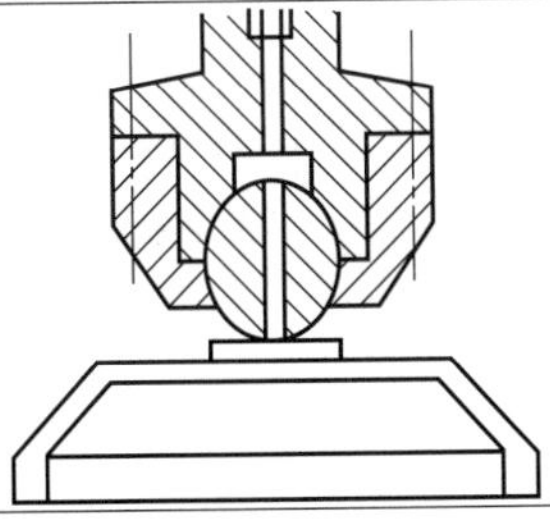	该吸盘具有一个球关节，使吸盘能倾斜自如，适应工件表面倾角的变化
	异形吸盘	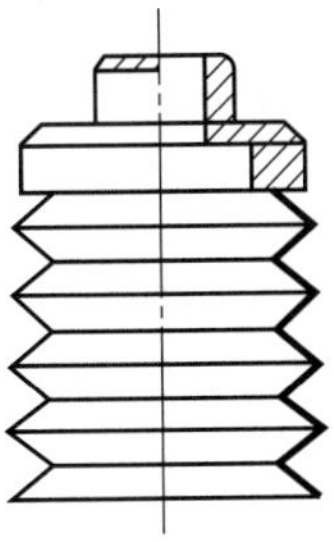	可用来吸附鸡蛋、锥颈瓶等物件，扩大了真空吸盘在机器人上的应用

续表

种类	形式	简图	说明
吸附式	电磁式	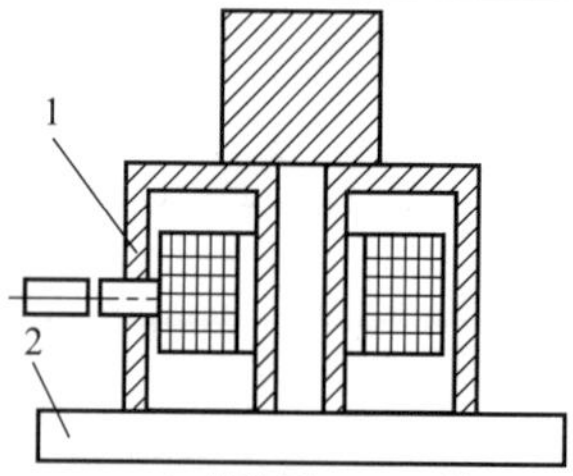 1—电磁线圈；2—工件	适合表面平整的铁磁性物体搬运的电磁吸盘。对于具有固定表面的工件，可根据其表面形状设计专门的电磁吸盘
		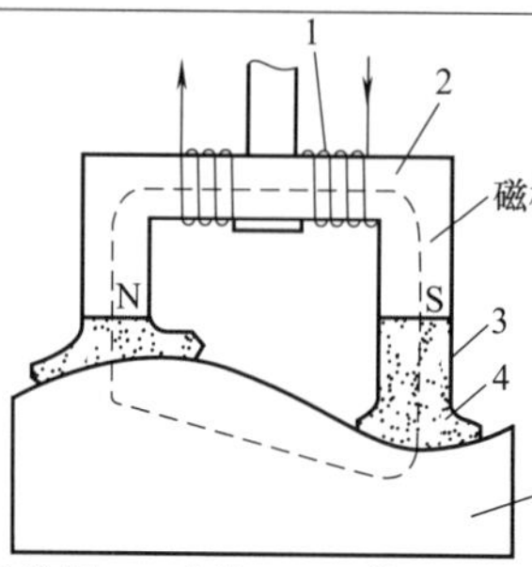 磁极 N S 1—电磁线圈；2—磁铁；3—口袋；4—磁粉；5—工件	该吸盘的磁性吸附部分为内装磁粉的口袋。在励磁前将口袋压紧在异形物体的表面，然后使电磁线圈通电。电磁铁励磁后，口袋中的磁粉就变成具有固定形状的块状物。这种吸盘可适用于不同形状的表面
夹持式	圆弧开闭式	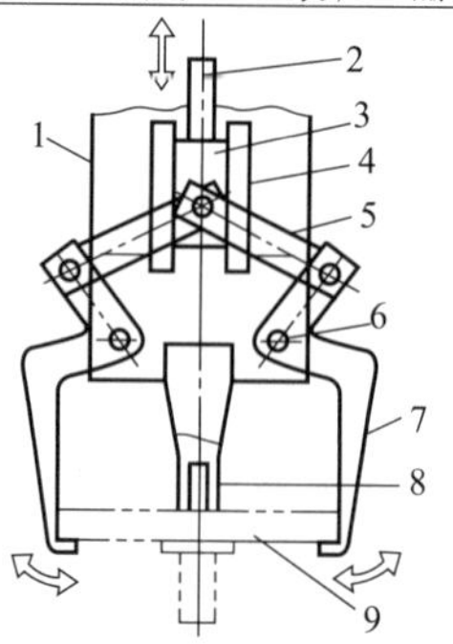 1—指座；2—拉杆；3—滑块；4—导轨；5—中间连杆；6—手指支点；7—手指；8—定心导杆；9—工件	气缸或油缸活塞杆的上、下运动使手指产生开、闭运动，手指绕其支点的运动为圆弧运动。其对被抓取物体夹持力的大小由活塞杆上的力决定
	齿轮齿条式	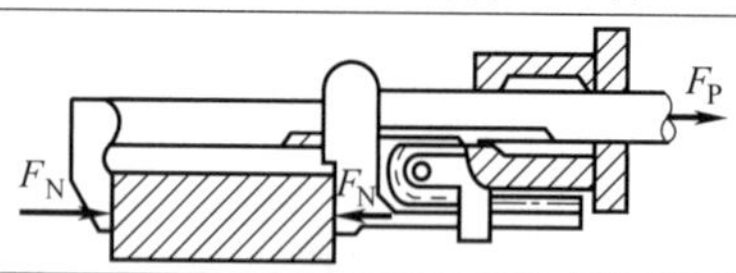 F_P F_N F_N	机械手手爪通过活塞推动齿条，齿条带动齿轮旋转，产生手爪的夹紧与松开动作
	重力式	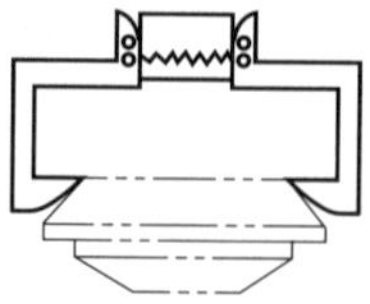	通过重力作用实现工件的夹紧
	拨杆杠杆式	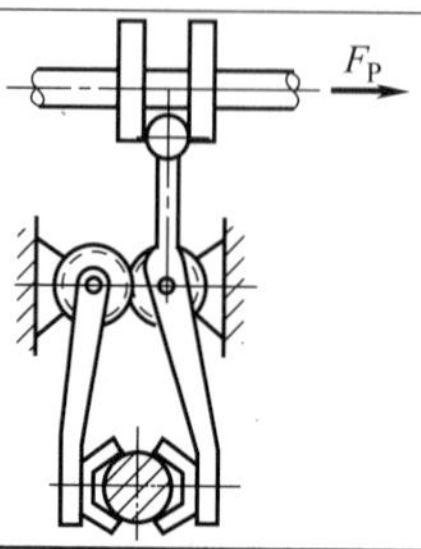 F_P	通过拨杆的运动实现手爪的夹紧与放松

续表

种类	形式	简图	说明
夹持式	平移式	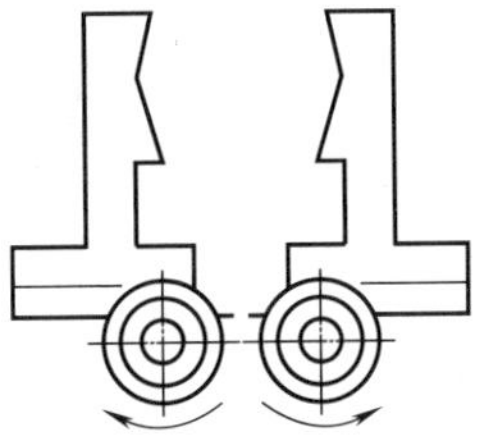	手爪夹紧和松开工件时手指姿态不变，做平移运动。所抓物体大小变化时，无需调整手爪位置，夹持位置固定在中心不变
	平行开闭式	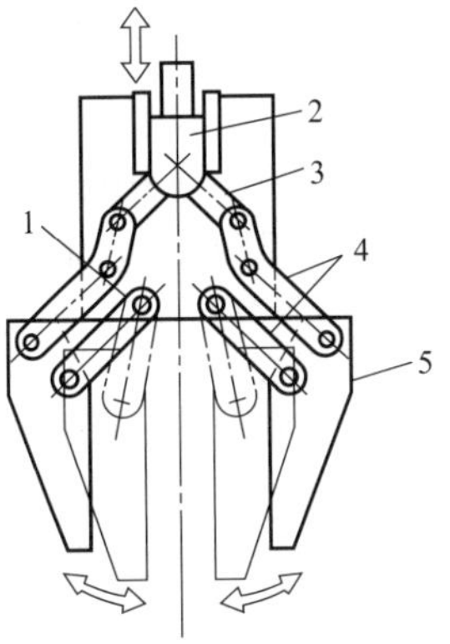 1—手指支点；2—滑块；3—中间连杆；4—平行连杆；5—手指	此手部利用转动副构成平行连杆机构，从相对手指来看，其构成的是平行开闭运动。该手部对被抓取物体夹持力的大小由活塞杆上的力决定
仿生多指灵巧手			机器人手爪和手腕是模仿人手的多指灵巧手。如图所示，多指灵巧手有多个手指，每个手指有3个回转关节，每一个关节的自由度都是独立控制的。因此，大多数人手指能完成的各种复杂动作它都能模仿，诸如拧螺钉、弹钢琴、作礼仪手势等动作。在手部配置触觉、力觉、视觉、温度传感器，将会使多指灵巧手达到更完美的程度。多指灵巧手的应用前景十分广泛，可在各种极限环境下完成人无法实现的操作，如核工业领域、宇宙空间作业，在高温、高压、环境下作业等
专用工具		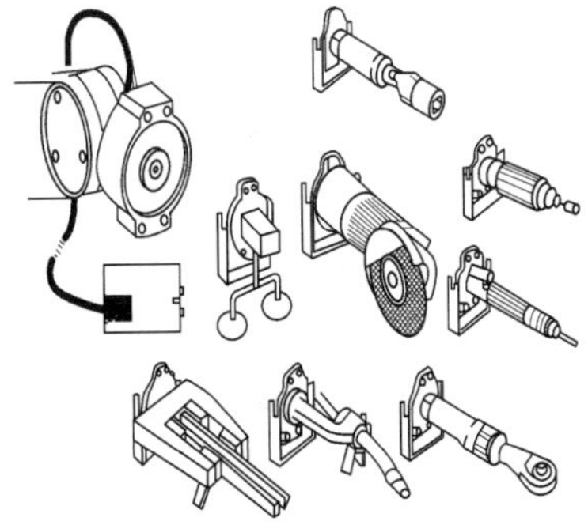	根据作业要求安装对应的专用工具，就能完成各种动作。如安装焊枪就是焊接机器人，装上喷枪就是喷涂机器人，装上拧螺母机就是装配机器人。如图所示为拧螺母机、焊枪、电磨头、抛光头、激光切割机各种专用电动、气动工具改型而来的操作器，使机器人能胜任各种工作

(1) 齿轮传动

齿轮靠均匀分布在轮边上的齿直接接触来传递扭矩。通常齿轮的角速度比和轴的相对位置都是固定的。所以，轮齿以接触柱面为节面，等间隔的分布在圆周上。齿轮传动是经常使用的传动机构。

表 23-3-6 **齿轮传动机构**

齿轮传动机构	平行轴齿轮式	直齿轮式	外齿轮与外齿轮
			内齿轮与外齿轮
			齿条与外齿轮
		斜齿轮式	
	交叉轴齿轮式	伞齿轮式	直齿伞齿轮
			弧齿伞齿轮
	交错轴齿轮式	蜗杆式	
		双曲线齿轮式	
	同心轴齿轮式	行星轮式	简单行星轮
			差动行星轮
			偏心行星轮
			弹式行星轮

(2) 丝杠传动

传递运动用的丝杠有滑动式、滚珠式和静压式等。机器人传动用的丝杠应具备结构紧凑、间隙小和传动效率高等特点。如表 23-3-7 所示。

(3) 带传动和链传动

带和链传动用于传递平行轴之间的回转运动，或把回转运动转换成直线运动。机器人中的带和链传动分别通过皮带轮和链轮传递回转运动，有时还用来驱动平行轴之间的小齿轮。

1) 齿形带传动　齿形带的传动面上有与带轮啮合的梯形齿，传动时无滑动，初始张力小，被动轴的轴承不宜过载。它除了用作动力传动外还用于定位上。齿形带传动属于低惯性传动，适合马达和高速比减速器之间使用。皮带上面安装滑座可完成与齿轮齿条机构同样的功能，由于它惯性小且有一定的刚度，所以适于高速运动的轻型滑座。

表 23-3-7 **丝杠传动机构**

名称	图例	说明
滚珠丝杠	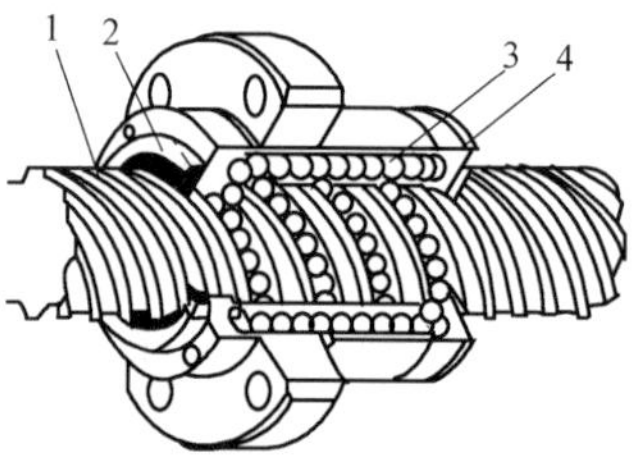 1—丝杠；2—端盖；3—滚珠；4—螺母	滚珠丝杠的丝杠和螺母之间装了很多钢球，丝杠或螺母运动时钢球不断循环，运动得以传递，因此，即使丝杠的导程角很小也能得到 90% 以上的传递效率。滚珠丝杠可以把直线运动转换成回转运动，也可以把回转运动转换成直线运动
行星轮式丝杠	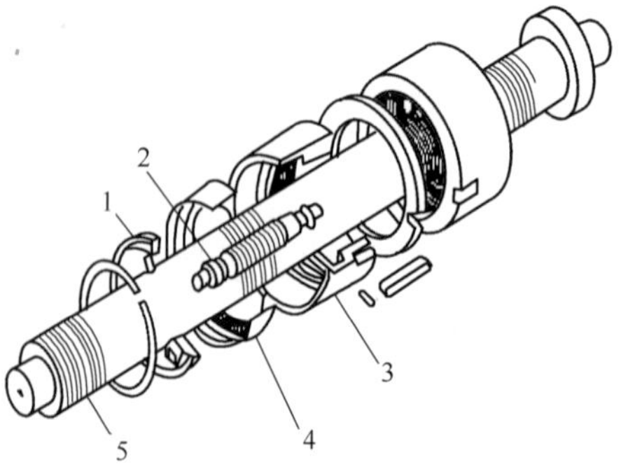 1—系杆；2—行星轮；3—螺母；4—内齿轮；5—丝杠轴	行星轮式滚珠丝杠用于精密机床的高速进给，从高速和高可靠性来看，也可用在大型机器人传动上。如图螺母与丝杠轴之间有与丝杠轴啮合的行星轮，装有 7～8 套行星轮的系杆可在螺母内自由回转，行星轮的中部有与丝杠轴啮合的螺纹，其两侧有与内齿轮啮合的齿，将螺母固定，驱动丝杠轴，行星轮边自转边相对于内齿轮公转，并使丝杠轴沿轴向移动。行星轮式丝杠具有承载能力大、刚度高和回转精度高等优点，由于采用了小螺距，因而丝杠定位精度也高

2）滚子链传动　滚子链传动属于比较完善的传动机构，由于噪音小、效率高，得到了广泛的应用。但是，高速运动时滚子与链轮之间的碰撞产生较大的噪音和振动，只有在低速时才能得到满意的效果，即适合于低惯性载荷的关节传动。

（4）连杆与凸轮传动

重复完成简单动作的搬运机器人中广泛采用连杆和凸轮机构，例如，从某位置抓取物体放到另一个位置。

连杆机构的特点是用简单的机构得到较大的位移，而凸轮机构具有设计灵活、可靠性高和形式多样等特点。外凸轮机构是最常见的机构，它借助于弹簧可得到较好的高速性能。内凸轮驱动轴时要求有一定的间隙，其高速性能劣于前者。圆柱凸轮用于驱动摆杆，而摆杆在与凸轮回转方向平行的面内摆动。

3.6.6　工业机器人的移动机构

20 世纪 60 年代以来，机械加工、弧焊、点焊、喷漆等各种类型机器人出现并在工业生产中实用化，大大提高产品的一致性和质量。然而，随着机器人的不断发展，固定在某一位置操作的机器人已经不能完全满足各方面的需要。因此，20 世纪 80 年代后期，许多国家有计划地开展移动机器人技术的研究。所谓移动机器人就是具有高度自规划、自组织、自适应能力，适合在复杂的非结构化环境中工作的机器人。机器人的移动机构主要有轮式移动机构、履带式移动机构、足式移动机构和特殊移动机构。

（1）轮式移动机构

轮式机器人是移动机器人中应用最多的一种机器人。在相对平坦的地面用轮式移动方式是相当有效的，车轮的形状或结构取决于地面的性质和车辆承载能力。在轨道上运行的多采用实心钢轮，室内路面则多采用充气轮胎。轮式移动机构根据车轮的多少分为 1 轮、2 轮、3 轮、4 轮和多轮机构。1 轮及 2 轮移动机构在应用上的障碍主要是稳定性问题，所以实际应用的轮式移动机构多采用 3 轮和 4 轮。3 轮移动机构一般是一个前轮、两个后轮，如图 23-3-26（a）所示。其中，两个后轮独立驱动，前轮是万向轮，起支撑作用，靠后轮的转速差实现转向。4 轮移动机构应用最为广泛，4 轮机构可采用不同的方式实现驱动和转向，既可以使用后轮分散驱动，也可以用连杆机构实现四轮同步转向，这种方式与仅有前轮转向的车辆相比可实现更小的转弯半径，如图 23-3-26（b）所示。

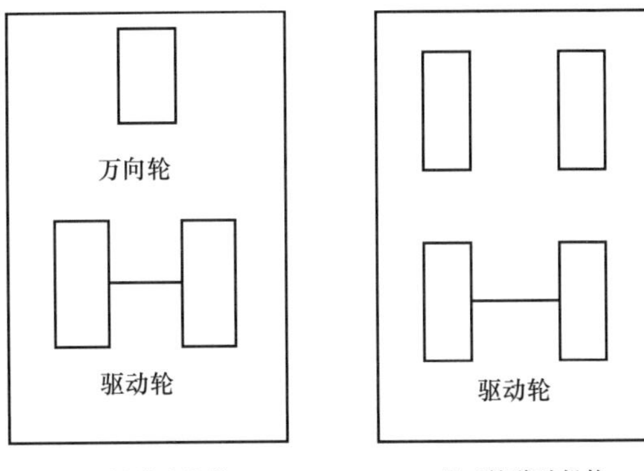

图 23-3-26　常见的轮式移动机构

（2）履带式移动机构

随着机器人技术的发展，轮式机器人能够满足某些特殊性能要求，但是，由于其结构自由度太多、控制比较复杂，受到一定限制。而履带式机器人能够很好地适应地面的变化，因此，履带式移动机器人的研究得到快速发展。履带式移动机器人具有以下特点：

① 支撑面积大，接地比压小，下陷度小，滚动阻力小，越野机动性好，适合在松软或泥泞场地作业。

② 转向半径小，可以实现原地转向。

③ 履带支撑面上有履齿，不易打滑，牵引附着性能好，有利于发挥较大的牵引力。

④ 具有良好的自复位和越障能力，带有履带臂的机器人还可以像足式机器人一样实现行走。

（3）足式移动机构

足式移动机构一般分为双足行走机器人和多足移动机器人的行走机构。

1）双足行走机器人的机构　双足行走机器人属于类人机器人，典型特点是机器人的下肢以刚性构件通过转动副连接，模仿人类的腿及髋关节、膝关节和踝关节，并以执行装置代替肌肉，实现对身体的支撑及连续的协调运动。各关节之间可以有一定角度的相对转动，与其他足式机器人相比，双足机器人有如下优点：

① 双足机器人对步行环境要求很低，能适应各种地面且具有较高的逾越障碍的能力，不仅能在平面行走，而且能够方便的上下台阶及通过不平整、不规则或较窄的路面，故其移动盲区小。

② 双足机器人具有广阔的工作空间。由于行走系统占地面积小、活动范围大，因此其配置的机械手具有更大的活动空间，也可使机械手设计较为短小紧凑。

双足机器人是生物界难度最大的步行机构，但其步行性能是其他步行机构无法比拟的。

此外，双足机器人能够在人类生活和工作环境中协同工作，不需要专门为其对环境进行大规模改造，因此，双足行走机器人应用范围广泛，特别是为残疾人提供室内和户外行走具有不可替代作用。

2）多足步行机器人的机构　作为一种多支链运动机构，多足步行机器人不仅是一种拓扑运动结构，还是一种冗余驱动系统。一般而言，具有全方位机动性的多足步行机器人每条腿上至少有三个驱动关节，四足步行机器人至少有十二个驱动关节，而六足机器人则至少有十八个驱动关节。这样一来，机器人的驱动关节数远多于其机体的运动自由度数，这是轮式或履带式移动机器人所不具备的特点。也正因为如此，多足机器人的移动机构和控制系统比一般的移动机器人要复杂得多。

（4）特殊的移动机构

1）壁面移动机构　实现机器人壁面移动的方式主要有以下几种：

① 轮驱动轨行式。移动机构用车轮夹紧在壁面轨道两侧，当驱动轮旋转时，依靠车轮与轨道之间的摩擦力实现上下移动。图23-3-27所示的这种机构实现容易、运行可靠，但对壁面有铺设导轨要求，而且移动方向受导轨限制。

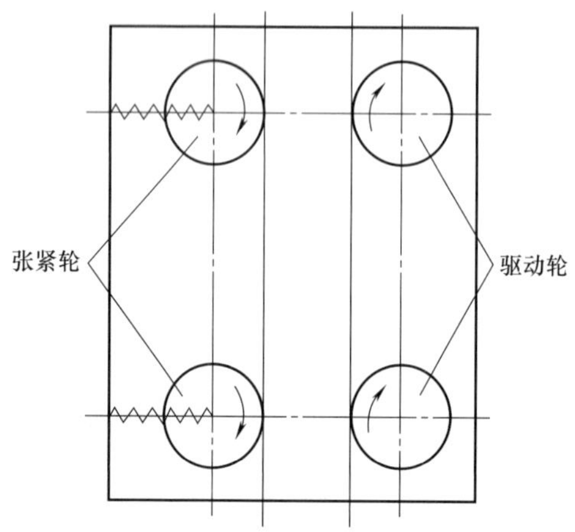

图23-3-27　轮驱动轨行式移动机构

② 索吊轨行式。为克服在壁面铺设导轨带来的不便，可考虑用张紧钢索作为导轨，如图23-3-28所示。它的主要缺点是钢索的横向刚度小，而且水平移动困难。

③ 偏心扭摆式。机器人可采用偏心扭摆双吸盘行走机构形式，如图23-3-29（a）所示。当一个吸盘吸附时，另一个吸盘通过偏心扭摆机构扭摆一定的角度实现移动，两个吸盘交替工作达到行走目的。图23-3-29（b）所示为把其中一个吸盘扩大后得到的一种变形形式。偏心扭摆式机构的主要缺点是惯性大、行走效率低、速度慢。

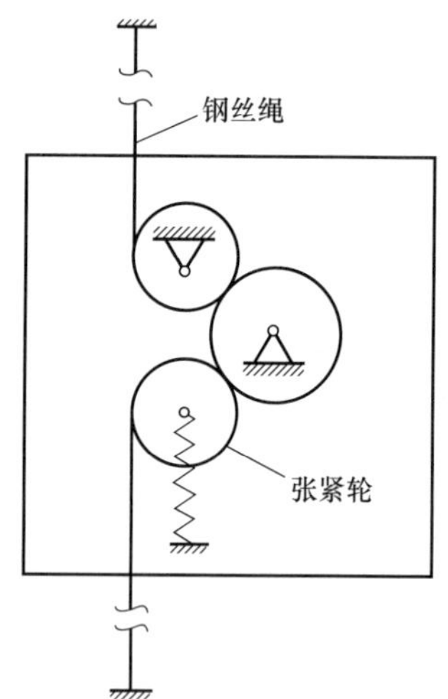

图23-3-28　索吊轨行式移动机构

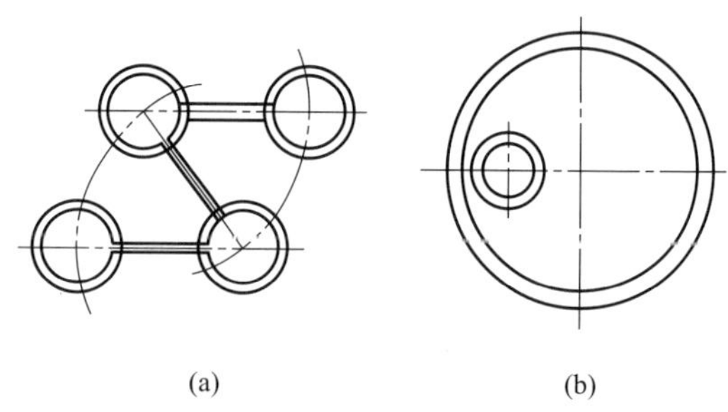

图23-3-29　偏心扭摆式移动机构

④ 车轮式。这种机构依靠排风方式使密封腔产生负压实现壁面吸附，行走功能由车轮实现，如图23-3-30所示。车轮机构可以采用普通车轮形式，也可采用全方位车轮形式。车轮式移动机构行走速度较快，但由于要保持密封腔的负压，导致跨越障碍的能力较弱。

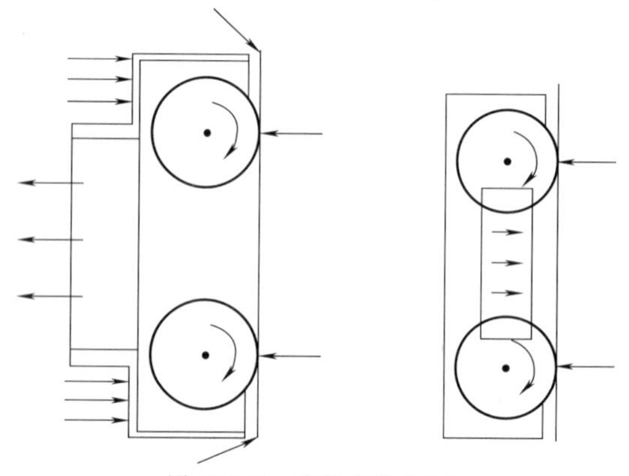

图23-3-30　车轮式移动机构

⑤ 多层框架式。在这种壁面机构中，两组吸盘用具有若干相对自由度的机构连接，当一组吸盘吸附工作时，另一组吸盘可以移动行走或转动方向。图

23-3-31（a）所示为一种可沿正交两方向行走的机构方案，图 23-3-31（b）所示为可以全方位行走的机构方案，这种机构具有较好的越障能力和承载能力，但行走速度慢。

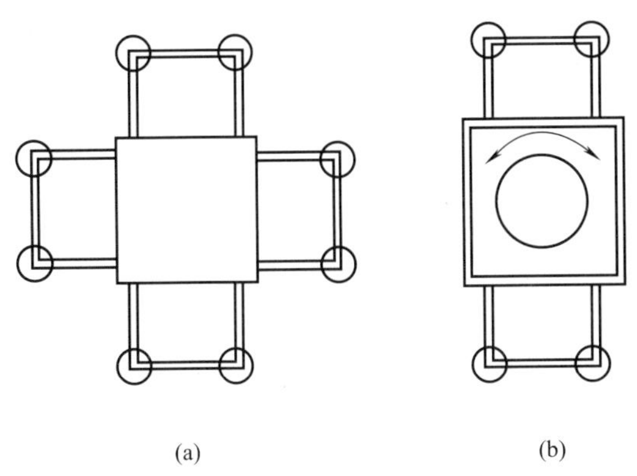

图 23-3-31　多层框架式壁面移动机构

⑥ 特种履带式。这种形式的壁面移动机器人在履带上连接有多个吸盘，如图 23-3-32 所示。与壁面接触的吸盘处于有效吸附状态，不在壁面上的吸盘处于无效吸附状态。在机构的连续移动过程中，由于要求各吸盘的吸附状态按一定的次序发生变化，因此，系统中需要有一套多通转阀形式的真空分配和控制装置，还要有防止缆管缠绕的机构，增加了复杂性。特种履带式壁面移动机构还可以采用滑移式真空分配与交换的机构形式。

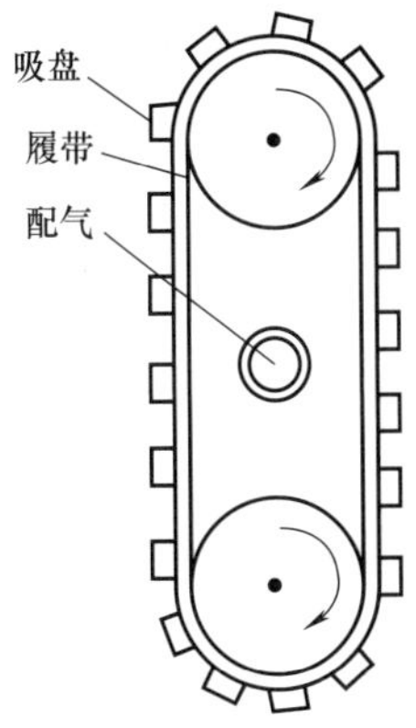

图 23-3-32　特种履带式壁面移动机构

2）管内移动机器人　管内移动机器人带着不同工具可以实现对管道的检测、维护和修补工作，以往上述工作主要由轮式和履带式移动机构来完成。这种机构在移动过程中，轮子或履带始终与管壁接触，靠驱动轮与管壁间的附着力产生驱动力。采用这种机构，在移动过程中，当需要机构输出较大牵引力时存在驱动力、正压力、摩擦力之间的矛盾，若机构输出的牵引力较小，会影响机构的性能。而管内移动机器人克服了轮式、履带式管内移动机构驱动力与驱动轮摩擦力之间的矛盾，机构的输出牵引力得到提高，适合在小口径管内行走，如图 23-3-33 所示。

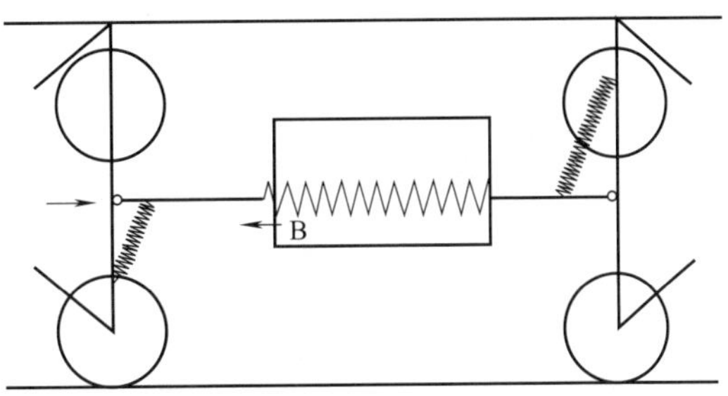

图 23-3-33　管内移动机器人的机构模型

3）蛇形移动机构　蛇形机器人本体是一种多关节串联机构，可以在各种环境中运动，并且当一端固定时可以实现操作，通过模仿生物蛇而设计的蛇形机器人本体是一种无固定基座的多关节串联机构。相比于其他类型的移动机器人，蛇形机器人具有更好的环境适应能力。当蛇形机器人一端为固定基座时，机器人的机构和功能便发生了本质的变化，此时机器人变为冗余自由度机械臂，可实现操作功能。

3.6.7　SCARA

SCARA（selective compliance assembly robot arm，中文译名：选择顺应性装配机器人手臂）是一种圆柱坐标型的特殊类型的工业机器人，如图 23-3-34 所示。

SCARA 机器人有 3 个旋转关节，其轴线相互平行，在平面内进行定位和定向。另一个关节是移动关节，用于完成末端执行器在竖直平面的运动。手腕参考点的位置是由两旋转关节的角位移 φ_1 和 φ_2 及移动关节的位移 z 决定的，即 $p=f(\varphi_1,\varphi_2,z)$。这类机器人的结构轻便、响应快，例如 Adept1 型 SCARA 机器人运动速度可达 10m/s，比一般关节式机器人快数倍。它最适用于平面定位，垂直方向进行装配的作业。

SCARA 系统在 X、Y 方向上具有顺从性，而在 Z 轴方向具有良好的刚度，此特性特别适合于装配工作，例如将一个圆头针插入一个圆孔，故 SCARA 系统首先大量用于装配印刷电路板和电子零部件；SCARA 的另一个特点是其串接的两杆结构，类似人的手臂，可以伸进有限空间中作业然后收回，适合于搬动和取放物件，如集成电路板等。

如今 SCARA 机器人还广泛用于塑料工业、汽车工业、电子产品工业、药品工业和食品工业等领域，它的主要职能是搬取零件和装配工作。它的第一和第二个轴具有转动特性，第三和第四个轴可以根据工作需要，制造成多种不同的形态，并且一个具有转动、另一个具有线性移动的特性。由于其具有特定的形状，决定了其工作范围类似于一个扇形区域。

图 23-3-34　SCARA 机器人

3.6.8　并联机器人

（1）定义

并联机器人（英文名为 parallel mechanism，简称 PM），可以定义为动平台和定平台通过至少两个独立的运动链相连接，机构具有两个或两个以上自由度，且以并联方式驱动的一种闭环机构。

（2）特点

① 无累积误差，精度较高；

② 驱动装置可置于定平台上或接近定平台的位置，这样运动部分重量轻、速度高、动态响应好；

③ 结构紧凑，刚度高，承载能力大；

④ 完全对称的并联机构具有较好的各向同性；

⑤ 工作空间较小。

（3）分类

具体如表 23-3-8 所示。

表 23-3-8　　并联机器人分类

自由度	图例	特点	应用
二自由度		二自由度并联机构的自由度最少，分为平面结构和球面结构两大类，主要适用于平面或球面定位，应用领域大	二自由度并联机构机器人目前已规模化应用在电子、医药、食品等工业领域中，为包装、移载等物流环节提供了高效、高质的保障
三自由度		三自由度并联机构种类较多，形式较复杂，一般有以下形式：平面三自由度并联机构，如 3-RRR 机构，它们具有 2 个移动和一个转动；球面三自由度并联机构，如 3-UPS-1-S 球面机构，该类机构的运动学正反解都很简单，是一种应用很广泛的三维移动空间机构	Delta 并联机器人，这类机构属于欠秩机构，在工作空间内不同的点其运动形式不同是其最显著的特点
四自由度		四自由度并联机构大多不是完全并联机构，不过可以扩大应用范围，在三自由度并联机构的基础上增加一个转动自由度，形成四自由度并联机器人	四自由度并联机器人，可以实现 3T1R 四个自由度的运动，其主要特点为两条相同支链通过被动转动副连接到动平台上，且每条支链有两个相同分支，通过安装在基座上的移动副作为驱动

续表

自由度	图例	特点	应用
五自由度	1—电主轴；2—三维力传感器；3—直线电动机；4—动平台	国际上一直认为不存在完全对称五自由度并联机器人机构。不过，非对称五自由度并联机器人机构比较容易综合	Lee 和 Park 在 1999 年提出一种结构复杂的双层五自由度并联机构；Jin 等在 2001 年综合出具有三个移动自由度和两个转动自由度的非对称五自由度并联机构；高峰等在 2002 年通过给六自由度并联机构添加一个五自由度约束分支的方法，综合出两种五自由度并联机构
六自由度		六自由度并联机构是并联机器人机构中的一大类，是国内外学者研究得最多的并联机构，广泛应用在飞行模拟器、6 维力与力矩传感器和并联机床等领域。但这类机构有很多关键性技术没有或未完全得到解决，比如其运动学正解、动力学模型的建立以及并联机床的精度标定等	1991 年，黄真教授研制出六自由度并联机器人样机；1999 年，高峰等提出了一种正交式的六自由度并联机构，并将其用作虚轴机床

3.6.9　AGV

（1）定义

无人搬运车（automated guided vehicle，简称 AGV），指装备有电磁或光学等自动导引装置，能够沿规定的导引路径行驶，具有安全保护以及各种移载功能，以可充电的蓄电池作为动力来源且工业应用中不需要驾驶员的搬运车。一般可通过电脑来控制其行进路线以及行为，或利用电磁轨道来提前规划其行进路线。电磁轨道粘贴于地板上，无人搬运车则依循电磁轨道所带来的信息进行移动与动作。

（2）优点

① 自动化程度高。

② 充电自动化。

③ 美观，提高观赏度，从而提高企业的形象。

④ 方便，减少占地面积；生产车间的 AGV 小车可以在各个车间穿梭往返。

（3）结构设计

1）车体　包括底盘、车架、壳体、控制室和相应的机械电气结构，如减速箱、电动机、车轮等，是 AGV 的基础部分。车架常用钢构件焊接而成，重心越低越有利于抗倾翻。

2）车架　车架是整个 AGV 小车的机体部分，主要用于安装轮子、光感应器、伺服电机和减速器。车架上面安装伺服电机驱动器、PCD 板和电瓶。对于车架的设计，要有足够的强度和硬度要求，故车架材料选用铸造铝合金，牌号为 6061。6061 质量比较轻，焊接性好。

3）车轮　车轮采用实心橡胶轮胎。车体后面两主动轮为固定式驱动轮，与轮毂式电机相连；前面两个随动轮为旋转式随动轮，起支承和平衡小车的作用。

4）载荷传送装置　AGV 的载荷传送装置为一平

板，其作用为运输箱体类零件到指定工位，主要用来装载箱体类零件、运送物料等。

5）驱动装置　驱动 AGV 运行并具有速度控制和制动能力的子系统，主要包括电机、减速器、驱动器、控制与驱动电路等。驱动系统一般分为闭环方式与开环方式，前者以伺服直流电机为主，后者以步进电机为主。

6）动力系统　蓄电池是目前 AGV 使用的唯一电源，用来驱动车体、车上附属装置，如控制、通信、安全等。

（4）AGV 常见分类

表 23-3-9　　AGV 常见分类

按引导方式分类	按驱动方式分类	按移栽方式分类
电磁自动引导车 磁带自动引导车 坐标自动引导车 光学自动引导车 激光自动引导车 惯性自动引导车 视觉自动引导车 GPS 自动引导车 复合引导自动引导车	单轮驱动自动引导车 双轮驱动自动引导车 多轮驱动自动引导车	搬运型自动引导车 装配型自动引导车 牵引式自动引导车

1）搬运型自动引导车（transfering AGV）　完全承载处理对象的重量，人工或自动进行物料移栽。在自动进行物料移栽时，应具备自动移栽装置。一般有叉式、辊道输送式、皮带输送式、链输送式、推挽输送式等。

2）装配型自动引导车（assembling AGV）　用于装配线上，结合装配工艺，实现工件的移动、定位等操作要求。此类自动引导车一般应具备工装、夹具等工位器具。

3）牵引式自动引导车（towing AGV）　不承载或不完全承载处理对象的重量，只为处理对象提供牵引力。与处理对象的连接或分离可采用人工和自动两种方式，一般有拖曳式、潜入式。

（5）典型的轮式 AGV 行走机构

早期 AGV 小车自动运行时只能单向行驶，因而适用环境有一定的局限性。为了满足工业生产的要求，国外已有在自动运行时能前进和后退，甚至全方位行驶、前进、后退、侧向和旋转的 AGV 产品，这些成就归功于行走机构的进步。典型机构见表23-3-10。

表 23-3-10　　典型的轮式 AGV 行走机构

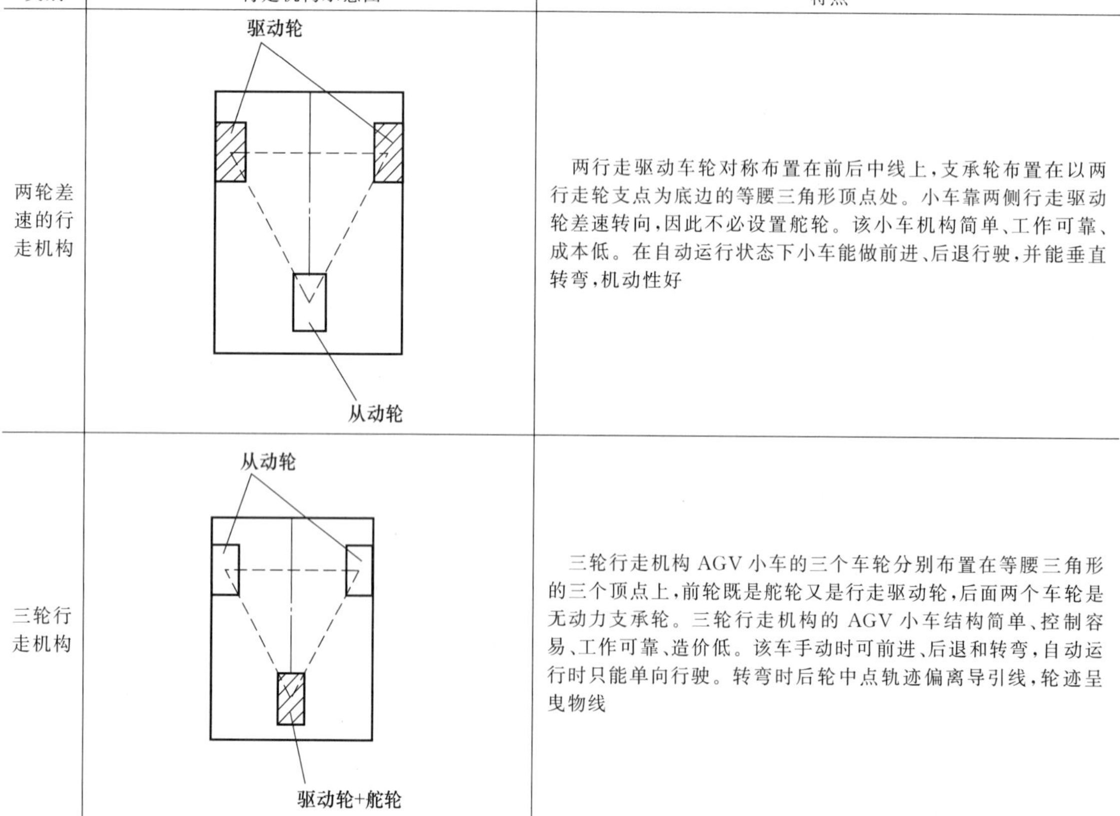

类别	行走机构示意图	特点
两轮差速的行走机构	驱动轮 从动轮	两行走驱动车轮对称布置在前后中线上，支承轮布置在以两行走轮支点为底边的等腰三角形顶点处。小车靠两侧行走驱动轮差速转向，因此不必设置舵轮。该小车机构简单、工作可靠、成本低。在自动运行状态下小车能做前进、后退行驶，并能垂直转弯，机动性好
三轮行走机构	从动轮 驱动轮+舵轮	三轮行走机构 AGV 小车的三个车轮分别布置在等腰三角形的三个顶点上，前轮既是舵轮又是行走驱动轮，后面两个车轮是无动力支承轮。三轮行走机构的 AGV 小车结构简单、控制容易、工作可靠、造价低。该车手动时可前进、后退和转弯，自动运行时只能单向行驶。转弯时后轮中点轨迹偏离导引线，轮迹呈曳物线

续表

类别	行走机构示意图	特点
带舵轮的四轮行走机构	从动轮 驱动轮+舵轮	带舵轮的四轮行走机构是在三轮行走机构基础上演变过来的，它相当于把两个三轮车合并在一起。两支承轮对称地布置在小车前后的中线上，前后车轮分别对称布置在以两支承轮支点为底边的等腰三角形顶点处，前后车轮既是舵轮又是行走驱动轮。这种 AGV 小车在自动运行状态下可全方位行驶，转弯时前后车轮均能跟踪导引线轨迹，机动性比三轮车好，适用于狭窄通道作业环境

除了上述典型的 AGV 行走机构，近年来国内外公司不断研究出新的行走机构。其中最有代表性的属瑞典麦卡纳姆公司的行走机构。该行走机构设计新颖、机构紧凑，四个驱动车轮以铰接形式分别布置在底盘的四个角上。运行时分别控制四个车轮的转向和转速，利用速度矢量合成原理实现驾驶。后来，日本三井公司与麦卡纳姆公司合作，在原基础上做了改进，推出了三井麦卡纳姆车轮系统，其性能比原来又有所提高，这种 AGV 小车可实现全方位行驶。

3.7 刚度、强度计算及误差分配

3.7.1 机器人刚度计算

机器人刚度指机器人在外力的作用下抵抗变形的能力，既包括臂部的刚度，又包括关节刚度和传动刚度。

就手臂而言，由于结构上多采用悬臂梁，故刚度很差。为此，应尽可能选用封闭型空心截面等抗弯、抗扭刚度较高的截面形状来设计手臂，以提高支承刚度，减小支承间的距离，合理布置作用力的位置和方向，这样可减少变形。

对于有两处支承的臂杆可简化成图 23-3-35 所示的双支点悬臂梁，若设外力合力 F 作用在 C 点处，臂杆将产生弯曲变形，则臂端 D 处的最大挠度 $y_{\max}$ 和 C 处截面的转角 θ_c 分别为

$$y_{\max}=\frac{Fb^2}{3EI}(a+b)-(l-b)\tan\theta_c$$

$$\theta_c=\frac{Fb}{6EI}(2a+3b)$$

式中　E——臂杆材料的弹性模量；

I——臂杆截面惯性矩。

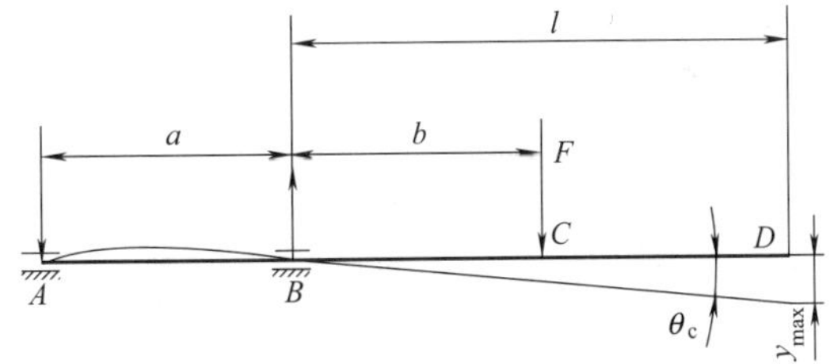

图 23-3-35　手臂端点的变形图

3.7.2 机器人本体强度计算

机器人本体的强度计算可按材料力学和机械设计中的公式进行，根据负载情况，一般按许用弯曲应力方法计算。对于负载很小的机器人，强度计算不是主要问题。

3.7.3 机器人本体连杆参数误差分配

精度是机器人的主要性能指标之一。由加工和装配等引起的误差对机器人的精度有较大的影响。通过选择合理的连杆参数公差和关节变量公差，可以使所产生的手部绝对位姿误差和重复位姿误差满足相应的精度要求。一般采用优化方法，如以公差成本为目标函数求最小，确定最优连杆参数公差及关节变量公差。

优化结果表明，对设计精度期望值（绝对位置精度和重复精度）不同及满足这一精度要求的概率水平不同，连杆参数和关节变量公差的最优值也不同，可以根据情况选择。此外，分析表明，批量生产的连杆参数公差值可比单件生产时放宽一些，连杆长度相等的杆件，其公差值不一定一样。

第 4 章　工业机器人控制系统

4.1　概述

机器人控制系统的基本功能包括如下几个方面：①通过控制执行器经过的路径和点位来控制末端执行器的运动位置；②通过控制相邻构件的位置来控制机械臂的运动姿态；③通过一定时间规律控制执行器运动位置实现运动速度控制；④通过执行器运动速度变化的控制实现运动加速度控制；⑤通过控制对象施加作用力实现各动力关节的输出转矩；同时，控制系统可以实现人机交互功能，机器人可以通过记忆和过程重现来完成既定的任务。控制系统为机器人配备力觉、视觉、触觉等传感器，使机器人具备感觉和检测外部环境的功能。

机器人系统的核心部件是控制器，随着近些年微电子技术的不断进步，我国的微处理器性能也在不断提升，成本价格逐步降低，可使用性能逐步提升。高性价比的微处理器为机器人控制器的发展带来了便利。为了进一步保证机器人控制系统的存储和计算能力，目前较多采用的是具有强计算能力的 Intel 系列、PowerPC 系列、DSP 系列及 ARM 系列芯片。同时也设计了最新的接口设备，缩小了系统的尺寸，很多运动控制器以 DSP 为核心技术，采用开放式结构。

在研究控制系统体系结构时，应关注的是系统功能之间信息交换和系统功能的划分问题。当前较为普遍使用的主要为两种结构，其一是基于功能划分的结构，将软硬件考虑在一起，也是机器人控制器未来发展的主方向；另一种是基于硬件层次划分的结构，这一类型具有结构简单的特点。

工业机器人是工业技术进步的产物，它是一种智能化、自动化机器装备，能够独立制定工艺操作和指令任务，可以有效提高生产效率和水平。工业机器人在人的操纵下，可以执行预先设置好的工作程序，以实现人的操控目标。目前，在工业生产领域中，工业机器人得到了广泛应用，在汽车生产、电子信息、航空航天、生物医药等领域，都有工业机器人的影子。工业机器人控制系统是在传统操控技术基础上演变而来的，二者之间存在诸多共性，但是工业机器人控制系统也有其独特的特点，主要包括以下几个方面：①工业机器人本体设置了多个关节，一般有 5～6 个活动关节，每个关节对应一个伺服操控系统，不同伺服系统之间可以协同工作，以支配不同关节同时运动。②工业机器人主要通过手部空间运动或位移来执行操作任务。③在运动控制过程中，主要涉及复杂的坐标切换计算，还有矩阵函数换算等。

工业机器人控制系统依赖于多个多变量、非线性复杂数学模型，不同模型变量之间还具有耦合关系。因此，工业机器人控制技术主要包括反馈、补偿、解耦和自调节等技术。

正如大脑是人类的灵魂和指挥中心，控制系统可称为机器人的大脑。机器人的感知、判断、推理都是通过控制系统的输入、运算、输出来完成的，所有行为和动作都必须通过控制系统发出相应的指令来实现。工业机器人要与外围设备协调动作，共同完成作业任务，就必须具备一个功能完善、灵敏可靠的控制器。工业机器人的控制系统可分为两大部分，一部分是对其自身运动的控制，另一部分是工业机器人与周边设备的协调控制。

4.1.1　工业机器人控制系统的特点

工业机器人的结构是一个空间开链机构，各个关节的运动是独立的。为了实现末端点的运动轨迹，需要各关节的协调运动，因此工业机器人的控制比较复杂，具体有：

① 控制与机构运动学及动力学密切相关；

② 一般至少要有 3～5 个自由度；

③ 机器人控制系统必须是一个计算机控制系统，才能将多个独立的伺服系统协调控制；

④ 仅仅利用位置闭环是不够的，还需要利用速度甚至加速度闭环，系统经常使用重力补偿、前馈、解耦或自适应控制等方法；

⑤ 机器人的动作往往可以通过不同的方式和路径来完成，存在“最优”的问题。

总之，机器人控制系统是一个与运动学和动力学原理相关、有耦合、非线性的多变量控制系统。

4.1.2　工业机器人控制系统的主要功能

工业机器人控制系统的任务是控制工业机器人在工作空间中的运动位置、姿态和轨迹、操作顺序及动作的时间等项目，主要功能有示教再现功能和运动控制功能。

示教再现控制的主要内容包括示教及记忆方式和

示教编程方式。其中，示教的方式种类较多，集中示教方式就是指同时对位置、速度、操作顺序等进行示教的方式，分离示教是指在示教位置之后，再一边动作，一边分辨示教位置、速度、操作顺序等的示教方式。采用半导体记忆装置的工业机器人，可使记忆容量大大增加，特别适用于复杂程度高的操作过程的记忆，并且记忆容量可达无限。

工业机器人的运动控制是指工业机器人的末端执行器从一点移动到另一点的过程中，对其位置、速度和加速度的控制，一般通过控制关节运动来实现。关节运动控制一般分两步进行：第一步是关节运动伺服指令的完成，即将末端执行器在工作空间的位置和姿态的运动转化为由关节变量表示的时间序列，或表示为关节变量随时间变化的函数；第二步是关节运动的伺服控制，即跟踪执行第一步所生成的关节变量伺服指令。

4.1.3　工业机器人的控制方式

工业机器人的控制方式根据作业任务不同，可分为点位控制方式（PTP）、连续轨迹控制方式（CP）、力（力矩）控制方式和智能控制。

① 点位控制是指控制工业机器人末端执行器在作业空间中某些规定离散点上的位姿。控制时只要求工业机器人快速、准确地实现相邻各点之间的运动，而对达到目标点的运动轨迹则不做任何规定，主要技术指标是定位精度和运动时间。这种控制方式易于实现，但精度不高，一般用于上下料、搬运等只要求目标点位姿准确的作业中。

② 连续轨迹控制是连续地控制工业机器人末端执行器在作业空间中的位姿，要求其严格按照预定的轨迹和速度在一定的精度要求内运动，且速度可控，轨迹光滑运动平稳，主要技术指标是末端执行器位姿的轨迹跟踪精度及平稳性。

③ 力（力矩）控制适用于在完成装配等工作时，除要求定位准确，还要求有适度力（力矩）进行工作，这种控制方式的控制原理基本类似于伺服控制原理，只是输入量、反馈量是力（力矩）信号。

④ 智能控制是通过传感器获得周围环境的知识，并根据自身的知识库作出相应决策，具有较强的环境适应性和自学习能力，智能控制技术涉及人工神经网络、基因算法、遗传算法、专家系统等人工智能。

4.1.4　工业机器人控制系统达到的功能

机器人控制系统是机器人的重要组成部分，用于对操作机进行控制以完成特定的工作任务，其基本功能如下：

① 记忆功能：存储作业顺序、运动路径、运动方式、运动速度和与生产工艺有关的信息。

② 示教功能：离线编程，在线示教，间接示教。在线示教包括示教盒和导引示教两种。

③ 与外围设备联系功能：输入和输出接口、通信接口、网络接口、同步接口。

④ 坐标设置功能：有关节、绝对、工具、用户自定义四种坐标系。

⑤ 人机接口：示教盒、操作面板、显示屏。

4.1.5　工业机器人控制系统的特点

（1）工业机器人控制系统的主要特点

① 工业机器人有若干个关节，典型工业机器人有 5～6 个关节，每个关节由一个伺服系统控制，多个关节的运动要求各个伺服系统协同工作。

② 工业机器人的工作任务是要求操作机的手部进行空间点位运动或连续轨迹运动，对工业机器人的运动控制，需要进行复杂的坐标变换运算以及矩阵函数的逆运算。

③ 工业机器人的数学模型是一个多变量、非线性和变参数的复杂模型，各变量之间还存在着耦合，因此工业机器人的控制中经常使用前馈、补偿、解耦和自适应等复杂控制技术。

④ 较高级的工业机器人要求对环境条件、控制指令进行测定和分析，采用计算机建立庞大的信息库，用人工智能的方法进行控制、决策、管理和操作，按照给定的要求自动选择最佳控制规律。

（2）工业机器人控制系统基本要求

① 实现对工业机器人的位置、速度、加速度等控制功能，对于连续轨迹运动的工业机器人还必须具有轨迹的规划与控制功能。

② 方便的人机交互功能，操作人员采用直接指令代码对工业机器人进行作用指示，使工业机器人具有作业知识的记忆、修正和工作程序的跳转功能。

③ 具有对外部环境（包括作业条件）的检测和感觉功能。为使工业机器人具有对外部状态变化的适应能力，工业机器人应有能对诸如视觉、力觉、触觉等有关信息进行测量、识别、判断、理解等功能。在自动化生产线中，工业机器人应有与其他设备交换信息、协调工作的能力。

4.2　工业机器人先进控制技术和方法

工业机器人是一个十分复杂的多输入多输出非线性系统，它具有时变、强耦合和非线性的动力学特征，因而带来了控制的复杂性。由于测量和建模的不精确，再加上负载的变化以及外部扰动等不确定因素的影响，难以建立工业机器人精确、完整的运动模型，并且在高速运动的情况下，机器人的非线性动力学效应十分显著，因而传统的独立伺服 PID 控制算法在高速和有效载荷变化的情况下难以满足性能要求，实际的工业机器人系统又存在参数不确定性、非参数不确定性和作业环境的干扰，因此，具有鲁棒性的先进控制技术成为实现工业机器人高速高精度控制的主要方法。目前，应用于工业机器人的控制方法有自适应控制、变结构控制及现代鲁棒控制等。

4.2.1　自适应控制

自适应控制的方法就是在运行过程中不断测量受控对象的特性，根据测得的特征信息使控制系统按最新的特性实现闭环最优控制，使整个系统始终获得满意的控制性能，如图 23-4-1 所示。自适应控制能认识环境的变化，并自动改变控制器的参数和结构，自动调整控制作用，以保证系统达到满意的控制品质。自适应控制不是一般的系统状态反馈或系统输出反馈控制，而是一种比较复杂的反馈控制，自适应控制实时性要求严格，实现比较复杂，并且参数突变经常会破坏总体系统的稳定性；参数的收敛特性通常需要足够的持续激励条件，而该条件实际上又难以满足，因此通常结合其他算法使用，即鲁棒自适应控制方法，应用修正的自适应律使得系统对非参数不确定性也具有一定的鲁棒性。如图 23-4-2 所示。

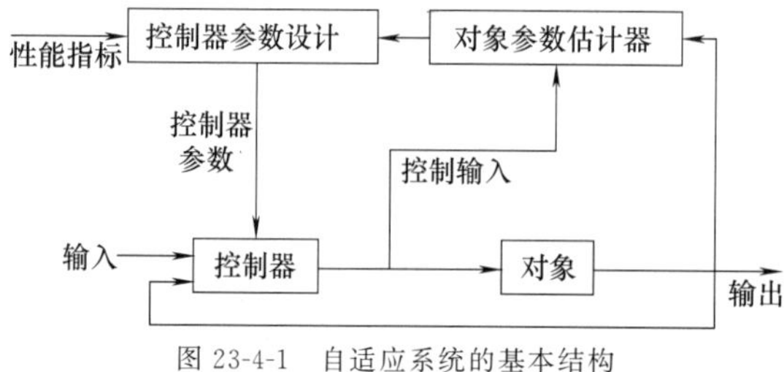

图 23-4-1　自适应系统的基本结构

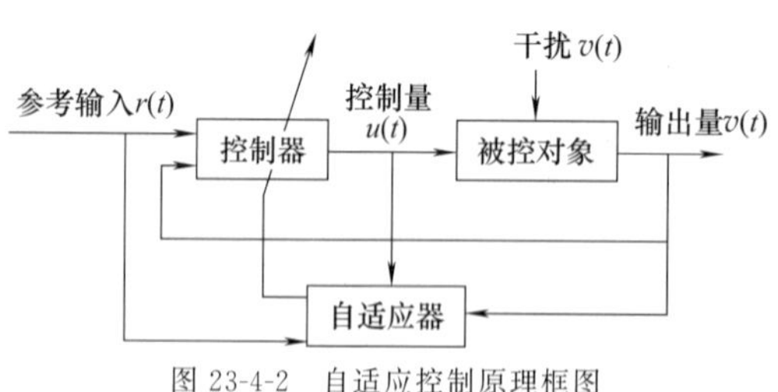

图 23-4-2　自适应控制原理框图

4.2.2　滑模变结构控制

滑模变结构控制是一种特殊的非线性控制方法，通过控制量的不断切换迫使系统状态沿着滑模面滑动，从而保证系统对参数扰动和外界干扰具有完全的自适应性或不变性。变结构控制方法对于系统参数的时变规律、非线性程度以及外界干扰等不需要精确的数学模型，只要知道它们的变化范围，就能对系统进行精确的轨迹跟踪控制。变结构控制方法设计过程本身就是解耦过程，因此在多输入多输出系统中，多个控制器设计可按各自独立系统进行，其参数选择也不是十分严格。滑模变结构控制系统快速性好、无超调、计算量小、实时性强。变结构控制本身的不连续性以及控制器频繁的切换动作有可能造成跟踪误差在零点附近产生抖动现象，而不能收敛于零，这种抖动轻则会引起执行部件的机械磨损，重则会激励未建模的高频动态响应，特别是考虑到连杆柔性的时候，容易使控制失效。

4.2.3　鲁棒控制

鲁棒控制是一种结构和参数都固定不变的控制器。在被控对象具有不确定性的情况下，仍能保证系统的渐近稳定性并达到满意的控制效果，具有处理扰动、快变参数和未建模动态的能力，并且设计简单，是一种固定控制，比较容易实现。一般鲁棒控制系统的设计是以一些最差的情况为基础，因为一般系统并不工作在最优状态。鲁棒自适应控制对控制器实时性能要求比较严格。鲁棒控制还具有处理多变量问题的能力。

4.2.4　智能控制

分层递阶的智能控制结构由上向下分为 3 个层级，即组织级、协调级和执行级。其控制精度由下往上逐级递减，智能程度由下往上逐级增加。根据机器人的任务分解，在面向设备的执行级可以采用常规的自动控制技术，如 PID 控制、前馈控制等。在协调级和组织级，由于存在不确定性，控制模型往往无法建立或建立的模型不够精确，无法取得良好的控制效果。因此，需要采用智能控制方法，如模糊控制、神经网络控制（图 23-4-3）、专家控制以及集成智能控制。

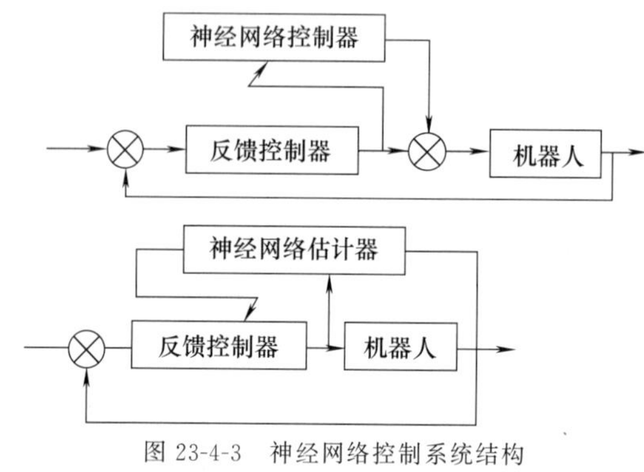

图 23-4-3　神经网络控制系统结构

4.3　机器人控制系统分类

机器人控制系统是机器人的大脑，是决定机器人功能和性能的主要因素。

工业机器人控制技术的主要任务就是控制工业机器人在工作空间中的运动位置、姿态和轨迹、操作顺序及动作的时间等。具有编程简单、软件菜单操作、友好的人机交互界面、在线操作提示和使用方便等特点。

关键技术包括：

① 开放性模块化的控制系统体系结构。采用分布式 CPU 计算机结构，分为机器人控制器（RC），运动控制器（MC），光电隔离 I/O 控制板、传感器处理板和编程示教盒等。机器人控制器（RC）和编程示教盒通过串口/CAN 总线进行通信。机器人控制器（RC）的主计算机完成机器人的运动规划、插补和位置伺服以及主控逻辑、数字 I/O、传感器处理等功能，而编程示教盒完成信息的显示和按键的输入。

② 模块化层次化的控制器软件系统。软件系统建立在基于开源的实时多任务操作系统 Linux 上，采用分层和模块化结构设计，以实现软件系统的开放性。整个控制器软件系统分为三个层次：硬件驱动层、核心层和应用层。三个层次分别面对不同的功能需求，对应不同层次的开发，系统中各个层次内部由若干个功能相对独立的模块组成，这些功能模块相互协作共同实现该层次所提供的功能。

③ 机器人的故障诊断与安全维护技术。通过各种信息对机器人故障进行诊断，并进行相应维护，是保证机器人安全性的关键技术。

④ 网络化机器人控制器技术。当前机器人的应用工程由单台机器人工作站向机器人生产线发展，机器人控制器的联网技术变得越来越重要。控制器上具有串口、现场总线及以太网的联网功能，可用于机器人控制器之间和机器人控制器同上位机的通信，便于对机器人生产线进行监控、诊断和管理。

控制系统的形式将直接决定系统最后的实现样式。对于机器人控制系统，可归纳为两种形式：集中式控制系统和分布式控制系统。

4.3.1　集中式控制系统 CCS

集中式控制系统（Centralized Control System，CCS）是利用一台微型计算机实现系统的全部控制功能，在早期的机器人中常采用这种结构。基于 PC 的集中控制系统里，充分利用了 PC 资源开放性的特点，可以实现很好的开放性——多种控制卡、传感器设备等都可以通过标准 PCI 插槽或标准串口、并口集成到控制系统中，图 23-4-4 是多关节机器人集中式结构的示意图。

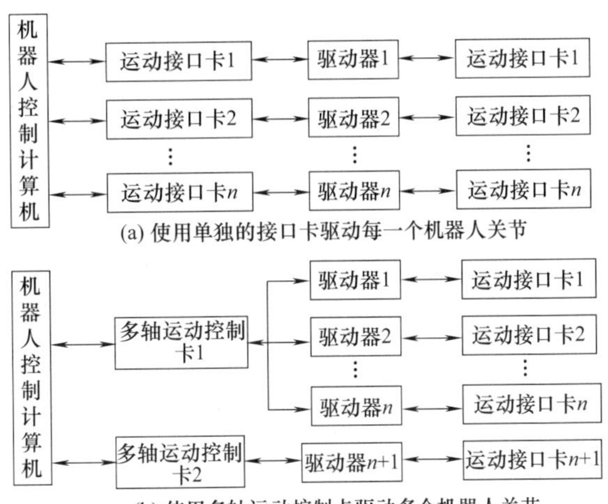

图 23-4-4　集中式控制系统结构示意图

集中式控制系统的优点是：硬件成本较低，便于信息的采集和分析，易于实现系统的最优控制，整体性与协调性较好，基 PC 的系统硬件扩展较为方便。其缺点也显而易见：系统控制缺乏灵活性，控制危险容易集中，一旦出现故障，其影响面广，后果严重；由于工业机器人的实时性要求很高，当系统进行大量数据计算，会降低系统实时性，系统对多任务的响应能力也会与系统的实时性相冲突；此外，系统连线复杂，会降低系统的可靠性。

4.3.2　分布式控制系统 DCS

分布式控制系统（Distributed Control System，DCS）的主要思想是“分散控制，集中管理”，即系统对其总体目标和任务可以进行综合协调和分配，并通过子系统的协调工作来完成控制任务。整个系统在功能、逻辑和物理等方面都是分散的，所以 DCS 系统又称为集散控制系统或分散控制系统。这种结构中，子系统是由控制器和不同被控对象或设备构成的，各个子系统之间通过网络等相互通信。分布式控制结构提供了一个开放、实时、精确的机器人控制系统。分布式系统中常采用两级控制方式，如图 23-4-5 所示。

两级分布式控制系统，通常由上位机、下位机和网络组成。上位机可以进行不同的轨迹规划和控制算法，下位机进行插补细分、控制优化等的研究和实现。上位机和下位机通过通信总线相互协调工作，这里的通信总线可以是 RS-232、RS-485、EEE-488 以及 USB 总线等。现在，以太网和现场总线技术的发

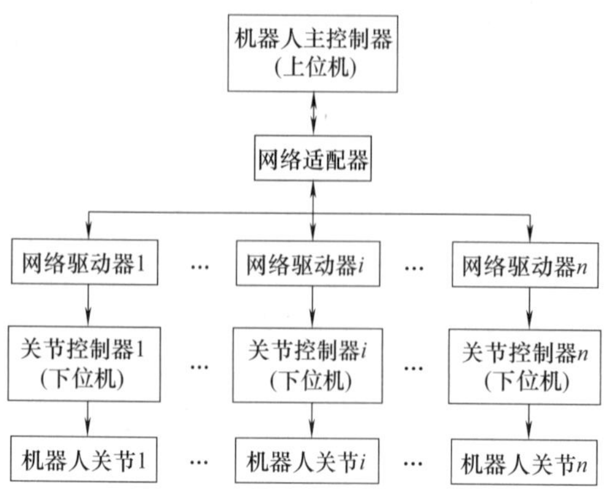

图 23-4-5　机器人分布控制系统结构图

展为机器人提供了更快速、稳定、有效的通信服务，尤其是现场总线，它应用于生产现场，在微机化测量控制设备之间实现双向多结点数字通信，从而形成了新型的网络集成式全分布控制系统——现场总线控制系统 FCS（fieldbus control system）。在工厂生产网络中，将可以通过现场总线连接的设备统称为“现场设备/仪表”。从系统论的角度来说，工业机器人作为工厂的生产设备之一，也可以归纳为现场设备。在机器人系统中引入现场总线技术后，更有利于机器人在工业生产环境中的集成。

分布式控制系统的优点在于：系统灵活性好，控制系统的危险性降低，采用多处理器的分散控制，有利于系统功能的并行执行，提高系统的处理效率，缩短响应时间。对于具有多自由度的工业机器人而言，集中控制对各个控制轴之间的耦合关系处理得很好，可以很简单地进行补偿。但是，当轴的数量增加到使控制算法变得很复杂时，其控制性能会恶化，甚至可能会导致系统的重新设计。与之相比，分布式结构的每一个运动轴都由一个控制器处理，这意味着系统有较少的轴间耦合和较高的系统重构性。

分布式控制结构具有松耦合、灵活性好、执行效率高等特点。开放性是机器人发展的必然趋势，但是其体系结构的研究还不成熟，研究空间很大；嵌入式技术的迅速发展为开放性提供了良好的技术支持。选择合适的体系结构形式和控制形式可以保证机器人控制系统设计的合理性，提高开发速度和系统的适用性、开放性。

4.4　机器人控制系统设计

机器人控制系统技术特点包含以下几点：

① 技术先进。工业机器人集精密化、柔性化、智能化、软件应用开发等先进制造技术于一体，通过对过程实施检测、控制、优化、调度、管理和决策，实现增加产量、提高质量、降低成本、减少资源消耗和环境污染，是工业自动化水平的最高体现。

② 技术升级。工业机器人与自动化成套装备具有精细制造、精细加工以及柔性生产等技术特点，是继动力机械、计算机之后出现的全面延伸人的体力和智力的新一代生产工具，是实现生产数字化、自动化、网络化以及智能化的重要手段。

③ 应用领域广泛。工业机器人与自动化成套装备是生产过程的关键设备，可用于制造、安装、检测、物流等生产环节，并广泛应用于汽车整车及汽车零部件、工程机械、轨道交通、低压电器、电力、IC 装备、军工、烟草、金融、医药、冶金及印刷出版等众多行业，应用领域非常广泛。

④ 技术综合性强。工业机器人与自动化成套技术集中并融合了多项学科，涉及多项技术领域，包括工业机器人控制技术、机器人动力学及仿真、机器人构件有限元分析、激光加工技术、模块化程序设计、智能测量、建模加工一体化、工厂自动化以及精细物流等先进制造技术，技术综合性强。

机器人在工业生产中主要被用于点焊、弧焊、喷漆和搬运，对于这类作业机器人一般选择五关节结构就足以满足要求。这类机器人本体结构示意图如图 23-4-6 所示。其中腰、肩以及肘关节用于确定机器人点、位置，腕俯仰、回转关节用于确定腕部的姿态，因此，以往的集中控制和混合控制很难满足要求，取而代之的是主从式控制和分布式控制结构。但现代机器人控制系统中几乎无例外地采用分布式结构。下面分别讨论系统结构、主从机通信、关节伺服、示教盒以及机器人控制系统设计中不可忽视的故障检测和安全保护等问题。

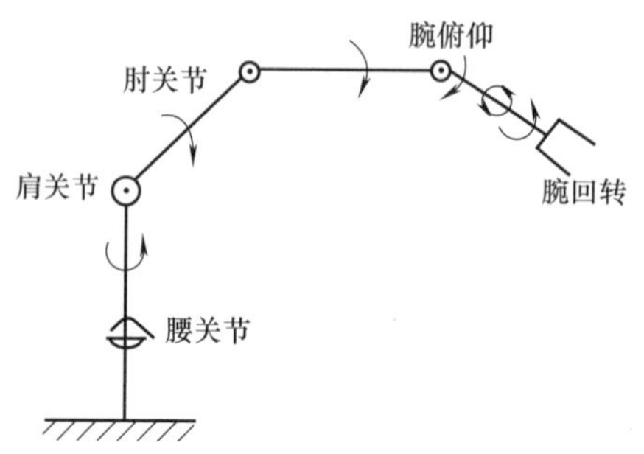

图 23-4-6　通用型工业机器人

4.4.1　控制系统结构

分布式控制系统 DCS 有上、下位机二级结构。

上位机（主机）采用工业 PC 机，在控制系统中主要负责整个系统管理、坐标变换、轨迹插补运算、各从机之间协调及故障检测。下位机（从机）由六片 8031 单片机组成，其中五片用于五个关节电动机伺服控制，每个微处理器控制一个关节运动，它们并行地完成控制任务，因而提高了工作速度和处理能力；另外一片用于示教盒控制，与主机采用串行通信。这种控制系统组成如图 23-4-7 所示。

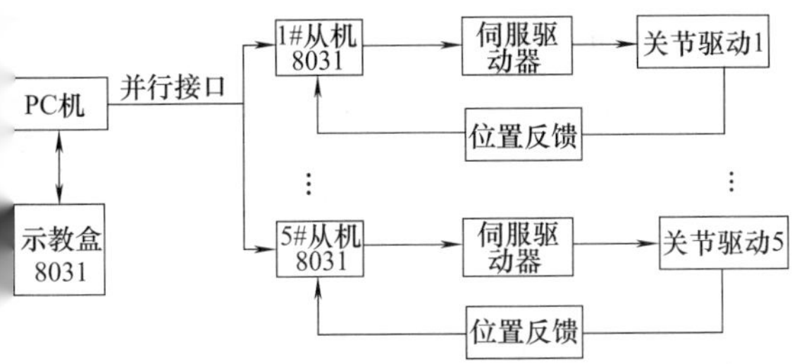

图 23-4-7　分布式控制系统

由五片单片机组成的五个关节控制系统的全部 PC 机 62 总线被设计成标准化选件板，它们和主机组成一个机器人弱电控制系统，而五关节的电动机伺服单元和强电控制线路安装在一起组成强电控制柜。机器人的各控制选件插板通过数据线和强电控制柜与机器人本体相连。此系统结构紧凑，特别是对机器人本体设计进行更改时，可以很方便地适应这种需要，所以其控制系统具有较强的灵活性和通用性。

4.4.2　下位机控制系统的设计

从控制系统通过五片单片机分别对五个关节电动机进行控制。由于机器人关节运动属于位置控制，应用时要对每个关节的伺服单元实行位置闭环控制，所以单关节从机的任务首先是对该关节伺服单元进行闭环控制，另外还有零位/极限位的紧急处理。接收上位机传来的控制命令，进行实时控制，并根据上位机要求回送信息。

(1) 关节伺服

关节电动机采用直流伺服电动机，电动机结构是码盘、测速电动机、驱动电动机一体结构。由码盘中 A、B 两码道传来的位置信号经光电隔离器引入从机系统，该信号经整形辨向可逆计数器输入 8031 作为伺服单元的位置反馈量。8031 采用双字节运算，通过和主机送来的位置给定进行比较，形成位置偏差，并通过位置调节器控制算法计算。该控制量经过 12 位 D/A 转换器转换成模拟信号，经电平转换和放大输入给关节伺服单元作为速度调节器的给定，从而实现关节电动机的位置闭环。采样时间为 2～3ms。为了避免可逆计数器错误以及提高位置反馈量检测的抗干扰能力，计数器计数时采用时钟脉冲进行同步，将计数锁存与 8031 时序同步起来。另外，从机要对位置给定进行平滑处理，以满足机器人和运动时关节平滑的要求。

(2) 机械回零

机械零位是机器人的基准位置，机器人的所有动作都是以零位为参考点进行的。零位的设置不仅为机器人提供了一个基准参考点，而且为保证运动精度、消除运动误差提供了基础，因此机器人回零方式的设定及回零电路的设计是非常重要的。机器人机械零位是由机器人本身的机械结构决定的，一般的做法是在机器人各关节运动的极限位置设置限位开关（接触式或非接触方式），通过检查限位开关的通断来判断各关节机械回零是否到位。只依靠限位开关的状态进行机械回零，往往定位精度很差，因此在控制系统设计时，通过检查限位开关的状态实现机械回零的粗定位，然后通过关节电动机码盘中 C 码道信号检测，实现回零精确定位。

(3) 主从机通信

采用多机控制在技术上要解决多 CPU 之间信息交换，信息交换通常采用高速通道先入先出栈或双端口 RAM 等方法实现。在此系统采用 8255 并行接口芯片，通过主机应答方式，实现主从机之间数据并行传送。图 23-4-8 是该并行通信电路。

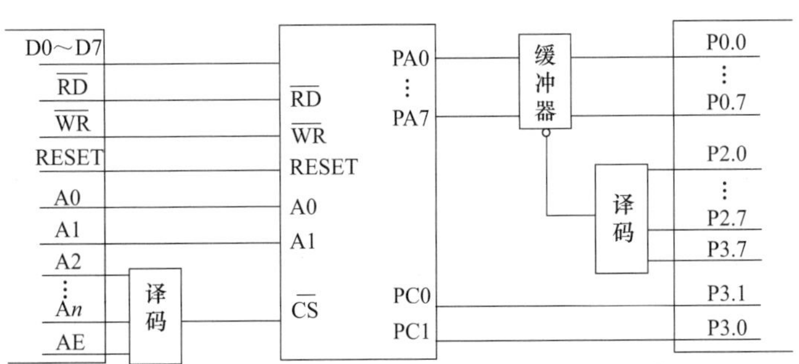

图 23-4-8　主从机并行通信接口电路

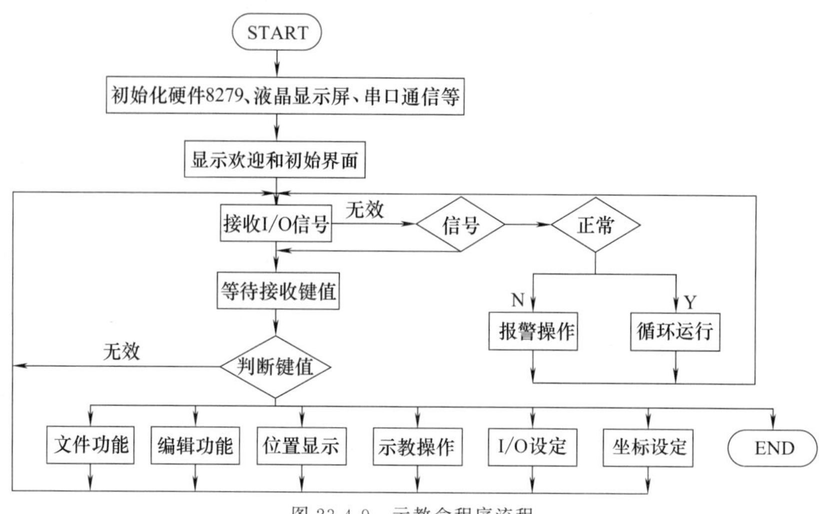

图 23-4-9　示教盒程序流程

8255 芯片是一个可编程并行接口芯片，片内有三个 8 位并行口，通过控制字的设定可分别选择它们不同的工作方式。在图 23-4-8 中 A 口被设定为选通输出方式，C 口的 PC6～PC7 作为主从机的通信握手线，B 口工作于输入方式，作为故障源的输入口。一旦某个 8031 被选中便向该机传送数据。

(4) 机器人故障检测及紧急处理

一台工业机器人能在工业生产中得到应用，其关键一点是要保证其可靠性，否则一旦故障发生，将引起伤亡事故。

系统故障检测及保护包括单关节伺服单元故障检测，从机故障自检及超程处理。在故障源中，只要有一个信号变高意味着故障发生，首先通过硬件直接将主闸跳开，同时故障将引起主机中断。主机响应中断以后，也首先输出跳闸命令，实现双重跳闸功能，同时将输入缓冲器内容读入，分析故障原因，并在 CRT 显示器上显示，以便操作人员了解故障原因，及时进行故障排除。

4.4.3　示教盒从机的设计

系统用一片单片机组成一个示教盒从机系统，主从通信采用 RS232C 标准进行串行通信。示教盒的硬件结构是以 8031 芯片为核心的单片机系统，外围接显示屏、键盘及通信模块等硬件设备，示教盒上电后，首先对硬件进行必要的初始化，然后显示主菜单，一切正常后，操作者即可进行机器人的操作，利用示教盒输入作业要求，示教盒程序流程如图 23-4-9 所示。

工业机器人分布式控制系统是一种比较通用的实时控制系统，能适应控制不同自由度的机器人而无须更改电路。分布式控制系统从微机应用和控制角度来看具有实际意义，可以应用于机床控制、多关节机器人和多路通信等众多场合。总之，工业机器人分布式控制系统是一种比较理想的快速实时控制系统。

4.5　机器人典型控制方法

4.5.1　机器人 PID 控制

4.5.1.1　机器人独立 PD 控制

(1) 控制律的设计

当忽略重力和外加干扰时，采用独立的 PD 控制能满足机器人定点控制的要求。

设 n 关节机械手方程为：

$$D(q)\ddot{q}+C(q,\dot{q})\dot{q}=\tau \tag{23-4-1}$$

式中，$D(q)$ 为 n 阶正定惯性矩阵，$C(q,\dot{q})$ 为 n 阶离心和哥氏力项。

PD 控制律为：

$$\tau=K_{\rm d}\dot{e}+K_{\rm p}e \tag{23-4-2}$$

取跟踪误差为 $e=q_{\rm d}-q$，采用定点控制时，$q_{\rm d}$ 为常值，则 $\dot{q}_{\rm d}=\ddot{q}_{\rm d}\equiv 0$。

此时，机器人方程为：

$$D(q)(\ddot{q}_{\rm d}-\ddot{q})+C(q,\dot{q})(\dot{q}_{\rm d}-\dot{q})+K_{\rm d}e+K_{\rm p}e=0$$

亦即

$$D(q)\ddot{e}+C(q,\dot{q})\dot{e}+K_{\rm p}e=-K_{\rm d}\dot{e} \tag{23-4-3}$$

取 Lyapunov（李雅普诺夫）函数为：

$$V=\frac{1}{2}\dot{e}^{\rm T}D(q)\dot{e}+\frac{1}{2}e^{\rm T}K_{\rm p}e \tag{23-4-4}$$

由 $D(q)$ 及 $K_{\rm p}$ 的正定性知，V 是全局正定

的，则：

$$\dot{V}=\dot{e}^{\mathrm{T}}D\ddot{e}+\frac{1}{2}\dot{e}^{\mathrm{T}}\dot{D}\dot{e}+\dot{e}^{\mathrm{T}}K_{\mathrm{p}}e \quad (23\text{-}4\text{-}5)$$

利用$\dot{D}-2C$ 的斜对称性知，$\dot{e}^{\mathrm{T}}\dot{D}\dot{e}=2\dot{e}^{\mathrm{T}}C\dot{e}$，则：

$$\begin{aligned}\dot{V}&=\dot{e}^{\mathrm{T}}D\ddot{e}+\dot{e}^{\mathrm{T}}C\dot{e}+\dot{e}^{\mathrm{T}}K_{\mathrm{p}}e\\&=\dot{e}^{\mathrm{T}}(D\ddot{e}+C\dot{e}+K_{\mathrm{p}}e)=-\dot{e}^{\mathrm{T}}K_{\mathrm{d}}\dot{e}\leqslant 0\end{aligned} \quad (23\text{-}4\text{-}6)$$

（2）收敛性分析

由于$\dot{V}$是半负定的，且 K_{d} 为正定，则当$\dot{V}\equiv 0$时，有$\dot{e}\equiv 0$，从而$\ddot{e}\equiv 0$。代入方程（23-4-3），有$K_{\mathrm{p}}e=0$，再由 K_{p}的可逆性可知 $e=0$。由 LaSalle 定理知，$(e, \dot{e})=(0, 0)$ 是受控机器人全局渐进稳定的平衡点，即从任何初始条件 $(q_0, \dot{q}_0)$ 出发，均有 $q\to q_{\mathrm{d}}$，$\dot{q}\to 0$。

4.5.1.2　基于重力补偿的机器人 PD 控制

（1）控制律的设计

当考虑到重力时，采用基于重力补偿的 PD 控制，能满足机器人定点控制的要求。

设 n 关节机械手方程为：

$$D(q)\ddot{q}+C(q,\dot{q})\dot{q}+G(q)=\tau \quad (23\text{-}4\text{-}7)$$

其中，$D(q)$ 为 n 阶正定惯性矩阵，$C(q, \dot{q})$ 为 n 阶离心和哥氏力项，$G(q)$ 为重力矩阵向量。

基于重力补偿的 PD 控制律为：

$$\tau=K_{\mathrm{d}}\dot{e}+K_{\mathrm{p}}e+\hat{G}(q) \quad (23\text{-}4\text{-}8)$$

其中，$\hat{G}(q)$ 为重力矩的估计值。

取跟踪误差为 $e=q_{\mathrm{d}}-q$，采用定点控制时，q_{d}为常值，则$\dot{q}_{\mathrm{d}}=\ddot{q}_{\mathrm{d}}\equiv 0$。

此时，机器人方程为：

$$\begin{aligned}&D(q)(\ddot{q}_{\mathrm{d}}-\ddot{q})+C(q,\dot{q})(\dot{q}_{\mathrm{d}}-\dot{q})\\&+K_{\mathrm{d}}\dot{e}+K_{\mathrm{p}}e+\hat{G}(q)-G(q)=0\end{aligned} \quad (23\text{-}4\text{-}9)$$

（2）控制律分析

控制律式（23-4-8）的实现关键在于对重力矩$\hat{G}(q)$的估计，对重力矩的估计方法有以下几种：

① 当对重力矩的估计值准确时，$\hat{G}(q)=G(q)$，有：

$$D(q)\ddot{e}+[C(q,\dot{q})+K_{\mathrm{d}}]\dot{e}+K_{\mathrm{p}}e=0 \quad (23\text{-}4\text{-}10)$$

此时，控制的稳定性和收敛性分析过程与“机器人独立 PD 控制”相同。

② 当对重力矩的估计值不准确时，需要设计重力补偿算法。目前，有代表性的重力补偿 PD 控制方法有以下几种：

a. 在线估计重力补偿的 PD 控制。针对双柔性关节机械臂，设计在线估计重力的自适应算法，实现基于在线重力补偿的 PD 控制。

b. 具有固定重力补偿的 PD 控制。由于在线估计重力补偿项 $\hat{G}(q)$ 会加重计算机实时计算的负担，所以采用事先计算出的固定重力项作为补偿，增加反馈增益来减小稳定误差，并采用系统的 Hamilton 函数作为其李雅普诺夫函数，该方法具有稳定性和收敛性。

4.5.1.3　机器人鲁棒自适应 PD 控制

（1）应用背景

对于具有强耦合性和非线性的机器人系统而言，线性 PD 控制是最为简单且行之有效的控制方法。但实践表明，线性 PD 控制往往要求驱动机构有很大的初始输出，而实际驱动机构（通常是电动机）往往不能提供过大的初始力矩，且机械臂本身所承受的最大力矩也是有限的，这将使通过增大 PD 控制系数来进一步提高系统的性能受到限制。鉴于此，很多非线性 PD 控制方法被提出，但常规的非线性 PD 控制器只有单纯的 PD 项，要求比例和微分项的系数仍较大，存在输出力矩较大的问题。

若提出一种自适应鲁棒 PD 控制策略，避免了初始输出力矩过大的弊端。该控制器由非线性 PD 控制反馈和补偿控制两部分构成，机器人不确定动力学部分由回归矩阵构成的自适应控制器进行补偿，并针对机器人有界扰动的上确界是否已知设计了两种不同的扰动补偿法。该控制策略的优点在于当初始误差较大时，PD 反馈起主要作用，通过非线性 PD 控制，避免了过大初始力矩输出；当误差较小时，自适应控制器起着主要的作用，从而保证了系统具有良好的动态性能。

（2）机器人动力学模型及其结构特性

一个 n 关节的机器人力臂，其动态性能可以由以下二阶非线性微分方程描述：

$$D(q)\ddot{q}+C(q,\dot{q})\dot{q}+G(q)+\omega=\tau \quad (23\text{-}4\text{-}11)$$

式中，$q\in R^n$ 为关节角位移量，$D(q)\in R^{n\times n}$ 为机器人的惯性矩阵，$C(q,\dot{q})\in R^n$ 表示离心力和哥氏力，$G(q)\in R^n$ 为重力项，$\tau\in R^n$ 为控制力矩，$\omega\in R^n$ 为各种误差和扰动。

机器人系统的动力学特性如下：

特性 1　$D(q)-2C(q,\dot{q})$是一个斜对称矩阵。

特性 2　惯性矩阵 $D(q)$ 是对称正定矩阵，存在正数 m_1、m_2满足如下不等式：

$$m_1\|x\|^2\leqslant x^{\mathrm{T}}D(q)x\leqslant m_2\|x\|^2 \quad (23\text{-}4\text{-}12)$$

特性 3　存在一个依赖于机械手参数的参数向

第 23 篇

量，使得 $D(q)$，$C(q,\dot{q})$，$G(q)$ 满足线性关系：

$$D(q)\theta+C(q,\dot{q})\rho+G(q)=\Phi(q,\dot{q},\rho,\theta)P \tag{23-4-13}$$

其中，$\Phi(q,\dot{q},\rho,\theta)\in R^{n\times m}$ 为已知关节变量函数的回归矩阵，它是机器人广义坐标及其各阶导数的已知函数矩阵；$P\in R^{n}$ 是描述机器人质量特性的位置定长参数向量。

假设 1 $q_d\in R^n$ 为期望的关节角位移，q_d 的一阶导数和二阶导数存在。

假设 2 误差和扰动 ω 的范数满足：

$$\|\omega\|\leqslant d_1+d_2\|e\|+d_3\|\dot{e}\| \tag{23-4-14}$$

其中，d_1、d_2、d_3 分别为正常数，$e=q-q_d$、$\dot{e}=\dot{q}-\dot{q}_d$ 分别为跟踪误差和跟踪误差导数。

(3) 控制器的设计

分别引入变量 y 和 q_r，并令：

$$y=\dot{e}+\gamma e \tag{23-4-15}$$

$$\dot{q}_r=\dot{q}_d-\gamma e \tag{23-4-16}$$

其中，常数 $\gamma>0$，则可推出：

$$y=\dot{q}-\dot{q}_r \tag{23-4-17}$$

由式 (23-4-13) 中的机器人线性关系特性，取 $\theta=\ddot{q}_r$，$\rho=\dot{q}_r$ 得：

$$D(q)\ddot{q}_r+C(q,\dot{q})\dot{q}_r+G(q)=\Phi(q,\dot{q},\dot{q}_r,\ddot{q}_r)P \tag{23-4-18}$$

由式 (23-4-17) 得 $\dot{q}_r=\dot{q}-y$，将其代入上式得：

$$D(q)(\ddot{q}-\dot{y})+C(q,\dot{q})(\dot{q}-y)+G(q)=\Phi(q,\dot{q},\dot{q}_r,\ddot{q}_r)P \tag{23-4-19}$$

即

$$D(q)\ddot{q}-D(q)\dot{y}+C(q,\dot{q})\dot{q}-C(q,\dot{q})y+G(q)=\Phi(q,\dot{q},\dot{q}_r,\ddot{q}_r)P \tag{23-4-20}$$

式 (23-4-20) 结合式 (23-4-11) 可得：

$$D(q)\dot{y}+C(q,\dot{q})y=\tau-\Phi(q,\dot{q},\dot{q}_r,\ddot{q}_r)-\omega \tag{23-4-21}$$

1) 扰动信号的上确界已知时控制器的设计

对于式 (23-4-11) 所示的机器人系统，在误差扰动信号的上确界已知时，采用以下控制器和自适应律，可保证系统全局渐进稳定。

$$\tau=-K_p e-K_v\dot{e}+\Phi(q,\dot{q},\dot{q}_r,\ddot{q}_r)\hat{P}+u \tag{23-4-22}$$

$$u=[u_1,\cdots,u_n]^{\mathrm{T}},u_i=-(d_1+d_2\|e\|+d_3\|\dot{e}\|)\mathrm{sgn}(y_i) \tag{23-4-23}$$

$\hat{P}$ 的参数估计律取：

$$\dot{\hat{P}}=-\Gamma\Phi^{\mathrm{T}}(q,\dot{q},\dot{q}_r,\ddot{q}_r)y \tag{23-4-24}$$

式中

$$K_p=K_{p1}+K_{p2}B_p(e),K_v=K_{v1}+K_{v2}B_v(\dot{e}) \tag{23-4-25}$$

$$K_{p1}=\mathrm{diag}(k_{p11},k_{p12},\cdots,k_{p1n})$$

$$K_{p2}=\mathrm{diag}(k_{p21},k_{p22},\cdots,k_{p2n}) \tag{23-4-26}$$

$$K_{v1}=\mathrm{diag}(k_{v11},k_{v12},\cdots,k_{v1n}),$$

$$K_{p2}=\mathrm{diag}(k_{v21},k_{v22},\cdots,k_{v2n}) \tag{23-4-27}$$

$$B_p(e)=\mathrm{diag}\left(\frac{1}{\alpha_1+|e_1|},\frac{1}{\alpha_2+|e_2|},\cdots,\frac{1}{\alpha_n+|e_n|}\right) \tag{23-4-28}$$

$$B_v(e)=\mathrm{diag}\left(\frac{1}{\beta_1+|\dot{e}_1|},\frac{1}{\beta_2+|\dot{e}_2|},\cdots,\frac{1}{\beta_n+|\dot{e}_n|}\right) \tag{23-4-29}$$

其中，k_{p1i}、k_{p2i}、k_{v1i}、k_{v2i}、α_i，β_i $(i=1,2,\cdots,n)$ 均大于零，Γ 为正定对称阵。

2) 扰动信号的上确界未知时控制器的设计

定理：当误差扰动信号 ω 的上确界为未知时，设计控制器为：

$$\tau=-K_p e-K_v\dot{e}+\Phi(q,\dot{q},\dot{q}_r,\ddot{q}_r)\hat{P}+u \tag{23-4-30}$$

$$u=-\frac{(\hat{d}f)^2}{\hat{d}f\|y\|+\varepsilon^2}y \tag{23-4-31}$$

$$\dot{\hat{d}}=\gamma_1 f\|y\|,\hat{d}(0)=0 \tag{23-4-32}$$

$$\dot{\varepsilon}=-\gamma_2\varepsilon,\varepsilon(0)=0 \tag{23-4-33}$$

其中，K_p、K_v 的取值同式 (23-4-22)，并保证满足式 (23-4-25)，P 的估计值 $\hat{P}$ 通过式 (23-4-26) 求得，$d=d_1+d_2+d_3$，$d=d-\hat{d}$，$f=\max(1,\|e\|,\|\dot{e}\|)$，$\hat{d}$ 为 d 的估值，γ_1、γ_2 均为任意的正常数。

对式 (23-4-11) 所示的机器人系统，当误差扰动信号的上确界未知时，采用式 (23-4-30) 和式 (23-4-31) 的控制律可保证系统全局渐进稳定。

4.5.2 滑模控制

滑模控制 (sliding mode control，SMC) 也叫变结构控制，本质上是一类特殊的非线性控制，且非线性表现为控制的不连续性。这种控制策略与其他控制的不同之处在于系统的"结构"并不固定，而是可以在动态过程中，根据系统当前的状态（如偏差及其各阶导数等）有目的地不断变化，迫使系统按照预定"滑动模态"的状态轨迹运动。由于滑动模态可以进行设计且与对象参数及扰动无关，这就使得滑模控制具有快速响应、对应参数变化及扰动不灵敏、无需系统在线辨识、物理实现简单等优点。

4.5.2.1　工作原理

系统拥有滑动模态，这是系统对外来种种干扰性能保持鲁棒性、有更好动态性能的原因。滑模变结构通过系统所希望达到的性能来设计滑模面，系统根据运动状态与滑模面的相对位置切换系统增益，当系统位于滑模面上时，系统的轨迹会顺着滑模面运动回原点，这个过程被定义为滑模控制。滑模控制有很强的鲁棒性，能很好地克服系统的外在干扰和一些不确定项，所以它能够快速响应，控制算法也相对简单，缺点是输出有抖振。滑模控制对于机械手的非线性特性和外来扰动造成的偏差等有很好的控制作用。本章主要论述滑模控制的相关概念以及它在机械手控制中的作用。

超平面被称为滑模面，它表示系统所期望的动态性能。滑模运动就是指系统在滑模面上的运动，采用的控制是变结构控制，通常用来控制非线性系统，通过增加变结构控制器的应用，将系统稳定在一个超平面上。它的研究对象范围很广，涉及许多复杂的控制系统。

滑模运动包含两个阶段，一是趋近运动，另一个是滑模运动。趋近运动是指 $s\to 0$ 的过程，即系统在控制律的作用下，由最初的状态向切换面不断趋近，最后抵达趋近面的过程。由滑模变结构原理可知，只有当系统状态满足初始点在有限时间内抵达滑模面，才能够满足滑模控制的条件。对于未做规定轨迹的趋近运动来说，要想使系统的动态性能更好，可以采取趋近率的措施。当系统抵达了切换面之后，将会一直被控制在切换面上运动，这时系统就处于滑模运动，这里的切换面就是滑模面。图 23-4-10 所示为一个系统处于滑模运动的两个阶段，系统的初始值是 $X(0)$，在趋近阶段，系统在控制力矩的作用下不断向滑模面 $\sigma(x)=0$ 靠拢，当系统状态达到滑模面时，系统就处于滑模运动状态，并渐渐向系统状态的原点运动，此阶段系统的动态性能会很稳定。

一般情况下，当系统状态的位置位于滑模面上方时，系统有一个控制增益，当系统处于滑模面下方时会切换成另外一个控制增益。为了在有限时间内使系统抵达滑模面，控制增益将一直不停地切换，所以这个控制器会通过判断系统的运动状态与滑模面的位置来判断切换控制量。

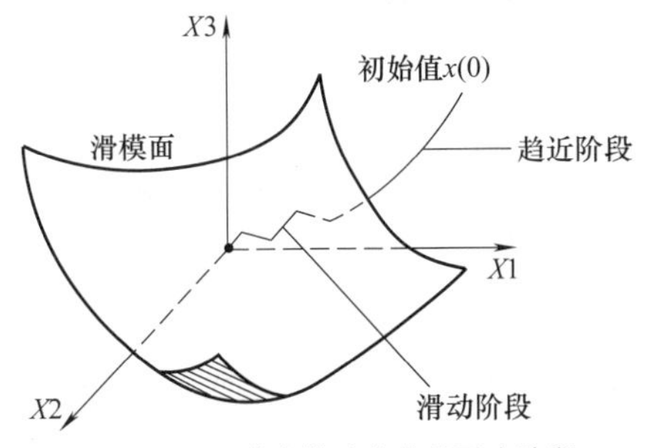

图 23-4-10　状态轨迹收敛的两个阶段

滑模控制中的抖振问题是无法彻底避免的，抖振会破坏系统的动态性能，还会使系统处于不稳定状态，高频度的抖振不仅会影响系统的动态特性，甚至还会烧坏元器件。对于系统的不确定因素也要符合一定条件，除此之外还需要测量出不确定因素的上界值。在实际操作中，获取不确定因素的上界值很困难，这也限制了滑模控制的应用领域。

滑模控制把一个高阶系统的复杂设计问题拆成两个低阶的、相对简单的设计问题：a. 设计滑模面，保证系统非连续控制输入。b. 降阶之后，可用一个等效方程表示在滑动模态状态时的动态性能，滑模运动的动态性能可以通过极点配置的方法来实现。

滑模控制在系统中的理想状态是：系统的输入能够不间断地快速切换数值。可是，在实际操作中由于系统上的驱动器都有延时的性质且无法改善，所以不能达到理想的状态。抖振会激发系统高频振动导致系统处于不稳定状态，甚至会使整个系统崩溃，除此之外，抖振对于传感器的影响也非常大。系统本身是没有抖振的，在加入滑模控制器之后，由于高速切换导致了抖振现象的出现。所以，为了研究滑模控制在主仆式机械手中的作用，解决抖振问题是很关键的。

4.5.2.2　滑模控制设计流程

控制器设计有两个步骤，首先设计滑模面，因为系统最终是被控制在滑模面上运动的，所以要保持稳定的动态性能；再设计系统的输入，并要确保系统最终可以抵达滑模面，在滑模面上运动。

(1) 滑模面设计

结合一个实例来介绍滑模运动，下面是一个简单的 SISO 系统：

$$\begin{cases}\dot{x}_1=x_2\\ \dot{x}_2=u+d\end{cases}\tag{23-4-34}$$

式中，x_1、x_2 代表系统的状态；d 是不确定却有界的外来扰动；u 是系统的输入，用来对抗各种外界干扰对系统造成的影响。

在此例中我们希望

$$\begin{cases}\lim\limits_{t\to\infty} x_1=0\\ \lim\limits_{t\to\infty} x_2=0\end{cases}\tag{23-4-35}$$

滑动变量设为：

$$\sigma=x_2+cx_1\tag{23-4-36}$$

其中，$c>0$，$c\in R$。

将滑模面设为：

$$\sigma=\dot{x}_1+cx_1 \tag{23-4-37}$$

滑动模态下的动态性质为：

$$\sigma=\dot{x}_1+cx_1=0 \tag{23-4-38}$$

所以：

$$x_1=x_1(0)\mathrm{e}^{-ct} \tag{23-4-39}$$

此式说明系统运动是以系统的初始状态 $x_1(0)$ 与正常数 c 为基础的，系统的运动情况与外界的干扰等不确定因素无关。如果要保证系统在滑模面上有稳定的动态性能，首先要可以抵达滑模面。能够达到的条件是：当 $\sigma<0$ 时，$\dot{\sigma}>0$；$\sigma>0$ 时，$\dot{\sigma}<0$。写成数学形式为：

$$\begin{cases}\dot{\sigma}<0,\forall\sigma>0\\ \dot{\sigma}>0,\forall\sigma<0\end{cases}\Leftrightarrow\dot{\sigma}\sigma<0 \tag{23-4-40}$$

同时：

$$\dot{\sigma}\sigma\leqslant-\rho|\sigma| \tag{23-4-41}$$

其中，$\rho>0$，$\rho\in R$。

可以通过得到系统处于滑动模态的条件计算出系统抵达滑模面的时间 t_r。假设 $\sigma>0$（相应的 $\dot{\sigma}<0$），对上式两边同除以 σ 得：

$$\dot{\sigma}\leqslant-\rho \tag{23-4-42}$$

对两边积分可得：

$$\int_{\sigma(0)}^{\sigma(t_r)}\mathrm{d}\sigma\leqslant-\rho\int_0^{t_r}\mathrm{d}\tau \tag{23-4-43}$$

计算结果为：

$$\sigma(t_r)-\sigma(0)\leqslant-\rho t_r \tag{23-4-44}$$

到达时间 t_r 就是系统运动到滑模面所需的时间，所以 $\sigma(t_r)=0$，并且：

$$t_r\leqslant\frac{\sigma(0)}{\rho} \tag{23-4-45}$$

假设的 $\sigma>0$ 成立，对于 $\sigma<0$ 时也成立，因此写成更一般的形式：

$$t_r\leqslant\frac{\sigma(0)}{\rho} \tag{23-4-46}$$

(2) 控制器设计

由于滑模控制由滑模运动与趋近运动组成，那么在设计控制器时，要针对两种运动状态分别设计。既要使系统能够维持在滑模面上进行运动，又要能够保证系统可以抵达滑模面。

因为 $\sigma=x_2+cx_1$，求导可得：

$$\dot{\sigma}=\dot{x}_2+c\dot{x}_1 \tag{23-4-47}$$

又因为 $\dot{x}_1=x_2$、$\dot{x}_2=u+d$，替换掉上式中的 $\dot{x}_1$ 和 $\dot{x}_2$，可得：

$$\dot{\sigma}=u+d+cx_2 \tag{23-4-48}$$

因为要求 $\dot{\sigma}\xrightarrow{t\to\infty}0$，这样才能确保 σ 一直处在滑模面上，所以上式可变成：

$$\dot{\sigma}=u_{\mathrm{eq}}+d+cx_2=0\Leftrightarrow u_{\mathrm{eq}}=-d-cx_2 \tag{23-4-49}$$

u_{eq} 是等价控制项，如果它能够像式（23-4-49）一样控制在系统上，那么系统就能一直处于滑模面（$\dot{\sigma}=0$）上。可是外界干扰 d 是不确定的，所以不能像式（23-4-49）一样直接输出 u_{eq}。选择：

$$\tilde{u}_{\mathrm{eq}}=-cx_2 \tag{23-4-50}$$

这样就可以达到滑动模态状态，要再设计一个能让系统到达滑模面的控制输出。将控制输入分为两项：

$$u=\tilde{u}_{\mathrm{eq}}+u_1 \tag{23-4-51}$$

就能获得新滑动模态下的系统动态：

$$\dot{\sigma}=d+u_1 \tag{23-4-52}$$

两边同时乘以 σ 得：

$$\sigma\dot{\sigma}=\sigma(d+u_1) \tag{23-4-53}$$

外界扰动 d 虽然不确定但它有界，也就是说存在一个常数 L 满足：

$$\|d\|\leqslant L \tag{23-4-54}$$

可得不等式：

$$\sigma\dot{\sigma}\leqslant|\sigma|d+\sigma u_1 \tag{23-4-55}$$

或者：

$$\sigma\dot{\sigma}\leqslant|\sigma|L+\sigma u_1 \tag{23-4-56}$$

再进一步写为：

$$\sigma\dot{\sigma}\leqslant|\sigma|[L+u_1\mathrm{sign}(\sigma)] \tag{23-4-57}$$

因为滑动模态存在的条件是 $\sigma\dot{\sigma}\leqslant-\rho|\sigma|$，那么：

$$|\sigma|[L+u_1\mathrm{sign}(\sigma)]=-\rho|\sigma| \tag{23-4-58}$$

两边同除以 $|\sigma|$ 可得：

$$u_1\mathrm{sign}(\sigma)=-\rho-L \tag{23-4-59}$$

因为 $\mathrm{sign}(\sigma)=\frac{1}{\mathrm{sign}(\sigma)}$，可以得到最后一部分控制输出：

$$u_1=-(\rho+L)\mathrm{sign}(\sigma) \tag{23-4-60}$$

最后，系统能够抵达滑模面，而且能一直维持在滑模面上，滑模控制的输入为：

$$u=-cx_2-(\rho+L)\mathrm{sign}(\sigma) \tag{23-4-61}$$

4.5.2.3 机械手滑模鲁棒控制

(1) 系统描述

设 n 关节机械手被控对象为：

$$M(q)\ddot{q}+B(q,\dot{q})\dot{q}+G(q)=T+\omega \tag{23-4-62}$$

其中，$M(q)$ 为正定质量惯性矩阵，$B(q,\dot{q})$

为哥氏力、离心力，$G(q)=Kq$ 为重力，ω 为外加干扰。

（2）控制律设计

取 q_d为指令，$e=q_d-q$ 为误差信号。设计滑模面为：

$$S=\dot{e}+Ce, C=\mathrm{diag}(c_1,\cdots,c_n), c_i>0 \tag{23-4-63}$$

采用以下 Lyapunov 函数：

$$V=\frac{1}{2}S^{\mathrm{T}}MS \tag{23-4-64}$$

则：

$$\begin{aligned}\dot{V}&=\frac{1}{2}S^{\mathrm{T}}\dot{M}S+S^{\mathrm{T}}MS\\&=\frac{1}{2}S^{\mathrm{T}}(\dot{M}-2B)S+S^{\mathrm{T}}BS+S^{\mathrm{T}}M\dot{S}\\&=S^{\mathrm{T}}(BS+M\dot{S})=S^{\mathrm{T}}[BS+M(\ddot{e}+C\dot{e})]\\&=S^{\mathrm{T}}[BS+M(\ddot{q}_d-q)+MC\dot{e}]\\&=S^{\mathrm{T}}[B\dot{e}+BCe+M\ddot{q}_d+B\dot{q}+Kq-w-T+MC\dot{e}]\\&=S^{\mathrm{T}}[B\dot{e}+BCe+M(\ddot{q}_d+c\dot{e})+B\dot{q}+Kq-w-T]\\&=S^{\mathrm{T}}[B(\dot{q}_d+Ce)+M(\ddot{q}_d+c\dot{e})+Kq-w-T]\end{aligned} \tag{23-4-65}$$

取控制律为：

$$\begin{aligned}T=&M_o(\ddot{q}_d+C\dot{e})+B_o(\dot{q}_d+Ce)\\&+K_oq-w_o+\Gamma\mathrm{sgn}(S)\end{aligned} \tag{23-4-66}$$

其中，M_o、B_o、K_o和 w_o分别为 M、B、K 和 w 的名义值，$\Delta M=M-M_o$，$\Delta B=B-B_o$，$\Delta K=K-K_o$，$\Delta w=w-w_o$。则：

$$\begin{aligned}\dot{V}=&S^{\mathrm{T}}[\Delta B(\dot{q}_d+Ce)+\Delta M(\ddot{q}_d+C\dot{e})\\&+\Delta Kq-\Delta w]-\Gamma|S|\end{aligned} \tag{23-4-67}$$

其中，$\Gamma=\mathrm{diag}(\gamma_1,\gamma_2,\cdots,\gamma_n), \gamma_i>0$。

取

$$\begin{aligned}\gamma_i>&|\Delta B|_{\max}|\dot{q}_d+Ce|+|\Delta M|_{\max}+\\&|\ddot{q}_d+C\dot{e}|+|\Delta w|_{\max}+|\Delta K|_{\max}|q|\end{aligned} \tag{23-4-68}$$

则：

$$\dot{V}=0 \tag{23-4-69}$$

4.5.2.4 基于计算力矩法的滑模控制

计算力矩法是机器人控制中较常用的方法，该方法基于机器人模型中各项的估计值进行控制律的设计。

（1）系统描述

机器人机械手的模型为

$$\tau=\hat{H}(q)v+\hat{C}(q,\dot{q})\dot{q}+\hat{G}(q) \tag{23-4-70}$$

其中，$H(q)$ 为正定质量惯性矩阵，$C(q,\dot{q})$ 为哥氏力、离心力，$G(q)$ 为重力。

（2）控制律设计

当不知道机器人的惯性参数时，根据计算力矩法，取控制律为：

$$\tau=\hat{H}(q)v+\hat{C}(q,\dot{q})\dot{q}+\hat{G}(q) \tag{23-4-71}$$

其中，$\hat{H}(q)$、$\hat{C}(q,\dot{q})$ 和 $\hat{G}(q)$ 为利用惯性参数估计值 $\hat{p}$ 计算出的 H、C 和 G 值。

则闭环系统方程式为：

$$H(q)\ddot{q}+C(q,\dot{q})\dot{q}+G(q)=\hat{H}(q)v+\hat{C}(q,\dot{q})\dot{q}+\hat{G}(q) \tag{23-4-72}$$

即

$$\begin{aligned}\hat{H}\ddot{q}&=\hat{H}(q)v-[\tilde{H}(q)\ddot{q}+\tilde{C}(q,\dot{q})\dot{q}+\tilde{G}(q)]\\&=\hat{H}(q)v-Y(q,\dot{q},\ddot{q})\tilde{p}\end{aligned} \tag{23-4-73}$$

其中，$\tilde{H}=H-\hat{H}$；$\tilde{C}=C-\hat{C}$；$\tilde{G}=G-\hat{G}$；$\tilde{p}=p-\hat{p}$。

若惯性参数的估计值 $\hat{p}$ 使得 $\hat{H}(q)$ 可逆，则闭环系统方程式可写为：

$$\ddot{q}=v-[\hat{H}(q)]^{-1}Y(q,\dot{q},\ddot{q})\tilde{p}=v-\varphi(q,\dot{q},\ddot{q},\hat{p})\tilde{p} \tag{23-4-74}$$

定义

$$\varphi(q,\dot{q},\ddot{q},\hat{p})\tilde{p}=\tilde{d} \tag{23-4-75}$$

其中，$d=[d_1,\cdots,d_n]^{\mathrm{T}}$。

取滑动面

$$s=\dot{e}+\Lambda e \tag{23-4-76}$$

其中 $e=q_d-q$，$\dot{e}=\dot{q}_d-\dot{q}$，$s=[s_1,\cdots,s_n]^{\mathrm{T}}$，$\Lambda$ 为正对角矩阵。则

$$\dot{s}=\ddot{e}+\Lambda\dot{e}=(\ddot{q}_d-\ddot{q})+\Lambda\dot{e}=\ddot{q}_d-v+\tilde{d}+\Lambda\dot{e} \tag{23-4-77}$$

取

$$v=\ddot{q}_d+\Lambda\dot{e}+d \tag{23-4-78}$$

式中 d 为待设计的向量。则

$$\dot{s}=\tilde{d}-d \tag{23-4-79}$$

选取

$$\begin{aligned}d&=(\bar{d}+\eta)\mathrm{sgn}(s)\\\|\tilde{d}\|&\leqslant\bar{d}\end{aligned} \tag{23-4-80}$$

其中 $\eta>0$。则

$$\dot{s}s=(\tilde{d}-d)s=\tilde{d}s-\bar{d}\mathrm{sgn}(s)-\eta\mathrm{sgn}(s)s\leqslant-\eta|s|\leqslant0 \tag{23-4-81}$$

滑模控制律为：

第 23 篇

$$\tau=\hat{H}(q)v+\hat{C}(q,\dot{q})\dot{q}+\hat{G}(q) \quad (23\text{-}4\text{-}82)$$

其中 $v=\ddot{q}_d+\Lambda e+d, d=(\bar{d}+\eta)\mathrm{sgn}(s)$。

由控制律可知，参数估计值 $\hat{p}$ 越准确，则 $\|\tilde{p}\|$ 越小，$\bar{d}$ 越小，滑模控制产生的抖振越小。

4.5.2.5 基于输入输出稳定性理论的滑模控制

（1）系统描述

机器人 n 关节机械手的动态模型为

$$H(q)\ddot{q}+C(q,\dot{q})\dot{q}+G(q)=\tau \quad (23\text{-}4\text{-}83)$$

其中，$H(q)$ 为正定惯性质量矩阵，$C(q,\dot{q})$ 为哥氏力、离心力，$G(q)$ 为重力，τ 为控制输入信号。

（2）控制律设计

设机器人所要完成的任务是跟踪时变期望轨迹 $q_d(t)$，位置跟踪误差为

$$e=q_d-q \quad (23\text{-}4\text{-}84)$$

定义

$$\dot{q}_r=\dot{q}_d+\Lambda(q_d-q) \quad (23\text{-}4\text{-}85)$$

机器人动力学系统具有如下动力学特征：存在向量 $p\in R^m$，满足

$$H(q)\ddot{q}_r+C(q,\dot{q})\dot{q}_r+G(q)=Y(q,\dot{q},\dot{q}_r,\ddot{q}_r)p$$
$$\tilde{H}(q)\ddot{q}_r+\tilde{C}(q,\dot{q})\dot{q}_r+\tilde{G}(q)=Y(q,\dot{q},\dot{q}_r,\ddot{q}_r)\tilde{p} \quad (23\text{-}4\text{-}86)$$

取滑模面

$$s=\dot{q}_r-q=(\dot{q}_d-\dot{q})+\Lambda(q_d-q)=\dot{e}+\Lambda e \quad (23\text{-}4\text{-}87)$$

其中，Λ 为正对角矩阵。

令 Lyapunov 函数为

$$V(t)=\frac{1}{2}s^{\mathrm{T}}H(q)s \quad (23\text{-}4\text{-}88)$$

则

$$\begin{aligned}\dot{V}(t)&=s^{\mathrm{T}}H(q)\dot{s}+\frac{1}{2}s^{\mathrm{T}}\dot{H}(q)s=s^{\mathrm{T}}H(q)\dot{s}+s^{\mathrm{T}}C(q,\dot{q})s\\&=s^{\mathrm{T}}[H(q)(\ddot{q}_r-\ddot{q})+C(q,\dot{q})(\dot{q}_r-\dot{q})]\\&=s^{\mathrm{T}}[H(q)\ddot{q}_r+C(q,\dot{q})\dot{q}_r+G(q)-\tau]\end{aligned} \quad (23\text{-}4\text{-}89)$$

可采用以下两种方法实现滑模控制。

方法之一：基于估计模型的滑模控制

设计控制律为

$$\tau=\hat{H}(q)\ddot{q}_r+\hat{C}(q,\dot{q})\dot{q}_r+\hat{G}(q)+\hat{\tau}_s \quad (23\text{-}4\text{-}90)$$

其中，τ_s 为待设计项。

$$\begin{aligned}\dot{V}(t)&=s^{\mathrm{T}}[H(q)\ddot{q}_r+C(q,\dot{q})\dot{q}_r+G(q)\\&\quad-\hat{H}(q)\ddot{q}_r-\hat{C}(q,\dot{q})\dot{q}_r-\hat{G}(q)-\tau_s]\\&=s^{\mathrm{T}}[\tilde{H}(q)\ddot{q}_r+\tilde{C}(q,\dot{q})\dot{q}_r+\tilde{G}(q)-\tau_s]\\&=s^{\mathrm{T}}[Y(q,\dot{q},\dot{q}_r,\ddot{q}_r)\tilde{p}-\tau_s]\end{aligned} \quad (23\text{-}4\text{-}91)$$

其中

$$\tilde{p}=[\tilde{p}_1,\cdots,\tilde{p}_{10n}]^{\mathrm{T}},|\tilde{p}_i|\leqslant a_i,i=1,\cdots,n$$
$$Y(q,\dot{q},\dot{q}_r,\ddot{q}_r)=[Y_{ij}^r],|Y_{ij}^r|\leqslant\bar{Y}_{ij}^r,$$
$$i=1,\cdots,n;j=1,\cdots 10n \quad (23\text{-}4\text{-}92)$$

则只要选取

$$\tau_s=k\,\mathrm{sgn}(s)+s=\begin{bmatrix}k_1\mathrm{sgn}(s_1)+s_1\\ \cdots\\ k_n\mathrm{sgn}(s_n)+s_n\end{bmatrix} \quad (23\text{-}4\text{-}93)$$

其中，$k=[k_1,\cdots,k_n]^{\mathrm{T}}$，$k_i=\sum_{j=1}^{10n}\bar{Y}_{ij}^r a_j$，$i=1,\cdots,n$。

则

$$\begin{aligned}\dot{V}(t)&=\sum_{i=1}^{n}\sum_{j=1}^{10n}s_iY_{ij}^r\tilde{p}_j-\sum_{i=1}^{n}s_ik_i\mathrm{sgn}(s_i)-\sum_{i=1}^{n}s_i^2\\&=\sum_{i=1}^{n}\sum_{j=1}^{10n}s_iY_{ij}^r\tilde{p}_j-\sum_{i=1}^{n}\sum_{j=1}^{10n}|s_i|\bar{Y}_{ij}^r\tilde{p}_j\\&\quad-\sum_{i=1}^{n}s_i^2\leqslant\sum_{i=1}^{n}s_i^2\leqslant 0\end{aligned} \quad (23\text{-}4\text{-}94)$$

方法之二：基于模型上界的滑模控制

$$\begin{aligned}\dot{V}(t)&=-s^{\mathrm{T}}\{\tau-[H(q)\ddot{q}_r+C(q,\dot{q})\dot{q}_r+G(q)]\}\\&=-s^{\mathrm{T}}[\tau-Y(q,\dot{q},\dot{q}_r,\ddot{q}_r)p]\end{aligned} \quad (23\text{-}4\text{-}95)$$

若能估计出

$$p=[p_1,\cdots,p_{10n}]^{\mathrm{T}},|p_i|\leqslant\bar{p}_i,i=1,\cdots,10n$$
$$Y(q,\dot{q},\dot{q}_r,\ddot{q}_r)=[Y_{ij}^r],|Y_{ij}^r|\leqslant\bar{Y}_{ij}^r,$$
$$i=1,\cdots,n;j=1,\cdots,10n \quad (23\text{-}4\text{-}96)$$

将控制律设计为

$$\tau=\bar{k}\,\mathrm{sgn}(s)+s=\begin{bmatrix}\bar{k}_1\mathrm{sgn}(s_1)+s_1\\ \cdots\\ \bar{k}_n\mathrm{sgn}(s_n)+s_n\end{bmatrix} \quad (23\text{-}4\text{-}97)$$

其中，$\bar{k}=[\bar{k}_1,\cdots,\bar{k}_n]^{\mathrm{T}}$，$\bar{k}_i=\sum_{j=1}^{10n}\bar{Y}_{ij}^r\bar{p}_j$，$i=1,\cdots,n$。

则

$$\begin{aligned}\dot{V}(t)&=-\left[\sum_{i=1}^{n}s_i\bar{k}_i\mathrm{sgn}(s_i)+\sum_{i=1}^{n}s_i^2\right.\\&\quad\left.-\sum_{i=1}^{n}\sum_{i=1}^{10n}s_iY_{ij}^r p_j\right]\\&=-\left[\sum_{i=1}^{n}\sum_{i=1}^{10n}|s_i|\bar{Y}_{ij}^r\bar{p}_j+\sum_{i=1}^{n}s_i^2\right.\\&\quad\left.-\sum_{i=1}^{n}\sum_{i=1}^{10n}s_iY_{ij}^r p_j\right]\leqslant-\sum_{i=1}^{n}s_i^2\leqslant 0\end{aligned} \quad (23\text{-}4\text{-}98)$$

由式（23-4-97）可知，该控制律计算量较控制律式（23-4-90）减少，不需要在线估计 $\hat{p}$ 值，但需要较大的控制量。由控制律式（23-4-97）中切换项增益 $\overline{k}_i$ 和控制律式（23-4-90）中切换项增益 k_i 的定义可知，$\overline{k}_i$ 要比 k_i 的值大，故控制律式（23-4-97）造成的抖振比控制律式（23-4-90）的大。

4.5.3　自适应控制

4.5.3.1　自适应控制系统

自适应控制和常规的反馈控制、最优控制一样，也是一种基于数学模型的控制方法，所不同的只是自适应控制所依据的关于模型和扰动的先验知识比较少，需要在系统的运行过程中不断提取有关模型的信息，使模型逐步完善。具体地说，可以依据对象的输入输出数据，不断地辨识模型参数，这个过程称为系统的在线辨识。随着生产过程的不断进行，通过在线辨识，模型会变得越来越准确，越来越接近于实际。既然模型在不断的改进，显然，基于这种模型综合出来的控制作用也随之不断的改进。在这个意义下，控制系统具有一定的适应能力。比如说，当系统在设计阶段，由于对象特性的初始信息比较缺乏，系统在刚开始投入运行时性能可能不理想，但是只要经过一段时间的运行，通过在线辨识和控制以后，控制系统逐渐适应，最终将自身调整到一个满意的工作状态。再比如某些控制对象，特性可能在运行过程中要发生较大的变化，但通过在线辨识和改变控制器参数，系统也能逐渐适应。

常规的反馈控制系统对于系统内部特性的变化和外部扰动的影响都具有一定的抑制能力，但是由于控制器参数是固定的，所以当系统内部特性变化或者外部扰动的变化幅度很大时，系统的性能常常会大幅度下降，甚至出现不稳定。因此，对那些对象特性或扰动特性变化范围很大，同时又要求经常保持高性能指标的一类系统，采取自适应控制是合适的。但是同时也应当指出，自适应控制比常规反馈控制要复杂得多，成本也高得多，因此只是在用常规反馈达不到所期望的性能时，才会考虑采用自适应控制。

4.5.3.2　自适应控制系统类型

（1）可变增益自适应控制系统

这类自适应控制系统结构简单，响应迅速，在许多方面都有应用，其结构如图 23-4-11 所示。调节器按被控过程的参数的变化规律进行设计，也就是当被控对象（或控制过程）的参数因工作状态或环境情况的变化而变化时，通过能够测量到的某些变量，经过计算而按规定的程序来改变调节器的增益，以使系统保持较好的运行性能。另外在某些具有非线性校正装置和变结构系统中，由于调节器本身对系统参数变化不灵敏，采用此种自适应控制方案往往能取得较满意的效果。

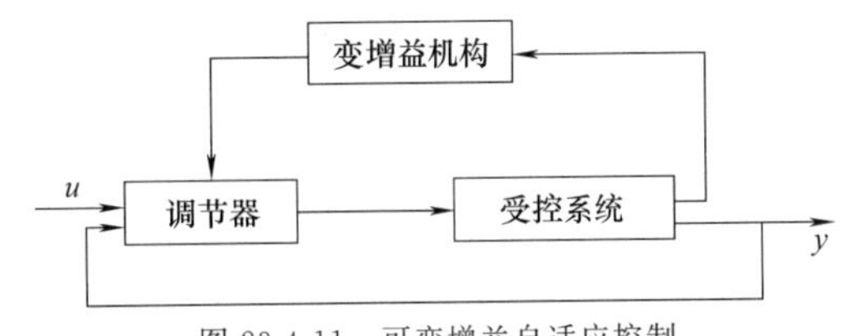

图 23-4-11　可变增益自适应控制

（2）模型参考自适应控制系统（model reference adaptive system，简称 MRAS）

模型参考自适应控制系统由参考模型、被控对象、反馈控制器和调整控制器参数的自适应机构等部分组成，如图 23-4-12 所示。

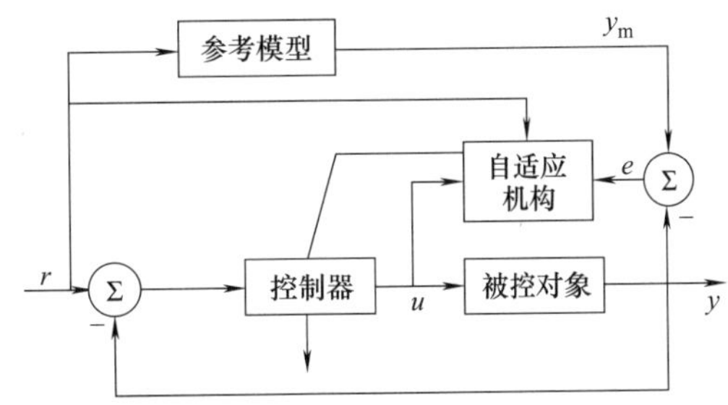

图 23-4-12　模型参考自适应控制系统

设计这类自适应控制系统的核心问题是如何综合自适应调整律，即自适应机构所应遵循的算法。关于自适应调整律的设计目前存在两类不同的方法。其中一种称为局部参数最优化地方法，即利用梯度或其他参数优化的递推算法，求得一组控制器的参数，使得某个预定的性能指标，如 $J=\int e_2(t)\mathrm{d}t$ ，达到最小。最早的 MIT 自适应律就是利用这种方法求得的。这种方法的缺点是不能保证参数调整过程中，系统总是稳定的。自适应律的另一种设计方法是基于稳定性理论的方法，其基本思想是保证控制其参数自适应调节过程是稳定的，然后再尽量使这个过程收敛快一些。由于自适应控制系统是本质非线性的，因此这种自适应律的设计自然要采用适用于非线性系统的稳定理论。Lyapunov 稳定性理论和 Popov 的超稳定性理论都是设计自适应律的有效工具。由于保证系统稳定是任何闭环控制系统的基本要求，所以基于稳定性理论的设计方法引起了更为广泛的关注。

（3）自校正调节器（self-tuning regulator，简称 STR）

这类自适应控制系统的一个特点是具有一个被控对象数学模型的在线辨识环节，具体地说是加入了一个对象参数的递推估计器。由于估计的是对象参数，而调节器参数还要求解一个设计问题方能得出，所以这种自适应控制系统可以用图 23-4-13 的结构描述。这种自适应调节器也可设想成由内环和外环各个环路组成，内环包括被控对象和一个普通的线性反馈调节器，这个调节器的参数由外环调节，外环则由一个递推参数估计器和一个设计机构组成。这种系统的过程建模和控制的设计都是自动进行，每个采样周期都要更新一次。这种结构的自适应控制器称为自校正调节器，采用这个名称的目的是强调调节器能自动校正自身的参数，以得到希望的闭环性能。

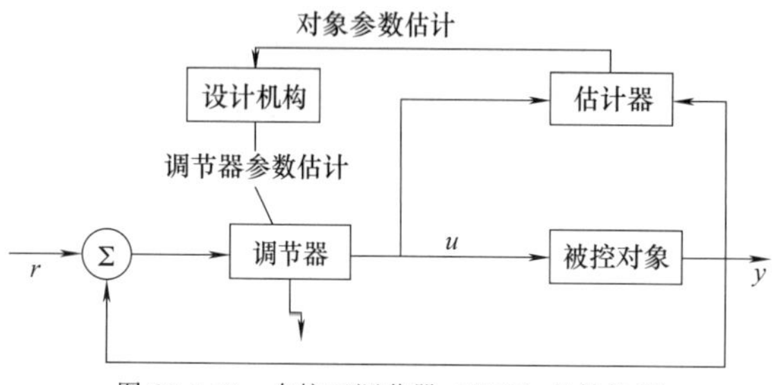

图 23-4-13 自校正调节器（STR）的结构图

（4）自寻最优控制系统

自寻最优控制系统是一种自动搜索并保持系统输出位于极值状态的控制系统，先前这种系统称为极值控制系统。在这种系统中，受控系统的输入-输出特性至少有一个代表最优运行状态的极值点或其他形式的非线性特性，因此，受控对象是非线性的。如果极值特性在运行过程中不发生变化，则可通过分析和试验找到一个能使系统工作在极值位置的固定控制量，这时由常规控制便可保持最优运行状态。不过，许多工业对象的极值特性在运行中都会或多或少发生漂移，因而无法采用常规控制策略。对于这类受控系统，采用自寻最优控制策略便可自动保持极值运行状态，使运行状态的梯度为零。此外，自寻最优控制系统还具有易于理解和实现方便等优点，所以它在工业中也有广泛的应用。

（5）学习控制系统

这是一类按行为科学进行处理的控制系统，它比上述各类自适应控制系统都复杂。这种系统的先验信息相当缺乏，为了保证有效的工作，它一般应具有识别、判断、积累经验和学习的功能。由 IEEE 的“自适应学习和模式识别标准与定义小组委员会”提出的相关定义如下：

一个系统，如果能对一个过程或其环境的未知特征有关的信息进行学习，并将所得的经验用于未来的估计、分类、决策或控制，以改善系统的性能，则称此系统为学习系统。若一个学习系统以其学得的信息来控制一个具有未知特征的过程，则称之为学习控制系统。根据学习时是否需要接收外部信息，学习过程可分为监督学习和无监督学习两类。在实际应用中，常将两类学习方式组合使用。首先通过监督学习获取尽可能多的先验信息，然后改为无监督学习，以收到最好的学习效果。学习系统的形式有模糊自适应控制和专家或智能自适应控制。

研究学习过程的数学方法很多，在学习控制系统中采用的方法有：采用模式分类器的可训练系统、增量学习系统、Bayes 估计、随机逼近、自动机模型和语言学方法等。学习系统理论的应用不限于控制工程，在计算机科学、经济和社会等领域中也有应用。

其他自适应控制系统还有混合自适应控制、非线性控制对象自适应控制、模糊自适应控制、神经网络自适应控制等。

4.5.3.3 自适应机器人

随着自动化技术的迅速发展，机器人愈来愈广泛地应用于工业生产过程中，尤其是在柔性制造系统（FMS）和工厂自动化（FA）中，机器人的作用得到了充分发挥，成为现代化生产不可缺少的工具。而生产应用的进一步深入又对机器人的精度、速度以及效率等提出了更高的要求。目前，工业中大多数机器人都采用常规的 PID 算法，由于该算法是建立在对机器人的动态模型确切了解的基础上的，故在速度和精度要求不太高的情况下是完全可行的。

但是，实际中的机器人动态模型很难精确得到，它是具有较强耦合的非线性系统，若作为简单的线性系统来处理，在许多情况下是不能获得理想的控制性能的。为此，人们积极寻求新的机器人控制方法，一些控制理论的最新成果也被应用到这一领域，机器人的控制系统正在向智能化、精确化方向发展。

另一方面，计算机技术的发展也为这种应用创造了条件，从而促进了机器人控制技术的发展。针对机器人模型参数不确定的特点，自适应控制是公认的一种比较有效的办法。

一般说来，自适应控制可以分为三类：模型参考自适应控制（MRAC）、自校正控制（STAC）、线性摄动自适应控制（LPAC）。这三种方法从不同角度去考察系统的不同方面，具有不同的特点，适用于不同的场合。

4.5.3.4 自适应控制常用的控制器

控制器是自适应控制系统的重要基础，是实现既定控制策略和保障控制性能的重要环节。以下介绍几种基于线性理论的控制器的控制方法。线性控制结构如图 23-4-14 所示。

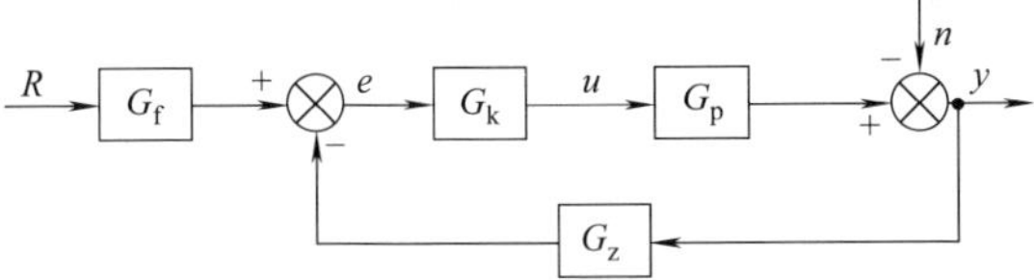

图 23-4-14　一般线性控制结构图

其中，G_f 为前置滤波器；G_k 为前向通道控制器；G_p 为被控过程（对象）；G_z 为反馈环节控制器；n 为输出干扰；u 为控制信号；R 为参考输入；y 为系统输出。

一般的控制器可描述为：

$$G_R(z)=\frac{u(z)}{e(z)}=\frac{Q(z^{-1})}{P(z^{-1})}=\frac{q_0+q_1z+\cdots+q_nz^n}{1+p_1z+\cdots+p_nz^n} \tag{23-4-99}$$

（1）PID 控制器

PID 控制器是一种具有固定结构形式的线性控制器，其原理图如图 23 4 15 所示。

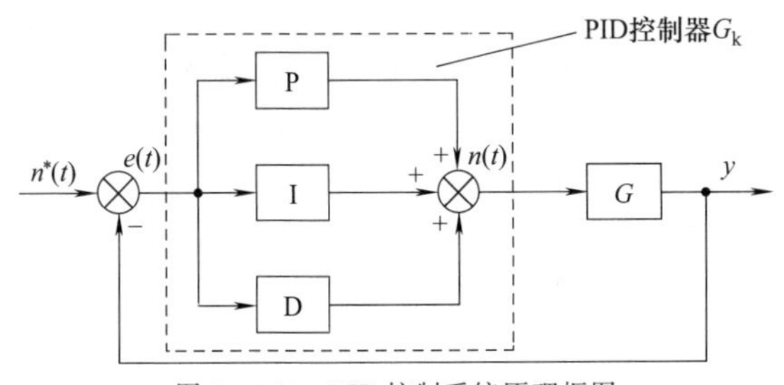

图 23-4-15　PID 控制系统原理框图

传递函数：$G_R(z)=\dfrac{q_0+q_1z^{-1}+q_2z^{-2}}{1-z^{-1}}$ (23-4-100)

（2）对消控制器

控制器传递函数为：$G_R(z)=\dfrac{1}{G(z)}\dfrac{G_m(z)}{1-G_m(z)}$

控制器的结构图如图 23-4-16 所示。

（3）非周期控制器

控制的传递函数为：

$$G_R(z)=\frac{A(z^{-1})}{B(z^{-1})z^d}\times\frac{M(z^{-1})B(z^{-1})z^d}{M(z^{-1})B(z^{-1})z^{-d}}$$

$$=\frac{A(z^{-1})M(z^{-1})}{1-M(z^{-1})B(z^{-1})z^d}=\frac{Q(z^{-1})}{P(z^{-1})} \tag{23-4-101}$$

非周期控制器的结构图如图 23-4-17 所示。

（4）其他控制器

其他控制器有预报控制器、最小方差控制器、广义预报控制器、状态控制器、谨慎控制器等。

自适应控制虽然具有很大优越性，可是经过了多年的发展，目前其应用仍不够广泛，主要是因为存在以下几方面的问题：

① 自适应控制理论上很难得到一般解，给推广应用带来了困难；

② 目前的参数估计方法都是在理想情况下随时间趋于无穷而渐近收敛，而实际工程应用需要在有限时间内快速收敛的参数估计方法；

③ 有些自适应控制器启动过程或过渡过程的动态性能不满足实际要求；

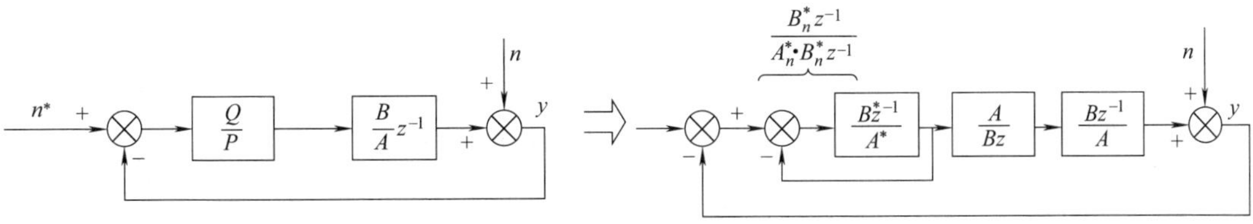

图 23-4-16　对消控制器结构图

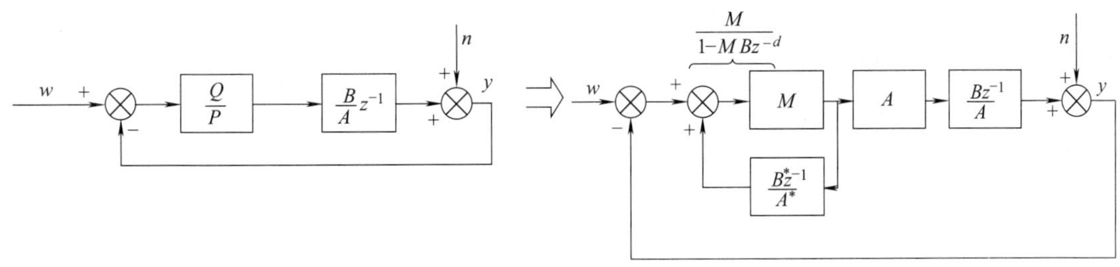

图 23-4-17　非周期控制器结构图

第 23 篇

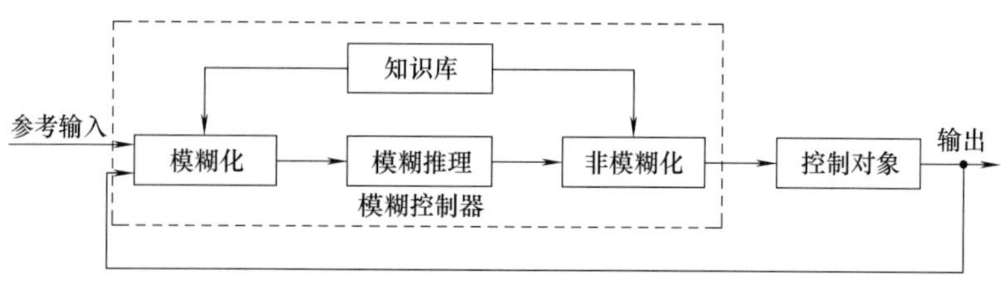

图 23-4-18 模糊控制系统原理框图

④ 控制精度与参数估计的矛盾；

⑤ 低阶控制器中存在高频未建模；

⑥ 测量精度直接影响控制器参数，进而影响系统性能。

4.5.4 模糊控制

4.5.4.1 基本原理

模糊控制是以模糊集合理论、模糊语言及模糊逻辑为基础的控制，它是模糊数学在控制系统中的应用，是一种非线性智能控制。模糊控制是利用人的知识对控制对象进行控制的一种方法，通常用“if 条件，then 结果”的形式来表现，所以又通俗地称为语言控制。一般用于无法以严密的数学表示的控制对象模型，即可利用人（熟练专家）的经验和知识来很好地控制。因此，利用人的智力模糊地进行系统控制的方法就是模糊控制。模糊控制的基本原理如图 23-4-18所示。

模糊控制系统的核心部分为模糊控制器。模糊控制器的控制规律通过计算机程序实现，实现一步模糊控制算法的过程如下：

微机采样获取被控制量的精确值，并将此量与给定值比较得到误差信号 E；一般选误差信号 E 作为模糊控制器的一个输入量，把 E 的精确量进行模糊量化变成模糊量；误差 E 的模糊量可用相应的模糊语言表示，从而得到误差 E 的模糊语言集合的一个子集 e（e 实际上是一个模糊向量）；再由 e 和模糊控制规则 R（模糊关系）根据推理的合成规则进行模糊决策，得到模糊控制量 u 为：

$$u=e*R$$

式中，u 为一个模糊量；为了对被控对象施加精确的控制，还需要将模糊量 u 进行非模糊化处理转换为精确量；得到精确数字量后，经数模转换变为精确的模拟量送给执行机构，对被控对象进行一步控制。然后，进行第二次采样，完成第二步控制……这样循环下去，就实现了被控对象的模糊控制。

模糊控制是以模糊集合理论、模糊语言变量和模糊逻辑推理为基础的一种计算机数字控制。模糊控制同常规的控制方案相比，主要特点有：

① 模糊控制只要求掌握现场操作人员或有关专家的经验、知识或操作数据，不需要建立过程的数学模型，所以适用于不易获得精确数学模型的被控过程，或结构参数不是很清楚等场合。

② 模糊控制是一种语言变量控制器，其控制规则只用语言变量的形式定性表达，不用传递函数与状态方程，只要对人们的经验加以总结，进而从中提炼出规则，直接给出语言变量，再应用推理方法进行观察与控制。

③ 系统的鲁棒性强，尤其适用于时变、非线性、时延系统的控制。

④ 从不同的观点出发，可以设计不同的目标函数，其语言控制规则分别是独立的，但是整个系统的设计可得到总体的协调控制。它是处理推理系统和控制系统中不精确和不确定性问题的一种有效方法，同时也构成了智能控制的重要组成部分。

模糊控制器的组成框图主要分为三部分：精确量的模糊化、规则库模糊推理、模糊量的反模糊化。

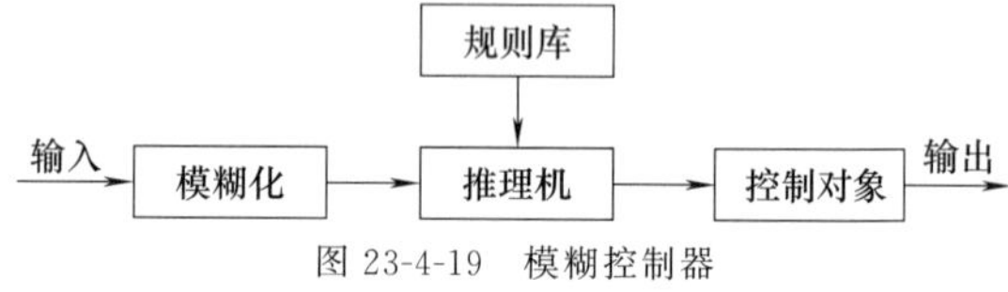

图 23-4-19 模糊控制器

模糊化是一个使清晰量模糊的过程，输入量根据各种分类被安排成不同的隶属度，例如，温度输入根据其高低被安排成很冷、冷、常温、热和很热等。

一般在实际应用中将精确量离散化，即将连续取值量分成几档，每一档对应一个模糊集。控制系统中的偏差和偏差变化率的实际范围叫做这些变量的基本论域，设偏差的基本论域为 $[-x, x]$，偏差所取的模糊集的论域为 $(-n, -n+1, \cdots, 0, \cdots, n-1, n)$，即可给出精确量的模糊化的量化因子 k：

$$k=\frac{n}{e} \tag{23-4-102}$$

模糊控制器的规则是基于专家知识或手动操作熟练人员长期积累的经验，它是按人的直觉推理的一种语言表示形式。模糊规则通常由一系列的关系词连接而成，如 If-then，else，also，and，or 等。例如，某模糊控制系统输入变量为 e（误差）和 e_c（误差变化率），它们对应的语言变量为 E 和 EC，可给出一组模糊规则。

R1：If E is NB and EC is NB then U is PB

R2：If E is NB and EC is NS then U is PM

通常把 If... 部分称为“前提”，而 then... 部分称为“结论”。其基本结构可归纳为 If A and B then C，其中 A 为论域 U 上的一个模糊子集，B 为论域 V 上的一个模糊子集。根据人工的控制经验，可离线组织其控制决策表 R，R 是笛卡儿乘积集 $U \times V$ 上的一个模糊子集，则某一时刻其控制量 C 由式（23-4-103）给出：

$$C=(A \times B) \circ R \tag{23-4-103}$$

式中，×为模糊直积运算；∘为模糊合成运算。

规则库用来存放全部模糊控制规则，在推理时为“推理机”提供控制规则。由上述可知，规则条数和模糊变量的模糊子集划分有关。划分越细，规则条数越多，但并不代表规则库的准确度越高，规则库的“准确性”还与专家知识的准确度有关。

在设计模糊控制规则时，必须考虑控制规则的完备性、交叉性和一致性。完备性是指对于任意的给定输入均有相应的控制规则起作用。控制规则的完备性是保证系统能被控制的必备条件之一。如果控制器的输出值总由数条控制规则来决定，说明控制规则之间相互联系、相互影响，这是控制规则的交叉性。一致性是指控制规则中不存在相互矛盾的规则。

4.5.4.2　模糊控制规则生成

常用的模糊控制规则生成方法有三种。

（1）根据专家经验或过程控制知识生成控制规则

模糊控制规则是基于手动控制策略而建立的，而手动控制策略又是人们通过学习、试验以及长期经验积累而形成的。手动控制过程一般是通过被控对象或过程的观测，操作者再根据已有的经验和技术知识，进行综合分析并做出控制决策，调整加到被控对象的控制作用，从而使系统达到预期目标。

（2）根据过程模糊模型生成控制规则

如果用语言去描述被控过程的动态特性，那么这种语言描述可以看作为过程的模糊模型。根据模糊模型，可以得到模糊控制规则集。

（3）根据对手工操作的系统观察和测量生成控制规则

在实际生产中，操作人员可以很好地操作控制系统，但有时却难以给出用于模糊控制所用的控制语句。为此，可通过对系统的输入、输出进行多次测量，再根据这些测量数据去生成模糊控制规则。

4.5.4.3　规则形式

模糊控制规则的形式主要可分为以下两种。

（1）状态评估模糊控制规则

状态评估（state evaluation）模糊控制规则类似人类的直觉思考，它被大多数的模糊控制器所使用，其形式如下：

Ri：if x1 is Ai1 and x2 is Ai2 … and xn is Ain then y is Ci

其中，x_1，$x2$，…，xn 及 y 为语言变量或称为模糊变量，代表系统的态变量和控制变量；$Ai1$，$Ai2$，…，Ain 及 Ci 为语言值，代表论域中的模糊集合。该形式还有另一种表示法，是将 then 后部分改为系统状态变量的函数，其形式如下：

Ri：if x1 is Ai1 and x2 is Ai2 … and xn is Ain then y=f1(x1,x2,…….,xn)

（2）目标评估模糊控制规则

目标评估（object evaluation）模糊控制规则能够评估控制目标，并且预测未来控制信号，其形式如下：

Ri:if（U is Ci→（x is A1 and y is B1））then U is Ci

优点是：

① 简化系统设计的复杂性，特别适用于非线性、时变、滞后、模型不完全系统的控制。

② 不依赖于被控对象的精确数学模型。

③ 利用控制法则来描述系统变量间的关系。

④ 不用数值而用语言式的模糊变量来描述系统，模糊控制器不必对被控制对象建立完整的数学模式。

优点是：

① 模糊控制的设计尚缺乏系统性，使得对复杂系统的控制难以实现。难以建立一套系统的模糊控制理论，以解决模糊控制的机理、稳定性分析、系统化设计方法等一系列问题。

② 模糊规则及隶属函数，即系统的设计办法，完全凭经验获得。

③ 信息简单的模糊处理将导致系统的控制精度降低和动态品质变差。若要提高精度就必然增加量化级数，导致规则搜索范围扩大，降低决策速度，甚至不能进行实时控制。

④ 如何保证模糊控制系统的稳定性，即如何解决模糊控制中的稳定性和鲁棒性问题，还有待解决。

4.5.4.4　Fuzzy-PID 复合控制

Fuzzy-PID 复合控制将模糊技术与常规 PID 控制算法相结合，达到较高的控制精度。当温度偏差较大时采用 Fuzzy 控制，响应速度快，动态性能好；当温度偏差较小时采用 PID 控制，静态性能好，满足系统控制精度。因此，Fuzzy-PID 复合控制比单独的模糊控制和单独的 PID 控制有更好的控制性能。常见的 Fuzzy-PID 复合控制有如下几种。

（1）自适应模糊控制

这种控制方法具有自适应自学习的能力，能自动地对自适应模糊控制规则进行修改和完善，提高了控制系统的性能。对于那些具有非线性、大时滞、高阶次的复杂系统有着更好的控制性能。

（2）参数自整定模糊控制

也称为比例因子自整定模糊控制。这种控制方法对环境变化有较强的适应能力，在随机环境中能对控制器进行自动校正，使控制系统在被控对象特性变化或扰动的情况下仍能保持较好的性能。

（3）专家模糊控制 EFC

模糊控制与专家系统技术相结合，进一步提高了模糊控制器智能水平。这种控制方法既保持了基于规则方法的价值和用模糊集处理带来的灵活性，同时把专家系统技术的表达与利用知识的长处结合起来，能够处理更广泛的控制问题。

（4）仿人智能模糊控制

IC 算法具有比例模式和保持模式的特点，使得系统在误差绝对值变化时，可处于闭环运行和开环运行两种状态。这就能妥善解决稳定性、准确性、快速性的矛盾，较好地应用于纯滞后对象。

（5）神经模糊控制

这种控制方法以神经网络为基础，利用了模糊逻辑具有较强的结构性知识表达能力，即描述系统定性知识的能力、神经网络强大的学习能力以及定量数据的直接处理能力。

（6）多变量模糊控制

这种控制适用于多变量控制系统。一个多变量模糊控制器有多个输入和输出变量。

4.5.5 机器人顺应控制

4.5.5.1 概述

工业机器人的运动，根据其末端执行器与外界环境是否发生接触可以分为两类。一类是不受任何约束的自由空间运动，如喷漆、搬运、点焊等作业。这类作业可以通过适当的位置控制来完成。另一类是机器人末端与外界环境发生接触，在作业过程中，末端有一个或几个自由度不能自由运动或者要求末端在某一个或某几个方向上与工作环境保持一定大小的力，如机器人的高精度装配、旋转曲柄、上螺丝、去毛刺、擦玻璃等作业。这类作业仅采用机器人位置控制无法完成，还必须考虑到末端与外界环境之间的相互作用力，在位置控制的基础上引入力控制环，这样便出现了机器人的力控制问题，顺应控制实质上是力和位置的混合控制。

对于机器人这样的高度非线性、强耦合机械系统，它的精确位置控制问题是很复杂的，加上末端执行器受到外界环境的约束，问题变得更为复杂。因为约束使得机器人自由度减少，同时由于接触，外界环境会对机器人产生反作用力，太大的作用力可能损坏机器人及其加工工件，因此必须对机器人受到的力进行有效控制。正因为如此，机器人的力控制和顺应控制成为机器人研究中一个十分重要的研究领域，各国学者都在大力开展这方面的研究。

目前，解决环境约束下的机器人控制问题主要有两种方法：一种是力和位置的混合控制，另一种则是将力信号转变成位置或速度调整量的阻抗控制，包括刚度控制和阻尼控制。工业机器人的控制可大致分为三种形式：位置控制、力控制和顺应控制。

顺应控制又叫依从控制或柔顺控制，它是在机器人的操作手受到外部环境约束的情况下，对机器人末端执行器的位置和力的双重控制。顺应控制对机器人在复杂环境中完成任务是很重要的，例如装配、铸件打毛刺、旋转曲柄、开关带铰链的门或盒盖、拧螺钉等。顺应控制本质上是力和位置的混合控制。对机器人的顺应控制，首先要确定顺应中心。顺应中心的定义是：在这点作用一个力，仅在力的方向上引起位移，而当一个纯力矩沿某一直线作用于该点时，则只引起绕该直线的转动。

4.5.5.2 被动式顺应控制

被动式顺应控制是设计一种柔性机械装置，并把它安装在机械手的腕部，用来提高机械手顺应外部环境的能力，通常称之为柔顺手腕。这种装置的结构有很多种类型，比较成熟的典型结构是由美国麻省理工学院的 D. E. Whitney 领导的一个小组研制的一种称为 RCC（remote center compliance）的无源机械装置，它是一种由铰链连杆和弹簧等弹性材料组成的具有良好消振能力和一定柔顺的无源机械装置。该装置有一个特殊的运动学特性，即在它的中心杆上有一个特殊的点，称为柔顺中心。若对柔顺中心施加力，则中心杆产生平移运动，若把力矩施加到该点上，则产生对该点的旋转运动，该点（柔顺中心）往往被选作为工作坐标的原点。

像 RCC 这样的被动式柔顺手腕，由于不需要信息处理，而只靠自身的机构调整，所以具有快速响应的能力，而且结构简单，价格低廉。但它只能在诸如插轴入孔这样一些专用场合使用，且柔顺中心的调整也比较困难，不能适应杆件长度的变化。柔顺度固定，无法适应不同作业任务要求，这些都是由其机械结构和弹性材料决定的，因此其通用性较差。后来也有人设计一种柔顺中心和柔性度可变的 RCC 装置，称为 VRCC（variable RCC），但结构复杂，重量大，且可调范围有限。

4.5.5.3　主动式顺应控制

主动式顺应控制是在机器人位置控制的基础上引入力信号的反馈，通过一些数据处理和控制策略，力控制器产生控制指令去驱动机器人操作器运动，以调整出不同的控制算法。这种方法要求使用力传感器，整个力控制系统的响应速度较慢，但它使用很灵活，通用性很强，目前广泛地应用于机器人的各种力控制作业研究中。

4.5.6　位置和力控制

按照控制变量所处空间的不同，机器人控制可以分为关节空间的控制和笛卡儿空间的控制。对于串联式多关节机器人，关节空间的控制是针对机器人各个关节变量进行的控制，笛卡儿空间控制是针对机器人末端的变量进行的控制。按照控制变量的不同，机器人控制可以分为位置控制、速度控制、加速度控制、力控制、力位混合控制等。这些控制可以是关节空间的控制，也可以是末端笛卡儿空间的控制。

4.5.6.1　位置控制

机器人的位置控制主要有直角坐标和关节坐标两种控制方式。

1）直角坐标位置控制　是对机器人末端执行器坐标在参考坐标系中的位置和姿态的控制。通常其空间位置主要由腰关节、肩关节和肘关节确定，而姿态（方向）由腕关节的两个或三个自由度确定。通过解逆运动方程，求出对应直角坐标位姿的各关节位移量，然后驱动伺服结构使末端执行器到达指定的目标位置和姿态。

2）关节坐标位置控制　直接输入关节位移给定值，控制伺服机构。

位置控制的目标是使被控机器人的关节或末端达到期望的位置。下面以关节空间位置控制为例，说明机器人的位置控制。如图 23-4-20 所示，将关节位置给定值与当前值比较得到的误差作为位置控制器的输入量，经过位置控制器的运算后，将其输出作为关节速度控制的给定值。关节位置控制器常采用 PID 算法，也可以采用模糊控制算法。

位置控制是在预先指定的坐标系上，对机器人末端执行器的位置和姿态（方向）的控制。末端执行器的位置和姿态是在三维空间描述的，包括三个平移分量和三个旋转分量，它们分别表示末端执行器坐标在参考坐标系中的空间位置和方向（姿态）。因此，必须给它指定一个参考坐标系，原则上这个参考坐标系可以任意设置，但为了规范化和简化计算，通常以机器人的基坐标系作为参考坐标系。

4.5.6.2　力控制

机器人的力控制是利用机器人进行自动加工（如装配等）的基础。工业机器人的力控制分为关节空间的力控制、笛卡儿空间的力控制和柔顺控制。柔顺控制分为主动阻抗控制和力和位置混合控制。

（1）刚度与柔顺

机器人的刚度是指为了达到期望的机器人末端位置和姿态，机器人所能够表现的力或力矩的能力。影响机器人末端端点刚度的因素主要有连杆的挠性、关节的机械形变和关节的刚度。

机器人的柔顺指机器人的末端能够对外力的变化做出相应的响应，表现为低刚度。根据柔顺性是否通过控制方法获得，可将柔顺分为被动柔顺和主动柔顺。

被动柔顺是指不需要对机器人进行专门的控制即具有的柔顺能力。柔顺能力由机械装置提供，只能用于特定的任务，响应速度快，成本低。

主动柔顺是指通过对机器人进行专门的控制获得的柔顺能力。通常，主动柔顺通过控制机器人各关节的刚度，使机器人末端表现出所需要的柔顺性。

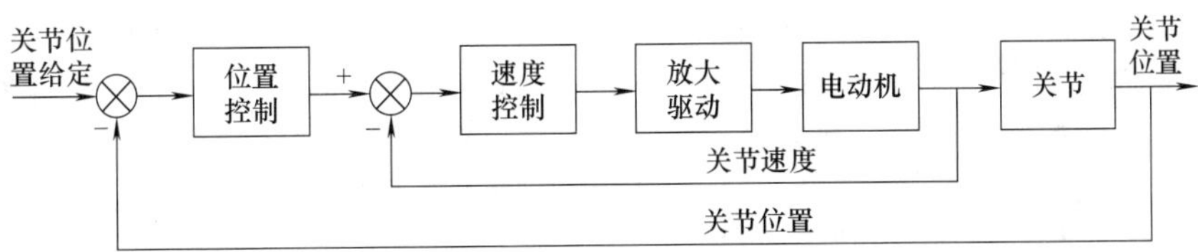

图 23-4-20　关节位置控制示意图

主动柔顺具有阻抗控制、力位混合控制和动态混合控制等类型。阻抗控制是指通过力与位置之间的动态关系实现的柔顺控制。阻抗控制的静态，即力和位置的关系，用刚性矩阵描述；阻抗控制的动态，即力和速度的关系，用黏滞阻尼矩阵描述。力位混合控制是指分别组成位置控制回路和力控制回路，通过控制律的综合实现的柔顺控制。动态混合控制是指在柔顺坐标空间将任务分解为某些自由度的位置控制和另一些自由度的力控制，然后将计算结果在关节空间合并为统一的关节力矩。

1）被动柔顺控制　所谓被动柔顺机构，即利用一些可以在机器人与环境作用时吸收或储存能量的机械器件，如弹簧、阻尼器等，构成的机构。一种最早的典型的被动柔顺装置RCC是由MIT的Draper实验室设计的，它用于机器人装配作业时，能对任意柔顺中心进行顺从运动。RCC实为一个由6只弹簧构成的、能顺从空间6个自由度的柔顺手腕，轻便灵巧。用RCC进行机器人装配的实验结果为：将直径40mm的圆柱销在倒角范围内且初时错位2mm的情况下，于0.25s内插入配合间隙为0.01mm的孔中。

机器人采用被动柔顺装置进行作业，显然存在一定的问题：

① 无法根除机器人高刚度与高柔顺性之间的矛盾；

② 被动柔顺装置的专用性强，适应能力差，使用范围受到限制；

③ 机器人加上被动柔顺装置，其本身并不具备控制能力，给机器人控制带来了极大的困难，尤其在既需要控制作用力又需要严格控制定位的场合中，更为突出；

④ 无法使机器人本身产生对力的反应动作，成功率较低等。

也正是这些被动柔顺方法的不足之处促使机器人专家们探索新的方法。因此，为克服被动柔顺性存在的极大不足，主动柔顺控制应运而生，进而成为乃至今日仍为机器人研究的一个主要方向。

2）主动柔顺控制　主动柔顺控制也就是力控制。随着机器人在各个领域应用的日益广泛，许多场合要求机器人具有接触力的感知和控制能力，例如在机器人的精密装配、修刮或磨削工件表面抛光和擦洗等操作过程中，要求保持其端部执行器与环境接触。所以机器人完成这些作业任务，必须具备这种基于力反馈的柔顺控制的能力。

自第一台机器人问世以来，研制出刚柔相济、灵活自如的机器人一直为数代机器人专家努力的目标，而主动柔顺控制正是实现这一目标的重要环节，因此力控制成为国际前沿研究的热点。大家围绕控制策略、控制理论和控制方法等一系列问题，开展了大量的研究工作。

最早的主动柔顺控制研究可以追溯到20世纪50年代，当时Goertzs针对放射性实验场所，在电液式主从机械臂上装上力反馈装置，当操作者在主操作机上操作时，就可以感受到从操作机与环境的接触作用力，实质上就是力遥感。

60年代，Mann主持研制了具有力反馈能力的人造肘。关节电动机由“肌肉”电极信号和关节应变仪信号驱动，这样电流将发挥“肌肉”的作用。但由于当时控制条件的限制，控制系统实时性差，系统不易稳定。

70年代，随着计算机机器人传感器和控制技术的飞速发展，机器人的力控制发生了根本变化，发展成为机器人研究的一个主要方向——机器人主动柔顺控制。

机器人主动柔顺控制是新兴智能制造中的一项关键技术，也是柔性装配自动化中的难点和“瓶颈”，它集传感器、计算机、机械、电子、力学和自动控制等众多学科于一身，其理论研究和技术实现都面临着不少亟待解决的难题。研究成果不仅在理论上具有重要意义，而且在技术上也可以实现曲面跟踪、牵引运动和精密装配等依从运动控制。机器人主动柔顺控制的实现克服了被动柔顺控制的不足，因此，机器人的主动柔顺控制研究成果具有十分广阔的应用前景。

设计机器人力控制结构，处理力和位置控制二者之间的关系，也就是机器人柔顺控制的策略，为主动柔顺控制研究中的首要问题。有关力控制的研究首先集中于此，都是从不同的角度对控制策略进行阐述。虽然观点各异，但从机器人实现依从运动的特点来看，一般可归结为4大类：阻抗控制策略、力/位混合控制策略、自适应控制策略和智能控制策略。

这里主要介绍阻抗控制策略和智能控制策略。阻抗控制是不直接控制机器人与环境的作用力，而是根据机器人端部的位置（或速度）和端部作用力之间的关系，通过调整反馈位置误差、速度误差或刚度来达到控制力的目的，其时接触过程的弹性变形尤为重要，因此也有人狭义地称为柔顺性控制。其中以Whitney、Salisbury、Hogan、Kazarooni等人的工作具有代表性，Maples和Becker进行了总结：这类力控制不外乎基于位置和速度的两种基本形式。当把力反馈信号转换为位置调整量时，这种力控制称为刚度控制；当把力反馈信号转换为速度修正量时，这种力控制称为阻尼控制；当把力反馈信号同时转换为位置和速度的修正量时，即为阻抗控制。阻抗控制结构的核心为力-运动转换矩阵 K 设计，运动修正矩阵 $WX=K-F$，从力控角度来看，希望 K 中元素越大越好，即系统柔一些；从位控来看，希望 K 中元素越小越好，即系统刚一些。这也体现了机器人刚柔相济要求的矛盾，也给机器人力控制带来了极大的困难。

另外，机器人研究已进入智能化阶段，这决定了机器人智能力控制策略出现的必然性。具有代表性的研究有：Connolly Thomash 等将多层前向神经网络用于力位混合控制，根据检测到的力和位置由神经网络计算选择矩阵和人为约束，并进行了插孔实验；日本的福田敏男等用四层前馈神经网络构造了神经伺服控制器，并进行了细针刺纸实验，能将力控制到不穿破纸的极小范围，此后不久又将之用于碰撞试验，取得了一定的成果，但机构简单，针对性强，尚缺少普遍性；Xu Yangsheng 等提出了主动柔顺和被动柔顺相结合的观点，研制了相应的机械腕，采用模糊控制的方法，实施插孔。从研究成果来看，智能控制仍处于起步阶段，尚未形成独立的控制策略，仅仅将智能控制原理，如模糊和神经网络理论，用于对以往研究中无法解决的难题进行新的尝试，仍具有一定的局限性。

从机器人力控制的特点来看，它是在模拟人的力感知的基础上进行的控制，因而智能控制具有很强的研究价值。有人详细分析了各种各样的研究方法，提出了基于模糊神经网络的智能“力/位并环”的控制策略。

智能力位并环控制结构的基本原理是将力控制大系统分解成子系统，将力位并行输入，利用模糊神经网络进行综合，输出为位置量。这样，并不改动机器人的位置伺服系统，可以充分利用原机器人的优良位置控制性能。另外还有其他特点：

① 它既具有阻抗控制的优点、又具有力/位混合控制的特点；

② 具有联想记忆的功能，容错、纠错、自学习和自组织为一大特色，该策略的学习功能明显优于自适应学习；

③ 拥有知识库——神经网络内各神经元之间的连接权值，能根据输入力和位置的模糊划分，自行进行匹配，选择相应的权值；

④ 无须进行建模，适用范围广，且实时性强。

(2) 工业机器人笛卡儿空间静力与关节空间静力的转换

关节空间的力或力矩与机器人末端的力或力矩有直接联系。通常，静力和静力矩可以用6维矢量表示。

$$F=[f_x \quad f_y \quad f_z \quad m_x \quad m_y \quad m_z]^T \tag{23-4-104}$$

其中，F 为广义力矢量，$[f_x, f_y, f_z]$ 为静力，$[m_x, m_y, m_z]$ 为静力矩。

所谓静力变换是指机器人在静止状态下的力或力矩的变换。

设基坐标系下广义力 F 的虚拟位移为 D，如式(23-4-105) 所示。

$$D=[d_x \quad d_y \quad d_z \quad \delta_x \quad \delta_y \quad \delta_z]^T \tag{23-4-105}$$

则广义力 F 所做的虚功记为 W

$$W=F^T D \tag{23-4-106}$$

机器人所做的虚功 ^CF 为

$$^CW={}^CF^{T\,C}D \tag{23-4-107}$$

其中，^CF 是机器人在坐标系 $\{C\}$ 下的广义力，^CD 是机器人在坐标系 $\{C\}$ 下的虚拟位移。

基坐标系下的虚拟位移 D 和坐标系 $\{C\}$ 下的虚拟位移 ^CD 之间存在如下关系。

$$\begin{bmatrix} ^Cd_x \\ ^Cd_y \\ ^Cd_z \\ ^C\delta_x \\ ^C\delta_y \\ ^C\delta_z \end{bmatrix}=\begin{bmatrix} n_x & n_y & n_z & (p\times n)_x & (p\times n)_y & (p\times n)_z \\ o_x & o_y & o_z & (p\times o)_x & (p\times o)_y & (p\times o)_z \\ a_x & a_y & a_z & (p\times a)_x & (p\times a)_y & (p\times a)_z \\ 0 & 0 & 0 & n_x & n_y & n_z \\ 0 & 0 & 0 & o_x & o_y & o_z \\ 0 & 0 & 0 & a_x & a_y & a_z \end{bmatrix}\begin{bmatrix} d_x \\ d_y \\ d_z \\ \delta_x \\ \delta_y \\ \delta_z \end{bmatrix}\Rightarrow {}^CD=HD \tag{23-4-108}$$

机器人在基坐标系和坐标系 $\{C\}$ 下所做的虚功相等，即

$$^CF=(H^T)^{-1}F \tag{23-4-109}$$

其中，矩阵 $\boldsymbol{H}$ 为不同坐标系下微分变换的等价变换矩阵。

机器人在关节空间的虚功，可以表示为

$$W_q=F_q^T dq。$$

其中，W_q 是机器人在关节空间所做的虚功；$F_q=[f_1 \quad f_2 \quad \cdots \quad f_n]^T$，是机器人关节空间的等效静力或静力矩；$dq=[dq_1 \quad dq_2 \quad \cdots \quad dq_n]^T$，是关节空间的虚拟位移。笛卡儿空间与关节空间的虚拟位移之间存在的关系为：

$$D=J(q)dq。$$

其中，$J(q)$ 为机器人的雅可比矩阵。

考虑到机器人在笛卡儿空间与关节空间的虚功是

等价的，得

$$F_q=J(q)^{\mathrm{T}}F。 \tag{24-4-110}$$

利用主动刚性控制，可以使特定方向的刚度降低或加强。图 23-4-21 为主动刚性控制框图。

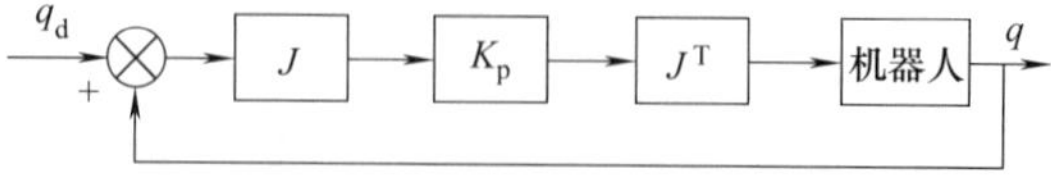

图 23-4-21 主动刚性控制框图

图 23-4-21 中，K_p是末端笛卡儿坐标系的刚性对称矩阵，可以人为设定。对于关节空间的位置偏差(q_d-q)，利用雅可比矩阵 J 将其转换为机器人末端的位姿偏差。末端位姿偏差经过刚性对称矩阵 K_p，转换为末端广义力，再通过力变换转换为关节空间的力或力矩。上述主动刚性控制的控制律为

$$\tau=J^{\mathrm{T}}K_pJ(q_d-q) \tag{23-4-111}$$

当 $q_d-q=0$ 时，关节空间的控制力或力矩为 0；当 $q_d-q\neq 0$ 时，关节空间具有一定的控制力或力矩，从而使机器人末端表现出期望的刚度。

4.5.6.3 位置和力的混合控制

从具有代表性的 Mason、Paul 和 Mills 等人的研究可以看出，力/位混合控制的提出有一个过程。

机器人力控制的最佳方案是：以独立的形式同时控制力和位置，理论上机器人力自由空间和位置自由空间是两个互补正交子空间，在力自由空间进行力控制，而在剩余的正交方向上进行位置控制，此时的约束环境被当作不变形的几何问题考虑，也有人狭义地称之为约束运动控制。

Mason 于 1979 年最早提出同时非矛盾地控制力和位置的概念和关节柔顺的思想，他的方法是对机器人的不同关节根据具体任务要求分别独立地进行力控制和位置控制，明显有一定局限性。1981 年 Raibert 和 Craig 在 Mason 的基础上提出了力/位混合控制，即通过雅可比矩阵将作业空间任意方向的力和位置分配到各个关节控制器上，但这种方法计算复杂。为此，H. Zhang 等人提出了把操作空间的位置环用等效的关节位置环代替的改进方法，但必须根据精确的环境约束方程来实时确定雅可比矩阵并计算其坐标系，要实时地用反映任务要求的选择矩阵来决定力和位控方向。总之，力/位混合控制理论明晰但付诸实施难。

图 23-4-22 所示为一种力/位混合控制的框图，它由位置控制和力控制两部分组成。位置控制为 PI 控制，给定为机器人末端的笛卡儿空间位置，末端的笛卡儿空间位置反馈由关节空间的位置经过运动学计算得到。图中，T 为机器人的运动学模型，J 为机器人的雅克比矩阵。末端位置的给定值与当前值之差，利用雅克比矩阵的逆矩阵转换为关节空间的位置增量，再经过 PI 运算后，作为关节位置增量的一部分。力控制同样为 PI 控制，给定为机器人末端的笛卡儿空间力/力矩，反馈由力/力矩传感器测量获得。末端力/力矩的给定值与当前值之差，利用雅克比矩阵的转置矩阵转换为关节空间的力/力矩，再经过 PI 运算后，作为关节位置增量的另一部分。位置控制部分和力控制部分的输出，相加后作为机器人关节的位置增量期望值。机器人利用增量控制，对其各个关节的位置进行控制。

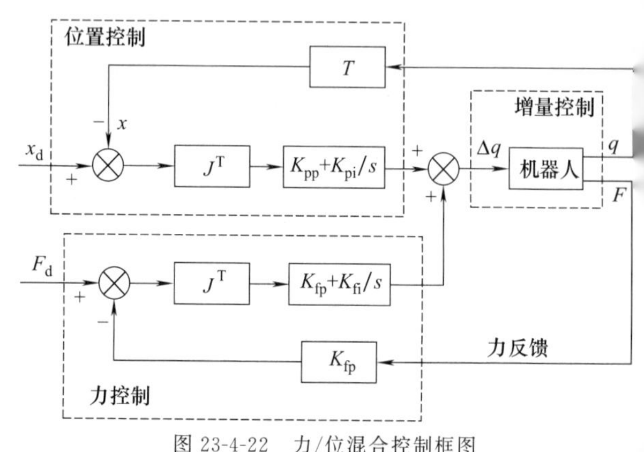

图 23-4-22 力/位混合控制框图

4.5.6.4 R-C 控制器

图 23-4-23 是由 Raibert 和 Craig 提出的一种力/位置控制方案，即著名的 R-C 控制器。该控制器不同于刚度控制和阻抗控制，阻抗控制和刚度控制的输入是位置和速度，其力控隐含在刚度反馈矩阵中，本质上还是属于位置控制。而 R-C 控制器的输入变量既有位置、速度，又有力。R-C 控制器是位置/力混

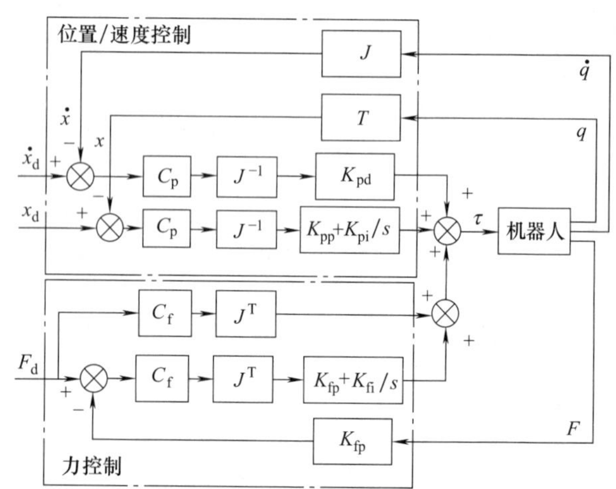

图 23-4-23 R-C 力/位混合控制

合控制的经典之作，以后的很多控制方案都是在这一方案基础上演变或改进的。该控制方案由两大部分组成，分别为位置/速度控制部分和力控制部分。

位置/速度控制部分由位置和速度两个通道构成。

位置通道以末端期望的笛卡儿空间位置 x_d 作为给定，位置反馈由关节位置利用运动学方程计算获得。利用雅可比矩阵，将笛卡儿空间的位姿偏差转换为关节空间的位置偏差，经过 PI 运算后作为关节控制力或力矩的一部分。

速度通道以末端期望的笛卡儿空间速度 $\dot{x}_d$ 作为给定，速度反馈由关节速度利用雅可比矩阵计算获得。同样地，速度通道利用雅可比矩阵，将笛卡儿空间的速度偏差转换为关节空间的速度偏差，然后经过比例运算，将其结果作为关节控制力或力矩的一部分。C_p 为位置/速度控制部分各个分量的选择矩阵，用于对各个分量的作用大小进行选择，表现在机器人末端为各个分量的柔顺性不同。

力控制部分由 PI 和力前馈两个通道构成。

PI 通道以机器人末端期望的笛卡儿空间广义力 F_d 作为给定，力反馈由力传感器测量获得。利用雅可比矩阵，将笛卡儿空间的力偏差转换为关节空间的力偏差，经过 PI 运算后作为关节控制力或力矩的一部分。

力前馈通道直接利用雅可比矩阵将 F_d 转换到关节空间，作为关节控制力或力矩的一部分。力前馈通道的作用是加快系统对期望力 F_d 的响应速度。C_f 为力控制部分各个分量的选择矩阵，用于对各个分量的作用大小进行选择。

4.5.6.5　改进的 R-C 力和位置混合控制

图 23-4-23 所示的力和位置混合控制方案未考虑机械手动态耦合影响，在工作空间的某些奇异位置上系统会不稳定。图 23-4-24 为改进的 R-C 力/位混合控制方案。

其改进主要体现在以下几个方面：

① 考虑机械手的动态影响，并对机械手所受的重力、哥氏力和向心力进行补偿。如图 23-4-25 中的 $C(q,\dot{q})+g(q)$，以及位置/速度、加速度控制部分增加的惯量矩阵 $\hat{H}$。

② 考虑力控制系统的欠阻尼特性，在力控制回路中加入阻尼反馈，以削弱振荡因素。如图中的 $K_{fd}J^{T}C_f$ 通道，其信号取自机器人的当前速度 $\dot{x}$。

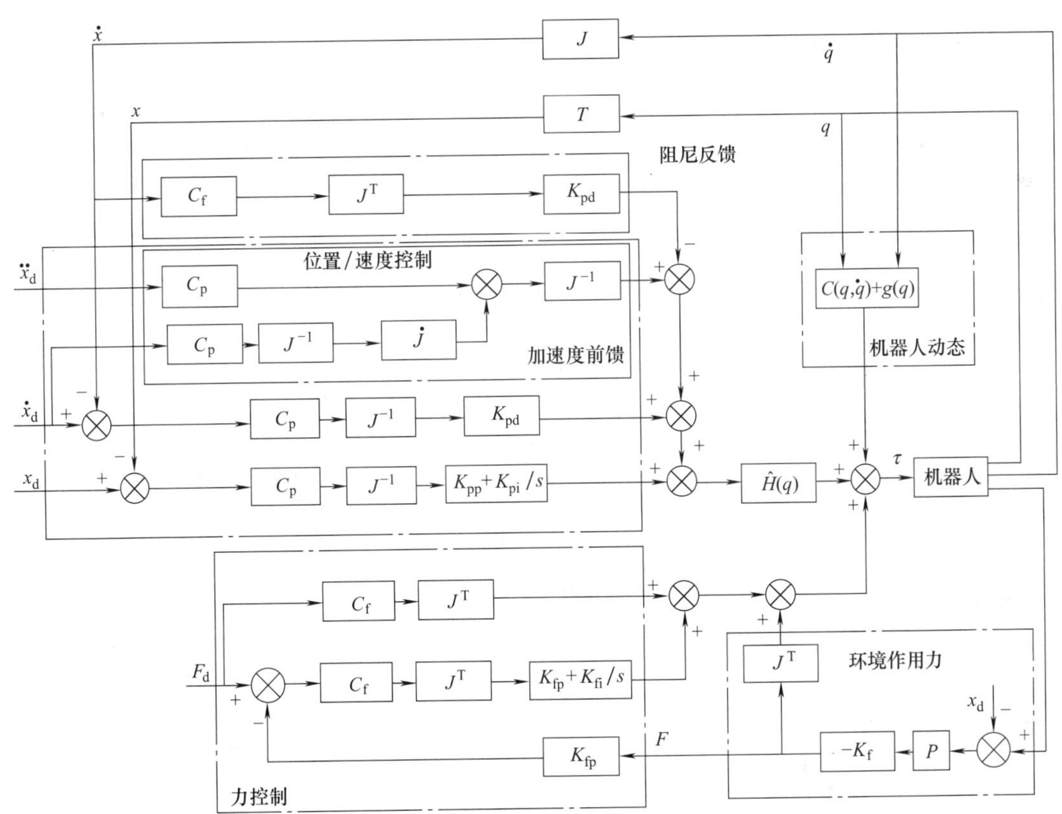

图 23-4-24　改进的 R-C 力/位混合控制

③ 引入加速度前馈，以满足作业任务对加速度的要求，也可使速度平滑过渡。考虑 J 的时变性，得到

$$\ddot{x}=J\ddot{q}+\dot{J}\dot{q}=J\ddot{q}+\dot{J}J^{-1}\dot{x}$$

将 x 用 x_d 替换，经整理得到 $\ddot{q}_d$ 的表达式：

$$\ddot{q}_d=J^{-1}(\ddot{x}_d-\dot{J}J^{-1}\dot{x}_d) \quad (23\text{-}4\text{-}112)$$

因此，加速度前馈在图23-4-25中由两个通道组成，即 $J^{-1}C_p\ddot{x}_d$ 和 $J^{-1}\dot{J}J^{-1}C_p\dot{x}_d$ 通道。

④ 引入环境力的作用，以适应弹性目标对机器人刚度的要求。

4.6 控制系统硬件构成

4.6.1 机器人控制系统硬件组成

① 控制计算机：控制系统的调度指挥机构。一般为微型机、微处理器，有32位、64位等。

② 示教盒：示教机器人的工作轨迹、参数设定以及所有人机交互操作，拥有自己独立的CPU以及存储单元，与主计算机之间以串行通信方式实现信息交互。

③ 操作面板：由各种操作按键、状态指示灯构成，只完成基本功能操作。

④ 硬盘和软盘存储：存储机器人工作程序的外围存储器。

⑤ 数字和模拟量输入输出：各种状态和控制命令的输入或输出。

⑥ 打印机接口：记录需要输出的各种信息。

⑦ 传感器接口：用于信息的自动检测，实现机器人柔顺控制，一般为力觉、触觉和视觉传感器。

⑧ 轴控制器：完成机器人各关节位置、速度和加速度控制。

⑨ 辅助设备控制：用于和机器人配合的辅助设备的控制，如手爪变位器等。

⑩ 通信接口：实现机器人和其他设备的信息交换，一般有串行接口、并行接口等。

⑪ 网络接口。

1）Ethernet接口：可通过以太网实现单台或数台机器人的直接PC通信，数据传输速率高达10Mbit/s，可直接接在PC上，传输用Windows库函数编写的应用程序，支持TCP/IP通信协议，通过Ethernet接口将数据及程序装入各个机器人控制器中。

2）Fieldbus接口：支持多种流行的现场总线规格，如Device Net、AB Remote I/O、Interbus-S、PROFIBUS-DP、M-NET等。

4.6.2 机器人控制系统结构

机器人控制系统按其控制方式可分为三类。

（1）集中控制系统

用一台计算机实现全部控制功能，结构简单，成本低，但实时性差，难以扩展，在早期的机器人中常采用这种结构，其构成框图如图23-4-26所示。基于

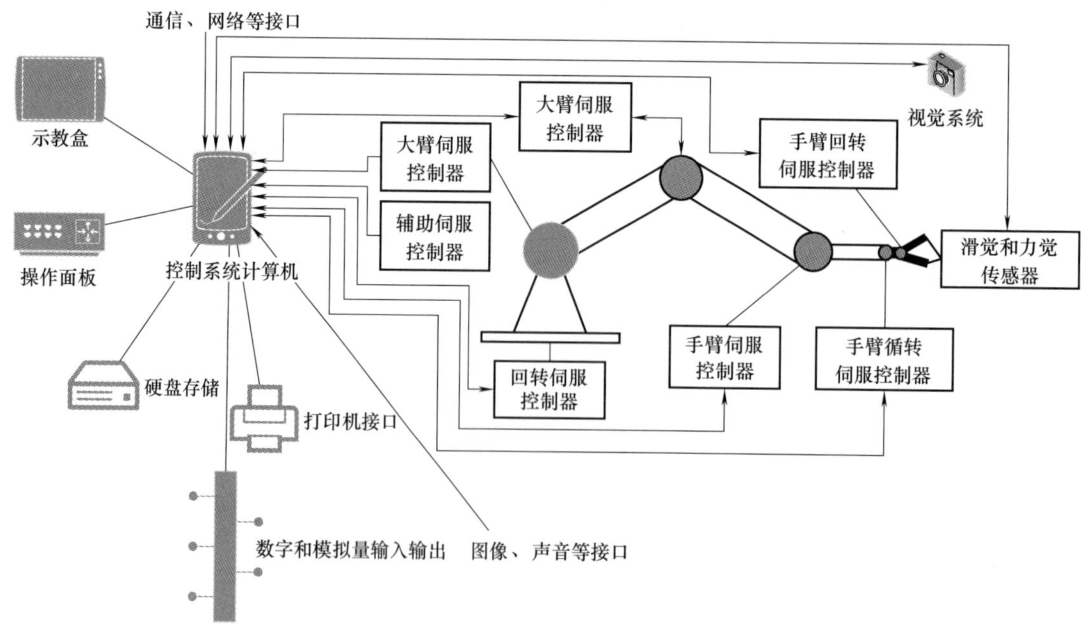

图23-4-25　机器人控制系统组成框图

PC 的集中控制系统里，充分利用了 PC 资源开放性的特点，可以实现很好的开放性。如多种控制卡，传感器设备等都可以通过标准 PCI 插槽或通过标准串口、并口集成到控制系统中。集中式控制系统的优点是：硬件成本较低，便于信息的采集和分析，易于实现系统的最优控制，整体性与协调性较好，基于 PC 的系统硬件扩展较为方便。其缺点是：系统控制缺乏灵活性，控制危险容易集中，一旦出现故障，其影响面广，后果严重；由于工业机器人的实时性要求很高，当系统进行大量数据计算时，会降低系统实时性，系统对多任务的响应能力也会与系统的实时性相冲突；此外，系统连线复杂，会降低系统的可靠性。

（2）主从控制系统

采用主、从两级处理器实现系统的全部控制功能，其构成框图如图 23-4-27 所示。主 CPU 实现管理、坐标变换、轨迹生成和系统自诊断等，从 CPU 实现所有关节的动作控制。主从控制方式系统实时性较好，适于高精度、高速度控制，但其系统扩展性较差，维修困难。

（3）分散控制系统

按系统的性质和方式将系统控制分成几个模块，每一个模块各有不同的控制任务和控制策略，各模块之间可以是主从关系，也可以是平等关系。这种方式实时性好，易于实现高速、高精度控制，易于扩展，可实现智能控制，是目前流行的方式，其控制框图如图 23-4-28 所示。其主要思想是“分散控制，集中管理”，即系统对其总体目标和任务可以进行综合协调和分配，并通过子系统的协调工作来完成控制任务，整个系统在功能、逻辑和物理等方面都是分散的，所以 DCS 系统又称为集散控制系统或分散控制系统。这种结构中，子系统是由控制器和不同被控对象或设备构成的，各个子系统之间通过网络等相互通信。分布式控制结构提供了一个开放、实时、精确的机器人控制系统。分布式系统中常采用两级控制方式，而两级分布式控制系统通常由上位机、下位机和网络组成。上位机可以进行不同的轨迹规划和控制算法，下位机进行插补细分、控制优化等的研究和实现。上位机和下位机通过通信总线相互协调工作，这里的通信

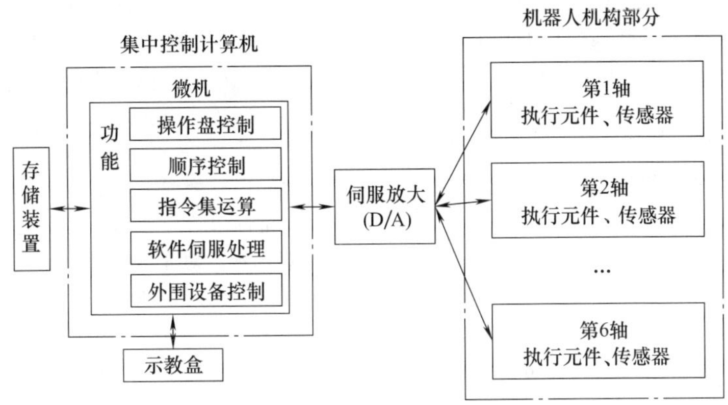

图 23-4-26　集中控制系统框图

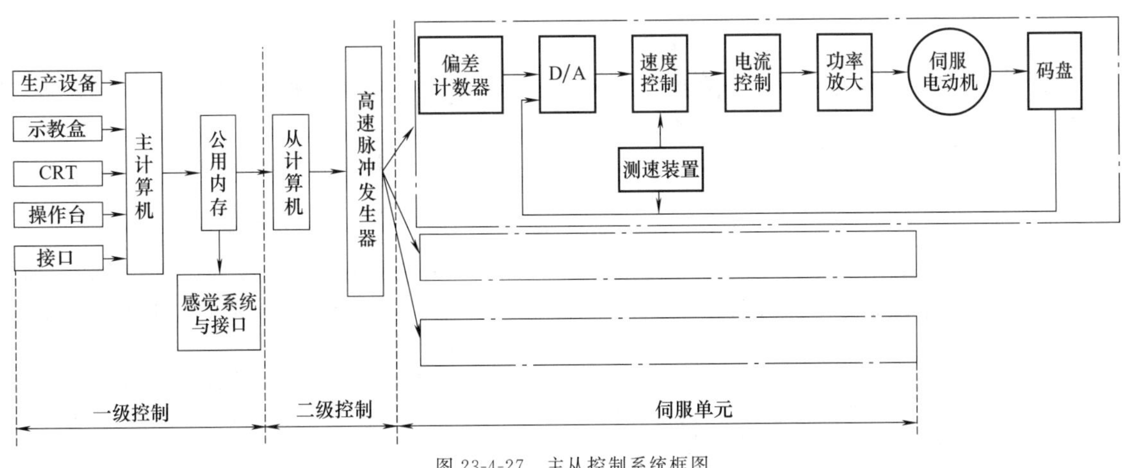

图 23-4-27　主从控制系统框图

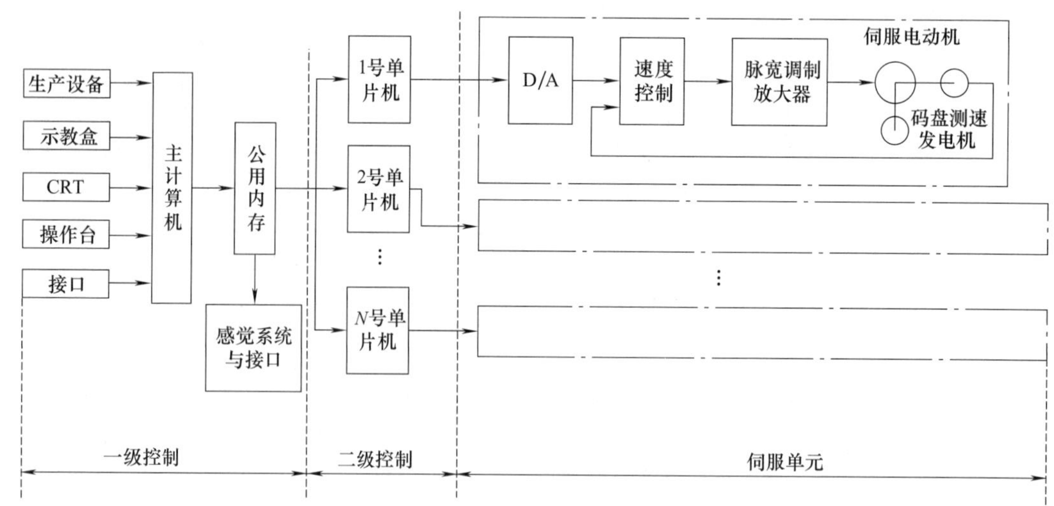

图 23-4-28 分散控制系统框图

第23篇

总线可以是 RS-232、RS-485、EEE-488 以及 USB 总线等。现在，以太网和现场总线技术的发展为机器人提供了更快速、稳定、有效的通信服务，尤其是现场总线，它应用于生产现场，在微机化测量控制设备之间实现双向多节点数字通信，从而形成了新型的网络集成式全分布控制系统——现场总线控制系统 FCS (filed-bus control system)。在工厂生产网络中，将可以通过现场总线连接的设备统称为现场设备/仪表。从系统论的角度来说，工业机器人作为工厂的生产设备之一，也可以归纳为现场设备。在机器人系统中引入现场总线技术后，更有利于机器人在工业生产环境中的集成。

分布式控制系统的优点有：系统灵活性好，控制系统的危险性降低，采用多处理器的分散控制有利于系统功能的并行执行，提高系统的处理效率，缩短响应时间。

对于具有多自由度的工业机器人而言，集中控制对各个控制轴之间的耦合关系处理得很好，可以很简单地进行补偿。但是，当轴的数量增加到使控制算法变得很复杂时，其控制性能会恶化，而且当系统中轴的数量或控制算法变得很复杂时，可能会导致系统的重新设计。与之相比，分布式结构的每一个运动轴都由一个控制器处理，这意味着，系统有较少的轴间耦合和较高的系统重构性。

4.6.3 机器人控制器

作为机器人的核心部分，机器人控制器是影响机器人性能的关键部分之一，从一定程度上影响着机器人的发展。目前，由于人工智能、计算机科学、传感器技术及其他相关学科的长足进步，使得机器人的研究在高水平上进行，同时也对机器人控制器的性能提出更高的要求，对于不同类型的机器人，如有腿的步行机器人与关节型工业机器人，控制系统的综合方法有较大差别，控制器的设计方案也不一样。

机器人控制器是根据指令以及传感信息控制机器人完成一定的动作或作业任务的装置，它是机器人的心脏，决定了机器人性能的优劣，从机器人控制算法的处理方式来看，可分为串行、并行两种结构类型。

(1) 串行处理结构

所谓的串行处理结构是指机器人的控制算法由串行机来处理。对于这种类型的控制器，从计算机结构、控制方式来划分，又可分为以下几种。

① 单 CPU 结构、集中控制方式。用一台功能较强的计算机实现全部控制功能，在早期的机器人中，如 Hero-I，Robot-I 等，就采用这种结构，但控制过程中需要许多计算（如坐标变换），因此这种控制结构速度较慢。

② 二级 CPU 结构、主从式控制方式。一级 CPU 为主机，担当系统管理、机器人语言编译和人机接口功能，同时也利用它的运算能力完成坐标变换、轨迹插补，并定时地把运算结果作为关节运动的增量送到公用内存，供二级 CPU 读取；二级 CPU 完成全部关节位置数字控制。这类系统的两个 CPU 总线之间基本没有联系，仅通过公用内存交换数据，是一个松耦合的关系。对采用更多的 CPU 进一步分散功能是很困难的。

③ 多 CPU 结构、分布式控制方式。目前，普遍采用这种上、下位机二级分布式结构。上位机负责整个系统管理以及运动学计算、轨迹规划等；下位机由多 CPU 组成，每个 CPU 控制一个关节运动，这些

CPU 和主控机的联系是通过总线形式的紧耦合。这种结构的控制器的工作速度和控制性能明显提高，但这些多 CPU 系统共有的特征都是针对具体问题而采用的功能分布式结构，即每个处理器承担固定任务，目前世界上大多数商品化机器人控制器都是这种结构。

以上几种类型的控制器都是采用串行机来计算机器人控制算法，它们存在计算负担重、实时性差的共同弱点，所以大多采用离线规划和前馈补偿解耦等方法来减轻实时控制中的计算负担。当机器人在运行中受到干扰时，其性能将受到影响，更难以保证高速运动中所要求的精度指标。

（2）并行处理结构

并行处理技术是提高计算速度的一个重要而有效的手段，能满足机器人控制的实时性要求。从文献来看，关于机器人控制器并行处理技术，人们研究较多的是机器人运动学和动力学的并行算法及其实现。1982 年，J. Y. S. Luh 首次提出机器人动力学并行处理问题，这是因为关节型机器人的动力学方程是一组非线性强耦合的二阶微分方程，计算十分复杂。提高机器人动力学算法计算速度也为实现复杂的控制算法，如计算力矩法、非线性前馈法、自适应控制法等，打下基础。开发并行算法的途径之一就是改造串行算法，使之并行化，然后将算法映射到并行结构。一般有两种方式，一是考虑给定的并行处理器结构，根据处理器结构所支持的计算模型，开发算法的并行性；二是首先开发算法的并行性，然后设计支持该算法的并行处理器结构，以达到最佳并行效率。

随着现代科学技术的飞速发展和社会的进步，对机器人的性能要求也越来越高。智能机器人技术的研究已成为机器人领域的主要发展方向，如各种精密装配机器人、位置混合控制机器人、多肢体协调控制系统以及先进制造系统中机器人的研究等。相应地，对机器人控制器的性能也提出了更高的要求。但是，机器人自诞生以来，特别是工业机器人所采用的控制器基本上都是开发者基于自己的独立结构进行开发的，采用专用计算机、专用机器人语言、专用操作系统、专用微处理器，这样的机器人控制器已不能满足现代工业发展的要求。

综合起来，现有机器人控制器存在很多问题，如：

① 开放性差。局限于“专用计算机、专用机器人语言、专用微处理器”的封闭式结构，封闭的控制器结构使其具有特定的功能、适用于特定的环境，不便于对系统进行扩展和改进。

② 软件独立性差。软件结构及其逻辑结构依赖于处理器硬件，难以在不同的系统间移植。

③ 容错性差。由于并行计算中的数据相关性、通信及同步等内在特点，控制器的容错性能变差，其中一个处理器出故障可能导致整个系统的瘫痪。

④ 扩展性差。目前，机器人控制器的研究着重于从关节这一级来改善和提高系统的性能，由于结构的封闭性，难以根据需要对系统进行扩展，如增加传感器控制等功能模块。

总起来看，前面提到的无论串行结构还是并行结构的机器人控制器都不是开放式结构，无论从软件还是硬件都难以扩充和更改。而新型机器人控制器应有以下特色：

① 开放式系统结构。采用开放式软件、硬件结构，可以根据需要方便地扩充功能，使其适用不同类型机器人或机器人自动化生产线。

② 合理的模块化设计。对硬件来说，根据系统要求和电气特性按模块化设计，这不仅方便安装和维护，而且提高了系统的可靠性，系统结构也更为紧凑。

③ 有效的任务划分。不同的子任务由不同的功能模块实现，以利于修改、添加、配置功能。

④ 实时性。机器人控制器必须能在确定的时间内完成对外部中断的处理，并且可以使多个任务同时进行。

⑤ 网络通信功能。利用网络通信的功能，以便于实现资源共享或多台机器人协同工作。

⑥ 形象直观的人机接口。

4.7 控制系统软件构成

工业机器人控制系统软件各不相同，这里以 ABB 机器人为例介绍机器人控制系统软件构成。

4.7.1 程序数据建立

4.7.1.1 初识程序数据

程序数据是在程序模块或系统模块中设定的值和定义的一些环境数据，用户创建的程序数据可以供给同一个模块或其他模块中的指令进行引用。

4.7.1.2 程序数据的类型与分类

（1）程序数据的类型分类

ABB 机器人的程序数据类型目前有 100 多种，在示教器的“程序数据”界面查看。

（2）程序数据的存储类型

① 变量型数据 VAR。在程序执行的过程中和停止时，变量型数据会保持当前的值。但如果程序指针被移到主程序后，变量型数据数值会丢失。

② 可变量数据 PERS。在程序执行过程中，无论程序的指针如何变化，可变量数据都会保持最后赋予的值，这是可变量数据的一大特点。

③ 常量数据 CONST。常量数据的最大的特点是在定义时已经赋予了固定数值，无法再在程序中进行修改，除非手动修改。

4.7.1.3 关键的程序数据

在进行 RAPID 程序编程之前，需要构建起必要的 ABB 工业机器人编程环境，其中，工具数据、工件坐标、负荷数据这三个必需的程序数据需要在编程前进行定义。

(1) 定义工具数据

工具数据包括用于描述安装在工业机器人第六轴上的工具的坐标系中心、质量、重心等参数数据。一般不同工作环境的机器人需要配置不同的工具，比如弧焊机器人就使用弧焊枪作为工具，而用于搬运板材的机器人就会使用吸盘式的夹具作为工具，如图 23-4-29所示。

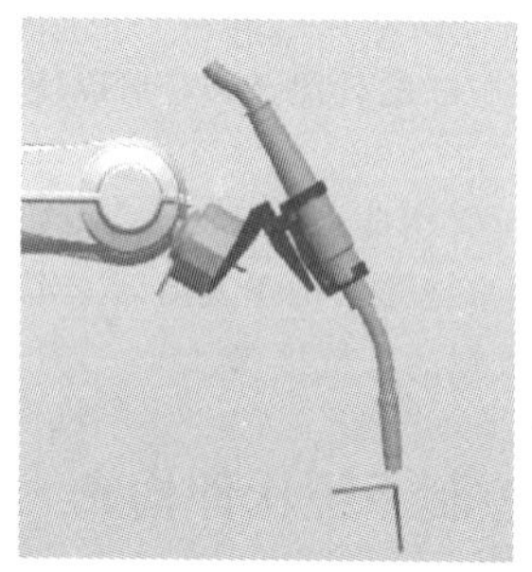

图 23-4-29 工具坐标系中心

(2) 工件坐标的设定

工件坐标定义了工件相对于大地坐标或其他坐标的位置。机器人可以拥有若干工件坐标系，或者表示不同工件，或者表示同一工件在不同位置的若干副本。对机器人进行编程时就是在工件坐标中创建目标和路径，这带来很多优点：重新定位工作站中的工件时，只需要更改工件坐标的位置，所有路径将即刻随之更新；允许操作轴以外或传送导轨移动的工件，因为整个工件可连同其路径一起移动。

(3) 有效载荷的设定

对于搬运应用的机器人，如图 23-4-30 所示，应该正确设定夹具的质量、重心数据以及搬运对象的质量和重心数据。

图 23-4-30 搬运机器人

4.7.2 RAPID 程序创建

4.7.2.1 程序模块与例行程序

RAPID 程序中包含了一连串控制机器人的指令，执行这些指令可以实现对机器人的控制操作。应用程序是使用 RAPID 编程语言的特定词汇和语法编写而成的。RAPID 是一种英文编程语言，所包含的指令可以移动机器人、设置输出、读取输入，还能实现决策、重复其他指令、构造程序、与系统操作员交流等功能。RAPID 程序的基本架构如表 23-4-1 所示。

表 23-4-1 PAPID 程序架构

RAPID			
程序模块 1	程序模块 2	程序模块 3	程序模块 4
程序数据 主程序 main 例行程序 中断程序 功能	程序数据 例行程序 中断程序 功能	… … … … …	程序数据 例行程序 中断程序 功能

4.7.2.2 RAPID 控制指令

ABB 机器人的 RAPID 编程提供了丰富的指令来完成各种简单与复杂的应用。

(1) 常用 I/O 控制指令

① Set：将数字输出信号置为 1。

② Reset：将数字输出信号置为 0。

③ WaitDI：等待一个输入信号状态为设定值。

(2) 常用逻辑控制指令

① IF：满足不同条件，执行对应程序。

② WHILE：如果条件满足，则重复执行对应程序。

③ FOR：根据指定的次数，重复执行对应程序。

④ TEST：根据指定变量的判断结果，执行对应程序。

(3) Offs 偏移功能

以当前选定的点为基准点，在当前工件坐标系下，按照选定的基点，沿着选定工件坐标系的 X、Y、Z 轴方向偏移一定的距离。

(4) 运动控制指令 RelTool

RelTool 对工具的位置和姿态进行偏移，也可实现角度偏移。

(5) CRobT 功能

其功能是读取当前工业机器人目标位置点的信息。

(6) CJontT 功能

其功能是读取当前机器人各关节轴旋转角度。

(7) 写屏指令

其功能是在屏幕上显示需要显示的内容。

4.8 机器人常用编程语言

工业机器人在线示教时，只有熟练掌握机器人的编程语言，才能快速地新建作业程序。目前工业机器人编程语言还没统一，各大工业机器人生产厂商都有自己的编程语言，如 ABB 机器人的编程用 RAPID 语言、KUKA 机器人用 KRL 语言、FANUC 机器人用 KAREL 语言等。其中大部分机器人编程语言类似 C 语言，也有例外，如 Moto-Plus 语言类似 Pascal 语言等。

由于一般用户涉及的语言都是机器人公司自己开发的针对用户的语言平台，比较容易理解，且机器人所具有的功能基本相同，所以各家机器人编程语言的特性差别不大，只需掌握某种品牌机器人的编程语言，对于其他厂家机器人的语言就很容易理解。工业机器人的程序包括数据变量和编程指令等。其中，数据变量是在程序中教的一些环境变量，可以用来进行程序间的信息接收和传递等；编程指令包括基本运动指令、跳转指令、作业指令、I/O 指令、寄存器指令等。

工业机器人常用的基本运动指令有关节运动指令、线性运动指令和圆弧运动指令。

① 关节运动指令。机器人用最快捷的方式运动至目标点。此时机器人运动状态不完全可控，但运动路径保持唯一。常用于机器人在空间中大范围移动。

② 线性运动指令。机器人以直线移动方式运动至目标点。当前点与目标点两点决定一条直线，机器人运动状态可控制，且运动路径唯一，但可能出现奇点。常用于机器人在工作状态下移动。

③ 圆弧运动指令。机器人通过中间点以圆弧移动方式运动至目标点。当前点、中间点与目标点三点决定一段圆弧，机器人运动状态可控制，运动路径保持唯一。常用于机器人在工作状态下移动。

基本运动指令如表 23-4-2 所示。

表 23-4-2　基本运动指令

运动方式	运动路径	基本运动指令			
		ABB	KUKA	YASKAWA	FANUC
点位运动	PTP	MoveJ	SPTP	MOVJ	J
连续路径运动	直线	MoveL	SLIN	MOVL	L
	圆弧	MoveC	SCIRC	MOVC	C

第5章 工业机器人驱动系统

5.1 概述

工业机器人的驱动系统，按动力源分为电动、液压和气动三大类。根据需要也可由这三种基本类型组合成复合式的驱动系统。

(1) 电动驱动系统

工业机器人电动伺服驱动系统是利用各种电动机产生的力矩和力，直接或间接地驱动工业机器人本体，以获得工业机器人的各种运动的执行机构。

(2) 液压驱动系统

在机器人的发展过程中，液压驱动是较早被采用的驱动方式。世界上首先问世的商品化机器人尤尼美特即为液压驱动的机器人。液压驱动主要用于中大型机器人和有防爆要求的机器人。一个完整的液压驱动系统由五个部分组成，即动力元件、执行元件、控制元件、辅助元件（附件）和液压油。

(3) 气动驱动系统

气动驱动系统在多数情况下用于实现两位式的或有限点位控制的中、小机器人中。这类机器人多是圆柱坐标型和直接坐标型或二者的组合型结构，3～5个自由度，负荷在200N以内，速度300～1000mm/s，重复定位精度为±0.1～±0.5mm。控制装置目前多数选用可编程控制器（PLC控制器）。在易燃、易爆的场合下可采用气动逻辑元件组成控制装置。

气动机器人采用压缩空气为动力源，一般从工厂的压缩空气站引到机器作业位置，也可单独建立小型气源系统。由于气动机器人具有气源使用方便、不污染环境、动作灵活迅速、工作安全可靠、操作维修简便以及适于在恶劣环境下工作等特点，因此它广泛应用于冲压加工、注塑及压铸等有毒或高温条件下作业，机床上、下料，仪表及轻工行业中、小型零件的输送和自动装配等作业，食品包装及输送，电子产品输送、自动插接，弹药生产自动化等。

(4) 电液伺服驱动系统

电液伺服驱动系统是由电气信号处理单元与液压功率输出单元组成的闭环控制系统。在工业机器人的电液伺服驱动系统中，常用的电液伺服动力机构是电液伺服液压缸和电液伺服摆动电动机。对采用电液伺服驱动系统的工业机器人来说，目的是期望机器人能够按给定的运动规律实现其运动位置和姿态，且机器人运动速度可控。

5.2 机器人驱动系统特点

5.2.1 基本驱动系统的特点

① 电动驱动系统：由于低惯量、大转矩的交、直流伺服电动机及其配套的伺服驱动器（交流变频器、直流脉冲宽度调制器）的广泛采用，这类驱动系统在机器人中被大量选用。这类系统不需能量转换，使用方便，控制灵活。大多数电动机后面需安装精密的传动机构。直流有刷电动机不能直接用于要求防爆的环境中，成本也较其他两种驱动系统高。但因这类驱动系统优点比较突出，因此在机器人中被广泛选用。

② 液压驱动系统：由于液压技术是一种比较成熟的技术，它具有动力大、力（或力矩）与惯量比大、快速响应高、易于实现直接驱动等特点，适于在承载能力大、惯量大以及在防焊环境中工作的机器人中应用。但液压系统需进行能量转换（电能转换成液压能），速度控制多数情况下采用节流调速，效率比电动驱动系统低。液压系统的液体泄漏会对环境产生污染，工作噪声也较高。因这些弱点，近年来，在负荷为100kW以下的机器人中往往被电动系统所取代。

③ 气动驱动系统：具有速度快、系统结构简单、维修方便、价格低等特点，适用于中、小负荷的机器人中。但因难于实现伺服控制，多用于程序控制的机器人中，如在上、下料和冲压机器人中应用较多。

5.2.2 电液伺服驱动系统的特点

电液伺服驱动系统综合了电气和液压两方面的优点，具有控制精度高、响应速度快、信号处理活跃、输出功率大、结构紧凑、功率质量比大等特点，在机器人中得到了较为广泛的应用。采用电液伺服驱动系统的工业机器人，具有点位控制和连续轨迹控制功能，并具有防爆能力。

5.3 电动驱动系统

对工业机器人关节驱动的电动机，要求有最大功率质量比和扭矩惯量比、高启动转矩、低惯量和较宽广且平滑的调速范围。特别是像工业机器人末端执行器（手爪）应采用体积、质量尽可能小的电动机，尤其是要求快速响应时，伺服电动机必须具有较高的可靠性和稳定性，并且具有较大的短时过载能力，这是伺服电动机在工业机器人中应用的先决条件。

（1）伺服电动机

伺服电动机是指在伺服驱动系统中控制机械元件运转的发动机，是一种补助马达间接变速装置。“伺服”一词源于希腊语“奴隶”的意思，“伺服电动机”可以理解为绝对服从控制信号指挥的电动机。在控制信号发出之前，转子静止不动；当控制信号发出时，转子立即转动；当控制信号消失时，转子能即时停转。伺服电动机是自动控制装置中被用作执行元件的微型特种电动机，其功能是将电信号转换成转轴的角位移或角速度。

伺服电动机主要分为直流伺服电动机和交流伺服电动机，其中直流伺服又分为有刷直流伺服和无刷直流伺服，交流伺服又分为异步交流伺服和永磁同步交流伺服。（实际上无刷直流伺服也算是交流伺服一派的，只不过区别在于用直流供电，并控制电子换向器实现交流电动机驱动。）由于主要用于控制，故市面上大多的伺服电动机通常是指永磁同步电动机，因为其控制响应性能最优。久而久之，大家日常说到的伺服电动机通常都是指永磁同步电动机。

（2）工业机器人伺服的特殊要求

工业机器人用伺服电动机要求控制器与伺服之间的总线通信速度快、伺服的精度高，另外对基础材料有加工要求。特别是像工业机器人末端执行器（手爪）应采用体积、质量尽可能小的电动机。尤其是要求快速响应时，伺服电动机必须具有较高的可靠性和稳定性，能经受得起苛刻的运行条件，可进行十分频繁的正反向和加减速运行，并能在短时间内承受过载。

（3）交流伺服电动机和直流伺服电动机

交流伺服电动机的基本构造与交流感应电动机（异步电动机）相似，在定子上有两个相空间位移 90°电角度的励磁绕组 Wf 和控制绕组 Wco，接恒定交流电压，利用施加到 Wco 上的交流电压或相位的变化，达到控制电动机运行的目的。交流伺服电动机具有运行稳定、可控性好、响应快速、灵敏度高以及机械特性和调节特性的非线性度指标严格（要求分别小于 10%～15%和小于 15%～25%）等特点。

直流伺服电动机基本构造与一般直流电动机相似。电动机转速 $n=E/Kj=(U_a-I_aR_a)/Kj$，式中 E 为电枢反电动势，K 为常数，j 为每极磁通，U_a、I_a 为电枢电压和电枢电流，R_a 为电枢电阻，改变 U_a 或改变 j 均可控制直流伺服电动机的转速，但一般采用控制电枢电压的方法。在永磁式直流伺服电动机中，励磁绕组被永久磁铁所取代，磁通 j 恒定。直流伺服电动机具有良好的线性调节特性及快速的时间响应。

（4）伺服电动机的重要性

工业机器人的控制系统和自动化产品主要涉及伺服电动机、减速机、控制器和传感器等。伺服电动机是工业机器人的动力系统，一般安装在工业机器人的“关节”处，是工业机器人运动的“心脏”。

目前，工业机器人的关节驱动离不开伺服系统，关节越多，工业机器人的柔性和精准度越高，所要使用的伺服电动机的数量就越多。工业机器人对伺服系统的要求较高，必须满足快速响应、高启动转矩、动转矩惯量比大、调速范围宽，要适应工业机器人的形体还要满足体积小、重量轻、加减速运行等条件，且需要高可靠性和稳定性。目前，工业机器人使用较多的是交流伺服系统。

5.3.1　同步式交流伺服电动机及驱动器

伺服电动机分交流伺服和直流伺服，其中交流伺服又有同步和异步之分，永磁同步电动机属于同步交流伺服电动机，其能够控制速度、位置精度非常准确，可以将电压信号转化为转矩和转速以驱动控制对象。伺服电动机转子转速受输入信号控制，并能快速反应，在自动控制系统中，用作执行元件，且具有机电时间常数小、线性度高、始动电压等特性，可把所收到的电信号转换成电动机轴上的角位移或角速度输出。分为直流和交流伺服电动机两大类，其主要特点是，当信号电压为零时无自转现象，转速随着转矩的增加而匀速下降。

长期以来，在要求调速性能较高的场合，一直占据主导地位的是直流电动机的调速系统。但直流电动机都存在一些固有的缺点，如电刷和换向器易磨损，需经常维护；换向器换向时会产生火花，使电动机的最高速度受到限制，也使应用环境受到限制；而且直流电动机结构复杂，制造困难，所用钢铁材料消耗大，制造成本高。而交流电动机，特别是鼠笼式感应电动机没有上述缺点，且转子惯量较直流电动机小，使得动态响应更好。在同样体积下，交流电动机输出功率可比直流电动机提高 10%～70%。此外，交流电动机的容量可比直流电动机大，达到更高的电压和转速。现代数控机床都倾向采用交流伺服驱动，交流伺服驱动已有取代直流伺服驱动之势。

直流伺服存在维护和性能方面缺陷，交流伺服系统不仅弥补了这个缺陷，而且性能更优，在要求调速性能高的场合，交流伺服电动机成为了主流设备。

5.3.1.1　交流伺服电动机分类和特点

(1) 异步型交流伺服电动机

异步型交流伺服电动机（见图 23-5-1）是指交流感应电动机。它有三相和单相之分，也有鼠笼式和线绕式，通常多用鼠笼式三相感应电动机。其结构简单，与同容量的直流电动机相比，质量轻 1/2，价格仅为直流电动机的 1/3。缺点是不能经济地实现范围很广的平滑调速，必须从电网吸收滞后的励磁电流。因而令电网功率因数变坏。这种鼠笼转子的异步型交流伺服电动机简称为异步型交流伺服电动机，用 IM 表示。

与同容量的直流电动机相比，优点是重量轻、价格便宜；缺点是转速受负载的变化影响较大，不能经济地实现范围较广的平滑调速。因此，异步型交流伺服电动机用在主轴驱动系统中。

图 23-5-1　异步型交流伺服电动机

(2) 同步型交流伺服电动机

同步型交流伺服电动机（见图 23-5-2）虽较感应电动机复杂，但比直流电动机简单。它的定子与感应电动机一样，都在定子上装有对称三相绕组。而转子却不同，按不同的转子结构又分电磁式及非电磁式两大类。非电磁式又分为磁滞式、永磁式和反应式。其中磁滞式和反应式同步电动机存在效率低、功率因数较差、制造容量不大等缺点。数控机床中多用永磁式同步电动机。与电磁式相比，永磁式优点是结构简单、运行可靠、效率较高；缺点是体积大、启动特性欠佳。但永磁式同步电动机采用高剩磁感应、高矫顽力的稀土类磁铁后，可比直流电动外形尺寸约小1/2，质量减轻 60%，转子惯量减到直流电动机的 1/5。它与异步电动机相比，由于采用了永磁铁励磁，消除了励磁损耗及有关的杂散损耗，所以效率高。又因为没有电磁式同步电动机所需的集电环和电刷等，其机械可靠性与感应（异步）电动机相同，而功率因数却大大高于异步电动机，从而使永磁同步电动机的体积比异步电动机小些。这是因为在低速时，感应（异步）电动机由于功率因数低，输出同样的有功功率时，它的视在功率却要大得多，而电动机主要尺寸是据视在功率而定的。

图 23-5-2　同步型交流伺服电动机及其驱动器

(3) 同步和异步的区别

交流同步电动机的转子由永磁材料制成，转动后，随着定子旋转磁场的变化，转子也做相应频率的速度变化，而且转子速度等于定子速度，所以称“同步”。交流异步电动机的转子由感应线圈和铁芯材料构成，转动后，定子产生旋转磁场，磁场切割转子的感应线圈，转子线圈产生感应电流，进而转子产生感应磁场，感应磁场追随定子旋转磁场的变化，但转子的磁场变化永远小于定子磁场的变化。用交流异步电动机的关键参数转差率表示转子与定子的速度差的比率。

(4) 永磁同步电动机

永磁同步电动机（见图 23-5-3 及图 23-5-4）主要由定子、永久磁钢转子、位置传感器、电子换向开关等组成，见图 23-5-3。

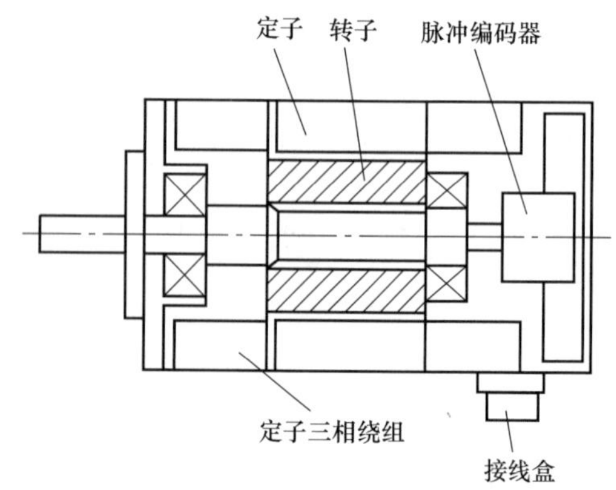

图 23-5-3　永磁同步电动机结构

永磁同步电动机的特点是结构简单、体积小、重量轻、损耗小、效率高、功率因数高等，主要用于要求响应快速、调速范围宽、定位准确的高性能伺服传动系统和直流电动机的更新替代电动机。

永磁同步伺服电动机内部的转子是永磁铁，驱动器控制的 U/V/W 三相电形成电磁场，转子在此磁场的作用下转动，同时电动机自带的编码器反馈信号给驱动器，驱动器根据反馈值与目标值进行比较，调整转子转动的角度。伺服电动机的精度决定于编码器的精度（线数）。特点如下：

① 结构简单。

② 控制速度非常快，从启动到额定转速只需几毫秒，而相同情况下异步电动机却需要几秒钟。

③ 启动扭矩大，可以带动大惯量的物体进行运动。

④ 功率密度大，相同功率范围下可比异步电动机的体积更小、重量更轻。

⑤ 运行效率高。

⑥ 运行可靠，可支持低速长时间运行。

⑦ 断电无自转现象，可快速控制停止动作。

⑧ 缺点是启动特性欠佳。

⑨ 与直流电动机相比，外形尺寸、重量、转子惯量大幅度减小；与异步交流伺服电动机相比，效率高、体积小。

图 23-5-4　永磁同步电动机及其驱动器

工作原理：

① 有一个旋转的磁场。

② 转子跟着磁场转动。

如图 23-5-5 所示，为永磁同步电动机的三相对称电流。

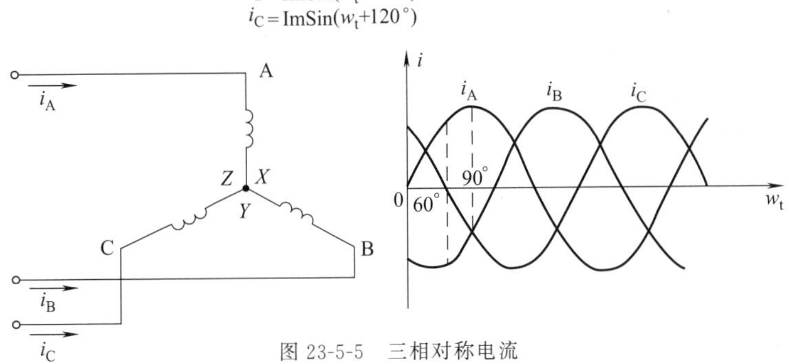

图 23-5-5　三相对称电流

永磁式交流同步电动机工作原理和性能：

$$n_r = n_s = 60f_1/p \qquad (23\text{-}5\text{-}1)$$

其中，n_r 为转子旋转转速；n_s 为同步转速；f_1 为交流电源频率（定子供电频率）；p 为定子和转子的极对数。

交流主轴电动机的工作原理与性能为：

定子三相绕组通三相交流电，产生旋转磁场，磁场切割转子中的导体，导体感应电流与定子磁场相作用产生电磁转矩，推动转子转动，转速 n_r 为

$$n_r = n_s(1-s) = 60f_1(1-s)/p \qquad (23\text{-}5\text{-}2)$$

其中，n_s 为同步转速；f_1 为交流电源频率（定子供电频率）；s 为转差率，$s=(n_s-n_r)/n_s$；p 为极对数。

（5）异步伺服电动机（见图 23-5-6）

随着异步电动机控制技术的不断发展，当前以模拟信号控制的异步电动机在控制响应方面性能也跟上来了，且具备永磁同步电动机不具备的优点，因此异步伺服电动机作为伺服电动机行业的一股新生力量崭露头角。

异步伺服电动机和异步电动机几乎是完全相似的，不过其引入编码器实现了对电动机的闭环控制，因此也可以视为伺服电动机的一种。尤其是当前变频调速技术飞速发展的时代，异步伺服电动机的实际控制性能也很不错，配合其支持大功率、高转速的特点，在一些永磁同步电动机无法胜任的地方大放异彩。特点如下：

① 功率可以做得很大，设计成熟，运行可靠性高。

第23篇

图 23-5-6　异步伺服电动机

② 支持高速（超过 10000r/min）长时间运行，同比下永磁电动机最高只能做到 6000～8000r/min。

③ 性价比高，在对控制精度要求不高的情况下可以替代永磁电动机使用。

5.3.1.2　交流同步伺服电动机

交流同步伺服电动机（见图 23-5-7）有励磁式、永磁式、磁阻式和磁滞式。

（1）永磁交流同步伺服电动机工作原理和性能（见图 23-5-8）

当三相定子绕组通入三相交流电后，在定子、转子之间产生一个同步的旋转磁场，设转子为永久磁铁，在磁力作用下，转子跟随旋转磁场同步转动。

只要负载不超过一定限度，就不会出现交流同步电动机失步现象，这个负载最大极限称为最大同步扭矩。

用减少转子惯量或让电动机先低速再提高到所要求的速度等方法，解决同步电动机启动困难的问题。

主要参数：额定功率、额定扭矩、额定转速等。

交流伺服电动机的优点：

① 动态响应好

② 输出功率大、电压和转速提高。

（2）永磁交流同步伺服电动机的调速方法

进给系统常使用交流同步电动机，该电动机没有转差率，电动机转速为

$$n=60f(1-s)/p=60f/p \tag{23-5-3}$$

调速方法：变频调速。

交流进给伺服电动机的速度控制系统组成：速度环、电流环 、SPWN 电路、功放电路、检测反馈电路，如图 23-5-9 所示。

（3）交流伺服电动机的闭环驱动

闭环控制系统是采用直线型位置检测装置（直线感应同步器、长光栅等）对数控机床工作台位移进行直接测量，并进行反馈控制的位置伺服系统，其控制原理如图 23-5-10 所示。这种系统有位置检测反馈电路，有时还加上速度反馈电路。

5.3.1.3　应用举例：工业机器人伺服电动机行业测试解决方案——MPT1000

为了满足当前伺服运动控制行业的需求，致远电子推出了 MPT 混合型电动机测试分析系统，开创电动机与驱动器综合测试分析设备先河。针对伺服系统，MPT1000 可以实现对电动机、驱动器及整个控制系统的完整性能分析与控制特性分析。

针对伺服电动机控制系统，MPT1000 可通过自由加载引擎对电动机和驱动器进行瞬态波形记录，实

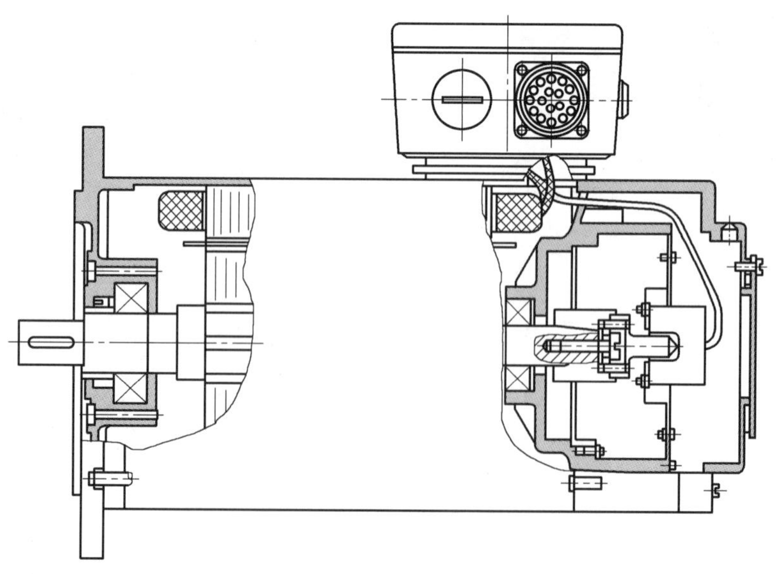

图 23-5-7　交流同步伺服电动机内部结构

图 23-5-8 永磁交流同步伺服电动机及其驱动器

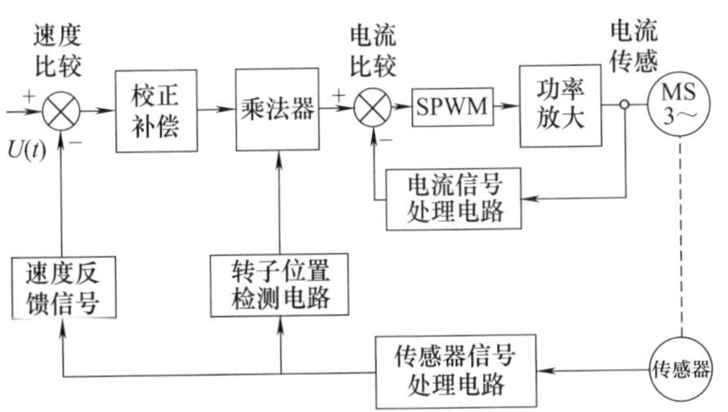

图 23-5-9 交流伺服电动机速度控制系统组成框图

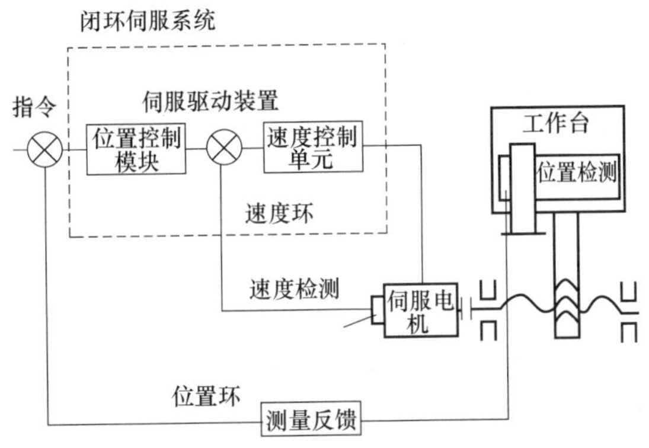

图 23-5-10 闭环伺服驱动系统

现伺服系统中电动机控制响应时间等各类瞬态参数的测量，提供全球唯一的伺服运动控制系统完整解决方案。

交流伺服电动机的结构主要可分为两部分，即定子部分和转子部分。其中定子的结构与旋转变压器的定子基本相同，在定子铁芯中也安放着空间互成90度电角度的两相绕组，其中一组为激磁绕组，另一组为控制绕组，交流伺服电动机是一种两相的交流电动机。交流伺服电动机使用时，激磁绕组两端施加恒定的激磁电压 U_f，控制绕组两端施加控制电压 U_k。当定子绕组加上电压后，伺服电动机很快就会转动起来。通入励磁绕组及控制绕组的电流在电动机内产生一个旋转磁场，旋转磁场的转向决定了电动机的转向，当任意一个绕组上所加的电压反相时，旋转磁场的方向就发生改变，电动机的方向也发生改变。

5.3.2 步进电动机及驱动器

5.3.2.1 概述

步进电动机，又叫脉冲电动机，驱动器是一种将电脉冲转化为角位移的执行机构，用于调速和定位。当步进驱动器接收到一个脉冲信号，就驱动步进电动机按设定的方向转动一个固定的角度，即步距角，它的旋转是以固定的角度一步一步运行的。

步进电动机和步进电动机驱动器构成步进电动机驱动系统。步进电动机驱动系统的性能不但取决于步进电动机自身的性能，也取决于步进电动机驱动器的优劣。对步进电动机驱动器的研究几乎是与步进电动机的研究同步进行的。

（1）步进电动机分类

步进电动机按结构分类，包括反应式步进电动机（VR）、永磁式步进电动机（PM）、混合式步进电动机（HB）等。

1）反应式步进电动机　也叫感应式、磁滞式或磁阻式步进电动机。其定子和转子均由软磁材料制成，定子上均匀分布的大磁极上装有多相励磁绕组，定子、转子周边均匀分布小齿和槽，通电后利用磁导的变化产生转矩。一般为三、四、五、六相；可实现大转矩输出（消耗功率较大，电流最高可达20A，驱动电压较高）；步距角小（最小可做到10′）；断电时无定位转矩；电动机内阻尼较小，单步运行（指脉冲频率很低时）振荡时间较长；起动和运行频率较高。

2）永磁式步进电动机　通常电动机转子由永磁材料制成，软磁材料制成的定子上有多相励磁绕组，定子、转子周边没有小齿和槽，通电后利用永磁体与定子电流磁场相互作用产生转矩。一般为两相或四相；输出转矩小（消耗功率较小，电流一般小于2A，驱动电压12V）；步距角大（例如7.5°、15°、22.5°等）；断电时具有一定的保持转矩；起动和运行频率较低。

3）混合式步进电动机也叫永磁反应式、永磁感应式步进电动机，混合了永磁式和反应式的优点。其定子和四相反应式步进电动机没有区别（但同一相的两个磁极相对，且两个磁极上绕组产生的N、S极性必须相同），转子结构较为复杂（转子内部为圆柱形永磁铁，两端外套软磁材料，周边有小齿和槽）。一般为两相或四相；需供给正负脉冲信号；输出转矩较永磁式大（消耗功率相对较小）；步距角较永磁式小（一般为 1.8°）；断电时无定位转矩；起动和运行频率较高；发展较快的一种步进电动机。

（2）系统控制

步进电动机不能直接接到直流或交流电源上工作，必须使用专用的驱动电源（步进电动机驱动器）。控制器（脉冲信号发生器）可以通过控制脉冲的个数来控制角位移量，从而达到准确定位的目的；同时可以通过控制脉冲频率来控制电动机转动的速度和加速度，从而达到调速的目的。

步进电动机驱动器（见图 23-5-11）型号有 F3922、F3722L、F3722、F3722A、F3722M、F368、F3522A、F3522H、F3522、F2611、F268C、中科 F223、F875、F556、F256B、F265、F255、F235B、F245、F223、F3522。

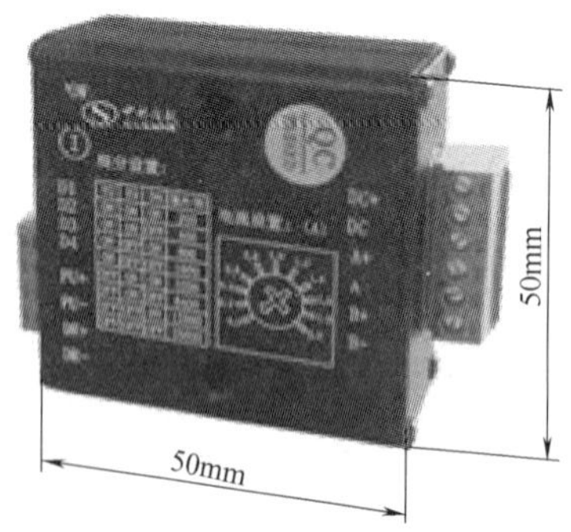

图 23-5-11　步进电动机驱动器

其中，F 表示步进驱动器；第一位数字表示相数，2 表示两相，3 表示 3 相；5 表示电流 5A；22 表示电压 220V。

（3）基本原理

步进电动机驱动器采用单极性直流电源供电。只要对步进电动机的各相绕组按合适的时序通电，就能使步进电动机步进转动。图 23-5-12 是四相反应式步进电动机工作原理示意图。

开始时，开关 SB 接通电源，SA、SC、SD 断开，*B* 相磁极和转子 0、3 号齿对齐，同时，转子的 1、4 号齿就和 *C*、*D* 相绕组磁极产生错齿，2、5 号齿就和 *D*、*A* 相绕组磁极产生错齿。当开关 SC 接通电源，SB、SA、SD 断开时，由于 *C* 相绕组的磁力线和 1、4 号齿之间磁力线的作用，使转子转动，1、4 号齿和 *C* 相绕组的磁极对齐。而 0、3 号齿和 *A*、*B* 相绕组产生错齿，2、5 号齿就和 *A*、*D* 相绕组磁极产生错齿。依次类推，*A*、*B*、*C*、*D* 四相绕组轮流供电，

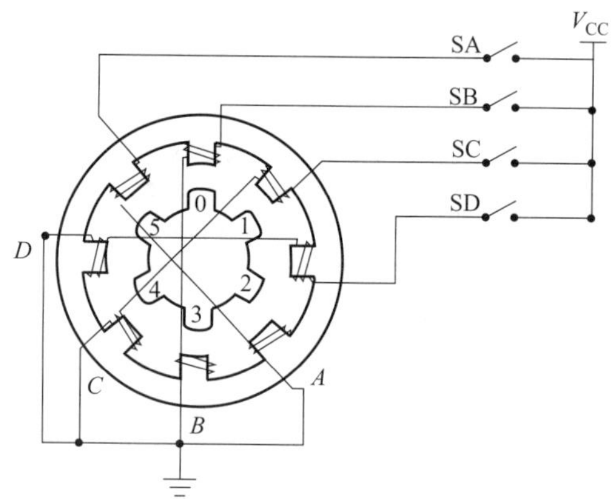

图 23-5-12　四相步进电动机步进示意图

则转子会沿着 *A*、*B*、*C*、*D* 方向转动。

四相步进电动机按照通电顺序的不同，可分为单四拍、双四拍、八拍三种工作方式。单四拍与双四拍的步距角相等，但单四拍的转动力矩小；八拍工作方式的步距角是单四拍与双四拍的一半，因此八拍工作方式既可以保持较高的转动力矩又可以提高控制精度。

单四拍、双四拍与八拍工作方式的电源通电时序与波形分别如图 23-5-13（a）、（b）、（c）所示。

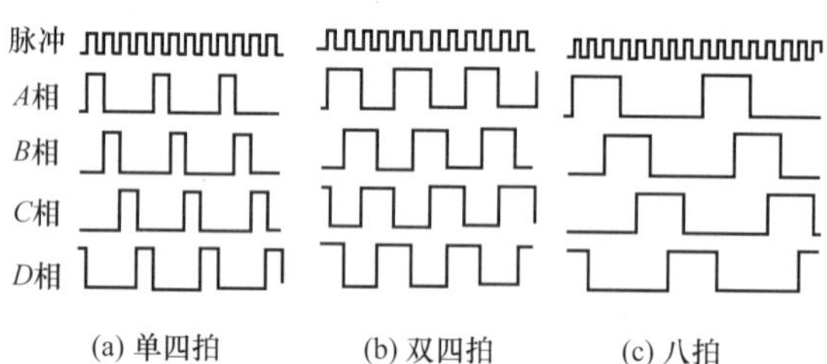

图 23-5-13　四相步进电动机工作方式

驱动器相当于开关的组合单元，通过上位机的脉冲信号有顺序给电动机相序通电使电动机转动。

（4）组成结构

步进电动机驱动器主要结构有以下部分：

① 环行分配器。根据输入信号的要求，对产生的电动机在不同状态下的开关波形信号处理，对环行分配器产生的开关信号波形进行 PWM 调制以及对相关的波形进行滤波整形处理。

② 推动级。对开关信号的电压、电流进行放大提升主开关电路，用功率元器件直接控制电动机的各相绕组。

③ 保护电路。当绕组电流过大时产生关断信号对主回路进行关断，以保护电动机驱动器和电动机绕组。

④ 传感器。对电动机的位置和角度进行实时监

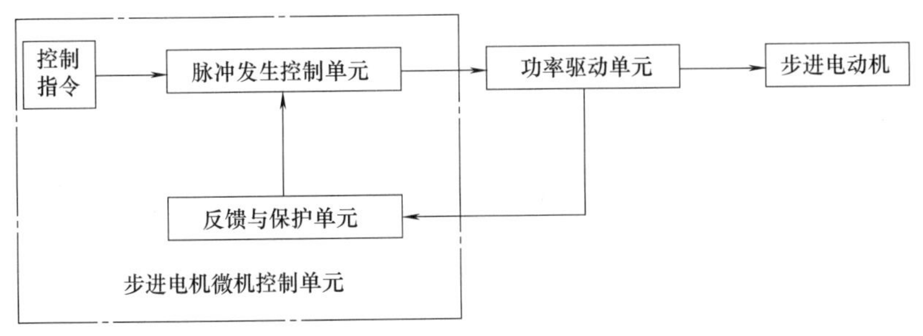

图 23-5-14 步进电动机驱动器机构框图

控，传回信号的产生装置。

5.3.2.2 驱动方式

步进电动机不能直接接到工频交流或直流电源上工作，而必须使用专用的驱动器，如图 23-5-14 所示，它由脉冲发生控制单元、功率驱动单元、保护单元等组成。图中点划线所包围的两个单元可以用微机控制来实现。驱动单元必须与驱动器直接耦合（防电磁干扰），也可理解成微机控制器的功率接口，这里予以简单介绍。

（1）单电压功率驱动

单电压功率驱动接口电路如图 23-5-15 所示。在电动机绕组回路中串有电阻 R_s，使电动机回路双电压功率驱动接口时间常数减小，高频时电动机能产生较大的电磁转矩，还能缓解电动机的低频共振现象，但它引起附加的损耗。一般情况下，简单单电压驱动线路中，R_s 是不可缺少的。步进电动机单步响应曲线如图 23-5-15（b）。

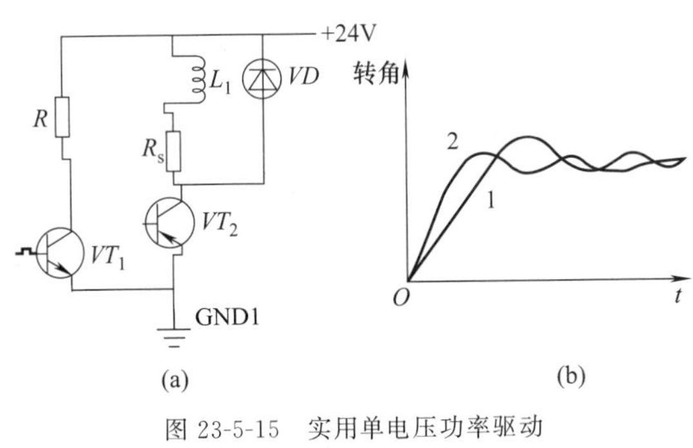

图 23-5-15 实用单电压功率驱动接口及单步响应曲线

（2）双电压功率驱动

双电压驱动的功率接口如图 23-5-16 所示。双电压驱动的基本思路是在低频段用较低的电压 U_L 驱动，而在高频段时用较高的电压 U_H 驱动。这种功率接口需要两个控制信号，U_h 为高压有效控制信号，U 为脉冲调宽驱动控制信号。图中，功率管 T_H 和二极管 D_L 构成电源转换电路。当 U_h 低电平时，T_H 关断，D_L 正偏置，低电压 U_L 对绕组供电。反之 U_h 高电平时，T_H 导通，D_L 反偏，高电压 U_H 对绕组供电。这种电路可使电动机在高频段也有较大输出力，而静止锁定时功耗减小。

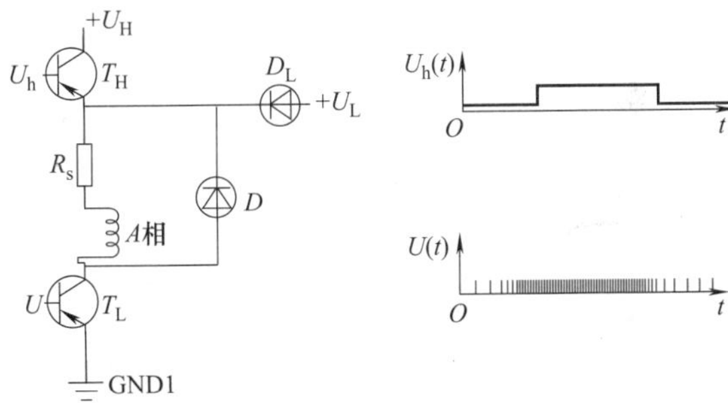

图 23-5-16 双电压驱动的功率接口

（3）高低压功率驱动

高低压功率驱动接口如图 23-5-17 所示。高低压驱动的设计思想是不论电动机高低压功率驱动接口工作频率如何，均利用高电压 U_H 供电来提高导通相绕组的电流前沿，而在前沿过后，用低电压 U_L 来维持绕组的电流。这一作用同样改善了驱动器的高频性能，而且不必再串联电阻 R_s，消除了附加损耗。高低压驱动功率接口也有两个输入控制信号 U_h 和 U_l，它们应保持同步，且前沿在同一时刻跳变。高压管

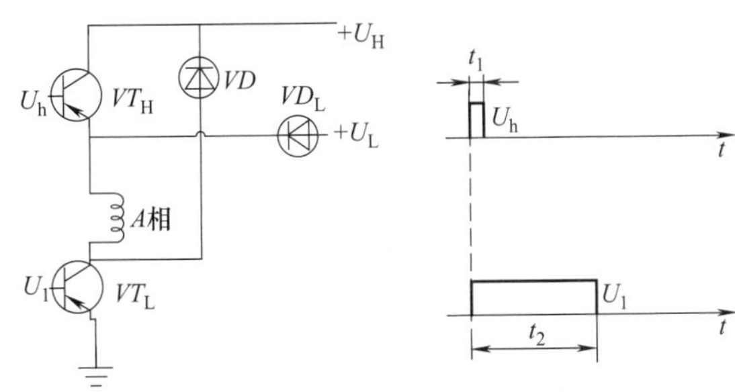

图 23-5-17 高低压功率驱动接口

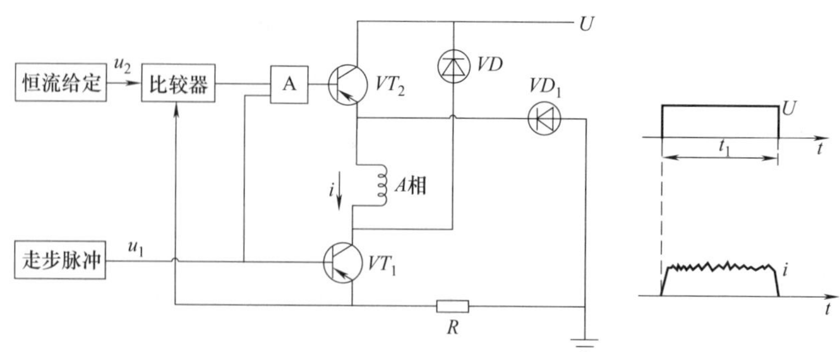

图 23-5-18 斩波恒流功率驱动接口

VT_H的导通时间 t_1 不能太大，也不能太小，太大时，电动机电流过载；太小时，动态性能改善不明显。t_1 一般可取 1～3ms，其取值与电动机的电气时间常数相当时比较合适。

（4）斩波恒流功率驱动

图 23-5-18 是斩波恒流功率接口原理图。恒流驱动的设计思想是设法使导通相绕组的电流不论在锁定、低频、高频工作时均保持固定数值，使电动机具有图 23-5-18 所示的斩波恒流功率驱动接口恒转矩输出特性。这是使用较多、效果较好的一种功率接口。图中 R 是一个用于电流采样的小阻值电阻，称为采样电阻。当电流不大时，VT_1 和 VT_2 同时受控于走步脉冲，当电流超过恒流给定的数值，VT_2被封锁，电源 U 被切除。由于电动机绕组具有较大电感，此时靠二极管 VD 续流，维持绕组电流，电动机靠消耗电感中的磁场能量产生输出力。此时电流将按指数曲线衰减，同样电流采样值将减小。当电流小于恒流给定的数值，VT_2 导通，电源再次接通。如此反复，电动机绕组电流就稳定在由给定电平所决定的数值上，形成小小的锯齿波，如图 23-5-18所示。

斩波恒流功率驱动接口也有两个输入控制信号，其中 u_1 是数字脉冲，u_2 是模拟信号。这种功率接口的特点是：高频响应大大提高，接近恒转矩输出特性，共振现象消除，但线路较复杂。相应的集成功率模块可供采用。

（5）升频升压功率驱动

为了进一步提高驱动系统的高频响应，可采用升频升压功率驱动接口。这种接口中，绕组提供的电压与电动机的运行频率呈线性关系。它的主回路实际上是一个开关稳压电源，利用频率-电压变换器将驱动脉冲的频率转换成直流电平，并用此电平去控制开关稳压电源的输入，这就构成了具有频率反馈的功率驱动接口。

（6）集成功率驱动

已有多种用于小功率步进电动机驱动器的集成功率驱动接口电路可供选用。

L298 芯片是一种 H 桥式驱动器，它设计成接受标准 TTL 逻辑电平信号，可用来驱动电感性负载。H 桥可承受 46V 电压，相电流高达 2.5A。L298（或 XQ298，SGS298）的逻辑电路使用 5V 电源，功放级使用 5～46V 电压，下桥发射极均单独引出，以便接入电流取样电阻。L298 等采用 15 脚双列直插小瓦数式封装，工业品等级。H 桥驱动的主要特点是能够对电动机绕组进行正、反两个方向通电。L298 特别适用于对二相或四相步进电动机驱动。

5.3.2.3 步进电动机驱动板说明

（1）产品简介

TB6560 步进电动机驱动器是一款具有高稳定性、可靠性和抗干扰性的经济型步进电动机驱动器，适用于各种工业控制环境。该驱动器主要用于驱动 35、39、42、57 型 4、6、8 线两相混合式步进电动机。其细分数有 4 种，最大 16 细分；其驱动电流范围为 0.3～3A，输出电流共有 14 档，电流的分辨率约为 0.2A；具有自动半流，低压关断、过流保护和过热停车功能。

该驱动器适合各种中大型自动化设备，例如：雕刻机、切割机、包装机械、电子加工设备、自动装配设备等。

（2）驱动器接口和接线

1）输入接口 TB6560 驱动器采用差分式接口电路，可适用于差分信号、单端共阴及共阳等接口，通过高速光耦进行隔离，允许接收长线驱动器、集电极开路和 PNP 输出电路的信号。在环境恶劣的场合，推荐使用长线驱动器电路，抗干扰能力强。

2）电源与电动机接口　TB6560 驱动器采用直流电源供电，供电电压范围为 8～35V DC，建议使用 24V DC 供电。推荐使用 24V/5A 开关电源进行供电。驱动器输出接口可接 35、39、42、57 型 4、6、8 线两相混合式步进电动机。

3）接线要求。

① 为了防止驱动器受干扰，建议控制信号采用屏蔽电缆线，并且屏蔽层与地线短接，除特殊要求外，控制信号电缆的屏蔽线单端接地，屏蔽线的驱动器一端悬空。

② 脉冲和方向信号线与电动机线不允许并排包扎在一起，最好分开至少 10cm，否则电动机噪声容易干扰脉冲方向信号引起电动机定位不准、系统不稳定等故障。

③ 如果一个电源供多台驱动器，应在电源处采取并联连接，不允许先到一台再到另一台链状式连接。

④ 严禁带电拔插驱动器强电端子，带电的电动机停止时仍有大电流流过线圈，拔插端子导致巨大的瞬间感生电动势将烧坏驱动器。

⑤ 严禁将导线头加锡后接入接线端子，否则可能因接触电阻变大而过热损坏端子。

⑥ 接线线头不能裸露在端子外，以防意外短路而损坏驱动器。

（3）电流、细分拨码开关设定和参数设置

1）运行电流设置　用户可使用 SW1～SW3、S1 四个拨码开关对驱动器的输出电流进行设置，其输出电流共有 14 档，电流的分辨率约为 0.2A。

2）停止电流设置　用户可使用 S2 来设置驱动器的停止电流。“1”表示停止电流设为运行电流的 20%，“0”表示停止电流设为运行电流的 50%。一般用途中应将 S2 设成“1”，使得电动机和驱动器的发热减少，可靠性提高。

3）细分数设置　用户可通过 S3、S4 两个拨码开关对驱动器细分数进行设定，共有 4 档细分。用户设定细分时，应先停止驱动器运行。

4）衰减方式设设置　用户可使用 S5、S6 两个拨码开关来设置衰减方式，衰减方式共有 4 档。选择不同的衰减方式可获得不同的驱动效果。

（4）输入电压和输出电流的选用

1）供电电压的选用　一般来说，供电电压越高，电动机高速时力矩越大，越能避免高速时掉步。但另一方面，电压太高会导致电动机发热较多，甚至可能损坏驱动器。在高电压下工作时，电动机低速运动的振动会大一些。本驱动器推荐工作电压 24V DC。

2）输出电流的设定值　对于同一电动机，电流设定值越大时，电动机输出力矩越大，但电流大时电动机和驱动器的发热也比较严重。具体发热量的大小不单与电流设定值有关，也与运动类型及停留时间有关。以下的设定方式采用步进电动机额定电流值作为参考，但实际应用中的最佳值应在此基础上调整。原则上如温度很低（<40℃），则可视需要适当加大电流设定值以增加电动机输出功率。

① 四线电动机：输出电流设成等于或略小于电动机额定电流值。

② 六线电动机高力矩模式：输出电流设成电动机单极性接法额定电流的 50%。

③ 六线电动机高速模式：输出电流设成电动机单极性接法额定电流的 100%。

④ 八线电动机串联接法：输出电流可设成电动机单极性接法额定电流的 70%。

⑤ 八线电动机并联接法：输出电流可设成电动机单极性接法额定电流的 140%。

5.3.2.4　步进电动机及步进驱动器配套选型

步进电动机是将电脉冲信号转变为角位移或线位移的开环控制元件。在非超载的情况下，电动机的转速、停止的位置只取决于脉冲信号的频率和脉冲数，而不受负载变化的影响。当步进驱动器接收到一个脉冲信号，它就驱动步进电动机按设定的方向转动一个固定的角度（称为“步距角”），它的旋转是以固定的角度一步一步运行的。其特点是没有积累误差（精度为 100%），所以广泛应用于各种开环控制。步进电动机的运行要有一电子装置进行驱动，这种装置就是步进电动机驱动器，它是把控制系统发出的脉冲信号转化为步进电动机的角位移，或者说，控制系统每发一个脉冲信号，通过驱动器就使步进电动机旋转一步距角。

5.3.3　直流伺服电动机及驱动器

直流伺服电动机就是微型的他励直流电动机，其结构和原理都与他励直流电动机相同，如图 23-5-19 所示。其结构包括定子和转子两大部分，控制电源为直流电源。根据功能可分为普通型直流伺服电动机、盘形电枢直流伺服电动机、空心杯电枢直流伺服电动机和无槽直流伺服电动机等。

第 23 篇

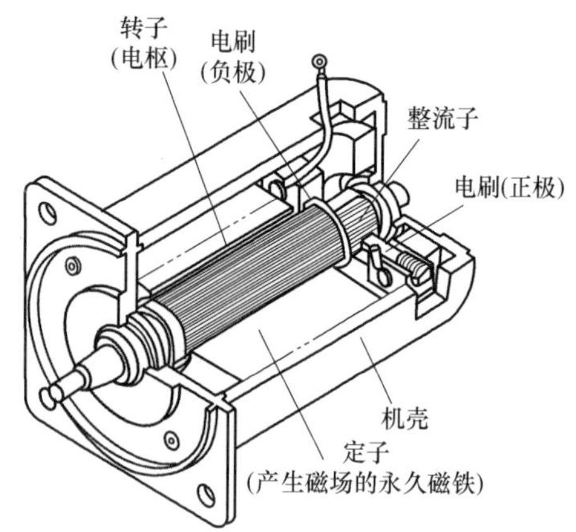

图 23-5-19　直流伺服电动机及结构

(1) 普通型直流伺服电动机

普通型直流伺服电动机的结构与他励直流电动机的结构相同，由定子和转子两大部分组成。根据励磁方式又可分为电磁式和永磁式两种，电磁式伺服电动机的定子磁极上装有励磁绕组，励磁绕组接励磁控制电压产生磁通；永磁式伺服电动机的磁极是永磁铁，其磁通是不可控的。与普通直流电动机相同，直流伺服电动机的转子一般由硅钢片叠压而成，转子外圆有槽，槽内装有电枢绕组，绕组通过换向器和电刷与外边电枢控制电路相连接。为提高控制精度和响应速度，伺服电动机的电枢铁芯长度与直径之比比普通直流电动机要大，气隙也较小。

当定子中的励磁磁通和转子中的电流相互作用时，就会产生电磁转矩驱动电枢转动，恰当地控制转子中电枢电流的方向和大小，就可以控制伺服电动机的转动方向和转动速度。电枢电流为零时，伺服电动机则停止不动。普通的电磁式和永磁式直流伺服电动机性能接近，其惯性较其他类型伺服电动机大。

(2) 盘形电枢直流伺服电动机

盘形电枢直流伺服电动机定子由永久磁铁和前后铁轭共同组成，磁铁可以在圆盘电枢的一侧，也可在其两侧。盘形伺服电动机的转子电枢由线圈沿转轴的径向圆周排列，并用环氧树脂浇注成圆盘形。盘形绕组中通过的电流是径向电流，而磁通是轴向的，径向电流与轴向磁通相互作用产生电磁转矩，使伺服电动机旋转。

(3) 空心杯电枢直流伺服电动机

空心杯电枢直流伺服电动机有两个定子，一个由软磁材料构成的内定子和一个由永磁材料构成的外定子，外定子产生磁通，内定子主要起导磁作用。空心杯伺服电动机的转子，由单个成型线圈沿轴向排列成空心杯形，并用环氧树脂浇注成型。空心杯电枢直接装在转轴上，在内外定子间的气隙中旋转。

(4) 无槽直流伺服电动机

无槽直流伺服电动机与普通伺服电动机的区别是：无槽直流伺服电动机的转子铁芯上不开元件槽，电枢绕组元件直接放置在铁芯的外表面，然后用环氧树脂浇注成型。

5.3.3.1　直流伺服电动机的特点

直流伺服电动机通过电刷和换向器产生的整流作用，使磁场磁动势和电枢电流磁动势正交，从而产生转矩，其电枢大多为永久磁铁。

同交流伺服电动机相比，直流伺服电动机启动转矩更大、调速广且不受频率及相对数限制，特别是电枢控制的，机械特性线性度好，从零转速至额定转速具备可提供额定转矩的性能，功率损耗小，有较高的响应速度、精度和频率，优良的控制特性。

但直流电动机的优点也正是他的缺点，因为直流电动机要产生额定负载下恒定转矩的性能，则电枢磁场与转子磁场必须恒维持 90°，这就要借助电刷及整流子。电刷和换向器的存在，增大了摩擦转矩，换向火花带来了无线电干扰，除了会造成组件损坏之外，使用场合也受到限制，寿命较低，需定期维修，使用维护较麻烦。若使用要求频繁启停的随动系统，则要求直流伺服电动机起动转矩大，在连续工作制的系统中，则要求伺服电动机寿命较长。使用时要特别注意，先接通磁场电源，然后加电枢电压。

5.3.3.2　直流伺服电动机的工作原理

直流伺服电动机的基本结构原理与一般直流电动机相类似，只是为了减小转动惯量，电动机做得细长一些。因此，直流伺服电动机采用的供电方式为他励供电，即励磁绕组和电枢分别由两个独立的电源供电。

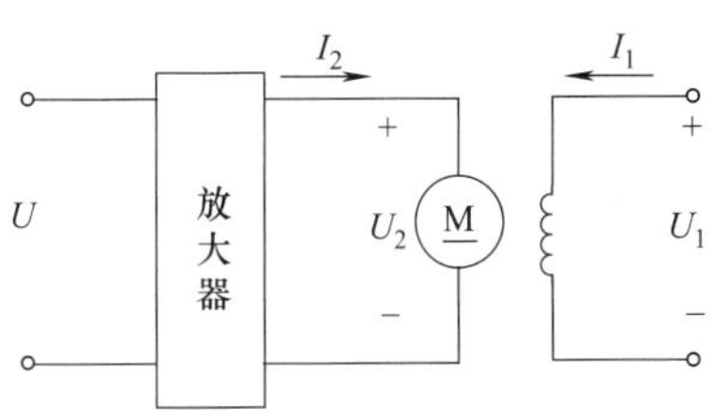

图 23-5-20　直流伺服电动机接线

如图 23-5-20 所示，U_1 为励磁电压，U_2 为电枢电压。

直流电动机的主磁极磁场和电枢磁场如图 23-5-21（a）所示，主磁极磁势在空间固定不动，当电刷处于几何中线位置时，电枢磁势和在空间正交，也就是电动机保持在最大转矩状态下运行。

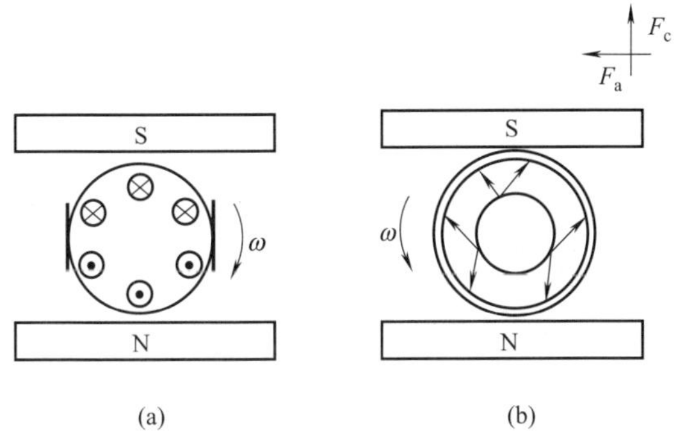

图 23-5-21　直流伺服电动机原理

如果直流电动机的主磁极和电刷一起旋转，而电枢绕组在空间固定不动，如图 23-5-21（b）所示，则此时和仍保持正交关系。

伺服主要靠脉冲来定位，基本上可以这样理解：伺服电动机接收到 1 个脉冲，就会旋转 1 个脉冲对应的角度，从而实现位移。因为伺服电动机本身具备发出脉冲的功能，所以伺服电动机每旋转一个角度，都会发出对应数量的脉冲，这样便和伺服电动机接收的脉冲形成了呼应，或者叫闭环。如此一来，系统就会知道发了多少脉冲给伺服电动机，同时又收了多少脉冲回来，这样就能够很精确地控制电动机的转动，从而实现精确的定位，可以达到 0.001mm。

直流伺服电动机一般情况下特指直流有刷伺服电动机——电动机成本高，结构复杂，启动转矩大，调速范围宽，控制容易，需要维护，但维护不方便（换碳刷），会产生电磁干扰，对环境有要求，因此一般不用于对成本较为敏感的普通工业和民用场合。

直流伺服电动机还包括直流无刷伺服电动机——电动机体积小、重量轻、输出力大、响应快、速度高、惯量小、转动平滑、力矩稳定、电动机功率有局限做不大。容易实现智能化，其电子换相方式灵活，可以方波换相或正弦波换相。电动机免维护，不存在碳刷损耗的情况，效率很高，运行温度低，噪声小，电磁辐射很小，使用寿命长，可用于各种环境。

5.3.3.3　工作特性

（1）静态特性

电磁转矩一般可以由式（23-5-4）表示：

$$T_M = K_T \phi I_a \tag{23-5-4}$$

式中，K_T 为转矩常数；ϕ 为磁场磁通；I_a 为电枢电流；T_M 为电磁转矩。电枢电路中的电压平衡方程式为：

$$U_a = I_a R_a + E_a \tag{23-5-5}$$

式中，U_a 为电枢上的外电压；R_a 为电枢电阻；E_a 为电枢反电势。

电枢反电势 E_a 与电动机转速 ω（角速度）之间有以下关系：

$$E_a = K_e \phi \omega \tag{23-5-6}$$

式中　K_e——电势常数。

根据以上各式可以求得：

$$\omega = \frac{U_a}{K_e \phi} - \frac{R_a}{K_e K_T \phi^2} T_M \tag{23-5-7}$$

如图 23-5-22 所示，当电动机的负载转矩为零的时候，电动机的理想空载转速 $\omega_0 = \frac{U_a}{K_e \phi}$；当电动机的转速为零时，电动机的转矩 $T_M = \frac{U_a}{R_a} K_T \phi$；当电动机的负载转矩为 T_L 时，电动机转速与理想空载转速的差 $\Delta\omega = \frac{R_a}{K_e K_T \phi^2} T_L$。

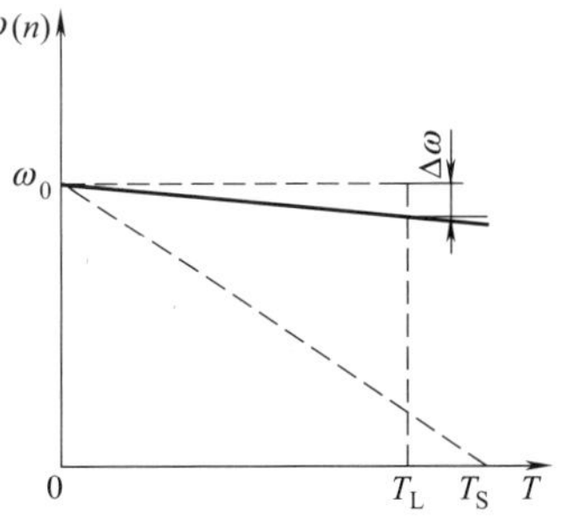

图 23-5-22　直流伺服电动机的机械特性

（2）动态特性

直流电动机的动态力矩平衡方程为：

$$T_M - T_L = J \frac{d\omega}{dt} \tag{23-5-8}$$

式中，T_M 为电动机的电磁转矩；T_L 为电动机的负载转矩；J 为电动机的总转动惯量。

（3）工作特性

永磁式直流伺服电动机的性能特点：

第 23 篇

① 低转速大惯量。

② 转矩大。

③ 启动力矩大。

④ 调速范围大，低速运行平稳，力矩波动小。

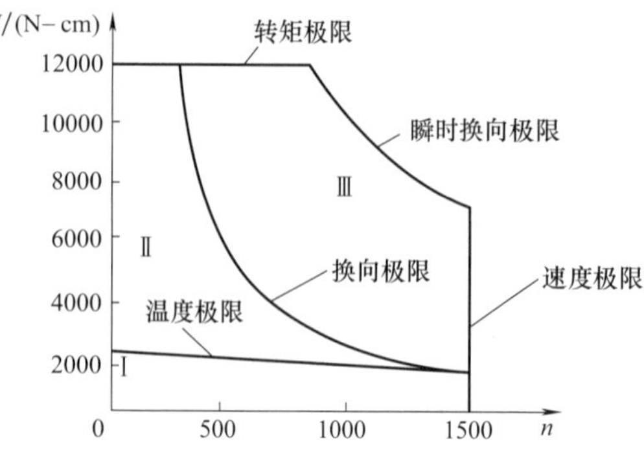

图 23-5-23 永磁式直流伺服电动机工作特性曲线

图 23-5-23 中，Ⅰ区为连续工作区；Ⅱ区为断续工作区，由负载-工作周期曲线（如图 23-5-24 中 d 所示）决定工作时间；Ⅲ区为瞬时加减速区。

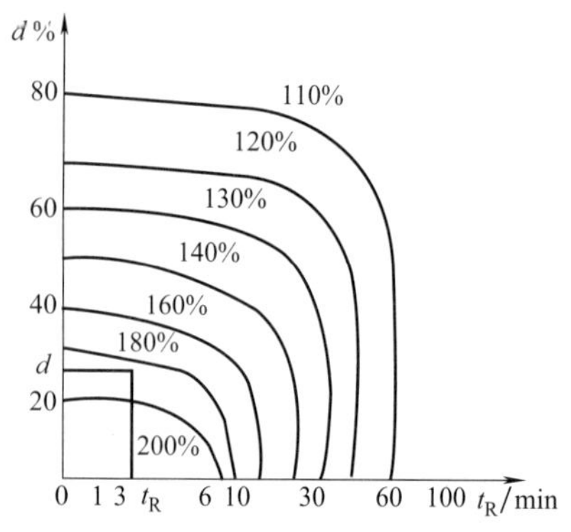

图 23-5-24 负载——工作周期曲线

5.3.3.4 直流伺服电动机调速原理

根据直流伺服电动机的机械特性公式可知，调整电动机转速的方式有两种：调整电枢电压 U_a 和调整气隙磁通 ϕ。改变电枢电压 U_a 时，由于绕组绝缘耐压的限制，调压只能在额定转速下进行，属于恒转矩调速；改变磁通 ϕ 的方法一般是改变励磁电流，在电枢电压恒定的情况下，磁场接近饱和，故只能在额定转速以上进行，属于恒功率调速。

常见的调速系统一般有晶闸管（可控硅）调速系统和晶体管脉宽调制（PWM）调速系统。

（1）晶闸管调速系统

晶闸管具有许多优点：体积小、重量轻、效率高、动作快等；但缺点也很明显：过载能力小、抗干扰能力差等。晶闸管被广泛应用于直流电动机的调速系统，而晶闸管调速系统一般有三种类型：转速反馈的单闭环调速系统、单环无静差调速系统以及转速、电流双闭环调速系统。为了获得动态响应快、抗干扰能力强的性能，比较好的办法是采用转速、电流双闭环调速系统，将转速、电流分开控制，设置转速、电流两个调节器。

转速、电流双闭环调速系统常采用一个电流内环再套一个转速外环的双闭环结构，称为串级控制，它是直流电力传动最有效的控制方案。该方案可以保证传动系统在过渡过程中，电枢电流为最大允许电流，从而实现最佳过渡过程。

整个调速系统组成部分包括：控制回路和主回路。控制回路由速度调节器、电流调节器、脉冲触发器等构成，如图 23-5-25 所示，为了使转速、电流双闭环系统具有良好的动态和静态特性，转速和电流两个调节器都采用 PI 调节器，转速和电流都采用负反馈环节。在正常运行时，电流调节器工作在不饱和状态；转速调节器工作在饱和与不饱和两种状态。

各部分作用：

① 速度环：速度调节（一般采用 PI 控制），拥有良好的静态和动态特性。

② 电流环：电流调节（采用 P 或 PI 控制），加快响应、启动、低频稳定等。

③ 触发脉冲发生器：产生移相脉冲，使可控硅触发角前移或后移。

双闭环调速系统（图 23-5-26）的启动过程可以划分为三个阶段：电流上升阶段、横流加速阶段、转速调节阶段。

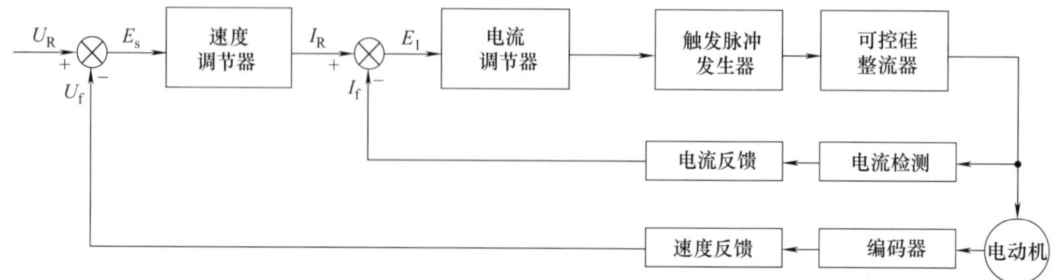

图 23-5-25 系统控制回路

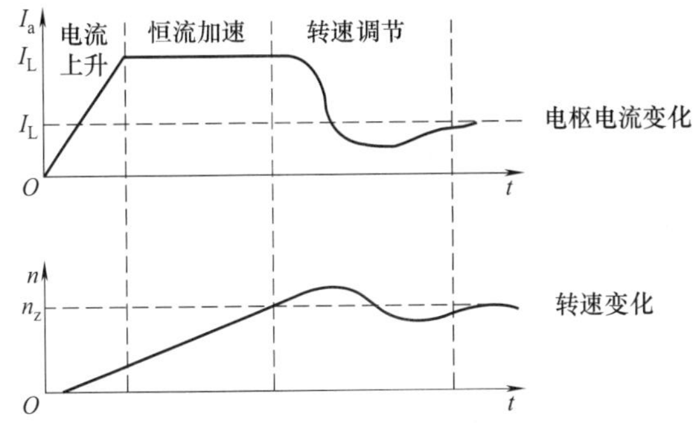

图 23-5-26　双闭环调速系统调速过程

1）电流上升阶段。

① 给转速调节器的输入端突加给定电压。

② 开始时，由于电动机机械惯性的作用，转速反馈电压比较小，转速调节器迅速饱和（退出调节），输出突跳到最大值。

③ 只要转速未达到给定值，转速调节器输出最大值就不变，这个不变的最大值为电流调节器的给定值。

④ 在最大电流给定值作用下，电流调节器的输出也有一个阶跃，晶闸管的输出电压跃变至某值，电流迅速上升，电动机开始启动。

⑤ 当电流反馈电压与转速调节器的输出最大值相等时，电流上升到最大值，电流上升阶段至此结束。

2）恒流加速阶段。

① 此时，转速调节器仍处于饱和状态，只有电流调节器起调节作用。

② 电流调节器在反馈的作用下，保持电枢回路最大电流基本不变。

③ 电动机的转速以恒定的加速度上升。

④ 转速上升，反电动势上升，电流下降，但由于电流调节器的作用，促使电流回升（呈现恒流状态）。

⑤ 只要转速上升，电流调节器就不断重复此过程，直到转速达到给定值。

3）转速调节阶段。

① 在恒定电流作用下，转速不断上升，最终出现超调。

② 反馈值大于给定值，偏差变负，转速调节器退出饱和状态，输出下降，并参与调节。

③ 以后的过程中，在转速、电流调节器的共同作用下，直到稳定运行。

在整个启动过程，首先起作用的是电流内环；从出现超调开始，转速调节器退出饱和后，才参与调节；在之后的过程中，在转速、电流调节器的共同作用下，完成转速调节。需要指出，转速外环起主要调节作用，且决定系统的性质，电流环起局部调节作用。

主回路是由大功率晶闸管构成的三相全控桥式（三相全波）反并接可逆电路，如图 23-5-27 所示，分成两大部分（Ⅰ和Ⅱ），每部分内按三相桥式连接，二组反并接，分别实现正转和反转。

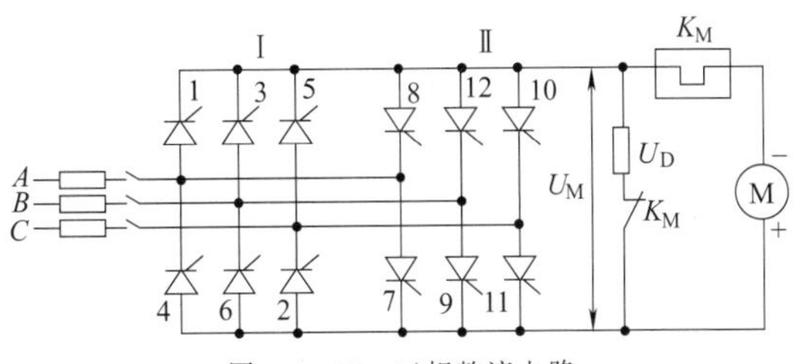

图 23-5-27　三相整流电路

三相整流电路由两个半波整流电路组成。每部分内又分成共阴极组（1、3、5）和共阳极组（2、4、6）。为构成回路，这两组中必须各有一个可控硅并且同时导通。1、3、5 在正半周导通，2、4、6 在负半周导通。每组内（即二相间）触发脉冲相位相差 120°，各相内两个触发脉冲相差 180°。按各自的管号排列，触发脉冲的顺序为 1-2-3-4-5-6，相邻之间相位差 60°。如图 23-5-28 所示。

为保证合闸后两个串联可控硅能同时导通，或已截止的相再次导通，采用双脉冲控制。即每个触发脉冲在导通 60°后，再补发一个辅助脉冲；也可以采用宽脉冲控制，宽度大于 60°，小于 120°。

只要改变可控硅触发角（即改变导通角），就能改变可控硅的整流输出电压，从而改变直流伺服电动机的转速。触发脉冲提前来，增大整流输出电压；触发脉冲延后来，减小整流输出电压。

晶闸管调速系统速度控制的原理总结如下：

① 调速。当给定的指令信号增大时，则有较大的偏差信号加到调节器的输入端，产生前移的触发脉冲，可控硅整流器输出直流电压提高，电动机转速上升，此时测速反馈信号也增大，与大的速度给定相匹配达到新的平衡，电动机以较高的转速运行。

② 干扰。假如系统受到外界干扰，如负载增加，电动机转速下降，速度反馈电压降低，则速度调节器的输入偏差信号增大，其输出信号也增大，经电流调节器使触发脉冲前移，晶闸管整流器输出电压升高，使电动机转速恢复到干扰前的数值。

③ 电网波动。电流调节器通过电流反馈信号还起快速地维持和调节电流作用，如电网电压突然短时下降，整流输出电压也随之降低，在电动机转速由于惯性还未变化之前，首先引起主回路电流减小，立即使电流调节器的输出增加，触发脉冲前移，使整流器

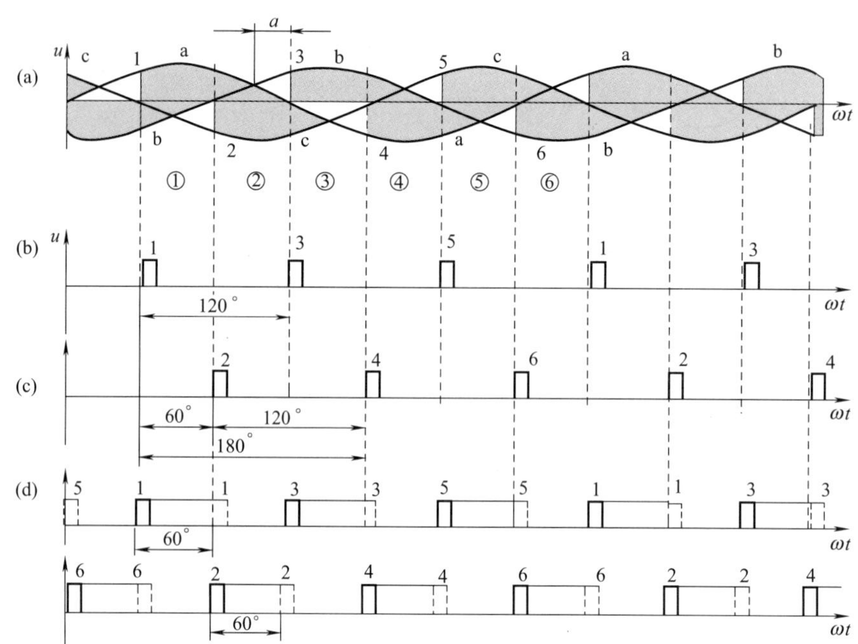

图 23-5-28 主回路波形图

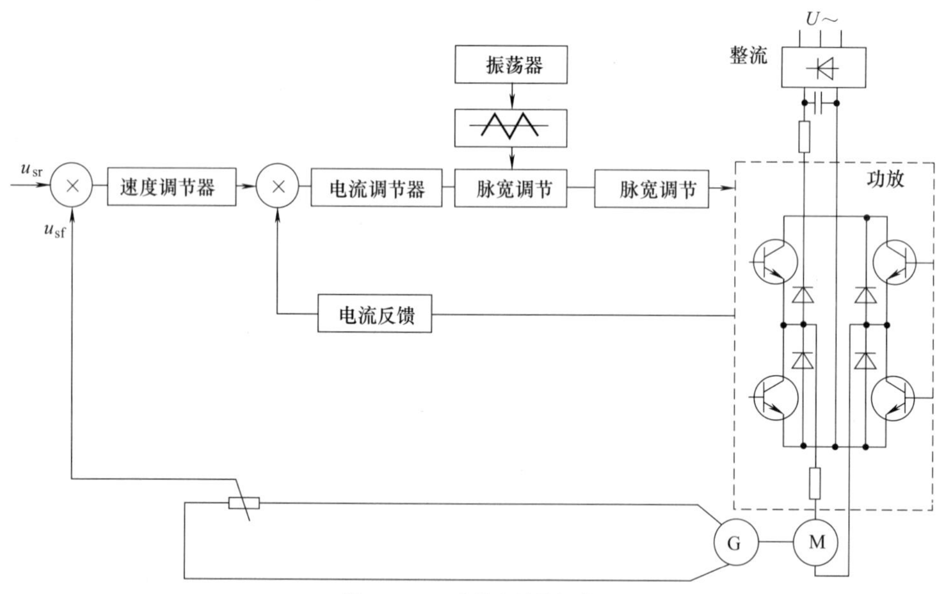

图 23-5-29 系统主回路组成

输出电压恢复到原来值，从而抑制了主回路电流的变化。

④ 启动、制动、加减速。电流调节器还能保证电动机启动、制动时的大转矩、加减速的良好动态性能。

(2) 晶体管脉宽调制（PWM）调速系统

脉宽调制（PWM）方式的调压调速又称斩波调速，是在直流电源电压基本不变的情况下，通过电子开关的通断改变施加到电动机电枢端的直流电压脉冲宽度（即所谓占空比），以调节输入电动机的电枢电压的平均值来进行调速的方式。这种调速方式具有以下特点：电流脉动小；电枢电流容易连续，仅依靠电枢电感就可以滤波；系统低速稳定调整范围宽，并且无须另加设备即可实现可逆调速；主电路工作在开关状态，损耗小，设备效率高等。

系统的主回路（图 23-5-29）部分主要包括大功

率晶体管开关放大器和功率整流器，控制回路部分包括速度调节器、电流调节器、固定频率振荡器以及三角波发生器、脉宽调制器和基极驱动电路。

下面主要介绍一种可逆的脉宽调制调速系统。

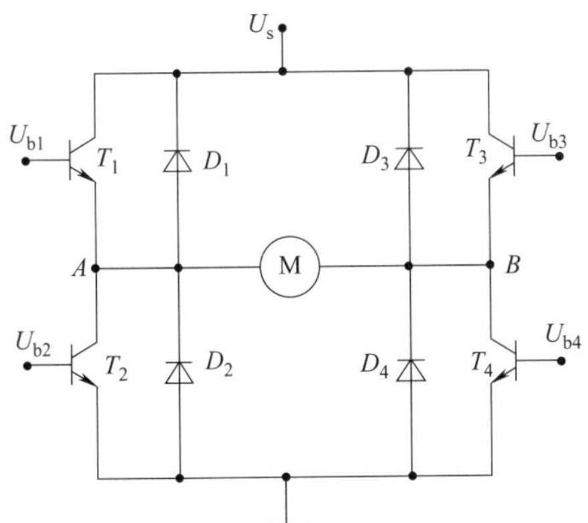

图 23-5-30　直流电动机可逆脉宽调速系统

根据各晶体管控制方法的不同，这种 H 桥式可逆调速电路可以分为单极性脉宽调制和双极性脉宽调制两种控制方式。工作原理是 T_1 和 T_4 同时导通和关断，其基极驱动电压 $U_{b1}=U_{b4}$；T_2 和 T_3 同时导通和关断，基极驱动电压 $U_{b2}=U_{b3}=-U_{b1}$。以正脉冲较宽为例，即正转。

1）当系统的负载较重时

① 电动状态：当 $0\leqslant t\leqslant t_1$ 时，U_{b1}、U_{b4} 为正，T_1 和 T_4 导通；U_{b2}、U_{b3} 为负，T_2 和 T_3 截止。电动机端电压 $U_{AB}=U_s$，电枢电流 $i_d=i_{d1}$，由 $U_S\rightarrow T_1\rightarrow T_4\rightarrow$接地端。

② 续流维持电动状态：在 $t_1\leqslant t\leqslant T$ 时，U_{b1}、U_{b4} 为负，T_1 和 T_4 截止；U_{b2}、U_{b3} 变正，但 T_2 和 T_3 并不能立即导通，因为在电枢电感储能的作用下，电枢电流 $i_d=i_{d2}$，由 $D_2\rightarrow D_3$ 续流，在 D_2、D_3 上的压降使 T_2、T_3 的 c-e 极承受反压不能导通。$U_{AB}=-U_s$。接着再变到电动状态、续流维持电动状态反复进行。

2）当系统的负载较轻时

① 反接制动状态，电流反向：在持续电动状态中，在负载较轻时，则 i_d 小，续流电流很快衰减到零，即 $t=t_2$ 时，$i_d=0$。在 $t_2\sim T$ 区段，T_2、T_3 在 U_s 和反电动势 E 的共同作用下导通，电枢电流反向，$i_d=i_{d3}$，由 $U_s\rightarrow T_3\rightarrow T_2\rightarrow$接地端，电动机处于反接制动状态。

② 电枢电感储能维持电流反向：在 $T\sim t_3$ 区段时，驱动脉冲极性改变，T_2、T_3 截止，因电枢电感维持电流，$i_d=i_{d4}$，由 $D_4\rightarrow D_1$。

③ 电动机的正转、反转、停止：由正、负驱动电压脉冲宽窄而定。当正脉冲较宽时，即 $t_1>T/2$，平均电压为正，电动机正转；当正脉冲较窄时，即 $t_1<T/2$，平均电压为负，电动机反转；如果正、负脉冲宽度相等，$t_1=T/2$，平均电压为零，电动机停转。

④ 电动机速度的改变：电枢上的平均电压 U_{AB} 越大，转速越高。它是由驱动电压脉冲宽度决定的。

PWM 调速系统的特点：频带宽、频率高，晶体管“结电容”小，开关频率远高于可控（50Hz），可达 2～10kHz，快速性好；电流脉动小，由于 PWM 调制频率高，电动机负载成感性，对电流脉动有平滑作用，波形系数接近于 1；电源的功率因数高，SCR 系统由于导通角的影响，使交流电源的波形畸变，高次谐波的干扰，降低了电源功率因数，PWM 系统的直流电源为不受控的整流输出，功率因数高；校正瞬态负载扰动能力强，频带宽，动态硬度高。

5.3.3.5　直流伺服电动机特点及应用范围

为了适应各种不同伺服系统的需要，直流伺服电动机也从结构上做了许多改进，衍生出了诸如无槽电枢伺服电动机、空心杯形电枢伺服电动机、印刷绕组电枢伺服电动机、无刷直流伺服电动机、扁平型结构的直流力矩电动机等。

直流伺服电动机可以分为有刷和无刷电动机。有刷直流伺服电动机的成本低，结构简单，启动转矩大，调速范围宽，控制容易，需要维护，但维护方便（换碳刷），会产生电磁干扰，对环境有要求。因此，它可以用于对成本敏感的普通工业和民用场合。无刷直流伺服电动机的体积小，重量轻，出力大，响应快，速度高，惯量小，转动平滑，力矩稳定，容易实现智能化，其电子换相方式灵活，可以方波换相或正弦波换相。电动机免维护，不存在碳刷损耗的情况，效率很高，运行温度低，噪声小，电磁辐射很小，寿命长，可用于各种环境。

直流伺服电动机主要用于各类数字控制系统中的执行机构驱动，需要精确控制恒定转速或需要精确控制转速变化曲线的动力驱动。目前，各种特性的直流伺服电动机都有各自适合的应用领域：小惯量直流电动机可以应用在印刷电路板的自动钻孔机上；中惯量直流电动机（宽调速直流电动机）一般在数控机床的进给系统都有应用；大惯量直流电动机则主要用作数控机床的主轴电动机。

5.3.4　直接驱动电动机

直接驱动电动机（又称 DD 马达）是伺服技术发展的产物。除延续了伺服电动机的特性外，因其低速大扭矩、结构简单、机械损耗减小、噪声低、维护少等特点，被广泛用于各行各业。

直驱电动机（直接驱动式电动机）主要指电动机在驱动负载时，不需要经过传动装置（如皮带、齿轮箱等），直接与驱动负载相连。直驱电动机作为一种新型的驱动元件，具有“零传动”、高精度、高效率等优点。

直驱电动机包括直接驱动的线性电动机（直线电动机）、旋转电动机（力矩电动机）和平面电动机（磁浮电动机）等，由于采用了无中间传动机构的直接驱动方式，直驱电动机相比传统电动机有更好的动态性能、更好的高低速特性，并能简化装备结构，降低故障率等。直驱电动机广泛用于高精度机床、半导体设备、自动化生产线等相关装备。

直驱电动机作为近几十年来的新兴驱动技术，突破了传统旋转电动机所存在的技术瓶颈，具有其他驱动方式无法比拟的特点和优势，可以概括为以下几点：

① 静/动态精度高、可靠性好。由于电动机直接与负载相连，不存在中间传动机构的传动间隙，使得其具有高刚度、低柔性的特点；不存在中间传动间隙就减少了设备部件之间的磨损，驱动设备的可靠性大大提高。

② 高精度。直驱系统没有中间传动机构，也就没有中间传动误差，提高了驱动对象的定位精度。

③ 高动态响应。由于直驱系统去掉了齿轮、丝杠等机械部件，使得运动惯量变小，系统响应速度快。

④ 速度、加速度高，速度调控性好。直驱电动机具有超高/低速特点，可以获得小于 1μm/s 的低速和 5m/s 以上的高速；其高加速度性能可以实现启动时瞬间达到高速，高速运行时又能瞬间准停，最高加速度可达到 10g；其高/低速性能使得其具有更宽的调速范围。

⑤ 零维护。直驱电动机系统的“零传动”方式省去了中间传动机构，减少了机械摩擦和故障点，使得维修和维护工作量大幅减少，延长了设备的使用寿命，降低了维修和维护成本。

⑥ 外形紧凑、易于设计。直接驱动装置的结构简单、外形紧凑，系统的零部件数目较少，重量减轻，体积变小，对安装空间的要求降低，更易于实现紧凑合理的设计。

5.3.4.1　直线电动机工作原理

直线电动机在结构上相当于是从旋转电动机演变而来的，其工作原理也与旋转电动机相似。将旋转电动机在顶部沿径向剖开，并将圆周拉直，就是图 23-5-31所示的直线电动机。旋转电动机的径向、轴向和周向，在直线电动机中对应的称为法向、横向和纵向；旋转电动机中的定子、转子在直线电动机中称为初级和次级。在这台直线电动机的三相绕组中通入三相对称正弦电流后，也会产生气隙磁场。

当不考虑由于铁芯两端而引起的纵向边端效应时，这个气隙磁场的分布情况与旋转电动机的相似，即可看成沿展开的直线方向呈正弦形分布。当三相电流随时间变化时，气隙磁场将按 A、B、C 相序沿直线移动。这个原理与旋转电动机的相似，两者的差异是：这个磁场是平移的，而不是旋转的，因此称为行波磁场。显然，行波磁场的移动速度与旋转磁场在定子内圆表面上的线速度是一样的，即 v_s(m/s)，称为同步速度，且

$$v_s=2f\tau \tag{23-5-9}$$

再看行波磁场对次级的作用，假定次级为栅型次级，图 23-5-31 中仅画出其中的一根导条。次级导条在行波磁场切割下，将产生感应电动势并产生电流，而所有导条的电流和气隙磁场相互作用便产生电磁推力，在这个电磁推力的作用下，如果初级是固定不动的，那么次级就顺着行波磁场运动的方向做直线运动。若次级移动的速度用 v 表示，转差率用 s 表示，则有

$$\begin{cases} s=(v_s-v)/v_s \\ v_s-v=sv_s \\ v=(1-s)v_s \end{cases} \tag{23-5-10}$$

在电动机的运行状态下，s 在 0 与 1 之间。这就是直线电动机的基本工作原理。

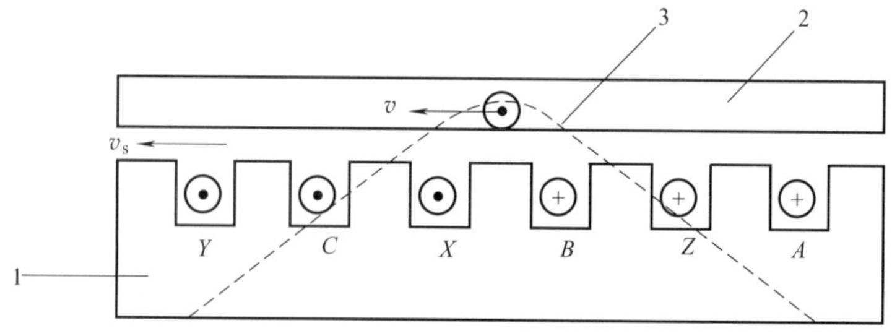

图 23-5-31　直线电动机的基本工作原理

1—初级；2—次级；3—行波磁场

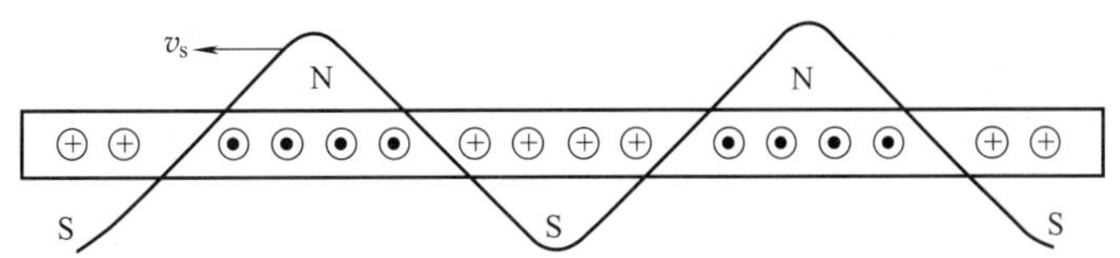

图 23-5-32　假想中的感应电流

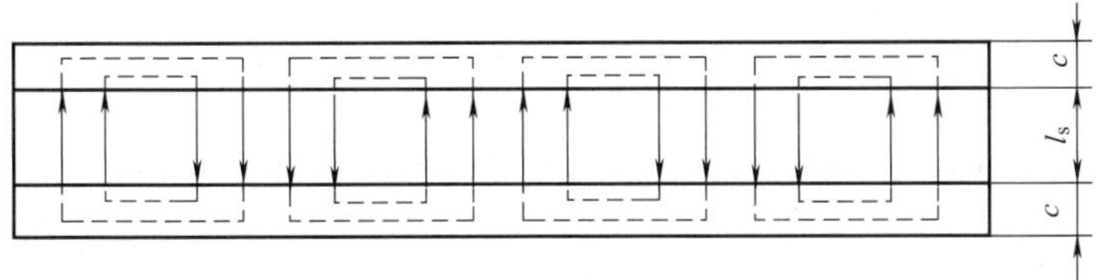

图 23-5-33　金属板内的电流分布

应该指出，直线电动机的次级大多数采用整块金属板或复合金属板，因此并不存在明显的导条。但是在分析时，不妨把整块看成是无限多的导条并列安置，这样仍可以应用上述原理进行讨论。在图23-5-32和图 23-5-33 中，分别画出了假想导条中的感应电流及金属板内电流的分布，图中 l_s 为初级铁芯的叠片厚度，c 为次级在 l_s 长度方向伸出初级铁芯的宽度，用来作为次级感应电流的端部通路，c 的大小将影响次级的电阻。

旋转电动机通过对换任意两相的电源线，可以实现反向旋转。这是因为三相绕组的相序反了，旋转磁场的转向也随之反了，使转子转向跟着反过来。同样，直线电动机对换任意两相的电源线后，运动方向也会反过来，根据这一原理，可使直线电动机做往复直线运动。

在实际应用时，将初级和次级制造成不同的长度，以保证在所需行程范围内初级与次级之间的耦合保持不变。直线电动机可以是短初级长次级，也可以是长初级短次级。考虑到制造成本、运行费用，目前一般均采用短初级长次级。直线电动机的工作原理与旋转电动机相似，以直线感应电动机为例：当初级绕组通入交流电源时，便在气隙中产生行波磁场，次级在行波磁场切割下，将感应出电动势并产生电流，该电流与气隙中的磁场相作用就产生电磁推力。如果初级固定，则次级在推力作用下做直线运动；反之，则初级做直线运动。

如果电动机的极距为 τ，电源频率为 f，则磁场的移动速度为：

$$v_s=2f\tau \tag{23-5-11}$$

次级速度为 v，则滑差率为：

$$s=\frac{v_s-v}{v_s} \tag{23-5-12}$$

次级移动速度为：

$$v=(1-s)v_s=2f\tau(1-s) \tag{23-5-13}$$

直线电动机常用技术用语：

① 力常数（K_f）：直线电动机单位电流产生的电磁推力。

② 反电势常数（K_e）：直线电动机单位速度产生的反电动势。

③ 电动机常数 $K_m=\dfrac{F}{\sqrt{P_c}}$。

④ 加速度 a：单位时间速度的变化量。

⑤ 连续推力（F_c）：直线电动机能够持续提供的最大推力。

⑥ 峰值推力（F_p）：直线电动机在短时间能够提供的瞬间推力，可持续时间一般控制在 1s 以内。

⑦ 连续电流（I_c）：产生连续推力的电流，是直线电动机可持续工作的最大电流。

5.3.4.2　直线电动机的特点

直线电动机可广泛地应用于工业、民用、军事及其他各种直线运动的场合，采用直线电动机驱动的装置和其他非直线电动机驱动的装置相比，具有以下优点。

① 采用直线电动机驱动的传动装置不需要任何转换装置而直接产生推力，因此可以省去中间转换机构，简化整个装置或系统，保证了运行的可靠性，传递效率提高，制造成本降低，易于维护。

② 普通旋转电动机由于受到离心力的作用，其圆周速度受到限制；而直线电动机运行时，它的零部件和传动装置不像旋转电动机那样会受到离心力的作用，因而它的直线速度可以不受限制。

③ 直线电动机是通过电能直接产生直线电磁推力的，在驱动装置中，其运动时可以无机械接触，使传动零部件无磨损，从而大大减少了机械损耗，例如直线电动机驱动的磁悬浮列车就是如此。

④ 旋转电动机通过钢绳、齿条、传动带等转换机构转换成直线运动，这些转换机构在运行中，其噪声是不可避免的；而直线电动机是靠电磁推力驱动装置运行的，故整个装置或系统噪声很小或无噪声，运行环境好。

⑤ 由于直线电动机结构简单，且它的初级铁芯在嵌线后可以用环氧树脂等密封成整体，所以可以在一些特殊场合中应用，例如可在潮湿甚至水中使用，可在有腐蚀性气体或有毒、有害气体中应用，亦可在几千度的高温或零下几百度的低温下使用。

⑥ 由于直线电动机结构简单，其散热效果也较好，特别是常用的扁平型短初级直线电动机，初级的铁芯和绕组端部直接暴露在空气中，同时次级很长，具有很大的散热面，热量很容易散发掉，所以这一类直线电动机的热负荷可以取得较高，并且不需要附加冷却装置。

直线电动机的不足之处主要体现在以下两个方面：

① 与同容量旋转电动机相比，直线电动机（主要是感应式直线电动机）的效率和功率因数较低，尤其在低速时比较明显。其原因主要是：一是直线电动机的初次级气隙一般都比旋转电动机的气隙大，因此所获的磁化电流就较大，损耗增加；二是由于直线电动机初级铁芯两端开断，产生了所谓的边端效应，从而引起波形畸变等问题，其结果也导致损耗增加。但从整个装置或系统来看，由于采用直线电动机后可省去中间传动装置，因此其驱动系统的效率还是比采用旋转电动机系统高。

② 直线电动机特别是直线感应电动机的启动推力受电源电压的影响较大，故需采取有关措施保证电源的稳定或改变电动机的有关特性来减少或消除这种影响。

5.3.4.3　直线电动机的分类

① 直线电动机如果按照结构进行分类，可以分为单边直线电动机（短初级、短次级）、双边型直线电动机（短初级、短次级）、圆筒式直线电动机（圆弧式直线电动机、圆盘式直线电动机）和直驱式力矩电动机。

② 按照电动机的功能用途来分类，可以分为力电动机、功电动机和能电动机三类。

力电动机是指单位输入功率所能产生的推力或单位体积所能产生的推力，主要用在静止物体或低速设备上施加一定推力的直线电动机；它以短时运行、低速运行为主，例如阀门的开闭、门窗的移动、机械手的操作、推车等。这种电动机效率较低，甚至是零（如对静止物体上施加推力时，效率为零），因此，对这类电动机不能用效率这个指标去衡量，而是用推力/功率的值来衡量，即在一定的电磁推力下，其输入的功率越小则说明其性能越好。

功电动机主要作为长期连续运行的直线电动机，它的性能衡量指标与旋转电动机基本一样，即可用效率、功率因数等指标来衡量其电动机性能，例如高速磁悬浮列车用直线电动机、各种高速运行的输送线等。

能电动机是指运动构件在短时间内能产生极高能量的驱动电动机，它主要是在短时间、短距离内提供巨大的直线运动能，例如导弹、鱼雷的发射、飞机的起飞以及冲击、碰撞等试验机的驱动等。这类直线电动机的主要性能指标是能效率（能效率＝输出的动能/电源所提供的电能）。

③ 从原理上讲，每种旋转电动机都有与之相对应的直线电动机，然而从使用角度来看，直线电动机得到了更广泛的应用。直线电动机按其工作原理可分为直线电动机和直线驱动器。

5.3.4.4　力矩电动机工作原理、特点及分类

力矩电动机是为满足低转速、大转矩负载要求而设计制造的一种特殊电动机，与一般电动机不同的是，它只利用转子静止或接近静止时的转矩，不强调机械功率。普通电动机静止状态下的转矩虽然也可以利用，但当位置变化时，转矩的变化比较明显；力矩电动机在转子旋转过程中位置发生变化时，转矩变化很小，且其工作转角变化范围较大，可连续工作在堵转状态。

（1）直流力矩电动机

直流力矩电动机的工作原理与普通直流电动机相同，不同之处在于其结构。如图 23-5-34 所示，为了在一定体积和电枢电压下产生大的转矩和低的转速，直流力矩电动机一般做成扁平式结构，电枢长度与直径之比为 0.2 左右，极对数较多；为了减小转矩和转速的波动，选用较多的槽数和换向片数，通常采用永磁体产生磁场。

定子是由软磁材料制造成的带槽的圆环，在槽中嵌入永磁体。转子铁芯通常用硅钢片叠成，槽中嵌入电枢绕组，电枢绕组为单波绕组。槽楔由钢板制成，兼作换向片，槽楔两端伸出槽外，一端作为电枢绕组接线用，另一端排列成环形换向器。转子的所有部件用高温环氧树脂浇铸成整体。

（2）交流力矩电动机

交流力矩电动机与一般鼠笼式异步电动机的运转原理是完全相同的，但结构上有所不同，它是采用电阻率较高的材料（例如黄铜、纯铜、铝锰合金等）作

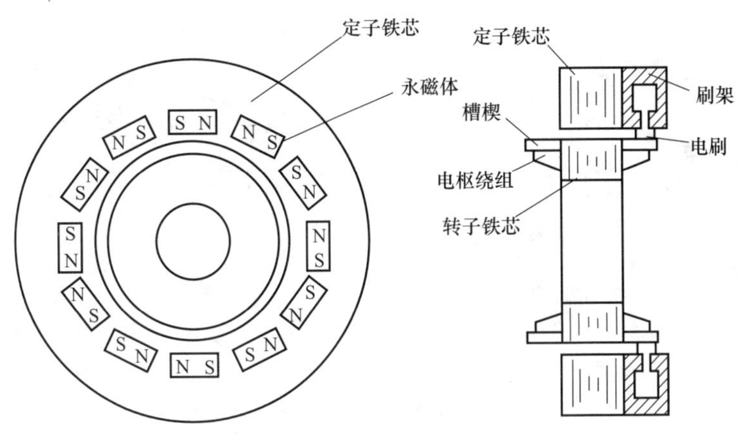

图 23-5-34　永磁式直流力矩电动机结构

转子的导条及端环，因此，力矩电动机的转子电阻比普通鼠笼式电动机的转子电阻大得多，因而其机械特性与普通感应电动机明显不同。交流力矩电动机的机械特性如图 23-5-35 所示，图中，曲线 1 为普通感应电动机的机械特性；交流力矩电动机转子电阻较大，使最大转矩对应的转差率为 1，即最大转矩出现在堵转点，其机械特性如图中曲线 2 所示。

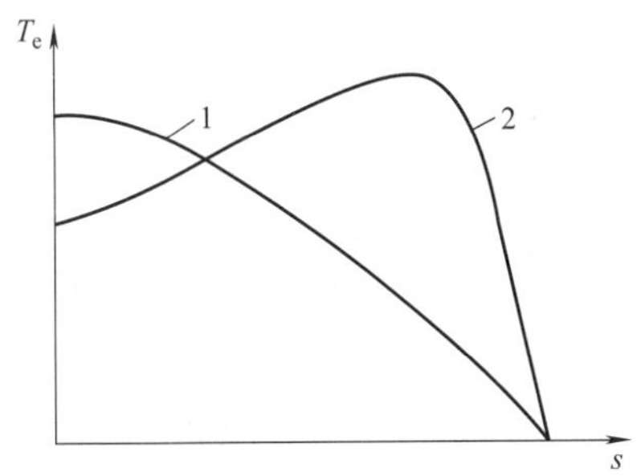

图 23-5-35　交流力矩电动机的机械特性

力矩电动机与传统旋转电动机比较具有以下优势：

① 直接的力延伸——没有机械传递。

② 高动态响应和良好的驱动控制质量。

③ 免维护驱动——电动机上没有损耗件或维护件。

④ 高动态和静态负载刚性。

⑤ 高定位精度。

⑥ 简单化机械设计。

⑦ 简单安装和拆卸。

5.3.4.5　直流驱动电动机应用实例

（1）高速列车

如图 23-5-36 所示，直线电动机用于高速列车是一个举世瞩目的课题。它与磁悬浮技术相结合，可使列车达到很高速度且无振动噪声，成为目前最先进的地面交通工具。日本已研制成功使用直线感应电动机的 HSST 系列磁悬浮列车模型，电动机采用短初级结构，作为轨道的次级导电板选用铝材，磁悬浮是吸引式的。列车模型的中间下方安放直线感应电动机，两边是若干个转向架，起磁悬浮作用的支承电磁铁安装在各个转向架上，它们可以保证直线感应电动机具有不变的气隙，并能转弯和上下坡。

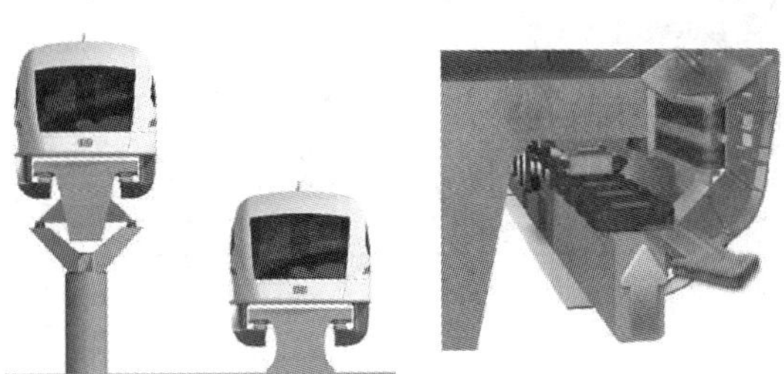

图 23-5-36　轨道交通用直线电动机驱动原理

（2）传送车

包头煤车直线电动机实验线（图 23-5-37）：输煤小车采用直线感应电动机驱动，初级安装在输煤小车底部，次级板安装在两导轨之间，轨道长数千米，该设备已成功投入使用。

（3）传送带与输送线

在建筑物中将小型物品从一个房间传送到另一个房间，可考虑使用直线电动机空间传送线。图 23-5-38所示的就是采用双边型直线感应电动机的三种传送带方案。直线感应电动机的初级固定，次级就是传送带本身，其材料为金属带或金属网与橡胶混合的复合皮带。

(a) 运煤车

(b) 现场次级板

(c) 次级板安装现场

(d) 初级结构

图 23-5-37 包头煤车直线电动机试验线

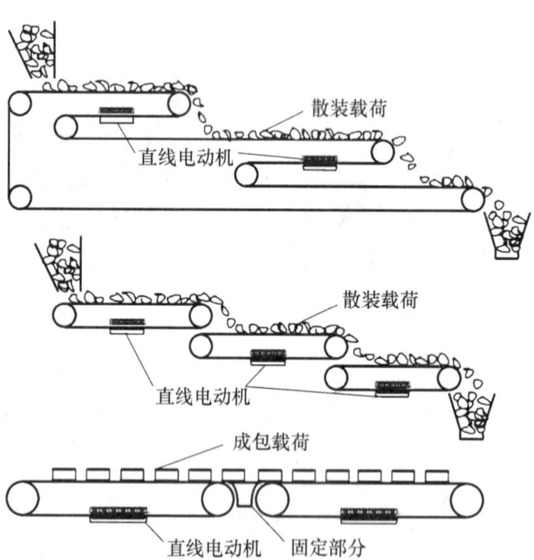

图 23-5-38 直线感应电动机传送带

(4) 数控加工中心

数控机床正在向精密、高速、复合、智能、环保的方向发展。精密和高速加工对传动及其控制提出了更高的要求，并要求更高的动态特性和控制精度、更高的进给速度和加速度、更低的振动噪声和更小的磨损。在数控机床应用上，直线电动机驱动方式与旋转电动机-滚珠丝杠的驱动方式相比，其性能更加优越，直线电动机驱动可以更好地满足现在数控机床进给系统的高精度、高速度和高加速度等要求，见图 23-5-39。

图 23-5-39 高速龙门激光切割机

5.4 电液伺服驱动系统

电液伺服系统是指以伺服元件（伺服阀或伺服泵）为控制核心的液压控制系统，它通常由指令装置、控制器、放大器、液压源、伺服元件、执行元件、反馈传感器及负载组成。

5.4.1　系统组成

电液伺服系统是一种反馈控制系统，主要由电信号处理装置和液压动力机构组成。典型电液伺服系统组成元件如下：

① 给定元件。它可以是机械装置，如凸轮、连杆等，提供位移信号；也可是电气元件，如电位计等，提供电压信号。

② 反馈检测元件。用来检测执行元件的实际输出量，并转换成反馈信号。它可以是机械装置，如齿轮副、连杆等；也可是电气元件，如电位计、测速发电机等。

③ 比较元件。用来比较指令信号和反馈信号，并得出误差信号。实际应用中，一般没有专门的比较元件，而是由某一结构元件兼职完成。

④ 放大、转换元件。将比较元件所得的误差信号放大，并转换成电信号或液压信号（压力、流量），它可以是电放大器、电液伺服阀等。

⑤ 执行元件。将液压能转变为机械能，产生直线运动或旋转运动，并直接控制被控对象，一般指液压缸或液压马达。

⑥ 被控制对象。指系统的负载，如工作台等。

5.4.2　特点

电液伺服系统又称跟踪系统，是一种自动控制系统。在这种系统中，执行元件能够自动、快速而准确地按照输入信号的变化规律动作，同时系统还起到将信号功率放大的作用，这种由电液元件组成的系统称为液压伺服系统。其特点如下：

① 伺服系统是一个位置跟踪系统。输出位移自动地跟随输入位移的变化规律而变化，体现为位置跟随运动。

② 伺服系统是一个功率放大系统。推动滑阀阀芯所需的功率很小，而系统的输出功率却可以很大，可带动较大的负载运动。

③ 伺服系统是一个负反馈系统。输出位移之所以能够精确地复现输入位移的变化是因为控制滑阀的阀体和液压缸体固连在一起，构成了一个负反馈控制通路。液压缸输出位移，通过这个反馈通路回输给滑阀阀体，并与输入位移相比较，从而逐渐减小和消除输出位移和输入位移之间的偏差，直到两者相同为止。因此，负反馈环节是液压伺服系统中必不可少的重要环节，负反馈也是自动控制系统具有的主要特征。

5.4.3　工作原理

电液伺服系统是一个有误差系统，当液压缸位移和阀芯位移之间不存在偏差时，系统就处于静止状态。若使液压缸克服工作阻力并以一定的速度运动，首先必须保证滑阀有一定的阀口开度，这是电液伺服系统工作的必要条件。液压缸运动的结果总是力图减小这个误差，但在其工作的任何时刻也不可能完全消除这个误差。没有误差，伺服系统就不能工作。

电液伺服系统的基本原理：反馈信号与输入信号相比较得出偏差信号，利用该偏差信号控制液压能源输入到系统的能量，使系统向着减小偏差的方向变化，直至偏差等于零或足够小，从而使系统的实际输出与希望值相符。

5.4.4　要求

电液伺服系统是反馈控制系统，它是按照偏差原理来进行工作的，因此在实际工作中，由于负载及系统各组成部分都有一定的惯性、油液有可压缩性等，当输入信号发生变化时，输出量并不能立刻跟着发生相应的变化，而是需要一个过程，在这个过程中，系统的输出量以及系统各组成部分的状态随时间的变化而变化，这就是通常所说的过渡过程或动态过程。如果系统的动态过程结束后，又达到新的平衡状态，则把这个平衡状态称为稳态或静态。

一般来说，系统在振荡过程中，由于存在能量损失，振荡将会越来越小，很快就会达到稳态。但是，如果活塞负载的惯性很大，油液因混入了空气而压缩较大，液压缸和导管的刚性不足，或系统的结构及其元件的参数选择不当，则振荡迟迟不得消失，甚至还会加剧，导致系统不能工作。出现这种情况时，系统被认为是不稳定的。因此，对液压伺服系统的基本要求首先是系统的稳定性，不稳定的系统根本无法工作。除此以外，还要从稳、快、准三个指标来衡量系统性能的好坏。稳和快反映了系统过渡过程的性能，既快又稳；若控制过程中输出量偏离希望值小，偏离的时间短，表明系统的动态精度高。另外，系统的稳态误差必须在允许范围之内，控制系统才有实用价值，也就是所谓的准。所以说一个高质量的电液伺服系统在整个控制过程中应该是既稳又快又准。

5.4.5　设计步骤

工业上应用的电液伺服系统大多数属于单输入单输出系统，可以近似看成线性定常系统，因此一般可采用频域法进行系统设计。系统设计的基本步骤如下：

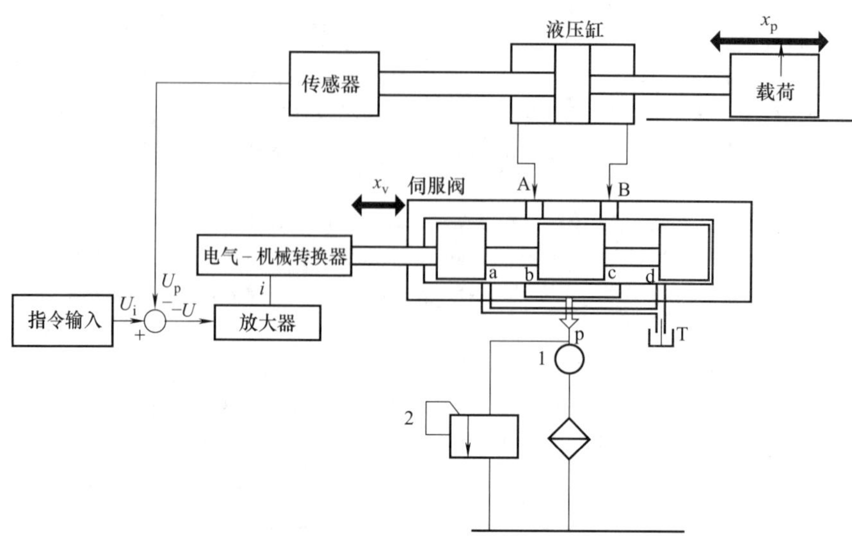

图 23-5-40　液压控制系统原理图

① 明确设计要求。

② 拟定控制方案，绘制系统原理图。

③ 静态计算，确定动力元件参数，选择系统组成元件。

④ 动态计算，确定组成元件的动态特性，仿真系统稳定性和响应特性。

⑤ 选择液压油源。

5.4.6　液压系统及其在机器人驱动与控制中的应用

液压控制系统能够根据装备的要求，对位置、速度、加速度、力等被控量按一定的精度进行控制，并且能在有外部干扰的情况下稳定准确的工作，实现既定的工艺目的。

以液压伺服系统为例，说明液压控制系统的原理。图 23-5-40 所示为一机床工作台液压伺服控制系统原理图，系统的能源为液压泵，它以恒定的压力向系统供油，动力装置由伺服阀、四通控制滑阀和液压缸组成。伺服阀是一个转换放大组件，它将电气-机械转换器给出的机械信号转化成液压信号（流量压力）输出并加以功率放大；液压缸为执行器，其输入是压力油的流量，输出的是拖动负载。与液压缸左端相连的传感器用于检测液压缸的位置，从而构成反馈控制。

当电气输入指令装置给出一指令信号时，反馈信号与指令信号进行比较，得出误差信号，经放大器放大后将得到的信号（通常为电流 i）输入电气-机械转换器，从而使电气-机械转换器带动滑阀的阀芯进行移动。不妨设阀芯每向右移动一个距离，节流窗口 b、d 便有一个相应的开口量。阀芯所移动的距离及节流窗口的开口量、通流面积与上述误差信号成比例，阀芯移动后液压泵的压力油由 p 口经节流窗口 b 进入液压腔左腔（右腔油液由 B 口经节流窗口 d 回油），液压缸的活塞杆推动负载右移 x_p，同时反馈传感器动作，误差及阀的节流窗口开口量减小，直至反馈传感器的反馈信号与指令信号之间的误差为零时，电气-机械转换器又回到中间的零位位置，于是伺服阀也处于中间位置，其输出流量等于 0，液压缸停止运动，此时负载就处于一个合适的平衡位置，从而完成了液压缸输出位移对于指令输入的跟随动作。如果加入反向指令信号，则滑阀反向运动，液压缸也反向跟随运动。

在机器人领域中常见的驱动器为电动驱动器，但由于其本身存在着输出功率较小、减速齿轮等传动部件容易消耗磨损的问题，为了实现具有较高输出功率、高带宽、快响应以及一定程度上的精准性，在大功率的应用场合下，机器人一般采用液压驱动系统。

随着液压技术与控制技术的发展，各种基于液压控制与电液复合控制的机器人已应用广泛，以液压驱动的机器人为例，其结构简单，动力强劲，操纵方便，可靠性高，控制方式多种多样，如仿形控制、操纵控制、电液控制、无线控制、智能控制等，在某些场合，液压机器人仍发挥着不可替代的作用。

5.5　气动驱动系统

5.5.1　气动驱动系统构件

气动驱动系统结构简单、速度快、维修方便、价格低、动作灵活，具有缓冲作用，适于在中、小负荷的机器人中采用。但因难于实现伺服控制，多用于程序控制的机械人中，如在上、下料和冲压机器人中应用较多，同时也需要增设气压源。与液压驱动器相比，其功率较小，刚度差，噪音大，速度不易控制，所以多用于精度不高，但有洁净、防爆等要求的点位控制机器人。

气动驱动器包含气缸和气动马达两大主要机构，其中气动马达可以分为回转马达和摆动马达。

气动回路是为了驱动用于各种不同目的的机械装置，其最重要的三个控制内容是力的大小、力的方向和运动速度。与生产装置相连接的各种类型的气缸靠压力控制阀、方向控制阀和流量控制阀分别实现对三个内容的控制，即：

① 压力控制阀——控制气动输出力的大小。

② 方向控制阀——控制气缸的运动方向。

③ 速度控制阀——控制气缸的运动速度。

一个气动系统通常包括：

① 气源设备：包括空压机、气罐。

② 气源处理元件：包括后冷却器、过滤器、干燥器和排水器。

③ 压力控制阀：包括增压阀、减压阀、安全阀、顺序阀、压力比例阀、真空发生器。

④ 润滑元件：油雾器、集中润滑元件。

⑤ 方向控制阀：包括电磁换向阀、气控换向阀、人控换向阀、机控换向阀、单向阀、梭阀。

⑥ 各类传感器：包括磁性开关、限位开关、压力开关、气动传感器。

⑦ 流量控制阀：包括速度控制阀、缓冲阀、快速排气阀。

⑧ 气动执行元件：气缸、摆动气缸、气马达、气爪、真空吸盘。

⑨ 其他辅助元件：消声器、接头与气管、液压缓冲器、气液转换器。

气动技术是以压缩气体为工作介质来进行能量与信号传递，实现各种生产过程、自动控制的一门技术，它是液体流动与控制科学的一个重要组成部分。传递动力的系统是将压缩气体经由管道和控制阀输送给气动执行元件，把压缩气体的压力功能转换为机械能而做功；传递信息的系统是利用气动逻辑元件或射流元件实现逻辑运算等功能，也称气动控制系统。

5.5.2 气动比例控制系统

5.5.2.1 气动比例控制系统组成

气动比例控制系统由比例控制气阀与相应的电子控制技术组成，可满足各种各样的控制要求。气动比例控制系统的基本构成如图 23-5-41 所示，图中的执行单元可以是气缸或气动马达、容器和喷嘴等将空气的压力能转化为机械能的元件。比例控制阀门作为系统的电-气压转换的接口元件，实现对执行单元供给气压能量的控制。控制单元作为人机的接口，起着向比例控制阀门发出控制量指令的作用，它可以是单片机、微机及专用控制器等。比例控制阀门的精度较高，一般为 0.5%～2.5%FS。即使不用各种传感器构成负反馈系统，也能得到十分理想的控制效果，但不能抑制被控对象参数变化和外部干扰带来的影响。对于控制精度要求更高的应用场合，必须使用各种传感器构成负反馈来进一步提高系统的控制精度，如图中虚线部分所示。

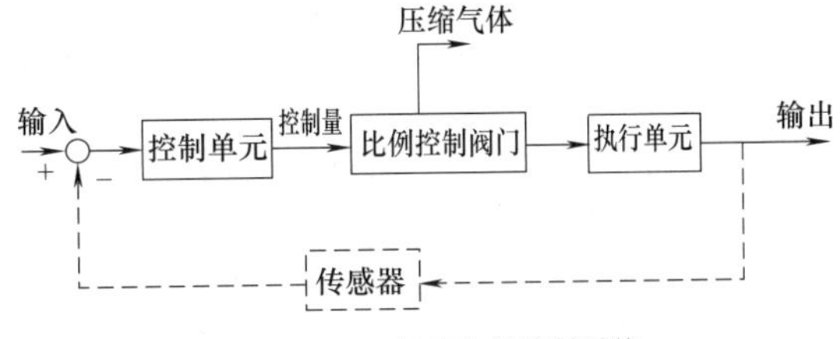

图 23-5-41　气动比例控制系统

5.5.2.2 MPYE 型伺服阀

对于 MPYE 型伺服阀，在使用中可用微机作为控制器，通过 D/A 转换器直接驱动。可使用标准气缸和位置传感器来组成价廉的伺服控制系统，但对于控制性能要求较高的自动化设备，宜使用厂家提供的伺服控制系统，它包括 MPYE 型伺服阀、位置传感器、内藏气缸、SPC 型控制器。控制流程如下：目标值以程序或模拟量的方式输入控制器中，由控制器向伺服阀发出控制信号，实现对气缸的运动控制。气缸的位移由位置传感器检测，并反馈到控制器。控制器以气缸位移反馈量为基础，计算出速度、加速度反馈链。再根据运行条件，如负载质量、缸径、行程及伺服阀尺寸等，自动计算出控制信号的最优值，并作用于伺服控制阀，从而实现闭环控制。控制器与微机连接后，使用厂家提供的系统管理软件，可实现程序管理、条件设定、远距离操作、动特性分析等多项功能。控制器也可与编程器相连接，从而实现与其他系统的顺序动作、多轴运行等功能。

在气动系统中，要根据被控对象的类型和应用场合来选择比例阀的类型。被控对象的类型不同，对控制精度、响应速度、流量等性能指标要求也不同。控制精度和响应速度是相互矛盾的，两者不可同时兼顾。对于已定的控制系统，以最重要的性能指标为依据来确定比例阀的类型，然后考虑设备的运行情况，如污染、振动、安装空间及安装姿态等方面的要求，最终选组出合适比例阀。譬如喷嘴挡板型比例压力阀在研磨、卷绕、喷涂及流控等方面表现优异，而电磁开关式压力阀则在喷流和激光加工领域中有着重要作用，比例铁磁型压力阀在焊接机中有着重要应用，而相应的比例电磁流量阀则在气缸、气动马达中有着重要应用。

5.5.3 控制原理

气动比例/伺服控制系统的性能虽然依赖于执行元件、比例/伺服阀门等系统构成要素的性能，但为了更好地发挥系统构成要素的作用，控制器控制量的计算又是至关重要的。控制器通常以输入值与输出值的偏差为基础，通过选择适当的控制算法可以设计出不受被控对象参数变化和干扰影响、具有较强鲁棒性的控制系统。

PID控制具有简单、实用、易掌握等特点，在气动控制技术中得到了广泛应用，原理如图23-5-42所示。

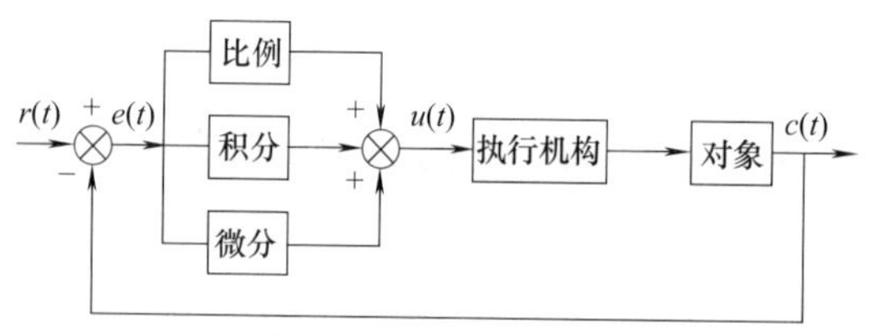

图23-5-42 PID控制原理

PID控制器设计的难点是比例、积分及微分增益系数的确定。一方面，合适的增益系数的获得需经过大量实验，工作量很大；另一方面，PID控制不适用于控制对象参数经常变化、外部有干扰、大滞后系统等场合。在此情况下，一是使用神经网络与PID控制并行组成控制器，利用神经网络的学习功能，在线调整增益系数，抑制因参数变化等对系统稳定性造成的影响；二是使用各种构成具有强鲁棒性的控制系统。目前应用现代控制理论来控制气缸的位置或力的研究相当活跃，并取得了一定的研究成果。

5.5.4 控制应用

5.5.4.1 张力控制

带材或板材（纸张、胶片、电线、金属薄板等）的卷绕机在卷绕过程中，为了保证产品的质量，要求卷筒张力保持一定。因气动制动器具有廉价、维修简单、制动力矩范围变更方便等特点，所以在各种卷绕机中得到了广泛的应用。对于一个应用了比例压力阀的张力控制系统，其高速运动的带材的张力由张力传感器检测，并反馈到控制器。控制器以张力反馈值与输入值的偏差为基础，采用一定的控制算法，输出控制量到比例压力阀，从而调整气动制动器的制动压力，以保证带材的张力恒定。在张力控制中，控制精度比响应速度要求高，建议选用控制精度较高的喷嘴挡板型比例压力阀。

5.5.4.2 加压控制

以在磨床加压控制中的比例压力阀为例，在该情景下，控制精度比响应速度要求高，所以应选用控制精度较高的喷嘴挡板型或电磁开关型比例压力阀。应该注意的是，加压控制的精度不仅取决于比例压力阀的精度，气缸的摩擦阻力特性影响也很大。标准气缸的摩擦阻力随着工作压力、运动速度等因素变化，难以实现平稳加压控制，所以在此应用场合下，建议选用低速、恒摩擦阻力气缸。系统中减压阀的作用是向气缸有杆腔加一恒压，以平衡活塞杆和夹具机构的自重。

5.5.4.3 位置和力控制

（1）控制方法

采用电气伺服控制系统能方便地实现多点无极柔性定位（由于气体的可压缩性，能实现柔性定位）和无级调速；比例伺服控制技术的发展以及新型气动元件的出现，能大幅降低工序节拍，提高生产效率。伺服气动系统实现了气动系统输出物理量（压力或流量）的连续控制，主要用于气动驱动机构的启动和制动、速度控制、力控制（如机械手的抓取力控制）和精确定位。通常气动伺服定位系统主要由气动/比例伺服控制阀、执行元件（气缸或马达）传感器（位移传感器或力传感器）及控制器组成。

（2）汽车方向盘疲劳试验机

气动/比例伺服控制系统非常适合应用于像汽车部件、橡胶制品、轴承及键盘等产品的中、小型疲劳试验机中。以汽车方向盘疲劳试验机中的气动伺服系统为例，该试验机主要由被试体（方向盘）、伺服控制阀、伺服控制器、位移和负荷传感器及计算机等构成。要求向方向盘的轴向、径向和螺旋方向单独或复合（两轴同时）地施加正弦波变化的负荷，然后检测其寿命。该试验机的特点是：精度和简单性兼顾；在两轴同时加载时，不易相互干扰。

（3）挤奶机器人

日本ORION公司开发的自动挤奶机器人，如图23-5-43所示，其挤奶装置沿 X、Y、Z 三轴方向的移动依靠FESID伺服控制系统驱动。X、Y、Z 轴选

图 23-5-43　挤奶机器人

用的气缸（带位置移动传感器）尺寸分别为 ϕ40×1000、ϕ50×300 和 ϕ2×500，对应的 MPYE 系列伺服阀分别为 G1/4、G1/8 和 G1/8，伺服控制器为 SPC100 型。以奶牛的臀部和腹部作为定位基准，X、Y、Z 轴在气动伺服控制系统的驱动下，挤奶装置向奶牛乳头部定位。把位移传感器的绝对零点设为 0V，满量程定为 10V。利用 SPC100 的模拟量输入控制功能，只要控制输入电压值，即可实现轴的位置控制。利用该功能不仅能控制轴的位置，还可实现轴的速度控制，即在系统的响应频率范围内，可按照输入电压波形（台波形、正弦波等）的变化来驱动轴运动。在该应用例子中，定位对象是活生生的奶牛，其在任何时候都有踢腿、晃动的可能。由于气动控制系统所特有的柔软性，能顺应奶牛的这种随机动作，而不会使奶牛受到损伤。在这种场合下，气动系统的长处得到了最大的发挥。

5.5.5　气动系统在机器人驱动与控制中的应用

5.5.5.1　气动系统在机器人中应用的优势

① 以空气为工作介质，工作介质获得比较容易，用后的空气排到大气中，处理方便，与液压传动相比，不必设置回收的油箱和管道。

② 因空气的黏度很小（约为液压油动力黏度的万分之一），其损失也很小，所以便于集中供气、远距离输送，并且不易发生过热现象。

③ 与液压传动相比，气压传动动作迅速、反应快，可在较短时间内达到所需的压力和速度。这是因为压缩空气的黏性小、流速大，一般压缩空气在管路中的流速可达到 180m/s，而油液在管路中的流速仅为 2.5～4.5m/s。工作介质清洁，不存在介质变质等问题。

④ 安全可靠。在易燃、易爆场所使用不需要昂贵的防爆设施。压缩空气不会爆炸或者着火，特别是在易燃、易爆、多尘埃、强磁、辐射、振动、冲击等恶劣工作环境中，比液压、电子、电气控制优越。

⑤ 成本低。过载能自动保护，在一定的超载运行下也能保证系统安全工作。

⑥ 系统组装方便。使用快速接头可以非常简单地进行配管，因此系统的组装、维修以及元件的更换比较简单。

⑦ 储存方便。气压具有较高的保持能力，压缩空气可以储藏在贮气罐内，随时取用。即使压缩机停止运行，气阀关闭，气动系统仍可维持一个稳定的压力，故不需要压缩机的连续运转。

⑧ 清洁。基本无污染，外泄漏不会像液压传动那样严重污染环境。对于要求高净化、无污染的场合，比如食品、印刷、木材和纺织工业等是极为重要的，气动具有独特的适应能力，优于液压、电子、电气控制。

⑨ 可以把驱动器做成关节的一部分，因而结构简单、刚性好、成本低。通过调节气量可以实现无级变速。由于空气的可压缩性，气压驱动系统具有较好的缓冲作用。

总之，气压驱动系统具有速度快、系统结构简单、清洁、维修方便、价格低等特点，适用于机器人。

5.5.5.2　气动机器人的适合场合

适于中、小负荷机器人，但因难于实现伺服控制，多用于程序控制的机器人系统，如在上、下料和冲压机器人中采用较多。气动机器人采用压缩空气为动力源，从一般工厂的压缩空气站引到机器工作位置，也可单独建立小型气源系统。

由于气动机器人具有气源使用方便、不污染环境、动作灵活迅速、工作安全可靠、操作维修简便以及适用于恶劣环境下工作等特点，因此它在冲压加工、注塑及压铸等有毒或高温条件下作业，如在机床上、下料，仪表及轻工行业中、小型零件的输送和自动装配等作业，食品包装及输送，电子产品输送、自动插接，弹药生产自动化等方面获得广泛应用。

5.5.5.3　气动机器人技术应用进展

近年来，人们在研究与人类亲近的机器人与机械系统时，气压驱动的柔软性受到格外关注，气动机器人已经取得了实质性进展。如何构建柔软机构并积极地发挥气压柔软性特点是今后气压驱动器应用的一个重要方向。

就在三维空间的任意定位、任意姿态抓取物体或握手而言，“阿基里斯”六角勘测员、攀墙机器人都显示出它们具有足够自由度来适应工作空间区域。在彩电、冰箱等家用电器产品的装配生产线上，在半导体芯片、印刷电路等各种电子产品的装配流水线上，不仅可以看到各种大小不一、形状不同的气缸、气爪，还可以看到许多灵巧的真空吸盘将一般的气爪很难抓起的显像管、纸箱等物品轻轻地吸住，运送到指定目标位置，对加速度限制十分严格的芯片搬运系统，采用了平稳加速的 SIN 气缸。

当前，面向康复、护理、助力等与人类共存、协作型的机器人已崭露头角，在医疗、康复领域或家庭中扮演护理或生活支援等角色。所有这些方面的研究都是围绕着与人类协同作业的柔软机器人的关键技术展开的。在医疗领域，重要成果是内窥镜手术辅助机器人“EMARO”。东京工业大学和东京医科齿科大学创立的风险企业 RIVERFIELD 公司于 2015 年 7 月宣布了内窥镜手术辅助机器人“EMARO：endoscope manipulator robot”研制成功。EMARO 是主刀医生可以通过头部动作自己来操作内窥镜系统，无需通过助手（把持内窥镜的医生）的帮助。

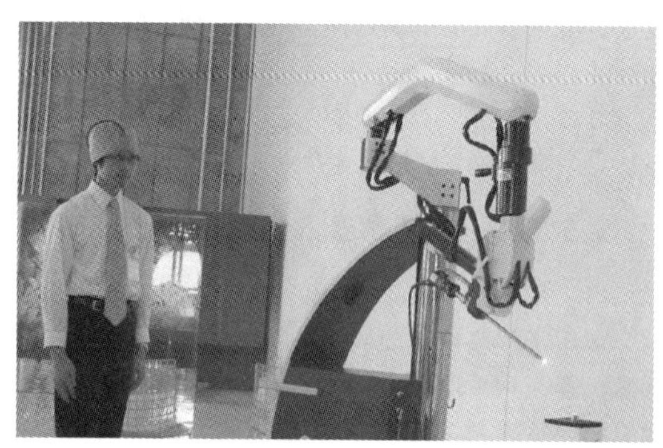

图 23-5-44 EMARO

使用 EMARO，当头部佩戴陀螺仪传感器的主刀医生头部上下左右倾斜时，系统会感应到这些动作，内窥镜会自如活动，还可与脚下的专用踏板联动。无需通过助手，就可获得所希望的无抖动图像，有助于医生更准确地实施手术。EMARO 作为手术辅助机器人，首次采用了气压驱动方式。用自助的气压控制技术实现了灵活的动作，在工作中“即使接触到人，也可以躲开其作用力”等，可保证高安全性。与马达驱动的现有内窥镜夹持机器人相比，整个系统更加轻量小巧。该系统平时由主刀医生头部的陀螺仪传感器来操作，发生紧急情况时，还可以手动操作，可利用机体上附带的控制面板的按钮来操作。

5.5.5.4 气动机器人应用

(1) 爬壁机器人

爬壁机器人是一种利用各种现代科技，能够在壁面上进行各种工作的特种机器人，能够应用于高楼外壁清洗、渔船内外壁检查、航天检查、建筑业中的喷涂巨型墙面、安装瓷砖等工作中，具有广泛实用价值。图 23-5-45 展示了一种爬壁机器人。

图 23-5-45 用于清除船体锈垢的爬壁机器人

爬壁机器人主要由工控机、多功能数据采集卡、AD 采集口、DA 模拟量输出口、DO 输出口、RS232 通信及输出功能真空发生器、电磁阀、气控阀、比例阀、位移和压力传感器等组成，具体如图 23-5-46 所示。

(2) 气动机械手

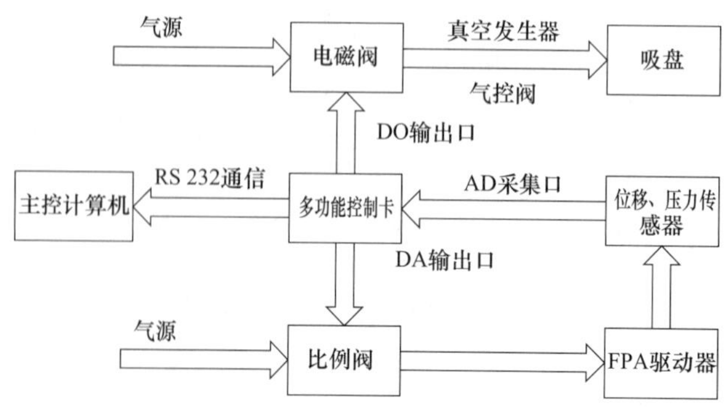

图 23-5-46 爬壁机器人系统结构

气动机械手主要由执行机构、驱动系统、控制系统以及位置检测装置等组成。在 PLC（可编程逻辑控制器简称 PLC，由于具有功能强、可编程、智能化等特点已成为工业控制领域中最主要的自动化装置之一）程序控制的条件下，采用气压传动方式使执行机构的相应部位发生规定的、有顺序的、有运动轨迹的、有一定速度和时间的动作。同时按其控制系统的信息对执行机构发出指令，当动作有错误或发生故障时即发出报警信号。位置检测装置随时将执行机构的实际位置反馈给控制系统，并与设定的位置进行比较，然后通过控制系统进行调整，从而使执行机构以一定的精度达到设定位置。

图 23-5-47　气动机械手

气动机械手系统结构如图 23-5-48 所示。

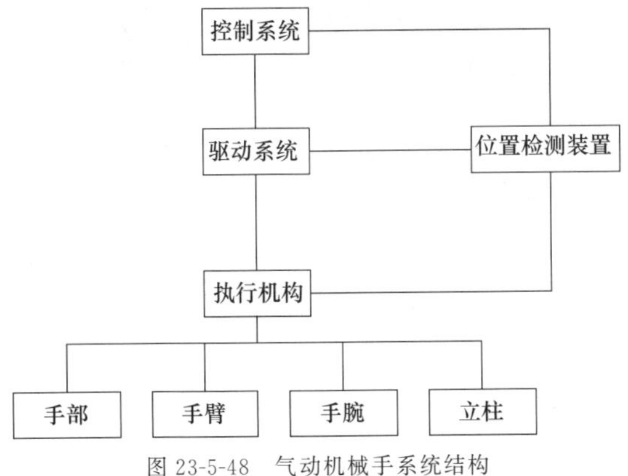

图 23-5-48　气动机械手系统结构

① 执行机构：包括手部、手腕、手臂和立柱等部件（有的增设行走机构）。

手部是与物件接触的部件。根据手部与物件接触形式的不同可分为夹持式和吸附式。夹持式是由手指（或手爪）和传力机构构成。常用的手指运动形式有回转型和平移型，回转型手指结构简单，制造容易，故应用较广泛；平移型应用较少，其原因是结构比较复杂，但平移型手指夹持圆形零件时，工件直径变化不影响其轴心的位置，因此适宜夹持直径变化范围大的工件。手指结构取决于被抓取物件的表面形状、被抓部位（是外廓或是内孔）和物件的重量及尺寸。传力机构则通过手指产生夹紧力来完成夹放物件的任务。传力机构形式较多，常用的有滑槽杠杆式、连杆杠杆式、斜面杠杆式、齿轮齿条式、丝杠螺母弹簧式和重力式等。

手腕是连接手部和手臂的部件，可用来调整被抓取物件的方位（即姿势）。

手臂是支承被抓物件、手部、手腕的重要部件。手臂的作用是带动手指去抓取物件，并按预定要求将其搬运到指定的位置。气动机械手的手臂通常由驱动手臂运动的部件（如油缸、气缸、齿轮齿条机构、连杆机构、螺旋机构和凸轮机构等）与驱动源气压（气缸）相配合，实现手臂的各种运动。

立柱是支承手臂的部件，立柱也可以是手臂的一部分，手臂的回转运动和升降（或俯仰）运动均与立柱有密切的联系。机械手的立柱因工作需要，有时也可作横向移动，即称为可移式立柱。

② 驱动系统：驱动气缸执行机械运动。气动机械手具有手臂伸缩、机身回转、机身升降三个自由度。主要由 3 个大部件和 3 个气缸组成。手部采用一个气爪，通过机构运动实现手爪的运动；臂部，采用直线缸来实现手臂的伸缩；机身，采用一个直线缸和一个回转缸来实现手臂升降和回转。

③ 控制系统：气动机械手气动回路的设计主要是选用合适的控制阀，通过控制和调节各个气缸压缩空气的压力、流量和方向来使气动执行机构获得必要的力、动作速度和改变运动方向，并按规定的程序工作。假设气动机械手完成各个运动的气缸只有完全伸出和完全缩回两个状态。选择两位五通换向阀控制各个气缸的运动方向，气缸的进出口回路各设置一个单向节流阀，通过控制进出口空气流量的大小来控制气缸执行器动力的大小和运动速度。设计中采用 PLC 控制机械手实现各种规定的预定动作，既可以简化控制线路、节省成本，又可以提高劳动生产率。

④ 位置检测装置：控制机械手执行机构的运动位置，随时将执行机构的实际位置反馈给控制系统，并与设定的位置进行比较，然后通过控制系统进行调整，从而使执行机构以一定的精度达到设定位置。

第6章 工业机器人常用传感器

机器人由感知、决策和执行三部分组成，其中，感知部分是机器人区别于其他自动化机器的重要部件，机器人的感知就是机器人传感技术。机器人传感器是20世纪70年代发展起来的一类专门用于机器人的新型传感器。机器人传感器和普通传感器工作原理基本相同，但又有其特殊性。

6.1 概述

在当今信息时代的发展过程中，各种信息的感知、采集、转换、传输和处理已成为各个应用领域特别是自动检测和自动控制系统中不可缺少的重要技术工具。

为了检测机器人与作业对象及工作环境之间的作用关系，在机器人上安装速度传感器、加速度传感器、触觉传感器、视觉传感器、力觉传感器、接近觉传感器、超声波传感器和听觉传感器等，机器人借助传感器信息完成各种复杂工作。

根据检测对象的不同可以将传感器分为内传感器和外传感器。内传感器多用来检测机器人本身状态（如手臂间角度），多为检测位置和角度的传感器；外部传感器多用来检测机器人所处环境（如是哪种物体，离物体的距离有多远等）及状况（如抓取物体时是否有滑动）的传感器。具体有物体识别传感器、力觉传感器、接近觉传感器、距离传感器、听觉传感器等。

6.1.1 传感器定义及指标

传感器是能够感应各种非电量（如物理量、化学量、生物量），且按照一定的规律转换成便于传输和处理的另一种物理量（一般为电量）的测量装置或器件。传感器通常由敏感元件和转换元件组成，其中敏感元件是指传感器中直接感应被测量的部分，转换元件是指传感器能将敏感元件的输出转换为适于传输和处理的电信号部分。

传感器一般有以下几个指标特性。

（1）动态范围

动态范围是指传感器能检测的范围。比如电流传感器能够测量1mA～20A的电流，那么这个传感器的测量范围就是10lg（20/0.001）=43dB。如果传感器的输入超出了传感器的测量范围，那么传感器就不会显示正确的测量值，比如超声波传感器就无法测量近距离的物体。

（2）分辨率

分辨率是指传感器能测量的最小差异。比如电流传感器，如果它的分辨率是5mA，那么小于5mA的电流差异它就无法检测。

（3）线性度

线性度用来衡量传感器输入和输出的关系，是传感器的一个重要指标。

（4）频率

频率是指传感器的采样速度。比如一个超声波传感器的采样速度为20Hz，也就是说其每秒钟能扫描20次。

6.1.2 机器人的感觉策略

机器人感觉就是把外界相关特性或相关物体特性转换成机器所能处理的信号，这种信号是机器人执行某些功能所需要的。根据应用场合的不同，这些信号的形式有所不同，主要有几何的、光学的、声音的、机械的、材料的、电气的、磁性的和化学的等。利用这些特征信息形成的符号表征系统，进而构成与给定工作任务相关的状态知识。

机器人的感觉顺序分两步进行，如图23-6-1所示。

① 变换：通过相关硬件把外界目标特征转换为机器可处理的信号。

② 处理：把所获得信号转换为规划或执行某个机器人功能所需要的信息。处理通常包括预处理和解

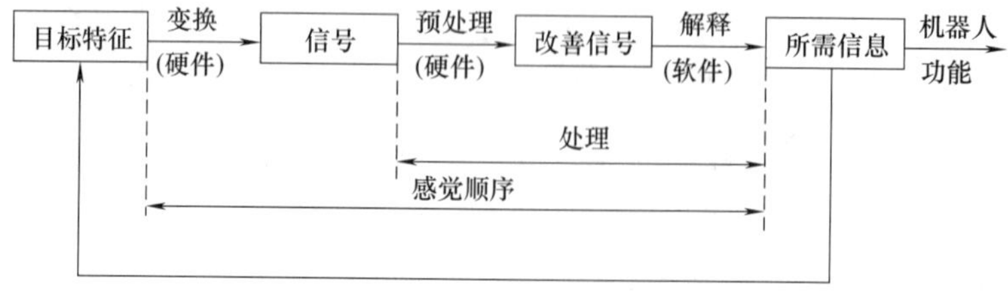

图23-6-1 机器人感觉顺序与系统结构

释两个步骤。在预处理阶段，一般通过硬件或者算法来改善信号；在解释阶段，一般通过软件对改善之后的信号进行分析，并提取所需要的信息。

举例来说，一个传感器（如摄像机或模数转换器）根据物体表面对光的反射强度得出一组数字型电压的二维数组，这些电压值与摄像机接收到的光强成正比。预处理（如滤波器）用来降低信号噪声，改善信号性能，解释器（即计算机程序）用于分析预处理数据，并得到物体的统一性、位置和完整性等信息。

图 23-6-1 中的反馈环节表明，如果所获得的信息不适用，这种信息可被反馈以修正和重复感觉顺序，直至得到所需要的信息为止。这种交互作用的感觉策略不仅限于单个传感器。

6.1.3 机器人传感器的分类

机器人传感器是机器人的感觉器官，能使机器人具有类似于人的感知能力。机器人传感器种类很多，根据不同方法分类可分为多种类型，不同类型的传感器组合构成了机器人的传感器系统。

根据传感器的作用，一般将传感器分为内部传感器和外部传感器。内部传感器（体内传感器）主要测量机器人内部系统状态，比如检测机器人电动机内部温度、电动机转速、电动机负载和电池电压等。外部传感器（检测外部环境传感器）安装在机械手或移动机器人上，主要测量机器人外界周围环境，比如测量物体距离的远近、声音的大小、光线的明暗和温度的大小等。

目前为止，已经开发出各种各样的传感器，而且大多已经实用化。如测量接触、压力、力、位置、角度、速度、加速度、距离及物体特性（形状、大小、姿态、凹凸、表面粗糙度、重量）等的传感器。因此，根据分类标准不同，机器人传感器的分类结果也不同。

机器人的内部传感器以其自己的坐标系确定其位置，安装在机器人自身中用来感知自己的状态，以调整并控制机器人的行动。如表 23-6-1 所示，主要包括位移、位置、速度、加速度、倾斜角、方位角等传感器，可分为 6 大类。

机器人的外部传感器用来感知外部环境和对象的状况，即机器人自身在外部坐标系的运动参数、对象的形状位置等。如表 23-6-2 所示，主要包括视觉、触觉、力觉、接近觉等传感器，可分为 4 大类。

不同类型的传感器，检测方法也不相同。因此按照检测方法可分为光学、机械、超声波、电阻、半导体、电容、气压等的传感器，如表 23-6-3 所示。

第 23 篇

表 23-6-1　**内部传感器分类**

传感器	类型
特定位置、角度传感器	微型开关、光电开关
任意位置、角度传感器	电位器、旋转变压器、码盘、关节角传感器
速度、角速度传感器	测速发电机、码盘
加速度传感器	应变片式、伺服式、压电式、电动式
倾斜角传感器	液体式、垂直振子式
方位角传感器	陀螺仪、地磁传感器

表 23-6-2　**外部传感器分类**

功能	传感器	类型
视觉传感器	测量传感器	光学式（点状、线状、圆形、螺旋形、光束）
	识别传感器	光学式、声波式
	接触觉传感器	单点式、分布式
触觉传感器	压觉传感器	单点式、高密度集成、分布式
	滑觉传感器	点接触式、线接触式、面接触式
力觉传感器	力/力矩传感器	组合型
	力和力矩传感器	单元型
接近觉传感器	接近觉传感器	空气式、磁场式、电场式、光学式、声波式
	距离传感器	光学式、声波式

表 23-6-3　**传感器按检测方法分类**

传感器	检测方法	传感器	检测方法
光学传感器	接近觉、分布触觉、视觉、角度觉	超声波传感器	接近觉、视觉
机械传感器	触觉	电阻传感器	压觉、分布触觉、力觉

续表

传感器	检测方法	传感器	检测方法
半导体传感器	压觉、分布触觉、力觉	生物传感器	触觉、压觉
电容传感器	接近觉、分布压觉	电化学传感器	触觉、接近觉、角度觉
气压传感器	接近觉	磁传感器	接近觉
高分子传感器	触觉、压觉	流体传感器	角度觉

此外还有一些其他的分类标准，根据是否接触分为接触式传感器和非接触式传感器；根据被测量分为热工量、机械量、物性和成分量、状态量等传感器；根据用途可分为力敏传感器、位置传感器、液位传感器、能耗传感器、速度传感器、加速度传感器、射线辐射传感器、热敏传感器等；根据原理可分为电阻式、光电式、电感式、谐振式、电容式、霍尔式、阻抗式、热电式、压电式等传感器；根据输出信号可分为模拟传感器、数字传感器、开关传感器等；根据制造工艺分为薄膜传感器、厚膜传感器、陶瓷传感器等。

本章将以内外传感器的分类方法来讨论机器人传感器。

6.1.4 传感器选用原则

由于传感器的工作原理与结构不同，种类很多，如何根据具体的测量目的、测量对象以及测量环境合理地选用传感器是在进行某个量的测量时首先要解决的问题。当传感器确定后，与之相配套的测量方法和测量设备也就可以确定了。测量结果的好坏在很大程度上取决于传感器的选用是否合理。传感器选取得当，并辅以信号处理技术，能够有效提高传感器工作效率。下面是应用机器人传感器时应考虑的问题。

(1) 根据测量对象与测量环境确定传感器的类型

要进行一个具体的测量工作，首先要考虑采用何种原理的传感器，这需要分析多方面的因素之后才能确定。因为即使是测量同一物理量，也有多种原理的传感器可供选用，哪一种原理的传感器更为合适，则需要根据被测量的特点和传感器的使用条件考虑一些具体问题，如量程的大小，被测位置对传感器体积的要求，测量方式为接触式还是非接触式，信号的引出方法是有线还是非接触测量，传感器的来源是国产还是进口，价格能否承受，是否自行研制。在考虑上述问题之后就能确定选用何种类型的传感器，然后再考虑传感器的具体性能指标。

(2) 灵敏度的选择

通常，在传感器的线性范围内，希望传感器的灵敏度越高越好。因为只有灵敏度高时，与被测量变化对应的输出信号的值才会大小合适，才能更加有利于信号处理。但要注意的是，传感器的灵敏度高，与被测量无关的外界噪声也容易混入，该噪声相应也会被放大，影响测量精度。因此，要求传感器本身应具有较高的信噪比，尽量减少从外界引入的干扰信号。

传感器的灵敏度是有方向性的。当被测量是单向量，而且对其方向性要求较高时，则应选择其他方向灵敏度小的传感器；如果被测量是多维向量，则要求传感器的交叉灵敏度越小越好。

(3) 频率响应特性

传感器的频率响应特性决定了被测量的频率范围，必须在允许频率范围内保持不失真的测量条件，实际上传感器的响应总有一定延迟，希望延迟时间越短越好。传感器的频率响应高，可测的信号频率范围就宽，而由于受到结构特性的影响，机械系统的惯性较大，固有频率低的传感器可测信号的频率较低。在动态测量中，应根据信号的特点（稳态、瞬态、随机等）响应特性进行测量，以免产生过大的误差。

(4) 线性范围

传感器的线性范围是指输出与输入成正比的范围。从理论上讲，在此范围内，灵敏度保持定值。传感器的线性范围越宽，则其量程越大，并且能保证一定的测量精度。在选择传感器时，当传感器的种类确定以后首先要看其量程是否满足要求。但实际上，任何传感器都不能保证绝对的线性，其线性度也是相对的。当所要求测量精度比较低时，在一定的范围内，可将非线性误差较小的传感器近似看作线性的，这会给测量带来极大的方便。

(5) 稳定性

传感器使用一段时间后，其性能保持不变的能力称为稳定性。影响传感器长期稳定性的因素除传感器本身结构外，主要是传感器的使用环境。因此，要使传感器具有良好的稳定性，传感器必须要有较强的环境适应能力。在选择传感器之前，应对其使用环境进行调查，并根据具体的使用环境选择合适的传感器或采取适当的措施，以减小环境的影响。传感器的稳定性有定量指标，超过使用期后，在使用前应重新进行标定，以确定传感器的性能是否发生变化。在某些要求传感器能长期使用而又不能轻易更换或标定的场合，所选用的传感器稳定性要求更为严格，其要能够经受住长时间的考验。

(6) 精度

精度是传感器的一个重要性能指标，它是关系到整个测量系统测量精度的一个重要环节。传感器的精度越高，其价格越昂贵，因此，传感器的精度只要能满足整个测量系统的精度要求即可，不必选得过高。这样就可以在满足同一测量目的的诸多传感器中选择比较便宜和简单的传感器。如果测量目的是定性分析的，则选用重复精度高的传感器即可，不宜选用绝对量值精度高的传感器；如果是为了定量分析，必须获得精确的测量值，就需选用精度等级能满足要求的传感器。

(7) 抗干扰能力

传感器与被测对象同时处于被干扰的环境中，不可避免地会受到外界的干扰。传感器采取的抗干扰措施依据传感器的结构、种类和特性而异。对于检测微弱信号而输出阻抗又很高的传感器（如压电、电容式等），抗干扰问题尤为突出，需要考虑以下问题。

① 传感器本身要采取屏蔽措施，防止电磁干扰，同时要考虑分布电容的影响。

② 由于传感器的输出信号微弱、输出阻抗很高，必须解决传感器的绝缘问题，包括印制电路板的绝缘电阻都必须满足要求。

③ 与传感器相连的前置电路必须与传感器相适应，即输入阻抗要足够高，并选用低噪声器件。

④ 信号的传输线需要考虑信号的衰减和传输电缆分布电容的影响，必要时可考虑采用驱动屏蔽。

改进传感器的结构，在一定程度上可避免干扰的引入，可有如下途径。

① 将信号处理电路与传感器的敏感元件做成一个整体，即一体化。这样需传输的信号增强，提高了抗干扰能力，同时，一体化也减少了干扰的引入。

② 集成化传感器具有结构紧凑、功能强的特点，有利于提高抗干扰能力。

③ 智能化传感器可以从多方面采取抗干扰措施，如数字滤波、定时自校、特性补偿等。

针对抗共模干扰可采取如下措施。

① 对于由敏感元件组成桥路的传感器，为减小供电电源引起的共模干扰，可采用正负对称的电源供电，使电桥输出端形成的共模干扰电压接近于0。

② 测量电路采用输入端对称电路或用差分放大器来提高抑制共模干扰能力。

③ 采用合理的接地系统，减少共模干扰形成的干扰电流流入测量电路。

针对抗差模干扰可采取如下措施。

① 合理设计传感器结构并采用完全屏蔽措施，防止外界进入和内部寄生耦合干扰。

② 信号传输采取抗干扰措施，如用双绞线、屏蔽电缆、信号线滤波等。

③ 采用电流或数字量进行信号传送。

另外，传感器选择时也应遵循一定的要求：

① 足够的量程，传感器的工作范围或量程足够大，具有一定的过载能力。

② 灵敏度高，精度适当，要求输出信号与被测信号成确定的关系（通常为线性），且比值要大，传感器的静态响应与动态响应的准确度能满足要求。

③ 使用性和适应性强，体积小，重量轻，动作能量小，对被测对象的状态影响小，内部噪声小且不易受外界干扰的影响。

④ 使用经济，成本低，寿命长，且便于使用、维修和校准。

适当地、合理地选择传感器能够尽可能地提高传感器对信号的灵敏度，并降低其对噪声的敏感性，即提高其抗干扰能力。

6.2　内传感器

机器人内传感器以其自己的坐标系统确定其位置，是安装在机器人自身中用来感知自己的状态，以调整并控制机器人的行动。机器人内传感器包括位置传感器、速度和加速度传感器、力传感器以及应力传感器等。

内部传感器主要用来检测机器人各内部系统的状况，如各关节的位置、速度、加速度、温度、电动机速度、电动机载荷、电池电压等，并将所测得的信息作为反馈信息送至控制器，形成闭环控制。

在有关工业机器人功能的名词术语中，“内部测量功能”定义为测量机器人自身状态的功能，所谓内传感器就是实现该功能的元件，具体检测的对象有关节的线位移、角位移等几何量，速度、角速度、加速度等运动量，还有倾斜角、方位角、振动等物理量。对各种传感器要求精度高、响应速度快、测量范围宽。

如果以传感器为主体，根据其用途也可将某些外传感器当作内传感器使用。比如力觉传感器，在测量操作对象或障碍物的反作用力时，它是外传感器；当它用于末端执行器或手臂的自重补偿中，又可认为是内传感器。下面分别介绍检测上述各种物理量的内传感器。

6.2.1　规定位置/角度的检测

检测预先规定的位置或角度，可以用ON/OFF两个状态值。这种方法用于检测机器人的起始原点、越限位置，或者确定位置。

（1）微型开关

规定的位移或力作用到微型开关的可动部分（称为执行器）时，开关的电气接点断开或接通。限位开关通常装在盒里，以防外力的作用和水、油、尘埃的侵蚀。它的检测精度为±1mm左右，图23-6-2表示执行器形状不同的几种限位开关，按钮式开关是指利用按钮推动传动机构，使动触点与静触点接通或断开并实现电路换接的开关。按钮开关是一种结构简单，应用广泛的主令电器。在电气自动控制电路中，用于手动发出控制信号以控制接触器、继电器、电磁启动器等，如销键按钮式、压簧按钮式、片簧按钮式等。杠杆式开关的操作手柄与开关滑动杆是采用杠杆轴式连接，扳动操作手柄，就会带动开关滑动杆运动，便可以改变工作状态，达到改变电路工作方式的目的。其特点是开关触点转换是通过杠杆运动来完成的，且体积小、操作方便省力等。该种开关有铰链杠杆式和软杆式等。

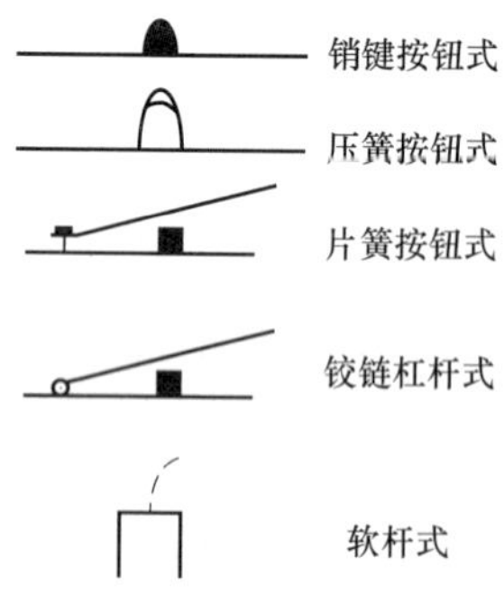

图23-6-2　几种限位开关

图23-6-3所示为两种常见的微型开关，图（a）是压簧按钮式，图（b）是行程开关。

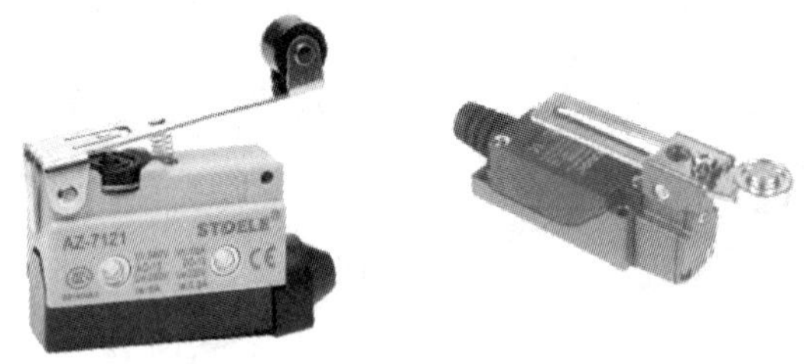

图23-6-3　两种常见微型开关

（2）光电开关

光电开关（光电传感器）是光电接近开关的简称，它是利用被检测物对光束的遮挡或反射，由同步回路接通电路，从而检测物体的有无。被检测物体不限于金属，所有能反射光线（或者对光线有遮挡作用）的物体均可以被检测。光电开关将输入电流在发射器上转换为光信号射出，接收器再根据接收到的光线的强弱或有无对目标物体进行探测。一般是由LED光源和光电二极管或光电三极管等光敏元件相隔一定距离构成的透光式开关，参见图23-6-4。当充当基准位置的遮光片通过光源和光敏元件间的缝隙时，光射不到光敏元件上，而起到开关的作用。光接收部分的放大输出等电路已集成为一个芯片，可以直接得到TTL（逻辑门电路）输出电平，光电开关的特点是非接触检测，精度可达0.5mm左右。

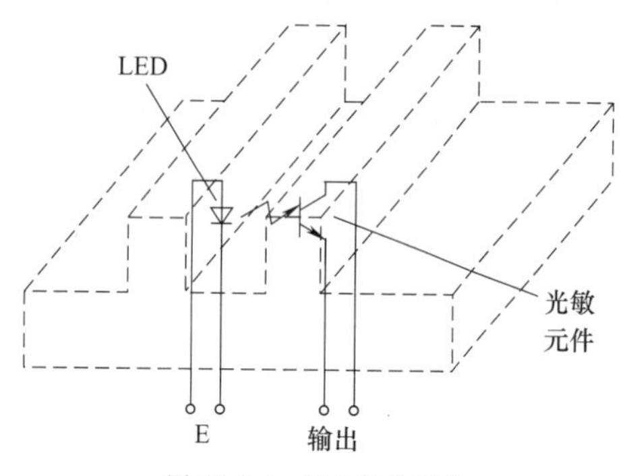

图23-6-4　光电结构开关

由于光电开关输出回路和输入回路是电隔离的（即电绝缘），所以它可以在许多场合应用。采用集成电路技术和SMT（表面组装技术）表面安装工艺制造的新一代光电开关器件，具有延时、展宽、外同步、抗相互干扰、可靠性高、工作区域稳定和自诊断等智能化功能。这种新颖的光电开关是一种采用脉冲调制的主动式光电探测系统型电子开关，它所使用的冷光源有红外光、红色光、绿色光和蓝色光等，可非接触、无损伤地迅速控制各种固体、液体、透明体、黑体、柔软体和烟雾等物质的状态和动作。具有体积小、功能多、寿命长、精度高、响应速度快、检测距离远以及抗光、电、磁干扰能力强的优点。

图23-6-5是三种常见的光电开关，分别是漫反射红外光电开关、回归漫反射光电开关、激光对射光电开关。

6.2.2　位置和角度的检测

测量机器人关节线位移和角位移的传感器是机器人位置反馈控制中必不可少的元件，种类繁多，这里只介绍一些常用的。如图23-6-6所示为现有的各种位移传感器。

位移传感器检测的位移可为直线移动，也可为角转动。

（1）直线移动传感器

直线移动传感器有电位计（电位差计或分压计）和可调变压器两种。

(a) 漫反射红外光电开关　(b) 回归漫反射光电开关

(c) 激光对射光电开关

图 23-6-5　几种常见光电开关

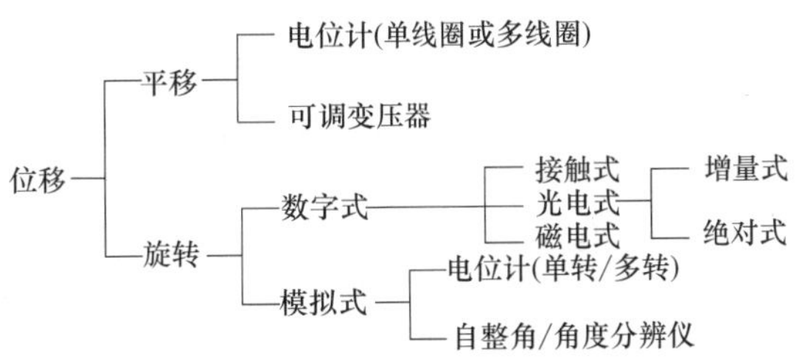

图 23-6-6　位移传感器的类型

① 电位计。最常见的位移传感器是直线式电位计，它有两种不同类型，一种是绕线式电位计，另一种是塑料膜电位计。

电位计的作用原理十分简单，其中滑动触点通过机械装置受被测量的控制。当被测量的位置发生变化时，滑动触点也发生位移，改变了滑动触点与电位器各端之间的电阻值和输出电压值，根据这种输出电压值的变化，可以检测出机器人各关节的位置与位移量。

当负载电阻为无穷大时，电位计的输出电压 U_2 与电位计两段的电阻成比例，即

$$U_2=\frac{R_2}{R_1+R_2}U \tag{23-6-1}$$

其中，U 为电源电压；R_2 为电位计滑块至终点间的电阻值，R_1+R_2 为电位计总电阻值。

② 可调变压器。可调变压器由两个固定线圈和一个活动铁芯组成。该铁芯轴与被测量的移动物体机械地连接，并置于两线圈内。当铁芯随物体移动时，两线圈间的耦合情况发生变化。如果原方线圈由交流电源供电，那么副方线圈两端将检测出同频率交流电压，其幅值大小由活动铁芯位置决定。这个过程称为调制。应用这种变压器时，必须通过电子装置进行反调制，而电子装置一般安装在传感器内。

（2）角位移传感器

角位移传感器有电位计式、可调变压器及光电编码器等。

① 电位计式传感器。最常见的角位移传感器就是旋转电位计，其作用原理与直线式电位计一样，且具有很高的线性度。

这种电位器具有一定的转数，当对角相对地设置两滑动接点时，能很好地保持此电位计机械上的连续性。两滑点间的输出电压为非线性，其数值是已知的，如图 23-6-7 所示。

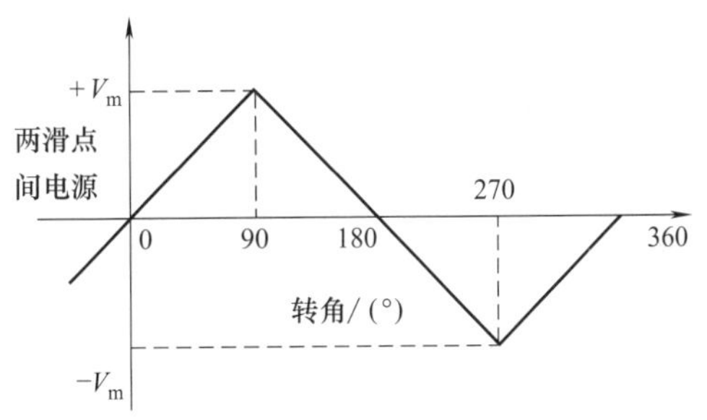

图 23-6-7　电位计式传感器的非线性输出

图 23-6-8（a）所示为旋转电位计，图 23-6-8（b）所示为滑动变阻器。

(a) 旋转电位计

(b) 滑动变阻器

图 23-6-8　位置、角度传感器

② 可调变压器。这种旋转式可调变压器的工作原理和技术与平移式可调变压器相似。图 23-6-9 表示出这种变压器的两个线圈，其中，大线圈固定不动，而小线圈放在大线圈内，并能绕与图面垂直的轴旋转。

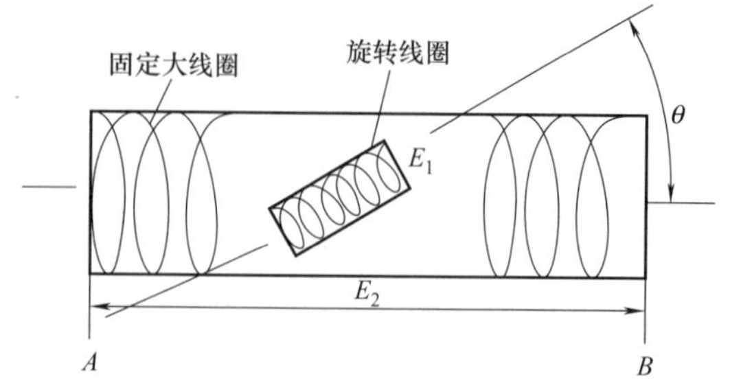

图 23-6-9　旋转可调变压器作用原理

如果内线圈的供电电压为 $E_1=E\sin\bar{\omega}t$，那么大线圈两端将感应出电压 $E_2=kE\cos\theta\sin\theta t$，其中 θ 为两线圈轴线的交角。这一特性被广泛应用于两种角度传感器，即自整角机和角度分解器。

自整角机的定子具有三个线圈，每两个线圈之间的空间位置彼此相隔 120°，各线圈两端的电压分别为 $kU\cos\theta\sin\bar{\omega}t$，$kU\cos\theta\sin(\bar{\omega}t+2\pi/3)$ 和 $kU\cos\theta\sin(\bar{\omega}t+4\pi/3)$。这三个调制电压的 θ 需进行测定。在伺服系统中，常常使用两台相同的自整角机来组成同步检测器。图 23-6-10 中，把发送器端的转子电压锁在 U_1 值，以确定伺服系统的命令；而在接收器一侧，得到锁定电压 U_2。接收器的转轴与由伺服系统控制的物体同轴。

设加在发送器转子的电压为 $U_1=U\sin\bar{\omega}t$，那么在接收器的转子线圈两端的感应电压为 $U_2=kU\cos(\theta_1-\theta_2)\sin\bar{\omega}t$，这就形成误差电压。当接收器旋转 $\cos(\theta_1-\theta_2)=1$ 时，称发送器和接收器实现同步，因此称这个系统为同步机。

实际上，锁定输入和输出位置分别对应于两个相差 $\pi/2$ 角度的未锁定的轴，因此，θ_2 和 ϕ 为邻角，且 $\phi+\theta_2=\pi/2$。这样可得：

$$U_2=kU\cos[\theta_1-(\pi/2-\phi)]\sin\omega t=kU\sin(\theta_1+\phi)\sin\omega t \tag{23-6-2}$$

角度分辨仪的工作原理与同步机相似，其定子由两个相隔 90°的固定线圈组成。同步机和角度分角器都是可靠的系统，它们的精度可达 7′～20′，而其使用激磁频率为 1k～2kHz。

③ 光电编码器。光电编码器是一种应用广泛的角度传感器，这种非接触型传感器可分为增量式编码器和绝对式编码器。

各种增量式编码器的工作模式是相同的，用一个光电池或光导元件来检测圆盘转动引起的图式变化。在这个圆盘上，有规律地画有黑线条，并把此盘置于光源前面，圆盘转动时，这些交变的光信号变换为一系列电脉冲。增量式编码器有两路主要输出，每转各产生一定数量的脉冲，高达 2×10^6，这个脉冲数直接决定该传感器的精度。这两路输出脉冲信号相差 1/4 步。还有第三个输出信号，叫做表示信号，圆盘每转一圈就产生一个脉冲，并用它作同步信号。图 23-6-11 给出这种编码器的典型输出波形，旋转方向用软件确定，往往由制造厂家提供。

增量式编码器一般用于零位不确定的位置伺服控制，常用于脉冲发生器系统进行高速伺服控制。脉冲序列的频率等于每转脉冲数和转速（每秒转数）的乘积，如果能够测定此频率，那么驱动轴的速度也就能计算出来。

绝对编码器是直接输出数字量的传感器，在它的圆形码盘上沿径向有若干同心码道，每条道上由透光和不透光的扇形区相间组成。相邻码道的扇区数目是双倍关系，码盘上的码道数就是它的二进制数码的位数。在码盘的一侧是光源，另一侧对应每一码道有一光敏元件，当码盘处于不同位置时，各光敏元件根据受光照与否转换出相应的电平信号，形成二进制数。这种编码器的特点是不用计数器，在转轴的任意位置都可读出一个固定的、与位置相对应的数字码。显然，码道越多分辨率就越高，对于一个具有 N 位二进制分辨率的编码器，其码盘必须有 N 条码道。

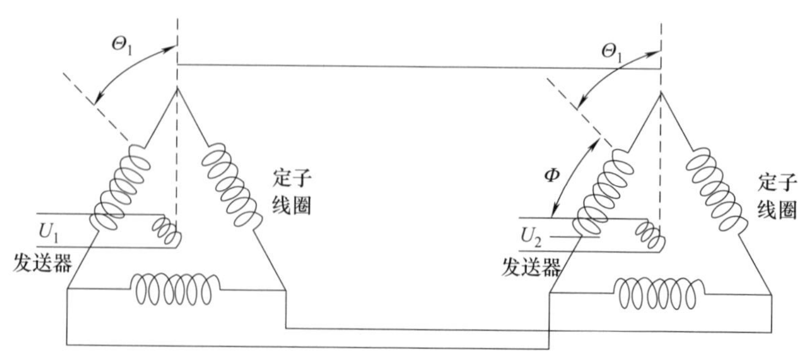

图 23-6-10　由自整角机组成的同步电动机原理图

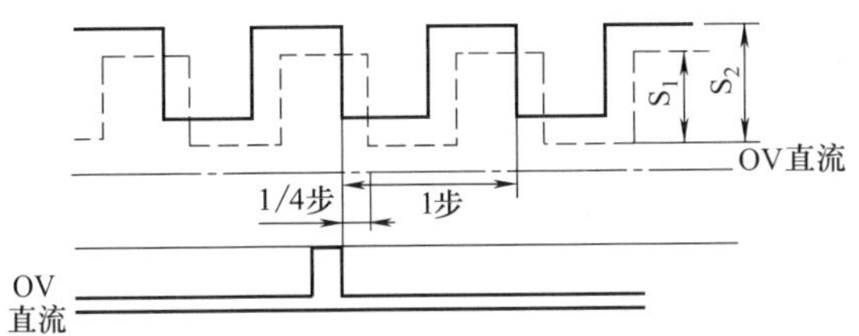

图 23-6-11　增量式编码器的典型输出波形

绝对式编码器是利用自然二进制或循环二进制（格雷码）方式进行光电转换的。绝对式编码器与增量式编码器不同之处在于圆盘上透光、不透光的线条图形，绝对编码器可有若干编码，根据读出的码盘上的编码，检测绝对位置。

6.2.3　速度和角速度的检测

单位时间内位移的增量就是速度，速度包括线速度和角速度，与之相对应的有线速度传感器和角速度传感器，统称为速度传感器。在大多数情况下，只限于测量旋转速度，因为测量平移速度需要非常特殊的传感器（比如雷达测速、激光测速）。

旋转式速度传感器按安装形式分为接触式和非接触式两类。接触式旋转式速度传感器与运动物体直接接触。当运动物体与旋转式速度传感器接触时，摩擦力带动传感器的滚轮转动，装在滚轮上的转动脉冲传感器发送出一连串的脉冲。每个脉冲代表着一定的距离值，从而测出线速度。

接触式旋转速度传感器结构简单，使用方便。但是，接触滚轮与运动物体始终接触，滚轮的外周将磨损，从而影响滚轮的周长，而脉冲数对每个传感器又是固定的，因此会影响传感器的测量精度，要提高测量精度必须在二次仪表中增加补偿电路。另外接触式难免产生滑差，滑差的存在也将影响测量的正确性。不过这种方法并不总是令人满意的，尤其是在速度上下限附近。在低速存在不稳定的危险，而在高速只能获取较低的测量精度。这种方法有个优点，即测量速度可共用一个传感器（例如增量式传感器），因而在给定点附近能够提供良好的速度控制。这种情况适用于所有其他产生脉冲的速度传感器。

非接触式旋转式速度传感器与运动物体无直接接触，比如光电方法让光照射旋转圆盘（刻有一定黑白线条），将其反射光的强弱进行脉冲化处理之后检测出旋转频率和脉冲数目，以求出角位移，即旋转角度。这种旋转圆盘可制成带有缝隙的，通过两个光电二极管就能够辨别出角速度，即转速，这是一种光电脉冲式转速传感器。另外常用的还有测速发电机，有直流测速发电机和交流测速发电机两种主要形式。

直流测速发电机的应用更为普遍。这种传感器的选择是由其线性度（可达 0.1%）、磁滞程度、最大可用速度（达 3000～8000r/min）以及惯量参数决定的。把测速发电机直接接在主轴上总是有益的，因为这样可使它以可能达到的最高转速旋转。交流测速发电机应用较少，它特别适用于遥控系统。此外，当它与可调变压器式位置传感器连用时，只要由相同的频率控制，就能够把两者的输出信号结合起来。

测速发电机（或称为转速计传感器，比率发电机）是基于发电机原理的速度传感器或角速度传感器。

如果线圈在恒定磁场中发生位移，那么线圈两端的感应电压 E 与线圈内交变磁通 ϕ 的变化速率成正比，输出电压为

$$E=-\frac{\mathrm{d}\phi}{\mathrm{d}t} \qquad (23\text{-}6\text{-}3)$$

这就是测速发电机测量角速度的原理，它又可以按结构再细分为直流测速发电机、交流测速发电机和感应式交流测速发电机。

直流测速发电机的定子是永久磁铁，转子是线圈绕组，它的原理和永久磁铁的直流发电机相同，转子产生的电压通过换向器和电刷以直流电压的形式输出。可以测量 0～10000r/min 的旋转速度，线性度为 0.1%。它的优点是停机时不产生残留电压，因此最适宜用作速度传感器。它有两个缺点：一是电刷部分属于机械接触，对维修的要求高；另一个是换向器在切换时产生的脉动电压会导致测量精度降低。因此，现在也有无刷直流测速发电机。

永久磁铁式交流测速发电机的构造和直流测速发电机恰好相反，它在转子上安装多磁极永久磁铁，定子线圈输出与旋转速度成正比的交流电压。二相交流测速发电机是交流感应测速发电机中的一种，其原理如图 23-6-12 所示。它的转子由铜、铝等导体构成，定子由相互分离的、空间位置成 90°的励磁线圈和输出线圈组成。在励磁线圈上施加一定频率的交流电压产生磁场，使转子在磁场中旋转产生涡流，而涡流产

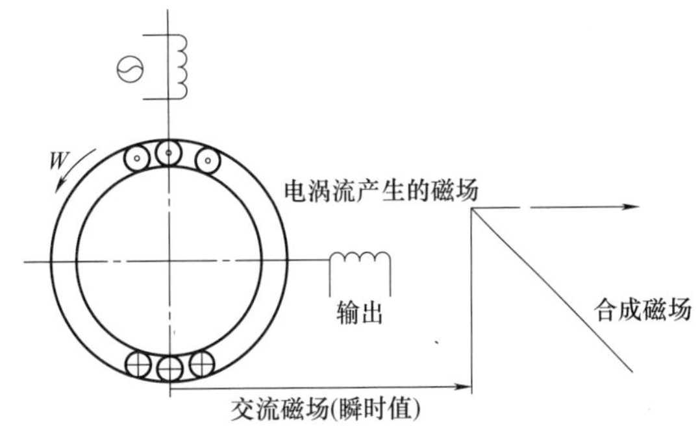

图 23-6-12　交流感应测速发电机原理

第 23 篇

生的磁通又反过来使交流磁场发生偏转，于是合成的交流磁通在输出线圈中感应出与转子旋转速度成正比的电压。

6.2.4　加速度和角加速度的测量

加速度传感器是一种能够测量加速度的传感器，通常由质量块、阻尼器、弹性元件、敏感元件和适调电路等部分组成。传感器在加速过程中，通过对质量块所受惯性力进行测量，利用牛顿第二定律获得加速度值。根据传感器敏感元件的不同，常见的加速度传感器包括电容式、伺服式、压阻式、压电式等。

（1）压电式

压电式加速度传感器又称压电加速度计，如图23-6-13所示，它也属于惯性式传感器。其原理是利用压电陶瓷或石英晶体的压电效应，在加速度计受振时，质量块加在压电元件上的力也随之变化。当被测振动频率远低于加速度计的固有频率时，力的变化与被测加速度成正比。压电式传感器一般由壳体及装在壳体内的弹簧、质量块、压电元件和固定安装的基座组成。压电元件一般由两片压电片组成，并在压电片的两个表面镀银，输出端由银层或两片银层之间所夹的金属块上引出，输出端的另一根引线就直接和传感器的基座相连。在压电片上放置一个质量块，然后用硬弹簧对质量块预加载荷，然后将整个组件装在一个基座的金属壳体内。为了隔离基座的应变传递到压电元件，避免产生假信号输出，增加传感器的抗干扰能力，基座一般要加厚或者采用刚度较大的材料制造。

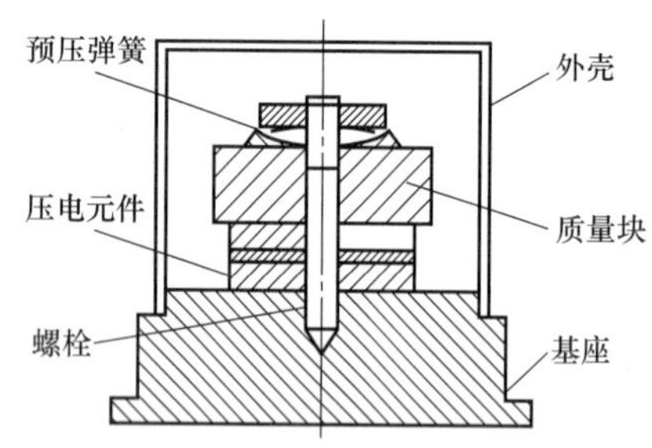

图23-6-13　压电式加速度传感器结构图

使用时，将传感器基座与试件刚性固定在一起，当其感受振动时，由于弹簧的刚度很大，质量块的质量相对较小，可以认为质量块的惯性很小，因此可以认为质量块感受到与传感器基座相同的振动，并受到与加速度方向相反的惯性力作用，这样，质量块就有一个正比于加速度的作用力作用在压电片上。通过压电片的压电效应，在压电片的表面就会产生随振动加速度变化的电压，当振动频率远低于传感器的固有频率时，传感器输出的电压与作用力成正比，即与传感器感受到的加速度成正比。将此电压输入到前置放大器后就可以用普通的测量仪器测出加速度，如在放大器中加适当的积分电路，就可以测出振动速度和位移。

压电式加速度传感器实物如图23-6-14所示。

图23-6-14　压电式加速度传感器实物图

（2）压阻式

压阻式加速度传感器的结构原理如图23-6-15所示，一质量块固定在悬臂梁的一端，而悬臂梁的另一端固定在传感器基座上，悬臂梁的上下两个面都贴有应变片并组成惠斯通电桥，质量块和悬臂梁的周围填充硅油等阻尼液，用以产生必要的阻尼力。质量块的两边是限位块，它们的作用是保护传感器在过载时不致损坏。

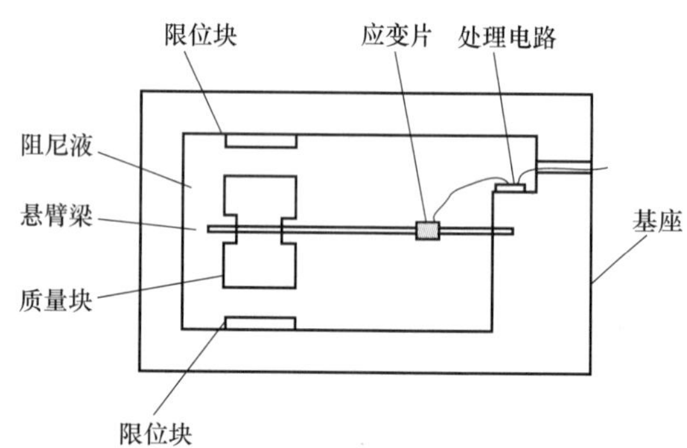

图23-6-15　压阻式加速度传感器结构

被测物的运动导致与其固连的传感器基座的运动，基座又通过悬臂梁将此运动传递给质量块。由于悬臂梁的刚度很大，所以质量块也会以同样的加速度运动，其产生的惯性力正比于加速度大小。而此惯性力作用在悬臂梁的端部使之发生形变，从而引起其上的应变片电阻值变化。在恒定电源的激励下，由应变片组成的电桥就会产生与加速度成比例的电压输出信号。

基于MEMS（微机电系统）硅微加工技术，压阻式加速度传感器具有体积小、低功耗等特点，易于集成在各种模拟和数字电路中，广泛用于汽车碰撞实验、测试仪器、设备振动监测等领域。

压阻式加速度传感器实物如图23-6-16所示。

图 23-6-16　压阻式加速度传感器实物图

(3) 电容式

电容式加速度传感器又称变电容式加速度传感器，它的结构原理如图 23-6-17 所示。一个质量块固定在弹性梁的中间，质量块的上端面是一个活动电极，它与上固定电极组成一个电容器 C_1；质量块的下端面也是一个活动电极，它与下固定电极组成另一个电容器 C_2。

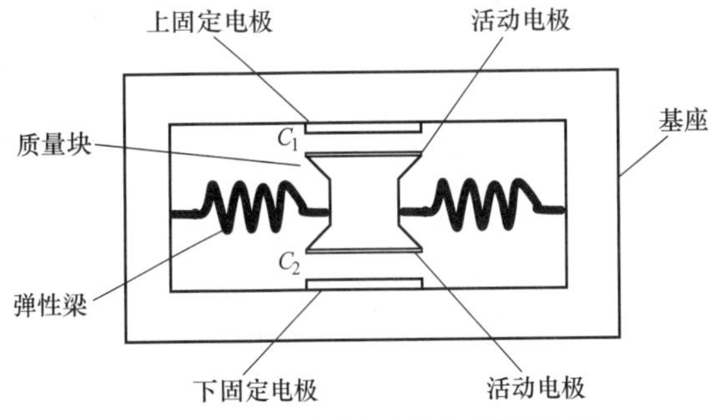

图 23-6-17　电容式加速度传感器结构图

当被测物的振动导致与其固连的传感器基座振动时，质量块将由于惯性而保持静止，因此，上、下固定电极与质量块之间将会产生相对位移。这使得电容 C_1、C_2 的值一个变大，另一个变小，从而形成一个与加速度大小成正比的差动输出信号。

随着微电子技术的发展，如今的电容式加速度传感器都普遍采用 MEMS 技术制造。图 23-6-18 显示了一种 MEMS 变电容式加速度传感器的结构，它的整个敏感元件由粘在一起的三个单晶硅片构成。其中上、下硅片构成两个固定电极，中间的硅片通过化学刻蚀形成由柔性薄膜支撑的具有刚性中心质量块的形状，薄膜的厚度取决于该加速度传感器的量程。另外，在薄膜上还有刻蚀出的小孔，当薄膜随质量块运动时，空气流经小孔从而产生所需的阻尼力。采用 MEMS 技术得到了这种一体化的结构，它的可靠性是相当高的。

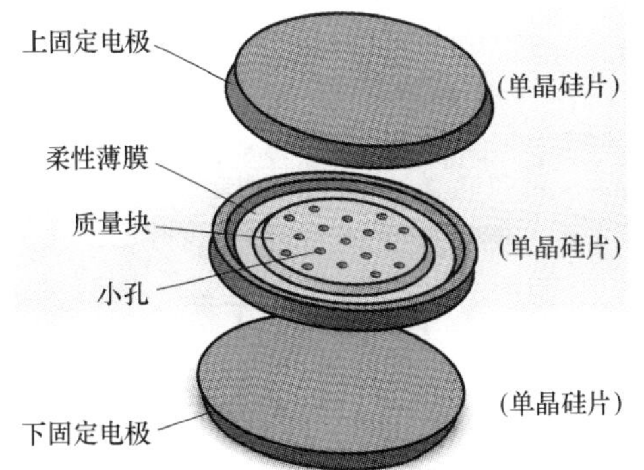

图 23-6-18　MEMS 变电容式加速度传感器

定容式加速度传感器实物图如图 23-6-19 所示。

图 23-6-19　定容式加速度传感器实物图

(4) 伺服式

伺服式加速度传感器是一种采用了负反馈工作原理的加速度传感器，亦称力平衡加速度传感器，从自动控制的角度来看，它实际上是一种闭环系统。

如图 23-6-20 所示，伺服式加速度传感器有一个弹性支撑的质量块，质量块上附着一个位移传感器（如电容式位移传感器）。当基座振动时，质量块也会随之偏离平衡位置，偏移的大小由位移传感器检测得到，该信号经伺服放大电路放大后转换为电流输出，该电流流过电磁线圈从而产生电磁力，该电磁力的作用将使质量块趋于回到原来的平衡位置上。由此可见，电磁力的大小必然正比于质量块所受加速度的大小，而该电磁力又是正比于电流大小的，所以通过测量该电流的大小即可得到加速度的值。

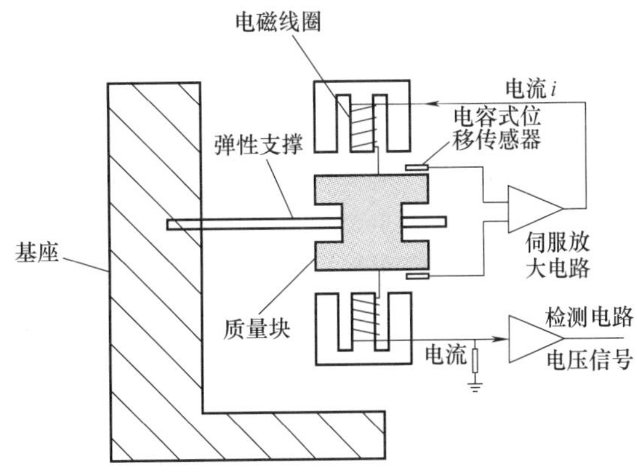

图 23-6-20　伺服式加速度传感器

由于采用了负反馈工作原理，伺服式加速度传感器通常具有极好的幅值线性度，在峰值加速度幅值高达 50g 时通常可达万分之几。另外还具有很高的灵敏度，某些伺服加速度传感器具有几微 g 的灵敏阈值，频率范围通常为 0～500Hz。

伺服式加速度传感器常用于测量较低的加速度值以及频率极低的加速度，其尺寸是相应的压电式加速度传感器的数倍，价格通常也高于其他类型的加速度传感器。由于其高精度和高灵敏度的特性，伺服式加速度传感器广泛应用于导弹、无人机、船舶等高端设备的惯性导航和惯性制导系统中，在高精度的振动测量和标定中也有应用。

伺服式加速度传感器实物如图 23-6-21 所示。

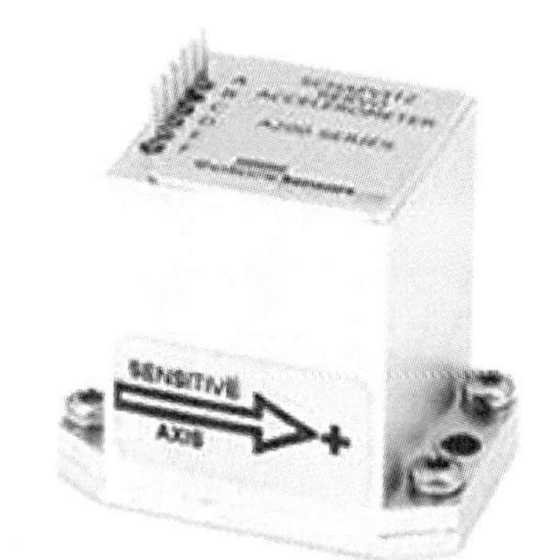

图 23-6-21 伺服式加速度传感器实物图

6.2.5 姿态角的检测

姿态传感器就是能够检测重力方向或姿态角变化（角速度）的传感器，因此它通常用于移动机器人的姿态控制等方面。根据检测原理可以将其分为陀螺式和垂直振子式等。

(1) 陀螺式

陀螺传感器是检测随物体转动而产生的角速度的传感器，即使没有安装在转动轴上，它也能检测物体的转动角速度，因此，它可以用于移动机器人的姿态以及转轴不固定的转动物体的角速度检测。陀螺式传感器主要有速率陀螺仪、位移陀螺仪、方向陀螺仪等，在机器人领域中一般使用速率陀螺仪。

现代陀螺仪是一种能够精确地确定运动物体方位的仪器，它是现代航空、航海、航天和国防工业中广泛使用的一种惯性导航仪器。传统的惯性陀螺仪主要是指机械式的陀螺仪，机械式的陀螺仪对工艺结构的要求很高，结构复杂，它的精度受到了很多方面的制约。二十世纪七十年代以来，现代陀螺仪的发展进入了一个全新的阶段。1976 年科学家提出了现代光纤陀螺仪的基本设想，到八十年代以后，现代光纤陀螺仪得到了迅速的发展，与此同时，激光谐振陀螺仪也有了很大的发展。

根据具体的检测方法又可以将其分为机械转动型、振动型、气体型及光学型等。下面介绍振动陀螺仪的检测原理，由于其利用了微机械加工技术，故具有小型、处理方便、价格低廉、精度高等特点。然后再介绍昂贵且精度高的光学陀螺仪的检测原理。

① 振动陀螺仪。振动陀螺仪是指给振动中的物体施加恒定的转速，利用哥氏力作用于物体的现象来检测转速的传感器。哥氏力 $\boldsymbol{f}_c$ 是质量 m 的质点，同时具有速度 $\boldsymbol{v}$ 和角速 $\boldsymbol{\omega}$，相对于惯性参考系运动时所产生的惯性力，如图 23-6-22（a）所示，惯性力作用在对应于物体的两个运动方向的垂直方向上，该方向即为图 23-6-22（a）所示的哥氏加速度 $\boldsymbol{a}$ 的方向，它的大小为

$$\boldsymbol{f}_c = m\boldsymbol{a}_c = 2m\boldsymbol{v} \times \boldsymbol{\omega} \tag{23-6-4}$$

以图 23-6-22（b）所示的音叉型振子为例，进一步说明利用陀螺仪的哥氏力检测转速的原理。在图 23-6-22（b）中，设定与图 23-6-22（a）中产生哥氏力的原理相同的姿态坐标系。这时，假设让音叉的两根振子相互沿 y 轴进行振动，于是在 z 轴方向引起转动速度，音叉左侧的分叉沿 $-x$ 方向，而右侧的分叉沿 $+x$ 方向产生哥氏力。无论是直接检测哥氏力或者是检测它们的合力作用在音叉根部向左转动的力矩，均能检测出转动的角速度 θ。将音叉设计为两个分叉是由于此方法可以消除音叉加速度的影响。

陀螺仪实物如图 23-6-23 所示。

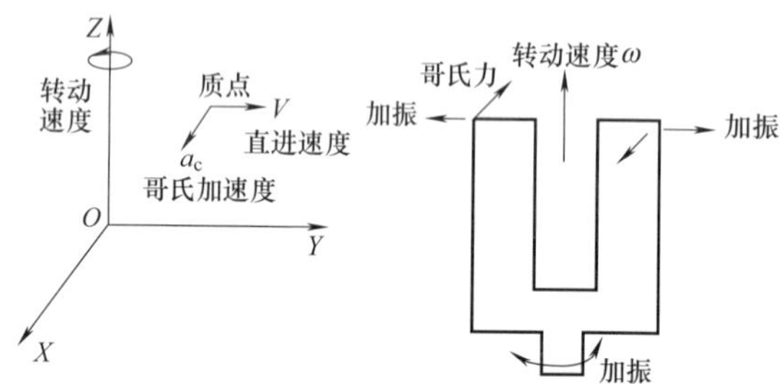

图 23-6-22 检测哥氏力的转速陀螺仪

图 23-6-23 陀螺仪

② 光纤陀螺仪。另一种具有高精度特征姿态的传感器就是光纤陀螺仪，光纤陀螺仪的工作原理是基

于 Sagnac 效应（萨格纳克效应）的。如图 23-6-24 所示，当光束在一个环形的通道中前进时，如果环形通道本身具有一个转动速度，那么光线沿着通道转动的方向前进所需要的时间要比沿着这个通道转动相反的方向前进所需要的时间多。也就是说，当光学环路转动时，在不同的前进方向上，光学环路的光程相对于环路在静止时的光程都会产生变化。利用光程的变化，检测出两条光路的相位差或干涉条纹的变化，就可以测出光路旋转角速度，这便是光纤陀螺仪的工作原理。人们已经利用这个效应开发了测量转速的装置，环形激光陀螺仪就是其中的一例。

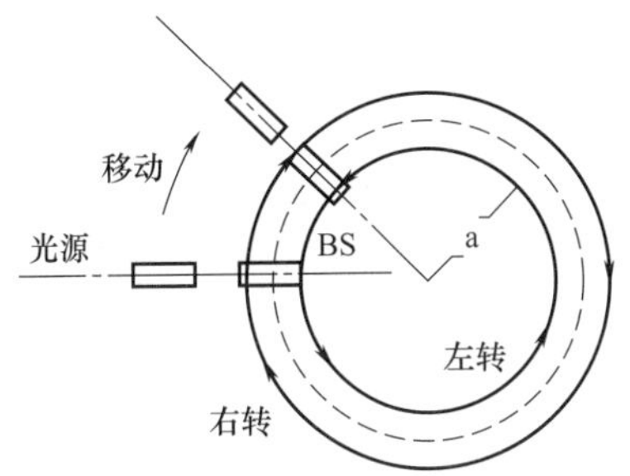

图 23-6-24　Sagnac 效应

该装置的结构是共振频率 Δf 振动的两个方向的激光，在等腰三角形玻璃块内通过反射镜传递波束。如果玻璃块围绕与光路垂直的轴以角速度 ω 转动时，左右转动的两束传播光波将出现光路长度差，导致频率上的差别。让两个方向的光发生干涉，该频率差就呈现出干涉条纹。此时有

$$\Delta f=\frac{4S\omega}{\lambda L} \tag{23-6-5}$$

式中，S 为光路包围的面积；λ 为激光的波长；L 为光路长度。

光纤陀螺仪的分类方式有多种。依照工作原理可分为干涉型、谐振式以及受激布里渊散射光纤陀螺仪三类，其中干涉型光纤陀螺仪是第一代光纤陀螺仪，它采用多匝光纤线圈来增强萨格纳克效应，目前应用最为广泛。按电信号处理方式不同可分为开环光纤陀螺仪和闭环光纤陀螺仪，一般来说，闭环光纤陀螺仪由于采取了闭环控制而具有更高的精度。按结构又可分为单轴光纤陀螺仪和多轴光纤陀螺仪，其中，三轴光纤陀螺仪由于具有体积小、可测量空间位置等优点，是光纤陀螺仪的一个重要发展方向。

（2）垂直振子式

倾角传感器理论基础是牛顿第二定律，根据基本的物理原理，在一个系统内部，速度是无法测量的，但却可以测量其加速度。如果初速度已知，就可以通过积分算出线速度，进而可以计算出直线位移，所以它是运用惯性原理的一种加速度传感器。

当倾角传感器静止时，也就是侧面和垂直方向没有加速度作用，那么作用在它上面的只有重力加速度。重力垂直轴与加速度传感器灵敏轴之间的夹角就是倾斜角。

图 23-6-25 所示为垂直振子式伺服倾斜角传感器的原理。振子由挠性薄片支撑，即使传感器处于倾斜状态，振子也能保持铅直姿态，此时振子将离开平衡位置。通过检测振子是否偏离了平衡点，或者检测由偏离角函数（通常是正弦函数）所给出的信号，就可以求出输入倾斜角度。该装置的缺点是：如果允许振子自由摆动，由于容器的空间有限，不能进行与倾斜角度对应的检测。实际应用中对图 23-6-25 所示的结构做了改进，把代表位移函数所输出的电流反馈到可动线圈部分，让振子返回平衡位置，此时振子质量产生的力矩 M 为：

$$M=mgl\sin\theta \tag{23-6-6}$$

转矩 T 为：

$$T=Ki \tag{23-6-7}$$

在平衡状态下应有 $M=T$，于是得到

$$\theta=\arcsin\frac{Ki}{mgl} \tag{23-6-8}$$

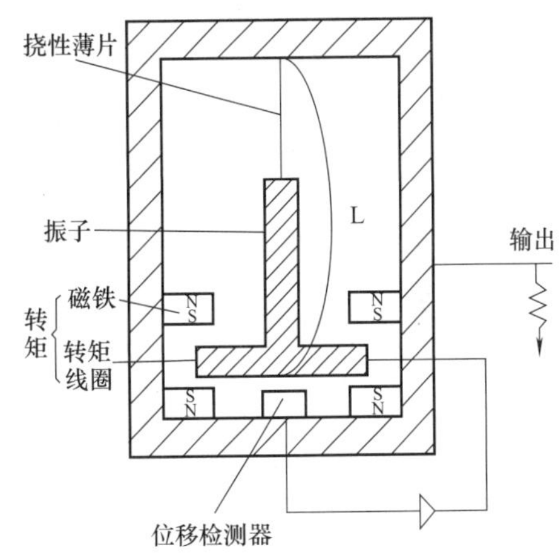

图 23-6-25　垂直振子式伺服倾斜角传感器

这样，根据测量出的线圈电流 i，即可求出倾斜角 θ，并克服了上述装置测量范围小的缺点。

光线陀螺仪实物如图 23-6-26 所示。

图 23-6-26　光线陀螺仪

第23篇

6.3　外传感器

6.3.1　视觉传感器

视觉传感器是重要的、应用广泛的一种机器人外传感器。尽管目前大多数机器人还不具有视觉，但已有许多具有视觉功能的机器人在运行，其视觉能力主要是模仿人眼而设计出的人造光学眼睛。人工视觉系统可以分为图像输入（获取）、图像处理、图像理解、图像存储和图像输出几个部分，实际系统可以根据需要选择其中的若干部分。

（1）生物视觉基础

人类具有视觉、听觉、触觉、嗅觉和味觉五种感觉。人类通过这些感觉器官从外界获取各种各样的信息，在这些信息中，有80%是从视觉获取的。其他的动物，大部分也具有视觉，其中像高级动物那样的视觉占有很高比例。

眼睛是人类最高级的感知器官，所以毫无疑问，视觉在人类感知中扮演着最重要的角色。然而，人类感知只限于电磁波谱的视觉波段，视觉传感器则可覆盖几乎全部电磁波谱，从伽马射线到无线电波。它们可以对非人类习惯的那些图像源进行加工，这些图像源包括超声波、电子显微镜及计算机产生的图像。因此，视觉传感器涉及各种各样的应用领域。

多数动物在进化过程中渐渐适应了用眼睛接受光的刺激而获取信息，于是具有了视觉。

利用光获取信息有下述优点：

① 光是对人体无害的波段内波长最短的电磁波。人类若利用光，安全是最重要的，波长越短，图像的分辨率越高。但在靠近可视波长区域外的紫外线，对人体有害。

② 光在空气和水中传播速度很快，故可以通过非接触方式得到实时信息。如果在捕捉食物或躲避危险时信息传递慢了，就难以维持生存。

③ 光的能量在自然环境中衰减很小，即使远距离也能得到高信噪比的信息，可以利用光线看清物体表面。物体表面状态不同，对光的反射率也不一样。不同波长反射率不同，由此可知物体表面的形状。透视图和温度分布图也很有用，因为在控制动作时，必须首先了解物体的外形信息。

④ 太阳光中有丰富的辐射能可以利用。

有些人不幸患有先天性白内障而失明，即使通过手术恢复了视力，也不能立刻看见物体，这是因为大脑的视觉信息处理功能还不健全。为了健全大脑的视觉功能，必须进行艰苦的训练。

眼睛的晶状体和普通光学透镜之间的主要差别在于前者的适应性强，晶状体前表面的曲率半径大于后表面的曲率半径，晶体状的形状由睫状体韧带和张力来控制。为了对远方的物体聚焦，控制肌肉使晶状体相对比较扁平；同样，为对眼睛近处的物体聚焦，肌肉会使晶状体变得较厚。

当晶状体的折射能力由最小变到最大时，晶状体的聚焦中心与视网膜间的距离由17mm缩小到14mm。当眼睛聚焦到远于3m的物体时，晶状体的折射能力最弱；当眼睛聚焦到非常近的物体时，晶状体的折射能力最强。这一信息使计算出任何图像在视网膜上形成图像的大小变得很容易。例如，图23-6-27中，观察者正在看一棵高15m、距离100m的树，如果h为物体在视网膜上图像的高，单位为毫米，由几何形状可以看出$15/100=h/17$，即$h=2.55$mm。正像之前所指出的那样，视网膜图像主要反射在中央凹区域上。然后，由光接收器的相应刺激作用产生感觉，感觉把辐射能转变为电脉冲，最后由大脑解码。

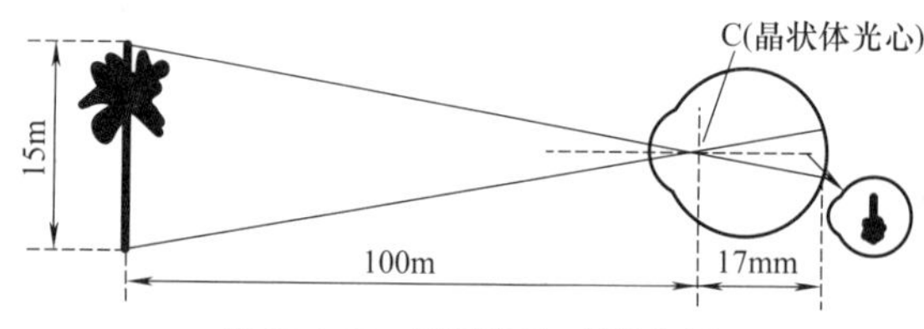

图 23-6-27　用眼睛看一棵棕榈树

眼球靠周围的六根眼外肌进行旋转运动，如追随运动物体的跟踪运动，读书时高速跳跃地飞快扫视，在注视点上左右视轴交叉的集中外展运动，凝视某一点时不自觉产生的微小振动即凝视微动等。当整个视野受到刺激时，眼球能主动地转移视线，把分布在大范围内的像合成为一个知觉，因此，虽然人的眼睛仅在中心处视力最强，但能在广大范围内以高分辨率看清物体。

人类从外界获取的视觉信息可分为图形信息、立体信息、空间信息和运动信息。图形信息是平面图像，它可记录二维图像的明暗和色彩，在识别文字和形状时起重要作用。立体信息表明物体的三维形状，如物体表面的倾斜、凹凸、距离差等，可用于识别物体的立体形状。空间信息包括空间中有无物体、物体的远近、配置等，可用于感知活动空间、手足活动的余地等。运动信息是随时间变化的，表明物体运动的有无、运动方向和速度等。

图形信息和立体信息在物体的区分和识别中起重要作用。位于黄斑或其附近的成像被接收后，一般送到大脑的联合区进行识别处理。空间信息和运动信息虽然对控制人体运动非常重要，但很多运动是无意识的。例如，把球投给对方时，感知对手的距离，控制肌肉投掷的力量，调节投球的距离，这个过程就是无意识的。

人的视觉总是综合接收上述信息并进行实时处理，但是，目前还不能制作出具有这样高级功能的视觉系统。像昆虫这样的小生物也具有一定的视觉，虽然不能了解小生物眼里看到的是什么样的世界，但它的视觉能支配它的行动。与昆虫视觉信息处理的容量相对照，可以相信人类以今天的技术水平完全能制造出适用于特定目的和用途的、功能有限的实用化视觉系统。

（2）光接收装置和各种摄像机

① 光电二极管与光电转换器件。光电二极管（photo-diode，Pd）和普通二极管一样，也是由一个PN结组成的半导体器件，也具有单方向导电特性。但在电路中，它不是作整流元件，而是把光信号转换成电信号的光电传感器件。PN型元件的优点是暗电流小，所以被广泛用于照度计、分光度计等测量装置中。

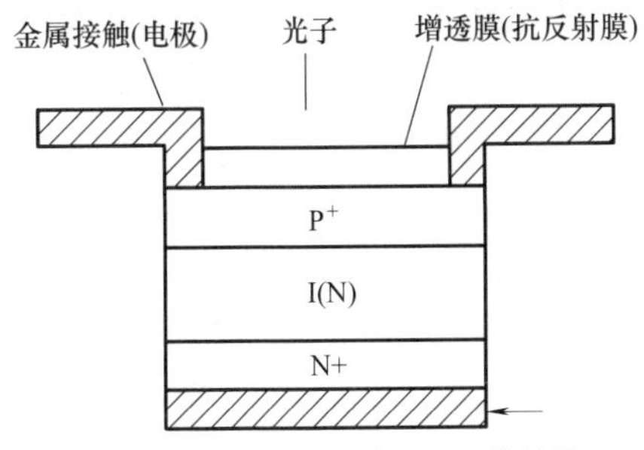

图23-6-28　PIN结型光电二极管结构

高速响应的发光二极管有PIN结型与雪崩型。PIN结型光电二极管也称PIN结二极管，如图23-6-28所示，是在两种半导体之间的PN结或者半导体与金属之间的结的邻近区域，在P区与N区之间生成I型层，吸收光辐射而产生光电流的一种光检测器。具有结电容小、渡越时间短、灵敏度高等优点。雪崩型光电二极管是在PN结上加100V左右的反向偏执电压产生强电场，能激励载流子加速，与原子相撞产生电子雪崩现象。这些高速型二极管的响应很快，能用于高速光通信等。光电晶体管就是经过晶体管把光电二极管的输出放大的结构。

② PSD。PSD（position sensitive detector，位置敏感探测器）是测定入射光位置的传感器，由发光二极管、表面电阻膜、电极组成，是一种基于半导体PN结横向光电效应的光电器件，它能连续地检测入射光斑的重心位置。具有分辨率高、响应速度快、信号处理相对简单、检测位置的同时还能检测光强等优点，适用于位置、距离、位移、角度以及其他相关物理量的精密测量。

（3）简单视觉传感器

① CCD图像传感器。电荷耦合器件（charge coupled device，CCD）图像传感器是由多个光电二极管传送储存电荷的装置。它使用一种高感光度的半导体材料制成，能把光线转变成电荷，通过模数转换器芯片转换成数字信号，数字信号经过压缩以后由相机内部的闪速存储器或内置硬盘卡保存，因而可以轻而易举地把数据传输给计算机，并借助于计算机的处理手段根据需要和想象来修改图像。

工业黑白CCD相机实物如图23-6-29所示。

图23-6-29　工业黑白CCD相机实物图

CCD图像传感器有一维形式的，是由发光二极管和电荷传送部分一维排列制成的。此外还有二维形式的，它可以代替传统的硒化镉光导摄像管和氧化铅光电摄像管二维传感器，传送方式有行间传送、帧-行间传送、帧传送及全帧传送四种方式。

CCD图像传感器把垂直寄存器用作单画面图像的缓存，所以可以将曝光时间和信号传送时间分离开。也就是说，其具有所有像素能在同一时间曝光的特点。

② CMOS图像传感器。CMOS图像传感器目前主要有无源像素图像传感器（passive pixel sensor，PPS）和有源像素图像传感器（active pixel sensor，APS）两种，如图23-6-30所示。由于PPS信噪比低、成像质量差，所以目前绝大多数CMOS图像传感器采用的是APS结构。APS结构的像素内部包含一个有源器件，由于该放大器在像素内部具有放大和

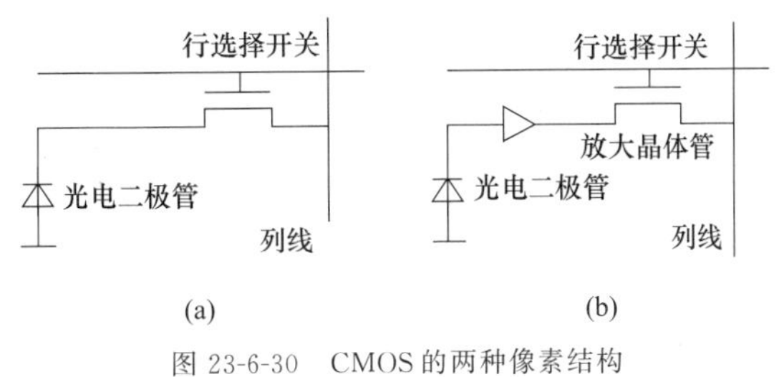

图23-6-30　CMOS的两种像素结构

缓冲功能，故具有良好的消噪功能，且电荷不需要像CCD器件那样经过远距离移位到达输出放大器，因此避免了所有与电荷转移有关的CCD器件的缺陷。

CMOS图像传感器是由接收部分（二极管）和放大部分组成一个单元，然后按照二维排列，是一种典型的固体成像传感器，与CCD有着共同的历史渊源。CMOS图像传感器通常由像敏单元阵列、行驱动器、列驱动器、时序控制逻辑、AD转换器、数据总线输出接口、控制接口等组成，这几部分通常都被集成在同一块硅片上。其工作过程一般可分为复位、光电转换、积分、读出四部分。

CMOS摄像头实物如图23-6-31所示。

图 23-6-31　CMOS摄像头实物图

在CMOS图像传感器芯片上还可以集成其他数字信号处理电路，如AD转换器、自动曝光量控制、非均匀补偿、白平衡处理、黑电平控制、伽马校正等，为了进行快速计算甚至可以将具有可编程功能的DSP器件与CMOS器件集成在一起，从而组成单片数字相机及图像处理系统。

CMOS传感器的优点是耗电低，并且利用一般的半导体制造技术就可以完成CMOS处理器的设计和加工，这都有利于图像处理电路和图像传感器的单片化和低成本化。

③ 其他的摄像元件。光电子增倍管是将微弱光信号转换成电信号的真空电子器件，根据二次放电效应增大入射光，因此它可以用来检测微弱光线，如用于夜间监视摄像机等。

在红外线图像方面有波长为2～15μm的中红外和远红外区域的传感器，在红外线检测器中得到较多使用的是HgCdTe和AlGaAs结晶的量子型传感器。热效应传感器最近也被实用化了，它的原理是把装置接收的入射红外线变换为热能，再利用温度检测器将温度升高转变为电信号输出。热效应型图像传感器无须冷却器，这是量子型图像传感器所不及的优点。

（4）功能性视觉传感器

1）人工视网膜传感器　视网膜是人体用来感受光信号并产生视觉的重要组织，光信号经过视网膜神经细胞的处理后形成视觉神经冲动，传输到中枢神经从而产生视觉。人工视网膜技术是针对由于外层视网膜细胞功能丧失所导致失明而提出的一种视觉恢复技术。它将微电子技术、微机电系统（micro-electro-mechanical system，MEMS）技术与生物医学相结合，由视网膜芯片产生电信号来刺激视觉神经，从而使失明或濒临失明的患者恢复部分视力。

人工视网膜芯片由像素阵列、控制扫描器、输出电路组成。各个像素根据给定的−1、0、+1三种灵敏度状态控制信号受控，各自对应负、零、正灵敏度，属于灵敏度可调光敏元件（variable sensitivity photodetection cell，VSPC）。因此，可以利用适当的控制规则，实现边缘增强、光滑、模式匹配、一维摄影等图像处理运算。

与CCD相比，人工视网膜传感器不仅图形处理功能强，而且具有灵活、快速、耗电低、成本低等特点，因此它被广泛应用于游戏机、数字摄像机及安全等领域。

2）超高速数字视觉芯片　人们正在研究包含图像处理功能在内的超高速数字视觉芯片，它已经超出以往以处理摄像信号为主的传统图像处理的界限。在二维平面内排列的光电检测元件阵列的信息被送入制作在同一芯片上的并联通用处理单元（PE）内，由于实施完全并行的处理，因而不受摄像信号速率的限制，能完成高速处理。目前，人们正在试制64×64像素的芯片，它能在1ms的帧速率内同时跟踪18个物体的轨迹。

3）时间调制图像传感器　这种图像传感器的每一个像素都把光检测器生成的入射光量以及它与全体像素共同参照信号的时间相关值并行储存起来，然后类似于图像传感器那样输出。如果设像素(i, j)的光检测器的输出是$f_{i,j}(t)$，外部电信号为$g(t)$，扫描周期一致的积分时间为T，那么时间相关型图像传感器的输出为

$$\phi_{i,j}(t)=\int_{t-T}^{t} f_{i,j}(t) g(t) \mathrm{d}t \qquad (23\text{-}6\text{-}9)$$

由于将高带宽的光检测器与乘法器相结合，故$f(t)$和$g(t)$不受扫描周期的限制。在进行调制后，各个像素生成带宽很窄的信号，故可以按照低的扫描周期输出。

时间调制型图像传感器的应用主要在震动模态测量、图像特征提取、立体测量、可变分光谱摄像等方面。例如，放置在环境光中的物体在高频调制光的照射下，将调制光线进行适当的时间延迟后作为参考信号，就能消除环境光的影响，拍摄出仅由调制光照明的物体图像。

（5）三维视觉传感器

1）三维视觉传感器的分类　三维视觉传感器的分类如图 23-6-32 所示。它可以分为被动传感器（用摄像机等对目标物体进行摄影，获得图像信号）和主动传感器（借助于传感器向目标物体投射光图像，再接收返回信号测量距离）两大类。

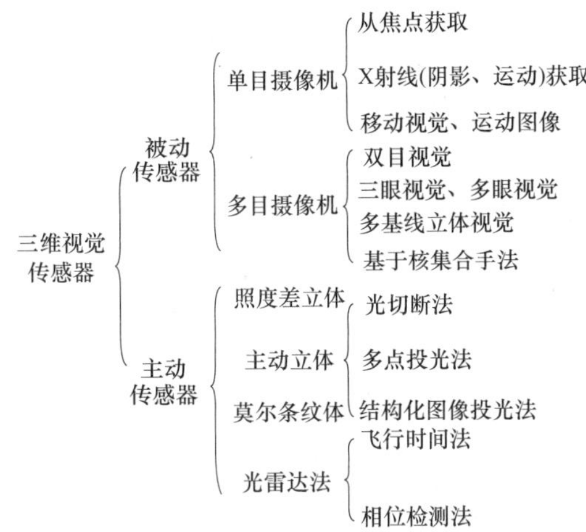

图 23-6-32　三维视觉传感器的分类

2）被动视觉传感器

① 单目视觉。采用单个摄像机的被动视觉传感器有两种方法：一种方法是测量视野内各点在透镜聚焦的位置，以推算出透镜和物体之间的距离；另一种方法是移动摄像机，拍摄到对象物体的多个图像，求出各个点的移动量再设法复原形状。

单目视觉是视觉技术的一个分支，其原理是利用一台视觉传感器获取图像，利用图像信息获取 3D 空间物体信息。它也是双目和多目视觉的基础。与双目和多目配置形式相比，单目配置形式具有结构简单，使用方便灵活，避免了双目的盲区、最优距离以及视场范围小等限制，同时也避免了双目和多目配置形式的立体匹配等难题。单目视觉的发展是视觉技术整体发展的一个组成部分，而视觉技术的发展是单目视觉发展的更为全面的体现。但是，视觉技术从狭义上来讲可以看作是单目视觉的技术，故本章对视觉技术的阐述可以理解为对单目视觉技术的论述。

② 立体视觉。双目立体视觉是被动视觉传感器中最常用的方式。双目立体视觉是模仿人的双目来获取环境信息，通过两个并行的摄像机来获取外界信息。两个摄像头从不同的视点观察同一物体，在左右成像平面上形成成像点，将两幅图像中同一物体在左右成像平面成像点之间的像素差值做差，从而获到视差值，然后通过立体视觉视差原理能够计算得到该物在环境中的位姿信息。如图 23-6-33 所示为任意空间点在双目摄像机下的成像示意图。

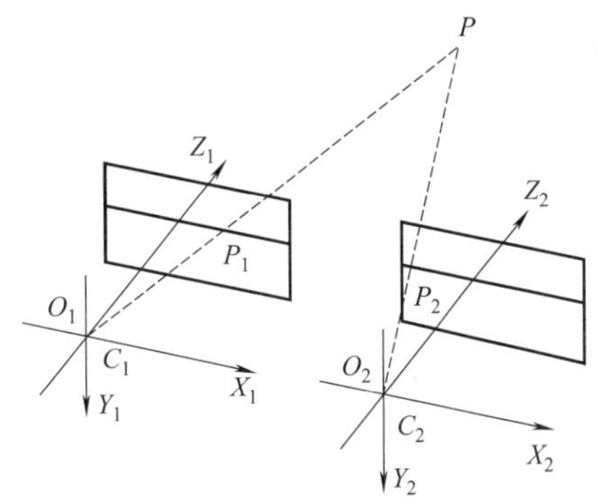

图 23-6-33　双目立体视觉成像示意图

P 点为空间中物体上的任意一点，P_1 点为 P 点在左摄像平面的成像点，P_2 点为 P 点在右摄像平面的成像点。O_1 点和 O_2 点分别为左右摄像机的光心，O_1O_2 之间的距离称为光轴距离。如果只有一个摄像机是无法确定 P 点的位置的，因为某一点的成像点为 P_1 点可以是在 O_1P 所在的直线上的任意一点。双目立体视觉就是用来解决这一问题，用 C_1C_2 两个摄像机同时观察空间中的 P 点，如图 23-6-33 所示 O_1P 与 O_2P 的交点即为 P 点的准确位置，而 P_1P_2 即为左右两幅图像的匹配点。

双目立体相机实物如图 23-6-34 所示。

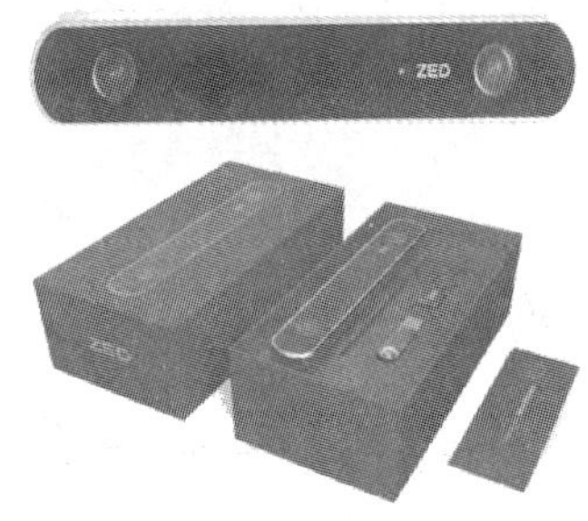

图 23-6-34　双目立体相机实物

3）主动视觉传感器

① 光切断法。光切断法的原理如图 23-6-35 所示。光切断法即把双目立体视觉中的一个摄像机改为

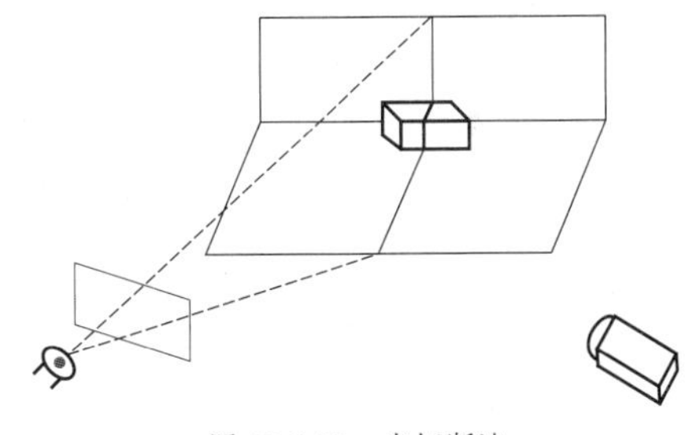
图 23-6-35　光切断法

狭缝投光光源，然后从水平扫描狭缝光得到的镜面角度以及从图像提取狭缝像的位置关系，按照与立体视觉相同的三角测量原理就可以计算和测量出视野内各个点之间的距离。

② 空间编码测距仪。在光切断法中，要想获得整个画面的距离分布信息，必须取得多幅狭缝图像，这样做相当花费时间。要解决这个问题，可以将其改为多个狭缝光线同时投光的办法，不过此时需要对图像中的多个狭缝图像加以识别。也就是说，可以给各个狭缝编排适当的代码ID，对ID的编排方法有把多条狭缝光线随机切断后再投光的方法及利用颜色信息识别多个狭缝的方法。

③ 莫尔条纹法。莫尔条纹法的基本思想是将一组光栅投影到物体表面，通过弯曲状况判断表面高低。就是投射多个狭缝形成的条纹，然后在另一个位置上透过同样形状的条纹进行观察，通过对条纹间隔或图像中条纹的倾斜等进行分析，可以复原物体表面的凹凸形状。

④ 激光测距法。激光测距法可分为两类：激光飞行时间测距和激光非飞行时间测距。激光飞行时间测距即利用激光到达目标所用时间来进行测距的方法。非飞行时间测距则是采用光子计数或数学统计方法进行测距的方法。

4）主动与被动传感器混用　从原理上讲，被动传感器属于立体视觉，但是，如果为了提高立体视觉的可靠性，将特征条纹作为光图案投射到物体上，这种方式就应该归属于主动传感器与被动传感器混用的类型，该系统由立体摄像机和图案投光器构成。投光图案包括随机点结构、条状花、各种大小的点图案、随机间隔缝隙光等。

混合方式无须改变投光图案，仅由立体摄像机和简单的投影器即可组成系统，因此作为工业机器人及移动机器人的视觉已经达到实用化。

（6）视觉传感器的应用

在空间中判断物体的位置和形状一般需要两类信息：距离信息和明暗信息，视觉系统主要用来解决这两方面的问题。当然，作为物体视觉信息来说还有色彩信息，但它对物体的识别不如前两类信息重要，所以在视觉系统中用得不多。获得距离信息的方法可以有超声波、激光反射法、立体摄像法等。明暗信息主要靠电视摄像机、固态摄像机来获得。与其他传感器工作情况不同，视觉系统对光线的依赖性很大，往往需要好的照明条件，以便使物体所形成的图像最为清晰、复杂程度最低，使检测所需的信息得到增强，不至于产生不必要的阴影、低反差或镜面反射等问题。下面简单列举一些已取得的应用成果。

① 工业上的应用。生产线上部件安装、自动焊接、切割；大规模集成电路生产线上自动连接引线、对准芯片和封装；石油、煤矿等地质钻探中数据流自动检测和滤波；纺织、印染业进行自动分色和配色。

② 各类检验、监视中的应用。如检查印刷底版的裂痕、短路及不合格的连接部分；检查铸件的杂质和断口；对产品样品进行常规检查；检查标签文字标记、玻璃产品的裂缝和气泡等。

③ 商业上的应用。自动巡视商店或者其他重要场所门廊；自动跟踪可疑的人并及时报警。

④ 遥感方面的应用。自动制图、卫星图像与地形图对准，自动测绘地图；国土资源管理，如森林、水面、土壤的管理等；对环境、火灾自动监测。

⑤ 医疗方面的应用。对染色体切片、癌细胞切片、X射线图像、超声波图像的自动检查，进而自动诊断等。

⑥ 军事方面的应用。自动监视军事目标，自动发现、跟踪运动目标，自动巡航捕获目标和确定距离。

近年来，随着传感技术的发展，视觉传感器已用于各个领域中，视觉传感器的典型应用领域为组装和自主式智能系统与导航。在组装过程中，局部和整体需求都要用到计算机视觉。元件的定向和定位，或机器人手腕或手爪的一个零件，以及元件的检验或工具放在夹具中都被认为是局部需求。元件的位置或用于安装工艺的机器人工作空间的一个零件被认为是全局需求。机器人视觉主要被用于全局需求及安装过程中组装件的定位。

6.3.2　触觉传感器

触觉是智能机器人实现与外部环境直接作用的必需媒介，是仅次于视觉的一种重要知觉形式。触觉既能保证机器人可靠地抓握各种物体，又能获取环境信息、识别物体形状和表面纹理、确定物体的空间位置和姿态参数等。触觉融合于视觉将为智能机器人提供可靠而坚固的知觉系统。触觉传感器由敏感材料或者结构制成，主要用于测量自身与外部物体相互作用时所引起的物理量的变化。

自20世纪开始，世界各国开始投入较多的科研资源对机器人触觉传感器进行系统的研究。最早研制触觉敏感皮肤的是美国MSI公司，该敏感皮肤应用在工业机器人手臂上。印度的研究者根据压电陶瓷材料的压电效应制作了一种压电式触觉传感器。2003年，美国伊利诺伊州大学研究了用聚酰亚胺和金属薄膜应变计的柔性触觉传感器皮肤。2005年美国航空

图 23-6-36　机器人中的触觉传感器应用

航天局研制出一种机器人非接触式的敏感皮肤。2002年，南京航空航天大学研究人员采用光波导原理设计出能检测三维力的触觉传感器。重庆大学也研制了一种压电式四维力触觉传感器。触觉传感器经过几十年的研究，在机器人应用中已经取得了较大进步。机器人应用中，触觉传感器可以分为点接触型触觉传感器、面接触型触觉传感器和滑觉传感器。

机器人中的触觉传感器应用场景如图 23-6-36所示。

(1) 点接触型触觉传感器

点接触型触觉传感器主要用于判别传感器与目标之间的接触状态，可以测量接触力的大小，也可以只是简单地用0或1表示是否接触。点接触型触觉传感器在躲避障碍物、控制机械手的运动等方面具有重要价值。点接触型触觉传感器主要有机械式、压阻式、压电式、光电式、电容式、电磁式、光纤式及生物信号式等几类。

① 机械式触觉传感器。最简单的触觉传感器是机械微动开关，微动开关输出0和1，相当于一个bit的二进制触觉传感器。硅微机械是比较前沿的传感器技术，硅具有很好的抗拉强度和较低的热膨胀系数，这些优良特性使得微机械传感器成为可能。基于硅微机械加工技术的传感器可以融合集成电路的先进处理能力组成微机电系统。硅微机械目前成功的应用是压力和加速度传感器，未来可基于硅微机械技术研制结构复杂的触觉传感器，由于涉及复杂的三维物体，加工过程需要特别的工艺技术。

② 阻抗型触觉传感器。阻抗型触觉传感器通过测量两点之间的导电体的阻抗获得接触情况，外力引起导电体变形，从而引起阻抗的变化，因而可以检测外力作用情况。阻抗型触觉传感器结构简单、噪声低易于构建高分辨率的触觉图像，不足之处可能存在迟滞，因而带宽较低；另外，长久使用后导电体可能会出现不可恢复的形变。应变片是一种常用的阻抗型传感器，应变片采用电阻材料或半导体材料制造，在外力作用下产生机械变形时，阻抗发生相应的变化。导电橡胶是另一种理想的压阻材料，其阻抗可随着外力而变化。在结构上，导电橡胶触觉传感器是由导电橡胶层和绝缘橡胶相间制成的叠层橡胶片，两层叠合在一起后，导电橡胶条的交叉点就构成一个触觉单元。导电橡胶富有弹性，但弹性受温度影响较大并可能失效，应用中须限制温度。

③ 压电式触觉传感器。压电材料是在压力作用下会在两端面间出现电压的晶体材料，对压电材料施加压力会产生电位差；反之，施加电压则产生机械应力。压电材料具有较高的频响特性，是测量振动的理想材料，但由于阻抗很大，通常只适合动态力的测量。PVDF属于高分子聚合物材料，具有压电性和热电性，其材质特性与人体皮肤非常接近。外力作用于极化后的PVDF薄膜时，垂直于作用力的薄膜表面会产生一定数量的电荷，电荷与作用力成正比，该特性可用于制作触觉传感器。PVDF薄膜频率响应极宽，热稳定性好，而且轻薄，其柔顺性及加工性能好，可以做成大面积器件、阵列式器件及各种复杂形状的传感器。PVDF不能响应静态压力，输出信号比较微弱，电稳定性也较差，不利于长时间测量。PVDF温度上限为80℃，使用场合相对受限。意大利的P. Dario较早采用PVDF制成触觉传感器，该传感器底部通过印刷电路板为厚厚的PVDF薄膜提供支撑，PVDF薄膜上面是一层力敏导电硅橡胶，导电硅橡胶上面又是一层PVDF薄膜。印刷电路上有电极网络，每个电极通过金属孔与印刷电路底部的相应电极相连。当薄膜受压时，测量印刷电路上下电极之间的电压可以测得压电效应产生电荷数量，从而完成触觉测量。

④ 光电型触觉传感器。光电传感器包括光源、传导介质和光电探测器，光电探测器通常为相机或光电二极管。触觉作用力引起的传导介质的变化通常会导致频谱、传输或反射强度的变化。光电型传感器具有很高的空间分辨率，抗电磁干扰，缺点在于环境适

应性较差，常因污染而失效。光电触觉传感器的电信号通常由压力变化引起的机械位移转换而来，传感器与物体接触表面的压力变化会引起测量机构的机械位移，进而通过光电转换器转换为电信号。

⑤ 电容式触觉传感器。电容式触觉传感器内的微电容可以简化为由上、下两个电极层和中间的介质层组成，每个电极层上有相应的感应电极，其等效结构如图 23-6-37 所示。电容极板间距的改变会导致电容参数的变化，该特性可用于触觉测量。为最大限度地提高灵敏度，须使用高介电常数的电介质。采用微电子工艺可以制造由微小电容阵列构造的具有高分辨率的触觉传感器，但是单个传感器的容抗将减少。电容型传感器的问题在于容易引入杂散电容，可以通过优化电路布局和机械设计来减少杂散电容的影响。

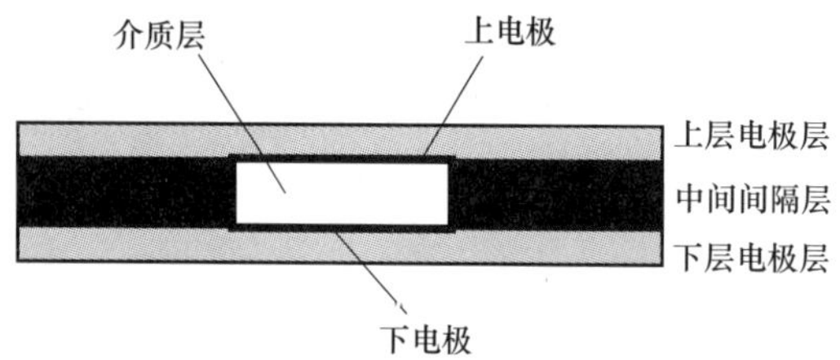

图 23-6-37　电容式触觉传感器等效结构

⑥ 电磁式触觉传感器。电磁式触觉传感器的设计有两种方法：a. 外力作用下运动的小磁铁会导致测量点附近磁通密度的变化，而磁通可以通过霍尔效应或磁阻进行测量，据此可以对外力进行测量；b. 变压器或电感器的铁芯受外力变形或移位将改变磁耦合状态，据此也可以实现对外力的测量。磁敏传感器优点在于灵敏度高、动态范围大、没有迟滞、鲁棒性好。

⑦ 光纤触觉传感器。光纤作为传感器可以利用的特性包括光路传输特性以及相位、强度和偏振方向等内在特性，这些均可用于接触状态、力矩和力的测量。其结构如图 23-6-38 所示。光纤的优点在于安全、体积小、重量轻及抗外部电磁干扰，并可实现远距离测量。相位和干涉法比较复杂，工业应用不多。

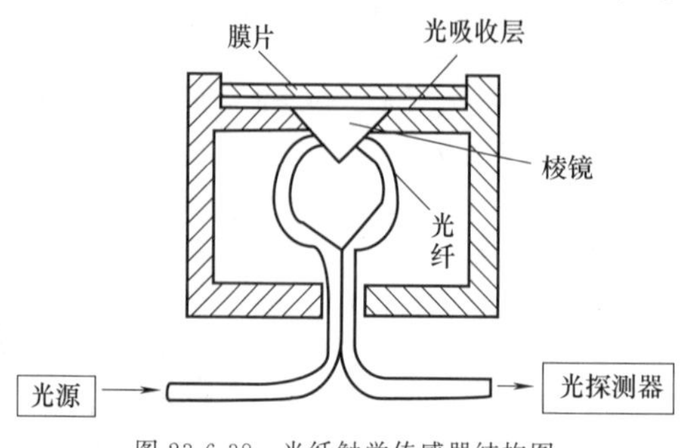

图 23-6-38　光纤触觉传感器结构图

触觉传感器一般通过光强对触觉过程进行测量，如通过光纤处于微弯状态时的光强衰减可以检测光纤外表面所受到的机械弯曲或扰动（几微米量级）。

（2）面接触型触觉传感器

面接触型触觉传感器由点接触型触觉传感器以阵列方式组合而成，用于测量传感器区域垂直作用力的分布情况，并可形成敏感面与物体相互作用时的触觉图像。由于简单有效，上述传感器中，电容、压阻、压电和光电类传感器在触觉应用中往往优先选用。在自主机器人应用中，接触型触觉传感器常常面积较大，能够更好地完成环境探测、目标识别和精确操控。

随着智能机器人和虚拟现实等领域的快速发展，触觉传感出现了全局检测、多维力检测以及微型化、智能化和网络化的趋势，传统的触觉传感器已难以满足应用需求，特别是近年来微电子工艺的成熟和普及，为这种需求提供了技术可行性。随着仿生机器人的兴起，接触型触觉传感器与人工皮肤常常以一体化的方式出现，并更多地强调柔顺性。

在全局触感方面，触觉传感器通常覆盖很大的区域，在仿生机器人等应用中，机器人皮肤要求具有人类皮肤的柔顺性，其肤感触觉传感器为超大面积阵列式结构，安装在较薄的柔性基底上，并且十分坚固。这种触觉传感器可用于表面形状和表面特性的检测。PVDF（聚偏氟乙烯）、碳纤维和光纤是触感皮肤比较理想的材料。PVDF 可以被制造成大面积的“人工皮肤”，碳纤维和光纤可以通过编织工艺构造大面积可穿戴的柔顺型触觉传感器，可用于任意表面的触觉测量，并测量多维接触力分布。此外，在 PVDF 人工皮肤表层制作阵列式电极也是一种可行的全局触觉传感方案，当皮肤触碰物体时，相互交错的电极会因触碰而导通，其原理与数字键盘类似，如图 23-6-39 所示，优点是抗干扰能力强，不足之处在于无模拟量输出，难以反映接触力的大小。

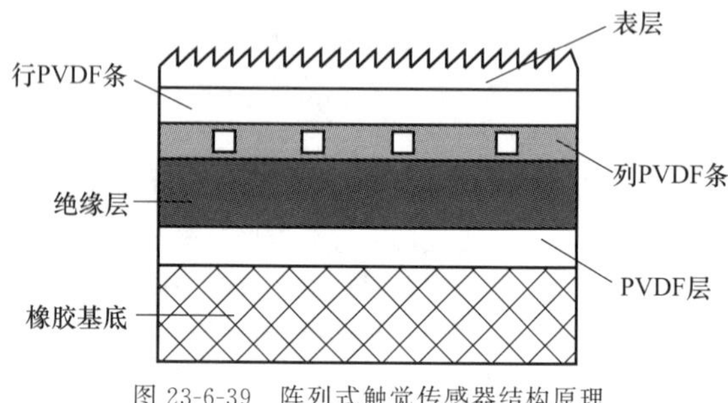

图 23-6-39　阵列式触觉传感器结构原理

① 三维力触觉传感器。多维力检测对于智能机器人的环境感知和精确操控具有重要价值。早在

1984 年，Kinoshita 等开始关注 3D 目标的感觉以及传感器设计问题。2010 年，Van 等利用 MEMS 技术成功研制了用于机器人指部的三维力触觉传感器。2009 年，中科院合肥智能机械研究所成功研制了三维力柔性触觉传感器，实现了对三维力的检测。2014 年，Yu 成功开发了一种可检测 x(4N)、y(4N) 和 z(20N) 方向的触觉传感器。

② 带微处理器触觉传感器。触觉传感器的微型化、智能化和网络化也是虚拟现实和现代机器人系统的迫切需求，带有微处理器的触觉传感器能够在探测现场即时采集和处理数据，并实时地与外界进行触觉数据交互。微电子工艺的技术进步促进了智能传感器的快速发展，未来触觉传感器除具备基本的触觉传感功能外，还将具备自诊断、校准和测试等附加功能。

③ 多模感知触觉传感器。多模感知也是触觉传感器的一个方向。在人工皮肤中内置一层可以检测温度变化的传感器以实现热觉检测是通常的做法。2014 年，Wettels 等研究了一种可用于目标识别和抓取作业的指型触觉传感器阵列，该传感器可以像人类皮肤一样具有感知力、热和微振动的能力。此外，Sohgawa 等也研制了一种采用悬臂梁的多功能触觉传感器，该传感器不仅能够探测到目标的接近，而且能够检测接触、滑移和表面纹理等情况。

(3) 滑觉传感器

滑觉传感器是一种感知滑觉、检测相对滑动的传感器，主要用于测量物体与传感器之间的相对运动趋势，可以是专门的滑觉传感器，也可以由触觉传感器解析得到。目前广泛应用于机器人仿生研究等领域。

人类在用手抓取物体时，不需要视觉的辅助就可以感知被抓取物体是否有滑落的趋势，并根据这种感知来增加或是减小握力，以达到用最小的力来抓住物体这一效果，这种感知能力就是滑觉。

滑觉传感器的设计方案品类繁多，但尚没有一种廉价且抗干扰能力强的滑觉传感器。而与目前已有的滑觉传感器相比，由于光纤微弯效应是光在光纤内传播时因光纤弯曲变形导致光通量损耗，在这个过程中，由于光子的电中性，任意强度的电场、磁场或是任意速度的电场、磁场变化都无法影响这一过程。因此，以光纤微弯效应为原理设计的传感器，具有得天独厚的抗电磁干扰能力。

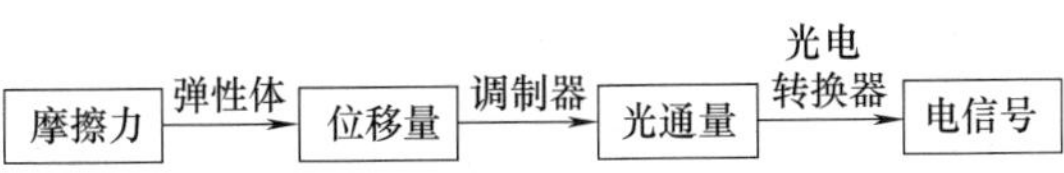

图 23-6-40　基于光纤微弯效应的滑觉传感器原理

滑觉传感器首先将相对滑动时产生的动摩擦力转换为位移信号，之后通过基于光纤微弯曲效应制作的调制器将位移信号转换为光通量，最后通过光电转换器将光通量转换为电信号，以此来完成对相对滑动的捕捉。在该传感器中，核心元件是将位移量转换为光通量的调制器。传感器与被测物体间的摩擦力输入传感器中，通过传感器内的弹性体转换为位移量，该位移量通过调制器改变光纤的弯曲程度，由此改变光纤输出端的光通量，最终通过光敏电阻将光通量的变化转变为电压的变化。

6.3.3　力觉传感器

机器人的力觉主要有指、肢和关节等运动时机器人对受力的感知。主要包括腕力觉、关节力觉和支座力觉等。在力传感器中，既有测量三轴力的传感器，又有测量绕三轴的力矩传感器。根据被测对象负载类型不同，可以把力传感器分为测力传感器（单轴力传感器）、力矩表（单轴力矩传感器）、手指传感器（检测机器人手指作用力的超小型单轴力传感器）和六轴力觉传感器。根据力的检测方式不同，可以分为检测应变或应力的应变片式、利用压电效应的压电元件式、用位移计测量负载产生的位移的差动变压器、电容位移计式。

(1) 力测量原理

应变计是指测量外力作用下变形材料的变形量的传感器。根据应变计材料不同，可分为以下几种：电阻丝应变计（采用电阻细丝）、铂应变计（采用金属铂）、半导体应变计（采用压电半导体）。

① 应变计。以典型的金属电阻丝应变计为例，介绍应变计基本原理。电阻应变计的结构如图 23-6-41所示，它主要由敏感栅、基底、引线、盖层和黏结剂五部分组成。

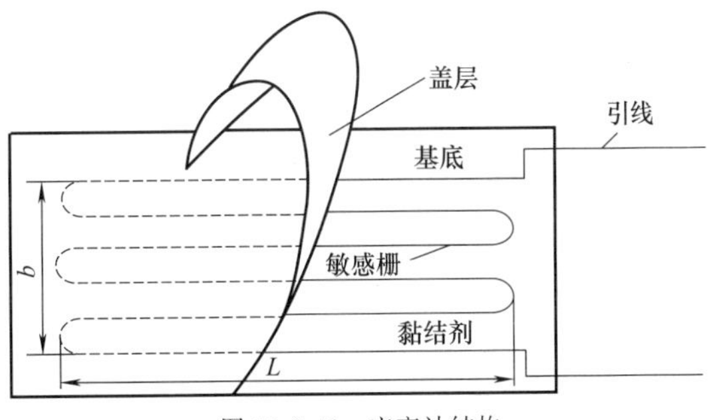

图 23-6-41　应变计结构

在金属式应变计的经典结构中，敏感栅是最重要的组成部分，通常由 0.015～0.05mm 的金属丝绕成栅状，以便在较小的尺寸范围内输出较大的应变。图中 L 表示栅长，b 表示栅宽，为保持敏感栅的形状、尺寸和位置，用黏结剂将其固定在纸质或者胶质基底上。引线将敏感栅的输出引至测量电路，一般采用低阻镀锡铜线。应变计在工作时，随着试件受力变形，应变计的敏感栅也获得同样的变形，根据电阻应变效应，敏感栅的电阻值将随之发生变化，并与试件应变成正比。因此，电阻应变效应是电阻应变计工作的物理基础。设有一段长为 l，截面半径为 r 的导电材料，如图 23-6-42 所示。

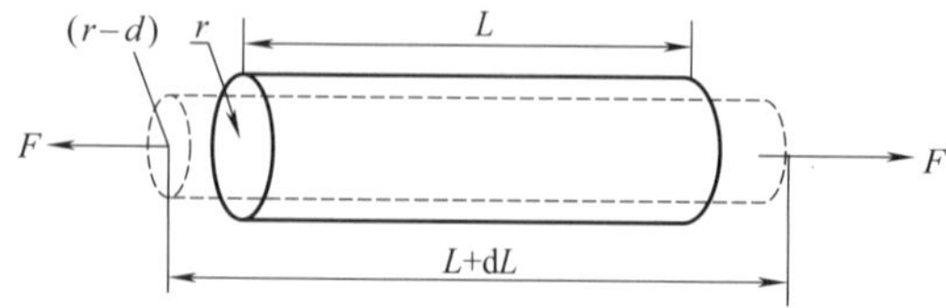

图 23-6-42　电阻丝受力拉伸图

$$R=\rho\times\frac{l}{A(r)} \tag{23-6-10}$$

$$A(r)=\pi r^2 \tag{23-6-11}$$

式中，ρ 为导电材料的电阻率；$A(r)$ 为截面积。当导电材料受到轴向力 F 而被拉伸时，其轴向拉长（$L+\mathrm{d}L$），而径向被压缩（$r+\mathrm{d}r$），同时电阻率 ρ 也将发生变化，导电材料电阻也随之发生变化，其电阻相对变化可表示为：

$$\frac{\mathrm{d}R}{R}=\frac{\mathrm{d}\rho}{\rho}+\frac{\mathrm{d}L}{L}-\frac{\mathrm{d}A}{A} \tag{23-6-12}$$

式中，电阻相对变化 $\mathrm{d}R/R$ 由电阻率相对变化 $\mathrm{d}\rho/\rho$、长度的相对变化 $\mathrm{d}L/L$ 和截面积的相对变化 $\mathrm{d}A/A$ 三部分组成。其中，$\mathrm{d}L/L=\varepsilon$ 是材料的轴向线应变。电阻的相对变化可表示为：

$$\frac{\mathrm{d}R}{R}=\frac{\mathrm{d}\rho}{\rho}+(1+2\mu)\varepsilon \tag{23-6-13}$$

导电材料主要指金属和半导体材料，电阻率的相对变化 $\mathrm{d}\rho/\rho$ 对不同的材料电阻率有所不同。

由电阻应变计的原理可知，应变计可以把机械应变转换为电阻的变化，但这种电阻的变化比较微小，用一般测量电阻的仪表很难直接测量，须用专业的测量设备精确测量。电桥电路将微弱的电阻变化变换为电压变换并将变化信号进一步的放大。电桥电路，即惠斯顿电桥，其结构如图 23-6-43 所示，四个阻抗臂 R_1、R_2、R_3、R_4 以顺时针为序，AC 是电源端，工作电压为 U；BD 为输出端，输出电压为 U_0。在整个阻抗桥中，当桥臂接入的是应变计，就称为应变电桥。根据接入应变计的方式可分为：单臂应变电桥，电桥的一个臂接入应变计；双臂应变电桥，电桥的两个臂接应变计；全臂应变电桥，电桥的所有臂接应变计。当桥臂上粘贴的应变片受到拉力 F 的作用时，应变电阻发生形变，BD 两端输出电压同时发生变化，通过信号放大转换从而等效测量出压力大小。

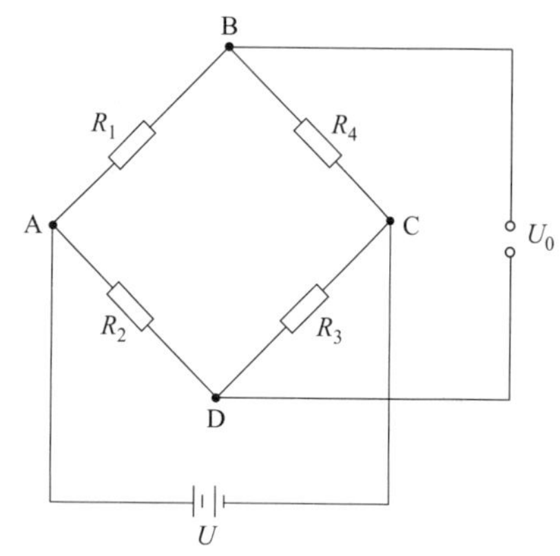

图 23-6-43　电桥臂结构图

② 半导体压电式传感器工作原理。某些晶体在一定方向受到外力作用时，内部将产生极化现象，相应地在晶体的两个表面产生符号相反的电荷，当外力作用除去时，又恢复到不带电状态；当作用力方向改变时，电荷的极性也随着改变，这种现象称为压电效应。反之，在电介质的极化方向上施加交变电场或电压，它会产生机械变形，当去掉外加电场时，电介质变形随之消失，这种想象称为逆压电效应（电致伸缩效应）。压电式传感元件是力敏感元件，它可以测量最终能变换为力的非电物理量，例如动态力、动态压力、振动、加速度等，但不能用于静态参数的测量。在压电式传感器中，常将两片或多片组合在一起使用，由于压电材料有极性，故接法有串联和并联两种。

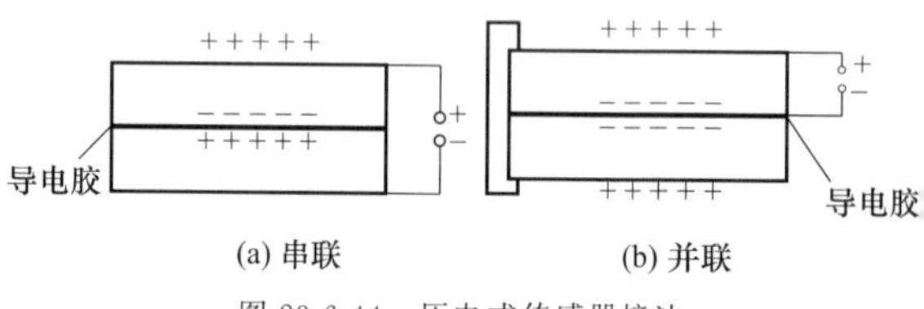

图 23-6-44　压电式传感器接法

（2）力矩测量原理

力矩是力和力臂的乘积，可以使机械零部件转动的力矩称为转矩，可使机械零部件产生一定的扭曲变形的力矩称为扭矩。应变块力矩测量方式是采用应变片电测技术，在弹性轴上组成应变桥，向应变桥提供电源即可测得该弹性轴受到垂直于轴力作用而发生形变所引起的电信号变化。将该应变信号放大后，经过压/频转换，转换为与扭应变成正比的频率信号。

如图 23-6-45 所示，在垂直于墙壁的梁的根部带有两个彼此连接的应变块，当在相距梁根部 Z 点处施加力 F，应变块就受到力矩的作用，应变片输出的 A_1 和 A_2 为

$$A_1=k(z-z_1)F \tag{23-6-14}$$

$$A_2=k(z-z_2)F \quad (23\text{-}6\text{-}15)$$

根据式（23-6-14）与式（23-6-15），可以求出 F，即

$$F=\frac{1}{k}\times\frac{A_1-A_2}{z_2-z_1} \quad (23\text{-}6\text{-}16)$$

式中，(z_2-z_1) 为两个应变块之间的距离；k 为常数，在给定位置施加给定大小的力，由传感器的输出就可以确定该常数的具体值。同时，施加力 F 的位置也可以由下式求出：

$$z=\frac{A_1Z_2-A_2Z_1}{A_1-A_2} \quad (23\text{-}6\text{-}17)$$

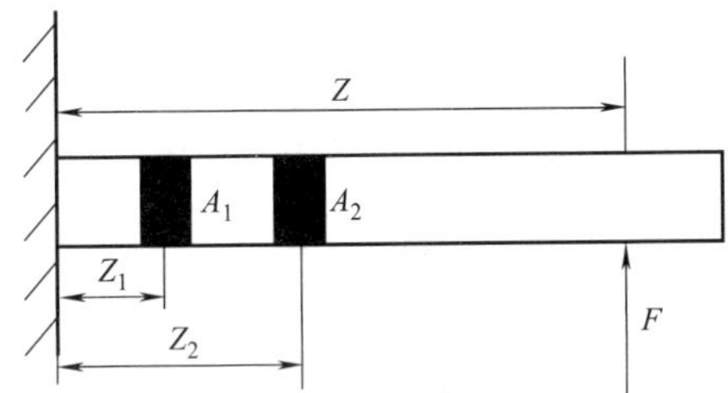

图 23-6-45　应变块检测力矩原理

（3）多维机器人传感器

机器人力/力矩传感器是测量并输出在笛卡儿直角坐标系中各个坐标（X，Y，Z）上的力和力矩的传感器。一个六轴力/力矩（force/torque）传感器也经常被称作多轴力/力矩传感器、多轴加载单元、F/T传感器或者六轴加载单元。力/力矩传感器一般安装在机器人的关节驱动器上，比如腕关节、踝关节等，用于测量关节驱动器的输出力和力矩，实现关节力的控制，也可以安装在机器人的足底，测量地面反作用力和力矩，实现机器人的稳定控制。

① 三维力传感器。三维力传感器能同时检测三维空间的三个力/力矩，通过这些信息控制系统不但能检测和控制机器人手爪抓取物体的握力，而且还可以检测抓取物体的重量以及在抓取操作过程中是否有滑动、振动等。三维指力传感器有侧装式和顶装式两种，侧装式三维指力传感器一般用于两指的机器人夹持器，顶装式三维指力传感器一般用于机器人多指灵巧手。

压电晶片本身不能对力矩进行测量，只有将多个对剪切力敏感的压电晶片排列成环状，同时使每个小片晶体的敏感轴均沿着圆环的切线方向，并将它们组装在传感器的壳体里，才可实现对力矩的测量。图 23-6-46 中，R 为对剪切力敏感的压电晶片的圆心到圆环圆心的距离，F 为作用在圆环上的切向作用力。

$$M=\sum FR \quad (23\text{-}6\text{-}18)$$

$$Q=\frac{d_{ji}M}{R} \quad (23\text{-}6\text{-}19)$$

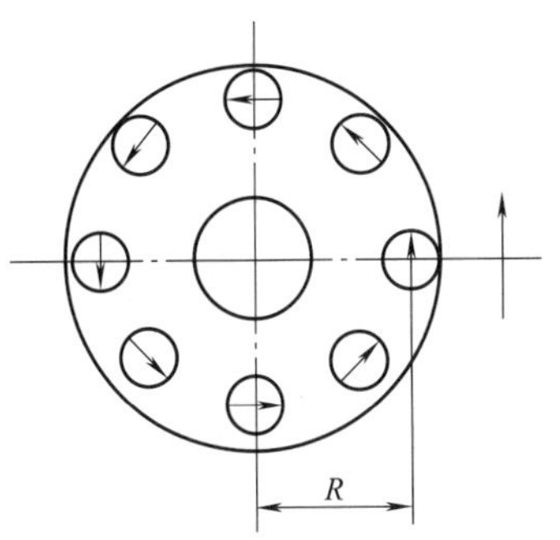

图 23-6-46　三维力传感器原理

传感器的输出电荷与被测力矩 M 成正比，通过适当的测量系统测出传感器的电荷量，就能实现对力矩的测量。

② 六维力传感器。六维力传感器是力传感器中的一种新型传感器，能同时转换多维力/力矩信号为电信号，可用于监测方向和大小不断变化的力与力矩、测量加速度或惯性力以及检测接触力的大小和作用点。在六维力传感器研究中，力敏元件的结构设计是力传感器的核心问题，因为力敏元件的结构决定力传感器的性能优劣。当前六维力传感器主要有三垂直筋结构的六维力传感器、筒形六维力传感器、双环形六维力传感器、四垂直筋结构的六维力传感器、盒式结构六维力传感器、十字结构六维力传感器、圆柱形六维力传感器、双头形六维力传感器、三梁结构的六维力传感器、八垂直筋结构的六维力传感器以及基于STEWART 平台结构的六维力传感器等。传感器上的力 F 和力矩 M 通过下式求得：

$$\begin{Bmatrix} F_X \\ F_Y \\ F_Z \\ M_X \\ M_Y \\ M_Z \end{Bmatrix}=\begin{bmatrix} 0 & 0 & k_{13} & 0 & 0 & 0 & k_{17} & 0 \\ k_{21} & 0 & 0 & 0 & 0 & k_{26} & 0 & 0 \\ 0 & k_{32} & 0 & k_{34} & 0 & k_{36} & 0 & k_{38} \\ 0 & 0 & 0 & k_{44} & 0 & 0 & 0 & k_{48} \\ 0 & k_{52} & 0 & 0 & 0 & k_{56} & 0 & 0 \\ k_{61} & 0 & k_{63} & 0 & k_{65} & 0 & k_{67} & 0 \end{bmatrix}\begin{Bmatrix} U_1 \\ U_2 \\ U_3 \\ U_4 \\ U_5 \\ U_6 \end{Bmatrix} \quad (23\text{-}6\text{-}20)$$

其中，$K_{ij}(i=1,2,\cdots,8;j=1,2,\cdots,6)$为各电桥的特征系数；$U_j(j=1,2,\cdots,8)$为各电桥的输出量。

多维力传感器的精度不同于一维力传感器，多维力除了其作用力方向和该方向输出之间有输入/输出关系外，还存在维间耦合，也就是说，在没有受到力的方向上也有输出。因此，多维力传感器的误差包括Ⅰ类误差和Ⅱ类误差两种。

Ⅰ类误差指在某一方向加力和该方向输出电压之间有一个确定的比例关系。根据输出电压与加力作出

的输入、输出特性曲线可以得到其误差数据。其中，理论输出电压＝灵敏度×实际施加力的大小，Ⅰ类误差＝(理论输出电压－实测输出电压)/全量程输出电压。

Ⅱ类误差指在某一方向加力引起其他方向输出电压和该方向额定输出电压之比。如在 Y 方向加力引起在 Y 方向的输出电压为 ΔU_{y}，则称 $\Delta U_{y}/U_{yfs}$ 为 X 方向对 Y 方向的干扰误差。

误差：要求Ⅰ类误差和Ⅱ类误差都小于精度要求。如果传感器精度为 0.3%，那么Ⅰ类误差和Ⅱ类误差必须都小于 0.3%。

(4) 力觉传感器研究热点与难点

① 六维力传感器无论采用何种具体结构，各测量敏感部位都存在一定的力耦合，并且无法实现完全解耦，这给六维力传感器的标定带来很大的困难，对测试精度有很大影响（尤其当传感器承受复合载荷时更是如此）。这是这类传感器的主要缺憾。

② 用于机器人手腕和手指的既无力耦合，又具有结构简单、刚度高、灵敏度高和精度高等优点的六维力传感器的设计理论。

③ 用于微机械电气系统 MEMS 的集成化微型仪器与传感器。

④ 适于六维力传感器的信号处理系统。现有的这些系统大多在对传感器进行标定及进行矩阵求逆运算等方面存在不足。

⑤ 新型的微位移及微力传感器。为了使微操作机器人系统具有较强的智能，微位移传感器及微力传感器是必不可少的。由于微观世界里的种种条件约束，现有系统中各种微力、微位移、速度、加速度传感器均未能成功地得到应用。

⑥ 传感器融合。机器人系统中使用的传感器种类和数量越来越多，每种传感器都有一定的使用条件和感知范围，并且又能给出环境或对象的部分或整个侧面的信息，例如机器人的接触觉、滑觉、力觉和压觉等。为了有效地利用这些传感器信息，需要采用某种形式对传感器信息进行综合、融合处理，不同类型信息的多种形式的处理系统就是传感器融合。随着机器人智能水平的提高，多传感器信息融合理论和技术将会逐步完善和系统化。

6.3.4 接近觉传感器

接近觉传感器是一种能在近距离范围内获取执行器与对象物体之间相对关系信息的传感器，其用途是确保安全，防止发生碰撞。由于被测量物体与机器人之间的距离一般来讲比较接近，因此虽然是测量传感器，但测量精度不高，输出经常用 0 或 1 表示，而且接近觉传感器的安装空间比较狭窄，因此要求具有体积小、质量轻、结构简单以及稳定和坚固的特性。在设计和制造的时候应充分考虑应用环境，灵活运用检测的基本方法。下面介绍几种常用的测量方式。

(1) 接触式

接触式传感器采用最可靠的直接接触的方式来确定是否接近。如图 23-6-47 和图 23-6-48 所示分别为微型开关和连杆构成的接近觉传感器和须状接触式接近觉传感器，它们的工作方式大同小异，均会在接触时产生物理系统相关参数的变化。连杆接近觉传感器会产生弹性形变，须状接触式接近觉传感器会产生电流，信号的输出模式为有无梁的弹性形变引起的阻抗变化和物体接触或者不接触所引起的开关的接通或断开。但是，采用直接接触的方式会有对被检测物体产生损坏的危险。

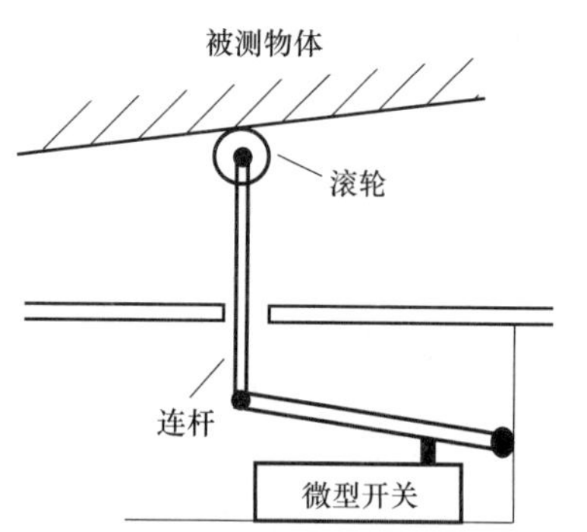

图 23-6-47 微型开关和连杆构成的接近觉传感器

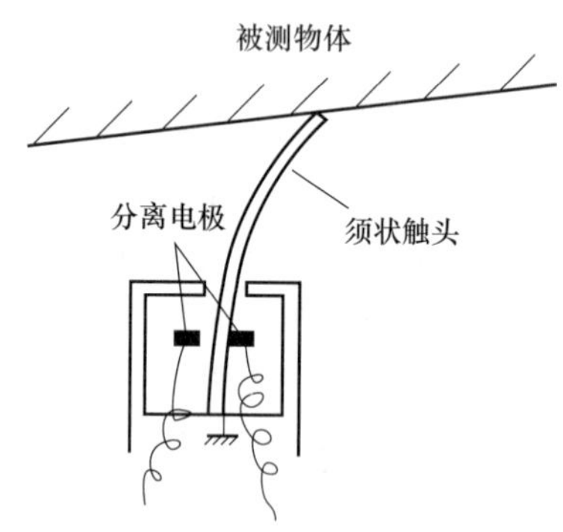

图 23-6-48 须状接触式接近觉传感器

(2) 电容式

电容式接近传感器是一个以电极为检测端的经典电容接近开关，它由高频振荡电路、检波电路、放大电路、整形电路及输出电路组成，电容与电极面积、电介质的介电系数成正比，与电极件的距离成反比。如果相对电极的面积固定，介电系数不变，则可以根据电容的变化检测出电极和导体或电介质物体间的距离。由于平时检测电极与大地之间存在一定的电容量，所以令它成为振荡电路的一个组成部分。当被检测物体接近检测电极时，由于检测电极加有电压，检测电极就会受到静电感应而产生极化现象，被测物体越靠近检测电极，检测电极上的感应电荷就越多。检测电极上的静电电容为 $C=\frac{Q}{V}$，所以随着电荷量的增多，检测电极电容 C 随之增大。振荡电路的振荡频率 $f=\frac{1}{2\pi\sqrt{LC}}$ 与电容成反比，所以当电容 C 增大时振荡电路的振荡减弱，甚至停止振荡。振荡电路的振荡与停振这两种状态被检测电路转换为开关信号后向外输出。图 23-6-49 所示为电容接触部分的原理图。

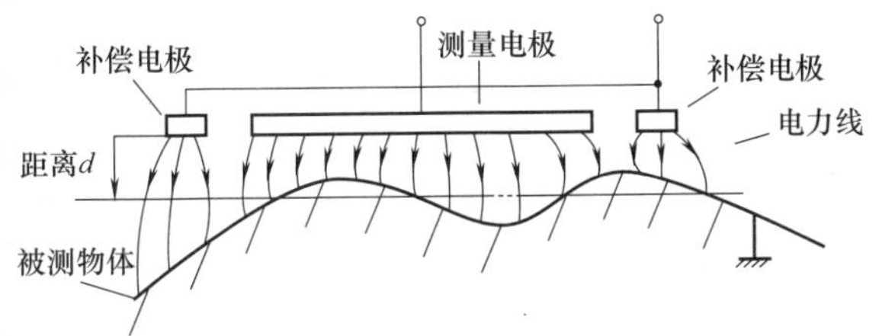

图 23-6-49　电容式传感器接触部分原理图

应该注意，为产生电荷聚集作用，被检测物体应为金属导体或者电介质，非金属导体应采用其他方法。

（3）电磁式

电磁式接近觉传感器与电容式具有类似的电路设计，不同的是在靠近被测物体时改变的物理量不同。顾名思义，电容式改变的是电容大小，电磁式改变的是磁场强弱。霍尔效应是电磁效应的一种，被广泛应用于各个行业，利用霍尔效应制成的电磁式接近觉传感器具有对磁场敏感、结构简单、体积小、频率响应宽、输出电压变化大和使用寿命长等优点。

霍尔效应是指通电的导体或者半导体在磁场中由于电子受洛伦兹力的作用向一侧偏移而产生电压的现象。导体或者半导体两端的电位差就是霍尔电压。霍尔元件一般具有四个端子，如图 23-6-50 所示，其中两个是电流输入端，另外两个是电压输出端。霍尔效应传感器是利用电子在磁场中所受的洛伦兹力的作用，洛伦兹力 $F=q(V\times B)$，其中 q 是电荷量，V 是速度矢量，即电流方向，B 是磁场方向。假定电流通过放置在磁场中的掺杂 N 型半导体，由于在 N 型半导体中的电子是多数载流子，电流方向应与电子运动方向相反。

由此可知，作用在载有负电荷的运动粒子具有如图 23-6-50 所示的受力方向，这个力作用在电子上使电子汇集在一起，因此物体会产生电压。当霍尔传感

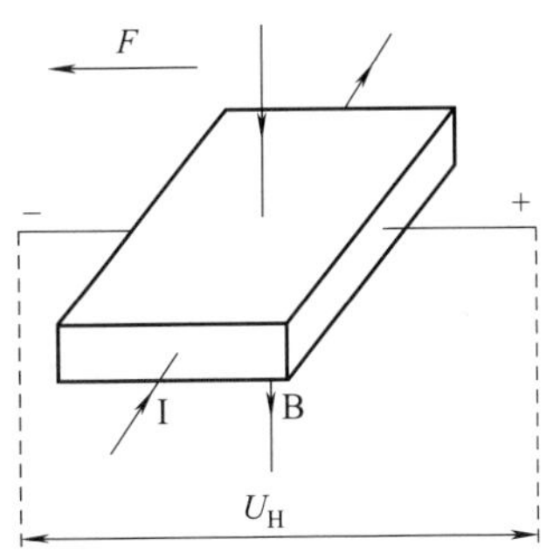

图 23-6-50　霍尔效应示意图

器单独使用时只能检测有磁物体，但是让它与永久磁体组合在一起的时候可以检测所有的铁磁物体。因为若将铁磁物体靠近半导体与永久磁体组成的霍尔元件时，会使通过半导体的磁场强度减弱，如图 23-6-51 所示，从而洛伦兹力下降，导体两端的电压也会下降，这种减少是判断物体与接近觉传感器之间距离的关键。电压变化经过放大电路之后，对传感器设置电压阈值，便可以进行二值输出。

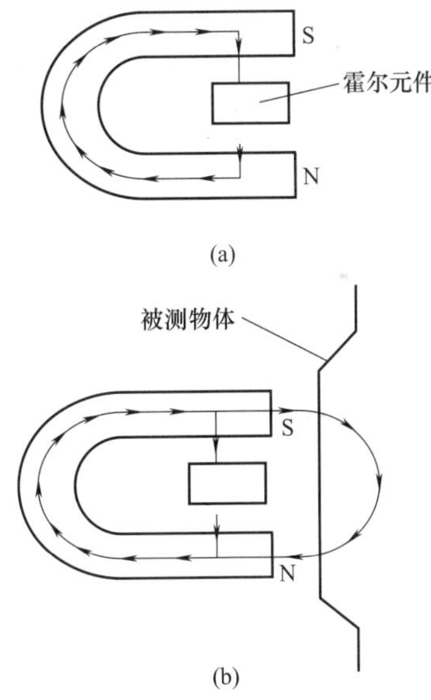

图 23-6-51　霍尔传感器接近时磁场变化

与电容式传感器类似，利用霍尔效应制成的接近觉传感器只能感应导体，不适用于非金属材料。

（4）气压式

为了对非金属物体进行测量，可以采用气压式传感器，其结构如图 23-6-52 所示。原理为：当气压枪接近物体表面时，保持总输入气压 P_a 不变，则气压枪与物体的距离 d 和气压枪旁路反射气压 P_b 之间存在局部线性关系，测量旁路气压值，即可得到与物体的距离。气压式接近觉传感器要求空气质量比较高，

且不存在大量粉尘的环境，但具有防火、防磁、防辐射的能力。

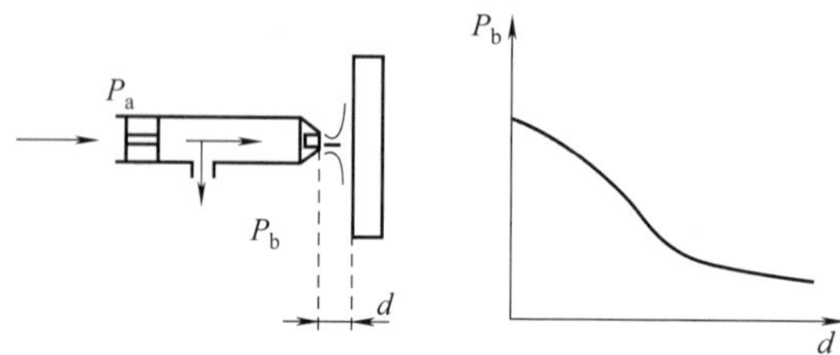

图 23-6-52　气压式接近测距原理图

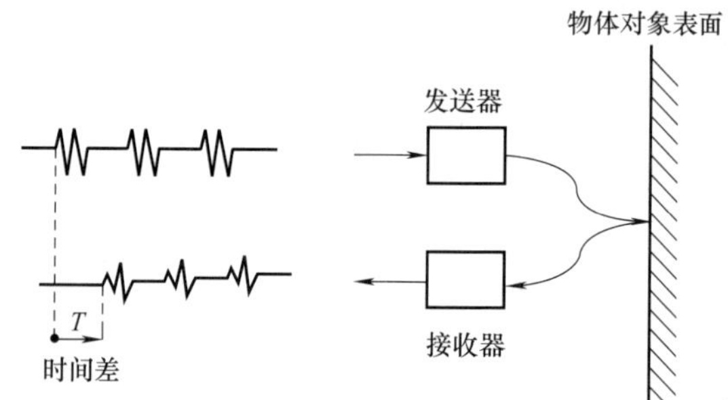

图 23-6-53　飞行时间法测量原理

6.3.5　长距离传感器

长距离传感器是对远处的物体进行空间信息采集的器件，是机器人进行避障运动和绘制环境地图时不可少的传感器，自动驾驶无人汽车与深度相机中均存在距离传感器。测量机器人与物体之间长距离的传感器都是非接触式，所以这里只介绍非接触式传感器的测量原理。

根据测量介质的不同可以分为超声波传感器和激光或者红外线等光学传感器，根据测量方式不同可以分为主动式（向被测对象主动照射超声波或者光线）和被动式（不向被测对象照射光线，仅根据发自对象物体的光线）。

超声波传感器只有主动式一种，超声波测距传感器根据超声波从收发器到对象物体之间往复传递所花费的时间长短来计算距离。光学距离传感器有主动型与被动型之分，主动型依据的测量原理有基于三角测量原理的方法、调制光相位差的方法；基于反射光强度的方法三类；被动型依据的测量原理有基于多个相机的立体视觉三角测量法和基于单目相机获取多角度图像的测量方法。

（1）主动型测距传感器

主动型测距传感器有超声波测距传感器和光学的激光测距传感器、红外线测距传感器和基于投射结构光的传感器。其中超声波测距传感器、激光测距传感器测量原理基本相同，均是利用飞行时间法测量与物体之间的距离，其测量原理如图 23-6-53 所示，设声波或光波在介质中的传播速度为 V，飞行时间为 T，则所测距离 d 为

$$d=\frac{1}{2}VT \tag{23-6-21}$$

由于介质的不同，在实际应用中存在明显差异，应根据不同的环境与要求选择正确的测距传感器。超声波是一种频率高于 20000Hz 的声波，它的方向性好，穿透能力强，易于获得较集中的声能，在水中传播距离远，可用于测距、测速、清洗、焊接、碎石、杀菌消毒等。在医学、军事、工业、农业上有很多的应用。超声波因其频率下限大于人的听觉上限而得名。超声波测距传感器通过发射超声波脉冲信号，并测量回波的返回时间便可得知到达物体表面的距离。超声波传感器由超声波发生器和接收器组成，超声波发生器有压电式、电磁式及磁滞伸缩式等，在检测技术中最常用的是压电式。压电式超声波传感器利用了压电材料的压电效应，如石英、电气石等。逆压电效应是将高频电振动转换为高频机械振动，以产生超声波，可作为“发射”探头；正压电效应则将接收的超声振动转换为电信号，可作为“接收”探头。超声波进行距离测量的优点是电路及信号处理简单，能在液体，特别是不透光的、浑浊的水或者其他液体中测量，所以可以将它应用在光学传感器无法胜任的场合。其缺点是由于声波在介质中的传播时间比较慢，所以测量比较慢，而且不能同时检测，因为声音是可以互相干扰的，只能轮询，一个接一个去检测。

激光测距传感器在工作时向目标射出一束很细的激光，由光电元件接收目标反射的激光束，计时器测定激光束从发射到接收的时间，从而计算出从观测者到目标的距离。与超声波测距唯一差别是光速很快，因此需要更加精确的时间测量，例如，光速约为 3×10^8 m/s，要想使分辨率达到 1mm，则传输时间测距传感器的电子电路必须能分辨出 $0.001\text{m}/(3\times10^8\text{m/s})=$ 3ps 的时间，这对电子技术提出了过高要求，实现起来造价太高。但是，如今廉价的传输时间激光传感器巧妙地避开了这一障碍，利用一种简单的统计学原理，即平均法则实现了 1mm 的分辨率，并且能保证响应速度。

激光测距仪是目前使用最为广泛的测距传感器，在室外无人车驾驶、室内三维点云重建中均被广泛应用。激光的发射原理及产生过程的特殊性决定了激光具有普通光所不具有的特点，即单色性好、相干性好和方向性好。也正是由于这三种特性使激光被应用到

生活中的各个方面。在机器人应用领域，激光测距仪一般以激光雷达的形式出现，不单实现测距的功能，它还通过多线束旋转的方式获得了周围空间的三维信息，为机器人的决策提供依据。单线束激光测距在测距原理上仍是采用飞行时间法，但是为了实现导航与三维重建，又进行了许多改进，由单线变成多线，由飞行时间法变成连续波调频，由机械激光雷达变成固态激光雷达等。激光雷达是机器人视觉系统的重要分支，具有分辨率高、测量距离长、抗干扰能力强等诸多优点。

红外测距传感器利用红外信号遇到障碍物距离不同反射强度也不同的原理进行障碍物远近的检测，如图 23-6-54 所示。

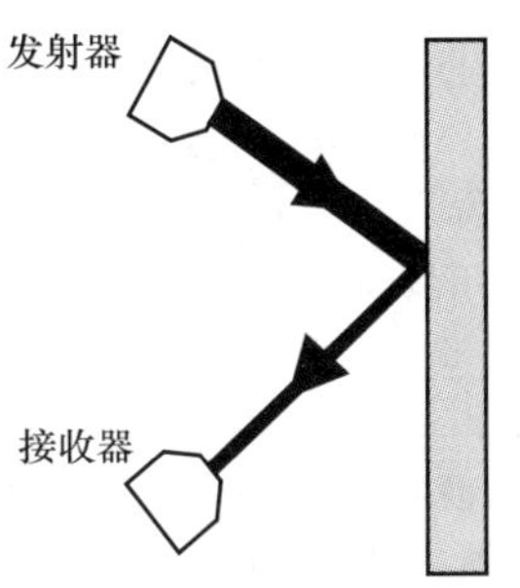

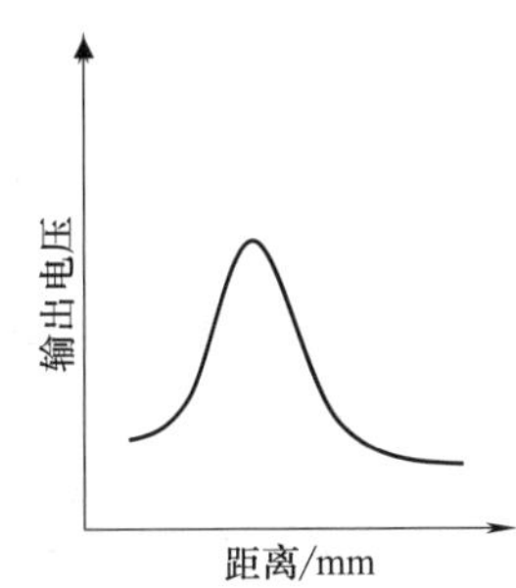

图 23-6-54　红外测距原理图

红外测距传感器具有一对红外信号发射与接收二极管，发射管发射特定频率的红外信号，接收管接收这种频率的红外信号。当红外的检测方向遇到障碍物时，红外信号反射回来被接收管接收，经过处理之后，通过数字传感器接口返回到机器人主机，机器人即可利用红外的返回信号产生的电压与距离的关系来识别周围环境的变化。它的优点是中远距离测量，在无反光板和反射率低的情况下能测量较远的距离，有同步输入端，可多个传感器同步测量，测量范围广，响应时间短，一般情况下外形设计紧凑，易于安装，便于操作。它的缺点是相对于超声波传感器价格比较贵，而且容易受到外界光线干扰，测量距离比超声波测距传感器近。红外线传感器能很容易地检测出工作空间内某物体是否存在，但作为距离的测量仍有其他复杂的问题，因为接收器接收到的反射光线会随着物体表面特征不同和物体表面相对于传感器光轴的方向不同而出现差异，在计算时仍需注意这种差异与不同。

基于投射结构光的传感器与以上三种传感器最大的不同是接收端用两台摄像机捕捉结构光通过物体表面投影的模式图案进行测距，其基本原理是立体视觉测距中的三角测量原理。首先对投影仪投射的光斑与相机之间拍摄图像进行特征匹配，然后在此基础上基于三角测量原理（通过测量三角形三条边三个角中的三个量，如角边角、边角边等，计算其余三个量）计算特征点距离相机的距离。结构光的投影模式有单点光、狭缝光、点阵光、二值模式、灰度模式、彩色模式等，如图 23-6-55 所示。

相比于被动的立体视觉测量方法，主动投射结构光测量方法最大优点是很容易找到两幅图像中的对应点，以单点光为例，根据投影器的方向就可以判断摄像机所拍摄的点将被投影的方向。在工业与日常生活中，基于结构光的距离传感器十分常见，如微软公司出品的基于红外散斑结构光原理的深度相机 Kinect 1、英特尔公司的基于红外条纹结构光的 RealSense、基于可见条纹结构光的 Enshape 均是结构光测量的产品。但是，主动型传感器的缺点是结构光投射器的输出大小受安全限制，无法照射很远，因此，深度相机的测量范围一般在 10m 以内，而且采用红外光或者可见光时容易受到自然光照的影响，室外效果比较差。

（2）被动式距离传感器

被动式距离传感器采用多个相机在外界光照条件下对目标进行测距，不主动投射光源，因此称为被动式。前边已经提到，基于投射结构光距离传感器与被动式距离传感器的核心思想相同，均为三角测量原理（图 23-6-56）。

L 是到对象物体的距离，d 是两台摄像机的距离，α、β 是从平行的两个摄像机的视线方向到对象物的方向之间的角度，那么距离 L 可由下面公式求出

$$L=\frac{d}{\tan\alpha+\tan\beta} \tag{23-6-22}$$

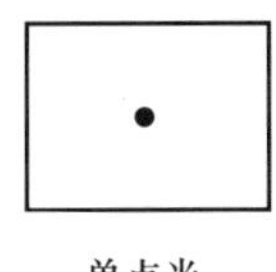

单点光

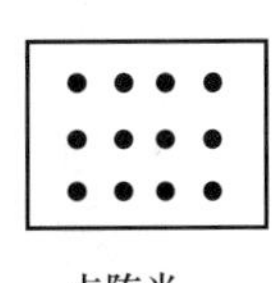

点阵光

狭缝光

二值模式

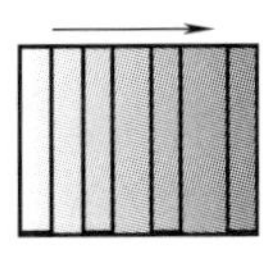

灰度模式

图 23-6-55　结构光模式

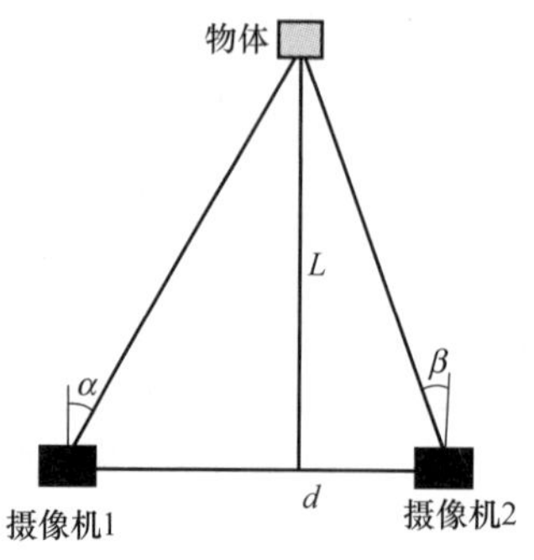

图 23-6-56 三角测量原理

只要摄像机能拍摄出包含同一物体的两幅图像，理论上就可以计算出物体与摄像机之间的距离。然而在三角测量原理中一个特别重要的事情就是如何确定两个摄像机中的图像是同一个物体。由于放在不同位置的两个摄像机所拍摄的图像是不同的，假设一个桌子上有个圆球 A 和立方体 B，摄像机 1、2 从不同角度拍摄的图像如图 23-6-57 所示，从图中可以发现同一事物在不同的摄影机中是不同的，在实际拍摄中不单单仅有平移变化，可能还会有旋转、仿射变换等，因此图像之间的特征点匹配是被动测距的难点所在。目前已经有很多特征点检测与匹配的方法，如 harris 角点检测、sift 特征检测、surf 特征检测等，GPU 的高速发展使大量并行计算成为可能，大大加快了图像测距领域的发展。

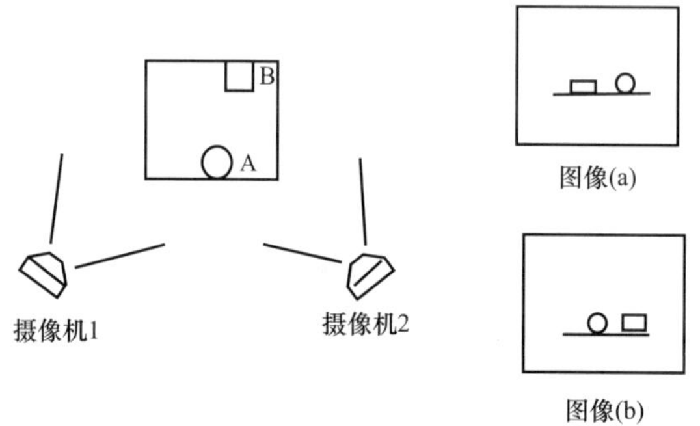

图 23-6-57 双摄影机拍摄示意图

6.3.6 听觉传感器

机器人听觉传感器能感知环境汇总的声音、超声波、次声波的信息。听觉传感器分为语音传感器与声音传感器两种，前者注重人类语音的合成与理解，后者注重声音的获取。

（1）声音传感器

声音传感器也叫传声器，是将声音信号转换为电信号的能量转换器件，机器人系统中也采用传声器来接受声音信号，最常用的传声器有动圈式、电容式，其他的还有微机电式、铝带式和碳精式。

① 动圈式。动圈式传声器是目前比较普及的声音输入设备，其基本构造包含线圈、振膜、永久磁铁三部分。当声波进入麦克风时，振膜受到声波的压力而产生振动，与振膜连接在一起的线圈则开始在磁场中移动，根据法拉第定律以及楞次定律，线圈会产生感应电流，这样声音信号就变成了电信号，其结构如图 23-6-58 所示。动圈话筒使用较简单，无须极化电压，牢固可靠、性能稳定、价格相对便宜，但它的瞬态响应和高频特性不及电容式传声器，通常动圈话筒噪音低，无须馈送电源，使用简便，性能稳定可靠。

② 电容式。电容式传声器的极头实际上是一只电容器，只不过电容器的两个电极一个固定，另一个可动而已，通常两电极相隔很近（一般只有几十微米）。可动电极实际上是一片极薄的振膜（约 25～30μm），固定电极是一片具有一定厚度的极板，当声波进入麦克风，振膜产生振动，因为基板是固定的，使得振膜和基板之间的距离会随着振动而改变，根据电容的特性

$$C \propto \frac{A}{d} \tag{23-6-23}$$

其中，A 是隔板面积；d 为隔板距离；当两块隔板距离发生变化时，电容值 C 会产生改变。再经由

$$Q=CV \tag{23-6-24}$$

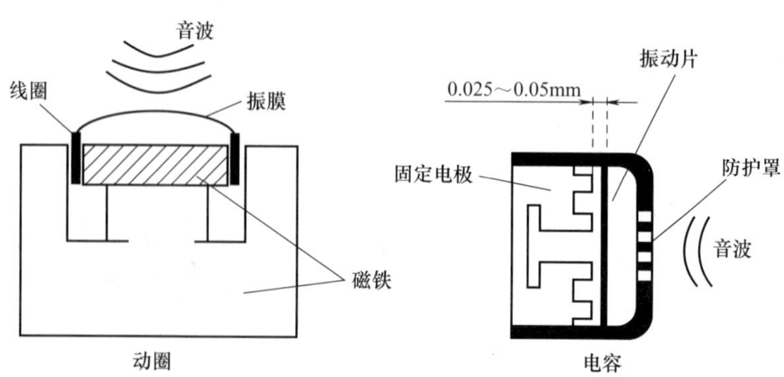

图 23-6-58 传声器示意图

其中，Q 为电量；V 为固定电极的电压。可知，当 C 改变时，若 Q 不变，就会造成电压 V 的改变，则在放大器一端产生交变电压，使声音信号变为电信号。因为在电容式麦克风中需要维持固定的极板电压，所以此类型麦克风需要额外的电源才能运作，一般常见的电源为电池，或借由换向电源来供电。电容式麦克风因灵敏度较高，常用于高品质的录音。但是电容式传声器要求振膜的强度值较高，一般采用金属化的塑料膜或金属膜。

为了解决电容式传声器需要电池电源的缺点，研发了驻极体式电容传声器，利用可保有永久电荷的驻极体物质，不再对电容充电，但一般驻极体麦克风组件内置有电子电路以放大信号，如图 23-6-59 所示，因此仍需以低电压供电（常规电压是 1.0～10V）。

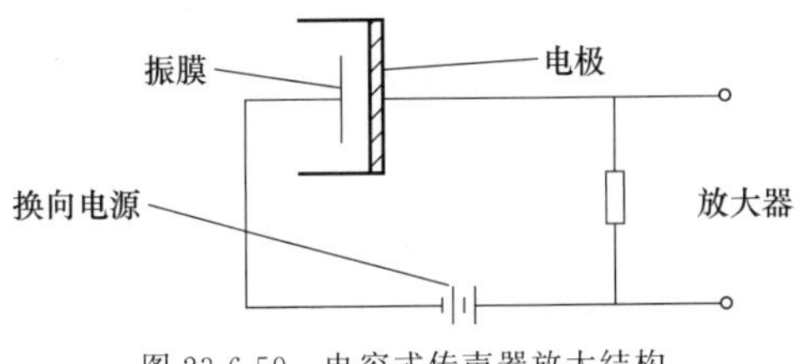

图 23-6-59　电容式传声器放大结构

③ 其他传声器。微机电麦克风是指使用微机电技术做成的麦克风，也称麦克风芯片或硅麦克风。微机电麦克风的压力感应膜是以微机电技术直接蚀刻在硅芯片上，此集成电路芯片通常也集成一些相关电路，如前置放大器。大多数微机电麦克风在基本原理上属于电容式麦克风的一种变型。微机电麦克风也常内置模拟数字转换器，直接输出数字信号，成为数字式麦克风，以便于数字电路连接。

铝带式麦克风是在磁铁两极间放入通常是铝质的波浪状金属箔带，金属薄膜受声音振动时，因电磁感应产生信号。

（2）语音传感器

语音传感器是利用语言信息处理技术制成的。机器人通过语音传感器实现“人机”对话，一台高级的机器人不仅能接收到听觉信息，而且能听懂、了解语言背后的内容与含义，在此基础上讲出人能听懂的语言。机器人系统的语音传感器更像是人类的听觉系统，为了达到与机器人进行交流的基本功能，其应包含语音输入、语音识别、语音合成与输出三大部分。

语音输入分为特定人语音输入与非特定人语音输入，后者又称自然语言输入，采用不同的器件进行语音输入，音质差别较大，应采用不同的识别系统。语音识别是语音传感器的核心，它是让机器通过识别和理解过程把语音信号转变为相应的文本或命令的技术，模拟的是人体中大脑分析理解的功能。语音识别基本结构如图 23-6-60 所示，分为训练与识别两个阶段。在训练阶段，用户将词汇表中的每一词均说一遍，并且将其特征矢量作为模板存入模板库。在识别阶段，将输入语音的特征矢量依次与模板库中的每个模板进行相似度比较，将相似度最高者作为识别结果输出。近几年来，借助机器学习领域深度学习研究的发展以及大数据语料的积累，语音识别技术得到突飞猛进的发展。将机器学习领域深度学习研究引入到语音识别声学模型训练，使用带卷积神经网络预训练的多层神经网络，提高了声学模型的准确率。

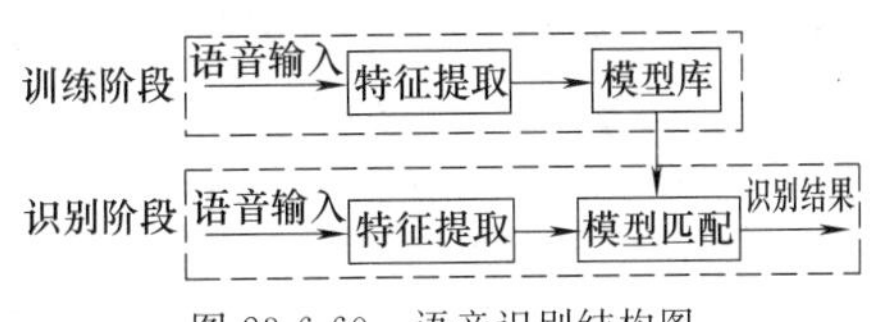

图 23-6-60　语音识别结构图

语音合成与输出是根据语音识别的结果利用电子计算机和拟人元器件发出人类声音的过程，语音合成和语音识别技术是实现人机语音通信，建立一个有听和讲能力的口语系统所必需的两项关键技术。

语音合成又称文语转换技术，文语转换过程是先将文字序列转换成音韵序列，再由系统根据音韵序列生成语音波形。其中，第一步涉及语言学处理，如分词、字音转换等，以及一整套有效的韵律控制规则；第二步需要先进的语音合成技术，能按要求实时合成出高质量的语音流。因此，文语转换系统需要一套复杂的文字序列到音韵序列的转换程序，也就是说，文语转换系统不仅需要应用数字信号处理技术，而且必须有大量的语言学知识的支持。

6.3.7　其他相关传感器

在某些特殊情况下，机器人还需要其他传感器来感知环境，如为检测机器人所处环境气体成分与浓度是否符合标准的嗅觉传感器，为检测溶液中离子浓度或者拟人检测酸甜苦辣等味道的味觉传感器。这些其他类型的传感器应用机器人丰富的感知能力，为外部人员了解机器人所处环境提供数据支持。

（1）嗅觉传感器

嗅觉传感器又叫气体传感器，是对空气中的气体进行分析的传感器。气体传感器是化学传感器的一大门类，从工作原理、特性分析到测量技术，从所用材料到制造工艺，从检测对象到应用领域，都可以构成独立的分类标准，衍生出许多纷繁庞杂的分类体系。但是在机器人感知方面采用嗅觉传感器的比较少，在应用过程中也多用于警报、预测，并不参与机器人的行为控制，因此这里只进行简单介绍。

气体传感器大体分为半导体气体传感器、固体电解质气体传感器、接触燃烧式气体传感器、光学式气体传感器、石英谐振式气体传感器、表面声波气体传感器等。其中，半导体传感器在气体传感器中约占60%，使用最为广泛，根据其机理分为电阻型和非电阻型。

半导体气体传感器的原理是采用金属氧化物或金属半导体氧化物材料做成的元件与气体相互作用时产生表面吸附或反应，引起以载流子运动为特征的电导率或伏安特性或表面电位变化。这些都是由材料的半导体性质决定的。电阻式半导体气体传感器主要是指半导体金属氧化物陶瓷气体传感器，是一种用金属氧化物薄膜（例如：SnO_2、ZnO、Fe_2O_3、TiO_2等）制成的阻抗器件，其电阻随气体含量不同而变化，气味分子在薄膜表面进行还原反应以引起传感器传导率的变化，这样就可以根据传导率的变化检测气体浓度。非电阻式半导体气体传感器是MOS二极管式和结型二极管式以及场效应管式半导体气体传感器，其电流或电压随气体含量而变化，主要检测氢气和硅烷气等可燃性气体。

固体电解质气体传感器、接触燃烧式气体传感器、光学式气体传感器、石英谐振式气体传感器、表面声波气体传感器等传感器根据检测原理的不同，不仅能检测某一气体的浓度，还可以检测出气体种类。它们都有各自的适用环境，在实际应用中应具体问题具体分析，灵活使用。

(2) 味觉传感器

人体产生味感的基本途径就是具有一定水溶性的呈味物质吸附于受体膜表面并刺激其上的味觉感受体，然后通过一个收集和传递信息的神经感觉系统传导到大脑的味觉中枢，最后通过大脑的综合神经中枢系统分析，从而产生味感。而人工味觉传感器技术最基本的原理就是模仿人的味觉感受机理，从非选择性的味觉传感器阵列中收集信号并进行模式识别。目前某些传感器可实现一些简单的检测，例如pH计可用于氢离子浓度检测，导电计用于溶液中离子浓度的检测等。但这些传感器只能检测物质的某些物理化学特性，并不能模拟实际的生物敏感功能，测量的物理化学参数要受到外界物质的影响，这些特性也不能反映物质之间的关系。另外，数字式精确的测量值与人类对外界事物符号化的模糊式描述不能统一。

人工味觉传感器主要由传感器阵列和模式识别系统组成，传感器阵列对液体试样做出响应并输出信号，信号经计算机系统进行数据处理和模式识别后即可得到反映样品味觉特征的结果。这种技术与普通的化学分析法相比，其不同在于传感器输出的并非样品成分的分析结果，而是一种与试样某些特性有关的信号模式，这些信号通过具有模式识别能力的计算机分析后，能得出对样品味觉特征的总体评价。目前运用广泛的生物模拟味觉和味觉传感系统是根据对接触味觉物质溶液的类脂高聚物膜产生的电势差的原理制成的多通道味觉传感器，该传感器部分再现了人体由味觉物质引起的味蕾细胞感受器的膜电势的机理和与人的味觉感受方式相似的随味觉物质溶液的反应，同时该传感器具有很好的仿真效果和更高的分辨率，能够为人类感觉的表示提供一个客观的尺度。

第 7 章　机器人视觉技术

7.1　概述

7.1.1　应用背景

机器人视觉技术的主要任务是为机器人建造视觉系统。同人类视觉系统的作用一样，机器人视觉系统将赋予机器人一种高级感觉，使得机器人能以智能和灵活的方式对其周围的环境做出反应。随着人类对机器人系统应用领域不断提出更高的要求，机器人视觉将越来越复杂。

视觉传感器具有快速获取大量信息、易于自动处理且精度高、易于同设计信息以及加工控制信息集成、非接触式感知环境等特点，因此，机器人视觉系统在机器人的研究和应用中占有十分重要的地位，对机器人的智能化起着决定性的作用。机器人视觉伺服系统的研究不仅具有重要的理论意义，而且具有广阔的工业应用前景。机器人视觉的主要应用领域有：

① 工业自动化生产线应用。产品检测、工业探伤、自动流水线生产和装配、自动焊接、PCB 印制板检查以及各种危险场合工作的机器人等。将图像和视觉技术用于生产自动化，可以加快生产速度，保证质量的一致性，还可以避免人的疲劳、注意力不集中等带来的误判。

② 各类检验和监视应用。标签文字标记检查、邮政自动化、计算机辅助外科手术、显微医学操作、石油、煤矿等钻探中数据流自动监测和滤波、纺织印染业进行自动分色、配色、重要场所门廊自动巡视、自动跟踪报警等。

③ 视觉导航应用。巡航导弹制导、无人驾驶机飞行、自动行驶车辆、移动机器人、精确制导及自动巡航捕获目标和确定距离等，既可避免人的参与及由此带来的危险，也可提高精度和速度。

④ 图像自动解释应用。对放射图像、显微图像、医学图像、遥感多波段图像、合成孔径雷达图像、航天航测图像等的自动判读理解。由于近年来技术的发展，图像的种类和数量飞速增长，图像的自动理解已成为解决信息膨胀问题的重要手段。

⑤ 人机交互应用。人脸识别、智能代理等。可让计算机借助人的手势动作（手语）、嘴唇动作（唇读）、躯干运动（步态）、表情测定等了解人的愿望要求而执行指令，这既符合人类的交互习惯，又可增加交互方便性和临场感等。

⑥ 虚拟现实应用。飞机驾驶员训练、医学手术模拟、场景建模、战场环境表示等，它可帮助人们超越人的生理极限，“身临其境”，提高工作效率。

机器视觉的应用是多方面的，它已经并将继续得到越来越广泛的应用。

7.1.2　发展现状

视觉伺服是利用从图像中提取的视觉信息特征，进行机器人末端执行器的位置闭环控制。具体讲，就是利用机器视觉的原理，应用视觉传感器得到目标和机器人的图像信息，并通过快速图像处理和图像理解，在尽可能短的时间内给出反馈信息，参与机器人的控制决策，构成机器人位置闭环控制系统。

将视觉信息用于机械手定位的研究可以追溯到 20 世纪 70 年代初期。1973 年研究者提出采用视觉信息以提高机器人定位精度，利用视觉反馈来定位一个盒子的位置与方向，使机器人精确地将一个六棱柱放入盒中。但由于当时计算机性能和图像处理器件的限制，这种任务并不是严格意义上的视觉伺服系统，只能作为机器人视觉伺服的雏形现在通常称这种控制方式为控制。到了 70 年代末期，相继出现了抓取传送带上的目标物体、完成简单零部件的装配等成功的例子。1979 年研究者提出了一种视觉反馈闭环控制方案，并命名为“视觉伺服”，以区别于早期的静态开环系统。随后几年内，机器人视觉伺服技术有了较快的发展，并出现了很多较为成功的应用，如机器人装配、搬运、焊接、邮件分拣等。80 年代初期，英国研究者首次从信息处理的角度综合了图像处理、心理物理学、神经生理学及临床精神病学的研究成果，提出了第一个较为完善的视觉系统框架，解决了研究视觉理论的策略问题。

要完整地解释视觉，就要在三个不同的层次上对它进行理解，即计算理论、算法和硬件实现。从计算理论层次来看，视觉信息处理应当用三级内部表达来加以描述。所谓表达，是指一种能把某些实体或几类信息描述清楚的形式化系统，以及说明该系统如何行使其职能的若干规则。这三级表达是要素图（图像的表达）、2.5 维图（可见表面的表达）和三维模型表达（用于识别的三维物体形状表达）。即视觉信息从

图 23-7-1　Marr 框架的视觉三阶段

最初的原始数据（二维图像数据）到最终对三维环境的表达经历了三个阶段的处理，如图 23-7-1 所示。

80 年代中期，随着机器人研究的深入和计算机技术的发展，机器视觉的研究与机器人学的结合更加紧密，出现了专门的图像处理设备，人们开始系统地研究机器人视觉技术。在此期间，摄像机成像模型被提出，模型提供了可以确定目标位置的数字视频处理系统，并将其应用于机器人位置闭环控制，提高视觉伺服控制的实时性。一个能够完成自动跟踪的视觉系统也被描述出来了，系统采用视频处理硬件来识别目标和更新摄像机的位姿，以使目标处于摄像机图像平面的中心位置。Weiss 提出了针对机器人位姿与图像特征之间的非线性时变关系的自适应控制方法，用于基于图像的视觉伺服控制，并完成了各种结构机械臂的详细仿真。90 年代初期，视觉伺服的应用已经发展到对运动目标的跟踪及捕捉。Lin 设计了一个跟踪控制器，用于控制机器人从运动的传送带上抓取部件。通过视觉系统导航，利用在末端执行器上装有网子的六自由度机器人抓取运动的球。

视觉伺服的应用已从工业生产产品的检验、机器人进行装配及搬运、移动机器人进行导航等逐步向农产品的分拣、航空航天技术、智能娱乐机器人打曲棍球、机器人足球等应用领域扩展。随着计算机存储及计算能力的增强以及图像处理硬件和摄像机的快速发展，视觉伺服控制逐步成为机器人研究领域的热门课题、特别是机器视觉技术与神经网络技术、信息融合技术、智能控制等相结合，使其从系统结构形式、图像处理及图像识别方法、视觉控制器的设计等方面都有了长足的发展。如 Sun 采用两个神经网，用一个分层 Kohohen 网络作为基本网进行全局控制，视觉信号来自两个固定于工作空间的摄像机，另一个调整网采用 BP 网络进行局部控制，视觉信号来自安装在末端上的两个摄像机，从而提高了其定位精度。Lin 应用颜色、边缘和图像的运动等视觉特征，采用模糊逻辑和加权的信息融合方法，加强图像特征的鲁棒性。

7.1.3　视觉伺服关键技术问题

（1）摄像机标定

机器视觉的主要任务是利用计算机实现对三维景物的描述、识别和理解。所谓描述即通过视觉传感器（CCD/CMOS 摄像机）采集三维环境中的视觉目标的二维图像，而识别和理解是利用图像处理技术识别环境中的物体，并对其做出正确反应，即二维图像的三维恢复。无论哪一项任务，首要要解决的都是三维物点与二维像点间的对应问题。这种对应关系是由摄像机成像几何模型决定的，确定这种对应关系的过程称为摄像机标定。摄像机标定的精度对视觉伺服定位的准确性十分敏感，尤其对于基于位置的视觉伺服控制方式，因此，摄像机标定是机器人视觉研究的基本问题。

摄像机标定方法主要有传统的摄像机标定和摄像机自标定两种。从计算的角度划分，传统的摄像机标定方法又可分为利用最优化算法的摄像机定标方法、利用透视变换矩阵的摄像机定标方法、两步定标方法和双平面定标方法。摄像机自标定也可划分为利用本质矩阵和基本矩阵的摄像机定标、利用绝对二次曲线和外极线变换性质的摄像机定标、利用主动系统控制摄像机做特定运动的自定标和利用多幅图像之间的直线对应关系的摄像机定标。目前，摄像机标定存在的主要问题是标定的精度畸变造成的非线性与实时性之间的矛盾以及如何提高标定的鲁棒性。

（2）图像处理及图像理解

视觉伺服的根本任务是应用视觉信息实现机器人对三维空间目标的抓取，这就需要从摄像机获取的二维图像中提取目标的信息特征。根据具体的视觉伺服系统的特点，可选取不同的信息特征。现有的图像特征检测可分为基于目标轮廓的特征和基于目标区域的特征，大部分方法采用目标物体的几何特征，如点、直线、圆等。根据所选取信息特征的不同，图像处理的过程及侧重点也有所不同。一般讲，图像处理及理解主要包括图像滤波、边缘锐化、角点检测、图像模式识别、特征提取等内容。

针对图像滤波、边缘锐化、目标识别等图像处理问题的算法较多，如邻域平均滤波、空域低通滤波、中值滤波、角点检测、基于矩不变量的形状识别等，同时还包括基于小波变换、神经网络、模糊理论和遗传算法的滤波、边缘锐化和图像分割等现代方法。当前图像处理所面临的主要问题是提高图像处理的速度及提高图像特征选择的鲁棒性。

（3）视觉控制器设计

大多数机器人视觉伺服系统采用动态的视觉移动

控制结构，整个系统的控制一般由机器人的视觉控制器和关节控制器两部分组成。这种控制结构的优点在于将视觉控制器与机器人的运动控制器分离，将机器人看作一个理想的笛卡儿空间运动设备，降低了控制器的设计难度，并避免了视觉控制过程中出现运动奇异点。

视觉伺服系统所采用的视觉控制方法较多，如经典控制方法、现代控制方法以及智能控制方法，在视觉伺服控制中已得到了的应用。机器人视觉伺服系统相对于其他机器人控制系统的显著特点是引入视觉信息作为反馈信号。视觉信息虽然具有包含信息量大、可以非接触地感知环境等优点，但其缺点也很明显，如相对低的采样速度、固有的时滞特性、容易受到外界噪声的干扰等。因此，从控制的角度讲，视觉伺服的关键问题在于实时性和稳定性。

对于人的视觉来说，由于人的大脑和神经的高度发达，其目标识别能力很强，但是人的视觉也同样存在障碍，例如，即使是具有一双敏锐视觉和极为高度发达头脑的人，一旦置于某种特殊环境（即使曾经具备一定的先验知识），其目标识别能力也会急剧下降。事实上，人们在这种环境下面对简单物体时仍然可以有效而简便地识别；而在这种情况下面对复杂目标或特殊背景时，则在视觉功能上发生障碍。两者共同的结果是导致目标识别的有效性和可靠性大幅度下降。将人的视觉引入机器视觉中，机器视觉也存在着这样的障碍。它主要表现在三个方面：一是如何准确、高速、实时地识别出目标；二是如何有效地增大存储容量，以便容纳下足够多细节的目标图像；三是如何有效地构造和组织出可靠的识别算法，并且顺利地实现。前两者相当于人的大脑这样的物质基础，可以期待高速的阵列处理单元以及算法（如神经网络、分维算法、小波变换等算法）的新突破，用极少的计算量以及高度的并行性实现功能。为了便于理解，现将人的视觉与机器视觉的对比列于表 23-7-1、表 23-7-2。

另外，由于当前对人类视觉系统和机理、人脑心理和生理的研究还不够，目前人们所建立的各种视觉系统大多数是只适用于某一特定环境或应用场合的专用系统，而要建立一个可与人类的视觉系统相比拟的通用视觉系统是非常困难的。主要原因有以下几点：

① 图像对景物的约束不充分。首先是图像本身不能提供足够的信息来恢复景物，其次是当把三维景物投影成二维图像时丧失了深度信息，因此，需要附加约束才能解决从图像恢复景物时的多义性。

② 多种因素在图像中相互混淆。物体的外表受材料的性质、空气条件、光源角度、背景光照、摄像机角度和特性等因素的影响，所有这些因素都归结到一个单一的测量，即像素的灰度。要确定各种因素对像素灰度的作用大小是很困难的。

③ 理解自然景物要求大量知识。例如，要用到阴影、纹理、立体视觉、物体大小的知识，关于物体的专门知识或通用知识，可能还有关于物体间关系的知识等，由于所需的知识量极大，难以简单地用人工进行输入，可能要求通过自动知识获取方法来建立。

④ 人类虽然自己就是视觉的专家，但它又不同于人的问题求解过程，难以说出自己是如何看见事物，故很难给计算机视觉的研究提供直接的指导。

表 23-7-1　机器视觉与人的视觉能力比较

能力	机器视觉	人的视觉
测距	能力有限	定量估计
定方向	定量计算	定量估计
运动分析	定量分析，但受限制	定量分析
检测边界区域	对噪音比较敏感	定量、定性分析
图像形状	受分割、噪音制约	高度发达
图像机构	需要专用软件，能力有限	高度发达
阴影	初级水平	高度发达
二维解释	对分割完善的目标能较好地解释	高度发达
三维解释	较为低级	高度发达
总的能力	最适合于结构环境的定量测量	最适合于复杂的、非结构化环境的定量解释

表 23-7-2　机器视觉与人的视觉性能标准比较

性能标准	机器视觉	人的视觉
分辨率	能力有限	定量估计
处理速度	零点几秒/每帧图像	定量估计
处理方式	串行处理，部分并行处理	每只眼睛每秒处理（实时）10^{10} 空间数据
视觉功能	二维、三维立体视觉有限	自然形式三维立体视觉
感官范围	紫红、红外、可见光	可见光

第
23
篇

7.2 机器人视觉系统组成

7.2.1 机器人视觉系统的分类

7.2.1.1 视觉伺服系统的分类

根据不同的标准，如系统的组成结构、反馈类型、控制结构等，系统有不同的分类方式。目前，机器人视觉伺服系统大致可以划分为以下几种类型。

① 根据视觉处理时间与机器人控制时间的关系划分。根据视觉处理与机器人控制的动作时间是串行还是并行实现可分为静态的和动态的视觉伺服控制。

“静态”控制策略是图像处理与运动伺服串行进行，即获取图像→计算关节命令→机器人运动控制→停止；再获取图像→……这种方法操作简单，图像处理与伺服控制分开进行，但每次视觉处理时，机器人都要停止，其动态品质较差。“动态”控制策略是图像处理与关节运动伺服并行进行，图像处理后的结果是不断为伺服提供新的位置，如果图像处理速度足够快，或者通过位置预测、插补等手段能够及时更新位置，可以获得较好的动态品质。

② 根据摄像机的数目及位置划分。根据摄像机数目的不同可以分为单目视觉伺服系统、双目视觉伺服系统以及多目视觉伺服系统。

单目视觉无法直接得到目标的三维信息，一般是通过移动获取深度信息。单目视觉适用于工作任务比较简单且深度信息要求不高的工作环境。双目视觉可以得到深度信息，当前的视觉伺服系统主要采用双目视觉。多目视觉伺服可以观察到目标的不同部分，但视觉控制器的设计比较复杂，且相对于双目视觉伺服更加难以保证系统的稳定性。

③ 根据摄像机同机械末端的位置关系可分为手眼系统和固定摄像机系统。手眼系统能得到目标的精确位置，可以实现精确控制，但只能得到小的工作空间场景，而且由于手眼系统只能观察到目标而无法观察到机器人末端，需要通过已知的机器人运动学模型来求解目标与机器人末端的位置关系，因此，对标定误差以及运动学误差比较敏感。固定放置的摄像机既可以观察到目标，也可以观察到机器人末端，并且可以得到大的工作空间场景，能得到机器人末端相对于目标的速度，但无法得到目标的准确信息，且机器人运动可能造成目标图像的遮挡。为了克服两种摄像机放置位置的不足，可以采用两种方式的协作使用，这种方法主要用于全局信号的获取，但精度较手眼系统低。

④ 根据视觉信息是否直接控制关节角划分。如果一个视觉反馈系统是分层控制，即高层的视觉处理系统为底层的控制单元设定关节位置，而底层的关节控制依靠自己的反馈来镇定，这种系统称为视觉移动类型，如图 23-7-2 和图 23-7-3 所示。若直接由视觉控制器计算关节输入，只由视觉独立地镇定整个系统，则称为直接视觉伺服系统，如图 23-7-4 和图 23-7-5所示。由于大多数机器人系统已经采用笛卡儿空间的运动规划，把视觉控制与机器人关节角控制分开，可以简化整个系统的控制结构。另外，视觉系统的采样速度及处理速度相对较慢，如果仅仅采用视觉系统作为反馈进行镇定容易引起振荡和抖动，因此大多数系统采用视觉移动类型结构。

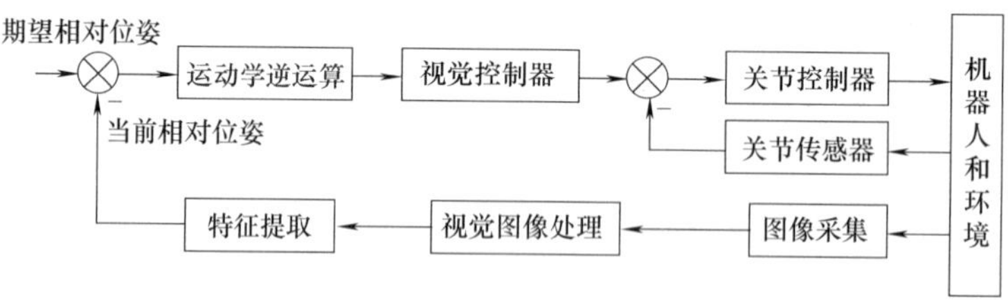

图 23-7-2 基于位置的系统方框图

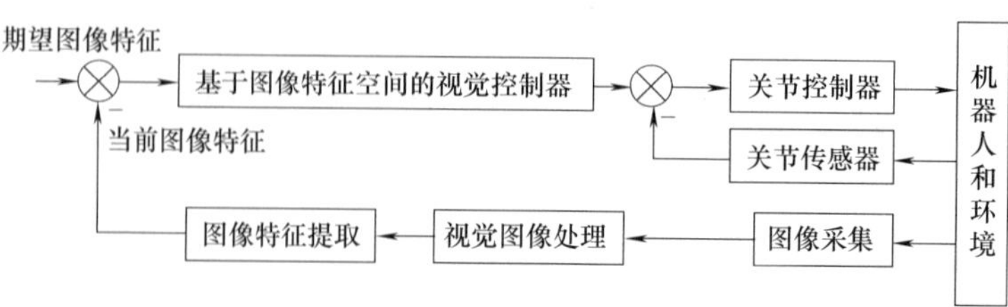

图 23-7-3 基于图像的视觉移动系统方框图

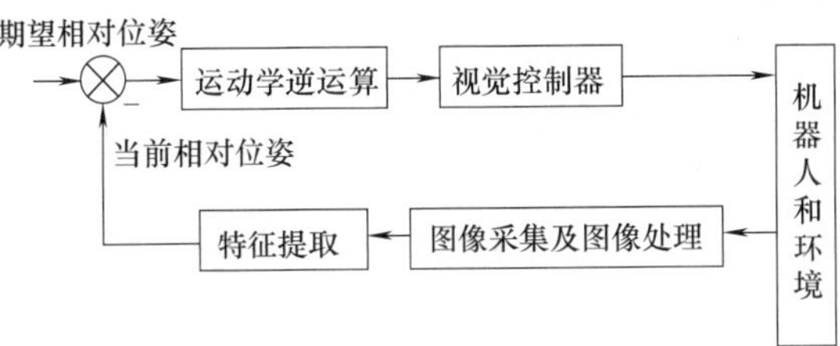

图 23-7-4　基于位置的直接视觉伺服系统方框图

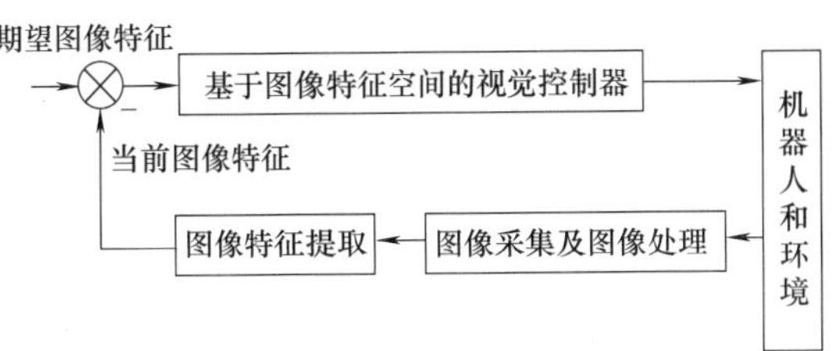

图 23-7-5　基于图像的直接视觉伺服系统方框图

7.2.1.2　全向视觉系统分类

全向视觉技术源于全景图这一概念，其最初涉及的主要内容包括艺术上的全景画、全景照相技术以及油画中出现的非平面反射镜等。随后，研究人员发明了越来越多的方法来获取真实环境的全景图，如发明了镜头能摇动的相机、能旋转的相机、带广角镜头的相机等。

随着计算机技术和数字成像技术等的发展，目前主要出现了多摄像机拼接、鱼眼镜头以及折反射式三种全向视觉系统。

（1）多摄像机拼接全向视觉系统

多摄像机拼接全向视觉系统是利用安装在不同位置上的多个摄像机同时采集图像，然后根据摄像机的空间几何关系对图像进行拼接的一种全向视觉系统。比较典型的有 Ring Cam 系统，如图 23-7-6（a）所示，该系统使用成正五边形分布的五个摄像机分别采集五个方向的图像，经拼接组合以后可以得到 3000×480 分辨率的全景图像，已经在视频会议等方面得到应用。另外一种特殊的多摄像机拼接系统是 Jupiter 立体全向视觉系统，如图 23-7-6（b）所示，该系统结构非常复杂，使用了 20 个成像单元，每个成像单元上安装有 3 个使用 CMOS 成像芯片的摄像机，如图 23-7-6（c）所示，通过这些成像单元在空间中的组合，可以得到空间中任意物体距离摄像机的深度信息，从而完成空间的三维绘制与重构任务。

多摄像机拼接成像的全向视觉系统所采集的图像分辨率很高，而且由于其使用普通镜头，因此成像畸变小。但其结构复杂，摄像机安装和标定难度较大，价格昂贵，一次采集得到的全景图像数据量巨大，比如 Jupiter 系统需要 10 台 PC 机分别处理 20 个成像单元一次采集的图像。因此，多摄像机拼接成像的全向视觉系统不适合在数据采集与处理能力有限、图像采集和处理实时性要求很高的自主移动机器人平台上使用。

（2）鱼眼镜头全向视觉系统

鱼眼镜头全向视觉系统是指使用短焦距、超广角镜头实现全视角图像采集的视觉系统见图 23-7-7。鱼眼镜头的焦距一般小于 16mm，视角达到或超过 180°，可以观察到以镜头为球心的超过半球面范围内的场景。但这种成像方式存在很大的图像畸变，且畸变模型不满足平面透视投影约束，成像模型复杂，不同的鱼眼镜头成像模型也不同，将畸变图像恢复为无畸变的透视投影图像的难度较大。标定的精度会随着模型复杂度的增加而提高，但是这也会导致标定计算复杂度的增加。另外，鱼眼镜头结构复杂，通常需要 10 余组镜片组合而成，需精密成型和装配，价格昂贵。因此，鱼眼镜头大多用于数码相机，使照片透视汇聚感强烈，产生强大的视觉冲击力，但这种视觉系统却较少应用于自主移动机器人。

（3）折反射式全向视觉系统

折反射式全向视觉系统的出现较好地解决了以上两种全向视觉系统存在的问题，得到了广泛的应用和研究。折反射式全向视觉系统主要由全向反射镜面和

(a) RingCam全向视觉系统

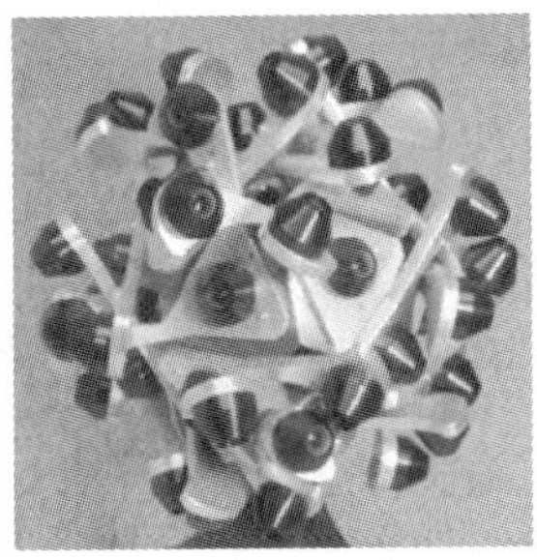

(b) Jupiter全向视觉系统

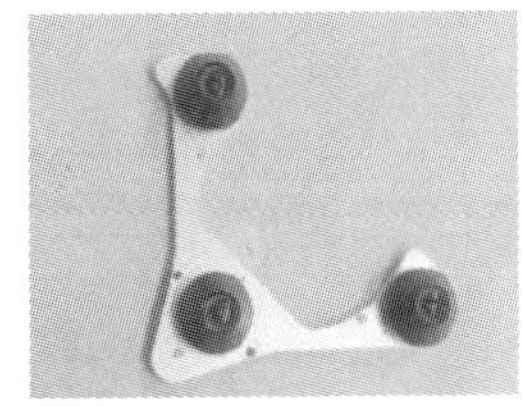

(c) Jupiter成像单元

图 23-7-6　典型的多摄像机拼接全向视觉系统

第23篇

图 23-7-7　使用 Sigma 8mm-f4-EX 鱼眼镜头的 Canon 相机及采集的全景图像

摄像机组成，环境入射光线经过全向反射镜面反射后，再经过摄像机镜头折射后成像。这种全向视觉系统具有视场角宽广（水平方向 360°，垂直方向大于 90°）、成像迅速（一次曝光即可获得全景图像）、结构简单、价格适中等特点，能够很好地满足移动机器人视觉系统的要求。使用全向反射镜面和普通摄像机的全向视觉系统最早由 Rees 在 1970 年提出，使用一个双曲线型反射镜面得到全景图像，该图像能够恢复为普通投影图像。

1990 年以来，计算机技术的进步使得在计算机中实时处理视频图像成为可能，研究人员研制开发了多种计算机或者机器人折反射全向视觉系统，如使用圆锥形反射镜面的全向视觉系统、使用球形反射镜面的全向视觉系统、使用双曲线型反射镜面的全向视觉系统、使用抛物线型反射镜面和远心镜头的全向视觉系统。上述这几种典型的全向视觉系统的结构如图 23-7-8 所示。

研究人员还设计实现了用多种其他反射镜面来构成全向视觉系统，如椭圆线型的反射镜面、水平等比镜面、垂直等比镜面、角度等比镜面以及各种组合镜面等，以适应不同应用场合的要求。

由于折反射式全向视觉系统具有前面提到的许多优点，其在众多的计算机视觉相关领域中得到了广泛的应用，如视频会议、环境监控、三维重构、虚拟现实、机器人导航、机器人自定位等。当然，该系统视角宽广的优点相应地也带来了成像分辨率降低和成像畸变增大的缺点，需要在应用中克服。

7.2.2　机器人视觉伺服控制系统的组成

机器人视觉伺服控制是指将视觉传感器（通常用摄像机）作为测量仪器，以得到的图像信息作为反馈输入，构造机器人的位置闭环反馈。系统由视觉控制器和机构本体两部分构成，控制系统根据操作者的命令对机器人本体进行操作和控制，完成伺服任务，其系统结构如图 23-7-9 所示。

视觉系统的主要硬件组成有光源、光学镜头及摄像机、图像采集卡、图像处理卡、执行机构等几个部分，视觉系统图像采集流程如图 23-7-10 所示。

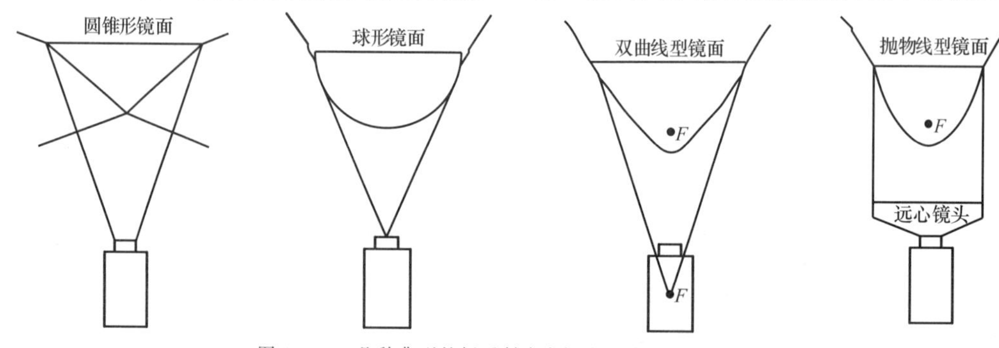

图 23-7-8　几种典型的折反射全向视觉系统的结构示意图

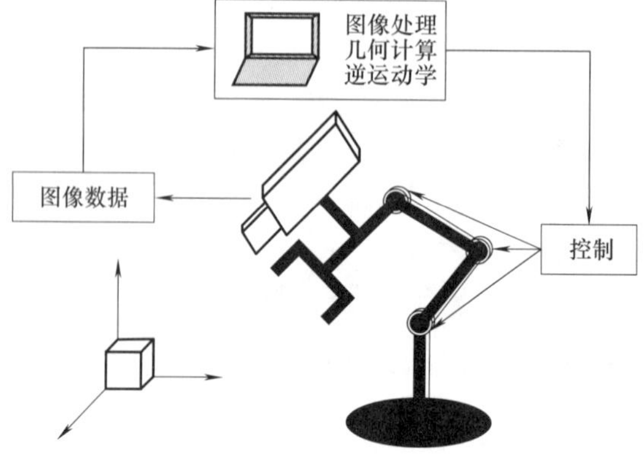

图 23-7-9　机器人视觉伺服控制系统结构

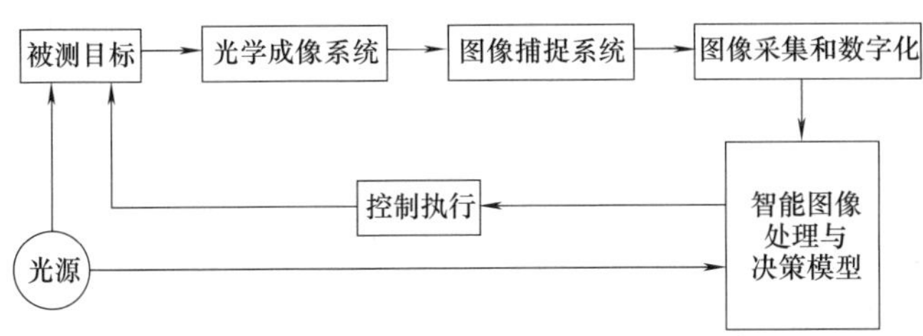

图 23-7-10 视觉系统图像采集流程

机器人与环境是由机器人本体、机器人关节控制器以及伺服目标及环境构成，典型的机器人视觉伺服控制系统的组成如图 23-7-11 所示。

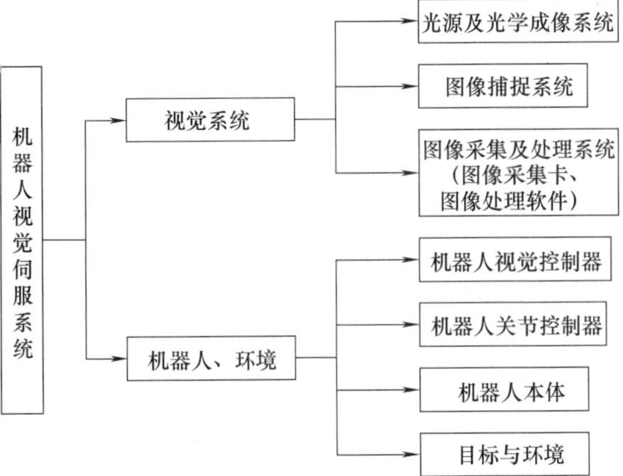

图 23-7-11 机器人视觉伺服控制系统组成

7.2.3 镜头和视觉传感器

镜头是一种光学设备，用于聚集光线在摄像机内部成像，本节中则是指在数字传感器上成像。镜头的作用是产生锐利的图像，以得到被测物的细节，本节将讨论使用不同镜头产生不同的成像几何，同时本节将介绍镜头的主要像差。像差会影响图像质量，可能影响算法的精度。

7.2.3.1 针孔摄像机

如果忽略光波的特性，可以将光看作在同类介质中直线传播的光线。图 23-7-12 所示为针孔摄像机成像的模型，左端物体在右边像平面上成像。像平面相当于一个方盒子的一个面，在这个面的对面是针孔所在的面，针孔相当于投影的中心。针孔摄像机所成的像为物体的倒像。

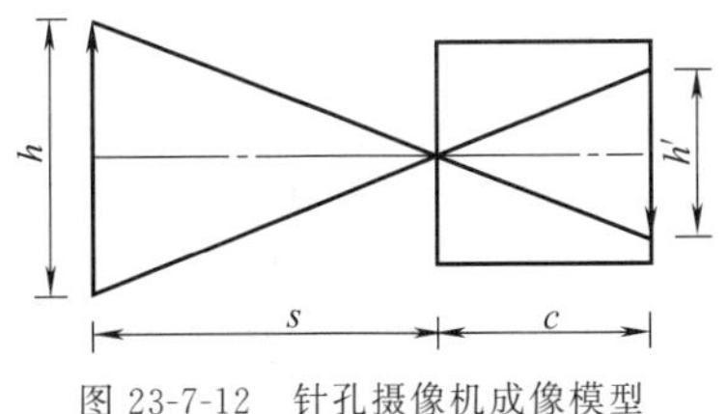

图 23-7-12 针孔摄像机成像模型

被测物在像平面成像，像平面与针孔形成一个盒子状，针孔相当于投影中心。从投影中心左右两侧的相似三角形我们可以得到像的高度 h'：

$$h'=h\frac{c}{s} \tag{23-7-1}$$

式中，h 为物体高度；s 为物体到投影中心的距离；c 为像平面到投影中心的距离，c 被称作摄像机常数或主距。从式（23-7-1）可以看出，增加主距 c，像高 h'也会增加，反过来，如果增加物距 s，则 h'就会减小。

7.2.3.2 高斯光学

针孔摄像机模型基本可以满足通过摄像机标定来测量地球坐标系中的被测物的要求。但是这种简单模型不能反映真实的情况，由于针孔太小，只有极少量的光线能够通过小孔到达像平面，因此必须采用非常长的曝光时间以得到亮度足够的图像。因此，真正的摄像机使用镜头收集光线，镜头通常由一定形状的玻璃或塑料构成，玻璃或塑料的形状决定了镜头使光线发散还是汇聚。

镜头是基于折射原理构造而成的。光线在定介质中的传播速度 v 小于在真空中的传播速度 c，其比值 $n=\frac{c}{v}$称作此介质的折射率。在常温常压下，空气的折射率为 1.0002926，接近于 1。不同玻璃的折射率大致在 1.48～1.62 之间。

假设第一种介质折射系数为 n_1，第二种介质折射系数为 n_2，当光线以入射角 α_1 到达介质一与介质二分界面时，光线将分成折射光与反射光，其中入射角 α_1 是入射光线与分界面法线的夹角。对于将要讲述的镜头，只关注折射光。如图 23-7-13 所示，折射光以出射角 α_2 传输通过第二种介质，其中出射角 α_2 是出射光线与分界面法线的夹角。这两个角度之间的关系可以用折射定律表示：

$$n_1 \sin\alpha_1 = n_2 \sin\alpha_2 \tag{23-7-2}$$

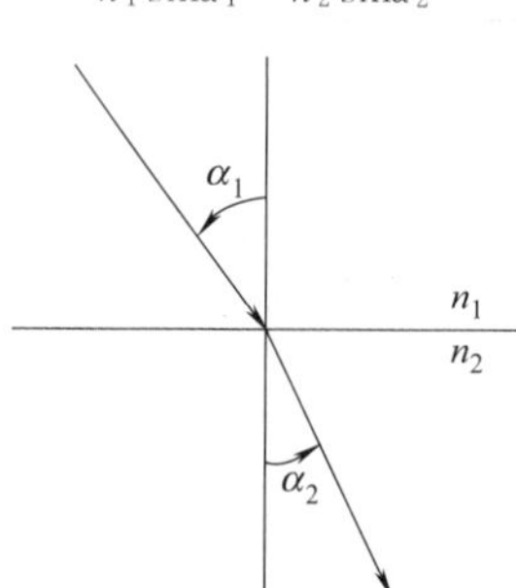

图 23-7-13 折射原理

折射率 n 实际上决定于波长 $n=n(\lambda)$。白光是由多种不同波长的光组成，因此当白光折射时会散成多种颜色，这种效果称作色散。

从式（23-7-2）可以看出折射定律是非线性的。显然，与针孔模型不同，镜头成像是非线性过程。也就是说同心光束通过镜头后将不能完全汇聚在一点。当入射角 α 很小时，可以用 α 代替 $\sin\alpha$，通过这个近似，可以得到线性的折射定律：

$$n_1 \alpha_1 = n_2 \alpha_2 \tag{23-7-3}$$

根据近轴近似可以得到高斯光学，在高斯光学中同心光束通过由球面透镜构成的镜头后又汇聚到一点。高斯光学是理想化的光学系统，所有与高斯光学的背离均称作像差。光学系统设计的目标就是保证镜头的结构在满足高斯光学基础上使入射角足够大，以满足实际应用。

现在看看光线通过一个镜头将会发生的变化。此时可以将镜头看作是由两个球心位于同一直线的折射球面组成，两个球面之间为一种均匀介质。镜头外两侧介质也是相同的，镜头具有一定厚度。如图23-7-14所示的模型称为厚透镜模型。由于光线是从左向右传播的，所有水平间距均按光的方向测量，因此所有在镜头前的水平间距为负。而且，所有向上的间距为正，向下的间距为负。

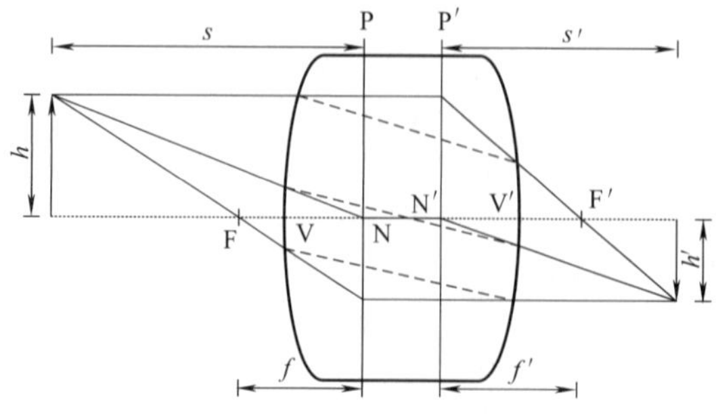

图 23-7-14 厚透镜模型

位于镜头前方的物体在镜头后成像。镜头有两个焦点 F 和 F′，在镜头一侧的平行于光轴的光线经过镜头后汇聚到另一侧的对应焦点。主平面 P 和 P′可以由镜头一侧入射的平行光线与另一侧过焦点的对应光线的交点得到，该平面与光轴垂直。相应的焦点 F 和 F′与主平面 P 和 P′的距离为 f 和 f'。由于镜头两侧的介质相同，因此 $f=-f'$，f'为镜头焦距。物体到主平面 P 的距离为物距 s，而像到主平面 P′的距离为像距 s'。图 23-7-14 中虚点线表示的是光轴，为镜头两个折射球面的旋转对称轴。折射球面与光轴的交点为顶点 V 和 V′。节点 N 和 N′的特点是当镜头两边介质相同，节点 N 和 N′为主平面与光轴的交点。如果介质不同，节点就不在主平面上。

在上述定义下，厚镜头成像法则如下：

① 镜头前平行于光轴的光线过 F′。

② 过 F 点的光线通过镜头后平行于光轴。

③ 过 N 点的光线也会过 N′点，并且通过镜头之前与通过镜头之后与光轴夹角不变。

从图 23-7-14 可以看出，三条光线聚于一点，由于像的几何尺寸完全取决于 F 和 F′、N 和 N′，因此这四个点称作镜头的基本要素。注意，对于平行于主平面 P 和 P′的物面上的所有物点，其对应的像点也会在平行于 P 和 P′的平面上，这个平面叫作像平面。

与针孔摄像机一样，同样可以利用相似三角形来确定物像之间的基本关系。可以看出 $\frac{h}{s}=\frac{h'}{s'}$，类似式（23-7-3），得到：

$$h' = h\frac{s'}{s} \tag{23-7-4}$$

定义放大系数为 $B=h'/h$，可以得到 $B=s'/s$，利用光轴上下两侧的相似三角形，可以得出 $h'/h=f/(f-s)$ 及 $h'/h=(f'-s')/f'$，这两个三角形分别位于镜头两侧，并且光轴是它们中的一条公共边，F 和 F′是其中的一个顶点，同时正负符号根据前面所提到的符号定义。因此，当 $f=-f'$时，可以推出：

$$\frac{1}{s'}-\frac{1}{s}=\frac{1}{f'} \tag{23-7-5}$$

从式中可以推出当物距 s 变化时，通过镜头的光线将相交的位置，即物体成像的位置。例如，物体靠近镜头，也就是 s 的绝对值变小，像距 s'就会变大；同理，如果物距变大，像距就会变小。所以，聚焦过程就相当于改变像距的过程。其极限情况是：如果物距无穷远，所有的光线都会成为平行光，此时 $s'=f'$。从另一方面讲，如果把被测物置于 F，像平面将在无穷远处。如果继续把物体向镜头移动使其位于 F 之内，将看到光线在成像端发散，式（23-7-5）中 s'

的正负号发生变化，其像为在物体同一侧的虚像，如图 23-7-15 所示，这就是放大镜的主要原理。

从 $B=h'/h=f/(f-s)=f'/(f'+s)$ 可以得出，对于相同物距 s，随着焦距 f' 的增加，放大倍率 B 也会增加。

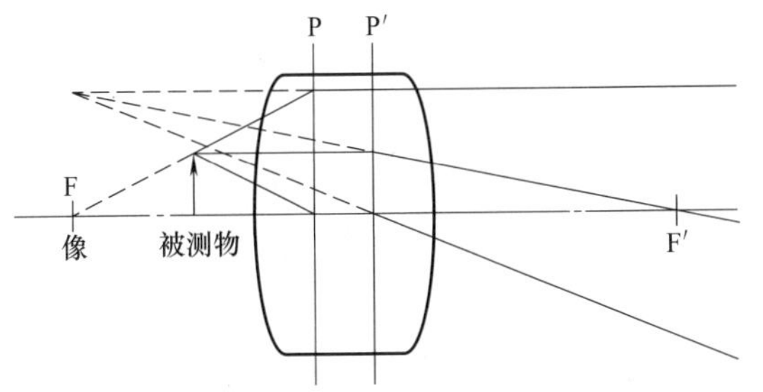

图 23-7-15　物距比焦距还小时成虚像

实际的镜头系统远比已经讨论过的厚镜头要复杂得多。为了减少像差，通常镜头由多个球心位于同一光轴上的光学镜片组成。图 23-7-16 是一个真实的镜头的例子。尽管真实的镜头更加复杂，但一个镜头系统仍可以看作是个厚镜头，因此也可以用它的主要元素来描述。图 23-7-16 表示了焦点 F 和 F′、节点 N 和 N′及主平面的位置。在这个镜头中，物方焦点 F 位于第二个镜片内部，而且 N′在 N 的前面。

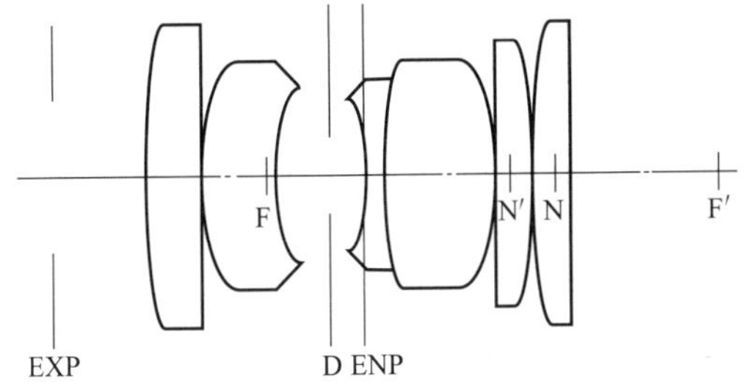

图 23-7-16　镜头主要要素

真实的镜头有一定孔径大小限制。为了控制到达像平面光线的多少，镜头系统中一般都设计有可变光阑，在镜头筒上有个环可以用来调整光阑大小，在图 23-7-16 中 D 表示系统的光阑。镜头的其他组成部件，如镜筒也会限制到达像平面光线的总量。这些因素统称为光阑，其中最大程度限制通光量的光阑称作镜头的孔径光阑，并不是最小的光阑为镜头的孔径光阑。因为在光穿过镜头时，光阑前后的镜片可能放大或缩小光阑的实际尺寸，因此镜头中相对较大的光阑也可能成为镜头系统的孔径光阑。

7.2.3.3　远心镜头

（1）远心镜头原理

工业镜头是机器视觉系统中十分重要的成像元件。21 世纪初，随着机器视觉系统在精密检测领域的广泛应用，普通工业镜头难以满足检测要求，为弥补普通镜头应用的不足，满足精密检测需求，远心镜头应运而生。远心镜头主要是为纠正传统工业镜头视差而设计的，它可以在一定的物距范围内，使得到的图像放大倍率不发生变化，这对被测物不在同一物面上的情况有十分重要的意义。

远心镜头由于其特有的平行光路设计一直被对镜头畸变要求很高的机器视觉应用场合所青睐。远心镜头依据其独特的光学特性（高分辨率、超宽景深、超低畸变以及独有的平行光设计等）给机器视觉精密检测带来质的飞跃。远心镜头设计目的就是消除由于被测物体（或 CCD 芯片）离镜头距离的远近不一致而造成的放大倍率不一样的问题。根据远心镜头将设计原理进行分类，分别为：

① 物方远心光路设计原理及作用。物方远心光路是将孔径光阑放置在光学系统的像方焦平面上，物方主光线平行于光轴主光线，汇聚中心位于物方无限远，称之为物方远心光路。其作用是可以消除物方由于调焦不准确带来的读数误差。

② 像方远心光路设计原理及作用。像方远心光路是将孔径光阑放置在光学系统的物方焦平面上，像方主光线平行于光轴主光线，汇聚中心位于像方无限远，称之为像方远心光路。其作用是可以消除像方调焦不准引入的测量误差。

③ 两侧远心光路设计原理及作用。综合了物方/像方远心的双重作用，主要用于视觉测量检测领域。

（2）远心镜头基本分类

远心镜头主要分为物方远心镜头、像方远心镜头和双侧远心镜头。

① 物方远心镜头。物方远心镜头是将孔径光阑放置在光学系统的像方焦平面上，当孔径光阑放在像方焦平面上时，即使物距发生改变，像距也发生改变，但像高并没有发生改变，即测得的物体尺寸不会变化。物方远心镜头用于工业精密测量，畸变极小，高性能的可以达到无畸变。

② 像方远心镜头。像方远心镜头是通过在物方焦平面上放置孔径光阑，使像方主光线平行于光轴，即使 CCD 芯片的安装位置有改变，在 CCD 芯片上投影成像大小仍不变。

③ 双侧远心镜头。双侧远心镜头兼有上面两种远心镜头的优点。在工业图像处理中，一般只使用物方远心镜头，偶尔也有使用两侧远心镜头的。而在工业图像处理/机器视觉这个领域里，像方远心镜头一般来说不会起作用，因此这个行业基本是不用它的。

（3）远心镜头技术参数

① 高影像分辨率。图像分辨率一般以量化图像传感器，即有空间频率对比度的CTF（对比传递函数）衡量，单位为lp/mm（每毫米线耦数）。大部分机器视觉集成器往往只是集合了大量廉价的低像素、低分辨率镜头，最后只能生成模糊的影像。而采用AFT远心镜头，即使是配合小像素图像传感器，也能生成高分辨率图像。

② 近乎零失真度。畸变系数即实物大小与图像传感器成像大小的差异百分比。普通机器镜头通常有高于1%～2%的畸变，可能严重影响测量时的精确水平。相比之下，远心镜头通过严格的加工制造和质量检验，将此误差严格控制在0.1%以下。

③ 无透视误差。在计量学应用中进行精密线性测量时，经常需要从物体标准正面（完全不包括侧面）观测。此外，许多机械零件并无法精确放置，测量时间距也在不断地变化，而软件工程师却需要能精确反映实物的图像，远心镜头可以完美解决以上困惑。因为入射光瞳可位于无穷远处，成像时只会接收平行光轴的主射线。

④ 远心设计与超宽景深。双远心镜头不仅能利用光圈与放大倍率增强自然景深，更有非远心镜头无法比拟的光学效果，即在一定物距范围内移动物体时成像不变，亦即放大倍率不变。

（4）远心镜头的选择

远心镜头与相机的匹配选择原则和普通工业镜头是一样的，只要其靶面的规格大于或等于相机的靶面即可。使用过程中，在远心镜头的物镜垂直下方区域的都是远心成像，而超出此范围的区域，就不是严格意义上的远心成像了，会产生不必要的偏差。

在选择镜头时，首先应明白在什么情况需要选择远心镜头。根据远心镜头原理特征及独特优势，当检查物体遇到以下六种情况时，最好选用远心镜头。

① 当需要检测有厚度的物体时（厚度＞1/10 FOV直径）；

② 需要检测不在同一平面的物体时；

③ 当不清楚物体到镜头的距离究竟是多少时；

④ 当需要检测带孔径的三维物体时；

⑤ 当需要低畸变、图像效果亮度几乎完全一致时；

⑥ 当缺陷只在同一方向平行照明下才能检测到时。

选择远心镜头，首先应明白远心镜头相关指标对应的使用条件。

① 物方尺寸——拍摄范围。

② 像方尺寸——使用的CCD的靶面大小。

③ 工作距离——物方镜头前表面距离拍摄物的距离。

④ 分辨率——使用的CCD像素大小。

⑤ 景深——镜头能成清晰像的范围。像/物倍率越大，景深越小。

⑥ 接口——照相机接口，多为C、T等接口。

根据使用情况（物体尺寸和需要的分辨率）选择物方尺寸合适的物方镜头和CCD或CMOS相机，同时得到像方尺寸，即可计算出放大倍率，然后根据产品列表选择合适的像方镜头。

7.2.3.4 视觉传感器

视觉传感器的种类很多，如光敏晶体管、激光传感器、光导摄像管、析像管、固态摄像器件等，但只有两种适用于工业机器人领域，即光导摄像管和固体摄像器件。

（1）光导摄像管

光导摄像管是最早采用的图像传感器，它具有电子管的缺点，即体积大、抗振性差、功耗大、寿命短等，因此近年来在工业上有被固体器件逐渐取代的趋势。但目前，摄像管在分辨力及灵敏度等性能指标上目前仍有优势，所以在一些要求较高的场合仍得到广泛应用。

图23-7-17是一个光导摄像管的结构原理图。摄像管外面是一圆柱形玻璃外壳。一端是电子枪，用来发射电子束；另一端是内表面有一层透明金属膜的屏幕。一层很薄的光敏“靶”附着在金属膜上，靶的电阻与光的强度成反比。靶后面的金属网格使电子束以近于零的速度到达靶面。聚焦线圈使电子束聚得很细，偏转线圈使电子束上下左右偏转扫描。

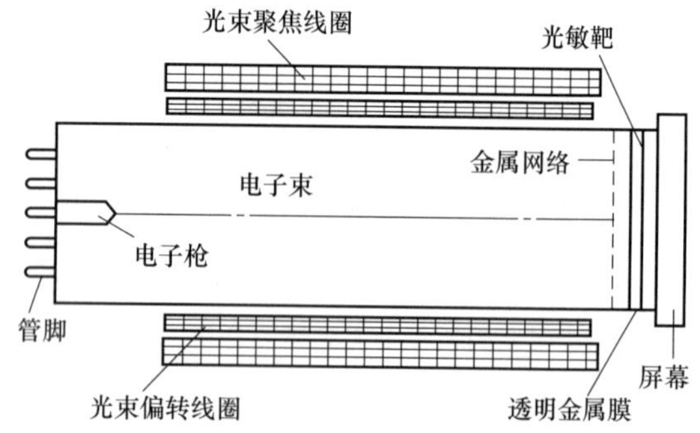

图23-7-17 光导摄像管结构示意图

工作时，金属膜加有正电压。无光照时，光敏材料呈现绝缘体特性，电子束在靶内表面形成电子层，平衡金属膜上的正电荷，这时光敏层相当于一个电容器。有光投射到光敏靶上时，其电阻降低，电子向正电荷方向流动，流动电子的数量正比于投射到靶上某区域上的光强，因此，在靶表面上的暗区电子剩余浓度较高，而在亮区较低。电子束再次扫描靶面时，使失去的电荷得到补充，于是在金属膜内形成了一个正比于该处光强的电流。从管脚将电流引入，加以放大，便得到一个正比于输入图像强度的视频信号。选用时，要考虑响应时间，标准扫描时间为 1/60s 一帧图像。

摄像器件，它的摄像原理与摄像管基本一致，不同的是图像投射屏幕由硅成像元素即光检测器排列的矩阵组成，用扫描电路替代了真空电子束扫描。它具有质量小、体积小、结构牢靠等优点，而且价格也越来越便宜，为工业应用带来了广阔的前景。

(2) CCD 传感器

在 20 世纪 80～90 年代，CCD（charge-coupled device，电荷耦合元器件）技术一直统领着图像传感器件的潮流，它是能集成在一块很小的芯片上的高分辨力和高质量的图像传感器。然而，近些年来随着半导体制造技术的飞速发展，集成晶体管的尺寸越来越小，性能越来越好，CMOS（complimentary metal oxide semiconductor，互补性金属氧化物半导体）图像传感器近年得到迅速发展。CMOS 在中端、低端应用领域提供了可以与 CCD 相媲美的性能，且在价格方面占有优势。随着技术的发展，CMOS 在高端应用领域也将占据一席之地。

CCD 是 20 世纪 70 年代初发展起来的新型半导体光电成像器件。美国贝尔实验室的 W. S. Boyle 和 G. E. Smith 于 1970 年提出 T CCD 的概念。随着新型半导体技术的不断涌现和器件微细化技术的日趋完备，CCD 技术得到了很快的发展。目前，CCD 技术在图像传感中的应用最为广泛，已成为现代光电子学和测试技术中富有成果的领域之一。图 23-7-18 是 CCD 器件摄像原理示意图。CCD 器件可分为行扫描传感器和面阵传感器。行扫描传感器只能产生一行输入图像，适合于物体相对传感器作垂直方向运动的应用（如传送带）或一维测盘应用，分辨力一般在 256～2048 像素之间。面阵传感器的分辨力常用的为 256×256 像素、480×480 像素、1024×1024 像素，正在研制的 CCD 传感器还要达到更高的水平。

(3) CMOS 传感器

CMOS 和 CCD 传感器一样，是在 Si（硅）半导

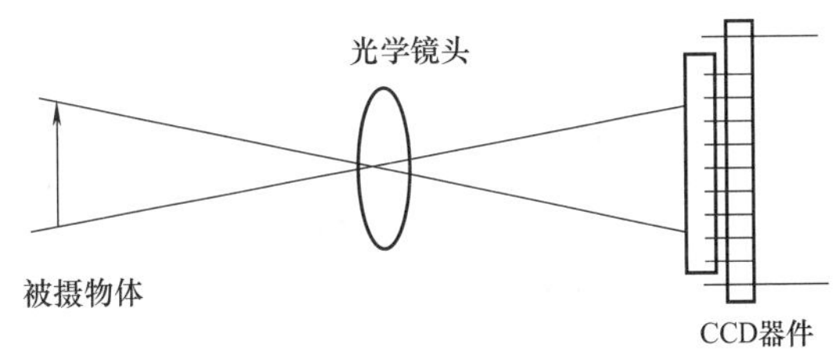

图 23-7-18 CCD 固体器件摄像原理示意图

体材料的基础上制作的。新一代 CMOS 采用有源像素设计，每个像元由一个能够将光子转化成电子的光电二极管、一个电荷/电压转换器、一个重置、一个选取晶体管以及增益放大器组成。CMOS 传感器在结构排列上像是一个计算机内存 DRAM 或平面显示器，覆盖在整块 CMOS 传感器上的金属格子将时钟信号、读出信号与纵队排列输出信号相互连接。CMOS 图像传感器的每个像元内集成的电荷/电压转换器把像元产生的光电荷转换后直接输出电压信号，以类似计算机内存 DRAM 的简单 X-Y 寻址技术的方式读出信号，这种方式允许 CMOS 从整个排列、部分甚至单个像素来读出信号，这一点是和 CCD 不一样的，也是 CCD 做不到的。另外，内置的电荷/电压转换器实时地把光电二极管生成的光电荷转换成电压信号，原理上消除了“开花”和“Smear”效应，使强光对相邻像元的干扰降到很小。

CMOS 是能应用当代大规模半导体集成电路生产工艺来生产的图像传感器，具有成品率高、集成度高、功耗小、价格低等特点。CMOS 是世界上许多图像传感器半导体研发企业试图用来替代 CCD 的技术。经过多年的努力，作为图像传感器，CMOS 已经克服了早期的许多缺点，发展到了在图像品质方面可以与 CCD 技术较量的水平。现在 CMOS 的水平使它们更适合应用于要求空间小、体积小、功耗低而对图像噪声和质量要求不是特别高的场合。如大部分有辅助光照明的工业检测应用、安防保安应用和大多数消费型商业数码相机应用。

在选用视觉传感器时应主要考虑分辨力、扫描时间与形式、几何精度、稳定性、带宽、频响、信噪比、自动增益、控制等因素。表 23-7-3 是几种类型传感器的比较。

第 23 篇

表 23-7-3 视觉传感器对比

传感器类型	特 性	价格和适用性
CCD(电荷耦合器件)	非常通用的传感器之一,必须串行读取图像的全部像素,帧频很高,固有“开花”和“Smear”的缺陷	高性能、高价格、供货厂家多
CID&MOS(电荷注入和金属氧化半导体)	亮点光源的“开花”更少,图像各部分可随便设定地址	价格很高,供货厂家少

续表

传感器类型	特　　性	价格和适用性
CMOS(互补型金属氧化半导体)	非常通用的传感器之一,图像读取同 DRAM,帧频可很高。无"开花"和"Smear"缺陷。传感器噪声、灵敏度等指标稍差,难以完全满足科研级应用需求	目前工业产品性能接近 CCD,性价比远高于其他传感器,在中高端应用场合完全可以取代 CCD
真空电子管传感器	旧技术	价格高,适合某些特殊应用,目前基本处于被淘汰的过程中

7.3 单目视觉

近年来，视觉传感器因能采集丰富的环境信息且价格低廉、使用方便而受到了普遍的关注，基于视觉传感器的定位方法也成为了研究的热点。根据使用视觉传感器数目的不同，视觉定位方法可分为单目视觉定位、双目视觉（立体视觉）定位和多目视觉（全方位视觉）定位。

单目视觉定位就是仅利用一台摄像机完成定位工作。它具有简单易用和适用广泛等特点，无须解决立体视觉中的两摄像机间的最优距离和特征点的匹配问题，也不会像全方位视觉传感器那样产生很大的畸变。在机器视觉研究领域，如何在单目视觉条件下完成位置与姿态的求解已成为一个重要的研究方向。单目视觉定位技术可应用在多个方面，如摄像机标定、机器人定位、视觉伺服、目标跟踪和监测等。

7.3.1 单目摄像机标定

对于单目二维视觉测量，其摄像机垂直于工作平面安装，摄像机的位置和内外参数固定，如图23-7-19所示。

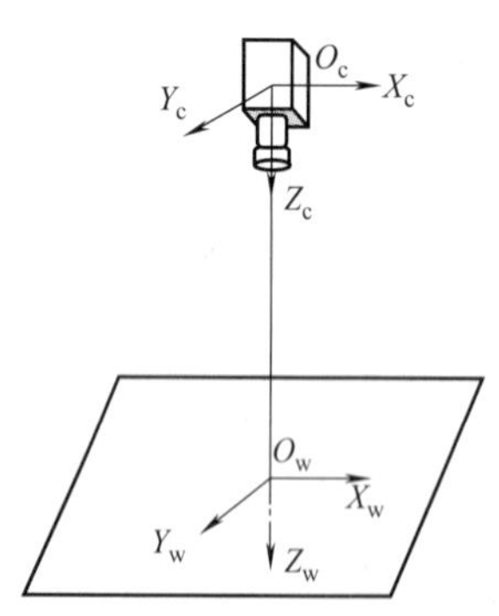

图 23-7-19　单目二维视觉测量的坐标系

在摄像机的光轴中心建立坐标系，使 Z_c 轴方向平行于摄像机光轴，并以从摄像机到景物的方向为正方向，X_c 轴方向取图像坐标沿水平增加的方向。景物坐标系原点 O_w 可选择光轴中心线与景物平面的交点，Z_w 轴方向与 Z_c 轴方向相同，X_w 轴方向与 X_c 轴方向相同，于是有 $\boldsymbol{R}=\boldsymbol{I}$，$\boldsymbol{p}=[0\quad 0\quad d]^{\mathrm{T}}$，$d$ 为光轴中心点 O_c 到景物平面的距离。在工作平面上，景物坐标可表示为（x_w，y_w，0）。由式（23-7-6）可以获得景物点在摄像机坐标系下的坐标：

$$\begin{bmatrix} x_c \\ y_c \\ z_c \\ 1 \end{bmatrix} = \begin{bmatrix} \boldsymbol{R} & \boldsymbol{p} \\ 0 & 1 \end{bmatrix} \begin{bmatrix} x_w \\ y_w \\ z_w \\ 1 \end{bmatrix} = \begin{bmatrix} 1 & 0 & 0 & 0 \\ 0 & 1 & 0 & 0 \\ 0 & 0 & 1 & d \\ 0 & 0 & 0 & 1 \end{bmatrix} \begin{bmatrix} x_w \\ y_w \\ 0 \\ 1 \end{bmatrix} = \begin{bmatrix} x_w \\ y_w \\ d \\ 1 \end{bmatrix} \tag{23-7-6}$$

若摄像机的畸变可以忽略不计，内参数采用四参数摄像机模型，将工作平面上的两点 $\boldsymbol{P}_1=(x_{w1},y_{w1},0)$ 和 $\boldsymbol{P}_2=(x_{w2},y_{w2},0)$ 代入式（23-7-6）得：

$$\begin{bmatrix} u \\ v \\ 1 \end{bmatrix} = \begin{bmatrix} k_x & 0 & u_0 \\ 0 & k_y & v_0 \\ 0 & 0 & 1 \end{bmatrix} \begin{bmatrix} x_c/z_c \\ y_c/z_c \\ 1 \end{bmatrix} \tag{23-7-7}$$

并整理得

$$\begin{cases} u_2-u_1=\dfrac{k_x}{d}(x_{w2}-x_{w1}) \\ v_2-v_1=\dfrac{k_y}{d}(y_{w2}-y_{w1}) \end{cases} \tag{23-7-8}$$

$$\begin{cases} k_{xd}=\dfrac{u_2-u_1}{x_{w2}-x_{w1}} \\ k_{yd}=\dfrac{v_2-v_1}{y_{w2}-y_{w1}} \end{cases} \tag{23-7-9}$$

式中　(u_1，v_1)——点 P_1 的图像坐标；

(u_2，v_2)——点 P_2 的图像坐标；

$k_{xd}=\dfrac{k_x}{d}$，$k_{yd}=\dfrac{k_y}{d}$——标定出的摄像机参数。

可见，对于单目二维视觉，在不考虑畸变的情况下，其摄像机参数可以利用平面上两个坐标已知的点实现标定。

进行视觉测量时，可以选择任意一个平面坐标和图像坐标已知的点作为参考点，利用任意点的图像坐标可以计算出该点相对于参考点的位置。例如，选择 $\boldsymbol{P}_1$ 点作为参考点，对于任意点 $\boldsymbol{P}_i$，其位置可由式（23-7-10）获得：

$$\begin{cases} x_{wi}=x_{w1}+(u_i-u_1)/k_{xd} \\ y_{wi}=y_{w1}+(v_i-v_1)/k_{yd} \end{cases} \tag{23-7-10}$$

式中，(u_1, v_1)——点 P_1 的图像坐标。

7.3.2　单目视觉的位置测量

单台摄像机构成的单目视觉，在不同的条件下能够实现的位置测量不同。例如，在与摄像机光轴中心线垂直的平面内，利用一幅图像可以实现平面内目标的二维位置测量。在摄像机的运动已知的条件下，利用运动前后的两幅图像中的可匹配图像点对可以实现任意空间点的三维位置的测量。对于垂直于摄像机光轴中心线的平面内的目标，如果目标尺寸已知，则可以利用一幅图像测量其三维坐标。在摄像机的透镜直径已知的前提下，通过摄像机的聚焦离焦来改变景物点的光斑大小，也可以实现对景物点的位置测量。聚焦离焦需要一定的时间，影响测量的实时性，在机器人控制领域应用较少，在此不作介绍。这里主要介绍在垂直于摄像机光轴中心线的平面内对已知尺寸目标的三维测量，以及摄像机倾斜安装时平面内目标的测量。

(1) 垂直于摄像机光轴平面内目标的测量

假设摄像机镜头的畸变较小，可以忽略不计。摄像机采用小孔模型，内参数采用式（23-7-7）所示的四参数模型，并经过预先标定。假设目标在垂直于摄像机光轴中心线的平面内，目标的面积已知。

摄像机坐标系建立在光轴中心处，其 Z 轴与光轴中心线方向平行，以摄像机到景物方向为正方向，其 X 轴方向取图像坐标沿水平增加的方向。在目标的质心处建立世界坐标系，其坐标轴与摄像机坐标系的坐标轴平行，见图 23-7-20。

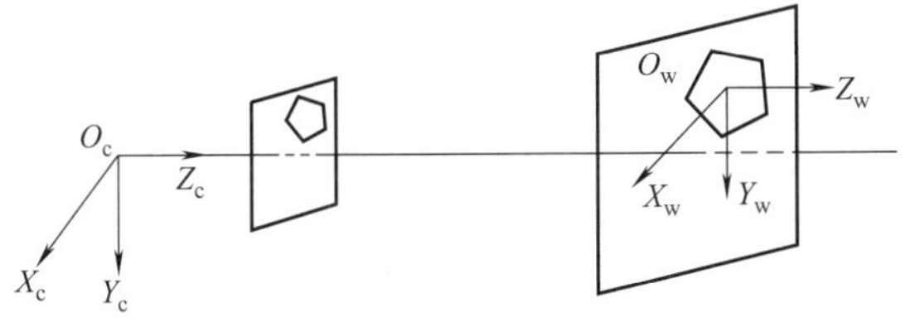

图 23-7-20　垂直于光轴中心线平面内目标的测量

由式（23-7-10）得

$$\begin{cases} x_{ci}=\dfrac{u_i-u_0}{k_x}z_{ci}=\dfrac{u_{di}}{k_x}z_{ci} \\ y_{ci}=\dfrac{v_i-v_0}{k_y}z_{ci}=\dfrac{v_{di}}{k_y}z_{ci} \end{cases} \tag{23-7-11}$$

由于世界坐标系的坐标轴与摄像机坐标系的坐标轴平行，因此可得

$$\begin{cases} x_{ci}=x_{wi}+p_x \\ y_{ci}=y_{wi}+p_y \\ z_{ci}=p_z \end{cases} \tag{23-7-12}$$

将目标沿 x_w 轴分成 N 份，每一份近似为一个矩形，见图 23-7-21，假设第 i 个矩形的 4 个顶点分别记为 p_{1i}、p_{2i}、p_{1i+1}、p_{2i+1}，则目标的面积为

$$S=\sum_{i=1}^{N}(P_{2y}^{i}-P_{1y}^{i})(P_{1x}^{i+1}-P_{1x}^{i}) \tag{23-7-13}$$

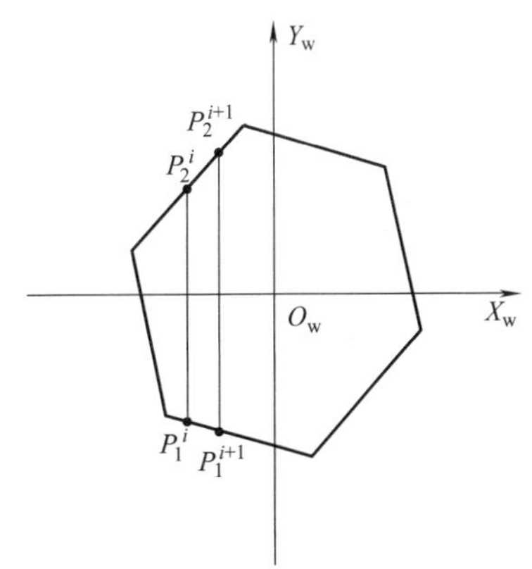

图 23-7-21　目标面积计算示意图

式中　P_{1x}^{i}、P_{1y}^{i}——P_1^i 在世界坐标系的 X_w 和 Y_w 轴的坐标；

S——目标的面积。

将式（23-7-11）和式（23-7-12）代入式（23-7-13）得

$$S=\left[\sum_{i=1}^{N}(v_{d2}^{i}-v_{d1}^{i})(u_{d1}^{i+1}-u_{d1}^{i})\right]\frac{p_z^2}{k_xk_y}=\frac{S_1}{k_xk_y}p_z^2 \tag{23-7-14}$$

式中，S_1 为目标在图像上的面积。

由式（23-7-14）可以得到 p_z 的计算公式

$$p_z=\sqrt{k_xk_yS/S_1} \tag{23-7-15}$$

对于一个在世界坐标系中已知的点 $P_j=(x_{wj}, y_{wj}, z_{wj})$，其图像坐标为 (u_j, v_j)，由式（23-7-11）、式（23-7-12）、式（23-7-15）可以计算出 p_x 和 p_y：

$$\begin{cases} p_x=\dfrac{u_{dj}}{k_x}p_z-x_{wj} \\ p_y=\dfrac{v_{dj}}{k_y}p_z-y_{wj} \end{cases} \tag{23-7-16}$$

获得 p_x、p_y 和 p_z 后，利用式（23-7-11）、式（23-7-12）可以根据图像坐标计算出目标上任意点在摄像机坐标系和世界坐标系下的坐标。在垂直于摄像机光轴中心线的平面内，对已知尺寸目标的三维测量多见于球类目标的视觉测量以及基于图像的视觉伺服过程中对目标深度的估计等。

(2) 平面内目标的测量

如果被测量的目标处在一个固定平面内，则视觉测量成为景物平面到成像平面的映射，利用单目视觉可以实现平面内目标的三维位置测量。摄像机光轴垂直于景物平面，属于单目视觉平面测量的一个特例。作为更一般的情况，考虑摄像机光轴与景物平面倾斜时对平面内目标的测量。

假设摄像机的镜头畸变可以忽略，摄像机的内外参数模型（考虑到景物在平面内，$z_w=0$）：

$$\begin{bmatrix} x_w & y_w & 1 & 0 & 0 & 0 & -ux_w & -uy_w \\ 0 & 0 & 0 & x_w & y_w & 1 & -vx_w & -vy_w \end{bmatrix} m'=\begin{bmatrix} u \\ v \end{bmatrix} \tag{23-7-17}$$

式中，$m'=m/m_{34}$；

$m=[m_{11} \quad m_{12} \quad m_{14} \quad m_{21} \quad m_{22} \quad m_{24} \quad m_{31} \quad m_{32}]^T$。

由式（23-7-17）可知，只要求出 m'，便可以确定世界坐标系与图像坐标系的转换关系。由于景物平面上的每个点可以提供两个方程，式（23-7-17）中有 8 个位置参数，所以仅需要 4 个已知点即可求解出 m'。当然，更多的已知点有利于提高 m'的精度。获得 m'后，将式（23-7-17）改写为（23-7-18），可以用于测量平面内目标的二维坐标。

$$\begin{bmatrix} m'_{11}-um'_{31} & m'_{12}-um'_{32} \\ m'_{21}-vm'_{31} & m'_{22}-vm'_{32} \end{bmatrix} \begin{bmatrix} x_w \\ y_w \end{bmatrix} = \begin{bmatrix} u-m'_{14} \\ v-m'_{24} \end{bmatrix} \tag{23-7-18}$$

7.3.3 单目视觉定位方法

7.3.3.1 基于单帧图像的定位方法

基于单帧图像的定位就是根据一帧图像的信息完成目标定位工作。因为仅采用一帧图像信息量少，所以必须在特定环境内设置一个人工图标，图标的尺寸以及在世界坐标系中的方向、位置等参数一般都是已知的，从预先标定好的摄像机实时拍摄的一帧图像中提取图标中某些特征元素的像面参数，利用其投影前后的几何关系，求解出摄像机与人工图标的相对位置和姿态关系。如何快速准确地实现模板与投影图像之间的特征匹配问题是其研究的重点。该方法具有形式简单、算法实现容易、硬件要求低等优点，但是也存在着鲁棒性、实时性较差和对人工路标依赖性强等缺点。常用的特征元素有点、直线、二次曲线等。

(1) 基于点特征的定位

基于点特征的定位又称为 PnP（perspective-n-point）问题，是机器视觉领域的一个经典问题。它是根据物体上 n 个特征点来确定摄像机的相对位置和姿态，具体描述为：假定摄像机为小孔模型且已标定好，摄取一幅在物体坐标系下坐标已知的 n 个空间点的图像，且这 n 个图像点的坐标已知，由此来确定这 n 个空间点在摄像机坐标系下的坐标。

对 PnP 问题的研究基本围绕解的确定性和求解算法的线性两方面展开，多年来，研究者们主要针对 P3P、P4P 和 P5P 问题做了大量的探索，得到以下结论：当 $n\leqslant 2$ 时有无限组解，即仅有两个点不能确定点在摄像机坐标系下的位置；当 $n=3$ 且三个控制点决定的平面不通过光心时，最多有 4 组解且解的上限可以达到；当 $n=4$ 时，4 个空间点在同一平面时解是唯一的，4 个空间点不共面时，则可能出现多个解；当 $n=5$ 时，若 5 个控制点中任意 3 点不共线，则 P5P 问题最多可能有两个解，且解的上限可以达到；当 $n\geqslant 6$ 时，PnP 问题就成为经典的 DLT（direct linear transformation）问题，可以线性求解。在目标上设置点特征定位具有测量系统精度高、测量速度快的特点，在陆上、空间、水下定位计算中得到了广泛的应用。由于通过同一平面不共线的 4 个空间点可以得到摄像机的唯一确定位置，所以用点特征进行定位多应用 P4P 方法；为了提高特征点提取的鲁棒性，一般设计采用多于 4 个特征点的人工图标。

(2) 基于直线特征的定位

基于直线特征的定位研究也不少，因为直线特征在自然环境中存在的比较多，且其抗遮挡能力强，易于提取。比如应用图像中直线和摄像机光心构成的投影平面的法向量和物体直线垂直来构建定位数学模型。这种方法要求确定物体位姿的三条直线不同时平行且不与光心共面，进而建立由三条直线构成的三个非线性方程。它有效地解决了利用直线特征如何进行视觉定位的问题，但是非线性方程组较为复杂，定位误差偏大。一些学者根据空间不平行于像面的平行线投影到像面交于灭影点的原理，利用灭影点在像面上的位置，可以计算出代表该组直线三维方向（相对于摄像机坐标系）的矢量，从而可获得摄像机与人工图标的相对位姿参数。该算法的计算建立在分析性结论的基础上，无须迭代，计算量小，但必须准确提取像面直线和灭影点的位置参数，这使图像的处理变得比较复杂。针对四条直线组成的平面四边形（例如矩形、平行四边形等）特征出现了一些视觉定位算法，求解过程简单，具有较高的求解精度和较大的应用价值。

(3) 基于曲线特征的定位

基于曲线特征的定位一般需要对复杂的非线性系统进行求解。比较经典的如利用共面曲线和非共面曲线进行定位，都需要对几个高次多项式进行求解，算法比较复杂。但是当两个空间曲线共面时，可以得到物体姿态的闭式解。

圆是很常见的图形，作为二次曲线的一种，也引起人们的关注。一般情况下，圆经透视投影后将在像面上形成椭圆，该椭圆的像面参数与圆的位置、姿态、半径等存在着对应的函数关系，采用一定的方法对相应的关系求解即可得到圆与摄像机的相对位置和姿态参数。学者们分别运用不同的方法对圆特征进行了定位。利用圆特征进行定位可以摆脱匹配问题，提高定位速度，但其抗干扰能力欠佳。

7.3.3.2　基于双帧或多帧图像的定位

虽然使用特殊的人工图标实现定位可以容易找到匹配特征，但是使用人工图标本身制约了视觉定位的应用场合，所以利用摄像机获取的自然图像信息来进行定位是该领域的研究趋势之一。基于双帧或多帧图像的定位方法，就是利用摄像机在运动中捕捉同一场景不同时刻的多帧图像，根据拍摄图像间的位置偏差实现目标的定位。实现多帧投影图像之间的对应特征元素匹配是该定位算法的关键。这类算法一般相对比较复杂，精确性和实时性不高，但不依赖人工标志，通过拍摄自然图像就可实现定位。

一种双帧图像定位估计方法是采用事先已标定的摄像机在运动中拍摄目标，利用目标在前后相邻两帧图像上的投影点形成多个匹配点对估计出基本矩阵，由基本矩阵和本质矩阵的关系进一步求出本质矩阵，并经过分解获得单目摄像机的外部运动参数（旋转和平移），利用坐标系转换从而获得目标的三维信息。针对定位中基本矩阵对定位精度的影响问题，采用一种基本矩阵迭代估计算法，结合 RANSAC 算法实现了基本矩阵的鲁棒性估计。该定位方法类似立体视觉定位原理，可以获取较多的周围环境信息，但是需要获得摄像机运动的平移距离和投影图像之间至少八对匹配点，局限性大。还可以利用尺度不变特征变换（SIFT）具有尺度、旋转不变性的特点，采用 SIFT 算法进行图像特征的提取和匹配，计算出目标的三维信息，实现目标的定位。该算法很好地解决了拍摄图像对应点的自动匹配问题，但由于其图像采样频率偏低，不适合摄像机在快速运动状态下的应用。

另一种方法是利用图像之间的拼接技术实现摄像机的定位。摄像机通过平移或旋转可以获取两幅相邻的有着重叠区域的图像，且重叠区域中的相同像点的位置发生了改变。通过图像拼接过程中的图像配准技术，利用仿射变换求得相邻图像之间的特征变化关系，最后进一步推得摄像机的运动情况，从而初步实现摄像机的定位。该方法采用基于灰度信息的拼接方法对两幅图像进行图像配准，可初步实现摄像机定位的要求。但因为缺乏场景中景物到摄像机光心的实际距离，无法推得摄像机的位移量，而只能计算得出摄像机的运动方向以及摄像机绕光轴的旋转角度。

一种将单目视觉测量中的离焦法和聚焦法相结合的摄像机定位方法是通过移动摄像机，目测找出图像近似最清晰的位置，在其前后各取等间距的两个位置，并在以上三个位置拍摄图像；然后应用离焦定位算法进行计算，得到近似的峰值点位置。在近似峰值点位置附近取若干个测点并拍摄图像，然后应用聚焦定位算法进一步求得精确的峰值点位置，从而确定摄像机相对于被测点的聚焦位置。该方法将离焦法和聚焦法结合起来，使两者的优缺点互相弥补，避免了建立复杂的数学模型，同时减少了由于简化的假设与模型而造成的误差，提高了测量精度，适合于针对实际被测物体复杂图像的测量。

7.4　双目视觉

双目立体视觉是基于视差原理，由多幅图像获取物体三维几何信息的方法。在机器视觉系统中，双目立体视觉一般由双摄像机从不同角度同时获取周围景物的两幅数字图像，或由单摄像机在不同时刻从不同角度获取周围景物的两幅数字图像，并基于视差原理即可恢复出物体三维几何信息，重建周围景物的三维形状与位置。

双目立体视觉有时简称为体视，是人类利用双眼获取环境三维信息的主要途径。随着机器视觉理论的发展，双目立体视觉在机器视觉研究中发挥了越来越重要的作用，具有广泛的适用性。本节将介绍双目立体视觉原理、视觉精度、系统结构、极线几何、对应点匹配及系统标定等问题。

7.4.1　双目立体视觉原理

双目立体视觉是基于视差，由三角法原理进行三维信息的获取，即由两个摄像机的图像平面（或单摄像机在不同位置的图像平面）和被测物体之间构成一个三角形。已知两摄像机之间的位置关系，便可以获取两摄像机公共视场内物体的三维尺寸及空间物体特征点的三维坐标。双目立体视觉系统一般由两台摄像机或者由一台运动的摄像机构成。

（1）双目立体视觉三维测量原理

双目立体视觉三维测量是基于视差原理的。图 23-7-22 所示为简单的平视双目立体成像原理图，两摄像机的投影中心连线的距离，即基线距为 B。两摄像机在同一时刻观看空间物体的同一特征点 P，分别在“左眼”和“右眼”上获取了点 P 的图像，它们的图像坐标分别为 $p_{\text{left}}=(X_{\text{left}},Y_{\text{left}})$，$p_{\text{right}}=$

(X_{right}, Y_{right})。假定两摄像机的图像在同一个平面上，则特征点 P 的图像坐标的 Y 坐标相同，即 $Y_{left}=Y_{right}=Y$，则由三角几何关系得到

$$\begin{cases} X_{left}=f\dfrac{x_c}{z_c} \\ X_{right}=f\dfrac{(x_c-B)}{z_c} \\ Y=f\dfrac{y_c}{z_c} \end{cases} \tag{23-7-19}$$

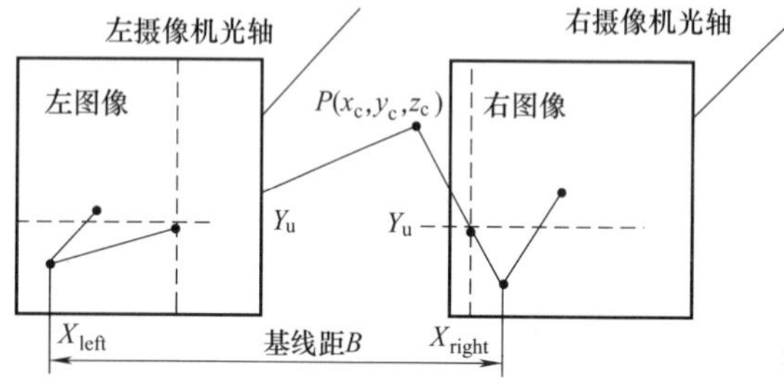

图 23-7-22　双目立体成像原理

则视差为：$Disparity=X_{left}-Y_{right}$。由此可计算出特征点 P 在摄像机坐标系下的三维坐标为

$$\begin{cases} x_c=\dfrac{B\cdot X_{left}}{Disparity} \\ y_c=\dfrac{B\cdot Y}{Disparity} \\ z_c=\dfrac{B\cdot f}{Disparity} \end{cases} \tag{23-7-20}$$

因此，左摄像机像面上的任意一点只要能在右摄像机像面上找到对应的匹配点（二者是空间同一点在左、右摄像机像面上的点），就可以确定出该点的三维坐标，这种方法是点对点的运算。像面上所有点只要存在相应的匹配点，就可以参与上述运算，从而获取其对应的三维坐标。

（2）双目立体视觉数学模型

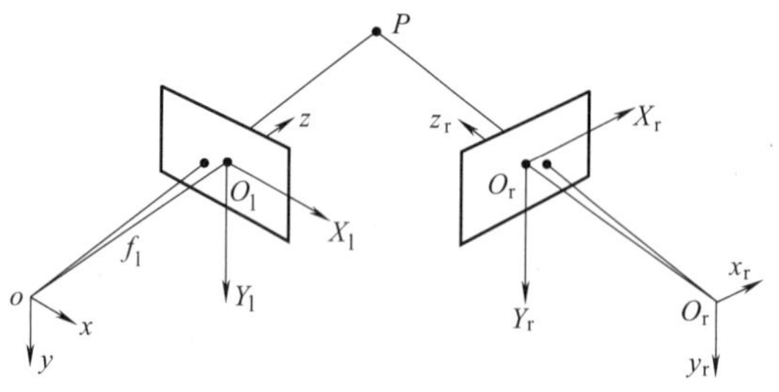

图 23-7-23　双目立体视觉中空间点三维重建

在分析了简单的平视双目立体视觉的三维测量原理基础上，考虑一般情况，对两个摄像机的摆放位置不做特别要求。如图 23-7-23 所示，设左摄像机 $o-xyz$，位于世界坐标系的原点处且无旋转，图像坐标系为 $O_1-X_1Y_1$，有效焦距为 f_1；右摄像机坐标系为 $o_r-x_ry_rz_r$，图像坐标系为 $O_r-X_rY_r$，有效焦距为 f_r，则摄像机透视变换模型为

$$s_1\begin{bmatrix} X_1 \\ Y_1 \\ 1 \end{bmatrix}=\begin{bmatrix} f_1 & 0 & 0 \\ 0 & f_1 & 0 \\ 0 & 0 & 1 \end{bmatrix}\begin{bmatrix} x \\ y \\ z \end{bmatrix} \tag{23-7-21}$$

$$s_r\begin{bmatrix} X_r \\ Y_r \\ 1 \end{bmatrix}=\begin{bmatrix} f_r & 0 & 0 \\ 0 & f_r & 0 \\ 0 & 0 & 1 \end{bmatrix}\begin{bmatrix} x_r \\ y_r \\ z_r \end{bmatrix} \tag{23-7-22}$$

而 $o-xyz$ 坐标系与 $o_r-x_ry_rz_r$ 坐标系之间的相互关系可通过空间转换矩阵 $\boldsymbol{M}_{lr}$ 表示为

$$\begin{bmatrix} x_r \\ y_r \\ z_r \end{bmatrix}=\boldsymbol{M}_{lr}\begin{bmatrix} x \\ y \\ z \\ 1 \end{bmatrix}=\begin{bmatrix} r_1 & r_2 & r_3 & r_x \\ r_4 & r_5 & r_6 & r_y \\ r_7 & r_8 & r_9 & r_z \end{bmatrix}\begin{bmatrix} x \\ y \\ z \\ 1 \end{bmatrix},$$

$$\boldsymbol{M}_{lr}=[\boldsymbol{R}\mid\boldsymbol{T}] \tag{23-7-23}$$

其中，$\boldsymbol{R}=\begin{bmatrix} r_1 & r_2 & r_3 \\ r_4 & r_5 & r_6 \\ r_7 & r_8 & r_9 \end{bmatrix}$ 与 $\boldsymbol{T}=\begin{bmatrix} t_x \\ t_y \\ t_z \end{bmatrix}$ 分别为 $o-xyz$ 坐标系与 $o_r-x_ry_rz_r$ 坐标系之间的旋转矩阵和原点之间的平移变换矢量。

由式（23-7-21）～式（23-7-23）可知，对于 $o-xyz$ 坐标系中的空间点，两摄像机像面点之间的对应关系为

$$p_r\begin{bmatrix} X_r \\ Y_r \\ 1 \end{bmatrix}=\begin{bmatrix} f_rr_1 & f_rr_2 & f_rr_3 & f_rr_x \\ f_rr_4 & f_rr_5 & f_rr_6 & f_rr_y \\ r_7 & r_8 & r_9 & t_z \end{bmatrix}\begin{bmatrix} zX_1/f_1 \\ zY_1/f_1 \\ z \\ 1 \end{bmatrix} \tag{23-7-24}$$

于是空间点三维坐标可以表示为

$$\begin{cases} x=zX_1/f_1 \\ y=zY_1/f_1 \\ z=\dfrac{f_1(f_rt_x-X_rt_z)}{X_r(r_7X_1+r_8Y_1+f_1r_9)-f_r(r_1X_1+r_2Y_1+f_1r_3)} \\ \quad=\dfrac{f_1(f_rt_y-Y_rt_z)}{Y_r(r_7X_1+r_8Y_1+f_1r_9)-f_r(r_4X_1+r_5Y_1+f_1r_6)} \end{cases} \tag{23-7-25}$$

因此，已知焦距 f_1、f_r 和空间点在左右摄像机中的图像坐标，只要求出旋转矩阵 $\boldsymbol{R}$ 和平移矢量 $\boldsymbol{T}$ 就可以得到被测物体点的三维空间坐标。

如果用投影矩阵表示，空间点三维坐标可以由两个摄像机的投影模型表示。即

$$\begin{cases} s_1\boldsymbol{p}_1=\boldsymbol{M}_1\boldsymbol{X}_W \\ s_r\boldsymbol{p}_r=\boldsymbol{M}_r\boldsymbol{X}_W \end{cases} \tag{23-7-26}$$

其中，$\boldsymbol{p}_1\boldsymbol{p}_r$ 分别为空间点在左右摄像机中的图像坐

标；$\boldsymbol{M}_1$、$\boldsymbol{M}_r$分别为左右摄像机的投影矩阵；$\boldsymbol{X}_W$为空间点在世界坐标系中的三维坐标。实际上，双目立体视觉是匹配左右图像平面上的特征点并生成共轭对集合$\{(p_{1,i},p_{1,i})\},i=1,2,\cdots,n$。每一个共轭对定义的两条射线相交于空间中某一场景点。空间相交的问题就是找到相交点的三维空间坐标。

7.4.2 双目立体视觉的精度分析

双目立体视觉是利用两台摄像机来模仿并实现人眼的功能，利用空间点在两摄像机像面上的透视成像点坐标来求取空间点的三维坐标。为了分析双目视觉系统的结构参数对视觉精度的影响，建立如图23-7-24所示的精度分析模型。为简化分析，设两台摄像机水平放置，视觉系统的坐标原点为其中一台摄像机的投影中心。设摄像机的有效焦距为f_1、f_2，光轴与x轴的夹角为α_1、α_2，ω_1、ω_2为小于摄像机的视场角的投影角。

由几何关系得到P点的三维坐标为

$$\begin{cases} x=\dfrac{B\cot(\omega_1+\alpha_1)}{\cot(\omega_1+\alpha_1)+\cot(\omega_2+\alpha_2)} \\ y=Y_1\dfrac{z\sin\omega_1}{f_1\sin(\omega_1+\alpha_1)}=Y_2\dfrac{z\sin\omega_2}{f_2\sin(\omega_2+\alpha_2)} \\ z=\dfrac{B}{\cot(\omega_1+\alpha_1)+\cot(\omega_2+\alpha_2)} \end{cases} \tag{23-7-27}$$

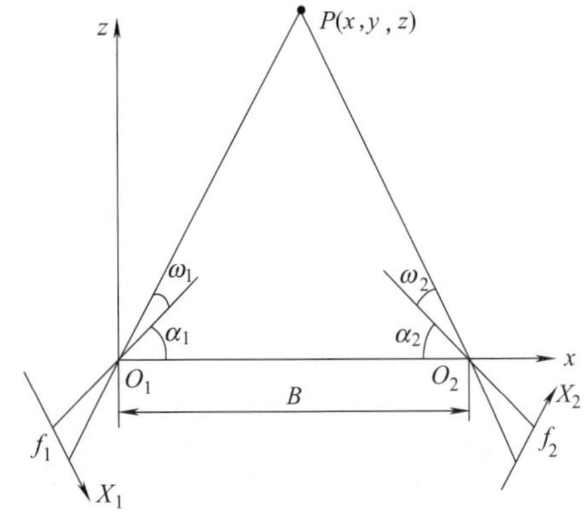

图23-7-24 双目立体视觉系统精度分析模型

(1) 系统结构参数对精度的影响

下面分析双目立体视觉系统的结构参数以及P点的位置对视觉系统视觉精度的影响。设两台摄像机X方向的提取精度分别为δX_1、δX_2，Y方向的提取精度分别为δY_1、δY_2，则P点X方向的精度为

$$\Delta x=\sqrt{\left(\frac{\partial x}{\partial X_1}\delta X_1\right)^2+\left(\frac{\partial x}{\partial X_2}\delta X_2\right)^2} \tag{23-7-28}$$

P点Y方向的测量精度为

$$\Delta y=\sqrt{\left(\frac{\partial y}{\partial X_1}\delta X_1\right)^2+\left(\frac{\partial y}{\partial X_2}\delta X_2\right)^2+\left(\frac{\partial y}{\partial Y_1}\delta Y_1\right)^2+\left(\frac{\partial y}{\partial Y_2}\delta Y_2\right)^2} \tag{23-7-29}$$

P点Z方向的测量精度为

$$\Delta z=\sqrt{\left(\frac{\partial z}{\partial X_1}\delta X_1\right)^2+\left(\frac{\partial z}{\partial X_2}\delta X_2\right)^2} \tag{23-7-30}$$

P点的总体测量精度为

$$\Delta xyz=\sqrt{(\Delta x)^2+(\Delta y)^2+(\Delta z)^2} \tag{23-7-31}$$

根据以上分析，可以得出以下结论：

① 两台摄像机的有效焦距f_1、f_2越大，视觉系统的视觉精度越高，即采用长焦距镜头容易获得高的测量精度。

② 视觉系统的基线距B对视觉系统视觉精度的影响比较复杂，当B增大时，相应的测量角$\alpha+\omega$变大，使得B对精度的影响呈非线性关系。

③ 位于摄像机光轴上点的测量精度最低。

因此，在此通过研究两摄像机光轴的交点位置的视觉精度来分析基线距B对视觉精度的影响。假定两摄像机对称放置，设$\alpha_1=\alpha_2=\alpha$，$\omega_1=\omega_2=0$，$k=B/z$，并令

$$e_1=\frac{z}{B}\times\frac{\cot\alpha}{\sin^2\alpha}=\frac{1}{2}+\frac{1}{8}k^2,$$

$$e_2=\frac{z}{B}\times\frac{1}{\sin^2\alpha}=\frac{1}{k}+\frac{1}{4}k, e_3=\sqrt{e_1^2+e_2^2} \tag{23-7-32}$$

则

$$\frac{\partial x}{\partial X}=-\frac{z}{f}\times e_1, \frac{\partial y}{\partial X}=-\frac{y}{f}\times e_1, \frac{\partial z}{\partial X}=\frac{z}{f}\times e_2 \tag{23-7-33}$$

由此可以看出，e_1正比于Δx的大小，e_2正比于Δz的大小，而e_3反映了Δxyz的大小。图23-7-25表示了系统精度与其结构参数的关系，由图23-7-25可以看出，k在0.8～2.2之间变化时，系统的测量精度变化较小，因此，当系统工作距离较小时，$k=B/z$不是设计的重点；而$k<0.5$时，$B=kz$变化对测量精度有较大的影响，此时设计重点应当放在系统的结构尺寸上。由图23-7-25可知，e_3的最小值出现在$k=1.3$附近，为较合适的结构。因此，对工作距离

较大的系统，要求系统的基线距必须也较大。但是基线距的大小受到系统空间、体积、重量、成本和摄像机的大小等因素的制约。另外，在系统结构已经确定时，系统工作距离越大，测量精度越低。

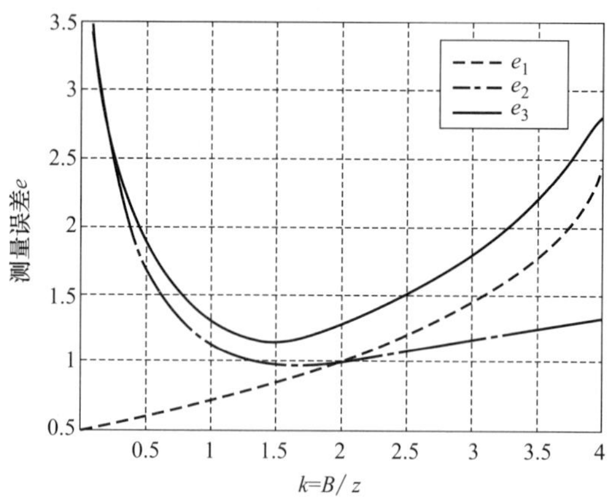

图 23-7-25　系统结构对视觉精度的影响

（2）摄像机焦距对精度的影响

为了获得合适的三维视觉精度，一方面要求两台摄像机焦点之间的距离尽可能远（即视觉系统的基线距离尽可能大），另一方面要求被测物体特征点的求取精度尽可能的高（一般要求达到子像素精度）。采用长焦距摄像机（>25mm）和固定基线长很容易达到 1/20000 的相对深度误差。如图 23-7-26（a）所示，系统的深度视觉误差 e_{max} 主要与特征点的像面坐标的求取精度公式和两摄像机光轴之间的夹角 α 有关，同时也与摄像机的焦距有关。光路越长，深度误差越小，同时视场范围越小。如图 23-7-26（b）所示，要保持深度误差不变，且不增加系统的体积，必须采用短焦距摄像机，同时特征点的提取精度至少提高一倍。如图 23-7-26（c）所示，当摄像机的焦距增加到两倍时，要维持同样的深度误差和视场范围，则摄像机的基线距必须增加两倍。

7.4.3　双目立体视觉的系统结构

为了从二维图像中获得被测物体特征点的三维坐标，双目视觉系统至少要从不同位置获取包含物体特征点的两幅图像，它的一般结构为交叉摆放的两个摄像机从不同角度观测同一被测物体。图 23-7-27 所示为双目立体视觉系统的结构形式。只要能够从不同位置或者角度获取同一物体特征点的图像坐标，就可以由双目立体视觉测量原理求取三维空间坐标。

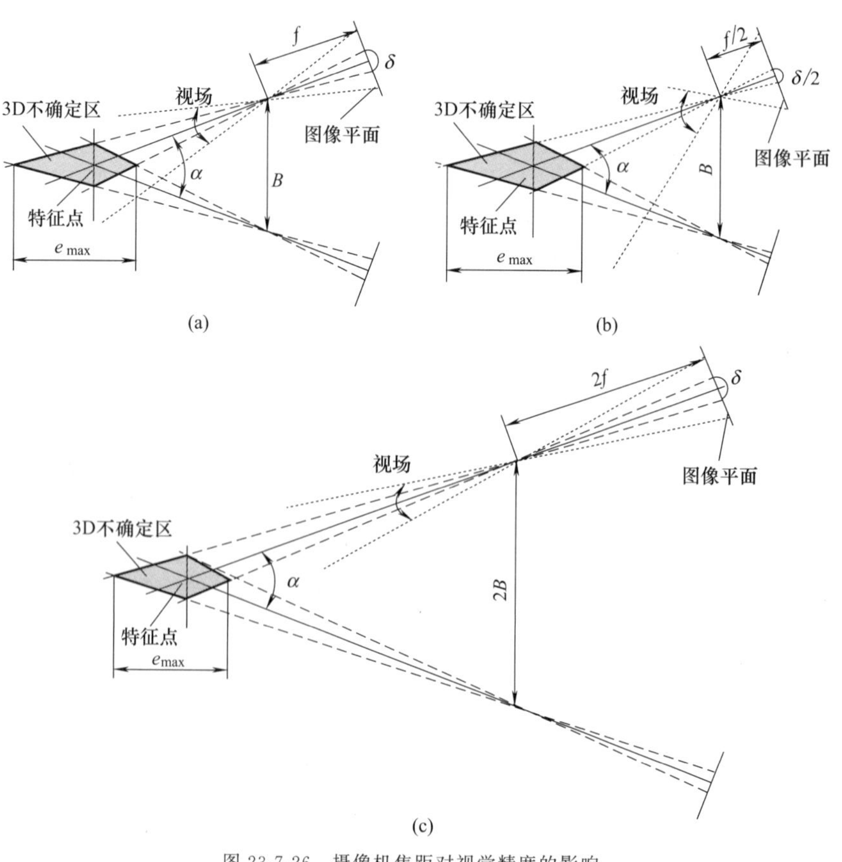

图 23-7-26　摄像机焦距对视觉精度的影响

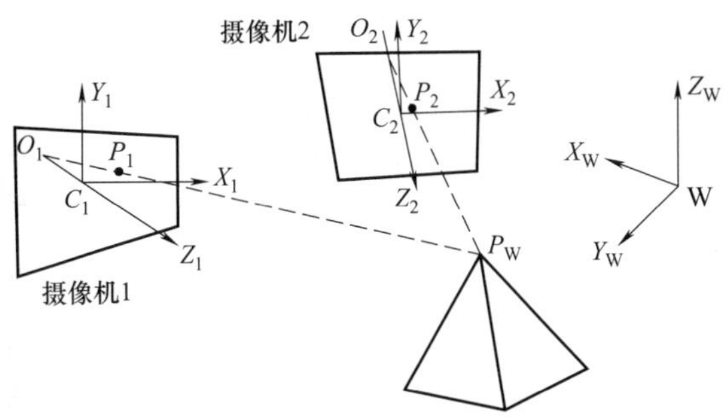

图 23-7-27 双目立体视觉系统的结构配置形式

事实上获取两幅图像并不一定需要两个摄像机，由一个摄像机通过运动在不同位置观测同一个静止的物体，或者由一个摄像机加上光学成像方式，都可以满足要求。下面介绍这些不同的双目立体视觉系统的配置方式。

7.4.3.1 基于两个摄像机的双目系统结构

一般采用两个摄像机来组成双目立体视觉系统，利用视差原理来实现三维测量。如图 23-7-27 所示，由观测点到被测点的连线在空间有唯一的交点。

如图 23-7-28（a）所示，以往的双目立体视觉系统的结构是两个摄像机斜置于基座上，中间放线路板，照明灯放在中间前部。这种传统的设计有许多不合理的地方：由于基线距是两摄像机头中心的距离，因此实际的基线距 B 比视觉系统的横向宽度 L 要小许多；照明系统是固定的，对于某些测量对象不适用（如浅盲孔等）；线路板用螺丝固定在基座上，维修时要拆下整个视觉系统，使维修后重新标定不可避免。

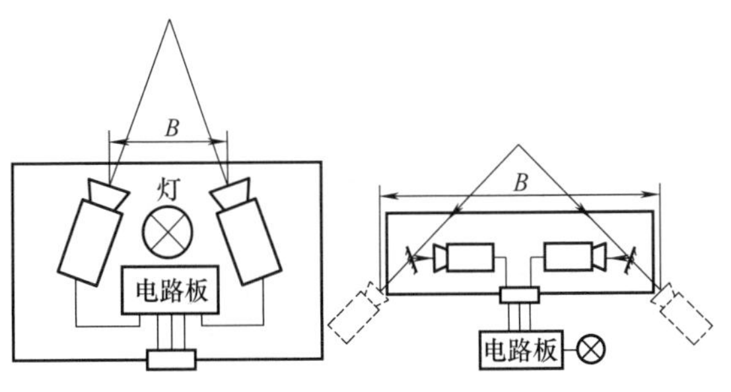

图 23-7-28 基于两台摄像机的双目系统结构

如图 23-7-28（b）所示，两个摄像机反向放置，在摄像机前面各摆放一个平面反射镜，用来调整摄像机的测量角度。这种结构实际上把两个摄像机成像在有限的空间内，增大了系统基线距 B 的值，而系统的体积并不发生显著变化。同时照明系统采用分体式设计，可以固定在系统外面任何位置，以任意角度为测量提供照明。同传统的设计相比，在系统横向尺寸保持不变的情况下，改进结构可以有更大的基线距 B，能得到更高的测量精度，而且纵向尺寸大大缩短，整个系统的体积更小，重量更轻，便于固定。

7.4.3.2 基于单个摄像机的双目系统结构

如图 23-7-29 所示，当单个摄像机位于位置 1 和位置 2 时，分别采集包含物体特征点的图像。摄像机仅仅沿着 X 方向移动，沿其他方向没有移动，也没有转动。系统的基线距 B 与摄像机的移动距离相关。

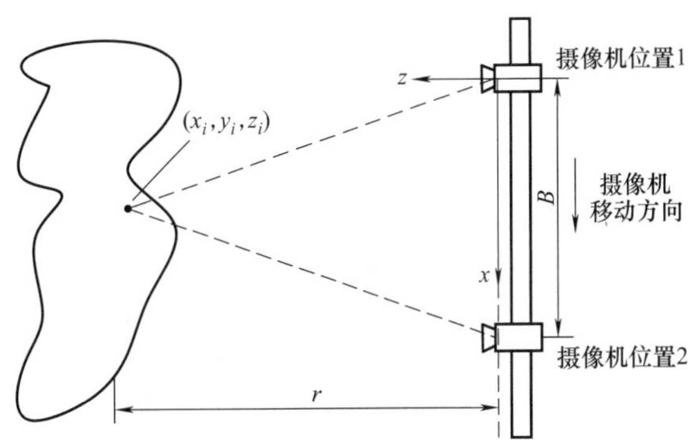

图 23-7-29 运动式单摄像机双目视觉系统

如果摄像机事先移动的两个位置确定下来，该系统只需要一次标定，即可构成双目视觉系统的测量系统，否则系统在各个移动位置必须重新标定。这种结构的特点是：采用单摄像机，降低了系统的成本；根据摄像机的移动位置的不同，很容易构成不同基线距的双目视觉系统，具有很大的灵活性。但是这种结构对摄像机的移动位置（尤其是移动前和移动后的固定位置）要求比较高，因为摄像机在两个位置的固定是在测量过程中进行的，因此测量速度不可能很快。对于要求在线检测的应用场合，这种结构显然不能满足要求。

另外一种获取被测物体立体图像的方式是将光学成像系统和单摄像机结合组成单摄像机双目立体视觉系统。光学成像系统实际上是一些棱镜、平面反射镜或球面反射镜组成的具有折射兼反射功能的光学系统。一些学者采用这种方式来研制基于单摄像机的立体视觉系统。虽然这些学者所采用的光学元件的型式以及配置各不相同，但其基本原理都一样，即使用多个光学器件及单个摄像机形成两个或者更多个摄像机的像，相对于被观测物体来说，相当于不同摄像机从不同角度去观测同一物体，因而具有两个摄像机的同样功能。

（1）测量范围

① 深度方向 H。

$$H \in \left[\frac{B}{2}\tan\phi, \frac{B}{2}\tan(\phi+\theta)\right] \quad (23\text{-}7\text{-}34)$$

② X，Y 方向测量范围$\pm\Delta$。

$$\Delta=\begin{cases} H\cot\phi-\dfrac{B}{2} & \left(\dfrac{B}{2}\tan\phi\leqslant H\leqslant\dfrac{B}{\cot\phi+\cot(\phi+\theta)}\right) \\ \dfrac{B}{2}-H\cot(\phi+\theta) & \left(H>\dfrac{B}{\cot\phi+\cot(\phi+\theta)}\right) \end{cases}$$

(23-7-35)

(2) 反射镜 M_1 长度

$$l_1=\frac{d\sin\theta}{\cos(\theta+\alpha)} \quad (23\text{-}7\text{-}36)$$

反射镜 M_2 的最短长度

$$l_{\min}=\frac{1}{\cos\beta}=\left|\frac{d\cos2\alpha+d\tan(\theta-\alpha)\sin(2\alpha)}{\tan\beta-\tan(\theta-\alpha)}-\frac{L\tan\beta}{2(\tan\beta+\cot2\alpha)}\right|$$

(23-7-37)

从以上分析可以看出，镜像式双目视觉系统的结构可以做得很小，但却可以获得很大的基线距，从而提高测量精度。通过改变两组平面镜的摆放角度就可以改变两虚拟摄像机之间的距离，即使增大视觉系统的基线距，也不会导致视觉系统体积的增大。两个虚拟摄像机是由一个摄像机镜像来的，因此，采集图像的两个“摄像机”的参数完全一致，具有极好的对称性。另外，对物体特征点的三维测量，只需一次采集就可以获得物体特征点的两幅图像，从而提高了测量速度。总之，基于单摄像机镜像式双目视觉系统配置具有以下优点：成本低、结构灵活及测量速度快。但是这种结构的一个最大缺点是：由于一幅图像包括了被测物体的特征点“两幅”图像，允许的图像视差减小了一半，因此视觉系统的测量范围至少减小了一半。同样在图像的中央是“两幅”图像的相交处，图像变得不可利用，而对一个摄像机来说，图像中央应该是成像质量最好和受镜头畸变影响最小的地方。

通过以上分析，各种配置的双目立体视觉系统都存在各自的优点和缺点。因此，只能针对一个具体的测量对象，才能确定最好的视觉系统配置方式。对要求大测量范围和较高测量精度的场合，采用基于双摄像机的双目立体视觉系统比较合适；对测量范围要求较小，对视觉系统的体积和质量要求严格，需要高速度的实时测量对象，基于光学成像的单摄像机双目立体视觉系统成为最佳选择。

7.4.4 双目立体视觉中的极线几何

极线几何讨论的是两个摄像机图像平面的关系，它不仅对双目立体视觉中两幅图像的对应点匹配有着重要作用，而且在三维重建和运动分析中也具有广泛的应用。

在双目立体视觉系统中，数据是两个摄像机获得的图像，即左图像 I_l 与右图像 I_r，如图 23-7-30 所示。如果 p_l、p_r是空间同一点 p 在两个图像上的投影点，称为 p_l与 p_r互为对应点。对应点的寻找与极线几何密切相关。

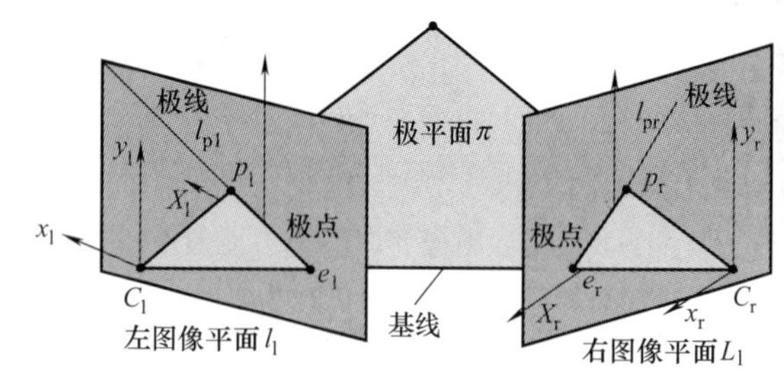

图 23-7-30 双目立体视觉中的极线几何关系

首先介绍极线几何的几个概念：

① 基线。指左右两摄像机光心的连线，图 23-7-30 中直线C_lC_r。

② 极平面。指空间点 p、两摄像机光心决定的平面，图 23-7-30 中平面 π。

③ 极点。指基线与两摄像机图像平面的交点，图 23-7-30 中 e_l、e_r。

④ 极线。极平面与图像平面的交线，图 23-7-30 中直线e_lp_l、e_rp_r，同一图像平面内所有的极线交于极点。

⑤ 极平面簇。由基线和空间任意一点确定的一簇平面，如图 23-7-31 所示，所有的极平面相交于基线。

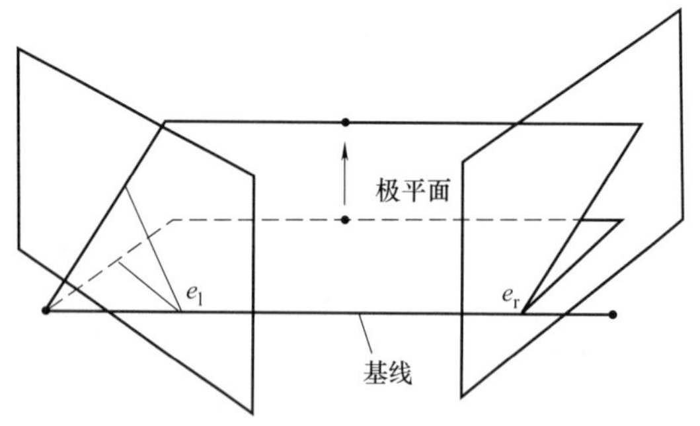

图 23-7-31 双目立体视觉中的极平面簇

在图 23-7-30 中，称直线e_lp_l为图像 I_l上对应于 p_r点的极线，直线e_rp_r为图像 I_r上对应于 p_l点的极线。如果已知 p_l在图像 I_r内的位置，则在图像 I_r内 p_l所对应的点必然位于它在图像 I_r内的极线上，即 p_r一定在直线e_rp_r上，反之亦然。这是双目立体视觉的一个重要特点，称之为极线约束。另一方面，从极限约束只能知道 p_l所对应的直线，而不知道它的对应点在直线上的具体位置，即极线约束是点与直线的对应，而不是点与点的对应。尽管如此，极线约束给出了对应点重要的约束条件，它将对应点匹配从整幅图像寻找压缩到在一条直线上寻找对应点。因此，极大地减小了搜索的范围，对对应点匹配具有指导作用。下面给出一种在已知 M_l 与 M_r、投影短阵的条件下求极线的方法。

将两个摄像机的投影方程式（23-7-26）写成

$$\begin{cases} s_l \boldsymbol{p}_l = \boldsymbol{M}_l \boldsymbol{X}_w = (\boldsymbol{M}_{ll} \quad \boldsymbol{m}_l)\boldsymbol{X}_w \\ s_r \boldsymbol{p}_r = \boldsymbol{M}_r \boldsymbol{X}_w = (\boldsymbol{M}_{rl} \quad \boldsymbol{m}_r)\boldsymbol{X}_w \end{cases} \tag{23-7-38}$$

式中　$\boldsymbol{X}_w$——空间某点 P 在世界坐标系下的齐次坐标；

$\boldsymbol{p}_l$、$\boldsymbol{p}_r$——P 点分别在左右图像的图像齐次坐标；

$\boldsymbol{M}_{ll}$ 和 $\boldsymbol{M}_{rl}$——$\boldsymbol{M}_l$ 与 $\boldsymbol{M}_r$ 矩阵中左面的 3×3 部分；

$\boldsymbol{m}_l$ 和 $\boldsymbol{m}_r$——$\boldsymbol{M}_l$ 与 $\boldsymbol{M}_r$ 矩阵中右边的 3×1 部分。

为了使上述消去过程更清晰，在此引入反对称短阵：如果 $\boldsymbol{t}$ 为三维向量，$\boldsymbol{t}=(t_x, t_y, t_z)^T$，称下列矩阵为由 $\boldsymbol{t}$ 定义的反对称短阵，记作 $[\boldsymbol{t}]_X$。

$$[\boldsymbol{t}]_X = \begin{bmatrix} 0 & -t_z & t_y \\ t_z & 0 & -t_x \\ -t_y & t_x & 0 \end{bmatrix} \tag{23-7-39}$$

由定义可知，$[\boldsymbol{t}]_X = -([\boldsymbol{t}]_X)^T$，$[\boldsymbol{t}]_X$ 是一个不满秩的不可逆矩阵。

上述公式有以下重要关系：

$$\boldsymbol{p}_r^T [\boldsymbol{m}]_X \boldsymbol{M}_{rl} \boldsymbol{M}_{ll}^{-1} \boldsymbol{p}_l = 0 \tag{23-7-40}$$

式（23-7-40）的意义是，它给出了 $\boldsymbol{p}_l$ 与 $\boldsymbol{p}_r$ 所必须满足的关系。可以看出，在给定 $\boldsymbol{p}_l$ 的情况下，式(23-7-40)是一个关于 $\boldsymbol{p}_r$ 的线性方程，即 $\boldsymbol{I}_r$ 图像上的极线方程。反过来，在给定 $\boldsymbol{p}_r$ 的情况下，式（23-7-40）是一个关于 $\boldsymbol{p}_l$ 的线性方程，即 I_l 上图像上的极线方程。

令 $\boldsymbol{F} = [\boldsymbol{m}]_X \boldsymbol{M}_{rl} \boldsymbol{M}_{ll}^{-1}$，则式（23-7-40）可以写成 $\boldsymbol{p}_r^T \boldsymbol{F} \boldsymbol{p}_l = 0$，$\boldsymbol{F}$ 称为基本矩阵（fundamental matrix)。基本矩阵是极线几何的一种代数表示，将极线约束采用基本矩阵以解析形式可以表示为

$$\boldsymbol{l}_{pr} = \boldsymbol{F} \boldsymbol{p}_l \tag{23-7-41}$$

$$\boldsymbol{l}_{pl} = \boldsymbol{F}^T \boldsymbol{p}_r \tag{23-7-42}$$

如果已知左右摄像机的内参数矩阵 A_l、A_r 和两个摄像机之间的结构参数 R、T，则极平面方程又可以表示为

$$\boldsymbol{p}_r^T \boldsymbol{A}_r^{-T} \boldsymbol{SRA}_l^{-1} \boldsymbol{p}_l = 0 \tag{23-7-43}$$

其中 $\boldsymbol{S}$ 为反对称矩阵，其矢量定义为 $\boldsymbol{S} = [\boldsymbol{t}]_X = \begin{bmatrix} 0 & -t_z & t_y \\ t_z & 0 & -t_x \\ -t_y & t_x & 0 \end{bmatrix}$。

因此基本矩阵又可以表示为

$$\boldsymbol{F} = \boldsymbol{A}_r^{-T} \boldsymbol{SRA}_l^{-1} \tag{23-7-44}$$

从式（23-7-44）可以看出，基本矩阵实际上包括双目立体视觉系统的所有参数，即两个摄像机内部参数 $\boldsymbol{A}_l$、$\boldsymbol{A}_r$ 和视觉系统的结构参数 $\boldsymbol{R}$、$\boldsymbol{t}$。这表明基本矩阵只与视觉系统的参数（摄像机内部参数和两摄像机结构参数）有关，与外部场景无关，是双目立体视觉内在的一种约束关系。$\boldsymbol{F}$ 矩阵在立体视觉与运动视觉中是一个很重要的矩阵。

定义 $E=RS$ 为本质矩阵，它只与视觉系统的结构参数有关。近十年来，许多学者对基本矩阵 F 和本质矩阵 E 的性质和应用进行了深入的研究。基本矩阵 F 是具有 7 个自由度的秩为 2 的齐次矩阵，它描述了两个摄像机的相对位置。基本矩阵 F 可以分解成只差一个矩阵因子的两个摄像机的投影短阵，因此重建结果只差一个矩阵因子 $\boldsymbol{H}$，所以，这种重建是在射影几何意义下的重建，所计算出来的几何元素保持射影变换群下的不变量。本质矩阵 E 可以分解成两个摄像机位置的旋转短阵 R 和带一比例因子的平移矩阵 t，因此在运动参数分析中具有重要作用。本质矩阵是具有 5 个自由度的秩为 2 的矩阵。

基本矩阵 $\boldsymbol{F}$ 和本质矩阵 $\boldsymbol{E}$ 的性质简单介绍如下。

（1）基本矩阵 F 的性质

① 具有 7 个自由度的秩为 2 的齐次矩阵；

② 如果 $\boldsymbol{p}_l$ 与 $\boldsymbol{p}_r$ 为对应图像点，则满足 $\boldsymbol{p}_r^T \boldsymbol{F} \boldsymbol{p}_l = \boldsymbol{0}$；

③ $\boldsymbol{l}_{pr} = \boldsymbol{F}\boldsymbol{p}_l$ 为对应于 $\boldsymbol{p}_l$ 的极线，$\boldsymbol{l}_{pl} = \boldsymbol{F}^T \boldsymbol{p}_r$ 为对应于 $\boldsymbol{p}_r$ 的极线；

④ 极点为 $\boldsymbol{F}\boldsymbol{e}_l = \boldsymbol{F}^T \boldsymbol{e}_r = \boldsymbol{0}$。

（2）本质矩阵 E 的性质

① 具有 5 个自由度的秩为 2 的矩阵；

② 有一个奇异值为 0，另外两个奇异值相等；

③ $\boldsymbol{E}^T \boldsymbol{t} = 0$；

④ $\boldsymbol{E}\boldsymbol{E}^T$ 仅由平移来决定；

⑤ $\|\boldsymbol{E}\|^2 = 2\|\boldsymbol{t}\|^2$。

7.4.5　双目立体视觉中的对应点匹配

双目立体视觉是建立在对应点的视差基础之上，因此左右图像中各点的匹配关系成为双目立体视觉技术的一个极其重要的问题。然而，对于实际的立体图像对，求解对应问题极富挑战性，可以说是双目立体视觉中最困难的一步。为了求解对应，人们已经建立了许多约束来减少对应点误匹配，并最终得到正确的对应。

在双目立体视觉系统中，对应点匹配问题主要关心两幅图像中点、边缘或者区域等几何基元的相似程度。

7.4.5.1　图像匹配的常用方法

由于噪声、光照变化、遮挡和透视畸变等因素的

影响，空间同一点投影到两个摄像机的图像平面上形成的对应点的特性可能不同，在一幅图像中的一个特征点或者一小块子图像在另一幅图像中可能存在好几个相似的候选匹配。因此需要另外的信息或者约束作为辅助判据，以便能得到唯一准确的匹配。一般采用的约束有：

① 极线约束。在此约束下，匹配点一定位于两幅图像中相应的极线上。

② 唯一性约束。两幅图像中对应的匹配点有且仅有一个。

③ 视差连续性约束。除了遮挡区域和视差不连续区域外，视差的变化应该都是平滑的。

④ 顺序一致性约束。位于一幅图像极线上的系列点在另一线上具有相同的顺序。

在双目立体视觉中，图像匹配的目的是给定在一幅图像上的已知点（或称为源匹配点）后在另一幅图像上寻找与之相对应的目标匹配点（或称为同名像点）。图像匹配方法通常有基于图像灰度（区域）的匹配、基于图像特征和基于解释的匹配或者多种方法相结合的匹配。

基于灰度的区域匹配方法，其基本原理是在其中一幅图像中选取一子窗图像，然后在另一幅图像中的一个区域内，根据某种匹配准则寻找与子窗口图像最为相似的子图像。目前常用的匹配准则有最大互相关准则、最小均方差准则等，区域匹配常常需要进行相关计算。主要用于表面非常平滑的匹配，如卫星、航空照片的匹配，以及具有明显纹理特征的立体图像。区域匹配能够直接获得稠密偏差图。但当缺乏纹理特征或者图像深度不连续时，容易出错。这种方法的计算量很大并且误匹配概率较高，匹配精度较差。

单纯的区域匹配不能简单明确地完成全局匹配任务，大多数区域匹配系统都遇到如下限制：

① 区域匹配要求在每个相关窗口中都存在可探测的纹理特征，对于较弱特征和存在重复特征的情况，匹配容易失败。如果相关窗口中存在表面不连续特征，匹配容易混淆。

② 区域匹配对绝对光强、对比度和照明条件敏感。

③ 区域匹配不适用于深度变化剧烈的场合。

基于以上原因，区域匹配系统往往需要人为介入，指导正确匹配。

特征匹配方式是基于抽象的几何特征（如边缘轮廓、拐点、几何基元的形状及参数化的几何模型等），而不是基于简单的图像纹理信息进行相似度的比较。由于几何特征本身的稀疏性和不连续性，特征匹配方式只能获得稀疏的深度图，需要各种内插方法才能最后完成整幅深度图的提取工作。特征匹配方式需要对两幅图像进行特征提取，相应地会增加计算量。特征匹配具有如下优点：

① 因为参与匹配的点（或特征）少于区域匹配所需要的点，因此速度较快。

② 因为几何特征提取可达到“子像素”级精度，因此特征匹配精度较高。

③ 因为匹配元素为物体的几何特征，因此特征匹配对照明变化不敏感。

基于解释的匹配方法是根据各匹配点的先验知识或固有约束，从可能候选点中进行筛选实验，从中选出最符合固有约束的位置作为匹配点，常用的约束有几何约束（如距离、角度）、拓扑约束（如邻接关系）等，这种匹配的精度不高且通常用于定性识别和判断。此外，还有其他类型的立体匹配方式，如像素特征法、采用小波变换法、相关位相分析法以及滤波分析等匹配方式。

7.4.5.2　已知极线几何的对应点匹配方法

由前面的讨论可知，双目立体视觉系统经过参数标定之后，两个摄像机的内部参数以及视觉系统的结构参数已知，可以直接利用这些参数计算出基本矩阵或者本质矩阵，即能够获得该视觉系统的极线约束关系。

另一方面，双目立体视觉系统的测量对象为具有明显几何特征的一些工件（或构件），如棱线的交点、圆孔的中心或者圆孔几何尺寸。这些测量对象中，有些特征点的对应关系比较明确，而有些特征点的对应关系则未知，如圆孔边缘。因此，对这类未知对应关系的特征，在进行测量之前，需要建立准确的对应关系。

在此结合双目立体视觉系统的特点介绍一种基于极线约束、特征匹配与区域匹配相结合的立体匹配方法，其基本过程如图 23-7-32 所示。首先提取被测物体在两幅图像中的几何特征（边缘轮廓或者拐点，视测量要求而定），基于极线约束关系建立初始候选匹配关系，并进行对称性测试（所谓对称性测试是指对匹配关系进行两个方向的检验，即同样算法应用于从左图像到右图像，也应用于从右图像到左图像），将

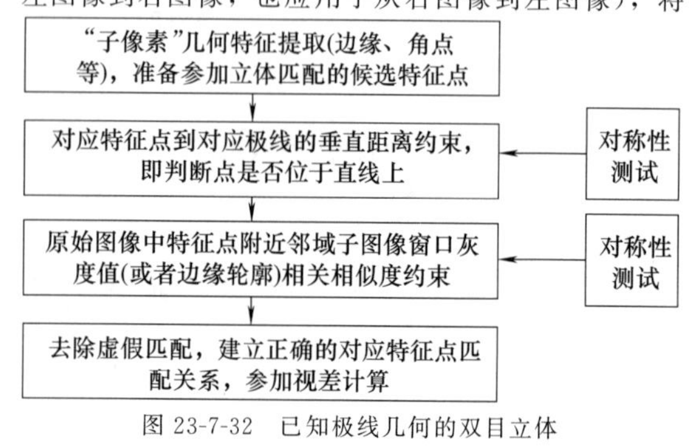

图 23-7-32　已知极线几何的双目立体视觉对应点的匹配过程

只有一个方向或者两个方向都不满足约束关系的匹配视为虚假匹配。然后基于区域匹配方式对特征点附近的子图像窗口的图像纹理信息或者边缘轮廓进行相关运算，并进行相似度比较和对称性测试，将最后的匹配对应点作为正确的匹配特征点，参加视差计算。

7.4.5.3　未知极线几何的对应点匹配方法

大多数立体视觉对应点匹配都采用了极线约束，首先通过视觉系统标定，求出基本矩阵（或本质矩阵），在基本矩阵的指导下进行匹配。然而在一些没有标定或者需要现场标定的情形下，极线几何未知，极线约束不可利用。这种情况下，可以采用如图 23-7-33所示的计算过程。在未知极线几何的立体视觉系统中，因为立体对应点匹配准确程度直接依赖于极线几何估计精度，因此极线几何的确定也就成为关键的一步。

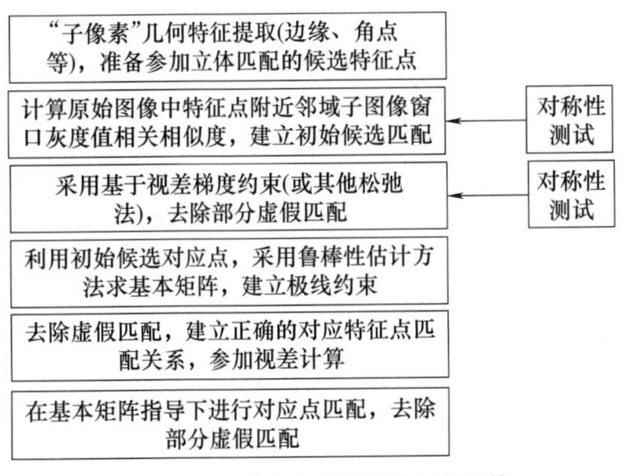

图 23-7-33　未知极线几何的双目立体视觉对应点的匹配过程

由前面的讨论可知，极线几何可以由 3×3 的基本矩阵 $\boldsymbol{F}$ 来描述。$\boldsymbol{F}$ 是在个带有比例因子的基础上定义的，即乘以任何一个不为零的比例系数，$\boldsymbol{F}$ 所表示的几何意义是相同的，另外 $\boldsymbol{F}$ 的秩为 2，因此，$\boldsymbol{F}$ 实际上可以由 7 个参数确定。

为了求解 F，需要建立没有极线约束的两幅图像之间的对应匹配点。为了减少需要处理的数据量，提高处理速度，首先采用 Harris 角点探测方法求出每幅图像中的"子像素"级精度的高曲率角点。其次采用经典的基于灰度相关的区域匹配方法，建立这些点之间的初始候选匹配关系，并经对称性测试，建立点与点之间的一一对应关系。再次对候选匹配点采用基于视差梯度约束（也可以采用其他松弛法）消除部分虚假匹配，建立包含大多数正确匹配关系的对应点匹配，再使用这些点，采用鲁棒性估计算法求解基本矩阵，并消除部分虚假匹配。至此，可以建立绝大多数准确匹配的对应点，几乎没有虚假匹配的立体匹配对应点（根据整个计算过程中的阈值而定，条件越苛刻，所求的对应点数量就越少，但虚假匹配就越少）。最后根据建立的准确匹配关系，计算高精度的基本矩阵，并在基本矩阵指导下，进行更多对应点的匹配。

（1）基于相关方式建立候选

特征点的探测方法有以下约定：以图像中的一个特征为中心，大小为 $m \times n$ 的子图像窗口称为特征点的邻域窗。对应于左图像的邻域窗称为左邻域窗，对应于右图像的邻域窗称为右邻域窗。如给定左图像中的一个特征点 P_{li}，则称 P_{li} 的邻域窗为 P_{li} 的左邻域窗。

在建立左图像中的特征点与右图像特征点的候选对应匹配关系时，将对左图像中给定的特征点 P_{li} 的左邻域窗与第二幅图像每一个特征点的右邻域窗进行相似度比较。如果对第一幅图像中给定点与第二幅图像中某一点满足下列要求：相似度满足阈值要求，与第二幅图像中所有特征点的右邻域窗的相似度为最优，则视这两点为对应点。如果该点的邻域窗与第二幅图像中所有点的邻域窗的相似度都不满足阈值要求，则认为该点在第二幅图像中没有对应点，右图像中特征点与左图像特征点的对应关系的候选匹配的建立与左图像的过程相同，只是两者的位置颠倒。

分别建立了两者之间的候选匹配关系后，进行对称性测试，只有当两个匹配集中的对应点完全一致时，才视为有效匹配，即若在右图像中找到左图像特征点的 p_1 的对应点 p_r，当从左图像中寻找 p_r 的对应点 p_1 时，才视 p_1 与 p_r 为有效候选匹配。图 23-7-34 直观地描述了以上算法。

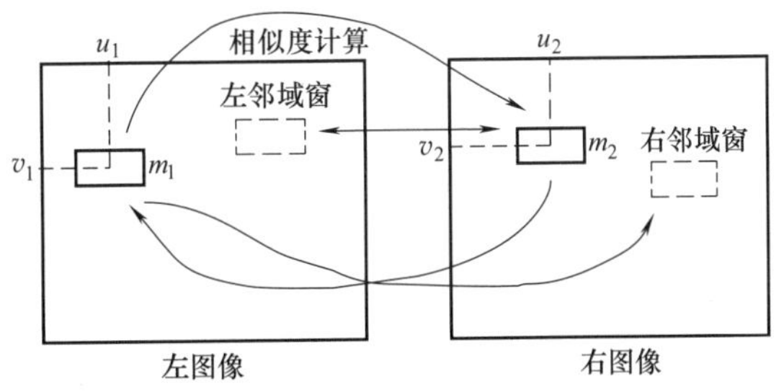

图 23-7-34　基于相似度计算的对应点的候选匹配的建立

设 $S(x,y)$ 为 (x,y) 对应的两个邻域窗的相似度，$I(x,y)$ 为目标图像 (x,y) 处的灰度值，I 为目标图像邻域窗的灰度平均值；$T(x,y)$ 为源图像 (x,y) 处的灰度值，T 为源图像邻域窗的灰度平均值。对在右图像中寻找左图像中特征点的对应时，右图像为目标图像，而左图像为源图像，反之亦然，则相似度可以

第 23 篇

根据以下任何一种方式计算。

① 灰度差的平方方式；

② 归一化灰度差的平方方式；

③ 灰度互相关方式；

④ 归一化灰度互相关方式；

⑤ 归一化灰度互相关系数方式。

在以上相似度计算方法中，非归一化方法的计算量相对较小，但容易受光照条件的限制；而归一化方式受光照影响较小；基于灰度互相关系数是在与平均灰度差值基础上进行计算的，受光照影响最小，不过它的计算量也是最大的。对计算特征点邻域窗的相似度，计算数据比较小，因此选择基于灰度互相关系数方法来计算相似度，以避免光照变化对立体匹配的负面影响。

第23篇

(2) 基于视差梯度的对应点匹配强度的计算

在基于灰度相关建立的候选匹配集中，由于受图像亮度、环境条件的影响或者图像内可能存在相似特征，因此，必然存在许多虚假匹配。这里介绍一种基于视差梯度方式去除部分虚假匹配的方法。视差梯度可以作为两对对应点匹配之间相容程度的一种测度。

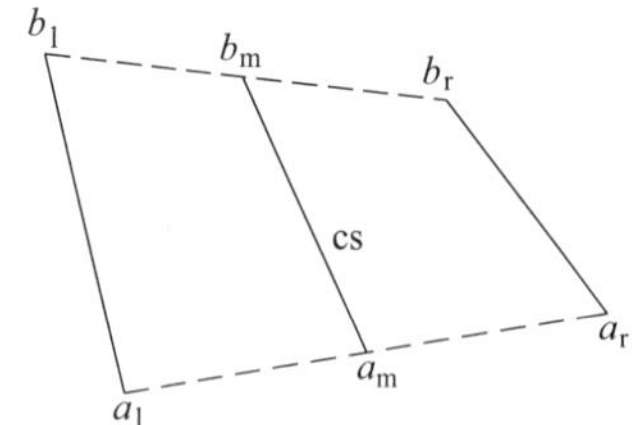

图 23-7-35　视差梯度及其测度

如图 23-7-35 所示，假定左图像中的点 $a_l(a_{lx},a_{ly})$ 和右图像中的点 $a_r(a_{rx},a_{ry})$ 为一对应匹配，左图像中的点 $b_l(b_{lx},b_{ly})$ 和右图像中的点 $b_r(b_{rx},b_{ry})$ 为另一对应匹配，则这两对对应点形成的视差分别为

$$d_a=a_r-a_l=(a_{rx}-a_{lx},a_{ry}-a_{ly}) \tag{23-7-45}$$

$$d_b=b_r-b_l=(b_{rx}-b_{lx},b_{ry}-b_{ly}) \tag{23-7-46}$$

设 a_l 和 a_r 之间连线的中点为 a_m，b_l 和 b_r 之间连线的中点为 b_m，a_m 和 b_m 之间连线的矢量为 $\boldsymbol{d}_{cs}(a_m,b_m)$，则视差梯度定义为：

$$d_{gr}=\frac{|d_a-d_b|}{|d_{cs}(a_m,b_m)|} \tag{23-7-47}$$

在图像中相互靠近的角点，应该具有相似的视差，视差梯度可以作为这种相似性的一种测度。视差梯度越小，两对对应点之间的相容性就越好。在立体视觉算法中广泛采用视差梯度方法消除虚假匹配。首先计算要判断的一对对应匹配与其他所有的对应匹配之间的视差梯度之和，这个视差梯度和可以作为判断一对对应匹配同它邻域内的对应匹配之间的相容程度。采用递归搜索的方式消虚假匹配，直到所有的对应匹配满足最大视差梯度和与最小视差梯度和相差约3倍时，即可停止递归搜索过程。采用这种方式，可以消除约20%的虚假匹配。

(3) 基于候选匹配对应点的基本矩阵鲁棒性计算方法

给定两幅图像内对应的特征点集 $x\leftrightarrow x'$，$x(x,y,1)$、$x'(x',y',1)$ 分别表示左右摄像机的对应点的齐次坐标。由基本矩阵的定义可知：$x'Fx=0$ 即：

$$\boldsymbol{A}\boldsymbol{f}=\boldsymbol{0} \tag{23-7-48}$$

其中，$\boldsymbol{f}=(F_{11},F_{12},F_{13},F_{21},F_{22},F_{23},F_{31},F_{32},F_{33})^T$，满足约束 $\|f\|=1$；

$$\boldsymbol{A}=\begin{bmatrix} x_1'x_1 & x_1'y_1 & x_1' & y_1'x_1 & y_1'y_1 & y_1' & x_1 & y_1 & 1\\ \vdots & \vdots & \vdots & \vdots & \vdots & \vdots & \vdots & \vdots & \vdots\\ x_n'x_n & x_n'y_n & x_n' & y_n'x_n & y_n'y_n & y_n' & x_n & y_n & 1 \end{bmatrix}$$

式 (23-7-48) 是一个具有9个未知数的线性齐次方程组，因此，至少需要8个对应匹配点才可以求出带有比例系数的基本矩阵，即著名的由 Longue 提出的8点算法。8点算法在计算机视觉领域内到广泛的研究和应用，为了克服8点算法对噪声的敏感，Richard 提出了归一化8点算法。许多基本矩阵的估计算法都是建立在归一化8点算法基础之上的。

归一化8点算法实际上是一种从8个或者更多归一化对应点图像坐标数据去估计基本矩阵的线性方法。由于式 (23-7-48) 中的系数矩阵内的元素单位为像素，其条件数可能相当大，结果会引起解的不稳定。另外，由于错误匹配（有时即使有一个），最后得到的基本矩阵估计将存在较大的误差。因此，基于对应点图像坐标数据直接利用最小二乘法估计基本矩阵的方法不是鲁棒的。常用的鲁棒法有 M-estimators 法和最小中值法。M-estimators 法可以用加权最小二乘法来实施。因此，在进行计算前，先要对对应特征点的图像数据进行归一化处理。归一化的方法描述如下：定义一个变换 $\boldsymbol{T}_{norm}$，每一个变换包括平移和比例缩放过程，以便使原始图像数据的质心为原点，变换后的图像点坐标到原点的 RMS 距离为 $\sqrt{2}$。

$$\begin{bmatrix} u_i\\ v_i\\ 1\end{bmatrix}=T_{norm}x_i,\ \begin{bmatrix} u_i'\\ v_i'\\ 1\end{bmatrix}=\boldsymbol{T}'_{norm}x_i' \tag{23-7-49}$$

根据上述要求，首先变换 $\boldsymbol{T}_{norm}$：

$$\boldsymbol{T}_{norm}=\begin{bmatrix} \frac{\sqrt{2}}{s} & 0 & -\bar{x}\\ 0 & \frac{\sqrt{2}}{s} & -\bar{y}\\ 0 & 0 & 1\end{bmatrix} \tag{23-7-50}$$

其中，$\overline{x}=\frac{1}{n}\sum_i x_i$，$\overline{y}=\frac{1}{n}\sum_i y_i$，$s=\sqrt{\frac{1}{n}\sum_{i=1}^{n}[(x_i-\overline{x})^2+(y_i-\overline{y})^2]}$。

实际上，变换 $\boldsymbol{T}'_{\mathrm{norm}}$ 也可由式（23-7-50）类似求出。根据式（23-7-50）定义的变换分别将对应特征点的图像数据进行归一化处理。并将归一化数据代入式（23-7-48）采用最小二乘方法求得归一化基本矩阵 $\boldsymbol{F}_{\mathrm{norm}}$。计算出的 $\boldsymbol{F}_{\mathrm{norm}}$ 不一定满足秩 2 约束，因此还需要进行调整，以使 $\boldsymbol{F}_{\mathrm{norm}}$ 满足秩 2 约束。

采用 SVD 将 $\boldsymbol{F}_{\mathrm{norm}}$ 分解为：

$$\boldsymbol{F}_{\mathrm{norm}}=U\begin{bmatrix}D_1 & 0 & 0\\ 0 & D_2 & 0\\ 0 & 0 & D_3\end{bmatrix}\boldsymbol{V}^{\mathrm{T}} \tag{23-7-51}$$

其中，$D_1>D_2>D_3$。令 $D_3=0$，则有：

$$\boldsymbol{F}_{\mathrm{norm}}=U\begin{bmatrix}D_1 & 0 & 0\\ 0 & D_2 & 0\\ 0 & 0 & 0\end{bmatrix}\boldsymbol{V}^{\mathrm{T}} \tag{23-7-52}$$

此时 $\boldsymbol{F}_{\mathrm{norm}}$ 满足秩 2 的约束条件。由 $\boldsymbol{F}_{\mathrm{norm}}$ 可求得基本矩阵：

$$\boldsymbol{F}=(\boldsymbol{T}'_{\mathrm{norm}})^{\mathrm{T}}\boldsymbol{F}_{\mathrm{norm}}\boldsymbol{T}_{\mathrm{norm}} \tag{23-7-53}$$

由鲁棒性估计算法求出基本矩阵和准确的立体匹配点后，可以在基本矩阵指导下进行更多对应点匹配。

7.4.6　双目视觉系统标定

双目立体视觉系统的标定主要是指摄像机的内部参数标定后确定视觉系统的结构参数 R 和 T。一般方法是采用标准 2D 或 3D 精密靶标，通过摄像机的图像坐标与三维世界坐标的对应关系求得这些参数。

7.4.6.1　双目立体视觉常规标定方法

通过摄像机标定过程，可以得到摄像机的内部参数。对特征对应点在视觉系统的左右摄像机的图像坐标进行归一化处理，设获得的理想图像坐标分别为（X_1，Y_1）和（X_r，Y_r）。

双目立体视觉系统中左右摄像机的外部参数分别为 R_1、T_1 与 R_r、T_r。则 R_1、T_1 表示左摄像机与世界坐标系的相对位置，R_r、T_r 表示右摄像机与世界坐标系的相对位置。对任意点，如它在世界坐标系、左摄像机坐标系和行摄像机坐标系下的非齐次坐标分别为 x_w、x_1、H_r，则

$$x_1=R_1x_w+T_1,\quad x_r=R_rx_w+T_r \tag{23-7-54}$$

消去 x_w，得到 $x_r=R_rR_1^{-1}x_1+T_r-R_rR_1^{-1}T_1$。因此，两个摄像机之间的几何关系可以用以下关系式表示：

$$x_r=R_rR_1^{-1},\quad T=T_r-R_rR_1^{-1}T_1 \tag{23-7-55}$$

式（23-7-54）表示，如果对双摄像机分别标定，得到 R_1、T_1 与 R_r、T_r，则双摄像机的相对几何位置就可以由式（23-7-55）计算。实际上，在双目立体视觉系统的常规标定方法中，是由标定靶标对两个摄像机同时进行摄像机摄像标定。以分别获得两个摄像机的内、外参数，从而不仅可以标定出摄像机的内部参数还可以同时标定出双目立体视觉系统的结构参数。

7.4.6.2　基于标准长度的标定方法

双目视觉系统标定还有多种方法，下面介绍一种基于标准长度的双目视觉系统标定方法。该方法简单，使用方便，标定精度高。

由双目立体视觉数学模型式：

$$\begin{aligned}&(f_2t_x-X_2t_z)(r_4X_1+r_5Y_1+f_1r_6)-\\&(f_2t_y-Y_2t_z)(r_1X_1+r_2Y_1+f_1r_3)\\&=(Y_2t_x-X_2t_y)(r_7X_1+r_8Y_1+f_1r_9)\end{aligned} \tag{23-7-56}$$

令 $\boldsymbol{T}'=\alpha\boldsymbol{T}$，因 $t_x\neq0$，选择 $\alpha=\frac{1}{t_x}$，则有 $\boldsymbol{T}'=(1,t'_y,t'_z)^{\mathrm{T}}$。式（23-7-56）是一个含有 11 个未知数 t'_y、t'_z、$r_1\sim r_9$ 的非线性方程，用函数 $f(x)=0$ 来表示，其中

$$x=(t'_y,t'_z,r_1,r_2,r_3,r_4,r_5,r_6,r_7,r_8,r_9)$$

另外，$r_1\sim r_9$ 构成的旋转矩阵 R 是正交的，具有六个正交约束条件。由此构成以下罚函数：

$$\begin{cases}h_1(x)=M_1(r_1^2+r_4^2+r_7^2-1)\\ h_2(x)=M_2(r_2^2+r_5^2+r_8^2-1)\\ h_3(x)=M_3(r_3^2+r_6^2+r_9^2-1)\\ h_4(x)=M_4(r_1r_2+r_4r_5+r_7r_8)\\ h_5(x)=M_5(r_1r_3+r_4r_6+r_7r_9)\\ h_6(x)=M_6(r_2r_3+r_5r_6+r_8r_9)\end{cases} \tag{23-7-57}$$

其中 $M_1\sim M_6$ 为罚因子，从而由所有观测点得到无约束最优目标函数为：

$$\min F(x)=\sum_{i=1}^{n}f_i^2(x)+\sum_{i=1}^{6}M_ih_i^2(x) \tag{23-7-58}$$

最后由 Levenberg-Marquardt 法求得 x。

对于 P_i 点的空间位置为（X_i，Y_i，Z_i），对应的像面坐标分别为（X_{1i}，Y_{1i}）、（X_{ri}，Y_{ri}）。空间点 P_i、P_j 的距离 D_{ij} 表示为：

$$\begin{aligned}f_1^2D_{ij}^2=&(z_iX_{1i}-z_jX_{1j})^2+(z_iY_{1i}-z_jY_{1j})^2+\\&f_1^2(z_i-z_j)^2\end{aligned} \tag{23-7-59}$$

因式（23-7-59）求得的 z_i 带有比例因子，即 $z'_i=\alpha z_i$，则式（23-7-59）变为

$$\begin{aligned}\alpha^2f_1^2D_{ij}^2=&(z'_iX_{1i}-z'_jX_{1j})^2+(z'_iY_{1i}-z'_jY_{1j})^2+\\&f_1^2(z'_i-z'_j)^2\end{aligned} \tag{23-7-60}$$

由式（23-7-60）可求得

$$\alpha=\pm\frac{\sqrt{(z_i'X_{1i}-z_j'X_{1j})^2+(z_i'Y_{1i}-z_j'Y_{1j})^2+f_1^2(z_i'-z_j')^2}}{f_1D_{ij}} \tag{23-7-61}$$

α 的符号由坐标选取法决定。

为了加强所建模型的内部强度，使算法有更高的精度，在式（23-7-61）的基础上又可引进距离的相对控制。在确定旋转矩阵 R 和平移矢量 T 后，用一已知精确长度值为 D 的标准尺，将其摆放在测量空间的不同位置处，由经纬仪测量系统观测标尺上的两个目标点。设

$$L_k=D_k'^2-D_1'^2 \tag{23-7-62}$$

式中，D_1' 以为标尺位于位置 1 处时测得的含有比例因子的标尺长度；D_k' 为标尺位于位置 k 处时测得的含有比例因子的标尺长度；L_k 为空间相对距离的分散性。于是目标函数为

$$\min F(x)=\sum_{i=1}^{2n}f_i^2(x)+\sum_{i=1}^{6}M_ih_i^2(x)+\sum_{i=1}^{n}[ml_i(x)]^2 \tag{23-7-63}$$

式中，n 为标尺的摆放次数；m 为权因子。最后由 Levenberg-Marquardt 法求得 x。至此获得了双目立体视觉传感器的结构参数。

7.5　机器人二维视觉信息处理

机器视觉检测系统通过机器视觉产品（即图像摄取装置，根据感光传感器不同分 CMOS 和 CCD 两种）将被摄取目标转换成模拟图信号，传送给专用的图像处理系统，根据像素分布和亮度、颜色等信息，转变成数字化信号，图像处理系统对这些信号进行各种运算来抽取目标的特征，如面积、数量、位置、长度，再根据预设的允许度和其他条件输出结果，包括尺寸、角度、个数、合格/不合格、有/无等，实现自动识别功能。

本小节主要介绍机器视觉系统中的二维视觉信息处理技术。二维视觉信息处理技术，是客观世界的三维景物生成二维图像的过程，主要依赖于数字化处理、编码压缩、增强和复原、图像分割、形态学处理、特征提取及模式识别等技术。

7.5.1　数字化处理

要把现实中的图像转化为计算机可以处理的图像，需要把真实的图像转换为计算机能够接受的显示和存储方式，然后再用计算机分析和处理。将模拟图像转变成数字图像的转换过程称为图像数字化，该过程可简单地分为采样和量化两个步骤，如图 23-7-36 所示。

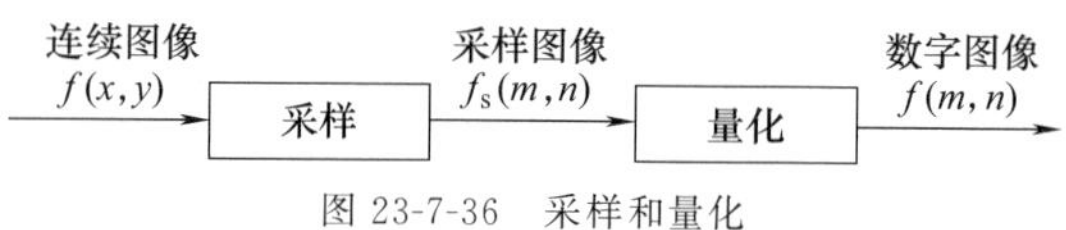

图 23-7-36　采样和量化

7.5.1.1　采样

采样是将空间域或时域上连续的图像（模拟图像）变换成离散采样点（像素）集合的一种操作。通过采样操作就能在空间上用有限的采样点来代替连续无限的坐标点。图像经采样后被分割成空间上离散的像素，但其灰度是连续的，还不能用计算机进行处理。

采样频率的选取依据原图像中包含的细微浓淡变化来决定。它决定了采样后图像的质量。采样频率越高，得到的图像样本越逼真，图像的质量越高，但要求的存储量也越大。一般来说，原图像中的画面越复杂，色彩越丰富，则采样间隔应越小。由于图像基本上是采取二维平面信息的分布方式来描述的，所以为了对它进行采样操作，需要先将二维信号变为一维信号，再对一维信号完成采样。

根据信号的采样定理，要从取样样本中精确地复原图像，可得到图像采样的奈奎斯特（Nyquist）定理：图像采样的频率必须大于或等于源图像最高频率分量的 2 倍，即

$$\begin{cases}\omega_{x0}\geqslant 2\omega_{xc}\\ \omega_{y0}\geqslant 2\omega_{yc}\end{cases} \tag{23-7-64}$$

将二维图像信号变换成一维图像信号最常用的方法是，首先沿垂直方向按一定间隔，从上到下的顺序沿水平方向以直线扫描的方式，取出各个水平行上灰度值的一维扫描信息，从而获得图像每行的灰度值阵列，即一组一维的连续信号。再对一维扫描线信号按一定时间间隔采样得到离散信号。最后将得到的结果再沿水平方向采样。经过采样之后得到的二维离散信号的最小单位就称为像素。

7.5.1.2　量化

图像经过采样后得到的像素值，即灰度值仍然是连续量。把采样后所得到的各像素值从模拟量到离散量的变化称为图像灰度的量化。量化在一定的准则下进行，比如最小平方误差、人眼视觉特性的主观准则等。不同的量化准则将导致不同的量化效果。量化的方法包括均匀量化和非均匀量化。

从量化方式的角度进行分类，量化分为以下两种。

① 标量量化：对每个像素做独立的量化。

② 矢量量化：将多个像素组成一组，构成一个矢量，然后按组进行量化。

一幅原始照片的灰度值是空间变量（位置的连续值）的连续函数。在 $M \times N$ 点阵上对照片灰度采样并加以量化（归为 $2b$ 个灰度等级之一），可以得到计算机能够处理的数字图像。为了使数字图像能重建原来的图像，对 M、N 和 b 值的大小就有一定的要求。在接收装置的空间和灰度分辨能力范围内，M、N 和 b 的数值越大，重建图像的质量就越好。当取样周期等于或小于原始图像中最小细节周期的一半时，重建图像的频谱等于原始图像的频谱，因此重建图像与原始图像可以完全相同。由于 M、N 和 b 三者的乘积决定一幅图像在计算机中的存储量，因此在存储量一定的条件下需要根据图像的不同性质选择合适的 M、N 和 b 值，以获取最好的处理效果。

7.5.2　编码压缩

编码压缩技术可减少描述图像的数据量（即比特数），以节省图像传输、处理时间和减少所占用的存储器容量。压缩可以在不失真的前提下获得，也可以在允许的失真条件下进行。编码是压缩技术中最重要的方法，它在图像处理技术中是发展最早且比较成熟的技术。

7.5.2.1　压缩的原理

对图像数据的压缩通过对图像的编解码来实现，如图 23-7-37 所示。此过程包含两个步骤。

① 通过对原始图像的编码以达到减少数据量的目的（压缩过程），所获得的编码结果并不一定是图像形式，但可用于存储和传输。

② 为了实际应用的需要对编码结果进行解码，得到解码图像（恢复了图像形式）以使用。

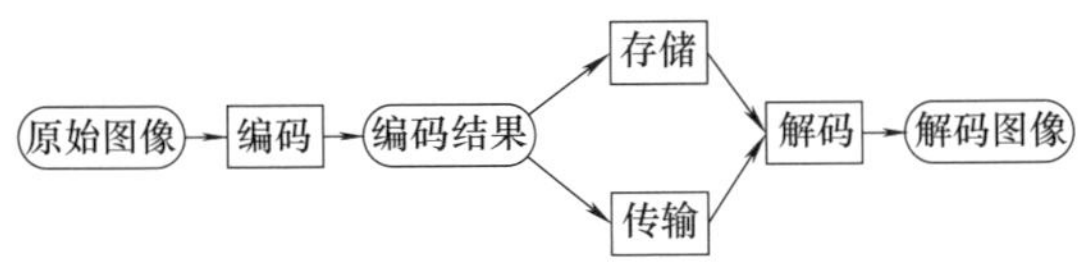

图 23-7-37　图像编解码过程

7.5.2.2　编码分类

目前，图像编码压缩的方法很多，根据出发点不同其分类方法也不同。

① 根据解压缩后重建图像和原始图像之间是否有误差，可以将图像编码与压缩方法分为无损（无失真）编码和有损（有失真）编码两大类。

② 根据编码原理，图像压缩编码分为熵编码、预测编码、变换编码和混合编码等。

③ 根据图像的光谱特征，图像压缩编码分为单色图像编码、彩色图像编码和多光谱图像编码。

④ 根据图像的灰度，图像压缩编码分为多灰度编码和二值图像编码。

7.5.3　图像增强和复原

图像增强和复原的目的是提高图像的质量，如去除噪声、提高图像的清晰度等。图像增强不考虑图像降质的原因，突出图像中所感兴趣的部分。图像复原要求对图像降质的原因有一定了解，一般应根据降质过程建立“降质模型”，再采用某种滤波方法恢复或重建原来的图像。这里主要介绍图像增强技术。

7.5.3.1　图像增强

图像增强是图像模式识别中非常重要的图像预处理过程。图像增强的目的是通过对图像中的信息进行处理，使得有利于模式识别的信息得到增强，不利于模式识别的信息被抑制，扩大图像中不同物体特征之间的差别，为图像的信息提取及识别奠定良好的基础。图像增强技术可以有多种分类，如点增强、空域增强和频域增强，平滑（抑制高频成分）与锐化（增强高频成分）等。这里以第一种为例。

（1）点增强

点增强主要指图像灰度变换和几何变换。

① 灰度变换由输入像素点的灰度值决定相应的输出像素点的灰度值。灰度变换不会改变图像内的空间关系。常用的灰度变换技术有直方图均衡化、对数变换、幂律变换等，此处以直方图处理为例。

灰度直方图是对应每一个灰度值，统计该灰度值的像素数，据此绘制的像素数-灰度值图形。直方图均衡化的具体步骤如下。

a. 计算原始图像直方图：

$$h(r_k)=n_k$$

$$P(r_k)=n_k/n \tag{23-7-65}$$

b. 计算直方图累计分布曲线：

$$T(r_k)=\sum_{j=0}^{k}P_r(r_j)=\sum_{j=0}^{k}n_j/n \tag{23-7-66}$$

c. 用累计分布曲线做变换函数进行图像灰度变换：

$$s_k=level \cdot T(r_k) \tag{23-7-67}$$

式中，$level$ 为灰度等级，例如 256。

② 几何变换是图像处理中的另一种基本变换。它通常包括图像的平移、图像的镜像变换、图像的转置和图像的旋转等。通过图像的几何变换可以实现图

像的最基本的坐标变换及缩放功能。

a. 图像的平移变换。设图像的高度为 H，宽度为 W，如图 23-7-38 所示。

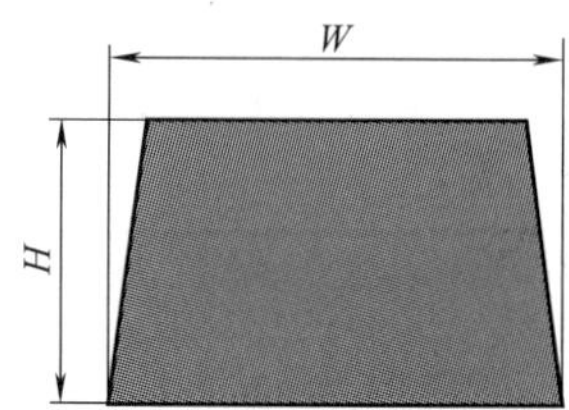

图 23-7-38　平移变换

图像是由像素组成的，而像素的集合就相当于一个二维的矩阵，每一个像素都有一个“位置”，也就是像素都有一个坐标。假设原来的像素的位置坐标为（x_0，y_0），经过平移量（Δx，Δy）后，坐标变为（x_1，y_1），如图 23-7-39 所示。

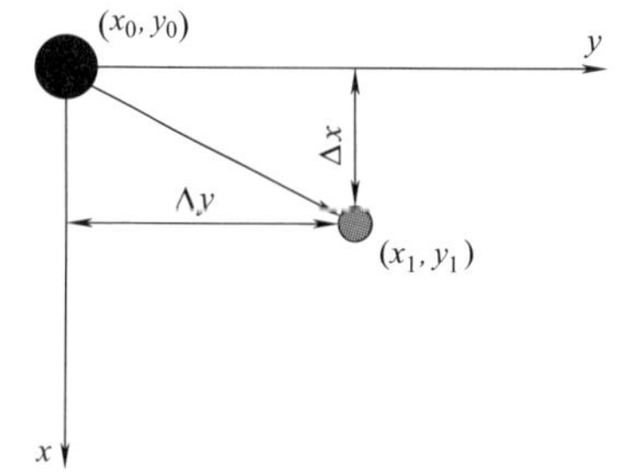

图 23-7-39　坐标位变换

数学表达如下：

$$x_1 = x_0 + \Delta x$$
$$y_1 = y_0 + \Delta y \tag{23-7-68}$$

矩阵表示如下：

$$\begin{bmatrix} x_1 \\ y_1 \\ 1 \end{bmatrix} = \begin{bmatrix} 1 & 0 & \Delta x \\ 0 & 1 & \Delta y \\ 0 & 0 & 1 \end{bmatrix} \begin{bmatrix} x_0 \\ y_0 \\ 1 \end{bmatrix} \tag{23-7-69}$$

式（23-7-69）称为平移变换矩阵（因子），Δx 和 Δy 为平移量。

$$\begin{bmatrix} 1 & 0 & \Delta x \\ 0 & 1 & \Delta y \\ 0 & 0 & 1 \end{bmatrix} \tag{23-7-70}$$

b. 图像的镜像变换。图像的镜像变换分为水平镜像和垂直镜像。无论是水平镜像还是垂直镜像，镜像后高度和宽度都不变。

水平镜像操作：以原图像（图 23-7-40）的垂直中轴线为中心，将图像分为左右两部分进行对称变换，如图 23-7-41 所示。

垂直镜像操作：以原图像的水平中轴线为中心，将图像分为上下两部分进行对称变换，如图 23-7-42 所示。

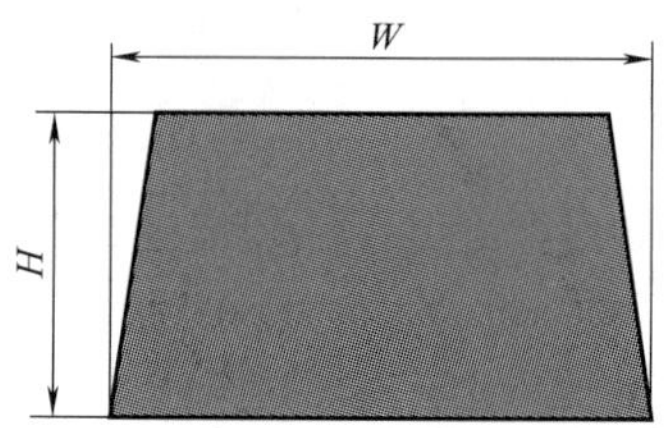

图 23-7-40　原图像

H—图像的高度，关联 x；W—图像的宽度，关联 y

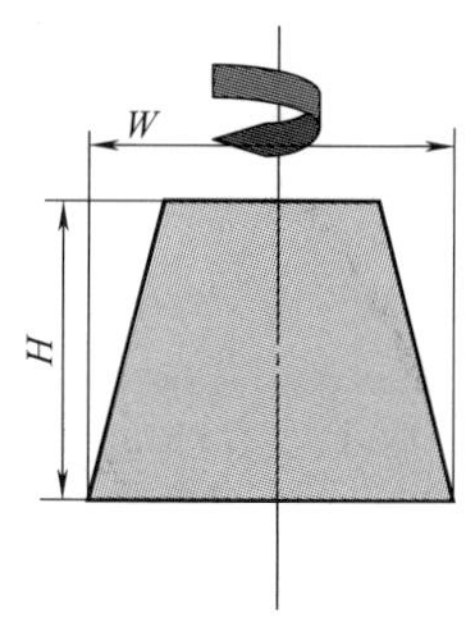

图 23-7-41　水平镜像

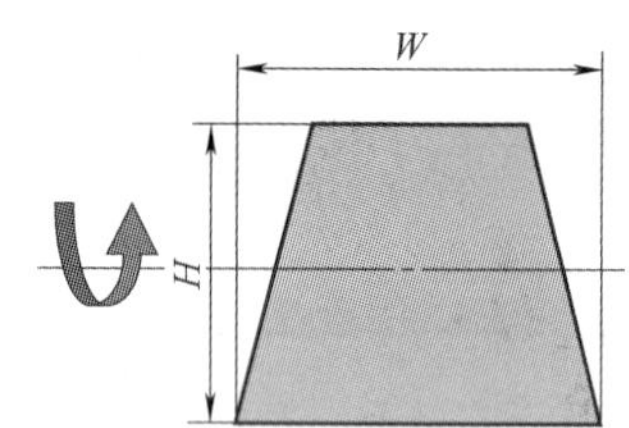

图 23-7-42　垂直镜像

c. 图像的转置变换。图像的转置变换就是将图像像素的 x 坐标和 y 坐标互换。这样将改变图像的高度和宽度，转置后图像的高度和宽度也将互换。

图像转置变换用数学公式描述如下：

$$x_1 = y_0$$
$$y_1 = x_0 \tag{23-7-71}$$

写成矩阵形式如下：

$$\begin{bmatrix} x_1 \\ y_1 \\ 1 \end{bmatrix} = \begin{bmatrix} 0 & 1 & 0 \\ 1 & 0 & 0 \\ 0 & 0 & 1 \end{bmatrix} \begin{bmatrix} x_0 \\ y_0 \\ 1 \end{bmatrix} \tag{23-7-72}$$

d. 图像的旋转转换。一般情况下，旋转操作会有一个旋转中心，这个旋转中心一般为图像的中心，旋转之后图像的大小一般会发生改变。图像像素原来的坐标为（x_0，y_0），选择 θ 角度（顺时针）后得到（x_1，y_1），用数学公式表达如下：

$$x_1 = x_0 \cos\theta + y_0 \sin\theta$$
$$y_1 = -x_0 \sin\theta + y_0 \cos\theta \tag{23-7-73}$$

矩阵表示如下：

$$\begin{bmatrix} x_1 \\ y_1 \\ 1 \end{bmatrix} = \begin{bmatrix} \cos\theta & \sin\theta & 0 \\ -\sin\theta & \cos\theta & 0 \\ 0 & 0 & 1 \end{bmatrix} \begin{bmatrix} x_0 \\ y_0 \\ 1 \end{bmatrix} \quad (23\text{-}7\text{-}74)$$

(2) 空域增强

图像的空间信息可以反映图像中物体的位置、形状、大小等特征，而这些特征可以通过一定的物理模式来描述。例如，物体的边缘轮廓由于灰度值变化剧烈，一般出现高频率特征，而一个比较平滑的物体内部由于灰度值比较均一，则呈现低频率特征。因此，根据需要可以分别增强图像的高频和低频特征，将空间滤波分为锐化空间滤波器和平滑空间滤波器。对图像的高频增强可以突出物体的边缘轮廓，从而起到锐化图像的作用。例如，对于人脸的比对查询，就需要通过高频增强技术来突出五官的轮廓。相应地，对图像的低频部分进行增强可以对图像进行平滑处理，一般用于图像的噪声消除。

① 锐化空间滤波器。锐化滤波能减弱或消除图像中的低频分量，但不影响高频分量。因为低频分量对应图像中灰度值缓慢变化区域，因而与图像的整体特性如整体对比度和平均灰度值有关。锐化滤波能使图像反差增加、边缘明显，可用于增强图像中被模糊的细节或景物边缘。

从以上图像灰度的一阶和二阶微分的性质可以看出，在灰度值变化的地方，一阶微分和二阶微分的值都不为0；在灰度恒定的地方，微分值都为0。也就是说，不论是使用一阶微分还是二阶微分都可以得到图像灰度的变化值。

对于图像边缘处的灰度值来说，通常有两种突变形式。

a. 边缘两边图像灰度差异较大，这就形成了灰度台阶。在台阶处，一阶微分和二阶微分的值都不为0。

b. 边缘两边图像灰度变化不如台阶那么剧烈，会形成一个缓慢变换的灰度斜坡。在斜坡的起点和终点，一阶微分和二阶微分的值都不为0，但是沿着斜坡一阶微分的值不为0，而二阶微分的值为0。

对于图像的边缘来说，通常会形成一个斜坡过渡。一阶微分在斜坡处的值不为0，那么用其得到的边缘较粗；而二阶微分在斜坡处的值为0，但在斜坡两端值不为0，且值的符号不一样，这样二阶微分得到的是一个由0分开的一个像素宽的双边缘。也就说，二阶微分在增强图像细节方面比一阶微分好得多，并且在计算上也要比一阶微分方便。

a. 梯度图。在图像处理中的一阶微分通常使用梯度的幅值来实现。对于图像 $f(x,y)$，f 在坐标 (x,y) 处的梯度是一个列向量：

$$\nabla f = \mathrm{grad}(f) = \begin{bmatrix} g_x \\ g_y \end{bmatrix} = \begin{bmatrix} \dfrac{\partial f}{\partial x} \\ \dfrac{\partial f}{\partial y} \end{bmatrix} \quad (23\text{-}7\text{-}75)$$

该向量表示图像中的像素在点 (x, y) 处灰度值的最大变化率的方向。向量 ∇f 的幅值就是图像 $f(x, y)$ 的梯度图，记为 $M(x, y)$：

$$M(x,y) = \mathrm{mag}(\nabla f) = \sqrt{g_x^2 + g_y^2} \quad (23\text{-}7\text{-}76)$$

$M(x,y)$ 是和原图像 $f(x,y)$ 同大小的图像。由于求平方的根运算比较费时，通常可以使用绝对值的和来近似：

$$M(x,y) \approx |g_x| + |g_y| \quad (23\text{-}7\text{-}77)$$

b. 一阶梯度算子。图像是以离散的形式存储，通常使用差分来计算图像的微分，常见的计算梯度模板有以下几种。

根据梯度的定义：

$$g_x = f(x+1,y) - f(x,y)$$
$$g_y = f(x,y+1) - f(x,y) \quad (23\text{-}7\text{-}78)$$

可以得到模板 $[-1, 1]$ 和 $\begin{bmatrix} -1 \\ 1 \end{bmatrix}$。

(a) Robert 交叉算子。在图像处理的过程中，不会只单独地对图像中的某一个像素进行运算，通常会考虑到每个像素的某个邻域的灰度变化。因此，通常不会简单地利用梯度的定义进行梯度的计算，而是在像素的某个邻域内设置梯度算子。考虑，3×3 区域的像素，使用如下矩阵表示：

$$\begin{bmatrix} z_1 & z_2 & z_3 \\ z_4 & z_5 & z_6 \\ z_7 & z_8 & z_9 \end{bmatrix} \quad (23\text{-}7\text{-}79)$$

令中心点 z_5 表示图像中任一像素，那么根据梯度的定义，z_5 在在 x 和 y 方向的梯度分别为：$g_x = z_9 - z_5$ 和 $g_y = z_8 - z_6$，梯度图像 $M(x,y)$ 为

$$M(x,y) \approx |z_9 - z_5| + |z_8 - z_6| \quad (23\text{-}7\text{-}80)$$

根据上述公式，Robert 在 1965 年提出的 Robert 交叉算子

$$\begin{bmatrix} -1 & 0 \\ 0 & 1 \end{bmatrix} \text{和} \begin{bmatrix} 0 & -1 \\ 1 & 0 \end{bmatrix} \quad (23\text{-}7\text{-}81)$$

(b) Sobel 算子。Robert 交叉算子的尺寸是偶数，偶数尺寸滤波器没有对称中心，计算效率较低，所以通常滤波器的模板尺寸是奇数。仍以 3×3 为例，以 z_5 为对称中心（表示图像中的任一像素），有

$$g_x = (z_7 + 2z_8 + z_9) - (z_1 + 2z_2 + z_3)$$
$$g_y = (z_3 + 2z_6 + z_9) - (z_1 + 2z_4 + z_7) \quad (23\text{-}7\text{-}82)$$

利用上述公式可以得到两个卷积模板，分别计算图像在 x 和 y 方向的梯度，结果如下：

$$\begin{bmatrix}-1 & -2 & -1\\ 0 & 0 & 0\\ 1 & 2 & 1\end{bmatrix} \text{和} \begin{bmatrix}-1 & 0 & 1\\ -2 & 0 & 2\\ -1 & 0 & 1\end{bmatrix} \tag{23-7-83}$$

c. 二阶微分算子——LapLace 拉普拉斯算子。二阶微分算子的代表就是拉普拉斯算子，其定义如下：

$$\nabla^2 f=\frac{\partial^2 f}{\partial x^2}+\frac{\partial^2 f}{\partial y^2} \tag{23-7-84}$$

其中：

$$\frac{\partial^2 f}{\partial x^2}=f(x+1,y)+f(x-1,y)-2f(x,y) \tag{23-7-85}$$

$$\frac{\partial^2 f}{\partial y^2}=f(x,y+1)+f(x,y-1)-2f(x,y) \tag{23-7-86}$$

由于一阶微分和二阶微分有各自的特点，其得到的图像边缘也不相同：一阶微分得到的图像边缘较粗，二阶微分得到的是较细的双边缘，所以在图像的边缘增强方面二阶微分算子的效果较好。

② 平滑空间滤波。平滑空间滤波器是低频增强的空间滤波技术。它的目的有两个：一是模糊处理，二是降低噪声。这里介绍的平滑空间滤波器也分为两类，一类是平滑线性空间滤波器；另一类是统计排序（非线性）滤波器。

a. 平滑线性空间滤波器。平滑线性空间滤波器的输出（响应）是包含在滤波器模板邻域内的像素的简单平均值。这些滤波器有时也称为均值滤波器。也可以把它们归入低通滤波器。

这种处理的结果降低了图像灰度的尖锐变化。

图 23-7-43 是常见的简单平均的滤波器模板，所有系数都相等的空间均值滤波器，有时也被称为盒状滤波器。

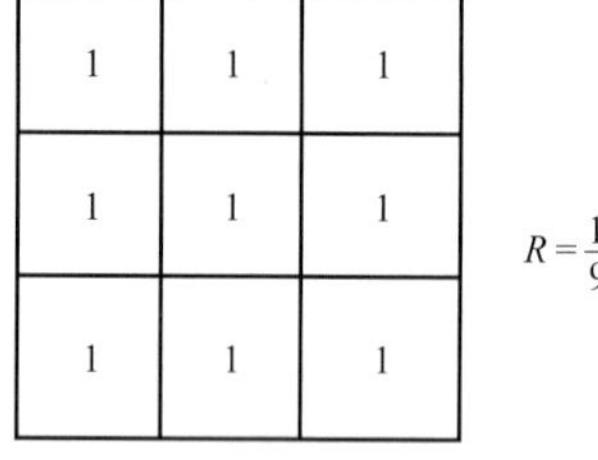

$$R=\frac{1}{9}\sum_{i=1}^{9} Z_i$$

图 23-7-43 常见的简单平均的滤波器模板

图 23-7-44 所示的模板中，中心位置的系数最大，因此，在均值计算中可以为该像素提供更大的权重。其他像素离中心越近就赋予越大的权重。这种加权策略的目的是，在平滑处理中，试图降低模糊。当然也可以选择其他权重来达到相同的目的，但这个例子中所有系数的和等于 16，这对于计算机来说是一个很有吸引力的特性，因为它是 2 的整数次幂。

1	2	1
2	4	2
1	2	1

图 23-7-44 滤波器模板

一幅 $M\times N$ 的图像进过一个 $m\times n$ 的加权均值滤波器，滤波的过程可由下式给出：

$$g(x,y)=\frac{\sum_{s=-a}^{a}\sum_{t=-b}^{b} w(s,t)f(x+s,y+t)}{\sum_{s=-a}^{a}\sum_{t=-b}^{b} w(s,t)} \tag{23-7-87}$$

滤波后的图像中可能会有黑边。这是由于用 0（黑色）填充原图像的边界，经滤波后，再去除填充区域的结果，某些黑的混入了滤波后的图像。对于使用较大滤波器平滑的图像，这就成了问题。

b. 统计排序（非线性）滤波器。统计排序滤波器是一种非线性空间滤波器，这种滤波器的响应以滤波器包围图像的像素的排序为基础，然后使用统计排序结果决定的值代替中心像素的值。

这一类中最知名的即为中值滤波，它是将像素邻域内的灰度值的中值代替该像素的值。中值滤波器的使用非常普遍，它对于一定类型的随机噪声提供了一种优秀的去噪能力。而且比同尺寸的线性平滑滤波器的模糊程度明显要低。不足之处是中值滤波花费的时间是均值滤波的 5 倍以上。中值滤波器对于处理脉冲噪声非常有效。中值滤波器的主要功能是使拥有不同灰度的点看起来更接近于它们的相邻点。

(3) 频域增强

图像的空域增强一般只是对数字图像进行局部增强，而图像的频域增强可以对图像进行全局增强。在频率域空间的滤波与空域滤波一样可以通过卷积实现，因此傅里叶变换和卷积理论是频域滤波技术的基础。

频域增强技术是在数字图像的频率域空间对图像进行滤波，因此需要将图像从空间域变换到频率域，一般通过傅里叶变换实现。滤波分为低通滤波（对应时域的平滑）和高通滤波（对应时域的锐化）。频域中的滤波步骤：

$$f(x,y)\longrightarrow \text{DFT}\longrightarrow \text{频率域滤波}\longrightarrow \text{IDFT}\longrightarrow g(x,y)$$

第一步是二维傅里叶变换，结果是一个傅里叶频谱如 $f(x,y)$ 的变换结果是 $F(u,v)$。傅里叶变换速度很慢，可以用快速傅里叶变换进行加速。

第二步，进行频率域滤波

$$G(u,v)=H(u,v)F(u,v) \quad (23\text{-}7\text{-}88)$$

其中，$H(u,v)$ 为滤波器函数，常见的有以下几种。

① 平滑的频域滤波器

a. 理想低通滤波器。(u,v) 到中心的距离为：

$$D(u,v)=\mathrm{sqrt}[(x-宽度/2)^2+(y-长度/2)^2]$$

$$H(u,v)=1, D(u,v)\leqslant D_0$$

$$H(u,v)=0, D(u,v)>D_0 \quad (23\text{-}7\text{-}89)$$

即在超过 D_0 距离的范围全部舍去。

b. 巴特沃思低通滤波器

$$H(u,v)=1/\{1+[(D(u,v)/D_0]^{2n}\} \quad (23\text{-}7\text{-}90)$$

c. 高斯低通滤波器

$$H(u,v)=\mathrm{e}^{\frac{-D^2(u,v)}{2D_0^2}} \quad (23\text{-}7\text{-}91)$$

② 频率域锐化滤波器。同平滑滤波器，不过换成高通的了，相应的变换函数很简单：

$$H_{\mathrm{hp}}(u,v)=1-H_{\mathrm{lp}}(u,v) \quad (23\text{-}7\text{-}92)$$

③ 傅里叶反变换。傅里叶反变换即为把处理过的频率域结果反变换成图像。

7.5.3.2 图像复原

图像复原技术的目的是使退化了的图像尽可能恢复到原来的真实面貌。

图像增强和图像复原两者有相交叉的邻域，但图像增强主要是一个主观的过程，而图像复原的大部分过程是一个客观的过程。也就是说图像复原技术将图像退化的过程模型化，并据此采取相反的过程以得到原始的图像。

常见的图像退化原因大致有成像系统的像差或有限孔径或存在衍射、成像系统的离焦、成像系统与景物的相对运动、底片感光特性曲线的非线性、显示器显示时失真、遥感成像中大气散射和大气扰动、遥感摄像机的运动和扫描速度不稳定、系统各个环节的噪声干扰、模拟图像数字化引入的误差等。

对退化图像的复原，一般采用两种方法。

① 在图像缺乏已知信息的情况下，可以对退化过程（模糊和噪声）建立模型进行描述。由于这种方法试图估计图像被一些相对良性的退化过程影响以前的情况，故是一种估计方法。

② 若对于原始图像有足够的已知信息，则对原始图像建立一个数学模型并根据模型对退化图像进行拟合会更有效。

7.5.4 图像分割

图像分割本质是将像素进行分类。分类的依据是像素的灰度值、颜色、频谱特性、空间特性或纹理特性等。图像分割是图像处理技术的基本方法之一，应用于诸如染色体分类、景物理解系统、机器视觉等方面。

图像分割方法根据所使用的主要特征可以分为三组：第一组是有关图像或部分的全局知识，这一般由图像特征的直方图来表达；第二组是基于边缘的分割；第三组是基于区域的分割，在边缘检测或区域增长中可以使用多种不同的特征，例如亮度、纹理、速度场等。

7.5.4.1 阈值化

灰度阈值化是最简单的分割模型。很多物体或图像区域表征为不变的反射率或其表面光的吸收率，可以确定一个亮度常量即阈值。基本的阈值化过程为：扫描图像 f 的所有像素，当 $f(i,j)\geqslant T$ 时，分割后的图像像素 $g(i,j)$ 是物体像素，否则是背景像素。其中 T 是阈值。

选择正确的阈值是分割成功的关键，这种选择可以通过交互方式确定，也可以根据某个阈值检测方法来确定。常用的阈值确定方法包括全局阈值化、自适应阈值化、p 率阈值化、最优阈值化、多光谱阈值化等。

7.5.4.2 基于边缘的分割

边缘是指图像中两个不同区域的边界线上连续的像素点的集合，是图像局部特征不连续性的反映，体现了灰度、颜色、纹理等图像特性的突变。通常情况下，基于边缘的分割方法指的是基于灰度值的边缘检测，它是建立在边缘灰度值会呈现出阶跃型或屋顶型变化这一观测基础的方法。

阶跃型边缘两边像素点的灰度值存在着明显的差异，而屋顶型边缘则位于灰度值上升或下降的转折处。正是基于这一特性，可以使用微分算子进行边缘检测，即使用一阶导数的极值与二阶导数的过零点来确定边缘，具体实现时可以使用图像与模板进行卷积来完成。

如果图像由已知形状和大小的物体组成，分割可以看成是在图像中寻找该物体的问题。一种非常有效的解决该问题的方法是 Hough 变换，它甚至可用于重叠的或部分遮挡的物体的分割。

使用 Hough 变换的曲线检测算法如下。

• 在参数 a 的范围内量化参数空间。

• 形成一个 n 维的累积数组 $A(a)$，其结构与参数空间的量化相匹配；置所有元素为 0。

• 在适当的阈值化后的梯度图像中，对每个图像点（x_1，x_2），对于所有的在第一部适用范围内的 a，增大所有的满足 $f(x,a)=0$ 的累计单元 $A(a)$：

$$A(a)=A(a)+\Delta A \tag{23-7-93}$$

• 累计数组 $A(a)$ 中的局部最大值，对应于出现在原始图像中的曲线 $f(x,a)$。

7.5.4.3　基于区域的分割

从区域的边界构造区域以及检测存在的区域是容易做到的。然而，由基于边缘的方法产生分割和区域增长所得到的结果并不完全相同，如果将所有结果结合起来会有较好的提升效果。区域增长的方法主要有以下几种。

① 种子区域生长法是从一组代表不同生长区域的种子像素开始，再将种子像素邻域里符合条件的像素合并到种子像素所代表的生长区域中，并将新添加的像素作为新的种子像素继续合并过程，直到找不到符合条件的新像素为止。该方法的关键是选择合适的初始种子像素以及合理的生长准则。

② 区域分裂合并法的基本思想是首先将图像任意分成若干互不相交的区域，然后再按照相关准则对这些区域进行分裂或者合并从而完成分割任务。该方法既适用于灰度图像分割也适用于纹理图像分割。

③ 分裂和归并的结合可以产生兼有二者优点的一种新方法，分裂与归并方法常在金字塔图像表上进行。

④ 分水岭法是一种基于拓扑理论的数学形态学的分割方法，其基本思想是把图像看作是测地学上的拓扑地貌，图像中每一点像素的灰度值表示该点的海拔高度，每一个局部极小值及其影响区域称为集水盆，而集水盆的边界则形成分水岭。

其具体做法如下。

• 构建梯度图像的直方图：构建一张只具有亮度值 h 的像素的指针表，并允许直接存取访问。该过程可以以线性时间复杂度高效地实现。

• 假设填充过程已经执行到 k 层，从而每个灰度值比 k 小或等于 k 的像素都已经被分配了唯一的集水盆地标号或分水岭标号。

• 考虑亮度值为 $k+1$ 的像素：为所有这些候选成员构建一个先进先出（FIFO）队列。

• 构建确定出来的集水盆地的测量学影响区域：对于盆地 l_i，其测地学影响区域是那些与盆地 l_i 连续的灰度为 $k+1$ 的未标注的图像像素的所在地，它们与 l_i 的距离比与其他盆地的距离更近。

7.5.5　形态学处理

形态学，即数学形态学是图像处理中应用最为广泛的技术之一，主要用于从图像中提取对表达和描绘区域形状有意义的图像分量，使后续的识别工作能够抓住目标对象最为本质（最具区分能力）的形状特征，如边界和连通区域等。

数学形态学作为图像理解的一个分支兴起于 20 世纪 60 年代。形态学的基础是作用于物体形状的非线性算子的代数，它在很多方面都要优于基于卷积的线性代数系统。在很多领域中，如预处理、基于物体形状分割、物体量化等，与其他标准算法相比，形态学方法都有更好的结果和更快的速度。

形态学处理可以分为二值形态学和灰度形态学，灰度形态学由二值形态学扩展而来。

7.5.5.1　二值形态学

黑白点的集合构成了二值图像。假定只考虑黑色像素，其余部分认为是背景。基本的形态学变换是膨胀和腐蚀，由这两个变换可以衍生出更多的形态学运算，如开运算和闭运算等等。二值图像的基本形态学包括膨胀、腐蚀、开运算、闭运算以及击中不击中变换。

（1）二值膨胀

形态学变换膨胀采用向量加法对两个集合进行合并。膨胀 $X\oplus B$ 是所有向量加和的集合，向量加法的两个操作数分别来自于 X 和 B。

$$X\oplus B=\{p\in\varepsilon^2, p=x+b, x\in X \text{ 且 } b\in B\} \tag{23-7-94}$$

图 23-7-45 是一个膨胀的例子：

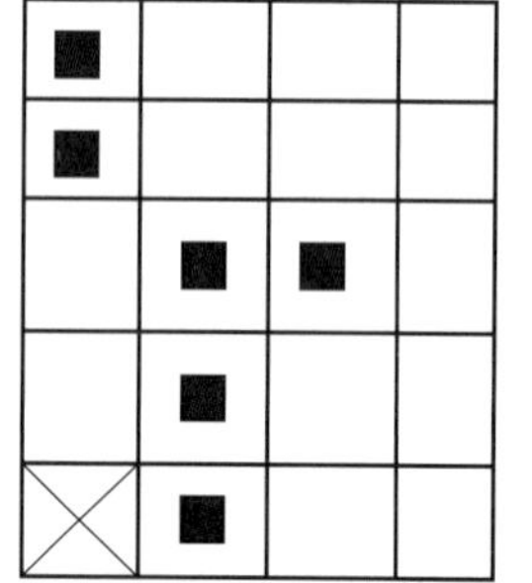

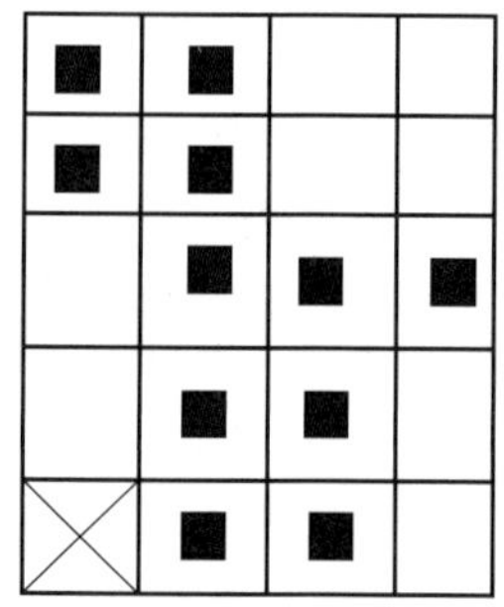

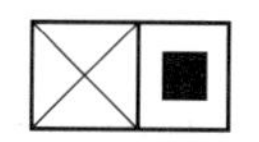

图 23-7-45　二值膨胀

$X=\{(1,0),(1,1),(1,2),(2,2),(0,3),(0,4)\}$

$B=\{(0,0),(1,0)\}$

$$X\oplus B=\{(1,0),(1,1),(1,2),(2,2),(0,3),(0,4),(2,0),(2,1),(2,2),(3,2),(1,3),(1,4)\}$$

膨胀是一种递增运算：

$$若\ X\subseteq Y,则\ X\oplus B\subseteq Y\oplus B$$

膨胀用来填补物体中小的空洞和狭窄的缝隙。它使物体的尺寸增大，如果需要保持物体原来的尺寸，则膨胀应与腐蚀相结合。

（2）二值腐蚀

腐蚀⊖对集合元素采用向量减法，将两个集合合并，腐蚀是膨胀的对偶运算。腐蚀和膨胀都不是可逆运算。

$$X\ominus B=\{p\in\varepsilon^2:p+b\in X,\forall b\in B\} \tag{23-7-95}$$

公式表明图像的每个点 p 都被测试到了：腐蚀的结果由所有满足 $p+b$ 属于 X 的点 p 构成。

采用各向同性结构元素的腐蚀运算也称为收缩或缩小。腐蚀还用来简化物体的结构，即那些只有一个像素宽的物体或物体的部分将被去掉。这样就把较复杂的物体分解为几个简单部分。基本的形态学变换可以用来在图像中寻找物体轮廓，而且速度很快。

（3）开闭运算

先腐蚀再膨胀是一个重要的形态学变换，称为开运算，图像 X 关于结构元素 B 的开运算记为 $X\circ B$，定义为

$$X\circ B=(X\ominus B)\oplus \tag{23-7-96}$$

先膨胀再腐蚀称为闭运算，图像 X 关于结构元素 B 的闭运算记为 $X\bullet B$，定义为

$$X\bullet B=(X\oplus B)\ominus B \tag{23-7-97}$$

若图像关于 B 作开运算后仍保持不变，则称其关于 B 是开的。同样若图像 X 关于 B 作闭运算后仍保持不变，则称其关于 B 是闭的。

与膨胀和腐蚀不同，开运算和闭运算对于结构元素的平移不具有不变性。开运算是一种反向扩张（$X\circ B\subseteq X$），而闭运算是正向扩张（$X\subseteq X\bullet B$），与膨胀和腐蚀相同，开运算和闭运算是一对对偶变换：

$$(X\bullet B)^C=X^C\circ\widehat{B} \tag{23-7-98}$$

另一个重要的性质是反复采用开运算或闭运算，其结果是幂等的，也就是说反复进行开运算或闭运算，结果并不改变。形式化地写为：

$$X\circ B=(X\circ B)\circ B \tag{23-7-99}$$

$$X\bullet B=(X\bullet B)\bullet B \tag{23-7-100}$$

（4）击中击不中变换

击中击不中变换是用来查找像素局部模式的形态学运算符，其中“局部”一词指结构元素的大小，是一种模板匹配的变形。而模板匹配用来查找具有特定形状性质的像素集合（如角点或边界点）。

上述描述的运算都采用一个结构元素 B，并且所关注的是那些属于 X 的点；换一个角度，还可以关注那些不属于 X 的点。用不相交集合对 $B=(B_1,B_2)$ 表示一个运算，即复合结构元素，击中击不中变换定义为：

$$X\otimes B=\{x:B_1\subset X\ 且\ B_2\subset X^C\} \tag{23-7-101}$$

也就是说结果集合中的点 X 要同时满足两个条件：首先复合结构元素中代表点在 X 的 B_1 部分应该包含于 X，而 B_2 部分应该包含于 X^C。

在运算上击中击不中变换相当于一个图像 X 和结构元素（B_1，B_2）之间的匹配。可以用腐蚀和膨胀运算表示为：

$$X\otimes B=(X\Theta B_1)\cap(X^C\Theta B_2)=(X\Theta B_1)/(X\oplus\widehat{B}_2) \tag{23-7-102}$$

7.5.5.2 灰度形态学

利用“最小化”和“最大化”运算，可以很容易地将作用于二值图像的二值形态学运算推广到灰度图像上。对一幅图像的腐蚀（或膨胀）运算定义为对每个像素赋值为某个邻域内输入图像灰度级的最小值（或最大值）。灰度级变换中的结构元素比二值变换有更多的选择。二值变换的结构元素只代表一个邻域，而在灰度级变换中，结构元素是一个二元函数，它规定了希望的局部灰度级性质。在求得邻域内最大值（或最小值）的同时，将结构元素的值相加（或相减）。

灰度图像的基本操作包括灰度膨胀、灰度腐蚀、灰度开和灰度闭。此外，灰度图像学的一个经典应用是顶帽变换。

（1）灰度膨胀

令 F 表示灰度图像，S 为结构元素，使用 S 对 F 进行膨胀，记作 $F\oplus S$，形式化地定义为：

$$(F\oplus S)(x,y)=\max\{F(x-x',y-y')+S(x',y')\mid(x',y')\in D_s\} \tag{23-7-103}$$

其中，D_s是 S 的定义域。

与二值形态学不同的是，$F(x,y)$ 和 $S(x,y)$ 不再只是代表形状的集合，二是二维函数，既指明了形状，还由函数值给出了高度信息。

除了具有高度的结构元素外，实际应用中使用更多的是一种平坦（高度为0）的结构元素，这种结构元素只能由0和1组成，为1的区域指明了运算涉及的范围。实际上，二值形态学中的结构元素可视为一

种特殊（高度为0）的灰度形态结构元素。当应用这种结构元素时，灰度膨胀完全变成了局部最大值运算，其计算公式可简化为：

$$F\oplus S(x,y)=\max\{f(x-x',y-y')\mid(x',y')\in D_S\} \quad (23\text{-}7\text{-}104)$$

（2）灰度腐蚀

令 F 表示灰度图像，S 为结构元素，使用 S 对 F 进行腐蚀，记作 $F\ominus S$，形式化地定义为：

$$(F\ominus S)(x,y)=\max\{F(x+x',y+y')-S(x',y')\mid(x',y')\in D_S\} \quad (23\text{-}7\text{-}105)$$

其中，D_S 是 S 的定义域。

同样，与二值形态学不同的是，$F(x,y)$ 和 $S(x,y)$ 不再只是代表形状的集合，二是二维函数，既指明了形状，还由函数值给出了高度信息。

（3）灰度开闭运算

与二值形态学类似，在灰度腐蚀和膨胀的基础上定义灰度开、闭运算。灰度开运算是先灰度腐蚀后灰度膨胀，灰度闭运算是先灰度膨胀后灰度腐蚀。

使用结构元素 S 对图像 f 进行灰度开运算，记作 $f\circ S$，表示为：

$$f\circ S=(f\ominus S)\oplus S \quad (23\text{-}7\text{-}106)$$

使用结构元素 S 对图像 f 进行灰度闭运算，记作 $f\bullet S$，表示为：

$$f\bullet S=(f\oplus S)\ominus S \quad (23\text{-}7\text{-}107)$$

假设有一个球形的结构元素 S，开运算相当于推动球沿着曲面的下侧面滚动，使球体津贴下侧来回移动，直至移动位置覆盖整个下侧面。此时球体的任何部分能够到达的最高点构成开运算 $f\circ S$ 的曲面；闭运算相当于让球体津贴曲面的上侧滚动，球体任何部分所能到达的最低点构成闭运算 $f\bullet S$ 的曲面。图23-7-46形象地说明了这一过程：图23-7-46（a）所示图像中的一条水平像素线；图23-7-46（b）、（d）所示为球紧贴该像素的上侧和下侧滚动的情况；图23-7-46（c）、（e）所示为滚动过程中最高点和最低点形成的曲线，即开、闭运算的结果。

（4）顶帽变换

顶帽变换是一种简单的对灰度图像进行物体分割的工具，要求待处理物体在亮度上能够与背景分开，即使背景的灰度不均匀，这个条件也要满足。顶帽变换已经被分水岭分割所替代，后者能处理背景更复杂的情况。

顶帽变换是灰度形态学的重要应用之一，图像 f 的顶帽变换 h 定义为图像 f 与其自身的开运算之差，表示为：

$$h=f-(f\circ S) \quad (23\text{-}7\text{-}108)$$

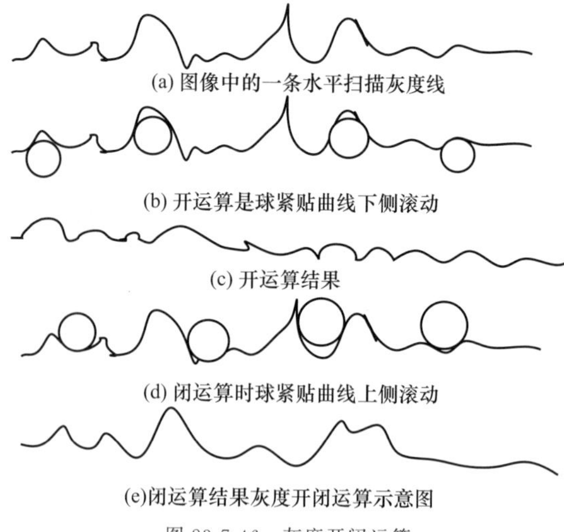

图23-7-46 灰度开闭运算

若要从较暗（或相反的，亮）且变化平缓的背景中提取较亮（暗）物体，则顶帽变换是一个很好的可供选择的方法。那些与结构元素不符的部分通过开运算被去掉，再用原始图像减去开图像，被去掉的部分就清楚地显现出来了。实际的分割可以通过阈值化操作来实现。

7.5.6 特征提取

为了使计算机能够“理解”图像，从而具有真正意义上的“视觉”，需要研究如何从图像中提取有用的数据或信息，得到图像的“非图像”表示或描述，如数值、向量和符号等。这一过程就是特征提取，而提取出来的这些“非图像”表示或描述就是特征。有了这些数值或向量形式的特征，就可以通过训练教会计算机如何识别这些特征，从而使计算机具有识别图像的能力。

7.5.6.1 特征的定义与分类

特征是某一类对象区别于其他类对象的本质特点或特性，或是这些特点和特性的集合。对于图像而言，每一幅图像都具有能够区别于其他类图像的自身特征，有些是可以直观地感受到的自然特征，如亮度、边缘、纹理和色彩等；有些则是需要通过变换或处理才能得到的，如矩、直方图以及主成分等。常常将某一类对象的多个或多种特性组合在一起，形成一个特征向量来代表该类对象，如果只有单个数值特征，则特征向量为一个一维向量；如果是 n 个特性的组合，则为一个 n 维特征向量。该特征向量常常被作为识别系统的输入。实际上，一个 n 维特征就是一个位于 n 维空间中的点，而识别（分类）任务就

是找到这个 n 维空间中的一种划分。

图像特征的分类有多种标准。如根据特征自身的特点可以将其分为两大类：描述物体外形的形状特征和描述物体表面灰度变化的纹理特征。而根据特征提取所采用方法的不同又可以将特征分为统计特征和结构（句法）特征。

7.5.6.2 特征选取的准则

图像识别实际上是一个分类的过程，为了识别出某图像所属类别，需要将它与其他不同类别的图像区分开来。这就要求选取的特征不仅要能够很好地描述图像，还要能够很好地区分不同类别的图像。我们希望选择那些在同类图像之间差异较小，在不同类别的图像之间差异较大的图像特征，称为最具有区分能力特征。

简单的特征提取方法是提取图像中所有像素的灰度值作为特征，这样可以提供尽可能多的信息给分类器，让分类器具有最大的工作自由度。然而，高维度意味着高计算复杂度，容易引起“维度灾难”。此外，很多时候由于已经掌握了有关样本图像的某些先验知识，因此没有必要把全部像素信息都交给分类器。如已经知道鼻子、肤色、面部轮廓等信息与表情识别任务的关联度不大，那么在识别过程中就不需要人脸照片中的全部信息，可以只运用眉毛、眼睛和嘴这些表情区域作为特征提取的候选区，然后进一步在表情区中提取特征信息。

7.5.6.3 基本纹理特征

纹理是表达物体表面或结构（分别对于反射或透射形成的图像）的属性，使用广泛，且在直觉上可能是明显的，但是由于它的变化范围很宽泛，因而并没有精确的定义。纹理通常被定义为由互相关联的元素组成的某种东西，因此考虑的是一组像素，且所描述的纹理高度依赖于考虑的数量（纹理尺度）。纹理分析的主要目标是纹理识别和基于纹理的形状分析。用于纹理描述的特征（即量度）提取方法，大致可以分类为结构法、统计法和合成法。

（1）结构法

纹理描述的基本方法是生成图像的傅里叶变换，并对变换数据以某种方法进行分类以便得到一组量度。这组量度的大小比图像变换小。针对原始图像 P，其傅里叶变换结果记为

$$FP_{u,v}=F(P_{x,y}) \tag{23-7-109}$$

其中，$FP_{u,v}$ 和 $P_{x,y}$ 分别为变换后的波谱和像素数据。傅里叶变换的一个显著优势是，它具有位移不变性，即相位很少用于基于傅里叶的纹理系统，所以通常用到的是变换的模数（即它的强度）。变换结果与图像大小相同，如果结合变换具有对称性，则并不需要把所有分量用作量度。因此，可以对傅里叶变换进行滤波以便选取那些适合于特殊应用的频率分量。另外，还方便把这些强度变换数据用不同方法结合在一起以减少量度。

该方法对较大的项（通过平方函数）给出优先。当较大的值是兴趣点时，这个量是合适的；当这个量呈均一分布时，它的作用非常小。另一个量度是惯性 i，定义为

$$i=\sum_{u=1}^{N}\sum_{v=1}^{N}(u-v)^2 NFP_{u,v} \tag{23-7-110}$$

该算法着重关注具有很大间隔的分量。由此可见，每个量度描述处理数据的不同方面。

理论上，对于相同的目标而言，这些量度应该相同，而对于不同目标也应该各不相同。根据傅里叶分析，这些量度本身具有位置不变性。显然，熵、惯性和能量都不受旋转的影响，因为在这些计算中次序并不重要。这些量度还具有尺度不变性，这是傅里叶变换频率缩放特性的结果。另外，这些量度自身（经过正规化处理）对光照的线性变化也具有不变性。由于这些描述容易受到噪声的影响，在处理大数据集时需要更多的量度以更好地区别不同的纹理。其他量度方法包括：主峰值的能量、主峰值的拉普拉斯值、最大水平频率幅值、最大垂直频率幅值。这些量度被选来用于在有噪声的环境下增强傅里叶变换量度的性能。这些方法在本质上都是结构性的，即通过将变换应用于整帧图像来揭示图像中的结构。

（2）统计法

著名的统计法是共生矩阵。共生矩阵包括一些元素，它们是由分开一定距离和在一定倾角上具有特定亮度级的像素对组成。对应亮度级 b_1 和 b_2，共生矩阵 $\boldsymbol{C}$ 为

$$\boldsymbol{C}_{b_1,b_2}=\sum_{x=1}^{N}\sum_{y=1}^{N}(P_{x,y}=b_1)\wedge(P_{x',y'}=b_2) \tag{23-7-111}$$

其中，$\wedge$ 表示逻辑与运算，x 坐标上的 x' 是由距离 d 和倾角 θ 给出的偏移量

$$x'=x+d\cos\theta \quad \forall[d\in 1,\max(d)]\wedge(\theta\in 0,2\pi) \tag{23-7-112}$$

同时，y 坐标上的 y' 为

$$y'=y+d\sin\theta \quad \forall[d\in 1,\max(d)]\wedge(\theta\in 0,2\pi) \tag{23-7-113}$$

将上式用于图像处理可以得到一个对称的方阵，其维数等于图像的灰度级数。在共生矩阵的生成过程中，最大距离设为一个像素，方向设为选取每个点的

第23篇

四个最邻近点。共生矩阵的计算是亮度空间的空间关系，而不是频率含量。为了更快速地生成结果，可以通过对整帧图像的亮度比例进行调节来减少灰度级数，进而减少共生矩阵的维数，但是这样做也会降低其分辨能力。这些矩阵还需要用一些量度方法来进行描述，如熵、惯性和能量等。

（3）合成法

前面介绍的两种方法都假设用单纯的结构或统计描述来表达纹理，这两种方法可以通过合适的方式结合起来。因为纹理并不是一个精确量，而是一个模糊量，可以有很多不同的描述。研究者认为纹理是几何结构和统计结构的结合，并提出了统计几何特征法，体现了纹理描述的基础。实质上，可以先从图像中求出几何特征，然后用统计值来描述。首先，由具有 NB 个量度级的原图像 P 得到二值图像 B，再从$NB-1$帧二值图像求出几何量。这些二值图像可计算为

$$B(\alpha)_{x,y}=\begin{cases}1, P_{x,y}\geqslant\alpha \\ 0, \text{其他}\end{cases}\quad \forall\alpha+\in 1,NB \tag{23-7-114}$$

其次，每个二值区域的所有点都与 1 或 0 区域相连通。对这些数据计算四个几何量度。第一，每个二值平面中 1 和 0 的区域数目（即 1 和 0 的连通集合），记为 NOC_1 和 NOC_0。第二，在每个平面上，用不规则性来描述每个连通域，它是 1 连通区域 R 的一个局部形状量度，即 1 连通的不规则性 I_1，定义为

$$I_1(R)=\frac{1+\sqrt{\pi}\max\limits_{i\in R}\sqrt{(x_i-\overline{x})^2+(y_t-\overline{y})^2}}{\sqrt{N(R)}}-1 \tag{23-7-115}$$

其中，x_i 和 y_t 是区域内各点的坐标，$\overline{x}$ 和$\overline{y}$是区域的重心（即区域 x 和 y 坐标的平均值），N 是区域范围内所有点的数目。用同样的方法定义 0 连通的不规则性 $I_0(R)$。如果把它应用于 1 和 0 的区域，那么又可以得到两个几何度量，分别是 $IRGL_1(i)$ 和 $IRGL_0(i)$。为了使不同区域的贡献达到平衡，特定平面上 1 区域的不规则性用加权和 $WI_1(\alpha)$ 来表示，如

$$WI_1(\alpha)=\frac{\sum\limits_{R\in B(\alpha)}N(R)I(R)}{\sum\limits_{R\in P}N(R)} \tag{23-7-116}$$

同样，0 连通的加权不规则性表示为 WI_0。与连通区域的两个计数 NOC_1 和 NOC_0 一起，这些加权不规则性形成统计几何特征 SGF 的四个几何量度。

不规则性量度可以用紧凑度来代替，但是紧凑度随旋转而变化，尽管还没有发现它对处理结果有很大的影响。要实现这些量度，需要得到每个二值平面上的 1 连通和 0 连通的集合。

7.5.7　模式识别

模式识别（pattern recognition）是人类的一项基本智能，在日常生活中，人们经常在进行“模式识别”。随着 20 世纪 40 年代计算机的出现以及 50 年代人工智能的兴起，人们当然也希望能用计算机来代替或扩展人类的部分脑力劳动。模式识别在 20 世纪 60 年代初迅速发展并成为一门新学科。

7.5.7.1　模式与模式识别

模式是由确定的和随机的成分组成的物体、过程和事件。在一个模式识别问题中，它是识别的对象。模式识别是指对表征事物或现象的各种形式的（数值的、文字的和逻辑关系的）信息进行处理和分析，以对事物或现象进行描述、辨认、分类和解释的过程，即应用计算机对一组事件或过程进行鉴别和分类。这里所指的模式识别主要是对语音波形、地震波、心电图、脑电图、图片、照片、文字、符号、生物的传感器等对象进行测量的具体模式进行分类和辨识。模式识别与统计学、心理学、语言学、计算机科学、生物学、控制论等都有关系。它与人工智能、图像处理的研究有交叉关系。例如自适应或自组织的模式识别系统包含了人工智能的学习机制：人工智能研究的景物理解、自然语言理解也包含模式识别问题。又如模式识别中的预处理和特征提取环节需要应用图像处理的技术，而图像处理中的图像分析也常常应用模式识别的技术。

物理对象在图像分析和计算机视觉中通常表示为分割后图像中的一个区域。整个物体集合可以被分为几个互不相交的子集合，子集合从分类的角度来看具有某种共同特性，称为类。如何对物体进行分类并没有明确的定义，需依具体的分类目的而定。物体识别从根本上说就是为物体标明类别，而用来进行物体识别的算法称为分类器。类别总数通常是事先已知的，一般可以根据具体问题而定。但是，也有可以处理类别总数不定情况的方法。分类器实际识别的不是物体，而是物体的模式。

模式识别的主要步骤如图 23-7-47 所示。“构建形式化描述”基于设计者的经验和直觉。选择一个基本性质集合，用来描述物体的某些特征。这些性质以适当的方式衡量，并构成物体的描述模式。这些性质可以是定量的，也可以是定性的，形式也可能不同（数值向量、链等）。模式识别理论研究如何针对特定

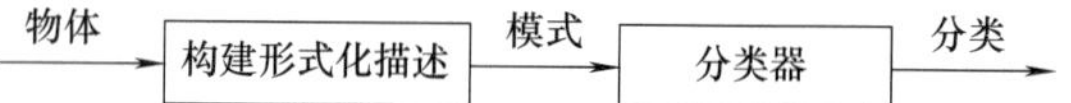

图 23-7-47　模式识别的主要步骤

的基本物体描述集合设计分类器。

有两种基本的模式识别方法，即统计模式识别方法和句法（结构）模式识别方法。统计模式识别是对模式的统计分类方法，即结合统计概率论的贝叶斯决策系统进行模式识别的技术，又称为决策理论识别方法；而利用模式与子模式分层结构的树状信息所完成的模式识别工作，就是句法模式识别。

7.5.7.2　统计模式识别

统计模式识别的基本原理是：有相似性的样本在模式空间中互相接近，并形成“集团”，即“物以类聚”。统计物体描述采用基于数值的表述，称为特征，在图像理解中，特征来自于物体描述。描述一个物体的模式（也称作模式向量，或特征向量）是一个基本描述的向量，所有可能出现的模式的集合即为模式空间，也称为特征空间。如果基本描述选择得当，则每个类的物体模式在模式空间也相邻。在特征空间中各类会构成不同的聚集，这些聚集可以用分类曲线（或高维特征空间中的超曲面）分开。若存在一个分类超曲面可以将特征空间分为若干个区域，并且每个区域内只包含同一类物体，则这个问题称为是具有可分类别。若分类超曲面是一个平面，则称为线性可分。直观地，希望可分类别能够被准确无误地识别。然而大多数物体识别问题并不具有可分类别，这种情况下在特征空间中不存在一个分类超曲面可以将各类无误地分开，肯定会有某些物体被错分。统计模式识别的分析方法是根据模式所测得的特征向量 $\boldsymbol{X}=(x_{i1},x_{i2},\cdots,x_{id})^{\mathrm{T}}$，$(i=1,2,\cdots,N)$ 将一个给定的模式归入 C 类 w_1，w_2，…，w_C 中，可视为根据模式之间的某种距离函数来判别分类。其中，N 为样本数目，d 为样本特征向量的维数。在统计模式识别中，贝叶斯决策规则从理论上解决了最优分类器的设计问题，但其实施却必须首先解决更困难的概率密度估计问题。BP 神经网络直接从观测数据（训练样本）学习，是一种更加简便有效的方法，因而获得了广泛的应用，但它是一种启发式技术，缺乏工程实践的坚实理论基础。统计理论研究所取得的突破性成果导致现代统计学理论——VC 理论的建立，该理论不仅在严格的数学基础上圆满地回答了人工神经网络中出现的理论问题，而且导出了一种新的学习方法——支持向量机。

支持向量机（SVM）方法已经被证明是有效并且非常受欢迎的。在这个方法中，可区分的二分类问题的最优分类可以通过最大化两类的间隔的宽度得到。这个宽度定义为 n 维特征空间的判别超平面之间的距离。来自于每一类的向量如果与判别平面距离最近，则称为支持向量。考虑一个线性可区分的二分类问题，训练样本集为 $D=\{(x_1,y_1),(x_2,y_2),\cdots,(x_m,y_m)\}$，$y_i\in\{-1,+1\}$。在样本空间中，划分超平面可通过如下线性方程来描述：

$$\boldsymbol{w}^{\mathrm{T}}x+b=0 \tag{23-7-117}$$

其中 $\boldsymbol{w}=(w_1,w_2,\cdots,w_d)$ 为法向量，决定了超平面的方向；b 为位移项，决定了超平面与原点之间的距离。显然，划分超平面可由法向量 $\boldsymbol{w}$ 和位移项 b 确定，下面将其记为（$\boldsymbol{w}$，b）。样本空间中任意点 x 到超平面（$\boldsymbol{w}$，b）的距离可写为

$$r=\frac{|\boldsymbol{w}^{\mathrm{T}}x+b|}{\|\boldsymbol{w}\|} \tag{23-7-118}$$

假设超平面（$\boldsymbol{w}$，b）能将训练样本正确分类，即对于（x_i，y_i）$\in D$，若 $y_i=+1$，则有 $\boldsymbol{w}^{\mathrm{T}}x_i+b>0$；若 $y_i=-1$，则有 $\boldsymbol{w}^{\mathrm{T}}x_i+b<0$。令

$$\begin{cases}\boldsymbol{w}^{\mathrm{T}}x_i+b\geqslant+1, & y_i=+1\\ \boldsymbol{w}^{\mathrm{T}}x_i+b\leqslant-1, & y_i=-1\end{cases} \tag{23-7-119}$$

距离超平面最近的几个训练样本使上式的等号成立，则样本称为“支持向量”，两个异类支持向量到超平面的距离之和为

$$r=\frac{2}{\|\boldsymbol{w}\|} \tag{23-7-120}$$

称为“间隔”，欲找到具有“最大间隔”的划分超平面，也就是要找到满足式（23-7-119）中约束的参数 w 和 b，使得 r 最大，即

$$\max_{w,b}\frac{2}{\|\boldsymbol{w}\|}$$
$$\text{s.t. } y_i(\boldsymbol{w}^{\mathrm{T}}x_i+b)\geqslant1,\ i=1,2,\cdots,m \tag{23-7-121}$$

显然，为了最大化间隔，仅需要最大化 $\|\boldsymbol{w}\|^{-1}$，这等价于最小化 $\|\boldsymbol{w}\|^2$。于是式（23-7-121）可重写为

$$\min_{w,b}\frac{1}{2}\|\boldsymbol{w}\|^2$$
$$\text{s.t. } y_i(\boldsymbol{w}^{\mathrm{T}}x_i+b)\geqslant1,\ i=1,2,\cdots,m \tag{23-7-122}$$

7.5.7.3　句法模式识别

句法模式识别又称结构方法或语言学方法。统计模式识别中采用定量的物体描述，这类描述具有数值参数（特征向量），而句法模式识别的特点则是定性的物体描述。物体结构包含于句法描述中。当特征描述无法表示被描述物体的复杂程度时，或当物体无法被表示成由简单部件构成的分级结构时，就应该采用句法物体描述。其基本思想是把一个模式描述为较简单的子模式的组合，子模式又可描述为更简单的子模式的组合，最终得到一个树型的结构描述，在底层的

最简单的子模式称为模式基元。

在句法方法中选取基元的问题相当于在统计方法中选取特征的问题。通常要求所选的基元能对模式提供一个紧凑的反映其结构关系的描述，又要易于用非句法方法加以抽取。显然，基元本身不应该含有重要的结构信息。与统计识别中的情况相同，对基元描述和它们之间关系的设计不是算法化的，而是基于对问题的分析、设计者的经验和能力。然而，还是有一些原则值得遵循：①基元类型不要太多；②被选中的基元应该能够形成正确的物体表示；③基元应该能够较容易地从图像中分割出来；④基元应该能够由某种统计模式识别方法较容易地识别出来；⑤基元应该与待描述物体（图像）结构的重要的自然部件相对应。模式以一组基元和它们的组合关系来描述，称为模式描述语句。例如，如果描述技术图纸，则基元将是直线段和曲线段，它们之间的关系用诸如相邻、在左侧、在上方等二元关系描述。这相当于在语言中，句子和短语由词组合，词由字符组合一样。基元组合成模式的规则，由语法来指定。

假定物体已经由一些基元和它们之间的关系正确地描述了，并且假定对每一类来说其语法都已知，该语法能够生成特定类别中所有物体的描述。句法识别决定一个描述词语对于特定类的语法是否在句法上是正确的，也就是说每个类只包含其句法描述能够由该类语法生成的物体。句法识别是一个搜索语法的过程，目标语法能够产生描述待处理物体的语法词语。句法的识别过程可通过句法分析进行，即分析给定的模式语句是否符合指定的语法，满足某类语法的即被分入该类。可以说句法模式识别是基于对结构相似性的测量来分类模式。该方法不但可以用于分类，也可以用于描述。

若已存在一个适当的语法可以用来表示各类别的所有模式，则最后一步就是设计一个能够正确判断模式（词语）类别的语法分类器。显然最简单的方法就是为每个类分别构造一个语法；未知模式 x 被输入一个由若干个黑箱构成的平行结构，这个装置可以判断是否 $x \in L(G_j)$，其中 $j=1, 2, \cdots, R$，R 为类别总数；$L(G_j)$ 为由第 j 个语法产生的语言。如果第 j 个黑箱的决定为正，则模式被认为是来自于第 j 类，分类器将这个模式判定为属于第 j 类。注意，通常可以有几个语法同时将一个模式接受为其对应的类。

判断一个词语是否能由某个语法产生是在句法分析过程中进行的，并且，句法分析能够构造表示模式结构信息的模式生成树。句法分析本质上就是试图通过使用一系列替代规则将初始符号转换为待测试模式。若替代过程成功，则分析结束，说明待测试模式可以由语法生成，待测试模式可以被判定为属于该语法表示的类别。若替代过程失败，则说明待测试模式不表示相应类的物体。

一般来说，构造模式词语的过程究竟如何并不重要，这一变换过程可以采用自上而下的方式，也可以采用自下而上方式。纯粹的自上而下方法效率不高，因为会产生太多的错误路径。可以利用一致性检验减少错误路径的数量，例如，若词语以一个非终结符 I 开头，则只有右侧模式也以 I 开头的规则才适用。利用先验规则，可以设计更多的一致性检验。这一方法称为树剪枝。

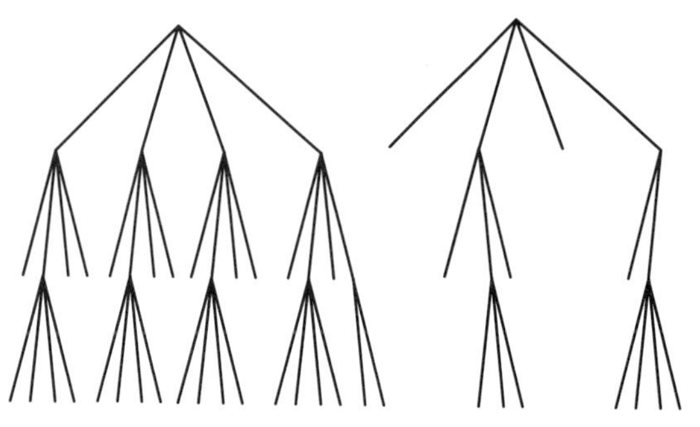

图 23-7-48　树剪枝

句法分析的另一种方法是利用类的典型关系结构。句法分析就是将表示待分析物体的关系结构与典型关系结构进行比较。主要目标是找到两个关系结构之间的同构，这种方法同样适用于 n 元关系结构。关系结构匹配是一种很有希望的句法识别和图像理解方法。图 23-7-49 是一个关系结构匹配的简单例子。

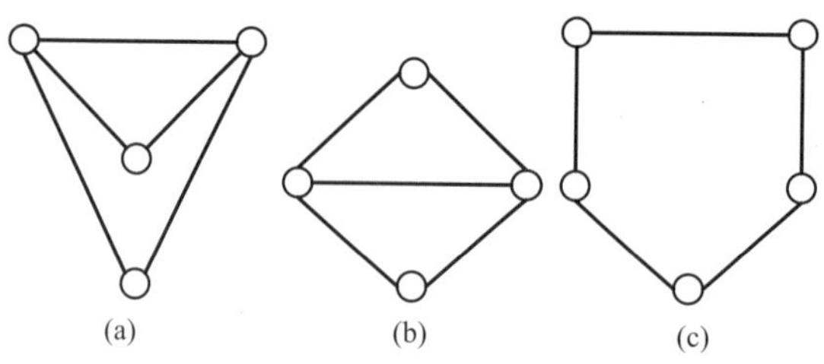

图 23-7-49　关系结构匹配

假定结点和关系具有相同类型，则（a）和（b）匹配；（c）与（a）或（b）都不匹配

统计识别与句法识别的主要区别在于学习过程。利用目前的技术，语法构造过程很难算法化，需要大量的人工干预。通常基元越复杂，则语法越简单，句法分析也越简单迅速。但是，复杂的基元描述使得基元的识别过程变得更加困难、更耗时间，而且，基元

提取和关系估计也变得不容易处理。

7.6　机器人三维视觉信息处理

三维视觉是借助机器视觉技术使用三维信息处理一些传统二维技术目前无法解决的应用难题。三维视觉系统能提供三维空间的信息，基于三维视觉系统的跟踪，可依靠三维信息建立三维目标模型，从而实现在复杂情况下（如多目标互相遮挡等）的精确跟踪，大幅提高跟踪的准确性，更可应用到交通、机场、银行等安防领域的视觉监控中，如提出采用三维视频融合的监控系统、集成空间位置信息、可增强位置感知、辅助应急决策等。同时，三维视觉在环境感知方面的显著特性和巨大应用潜力，近年来引起了世界范围企业巨头和研究机构的普遍关注。

7.6.1　三维重建

基于视觉的三维重建技术，即采用计算机视觉方法进行物体的三维模型重建，是指利用数字相机作为图像传感器，综合运用图像处理、视觉计算等技术进行非接触三维测量，用计算机程序获取物体的三维信息。其优势在于不受物体形状限制、重建速度较快、可以实现全自动或半自动建模等，是三维重建的一个重要发展方向，能广泛应用于包括移动机器人自主导航系统、航空及遥感测量、工业自动化系统等在内的各个领域，由此项技术产生的经济效益极为可观。

作为计算机视觉技术的一个重要分支，基于视觉的三维重建技术以 Marr 的视觉理论框架为基础，形成了多种理论方法。例如，根据相机数目的不同，可分为单目视觉法、双目视觉法、三目视觉、多目视觉法和深度视觉法；根据原理的不同，又可分为基于区域的视觉方法、基于特征的视觉方法、基于模型的视觉方法和基于规则的视觉方法等；根据获取数据的方式不同，可分为主动视觉法和被动视觉法等。

7.6.1.1　被动式三维重建技术

被动式三维重建技术一般利用周围环境如自然光的反射，使用相机获取图像，然后通过特定算法计算得到物体的立体空间信息。主要有以下三种方法。

（1）明暗恢复形状法

明暗恢复形状法是一种较为常用的三维形状恢复问题的方法。考虑到图像的阴影边界包含了图像的轮廓特征信息，因此能够利用不同光照条件下的图像的明暗程度与阴影来计算物体表面的深度信息，并以反射光照模型进行三维重建。需要注意的是，像素点的亮度受到包括光源指标、相机（或观察者）位置和参数、目标表面材质和形状等的影响。传统明暗恢复形状法均进行了如下假设：①光源为无限远处点光源；②反射模型为朗伯体表面反射模型；③成像几何关系为正交投影。

明暗恢复形状法的应用范围比较广泛，可以恢复除镜面外的各种物体的三维模型。缺点体现在过程多为数学计算、重建结果不够精细，另外不能忽视的是，明暗恢复形状法需要准确的光源参数，包括位置与方向信息。这就导致其无法应用于诸如露天场景等具有复杂光线的情形中。

（2）纹理恢复形状法

纹理恢复形状法的定义是各种物体表面具有不同的纹理信息，这种信息由纹理元组成，利用物体表面的纹理元确定表面方向进而恢复出表面三维形状。

纹理法的基本理论为：纹理元可以看作是图像区域中具有重复性和不变性的视觉基元，纹理元在各个位置和方向上反复出现。当某个布满纹理元的物体被投射在平面上时，其相应的纹理元也会发生弯折与变化。由纹理元的变化可以对物体表面法向量方向进行恢复。常用的纹理恢复形状方法有三类：利用纹理元尺寸变化、利用纹理元形状变化以及利用纹理元之间关系变化对物体表面梯度进行恢复。例如透视收缩变形使与图像平面夹角越小的纹理元越长，投影变形会使离图像平面越近的纹理元越大。通过对图像的测量来获取变形，进而根据变形后的纹理元，逆向计算出深度数据。纹理恢复形状法对物体表面纹理信息的要求严苛，需要了解成像投影中纹理元的畸变信息，应用范围较窄，只适合纹理特性确定等某些特殊情形。该方法精度较低，而且适用性差，因此在实际使用中较为少见。

（3）立体视觉法

立体视觉法是另外一种常用的三维重建方法。主要包括直接利用测距器获取程距信息、通过一幅图像所提供的信息推断三维形状和利用不同视点上（或不同时间拍摄）的两幅或多幅图像恢复三维信息等三种方式。通过模拟人类视觉系统，基于视差原理获取图像对应点之间的位置偏差，恢复出三维信息。立体视觉系统主要由图像获取、相机模型、特征提取、图像匹配、深度计算、内插等组成。双目立体视觉重建，在实际应用中优于其他基于视觉的三维重建方法，也逐渐出现在一部分商业化产品上。不足的是图像特征匹配算法复杂，而且在基线距离较大的情况下重建效果明显降低。

作为计算机视觉的关键技术之一，立体视觉法也有其弊端。例如，立体视觉需要假设空间的平面是正平面，而实际情况却与此相差甚远。除此之外，匹配还存在歧义性：对于一幅图像上的某些特征点，另外的图像可能存在若干个与之相似的特征点，那么如何选取最适配的匹配点，显得较为棘手。除此之外，对于如相机的标定、大型场景重建需要获取多帧图像等问题，也影响了立体视觉的深层次应用。

7.6.1.2 主动式三维重建技术

主动式三维重建技术是指利用激光、声波、电磁波等光源或能量源发射至目标物体，通过接收返回的光波来获取物体的深度信息。主动测距有飞行时间法、结构光法、莫尔条纹法和三角测距法等方法。

(1) 飞行时间法

现以 Basler ToF 相机为例，介绍飞行时间法的测距原理，见图 23-7-50。

飞行时间法指的是在光速及声速一定的前提下，通过测量发射信号与接收信号的飞行时间间隔来获得距离的方法。这种信号可以是超声波，也可以是红外线等。

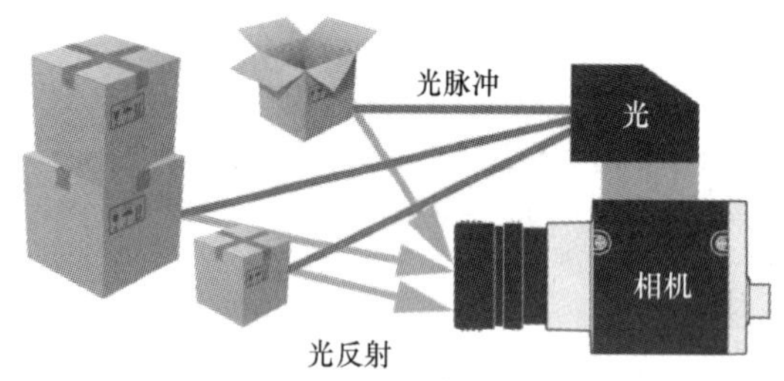

图 23-7-50 Basler ToF 相机工作原理

飞行时间法原理简单，测距速度高，又可避免阴影和遮挡等问题，但也有一定的局限性。首先，飞行时间法相机的分辨率非常低，对信号处理系统的时间分辨有较高要求。为了提高测量精度，实际的飞行时间测量系统往往采用时间调制光束，例如采用正弦调制的激光束，然后比较发射光束和接收光束之间的位相，计算出距离。其次，飞行时间法相机容易受到环境因素的影响，如混合像素、外界光源等，导致景物深度不准确。最后，系统误差与随机误差对测量结果的影响很大，需要进行后期数据处理，主要体现在场景像素点的位置重合上。

Basler ToF 相机是一种工业 3D 相机，其工作原理是脉冲 ToF。它配备了工作在近红外光谱范围 (850nm) 的 8 个大功率 LED，并通过一次拍摄生成 2D 和 3D 数据，所获取的多部分图像包括范围、强度和置信度图。Basler ToF 相机主要特点如表 23-7-4 所示。

表 23-7-4 Basler ToF 相机主要特点

分辨率	640px×480px(NIR)
帧速率	20fps
工作范围	0～13m
精度	±1cm(视场景而定)
接口	完全符合 GigE Vision 和 GenICam 标准
镜头	57°h×43°v
软件	兼容 Windows 和 Linux
备注	易于集成和使用,降低系统总成本

(2) 结构光法

结构光法是一类常用的在采集图像时直接获取深度信息的方法，通过向表面光滑无特征的物体发射具有特征点的光线，依据光源中的立体信息辅助提取物体的深度信息。本方法使用条件：相机和光源要先标定好。该方法的作用：结构光成像不仅能给出空间点的距离 Z（根据成像高度求取物体距离 Z，由此可见成像高度中包含了 3 维的深度信息），同时也能给出沿 Y 方向的物体宽度。

具体过程包括两个步骤：利用激光投影仪向目标物体投射可编码的光束，生成特征点；根据投射模式与投射光的几何图案，通过三角测量原理计算摄像机光心与特征点之间的距离，由此便可获取生成特征点的深度信息，实现模型重建。

这种可编码的光束就是结构光，包括各种特定样式的点、线、面等图案。结构光法解决了物体表面平坦、纹理单一、灰度变化缓慢等问题。因为实现简单且精度较高，所以结构光法的应用非常广泛，目前已有多家公司生产了以结构光技术为基础的硬件设备，如 PrimeSense 公司的 Prime Sensor、微软公司的 Kinect（图 23-7-51）和华硕公司的 Xtion PRO LIVE 等产品。

(3) 莫尔条纹法

自 Meadows 等 1970 年提出莫尔轮廓法以来，在此基础上提出了影像莫尔法、投影莫尔法、扫描莫尔法以及这些方法的改进方法，使莫尔等高线三维测量技术不同程度地达到实用化程度。

① 影像莫尔法的原理如图 23-7-52 所示，光源照射到置于被测物体上的主光栅，其影像投在物体上，物体上 E 与光栅上 C 点的高度差 W 为

$$W=\frac{NP}{\tan\alpha}+\tan\beta \qquad (23\text{-}7\text{-}123)$$

式中，N 为莫尔条纹的阶，如 AD 包含 m 条宽度为 P 的线对，AB 包含 n 条，则 $N=m-n$。影像莫尔法的特点是原理简单，精度高，但由于制造面积较大的光栅很困难，故该方法只适用于小物体的测量。

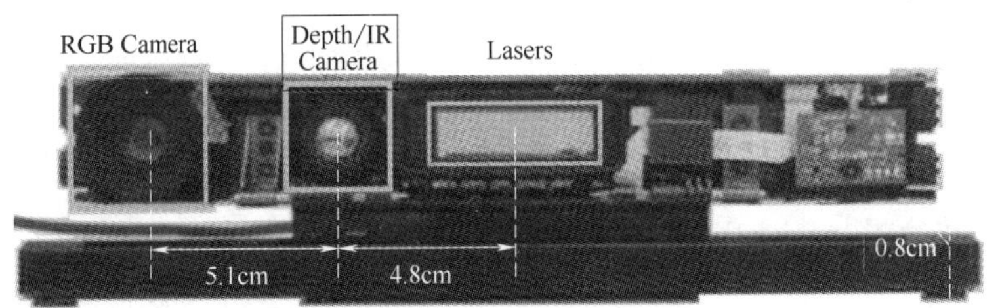

图 23-7-51　微软 kinect v2 外观及硬件资源示意图

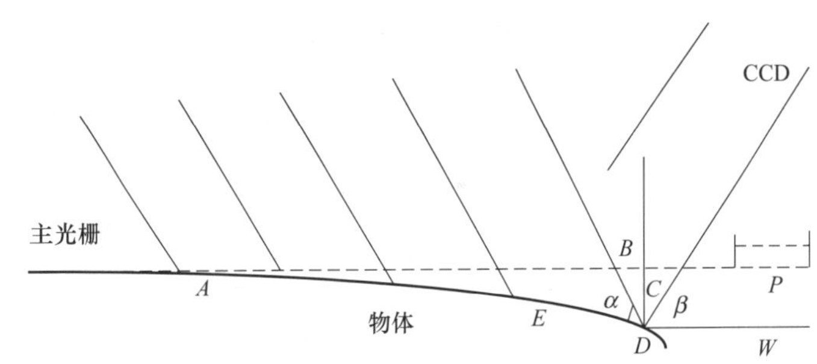

图 23-7-52　影像莫尔法原理图

② 投影莫尔法。这种方法是将光栅投射到被测物体上，然后在观察侧用第二个光栅观察物体表面的变形光栅像，这样就得到莫尔条纹。分析莫尔条纹就可以得到物体的深度信息。该方法的特点是适合于测量较大的物体。

③ 扫描莫尔法。其投影侧与投影莫尔法相同，但在观察侧不用光栅来形成莫尔条纹，而是用电子扫描光栅和变形像叠加生成莫尔等高线。它的优点是利用现代电子技术，可以很方便地改变扫描光栅栅距、位相等。生成不同位相的莫尔等高线条纹图像，便于实现计算机自动处理。其缺点是需要扫描机构，数据获取速度低、稳定性较差、对噪声敏感。

(4) 三角测距法

三角测距法是一种非接触式的测距方法，以三角测量原理为基础。红外设备以一定的角度向物体投射红外线，光遇到物体后发生反射并被 CCD (charge-coupled device，电荷耦合元件) 图像传感器所检测。随着目标物体的移动，此时获取的反射光线也会产生相应的偏移值。根据发射角度、偏移距离、中心矩值和位置关系，便能计算出发射器到物体之间的距离。三角测距法在军工测量、地形勘探等领域中应用广泛。这里阐述单点激光测距原理和线状激光三角测距原理。

① 单点激光测距原理。单点激光测距原理图如图 23-7-53 所示，激光头与摄像头在同一水平线（称为基准线）上，其距离为 s，摄像头焦距为 f，激光头与基准线的夹角为 β。假设目标物体在点状激光器的照射下，反射回摄像头成像平面的位置为点 P。

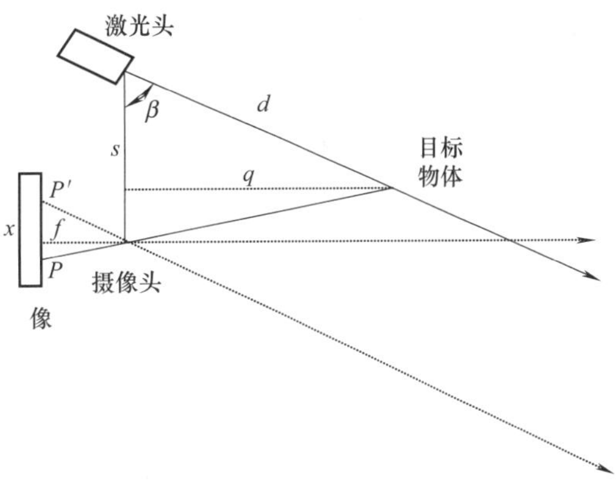

图 23-7-53　单点激光测距示意图

由几何知识可作相似三角形，激光头、摄像头与目标物体组成的三角形，相似于摄像头、成像点 P 与辅助点 P'。P 与辅助点 P'。设 $PP'=x$，q、d 如图 23-7-53 所示，则由相似三角形可得：

$$\frac{f}{x}=\frac{q}{s}\Longrightarrow q=\frac{fs}{x} \tag{23-7-124}$$

可分为两部分计算：

$$X=x_1+x_2=\frac{f}{\tan\beta}+\text{pixelSize}\times\text{position} \tag{23-7-125}$$

其中，pixelSize 是像素单位大小，position 是成像的像素坐标相对于成像中心的位置。最后，可求得距离 d：

$$d=\frac{q}{\sin\beta} \tag{23-7-126}$$

② 线状激光测距原理。将激光光条的中心点 P_1、成像点 P_1'、摄像头、激光头作为基准面，中心点 P_1 就符合单点结构光测距。对于任一点（该点不在基准面上），也可由三角测距得出。

如图 23-7-54 所示，将成像平面镜像到另一侧。其中 P_1'，P_2'和分别是 P_1 和 P_2 的成像位置，对于点 P_2、成像点 P_2'、摄像头、激光头所形成的平面，与基准面存在夹角 θ，也符合单点结构光测距。此时的焦距为 f'，x 的几何意义同单点激光测距原理，L 表示基准线长度。

$$\frac{d'}{L}=\frac{f'}{x} \tag{23-7-127}$$

d'是 P_2 与基准线所成平面上 P_2 到底边的高（类比于单点激光测距原理中的 q）。同样 x 可分为两部分计算：

$$x=\frac{f'}{\tan\beta}+\text{pixelSize}\times\text{position} \tag{23-7-128}$$

上述中的平面与基准面的夹角为 θ：

$$\frac{f'}{f}=\cos\theta \tag{23-7-129}$$

$$\tan\theta=\frac{|P_2'\cdot y-P_1'\cdot y|}{f} \tag{23-7-130}$$

可求得 f'：

$$f'=\frac{f}{\cos\{\arctan[(P_{2'}.y-P_{1'}.y)/f]\}} \tag{23-7-131}$$

7.6.2　基于深度传感器的三维重建流程

下面介绍使用 Kinect 采集景物的点云数据，经过深度图像增强、点云计算与配准、数据融合、表面生成等步骤，完成对景物的三维重建。图 23-7-55 显示的流程表明，对获取到的每一帧深度图像均进行前六步操作，直到处理完若干帧。最后完成纹理映射。

7.6.2.1　相关概念

（1）彩色图像与深度图像

彩色图像也叫作 RGB 图像，R、G、B 三个分量对应于红、绿、蓝三个通道的颜色，它们的叠加组成了图像像素的不同灰度级。深度图像又称为距离图像，与灰度图像中像素点存储亮度值不同，其像素点存储的是该点到相机的距离，即深度值。图 23-7-56 表示深度图像与灰度图像之间的关系。

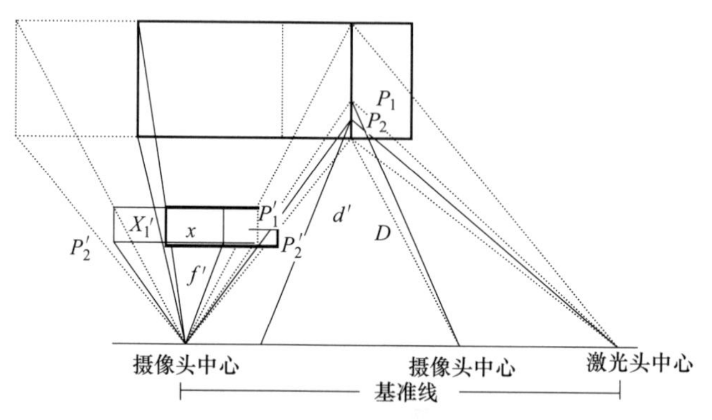

图 23-7-54　线状激光三角测距示意图

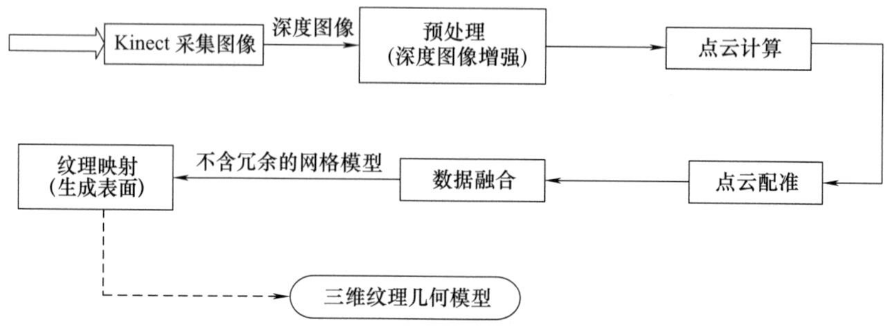

图 23-7-55　基于深度传感器的三维重建流程图

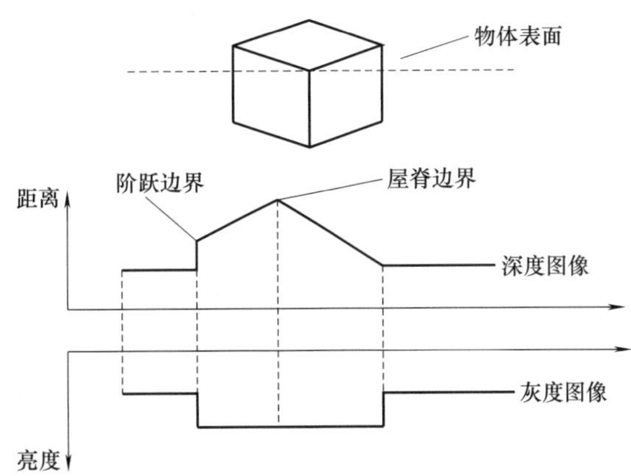

图 23-7-56　深度图像与灰度图像的关系图

深度值指目标物体与测量器材之间的距离。由于深度值的大小只与距离有关，而与环境、光线、方向等因素无关，所以深度图像能够真实准确地体现景物的几何深度信息。

(2) PCL

PCL（point cloud library，点云库）是由斯坦福大学的 Dr. Radu 等基于 ROS（robot operating system，机器人操作系统）下开发与维护的开源项目，最初被用来辅助机器人传感、认知和驱动等领域的开发。2011 年 PCL 正式向公众开放。随着对三维点云算法的加入与扩充，PCL 逐步发展为免费、开源、大规模、跨平台的 C++编程库。

PCL 实现了大量点云相关的通用算法和高效数据结构，涉及点云获取、滤波、分割、配准、检索、特征提取、识别、追踪、曲面重建、可视化等。架构图见图 23-7-57。支持多种操作系统平台，可在 Windows、Linux、Android、Mac OS X、部分嵌入式实时系统上运行。如果说 OpenCV 是 2D 信息获取与处理的结晶，那么 PCL 就在 3D 信息获取与处理上具有同等地位。现在的 PCL 相较于早期的版本，加入了更多新鲜、实用、有趣的功能，为点云数据的利用提供了模块化、标准化的解决方案。再通过诸如图形处理器、共享存储并行编程、统一计算设备架构等高性能技术，提升 PCL 相关进程的速率，实现实时性的应用开发。

在算法方面，PCL 是一套包括数据滤波、点云配准、表面生成、图像分割和定位搜索等一系列处理点云数据的算法。每一套算法都是通过基类进行划分的，试图把贯穿整个处理环节的所有常见功能整合在一起，从而保证了算法实现过程的紧凑性、可重用性和可执行性。

图 23-7-57　PCL 架构图

① 创建处理对象，例如滤波、特征估计、图像分割等；

② 通过“Set InputCloud”输入初始点云数据，进入处理模块；

③ 设置算法相关参数；

④ 调用不同功能的函数实现运算，并输出结果。

为了实现模块化的应用与开发，PCL 被细分成多组独立的代码集合，因此，可方便快捷地应用于嵌入式系统中，实现可移植的单独编译。以下列举了部分常用的算法模块。

libpcl filters：如采样、去除离群点、特征提取、拟合估计等数据实现过滤器。

libpcl features：实现多种三维特征，如曲面法线、曲率、边界点估计、矩不变量、主曲率，PFH 和 FPFH 特征，旋转图像、积分图像，NARF 描述子，RIFT，相对标准偏差，数据强度的筛选等。

libpcl I/O：实现数据的输入和输出操作，例如点云数据文件（PCD）的读写。

libpcl segmentation：实现聚类提取，如通过采样一致性方法对一系列参数模型（如平面、柱面、球面、直线等）进行模型拟合点云分割提取，提取多边形棱镜内部点云等。

libpcl surface：实现表面重建技术，如网格重建、凸包重建、移动最小二乘法平滑等。

libpcl register：实现点云配准方法，如 ICP 等。

libpclkeypoints：实现不同的关键点的提取方法，这可以用来作为预处理步骤，决定在哪儿提取特征描述符。

libpcl range：实现支持不同点云数据集生成的范围图像。

此类常用的算法模块均具有回归测试功能，以确保使用过程中没有引进错误。测试一般由专门的机构负责编写用例库。检测到回归错误时，会立即将消息反馈给相应的作者，因此能提升 PCL 和整个系统的安全稳定性。

(3) 点云数据

点云数据通常出现在逆向工程中，是由测距设备获取的物体表面的信息集合。其扫描资料以点的形式进行记录，这些点既可以是三维坐标，也可以是颜色或者光照强度等信息。通常使用的点云数据包括点坐标精度、空间分辨率和表面法向量等内容。点云一般以 PCD 格式进行保存，这种格式的点云数据可操作性较强，同时能够提高点云配准融合的速度。

(4) 坐标系

在三维空间中，所有的点必须以坐标的形式来表示，并且可以在不同的坐标系之间进行转换。首先介绍基本坐标系的概念、计算及相互关系。

① 图像坐标系。图像坐标系分为像素和物理两个坐标系种类。数字图像的信息以矩阵形式存储，即一副像素的图像数据存储在维矩阵中。图像像素坐标系以为原点、以像素为基本单位，U、V 分别为水平、垂直方向轴。图像物理坐标系以摄像机光轴与图像平面的交点作为原点、以米或毫米为基本单位，其 X、Y 轴分别与 U、V 轴平行。

② 摄像机坐标系。摄像机坐标系如图 23-7-58 所示，其中，O 点称为摄像机光心，轴 X_C 和轴 Y_C 与成像平面坐标系的 X 轴和 Y 轴平行，轴 Z_C 为摄像机的光轴，与图像平面垂直。光轴与图像平面的交点为图像主点 O'。

③ 世界坐标系。考虑到摄像机位置具有不确定性，因此有必要采用世界坐标系来统一摄像机和物体的坐标关系。世界坐标系由原点及 X_W、Y_W、Z_W 三条轴组成。

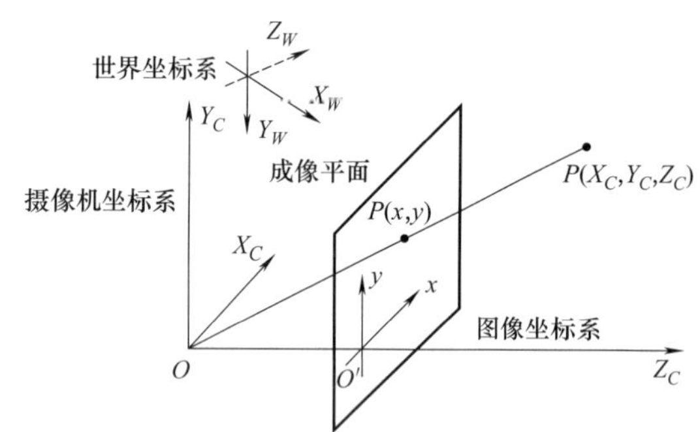

图 23-7-58　基本坐标系相互关系示意图

7.6.2.2　具体流程

基于深度传感器的三维重建步骤如下。

(1) 深度图像的获取

深度图像也叫距离影像，是指将从图像采集器到场景中各点的距离（深度）值作为像素值的图像。获取方法有：激光雷达深度成像法、计算机立体视觉成像、坐标测量机法、莫尔条纹法、结构光法。

当一束激光照射到物体表面时，所反射的激光会携带方位、距离等信息。若将激光束按照某种轨迹进行扫描，便会边扫描边记录到反射的激光点信息，由于扫描极为精细，则能够得到大量的激光点，因而就可形成激光点云。点云格式有“*.las”“*.pcd”“*.txt”等。

深度图像经过坐标转换可以计算为点云数据，有规则及必要信息的点云数据可以反算为深度图像。这里由微软 Kinect 拍摄获取景物的深度图像，同时可以获取其对应的彩色图像，如图 23-7-59 所示。为了

(a) 彩色图像

(b) 深度图像

图 23-7-59　Kinect 获取的彩色图像和深度图像对比示意图

获取足够多的图像，需要变换不同的角度来拍摄同一景物，以保证包含景物的全部信息。

Kinect v1 和 Kinect v2 预览版的最小运行环境比较，如表 23-7-5 所示。

表 23-7-5　Kinect v1 和 Kinect v2 预览版的最小运行环境比较表

比较项目	Kinect v1	Kinect v2 预览版
OS	Windows7 以后	Windows8 以后
编译器(Compiler)	Visual Studio 2010 以后	Visual Studio 2012 以后
接线端子(Connector)	USB2. 0	USB3. 0
CPU	Dual-Core 2. 66GHz	Dual-Core 2. 66GHz
GPU	DirectX 9. 0c	DirectX 11. 0c
RAM	2. 0GBytes	2. 0GBytes

(2) 预处理

受到设备分辨率等限制，它的深度信息也存在着许多缺点。为了更好地促进后续基于深度图像的应用，必须对深度图像进行去噪和修复等图像增强处理。

(3) 点云计算

预处理后的深度图像具有二维信息，像素点的值是深度信息，表示物体表面到 Kinect 传感器之间的直线距离，以毫米为单位。以摄像机成像原理为基础，可以计算出世界坐标系与图像像素坐标系之间的转换关系。

(4) 点云配准

对于多帧通过不同角度拍摄的景物图像，各帧之间包含一定的公共部分。为了利用深度图像进行三维重建，需要对图像进行分析，求解各帧之间的变换参数。深度图像的配准是以场景的公共部分为基准，把不同时间、角度、照度获取的多帧图像叠加匹配到统一的坐标系中。计算出相应的平移向量与旋转矩阵，同时消除冗余信息。点云配准除了会制约三维重建的速度，也会影响到最终模型的精细程度和全局效果。因此必须提升点云配准算法的性能。下面介绍几种点云配准算法。

① 迭代最近点（iterative closest point，ICP）算法简单且计算复杂度低，使它成为受欢迎的刚性点云配准方法。ICP 算法以最近距离标准为基础迭代地分配对应关系，并且获得关于两个点云的刚性变换最小二乘。然后重新决定对应关系并继续迭代直到到达最小值。目前有很多点云配准算法都是基于 ICP 的改进或者变形，主要改进了点云选择、配准到最小控制策略算法的各个阶段。ICP 算法虽然因为简单而被广泛应用，但是它易于陷入局部最大值。ICP 算法严重依赖初始配准位置，它要求两个点云的初始位置必须足够近，并且当存在噪声点、外点时可能导致配准失败。

② 第二类点云配准算法应用了稳健统计和测量方法。应用核密度估计，将点云表示成概率密度，产生了核心相关（kernel correlation，KC）算法。这种计算最优配准的方法通过设置两个点云间的相似度测量来减小它们的距离，对全局目标函数执行最优化算

第23篇

法，使目标函数值减小到收敛域。因为一个点云中的点必须和另一个点云中的所有点进行比较，所以这种方法的算法复杂度很高。

③ 为了克服 ICP 算法对初始位置的局限性，基于概率论的方法被研究出来。Gold 提出了鲁棒点匹配（robust point matching，RPM）算法及其改进算法。RPM 算法既可以用于刚性配准，也可以用于非刚性配准。该算法在存在噪声点或者某些结构缺失时，配准可能失败。

④ 第四类算法是称为形状描述符的点云配准框架，这类配准方法在初始位置很差的情况下也能很好地实现配准。它配准的前提是假设了一个点云密度，在没有这个特殊假设的情况下，如果将一个稀疏的点云匹配到一个稠密的点云，这种匹配方法将失败。

⑤ 第五类点云配准方法是基于滤波的方法。Ma 和 Ellis 首先提出了使用 U-粒子滤波（unscented particle filter，UPF）的点云配准算法。尽管这种算法能够精确地配准较小的数据集，但是它需要大量的粒子来实现精确配准。由于存在巨大的计算复杂度，这种方法不能用于大型点云数据的配准。为了解决这个问题，U-卡尔曼滤波（unscented kalman filter，UKF）算法被提出来了，这种方法受到了状态向量是单峰假设的限制，因此，对于多峰分布的情况，这种方法会配准失败。

（5）数据融合

经过配准后的深度信息仍为空间中散乱无序的点云数据，仅能展现景物的部分信息。因此必须对点云数据进行融合处理，以获得更加精细的重建模型。以 Kinect 传感器的初始位置为原点构造体积网格，网格把点云空间分割成极多的细小立方体，这种立方体叫做体素。通过为所有体素赋予有效距离场值，来隐式地模拟表面。基于空间体的点云融合示意图如图 23-7-60 所示。

SDF 值等于此体素到重建表面的最小距离值。当 SDF 值大于零，表示该体素在表面前；当 SDF 小于零时，表示该体素在表面后；当 SDF 值越接近于零，表示该体素越贴近于场景的真实表面。KinectFusion 技术虽然对场景的重建具有高效实时的性能，但是其可重建的空间范围却较小，主要体现在消耗了极大的空间用来存取数目繁多的体素。

为了解决体素占用大量空间的问题，Curless 等人提出了 TSDF（truncated signed distance field，截断符号距离场）算法。该方法只存储距真实表面较近的数层体素，而非所有体素，因此能够大幅降低 KinectFusion 的内存消耗，减少模型冗余点。

TSDF 算法采用栅格立方体代表三维空间，每个栅格中存放的是其到物体表面的距离。TSDF 值的正负分别代表被遮挡面与可见面，而表面上的点则经过零点，上图中左侧展示的是栅格立方体中的某个模型。若有另外的模型进入立方体，则按照一定公式实现融合处理。

（6）表面生成

表面生成的目的是构造物体的可视等值面，常用体素级方法直接处理原始灰度体数据。Lorensen 提出了经典体素级重建算法：移动立方体法。移动立方体法首先将数据场中八个位置相邻的数据分别存放在一个四面体体元的八个顶点处。对于一个边界体素上一条棱边的两个端点而言，当其值一个大于给定的常数 T，另一个值小于 T 时，则这条棱边上一定有等值面的一个顶点。

然后计算该体元中十二条棱和等值面的交点，并构造体元中的三角面片，所有的三角面片把体元分成了等值面内与等值面外两块区域，最后连接此数据场中的所有体元的三角面片构成等值面。合并所有立方体的等值面便可生成完整的三维表面。

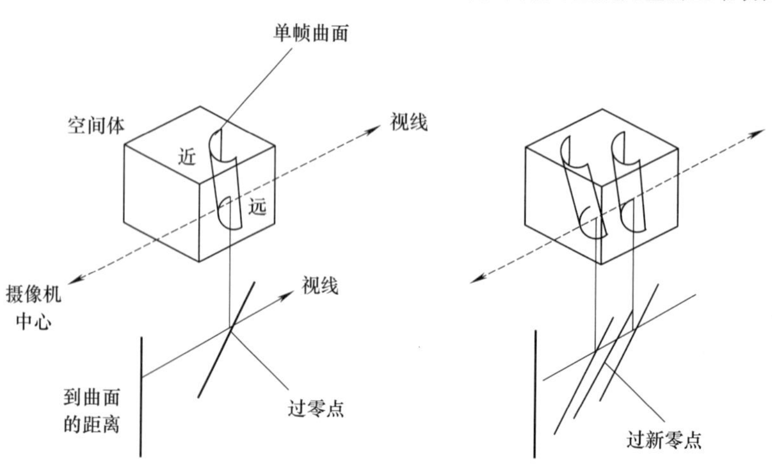

图 23-7-60　基于空间体的点云融合

7.7 机器人视觉技术应用

机器视觉伴随着 CCD/CMOS 传感技术、计算机技术、嵌入式技术、现场总线技术的发展，机器视觉技术已经逐步发展成为工业自动化生产过程中不可或缺的关键组成子系统。机器视觉系统被应用于各行业的生产设备中，助力行业设备升级，提高生产线工艺水平，提升产品的质量和成品率，是现代工业的核心技术之一。机器视觉技术已经被广泛应用于触摸屏、FPD、激光加工、太阳能、半导体、PCB、SMT、机器人与工厂自动化、食品饮料、制药、消费电子产品加工、汽车制造等行业。这里介绍机器视觉应用实例。

7.7.1 消防机器人视觉感知技术

消防机器人是一类承担特殊任务的移动机器人，能够代替消防员进入有毒、浓烟、高温、缺氧、坍塌、狭小空间等火灾事故现场，承担侦查检验、排烟降温、搜索救人、灭火等任务，起到加强消防员安全、增强救援能力的重大作用。

环境感知是实现消防机器人智能化的关键技术之一。环境感知包括“感觉”即通过传感器获取周围环境信息和“知道与理解”即信息的融合与利用两个部分。

在各种环境感知方式中，基于视觉传感器的视觉感知具有的较大优势。首先，类似于人类主要通过眼睛观察世界获得环境信息，视觉传感器所获取的图像数据同样包含大量信息（如实质性、空间和时间信息），并且在信息量上远超过其他非视觉感知方式；其次，不同于红外、激光、声呐等非视觉感知方式，视觉感知不向环境发射光或波，因而在获取环境数据时不会改变环境；第三，随着技术的进步和价格的快速下降，即使最为昂贵的视觉传感器也相对经济实惠，在成本上具有很好的可行性；第四，以各类高性能处理器为核心的视觉信息处理系统的计算能力已较为强大，对图像数据的处理日益充分，使得视觉感知在功能上不断得到扩展和深化。因此，视觉感知作为一种重要的环境感知手段得到了消防机器人研究者的广泛重视。

近年来，消防机器人的视觉感知技术得到了迅速发展，但仍然存在诸多不足，主要包括以下几方面。

① 在视觉系统的构建上主要使用同源视觉传感器（且主要为可见光摄像机）。由于缺乏不同类视觉传感器间的互补性和冗余性，成像系统往往受制于特定类型视觉传感器的固有缺陷，导致对环境信息的采集不够充分。例如，尽管可见光摄像机能够获得丰富的色彩、细节等信息，但在烟雾浓度较高、照度不佳的环境下探测性能会严重退化甚至失效．红外热像仪虽能较好克服低照度的影响，但获取红外热图像的质量不高。

② 对视觉感知算法的研究在广度和深度方面均有不足，导致消防机器人分析理解环境信息的能力仍然薄弱。广度方面，诸如火场人员识别与跟踪，火场地形分析、火情态势分析等方面的视觉感知算法虽然有研究者涉及，但总体处于相对空白的状态．深度方面，由于消防机器人工作环境的复杂性，包括火焰检测在内的许多现有算法的性能仍有较大的提升空间。

③ 视觉信息处理系统的计算能力仍有待提升。消防机器人分析和理解环境信息能力的增强往往要求在实时性约束下实现对图像/视频这类大数据作更为充分的计算处理，因而对视觉信息处理系统的计算能力提出了越来越高的要求。为此，需要在增强电路与系统运算能力、改进感知算法性能、优化代码运行效率等方面作进一步努力。

因此，统筹运用单目相机、双目相机、红外相机等多种感知手段构建更为完善的视觉感知系统，增强采集环境信息的能力；同时加强对火场中的人体、火焰、地形等重要环境对象的视觉感知算法研究，提高消防机器人分析理解环境信息的能力，同时提升系统实时性是消防机器人视觉感知技术未来发展的方向。

7.7.2 基于机器视觉的工业机器人分拣技术

工业生产过程中，流水生产线是一常见的生产模式。在流水生产线上，分拣作业是重要的一个环节，主要是将多个类型的物料或者工件通过分类并按照物料的类型将其放置在相应的位置。工业机器人分拣技术的应用能够有效减少人力资源的使用，同时提升分拣工作的准确性，提高流水生产线的生产效率，进而提升生产企业的经济效益，促进其发展。

(1) 基于机器视觉的工业机器人分拣系统构成

常见的基于机器视觉的工业机器人分拣系统（见图 23-7-61）主要由以下几部分组成：六自由度工业机器人、工业相机、相机支架、传送带以及物料放置槽等。工业机器人是垂直多关节型机器人，主要有 AC 伺服控制器、输入输出信号转换器以及抓取构件组成，能够对物料或者工件进行吸取、抓取、装备、搬运、拆解以及测量等操作。机器视觉系统主要由工业相机、视觉控制器以及监视显示器等组成，能够检测出工件或者物料的数量、形状以及颜色等特性。它还可以实时检测工件的装配效果，然后通过串行总线

第
23
篇

连接到机器人控制器或者流水线的 PLV 控制系统中，进而指挥机器人进行分拣操作。此外，在工业机器人分拣系统中，还必须要有 PLC 可编程控制器单元，它主要是用来控制工业机器人或者电机等设备来执行相关操作、处理检测信号、管理生产过程中的数据传输和生产流程等工作。

图 23-7-61　基于机器视觉的工业机器人分拣系统

(2) 基于机器视觉的工业机器人分拣工作流程

在生产流水线运行过程中，首先要借助工业相机对传送带上已经进入工作区域的物料或工件进行图像采集，之后由计算机对图像进行分析和处理，传递并识别、定位物料及工件的具体位置，然后对目标物料建立坐标系，根据该坐标系和机器人坐标系之间的关系，引导工业机器人进行准确分拣和抓取操作，并且能够将正确的物料放置到槽中。

可以将生产流水线的分拣作业分为以下四个步骤：定位、识别、抓取以及放置。如图 23-7-62 所示。

(3) 基于机器视觉的工业机器人分拣技术分析

工业机器人分拣系统主要是为了实现机器人的自动化分拣工作。工业机器人分拣系统中的分拣技术主要包括以下几点。

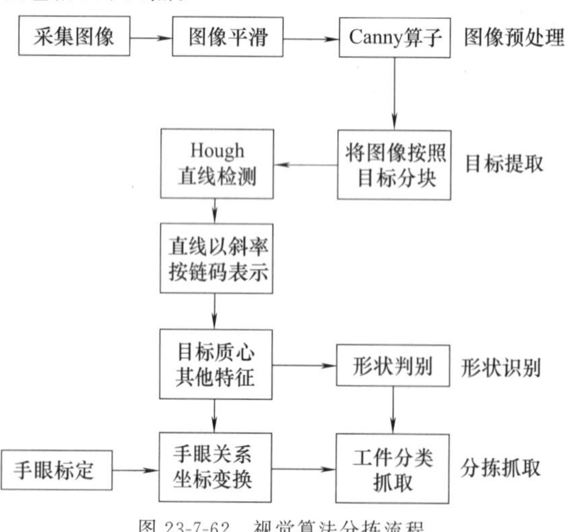

图 23-7-62　视觉算法分拣流程

① 相机标定。机器视觉中 CCD 摄像头的作用是采集目标图像，摄像头选用 DALSA 公司生产的 GM1400 千兆以太网工业相机（见图 23-7-63）。相机内参数为：焦距：4.2864mm；精度：1.3020mm/像素（长）、精度：0.9765mm/像素（宽）；焦距：5mm；精度：1.116mm/像素。为了方便计算，可以近似认为 1 像素为 1mm。

图 23-7-63　加拿大 DALSA 公司工业相机

在工业机器人分拣系统中，物料进入传送带工作区域后的第一步是进行相机标定，是机器视觉基础下工业机器人分拣工作的基础。如果没有进行相机标定工作，就不能实现机器视觉。相机标定是为了为工业机器人以及传送带上的物料或者工件分别建立出空间位置坐标系和图像坐标系，然后探讨并分析二者存在的联系，通过分析相机标定的相关结果，判断工业机器人以及目标物料或工件在坐标系中的准确位置，使得工业机器人能够在分拣过程中准确抓取到目标物料或工件，进而保证流水生产线的顺利运行。

② 工件的识别和定位。在整个系统运行过程中，工件的识别和定位是否正确将直接影响机器人分拣操作的质量。这两项工作多是以通过图像匹配技术来实现，可以根据匹配基元的不同将物料分为特征匹配、相位匹配以及区域匹配。其中，特征匹配和灰度之间的依赖程度较弱，因而被广泛应用。如图 23-7-64 所示。

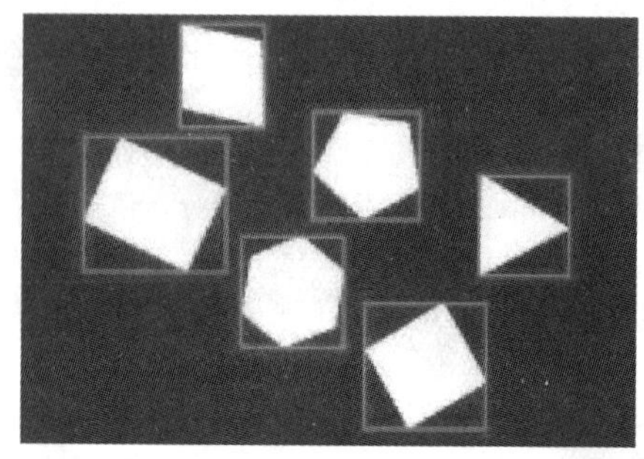

图 23-7-64　检测的工件边缘

③ 工业机器人的运动控制。在完成工件的检测、识别以及定位出相关工件的坐标后，要将机器人坐标系和图像坐标系进行转换，然后控制工业机器人的操

作轨迹，使其能够完成分拣任务，更加准确地将目标工件放置在相应位置。在工业机器人抓取工件或者物料的时候，首先必须要确定物料放置槽的坐标，然后记录每个工件的空间坐标所对应的全局变量。编写机器人控制程序软件，进而控制工业机器人进行分拣操作。首先打开工业相机，启动拍照功能对工件或者物料、场景等进行拍照，然后借助图像处理模块和坐标转化函数获得工件坐标，由计算机向机器人发布运行指示，在工件由传送带传输到机器人下方时，采用机械臂抓取或者吸取工件，然后调转到物料放置槽上方，将工件放置其中，进而实现物料或者工件的分拣工作。

7.7.3　苹果采摘机器人视觉感知技术

视觉系统是苹果采摘机器人的重要组成部分，机器人进行采摘任务过程中最关键环节之一是苹果目标的识别与定位。因此，苹果采摘机器人必须解决苹果目标的快速识别和准确定位两大难题。

苹果采摘机器人一般由移动机构、机械手、控制系统、视觉系统、末端执行器等组成，主要用于采摘成熟苹果。

苹果采摘机器人进行采摘作业时，首先要利用其视觉系统获取苹果目标的数字化图像，然后将图像中苹果目标与枝、叶、土壤、天空等背景区域分开，并对苹果目标的颜色、纹理、形状等特征进行分析，在识别出苹果目标后确定果实在机器人坐标系中的位置，然后由机器人驱动其机械手及末端执行器进行采摘。由此可见，采摘机器人的首要任务是利用视觉系统进行成熟苹果目标的识别与定位。

（1）苹果采摘机器人中的视觉系统

苹果采摘机器人视觉系统（图 23-7-65）一般由图像获取部分、图像处理分析部分以及输出或显示部分组成，其主要任务是获取苹果的数字化图像，对获取的图像进行图像处理，苹果目标的识别与定位及枝干等障碍物的识别与定位等。苹果采摘机器人的机器视觉技术可以分为一维成像视觉技术、二维成像视觉技术和三维成像视觉技术。视觉系统中根据所使用图像传感器个数的不同可分为单目视觉技术、双目视觉技术和多目视觉技术。视觉检测技术往往结合人工光源或光学滤波器一起使用，以避免自然光在果实目标表面产生阴影而导致的目标识别不准确等问题。

（2）视觉系统结构优化

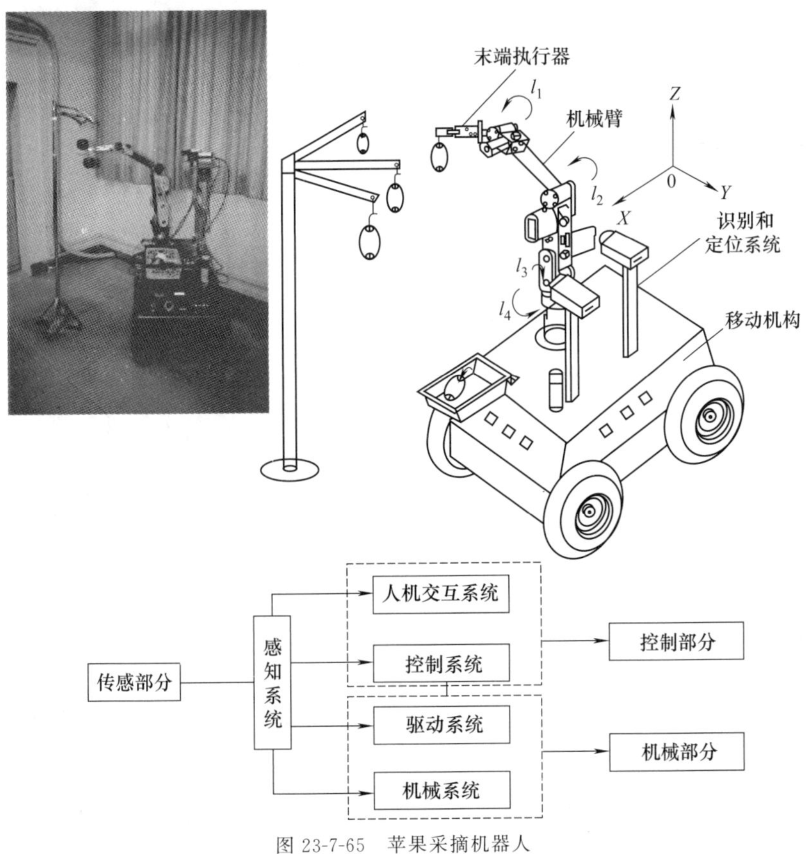

图 23-7-65　苹果采摘机器人

第23篇

为了减少对苹果的损坏，苹果采摘机器人视觉系统对精度要求非常严格。由于苹果采摘机器人的工作环境中存在自然光照变化、图像采集时的顺光逆光、阴天晴天、枝叶等物体在苹果表面形成阴影等情况，造成自然光线下单纯利用视觉系统识别苹果目标比较困难。因此，借鉴医学上的无影灯原理，在视觉系统中加入主动光源和遮光装置可以减少上述情况产生的影响。

(3) 智能算法优化

苹果采摘机器人视觉系统中现有的枝干等障碍物和苹果目标分割、识别、定位算法的准确性还有待提高，枝干等障碍物及各种天气、不同光照条件以及颜色不均匀、阴影、振荡、重叠、遮挡等影响下的果实目标智能识别定位算法还需要进一步优化。视觉注意机制具有对局部突出的图像特征进行关注的特点，将视觉注意机制应用到苹果图像处理中，可只保留图像中的重要信息（如苹果目标）并进行处理，有望大大提高图像分析处理的效率和准确度。另外，深度学习是建立、模拟人脑进行分析学习的神经网络，模仿人脑的机制来解释图像等数据，深度学习理论为重叠及遮挡影响下苹果目标的识别定位提供了方向。

现有苹果采摘机器人视觉系统的实时性较低，苹果采摘机器人的工作效率对整个苹果产业有着至关重要的影响，视觉系统的实时性是制约苹果采摘机器人工作效率的重要因素。苹果采摘机器人在果园进行采摘时，风力或果实的采摘作业都会引起苹果目标的振荡，由于果实目标振荡的随机性与复杂性，导致现有振荡苹果目标的识别与定位算法的准确性、稳定性略低，如何快速、准确地对振荡影响下的苹果目标进行识别与定位亦是主要研究内容之一。

苹果采摘机器人在果园进行实际采摘作业时，由于果园的地面不平，苹果采摘机器人在行走时，视觉系统往往会受到振动等干扰，目前大多数视觉系统中均用图像处理算法进行分析，然而在视觉系统受振动影响的情况下，利用采集的图像序列是否能够准确地进行苹果目标的识别与定位尚待进一步研究。

第 8 章　工业机器人典型应用

工业机器人应用遍及汽车、工程机械、电子电器、半导体、塑料化工、医药食品等行业，在一些低端制造和劳动密集型行业机器人更具有潜在的广阔应用市场。这里介绍几种典型工业机器人的应用。

8.1　焊接机器人

焊接机器人是通过末端装接焊钳或焊枪，能够进行焊接、切割或热喷涂等作业的工业机器人。

8.1.1　焊接机器人的分类及特点

目前，实际生产中所使用的焊接机器人基本上都是关节型机器人，绝大部分有 6 个轴，焊接机器人应用比较普遍的主要有 3 种：点焊机器人、弧焊机器人和激光焊接机器人，见图 23-8-1。

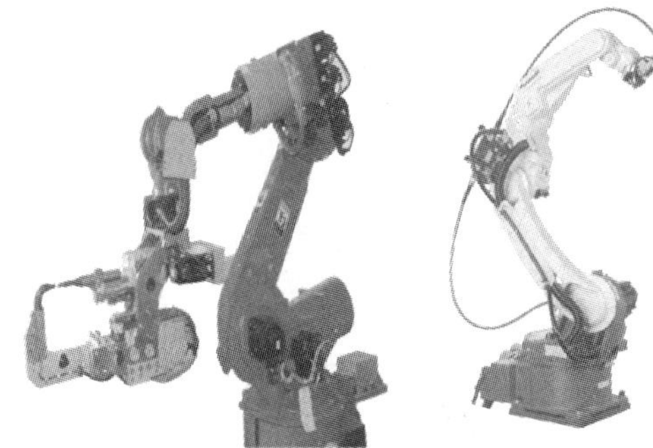

(a) 点焊机器人　　(b) 弧焊机器人

(c) 激光焊接机器人

图 23-8-1　焊接机器人分类

焊接机器人主要有以下特点。

① 提升自动化水平；

② 减少投资，简化生产，提升效率；

③ 质量稳定，焊缝成型好，焊接缺陷小；

④ 安全系数高，柔性化程度高；

⑤ 可降低工人的劳动强度及操作技术要求。

点焊机器人是用于点焊自动作业的工业机器人，其末端握持的作业工具是焊钳。

表 23-8-1 列举了在生产现场常用的点焊机器人的分类、特点和用途。

表 23-8-1　点焊机器人的分类、特点和用途

分类	特点	用途
垂直多关节型(落地式)	工作空间安装面积之比大，承载多数为 1000N 左右，有时附加外部轴	增强焊点作业
垂直多关节型(悬挂式)	工作空间均在机器人的下方	车体的拼接作业
直角坐标型	多数为 3、4、5 轴，价格便宜	连续直线焊缝
定位焊接用机器人(单向加压)	能承受 500kgf 加压反力的高刚度机器人，有些机器人本身带加压作业功能	车身底板定位焊

点焊机器人的主要技术参数见表 23-8-2。

表 23-8-2　点焊机器人的主要技术参数

结构形式	关节型、直角坐标型、极坐标型、组合式等
轴数	一般 6 轴，6 轴以上为附加外部轴
重复定位精度/mm	一般为±0.5，范围为±(0.1～1)
负载/N	一般为 600～1000，范围为 5～2500
驱动方式	一般为交流伺服，少数为直流伺服或电液伺服

弧焊机器人是用于弧焊自动作业的工业机器人，其末端持握的工具是弧焊作业用的焊枪。

弧焊机器人的主要技术参数见表 23-8-3。

表 23-8-3　弧焊机器人的主要技术参数

结构形式	空间关节型、直角坐标型、门式结构等
轴数	一般 6 轴，最多达 12 轴(6 个附加轴)
重复定位精度/mm	一般±(0.1～0.2)，范围为±(0.01～0.5)
负载/N	一般为 50～150，范围为 25～2500
驱动方式	直流伺服、交流伺服驱动

激光焊接机器人是用于激光焊自动作业的工业机

器人，其末端握持的工具是激光加工头。

激光焊接机器人的主要技术参数见表 23-8-4。

表 23-8-4　激光焊接机器人的主要技术参数

结构形式	一般空间关节型
轴数	一般 6 轴
重复定位精度/mm	一般≤0.1
负载/N	300～500
驱动方式	直流伺服，交流伺服驱动

8.1.2　焊接机器人的系统组成

焊接机器人是包括各种焊接附属装置及周边设备在内的柔性焊接系统，而不只是一台以规划的速度和姿态携带焊接工具移动的机器人单机。

8.1.2.1　点焊机器人

点焊机器人主要由操作机、控制系统和点焊焊接系统三部分组成，如图 23-8-2 所示。操作者可通过示教器和操作面板进行点焊机器人运动位置和动作程序的示教，设定运动速度、点焊参数等。点焊机器人按照示教程序规定的动作、顺序和参数进行点焊作业，其过程是完全自动化的。

点焊机器人控制系统由本体控制和焊接控制两部分组成，本体控制部分主要是实现机器人本体的运动控制；焊接控制部分则负责对点焊控制器进行控制，发出焊接开始指令，自动控制和调整焊接参数（如电流、压力、时间），控制焊钳的行程大小及夹紧/松开动作。

机器人点焊用焊钳种类繁多，从外形结构上有 C 型和 X 型两种，如图 23-8-3 所示。C 型焊钳用于点焊垂直及近于垂直倾斜位置的焊点，X 型焊钳则主要用于点焊水平及近于水平倾斜位置的焊点。

按电极臂加压驱动方式，点焊机器人焊钳又分为气动焊钳和伺服焊钳两种。

① 气动焊钳。气动焊钳是目前点焊机器人比较常用的，如图 23-8-4（a）所示。它利用气缸来加压，一般具有 2～3 个行程，电极可做完全大开、小开和闭合 3 个动作，电极压力一旦调定是不能随意变化的。

② 伺服焊钳。采用伺服电机驱动完成焊钳的张开和闭合，因此其张开度可以根据实际需要任意选定并预置，电极间的压紧力也可以无级调节，如图 23-8-4（b）所示。

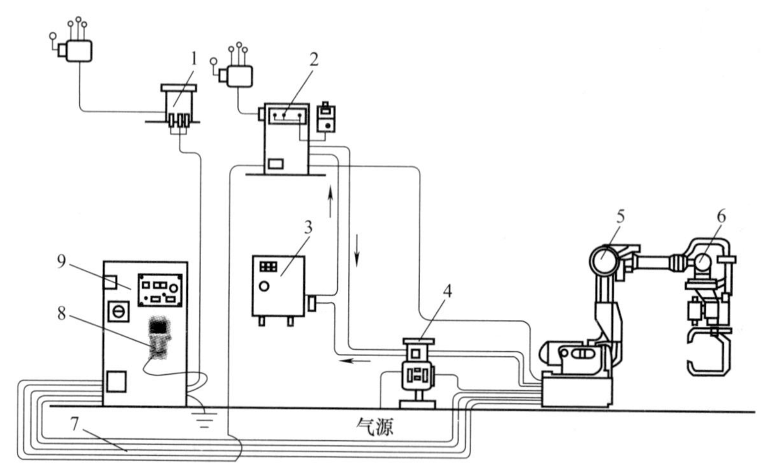

图 23-8-2　点焊机器人系统组成

1—机器人变压器；2—焊接控制器；3—水冷机；4—气/水管路组合体；5—操作机；6—焊钳；7—供电及控制电缆；8—示教器；9—控制柜

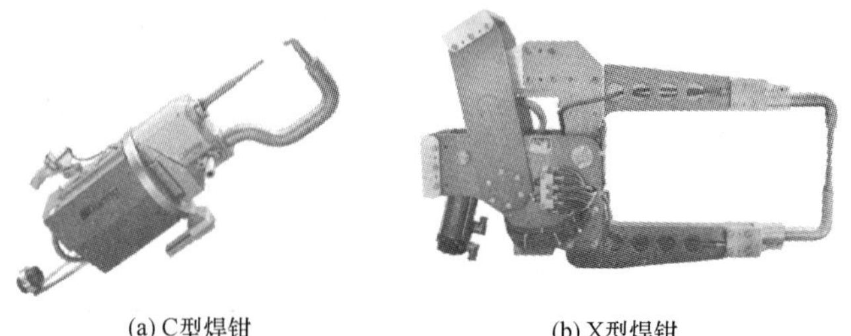

(a) C型焊钳　(b) X型焊钳

图 23-8-3　点焊机器人焊钳

(a) 气动焊钳

(b) 伺服焊钳

图 23-8-4　点焊机器人焊钳

与气动焊钳相比，伺服焊钳的优点有提高工件的表面质量；提高生产效率；改善工作环境。

依据阻焊变压器与焊钳的结构关系，点焊机器人焊钳可分为分离式、内藏式和一体式三种，其优、缺点见表 23-8-5。

表 23-8-5　不同焊钳结构形式优、缺点

结构形式	优　点	缺　点
分离式焊钳	机器人负载小，运动速度高，价格便宜	阻焊变压器容量大，电力损耗大，能源利用率低
内藏式焊钳	二次电缆短，变压器容量小	机器人本体结构复杂
一体式焊钳	阻焊变压器输出端直接连到焊钳的电极臂上，节省能量	焊钳重量大，体积大，易引起过载

① 分离式焊钳。阻焊变压器与钳体相分离，钳体安装在机器人机械臂上，而阻焊变压器挂在机器人上方，可在轨道上沿机器人手腕移动的方向移动，两者之间用二次电缆相连，如图 23-8-5（a）所示。

② 内藏式焊钳。将阻焊变压器安放到机器人机械臂内，使其尽可能接近变压器的二次电缆，并可以在内部移动，如图 23-8-5（b）所示。

③ 一体式焊钳。将阻焊变压器和钳体安装在一起，然后共同固定在机器人机械臂末端法兰盘上，如图 23-8-5（c）所示。

点焊机器人焊钳主要以驱动和控制两者组合的形式来区分，可以采用工频气动式、工频伺服式、中频气动式、中频伺服式。其中，工频气动式机器人焊钳以成本低、技术相对成熟，应用最多，中频气动式机器人焊钳应用也比较广泛，特别是在焊钳结构较大或超大时，基本采用此种形式。

8.1.2.2　弧焊机器人

弧焊机器人的组成与点焊机器人基本相同，主要是由操作机、控制系统、弧焊系统和安全设备几部分组成，如图 23-8-6 所示。

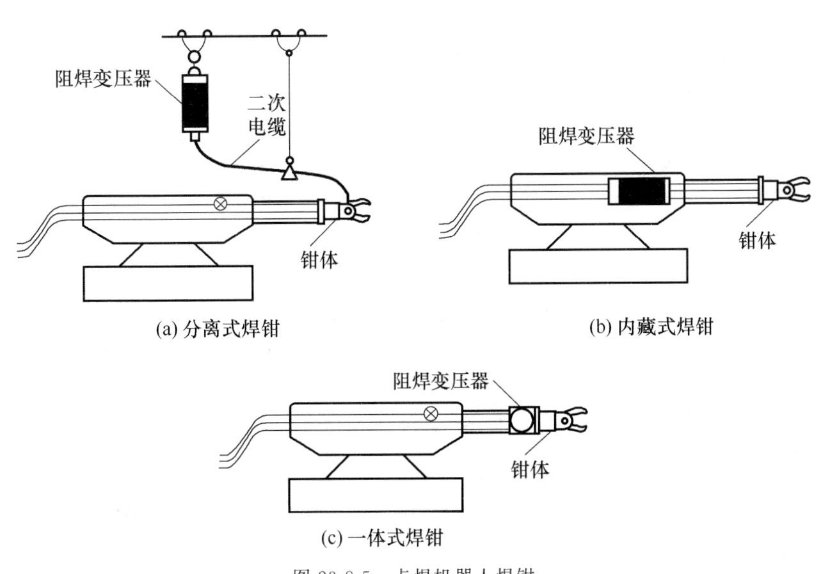

(a) 分离式焊钳　(b) 内藏式焊钳

(c) 一体式焊钳

图 23-8-5　点焊机器人焊钳

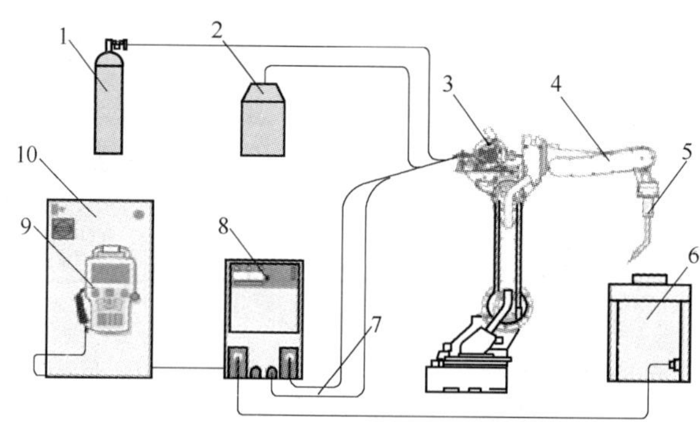

图 23-8-6 弧焊机器人系统组成

1—气瓶；2—焊丝桶；3—送丝机；4—操作机；5—焊枪；6—工作台；7—供电及控制电缆；8—弧焊电源；9—示教器；10—机器人控制柜

弧焊机器人操作机的结构与点焊机器人基本相似，主要区别在于末端执行器——焊枪，图 23-8-7 所示为弧焊机器人用焊枪。

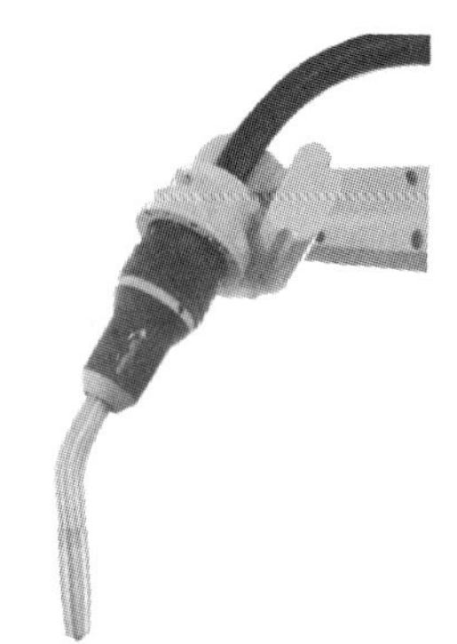

图 23-8-7 弧焊机器人用焊枪

弧焊系统是完成弧焊作业的核心装备，主要由弧焊电源、送丝机、焊枪和气瓶等组成。弧焊机器人多采用气体保护焊（CO_2、MIG、MAG 和 TIG），通常使用的晶闸管式、逆变式波形控制式、脉冲或非脉冲式等焊接电源都可以装到机器人上进行电弧焊。

安全设备是弧焊机器人系统安全运行的重要保障，起到防止机器人伤人或保护周边设备的作用。一般地，在机器人的末端焊枪上还装有各类触觉或接近传感器，可以使机器人在过分接近工件或发生碰撞时停止工作。当发生碰撞时，一定要检验焊枪是否被碰歪，否则由于工具中心点的变化，焊接的路径将会发生较大的变化，从而焊出废品。

弧焊机器人控制系统一般采用两级控制的系统结构：上级具有存储单元，可实现重复编程、存储多种操作程序，负责程序管理、坐标变换、轨迹生成等；下级由若干处理器组成，每一处理器负责一个关节的动作控制及状态检测，实时性好，易于实现高速、高精度控制。此外，弧焊机器人周边设备的控制，如工件定位夹紧、变位调控，设有单独的控制装置，可以单独编程，同时又可以和机器人控制装置进行信息交换，由机器人控制系统实现全部作业的协调控制。

8.1.2.3 激光焊接机器人

激光焊接机器人，通过机器人手臂夹持的光纤传输激光器，完成平面曲线、空间的多组直线、异形曲线等特殊轨迹的激光焊接作业。激光焊接机器人系统组成如图 23-8-8 所示。

激光加工头装于机器人本体手臂末端，其运动轨迹和激光加工参数由机器人数字控制系统提供指令，先由激光加工操作人员在机器人示教器上进行在线示教或在计算机上进行离线编程，材料进给系统将材料与激光同步输入激光加工头，高功率激光与进给材料同步作用完成加工任务。在加工过程中，机器视觉系统对加工区进行检测，检测信号反馈至机器人控制系统，从而实现加工过程的实时控制。

综上所述，焊接机器人主要包括机器人和焊接设备两部分。机器人由本体和控制系统（硬件及软件）组成，而焊接装备，以弧焊及点焊为例，则由焊接电源（包括其控制系统）、送丝机（弧焊）、焊枪（焊钳）等部分组成。对于智能机器人还应包括传感系统，如激光、力觉、视觉传感器及其控制装置等。

8.1.3 焊接机器人的周边设备与布局

焊接机器人在实际工程应用中，除需要焊接机器人系统（机器人和焊接设备）以外，还需要一系列的周边设备来辅助作业。同时，为节约生产空间，合理的机器人工位布局尤为重要。

8.1.3.1 周边设备

目前，常见的焊接机器人辅助装置有变位机、滑移平台、清焊装置和工具快换装置等。

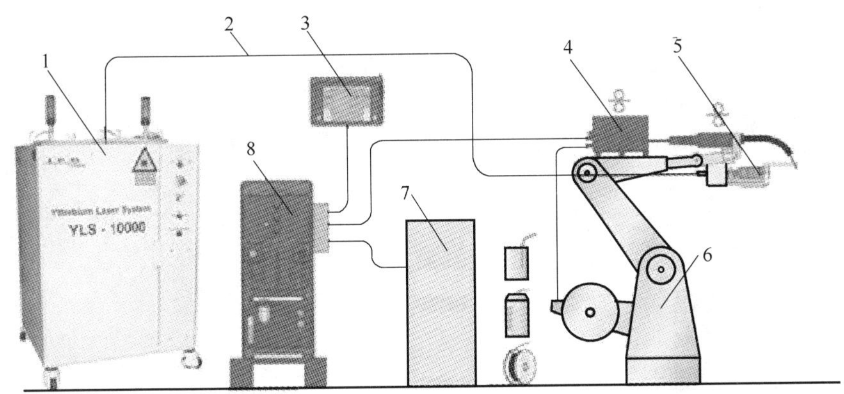

图 23-8-8　激光焊接机器人系统组成

1—激光器；2—光导系统；3—遥控盒；4—送丝机；5—激光加工头；6—操作机；7—机器人控制柜；8—焊接电源

(1) 变位机

对于待焊工件几何形状较为复杂的焊接作业，为了使焊接机器人的末端工具能够到达指定的焊接位置，一般通过增加外部轴来增加机器人的自由度，如图 23-8-9 所示。

图 23-8-9　焊接机器人外部轴扩展

变位机是机器人焊接生产线及焊接柔性加工单元的重要组成部分，如图 23-8-10 所示。在焊接作业前和焊接过程中，通过变位机让焊接工件移动或转动，使工件上的待焊部位进入机器人的作业空间。

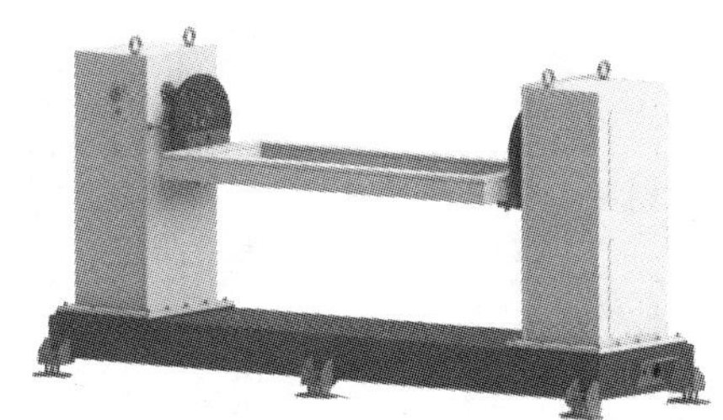

图 23-8-10　变位机

(2) 滑移平台

针对大型结构件的焊接作业，可以把机器人本体装在可移动的滑移平台或龙门架上，以扩大机器人本体的作业空间，确保工件的待焊部位和机器人都处于最佳焊接位置和姿态，如图 23-8-11 所示。

图 23-8-11　使用滑移平台的机器人焊接作业

(3) 焊钳电极修磨机

通过配备自动电极修磨机，可实现点焊机器人电极头工作面氧化磨损后的修磨过程自动化和提高生产线节拍，如图 23-8-12 所示。电极修磨完成后，需根据修磨量的多少对焊钳的工作行程进行补偿。

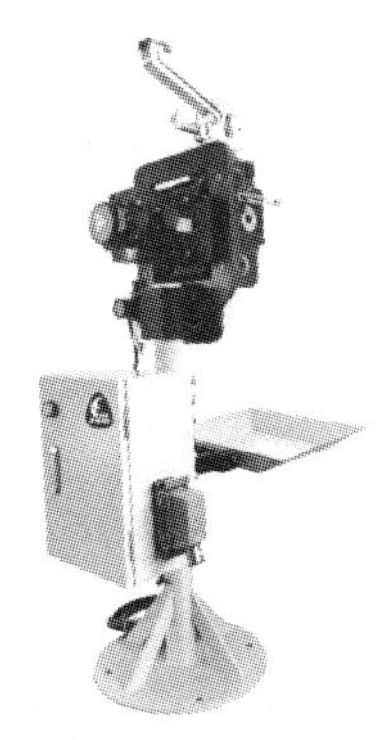

图 23-8-12　焊钳电极修磨机

(4) 焊枪自动清枪站

焊枪自动清枪站主要包括：焊枪清洗机、喷硅油/防飞溅装置和焊丝剪断装置三部分，如图 23-8-13

所示。

图 23-8-13　焊枪自动清枪站

(5) 工具自动更换装置

对于机器人多任务作业情况下，自动更换机器人手腕上的工具，完成机器人相应的上料、安装、焊接、卸料等多种任务。图 23-8-14 是针对点焊机器人多任务需求而开发的工具自动更换装置。

图 23-8-14　工具自动更换装置

8.1.3.2　工位布局

焊接机器人与周边辅助设备组成的系统称为焊接机器人工作站，工位布局的合理性与企业生产效率直接相关。表 23-8-6 是常见的焊接机器人工作站工位布局形式。

表 23-8-6　常见焊接机器人工作站的工位布局

序号	类型	标准配置	图示	
			三维	二维
1	工作台,双工位	①机器人系统;②焊接电源;③机器人焊枪;④清枪装置;⑤机器人底座;⑥工装夹具;⑦防护围栏;⑧地台	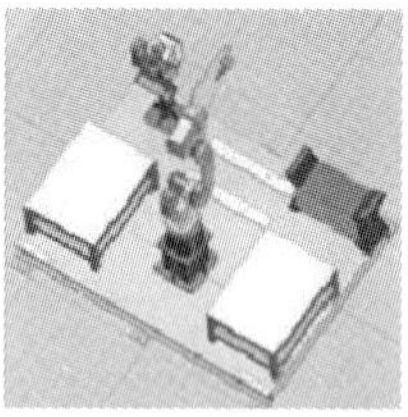	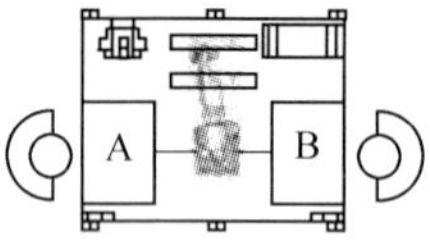
2	单轴,单工位	①机器人系统;②焊接电源;③机器人焊枪;④清枪装置;⑤机器人底座;⑥工装夹具;⑦防护围栏;⑧地台	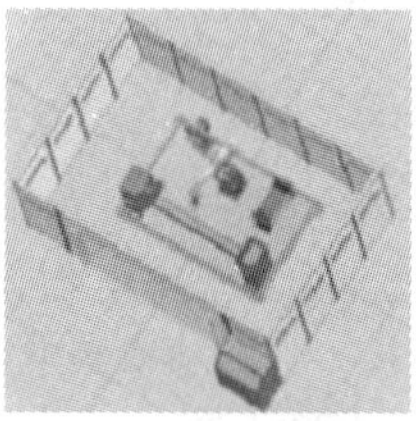	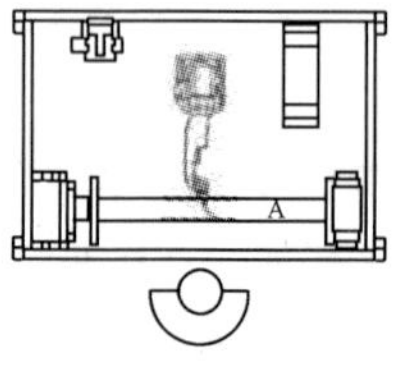
3	单轴,双工位	①机器人系统;②焊接电源;③机器人焊枪;④清枪装置;⑤机器人底座;⑥工装夹具;⑦防护围栏;⑧地台	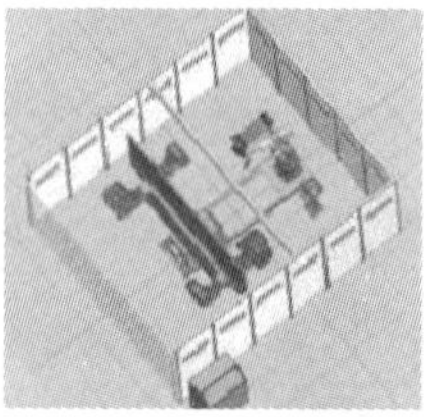	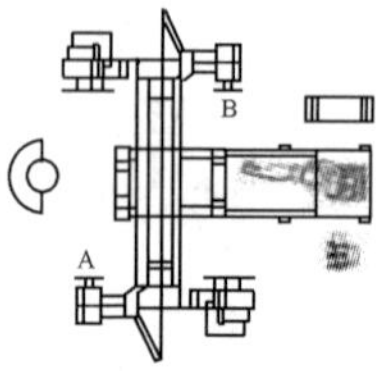
4	双轴,单工位	①机器人系统;②焊接电源;③机器人焊枪;④清枪装置;⑤机器人底座;⑥工装夹具;⑦防护围栏;⑧地台	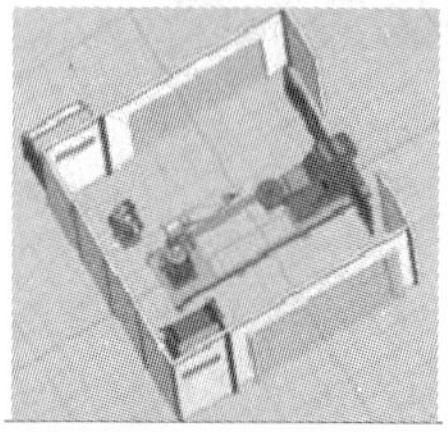	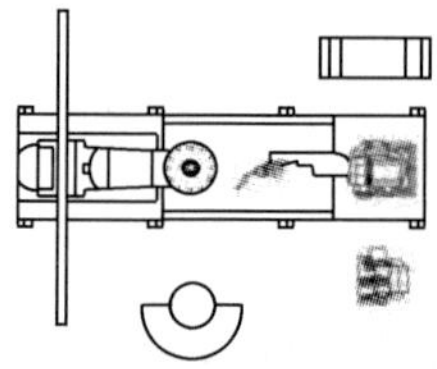

续表

序号	类型	标准配置	图示	
			三维	二维
5	双轴，双工位	①机器人系统；②焊接电源；③机器人焊枪；④清枪装置；⑤机器人底座；⑥工装夹具；⑦防护围栏；⑧地台		

8.1.4　焊接机器人应用案例

8.1.4.1　点焊机器人应用案例

目标产品：汽车整车。

工艺：点焊。

技术特点：多台点焊机器人协同作业。

基于点焊机器人的汽车焊接自动化生产线如图 23-8-15 所示。

图 23-8-15　基于点焊机器人的汽车焊接自动化生产线

8.1.4.2　弧焊机器人应用案例

目标产品：卡车消声器。

工艺：弧焊。

技术特点：焊缝跟踪系统、单轴变位系统、安全防护系统。

卡车消声器焊接工作站如图 23-8-16 所示。

图 23-8-16　卡车消声器焊接工作站

8.1.4.3　激光焊接机器人应用案例

目标产品：汽车整车。

工艺：激光拼焊。

技术特点：满足整车刚度，焊接速度快，易于自动控制和保证无后续加工。

基于激光焊接机器人的汽车生产线如图 23-8-17 所示。

图 23-8-17　基于激光焊接机器人的汽车生产线

8.2　搬运机器人

搬运机器人是指可以进行自动化搬运作业的工业机器人，通过安装不同类型的末端执行器，可以完成不同形态工件的搬运工作。

8.2.1　搬运机器人的分类及特点

搬运机器人作为先进的自动化设备，具有通用性强、工作稳定的优点，并且操作简便、功能丰富。搬运机器人的主要优点如下。

① 定位准确，一致性好。
② 动作稳定，准确性高。
③ 提高生产效率，解放繁重劳力。
④ 柔性高、适应性强。
⑤ 降低制造成本，提高生产效益。

搬运机器人的主要技术参数见表 23-8-7。

表 23-8-7 搬运机器人的主要技术参数

结构形式	主要是龙门式、悬臂式、侧壁式、摆臂式和关节式
轴数	一般 4～6 轴，范围 1～10 轴
重复定位精度/mm	一般为±(0.05～0.5)，范围为±(0.01～2)
负载/N	一般为 100～1000，范围为 10～25000
驱动方式	直流伺服，交流伺服驱动

从结构形式上，搬运机器人可分为龙门式搬运机器人、悬臂式搬运机器人、侧壁式搬运机器人、摆臂式搬运机器人和关节式搬运机器人，如图 23-8-18 所示。其特点、应用场合见表 23-8-8。

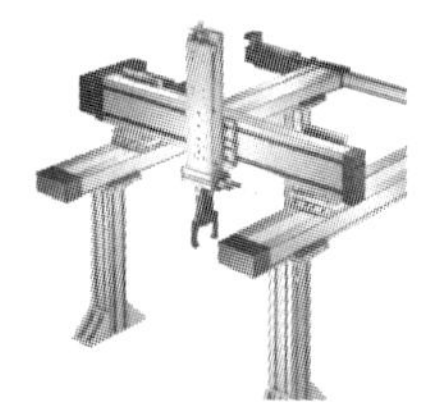

(a) 龙门式搬运机器人

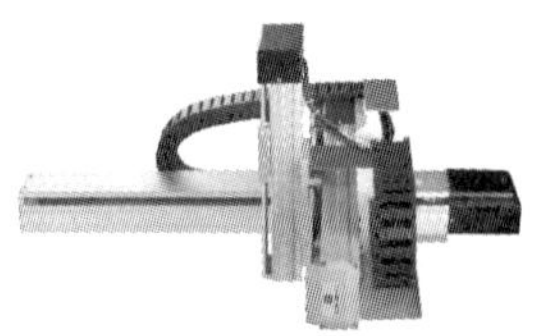

(b) 悬臂式搬运机器人

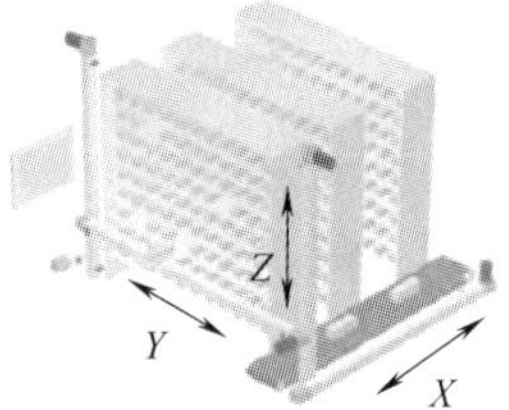

(c) 侧壁式搬运机器人

(d) 摆臂式搬运机器人

(e) 关节式搬运机器人

图 23-8-18 搬运机器人分类

第 23 篇

表 23-8-8 搬运机器人特点、应用场合

名称	特点	应用场合
龙门式搬运机器人	负载能力强，可实现大物料、重吨位搬运，编程方便快捷	生产线转运及机床上下料等大批量生产过程
悬臂式搬运机器人	可随不同的应用采取相应的结构形式	机床自动上下料
侧壁式搬运机器人	可随不同的应用采取相应的结构形式，专用性强	立体库类搬运
摆臂式搬运机器人	可实现 4 轴联动，强度高，稳定性好	小负载类搬运
关节式搬运机器人	结构紧凑、占地空间小、相对工作空间大、自由度高	应用范围最为广泛

8.2.2 搬运机器人的系统组成

搬运机器人是包括相应附属装置及周边设备而形成的一个完整系统。以关节式搬运机器人为例，其主要由操作机、控制系统、搬运系统（气体发生装置、真空发生装置和手爪等）和安全保护装置组成，如图 23-8-19 所示。

搬运机器人的末端执行器是夹持工件移动的一种夹具，执行器在一定范围内具有可调性，可配备感知器，以确保其具有足够的夹持力，保证足够夹持精度。常见的搬运末端执行器有吸附式、夹钳式和仿人式等。

搬运机器人主要包括：机器人和搬运系统。机器人由搬运机器人本体及控制柜组成，搬运系统主要是末端执行器。

8.2.3 搬运机器人的周边设备与工位布局

用机器人完成一项搬运工作，除需要搬运机器人以外，还需要一些辅助周边设备。同时，为了节约生产空间，合理的机器人工位布局尤为重要。

8.2.3.1 周边设备

目前，常见的搬运机器人辅助装置有增加移动范围的滑移平台、合适的搬运系统装置和安全保护装置等。

对于某些搬运场合，由于搬运空间大，搬运机器人的末端工具无法到达指定的搬运位置或姿态，可通过外部轴的办法来增加机器人的自由度。其中增加滑移平台是搬运机器人增加自由度最常用的方法，可安装在地面上或安装在龙门框架上。

搬运系统主要包括真空发生装置、气体发生装置、液压发生装置等。

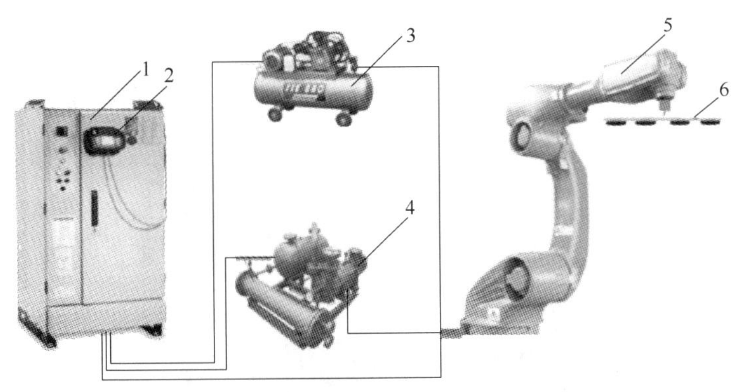

图 23-8-19　搬运机器人系统组成

1—机器人控制柜；2—示教器；3—气体发生装置；4—真空发生装置；5—操作机；6—端拾器（手爪）

8.2.3.2　工位布局

由搬运机器人组成的加工单元或柔性化生产，可完全代替人工实现物料自动搬运，因此搬运机器人工作站布局是否合理将直接影响搬运速率和生产节拍。根据车间场地面积，在有利于提高生产节拍的前提下，搬运机器人工作站可采用 L 型、环状、“品”字、“一”字等布局。

8.2.4　搬运机器人应用实例

目标产品：料箱或纸箱包装物料。

工艺：搬运。

技术特点：搬运机器人与生产线的协同作业、节拍控制、工序合理调度。

搬运机器人工作站如图 23-8-20 所示。

图 23-8-20　搬运机器人工作站

8.3　码垛机器人

码垛机器人是能将包装好的货物整齐、自动地码在托盘上的机器人。

8.3.1　码垛机器人分类及特点

码垛机器人作为新的智能化码垛装备，已在各个行业的包装物流线中发挥重大作用，实现“无人”或“少人”码垛。码垛机器人的主要优点如下。

① 占地面积小，动作范围大。

② 能耗低，降低运行成本。

③ 提高生产效率，解放繁重体力劳动。

④ 柔性高、适应性强，可实现不同物料码垛。

⑤ 定位准确，稳定性高。

码垛机器人的主要技术参数见表 23-8-9。

表 23-8-9　码垛机器人的主要技术参数

结构形式	主要是关节式和龙门式
轴数	多数是 4 轴，范围 2～10 轴
重复定位精度/mm	一般为±(0.05～0.5)
负载/N	一般为 500～1000
驱动方式	直流伺服，交流伺服驱动

码垛机器人一般不能进行横向或纵向移动，安装在物流线末端。故常见的码垛机器人结构多为关节式码垛机器人、摆臂式码垛机器人和龙门式码垛机器人，如图 23-8-21 所示。

8.3.2　码垛机器人的系统组成

码垛机器人同搬运机器人一样需要相应的辅助设备组成一个柔性化系统，才能进行码垛作业。以关节式为例，常见的码垛机器人主要由操作机、控制系统、码垛系统（气体发生装置、液压发生装置）和安全保护装置组成，如图 23-8-22 所示。操作者可通过示教器和操作面板进行码垛机器人运动位置和动作程序的示教，设定运动速度、码垛参数等。

码垛机器人的末端执行器是夹持物品移动的一种装置，其工作原理、结构与搬运机器人类似，如表 23-8-10 所示。

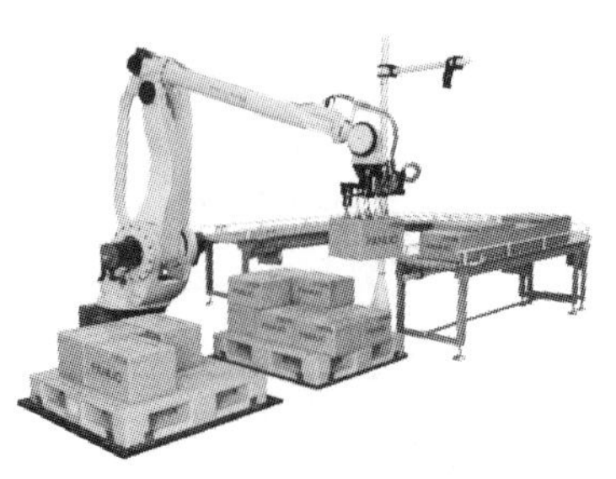
(a) 关节式码垛机器人

(b) 摆臂式码垛机器人

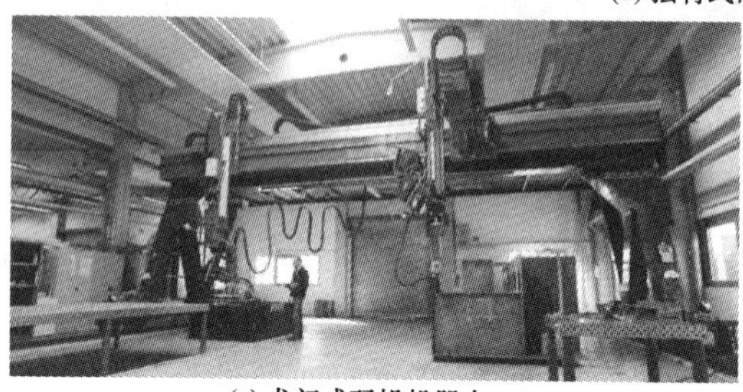
(c) 龙门式码垛机器人

图 23-8-21　码垛机器人分类

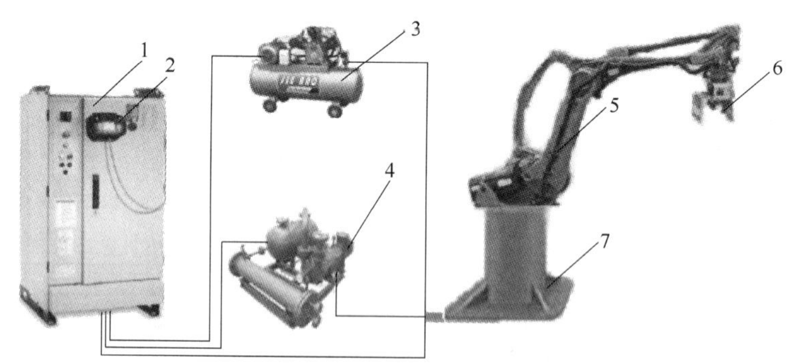

图 23-8-22　码垛机器人系统组成

1—机器人控制柜；2—示教器；3—气体发生装置；4—真空发生装置；5—操作机；6—手爪；7—底座

表 23-8-10　码垛机器人的末端执行器结构形式

结构形式	特点及应用场合
吸附式	用于医药、食品、烟酒等行业
夹板式	用于整箱或规则盒码垛
抓取式	可灵活适应不同形状和内含物物料袋的码垛,可胜任极端条件作业
组合式	通过组合以获得各单组手爪优势,灵活性较大,各单组手爪之间既可单独使用又可配合使用,可同时满足多个工位的码垛

8.3.3　码垛机器人的周边设备和工位布局

8.3.3.1　周边设备

目前，常见的码垛机器人辅助装置有重量复检机、金属检测机、倒袋机、整形机、自动剔除机、待码输送机、传送带、码垛系统等装置。

① 重量复检机（见图 23-8-23）。可以检测出前工序是否漏装、多装，可对合格品、欠重品、超重品进行统计，进而控制产品质量。

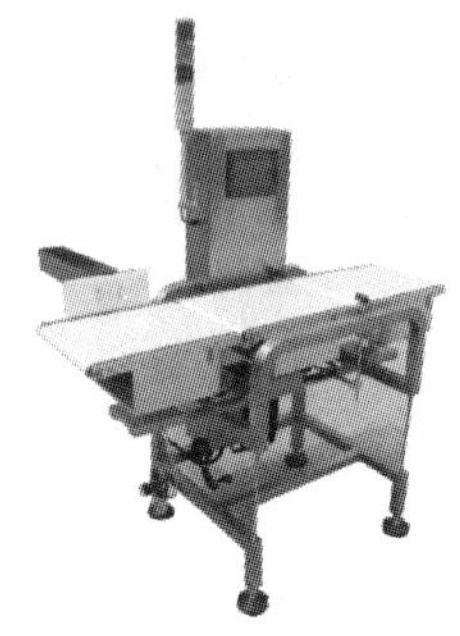
图 23-8-23　重量复检机

② 金属检测机（见图 23-8-24）。对于食品、医药、化妆品、纺织品的码垛，为防止在生产制造过程中混入金属等异物，需要金属检测机进行流水线检测。

图 23-8-24　金属检测机

③ 倒袋机（见图 23-8-25）是将输送过来的袋装码垛物按照预定程序进行输送、倒袋、转位等操作，以使码垛物按流程进入后续工序。

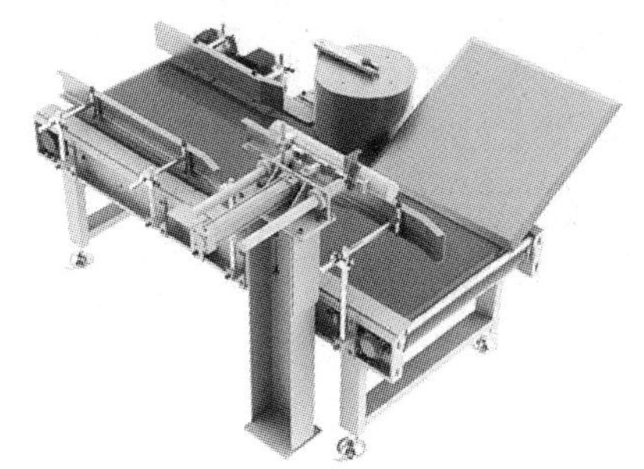

图 23-8-25　倒袋机

④ 整形机（见图 23-8-26）主要针对袋装码垛物的外形整形，经整形机整形后袋装码垛物内可能存在的积聚物会均匀分散，使外形整齐，之后进入后续工序。

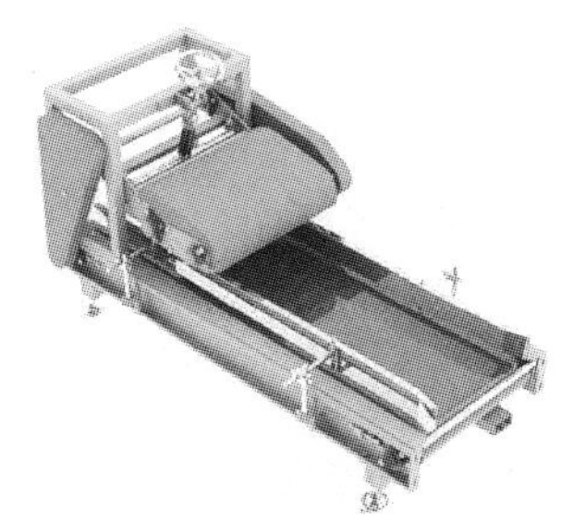

图 23-8-26　整形机

⑤ 自动剔除机（见图 23-8-27）。安装在金属检测机和重量复检机之后，主要用于剔除含异物及重量不合格的产品。

⑥ 待码输送机（见图 23-8-28）。待码输送机是码垛机器人生产线的专用输送设备，码垛货物聚集于此，便于码垛机器人末端执行器抓取，可提高码垛机器人的灵活性。

图 23-8-27　自动剔除机

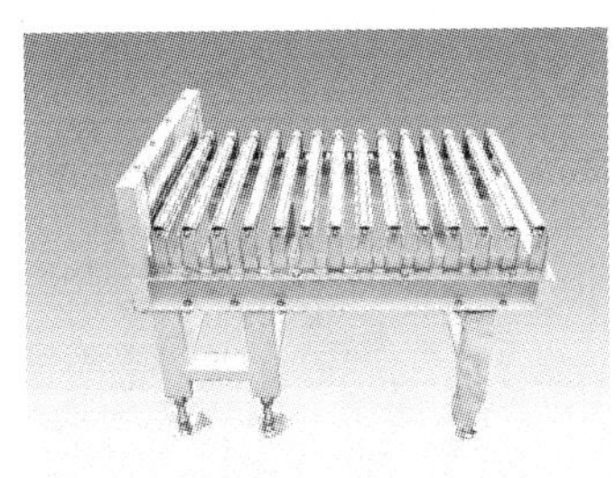

图 23-8-28　待码输送机

⑦ 传送带（见图 23-8-29）。传送带是自动化码垛生产线上必不可少的一个环节，针对不同的厂源条件可选择不同的形式。

图 23-8-29　传送带

8.3.3.2　工位布局

码垛机器人工作站的布局是以提高生产效率、节约场地、实现最佳物流码垛为目的，在实际生产中，常见的码垛工作站布局主要有全面式码垛和集中式码垛两种。

① 全面式码垛。码垛机器人安装在生产线末端，如图 23-8-30 所示，可针对一条或两条生产线，具有较小的输送线成本与占地面积、较大的灵活性和增加生产量等优点。

② 集中式码垛。码垛机器人被集中安装在某一区域，可将所有生产线集中在一起，具有较高的输送线成本，可节省生产区域资源，节约人员维护成本，一人便可全部操纵，如图 23-8-31 所示。

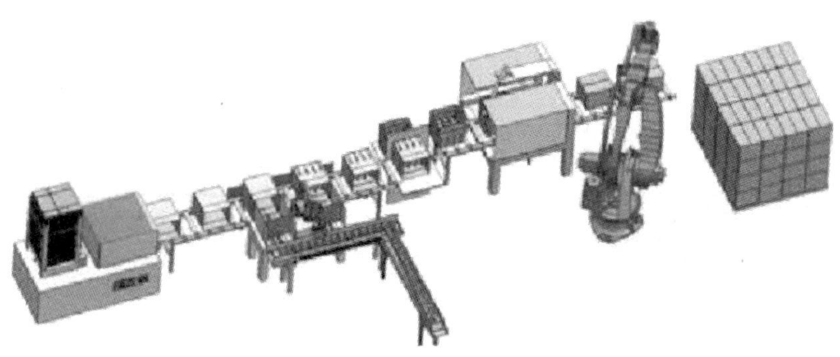

图 23-8-30 全面式码垛

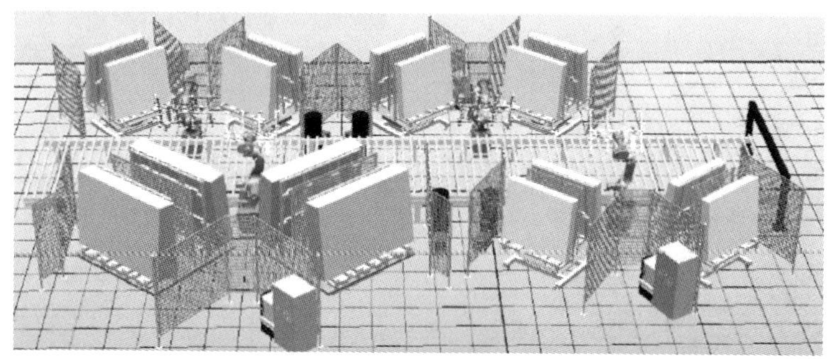

图 23-8-31 集中式码垛

8.3.4 码垛机器人应用实例

目标产品：啤酒、饮料。

工艺：码垛。

技术特点：多台码垛机器人与生产线的协同作业、节拍控制、工序合理调度；机器人柔性的工作能力，占地面积小，能同时处理多种包装物和码多个料垛，生产效率高。

典型的啤酒、饮料码垛生产线如图 23-8-32 所示。

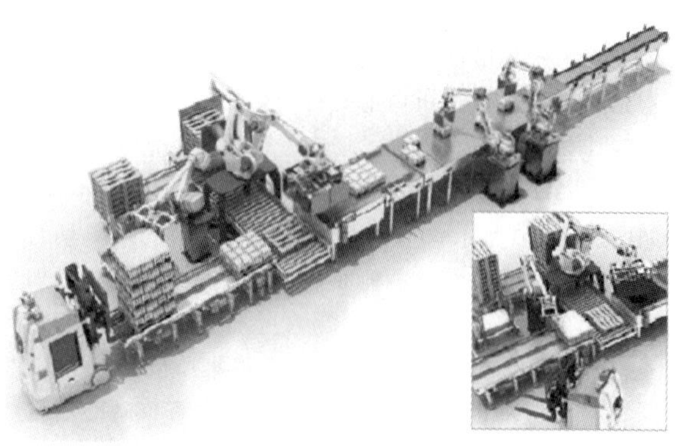

图 23-8-32 啤酒、饮料码垛生产线

8.4 装配机器人

8.4.1 装配机器人分类及特点

装配机器人是工业生产中用于装配生产线上对零件或部件进行装配的一类工业机器人。

作为柔性自动化装配的核心设备，装配机器人的主要优点如下。

① 精度高，保证装配精度。

② 速度快，缩短工作循环时间。

③ 生产效率高，解放工人。

④ 可靠性好、适应性强，稳定性高。

装配机器人的主要技术参数见表 23-8-11，其分类、特点及应用领域见表 23-8-12。

表 23-8-11 装配机器人的主要技术参数

结构形式	直角式、水平串联关节式、垂直串联关节式、并联关节式
轴数	多数是 4～6 轴
重复定位精度/mm	一般为±(0.05～0.5)
负载/N	一般为 10～100
驱动方式	直流伺服，交流伺服驱动

表 23-8-12　　装配机器人的分类、特点及应用领域

结构形式	特　　点	应 用 领 域	图　　示
直角式	具有整体结构模块化设计、操作、编程简单等优点，可用于零部件移送、简单插入、旋拧等作业	广泛应用于节能灯装配、电子类产品装配和液晶屏装配等	
水平串联关节式	也称作平面关节型机器人或SCARA机器人，是目前应用数量最多的一类装配机器人。具有速度快、精度高、柔性好等特点，适合小型、精密、垂直装配作业	广泛应用于电子、机械和轻工业等产品的装配，工厂柔性化生产需求	
垂直串联关节式	多为6个自由度，可在空间任意位置确定任意位姿	应用于作业对象外形较复杂的装配领域	
并联关节式	也称作Delta机器人，可安装在任意倾斜角度上，具有小巧高效、安装方便、精准灵敏等优点	广泛应用于IT、电子装配等领域	

8.4.2　装配机器人的系统组成

装配机器人的系统主要由操作机、控制系统、装配系统（手爪、气体发生装置、真空发生装置或电动装置）、传感系统和安全保护装置组成，如图 23-8-33 所示。

装配机器人的末端执行器是夹持工件移动的一种夹具，类似于搬运、码垛机器人的末端执行器。常见的装配执行器有吸附式、夹钳式、专用式和组合式。

带有传感系统的装配机器人可更好地完成销、轴、螺钉、螺栓等柔性化装配作业，在其作业中常用到的传感系统有视觉传感系统、触觉传感系统等。

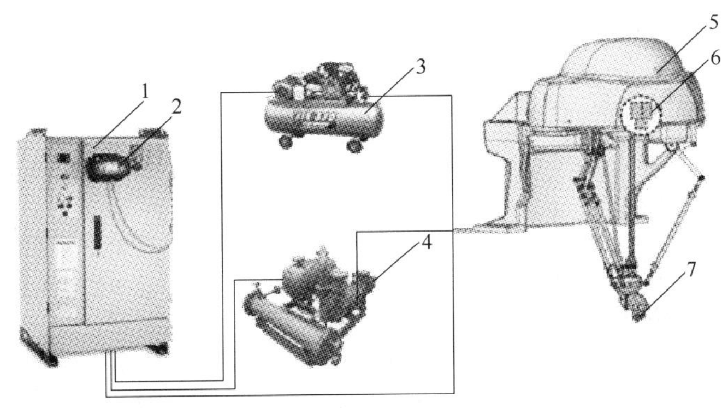

图 23-8-33　装配机器人系统组成

1—机器人控制柜；2—示教器；3—气体发生装置；4—真空发生装置；5—机器人本体；6—视觉传感器；7—手爪

① 视觉传感系统。配备视觉传感系统的装配机器人可依据需要选择合适的装配零件，并进行粗定位和位置补偿，完成零件平面测量、形状识别等检测。

② 触觉传感系统。装配机器人的触觉传感系统主要是实时检测机器人与被装配物件之间的配合，机器人触觉可分为接触觉、接近觉、压觉、滑觉和力觉等。在装配机器人进行简单工作过程中常用到的有接触觉、接近觉和力觉等。

8.4.3　装配机器人的周边设备和工位布局

8.4.3.1　周边设备

目前，常见的装配机器人辅助装置有零件供给器、输送装置等。

① 零件供给器。零件供给器的主要作用是提供机器人装配作业所需零部件，确保装配作业正常进行。目前应用最多的零件供给器主要是给料器和托盘，可通过控制器编程控制。

② 输送装置。在机器人装配生产线上，输送装置将工件输送到各作业点，通常以传送带为主，零件随传送带一起运动，借助传感器或限位开关实现传送带和托盘同步运行，方便装配。

8.4.3.2　工位布局

由装配机器人组成的柔性化装配单元，可实现物料自动装配，其合理的工位布局将直接影响生产效率。在实际生产中，常见的装配工作站可采用回转式和线式布局。

① 回转式装配工作站。回转式装配工作站可将装配机器人聚集在一起进行配合装配，也可进行单工位装配，灵活性较大，可针对一条或两条生产线，具有较小的输送线成本，占地面积小，广泛应用于大、中型装配作业，如图 23-8-34 所示。

图 23-8-34　回转式布局

② 线式布局。线式装配机器人依附于生产线，排布于生产线的一侧或两侧，具有生产效率高，节省装配资源、节约人员维护，一人便可监视全线装配等优点，广泛应用于小物件装配场合，如图 23-8-35 所示。

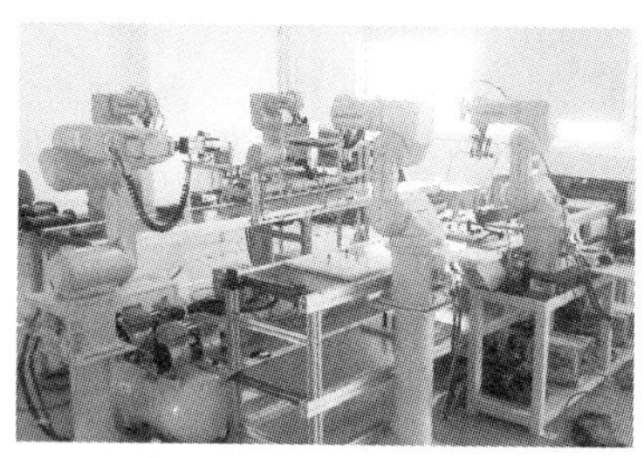

图 23-8-35　线式布局

8.4.4　装配机器人应用实例

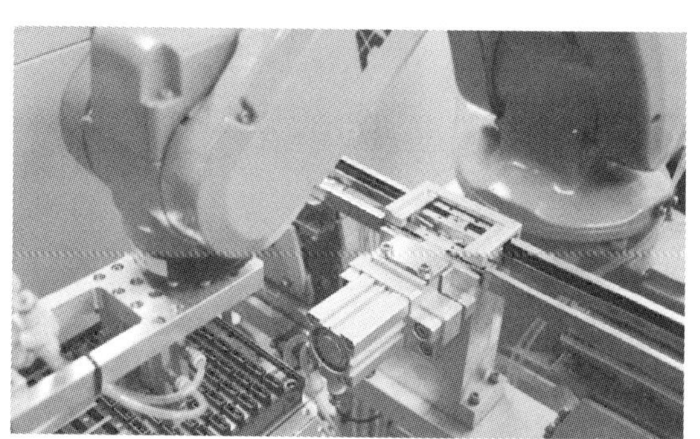

图 23-8-36　采用机器人进行鼠标的组装

目标产品：鼠标。

工艺：装配。

技术特点：机器人的高精度、高速度及低抖动特性，可进行质量检测。

8.5　涂装机器人

8.5.1　涂装机器人分类及特点

涂装机器人是一种典型的涂装自动化装备，已在汽车、工程机械制造、3C 产品及家具建材等领域得到广泛应用。

涂装机器人与传统的机械涂装相比，具有以下优点。

① 提高涂料利用率、降低有害物质排放量。

② 速度快，缩短生产节拍，效率高。

③ 柔性强，可以多品种、小批量作业。

④ 保证工艺一致性，获得较高质量的涂装产品。

⑤ 减少喷枪数量，降低系统故障率和维护成本。

涂装机器人的主要技术参数如表 23-8-13 所示。

表 23-8-13　涂装机器人主要技术参数

项目	参数
结构形式	多数为关节机器人，少量为直角坐标型、圆柱型等
轴数	多数为 5～6 轴
负载/N	以 50 左右居多，范围为 100～5000
重复定位精度/mm	一般为±2，最高达 0.025
驱动方式	以电液伺服驱动为多，主要采用交流伺服驱动

目前，国内外的涂装机器人从结构上来看，大多数仍采取与通用工业机器人相似的 5 或 6 自由度串联关节式机器人，在其末端加装自动喷枪。按照手腕结构划分，涂装机器人应用中较为普遍的主要有两种：球型手腕涂装机器人和非球型手腕涂装机器人，如图 23-8-37 所示。

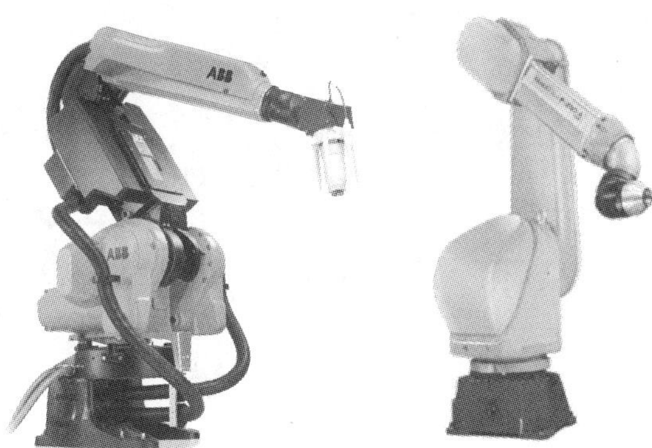

(a) 球型手腕涂装机器人　(b) 非球型手腕涂装机器人

图 23-8-37　涂装机器人分类

8.5.2　涂装机器人的系统组成

典型的涂装机器人系统主要由操作机、机器人控制系统、供漆系统、自动喷枪/旋杯、喷房、防爆吹扫系统等组成，如图 23-8-38 所示。

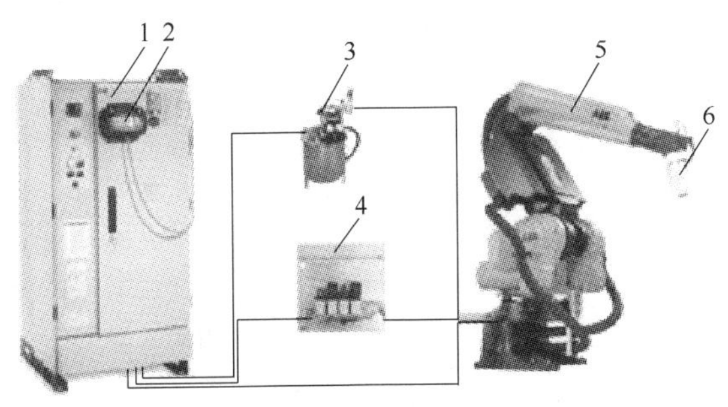

图 23-8-38　涂装机器人系统组成
1—机器人控制柜；2—示教器；3—供漆系统；
4—防爆吹扫系统；5—操作机；6—自动喷枪/旋杯

涂装机器人与普通工业机器人相比，差异主要在防爆、油漆及空气管路和喷枪的布置等方面。

① 一般手臂工作范围宽大，进行涂装作业时可以灵活避障。

② 手腕一般有 2～3 个自由度，轻巧快速，适合内部、狭窄的空间及复杂工件的涂装。

③ 较先进的涂装机器人采用中空手臂和柔性中空手腕，可以使软管、线缆内置，从而避免软管与工件间发生干涉，减少管道粘着薄雾、飞沫，最大程度降低灰尘粘到工件的可能性，缩短生产节拍。

④ 一般在水平手臂搭载涂装工艺系统，从而缩短清洗、换色时间，提高生产效率，节约涂料及清洗液。

涂装机器人控制系统主要完成本体和涂装工艺控制。本体控制与通用工业机器人基本相同，涂装工艺的控制则是对供漆系统的控制。供漆系统主要由涂料单元控制盘、气源、流量调节器、换色阀、供漆供气管路及监控管线组成。

由于涂装作业的薄雾是易燃易爆的，所以涂装机器人多在封闭的喷房内作业。因此，防爆吹扫系统对于涂装机器人是极其重要的。防爆吹扫系统主要由危险区域之外的吹扫单元、操作机内部的吹扫传感器、控制柜内的吹扫控制单元三部分组成。其工作原理如图 23-8-39 所示，吹扫单元通过柔性软管向包含有电气元件的操作机内部施加压力，阻止爆燃性气体进入操作机内；同时由吹扫控制单元监视操作机内压、喷房气压，当异常状况发生时立即切断操作机伺服电源。

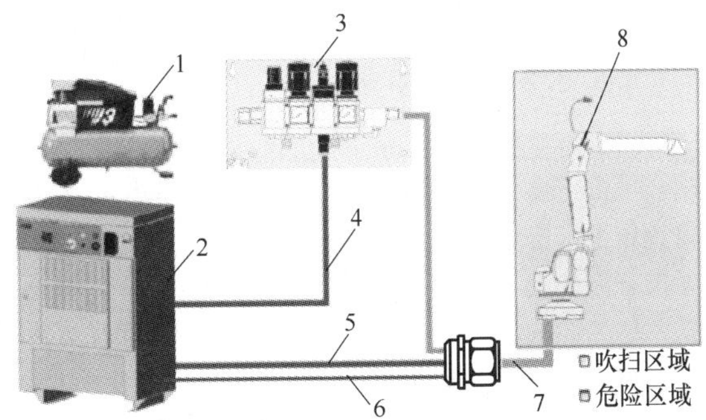

图 23-8-39　防爆吹扫系统工作原理
1—空气接口；2—控制柜；3—吹扫单元；
4—吹扫单元控制电缆；5—操作机控制电缆；
6—吹扫传感器控制电缆；7—软管；8—吹扫传感器

8.5.3　涂装机器人的周边设备和工位布局

完整的涂装机器人生产线或柔性涂装单元除了机器人和自动涂装设备两部分外，还包括一些周边辅助

第
23
篇

设备。同时，为了保证生产空间、能源和原料的高效利用，灵活性高、结构紧凑的涂装车间布局显得非常重要。

8.5.3.1 周边设备

目前，常见的涂装机器人辅助装置有机器人行走单元、工件传送单元、空气过滤系统、输调漆系统、喷枪清理装置、涂装生产线控制盘等。

① 机器人行走单元与工件传送单元。完成工件的传送及旋转动作的伺服转台、伺服穿梭机及输送系统，以及完成机器人上下左右滑移的行走单元。

② 空气过滤系统。为了保证涂装作业的表面质量，涂装车间环境及空气涂装所使用的压缩空气必须保持清洁，通常采用空气过滤系统对空气进行处理。喷房内的空气纯净度要求最高，一般要求经过三道过滤。

③ 输调漆系统。保证多台涂装机器人单元协同作业时，可以实现稳定、可靠的涂料与溶剂的供应。一般输调漆系统由以下几部分组成：油漆和溶剂混合的调漆系统、为涂装机器人提供油漆和溶剂的输送系统、液压泵系统、油漆温度控制系统、溶剂回收系统、辅助输调漆设备及输调漆管网等。

④ 喷枪清理装置。自动化的喷枪清洗装置能够快速地完成喷枪的清洗和颜色更换，彻底清除喷枪通道内及喷枪上飞溅的涂料残渣，同时对喷枪进行干燥，减少喷枪清理所耗用的时间、溶剂及空气。

⑤ 涂装生产线控制盘。对于采用两套或者两套以上涂装机器人单元同时工作的涂装作业系统，一般需配置生产线控制盘对生产线进行监控和管理。

8.5.3.2 工位布局

由涂装机器人与周边设备组成的涂装机器人工作站的工位布局形式，与焊接机器人工作站的工位布局形式相仿，常见的有由工作台或工件传送（旋转）单元配合涂装机器人构成并排、A 型、H 型与转台型双工位工作站。对于汽车及机械制造等行业往往需要结构紧凑、布置灵活、自动化程度高的涂装生产线，涂装生产线一般有两种，即：线型布局和并行盒子布局。

采取线型布局的涂装生产线在进行涂装作业时，产品依次通过各工作站完成清洗、中涂、底漆、清漆和烘干等工序，负责不同工序的各工作站间采用停走运行方式。

采用并行盒子布局，在进行涂装作业时，产品进入清洗站完成清洗作业，接着为其外表面进行中涂，之后分送到不同的盒子中完成内部、表面的底漆和清漆涂装，不同盒子间可同时以不同周期时间运行，同时日后如需扩充生产能力，可以轻易地整合新的盒子到现有的生产线中。

8.5.4 涂装机器人应用实例

目标产品：家具。

工艺：涂装。

技术特点：喷枪结构紧凑，以保证对内表面边角部位进行涂装，同时喷幅宽度具有较大的调整范围。

图 23-8-40 所示为用于家具部件的涂装机器人。

图 23-8-40 用于家具部件的涂装机器人

8.6 打磨抛光机器人

打磨抛光机器人是用于替代传统人工进行工件打磨抛光等加工作业的工业机器人。

8.6.1 打磨抛光机器人分类及特点

打磨抛光机器人主要用于工件的表面打磨、棱角去毛刺、焊缝打磨、内腔内孔去毛刺、孔口螺纹口加工等工作。应用领域包括：卫浴五金行业、IT 行业、汽车零部件、工业零件、医疗器械、木材建材、家具制造、民用产品等。

打磨抛光机器人按照工件的材质不同，分为金属工件和非金属工件；按照对工件的处理方式不同，可分为工具型打磨机器人和工件型打磨机器人两种。

① 工具型打磨机器人。如图 23-8-41 所示，由工业机器人本体和打磨工具系统力控制器、刀库、工件变位机等外围设备组成，由总控制电柜固连机器人和外围设备，总控制柜的总系统分别调控机器人和外围设备的各个子控制系统，使打磨机器人单元按照加工需要，分别从刀库调用各种打磨工具，完成工件各部位的不同打磨工序和工艺加工。主要用于大型工件打磨加工，如大型铸件、叶片、大型工模具等。

② 工件型打磨机器人。如图 23-8-42 所示，是一种通过机器人抓手夹持工件，把工件分别送达到各种位置固定的打磨机床设备，分别完成磨削、抛光等不

图 23-8-41　工具型打磨机器人

同工艺和各种工序打磨加工的打磨机器人自动化加工系统。工件型打磨机器人主要适用于中小零部件的自动化打磨加工，还可以根据需要、配置上料和下料的机器人，完成打磨的前后道工件自动化输送。

一般情况下陶瓷卫浴、家具等生产厂家使用工具型机器人较多。五金、零部件、电子产品等使用工件型机器人较多。保持本体不变的情况下可根据不同生产情况进行转换。

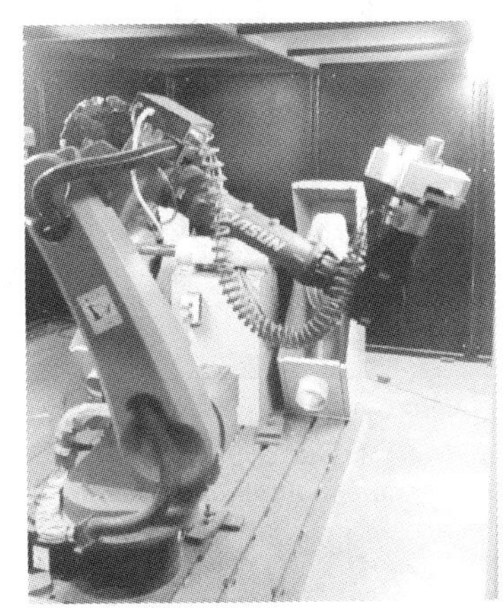

图 23-8-42　工件型打磨机器人

打磨抛光机器人的主要特点：提高打磨质量和产品光洁度，保证其一致性；提高生产率，一天可 24h 连续生产；改善工人劳动条件，可在有害环境下长期工作；降低对工人操作技术的要求；缩短产品改型换代的周期，减少相应的投资设备；可再开发性，用户可根据不同样件进行二次编程。

打磨抛光机器人的主要技术参数如表 23-8-14 所示。

表 23-8-14　打磨抛光机器人主要技术参数

结构形式	一般为关节机器人
轴数	一般为 6 轴
负载/N	以 50 左右居多，范围为 100～5000
重复定位精度/mm	一般为±2，最高达 0.025
驱动方式	以电液伺服驱动为多，主要采用 AC 伺服驱动
传感系统	一般搭载六维力-力矩传感器

8.6.2　打磨抛光机器人的系统组成

打磨抛光机器人系统如图 23-8-43 所示。该系统包括：六自由度工业机器人、机器人控制柜、打磨路径规划计算机、六维力-力矩传感器、研磨抛光工具、待加工工件等。如图所示，机器人末端安装六维力-力矩传感器，在力-力矩传感器末端安装研磨抛光工具，打磨路径规划计算机和机器人控制柜相连。机器人通过末端安装的研磨抛光工具打磨待加工工件，其在待加工工件上的打磨路径由打磨路径规划计算机给出，由于机器人在执行路径时位置存在偏差，可能在接触待加工工件时出现接触力过大或未接触的现象，所以需要通过安装在机器人末端的力-力矩传感器实时调整打磨工具与待加工工件之间的接触力，使其保持相对恒定，从而保证打磨的效果。

机器人打磨系统通过力-力矩传感器测量打磨工具和被加工工件之间的力，实时调整机器人位姿以保持力相对恒定，从而确保打磨效果。以美国 ATI Gamma 型六维力-力矩传感器（见图 23-8-44）为例，

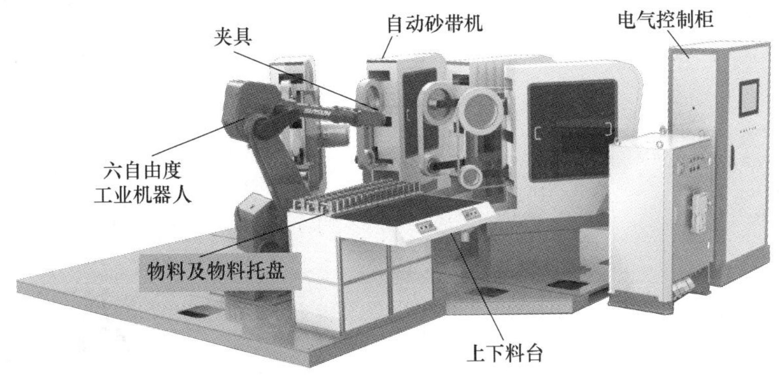

图 23-8-43　机器人打磨抛光系统

第23篇

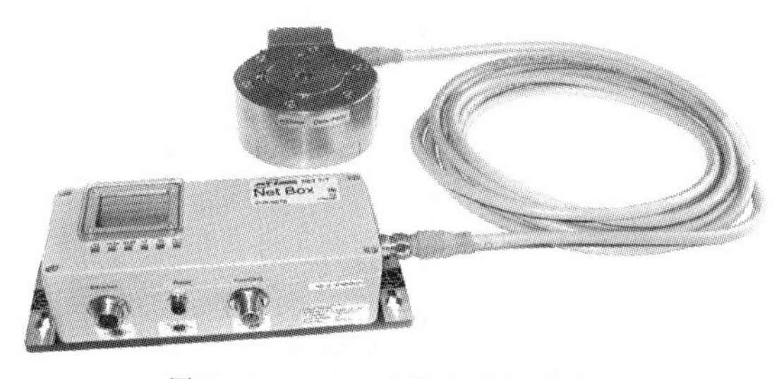

图 23-8-44　ATI 六维力-力矩传感器

该传感器已被 ABB、库卡等多家国外机器人公司所采用，实践证明 ATI 传感器具有良好的品质，适合工业机器人的打磨应用。

8.6.3　打磨抛光机器人的周边设备和工位布局

8.6.3.1　周边设备

打磨抛光机器人的主要周边设备，如表 23-8-15 所示。

表 23-8-15　　打磨抛光机器人周边主要设备表

序号	名称	功能	图示
1	砂带机	(1)张紧力控制 (2)线速度控制 (3)压力缓冲控制 (4)故障报警	
2	主轴(适合大工件)	(1)接触力反馈 (2)压力缓冲 (3)辅助清理 (4)视觉系统	
3	主轴(适合表面去毛刺)	(1)压力缓冲 (2)辅助清理 (3)视觉识别 (4)加工	
4	抛光机	(1)线速度控制 (2)故障报警 (3)产量计数 (4)换轮报警 (5)自动上蜡	

续表

序号	名称	功能	图示
5	上下料台系统	(1)方便人工取放托盘 (2)自动输送物料 (3)故障报警显示 (4)上下料预警提示	
6	机器人端拾器	(1)实现自动抓取功能 (2)固定牢固 (3)多角度翻转 (4)气动张紧 (5)更换器件方便	
7	控制系统	(1)抛光自动补偿 (2)系统计数	

8.6.3.2　工位布局

由打磨抛光机器人组成的柔性化加工单元，可实现工件的自动打磨抛光，其合理的工位布局将直接影响到生产效率。在实际生产中，与上述工业机器人应用场合类似，常见的工作站可采用回转式和线式布局。

① 回转式布局。回转式工作站可将打磨抛光机器人聚集在一起进行配合加工，也可进行单工位打磨抛光，灵活性较大，可针对一条或两条生产线，具有输送线成本低、占地面积小等特点。

② 线式布局。线式打磨抛光机器人依附于生产线，排布于生产线的一侧或两侧，具有生产效率高、节省装配资源、节约人员维护、一人便可监视全线装配等优点。

8.6.4　打磨抛光机器人应用实例

目标产品：门把手、锁壳（图 23-8-45）。

工艺：压铸件打磨、抛光。

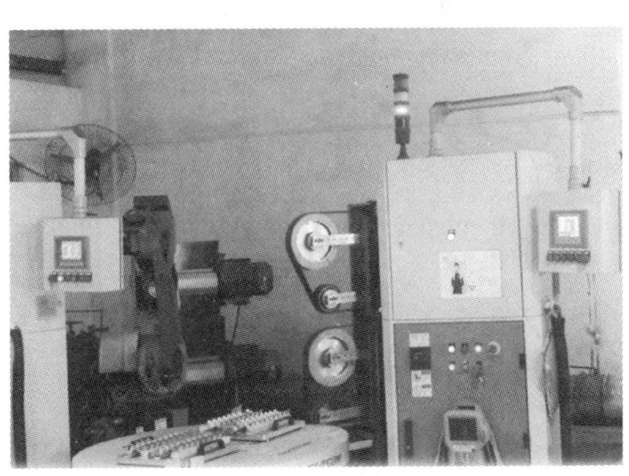

图 23-8-45　门把手及锁壳打磨抛光机器人系统

技术特点：产品外形复杂、表面质量要求苛刻、生产节拍快。

8.7　协作机器人

随着技术的进步与发展，机器人的应用领域已经从工厂向更贴近人们生活的领域扩展，机器人不只是工作在围栏中，而是与工人在同一个空间工作且不会对工人造成伤害。这种新一代机器人称为“协作机器人”。

8.7.1 协作机器人定义和特点

协作机器人（collaborative robot，简称为 cobot），1995年美国西北大学的 J. E. Colgate 和 M. A. Peshkin 博士提出：一种与人在同一作业空间内直接进行物理合作的机器人，让机器人与工人在协同工作区实现交互操作。

协作机器人的主要特点如下。

① 轻量化：负载自重比高。

② 灵巧化：运动更灵活。

③ 拟人化：仿人手臂。

④ 安全性：具有更高的安全性。

⑤ 易操作性：手动示教，编程简单。

⑥ 智能性：融合触觉、视觉传感技术。

协作机器人的主要应用领域包括：电子和电器制造、3C等新兴产业、规模化定制及中小型企业等。而且其应用范围也不限于工业领域，在医疗、农业、服务业等领域也有应用的空间，是机器人走向融合的开始。

8.7.2 协作机器人的典型产品

发那科生产的协作机器人 CR-35iA（见图 23-8-46）手腕部最大负载达到 350N，运动半径可达 1813mm，是目前全球负载最大的协作机器人。

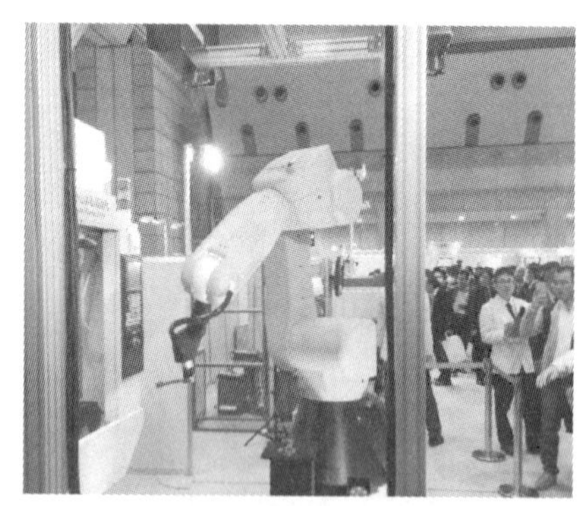

图 23-8-46 发那科协作机器人 CR-35iA

安川公司的小型手臂半拟人化双臂机器人（见图 23-8-47），负载有 5N、100N、200N 多种形式；具有 7 自由度；经密闭结构处理，手腕部分和主体部分符合 IP64，符合洁净度 ISO 等级 6，大中空径，完全内置安装电缆；可通过双臂自由交换握持工件。

ABB 的 YuMi（见图 23-8-48）是一个双臂机器人，主要用于小组件及元器件的组装，适用于消费电子行业。整个装配解决方案包括：自适应的手、灵活的零部件上料机、控制力传感、视觉指导和 ABB 的监控及软件技术。该机器人拥有软垫包裹的机械臂、力传感器和嵌入式安全系统，因此可以与人类并肩工作，没有任何障碍。由于其尺寸小，可以将它安装在普通的工作台上。

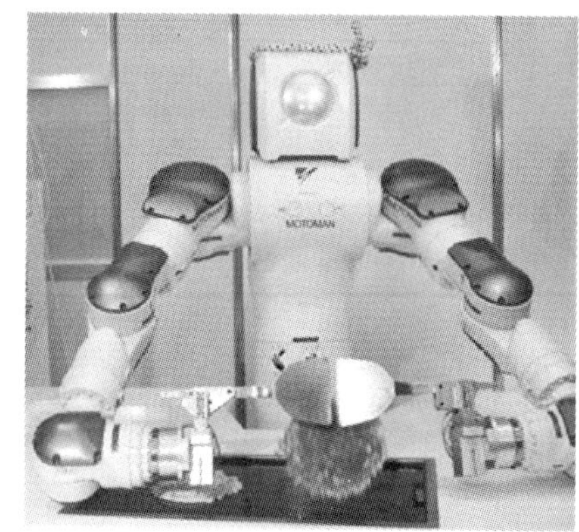

图 23-8-47 安川 SDA 系列协作机器人

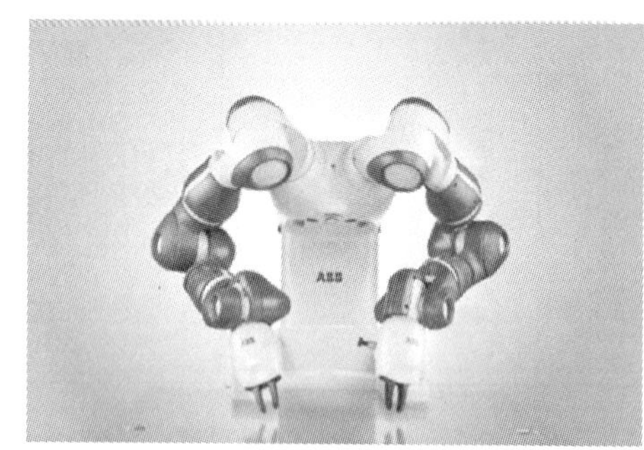

图 23-8-48 ABB 协作机器人 YuMi

KUKA 和德国航空航天中心（DLR）合作开发了 LWR（KUKA lightweight robot）机器人（见图 23-8-49），其主要特点为：7 自由度，自重 13.5kg，最大负载 50N；最大伸展长度为 936mm；采用模块化关节设计，具有关节传感力控制与保护功能。

图 23-8-49 KUKA 的 LBR iiwa

Baxter 工业机器人（见图 23-8-50）由 Rethink Robotics 公司研发，这是一款与传统工业机器人不同的创新人机互动机器人，而且其成本远低于工业机器人。其主要特点包括：7 自由度手臂，采用一体化柔顺关节集成设计，具有基于视觉引导的运行和物体检测功能，通过串联弹性驱动实现力感知和控制，末端操作器可根据需求更换。

图 23-8-50　Rethink Robotics 公司的 Baxter 机器人

UR 公司于 2009 年推出 UR5，于 2012 年推出 UR10，见图 23-8-51。UR 机器人符合协作型机器人的 ISO 标准，一旦人与机器手臂接触，UR 机器人就自动停止工作。在碰撞中，UR 机器人仅会产生少于上限规定的 150N 的力，因此，UR 机器人在大多数应用中都不需安全围栏。目前有 80％的 UR 机器人工作生产线都没有使用安全围栏。

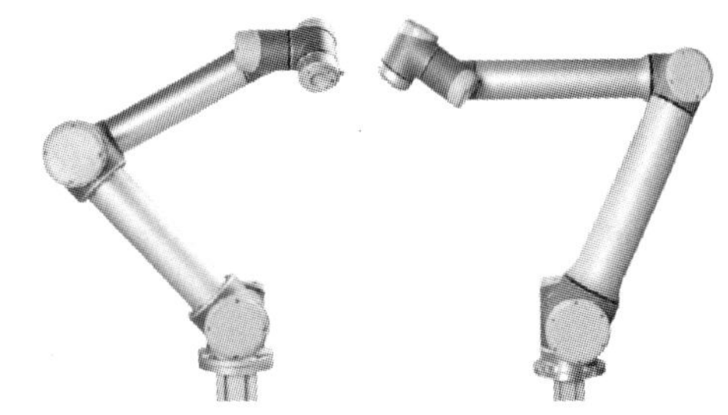

图 23-8-51　UR 公司的 UR5（左）和 UR10（右）

参考文献

[1] 蔡自兴. 机器人学 [M]. 北京：清华大学出版社，2009.
[2] 蔡自兴. 机器人原理及其应用. 长沙：中南工业大学出版社，1988.
[3] 宋伟刚，柳洪义. 机器人技术基础 [M]. 北京：冶金工业出版社，2005.
[4] 日本机器人学会. 新版机器人技术手册 [M]. 宗光华译. 北京：科学出版社，2007.
[5] 孟庆鑫，王晓东. 机器人技术基础 [M]. 哈尔滨：哈尔滨工业大学出版社，2006.
[6] 王长涛，尚文利，夏兴华. 传感器原理与应用 [M]. 北京：人民邮电出版社，2012.
[7] 张福学. 机器人学：智能机器人传感技术 [M]. 北京：电子工业出版社，1995.
[8] 贾云得，李科杰，石庚辰. 机器人触觉研究现状与发展浅析 [J]. 机器人，1993 (06)：58-62.
[9] 帅立国，陈慧玲，怀红旗. 触觉传感与显示技术现状及发展趋势 [J]. 振动. 测试与诊断，2016，36 (06)：1035-1043+1232.
[10] 孙英，尹泽楠，许玉杰，刘非. 电容式柔性触觉传感器的研究与进展 [J]. 微纳电子技术，2017，54 (10)：684-693.
[11] 沈昊岷. 基于光纤微弯曲效应的滑觉传感器研制 [D]. 杭州：浙江理工大学，2017.
[12] 蒲筠果，赵晓东. 机器人力传感器分析 [J]. 邢台职业技术学院学报，2004，21 (5)：21-23.
[13] 宋德杰. 传感器技术与应用 [M]. 北京：机械工业出版社，2014.
[14] 布鲁诺・西西利亚诺，欧沙玛・哈提卜，西西利亚诺等. 机器人手册：机器人技术 [M]. 北京：机械工业出版社，2016.
[15] 陈强，陶海鹏，王志明. 接近觉传感器的研究现状和发展趋势 [J]. 甘肃科技纵横，2009，38 (06)：35-36+56.
[16] 张玉莲. 传感器与自动检测技术 [M]. 北京：机械工业出版社，2007.
[17] 赵广涛，程荫杭. 基于超声波传感器的测距系统设计 [J]. 微计算机信息，2006 (01)：129-130+149.
[18] 吴玉锋，田彦文，韩元山，翟玉春. 气体传感器研究进展和发展方向 [J]. 计算机测量与控制，2003 (10)：731-734.
[19] 董婧，黄赣辉. 人工甜味味觉传感器的研究进展 [J]. 食品科学，2007，28 (9)：633-636.
[20] Artursson T，Holmberg M. Wavelet transform of electronic tongue data [J]. Sensors and Actuators B，2002，87：379-391.
[21] 李少坤. 喷涂机器人的设计及其运动误差分析 [D]. 武汉：华中科技大学，2012.
[22] Kevin，M，Lynch，Frank，C，Park. Modern Robotics Mechanics，Planning and Control [M]. Cambridge：Cambridge University Press，2017.
[23] 宋伟刚，赵明扬. 工业机器人技术 [M]. 北京：机械工业出版社，2010.
[24] John，J，Craig. 机器人学导论 [M]. 北京：机械工业出版社，2006.
[25] 丛爽，尚伟伟. 并联机器人——建模、控制优化与应用 [M]. 北京：电子工业出版社，2010.
[26] 蒋刚，龚迪琛，蔡勇，刘念聪，张静. 工业机器人 [M]. 成都：西南交通大学出版社，2011.
[27] 吴振彪，王正家. 工业机器人 [M]. 武汉：华中科技大学出版社，2006.
[28] 龚振邦，汪勤悫，陈振华，钱晋武. 机器人机械设计 [M]. 北京：电子工业出版社，1995.
[29] 费仁元，张慧慧. 机器人机械设计与分析 [M]. 北京：北京工业大学出版社，1998.
[30] BT 30029-2013，自动引导车 (AGV) 设计通则 [S].
[31] 熊有伦. 机器人技术基础 [M]. 武汉：华中科技大学出版社，1996.
[32] 孙树栋. 工业机器人技术基础 [M]. 西安：西北工业大学出版社，2006.
[33] 王海鸣. 基于神经网络的机器人逆运动学求解 [D]. 合肥：中国科学技术大学，2008.
[34] 孙卓君. 五自由度教学机器人控制系统设计及实验研究 [D]. 哈尔滨工程大学，2007.
[35] 兰虎. 工业机器人技术及应用 [M]. 北京：机械工业出版社，2014.
[36] 闻邦椿等. 机械设计手册 [M]. 北京：机械工业出版社，2015.
[37] 刘小波. 工业机器人技术基础 [M]. 北京：机械工业出版社，2017.
[38] 陈伟海，满征，于守谦. 线驱动模块化七自由度机器人轨迹跟踪控制 [J]. 机器人，2007，29 (4)：389-396.
[39] 李云江. 机器人概论 [M]. 北京：机械工业出版社，2016.
[40] 张建政，童梁，杨恒亮. 一种汽车风挡玻璃的自动装配系统及自动装配方法：，CN103264738A [P]. 2013.
[41] Hutchinson S，Hager G D，Corke P I. A tutorial on visualservo control. IEEE Transactions on Robotics and Automation，1996，12 (5)：651-670.
[42] Corke P I，Spindler F，Chaumette F. Combining Cartesian and polar coordinates in IBVS. In：Proceedings of the 2009 IEEE/RSJ International Conference on Intelligent Robots and Systems. St. Louis，MO：IEEE，2009. 5962-5967.

[43] Malzahn J, Phung A S, Franke R, Homann F, Bertram T. Markerless visual vibration damping of a 3-DOF flexible link robot arm. In: Proceedings of the 41st International Symposium on and 6th German Conference on Robotics. Munich, Germany: VDE, 2010. 1-8.

[44] Hong J., Tan X., Pinette B., et al. Image-based Homing [C]. Proceedings of IEEE International Conference on Robotics and Automation, 1991: 620-625.

[45] Scaramuzza D. Omnidirectional Vision: from Calibration to Robot Motion Estimation [D]. Ph D Thesis. Zurich, Switzerland: ETH Zurich, 2008.

[46] 刘涵. 基于位置的机器人视觉伺服控制的研究 [D]. 西安理工大学, 2013.

[47] Murphy Robin R. 人工智能机器人学导论 [M]. 杜军平, 吴立成, 胡金春译. 北京: 电子工业出版社, 2002.

[48] 英向华. 全向摄像机标定技术研究 [D]. 博士学位论文. 北京: 中国科学院自动化研究所, 2004.

[49] 叶其孝, 沈永欢. 实用数学手册 [M]. 第2版. 北京: 科学出版社, 2006.

[50] 毛剑飞, 诸静. 工业机器人视觉定位系统高精度标定研究, 机器人, 26 (2): 139-144, 2004.

[51] 雷成, 吴福朝, 胡占义. Kruppa方程与摄像机自定标, 自动化学报, 27 (5): 621-630, 2001.

[52] 李瑞峰, 李庆喜. 机器人双目视觉系统的标定与定位算法 [J]. 哈尔滨工业大学学报, 2007, 11, 39 (11): 1719-1722.

[53] Thomas H. Cormen and Charles E. Leiserson. 算法导论 [M]. 潘金贵, 顾铁成译. 北京: 机械工业出版社, 2006, 324.

[54] 马颂德, 张正友. 计算机视觉. 北京: 科学出版社, 1998.

[55] 周富强. 双目立体视觉检测的关键技术研究. 北京航空航天大学博士后研究工作报告, 2002.

第 24 篇
传感器

篇主编：孙红春

撰　稿：王明赞　李佳　孙红春　胡智勇

叶大勇

审　稿：林贵瑜

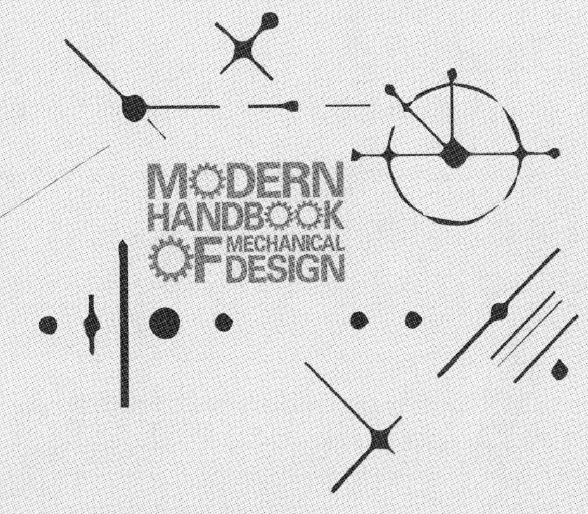

第 1 章　传感器的名词术语和评价指标

1.1　传感器的通用术语（GB/T 7665—2005）

1.1.1　传感器一般分类术语

表 24-1-1　传感器一般分类术语

术　语	解　释
传感器 transducer/sensor	能感受规定的被测量并按照一定的规律转换成可用输出信号的器件或装置，通常由敏感元件和转换元件组成
物理量传感器 physical quantity transducer/sensor	能感受规定的物理量并转换成可用输出信号的传感器
化学量传感器 chemical quantity transducer/sensor	能感受规定的化学量并转换成可用输出信号的传感器
生物量传感器 biological quantity transducer/sensor	能感受规定的生物量并转换成可用输出信号的传感器
数字式传感器 digital transducer/sensor	输出信号为数字量或数字编码的传感器
模拟式传感器 analog transducer/sensor	输出信号为模拟量的传感器
结构型传感器 mechanical structure type transducer/sensor	用机械构件（如金属膜片等）的变形检测被测量的传感器
物性型传感器 physical property type transducer/sensor	利用材料的物理特性及其各种物理、化学效应检测被测量的传感器
复合传感器 composite transducer/sensor	由多种不同类型的敏感元件或传感器组合而成、具有多种功能的传感器
集成传感器 integrated transducer/sensor	将敏感元件连同信号处理电路集成在一起的传感器
多功能传感器 multi-function transducer/sensor	能感受两种或两种以上被测量的传感器
智能化传感器 smart transducer/sensor	对传感器自身状态具有一定的自诊断、自补偿、自适应以及双向通信功能的传感器
微传感器 micro transducer/sensor	采用微加工技术制造的传感器
微机电系统（MEMS） microelectromechanical systems	由微传感器、微执行器和信号处理单元构成的系统。其特征尺度为 0.1 ～100μm
微结构 micro structure	用微加工技术制造的结构，是微传感器、微执行器的核心部分。微结构本身也可具有特定功能或作用
硅微传感器 silicon microsensor	以硅为基本材料的微传感器

续表

术 语	解 释
真空场发射微传感器 vacuum field emission microsensor	利用在真空腔中的两电极间施加电压时，尖锥阵列阴极表面形成加速电场，导致阴极发射电流的原理制成的微传感器
纳传感器 nano transducer/sensor	特征尺寸为纳米量级、基于纳米材料或结构新效应(量子效应、界面效应和纳米尺度效应)的传感器
触觉传感器 tactile transducer/sensor	通过直接接触感知物体力、形状、滑动和温度的传感器
电容式传感器 capacitive transducer/sensor	将被测量变化转换成电容量变化的传感器
电位器式传感器 potentiometric transducer/sensor	利用加激励的电阻体上可动触点位置的变化，将被测量变化转换成电压比变化的传感器
电阻式传感器 resistive transducer/sensor	将被测量变化转换成电阻变化的传感器
电磁式传感器 electromagnetic transducer/sensor	利用磁通量的变化，将被测量变化转换成导体中感生电信号变化的传感器
电感式传感器 inductive transducer/sensor	将被测量变化转换成电感量变化的传感器
电离式传感器 ionizing transducer/sensor	将被测量变化转换成电离电流(例如通过两电极之间气体的电离电流)变化的传感器
电化学式传感器 electrochemical transducer/sensor	利用被测量的电化学反应，将其变化转换成电位变化、电流变化或者电导率变化的传感器
光导式传感器 photoconductive transducer/sensor	将入射到半导体材料上的光量变化转换成材料本身电阻率变化的传感器
光伏式传感器 photovoltaic transducer/sensor	将入射到半导体材料上的光量变化转换成光生电动势变化的传感器
热电式传感器 thermoelectric transducer/sensor	将被测量变化转换成热生电动势变化的传感器
磁电式传感器 magneto-electricity transducer/sensor	利用磁电感应原理，将被测量变化转换成可用输出电信号的传感器
伺服式传感器 servo transducer/sensor	利用伺服原理，将被测量变化转换成可用输出电信号的传感器
谐振式传感器 resonator transducer/sensor	利用谐振原理，将被测量变化转换成谐振频率变化、谐振振幅变化或相位(差)变化的传感器
应变[计]式传感器 strain gauge transducer/sensor	将被测量变化转换成由于产生应变导致电阻变化的传感器
压电式传感器 piezoelectric transducer/sensor	将被测量变化转换成由于材料受机械力产生的静电电荷或电压变化的传感器
压阻式传感器 piezoresistive transducer/sensor	利用压阻效应，将被测量变化转换成可用输出信号的传感器
磁阻式传感器 reluctance transducer/sensor	利用磁阻效应，将被测量变化转换成可用输出信号的传感器
差动变压器式传感器 differential transformer transducer/sensor	利用差动变压器作为转换元件，将被测量变化转换成可用输出信号的传感器
霍尔式传感器 Hall transducer/sensor	利用霍尔效应，将被测量变化转换成可用输出信号的传感器

续表

术　　语	解　　释
隧道效应式传感器 tunneling transducer/sensor	利用隧道效应，将被测量变化转换成可用输出信号的传感器
声表面波传感器 surface acoustic wave (SAW) transducer/sensor	利用声表面波技术，将被测量变化转换成可用输出信号的传感器
光纤传感器 optical fiber transducer/sensor	利用光纤技术和有关光学原理，将被测量转换成可用输出信号的传感器
核辐射传感器 nuclear radiation transducer/sensor	利用核辐射检测技术，将感受的被测量转换成可用输出信号的传感器
生物传感器 biosensor	利用生物活性物质的分子识别功能，将感受的被测物质的特征量转换成可用输出信号的传感器
碳纳米管传感器 CNT based transducer/sensor	以碳纳米管为基本材料的传感器
磁致伸缩式传感器 magnetostrictive transducer/sensor	利用磁致伸缩效应，将被测量变化转换成可用输出信号的传感器
传感阵列 transducer/sensor array	由多个传感器构成、用于输出多点、多参量信号的阵列
传感网络 transducer/sensor network	由多个传感器构成、用于输出大空间范围中多点、多参量传感信号的网络

注：1. 敏感元件（sensing element），指传感器中能直接感受（或响应）被测量的部分。
2. 转换元件（transduction element），指传感器中能将敏感元件感受（或响应）的被测量转换成适于传输或测量的电信号部分。
3. 当输出为规定的标准信号时，则传感器称为变送器（transmitter）。
4. 英文词中的斜线符号“/”，表示其前后的词通用（下同）。
5. [] 内的词，在不引起混淆时，可省略（下同）。

1.1.2　物理量传感器术语

1.1.2.1　力学量传感器

力学量传感器（mechanical quantity transducer/sensor）是能感受力学量并转换成可用输出信号的传感器（表 24-1-2）。

表 24-1-2　　力学量传感器

术　　语		解　　释
压力传感器	静态压力传感器 static pressure transducer/sensor	能感受静态压强并转换成可用输出信号的传感器
	动态压力传感器 dynamic pressure transducer/sensor	能感受动态压强并转换成可用输出信号的传感器
	表压传感器 gauge pressure transducer/sensor	能感受相对于大气压的压强并转换成可用输出信号的传感器
	差压传感器 differential pressure transducer/sensor	能感受两个测量点压强差并转换成可用输出信号的传感器
	绝压传感器 absolute pressure transducer/sensor	能感受绝对压强并转换成可用输出信号的传感器
	真空传感器 vacuum transducer/sensor	能感受真空度并转换成可用输出信号的传感器
	微型压力传感器 miniature pressure transducer/sensor	采用微加工技术及微封装技术制作的压力传感器。外形尺寸为毫米量级

第 24 篇

续表

术语		解释
力传感器	重量(称重)传感器 weighing transducer/sensor	能感受物体重量并转换成可用输出信号的传感器
	应力传感器 stress transducer/sensor	能感受应力并转换成可用输出信号的传感器
	剪切应力传感器 shear stress transducer/sensor	能感受剪切应力并转换成可用输出信号的传感器
力矩传感器	扭矩传感器 torque transducer/sensor	能感受扭矩并转换成可用输出信号的传感器
	静态扭矩传感器 static torque transducer/sensor	能感受静态扭矩并转换成可用信号的传感器
	动态扭矩传感器 dynamic torque transducer/sensor	能感受动态扭矩并转换成可用信号的传感器
速度传感器	线速度传感器 linear velocity transducer/sensor	能感受线速度并转换成可用输出信号的传感器
	角速度传感器 angular velocity transducer/sensor	能感受角速度并转换成可用输出信号的传感器
	微机械陀螺(或微陀螺) micromachined gyroscope	使用微加工技术制作的陀螺
	转速传感器 revolution transducer/sensor	能感受转速并转换成可用输出信号的传感器
	流速传感器 flow velocity transducer/sensor	能感受流体流速并转换成可用输出信号的传感器
加速度传感器	线加速度传感器 linear acceleration transducer/sensor	能感受线加速度并转换成可用输出信号的传感器
	角加速度传感器 angular acceleration transducer/sensor	能感受角加速度并转换成可用输出信号的传感器
	振动传感器 vibration transducer/sensor	能感受机械运动振动参量(机械振动速度、频率、加速度等)并转换成可用输出信号的传感器
	冲击传感器 shock transducer/sensor	能感受冲击量并转换成可用输出信号的传感器
	三轴加速度计 three-axes accelerometer	能感受空间三维方向的加速度并转换成可用输出信号的传感器
	微机械加速度计 micromachined accelerometer	使用微加工技术制造的加速度传感器
	微型惯性测量组合 micro inertial measurement unit (MIMU)	一般由三轴微机械加速度计和三轴微机械陀螺组成,用于测量物体的姿态和运动
流量传感器	差压[式]流量传感器 differential pressure flow transducer/sensor	利用流体流经节流装置产生压强差,将感受的流量转换成可用输出信号的传感器
	热丝[式]流量传感器 hot-wire flow transducer/sensor	利用热丝对被测流体的传热效应,将感受的流体流量转换成可用输出信号的传感器
	转子[式]流量传感器 rotor flow transducer/sensor	利用机械转子的转动频率随被测流体速度变化的原理,将感受的流体流量转换成可用输出信号的传感器
	涡轮[式]流量传感器 turbine flow transducer/sensor	利用多叶片转子为敏感元件,将感受的流量转换成可用输出信号的传感器
	涡街[式]流量传感器 vortex flow transducer/sensor	利用流体经过截头体形成的分列旋涡频率,将感受的流体流量转换成可用输出信号的传感器
	超声[式]流量传感器 ultrasonic flow transducer/sensor	利用超声波测流速的原理,将感受到的流体流量转换成可用输出信号的传感器

续表

术语		解释
流量传感器	电磁[式]流量传感器 electromagnetic flow transducer/sensor	利用电磁感应原理，将感受到的流体流量转换成可用输出信号的传感器
	质量流量传感器 mass flow transducer/sensor	将感受的流体质量流量转换成可用输出信号的传感器
	电晕放电式质量传感器 corona discharge mass flow transducer/sensor	利用电离粒子在流体内经历的时间(或从离子源到检测点的距离)，将感受的流体流量转换成可用输出信号的传感器
	容积流量传感器 volumetric flow transducer/sensor	将感受的流体容积流量转换成可用输出信号的传感器
	微流量传感器 microflow sensor	采用微加工技术制造的流量传感器
位移传感器	电容式位移传感器 capacitive displacement transducer/sensor	利用两极板间的电容随极板间距或相互重叠面积变化而变化的原理，将感受到的被测位移转换成可用输出信号的传感器
	电涡流式位移传感器 eddy-current displacement transducer/sensor	利用电涡流效应，将感受到的被测位移转换成可用输出信号的传感器
	磁致伸缩式位移传感器 magnetostrictive displacement transducer/sensor	利用磁致伸缩效应，将感受到的被测位移转换成可用输出信号的传感器
	光栅位移传感器 grating displacement transducer/sensor	利用光栅副相对运动形成莫尔条纹的原理，将感受到的被测位移转换成可用输出信号的传感器
	线位移传感器 linear displacement transducer/sensor	能感受线位移并转换成可用输出信号的传感器
	角位移传感器 angular-position transducer/sensor	能感受旋转轴角位移并转换成可用输出信号的传感器
位置传感器	物位传感器 level transducer/sensor	能感受物位(液位、料位)并转换成可用输出信号的传感器
	浮子[式]物位传感器 float level transducer/sensor	利用流体中浮子的垂直位置随物(液)位而变化的原理，将感受到的被测物位转换成可用输出信号的传感器
	差压[式]物位传感器 differential pressure level transducer/sensor	利用被测物的压强差，将感受的物位变化转换成可用输出信号的传感器
	电容[式]物位传感器 capacitive level transducer/sensor	利用容器内两极板之间电容量随物位变化而变化的原理，将感受到的物位变化转换成可用输出信号的传感器
	超声[式]物位传感器 ultrasonic level transducer/sensor	利用发送超声波到接收回波信号的时间差，将感受到的物位变化转换成可用输出信号的传感器
	浮子-干簧管液位传感器 float-reed switch level transducer/sensor	利用浮子位置随液位变化的原理和干簧管的磁性开关特性，将被测液位转换成可用输出信号的传感器
	姿态传感器 attitude transducer/sensor	能感受物体姿态(轴线对重力坐标系的空间位置)并转换成可用输出信号的传感器
尺度传感器	厚度传感器 thickness transducer/sensor	能感受物体厚度并转换成可用输出信号的传感器
	角度传感器 angle transducer/sensor	能感受角度并转换成可用输出信号的传感器
	倾角传感器 inclination transducer/sensor	用于测量载体相对于某个参考平面倾斜角度的传感器
	表面粗糙度传感器 surface roughness transducer/sensor	能感受物体表面粗糙度并转换成可用输出信号的传感器
	密度传感器 density transducer/sensor	能感受物质密度并转换成可用输出信号的传感器
	黏度传感器 viscosity transducer/sensor	能感受流体黏度并转换成可用输出信号的传感器

续表

术 语		解 释
尺度传感器	浊度传感器 turbidity transducer/sensor	能感受流体浊度并转换成可用输出信号的传感器
	硬度传感器 hardness transducer/sensor	能感受材料硬度并转换成可用输出信号的传感器
	流向传感器 flow direction transducer/sensor	能感受流体的流向并转换成可用输出信号的传感器

1.1.2.2 热学量传感器

热学量传感器（thermodynamic quantity transducer/sensor）是能感受热学量并转换成可用输出信号的传感器，主要是温度传感器。温度传感器（temperature transducer/sensor）是能感受温度并转换成可用输出信号的传感器，见表 24-1-3。

表 24-1-3 温度传感器

术 语	解 释
晶体管[式]温度传感器 ransistor temperature transducer/sensor	利用半导体晶体管的电流-温度输出特性，将感受到的温度转换成可用输出信号的传感器
PN 结[式]温度传感器 P-N junction temperature transducer/sensor	利用半导体材料的 PN 结正向压降随温度变化的原理，将感受到的温度转换成可用输出信号的传感器
辐射式温度传感器 radiation temperature transducer/sensor	利用感受被测物体发出的热辐射量，将被测物体温度转换成可用输出信号的传感器
热释电式温度传感器 pyroelectric temperature transducer/sensor	利用热释电效应，将感受到的温度转换成可用输出信号的传感器
光纤温度传感器 optical fiber temperature transducer/sensor	利用光纤技术和有关光学原理，将感受到的被测温度转换成可用输出信号的传感器
接触式温度传感器 contact temperature transducer/sensor	在与被测介质直接接触的情况下，通过热传导进行温度测量的传感器
非接触式温度传感器 non-contact temperature transducer/sensor	在与被测介质不相接触的情况下，通过热辐射进行温度测量的传感器
热电偶温度传感器 thermocouple temperature transducer/sensor	以热电偶作为感温元件的温度传感器
铂热电阻温度传感器 platinum thermo-resistor temperature transducer/sensor	以铂电阻作为感温元件的温度传感器
铜热电阻温度传感器 copper thermo-resistor temperature transducer/sensor	以铜电阻作为感温元件的温度传感器
镍热电阻温度传感器 nickel thermo-resistor temperature transducer/sensor	以镍电阻作为感温元件的温度传感器
热敏电阻温度传感器 thermo-resistor temperature transducer/sensor	以热敏电阻作为感温元件的温度传感器
栅丝式电阻温度传感器 grid-filament resistance temperature transducer/sensor	以栅丝式金属丝电阻作为感温元件的温度传感器
双金属片[式]温度传感器 bimetal temperature transducer/sensor	利用两种不同热膨胀系数的金属结合成的双金属片作为敏感元件的温度传感器
热流传感器 heat flux transducer/sensor	能感受热流并转换成可用输出信号的传感器
高速气流温度传感器 high speed gas stream temperature transducer/sensor	能感受高速气流温度并转换成可用输出信号的传感器
温度计 thermometer	用于温度检测和计量的传感器或传感器与读出装置的组合
基(标)准温度计 reference thermometer	国际实用温标中规定用来复现热力学温标的标准温度计。包括基准铂热电阻温度计、基准铂铑$_{10}$-铂热电偶和基准光学高温计
光学高温计 optical pyrometer	利用炽热的物体发出的光来测量温度的一种温度计
全辐射高温计 total radiation pyrometer	利用物体在全波长范围内的热辐射效应测量物体表面温度的温度计
部分辐射温度计 partial radiation pyrometer	以光电管、光电池、光敏电阻、热释电元件和热敏电阻等光电、热电检测元件，检测某一波长范围内的辐射能量，以实现温度测量的温度计

续表

术　语	解　释
比色温度计 colorimetric thermometer	通过测量两个波长的单色辐射能量的比值来确定物体温度的温度计
光电温度计 photo-electric thermometer	利用硅光电池作为感温元件，将被测温度转换为电信号输出，并直接送到显示装置的温度计
石英温度计 quartz thermometer	利用石英晶体固有频率随温度而变化的特性来测量温度的温度计
超声波温度计 ultrasonic thermometer	利用测量超声波在介质中的传播速度因温度不同而变化的特性来测量温度的温度计
核磁共振温度计 nuclear magnetic resonance thermometer	利用核磁共振吸收频率随温度升高而减小的特性来测量温度的温度计
红外热像传感器 infrared radiation thermal-graph sensor	把物体表面温度场的信息转变成图像的传感器。由图像的颜色确定表面各点的温度

1.1.2.3　其他物理量传感器

表 24-1-4　光、磁、电、声传感器

术　语		解　释
光传感器	激光传感器 laser transducer/sensor	能感受激光(量)并转换成可用输出信号的传感器
	可见光传感器 visible light transducer/sensor	能感受可见光并转换成可用输出信号的传感器
	红外光传感器 infrared light transducer/sensor	能感受红外光并转换成可用输出信号的传感器
	紫外光传感器 ultraviolet light transducer/sensor	能感受紫外光并转换成可用输出信号的传感器
	射线传感器 radiation transducer/sensor	能感受放射线并转换成可用输出信号的传感器
	X 射线传感器 X-ray transducer/sensor	能感受 X 射线并转换成可用输出信号的传感器
	X 射线图像传感器 X-ray image transducer/sensor	能感受 X 射线并转换成可用输出图像的传感器
	β 射线传感器 β-ray transducer/sensor	能感受 β 射线并转换成可用输出信号的传感器
	γ 射线传感器 γ-ray transducer/sensor	能感受 γ 射线并转换成可用输出信号的传感器
	射线剂量传感器 radiation dose transducer/sensor	能感受核辐射总剂量并转换成可用输出信号的传感器，又称剂量计
	照度传感器 illuminance transducer/sensor	能感受表面照度并转换成可用输出信号的传感器，又称照度计
	亮度传感器 luminance transducer/sensor	能感受光亮度并转换成可用输出信号的传感器
	色度传感器 chromaticity transducer/sensor	能感受或分辨物体的色度，并转换成可用输出信号的传感器
	图像传感器 image transducer/sensor	能感受光学图像信息并转换成可用输出信号的传感器
	热释电式光传感器 pyroelectric optical transducer/sensor	利用强电介质材料的热释电效应，将感受的红外光转换成可用输出信号的传感器
	点式光纤传感器 optical fiber point transducer/sensor	传感头尺寸较小，只局限于检测很小空间范围内被测参量值的光纤传感器
	积分式光纤传感器 optical fiber integrating transducer/sensor	利用光纤技术和光学原理，可测量一定空间范围内被测参量平均值的光纤传感器

续表

术　语		解　释
光传感器	分布式光纤传感器 optical fiber distributed transducer/sensor	利用光纤技术和光学原理，可沿空间位置连续给出被测参量测量值的光纤传感器
	光纤光栅传感器 optical fiber grating transducer/sensor	利用光纤光栅构成的光纤传感器
	光纤传感网络 optical fiber transducer/sensor network	利用光纤技术和有关光学器件，将多个传感器构成一个传感网络，以输出大范围的多点、多参量的传感信号
磁传感器	光纤磁场传感器 optical fiber magnetic field strength transducer/sensor	利用光纤技术和光学原理，感受磁场强度并转换成可用输出信号的传感器
	磁通量传感器 magnetic flux transducer/sensor	能感受磁通量并转换成可用输出信号的传感器
电传感器	光纤电流传感器 optical fiber current transducer/sensor	利用光纤技术和光学原理，感受被测电流并转换成可用输出信号的传感器
	光纤电压传感器 optical fiber voltage transducer/sensor	利用光纤技术和光学原理，感受被测电压并转换成可用输出信号的传感器
声传感器	声压传感器 sound pressure transducer/sensor	能感受声压并转换成可用输出信号的传感器
	噪声传感器 noise transducer/sensor	能感受噪声并转换成可用输出信号的传感器
	超声[波]传感器 ultrasonic transducer/sensor	能感受超声波并转换成可用输出信号的传感器
	微型麦克风 micromachined microphone	用微加工技术制造的可以把声信号转换成电信号的传感器

1.2　传感器命名法及代码（GB/T 7666—2005）

1.2.1　传感器命名方法

1.2.1.1　命名法的构成

一种传感器产品的名称，应由主题词加四级修饰语构成：

主题词——传感器；

第一级修饰语——被测量，包括修饰被测量的定语；

第二级修饰语——转换原理，一般可后续以“式”字；

第三级修饰语——特征描述，指必须强调的传感器结构、性能、材料特征、敏感元件以及其他必要的性能特征，一般可后续以“型”字；

第四级修饰语——主要技术指标（量程、测量范围、精度等）。

1.2.1.2　命名法范例

（1）题目中的用法

本命名法在有关传感器的统计表格、图书索引、检索以及计算机汉字处理等特殊场合，应采用1.2.1.1节中所规定的顺序。

示例1：传感器，位移，应变［计］式，100mm；

示例2：传感器，声压，电容式，100～160dB；

示例3：传感器，加速度，压电式，±20g；

示例4：传感器，压力，压阻式，［单晶］硅，600kPa；

示例5：传感器，差压，谐振式，智能型，35kPa。

（2）正文中的用法

在技术文件、产品样本、学术论文、教材及书刊的陈述句子中，作为产品名称应采用与1.2.1.1节中相反的顺序。

示例 1：100mm 应变式位移传感器；
示例 2：100～160dB 电容式声压传感器；
示例 3：±20g 压电式加速度传感器；
示例 4：600kPa［单晶］硅压阻式压力传感器；
示例 5：35kPa 智能［型］谐振式差压传感器。

(3) 修饰语的省略

当对传感器的产品命名时，除第一级修饰语外，其他各级可视产品的具体情况任选或省略。

示例 1：业已购进 150 只各种测量范围的半导体压力传感器；
示例 2：广告中介绍了我厂生产的电容式液位传感器；
示例 3：附加的测试范围只适用于差压传感器；
示例 4：订购 100mm 位移传感器 10 只；
示例 5：加速度传感器可用作汽车安全气囊。

(4) 传感器命名构成及各级修饰语举例一览表（表 24-1-5）

表 24-1-5　典型传感器命名构成及各级修饰语举例一览表

主题词	第一级修饰语——被测量	第二级修饰语——转换原理	第三级修饰语——特征描述(传感器结构、性能、材料特征、敏感元件或辅助措施等)	第四级修饰语——技术指标	
				范围(量程、测量范围、灵敏度等)	单位
传感器	压力	压阻式	[单晶]硅	0～2.5	MPa
	力	应变式	柱式[结构]	0～100	kN
	重量(称重)	应变式	悬臂梁式[结构]	0～10	kN
	力矩	应变式	静扭式[结构]	0～500	N・m
	速度	磁电式	—	600	cm/s
	加速度	电容式	[单晶]硅	±5	g
	振动	磁电式	—	5～1000	Hz
	流量	电磁[式]	插入式[结构]	0.5～10	m^3/h
	位移	电涡流[式]	非接触式[结构]	25	mm
	液位	压阻式	投入式[结构]	0～100	m
	厚度	超声(波)[式]	—	1.5～99.9	mm
	角度	伺服式	—	±1～±90	(°)
	密度	谐振式	—	0.3～3.0	g/mL
	温度	光纤[式]	—	800～2500	℃
	(红外)光	光纤[式]	—	20	mA
	磁场强度	霍尔[式]	砷化稼	0～2	T
	电流	霍尔[式]	砷化稼或锑化铟	0～1200	A
	电压	电感式	—	0～1000	V
	(噪)声	—	—	40～120	dB
	(O_2)气体	电化学	—	0～25	%VOL
	湿度	电容式	高分子薄膜	10～90	%RH
	结露	—	—	94～100	%RH
	pH	—	参比电极型	−2～16	(pH)

注：(　) 内的词为可换用词，即同义词（下同）。

1.2.2　传感器代号标记方法

本标准规定用大写汉语拼音字母（或国际通用标志）和阿拉伯数字构成传感器完整的代号。

1.2.2.1　传感器代号的构成及意义

代号表述格式为：

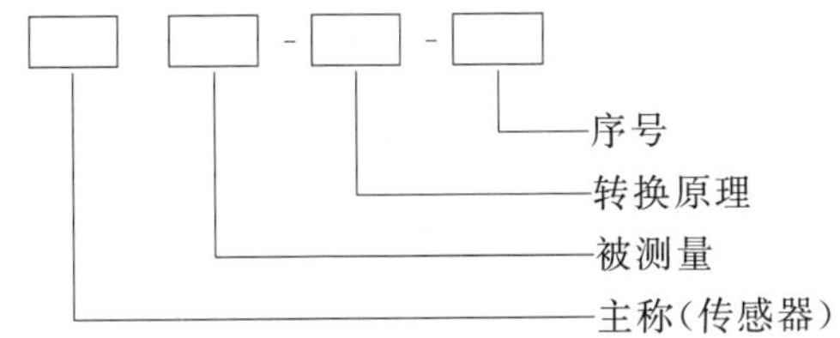

在被测量、转换原理、序号三部分代号之间需有连字符“-”连接。

(1) 第一部分

主称（传感器），用汉语拼音字母“C”标记。

(2) 第二部分

被测量，用其一个或两个汉字汉语拼音的第一个大写字母标记（见表 24-1-6）。当这组代号与该部分的另一个代号重复时，则用其汉语拼音的第二个大写字母作代号。依此类推。当被测量有国际通用标志时，应采用国际通用标志。当被测量为离子、粒子或气体时，可用其元素符号、粒子符号或分子式加圆括号“()”表示。

第
24
篇

表 24-1-6 被测量代号举例

被测量	代号	被测量	代号	被测量	代号
压力	Y	黏度	N	氢离子活[浓]度	(H^+)
真空度	ZK	浊度	Z	pH 值	(pH)
力	L	硬度	YD	DNA	PT
重量(称重)	ZL	流向	LX	葡萄糖	NS
应力	YL	温度	W	尿素	DG
剪切应力	QL	光	G	胆固醇	XZ
力矩	LJ	激光	JG	血脂	(GPT)
扭矩	NJ	可见光	KG	谷丙转氨酶	XX
速度	V	红外光	HG	血型	(BOD)
线速度	XS	紫外光	ZG	生化需氧量	GA
角速度	JS	射线	SX	谷氨酸	(DNA)
转速	ZS	X 射线	(X)	血气	XQ
流速	LS	β 射线	(β)	血液 pH	X(pH)
加速度	A	γ 射线	(γ)	血氧	X(O_2)
线加速度	XA	射线剂量	SL	血液二氧化碳	X(CO_2)
角加速度	JA	照度	HD	血液电解质	XD
振动	ZD	亮度	LU	血钾	X(K^+)
冲击	CJ	色度	SD	血钠	X(Na^+)
流量	LL	图像	TX	血氯	X(Cl^-)
质量流量	[Z]LL	磁	C	血钙	X(Ca^{2+})
容积流量	[R]LL	磁场强度	CQ	血压	[X]Y
位移	WY	磁通量	CT	食道压力	[S]Y
线位移	XW	电场强度	DQ	膀胱内压	[P]Y
角位移	JW	电流	DL	胃肠内压	[W]Y
位置	WZ	电压	DY	颅内压	[L]Y
物位	WW	声	SH	脉搏	MB
液位	YW	声压	SY	心音	XY
姿态	ZT	噪声	ZS	体温	[T]W
尺度	CD	超声波	CS	皮温	[P]W
厚度	H	气体	Q	血流	XL
角度	J	氧气	(O_2)	呼吸	HX
倾角	QJ	湿度	S	呼吸流量	[H]LL
表面粗糙度	MZ	结露	JL	呼吸频率	HP
密度	M	露点	LD	细胞膜电位	BW
液体密度	[Y]M	水分	SF	细胞膜电容	BR
气体密度	[Q]M	离子	LZ	—	—

(3) 第三部分

转换原理，用其一个或两个汉字汉语拼音的第一个大写字母标记（见表 24-1-7）。当这组代号与该部分的另一个代号重复时，则用其汉语拼音的第二个大写字母作代号。依此类推。

表 24-1-7　转换原理代号举例

转换原理	代号	转换原理	代号	转换原理	代号
电容	DR	分子信标	FX	热辐射	RF
电位器	DW	光导	GD	热释电	RH
电阻	DZ	光伏	GF	热离子化	RL
电磁	DC	光纤	GX	伺服	SF
电感	DG	光栅	GS	石英振子	SZ
电离	DL	霍尔	HE	隧道效应	SD
电化学	DH	红外吸收	HX	声表面波	SB
电涡流	DO	化学发光	HF	生物亲和性	SQ
电导	DD	核辐射	HS	涡轮	WL
电解	DJ	核磁共振	HZ	涡街	WJ
电晕放电	DY	控制电位电解法	KD	微生物	WS
电弧紫外光谱	DZ	晶体管	JG	谐振	XZ
表面等离子激原共振	BJ	PN 结	PN	消失波	XB
磁电	CD	离子选择电极	LX	应变	YB
磁阻	CZ	离子通道	LT	压电	YD
差压	CY	酶	M	压阻	YZ
差动变压器	CB	免疫	MY	荧光	YG
场效应管	CX	浓差电池	NC	阻抗	ZK
超声(波)	CS	热电	RD	转子	ZZ
浮子	FZ	热导	ED	—	—
浮子-干簧管	FH	热丝	RS	—	—

(4) 第四部分

序号，用阿拉伯数字标记。序号可表征产品设计特征、性能参数、产品系列等。如果传感器产品的主要性能参数不改变，仅在局部有改进或改动时，其序号可在原序号后面顺序地加注大写汉语拼音字母 A、B、C…（其中 I、O 两个字母不用）。序号及其内涵可由传感器生产厂家自行决定。

1.2.2.2　传感器代号标记示例

表 24-1-8　传感器标记代号示例

传感器名称	标记代号					
	主称(传感器)	被测量	—	转换原理	—	序号
压阻式压力传感器	C	Y	—	YZ	—	2.5
电容式加速度传感器	C	A	—	DR	—	±5
电磁式流量传感器	C	LL	—	DC	—	10
霍尔式电流传感器	C	DL	—	HE	—	1200
温度传感器	C	W	—			800A
压电式心音传感器	C	XY	—	YD	—	12
氢离子活度传感器	C	(H^+)	—			12

表 24-1-9　传感器产品名称与标记代号对照表

产 品 名 称	标记代号	产 品 名 称	标记代号
压力传感器	CY-	力传感器	CL-
静态压力传感器	CY-	应变[计]式力传感器	CL-YB-
动态压力传感器	CY-	电位器式力传感器	CL-DW-
真空传感器	CZK-	差动变压器式力传感器	CL-CB-
应变[计]式压力传感器	CY-YB	压电式力传感器	CL-YD-
电位器[式]压力传感器	CY-DW-	压阻式力传感器	CL-YZ-
差动变压器[式]压力传感器	CY-CB-	电容式力传感器	CL-DR-
伺服式压力传感器	CY-SF-	磁阻式力传感器	CL-CZ-
压电式压力传感器	CY-YD-	谐振式力传感器	CL-XZ-
压阻式压力传感器	CY-YZ-	重量(称重)传感器	CZL-
电容式压力传感器	CY-DR-	应力传感器	CYL-
电感式压力传感器	CY-DG-	剪切应力传感器	CQL-
磁阻式压力传感器	CY CZ	力矩传感器	CLJ-
霍尔式压力传感器	CY-HE-	扭矩传感器	CNJ-
谐振式压力传感器	CY-XZ-	速度传感器	CV-
光纤压力传感器	CY-GX-	磁电式速度传感器	CV-CD-

续表

产品名称	标记代号	产品名称	标记代号
光纤速度传感器	CV-GX-	磁阻式位置传感器	CWZ- CZ-
线速度传感器	CXS-	霍尔式位置传感器	CWZ-HE-
角速度传感器	CJS-	物位传感器	CWW-
电磁式角速度传感器	CJS-DC-	浮子式物位传感器	CWW-FZ-
转速传感器	CZS-	差压式物位传感器	CWW-CY-
电涡流式转速传感器	CZS-DO-	电容式物位传感器	CWW-DR-
流速传感器	CLS-	超声式物位传感器	CWW-CS-
光纤流速传感器	CLS-GX-	压阻式物位传感器	CWW-YZ-
加速度传感器	CA-	核辐射式物位传感器	CWW-HS-
应变[计]式加速度传感器	CA-YB-	液位传感器	CYW-
差动变压器式加速度传感器	CA-CB-	浮子式液位传感器	CYW-FZ-
伺服式加速度传感器	CA-SF-	浮子-干簧管液位传感器	CYW-FH-
压电式加速度传感器	CA-YD-	电容式液位传感器	CYW-DR-
压阻式加速度传感器	CA-YZ-	超声式液位传感器	CYW-CS-
电容式加速度传感器	CA-DR-	压阻式液位传感器	CYW-YZ-
谐振式加速度传感器	CA-XZ-	光纤式液位传感器	CYW-GX-
线加速度传感器	CXA-	姿态传感器	CZT-
角加速度传感器	CJA-	尺度传感器	CCD-
振动传感器	CZD-	厚度传感器	CH-
光纤振动传感器	CZD GX	核辐射式厚度传感器	CH HS
电涡流式振动传感器	CZD-DO-	超声(波)式厚度传感器	CH-CS
冲击传感器	CCJ-	角度传感器	CJ-
流量传感器	CLL-	应变[计]式角度传感器	CJ-YB-
电磁[式]流量传感器	CLL-DC-	电位器式角度传感器	CJ-DW-
差压[式]流量传感器	CLL-CY-	倾角传感器	CQJ-
转子[式]流量传感器	CLL-ZZ-	伺服式倾角传感器	CQJ-SF-
涡轮[式]流量传感器	CLL-WL-	表面粗糙度传感器	CMZ-
热丝[式]流量传感器	CLL-RS-	光纤表面粗糙度传感器	CMZ-GX-
涡街[式]流量传感器	CLL-WJ-	密度传感器	CM-
超声[式]流量传感器	CLL-CS-	液体密度传感器	C[Y]M-
质量流量传感器	C[Z]LL-	压电式液体密度传感器	C[Y]M-YD-
电晕放电式质量流量传感器	Z[Z]LL-DY-	气体密度传感器	C[Q]M-
容积流量传感器	C[R]LL-DY-	谐振式气体密度传感器	C[Q]M-XZ-
位移传感器	CWY-	黏度传感器	CN-
电容式位移传感器	CWY-DR-	浊度传感器	CZ-
电涡流式位移传感器	CWY-DO-	硬度传感器	CY-
电位器式位移传感器	CWY-DW-	流向传感器	CLX-
差动变压器式位移传感器	CWY-CB-	温度传感器	CW-
压阻式位移传感器	CW Y-YZ-	晶体管[式]温度传感器	CW-JG
电感式位移传感器	CWY-DG-	PN[式]温度传感器	CW-PN-
磁阻式位移传感器	CWY-CZ-	热辐射式温度传感器	CW-RF-
谐振式位移传感器	CWY-XZ-	热释电温度传感器	CW-RH-
光纤位移传感器	CWY-GX-	光纤温度传感器	CW-GX-
光栅位移传感器	CWY-GS-	超声(波)温度传感器	CW-CS
线位移传感器	CXW-	核磁共振温度传感器	CW-HZ-
角位移传感器	CJW-	光传感器	CG-
电位器式角位移传感器	CJW-DW-	光导式光传感器	CG-GD-
磁阻式角位移传感器	CJW-CZ-	光伏式光传感器	CG-GF-
位置传感器	CWZ-	光纤式光传感器	CG-GX-

第24篇

续表

产品名称	标记代号	产品名称	标记代号
热释电式光传感器	CG-RH-	氧(气)传感器	C(O_2)-
激光传感器	CJG-	磁式氧传感器	C(O_2)-C-
可见光传感器	CKG-	浓差电池式氧传感器	C(O_2)-NC-
红外光传感器	CHG-	湿度传感器	CS-
紫外光传感器	CZG-	声表面波湿度传感器	CS-SB-
射线传感器	CSX-	光纤湿度传感器	CS-GX-
光纤射线传感器	CSX-GX-	热导式湿度传感器	CS-ED-
X 射线传感器	C(X)SX-	电解式湿度传感器	CS-DJ-
β 射线传感器	C(β)SX-	场效应管式湿度传感器	CS-CX-
γ 射线传感器	C(γ)SX-	石英振子式湿度传感器	CS-SZ-
射线剂量传感器	CSL-	电导式湿度传感器	CS-DD
照度传感器	CHD-	电阻式湿度传感器	CS-DZ-
亮度传感器	CLD-	电容式湿度传感器	CS-DR-
色度传感器	CSD-	红外吸收式湿度传感器	CS-HX-
图像传感器	CTX-	结露传感器	CJL-
光纤图像传感器	CTX-GX-	露点传感器	CLI-
磁传感器	CC-	水分传感器	CSF-
磁阻式磁传感器	CC-CZ-	离子传感器	CLZ-
霍尔式磁传感器	CC-HE-	离子选择电极[式]离子传感器	CLZ-LX-
磁场强度传感器	CCQ-	场效应管[式]离子传感器	CLZ-CX-
光纤磁场强度传感器	CCQ-GX-	光纤离子传感器	CLZ-GX-
磁通量传感器	CCT-	氢离子活[浓]度传感器	C(H^+)
电场强度传感器	CDQ-	pH 传感器	C(pH)
光纤电场强度传感器	CDQ-GX-	酶传感器	C-M-
电流传感器	CDL-	酶式葡萄糖传感器	CPT-M-
霍尔[式]电流传感器	CDL-HE-	酶式尿素传感器	CNS-M-
光纤电流传感器	CDL-GX-	酶式胆固醇传感器	CDG-M-
电压传感器	CDY-	血脂传感器	CXZ-
光纤电压传感器	CDY-GX-	谷丙转氨酶[生物]传感器	C(GPT)-
声传感器	CSH-	免疫血型传感器	CXX-MY-
声压传感器	CSY-	表面等离子激原共振[生物]传感器	C-BJ-
压电式声压传感器	CSY-YD-	消失波传感器	C-XS-
电容式声压传感器	CSY-DR-	光免疫传感器	C-GM-
光纤声压传感器	CSY-GX-	微生物传感器	C-WS-
噪声传感器	CZS-	生化需氧量传感器	C(BOD)-
超声波传感器	CCS-	谷氨酸传感器	CGA-
气体传感器	CQ-	微生物谷氨酸传感器	CGA-WS
光纤气体传感器	CQ-GX-	生物亲和性传感器	C-SQ-
石英振子式气体传感器	CQ-SZ-	分子信标[生物]传感器	C-FX-
红外吸收式气体传感器	CQ-HX-	荧光[生物]传感器	C-YG-
光干涉式气体传感器	CQ-GS-	DNA 传感器	C(DNA)-
化学发光式气体传感器	CQ-HF-	血气传感器	CXQ-
电化学式气体传感器	CQ-DH-	血液 pH 传感器	CX(pH)-
热离子化式气体传感器	CQ-RL-	血氧传感器	CX(O_2)-
电弧紫外光谱式气体传感器	CQ-DZ-	血液二氧化碳传感器	CX(CO_2)-
离子选择电极[式]气体传感器	CQ-LX-	血液电解质传感器	CXD-
场效应管[式]气体传感器	CQ CX	血钾传感器	CX(K^+)-
热导式气体传感器	CQ-ED-	血钠传感器	CX(N^+)-
控制电位电解法气体传感器	CQ-KD-	血氯传感器	CX(Cl^-)-

第 24 篇

续表

产品名称	标记代号	产品名称	标记代号
血钙传感器	CX(Ca^{2+})-	血流传感器	CXL-
血压传感器	C[X]Y-	电磁式血流传感器	CXL-DC-
应变[计]式血压传感器	C[X]Y-YB-	血流速度传感器	CXS-
压阻式血压传感器	C[X]Y-YZ-	电磁式血流速度传感器	CXS-DC-
光纤式血压传感器	C[X]Y-GX-	超声血流速度传感器	CXS-CS-
食道压力传感器	C[S]Y-	差压血流速度传感器	CXS-CY-
膀胱内压传感器	C[P]Y-	呼吸传感器	CHX-
胃肠内压传感器	C[W]Y-	呼吸流量传感器	C[H]LL-
颅内压传感器	C[L]Y-	超声呼吸流量传感器	C[H]LL-CS-
脉搏传感器	CMB-	热丝呼吸流量传感器	C[H]LL-RS-
应变[计]式脉搏传感器	CMB-YB-	差压呼吸流量传感器	C[H]LL-CY-
压电式脉搏传感器	CMB-YD-	呼吸频率传感器	CHP-
心音传感器	CXY-	应变[计]式呼吸频率传感器	CHP-YB-
压电式心音传感器	CXY-YD-	阻抗式呼吸频率传感器	CHP-ZK-
热丝式心音传感器	CXY-RS-	细胞膜电位传感器	CBW-
体温传感器	C[T]W-	细胞膜电容传感器	CBR-
皮温传感器	C[P]W-	离子通道传感器	CLT-

1.3 传感器特性及相关术语（GB/T 7665—2005）

表 24-1-10 传感器特性及相关术语

术语	解释
量 quantity	现象、物体或物质可定性区别和定量确定的属性[JJF 1059.1—2012]
量值 value of a quantity	一般由一个数乘以测量单位所表示的特定量的大小。例如：5.3m；12kg；−40℃[JJF 1059.1—2012]
[量的]真值 true value[of a quantity]	与给定的特定量定义一致的值。实用上，常用约定真值代替[JJF 1059.1—2012]
[量的]约定真值 conventional true value[of a quantity]	对于给定目的具有适当不确定度的、赋予特定量的值，有时该值是约定采用的[JJF 1059.1—2012]
被测量 measurand	作为测量对象的特定量[JJF 1059.1—2012]
影响量 influence quantity	不是被测量但对测量结果有影响的量[JJF 1001—1998]
测量范围 measuring range	在允许误差限内由被测量的两个值确定的区间 注：被测量的最高、最低值分别称为测量范围的“上限值”“下限值”
量程 span	测量范围上、下限值之间的代数差 示例 1：范围为 0～100℃时，量程为 100℃ 示例 2：范围为 20～100℃时，量程为 80℃ 示例 3：范围为−20～100℃时，量程为 120℃
测量结果 result of a measurement	由测量所得到的赋予被测量的值[JJF 1059.1—2012]
示值 indicating value	测量仪器所给出的被测量的值[JJF 1001—1998]
[测量]准确度 accuracy[of measurement]	测量结果与被测量的真值之间的一致程度[JJF 1059.1—2012]
[测量结果的]重复性 repeatability[of results measurements]	在相同测量条件下，对同一被测量进行连续多次测量所得结果之间的一致性[JJF 1059.1—2012]

续表

术　语	解　释
[测量]不确定度 uncertainty[of measurement]	表征合理地赋予被测量之值的分散性,与测量结果相联系的参数[JJF 1059.1—2012]
绝对误差 absolute error	测量结果减去被测量的真值
相对误差 relative error	绝对误差除以被测量的真值
随机误差 random error	测量结果与在重复性条件下,对同一被测量进行无限多次测量所得结果的平均值之差[JJF 1001—1998]
系统误差 systematic error	在重复性条件下,对同一被测量进行无限多次测量所得结果的平均值与被测量的真值之差[JJF 1001—1998]
置信度 confidence level	测量时,任一次测量误差不超过给定误差范围的概率
激励 excitation	为使传感器正常工作而施加的外部能量(电压、电流等)
输入[量] input[quantity]	作为测量对象的特定量[JJF 1059.1—2012]
输入阻抗 input impedance	输出端开路时,在输入端测得的阻抗
输出[量] output[quantity]	由传感器产生的、与被测量成函数关系的可用信号
输出阻抗 output impedance	输入端短路时,在输出端测得的阻抗
负载阻抗 load impedance	与输出端子相连接、用以获取输出信号的阻抗
模拟输出 analog output	与被测量成连续函数关系的输出
数字输出 digital output	以一系列离散量形式显示被测量的输出。这些离散量经编码可代表记数系统中的数字
频率输出 frequency output	以频率形式输出,此频率与所加被测量(例如角速度、流速)呈函数关系变化
输出噪声 output noise	在输出信号中存在的无用成分
零[点]输出 zero-measurand output	在规定条件下,所加被测量为零时传感器的输出
满量程输出 full-span output	在规定条件下,传感器测量范围的上限和下限输出值之间的代数差
灵敏度 sensitivity	传感器输出量的变化值与相应的被测量的变化值之比
分辨力(率) resolution	传感器在规定测量范围内可能检测出的被测量的最小变化量
阈值 threshold	能使传感器输出端产生可测变化量的被测量的最小变化量

续表

术　语	解　释
零位 null	使输出的绝对值为最小的状态，例如平衡状态
特性方程 equation of characteristic	表示传感器输入量与输出量之间关系的方程式
理论曲线 theoretical curve	传感器输出量与被测量之间在全量程内的特定关系(表、图或方程)
校准(标定) calibration	在规定的条件下，通过一定的试验方法记录相应的输入-输出数据，以确定传感器性能的过程
校准曲线 calibration curve	根据校准数据所绘制出的表征传感器输入-输出关系的曲线
校准循环 calibration cycle	传感器校准时，在量程范围内输入从最小逐级加到最大，然后再逐级减到最小的过程
静态校准 static calibration	用以确定传感器静态性能的校准。在校准过程中，各输入量值不随时间而变化
校准期 calibration period	每次校准结果的有效期限
符合度(曲线的) conformity(of a curve)	校准曲线与规定特性曲线(例如直线、对数曲线、抛物线等)之间的符合程度
端点 end point	传感器测量范围的上限和下限端点的输入-输出坐标点
端基直线 terminal-based line	连接两端点之间的直线
拟合直线 fitting straight line	根据传感器校准曲线，按一定的方法(如端点直线、端点平移直线、最小二乘直线法等)确定的理想直线(基准直线)
理想值 desired value	由拟合直线所确定的输出值
残差 residuals discrepancy	测量值与平均值的代数差
偏差 deviation	一个值减去其参考值
最佳直线 best straight line	能保证传感器正反行程校准曲线对它的正、负偏差相等且为最小的一条直线
最小二乘线 least-squares line	使传感器校准数据的残差平方和为最小的直线
线性度 linearity	校准曲线与某一规定直线一致的程度
独立线性度 independent linearity	相对于“最佳直线”的线性度
端基线性度 terminal-based linearity	相对于端点线的线性度
最小二乘线性度 least-squares linearity	相对于最小二乘线的线性度

续表

术　　语	解　　释
非线性度 non-linearity	校准曲线与某一规定直线偏离的程度
迟滞(滞后) hysteresis	在规定的测量范围内,输入量增大行程期间和输入量减小行程期间任一被测量值处输出量的最大差值
误差带 error band	由于传感器本身的种种原因,造成其输出值与规定的拟合直线或曲线的最大偏差区域
误差曲线 error curve	从规定的校准循环次数中得到的误差的图形表达形式
应变误差 strain error	由于传感器安装表面发生应变而引起的误差
安装误差 mounting error	由安装造成的传感器机械应变等原因而引起的误差
热传导误差 conduction error	传感器因安装连接部件的热传导所产生的任意被测量值输出的最大变化
温度误差 temperature error	在规定的范围内,由于温度变化而引起的被测量值输出的误差
温度误差带 temperature error band	可适用于规定的环境温度极限范围内的误差带
温度梯度误差 temperature gradient error	当环境温度或被测流体温度在规定的数值之间以规定的速率变化时,在被测量数值给定条件下,传感器输出的瞬时偏差
振动误差 vibration error	在规定的范围内,当沿传感器规定轴向施加规定的振幅和频率的振动时,所产生的任意被测量值输出的最大变化
姿态误差 attitude error	因传感器的轴线偏离重力作用方向而引起的误差
加速度误差 acceleration error	在规定的范围内,沿传感器规定轴向施加规定的加速度时,传感器因加速度的影响而引起的误差
负载误差 loading error	由于传感器输出端负载阻抗影响而产生的误差
环境压力误差 ambient pressure error	在规定的范围内,由于环境压力的变化而引起的误差
补偿 compensation	利用附加器件、电路或特殊材料抵消已知误差(源)的措施
补偿温度范围 compensated temperature range	使传感器保持量程和规定极限内的零平衡所补偿的温度范围
漂移 drift	在一定的时间间隔内,传感器输出中与被测量无关的不希望有的变化量
零点漂移 zero shift	在某一环境量(时间、温度等)的变化间隔内,零[点]输出的变化
灵敏度漂移 sensitivity shift	在某一环境量(时间、温度等)的变化间隔内,灵敏度输出的变化
热零点漂移 thermal zero shift	由于周围温度变化而引起的零点漂移

续表

术　语	解　释
热灵敏度漂移 thermal sensitivity shift	由于温度变化而引起的灵敏度漂移
热迟滞 thermal hysteresis	传感器测量范围内的某一点上，当温度以逐渐上升和逐渐下降的两种方式接近并达到某一温度时，传感器输出的最大差值
参考压力零点漂移 reference pressure zero shift	在规定的极限范围内，当输入为零时，由于参考压力的变化而引起的传感器输出的变化
参考压力灵敏度漂移 reference pressure sensitivity shift	在规定的极限范围内，由于参考压力的变化而引起的传感器灵敏度漂移
蠕变 creep	当被测量及其所有环境条件保持恒定时，在规定时间内输出量的变化
回零 zero returning	测量后的零点输出量与测量前的零点输出量之差
零点稳定性 zero stability	在规定工作条件下，传感器保持零点输出不变的能力
长期稳定性 long term stability	传感器在一个较长的时间内保持其特性恒定的能力
稳态 steady-state	在任意长时间间隔内只呈现微小变化的状态特性
功耗 power consumption	信号处于稳态条件下，传感器在工作范围内所消耗的最大功率瓦特数
响应 response	输出随被测量变化的特性
迟后 lag	输出信号变化相对于输入信号变化的时间延迟
死区 dead band	被测量变化而不引起响应的区域
动态特性 dynamic characteristics	与响应于被测量随时间变化有关的传感器特性
阶跃响应 step response	当输入量从某一定值跳变到另一个定值时传感器的响应
频率响应 frequency response	在规定的被测量频率范围内，对加在传感器上的正弦变化的被测量来说，输出量与被测量振幅之比及输出量和被测量之间相差随频率的变化 注：频率响应应当以在规定的被测量频率范围内的频率和某一规定的被测量为基准
响应时间 response time	由被测量的阶跃变化引起的传感器输出上升到其最终规定百分率时所需要的时间 注：为注明这种百分率，可将其置于主词前面，例如98%响应时间
时间常数 time constant	由于被测量的阶跃变化，传感器输出上升到最终值的63%时所需要的持续时间
上升时间 rise time	由于被测量的阶跃变化，传感器输出从规定最终值一个小的百分率上升到一个大的百分率的持续时间 注：除非另有规定，这些百分率分别假定为终值的10%和90%
恢复时间 recovery time	传感器在出现规定的事件(如过载、瞬态激励、输出端短路)结束之后，在其规定的允差范围内再次恢复运行所需的时间间隔

续表

术　　语	解　　释
谐振 resonance	沿传感器轴向施加振动时，从输出端可观察到的传感器部件在窄频带范围内的被放大的振动
阻尼 damping	与固有频率共同决定传感器频率响应极限和响应时间特性的一种能量耗散特性 注：根据被测量的阶跃变化，欠阻尼（周期阻尼）系统达到最终稳态值之前一直在其值附近振荡；过阻尼（非周期阻尼）如无过冲则趋于静止状态；临界阻尼系统则处于欠阻尼和过阻尼状态之间的转变点上
临界阻尼 critical damping	处于欠阻尼和过阻尼状态之间的转变点上
阻尼比 damping ratio	实际阻尼系数与临界阻尼所对应的阻尼系数之比
谐振频率 resonant frequency	传感器具有最大输出幅值增益的被测量频率
固有频率 natural frequency	在无阻尼时，传感器的自由（不加外力）振荡频率
振铃频率 ringing frequency	当被测量为阶跃变化时，在传感器输出中瞬时出现的自由振荡频率
振铃周期 ringing period	当被测量为阶跃变化时，所产生的输出振荡振幅超过稳态输出值的时间间隔 注：除非另有规定，振铃周期可为输出振荡不超过下一个稳态输出值的10%时为止
谐波含量 harmonic content	传感器正弦波输出中，以不同于基波的谐波表示的失真 注：通常表示为均方根输出的百分数
失真 distortion	见谐波含量
室内条件 room conditions	传感器工作时一般所处的环境工作条件
周围条件 ambient conditions	指传感器外壳周围介质的条件（例如压力、温度等）
环境条件 environmental conditions	传感器在运输、储存、维护及工作期间可能暴露的规定的外界条件（例如冲击、振动、温度等）
预热时间 warm-up period	为使传感器达到稳定工作状态，预先需向传感器通电的时间
工作温度范围 operation temperature range	传感器能正常工作的环境温度范围
安全温度范围 safe temperature range	不会造成传感器损害及永久性特性变化的温度范围
储存温度范围 storage temperature range	不会造成传感器损害及永久性特性变化的储存温度范围
最高（最低）环境温度 maxmum(minimum) environmental temperature	在通电或不通电条件下，传感器能够暴露于环境温度的最高（最低）值。在此温度下，传感器不被损坏（规定的允差除外）
工作湿度范围 operation humidity range	传感器能正常工作的环境湿度范围
绝缘电阻 insulation resistance	如无其他规定，指在室温条件下施加规定的直流电压时，从传感器规定绝缘部分之间测得的电阻值
绝缘强度 insulated strength	传感器规定的绝缘部分抵抗外加正弦交流电压击穿的能力

续表

术 语	解 释
击穿电压额定值 nominal breakdown voltage	能够施加在传感器规定的绝缘部位而不引起电弧或导通的直流或正弦交流电压值 注:必须规定电压持续的时间、环境条件和交流频率
破坏压力额定值 nominal bust pressure	按规定可施加于敏感元件或传感器外壳而不引起敏感元件或传感器外壳破裂的压力
试验压力 proof pressure	施加到传感器敏感元件上而不改变其性能的最大压力
外壳压力 case pressure	施加到传感器外壳上而不改变其性能的最大压力
过载(超负荷) overload	在规定允许范围内,能够加在传感器上不引起性能永久性变化的被测量的最大值
可靠性 reliability	在规定条件下,传感器正常工作的可能性(概率)。规定条件是指:规定的时期、产品所处的环境条件、维护条件和使用条件等
工作寿命 operating life	传感器施加规定的连续和断续额定值而不改变其性能的最短时间
循环寿命 cycling life	按规定使传感器满量程或规定的部分量程偏移而不改变其性能的最小循环次数
储存寿命 storage life	传感器暴露于规定的储存条件下而不改变其性能的最短时间
保险期 insurance period	传感器出厂后,在规定条件(运输、使用、存储)下,保证产品性能合格的期限
共模干扰 common mode interference	一种出现在测量电路端子和接地之间的干扰
串模干扰 normal mode interference	在测量电路端子之间出现的一种干扰形式
电源干扰 line interference	由外部电源引起并出现于器件电路中的寄生电压或电流
静电场干扰 electrostatic field interference	由于电场存在而在器件电路中引起的一种干扰形式,在测量电路中它可能表现为共模或串模干扰
磁场干扰 magnetic field interference	由于磁场存在而在器件电路中引起的一种干扰形式,在测量电路中它可能表现为共模或串模干扰
射频干扰 radio frequency interference	空间传输的无线电波在电路器件中产生的干扰

1.4 传感器主要静态性能指标计算方法(GB/T 18459—2001)

1.4.1 基本术语和静态性能指标的定义

1.4.1.1 基本术语

表 24-1-11 基本术语

术 语	解 释
静态特性 static characteristics	被测量处于不变或缓变情况下,输出与输入之间的关系 注:①传感器的静态特性包括多种性能指标,可通过静态校准来确定 ②传感器的静态性能指标,通常应标注其适用的温度范围
静态校准 static calibration	在规定的静态测试条件下,获取静态特性的过程
测量范围 measuring range	在保证性能指标的前提下,用最大被测量(测量上限)和最小被测量(测量下限)表示的区间
量程 span	又称满量程输入(full-span input),为测量上限与测量下限的代数差

续表

术　　语	解　　释
满量程输出 full-span output	又称校准满量程输出，为工作特性所决定的最大输出和最小输出的代数差
线性 linearity	输出-输入特性接近或偏离某一直线的性质
符合性 conformity	输出-输入特性接近或偏离某一曲线的性质
参比特性 reference characteristics	用作参考和比对的方程或曲线 注：①参比特性可在一定的使用场合起着约定真值的作用 ②参比特性主要用于传感器的线性度、符合度和线性度(符合度)加回差的计算
工作特性 working characteristics	用作约定真值的输出-输入特性的方程或曲线 注：工作特性体现了线性度(符合度)、回差和重复性的综合作用
使用特性 utilization characteristics	被测量与输出量之间关系的特性 注：使用特性是在某些场合下使用传感器时所需要的
线性传感器 linear transducer	工作特性用直线方程表示的传感器
非线性传感器 non-linear transducer	工作特性用曲线方程表示的传感器

1.4.1.2　静态性能指标的定义

表 24-1-12　　静态性能指标的含义

术　　语	解　　释
分辨力 resolution	在整个输入量程内都能产生可观测的输出量变化的最小输入量变化
灵敏度 sensitivity	输出变化量与相应的输入变化量之比
回差 hysteresis	在输入量做满量程变化时，对于同一输入量，传感器的正、反行程输出量之差
重复性 repeatability	在一段短的时间间隔内，在相同的工作条件下，输入量从同一方向做满量程变化，多次趋近并到达同一校准点时所测量的一组输出量之间的分散程度
线性度 linearity	正、反行程实际平均特性曲线相对于参比直线的最大偏差，用满量程输出的百分比来表示 注：①随参比直线的不同，有多种线性度 ②线性度应加以限定，不加限定词的线性度即指独立线性度
绝对线性度 absolute linearity	参比直线为规定直线的线性度，又称理论线性度 注：①绝对线性度反映的是线性精度，与其他几种线性度的性质绝然不同 ②参比直线应根据传感器特性的使用要求确定
端基线性度 terminal-based linearity	参比直线为端基直线的线性度 注：端基直线为实际平均输出特性的首、末两端点的连线
平移端基线性度 shifted terminal-based linearity	参比直线为平移端基直线的线性度 注：①平移端基直线和端基直线具有相同的斜率，但应通过平移把实际特性对它的最大偏差减至最小 ②当实际特性曲线呈单调增大或单调减小性质时，平移端基直线即为最佳直线
零基线性度 zero-based linearity	参比直线为零基直线的线性度 注：①零基直线为一条经过传感器理论零点的直线，但应通过改变斜率把传感器实际特性对它的最大偏差减至最小 ②零基直线又称为强制过零的最佳直线

续表

术 语	解 释
前端基线性度 front terminal-based linearity	参比直线为前端基直线的线性度 注:①前端基直线通过传感器实际特性的前端点,但应通过改变斜率把传感器实际特性对它的最大偏差减至最小 ②前端基直线,在国外有些标准和文献中则称之为零基直线
独立线性度 independent linearity	参比直线为最佳直线的线性度 注:①最佳直线为既相互最靠近而又能包容传感器正、反行程实际平均特性曲线的两条平行直线的中位线 ②最佳直线能保证传感器实际特性对它的最大偏差为最小
最小二乘线性度 least-squares linearity	参比直线为最小二乘直线的线性度 注:最小二乘直线应保证传感器实际特性对它的偏差的平方和为最小
符合度 conformity	正、反行程实际平均特性曲线相对于参比曲线的最大偏差,用满量程输出的百分比来表示 注:①随参比曲线的不同,有多种符合度 ②符合度应加以限定,不加限定词的符合度即指独立符合度
绝对符合度 absolute conformity	参比曲线为规定曲线的符合度,又称理论符合度 注:①绝对符合度的参比曲线是事先规定好的,它反映的是符合精度,与其他几种符合度的性质绝然不同 ②参比曲线应根据传感器特性的使用要求来确定
端基符合度 terminal-based conformity	参比曲线为端基曲线的符合度 注:端基曲线应通过传感器实际特性曲线的首、末两端点,并把传感器实际特性对它的最大偏差减至最小
零基符合度 zero-based conformity	参比曲线为零基曲线的符合度 注:①零基曲线应通过传感器的理论零点,并把传感器实际特性对它的最大偏差减至最小 ②零基曲线又称为强制过零的最佳曲线
前端基符合度 front terminal-based conformity	参比曲线为前端基曲线的符合度 注:①前端基曲线应通过传感器正、反行程实际平均曲线的前端点,并把传感器实际特性对它的最大偏差减至最小 ②前端基曲线,在国外有些标准和文献中则称之为零基曲线
独立符合度 independent conformity	参比曲线为最佳曲线的符合度 注:最佳曲线应保证传感器实际特性对它的最大偏差为最小
最小二乘符合度 least-squares conformity	参比曲线为最小二乘曲线的符合度 注:最小二乘曲线应保证传感器实际特性对它的偏差的平方和为最小
线性度加回差 combined linearity and hysteresis	为传感器系统误差的极限值
不确定度 uncertainty	表征被测量的真值在某个范围的一种评定结果。它是合理赋予被测量之值的分散性的一个参数,而且它也是与测量结果相联系的一个参数 注:不确定度能更合理地从定性和定量两方面表示测量结果的性质
总不确定度 total uncertainty	又称基本不确定度,是在规定的条件下进行静态校准和按规定的计算方法所得到的一种不确定度 注:在本标准中,总不确定度是线性度加回差加重复性的一种组合(combined linearity,hysteresis and repeatability),体现它们的联合作用,不是简单相加
零点输出漂移 zero drift	在规定的时间内,零点输出仅随时间的变化,通常用满量程输出的百分比来表示
满量程输出漂移 drift of output span	在规定的时间内,满量程输出仅随时间的变化,通常用满量程输出的百分比来表示 注:如果规定的考核时间很长,例如数月到数年,本指标通常又称为长期稳定性(long-term stability)
热零点偏移 thermal zero shift	由环境温度变化所引起的零点输出变化,通常用单位温度的满量程输出的百分比来表示
热满量程输出偏移 thermal shift of output span	由环境温度变化所引起的满量程输出变化,通常用单位温度的满量程输出的百分比来表示

1.4.2　静态校准特性的建立

1.4.2.1　静态校准的一般要求

1）静态校准的环境条件及操作要求，应根据被校传感器的类型及准确度等级由相应的产品标准规定。

2）校准系统应提供标准被测量的标准源、激励电源及传感器校准所需的检测仪表等，其总不确定度（基本不确定度）应优于被校传感器的总不确定度（基本不确定度）。一般，前者应不超过后者的 1/3，具体要求由相应的产品标准规定。

3）传感器静态校准应在整个输入量程内进行，校准点通常应包括零点和满量程点，并均布取 $m=5\sim11$ 点；校准循环一般取 $n=3\sim5$ 次。校准所得原始数据应尽可能不含可疑数据和不合理数据，以保证校准的可靠性和计算结果的正确性。

注：① 如不能实现均布安排校准点，可允许在一个端点处不均布，具体校准点数可由相应的产品标准规定。

② 如果实际条件不允许，也可只做一个循环，并只计算线性度和回差；或只做一个单行程，而只计算线性度。具体的校准循环次数可由相应的产品标准规定。

4）传感器的实际特性是通过传感器的静态校准来获取的。原始数据、计算过程和计算结果所用数字的有效位数应根据被校传感器的总不确定度来确定。

1.4.2.2　静态校准特性的计算

（1）正行程实际平均特性（$\overline{y}_{u,i}$）

正行程实际平均特性（up-travel actual average characteristics）：正行程各校准点上一组测量值的算术平均值点的连接曲线。

计算公式：

$$\overline{y}_{u,i}=\frac{1}{n}\sum_{j=1}^{n}y_{u,ij}$$

式中　$\overline{y}_{u,i}$——正行程第 i 个校准点处的一组测量值的算术平均值；

$y_{u,ij}$——正行程第 i 个校准点处的第 j 个测量值（$i=1\sim m$；$j=1\sim n$）。

（2）反行程实际平均特性（$\overline{y}_{d,i}$）

反行程实际平均特性（down-travel actual average characteristics）：反行程各校准点上一组测量值的算术平均值点的连接曲线。

计算公式：

$$\overline{y}_{d,i}=\frac{1}{n}\sum_{j=1}^{n}y_{d,ij}$$

式中　$\overline{y}_{d,i}$——反行程第 i 个校准点处的一组测量值的算术平均值；

$y_{d,ij}$——反行程第 i 个校准点处的第 j 个测量值（$i=1\sim m$；$j=1\sim n$）。

（3）正反行程实际平均特性（$\overline{y}_i$）

正、反行程实际平均特性（up-travel and down-travel actual average characteristics）：各校准点的正、反行程算术平均值的平均值点的连接曲线，又称实际特性（曲线）或总平均特性（曲线）。

计算公式：

$$\overline{y}_i=\frac{1}{2}(\overline{y}_{u,i}+\overline{y}_{d,i})$$

1.4.2.3　传感器等精度性的检验

（1）基本概念

所谓传感器具有等精度性，即指其各测量点处的方差虽然各不相同，但却具有相同的数学期望。传感器的不等精度性，从其一组校准数据来判断，可能是固有的，也可能是测量不精确或错误的操作所造成的。对于可能是等精度的传感器，若取其最大的一个方差来计算重复性，计算结果虽然偏于保守，但却更为保险。

（2）检验方法

设有 m 个总体（$m\geqslant3$），它们分别遵从正态分布 N（μ，σ^2）。现从 m 个总体中分别独立抽取容量均为 n 的 m 个样本，m 个样本的方差分别为 S_1^2，S_2^2，…，S_m^2，现在要检验原假设 HH_0：

$$\sigma_1^2=\sigma_2^2=\cdots=\sigma_m^2$$

在本标准所涉及的传感器的具体情况下，实际上应检验 $2m$ 个样本的方差。检验方法以采用哈特莱（Hartley）提出的方法最为简单。哈特莱检验法使用的统计量为

$$HH_{\max}=\frac{S_{\max}^2}{S_{\min}^2}$$

式中　$S_{\max}^2$——$2m$ 个样本方差中的最大者；

$S_{\min}^2$——$2m$ 个样本方差中的最小者。

在给定显著性水平 α 下，$HH_{\max}$ 比哈特莱检验法临界值表（见表 24-1-13）中相应自由度下的临界值 $HH_{\alpha(2m,t)}$ 大的概率为

$$P\{HH_{\max}\geqslant HH_{\alpha(2m,t)}\}$$

上式中，α 是一个很小的概率，通常取为 0.05。根据小概率事件原理，当 $HH_{\max}\geqslant HH_{\alpha(2m,t)}$ 时，则拒绝接受原假设 HH_0，而当 $HH_{\max}<HH_{\alpha(2m,t)}$ 时，则接受原假设 HH_0。

表 24-1-13 哈特莱检验法临界值 $HH_{\alpha(2m,t)}$ 表

n	显著性水平 α=0.05						
	2m=10	2m=12	2m=14	2m=16	2m=18	2m=20	2m=22
3	550	704	866	1032	1204	1380	1560
4	104	124	144	163	182	201	221
5	45	52	58	64	70	76	82

1.4.3 量程（x_{FS}）

量程的计算公式如下：

$$x_{FS}=x_{max}-x_{min}$$

式中 x_{max}——测量范围的上限值；

x_{min}——测量范围的下限值。

1.4.4 满量程输出（Y_{FS}）

满量程输出的计算公式如下：

$$Y_{FS}=Y_{max}-Y_{min}$$

式中 Y_{max}——工作特性所决定的最大输出值；

Y_{min}——工作特性所决定的最小输出值。

注：① 凡拟合特性（如参比特性或工作特性）、给定特性（对变送器等）的输出值用大写 Y 表示，实测的输出值用小写 y 表示。

② 如果仅为求传感器的单项性能指标，可以用该单项性能指标所用的拟合（参比）特性所决定的最大与最小输出值的代数差来代替满量程输出 Y_{FS}。

③ 对于线性传感器和具有单调特性的非线性传感器也可用 $Y_{FS}=Y(x_{max})-Y(x_{min})$ 计算。

④ 在要求不高的场合，允许使用实际满量程输出（$Y_{FS}=y_{max}-y_{min}$）。

1.4.5 分辨力（R_x）

计算公式如下：

$$R_x=\max|\Delta x_{i,min}|$$

式中 $\Delta x_{i,min}$——在第 i 个测量点上能产生可观测输出变化的最小输入变化量；

$\max|\Delta x_{i,min}|$——在整个量程内取最大的 $\Delta x_{i,min}$，即得传感器在整个量程内都能产生可观测输出变化的最小输入变化量。

注：死区和阈值一般视为传感器零位处的分辨力。

1.4.6 灵敏度（s_i）

传感器在第 i 测量点处的灵敏度可用下式计算：

$$s_i=\lim_{\Delta x_i\to 0}\left(\frac{\Delta Y_i}{\Delta x_i}\right)=\frac{dY_i}{dx_i}$$

式中 Δx_i——在第 i 个测量点上传感器的输入变化量；

ΔY_i——在第 i 个测量点上由 Δx_i 引起的传感器的输出变化量。

线性传感器的灵敏度为一常数，计算公式如下：

$$s=\frac{Y_{max}-Y_{min}}{x_{max}-x_{min}} \tag{24-1-1}$$

注：① 灵敏度是一个有量纲的量，其量纲取决于传感器输出量的量纲和输入量的量纲；

② 式（24-1-1）也可用来计算非线性传感器的平均灵敏度。

1.4.7 回差（ξ_H）

计算公式如下：

$$\xi_H=\frac{\Delta Y_{H,max}}{Y_{FS}}\times 100\%$$

$$\Delta Y_{H,max}=\max|\bar{y}_{d,i}-\bar{y}_{u,i}|$$

式中 $\bar{y}_{d,i}$——反行程实际平均特性；

$\bar{y}_{u,i}$——正行程实际平均特性。

注：本标准定义的回差包含死区。这与 IEC 6077 和 IEC 61298 等多数标准的做法一致。

1.4.8 重复性（ξ_R）

1.4.8.1 计算方法

传感器的重复性是其偶然误差的极限值。传感器在某校准点处的重复性可计算为在该校准点处的一组测量值的样本标准偏差在一定置信度下的极限值，并以其满量程输出的百分比来表示，而传感器的重复性则取为各校准点处重复性的最大者。计算公式如下：

$$\xi_R=\frac{cS_{max}}{Y_{FS}}\times 100\% \tag{24-1-2}$$

式中 c——包含因子，$c=t_{0.95}$；

S_{max}——最大的样本标准偏差，可从 m 个校准点的 $2m$ 个标准偏差的估值 S 中选取最大者。

注：传感器如果只能做单行程校准，则可不计算重复性。

1.4.8.2 包含因子的确定

传感器的校准试验，一般只做 $n=3\sim5$ 个循环，其测量值属于小样本。对于小样本，t 分布比正态分布更符合实际情况。本标准规定按 t 分布取包含因子（coverage factor）$c=t_{0.95}$（保证 95% 的置信度）。若有需要，不取 $c=t_{0.95}$，则应事先声明。$t_{0.95}$ 与自由度 f，或与校准循环数 n（在本情况下，$f=n-1$）

和置信度（本标准取 95%）有关（见表 24-1-14）。

表 24-1-14　包含因子的确定

n	2	3	4	5	6	7	8	9	10
$t_{0.95}$	12.706	4.303	3.182	2.776	2.571	2.447	2.365	2.306	2.262

1.4.8.3　样本标准偏差的计算

(1) 贝塞尔（Bessel）公式法

正行程第 i 校准点处的样本标准偏差 $S_{u,i}$ 和反行程第 i 校准点处的样本标准偏差 $S_{d,i}$，可用下面两个公式分别计算：

$$S_{u,i}=\sqrt{\frac{\sum_{j=1}^{n}(y_{u,ij}-\overline{y}_{u,i})^2}{n-1}}$$

$$S_{d,i}=\sqrt{\frac{\sum_{j=1}^{n}(y_{d,ij}-\overline{y}_{d,i})^2}{n-1}}$$

式中　$\overline{y}_{u,i}$——正行程第 i 个校准点处的一组测量值的算术平均值；

$y_{u,ij}$——正行程第 i 个校准点处的第 j 个测量值（$i=1\sim m$；$j=1\sim n$）；

$\overline{y}_{d,i}$——反行程第 i 个校准点处的一组测量值的算术平均值；

$y_{d,ij}$——反行程第 i 个校准点处的第 j 个测量值（$i=1\sim m$；$j=1\sim n$）；

n——测量循环数。

(2) 极差法

正行程第 i 校准点处的样本标准偏差 $S_{u,i}$ 和反行程第 i 校准点处的样本标准偏差 $S_{d,i}$，可用下面两个公式分别计算：

$$S_{u,i}=\frac{W_{u,i}}{d_R}$$

$$S_{d,i}=\frac{W_{d,i}}{d_R}$$

式中　$W_{u,i}$——正行程第 i 个校准点处的极差，即在第 i 个校准点处的一组 n 个测得值中最大值与最小值之差的绝对值；

$W_{d,i}$——反行程第 i 个校准点处的极差，即在第 i 个校准点处的一组两个测得值中最大值与最小值之差的绝对值；

d_R——极差系数，它取决于校准循环数 n，即某校准点处的测量次数或样本容量 n。极差系数 d_R 与校准循环数 n 的关系见表 24-1-15。

表 24-1-15　极差系数 d_R 与校准循环数 n 的关系

n	2	3	4	5	6	7	8	9	10
d_R	1.128	1.693	2.059	2.326	2.534	2.704	2.847	2.970	3.078

注：1. 极差法比贝塞尔公式法稍简便，但所算出的样本标准偏差 S 的数值一般稍偏大；

2. 计算 S，若不指明何种方法，即指贝塞尔公式法。若发生争执，以用贝塞尔公式法为准。

1.4.8.4　传感器样本标准偏差的选取

(1) 不等精度传感器

如果校准点为 m 个（通常取 $m=5\sim11$），便可算出 $2m$ 个样本标准偏差 S。本标准规定选择最大的一个 S（即最大标准偏差 S_{max}）来参与式（24-1-2）的计算，以求出作为单项性能指标的传感器的重复性。

(2) 等精度传感器

本标准允许使用者作为一个选项，根据 1.4.2.3 节中介绍的方法，对被校传感器进行等精度性检验。等精度传感器各测量点处的方差具有相同的数学期望，因而可用平均方差来代替各测量点处的方差。所以，如果判定出被校传感器为等精度传感器，便可不取其最大标准偏差 S_{max}，而取其平均标准偏差 S_{av} 来计算重复性。S_{av} 的计算公式如下：

$$S_{av}=\sqrt{\frac{1}{2m}\left(\sum_{i=1}^{m}S_{u,i}^2+\sum_{i=1}^{m}S_{d,i}^2\right)}$$

如不进行被校传感器的等精度性检验，或检验不通过，则应仍按不等精度传感器的要求来计算重复性。

注：① 本节所算出的传感器的重复性主要供同类传感器在性能评定中比较之用，其数值并非一定可在实际使用中观测到。此外，按上述方法算出的各校准点处的重复性将作为传感器各校准点处的总偶然误差，参与传感器的总不确定度的计算。

② 规定选择 S_{max} 来参与传感器的重复性的计算。这与 IEC 60770 和 IEC 61298 等多数标准的做法一致。

③ 在列出传感器计算出的重复性时，如果未标明按等精度传感器计算，即指按不等精度传感器计算。

1.4.9　线性度（ξ_L）

计算传感器线性度的一般公式为

$$\xi_L=\frac{\Delta Y_{L,max}}{Y_{FS}}\times100\% \qquad (24\text{-}1\text{-}3)$$

$$\Delta Y_{L,max}=\max(\overline{y}_i-Y_i)$$

式中　$\Delta Y_{L,max}$——传感器的实际特性曲线对参比直线的最大偏差；

$\overline{y}_i$——传感器在第 i 个校准点处的总平均特性值；

Y_i——传感器在第 i 个校准点处的参比特性值；

Y_{FS}——传感器的满量程输出。

注：① $\Delta Y_{L,max}$的求法示例：a. 按传感器的正、反行程实际平均特性（$\overline{y_i}$），用最佳直线作参比直线来求，这样便可计算出独立线性度；b. 按传感器的正、反行程实际平均特性（$\overline{y_i}$），用工作特性直线作参比直线来求，这样便可计算出绝对线性度。

② 上述第二种方法算出的结果将不同程度地含有回差和重复性的成分，不是严格意义上的线性度。

③ 如果不加说明，线性度皆指 $\Delta Y_{L,max}$按上述第一种方法算出的结果，即独立线性度。

④ 在某些使用场合，如果需要，也可以不用 $\overline{y_i}$，而用一组校准数据来计算线性度。

1.4.10 符合度（ξ_C）

符合度只有在确定了拟合函数形式后才有意义。而且，只有在相同的拟合函数形式下，才可以对不同的传感器比较其符合性的优劣。根据不同需要，从理论上一般可以引出 5 种参比曲线，从而构成 5 种符合度。每一种参比曲线可用不同方次和不同形式的函数来表示，在满足使用要求的前提下，尽可能采用方次低的代数多项式的参比曲线。

1.4.10.1 一般计算公式

$$\xi_C=\frac{\Delta Y_{C,max}}{Y_{FS}}\times 100\% \qquad (24\text{-}1\text{-}4)$$

$$\Delta Y_{C,max}=\max|\overline{y_i}-Y_i|$$

式中 $\Delta Y_{C,max}$——传感器的实际特性曲线对参比曲线的最大偏差；

$\overline{y_i}$——传感器在第 i 个校准点处的总平均特性值；

Y_i——传感器在第 i 个校准点处的参比特性值；

Y_{FS}——传感器的满量程输出。

注：① $\Delta Y_{C,max}$的求法示例：a. 按传感器的正、反行程实际平均特性（$\overline{y_i}$），用最佳曲线作参比曲线可计算出独立符合度。b. 按传感器的正、反行程实际平均特性（$\overline{y_i}$），用工作特性曲线作参比曲线，这样便可计算出绝对符合度。

② 上述第二种方法算出的结果将不同程度地含有回差和重复性的成分，不是严格意义上的符合度。

③ 如果不加说明，符合度皆指 $\Delta Y_{C,max}$按上述第一种方法算出的结果，即独立符合度。

④ 在某些使用场合，如果需要，也可以不用 $\overline{y_i}$，而用一组校准数据来计算符合度。

1.4.10.2 不同参比曲线的符合度

使用不同参比曲线的符合度指标见表 24-1-16。表中各符合度的计算公式为式（24-1-4）。

表 24-1-16 使用不同参比曲线符合度指标

名称	符号	计算方法原理	说明
绝对符合度	$\xi_{C,ab}$	—	在几种符合度中，绝对符合度的要求最严 如果需要非线性传感器具有互换性，就应当用绝对符合度
端基符合度	$\xi_{C,te}$	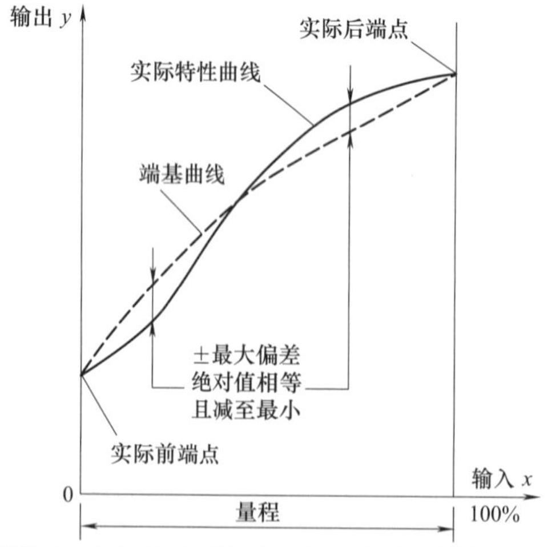 输出 y；实际后端点；实际特性曲线；端基曲线；±最大偏差绝对值相等且减至最小；实际前端点；0；输入 x；量程；100%	欲使传感器在量程的低端和高端具有较小的偏差，宜采用端基曲线作参比曲线

续表

名称	符号	计算方法原理	说　明
零基符合度	$\xi_{C,ze}$	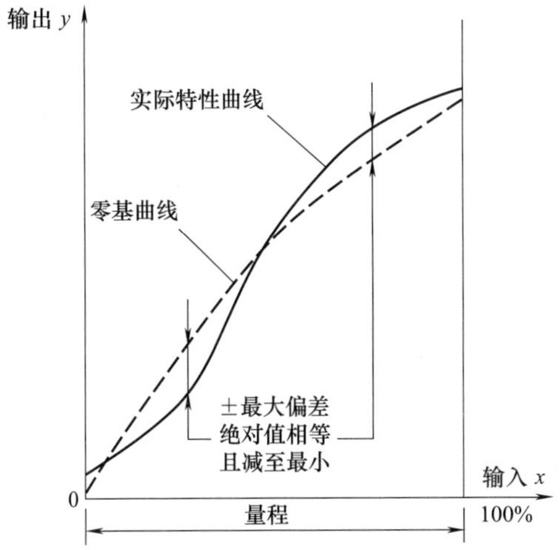 输出 y 实际特性曲线 零基曲线 ±最大偏差绝对值相等且减至最小 输入 x 0 量程 100%	采用零基曲线可以使传感器具有理论零输出和使参比曲线具有简便的方程形式 采用零基曲线，传感器的实际零点输出一般并不为零
前端基符合度	$\xi_{C,f,ze}$	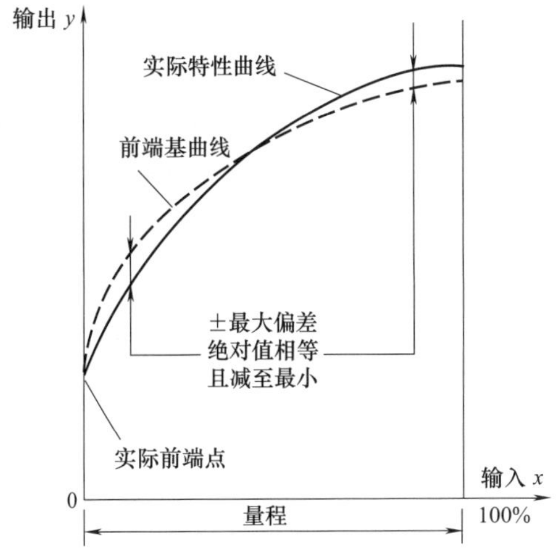 输出 y 实际特性曲线 前端基曲线 ±最大偏差绝对值相等且减至最小 实际前端点 输入 x 0 量程 100%	如果传感器具有调整手段，可通过调平移，使前端基曲线通过理论零点，即构成零基曲线 对所选同一拟合函数形式，前端基符合度一般优于零基符合度，并能保证零点附近的偏差较小
独立符合度	$\xi_{C,in}$	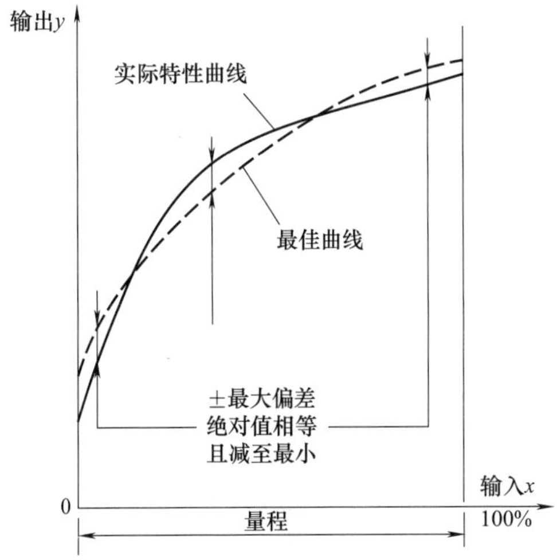 输出y 实际特性曲线 最佳曲线 ±最大偏差绝对值相等且减至最小 输入x 0 量程 100%	在相同的拟合曲线函数形式下，独立符合度的数值最小 如果传感器具有调整手段，为减少符合误差，把最佳曲线调整得尽可能接近工作曲线是最有利的 符合度应加限定词，不加限定词的符合度即指独立符合度

第24篇

续表

名称	符号	计算方法原理	说　明
最小二乘符合度	$\xi_{C,ls}$	—	最小二乘曲线不能保证最大偏差为最小 为减少偏差，可将最小二乘曲线平移，使最大正、负偏差绝对值相等 最小二乘曲线或平移最小二乘曲线可在要求不太高的场合代替最佳曲线，以便近似求得独立符合度

作为参比特性的最小二乘曲线，应保证传感器实际特性对它的偏差的平方和为最小。最小二乘曲线方程通常取为如下的代数多项式：

$$Y_{ls}=a_0+a_1x+a_2x^2+\cdots+a_nx^n$$

式中　x——实际输入；

Y_{ls}——理论输出；

a_0，…，a_n——决定最小二乘拟合曲线形状和位置的系数，可通过传感器实际特性的曲线拟合求出。

1.4.11　漂移

1.4.11.1　零点输出漂移（D_0）

计算公式如下：

$$D_0=\frac{\Delta y_0}{Y_{FS}}\times100\%=\frac{|y_{0,\max}-y_0|}{Y_{FS}}\times100\%$$

式中　y_0——初始的零点输出；

$y_{0,\max}$——最大漂移处的零点输出；

Y_{FS}——满量程输出值（为了计算方便，此处也可用实际满量程输出）。

1.4.11.2　满量程输出漂移（D_{FS}）

计算公式如下：

$$D_{FS}=\frac{\Delta y_{FS}}{Y_{FS}}\times100\%=\frac{|y_{FS,\max}-y_{FS}|}{Y_{FS}}\times100\%$$

式中　y_{FS}——初始的满量程输出；

$y_{FS,\max}$——最大漂移处的满量程输出；

Y_{FS}——满量程输出值（为了计算方便，此处也可用实际满量程输出）。

1.4.11.3　热零点偏移（γ）

计算公式如下：

$$\gamma=\frac{|\bar{y}_{0(T_2)}-\bar{y}_{0(T_1)}|}{Y_{FS(T_1)}(T_2-T_1)}\times100\%\quad(℃^{-1})\tag{24-1-5}$$

式中　$\bar{y}_{0(T_1)}$——在温度 T_1 下，平均零点输出值；

$\bar{y}_{0(T_2)}$——在温度 T_2 下，平均零点输出值；

$Y_{FS(T_1)}$——在温度 T_1 下的理论满量程输出（为了计算方便，此处也可用实际的满量程输出代替）。

如果热零点偏移与温度间隔不成线性关系，则应把 $T_2—T_1$ 分为若干小区间，并用式（24-1-5）来计算各区间的 γ，并取绝对值最大的 γ 值。

1.4.11.4　热满量程输出偏移（β）

计算公式如下：

$$\beta=\frac{|\bar{y}_{FS(T_2)}-\bar{y}_{FS(T_1)}|}{Y_{FS(T_1)}(T_2-T_1)}\times100\%\quad(℃^{-1})\tag{24-1-6}$$

式中　$\bar{y}_{FS(T_1)}$——在温度 T_1 下，平均满量程输出值；

$\bar{y}_{FS(T_2)}$——在温度 T_2 下，平均满量程输出值；

$Y_{FS(T_1)}$——在温度 T_1 下的理论满量程输出（为了计算方便，此处也可用实际的满量程输出代替）。

如果传感器的热满量程输出偏移与温度间隔不成线性关系，则应把 T_2-T_1 分为若干小区间，并用式（24-1-6）来计算各区间的 β，并取绝对值最大的 β 值。

1.5　传感器的动态特性

1.5.1　动态量测试技术的通用术语（GB/T 2298—2010）

表 24-1-17　　动态量测试技术的通用术语

术　语	解　释
位移 displacement	表征物体或质点相对于某参考系位置变化的矢量 注：相对于非给定情况下原始参考系的某参考系所测得的位移称为相对位移

续表

术　　语	解　　释
速度 velocity	表征位移对时间导数的矢量 注:相对于非给定情况下原始参考系的某参考系所测得的速度称为相对速度
加速度 acceleration	表征速度对时间导数的矢量 注:相对于非给定情况下原始参考系的某参考系所测得的加速度称为相对加速度
重力加速度(g) acceleration of gravity	物体在地球表面由于重力作用所产生的加速度,实测重力加速度随观测点的纬度和高度而变化。国际上规定标准重力加速度为 $g_a=9.80665\mathrm{m/s^2}$
加加速度 jerk	表征加速度对时间导数的矢量
惯性参考系 inertial reference system	牛顿定律适用的坐标系,地球可近似作为惯性参考系
惯性力 inertial force	①当一物体被加速时,所产生的对其他物体的反作用力 ②根据动静法,在物体上假想地加上的力;力的大小等于物体质量和加速度乘积,力的方向与加速度方向相反 ③为了在平动的非惯性参考系内应用牛顿定律,在物体上假想地加上的力;力的大小等于物体质量和牵连加速度乘积,力的方向和牵连加速度方向相反
振荡 oscillation	对于给定的参考系,一个为时间函数的量值与其平均值相比,时大时小交替地变化的现象
声音 sound	①由于声振而引起的听觉 ②能引起听觉的声振
声学 acoustics	研究声音的产生、传播及其效应的科学和技术
环境 environment	在某一给定时刻系统所遭受的所有外界条件及其影响的综合
感生环境 induced environment	由于系统运行而引起的外部环境条件。同义词:诱发环境
自然环境 natural environment	系统所遭受的与系统是静止还是运行无关的环境条件
激励 excitation	作用于系统的外力或其他输入
响应 response	系统受外力或其他输入作用后的输出
传递率 transmissibility	线性定常系统受迫振动时稳态响应幅值与激励幅值的无量纲比。响应和激励可以是力,位移、速度或加速度中的任一种
过冲 overshoot	加大系统的输入量,使系统的输出由稳态值变到较大的另一稳态值,超过新稳态值的最大瞬态响应值称为过冲
欠冲 undershoot	加大系统的输入量,使系统的输出由稳态值变到较大的另一稳态值,低于新稳态值的最小瞬态响应值称为欠冲。同义词:负冲
系统 system	用以完成一定功能的各有关部分的组合
线性系统 linear system	响应与激励大小成正比并且满足叠加原理的系统
机械系统 mechanical system	由质量、刚度和阻尼各元素所组成的系统
动态系统 dynamic system	现在的输出与过去的输入有关的系统。动态系统有记忆性,输入和输出的关系用微分方程(或差分方程)描述。同义词:动力学系统
惯性系统 seismic system	依靠弹性元件将一个质量连接到参考基座所构成的系统,系统中通常还包括阻尼元件
等效系统 equivalent system	为便于分析而采用的与原系统效应相等的系统

续表

术 语	解 释
自由度 degrees of freedom	在任意时刻完全确定机械系统位置所需要的独立的广义坐标数
单自由度系统 single degree-of-freedom system	在任意时刻只要一个广义坐标即可完全确定其位置的系统
多自由度系统 multi-degree-of-freedom system	在任意时刻需要两个或更多的广义坐标才能完全确定其位置的系统
离散系统 discrete system	具有有限个广义坐标的系统。同义词:集总系统
连续系统 continuous system	具有无限个广义坐标的系统。同义词:分布系统
刚度(K) stiffness	作用在弹性元件上的力(或力矩)的增量与相应的位移(或角位移)的增量之比
柔度 compliance	刚度的倒数
传递函数 transfer function	在线性定常系统中,当初始条件为零时,系统的响应(或输出)与激励(或输入)的拉普拉斯变换之比
复激励 complex excitation	为便于计算而引出的具有实部和虚部的激励,实际激励可以是复激励的实部(或虚部)
复响应 complex response	线性系统受到设想的复激励后的响应,实际响应为复响应的实部(当实际激励为复激励的实部时)
系统的复参数 complex parameter of a system	由复激励和复响应的比值得出的复数量 注:电阻抗和机械阻抗是复参数的实例
阻抗 impedance	线性定常系统的激励相量与其响应相量之比
机械阻抗 mechanical impedance	线性定常机械系统的激励相量与其响应的速度相量之比。同义词:速度阻抗 注:对于旋转系统应当用力矩和角速度来代替力和速度
驱动点阻抗 driving-point impedance	机械系统中同一点的激励力相量与速度相量的复数比。同义词:原点阻抗
传递阻抗 transfer impedance	机械系统中一点的激励力相量与另一点速度相量的复数比。同义词:跨点阻抗
频率响应函数(简称:频响函数) frequency response function	①简谐激励时,稳态输出相量与输入相量之比 ②瞬态激励时,输出的傅里叶变换与输入的傅里叶变换之比 ③平稳随机激励时,输出和输入的互谱与输入的自谱之比 注:频响函数是线性定常系统的固有特性,它与输入函数的类型无关
单位脉冲响应函数(简称:脉响函数) unit impulse response function	线性定常系统当初始条件为零时受到一单位脉冲函数力激励后的位移响应。单位脉冲响应函数为频率响应函数的傅里叶逆变换
杜哈梅积分 Duhamel's integral	当卷积积分用于求机械系统在任意干扰力作用下的响应时称为杜哈梅积分(假设系统的初始条件为零),用下式表示 $$x(t)=\int_{-\infty}^{\infty} f(\tau)h(t-\tau)\mathrm{d}\tau$$ 式中 $f(t)$——任意干扰力 $h(t)$——系统的单位脉冲响应函数 $x(t)$——系统的位移 当 $f(t)$ 和 $h(t)$ 都是单边函数时,用下式表示 $$x(t)=\int_{0}^{t} f(\tau)h(t-\tau)\mathrm{d}\tau \quad (t\geqslant 0)$$
机械导纳 mechanical mobility	机械阻抗的倒数。同义词:速度导纳
驱动点导纳 driving-point mobility	机械系统中同一点的速度相量与力相量的复数比。同义词:原点导纳

续表

术语	解释
传递导纳 transfer mobility	机械系统中一点的速度相量与另一点激励力相量的复数比。同义词:跨点导纳
动刚度 dynamic stiffness	响应为位移量时的机械阻抗。同义词:位移阻抗
视在质量 apparent mass	响应为加速度时的机械阻抗。同义词:加速度阻抗 注:当加速度用以 g 为单位的相对值时,称为有效重量或有效负载
谱 spectrum	将一个量作为频率或波数的函数的描述
倒频谱 cepstrum	对数自谱密度的傅里叶变换之模,可用下式表示 $C_p(\tau)=\|F[\lg G_x(f)]\|$ 式中　$C_p(\tau)$——倒频谱 $G_x(f)$——$x(t)$的自谱密度 F——傅里叶变换符号 倒频谱可用来分离回声和反射波,识别振源和传递途径 注:倒频谱还可有其他形式的定义,如复倒频谱等
级 level	一个量和同类参考量比值的对数。必须说明对数的底、参考量和级的种类。同义词:电平
贝尔 bel	当以 10 为对数的底时的一种级的单位,贝尔只限于用在功率量或似功率量(平方量)中
分贝(dB) decibel	贝尔的十分之一

1.5.2　传感器主要动态参数测定方法

1.5.2.1　主要特性参数

一个复杂的线性系统可以视为若干一阶系统和二阶系统的组合。一阶系统和二阶系统常用的动态特性及典型输入下的响应如表 24-1-18 所示，其中表征一阶系统动态特性的主要参数为时间常数 τ，二阶系统的为固有频率 ω_n 和阻尼比 ζ。表中 A_0 为系统的静态灵敏度，$A_0=1/k$；η 为频率比，$\eta=\omega/\omega_n$。

表 24-1-18　一阶系统和二阶系统的动态特性及典型输入下的响应

项目	一阶系统	二阶系统
运动方程	$h_w A(x-y)=mC\frac{dy}{dt}$	$m\frac{d^2y(t)}{dt^2}+c\frac{dy(t)}{dt}+ky(t)=x(t)$
传递函数	$H(s)=\frac{1}{1+\tau s}$ 式中，$\tau=\frac{mC}{h_w A}$	$H(s)=\frac{A_0}{\frac{s^2}{\omega_n^2}+2\zeta\frac{s}{\omega_n}+1}$ 式中,$A_0=1/k$;$\omega_n=\sqrt{\frac{k}{m}}$;$\zeta=\frac{c}{2\sqrt{mk}}$
幅频特性	$A(\omega)=\frac{1}{\sqrt{1+(\tau\omega)^2}}$	$\frac{A(\omega)}{A_0}=\frac{1}{\sqrt{(1-\eta^2)^2+(2\zeta\eta)^2}}$
相频特性	$\varphi(\omega)=-\arctan(\tau\omega)$	$\varphi(\omega)=-\arctan\frac{2\zeta\eta}{1-\eta^2}$
脉冲响应	$h(t)=\frac{1}{\tau}e^{-t/\tau}$	$h(t)=\frac{\omega_n}{\sqrt{1-\zeta^2}}e^{-\zeta\omega_n t}\sin(\omega_d t)$ 式中,$\omega_d=\omega_n\sqrt{1-\zeta^2}$,$\zeta<1$
阶跃响应	$y(t)=1-e^{-t/\tau}$	$y(t)=1-\frac{e^{-\zeta\omega_n t}}{\sqrt{1-\zeta^2}}\sin(\omega_d t+\varphi_2)$ 式中,$\varphi_2=\arctan\frac{\sqrt{1-\zeta^2}}{\zeta}$,$\zeta<1$

续表

项 目	一阶系统	二阶系统
正弦响应	$y(t)=\frac{1}{\sqrt{1+(\omega\tau)^2}}[\sin(\omega t+\varphi_1)-e^{-t/\tau}\cos\varphi_1]$ 式中 $\varphi_1=-\arctan(\tau\omega)$	$y(t)=A(\omega)\sin[\omega t+\varphi(\omega)]-e^{-\zeta\omega_n t}[K_1\cos\omega_d t+K_2\sin\omega_d t]$ 式中 K_1,K_2——与 ω_n,ξ 有关的系数 $A(\omega)$,$\varphi(\omega)$——分别为二阶系统的幅频特性和相频特性

1.5.2.2 动态参数的测定

常用的动态标定方法有阶跃响应法和频率响应法，而对于二阶的振动测试系统常用的方法还有共振法。

阶跃响应法是以阶跃信号作为测试系统的输入，通过对系统输出响应的测试，从中计算出系统的动态特性参数。这种方法实质上是一种瞬态响应法，即通过对输出响应的过渡过程来标定系统的动态特性。

频率响应法是以一组频率可调的标准正弦信号作为系统的输入，通过对系统输出幅值和相位的测试，获得系统的动态特性参数。这种方法实质上是一种稳态响应法，即通过输出的稳态响应来标定系统的动态特性。

(1) 一阶系统动态特性参数的测定

对于一阶系统来说，时间常数 τ 是唯一表征系统动态特性的参数（表 24-1-19）。

表 24-1-19 一阶系统动态特性参数测定

方法	原 理
阶跃响应法	一阶系统的响应式可以写成 $Z=\ln[1-y(t)]=-\frac{1}{\tau}t$ 通过求直线 $\ln[1-y(t)]=-\frac{1}{\tau}t$ 的斜率，即可求出时间常数 τ
频率响应法	利用公式求得 $A(\omega)=\frac{1}{\sqrt{1+(\omega\tau)^2}}$ $\varphi(\omega)=-\arctan(\tau\omega)$

(2) 二阶系统动态特性参数的测定

表 24-1-20 二阶系统动态特性参数测定

方 法	原 理
阶跃响应法	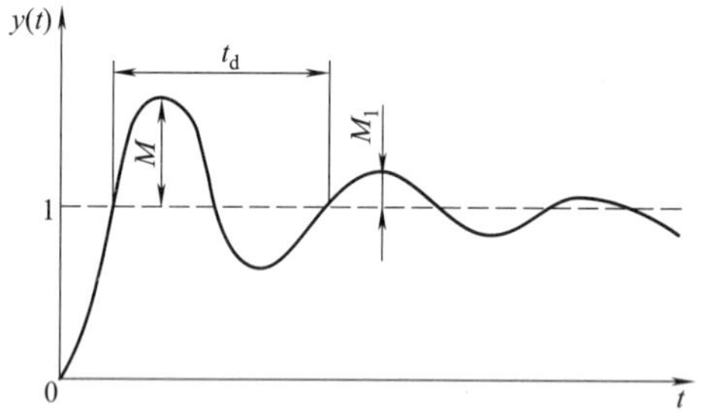 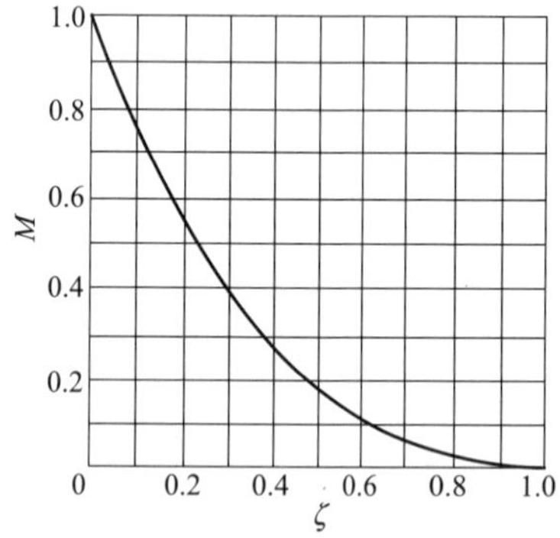 利用阶跃响应测出最大冲调量 M，利用 M 与阻尼比 ζ 的关系 $\zeta=\sqrt{\frac{1}{\left(\frac{\pi}{\ln M}\right)^2+1}}$ 求得
频率响应法	①求出 $A(\omega)$ 的最大值及所对应的频率 ω_r ②由 $\frac{A(\omega_r)}{A(0)}=\frac{1}{2\zeta\sqrt{1-\zeta^2}}$ 求阻尼比 ζ ③根据 $\omega_n=\frac{\omega_r}{\sqrt{1-2\zeta^2}}$ 求固有频率 ω_n

续表

方　法	原　　理
共振法	常用的有总幅值法(半功率点法)和分量法,下面介绍常用的总幅值法 在小阻尼时,可以直接用共振峰对应的频率 ω_r 来近似地估计固有角频率 ω_n 在幅频曲线峰值的 $\frac{1}{\sqrt{2}}$ 处作水平线,交幅频曲线于 a、b 两点,如下图所示。它们对应的频率为 ω_1、ω_2,其阻尼比可以估计为 $\xi=\frac{\omega_2-\omega_1}{2\omega_r}$ 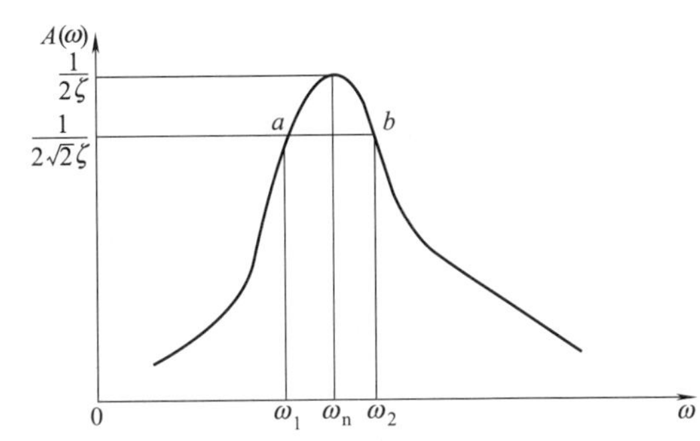

1.6　传感器主要技术指标和选择

1.6.1　传感器的主要技术指标

由于传感器的类型繁多，使用要求各异，无法列举全面衡量各种传感器质量优劣的统一性能指标，因此表 24-1-21 只给出常见传感器的主要技术指标。

表 24-1-21　　常见传感器的主要技术指标

基本参数指标		环境参数指标		可靠性指标	其他指标	
量程	量程范围、过载能力等	温度	工作温度范围、温度误差、温度漂移、温度系数、热滞后等	工作寿命、平均无故障时间、保险期、疲劳性能、绝缘电阻、耐压等	使用	供电方式(直流、交流、频率及波形等)、功率、各项分布参数值、电压范围与稳定度等
灵敏度	灵敏度、分辨力、满量程输出、输入输出阻抗等	抗冲振	允许各向抗冲振的频率、振幅及加速度、冲振所引入的误差等			
精度	精度、误差、线性、滞后、重复性、灵敏度误差、稳定性等				结构	外形尺寸、重量、壳体材质、结构特点等
动态性能	固有频率、阻尼比、时间常数、频率响应范围、频率特性、临界频率、临界速度、稳定时间、过冲量、稳态误差等	其他环境参数	抗潮湿、抗介质腐蚀能力、抗电磁干扰能力等		安装连接	安装方式、馈线电缆等

1.6.2 传感器选择

设计某一个测试系统，首先考虑的是传感器的选择，其选择正确与否直接关系到测试系统的成败。

选择合适的传感器是一个较复杂的问题，现就其一般性讨论如下：

1）首先要仔细研究测试信号，确定测试方式和初步确定传感器类型，例如是位移测量还是速度、加速度、力的测量，再确定传感器类型。

2）要分析测试环境和干扰因素，测试环境是否有磁场、电场、温度的干扰，测试现场是否潮湿等。

3）根据测试范围确定某种传感器，例如位移测量，要分析是小位移，还是大位移。若是小位移测量，有电感传感器、电容传感器、霍尔传感器等供选择；若是大位移测量，有感应同步器、光栅传感器等供选择。

4）确定测量方式。在测试工程中，是接触测量还是非接触测量。例如对机床主轴的回转误差测量，就必须采用非接触测量。

5）传感器的体积和安装方式，被测位置是否能放下和安装，传感器的来源、价格等因素。

当考虑完上述问题后，就能确定选用什么类型的传感器，然后再考虑以下问题。

1）灵敏度。传感器的灵敏度越高，可以感知越小的变化量，即被测量稍有微小变化时，传感器即有较大的输出。但灵敏度越高，与测量信号无关的外界噪声也容易混入，并且噪声也会被放大。因此，要求传感器有较大的信噪比。

传感器的量程是和灵敏度紧密相关的一个参数。当输入量增大时，除非有专门的非线性校正措施，传感器不应在非线性区域工作，更不能在饱和区域工作。有些需在较强的噪声干扰下进行的测试工作，被测信号叠加干扰信号后也不应进入非线性区。因此，过高的灵敏度会影响其适用的测量范围。

如被测量是一个矢量时，则传感器在被测量方向的灵敏度愈高愈好，而横向灵敏度越小越好；如果被测量是二维或三维矢量，那么对传感器还应要求交叉灵敏度越小越好。

2）响应特性。传感器的响应特性必须在所测频率范围内尽量保持不失真。但实际传感器的响应总有一些延迟，但延迟时间越短越好。

一般光电效应、压电效应等物性型传感器，响应时间短，工作频率范围宽。而结构型，如电感、电容、磁电式传感器等，由于受到结构特性的影响、机械系统惯性的限制，其固有频率较低。

在动态测量中，传感器的响应特性对测试结果有直接影响，在选用时，应充分考虑到被测物理量的变化特点（如稳态、瞬变、随机等）。

3）稳定性。传感器的稳定性是经过长期使用以后，其输出特性不发生变化的性能。传感器的稳定性有定量指标，超过使用期应及时进行标定。影响传感器稳定性的因素主要是环境与时间。

在工业自动化系统中或自动检测系统中，传感器往往是在比较恶劣的环境下工作，灰尘、油污、温度、振动等干扰是很严重的，这时传感器的选用，必须优先考虑稳定性因素。

4）精度。传感器的精度表示传感器的输出与被测量的对应程度。因为传感器处于测试系统的输入端，因此，传感器能否真实地反映被测量，对整个测试系统具有直接影响。然而，传感器的精度并非越高越好，还要考虑到经济性。传感器精度越高，价格越昂贵，因此应从实际出发来选择。首先应了解测试目的，是定性分析还是定量分析。如果属于相对比较性的试验研究，只需获得相对比较值即可，那么对传感器的精度要求可低些。然而对于定量分析，为了必须获得精确量值，因而要求传感器应有足够高的精度。

第 2 章 力参数测量传感器

物体受力的作用，将会产生加速度和变形。力使物体产生加速度，称为力的“动力效应”，力使物体产生变形，称为力的“静力效应”。力是一个矢量，完整描述一个力需要确定力的大小、方向和力的作用点，通常称这三者为力的“三要素”。

力参数测量传感器是将力的量值转换为相关电信号的器件。力参数测量传感器的形式很多，根据转换原理不同，有电阻应变式、压磁式、电感式、电容式、压电式等类型。力参数测量传感器能检测张力、拉力、压力、重量、转矩、内应力和应变等力学量。

力参数测量传感器具有极其广阔的应用范围，在工农业生产、国防、航空、航天等诸多领域皆得到了广泛的应用。

2.1 国家标准-力敏元器件术语与电阻应变计命名规则

2.1.1 力敏元器件分类术语

表 24-2-1 力敏元器件分类术语

术　语	解　释
力敏元器件　mechanical quantity sensing element and device	对力学量敏感的检测压力的敏感元器件
电阻应变计　resistance strain gauge	又称应变计(strain gauge),能将被试件的应变量转换成电阻变化量的检测元件
金属应变计　metal strain gauge	用金属电阻体作为敏感栅的应变计
丝式应变计　wire strain gauge	用金属丝作为敏感栅的应变计
箔式应变计　foil strain gauge	用金属箔作为敏感栅的应变计
薄膜式应变计　thin film strain gauge	用沉积的金属或半导体薄膜制成敏感栅的应变计
半导体应变计　semiconductor strain gauge	用半导体材料制成敏感栅的应变计
体型半导体应变计　bulk true semiconductor strain gauge	用单晶硅等半导体材料切割后，经蚀刻等方法制成敏感栅的应变计
P 型半导体应变计　P-type semiconductor strain gauge	用 P 型半导体材料制成敏感栅的应变计
N 型半导体应变计　N-type semiconductor strain gauge	用 N 型半导体材料制成敏感栅的应变计
扩散型半导体应变计　diffused semiconductor strain gauge	在掺入适当杂质的半导体材料上制成敏感栅的应变计
纸基应变计　paper-based strain gauge	用纸作为基底材料的应变计
浸胶基应变计　impregnated-base strain gauge	用浸胶的纸或玻璃纤维布作为基底材料的应变计
胶膜基应变计　strain gauge with organic film base	用有机胶膜作为基底材料的应变计
金属基应变计　strain gauge with metal base	用金属薄片或金属网作为基底材料的应变计
临时基应变计　temporary base strain gauge	制造时将敏感栅粘贴在临时基上，待敏感栅固定于被测试件上之后，临时基随即被取掉的应变计
圆膜式应变计　diaphragm strain gauge	敏感栅粘贴在圆形平面膜片上，用以测量膜片受力变形的应变计
抗磁性应变计　antimagnetic strain gauge	用于磁场环境中的专用应变计
常温应变计　normal temperature strain gauge	工作温度为常温(一般为－30～60℃)的应变计
中温应变计　medium temperature strain gauge	工作温度范围为中温(一般为 60～350℃)的应变计
高温应变计　high temperature strain gauge	工作温度高于 350℃的应变计
低温应变计 low temperature strain gauge	工作温度为低温(一般为－160～－30℃)的应变计
超低温应变计　ultra-low temperature strain gauge	工作温度低于－160℃的应变计
温度自补偿应变计　self-temperature strain gauge	在规定的温度范围内，在线性系数为某一定值的被测试件上使用时，热输出不超过规定数值的应变计
粘贴式应变计　bonded strain gauge	用黏结剂粘贴在被测试件上的应变计
焊接式应变计　weldable strain gauge	用焊接法固定在被测试件上的应变计

续表

术 语	解 释
喷涂式应变计 strain gauge installed by spraying	用喷涂法安装在被测试件上的应变计
埋入式应变计 embedded strain gauge	埋入混凝土等结构材料中,用以测量其内部应变的应变计
大应变应变计 high elongation strain gauge	能用于测量大应变量的应变计
卡尔逊应变计 Carlson strain gauge	用两组已施加张力的细丝作为敏感栅,外部封以挠性金属筒的应变计。一般用以测量混凝土的内部应变
单轴应变计 uniaxial strain gauge	用于测量单向应变的应变计
单轴多敏感栅应变计 uniaxial strain gauge with multisensitive grid	具有两个以上敏感栅的单轴应变计
多轴应变计 multiaxial strain gauge	又称应变花(strain rosette)。用于测量两个或两个以上方向应变的应变计
θ 度多轴应变计 multiaxial strain gauge with θ degrees	当测量方向数目为 $m(m>2)$,相邻两方向的最小夹角为 θ 度时的多轴应变计
非粘贴式应变计 unbonded strain gauge	敏感栅由四个电阻栅组成电桥,在外力作用下产生差动电阻变化的应变计。这种应变计不粘贴在基底材料上
裂纹扩展计 crack propagation strain gauge	粘贴在被测试件上,在已知应变情况下,用以检测裂纹扩展速率的检测元件
疲劳寿命计 fatigue life gauge	粘贴在被测试件上,在已知应变情况下,用以测量试件材料疲劳程度的检测元件
半导体硅力敏器件 silicon mechanical sensor	用硅作敏感体的力敏器件
扩散硅力敏器件 diffused silicon mechanical sensor	用扩散掺杂的硅材料作敏感体制成的力敏器件
单晶硅力敏器件 monocrystalline silicon mechanical sensor	用单晶硅材料作敏感体制成的力敏器件
多晶硅力敏器件 polycrystalline silicon mechanical sensor	用多晶硅材料作敏感体制成的力敏器件
硅蓝宝石力敏器件 silicon on sapphire mechanical sensor	以蓝宝石为衬底外延生长的硅层上制作的力敏器件
全桥力敏器件 full-bridge type mechanical sensor	将敏感器件接成全桥式的力敏器件
集成力敏器件 IC(integrated circuit)mechanical sensor	将力敏感元器件与其他电子元器件集成在一起的力敏器件
压电型力敏器件 piezoelectric mechanical sensor	利用压电效应制成的力敏器件
谐振式力敏器件 resonator	利用谐振原理,将力转换成谐振频率变化的敏感器件

2.1.2 力敏元器件性能参数术语

表 24-2-2　力敏元器件性能参数术语

术 语	解 释
工作特性 characteristics	用数据或曲线表征的力敏元器件的性能或特点
标称工作特性 nominal characteristic	由制造厂家标称的力敏元器件工作特性值
单个工作特性 individual characteristic	对单个力敏元器件测定的实际工作特性值
平均工作特性 average characteristic	对同一批的若干力敏元器件测定的单个工作特性的平均值
应变计电阻 strain gauge resistance	应变计在没有安装、也不受外力的情况下,室温时测定的电阻值
安装后的应变计电阻 installed resistance	已安装的应变计在未承受应变时,于室温下测定的电阻值
绝缘电阻 isolation resistance	已安装的应变计的敏感栅及引线与被测试件之间的电阻值
应变 strain	某种材料的试件,在规定方向上单位长度的变化量,即 $\varepsilon=\Delta L/L$ 式中 ε——应变 L——规定方向的初始长度 ΔL——在该方向上的尺寸变化 注:所有应变均用 10^{-6} 单位即微应变表示

第24篇

续表

术　语	解　释
机械应变　mechanical strain	由于施加机械载荷而在试件上产生应力所引起的应变
热应变　thermal strain	一个全部边界都不受约束的试件,其材料各处都均匀地受到温度变化时所产生的应变
真实应变　real strain	由于温度变化及施加机械载荷而在试件上产生应力所引起的应变
虚假应变　false strain	又称视应变。其中包括敏感栅和试件之间的热膨胀不同,或者导线的电阻变化以及热电效应等因素引起的应变
指示应变　indicated strain	指由应变计测得的应变值。它是由指示器的读数经过对测量系统的影响进行修正后得出的
应变极限　strain limit	对于已安装的应变计,在温度恒定时,指示应变和真实应变的相对误差不超过规定数值时的最大真实应变值
应变计漂移　strain gauge drift	对于已安装的应变计,在温度恒定、试件不受应力的条件下,指示应变随时间的变化
长期稳定性　long term stability	当测量条件不变时,应变计指示应变随时间增加而产生的初始值的相对变化量。通常用每月相对变化量的百分比表示
蠕变　strain gauge creep	对于已安装的应变计,在承受恒定的真实应变情况下,温度恒定时指示应变随时间的变化
热滞后　thermal hysteresis	对于已安装的应变计,试件可以自由膨胀并不受外力作用,在室温与极限工作温度之间升温与降温时,同一温度下指示应变的差数
机械滞后　mechanical hysteresis	对于已安装的应变计,在温度恒定时,增加和减少机械应变过程中同一机械应变量下指示应变的差数
灵敏系数　strain gauge factor	安装在被测试件上的应变计,在其轴向受到单向应力时引起的电阻相对变化,与由此单向应力引起的试件表面轴向应变之比。 灵敏系数用下式表示 $$K=(\Delta R/R)/(\Delta L/L)$$ 式中　$\Delta L/L$——试件表面上的轴向应变 $\Delta R/R$——由 $\Delta L/L$ 所引起的应变计电阻的相对变化
纵向灵敏度　longitudinal sensitivity	安装在被测试件上的应变计,当在其纵轴方向施以单向应变(ε_l)时产生的电阻变化率$(\Delta R/R)_l$与所加的应变之比。 纵向灵敏系数用下式表示 $$K_l=(\Delta R/R)_l/\varepsilon_l$$
横向灵敏度　transverse sensitivity	安装在被测试件上的应变计,当在其横轴方向施加单向应变(ε_t)时产生的电阻变化率$(\Delta R/R)_t$与所加的应变之比。 横向灵敏系数用下式表示 $$K_t=(\Delta R/R)_t/\varepsilon_t$$
横向效应系数　transverse sensitivity ratio	在同一轴向应变作用下,垂直于单向应变方向安装的应变计的指示应变与平行单向应变方向安装的同批应变计的指示应变之比,亦即在同一单向应变作用下,应变计的横向灵敏度与纵向灵敏度之比,用百分数表示
热输出　thermal output	应变计安装在具有某一线胀系数的试件上,试件可以自由膨胀并不受外力作用,在缓慢升(或降)温的均匀温度场内,由温度变化引起的指示应变
极限工作温度　extreme operating temperature	应变计在规定的条件下,能保持其工作特性不变或在允许范围内变化的最高工作温度或最低工作温度
平均热输出系数　average thermal output coefficient	应变计在极限工作温度范围内,平均热输出的最大值与最小值之差除以最高工作温度与某一规定工作温度之差,它表示应变计的温度自补偿程度
瞬时热输出　instantaneous thermal output	当应变计安装在某一线胀系数的试件上,试件可以自由膨胀并不受外力作用,以一定的速率快速升(或降)温时,由温度变化引起的指示应变

续表

术　语	解　释
灵敏系数的温度系数 temperature coefficient of strain gauge factor	温度变化时，应变计的灵敏系数相对变化与温度变化之比，用公式表示为 $\alpha_T=(1/K_T)(\mathrm{d}K_T/\mathrm{d}T)$ 式中 α_T——灵敏系数的温度系数 K_T——在规定温度下的灵敏系数 T——热力学温度
疲劳寿命 fatigue life	已安装的应变计在恒定幅值的交变应力作用下，连续工作到产生疲劳损坏时的循环次数
最大工作电流 maximum operating current	对已安装的应变计，允许通过敏感栅而不影响其工作特性的最大电流值

2.1.3 力敏元器件结构术语

表 24-2-3　　力敏元器件结构术语

术　语	解　释
敏感栅 sensitive grid	应变计中将应变量转换成电阻变化量的电阻体
栅长 active gauge length	敏感栅在应变计纵轴方向的总长度。对于带有圆弧端的敏感栅，指两端圆弧内侧之间的最大距离；对于带有横栅的敏感栅，指两端横栅内侧之间的距离
栅宽 grid width	敏感栅在应变计横轴方向的总长度
基底 base (matrix)	用来保持应变计敏感栅和引线的几何形状及其相对位置的膜状或板状载体
应变计纵轴 strain gauge longitudinal axis	应变计敏感栅的纵向轴线。沿该轴的应变灵敏度比沿其他轴线都大
应变计横轴 strain gauge transverse axis	与应变计纵轴成 90°的应变式力敏元件轴线
应变计基准线 strain gauge reference mark	为表示应变计敏感栅的中心位置、方向，在应变计基底上标出的线条或符号
基底修整尺寸 trim size of base	缩小基底长度或宽度使用时，不影响应变计工作特性的最小尺寸

2.1.4 电阻应变计命名规则

电阻应变计的命名规则：

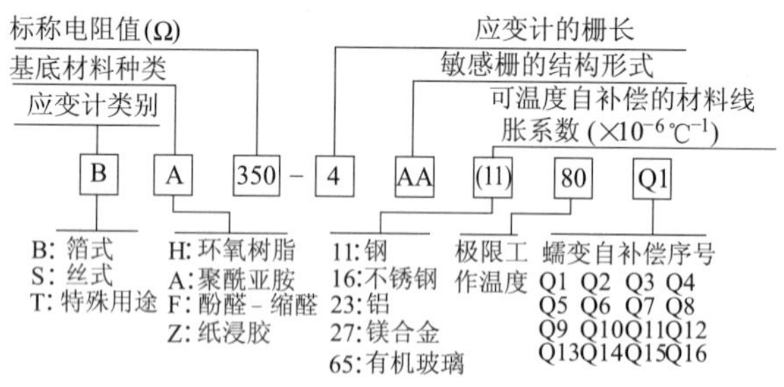

表 24-2-4　　电阻应变计命名原则

应变计类别		基底材料种类		标称电阻值/Ω	应变计栅长/mm
名称	符号	名称	符号		
丝绕式	S	纸	Z	60	02　05
短接式	D	环氧类	H	(90)	1　2
箔式	B	酚醛类	F	120	3　4
		聚酯类	J	(150)	5　6

续表

应变计类别		基底材料种类		标称电阻值/Ω	应变计栅长/mm
名称	符号	名称	符号		
特殊用途	T	缩醛类	X	200	8　10
		聚酰亚胺类	A	(250) 350	12　15 20　30
		玻璃纤维布浸胶	B	500 (650) 1000	50　100 150　200
		金属薄片	P		
		临时基底	L		

表 24-2-5　　电阻应变计敏感栅结构形式

序号	代表字母	结构形状	说　明	序号	代表字母	结构形状	说　明
1	AA		单轴	13	FB		平行轴二栅
2	BA		二轴 90°	14	FC		平行轴三栅
3	BB		二轴 90°	15	FD		平行轴四栅
4	BC	+	二轴 90°重叠	16	GB	— —	同轴二栅
5	CA		三轴 45°	17	GC	— — —	同轴三栅
6	CB		三轴 45°重叠	18	GD	— — —	同轴四栅
7	CC		三轴 60°	19	HA	<	二轴二栅 45°
8	CD		三轴 120°	20	HB	<<	二轴四栅 45°
9	DA		四轴 60°/90°	21	HC	<<<	二轴六栅 45°
10	DB		四轴 45°/90°	22	HD	<<<<	二轴八栅 45°
11	EA		二轴四栅 45°	23	JA		螺线栅
12	EB		二轴四栅 90°	24	KA		圆膜栅

补偿电阻命名规则：

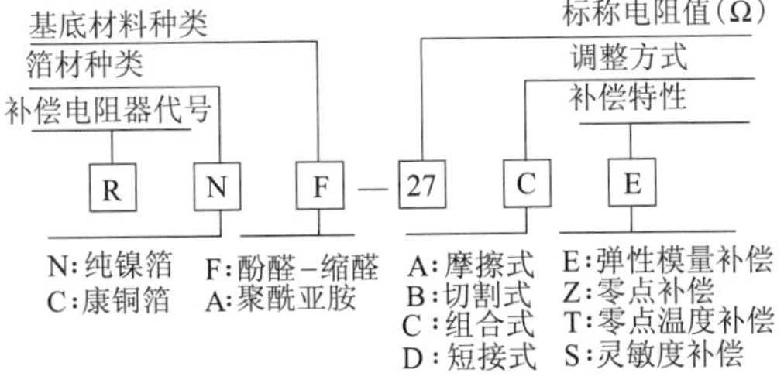

2.2　电阻应变计

电阻应变式传感器是基于测量物体受力变形产生应变的一种传感器，最常用的传感元件就是电阻应变片。将电阻应变片粘贴在被测试件表面或各种弹性敏感元件上，可构成测量位移、加速度、力、力矩、压力等参数的电阻应变式传感器。

2.2.1　电阻应变计的工作原理

在外力作用下，金属导体的电阻值随着所受机械变形的变化而发生变化的现象，称为金属的电阻应变效应。这种效应就是电阻应变片的物理基础。

以金属材料为敏感元件的应变片测量试件应变的原理基于金属丝的应变效应。若金属丝的长度为 L，横截面积为 A，电阻率为 ρ，其未受力时的电阻为

R，则有

$$R=\rho\frac{L}{A} \tag{24-2-1}$$

如果金属丝沿轴线方向受拉力而变形，其长度 L、截面积 A、电阻率 ρ 均发生变化，因而引起电阻 R 的相对变化为

$$\frac{\mathrm{d}R}{R}=(1+2\mu)\varepsilon+\frac{\mathrm{d}\rho}{\rho} \tag{24-2-2}$$

可写为

$$K_0=\frac{\mathrm{d}R/R}{\varepsilon}=(1+2\mu)+\frac{\mathrm{d}\rho/\rho}{\varepsilon} \tag{24-2-3}$$

式中，K_0 称为金属丝的灵敏系数，其物理意义是单位应变所引起的电阻相对变化；μ 为材料的泊松比。由式（24-2-3）可以看出，金属材料的灵敏系数受两个因素影响：一个是受力后材料的几何尺寸变化，即 $1+2\mu$ 项；另一个是受力后材料的电阻率变化，即 $(\mathrm{d}\rho/\rho)/\varepsilon$ 项。金属材料的 $(\mathrm{d}\rho/\rho)/\varepsilon$ 项比 $1+2\mu$ 项小得多。大量实验表明，在电阻丝拉伸比例极限范围内，电阻的相对变化与其所受的轴向应变是成正比的，即 K_0 为常数。于是，式（24-2-3）也可以写成

$$\mathrm{d}R/R=K_0\varepsilon \tag{24-2-4}$$

通常金属电阻丝的 $K_0=1.7\sim3.6$。

2.2.2 电阻应变计的基本结构与材料

图 24-2-1 是电阻应变计的基本结构示意图。电阻应变计是用直径为 0.025mm、具有高电阻率的电阻丝制成的。为了获得高的阻值，将电阻丝排列成栅状，称为敏感栅，并粘贴在绝缘的基底上。电阻丝的两端焊接引线。敏感栅上面粘贴具有保护作用的覆盖层。l 称为栅长（标距），b 称为栅宽（基宽），$b\times l$ 称为应变计的使用面积。应变计的规格一般以使用面积和电阻值表示，如 $3\times20\mathrm{mm}^2$，120Ω。制造电阻应变计的材料如表 24-2-6 所示。

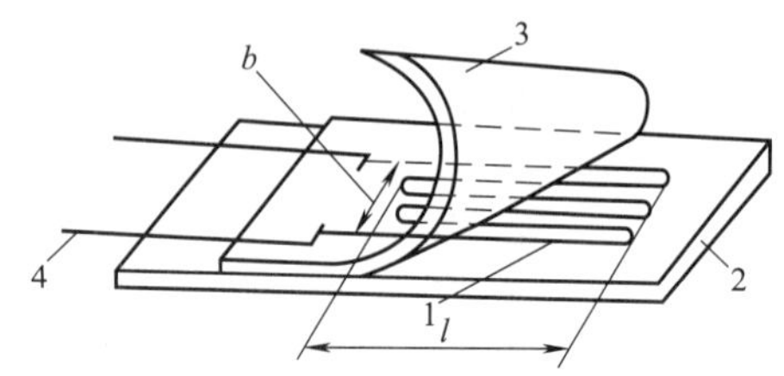

图 24-2-1 应变计的基本结构
1—敏感栅；2—基底；3—覆盖层；4—引出线

表 24-2-6 电阻应变计的常用合金材料

合金类型	名称或合金牌号	合金成分/%	灵敏系数 K	电阻率	电阻温度系数/10^{-6}	线胀系数/10^{-6}℃$^{-1}$	对铜热电势/μV·℃$^{-1}$	最高使用温度/℃
铜镍合金	康铜	Cu55,Ni45	1.9～2.1	0.45～0.54	±20	15	43	静态:250 动态:400
镍铬合金	Nichromev	Ni80,Cr20	2.1～2.3	1.0～1.1	110～130	14	3.8	静态:400 动态:800
	6J22(Karma)	Ni74,Cr20,Al3,Fe3	2.4～2.6	1.24～1.42	±20	13.3	3	静态:400 动态:800
	6J23(Evanohm)	Ni75,Cr20,Al3,Cu2	2.4～2.6	1.24～1.42	±20	13.3	3	静态:400 动态:800
铁镍铬合金	恒弹性合金	Ni36,Cr8 Mo0.5,其余 Fe	3.2～3.6	1.0	175～300	7.2	1	用于动态测量 +230
镍铁铬铝合金	卡玛	Cr26,Al5.4,V2.6,Ti0.2,Y0.3,其余 Fe	2.6～2.8	1.3～1.5	−7～940	11～14	2～3	静态:800 动态:1000
铂与铂合金	铂	Pt100	4～6	0.09～0.11	3900	9	7.6	静态:1000
	铂合金	Pt80,Ir20	4～6	0.32～0.35	590～850	13	1	静态:700
	铂钨合金	Pt91.5 W8.5	3.2～3.5	0.68～0.74	192～227	9	6.1	静态:800 动态:1000

2.2.3　电阻应变计的分类

表 24-2-7　电阻应变计的分类与特点

分类	名　称	基本原理与特点
按应变计敏感栅的材料不同分类	丝式应变计	金属丝式应变计用 0.01～0.05mm 的金属丝做成敏感栅，有回线式和短接式两种。如图 24-2-2(a)、(b)、(i)、(j)所示为丝式应变计，它制作简单、性能稳定、成本低、易粘贴，但因圆弧部分参与变形，横向效应较大。图 24-2-2 (b)为短接式应变计，它的敏感栅平行排列，两端用直径比栅线直径大 5～10 倍的镀银丝短接而成，其优点是克服了横向效应。丝式应变计敏感栅常用的材料有：康铜、镍铬合金、镍铬铝合金以及铂、铂钨合金等
	箔式应变计	金属箔式应变计是利用照相制版或光刻技术，将厚 0.003～0.01mm 的金属箔片制成敏感栅，如图 24-2-2(f)、(g)、(h)所示。箔式应变计具有如下优点：①可制成多种复杂形状、尺寸准确的敏感栅，其栅长最小可做到 0.2mm，以适应不同的测量要求；②横向效应小；③散热条件好，允许电流大，提高了输出灵敏度；④蠕变和机械滞后小，疲劳寿命长；⑤生产效率高，便于实现自动化生产。金属箔常用的材料是康铜和镍铬合金等
	金属膜应变计	金属薄膜应变计是采用真空蒸发或真空沉积等方法，在薄的绝缘基片上形成厚度在 0.1μm 以下的金属电阻薄膜的敏感栅，最后再加上保护层。它的优点是应变灵敏系数大，允许电流密度大，工作范围广
按应变计的工作温度分类	高温应变计	高温应变计测量温度在 300℃以上。其工作特性与应变电阻合金、基底、黏合剂的耐热性及引出线的温度特性有关。高温应变计常用的基底材料有酚醛、环氧、陶瓷、金属等，有些高温应变计使用石棉、云母片作为基底，最高工作温度分别为 400℃和 1000℃。常用高温应变计的引出线有镀镍紫铜、包不锈钢紫铜、镀镍银、镍铬合金、镍等，工作温度为370～540℃。常用高温应变计有：单片温度自补偿高温应变计、半桥式温度自补偿应变计、全桥自补偿焊接式应变计、组合式自补偿应变计、热电偶自补偿应变计等
	低温应变计	低温应变计的工作温度在－30℃以下。其电阻敏感材料常用环氧树脂系列黏合剂(如 610 胶)和聚酯系列黏合剂，电阻材料常用热输出较小、拉伸与压缩时灵敏系数相差较小的铁铬铝合金。在低温使用时发脆易坏，且热输出大，漂移较大
	常温应变计	常温应变计的工作温度为－30～60℃。多采用康铜合金作敏感栅。使用常温应变计应保持环境温度大致不变，否则将产生较大的热输出，温度变化大时，应采取温度补偿措施，或使用温度自补偿应变计
	中温应变计	中温应变计的工作温度为 60～300℃。其使用性能在高温应变计与常温应变计之间，引出线可参照高温应变计选用
按应变计的基底材料不同分类	纸基应变计	以纸为基底的电阻应变计，较早生产的应变计多为纸基，可在中低温环境中使用
	胶基应变计	以胶为基底的电阻应变计，目前生产的应变计多为胶基，可在中低温环境中使用
	金属基应变计	以金属为基底的电阻应变计，可在高温环境中使用

续表

分类	名称	基本原理与特点
按被测量的用途和应力场不同分类	单向应力应变计	具有一根敏感栅用于测量单方向应变的应变计，可测单向应力、应变。如图 24-2-2(a)～(e)所示，为了方便地测量构件表面的应变梯度，把几个单轴敏感栅做在一个基底上，故称之为单轴多栅应变计
	平面应力应变计	由两片以上的电阻应变计组成，可测量平面应力。如图 24-2-2(f)～(j)等
	90°应变花	由互成 90°的两片电阻应变计组成，可测量主应力已知的应力应变，如图 24-2-2(f)所示
	60°应变花	由互成 60°的三片电阻应变计组成，可测量主应力未知的应力应变，如图 24-2-2(j)所示
	45°应变花	由互成 45°的三片电阻应变计组成，可测量主应力未知的应力应变，如图 24-2-2(i)所示。将互成 90°的两个丝栅沿大致确定的主方向粘贴，这样可以减少测量误差
	45°四片应变花	四片 45°应变花用在较为重要的试验中。由力学可知：应变场中互相垂直的应变之和是一个常数，此时第四个丝栅的测量数据可以用来校核测量结果是否准确
	疲劳寿命应变计	疲劳寿命应变计的功能是测量结构材料疲劳寿命。该种应变计是经过高温回火的康铜箔栅夹在浸渍环氧或酚醛环氧的玻璃纤维布中制成的。当把该应变计贴在承受循环载荷的试件上时，康铜箔硬化使电阻变化，此种积累的电阻变化与循环次数 N 存在一定的函数关系。因此将它粘贴到试件上，试件承受一定的交变应变，定时测量其电阻，就可以知道该片承受交变载荷的次数。疲劳寿命片名义电阻为 100Ω，使用温度可达 120～150℃，总的电阻变化可达 10～20Ω。下图为疲劳寿命应变计电阻变化与循环次数关系曲线 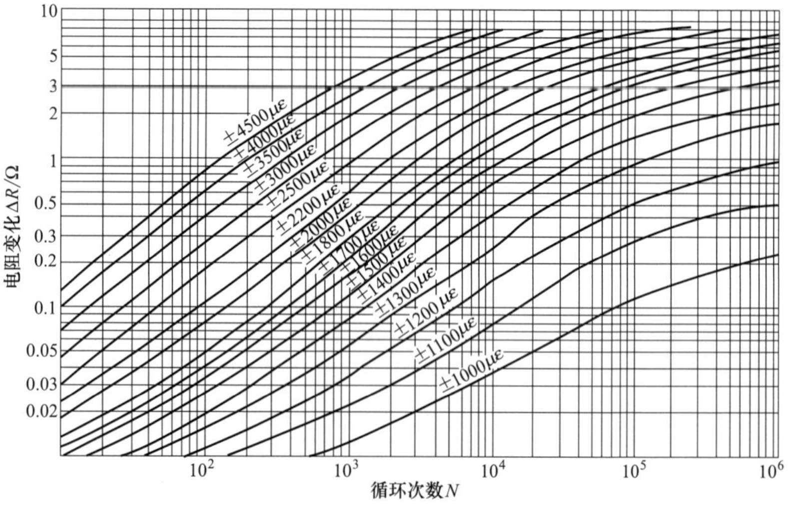 电阻变化ΔR/Ω 10 5 3 2 1 0.5 0.3 0.2 0.1 0.05 0.03 0.02 ±4500με ±4000με ±3500με ±3000με ±2500με ±2200με ±2000με ±1800με ±1700με ±1600με ±1500με ±1400με ±1300με ±1200με ±1100με ±1000με 10^2 10^3 10^4 10^5 10^6 循环次数N 疲劳寿命应变计电阻变化与循环次数关系曲线
	裂纹探测应变计	裂纹探测应变计可以探测裂纹的出现及其扩展情况。它由一系列并联的电阻丝组成，将它粘贴在合适裂纹生成的部位，当裂纹出现并扩展时，电阻丝依次断开，根据电阻值的变化，便可以推断裂纹扩展的位置
	测温应变计	它由电阻温度系数大的电阻丝或箔制成。常用材料有铂、镍、铜等。使用时，将测温片的轴线方向沿应变最小的方向粘贴，利用电阻变化反映温度变化来测量温度。其优点是：对温度的响应速度快，能较准确地测量试件表面温度
	测压片	一般的压力可用应变计粘贴于弹性膜片制成的压力传感器进行测量。测压片的敏感栅用经过热处理的锰铜合金丝(箔)制成，栅体粘贴在聚酯亚胺薄膜或浸环氧树脂的玻璃纤维布的基底上，在箔栅粘贴于试件后将临时基底撕去。锰铜箔制成的测压片可以用来测量高的液压，也可以用来研究冲击波的传播、爆破效应、爆炸成形和高静水压测量
	大应变应变计	可以测量 10%～20%范围内的大应变的应变计，它能测量试件在塑性范围内的变形，所以又称为塑性应变计

续表

分类	名　　称	基本原理与特点
按丝栅材料不同分类	金属基底应变计	以金属为基底的应变计，常温应变计采用康铜，高温应变计常采用镍铬、铁铬铝、镍铬铝、铂铱合金、铂钨合金等
	半导体应变计	如图 24-2-2(e)所示。半导体材料受到应力作用时，其电阻率会发生变化，这种现象称为压阻效应。金属材料的 $d\rho/\rho$ 比较小，半导体材料的 $d\rho/\rho \gg (1+2\mu)\varepsilon$，即 $dR/R \approx d\rho/\rho = \pi_L E\varepsilon$，则半导体材料的灵敏系数为 $K_0=\frac{dR/R}{\varepsilon}=\pi_L E$。半导体电阻材料的灵敏系数比金属丝的要高 50～70 倍 压阻式传感器有两种类型：一种是利用半导体材料的体电阻制成粘贴式半导体应变式传感器；另一种是在半导体材料的基片上用集成电路工艺制成扩散电阻，作为测量传感元件，亦称扩散型压阻式传感器，或固态压阻式传感器。固态压阻式传感器主要用于测量压力和加速度等物理量 压阻式传感器的优点是：①灵敏度非常高，有时传感器的输出不需放大，可直接用于测量；②分辨率高，例如测量压力时可测出 10～20Pa 的微压；③测量元件的有效面积可做得很小，故频率响应高；④可测量低频加速度和直线加速度。其最大的缺点是温度误差大，故需温度补偿或在恒温条件下使用

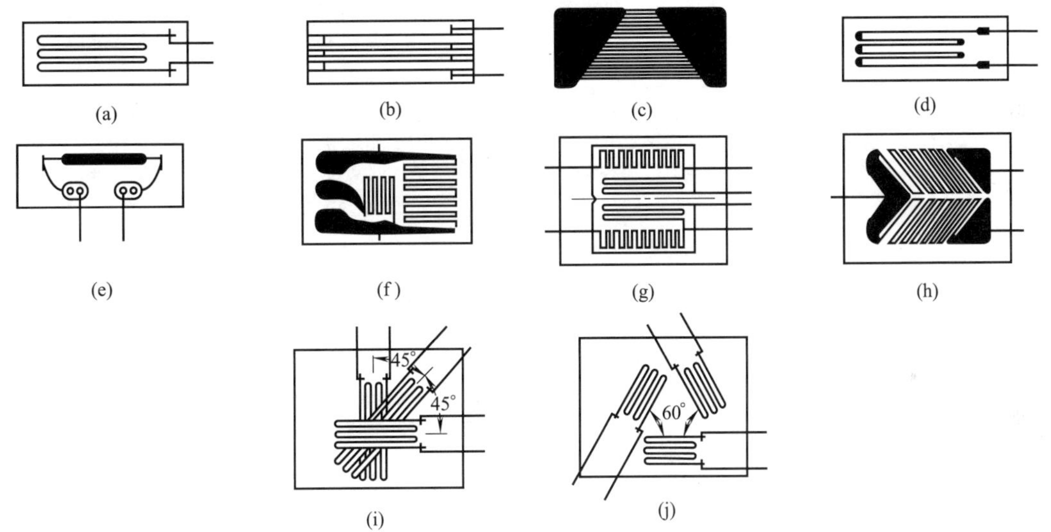

图 24-2-2　常用应变计的基本结构

2.2.4　电阻应变计的工作特性及选择

2.2.4.1　电阻应变计的工作特性

在实际测量中，应变计阻值的改变并不是完全由变形引起的，一些非测量因素，如温度、湿度等也会引起应变计阻值的变化，其影响程度有时甚至会超过测量因素。因此，有必要分析研究应变计的测量性能及其非测量因素对测量精度的影响。电阻应变计的工作特性如表 24-2-8 所示，应变计的其他工作特性、试验条件及质量等级见表 24-2-9。

表 24-2-8　　电阻应变计的工作特性

参　　数	工 作 特 性
几何尺寸	①轴线：应变计的灵敏轴线是指应变计的纵向轴线 ②栅长：能够承受应变的敏感栅在灵敏轴线方向上的长度，也称为应变计的标距 ③栅宽：能够承受应变的敏感栅在与灵敏轴线垂直方向上的整个宽度，也称工作宽度 ④应变计的使用面积：栅长和栅宽的乘积 ⑤应变计的基底长度和宽度：应变计基底在灵敏轴线方向上的长度和基底垂直于灵敏轴线方向上的长度

续表

参　数	工作特性
电阻值	指应变计在未粘贴和受力前，在室温下所测定的电阻值，或称初始电阻值，其单位为 Ω。应变计电阻值有一定的系列，如 60Ω、120Ω、350Ω、600Ω、1000Ω，其中最常用的是 120Ω 和 350Ω
应变计的灵敏系数	灵敏系数 K 是反映应变计电阻变化与试件应变关系的一个重要参数。由于影响 K 值的因素复杂，目前尚无法用理论计算，只能由试验确定。规定测定条件是：将应变计安装在处于单向应力状态的试件表面(钢件 $\mu_0=0.285$)，其轴线与应力方向平行，应变计电阻值的相对变化 $\Delta R/R$ 与轴向应变 ε_x 的比值 $(\Delta R/R)/\varepsilon_x$ 即为 K。K 值一般由制造厂给定，试验精度要求较高时，亦可用等强度梁或等弯矩梁校验
机械滞后	在一定温度下，粘贴在试件表面的应变计加载特性与卸载特性不重合，就是在同一实际应变下，指示应变不一致，这种现象称为机械滞后。加载特性与卸载特性的最大差值称为应变计的机械滞后。造成机械滞后的主要原因是敏感栅、基底和黏结剂在承受应变之后留下了残余变形。对于新粘贴的应变计，可通过反复加卸载几次以减少机械滞后
零漂和蠕变	零漂是指粘贴在试件上的应变计，在温度恒定时试件没有机械应变的情况下，应变计的指示应变随时间变化的特性。如果温度恒定，应变计承受恒定的机械应变(一般为 $1000\mu\varepsilon$)，这时指示应变随时间变化的特性称为蠕变。产生零漂的主要原因是制造过程中造成的内应力、粘贴固化不充分，以及敏感栅材料、黏结剂和基底材料性能的变化等。而产生蠕变的主要原因是胶层在传递应变的开始阶段出现“滑动”，“滑动”越严重，产生的蠕变也越大
可测应变范围	受电阻丝材料、基底及胶层性质的限制，应变计所能测的应变大小被限制在一定范围内。最小可测应变量取决于应变计的灵敏系数及测量仪器的灵敏度，常用应变仪可测最小应变为 $\varepsilon=10^{-6}$，相当于钢质试件上的应力为 $\sigma=E\varepsilon=0.196\text{MPa}$。能测的最大应变决定电阻应变计的强度、应变效应的线性范围以及胶黏剂性能，一般当 ε 大于 1.5%～2.0%时，会发生电阻丝和基底滑脱现象。此外，在变形较大时，$\Delta R/R=f(\varepsilon)$ 出现明显的机械滞后现象。如当 $\varepsilon=0.5\%$时，由此引起的误差可达百分之几，但该误差可用反复加卸载的方法予以消除
疲劳寿命	粘贴在试件表面上的应变计，在恒幅交变应力作用下，可以连续工作而不产生疲劳损坏的循环次数，称为应变计的疲劳寿命。影响疲劳寿命的主要因素有：敏感栅的缺陷和结构形式，材料的疲劳强度，引线和敏感栅连接形状、焊接方法和焊接质量，黏结剂和基底材料的强度和粘贴质量等
最大工作电流	应变计的最大工作电流是指允许通过其敏感栅而不影响工作特性的最大电流值。该电流一方面取决于产生热量的多少，另一方面取决于散热条件的好坏。通常箔式应变计比丝式应变计要大一些，一般为 20～25mA
绝缘电阻	是指敏感栅和引出线与被测试件之间的电阻。绝缘电阻的降低导致测量灵敏度下降，带来测量误差，产生零点漂移等。提高绝缘电阻的主要途径是选用基底绝缘性能好的应变计和黏结剂
灵敏系数随温度的变化	当应变计的工作温度超出常温范围时，其灵敏系数会随工作温度的变化而发生变化，此变化可用相对灵敏系数 $(K_0-K_t)/K_0(\%)$ 来表示，K_0 和 K_t 分别是室温和工作温度时的灵敏系数 灵敏系数随温度变化的主要原因是敏感栅材料灵敏系数的变化和黏结剂、基底材料随温度的变化而使传递应变性能改变
热输出和热滞后	将应变计安装在某种材料的试件上，试件可以自由膨胀并不受外力作用，在缓慢升(或降)温的均匀温度场内，由温度变化而引起的指示应变即为应变计在该试件材料上的热输出。产生热输出的主要原因是：敏感栅材料的电阻温度效应，敏感栅材料与试件材料之间线胀系数的差异。此外，黏结剂和基底材料的性能也对热输出有影响 粘贴在试件上的应变计，在温度循环中，在同一温度下应变计指示应变的差值称为应变计的热滞后。热滞后的主要原因是由于黏结剂和基底的体积变化而留下的残余变形或由于氧化及合金成分挥发而引起的敏感栅电阻的不可逆变化。对于新粘贴于试件上的应变计，反复进行升降温循环，可以大大减小热滞后的数值
应变计的动态特性	应变计反映敏感栅覆盖面积下的纵向平均应变，测量静态或低频应变时，尚能正确反映试件内各点的应变。当被测应变频率较高时，试件的各点的应变在某一瞬间内有较大的差别，应变计反映的平均应变和瞬时应变相差很大，产生了失真。假定试件内的应变波按正弦规律变化，若应变计的基长为 l(mm)，应变波在试件内的传播速度为 v(m/s)，动态误差在 $\delta_r(\%)$ 以内，则应变计允许的工作频率为：$f=\frac{v}{\pi l}\sqrt{6\delta_r}$

第24篇

续表

参　数	工 作 特 性
温度的影响	贴在试件上的应变计，受环境温度的影响导致应变计电阻变化有两个方面：其一是敏感栅材料的温度效应。若 α_t 为敏感栅材料的电阻温度系数，当温度变化 Δt 时，应变计电阻的相对变化值为 $\frac{\Delta R_1}{R}=\alpha_t\Delta t$。其二是零件与应变计敏感栅之间线胀系数的差异，将引起应变计的电阻变化，其相对值为 $\frac{\Delta R_2}{R}=K\Delta L/L=K[L(\alpha_{零}-\alpha_{计})\Delta t]/L=KR(\alpha_{零}-\alpha_{计})\Delta t$。综合上述两方面因素，温度变化引起应变计电阻的相对变化值为 $\frac{\Delta R_t}{R}=\frac{\Delta R_1+\Delta R_2}{R}=[\alpha_t+K(\alpha_{零}-\alpha_{计})]\Delta t=\alpha_0\Delta t$。对于贴在钢质试件上的康铜丝应变计，$K=2$，$E=0.196\times10^6$MPa，$\alpha_t=20\times10^{-6}$℃$^{-1}$，$\alpha_{零}=11\times10^{-6}$℃$^{-1}$，$\alpha_{计}=15\times10^{-6}$℃$^{-1}$，当 $\Delta t=1$℃时，其当量应力为 $\sigma_t=1.176$MPa/℃。本例说明温度的影响是不能忽略的，实测中可采用桥路补偿法或使用温度自补偿应变计，以减小或消除温度变化的影响
应变计的横向效应及其引起的误差	普通丝式应变计由于转弯处有圆弧或直线的横向部分，在测量时会产生横向效应。当应变计处于任意应变场中时，其电阻变化率为 $\Delta R/R=K_x\varepsilon_x+K_y\varepsilon_y=K_x[\varepsilon_x+(K_y/K_x)\varepsilon_y]$ $=K_x(\varepsilon_x+H\varepsilon_y)=K_x\varepsilon_x(1+H\varepsilon_y/\varepsilon_x)$ 式中　H——应变计的横向效应系数，$H=K_y/K_x$ K_x，ε_x——应变计的轴向灵敏系数及轴向应变，当 $\varepsilon_y=0$ 时，$K_x=(\Delta R/R)/\varepsilon_x$ K_y，ε_y——应变计的横向灵敏系数及横向应变，当 $\varepsilon_x=0$ 时，$K_y=(\Delta R/R)/\varepsilon_y$
工作环境的影响	在实际测量时，电阻应变计往往受到水、蒸汽、油以及强磁场的影响。如空气湿度大或应变计与水接触，一方面引起胶层绝缘下降，使桥臂总电阻发生变化，另一方面胶层吸水膨胀，产生附加变形而改变电阻值，这都会导致很大的测量误差，甚至使测量难以正常进行。因此，在现场测试中，应采取必要的防护措施

表 24-2-9　应变计的其他工作特性、试验条件及质量等级

工作特性	试验条件	说　明	质量等级			
			A	B	C	D
应变计电阻	不安装、室温、无外力测定，常用值为 120Ω	对标称值的偏差/±%	1	2	5	10
		对平均值的公差/±%	0.1	0.2	0.4	0.8
灵敏系数	安装、单向应力、轴线与应力方向重合	对平均值的相对标准差/%	1	2	3	6
机械滞后	安装、恒温、加卸载 1000με，指示应变之差	室温/με	3	5	10	20
		极限工作温度/με	10	20	30	40
蠕变	安装、恒温、加卸载 1000με 为时 1h，指示应变随时间变化	室温/με	3	5	15	20
		极限工作温度/με	20	30	50	80
应变极限	安装、指示应变和真实应变相对误差为 10%的真实应变	室温/kμε	20	10	8	6
		极限工作温度/kμε	8	5	3	2
绝缘电阻	安装敏感栅及引出线对试件间的电阻。用 100V 以下绝缘电阻测试仪测量	室温/MΩ	5k	2k	1k	0.5k
		极限工作温度/MΩ	5	2	1	0.5
横向效应系数	两应变计相互垂直装在单向应变场，轴线平行或垂直 ε_x	室温/%	0.5	1	2	4
疲劳寿命	安装、恒幅交变应力，±1000με、20～50Hz	室温(产生脱片、断栅等)循环次数	10^7	10^6	10^5	10^4
灵敏系数随温度变化	对象：中高温应变计，以 3～5℃/min 升温，50～100℃测一次	极限工作温度的平均变化/(%/100℃)	1	2	3	5
		每一温度下对均值的相对标准差/%	2	3	5	10

续表

工作特性	试验条件	说 明	质量等级			
			A	B	C	D
热输出	安装、试件不受力、均匀温度场内，极限温度内升降温时的指示应变	平均热输出系数/(με/℃)	0.5	1	2	5
		对平均热输出的标准差/με	40	75	150	250
热滞后	安装、不受力、极限温度内升降温时指示应变差	每一工作温度下/με	15	30	50	100
零点漂移	安装、恒温、不受力、指示应变随时间变化	极限工作温度/(με/h)	10	25	50	150
瞬时热输出	安装、不受力、快速升降温时的指示应变	平均热输出系数/(με/℃)	1	1.5	2.5	4
		对平均热输出的标准差/με	40	75	150	250

2.2.4.2 应变计的选用原则

表 24-2-10 应变计的选用原则

选用参数	应变计的选用方法
应变计几何参数的选择	由于应变计的输出是表示沿长度方向的平均应变，所以在应变场梯度大、应变波频率高时应采用小标距应变计；测量平均应力，标距可大些，而测量点应力及应力分布时，可采用小标距应变计；对于混凝土、铸钢、铸铁等件，由于材质为非均匀晶体，小标距片难以反映宏观应变，这时宜采用大标距应变计。一般情况下，由于小标距应变计制造精度难以保证，粘贴定向不易，需在放大镜下进行粘贴及质量检查，故标距可选大些；长期使用时，大标距片可减少胶体的应力松弛
电阻值的选择	因应变仪桥臂电阻多按 120Ω 设计，故无特殊要求时均宜选用 120Ω 应变计，否则应根据仪器所提供的曲线进行修正。对于不需配用应变仪的测量电路，可根据应变计的允许电流、功率来选择其阻值
灵敏系数的选择	动态应变仪多按 $K=2$ 设计，所以一般动态测量宜用 $K=2$ 的应变计，否则应对测量结果加以修正；静态应变仪多设有灵敏系数调节装置，允许使用 K 值不为 2 的应变计，当应变计与仪器 K 值相同时，测量结果不用修正。K 值愈大，输出愈大，有时甚至可以省去中间放大单元。为简化测量系统，可选用高 K 值应变计
应变计类型的选择	一般丝式应变计价格低、制造容易，但横向效应大，在要求不高时可用；短接式、箔式应变计具有横向效应小、参数分散性小、精度高等优点，在重点应变测量传感器上宜采用。半导体应变计体积小、频率响应好、灵敏系数高，但温度影响大，宜用在温度变化不大的场合 薄膜式应变计是目前高精度传感器中很有发展前途的新型电阻应变计。这种应变计的优点是：电阻比箔式应变计高，形状和尺寸也比箔式应变计小，更准确，也没有箔式应变计在制造过程中由于腐蚀而引入的疵病；制成的结构导热性良好，对于较宽的工作温度范围，也可达到较完善的补偿；尤其突出的是：陶瓷绝缘代替了胶接，这样既避免了复杂的分选和粘贴技术，而且对胶所引入的漂移及疲劳等弱点都有很大的改善，制成的传感器可以达到较高的水平
基底种类的选择	纸基应变计多用于 70℃以下的常温测试；不同类型的胶基和浸胶纸基应变计常用于 150℃以下的中温和常温测试；湿度大、稳定性及精度要求高及专用传感器都应采用胶基应变计；150℃以上的高温测量多采用金属、石棉、玻璃纤维布等作为基底
丝栅材料的选择	由于康铜的灵敏系数稳定，电阻温度系数小，在－200～300℃使用的应变计多采用康铜制造；高温应变计常采用镍铬合金、卡玛合金、铂钨合金材料；半导体应变计多用 P、N 型锗、硅、锑化铟制成；双金属线栅温度自补偿应变计可用电阻温度系数符号相反的两种康铜、康铜-镍、康铜-镍铬合金制成
考虑试件材质的选择	试件的材质主要应考虑材料的弹性模量、材质的均匀程度。对于弹性模量高的均质材料，可选小标距应变计；对于弹性模量低或试件较薄的材料，由于应变计端部附近产生应力集中，应考虑其对测试精度的影响；对材质不均匀的材料，宜选用大标距应变计
考虑工作环境条件的选择	工作环境条件主要是考虑温度、湿度、压力、电磁场、核辐射、腐蚀等的影响。例如：潮湿环境可选用聚酰亚胺、酚醛环氧、环氧等胶基应变计；核辐射环境中应选用聚酰亚胺或无机黏结剂及康铜或改性镍铬（卡玛或镍铬锰硅）合金制成的应变计；在强磁场下应选用改性镍铬合金或铂钨合金制成的应变计
考虑试件的应变状态的选择	试件的应变状态，主要考虑应变梯度的大小，以及应变性质（静态应变还是动态应变）等，使所测得的平均应变尽可能反映测量点的实际应变。应变梯度大的应变场中，应尽量选用小标距应变计，同时要考虑小标距应变计受横向效应影响而进行适当补偿或修正。当大应变梯度垂直于应变计灵敏轴线时，应选用应变极限高的应变计或大应变应变计；微小应变，宜选灵敏度高的应变计；动态应变测量一般都有频率高的要求，尽量选小标距应变计

2.2.5　电阻应变计的安装

2.2.5.1　常用黏结剂的种类与性能

应变计的基底材料和黏结剂的主要作用是将机械变形正确地传递给电阻敏感栅，而外界温度、湿度、油及化学物质都会影响这种传递。因此，选用合适的基底材料及黏结剂是保证在各种复杂条件下获得精确测量结果的重要手段。高性能黏结剂应具有如下特性：黏结力强、固化收缩小、弹性模量大、不吸潮、耐疲劳、耐腐蚀、绝缘性能好、蠕变小以及化学性能稳定等。常温测量中主要采用表 24-2-11 中介绍的几种黏结剂。

表 24-2-11　　常用黏结剂的性能与应用范围

黏结剂名称	黏结剂特点与应用范围
氰基丙烯酸酯黏结剂（KH501、KH502）	吸收空气中微量水分即可在室温下短时产生聚合反应而固化。黏结时，稍加指压数秒即可粘住，但完全固化需 10～24h。此胶适用于黏结各种应变计，它对各种金属、玻璃、塑料(除聚乙烯、聚四氟乙烯等非极性材料外)及普通橡胶等都有很强的胶粘作用。使用温度为－50～60℃，该胶缺点是保存期短(10℃以下，半年内)
环氧树脂类黏结剂	由环氧树脂、固化剂、增塑剂、填料组成。不同的原料配比可以得到不同性质的黏结剂。常温应变胶可用环氧树脂 E42 或 E44、邻苯二甲酸二丁酯(增塑剂)、乙二胺(固化剂)配制，配比为 100：20：(6～8)，配制时需将环氧树脂加热为流态，先加入增塑剂搅拌，然后加固化剂并搅匀冷却即可使用。市售的 914 环氧树脂(常温用)黏结剂分为 A、B 两组，使用时按 5：1 体积混合均匀，3～5h 固化即可用。若环氧树脂中加入酚醛树脂(如 J06-2)胶，亦可中温使用。环氧型黏结剂黏结力强、绝缘好、固化收缩小、耐油、耐水，但耐冲击性差
酚醛树脂型黏结剂	其强度高、耐热、耐潮、耐疲劳、稳定性好，可作为应变计基底和黏结剂。当酚醛中加入有机硅、缩甲(甲乙、丁)醛或环氧树脂后，可作为中温黏结剂，工作于 180～300℃，此胶固化时需加热、加压并进行二次固化处理
氯仿黏结剂	它专用于粘有机玻璃，其成分为三氯甲烷掺入 3%～5%有机玻璃粉末，搅匀后即可使用

2.2.5.2　电阻应变计的粘贴

表 24-2-12　　常温黏结剂贴片程序

粘贴程序	粘贴方法与质量要求
检查与分选应变计	用放大镜对应变计进行外观检查，若敏感栅有霉斑、锈点、断丝、变形，片内有气泡，基底与覆盖层之间不均匀者剔除；用万能表及电桥测阻值并选配
电阻值测量及筛选	对于电阻值每个应变计都要进行测量，保证在同一传感器中，工作片和补偿片之间电阻值的差最好不超过±0.1Ω。若电阻值相差超过 0.5Ω 时，将会使传感器产生较大的初始零点
试件表面处理	试件贴片处表面处理作用在于：除去表面污物及氧化层，增大附着力。将待测试件清洗加工，试件表面氧化层可用砂布打磨，表面粗糙度达 3.2μm 以上，贴片前用细纱纸交叉打磨，表面纹路与贴片方向呈 45°，用 4H 铅笔画线，用无水酒精、四氯化碳、丙酮擦至无垢为止
底层处理	底层处理就是在粘贴部位先均匀地涂一底层胶，以便使应变计牢固地贴在弹性元件上，并具有高的绝缘电阻。底胶的涂法应根据不同的应变计和黏结剂而定 对于环氧或酚醛环氧胶粘贴聚酰亚胺和环氧基底应变计，可在弹性元件贴片处均匀涂 12 层胶，然后由室温升至 80℃，保温 15min，80℃升至 130℃保温 1h，130℃升至 160℃保温 2h 对于缩醛胶或酚醛环氧胶粘贴缩醛基底应变计，可在弹性元件贴片处均匀涂 2～3 层胶，待胶干燥后，由室温升至 140℃保温 2h，由 140℃升至 180℃保温 2h 后自然冷却至室温
贴片	粘贴方法视黏结剂和应变计的基底不同而定。在处理好底层的弹性元件上，首先画好贴片的定位线并清洗和干燥；贴片时先擦洗应变计基底，晾干后分别在试件及应变计粘贴面各涂一层薄而匀的胶水，并立即将应变计对准放好，然后其上垫一层玻璃纸或氟塑料薄膜，用手指单方向滚压数次，挤出多余胶水和气泡，在上面放一块硅橡胶并用夹具夹紧，放入干燥箱进行固化处理
固化处理	为保证胶的物理力学性能，对于需要加温固化的黏结剂，应进行固化处理。对于环氧和聚酚亚胺基应变计用环氧或酚醛环氧胶贴片：室温升至 80℃保温 1h，80℃升至 130℃保温 1h，130℃升至 160℃保温 2h；对于用缩醛胶贴缩醛基底应变计：由室温升至 80℃保温 1h，由 80℃升至 149℃保温 2h，卸压后由 140℃升至 190℃保温 3h。在一般的固化处理后，还需进行后固化处理，以减小传感器的零漂、蠕变和滞后，保证传感器的稳定性

续表

粘贴程序	粘贴方法与质量要求
检查	用放大镜观察应变计是否贴正，粘牢，有无气泡和褶皱扭翘，是否有断丝，然后用高阻表检查丝栅与试件间的绝缘电阻（一般在500MΩ以上），亦可将片接至应变仪上，用橡皮轻压丝栅，若静态应变仪读数改变，说明片下有气泡或剥离，应予重贴
组桥连线	应变计引出线应加塑料套管并在弯曲后焊于接线端子上，接桥导线可从端子引出，要求焊点光滑，不得有毛刺、假焊现象。为防止导线移动，可用环氧树脂、沥青或箔条点焊等方法以固定导线。应变计与仪器之间的导线一般采用多股屏蔽导线

2.2.5.3 电阻应变计的防护

粘贴好的应变计必须采取防护措施，以防止因水、油、汽的侵蚀而失效。常用防护剂如表24-2-13所示。

表 24-2-13 电阻应变计的防护剂与特性

防护剂名称	防护方法与要求
合成橡胶防护剂	如氯丁胶、聚硫密封胶和硅橡胶。氯丁胶是用氯丁胶100g、聚异氰酸酯胶5～10g混合均匀即可涂用。涂胶要薄而匀，涂一层不粘手后再涂第二层，且面积逐步增大，若涂7～8层防水极好；氯丁胶、聚硫胶可用于60℃以下的水中；硅橡胶可用于250℃以下的防水测量
环氧树脂防潮剂	其配方比例与应变胶基本相同，用时适量减少固化剂用量，914胶可直接用于防潮涂层
凡士林	医用凡士林加热熔化去水后即可使用，适量加入熔点较高的松香（89～93℃）或石蜡，可用于提高硬度和使用温度
石蜡涂层	由45%石蜡、30%松香、15%凡士林及10%纯机油加热熔化，搅匀后可用。亦可用石蜡熔化后涂覆，但效果不如前者
高压组合密封	对于在高压下测量的应变计防护，可采用组合密封方法。一般内层用防潮性能好、质地柔软的防潮剂，外层是质地较硬且有一定强度的密封材料。在密封材料周围再涂一层硅橡胶或凡士林
传感器充氮密封	对于传感器，密封充氮是一种较理想的防护方法。首先将焊好外壳的传感器抽掉壳内的空气后，接着充入干燥的氮气，随后密封起来

2.2.6 常用电阻应变计产品

（1）汉中精测电阻应变计、电阻补偿器、接线端子、应变胶和防护剂

1）高精度传感器用应变计 其系列与特点和产品规格型号见表24-2-14、表24-2-15。

表 24-2-14 高精度传感器用应变计系列与特点

（密封式结构、蠕变、温度自补偿）

类型	特 点
BH系列	蠕变小、温漂小、精度高、粘接性好、长期稳定性好，能满足0.02级传感器的要求。工作温度：－30～＋80℃
BF系列	精度高、温漂小、柔韧性好、性能稳定、使用方便，适合0.05级精度以上传感器用和精密应力分析用。工作温度：－30～＋80℃
BA系列	延伸率高、使用温度范围宽、粘贴面毛化处理，粘贴容易，适用于150℃以内的精密应力分析和普通精密传感器。工作温度：－30～＋150℃

表 24-2-15 高精度传感器用应变计产品规格型号 mm

产品形式	产品型号	敏感栅尺寸		基底尺寸	
		长	宽	长	宽
	350-2AA(××)Q	2.4	3.0	4.5	4.0
	350-3AA(××)Q	3.0	2.8	10.1	4.1
	350-4AA(××)Q	4.0	2.2	7.6	3.5
	350-4AA(××)Q	4.2	4.8	9.0	6.8
	350-5AA(××)	5.1	3.2	9.8	4.8

第24篇

续表

产品形式	产品型号	敏感栅尺寸		基底尺寸	
		长	宽	长	宽
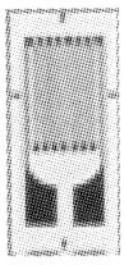	350-6AA(××)	6.0	2.4	10.1	3.7
	350-8AA(××)	7.5	5.3	12.2	7.0
	650-3AA(××)Q	3.0	4.9	6.2	5.9
	650-4AA(××)Q	4.0	3.5	8.0	4.7
	1000-3AA(××)Q	3.0	4.9	6.2	5.9
	350-3HA(××)Q	3.0	4.0	9.4	7.2
	650-4HA(××)Q	3.7	4.0	9.9	8.2
	1000-4HA(××)Q	3.7	4.0	9.9	8.2
	350-3HA-A(××)Q	3.0	4.0	9.4	7.2
	650-4HA-A(××)Q	3.7	4.0	9.9	8.2
	1000-4HA-A(××)Q	3.7	4.0	9.9	8.2
	350-3AB(××)Q	3.9	4.8	9.0	5.8
	650-4AB(××)Q	3.9	4.8	9.0	5.8
	350-2GB(××)Q	1.5	2.4	13.8	3.8
	350-3GB(××)Q	3.0	3.2	15.0	5.1
	1000-3GB(××)Q	3.0	3.5	15.0	4.9
	350-2GB(××)Q	1.5	2.4	13.8	3.8
	350-3GB(××)Q	3.0	3.2	15.0	5.1
	1000-3GB(××)Q	3.0	3.5	15.0	4.9
	350-2BB(××)Q	1.8	2.3	6.0	5.0
	350-3BB(××)Q	3.0	3.8	18.5	4.9
	350-3FB(××)Q	3.0	2.5	8.0	6.5
	350-4FB(××)Q	4.0	2.8	9.0	6.5
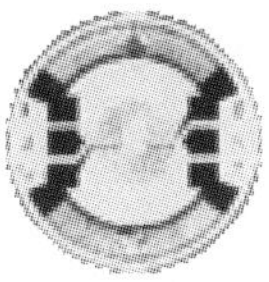	350-6.6KA(××)	ϕ6.6		ϕ9.6	
	800-6.6KA(××)	ϕ6.6		ϕ9.6	
	1000-6.6KA(××)	ϕ6.6		ϕ9.6	
	350-10KA(××)	ϕ9.0		ϕ10.0	
	1000-10KA(××)	ϕ9.0		ϕ10.0	
	350-20KA(××)	ϕ19.0		ϕ20.0	

注：生产厂为汉中精测电器有限责任公司，www.hzsensor.com。

2）应力分析用应变计　其系列与特点和产品规格型号见表 24-2-16、表 24-2-17。

表 24-2-16　　应力分析用应变计系列与特点（密封式结构、引线长度 30mm）

BF 系列	柔韧性好、粘贴方便、性能稳定、可温度自补偿，适用于精密应力分析
BA 系列	延伸率高、粘贴面经过毛化处理、粘贴容易，适用于 150℃以内的精密应力分析
BZ 系列	基底薄而柔软，粘贴简单方便，适用于一般应力分析、混凝土结构的测量。工作温度：－30～＋80℃

表 24-2-17　　应力分析用应变计产品规格型号　　mm

产品形式	产品型号	敏感栅尺寸		基底尺寸	
		长	宽	长	宽
	120-1AA(××)	1.0	1.1	4.0	3.0
	120-2AA(××)	2.0	2.2	6.0	3.5
	120-3AA(××)	2.7	1.9	8.6	3.7
	120-4AA(××)	3.9	1.8	8.4	3.8
	120-5AA(××)	5.2	2.1	9.8	4.0
	120-6AA(××)	6.2	2.6	12.5	5.1
	120-8AA(××)	8.1	3.0	13.0	4.9
	120-10AA(××)	9.9	3.1	14.5	5.1

续表

产品形式	产品型号	敏感栅尺寸		基底尺寸	
		长	宽	长	宽
	120-15AA(××)	15.4	2.45	21.9	5.1
	120-20AA(××)	20.0	2.8	25.2	5.8
	120-40AA(××)	40.6	3.2	48.8	5.2
	120-60AA(××)	60.0	2.5	68.8	5.8
	120-80AA(××)	80.0	2.4	92.1	6.0
	120-2BA(××)	1.5	0.96	8.2	8.2
	120-3BA(××)	3.2	2.0	9.8	9.8
	120-5BA(××)	5.2	3.9	18.1	18.1
	120-2CA(××)	1.5	0.95	8.2	8.2
	120-3CA(××)	3.0	1.7	9.8	8
	120-5CA(××)	5.2	2.3	6.0	5.0
	120-2BB(××)	1.8	2.3	6.0	5.0
	120-3BB(××)	3.0	3.4	8.8	6.8
	120-3FB(××)	3.0	2.8	10.0	8.0
	120-4FB(××)	4.0	2.8	9.0	6.5

注：生产厂为汉中精测电器有限责任公司，www.hzsensor.com。

3）R系列电阻补偿器 R系列电阻补偿器是一种粘贴式的可调补偿电阻，用时只需粘贴在弹性体非变形的位置，就可用来改善传感器的多项性能，具有粘贴容易、调整方便、稳定性好、补偿精密高等特点。R系列电阻补偿器产品规格型号见表24-2-18。

表24-2-18 R系列电阻补偿器产品规格型号

产品形式	产品型号	电阻值/Ω		基底尺寸/mm	
		初值	调整后	长	宽
	RCF4-BS	2	4	9.0	5.0
	RNF2-BT	0.5	2	9.0	5.0
	RCF8-AZ	6	8	8.0	5.0
	RNF2-AT	1.5	2	8.0	5.0
	RNF27-CE	27		8.0	4.5
	RNF32-CE	32			
	RNF52-CE	52			
	RNF80-CS	80			
	RNF24-CE	27		8.5	3.5
	RNF32-CE	32			
	RNF52-CE	52			

注：生产厂为汉中精测电器有限责任公司，www.hzsensor.com。

(2) 中国建筑科学研究院应变计

表 24-2-19　应变计主要性能指标

工作特性	说明	应变计类别	
		BHF 高精密级	BX 精密级
应变计电阻	对标称值的偏差/±%	0.5	1
	对平均值的公差/±%	0.1	0.1
灵敏系数	对平均值的分散/%	0.5	1
机械滞后	室温下/$\mu\varepsilon$	1	2
蠕变	室温下 1h/$\mu\varepsilon$	1	3
绝缘电阻	室温下/MΩ	50000	50000
横向效应系数	室温下/%	0.4	0.5
疲劳寿命	室温下(循环次数)	10^7	10^7
灵敏系数随温度的变化	工作温度范围内的平均变化/%100℃	1	2
	每一温度下对平均值的分散/($\mu\varepsilon$/%100℃)	2	3
热输出	平均热输出系数/$\mu\varepsilon \cdot ℃^{-1}$	0.5	1
	对平均热输出的分散/$\mu\varepsilon$	60	80
主要用途	—	高精密传感器和高精度应力分析用片	精密传感器和精密应力分析用片

注：生产厂为中国建筑科学研究院，www.bjsichuanger.com。

表 24-2-20　传感器用电阻应变计产品规格型号　mm

产品形式	序号	产品型号	敏感栅尺寸		基底尺寸	
			长	宽	长	宽
	122	BX120-0.5AA	0.5	0.5	3.6	3.6
	101	BX120-1AA	1	0.6	2.3	3.5
	102	BX120-1AA	1	1	3	2.5
	103	BX120-2AA	2	1	4.5	2.4
	104	BX120-2AA	2	2	6	4
	105	BX120-3AA	3	2	6.6	3.3
	106	BX120-3AA	3	3	7.0	4.5
	107	BX120-4AA	4	2	9	4
	108	BX120-4AA	4	4	9	6
	109	BX120-5AA	5	3	9.4	5.3
	110	BX120-6AA	6	2	10	4.5
	114	BX120-7AA	7	4	12	7
	117	BX120-8AA	8	3	13	6
	119	BX120-10AA	10	2	14.5	4.5
	135	BX120-10AA	10	5	15	9
	128	BX120-15AA	15	3	20	6
	129	BX120-20AA	20	3	26	6
	141	BX120-50AA	50	4	55	8
	130	BX120-80AA	80	2.5	86	6
	134	BX120-100AA	100	3	108	7
	153	BX120-1AA	1	1	3	2.5
	154	BX120-2AA	2	1	4.5	2.5
	156	BX120-3AA	3	2	7	4
	158	BX120-3AA	3	3	8	5
	133	BX120-5AA	5	1	8.5	2.5
	124	BX120-5AA	5	2	8.5	4.5
	160	BX120-5AA	5	3	8.5	5
	162	BX120-6AA	6	4	11	7
	182	BHF350-2AA(××)	2	2.4	5	3.5
	183	BHF350-3AA(××)	3	2	8	5

续表

产品形式	序号	产品型号	敏感栅尺寸		基底尺寸	
			长	宽	长	宽
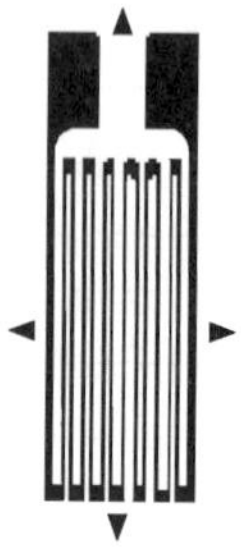	184	BHF350-3AA(××)	3	3	8	5
	189	BHF350-4AA(××)	4	4	7.5	5.5
	185	BHF350-5AA(××)	5	3	10.7	6
	186	BHF350-6AA(××)	6	3	11	6
	187	BHF350-6AA(××)	6	4	11	7
	191	BHF350-10AA(××)	10	4	1.8	9
	118	BHF350-8AA(××)	8	6	15	9
	131	BHF500-2AA(××)	2	2	6	4
	144	BHF350-1.5AA(××)	1.5	2.5	6.8	4.6
	188	BHF650-3AA(××)	3	3	8	5
	193	BHF650-4AA(××)	4	4	7.5	5.5
	198	BHF1000-6AA(××)	6	4	11	6
	196	BHF1000-3AA(××)	3.2	3.1	8	5
	197	BHF1000-4AA(××)	3.5	3.6	7.5	5.5
	194	BHF1000-4AA(××)	4	4	7.5	5.5
	199	BHF3000-7AA(××)	7	5	12	7
	225	BHF500-2HA(××)	2	1.8	8	6.5
	226	BHF1000-3HA(××)	3	2.5	8	6.5
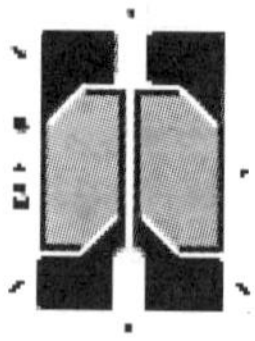	284	BHF350-3HA(××)	3	3	8.5	8.5
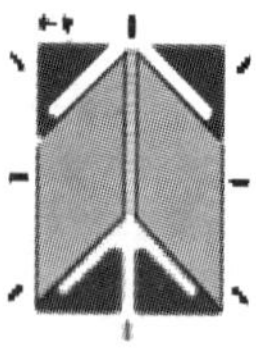	212	BX120-4HA(××)	4	3	7.5	5.5
	285	BHF350-3HA(××)	3	3	8.5	8.5
	286	BHF350-4HA(××)	3.5	2.5	9	8
	291	BHF650-3HA(××)	3	3	8.5	8.5
	207	BX120-2HA(××)	2	2	6	4
	481	BHF350-10KA(××)	ϕ9.5		ϕ10.5	
	482	BHF350-12KA(××)	ϕ12		ϕ13	
	483	BHF350-14KA(××)	ϕ14.3		ϕ15.3	
	484	BHF350-18KA(××)	ϕ18		ϕ19	
	485	BHF350-20KA(××)	ϕ20		ϕ21	
	407	BX120-15KA(××)	ϕ15		ϕ16.5	
	492	BHF700-20KA(××)	ϕ20		ϕ21.5	
	408	BHF1000-12KA(××)	ϕ12		ϕ14.5	
	181	BHF350-9AB(××)	9	3	10	8

续表

产品形式	序号	产品型号	敏感栅尺寸		基底尺寸	
			长	宽	长	宽
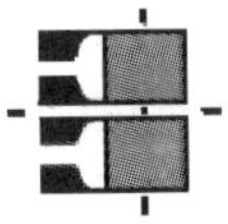	287	BHF350-3FB(××)	3	3	8.5	9
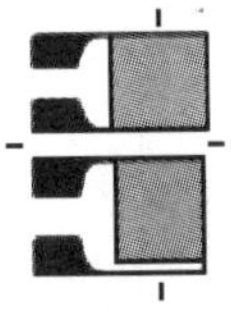	282	BHF350-3BB(××)	3	3	9	7
	283	BHF350-4BB(××)	4	4	12	9
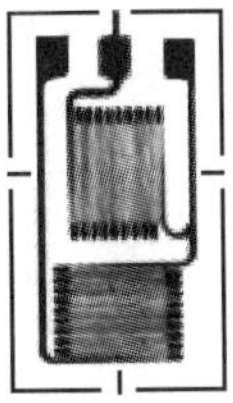	201	BX120-1BB(××)	1	1	7	5
	202	BX120-2BB(××)	2	2	8	4.4
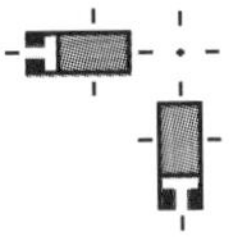	203	BX120-2BA(××)	2	1	6.5	6.5
	204	BX120-3BA(××)	3	2	10.5	10.5
	205	BX120-5BA(××)	5	3	16.5	16.5
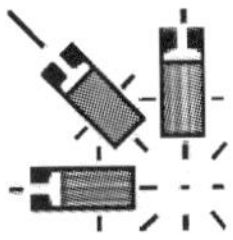	301	BX120-2CA(××)	2	1	7.2	7.2
	302	BX120-3CA(××)	3	2	11.5	11.5
	303	BX120-5CA(××)	5	3	16.5	16.5
	320	BX120-10CA(××)	10	2	19.6	19.6
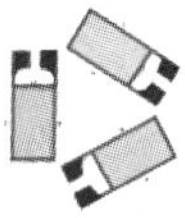	305	BX120-3CC(××)	3	2	10	10
	306	BX120-5CC(××)	5	3	15	15
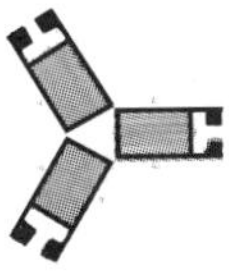	307	BX120-2CD(××)	2	1	9	8
	308	BX120-3CD(××)	3	2	13	13
	309	BX120-5CD(××)	5	3	18	17
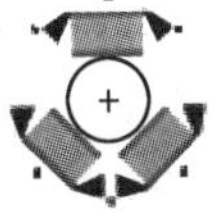	315	BX120-2CG(××)	2	3	10	10
	318	BX120-1CG(××)	1	1	9.4	9.4

续表

产品形式	序号	产品型号	敏感栅尺寸		基底尺寸	
			长	宽	长	宽
	271	BHF350-4GB 丝栅中心距:10	4	4	20	7
	272	BHF1000-3GB,丝栅中心距:10	3	3	15.5	5.5
	273	BHF1000-3GB,丝栅中心距:11	3	3	15.5	5.5
	274	BHF1000-4GB,丝栅中心距:10.5	4	4	17	6
	277	BHF1000-3GB,丝栅中心距:7	3	5.2	11.5	6.5
	495	BHF1000-2FG	2	3	10.5	8
高精度、全密封、温度自补偿、蠕变自补偿,灵敏系数:2.06～2.12						

注:生产厂为中国建筑科学研究院,www.bjsichuanger.com。

(3) 半导体应变计

表 24-2-21 半导体应变计产品规格型号

型号	基底尺寸/mm	硅片尺寸/mm	电阻值/Ω	灵敏系数	电阻温度系数/℃$^{-1}$	灵敏度温度系数/℃$^{-1}$	最大工作温度/℃	工作电流/mA	极限应变/με
AF-15	7×4	6×0.4×0.06	15	70±5%	<0.08%	<0.12%	<80	25	6000
AF-60	7×4	6×0.4×0.06	60	100±5%	<0.08%	<0.12%	<80	25	6000
AF-120	7×4	6×0.4×0.06	120	110±5%	<0.15%	<0.15%	<80	25	6000
AF-350	7×4	6×0.4×0.06	350	130±5%	<0.35%	<0.28%	<80	15	6000
AF-600	7×4	6×0.4×0.06	600	140±5%	<0.4%	<0.3%	<80	12	6000
AF-1K	7×4	6×0.4×0.06	1000	150±5%	<0.4%	<0.3%	<80	12	6000
AF1-60	9×5	6×0.4×0.06	60	10±5%	<0.08%	<0.12%	<80	25	6000
AF1-120	9×5	6×0.4×0.06	120	110±5%	<0.15%	<0.15%	<80	25	6000
AF1-350	9×5	6×0.4×0.06	350	130±5%	<0.35%	<0.28%	<80	15	6000
AF1-600	9×5	6×0.4×0.06	600	140±5%	<0.4%	<0.3%	<80	12	6000
AF1-1K	9×5	6×0.4×0.06	1000	150±5%	<0.4%	<0.3%	<80	12	6000
AF2-60	5×3	3×0.4×0.05	60	100±5%	<0.08%	<0.12%	<80	25	6000
AF2-120	5×3	3×0.4×0.05	120	110±5%	<0.15%	<0.15%	<80	25	6000
AF2-350	5×3	3×0.4×0.05	350	130±5%	<0.35%	<0.28%	<80	12	6000
AF2-1K	5×3	3×0.4×0.05	1000	150±5%	<0.4%	<0.3%	<80	12	6000
AF3-15	5×3	3×0.4×0.05	15	70±5%	<0.08%	<0.12%	<80	25	6000

注:生产厂为北京正开仪器有限公司,www.zkitm.com。

2.3　应力与应变测量

2.3.1　电阻应变测量系统

2.3.1.1　测量系统

电阻应变测量是利用电阻应变计将被测机械量转换成电量，再经过一系列的放大与变换，得到与机械量成比例的参数或曲线，通过标定可得到被测机械量的大小。以测力为例，其测量系统与转换过程如图 24-2-3 所示。

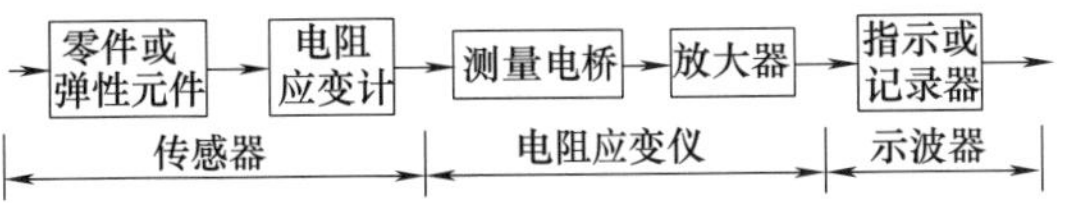

图 24-2-3　电阻应变测量系统示意图

测量系统大致分为三部分，第一部分为传感器，其作用是通过零件或弹性元件将力 P 变为应变 ε，再由电阻应变计将机械应变转变为电阻变化量 ΔR；第二部分为电阻应变仪，是一套电子仪器，它将由电阻应变计组成的电桥所输出的电压信号加以放大，并以电压 ΔV 或电流 ΔI 的形式输出；第三部分为指示器或记录器，可以为一般指针式仪表，也可以为光线示波器、磁带记录器或计算机，其作用是对信号指示、记录或分析。

应当说明：应变计和电桥的输出信号很小，必须进行放大才能推动指示器或记录器，应变仪便是为此而专门设计的。它配用专门的传感器和记录器，可以用来测量力、转矩、应力、振动参数等，在工农业生产、国防科技中有着广泛的用途。

2.3.1.2　电阻应变仪

(1) 应变仪分类

根据仪器允许测量的频率范围，电阻应变仪分类如表 24-2-22 所示。

表 24-2-22　电阻应变仪的分类　Hz

分类	工作频率	说　明
静态电阻应变仪	0	用以测量机械结构、零件在静载荷作用下的应变。若配用预调平衡箱，可进行多线测量。设计原理采用零读法或直读法
静动态电阻应变仪	静态：0 动态：0～1500	具有静态和动态电阻应变仪的功能，静态可进行多线测量，动态可测 1500Hz 以下的动应变或其他动负荷。设计原理采用直读法
动态应变仪	0～2000	可以多线测量 2000Hz 以下的动应变和动负荷
超动态应变仪	0～100k	测量动应变，多用于冲击应力的测量
数字应变仪	工作频率较低	多点巡回检测的数字应变仪。工作频率由采样 A/D 和频道切换装置决定
遥测应变仪	工作频率较高	利用无线电发射接收原理制成的遥测应变仪
载波放大应变仪	0～2000	载波放大器应变仪电桥用交流供电，放大器采用调制型交流放大器，这种应变仪工作频率较高，但分布电容影响较大，使用长导线要注意电容的影响；仪器设有电阻平衡和电容平衡，预调平衡较麻烦（电阻、电容平衡均要调节）。是结构简单、性能稳定、应用广泛的仪器
直流放大器应变仪	工作频率较高	直流放大式应变仪电桥用直流供电，放大器采用差分型或调制型直流放大器，这种应变仪工作频率较高，不存在分布电容的影响，可以使用长导线，易于调平衡

(2) 载波放大型电阻应变仪的结构及工作原理（图 24-2-4）

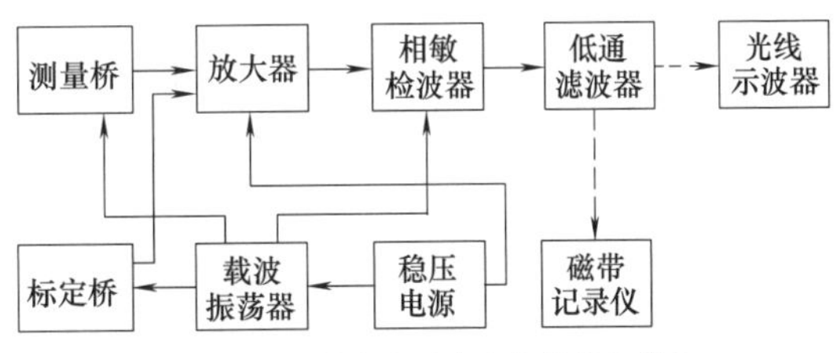

图 24-2-4　动态电阻应变仪的基本结构

2.3.1.3　电阻应变测量中的干扰及防护措施

表 24-2-23　测量中的干扰及防护措施

干扰类型	干扰特点与防护措施
电磁干扰	电磁干扰主要有工频干扰和无线电干扰。工频干扰就是工业用电 50Hz 的交流信号干扰，当测试现场有大容量电动机、变压器、交流电源及其引线时，会引起工频 50Hz 的干扰。当测量仪器附近有大功率无线电发射台时，在测量导线中会引起高频干扰 采取交叉绞扭导线，以减小磁场耦合面积，且因导线绞扭使感应电流各段反向而相互抵消；还可以采用金属屏蔽导线，将屏蔽接地以减小干扰
静电干扰	当测量导线和干扰源(如电气设备或输电导线)之间存在有漏电电容时，就可能在测量仪器与导线中产生静电干扰。亦可采取交叉绞扭导线，减小磁场耦合面积，使感应电流各段反向而相互抵消；还可以采用金属屏蔽导线，将屏蔽接地以减小干扰

第 24 篇

续表

干扰类型	干扰特点与防护措施
电火花放电干扰	这种干扰是由测量仪器附近的电焊机、汽车发动机、大型电器开关以及电机整流子火花放电等引起的，这些放电是脉冲性质的，持续时间短，强度高，干扰源频率范围也宽。测试波形图上的高幅脉冲干扰信号，多是由这种电火花放电干扰引起的。测量中，应尽量避免电焊机、吊车启动等
接地干扰	在测量中，测试系统都必须接地，以减小干扰。但接地方法不对也会产生干扰。当测试系统有多点接地时，由于接地点不同，地电位也不相同，此电位差加在仪器上便成为一个干扰源；在单点接地中，由于系统不同点接地阻抗大小不同(如仪器内部受潮或其他原因引起的绝缘下降等)，也会造成电位差而形成接地干扰。应首先使全部测试系统单点接地，避免多点接地
测量仪器间的干扰	当有多台应变仪同时工作时，由于每台仪器实际载波频率都不可能完全相同，因而形成了频差，经导线间的耦合进入测试系统造成干扰。多台仪器同时使用时，应连接仪器间的同步线，使各仪器振荡频率相同
其他干扰	如：水、油、汽引起的潮湿，导线太长且摆动，接地不好或无接地等。应首先使测量仪器、导线远离干扰源；测量中连接导线应尽量短，防止导线摆动，以减小分别电容的影响；应变计与被测件间应充分干燥，绝缘电阻应达到500MΩ以上

2.3.1.4 电阻应变仪产品

(1) 东华测试产品

表 24-2-24 DH静态应变测试系统 (1-A)

型　号	DH3815N	DH3816	DH3818
产品外形			
特点	分布式采集，适合测点较分散的场合	集中式采集，适合多测点较集中的场合	双数显，可手动控制
每模块测点数	16	60	10/20
系统最大数	4096	960	160/320
控制方式	计算机	计算机	手控/计算机
接口方式	USB	USB	RS-232C
采样频率/Hz	2	1	1
采样方式	连续、定时、手动	连续、定时、手动	连续、定时、手动
扩展接口	RS-485(无线、光纤可选)	RS-485(无线、光纤可选)	RS-232C

注：生产厂为东华测试，www.dhtest.com。

表 24-2-25 DH动态应变测试系统 (1-B)

型　号	技术指标	软件功能
DH3817动静态应变测试分析系统	①测量点数：每台采集箱8点，每台计算机可控制16台采集箱 ②供桥电压：2V(DC) ③每测点采样速率(单位：次/s)：1、2、5、10、20、50、100、200 ④满度值：3000με、30000με分挡切换 ⑤A/D分辨率：14位 ⑥系统不确定度不大于0.5%±3με ⑦零漂：3με/1h(输入端短路，最高灵敏度，恒温) ⑧自动平衡范围：±10000με(应变计阻值的±1%) ⑨电源：220V±10% 50Hz±2% ⑩采集箱尺寸(单位：mm)：290(长)×115(高)×220(宽)	①可进行应变、应力测量、桥式传感器等多种测量参数的预设置和修正，且在应变、应力测量中能够给出应变花的计算结果，包括主应力及方向 ②具有手动、实时、定时采样模式，各模式之间可随时切换 ③同时显示采集数据及曲线(包括采集数据的实时曲线及各种实时处理后的数据、曲线)，也可显示其中任意一种方式 ④计算机完成自动平衡、连续采样、定时采样的控制，以及任选将两测点的测量数据定义为x轴和y轴，边采样边绘制成曲线，完成(x-y)函数记录仪(滞回曲线)的功能 ⑤软件实时性好，采样过程中可以动态开设或关闭窗口，动态切换或增减显示通道，动态设置其显示方式 ⑥具有丰富的分析处理功能，能进行时域及频域的处理，所有处理功能都可供在线事后分析使用，其中时域分析包括计算最大值、最小值、平均值、均方差、曲线拟合等，频域分析包括幅值谱计算、功率谱计算、相关计算、相干分析、传函分析 ⑦具有良好的可移植性、可扩充性和可升级性，提供了与office软件的接口功能，包括将数据文件向Text、Excel、Access的转换功能，及与功能强大的分析处理软件Matlab的数据格式转换功能

注：生产厂为东华测试，www.dhtest.com。

表 24-2-26　　**DH 型动态信号测试分析系统（1-C）**

型号		DH5920	DH5922	DH5923	DH5927
产品外形					
特点		利用 1394 或 PCI 接口，DMA 方式与计算机通信，实时控制、采集、存储、分析		利用 1394 接口，DMA 方式与计算机通信，实时控制、采集、存储、分析	嵌入式计算机，内置高速硬盘，多台仪器通过以太网和计算机通信
单机通道数		16/32/64 三种结构		8/16/32 三种结构	16/32 两种结构
最多通道数		2048	2048	32	不限
输入方式		电压、电荷、ICP、应变、桥式传感器、4～20mA 变送器、热电偶、热电阻、电涡流、光电传感器、磁电传感器			
最高采样频率	瞬态	所有通道同步采样，128kHz/通道	8 通道同步采样，128kHz/通道；16 通道同步采样，51.2kHz/通道	8 通道同步采样，102.4kHz/通道	所有通道同步工作，128kHz/通道
	连续	16 通道同步采样，51.2kHz/通道；64 通道同步采样，12.8kHz/通道，通过以太网连接多台计算机，所有通道同步工作，51.2kHz/通道		16 通道同步采样，51.2kHz/通道；32 通道同步采样，25.6kHz/通道	所有通道同步工作，128kHz/通道
尺寸/mm		236×88×317(16 通道) 236×177×317(32 通道) 482×177×317(64 通道)	236×88×317(16 通道) 236×177×317(32 通道) 482×177×317(64 通道)	236×88×317(8 通道) 236×177×317(16 通道) 482×177×317(32 通道)	236×132×317(16 通道) 482×132×317(32 通道)

注：生产厂为东华测试，www.dhtest.com。

（2）EHSY 产品

表 24-2-27　　**EHSY 电阻应变仪**

型号	L1770357	L1770270	L420550	L1770356	L17702152	L1770159
仪器名称	动态应变仪	动态应变仪	高增益动态应变放大器	动静态电阻应变仪	静态电阻应变仪	高速静态应变测试系统
应变测量范围	—	—	2V DC 桥压 0～±100000με 1V DC 桥压 0～±200000με	静态 ±20000με；动态 7VRMS 峰值 10V(1mv=1με)	0～±19999με (2V DC 桥压)	0～±19999με (1V DC 桥压)
分辨率	—	—	—	1με	1με	1με
通道数与扫描速度	—	可组合成任意多通道(4、6、8 通道)	—	—	四挡可调，最快 6 点/s	1000 次/s(全部测点最小采样时间 1s)
是否自动平衡	—	电子自动平衡时间 2s，保持时间一个月	平衡：手动；±100με，自动：±100000με（1%桥路电阻不平衡）	自动平衡时间 2s	自动 0～±19999με（掉电保存）	平衡范围 0～±19999με（掉电保存）
适用电桥电阻	60～1000Ω	60～1000Ω	60～1000Ω	—	0～±19999με (2V DC 桥压)	60～1000Ω（全桥、半桥），120Ω(1/4 桥)
桥压	2、4、6、8（由开关控制）	2、4、6、8（由开关控制）	桥压：1、2、3、6、10、12V DC/30mA(最大)	2V	2V DC	±1V DC(可选)
平衡范围	使用电桥电阻的±1%(±5000με)	使用电桥电阻的±1%(±5000με)	—	使用电桥电阻的±10%(±5000με)	—	—
仪器精度	—	—	≤±0.3%	0.5%±1με	≤±0.3%FS±2με	≤±0.3%FS±2με

续表

型号	L1770357	L1770270	L420550	L1770356	L17702152	L1770159
灵敏度	120mV/10με (BV=4V)	120mV/10με (BV=4V)	灵敏度： ±0.01%FS/℃、 ±0.1%/FS/2h	—	—	—
输出	输出电压： ±10Vp±5mV 输出电流： ±10Ap±30mA	±10Vp±5mA ±10Vp±30mA	输出范围 ±10Vp/5mA (最大)	—	—	—
非线性	±0.1%FS	±0.1%FS	非线性≤±0.05%	—	—	≤±0.05%
输出阻抗	1Ω	1Ω	—	—	—	—
灵敏系数	2.00	2.00	K=2.00	K=1.00～9.90 拨盘调节	—	应变片灵敏系数 K=1.00～9.99
校准应变	10～9990με (三位拨盘开关)	10～9990με (三位拨盘开关)	—	—	—	—
校准精度	±(0.5%±0.5με)	±(0.5%±0.5με)	—	—	—	—
灵敏度调节	0、1、2、5、10、 20×100με 6级， 微调1～3倍	0、1、2、5、10、 20×100με 6级， 微调1～3倍	增益：分挡，OFF、 1000、2000、5000、 10000、20000	—	—	—
灵敏度调节精度	±0.5%	±0.5%	—	—	—	—
频响	①DC：0～50kHz (+0.5dB)， 0～150kHz (−3dB±0.5dB)； ②AC：5Hz～50kHz (±0.5dB)， 1.5Hz～150kHz (−3dB±0.5dB)	高频上限：20kHz 低频下限：DC 耦合0Hz， AC耦合5Hz	频率响应：低通 滤波器，10kHz、 30kHz、100kHz、 300kHz、1kHz (截止频率−3dB ±1dB，衰减率 −12dB/OCT)	DC～20kHz(±3dB)	—	—
低通滤波	100Hz、300Hz、 1kHz、3kHz、 10kHz、F (150k)Hz	连续可调	—	—	—	—
信噪比	100με范围 ≤46dB，其他 范围≤52dB	100με范围 ≤46dB，其他 范围≤52dB	噪声：≤3μV(最 大增益挡折 合至输入端)	—	—	—
零点漂移与稳定度	±0.1με/℃， ±0.5με/24h 灵敏度变化： ±0.05%/℃， ±0.3%/24h	±0.1με/℃， ±0.5με/24h 灵敏度变化： ±0.05%/℃， ±0.3%/24h	稳定度：零 点，±1μV/℃， ±0.1%/F·S/2h (输入短路)	—	预热30min后：时漂， 零点漂移≤3μξ/4h， 示值漂移≤±(示值 ×0.1%+1μξ)/2h， 温漂，零点漂移 ≤1μξ/℃，示值漂移 ≤±0.02%FS/℃； 桥压：2V DC	预热30min后： 时漂，零点漂移 ≤3μξ/4h，示值 漂移≤±(示值 ×0.1%+1μξ)/ 2h，温漂，零点漂 移≤1μξ/℃， 示值漂移 ≤±0.02%FS/℃
工作温度	−10～+50℃	工作温度： −10～+50℃	—	−10℃±50℃	工作温度0～40℃ 存储温度 −55～85℃	工作温度： 0～40℃ 存储温度： −55～85℃
工作湿度	≤85%RH (无冷凝)	工作湿度： ≤85%RH (无冷凝)	—	≤85%RH(无冷凝)	95%RH最大	95%RH最大
电源	220V AC±10% 8V·A/通道， 10.5～15V DC 0.5A/通道	220V AC±10%， ±18V DC	—	220V AC± 10% 50Hz	220V AC±10% 50Hz，0.5A， 9～15V DC	220V AC±10% 50Hz，0.5A， 6～15V DC (可选配)

注：生产厂为EHSY西域，www.ehsy.com。

2.3.2　电桥测量电路

传感器把被测量转换为电路或磁路参数的变化，电桥可以把这种参数变化转变为电桥的输出电压或电流的变化。电桥按其电源种类不同，可以分为直流电桥和交流电桥。直流电桥只能用于测量电阻的变化，而交流电桥可以用于测量电阻、电感和电容的变化。

当电桥输出端接入的仪表或放大器的输入阻抗足够大时，可认为其负载阻抗为无穷大，这时把电桥称为电压桥；当其输出阻抗与内电阻匹配时，满足最大功率传输条件，这时电桥被称为功率桥或电流桥。

直流电桥的桥臂只能为电阻，如图 24-2-5 所示。电阻 R_1、R_2、R_3、R_4 作为四个桥臂，在 A、C 端（称为输入端、电源端）接入直流电源 U_0，在 B、D 端（称为输出端或测量端）输出电压 U_{BD}。

测量时常用等臂电桥，即 $R_1=R_2=R_3=R_4$，或电源端对称电桥，即 $R_1=R_2$，$R_3=R_4$。

贴在试件上的应变计称为工作片。常用三种设置工作片的方式：选桥臂 1 为工作片称为单臂工作；选桥臂 1、2 为工作片称为双臂工作；还有四臂工作。

电桥的四个桥臂均为应变片组成时，称为全桥；桥臂 1、2 由应变片组成，而桥臂 3、4 为标准电阻时，称为半桥。

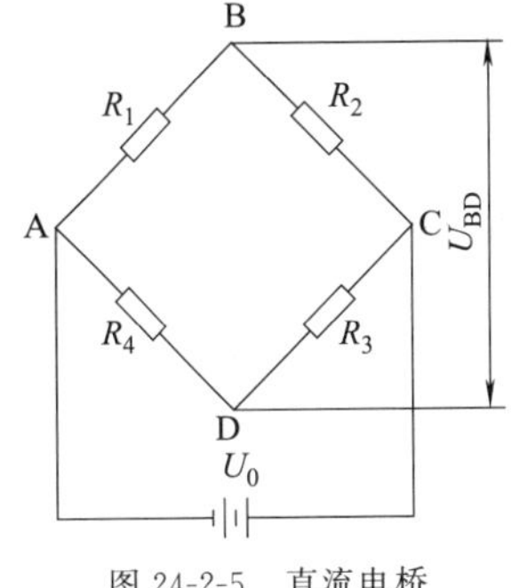

图 24-2-5　直流电桥

2.3.2.1　直流电桥

（1）直流电桥的输出特性

由图 24-2-5 可知，电压桥的输出电压为

$$U_{BD}=U_{BA}-U_{DA}=\frac{U_0R_1}{R_1+R_2}-\frac{U_0R_4}{R_3+R_4}$$

$$=\frac{R_1R_3-R_2R_4}{(R_1+R_2)(R_3+R_4)}U_0 \tag{24-2-5}$$

电桥输出为“零”，电桥的平衡条件为

$$R_1R_3=R_2R_4\text{或}\ \frac{R_1}{R_4}=\frac{R_2}{R_3} \tag{24-2-6}$$

若电桥四臂电阻 R_1、R_2、R_3、R_4 受应力作用产生的增量分别为 ΔR_1、ΔR_2、ΔR_3、ΔR_4，则电桥的输出为

$$U_{BD}=\frac{R_2/R_1}{(1+R_2/R_1)^2}U_0\left(\frac{\Delta R_1}{R_1}-\frac{\Delta R_2}{R_2}+\frac{\Delta R_3}{R_3}-\frac{\Delta R_4}{R_4}\right) \tag{24-2-7}$$

因为在等臂电桥和电源端对称电桥中 $R_2=R_1$，所以有

$$U_{BD}=\frac{1}{4}U_0\left(\frac{\Delta R_1}{R_1}-\frac{\Delta R_2}{R_2}+\frac{\Delta R_3}{R_3}-\frac{\Delta R_4}{R_4}\right) \tag{24-2-8}$$

式（24-2-8）中，括号内为 4 个桥臂电阻变化率的代数和，各桥臂运算的规则是相对桥臂相加（同号），相邻桥臂相减（异号）。

利用全桥做应变测量时，应变计的灵敏系数 K 必须一致，式（24-2-8）又可写成

$$U_{BD}=\frac{1}{4}U_0K(\varepsilon_1-\varepsilon_2+\varepsilon_3-\varepsilon_4) \tag{24-2-9}$$

式中，ε_1、ε_2、ε_3、ε_4 分别为四个桥臂 R_1、R_2、R_3、R_4 所测量的试件应变值。

（2）应变计串联或并联组成桥臂的电桥

表 24-2-28　应变计串联或并联组成桥臂的电桥特性

项　目	串　联	并　联
串并联图形		
桥臂阻值 R_3、R_4	$R_3=R_4=R$	$R_3=R_4=R$

续表

项 目	串 联	并 联
R_1的 n 个 R 都有增量 ΔR_i 时电桥的输出	$U_{BD}=\frac{U_0}{4}\times\frac{\sum_{i=1}^{n}\Delta R_i}{nR}=\frac{U_0}{4n}\sum_{i=1}^{n}\frac{\Delta R_i}{R}$	$U_{BD}=\frac{U_0}{4}\times\frac{\sum_{i=1}^{n}\Delta R_i}{nR}=\frac{U_0}{4n}\sum_{i=1}^{n}\frac{\Delta R_i}{R}$
ΔR_i 均等于 ΔR 时电桥的输出	$U_{BD}=\frac{U_0}{4}\times\frac{\Delta R}{R}$	$U_{BD}=\frac{U_0}{4}\times\frac{\Delta R}{R}$
结论	采用桥臂串、并联方法并不能增加输出，但是可以在一个桥臂得到加减特性。提高电桥输出可以采用以下方式 ①增加电桥工作臂数。当电桥相邻臂有异号、相对臂有同号的电阻变化时，电桥输出可提高 2～4 倍 ②提高供桥电压。提高供桥电压可增加电桥输出，但会受到应变计额定功率的限制，实际应用中可选用串联方法增加桥臂阻值以提高供桥电压。在桥臂并联情况下，并联电阻愈多，供桥电源负担愈重，使用中应适可而止	

2.3.2.2 交流电桥

直流电桥的特性对交流电桥也适用，交流电桥的平衡条件为

$$\vec{Z}_1\vec{Z}_3=\vec{Z}_2\vec{Z}_4 \tag{24-2-10}$$

式中，$\vec{Z}_1$、$\vec{Z}_2$、$\vec{Z}_3$、$\vec{Z}_4$ 分别为 R_1、R_2、R_3、R_4 所在桥臂的阻抗值。

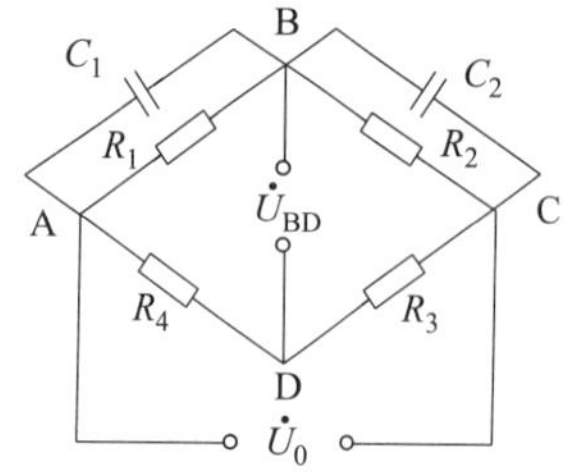

图 24-2-6 由电阻和电容构成的交流电桥

图 24-2-6 是由电阻和电容组成的交流电桥，平衡条件为

$$\frac{R_3}{\frac{1}{R_1}+j\omega C_1}=\frac{R_4}{\frac{1}{R_2}+j\omega C_2} \tag{24-2-11}$$

整理后写为

$$\begin{cases}R_1R_3=R_2R_4\\ \frac{R_3}{R_4}=\frac{C_1}{C_2}\end{cases} \tag{24-2-12}$$

在电阻应变测量中，既要满足电阻平衡条件，也要满足电容平衡的要求。交流形式的电阻应变仪设有电阻平衡装置和电容平衡装置。

2.3.3 应力应变测量举例

2.3.3.1 单向应力测量

应力测量是机械量测试技术中应用最广泛的方法。其目的是掌握被测件的实际应力大小及分布规律，进而分析机器构件的破坏原因、寿命长短、强度储备；验证相应的理论公式，合理安排工艺；提供生产过程或物理现象的数学模型。

应力测试可分为单向应力测量和平面应力测量两种情况，前者可用单个应变计测量，后者一般都要采用应变花测量。应力测试一般都按以下步骤进行：对被测件进行应力应变分析→确定贴片方式→确定组桥方式→根据测得数据进行结果计算。

(1) 单向拉伸（压缩）

表 24-2-29 为拉伸（压缩）应变测量的布片组桥。未画入的半桥应变片布置在不受力的部位或使用同阻值的固定电阻，标于虚线框内的应变片是电桥的温度补偿片。标于受力弹性元件上的应变片，应严格在主应力方向或者垂直于主应力方向。从表 24-2-29 中可以看出，不同的布片组桥方式对电桥输出、温度补偿和消除弯矩的影响是不同的。一般应优先选择输出信号大、能实现温度补偿、消除弯矩影响和便于分析的方案。

应当说明，在应力、应变测量中，必须考虑温度的影响。电桥温度补偿必须满足以下条件：工作片、补偿片完全相同；两片粘贴在完全相同材料的试件上，放在相同温度场中，接在相邻桥臂。

(2) 弯曲

表 24-2-30 为一受纯弯曲载荷的梁应变测量的布片组桥。在弯矩 M 的作用下，其最大正应力在梁的上下表面上，其值为 $\sigma_{max}=M/W$，W 为抗弯截面模量。为测得 M，可将应变计贴在梁上下表面的轴线上，组成半桥或全桥接入仪器，便可测得梁表面的应变值。

表 24-2-29　拉伸（压缩）应变测量的布片组桥

序号	受力状态简图	应变片的数量	电桥组合形式		温度补偿情况	电桥输出电压	测量项目及应变值	特点
			电桥形式	电桥接法				
1	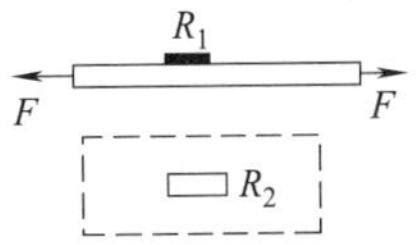	2	半桥式	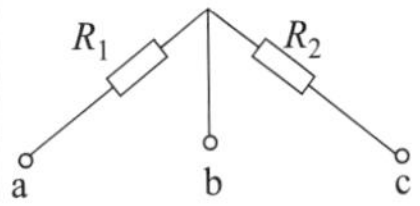	R_2 与 R_1 同温	$U_0=\frac{1}{4}UK\varepsilon$	拉(压)应变 $\varepsilon=\varepsilon_1$	不能清除弯矩的影响
2	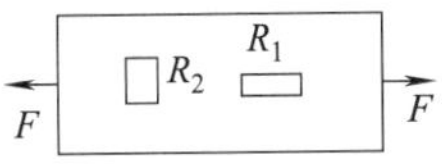	2			互为补偿	$U_0=\frac{1}{4}UK\varepsilon(1+\mu)$	拉(压)应变 $\varepsilon=\frac{\varepsilon_1}{1+\mu}$	输出电压提高到$(1+\mu)$倍，不能清除弯矩的影响
3	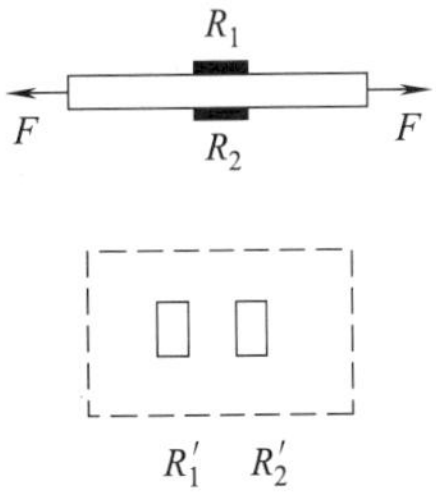	4	半桥式	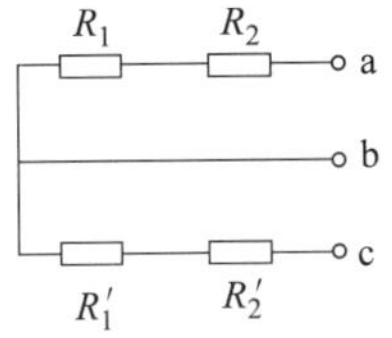	R_1、R_2、R_1'、R_2' 四片同温	$U_0=\frac{1}{4}UK\varepsilon$	拉(压)应变 $\varepsilon=\varepsilon_1$	可以清除弯矩的影响
4		4	全桥式	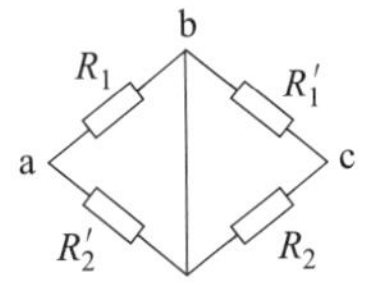		$U_0=\frac{1}{2}UK\varepsilon$	拉(压)应变 $\varepsilon=\frac{\varepsilon_1}{2}$	输出电压提高一倍，且可清除弯矩的影响
5	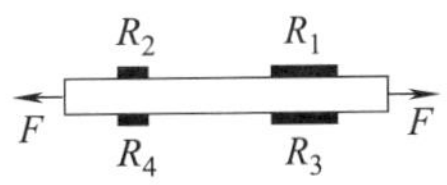	4	半桥式	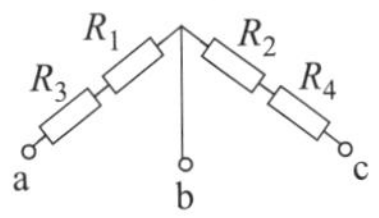	互为补偿	$U_0=\frac{1}{4}UK\varepsilon(1+\mu)$	拉(压)应变 $\varepsilon=\frac{\varepsilon_1}{1+\mu}$	输出电压提高到$(1+\mu)$倍，且可清除弯矩的影响
6	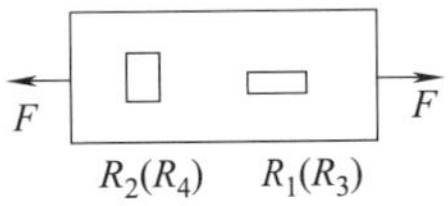	4	全桥式	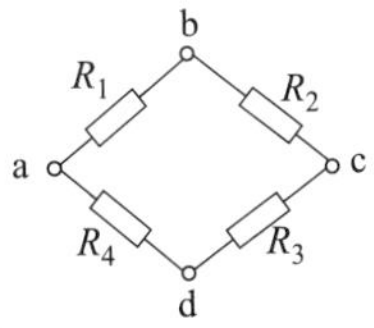		$U_0=\frac{1}{2}UK\varepsilon(1+\mu)$	拉(压)应变 $\varepsilon=\frac{\varepsilon_1}{2(1+\mu)}$	输出电压提高到 $2(1+\mu)$ 倍，且可清除弯矩的影响

（3）扭转

由材料力学知，当圆轴受转矩作用时，轴表面有最大剪应力 $\tau_{\max}=M/W$。如图 24-2-7（a）所示，轴表面单元体 E 为纯剪应力状态，在与轴线成 45°的方向上有最大正应力 σ_1、σ_2，其值为 $|\sigma_1|=|\sigma_2|=\tau_{\max}$，相应的变形为 ε_1、ε_2，当测得应变后，便可计算出 $\tau_{\max}$。

表 24-2-30　　**受纯弯曲载荷的梁应变测量的布片组桥**

序号	受力状态简图	应变片的数量	电桥组合形式：电桥形式	电桥组合形式：电桥接法	温度补偿情况	电桥输出电压	测量项目及应变值	特点
1		2	半桥式		R_2与R_1同温	$U_0=\frac{1}{4}UK\varepsilon$	弯曲最大应变 $\varepsilon=\varepsilon_1$	不能清除拉伸的影响
2		2			互为补偿	$U_0=\frac{1}{4}UK\varepsilon(1+\mu)$	弯曲最大应变 $\varepsilon=\frac{\varepsilon_1}{1+\mu}$	输出电压提高到$(1+\mu)$倍，不能清除拉伸的影响
3		2	半桥式		互为补偿	$U_0=\frac{1}{2}UK\varepsilon$	弯曲最大应变 $\varepsilon=\frac{\varepsilon_1}{2}$	输出电压提高一倍，且可清除拉伸的影响
4		4	全桥式		互为补偿	$U_0=\frac{1}{2}UK\varepsilon(1+\mu)$	弯曲最大应变 $\varepsilon=\frac{\varepsilon_1}{2(1+\mu)}$	输出电压提高到 $2(1+\mu)$倍，且可清除拉伸的影响

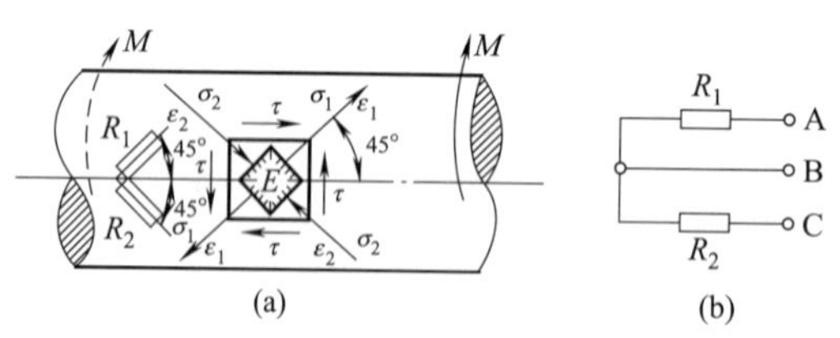

图 24-2-7　转矩状态下的贴片和组桥

测量时，将应变片贴在与轴线成 45°方向的表面上，按图 24-2-7（b）组成半桥接入仪器，其输出为

$$U_{BD}=\frac{U_0}{4}\left(\frac{\Delta R_1}{R_1}-\frac{\Delta R_2}{R_2}\right)=\frac{U_0}{4}K(\varepsilon_1-\varepsilon_2) \tag{24-2-13}$$

由于轴表面为平面应力状态，应力应变关系如下：

$$\begin{cases}\varepsilon_1=\frac{\sigma_1}{E}-\mu\frac{\sigma_2}{E}=\frac{\sigma_1}{E}+\mu\frac{\sigma_1}{E}=\frac{\sigma_1}{E}(1+\mu)=\frac{\tau_{max}}{E}(1+\mu)\\ \varepsilon_2=\frac{\sigma_2}{E}-\mu\frac{\sigma_1}{E}=\frac{-\sigma_1}{E}-\mu\frac{\sigma_1}{E}=-\frac{\sigma_1}{E}(1+\mu)=-\frac{\tau_{max}}{E}(1+\mu)\end{cases} \tag{24-2-14}$$

$$\tau_{max}=\frac{E\varepsilon_1}{1+\mu}=-\frac{E\varepsilon_2}{1+\mu}\qquad \varepsilon_1=-\varepsilon_2 \tag{24-2-15}$$

故电桥输出为 $U_{BD}=K(2\varepsilon_1)U_0/4$，即 $\varepsilon_{仪}=2\varepsilon_1$，轴表面与轴线成 45°方向的真实应变为 $\varepsilon_M=\varepsilon_1=\varepsilon_{仪}/2$，实测轴的转矩为 $T=\tau_{max}W_n=W_nE\varepsilon_1/(1+\mu)$，$W_n$ 为抗扭截面模量。另外，贴片和组桥亦可以采用全桥方式。

（4）复杂应力情况下单向应力的测量

当同时有多种载荷存在时，如何利用不同的贴片和组桥方式，达到只测一种载荷而消除其他载荷的作用，见表 24-2-31。

表 24-2-31　复杂应力情况下单向应力的测量

载荷形式	测量变形	试件受力、应变片粘贴位置	电桥连接方法	电桥输出电压	测量应变与仪器读数关系	特点
扭转	扭转			$U_{BD}=\frac{U_0}{4}K(2\varepsilon_N)$	$\varepsilon_N=\varepsilon_1=\varepsilon_{仪}/2$	如果采用全桥 4 片，则输出可达实际值的 4 倍
弯曲与拉伸（压缩）的组合变形	弯曲			$U_{BD}=\frac{U_0}{4}K(2\varepsilon_M)$	$\varepsilon_M=\varepsilon_{仪}/2$	拉伸应变已由电桥自动消除
	拉伸			$U_{BD}=\frac{U_0}{4}K\varepsilon_P$	$\varepsilon_P=\varepsilon_{仪}$	只测拉伸应变而消除弯曲
扭转、拉伸（压缩）弯曲的组合变形	测扭除拉弯			$U_{BD}=\frac{U_0}{4}K(4\varepsilon_{N45°})$	$\varepsilon_{N45°}=\varepsilon_{仪}/4$	只测量扭转应变而消除拉弯
	测弯除拉扭			$U_{BD}=\frac{U_0}{4}K(4\varepsilon_{M45°})$	$\varepsilon_{M45°}=\varepsilon_{仪}/4$	只测量弯曲变形而消除扭拉

2.3.3.2　平面应力状态下主应力的测量

在实际测量中，许多结构、零件都处在平面应力状态下，下面分两种情况说明平面应力的测量问题。

（1）主应力方向已知的平面应力测量

在平面应力状态中，若主应力方向已知，只需沿主应力方向贴两个应变计，并采取温度补偿措施，直接测得 ε_1、ε_2，再由胡克定律求得主应力。

（2）主应力方向未知的平面应力测量

在平面应力中，若主应力方向未知，要想测取任意点的主应力大小和方向，可在该点贴三个相互间有一定角度的应变计，测取这三个方向的应变 ε_a、ε_b、ε_c就可以利用公式，求得主应力 σ_1、σ_2的大小和方向。为了制造方便、提高精度，常把片间角度定为 45°、60°、90°等，并把三片或四片应变计做成一个应变花，常用应变花类型及计算公式如表 24-2-32 所示。表中的 a 可根据 $\tan 2a$ 的分子、分母符号确定。

表 24-2-32　　常用应变花类型及计算公式

需求项目	90°应变花	45°应变花	四片45°应变花	60°应变花	四片60°应变花
最大主应力 σ_1	$\frac{E}{1-\mu^2}(\varepsilon_a+\mu\varepsilon_b)$	$\frac{E}{2(1-\mu)}(\varepsilon_a+\varepsilon_c)+\frac{E}{\sqrt{2}(1+\mu)}\times\sqrt{(\varepsilon_a-\varepsilon_b)^2+(\varepsilon_b-\varepsilon_c)^2}$	$\frac{E}{2}\left[\frac{(\varepsilon_a-\varepsilon_c)}{1-\mu}+\frac{1}{1+\mu}\times\sqrt{(\varepsilon_a-\varepsilon_c)^2+(\varepsilon_b-\varepsilon_d)^2}\right]$	$\frac{E}{3(1-\mu)}(\varepsilon_a+\varepsilon_b+\varepsilon_c)+\frac{\sqrt{2}E}{3(1+\mu)}\times\sqrt{(\varepsilon_a-\varepsilon_b)^2+(\varepsilon_b-\varepsilon_c)^2+(\varepsilon_c-\varepsilon_a)^2}$	$\frac{E}{2}\left[\frac{\varepsilon_a+\varepsilon_d}{1-\mu}+\frac{1}{1+\mu}\times\sqrt{(\varepsilon_a-\varepsilon_d)^2+\frac{4}{3}(\varepsilon_b-\varepsilon_c)^2}\right]$
最小主应力 σ_2	$\frac{E}{1-\mu^2}(\varepsilon_b+\mu\varepsilon_a)$	$\frac{E}{2(1-\mu)}(\varepsilon_a+\varepsilon_c)-\frac{E}{\sqrt{2}(1+\mu)}\times\sqrt{(\varepsilon_a-\varepsilon_b)^2+(\varepsilon_b-\varepsilon_c)^2}$	$\frac{E}{2}\left[\frac{(\varepsilon_a+\varepsilon_c)^2}{1-\mu}-\frac{1}{1+\mu}\times\sqrt{(\varepsilon_a-\varepsilon_c)^2+(\varepsilon_b-\varepsilon_d)^2}\right]$	$\frac{E}{3(1-\mu)}(\varepsilon_a+\varepsilon_b+\varepsilon_c)-\frac{\sqrt{2}E}{3(1+\mu)}\times\sqrt{(\varepsilon_a-\varepsilon_b)^2+(\varepsilon_b-\varepsilon_c)^2+(\varepsilon_c-\varepsilon_a)^2}$	$\frac{E}{2}\left[\frac{\varepsilon_a+\varepsilon_d}{1-\mu}-\frac{1}{1+\mu}\times\sqrt{(\varepsilon_a-\varepsilon_d)^2+\frac{4}{3}(\varepsilon_b-\varepsilon_c)^2}\right]$
最大剪应力 τ_{max}	$\frac{E}{2(1+\mu)}(\varepsilon_a-\varepsilon_b)$	$\frac{\sqrt{2}E}{2(1+\mu)}\times\sqrt{(\varepsilon_a-\varepsilon_b)^2+(\varepsilon_b-\varepsilon_c)^2}$	$\frac{E}{2(1+\mu)}\times\sqrt{(\varepsilon_a-\varepsilon_c)^2+(\varepsilon_b-\varepsilon_d)^2}$	$\frac{\sqrt{2}E}{3(1+\mu)}\times\sqrt{(\varepsilon_a-\varepsilon_b)^2+(\varepsilon_b-\varepsilon_c)^2+(\varepsilon_c-\varepsilon_a)^2}$	$\frac{E}{2(1+\mu)}\times\sqrt{(\varepsilon_a-\varepsilon_d)^2+\frac{4}{3}(\varepsilon_b-\varepsilon_c)^2}$
a片方向与主应力方向夹角 θ_0	0	$\frac{1}{2}\arctan\frac{2\varepsilon_b-\varepsilon_a-\varepsilon_c}{\varepsilon_b-\varepsilon_c}$	$\frac{1}{2}\arctan\left[\frac{\varepsilon_b-\varepsilon_d}{\varepsilon_a-\varepsilon_c}\right]$	$\frac{1}{2}\arctan\frac{\sqrt{3}(\varepsilon_c-\varepsilon_b)}{2\varepsilon_a-\varepsilon_b-\varepsilon_c}$	$\frac{1}{2}\arctan\left[\frac{2(\varepsilon_c-\varepsilon_b)}{\sqrt{3}(\varepsilon_a-\varepsilon_d)}\right]$

2.4　拉压力传感器

2.4.1　拉压力传感器的形式与特点

测力的形式很多，根据其转换原理不同，有电阻式、电感式、电容式、压磁式、压电式等类型。这些传感器的变换原理已在前面的章节论述过，这里主要介绍应用最为广泛的电阻应变式测力装置，并介绍基于上述变换原理的其他种类测力传感器。

2.4.1.1　电阻应变式测力装置

力的测量可以在被测对象上直接布片组桥，也可以在弹性元件上布片组桥，组成各种测力仪。常用的弹性元件有柱式、梁式、环式、轮辐等多种形式。电阻应变式测力仪具有结构简单、制造方便、精度高等优点，在静态和动态测量中获得了广泛的应用。电阻应变式测力装置的元件与特点见表 24-2-33。

表 24-2-33　　电阻应变式测力装置的元件与特点

元件名称	元件结构	基本计算公式	特点与应用
柱式弹性元件	图(a) 实心圆柱 图(b) 空心圆柱 图(c) 图(d)	①实心圆柱弹性元件。若 F 为作用在弹性元件上的集中力，E 为材料弹性模量，A 为圆柱的横截面积，材料的许用应力为$[\sigma]$，则弹性元件的表面应变和直径为 $\varepsilon=\frac{\Delta l}{l}=\frac{\sigma}{E}=\frac{F}{AE}$，$D\geqslant\sqrt{\frac{4}{\pi}\times\frac{F}{[\sigma]}}$ ②空心圆柱弹性元件。若 D 为外径，d 为内径，根据许用应力计算，其外径为 $D\geqslant\sqrt{\frac{4}{\pi}\times\frac{F}{[\sigma]}+d^2}$ 弹性元件上应变片的粘贴和电桥连接，应尽可能消除偏心和弯矩的影响，一般将应变片对称地贴在应力均匀的圆柱表面中部，在位置允许的条件下，桥臂应变片 R_1 和 R_3、R_2 和 R_4 串联，且处于对臂位置，以减小弯矩的影响。实际应力应当小于许用应力，即 $\sigma\leqslant[\sigma]$，一般取 $\sigma=(1/3\sim1/4)[\sigma_s]$	若要提高灵敏度，必须减小横截面积 A。但 A 的减小受到允许应力和线性要求的限制，同时 A 的减小，对横向力干扰敏感。为此，在力测量时，多采用空心圆柱（圆筒）式弹性元件。在同样横截面积情况下，空心圆柱式的横向刚度大，横向稳定性好 为了减少端面上接触摩擦和载荷偏心对变形的影响，一般应使 $H/D\gg3$。但是高度 H 太大时，弹性元件固有频率降低，横向稳定性变差。为此，实心和空心弹性元件高度分别取 $H\geqslant2D+l$，$H\geqslant D-d+l$ 式中，l 为应变片基长。为消除横向力的影响，在结构设计上采用横向刚度大、纵向刚度小的承弯膜片是消除横向力影响的一个良好措施。如图(c)、图(d)所示，柱式力传感器可以测量 0.1～3000t 的载荷，常用于大型轧钢设备的轧制力测量

续表

元件名称	元件结构	基本计算公式	特点与应用
梁式弹性元件	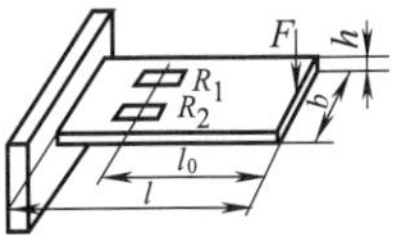 图(a)　等截面梁 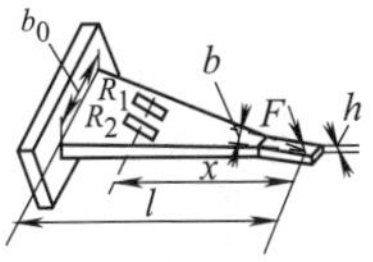 图(b)　等强度梁	①等截面梁。弹性元件为一端固定的悬臂梁，如图(a)所示。其梁宽为 b，梁厚为 h，梁长为 l。当力作用在自由端时，刚性端截面中产生的应力最大，而自由端产生的挠度最大，在距受力点为 l_0 的上下表面，沿 l 向贴电阻应变片 R_1 和 R_3、R_2 和 R_4。在粘贴应变片处的应变为 $$\varepsilon=\frac{\sigma}{E}=\frac{6Fl_0}{bh^2E}$$ ②等强度梁。梁厚为 h，梁长为 l，固定端宽为 b_0，自由端宽为 b。梁的截面成等腰三角形，集中力 F 作用在三角形顶点，梁内各横截面产生的应力相等，表面上任意位置的应变也相等，因此称为等强度梁。梁的各点由于应变相等，故粘贴应变片的位置要求不严格。在粘贴应变片处的应变为 $$\varepsilon=\frac{\sigma}{E}=\frac{6Fl}{b_0h^2E}$$	设计时根据最大载荷 F 和材料的允许应力[σ]确定梁的尺寸。梁式弹性元件制作的测力传感器适于测量 500kg 以下的载荷，最小可测几克重的力。这种传感器结构简单，加工容易，灵敏度高，常用于小压力测量。在应力测量中，经常把等强度梁作为标准应力应变设备，对被测量进行标定
双端固定梁	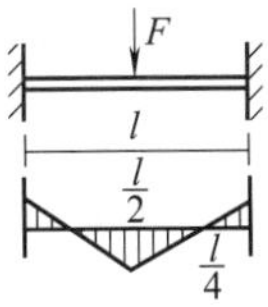	梁的两端都固定，中间加载荷，梁宽为 b，梁厚为 h，梁长为 l，应变片 R_1～R_4 粘贴在中间位置，则梁的应变为 $\varepsilon=\frac{\sigma}{E}=\frac{3Fl}{4bh^2E}$ 由左图可以看到：如果应变计粘贴在 $l/4$ 处，由于此点的弯矩 M 为零，传感器的输出等于零。因此，对两端为固端结构的梁来说，宜将应变计粘贴在靠近中心处	这种梁在相同力 F 的作用下产生的挠度比悬臂梁的要小。测较小力时，可采用固支梁的形式。测力中还采用十字梁式传感器，如下图所示 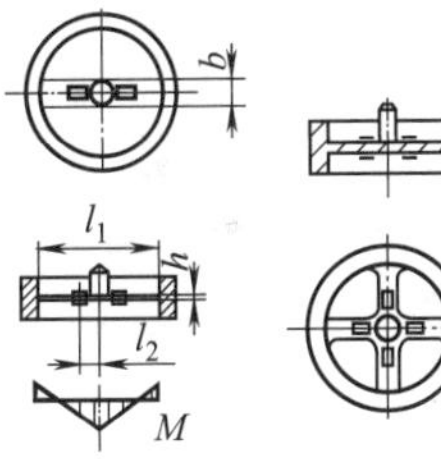
环式弹性元件	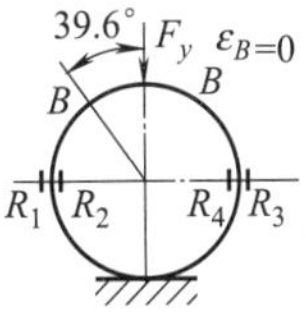 图(a) 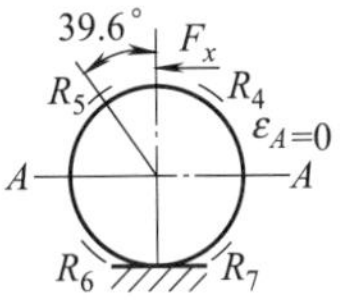 图(b) 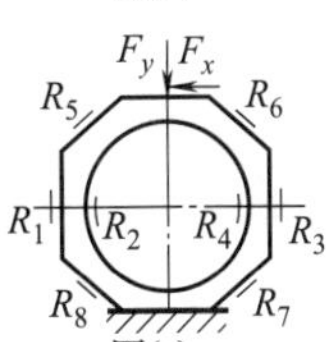 图(c)	如图左所示为圆环式和八角环式弹性元件和组桥 ①圆环式。在圆环上施加径向力 F_y 时，圆环各处的应变不同，其中与作用力成 39.6°处（图中 B 点）应变等于零[图(a)]。在水平中心线上则有最大的应变 $$\varepsilon=\pm\frac{3F[R-(h/2)]}{bh^2E}\left(1-\frac{2}{\pi}\right)$$ 式中，R 为圆环外径；h 为圆环壁厚；b 为圆环宽度。将应变片 R_1～R_4 贴在该处，R_1、R_3 受拉应力；R_2、R_4 受压应力 如果圆环一侧固定，另一侧受切向力 F_x 时，与受力点成 90°处[图(b)中 A 点]应变等于零[图(b)]。将应变片 R_1、R_2、R_3 和 R_4 贴在与垂直中心线成 39.6°处，R_5、R_7 受拉应力、R_6、R_8 受压应力。这样，当圆环上同时作用着 F_x 和 F_y 时，将应变片 R_1～R_4、R_5～R_8 分别组成电桥[图(e)和图(f)]，就可以互不干扰地测力 F_x 和 F_y	实际的圆环式传感器如图(h)所示 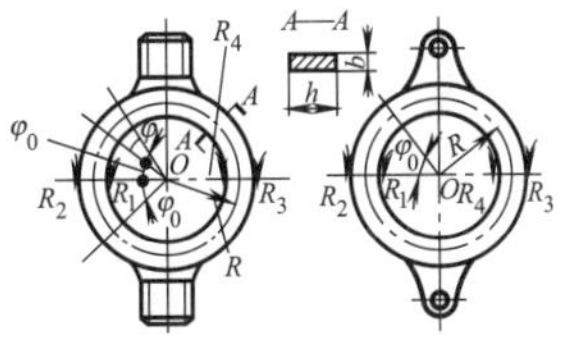 图(h) 圆环式传感器 图(i)是柱环式拉压力传感器，可测量 0.5～30t 拉、压力。该测力传感器的结构形式较好，具有以下特点 ①弹性体为整体结构，因此，受力状态稳定，并具有良好的温度均匀性 ②输出灵敏度高

续表

元件名称	元件结构	基本计算公式	特点与应用
环式弹性元件	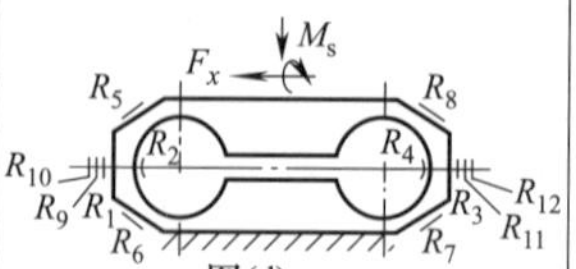 图(d) 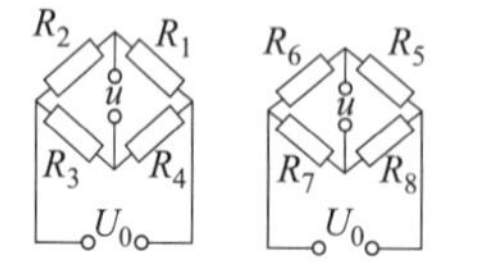 图(e)　测F_x　图(f)　测F_y 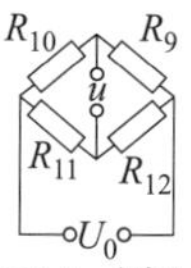 图(g)　测F_z	②八角环式。圆环方式不易加紧固定，实际上常用八角环代替，如图(c)所示。八角环厚度为h，平均半径为r。当h/r较小时，零应变点在39.6°附近。随h/r值的增大，当$h/r=0.4$时，零应变点在45°处，故一般八角环测力F_x时，应变片贴在45°处。图(d)只是将八角环上下表面增大，并无本质差别。当测力F时(或测力F形成的弯矩M)，在八角环水平中心线产生最大应变，应变片R_9～R_{12}贴在该处并成斜向±45°布片组成电桥，如图(g)所示	③应力流线分布合理。因为在主圆孔的四周有四个小圆孔，它不仅可以改善应力流线的分布，也可以增加弹性元件的弹性 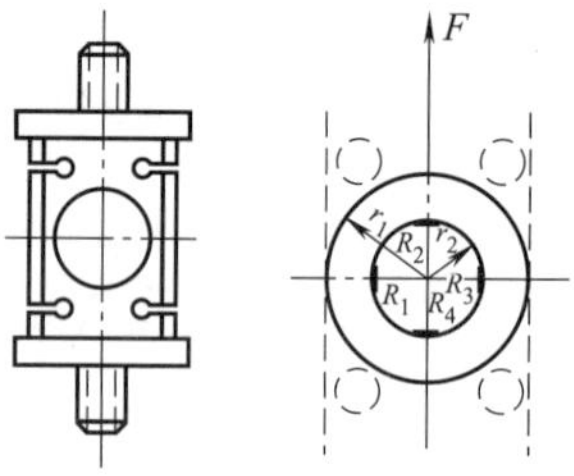 图(i) 柱环式拉压力传感器
轮辐式弹性元件	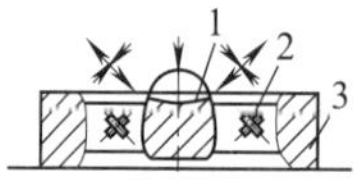 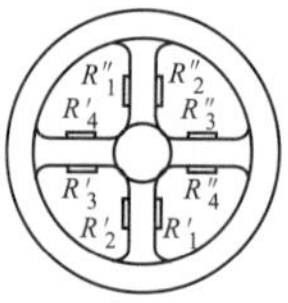 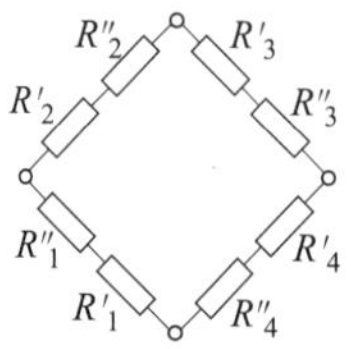	轮辐式弹性元件形似带有辐条的车轮，如左图所示。应变片沿轮辐轴线成45°角的方向贴于梁的两个侧面，辐条的宽、长、厚分别为b、l、h，材料的弹性模量及剪切弹性模量分别为E和G。根据材料力学可知，在受力F作用下，辐条的最大剪切应力及弯曲应力分别为 $\tau_{\max}=\dfrac{3p}{8bh}$，$\sigma_{\max}=\dfrac{3pl}{4bh^2}$ 如令$h/l=a$，则有$\dfrac{\tau_{\max}}{\sigma_{\max}}=\dfrac{h}{2l}=\dfrac{a}{2}$ 从上式可知，h/l值越大，切应力所占比重越大。h/l比值一般在1.2～1.6之间选择	轮辐式弹性元件受力状态可分为拉压、弯曲和剪切。前两类测力弹性元件经常采用，精度和稳定性已达到一定水平，但是安装条件变化或受力点移动，会引起难于估计的误差。剪切受力的弹性元件具有对加载方式不敏感、抗偏载、侧向稳定、外形矮等特点。当电桥采用了等臂全桥线路时，可以消除由于加工不对称造成的误差
S形测力传感器	 图(a)　双连孔S形 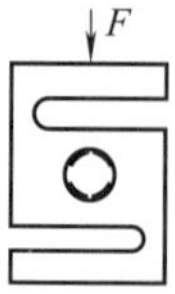 图(b)　圆孔S形	S形测力(称重)传感器可测10^2～10^4N的拉压力。如左图所示是双连孔S形和圆孔S形弹性元件。在分析计算时，把弹性体简化为一端固定、另一端只沿力作用方向移动而不能转动的二自由度静不定梁，由于应变计不是贴在根部，而是贴在孔壁最薄的类似于双梁的位置上，所以粘贴应变计处的应变粗略计算为 $\varepsilon=\dfrac{3F\left(l-\dfrac{l_j}{2}-\delta\right)}{bh^2R}$ 式中　l——梁端部到中心的距离 l_j——应变计的基长 δ——梁端部到应变计的距离 h——梁的厚度 b——梁的宽度 R——半径	S形测力传感器，承受拉、压力均可，输出对称性好；精度高，结构紧凑具有抗扭、抗侧、抗偏载能力；适用于皮带秤、料斗秤、配料秤、机电结构秤、吊钩秤、包装秤、万能材料试验机及各种工程装置的测力

第24篇

2.4.1.2　其他测力传感器

表 24-2-34　**其他测力传感器**

名称	元件结构	传感器基本原理	特点与应用
压磁式测力传感器	图(a) 图(b) 图(c) 图(d)	压磁式(又称磁弹式)传感器是一种力-电转换传感器。其基本原理是利用某些铁磁材料的压磁效应。也就是应力使铁磁材料的磁性质发生变化的现象 压磁式传感器利用铁磁材料的压磁效应，在外力作用时，铁磁材料内部产生应力或者应力变化，引起铁磁材料的磁导率变化。材料受到压力时，在作用力方向磁导率 μ 减小，而在作用力垂直方向磁导率 μ 略有增大；作用力是拉力时，其效果相反。当铁磁材料上绕有线圈时(励磁绕组和输出绕组)，将引起二次线圈阻抗的变化或线圈间耦合系数的变化，从而使输出电动势发生变化 压磁式传感器的工作原理如图(a)所示。在压磁材料的中间部分开有四个对称的小孔 1、2、3 和 4，在孔 1、2 间绕有励磁绕组 N_{12}，孔 3、4 间绕有输出绕组 N_{34}。当励磁绕组中通过交流电流时，铁芯中就会产生磁场。若把空间分成 A、B、C、D 四个区域，在无外力作用的情况下，A、B、C、D 四个区域的磁导率是相同的。这时合成磁场强度 H 与输出绕组的平面平行，磁力线不与输出绕组交链，N_{34} 不产生感应电动势，如图(b)所示。在压力 F 作用下，如图(c)所示，A、B 区域将受到一定的应力 σ，而 C、D 区域基本处于自由状态，于是 A、B 区域的磁导率下降、磁阻增大，C、D 区域的磁导率基本不变。这样励磁绕组所产生的磁力线将重新分布，部分磁力线绕过 C、D 区域闭合，于是合成磁场 H 不再与 N_{34} 平面平行，一部分磁力线与 N_{34} 交链而产生感应电动势 e。F 值越大，与 N_{34} 交链的磁通越多，e 值越大。图(d)为压磁式传感器结构简图，它由压磁元件 1、弹性支架 2、传力钢球 3 组成	压磁式传感器的核心是压磁元件。压磁元件常用的材料有硅钢片、坡莫合金和一些铁氧体。坡莫合金具有很高的相对灵敏度，但价格昂贵；铁氧体也有很高的灵敏度，但由于它较脆而不常采用。最常用的材料是硅钢片。为了减小涡流损耗，压磁元件的铁芯大都采用薄片的铁磁材料叠合而成。冲片形状大致上有四种，如图(e)～图(h)所示。图(e)为四孔圆弧形冲片；图(f)为六孔圆弧形冲片；图(g) 为中字形冲片；图(h)为田字形冲片 图(e)　图(f)　图(g)　图(h) 压磁式传感器具有输出功率大、抗干扰能力强、过载性能好、结构和电路简单、能在恶劣环境下工作、寿命长等一系列优点。目前，这种传感器已成功地用在冶金、矿山、造纸、印刷、运输等各个工业部门。例如用来测量轧钢的轧制力、钢带的张力、纸张的张力，用于吊车提物的自动测量、配料的称量、金属切削过程的切削力测量以及电梯安全保护等。使用中应防止有侧向力干扰，而破坏硅钢的叠片结构
电容式测力传感器	图(a) 图(b)	电容式传感器是将被测量(如尺寸、压力等)的变化转换成电容量变化的一种传感器。平板电容器的电容量为 $$C=\frac{\varepsilon_0\varepsilon A}{\delta}$$ 式中　ε_0——真空的介电常数 ε——极板间介质的相对介电系数 A——极板的覆盖面积 δ——两平行极板间的距离 上式表明，当被测量 δ、A 或 ε 发生变化时，都会引起电容的变化。根据电容器参数变化的特性，电容式传感器可分为极距变化型、面积变化型和介质变化型三种，其中极距变化型和面积变化型应用较广。图(a)为平面线位移型电容传感器；图(b)为角位移型电容传感器；图(c)、图(d)为圆筒形电容传感器。适当加工改造可以用来测力	(1)电容式传感器优点 输入能量小而灵敏度高、电参量相对变化大。传感器的信噪比大，稳定性好；动态特性好。电容式传感器可用于动态参数的测量；能量损耗小；结构简单，适应性好。在振动、辐射环境下仍能可靠工作，如采用冷却措施，还可在高温条件下使用 (2)电容式传感器的缺点与解决方法 ①非线性大。当采用如图(f)所示的比例运算放大器电路时，可以得到输出电压与位移量的线性关系。输出电压为 $$u_y=-u_0\frac{C_0}{C_x},u_y=-u_0\frac{C_0D\delta}{\varepsilon_0\varepsilon A}$$

续表

名称	元件结构	传感器基本原理	特点与应用
电容式测力传感器	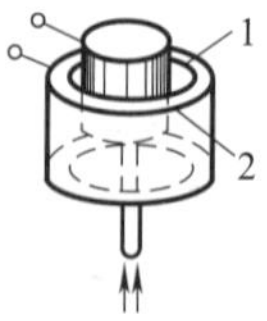 图(c) 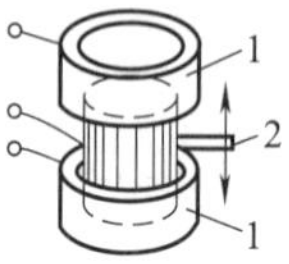 图(d)	图(e)是电容式测力传感器的简单原理图。在矩形的特殊弹性元件上，加工若干个贯通的圆孔，每个圆孔内固定两个端面平行的丁字形电极，每个电极上贴有铜箔，构成由多个平行板电容器并联组成的测量电路。在力F作用下，弹性元件变形使极板间距发生变化，从而改变电容量，如图(e)所示 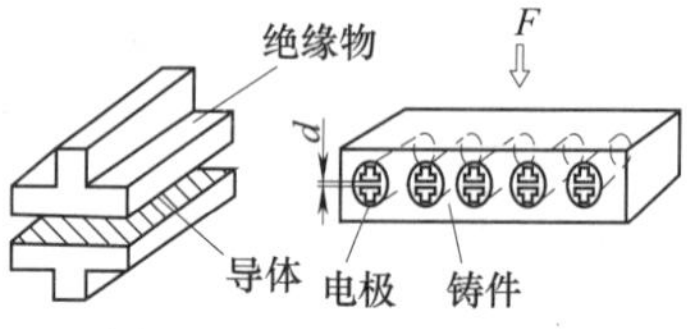 绝缘物 导体 电极 铸件 F d (ⅰ)电极 (ⅱ)传感器构造图 图(e)	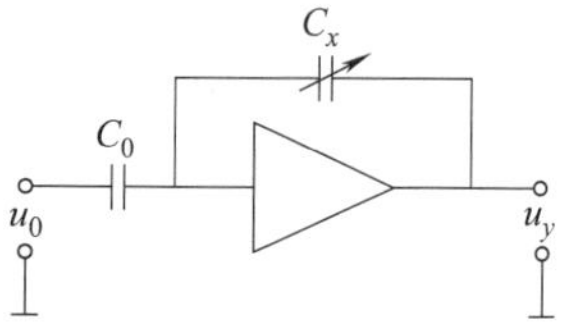 C_x C_0 u_0 u_y (f)比例运算放大器电器 ②电缆分布电容影响大。传感器两极板之间的电容仅几十个皮法，小的甚至只有几个皮法。而传感器与电子仪器之间的连接电缆却具有很大的电容，一种解决的办法是利用集成电路，使放大测量电路小型化，把它放在传感器内部，这样传输导线输出是直流电压信号，不受分布电容的影响；另一种方法是采用双屏蔽传输电缆，适当降低分布电容的影响
压电式测力传感器	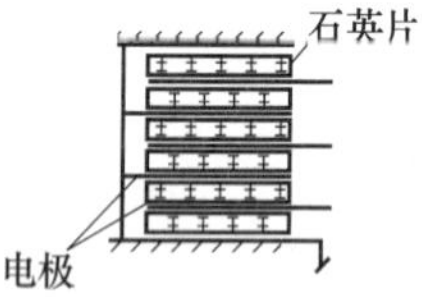 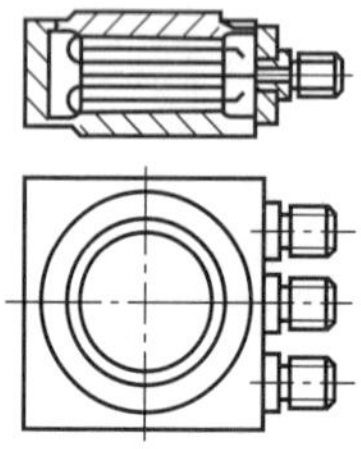 石英片 电极	压电式传感器是一种可逆转换器，它既可以将机械能转换为电能，又可以将电能转换为机械能。它的工作原理基于某些物质的压电效应。当沿着一定方向对其加力而使其变形时，在一定表面上将产生电荷，当外力去掉后，又重新回到不带电状态，这种现象称为压电效应。相反，如果在这些物质的极化方向施加电场，这些物质就在一定方向上产生机械变形或机械应力，当外电场撤去时，这些变形或应力也随之消失，这种现象称之为逆压电效应，或称之为电致伸缩效应 在工程中，压电转换元件是一种典型的力敏元件，能测量最终能变换成力的那些物理量。左图为三向压电式测力传感器	压电材料有几大类，压电单晶体，如石英、罗谢尔盐等；多晶压电陶瓷，如钛酸钡、锆钛酸铅、铌镁酸铅等，又称为压电陶瓷；聚偏二氟乙烯(PVDF)新型高分子物性型传感材料 压电式传感器具有自发电和可逆两种重要特性，同时还具有体积小、重量轻、结构简单、工作可靠、固有频率高、灵敏度和信噪比高等优点，但是也存在电荷泄漏，一般不适宜静态力的测量。使用中应防止承受横向力和施加预紧力 在机械、声学、力学、医学和宇航等领域都可见到压电式传感器的应用
差动变压器式测力装置	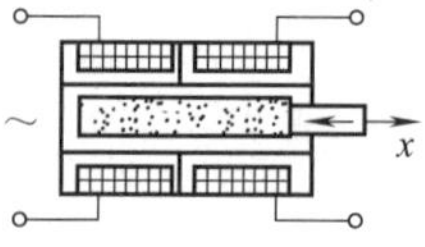 ~ x 图(a)	图(a)是双螺管线圈差动变压器，可用于电感测微计上，其测量范围为0～300μm，最小分辨力为0.5μm。这种传感器的线圈接在电桥上构成两个桥臂，如图(b)中的(ⅰ)所示；线圈电感L_1、L_2随铁芯位移而变化，其输出特性如图(b)中的(ⅱ)所示 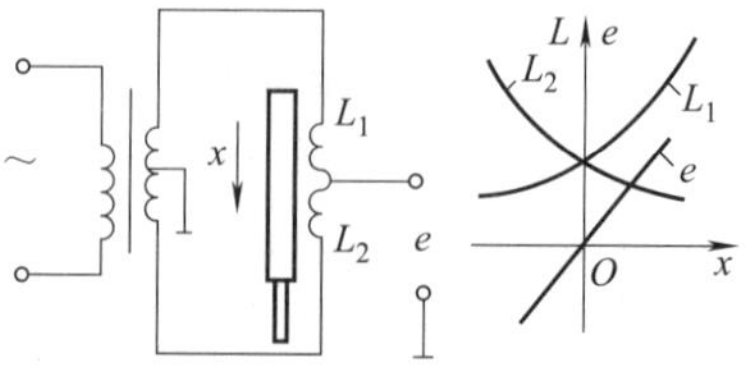 ~ x L_1 L_2 e L e L_2 L_1 e O x (ⅰ)电桥电路 (ⅱ)输出特性 图(b)双螺管线圈差动型电桥电路及输出特性	如图(c)所示差动变压器式测力传感器的弹性元件是薄壁圆筒，在外力F作用下，变形使差动变压器的铁芯介质微位移，变压器次极产生相应电信号。其特点是工作温度范围较宽，为了减小横向力或偏心力的影响，传感器的高径比应较小 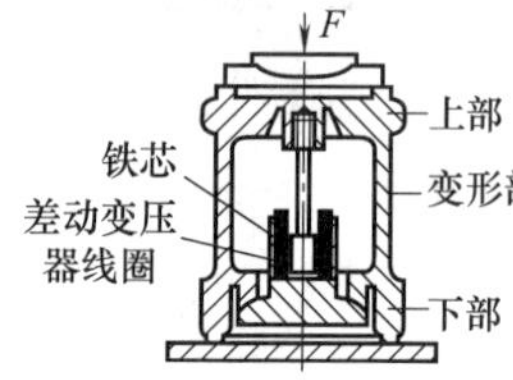 F 上部 铁芯 变形部 差动变压器线圈 下部 图(c)

2.4.2　常用拉压力传感产品

2.4.2.1　荷重传感器

表 24-2-35　中航电测称重测力传感器

名　称	称重传感器 HM9E	称重传感器 BM11	称重传感器 HM14H	称重传感器 BM24R
传感器图片				
额定载荷/t	20/30/40/45/50/60/100	5kg/10kg/20kg/30kg/50kg/100kg/200kg/250kg/300kg/350kg/500kg	10/20/25/30/40/50/60	10/20/47/68/100
综合误差/%FS	≤±0.018～≤±0.030			
蠕变/(%FS/30min)	≤±0.012～≤±0.024			
温度对输出灵敏度的影响/(%FS/10℃)	≤±0.009～≤±0.017			
温度对零点输出的影响/(%FS/10℃)	≤±0.010～≤±0.023			
输出灵敏度/mV・V^{-1}	3.0±0.003	2.0±0.02	2.0±0.002	2.85±0.003
输入阻抗/Ω	700±7	460±50	700±7	4450±100
输出阻抗/Ω	703±4	351±2	703±4	4010±4
绝缘阻抗/MΩ	≥5000(50VDC)	≥5000(50VDC)	≥5000(50VDC)	≥5000(50VDC)
零点输出/%FS	1.0	1.5	1.0	1.0
温度补偿/℃	−10～+40	−10～+40	−10～+40	−10～+40
允许使用温度/℃	−35～+65	−35～+65	−35～+65	−35～+65
推荐励磁电压/V	5～12(DC)	5～12(DC)	5～12(DC)	5～12(DC)
最大励磁电压/V	18(DC)	18(DC)	18(DC)	18(DC)
安全过载范围/%FS	120	120	150	120
极限过载范围/%FS	150	150	300	150
特点与适用范围	合金钢材料，全密封焊接，防油、防水、防一般腐蚀性气体及介质，可适用于多种环境；双剪切梁结构设计，适用于电子汽车衡、汽检线、轨道衡等各类电子称重设备	不锈钢材料，波纹管焊接，内部灌胶密封，防油、防水、耐腐蚀，可适用于各种环境；适用于电子吊钩秤、机改秤、料斗秤等各类电子称重设备；产品安全防爆型，可用于恶劣环境及危险性场合	合金钢材料，全密封焊接，防油、防水、防一般腐蚀性气体及介质，防雷击可达一万伏；柱式结构，防旋转设计，可自动复位，适用于电子平台秤、汽检线、料斗秤等各类电子称重设备	不锈钢材料，全密封焊接，防油、防水、防一般腐蚀性气体及介质，可适用于多种环境；板环式结构，适用于电子汽车衡、汽检线、料斗秤等电子称重和测力设备，也可作为标准传感器使用

注：生产厂为中航电测称重测力传感器，www.zemic.com.cn。

2.4.2.2　拉压力传感器

（1）天力拉压力传感器

表 24-2-36 **天力拉压力传感器**

名称	CLBS3 型拉压力传感器	CLBS4 型拉压力传感器	CLBSB 型拉压力传感器	CLBST 型拉压力传感器
图片				
测量范围	0～10kg；0～20kg；0～30kg；0～50kg；0～100kg；0～200kg；0～300kg；0～500kg；0～1t；0～1.5t；0～2t；0～3t；0～5t	0～200kg；0～300kg；0～500kg；0～1000kg；0～2000kg；0～3000kg；0～5000kg；0～90000kg；0～10t；0～15t；0～20t	0～200kg；0～300kg；0～500kg；0～1000kg	0～5t；0～8t；0～10t；0～15t；0～20t；0～25t；0～30t；0～50t
过载能力	150%	150%	150%	150%
测量介质	固体	固体	固体	固体
工作方式	拉压力、拉力、压力	拉压力、拉力、压力	拉压力、拉力	拉压力、拉力、压力
工作电压/V DC	10 或 12	10 或 12	10 或 12	10 或 12
输出灵敏度/mV·V^{-1}	1.5～2.0	1.5～2.0	1.5～2.0	1.5～2.0
零位输出	≤1%	≤1%	≤1%	≤1%
综合精度	0.05%、0.03%、0.02%FS	0.05%、0.03%、0.02%FS	0.05%、0.03%、0.02%FS	0.05%、0.03%、0.02%FS
零点温度系数/%FS	±0.05	±0.05	±0.05	±0.05
灵敏度温度系数/%FS	±0.05	±0.05	±0.05	±0.05
输入阻抗/Ω	650±30 (0～100kg：380±30)	385±30	650±30	700±30
输出阻抗/Ω	650±5 (0～100kg：380±5)	350±5	650±5	700±5
工作温度/℃	−20～80	−20～80	−20～80	−20～80
电气连接	直接电缆连接	直接电缆连接	直接电缆连接	航空插座+电缆连接
受力连接	两端内螺纹连接	两端内螺纹连接	两端内螺纹连接	两端内螺纹连接
应用特点	测量精度高，高级合金钢弹性元件，具有良好的温度特性，可靠性及长期稳定性能好。广泛用于失重秤、吊秤、料斗秤包装机等方面的拉压力测量	测量范围宽，合金钢弹性元件，具有良好的温度特性，长期稳定性能好，广泛用于失重秤、吊秤、料斗秤包装机等方面的拉压力测量	测量稳定性好，合金钢弹性元件，有较强的抗疲劳性，具有较小的滞后性误差，广泛用于失重秤、吊秤、料斗秤包装机等方面的拉压力测量	测量范围宽，合金钢弹性元件，有较强的抗过载能力，使用稳定性能好，广泛用于汽车、桥梁以及工程机械等方面对于大载荷的测量

注：生产厂为安徽省蚌埠市天力传感器厂，www.bb-tl.com。

(2) 金桥 JLY 型轮辐式承压传感器

表 24-2-37 **金桥 JLY 型轮辐式承压传感器**

型号	量程/t	灵敏度/mV·V^{-1}	直线度/%FS	滞后/%FS	重复性/%FS	零点输出/%FS	使用温度/℃	外形尺寸($D\times H$)/mm
JLY-1	1	2	0.05	0.05	0.03	±2	−30～60	ϕ80×20
JLY-2	2	2	0.05	0.05	0.03	±2	−30～60	ϕ100×30
JLY-5	5	2	0.05	0.05	0.03	±2	−30～60	ϕ120×50
JLY-10	10	2	0.05	0.05	0.03	±2	−30～60	ϕ140×50
JLY-20	20	2	0.05	0.05	0.03	±2	−30～60	ϕ160×60
JLY-30	30	2	0.05	0.05	0.03	±2	−30～60	ϕ220×80
JLY-50	50	2	0.05	0.05	0.03	±2	−30～60	ϕ240×80
JLY-100	100	2	0.05	0.05	0.03	±2	−30～60	ϕ300×150
JLY-200	200	2	0.05	0.05	0.03	±2	−30～60	ϕ400×160
JLY-300	300	2	0.05	0.05	0.25	±2	−30～60	ϕ400×160
JLY-500	500	2	0.05	0.05	0.25	±2	−30～60	ϕ400×160
JLY-1000	1000	2	0.05	0.05	0.25	±2	−30～60	ϕ500×200
JLY-1500	1500	2	0.05	0.05	0.25	±2	−30～60	ϕ600×300
JLY-2000	2000	2	0.05	0.05	0.25	±2	−30～60	ϕ600×300

注：生产厂为金桥传感器厂，www.jqsen.com。

（3）DL 型动态力传感器

DL 型动态传感器（表 24-2-38）是一种新型的高频测力传感器，它既能测动态力，又能测静态力，而通常的力传感器（如：筒式、柱式、S 形等）只能测静态力和低频的力，其特点是具有高的固有频率，适用于静态和动态测量；轴向变形小（通常为 0.03～0.05mm），适用于测量装置要求小的位移测量；传感器外形结构尺寸小、重量轻，适用于各种测量装置，传感器精度高，一般优于 0.1%，结构简单、紧凑、高度低，具有良好的密封性和抗腐蚀能力。

表 24-2-38　DL 型动态力传感器

型号	量程 /kg	灵敏度 /mV·V^{-1}	直线度 /%FS	滞后 /%FS	重复性 /%FS	零点输出 /%FS	使用温度 /℃	外形尺寸 ($H\times L$)/mm	连接螺纹 /mm
DL-50	50	2	±0.1	±0.1	±0.05	±1	−30～60	ϕ68×40	M8×1
DL-100	100	2	±0.1	±0.1	±0.05	±1	−30～60	ϕ68×40	M10×1
DL-150	150	2	±0.1	±0.1	±0.05	±1	−30～60	ϕ68×40	M10×1
DL-200	200	2	±0.1	±0.1	±0.05	±1	−30～60	ϕ68×40	M12×1
DL-300	300	2	±0.1	±0.1	±0.05	±1	−30～60	ϕ68×40	M12×1
DL-500	500	2	±0.1	±0.1	±0.05	±1	−30～60	ϕ68×40	M12×1
DL-1000	1000	2	±0.1	±0.1	±0.05	±1	−30～60	ϕ80×40	M20×1.5
DL-3000	3000	2	±0.1	±0.1	±0.05	±1	−30～60	ϕ80×40	M24×1.5
DL-5000	5000	2	±0.1	±0.1	±0.05	±1	−30～60	ϕ90×40	M30×1.5
DL-10000	10000	2	±0.1	±0.1	±0.05	±1	−30～60	ϕ90×40	M30×1.5
DL-20000	2000	2	±0.1	±0.1	±0.05	±1	−30～60	ϕ90×40	M36×3

注：生产厂为金桥传感器厂，www.jqsen.com。

2.4.3　拉压力传感器设计及应用

（1）测力传感器的典型结构

550 轧机测压传感器（压头）的主要部件是弹性元件，为了机械防护等目的，还要设有保护外壳（包括上盖及球面垫等）。传感器的典型结构如图 24-2-8 所示。传感器承受的载荷是通过球面垫 2 与 3、上盖 4 和底盘 11 作用在弹性件 6 上。为了对偏心载荷和歪斜载荷起调节作用，以及保证把全部载荷加到弹性元件上，采用了球面垫 2 与 3。为了防止水、油等介质进入传感器内部，采用一倒置的碗状上盖 4。同时在上盖 4 与底盘 11 之间用两道 O 形橡胶密封圈 8 和 9 密封，并用螺钉 10 固定。装配时，在其间填充流质密封剂。为使引线处密封良好，用特制波纹管 7 连接橡皮管将导线引出。导线引出波纹管后，用密封剂将管口封住。弹性元件的内外表面贴有应变片，在其上再涂以各种密封剂。为了装配方便，采用定位销 5 和 12。球面垫 1 是标定传感器时用的，故称为标定垫。

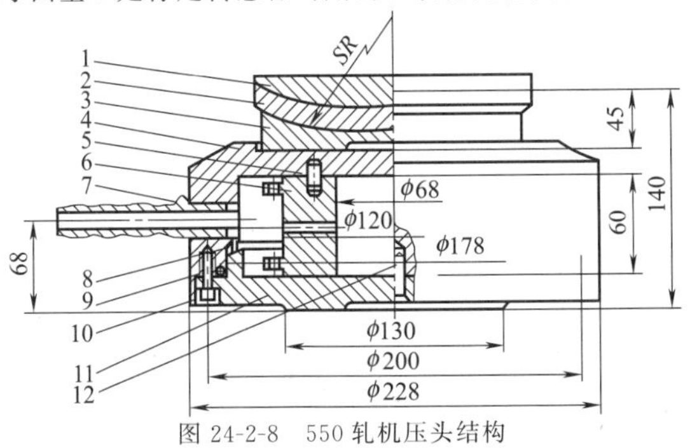

图 24-2-8　550 轧机压头结构

1～3—球面垫；4—上盖；5,12—定位销；6—弹性件；7—波纹管；8,9—O 形橡胶密封圈；10—螺钉；11—底盘

为保证传感器正常、持久地工作，某些传感器的结构设计还考虑其防护装置，例如，在设计轧机用传感器时，重点是防转。一方面，要防止压下螺钉转动时，带动传感器旋转，绞断导线，从而破坏其正常工作；另一方面，要防止传感器内部的弹性元件与上盖、底盘之间相对移动，以免绞断导线和改变原来的接触条件，从而破坏传感器的测试条件与标定条件的一致性。

（2）弹性元件的设计

弹性元件的作用是将所测力转换成应变，再由应变片组成的电桥转换成电信号。它是传感器的关键部件。因此必须根据实际情况，合理地选择弹性元件材料、几何形状和尺寸。

1）对弹性元件的要求。弹性元件应线性好、强度高、过载能力强、重复性好、热膨胀系数和温度系数小，以保证传感器温漂小。为此，必须注意弹性元件材料的选择与加工。若轧制力不大（数十万牛顿），可选用中碳钢；若轧制力很大（数兆牛顿），一般选用合金结构钢、优质合金钢以及弹簧钢等。以取得较大的允许应力，提高传感器的灵敏度，减小弹性滞后。

对弹性元件应进行调质处理，其上下两个受力端应磨削加工，表面粗糙度为 0.8μm 以上，两端面平行度误差应小于 0.02mm。粘贴应变片的表面粗糙度应为 0.8μm 以上。

2）弹性元件的几何尺寸。从测量性能来看，圆筒形比圆柱形具有良好的线性度、稳定性和精度，滞后也小。从贴片多少来看，圆筒形比圆柱形具有更多的贴片面积。因此，绝大多数弹性元件均采用圆筒形。对于圆柱形和圆筒形弹性元件，其主要几何尺寸为直径和高度。

弹性元件直径是根据轧机一扇牌坊承受的额定轧

制力 P_1，并参考压下螺钉端头直径（应略小于或等于端头直径）确定的。对于圆柱形弹性元件，其直径为

$$D \geqslant 2\sqrt{\frac{P_1}{\pi[\sigma]}} \approx 1.13\sqrt{\frac{P_1}{[\sigma]}} \qquad (24\text{-}2\text{-}16)$$

对于圆筒形弹性元件，其外径应小于或等于压下螺钉端头直径，其内径为

$$d \leqslant \sqrt{D^2 - \frac{4P_1}{\pi[\sigma]}} \qquad (24\text{-}2\text{-}17)$$

式中 d，D——弹性元件的内、外直径；

P_1——轧机一扇牌坊承受的额定轧制力；

$[\sigma]$——弹性元件材料的许用应力，MPa，$[\sigma] = \left(\frac{1}{4} \sim \frac{1}{3}\right)\sigma_s$，$\sigma_s$ 见表 24-2-39。

表 24-2-39 弹性元件常用材料的屈服强度 σ_s

材料		屈服强度 σ_s /MPa	备注
钢号	名称		
5CrMnMo	合金结构钢	700	—
40Cr	合金结构钢	800	一般弹性元件
65Mn	锰弹簧钢	800	—
35CrMo	合金结构钢	850	—
45Cr	合金结构钢	850	—
30CrMnSiA	合金结构钢	900	—
35CrMoV	弹簧钢	950	—
50CrVA	铬矾弹簧钢	1100	重要弹性元件
50CrMnA	铬锰弹簧钢	1200	—
60CrMnSiA	合金结构钢	1300	高精度弹性元件
60Si2MnA	硅锰弹簧钢	1400	疲劳强度高
65Si2MnWA	硅锰弹簧钢	1700	高精度弹性元件

当传感器外接的二次仪表不是应变仪，而是灵敏电表或负荷指示器时，则应根据所要求的灵敏度计算弹性元件直径 D 和 d。

若给定灵敏度 S，便可根据额定载荷 P_N 计算出圆柱形和圆筒形弹性元件直径 D 和 d：

$$D = \sqrt{\frac{2KP_N}{\pi ES}(1+\mu) \times 10^3} \qquad (24\text{-}2\text{-}18)$$

$$d = \sqrt{D^2 - \frac{2KP_N}{\pi ES}(1+\mu) \times 10^3} \qquad (24\text{-}2\text{-}19)$$

式中 S——传感器灵敏度，在额定载荷下，供桥电压为 1V 时，电桥输出的毫伏数，mV/V；通常取 1～2mV/V；电桥的输出应变为实际值的 $2(1+\mu)$ 倍；

K——应变片灵敏度系数；

μ——弹性元件材料的泊松比；

E——弹性元件材料的弹性模量。

计算出的直径应满足强度条件，即 $\sigma \leqslant [\sigma]$。

确定弹性元件高度的基本原则：一是沿其横截面上变形均匀，以便如实反映出弹性元件的真实变形；二是要考虑到弹性元件的稳定性及动态特性等因素。弹性元件高度对传感器精度影响很大，因此，必须合理地确定其大小。

从弹性元件的稳定性来看，若弹性元件太高，其稳定性就差，这就降低了抗侧向力的效果，因此希望它的高度低一些好。

为了减小测量误差，并考虑到弹性元件的稳定性，弹性元件高度 H 应按下式选择：

对于圆柱体，取

$$H \geqslant 2D + l$$

对于圆筒体，取

$$H \geqslant D - d + l$$

式中，l 为应变片基长。

对于轧机而言，弹性元件高度主要受到其安装位置的约束，故 H/D 达不到上述要求。为了保证测量精度，多采用圆筒形弹性元件，以增加其名义高度。

(3) 传感器的标定与精度检验

1) 标定方法。模拟传感器在现场的受力情况，首先将传感器在零载和满载（额定载荷）之间反复加载多次（至少三次），以消除传感器各部件之间的间隙和滞后，改善其线性，然后再正式标定记录。标定时，载荷自零点开始逐级加到满载，记录下各已知的标准载荷所对应的光点高度或电压值（见图 24-2-9），这样，从零载到满载至少重复三次，以取其平均值作为标定数据。最后，根据标定数据绘出传感器的标定曲线。标准载荷与输出信号之间呈直线变化关系的，称为线性（图 24-2-9 中的直线 1）；反之，呈曲线变化关系的，称为非线性（图 24-2-9 中的曲线 2）。

2) 标定时的注意事项。传感器的加载条件应力求和实测条件一致，将实测时用到的全部附件（例如球面垫等）都要加上标定，最好用一个与压下螺钉端头形状一致的标定垫模拟压下螺钉。

仪器工作状态力求和实测时相同，这一点尤为重要。要求标定和实测时使用同一套仪器，例如，仪器的通道号数、放大倍数（衰减挡、灵敏度）、连接导线、供桥电压等都应相同，否则标定结果无效。

在正式记录前应反复加载（至额定载荷）、卸载 3～5 次。标定时应将额定载荷分成若干个梯度，每一个梯度载荷要保持稳定，以便读取和拍摄输出值。

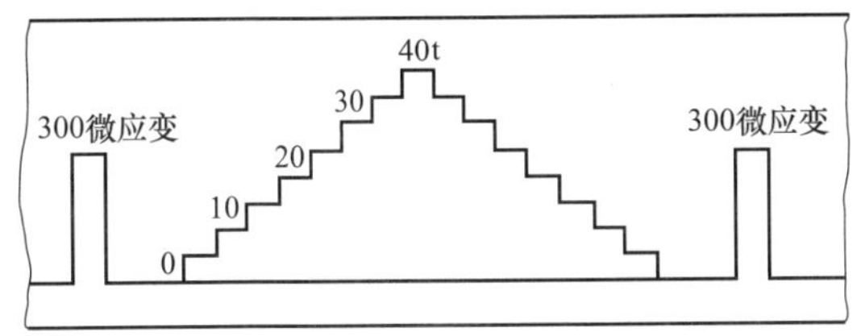

(a) 传感器标定示波图(1t=9.8kN)

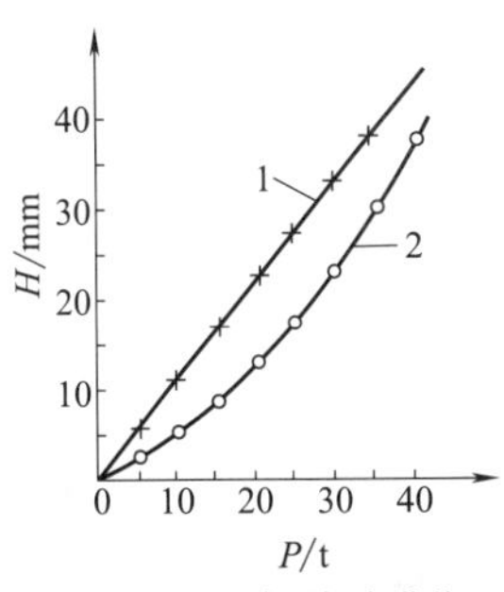

(b) 传感器标定曲线

图 24-2-9　传感器标定示波图与标定曲线

3）精度检验。对传感器而言，通常用线性度、滞后和重复性三项指标来表示其精度。

传感器的线性度一般用非线性误差表示，即实际的工作特性曲线与理想的线性特性曲线的偏离程度。通常以最大偏移 Δ_{max} 与额定输出值 S_N 的百分比值表示。

传感器的滞后是指传感器的加载特性曲线与卸载特性曲线的偏离程度。通常以加载和卸载特性曲线的最大差值 H 与额定输出值 S_H 的百分比表示。

重复性是指传感器在相同的环境和相同加载条件下，重复加载多次，由于每次加载曲线未必能完全一致，其中最大差值与额定载荷输出值之比的百分数称为重复性误差。

此外还有其他精度检验指标，可根据传感器的用途选择具体检验项目。

2.5　扭矩传感器

2.5.1　扭矩测量原理

扭矩为扭力与作用点到扭力作用方向的距离之乘积，单位是牛顿·米（N·m）。扭矩测量的方法，按照它的基本原理可以分为：传递法、平衡力法及能量转换法三类。

① 传递法又称扭轴法，它是根据弹性轴在传递扭矩时所产生的物理参数的变化而测量扭矩的方法。这些变化的物理参数可以是弹性轴的变形、应变和应力。

② 平衡力法又称反力法，它是用平衡扭矩去平衡被测扭矩，从而求得被测扭矩。该方法仅能测量匀速工作情况下的扭矩，不能测量动态扭矩。

③ 能量转换法，它是根据能量守恒定律，间接测量扭矩的方法。

其中，传递法和平衡力法为直接测量扭矩的方法，测量方便、精度高，而能量转换法为间接测量扭矩的方法，测量误差比较大，常达±(10～15)%。只有在无法进行直接测量的场合下，才采用间接测量法。

相应地，扭矩测量仪大致可以分为三大类：传递类、平衡力类及能量转换类。传递类扭矩测量传感器可以分为：变形型、应力型和应变型。具体分类如图 24-2-10 所示。

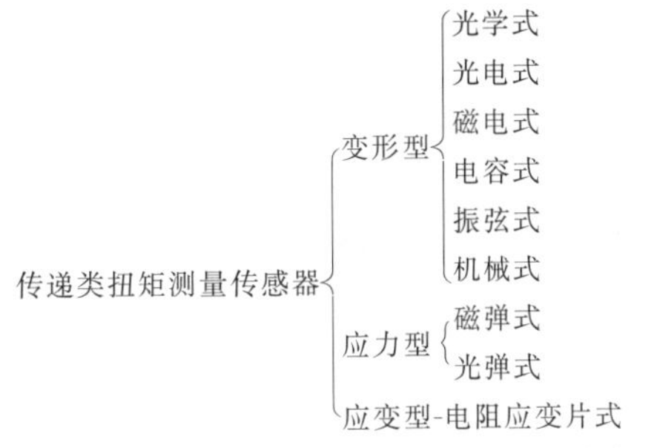

图 24-2-10　传递类扭矩测量传感器的分类

变形型是利用扭轴产生的扭转变形角及剪应变角设计而成的；应力型是利用扭轴截面上的剪应力与扭矩成正比的关系，以及磁性材料在机械应力作用下，其导磁性能发生相应变化的原理设计而成的；应变型是通过测量扭轴产生的与扭矩值对应的应变设计而成的。常用扭矩测量方法与原理如表 24-2-40 所示。

在应变型扭矩测量中，粘贴在旋转件上的应变片和电桥导线随旋转件转动，而应变仪等测量记录仪器是固定的，需要集电装置将测试信号传送出去。常用集电装置的结构原理如表 24-2-41 所示。

常用的集电装置有拉线式、电刷式、水银式、感应式四种。拉线式集电装置使用时磨损严重，是一次性使用的集电装置，适用于低速旋转构件的应变测量。电刷式集电装置工作性能较好，可用于较高转速下的扭矩测量。但构件高速旋转时，定子、转子发热会导致信号漂移，从而出现测量误差。水银式集电装置有毒，近年来已很少使用。感应式集电装置是利用电磁感应传递应变信号的非接触集电装置，但其动静线圈之间的间隙和变压器损耗会引起标定值变化，间隙变化所引起的磁阻变化也会影响测量结果，而且测量的转速不高且价格较高。

应变型扭矩测量需要标定，扭矩的标定就是在所测轴上施加已知标准力矩，以求得电桥输出与力矩之间的关系，称标定方程或标定曲线。标定方法有直接标定与间接标定两类。常用应变型扭矩测量的标定方法如表 24-2-42 所示。

表 24-2-40 常用扭矩测量方法与原理

测量方法	结构示意图	扭矩测量方法与原理
应变式扭矩测量	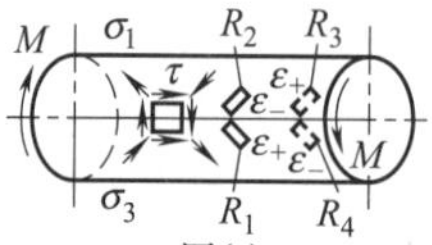 图(a) 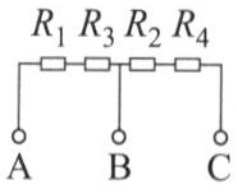 图(b) 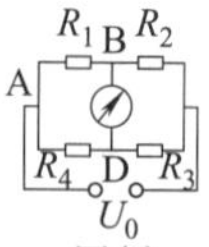 图(c)	在扭矩作用下，转轴表面处于纯剪切应力状态，其剪应力大小等于与轴线成±45°的主应力 σ_1 和 σ_2，因此沿与轴线±45°方向粘贴应变片，可测出应变（σ_1 方向为拉应变 ε_1，σ_2 方向为压应变 ε_2），如图(a)所示，图(b)、图(c)是半桥和全桥连接。根据材料力学，平面应力胡克定律可得与轴线成±45°的主应变和轴的扭矩为 $\varepsilon_1=\frac{(1+\mu)\sigma_1}{E}=-\frac{(1+\mu)\sigma_3}{E},T=W_n\tau_{max}=W_n\mid\sigma_1\mid=\frac{W_nE\varepsilon_1}{1+\mu}$ 式中 T——转轴扭矩，N·m W_n——抗扭断面模量，m^3，对于圆轴 $W_n=\frac{\pi D^3}{16}\approx 0.2D^3$ τ_{max}——最大剪切应力，Pa，$\tau_{max}=\mid\sigma\mid$ μ——泊松比
压磁式扭矩测量	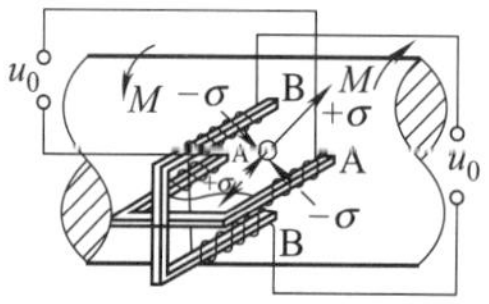	铁磁材料的转轴受扭矩作用时，磁导率发生变化。两个 U 形铁芯分别绕有线圈 A—A 和 B—B，其中 A—A 沿轴线方向，B—B 沿垂直于轴线的方向放置，彼此互相垂直。其开口端和转轴表面保持 1～2mm 空隙，如左图所示。当 A—A 线圈通入交流电，形成通过转轴的交变磁场。在转轴不受扭矩时，磁力线和 B—B 线圈不交链。当转轴受扭矩作用后，转轴材料磁导率变化，使部分磁力线与 B—B 线圈交链，并在 B—B 线圈中产生感应电势。感应电势随扭矩增大而增大，并在一定范围内呈线性关系。根据感应电势的大小，可以测量扭矩的大小。压磁式传感器也称为磁弹传感器，该方法的特点是可以进行非接触式测量，使用方便。但要求旋转过程不出现径向跳动，避免铁芯与转轴间隙改变，造成测量误差甚至破坏测量设备
磁电感应式扭矩测量	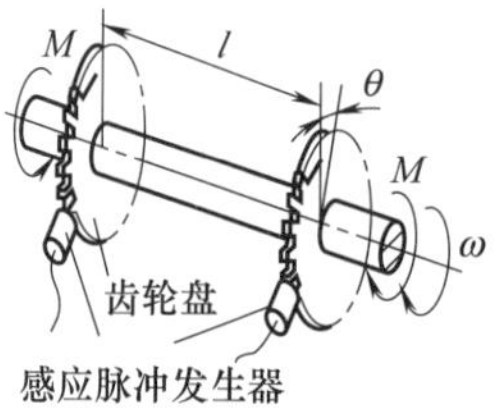	磁电感应式扭矩传感器原理如左图所示，它实际上是在转轴上安装两个相距 l 的开磁路磁电式传感器。齿轮盘齿数为 Z，转轴每转一周，两磁电式传感器输出 Z 个脉冲。当转轴受力矩 M 作用，使两齿轮盘产生相对扭转角 $\Delta\theta$ 时，两路脉冲信号便在相位上相差 $\Delta\varphi$ $\Delta\varphi=Z\Delta\theta=Z\frac{Ml}{GI_p}$ 式中，G 为转轴剪切弹性模量；I_p 为转轴截面极惯矩 由上式可知，相位差 $\Delta\varphi$ 与扭矩 M 成正比。通过测量电路转换，可以将 $\Delta\varphi$ 转换成与扭矩成正比的电信号。Z 的选取通常使 $\frac{\pi}{2}<\Delta\varphi<\pi$。当转轴转速很高时，$Z$ 可取小一些；当转轴转速很低时，Z 可取大一些（可达几百），这样才能使得感应信号幅值不致太强或太弱
光电式扭矩测量	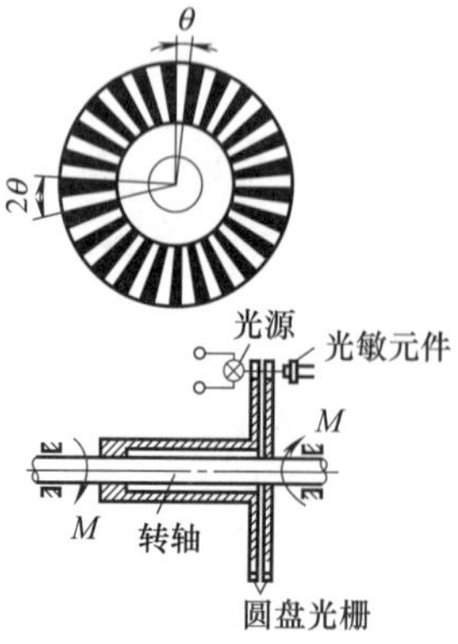	如左图所示，在转轴上固定两个圆盘光栅。在不承受扭矩时，两光栅的明暗区正好互相遮挡，光源没有光线透过光栅照射到光敏元件，无输出信号；当转轴受到扭矩后，转轴变形将使两光栅出现相对转角，部分光线透过光栅照射到光敏元件上，产生输出信号。扭矩愈大，扭转角愈大，穿过光栅的光通量愈大，输出信号愈大，从而可实现扭矩测量 这种扭矩测量仪的工作转速为 100～8000r/min，精度为 1%

表 24-2-41　应变型扭矩测量常用的集电装置

名称	结构简图	集电装置原理
拉线式集电装置	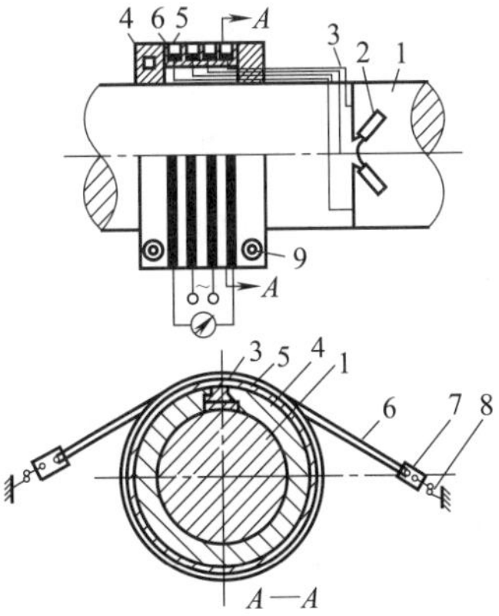 4 6 5 A 3 2 1 9 A 3 5 4 1 6 7 8 A—A	尼龙制成的两个半圆形滑环 4，用螺栓 9 固定在转轴 1 上，并随之转动，如左图所示。滑环的外圆加工有 4 条沟槽，槽内嵌有黄铜或铍青铜带 5，两个半圆形滑环上的 4 条铜带端部对头焊接，并将转轴上可粘贴的应变片 2 连接成的电桥端点引线 3 焊接至该处。拉线 6 置于滑环之上，并经绝缘子 7 用弹簧 8 拉紧固定，在拉线 6 上焊接引线连至测量仪。拉线 6 多采用裸铜丝编织成的扁线（从屏蔽电缆线上剥离下的屏蔽网）。安装时应该注意：①轴转上固紧滑环，不得有任何松动，滑环的四个滑道特别是端头焊点应光滑平整，滑环平面与转轴严格垂直。②拉线在转轴上的包角太小，转轴有径向跳动会脱离接触。包角太大，磨损过快。一般应使包角在 30°～90°之间。③拉线弹簧张力太小，接触电阻加大甚至接触不好；张力太大，磨损过快。④为减少磨损，常在滑道上加入少量凡士林或与石墨炭刷粉末混合物。⑤拉线固定方式应视现场条件而定，对于高速转轴或正反换向转轴应双端固定
电刷式集电装置	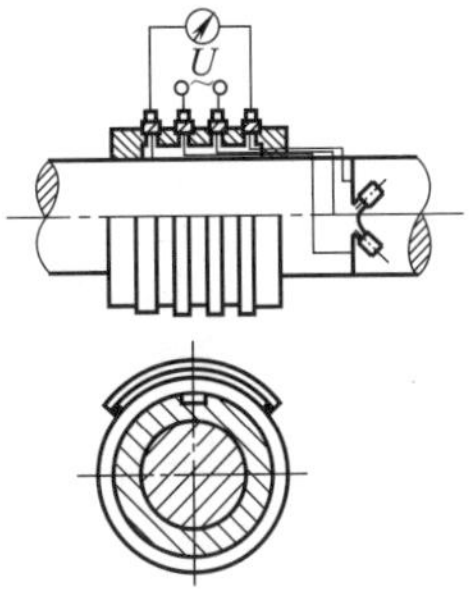 U	电刷式集电装置结构如左图所示。为了保证电刷与滑环接触良好，减少接触电阻，在每条滑道上应对称配置多个并接在一起的电刷，且使各电刷用弹簧压紧滑道。其压紧力应适当。电刷材料多用石墨与银制成，也可用铍青铜片。集电装置种类、形式很多，其原理、结构与电机的集电装置相同
无线传输方式集电装置	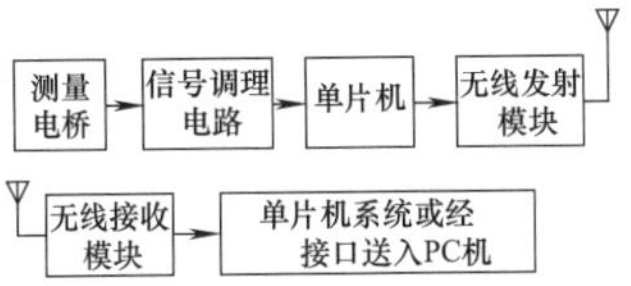 测量电桥 → 信号调理电路 → 单片机 → 无线发射模块 无线接收模块 → 单片机系统或经接口送入PC机 图(a)　无线传输方式集电装置 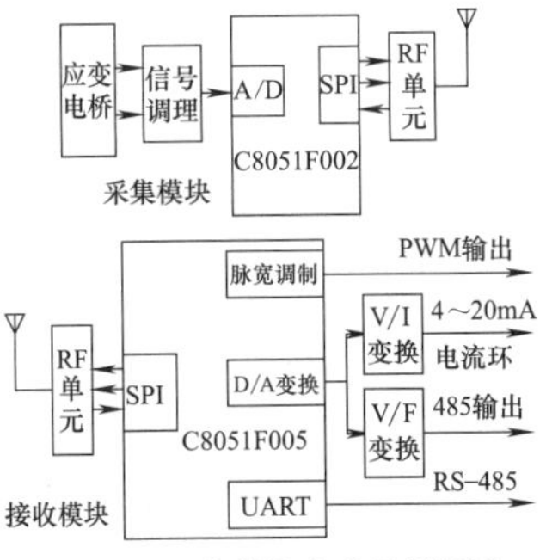 应变电桥 → 信号调理 → A/D；SPI ⇄ RF单元；C8051F002；采集模块 RF单元 ⇄ SPI；C8051F005；脉宽调制 PWM输出；D/A变换 → V/I变换 4～20mA电流环；V/F变换 485输出；UART RS-485；接收模块 图(b)　无线传输方式扭矩测试	无线传输方式是利用无线电波、电磁波或光波来传输信号，解决了有线传输方式存在的一系列问题。它是将应变电桥输出的微弱电压信号经过前置处理后，通过无线的方式传送到地面上静止的分析仪器。如图(a)所示，单片机控制无线发射模块，按照一定的格式将扭矩信号发射出去；同时计算机或单片机再通过无线接收模块将接收到的数据进行处理，最后予以显示或存储 旋转轴上的测量电路、信号无线发送装置都需要有能量输入。能量输入方式有感应供电和电池供电，一般需要根据测试时间长短和安装经济性来决定选用感应供电还是电池供电。感应供电的基本原理是电磁感应。通过电磁感应在旋转的次级线圈上感应出电压，经稳压、整流后为应变电桥、信号处理电路及发射模块提供能量。感应供电的优点是适合长时间测量，尤其适合实时运行状态监测 图(b)给出了一个扭矩测量实例，该测量装置由采集模块和接收模块构成。采集模块由应变电桥、信号调理单元、单片机和无线传输单元组成。该模块固定在转轴上，随转轴一起转动，完成对扭矩信号的采集、处理和发送。采集模块用锂电池供电，体积小。单片机 C8051F002 对信号进行第二次放大、A/D 转换，并将其封装成数据包由 RF 单元（无线数据传输芯片 nRF2401）以 2.4GHz 的高频载波发送。接收模块接收采集模块发送来的数据，它被固定在转轴套筒上，不随转轴转动

表 24-2-42　应变型扭矩测量的标定方法

标定方法	标定原理与特点
直接标定	在现场对所测轴施加已知力矩。对于小轴，可把接轴一端卡住，另一端固定一根杠杆，在杠杆端部逐渐加砝码；对于大轴，可用吊车来盘轴，在吊车提升机械上安装一个测力计，以得到所施加的力矩值。这种标定法是准确的，但是往往由于现场条件不允许进行直接标定，故多采用间接标定

第 24 篇

续表

标定方法	标定原理与特点
间接标定	间接标定法主要以模拟小轴法为代表。做一个直径为实测轴直径1/Q、材质相同的小轴。在小轴上贴片，要求应变片性能、贴片工艺、组桥方法、测量仪器以及导线均与实测轴的条件完全一样。然后将小轴放在扭转试验机上或加载支架上，加载并做出标定曲线。根据扭转强度计算公式，对小轴施加已知扭矩 $M_{标}$，则得 $\tau_{标}=\frac{M_{标}}{0.2d^3}$，对实测轴为 $\tau_{测}=\frac{M_{测}}{0.2D^3}$，当两轴测试条件、输出值相同时，则表示两轴产生的切应力 τ 相等（$\tau_{标}=\tau_{测}$），即 $\frac{M_{标}}{0.2d^3}=\frac{M_{测}}{0.2D^3}$，$M_{测}=M_{标}\left(\frac{D}{d}\right)^3$。实际应用上式时，模拟小轴的标定曲线可作为实测大轴的标定曲线使用，只是将 $M_{标}$ 乘以 $(D/d)^3$，即为被测扭矩 $M_{测}$。或者根据标定曲线找出标定系数 K_m（标定扭矩 $M_{标}$ 与点高度 $S_{标}$ 之间的比例关系），求出被测扭矩 $$M_{测}=K_mS_m\left(\frac{D}{d}\right)^3$$ 式中 K_m——标定系数，$K_m=\frac{M_{标}}{S_{标}}$ S_m——实测光点高度

2.5.2 常用扭矩传感器产品

(1) B. I. W 宝宜威扭矩传感器

表 24-2-43 **静态扭矩传感器**

外形	型号	量程/N·m	精度/%FS	应用范围	机械接口
	0140	25000	0.1～0.2	螺栓扭矩，扳手标定	方头
	0150H	0.005～20	0.1～0.2	超小扭矩测试	法兰/轴
	0155	0.005～20000	0.1	静态扭矩测量，如挤压机	轴
	0140H	0.2～20	0.1	螺栓扭矩，扳手标定	$\frac{1}{4}$in① 六角头/快速接头
	0155F	5～1000	0.1～0.2	紧凑设计	中空法兰/轴（含键槽）
	0153	10～200	0.1	紧凑设计	中空大通设计
	0109	1～5	0.2	紧凑设计	含台阶法兰

第24篇

续表

外形	型号	量程/N·m	精度/%FS	应用范围	机械接口
	0130	10～20000	0.05～0.1	紧凑设计	中空法兰
	0135	2～2000	0.1～0.2	螺栓扭矩，扳手标定	中空法兰/方头
	0123	2～5000	0.1～0.2	螺栓扭矩，扳手标定	中空法兰/方空
	0168	100～5000	0.1	超短设计	法兰
	0150	1～100	0.1～0.2	静态扭矩测量，如试验机	轴(含键)

① 1in=0.0254m。

注：生产厂为 B. I. W 宝宜威，www.biw.net.cn。

表 24-2-44　**动态扭矩传感器**

外　形	型号	量程 /N·m	精度 /%FS	转速/转角	机械接口
	0300	0.5～1000 USB 接口 传感器	0.1	有	轴
	0261	0.1～20000	0.1	有	轴
	0261E	0.1～1000	0.2	有	轴
	0180	0.2～200	0.25	—	轴

续表

外　形	型号	量程 /N·m	精度 /%FS	转速/转角	机械接口
	0171Q	0.1～5000	0.1	有	方头/方孔
	0171QE	0.1～5000	0.25	有	方头/方孔
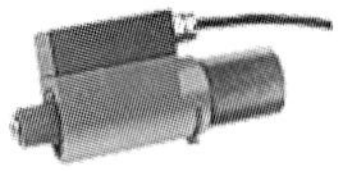	0171HC	0.1～20	0.1	—	$\frac{1}{4}$in 六角头/快换接头
	0171H	0.1～20	0.1	有	$\frac{1}{4}$in 六角头/快换接头
	0171HE	0.1～20	0.25	有	$\frac{1}{4}$in 六角头/快速接头
	0270	0.1～20000	0.1	有	轴
	0270E	0.1～1000	0.2	有	轴
	0325	50～1000 无轴承	0.05～0.15	有	夹紧环/键槽
	0172	20～5000 皮带轮传感器	0.1	有	安装孔含键槽
	0250	0.005～150 超小扭矩,高转速	0.1	有	轴
	0248	260	0.5	—	花键

续表

外　　形	型号	量程/N·m	精度/%FS	转速/转角	机械接口
	0270Du	0.5/5～2000/20000 双量程传感器	0.1	有	轴
	0261Du	0.5/5～2000/20000 双量程传感器	0.1	有	轴

注：生产厂为 B. I. W 宝宜威，www. biw. net. cn。

表 24-2-45　带滑环动态扭矩传感器

外　　形	型号	量程/N·m	精度/%FS	转速/转角	机械接口
	0143Q	1～5000	0.1	—	方头/方孔
	0143R	1～500	0.1	—	轴(键槽)
	0143QA	1～5000	0.1	有	方头/方孔
	0143RA	1～500	0.1	有	轴(键槽)
	0143H	1～20	0.1	—	$\frac{1}{4}$in 六角头/快速接头
	0143HA	1～20	0.1	有	$\frac{1}{4}$in 六角头/快速接头

注：生产厂为 B. I. W 宝宜威，www. biw. net. cn。

(2) PS系列扭矩传感器

表 24-2-46 PS系列扭矩传感器

性能参数	输出信号	(10±5)kHz(标准信号),(0±10)V,(0±5)V,4~20mA	性能参数	供电电源	24V DC
				环境温度	−40~80℃
	工作转速	0~3000r/min、0~6000r/min、0~8000r/min、0~10000r/min 等		频率响应	100μs
	转速信号	60脉冲/转		输出电平	TTL,负载电流10mA
	测量精度	≤0.1%FS,0.25%FS,0.5%FS(直线度、滞后、重复性)		相对湿度	≤90%HR
	稳定性	≤0.1%FS		过载能力	120%

名 称	外 形	说 明	测量范围/N·m
PS-T1 静止扭矩传感器		PS-T1 静止扭矩传感器是根据电阻应变为敏感元件和集成电路构成的一体化产品	0~±5、0~±50、0~±100、0~±200、0~±500、0~±1000、0~±2000、0~±5000、0~±100000
PS-T2 动态扭矩传感器		PS-T2用于测量旋转扭矩值。由于输出为方波频率信号或4~20mA电流信号,抗干扰能力强,使用方便	0~±5~±50、0~±100、0~±200、0~±500、0~±1000、0~±2000、0~±5000、0~±100000
PS-T2 转矩转速传感器		PS-T2 转矩转速传感器用于测量旋转转矩转速值,输出为方波频率信号或4~20mA电流信号,抗干扰能力强,使用方便。传感器是变压器感应供电,可长期工作,广泛应用于电机、发电机、减速机、柴油机的转矩、转速和功率的检测	0~±5~±50、0~±100、0~±200、0~±500、0~±1000、0~±2000、0~±5000、0~±100000
PS-T3 微量程扭矩传感器		PS-T3 系列扭矩传感器是采用了先进的德国技术和生产设备及检测设备,综合了国内外扭矩传感器的优点,研发出的一种动态测小扭矩传感器	0~±5~±50、0~±100、0~±200、0~±500、0~±1000、0~±2000、0~±5000、0~±100000
PS-T4 非标扭矩传感器		PS-T4 非标扭矩传感器是根据电阻应变为敏感元件和集成电路构成的一体化产品。本系列扭矩传感器可以根据客户使用现场的要求进行非标设计	0~1、0~200、0~500、0~1000、0~2000、0~5000、0~100000
PS-T5 扭矩传感器		PS-T5 扭矩传感器是根据电阻应变为敏感元件和智能线路构成的一体化产品。扭矩传感器采用德国技术和生产设备及先进的检测设备;综合了国内外扭矩传感器的优点	0~±5、±10、±20、±50、±100、±200、±500、±1000、±2000、±5000、±10000、±20000、±30000、±50000、±60000
PS-T6 型盘式扭矩传感器		PS-T6 型盘式扭矩传感器是采用了先进的德国技术和生产设备及检测设备,综合了国内外扭矩传感器的优点,研发出一种动态测量盘式矩传感器	0~±100、±500、±1000、±2000、±5000、±10000、±20000、±30000、±50000、±60000

注:生产厂为北京普瑞萨思测控技术有限公司,www.bjprss.com。

(3) HBM 扭矩传感器

表 24-2-47　HBM 扭矩传感器

型号	外形	特　点	量　程	关键特性
T12		扭矩测量的新标准，数字扭矩传感器	100N·m～10kN·m	额定转速最高达 16000r/min；测量频率范围 6kHz(－3dB)；数字信号传输最大到 4800b/s，带有两个测量信号；线性误差包括蠕变±0.01%；重复性误差±0.01%；温度对灵敏度影响±0.03%/10K；温度对零点的影响±0.01%/10K
T40		扭矩传感器，扭矩测量的全能选手	200N·m～10kN·m	额定量程从 200N·m 最大到 10kN·m；额定转速最大到 20000r/min；精度等级 0.05(符合最严格的 HBM 标准)；测量频率范围最大到 6kHz(－3dB)；无轴承，无滑环，尺寸短小；频率输出 60kHz±30kHz(10kHz±5kHz；240kHz±120kHz)，模拟输出±10V
SK5，SK6，SK12		SK5，SK6 和 SK12 滑环组	可以用于转动到静态测量系统	滑环组可以为应变、电感式、压阻、热电偶等传感器提供信号传输和对其进行供电。电刷的材料使电刷和滑环间能够保持低热电压，能够保持传输信号的高质量、低磨损。SK5 安装在轴上，SK6 和 SK12 采用电刷连接
T10F		扭矩法兰(传感器)结构紧凑	50N·m～10kN·m	额定转速 8000～15000r/min；尺寸小，高允许动态负载；高允许侧向力和弯矩；极高的硬度；无轴承，无滑环，可接受标定信号；内置转速测量(可选)；内置光学速度测量系统；可选：联轴器
T10FH		T10FH 扭矩传感器(法兰)	100～300kN·m	额定转速 2000～3000r/min 转动和非转动型号；无轴承和滑环，尺寸小；可选光学速度测量系统，180 脉冲/转；可选 PTB 标定证书，按照 DIN51309 标准，精度等级为 0.5
T10FM		扭矩传感器(法兰)	15～80kN·m	额定转速 3000～8000r/min，结构紧凑，可抵御较高的侧向力，较高的抗扭刚性，无轴承，无滑环，可接受标定信号，内置速度测量系统(可选)选项；内置光学速度测量系统
T10FS		扭矩传感器(法兰)，高速，高精度	100N·m～10kN·m	额定转速 12000～24000r/min；低转子质量，低惯性，尺寸小，无轴承，无滑环。选项：内置磁学或光学速度测量系统
T20WN		圆柱轴扭矩传感器	0.1～200N·m	额定转速 10000r/min(带有角度测量系统为 3000r/min)；无接触测量信号传输；可进行转动和非转动测量；轴端摩擦力连接；内置角度和速度测量系统；扭矩信号输出：+/－10V；附件：联轴器，VK20 接线盒
T22		结构紧凑，结实，应用于简单的扭矩测量	5N·m～1kN·m	额定转速 9000～16000r/min；精度等级 0.5；测量信号非接触传输；动态和静态扭矩测量；圆柱轴端用于非摩擦接头；±5V 和(10±8)mA 信号输出
T4A		轴端/螺纹轴端 扭矩传感器	5N·m～1kN·m	最大允许转速 4000r/min；任何方向进行扭矩测量，T4WA-S3：角度测量/转速测量；方形连接，安装方便，紧凑，容易操作

续表

型号	外形	特　点	量　程	关键特性
T5		轴端摩擦力连接扭矩传感器	10～200N·m	最大允许转速 4000r/min；任何方向都可以进行扭矩测量；轴端带有摩擦锁定点，结构紧凑且容易使用
TB1A		扭矩比对测量盘	100N·m～10kN·m	精度等级 0.05，结构短小，不需更多空间；对横向和纵向力及弯矩具有很高的抵抗性
TB2		极高精度的扭矩传感器	500N·m～10kN·m	精度等级 0.03，高允许振动带宽 精度 0.05，按照 DIN51309 或 EA-10/14 标准(包含在 DKD 标定证书)；选项 IP67 保护等级，按照 EN 60529 标准
TN		扭矩传感器标准	100N·m～20kN·m	无栓圆柱轴端；尺寸按照 DIN 51309 和 EA-10/14 标准；精度等级 0.05，按照 DIN51309 或 EA-10/14 标准(与 DKD 标定证书相配套)；选项：顶级扭矩传感器(极高精度)，选项：扭矩第二个测量桥；选项：弯矩测量点；选项：内置温度测量
TTS		用于扭矩扳手标定的扭矩传感器	100N·m～3kN·m	用于扭矩扳手标定的扭矩传感器，精度 0.2 per DKD-R-3-7；对横向和纵向力，以及弯矩具有很强的免疫力

注：生产厂为德国 HBM，www.hbm.com。

第 3 章　位移测量中的传感器

在生产过程中，位移的测量一般分为测量实物尺寸和机械位移两种。实物尺寸主要是厚度的测量，机械位移又可以分为线位移和角位移。按被测变量变换的形式不同，位移传感器可分为模拟式和数字式两种。模拟式又可分为物性型和结构型两种。常用位移传感器以模拟式结构型居多。数字式位移传感器的一个重要优点是便于将信号直接送入计算机系统，这种传感器发展迅速，应用日益广泛。

3.1　位移传感器的分类和主要技术指标

根据变换原理，常用的位移传感器有电阻式、电感式、电容式、感应同步器、光栅和激光等位移计以及角度编码器等。小位移测量通常采用应变式、电容式、自感式、差动变压器式、涡流式或霍尔传感器，涡流式和电容式传感器适用于非接触动态测量，自感式传感器与差动变压器式传感器适用于静态测量，也可用于慢速动态测量，二者测量方式均为接触式。大位移测量常采用感应同步器、光栅和激光等传感技术。表 24-3-1 列出了较常见位移传感器的使用性能和主要特点。

表 24-3-1　常见位移传感器的使用性能及主要特点

类型			测量范围	精确度	直线性	特点
电阻式	滑线式	线位移 角位移	1～300mm① 0～360°	±0.1% ±0.1%	±0.1% ±0.1%	分辨力较好，可静态或动态测量。机械结构不牢固
	变阻式	线位移 角位移	1～1000m① 0～60rad	±0.5% ±0.5%	±0.5% ±0.5%	结构牢固，寿命长，但分辨力差，电噪声大
	电阻应变式	非粘贴式	±0.15%应变	±0.1%	±1%	不牢固
		粘贴式	±0.3%应变	±2%～3%	—	使用方便，需温度补偿
		半导体式	±0.25%应变	±2%～3%	满刻度±20%	输出幅值大，温度灵敏性高
电感式	自感式	变气隙型	±0.2mm	±1%	±3%	只宜用于微小位移测量
		螺管型	1.5～2mm	—	—	测量范围较前者宽，使用方便可靠，动态性能较差
		特大型	300～2000mm	—	0.15%～1%	
	差动变压器式		±0.08～75mm①	±0.5%	±0.5%	分辨力好，受到磁场干扰时需屏蔽
	涡流式		±2.5～±250mm①	±1%～3%	<3%	分辨力好，受被测物体材料、形状、加工质量影响
	同步器		360°	±0.1°～±7°	±0.5%	可在 1200r/min 转速工作，坚固，对温度和湿度不敏感
	微动同步器		±10°	±1%	±0.05%	非线性误差与变压比和测量范围有关
	旋转变压器		±60°	—	±0.1%	
电容式	变面积式		10^{-3}～1000mm①	±0.005%	±1%	受介电常数因环境温度、湿度而变化的影响
	变间距式		10^{-3}～10mm①	0.1%	—	分辨力很好，但测量范围很小，只能在小范围内近似地保存线性
感应同步器	直线式 旋转式		10^{-3}～10^{4}mm① 0～360°	2.5μm 250mm±0.5°	—	模拟和数字混合测量系统，数字显示(直线式的分辨力可达 1μm)
计量光栅	长光栅 圆光栅		10^{-3}～1000mm① 0～360°	3μm/1m ±0.5in	—	模拟和数字混合测量系统，数字显示(长光栅分辨力可达 1μm)
磁尺	长磁尺 圆磁尺		10^{-3}～10^{4}mm① 0～360°	5μm/1m ±1in	—	被测件速度可达 12m/min
角度编码器	接触式 光电式		0～360° 0～360°	10^{-6}rad 10^{-6}rad	—	分辨力好，可靠性高

① 是指这种传感器形式能够达到的最大可测位移范围，而每一种规格的传感器都有其一定的、远小于此范围的工作量程。

3.2 小位移传感器

3.2.1 电阻式位移传感器

3.2.1.1 变阻式位移传感器（电位器式传感器）

（1）工作原理

变阻式位移传感器又称为电位器式传感器，工作原理如图24-3-1所示。它们由电阻元件及电刷（活动触点）两个基本部分组成，可以把线位移或角位移转换为与其成一定函数关系的电阻或电压输出。

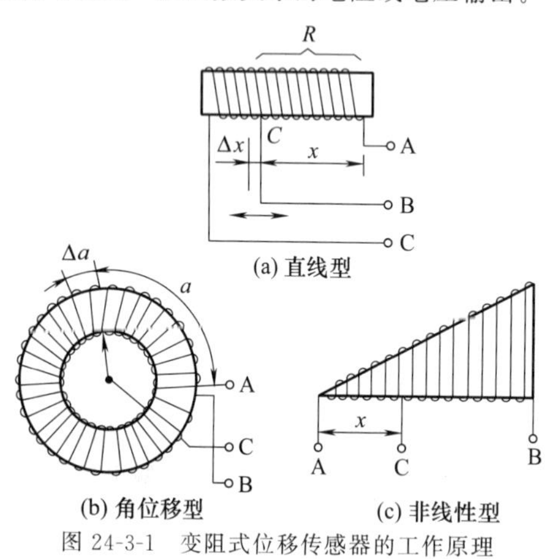

图24-3-1 变阻式位移传感器的工作原理

（2）特点

变阻式位移传感器的优点：①结构简单、价格低廉且性能稳定；②受环境因素（例如温度、湿度和电磁场干扰）影响小；③可以实现输出-输入间的任意函数关系；④输出信号较大，一般不需放大处理。

缺点：因为存在电刷与电阻元件之间的摩擦，所以需要较大的输入能量，由于磨损，会影响使用寿命和降低可靠性；测量精度和分辨力较低；动态响应较差，适合于测量缓慢变化的量。

（3）典型产品实例

KTC系列位移传感器采用美国BEI Duncan Electronics公司的导电塑料基片和银钯合金电刷组装而成，主要应用于工程监测和电脑控制的运动器械等需要精确测量位移的场合，例如注塑机、木工机械、印刷机、电子尺和机器人等。通常需把电阻变化转换成电压或电流输出，或连接RS-485或RS-232接口。

该系列传感器可配置R420和R010等型号的变换器，它们分别输出4～20mA电流和0～10V电压。KTCA为内置变换器型，输出4～20mA电流。该系列产品的型号及主要参数如表24-3-2所示，KTC+R420和KTC+R010系列产品的尺寸如图24-3-2所示，KTCA系列产品尺寸如图24-3-3所示。

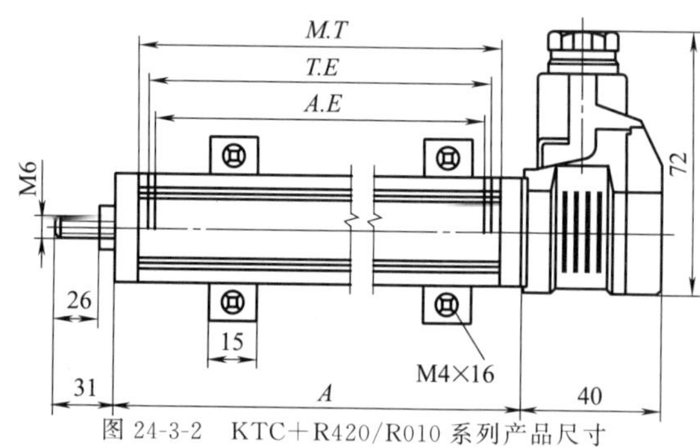

图24-3-2 KTC+R420/R010系列产品尺寸

3.2.1.2 应变式位移传感器

（1）工作原理

电阻应变式位移传感器的结构如图24-3-4所示，根据应变计阻值的变化量与悬臂梁变形之间的关系，测量悬臂梁端点的位移x或悬臂梁的角位移。

（2）特点

优点是精度高，测量范围广，寿命长，结构简单，频响特性好，能在恶劣条件下工作，易于实现小型化、整体化和品种多样化等。

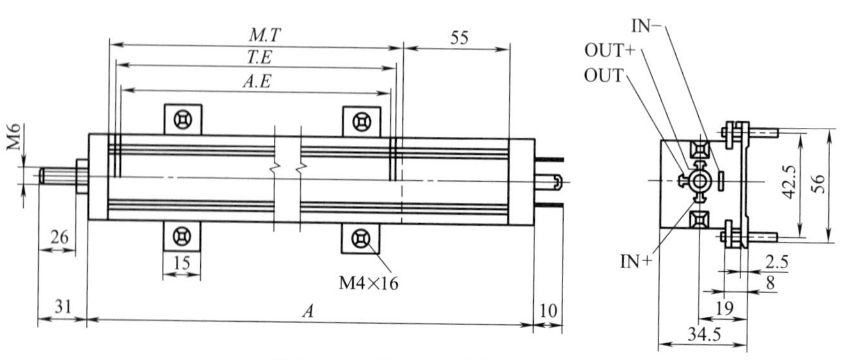

图24-3-3 KTCA系列产品尺寸

表 24-3-2　KTC 系列产品的型号及主要参数

型号 KTC-	有效电气行程(A.E) /mm	机械行程 (M.T) /mm	电阻值 ±20% /kΩ	主体长度 (A) /mm	线性度 /%	型号 KTC-	有效电气行程(A.E) /mm	机械行程 (M.T) /mm	电阻值 ±20% /kΩ	主体长度 (A) /mm	线性度 /%
75	75	80	2.5	140	±0.07	400	403	409	4.3	469	±0.05
100	100	106	3.4	166		450	455	461	4.8	521	
130	130	136	4.4	194		500	503	509	5.3	569	
150	150	156	5.0	216		525	531	537	5.6	597	
175	177	184	5.8	244		600	607	614	6.4	674	
200	203	209	6.8	269		650	653	659	6.9	719	
225	226	233	2.4	293		700	703	709	7.5	769	
250	253	259	2.6	319		750	759	766	8.0	826	
300	302	309	3.2	369		800	803	809	8.5	869	
350	353	359	3.7	419		850	853	859	9.1	919	
375	378	385	4.0	445		900	912	918	9.6	978	
						1000	1013	1020	10.7	1080	

注：1. 工作温度：−55～125℃。
2. 生产厂为上海海智贸易有限公司，www.haiz.com。

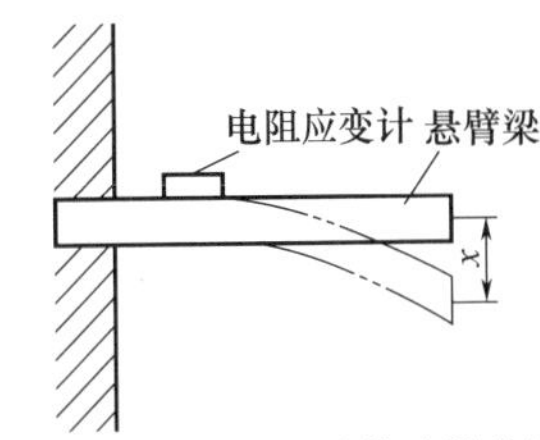

图 24-3-4　电阻应变式位移传感器的结构原理图

缺点是对于大应变有较大的非线性、输出信号较弱，但可采取一定的补偿措施。因此它广泛应用于自动测试和控制技术中。

（3）典型产品实例

SJ-YWC 型应变式位移传感器结构上采用独立的内导向传动系统，传感器外壳与芯体相对独立；因此重复性好，便于维修，并且体积小，重量轻，安装使用方便。该产品具有输出灵敏度高、输出信号可归一化的特点，可与各种应变数据放大器及数采系统良好接配。主要技术指标参数见表 24-3-3。

表 24-3-3　SJ-YWC 型应变式位移传感器的主要技术指标

型号 SJ-YWC-	5	10	20	30
量程/mm	0～5	0～10	0～20	0～30
全程输出/με	0～5000	0～10000	0～10000	0～90000
校正系数/mm·με^{-1}	0.001	0.001	0.002	0.003
外形尺寸/mm	66×25×25	70×25×25	80×25×25	90×25×25
测量反力/N	80～120	100～150	150～200	180～250
应用	表面应变或裂缝	宽度变化	位移测量	位移测量

桥路电阻/Ω	350	使用放大器灵敏系数	K＝2.00
非线性/%	0.1,0.35,0.5	工作温度/℃	−35～60
示值变化/με	±3	湿度	90%,无冷凝
重复误差/με	±3	接桥方式	半桥或全桥
迟滞误差/με	±3	桥臂电阻/Ω	120,350
径向间隙/με	±3	供桥电压/V	≤10
零点漂移/%	±0.3	引出线长度/m	5(可定制)
满量程漂移/%	±0.3		

注：生产厂为深圳市生基科技有限公司，www.cn-sjkj.com。

3.2.2 电感式位移传感器

电感式位移传感器基于电磁感应原理，把被测位移量转化成电感的自感系数 L 或者互感系数 M 的变化，再由测量电路转换成电压或电流信号，广泛应用于工业、国防和科研领域，例如地球物理测试、金属材料铸造变形的测试、水电工程的预埋和沉降控制、煤矿的选煤和洗煤控制，液压活塞位置的检测和控制等。

利用自感原理的有自感式传感器（包括可变磁阻式与涡流式），利用互感原理的有互感式（差动变压器式）传感器。

3.2.2.1 可变磁阻式传感器

（1）工作原理

可变磁阻式位移传感器结构如图 24-3-5 所示，由线圈、铁芯和衔铁三部分组成。在铁芯和衔铁之间存在气隙，其位移为 δ。被测物理量的运动部分与衔铁相连，通过将被测位移量与空气隙 δ、空气隙截面积 A_0 建立某种联系，即可将被测位移量的变化转换为自感量 L 的变化，原理如图 24-3-6 所示，然后再通过测量电路转换成电压或者电流，求出被测位移量的大小。

（2）特点

几种常用可变磁阻式传感器的工作原理及其特点如表 24-3-4 所示。

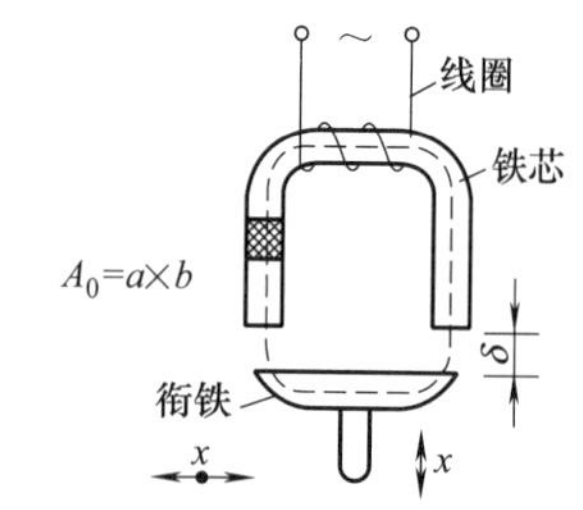

图 24-3-5 可变磁阻式传感器结构图

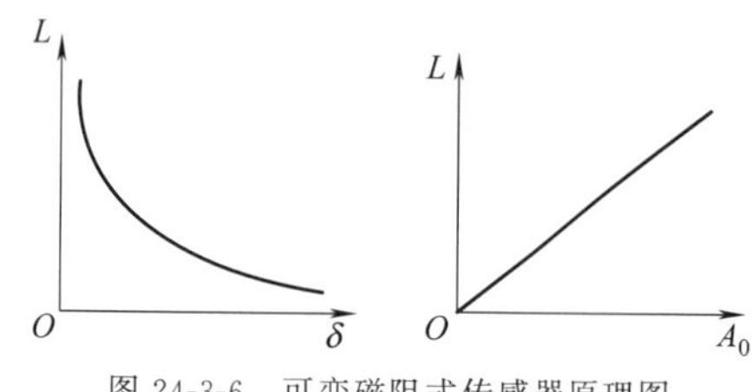

图 24-3-6 可变磁阻式传感器原理图

（3）典型产品

PM×12 系列位移传感器主要有 PME12、PMA12 和 PMI12 系列。其应用及特点如表 24-3-5 所示。

这 3 种类型传感器的外形及尺寸如图 24-3-7 所示，主要技术指标如表 24-3-6 所示。

表 24-3-4 常用可变磁阻式传感器的工作原理及其特点

类型	可变导磁面积型	可变导磁面积差动型	单螺管线圈型	双螺管线圈差动型
工作原理	~ x	δ_0 δ_0	~ x	~ x
特点及应用	自感量 L 与 A_0 呈线性关系，灵敏度较低	灵敏度可提高一倍，线性好	结构简单、制造容易，灵敏度低，适用于较大位移（数毫米）测量	高灵敏度及线性。测量范围 0～300μm，分辨力 0.5μm

表 24-3-5 PM×12 系列应用及特点

类型	典型应用	特点	使用寿命
PME12	可在工作压强为 2MPa（峰值为 5MPa）的压缩空气中使用	结构不含拖动轴，通过外部磁致动器与内部测量指针耦合。因为用磁指针代替拖动轴，所以结构紧凑。因为理论电气行程之外，电输出信号无变化，所以安装方便。采用水密结构（防护等级 IP67），适用于潮湿和短时浸入的工作环境	行程 > 25×10^6 m 或动作 > 100×10^6 次，取其较小值
PMA12	常用于切削机床和陶瓷机械，运土车和多种用途转载车辆。适用于传动轴角度经常变化的场合	采用自动调准铰链的安装方式，采用水密结构（防护等级 IP67），适用于潮湿和短时浸入的工作环境	
PMI12	能应用于高压场合（静压 250bar①，最大值 400bar）如：液压筒	该系列有标准内法兰或外螺纹法兰型，便于与不同的液压缸连接，防护等级为 IP68	

① 1bar = 10^5 Pa。

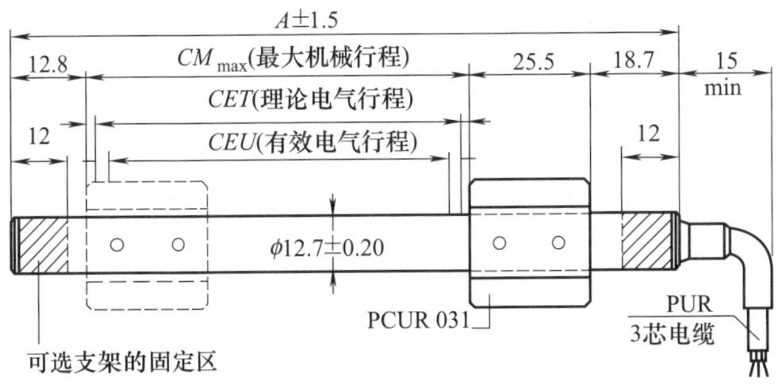

(a) PME12系列

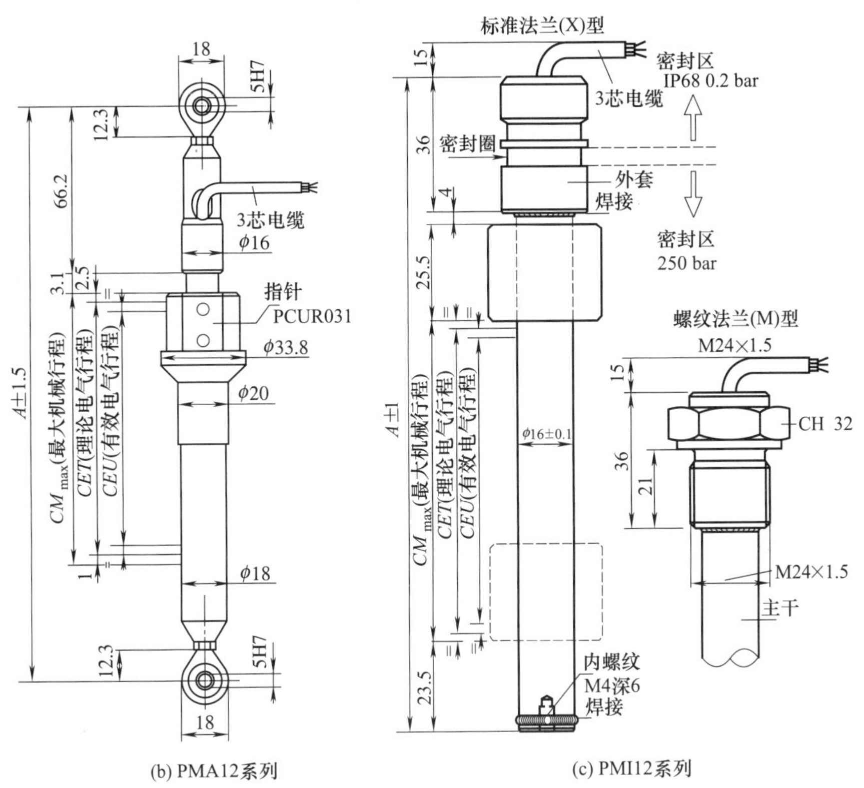

(b) PMA12系列　　(c) PMI12系列

图 24-3-7　PM×12 系列位移传感器尺寸图

表 24-3-6　PM×12 系列位移传感器的主要技术指标

有效电气行程(CEU)/mm		50～1000	推荐指针电流/μA		<0.1
理论电气行程(CET)/mm		CEU+1	劣化时最大指针电流/mA		10
机械行程(CM)/mm	PME12	CEU+5	电气绝缘(1bar，2s)/MΩ		>100(DC 500V)
	PMA12	CEU+3.5	绝缘强度(1bar，2s)/μA		<100(AC 500V,50Hz)
	PMI12	CEU+5	输出电压的实际温度系数/10^{-6}℃$^{-1}$		≤5
位移速度/$m \cdot s^{-1}$		≤5			
最大加速度/$m \cdot s^{-2}$		≤10	工作温度/℃		−30～100
振动 DIN IEC68T2-6/g		12(10～2000Hz)	储存温度/℃		−50～120
冲击 DIN IEC68T2-27/g		50(11ms，单行程)	壳体长度/mm	PME12	CEU+155
指针阻力/N		<0.5		PMA12	CEU+94
分辨率(无迟滞)/mm		0.05～0.1		PMI12	CEU+62
电阻公差		±20%			

续表

型号	50	100	150/200/250/300	350/400/450/500/550/600	650/700/750/800/850/900/950/1000
CEU^{+1}_{0}/mm	型号+1				
电阻/kΩ	5			10	20
独立线性/%	0.1		0.5		
在40℃的功耗/W	1	2	3		
可用最高电压/V	40	60			

注：生产厂为意大利 GEFRAN GEFRAN S. p. A.，www. gefran. com。

3.2.2.2　涡流式位移传感器

（1）工作原理

涡流式位移传感器的变换原理是利用金属导体在交流磁场中的涡流效应。金属板在探头线圈所产生的磁场的作用下，被感应生成涡电流。涡电流产生的磁场会引起探头线圈等效阻抗的变化。涡流的大小与金属板的电阻率、磁导率、厚度以及金属板与探头距离、励磁电流的强度和角频率等参数有关。若固定其他参数，仅金属板与探头之间的距离发生变化，就可以根据传感器前置器的输出电压测量该位移参数。

（2）特点

① 涡流式位移传感器能实现非接触测量。

② 在高速旋转机械和往复式机械的振动测试和状态分析中，能连续准确地采集振动位移的多种参数，例如轴的径向振动、振幅以及轴向位置。

③ 涡流式位移传感器结构简单，具有高可靠性、宽线性范围、高灵敏度、高分辨率和快速响应能力等优点，并且抗干扰力强、不受油污等介质的影响，在大型旋转机械的在线监测与故障诊断中得到了广泛应用。

严格地说，线圈和被测导体共同组成了涡流式位移传感器，利用它们之间的耦合程度的变化来进行测试。所以购买的传感器，实质上仅为涡流式位移传感器的一部分，使用中还必须考虑被测导体的物理性能、几何形状和尺寸等因素。因为上述因素的变化，会引起传感器灵敏度的改变。

（3）典型产品

eddyNCDT3 系列涡流式位移传感器主要性能如表 24-3-7 所示。

3.2.2.3　线性可变差动变压器（LVDT）式位移传感器

（1）工作原理

线性可变差动变压器式位移传感器的工作原理如图 24-3-8（a）所示。传感器由初级线圈 ω 和两个参数完全相同的次级线圈 ω_1、ω_2 组成［图 24-3-8（b）］。线圈中心插入圆柱形铁芯 p，次级线圈 ω_1、ω_2 反极性串联。当初级线圈 ω 加上交流电压时，如果 $e_1=e_2$，则输出电压 $e_0=0$；当铁芯向上运动时，$e_1>e_2$；当铁芯向下运动时，$e_1<e_2$。铁芯偏离中心位置愈大，e_0 愈大，其输出特性如图 24-3-8（c）所示。

LVDT 工作过程中，铁芯的运动不能超出线圈的线性范围，否则将产生非线性值，因此所有的 LVDT 均有一个线性范围。

（2）特点

① 结构简单、工作可靠、使用寿命长；

② 灵敏度高、线性范围宽、重复性好；

③ 分辨率高、应用范围广；

④ 结构对称、零位易恢复。

（3）典型产品

表 24-3-7　eddyNCDT3 系列涡流式位移传感器的主要性能指标

类型	eddyNCDT3010 单通道标准系列	eddyNCDT3300 单通道智能高精度系列	eddyNCDT3700 定位测量用高分辨率系列
线性量程/mm	0.5/1/2/3/6/15	0.4/0.5/0.8/1/2/3/4/6/8/15/22/40/80	1/3/6
绝对误差	≤±0.25%	≤±0.2%	±6%
分辨率(静态)	0.005%	≤0.005%(25Hz)，≤0.01%(2.5kHz)，≤0.2%(极限频率)	(10Hz)0.000033%(RMS) (1kHz)0.00016%(RMS)
极限频率/Hz	25k(-3dB)	25k/2.5k/25(可调)，100k(用于量程≤1mm)	10k(-3dB)
输出信号	0~10V/4~20mA	0~5V/0~10V/±2.5V/±5V/±10V(可调)	0~10V

注：生产厂商：德国米铱（中国）精密测量技术有限公司，http：//www. micro-epsilon. com. cn。

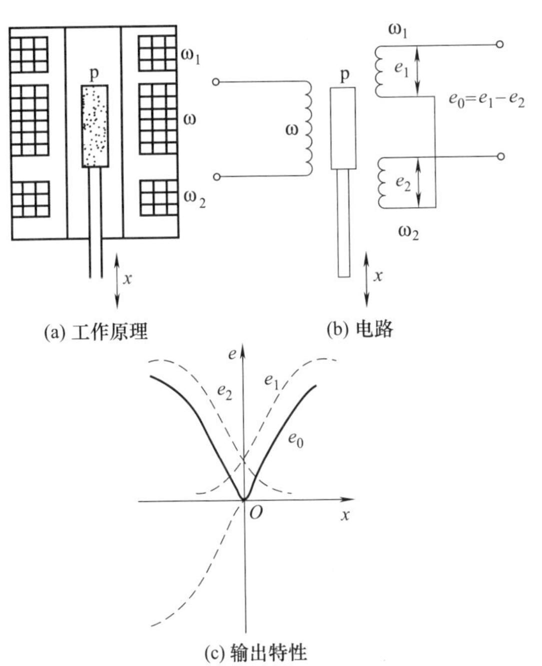

图 24-3-8　线性可变差动变压器式位移传感器工作原理图

DA 系列电感式位移传感器适于遥测，外供直流电源±5～±15V 或 5～24V，可输出标准电压或电流信号或 0～10000Hz 频率（TTL 电平）信号，叠加在输出信号上的噪声很小；可测静态和动态位移，响应速度快，动态频响达 0～800Hz（−3dB），并且有良好的相频特性。传感器工作温度有−10～70℃，温度系数（0.01～0.03）%/℃。其性能指标如表 24-3-8 所示。

表 24-3-8　DA 系列传感器的主要性能指标

型号 DA-	测量范围 /mm	线性度	分辨力 /mV·mm^{-1}
75 型	±75 或 0～150	<0.1%或<0.2%或<0.3%	50
50 型	±50 或 0～100	<0.1%或<0.2%或<0.3%	100
35 型	±75 或 0～150	<0.1%或<0.2%或<0.3%	50
25 型	±25 或 0～50	<0.05%	200
20 型	±75 或 0～150	<0.1%或<0.2%或<0.3%	50
10 型	±10 或 0～20	<0.05%或<0.1%	500
2 型	±2 或 0～4	<0.05%	2500
1 型	±1 或 0～2	<0.05%	5000
0.5 型	±0.5 或 0～1	<0.05%	10000

注：生产厂为北京京海泉传感科技有限公司，www.lvdt.com.cn。

3.2.3　电容式位移传感器

（1）工作原理

在忽略边缘效应的情况下，平板电容器的电容量为

$$C=\frac{\varepsilon_0\varepsilon A}{\delta}\quad(\mathrm{F})$$

式中　ε_0——真空的介电常数，$\varepsilon_0=8.854\times10^{-12}$ F/m；

ε——极板间介质的相对介电系数，在空气中，$\varepsilon=1$；

A——极板的覆盖面积，m^2；

δ——两平行极板间的距离，m。

上式表明，参数 δ、A 或 ε 的变化都会引起电容的变化。如果保持其中的两个参数不变，就可把另一个参数的变化转换为电容量的变化。通过配套的测量电路，可将电容的变化转换为电压或电流信号输出。

（2）结构类型和主要特性

根据电容器参数变化的特性，电容式位移传感器可分为极距变化型、面积变化型和介质变化型三种，其中极距变化型和面积变化型应用较广。

1）主要优点

① 输入能量小而灵敏度高。极距变化型电容式位移传感器只需很小的能量就能改变电容极板的位置。

② 电参量相对变化大。电容式位移传感器电容的相对变化 $\Delta C/C\geqslant100\%$，甚至可达 200%，这说明传感器的信噪比大，稳定性好。

③ 动态特性好。电容式位移传感器活动零件少，而且质量很小，本身具有很高的自振频率，加之供给电源的载波频率很高，因此电容式位移传感器适用于动态参数的测量。

④ 能量损耗小。电容式位移传感器的工作原理是变化极板的间距或面积，而电容变化并不产生热量。

⑤ 结构简单，适应性好，在振动、辐射环境下仍能可靠工作。如采用冷却措施，还可在高温条件下使用。

2）主要缺点

① 极距变化型的非线性大。

② 测量电路比较复杂，电缆分布电容的影响大。

（3）典型产品

CapaNCDT 系列电容式位移传感器工作时，传感器探头作为一个极板，被测量物体作为另一个极板。适用于导电物体的位移或位置测量。可实现高线性度的输出、纳米级的分辨率以及高稳定性的信号输出。测量信号的线性不受材质影响，不再需要其他电路校订措施或在被测物体上安装反相电极，从而使用更为方便。传感器尺寸如图 24-3-9 所示，主要性能指标如表 24-3-9 所示。

第 24 篇

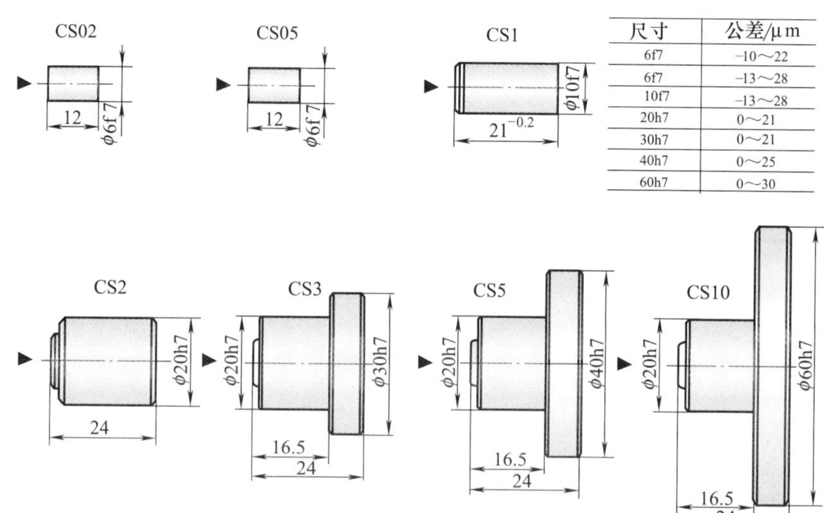

图 24-3-9 CapaNCDT 系列传感器尺寸图

表 24-3-9 系统的主要技术指标

类型	单通道微型系统 6019	单通道小型系统 6100	单通道高精度系统 6300/6310	单通道高频系统 6350
线性量程/mm	0.2/0.5/1/2/3/5/10	0.2/0.5/1/2/3/5/10	0.05/0.2/0.5/1/2/3/5/10	0.2/0.5/1/2/3/5/10
绝对误差/%	≤1	≤±0.3(标准型) ≤±0.1(特别校订)	≤±0.2	≤±0.3
分辨率/%	≤0.01(静态)	≤0.015	0.0001(2Hz) 0.001(8kHz)	0.1(50kHz) 0.05(20kHz) 0.025(5kHz) 0.006(20Hz)
极限频率/kHz	0.5(−3dB)	0.01/2(可调)	8(−3dB)	50(−3dB)
信号输出	0～10V	0～10V /4～20mA(选项)	0～10V/4～20mA	0～10V/4～20mA

注：生产厂为德国米铱（中国）精密测量技术有限公司，www.micro-epsilon.com.cn。

3.2.4 霍尔式位移传感器

霍尔测位移有两种。一种是用线性霍尔元件测量与磁铁之间的距离，根据线性霍尔元件的输出信号可判断出与磁铁的间距，此种方式应用有测试纸张厚度，金属材料形变等微小位移，也有油门踏板等距离稍大的应用。以微位移检测为基础，可以构成压力、应力、应变、机械振动、加速度、重量、称重等霍尔传感器。另一种是用开关型霍尔元件做机械的角度或者位移定位。比如汽车换挡杆的挡位检测，换挡杆到相应位置时下面有个霍尔传感器，此时就能感应到挡位。

(1) 原理

霍尔传感器是霍尔元件基于霍尔效应而将被测量转化成电动势输出的一种传感器。被测物体分别与恒定电流 I 和恒定磁场 B 垂直，当被测物体相对于原来位置有微小位移变化时，会产生变化的磁通量，会在导体垂直于磁场和电流的两个端面之间产生电势差，即 U_H（霍尔电压）。霍尔元件已发展成一个品种多样的磁传感器产品簇，用它可以检测磁场及其变化，可以在各种与磁有关的场合中使用。图 24-3-10 是一种霍尔式位移传感器的工作原理。将霍尔元件置于磁场中，左半部磁场方向向上，右半部磁场方向向下，从 a 端通入电流 I，根据霍尔效应，左半部产生霍尔电势 U_{H1}，右半部产生方向相反的霍尔电势 U_{H2}。因此，c、d 两端电势为 $U_{H1}-U_{H2}$。如果霍尔元件在初始位置时 $U_{H1}=U_{H2}$，则输出为零；当改变磁极系统与霍尔元件的相对位置时，即可得到输出电压，其大小正比于位移量。

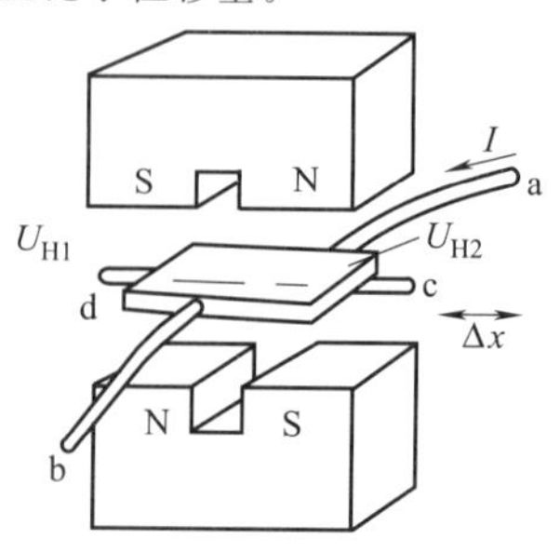

图 24-3-10 霍尔式位移传感器工作原理

（2）特点

线性霍尔式位移传感器，因其非接触式测量、结构简单、测量线性范围大、测量电路可靠、抗干扰能力强、具有较高的分辨力和灵敏度以及价格低廉等优点，在许多行业的位移测量系统中得以广泛应用。对于比较大的位移，可以用开关型测试；精确位移需要用高精度线性霍尔式位移传感器。

（3）典型结构和霍尔元件产品

霍尔式位移传感器可根据使用要求设计为接触式或非接触式。

1）接触式霍尔式位移传感器　图 24-3-11 是一种接触式霍尔式位移传感器结构简图。将上下磁钢的同性极相对放置可动，测头与上磁钢连接在一起，空气隙是改变的。下磁钢与霍尔元件和底座胶接在一起后安装在被测件上。当测头和上磁钢相对霍尔元件发生位移时，霍尔电势发生变化，以达到检测位移的目的。建立霍尔效应所需时间极短，因此控制电流用交流时，频率可达几千兆赫兹。

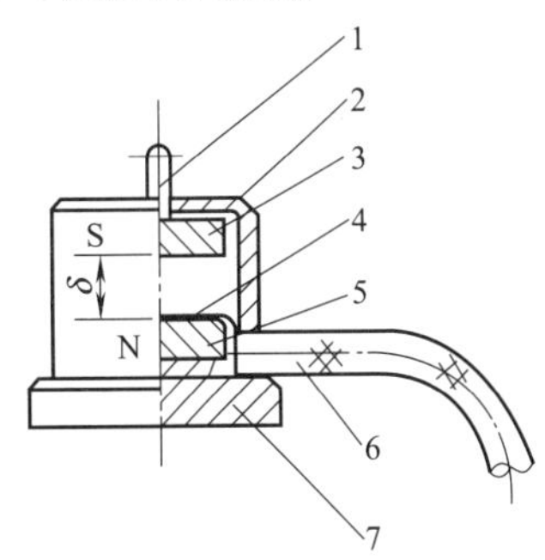

图 24-3-11　接触式霍尔式位移传感器结构简图
1—测头；2—外壳；3—上磁钢；4—霍尔元件；
5—下磁钢；6—电缆；7—底座

主要性能如下。

测量范围：0～2mm。影响线性测量范围的因素是磁钢的工作面积，面积越大，磁感应强度 B 变化的梯度越均匀，线性测量范围必然越宽。在此范围内线性度±5%。

灵敏度：10～15mV/mm。影响它的主要因素有：

① 磁感应强度 B 变化梯度，梯度越大灵敏度越高；

② 霍尔元件的励磁电流 I，I 越大灵敏度越高，但 I 一定要小于额定电流；

③ 霍尔系数的灵敏度 K_H，K_H 越大输出霍尔电压越大。

重复性：优于 0.1%。

温度误差：小于 0.1%/℃。霍尔元件与一般半导体器件一样，对温度较敏感。因此该传感器需要进行温度补偿以提高稳定性。目前常用的霍尔元件及参数见表 24-3-10，国产霍尔器件特性参数见表 24-3-11。

2）非接触式霍尔式位移传感器　图 24-3-12 是表示非接触式霍尔式位移传感器的原理结构图。当磁钢（永久磁铁）4 相对被测物体 1 按箭头所示方向运动时，则霍尔元件 3 的输出电势发生变化，从而可以实现位移的测量。图中过渡安装块 2 需用非磁性材料制作。

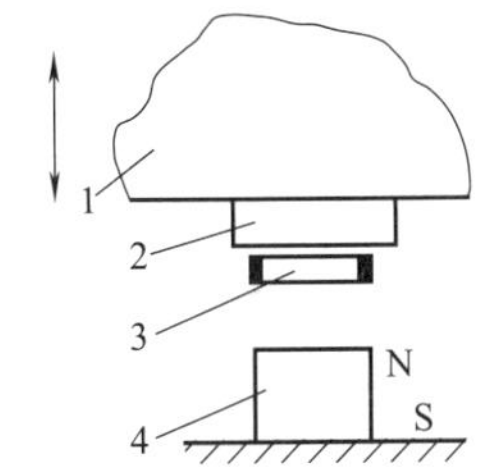

图 24-3-12　非接触式霍尔式位移传感器原理结构图
1—被测物体；2—过渡安装块；
3—霍尔元件；4—磁钢

表 24-3-10　常用霍尔元件及参数

参数名称	符号	单位	H_Z1 型	H_Z2 型	H_Z3 型	H_Z4 型	H_T-1 型	H_T-2 型	H_S-1 型
			材料（N 型）						
			Ge(111)	Ge(111)	Ge(111)	Ge(100)	InSb	InSb	InAs
电阻率	ρ	$\mu\Omega \cdot cm$	0.8～1.2	0.8～1.2	0.8～1.2	0.4～0.5	0.003～0.01	0.003～0.05	0.01
几何尺寸	$L\times l\times d$	mm	8×4×0.2	4×2×0.2	8×4×0.2	8×4×0.2	6×3×0.2	8×4×0.2	8×4×0.2
输入电阻	R_{ST}	Ω	110(±20%)	110(±20%)	110(±20%)	45(±20%)	0.8(±20%)	0.8(±20%)	1.2(±20%)
灵敏度	R_H	$mV\cdot mA^{-1}\cdot r^{-1}$	>12	>12	>12	>4	1.8(±20%)	1.8(±20%)	1(±20%)
输出电阻	R_{SC}	Ω	100(±20%)	100(±20%)	100(±20%)	40(±20%)	0.5(±20%)	0.5(±20%)	1(±20%)
不等位电阻	T_o	Ω	<0.07	<0.05	<0.07	<0.02	<0.005	<0.005	<0.003
寄生直流电势	u_o	μV	<150	<200	<150	<100			
额定控制电流	I_c	mA	20	15	25	50	250	300	200
霍尔电势温度系数	α	$℃^{-1}$	0.04%	0.04%	0.04%	0.03%	−1.5%	−1.5%	
内阻温度系数	β	$℃^{-1}$	0.5%	0.5%	0.5%	0.3%	−0.5%	−0.5%	
热阻	R_Q	$℃\cdot mW^{-1}$	0.4	0.25	0.2	0.1			
工作温度	T	℃	−40～45	−40～45	−40～45	−40～45	0～40	0～40	−40～60

表 24-3-11 国产霍尔器件特性参数

型号	最大霍尔输出电压/mV	最大工作电流/mA	乘积灵敏度/mV·(mA·kGs)$^{-1}$	输入电阻/Ω	输出电阻/Ω	不等位电动势		寄生直流电动势/mV	磁线性度		灵敏度温度系数/℃$^{-1}$	霍尔电势温度系数/℃$^{-1}$	不等位电阻/Ω	电阻温度系数/℃$^{-1}$	控制电流极内阻/Ω	工作温度范围/℃	
						mV	I/mA		%	B/kGs						−/	+/
HG-1		15	1.7±0.2	300(±15%)		<1						1～5×10^{-4}			310(±15%)	60	120
HG-2		15	1.2±0.2	200(±20%)		<1						1～5×10^{-4}			215(±20%)	60	120
HG-3		13	1.7±0.2	300(±15%)		<1						1～5×10^{-4}			310(±15%)	60	120
HSG		10	3～10	0.3～1k		<0.1	1					−5×10^{-4}		3×10^{-3}	0.3～1k	50	125
6SHA			1.5～2	0.3～1.5k								2×10^{-2}		−6×10^{-4}		60	120
6SHB			1～1.5			<1										60	120
HZ-1		20	1.4±0.2	110(±20%)				<0.15				5×10^{-4}	<0.1	5×10^{-3}	120(±20%)	0	60
HZ-3		25	1.4±0.2	110(±20%)				<0.25				2×10^{-4}	<0.1	5.5×10^{-3}	130(±20%)	0	60
HSJ-1	2000	10	<10	0.2～2k	0.2～0k	0.02～5	1	<0.05	<0.2	5	2×10^{-4}	3.5×10^{-3}		2×10^{-3}		50	250
HSJ-1A	250	5	2～5	<400	<400	≤1	1	<0.05	<0.5			−5×10^{-4}		3×10^{-3}		55	125
HSJ-1B	250	5	2～5	<400	<400	≤0.5	1	<0.05	<0.5			−5×10^{-4}		3×10^{-3}		55	125
HSJ-1C	250	5	2～5	<400	<400	≤0.2	1	<0.05	<0.5			−5×10^{-4}		3×10^{-3}		55	125
HSJ-2	2000	10	10～20	0.2～2k	0.2～2k	0.02～10	1	<0.05	<0.2	5	2×10^{-4}	3.5×10^{-3}		2×10^{-3}		50	250
HSJ-2A	500	5	5～10	250～700	250～700	≤1	1	<0.05	≤0.5			−5×10^{-4}		3×10^{-3}		55	125
HSJ-2B	500	5	5～10	250～700	250～700	≤0.5	1	<0.05	≤0.5			−5×10^{-4}		3×10^{-3}		55	125
HSJ-2C	500	5	5～10	250～700	250～700	≤0.2	1	<0.05	≤0.5			−5×10^{-4}		3×10^{-3}		55	125
HSJ-3	2000	10	20～30	0.2～2k	0.2～2k	0.02～10	1	<0.05	<0.2	5	2×10^{4}	3.5×10^{-3}		2×10^{-3}		50	250
HSJ-3A	750	5	10～15	0.5～1k	0.5～1k	≤1	1	<0.05	≤0.5			−5×10^{-4}		3×10^{-3}		55	125
HSJ-3B	750	5	10～15	0.5～1k	0.5～1k	≤0.5	1	<0.05	≤0.5			−5×10^{-4}		3×10^{-3}		55	125
HSJ-3C	750	5	10～15	0.5～1k	0.5～1k	≤0.2	1	<0.05	≤0.5			−5×10^{-4}		3×10^{-3}		55	125
HSJ-4	2000	10	30～40	0.2～2k	0.2～2k	0.02～10	1	<0.05	≤0.2	5	2×10^{-4}	3.5×10^{-3}		2×10^{-3}		50	250
HSJ-4A	1.250	5	15～25	0.7～1.3k	0.7～1.3k	≤1	1	<0.05	≤0.5			−5×10^{-4}		3×10^{-3}		55	125
HSJ-4B	1.250	5	15～25	0.7～1.3k	0.7～1.3k	≤0.5	1	<0.05	≤0.5			−5×10^{-4}		3×10^{-3}		55	125
HSJ-4C	1.250	5	15～25	0.7～1.3k	0.7～1.3k	≤0.2	1	<0.05	≤0.5			−5×10^{-4}		3×10^{-3}		55	125
HSJ-5	2000	10	>40	0.2～2k	0.2～2k	0.02～10	1	<0.05	<0.2	5	2×10^{-4}	3.5×10^{-3}		2×10^{-3}		50	250
HSJ-B	750	5	2～15	0.2～1k	0.2～1k	≤0.25	1	<0.05	≤0.5			−5×10^{-4}		3×10^{-3}		25	70
HSJ-T	750	5	2～15	0.2～1k	0.2～1k	≤0.25	1	<0.05	≤0.5			−5×10^{-4}		3×10^{-3}		25	70
HGA-Ⅰ	2000	20	15～30	0.5～2k	0.5～2k	<0.2		<0.05			2×10^{-4}	3.5×10^{-3}		2×10^{-3}		50	250
HGA-Ⅱ	2000	20	15～30	0.5～2k	0.5～2k	<0.2		<0.05			2×10^{-4}	3.5×10^{-3}		2×10^{-3}		50	250

3.2.5　光纤式位移传感器

光纤式位移传感器广泛用于微波和射频环境、核能和危险环境、高温高压环境、在线监测、航空宇航应用、土木工程和岩土应用以及材料科学相关测试中。

(1) 光纤元件重要术语含义

光纤长度：光纤元件的长度。长度越长，越可安装在距光纤放大器较远的位置。

环境温度：可在该温度范围内使用光纤元件。当使用的环境温度较高时，选择耐热型则最为理想。

弯曲半径：指在即使将光纤元件的半径弯曲到多少毫米使用，仍可在满足检测距离性能的同时进行无障碍使用。对于装配较为困难的场所，这种半径较小的机型则非常适合。

检测距离：可检测的距离。检测距离的数值越大，越可进行长距离检测。

光轴直径：主要为透过型光纤元件的指标。在透过型光纤元件中，可对光轴进行全遮光的大小为标准检测物体的大小。

最小可检测物体：该光纤元件为可最大限度检测的最小检测物体的尺寸。

(2) 工作原理

光纤式位移传感器分为元件型和反射型两种形式。元件型光纤式位移传感器通过压力或应变等形式作用在光纤上，使光在光纤内部传输过程中引起相位、振幅、偏振态等变化，只要能测得光纤的特性变化即可测得位移，在这里光纤是作为敏感元件使用的。元件型光纤式位移传感器工作原理如图 24-3-13 所示。

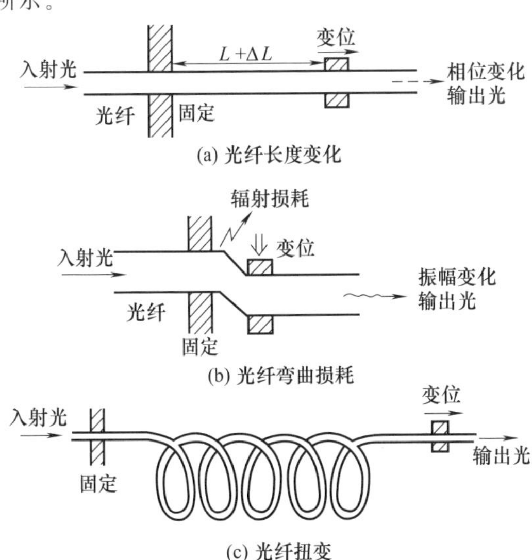

图 24-3-13　元件型光纤式位移传感器的工作原理

反射型光纤式位移传感器是一种传输型光纤传感器。其工作原理如图 24-3-14 所示：光纤采用 Y 形结构，两束光纤一端合并在一起组成光纤探头，另一端分为两支，分别作为光源光纤和接收光纤。光从光源耦合到光源光纤，通过光纤传输，射向反射体表面，再被反射到接收光纤，最后由光电转换器接收，转换器接收到的光源与反射体表面性质、反射体到光纤探头距离有关。当反射表面位置确定后，接收到的反射光光强随光纤探头到反射体的距离的变化而变化。显然，当光纤探头紧贴反射片时，接收器接收到的光强为零。随着光纤探头离反射面距离的增加，接收到的光强逐渐增加，到达最大值点后又随两者的距离增加而减小。图 24-3-15 所示就是反射型光纤式位移传感器的输出特性曲线，利用这条特性曲线可以通过对光强的检测得到位移量。反射型光纤式位移传感器是一种非接触式测量仪器，具有探头小、响应速度快、测量线性化（在小位移范围内）等优点，可在小位移范围内进行高速位移检测。

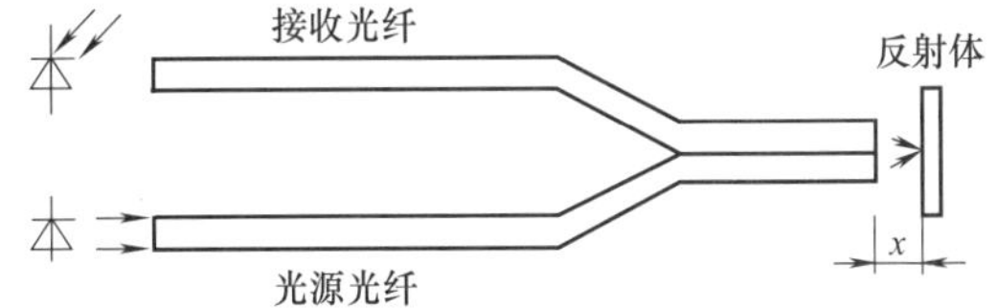

图 24-3-14　反射型光纤式位移传感器工作原理

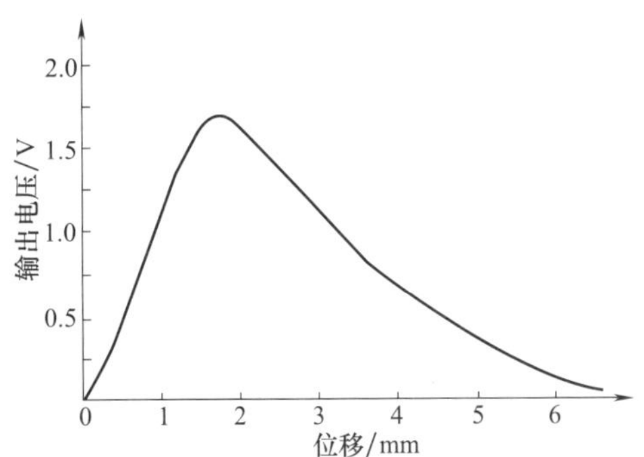

图 24-3-15　反射型光纤式位移传感器的输出特性

反射型光纤式位移传感器从外观来看好像是 1 根光纤，但从端面观察，分为平行型、同轴型及分离型，如表 24-3-12 所示。

(3) 特点

非接触测量，消除了机械接触对测量造成的影响，具有体积小、重量轻、抗电磁干扰、耐腐蚀、电绝缘性好、防爆寿命长、可靠性高、测量精度高等优点，其主要缺点是数据处理复杂，光源的波动、光电

表 24-3-12　反射型光纤式位移传感器类型

类型	特点
平行型	一般类型，用于塑料光纤
同轴型	分割为中央部(发射)和外围部(接收)，无论检测体从哪个方向通过，动作位置均不改变的高精度类型
分离型 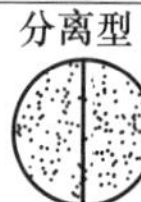	内置多个在玻璃光纤中所使用的数十微米玻璃纤维，分割为发射器和接收器的类型

器件和电路的漂移、光纤自身的弯曲损耗、被测物体表面的折射率改变和环境的变化等都会影响测量的灵敏度和精度。

(4) 典型产品

ZW 系列光纤同轴位移传感器，是一款超小型、超轻量、可安装到其他装置的狭小空间内的 24mm 的小型轻量传感器探头。传感器探头型号和主要指标见表 24-3-13。

表 24-3-13　ZW 系列光纤同轴位移传感器探头型号和主要指标

传感器探头					
项目		ZW-S07	ZW-S20	ZW-S30	ZW-S40
测量中心距离/mm		7	20	30	40
测量范围/mm		±0.3	±1	±3	±6
静态分辨率①/μm		0.01	0.02	0.06	0.08
线性度②/μm		±0.8	±1.2	±4.5	±7.0
光点直径③/μm	近处	ϕ20	ϕ45	ϕ70	ϕ90
	中心	ϕ18	ϕ40	ϕ60	ϕ80
	远处	ϕ20	ϕ45	ϕ70	ϕ90
测量周期		500μs～10ms			
适用传感器控制器		ZW-C1□□□/-CE1□□			
使用环境照度/lx		物体面照度 10000 以下：白炽灯			
周围温度范围/℃		工作时：0～+50；存放时：-15～+60(但是，不得结冰、结露)			
周围湿度范围/%RH		工作时/存放时：35～85(但是，不得结露)			
保护结构		IP40(IEC 60529)			
振动(耐久)		10～150Hz(单向振幅 0.35mm)，$X/Y/Z$ 各方向 80min			
冲击(耐久)		150m/s²，6 方向(上、下、左、右、前、后)，各 3 次			
温度特性④/μm·℃⁻¹		0.6	1.5	2.8	4.8
材质		壳体：压铸铝；光纤涂敷层：PVC；校准内存：电脑			
光纤长度/m		0.3、2(耐弯曲电缆)			
光纤最小弯曲半径/mm		20			
绝缘电阻(校准 ROM)		外壳与整体端子之间：20MΩ(使用 250V 兆欧表测量时)			
耐电压(校准 ROM)		外壳与整个端子之间：AC1000V、50/60Hz、持续 1min			
质量/g		约 105(壳体、光缆合计)			
附件		校准内存固定用螺钉(M2)、使用说明书、使用注意事项			

控制器			
形状	电源	输出规格	型号
	24V DC	NPN	ZW-CE10
		PNP	ZW-CE15

① 将本公司的标准镜面对象物置于测量中心距离，以平均次数 4096 次测量的实测值。当与符合出口管理贸易令的控制器（ZW-CE1□T）连接时，无论传感器探头、平均次数如何，最小分辨率都是 0.25μm。

② 相对测量本公司标准镜面对象物时的理想直线的误差。测量上述以外的对象物时的线性参考值如下表所示。

项目	ZW-S07	ZW-S20	ZW-S30	ZW-S40
玻璃	±1.0μm	±1.2μm	±4.5μm	±7.0μm
SUS BA	±1.2μm	±1.4μm	±5.5μm	±8.5μm
白色陶瓷	±1.6μm	±1.7μm	±6.4μm	±9.5μm

③ 在相当于测量区域内中心光强 $1/e^2$（13.5%）的条件下定义的实测值。

④ 用铝质夹具将传感器探头与对象物之间固定，将传感器探头与控制安装在同一温度环境中时，在测量中心距离位置的温度特性。

注：生产厂为欧姆龙自动化（中国）有限公司，www.fa.omron.com.cn。

3.3　大位移传感器

3.3.1　感应同步器

（1）工作原理

感应同步器是一种电磁式位置检测元件。直线式感应同步器用于直线位移测量，圆感应同步器用于角位移测量。感应同步器一般应用于数控机床及各类机床数显改造。

直线式感应同步器的结构如图 24-3-16 所示，其定尺和滑尺基板由与机床热膨胀系数相近的钢板制成。定尺和滑尺绕组的节距均为 2τ，并且滑尺的 A 绕组和 B 绕组在空间上相差 1/4 节距。一块标准型感应同步器定尺长度为 250mm，其绝对精度可达 2.5μm，分辨率可达 0.25μm。

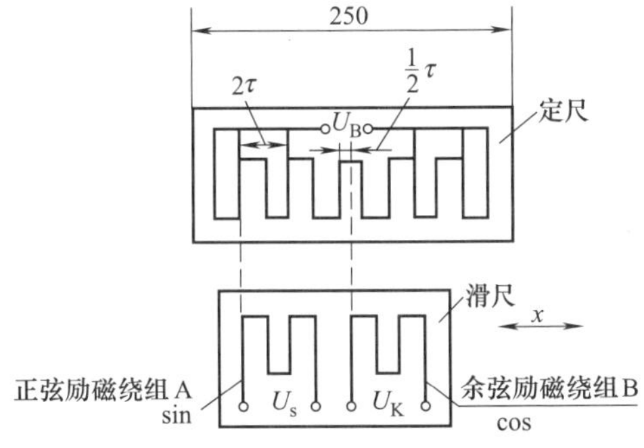

图 24-3-16　感应同步器的结构

感应同步器的定尺和滑尺尺座分别安装在机床的两个相对移动的部件上（例如工作台和床身）。滑尺和定尺要用防护罩，以防止铁屑、油污和切割液等有害物的侵入。安装时，要保证定尺安装面与机床导轨面的平行度，防止定、滑尺之间的间隙变化。

如图 24-3-17 所示，滑尺的任一绕组通以交变励磁电压时，在定尺绕组上产生感应电势。感应电势的大小取决于滑尺相对于定尺的位置。设加在滑尺任一绕组上的励磁交变电压为

$$U_s = U_m \sin\omega t$$

定尺绕组上的感应电势为

$$U_B = KU_s\cos\theta = KU_m\cos\theta\sin\omega t$$

式中　K——耦合系数；

θ——反映定尺和滑尺相对移动距离 x 的相移，$\theta=(2\pi/2\tau)x=(\pi/\tau)x$。

圆感应同步器由定子和转子组成，定子固定在不动体上，转子与转轴相连。利用定子和转子两个平面型绕组的互感随角位置变化的电磁感应原理，将角位移转换成电信号。

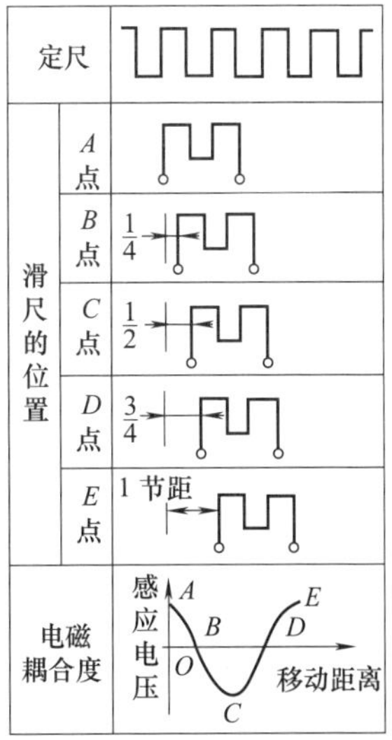

图 24-3-17　感应同步器的工作原理

（2）特点

1）精度高。因为定尺的节距误差有平均自补偿作用，所以尺子本身的精度能做得较高。直线感应同步器对机床位移的测量是直接测量，不经过任何机械传动装置，测量精度主要取决于尺子的精度。感应同步器的灵敏度（或称分辨率）取决于一个周期进行电气细分的程度，灵敏度的提高受到电子细分电路中信噪比的限制，只要对线路进行精心设计和采取严密的抗干扰措施，就可以把电噪声减到很低，并获得很高的稳定性。

2）测量长度不受限制。当测量长度大于 250mm 时，可以采用多块定尺接长，相邻定尺间隔可用块规或激光测长仪进行调整，使总长度上的累积误差不大于单块定尺的最大偏差。行程为几米到几十米的中型或大型机床中，工作台位移的直线测量，大多数采用直线式感应同步器来实现。

3）对环境的适应较强。因为感应同步器金属基板和床身铸铁的热膨胀系数相近，当温度变化时，还能获得较高的重复精度，另外，感应同步器是非接触式的空间耦合器件，所以对尺面防护要求低，而且可选择耐温性能良好的非导磁性涂料作保护层，加强感应同步器的抗温防湿能力。

4）维护简单，寿命长。感应同步器的定尺和滑尺互不接触，因此无任何摩擦、磨损，使用寿命长，且无须担心元件老化等问题。

5）抗干扰能力强，工艺性好，成本较低，便于复制和成批生产。

（3）典型产品

表 24-3-14 圆感应同步器尺寸

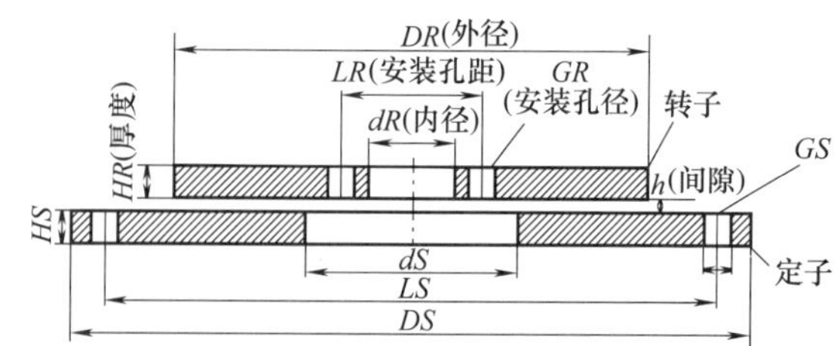

型号		定子/mm					转子/mm					气隙 h/mm	精度/in
		DS	LS	dS	GS	HS	DR	LR	dR	GR	HR		
绝对式	S4/360A	105	99	20	2.5	6	89	15	10	2.5	6	0.15～0.25	±4
	S4/360B	91	85	16	2.5	6	75	11	6	2.5	6	0.15～0.25	±5
	S6/360A	148	138	48	4.5	10	124	36	28	4.5	10	0.18～0.28	±2.5
	S6/360B	152	142	50	4.5	10	125	36	28	4.5	10	0.18～0.28	±2.5
	S6/360C	158	148	60	4.5	10	134	44	38	4.5	10	0.18～0.28	±2.5
	S7/360	180	170	62	4.5	10	154	50	40	4.5	10	0.2～0.3	±2/±1.5
	S8/360	203	191	96	5.5	10	172	80	66	5.5	10	0.2～0.3	±2/±1.5
	S9/360	224	210	106	5.5	10	195	90	76	5.5	10	0.2～0.3	±1.5/±1
	×S9/360	224	213	96	5.5	10	195	80	66	5.5	10	0.2～0.3	±2/±1.5
	×S10/360	250	238	96	5.5	10	222	75	60	5.5	10	0.2～0.3	±2/±1.5
	S12//360A	302	287	95	6.5	12	264	76	63	6.5	12	0.25～0.35	±1/±0.8
	S12//360B	302	287	116	6.5	12	264	100	86	6.5	12	0.25～0.35	±1/±0.8
	S12//360C	302	287	140	6.5	12	264	125	110	6.5	12	0.25～0.35	±1/±0.8
	×S12//360A	302	287	95	6.5	12	264	76	63	6.5	12	0.25～0.35	±1.5/±1
	×S12//360B	302	287	116	6.5	12	264	100	86	6.5	12	0.25～0.35	±1.5/±1
	×S12//360C	302	287	140	6.5	12	264	125	110	6.5	12	0.25～0.35	±1.5/±1
	S4/360A	105	99	20	2.5	6	89	15	10	2.5	6	0.15～0.25	±4
	S4/360B	91	85	16	2.5	6	75	11	6	2.5	6	0.15～0.25	±5
	S6/360A	148	138	48	4.5	10	124	36	28	4.5	10	0.18～0.28	±2.5
	S6/360B	152	142	50	4.5	10	125	36	28	4.5	10	0.18～0.28	±2.5
	S6/360C	158	148	60	4.5	10	134	44	38	4.5	10	0.18～0.28	±2.5
增量式	2/360	58	52	20	2.5	5	42	15	8	2.5	5	0.15～0.25	±10
	3/360	78	70	26	3.5	5	58	18	12	3.5	5	0.15～0.25	±4
	4/360	100	92	36	3.5	7	80	28	22	3.5	7	0.15～0.25	±3
	5/360	126	118	56	3.5	7	104.5	36	28	3.5	7	0.15～0.25	±2
	×6/720	150	140	56	3.5	10	126.5	51	42	3.5	10	0.15～0.25	±2
	6/720	156	148	68	3.5	10	133	58	48	3.5	10	0.18～0.28	±1.5
	7/720	180	168	76	5.5	10	151	65	54	5.5	10	0.18～0.28	±1/±0.8
	×7/720A	180	168	76	5.5	10	151	65	54	5.5	10	0.18～0.25	±1/±0.8
	×7/720B	180	168	56	5.5	10	151	50	42	4.5	10	0.18～0.25	±1/±0.8
	×7/720C	178	170	65	3.5	10	156	55.5	48	3.5	10	0.18～0.25	±1/±0.8
	8/720	203	191	96	5.5	10	172	80	66	5.5	10	0.2～0.3	±1/±0.8
	9/720	224	210	106	5.5	10	195	90	76	5.5	10	0.2～0.3	±1/±0.8
	×9/720	224	213	96	5.5	10	195	80	66	5.5	10	0.2～0.3	±1/±0.8
	×10/720	250	238	96	5.5	10	222	75	60	5.5	10	0.2～0.3	±1/±0.8

续表

型号		定子/mm					转子/mm					气隙 h/mm	精度/in
		DS	LS	dS	GS	HS	DR	LR	dR	GR	HR		
增量式	12/720A	302	287	95	6.5	12	264	76	63	6.5	12	0.25～0.35	±1/±0.7/±0.5
	12/720B	302	287	116	6.5	12	264	100	86	6.5	12	0.25～0.35	±1/±0.7/±0.5
	12/720C	302	287	140	6.5	12	264	125	110	6.5	12	0.25～0.35	±1/±0.7/±0.5
	×12/720A	302	287	95	6.5	12	264	76	63	6.5	12	0.25～0.35	±1/±0.7/±0.5
	×12/720B	302	287	116	6.5	12	264	100	86	6.5	12	0.25～0.35	±1/±0.7/±0.5
	×12/720C	302	287	140	6.5	12	264	125	110	6.5	12	0.25～0.35	±1/±0.7/±0.5
	15/720	395	375	235	8	15	356	200	170	8	15	0.3～0.4	±1/±0.7/±0.5

注：1. 型号带×表示可带耦合变压器。
2. 生产厂为九江精达检测技术有限公司，www.jdjjg.com。

3.3.2 光栅式传感器

光栅式传感器测量精度高、动态测量范围广、可进行无接触测量、易实现系统的自动化和数字化。光栅式传感器通常作为测量元件应用于机床定位、长度和角度的计量仪器中，并用于测量速度、加速度、振动等。用于位移测量的光栅称为计量光栅，计量光栅分为长光栅和圆光栅，前者又称光栅尺，用于测量大位移；后者又分为径向光栅、切向光栅和环形光栅，用于测量角位移。

(1) 结构和工作原理

光栅式传感器主要由主光栅、指示光栅、光源和光电器件等组成，如图 24-3-18 所示。主光栅固定在被测物体上，它随被测物体的直线位移而产生移动，其长度取决于测量范围。指示光栅相对于光电元件固定。当主光栅产生位移时，莫尔条纹便随着产生位移。用光电器件记录莫尔条纹通过某点的数目，便可知主光栅移动的距离，也就测得了被测物体的位移量。

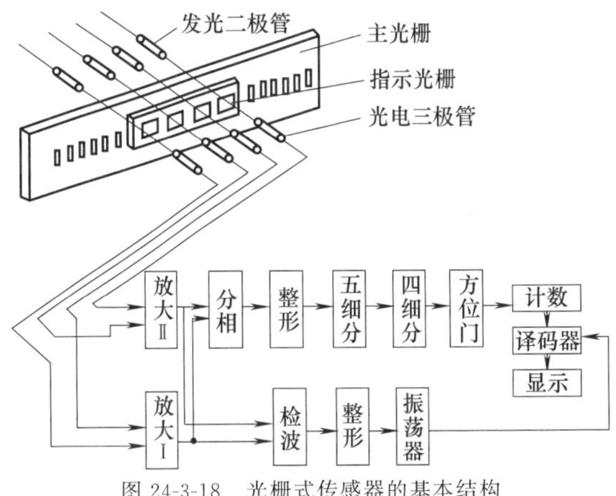

图 24-3-18 光栅式传感器的基本结构

(2) 特点

① 精度高。光栅式传感器在大量程测量长度或直线位移方面仅仅低于激光干涉传感器。在圆分度和角位移连续测量方面，光栅式传感器属于精度最高的。

② 大量程测量兼有高分辨力。感应同步器和磁栅式传感器也具有大量程测量的特点，但感应同步器的分辨力和精度都不如光栅式传感器。

③ 可实现动态测量，易于实现测量及数据处理的自动化。

④ 具有较强的抗干扰能力，对环境条件的要求不像激光传感器那样严格，但不如感应同步器和磁栅式传感器的适应性强，油污和灰尘会影响它的可靠性。主要适用于在实验室和环境较好的车间使用。

(3) 典型产品

意大利 NCS“T”系列光栅式传感器采用玻璃光栅尺（栅距 20μm），尤其适用于 CNC 机器；零位信号可以按预先选定的位置用型号代码表示距离，或每常规间隔一个零位；输出形式 1Vpp 或 5V TTL；读数头带连接器；精度可达 ± 3m/min，最大速度 120m/s，最大加速度 30m/s^2；在 10～2000Hz 下可承受 100m/s^2 振动和 150m/s^2 冲击；要求的工作温度为 0～50℃；防护等级，标准情况下为 IP54，密闭情况下为 IP64。主要技术特性如表 24-3-15 所示。

3.3.3 激光位移传感器

激光位移传感器可精确非接触测量被测物体的位置、位移等变化，主要应用于检测物体的位移、厚度、振动、距离、直径等几何量的测量。按照测量原理，激光位移传感器原理分为激光三角测量法和激光回波分析法。激光三角测量法一般适用于高精度、短距离的测量，而激光回波分析法则用于远距离测量。

(1) 测量原理

1) 激光三角测量法　激光发射器通过镜头将可见红色激光射向物体表面，经物体反射的激光通过接收器镜头，被内部的 CCD 线性相机接收，根据不同的距离，CCD 线性相机可以在不同的角度下“看见”这个光点，如图 24-3-19 所示。根据这个角度即知激光和相机之间的距离，数字信号处理器就能计算出传感器和被测物之间的距离。

表 24-3-15 NCS“T”系列光栅式传感器主要技术特性

型号	NCS“T”				NCS“V”
分辨率/μm	T5	T1	T05	T01	最高 0.1(依据 CNC 系统的细分系数)
	5	1	0.5	0.1	
电流/mA	140 标准/200 最大($Z_0=120\Omega$)				120 最大($Z_0=120\Omega$)
输出信号 A 和 B 周期	TTL LINE-DRIVER(方波)				正弦波 1Vpp(周期 20μm)
最大线长/m	100(LINE DRIVER) 50(PUSH PULL)				80(150m 读头 5V 电源供电)
测量长度 ML/mm	70,120,170,220,270,320,370,420,470,520,570,620,720,770,820,920,1020,1140,1240,1340,1440,1540,1640,1740,1840,2040,2240,2440,2640,2840,3040 最大				
运动阻力	≤4N ≤2.5N 定制				

注：生产厂为意大利 GIVI MISURE 公司，www.givimisure.it。

同时，光束在接收元件的位置通过模拟和数字电路处理，并通过微处理器分析，计算出相应的输出值，并在用户设定的模拟量窗口内，按比例输出标准数据信号。如果使用开关量输出，则在设定的窗口内导通，窗口之外截止。另外，模拟量与开关量输出可设置独立检测窗口。

采取三角测量法的激光位移传感器最高线性度可达 1μm，分辨率可达到 0.1μm 的水平。比如 ZLDS100 类型的传感器，它可以达到 0.01%高分辨率，0.1%高线性度，9.4kHz 高响应，适应恶劣环境。

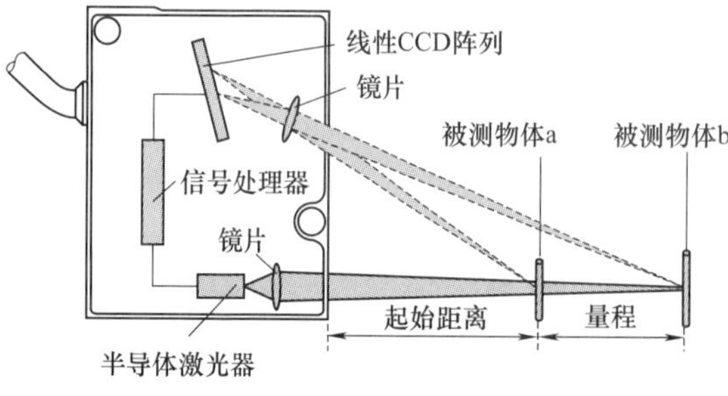

图 24-3-19 激光三角测量法原理图

2）激光回波分析法 传感器内部是由处理器单元、回波处理单元、激光发射器、激光接收器等部分组成的，如图 24-3-20 所示。激光位移传感器通过激光发射器每秒发射一百万个脉冲到检测物并返回至接收器，处理器计算激光脉冲遇到检测物并返回接收器所需时间，以此计算出距离值，该输出值是将上千次的测量结果进行的平均输出。激光回波分析法适合于长距离检测，但测量精度相对于激光三角测量法要低，最远检测距离可达 250m。

(2) 特点与应用

优点是能实现无接触远距离测量，速度快，精度高，量程大，抗光、电干扰能力强等。

激光位移传感器常用于长度、距离、振动、速度、方位等物理量的测量，还可用于探伤和大气污染

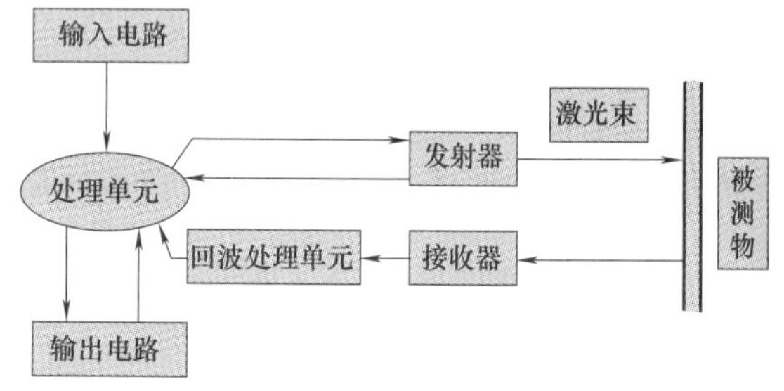

图 24-3-20 激光回波分析法原理图

物的监测等，见图 24-3-21。

① 尺寸测定：微小零件的位置识别；传送带上有无零件的监测；材料重叠和覆盖的探测；机械手位置（工具中心位置）的控制；器件状态检测；器件位置的探测（通过小孔）；液位的监测；厚度的测量；振动分析；碰撞试验测量；汽车相关试验等。

② 金属薄片和薄板的厚度测量：激光位置传感器测量金属薄片（薄板）的厚度。厚度的变化检出可以帮助发现皱纹、小洞或者重叠，以避免机器发生故障。

③ 气缸筒的测量：同时测量角度，长度，内、外直径偏心度，圆锥度，同心度以及表面轮廓。

④ 长度的测量：将测量的组件放在指定位置的输送带上，激光位移传感器检测到该组件并与触发的激光扫描仪同时进行测量，最后得到组件的长度。

⑤ 均匀度的检查：在要测量的工件运动的倾斜方向一行放几个激光位移传感器，直接通过一个传感器进行度量值的输出，另外也可以用一个软件计算出度量值，并根据信号或数据读出结果。

⑥ 电子元件的检查：用两个激光扫描仪，将被测元件摆放在两者之间，最后通过传感器读出数据，从而检测出该元件尺寸的精确度及完整性。

⑦ 生产线上灌装级别的检查：激光位移传感器集成到灌装产品的生产制造中，当灌装产品经过传感器时，就可以检测到是否填充满。传感器用激光束反

射表面的扩展程序就能精确地识别灌装产品填充是否合格以及产品的数量。

（3）典型产品

基恩士的 LJ-V7000 系列产品可以在自动化和感应应用中实现卓越性能，可以实现 2D 和 3D 的检测。此系列产品采用蓝色激光，可实现稳定测量；宽广动态量程 CMOS，使高速性和稳定性并存；通过充实的补正功能，可实时应对目标物的位置偏移、晃动、倾斜等功能。

LJ-V7000 系列控制器的主要技术特性如表 24-3-16所示。

检测激光拼焊板的焊接形状

翘曲、平坦度

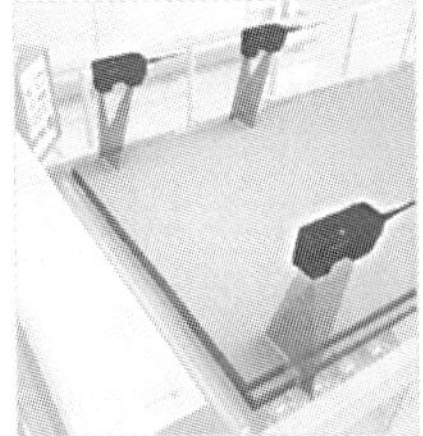

宽度、位置

形状、截面

焊锡桥、体积检测

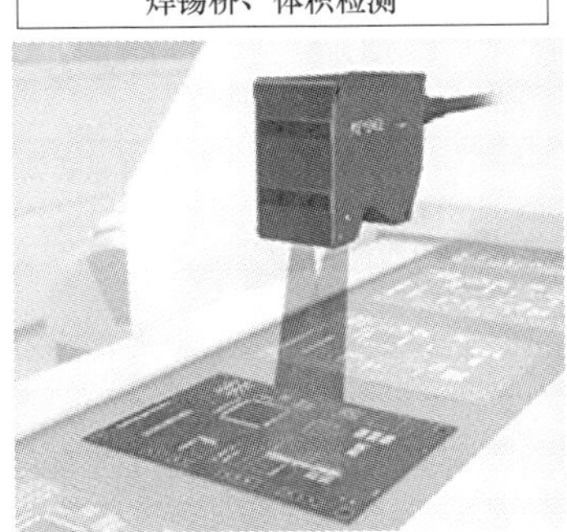

传统相机
受到基板类型或焊锡表面状态的影响，检测非常困难。

LJ−V+图像处理
实现焊锡有无、焊锡桥、体积等检测。

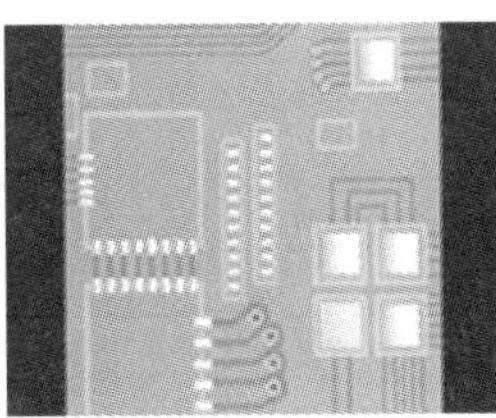

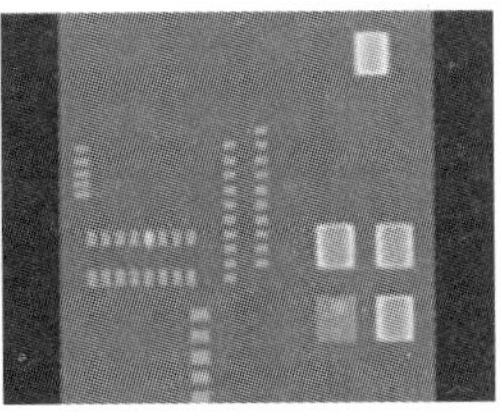

检测激光拼焊板的焊接形状

传统相机
工件的表面状态不稳定，使用相机检测非常困难。

LJ−V+图像处理
不受工件表面的影响，可实现稳定检测。

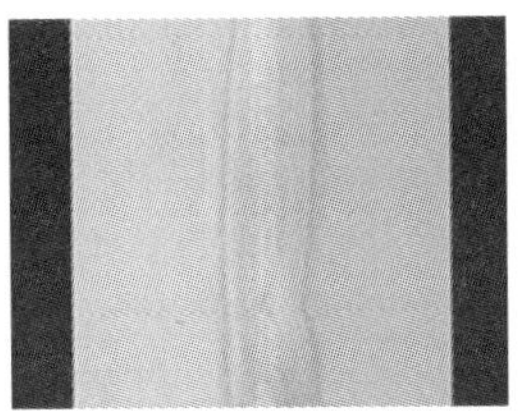

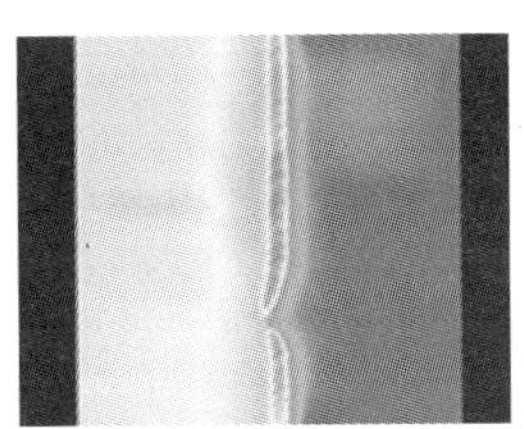

卡编号的字符识别(OCR)

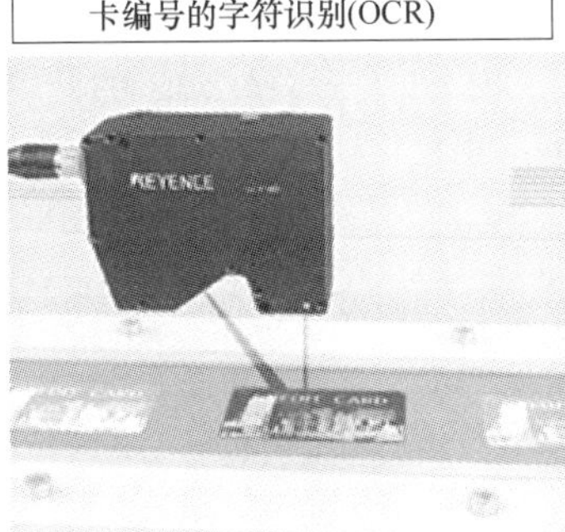

传统相机
受到背景的影响，实现非常困难。

LJ−V+图像处理
任何卡均可实现稳定的字符识别(OCR)。

图 24-3-21　激光位移传感器的典型应用

表 24-3-16　　LJ-V7000 系列控制器的主要技术特性

控制器			
型号		LJ-V7001	LJ-V7001P
可连接传感头数		最多 2 个	
指示器	最小显示单元	0.1μm、0.00001mm²、0.01″	
	最大显示范围	±9999.99mm、±9999.99mm²	
输入终端块	激光远程联锁输入	无电压输入	
	编码器输入	支持 NPN/PNP 开路集电极输出、电压输出(5V/12V/24V)、线路驱动器输出	
	触发信号输入	无电压输入	电压输入
	定时 1、2 输入		
	自动归零 1、2 输入		
	复位 1、2 输入		
	测量开始/停止输入		
	存储开始/停止输入		
	清除内存输入		
	激光关闭输入		
	程序切换输入	无电压输入，4 输入	电压输入，4 输入
输出终端块	模拟电压输出	±10V×2 输出、输出阻抗：100Ω	
	OUT 判定输出	NPN 开路集电极输出，12 输出（16 OUT×3 级判定结果可自由分配）	PNP 开路集电极输出，12 输出（16 OUT×3 级判定结果可自由分配）
	选通脉冲输出	NPN 开路集电极输出	PNP 开路集电极输出
	触发信号无效输出		
	内存已满输出		
	触发信号输出		
	错误输出	NPN 开路集电极输出(N. C.)	PNP 开路集电极输出(N. C.)
Ethernet 接口		1000BASE-T/100BASE-TX	
USB 接口		符合 USB2.0 HI-SPEED 标准(兼容 USB1.1，Full-SPEED 互换)	
RS-232C 接口		测量数据输出和控制输入/输出(最高波特率：115200bps，可选)	
额定功率	电源电压	24 VDC 正负 10%含纹波(P-P)	
	电流消耗	1 个传感头时为 1.3A 或更低/2 个传感头时为 1.9A 或更低	
环境耐性	环境温度	0～+50℃	
	相对湿度	20～85%RH(无冷凝)	
质量		约 1500g	

注：1. NPN 开路集电极输出的额定功率：最大 50mA（最大 40V），最大残压 1V。
2. PNP 开路集电极输出的额定功率：最大 50mA（最大 30V），最大残压 1V。
3. 无电压输入的额定功率：开启电压为 1V 或更低，关闭电流为 0.6mA 或更低。
4. 电压输入的额定功率：最大输入电压为 26.4V，最小开启电压为 10.8V，关闭电流为 0.6mA 或更低。
5. 生产厂为基恩士（中国）有限公司，www.keyence.com.cn。

3.4　编码器

3.4.1　编码器的分类

编码器是把角位移或直线位移转换成电信号的一种装置。前者称为码盘，后者称码尺。

按照读出方式，编码器可以分为接触式和非接触式两种。接触式采用电刷输出，电刷接触导电区或绝缘区分别表示代码的状态是“1”还是“0”。非接触式的敏感元件是光敏元件或磁敏元件。采用光敏元件时，透光区和不透光区分别表示代码的状态为“1”和“0”。

根据检测原理，编码器可分为接触式、光电式、磁电式和脉冲盘式数字编码盘。对于接触式绝对编码器，编码信息的读出是由码盘及接触的电刷来完成的，特点是无电能消耗，抗雷击效果好，寿命可达 10^6 转。它与光电编码器的功能和特点基本相同，可用于定位、限位和判向，并能将并行数据转换为串行数据及 4～20mA 电流进行传送，适用于位移速度不高的线位移及角位移的测量。

(1) 光电编码器

光电编码器是目前应用最多的编码器，它通过光电转换装置将输出轴上的机械位移量转换成脉冲或数字量。光电编码器由光栅盘和光电检测装置组成。光栅盘是等分地开通若干个长方形孔的一定直径的圆板。由于光电码盘与电动机同轴，电动机旋转时，光栅盘与电动机同速旋转，由发光二极管等电子元件组成的检测装置检测输出的脉冲信号，其原理示意图如图 24-3-22 所示。通过计算光电编码器每秒的输出脉冲个数，就能得到被测轴的转速。光电编码器可以分为增量式、绝对式和混合式。

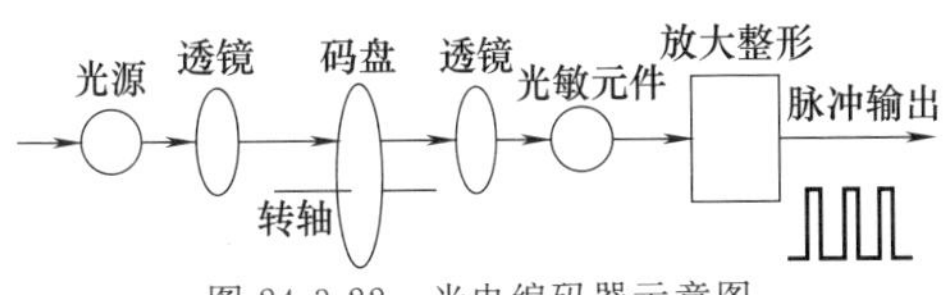

图 24-3-22　光电编码器示意图

① 增量式编码器。增量式编码器的工作原理如图 24-3-23 所示。在图 24-3-23（a）中，E 为等节距的辐射状透光窄缝圆，Q_1 和 Q_2 为光源，D_A、D_B 和 D_C 为光电元件（光敏二极管或光电池），D_A 与 D_B 错开 90°相位角安装。当圆盘旋转一个节距时，在光源照射下，光电元件 D_A、D_B 上产生如图 24-3-23（b）所示的光电波形输出。A、B 信号为具有 90°相位差的正弦波。这组信号经放大器放大与整形后，得图 24-3-23（c）所示的输出方波，A 相比 B 相超前 90°，其电压幅值为 5V。设 A 相超前 B 相时为正方向旋转，则 B 相超前 A 相时为反方向旋转，以判别编码器的旋转方向。C 相产生的脉冲为基准脉冲，又称零点脉冲，它是轴旋转一周在固定位置上产生的脉冲。用数控车床切削螺纹时，可将这种脉冲当作进刀点和退刀点的信号，以保证不会乱扣。这种脉冲也可用于高速旋转的转数计数或加工中心等数控机床的主轴准停信号。A、B 相脉冲信号经频率电压变换，可得到与转轴转速成正比例的电压信号。

增量式编码器的缺点是，可能由于噪声或其他外干扰产生计数错误。若因停电、刀具破损而停机，事故排除后，找不到事故前执行部件的正确位置。

② 绝对式编码器。绝对式编码器是利用其圆盘上的图案来表示数值的。如图 24-3-24 所示为二进制编码盘，图中空白的部分透光，表示“1”；阴影部分不透光，表示“0”。按照圆盘上形成的二进位的每一环配置光电变换器，即图中黑点所示位置，隔着圆盘从后侧用光源照射。此编码盘共有四环，从里到外每一环配置的光电变换器对应为 2^0、2^1、2^2、2^3。图 24-3-24中，外侧是二进制的高位，即 2^3；里侧是二进制的低位，即 2^0。对于“1101”，读出的是十进制“13”的角度坐标值。二进制编码盘的主要缺点是图案变化无规律，在使用中，多位同时变化，易产生误读。经改进后的结构如图 24-3-25 所示的格莱编码盘，它的特点是，每相邻十进制数之间只一位二进制码不同。因此，图案的切换只用一位数（二进制的位）进行。

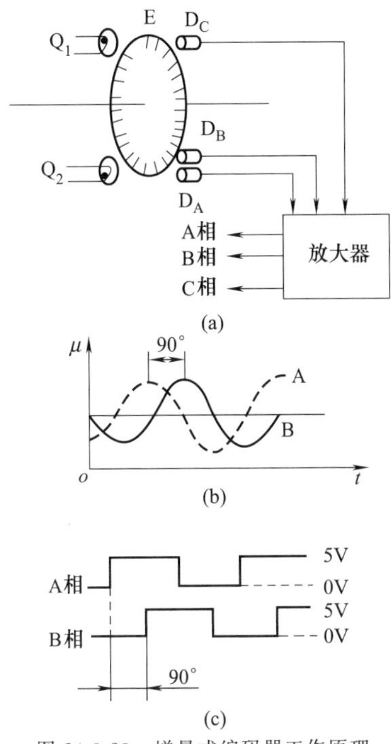

图 24-3-23　增量式编码器工作原理

所以能把误读控制在一个数单位之内，提高了可靠性。

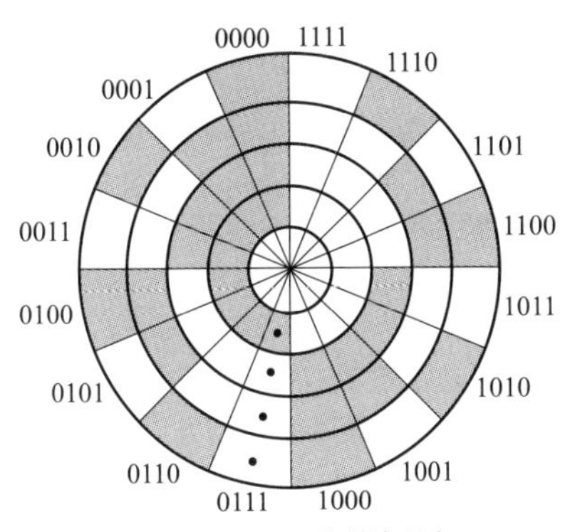

图 24-3-24　二进制编码盘

优点：坐标值可从绝对式编码器中直接读出，不会有累积进程中的误计数；运转速度可以提高，编码器本身具有机械式存储功能，即使因停电或其他原因造成坐标值清除，通电后，仍可找到原绝对坐标位置。其缺点是，当进给转数大于一转时，需做特别处理，如用减速齿轮将两个以上的编码器连接起来，组成多级检测装置，但其结构复杂、成本高。

③ 混合式绝对值编码器。混合式绝对值编码器输出两组信息：一组信息用于检测磁极位置，带有绝对信息功能；另一组则完全与增量式编码器的输出信息相同。

光电编码器具有体积小、精度高、工作可靠和接口数字化等优点，广泛应用于数控机床、回转台、伺

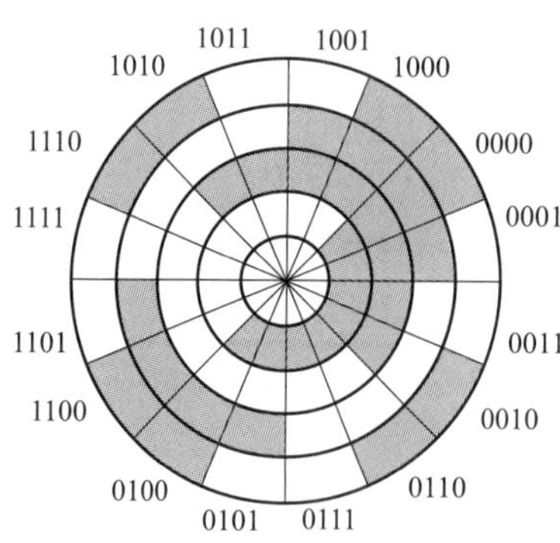

图 24-3-25 格莱编码盘

服传动、机器人、雷达、军事目标测定等需要检测角度的装置和设备中。

(2) 磁电编码器

磁电编码器是一种新型的角度或者位移测量装置，其原理是采用磁阻或者霍尔元件对磁性材料的角度变化或者位移值进行测量。磁性材料角度变化或位移会引起一定电阻或者电压的变化，通过放大电路对变化量进行放大，然后通过单片机处理，可得到脉冲信号或者模拟量信号输出，达到测量的目的。其结构分为采样检测和放大输出两部分：采样检测一般采用桥式电路来完成，有半桥和全桥两种；放大输出一般通过三极管和运放等器件去实现。同传统的光电式和光栅式编码器相比，磁电编码器具有抗振动、抗腐蚀、抗污染、抗干扰和宽温度的特性，可应用于传统的光电编码不能适应的领域。高性能磁电编码器可广泛应用于工业控制、机械制造、船舶、纺织、印刷、航空、航天、雷达、通信、军工等领域。

(3) 脉冲盘式数字传感器

脉冲盘式数字传感器是将信号（如比特流）或数据编制、转换为可用以通信、传输和存储的形式的设备。

脉冲编码器是一种光学式位置检测元件，编码盘直接装在转轴上，以测出轴的旋转角度、位置和速度变化，其输出信号为电脉冲。这种检测方式的特点是：检测方式是非接触式的，无摩擦和磨损，驱动力小，响应速度快。

3.4.2 编码器的选用原则

(1) 增量式或绝对式的选择

考虑允许的成本、电源接通时的原点可否恢复、控制速度、耐干扰性等，选择合适的类型。

(2) 分辨率的选择

在考虑组装机械装置的要求精度和机械成本的基础上，选择最适合的产品。一般选择机械综合精度的1/2～1/4精度的分辨率。

(3) 外形尺寸

考虑安装空间与选定轴的形态（中空轴、杆轴类）。

(4) 轴容许负荷

选定时要考虑到不同安装方法的不同轴的负载状态及机械寿命等。

(5) 容许最大转数

根据使用时的机械的最大转数来选择。

(6) 最高响应频率数

根据组装机械装置使用时的轴最大旋转数来定。

最大响应频率=(转数/60)×分辨率

选定时，考虑实际信号周期的波动，应根据上述的计算值选择留有余度的规格。

(7) 防护等级

根据使用环境中的灰尘、水和油等的污染程度来选择。

例如，仅灰尘，可选 IP50；还有水和油，可选 IP52、IP64（防滴落、防油）。

(8) 轴的启动转矩

考虑驱动源的转矩。

(9) 输出电路方式

考虑输出端所连接设备的输入特性、信号的频率、传送距离和环境干扰等。

长距离传送的情况下，选择线路驱动器输出。

3.4.3 编码器产品

(1) 欧姆龙 E6 系列编码器

欧姆龙 E6 系列编码器可以根据轴的旋转位移量进行输出，通过联合器与轴结合，能直接检测旋转位移量；启动时无须原点复位（仅绝对型），绝对型的情况下，将旋转角度作为绝对数值进行并列输出；可对旋转方向进行检测，增量型中可通过 A 相和 B 相的输出时间，绝对型中可通过代码的增减来掌握旋转方向。具有增量型 E6A2-C、E6B2-C、E6C2-C、E6C3-C、E6D-C、E6F-C、E6H-C、E6J-C；绝对性 E6CP-A、E6C3-A、E6F-A、E6J-A；多旋转绝对型 E6C-N。本书中只列举 E6A2-C 型的相应特性，其他型号请参考欧姆龙编码器手册。

E6A2-C 外形及结构尺寸如图 24-3-26 所示，性能指标如表 24-3-17 所示。

(2) 格莱编码器

格莱编码器具有稳定可靠、精度高、体积小、重量轻、频响高、寿命长、安装方便、价格低、应用广泛的特点。

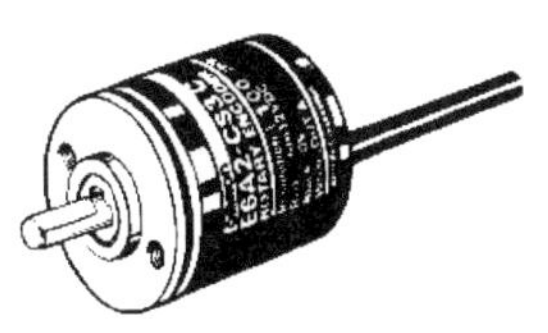
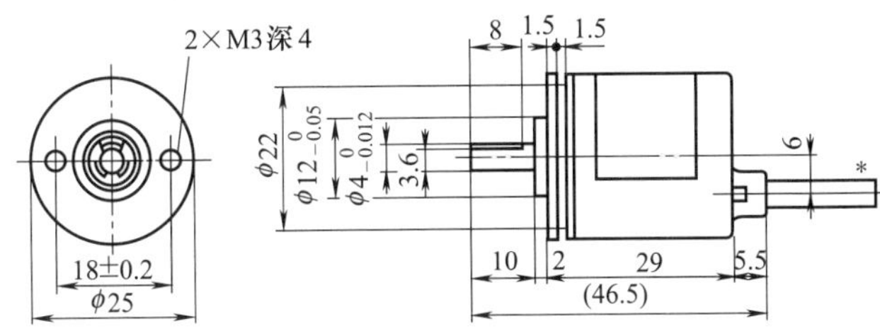

*PVC绝缘圆形导线ϕ4、5芯(导体断面积:0.14mm²;绝缘体直径:ϕ0.9mm)标准500mm

图 24-3-26　E6A2-C 外形及结构尺寸

表 24-3-17　　欧姆龙 E6A2-C 编码器的性能指标

型号 E6A2-		CS3E	CS3C	CS5C	CW3E	CW3C	CW5C	CWZ3E	CWZ3C	CWZ5C
电源电压(波纹 p-p<5%)/V DC		5−5%～12+10%		12−10%～24+15%	5−5%～12+10%		12−10%～24+15%	5−5%～12+10%		12−10%～24+15%
最大电流消耗① /mA		30	20		30	20		50	30	
分辨率/脉冲·转⁻¹		10,20,60,100,200,300,360,500			100,200,360,500					
输出相		A 相			A 相、B 相			A 相、B 相、Z 相		
输出方式		电压输出	集电极开路输出		电压输出	集电极开路输出		电压输出	集电极开路输出	
输出负载	电阻/kΩ	2	—		2	—		2	—	
	电流/mA	<20	—		<20	—		<20	—	
	反向电流/mA	—	30		—	30			30	
	残留电压/V	<0.4	<0.4		<0.4	<0.4		<0.4	<0.4	
	外加电压/V DC	—	30		—	30		—	30	
最高响应频率② /kHz		30								
输出间相位差		—			A 相和 B 相之间:90°±45°					
输出占空系数		50%±25%			—					
输出上升、下降时间/μs		<1.0								
		反向电流 10mA	控制输出电压 5V,负载电阻 1kΩ		反向电流 10mA	控制输出电压 5V,负载电阻 1kΩ		反向电流 10mA	控制输出电压 5V,负载电阻 1kΩ	
最大启动转矩 /N·m		0.001								
最大惯性矩/kg·m²		1×10⁻⁷								
轴负载/N	径向	10								
	轴向	5								
允许最高转速 /r·min⁻¹		5000								
环境温度/℃		工作时:−10～55;保存时:−25～80(不结冰)								
环境湿度/%		35～85(无冷凝)								
绝缘电阻		>20MΩ(500V DC),载流元件与外壳间								
绝缘强度		500V AC,50/60Hz,1min,载流元件与外壳间								
抗振性		10～55Hz,全振幅 1.5mm,X、Y、Z 各方向 2h								
抗冲击		500m/s²,X、Y、Z 各方向 3 次								
防护等级③		IEC 60529 IP50								
连接方式		预连线模式(标准电缆长度 500mm)								

第 24 篇

续表

型号 E6A2-		CS3E	CS3C	CS5C	CW3E	CW3C	CW5C	CWZ3E	CWZ3C	CWZ5C
材质	外壳	铝合金								
	本体	铝								
	轴	SUS420J2								
	安装支架	镀锌铁								
质量(毛重)/g		35								
附件		联轴器、随动装置安装支架、六角扳手、使用说明书								

① 接通电源时，约有 9A 的涌流（时间：约 0.3ms）。

② 最高电气响应转速根据分辨率以及最高响应频率确定：

$$最高电气响应转速(r/min)=\frac{最高响应频率}{分辨率}\times 60$$

即转速超过最高响应转速时，E6A2-C 旋转编码器的电气部分将失效。

③ 对水、油没有保护作用。

注：生产厂为欧姆龙自动化（中国）有限公司，www.fa.omron.com.cn。

第 4 章　振动测量中的传感器

4.1　机械振动与机械测试名词术语（GB/T 2298—2010）

4.1.1　机械振动名词术语

表 24-4-1　机械振动名词术语

术语	解释
振动　vibration	围绕某一平衡点的机械振荡。此振荡可以是周期性的或随机性的
周期振动　periodic vibration	振动参量随时间自变量在经过某一相同增量后能重复出现的振动
简谐振动　simple harmonic vibration	自变量为 t 的正弦函数的振动，用式(24-4-1)表示为 $$y=A\sin(\omega t+\Phi) \quad (24\text{-}4\text{-}1)$$ 式中　y——简谐振动 A——振幅 ω——角频率 t——自变量 Φ——振动的初相角 同义词：正弦振动
随机振动 random vibration；stochastic vibration	瞬时值不可预知的振动
非平稳振动 non-stationary vibration	具有时变统计特征的振动
平稳振动 stationary vibration	统计特性不随时间变化的振动，因此其振幅不随时间的变化而增大或减小
噪声　nose	不希望出现的信号。通常具有随机性质且其频谱中不含定义清晰的频率分量信号
随机噪声　random noise；stochastic noise	瞬时值不能被预测的噪声
高斯随机振动　Gaussian random vibration	瞬时值按高斯分布的随机振动
白随机振动　white random vibration	在关注的频谱范围内，任一固定带宽（或单位带宽）内具有相同能量的振动
粉红随机振动　pink random vibration	在与频带中心频率成正比的带宽（如倍频程带宽）内具有相等能量的振动
窄带随机振动 narrow-band random vibration	频率分量仅分布在某一窄频带内的随机振动 注：① 窄频带的带宽与所研究的问题有关但通常等于或小于 1/3 倍频程 ② 窄带随机振动的波形类似于正弦波，但其振幅和相位是随机变化的
宽带随机振动 broad-band random vibration	频率分量分布在某一宽频带内的随机振动 注：宽频带的带宽与所研究的问题有关，但宽度通常等于或大于一个倍频程
优势频率　dominant frequency	频谱中的最大值所对应的频率
稳态振动　steady-state vibration	在平均意义上达到均衡状态的连续振动
瞬态振动　transient vibration	一种随时间衰减的振动，典型的是短持续时间的振动
受迫振动　forced vibration	由一个与时间有关的外力所激发的系统振动 注：（线性系统的）振动频率与激励的频率相同
自由振动　free vibration	激励或约束去除后出现的振动 注：线性系统以固有模态的线性组合方式振动
非线性振动　non-linear vibration	具有非线性响应而且只能用非线性微分方程描述的系统振动
纵向振动　longitudinal vibration	沿弹性体纵轴方向的振动
自激振动　self-excited vibration	由机械系统内的能量转换成振荡激励而形成的振动

续表

术语	解释
环境振动　ambient vibration	与给定环境有关的所有的周围的振动，通常由来自于周边许多振源形成的合成振动
附加振动　extraneous vibration	除所关注的主要振动以外的全部振动 注：环境振动影响附加振动的大小
非周期振动　aperiodic vibration	没有周期规律的振动
跳跃　jump	当激振力频率出现细微变化时而引起振动响应突变的现象
循环　cycle	一个周期现象或函数在完全重复出现之前其状态或数值所经历的整个区间
基本周期(简称：周期)　fundamental period	周期函数自身重复出现的最小时间增量
频率(f)　frequency	周期的倒数 注：频率的单位是赫兹(Hz)，相当于每秒循环一次
基频　fundamental frequency	振荡系统的最低固有频率 a. 对于周期量，它是基本周期的倒数 b. 对于多自由度振动系统，它是系统最低的固有频率。与此频率对应的正则模态称为基本模态
谐波　harmonic	频率为基频整数倍的谐波振动
次谐波　subharmonic	频率为相关量基频整分数倍的谐波振动
谐波激励　harmonic excitation	正弦激励
拍　beats	两个频率略有差别的振荡合成后所产生的幅值呈周期性变化的振荡 注：拍产生在差频点上
拍频　beat frequency	两个频率略有差别的振荡的频率差的绝对值
角频率(ω)　angular frequency	正弦量的频率与 2π 的乘积 注：角频率的单位是弧度每单位时间 同义词：圆频率
相位角　phase angle	在给定频率下表征时间移位特性的复响应辐角 同义词：相位
相位差　phase angle difference	频率相同的两个谐波振动的相位角之差。若为正弦振动，即为它们从同一基准测得的相位角之差 同义词：相位角差
振幅　amplitude	一个量的幅度、大小或数值 同义词：幅值
峰值　peak value	在给定区间内振动的最大值 注：振动峰值通常取为该振动量相对其平均值的最大偏移：正峰值为最大正偏移，负峰值为最大负偏移
峰峰值　peak-to-peak value	给定时间区间内振动的最大正值与最大负值之间的差值
偏移　excursion	峰峰值位移
波峰因数　crest factor	峰值与均方根值之比 注：正弦波的波峰因数为$\sqrt{2}$
波形因数　form factor	在两个相继过零的半循环中，其均方根值与均值之比 注：正弦波的波形因数为 $\pi/(2\sqrt{2})$
瞬时值　instantaneous value	某一变量在给定瞬间的值
最大极大值　maximax	在一组给定自变量区间的某一函数具有多个极大值时，其中最大的一个为最大极大值
振动烈度　vibration severity	诸如最大值、平均值、均方根值或其他描述振动的参数中的一个或一组数值，涉及多个瞬态值或多个平均值 注：机器的振动烈度被定义为在机器的多个不同点如轴、轴承或机器结构的其他部件上所测得的振动量的最大值
椭圆振动　elliptical vibration	振动点的轨迹为椭圆形的振动
直线振动　rectilinear vibration	振动点的轨迹为直线的振动

续表

术语	解释
圆振动 circular vibration	振动点的轨迹为圆形的振动
波节 node	在机械系统中某一波场特性的幅值为零的点、线或面
波腹 antinode	在机械系统中某一波场特性的幅值为最大值的点、线或面
固有振动模态 natural mode of vibration	系统按某一固有频率进行自由振动时的振动模态
振动模态 mode of vibration	在谐波激励作用下的振动系统中，系统呈现出其某一部位都是以简谐方式运动的特征模式 注：多自由度系统同时存在着两个或更多模态
基本固有振动模态 fundamental natural mode of vibration	系统在最低固有频率时的振动模态
模态振型 mode shape	机械系统的某一固有模态振动的形状，指由中性面（或中性轴）上的点偏离其平均值的最大位移值所描述的图形。各点振型值通常要按选定点的偏离值进行归一化
模态数 modal number	多自由度系统中表征模态的整数
耦合模态 coupled modes	由于能量通过阻尼从一个模态传递到另一个模态而相互影响的振动模态
非耦合模态 uncoupled modes	由于相互之间没有能量转移而彼此独立的振动模态
无阻尼固有模态 undamped natural mode	无阻尼机械系统的固有模态
阻尼固有模态 damped natural mode	阻尼机械系统的固有模态
共振 resonance	受迫振荡系统在激励频率即使存在细小的变化时其系统响应也会出现下降的状态
共振频率 resonance frequency	共振出现时的频率 注：①共振频率取决于所测的变量，例如速度共振频率与位移共振频率就可能不同（参见表 24-4-2） ②为避免混淆，需指出共振的类型，例如速度共振频率（参见表 24-4-2）
反共振 antiresonance	反共振 antiresonance 受迫振荡系统在激励频率即使存在细小变化时其系统响应也会出现上升的状态
反共振频率 antiresonance frequency	反共振时的频率 注：①反共振频率取决于所测的变量，例如速度反共振的频率与位移反共振的频率就可能不同 ②为避免混淆，需指出反共振的类型，例如速度反共振频率
刚性基础的系统固有频率 fixed-base natural frequency	当安装设备的基础为刚体的且其质量为无穷大时系统的固有频率
共振速度 resonant speed （临界速度 critical speed）	激起系统共振的特征速度
次谐波共振响应 subharmonic resonance response	机械系统所呈现的具有某种共振特性的响应，其周期为激励周期的整数倍
阻尼（ζ） damping	能量随时间或距离的耗散
（机械系统的）固有频率 undamped natural frequency （of a mechanical system）	无阻尼线性振动系统的自由振动频率
阻尼固有频率 damped natural frequency	阻尼线性系统自由振动的频率
线性阻尼 linear damping	由与速度成比例而与其方向相反的力所产生的阻尼
迟滞阻尼 hysteretic damping	由结构内的内部摩擦引起的结构内的能量耗散 同义词：结构阻尼
临界阻尼 critical damping	对于单自由度系统，在自由振动中处于振荡与非振荡瞬间的临界状态所对应的阻尼值
阻尼比 damping ratio	实际阻尼系数与临界黏性阻尼系数之比
对数衰减率 logarithmic decrement	单自由度系统在阻尼固有频率振动时，任意两个相继的振动量最大值之比的自然对数

续表

术语	解释
非线性阻尼 non-linear damping	由与速度不成正比而与速度方向相反的力或力矩所产生的阻尼
品质因数(Q) Q factor	表征共振时的放大特性的量值。机械系统中计算公式为 $Q=\frac{1}{2\zeta}=\frac{1}{\eta}$

表 24-4-2　　**共振关系表**

特征量	位移共振	速度共振	阻尼固有频率
频率	$\frac{1}{2\pi}\sqrt{\frac{k}{m}-\frac{C^2}{2m^2}}$	$\frac{1}{2\pi}\sqrt{\frac{k}{m}}$	$\frac{1}{2\pi}\sqrt{\frac{k}{m}-\frac{C^2}{4m^2}}$
位移振幅	$\frac{A}{C\sqrt{\frac{k}{m}-\frac{C^2}{4m^2}}}$	$\frac{A}{C\sqrt{\frac{k}{m}}}$	$\frac{A}{C\sqrt{\frac{k}{m}-\frac{3C^2}{16m^2}}}$
速度振幅	$\frac{A}{C\sqrt{1+\frac{C^2}{4mk-2C^2}}}$	$\frac{A}{C}$	$\frac{A}{C\sqrt{1+\frac{C^2}{16mk-4C^2}}}$
对应于作用力的位移相位角	$\arctan\sqrt{\frac{4mk}{C^2}-2}$	$\frac{\pi}{2}$	$\arctan\sqrt{\frac{16mk}{C^2}-4}$

注：1. 线性单自由度系统的运动方程为

$$m\frac{d^2x}{dt^2}+C\frac{dx}{dt}+kx=A\cos\omega t$$

式中　A——激励力幅值；

x——位移；

ω——角频率；

m，C，k——质量，黏性阻尼系数，刚度。

2. 由于大部分系统 C 值与 $\sqrt{mk}$ 相比较小，故三种类型差别很小。

4.1.2　测试技术名词术语

表 24-4-3　　**测试技术名词术语**

术语	解释
绝对式传感器 absolute transducer	所测量是以地球(惯性系统)为参考系的绝对运动量的传感器
相对式传感器 relative transducer	所测量是以任一物体(如行驶中的汽车底盘)为参考系的相对运动量的传感器
机电传感器 electromechanical pick-up	将被测的机械量(应变、力、运动等)按一定规律转换成电量或电参数量的一种装置 注:用于振动和冲击的机电传感器的主要类型有：压电加速度计;集成电路压电加速度计;压阻加速度计;可变电阻传感器;可变电容传感器;应变计;可变磁阻传感器;磁致伸缩传感器;电涡流式传感器;动圈式传感器;电感传感器;压力传感器;力传感器;阻抗头
惯性传感器 seismic pick-up	由单自由度系统中质量与基座的相对运动而产生与基座运动成比例的输出信号的传感器
线性传感器 linear transducer	在给定的频率范围和幅值范围内,灵敏度为常数的传感器
不可逆传感器 unilateral transducer	只能作单向传输,即输出端不能受外来信号激励的传感器 同义词:单向传感器
可逆传感器 bilateral transducer	能在输入端和输出端之间作双向传输的传感器 同义词:双向传感器

续表

术语	解释
直线传感器 rectilinear transducer	测量平移运动特征量的传感器
角传感器 angular transducer	测量旋转运动特征量的传感器
加速度传感器 accelerometer	将输入加速度转换成与其成比例的输出量的传感器 同义词:加速度计
速度传感器 velocity pick-up	将输入速度转换成与其成比例的输出量的传感器 同义词:速度计
位移传感器 displacement pick-up	将输入位移转换成与其成比例的输出量的传感器 同义词:位移计
力传感器 force transducer	将输入力转换成与其成比例的输出量的传感器。输入力通常包括激振力、冲击力和约束力 同义词:测力计
阻抗头 impedance head	用以测量驱动点机械阻抗的传感器,由测力计和加速度计组成
示振仪 vibrograph	能直接记录并显示振动波形,通常自成系统的机械式仪器
振动计 vibrometer	能直接读出振动量的某些特征值的仪器
灵敏度 sensitivity	传感器的指定输出量与指定输入量之比
校准系数 calibration factor	在给定的频率范围内的平均灵敏度
灵敏轴 sensitive axis	直线传感器具有最大灵敏度的标称轴
横向轴 transverse axis	任一与灵敏轴垂直的标称轴
横向灵敏度 transverse sensitivity	传感器在与其灵敏轴垂直的方向被激励时的灵敏度
横向灵敏度比 transverse sensitivity ratio	直线传感器的横向灵敏度与沿灵敏轴方向的灵敏度之比
传感器相移 transducer phase shift	正弦激励时传感器的输出与输入间的相角差
传感器失真 transducer distortion	传感器的输出波形中出现不希望有的变化。又可分为幅值失真、频率失真和相位失真等
幅值失真 amplitude distortion	在给定的某一频率上,传感器的灵敏度随输入的幅值而变化时所呈现的失真
频率失真 frequency distortion	在给定的频率范围内,对于给定的激励幅值,当传感器的灵敏度随频率而变时所呈现的失真
相位失真 phase distortion	当传感器相移不是频率的线性函数时所呈现的失真
振动试验 vibration test	振动试验主要内容有: a. 响应测量。为了解机器的运行品质和安全程度,在各种工况运行时对机器选定点上的振动响应进行测量。如振动烈度测量 b. 振动环境试验。为了保证产品在加工、运输、安装及使用过程中能承受各种外来振动或由于自身运行而产生的振动时不致突然破坏、能可靠地工作、性能符合设计指标、达到预期寿命不会提前失效;或为了寻找产品中薄弱环节所做的各种试验,如疲劳试验、共振试验、耐振试验及运输试验等 c. 动态特性测定试验。为了解结构的动态特性和验证设计时采用的力学模型是否正确所做的试验,如模态试验 d. 载荷识别试验。为了确定振源的位置、性质、时间历程或谱特性及传递途径等所做的试验 振动试验可以在现场进行,也可以在实验室进行;试验对象可以是真机,也可以是模型
共振试验 resonance test	为检验产品是否会因共振发生破坏,在产品的共振频率时以规定幅值的加速度或位移,在规定时间内所做的振动试验
耐振试验 endurance test	为检验产品在规定的振动条件下的动强度疲劳性能及工作性能所做的试验
模态试验 modal test	为确定系统模态参数所做的振动试验。通常先由激励和响应关系得出频率响应矩阵,再由曲线拟合等方法识别出各阶模态参数
冲击试验 shock test	为检验产品承受冲击载荷能力而做的试验
连续冲击试验 bump test	检验产品承受多次重复冲击载荷能力的试验
动态信号分析仪 dynamic signal analyzer	当代最常用的基于快速傅里叶变换原理和数字信号处理技术的信号分析仪。它对输入的模拟信号进行抗混滤波、采样保持和模数转换等初步处理后按不同要求可对信号进行时域分析、时差域分析(相关分析)、频域分析(功率谱、频响函数等分析)和幅值域分析(直方图、概率密度等分析)。分析仪还具有齐全的辅助功能,如加窗、平均、细化、重叠、内装信号源等 同义词:快速傅里叶分析仪

续表

术语	解释
细化分析　zoom analysis	细化分析是动态信号分析仪中广泛使用的一种复解调技术。它可以在较窄的指定频带内以很高的频率分辨率来显示隐含在信号内精细的频率结构。这种技术是将感兴趣的频带转移到低频段后用低通滤波器去掉高频成分，再重新采样来获得高分辨率
振动发生器　vibration generator	专门设计用于产生振动并将其传递到其他结构或设备上的机器 注：被试验的设备可以连接到发生器的台面上，或发生器加装顶杆后用顶杆对设备进行激励
振动发生器系统 vibration generator system	振动发生器和必需的附属设备
电动振动发生器 electrodynamic vibration generator	由固定磁场和位于该磁场中并通有一定交变电流的可动线圈的相互作用所产生的激振力来驱动的振动发生器
电磁振动发生器 electromagnetic vibration generator	由电磁铁和铁磁性材料相互作用产生激振力来驱动的振动发生器
直接驱动振动发生器 direct-drive vibration generator	由连杆或凸轮等强制性传动机构直接驱动的振动发生器，其位移幅值基本上不变，与负载或频率无关
液压振动发生器 hydraulic vibration generator	利用液体压力作为激振力的振动发生器
反作用式振动发生器 reaction type vibration generator	由不平衡质量的旋转或往复运动产生的激振力的振动发生器 同义词：惯性式机械振动发生器
共振振动发生器 resonance vibration generator	由处于共振状态的振动系统来产生激振力的振动发生器
压电振动发生器 piezoelectric vibration generator	用压电元件产生激振力的振动发生器
磁致伸缩振动发生器 magnetostrictive vibration generator	用磁致伸缩元件产生激振力的振动发生器
静重　deadweight	在感兴趣的频率范围内有理想刚体特性的质量块 同义词：静配重；纯质量
循环周期　cycle period	一次循环所需要的时间
循环范围　cycle range	一次循环中被控变量（通常是频率）的最大值和最小值间的范围
扫描　sweep	自变量（通常是频率）连续地通过一定区间的过程
扫描速率　sweep rate	扫描中自变量的变化率
线性扫描速率　linear sweep rate	扫描中自变量的变化率 $\mathrm{d}f/\mathrm{d}t$ 为常数的扫描速率 同义词：均匀扫描速率
对数频率扫描速率 logarithmic frequency sweep rate	单位频率的频率变化率为常数的扫描速率，即 $(\mathrm{d}f/f)/\mathrm{d}t$ 为常数 注：建议用倍频程/分（oct/min）为单位来表示对数频率扫描速率
交越频率　cross-over frequency	在振动环境试验中，振动特征量由一种关系转变为另一种关系时的频率。例如，交越频率为振动幅值由等位移-频率关系变为等加速度-频率关系时的频率
隔离器　isolator	用来减弱冲击和（或）振动传输的构件，通常是弹性的支承物
隔振器　vibration isolator	用来在某一频率范围内减弱振动传输的隔离器
冲击隔离器　shock isolator	用来在某一冲击运动或冲击力范围内保护系统的隔离器
冲击吸收器　shock absorber	用能量耗散的方法来减少机械系统受冲击后响应的装置
阻尼器　damper	用能量耗散的方法来减少冲击和（或）振动的装置
限制器　snubber	当机械系统的相对位移大于特定量时，靠增大（通常是急剧增大）系统中弹性元件的刚度来限制相对位移的装置
动力吸振器　dynamic vibration absorber	在所要求的频率上将能量转移到附加的子系统中来减少原系统振动的装置。子系统对原系统的作用力与原系统上激振力相位相反
动力减振器　detuner	一种其频率特性与振幅有关的附加振动系统（如用非线性弹簧控制的质量块），它可以改变与其连接的主系统的振动特性 同义词：动力减振摆

4.2 振动传感器的分类及其特点

4.2.1 常用的振动传感器

根据参考坐标的设定，振动传感器包括绝对式（惯性式）传感器和相对式传感器。绝对式传感器安装在试件上，相对式传感器安装在作为参考坐标的支架上。

根据被测量的参数，振动传感器分为振动位移、振动速度和振动加速度传感器。表 24-4-4 列出了较常用振动传感器的频率范围和特点及应用。

4.2.2 振动传感器直接测量参数的选择

振动测量的被测量分别为位移、速度和加速度。虽然可以通过微分或积分电路实现它们之间的转换，但是，为了得到最好的信噪比，并且保持测量的量程和频率范围，应根据被测量的频率选择直接测量的参数。一般地，低于 10Hz 的振动产生较大的位移幅值，适用位移传感器；对高于 1000Hz 的振动，首选加速度传感器；在 10～1000Hz 的振动范围，宜用速度传感器。在恒定速度下，位移、速度和加速度之间的关系如图 24-4-1 所示。

就测量目的而言，测试可能引起破坏和故障的惯性力时，首选加速度传感器；测试设备的振动烈度时，首选速度传感器；监测机件的位置变化时，首选位移传感器，例如非接触测量的涡流传感器。

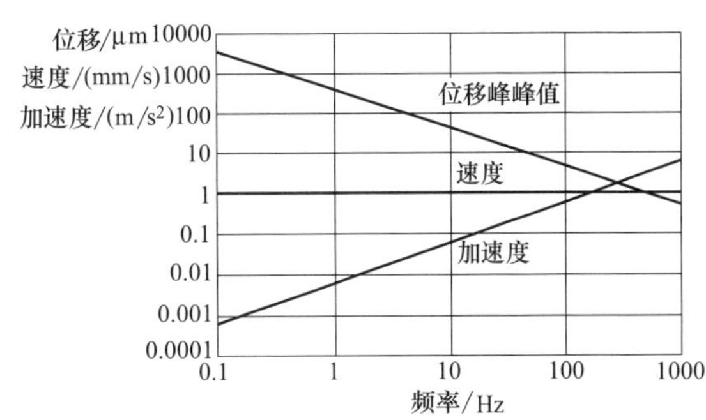

图 24-4-1 在恒定速度下，位移、速度和加速度之间的关系

使用绝对式传感器时，传感器作为附加质量影响被测量物体的固有频率。因此，传感器的质量应远小于被测件的质量。

4.2.3 描述惯性式传感器特性的规定 (GB/T 13866—1992)

《振动与冲击测量 描述惯性式传感器特性的规定》(GB/T 13866—1992) 规定了机电式振动与冲击测量用惯性式传感器（以下简称传感器）应描述的特性（表 24-4-5～表 24-4-7）。这些传感器的电输出是被测物体运动加速度、速度或位移的已知函数。用户在选择和采购这类传感器时，可以根据该标准提出对产品的技术要求。

第 24 篇

表 24-4-4 常用的振动传感器

被测量	转换原理	频率范围[①]/Hz	特点及应用
位移	涡流	0～5k	非接触测量，旋转机器径向轴承监测的首选传感器
	光纤	150k	非接触、高精度测量，抗电磁干扰。近距离，精密结构振动测试
	激光	250k	非接触、高精度测量，抗电磁干扰，可远距离测试
	电感	500	非接触，对污染不敏感，低频位置监控
速度	磁电	2～500	不需外加电源，可直接远距离传送信号，低频振动烈度监测
	激光多普勒	0～50k	高精度，非接触测量，价格高
加速度	压电	1～10k	灵敏度高，价格低，温度范围广。应用最广，振动与冲击，设备监测和故障诊断
	电阻/压阻	0～1000	他源型，低输出阻抗；直流响应，适于长持续时间脉冲测量；高灵敏度，不需前置放大器。汽车碰撞、爆炸试验
	电容	0～10 000	微型结构，坚固，耐冲击，他源型，低输出阻抗，直流响应
	伺服	0～30	高精度，大量程，静态和低频测量
	光纤	0～300	低频，高灵敏度，微振动测量，耐恶劣环境。适合于大型旋转机械，例如大型火电机组在线监测

① 表中数值为供参考的振动测量典型应用值。不表示全系列的产品。

表 24-4-5 一般性能指标

所测参数类型	位移；速度；加速度
运动类型	传感器所响应运动的特征：单轴向运动；多轴向运动；角运动

续表

敏感元件	敏感元件的类型,例如:压电元件;压阻元件;动电元件;电阻应变元件(粘接的或非粘接的);可变电阻元件;可变电容元件;可变电感元件;差动变压器;电磁元件;光电元件;光学元件;磁致伸缩元件
安装方向	传感器使用中的正确安装方向:垂直的;水平的;倒置的;任意的
敏感方向与极性	应说明传感器的敏感方向(测量轴方向),并用标记或箭头注明正方向,同时说明沿正方向运动时的输出极性
外形尺寸	应用轮廓图表示传感器的外形尺寸
材料	传感器安装基座和暴露在工作环境中的外表面材料
连接方式	传感器和振动表面的连接方式:螺纹连接;粘接;夹具连接;接触,如探针;其他
安装	应按 GB/T 14412 确定安装方法。如果采用螺纹安装,则应给出传感器上安装孔或螺钉的位置和尺寸,并推荐安装力矩
质量和惯性矩	应给出传感器的质量,必要时也应给出传感器的重心位置。对于角振动传感器,应给出相对于测量轴的惯性矩。如果传感器在其固有频率以上使用,则应说明其惯性质量的量值
敏感元件的位置	必要时应给出敏感元件的重心位置
电连接	如果需要在传感器与辅助仪器之间进行电气连接,应说明电缆组件固定方法及电缆类型(如低噪声型)、长度、质量、屏蔽、与壳体的连接方式和接插件型号
电源	应说明传感器是否是自发电型。如果需要外接电源,则应说明电源的供电类型、参数和极性
输出特性	传感器的输出特性。例如 a. 输出是电压信号,或更进一步说明输出是调幅信号或调频信号 b. 输出与输入振动量成线性、对数或其他的函数关系
辅助仪器	应说明所需辅助仪器的型号或有关特性,并给出接线简图

表 24-4-6 特殊性能指标

测量范围	以加速度、速度和(或)位移表示的,能取得可靠读数的最大和最小测量值
频率范围	①在指定安装条件下的工作频率范围。在此频率范围内,传感器灵敏度的变化不应超过规定值 ②传感器惯性系统的共振频率和影响输出信号的各寄生共振频率 ③在需要时,应注明各共振频率的近似放大率(品质因数)
灵敏度、幅频响应	①应给出在工作范围内指定频率下输出与输入关系的数据,对于输出与输入成正比的传感器,应以标称灵敏度的形式给出其比例因数 ②应注明灵敏度校准的概率误差及此时的负载阻抗 ③频率对灵敏度的影响可用幅频响应曲线来表示 ④应注明灵敏度校准及幅频响应曲线测试时的温度和湿度 ⑤对于一些需要励磁电压(交流和直流)、载波电压或偏置电压的传感器,标称灵敏度应是施加推荐电压时所获得的数值,也可以是每单位电压所获得的数值。所推荐的电压值应当注明。标称灵敏度是由制造厂所给出的在规定工作条件下某型传感器的灵敏度 ⑥用合适的单位给出输出对输入的关系。例如,有效值电压或电荷对应有效值速度;峰值电压或电荷对应峰值速度;但不用有效值电压或电荷对应峰值速度
相移、相频响应	①必要时应给出在推荐的频率范围内,施加的正弦振动和在规定的终端负载上得到的正弦输出信号之间的最大相移。假如相移为零,也应注明 ②相移随频率的变化可用相频响应曲线表示
灵敏度稳定性	应说明传感器的灵敏度稳定性。必要时应给出传感器的年稳定性,即每年灵敏度变化的百分数
阻尼	在规定的安装和电气终端负载条件下的阻尼比,可以用对数衰减率或品质因数表示

续表

横向灵敏度	①应给出相对于传感器测量轴的最大横向灵敏度和测量此值所用的频率，如果横向灵敏度变化取决于运动的方向，则应同时指出最大横向灵敏度的方向 最大横向灵敏度也可用最大横向灵敏度比的形式给出 对输出产生影响的其他运动（例如旋转运动）的灵敏度也应一同给出 ②在传感器受到测量轴方向和横向两个运动组成的复合运动时，如果必要，应给出横向运动对传感器电输出的影响（包括频率失真和幅度失真）
最大运动极限	确保传感器可靠工作而又不损坏的测量轴向和横向的最大振动和冲击运动值（在有些情况下还包括频率）
非线性度	在全量程范围内传感器输出值对输入值偏离线性的最大偏差
电阻抗	①传感器的电阻抗为开路电压与短路电流之比。应用表格或曲线表示传感器在工作范围内不同频率下电阻抗的大小和相角 ②应注明传感器在极限使用温度时的电阻抗 ③传感器在推荐频率范围内的电阻抗可用等效的电感、电阻和电容值表示
零位输出	必要时应给出在规定条件下零输入状态时传感器的输出值

表 24-4-7　**环境影响指标**

温度和湿度	①传感器工作温度和湿度的范围。在此范围内，传感器的灵敏度和阻尼随温度的变化不应超过规定的百分数，也可用曲线表示 ②必要时应给出传感器的零点温漂即在温度变化时零位输出的变化值 ③储存传感器的最低和最高温度和湿度 ④不至于损坏传感器的温度和湿度极限值 ⑤在经历规定的温度范围内传感器的安装附件和电缆受到的影响和限制
温度瞬变	温度瞬变对传感器电输出的影响
声场	外部声场对传感器电输出的影响
电磁场	在需要时应给出恒定的和交变的电磁场对传感器工作的影响，其中包括 a. 恒定磁场对灵敏度的影响 b. 邻近铁磁性物质对灵敏度的影响 c. 能在传感器及其连接电缆中产生电压的交变电磁场的影响，例如：在规定的频率下，能产生最大响应的方向上，1T 磁感应强度的磁场在传感器上产生等效输出的振动值。说明电磁场影响时应注明对应的频率
地电流	如果采用绝缘连接来防止地电流（地回路）的干扰，则应说明它对传感器性能的影响
基座应变	基座应变对传感器电输出的影响
放射性辐照	如果传感器用于放射性环境中，应给出放射性辐照对传感器性能和长期状态的影响

4.3　振动位移传感器

4.3.1　电涡流式振动位移传感器

4.3.1.1　电涡流式振动位移传感器的组成和安装

（1）电涡流式振动位移传感器系统的组成

电涡流式振动位移传感器系统由探头、延伸电缆和前置器组成。前置器需要外接电源。传感器的输入为探头与被测金属件的距离，在适配器的输出端产生输出电压。

（2）电涡流式振动位移传感器的数量和安装方式

在较小的、不太重要的机器上，每个轴承可以安装一个涡流传感器系统。单个涡流探头测量转轴在指定平面的振动。因此，应把涡流探头安装在可能有最大振动的平面上。

一般推荐在每个轴承安装两个涡流传感器系统。这时，两个探头应相隔 90°安装。因为探头在其相应的平面测量振动，所以两个振动信号的合成可以得到径向振动的李沙育图形。

如果轴承座是水平对开的，可以在垂直平面两侧 45°安装涡流探头。无论哪种情况，必须保证探头与被测轴的中心线正交，偏差超过 1°～2°就会影响测量系统的灵敏度。

从涡流探头嘴发出的高频射频电场分布类似 45°的圆锥体，所以必须在探头嘴的所有侧面留出间隙，以防对射频电场的干扰。例如，如果在轴承上钻探头的安装孔，则必须在探头嘴部位钻沉孔。发生热膨胀时，要保证不会因轴肩或轴环的热膨胀影响探头的侧隙。

安装探头时，必须正确地设定探头与被测件的间隙。一般地，把间隙调整为测量系统线性范围的中心。全部系统必须在试运行之前进行标定。

(3) 防止机械跳动和电偏转

机械脱出和电偏转分别为引起测量误差的机械和电气因素。

涡流传感器对径向振动的轴的粗糙度也是敏感的。为了防止机械跳动，必须给出大约三倍于探头直径的光洁（平滑/光滑）区作为探头的测量区。

因为涡流传感器对目标材料的磁导率和电阻率敏感，且传感器的磁场延伸到轴表面 0.4mm 左右，所以在测量区一定要注意避免非同质的材料。电偏转可能由小磁场引起，例如没有正确消除的剩磁。

4.3.1.2 电涡流式振动位移传感器典型产品

电涡流式振动位移传感器具有频响宽、线性测量范围宽、体积小、抗干扰能力强、安装使用方便、能长期连续稳定地工作和非接触测量等优点，探头可在水、油等介质中工作。

Bently Nevada™ 3300 系列电涡流式振动位移传感器的探头的螺纹长度、壳体长度、总长度（含电缆），接头和电缆类型（例如铠装）及执行标准等，具有多种订货参数，便于用户安装使用。前置器一般采用面板 4 孔安装方式，其中 3300XL 系列传感器的前置器结构分为 DIN 导轨安装和面板安装两种方式。Bently Nevada™ 3300 系列电涡流式振动位移传感器的主要技术指标如表 24-4-8 所示。

表 24-4-8 Bently Nevada™ 3300 系列电涡流式位移传感器的主要技术指标

型号 3300		XL5	XL8	XL11	16(高温型)	REBAM	
探头直径/mm		5	8	11	16	8.1	
线性测量范围/mm		0.25～2.3		0.5～4.5		0.13～0.53	0.23～0.43
推荐间隙设定值/mm		1.27		2.5			
频率范围(305m 电缆)/Hz		0～10k		0～8k	0～6k	0～10k	
灵敏度①/mV·μm⁻¹		7.87±6.5%	7.87±5% 7.87±6.5%	3.94±10%	3.94±9.65%	40±8.3% 40±10%	80±5.6% 80±10%
非线性误差①/μm		±38	±25，±38， ±75，±152	±100，±150， ±510，±590	±78，±510	±6.4	±2.5
最小靶面尺寸/mm		φ15.2 平面		φ30.5 平面		φ9.5	
最小被测轴径/mm		50.8，推荐 76.2		76，推荐 152		—	
探头工作和保管温度/℃		−35～177	−51～177	−51～177	−34～350	−34～177	
前置器工作温度/℃		−35～85			−51～100	−51～100	
前置器保管温度/℃		−51～100			−51～105	−51～105	
电源/V DC		−17.5～−26，−23～−26(有隔障时)			−19.6～−26	同 3300XL	
电源灵敏度/mV·V⁻¹		<2			<13	<2	
探头尺寸/mm	壳体总长度	20～250		26～250	30～160	25～250	
	无螺纹长度	0～230		0～224	0～130	0～220	
	安装螺纹	M8×1	M10×1	M14×1.5 M16×1.5	M18×1.5	M10×1	
标准系统总长度②/m		5，9		1，5，9	9	5	
前置器尺寸/mm	面板安装	81.3×61.2×63.5			79.4×61.4×50	79.4×61.5×50	
	DIN 安装	89.4×31.7×70.8			—	—	
前置器质量/g		246	255		255	275	
防爆认证		EEx ia IIC T4/T5			—	EEx ia IIC T4	

① 取决于工作温度、电缆长度。

② 电缆长度另有多种选项。

注：生产厂为 Bently Nevada LLC，上海佳武自动化科技有限公司（代理），bently.56tv.com.cn。

4.3.2 光纤振动位移传感器

4.3.2.1 光纤振动位移传感器的结构和工作原理

(1) 光纤振动位移传感器的工作原理

光纤振动位移传感器的工作原理如图 24-4-2 所示。光纤位移传感器的光纤束中包括发射光纤和接收光纤，图中 P_0 和 P_1 分别为发射和接收的光线。被测目标具有漫反射的性质。接收的反射光线被转换成电压输出。相应于 P_0 和 P_1 与目标之间锥形踪迹重叠区域的增大，输出电压关于位移 x 的曲线呈上升的趋势。到达光峰值之后，随着位移 x 的增加，输出电压按照平方反比的规律降低。一般地，线性范围 1 具有很高的分辨率，适用于测量微小的位移；线性范围 2 的灵敏度较低，适用于测量较大的位移。

(2) 光纤探头的结构

1) 标准光纤探头的光纤分布有三种形式，如图 24-4-3 所示。

2) 反射补偿光纤探头。若被测目标的反射率有很大变化，可以使用自动补偿型的探头。这种结构的探头可以在动态反射率 100∶1 的范围内保持很高的分辨率和精度。

补偿探头由三个光纤束组合而成，如图 24-4-4 所示。一束发射，另两束接收并且具有不同的响应特性。根据探头模组的电子学原理，利用两个接收光纤束的信号差补偿反射率的变化并且得到正比于探头间隙的线性响应。这种探头可用于目标平移或转动状态。

3) 边缘光纤探头专用于细小目标的位移和位置测量。由于具有高频响应特性，所以这种结构对于计算机驱动器磁盘、磁带、超声波器械和生产线的应用是理想的方案。在这种传感器中，发射和接收光纤束是相对布置的。光线通过被测目标的边缘到达接收光纤。当目标在探头之间运动时，收到的光线的强度就会发生波动。用光纤测量系统监视光的波动并把它精确地转换为位移的变化。这种高灵敏度的结构不但可以得到较大的测量范围，而且分辨率可以达到 2.5nm。边缘结构有棱柱型和弯曲型，如图 24-4-5 所示。

4.3.2.2 MTI 系列光纤测量系统

MTI-2100 光纤测量系统适用于高精度的振动、位置测量。探头具备抗电磁干扰的能力，适用于各种材料表面的测量。MTI-2100 可用于很多传动元件和结构动态分析的测试项目，例如：压电材料的振动测试，轴承马达回转测试，硬盘/光盘振动测试，超声波换能器的振动测试，硬盘驱动器构件的模态分析，燃料喷射嘴移动量测试，滚动轴承的故障分析，同轴度测量，表面轮廓或缺陷的检测等。

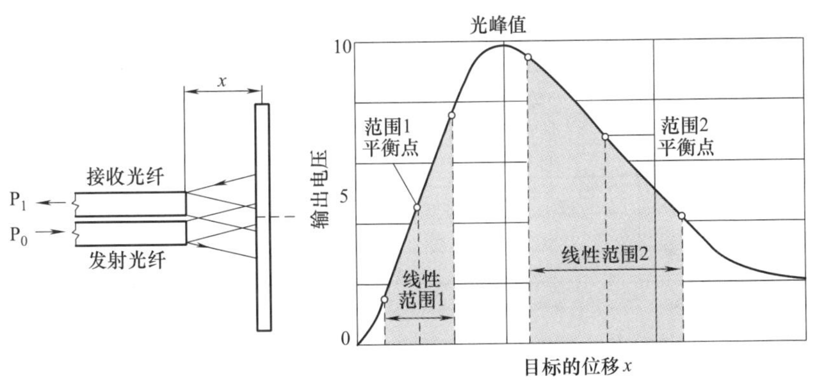

图 24-4-2 光纤位移传感器的工作原理

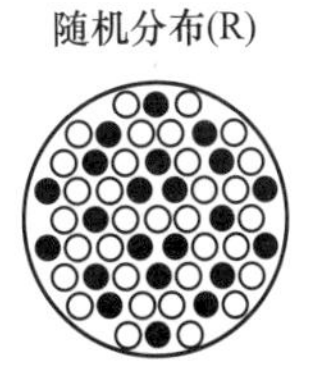

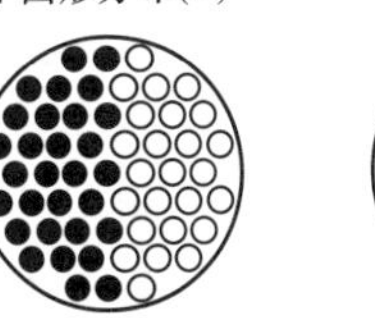

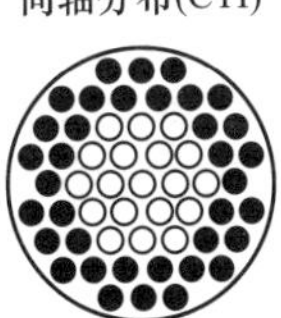

● 接收光纤 ○ 发射光纤

图 24-4-3 光纤探头的光纤分布形式

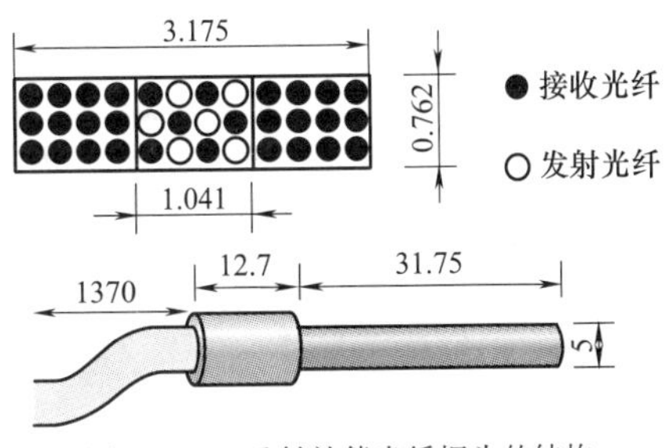

图 24-4-4 反射补偿光纤探头的结构

MTI-2100光纤测量系统可以使用1个探头模组，也可以使用2个探头模组同时进行测量。它的主要规格和技术指标如表24-4-9所示。

4.3.3 电感式振动位移传感器

电感式振动位移传感器可以测量感应面与金属目标之间的距离，输出与被测量距离成正比的电压或电流信号。这种传感器可以对运动物体进行计数或距离检测、厚度测量、材质检测、轴向距离检测、转轴的振动监测等。对于振动测量，这种传感器使用方便，但是工作频率和测量精度较低。

BAW系列电感式振动位移传感器的测量范围从0.5mm到50mm，测量速度（目标移动方向与传感器感应面平行时，可靠检测线性移动物体位移的能力）最高可达到40m/s。表24-4-10所示为BAW系列电感式振动位移传感器的主要技术指标。

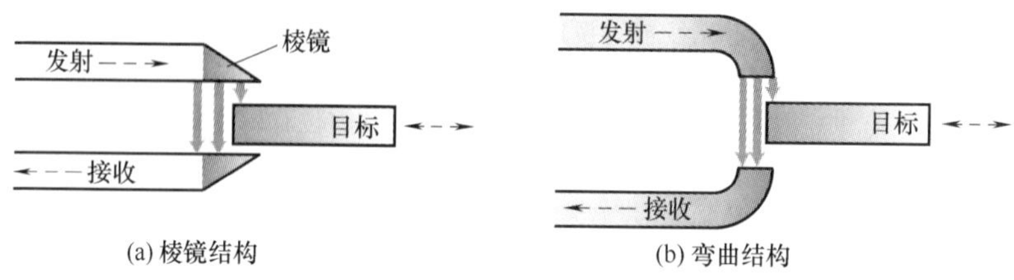

图24-4-5 边缘光纤探头的结构

表24-4-9 MTI-2100光纤测量系统的主要规格和技术指标

位移测量	输出电压/V	0～10	计算机接口	RS232
	输出阻抗/Ω	51	高通滤波器	可切换DC，20Hz和200Hz，4阶巴特沃思响应
	温漂(12h)	1%FS(±1℃) 1%FS(16℃～35℃)	低通滤波器	可切换100Hz，1kHz，10kHz，20kHz，50kHz，100kHz和宽带，1阶响应(−3dB的1.2×选定值)
振动测量	输出电压/V	0～10		
	输出阻抗/Ω	51		
	读数精度	1%(15Hz～150kHz)	电源	AC100～200V，50/60Hz
标准型探头	工作温度/℃	−70～150	功耗/W	35
	工作压强/kPa	−98.2～3550	尺寸/mm	277×358×142
	长度/mm	76.2	质量/kg	4.5
	电缆长度/mm	1372	工作温度/℃	10～43
LCD显示器	颜色	白色蓝背景	保管温度/℃	−18～65，无结露
	响应频率/Hz	100	可选探头	弯曲探头，高压强/高真空，特殊温度探头(−190～750℃)
	刷新率	每秒3次		
直方图显示器	单元和颜色	20单元绿色	精密镜头系统	使标准探头在测量较远距离时，减少灵敏度和频率响应的损失
	响应频率/Hz	10		
	步长/V	0.5	FS-3探头夹具	用于固定探头

注：生产厂为MTI Instruments Inc.，www.mtiinstruments.com。

表24-4-10 BAW系列电感式振动位移传感器的主要技术指标

型号BAW	探头感应面尺寸/mm	输出信号	线性范围/mm	非线性/μm	重复性/μm	限制频率(−3dB)/Hz	测量速度/m·s⁻¹	响应时间/ms	热漂移系数/μm·K⁻¹
ϕ6.5mm	6.5	0～10V	0.5～2	±45	±10	1000	10	0.5 1	−1
M8	M8×1	0～10V	0.5～1.5 0.5～2.5	±30 ±60	±8 ±10	1000	20 10	0.5 1	−2～−0.5 −8～0
M12	M12×1	0～10V 0～10V 0～10V 4～20mA 4～20mA	0.5～2 0.5～2 1～4 0.5～2 0.5～2	±45 ±45 ±90 ±45 ±40	±8 ±8 ±10 ±5 ±6	500	40 40 20 40 40	0.5 0.5 1 0.5 0.5	−2.5～1.5 −2～−0.5 −2～4 −3～0 −3.5～4.5

续表

型号 BAW	探头感应面尺寸 /mm	输出信号	线性范围 /mm	非线性 /μm	重复性 /μm	限制频率 (−3dB) /Hz	测量速度 /m・s^{-1}	响应时间 /ms	热漂移系数 /μm・K^{-1}
M18	M18×1	0～10V	1～5	±120	±8	500	40	1	−8～1
		0～10V	1～5	±120	±8		40	1	−5～−1
		0～10V	1～5	±120	±8		40	1	0～4
		0～10V	1～5	±120	±8		40	1	−4～0
		0～20mA	1～5	±120	±8		40	1	−5～1
		4～20mA	1～5	±120	±8		40	1	−14～1
		4～20mA	1～5	±120	±8		40	1	−5.5～−1.5
		0～10V	2～8	±180	±12		20	1.5	−13～2
M30	M30×1.5	0～10V	2～10	±240	±10	500	20	1.5	−1～5
			3～15	±360	±12	350	10	3	−3～−13
R06	20×8	0～10V	0.5～2	±45	±12	1000	10	0.5	−1～2
R03	10×6	0～10V	1～4	±150	±35	1000	20	0.5	1～7
Z01	17×14	0～10V	1～5	±120	±10	1000	5	1	−20～7

注：1. 每个型号有不同的安装方式、技术指标和订货编号。
2. 环境温度为−10～70℃，热漂移系数最佳的范围是 10～50℃，对个别订货编号略有不同。
3. 电源额定电压为 24 V DC。
4. 生产厂为 Balluff GmbH，巴鲁夫（上海）贸易有限公司，www.balluff.com.cn。

4.4　振动速度传感器

振动速度传感器主要有磁电式速度传感器、激光多普勒测速传感器。

4.4.1　磁电式速度传感器

4.4.1.1　磁电式速度传感器的原理及应用

磁电式速度传感器由磁铁、线圈和阻尼元件组成。由振动引起的磁铁和线圈的相对运动产生感应电势。线圈在磁场中运动的结构形式称为动圈式，磁铁在线圈中运动的结构形式称为动磁式。磁电式速度传感器的结构原理及其典型外形如图 24-4-6 所示。

由于测量方式的不同，磁电式速度传感器分为相对式和惯性式两种类型。

因为重力，水平安装和垂直安装的传感器采用不同方向的类型。磁电式速度传感器是沿着其主轴方向测量振动的。如果需要测量垂直、水平和轴的轴线方向的振动，应在各个方向分别安装传感器。

测量大型交流发电机或电动机振动时，应特别地考虑磁场干扰问题。为了减小交变磁场的影响，可以采用磁屏蔽的方法。判断是否需要磁屏蔽的一种简易方法是把速度计悬挂（或稳定地握在手里）在可能有干扰的地方，如果观察到明显的振动，就可能存在电磁干扰。

因为这种传感器包含容易失效的运动零件，所以应按年度基准进行标定。

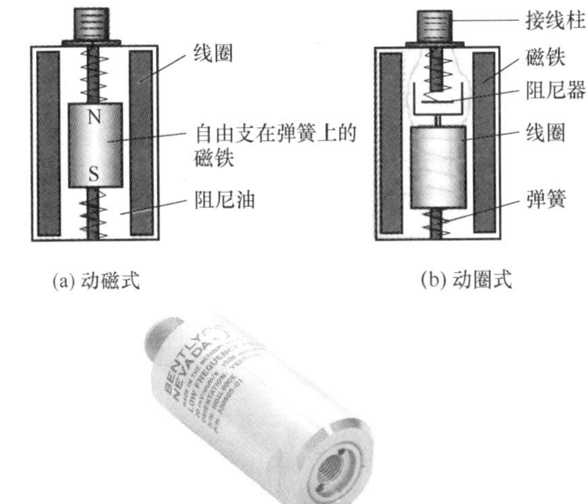

(a) 动磁式　　(b) 动圈式

(c) 典型外形

图 24-4-6　磁电式速度传感器的结构原理及其典型外形

磁电式速度传感器产生与振动速度成正比的电压信号。经微分和积分运算，可测振动位移和加速度。

磁电式速度传感器在机械振动测试中被广泛应用，其优点是灵敏度高，内阻低，不需外接电源，不经放大即可以远距离传送信号，便于振动的长期监测，常用于低频振动烈度的测试。

4.4.1.2　磁电式速度传感器的典型产品

VEL/G 系列传感器由英国胜索尼公司出品，是动圈式磁电式速度传感器（该产品又称为自发电型速度传感器)，适用于绝大多数工业环境，特别是重型机器的振动测量。因为它们是无源器件，与监控设备的界面简单，具有低噪声和高灵敏度的特点，所以适用于有接地干扰和电气噪声的环境。该系列传感器的频率响应上限一般为 2kHz，有利于对蒸汽轮机的应用，因为高频蒸汽噪声会使有源器件饱和，发生虚警。

传感器的主体为圆柱体，采用磨光的不锈钢外壳，测量轴的与圆柱体的轴线重合。安装方式有各种尺寸的集成螺栓、双头螺栓和带双螺栓孔的集成安装板。输出端连接方式可选顶端或侧端的接线端子、顶端或侧端出线的集成电缆等类型。VEL/G 系列速度传感器的主要技术指标如表 24-4-11 所示。

Bently Nevada™ 330505 低频速度传感器为动圈式绝对速度传感器，采用二线制输出方式，由内置信号调理电路提供正比于振动速度的电压输出。它是理想的低频测量传感器，通过电缆与 3500/46M Hydro 监视器配套，主要适用于设备的状态监测和故障诊断，特别是要求高信噪比的水电透平机的轴承套的振动监测。它的主要技术指标如表 24-4-12 所示，外形见图 24-4-6 (c)。

4.4.2 激光多普勒速度传感器

当波源相对接收器移动时，波源和接收器之间传递的波就会产生频率差，即多普勒频移。通过频差 $\pm\Delta f$ 可以计算移动速度 v 和距离位移 L，即有

$$v=\frac{\lambda}{2}\Delta f$$

$$L=\int_0^t v\mathrm{d}t=\frac{\lambda}{2}N$$

式中 $\lambda/2$——半波长；

N——由计算机记下的脉冲数。

运动方向可通过外差法或正交自差法确定。外差法具有明显的优点。首先，由被测量产生的多普勒频移载于稳定的差频，并且频率达到几兆至 100MHz，于是，可以避免激光器的和半导体器件的低频噪声，还可以利用频率跟踪等外差解调技术滤除大量的宽带噪声，因此提高了光电信号的信噪比。其次，可以直接从输出频率相对于差频的增减判别运动方向，因此可以测量物体的连续变化过程，例如随机振动波形。外差干涉仪现已广泛应用于机械振动的测量，并且可

表 24-4-11 VEL/G 系列速度传感器的主要技术指标

项目		指标	项目	指标
输出信号(负载 10kΩ) /mV·mm^{-1}·s		20±3%	公称输出阻抗/Ω	200
		4±3%	外形尺寸/mm	φ41×77(主体部分)
频率范围(3dB)/Hz		4.5～2000	质量/kg	约 0.48
最大位移/mm		2.5	端子/电缆方向	顶端/侧面出线
最大加速度/g	敏感轴	2000	工作温度/℃	−40～100(可选高温)
	非敏感轴	50	防爆认证	CE Ex Ⅱ 1G (Ex ia ⅡC T4)(可选)
线性		±2%(在 100Hz)		

频率范围/Hz	标定角度	工作角度(以标定角度为基准)	灵敏度最大偏差/%	选型代码(H)
15～2000	垂直 0°	通用(垂直 0°±180°)	±10	1
10～2000	垂直 0°	通用(垂直 0°±180°)	±12	2
10～2000	水平 90°	水平(90°±10°)	±2	3
4.5～2000	水平 90°	水平(90°±20°)	±20	4
4.5～2000	45°	45°±20°	±10	5
4.5～2000	垂直 0°	垂直(0°±20°)	±6	6

注：厂商名称：Sensonics Ltd，http：//www.apitech.com/sensonics。

表 24-4-12 Bently Nevada™ 330505 低频速度传感器的主要技术指标

项目		指标	项目	指标
灵敏度/mV·mm^{-1}·s		20±10%	相对湿度	100%非浸水，外壳密封
幅值范围/mm·s^{-1}		0.25～102	参数测试环境	20～30℃，80Hz
频率响应/Hz	3.0dB	0.5～1000	安装方式	3/8-24 UNF-2B，螺纹最小深度 8.8mm
	0.9dB	1～200		
幅值线性度		±3%(在 102mm/s 峰值)	最大安装转矩/N·m	4.5
电缆最大长度/m		305	外壳材料	不锈钢
耐冲击/g		100	外形尺寸/mm	φ32.5×90
工作和保管温度/℃		−40～100	质量/g	<375

注：生产厂为 Bently Nevada LLC，上海佳武自动化科技有限公司（代理），bently.56tv.com.cn。

以达到很高的精度。外差干涉仪中的不同频率的光束可由两个频率稳定的激光器提供，也可以通过分光镜等光学系统从一个激光器中分出双频。

激光多普勒速度传感器通过对测量光束和基准光束之间频率差的调频和解调，测量目标的振动速度和频率。因为激光束的直径非常小（达到 20nm），所以特别适用于微结构、微振动的高精度测量。

激光多普勒速度传感器的应用范围包括光盘驱动器和硬盘驱动器的测量，声频设备的振动分析，汽车工业、工厂通用设备和微机械的相关应用。例如光盘头发射功能的测试，硬盘驱动器盘片表面的机械脱出和振动分析，扫描仪的扫描台运动速度和位移的测量，引线焊接与毛细管振动的测量等。

ISV 系列工业振动传感器是结构紧凑、坚固耐用的激光多普勒振动计，光学探头被装在紧凑坚固的工业机箱中（防护等级符合 IP64 标准），便于在工业生产线中的应用。IVS 光学头可变焦，工作距离 70～2000mm。它的接口包括：电源输入（11～14.5V DC）；光学信号和速度信号输出（速度信号为±4V 模拟电压）；IVS-310 光学电平信号显示单元。它的主要技术指标如表 24-4-13 所示。

PSV-400 扫描式激光测振仪包括测量头、摄像机、信号处理器和计算机。扫描对象可小于 1cm，也可以大到 40m，适用于汽车等设备的动态 ODS 分析。该系统的主要技术指标如表 24-4-14 所示。

RLV-5000 旋转激光测振仪主要用于旋转机械的振动测量。其工作原理是用两个平行激光束照射转轴表面，通过两个干涉仪的多普勒频移计算轴的转速、角速度和角位移。它包括光学头和控制器组件，工作原理如图 24-4-7 所示。多普勒频率为

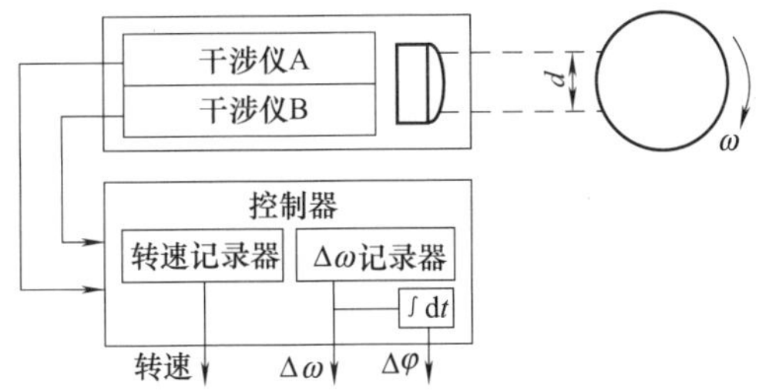

图 24-4-7　RLV-5000 旋转激光测振仪的工作原理

$$f_D = f_{DA} + f_{DB} = \frac{2\omega d}{\lambda}$$

式中　λ——波长；

d——两平行激光束之间的距离；

ω——被测量的角速度；

f_{DA}，f_{DB}——干涉仪 A、B 的多普勒频率。

RLV-5000 旋转激光测振仪的主要测量参数如表 24-4-15 所示。

表 24-4-13　ISV 系列工业振动传感器的主要技术指标

型号		ISV-200		ISV-300		
频率范围/Hz	数字输出	—		0～22k		
	模拟输出	0.2～25k		0.5～22k		
测量范围(可选)/mm·s^{-1}		±20	±100	±20	±100	±500
分辨率①/μm·s^{-1}(对于 10Hz 分辨率带宽)		1		0.02	0.02	0.1
高通滤波器截止频率/Hz		22		100(衰减速度 60dB/dec)		
低通滤波器截止频率/kHz		—		数字低通 1/5/22(−1dB) (衰减速度 120dB/dec)		
光学头	定焦镜头靶距/mm	226		240		
	变焦镜头靶距/mm	70～2000		90～3000		
	激光器参数	输出功率:1mV;安全级别:Ⅱ;628nm 可见激光				
对最大速度的输出电压	模拟输出	±4V		±4V，24 bit DAC		
	数字输出	S/P-DIF(Sony/Philip 数字音频接口)24 bit，采样率 48kSa/s				
电源		11～14.5V DC，最大功率 15W				
工作温度/湿度		—		5～40℃/80%无结露		
尺寸/ mm		291(带定焦镜头;带变焦镜头为 302)×55×114				
质量/kg		2.8		2.6		
IVS-320 接口箱	电源	110～230V AC;13V DC 输出				
	显示器	光学信号电平的 LED 棒图				

① 噪声限制分辨率定义为使用 3MScotchlite™ 胶带（反光膜）测量信噪比为 0dB、频谱分辨率为 1Hz 的信号均方根幅值。

注：生产厂为 Polytec GmbH，www.polytec.com。

表 24-4-14 **PSV-400 扫描式激光测振仪的主要技术指标**

工作距离/m	0.4～100(≥80mm 可使用特写镜头)			
激光器参数	输出功率:<1mV;类别:2;633nm 可见激光，肉眼安全			
PSV-1-400 测量头	彩色摄像机,自动聚焦,72 倍变焦			
速度测量范围/mm·s^{-1}·V^{-1}	10～1000(模拟);1～50(数字)			
PSV-400 配置				
型号 PSV-400-	通道数	最大带宽/kHz	最大振动速度/m·s^{-1}	特点
B	2	40	10	基本扫描
H4	4(8 可选)	80	10	高端扫描
H4-S	4(8 可选)	80	20	高速扫描
M2	2	1000	10	宽带
M4	4	1000	10	宽带
M2-20	2	20 000	10	20MHz 宽带
3D	4(8 可选)	80	10	3D 高端

注：生产厂为 Polytec GmbH，www. polytec. com。

表 24-4-15 **RLV-5000 旋转激光测振仪的主要测量参数**

转速								
版本	光束间距 7.5mm				光束间距 24mm			
测量范围/r·min^{-1}	−8000～20000				−2500～6500			
模拟输出/V	−4～10				−2.5～6.5			
标定误差	<0.3%							
滤波器设置	DC;低速/中速/快速响应							
角速度								
版本	光束间距 7.5mm				光束间距 24mm			
测量范围/(°)·s^{-1}·V^{-1}	10	100	1000	12000	10	100	1000	12000
模拟输出峰值/V	±10	±10	±10	−4～10	±10	±10	±10	−2.5～6.5
频率范围/kHz	0.001～10			0～10	0.001～10			0～10
测量误差	<1%(当频率 f=1kHz)							
滤波器	高通和低通滤波器,带通滤波器可选购							
角位移								
测量范围/(°)·V^{-1}	0.01			0.1			1	
模拟输出峰值/V	±10			±10			±10	
低频限制 f_u/Hz	1～100①			1～100①			1	
测量误差	<2%(当频率 $f=5f_u$～8kHz 时);<10%(当频率 $f=f_u$～10kHz 时)							
滤波器	高通和低通滤波器,带通滤波器可选购							

① 取决于角速度范围的选择。

注：1. 激光器类型：氦氖激光器；输出特性：633nm，<1mW 每光束，类别 2。

2. 靶距 70mm、200mm、400mm 和 600mm 固定设置。

3. 生产厂为 Polytec GmbH，www. polytec. com。

4.5 振动加速度传感器

最常用的振动加速度传感器是压电式加速度计。这种类型的传感器具有非常广泛的动态测量范围。还有很多其他类型的加速度计被用于测量很低频率的加速度，例如汽车的制动，提升机的运行状态，甚至于地球产生的重力加速度。这些测量项目主要依靠压阻、电容和伺服技术。图 24-4-8 所示为加速度传感器常用转换原理所适用的频率范围。

4.5.1 压电式加速度传感器

压电式加速度计坚固耐用，结构紧凑，频率响应范围宽，适用于监测滚动轴承等很高频率的振动。压电式加速度传感器是惯性式传感器，采取在机器外壳安装的结构。

压电传感器这些固有特性是因为使用压电材料作为敏感元件。传感器的振荡质量块在加速度作用下产

检测原理	推荐的频率范围/Hz						
	0.1	1	10	100	1000	10000	100000
涡电流							
谐振器							
伺服控制(电动力学)							
电磁学							
静电学							
光学							
压电(石英或陶瓷)							
压阻							
电容电桥							
压阻应变计电桥							
电阻应变计电桥							

图 24-4-8 加速度传感器常用转换原理所适用的频率范围

生惯性力，这个力对具有一定刚度的压电元件产生压电效应。在低于振荡质量固有频率的一个频率范围内，传感器输出的电量与加速度成正比。压电加速度计的典型频率响应如图 24-4-9 所示。

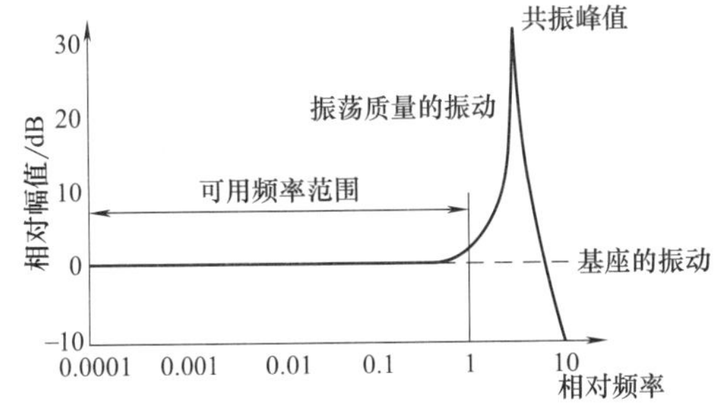

图 24-4-9 压电加速度计的典型频率响应

根据传感器的工作模式，压电加速度计可以分为两种主要类型：内置电子仪器压电型即 IEPE (internal electronic piezoelectric，内置电子仪器的压电型）型，包含内置微电子信号调理器；而电荷型压电加速度计只有自源式的压电敏感元件。

4.5.1.1 IEPE 型压电加速度计

IEPE 型传感器内置信号调理电路，可以把压电敏感元件产生的高阻抗电荷信号转换成容易传输的低阻抗电压信号，于是可以通过普通的二线或同轴电缆供电并把该信号传输到指示或记录设备。低阻抗信号不易受环境噪声和电缆噪声的影响，可长距离传送和用于恶劣的生产环境。除了至关重要的阻抗变换之外，IEPE 型传感器还可能具有其他信号调理功能，例如增益、滤波和自试验。由于 IEPE 加速度计系统使用简单，精度高，频率范围宽和成本低，所以在绝大多数振动与冲击测试中被推荐使用。但是，内置电子元件及其接点降低了加速度计固有的可靠性，并且限制了传感器使用的温度范围。IEPE 型加速度计一般的上限温度是 120℃，特制的产品可以用于 175℃。因为内置电子仪器的增益是固定的，所以限制了其动态范围，同时也限制了应用的灵活性。

IEPE 是关于内置电子仪器传感器的一般行业术语。许多加速度计制造厂使用自己的注册商标或商品名标志内置电子仪器的传感器。例如 Isotron (Endevco Corporation)、ICP (PCB Piezotronics)、Deltatron (Bruel & Kjaer) 和 Piezotron (Kistler Instruments)。

IEPE 加速度计内置的电子器件要求恒流的直流电压源。这种电源有时嵌入测振仪、FFT 分析仪或振动数据采集器。对于输出设备，需要内置或独立的信号调理器。除了供电，电源也可以整合信号调理功能，例如增益、滤波、缓冲和过载指示等。

(1) CA-YD 系列 IEPE 压电加速度计

CA-YD 系列 IEPE 压电加速度计的主要技术指标如表 24-4-16 所示。

表 24-4-16 CA-YD 系列 IEPE 压电加速度计的主要技术指标

型号 CA-YD-	灵敏度 /mV·g^{-1}	频率响应 (±10%) /Hz	量程 /g[③]	抗冲击 /g	工作温度 /℃	质量 /g	尺寸 /mm	安装方式	备注
180	1～5	1～12k	5000～1000	5000	−40～120	10	ϕ13×25	M5	通用型
181	10	1～10k	500	3000		12	ϕ13×20	M5	
182	20	1～10k	250	3000		9	ϕ11×20	M5	
185	50	0.5～6k	100	1000		25	ϕ18×25	M5	
186	100	0.5～6k	50	1000		28	ϕ18×30	M5	
188	500	0.2～3k	10	1000		90	ϕ30×28	M5	
189	1000	0.2～1k	5	500		110	ϕ38×35	M5	
191	100	1～7k	50	2000		8	12×12×12	胶粘	
1160	100	0.5～5k	50	2000		5	ϕ11×14	胶粘	
1181	100	0.5～10k	50	2000		11	ϕ13×15	M5	
1182	100	0.5～10k	50	2000		9	ϕ11×20	M5	

续表

型号 CA-YD-	灵敏度 /mV·g⁻¹	频率响应(±10%) /Hz	量程 /g③	抗冲击 /g	工作温度 /℃	质量 /g	尺寸 /mm	安装方式	备注
152	20	0.5～4k	250	1000	−40～120	28	25×25×13	Z:ϕ5 通孔 X,Y:M5	三向通用型
153	1	1～5k	1000	5000		20	15×15×18	M5	
193	10	1～4k	500	2000		20	20×20×18	M5	
159A	10000	0.1～0.5k	1	500	−20～80	250	ϕ38×60	M8	隔离输出，状态监测型
185T①	50	0.5～5k	100	1000	−40～120	25	ϕ18×25	M5	
186G	100	0.5～5k	50	2000	−40～120	65	ϕ22×44	M5	
188G	500	0.2～2.5k	10	1000	−40～120	90	ϕ30×50	M5	
188GF②	500	0.2～3k	10	1000	−40～120	90	ϕ30×60	1/4-28	
100	500	0.3～300	10	50	−20～80	1000	80×80×42	M5	三向

① 输出插座为 TNC。

② 本安防爆型（通过国家防爆认证），采用−24V DC/2～10mA 恒流源激励。

③ g 为重力加速度，下同。

注：1. 激励电压 18～28V DC；恒流源（激励电流）2～10mA；输出阻抗＜100Ω；非线性度 1%；输出偏置电压（12±2）V DC/(7±1) V DC（订货时说明）。可定制 TEDS 功能。

2. 生产厂为江苏联能电子技术有限公司，www.china-yec.com。

CA-YD 系列直流电压供电 IC 型压电加速度计内置正负电源或单电源供电的电荷放大器，适用于手持测振仪、数据记录仪等。这种加速度计的主要技术指标如表 24-4-17 所示，其中 CA-YD-166 采用 TO-5 封装，可以直接焊在印制板上。

（2）ICP 加速度计

ICP 加速度计为 PCB Piezotronics 公司的 IEPE 型加速度计，产品型号及其外形如表 24-4-18 所示。它们的主要技术指标如表 24-4-19 所示。

表 24-4-17　CA-YD 系列直流电压供电 IC 型压电加速度计的主要技术指标

型号 CA-YD-	灵敏度 /mV·g⁻¹	频率响应(±10%)/Hz	量程 /g	抗冲击 /g	工作温度 /℃	质量 /g	尺寸 /mm	安装方式	工作电源 /V DC
135	25	1～5k	50	200	−10～70	33	ϕ24×52	M5	±5
151S①	1000	0.5～2k	5	500	−20～80	90	ϕ28×41	M5	±9
166	100	1～10k	20	7000	−54～85	4	ϕ9×10	TO-5	3～5
168 168TE②	50	1～10k	40	200	−20～80	35	ϕ16×36	M5	±5

① 采用差动信号输入/输出方式，抗干扰能力强，本安防爆型（通过国家防爆认证）。

② 具有 TEDS 功能，符合 IEEE 1451.4 标准，可直接配智能仪器。

注：生产厂为江苏联能电子技术有限公司，www.china-yec.com。

表 24-4-18　ICP 加速度计产品型号及其外形

外形					
型号	301A10/11	320C02/04,351B04,353B02/04	320C03,351B03,352C03/33,353B01/03	320C11/15,351B11,352C15/65,353B15	320C14/18,351B14,352C18/68,353B14/18
外形					
型号	320C16,352C16/66,353B12/16	320C17,352C17/67,353B13/17/77	320C20,352B30	320C33,351B31/41,353B31/33/43/51	320C34,351B32/42,352C34,352A78,353B32/34/44/52

续表

外形					
型号	333B	333B30/32	333B31/51	333B33/35/43/45/53/55	333B40/42/50/52
外形		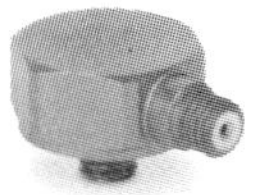	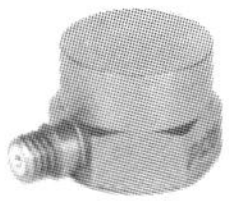		
型号	338B34/35	338C04	338C24	339A30	339A31
外形		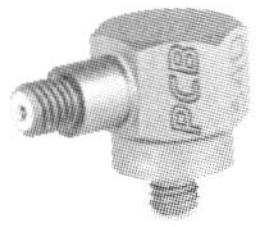			
型号	340A16/66	340A65/75	352A21/25,357A09	352A24	352A56
外形					
型号	352A60	352A70	352A71/72/73	352B01/10	352C22
外形				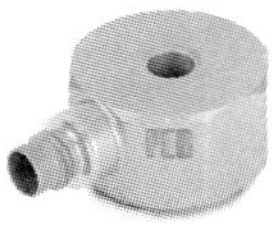	
型号	352C23	352C41/42/43/44	354B20/21/22	354B33	354C02/03
外形	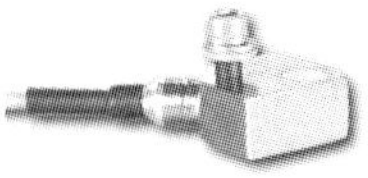	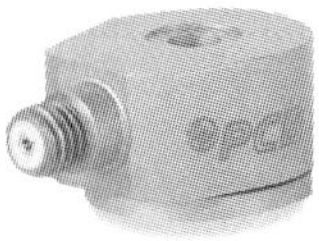		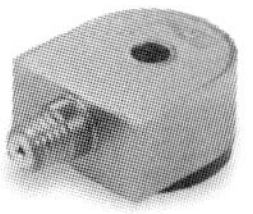	
型号	354C10	355B02/03/04,357A05	355B12	355B33/34	356A01/12/61,356B10/11

续表

外形					
型号	356A13	356A02/14/15/25/26/66/67	356A16/17	356A22	356A24
外形					
型号	356A30/31/32	356A33/34/35/36/63	356B07	356B08/18	356B20/21
外形					
型号	356B41				

表 24-4-19 IEPE型ICP加速度计的主要技术指标

型号	灵敏度(±10%)/mV·g^{-1}	测量范围/g	宽带分辨率/g	频率响应(±5%)/Hz	质量/g	安装方式	备注
301A10/11	100±2%	±50	0.004	0.5～10k	176	1/4-28	
320C02	20	±250	0.002	1～6k	42	10-32孔	−73～163℃
320C03/04	10	±500	0.005	1～6k	10.5	10-32孔	−73～163℃
320C11	5	±1000	0.02	2～10k	2	5-40	−73～163℃
320C14	5	±1000	0.02	2～10k	1.7	连体5-40	−73～163℃
320C15/16/17	10	±500	0.005	2～10k	2/1.7/1.7	连体5-40	−73～163℃
320C20	10	±500	0.005	2～10k	6.5	连体10-32	−73～163℃
320C33/34	100	±50	0.0003	1～4k	20/26	10-32孔	−73～163℃
333B	100±20%	±50	0.00007	2～1k	5.6	粘接	模态阵列
333B30/31/32/33	100	±50	0.00015	0.5～3k	4	粘接	模态阵列
333B35	100	±50	0.00015	0.5～3k	4	5-40孔	模态阵列
333B40	500	±10	0.00005	0.5～3k	7.5	5-40孔	模态阵列
333B41	500	±10	0.00005	0.5～3k	6.5	粘接	模态阵列
333B42/43	500	±10	0.00005	0.5～3k	7.5	粘接	模态阵列
333B45	500	±10	0.00005	0.5～3k	7.5	5-40	模态阵列
333B50/55	1000	±5	0.00005	0.5～3k	7.5	5-40	模态阵列
333B51	1000	±5	0.00005	0.5～3k	6.5	粘接	模态阵列
333B52/53	1000	±5	0.00005	0.5～3k	7.5	粘接	模态阵列
337A30	10	±500	0.003	1～15k	TBD	1/4-28孔	集成电缆
337A31	10	±500	0.006	1～2k	125	通孔	集成电缆
338B34	10	±500	0.01	1～2k	34	10-32孔	
338B35	100	±50	0.001	1～2k	34	10-32孔	
338C04	100	±50	0.00018	0.5～10k	4.6	10-32	
338C24	100	±50	0.00016	0.5～5k	10	10-32孔	

续表

型号	灵敏度(±10%)/mV·g^{-1}	测量范围/g	宽带分辨率/g	频率响应(±5%)/Hz	质量/g	安装方式	备注
339A30	10	±500	0.008	2～10k	4	粘接	3 轴
339A31	10	±500	0.008	X,Y:2～9k	5.5	粘接	3 轴
340A15/16	9.8	±500	0.0006	1～1.2k	2	M3	
340A65/66	98.1	±50	0.00016	0.5～10k	2	M3	
351B03/04	10	±150	0.01	1～6k	10.5	10-32 孔	−196～121℃
351B11	5	±300	0.01	1～10k	2	5-40	−196～121℃
351B14	5	±300	0.01	1～8k	1.8	5-40	−196～121℃
351B31/32	50	±30	0.002	1～4k	20	10-32 孔	−196～121℃
351B41/42	100	±15	0.0005	1～2k	40	10-32 孔	−196～121℃
352A21	10	±500	0.002	1～10k	0.6	粘接	
352A24	100	±50	0.0002	1～8k	0.8	粘接	
352A25	2.5	±2000	0.01	1～10k	0.6	粘接	
352A56	100	±50	0.0006	0.5～10k	1.8	粘接	
352A60	10	±500	0.002	5～60k	6	集成螺栓	
352A70	1	±5000	0.025	0.7～10k	4.3	10-32 孔	外壳绝缘
352A71	10	±500	0.003	0.5～10k	0.64	粘接	
352A72	10	±500	0.003	0.5～4.5k	0.64	粘接	
352A73	5	±1000	0.002	2～10k	0.3	粘接	
352A78	100	±50	0.001	5～15k	13.5	10-32 孔	
352B	1000	±5	0.00008	2～10k	25	10-32 孔	
352B01	1	±5000	0.02	2～10k	0.7	粘接	集成电缆
352B10	10	±500	0.003	2～10k	0.7	粘接	集成电缆
352B30	10	±500	0.004	15～4.5k	7	10-32	
352C03/04	10	±500	0.0005	0.5～10k	5.8	10-32 孔	
352C15/16/17	10	±500	0.0005	1～12k	2	5-40	
352C18	10	±500	0.0005	1～12k	2	M3×0.5	
352C22	10	±500	0.002	1～10k	2	粘接	
352C23	5	±1000	0.003	1～10k	2	粘接	
352C33/34	100	±50	0.00015	0.5～10k	5.8	10-32 孔	
352C41/43	10	±500	0.0008	1～9k/8k	2.8/3	粘接	
352C42/44	100	±50	0.0005	1～9k/8k	2.8/3	粘接	
352C65/66/67/68	100	±50	0.00016	0.5～10k	2	5-40	
353B01/02	20	±250	0.005	1～7k	10	10-32 孔	
353B03/04	10	±500	0.003	1～7k	10.5	10-32 孔	
353B11/15	5	±1000	0.01	1～10k	2	5-40	
353B12/13/14	5	±1000	0.01	1～10k	1.5/1.7/1.8	5-40	
353B16/17/18	10	±500	0.005	1～10k	1.5/1.7/1.8	5-40	
353B31/32	50	±100	0.001	1～5k	20	10-32 孔	
353B33/34	100	±50	0.0005	1～4k	27	10-32 孔	
353B43/44	300	±17	0.0005	1～2k	32	10-32 孔	
353B51/52	500	±10	0.0004	1～2k	32	10-32 孔	
353B77	2	±2500	0.05	1～10k	1.7	5-40	
354B20	2.5	±2000	0.003	1～7k	14.3	通孔	3 轴
354B21	10	±500	0.001	1～7k	14.3	通孔	3 轴
354B22	100	±50	0.0005	1～7k	14.3	通孔	3 轴
354B33	100	±50	0.0006	1～2k	15.5	通孔	
354C02	10	±500	0.0005	0.5～2k	15.5	通孔	

续表

型号	灵敏度(±10%)/mV·g^{-1}	测量范围/g	宽带分辨率/g	频率响应(±5%)/Hz	质量/g	安装方式	备注
354C03	100	±50	0.0002	0.5～2k	15.5	通孔	
354C10	10	±500	0.003	2～8k	5	通孔	隔地
355A40	10	±500	0.005	1～20k	28	通孔	
355B02/12	10	±500	0.0005	1～10k	10/2.3	通孔	
355B03	100	±50	0.0001	1～10k	10	通孔	
355B04	1000	±5	0.0001	1～8k	11.2	通孔	
355B33	100	±50	0.0005	2～5k	11	通孔	
355B34	10	±500	0.001	2～5k	11	通孔	
356A01/13	5	±1000	0.003	2～8k	1	粘接	3轴
356A02	10	±500	0.0005	1～5k	10.5	10-32孔	3轴
356A12	100	±50	0.0002	0.5～5k	5.4	5-40孔	3轴
356A14/16	100	±50	0.0001	0.5～5k	5.4/7.4	10-32孔	3轴
356A15	100	±50	0.0002	2～5k	10.5	10-32孔	3轴
356A17	500	±10	0.00006	0.5～3k	9.3	5-40孔	3轴
356A22	5	±1000	0.0002	0.5～4k	5.4	5-40孔	3轴
356A24	10	±500	0.002	1～9k	3.1	粘接	3轴
356A25/26	25/50	±200/100	0.0002	1～5k	10.5	10-32孔	3轴
356A30	5	±1000	0.002	0.5～10k	4.5	粘接	3轴
356A31	10	±500	0.002	1～10k	4.5	粘接	3轴
356A33	10	±500	0.003	2～10k/7k	5.3	5-40孔	3轴
356A34/35	50/100	±100/50	0.0003	1～4k	6.6	粘接	3轴
356A36	10	±500	0.002	1～4k	4.3	粘接	3轴
356A61	10	±500	0.008	2～4k	4.0	5-40孔	3轴
356A63	10	±500	0.008	2～4k	5.3	5-40孔	3轴
356A66	10	±500	0.002	2～4k	9	10-32孔	3轴
356A67	10	±500	0.0005	0.5～2.5k	10.5	10-32孔	3轴
356B07	100	±50	0.0002	2～5k	31	10-32孔	3轴
356B08	100	±50	0.0001	0.5～5k	20	10-32孔	3轴
356B10	1	±5000	0.03	2～10k/7k	4	5-40孔	3轴
356B11	10	±500	0.003	2～10k	4	5-40孔	3轴
356B18	1000	±5	0.00005	0.5～3k	25	10-32孔	3轴
356B20/21	1/10	±5000/500	0.03/0.003	2～10k	4	通孔	3轴
356B41	100	±100	0.0002	0.5～1k	272	10-32孔	3轴垫块型

注：生产厂为PCB Piezotronics，Inc，www.pcb-china.cn。

4.5.1.2 电荷型压电加速度计

对于电荷型传感器，输出信号是由压电敏感元件直接产生的高阻抗电荷信号。因为输出信号对环境劣化和电缆噪声敏感，所以要求使用专用的低噪声电缆。为了保证测量精度，在输入到显示或记录设备之前，要把信号调理为低阻抗的电压信号。因此，要采用电荷放大器或同轴电荷转换器。它们使用高输出阻抗和低输出阻抗的电容反馈放大器。调解反馈电容即可改变电荷放大器的传递函数或增益。

一般地，电荷型压电加速度计可用于较高的温度环境。如果必须长距离地传输信号，建议使用同轴电荷转换器并且布置在加速度的近处，以便减小噪声。为了减少系统的成本，同轴电荷转换器可以使用与

IEPE 型压电加速度计同样的恒流激励电源。不论哪种情况，为了减少由静电噪声感应的振动，在加速度计和电荷转换器之间都要求使用专用的低噪声电缆。

高级的实验室用电荷放大器一般具有标准化的信号调理功能，可以通过调解反馈电容得到理想的系统灵敏度和测量范围；通过滤波改变高频和低频的频率响应。某些电荷放大器配备双工作方式，可以为 IEPE 型压电加速度计供电，也可以调理电荷型传感器。

由于电荷型传感器产生的信号具有高阻抗性质，为了减少信号的噪声和漂移，必须采取必要的防护措施。要采用专用电缆减轻电缆中的静电噪声。为了保证高绝缘阻抗，必须保证元器件的清洁和干燥。

由于电荷型压电加速度计结构简单，所以坚固耐用、可靠性强。相对于 IEPE 型传感器，它更适用于复杂的环境和特殊的测试条件。

(1) CA-YD 系列电荷型压电加速度计

主要技术指标如表 24-4-20 所示。

(2) PCB 电荷型压电加速度计

该系列加速度计的型号、外形和主要技术指标如表 24-4-21 所示。

表 24-4-20　CA-YD 系列电荷型压电加速度计的主要技术指标

型号 CA-YD-	灵敏度 /pC·g^{-1}	频率响应 (±10%) /Hz	量程 /g	抗冲击 /g	工作温度/℃	质量 /g	尺寸 /mm	安装方式	备注
103	20	0.5～12k	2000	2000	−20～120	14	ϕ13×19	M5	通用振动冲击
106	25	0.5～12k	2000	2000	−20～120	14	ϕ13×19	M5	
107	50	0.5～6k	800	800	−40～150	28	ϕ18×27	M5	
108	100	0.5～6k	1000	1000	−40～150	28	ϕ18×27	M5	
127	150	0.3～5k	600	600	−40～150	38	ϕ20×28	M5	
128	30	0.5～10k	2000	2000	−40～150	20	ϕ15×25	M5	
129	10	0.5～10k	2000	2000	−40～150	9	ϕ15×9.5	ϕ4 通孔	
140	2	2～12k	5000	5000	−40～150	1.4	ϕ10×15	ϕ2 通孔	
160	3	1～5k	2000	2000	−40～150	1.8	ϕ11×9	M5	
109	2500	0.2～1k	50	400	−40～150	210	ϕ38×30	M5	低频高灵敏度
109A	10000	0.1～1500	10	500	−40～120	400	ϕ36.5×38		
117	500	0.3～3k	150	500	−40～150	50	ϕ23×26		
116	20	1～6k	1000	2000	−40～150	60	28×25×15	Z:ϕ5 通孔	3 轴向
141	10	1～6k	2000	5000		17	20×20×10	X,Y:M5	
102	15	0.5～10k	5000	5000	−20～120	14	ϕ14×22.5	M5	大冲击
111	0.03	5～15k	50000	50000	−54～150	6	ϕ12×18	M5	
111A	0.5	5～15k	30000	30000	−54～150	6	ϕ12×18	M5	
115	7	5～15k	7000	7000	−20～120	9	ϕ10×13	M5	
125	1	2～20k	20000	20000	−40～150	1.5	ϕ6×5	胶粘	
126	2	1～15k	10000	10000	−40～150	4	ϕ8.5×10	胶粘	
139	10	1～10k	1000	1000	−40～150	5	ϕ12×15	M3	
112A	50	2～3k	100	1000	−54～250	95	ϕ40×35	3×ϕ4 通孔或 M5	高温
112G	50	2～3k	100	1000	−54～482	105	ϕ40×35		
136	3	2～10k	1000	3000	−40～250	26	ϕ16×23	M5	
122	1	1～8k	1000	2000	−40～150	35	ϕ21×25.5	2×M5	高稳定性
122A	1	1～8k	1000	2000	−54～150	35	ϕ21×25.5	2×M5	
113	10±2%	1～10k	5000	5000	−40～150	11	ϕ18×17	M5	
104T	35	1～7k	800	2000	−20～120	33	ϕ12×18	M5	状态监测
169	120	1～5k	800	5000	−40～150	25	ϕ16×15	TO-8	

注：1. 横向灵敏度：CA-YD-122/122A 为<3%；其余为<5%。

2. 生产厂为江苏联能电子技术有限公司，www.china-yec.com。

第 24 篇

表 24-4-21 PCB 电荷型压电加速度计的型号、外形和主要技术指标

外形					
型号	356A70	356A71	356A72	357A05	357A07
外形			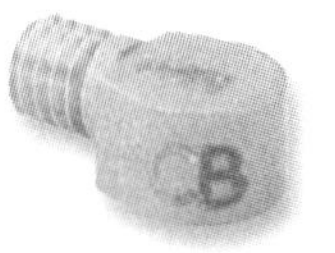		
型号	357A08	357A09	357A19	357B01/03	357B04
外形					
型号	357B06	357B11	357B12	357B14	357B21/33
外形				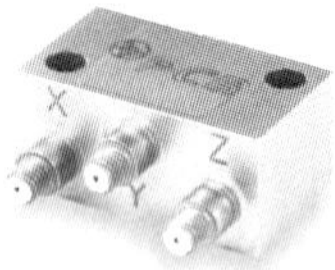	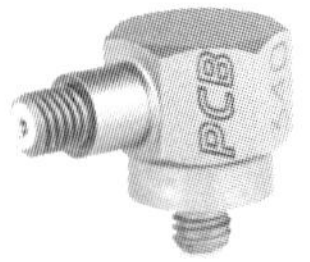
型号	357B22/34	357B61	357C10	340A50	340A75

型号	灵敏度 /pC·g^{-1}	频率响应 (5%)/Hz	量程 /g	温度范围 /℃	外形尺寸 /mm	质量 /g	安装方式	接头形式	备注
356A70	2.7	5k	±500	−70～254	18.5×22.9×10.2	7.9	通孔	5-44	
356A71	10	5k	±500	−70～254	24.4×25.4×12.7	22.7	通孔	10-32	3轴
356A72	2.6	7k	±500	−73～177	20.3×20.3×11.7	14.3	通孔	10-32	
357A05	17	10k	±500	−54～177	10.2×24.1×16.0	10	通孔	10-32	
357A07	1.7	15k	±2000	−73～260	4.9×10.7×6.4	0.96	粘接	M3	
357A08	0.35	12k	±1000	−73～177	2.8×4.1×6.9	0.16	粘接	3-56	
357A09	1.7	10k	±2000	−73～177	3.6×11.4×6.4	0.6	粘接	3-56	
357A19	0.35	12k	±1000	−73～177	2.8×4.1×6.9	0.2	粘接	3-56	
357B01	15	9k	±1800	−71～260	Hex12.7×20.6	11	10-32孔	10-32	
357B03	10	9k	±2000	−71～260	Hex12.7×20.6	11	10-32孔	10-32	
357B04	10	9k	±2000	−71～260	Hex12.7×30.2	11	10-32孔	10-32	
357B06	5	10k	±500	−54～260	5.8×16.4×9.6	2.3	通孔	5-44	
357B11	3	12k	±2300	−71～260	Hex7.1×8.4	2	5-40	5-44	
357B12	3	12k	±2300	−71～260	Hex7.1×14.7	2	5-40	5-44	
357B14	3	12k	±2300	−71～260	Hex7.1×16.3	2	5-40	10-32	
357B21	30	6k	±1500	−71～260	Hex15.875×25.6	21	10-32孔	10-32	
357B22	30	6k	±1500	−71～260	Hex15.875×29.3	21	10-32孔	10-32	

续表

型号	灵敏度 /pC・g^{-1}	频率响应 (5%)/Hz	量程 /g	温度范围 /℃	外形尺寸 /mm	质量 /g	安装方式	接头形式	备注
357B33	100	3k	±150	−71～260	Hex19.05×25.4	45	10-32 孔	10-32	
357B34	100	3k	±150	−71～260	Hex19.05×33.0	45.4	10-32 孔	10-32	
357B61	10	5k	±1000	−54～482	Hex15.875×25.4	30	10-32 孔	10-32	
357C10	1.7	10	±500	−73～177	3.6×11.4×6.4	0.45	粘接	3-56	
340A50	2.7	8k	±1000	−70～260	21.6×12.7×10.2	11	通孔	M3	3 轴
340A75	2.9	12k	±2300	−70～260	Hex8.0×10.9	2	M3×0.5	M3	

注：生产厂为 PCB Piezotronics Inc，www.pcb-china.cn。

4.5.2　电阻/压阻式加速度传感器

电阻式加速度计使用应变计作为敏感元件。当底座被加速时，通过悬臂梁传送的力使质量块产生加速度。用应变计测量梁的挠曲，为取最大灵敏度，通常采用压阻式应变计，并且由四个应变计组成惠斯通电桥。在壳体内灌注阻尼流体，作为振荡阻尼。这种加速度计的测量范围达到±1000g。然而，它的固有频率一般较低，使用频率的上限仅为几百赫兹。虽然某些产品的频率上限可达 1～2kHz，但是比压电传感器的频率上限低很多。应变计加速度计的价格比压电加速度计便宜很多。

现代压阻式加速度计采用 MEMS（micro-electromechanical systems，微型机电系统）技术制造。在这种加速度计中，应变计被直接扩散到挠曲元件上，因此半导体硅既是挠曲元件又是传感元件。因为挠曲元件的刚度大，所以频率范围广。同时具有尺寸小、灵敏度高（压阻应变计的灵敏系数是金属应变计的 25～50 倍）、信噪比大、线性和稳定性好的特点。如果进行适当的温度补偿，工作温度为－20～120℃。其他类型（例如压力）压阻传感器的工作温度可达 540℃。这种传感器有直流响应特点，所以适于测量长持续时间冲击的应用，例如汽车碰撞试验和弹药爆炸试验等。

Endevco 压阻式加速度计的外形、型号和主要技术指标如表 24-4-22 所示。

表 24-4-22　　Endevco 压阻式加速度计的外形、型号和主要技术指标

外形				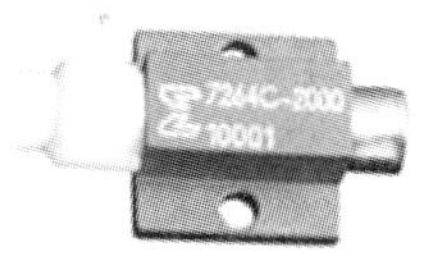
型号	71-6K/20K/60K	2262A-1000/2000	7231C-750	7264-200/2000,7264C-500/2000,7264D
外形				
型号	7264B-500/2000	7265A	7265A-HS	7267A
外形				
型号	7268C-500M1/2000M1		7269-500/2000	7286

续表

型号	量程/g	灵敏度/mV·g^{-1}	频率响应/Hz	冲击极限/g	温度范围/℃	质量/g	安装方式
71-6K	±6 000	0.03	0～20 000	18 000	−54～66	0.06	粘接
71-20K	±20 000	0.01	0～50 000	60 000	−54～66	0.06	粘接
71-60K	±60 000	0.003	0～100 000	120 000	−54～66	0.06	粘接
7231C-750	±750	0.25	0～2 000	2 500	−23～66	24	4-ϕ0.78
7264-200	±200	0.25	0～1000	2 000	−18～66	1	2-ϕ1.8
7264-2000	±2000	0.25	0～4 000	5 000	−18～66	1	2-ϕ1.8
7264B-500	±500	0.8	0～3000	5 000	−40～93	1	2-ϕ1.8
7264B-2000	±2000	0.2	0～5000	10 000	−40～93	1	2-ϕ1.8
7264C-500	±500	0.8	0～3000	5 000	−18～66	1	2-ϕ1.8
7264C-2000	±2000	0.2	0～5000	10 000	−18～66	1	2-ϕ1.8
7264D	2000	0.20	0～6000	100000	−18～66	1	2-ϕ1.8
7265A	±100	5	0～800	2 000	−18～66	5	2-2R2.41
7265A-HS	±20	25	0～500	2 000	−18～66	5.9	～2.54
7267A①	±1500	0.15	0～2000	4 000	−23～66	50	4-40UNC-2B
7268C-500M1①	±500	0.8	0～3000	5 000	−18～66	8	ϕ2.18
7268C-2000M1①	±2000	0.2	0～3000	5 000	−18～66	8	ϕ2.18
7269-500①	±500	0.8	0～3000	5 000	−18～66	0.4	粘接
7269-2000	±2 000	0.2	0～5000	5 000	−18～66	0.4	粘接
7285	±2 000	0.2	0～4000	10 000	−18～66	1	粘接

① 3 轴。

注：1. 电源额定电压 10V DC。

2. 生产厂为 Endevco Corporation，endevco. com。

4.5.3 电容式加速度传感器

MEMS（micro-electromechanical systems，微型机电系统）电容式加速度计的敏感元件用静电键合成平板电容器，具有频响范围宽、低频直至零频、性能稳定、结构坚固、使用方便的特点。内置电子电路，提供高电平、低阻抗输出。虽然设计的加速度测量值较低，但是能够承受很大的加速度冲击。适用于弹道监视、结构评估、颤振试验、汽车悬架和制动器试验等应用。

CA-DR 系列电容式加速度传感器采用差动电容的结构，其主要技术指标如表 24-4-23 所示。

表 24-4-24 所示为恩德福克（Endevco）公司的电容式加速度计产品的外形、型号和主要技术指标。

表 24-4-23 CA-DR 系列电容式加速度传感器的主要技术指标

型号 CA-DR-	量程/g	灵敏度/mV·g^{-1}	温度系数/mV·℃	频率响应(−3dB)/Hz	噪声/mV	尺寸/mm	质量/g	安装方式
单轴向								
1001	±1	1000±10%	0.1	0～400	<2.25	19×19×10	20	4×ϕ2.8
1005	±5	250±10%	0.05	0～500	<0.6	19×19×15	20	4×ϕ2.8
1050	±50	38±10%	0.02	0～400	<0.2	19×19×10	20	4×ϕ2.8
3 轴向								
3001	±1	1000±10%	0.1	0～400	<2.25	25×25×15	30	4×ϕ2.5
3005	±5	250±10%	0.05	0～500	<0.6V	37×37×20	30	4×ϕ2.5
3050	±50	38±10%	0.02	0～400	<0.2V	37×37×15	30	4×ϕ2.5

注：1. 非线性度 0.5%；横向灵敏度<5%；零 g 偏置电压 2.5±0.1V DC；供电电源 6～16V DC；耐冲击（无供电）500g；工作温度−40～85℃。

2. 生产厂为江苏联能电子技术有限公司，www. china-yec. com。

表 24-4-24　Endevco 电容式加速度计的外形、型号和主要技术指标

外形		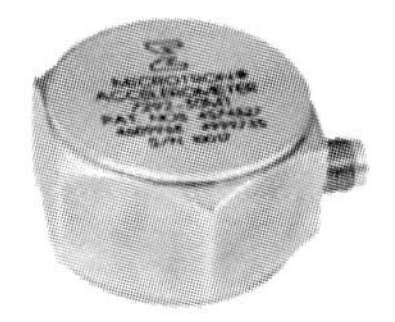	
型号	7290A-,7596-	7292A-	7293A-

型号	量程 /g	灵敏度 /mV·g^{-1}	频率响应 /Hz	冲击极限 /g	尺寸 /mm	质量 /g	安装方式
7290A-2	±2	1000	0～15	10 000	25.4×21.6×7.6	10	2×ϕ3.18
7290A-10	±10	200	0～500	10 000	25.4×21.6×7.6	10	2×ϕ3.18
7290A-30	±30	66	0～800	10 000	25.4×21.6×7.6	10	2×ϕ3.18
7290A-50	±50	40	0～1000	10 000	25.4×21.6×7.6	10	2×ϕ3.18
7290A-100	±100	20	0～1000	10 000	25.4×21.6×7.6	10	2×ϕ3.18
7292A-2M1	±2	1000	0～15	5 000	Hex25.4×15.2	10	10-32UNF-2B
7292A-10M1	±10	200	0～500	5 000	Hex25.4×15.2	10	10-32UNF-2B
7292A-30M1	±30	66	0～800	5 000	Hex25.4×15.2	10	10-32UNF-2B
7292A-50M1	±50	40	0～1000	5 000	Hex25.4×15.2	10	10-32UNF-2B
7292A-100M1	±100	20	0～1 000	5 000	Hex25.4×15.2	10	10-32UNF-2B
7293A-2	±2	1000	0～15	10 000	25.4×25.4×7.6	14	2×ϕ3.18
7293A-10	±10	200	0～500	10 000	25.4×25.4×7.6	14	2×ϕ3.18
7293A-30	±30	66	0～800	10 000	25.4×25.4×7.6	14	2×ϕ3.18
7293A-50	±50	40	0～1000	10 000	25.4×25.4×7.6	14	2×ϕ3.18
7293A-100	±100	20	0～1000	10 000	25.4×25.4×7.6	14	2×ϕ3.18
7596A-2	±2	1000	0～15	5 000	25.4×21.6×7.6	10	2×ϕ3.18
7596A-10	±10	200	0～500	5 000	25.4×21.6×7.6	10	2×ϕ3.18
7596A-30	±30	66	0～800	5 000	25.4×21.6×7.6	10	2×ϕ3.18
7596A-50	±50	40	0～1 000	5 000	25.4×21.6×7.6	10	2×ϕ3.18
7596A-100	±100	20	0～1 000	5 000	25.4×21.6×7.6	10	2×ϕ3.18

注：1. 温度范围：−55～121℃。
2. 生产厂为 Endevco Corporation，endevco.com。

4.5.4　伺服式加速度传感器

4.5.4.1　伺服式加速度传感器的工作原理

伺服式加速度传感器即力平衡式加速度计，其工作原理如图 24-4-10 所示。在这种装置中，加速度引起摆块的轻微移动。该移动被位置敏感元件测量，并且通过反馈网络产生驱动转矩马达的电压，使得摆块向回移动，接近它的初始位置。所需的转矩与加速度成正比，所以用于驱动转矩马达的电压就是加速度的度量。伺服式加速度传感器非常精准，大量地应用于飞机导航系统和卫星控制系统。它的线加速度测量范围可达到 50g，并且还可以测量角加速度。由于其固有频率低，通常低于 200Hz，所以主要用于静态和低频的测量。

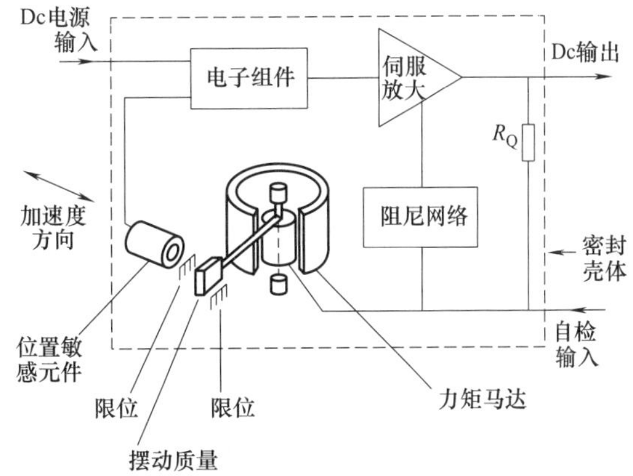

图 24-4-10　伺服式加速度传感器的工作原理

4.5.4.2　伺服式加速度传感器典型产品

260 系列伺服式加速度传感器采用闭环力平衡系

统，具有高分辨率，测量低频、低振级振动的能力，满足飞行测试要求；可以用单极性非校准的直流电压供电；应用于飞行试验的监测、事故数据采集、结构状态监测、飞行模拟、轨道交通系统的制动控制等。

该系列使用相同的转矩机构和厚膜电路，特点是可以通过开关稳压器直接利用车辆或飞机的电源供电。由于在初级和次级电路之间的开关过程是通过光隔离器同步的，所以加速度计的输入电源和输出信号之间被绝缘。为了满足特定的测试要求，特别是某些空间应用，该系列产品提供可选的具有低输出阻抗和1g偏置电路的有源滤波器。它们的主要技术指标如表24-4-25所示。

4.5.5 加速度计的选择和技术要求

常用加速度计的比较如表24-4-26所示，供选择时参考。常用加速度计的技术要求如表24-4-27所示。

表24-4-25 260系列伺服加速度传感器的主要技术指标

参数名称	技术指标				
测量范围/±g	1.0	2.0	5.0	10.0	20.0
固有频率(公称值)/Hz	90	100	115	130	150
输出阻抗/Ω	5	2.5	5	2.5	5
输入电压/V DC	16～32				
功耗/W	<1				
满量程输出/V DC	±5±1%				
零点偏移/%FRO	≤±0.1				
非线性/%FRO	±0.05	±0.05	±0.05	±0.05	±0.1
滞后/%FRO	≤0.02				
分辨率/%FRO	≤ 0.0005				
横轴灵敏度/%FRO	±0.2	±0.2	±0.2	±0.2	±0.5
噪声输出/mV	≤5				
阻尼比	0.6(±0.1)				
工作温度/℃	−55～95				
储存温度/℃	−65～105				
热灵敏度漂移/% FRO·℃$^{-1}$	≤ ±0.02				
热零漂/% FRO·℃$^{-1}$	≤ ±0.002				
海拔/m	−45 ～30 450，无损坏				
耐冲击/g	100(半正弦波持续11ms)				
耐加速度/g	100(恒定值)				
最大外形尺寸/mm	66.1×50×29.3				
质量/g	180(接线器)，155(针脚连接)				

注：生产厂为Sherborne Sensors，北京星网宇达科技开发有限公司（代理），www.starneto.com。

表24-4-26 常用加速度计的比较

加速度计的类型	优点	缺点	典型应用
IEPE	动态范围宽 频率范围宽 耐久(耐冲击) 低成本恒流源供电 固定的输出范围 不易受电磁和射频干扰 可制成小尺寸 操作简单，安装方便 传感器中封装高阻抗电路 加长电缆不会引起噪声的增强 可用于内置恒流输入的多路数据采集设备 可通过滑环使用 系统的每通道成本低	工作温度范围受限，最高为175℃ 传感器中的低频响应被限制 内置放大器作为传感器元件暴露于测试环境	模态分析 NVH(噪声、振动与声振粗糙度) 发动机NVH 飞机试飞 白车身测试 制冷 跌落测试 地面共振测试 HALT/HASS(高加速寿命试验/高加速应力筛选试验) 抗震试验 头盔和运动设备测试 振动隔离和控制

续表

加速度计的类型	优点	缺点	典型应用
电荷	工作温度可达 700℃ 动态范围宽 频率范围宽 耐久(耐冲击) 输出可调 结构简单 电荷转换电路一般工作在室内条件下，远离测试环境	不便于安装和维护 高阻抗电路必须保持清洁和干燥 来自长电缆的电容负载增加了本底噪声 配套的电荷放大比较复杂和高价 需要专用的低噪声电缆	喷气发动机 高温 蒸汽管道 透平机械 汽轮机 排气装置 制动器
压阻	DC 响应 尺寸小	耐冲击性较差 动态范围较小	碰撞试验 飞行试验 冲击试验
电容	DC 响应 分辨率好于压阻式加速度计	频率范围较窄 分辨率一般	运行平稳性试验 运行仿真 桥梁试验 颤振测试 气囊传感器 报警
伺服	高灵敏度 对于低电平低频测量的最高精度	有限的频率范围 高成本 易损，耐冲击性较差	制导 要求无 DC 基线漂移的应用

表 24-4-27　　常用加速度计的技术要求

加速度计的类型	频率范围/Hz	灵敏度	测量范围/g	动态范围/dB	质量/g
IEPE 型	0.5～50000	0.05～10mV/g	$10^{-6}\sim10^{5}$	120	0.2～200
电荷型	0.5～50000	0.01～100pC/g	$10^{-5}\sim10^{5}$	110	0.14～200
压阻	0～10000	0.001～10mV/g	$10^{-3}\sim10^{5}$	80	1～100
电容	0～1000	10～1000mV/g	$5\times10^{-5}\sim10^{3}$	90	10～100
伺服	0～100	1～10V/g	$<10^{-6}\sim10$	120	＞50

4.5.6　加速度计的机械安装

对于直接安装到被测结构物上的加速度计，需要考虑在监测位置固定的方法。安装方法影响加速度计的高频响应，结合面的刚度越低，影响越大。螺栓连接法的频率响应最宽，对永久监测是最好的方法。本节将介绍加速度计机械安装的国家标准（GB/T 14412—2005）。

4.5.6.1　加速度计的安装特性(GB/T 14412—2005)

(1) 生产厂给出的安装特性

① 加速度计安装面及其平面度公差。

② 加速度计的几何尺寸，在某些特殊情况下也应给出整个加速度计的重心位置和加速度计惯性块的重心位置。

③ 校准时使用的安装方法。

④ 用螺纹安装时应规定安装力矩。

⑤ 加速度计与安装紧固件的温度极限。

⑥ 有关的机械特性

a. 总质量；

b. 基座材料；

c. 在非安装条件下，加速度计的基本频率；

d. 在严格规定的安装条件下的幅频响应；

e. 最大横向灵敏度及测定横向灵敏度时的频率。

⑦ 与加速度计配套的安装紧固件的直径、螺纹规格、材料等。

(2) 用户保证的一般安装要求

① 安装表面应清洁与平整。

② 加速度计的灵敏轴应对准被测的振动方向，

加速度计与被测结构物应刚性连接，使加速度计测得的振动数据准确。

③ 加速度计与安装紧固件的质量应小于被测结构物的质量，使安装加速度计后，被测结构物振动状态的变化尽可能小。

④ 应采用对称安装，使安装带来的运动失真最小。

(3) 用户保证的具体安装要求

① 工作频率范围的要求

a. 一般取加速度计基本安装共振频率的五分之一为工作频率范围的上限。为保证在工作频率范围内加速度计幅频响应的变化小于10%，应采用生产厂家给出的安装方法。在要求估算近似误差值时，可按给定的阻尼值，根据等效的线性弹簧-质量块系统来计算。

b. 对于单次冲击测量，应使基本安装共振频率大于被测脉冲持续时间倒数的10倍，以保证误差小于10%。

② 安装力矩　当用螺纹安装时，应采用生产厂规定的安装力矩值。

③ 电缆　电缆松动会引起摩擦生电。对具有轴向接头的加速度计，电缆过硬会使加速度计的外壳受力。为避免上述现象，对具有轴向接头的加速度计的典型安装方式见图24-4-11 (a)，具有径向接头的加速度计的典型安装方式见图24-4-11 (b)。

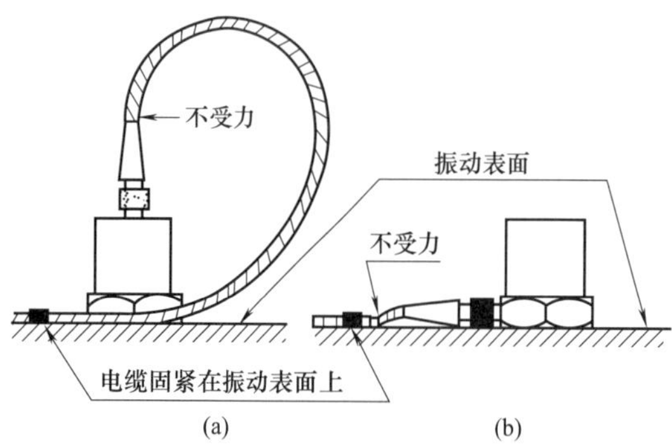

图24-4-11　加速度计电缆的典型安装方式

4.5.6.2　基本安装共振频率的测定(GB/T 14412—2005)

安装共振频率 (mounted resonance frequency) 是加速度计安装到被测结构物上后所呈现的共振频率。

基本安装共振频率 (fundamental mounted resonance frequency) 是最低的安装共振频率。

可用振动激励法和冲击激励法求得基本安装共振频率的近似值。具体方法参见国家标准GB/T 14412—2005。

使用时应保证试验频率远低于共振频率。

4.5.6.3　具体的安装方式(GB/T 14412—2005)

(1) 螺纹连接

采用螺纹连接时应符合以下的要求：

① 安装面应清洁平整，且机械加工所达到的表面粗糙度应符合生产厂规定的要求；

② 螺纹安装孔的轴线应垂直于安装面；

③ 应采用生产厂规定的安装力矩，以得到牢固的固定，且不会损坏加速度计；

④ 安装面间应施加薄的油脂，获得良好的接触，并提高安装刚度；

⑤ 螺柱不应顶到安装孔的底部，避免安装面间造成间隙，从而降低刚度。

螺纹连接的加速度计安装简图和典型幅频响应如图24-4-12所示。

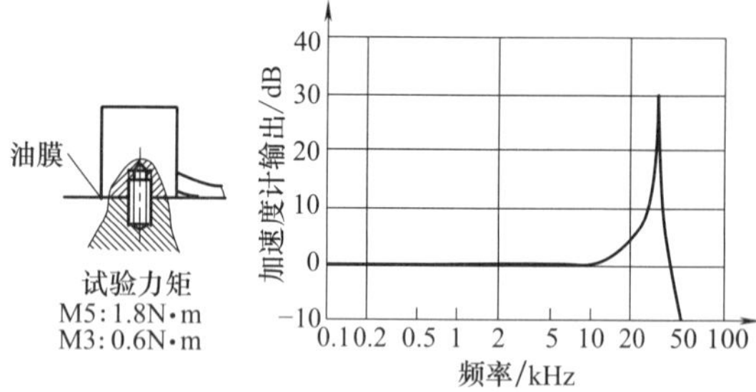

图24-4-12　螺纹连接的加速度计安装简图和典型幅频响应

(2) 粘接

采用粘接时应符合以下的要求：

① 在被测表面不能钻孔、加速度计需要电绝缘或安装面不平整又不能进行机械加工时，可采用平头螺钉粘接于被测表面来安装加速度计；

② 应按粘接剂生产厂的建议清洗表面；

③ 为提高刚度，应只涂薄薄的一层粘接剂；

④ 应尽量采用催化硬粘接剂或热固性粘接剂。

粘接的加速度计安装简图和典型幅频响应如图24-4-13所示。

(3) 安装夹具

安装夹具应符合以下的要求：

① 应采用重量轻、刚性好、惯性矩小且结构对称的安装夹具。

② 应尽量避免采用安装支架。必要时可通过一刚性好的金属立方体把传感器刚性地安装到被测结构物上。在必须使用结构复杂的安装支架时，则要求了

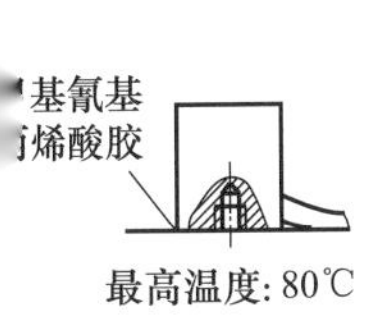

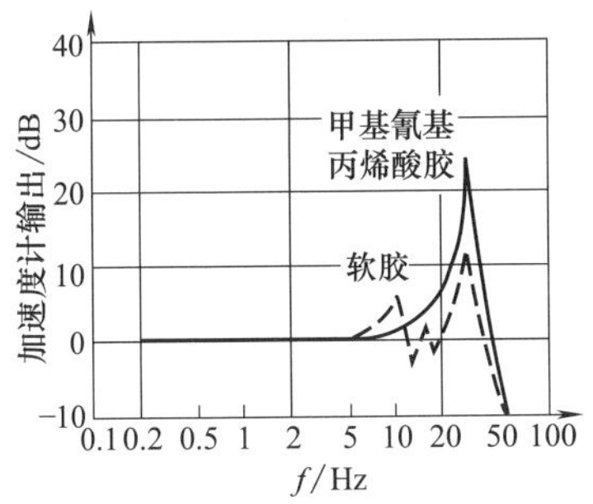

图 24-4-13　粘接的加速度计安装简图和典型幅频响应

解支架的振型和共振频率。

（4）其他安装方式

还有甲基氰基丙烯酸胶、双面胶带、手持探针、磁铁和薄层蜂蜡等方法（详见 GB/T 14412—2005）。这些安装方式，也可进行许多日常试验，但其幅值范围和频率范围均受到很大的限制，因此应限制使用。在必须采用时，应用试验测定其基本安装共振频率。一般不采用手持探针的办法。

对于测量低于重力加速度值的低频磁电感应式传感器，可采用摆放的办法，将传感器平稳地摆放在被测面上进行测量。

4.5.6.4　接地绝缘和接地噪声

把加速度计安装在导电表面，就有可能拾取接地噪声。来自其他同地的电气设备和机器（例如电动机、泵和发电机）的噪声会通过标准加速度计的基座进入测量信号的接地路径。当传感器在信号调理和输出设备接地点有电位差的地点接地，就会产生接地回路。这种现象一般导致电源频率及其谐波的电流，可能产生错误的结果和信号的漂移。这时，应使传感器浮地，与被测量结构电气绝缘。绝大多数加速度计有配套的接地隔离基座即绝缘安装座，有些传感器把它作为标准配件，其他的作为选件。有多种绝缘的方法，常用的接地绝缘的方法有：使用绝缘黏合剂安装基座；使用绝缘的安装螺栓、绝缘基座和其他绝缘材料，例如磁性基座下面的垫纸。应注意的是，这些绝缘措施会降低加速度的上限频率。

4.6　振动的激励设备

为了测试结构的频率响应函数和它的固有频率、刚度和阻尼比等动态参数，需要对测试对象施加确定的激振力 $f(t)$，并且测量该系统的响应 $x(t)$。于是，结构的频率响应函数为

$$H(\mathrm{j}\omega)=\frac{X(\omega)}{F(\omega)}$$

式中　$X(\omega)$，$F(\omega)$——响应 $x(t)$ 和激励 $f(t)$ 的傅里叶变换。

对于平稳随机过程，计算式为

$$H(\mathrm{j}\omega)=\frac{S_{fx}(\omega)}{S_f(\omega)}$$

式中　$S_{fx}(\omega)$——激励与响应的互功率密度函数，

$$S_{fx}(\omega)=\lim_{T\to\infty}\frac{1}{T}E[X(\omega)\overline{F(\omega)}]；$$

$S_f(\omega)$——激励的自功率密度函数，

$$S_f(\omega)=\lim_{T\to\infty}\frac{1}{T}E[F(\omega)\overline{F(\omega)}]。$$

系统的传输特性也可以用导纳或阻抗表示。

导纳，Y_{ij}——除了结构在实际应用中支承点所具有的约束之外，其余的两点没有任何约束，允许其自由地运动，这时 i 点的速度响应相量（复矢量）与 j 点的激振力相量（复矢量）之比构成的频率响应函数。其中速度相应可以是平动或转动；激振力可以是力或力矩。

自由阻抗是导纳 Y_{ij} 的倒数。

约束阻抗，Z_{ij}——i 点（驱动点或约束点）的力相量与 j 点的速度相量（复矢量）之比，此时，结构上的所有其他测点均被约束（即限制其速度为零）。

运动可用速度、加速度或位移表示，相应的频率响应函数分别称为导纳、加速度导纳和位移导纳。

机械导纳的试验确定方法可参见有关中华人民共和国国家标准，它们的编号和名称如表 24-4-28 所示。

4.6.1　激振信号发生设备

4.6.1.1　激振信号的类型及其特点

在振动模态分析中，广泛使用宽带激振技术，其中主要有脉冲、快速正弦扫描、阶跃激励等瞬态激励方法和随机激励方法。最早出现的稳态正弦激振即慢速正弦扫描技术也具有重要的实用价值。表 24-4-29 介绍了这些方法的特点及应用。

表 24-4-28　关于机械导纳的试验确定方法的中华人民共和国国家标准

编号	名　称
GB/T 11349.1—2006	振动与冲击　机械导纳的试验确定　第 1 部分:基本定义与传感器
GB/T 11349.2—2006	振动与冲击　机械导纳的试验确定　第 2 部分:用激振器作单点平动激励测量
GB/T 11349.3—2006	振动与冲击　机械导纳的试验确定　第 3 部分:冲击激励法

第24篇

表 24-4-29 激振信号的类型、特点及应用

激振方法	主要特点及应用
稳态正弦	方法成熟，能量集中，信噪比大，测试精度高。测试时间较长。可以采用多输入、多输出模态测试技术，增加测试通道来减少测试时间
快速正弦扫描	信号发生器在几秒内扫过整个测试频率范围，快速实现宽频带激励。频带内能量分布均匀，信噪比高，测试精度高
脉冲	快速、方便，不需要昂贵的激振设备，对试件无附加质量和刚度；宽带能量分布，激振力小，信噪比低，测试精度不高；适用于中小型小阻尼结构动态特性的现场测试
阶跃	在激振点预先加力，然后突然放松，相当于施加负阶跃激振力。又称为阶跃松弛激励，适用于低频激振，例如建筑结构的激振
随机	频带宽，可通过多次平均消除噪声、非线性影响和畸变。因截断即加窗处理，不可能兼顾能量泄漏和频率分辨率下降的问题，不易识别参数，一般不被采用
伪随机	伪随机信号是周期性重复的随机信号，周期长度与分析仪的记录长度匹配。谱估计无泄漏影响，但是不能通过多次平均消除噪声
周期随机	是不连续的伪随机信号，每个周期的伪随机信号互不相关。综合纯随机和伪随机信号的特点，可与消除泄漏并用集合平均消除噪声干扰
瞬态随机	兼有瞬态和随机的特点，可以避免能量泄漏，又具有信噪比高的优点。选择足够宽的矩形窗，结构的自由振动可在窗口内衰减至零，不产生泄漏。对小阻尼结构，自由振动在窗内可能衰减不到零点；对于大型结构激励的能量可能不足

4.6.1.2 激振信号发生器及功率放大器

(1) 扫频信号发生器

快速正弦扫描信号的表达式为

$$\begin{cases} f(t+T)=f(t) \\ f(t)=\sin 2\pi(at+b) \end{cases} \quad 0<t<T$$

式中，$a=(f_{\max}-f_{\min})/T$；$b=f_{\min}$；$f_{\max}$和$f_{\min}$分别为激振信号的上限频率和下限频率。

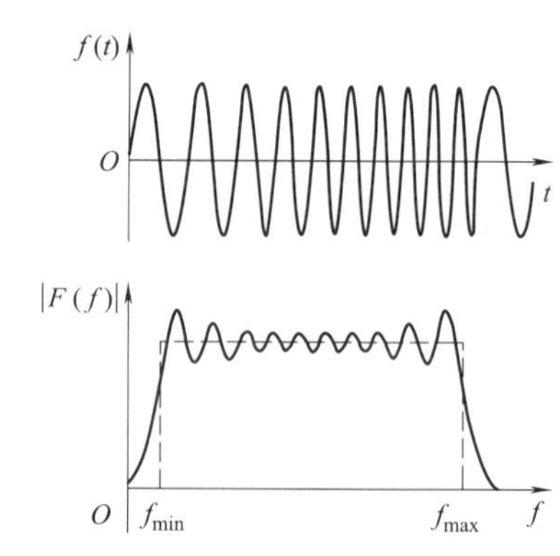

图 24-4-14 快速正弦扫描信号及其幅值谱

快速正弦扫描信号及其幅值谱如图 24-4-14 所示。YE 系列扫频信号发生器具有对数/线形工作模式，功率/信号两种输出，可以设置频率上限、下限和扫频速度，可以直接驱动激振力 50N 以下的小型激振器。其主要技术指标如表 24-4-30 所示。

当前的函数信号发生器可发生多种函数信号，具有点频、扫频和调频等多种输出方式，多种挡位的电平输出，可达到很低的失真度，满足多种振动激励信号的要求。SF-2 型函数信号发生器的技术指标如表 24-4-31 所示。

表 24-4-30 YE 系列扫频信号发生器的主要技术指标

型号	输出波形	频率范围/Hz	功率输出/W	信号输出/V
YE1311	正弦、方波、三角波、白噪声	2～2k；20～20k	30(4Ω)	1
YE1311E	正弦	20～20k	100(4Ω)	1

注：生产厂为江苏联能电子技术有限公司，www.china-yec.com。

表 24-4-31 SF-2 型函数信号发生器的技术指标

参数名称	参数值
输出通道数	2
输出波形	正弦波，方波，三角波，TTL，锯齿波和阶梯波等二十余种
频率范围	正弦波和方波：10mHz～60MHz；其他波形：10mHz～100kHz
输出阻抗	50Ω
信号输出方式	点频、扫频和频率调制（内外调制源）

续表

参数名称	参数值
谐波失真	DC～100kHz：　＜－50DBc 100kHz～1MHz：＜－50DBc 1MHz～6MHz：　＜－30DBc
频率扫描	内部扫频方式：线性/对数；方向：上/下；内部扫频速率：10ms～5s
输出信号电平	幅度：10Vp-p。衰减器：0dB，20dB，40dB
正弦波失真	＜0.5，f＜100kHz
方波	上升沿/下降沿≤20ns
调制方式	AM，FM，FSK，PSK 和 BURST
内部调频	频偏 0～10%；失真≤1.5%
选购件	接口：GPIB；时基：高稳晶振

注：生产厂为远东测振（北京）系统工程技术有限公司，www.vmif.com。

(2) 功率放大器

信号发生器的输出信号经功率放大器后，可作为振动试验的大功率振动源，可用于驱动激振器和振动台。YE587 系列功率放大器的技术指标如表 24-4-32 所示。

表 24-4-32　　YE587 系列功率放大器的技术指标

型　号		YE5871A	YE5872A	YE5873A	YE5874A	YE5878
额定输出功率/V·A		102	192	500	810	1500
额定输出电压/V		17	16	25	32	40
额定输出电流/A		6	12	20	25	37.5
非线性度		0.5%	1%	1%	1%	0.5%
信噪比/dB	低阻抗	90	80	80	80	90
	高阻抗	—	60	60	60	—
增益	低阻抗(±2dB)/V·V^{-1}	10	7	10	10	10
	高阻抗(±2dB)/A·V^{-1}	—	8	16	16	—
频率响应(±1dB)/Hz	直流	0～50k	0～50k	0～50k	0～10k	0～10k
	交流	20～50k	20～50k	20～50k	—	—
频率范围/Hz	满功率	20～5k	20～5k	20～5k	20～5k	10～5k
	降功率	0～50k	0～50k	0～50k	0～10k	0～10k
输出限流/A		1～6	3～12	5～20	5～25	5～38
削波指示		—	有	有	有	有
外形尺寸(宽×高×深)/mm		320×89×260	440×132.5×320	440×132.5×480	440×132.5×540	485×500×500
质量/kg		6.8	13	25	31	68
电源额定电流/A		1	2	5	8	15

注：1. 输入阻抗 10kΩ；输出表头误差±5%；过热保护≤(85±5)℃；电源电压 220V50Hz。
2. 厂商名称：江苏联能电子技术有限公司，http：//www.china-yec.com/。

4.6.2　力锤和激振器

4.6.2.1　力锤

锤击法是常用的瞬态激励法。对于脉冲信号，特别是进行小阻尼结构模态分析时，因为采样时间短，而响应衰减慢，所以会因截断产生较大的能量泄漏；为了提高信噪比，可以加指数窗。

因为力脉冲信号的持续时间很短，为了消除后续的干扰信号，在数据采集和信号处理时，可以加力窗函数。力窗函数的表达式为

$$W_f(t)=\begin{cases}1 & ,t\leqslant 1.2\tau\\ \dfrac{1}{2}[1+\cos\alpha_\tau(t-1.2\tau)] & ,1.2\tau<t\leqslant 1.8\tau\\ 0 & ,t>1.8\tau\end{cases}$$

式中，τ 为脉冲宽度；$\alpha_\tau=\dfrac{5\pi}{3\tau}$。

力锤由质量块和柄组成。质量块附带压电式力传感器，并在前端配置多种材料的可换锤头，在后端可安装附加质量块。锤头的材料越硬，冲击力作用的时间越短，因此导致较宽的脉冲频谱。LC 系列力锤的主要技术指标如表 24-4-33 所示。

第24篇

表 24-4-33 LC 系列力锤的主要技术指标

型号 LC-	测量范围 /kN	固有频率 /kHz	灵敏度 /pC・N^{-1}	锤头材料	锤重 /g	柄长×锤高×锤直径 /mm
1①	5	≥30	3	钢、铝、尼龙、氟四	400	240×120×ϕ25
2①	50	≥30	4	钢、铝、尼龙、氟四	1100	340×140×ϕ35
01A②	2	—	4	不锈钢、铝、尼龙	140③	250×—×ϕ16
02A②	5	—	4	不锈钢、铝、尼龙	320③	280×—×ϕ25
03A②	60	—	4	不锈钢、铝、尼龙	450③	300×—×ϕ30

① 生产厂为远东测振（北京）系统工程技术有限公司，www.vmif.com。
② 生产厂为江苏联能电子技术有限公司，www.china-yec.com。
③ 锤头及附加锤头质量。

4.6.2.2 激振器

激振器的分类及其特点如表 24-4-34 所示。

(1) JZK 系列模态激振器/小型振动台

JZK 系列模态激振器/小型振动台是采用钕铁硼永磁材料的永磁式激振器/振动台，可用于零件环境振动和疲劳试验，中小型结构的动态响应和模态分析试验，也可以用作小型振动台。该设备采用自然对流风冷方式，也可增加强制风冷。其主要技术指标如表 24-4-35 所示。

(2) 三轴同振电动振动试验系统

三轴同振电动振动试验系统由三台振动台、集成振动发生器和多轴振动控制器等组成。与单轴试验相比，三轴试验的测试效率高，更接近真实的环境和状态。MAV 系列三轴同振电动振动试验系统的主要参数如表 24-4-36 所示。

表 24-4-34 激振器的分类及其特点

类型	激振方式	激振频率/Hz	主要特点
电动式	接触	0～10k	体积小，重量轻，结构简单
电磁式	非接触	5～10k	不受附加质量和刚度的影响，不易实现大型结构的激振
电液式	接触	0～1.2 k	行程长，激振力大，结构复杂，成本高

表 24-4-35 JZK 系列模态激振器/小型振动台的主要技术指标

型号 JZK-	激振力 /N	最大振幅 (±) /mm	最大加速度 /g	最大输入电流 rms /A	频率范围 /Hz	一阶共振频率 /Hz	动圈电阻 /Ω	力常量 /N・A^{-1}	可动部件质量 /kg	外形尺寸 /mm	安装孔尺寸 /mm	质量 /kg
2	20	3	20	2	0～15k	70	1.7	10	0.1	ϕ78×112	80×80/4-ϕ7	2.9
5	50	7.5	20	7	0～5k	50	0.7	7.2	0.25	ϕ138×160	150×128/4-ϕ8	8.1
10	100	10	28	10	0～2k	50	0.7	10	0.36	ϕ158×190	172×148/4-ϕ8	15
20	200	10	30	14	0～2k	50	0.7	14.3	0.67	ϕ180×244	200×160/4-ϕ10	17.5
40	400	12.5	48.5	28	0～2k	40	0.6	11.3	0.85	ϕ190×345	180×150/4-ϕ10	38.5
50	500	12.5	55	30	0～2k	40	0.6	16.7	0.85	ϕ240×345	180×150/4-ϕ10	38.5
70	700	12.5	45.5	25	0～1.5k	30	0.9	28	1.54	ϕ280×385	250×210/4-ϕ13	68
100	1000	15	65	30	0～1.5k	30	0.6	33.4	1.54	ϕ280×385	250×210/4-ϕ13	68
5T	50	5	20	7	5～10k	60	0.6	7.2	0.25	ϕ138×165	150×128/4-ϕ8	8.5
30T	300	7.5	50	25	5～5k	40	0.6	12	0.62	ϕ180×244	200×160/4-ϕ10	25

注：1. JZK-5T 和 JZK-30T 的输出方式分别为 ϕ60mm 和 ϕ80mm 台面，其余为顶杆；连接方式为 M5。
2. 生产厂为江苏联能电子技术有限公司，www.china-yec.com。

表 24-4-36　MAV 系列三轴同振电动振动试验系统的主要参数

型号 MAV-	振动频率范围 /Hz	额定正弦推力 /kN	额定随机推力 /kN	最大速度 /m·s^{-1}	型号 MAV-	振动频率范围 /Hz	额定正弦推力 /kN	额定随机推力 /kN	最大速度 /m·s^{-1}
300-5M	500	2.94	2.05	1.1	2000-10L/12L	200	19.6	9.8	1.2
300-8L	200	2.94	1.47	1.1	3000-4H	2000	29.4	20.5	1.1
600-8M	500	5.88	4.11	0.8	3000-8M/10M	500	29.4	20.5	1.1
600-10L/12L	200	5.88	2.94	0.8	3000-10L/12L	200	29.4	14.7	1.1
1000-4H	2000	9.8	6.86	1	5000-5H	2000	49	34.3	1.5
1000-8M	500	9.8	6.86	1	5000-8M/10M	500	49	34.3	1.5
1000-10L	200	9.8	4.9	1	5000-12L/15L	200	49	24.5	1
1000-12L	500	9.8	4.9	1	6000-5H	2000	58.8	43.1	1.5
2000-4H	2000	19.6	13.7	1.2	6000-8M/10M	500	58.8	43.1	1.5
2000-8M/10M	500	19.6	13.7	1.2	6000-8M/10M	200	58.8	30.8	0.9

注：生产厂为苏州苏试试验仪器有限公司，www.chinasti.com。

4.7　振动与冲击传感器校准方法

4.7.1　振动与冲击传感器校准的相关国家标准

关于振动与冲击传感器校准的中华人民共和国国家标准文件编号及名称如表 24-4-37 所示。

4.7.2　振动与冲击校准仪器

4.7.2.1　手持式振动校准仪

手持式振动校准仪适用于压电加速度计和其他小型传感器的灵敏度标定，其中包括一个电磁振动台，其振动波形为正弦波，在固定频率下保持固定的加速度振级。一般用电池供电，具有欠压指示和自动延时关机功能，便于携带，使用方便。其主要技术指标如表 24-4-38 所示。

4.7.2.2　加速度校准传感器

加速度校准传感器可以在比较法校准中作为参考传感器，与被校准的传感器背靠背安装。参考传感器要求高精度和高稳定性，一般选用石英压电传感器。

Endevco 2270 型一次比较校准标准加速度计是标准加速度计和校准夹具的组合，用于其他加速度计的比较校准。Endevco 2270M8 型标准传递传感器用于比较校准法的背靠背工作标准的校准。它被广泛用于校准嵌入激振器衔铁的标准加速度计，例如 Endevco 2901 型，或比较标准加速度计，例如 Endevco 2270 型。这两种校准加速度传感器的主要技术指标如表 24-4-39 所示。

表 24-4-37　关于振动与冲击传感器校准的中华人民共和国国家标准文件编号及名称

编　号	名　称
GB/T 20485.1—2008	振动与冲击传感器校准方法　第 1 部分：基本概念
GB/T 20485.11—2006	振动与冲击传感器校准方法　第 11 部分：激光干涉法振动绝对校准
GB/T 20485.12—2008	振动与冲击传感器校准方法　第 12 部分：互易法振动绝对校准
GB/T 20485.13—2007	振动与冲击传感器校准方法　第 13 部分：激光干涉法冲击绝对校准
GB/T 20485.21—2007	振动与冲击传感器校准方法　第 21 部分：振动比较法校准
GB/T 20485.22—2008	振动与冲击传感器校准方法　第 22 部分：冲击比较法校准
GB/T 20485.33—2018	振动与冲击传感器的校准方法　磁灵敏度测试
GB/T 13823.5—1992	振动与冲击传感器的校准方法　安装力矩灵敏度测试
GB/T 13823.6—1992	振动与冲击传感器的校准方法　基座应变灵敏度测试
GB/T 20485.31—2011	振动与冲击传感器的校准方法　横向振动灵敏度测试
GB/T 13823.9—1994	振动与冲击传感器的校准方法　横向冲击灵敏度测试
GB/T 13823.12—1995	振动与冲击传感器的校准方法　安装在钢块上的无阻尼加速度计 共振频率测试
GB/T 13823.14—1995	振动与冲击传感器的校准方法　离心机法一次校准
GB/T 13823.15—1995	振动与冲击传感器的校准方法　瞬变温度灵敏度测试法
GB/T 13823.16—1995	振动与冲击传感器的校准方法　温度响应比较测试法

续表

编 号	名 称
GB/T 13823.17—1996	振动与冲击传感器的校准方法 声灵敏度测试
GB/T 20485.16—2018	振动与冲击传感器的校准方法 地球重力法校准
GB/T 13823.20—2008	振动与冲击传感器校准方法 加速度计谐振测试 通用方法

表 24-4-38 **手持式振动校准仪的主要技术指标**

型号	工作频率/Hz	加速度/g	外形尺寸/mm	质量/g	负载/g	电池电压/V	关机延迟时间/s
YE5501①	160±1%	1	ϕ52×165	750	20～70	9	50
JX-2A②	159.2±1%	1	ϕ52×150	700	50	6	120

① 生产厂为江苏联能电子技术有限公司，www.china-yec.com。

② 生产厂为远东测振（北京）系统工程技术有限公司，www.vmif.com。

表 24-4-39 **Endevco 校准加速度传感器的主要技术指标**

型 号	2270	2270M8	备 注
频率范围①/Hz	2～20000 2～5000	—	质量<35g 质量 35～100 g
电荷灵敏度②/ pC·g^{-1}	2.2±20%	2.2±25%	
频率响应的偏差	—	参考值 0% 2% 5% 20%	100Hz 2 Hz,1kHz,2kHz 5 Hz 10 Hz 20 Hz
安装共振频率/kHz	—	55	外壳 0～3dB 频率为 0～35kHz
质量负荷效应——因被测加速度计和夹具质量引起的灵敏度变化	±0.2% −2% −2%	—	质量<100g,100Hz 质量 50g,10kHz 质量 100g,5kHz
冲击脉冲持续时间③(半正弦)	100μs～25ms 200μs～25ms	—	质量<35g 质量 35～100 g
横向灵敏度	3%	3%	任意方向,1%可订制
幅值非线性度/每 1000g	增幅约 0.1%	增幅约 0.1%	(0～15000)g
温度响应	±3%	±4%	典型−54～177℃,参考室温
电荷灵敏度年稳定性	±0.2%	—	
电容/pF	1600 ±20%	1600 ±20%	
电阻	>20G >5000MΩ	>20G >20G	在 24℃ 在 177℃
绝缘电阻/MΩ	>10	>10	
极性	正输出	正输出	加速度指向基座
温度范围/℃	−54～177	−54～177	
湿度/插座密封材料	环氧树脂	玻璃/钢	
加速度峰值极限/g	15000 1000	15000 1000	冲击 正弦曲线
基座应变灵敏度/当量 g	0.25	1.1	应变 250$\mu\varepsilon$
电磁灵敏度/当量 g	0.03	0.06	100gauss rms,60Hz
杂散电压灵敏度/当量 g·V^{-1}	0.003	—	安装螺栓处
外形尺寸/mm	Hex 15.88×28.4	Hex 15.88×17.8	
质量/g	40	16.5	
外壳材料	17-4 PH 不锈钢	不锈钢	
敏感元件	P-10 型	P-10 型	Endevco Piezite Ⓡ材料,单端压缩型

续表

型　　号	2270	2270M8	备　　注
输出同轴插座④	10-32 UNF-2B	10-32 UNF-2B	侧面接头，2270 型有接地螺母
安装螺栓⑤	1/4-28UNF×3/8in	10-32 UNF	2270 型的连体，2270M8 的可拆卸
安装螺纹孔	1/4-28UNF×1/2in	10-32 UNF-2B	2270 型可供安装被校准传感器用

① 低频响应由与 2270 标准加速度计配用的电荷放大器确定。

② 典型响应的修正系数曲线的估计精度为±1%。灵敏度是标准输出除以被测加速度计安装表面的运动加速度。

③ 为了校准持续 100μs 脉冲，被测加速度计的共振频率应高于 50kHz。

④ 用手指把接地螺母旋紧在壳体，拧紧力矩约 0.7N·m，过大的拧紧力矩会损坏绝缘的接插件。

⑤ 推荐安装力矩 2N·m。超过 3N·m 会造成绝缘套的损坏。

注：1. 利用 Endevco 工厂的校准服务保持高精密度和准确度级别。可以通过电话 800-982-6732 向 Endevco 销售人员咨询这些服务。

2. 生产厂为 Endevco Corporation，endevco. com。

第5章 过程控制中的传感器

5.1 温度传感器

5.1.1 热学基本知识

5.1.1.1 温度和温标

温度是表征物体冷热程度的物理量。由热力学可知，温度是处于固体、液体、气体、等离子等状态物质中的微观原子、分子的无规则热运动的宏观表现，处在同一热平衡状态的所有系统都具有一个共同的宏观特性，这一宏观特性定义为温度。温度是决定系统是否与其他系统处于热平衡的条件，其特征在于所有热平衡的系统都具有相同的温度。

温度的测量就是建立在热平衡基础上的。为了判断温度的高低，只能借助于某种物质的某种特性（如体积、长度和电阻等）随温度变化的一定规律来测量，形成了多种温度计，但是，目前还没有适应整个温度范围用的温度计（或物质）。

温标是温度的数值表示方法，是用来衡定物体温度的尺度。它规定了温度读数的起点（零点）和测量温度的单位，各种温度计的刻度值均由温标确定。常用的有摄氏温标、华氏温标、热力学温标［开氏温标(K)、国际温标］。

(1) 摄氏温标（℃）

摄氏温标的物理基础是规定水银温度变化与体膨胀呈线性关系。分度方法是把标准大气压下水的冰点定为零度（0℃），把水的沸点定为100度（100℃），用这两个固定点分度玻璃水银温度计，在这两固定点间划分100等分，每一等分为摄氏一度，记为1℃。

(2) 华氏温标（℉）

规定标准大气压下冰的熔点为32华氏度，水的沸点为212华氏度。中间划分为180等分，每一等分称为1华氏度，符号为℉。

(3) 热力学温标［开氏温标（K）、国际温标］

热力学温标是一种与工质无关的温标，它以热力学第二定律为基础，使温标与原子、分子的热运动建立了直接的联系，开氏绝对零度（0K）是理想气体分子停止热运动的温度，已由国际计量大会采纳作为国际统一的基本温标。热力学温标所确定的温度数值称为热力学温度（单位为K)。

第一个国际温标是1927年第七届国际计量大会决定采用的温标，称为“1927年国际温标”，记为ITS-27。此后大约每隔20年进行一次重大修改。目前，国际上通用的国际温标是1989年7月第77届国际计量委员会（CIPM）批准的新温标ITS-90，我国从1994年1月1日起实行新温标。

ITS-90的热力学温度仍记作 T，为了区别以前的温标，用“T_{90}”代表新温标的热力学温度，其单位仍然是K。与此共用的摄氏温度记为 t_{90}，其单位是“℃”。T_{90} 与 t_{90} 的关系是

$$t_{90}=T_{90}-273.15 \tag{24-5-1}$$

5.1.1.2 温度测量方法

温度是不能直接测量的，一般根据物质的某些特性参数与温度之间的函数关系，通过对这些特性参数的测量而间接获取。根据测温传感器的使用方式，测温方法大体分为接触式和非接触式两种。

接触式测温是使被测物体与温度计的感温元件直接接触，使其温度相同，便可以得到被测物体的温度。接触式测温时，由于温度计的感温元件与被测物体相接触，吸收被测物体的热量，往往容易使被测物体的热平衡受到破坏。所以，对感温元件的结构要求苛刻，这是接触法测温的缺点，因此不适于小物体的温度测量。

非接触式测温是温度计的感温元件不直接与被测物体相接触，而是利用物体的热辐射原理或电磁原理得到被测物体的温度。非接触法测温时，温度计的感温元件与被测物体有一定的距离，靠接收被测物体的辐射能实现测温，所以不会破坏被测物体的热平衡状态，具有较好的动态响应，但非接触测量的精度较低。表24-5-1列出了两种测温方法的优缺点。

5.1.1.3 温度传感器的分类和主要性能比较

温度传感器按工作原理可分为热电偶、金属热电阻、热敏电阻、热膨胀、示温涂料、热辐射、光纤式等类型。其主要性能比较列于表24-5-2。

5.1.2 热电偶传感器

热电偶属于接触式温度测量仪表，是工业生产中最常用的温度检测仪表之一。其特点为测量精度高。

表 24-5-1　**接触式与非接触式测温方法比较表**

类型	接触式	非接触式
必要条件	感温元件必须与被测物体相接触 感温元件与被测物体虽然接触,但后者的温度不变	感温元件能接收到物体的辐射能
特点	不适宜热容量小的物体温度测量 不适宜动态温度测量 便于多点,集中测量和自动控制	被测物体温度不变 适宜动态温度测量 适宜表面温度测量
测量范围	适宜 1000℃以下的温度测量	适宜高温测量
测温精度	测量范围的 1%左右	一般在 10℃左右
滞　后	较大	较小

表 24-5-2　**温度传感器主要性能比较表**

传感器类型		测量范围/℃	灵敏度/℃	线性度	精度	分辨力/℃	响应时间/s	特　点
热电偶		−270～2800			0.2	0.5～10	<2.5～50	构造简单,感温部分的热容量小,相对滞后较小,短时间即可达到平衡,可对变化较快的温度进行连续测量。灵敏度比热电阻低,500℃以下精度及稳定性差
热电阻	铂、镍、铜	−200～2400	1.5～4	≤0.3	1～5℃	0.01～5	1～50	铂电阻在氧化性介质中,甚至在高温下,其物理、化学性能稳定。但在还原性介质中,特别在高温下,易被致污变脆。铂电阻精度高,稳定性好,性能可靠。铜电阻温度系数大,在−50～150℃范围内,与温度是较好的线性关系。铜电阻易氧化,电阻率较小,机械强度较差
	热敏电阻	−280～1300			0.5～10℃	0.001～10	5～15	热敏电阻具有负的温度系数,其灵敏度远高于金属热电阻、热电偶及其他热敏元件,体积小,热惯性小,适合快速测量;电阻值较高,接入测量仪表后,导线电阻变化对测量结果的影响较小,功耗小,过载能力强,工作温度范围广,寿命长,价格便宜,但互换性差,测量范围窄(通常为−50～+300℃)
热膨胀型		−185～650			0.1%～2.5%			结构简单,紧凑,牢固可靠,测温范围较宽,耐振动,精度较低
示温涂料型		−35～2000			<1%			测量范围大,经济方便,特别适于大面积连续运转零件上的测温,精度低,人为误差大
热辐射	红外线测温	−50～3500			0.5%～2%		1.5～25	非接触测量,适用于远距离要求不接触的目标,响应速度快,分辨率高,测温范围广,受水气、烟雾、尘埃等影响较大,受光波波段的影响大,测量绝对温度时结构复杂
	光学高温计	700～6000			14～150℃	3～10	<10	结构简单,量程比较宽,精度较高,使用方便,人为误差大,必须手动,不能远距离测量
	全辐射高温计	700～3000				1～10	<5	结构简单,性能稳定,使用方便,可自动记录和远距离传送信号,非接触式测温 环境影响测温精度,连续测高温时,需冷却。需要测量对象的辐射率一直并保持一定的状态

续表

传感器类型		测量范围/℃	灵敏度/℃	线性度	精度	分辨力/℃	响应时间/s	特　点
热辐射	比色高温计	80～2000			接近量程上限的±1%			比色高温计的优点是测量的温度值很接近真实温度。在有烟雾、灰尘或水蒸气等环境中使用时，由媒质吸收所引起的误差很小。比色温度的温标是由亮度温度确定的，因而比色高温计的测量精度比光电高温计的差；但由于比色高温计使用方便，在冶金和其他工业中的应用仍较广泛
光纤		－40～2500			±1～±5℃		2μs	光纤辐射高温型，可测定位于光纤上任何位置的热点的温度，可用于监视一些大型电气设备（如电视、变压器等）内部热点的温度状况，并实现遥控。光纤荧光温度传感器精度很高，连续测量的偏差仅0.04℃，但测温范围较窄

因热电偶直接与被测对象接触，不受中间介质的影响，测量范围广。常用的热电偶从－50～＋1600℃均可连续测量，某些特殊热电偶最低可测到－269℃（如金铁镍铬），最高可达＋2800℃（如钨-铼）。热电偶构造简单，使用方便。热电偶通常是由两种不同的金属丝组成的，而且不受大小和开头的限制，外有保护套管，用起来非常方便。其工作原理是基于物体的热电效应。

常用热电偶可分为标准热电偶和非标准热电偶两大类。标准热电偶是指国家标准规定了其热电势与温度的关系、允许误差、并有统一的标准分度表的热电偶，它有与其配套的显示仪表可供选用。非标准热电偶在使用范围或数量级上均不及标准热电偶，一般也没有统一的分度表，主要用于某些特殊场合的测量。从理论上讲，任何两种导体都可以配制成热电偶，但实际上并不是所有材料都能制作热电偶，故对热电极材料必须满足以下几点：热电偶材料受温度作用后能产生较高的热电势，热电势和温度之间的关系最好呈线性或近似线性的单值函数关系；能测量较高的温度，并在较宽的温度范围内应用，经长期使用后，物理、化学性能及热电特性保持稳定；要求材料的电阻温度系数要小，电阻率高，导电性能好，热容量要小；复现性要好，便于大批生产和互换，便于制定统一的分度表；力学性能好，材质均匀；资源丰富，价格便宜。为了保证热电偶可靠和稳定地工作，对热电偶有如下要求：组成热电偶的两个热电极的焊接必须牢固；两个热电极彼此之间应很好地绝缘，以防短路；补偿导线与热电偶自由端的连接要方便可靠；保护套管应能保证热电极与有害介质充分隔离。标准热电偶按IEC国际标准生产。热电偶的分度号主要有S、R、B、N、K、E、J、T等几种。其中S、R、B属于贵金属热电偶，N、K、E、J、T属于廉金属热电偶。

S分度号的特点是抗氧化性能强，宜在氧化性、惰性气氛中连续使用，长期使用温度为1400℃，短期为1600℃。在所有热电偶中，S分度号的精确度等级最高，通常用作标准热电偶。

R分度号与S分度号相比，除热电动势大15%左右，其他性能几乎完全相同。

B分度号在室温下热电动势极小，故在测量时一般不用补偿导线。它的长期使用温度为1600℃，短期为1800℃。可在氧化性或中性气氛中使用，也可在真空条件下短期使用。

N分度号的特点是1300℃下高温抗氧化能力强，热电动势的长期稳定性及短期热循环的复现性好，耐核辐照及耐低温性能也好，可以部分代替S分度号热电偶。

K分度号的特点是抗氧化性能强，宜在氧化性、惰性气氛中连续使用，长期使用温度为1000℃，短期为1200℃。在所有热电偶中使用最广泛。

E分度号的特点是在常用热电偶中，其热电动势最大，即灵敏度最高。宜在氧化性、惰性气氛中连续使用，使用温度为0～800℃。

J分度号的特点是既可用于氧化性气氛（使用温度上限750℃），也可用于还原性气氛（使用温度上限950℃），并且耐H_2及CO气体腐蚀，多用于炼油及化工。

T分度号的特点是在所有廉金属热电偶中精确度

等级最高，通常用来测量 300℃以下的温度。

5.1.2.1　热电偶传感器的工作原理

（1）热电效应

由 A、B 两种不同的导体两端相互紧密地接在一起，组成一个闭合回路，如图 24-5-1 所示。当 1、2 两接点的温度不等（$T>T_0$）时，回路中就会产生电势，从而形成电流，串接在回路中的电流表指针将发生偏转，这一现象称为温差电效应，通常称为热电效应。相应的热电势称为温差电势，通常称为热电势。接点 1 称为工作端或热端（T），测量时将其置于被测的温度场中。接点 2 称为自由端或冷端（T_0），测量时其温度应保持恒定。这种由两种不同导体组合并将温度转换成热电势的传感器叫作热电偶。热电偶产生的热电势 E_{AB}（T，T_0）是由两种导体的接触电势 E_{AB}和单一导体的温差电势 E_A 和 E_B 所形成。

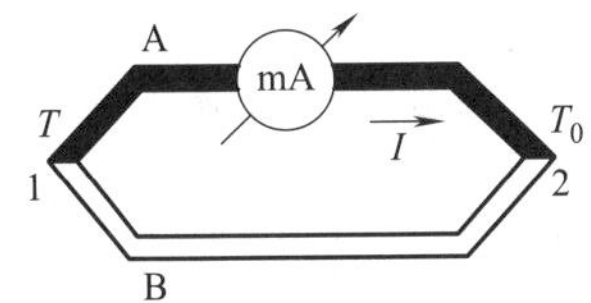

图 24-5-1　热电效应

① 接触电势　不同的导体材料，其电子的密度是不同的。当两种不同材料的导体 A、B 连接在一起时，在连接点 1、2 两处，分别会发生电子扩散，电子扩散的速率与自由电子的密度以及导体的温度成正比。

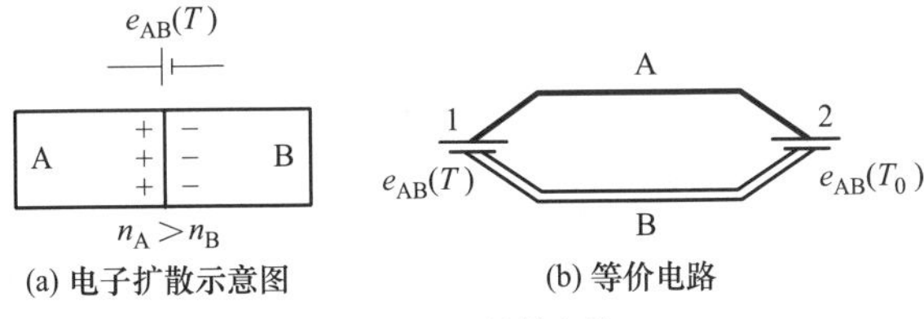

图 24-5-2　接触电势

热电偶回路中的接触电势（图 24-5-2）只与导体 A、B 的性质和两接触点的温差有关，一般为 10^{-2}～10^{-3}V。当 $T=T_0$ 时，尽管两接触点处都存在接触电势，但回路中总接触电势等于零。

② 单一导体的温差电势　在一个均匀的导体材料中，如果其两端的温度不等，则在导体内也会产生电势，这种电势称为温差电势，如图 24-5-3 所示。由于高温端电子的能量要大于低温端电子的能量，因此，由高温端向低温端扩散的电子数量要大于由低温端向高温端扩散的电子数量，这样，由于高温端失去电子而带正电，低温端得到电子而带负电，于是在导体两端便形成电位差，称之为温差电势。该电势将阻止电子从高温端向低温端扩散，当电子运动达到动平衡时，温差电势达到一个相对稳态值。同接触电势相比，温差电势要小得多，一般约为 10^{-5}V。

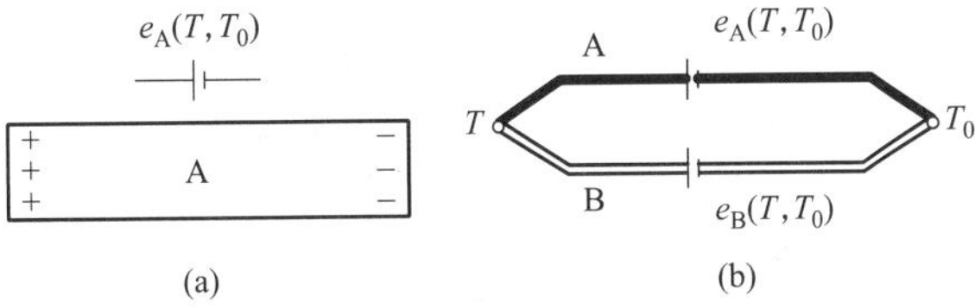

图 24-5-3　单一导体的温差电势

只有当热电偶的两个电极材料不同，且两个接点的温度也不同时，才会产生电势，热电偶才能进行温度测量。当热电偶的两个不同的电极材料确定后，热电势便与两个接点温度 T、T_0 有关，即回路的热电势是两个接点的温度函数之差。

电势和工作端温度 T 是单值的函数关系，是热电偶测温的基本公式。由此制定出标准的热电偶分度表，该表是将自由端温度保持为 0℃，通过实验建立起来的热电势与温度之间的数值关系。热电偶测温就是以此为基础，根据一些基本的定律来确定被测温度值。

（2）热电偶基本定律

① 中间温度定律　热电偶的热电势只取决于构成热电偶的两个电极 A、B 的材料性质以及 A、B 两个接点的温度值 T、T_0，而与温度热电极的分布以及热电极的尺寸和形状无关。热电偶的中间温度定律是指当热电偶两个接点的温度分别为 T 和 T_0 时，所产生的热电势等于该热电偶两接点温度为（T，T_n）与（T_n，T_0）时所产生的热电势之代数和，即

$$E_{AB}(T,T_0)=E_{AB}(T,T_n)+E_{AB}(T_n,T_0) \tag{24-5-2}$$

式中　T_n——中间温度。

② 中间导体定律　在热电偶测温回路中，通常要接入导线和测量仪表（图 24-5-4）。中间导体定律指出，在热电偶回路中，只要接入的第三导体两端温度相同，则对回路的总的热电势没有影响。

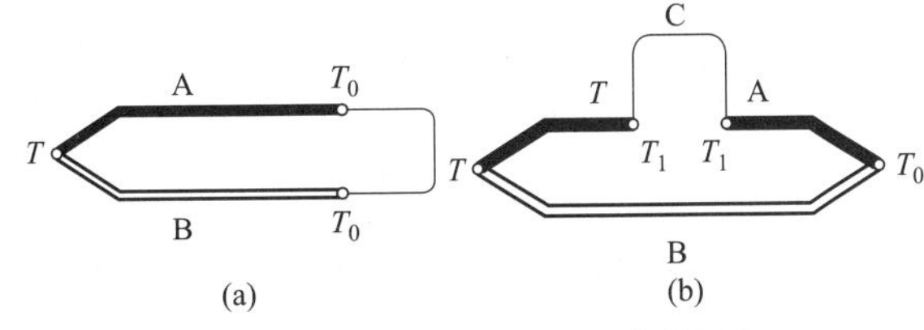

图 24-5-4　热电偶接入中间导体的回路

③ 标准电极定律 如果已知热电偶的两个电极A、B分别与另一电极C组成的热电偶的热电势为$E_{AC}(T, T_0)$和$E_{BC}(T, T_0)$，则在相同接点温度(T, T_0)下，由A、B电极组成的热电偶的热电势$E_{AB}(T, T_0)$为

$$E_{AB}(T,T_0)=E_{AC}(T,T_0)-E_{BC}(T,T_0) \tag{24-5-3}$$

这一规律称为标准电极定律，电极C称为标准电极。在工程测量中，由于纯铂丝的物理化学性能稳定，熔点较高，易提纯，所以目前常将纯铂丝作为标准电极。标准电极定律为热电偶电极的选配提供了方便。

（3）热电偶的材料

1）热电极材料分类

① 一般金属：镍铬-镍硅、铜-康铜、镍铬-镍铝、镍铬-康铜等。

② 贵金属：铂、铱、铑、钌、锇及其合金组成。如铂铑10-铂、铂铑30-铂铑6、铱铑30-铱等。

③ 难熔金属：钨、钼、钽、铌、铼、锆、铪等难熔金属及其合金组成。如钨铼5-钨铼2、铂铑3-铂铑6等热电偶。

其他各种热电偶材料如表24-5-3所示。

表24-5-3 常用的热电偶材料

名称	化学成分	测温范围/℃	特点及用途	标准编号
标准用铂铑10-铂热电偶丝	(+)铂铑10(−)纯铂丝	419.58～1084.88	适用于制造铂铑10-铂各级标准热电偶	
标准用铂铑30-铂铑6热电偶丝	(+)铂铑30(−)铂铑6	1200～1600	适用于制造铂铑30-铂铑6各级标准热电偶	
工业用铂铑30-铂热电偶丝	(+)铂铑30(−)纯铂丝	0～1600	适用于制造工业用各种热电偶	IEC标准及J8116—72
工业用铂铑-铂铑6热电偶丝	(+)铂铑(−)铂铑6	600～1700	适用于制造工业用各种热电偶	IEC标准及GB 2902—82
工业用铂铑-铂热电偶丝	(+)铂铑(−)纯铂丝	0～1600	适用于制造工业用各种热电偶	IEC标准
双铂钼热电偶丝	(+)铂钼5(−)铂钼0.1	0～1700	具有低的中子俘获截面，适用于核场测温	YCQ/JB 204—73
铱铑-铱热电偶丝	(+)铱铑10(−)铱	0～2100	主要用于科学研究中测量温度	YCQ/JB 203—73
铱铑4-铂铑4热电偶丝	(+)铱铑4(−)铂铑4	0～1900	适用于氧化、中性环境测温	
钨铼3-钨铼25热电偶丝	(+)钨铼3(−)钨铼25	300～2800	主要用于还原惰性、真空环境中测温	
镍铁-镍铜热电偶丝	(+)镍铁(−)镍铜	50～500	50℃以下热电势几乎等于零，在300℃以上热电势迅速增大，适于作火警信号系统的温度传感器	YCQ/JB 205—73
镍铬-镍硅热电偶丝	(+)镍铬(−)镍硅	−50～1312	适用于制造各种热电偶	IEC标准
镍铬-康铜热电偶丝	(+)镍铬(−)康铜	−200～900	适用于制造各种热电偶	ZEC标准
铜-康铜热电偶丝	(+)钢(−)康铜	−200～400	适用于制造各种热电偶	ZEC标准及GB 2903—82
镍铬(铜)-金铁3低温热电偶丝	(+)镍铬(或铜)(−)金铁3	与镍铬配对2～300K，与铜配对2～20K	电势大、灵敏度较高，用于低温测量	YCQ/JB 206—73
镍铬(铜)-金铁7低温热电偶丝	(+)镍铬(或铜)(−)金铁7	与镍铬配对3～273K，与铜配对3～77K	电势大、灵敏度较高，用于低温测量	GB 2904—82
镍铬(铜)-铜铁低温热电偶丝	(+)镍铬(或铜)(−)铜铁	与镍铬配对室温到4.2K，与铜配对4.2～140K	适用于磁场下低温测量	

2）热电偶的绝缘材料　电工常用的绝缘材料按其化学性质不同，可分为无机绝缘材料、有机绝缘材料和混合绝缘材料，绝缘材料又称电介质。通俗地讲，绝缘材料就是能够阻止电流在其中通过的材料，即不导电材料。

① 有机绝缘材料　有机绝缘材料（表24-5-4）有虫胶、树脂、橡胶、棉纱、纸、麻、人造丝等，大多用以制造绝缘漆、绕组导线的被覆绝缘物等。热电偶测温时，除测量端以外，热电极之间和连接导线之间均要求有良好的电绝缘，否则会有热电势损耗而产生测量误差，甚至无法测量。这类材料具有良好的电气性能、物理及化学性能和工艺性，但耐高温、高频和稳定性较差。

② 无机绝缘材料　常用的无机绝缘材料（表24-5-5）有云母、石棉、大理石、瓷器、玻璃、硫黄等，主要用作电机、电器的绕组绝缘，开关的底板和绝缘子等，有较好的耐热性，常制成圆形或椭圆形的绝缘管，有单孔、双孔、四孔以及其他特殊规格。其材料有陶瓷、石英、氧化铝和氧化镁等。除管材外，还可以将无机绝缘材料直接涂敷在热电极表面，或者把粉状材料经加压后烧结在热电极和保护管之间。

（4）热电偶的冷端温度补偿

通常用热电偶测量的是一个热源的温度，或者两个热源的温度差。为此，必须把冷端的温度保持恒定或采用一定的方法处理，使热电偶的输出电压与温度之间呈非线性关系。对于任何一种实际的热电偶并不是由精确的关系式表示其特性，而是用特性分度表。为了便于统一，一般手册上所提供的热电偶特性分度表是在保持热电偶冷端温度 $T=0$℃的条件下，给出热电势与热端温度的数值对照。因此，当使用热电偶测量温度时，也要求冷端温度保持0℃，这样才能准确地使用热电偶特性分度表查得所测的温度。当热电偶的冷端受到环境温度或热源温度等因素影响而不为0℃时，常采用下述方法进行补偿。

① 0℃恒温法　将热电偶的冷端保持在0℃器皿中（例如冰水中），如图24-5-5所示，此法适用于实验室，它能够使冷端温度误差得到完全的克服。

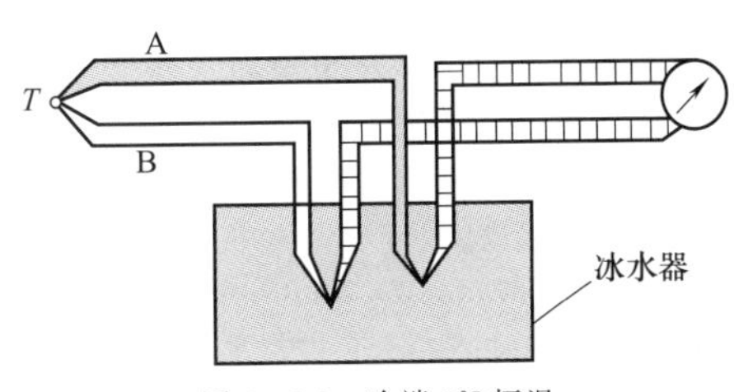

图24-5-5　冷端0℃恒温

表24-5-4　有机绝缘材料

名称	长期使用温度上限/℃	抗湿性	耐磨性
天然橡胶	60～80	良	良
聚乙烯	80	良	良
聚氯乙烯	90	良	良
棉纱	100	次	次
丝绸	110～120	次	次
聚四氟乙烯	250	良	良
氟橡胶	250～300	良	良
硅橡胶	250～300	良	良

表24-5-5　无机绝缘材料

名称	化学符号	最低纯度/%	适用上限温度/℃	长期使用温度/℃
玻璃釉	—	—	250	150
石棉	—	—	500	400
玻璃和玻璃纤维	—	—	500	400
云母	—	—	600	500
石英	SiO	99.0	1200	1100
陶瓷	—		1400	1200
氧化铝	Al_2O_3	99.5	1800	1600
氧化镁	MgO	99.4	2400	2000
氧化铍	BeO	99.8	2400	2100
氧化钍	ThO_2	99.5	2700	2500

第24篇

② 冷端恒温法 将热电偶的冷端置于一恒温器内，如恒定温度为 T_0，则冷端误差 Δ 为

$$\Delta = E_{AB}(T, T_0) - E_{AB}(T, 0) = -E_{AB}(T_0, 0) \tag{24-5-4}$$

由该式可见，它虽不为零，但是一个定值。只要在回路中加入相应的正电压，或调整指示装置的起始位置，即可达到完全补偿的目的。

③ 冷端补偿器法 工业上常采用冷端补偿器法。冷端补偿器是一个四臂电桥，其中三个桥臂电阻的温度系数为零，另一个桥臂采用铜电阻 R_{Cu}（其值随温度变化），放置于热电偶的冷接点处。如图 24-5-6 所示，通常取 20℃时电桥平衡（$R_1 = R_2 = R_3 = R_{Cu}$），此时对角线 a、b 两点电位相等（即 $U_{ab} = 0$），电桥对仪表的读数无影响。当环境温度高于 20℃时，R_{Cu} 增加，平衡被破坏，a 点电位高于 b 点电位。产生一不平衡电压 U_{ab} 与热端电势相叠加一起输入测量仪表，只要设计出的冷端补偿器的不平衡电压正好补偿由于冷端温度变化而引起的热电势变化值，仪表便可以指示出正确的温度。

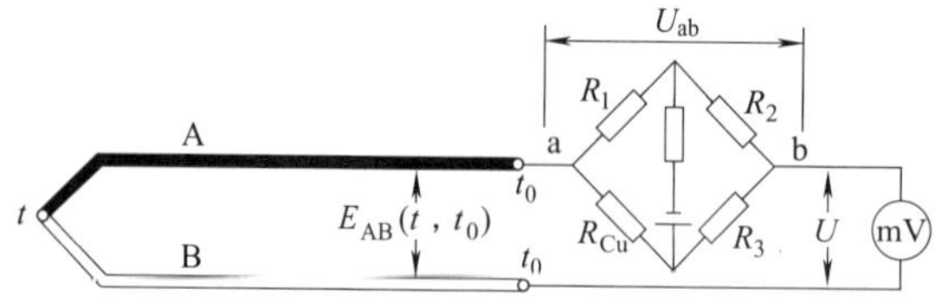

图 24-5-6 冷端补偿器原理

④ 补偿导线法 为了使热电偶冷却端温度保持恒定（最好为 0℃），可以把热电偶做得很长，使冷端远离测量端，并连同测量仪表一起放置到恒温或温度波动比较小的地方。但如果是贵金属热电偶，这样做会耗费很多贵金属材料，同时安装使用也不方便。因此，一般都采取使用补偿导线的方法。如图 24-5-7 所示，补偿导线是指在一定的温度范围内，其热电性能与其相应热电偶的热电性能十分匹配的一种廉价导线。补偿导线的使用是以热电偶连接导体定律为依据的。其作用是：用廉价补偿导线作为贵金属热电偶的延长线，以节约贵金属热电偶；将热电偶的冷端移到离被测对象较远且环境温度较恒定的地方，这样有利于冷端温度的修正和测量误差的减少；用粗直径和电导率大的补偿导线作为热电偶的延长线，可以减少热电偶回路的电阻，以利于显示仪表的正常工作。常用热电偶补偿导线列于表 24-5-6。

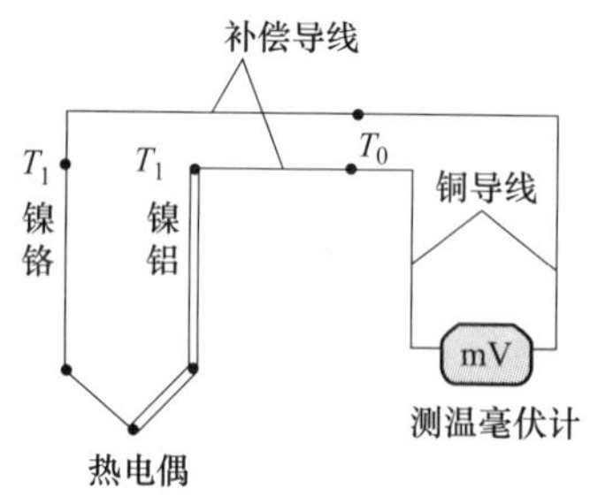

图 24-5-7 补偿导线法

⑤ 采用不需要冷端补偿的热电偶 目前已经知道，镍钴-镍铝热电偶在 300℃以下，铼铁-铼铜在 50℃以下，铂铑 30-铂铑 6 在 500℃以下的热电势非常小。只要实际的冷端温度在其范围内，使用这些热电偶可以不考虑冷端温差。

⑥ 补正系数修正法 工程上经常采用补正系数法实现补偿。设冷端温度为 T_n，工作端测得温度场的温度为 T_1，其实际温度 T 应为：

$$T = T_1 + kT_n \tag{24-5-5}$$

式中 k——补正系数，可以查补正系数表获得。

5.1.2.2 热电偶产品

铠装热电偶特点与用途：热响应时间少，减少动态误差，可弯曲安装使用；通常和显示仪表、记录仪表、电子计算等配套使用；直接测量各种生产过程中的液体、蒸汽和气体介质以及固体表面温度。铠装热电偶测温范围及允差见表 24-5-7。

表 24-5-6 热电偶补偿导线

热电偶名称	补偿导线				工作端为 100℃，冷端为 0℃时的标准热电势/mV
	正极		负极		
	材料	颜色	材料	颜色	
铂铑-铂	铜	红	康铜	白	0.64±0.03
镍铬-镍硅	铜	红	康铜	白	4.10±0.15
镍铬-考铜	镍铬	褐绿	考铜	白	6.95±0.30
铁-考铜	铁	白	考铜	白	5.75±0.25
铜-康铜	铜	红	康铜	白	4.10±0.15

表 24-5-7　　铠装热电偶测温范围及允差

型号	分度号	允许误差与热电偶材料等级			
		Ⅰ级		Ⅱ级	
		允差值	测温范围	允差值	测温范围
HR-WRNK	K	±1.5	−40～+375	±2.5	−40～+333
		±0.004 $\|t\|$	375～1000	±0.0075 $\|t\|$	333～1200
HR-WRMK	N	±1.5	−40～+375	±2.5	−40～+333
		±0.004 $\|t\|$	375～1000	±0.0075 $\|t\|$	333～1200
HR-WREK	E	±1.5	−40～+375	±1.5	−40～+333
		±0.004 $\|t\|$	375～800	±0.004 $\|t\|$	333～900
HR-WRFK	J	±1.5	−40～+375	±1.5	−40～+333
		±0.004 $\|t\|$	375～750	±0.004 $\|t\|$	333～750
HR-WRCK	T	±1.5	−40～+125	±1	−40～+133
		±0.004 $\|t\|$	125～350	±0.0075 $\|t\|$	133～350
HR-WRPK	S	±1	0～1100	±2.5	0～600
		±[1+0.003(t−1100)]	1100～1600	±0.0075 $\|t\|$	600～1600

注：1. t 为感温元件实测温度绝对值。

2. 生产厂为虹润精密仪器有限公司，www.hrgs.com.cn。

5.1.3　半导体热敏电阻温度传感器

热敏电阻是电阻值对温度极为敏感的一种电阻器，也叫半导体热敏电阻，由单晶、多晶以及玻璃、塑料等半导体材料制成。这种电阻器具有一系列特殊的电性能，最基本的特性是其阻值随温度的变化有极为显著的变化，其伏安曲线呈非线性。半导体热敏电阻与金属热电阻相比较，具有灵敏度高、体积小、热惯性小、响应速度快等优点，但目前主要缺点是互换性和稳定性较差，非线性严重，且不能在高温下使用，所以限制了其应用领域。

5.1.3.1　半导体热敏电阻分类

热敏电阻种类繁多，一般按阻值温度系数可分为正温度系数（PTC）、负温度系数（NTC）、临界温度系数（CTR）热敏电阻；按其阻值随温度变化的大小可分为缓变型和突变型；按其受热方式可分为直热式和旁热式；按其工作温度范围可分为常温、高温和超低温热敏电阻；按其结构分类有棒状、圆片、方片、垫圈状、球状、线管状、薄膜以及厚膜等热敏电阻。

PTC 热敏电阻：当温度超过某一数值时，其电阻值朝正的方向快速变化。主要用于彩电消磁、各种电气设备的过热保护、发热源的定温控制等。

CTR 热敏电阻：在某个温度值上电阻值急剧变化。主要用于制作温度开关。

NTC 热敏电阻：具有很高的负电阻温度系数，广泛地应用在自动控制及电子线路的热补偿线路中。特别适于−100～300℃温度范围的测量。

5.1.3.2　半导体热敏电阻的基本参数

表 24-5-8　　半导体热敏电阻的基本参数

名称	定　义
标称电阻值 R_{25}（冷阻）	标称电阻值是热敏电阻在 25℃时的阻值。是指在规定温度 25℃时，用使电阻值变化不超过 0.1%的测量功率所求得的电阻值，电阻值大小由热敏电阻的材料和几何尺寸所决定。如果环境温度不符合(25±0.2)℃而在 23～27℃之间，则可换算成 25℃时的电阻值
材料常数 B	材料常数 B 是负温度系数热敏电阻材料物理特性的一个常数。对于常用的 NTC 热敏电阻，B 值范围一般在 2000～6000K 之间
电阻温度系数 α_{tn}	在某温度下，α_{tn}是为热敏电阻的电阻值随温度的变化率与其电阻值之比。α_{tn}决定热敏电阻在全部工作温度范围内的温度灵敏度。一般来说，电阻率越大，电阻温度系数也越大
时间常数 τ	时间常数 τ 定义为热容量 C 和耗散系数 H 之比，其数值等于热敏电阻在零功率测量状态下，当环境温度突变时，电阻的温度变量从起始到最终变量的 63.2%所需的时间
耗散系数 H	耗散系数 H 是热敏电阻温度变化 1℃所耗散的功率的变化量，在工作温度范围内，当环境温度变化时，H 值的大小与热敏电阻的结构、形状和所处介质的种类及状态有关
额定功率 P_E	额定功率 P_E 是热敏电阻在规定的技术条件下长期连续负荷所允许的消耗功率。在此功率下，热敏电阻自身温度不应超过 T_{MAX}

续表

名称	定　义
测量功率 P_C	测量功率 P_C 是在规定的环境温度下，热敏电阻受到测量电流加热而引起的电阻值变化不超过 0.1%时所消耗的功率
热电阻值 R_H	该电阻值是指旁热式热敏电阻在加热器上通过给定的工作电流时，电阻达到热平衡状态时的电阻值
最大加热电流 I_{MAX}	最大加热电流 I_{MAX} 是指旁热式热敏电阻上允许通过的最大电流
标称工作电流 I	标称工作电流是指在环境温度 25℃时，旁热式热敏电阻的电阻值稳定在某一规定值时加热器的电流
标称电压	标称电压是稳压热敏电阻在规定温度下与标称工作电流所对应的电压值
绝缘电阻 R_J	绝缘电阻 R_J 是指热敏电阻与加热器或电阻体与密封外壳之间的绝缘电阻值
最大允许电压波动	最大允许电压波动是稳定热敏电阻在规定温度和工作电流范围内允许电压波动的最大值
最大允许瞬时过负荷电流	最大允许瞬时过负荷电流是指热敏电阻在规定温度和保持原特性不变的条件下，瞬时所能承受的最大电流值

5.1.3.3　常用半导体热敏电阻产品

TS-KTY84/130 系列热敏电阻温度传感器（PTC）

① 特点与用途：适用于小管道以及狭小空间高精度测温领域，可以对工业现场的温度进行连续测量与控制。该温度传感器已应用于太阳能热水器温度测量领域、彩印设备温控、汽车油温测量、发动机冷却系统、电机工业控制系统中过热保护、加热控制系统、电源供电保护等。

② 主要技术指标如表 24-5-9 所示。

表 24-5-9　TS-KTY84/130 系列热敏电阻温度传感器（PTC）主要技术指标

测量温度范围/℃	－50～250
公称压力/ MPa	0.6
精度等级	0.5%
硅电阻元件	采用 Philips 硅电阻元件
双层密封工艺	具有良好的绝缘和抗机械碰撞、抗折弯能力
探头保护管直径/mm	$\phi4\times30$，$\phi5\times45$，$\phi6\times50$
电缆	高温电缆直接出线或德式球型接线盒出线，便于与其他电气设备连接
安装方式	直管式，螺纹式(M8×1，M10×1，G1/2″)任选

注：生产厂为花田（包头）测控仪表有限公司，www.ftco01.cn。

5.1.4　热电阻温度传感器

5.1.4.1　热电阻温度传感器的特点、材料和结构

（1）特点

热电阻温度计是利用金属导体或半导体的感温电阻，把温度的变化转换成电阻值变化的传感器，工业上被广泛地用于低温及中温（－200～500℃）范围内的温度测量。它的特点是精度高，性能稳定，适于测低温；缺点是热惯性大，需辅助电源。值得注意的是，流过热电阻丝的电流不要过大，否则会产生较大的热量，影响测量精度，此电流值一般不宜超过 6mA。

目前应用较为广泛的热电阻材料为铂和铜。为适应低温需要，还研制出铟、锰和碳等作为热电阻材料。

（2）材料与结构

① 铂热电阻　铂是一种贵金属，由于其物理、化学性能非常稳定，而且在 1200℃时，还表现了良好的稳定性，是目前制造热电阻最好的材料。因此，它主要用于制作标准的电阻温度计。它长时间稳定的复现性可达 10^{-4}K，优于所有用其他材料制作的温度计。目前常用的铂热电阻测量范围是－200～650℃。

铂的纯度是表征其性能一个非常重要的指标，通常用 $W(100)$ 表示。即

$$W(100)=\frac{R_{100}}{R_0} \tag{24-5-6}$$

式中　R_{100}——水沸点（100℃）时的电阻值；

R_0——水冰点（0℃）时的电阻值。

$W(100)$ 的值越高，表示铂丝的纯度越高，国际实用温标规定，作为基准器的铂电阻，其纯度 $W(100)$ 值不得小于 1.3925。目前的工艺水平可以达到 $W(100)=1.3939$，与其相对应的铂的纯度为 99.9995%。工程中常用的铂电阻的纯度 $W(100)$ 一般为 1.387～1.390。铂丝在 0℃以上，其电阻值与温度之间具有较好的线性度。

② 铜热电阻　相对铂来说，铜的价格要便宜很多，同时，铜还易于提纯，其复制性能较好。另外，

由于其电阻温度系数 $\alpha=(4.25\sim4.28)\times10^{-3}$℃$^{-1}$，具有较高灵敏度。其缺点是电阻率较低，易氧化，因而在工程中，主要用铜来制作－50～150℃范围内的电阻温度计，并且只应用于较低温度及没有水分和侵蚀性的介质中。铜热电阻的线性主要取决于温度 t_0 时的电阻温度系数 α_0，所以其线性较好。

5.1.4.2　常用热电阻温度传感器产品

HR 轴承热电阻温度传感器适合于电厂带有轴承设备的轴承及其他需防爆场合测温，其型号及规格见表 24-5-10。

表 24-5-10　HR 轴承热电阻温度传感器型号及规格

型号	分度号	测温范围/℃	热响应时间/s
HR-WZPK-316T	Pt100	0～100	≤6

注：生产厂为虹润精密仪器有限公司，www.hrgs.com.cn。

5.1.5　热膨胀型温度传感器

5.1.5.1　热膨胀型温度传感器工作原理

（1）双金属式温度传感器

双金属式温度传感器属于机械温度传感器，它是由两种线膨胀系数不同的金属薄片焊接在一起制成的。它是一种固体膨胀式温度计。其结构简单、牢固，又可将温度变化转换成机械量变化，不仅用于测量温度，而且还用于温度控制装置（尤其是开关的“通-断”控制），其使用范围相当广泛。

如图 24-5-8（a）所示，将其一端固定，如果温度升高，下面的金属 B（例如黄铜）因热膨胀而伸长，上面的金属 A（例如因瓦合金）却几乎不变，致使双金属片向上翘。温度越高则产生的线膨胀差越大，引起的弯曲角度越大。图 24-5-8（b）为双金属式温度传感器的螺旋结构。它的感温元件通常绕成螺旋形，一端固定，另一端连接指针轴。温度变化时，双金属片因受热或冷却的作用，使感温元件的弯曲率发生变化，并通过指针轴带动指针偏转，在刻度盘上直接显示出温度的变化。

（2）压力式温度计

在密封的容器中，充以气体、液体或低沸点液体及其饱和蒸汽，使其作为传感器件。当此感温件的温度变化时，容器内所充介质的体积或压力随之而变，这种变化由和容器相连的压力表检测出来，并由压力表直接显示出温度的读数。这种形式的温度计称为压力式温度计。不同介质压力式温度计温度范围比较见表 24-5-11。

按照密封容器内所充的介质种类，压力式温度计分为充液压力式温度计、充气压力式温度计和充蒸汽压力式温度计。图 24-5-9 为这类压力式温度计的基本原理图。充满介质的温包 1 放在被测对象内，通过毛细管 2 将温包和压力表 3 相连，整个连通空间内都充满介质。当被测对象的温度发生变化时，温包内介质的温度也相应变化，导致介质压力变化。通过毛细管的导压，压力表内弹簧管的自由端将产生相应的位移，使指针指出相应的温度。

充液压力式温度计的热敏筒、毛细管以及波尔铜管彼此密封连接，并将热敏液体严密地封入其中，如图 24-5-10 所示。随着热敏筒的温度上升而使液体膨胀时，波尔铜管的端部便发生偏移。利用这种偏移效应，就能指示出温度的大小。用作恒温器时，由于液体膨胀而压迫膜片，使其连接的开关动作。液体常采用煤油（最高使用温度 315℃）、乙醇（150℃）以及水银（550℃）。

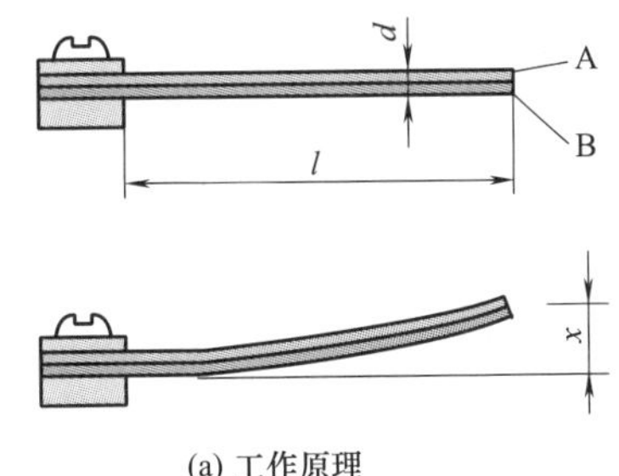

(a) 工作原理

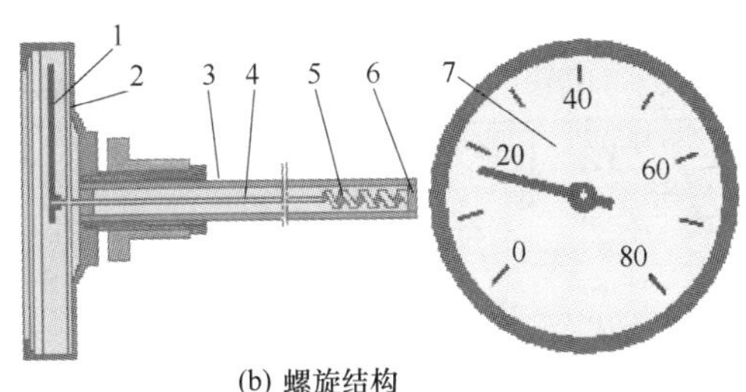

(b) 螺旋结构

图 24-5-8　双金属式温度传感器

1—指针；2—表壳；3—金属保护管；4—指针轴；5—双金属感温元件；6—固定端；7—刻度盘

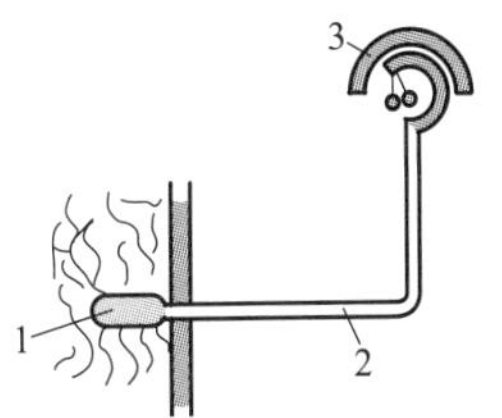

图 24-5-9　压力式温度计

1—温包；2—毛细管；3—压力表

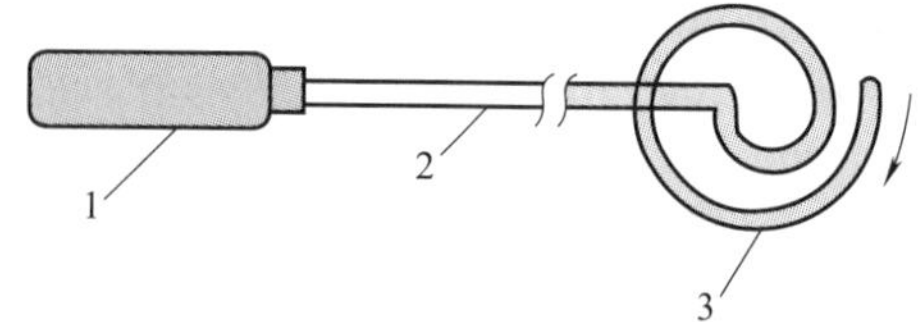

图 24-5-10 充液压力式温度计
1—热敏筒；2—毛细管；3—波尔铜管的受压部分

充蒸汽压力式温度计是在热敏筒中留有空隙，采用惰性液体而制成的，其形状与充液压力式温度计相类似。热敏液体为丙烷（−45～109℃）、正T烷（10～105℃）、甲苯（50～315℃）以及波氧（−185～135℃）等。这类传感器工作原理较为简单，与双金属恒温器一样，也无须使用特殊电路。因此，当前仍被广泛使用。充气压力式温度计采用惰性气体，最高使用温度为550℃。液化天然气等也可用于低温区的温度测量。

压力式温度计的指示表头与被测对象有一定距离，毛细管的长度为几米到几十米。温度计的测温范围是−120～500℃，随所充介质的不同而有所异。国产压力式温度计的准确度等级有三种：1.0、1.5和2.5。这类仪表没有电源，防火防爆的性能好，因此在一些化工、石油等企业中应用是比较多的。

5.1.5.2 双金属式温度传感器产品

WSS系列热套式双金属温度计：双金属温度计配合各式安装套管，满足不同压力等级要求；可以直接测量各种过程中的液体、蒸汽和气体介质以及固体表面测温。其型号及规格见表24-5-12。

5.1.6 示温涂料传感器

5.1.6.1 示温涂料传感器工作原理

当涂层被加热到一定温度而发生颜色或其他现象变化来指示物体表面温度及温度分布的涂料，称作示温涂料，通常也称为变色涂料或热敏涂料。

有些化合物及其混合物能够伴随外界温度的改变而迅速引起其固有颜色的变化。示温涂料利用这种原理达到测温目的。将此类化合物配制成涂料，涂在欲测物体表面上，当涂层在一定条件下（时间，温度，压力）加热到某一温度时，即出现颜色的变化（颜色变化的温度为涂料的示温温度）。反之，在同样的条件下用它来测温，只要发现涂层出现同样的颜色变化，就证明涂层已达到确定的变色温度，从而达到测温的作用。

表 24-5-11 不同介质压力式温度计温度范围比较表

类型	充蒸气压力式温度计	充液压力式温度计		充气体压力式温度计
		充有机液体的压力式温度计	充水银的压力式温度计	
温度范围/℃	−50～250	−50～400	−50～550	200～550

表 24-5-12 WSS系列热套式双金属温度计型号及规格

<table>
<tr><th>型号</th><th>测温范围/℃</th><th>精度等级</th><th>保护和材料</th><th>规格</th><th>公称压力/MPa</th><th>安装固定装置</th></tr>
<tr><td>WSS-403S</td><td rowspan="18">−80～+40
−40～+80
0～50
0～100
0～150
0～200
0～300
0～400
0～500</td><td rowspan="18">1.5</td><td rowspan="18">1Cr18Ni9Ti
304
316
316L
哈氏C-276</td><td rowspan="18">150
200
250
300
350
400
500
550</td><td rowspan="9">≤30</td><td rowspan="9">螺纹连接式</td></tr>
<tr><td>WSS-503S</td></tr>
<tr><td>WSS-413S</td></tr>
<tr><td>WSS-513S</td></tr>
<tr><td>WSS-483S</td></tr>
<tr><td>WSS-583S</td></tr>
<tr><td>WSSX-403S</td></tr>
<tr><td>WSSX-413S</td></tr>
<tr><td>WSSX-483S</td></tr>
<tr><td>WSS-403L</td><td rowspan="9">1.5～40</td><td rowspan="9">法兰连接式</td></tr>
<tr><td>WSS-503L</td></tr>
<tr><td>WSS-413L</td></tr>
<tr><td>WSS-513L</td></tr>
<tr><td>WSS-483L</td></tr>
<tr><td>WSS-583L</td></tr>
<tr><td>WSSX-403L</td></tr>
<tr><td>WSSX-413L</td></tr>
<tr><td>WSSX-483L</td></tr>
</table>

注：生产厂为江苏金科仪表有限公司，www.jkylyb.com。

根据示温涂料变色后出现颜色的稳定性，可以分成可逆型示温涂料和不可逆型示温涂料；又可根据涂层随温度变化所出现的颜色的多少，分为单变色示温涂料和多变色示温涂料。当受热到一定温度，涂层颜色发生变色，显出一种新的颜色，而再冷却到常温时，重新又恢复到原来的颜色，这种涂料称为可逆型示温涂料；如果冷却到常温时，涂层颜色不能恢复到原来的颜色，则称为不可逆型示温涂料。随着温度上升，涂层在某一温度范围只出现一种新的颜色，此类涂料称为单变色示温涂料；如果随着温度上升，涂层在不同的温度阶段能出现两种以上的新颜色，则称为多变色示温涂料。一般命名为：单（多）变色不可逆（可逆）示温涂料。

用多变色不可逆示温涂料测温，只用一种涂料就能测出一个温度区间的温度分布，极为方便和经济，所以要比单变色不可逆示温涂料用途广。在动态大面积温度场的测温上，最有效、经济，而且可以说是目前较佳的手段就是使用多变色不可逆示温涂料。自二次世界大战至今，多变色不可逆示温涂料为航天、航空及国防科研做出了巨大贡献，并仍在发挥着重要作用。多变色不可逆示温涂料具有大面积场测温功能、记忆最高温度不破坏物体表面形状、不影响气流状态、使用方便、测量结果直观等特点，因此广泛应用于发动机燃烧室、涡轮外环导向叶片、加力扩散器等部件的测温。

5.1.6.2　示温涂料产品

（1）深圳利进示温涂料

感温变色粉、感温粉、温变粉、变色色粉、温度变色粉、变色涂料、示温涂料、温变涂料、变色粉末、涂料温变色粉在低温时为有色状态，当温度升至设定值时颜料从有色变为无色。它的变色温度可根据用户需要在−20～78℃ 范围内设定。变色颜料的基本色：利用温度的差异控制颜色的改变。该公司的温变颜料有低温到高温多种温度区间，根据温度不同，大体分为低温变色（10℃左右）、手感变色（30℃左右）、高温变色（40℃、50℃、60℃、70℃、80℃）等材料；温变粉有有色到无色、无色到有色系列，品种有消（发）色红、桃红、金红、玫红、黄、金黄、蓝、黑、灰、宝石蓝、墨绿、草绿、孔雀绿等，可用于制作防伪油墨（丝印、胶印、凹印、柔印）、涂料及注塑等用途。

厂商名称：深圳利进科技有限公司，http://www.lijinkeji.com。

（2）测温贴片

其外形如图 24-5-11 所示，主要技术指标见表 24-5-13。

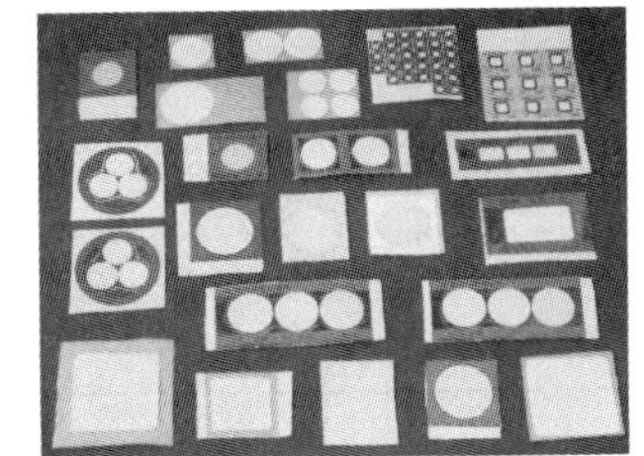

图 24-5-11　测温贴片外形

表 24-5-13　测温贴片主要技术指标

型号	产品微缩图（初始状态）	产品规格尺寸/cm	额定温度范围/℃	备注/特点(各种型号都有超温记录功能)
YDX678 型	北京亚东星机电所　YDX678	2.4×5.5/片	60,70,80,三温度合一	每片含三个温度,变红、绿、黑三种颜色;耐污防水,有保护膜,变电通用
WA678 型		1.5×4.8/片	60,70,80,三温度合一	每片含三个温度,显示窗口变黑;耐污防水,用于电力母排螺栓处
BC 型		2×2/片	50,55,60,65,70,75,80,85,120	单一温度,耐污,有保护膜,变红色,可选:变黑,绿色
TF 型		5 × 2/片	55,60,65,70,75,80,85,85 度合一	每片含七个温度,温度计形式,显示连续过程,耐污防水
测温颜料膏	测温颜料膏	100g/瓶	55,60,65,70,75,80,85,120	单一温度,测温涂料方便省事,还可涂于凹凸油腻粗糙表面

注：生产厂为北京亚东星机电技术研究所，www.ydxlabel.com。

5.1.7 红外测温仪与热像仪

红外测温技术在生产过程中、产品质量控制和监测、设备在线故障诊断和安全保护以及节约能源等方面发挥着重要作用。近年来，非接触红外测温仪在技术上得到迅速发展，性能不断完善，功能不断增强，品种不断增多，适用范围也不断扩大，市场占有率逐年增长。与接触式测温方法相比较，红外测温有着响应时间快、非接触、使用安全及使用寿命长等优点。红外测温仪器主要有两种类型：红外测温仪（点温仪）、红外热像仪。其工作原理与性能见表 24-5-14。

表 24-5-14 红外测温仪与红外热像仪工作原理与性能

红外测温仪	工作原理	一切温度高于绝对零度的物体都在不停地向周围空间发出红外辐射能量。物体红外辐射能量的大小及波长分布与它的表面温度有着十分密切的关系。因此，通过对物体自身辐射的红外能量的测量，便能准确地测定它的表面温度，这就是红外辐射测温所依据的客观基础。红外测温仪由光学系统、光电探测器、信号放大器及信号处理、显示输出等部分组成，光学系统汇集其视场内的目标红外辐射能量，视场的大小由测温仪的光学零件以及位置决定。红外能量聚焦在光电探测仪上并转变为相应的电信号。该信号经过放大器和信号处理电路按照仪器内部的算法和目标发射率校正后转变为被测目标的温度值
	优点	红外测温仪最主要的特点是可以用非接触的方式测定温度。因此，与一般需要紧密接触目标才能测温的普通温度计相比较，红外测温仪具有以下优点 ①在测量过程中不影响目标本身温度 ②可以对运动目标进行测温 ③可以确定最小目标的温度，使用特殊设计的红外光学系统可以测量直径只有几十微米的目标温度 ④可以快速进行热状态诊断 ⑤灵敏度高 ⑥可以测量从 0～3000℃的各种温度 ⑦使用安全。由于红外测温仪在测温过程中可以远离目标，不与目标接触，因此可以防止触电、烧伤等事故发生
	不足之处	①只能测量目标表面温度。由于红外测温仪只能接收目标表面的红外辐射，所以测量的只是目标表面温度，而有些普通温度计则可深入目标内部，测量目标内部温度 ②测量精确度受各种因素影响大。使用红外测温仪测量，其测量精确度受目标的辐射率和环境条件的影响较大，易产生较大的测量误差 ③对远距离的小目标测温困难。为确定远距离、小目标的温度，必须使用视场角很小的红外测温仪，对准目标较困难
	分类	红外测温仪根据其原理、功能、用途、显示方式和使用的红外探测器等不同，可以有不同的分类方法 ①按测温范围可分为高温测温仪（700～3200℃）、中温测温仪（100～700℃）和低温测温仪（100℃以下） ②按成像特性可分为望远型（测量远距离目标的温度）、一般型（测量 1～5m 处目标的温度）和显微型（用于测量微小物体的温度） 红外测温仪的测温方式有全辐射测温、单色测温、比色测温、三色测温和最大波长法测温等
	性能参数	主要技术参数有：测温范围、工作波段、测温精确度、最小可分辨温差、读数重复一致性、响应时间、焦点处目标尺寸、距离系数、实际工作距离、辐射率调整范围等
	选择方法	选择红外测温仪考虑参数可分为 3 个方面 ①性能指标方面：如温度范围、光斑尺寸、工作波长、测量精度、窗口、显示和输出、响应时间、保护附件等 ②环境和工作条件方面：如环境温度、窗口、显示和输出、保护附件等 ③其他选择方面：如使用方便、维修和校准性能以及价格等，也对测温仪的选择产生一定的影响

续表

红外测温仪	选择方法	确定测温范围	测温范围是测温仪最重要的一个性能指标，如产品覆盖范围为－50～＋3200℃，但这不能由一种型号的红外测温仪来完成，每种型号的测温仪都有自己特定的测温范围。因此，用户的被测温度范围一定要考虑准确、周全，既不要过窄，也不要过宽，根据黑体辐射定律，在光谱的短波段由温度引起的辐射能量的变化将超过由发射率误差所引起的辐射能量的变化，因此，测温时应尽量选用短波，一般来说，测温范围越窄，监控温度的输出信号分辨率越高，精度可靠性容易解决。测温范围过宽，会降低测温精度
		确定目标尺寸	红外测温仪根据原理可分为单色测温仪和双色测温仪(辐射比色测温仪) ①对于单色测温仪，在进行测温时，被测目标面积应充满测温仪视场。建议被测目标尺寸超过视场大小的50%为好。如果目标尺寸小于视场，背景辐射能量就会进入测温仪的视场干扰测温读数，造成误差。相反，如果目标大于测温仪的视场，测温仪就不会受到测量区域外面的背景影响 ②对于双色测温仪，其温度是由两个独立的波长带内辐射能量的比值来确定的。因此当被测目标很小，没有充满视场，测量通路上存在烟雾、尘埃、阻挡对辐射能量有衰减时，都不会对测量结果产生影响。甚至在能量衰减了95%的情况下，仍能保证要求的测温精度。对于目标细小，又处于运动或振动之中的目标；有时在视场内运动，或可能部分移出视场的目标，在此条件下，使用双色测温仪是最佳选择，如果测温仪和目标之间不可能直接瞄准，测量通道弯曲、狭小、受阻等，双色光纤测温仪是最佳选择。这是由于其直径小、有柔性，可以在弯曲、阻挡和折叠的通道上传输光辐射能量，因此可以测量难以接近、条件恶劣或靠近电磁场的目标
		确定距离系数(光学分辨率)	距离系数由 $D:S$ 之比确定，即测温仪探头到目标之间的距离 D 与被测目标直径 S 之比，如果测温仪由于环境条件限制必须安装在远离目标之处，而又要测量小的目标，就应选择高光学分辨率的测温仪。光学分辨率越高，即增大 $D:S$ 比值，测温仪的成本也越高，如果测温仪远离目标，而目标又小，就应选择高距离系数的测温仪，对于固定焦距的测温仪，在光学系统焦点处为光斑最小位置，近于和远于焦点位置光斑都会增大，存在两个距离系数。因此，为了能在接近和远离焦点的距离上准确测温，被测目标尺寸应大于焦点处光斑尺寸，变焦测温仪有一个最小焦点位置，可根据到目标的距离进行调节。增大 $D:S$，接收的能量就减少，如不增大接收口径，距离系数 $D:S$ 很难做大，这就要增加仪器成本
		确定波长范围	目标材料的发射率和表面特性决定测温仪的光谱相应波长。在高温区，测量金属材料的最佳波长是近红外，可选用0.8～1.0μm。其他温区可选用1.6μm、2.2μm和3.9μm。由于有些材料在一定波长上是透明的，红外能量会穿透这些材料，对这种材料应选择特殊的波长，如测量玻璃内部温度选用1.0μm、2.2μm和3.9μm波长(被测玻璃要很厚，否则会透过)；测玻璃表面温度选用5.0μm；测低温区选用8～14μm为宜，如测量聚乙烯塑料薄膜选用3.43μm，聚酯类选用4.3μm或7.9μm，厚度超过0.4mm的选用8～14μm
		确定响应时间	响应时间表示红外测温仪对被测温度变化的反应速度，定义为到达最后读数的95%能量所需要的时间，它与光电探测器、信号处理电路及显示系统的时间常数有关。新型红外测温仪响应时间可达1ms，这要比接触式测温方法快得多。如果目标的运动速度很快或测量快速加热的目标时，要选用快速响应红外测温仪，否则达不到足够的信号响应，会降低测量精度。然而，并不是所有应用都要求快速响应的红外测温仪。对于静止的或目标热过程存在热惯性时，测温仪的响应时间就可以放宽要求了。因此，红外测温仪响应时间的选择要和被测目标的情况相适应。确定响应时间，主要根据目标的运动速度和目标的温度变化速度。对于静止的目标或目标存在热惯性，或现有控制设备的速度受到限制，测温仪的响应时间可以放宽要求

续表

红外测温仪	选择方法	信号处理功能	鉴于离散过程(如零件生产)和连续过程不同,所以要求红外测温仪具有多信号处理功能(如峰值保持、谷值保持、平均值)可供选用
		环境条件考虑	测温仪所处的环境条件对测量结果有很大影响,应予考虑并适当解决,否则会影响测温精度甚至引起损坏。当环境温度高,存在灰尘、烟雾和蒸汽的条件下,可选用厂商提供的保护套,水冷却、空气冷却系统,空气吹扫器等附件。这些附件可有效地解决环境影响并保护测温仪,实现准确测温。在确定附件时,应尽可能要求标准化服务,以降低安装成本。当在噪声、电磁场、振动或难以接近的环境条件下,或其他恶劣条件下,烟雾、灰尘或其他颗粒降低测量能量信号时,光纤双色测温仪是最佳选择 在密封的或危险的材料应用中(如容器或真空箱),测温仪通过窗口进行观测,材料必须有足够的强度并能通过所用测温仪的工作波长范围,还要确定操作工是否也需要通过窗口进行观察,因此要选择合适的安装位置和窗口材料,避免相互影响。在低温测量应用中,通常用Ge或Si材料作为窗口,不透可见光,人眼不能通过窗口观察目标。如操作员需要通过窗口目标,应采用既透红外辐射又透过可见光的光学材料,若应采用既透红外辐射又透过可见光的光学材料时,可选用ZnSe或 BaF_2 等作为窗口材料 当测温仪工作环境中存在易燃气体时,可选用本征安全型红外测温仪,从而在一定浓度的易燃气体环境中进行安全测量和监视 在环境条件恶劣复杂的情况下,可以选择测温头和显示器分开的系统,以便于安装和配置。可选择与现行控制设备相匹配的信号输出形式
		红外辐射测温仪的标定	红外测温仪必须经过标定才能使它正确地显示出被测目标的温度。如果所用的测温仪在使用中出现测温超差,则需退回厂家或维修中心重新标定
红外热像仪	工作原理	红外热像仪是利用红外探测器、光学成像物镜和光机扫描系统(目标先进的焦平面技术则省去了光机扫描系统)接收被测目标的红外辐射能量分布图形并反映到红外探测器的光敏元上,在光学系统和红外探测器之间,有一个光机扫描机构(焦平面热像仪无此机构)对被测物体的红外热像进行扫描,并聚焦在单元成分光探测器上,由探测器将红外辐射能转换成电信号,经放大处理、转换或标准视频信号通过电视屏或监测器显示红外热像图。这种热像图与物体表面的热分布场相对应;实质上是被测目标物体各部分红外辐射的热像分布图由于信号非常弱,与可见光图像相比,缺少层次和立体感,因此,在实际动作过程中为更有效地判断被测目标的红外热分布场,常采用一些辅助措施来增加仪器的实用功能,如图像亮度、对比度的控制、实标校正、伪色彩描绘等技术	
	优点	热像仪除了具有红外测温仪的各种优点外,还具有以下特点 ①可以显示物体表面温度场。红外测温仪只能显示物体上某一点的温度值,而热像仪则可以同时显示物体表面各点温度的高低,并以图像的形式显示出来。这样,被测物体各部分的温度高低,观察者一目了然,非常直观 ②分辨温度的能力强。使用红外测温仪测温时,由于各种综合误差的影响,很难判断出温差较小两点温度的高低,而热像仪由于可以同时显示出两点温度的高低,因而能准确区分很小的温度差别,甚至温度相同的两个物体,也可以根据其辐射率的不同分辨出来 ③可以采用多种显示方式。热像仪输出的视频信号,经过不同的处理,可以用多种方式显示。比如对视频信号进行伪彩色处理,可以在荧光屏上看到以不同颜色显示的不同温度的热像。如果把视频信号进行模数转换,可以用数字显示的方式指示出各点的温度值 ④可以进行数据存储。热像仪输出的视频信号可以存储在数字存储器中,或记录在电视录像磁带上,这样,既可以长期保存,又可以通过接口与微型计算机相接,进行各种运算处理	
	不足之处	①为了提高灵敏度和降低噪声,目前大多数热像仪还需要用液氮制冷、氩气制冷或热电制冷,使它的红外探测器在低温下工作,这不仅使热像仪结构复杂,而且使用也不方便 ②热像仪的光学-机械扫描装置转速高、结构精密复杂,因此操作使用较困难,维修也不方便 ③价格高。目前一台光学机械扫描型热像仪的价格大约是一台红外测温仪价格的10倍	

续表

红外热像仪	分类	①根据扫描速度进行分类，分为低速扫描热像仪(显示每帧热像时间在 1s 以上)、中速扫描热像仪(显示每帧热像时间在 0.1～1s)和高速扫描热像仪(显示每帧热像时间小于 0.1s) ②根据热像仪的光学系统分类。分为显示一般距离目标的热像的普通热像仪(视场角 10°～30°)、显示远距离目标热像的望远型热像仪和显示微小目标表面温度分布场的显微型热像仪 ③从使用探测器的类型划分，有使用一个红外探测器的单一探测热像仪、使用多个单元探测器组的多元探测热像仪两种 ④根据波段的不同，红外热像仪又可划分为短波段热像仪和长波段热像仪。前者的工作波段为 3～5μm，后者的工作波段为 8～14μm ⑤根据热成像技术分成两类：光机扫描热像仪和非机械扫描热像仪(例如红外变像管、红外摄像管、热释电摄像管等直接成像系统)。现阶段以光机扫描热像仪为主
	参数	①工作波段：工作波段是指红外热像仪中所选择的红外探测器的响应波长区域，一般是 3～5μm 或 8～12μm ②探测器类型：探测器类型是指使用的一种红外器件。是采用单元或多元(元数 8、10、16、23、48、55、60、120、180 等)光电导或光伏红外探测器，其采用的元素有硫化铅(PbS)、硒化铅(PnSe)、碲化铟(InSb)、碲镉汞(HgCdTe)、碲锡铅(PbSnTe)、锗掺杂(Ge:X)和硅掺杂(Si:X)等 ③扫描制式：一般为我国标准电视制式、PAL 制式 ④显示方式：指屏幕显示是黑白显示还是伪彩显示 ⑤温度测定范围：指测定温度的最低限与最高限的温度值的范围 ⑥测温准确度：指红外热像仪测温的最大误差与仪器量程之比的百分数 ⑦最大工作时间：红外热像仪允许连续的工作时间

5.1.7.1　红外测温仪产品

(1) Marathon MM 系列红外测温仪

应用于钢铁和金属加工（锻造和热处理），适用于低发射率的物体（如铜、铝的金属加工），玻璃热弯、成形、回火、退火，纸加工行业（油墨干燥/固化和成形），塑料加工和热力塑型，以及半导体加工等。主要技术指标见表 24-5-15。

(2) IRt/c 系列红外温度传感器

适用于任何自动化生产过程，无需更换原有仪表，也是 OEM 的较佳选择。其型号与技术指标见表 24-5-16、表 24-5-17。

表 24-5-15　Marathon MM 系列红外测温仪主要技术指标

型号	温度 范围/℃	光谱响应/μm	响应时间(95%响应)/ms
LT	−40～800	8～14	120
G5L	250 ～1650	5	60
G5H	450 ～2250	5	60
MT	250 ～1100	3.9	120
3ML	100～600	2.3	2
2ML	300～1100	1.6	2
2MH	350～2250	1.6	2
1ML	450 ～1740	1	2
1MH	650 ～3000	1	2

注：厂商名称：雷泰（中国）公司（Raytek 美国），http://www.raytek.com.cn。

表 24-5-16　工厂预标定型 IRt/c 系列红外温度传感器型号与技术指标

型号	技术参数	规　　格
超小型 uIRt/c 红外温度传感器	测量范围：−18～524℃ 环境温度：−20～100℃ 量程范围：8 种规格 距离系数：1∶2(100°视角)、4∶1(14°视角) 被测点尺寸：3mm 最小 波长范围：5～14μm 输出阻抗：20～60 kΩ	电缆：热电偶补偿，20-30AWG 尺寸：19.05mm×ϕ6.35mm 质量：30g，包括电缆线 外壳：不锈钢，气密封装 防护等级：NEMA4，4X，IP65，IP67

续表

型号	技术参数	规 格
本安型 IRt/c.01 红外温度传感器	测量范围:−45～290℃ 环境温度:−18～70℃ 量程范围:8种规格 距离系数:1∶1(60°视角) 被测点尺寸:8mm 最小 波长范围:6.5～14μm 输出阻抗:3kΩ	电缆:热电偶 0.9m 长,PVC 尺寸:32.5mm×ϕ20mm 质量:40g,包括电缆线 外壳:高强度 ABS,气密封装 防护等级:NEMA4,4X,IP65,IP67
本安型 IRt/c.SV 红外温度传感器	测量范围:−45～650℃ 环境温度:−18～100℃ 量程范围:8种规格 距离系数:1∶1(60°视角) 被测点尺寸:8mm 最小 波长范围:6.5～14μm 输出阻抗:3kΩ	电缆:屏蔽双绞线 0.9m 长 尺寸:57.8mm×ϕ12.7mm 质量:40g,包括电缆线 外壳:不锈钢,气密封装 防护等级:NEMA4,4X,IP65,IP67

表 24-5-17 现场可调节型 IRt/c 探头系列型号与技术指标

型 号	技术参数	规 格
IRt/c.10A 红外温度传感器	测量范围:HiE −45～1370℃,LoE 260～1370℃ 量程范围:J、K,可调型为全量程 距离系数:10∶1(6°视角) 最小探点:无孔径透镜 20mm,在<180mm 距离 1/2in 孔径透镜 13mm,在<90mm 距离 1/4in 孔径透镜 6mm,在<25mm 距离 波长范围:HiE 2～20μm,LoE 0.1～5μm	输出阻抗:HiE 6～13kΩ,LoE 9～18kΩ 电缆:屏蔽双绞线 0.9m 长 尺寸:86mm×ϕ35 mm 质量:230g,包括电缆线 外壳:不锈钢,气密封装 防护等级:NEMA4,4x,IP65,IP67 内置吹扫器:工作环境温度达 200℃
IRt/c.100A 红外温度传感器 	测量范围:HiE 540～2760℃,LoE 820～2760℃ 量程范围:R、S,可调型为全量程 距离系数:100∶1(6°视角) 最小探点:无孔径透镜 20mm,在<2000mm 距离 1/2in 孔径透镜 13mm,在 1270mm 距离 1/4in 孔径透镜 6mm,在<635mm 距离 波长范围:HiE 2～20μm,LoE 0.1～5μm	输出阻抗:HiE 6～13kΩ,LoE 9～18kΩ 电缆:屏蔽双绞线 0.9m 长 尺寸:265mm×ϕ35mm 质量:570g,包括电缆线 外壳:不锈钢,气密封装 防护等级:NEMA4,4x,IP65,IP67 内置吹扫器:工作环境温度达 200℃

注：生产厂为北京博达昌正科技发展有限公司，bodach.com.cn。

5.1.7.2 红外热像仪产品

(1) 便携式 basic 系列红外热像仪

应用在预知维护领域中检测高低压电气设备、查找机械故障和检查高温装置；建筑领域中检测霉变区域、寻找密闭不良的区域和管线泄漏位置、新型节能建材及建筑物保温隔热性能评价、施工质量检测和结构缺陷的评价；石化设备的检测中对受热设备的散热损失评估、耐火隔热层的保温效果和损坏程度评价、料位和液位检测、炉管温度测量、设备衬层坏损状况诊断。其外形如图 24-5-12 所示，主要技术指标见表 24-5-18。

图 24-5-12 便携式 basic 系列红外热像仪外形

表 24-5-18　便携式 basic 系列红外热像仪主要技术指标

探测器类型	长波非制冷微量热型焦平面探测器
探测器规格	320×240 像素
光谱范围/μm	7.5～14
热灵敏度(NETD)/℃	标准模式下 0.065。优化模式下 0.035
测温精度	±1.5℃(0～100℃)或±2%(<0 和>100℃)
测温范围/℃	−40～600。内部量程分段校准，量程 1：−40～+120℃；量程 2：0～+300℃；量程 3：+100～+600℃
调焦方式	手动/自动调焦
红外数据格式	16 位包含测量数据的数字图像
接口	采用高速 IEEE1394 火线接口
操作软件	中文界面操作软件
防护等级	工业级防尘防水 IP54 防护等级

注：生产厂为北京雅世恒源科技发展有限公司/德国英福泰克红外传感与检测技术公司（InfraTec GmbH Infrarotsensorik und Messtechnik），www.ndtek.com。

(2) Fluke Ti30 红外热像仪

Fluke Ti30 红外热像仪为预维护提供解决方案，检测不同的维护路线时，通过对测量的位置标注不同名称和备注，控制启动和延时。为工厂应用，设计了具有 5h 连续使用的电池寿命，可存储 100 个图像的能力，允许全天使用而不用中断检测。其外形见图 24-5-13，主要技术指标见表 24-5-19。

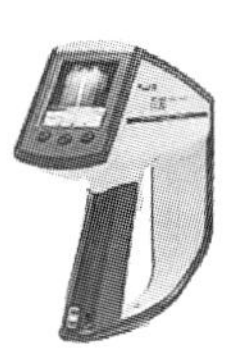

图 24-5-13　Fluke Ti30 红外热像仪外形

5.1.8　高温计

高温计一般指测量温度高于 500℃ 所使用的温度计。常用的高温计有光学高温计、比色高温计及辐射高温计等。此外，热电偶温度计也可以用来测量 3000℃ 以下的高温。但因热电偶温度计的测量范围可低到 −200℃，所以一般不把它归于高温计内。

5.1.8.1　高温计的工作原理

(1) 全辐射高温计

全辐射高温计是根据物体的热辐射效应测量物体表面温度的仪器。物体受热后会发出各种波长的辐射能，其中有许多是人眼看不到的，虽然物体辐射出的能量看不见，但可以把它辐射的所有能量集中于一个

表 24-5-19　Fluke Ti30 红外热像仪主要技术指标

热参数	温度范围：−10～250℃(14～482°F) 探测器类型：120mm×160mm 非制冷焦平面 精度：±2%或±2℃ 精度：(−10～0℃)±3℃ 重复性：±1% 或 ±1℃(±2°F)，取较大者 温度显示分辨率：0.1(°F 或℃)
光学/红外	光谱范围：7～14μm 目标瞄准：单波长激光点(符合 IEC 2 类及 FDA Ⅱ类要求) 光学分辨率：90∶1 狭缝分辨率：225∶1 测量圆点最小直径：距离 60cm(24in)时为 7mm(0.27in) 视场(FOV)：水平 17°×垂直 12.8°
电气	电源：6AA 电池(未含)或充电电池组(内含) 电池寿命：连续使用最少 5h 数据传输：USB 接口，100 幅图像总传输时间达 30s 存储设备：快速存储器

注：生产厂为中国大恒（集团）公司/美国福禄克（Fluke）公司，www.senaut.com.cn。

感温元件，例如热电偶上，热电偶的工作端感受到这些热能后，就有热电势输出，配以显示仪表测出温度。

绝对黑体的热辐射能量与温度之间的关系由斯特藩-玻耳兹曼定律描述，黑体的辐射通量密度与其绝对温度的四次方成正比，即

$$E_0=\sigma T^4 \tag{24-5-7}$$

式中 σ——斯特藩-玻耳兹曼常数；

T——绝对黑体温度。

非黑体物体辐射能量与温度之间的关系为：

$$E_0=\varepsilon_T\sigma T^4 \tag{24-5-8}$$

式中 ε_T——物体的全辐射吸收系数；

T——非黑体温度。

由于不同物体的辐射强度在同一温度时并不相同，所以全辐射高温计选择黑体作为标准体，按黑体的温度分度仪表。对于用全辐射温度计，所测得的是物体辐射温度，即相当于黑体某一温度 T_p，在辐射感温器频谱区域内，当表面温度为 T 的物体积分辐射能量和表面温度为 T_p 的黑体积分辐射能量相等时，$E_0=\varepsilon_T\sigma T^4=\sigma T_p{}^4$，所以物体的实际表面温度为

$$T=T_p\sqrt[4]{1/\varepsilon_T} \tag{24-5-9}$$

因此，知道了物体的全辐射吸收系数 ε_T 和辐射高温计显示的辐射温度 T_p，就可得到被测物体的实际表面温度。

（2）光学高温计

光学高温计是基于热物体光谱辐射亮度随温度升高而增长的原理制成的辐射测温仪表。它属于非接触式温度传感器。根据普朗克定律可确定物体亮度 B_λ 为

$$B_\lambda=C\varepsilon_\lambda C_1\lambda^{-5}e^{-\frac{C_2}{\lambda T}} \tag{24-5-10}$$

式中 C——比例常数；

λ——辐射波长，普通光学高温计中利用红色滤光片得到 $\lambda=0.650\mu m$；

T——亮度温度；

C_1——普朗克第一辐射常数；

C_2——普朗克第二辐射常数。

用光学高温计测出物体的亮度温度 T 后，由公式算出待测实际温度。最常用的光学高温计是隐丝式光学高温计，其结构如图 24-5-14 所示。测量方法有两种：一是调节电阻 R 以改变灯丝亮度，当它与待测光源像的亮度相等时，灯丝在光源的像上消失，这时由电表 G 上读出物体的亮度温度；或用补偿法由电位差计测量电流的精确值，再通过计算求出亮度温度，后一方法适用于精密测量温度；二是保持灯丝亮度为某一恒定值，旋转一块厚度随角度改变的吸收玻璃，当物体像的亮度与灯丝亮度相同时，由吸收玻璃的转角可读取物体的亮度温度值。

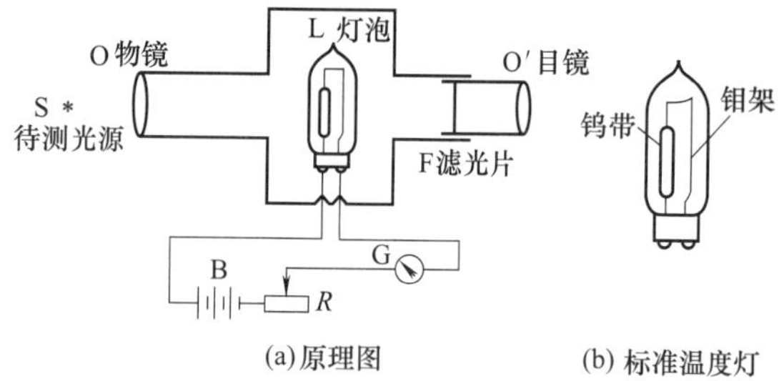

图 24-5-14 隐丝式光学高温计结构简图

光学高温计上的温度标示值可利用标准温度灯确定。可以复现 900～2500℃范围内的亮度温度，也可以作光源。利用隐丝式光学高温计可测出 700～3000℃的温度。更换灯泡和物镜附加的吸收玻璃还可测更高的温度。

光电高温计的基本原理与光学高温计相同。主要差别是光电高温计用光电转换器件代替人眼比较亮度，因而测量结果不受人的主观因素的影响。目前应用的光电器件有光敏电阻和光电池两种，前者用于测低温（100～700℃），后者用于测高温（700℃以上）。光电器件的光电流与被测物体的亮度成正比，因而可以用光电流的大小来判断被测物体温度的高低。有的光电高温计还采用光电倍增管作为转换器件，从而大大提高了仪器的灵敏度，并可以进行连续测量和自动记录。有些光电高温计还采用干涉滤光片代替红色滤光片，从而提高了工作波长的精度。精密光电高温计已作为基准高温计使用，用以复现“1968 年国际实用温标”中高于 1064.43℃的温度。

（3）比色高温计

双色比色高温计原理如图 24-5-15 所示。比色高温计又称比率高温计或双色高温计，是测量物体色温度的高温计。当非黑体的两个确定波长 λ_1 和 λ_2 的光谱辐射度之比 $L(\lambda_1)/L(\lambda_2)$ 等于某一温度下黑体的同样两个波长的光谱辐射度之比时，黑体的温度就称为此非黑体的色温度。

常用的双色比色高温计由滤光片取得蓝光波（波长 $\lambda_1=0.450\mu m$）及红光波（波长 $\lambda_2=0.650\mu m$）。硅光电池 E_1 和 E_2 分别接收到波长为 λ_1 与 λ_2 的辐射能量后，在它们的负载电阻上产生电压 U_1 与 U_2。根据硅光电池的特性有，$U_1/U_2=L(\lambda_1)/L(\lambda_2)$。调节电位器 W 使测量电路的指示达到平衡，则电位器 W 上指示位置与比值 U_1/U_2 对应。利用黑体辐射源可对电位器 W 直接分度所指示的温度值，即待测物体的色温度。

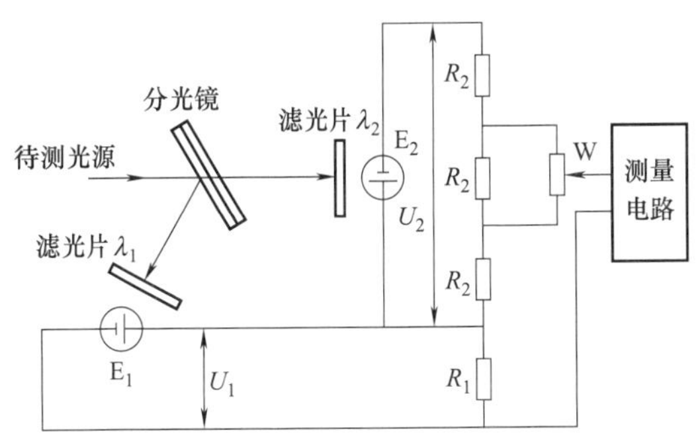

图 24-5-15　双色比色高温计原理图

比色高温计的测量范围为 800～2000℃，测量精度可接近量程上限的±1%。比色高温计的优点是测量的色温度值很接近真实温度。在有烟雾、灰尘或水蒸气等环境中使用时，由于这些媒质对 λ_1 及 λ_2 的光波吸收特性差别不大，所以由媒质吸收所引起的误差很小。对于光谱发射率与波长无关的物体（灰体）可直接测出其真实温度。上述优点都是其他类型的光测高温计所没有的。色温度的温标是由亮度温度确定的，因而比色高温计的测量精度比光电高温计的差；但由于比色高温计使用方便，在冶金和其他工业中的应用仍较广泛。

5.1.8.2　高温计产品

(1) WGG2 型光学高温计

应用于测量冶铁、浇铸、轧钢、玻璃熔窑、锻打、热处理等温度。主要技术指标见表 24-5-20。

(2) SR 系列一体化红外（比色）测温仪

一体化的比色探头可以为过程控制器或监控设备直接提供温度输入，不需要单独的指示器/处理器，节省了安装空间，有单反镜头聚焦型和光纤型可供选择。主要技术指标见表 24-5-21。

5.1.9　光纤温度传感器

5.1.9.1　光纤温度传感器分类与工作原理

光纤温度传感器按工作原理可分为敏感型及传输型。敏感型光纤温度传感器是利用光纤本身所具有的物理参数随温度变化而变化的特性，光纤本身就是敏感元件。传输型光纤温度传感器只是利用光纤传输出光的信道作用，在光纤的一个端面上，配置上另外的温度敏感器件并与光纤配合，构成光纤传感器。

(1) 敏感型光纤温度传感器

敏感型光纤温度传感器的工作原理如图 24-5-16 所示。图 24-5-16 (a) 为最简单结构，利用光纤中通过光的强度的变化进行测温。由于环境温度变化，光纤芯径的尺寸或折射率发生变化，因而引起光纤传输光的局部特性随温度而变化。当光在这样的光纤中传输时，其强度会受到环境温度变化的调制。利用这种原理制成的温度传感器虽然结构简单，但测温效果不够好。图 24-5-16 (b) 所示是一种利用偏振面的方向随环境温度而变化的性质进行测温的光纤传感器。在单模光纤内，传输一束偏振光时，周围环境温度、压力的微小变化会引起偏振光偏振面旋转。偏振面方向变化能够通过光学的检偏器进行检测，采用这种方法测温，灵敏度高，但也有致命的弱点，即偏振光在光

表 24-5-20　WGG2 型光学高温计主要技术指标

<table>
<tr><th>产品型号</th><th>测量范围/℃</th><th>量程/℃</th><th colspan="2">允许基本误差/℃</th><th>附　注</th></tr>
<tr><td rowspan="3">WGG2-201</td><td rowspan="3">700～2000</td><td rowspan="2">700～1500</td><td>800～900</td><td>±33</td><td rowspan="3">800℃以下仅供参考</td></tr>
<tr><td>900～1500</td><td>±22</td></tr>
<tr><td>1200～2000</td><td colspan="2">±30</td></tr>
<tr><td>WGG2-323</td><td>1200～3200</td><td>1200～2000</td><td colspan="2">±30
±80</td><td></td></tr>
</table>

注：生产厂为上海自动化仪表有限公司，www.mc-saic.com。

表 24-5-21　SR 系列一体化红外（比色）测温仪主要技术指标

单片镜头聚焦型 0.7～1.8μm/1.8μm			光纤型		
型号	测温范围/℃	距离系数	型号	测温范围/℃	可选光纤
14C05	700～1400	D/50	14CFX	700～1400	F1、F4、F5、F8
16C05	900～1600	D/50	16CFX	900～1600	F1、F4、F5、F8
20C10	1100～2000	D/100	20CFX	1100～2000	F1、F4、F5、F8
24C05	900～2400	D/50	24CFX	900～2400	F2、F3、F6、F7
35C15	1500～3500	D/150	35CFX	1500～3500	F2、F3、F6、F7

注：生产厂为上海美执光电科技有限公［美国 IRCON（爱光）公司］，www.souyb.com。

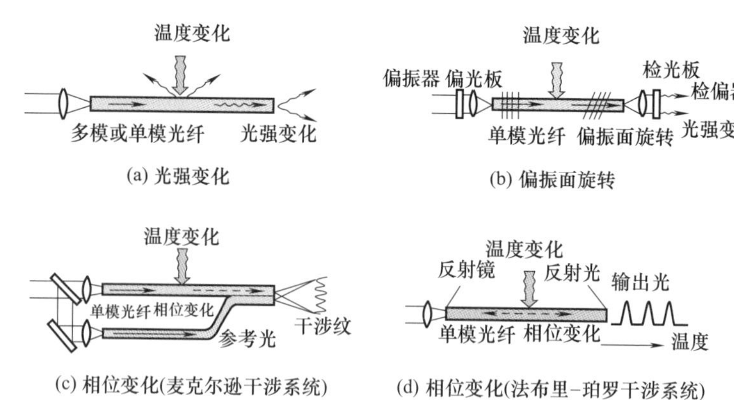

图 24-5-16 敏感型光纤温度传感器

纤中传输，其偏振面方向也受其他外界条件变化的影响（如压力、振动），降低了测温精度。图 24-5-16（c）和（d）是一种利用光的相位变化关系进行测温的光纤温度传感器。这种传感器结构虽然稍复杂，但它有可能实用化。如图 24-5-17 所示，当环境温度变化，单模光纤的长度、折射率和芯径都发生变化，这些参量的变化引起光纤中传输光的相位变化。通过上述理论，可以把输入光和输出光的相位变化转变成光的强度（或振幅）变化。利用图 24-5-16（c）所示系统可观察到，发生相位变化的接收光与参考光产生的干涉条纹的移动现象。图 24-5-16（d）所示系统在出现满足相位变化的共振条件时，输出光为峰值。

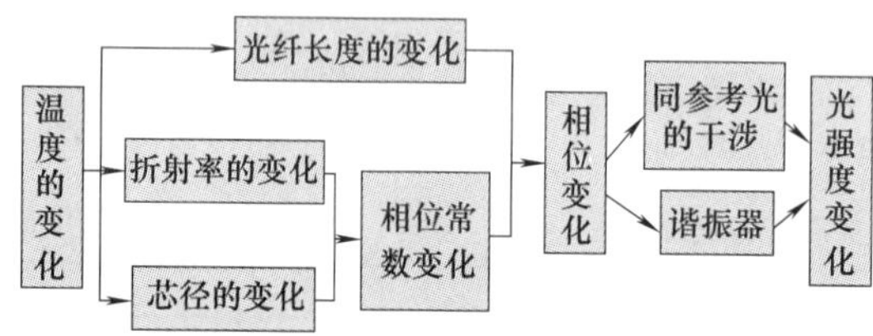

图 24-5-17 利用光相位变化的敏感型光纤温度传感器原理

（2）传输型光纤温度传感器

传输型光纤温度传感器的性能由温度敏感器件的性能决定。传输型光纤温度传感器可分为：a. 使用电子敏感器件的温度传感器，如图 24-5-18（a）所示，用发光二极管（LED）等作为发光器件；b. 温度传感器是由温度-光反射转换器件或温度-光透过转换器件与光纤连接，并从光纤的一个端面上取出光信号的系统构成的，如图 24-5-18（b）和（c）所示。

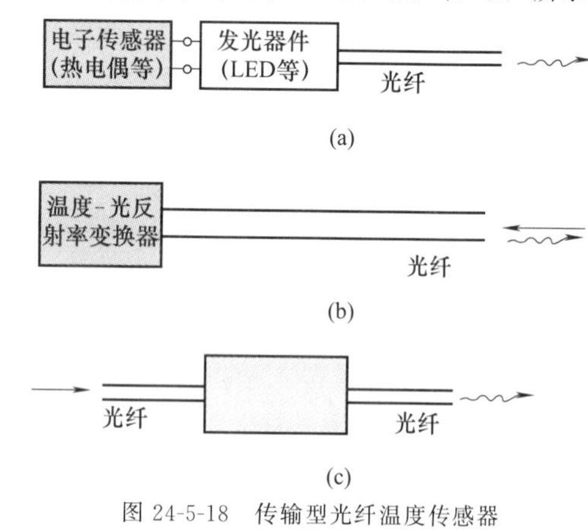

图 24-5-18 传输型光纤温度传感器

5.1.9.2 光纤温度传感器产品

H-G 系列光纤温度传感器应用于冶金、热处理、化工、轧钢、连铸、感应加热等行业。其主要技术指标见表 24-5-22。

表 24-5-22 H-G 系列光纤温度传感器主要技术指标

温度范围/℃	350～3000(分段)	测量精度	±0.5%(标定值)	重复精度	±0.1%(标定值)
响应时间/ms	10	距离系数	40∶1(能量 90%)	光谱响应/μm	0.85～1.08
输出方式	线性输出:4～20mA	环境温度/℃	电子模块:0～+55	光纤探头工作温度/℃	−25～+150
环境湿度/%RH	≤90	储存温度/℃	−30～+85	工作电源	±15V DC 0.5A
负载	电压型≥10kΩ 电流型≤400Ω	光纤长度/m	1.5		

注：生产厂为西安永泰传感器有限公司，www.xaytcg.eb80.com。

5.2　压力传感器

5.2.1　概述

5.2.1.1　压力的基本概念

垂直作用在单位面积上的力称为压力（压强）。压力测量一般用于液体、蒸汽或气体等流体。在工程测量中，压力可以用绝对压力、表压力、负压力（真空度）来表示。绝对压力是指流体垂直作用在单位面积上的全部压力。压力表显示的数值是绝对压力和大气压力的差值，称为表压力；表压力为正值时简称为压力，表压力为负值时称为负压，有时也称为疏空压力。小于大气压力的绝对压力称为真空度。在工业生产和科学研究中，绝大多数都是测量被测对象的表压力或疏空，通常所谓的压力测量就是表压的测量。图 24-5-19 是绝对压力、表压力、真空度的关系。

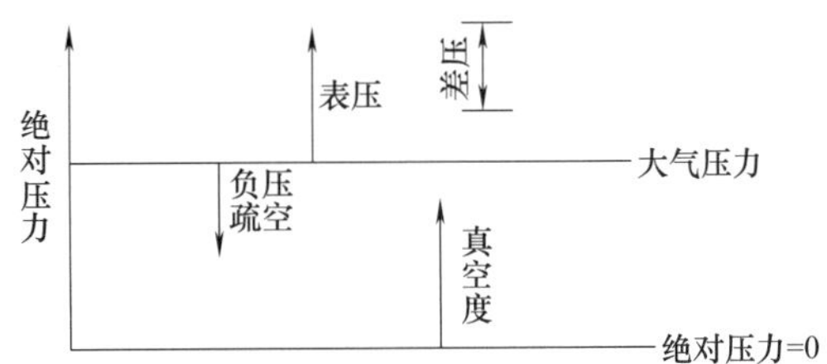

图 24-5-19　绝对压力、表压力、真空度的关系

5.2.1.2　压力仪器的分类

表 24-5-23　压力仪器的分类

分类方法	分类项目	说　明
按照仪器的工作原理	液体式压力计	根据流体静力学原理而制成。被测压力被液柱高度产生的压力所平衡，液柱的高度可以直接测量或通过计算等方法来获得。常用的液体式压力计有水银气压计、U 形管和杯形压力计、倾斜式压力计、环天平式压力计、钟罩式压力计和浮标式压力计等
	弹性式压力表	利用弹性敏感元件的弹性变形来平衡被测压力。由于弹性敏感元件的弹性变形量很小，需要经过放大或传动机构将变形量放大，才能转换成表示测量值的指针位移。常用的弹性元件有 C 形弹簧管、螺旋弹簧管、膜片、膜盒和波纹管等
	活塞式压力计	压力是由作用在活塞面积上的砝码质量通过计算来求得的。由于活塞面积和砝码质量可以精确地测量，所以活塞式压力计精确度高，常用来作为压力的传递器具和压力计量标准。常用的有活塞式压力计、活塞式真空计等。根据结构不同，可分为单活塞式、双活塞式、可控间隙型活塞式、带液柱平衡活塞式、带滚珠轴承和滑动轴承的活塞式等
	电测式压力计	工作原理是基于某些物质在压力作用下，电气性能发生变化，其变化量与外加的压力大小成正比。例如根据石英的压电效应可以制作压电式压力计，根据应变计的电阻应变效应和半导体的压阻效应可以制作电阻式压力计。电测式压力计分为传感器和变送器两部分。常见的压力传感器有应变式、固态压阻式、电感式、电容式等；变送器的输出是统一电信号
	数字式压力计	以压力传感器为感压元件，然后将信号放大、经模/数转换成具有显示压力单位数值的压力计
按被测对象	表压压力计	用于测量以当地当时大气压作为参考的压力
	绝压压力计	用于测量以绝对真空或以零压力作为参考的压力，其测量结果恒为正值，可以直接显示绝对压力
	真空度计	用来测量真空度，真空度指低于大气压力直到完全真空的绝对压力
	气压计	专门用于测量大气压力，实质上是绝压计的一种，不同之处在于量程和选用的单位。绝压计的量程较宽，可达 MPa 量级，而气压计一般不超过 2～3 个大气压。在气象学方面，压力单位常用 hPa（百帕），以前用 mmHg（毫米汞柱）
	差压压力计	有两个压力输入口，即高压输入口和低压输入口。用于两个压力之差的测量
按仪器的准确度	国家基准	准确度 0.002%
	工作基准	准确度 0.005%
	一等标准	准确度 0.02%
	二等标准	准确度 0.05%
	三等标准	准确度 0.2%
	工作用仪表	准确度＞0.2%

续表

分类方法	分类项目	说明
按测量范围	超高真空	$<177.32\times10^{-7}$Pa
	高真空	$177.32\times10^{-3}\sim177.32\times10^{-7}$Pa
	低真空	$177.32\sim177.32\times10^{-3}$Pa
	粗真空	$1.01\times10^{5}\sim177.32$Pa
	微压	<10
	低压	10～250kPa
	中压	250～100MPa
	高压	100～1000MPa
	超高压	>1000MPa

5.2.2 常用压力传感器的结构原理与工作特性

5.2.2.1 弹性式压力传感器

(1) 弹性元件的结构和特性

弹性式压力传感器利用元件的弹性变形直接推动一个机械结构以指示读数，或者用传感器把机械运动转变成电信号以供显示或控制。常用的弹性元件有弹簧管、波纹管和膜片等，其结构和特性如表 24-5-24 所示。其中，波纹膜片和波纹管多用于微压和低压测量，弹簧管用于高、中、低压或真空度的测量。

表 24-5-24 弹性元件的结构和特性

类别	名称	示意图	压力测量范围/kPa		输出特性	动态性质	
			最小	最大		时间常数/s	自振频率/Hz
薄膜式	平薄膜	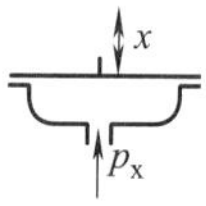 x, p_x	0～10	$0\sim10^{5}$	 F(力), x(位移), p_x	$10^{-5}\sim10^{-2}$	$10\sim10^{4}$
	波纹膜	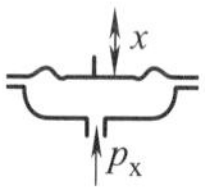 x, p_x	$0\sim10^{-3}$	$0\sim10^{3}$	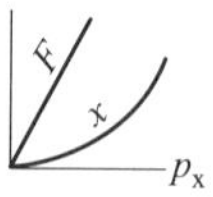 F, x, p_x	$10^{-2}\sim10^{-1}$	10～100
	挠性膜	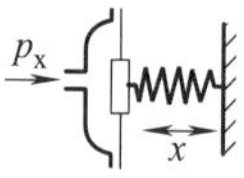 p_x, x	$0\sim10^{-5}$	$0\sim10^{2}$	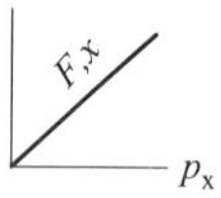 F,x, p_x	$10^{-2}\sim1$	1～100
波纹管式	波纹管	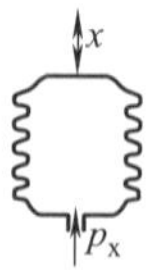 x, p_x	$0\sim10^{-3}$	$0\sim10^{3}$	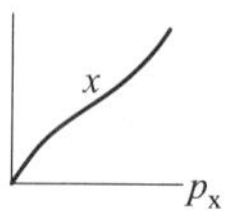 x, p_x	$10^{-2}\sim10^{-1}$	10～100
弹簧管式	单圈弹簧管	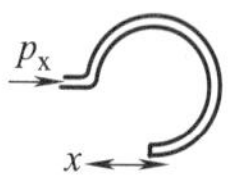 p_x, x	$0\sim10^{-1}$	$0\sim10^{6}$	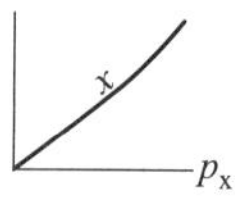 x, p_x	—	100～1000
	多圈弹簧管	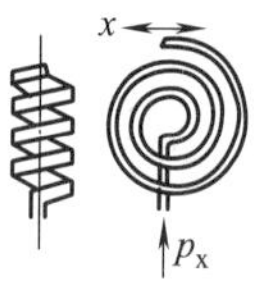 x, p_x	$0\sim10^{-2}$	$0\sim10^{5}$	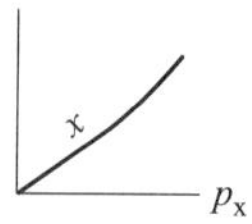 x, p_x	—	10～100

（2）弹簧管压力传感器

弹簧管又称为波登管，通常是一根弯曲成 C 形的空心扁管，如图 24-5-20 所示。其横截面都是椭圆形或扁圆形的空心金属管，当管的固定端通入有一定压力的流体时，由于管内外的压力差（管外一般为大气压力），迫使管子截面从椭圆向圆形变化，这种变形导致波登管封闭的自由端产生线位移或角位移。不同材料的波登管适用于不同的被测压力和被测流体介质。当压力低于 20MPa 时，一般采用磷铜；压力高于 20MPa 时，则采用不锈钢或高强度合金钢。

波登管横截面的纵横直径比愈大，灵敏度愈高。通常 C 形灵敏度低，可测几百兆帕的压力；螺线形、螺旋形灵敏度高，可测 7MPa 以下的压力。扭转形的自由端，因设有交叉稳定结构，使径向刚度增大，限制了径向位移，减小了冲击和振动干扰；切向为柔性刚度，流体压力造成自由端的转动，可用来测 20MPa 以下压力。波登管虽有较高的测量精度，但因尺寸和质量较大，固有频率较低，且有明显滞后，故不宜做动态压力测量。

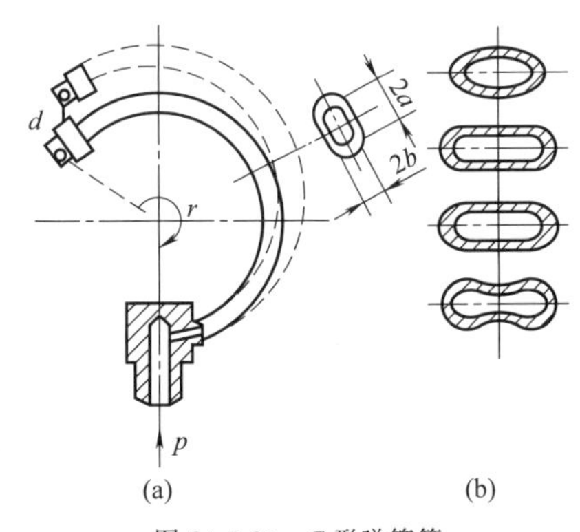

图 24-5-20　C 形弹簧管

弹簧管压力计如图 24-5-21 所示，由弹簧管、拉杆、扇形齿轮、中心齿轮、指针、标尺板、游丝、调整螺钉和接头组成。

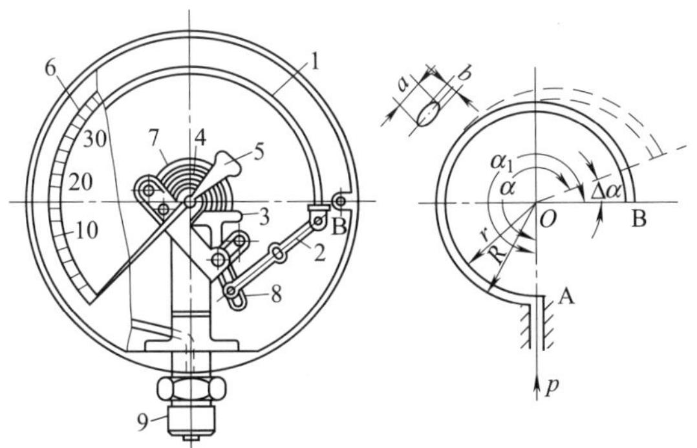

图 24-5-21　弹簧管压力计

1—弹簧管；2—拉杆；3—扇形齿轮；4—中心齿轮；5—指针；6—标尺板；7—游丝；8—调整螺钉；9—接头

被测压力由接头 9 进入弹簧管 1，导致自由端 B 向右上方扩张，通过拉杆 2 使扇形齿轮 3 做逆时针偏转，从而使中心齿轮 4 带动同轴的指针 5 做顺时针偏转，在标尺板 6 上指示出被测压力的数值。游丝 7 用来克服扇形齿轮和中心齿轮的间隙，调整螺钉 8 用来改变压力计的量程。

（3）膜片与膜盒压力传感器

膜片是用金属或非金属制成的圆形薄片。断面是平的，称为平膜片［图 24-5-22（a）］。断面呈波纹状，称为波纹膜片［图 24-5-22（b）］。两个膜片边缘对焊起来，构成膜盒［图 24-5-22（c）］。几个膜盒连接起来，构成膜盒组［图 24-5-22（d）］。

平膜片比波纹膜片具有较高的抗振、抗冲击能力，在压力测量中使用最多。平膜片的特点是初始灵敏度高，但其压力-位移特性衰减快，位移量小，通常用在电容式变送器中作为测量敏感元件。波纹膜片上的波形可以改变膜片的压力-位移特性，使其线性度变好或增加位移量等。在测量微压、微差压时，经常采用膜盒而不是膜片来作为弹性敏感元件。

在流体压力 p 作用下，膜片、膜盒的中心位移均与压力近似成正比。可以用位移传感器测量位移，或在膜片表面粘贴应变片测量应变。

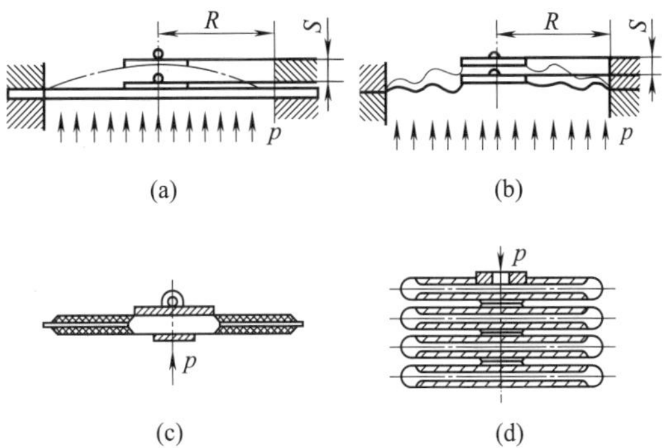

图 24-5-22　膜片和膜盒

图 24-5-23 为一种常见的膜片压力表结构示意图。膜片 1 固定在凸缘 2 的中间，膜片的下部承受被测压力，上部在大气压作用下，膜片中央固定着小杆 3。当被测压力变化时，膜片带动小杆 3 向上或向下移动，然后通过推杆 4 和扇形齿轮 6，使小齿轮 7 及固定在该轴上的指针 8 转动。

图 24-5-24 为膜盒压力表结构示意图。与膜片压力表不同的是一次敏感元件由膜片变成了膜盒。

（4）波纹管压力传感器

波纹管是一种表面有许多同心环状波纹的薄壁圆筒，如图 24-5-25 所示。开口端焊接于固定基座上，

第
24
篇

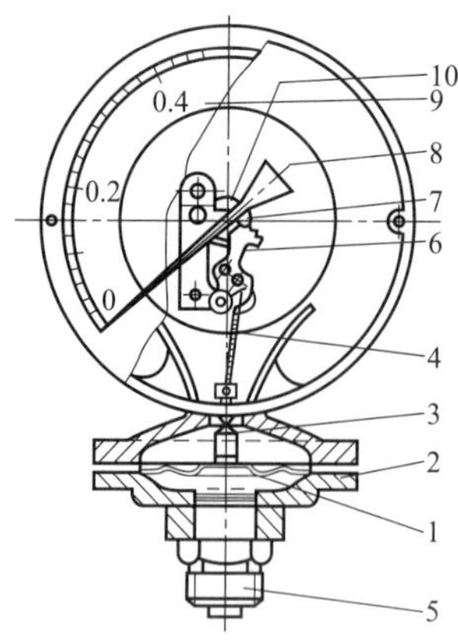

图 24-5-23 膜片压力表结构示意图

1—膜片；2—凸缘；3—小杆；4—推杆；5—接头；6—扇形齿轮；7—小齿轮；8—指针；9—刻度盘；10—套筒

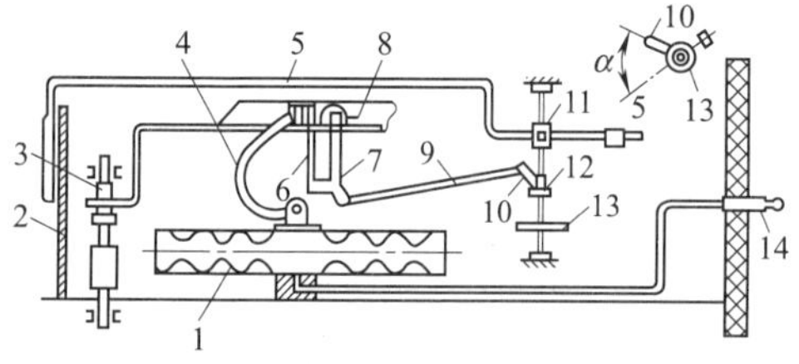

图 24-5-24 膜盒压力表结构示意图

1—膜盒；2—刻度板；3—调整螺母；4—弧形连杆；5—指针；6—簧片；7—曲柄；8—调整螺钉；9—拉杆；10—拐臂；11—固定指针套；12—固定轴；13—游丝；14—引压管

并将流体通入管内，在流体压力作用下，密封的自由端会产生一定的位移。在弹性范围内，自由端的位移与作用压力成线性关系。

如图 24-5-25（a）～（f）所示为常见的波纹管截面形状，图 24-5-25（a）为U形；图 24-5-25（b）为C形，C形波纹管的刚度大，灵敏度大，非线性误差大，一般仅用作隔离元件或挠性接头；图 24-5-25（c）为Ω形，不锈钢材料制成的波纹管多数是这种形状；图 24-5-25（d）为S形，其特点是尺寸精度高，灵敏度高，线性度好，位移大，稳定可靠；图 24-5-25（e）为V形，特点是位移大，波纹管的容积变化量大，常用作容积补偿元件；图 24-5-25（f）为梯形，制造复杂，应用于特殊场合。

如图 24-5-25（g）所示的波纹管刚度远低于弹簧管或膜片的刚度，所以它在低压时比弹簧管和膜片灵敏，其缺点是迟滞误差大，为5%～6%。因而，在作压力敏感元件时，常和刚度比它大得多的螺旋弹簧组合使用，可使迟滞误差减少到1%，如图 24-5-25（h）和（i）所示。

5.2.2.2 电测式压力传感器

指针式弹簧压力仪表只能测试静态压力，随着科学技术的发展对压力测量提出了更高的要求。不论是航空航天还是冶金民用的各个领域，都要求测量动态压力的变化过程，以便实现自动化控制，或者输入计算机显示、记录和进行数据处理，这样就必须采用电测式压力计，把压力转换成电量，然后通过测量电量来反映被测压力的大小。

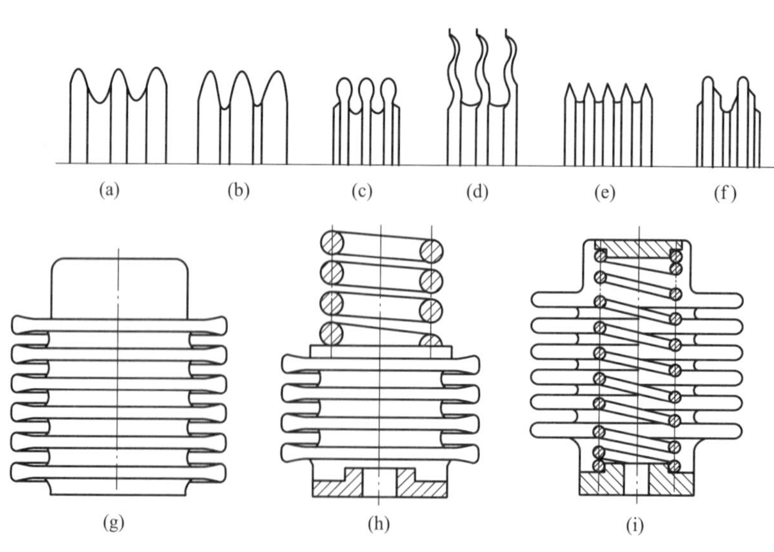

图 24-5-25 波纹管形状的示意图

(1) 应变式压力传感器

① 膜片应变压力传感器　膜片应变压力传感器如图 24-5-26 (a) 所示，平膜片表面任意位置的应力、应变为：

$$\sigma_r=\frac{3p}{8h^2}[r_1^2(1+\mu)-r^2(3+\mu)] \tag{24-5-11}$$

$$\sigma_t=\frac{3p}{8h^2}[r_1^2(1+\mu)-r^2(1+3\mu)] \tag{24-5-12}$$

$$\varepsilon_r=\frac{1}{E}(\sigma_r-\mu\sigma_t)=\frac{3p(1-\mu^2)}{8Eh^2}(r_1^2-3r^2) \tag{24-5-13}$$

$$\varepsilon_t=\frac{1}{E}(\sigma_t-\mu\sigma_r)=\frac{3p(1-\mu^2)}{8Eh^2}(r_1^2-r^2) \tag{24-5-14}$$

式中　σ_r，σ_t——径向、切向应力，N/m^2；

ε_r，ε_t——径向、切向应变；

p——被测流体压力，Pa；

E——材料弹性模量，N/m^2；

μ——材料泊松比；

h——膜片厚度，m；

r_1——膜片半径，m；

r——膜片任意位置的半径，m。

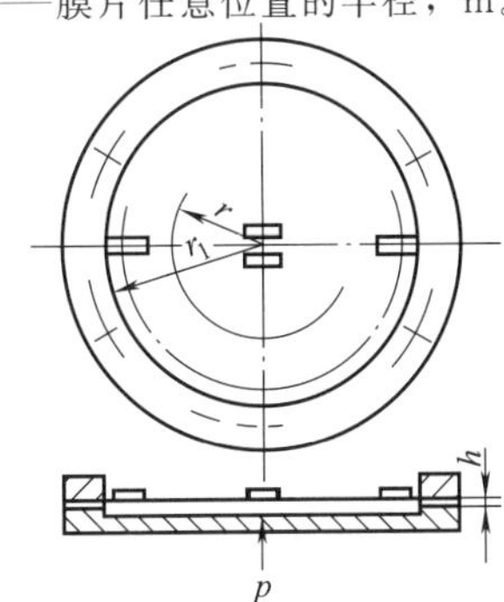

(a) 膜片应变压力传感器

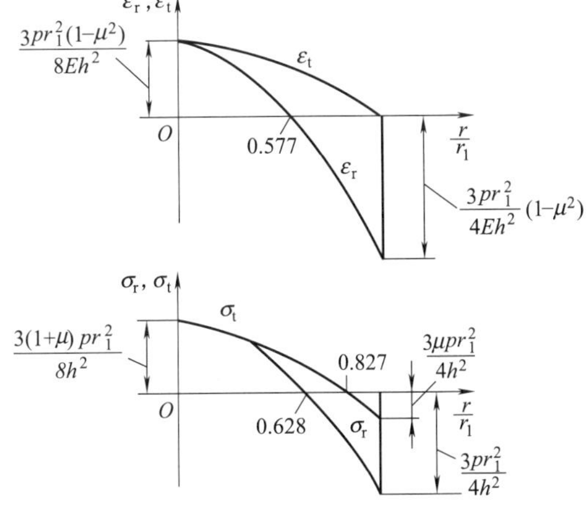

(b) 沿径向分布曲线

图 24-5-26　膜片受压力时的应力与应变

膜片的应力、应变沿径向分布曲线如图 24-5-26 (b) 所示。在膜片中心处 ($r=0$)，切向应力与径向应力相等，切向应变与径向应变也相等，且为正向最大值。在膜片边缘处 ($r=r_1$)，切向应力、径向应力及径向应变都达到负向最大值，而切向应变为零。值得注意的是，径向应变在膜片中心和边缘径向应变为正负极值，因此应变测量可以采用如图 24-5-26 (a) 所示方法布片组桥，或者以压力测量专用的应变花进行测量。

图 24-5-27 (a) 是平膜片式应变压力传感器，由上盖 2、外壳 3、垫圈 4、膜片 5 和输出插座 1 组成。应变片贴在膜片内表面，膜片受压力作用产生应变，由电阻应变片组成的电桥将信号输出。图 24-5-27 (b) 是固定梁式膜片应变压力传感器。

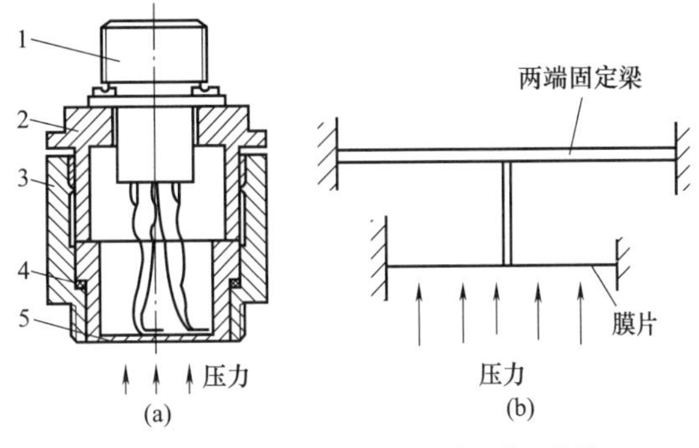

图 24-5-27　膜片应变压力传感器典型结构

1—输出插座；2—上盖；3—外壳；4—垫圈；5—膜片

② 薄壁圆筒压力传感器　这种弹性元件的壁厚一般小于圆筒直径的 1/20，圆筒的一端开口，一端不通，如图 24-5-28 (a) 所示。内腔与被测压力相通时，内壁均匀受压，均匀地向外扩张。筒壁在轴向和圆周方向上的应变均与压力 p 成正比。图 24-5-28 (b) 为 BPR-10 型高压应变筒式传感器，应变筒 1 通过压盖 2 和接座 3 相连，被测流体通过接座中心孔进入应变筒内腔，筒体的外面贴有应变计 4，通过导线和插头座 7 输出信号。外壳 5 用来保护管体上的应变计，其上开有安全孔 6，接座 3 上有螺纹，使用时可与被测体相连。BPR-10 型高压应变筒式传感器的测压范围可达 100～500MPa，供桥电压最高 12V，输出灵敏度为 1mV/V。

(2) 硅压阻式压力传感器

利用集成电路的扩散工艺，可以制成含有半导体应变计的特殊膜片，利用压阻效应工作。硅压阻式压力传感器由外壳、硅膜片和引线等组成，如图 24-5-29 所示。其核心部分是做成杯状的硅膜片。在硅膜片上，用半导体工艺中的扩散掺杂法做成四个相等的电阻，接成全桥，并用引线引出。膜片的一侧是高压

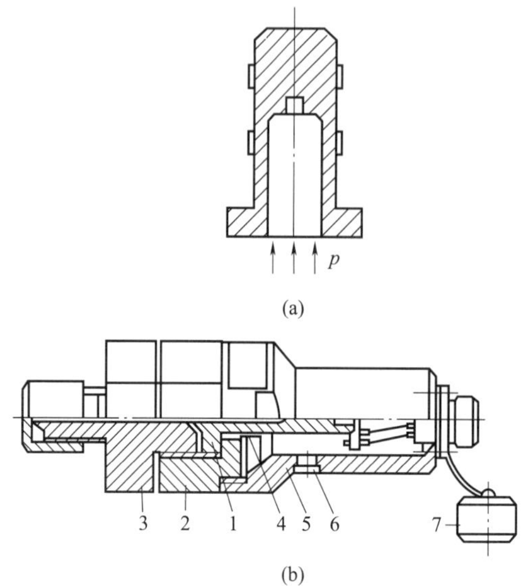

图 24-5-28 薄壁圆筒压力传感器

1—应变筒；2—压盖；3—接座；4—应变计；5—外壳；6—安全孔；7—插头座

腔，与被测系统相连接，另一侧是低压腔，通常和大气相通。当膜片两侧存在压力差而发生形变时，膜片上各点产生应力，电桥失去平衡，输出相应的电压，电压值反映膜片所受的压力差值。

这种硅压阻式压力传感器灵敏度高、体积小、动态响应快。膜片直径可以小到零点几毫米，频率响应可以达到几十千赫。但温度对膜片性能影响较大，流体温度变化会改变膜片弹性模量及泊松比，引起附加应变和应力，改变工作状态和灵敏度。

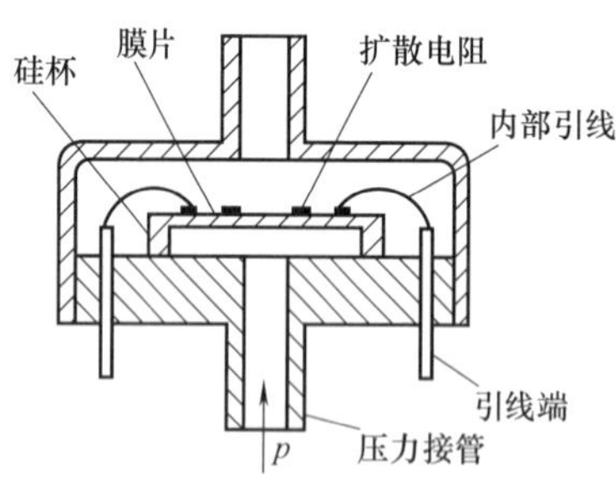

图 24-5-29 硅压阻式压力传感器

(3) 压电式压力传感器

压电式压力传感器用某些具有压电效应的压电晶体（如石英、云母等）制成。图 24-5-30 为活塞式压电压力传感器的结构图。它主要由本体、砧盘、晶片、导电片、引出导线等组成。传感器在装配时用顶螺钉给晶片组件一定的预紧力，从而保证活塞、砧盘、晶片、导电片之间压紧，避免晶片受冲击时因有间隙而损坏，并可提高传感器的固有频率。改变传感器的结构，还可以制成膜片式压电压力传感器、多片晶体压力传感器、高温压电压力传感器等。

压电式压力传感器对温度变化较为敏感，因此必须采取补偿措施。目前防止温度影响的常用方法有两种：一种是水冷；另一种是在晶片的前面安装一块金属片，选用线胀系数大的如纯铝等金属，当温度变化时补偿片的线膨胀可以弥补晶体与金属线膨胀之间的差值，以保证预紧力的稳定。这两种方法常同时使用。压电式压力传感器具有灵敏度高、线性好、刚度大、频率范围宽、稳定性好等特点。

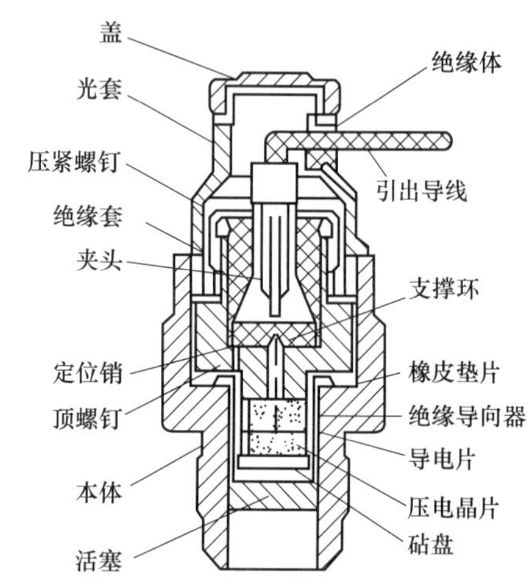

图 24-5-30 活塞式压电压力传感器

(4) 电容式压力传感器

图 24-5-31 (a) 为电容式压力传感器结构图。图中波纹膜片 3 作为传感器的动极片，极片 6 为定极片，组成一个电容器，垫片 9 的厚度决定了两极板间的初始间隙大小，也就决定了电容传感器的初始电容 Q。固定螺钉 2 把支座 1、支架 4 和标准垫片等连接起来。测量时，待测的介质从支座 1 的中间孔进入传感器内，加压力于膜片 3 上，使膜片产生位移，改变了两极板间的电容量，完成了压力电容的转换。

图 24-5-31 (b) 为差动电容式压力传感器。固定电极是两个镀金属的玻璃圆片 2，动电极膜片 1 夹在两片中间凹的玻璃之间，形成两个电容。当两个腔的压差增加时，膜片弯向低压的一边，使两个电容量一个增加一个减小。这种差动式电容压力传感器可采用 LC 振荡回路或双 T 网络线路，配合电容式差压变送器，可输出 0～20mA 的直流电流信号或 0～5V 电压信号。电容式压力传感器适合低压动态压力的测量。

(5) 霍尔式压力传感器

图 24-5-32 是霍尔式压力传感器的结构示意图，弹簧管 3 是感受压力的弹性元件，当待测介质的压力变化时，弹簧管的自由端发生移动，带动霍尔元件 2

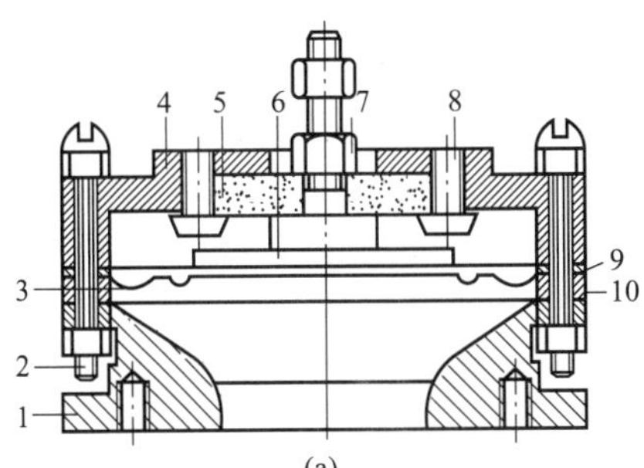

1—支座；2—固定螺钉；3—波纹膜片；4—支架；
5—绝缘板；6—定极片；7—螺母；8—固定螺钉；
9,10—垫片

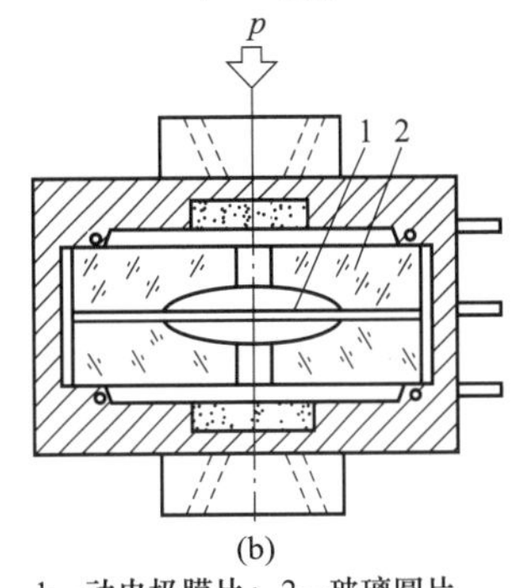

1—动电极膜片；2—玻璃圆片

图 24-5-31　电容式压力传感器

在磁钢 1 形成的磁场中运动，如果在霍尔元件的①-①′两端通以恒定不变的控制电流时，则在②-②′两端产生一个与待测压力大小成正比的霍尔电动势，此电动势可由输出端接至测量电路测量和指示。

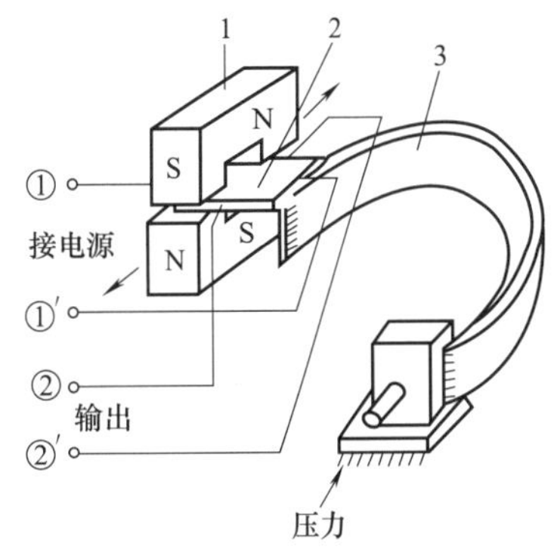

图 24-5-32　霍尔式压力传感器的结构示意图
1—磁钢；2—霍尔元件；3—弹簧管

（6）差动电感式压力传感器

图 24-5-33 是差动电感式压力传感器的结构与原理图。当传感器弹簧管 1 的压力为零时，衔铁 2 处于传感器的中间位置，输出为零。当被测压力 p 变化时，弹簧管的自由端的衔铁 2 产生位移，这样使线圈 7 和 8 中的一个电感值增大，另一个减少，根据差动式电感传感器的原理可知，在负载电阻上将有电流或电压输出，其大小与所测的压力值成正比例。图中 9 是调节螺钉，用来调节传感器的机械零点。整个传感器装在一个圆形的金属盒内，用螺栓与被测体相连接。

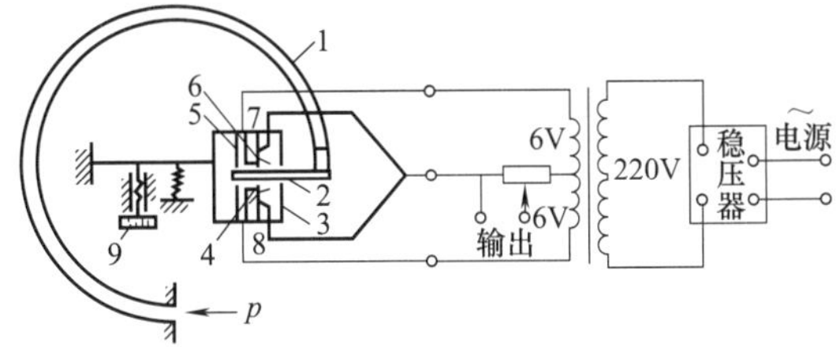

图 24-5-33　差动电感式压力传感器的结构与原理图
1—弹簧管；2—衔铁；3—金属盒；4—铁芯；
5—线圈架；6—线圈引线；7,8—线圈；9—调节螺钉

（7）振弦式压力传感器

图 24-5-34 振弦式压力传感器的结构与工作原理图，振弦固定于上端基底与下端膜片中心，初始状态有一定的张紧力，当弦的密度为 ρ，材料弹性模量为 E，应力为 σ，变形为 $\Delta l/l$ 时，振弦的横向自振频率为：

$$f=\frac{1}{2l}\sqrt{\frac{\sigma}{\rho}}=\frac{1}{2l}\sqrt{\frac{E}{\rho}\times\frac{\Delta l}{l}} \qquad (24\text{-}5\text{-}15)$$

图 24-5-34　振弦式压力传感器的结构与工作原理图

由上式可以看到：弦的横向自振频率与其张力大小有关。当膜片受到压力后，弦的应力或相对变形发生变化，传感器就把被测压力转换成了弦的频率变化。

图 24-5-35 为 G124-7 型振弦式地层压力传感器。当测量地层压力时，传感器底座上膜片 2 与所要测量的地层面接触，使地层压力直接作用到膜片上，在膜片 2 受压力以后发生挠曲，带动两个振弦支架 1、11 向两侧拉开，振弦 3 因而拉紧，于是振弦的频率增加。从频率的增量，可以得到作用在膜片上的压力值。电磁线圈 4 通入脉冲电流，激发并维持振弦产生振动。

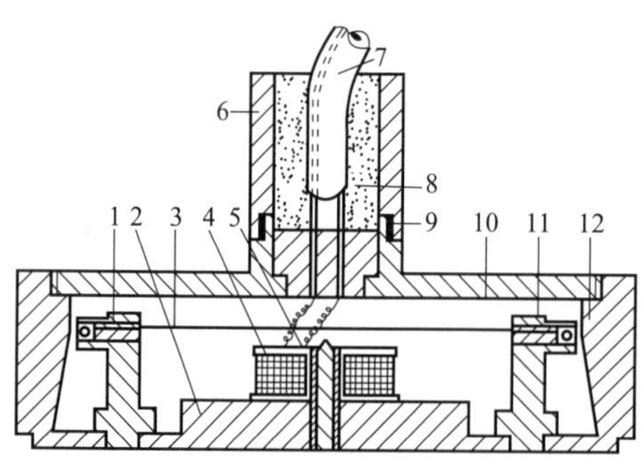

图 24-5-35 G124-7 型振弦式地层压力传感器

5.2.2.3 常用压力传感器产品

SIKA 系列压力表性能参数如表 24-5-25 所示。

5.2.3 测压传感器的标定

5.2.3.1 测压传感器的标定方法与结构原理

为了准确测试，对压力测试传感器需进行标定。对于静态测试只需作静态标定。对有动态响应要求的压力传感器还须进行动态标定。

(1) 静态标定

静态标定是指标定系统在静态压力的作用下，确定压力传感器输出量与输入量之间的对应关系，并确定反映传感器精确度的有关指标。

为了获得较好的标定精度，作为标定基准仪器的精度比被标定传感器的精度至少要高出一个数量级。一般静态标定的加载方法有：砝码、杠杆-砝码机构、标准测力环或力传感器、标准测力机等。

(2) 动态标定

动态标定的目的是确定压力传感器的动态特性即频率或脉冲响应，从而确定传感器的工作频率范围及动态误差大小。

动态标定既可用正弦响应法又可用瞬态响应法。前者是利用正弦激振器对传感器输入激振信号，获得正弦响应。正弦激振器的装置形式很多，常见的有活塞缸正弦压力发生器、凸轮-喷嘴正弦压力发生器，如图 24-5-36、图 24-5-37 所示。后者是通过专用设备

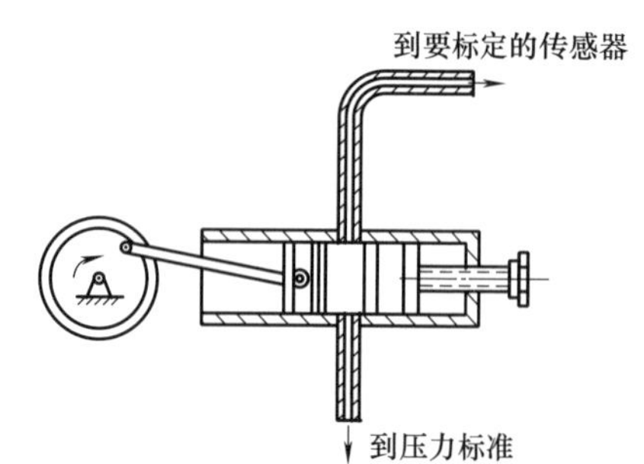

图 24-5-36 活塞缸正弦压力发生器

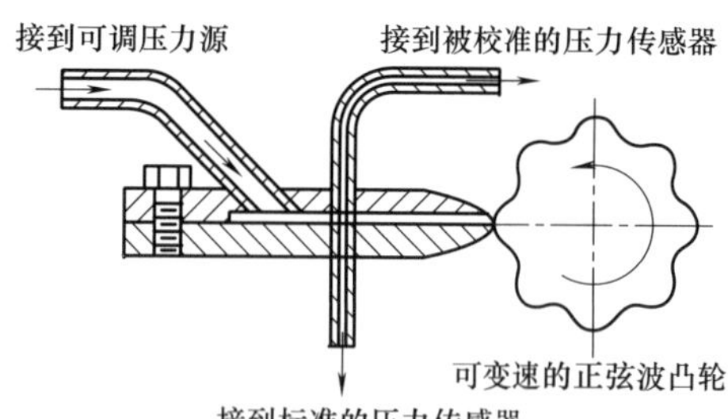

图 24-5-37 凸轮-喷嘴正弦压力发生器

表 24-5-25 SIKA 系列压力表性能参数

 A 型	 E 型	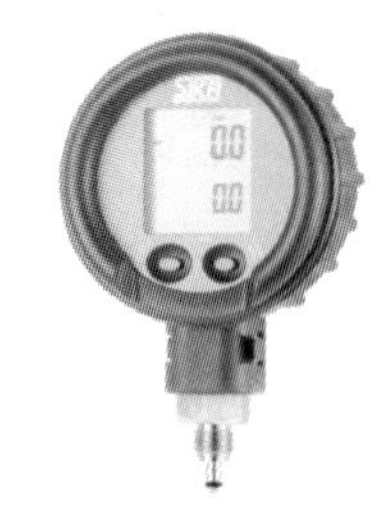 D 型/L 型

型号		连接	尺寸/mm	质量/g	压力范围/bar	精确度	防护等级
A	DIN 标准测量范围压力表	G3/8″外螺纹	ϕ100	—	−0.6～0，−1～5，0～1，0～10，0～100，−1～0，−1～9，0～1.6，0～16，0～160，−1～0.6，−1～15，0～2.5，0～25，0～250，−1～1.5，1～24，0～4，0～40，0～400，−1～3，0～0.6，0～6，0～60，0～600	0.6%FS	—

续表

型号		连接	尺寸/mm	质量/g	压力范围/bar	精确度	防护等级
E	数字压力表	G1/4″ 外螺纹	70×100× 40	180	−1～30 0～300	±0.5% FS±1 字	IP65
D	数字精密压力表	G1/4″ 外螺纹	70×100×30	130	−1～3，−1～(30)40，0～(300)350，0～700，0～1000	±0.10% FS±1 字	IP65

注：1. PC700＋的压力介质为特种油，其他为流体或气体。

2. 生产厂为德国席卡（SIKA）仪表公司，www.sika-china.com.cn。

来获得一个已知变化规律的瞬变力来激励传感器，获得瞬态响应曲线，然后根据试验记录数据，用近似方法求得频率特性。

图 24-5-36 为活塞缸正弦压力源的结构。活塞的行程是固定的，调整缸体的容积可以改变输出压力的幅值，故其输出压力的幅值和频率调整范围与活塞装置的结构参数有关。

图 24-5-37 为凸轮-喷嘴正弦压力源的结构。凸轮表面轮廓为正弦波形，喷嘴的气阻随着转动的凸轮表面形状的变化而改变，因而可产生压力信号。瞬态响应使用于幅值较高、频率范围较宽的条件下，确定压力传感器的动态响应。对高速响应的压力传感器，可采用激波管装置，如图 24-5-38 所示为利用激波管对传感器进行动态标定的原理。在工程实践中，由于激波管制造精度要求高，设备复杂，因此有时选用冲击力法测试传感器的动态特性。冲击力法是指机械装置撞击被标传感器，产生一个瞬时撞击力，记录数据，求得压力传感器的动态特性。冲击力法结构简单、使用方便，但误差较大。

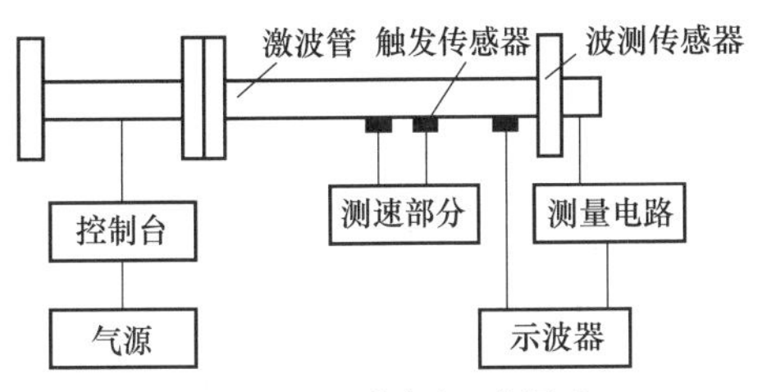

图 24-5-38　激波法工作原理

5.2.3.2　测压传感器标定设备产品

YBS-WY 型智能压力校验仪基本准确度分 0.1% 和 0.05%两种，是实验室、工厂、大学理想的高档工具表，并可作为中等精度压力测试的标准表。其基本参数如表 24-5-26 所示。

校验仪为交直流两用的便携式仪表，压力可在 LCD 上显示，有 24V DC 输出。前面板上安装有打压手泵，现场校验仪表较理想。微处理器可对仪表零点和线性进行连续修正，保证仪表的准确度、重复性、稳定性。仪表具有超量程报警功能，当所加压力超出额定满量程＋2500 字时，仪表将显示“OVER RANGE!”，内置蜂鸣器将断续发声，以表示压力（电流）超出满量程，应停止加压，并卸掉部分压力使其在规定量程内，以免损坏压力传感器。前面板安装手操压力发生器，压力量程为−90kPa～1.6MPa，带有微调。手动真空率达 95%。压力源零部件经精细研磨气密性好，符合 IP54 密封标准。可直接在面板上操作，调校满量程。金属外壳，抗干扰性强，牢固耐冲压。容积式微调，极易实现检定点压力。内置电池：一次充电可工作 15h。过载能力：为量程上限的 1.2～1.5 倍。外形尺寸：240mm × 80mm × 40mm。质量：2.5kg。

表 24-5-26　YBS-WY 型智能压力校验仪基本参数

型号	量程	分辨率	负压力	精度		稳定性(一年)	手泵
YBS-WY	10kPa	1Pa	—	0.10%	0.075%	±0.1%FS	内置
YBS-WY	16kPa	1Pa	—	0.10%	0.075%	±0.1%FS	内置
YBS-WY	20kPa	1Pa	—	0.10%	0.075%	±0.1%FS	内置
YBS-WY	25kPa	1Pa	—	0.10%	0.05%	±0.075%FS	内置
YBS-WY	40kPa	1Pa	—	0.10%	0.05%	±0.075%FS	内置
YBS-WY	60kPa	1Pa	—	0.10%	0.05%	±0.075%FS	内置
YBS-WY	100kPa	10Pa	—	0.10%	0.075%	±0.075%FS	内置
YBS-WY	160kPa	10Pa	—	0.10%	0.05%	±0.075%FS	内置
YBS-WY	200kPa	10Pa	—	0.10%	0.05%	±0.075%FS	内置
YBS-WY	240kPa	10Pa	—	0.10%	0.05%	±0.075%FS	内置

注：生产厂为安徽贝利自动化仪表成套有限公司，www.yibiao18.com。

5.3 液体流量传感器

5.3.1 概述

5.3.1.1 流量的概念与单位

（1）流量与总量

流体的流量是工程测试领域中的一个重要的物理量。所谓流量是指单位时间内流经管道某一截面的流体的数量。流体流量一般可分为体积流量 q_V 和质量流量 q_m，表示为：

$$体积流量=\frac{体积}{时间} \quad 或 \quad q_V=\frac{\Delta V}{\Delta t} \tag{24-5-16}$$

$$质量流量=\frac{质量}{时间} \quad 或 \quad q_m=\frac{\Delta m}{\Delta t} \tag{24-5-17}$$

当流量在无显著脉动情况下，在时间 t 内流过管道的平均体积流量和质量流量分别为：

$$q_V=Au \tag{24-5-18}$$

$$q_m=\rho q_V=\rho Au \tag{24-5-19}$$

式中 A——管道横截面积，m^2；

u——流经面积 A 的平均流速，m/s；

ρ——流体密度，kg/m^3。

流量 q_m 和 q_V 称为瞬态流量，在一段时间 T 内流过管道流体的总体积 V 和总质量 m 为。

$$V=q_V T \tag{24-5-20}$$

$$m=\rho V \tag{24-5-21}$$

测量流量或总量的仪器称为流量计。测量体积流量的称为“体积流量计”，如涡轮流量计、涡街流量计、电磁流量计等；专门测量质量流量的称为“质量流量计”，如科里奥利质量流量计、热式质量流量计等。其中，如涡轮流量计、电磁流量计、科里奥利质量流量计等适用于测量高精度流量；容积式流量计、涡轮流量计、电磁流量计等适用于测量高精度总量。

（2）流量的单位

在SI单位制中，体积流量的单位为米^3/秒（m^3/s）；质量流量的单位为千克/秒（kg/s）。

在工程中，常用的体积流量单位有：米^3/小时（m^3/h），升/小时（L/h）；质量流量单位有：千克/小时（kg/h），吨/小时（t/h）。

在英美制中，常用的体积流量单位有：(英尺)^3/秒（ft^3/s），英加仑/秒（UKgal/s），美加仑/秒（USgal/s）；质量流量单位有：磅/小时（lb/h），磅/秒（lb/s）。

（3）流量计量中常用物性参数

在流量计量中，进行流量计算、体积流量和质量流量的换算、流量仪表的选型等，都要用到流体属性的物理参数，常用的有流体的密度、动力黏度、等熵指数（绝热指数）、气体的压缩系数、湿度等，它们对流量的精确测量起着极为重要的作用。

1）密度　单位体积内流体所具有的质量称为流体的密度，用符号 ρ 表示。对于均匀介质的流体，若流体的质量为 m，流体的体积为 V，则流体密度可表示为：

$$\rho=\frac{m}{V} \tag{24-5-22}$$

密度的单位是 kg/m^3。

重度是单位体积流体所具有的重力，表示为：

$$\gamma=\frac{mg}{V} \tag{24-5-23}$$

2）黏度　黏度是流体流动产生内摩擦力大小的一个量度。黏度是流体温度、压力的函数，当温度和压力变化时，黏度也会产生变化。通常，温度上升，液体的黏度下降，而气体的黏度则上升。

黏度的表示方法有：动力黏度（η）、运动黏度（ν）和恩氏黏度（E）。由于计算黏度的方法不同，这些黏度的量纲都不同。

① 动力黏度　流体的动力黏度是牛顿内摩擦定律的表达形式。动力黏度又称为绝对黏度，其数学表达式为：

$$\eta=\frac{\tau}{\frac{du}{dh}} \tag{24-5-24}$$

式中 η——流体的动力黏度，Pa·s；

τ——单位面积上的内摩擦力，Pa；

u——流体流动速度，m/s；

h——流体流层间距离，m；

$\frac{du}{dh}$——流层间速度梯度，s^{-1}。

动力黏度的国际单位是 $N\cdot s/m^2=Pa\cdot s$，是我国动力黏度的法定单位。它与过去习惯使用的CGS单位制中的P（泊）、cP（厘泊）以及 $kgf\cdot s/m^2$ 等单位的换算关系如表24-5-27所示。

② 运动黏度　运动黏度 ν 是动力黏度与流体密度的比值，用下式表示：

$$\nu=\frac{\eta}{\rho} \tag{24-5-25}$$

在SI单位制中，ν 的单位为 m^2/s。在雷诺数计算中采用运动黏度。它与CGS单位制中的斯托克斯（cm^2/s），厘斯（cSt）等单位之间的换算关系如表24-5-28所示。

表 24-5-27　**动力黏度单位换算表**

单位符号	Pa·s[kg/(m·s)]	kgf·s/m²	P[g/(cm·s)]	cP	lbf·s/ft²
帕斯卡·秒	1	0.102	10	1000	20.9×10^{-3}
千克力·秒/米²	9.807	1	98.067	9806.65	0.205
泊	0.1	0.0102	1	100	2.09×10^{-3}
厘泊	0.001	1.02×10^{-4}	0.01	1	2.09×10^{-5}
磅力·秒/英尺²	47.88	4.88	478.8	47880	1

表 24-5-28　**运动黏度单位换算表**

单位符号	m²/s	St(cm²/s)	cSt	yd²/s	ft²/s
米²/秒	1	10^4	10^6	1.196	10.76
斯托克斯	10^{-4}	1	100	119.6×10^{-6}	1.076×10^{-3}
厘斯	10^{-6}	0.01	1	1.196×10^{-6}	10.76×10^{-6}
码²/秒	0.836	8.36×10^3	836×10^3	1	9
英尺²/秒	92.9×10^{-3}	929	92.9×10^3	0.111	1

③ 恩氏黏度　动力黏度和运动黏度可用于理论分析和计算，难于直接测量。恩氏黏度是用恩格勒黏度计测定的流体黏度。其定义为：用 200mL 温度为 t（20℃、50℃或 100℃）的被测流体流过恩格勒黏度计，所需的时间 t 和温度为 20℃的同体积蒸馏水流过同一恩格勒黏度计所需的时间 t_0 的比值。即：

$$E=\frac{t}{t_0} \tag{24-5-26}$$

恩氏黏度和运动黏度之间的关系为：

$$\begin{aligned} E_t &= 135\times10^3\nu_t \\ \nu_t &= 7.41\times10^{-6}E_t \end{aligned} \tag{24-5-27}$$

表 24-5-29 和表 24-5-30 列出了常压下的蒸馏水和常温常压下常见气体的黏度值。

④ 气体的等熵指数和绝热指数　在流量测量中，当气体通过差压式流量计的节流装置时，气体所经历的热力过程可近似为等熵过程。压力和体积满足关系式：

$$pv^k=\text{常数} \tag{24-5-28}$$

式中　p——气体压强，Pa；

v——流体的比体积（密度的倒数），m³/kg；

k——等熵指数。

当被测流体处于理想气体的绝热过程，其等熵指数等于绝热指数，即比定压热容与比定容热容之比。这时，等熵指数为

第 24 篇

表 24-5-29　**常压下蒸馏水的黏度**（$p=101325$Pa）

温度/℃	动力黏度/Pa·s	动力黏度/cP	运动黏度/m²·s⁻¹	运动黏度/cSt
10	1.307×10^{-3}	1.307	1.307×10^{-6}	1.307
20	1.002×10^{-3}	1.002	1.004×10^{-6}	1.004
30	0.797×10^{-3}	0.797	0.801×10^{-6}	0.801
40	0.653×10^{-3}	0.653	0.658×10^{-6}	0.658
50	0.548×10^{-3}	0.548	0.554×10^{-6}	0.554
60	0.467×10^{-3}	0.467	0.475×10^{-6}	0.475
70	0.404×10^{-3}	0.404	0.413×10^{-6}	0.413
80	0.355×10^{-3}	0.355	0.365×10^{-6}	0.365
90	0.315×10^{-3}	0.315	0.326×10^{-6}	0.326
100	0.282×10^{-3}	0.282	0.295×10^{-6}	0.295

表 24-5-30　**常温常压下常见气体的黏度**（$t=20$℃，$p=101325$Pa）　Pa·s

气体名称	黏度	气体名称	黏度	气体名称	黏度
空气	18.1×10^{-6}	NO	18.8×10^{-6}	CO_2	13.8×10^{-6}
N_2O	14.6×10^{-6}	O_2	20.3×10^{-6}	He	19.6×10^{-6}
CO	17.7×10^{-6}	H_2	8.8×10^{-6}	H_2S	12.4×10^{-6}
HCl	14.3×10^{-6}	N_2	16.6×10^{-6}	C_2H_6	9.2×10^{-6}
Cl_2	13.2×10^{-6}	SO_2	11.6×10^{-6}	CH_4	10.8×10^{-6}

$$k=\frac{c_p}{c_v}=\frac{1}{1-\frac{8.3144}{\mu c_p}} \tag{24-5-29}$$

式中 μ——气体的分子量；

c_p——比定压热容，kJ/(kg·K)；

c_v——比定容热容，kJ/(kg·K)，$c_v=c_p-\frac{8.3144}{\mu}$ (kJ·kmol^{-1}·K^{-1})。

等熵指数与流体种类、压力和温度等有关，到目前为止，许多气体还没有相应的等熵指数，只能采用绝热指数近似代替。

⑤ 雷诺数 雷诺数的物理意义为流体流动时惯性力和黏性力的比值。雷诺数大，表明流动以惯性力为主，流动状态为紊流；雷诺数小，表明流动以黏性力为主，流动状态为层流。雷诺数 Re 是一个与管道内流速 u、管道直径 D 和流体黏度 ν 有关的参数。用它可作为判别流动状态的准则。雷诺数的定义为：

$$Re=\frac{uD}{\nu} \tag{24-5-30}$$

对于光滑的圆管，当 $Re<2320$ 时流动形式为层流；而当 $Re>2320$ 时为紊流。对于非圆形截面，可使用相似直径。其换算公式为：

$$D=\frac{4A}{\chi} \tag{24-5-31}$$

式中 A——管道面积；

χ——湿周长度。

⑥ 马赫数 马赫数 Ma 是一个描述流体惯性力和弹性力之比的无量纲参数。它用流速和声速之比来表示，即：

$$Ma=\frac{u}{c} \tag{24-5-32}$$

式中 u——流体的轴向平均流速；

c——声速。

马赫数是影响可压缩流体（气体）流动的一个重要参数，它反映了流体压缩性对流体的影响。根据马赫数可把流动形式分为亚声速流动（$Ma<1$）、跨声速流动（$Ma\approx1$）和超声速流动（$Ma>1$）。

5.3.1.2 流量计的主要参数

表 24-5-31 流量计的主要参数

参数名称		符号与公式	参数说明
标称口径		DN	指标准规范中规定的口径尺寸，单位为 mm。流量计的管道口径范围为 $DN2.5\sim3000$mm
量程范围		—	在基本误差范围内，可测量最大和最小流量之间的范围。通常与流量计的类型、管道标称口径的大小和变送器等因素有关。采用最大和最小流量值的比值表示，如 10∶1、20∶1 等
基本误差	示值相对误差	$e_x=\frac{\Delta x}{x}\times100\%$	绝对误差 Δx 与当前仪器的示值 x 之比的百分数
	满量程相对误差	$e_m=\frac{\Delta x}{x_m}\times100\%$	绝对误差 Δx 与满量程值 x_m 之比的百分数
线性度		$\delta=\pm\frac{\Delta}{y}\times100\%$	仪器非线性误差的一个度量值。用特性曲线和拟合直线之间的最大偏差与仪器满量程读数之比的百分比来表示
回程误差		$\delta_t=\frac{\Delta}{y}\times100\%$	输入信号增大和减小时，正反向输出之间的最大差值 Δ 与满量程读数 y 之比
重复精度		$\delta_z=\frac{(2\sim3)\sigma}{y}\times100\%$	在多次重复输入同一值的条件下输出结果一致性的度量值，σ 为标准差，y 为满量程读数
稳定性		—	在某一规定时间段内，仪器能够保持测量性能的能力。用在规定时间内，满量程误差限制的百分比数表示
压力损耗		$\Delta p=p_{入}-p_{出}$	一般是指在最大流量时，仪器入口和出口两端的压力差。压差小，表示经流量计所损耗的能量小，经济性就好
仪表系数		$\xi=\frac{N}{V}=\frac{f}{q_V}$	体积流体 V 流过流量计时，流量计发出的信号脉冲数 N；或在通过流量计的体积流量 q_V 下，流量计发出的信号脉冲频率 f。由流量校验装置标定得到
流量系数		α	流量仪表的流量公式中，用来表示流量与输出信号之间的一些不可知因素而引入的修正系数，通过查表得到
流出系数		$C=\frac{q_m}{q_{mt}}$	实际质量流量 q_m 与理论质量流量 q_{mt} 的比值。由流量标准装置标定得到

5.3.1.3　流量计的分类

流量计的分类目前没有统一的规定。根据不同的原则有不同的分类方法，如目的、原理、方法和结构、流体的形式以及用途等形式。一种常用的分类方法是按测量方法和结构分类，见图 24-5-39。

5.3.1.4　流量计的选择和性能比较

(1) 流量计的选择

当被测流体为液体时，流量计类型的选择方法如图 24-5-40 所示。首先按照纯净的程度把液体分成 4 类：纯净，相对纯净，污染，有颗粒磨损以及固体微粒污染和颗粒磨损严重；其次，考虑液体的导电能力；最后，按照测量管道的标称管径 DN（分为 <25、25～500 和 >500 的 3 挡）或黏度（分为 $<10\times10^{-6}$、$(10\sim40)\times10^{-6}$ 和 $>40\times10^{-6}$ 的 3 挡，单位为 mm^2/s），确定一组可选的流量计类型。然后，可根据其他因素选取其中一种流量计。

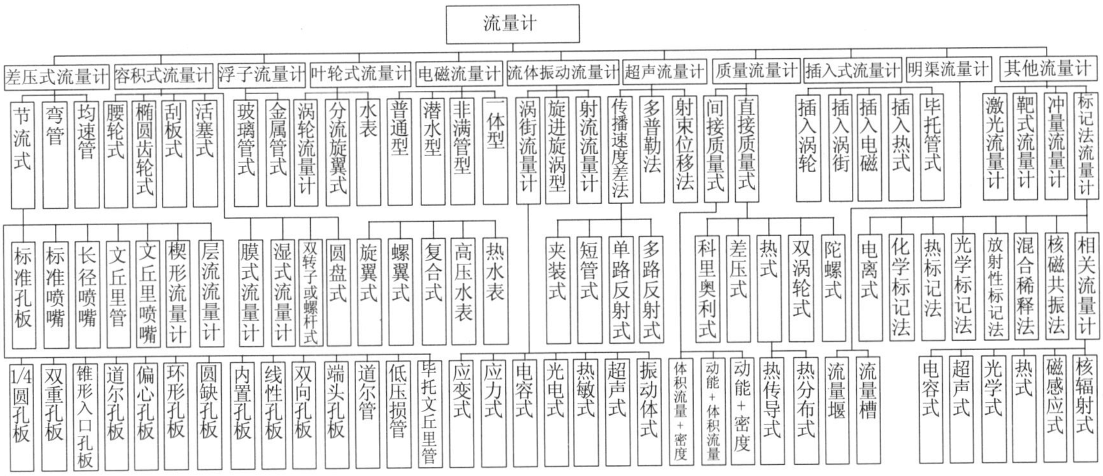

图 24-5-39　流量计分类

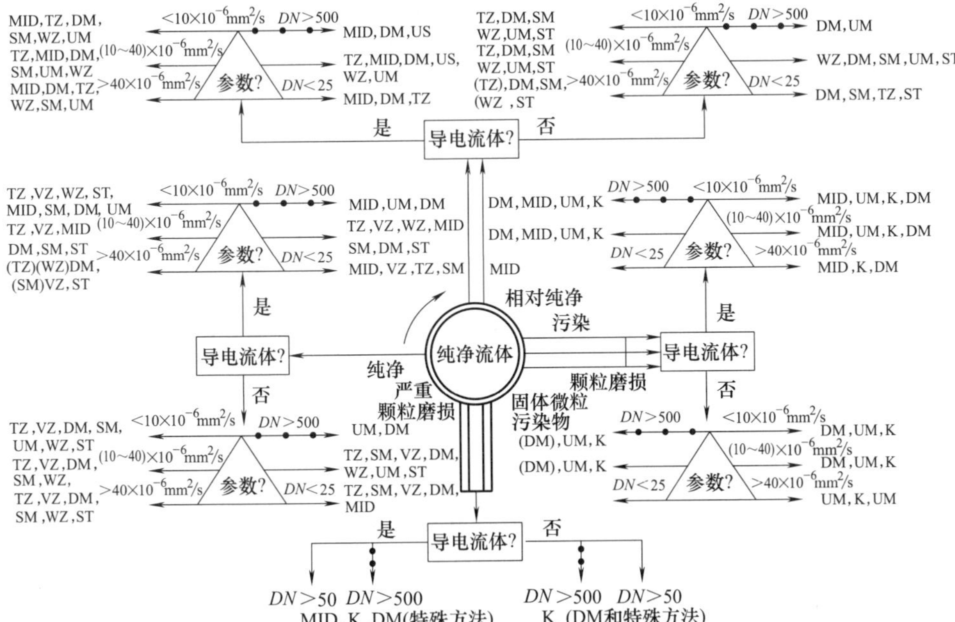

图 24-5-40　根据液体性能选择流量计的类型

TZ—涡轮流量计；MID—电磁流量计；DM—压差流量计；VZ—容积流量计；ST—圆盘流量计；UM—超声波流量计；WZ—涡街流量计；SM—转子流量计；K—特殊方法

第 24 篇

（2）流量计性能比较

表 24-5-32 和表 24-5-33 显示了几种常用流量计对不同流体及工作环境条件下的适用程度，并列出了测量精度。它把各种品质分成 6 个等级，“1”代表“最好”，“6”表示“最差”。对导电液体通常采用电磁流量计，它具有测量精度高和量程大的特点。对蒸汽等气体的计量，可使用转子流量计或涡街流量计。在要求压力损耗很小的场合，可应用超声波或电磁流量计。

5.3.2 容积式流量计

容积式流量计是利用机械测量元件把流体连续不断地分隔成单位体积并进行累加而计量出流体总量的仪表，如椭圆齿轮流量计、腰轮转子流量计和比较新型的齿轮流量计等。

5.3.2.1 椭圆齿轮流量计

（1）结构和工作原理

椭圆齿轮流量计主要部分是壳体和装在壳体内的一对相互啮合的椭圆齿轮，它们与盖板构成了密闭的流体计量室，流体的进出口分别位于两个椭圆齿轮轴线构成平面的两侧壳体上，如图 24-5-41 所示。

流体进入流量计时，进出口压力差 $\Delta p = p_1 - p_2$ 的存在，使得椭圆齿轮受到力矩的作用而转动。在图 24-5-41（a）所示位置时，由于 $p_1 > p_2$，在 p_1 和 p_2 所产生的合力矩作用下，使齿轮 A 与壳体所形成的计量室内的流体排至出口，并带动轮 B 顺时针方向转动，这时 A 为主动轮、B 为从动轮；在图 24-5-41（b）所示位置上，A 与 B 两轮都产生转矩，两轮继续转动，并逐渐将流体封入 B 轮和壳体所形成的计量室内；当继续转到图 24-5-41（c）所示位置时，p_1 和 p_2 作用在 A 轮上的转矩为零，而 B 轮入口压力大于出口压力，产生转矩，使 B 轮成为主动轮并继续做顺时针转动，同时把 B 轮与壳体所形成的计量室内的流体排至出口。如此往复循环，A、B 两轮交替带动，以椭圆齿轮与壳体间固定的月牙形计量室为计量单位，不断地把入口处的流体送到出口。图 24-5-41所示仅为椭圆齿轮转动 1/4 周的情况，相应排

表 24-5-32 不同应用要求与流量计选择

项目名称	被测流体介质性能										流量计和管道的性能									特殊用途		测量精度
测量系统	液体	气体	蒸汽	纯净流体	有污染流体	含固体微粒的流体	含气泡的液体	不导电液体	黏度>40mm²/s和<10mm²/s	强化学腐蚀的液体	小口径管道(DN2～25mm)	大口径管道(DN200～2000mm)	压力损耗 Δp	高工作压力>4MPa x)	工作环境温度>120℃xx)	小雷诺数10～10^4	缩短出入口号管道DIN 1952	任意放置管道的位置	测量量程	防爆要求	用于标准计量	满程值的相对误差/%
1 电磁流量计(MID)	○	●	●	○	◔	○	○	●	○	◔	○	○	○	○	○	○	○	○	100/1	◑	◑	(0.25)～1.0
2 转子流量计(SM)	○	○	◑	○	◒	●	◑	○	◕	◔	○	●	◔	○	○	◒	◔	●	10/1	◑	●	(0.5)～1.0
3 压差流量计(DM)	○	○	○	○	◒	◕	◑	○	◕	◒	◔	○	◒	○	○	◒	◑	○	7/1	◑	◑	(0.5)～1.0
4 圆盘流量计(ST)	○	◑	●	○	◒	◕	◑	○	◒	◒	◒	◑	◒	○	◒	◒	◑	◔	7/1	◑	●	(2.0)～3.0
5 涡街流量计(WZ)	○	○	◒	○	◒	◕	●	○	◒	◒	●	●	◔	○	○	●	●	○	7/1	◑	◑	(0.25)～0.5
6 涡轮流量计(TZ)	○	◑	●	○	●	●	●	○	◕	◑	◒	◑	◒	◒	○	◕	◑	○	10/1	◑	◑	(0.25)～0.5
7a 超声波流量计(UM-时差)	○	◕	●	○	◕	◕	◕	○	◒	○	●	○	○	○	○	●	◑	○	20/1	—	—	(0.5)～1.0
7b 超声波流量计(UMD-多普勒)	○	◒	●	●	◒	◒	◒	○	◒	○	●	○	○	○	○	●	◑	○	20/1	—	—	(2.0)～3.0
8 容积流量计(VZ)	○	○	●	○	◕	●	●	○	◒	◑	◒	◑	◒	◒	◔	○	○	◕	10/1	◑	◑	(0.2)～0.5

注：○ 很好；◔ 好；◒ 适中；◑ 可能(特殊条件)；◕ 差；● 不适合；— 没公布；x— 受系统管道的限制：xx —仅对传感器适用。

表 24-5-33　**测量系统的特性与流量计选择**

序号	测量系统 / 评价参数（1～6）	电磁流量计(MID)	转子流量计(SM)	压差流量计(DM)	圆盘流量计(ST)	涡街流量计(WZ)	涡轮流量计(TZ)	超声波流量计(UM)	容积流量计(VZ)
A1	被测流体的限制　气体		2（金属锥体管道），3	2		2	4	4	2
	被测流体的限制　液体	4	2	2	2	2	2	3	2
A2	测量管道的缩小和扩大	1	4	4	4	4	4	1	4
A3	有机械支架或可活动部件的传感器	1	3	1	3	2	5	1	5
A4	压力损耗	1	3	4	4	2	4	1	3
A5	对上、下游流速分布的影响	2	3	5	5	5	5	5	1
A6	雷诺数的影响	1	4	4	4	4	4	4	1
A7	黏度的影响	1	5	4	4	5	5	5	2
A8	对污染的灵敏性	2	3	3	5	4	5	3	5
A9	气泡和固体微粒的影响	2	3	3	3	4	5	5	5
A10	传感器材料的限定	2	2	2	3	3	4	1	4
A11	对管道标称口径的限制	1	4	2	4	4	4	3	2
A12	对温度的限制	2	3（金属锥体管道）；4（玻璃锥体管道）	2	4	4	4	4	3
A13	对压力的限制	2	3（金属锥体管道）；4（玻璃锥体管道）	2	3	3	4	4	3
B14	安装费用	2	2	3	2	3	3	2	2
B15	售后服务的费用	3	2	3	3	3	4	3	3
B16	测量误差	2	2（玻璃锥体管道）；3（金属锥体管道）	2	4	2	1	2（时差式）；4（多普勒式）	1
B17	价格	4；6（大口径DN）	2（玻璃锥体管道）；3（金属锥体管道）	3	2	5	4	4（时差式）；2（多普勒式）	5
B18	防爆要求	2	2	2	3	3	2	4	2

注：A型的含义：1— 没有；2—几乎没有；3—有条件存在；4—存在；5—强；6—很强。
B型的含义：1—很微小；2—微小；3——般；4—中等；5—高；6—很高。

电磁流量计　　　　　　　　　　大口径DN
转子流量计　玻璃锥体管道　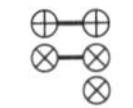　金属锥体管道
超声波流量计　时差式(UM)　　　　多普勒式(UMD)

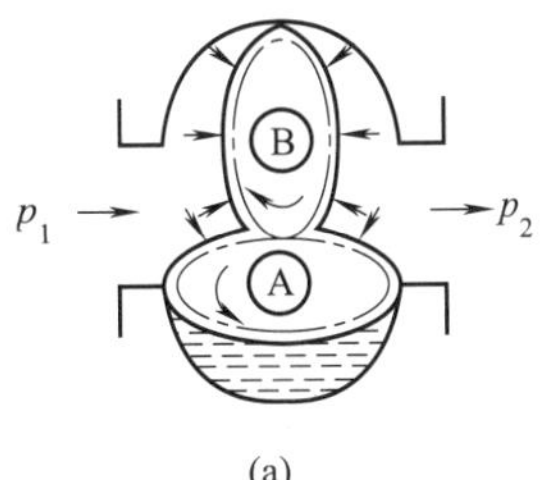

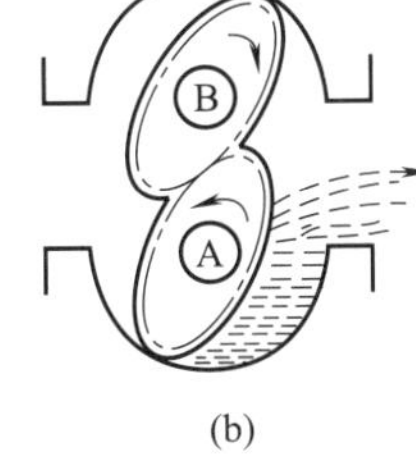

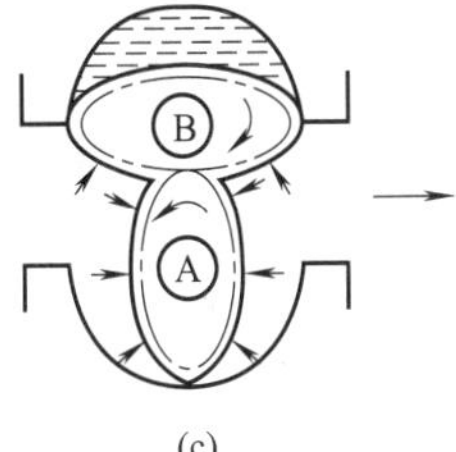

图 24-5-41　椭圆齿轮流量计工作原理

出的流体量为一个月牙形空腔容积。所以，椭圆齿轮每转一周所排流体的容积为固定的月牙形计量室容积 V_0 的 4 倍。若椭圆齿轮的转数为 n，则通过椭圆齿轮流量计的流量为

$$Q=4V_0n=qn \tag{24-5-33}$$

由此可知，已知排量 q 值的椭圆齿轮流量计，只要测量出转数 n，便可确定通过流量计的流量大小。

(2) 工作特性

椭圆齿轮流量计是借助于固定的容积来计量流量的，与流体的流动状态及黏度无关。但是，黏度变化会引起泄漏量的变化，泄漏过大将影响测量精度。椭圆齿轮流量计只要保证加工精度，和各运动部件的配合紧密，保证使用中不腐蚀和磨损，便可得到很高的测量精度，一般情况下为 0.5%～1%，较好时可达 0.2%。

值得注意的是，当通过流量计的流量为恒定时，椭圆齿轮在一周的转速是变化的，但每周的平均角速度是不变的。在椭圆齿轮的短轴与长轴之比为 0.5 的情况下，转动角速度的脉动率接近 0.65。由于角速度的脉动，测量瞬时转速并不能表示瞬时流量，而只能测量整数圈的平均转速来确定平均流量。

椭圆齿轮流量计的外伸轴一般带有机械计数器，由它的读数便可确定流量计的总流量。这种流量计同秒表配合，可测出平均流量。但由于用秒表测量的人为误差大，因此测量精度较低。现在大多数椭圆齿轮流量计的外伸轴都带有测速发电机或光电测速盘。再同二次仪表相连，可准确地显示出平均流量和累积流量。

椭圆齿轮流量计的缺点是对流体的清洁度要求较

高，如果被测介质不清洁，齿轮容易被固体异物卡死。另外由于齿轮既作计量用又作为驱动用，因此使用时间长后，齿轮容易磨损，导致测量精度下降。特别是在流量计超负荷运行时，磨损更会加速。

5.3.2.2 腰轮转子流量计

(1) 结构和工作原理

腰轮转子流量计对流体的计量过程，与椭圆齿轮流量计相类似，是通过腰轮（转子）与壳体之间所形成的固定计量空间来实现的。每当腰轮转过一圈，便排出四个固定计量体积的流体，只要记下腰轮的转动转数，就可得到被测流体的体积流量。腰轮的转动也是靠流体的入口和出口的压差 $\Delta p=p_1-p_2$ 来实现的。其工作原理如图 24-5-42 所示。

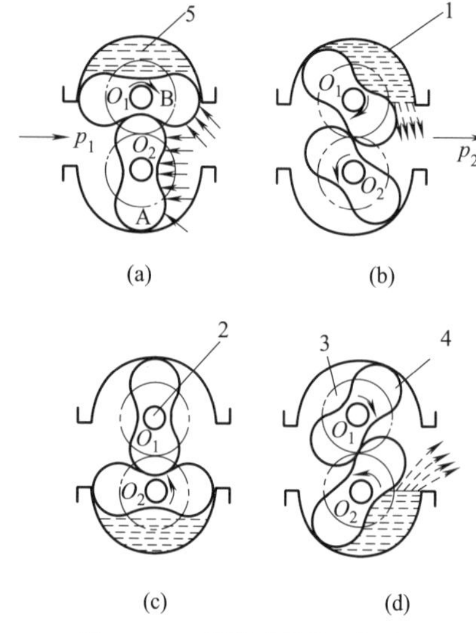

图 24-5-42 腰轮流量计工作原理

1—壳体；2—轴；3—驱动齿轮；4—腰轮；5—计量室

在图 24-5-42 (a) 所示位置时，腰轮 A 的表面上承受均匀分布的入口和出口压力 p_1、p_2。由于腰轮的几何形状完全对称，由压力 p_1 和 p_2 作用在腰轮表面所产生的力对转轴 O_2 的合力矩为零，故腰轮 A 在此位置时不能转动。对于腰轮 B，由入口压力 p_1 作用产生的对转轴 O_1 的力矩要大于出口压力 p_2 产生的力矩，将使腰轮 B 逆时针转动，此时腰轮 B 为主动轮、A 为从动轮，并将 B 轮与壳体间的流体排出。在图 24-5-42 (b) 所示位置时，腰轮 A 和 B 都受有转动力矩的作用，B 轮继续逆时针转动，A 轮继续顺时针转动，但此时，B 轮的驱动力矩将减小，A 轮的驱动力矩逐渐增加，同时把被测流体封入轮 A 与壳体间所形成的计量空间中。在图 24-5-42 (c) 位置时，轮 B 的驱动力矩为零，轮 A 变为主动，并继续做顺时针转动，把轮 A 与壳体间所形成计量空间的流体排出。如此往复循环，A、B 两轮交替带动，其流量的计算公式与式 (24-5-33) 相同。

(2) 工作特性

腰轮转子流量计中，两个腰轮转子的加工精度和表面粗糙度要求较高，安装时必须要保证两腰轮轴线的平行度要求。普通腰轮流量计，随着流量的增大，转子角速度的波动现象较严重，脉冲率约为 0.22。对大流量的计量，往往都采用 45°角组合腰轮，可大大减小转子角速度的波动，脉冲率可减小到 0.027 左右。此种流量计具有结构简单、使用寿命长、适用性强等特点，对于不同黏度的流体，均能够保证精确的计量，一般精度可达±0.2% 。

5.3.2.3 齿轮流量计

齿轮流量计是一种较新型的容积式流量计，其工作原理如图 24-5-43 所示。在流量计壳体内装有齿轮状转子，转子齿上沿圆周分布有磁体。当流体进入时推动转子转动，安装在仪表壳体外的霍尔传感器感应到对应的流量的磁脉冲信号，并转化为电脉冲后送出。其输出电脉冲信号通常为如图 24-5-44 所示的相位差为 90°的两路方波信号，通过四细分辨向电路处理后送计数器，即可获得流量的大小和方向。

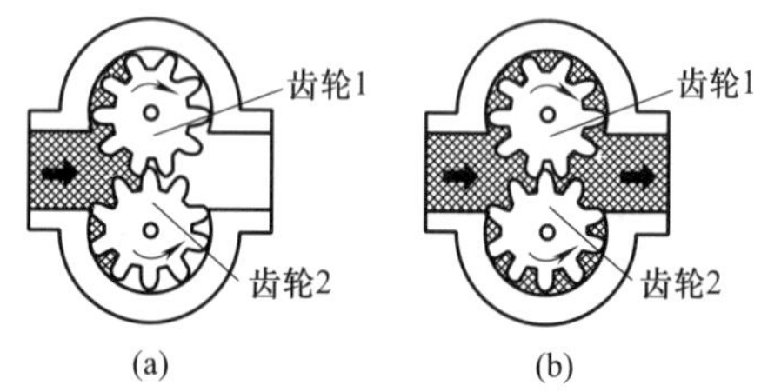

图 24-5-43 齿轮流量计工作原理

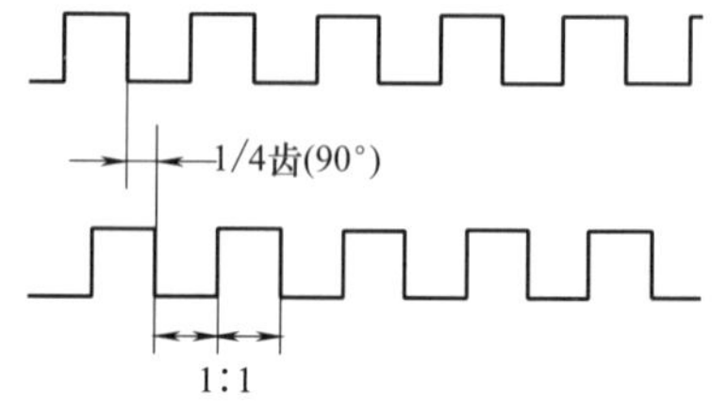

图 24-5-44 齿轮流量计输出波形

齿轮流量计体积小、重量轻，测量时振动噪声小，可测量黏度高达 10000Pa·s 的流体。齿轮流量计测量精度高，一般可达±0.5%，经非线性补偿后甚至可达±0.1%～±0.05%。

5.3.2.4　其他类型的容积式流量计

表 24-5-34　其他类型的容积式流量计

形式	名称	结构原理图	特　点
转子型	标准结构双转子流量计	图(a) 液体进入　图(b) 液体传送　图(c) 液体流出	双转子(螺杆)流量计是一种容积式流量计,主要用于液体流量测量。由两个旋状转子组成,它们的配合由一组精确的齿轮控制。流量计转子的旋转次数与流体总量成正比。有直读式计数器就地指示流量,还可配接脉冲发生器,可方便地与流量计算仪或计算机连接
	轴向流动双转子流量计	图(a) 液体进入　图(b) 液体传送　图(c) 液体流出	
	螺杆式流量计	图(a)　图(b)　图(c)　图(d)	
刮板型	凸轮式刮板流量计	图(a)　图(b)　图(c)　图(d)	流量计计量室内有 A、B、C、D 两对可随内转筒转动和径向滑动的刮板。刮板的径向滑动由凸轮控制,径向连接的两个刮板 A、C 和 B、D 的顶端之间的距离为一定值
	凹线式刮板流量计	1—导管;2—壳体;3—转轮;4—刮板;5—计量室	凹线式刮板流量计的径向滑动靠具有凹线的壳体来控制,在转子的“十”字形槽内滑动。适用于液体流量测量,准确度可达 0.2 级,运行振动和噪声小;能计量含少量杂质的流体
	弹性刮板流量计	1—壳体;2—桥;3—弓形板;4—叶片;5—计量室;6—主轴	转子每转动一周,有 3 倍计量室容积的流体体积通过流量计。转子的转动通过磁联轴器经减速传送到指示器,以指示通过流量计的流体体积值
活塞型	往复活塞流量计	换向信号　气缸　换向阀　活塞　图(a) 单活塞流量计 充满气缸　滚轮　吸入流体　排出流体　凸轮　活塞　全部排出　图(b) 四活塞流量计	以气缸为计量室,活塞为测量元件,活塞在气缸内做往复运动。活塞每往复运动一次,就有约两气缸的流体被排向流量计出口。单活塞流量计[图(a)]流量小,流动脉动性大,四活塞流量计[图(b)]流动平稳

续表

形式	名称	结构原理图	特　　点
活塞型	旋转活塞流量计	图(a) 图(b) 图(c) 图(d)	旋转活塞贴着外圆筒内壁面旋转摆动一周，有一个内侧计量室和外侧计量室的流体体积排向流量计出口

表 24-5-35　　LC 系列椭圆齿轮流量计的流量范围　　m^3/h

型号	公称通径/mm	被测液体黏度/mPa·s										
		<0.3	0.3～0.8	0.8～2		2～8		8～200		200～1000		1000～2000
LC-A10	10	—	0.2～0.4	—	0.08～0.4	0.1～0.4	0.08～0.4	0.08～0.4	0.04～0.4	—	—	—
LC-A15	15	—	0.75～1.5	—	0.3～1.5	0.3～1.5	0.3～1.5	0.3～1.5	0.15～1.5	0.2～1.0	0.1～1.05	0.075～0.75
LC-A20	20	—	1.5～3	1～3	0.4～3	0.6～3	0.4～3	0.5～3	0.3～3	0.42～2.1	0.21～2.1	0.15～1.5
LC-A25	25	4～6	3～6	2～6	0.8～6	1.2～6	0.8～6	1～6	0.6～6	0.84～4.2	0.42～4.2	0.3～3
LC-A40	40	9～15	7.5～15	5～15	2～15	3～15	2～15	2.5～15	1.5～15	2.1～10.5	1.05～10.5	0.75～7.5
LC-A50	50	10～24	8～24	8～24	3～24	4.8～24	3～24	4～24	2.4～24	3.36～16.8	1.68～16.8	1.2～12
LC-A65	65	16～40	20～40	15～40	5～40	8～40	5～40	6～40	4～40	5.6～28	2.8～28	2～20
LC-A80	80	24～60	30～60	20～60	6～60	12～60	6～60	10～60	6～60	8.4～42	4.2～42	3～30
LC-A100	100	40～100	50～100	34～100	10～100	20～100	10～100	16～100	10～100	14～70	6～70	5～50
LC-A150	150	75～190	95～190	64～190	19～190	38～190	19～190	32～190	19～190	26.6～133	13.3～133	9.5～95
LC-A200	200	140～340	170～340	114～340	34～340	68～340	34～340	56～340	34～340	47.6～238	23.8～238	17～170
准确度等级	—	0.5	0.5	0.2	0.5	0.2	0.5	0.2	0.5	0.2	0.5	0.5

注：生产厂为合肥精大仪表股份有限公司，www.jingdake.com。

5.3.2.5　容积式流量计产品

容积式流量计产品有 LC-A、LC-E、LC-Q 型铸铁铸钢椭圆齿轮流量计。

LC-A 型铸铁椭圆齿轮流量计广泛用于各种油品及对铸铁不腐蚀液体介质的计量 LC-E 型铸钢椭圆齿轮流量计用于高压、低腐蚀性介质的计量；LC-Q 型铸铁椭圆齿轮流量计，转子为铝材，适用于低黏度、低腐蚀（如汽油等）介质的计量。该产品执行中华人民共和国专业标准 JB/T 9242 容积式流量计通用技术条件。LC 系列椭圆齿轮流量计流量范围如表 24-5-35 所示。

5.3.3　速度式流量计

5.3.3.1　涡轮流量计

（1）涡轮流量计的原理与结构

涡轮流量计（turbine flowmeter）是一种速度式流量计，其结构如图 24-5-45 所示。它主要由涡轮、导流器、壳体和磁电传感器等组成，涡轮转轴的轴承由固定在壳体上的导流器所支撑。壳体由不导磁的不锈钢制成，涡轮为导磁的不锈钢，它通常有 4～8 片螺旋形叶片。当流体通过流量计时，推动涡轮使其以一定的转速旋转，此转速是流体流量的函数。而装在壳体外的非接触式磁电转速传感器输出脉冲信号的频率与涡轮的转速成正比。因此，测定传感器的输出频率即可确定流体的流量。

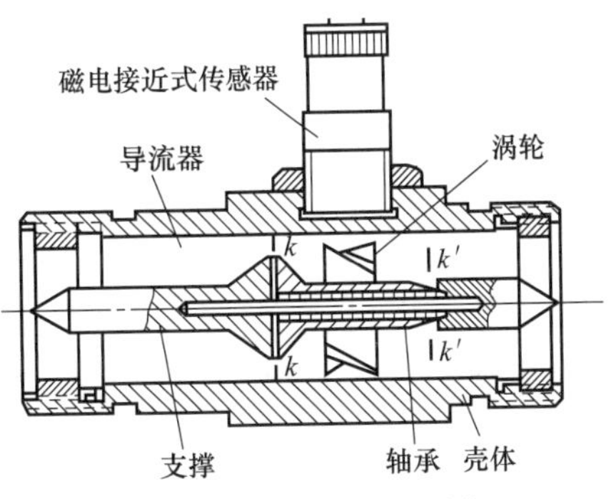

图 24-5-45　涡轮流量计结构

为了减小流体作用在涡轮上的轴向推力，采用反推力方法对轴向推力进行自动补偿。从涡轮的几何形状可以看出，当流体流过 k—k 截面时，流速变大而静压力下降，随着流通截面的逐渐扩大，静压力逐渐上升，收缩截面 k—k 与 k'—k' 之间产生了不等的静压场。它所形成的压力差，使得作用在涡轮转子上的力（此力的轴向分力与流体的轴向推力反向）抵消一部分流体的轴向推力，从而减轻轴承的轴向负载。采用轴向推力自动补偿可以提高仪表的寿命和精确度。

流体进口处设有导向环和导向座组成的导流器，它使流体到达涡轮前先导直，避免因流体自旋而改变流体与涡轮叶片的作用角，从而保证仪表的精确度。为了进一步减小流体自旋的影响，流量计前后都应装有与它口径相同的一段直管段。一般流体进口的直管段长度为管道直径的 10 倍以上，出口直管段长度不小于直径的 5 倍。

如果忽略轴承的摩擦及涡轮的功率损耗，通过流量计的流体流量 q_V 与传感器输出的脉冲信号频率的关系为

$$q_V=\frac{f}{\xi} \tag{24-5-34}$$

式中　f——输出电脉冲信号的频率，Hz；

ξ——仪表常数（频率-流量转换系数）。

仪表常数 ξ 反映涡轮流量计的工作特性，它与流量计本身的结构、流体的性质和流体在涡轮周围的流动状态等因素有密切的关系。实验表明，只有当涡轮周围流体的流态为充分湍流状态时，ξ 值才能接近一个常数值，此时流量与涡轮的转速近似呈线性关系。反之，当通过流体的流态为层流状态时，ξ 值将随流体的流量和黏度的变化而改变。虽然 ξ 值是在非线性范围内，但其复现性仍然很好。因此，只要根据涡轮流量计的输出频率和流体的黏度对 ξ 值作适当修正，同样可以在非线性范围内使用。

流体温度变化也影响 ξ 值，流体温度升高时，流量计本身要膨胀，内径会增大，流速就会降低，因此 ξ 值也就减小。反之，温度下降 ξ 值增大，一般每 10℃，ξ 值变化约为 0.05%。同时温度升高使流体黏度减小，ξ 值要增大。ξ 值随温度变化主要是这两个因素的综合影响，因此，可以测定所选用的油液在各种温度下输出信号频率 f 与 ξ 值的关系，得出一组 f-ξ 的特性曲线供测量时使用。

涡轮流量传感器的特点是：精度高、测量范围宽、重复性好、耐高压、耐腐蚀，可以数字信号输出，结构简单，使用维护方便。其局限性是：需要定期校验，普通型不适用于较高黏度的介质，流体密度、黏度对流量特性影响大，对被测介质清洁度要求较高，小口径仪表的性能受流量特性的影响大。

（2）涡轮流量传感器的分类（表 24-5-36）

表 24-5-36　**涡轮流量传感器的分类**

分类依据	传感器类型	传感器说明
按传感器结构	轴向型	叶轮轴中心与管道轴心重合，是涡轮流量计的主导产品。有全系列产品（DN10～600mm）
	切向型	叶轮轴与管道轴心垂直，流体流向叶片冲角约 90°，适合于小口径微流量产品
	机械型	叶轮转动直接或经磁耦合带动机械计数机构，指示计算总量，测量精度比电信号检测传感器稍低。其传感器与显示仪组成一体，方便使用
	井下专用型	适用于石油开采、井下作业及采输用。测量介质有泥浆或油气流等。传感器体积受限制，耐高压、高温及流体冲击等
	自校正双涡轮型	可用于天然气等气体流量测量。传感器由主、辅双涡轮转速差自动校正流量特性的变化
	广黏度型	在波特型浮动转子压力平衡结构基础上，扩大上锥体与下锥体的直径，增加黏度补偿翼及承压叶片等结构措施，使传感器可用于高黏度液体（如重油，黏度达 30mm²/s）
	一体型	涡轮流量传感器叶片转动直接或经磁耦合带动机械计数机构或智能显示模块，指示计算总量。其传感器与显示仪组成一体，方便使用

第 24 篇

续表

分类依据	传感器类型		传感器说明
按被测介质	液体用类型	普通型	适用于测量低黏度(≤5mPa·s)液体体积流量,公称通径为 DN10～600mm,精度等级为 0.25～0.5(高精度型为 0.15),使用介质温度为－20～120℃,压力为 6.3MPa
		高黏度型	适用液体黏度 70～400 mPa·s,通常为大口径,口径大黏度可更高。同一台传感器黏度增大,流量下限值提高
		高温型	被测液体温度受检测线圈耐温性能限制,适用液体温度在 300℃以下
		低温型	被测流体温度可低至－250℃,应用于液态氧、液态氮等流体的流量测量
		耐腐型	适用腐蚀性流体,如稀硫酸、稀硝酸等。一般只有小口径产品(DN20～50mm)
	气体用类型	普通型	测量洁净气体的流量,公称通径为 DN15～350mm,使用介质温度为－20～120℃,精度等级为 1
		燃气型	适用于石油气、人工煤气、天然气及液体石油气等。结构多采用机械式就地显示装置,并可用光导纤维技术输出脉冲信号。口径系列为 DN15～600mm,工作压力≤10MPa,工作温度为－10～60℃,精度等级为±1(或±0.5)
按信号检测方式	感应式		传感器叶轮中嵌有永磁材料,当叶轮旋转时,线圈里的感应电势发生变化,此周期变化的频率信号经放大输出
	变磁组式		叶轮叶片或轮箍由导磁材料制成,传感器壳体外检测线圈中装有永磁材料,当叶轮旋转时,线圈磁通发生周期性变化,放大电路中产生连续的脉冲
	干簧管式		嵌在叶轮其他旋转元件里的永磁材料周期性地打开或闭合传感器壳体外干簧管的簧片触点,使恒流源产生电脉冲信号
	光电式		叶轮叶片或叶轮驱动的元件随着叶轮旋转,周期性地遮断光束,产生的光脉冲信号转换成电脉冲信号

(3) 涡轮流量计产品

LWGY 型涡轮流量计是由涡轮流量传感器与显示仪表组成的。传感器为硬质合金轴承止推式,不仅精度高,并且耐磨;适用于测量封闭管道中与不锈钢 1Cr18Ni9Ti、2Cr13 及刚玉 Al_2O_3、硬质合金不起腐蚀作用且无纤维颗粒等杂质的液体。若与具有特殊功能的显示仪表配套使用,可以进行自动定量控制、超量报警等用途。该产品测量范围宽,下限流速低;压力损失小,重复性好,精确度高;具有较高的抗电磁干扰和抗振动能力,广泛用于石油、化工、冶金、供水、造纸、环保、食品等领域。表 24-5-37 是 LWGY 型涡轮流量计的主要技术指标和基本参数。

表 24-5-37 **LWGY 型涡轮流量计的主要技术指标和基本参数**

公称通径/mm	4～200	输出电压幅值/V	高电平≥8,低电平≤0.8
介质温度/℃	－20～80,－20～120	传输距离/m	250(传感器至显示仪表)
环境温度/℃	－20～55	现场显示型供电电源	3V 锂电池,连续使用 3 年
准确度/%	±0.2,±0.5,±1	现场显示方式	液晶显示瞬时和累计流量
信号传输	三线制电压脉冲	现场显示及信号输出的供电电源	24V,4～20mA 两线制输出,传输距离 500m
电源电压/V	12V±0.144(电流≤10mA)		
代号	LWGY	说明	
类型	LWGYA	流量传感器脉冲输出三线制,+12V 供电	
	LWGYB	现场显示型 3V 电池供电	
	LWGYC	现场显示带 4～20mA 或脉冲输出,+24V 供电	
	LWGYD	流量变送器 4～20mA 输出,+24V 供电	

续表

代号	LWGY					说　明			
公称通径/mm		4				正常流量范围/$m^3\cdot h^{-1}$	0.04～0.25	扩展流量范围/$m^3\cdot h^{-1}$	0.04～0.4
		6					0.1～0.6		0.06～0.6
		10					0.2～1.2		0.15～1.5
		15					0.6～6		0.4～8
		20					0.8～8		0.45～9
		25					1～10		0.5～10
		32					1.5～15		0.75～15
		40					2～20		1～20
		50					4～40		2～40
		65					7～70		3.5～70
		80					10～100		5～100
		100					20～200		10～200
		125					25～250		12.5～250
		150					30～300		15～300
		200					80～800		40～800
防爆						无标记,为非防爆型			
			B			防爆型			
精度等级				A		精确度 0.2 级			
				B		精确度 0.5 级			
				C		精确度 1.0 级			
涡轮类型					A	正常流量范围			
					B	扩展流量范围			

注：生产厂为北京流量计厂，www.bjflowmeter.com。

5.3.3.2　超声波流量计

超声波频率高波长短，可以像光波那样沿直线传播，具有定向性；超声波能在气体、液体和固体中传播，具有穿透性。超声波在不同物质中的传播速度如表 24-5-38 所示。

在测量流量时，为了减少介质对超声波的阻尼，应采用适当的超声波频率。对气体和液体介质，分别采用 100kHz 和 1MHz 的频率数量级。对小口径管道液体介质的测量，采用的频率数量级是 2MHz。

(1) 超声波流量计的原理与结构

超声波在流动的流体中传播时，可以载上流体流速的信息。因此，通过接收穿过流体的超声波就可以检测出流体的流速，从而计算出流量。超声波流量计按测量原理可以分为多种不同形式，主要有传播速度差法、多普勒法、波束偏移法、噪声法、旋涡法、相关法和流速-液面法等。下面简单介绍传播速度差法。

声波在流体中传播时，处在顺流和逆流的不同条件下，其波速并不相同。顺流时，超声波的传播速度为在静止介质中的传播速度 c 加上流体的速度 u，即

表 24-5-38　**超声波在不同物质中的传播速度**　m/s

气体		液体		固体	
空气	330	水	1480	钢材	3200～5900
氧气	210	甲醇	1100	玻璃	3200～5600
甲烷	430	煤油	1320	铍合金	8900～12900
氢气	1280	甘油	1900		

第 24 篇

传播速度为 $c+u$；逆流时，它的传播速度为 $c-u$。测出超声波在顺流和逆流时的传播速度，求出两者之差 $2u$，就可求得流体的速度 u。

测定超声波顺、逆流传播速度之差的方法很多，主要有测量在超声波发生器上、下游等距离处接到超声信号的时间差、相位差或频率差等方法。

① 时差法　设超声波发生器与接收器之间的距离为 L，则超声波到达上、下游接收器的传播时间差为

$$\Delta t=\frac{L}{c-u}-\frac{L}{c+u}=\frac{2Lu}{c^2-u^2} \qquad (24\text{-}5\text{-}35)$$

当 $c\gg u$ 时，有

$$\Delta t\approx\frac{2Lu}{c^2} \qquad (24\text{-}5\text{-}36)$$

② 相差法　若超声波发生器发射的是连续正弦波，则上、下游等距离处接收到超声波的相位差为

$$\Delta\varphi=\omega\Delta t=\frac{2\omega Lu}{c^2} \qquad (24\text{-}5\text{-}37)$$

式中　ω——超声波的角频率。

由式（24-5-35）和式（24-5-37）可以看出，只要能测出时间差 Δt 或相位差 $\Delta\varphi$，就能求算出流速 u，进而求得流量。

③ 频差法　此法是通过测量顺流和逆流时超声脉冲的重复频率差来测量流速的。在上、下游等距离处收到超声波的频率差为

$$\Delta f=\frac{c+u}{L}-\frac{c-u}{L}=\frac{2u}{L} \qquad (24\text{-}5\text{-}38)$$

可见，利用频率差测流速时与超声波传播速度 c 无关，因此工业上常用频差法。

超声波流量计的结构如图 24-5-46 所示，在流量计管壁的斜对面固定两个超声波振子 TR_1 和 TR_2，兼作为超声波的发送和接收元件。由一侧的振子发出的超声波脉冲穿过管壁→流体→管壁被另一侧的振子所接收，并转换为电脉冲，经放大后再用此电脉冲激发对面的发送振子，形成所谓单环自激振荡。振荡周期由超声波在流体中的顺流传播速度决定，周期的倒数即为单环频率 f_1。经过一定时间间隔以后，由切换电路使发送振子变成接收振子，而接收振子变成发送振子，此时，测出单环频率 f_2（取决于超声波在逆流中的传播速度）。若管径方向流体平均流速为 $\overline{u}_D$，超声波束与管轴的夹角为 θ，管径为 D，则有

$$f_2=\left[\frac{D}{\sin\theta(c+\overline{u}_D\cos\theta)}+\tau\right]^{-1} \qquad (24\text{-}5\text{-}39)$$

$$f_1=\left[\frac{D}{\sin\theta(c-\overline{u}_D\cos\theta)}+\tau\right]^{-1} \qquad (24\text{-}5\text{-}40)$$

式中　τ——超声波在管道内和电脉冲信号在电路中传输所产生滞后时间的总和。

当 $c\gg\overline{u}_D$，且 τ 很小时，有

$$\Delta f=f_2-f_1=\frac{\sin2\theta}{D}\overline{u}_D \qquad (24\text{-}5\text{-}41)$$

因此，测出频率差 Δf 就可以算出 $\overline{u}_D$。于是，体积流量为

$$q_V=\frac{\pi D^2}{4}\overline{u}_D=\frac{\pi D^3}{4\sin2\theta}\Delta f \qquad (24\text{-}5\text{-}42)$$

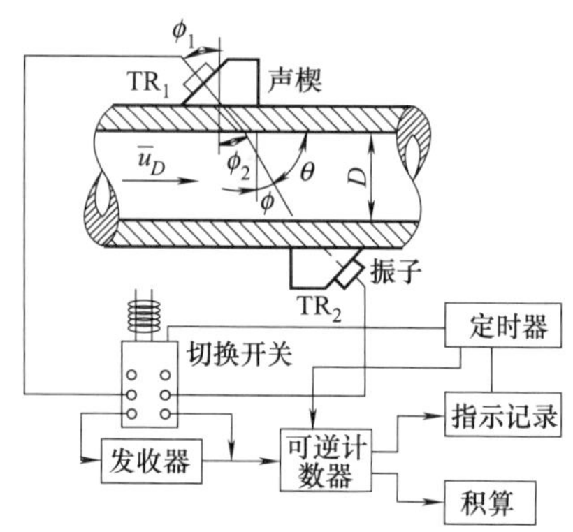

图 24-5-46　超声波流量计结构

（2）超声波流量计对上、下游直管段长度的要求　为了使流体流经仪表前就达到典型层流分布，仪表前后必须有足够长的直管段。一般，当管道内径为 D 时上游直管段长度应大于 $10D$，下游大于 $5D$。当上游有泵、阀门等阻力件时，直管段长度至少应有 $30D\sim50D$。当采用双声道或多声道测量时，表前直管段可以缩短。不同形式阻流件应配置的直管段长度如表 24-5-39 所示。

表 24-5-39　超声波流量计对上、下游直管段长度的要求

上游阻流件形式	上游直管段长度		下游直管段长度
	单声道测量	双声道测量	
泵的下游	50D	15D	5D
全开控制阀	50D	10D	
两个不同平面的 90°弯头	40D	10D	
两个同平面的 90°弯头	25D	10D	
一个 90°弯头或三通	20D	10D	
收缩管(收缩角<7°)	15D		

注：D 为管道内径。

（3）超声收发器配置方式

超声收发器配置方式如表 24-5-40 所示。

第24篇

表 24-5-40　**超声收发器配置方式**

布置方式	超声收发器基本配置	特　点
Z 法（透过法）	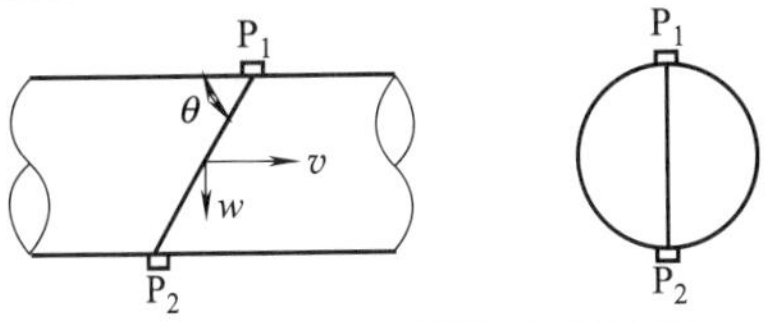	当流体以管中心线为对称轴，沿管中心线平行流动时，采用直接透过方式（简称 Z 法）测量的精度较高。要求较长的上游直管段
V 法（反射法）	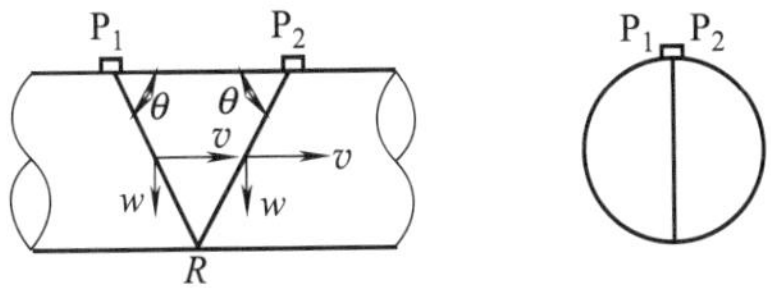	当流动方向与管中心线不平行或存在径向流动的速度成分 w 时，在超声波的传播方向会产生 $w\sin\theta$ 的速度成分，从而导致测量误差。采用反射法（V 法）可抵消该速度成分
X 法（交叉法）	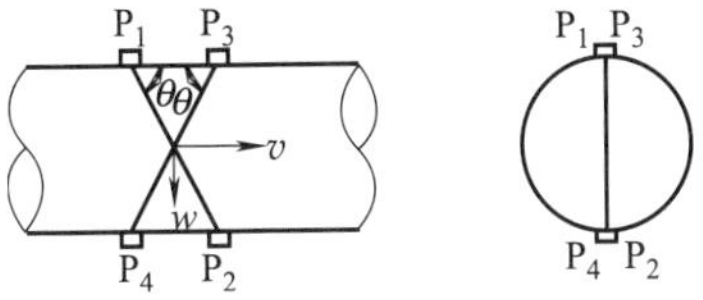	当探测回路的间隔受到限制时，可以用交叉法（X 法）代替 V 法。要求较长的上游直管段
2V 法	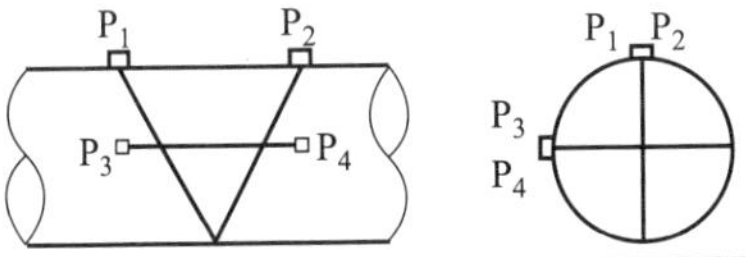	在垂直相交的两轴上测量流速，取平均值。因为增加了测量线数，所以能提高测量的准确度
平行法	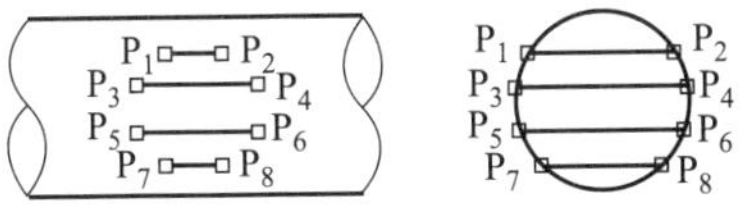	配置多测量线。因为声波不易穿过外壁，所以换能器的安装构造较复杂。对于小口径管道，不能得到足够的时间差

（4）超声波流量计产品

MLF-100H 系列（包括 300 系列、500 系列、600 系列和 800 系列）超声流量计采用速度差法测量圆管内的液体流量。它采用了数字发射、数字接收、数字分析和数字输出等先进的微功耗数字化设计技术，仪表计量准确、运行可靠，适用于工业现场。其系列产品包括插入式、管段式、外夹式、便携式、手持式、防爆型和电池供电型超声流量计，还有堰槽式明渠流量计和超声式明渠流量计等产品。生产标准为 CJ/T 3063—1997。该系列产品的主要技术参数见表 24-5-41。

表 24-5-41　**MLF-100H 系列超声波流量计的主要技术参数**

<table>
<tr><th colspan="2">参数</th><th colspan="2">插入式</th><th colspan="2">管段式</th><th>外夹式</th></tr>
<tr><td colspan="2">管径/mm</td><td colspan="2">DN80～4000</td><td colspan="2">DN20～2000</td><td>DN20～4000</td></tr>
<tr><td colspan="2">流速范围/m·s⁻¹</td><td colspan="5">0.01～12</td></tr>
<tr><td colspan="2" rowspan="2">准确度/%</td><td>单声道</td><td>三声道</td><td>单声道</td><td>三声道</td><td rowspan="2">1.5</td></tr>
<tr><td>1.0</td><td>0.5</td><td>1.0（校正 0.5）</td><td>0.5</td></tr>
<tr><td colspan="2">测量液体</td><td colspan="5">水、河水、海水、石油、化学液体等均质液体</td></tr>
<tr><td colspan="2">管道材质</td><td colspan="5">金属（如碳钢、铸铁、不锈钢、铝等），非金属（如 PVC、有机玻璃等）</td></tr>
<tr><td colspan="2">管衬材质</td><td colspan="5">玻璃钢、砂浆、橡胶等</td></tr>
<tr><td rowspan="4">信号输出</td><td>4～20mA</td><td colspan="5">阻抗<800Ω，光电隔离，准确度 0.1%</td></tr>
<tr><td>累计脉冲</td><td colspan="5">光电隔离，无源开路输出，传输距离<500m</td></tr>
<tr><td>RS-485</td><td colspan="5">光电隔离，波特率可选择，传输距离>1.6km</td></tr>
<tr><td>打印机</td><td colspan="5">RS-232 串口模式，打印机为选配件</td></tr>
<tr><td colspan="2">键盘</td><td colspan="5">4×4 汉字键盘或 1×4 英文键盘</td></tr>
<tr><td colspan="2">显示器</td><td colspan="5">2×10 汉字显示或 2×16 英文显示</td></tr>
<tr><td colspan="2">测量功能</td><td colspan="5">显示瞬时流量、瞬时流速、正累计流量、净累计流量、累计运行时间、瞬时供热量、累计供热量、供回水温度</td></tr>
</table>

续表

参数	插入式	管段式	外夹式
数据存储	可储存前 720h、前 365 天、前 36 个月和前 10 年的测量数据，包括瞬时流量、累计流量和断电时间等		
环境温度/℃ 转换器	−10～45		
环境温度/℃ 传感器	−40～60(常温型)/−40～160(高温型)		
传感器材质	不锈钢和陶瓷	不锈钢和普通碳钢	尼龙(常温型)/合金铝(高温型)
传感器承压能力/MPa	管内压强<2.5	DN20～700mm：<2.5 DN800～2000mm：<1.6	与管内压强无关，建议不浸水工作
传感器防护等级	IP68		
转换器防护等级	壁挂式：IP65；盘装式：IP52；一体式：IP67		
防爆等级	IIBT6		
传感器电缆长度/m	<400	<400	<300
传感器电缆型号	SEYV-75-2(直径 7mm)		
工作电源	AC220V± 10%，DC12～36V，功率 0.5W		
转换器外形尺寸/mm	壁挂式：213×185×107；盘装式：16×80×250；一体式：185×140×100		
传感器外形尺寸/mm	220×20(杆部)×50(连接部)	见管段传感器数据表	60×40×35
转换器质量/kg	壁挂式：1.2；盘装式：0.8；一体式：1.4		
传感器质量/kg	0.7	见管段传感器数据表	0.2
热量测量功能	测量供热，热损耗，入口温度，出口温度		

注：生产厂为唐山美伦仪表有限公司，www.mlyb.cn。

5.3.3.3 电磁流量计

(1) 电磁流量计的原理与结构

电磁流量计用来测量导电液体的体积流量，广泛地应用于工业过程，适用于各种酸、碱、盐等腐蚀性介质，易燃易爆介质，化工、食品医药等工业中的各种浆液和污水处理中的流量测量。

电磁流量计由电磁流量传感器、转换器以及显示仪表等组成，也可由电磁流量传感器和显示仪表直接组成。

如图 24-5-47 所示，电磁流量计应用电磁感应原理来测量导管中导电液体的平均流速。不导磁材料制成的导管置于均匀磁场中，其内径为 D，内壁衬有绝缘材料。导电液体在管道中流动时，即做切割磁力线的运动。设所有流体质点都以平均流速 u 运动，就可以把液体看成许多直径为 D 的连续运动的薄圆盘。这些薄圆盘等效于长度为 D 的导电体，其切割磁力线的运动速度为 v。于是，液体圆盘内的感应电动势的大小为

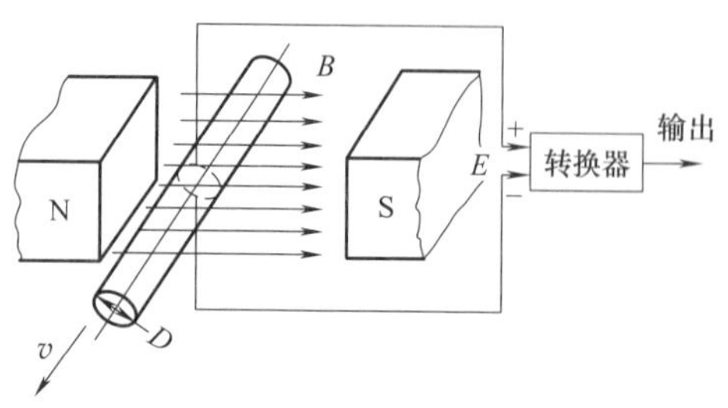

图 24-5-47 电磁流量计工作原理

$$E=BvD \quad (24\text{-}5\text{-}43)$$

式中 B——磁感应密度；

v——平均流速；

D——管道内径。

因为这种液体圆盘连续不断地通过磁场，所以能产生连续的感应电动势。如果磁场是交变磁场，则产生交流感应电动势，其变化频率和磁场变化的频率相同。现在，一般工业用的都是交流磁场的电磁流量计。

流经圆形导管的体积流量为被测介质的平均流速与导管流通截面积的乘积，即

$$q_V=\frac{\pi}{4}D^2v=\frac{\pi DE}{4B} \quad (24\text{-}5\text{-}44)$$

式中 D——两电极间距离（即导管直径），m；

E——感应电动势，V；

B——磁感应密度，T；

v——流体的流速，m/s。

式（24-5-44）可以改写为

$$E=\frac{4Bq_V}{\pi D}=kq_V \quad (24\text{-}5\text{-}45)$$

式中 k——仪表的比例常数，$k=\frac{4B}{\pi D}$。

即若感应强度不变，流体充满管道流动，电磁流量计的感应电势与流量呈线性关系。

电磁流量计具有下列特点：输出电信号与流量之

间呈线性关系，便于仪表作等分刻度；仪表的测量不受被测介质的温度、压力、密度和黏度以及流态的影响；仪表应用范围广，几乎可适用于所有电导率大于 10^{-3}S/m 的导电性液体，且介质的电导率在许可范围内变化也不影响测量结果，流速测量范围可从每秒几厘米至每秒十余米，满量程时流速可在 0.5～10m/s 内变化，口径范围可从几毫米至几米；变送器内无活动部件，几乎无压力损失，并对安装直管段要求不高；仪表时滞小，能瞬时反映流量变化，可以测脉动流；输出信号的极性与磁场方向及流速方向有关，所以能用于鉴别流向，可测两向流；仪表便于清洗和消毒，便于维护，且能输出标准电信号以便于配套，可靠性高，使用寿命长。

(2) 未满管道式电磁流量计

满足特殊测量环境的电磁流量计有未满管道式、插入式、罐装式和水处理设备用的流量计等。

未满管道式电磁流量计的结构类似于满管道式电磁流量计。不同点是，未满管道式电磁流量计至少在管道底部管道口径的高度的 $\frac{1}{10}$ 处，水平安装一对电极，以便在低液面时能测得流速所对应的电压。另外，该流量计还需要一个检测液面高度的电容传感器，由液面高度确定流体的截面积。根据“流速”和“流体的截面积”，经变送器计算得出未满管道的流量值，如图 24-5-48 和图 24-5-49 所示。

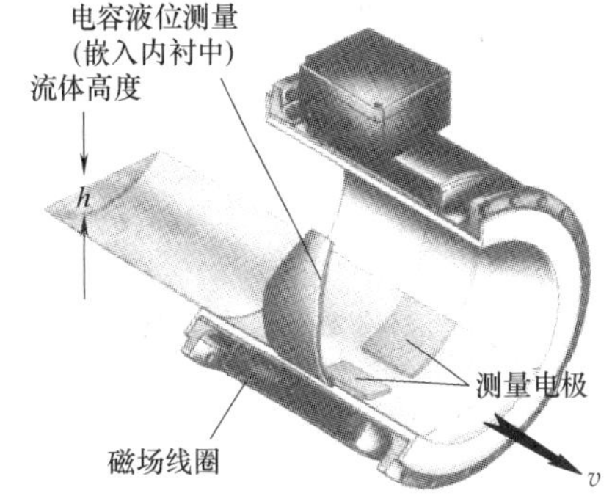

图 24-5-48　未满管道式电磁流量计原理剖面图

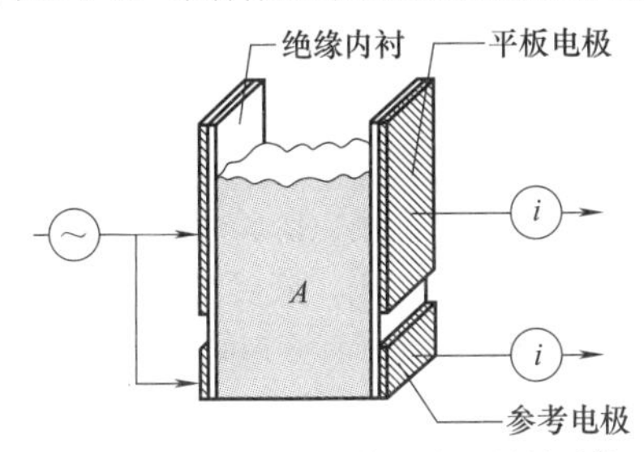

图 24-5-49　电容式液位和流速测量系统

(3) 电磁流量计的分类与适用范围

表 24-5-42　电磁流量计的分类与适用范围

分类依据	类　型	适用范围
励磁方式	直流励磁型	计数量少，仅用于测量液态金属流量，如常温下的汞和高温下的液态钠、钾等
	交流工频励磁型	由 50Hz 市电励磁，易受电磁干扰并有零点漂移，逐渐被低频矩形波励磁代替。但在测量泥浆、矿浆等液固两相流时，交流励磁方式能较好地克服固体擦过电极表面产生的尖峰噪声，所以国内外仍采用
	矩形波励磁型	低频矩形波励磁方式功耗小，零点稳定，是目前电磁流量计的主要励磁方式。一般小口径仪表用较高频率，大口径仪表用较低频率
	双频励磁型	励磁电流的波形是在低频矩形波上叠加高频矩形波，可克服二值矩形波励磁存在的浆液噪声和流动噪声，提高仪表的稳定性和响应特性。
传感器和转换器的组合方式	分离型	是电磁流量计的主要型式。传感器安装在被测管道上，转换器装在仪表室内或易于安装和操作的地方，与传感器的距离一般为数十到数百米。转换器可远离现场的恶劣环境（高温、强振动、潮湿和腐蚀气体等），便于电子器件的检查、调整和测量参数的设定
	一体型	传感器和转换器组装在一起，在工艺管道上直接输出标准信号。缩短了传感器和转换器之间的信号线和励磁线。易受管道布置的限制，空间狭小时，不便于维护；转换器中的电子器件易受流体温度和管道振动的影响
连接方式		可分为法兰连接、无法兰夹装连接和螺纹连接等
用途	通用型	用于冶金、石化、造纸、轻纺、给排水、污水处理以及医药、食品、生物和精细化工等工业领域。要求被测介质的电导率在一定范围之内
	防爆型	用于防爆场所。由于励磁电流能量较大，目前以隔爆型为主。安全火花型电磁流量计的励磁功率小，可以做成一体型，安装在危险区域
	卫生型	用于医药、食品和生物化学等领域，在灭菌、拆卸清洗等方面满足有关的卫生要求
	防浸水型	用于在地下安装的传感器，可承受短时间的水浸没
	潜水型	用于测量明渠或非满管暗渠的自由水面自由流下的流量。传感器长期在水下工作，结构和使用都有特殊要求
	插入型	用于大管径的电磁流量传感器。传感器从管道的径向插入，通过局部流速的测量计算流量。精确度较低，价格便宜，适用于控制系统

(4) 电磁流量计的选用

① 结构、组成与精度的选择 电磁流量计的结构、组成选择可根据表24-5-42实际用途选配。

精度等级可考虑如下：对昂贵介质的计量核算，可选用高精度EMF，其基本误差为±0.5～±1%FS；对以控制为目的，只要求可靠性高、不需计量核算的，可选用基本误差为±1.5～±2.5%FS精度较低的电磁流量计；全流型非满管电磁流量计的基本误差为±1.5～±2%FS；插入型仪表本身（即流速检测头）的基本误差为±2%～±4%FS。此外，流量计的精度与安装质量也有很大关系。

② 流速、流量与口径选择 电磁流量传感器的口径应根据流速、流量和口径来合理选择。在一般情况下，对于黏度不高的流体，选择电磁流量计测量管道的标称口径与外部管道的口径相同，而不能大于外部管道的口径，流速一般在经济流速1.5～3m/s之间。对于有易黏附、沉积、结垢等流体的流量测量，应选流速在3～4m/s以上。采用图24-5-50所示的锥形管道可提高流速，起到自清扫管道、防止黏附沉积的作用。对于管道口径大、流量小的测量，采用小口径流量计可提高测量精度、扩大量程范围。

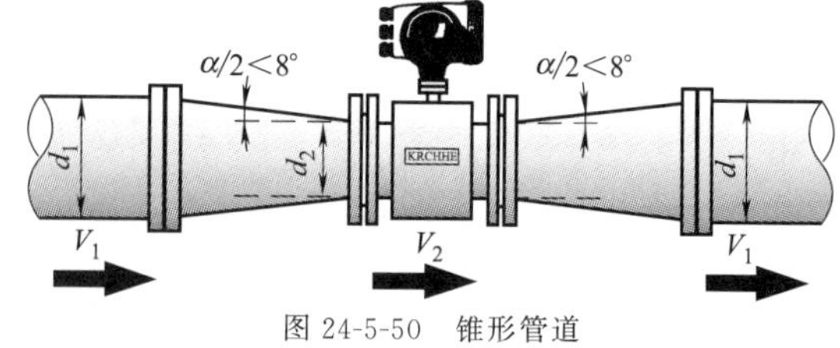

图24-5-50 锥形管道

对于像矿浆、陶土、石灰乳等磨蚀性大的流体，流速应低于2m/s，以降低对衬里和电极的磨损。

③ 与流体相接触材料的选择 电磁流量计的衬里和电极是直接与被测介质接触的，两者必须考虑有10年以上的使用寿命。应根据被测介质的腐蚀性和磨蚀性以及介质使用温度来选择衬里和电极的材料。表24-5-43为常用绝缘内衬材料性能及适用范围，表24-5-44为常用电极材料及适用范围。

(5) 电磁流量计的产品

LDE型电磁流量计技术参数如表24-5-45所示。

表24-5-43 常用绝缘内衬材料性能及适用范围

名 称	性 能	最高工作温度/℃	适用液体
聚三氟乙烯	化学性能稳定，仅次于聚四氟乙烯，但耐磨性能差	100	水、酸溶液
聚四氟乙烯(F-4)	化学性能很稳定，但黏结性能差，与金属测量管很难粘接，耐磨性能也不好	250	腐蚀性强的浓酸、碱、盐溶液
四氟乙烯和六氟丙烯(F-46)	化学耐腐性略逊于F-4，但与金属测量管间有较强的结合力，可用于负压		腐蚀性酸、碱、盐溶液
四氟乙烯和乙烯(F-40)	化学耐腐性略逊于F-4，但与金属测量管间有较强的结合力，可用于负压		腐蚀性酸、碱、盐溶液
聚氨酯橡胶	耐磨性能好，但耐酸碱性能差	70	水泥浆、纸浆类液体
氯丁橡胶	弹性好，耐磨、耐腐蚀，抗冲击性能好，成本也较低	70	水泥浆、矿浆、稀酸流体
耐酸搪瓷	耐除氢氟酸、磷酸以外的其他酸类和溶剂，有一定耐碱性，抗冲击性差	180	一般酸、碱腐蚀性液体
陶瓷	有极好的耐磨性，且有很好的耐各种强酸、强碱的腐蚀性，但性脆易碎，应防温度剧变	180	具有腐蚀性的矿浆
耐酸橡胶	耐60℃以下任何浓度的盐酸、草酸、磷酸及50%的硫酸、NaOH、KOH等，但忌强氧化剂	60	一般酸、碱、盐水溶液

表 24-5-44　常用电极材料及适用范围

电极材料	特点及使用范围
耐酸钢 1Cr18Ni9Ti 含钼耐酸钢 1Cr18Ni12Mo2Ti(相当于 316L)	主要用于生活工业用水、原水、下水、废污水稀酸、稀碱等弱腐蚀性酸、碱、盐液体 价格最低
哈氏合金 B	适用于低浓度盐酸等非氧化性酸和非氧化性盐液 硝酸等氧化性酸不适用
哈氏合金 C	适用于常温硝酸、其他氧化性酸、氧化性盐液等 盐酸等还原性酸和氯化物不适用
钛	耐腐蚀性略优于耐酸钢 对氯化物、次氯酸盐、海水有优良的耐腐蚀性 对常温硝酸等氧化性酸有耐腐蚀性 盐酸、硫酸等还原性酸不适用
钽	具有和玻璃相似的优越耐腐蚀性 除氢氟酸、发烟硫酸等少数酸外，适用于大部分酸液 氢氧化钠等碱液不适用
铂、铂铱合金	对几乎所有酸碱液耐腐蚀 王水、铵盐等少数介质不适用 价格昂贵
碳化钨硬质合金	浆液专用电极材料，可降低浆液噪声 耐腐蚀性较差，腐蚀性液体不适用
导电橡胶、导电氟塑料	低噪声电极材料，可抗浆液噪声和流动噪声 导电氟塑料耐化学性能好

表 24-5-45　LDE 型电磁流量计技术参数

公称通径(特殊规格可定制)/mm	管道式四氟衬里：*DN*10～1200
	管道式橡胶衬里：*DN*40～1200
流动方向	正、反、净流量
量程比	150：1
重复性误差	测量值的±0.1%
精度等级	管道式：0.5，1.0
被测介质温度/℃	普通橡胶衬里：－20～60
	高温橡胶衬里：－20～90
	聚四氟乙烯衬里：－30～100
	高温型四氟衬里：－20～180
额定工作压力(高压可定制)/MPa	*DN*6～80mm：≤1.6
	*DN*100～250mm：≤1.0
	*DN*300～1200mm：≤0.6
流速/$m \cdot s^{-1}$	0.1～15
被测流体电导率/$\mu S \cdot cm^{-1}$	≥5
电流输出/mA	0～10（负载电阻 0～1.5kΩ）
	4～20(负载电阻 0～750kΩ)
数字频率输出	输出频率 1～5000Hz，带光电隔离的晶体管集电极开路双向输出，外接电源≤35V，导通时集电极最大电流为 250mA
供电电源	AC220V、DC24V 或 3.6V 电池
要求直管段长度	上游≥5*DN*，下游≥2*DN*
连接方式	流量计与配管之间均采用法兰连接，法兰尺寸应符合 GB/T 9118 的规定
防爆等级	mdIIBT4
防护等级	IP65，特殊订制可达 IP68

第 24 篇

续表

环境温度/℃	－25～60
相对湿度/%	5～95
消耗总功率/W	<20

注：生产厂为江苏扬子仪表有限公司，http：//www.jsyz18.com。

5.3.3.4 涡街流量计

在特定的流动条件下，一部分流体动能转化为流体振动，其振动频率与流速（流量）有确定的比例关系，依据这种原理工作的流量计称为流体振动流量计。其类型有：涡街流量计、游进旋涡流量计、射流流量计以及空腔振荡流量计。应用最广的是涡街流量计。

(1) 工作原理与结构

如图24-5-51所示，在流体中设置旋涡发生体（阻流体），流体绕过阻流体流动，产生旋涡分离现象，形成有规则的旋涡列，左右两侧旋涡的旋转方向相反。对圆柱形旋涡发生体，只有形成相互交替的内旋的两排涡列，且涡列宽度 h 与同列相邻的两旋涡的间距 l 之比满足 $h/l=0.281$ 时，涡列才是稳定的，称卡门涡街。设旋涡的发生频率为 f，被测介质来流的平均速度为 U，旋涡发生体迎面宽度为 d，表体通径为 D，根据卡门涡街原理，有如下关系式：

$$f=S_r\frac{u_1}{d}=S_r\frac{U}{md} \tag{24-5-46}$$

式中 u_1——旋涡发生体两侧平均流速，m/s；

S_r——斯特劳哈尔数；

m——旋涡发生体两侧弓形面积与管道横截面面积之比。

$$m=1-\frac{2}{\pi}\left[\frac{d}{D}\sqrt{1-\left(\frac{d}{D}\right)^2}+\arcsin\frac{d}{D}\right] \tag{24-5-47}$$

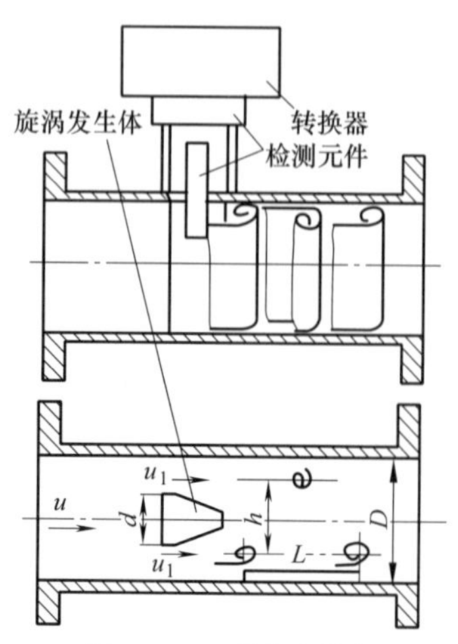

图24-5-51 涡街流量计

管道内体积流量 q_V 为

$$q_V=\frac{\pi D^2}{4}u=\frac{\pi D^2}{4S_r}mdf \tag{24-5-48}$$

流量计的仪表系数 K 为

$$K=\frac{f}{q_V}=\frac{4s_r}{\pi D^2 md} \tag{24-5-49}$$

当测量气体流量时，涡街流量计的流量计算式为

$$q_{Vn}=q_V\frac{PT_nZ_n}{P_nTZ} \tag{24-5-50}$$

式中 q_{Vn}，q_V——分别为标准状态下（0℃或20℃，101.325kPa）和工况下的体积流量，m^3/h；

P_n，P——分别为标准状态下和工况下的绝对压力，Pa；

T_n，T——分别为标准状态下和工况下的热力学温度，K；

Z_n，Z——分别为标准状态下和工况下的气体压缩系数。

涡街流量计输出的脉冲频率信号不受流体物性和组分变化的影响，即仪表系数在一定雷诺数范围内仅与旋涡发生体及管道的形状尺寸等有关。但是在物料平衡及能源计量中检测质量流量时，流量计的输出信号应同时监测体积流量和流体密度，流体物性和组分对流量计量还有直接影响。

流量计由传感器和转换器两部分组成。传感器包括旋涡发生体（阻流体）、检测元件、仪表表体等；转换器包括前置放大器、滤波整形电路、D/A转换电路、输出接口电路、端子、支架和防护罩等。近年来智能式流量计还把微处理器、显示通信及其他功能模块也装在了转换器内。

旋涡发生体分为单旋涡发生体和多旋涡发生体两类，为提高涡街强度和稳定性，可采用多旋涡发生体。

检测旋涡信号的方式如下：

方式1 用设置在旋涡发生体内的检测元件直接检测发生体两侧差压；

方式2 旋涡发生体上开设导压孔，在导压孔中安装检测元件检测发生体两侧差压；

方式3 检测旋涡发生体周围交变环流；

方式4 检测旋涡发生体背面交变差压；

方式5 检测尾流中的旋涡列。

根据以上检测方式，采用不同的检测技术（热敏、超声、应力、应变、电容、电磁、光电、光纤等）可以构成不同类型的流量计，如表 24-5-46 所示。

表 24-5-46　**旋涡发生体和检测方式**

旋涡发生体截面形状	传感器	
	检测方式	检测元件
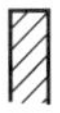	方式 5	超声波束
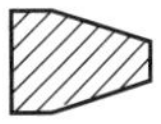	方式 2	悬臂梁/电容,悬臂梁/压电片
	方式 3	热敏元件
	方式 5	超声波束
	方式 1	应变元件
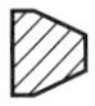	方式 1	压电元件
	方式 2	压电元件
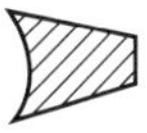	方式 1	膜片/电容
	方式 2	热敏元件
	方式 3	振动体/电磁传感器
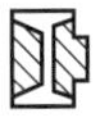	方式 1	膜片/静态电容
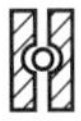	方式 1	磁致伸缩元件
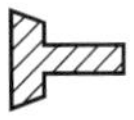	方式 1	膜片/压电元件
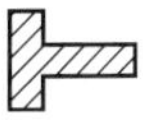	方式 2	热敏元件
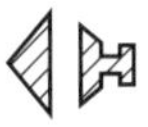	方式 2	反射镜/光电元件
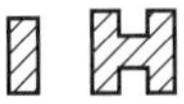	方式 5	膜片/压电元件
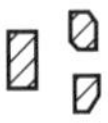	方式 3	扭力管/压电元件
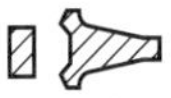	方式 4	扭力管/压电元件
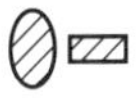	方式 4	振动片/光纤传感器
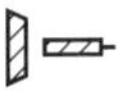	方式 5	超声波束
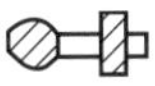	方式 4	应变元件
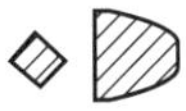	方式 1	压电元件
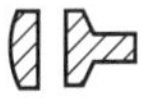	方式 4	应变元件
	方式 5	超声波束

（2）涡街流量计分类（表 24-5-47）

表 24-5-47　**涡街流量计分类**

分类方式	名　称	工作原理、特点及应用
按检测方法	电容式涡街流量计	安装在涡街流量传感器中的电容检测元件相当于一个悬臂梁，当旋涡产生时，在两侧形成微小的压差，使振动体绕支点产生微小变形，导致一个电容量增大，另一个电容量下降，通过差分电路检测电容差值。电容检测元件耐振性能好，耐高温达 400℃
	应力式涡街流量计	把检测元件受到的升力以应力形式作用在压电晶体元件上，转换成交变的电荷信号，经电荷放大、滤波和整形后得到旋涡频率信号
	升力式涡街质量流量计	质量流量与升力成正比。从压电检测元件取出旋涡信号，经电荷转换器后分两路处理：一路经有源滤波器、施密特整形器和 f/V 转换器，获得与流速成正比的信号；另一路经放大器、滤波器，信号幅值与密度和流速二次方的积成正比。这两路信号经除法器运算，获得质量流量
	振动体式涡街流量计	在旋涡发生体轴向开设圆柱形深孔，孔内放置软磁材料制作的轻质空心小球或圆盘（振动体），旋涡分离产生的差压推动振动体上下运动，位于振动体上方的电磁传感器检测出旋涡频率。适用于清洁度较高的流体（如蒸汽），可用于极高温（427℃）及极低温（－268℃）
	热敏式涡街流量计	旋涡分离引起局部流速变化，改变热敏电阻阻值，恒流电路把桥路电阻变化转换为交变电压信号。灵敏度较高，下限流速低，对振动不敏感，可用于清洁、无腐蚀性流体测量

续表

分类方式	名　称	工作原理、特点及应用
按检测方法	超声式涡街流量计	在管壁上安装两对超声探头 T_1 和 R_1、T_2 和 R_2，探头 T_1、T_2 发射高频声信号。当旋涡通过声束时，每一对旋转方向相反的旋涡对声波产生一个周期的调制作用，调制声波被接收探头 R_1、R_2 转换成电信号，经放大、检波、整形后得旋涡信号。灵敏度较高，下限流速较低，但温度对声波调制有影响，流场变化及液体中含气泡对测量影响大
	差压式涡街质量流量计	传感器输出与体积流量成正比的频率，差压单元测出旋涡发生体前后特定位置的差压，经计算单元计算，获得质量流量
按连接方式	可以分成法兰型和法兰夹持型，其仪表表体如右图所示	(2～5)D　图(a) 法兰型 (0.5～2)D　图(b) 夹持型
按传感器结构	管道式涡街流量计	只用于中小管口径管道的流量测量
	插入式涡街流量计	传感器本身不带测量管，使用时将传感器插入到被测管道中的某一点，用于大口径管道的流量测量。连接方式有外螺纹管式连接、内螺纹球阀式连接、法兰式连接和法兰带球阀式连接
按用途	防爆型涡街流量计	用于石油化工等防爆系统
	高温型涡街流量计	用于测量蒸汽等高温介质
	极低温型涡街流量计	传感器和转换器能适应低温要求，用于测量液氧、液氮等低温介质
	耐腐型涡街流量计	测量强酸、强碱，氯化氢、硫化氢等普通不锈钢不能承受的强腐蚀性介质
	汽车专用涡街流量计	专用于测量汽车发动机进气量，动态范围宽，无直管段要求
	自控用涡街流量变送器	输出 4～20mA 电流信号，与调节仪表或工控机联用，要求变送器有高的可靠性和稳定性
	质量型涡街流量计	应用旋涡发生体的阻力特性或旋涡强度与介质密度有关的原理，测量旋涡发生体前后差压或旋涡信号幅值与旋涡频率，综合得出质量流量
按传感器和转换器组成	一体型涡街流量计	传感器与转换器整体装配在一起，结构紧凑
	分离型涡街流量计	传感器与转换器分离，转换器可脱离高温、腐蚀等工作场合，但输出信号微弱，传输线长度受到限制，应考虑信号匹配
按仪表的功能	常规型涡街流量计	
	智能型涡街流量计	具备测量、补偿、运算、自诊断、管理和通信等多种功能；实现了多参数检测

(3) 各类涡街流量计性能比较（表 24-5-48）

表 24-5-48　　各类涡街流量计性能比较

名称	检测变化量	检测技术		口径/mm	介质温度/℃	范围度	雷诺数范围	简单程度	牢固程度	灵敏度	耐热性	耐振性	耐污能力	应用范围
		检测原理	检测元件											
热敏式涡街流量计	流速变化	加热体冷却	热敏元件	25～200	−196～205	15～30	10^4～10^6	△	√	√	×	√	×	清洁、无腐蚀液体、气体
超声式涡街流量计		声束被调制	超声换能器	25～150	−15～+175	30	3×10^3～10^6	×	△	√	△	√	√	小口径液体、气体

续表

名称	检测变化量		检测技术		口径/mm	介质温度/℃	范围度	雷诺数范围	简单程度	牢固程度	灵敏度	耐热性	耐振性	耐污能力	应用范围
			检测原理	检测元件											
电容式涡街流量计	压力变化	压差作用	压差检测	膜片/电容	15～300	−200～+400	30	$10^4\sim10^6$	×	△	√	√	△	△	液体、气体、蒸汽
应力式涡街流量计			压差检测	膜片/压电片	50～200	−18～+205	16	$10^4\sim10^6$	×	△	√	√	×	√	液体、气体、蒸汽
振动体式涡街流量计			压差检测	圆盘/电磁	50～200	−268～−48	10～30	$5\times10^3\sim10^6$	√	×	△	√	×	×	极低温液态气体
				棱球/电磁		−40～+427									高温蒸汽
光电式涡街流量计			压差检测	反射镜/光电元件	40～80	−10～+50	40	$3\times10^3\sim10^5$	√	△	√	×	×	×	低压常温气体
应变式涡街流量计		升力作用	应变检测	应变元件	50～150	−40～120	15	$10^4\sim3\times10^6$	△	√	×	△	△	√	液体
应力式涡街流量计			应力检测	压电元件	15～300	−40～+400	10～20	$10^4\sim7\times10^6$	√	√	√	√	×	√	液体、气体、蒸汽

（4）涡街流量计产品（表 24-5-49）

表 24-5-49　　LUGB 型流量计技术参数表

项　　目		参数范围与级别
技术参数	公称口径/mm	DN15,DN20,DN25,DN32,DN40,DN50,DN65,DN80,DN100,DN125,DN150,DN200,DN250,DN300,DN350,DN400,DN450,DN500,DN600
	适用范围	气体(空气、氧气、氮气、煤气、天然气、化学气体等),液体(水、高温水、油、食品液、化学液等),蒸汽(饱和蒸汽、过热蒸汽)
	介质温度/℃	−40～280,−40～350
	公称压力/MPa	≤1.6,≤2.5,≤4
	精度等级	液体 1 级，气体、蒸汽 1.5 级
输出信号	电压脉冲	低电平≤1V,高电平≥6V,脉冲宽 0.4ms,负载电阻>150Ω
	标准电流	4～20mA,转换精度±0.5%满度值,负载电阻 24V-500Ω
	现场液晶显示	瞬时流量 6 液晶位显示(m^3/h),转换精度±0.1%;累积流量 8 位显示(m^3),转换精度±0.1%
供电电源	脉冲输出	24V DC,4～20mA 输出;现场液晶显示:24V DC 或 3.6V 锂电池
环境温度/℃	电压脉冲输出	−30～65
	4～20mA 输出	−10～55
	现场液晶显示	−25～55
表体材料		不锈钢(1Cr18Ni9Ti)
优点		重复性好;免调试,易安装,质优价低;测量精度高,量程比达 40∶1;工作温度高,介质温度可达 350℃;结构牢固,机械强度高,经久耐用;无运动部件,寿命远比涡轮流量计长;发生体体积小,远比孔板流量计节能;表体采用不锈钢材料,耐腐蚀性强

注：生产厂为无锡市优量智能仪表有限公司，www.baizqq.cn。

5.3.4 差压式流量计

5.3.4.1 差压式流量计的计算公式

差压式流量计是通过测定流体经过节流装置时所产生的静压力差来实现流量测量的。管内连续流动的流体流经节流装置时，将产生流体势能和动能的相互转换，致使其压力和流速发生相应的变化。实验证明，流体流经各种节流装置时，其流速和压力沿流动方向的分布情况是类似的。图 24-5-52 所示为水平管道内装有节流孔板时，沿流动方向的压力分布情况。

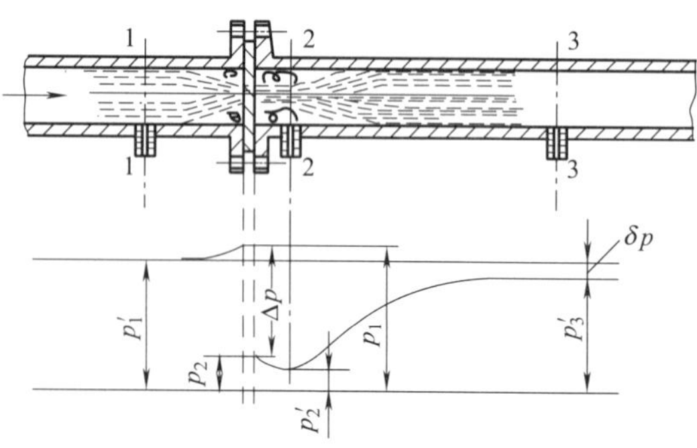

图 24-5-52 差压流量计原理与压力分布情况

体积流量方程为

$$q_V=\alpha\varepsilon A_0\sqrt{\frac{2}{\rho}(p_1-p_2)} \tag{24-5-51}$$

式中 α——流量系数；

ε——流体压缩系数，对不可压缩流体，$\varepsilon=1$；对可压缩流体，$\varepsilon<1$；

A_0——节流孔的最小截面积。

对于不同形式的节流装置，由于其压力和流速分布不同，流量系数 α 也不同，它与节流装置开孔截面比、流体流动的雷诺数 Re 值、取压点位置、管壁粗糙度等有关。所以流量系数是一个受许多因素影响的综合系数。

实验表明，对于一定形式的节流装置，当雷诺数 Re 值大于某一界限值 Re_K 时，流量系数 α 不再随雷诺数变化，而趋于某一定值。因此，当 $Re>Re_K$ 时，只要测量压力差便可确定流量的大小。

5.3.4.2 差压式流量计分类

表 24-5-50 差压式流量计分类表

分类依据	类型	结构与特点说明
按产生差压的原理	节流式	流体通过节流件使部分压力能转变为动能，因此产生差压。其检测件称为节流装置，是差压式流量计的主要品种
	动压头式	依据动压转变为静压的原理，例如均速管流量计
	水力阻力式	依据流体阻力产生压差的原理，检测件为毛细管束，又称层流流量计，一般用于微小流量测量
	离心式	因弯曲管或环状管产生的离心力而形成压差，例如弯管流量计、环形管流量计等
	动压增益式	依据动压放大原理，例如皮托-文丘里管
	射流式	依据射流撞击产生压差的原理，例如射流式差压流量计
按用途	标准节流装置	ISO 5167 或 GB/T 2624 中所包括的节流装置称为标准节流装置，它们是标准孔板、标准喷嘴、经典文丘里管和文丘里喷嘴
	低雷诺数节流装置	例如 1/4 圆孔板、锥形入口孔板和双重孔板等
	脏污流节流装置	例如圆缺孔板、偏心孔板和楔形孔板等
	低压损节流装置	例如道尔管、罗洛斯管、弯管及环形管等
	小管径节流装置	例如整体(内藏)孔板和一体式流量变送器等
	宽范围度节流装置	例如线性孔板等
	临界流节流装置	例如临界流文丘里喷嘴等
按节流装置的结构形式	标准孔板，标准喷嘴，经典文丘里管，文丘里喷嘴，锥形入口孔板，1/4 圆孔板，圆缺孔板，偏心孔板，楔形孔板，整体(内藏)孔板，线性孔板，环形孔板，道尔管，罗洛斯管，弯管，可换孔板节流装置，临界流节流装置	

5.3.4.3　节流装置的结构与特点

表 24-5-51　节流装置的结构与特点

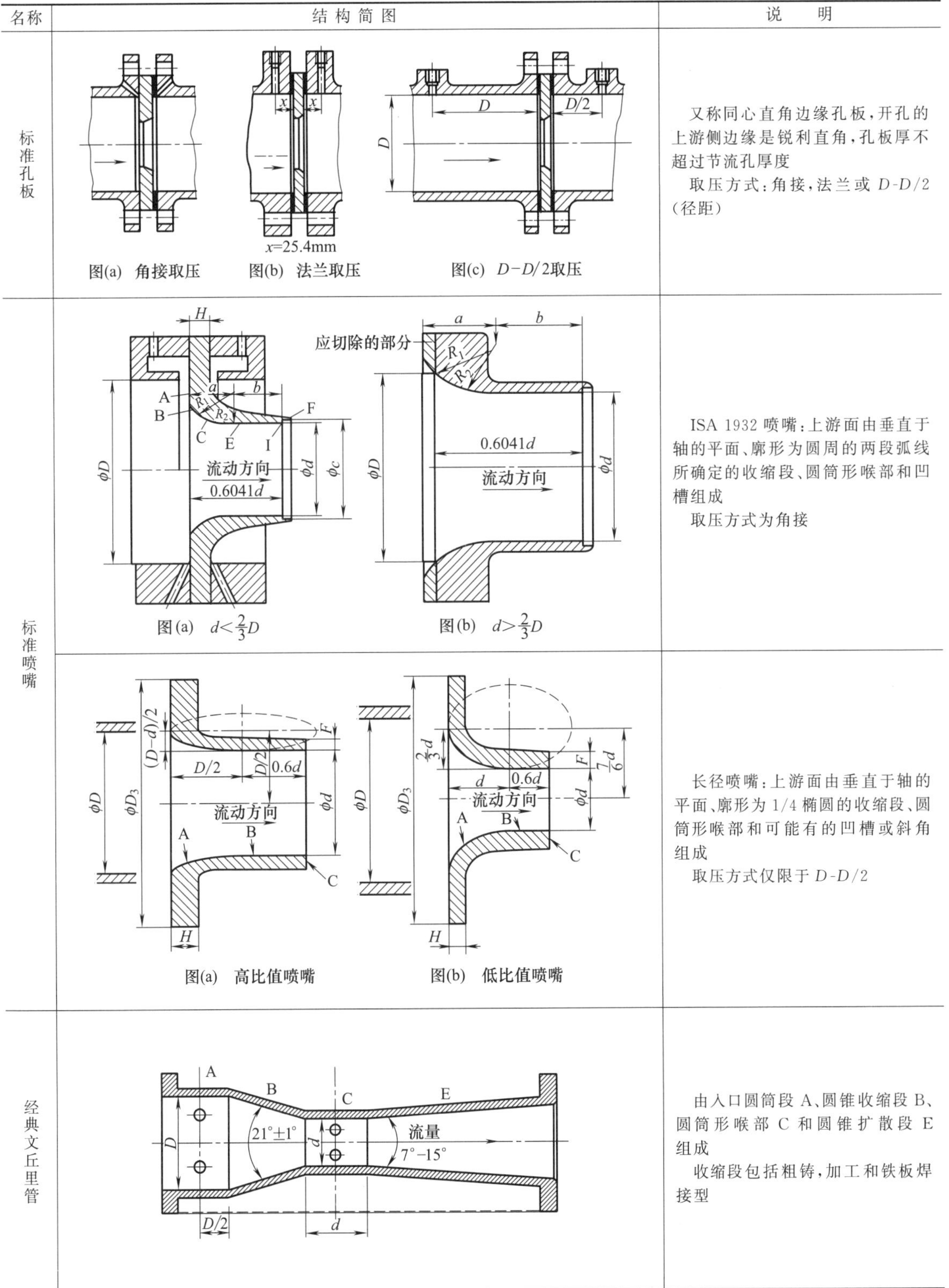

名称	结构简图	说明
标准孔板	x=25.4mm 图(a)　角接取压　图(b)　法兰取压　图(c)　D-D/2取压	又称同心直角边缘孔板，开孔的上游侧边缘是锐利直角，孔板厚不超过节流孔厚度 取压方式：角接，法兰或 D-D/2（径距）
标准喷嘴	应切除的部分 流动方向 0.6041d 图(a)　$d<\frac{2}{3}D$　图(b)　$d>\frac{2}{3}D$	ISA 1932 喷嘴：上游面由垂直于轴的平面、廓形为圆周的两段弧线所确定的收缩段、圆筒形喉部和凹槽组成 取压方式为角接
	流动方向 图(a)　高比值喷嘴　图(b)　低比值喷嘴	长径喷嘴：上游面由垂直于轴的平面、廓形为 1/4 椭圆的收缩段、圆筒形喉部和可能有的凹槽或斜角组成 取压方式仅限于 D-D/2
经典文丘里管	流量 21°±1° 7°-15°	由入口圆筒段 A、圆锥收缩段 B、圆筒形喉部 C 和圆锥扩散段 E 组成 收缩段包括粗铸，加工和铁板焊接型

续表

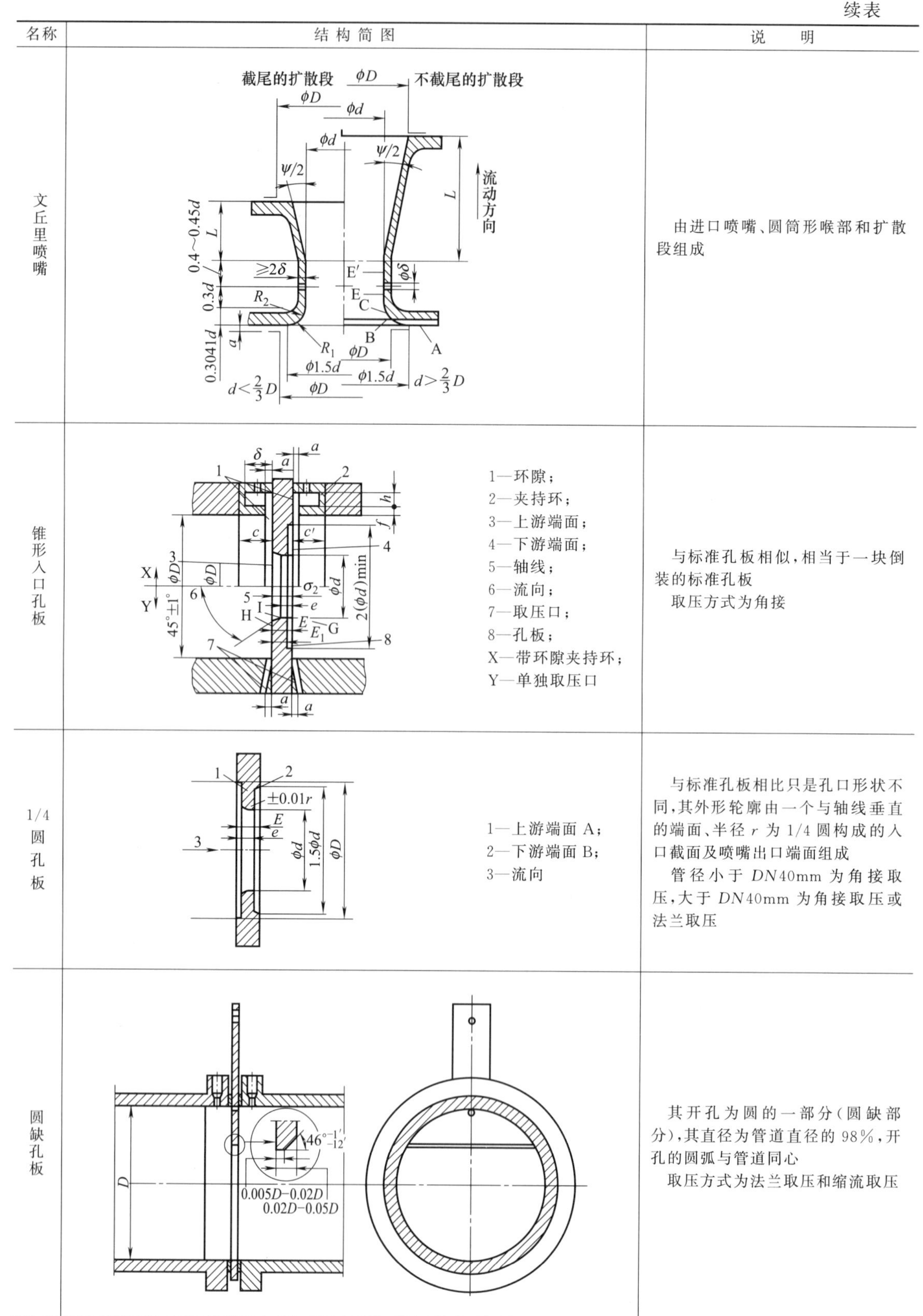

名称	结构简图	说　明
文丘里喷嘴		由进口喷嘴、圆筒形喉部和扩散段组成
锥形入口孔板	1—环隙；2—夹持环；3—上游端面；4—下游端面；5—轴线；6—流向；7—取压口；8—孔板；X—带环隙夹持环；Y—单独取压口	与标准孔板相似，相当于一块倒装的标准孔板 取压方式为角接
1/4圆孔板	1—上游端面A；2—下游端面B；3—流向	与标准孔板相比只是孔口形状不同，其外形轮廓由一个与轴线垂直的端面、半径 r 为1/4圆构成的入口截面及喷嘴出口端面组成 管径小于 DN40mm 为角接取压，大于 DN40mm 为角接取压或法兰取压
圆缺孔板		其开孔为圆的一部分（圆缺部分），其直径为管道直径的98%，开孔的圆弧与管道同心 取压方式为法兰取压和缩流取压

续表

名称	结构简图	说明
偏心孔板	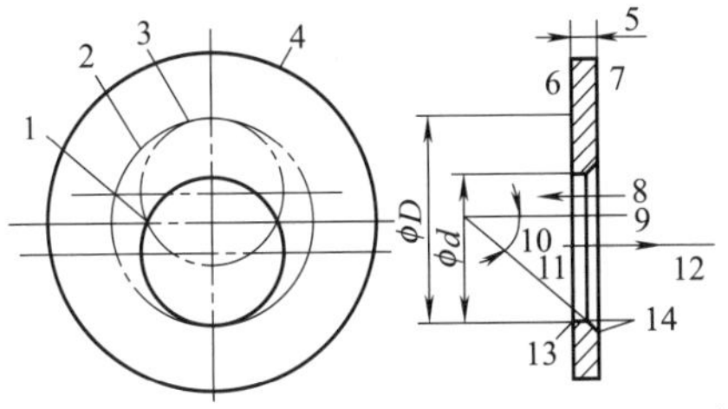 1—孔板开孔；2—管道内径；3—孔板开孔另一位置；4—孔板外径；5—孔板厚度 E；6—上游端面A；7—下游端面B；8—孔板开孔厚度；9—孔板轴线；10—斜角 F；11—孔板开孔轴线；12—流向；13—上游边缘G；14—下游边缘H、I	孔板的孔是偏心的，它的直径等于管道直径的98%，与管道同心的圆相切 采用法兰取压和缩流取压
楔形孔板	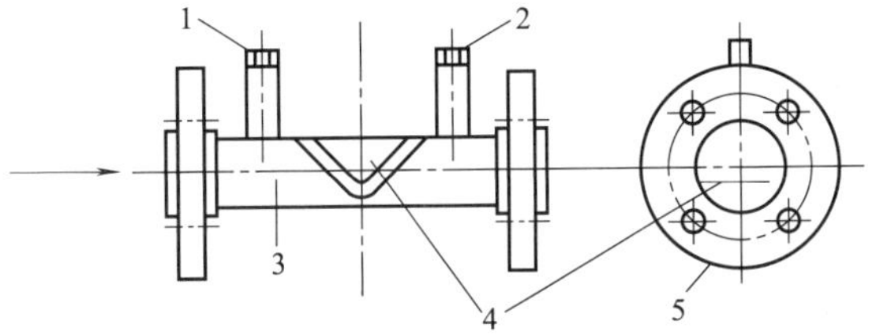 1—高压取压口；2—低压取压口；3—测量管；4—楔形孔板；5—法兰	检测件为V形。设计合适时，节流件上下游无滞流区，不会使管道堵塞
整体(内藏)孔板	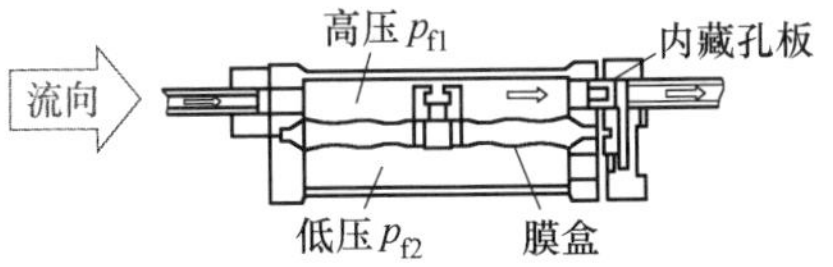 高压 p_{f1} 内藏孔板 流向 低压 p_{f2} 膜盒 图(a) 直通式 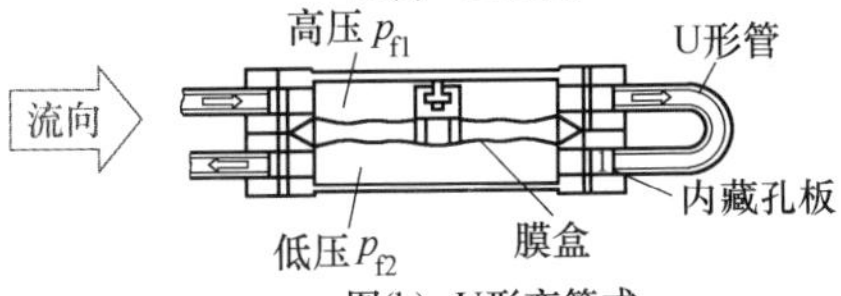 高压 p_{f1} U形管 流向 内藏孔板 低压 p_{f2} 膜盒 图(b) U形弯管式	管径小于 DN50mm，孔板有多种结构形式。当管径较小时，孔板入口边缘锐利度及管道粗糙度等对流出系数有影响，按结构几何形状及尺寸难以确定流出系数，小管径孔板一般需校准才能确定流出系数
线性孔板	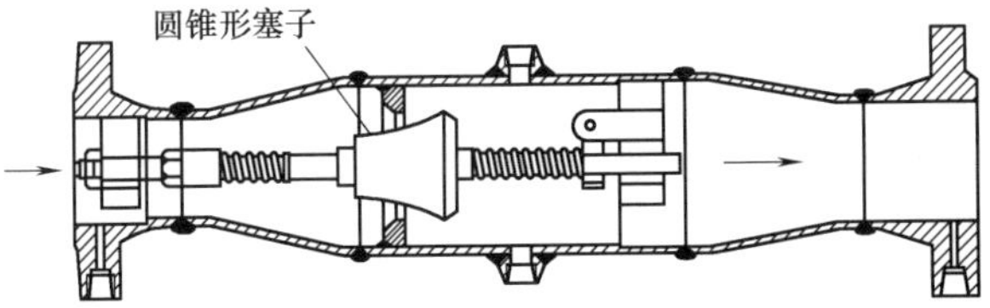 圆锥形塞子	孔隙面积随流量大小自动变化，曲面圆锥形塞子在差压和弹簧力的作用下移动，孔隙的变化使输出差压或位移信号与流量呈线性关系
环形孔板	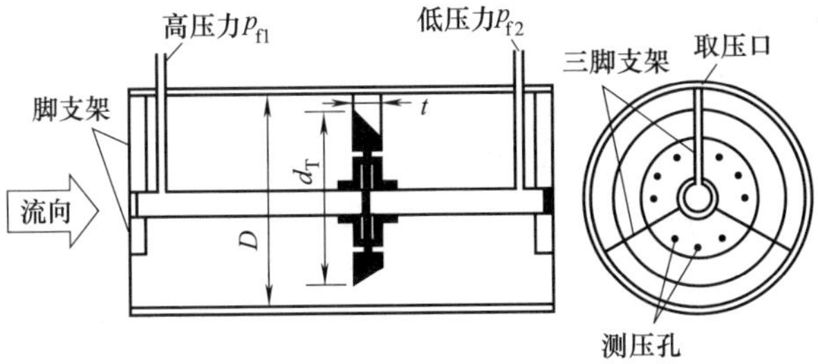 高压力 p_{f1} 低压力 p_{f2} 脚支架 流向 t d_T D 三脚支架 取压口 测压孔	由同心圆板、三脚支架和中心轴管组成，中心轴管将上下游压力传送到差压变送器 优点是能疏泄管道底部的较重物质，并且使管道中的气体或蒸汽沿管道顶部通过

第24篇

续表

名称	结构简图	说　明
道尔管	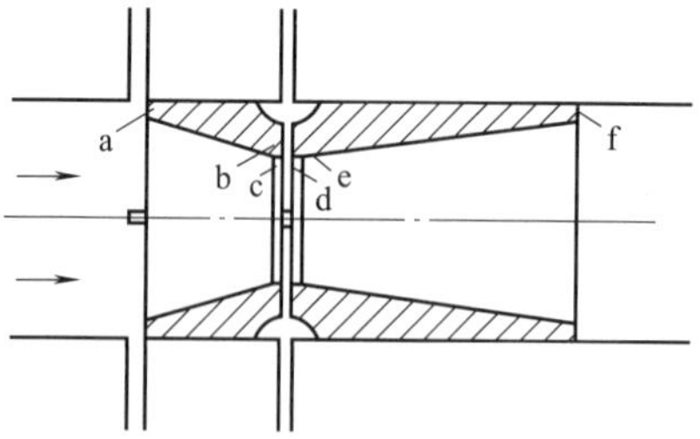	由 40°入口锥角和 15°扩散管组成。整个长度仅是管径的 1.5～2 倍，是经典文丘里管长度的 17%。产生的差压比经典文丘里管大，高差压下的压损低
罗洛斯管	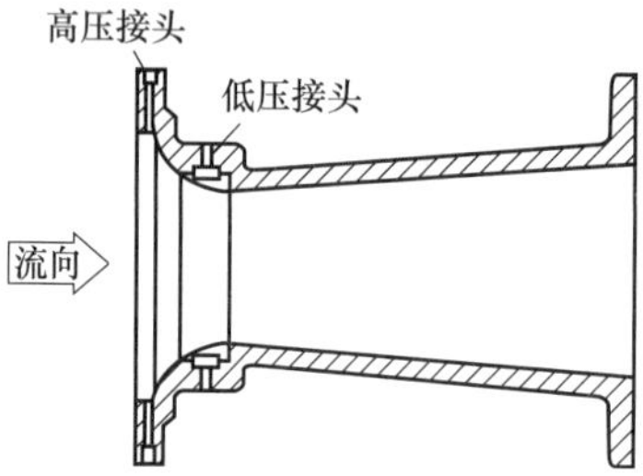	由入口段、入口锥管、喉部锥管、喉部和扩散管组成。入口锥管的锥角为 40°，喉部锥角为 7°，扩散管锥角为 5° 上游取压口采用角接取压，紧靠入口锥角处；下游取压口在喉部长度的一半，即 $d/4$ 处
弯管	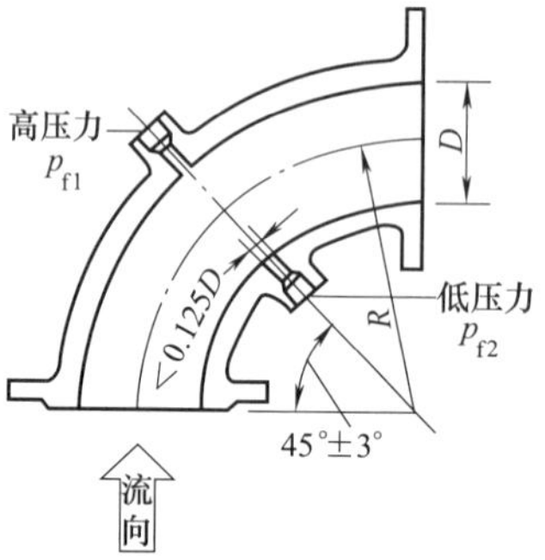	利用管道系统弯头作检测件，无附加压损及专门安装节流件 取压口开在 45°或 22.5°处，其结构与标准孔板相同。两个取压口对准，处于同一条直线上，弯管内壁应尽量保持光滑
可换孔板	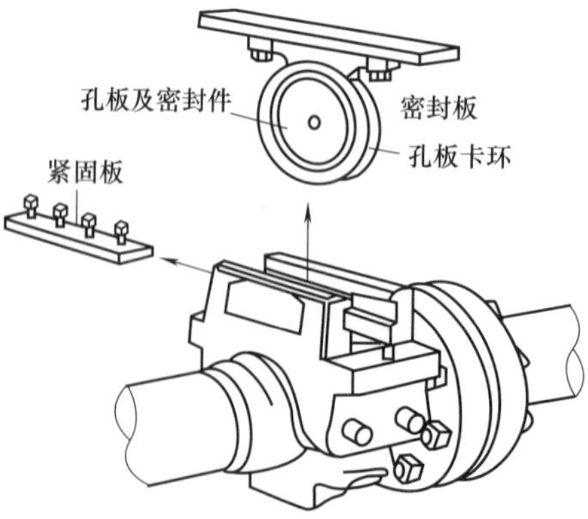 仅需五步操作，就可更换的孔板装置	检查或更换孔板时，无须拆开管道。短时间暂停管道介质的流动，这时可打开上盖，取出孔板及密封件，予以检查或更换

第 24 篇

续表

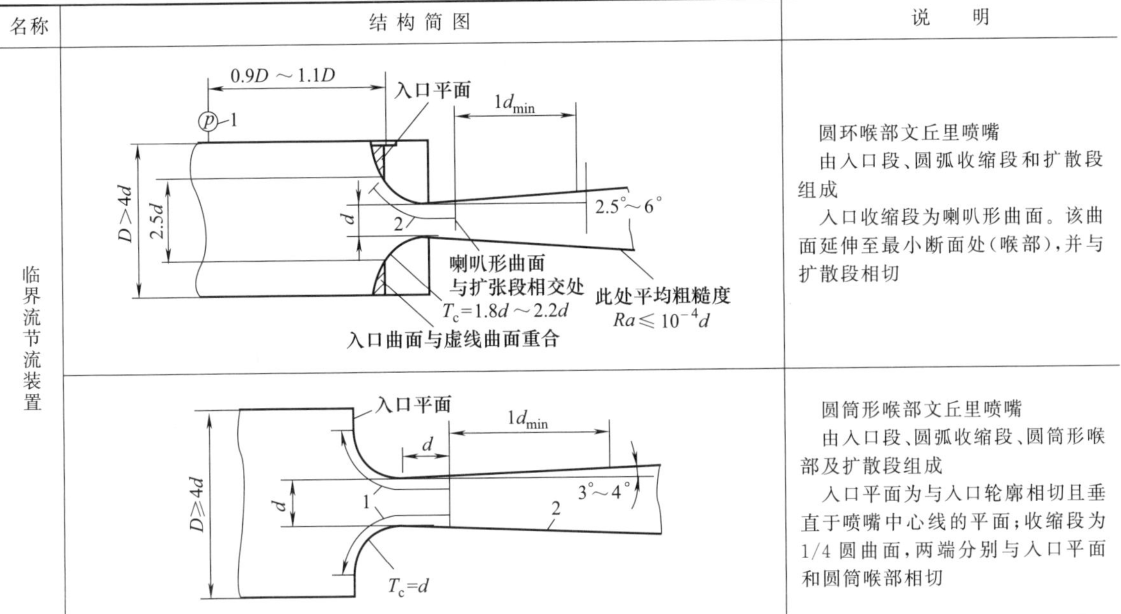

名称	结构简图	说　明
临界流节流装置		圆环喉部文丘里喷嘴 由入口段、圆弧收缩段和扩散段组成 入口收缩段为喇叭形曲面。该曲面延伸至最小断面处(喉部)，并与扩散段相切
		圆筒形喉部文丘里喷嘴 由入口段、圆弧收缩段、圆筒形喉部及扩散段组成 入口平面为与入口轮廓相切且垂直于喷嘴中心线的平面；收缩段为 1/4 圆曲面，两端分别与入口平面和圆筒喉部相切

5.3.4.4　差压式流量计产品

ZK-LG 型一体化孔板流量计是将标准孔板与多参数差压变送器（或差压变送器、温度变送器及压力变送器）配套组成的高量程比差压流量装置，可测量蒸汽和天然气等气体和液体的流量，广泛应用于石油、化工、冶金、电力、供热、供水等领域的过程控制和计量。

孔板流量计适用范围：①公称直径：*DN*15～1200mm；②公称压力：*PN*≤10MPa；③工作温度：−50～550℃；④量程比：1∶10，1∶15；⑤精度等级：0.5，1。

节流装置适用范围及有关技术指标见表 24-5-52。

表 24-5-52　　节流装置适用范围及有关技术指标

节流件名称		适用管道 *DN*/mm	适用直径比 *B*(*d*/*D*)/mm	应用特点	流出系数 *C* 的不确定度/%
角接取压标准孔板	环室式	50～500 50～500	0.2～0.75 0.2～0.75	适用于清洁介质，其中 GD 结构适合高温高压条件	0.6～0.75
	夹紧环式	50～500	0.2～0.75	易于清除污物，可测量不太清洁的流体	
	斜钻孔式	450～1000(3000)	0.2～0.75		
法兰取压标准孔板		50～1000	0.2～0.75	易于清除污物，适用于各种介质	0.6～0.75
径距取压标准孔板		50～1000	0.2～0.75		
角接取压标准喷嘴(ISA 1932 喷嘴)		50～500	0.3～0.8	压损小，寿命长，尤其适用于蒸汽流量测量	0.8～1.2
长径喷嘴		50～630	0.2～0.8	压损小，寿命长，LGP 型长径喷嘴组件适合高参数水和蒸汽流量测量	2.0
经典文丘里管	机械加工式	100～800	0.2～0.8	压力损失小，所需直管段小于孔板和喷嘴	1.0
	粗焊铁板式	200～1200(2000)	0.4～0.7		1.5
文丘里喷嘴		65～500	0.316～0.77	同上	1.2～1.75
1/4 圆孔板		25～150	0.245～0.6	适用于低雷诺数	2.0～2.5
锥形入口孔板		25～250	0.1～0.316	同上	2.0
圆缺孔板		50～1500	0.32～0.8	适用于脏污，有气泡析出或含有固体微粒的流体	1.5
偏心孔板		100～1000	0.46～0.84		1～2

续表

节流件名称	适用管道 DN/mm	适用直径比 B (d/D)/mm	应用特点	流出系数 C 的不确定度/%
小孔板	12.5～40	0.2～0.75	适用于小管道流量	0.75
透镜式孔板	12.5～150	0.2～0.75	适用于高压常温小管道流量	0.6～0.75
端头孔板	≥15	0.2～0.62	—	1.5～2.0
双重孔板	25～400	0.2～0.8	适用于大流量	

注：生产厂为江苏中控自动化仪表有限公司，www.ybzhan.cn/st17675。

5.3.5 流体阻力式流量计

5.3.5.1 浮子流量计（转子流量计）

(1) 浮子流量计的结构与工作原理

浮子流量计是工业上和实验室最常用的一种流量计。它具有结构简单、直观、压力损失小且恒定、维修方便等特点，适用于测量通过管道直径 $D<150$mm 的小流量，也可以测量腐蚀性介质的流量。使用时流量计必须安装在垂直走向的管段上，流体介质自下而上地通过浮子流量计。

浮子流量计由两个部件组成，如图 24-5-53 所示。一件是从下向上逐渐扩大的锥形管；另一件是置于锥形管中且可以沿管的中心线上下自由移动的浮子。当测量流体的流量时，被测流体从锥形管下端流入，流体的流动冲击着浮子，并对它产生一个作用力（这个力的大小随流量大小而变化）；当流量足够大时，所产生的作用力将浮子托起，并使之升高。同时，被测流体流经浮子与锥形管壁间的环形断面，从上端流出。当被测流体流动时对浮子的作用力，正好等于浮子在流体中的重量时（称为显示重量），浮子受力处于平衡状态而停留在某一高度。分析表明：浮子在锥形管中的位置高度，与所通过的流量有着相互对应的关系。因此，观测浮子在锥形管中的位置高度，就可以求得相应的流量值。为了使浮子在锥形管的中心线上下移动时不碰到管壁，通常采用两种方法：一是在浮子中心装有一根导向芯棒，以保持浮子在锥形管的中心线做上下运动，如图 24-5-54 (a) ～ (d) 所示；另一种是在浮子圆盘边缘开有一道道斜槽，如图 24-5-54 (e) 所示。当流体自下而上流过浮子时，一面绕过浮子，同时又穿过斜槽产生一反推力，使浮子绕中心线不停地旋转，就可保持浮子在工作时不致碰到管壁。浮子可用不锈钢、铝、青铜等制成。

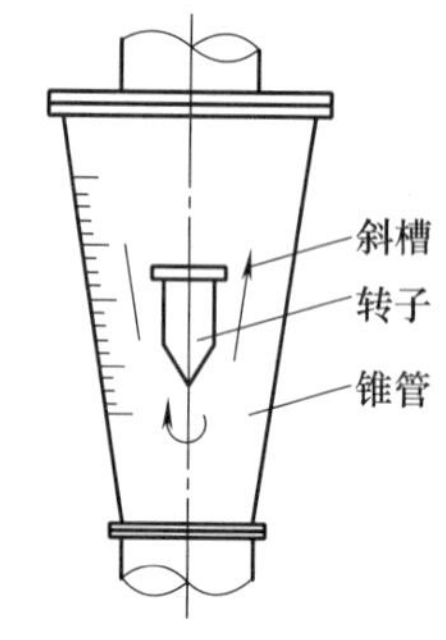

图 24-5-53 浮子流量计原理图

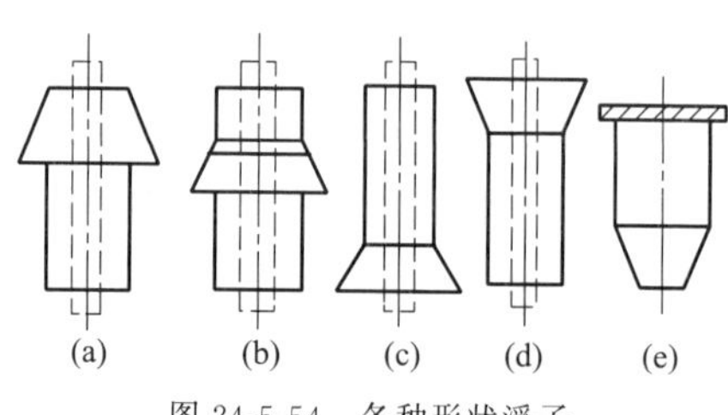

图 24-5-54 各种形状浮子

体积流量 Q 的基本方程式为

$$Q=\alpha\varepsilon\Delta F\sqrt{\frac{2gV_f(\rho_f-\rho)}{\rho F_f}}\quad (m^3/s) \tag{24-5-52}$$

当浮子为非实心中空结构（放负重调整量）时，有

$$Q=\alpha\varepsilon\Delta F\sqrt{\frac{2gV_f(G_f-V_f\rho)}{\rho F_f}}\quad (m^3/s) \tag{24-5-53}$$

式中 α——仪表的流量系数，因浮子形状而异；

ε——气体膨胀系数，如为液体则 $\varepsilon=1$；

ΔF——流通环形面积，m^2；

g——当地重力加速度，m/s^2；

V_f——浮子体积，如有延伸体亦应包括，m^3；

ρ_f——浮子材料密度，kg/m^3；

ρ——被测流体密度，如为气体是在浮子上游横截面上的密度，kg/m^3；

F_f——浮子工作直径（最大直径）处的横截面积，m^2；

G_f——浮子质量，kg。

(2) 浮子流量计的特点

浮子流量计使用于小管径和低流速、小流量。常用仪表口径 40～50mm 以下，最小口径做到 1.5～

4mm。玻璃管浮子流量计最大口径100mm，金属管浮子流量计为150mm。有较宽的流量范围度，一般为10∶1，最低为5∶1，最高为25∶1。流量检测元件的输出接近于线性。压力损失较低。浮子流量计可用于较低雷诺数，选用黏度不敏感形状的浮子，流通环隙处雷诺数只要大于40或500，雷诺数变化流量系数即保持常数。

玻璃管浮子流量计结构简单，价格低廉。在现场指示流量使用方便，缺点是有玻璃管易碎；金属管浮子流量计无锥管破裂的风险，与玻璃管浮子流量计相比，使用温度和压力范围宽。大部分结构浮子流量计只能用于自下向上垂直流的管道安装。没有上游直管段要求，或者说对上游直管段要求不高。

使用流体和出厂标定流体不同时，要作流量示值修正。液体用浮子流量计通常以水标定，气体用浮子流量计用空气标定，如实际使用流体密度、黏度与之不同，流量要偏离原分度值，要作换算修正。

(3) 浮子流量计的分类(表24-5-53)

(4) 浮子流量计选型

① 根据用途选用　浮子流量计适用于直接读数或测量精确度要求不高的现场，被广泛地用在电力、石化、化工、冶金、医药等流程工业和污水处理等公用事业。

② 类型和结构选择　浮子流量计的主要测量对象是单相液体或气体。因为浮子在液流中附着微粒或微小气泡均会影响测量值，所以对于含有固体微粒的液体或含有液滴的气体一般不适用。

廉价的玻璃管浮子流量计适用于现场指示，使用时，应选用透明防护罩，以防玻璃锥管破裂时的飞溅，用于气体时应选用导杆或带棱筋导向的仪表，以避免浮子击碎锥管。若温度或压力较高，则选用就地指示型金属管浮子流量计。需要远传输出信号作总量计算或流量控制时，一般选用电信号输出型金属管浮子流量计。如环境有防爆要求而现场又有控制仪表用气源，则优先考虑气远传金属浮子流量计，若选用电远传仪表则必须是防爆型。

测量不透明液体时选择金属管浮子流量计，也可选择带棱筋锥形管的玻璃管浮子流量计，借助浮子最大直径与棱筋接触的痕迹，判读浮子的位置。

测量温度高于环境温度的高黏度液体和降温时易析出结晶或凝固的液体，应选用带夹套的金属管浮子流量计。

③ 按介质密度的选择　通常，仪表的刻度，对于液体是常温水的标定值，对于气体是空气在工程标准状态(20℃，0.1013MPa)下的值。实际应用中，应通过密度换算选择合适的流量范围和口径。

④ 浮子形状和黏度影响　使用时，应考虑浮子的特点和流量示值受流体黏度影响。虽然体积流量基本方程式未包含流体黏度参数，但流量系数 α 在雷诺数 Re 低于某值时不是常数，而 Re 与流体黏度成反比。

表24-5-53　**浮子流量计的分类与特性**

分类方法	分　类	说　明
按锥形管材料	透明锥形管浮子流量计	透明锥形管材料用得最多的是玻璃。无导向结构仪表测量气体时，操作不慎，玻璃管易被击碎；透明工程塑料，例如聚苯乙烯、聚碳酸酯、有机玻璃等，具有不易击碎的优点
	金属管锥形管浮子流量计	与透明锥形管浮子流量计相比，可用于较高的介质温度和压力，且无锥管被击碎的潜在危险。典型结构是锥形管与壳体制成一体，也有锥管套入壳体的分离结构，改变流量规格只要调换不同圆锥角的锥管
按有无远传信号输出	就地指示型浮子流量计	以就地指示为主，用接近开关作流量上下限的报警信号输出。将浮子位移通过磁耦合传出，经连杆凸轮等线性化机构处理后就地指示
	远传信号输出型浮子流量计	远传信号输出型仪表的转换部分将浮子位移量转换成电流或气压模拟量信号输出，分别成为电远传浮子流量计和气远传浮子流量计
按被测流体	液体用、气体用和蒸汽用3种	大部分浮子流量计对于液体和气体在结构上通用。为了满足一定的流量规范，分成液体和气体两个系列。测量蒸汽只能用专门设计的金属管浮子流量计或在标准型仪表上加装附加构件 只是我国行业标准等[如JB/T 6844—93(该标准已作废)]规定流量上限 Q_{max} 必须符合(1，1.6，2.5，4或6)×10^n L/h的要求，为液体设计的仪表用于气体时，不符合要求，只能另行设计浮子和锥管
按流体通过流量计的量	全流型	被测流体全部流过浮子流量计的仪表
	分流型	只有部分被测流体流过浮子流量检测部分。分流型浮子流量计由装载主管道上标准孔板(或均速管)和较小口径浮子流量计组合而成，应用于管径大于50mm的较大流量和就地指示的场所。结构上分为分离型和一体型两种

一般流量仪表有一个黏度上限值，黏度小于上限值时，流量示值不受流体黏度的影响。有些型号浮子流量计的同一口径不同流量范围的浮子形状相同（重量不同，黏度上限值相近）；有些型号的浮子形状不同，黏度上限值也不同。

⑤ 示值分度、精确度和范围度　直读型仪表的流量示值分度有 D_t/d 比分度、百分比分度、直接流量分度和毫米分度四种。

D_t/d 比分度以浮子直径 d 与相应锥管内径 D_t 的比值表示，国内产品少采用。百分比分度以满度流量作为 100%，优点是流体物性或工况变化时，读数转换方便。直接流量分度以指定流体的工况或以标定条件的流量分度，当使用条件和指定条件不一致时，需换算，不及百分比分度方便。毫米分度是读取浮子高度后，查所附曲线或数据表，通常应用于只需判断浮子位置，不需确切流量的场所。有些型号仪表同时设有毫米分度和直接流量分度两种标尺。

浮子流量计为低中等精确度仪表。通用型玻璃浮子流量计的基本误差，口径小于 6mm 为 2.5%～5% FS，10～15mm 为 2.5% FS，25mm 以上为 1%～2.5%FS。金属管浮子流量计，就地指示型为 1～2.5%FS，远传型为 1～4%FS。耐腐型仪表的精确度还要低些。玻璃管浮子流量计范围度大部分为 10∶1，短管型仪表口径 100mm 则为 5∶1；金属管浮子流量计为 5∶1～10∶1。

⑥ 液体的压力温度和仪表的压力损失　被测流体的工作压力和温度应低于仪表的额定值。较高压力的气体和温度超过沸点的高压液体测量，不应选用玻璃管浮子流量计，应选用金属浮子流量计。

玻璃管浮子流量计的压力损失较小，小口径为 0.2～2kPa，10～100mm 口径为 2～8kPa；金属管浮子流量计一般为 2～8kPa，较高者为 18～25kPa。

（5）浮子流量计产品

LZB 型玻璃（塑料）浮子流量计（其参数见表 24-5-54）适用于气体、液体介质的流量，精度等级为 2.5/4.0；工作压力为≤ 1.0MPa；介质温度为 0～120℃。

表 24-5-54　LZB 型玻璃（塑料）浮子流量计产品参数表

产品型号	通径/mm	流量范围	
		液体	气体
LZB-2	2	0.4～4mL/min	6～60mL/min
		0.6～6mL/min	10～100mL/min
		1.0～10mL/min	16～160mL/min
		1.6～16mL/min	25～250mL/min
LZB-3	3	2.5～25mL/min	40～400mL/min
		4～40mL/min	60～600mL/min
		6～60mL/min	100～1000mL/min
		10～100mL/min	160～1600mL/min
LZB-4	4	1～10L/h	16～160L/h
		1.6～16L/h	25～250L/h
		2.5～25L/h	40～400L/h
LZB-6	6	2.5～25L/h	40～400L/h
		4～40L/h	60～600L/h
		6～60L/h	100～1000L/h
LZB-10	10	6～60L/h	100～1000L/h
		10～100L/h	160～1600L/h
		16～160L/h	250～2500L/h
LZB-15	15	16～160L/h	0.25～2.5m³/h
		25～250L/h	0.4～4.0m³/h
		40～400L/h	0.6～6.0m³/h
LZB-25	25	40～400L/h	1～10m³/h
		60～600L/h	1.6～16m³/h
		100～1000L/h	2.5～25m³/h
LZB-40	40	160～1600L/h	4～40m³/h
		250～2500L/h	6～60m³/h
LZB-50	50	400～4000L/h	10～100m³/h
		600～6000L/h	16～160m³/h

续表

产品型号	通径/mm	流量范围	
		液体	气体
LZB-80	80	1000～10000L/h	50～250m^3/h
		1600～16000L/h	80～400m^3/h
LZB-100	100	5000～25000L/h	120～600m^3/h
		8000～40000L/h	200～1000m^3/h

注：生产厂为杭州诺普泰克仪器仪表有限公司，www.norpu.com。

5.3.5.2 靶式流量计

(1) 靶式流量计的结构与工作原理

靶式流量计是以管内流动的流体给予插入管中的靶的推力 F 来测量流量的一种测量装置。它的结构如图 24-5-55 所示。当被测流体通过装有圆靶的管道时，流体冲击圆靶使其受推力 F 作用，经靶杆将力传递给粘有应变片的筒形弹性体上，应变电桥输出与力 F 成正比的电压信号，经前置放大、A/D 转换及计算机处理后，可得到相应的流量和总量大小。

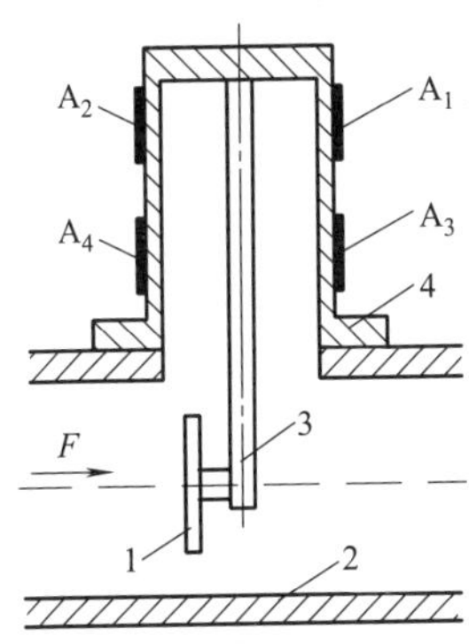

图 24-5-55 靶式流量计结构
1—靶；2—测量管；3—靶杆；4—筒形弹性体

流体流动给予靶的作用力可分成三个方面：靶对流体流动的节流作用所产生的净压差 $\Delta p=p_1-p_2$；流体流动的动压力 $\rho v^2/2$；流体的黏性摩擦力，这一项对于目前大多采用圆靶而言，可略去不计。所以，推力 F 主要由静压力差 Δp 和动压力 $\rho v^2/2$ 所组成。

$$F=A\left(\Delta p+\frac{\rho v^2}{2}\right)=A\left(k_1\frac{\rho v^2}{2}+k_2\frac{\rho v^2}{2}\right)=KA\frac{\rho v^2}{2} \tag{24-5-54}$$

式中 A——靶的受力面积，m^2；

ρ——流体的密度，kg/m^3；

v——流体的流速；

k_1，k_2——比例系数；$K=k_1+k_2$，靶上推力的比例系数。

由此得流速 v 为

$$v=\sqrt{\frac{2F}{KA\rho}} \tag{24-5-55}$$

则通过管道流体的流量为

$$q_V=A_0v=A_0\sqrt{\frac{2F}{KA\rho}} \tag{24-5-56}$$

式中 A_0——靶和管壁间的环形间隙面积，m^2，$A_0=\frac{\pi}{4}(D^2-d^2)$；

D——管道内径，m；

d——圆板靶外径，m。

则有

$$q_V=\sqrt{\frac{1}{K}}\frac{D^2-d^2}{d}\sqrt{\frac{\pi}{2}}\sqrt{\frac{F}{\rho}}\approx1.25K_\alpha D\left(\frac{1}{\beta}-\beta\right)\sqrt{\frac{F}{\rho}} \tag{24-5-57}$$

式中 $K_\alpha=\sqrt{\frac{1}{K}}$——靶式流量计的流量系数；

$\beta=\frac{d}{D}$——靶的结构参数。

若将 D、d 的单位用 mm，流量的单位用 m^3/h 或 kg/h，则靶式流量计的体积流量和质量流量可以分别写为：

$$q_V=4.5119K_\alpha D\left(\frac{1}{\beta}-\beta\right)\sqrt{\frac{F}{\rho}} \tag{24-5-58}$$

$$q_m=4.5119K_\alpha D\left(\frac{1}{\beta}-\beta\right)\sqrt{F\rho} \tag{24-5-59}$$

流量系数 K_α 与 β、D 及流体流动的雷诺数 Re 有关，它的数值由实验确定。例如当圆靶 $D=53$mm 时，对于结构系数分别为 $\beta=0.7$ 和 $\beta=0.8$ 的 K_α-β-Re 实验曲线如图 24-5-56 所示。由图可知，当 Re 值较大时 K_α 趋于某一常数，而当 Re 较小时，K_α 随 Re

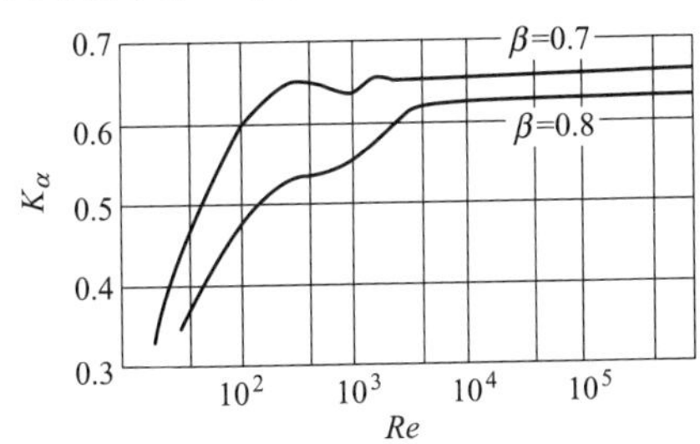

图 24-5-56 K_α-β-Re 实验曲线

第24篇

的减小而显著减小。在流量计的测量范围内，一般总希望 K_α 值能基本上保持常数，以保证流量计的测量误差不致超过允许值。另外，这种流量计与差压式流量计相比，它的流量系数 K_α 趋于常数的临界雷诺数较小，因此适于测量黏度较大的流体。靶式流量计的测量精度为2%～3%。

(2) 靶式流量计的特点

① 感测件无可动部件，结构简单牢固；

② 应用范围和适应性广泛，一般流体介质，包括液、气和蒸汽，口径范围在 *DN*15mm 以上，各种工作状态（高、低温，常压、高压）皆可应用；

③ 测量准确度可达0.2%；流速可低至0.08m/s；范围度可为4∶1～15∶1至30∶1；

④ 用于小口径（*DN*15～50mm），低雷诺数（$Re_d=10^3\sim5\times10^3$）的流体，可测量小口径蒸汽流量；

⑤ 可测量含有杂质（微粒）的脏污流体，如原油、污水、高温渣油、浆液、烧碱液、沥青等；

⑥ 可适应高参数流体的测量，压力高达数十兆帕，温度达450℃；

⑦ 可用于双向流动流体的测量；压力损失较低，约为标准孔板的一半；

⑧ 抗上游阻流件干扰能力强，上游侧直管段长度一般（5～10）*D* 即可；

⑨ 可采取干式（挂重法）校验，给用户周期校验带来方便；

⑩ 直读式仪表不需外能源，操作简便，可输出标准信号（脉冲频率或电流信号）；

⑪ 仪表安装简单方便，易维护，性能价格比高，经济实惠。

(3) 靶式流量计的产品与选型

伯尔特靶式流量计部分产品性能表见表24-5-55。

表24-5-55 **伯尔特靶式流量计部分产品性能表**

类型	500℃高温流量计	对夹式流量计	-200℃低温流量计	蒸汽流量计	防腐蚀、耐酸碱流量计
外形					
口径/mm	*DN*15～3000	*DN*15～500	*DN*15～3000	*DN*15～3000	*DN*15～3000
工作温度/℃	80～500	-200～500	-30～200	100～500	-200～500
连接形式	法兰，对夹，插入，锥管螺纹	国标(GB/T)系列，化工(HG)系列，机械(JB/T)系列	法兰，对夹，插入，锥管螺纹	法兰，对夹，插入，锥管螺纹	法兰，对夹，插入，锥管螺纹
典型应用	高温流体，如导热油等流体介质计量	气体：煤气，甲烷 液体：重油，硫酸 蒸汽：过热蒸汽等	-196℃氮、液氧等低温流体介质的计量	过热蒸汽，饱和蒸汽	酸、碱性等腐蚀性介质液体、气体的计量
精度/%FS	±0.5～±1.5				
量程比	1∶15				
公称压力/MPa	0.6～42				
壳体材料	碳钢；不锈钢(或按用户要求协商提供)				
供电方式	内置3.6V DC锂电池；外供24V DC(带信号输出)				
输出信号	4～20mA二线制，脉冲0～1000Hz，RS232/RS485(或按用户要求协商提供)				
防护等级	IP65，IP67				
防爆标志	本安型ExiallCT4，隔爆型ExdllCT4				
执行标准	Q/BET05-06				
表头显示	累积流量，瞬时流量，工况温度；工况压力(温压补偿式才有)；棒状满量程百分比；故障自检				

注：生产厂为陕西伯尔特新技术有限责任公司，www.xabolt.com。

第24篇

第 6 章　柔性制造过程中的传感器

柔性制造系统（FMS）是指以数控机床或加工中心为基础，再加上物料运输系统组成的生产系统，主要由计算机控制，可以连续地进行多品种工件的加工。该系统主要适合中小批量、形状比较复杂和多品种的零件的管理及生产。典型柔性制造系统如图 24-6-1 所示。

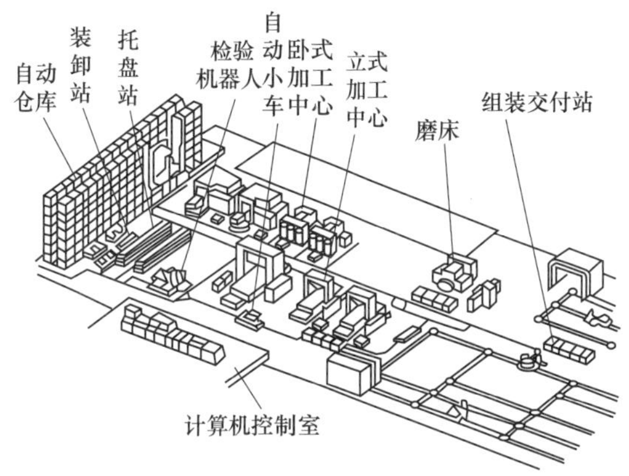

图 24-6-1　典型柔性制造系统示意图

开发 FMS 为的是在多品种中小批量生产中以最少的设备获得最高的生产率，并以自动化进而无人化为目标。因此，要求设备乃至整个系统必须具备相当于熟练操作工人感观所具备的判断能力，以及远远超出人的感官所能觉察到的高尺寸精度等的检测能力。

FMS 的核心是 NC 机床，因此，对于数控机床的实时监控，要由 FMS 中的传感器来完成。为使 FMS 中的数控机床具有柔性，采用了自动更换刀具的机械加工中心和车削加工中心，它们将工件由坯自动地加工出所需要的足够高的加工精度。影响工件尺寸精度的因素很多，如表 24-6-1 所示。为了不使精度受这些因素影响而降低，就需要可检测这些变动因素的传感器。另外，为实现无人化，则需要具有监视功能的传感器，以监视机床要求的功能的变动情况，如表 24-6-2 所示。

表 24-6-1　影响工件尺寸精度的因素

机床	静刚度、振动、热变形、运动轨迹、音响、润滑剂、切削力、切削速度、切削热、进给速度、切削深度
刀具	安装状况、静刚度、振动、热变形、磨损、破损、寿命、补偿
被加工工件	装卡状况、静刚度、热变形、振动
环境	切屑、油液温度

表 24-6-2　机床要求的功能

功能			监视对象
加工功能	运动功能		工具交换、切屑处理、工作液处理
	工件供给功能		工件装卡、夹具安装
	控制功能		数控装置、程序处理
监视功能	加工状态监视功能	机床	误动作、主轴回转、主轴负荷、进给驱动、振动、音响、热、磨损
		刀具	误选择、破损、磨损、寿命
		工件	袋卡、尺寸精度、精加工表面光洁度
		其他	切屑、工作液
	机床状态监视功能		故障诊断、火灾检测、尘埃检测

在 FMS 的加工中心等机床上通常用自动装料装置或工业机器人来装卸工件，有时也设置自动储料库。这些装置和设备需具备识别功能或感觉功能。

6.1　用于工件尺寸及位置检测的传感器

6.1.1　光栅位移传感器

光栅是闭环位置伺服系统中用得较多的测量装置，可用作位移或转角的检测，且测量输出的信号为数字信号。它的测量范围大，测量精度高，可达几微米。光栅传感器把被测位移量转变为电信号，经前置放大和电路处理后，送入下位机进行综合运算处理后输出，并通过 LED 显示。目前在精密机加工和数控机床中采用的精密位移数控系统框图如图 24-6-2 所示。

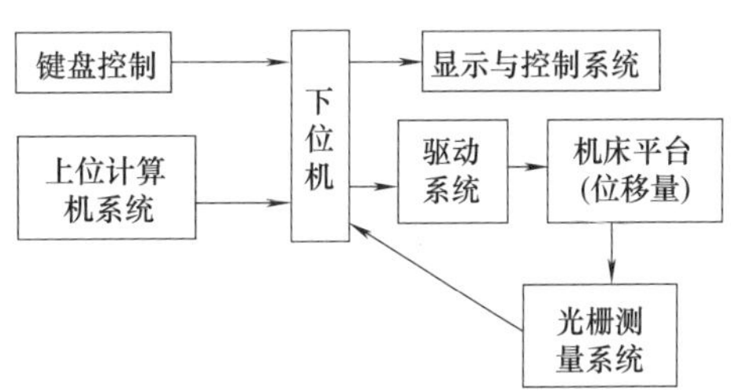

图 24-6-2　精密位移数控系统框图

(1) 光栅尺分类

数控机床应用的有增量光栅尺、绝对光栅尺及带

"距离码参考标记"的增量光栅尺三种。

① 增量光栅尺　增量光栅尺的输出信号为计数脉冲（A/B相）与零脉冲（Z相），零脉冲用来确定计数的参考点，两相计数信号用来确定相对位移与鉴别转向，通过内置或外置细分电路转换成TTL脉冲或HTL脉冲输出，分辨率可达微米及纳米级。

② 绝对光栅尺　绝对光栅尺采用编码的方式直接输出绝对位置数据，一般采用垂直编码的物理刻度，利用宽度与栅距相等的集成式光电池来检测绝对位置。为了提高位置分辨率，光栅尺附加有正余弦增量检测通道，通过细分，位置分辨率可达0.005pm。数控机床从光栅尺上获得绝对位置数据，既不需要电池保持数据，也不需要回参考点操作，位置数据不能调整与改变。

③ 带"距离码参考标记"的增量光栅尺　带"距离码参考标记"的增量光栅尺增加了位于"零点标记"间的"距离码参考标记"刻度，距离码参考标记的间隔一般比零点标记间隔大一个栅距，使得它与相邻零点标记的相对位置产生变化，CNC可根据这一变化来区分当前组增量计数脉冲在光栅尺上的实际位置。数控机床只要在任意位置移动两倍以上的零点标记间隔便可确定绝对位置，不需要用参考点减速开关选定计数的起始零脉冲。

带"距离码参考标记"测量系统在往返移动一小段距离后重新确定绝对位置，与传统参考零位相比，使用起来更为便利，长轴（几十米）应用优势更加显著。

（2）光栅尺安装

① 基面安装。光栅尺不能安装在粗糙不平的机床身上，更不能安装在打底漆的机床身上。检查主尺安装面与导轨运动方向的平行度达到0.1mm/1000mm以内。

② 标尺光栅安装。长度超过1500mm光栅，安装时不能只固定两端，需在中间加装支撑结构，或用卡子卡住尺身中点（或几点），测量标尺光栅与导轨运动方向平行度，保证在±0.01mm/1000mm范围内。

③ 指示光栅中读数头安装。保证读数头基面达到安装要求，读数头与主尺的间隙在1～1.5mm之间，若太近或太远，会把读数头蹭坏或刮破尺身内的刻度线，造成报废。

④ 限位装置安装。安装限位装置，以免移动时读数头冲撞到光栅两端，损坏光栅尺。选择超出机床行程100mm左右的光栅尺，留有余量。

⑤ 轻拿轻放，安装时请勿敲击，安装后运动平稳无振动。

⑥ 连接信号的电缆应远离干扰源，与强电分离，接地良好。

⑦ 信号电缆线应短距离配线，采用电阻小、线间电容低的电缆线（双绞线、屏蔽线）。

⑧ 保证设备棱角、丝杠等刮挤电缆线，不被铁屑烫伤。

⑨ 加装护罩，具备防水防油能力。

（3）光栅尺使用注意事项

① 插拔光栅尺读数头及数显表插头时，应在断电的情况下操作。

② 及时清理溅落在保护罩尺上的切屑和油渍，防止任何异物进入光栅尺壳体内部。

③ 定期检查螺钉是否松动，尤其是用以固定读数头的螺钉。

④ 若有条件，光栅尺内通入过滤、干燥的压缩空气，防止光栅尺周围的油、液、气进入光栅尺内部而污染光栅尺。

⑤ 为保证光栅尺可靠工作，可每隔一定时间用无水乙醇冲洗，用丝绸布擦拭光栅尺面及指示光栅面，保持玻璃光栅尺面清洁。

⑥ 不能任意改动指示光栅尺与标尺光栅尺相对间距，否则可能降低测量精度或损坏栅线，造成光栅尺报废。

⑦ 避免在有严重腐蚀的环境中使用，以免腐蚀光栅尺表面，破坏光栅尺质量。

⑧ 在光栅尺密封条上均匀涂上一薄层硅油，延长防尘密封条的寿命，注意勿溅落在玻璃光栅刻划面上。

（4）光栅尺典型故障

① 测量控制板故障，系统报警；

② 测量数据丢失；

③ X 轴系统无指令自行窜动；

④ Y 轴不能正确返回参考点；

⑤ 系统不定时报警。

6.1.2 脉冲编码器

增量式编码器通常装在被检测轴上，随被测轴一起转动，可将被测轴的角位移转换成增量脉冲或绝对式的数字代码，是数控机床上使用广泛的一种旋转式检测元件。增量式编码器俗称脉冲编码器，一般有接触式、光电式、电磁式三种。光电式脉冲编码器没有接触磨损，码盘寿命长，允许转速高，精度较高，在数控机床上主要使用光电式脉冲编码器。

图24-6-3所示为光电式脉冲编码器的原理示意图。它由光源5、透镜6、光电码盘4、光栅板7、光敏元件8和信号处理电路等组成。随着码盘的转动，光敏元件输出的信号是正弦波，光栅板的两个狭缝距

离和码盘上两个狭缝之间的距离相差 1/4 的节距，这样使两个光敏元件得到的两路信号相差 π/2 的相位，据此可以测量出码盘的转动方向。由于脉冲编码器每转过一个狭缝就发出一个脉冲信号，由此可得出如下结论：

① 根据脉冲的数目可得出工作轴的回转角度，然后由传动速比换算为直线位移距离；

② 根据脉冲的频率，可得输入轴的转速；

③ 根据光栅板上两条狭缝中信号的先后顺序，可判断工作轴的正反转。

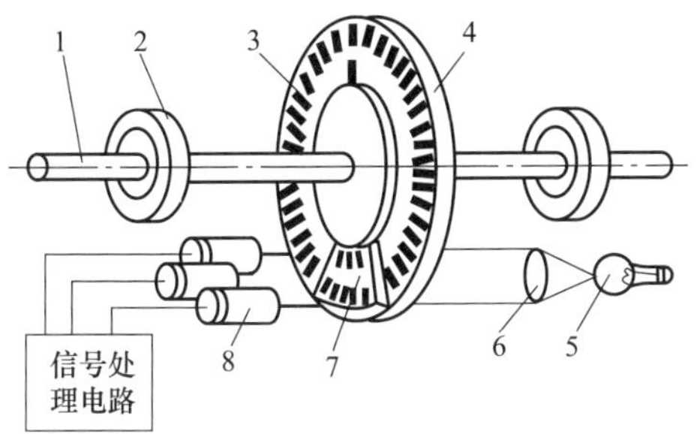

图 24-6-3 光电式脉冲编码器原理示意图

(1) 脉冲编码器主要参数

① 分辨率。脉冲编码器的测量精度取决于它所能分辨的最小角度，该最小角度也叫作脉冲编码器的分辨力，与码盘圆周上的狭缝数有关。光电编码器的分辨率是以编码器轴转动一周所产生的输出信号基本周期数来表示的，即脉冲数/转。

② 精度。增量式光电编码器的精度与分辨率无关。精度是一种度量在所选定的分辨率范围内，确定任一脉冲相对另一脉冲位置的能力。精度通常用角度、角分或角秒来表示。编码器的精度与码盘透光缝隙的加工质量、码盘机械旋转机构的制造精度以及安装技术有关。

③ 输出信号的稳定性。编码器输出信号的稳定性是指在实际运行条件下，保持规定精度的能力。影响编码器输出信号稳定性的主要因素是温度漂移、外界加于编码器的变形力以及光源特性的变化。

④ 响应频率。编码器输出的响应频率取决于光电检测器件、电子处理线路的响应速度。当编码器高速旋转时，如果其分辨率很高，那么编码器输出的信号频率将会很高。如果光电检测器件和电子线路元器件的工作速度与之不能相适应，就有可能使输出波形严重畸变，甚至产生丢失脉冲的现象。

(2) 脉冲编码器在数控机床中的典型应用

① 伺服系统全/半闭环控制。

② 主轴速度控制：主轴与坐标轴同步控制、恒线速切削控制、主轴定向控制。

③ 主轴定向控制。

④ 移动部件速度检测：测量脉冲频率法、测量脉冲周期法。

⑤ 回参考点控制。

⑥ 刀库、刀架及旋转工作台控制。

(3) 编码器安装

① 安装位置受限时，设计机械支撑部分，保证编码器稳定可靠。

② 确保编码器轴伸端轴向和径向不能受力，尽量采用软连接，如弹性联轴器。

③ 连接至主轴或丝杠的尾部可提高速度和位移的反馈精度。

④ 同步带连接方式下，当高速旋转时，会导致编码器轴伸端轴向和径向受力增加，需要加装过渡轴承，减少对编码器的损伤。

⑤ 采用齿轮连接时，调整好两个齿轮间隙，保证编码器轴伸端径向不受力。

⑥ FANUC 分离式编码器，注意磁头和齿环安装间隙为 0.15mm，并保持均匀。安装后，用洁净干燥的空气清理编码器（磁头和磁环）。

⑦ 轻拿轻放，安装时请勿敲击。安装后转动平稳无振动，高速不打滑。

⑧ 连接信号的电缆远离干扰源，与强电分离，接地良好。设备运转时不能磨压电缆线。

⑨ 避免噪声干扰，电缆线应短距离配线，采用电阻小、线间电容低的电缆线（双绞线、屏蔽线）。

⑩ 编码器安装位置要远离水及腐蚀性源，防止腐蚀。

(4) 编码器使用事项

① 防污和防振：编码器集光、机、电于一体，是精密测量器件。污染会造成光信号丢失或减弱，振动造成紧固件松动或脱落，引起内部短路。

② 防止连接松动：松动会使速度、位移反馈信号不正确或突变，引起伺服系统控制不稳，严重时运动部件会窜动，造成人身和设备事故。

(5) 编码器典型故障

① 主轴转速检测：加工过程中偶尔进给不稳定，出现皮带断裂而撞坏刀具；

② 返回参考点找不到零点；

③ 误差寄存器报警；

④ 数控车床电动刀架不能正确换刀；

⑤ 工件表面出现周期性振纹；

⑥ 主轴驱动放大器报警。

6.1.3 感应同步器

感应同步器是利用两个平面印刷绕组（其间保持

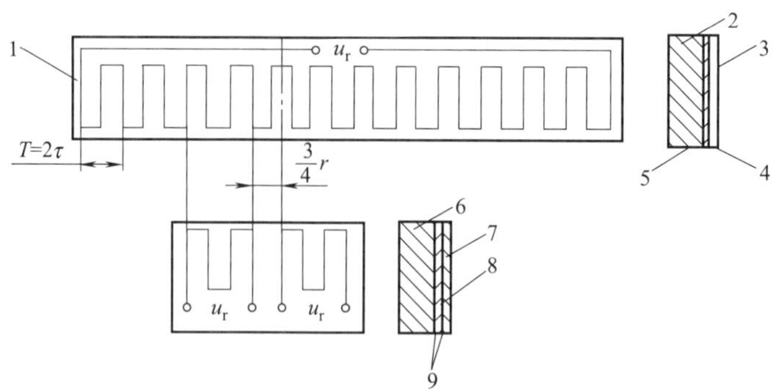

图 24-6-4 直线感应同步器结构示意图

1—定尺；2,6—基板；3—耐切削液涂层；4,8—铜箔；5,9—绝缘黏结层；7—铝箔，10—余弦励磁绕组；11—正弦励磁绕组；12—滑尺

均匀气隙 0.25mm±0.1mm）相对平行移动时，其互感随位置而变化的原理工作的。

图 24-6-4 为直线感应同步器的结构示意图，它由定尺和滑尺组成，当在滑尺的正弦、余弦励磁绕组加上交流励磁电压时，定尺上的连续绕组会有感应电压输出。感应电压的幅值和相位与励磁电压有关，也与滑尺和定尺的相对位移有关。

感应同步器的安装结构由定尺组件、滑尺组件和防护罩三部分组成，定尺组件与滑尺组件分别由尺子和尺座组成，它们分别安装在机床的不动和移动部件上。

感应同步器安装时应该注意以下问题：

① 定尺侧母线与机床导轨基准面 A 的平行度允许差为 0.1mm/全长，定尺安装平面与机床导轨基准面 B 的平行度允许差为 0.04mm/全长；

② 滑尺侧母线与机床导轨基准面 A 平行度允差为 0.02mm/全长，滑尺安装平面与机床导轨基准面 B 平行度允差为 0.01mm/全长 ；

③ 定尺基准侧面与滑尺基准侧面相距 88mm±0.1mm；

④ 定尺、滑尺之间间隙为 0.25mm±0.05mm；

⑤ 定尺、滑尺四角间隙差不大于 0.05mm；

⑥ 定尺安装面的曲挠度，每 250mm 应小于 0.01mm。

6.1.4 旋转变压器

旋转变压器（resolver/transformer）是一种电磁式传感器，又称同步分解器。它是一种测量角度用的小型交流电动机，用来测量旋转物体的转轴角位移和角速度，由定子和转子组成。其中定子绕组作为变压器的原边，接受励磁电压，励磁频率通常用 400Hz、3000Hz 及 5000Hz 等。转子绕组作为变压器的副边，通过电磁耦合得到感应电压。

（1）旋转变压器类型

按输出电压与转子转角间的函数关系，主要分三类：

① 正-余弦旋转变压器：其输出电压与转子转角的函数关系成正弦或余弦函数关系。

② 线性旋转变压器：其输出电压与转子转角成线性函数关系。线性旋转变压器按转子结构又分成隐极式和凸极式两种。

③ 特种旋转变压器：其输出电压与转角可成正割函数、弹道函数、对数函数等特殊函数输出。

（2）旋转变压器主要技术参数

① 额定电压：指励磁绕组应加电压，有 12V、16V、26V、36V、60V、90V、110V、115V、220V 等几种；

② 额定频率：指励磁电压频率，有 50Hz 和 400Hz 两种；

③ 变比：开路输出电压与励磁电压比值，有 0.15、0.56、0.65、0.78、1.0 和 2.0 几种；

④ 输出相位移：输出电压与输入电压的相位差；

⑤ 开路输入阻抗（空载输入阻抗）：输出绕组开路时，从励磁绕组部分观察得到的等效阻抗值，标准开路阻抗有 200Ω、400Ω、600Ω、1000Ω、2000Ω、3000Ω、4000Ω、6000Ω 和 10000Ω 等几种。

（3）旋转变压器的误差种类

① 函数误差；

② 零位误差；

③ 线性误差；

④ 电气误差。

（4）旋转变压器的等级精度（表 24-6-3）

表 24-6-3　旋转变压器的等级精度

精度等级	0 级	Ⅰ级	Ⅱ级	Ⅲ级
函数误差/%	0.05	0.1	0.2	0.3
零位误差/(′)	3	6	12	18
线性误差/(′)	2	4	8	18
电气误差/(′)	5	10	20	30

(5) 旋转变压器的使用原则

① 旋转变压器应尽可能在接近空载的状态下工作。因此，负载阻抗应远大于旋转变压器的输出阻抗。两者的比值越大，输出电压的畸变就越小。

② 使用时首先要准确地调准零位，否则会增加误差，降低精度。

③ 励磁一方只用一相绕组时，另一相绕组应该短路或接一个与励磁电源内阻相等的阻抗。

④ 励磁一方两相绕组同时励磁时，即只能采用二次侧补偿方式时，两相输出绕组的负载阻抗应尽可能相等。

6.1.5　磁栅尺

磁栅尺的运用可使数控机床对各线性坐标轴进行全闭环控制，消除传动误差、高速运转时传动机构所产生的热变形误差以及加工过程中传动系统磨损而产生的误差，提高机床的定位精度、重复定位精度以及精度可靠性。它作为提高数控机床位置精度的关键部件受到了用户的青睐。

磁栅尺具有防尘、防水、防振动和防油能力并且各项技术指标均能满足数控机床的加工精度及其稳定性的要求，因而在数控机床中得到了广泛应用。

(1) 磁栅尺性能

① 数控机床配置线性磁栅尺是为了提高线性坐标轴的定位精度、重复定位精度，所以磁栅尺的准确度等级是首先要考虑的，磁栅尺准确度等级有±0.01mm、± 0.005mm、± 0.003mm、±0.025mm，基本满足数控机床设计精度要求。而且磁栅尺的磁性载体的热膨胀系数与机床光栅尺安装基体的热膨胀系数基本一致，另外磁栅尺最大移动速度可达 400m/min 以上，长度可达 200m 以上，完全满足任何数控机床设计要求。

② 磁栅尺测量方式有增量式磁栅尺和绝对式磁栅尺，可满足数控机床的各种要求。增量式磁栅尺参考点有循环参考点和固定参考点两种方式可以选择作为坐标轴找参考点位置，绝对式磁栅尺则可以选择任意一点作为坐标轴找参考点位置。

③ 磁栅尺的输出信号分为电流正弦波信号、电压正弦波信号、TTL 矩形波信号和 TTL 差动矩形波信号四种，可以与各种数控系统相匹配。

(2) 磁栅主要技术参数

① 读数头参数：分辨率；输出；线长。

② 磁栅尺带参数：磁栅尺精度；磁栅尺长度；磁间距。

(3) 磁栅尺的安装

① 准备栅尺和安装表面；

② 安装栅尺导轨；

③ 将栅尺放入栅尺导轨中；

④ 安装栅尺；

⑤ 取下栅尺导轨；

⑥ 确保粘接牢固；

⑦ 贴盖条。

(4) 磁栅尺使用注意事项

① 磁栅尺安装后远离磁场环境；

② 磁栅尺在使用的过程中远离带磁的金属；

③ 磁栅尺在使用的过程中远离高温环境；

④ 磁栅尺在使用过程中远离油污等。

6.2　用于加工状态检测的传感器

加工状态的检测主要是检测切削力、刀具破损及机床故障等。

6.2.1　压电石英晶体三维力传感器

(1) 工作原理

压电石英晶体三维力传感器的结构如图 24-6-5 所示。

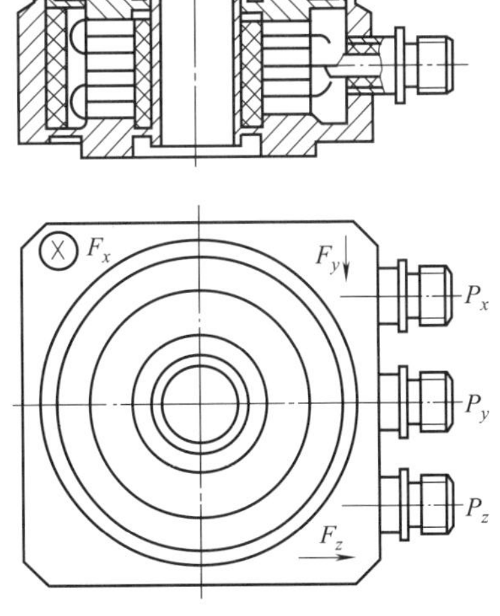

图 24-6-5　压电石英晶体三维力传感器的结构

这种传感器由三对不同切型的石英晶片装入壳体内构成。其中一对采用具有纵向压电效应的切片，只能测量垂直平台的 Z 向力；而另外两对晶片由于采用具有切向效应的切型，且相互灵敏度方向成90°放置，因此可测 X、Y 向的分力。这样空间任何方向的力作用在传感器上时，传感器便能自动地将力分解为空间相互正交的三个分力。

（2）传感器的特点

① 刚性好。石英的弹性系数 $E=8000\text{kg/mm}^2$，而通常石英晶片厚度只有约1mm，因此整个传感器的刚度相当于一个实心铸铁块的刚度。

② 灵敏度高。因为压电传感器属于“无位移”型传感器，理论上电荷量只与应力有关，而与位移无关，这样系统的刚性可以大些，而对灵敏度没有太大的影响。

③ 线性好，而且一般情况下几乎没有滞后现象。

④ 频率响应宽。特别适合动态测量，X、Y 两向固有频率均在5kHz以上，而 Z 向固有频率可达25KHz以上，若装在合适结构中，频响还可提高。

⑤ 稳定性好。时间老化率低，无热释电现象，对温度敏感性比电阻电感传感器要小得多，因此灵敏度基本保持为常数。

⑥ 调整、使用方便。压电系统没有绝对零点，可以选定任意给定的状态作为零点。在准静态测量中，力的动态部分比稳态部分小很多。若希望将动态部分放大或只显示动态部分，只需将电荷放大器清零，并且将灵敏度换到高挡即可，而不管静态部分的大小。这一点对自适应控制和用概率论方法进行数据处理十分有意义。

（3）传感器基本性能指标

① Z 向测力范围；

② X、Y 向测力范围；

③ 分辨率；

④ Z 向灵敏度；

⑤ X、Y 向灵敏度；

⑥ 刚度；

⑦ 固有频率；

⑧ 非线性；

⑨ 横向干扰；

⑩ 绝缘电阻；

⑪ 应用温度范围。

（4）使用注意事项

① 测力仪和电荷放大器应有可靠接地，最好设置专门的地线，使整个测力系统有一个统一的地线。

② 使用前，将测力仪的输出线短接放电，但千万不能将电荷放大器输入端短接。

③ 电荷放大器未测试之前，应始终处于复位状态。

④ 应根据被测信号大小和性质，合理选择电荷放大器的量程和挡位，以便提高测量精度和减小噪声。

⑤ 压电测试的绝缘电阻应保持为1013Ω。

⑥ 所有的插头、插座应保持干燥、清洁；信号输出线不要沾灰尘，也不要用手摸。当接头不用时，用罩罩住。

⑦ 测力仪与电荷放大器之间的电缆必须高度绝缘。

⑧ 当测力仪不用时，应将其放到盒中保护。

⑨ 当长时间使用时，尽可能保持测力平台的温度不变。

⑩ 此测力平台只适用于特定的工作环境。

⑪ 严禁强烈碰撞测力仪或使其受到任何强烈冲击。因为此类冲击力可能超过测力范围，而导致仪器损坏。

⑫ 严禁擅自拆卸测力平台。

（5）安装及操作规程

① 测力仪的安装必须由熟悉本仪器并能胜任此工作的人来负责。

② 测力仪使用之前，应检查电缆是否损坏；检查插头和插座是否干燥、清洁；检查导线引出处是否密封。

③ 测力仪的安装表面应确保平整（与测力仪的底面一样需铣削或刮研）和清洁，以防产生附加剪应力使相间干扰增大。

④ 用螺栓将测力仪和安装表面（如工作台等）连接起来。

⑤ 保证测力仪的放置平整，微小的间隙也将会引起弹性变形，而减小固有频率。

⑥ 为了导线在工作时不被切断或扯断，应加以防护。

（6）常见故障分析及其排除（表24-6-4）

表24-6-4 三维力传感器常见故障分析

现　　象	原　　因	排除方法
电荷放大器无输出	①信号线断路 ②测力仪出故障 ③电荷放大器失灵	①检查各部分线路 ②将测力仪返回本研究所维修或更换 ③将电荷放大器返回生产厂家维修或更换

续表

现　　象	原　　因	排 除 方 法
不能进行准静态测量（信号漂移大）	①测量环节绝缘性能差 ②电荷放大器下限频率过高 ③电荷放大器工作不正常 ④电缆屏蔽不良	①检查各部分的绝缘电阻，清洗并干燥插头、插座 ②下限频率放于“Lower”处 ③按电荷放大器的使用说明书检查其性能指标 ④对电缆（特别是信号线）和接头处加屏蔽措施
测量时电荷放大器过载	被测力超过所选量程	选择电荷放大器更大的量程
被加工工件表面有颤振痕迹	测试系统的刚度低	检查测力仪和工件的安装，或改变切削用量

6.2.2　电阻应变式传感器

电阻应变式传感器应用广泛，目前主要用于测量力、力矩、压力、加速度、质量等参数。电阻应变式传感器主要利用金属电阻应变效应制成敏感元件，是测量微小变化的理想传感器。电阻应变式传感器在数控机床上主要应用于切削力的测量。

（1）八角环电阻式车削测力仪

八角环电阻式三向车削测力仪是在一块整体钢材上加工出 2 个八角环而形成的，在下环和下环的各个表面共粘贴有 20 片电阻应变片，组成 3 个电桥，分别测量 F_z、F_y、F_x。通常八角环电阻式三向车削测力仪有两种结构：卧式八角环电阻式三向车削测力仪，该八角环（上下环）作为弹性元件，其上粘贴电阻应变片；立式八角环电阻式三向车削测力仪，该八角环（前后环）作为弹性元件，它采用了端面粘贴应变片测三向力的原理，其结构图如图 24-6-6 所示。

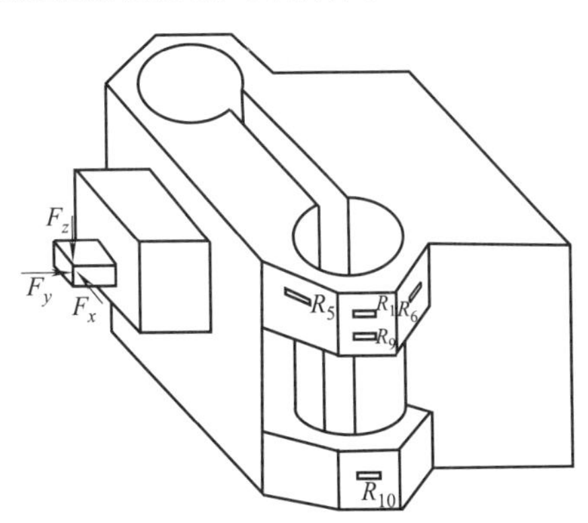

图 24-6-6　立式八角环电阻式车削测力仪

（2）两向车削测力仪

两向车削测力仪见图 24-6-7。八个电阻应变片贴在弹性杆件矩形截面部分。在主切削力作用下，应变片 R_1、R_4 受张力，R_2、R_3 受压应力，R_1、R_4、R_2、R_3 组成全桥，电桥输出代表 F_z。由进给抗力 F_x 对主切削力 F_z 产生的干扰将使 R_1、R_2 受张力，R_4、R_3 受压应力。根据电桥平衡原理，当 R_1、R_2 电阻增量与 R_4、R_3 电阻减小量相同时，将由电桥自行补偿消除这项干扰对电桥输出的影响。同理，由 R_5、R_6、R_8、R_7 组成全桥测定进给抗力 F_x。F_z 对 F_x 的干扰也将由电桥自行补偿。

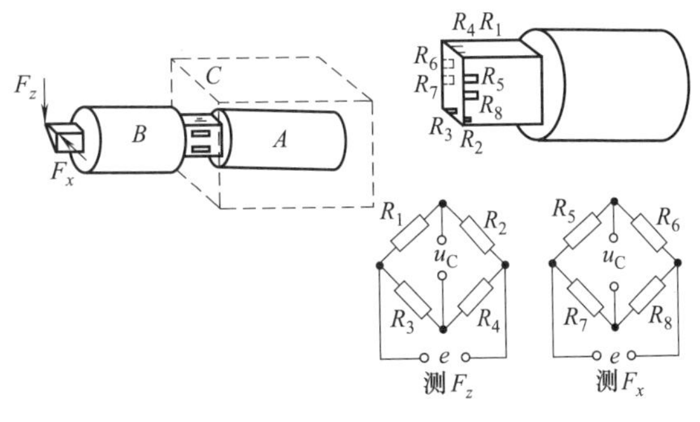

图 24-6-7　两向车削测力仪

（3）双端固定梁式车削测力仪

测力仪的弹性变形部分是中间的圆棒（图 24-6-8），中间可装车刀。应变片 R_1～R_4 沿棒的顶面及底面粘贴，与轴线成 45°，它们彼此互相平行。这些应变片是测量由于主切削力 F_z 引起的扭转应力，应变片 R_1 和 R_4 受张应力，R_2 和及 R_3 受压应力。应变片 R_1～R_4 连接成全桥，由于进给抗力引起的干扰将由应变片彼此补偿。

应变片 R_5～R_8 贴于棒的前面和后面。在力 F_x 作用下应变片 R_5 和 R_8 受张应力，R_6 和 R_7 受压应力。R_5～R_8 组成全桥，同样由 F_z 引起的干扰将自行补偿。

（4）弹性膜板式车削测力仪

弹性膜板由轮缘固定在支承座上，中间方孔固定刀具（图 24-6-9）。应变片 R_1～R_4 测主切削力 F_z，R_5～R_8 测吃刀抗力 F_y，R_9～R_{12} 测进给抗力 F_x。

在 F_z 作用下，R_1 和 R_4 受张应力，R_2 和 R_3 受压应力，R_1～R_4 组成全桥。在此同时，F_y 对 Z 向的干扰将引起 R_1 和 R_3 受压应力，R_2 和 R_4 受张应力，

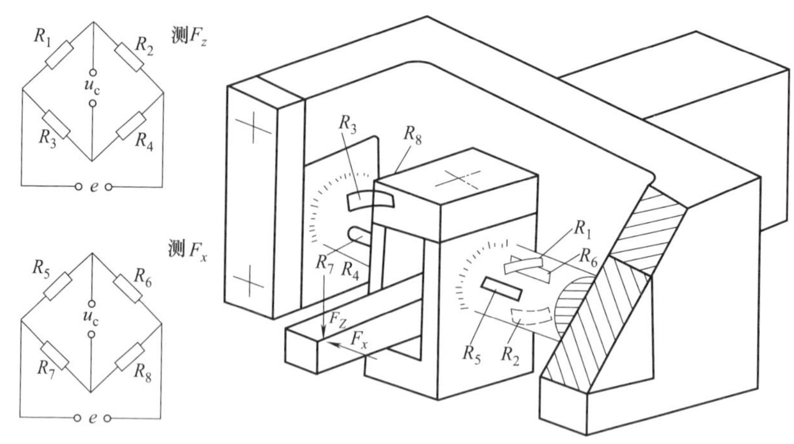

图 24-6-8 双端固定梁式车削测力仪

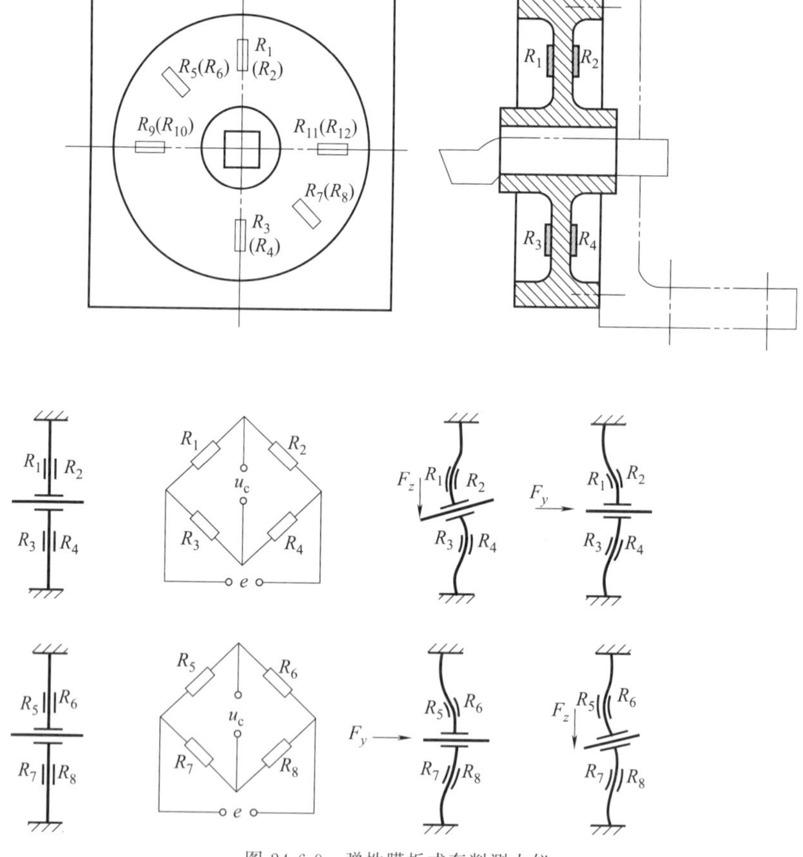

图 24-6-9 弹性膜板式车削测力仪

在电桥上可自行补偿。进给抗力 F_x 对 F_z 的干扰很小，因为 R_1～R_4贴在对称线上，而且 F_x 引起的影响在此电桥中是自行补偿的。同理 R_5～R_8 测 F_y，R_9～R_{12}测 F_x 时，各力之间的相互干扰可由电桥自行补偿。

（5）四向铣削测力台

这种测力台（图 24-6-10）同时测四个切削分力：两个水平方向的分力 F_x、F_y，垂直力 F_z 和围绕垂直轴作用的转矩 M_z。测力台的弹性元件为四个八角环，F_x 由环 B 和 C 测量，F_y 由环 A 和 D 测量，F_z 由四个环测量，转矩 M_z可由 A 及 B 测量。这种测力台可用于铣削、钻削、刨削等，被称为万能测力台。

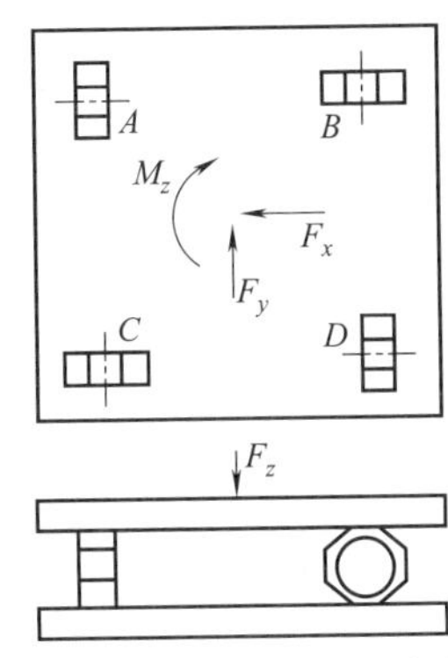

图 24-6-10　四向铣削测力台

（6）三向铣削测力台

这种测力台可以测量铣削过程中的进给力 F_x、垂直力 F_z、刀杆轴向力 F_y。其电阻应变片粘贴位置及其电桥接法如图 24-6-11 所示。

（7）薄壁圆筒式钻削测力仪

这是一种可测轴向力 F_z 及转矩 M_z 的两向钻削测力仪（图 24-6-12）。电阻应变片 R_1、R_4、R_2、R_3 沿薄壁圆筒纵向及横向粘贴，可测 F_z；R_5、R_8、R_6、R_7 与轴线成 45°方向粘贴，可测 M_z。

（8）桁架变形筋式钻削测力仪

这种钻削测力仪的主体由一个零件构成，应变片贴在四个直立筋上，可测轴向力 F_z、转矩 M_z、径向力 F_x 和 F_y。电桥接法如图 24-6-13 所示。

（9）外圆磨削测力仪

测定外圆磨削力最简便的方法是利用测力顶尖（图 24-6-14）。应变片贴在顶尖削扁部分，导线可通过中心孔引出，密封套可防止冷却液浸入。

外圆纵磨时，磨削分力的作用点一直在变化，因此每个顶尖受力是变化的，但是两个顶尖受力之和必然等于 P_y 力。如果采用两个测力顶尖，并把它们的应变片串接起来组成电桥，就不会受磨削力作用点位置变化的影响。同理可以测得切向分力 F_z。

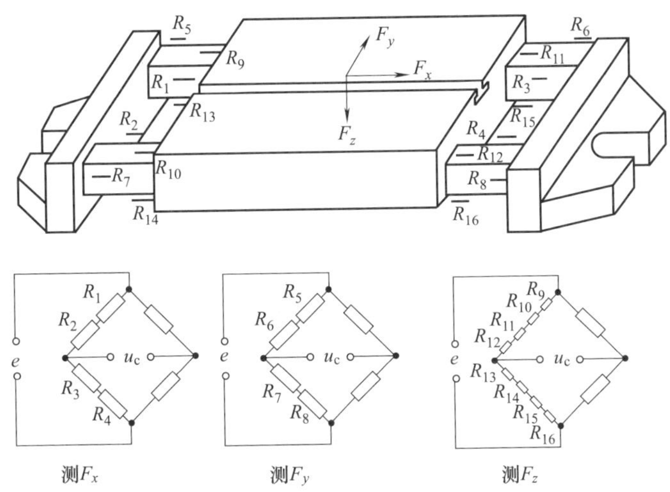

图 24-6-11　三向铣削测力台

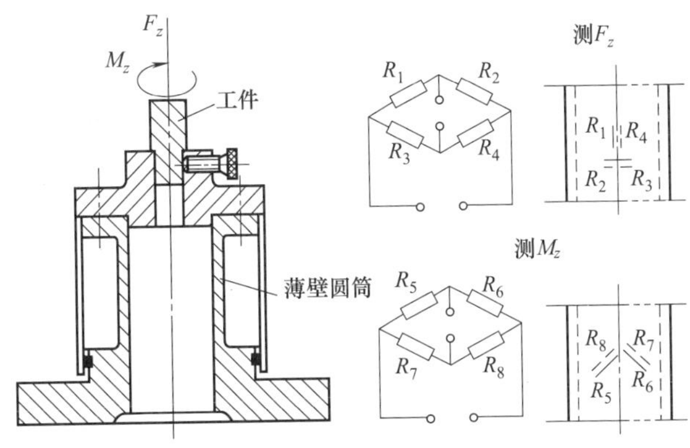

图 24-6-12　薄壁圆筒式钻削测力仪

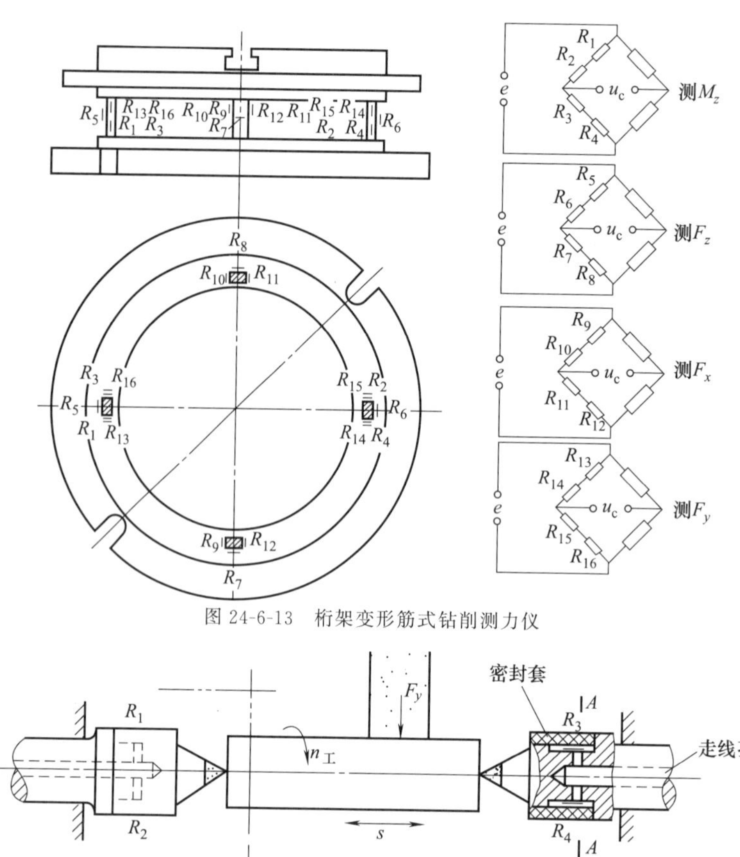

图 24-6-13 桁架变形筋式钻削测力仪

图 24-6-14 外圆磨削测力仪

(10) 滚削测力仪

图 24-6-15 介绍了一种可测滚齿过程三向分力的测力仪。应变片 $R_1 \sim R_4$ 贴在刀杆上，导线用集流环引出，可测由力 F_z 引起的刀杆转矩；应变片 $R_5 \sim R_8$ 贴在尾座的平板梁上，可测径向力 F_y；应变片 $R_9 \sim R_{12}$ 贴在工件心轴上，可测由 F_x 力引起的工件轴转矩。

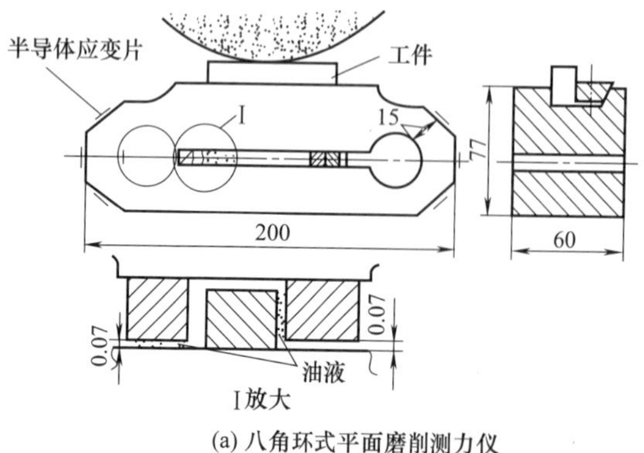

(a) 八角环式平面磨削测力仪

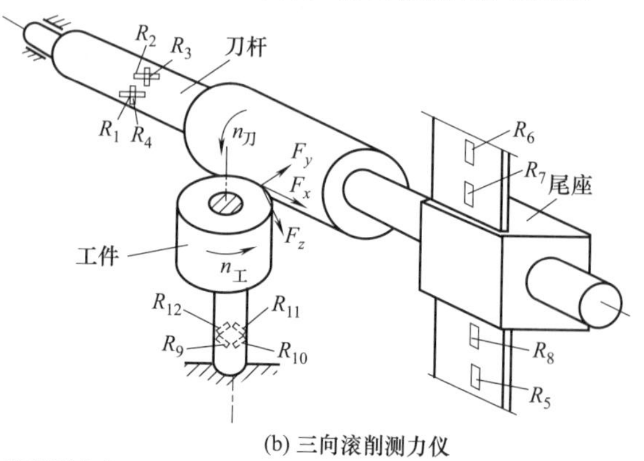

(b) 三向滚削测力仪

图 24-6-15 滚削测力仪

6.3　用于刀具磨损、破损检测的传感器

单台机床的加工，对刀具磨损和破损的监测，凭工人的经验，尚能进行正常的生产，而对 FMS、CIMS、无人化工厂，必须解决刀具磨损与破损的在线实时监测及控制问题。因为及时确定刀具磨损和破损的程度并进行在线实时控制，是提高生产过程自动化程度及保证产品质量，避免损坏机床、刀具、工件的关键要素之一。

6.3.1　声发射传感器

声发射就是材料受外力或内力作用产生变形或裂纹时，以弹性波的形式释放出应变能的现象，其中一部分应变能以声发射波的形式释放出来。声发射传感器就是把这个声发射应力波转换力电信号的一种检测器。声发射检测系统就是接收这个电信号，再对它处理和分析，从而推断材料内部的性态变化。声发射传感器是声发射检测系统的重要组成之一，是进行材料和构件力学特性研究的主要工具。

声发射传感器在压力容器、储罐、热交换器、管道、反应器、航空推进器、核电站的设备等许多类型的结构中都可以进行监测，在柔性制造系统中，通常用于检测刀具磨损状况。

(1) 声发射传感器的原理

某些晶体受力产生变形时，其表面出现电荷，而在电场的作用下，芯片又会发生弹性变形，这种现象称为压电效应。常用声发射传感器的工作原理是，基于晶体组件的压电效应，将声发射波所引起的被检件表面振动转换成电压信号，供于信号处理。

声发射传感器的特性包括：频响宽度、谐振频率、幅度灵敏度。

在刀具磨损检测场合一般用频带为 80～400kHz 的 PXR30 或带宽为 100～500kHz 的 PXR40。

(2) 声发射传感器的使用及注意事项

声发射传感器的敏感元件大多是压电陶瓷材料的，容易破碎，因此要小心使用，避免碰撞和跌落。尤其是自带磁吸附装置的传感器，在安装时要先将传感器一侧紧挨工件表面，然后慢慢放下另外一侧，切不可直接吸附上去，否则将会导致压电陶瓷晶片破碎。

在安装传感器的部分需要光洁、平整，如果是金属材料，有条件的最好打磨，使其表面露出金属光泽。然后涂抹上耦合剂，放上传感器之后轻轻平移传感器，使耦合剂分布均匀。

在某些破坏性试验场合，需要注意声发射传感器的布点，尽量避免传感器的跌落。譬如在用试验机将岩石压碎的场合，最好能将传感器用软线固定在支架上，这样即便岩样破碎，传感器也不至于跌落地上而摔碎。

在刀具磨损监测场合，由于刀具是转动的，而传感器只能固定在不动的部位，因此可遵循一个原则：传感器固定在离被测刀具距离最近且不运动的位置。

在检测过程中，声发射传感器的电缆也最好不要触碰。

6.3.2　振动传感器

振动传感器主要监测旋转机械的振动情况，每种设备都有自己的振动标准，超过振动值，表明机器出现故障，所以振动传感器起到对振动的保护作用。在柔性制造系统中，需要实时对机床加工状态进行检测，振动传感器可以用于检测机床异常状态，也可用于检测刀具状态。

按工作原理划分，振动传感器的类型主要包括电阻类、电感类、电容类、压电类、霍尔效应类和磁电类。

按机械接收原理分，有相对式、惯性式两种。

在选择振动传感器时，可考虑如下几个方面：灵敏度是否高低可调；一致性及互换性好；抗干扰可靠性高，无误触发；自动复位性强；信号的后期处理简单；产品内部是否设计振动分析放大电路；安装调试方便。此外，选择并关注用于振动传感器的信号处理的集成电路技术也非常重要，比如集成电路是否集成了用于下载用户自定义程序的可重写存储器，用于将信号处理程序存储在电可擦可编程只读存储器（EEPROM）中，这样的功能可使得不需外部微控制器即可实现定制。

6.4　用于异常状态检测的传感器

功率传感器是一种能将被测有功功率和无功功率转换成直流输出的仪器，其转换成的直流电流或电压以线性比例输出，并能反映出被测功率在线路中的传输方向。它们适用于各种单、三相（平衡或不平衡）线路，配以适当的指示仪表或装置。功率传感器也称功率计探头，它把高频电信号通过能量转换为可以直接检测的电信号。

数控机床加工过程稳定且在批量加工过程中的功率信号具有重复性；当加工中出现异常，比如刀具破损和磨损，主轴转动异常等情况会影响加工过程的功率信号，以致实时功率信号与标准加工过程中的功率信号发生不符甚至产生严重的偏移，从实时功率信号和标准功率信号的对比中可以发现加工异常。

数控机床批量生产过程异常状况的功率监测过程具体包括如下几点：

① 功率信号的采集。这是数控机床批量生产过程异常状况功率监测技术的基础，通过传感器实现。传感器的选用原则是尽量不改变设备结构，方便安装。

② 功率信号的处理。在基于功率信号的机床状态实时监测系统中，获得功率信号后，立即将对其进行信号识别，这样处理的好处是减少计算量，且有助于实时分析，缺点是一般的功率信号存在干扰信号且直接进行信号识别灵敏性差。

③ 奇异功率信号的识别。对于奇异功率信号的识别，在传统的基于功率信号的数控机床状态实时监测系统中，是将实时获得的功率信号数值和相应时间点的阈值进行比较，当两个数值的差距达到一定程度时产生报警，对于不同材料、刀具和加工工艺，这个阈值和数值差距是不易确定的。

④ 监测结果的处理。当发现机床运行状态异常时，需要进行声光电警告和停机，并将事故数据和结果进行存储并上报给工程技术人员，以进行进一步的分析。

表24-6-5列出了是德科技8480系列产品的性能指标。

表24-6-5 是德科技8480系列产品性能

产 品	频率范围	电压范围	测量范围	连接方式
8481D 二极管功率传感器	10MHz～18GHz	−70～−20dBm (100pW～10μW)	Average/CW (EPM-P and EPM)	Type-N(m)
8483A 功率传感器	100kHz～2GHz	−30～+20dBm (1μW～100mW)	Average/CW (EPM-P and EPM)	Type-N(m)(75Ω)
8485D 二极管功率传感器	50MHz～26.5GHz	−70～−20dBm (100pW～10μW)	Average/CW (EPM-P and EPM)	APC-3.5mm(m)
8487D 二极管功率传感器	50MHz～50GHz	−70～−20dBm (100pW～10μW)	Average/CW (EPM-P and EPM)	2.4mm(m)
R8486D 波导功率传感器	26.5～40GHz	−70～−20dBm (100pW～10μW)	Average/CW (EPM-P and EPM)	Waveguide Flange UG-599/U
V8486A 波导功率传感器	50～75GHz	−30～+20dBm	Average/CW (EPM-P and EPM)	Waveguide Flange UG-385/U
W8486A 波导功率传感器	75～110GHz	−30～+20dBm	Average/CW (EPM-P and EPM)	Waveguide Flange UG-387/U

注：生产厂为Keysight technology（是德科技），www.keysight.com。

6.5　工件识别-机器视觉系统

机器视觉就是用机器代替人眼来做测量和判断。机器视觉系统是指通过机器视觉产品（即图像摄取装置，分为 CMOS 和 CCD 两种）将被摄取目标转换成图像信号，传送给专用的图像处理系统，图像处理系统根据像素分布和亮度、颜色等信息，转变成数字化信号；图像处理系统对这些信号进行各种运算来抽取目标的特征，进而根据判别的结果来控制现场的设备动作。

6.5.1　机器视觉系统的组成

（1）相机与镜头

这部分属于成像器件，通常的视觉系统都是由一套或者多套这样的成像系统组成的，如果有多路相机，可能由图像卡切换来获取图像数据，也可能由同步控制同时获取多相机通道的数据。根据应用的需要相机可能是输出标准的单色视频（RS-170/CCIR）、复合信号（Y/C）、RGB 信号，也可能是非标准的逐行扫描信号、线扫描信号、高分辨率信号等。

（2）光源

作为辅助成像器件，对成像质量的好坏往往能起到至关重要的作用，各种形状的 LED 灯、高频荧光灯、光纤卤素灯等都容易得到。

（3）传感器

通常以光纤开关、接近开关等的形式出现，用以判断被测对象的位置和状态，告知图像传感器进行正确的采集。

（4）图像采集卡

通常以插入卡的形式安装在 PC 中，图像采集卡的主要工作是把相机输出的图像输送给电脑主机。它将来自相机的模拟或数字信号转换成一定格式的图像数据流，同时它可以控制相机的一些参数，比如触发信号、曝光/积分时间、快门速度等。图像采集卡通常有不同的硬件结构以针对不同类型的相机，同时也有不同的总线形式，比如 PCI、PCI64、Compact PCI、PC104、ISA 等。

（5）PC 平台

电脑是一个 PC 式视觉系统的核心，在这里完成图像数据的处理和绝大部分的控制逻辑，对于检测类型的应用，通常都需要较高频率的 CPU，这样可以减少处理的时间。同时，为了减少工业现场电磁、振动、灰尘、温度等的干扰，必须选择工业级的电脑。

（6）视觉处理软件

机器视觉处理软件用来完成输入的图像数据的处理，然后通过一定的运算得出结果，这个输出的结果可能是 PASS/FAIL 信号、坐标位置、字符串等。常见的机器视觉处理软件以 C/C++图像库、ActiveX 控件、图形式编程环境等形式出现，可以是专用功能的（比如仅仅用于 LCD 检测、BGA 检测、模版对准等），也可以是通用目的的（包括定位、测量、条码/字符识别、斑点检测等）。

（7）控制单元（包含 I/O、运动控制、电平转化单元等）

一旦视觉软件完成图像分析（除非仅用于监控），紧接着需要和外部单元进行通信以完成对生产过程的控制。简单的控制可以直接利用部分图像采集卡自带的 I/O，相对复杂的逻辑/运动控制则必须依靠附加可编程逻辑控制单元/运动控制卡来实现必要的动作。

6.5.2　相机的选择

大多数的机器视觉系统的用户认识到相机是系统的关键要素，经常把它当作视觉系统的“芯片”。相机本身是一个复杂的系统，包括镜头、信号处理器、通信接口，以及最核心的部分——把光子转换成电子的器件：图像传感器。在指定的应用中，三个关键的要素决定了传感器的选择：动态范围、速度和响应度。

（1）动态范围

动态范围决定系统能够抓取的图像的质量，也被称作对细节的体现能力。传感器的动态范围一定程度上决定机器视觉系统所产生的图像质量，位数越高，系统能够分辨的图像的细节就越细微。对更低的暗电流噪声和高精度的需求的日益提高，使传感器的成本变得越来越昂贵。然而，不是所有的应用都需要精细的图像。例如，邮包分拣或电子生产检查，8 位的动态范围就可以有效地工作。但是，医疗和空中侦察就需要 14 位的动态范围。

（2）速度

传感器的速度指的是每秒钟传感器能够产生多少张图像和系统能够接收到的图像的输出量。传感器的速度也包括两个方面：一个是帧频，也就是传感器传送像素数据到系统所需要的时间；另一个就是传感器为了采集一幅有用的图像所需的曝光时间。帧频永远都不会比曝光时间快，因此帧频是用来说明传感器性能的通用量值。

速度和动态范围是相互关联的，从物理层面和设计角度上讲，速度应该让步于动态范围。电路运行的速度越快，产生的热量就越多。传感器的暗电流噪声随着温度的增加而增加，因此传感器的速度越高，其噪声就越大，动态范围就越低。高速的传感器比低速的传感器的噪声更大，而且能提供的动态范围更低。

(3) 响应度

响应度是指在给定的曝光条件下，所产生的信号的强度，是传感器将光子转换为电子的效率，它决定系统需要抓取有用的图像的亮度水平。应用中所需的帧频越高，用于曝光的时间就越少。为了减少曝光时间，设计师需要增加光照的亮度，如果不增加亮度，就只能选择高响应度的传感器。

6.5.3　典型产品

基恩士高速、大容量智能引导式视觉系统 CV 系列的视觉系统主要性能指标见表 24-6-6。

表 24-6-6　CV 系列的视觉系统主要性能指标

型号		CV-035C	CV-035M
类型		CCD	
图像接收模块		1/3in 彩色 CCD 图像接收元件，使用 35 万方形像素进行 2× 高速读取，晶胞大小：7.4μm×7.4μm	1/3in 黑白 CCD 图像接收元件，使用 35 万方形像素进行 2× 高速读取，晶胞大小：7.4μm×7.4μm
有效像素数		32 万像素，656(水平)×492(垂直)①	
扫描系统		逐行(16ms)	逐行(16ms) 隔行(8.8ms)
像素传输频率		24.5MHz	
转移系统		数字串行传输	
电子快门		1/15、1/30、1/60、1/120、1/240、1/500、1/1000、1/2000、1/5000、1/10000、1/20000，可设置 0.05～9000ms 之间的数值	
镜头安装方法		C　安装	
环境抗耐性	环境温度/℃	0～+50	
	相对湿度/%RH	35～85(无凝结)	
质量/g		约 100(不含镜头)	

① 在 31 万像素模式下，处理区域为 31 万像素（640×480）。在 24 万像素模式下，处理区域为 24 万像素（512×480）。

注：生产厂为 keyence（基恩士），www.keyence.com.cn。

第 24 篇

第 7 章　精密加工中的高级传感器

精密和超精密加工技术是指加工精度达到某一量级的所有制造技术的总称。根据我国当今科学技术发展的水平，通常把尺寸、形状精度在 0.1～1μm、表面粗糙度 $Ra \leqslant 20$nm 的加工技术称为精密加工技术，把尺寸、形状精度在 0.1～100nm、表面粗糙度 $Ra \leqslant$ 10nm 的所有加工技术称为超精密加工技术。

7.1　位移测量传感器

7.1.1　电容传感器

（1）特点

电容传感器作为一种低成本、高精度的微位移传感器有一系列的优点，在超精密测量各方面得到了广泛的应用。电容传感器与电感传感器相比，具有结构简单，能实现非接触测量，只要极小的输入力就能使动极板移动，并且在移动过程中没有摩擦和反作用力；灵敏度高、分辨力强，能敏感±0.01μm 甚至更小的位移；动态响应好；能在恶劣环境中（高、低温，各种形式的辐射等）工作的特点。通常按测量方式可分为接触式与非接触式电容传感器。接触式的电容传感器主要有共轴式的传感器及容栅，其主要特点是量程大、可差动测量、线性好、稳定性好。

（2）原理

电容传感器就是利用电容量的变化来反映被测量变化的传感器，它属于结构型或参数型的传感器。由物理学可知，相隔一定距离的两导体便构成一个电容器，其电容值大小与两导体的形状、大小、相互位置及电介质的介电常数有关。图 24-7-1 所示为最简单的平板式电容器。

超精密加工中的电容传感器通常是非接触式的，常采用变间隙式，就是改变两极板之间的距离，从而引起电容的变化。可以直接利用这种原理来测量位移。

一般的电容传感器测量需要经过测头、测量振荡器、测量电路，最后经过计算机处理得到测量信号，如图 24-7-2 所示。

（3）测量方式

① 调频法　这种方法是把电容传感器作为振荡器谐振电路的一部分，当被测量使电容发生变化时，振荡频率相应变化。其特点是灵敏度高，可测量 0.01μm 甚至更小的变化量，抗干扰能力强，但其振荡频率受电缆寄生电容影响很大，又无法采用屏蔽的方法消除掉。

② 差动脉冲调宽法　差动脉冲调宽法将载频发生的功能与电容到电压变换的功能结合在一起，使得电容测量电路简化为开关电路和计时电路。该电路线性度好，灵敏度可达 0.01μm。其缺点是电缆电容需要采用屏蔽式的中和电路消除，由于电缆寄生电容随着时间、温度及导线位置的变化而变化，中和效果有限，因此该电路灵敏度及稳定性都将受到很大的影响。

③ 运算法　运算法克服了变间隙式电容传感器的非线性，并采用虚地法驱动电缆屏蔽，解决了1∶1放大器难以实现的中和电路对寄生电容的跟踪问题。其测量最高灵敏度为 0.01μm。但运算放大器电源电压低，灵敏度受限制，并且输出稳定性将受信号源及放大器的影响。

④ 感应分压器电桥法　感应分压器电桥法灵敏度高，可采用驱动电缆法消除寄生电容，适合做长距离传递和恶劣环境下的测量。但输出非线性，又要采用绕制比较复杂的变压器，同时测头制作也较困难。

7.1.2　电感传感器

（1）特点

电感式位移传感器是把被测位移量转换为线圈的自感或互感的变化，从而实现位移的测量的一类传感器。它具有灵敏度高、分辨力大，能测出±0.1μm 甚

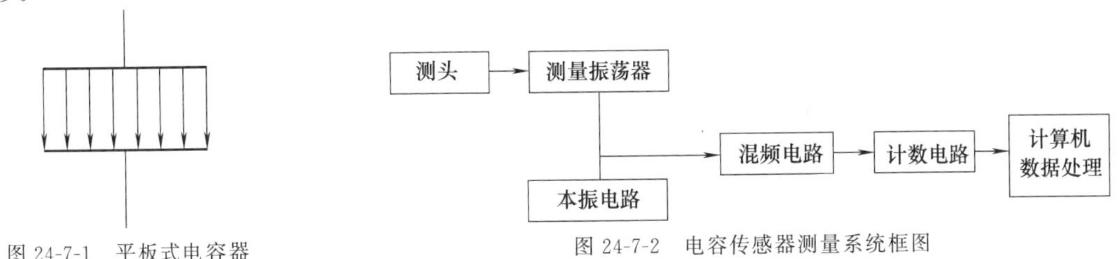

图 24-7-1　平板式电容器

图 24-7-2　电容传感器测量系统框图

至更小的线性位移变化和0.1°的角位移，输出信号比较大，电压灵敏度一般每毫米可达几百毫伏，因此有利于信号的传输，测量范围为±25μm～100mm，测量精度与电容式位移传感器差不多，但是它的频率响应较低，不宜于高频动态测量。

（2）原理

电感传感器是一种建立在电磁感应基础上，利用线圈的自感或互感变化原理来实现非电量测量的传感器。传感器测头检测到被测物体的位移，通过测杆带动衔铁产生移动，从而使线圈的电感或互感系数发生变化，电感或互感信号再通过引线接入测量电路进行测量。

线圈的电感跟空气隙的厚度、空气隙的面积、导磁体的长度等有关，测量的工作原理是通过改变空气隙的厚度、空气隙的面积、导磁体的长度来实现电感的变化，从而反映位移的变化。用来测量位移的电感传感器主要采用变磁阻式和变压器式。

（3）主要结构类型

图24-7-3列出了几种常用可变磁阻式传感器的典型结构。

图24-7-3（a）为可变导磁面积型，其自感L与A_0呈线性关系。这种传感器灵敏度较低。

图24-7-3（b）是差动型，当衔铁有位移时，可以使两个线圈的间隙按$\delta_0+\Delta\delta$、$\delta_0-\Delta\delta$变化，一个线圈自感增加，另一个线圈自感减小。将两线圈接于电桥的相邻桥臂时，其输出灵敏度可提高一倍，并改善了线性。

图24-7-3（c）是单螺管线圈型，当铁芯在线圈中运动时，将改变磁阻，使线圈自感发生变化。这种传感器结构简单、制造容易，但灵敏度低，适用于较大位移（数毫米）的测量。

图24-7-3（d）是双螺管线圈差动型，较之单螺管线圈型有较高灵敏度及线性，被用于电感测微计上，其测量范围为0～300μm，最小分辨力为0.5μm。

实际常用的差动变压器式传感器，其工作原理如图24-7-4所示。传感器由初级线圈ω和两个参数完全相同的次级线圈ω_1、ω_2组成。线圈中心插入圆柱形铁芯p，次级线圈ω_1、ω_2反极性串联。当初级线圈ω加上交流电压时，如果$e_1=e_2$，则输出电压$e_0=0$；当铁芯向上运动时，$e_1>e_2$；当铁芯向下运动时，$e_1<e_2$。铁芯偏离中心位置愈大，e_0愈大，其输出特性如图24-7-4（c）所示。

（4）测量电路

电感传感器的测量电路主要包括正弦波生成电路、变压器电桥、交流放大电路、带通滤波、A/D采样电路、I/O及计算机部分，原理框图如图24-7-5所示。

7.1.3 纳米级的光栅测量系统

（1）特点

光栅技术是精密测量主要的手段之一。在栅式测量系统中，光栅的占有率已超过80%，光栅长度测量系统的分辨率已覆盖微米级、亚微米级和纳米级；测量速度从60m/min至480m/min。测量长度从1m、3m至30m和100m。它以实物形式提供测量基准，既可以采用低热膨胀系数的石英或零膨胀玻璃等材料

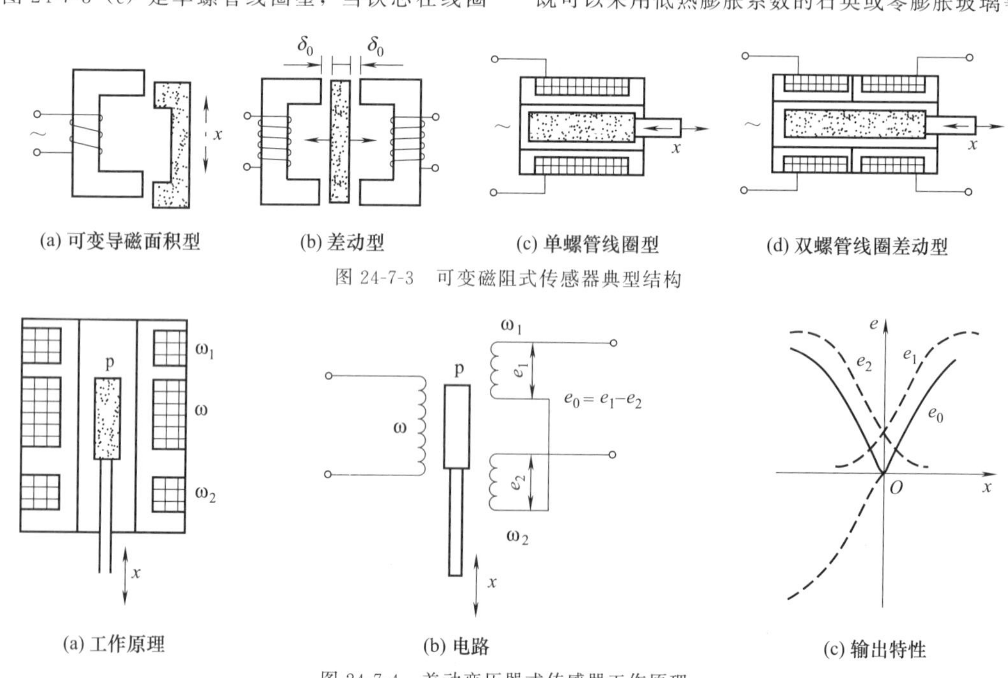

图24-7-3 可变磁阻式传感器典型结构

图24-7-4 差动变压器式传感器工作原理

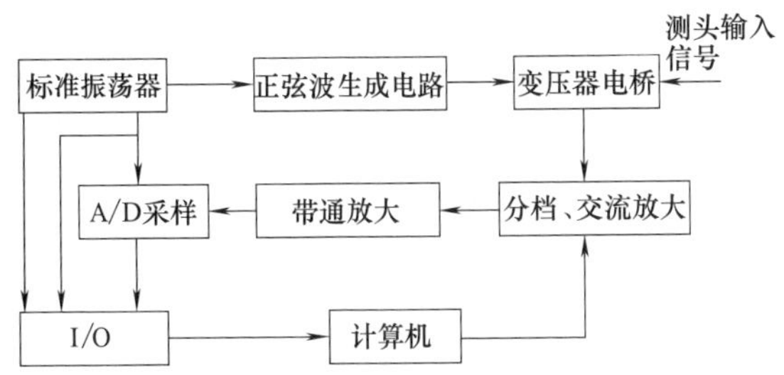

图 24-7-5　电感传感器的测量电路原理框图

作为基体，也可以采用具有和钢等材料热膨胀系数非常接近的玻璃或金属材料作为基体，使用稳定可靠、零点漂移小。同时具有抗电磁干扰、耐久性好、准分布式传感、绝对测量、尺寸小、灵敏度高、精度高、频带宽、信噪比高等优点，因此，在大位移纳米测量领域，光栅纳米测量具有广泛的应用前景，特别适合于超精密加工在线或在位检测中使用。

(2) 原理

光栅测量系统的基础是利用两块光栅叠合时所形成的莫尔条纹。

首先通过光栅尺光路结构并经过光电转换获取微米级或者亚微米级的条纹信号，然后再配以 100～1000 倍的电子细分电路来实现纳米级的位移分辨。如图 24-7-6 所示，当读数头与光栅尺发生相对位移时，会产生相位相差 $\pi/2$ 的两路正余弦电信号，分别称为 A、B 相信号。其中每一个脉冲周期代表被测物移动了一个微米级（或亚微米级）的位移量，通过电缆将 A、B 相信号送到电子细分电路中进行高倍数的细分，然后将细分后的信号送入数控系统进行运动控制，或者将信号接入坐标测量机进行测试。

(3) 分类

纳米级位移测量光栅系统可分为双高线数光栅和单高线数光栅系统。从光栅制造方式分有刻划光栅、全息光栅、闪耀光栅等。

① 双高线数光栅系统　双高线数光栅系统采用两根高线数的光栅尺，一根长度较短的集成在读数头中，称为参考光栅尺（或指示光栅），另外一根较长的光栅单独封装，它的长度决定了测试量程范围，称为定标尺光栅。图 24-7-7 中显示的是双高线数光栅局部显微结构图，它的槽形剖面为矩形，图 24-7-8 所示为双高线数光栅测量系统光路图。

② 单高线数光栅系统　利用单根光栅组成的光栅系统一般由高线数全息光栅或者闪耀光栅构成。其中全息光栅具有正弦形的光栅槽形，闪耀光栅具有三角形的光栅槽形。

由单根高线数光栅构成的光学细分方案有很多种，其中图 24-7-9 是一种较常用的光路。

③ 非对称双级闪耀光栅系统　为克服测量分辨率与量程的矛盾，非对称双级闪耀参考光栅系统实现了莫尔条纹的倍增。利用粗细栅距比为整数 β 的双光栅（其中细光栅为闪耀光栅）组成的位移测量结构，可以实现相对于粗光栅栅距 β 倍的条纹倍增。

这种测量方法的条纹灵敏度等于细光栅的栅距，而量程由粗光栅的长度决定，我们称这种方法为“非对称双级闪耀光栅位移测量法”，“非对称”意为利用细光栅的两个非对称衍射级次。非对称双级闪耀光栅位移测量光路如图 24-7-10 所示。

第24篇

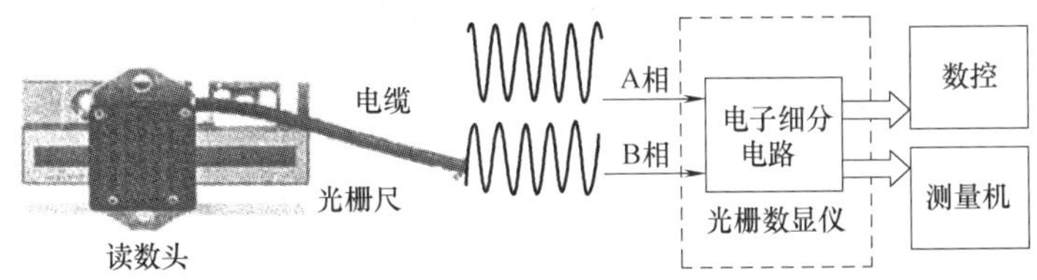

图 24-7-6　纳米级光栅系统组成示意图

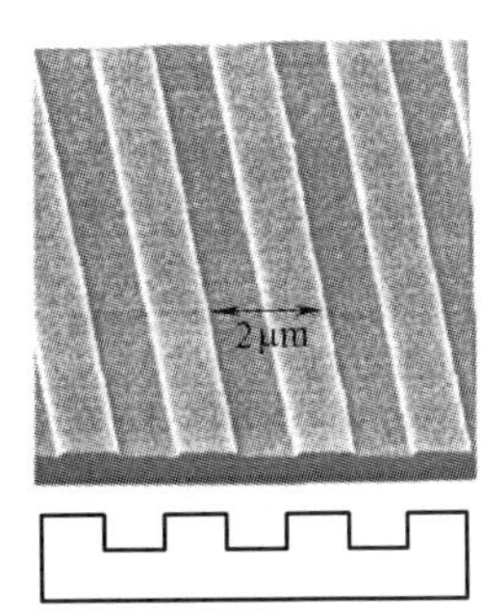

图 24-7-7　双高线数光栅局部显微结构图

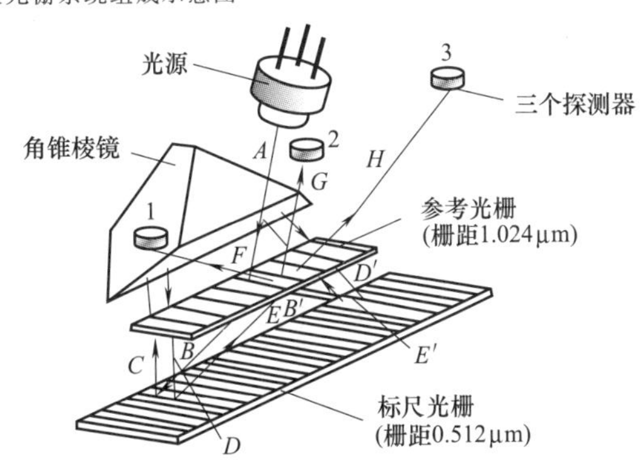

图 24-7-8　双高线数光栅测量系统光路图

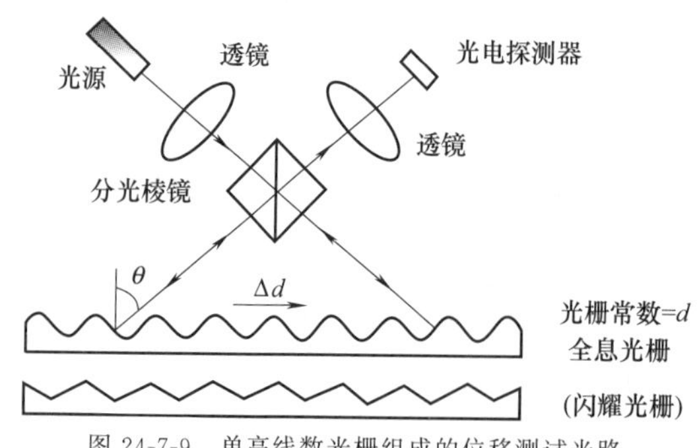

图 24-7-9　单高线数光栅组成的位移测试光路

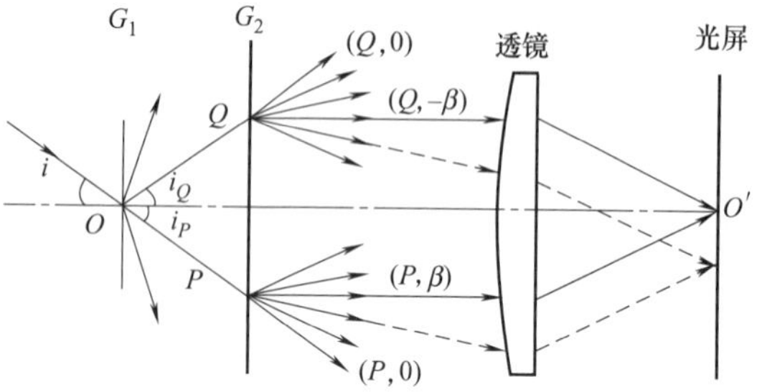

图 24-7-10　非对称双级闪耀光栅位移测量光路

7.2　直线度测量及直线运动传感器

直线度公差是一项基本的几何公差。GB 1183—80 指出，直线度是表示零件上直线要素保持理想直线状态的程度，即通常所说的平直程度。

超精密直线度误差测量方法有以下两种：

(1) 绝对基准法

最常见的绝对基准法是用测量仪器的光学轴和激光仪器的激光束作为实际的直线基准，测量仪器所提供的直线基准是不运动的，如测量仪器的光基准坐标系固定于机床床身，不运动，所测得的偏离基准线的数值就是直线度误差。

(2) 无基准法

扫描测头法测量，属于无基准法，常采用 LVDT、电涡流传感器或电容传感器等，在测量直线度误差时传感器沿着校测轮廓线做相对直线移动，传感器常常安装在有运动误差的溜板上对着工件进行测量，因此测量方法本身不能提供参考的直线基准，当被测件的直线度误差与溜板直线运动误差相当时，需要采用误差分离的方法将这两个误差分离出来。

7.2.1　自准直仪

自准直仪，亦称“自准直光管”“光学平直度检查仪”，是一种利用光的自准直原理将角度测量转换为线性测量的计量仪器。它广泛用于小角度测量、平板的平面度测量、导轨的平直度与平行度测量等方面，主要包括光学自准直仪、光电自准直仪、激光准直仪等。其工作原理如图 24-7-11 所示，由光源发出的光经分划板、半透反射镜和物镜后射到反射镜上。光线通过位于物镜焦平面的分划板后，经物镜形成平行光。平行光被垂直于光轴的反射镜反射回来，再通过物镜后在焦平面上形成分划板标线像与标线重合。当反射镜倾斜一个微小角度 α 角时，反射回来的光束就倾斜 2α 角。

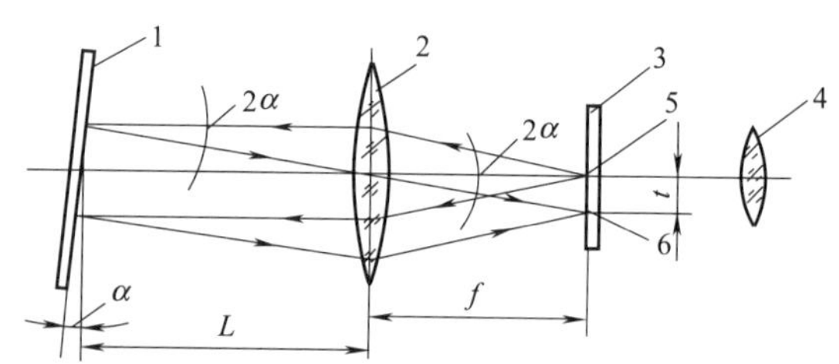

图 24-7-11　自准直仪工作原理

1—反射镜；2—物镜；3—分划板；4—光源；5—分光镜；6—目镜

(1) 光学自准直仪

直接或利用测微装置或可动分划板从分划板或读数鼓轮上读出 α 角的分值和秒值。光学自准直仪的分度值有 1′到数十秒，精度最低。当以斜率（例如 1/200）表示分度值时，通常称这种自准直仪为平面度测量仪。

双向精密自准直仪 IX6 型（表 24-7-1），采用光学自准直原理和二维测量结构，能对机床、仪器精密导轨和精密平板的运动直线度和平直度，同时做水平、垂直二维方向的角、线性值精密测量，工作效率优于目前单向同类仪器。

表 24-7-1　双向精密自准直仪 IX6 型参数

目镜参数	倍率	17.5×
物镜参数	焦距/mm	400
	口径/mm	42
测微鼓轮分度值		角度值:1″ 线性值:L/200μm(L 为反射镜机座的有效长度,mm)
测量范围		1600 格
分辨率/(″)		1

续表

示值精度	当测微鼓轮旋转不超过一周时：±(0.5+0.01n)格 当测微鼓轮旋转超过一周时：±(1.5+0.0015n)格
最大测量距离/m	0～20 或 0～30
外形尺寸/mm	490×130×275

注：生产厂为上海光学仪器厂，www.shxwj.com。

（2）光电自准直仪

通过发光元件和成像技术设计而成，由内置的高速数据处理系统对图像信号进行实时采集处理，同时完成两个维度的角度测量。

光电自准直仪采用模块化设计技术，由光学系统、光电转换系统、数据处理系统组成。它通过光学成像系统测量被测平面角度的变化，由光电转换系统接收光学信号并将其转换为电信号供后续数据处理系统进行分析与评估，其结构图如图 24-7-12 所示。

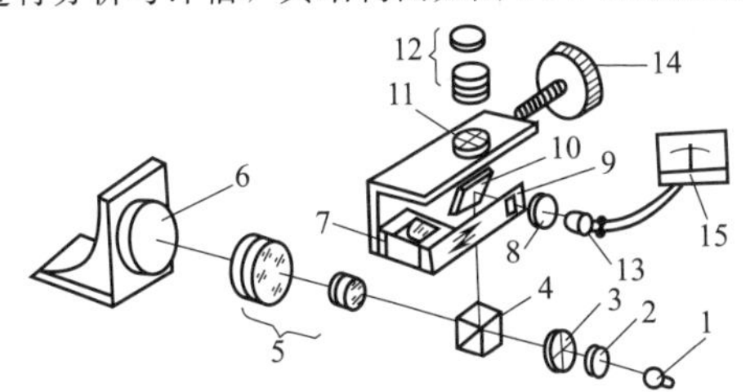

图 24-7-12　光电自准直仪

1—光源；2—聚光镜；3—分划板；4—立方直角棱镜；5—物镜；6—反射镜；7—振子；8—聚光镜；9—狭缝；10—分光镜；11—刻度分划板；12—目镜；13—光电元件；14—测微鼓轮；15—指示电表

NORMAT2000 系列光电自准直仪是新开发的小型高性价比自准直仪，具有便携、高精度、高稳定性等一系列优点。产品适用于机床工业的质量保障（平直度、平行度、垂直度、旋转位置不确定度、平面度等）。其主要技术指标如表 24-7-2 所示。

（3）激光准直仪

激光准直仪是利用激光具有能量高、方向性好等特点，将激光束作为定向发射而在空间形成的一条光束作为准直的基准线，以标定直线的一种工程测量仪器，其测量距离大，测量精度高。激光准直仪由激光器（作为光源的发射系统）、光电接收系统及附件三大部分组成。

激光准直仪由半导体激光器及电源，小型单筒望远镜，孔径约 1cm 的圆光阑，四象限光电池，2 个可正、负显示的小量程数字电压表，导轨和 3 个调节架组成，如图 24-7-13 所示。其中，半导体激光器用于产生红色激光，小型单筒望远镜用于对激光器发出的激光束进行扩束准直，圆光阑可起到控制光斑直径大小及获得近似的轴对称圆光束的双重作用，四象限光电池用于检测激光束中心相对其中心的位置。

第 24 篇

表 24-7-2　NORMAT2000 系列光电自准直仪主要技术指标

参　数	NORMAT-2210	NORMAT-2310
精度/(″)	1	1
测量轴数	双轴同时测量	
精度指标测量范围/(″)	2000×2000	2000×2000
信号获取范围/(″)	3000×2400	4000×3200
分辨率/(″)	0.1	
显示分辨率/(″)	0.01、0.05、0.1、0.2、0.5、1 可调	
重复性/(″)	0.2	
焦距/mm	200	150
物镜口径/mm	38(NA.=85%)	
最小反射面/mm	ϕ7(镀反射膜,反射率>85%)	
光源类型	LED(中心波长 λ=630nm)	
探测器	高分辨率图像传感器	
目镜	电子目镜　(可实时显示多个像)	
计算机接口	USB	
测量频响/Hz	7.5	
测量控制	电脑按键、准时间触发测量、遥控测量	
电源	AC220V/50Hz	
测量距离/m	10	10
外形尺寸(长×宽×高)/mm	290×80×120	230×80×120
质量/kg	2.1	1.9

注：生产厂为上海诺旭机电科技有限公司，www.norxy.net。

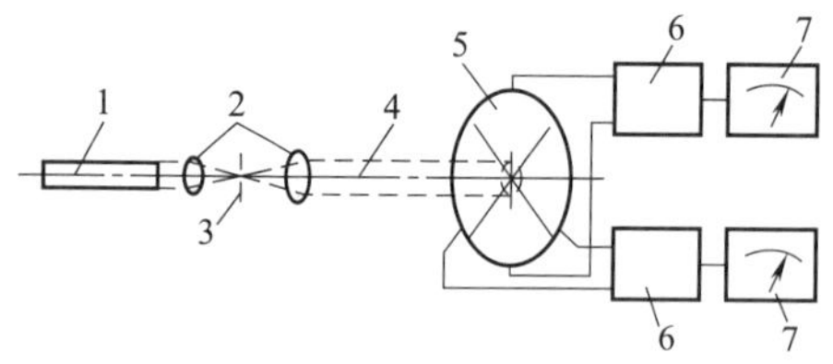

图 24-7-13 激光准直仪

1—氦氖激光器；2—平行光管；3—针孔光阑；4—激光束；5—光电探测器（四象限靶）；6—运算电路；7—指示电表

ON-TRAK OT-4040 便携式激光准直仪可以实时测量可见激光参考线上的任何点的 *XY* 偏差-延伸长达 300ft（1ft＝0.3048m）的线。具体系统特性如表 24-7-3 所示。

表 24-7-3 OT-4040 系列特性

电源输出	ⅡA 级(＜1mW 红色可见光)
波长	635nm
射速直径	8～12mm
射速轮廓	环形高斯，TEM00
调制频率	10Hz
操作距离	0～300ft(100m)
中心	+0.002in(0.05mm)
控制	开/关转换
镍氢电池寿命	24h 连续运行
电源	12V/1A 直流充电器
质量	8lb(3.64kg)
整体长度	14.5in(368.3mm)
附件	NAS 标准 2.2498in(57.15mm) 直径
电源输出	ⅡA 级(＜1mW 红色可见光)

注：生产厂为百赫国际，www.bihec.com。

7.2.2 激光干涉仪

激光具有高强度、高度方向性、空间同调性、窄带宽和高度单色性等优点。目前常用来测量长度的干涉仪，主要是以迈克尔逊干涉仪为主，并以稳频氦氖激光为光源，构成一个具有干涉作用的测量系统。激光干涉仪可配合各种折射镜、反射镜等来做线性位置、速度、角度、真平度、平行度和垂直度等测量工作，并可做精密工具机或测量仪器的校正工作。

（1）单频激光干涉仪

从激光器发出的光束，经扩束准直后由分光镜分为两路，并分别从固定反射镜和可动反射镜反射回来会合在分光镜上而产生干涉条纹。当可动反射镜移动时，干涉条纹的光强变化由接收器中的光电转换元件和电子线路等转换为电脉冲信号，经整形、放大后输入可逆计数器计算出总脉冲数，再由电子计算机算出可动反射镜的位移量 *L*，原理图如图 24-7-14所示。

单频激光干涉仪由于其性能上易受到干扰，现在工程测量较多使用双频激光干涉仪。

（2）双频激光干涉仪

双频激光干涉仪（图 24-7-15）是在单频激光干涉仪的基础上发展的一种外差式干涉仪。和单频激光干涉仪一样，双频激光干涉仪也是一种以波长作为标准对被测长度进行度量的仪器。它既可以对几十米的大量程进行精密测量，也可以对手表零件等微小运动进行精密测量，既可以对几何量如长度、角度、直线度、平行度、平面度、垂直度等进行测量，也可以用于特殊场合，诸如半导体光刻技术的微定位和计算机存储器上记录槽间距的测量等。

双频激光干涉仪具有如下优越性：

① 精度高 双频激光干涉仪以波长作为标准对被测长度进行度量，即使不做细分也可达到微米量级，细分后更可达到纳米量级。

② 应用范围广 双频激光干涉仪除了可用于长度的精密测量外，配上适当的附件还可测量角度、直线度、平面度、振动距离及速度等。

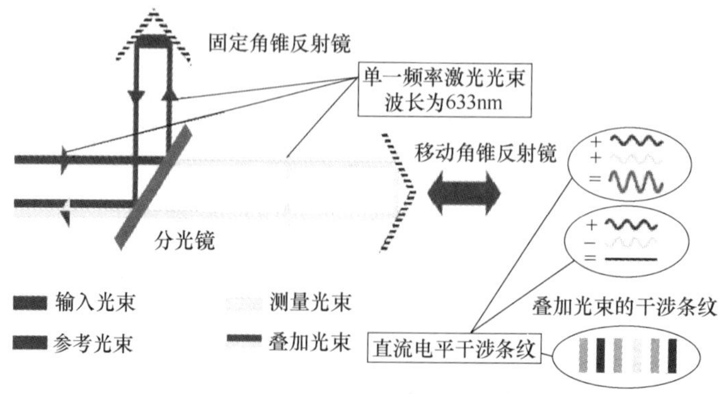

图 24-7-14 单频激光干涉仪原理简图

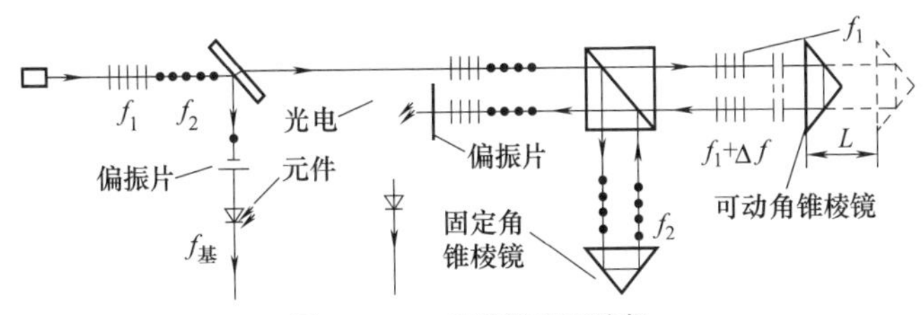

图 24-7-15　双频激光干涉仪

③ 环境适应力强　即使光强衰减 90%，仍然可以得到有效的干涉信号。由于这一特点，双频激光干涉仪既可在恒温、恒湿、防震的计量室内检定量块、量杆、刻尺、微分校准器和坐标测量机，也可以在普通的车间内为大型的机床的刻度进行标定。

④ 实时动态测速高　现代的双频激光干涉仪测速普遍达到 1m/s，有的甚至达到每秒钟十几米，适于高速动态测量。

（3）激光干涉仪的应用

① 几何精度检测　可用于检测直线度、垂直度、俯仰与偏摆、平面度、平行度等。

② 位置精度的检测及其自动补偿　可检测数控机床定位精度、重复定位精度、微量位移精度等。利用雷尼绍 ML10 激光干涉仪不仅能自动测量机器的误差，而且还能通过 RS232 接口自动对其线性误差进行补偿，比通常的补偿方法节省了大量时间，并且避免了手工计算和手动数控键入而引起的操作者误差，同时可最大限度地选用被测轴上的补偿点数，使机床达到最佳精度，另外操作者不需具有机床参数及补偿方法的知识。

③ 数控转台分度精度的检测及其自动补偿　现在，利用 ML10 激光干涉仪加上 RX10 转台基准还能进行回转轴的自动测量。它可对任意角度位置，以任意角度间隔进行全自动测量，其精度达 ±1。新的国际标准已推荐使用该项新技术。它比传统用自准直仪和多面体的方法不仅节约了大量的测量时间，而且还得到完整的回转轴精度曲线，知晓其精度的每一细节，并给出按相关标准处理的统计结果。

（4）双轴定位精度的检测及其自动补偿

雷尼绍双激光干涉仪系统可同步测量大型龙门移动式数控机床，由双伺服驱动某一轴向运动的定位精度，而且还能通过 RS232 接口，自动对两轴线性误差分别进行补偿。

（5）数控机床动态性能检测

利用 RENISHAW 动态特性测量与评估软件，可用激光干涉仪进行机床振动测试与分析（FFT），滚珠丝杠的动态特性分析，伺服驱动系统的响应特性分析，导轨的动态特性（低速爬行）分析等。

美国 API XD-5D/6D 激光干涉仪的性能参数如表 24-7-4 所示，可以一机两用（干涉仪和自准直仪），同时一次安装可以测量（定位精度、*XX* 及 *YY* 方向的直线度、俯仰角、偏摆角及滚动角）5～6 个参数。

表 24-7-4　API XD-5D/6D 激光干涉仪性能参数

类型	5D/6D 标准型	5D/6D 精密型	5D/6D 高精密型
线性/10^{-6}	0.5	0.2	0.2
测量范围/m	40(1D 可选 80)	25	根据用户要求而定
偏摆角和俯仰角的精度/(″)	1.0+0.1/m 或 1%显示较大值	0.5+0.05/m 或 1%显示较大值	0.2+0.02/m
最大范围/(″)	800	400	500
滚动角精度/(″)	1.0	0.5	0.5
直线度精度	(1.0+0.2/m)μm 或 1%显示较大值	(0.5+0.1/m)μm 或 1%显示较大值	(0.2+0.05/m)μm
最大范围/μm	500	300	100
垂直度精度/(″)	1	0.5	0.5
温度/℃	0.2	0.1	0.1
湿度	5%	3%	3%
压力/ mmHg[①]	1	0.3	0.3

① 1mmHg=133.322Pa。

注：生产厂为爱佩仪自动精密仪器科技（上海）有限公司，www.apisensor.com.cn。

7.3 精密圆度测量传感器

圆度仪（roundness measuring instrument）（图 24-7-16）是一种利用回转轴法测量工件圆度误差的测量工具。圆度仪分为传感器回转式和工作台回转式两种型式。测量时，测量头与工件表面接触，仪器的回转部分（工作台或主轴）旋转一周。因回转部分的支承轴承精度极高，故回转时测量头对被测表面将产生一高精度的圆轨迹。被测表面的不圆度使测量头发生偏移，转变为电（或气）信号，再经放大，可自动记录在圆形记录纸上，直接读出各部分的不圆度，供评定精度与工艺分析之用。

圆度仪由仪器的传感器、放大器、滤波器、输出装置组成。

图 24-7-16 圆度仪

(1) 分类

① 工作台转动式：工件转动而检测器固定。

② 测量轴转动式：工件固定而检测器转动。圆度仪的关键之一是旋转主轴有非常高的制造精度和装配精度。

(2) 影响因素

① 主轴回转精度。圆度仪测量实际上是一个比较测量的过程，即测量头相对于工件旋转画出的圆周与被测轮廓比较，因此主轴的回转精度直接影响测量结果的不确定度。

② 工件安装误差。包括被测工件相对于圆度仪中心偏差和被测工件的中心线相对于仪器主轴倾斜两种情况。

③ 测头形状和半径的选择。正确地选择测头的形状和半径，对测量圆度误差是事关重要的。形状和半径的选择主要根据工件表面的特性，同时兼顾工件硬度等因素，为避免表面粗糙度等微观几何形状的影响，不宜采用针形测头，而采用球形或斧形测头。较小工件可用圆柱形测头。硬度较低的工件，用较大半径的测头，以防止工件表面的塑性变形。

④ 测量力的影响。测量力的选择是：被测表面既不会产生塑性变形，同时测头与被测表面保持接触稳定。

(3) 典型产品

日本小坂公司的 EC 系列真圆度圆柱度测定机性能指标如表 24-7-5 所示。

表 24-7-5 EC 系列真圆度圆柱度测定机性能指标

型号	EC600	EC1550H/EC1650H	EC1850H
机构方式	多孔质静压空气轴承，工作台回转式	多孔质静压空气轴承，工作台回转式	多孔质静压空气轴承，工作台回转式
回转精度/μm	$0.04+0.0006H$ H：工作台面上算起的高度(mm)	$0.02+0.0004H$ H：工作台面上算起的高度(mm)	$0.02+0.00035H$ H：工作台面上算起的高度(mm)
最大测定径/mm	内外径都是 $\phi250$	内外径都是 $\phi368$	内外径都是 $\phi368$
上下移动量/mm	260(使用 b 触针臂时) 最大测量高度 265 可粗动式微调整	300(使用 b 触针臂时) 250(使用 b 触针臂时)	300(使用 b 触针臂时)
最大装载径/质量	ϕ400mm/20kg	ϕ450mm/ϕ510mm/25kg	ϕ510mm/25kg

注：厂商名称：质朋仪器贸易（上海）有限公司，http：//www. kosaka-cn. com。

7.4 精密加工中的环境监测传感器

7.4.1 温度传感器

精密加工和超精密加工所处的热环境与加工精度有密切的关系，环境温度会影响加工设备的精度，同时，还会影响加工工件的精度。

因此，现代精密加工对环境温度以及加工温度提出了越来越高的要求，在严格控制的加工温度下进行加工和计量是精密和超精密加工的重要条件。

温度传感器可用于加工车间以及加工刀具部位。

温度传感器（temperature transducer）是指能感受温度并转换成可用输出信号的传感器。温度传感器是温度测量仪表的核心部分，品种繁多。按测量方式可分为接触式和非接触式两大类，按照传感器材料及电子元件特性分为热电阻和热电偶两类。

接触式温度传感器的检测部分与被测对象有良好的接触，又称温度计，可用于车间温度检测。

非接触式温度传感器（图 24-7-17）的敏感元件与被测对象互不接触，又称非接触式测温仪表。这种仪表可用来测量运动物体、小目标和热容量小或温度变化迅速（瞬变）对象的表面温度，也可用于测量温度场的温度分布，在精密加工中用于测量刀具加工处的温度。

图 24-7-17　非接触式温度传感器

7.4.2 噪声测量传感器

7.4.2.1 传声器

噪声测量一般使用传声器，要求传声器性能高度稳定、灵敏度高、频响特性好，对所在声场影响小。

(1) 分类

传声器是声-电转化器材，有时也被称为“麦克风”“话筒”“微音器”等。传声器是将声波信号转换为相应电信号的传感器，其原理是用变换器把由声压引起的振动膜振动变成电参数的变化。根据变换器的不同，常用传声器有动圈式、电容式、压电式和永电体式等。

动圈式传声器结构如图 24-7-18 所示，由振膜带动线圈振动，从而使在磁场中的线圈感应出电压。动圈式传声器的精度、灵敏度较低，体积大。其突出特点：结构牢固，性能稳定，经久耐用，价格较低；频率特性良好，50～15000Hz 频率范围内幅频特性曲线平坦；指向性好；输出阻抗小，所以接较长的电缆也不降低其灵敏度。温度和湿度的变化对其灵敏度也无大的影响，不需直流工作电压，使用简便，噪声小。

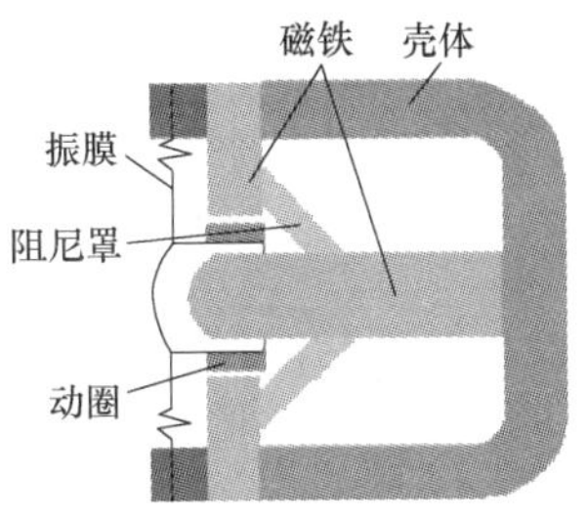

图 24-7-18　动圈式传声器结构

电容式传声器结构如图 24-7-19 所示。这类话筒的振膜就是电容器的一个电极，当振膜振动时，振膜和固定的后极板间的距离跟着变化，就产生了可变电容量，这个可变电容量和话筒本身所带的前置放大器一起产生了信号电压。特点：频率特性好，在音频范围内幅频特性曲线平坦，这一点优于动圈话筒；无方向性；灵敏度高，噪声小，音色柔和；输出信号电平比较大，失真小，瞬态响应性能好，这是动圈话筒所达不到的优点；工作特性不够稳定，低频段灵敏度随着使用时间的增加而下降，寿命比较短，工作时需要直流电源造成使用不方便。

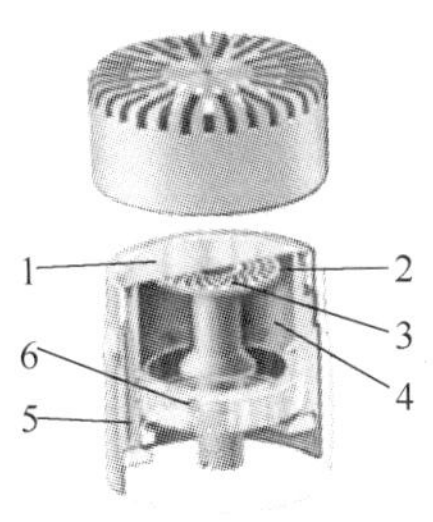

图 24-7-19　电容式传声器结构

1—振膜；2—背极；3—阻尼孔；4—内腔；5—毛细孔；6—绝缘体

第 24 篇

电容话筒中有前置放大器，当然就得有一个电源，由于体积关系，这个电源一般是放在话筒之外的。除了供给电容器振膜的极化电压外，也为前置放大器的电子管或晶体管供给必要的电压。我们称它为幻象电源。

由于有了这个前置放大器，所以电容话筒相对要灵敏一些，在使用时不可少的一些附属设备有：防震架（一般会随话筒赠送）、防风罩、防喷罩、优质的话筒架。如果要进行超近距离的录音工作，一个防喷罩是不可少的。

压电式传声器结构如图 24-7-20 所示，膜片较厚，其固有频率较低，灵敏度较高，频响曲线平坦，结构简单，价格便宜，广泛用于普通声级计中。

永电体传声器（又称驻极体式）的工作原理与电容式传声器相似。其特点是尺寸小、价格便宜，可用于精密测量，适于高湿度测量环境。

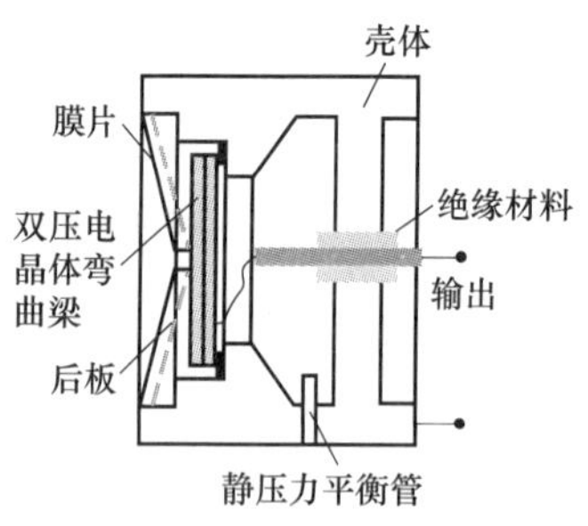

图 24-7-20 压电式传声器结构

（2）电声性能指标特性

1）灵敏度 灵敏度是表征传声器在一定声压作用下能产生多大的电输出的一个物理量。一般来说它是传声器的输出电压同该传声器所受声压的复数比。传声器的灵敏度的表达式是：

$$M=e/p \quad (\mathrm{V/Pa})$$

式中 e——传声器的输出电压，常用开路电压，即电动势表示，V；

p——传声器所受的声压，Pa。

灵敏度也可以用灵敏度级表示：

$$L=20\lg(M/M_r)$$

式中 L——传声器的灵敏度级，dB；

M_r——参考灵敏度，$M_r=1\mathrm{V/Pa}$。

测试传声器的灵敏度有三种：自由场灵敏度、声压灵敏度和扩散场灵敏度。自由场灵敏度平直的传声器叫自由场型（或声场型）传声器，主要用于消声室等自由场测试，适用范围为环境、车内、车外、消音室、混响室内的声学测量。它能比较真实地测量出传声器放入前该点原来的自由场声压，声级计中就是使用这种传声器。声压场灵敏度平直的传声器叫声压型传声器，也叫压力场型传声器，主要用于仿真耳等腔室内使用。压力场则测的是实际的声压级，即是传声器振膜表面上的声压级，包括了因为传声器本身的存在而引起的声场的变化。典型的应用是测量封闭耦合腔的声压级；测量边界或壁面上的声压级，在这种场合，传声器构成壁面的一部分，因此测量得到的是壁面自身上的声压级。扩散场灵敏度平直的叫扩散场型传声器，用于扩散场测量，有的国家规定声级计用扩散场型传声器。

2）频率响应 传声器的频率响应是指在某一确定的声场中，声波以一指定的方向入射，并保持声压恒定时，传声器的开路输出电压随频率变化的曲线。传声器的频率响应是传声器的主要指标之一，为了得到良好的音质，一般要求传声器的频响曲线在较宽的频率范围之内平直。

3）输出阻抗 每只传声器都有一定的内阻抗，从输出端得到的内阻抗的模就是该传声器的输出阻抗，一般以频率为 1000Hz 的阻抗值为标称值。

4）指向性 传声器的灵敏度随声波入射方向而变化的特性就是传声器的指向性。传声器的指向性对音质有较大影响。根据不同的使用目的、不同的声源以及不同的声场条件，选用具有不同指向性的传声器，这对提高音质是很重要的。

传声器的指向性大体有三类：

① 全向传声器：对于来自四面八方的声音都有大致相同的灵敏度。

② 双向传声器：前后两面的灵敏度一样大，而对侧面的声波不灵敏。

③ 单向传声器：正面比背面灵敏得多。

5）传声器的相位 传声器的相位特性是指作用在传声器表面上的声压的相位与传声器输出端的电压的相位之间的关系。这两者的相位差是频率的函数。

6）噪声 传声器的噪声来源主要有两个部分：

① 传声器本身的固有噪声，主要由膜片的热扰动，或是有源部分的电噪声引起的。

② 传声器受到外界的感应产生的噪声，例如电磁感应引起的。

7）动态范围 传声器的动态范围是指传声器所能接受声音的大小，其上限受到失真的限制，下限受到固有噪声的限制，以传声器的最高声压级减去等效噪声级就是该传声器的动态范围。

（3）传声器的选择（表 24-7-6）

（4）产品及其主要性能参数（表 24-7-7）

表 24-7-6　**不同传声器的特点及应用选择**

类　型	特点及应用选择
动圈式传声器	结构牢固，性能稳定，电声性能良好，能承受强音而不失真，价格较便宜，是一种耐用的传声器，广泛应用于一般音响系统
电容传声器	能提供非常高的音响质量，频率响应宽而平坦，是高性能传声器，但这种传声器制造工艺复杂，价格高，需外加 60～20 的极化电压源，一般在专业领域使用较多
驻极体传声器	音质接近电容式，不需极化电压，阻抗变换用前置放大器使用低噪声场效应管，由电池供电。这种传声器结构简单，电声性能好，体积小，耐振动，价格较低，有较广泛的应用
压电传声器	输出电平高，价格低，但稳定性和频率响应不理想，不适于高质量工作，已趋淘汰

表 24-7-7　**传声器产品及其主要性能参数**

系列	型号	极化电压/V	频率响应/Hz	尺寸/in	类型
丹麦 B&K①	4939	200	4～100000	1/4	自由场型传声器
	4130	28	6.5 ～ 8000	1/2	
	4176	0	7 ～12500	1/2	
	4188	0	8 ～ 12500	1/2	
	4189	0	6.3～20000	1/2	
	4190	200	3.15 ～20000	1/2	
	4191	200	3.15 ～40000	1/2	
	4145	200	2.6～18000	1	
	4943	200	3.15～10000	1/2	扩散场型传声器
	4938	200	4 ～70000	1/4	压力场型传声器
	4944	0	4 ～70000	1/4	
	4947	0	8 ～10000	1/2	
	4192	200	3.15 ～20000	1/2	
	4144	200	2.6 ～ 8000	1	
HS 系列②	HS14421	0	20～12.5k	1/2	自由场型传感器
	HS14423B	0	20～12.5k	1/2	
	HS14427	0	20～20k	1/2	
	HS14417	60	20～12.5k	1/2	
	HS14411	200	20～20k	1/2	
	HS14401	200	20～18k	1/2	
	HS14402	200	20～12.5k	1/2	压力场型传感器
	HS14412A	200	20～12.5k	1/2	
CH 系列③	CH21	200	20～18k	1	自由场型传感器
	CH22	200	20～8k	1	压力场型传感器
	CH33	200	20～40k	1/2	自由场型传感器
	CH34	200	20～20k	1/2	压力场型传感器
	CH65	200	20～20k	1/2	自由场型传感器
	CH66	200	20～10k	1/2	压力场型传感器
	CH2233	0	20～40k	1/2	自由场型传感器
	CH2234	0	20～20k	1/2	压力场型传感器
	CH2255	0	20～20k	1/2	自由场型传感器
	CH2256	0	20～10k	1/2	压力场型传感器
	CH30	0	20～16k	1/2	自由场型传感器
	CH15	200	30～16k	1/4	自由场型传感器
	CH16	200	30～70k	1/4	压力场型传感器
	CH2215	0	30～160k	1/4	自由场型传感器
	CH2216	0	30～70k	1/4	压力场型传感器

① 生产厂为丹麦 B&K，www.bksv.cn。
② 生产厂为国营红声器材厂，www.hs4380.cn。
③ 生产厂为北京第七九七音响股份有限公司，www.797audio.com.cn。

7.4.2.2　声级计

声级计是最基本的噪声测量仪器，它是一种电子仪器，但又不同于电压表等客观电子仪表。它是在把声信号转换成电信号时，按人耳听觉特性近似地测定其噪声级的仪器。

(1) 声级计的工作原理

声级计的工作原理见图24-7-21。由传声器将声音转换成电信号，再由前置放大器变换阻抗，使传声器与衰减器匹配。放大器将输出信号加到计权网络，对信号进行频率计权（或外接滤波器），然后再经衰减器及放大器将信号放大到一定的幅值，送到有效值检波器（或外接电平记录仪），在指示表头上给出噪声声级的数值。

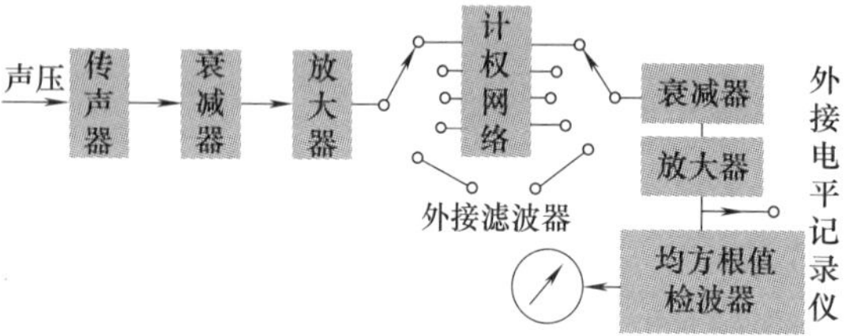

图24-7-21　声级计工作原理图

目前，测量噪声用的声级计，表头响应按灵敏度可分为四种：

① "慢"。表头时间常数为1000ms，一般用于测量稳态噪声，测得的数值为有效值。

② "快"。表头时间常数为125ms，一般用于测量波动较大的不稳态噪声和交通运输噪声等。快挡接近人耳对声音的反应。

③ "脉冲或脉冲保持"。表针上升时间为35ms，用于测量持续时间较长的脉冲噪声，如冲床、锻锤等，测得的数值为最大有效值。

④ "峰值保持"。表针上升时间小于20ms，用于测量持续时间很短的脉冲声，如枪、炮和爆炸声，测得的数值是峰值，即最大值。

(2) 声级计的分类

根据声级计整机灵敏度区分，声级计分为两类：一类是普通声级计，它对传声器要求不太高，动态范围和频响平直范围较狭，一般不配置带通滤波器；另一类是精密声级计，其传声器要求频响宽，灵敏度高，长期稳定性好，且能与各种带通滤波器配合使用，放大器输出可直接和电平记录器、录音机相连接，可将噪声讯号显示或储存起来。如将精密声级计的传声器取下，换以输入转换器并接加速度计就成为振动计，可做振动测量。

声级计按精度可分为精密声级计和普通声级计。精密声级计的测量误差约为±1dB，普通声级计约为±3dB。声级计按用途可分为两类：一类用于测量稳态噪声，一类则用于测量不稳态噪声和脉冲噪声。

积分式声级计是用来测量一段时间内不稳态噪声的等效声级的。噪声剂量计也是一种积分式声级计，主要用来测量噪声暴露量。脉冲式声级计是用于测量脉冲噪声的，这种声级计符合人耳对脉冲声的响应及人耳对脉冲声反应的平均时间。

近年来又有人将声级计分为四类，即0型、1型、2型和3型。主要技术参数见表24-7-8。

(3) 声级计的校准方法

目前常用的声级计校准方法有以下几种：

① 活塞发生器校准法是一种现场常用的精确、可靠且简便的方法，主要适用于低频（几赫兹到几十赫兹）校准。

② 互易校准法适用于中频范围可听声的传声器校准。该方法准确度高，在声学测量实验室中普遍采用。

③ 静电激励校准法适用于较高频率的扬声器校准。它是将一个绝缘的栅状金属板置于传声器振膜之前，并使两者之间的距离尽量小。在栅状金属板和振膜之间加上高达800V的直流电压使两金属板极化，使两者之间产生稳定的静电力。另外再加上30V左右的交流电压使两者之间产生等于1Pa的声压交变力。直流、交流电压的作用原理与电磁激振器类似。

表24-7-8　声级计等级及其主要技术参数

声级计级别		0	1	2	3
工作1h内读数的最大变化(不包括预热)/dB		0.2	0.3	0.5	0.5
测量精确度/dB		±0.4	±0.7	±1.0	±1.5
不同频率范围声级精确度容许偏差/dB	31.5～8000Hz	±0.3	±0.5	±0.7	±1.5
	20～12500Hz	±0.5	±1	—	—

④ 置换法是用一个已知频率响应的精确基准声级计与待校声级计分别测量同一声压，从两声级计测量结果的差别确定待校声级计的频率响应。

(4) 声级计产品

① 用途如表 24-7-9 所示。

② 主要性能指标如表 24-7-10 所示。

表 24-7-9　　声级计产品用途

系列	型号	用　　途
HS	HS5633B	适用于环境、交通噪声、机械和电气噪声等的测量，也可用于建筑声学、电声等测量
	HS5633	适用于环境交通噪声、机械和电气产品噪声的测量
	HS6288B	可用于环境噪声的测量，也可用于劳动保护、工业卫生及各种机器、车辆、船舶、电器等工业噪声测量
	HS5618A	用于环境监测、卫生防疫、劳动保护、学校、科研等各种噪声的测量
	HS5660C	适用于各种工业环境噪声测量，尤其适用于对噪声进行频谱分析
	HS5660A	可用来测量和分析环境噪声、机器、车辆、电机等噪声，也可用来建筑声学、电声等的测量
B&K	B&K 2240	现场声级检测的理想选择，例如被投诉的现场，工厂车间，空调噪声或其他设备
	B&K 2239	
LA	LA-1410	机械噪声电平或产品检查用噪声计 Class 2（普通噪声计）
	LA-1440	适用于作业环境及环境噪声测量的噪声计 Class 2（普通噪声计）
	LA-4440	适用于噪声分析及产品质量检查的噪声计 Class 1（精密噪声计）

表 24-7-10　　声级计产品主要性能指标

型号	测量范围	频率范围	交流信号输出	直流信号输出
HS[1]5633B 通用声级计	35～130dB(A)；40～130dB(C)	20Hz～12.5kHz	最大有效值约 2V，阻抗 600Ω	0.3～1.3V
HS5633 型噪声监测仪	L：40～100dB；H：70～130dB	31.5Hz～8kHz		－400～－1300mV
HS6288E 型多功能噪声分析仪	A 声级：30～135dB；C 声级：35～135dB	20Hz～12.5kHz		
HS6288B 型噪声频谱分析仪	A 声级：30～135dB；C 声级：40～130dB	20Hz～12.5kHz		
HS5618A 积分声级计	35～130dB(A)	20Hz～10kHz		
HS5660C 型精密噪声频谱分析仪	25～130dB(A)、30～130dB(C)、40～130dB(线性)	10Hz～20kHz		
HS5670B 型脉冲积分声级计	25～135dB(A)；35～135dB(C)；45～135dB(线性)	20Hz～20kHz	RS232C、交流、直流	
HS5660A 型精密脉冲声级计	30～138dB(A)；40～138dB(C)；45～138dB(线性)	10Hz～20kHz	交、直流输出端	
B&K[2] 2240	30～140dB	20Hz～16kHz		
B&K 2239				
LA[3]-1410	26～130dB	20Hz～8kHz	0.707～2.238V/FS，负载电阻≥10kΩ 上	2.5V/FS，每 10dB 的电压变换量：0.25V、负载电阻 10kΩ 以上
LA-1440	26～130dB	20Hz～8kHz		
LA-4440	27～130dB	20Hz～12.5kHz		
LA-5570	19～127dB	20Hz～12.5kHz		
LA-5560	25～137dB	20Hz～20.0kHz		
LA-2560	25～130dB	20Hz～8.0kHz		

① 生产厂为国营红声器材厂嘉兴分厂，www.hs4380.cn。

② 生产厂为丹麦 B&K，www.bksv.cn。

③ 生产厂为小野测器，www.onosokki.co.jp。

7.4.2.3 声校准器

校准是精确测量中的必要步骤，校准程序将传声器的声压输入和输出建立精确的关联，校准可在 250Hz 或 1kHz 的频率下进行，两种频率各有其优缺点。

在 250Hz 的频率范围下，几乎所有传声器的频率响应都非常平坦，因而可得到最精确的校准。但如果传声器是与计权滤波器连接并作为测量设备使用时，例如带 A 计权的声级计，则 250Hz 处的信号便会被计权网络衰减。此时用 1kHz 的校准频率就有其优势。

计权滤波器在 1kHz 的衰减为 0dB，故不会对校准构成影响。但是当传声器的频率响应不平坦时，可能会出现细微的误差。

声校准器产品及主要性能指标见表 24-7-11。

表 24-7-11 声校准器产品及其主要性能指标

系列	型号	声压级	声压级精度	频 率	谐波失真	延时时间
HS①	HS6028A	①94dB ②114dB	①20℃±5℃：±0.3dB ②0～40℃：±0.5dB	1000Hz±2%	≤3%	约 50s
	HS6020	94dB	①20℃±5℃：±0.3dB ②0℃±40℃：±0.5dB	1000Hz±2%	≤3%	约 1min
42②	42AA	114dB	±0.08dB(re. 20μPa)	250Hz		
	42AB	114dB	±0.2dB(re. 20μPa)	1kHz±0.2%	1%	2s
	42AC	134dB	± 0.08dB(re. 20μPa)	250Hz		
	42AP	114dB	± 0.05dB(re. 20μPa)	250Hz 或 251.2Hz		
CA③	CA106	94dB	± 0.4dB	1kHz±1.7%	< 2.5%	30s
SC④	SC-3100	124dB SPL	±0.3dB	250Hz ±1Hz	<2.5 %	
	SC-2120	94dB SPL	±0.5dB	1000Hz ±10Hz	<0.5 %	

① 生产厂为国营红声器材厂嘉兴分厂，www.hs4380.cn。

② 生产厂为丹麦 G.R.A.S. 公司，www.gras.com.cn。

③ 生产厂为北京声望声电技术有限公司，www.bswa.com.cn。

④ 生产厂为小野测器，is1.onosokki.co.jp。

第 8 章　机器人领域的传感器

8.1　机器人传感器的分类

为了检测作业对象及环境或机器人与它们的关系，在机器人上安装了触觉传感器、视觉传感器、力觉传感器、接近觉传感器、超声波传感器和听觉传感器，因为有了这些传感器，机器人才具备了类似人类的知觉功能和反应能力，使其能够更充分地完成复杂的工作。

根据所完成任务和检测对象的不同，机器人配置的传感器类型和规格可分为内部传感器和外部传感器。机器人内部传感器和外部传感器的基本类型见表 24-8-1 和表 24-8-2。

表 24-8-1　机器人内部传感器的基本类型

传感器类型	基本类型
位置传感器	电位器、旋转变压器、码盘
速度传感器	测速发电机、码盘
加速度传感器	应变片、伺服式、压电式、电动式
倾斜角传感器	液体式、垂直振子式
力(力矩)传感器	应变式、压电式

机器人具体检测内容和应用以及所需传感器件如表 24-8-3 所示。

① 内部传感器：用来检测机器人自身状态，主要用来采集来自机器人内部的信息。功能部件包括特定位置、角度传感器、任意位置、角度传感器、速度、角度传感器、加速度传感器、倾斜角传感器、方位角传感器等。

② 外部传感器：用来测量机器人外部环境参数，采集机器人和外部环境以及工作对象之间相互作用的信息。主要包括视觉（测量、识别传感器）、触觉（接触、压觉 、滑动觉传感器）、力觉（力、力矩传感器）、接近觉（接近、距离传感器）传感器。

表 24-8-2　机器人外部传感器的基本类型

传感器功能	功能传感器	基本类型
视觉	测量传感器	光学式（点状、线状、圆形、螺旋形、光束）
	识别传感器	光学式、声波式
触觉	接触传感器	单点式、分布式
	压觉传感器	单点式、高密度集成、分布式
	滑觉传感器	点接触式、线接触式、面接触式
接近觉	接近传感器	空气式、磁场式、电场式、光学式、声波式
	距离传感器	光学式(反射光量、定时、相位信息)
		声波式(反射音量、传输时间信息)
力觉	力(力矩)传感器	应变式、压电式

表 24-8-3　机器人具体检测内容和应用以及所需传感器件

对象	检测内容	应用目的	传感器件
明暗觉	是否有光，亮度多少	判断有无对象，并得到定量结果	光敏管、光电断续器
色觉	对象的色彩及浓度	利用颜色识别对象的场合	彩色摄像机、滤波器、彩色 CCD
位置觉	物体的位置、角度、距离	物体空间位置、判断物体移动	光敏阵列、CCD 等
形状觉	物体的外形	提取物体轮廓及固有特征，识别物体	光敏阵列、CCD 等
接触觉	与对象是否接触，接触的位置	确定对象位置，识别对象形态，控制速度，安全保障，异常停止，寻径	光电传感器、微动开关、薄膜特点、压敏高分子材料
压觉	对物体的压力、握力、压力分布	控制握力，识别握持物，测量物体弹性	压电元件、导电橡胶、压敏高分子材料
力觉	机器人有关部件（如手指）所受外力及转矩	控制手腕移动，伺服控制，正解完成作业	应变片、导电橡胶
接近觉	对象物是否接近，接近距离，对象面的倾斜	控制位置，寻径，安全保障，异常停止	光传感器、气压传感器、超声波传感器、电涡流传感器、霍尔传感器
滑觉	垂直握持面方向物体的位移，重力引起的变形	修正握力，防止打滑，判断物体重量及表面状态	球形接点式、光电旋转传感器、角编码器、振动检测器

8.2 常用的内部传感器

8.2.1 位置传感器

当前机器人系统中应用的位置传感器一般为编码器。所谓编码器，就是将某种物理量转换为数字格式的装置。机器人运动控制系统中，编码器的作用是将位置和角度等参数转换为数字量。可采用电接触、磁效应、电容效应和光电转换等类型的编码器，最常见的编码器是光电编码器。根据结构形式，光电编码器包括直线式光电编码器（光栅尺）和旋转式光电编码器（编码盘）。机器人常见位移传感器及其特点见表24-8-4。

8.2.1.1 直线式光电编码器（光栅尺）

光栅式传感器主要由标尺光栅、指示光栅和光学系统组成，其安装示例如图24-8-1所示。两块栅距相同的光栅，其中较长的光栅类似于长刻线尺，称为标尺光栅（也称主光栅），通常安装在活动部件（工作台）上，其有效长度即为测量范围；另一块光栅很短，称为指示光栅，它通常与光学系统等组成读数头，安装在固定部件上。两光栅刻线面相对叠合，中间留很小的间隙，便组成了光栅副。

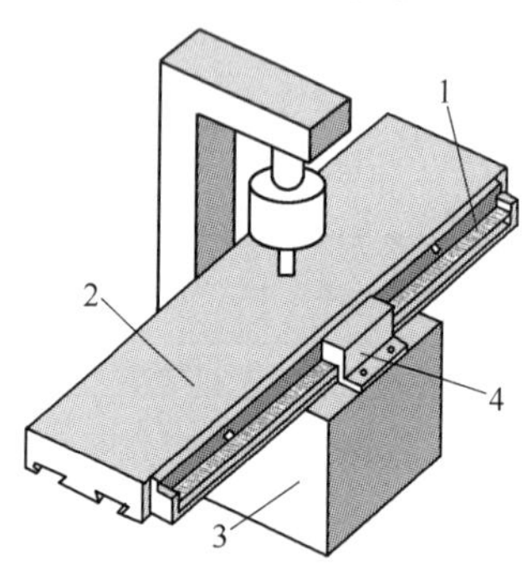

图24-8-1 光栅式传感器安装示例
1—标尺光栅；2—工作台；3—基座；
4—指示光栅和光学系统（被遮盖）

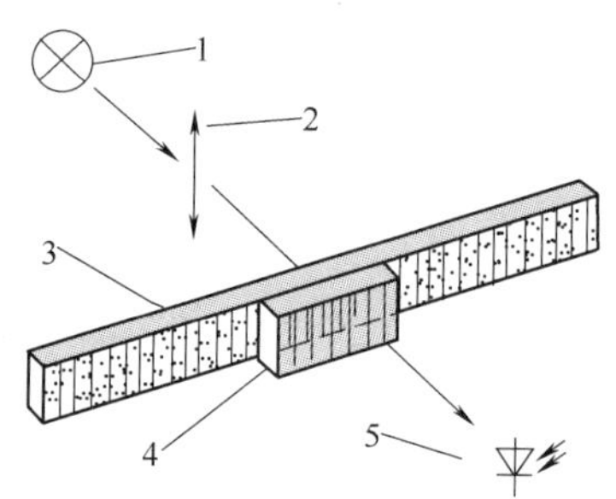

图24-8-2 光栅式传感器的结构
1—电光源；2—凸透镜；3—标尺光栅；
4—指示光栅；5—光电元件

光栅式传感器如图24-8-2所示，将光栅副置于由点光源和凸透镜形成的平行光束的光路中，使其中一块光栅（通常为指示光栅）固定，另一块光栅（通常为标尺光栅）随着被测物体移动，则通过两光栅的光线强度也随之变化。用光电元件接收此光线强度信号，经电路处理后，用计数器可得标尺光栅移过的距离。光栅式传感器为增量式位移传感器。

8.2.1.2 旋转式光电编码器

编码盘（binary shaft encoder）传感器是一种得到广泛应用的编码式数字传感器，是把被测角位移直接转换成相应代码的检测元件。它将被测角位移转换为预设的数字编码信号输出，又被称为绝对编码盘或码盘式编码器。从结构上看它是一种机械式模/数编码器，不同位置的角位移状态与编码盘输出的数字编码一一对应。编码盘有光电式、接触式和电磁式三种。

此外，还有一种增量编码盘也用于角位移的测量。但它已经没有编码功能，因此，不属于严格意义上的编码盘传感器。

目前使用最多并且性能价格比最好的编码盘是光电式编码盘。光电式编码盘传感器由编码盘与光电读出装置两部分组成。

编码盘为刻有一定规律的码形的圆盘形装置，四位二进制数码的编码盘如图24-8-3所示。编码盘上各圆环分别代表一位二进制的数字码道，在同一个码道上印制黑白等间隔图案，形成一套编码。黑色不透光区（简称暗区）和白色透光区（简称亮区）分别代

表24-8-4 机器人常见位移传感器及其特点

型式		测量范围	精确度	直线性	特点
光栅尺	长光栅	$10^{-3}\sim10^{3}$mm①	$0.2\sim1\mu m\cdot m^{-1}$		模拟和数字混合测量系统，数字显示（长光栅利用干涉技术，可分辨1pm）
	圆光栅	0～360°	±0.5″		
编码盘	光电式	0～360°	10^{-6}r		分辨力好，可靠性高
	接触式	0～360°	10^{-6}r		

① 指这种传感器形式能够达到的最大可测范围，但每种规格的传感器都有其一定的远小于此范围的量程。

② 指这种传感器的测量范围，受被测物的材料或力学性质影响较大，表中数据为钢材的测量范围。

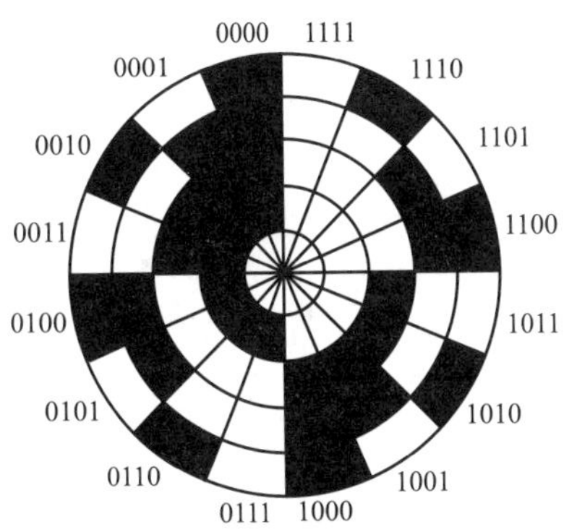

图 24-8-3　四位二进制数码的编码盘

表二进制的“0”和“1”。在一个四位光电码盘上，有四圈数字码道，每圈各有 1 个环形码道，从最内圈算起分别记为：C_4、C_3、C_2 和 C_1。每个码道上亮区与暗区等分总数为 2^1、2^2、2^3 和 2^4。在最外圈分成 16 个角度方位：0、1、2、…、15，每个角度方位对应由各码道组合而成的二进制编码 $C_4C_3C_2C_1$。如 0 方位对应为 0000；第 12 方位对应为 1100。

循环码又称为格雷码（Gray code），1880 年由法国工程师 Jean-Maurice-Emlle Baudot 发明，由贝尔实验室的 Frank Gray 在 20 世纪 40 年代提出，并取得美国专利。它是一种无权二状态多位编码，它的每一位码只有 0 和 1 两种状态，但码位没有确定的权值。它的编码方式不唯一，图 24-8-4 是最常用的一种四位循环码盘。

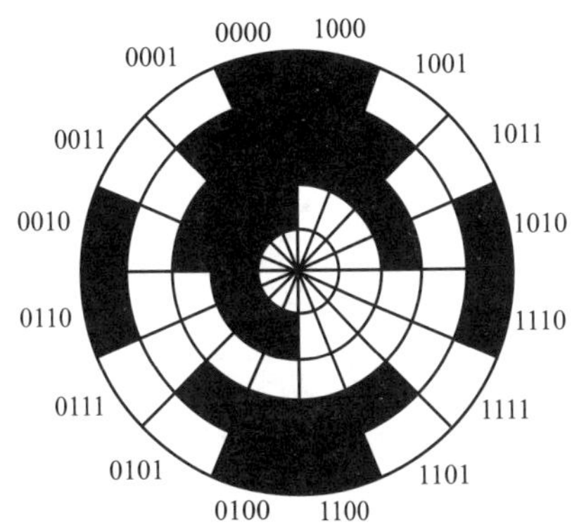

图 24-8-4　四位循环码盘

循环码中任意相邻的两个代码间只有一位有变化，在两相邻代码变换过程中，因光电管安装不准等产生的读数误差，最多不超过“1”，只可能读成相邻两个数中的一个数。所以，格雷码属于可靠性编码，是一种错误最小化的编码方式，也是消除非单值性误差的一种有效方法。

编码盘的材料有玻璃、金属和塑料。玻璃编码盘是在玻璃上沉积很薄的刻线，其热稳定性好，精度高。金属编码盘直接以通和不通刻成镂空的码形，不易碎，但由于金属有一定的厚度，精度就有限制，其热稳定性就要比玻璃的差一个数量级。塑料编码盘是经济型的，其成本低，但精度、热稳定性、寿命均要差一些。

工作时，编码盘的一侧放置电源，另一侧放置通过所有码道的狭缝和光电接收装置，如光敏二极管、光敏三极管等光电转换元件，每个码道都对应有一个光敏管及放大、整形电路。编码盘转到不同位置，光电元件通过狭缝接收各个码道在同一直线上的光信号，并转成相应的电信号，经放大整形后，成为相应数码电信号。

编码盘以不同的二进制数表示一周的各个位置，即对其采用绝对的机械位置进行编码。因此，它属于绝对式位移传感器。

8.2.2　速度传感器

速度传感器用来测量机器人关节的运动速度。可以进行速度测量的传感器很多，能直接得到代表转速的电压且具有良好的实时性的速度传感器是测速发电机。机器人控制中普遍采用的几种速度传感器，根据输出信号的形式可分为数字式和模拟式两种。

（1）模拟式速度传感器

测速发电机是最常用的一种模拟式速度传感器，它是一种小型磁式直流发电机。测速发电机是输出电动势与转速成比例的微特电机。测速发电机的绕组和磁路经精确设计，其输出电动势 U 和转速 n 呈线性关系，即

$$U=kn$$

式中，U 为测速发电机输出电压，V；n 为测速发电机转速，r/min；k 为常数。

改变旋转方向时输出电动势的极性即相应改变。在被测机构与测速发电机同轴连接时，只要检测出输出电动势，就能获得被测机构的转速，故又称速度传感器。

（2）数字式速度传感器

在机器人控制系统中，增量式编码器一般用作位置传感器，也可以用作速度传感器。把一个增量式编码器用作速度检测元件时，有两种使用方法。

① 模拟式方法。在这种方式下，需要一个 F/V 转换器，它必须有尽量小的温度漂移和良好的零输入输出特性，用它把编码器的脉冲频率输出转换成与转速成正比的模拟电压，它检测的是电动机轴上的瞬时速度。

② 数字式方法。编码器是数字元件，它的脉冲个数代表了位置，而单位时间里的脉冲个数表示这段时间里的平均速度。显示单位时间越短，越能代表瞬时速度，但在太短的时间里，只能记到几个编码脉冲，因而降低了速度分辨率。可以采用两个编码器脉冲为一个时间间隔，然后用计数器记录在这段时间里高速脉冲源发出的脉冲数。

设编码器每转输出 1000 个脉冲，高速脉冲源的

周期为 0.1s，门电路每接收一个编码器脉冲就开启，再接到一个编码器脉冲就关闭，这样周而复始，电路开启时间是两个编码器脉冲的间隔时间。

8.2.3 加速度传感器

随着机器人的高速化、高精度化发展，由机械运动部分刚性不足引起的振动日益得到关注。为了应对振动问题，在机器人的各杆件上、末端执行器上安装加速度传感器，测量振动加速度并进行反馈，以改善机器人的性能。

机器人的动作是三位的，而且活动范围很广，因此可在连杆等部位直接安装接触式振动传感器。虽然机器人的振动频率仅为数十赫兹，但因为共振特性容易改变，所以要求传感器具有低频高灵敏度的特点。

8.2.3.1 应变片加速度传感器

电阻式传感器是利用电阻元件把被测物理量的变化转换成电阻值的变化，再经相应的测量电路显示或记录被测量的变化。电阻式传感器主要分为应变式电阻传感器和变阻式电阻传感器。前者适宜工作于电阻值变化甚小的情况，灵敏度高；后者适于测量被测参数变化较大的场合。

金属丝和箔式电阻应变片的性能稳定、精度较高，至今仍在不断地改进和发展，并在一些高精度应变式传感器中得到了广泛的应用。这类传感器的主要缺点是应变丝的灵敏度系数小。为了改进这一不足，在 20 世纪 50 年代末出现了半导体应变片和扩散型半导体应变片。应用半导体应变片制成的传感器，称为固态压阻式传感器，它的突出优点是灵敏度高（比金属丝高 50～80 倍），尺寸小，横向效应也小，滞后和蠕变都小，因此适用于动态测量。

（1）原理

半导体材料受到应力作用时，其电阻率会发生变化，这种现象称为压阻效应。实际上，任何材料都不同程度地呈现压阻效应，但半导体材料的这种效应特别强。最常用的半导体电阻材料有硅和锗，掺入杂质可形成 P 型或 N 型半导体。由于半导体（如单晶硅）是各向异性材料，因此它的压阻效应不仅与掺杂浓度、温度和材料类型有关，还与晶向有关（即对晶体的不同方向上施加力时，其电阻的变化方式不同）。

（2）应用

压阻式加速度传感器是利用单晶硅作悬臂梁，在其根部扩散出四个电阻，如图 24-8-5 所示。当悬臂梁自由端的质量块受加速度作用时，悬臂梁受到弯矩作用，产生应力，使四个电阻阻值发生变化，则此四个电阻构成的电桥电路输出与加速度成正比的电压。

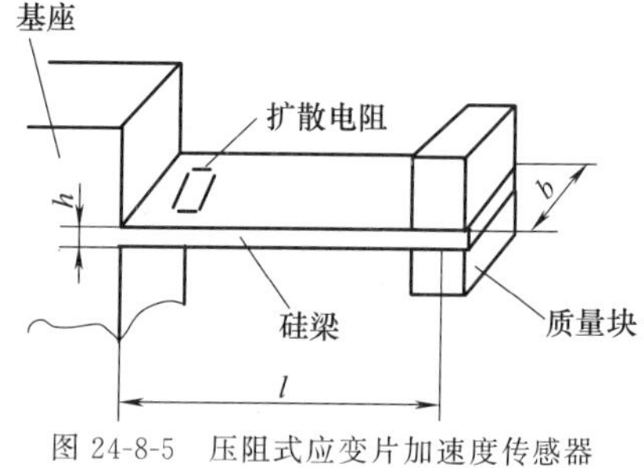

图 24-8-5 压阻式应变片加速度传感器

8.2.3.2 伺服加速度传感器

伺服加速度传感器检测出与应变片加速度传感器质量块振动位移成正比例的电流，把电流反馈到恒定磁场中的线圈，使质量块返回到原来的零位移状态。由于质量块没有几何位移，因此这种传感器与应变片加速度传感器相比，更适用于较大加速度的系统。

产生与加速度成比例的惯性力 F，它和电流 i 产生的复原力保持平衡。根据弗莱明左手定则，F 和电流 i 成正比（比例系数 K），关系式为 $F=ma=Ki$。进而，根据检测的电流 i，可以求出振动加速度。

8.2.3.3 压电加速度传感器

压电传感器是一种可逆转换器，它既可以将机械能转换为电能，又可以将电能转换为机械能。它的工作原理基于某些物质的压电效应。

某些物质，当沿着一定方向对其施加力而使其变形时，在一定表面上将产生电荷，当外力去掉后，又重新回到不带电状态，这种现象称为压电效应。相反，如果在这些物质的极化方向施加电场，这些物质就在一定方向上产生机械变形或机械应力，当外电场撤去时，这些变形或应力也随之消失，这种现象称之为逆压电效应，或称之为电致伸缩效应。

明显呈现压电效应的敏感功能材料叫压电材料。常用的压电材料有两种，一种是压电单晶体，如石英、罗谢尔盐等；另一种是多晶压电陶瓷，如钛酸钡、锆钛酸铅、铌镁酸铅等，又称为压电陶瓷。此外，聚偏二氟乙烯（PVDF）作为一种新型的高分子物性型传感材料，自 1972 年首次应用以来，已研制了多种用途的传感器，用于加速度检测。

设压电元件常数为 d，则加在元件上的应力 F 和产生的电荷 Q 的关系式为

$$Q=dF$$

压电元件两电极间的压电陶瓷或石英为绝缘体，而两个工作面是通过金属蒸镀形成的金属膜，因此就构成一个电容器。压电式传感器及其等效电路如图 24-8-6 所示。

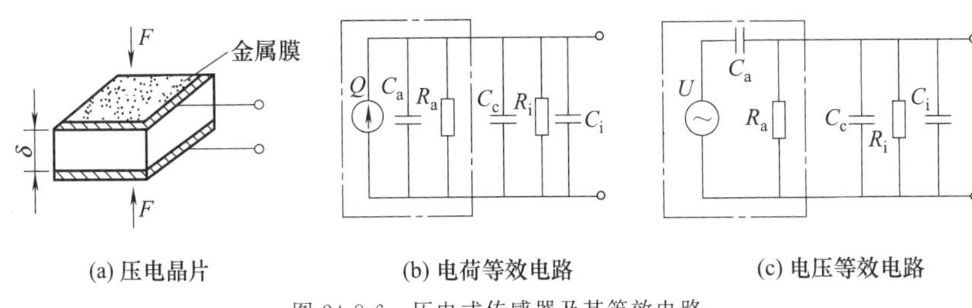

图 24-8-6　压电式传感器及其等效电路

压电元件受外力作用时，两表面产生等量的正、负电荷 Q，压电元件的开路电压（负载电阻为无穷大）为

$$U=Q/C \tag{24-8-1}$$

于是可以把压电元件等效为一个电荷源 Q 和一个电容器 C 组成的等效电路。

8.2.4　倾斜角传感器

倾斜角传感器测量重力的方向，应用于机器人末端执行器或移动机器人的姿态控制中。根据测量原理不同，倾斜角传感器分为液体式和垂直振子式。

（1）液体式

液体式倾斜角传感器分为气泡位移式、电解液式、电容式和磁流体式等，下面仅介绍其中的气泡位移式和电解液式倾斜角传感器。图 24-8-7 为气泡位移式倾斜角传感器的结构及测量原理。半球状容器内封入含有气泡的液体，对准上面的 LED 发出的光。容器下面分成四部分，分别安装四个光电二极管，用以接收透射光。液体和气泡的透光率不同。液体在光电二极管上投影的位置，随传感器倾斜角度而改变。因此，通过计算对角的光电二极管的感光量的差值，可测量出二维倾斜角。该传感器测量范围为 20°左右，分辨率可达 0.001°。

电解液式倾斜角传感器的结构如图 24-8-8 所示，在管状容器内封入 KCl 之类的电解液和气体，并在其中插入三个电极。容器倾斜时，溶液移动，中央电极和两端电极间的电阻及电容量改变，使容器相当于一个阻抗可变的元件，可用交流电桥电路进行测量。

（2）垂直振子式

图 24-8-9 是垂直振子式倾斜角传感器的原理图。振子由挠性薄片悬起，传感器倾斜时，振子为了保持铅直方向而离开平衡位置，根据振子是否偏离平衡位置及偏移角函数（通常是正弦函数）检测出倾斜角度 θ。但是，由于容器限制，测量范围只能在振子自由摆动的允许范围内，不能检测过大的倾斜角度。按图 24-8-9 所示结构，把代表位移函数的输出电流反馈到转矩线圈中，使振子返回到平衡位置。这时，振子产生的力矩 M 为 $M=mgl\sin\theta$，转矩 T 为 $T=Ki$。在平衡状态下应有 $M=T$，于是得到

$$\theta=\arcsin(Ki/mgl) \tag{24-8-2}$$

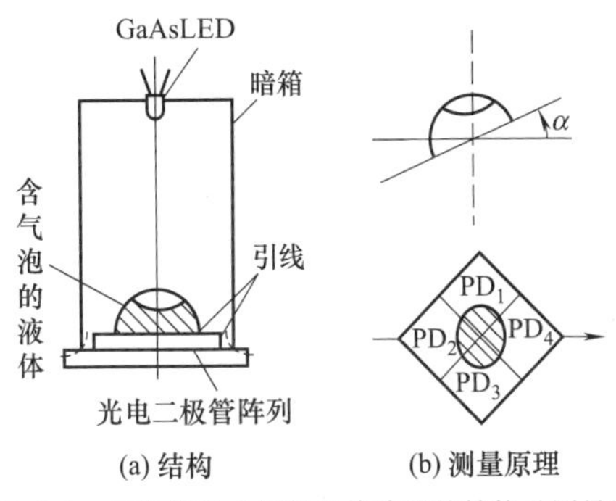

图 24-8-7　气泡位移式倾斜角传感器的结构及测量原理

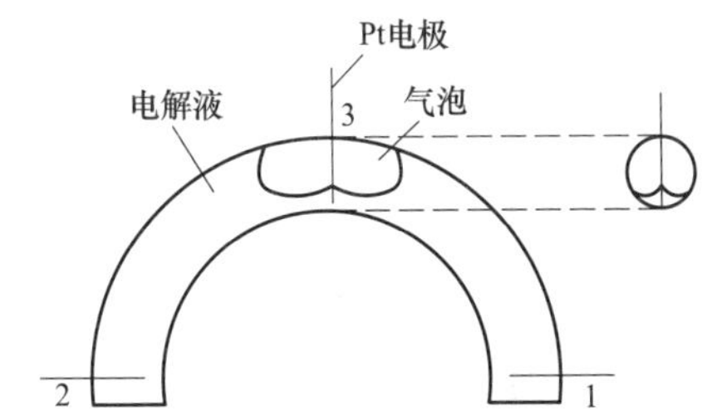

图 24-8-8　电解液式倾斜角传感器结构

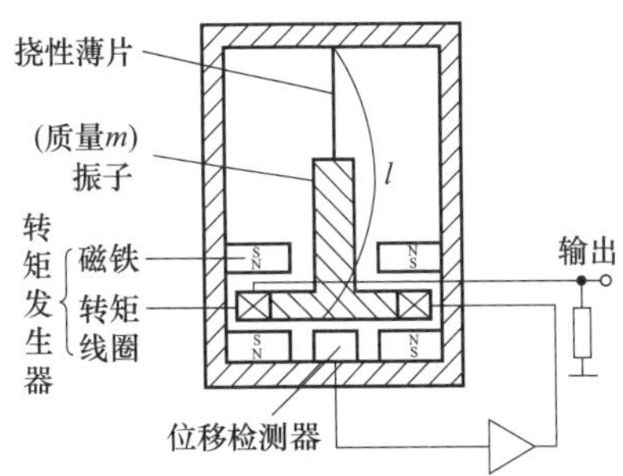

图 24-8-9　垂直振子式倾斜角传感器原理

8.3　常用的外部传感器

8.3.1　视觉传感器

大多数机器人视觉是采用固体视觉传感器直接把景物的光信号转换成电信号来实现的。固体传感器可分为一维线性传感器和二维线性传感器，目前二维线

性传感器已经能做到四千个像素以上。

8.3.1.1 CCD 传感器原理和特性

(1) 原理

电荷耦合器件图像传感器 CCD (charge coupled device) 使用一种高感光度的半导体材料制成，能把光线转变成电荷，通过模数转换器芯片转换成数字信号，数字信号经过压缩以后由相机内部的闪速存储器或内置硬盘卡保存，因而可以轻而易举地把数据传输给计算机，并借助于计算机的处理手段，根据需要和想象来修改图像。CCD 由许多感光单位组成，通常以百万像素为单位。当 CCD 表面受到光线照射时，每个感光单位会将电荷反映在组件上，所有的感光单位所产生的信号加在一起，就构成了一幅完整的画面。CCD 有面阵和线阵之分，面阵是把 CCD 像素排成 1 个平面的器件；而线阵是把 CCD 像素排成 1 条直线的器件。

(2) 特性

① 调制传递函数 MTF 特性　固态图像传感器是由像素矩阵与相应转移部分组成的。固态的像素尽管已经做得很小，并且其间隔也很微小，但是，这仍然是识别微小图像或再现图像细微部分的主要障碍。

② 输出饱和特性　当饱和曝光量以上的强光像照射到图像传感器上时，传感器的输出电压将出现饱和，这种现象称为输出饱和特性。产生输出饱和现象的根本原因是光敏二极管或 MOS 电容器仅能产生与积蓄一定极限的光生信号电荷。

③ 暗输出特性　暗输出又称无照输出，系指无光像信号照射时，传感器仍有微小输出的特性，输出来源于暗（无照）电流。

④ 灵敏度　单位辐射照度产生的输出光电流表示固态图像传感器的灵敏度，它主要与固态图像传感器的像元大小有关。

⑤ 弥散　饱和曝光量以上的过亮光像会在像素内产生与积蓄起过饱和信号电荷，这时，过饱和电荷便会从一个像素的势阱经过衬底扩散到相邻像素的势阱。这样，再生图像上不应该呈现某种亮度的地方反而呈现出亮度，这种情况称为弥散现象。

⑥ 残像　对某像素扫描并读出其信号电荷之后，下一次扫描后读出信号仍受上次遗留信号电荷影响的现象叫残像。

⑦ 等效噪声曝光量　产生与暗输出（电压）等值时的曝光量称为传感器的等效噪声曝光量。

8.3.1.2 CMOS 传感器原理和特性

(1) 原理

CMOS 图像传感器拥有二维像素阵列，每个像素上都配有一个光电二极管。不同像素结构的 CMOS 对信号的处理方式略有差别。一般情况下，当光线投射到 CMOS 二维阵列表面时，光电二极管发生光电效应，首先将接收到的光强转换为电信号。通过芯片上的行选择电路和列选择电路我们可以任意选取希望操作的像素单元，并读出像素单元的电信号。将选取到的信号放大并转化为电压信号以后，再送到片上模拟信号处理电路中做相关双采样处理。也即由图像传感器引出实时信号、参考信号两路输出进行差分对比，去掉相同或相关的干扰信号。这种方法可以减少噪声，提高信噪比，还可以完成其他信号处理功能。经过降噪后的信号再由 A/D 转换器转变为数字信号输出。

(2) 优点

① 随机窗口读取能力。随机窗口读取操作是 CMOS 图像传感器在功能上优于 CCD 的一个方面，也称为感兴趣区域选取。此外，CMOS 图像传感器的高集成特性使其很容易实现同时开多个跟踪窗口的功能。

② 抗辐射能力。总的来说，CMOS 图像传感器潜在的抗辐射性能相对于 CCD 性能有很大的提高。

③ 系统复杂程度和可靠性。采用 CMOS 图像传感器可以大大地简化系统硬件结构。

④ 非破坏性数据读出方式。

⑤ 优化的曝光控制。值得注意的是，由于在像元结构中集成了多个功能晶体管的原因，CMOS 图像传感器也存在着若干缺点，主要是噪声和填充率两个指标。鉴于 CMOS 图像传感器相对优越的性能，CMOS 图像传感器在各个领域得到了广泛的应用。

(3) 影响性能因素

① 噪声　这是影响 CMOS 传感器性能的首要问题。这种噪声包括固定图形噪声 FPN (fixed pattern noise)、暗电流噪声、热噪声等。固定图形噪声产生的原因是一束同样的光照射到两个不同的像素上产生的输出信号不完全相同。噪声正是这样被引入的。对付固定图形噪声可以应用双采样或相关双采样技术。具体地说有点像在设计模拟放大器时引入差分对来抑制共模噪声。双采样是先读出光照产生的电荷积分信号，暂存然后对像素单元进行复位，再读取此像素单元的输出信号。两者相减得出图像信号。两种采样均能有效抑制固定图形噪声。另外，相关双采样需要临时存储单元，随着像素的增加，存储单元也要增加。

② 暗电流　物理器件不可能是理想的，如同亚阈值效应一样，由于杂质、受热等其他原因的影响，即使没有光照射到像素，像素单元也会产生电荷，这些电荷产生了暗电流。暗电流与光照产生的电荷很难进行区分。暗电流在像素阵列各处也不完全相同，它

会导致固定图形噪声。对于含有积分功能的像素单元来说，暗电流所造成的固定图形噪声与积分时间成正比。暗电流的产生也是一个随机过程，它是散弹噪声的一个来源。因此，热噪声元件所产生的暗电流大小等于像素单元中的暗电流电子数的平方根。当长时间的积分单元被采用时，这种类型的噪声就变成了影响图像信号质量的主要因素，对于昏暗物体，长时间的积分是必要的，并且像素单元电容容量是有限的，于是暗电流电子的积累限制了积分的最长时间。

为减少暗电流对图像信号的影响，首先可以采取降温手段。但是，仅对芯片降温是远远不够的，由暗电流产生的固定图形噪声不能完全通过双采样克服。采用的有效的方法是从已获得的图像信号中减去参考暗电流信号。

③ 像素的饱和与溢出模糊　类似于放大器由于线性区的范围有限而存在一个输入上限，对于CMOS图像传感芯片来说，它也有一个输入的上限。输入光信号若超过此上限，像素单元将饱和而不能进行光电转换。对于含有积分功能的像素单元来说，此上限由光电子积分单元的容量大小决定：对于不含积分功能的像素单元，该上限由流过光电二极管或三极管的最大电流决定。在输入光信号饱和时，溢出模糊就发生了。溢出模糊是由于像素单元的光电子饱和进而流出到邻近的像素单元上。溢出模糊反映到图像上就是一片特别亮的区域。这有些类似于照片上的曝光过度。溢出模糊可通过在像素单元内加入自动泄放管来克服，泄放管可以有效地将过剩电荷排出。但是，这只是限制了溢出，却不能使像素真实地还原出图像。

8.3.1.3　CCD和CMOS的选择和应用

CCD（电荷耦合器件）和CMOS（互补性氧化金属半导体）图像传感器是固体视觉传感器的重要组成部分，采用了两种不同的数字影像捕捉技术，在不同的应用中，二者的优势和劣势也不同，两者的部分性能比较见表24-8-5。

通过表24-8-5所示的比较，能看出CCD与CMOS各有优势。基于此，我们可以做到扬长避短，在不同应用场合合理选择CCD或CMOS摄像机。

（1）低照度环境下宜使用CCD摄像机

由于CCD感光单元有效面积大，在光照强度较低的环境中，能相对清晰地呈现出被摄物体原貌。相反，CMOS传感器灵敏度低，ISO感光度差，低照时成像清晰度大大降低。所以，在低照度环境下，如灯光较暗的停车场、楼梯间、封闭通道和暗室等，宜选用感光灵敏的CCD摄像机。

表 24-8-5　CCD 和 CMOS 部分性能比较

性能	CCD	CMOS
响应度与量子效率	高	中
暗电流噪声	低	高
电子-电压转换率	中	高
响应不均匀性	低	中上
动态范围	大	中
图像采集处理速度	中上	很高
抗辐射性	差	好
功耗	高	低
成本	高	低

（2）隐蔽环境中使用CMOS摄像机

CMOS传感器可以将所有逻辑-和控制环都放在同一个硅芯片块上，使摄像机变得简单灵巧，因此CMOS摄像机可以做得非常小。而CCD摄像机限于外围复杂电路影响，体积无法做到CMOS般微型化。对于道路、门口等摄像机易受不法分子攻击破坏的场合，选用CMOS摄像机能达到隐蔽执法、避免攻击的作用。

（3）图像质量要求高的场合选用CCD摄像机

CCD结构中由于每行仅有一个ADC，信号放大比例一致，所以图像还原真实自然、噪点低，在对画质要求苛刻的场合宜选用CCD摄像机。像素越高、尺寸越大的CCD拥有更好的图像品质。目前监控用CCD摄像机已能做到200万～500万高像素，而CCD也囊括了1in（12.8mm×9.6mm）、2/3in（8.8mm×6.6mm）、1/2in（6.4mm×4.8mm）、1/3in（4.8mm×3.6mm）、1/4in（3.2mm×2.4mm）等多种尺寸。

（4）高帧摄像时选用CMOS摄像机更佳

CCD在工作时，上百万个像素感光后会生成上百万个电荷，每个专用通道中的电荷全部经过一个“放大器”进行电压转变。因此，这个“放大器”就成了制约图像处理速度的瓶颈。所有电荷由单一通道输出，当数据量大时就容易发生信号拥堵。而像素越高，需要传输和处理的数据也就越多，使用单CCD无法满足高速读取大量高清数据的需要。而CMOS传感器不需要复杂的处理过程，直接将图像半导体产生的光电信号转变成数字信号，因此处理得非常快。这个优点使得CMOS传感器对于高帧摄像机非常有用，速度能达到400～2000帧/秒。所以对于高速摄像场所，选用CMOS摄像机效果更佳。

8.3.2　触觉传感器

为使机器人准确地完成工作，需时刻检测机器人与对象物体的配合关系。机器人触觉可分成接触觉、接近觉、压觉、滑觉和力觉五种，如图24-8-10所示。触点可装配在机器人的手指上，用来判断工作中的各种状况。

8.3.2.1 接触觉传感器

图 24-8-11 所示的接触觉传感器由微动开关组成，根据用途不同配置也不同，一般用于探测物体位置、探索路径和安全保护。这类配置属于分散装置，即把单个传感器安装在机械手的敏感位置上。

图 24-8-12 所示为二维矩阵式接触觉传感器的配置方法，一般放在机器人手掌的内侧。图中柔软导体可以使用导电橡胶、浸含导电涂料的氨基甲酸乙酯泡沫或碳纤维等材料。矩阵式接触觉传感器可用于测定自身与物体的接触位置、被握物体中心位置和倾斜度，甚至还可以识别物体的大小和形状。

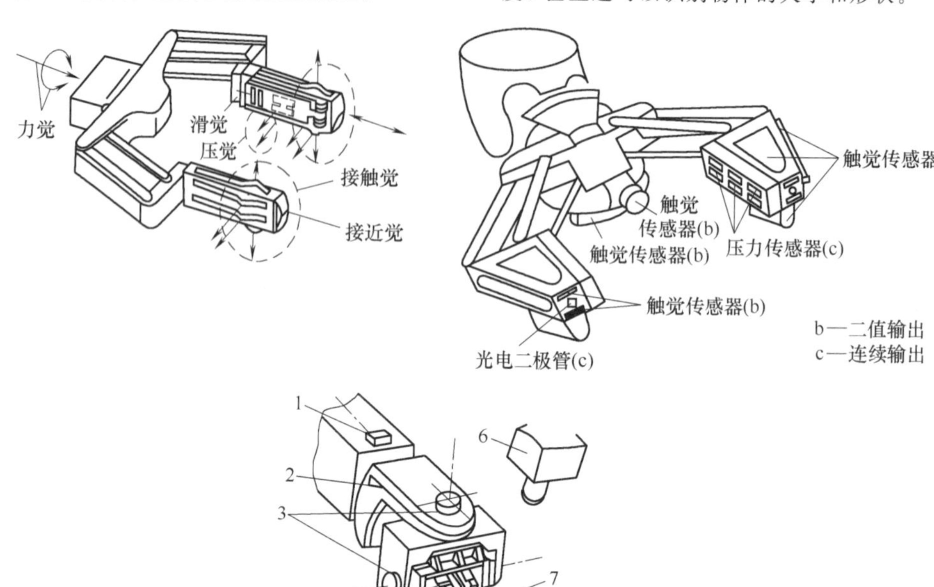

图 24-8-10 机器人触觉

1—声波安全传感器；2—安全传感器（拉线形状）；3—位置、速度、加速度传感器；4—超声波测距传感器；5—多方向接触传感器；6—电视摄像头；7—多自由度力传感器；8—握力传感器；9—触点

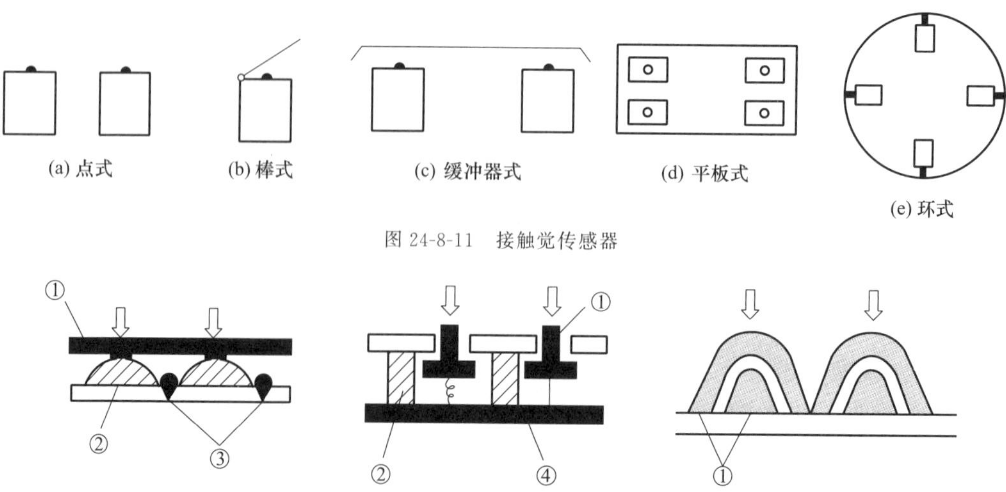

图 24-8-11 接触觉传感器

图 24-8-12 二维矩阵式接触觉传感器的配置方法

8.3.2.2　压觉传感器

图 24-8-13 所示为阵列式压觉传感器。图 24-8-13（a）由条状的导电橡胶排成网状，每个棒上附上一层导体引出，送给扫描电路；图 24-8-13（b）则由单向导电橡胶和印制电路板组成，电路板上附有条状金属箔，两块板上的金属条方向互相垂直；图 24-8-13（c）为与阵列式传感器相配的阵列式扫描电路。

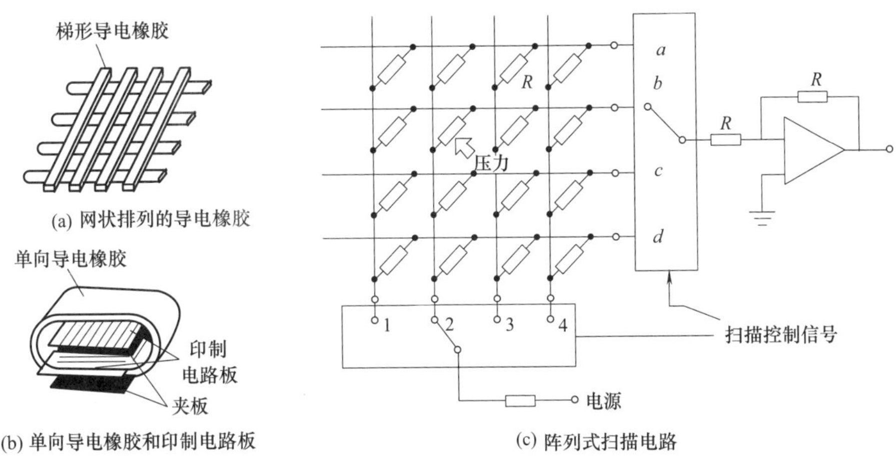

图 24-8-13　阵列式压觉传感器

比较高级的压觉传感器是在阵列式触点上附一层导电橡胶，并在基板上装上集成电路，压力的变化使各接点间的电阻发生变化，信号经过集成电路处理后送出，如图 24-8-14 所示。

图 24-8-15 所示为变形检测器，用压力使橡胶变形，可用普通橡胶作传感器面，用光学和电磁学等手段检测其变形量。和直接检测压力的方法相比，这种方法可称为间接检测法。

图 24-8-14　高级分布式压觉传感器

8.3.2.3　滑觉传感器

机器人的握力应满足物体既不产生滑动而握力又为最小临界握力的要求。如果能在刚开始滑动之后便立即检测出物体和手指间产生的相对位移，且增加握力就能使滑动迅速停止，那么该物体就可用最小的临界握力抓住。

检测滑动的方法有以下几种：

① 根据滑动时产生的振动检测，如图 24-8-16（a）所示。

② 把滑动的位移变成转动，检测其角位移，如图 24-8-16（b）所示。

③ 根据滑动时手指与对象物体间动静摩擦力来检测，如图 24-8-16（c）所示。

④ 根据手指压力分布的改变来检测，如图 24-8-16（d）所示。

图 24-8-17 所示是一种测振式滑觉传感器。传感器尖端用一个 $\phi 0.05$ mm 的钢球接触被握物体，振动

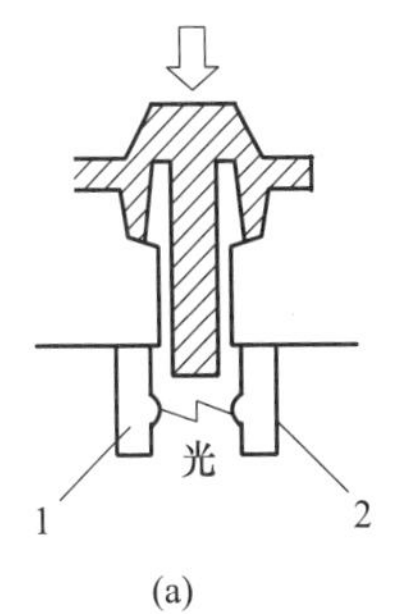

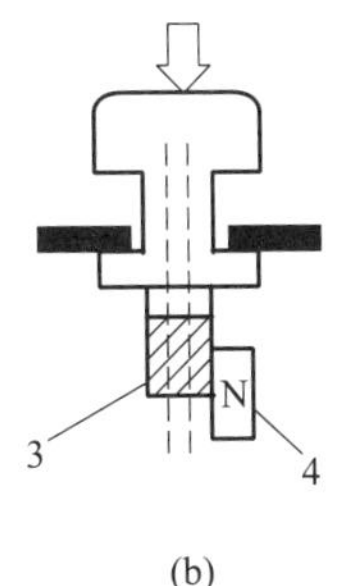

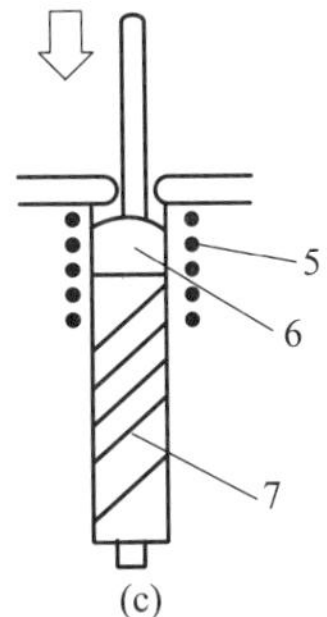

图 24-8-15　变形检测器

1—光电检测器；2—光发射器；3—霍尔器件；4—磁铁；5—线圈；6—探针；7—弹性体

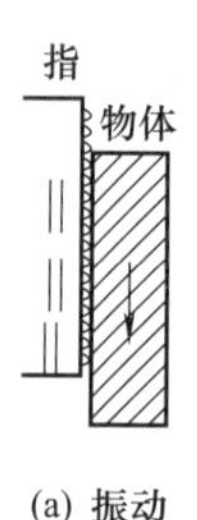

(a) 振动

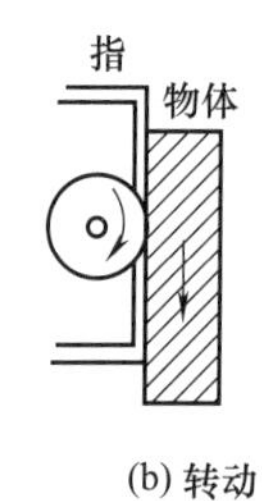

(b) 转动

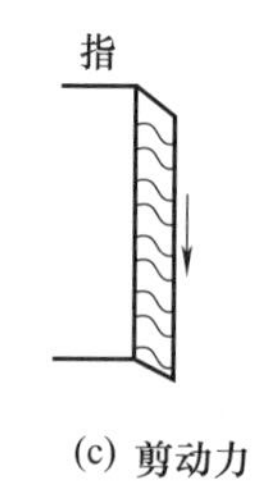

(c) 剪动力

指
板
(d) 移位

图 24-8-16 滑动引起的物理现象

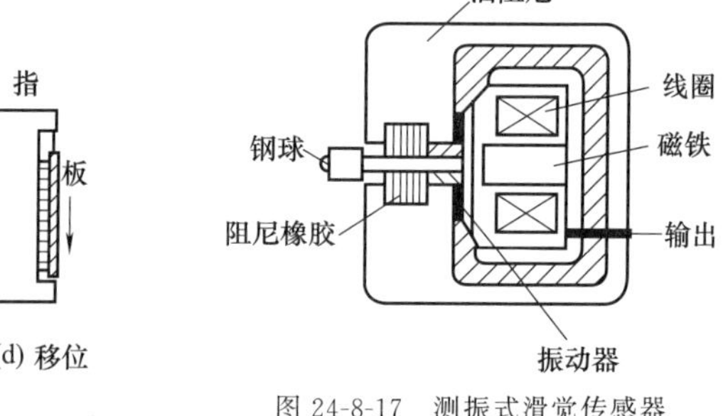

图 24-8-17 测振式滑觉传感器

通过杠杆传向磁铁，磁铁的振动在线圈中感应交变电流并输出。在传感器中设有橡胶阻尼圈和油阻尼器。滑动信号能清楚地从噪声中被分离出来。

图 24-8-18 所示的柱型滚轮式滑觉传感器比较实用。小型滚轮安装在机器人手指上，其表面稍突出手指表面，使物体的滑动变成转动。滚轮内部装有发光二极管和光电三极管，通过圆盘形光栅把光信号转变为脉冲信号。

8.3.3 接近觉（知觉）传感器

8.3.3.1 接近觉传感器

接近觉是指机器人能感觉到距离几毫米到十几厘米远的对象物或障碍物，能检测出物体的距离、相对倾角或对象物表面的性质。这是非接触式感觉。

接近觉传感器可分为 6 种：电磁式（感应电流式）、光电式（反射或透射式）、静电容式、气压式、超声波式和红外线式，如图 24-8-19 所示。这里主要介绍电磁式和气压式，其他形式已在 8.1 中介绍。

（1）电磁式接近觉传感器

电磁式接近觉传感器在一个线圈中通入高频电流，就会产生磁场，这个磁场接近金属物时，会在金属物中产生感应电流，也就是涡流。涡流大小随对象物体表面和线圈距离的大小而变化，这个变化反过来又影响线圈内磁场强度。磁场强度可用另一组线圈检测出来，也可以根据励磁线圈本身电感的变化或激励电流的变化来检测。图 24-8-20 是它的原理图。

（2）气压式接近觉传感器

气压式接近觉传感器的原理如图 24-8-21 所示，

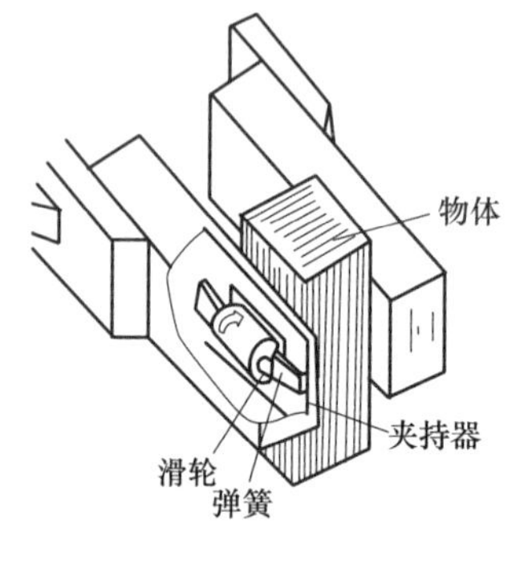

(a) 机器人夹持器

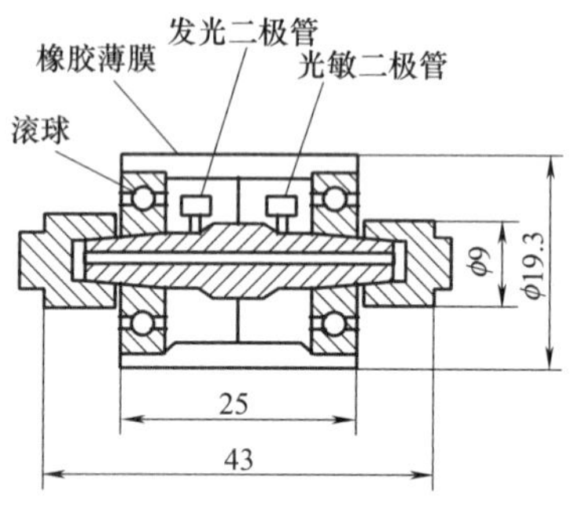

(b) 传感器

图 24-8-18 柱型滚轮式滑觉传感器

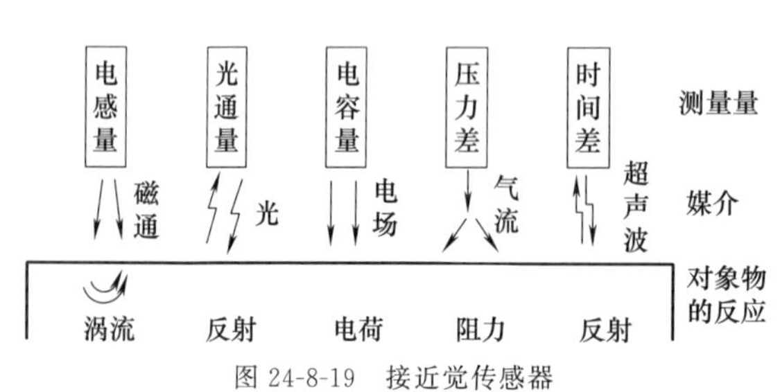

图 24-8-19 接近觉传感器

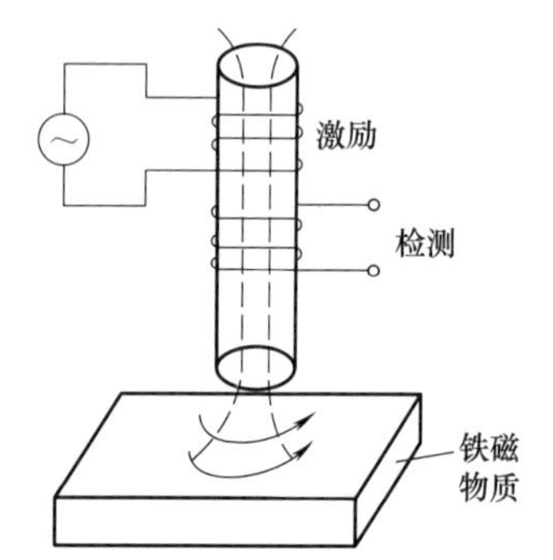

图 24-8-20 电磁式接近觉传感器原理图

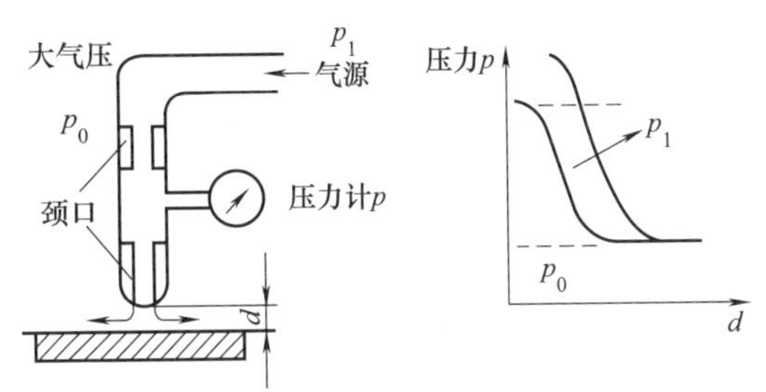

图 24-8-21　气压式接近觉传感器原理图

由一根细的喷嘴喷出气流。如果喷嘴靠近物体，则内部压力会发生变化，这一变化可用压力计测量出来。图中曲线表示在气压 P 的情况下，压力计的压力与距离 d 之间的关系。它可用于检测非金属物体，尤其适用于测量微小间隙。

8.3.3.2　接近开关术语及分类

接近觉传感器是用来判别在某一范围内是否有某一物体的一种传感器，能将检测对象的移动信息和存在信息转换为电气信号。常见的接近开关有以下几种：电容式接近开关、电感式接近开关、光电式接近开关、超声波接近开关和光纤接近开关。

（1）术语及解释

术语及解释见表 24-8-6。

表 24-8-6　术语及解释

标准检测体	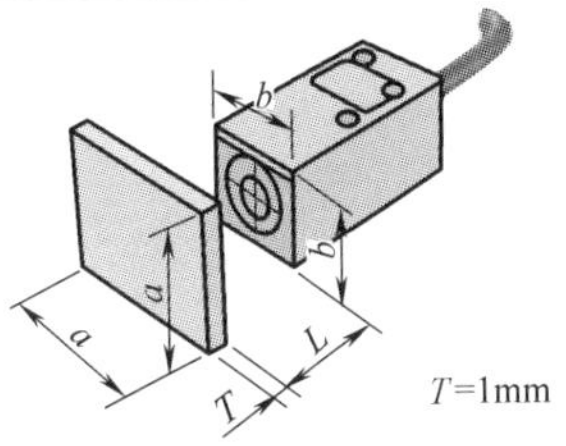 b；a；T；L；T=1mm	指规定材料、尺寸、形状，用来检测接近觉传感器基本性能的检测物体。选用厚度 1mm、边长为 1.5 倍检测距离的正方形 Q235A 钢板
检测距离 s_n	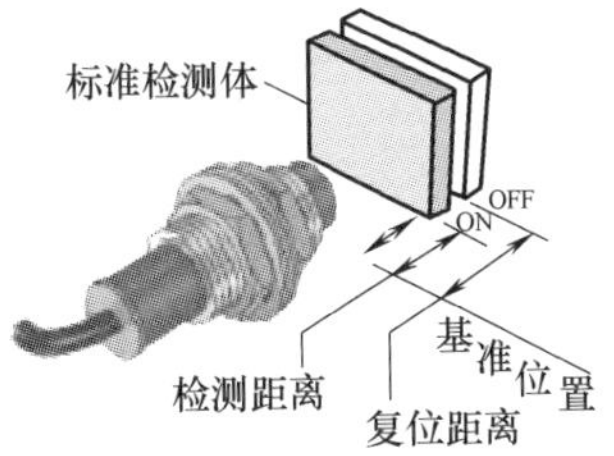 标准检测体；OFF；ON；检测距离；基准位置；复位距离	亦称额定动作距离。是用标准检测体所测定的接近觉传感器动作距离的标准值。也就是传感器铭牌标定值
设定距离 s	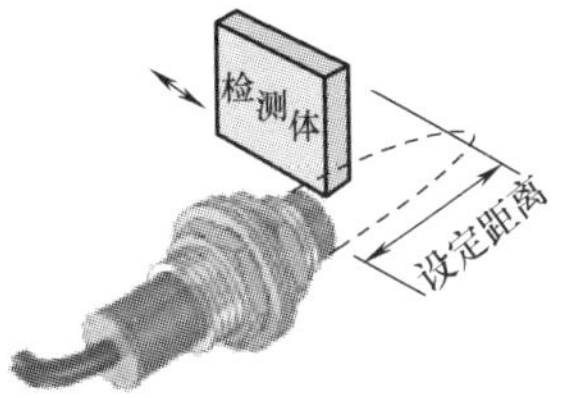 检测体；设定距离	亦称工作距离，一般为检测距离的 0.8 倍，在此距离内接近觉传感器工作应不受温度、电压波动的影响而产生误动作。传感器与检测体的间距在安装时必须控制在这个数值内
回差 H	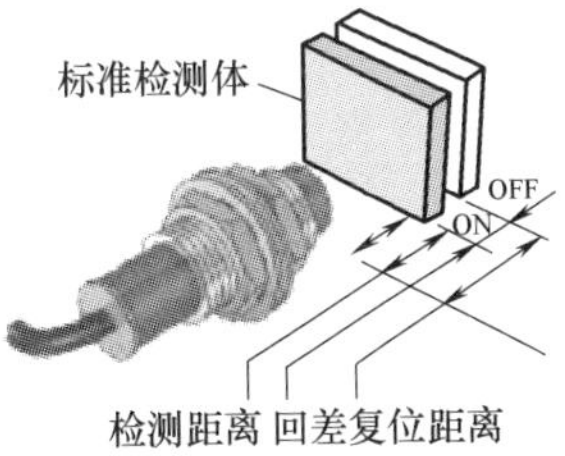 标准检测体；OFF；ON；检测距离；回差；复位距离	亦称动作滞差。是指检测距离与复位距离之差的绝对值
重复精度	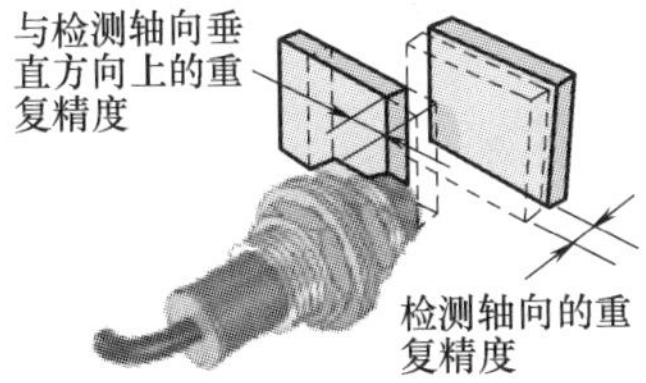 与检测轴向垂直方向上的重复精度；检测轴向的重复精度	传感器在环境温度 15～30℃之间，供电电压在额定值的±5%内，并连续通电 8h 后，用标准检测体测得 10 次动作距离，其最大值为 d_2，最小值为 d_1，则重复精度为：$D=d_2-d_1$

续表

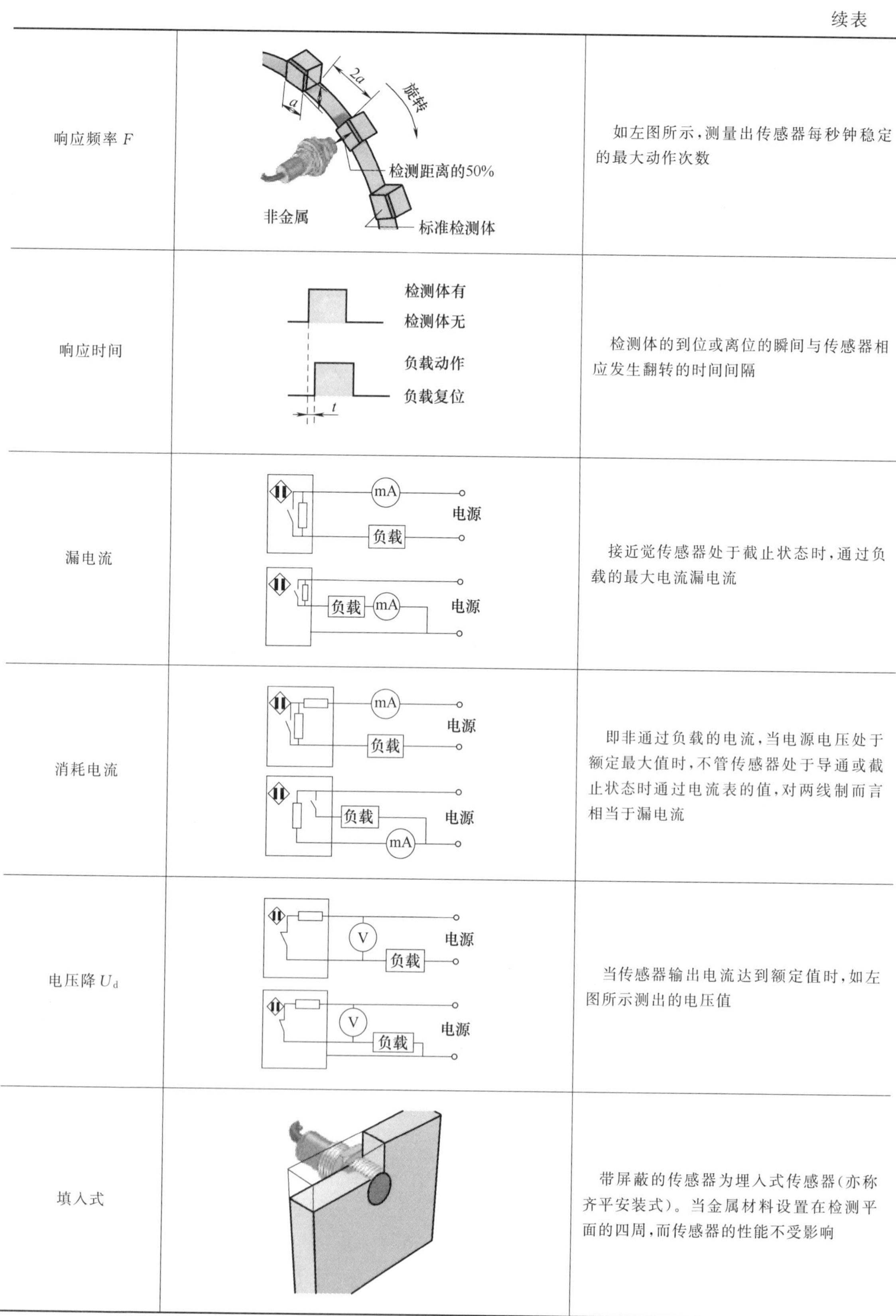

响应频率 F	2a　a　旋转　检测距离的50%　非金属　标准检测体	如左图所示，测量出传感器每秒钟稳定的最大动作次数
响应时间	检测体有　检测体无　负载动作　负载复位　t	检测体的到位或离位的瞬间与传感器相应发生翻转的时间间隔
漏电流	mA　电源　负载　负载　mA　电源	接近觉传感器处于截止状态时，通过负载的最大电流漏电流
消耗电流	mA　电源　负载　负载　电源　mA	即非通过负载的电流，当电源电压处于额定最大值时，不管传感器处于导通或截止状态时通过电流表的值，对两线制而言相当于漏电流
电压降 U_d	V　电源　负载　V　电源　负载	当传感器输出电流达到额定值时，如左图所示测出的电压值
填入式		带屏蔽的传感器为埋入式传感器(亦称齐平安装式)。当金属材料设置在检测平面的四周，而传感器的性能不受影响

续表

非埋入式	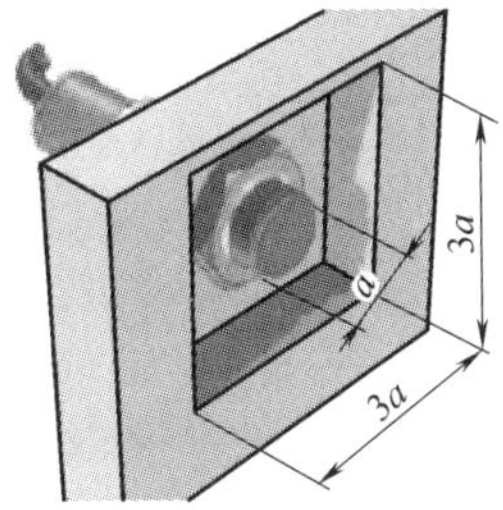	不带屏蔽的传感器为非埋入式传感器(亦称非齐平安装式)。安装时检测面周围需要有一个不影响传感器性能的自由空间
温度特性	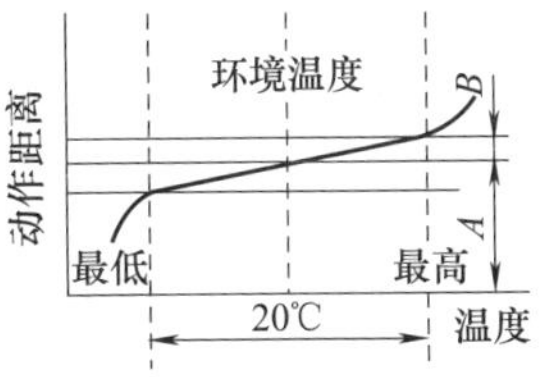	指传感器工作环境温度在允许范围内变化而使动作距离改变,通常是以 20℃时的检测距离为 100%,而以正负 A/B×100%表示
检测体大小与检测距离的关系	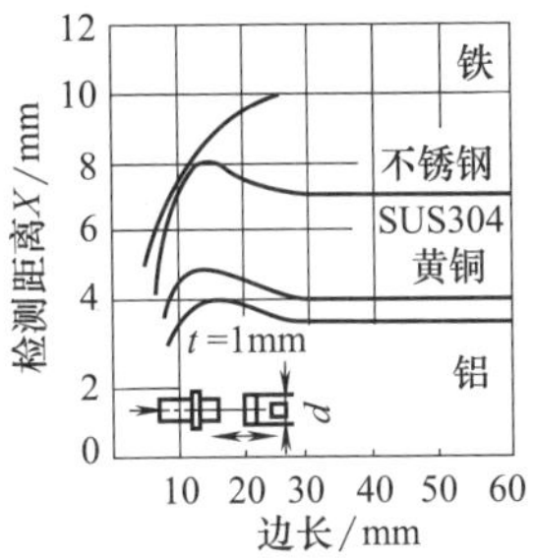	设定正方形检测体的厚度为 1mm,然后改变其边长来测定动作距离,结果得出不同的数值,当检测体大于标准检测体时,检测距离几乎不变
检测体厚度与检测距离的关系	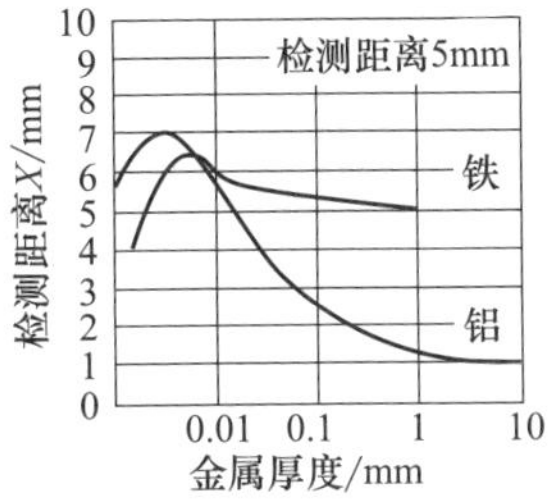	是指改变标准检测体的厚度而测得的动作距离,一般情况下检测体为磁性金属时(如铁等),当其厚度超过 1mm 时,其检测距离基本不变。当非磁性金属厚度在 0.01mm 左右时,其检测距离几乎与磁性金属一致
检测体材质与检测距离的关系	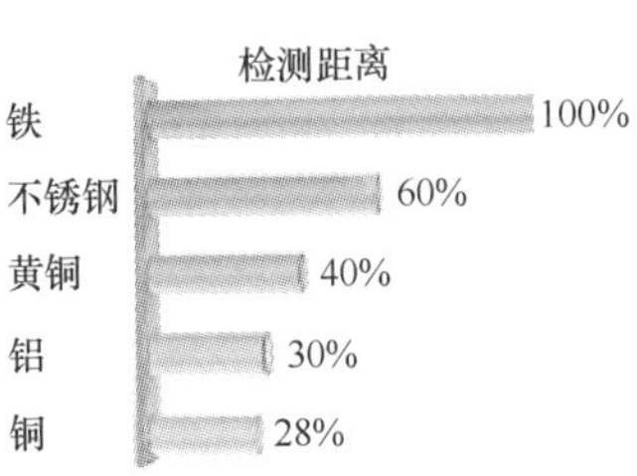	以标准检测体测得的动作距离,而对其他材质却有不同差异

(2) 分类和选用

1) 分类　因为位移传感器可以根据不同的原理和不同的方法做成,而不同的位移传感器对物体的“感知”方法也不同,接近开关按工作原理可以分为以下几种类型:

① 电感式接近开关　也叫涡流式接近开关。它是利用导电物体在接近这个能产生电磁场的接近开关时,使物体内部产生涡流。这个涡流反作用到接近开关,使开关内部电路参数发生变化,由此识别出有无导电物体移近,进而控制开关的通或断。这种接近开关所能检测的物体必须是导电体。

② 电容式接近开关　这种开关的测量通常是构

成电容器的一个极板，而另一个极板是开关的外壳。这个外壳在测量过程中通常是接地或与设备的机壳相连接。当有物体移向接近开关时，不论它是否为导体，由于它的接近，总要使电容的介电常数发生变化，从而使电容量发生变化，使得和测量头相连的电路状态也随之发生变化，由此便可控制开关的接通或断开。这种接近开关检测的对象，不限于导体，也可以是绝缘的液体或粉状物等。

③ 霍尔接近开关　霍尔元件是一种磁敏元件。利用霍尔元件做成的开关，叫作霍尔开关。当磁性物件移近霍尔开关时，开关检测面上的霍尔元件因产生霍尔效应而使开关内部电路状态发生变化，由此识别附近有磁性物体存在，进而控制开关的通或断。这种接近开关的检测对象必须是磁性物体。

④ 光电式接近开关　利用光电效应做成的开关叫光电开关。将发光器件与光电器件按一定方向装在同一个检测头内。当有反光面（被检测物体）接近时，光电器件接收到反射光后便有信号输出，由此便可“感知”有物体接近。

⑤ 其他型式的接近开关　当观察者或系统对波源的距离发生改变时，接近到的波的频率会发生偏移，这种现象称为多普勒效应。声纳和雷达就是利用这个效应的原理制成的。利用多普勒效应可制成超声波接近开关、微波接近开关等。当有物体移近时，接近开关接收到的反射信号会产生多普勒频移，由此可以识别出有无物体接近。

接近开关按其外形形状可分为圆柱型、方型、沟型、穿孔（贯通）型和分离型。圆柱型比方型安装方便，但其检测特性相同，沟型的检测部位是在槽内侧，用于检测通过槽内的物体，贯通型在我国很少生产，而日本则应用较为普遍，可用于小螺钉或滚珠之类的小零件和浮标组装成水位检测装置等。

接近开关按供电方式可分为直流型和交流型，按输出型式又可分为直流两线制、直流三线制、直流四线制、交流两线制和交流三线制。

两线制接近开关安装简单，接线方便；应用比较广泛，但却有残余电压和漏电流大的缺点。

直流三线制接近开关的输出型有NPN和PNP两种，20世纪70年代日本产品绝大多数是NPN输出，西欧各国NPN、PNP两种输出型都有。PNP输出接近开关一般应用在PLC或计算机作为控制指令较多，NPN输出接近开关用于控制直流继电器较多，在实际应用中要根据控制电路的特性选择其输出形式。

2）选用　对于不同的材质的检测体和不同的检测距离，应选用不同类型的接近开关，以使其在系统中具有高的性能价格比，为此在选型中应遵循以下原则：

① 当检测体为金属材料时，应选用高频振荡型电感式接近开关，该类型接近开关对铁镍、Q235钢类检测体检测最灵敏。对铝、黄铜和不锈钢类检测体，其检测灵敏度就低。

② 当检测体为非金属材料时，如木材、纸张、塑料、玻璃和水等，应选用电容式接近开关。

③ 金属体和非金属要进行远距离检测和控制时，应选用光电式接近开关或超声波接近开关。

④ 对于检测体为金属，若检测灵敏度要求不高时，可选用价格低廉的磁性接近开关或霍尔式接近开关。

8.3.3.3 电容式接近开关

（1）原理

通常是构成电容器的一个极板，而另一个极板是开关的外壳。这个外壳在测量过程中通常是接地或与设备的机壳相连接。当有物体移向接近开关时，不论它是否为导体，由于它的接近，总要使电容的介电常数发生变化，从而使电容量发生变化，使得和测量头相连的电路状态也随之发生变化，由此便可控制开关的接通或断开。这种接近开关检测的对象，不限于导体，也可以是绝缘的液体或粉状物等。

（2）产品

欧姆龙E2K电容式接近开关的特点如表24-8-7所示，性能指标如表24-8-8所示。

表24-8-7　**欧姆龙E2K电容式接近开关特点**

型　号	特　点
E2K-L	安装于导管上。是静电容量方式，不受管道、液体颜色的影响。对应 $\phi8\sim11$mm、$\phi12\sim26$mm 和多种管道直径。放大器内置型，省空间安装
E2KQ-X	特氟龙树脂外壳有优良的耐化学腐蚀性。带有灵敏度旋钮，可与检测体间调整。显示灯在引出面上，能清晰判别
E2J	厚度为5.5 mm的扁平探头。传感器部的动作显示。采用耐曲折导线。一次操作接插件的简单连接
E2K-C	可调整的长距离性，也可检测水、塑料等非金属物体
E2K-X	金属以外，还可检测水、油、玻璃、塑料等非金属。螺钉切割型。具有M12/M18/M30型等丰富的种类。安装方便。检测距离固定，非调整型
E2K-F	放大器内藏，检测距离10mm、厚度10mm的高空间效率的扁平型。金属以外，还可检测水、油、玻璃、塑料等非金属。可直接安装至金属面

表 24-8-8　欧姆龙 E2K 电容式接近开关性能指标

项目		E2K-L	E2KQ-X	E2K-C		E2K-X		
		E2K-L13MC1 E2K-L26MC1		E2K-C25ME1 E2K-C25ME2	E2K-C25MY1 E2K-C25MY2	E2K-X4ME E2K-X4MY	E2K-X8ME E2K-X8MY	E2K-X15ME E2K-X15MY
检测物体		液体[①]	导体及诱导体	导体及电介质体		导体及电介质体		
标准检测距离/mm		—	10	25		4±10%	8±10%	15±10%
检测距离可变范围/mm		—	6～10	3～25		0～2.8	0～5.6	0～10
应差距离		—	检测距离的 4%～20%	检测距离的 15%以下(标准检测物时在 25mm±10%范围内调整)		检测距离的 4%～20%		
电源电压(使用电压)/V		DC 12～24 脉动 10%以下(DC 10.8～30)		DC 12～24 脉动(p-p)10%以下(DC 10～40)	AC100～220V (AC90～250V) 50/60Hz	E 型:DC12～24V(DC10～30V);Y 型:AC100～220V(AC90～250V)		
消耗电流/mA		12 以下	15 以下	E 型:10 以下(DC12V 时)、16 以下(DC24V 时)		E 型:15 以下		
控制输出	开关容量/mA	100 以下	100	200 以下	5～200(电阻负载)	E 型:200 以下 *2;Y 型:10～200		
	残留电压(负载电流:100mA、导线长:2m 时)/V	1 以下	1.5 以下	2 以下(负载电流 200mA、导线长 2m 时)		E 型:1 以下(负载电流 200mA、导线长 2m 时);Y 型:详情请参照选型手册		
显示灯		检测显示(橙色)	检测显示(红色)	检测显示(红色)		E 型:检测显示(红色);Y 型:动作显示(红色)		
周围环境温度/℃		使用时:0～+55;保存时:-10～+65(不结冰、不结露)	动作时:-10～+55;保存时:-25～+55(不结冰、不结露)	动作时、保存时:-25～+70(不结冰、不结露)		动作时、保存时:-25～+70(不结冰、结露)		动作时、保存时:-10～+55(不结冰、结露)
周围环境湿度/% RH		使用时、保存时:25～85(不结露)	动作时、保存时:35～85(不结露)	动作时、保存时:35～95(不结露)		动作时、保存时:35～95(不结露)		
温度的影响		0～+55℃、+23℃时的检测水平的±4mm(以纯水及 20%的盐水)(E2K-L13MC1 的管道直径 ϕ8mm 的纯水时,±6mm)	-10～+55℃、+23℃时检测距离的±15%以下	-10～+55℃、+23℃时,检测距离的±15%以下;-25～+70℃、+23℃时检测距离的±25%以下		使用温度范围内+23℃时检测距离的±20%以下		

续表

项目		E2K-L	E2KQ-X	E2K-C		E2K-X		
		E2K-L13MC1 E2K-L26MC1		E2K-C25ME1 E2K-C25ME2	E2K-C25MY1 E2K-C25MY2	E2K-X4ME E2K-X4MY	E2K-X8ME E2K-X8MY	E2K-X15ME E2K-X15MY
电源的影响		额定电源电压±10%的范围内,额定电源电压时的检测水平的±0.5mm		额定电源电压±15%的范围内,额定电源电压的检测距离的±2%以下	额定电源电压 AC100V +20%、−10%,在 AC200V ±20%范围内,额定电源电压的检测距离的±2%以下	E 型:±20%额定电源电压的范围内、额定电源电压时检测距离的±2%以下;Y 型:±10%额定电源电压的范围内,额定电源电压时检测距离的±2%以下		
绝缘抗阻		50MΩ 以上(DC500V 兆欧表)所有充电部和外壳间		50MΩ 以上(DC500V 兆欧表)充电部与外壳间		50MΩ 以上(DC500V 兆欧表)充电部与外壳间		
耐电压		AC500V 50/60Hz 1min 充电部和外壳间		AC1000V 50/60Hz 1min 充电部与外壳间	AC1500V 50/60Hz 1min 充电部与外壳间	E 型:AC1000V 50/60Hz 1min 充电部与外壳间;Y 型:AC2000V 50/60Hz 1min 充电部与外壳间		
振动(耐久)		10~55Hz,上下振幅 1.5mm,X、Y、Z 各方向 2h						
冲击(耐久)		$500m/s^2$,X、Y、Z 各方向 3 次						
保护结构		IEC 规格 IP66						
连接方式		导线引出式(标准导线长 2m)						
质量(捆包状态)/g		约 70		约 200		约 65	约 145	约 205
材质	外壳、套	耐热 ABS	氟化树脂	耐热 ABS		耐热 ABS		
	电线夹子	NBR						

① 以下情况下，会出现无法测定的现象，必须在设置的装置上进行检测性能的确认后再使用。液体的电容率或电导率很低时；液体容量少，或由于管道尺寸的细直径、壁厚等，使液位的变化的相应容量变化很小时；在管道内壁的高黏度的液体膜及大量的泡沫残留，或管道内外壁污渍的黏着，堆积等时。

注：生产厂为欧姆龙自动化（中国）有限公司，www.fa.omron.com.cn。

8.3.3.4 电感式接近开关

(1) 工作原理

当一个永久磁铁或一个通有高频电流线圈接近一个铁磁体时，它们的磁力线分布将发生变化。因此，可以用另一组线圈检测这种变化。当铁磁体靠近或远离磁场时，它所引起的磁通量变化将在线圈感应出一个电流脉冲，其幅值正比于磁通的变化。

图 24-8-22 给出了线圈两端的电压随铁磁体进入磁场的速度而变化的曲线，其电压极性取决于物体进入磁场还是离开磁场。因此，对此电压进行积分便可得出一个二值信号，当积分值小于一定的阈值时，积分器输出低电平；反之，则输出高电平，此时表示某一物体已接近。

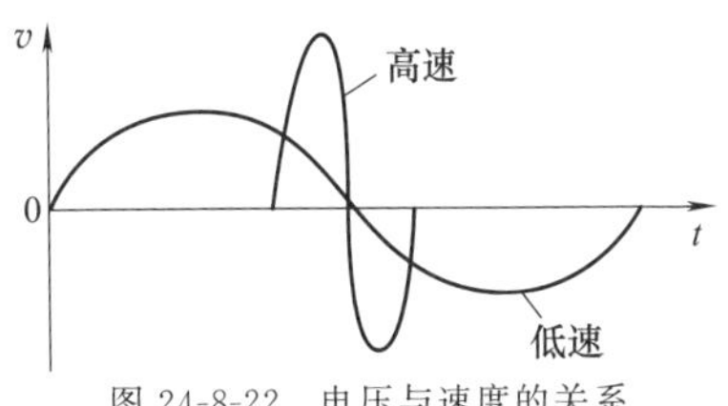

图 24-8-22　电压与速度的关系

显然，电磁感应传感器只能检测电磁材料，对其他非电磁材料则无能为力。为了克服此缺点，目前数控系统越来越多地使用光电检测器来检测位置。

(2) 电感式接近开关产品（表 24-8-9）

表 24-8-9　电感式接近开关产品性能指标

型　号	检测距离（埋入式）/mm	工作电压（DC）/V	响应频率/Hz	外形尺寸/mm
BES M08MH1[①]	1.5	24	600	PX1578
BES M12MI[①]	2		1200	PX1420
BES M18MI[①]	5		700	PX1718
BES M30MI[①]	10		400	PX1624

续表

型 号	检测距离（埋入式）/mm	工作电压（DC）/V	响应频率/Hz	外形尺寸/mm
J5M LJ5A3②	0.8	10～30	500	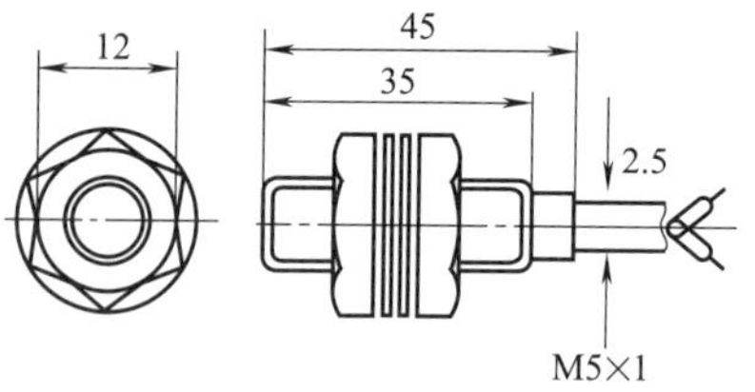 12; 45; 35; 2.5; M5×1
Q17A②	5		300	固定孔 φ3.2×3; 10.5; LED; 17.0; 17.0; 25.5; 3.4; 28.9
J6.5M LJ6.5A3②	1		500	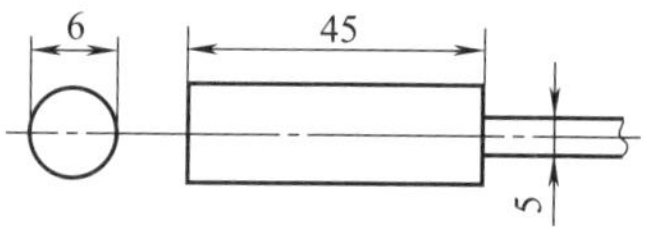 6; 45; 5
J18 LJ18A3②	5		200	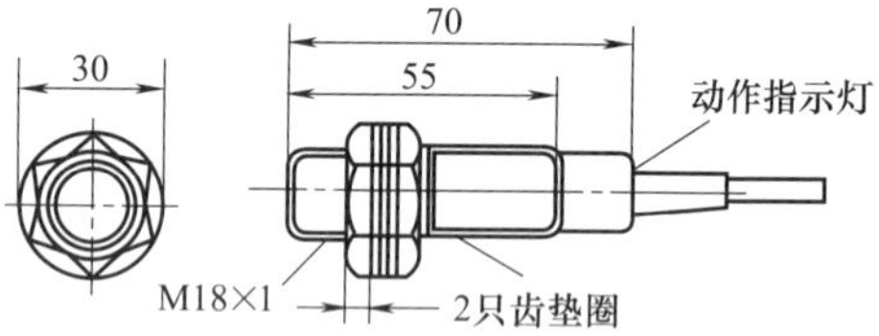 30; 70; 55; 动作指示灯; M18×1; 2只齿垫圈
J30 LJ30A3②	10		200	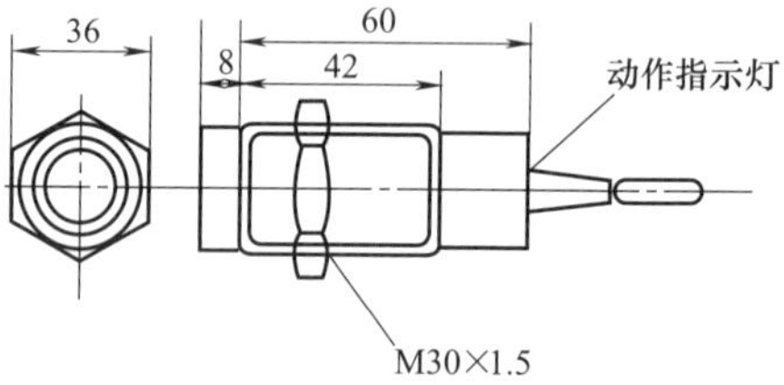 36; 60; 8; 42; 动作指示灯; M30×1.5
P+F圆柱形电感式传感器M6.5系列③	1.5,2,3		500,2000,3000,5000	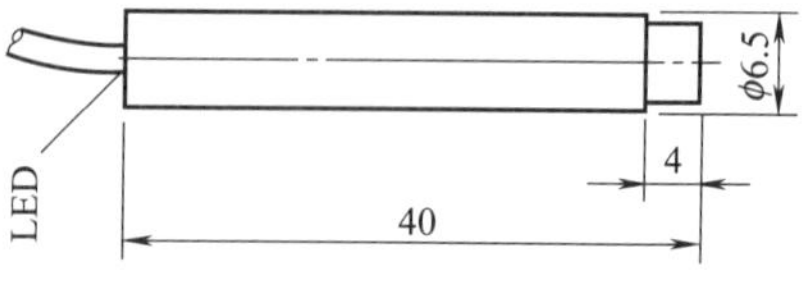 φ6.5; LED; 4; 40
P+F圆柱形电感式传感器M8③	1.5,2,3		50,80,1200,1500,2000	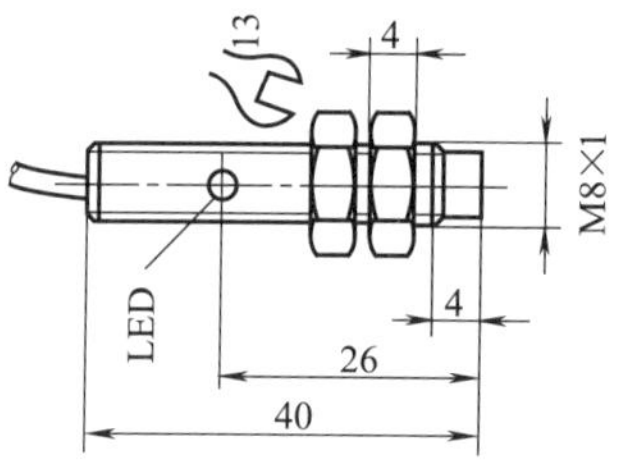 13; 4; M8×1; LED; 4; 26; 40

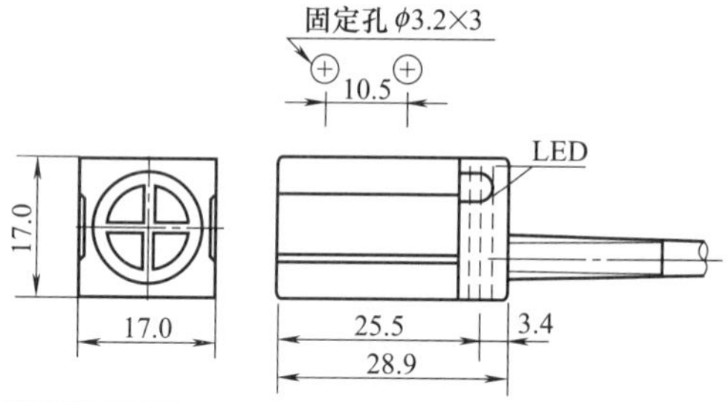

续表

<table>
<tr><th>型　号</th><th>检测距离(埋入式)/mm</th><th>工作电压(DC)/V</th><th>响应频率/Hz</th><th>外形尺寸/mm</th></tr>
<tr><td>P+F 圆柱形电感式传感器 M12[3]</td><td>2,4,8</td><td rowspan="2">10～30</td><td>25,800,1000,1200,200000</td><td> 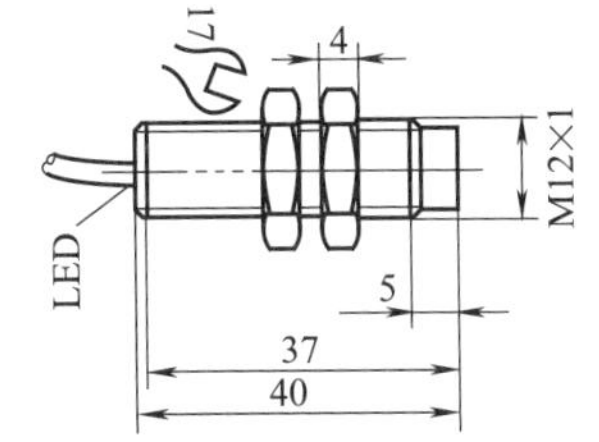17　4　M12×1　LED　5　37　40</td></tr>
<tr><td>P+F 圆柱形电感式传感器 M30[3]</td><td>10,15,25</td><td>20,150,200</td><td> 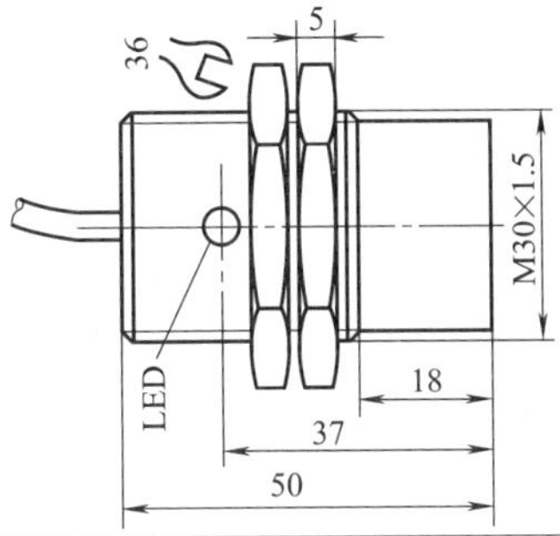36　5　M30×1.5　LED　18　37　50</td></tr>
<tr><td>SLC-08[4]</td><td>1.5</td><td rowspan="3">10～36</td><td>2500</td><td>锁紧螺母　LED　A　D　C　B
<table>
<tr><td rowspan="2">螺纹尺寸</td><td rowspan="2"></td><td colspan="4">尺寸/mm(in)</td></tr>
<tr><td>A</td><td>B(max)</td><td>C(min)</td><td>D(max)</td></tr>
<tr><td rowspan="2">M8×1</td><td>屏蔽</td><td rowspan="2">8(0.31)</td><td>45(1.77)</td><td>35(1.38)</td><td></td></tr>
<tr><td>非屏蔽</td><td>50(1.97)</td><td>35(1.38)</td><td>4.5(0.18)</td></tr>
</table></td></tr>
<tr><td>SLC-12[4]</td><td>2</td><td>2000</td><td>锁紧螺母　LED　A　D　C　B
<table>
<tr><td rowspan="2">螺纹尺寸</td><td rowspan="2"></td><td colspan="4">尺寸/mm(in)</td></tr>
<tr><td>A</td><td>B(max)</td><td>C(min)</td><td>D(max)</td></tr>
<tr><td rowspan="2">M12×1</td><td>屏蔽</td><td rowspan="2">12(0.47)</td><td>55(2.17)</td><td>40(1.57)</td><td></td></tr>
<tr><td>非屏蔽</td><td>60(2.36)</td><td>40(1.57)</td><td>5.0(0.2)</td></tr>
</table></td></tr>
<tr><td>SLC-18[4]</td><td>5</td><td>1000</td><td>锁紧螺母　LED　A　D　C　B
<table>
<tr><td rowspan="2">螺纹尺寸</td><td rowspan="2"></td><td colspan="4">尺寸/mm(in)</td></tr>
<tr><td>A</td><td>B(max)</td><td>C(min)</td><td>D(max)</td></tr>
<tr><td rowspan="2">M18×1</td><td>屏蔽</td><td rowspan="2">18(0.71)</td><td>60(2.36)</td><td>45(1.77)</td><td></td></tr>
<tr><td>非屏蔽</td><td>68(2.68)</td><td>45(1.77)</td><td>8.5(0.33)</td></tr>
</table></td></tr>
</table>

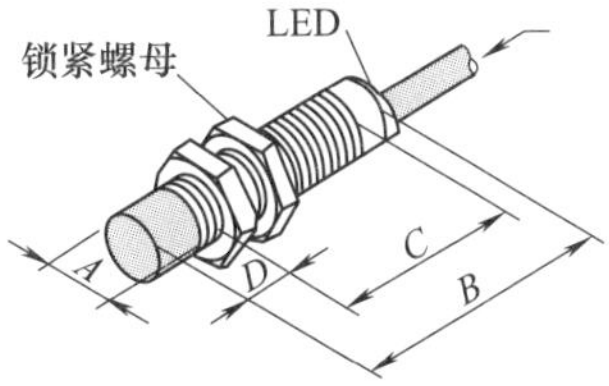

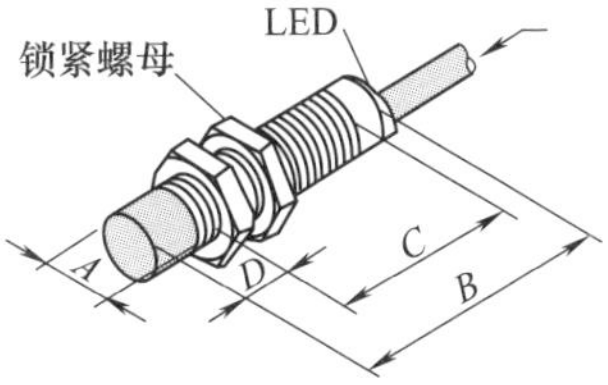

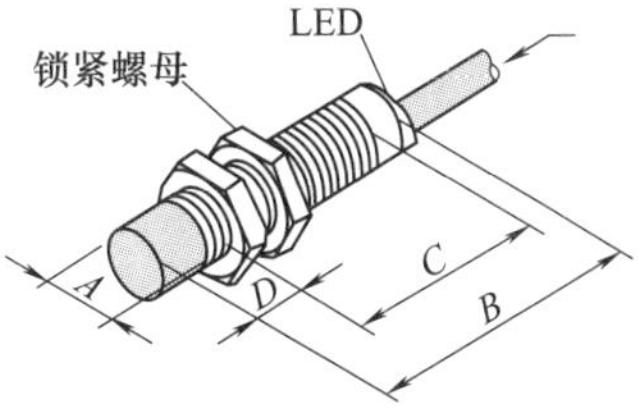

第 24 篇

续表

型　　号	检测距离（埋入式）/mm	工作电压（DC）/V	响应频率/Hz	外形尺寸/mm
SLC-30④	10	10～36	500	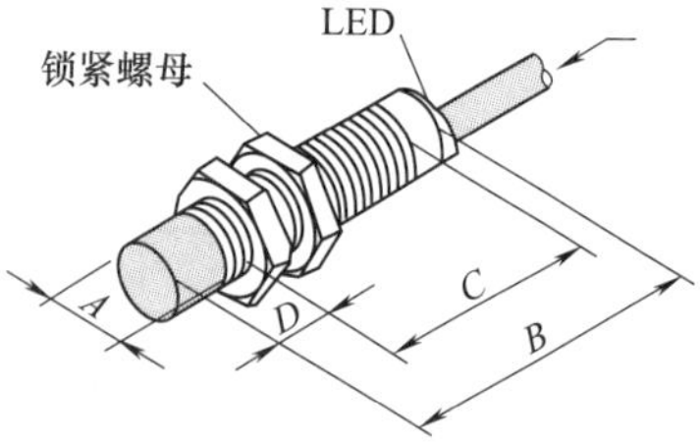 LED 锁紧螺母 A D C B
SLS-17④	5		1000	LED 输出 33.5 17 17 24.5 椭圆形孔 ϕ3.4×5.6 孔距10.5
SLS-25④	10	10～36	500	LED 输出 38.5 25.5 25 35 ϕ4.2 孔距18
SLS-40④	15		500	LED 输出 53.2 40 40 47.5 ϕ5.4 孔距29.5

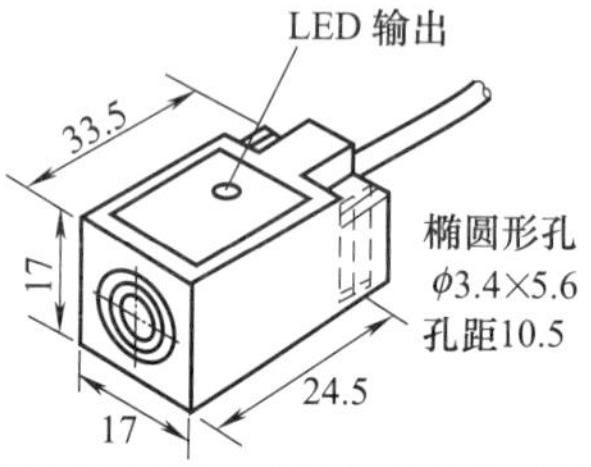

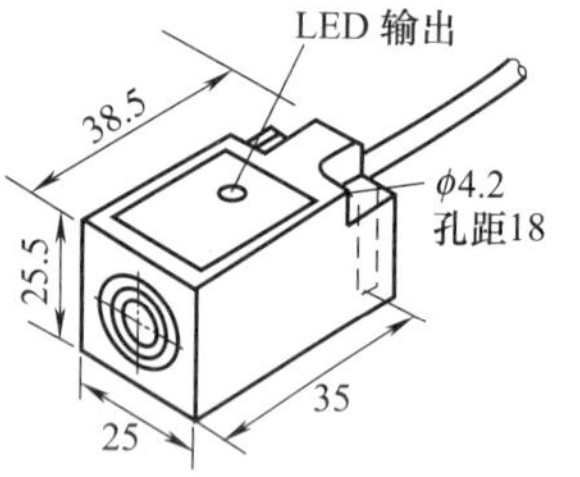

螺纹尺寸		尺寸/mm(in)			
		A	B(max)	C(min)	D(max)
M30×1.5	屏蔽	30(1.18)	60(2.36)	45(1.77)	
	非屏蔽		73(2.87)	45(1.77)	13(0.51)

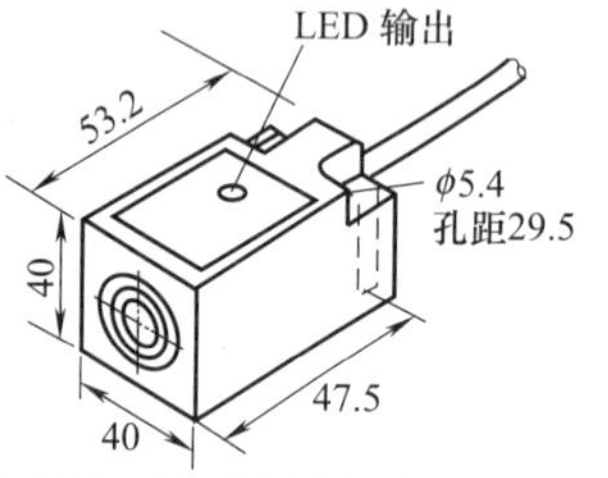

① 生产厂为巴鲁夫（上海）贸易有限公司，www. balluff-china. com。

② 生产厂为洞头恒大传感器厂，www. hdcgq. com。

③ 生产厂为上海倍加福工业自动化贸易有限公司，www. pepperl-fuchs. cn。

④ 生产厂为上海三实电器有限公司，www. suns-cn. com。

8.3.3.5 光电式接近开关

（1）工作原理和分类

利用光电效应做成的开关叫光电开关。将发光器件与光电器件按一定方向装在同一个检测头内。当有反光面（被检测物体）接近时，光电器件接收到反射光后便有信号输出，由此便可“感知”有物体接近。它是利用光的各种性质，检测物体的有无和表面状态的变化等的传感器。光电传感器主要由发光的投光部和接受光线的受光部构成。如果投射的光线因检测物体不同而被遮掩或反射，到达受光部的量将会发生变化。受光部将检测出这种变化，并转换为电气信号，进行输出。大多使用可视光（主要为红色，也用绿色、蓝色来判断颜色）和红外光。图 24-8-23 所示是反射式光电开关的工作原理框图。图中，由振荡回路产生的调制脉冲经反射电路后，由发光管 GL 辐射出光脉冲。当被测物体进入受光器作用范围时，被反射回来的光脉冲进入光敏三极管 DU。并在接收电路中将光脉冲解调为电脉冲信号，再经放大器放大和同步选通整形，然后用数字积分或 RC 积分方式排除干扰，最后经延时（或不延时）触发驱动器输出光电开关控制信号。

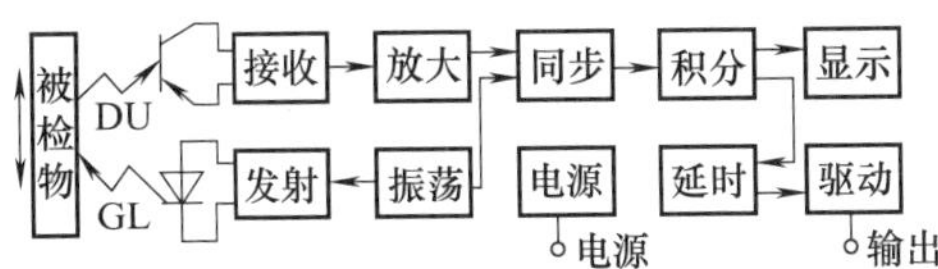

图 24-8-23　反射式光电开关的工作原理框图

光电开关按检测方式可分为反射式、对射式和镜面反射式三种类型。对射式检测距离远，可检测半透明物体的密度（透光度）。反射式的工作距离被限定在光束的交点附近，以避免背景影响。镜面反射式的反射距离较远，适宜做远距离检测，也可检测透明或半透明物体。表 24-8-10 给出了光电开关的检测方式及特点说明。

光电开关按结构可分为放大器分离型、放大器内藏型和电源内藏型三类。

放大器分离型是将放大器与传感器分离，并采用专用集成电路和混合安装工艺制成。由于传感器具有超小型和多品种的特点，而放大器的功能较多，因此，该类型采用端子台连接方式，并可交、直流电源通用。该类型具有接通和断开延时功能，可设置亮、音动切换开关，能控制 6 种输出状态，兼有接点和电平两种输出方式。

放大器内藏型是将放大器与传感器一体化，采用专用集成电路和表面安装工艺制成，使用直流电源工作。其响应速度局面（有 0.1ms 和 1ms 两种），能检测狭小和高速运动的物体。改变电源极性可转换亮、暗动，并可设置自诊断稳定工作区指示灯。兼有电压和电流两种输出方式，能防止相互干扰，在系统安装中十分方便。

电源内藏型是将放大器、传感器与电源装置一体化，采用专用集成电路和表面安装工艺制成。它一般使用交流电源，适用于在生产现场取代接触式行程开关，可直接用于强电控制电路。也可自行设置自诊断稳定工作区指示灯，输出备有 SSR 固态继电器或继电器常开、常闭接点，可防止相互干扰，并可紧密安装在系统中。

（2）产品

欧姆龙 E3S-A 光电开关具有 0.5ms 的高速应答，易输入可编程控制器的内置 OFF 延迟定时器型，IP67 的防护性能，传感器易更换的接插件连接型。尺寸图如图 24-8-24 所示，其特性如表 24-8-11 所示。

8.3.3.6　霍尔式接近开关

（1）工作原理

霍尔元件是一种磁敏元件。利用霍尔元件做成的开关，叫作霍尔开关。当磁性物件移近霍尔开关时，开关检测面上的霍尔元件因产生霍尔效应而使开关内部电路状态发生变化，由此识别附近有磁性物体存在，进而控制开关的通或断。这种接近开关的检测对象必须是磁性物体。霍尔传感器适用于气动、液动、气缸和活塞泵的位置测定，也可用作限位开关。当磁性目标接近时，产生霍尔效应，经放大、输出开关信号。其与电感式传感器比较，优点是，能安装在金属中，可并排紧密安装，可穿过金属进行检测。缺点是，距离受磁场强度的影响及检测体接近方向的影响。

（2）产品（表 24-8-12）

表 24-8-10　光电开关检测方及特点

检测方式		光路		特　点
对射式	扩散		检测不透明体	检测距离远，也可检测半透明物体的密度（透过率）
	狭角			光束发散角小，抗邻组干扰能力强
	细束			擅长检出细微的孔径、线形和条状物
	槽型			光轴固定不需调节，工作位置精度高
	光纤			适宜空间狭小、电磁干扰大、温差大、需防爆的危险环境
反射式	限距		检测透明体和不透明体	工作距离限定在光束交点附近，可避免背景影响
	狭角			特点同限距型，并可透检透明物后面的物体
	标志			颜色标记和孔隙、液滴、气泡检出，测电表、水表转速
	扩散			检测距离远，可检出所有物体，通用性强
	光纤			适宜空间狭小、电磁干扰大、温差大、需防爆的危险环境
镜面反射式				反射距离远，适宜远距检出，还可检出透明、半透明物体

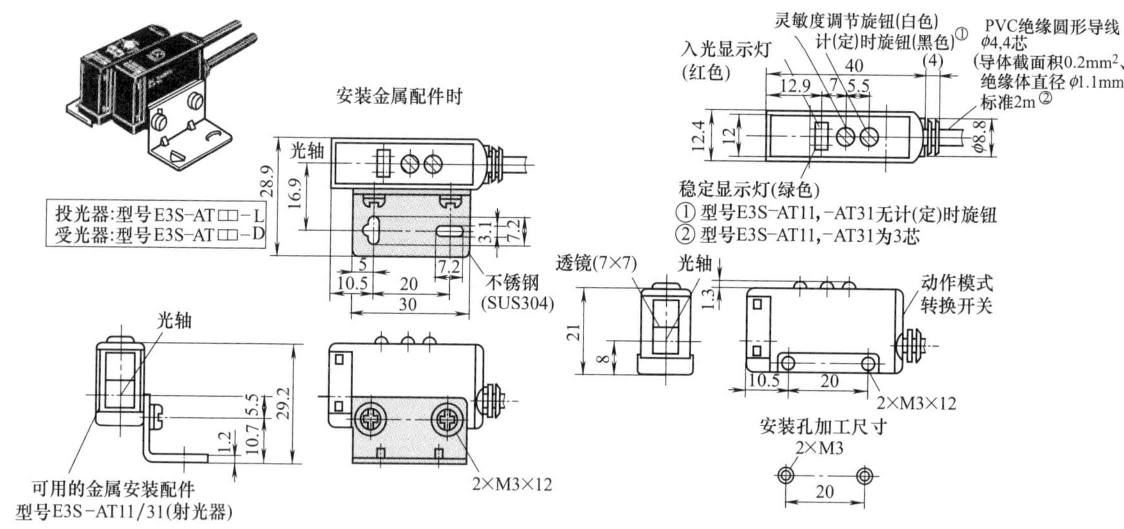

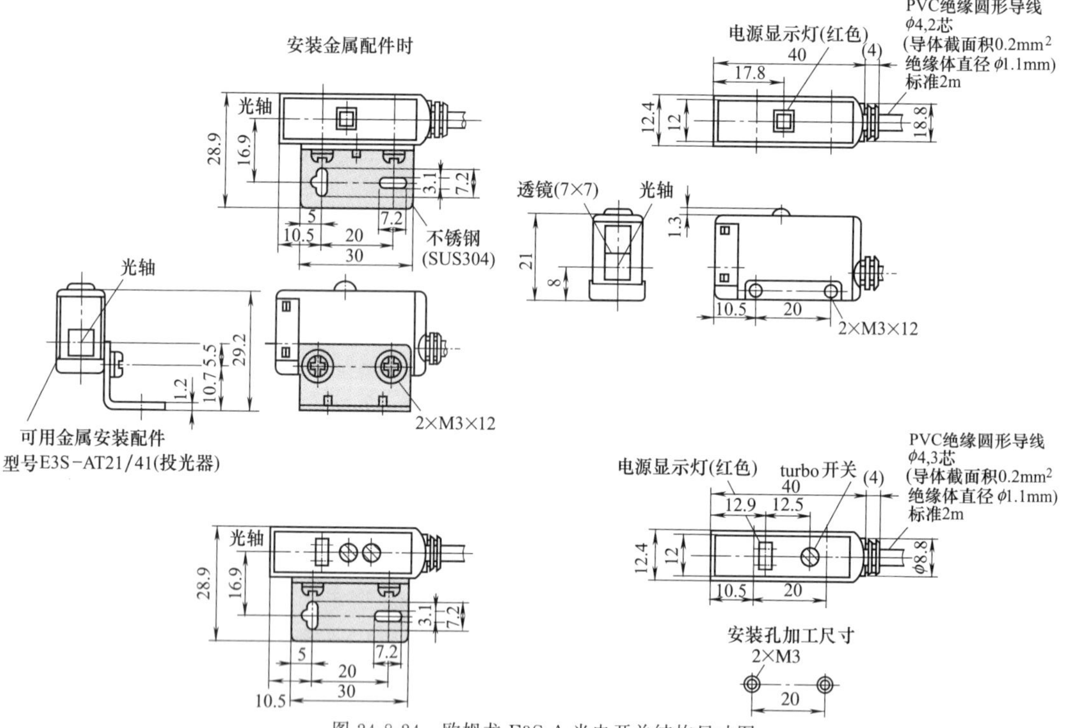

图 24-8-24　欧姆龙 E3S-A 光电开关结构尺寸图

表 24-8-11　　**欧姆龙 E3S-A 光电开关产品特性**

项　目	对射型	回归反射型（附 M. S. R 功能）①	扩散反射型		
	型号 E3S-AT11、16、21、31、36、41、61、66、71、81、86、91	型号 E3S-AR11、16、21、31、36、41、61、66、71、81、86、91	型号 E3S-AD13、18、23、33、38、43、63、68、73、83、88、93	型号 E3S-AD11、16、21、31、36、41、61、66、71、81、86、91	型号 E3S-AD12、17、22、32、37、42、62、67、72、82、87、92
检测距离	7m	2m(100mm②)(使用 E39-R1 型时)	100mm(广视)(白图纸 100×100mm)	10～200mm(白图纸 100×100mm)	(700mm)(白图纸 200×200mm)

续表

项 目	对射型	回归反射型（附 M. S. R 功能）[1]	扩散反射型		
	型 号 E3S-AT11、16、21、31、36、41、61、66、71、81、86、91	型 号 E3S-AR11、16、21、31、36、41、61、66、71、81、86、91	型 号 E3S-AD13、18、23、33、38、43、63、68、73、83、88、93	型 号 E3S-AD11、16、21、31、36、41、61、66、71、81、86、91	型 号 E3S-AD12、17、22、32、37、42、62、67、72、82、87、92
标准检测物体	ϕ>10mm 的不透明体	ϕ>75mm 的不透明体			
差动距离			<20%检测距离	<10%检测距离	<20%检测距离
指向角	投、受射器：各 3°～15°	3°～10°	—		
光源（发光波长）	红色发光二极管（700nm）		红外发光二极管（880nm）	红色发光二极管（700nm）	红外发光二极管（880nm）
电源电压	DC10～30V（包括 10%波动）				
消耗电流	投光器/受光器：<20mA（turbo 开关 ON 是约增加 15mA）	<30mA（turbo 开关 ON 是约增加 15mA）	<35mA	<30mA（turbo 开关 ON 是约增加 15mA）	<35mA
控制输出	负荷电源电压 DC（直流）<30V，负荷电流<100mA（残留电压<1V） 集电极开路输出型（根据 NPN/PNP 输出形式不同而异） 入光时 ON，遮光时 ON 开关切换式				
自我诊断输出（仅附自查输出）	（仅附自查输出）负荷电源电压 DC（直流）<30V，负荷电流<50mA（残留电压<1V） 集电极开路输出型（根据 NPN/PNP 输出形式不同而异）				
外部检查输入（仅附外部检查输入） 输入	（NPN 型） 投光 OFF：0V 短路或 1.5V（流出电流<1mA） 投光 ON：开放（泄漏电流<0.1mA） （PNP 型） 投光 OFF：+DC（电源正侧）短路或+DC<-1.5V（吸入电流<3mA） 投光 ON：开放（泄漏电流<0.1mA）		—		
外部检查输入（仅附外部检查输入） 应答时间	<0.5ms				
保护回路	电源反接保护、输出短路保护		电源反接保护、输出短路保护、防止相互干扰功能		
应答时间	动作·复位均<0.5ms				
灵敏度调节	2 回转循环电位器（附指示器）				
计（定）时功能[仅附计（定）时功能]	OFF 延时 0～100ms（可变式电位器）				
涡轮（透平）功能[仅附涡轮功能]	具有（附涡轮开关）				
环境照度	受射面照度 白炽灯<5000 lx，太阳光<10000 lx				
环境温度	工作时：-25～+55℃、保存时：-40～+70℃（不结冰、不结雾）				
环境湿度	工作时：35～85RH、保存时：35～95℃（不结雾）				
绝缘电阻	20MW（DC500V）AC1000V 50/60Hz 1min				
耐电压					
耐振动	10～55Hz 双振幅 1.5mm，X、Y、Z 各方向 2h				
耐冲击	500mm·s^{-2}，X、Y、Z 各方向 3 次				
保护结构	IEC 规格 IP67、NEMA 4X（仅限于室内使用）[3]				
连接方式	导线引出型（标准导线长 2m）/连接器型				
质量（捆包状态）	约 150g（导线拉出型） 约 70g（连接器型）	约 110g（导线拉出型） 约 60g（连接器型）	约 90g（导线拉出型） 约 50g（连接器型）		

续表

项 目		对射型	回归反射型（附 M. S. R 功能）①	扩散反射型		
		型 号 E3S-AT11、16、21、31、36、41、61、66、71、81、86、91	型 号 E3S-AR11、16、21、31、36、41、61、66、71、81、86、91	型 号 E3S-AD13、18、23、33、38、43、63、68、73、83、88、93	型 号 E3S-AD11、16、21、31、36、41、61、66、71、81、86、91	型 号 E3S-AD12、17、22、32、37、42、62、67、72、82、87、92
材质	外壳	PBT 树脂				
	透镜部	改性多芳基化树脂				
	金属安装配件	不锈钢（SUS304）				
附件		金属安装配件（附螺钉）、灵敏调节用螺丝刀（螺钉旋具）、旋转罩、操作说明书 接插件式粘合安装板（仅限于接插件式）反射板（仅限于回归反射型）				

① M. S. R. 功能（mirror surface rejection，镜面体光泽 清除）。
② 传感器与反射板之间的距离，请设定在“（）”内数值以上的范围。
③ NEMA（national electrical manufacturers association），美国电机工业会（美国全国电气制造商协会）标准。
注：生产厂为欧姆龙，www. fa. omron. com. cn。

表 24-8-12 霍尔式接近开关产品特性

外形代号及几何尺寸			J8D	J12E	T17	T29	T37	T39
额定检测距离 S_n/mm			10	10	10	10	10	10
磁钢磁场强度/T			$B_{ot}=620\times10^{-4}$	$B_{ot}=620\times10^{-4}$	$B_{ot}=620\times10^{-4}$	$B_{ot}=620\times10^{-4}$	$B_{ot}=620\times10^{-4}$	$B_{ot}=620\times10^{-4}$
具体型号 DC10-3V	NPN 三线制	常开	FJ8D-D10NK	FJ12E-D10NK	FT17-D10NK	FT29-D10NK	FT37-D10NK	FT39-D10NK
		常闭	FJ8D-D10NH	FJ12E-D10NH	FT17-D10NH	FT29-D10NH	FT37-D10NH	FT39-D10NH
	PNP 三线制	常开	FJ8D-D10PK	FJ12E-D10PK	FT17-D10PK	FT29-D10PK	FT37-D10PK	FT39-D10PK
		常闭	FJ8D-D10PH	FJ12E-D10PH	FT17-D10PH	FT29-D10PH	FT37-D10PH	FT39-D10PH
技术参数	控制输出(开关容量)/mA		≤100	≤100	≤100	≤100	≤100	≤100
	响应频率/kHz		≥5	≥5	≥5	≥5	≥5	≥5
	工作环境温度/℃		−20～80	−20～80	−20～80	−20～80	−20～80	−20～80

注：生产厂为洞头县永盛电器厂，www. dt0577. cn。

8.3.3.7 超声波接近开关

（1）工作原理

超声波接近开关采用非接触探测，在 6cm～10m 范围内可精确测量至毫米。它的原理是：超声波接近开关发出超声波脉冲，通过接收反射波计算出距离并转换输出信号。它有可达 10m 的远距离辨别精度达几毫米级，很好的重复精确性，并只需很少的维护。对于恶劣的工业环境中常见的灰尘和污物，其性能不受影响，对于液体的探测精度和固体颗粒与粉末相同，因此超声波接近开关应用范围很广，用于液位、定位、限位或堆垛探测控制。

（2）产品

欧姆龙 E4C 超声波传感器是一种可进行检测区域设定的小型圆柱形传感器；不受检测物体的颜色、透明度、材质（金属、非金属）的影响。尺寸如图 24-8-25 所示，产品性能指标如表 24-8-13 所示。

E4C−TS50
E4C−LS35

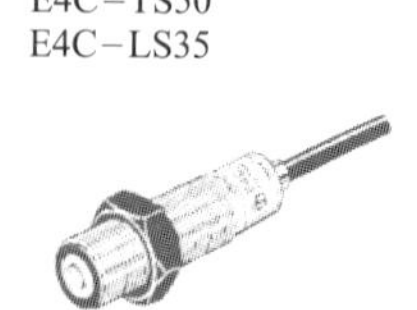

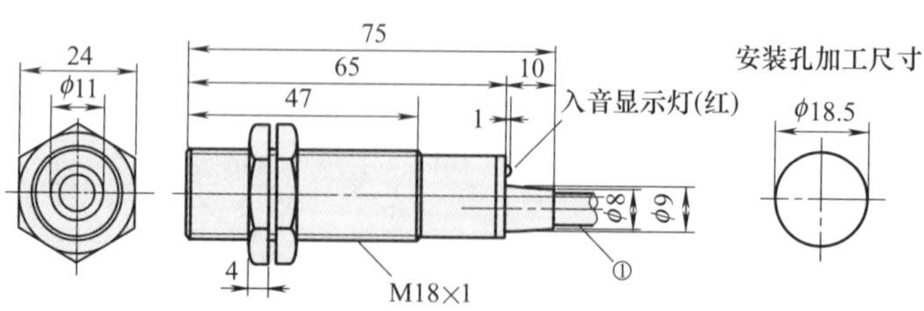

① E4CTS50R、E4CLS35：PVC绝缘圆型导线 φ6、3芯(导体断面积：0.3mm²、绝缘直径：φ1.18mm) 标准2m。
E4CTS50S：PVC绝缘圆型导线 φ6、2芯(导体断面积：0.3mm²、绝缘直径：φ1.18mm) 标准2m。

图 24-8-25 欧姆龙 E4C 超声波传感器结构尺寸图

第24篇

表 24-8-13　**欧姆龙 E4C 超声波传感器产品性能指标**

型　　号		E4C-TS50	E4C-LS35
检测方式		500mm	100～350mm(20～2350mm) 可限定检测区域
标准检测距离		100mm×100mm 平板	40mm×40mm 平板
超声波振荡频率		约 270kHz	
指向角①		±8°以下	
显示灯		输入音显示(SENSING):红色	
环境温度范围		工作时:−10～+55℃(不结冰)	
环境湿度范围		工作时、保存时:35%～95%RH	
振动(耐久)		10～55Hz 上下振幅 1.5mm,X、Y、Z 各方向 2h	
冲击(耐久)		500mm/s^2,X、Y、Z 各方向 3 次	
保护构造②		IEC 规格 IP66	
连接方式		导线引出式(标准导线长 2m)	
质量(捆包模式)		约 300g	约 150g
材质	外壳	耐热 ABS	
	螺母	聚缩醛	

① 接收信号为−6dB 时的指向角（半值角）。

② 表示机器的外被（罩壳箱）能保护的程度，可因满足各性能的使用条件而有所不同。

注：厂商名称：欧姆龙自动化（中国）有限公司，http：//www.fa.omron.com.cn。

8.3.4　力觉传感器

8.3.4.1　腕力传感器

腕力传感器是一个两端分别与机器人腕部和手爪相连接的力觉传感器。当机械手夹住工件进行操作时，通过腕力传感器可以输出六维（三维力和三维力矩）分量反馈给机器人控制系统，以控制或调节机械手的运动，完成所要求的作业。腕力传感器分为间接输出型和直接输出型两种。间接输出型腕力传感器敏感体本身的结构比较简单，但需对传感器进行校准，要经过复杂的计算求出传递矩阵系数，使用时进行矩阵运算后才能提取出六维分量。直接输出型腕力传感器敏感体本身的结构比较复杂，但只需要经过简单的计算就能提取出 6 个分量，有的甚至可以直接得到 6 个分量。国际上对腕力传感器的研究是从 20 世纪 70 年代开始的，主要研究单位有美国的 DRAPER 实验室、SRI 研究所、IBM 公司和日本的日立公司、东京大学等单位。

（1）系统组成

腕力传感器的系统硬件通常由传感器和信息处理两部分组成。传感器部分由弹性体、测量电桥和前级放大器组成，主要完成敏感六维分量，并进行信号前级放大的任务。信号处理部分包括后级放大、滤波、信号采样保持、A/D 转换以及进行系统控制、计算和通信的微机系统，整个系统框图如图 24-8-26 所示。

腕力传感器系统软件一般包括数据采集和 A/D 转换控制软件、非线性校正和矩阵解耦运算软件、系统通信及输出软件等。

（2）类型

① 六维腕力传感器　具有八个窄长的弹性梁，每个梁只传递力。梁的另一头贴有应变片。其结构如图 24-8-27 所示，图中从 P_{x+} 到 Q_{y-} 代表了 8 根应变梁的变形信号的输出。

② 十字梁腕力传感器　日本大和制衡株式会社林纯一研制的腕力传感器。整体轮辐式结构，传感器在十字梁与轮缘连接处有一个柔性环节，在四根交叉梁上共贴有 32 个应变片（图中小方块），组成 8 路全桥输出，其结构原理图如图 24-8-28 所示。

（3）优缺点

① 腕力传感器虽然结构较复杂，但原理比较类似，一般都是通过应变片来测量内部弹性体的变形，再解耦求得多维力信号。

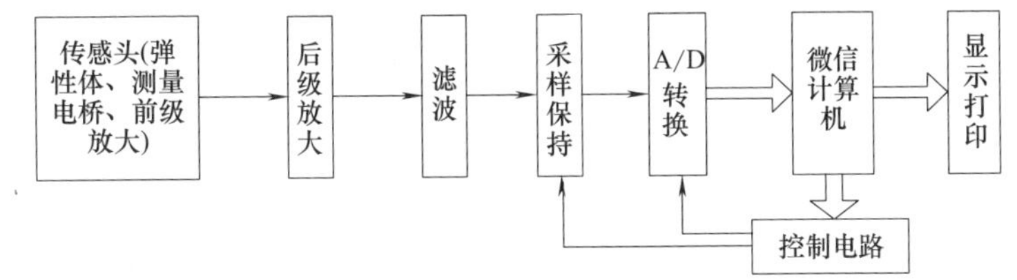

图 24-8-26　腕力传感器的系统

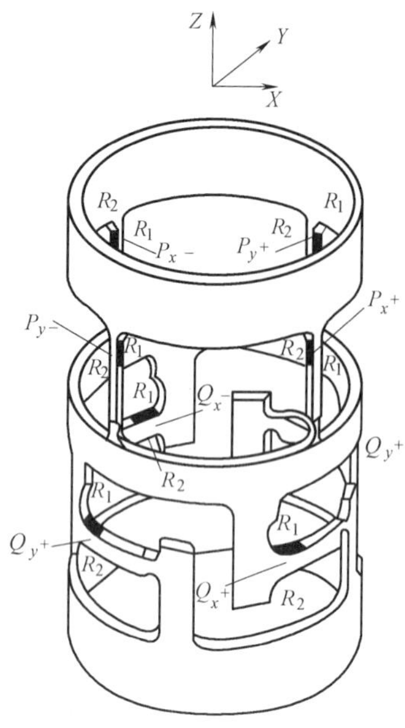

图 24-8-27 六维腕力传感器结构

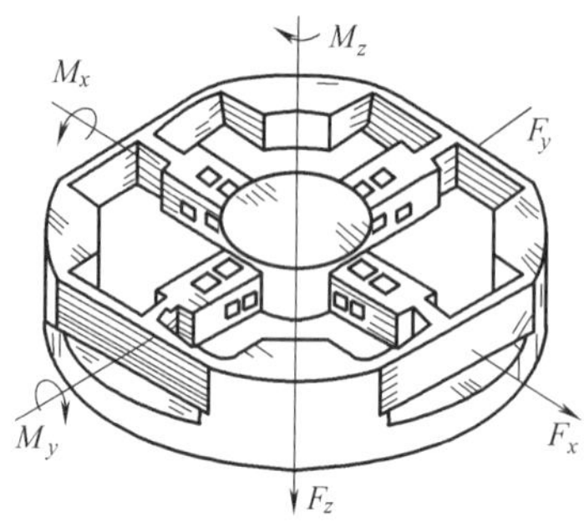

图 24-8-28 十字梁腕力传感器

② 腕力传感器获得的力信息较多（如六维腕力传感器），分辨率、灵敏度和精度高，可靠性好和使用方便。

③ 腕力传感器对不同类型的机器人能实现通用化，所以得到了广泛的应用。

④ 弹性元件一般为整体结构，加工极为困难。

⑤ 应变片粘贴过程复杂，应变片的输出信号较弱，需要高性能的放大器，市场上供应的放大器体积较大。

⑥ 从腕力传感器的工作原理可以看出，腕力传感器工作时产生的变形必将影响机器人操作臂的定位精度。

⑦ 由于传感器设计、制造上的原因，传感器的输出信号与实际六维矢量的分力之间存在相互耦合作用，即传感器的相互干扰，这种干扰非常复杂，难以从理论上进行分析和解耦消除，通常需要采用实验方法进行标定。

8.3.4.2 握力传感器

光纤握力传感器单元所用的光纤是 50μm、125μm 的多模光纤，波纹板由两块相互啮合的 V 形槽板组成，为了保持平衡，在槽的另一端放置一根不通光的虚设光纤，板的厚度为 3mm。当物体压力作用于握力传感器时，波纹板的上盖相对于下盖位移，使光纤产生变形，通过测量光信号的衰减可间接得知压力的大小。在设计、制作之后，对系统性能进行测试。测量结果范围大、灵敏度高、效果良好。力的分辨率为 5g，测量范围为 0～2500g。系统作为一独立的部分，通过串行口与控制微机相连，接口简单方便。结构原理如图 24-8-29 所示。

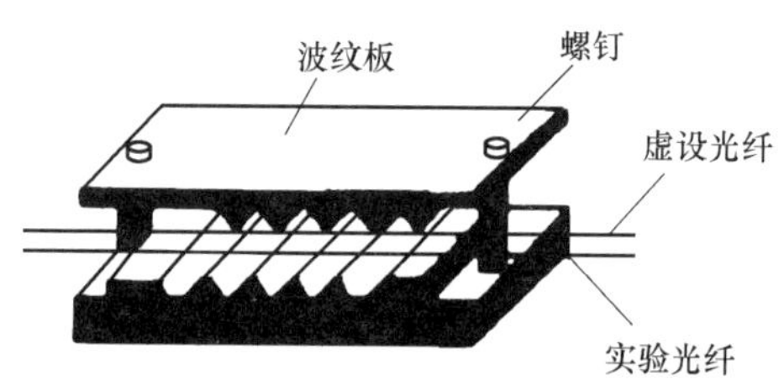

图 24-8-29 光纤握力传感器单元

8.3.4.3 脚力传感器

二足步行机器人在人类生活的环境中应用较为方便，但不稳定，控制较复杂。为了解步行时的状态，需装各种传感器，其中脚力传感器是与外界接触的传感器，对步行控制来说是相当重要的。

圆筒式脚力传感器，其简图及装配图如图 24-8-30 所示。脚力传感器圆筒的材料是聚氯乙烯树脂，圆筒外径为 26mm，内径为 20mm，长度为 15mm。其上部两处与脚的上表面板固定，下部两处与脚的下表面板固定。圆筒左右侧壁的内外表面贴应变片 4 片，通过桥式放大输出反映垂直负荷。根据两端支承梁式脚力传感器的输出特性可知，脚前部传感器与后部传感器之间的相互影响显著。因此，为了削弱其相互影响，圆筒式脚力传感器的脚前部传感器与脚后部传感器的下表面板不相连。圆筒式脚力传感器的上表面板为铝板，下表面板为丙烯板。为了减少脚底与地面之间的滑动，在丙烯板表面上贴一层橡胶。两足步行机器人的总质量为 18.5kg 时，每只脚上装有 4 个传感器，两只脚共 8 个传感器。

第24篇

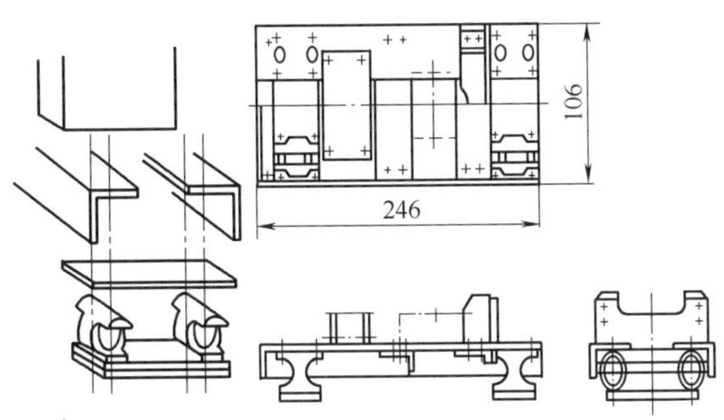

图 24-8-30　圆筒式脚力传感器

8.3.4.4　手指式力传感器

手指式力传感器一般通过应变片或压阻敏感元件测量多维力而产生输出信号，常用于小范围作业，如灵巧手抓鸡蛋等实验。其精度高、可靠性好，渐渐成了力控制研究的一个重要方向，但多指协调复杂。

手指式力传感器弹性体结构如图 24-8-31 所示，是组合式结构，分上、下两个部分：上部是中空正方体，其四个侧面贴有应变片 4 和 4′、5 和 5′。当薄壁筒有微应变时，应变片能够测量作用力矩 M_x、M_y、M_z。传感器弹性体的下部是圆环形，圆环形上面有对称的三个矩形弹性梁，弹性梁的两面分别贴有应变片，共有 6 个应变片组成 3 组桥路，环上其他高出部分的厚度与梁高比较大，当弹性梁发生微应变时，三个高出来的部分不产生变形，相当于基座。当传感器受外力作用时，应变梁发生变形，可根据桥路输出值测量力和力矩。上部分与下部分通过三个桥梁相连，这中间部分可以看成是刚体，受力不产生变形。传感器的输出分量有耦合，通过对其进行标定建立解耦矩阵进行解耦。机器人手指五维力/力矩传感器，外壳是手指顶部并有连接接口，过载保护防止外力冲击而使传感器弹性体发生塑性变形。传感器外径为 21mm，高度为 17.5mm，最大力为 10N，最大力矩为 0.2N·m。传感器底座上可以安装插座，引线方便，安全可靠。为减少长线传输产生噪声，将传感器放大电路安装在传感器内部，形成集成度高的传感器。

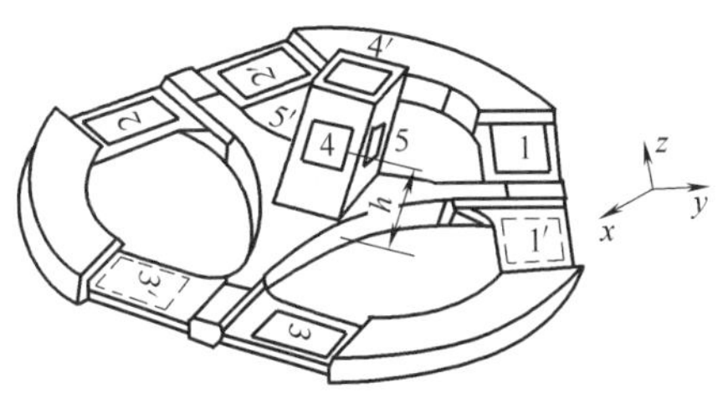

图 24-8-31　手指式力传感器

8.4　光敏传感器

光敏传感器是对外界光信号或光辐射有响应或转换功能的敏感装置。应用在机器人上的主要有光敏管和光敏阵列。光敏管有光敏二极管和光敏三极管两类。光敏阵列可以由光敏二极管形成线性阵列或矩形阵列，由这些阵列光敏构成的 CCD 传感器，通过按一定顺序输出每个二极管的电压脉冲，实现将图像光信号转换成电信号的目的。这些阵列也可以构成位置传感器、角度传感器。

8.4.1　光敏元器件性能参数术语

表 24-8-14　光敏元器件性能参数术语

术　　语	解　　释
色温 colour temperature	光源的颜色与理想黑体辐射的特征颜色相同时，黑体的热力学温度即为光源的色温
标准光源 standard illuminant	能发出标准色温的光源
伏安特性 voltage/current characteristic	在某一恒定光照下，光敏电阻器的电流与外加直流电压之间的关系
最高工作电压 maximum operating voltage	在额定功耗下，在暗态（照度为零勒克斯）时，光敏电阻器所允许承受的最高电压
暗电阻 dark resistance	光敏电阻器在照度为零勒克斯时的电阻值
亮电阻 light resistance	光敏电阻器受到光照时的电阻值
初暗电阻 initial dark resistance	光敏电阻器经历规定的光照后，撤去光照并经过规定时间测得的暗电阻值

续表

术 语	解 释
初亮电阻 initial light resistance	光敏电阻器经过规定时间的储存或弱光照工作后，接受光照并经过规定时间测得的亮电阻值
平衡暗电阻 balanced dark resistance	光敏电阻器经历规定的光照后，撤去光照再经过足够长的时间，待阻值变化率小于规定值时测得的暗电阻值
平衡亮电阻 balanced light resistance	光敏电阻器经过规定时间的储存或弱光照工作后，接受光照再经过足够长的时间，待阻值变化率小于规定值时测得的亮电阻值
暗电流 dark current	在规定的外加电压作用下，照度为零勒克斯时流过光敏电阻器的电流
亮电流 light current	在规定的外加电压作用下，受到光照时流过光敏电阻器的电流
初暗电流 initial dark current	光敏电阻器经历规定的光照后，撤去光照并经过规定的时间测得的暗电流值
初亮电流 initial light current	光敏电阻器经过规定时间储存或弱光照工作后，接受光照并经过规定的时间测得的亮电流值
平衡暗电流 balanced dark current	光敏电阻器经历规定光照后，撤去光照再经过足够长的时间，待电流变化率小于规定值时测得的暗电流值
平衡亮电流 balanced light current	光敏电阻器经过规定时间的储存或弱光照工作后，接受光照再经过足够长的时间，待电流变化率小于规定值时测得的亮电流值
光电流 photoelectric current	光敏电阻器的亮电流与暗电流之差
阻值比 resistance ratio	光敏电阻器的暗电阻与亮电阻之比
电阻灵敏度 resistance sensitivity	光敏电阻器的暗电阻同亮电阻之差与暗电阻之比
电流灵敏度(或称光电灵敏度、积分灵敏度) current sensitivity(photoelectric sensitivity, integral sensitivity)	光敏电阻器光电流与照射到其上的光通量之比
比灵敏度(或称比积分灵敏度、比光电灵敏度) specific sensitivity(specific integral sensitivity, specific photoelectric sensitivity)	单位电压下的电流灵敏度
光谱灵敏度 spectral sensitivity	用等能量的各种单色光照射光敏电阻器时得到相应的灵敏度系列
光阈值 photo threshold	光敏电阻器的亮电流与其噪声电流相等时的最小入射光通量
相对光谱灵敏度 relative spectral sensitivity	光敏电阻器某一波长的灵敏度与光谱灵敏度最大值之比
光谱特性(光谱响应) spectral characteristic(spectral response)	光敏电阻器相对光谱灵敏度与波长的关系曲线
光谱响应范围(波长响应范围) spectral response range(wavelength response range)	光敏电阻器光谱响应曲线上对光具有一定敏感程度的光谱区间
响应峰值波长 wave length of peak responsive	光敏电阻器光谱响应曲线上最大灵敏度处的波长值
照度特性 illumination characteristic	外加电压一定时，光敏电阻器亮电流或亮电阻与光照强度的关系

续表

术　语	解　释
照度指数(γ值) illumination exponent(γ value)	表征光敏电阻器照度特性非线性程度的指数,即照度特性在双对数坐标中近似线性部分的斜率,它与亮电流、光照强度的关系为: $I_1=KL^{\gamma}$ 式中　I_1——亮电流; K——比例系数; L——光照强度; γ——照度指数。
前历效应(记忆效应) history effect (memory effect)	上一次照射强度或黑暗状态及持续时间对光敏电阻器特性参数的影响
亮态前历效应 light state history effect	上一次光照强度及持续时间对光敏电阻器特性参数的影响
暗态前历效应 dark state history effect	上一次黑暗状态及持续时间对光敏电阻器特性参数的影响
响应时间 response time	光敏电阻器从接受或切断稳态照明的瞬间开始,至亮电流值变化到稳态值的规定比例所需要的时间
上升时间 rise time	光敏电阻器从接受稳态照明的瞬间开始,至亮电流值上升到稳态值的规定比例所需要的时间
下降时间 fall time	光敏电阻器从切断稳态照明的瞬间开始,至亮电流值下降到稳态值的规定比例所需要的时间
频率特性 frequency characteristic	光敏电阻器亮电流或亮电阻随照射光调制频率(单位时间亮暗变换次数)变化的关系
电阻温度系数 temperature coefficient of resistance	在一定光照下,温度每变化 1℃,光敏电阻器亮电阻的相对变化率
电流温度系数 temperature coefficient of current	在一定光照下,温度每变化 1℃,光敏电阻器亮电流的相对变化率
额定功率 rated dissipation	在规定条件下,光敏电阻器长期连续正常工作所允许耗散的最大功率

8.4.2　光敏二极管

(1) 原理

光敏二极管也叫光电二极管。光敏二极管与半导体二极管在结构上是类似的,其管芯是一个具有光敏特征的 PN 结,具有单向导电性,因此工作时需加上反向电压。无光照时,有很小的饱和反向漏电流,即暗电流,此时光敏二极管截止。当受到光照时,饱和反向漏电流大大增加,形成光电流,它随入射光强度的变化而变化。当光线照射 PN 结时,可以使 PN 结中产生电子-空穴对,使少数载流子的密度增加。这些载流子在反向电压下漂移,使反向电流增加。因此可以利用光照强弱来改变电路中的电流。

(2) 主要性能参数

① 响应率　一个硅光电二极管的响应特性与突发光照波长的关系响应率(responsivity)定义为光电导模式下产生的光电流与突发光照的比例,单位为安培/瓦特(A/W)。响应特性也可以表达为量子效率(quantum efficiency),即光照产生的载流子数量与突发光照光子数的比例。

② 暗电流　在光电导模式下,当不接受光照时,通过光电二极管的电流被定义为暗电流。暗电流包括了辐射电流以及半导体结的饱和电流。暗电流必须预先测量,特别是当光电二极管被用于精密的光功率测量时,暗电流产生的误差必须认真考虑并加以校正。

③ 等效噪声功率　等效噪声功率(noise-equivalent power,NEP)是指能够产生光电流所需的最小光功率,与 1Hz 时的噪声功率均方根值相等。与此相关的一个特性被称作是探测能力(detectivity,D),它等于等效噪声功率的倒数。等效噪声功率大约等于光电二极管的最小可探测输入功率。

8.4.3　光敏三极管

(1) 原理

光敏三极管(phototransistor)和普通三极管相似,也有电流放大作用,只是它的集电极电流不只是受基极

第 24 篇

电路和电流控制，同时也受光辐射的控制。通常基极不引出，但有一些光敏三极管的基极被引出，用于温度补偿（Temperature compensation）和附加控制等作用。光敏三极管又称光电三极管，它是一种光电转换器件，其基本原理是光照到 PN 结上时，吸收光能并转变为电能。当光敏三极管加上反向电压时，管子中的反向电流随着光照强度的改变而改变，光照强度越大，反向电流越大，大多数都工作在这种状态。光敏三极管主要应用在测光亮度、光电隔离和光耦合器中。

（2）选用和典型产品

在实际选用光敏三极管时，应注意按参数要求选择管型。如要求灵敏度高，可选用达林顿型光敏三极管；如要求响应时间快，对温度敏感性小，就不选用光敏三极管而选用光敏二极管。探测暗光一定要选择暗电流小的管子，同时可考虑有基极引出线的光敏三极管，通过偏置取得合适的工作点，提高光电流的放大系数。例如，探测 10^{-3}lx 的弱光，光敏三极管的暗电流必须小于 0.1nA。表 24-8-15 是国产 3DU 系列产品主要性能指标。

表 24-8-15 3DU 系列产品主要性能指标

型号	允许功耗/mW	最高工作电压 U_{CEM}/V	暗电流 I_D/μA	光电流/mA	峰值响应波长/μm
		测试条件			
		$I_{CE}=I_D$	$U_{CE}=U_{CEM}$	1000lx $U_{CE}=10$V	
3DU11	70	≥10	≤0.3	0.5～1	0.88
3DU12	50	≥30			
3DU13	100	≥50			
3DU14	100	≥100	≤0.2	0.5～1	
3DU21	30	≥10	≤0.3	1～2	
3DU22	50	≥30			
3DU23	100	≥50			
3DU31	70	≥10	≤0.3	≥2	
3DU32	50	≥30			
3DU33	100	≥50			
3DU51	30	≥10	≤0.2	≥0.5	

第 9 章　航空航天领域的传感器

航空航天传感器主要有状态传感器和环境传感器之分，状态传感器主要包括各种活动机件的即时位置传感器，如襟，副翼位置，喷口大小，油门位置，减速板位置，起落架收放位置等；飞机状态传感器，如迎角、侧滑角传感器，飞机姿态传感器等；各种参数传感器，如液压，油压，发动机振动量，滑油金属屑，各种消耗品如油料剩余量，消耗速度等；还有结冰传感器、火警传感器、极限传感器、过载传感器、生命传感器以及各种自动转换传感器。环境传感器主要有温度传感器、湿度传感器、氧气传感器、压力传感器、流量传感器等。这些传感器的主要功能为：①提供有关航天器的工作信息，进行故障诊断；②判断各个分系统的工作协调性，验证设计方案；③提供全系统自检所需信息，给指挥员提供决策依据；④提供各个分系统以及整机内部检测参数，验证设计的正确性；⑤检测飞行器内外部环境，为飞行员提供所需生存条件，保证正常飞行参数。本章主要介绍常用的陀螺仪、加速度传感器、角度传感器以及基于 MEMS 技术的传感器。

9.1　航空航天领域传感器的测试参数及测试特点

9.1.1　航空航天中的主要测试参数

表 24-9-1 列出了飞机运动状态需要传感器测得的主要参数，图 24-9-1 表示涡轮喷气发动机的原理结构和需要传感器敏感性能参数的部位。由图 24-9-1 和表 24-9-1 可知，飞机需要传感器测量角度参量、加速度、速度、压力、高度、温度、流量等参数。随着飞机和发动机性能的提高和安全性的增大，需要传感器测得的参数也随之越来越多，大型飞机使用的传感器已达到 100 多种。显然，洲际导弹、宇宙飞船和航天飞机等复杂而高可靠的飞行器，需要敏感的飞行参数更多，使用的传感器种类和数量都十分庞大。

表 24-9-1　　主要飞行参数

飞行状态		X（纵轴）	Y（立轴）	Z（横轴）
沿轴向直线运动	距离 S	目标距离、飞过距离、航程等	各种高度、高度偏差等	
	线速度 $\frac{dS}{dt}$	地速[①]、空速[②]、真空速[③]、马赫数[④]等	升降速度、高度变化率等	侧滑速度
	线加速度 $\frac{d^2S}{dt^2}$	纵向加速度	垂直加速度	横向加速度
	三个方向的 S、$\frac{dS}{dt}$、$\frac{d^2S}{dt^2}$ 分别确定了飞行器的重心坐标、方位、重心速度、重心加速度等			
绕轴向旋转运动	角度 α	倾斜角、侧滑角	偏航角、各种航向角、航迹角、偏流角等	俯仰角、迎角等
	角速度 $\frac{d\alpha}{dt}$	倾斜角速度、侧滑及侧滚角速度等	偏航角速度、转弯角速度	俯仰角速度等
	角加速度 $\frac{d^2\alpha}{dt^2}$	侧滑及侧滚角加速度	偏航角加速度、转弯角加速度等	俯仰角加速度等
	三个方向的 α、$\frac{d\alpha}{dt}$、$\frac{d^2\alpha}{dt^2}$ 确定了飞行器的运动方向、航迹、姿态等			
时间		飞行时间、续航时间、可用时间		

① 地速：飞机相对地面的速度，可以通过地面导航台、GPS 等测得。

② 空速：飞机和空气相对的速度，也是空速表上显示的速度，有时简称为“表速”。

③ 真空速：经气压换算成海平面高度的指示空速。

④ 马赫数：真空速和音速的比值。

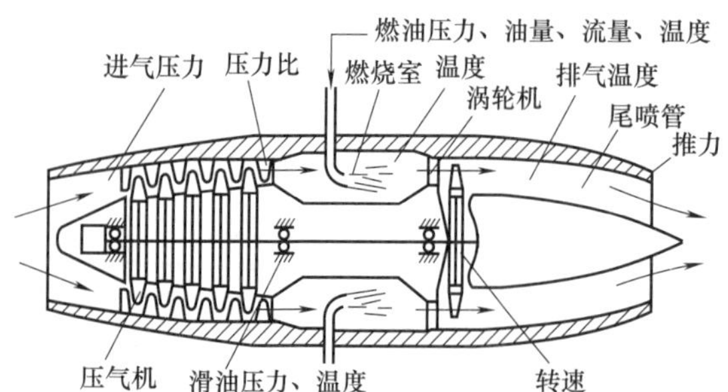

图 24-9-1 涡轮喷气发动机需要传感器敏感参数的部位

9.1.2 测试参数的作用

(1) 在飞机和发动机自动控制中的作用

飞行控制系统主要用来稳定飞机在空中的飞行姿态，从而减轻驾驶员的工作负担，故称飞行控制系统为自动驾驶仪，图 24-9-2 示出了其中一个通道的原理框图。飞机三个轴向的偏转角度由角度传感器和方向传感器敏感，速度由速度传感器敏感，高度或高度偏差也由相应的传感器敏感。这些传感器获取的信号通过自动驾驶仪综合后，由舵机控制和操纵各舵面的位置。

飞行控制系统除完成三轴稳定外，还要执行保持高度、控制空速和航迹、自动导航和跟踪。因此，飞行控制系统要与自动导航系统、火控系统及发动机自动调节系统协调工作。图 24-9-3 示出典型空速控制系统的原理框图，该系统可提供恒定的或编程空速，它通过自动油门控制装置调节发动机的功率来控制空速。在空速控制系统中，需要通过传感器敏感空速、俯仰角、纵向加速度、高度和高度偏差、舵面位置等参数。

(2) 测试参数在自动寻航和导航中的作用

导弹的被动式红外光电自动跟踪系统是典型的自动巡航系统。该系统通过光敏传感器敏感飞机尾喷管的红外辐射，用光敏传感器敏感红外辐射产生的模拟电信号控制导弹舵面，并自动跟踪飞机。

现代导航系统如图 24-9-4 所示，它由获取信息的传感系统、处理信息的微型计算机和显示系统组成。现代导航仪可通过传感器敏感飞行器的速度、位置、姿态、航向、航程等参数，它与飞行控制系统相配合自动导引飞行器，使其按规定的航向和航线飞向目标。

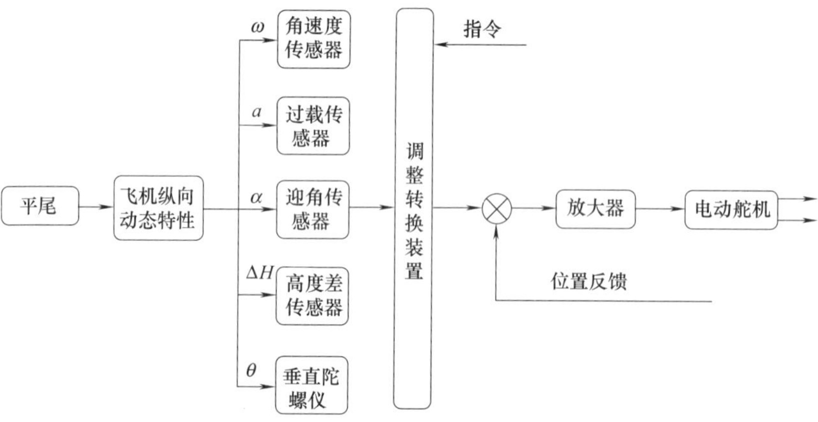

图 24-9-2 自动驾驶仪的纵向通道原理框图

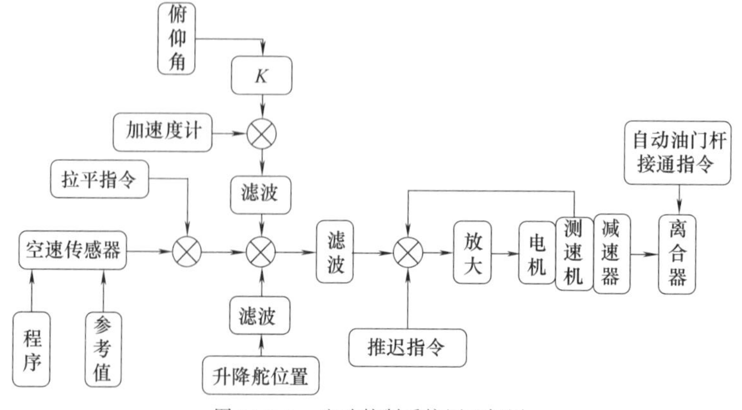

图 24-9-3 空速控制系统原理框图

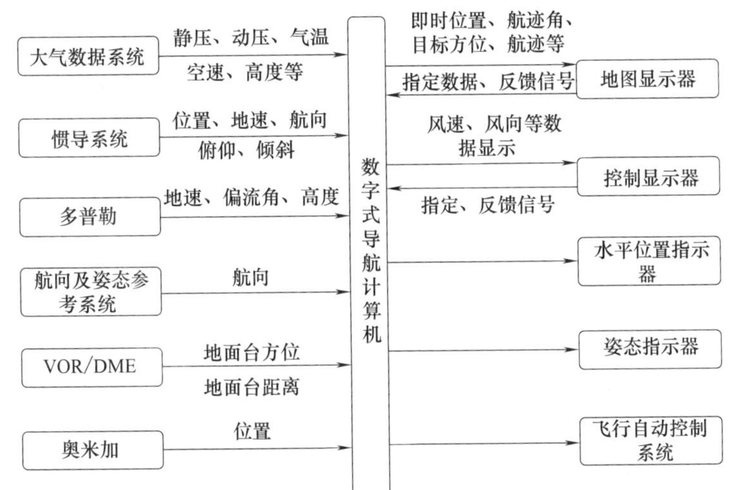

图 24-9-4　现代导航系统

(3) 测试参数在飞机和发动机性能试验中的作用

在研制新型飞行器的过程中，必须进行风洞试验、发动机整机和部件试验，以及样机的静、动力试验和飞行试验，现代采用多点自动巡回检测系统进行这些试验。在进行各种试验中，自动巡回检测系统用传感器敏感试样各部分的应力、应变、力、位移、各种压力、湿度、推力、流量、转速、飞行高度、速度、气流方向等物理量。将敏感参数分类、选择、校准、刻度变换、非线性修正、计算和处理，即可得到表格式或图像式的检测结果。

9.1.3　航空航天用传感器的特点

因为传感器的性能和可靠性受工作条件的影响，而飞行器的工作条件十分恶劣和复杂，故航空航天专用传感器的技术要求不同于其他领域用传感器的技术要求。

(1) 温度

大气温度随高度而变，同时空气与飞行器表面的摩擦和阻滞作用使飞行器表面温度升高，另外，飞行器不同部位的温度也不同。因此，选用传感器时必须充分考虑环境温度的影响。通常，飞机用传感器能在−60～+50℃正常工作，火箭用传感器应能在−80～+70℃正常工作。

(2) 空气压力

空气压力和密度随高度增加而减小，如地球表面的标准大气压力为 760mmHg，当高度为 100km 时，大气压力仅 2.4×10^{-4}mmHg。空气压力和密度的变化会导致某些传感器的性能发生变化，因此，航空航天用传感器应具有良好的空气压力特性。

(3) 空气湿度

大气层中含有大量的水蒸气，当空气的相对湿度较大时，传感器的绝缘性能会下降，水蒸气结冰时，某些传感器的油、气管道会堵塞，从而影响传感系统的正常工作。因此，航空航天专用传感器应有良好的表面保护、密封和绝缘强度。

(4) 振动和冲击

飞行中的气动力和发动机的运转都会导致飞行器各部分振动。因此，航空航天专用传感器应具有良好的抗振强度和耐冲击性能，安装时还应采取一定的减振和隔振措施。

(5) 其他

航空航天专用传感器，在倾斜、加速度、雨雪、云雾、灰尘、宇宙射线、空气电离、放电等条件下还应正常工作。因此，要求航空航天专用传感器具有耐恶劣环境的良好性能。

9.2　陀螺仪

陀螺仪是一种用来测量物体摇摆运动的装置，其不仅可以作为指示仪表（指示陀螺仪），而更重要的是它可以作为自动控制系统中的一个敏感元件，即可作为信号传感器（传感陀螺仪）。传感陀螺仪常用于飞行体的自动控制系统中，是一种水平、垂直、俯视、航向及角速度传感器，而指示陀螺仪主要用于指示飞行状态。根据需要，陀螺仪能提供准确的方位、水平、位置、速度和加速度等信号，以便驾驶员或用自动导航仪来控制飞机、舰船或航天飞机等航行体按一定的航线飞行，而在导弹、卫星运载器或空间探测火箭等航行体的制导中，则直接利用这些信号完成航行体的姿态控制和轨道控制。

陀螺仪的结构如图24-9-5所示，基本部件有：

① 陀螺转子（常采用同步电机、磁滞电机、三相交流电机等拖动方法来使陀螺转子绕自转轴高速旋转）；

② 内、外框架（或称内、外环，它是使陀螺自转轴获得所需角转动自由度的结构）；

③ 附件（是指力矩马达、信号传感器等）。

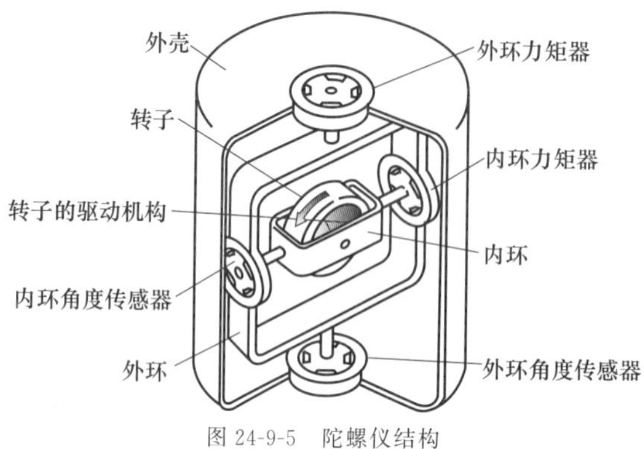

图24-9-5　陀螺仪结构

9.2.1　陀螺仪的特性

建立在角动量守恒的原则下，陀螺仪具有定轴性和进动性。

（1）定轴性

当陀螺转子以高速旋转时，在没有任何外力矩作用在陀螺仪上时，陀螺仪的自转轴在惯性空间中的指向保持稳定不变，即指向一个固定的方向；同时反抗任何改变转子轴向的力量。这种物理现象称为陀螺仪的定轴性或稳定性。其稳定性随以下的物理量而改变：

① 转子的转动惯量愈大，稳定性愈好；

② 转子角速度愈大，稳定性愈好。

所谓"转动惯量"，是描述刚体在转动中的惯性大小的物理量。当以相同的力矩分别作用于两个绕定轴转动的不同刚体时，它们所获得的角速度一般是不一样的，转动惯量大的刚体所获得的角速度小，也就是保持原有转动状态的惯性大；反之，转动惯量小的刚体所获得的角速度大，也就是保持原有转动状态的惯性小。

（2）进动性

当转子高速旋转时，若外力矩作用于外环轴，陀螺仪将绕内环轴转动；若外力矩作用于内环轴，陀螺仪将绕外环轴转动。其转动角速度方向与外力矩作用方向互相垂直。这种特性叫作陀螺仪的进动性。进动角速度的方向取决于动量矩 H 的方向（与转子自转角速度矢量的方向一致）和外力矩 M 的方向，而且是自转角速度矢量以最短的路径追赶外力矩，如图24-9-6所示。这可用右手定则判定。即伸直右手，大拇指与食指垂直，手指顺着自转轴的方向，手掌朝外力矩的正方向，然后手掌与4指弯曲握拳，则大拇指的方向就是进动角速度的方向。进动角速度的大小取决于转子动量矩 H 的大小和外力矩 M 的大小，其计算式为进动角速度 $\omega=M/H$。

进动性的大小也有三个影响因素：

① 外界作用力愈大，其进动角速度也愈大；

② 转子的转动惯量愈大，进动角速度愈小；

③ 转子的角速度愈大，进动角速度愈小。

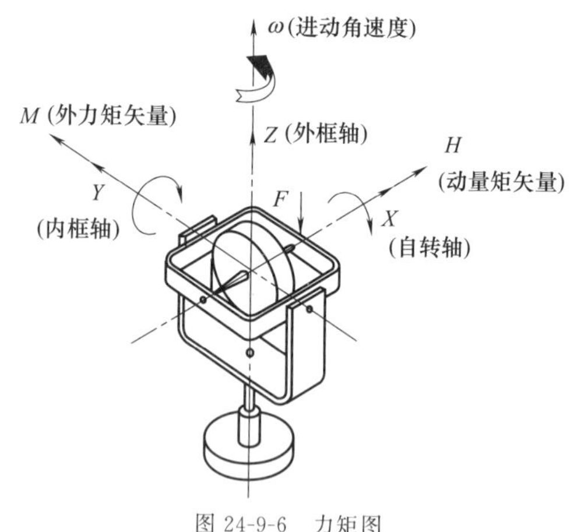

图24-9-6　力矩图

9.2.2　陀螺仪的基本类型

陀螺仪的精度主要用陀螺漂移率的高低来表征。陀螺漂移率是指在外干扰力矩作用下陀螺仪自转轴在单位时间内相对惯性空间的偏差角，其单位是(°)/h。它是衡量陀螺仪精度的主要性能指标，漂移率越小，陀螺仪精度越高。按照精度性能，陀螺仪的分类及应用见表24-9-2。

表24-9-2　陀螺仪的分类及应用

类别	性能	应　用	典型产品
高精度陀螺(惯性级)	陀螺漂移率优于 $0.001(°)\cdot h^{-1}$	主要用于洲际导弹、核潜艇、远程运载火箭、战略轰炸机等战略武器	静电陀螺、磁浮陀螺、液浮陀螺
中精度陀螺(导航级)	陀螺漂移率优于 $0.01(°)\cdot h^{-1}$	用于战术飞机、水面舰船、先进战车以及各类新型导弹等的导航与制导	激光、光纤、气浮、动力调谐
低精度陀螺(速率级)	陀螺漂移率为 $0.1\sim1(°)\cdot h^{-1}$	用于工作时间较短的、精度要求相对较低的惯性系统，如各类战术武器、各种稳瞄平台、无人运载器、飞机航行系统等	激光、光纤、动力调谐

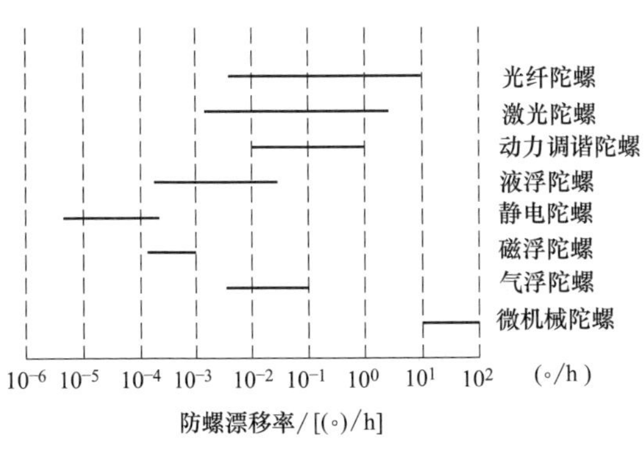

图 24-9-7　目前常见的几种型号陀螺的精度范围

目前常见的几种型号陀螺的精度范围如图 24-9-7 所示。

这里对飞机航行驾驶和飞行自动控制系统中使用的陀螺仪表进行说明，以便对航空陀螺仪表的名称及其用途有一个大致的了解。具体如表 24-9-3 所示。

9.2.3　陀螺仪的性能参数和选择时考虑的因素

(1) 性能指标

陀螺仪在选用时，必须注意必要的性能指标，主要性能指标见表 24-9-4。

表 24-9-3　飞机航行驾驶和飞行自动控制系统中使用的陀螺仪

航空陀螺仪表名称	原　　理	在飞机上的用途
陀螺地平仪	利用三自由度陀螺仪的特性和摆的特性	测量飞机的姿态角，给出姿态指示
垂直陀螺仪	以三自由度陀螺仪为基础，加上修正装置，再装上信号传感器	测量飞机的姿态角，输出姿态信号
陀螺半罗盘	利用三自由度陀螺仪的方向稳定性	测量飞机的航向角，给出航向指示
航向陀螺仪	由于陀螺转子高速旋转时，其旋转轴具有方向稳定不变的特性，因此方位陀螺仪在飞机转弯时，虽然仪表壳体随着飞机转向，但陀螺转子仍稳定在一定方位上，航向刻度指出了飞机所转过的角度	测量飞机的航向角或给偏航角，输出航向或偏航信号
陀螺磁罗盘	把陀螺半罗盘与磁罗盘组合在一起以便更好地解决飞机航向的测量问题	测量飞机的航向角，并给出航向指示
陀螺转弯仪	利用二自由度陀螺仪具有感受绕其缺少自由度方向转动的特性测量角速度	测量飞机的转弯角速度，给出转弯指示
速率陀螺仪	直接测定运载器角速率的二自由度陀螺装置	测量飞机绕机体主轴转动角速度，给出转弯指示
全姿态组合陀螺仪	由垂直陀螺仪和航向陀螺仪组合而成。垂直陀螺仪安装在倾斜随动环内，以便俯仰和倾斜的测量范围均能达到 360°。航向陀螺仪安装在俯仰随动环和倾斜随动环内，以便消除飞机俯仰和倾斜所引起的航向测量误差	测量飞机的姿态和航向角，并输出姿态和航向信号
双轴陀螺稳定平台	以陀螺仪为核心元件，使被稳定对象相对惯性空间的给定姿态保持稳定的装置，转轴数目为双轴	测量飞机的姿态角，输出姿态信号
三轴陀螺稳定平台	以陀螺仪为核心元件，使被稳定对象相对惯性空间的给定姿态保持稳定的装置，转轴数目为三轴	测量飞机的姿态和航向角，输出姿态和航向信号

表 24-9-4　陀螺仪的主要性能指标

指标		说　　明
陀螺仪精度	①随机漂移 ②随机游走系数 ③输出噪声	陀螺仪精度主要用漂移率高低表征。不同结构形式、不同原理的陀螺仪对漂移率的定义和要求不同，机械式陀螺仪精度使用的是随机漂移，光纤陀螺仪使用的是随机游走系数，MEMS 陀螺仪使用的是输出噪声 ①随机漂移——由随机的或不确定的有害力矩引起的漂移率。单位：(°)/h ②随机游走系数——由白噪声产生的随时间累计的陀螺仪输出误差系数。单位：$(°)/\sqrt{h}$、$(°)/\sqrt{s}$ ③输出噪声的单位：$(°)/(h/\sqrt{Hz})$、$(°)/(s/\sqrt{Hz})$。输出噪声和随机游走系数的关系如下：$1°/(h/\sqrt{Hz})=1°/(60\times\sqrt{h})$、$1°/(s/\sqrt{Hz})=1°/\sqrt{s}$ 对于 MEMS 陀螺仪一定要选定合适的带宽，在能满足使用要求的前提下，尽量选择带宽较低的陀螺仪，因为带宽越大，输出噪声越大

续表

指标		说　明
测量范围		选择陀螺仪的量程时，应注意：最大输入角速率——陀螺仪正、反方向输入角速率的最大值，在此输入角速率范围内，陀螺仪标度因数非线性满足规定要求
阈值		陀螺仪能敏感的最小输入角速率。由该输入角速率产生的输出至少应等于按标度因数所期望输出值的 50%。单位：(°)/s、(°)/h
分辨率		陀螺仪在规定的输入角速率下，能敏感的最小输入角速率增量，至少应等于按标度因数所期望输出增量的 50%。单位：(°)/s、(°)/h 选择陀螺仪的测量范围时，最大的角速率是陀螺仪的量程的 2/3，最小的角速率应该高于阈值、分辨率
标度因数		陀螺仪输出量与输入角速率的比值。它是用某一特定直线的斜率表示的，该直线是根据整个输入角速率范围内测得的输入、输出数据，用最小二乘法拟合求得
标度因数非线性度		在输入角速率范围内，陀螺仪输出量相对于最小二乘法拟合直线的最大的偏差与最大输出量之比
环境要求	温度范围要求	必须满足陀螺仪使用的极限温度
	线加速度与冲击	必须满足陀螺仪极限加速度
	振动条件	分为正弦振动、随机振动
基本物理参量		主要指重量、体积、功率以及能源种类等方面的要求
可靠性和寿命		指的是抗冲击、抗干扰的能力和有效的使用时间

(2) 选择陀螺仪时考虑的要素（按必要性排列）

① 设计和寻北原理（涉及稳定性和寿命）。

② 精度和工作时间（涉及工程难度和方便快捷）。

③ 自动化程度。尤其注意避开厂家引导性宣传，判断其是否真是“全”自动（涉及测量结果准确度、方便、快捷），主要看陀螺仪的结构组成中有没有目镜部分或手轮部分，如果有目镜或手轮，就表示还需要人工限幅（人力限制陀螺摆幅）及其他观测，那自然就不能叫全自动了，因为现在的全自动陀螺仪整个测量过程中是不需要任何人为干预和操作的。

④ 价格。建议不直接比较价格，最好是看看性价比（涉及一次性投资的后期获益能力）。

⑤ 市场占有率和实际客户名录（涉及个别厂家的虚假宣传，要考察市场应用和认可度）。

⑥ 生产厂家的服务能力。

9.2.4 典型产品

陀螺仪知名企业包括美国 ADI 公司、TI 公司、ST 公司和 BEI 公司；俄罗斯 Fizoptika；挪威 SENSONOR 公司；日本 Silicon、村田；爱尔兰 Innalabs 公司。

美国 ADI 公司的 iMEMS 陀螺仪目前有 ADXRS 和 ADIS 两个系列产品，在严峻的工作条件下比其他陀螺仪的可靠性高、功耗低、易于使用、尺寸小、成本低。具体指标参数见表 24-9-5 和表 24-9-6。

表 24-9-5　ADXRS 陀螺仪产品性能指标

参　数	型　号			
	ADXRS150	ADXRS300	ADXRS610	ADXRS614
量程/(°)·s	±150	±300	+/−300	+/−50
比例因子/mV·(°)$^{-1}$·s^{-1}	12.5	5.0	6.0	25.0
带宽/Hz	2k	2k	2k	2k
噪声/(°)·s^{-1}·$\sqrt{\text{Hz}}^{-1}$	0.05	0.10	0.05	0.04
非线性	0.1% FS	0.1% FS	0.1% FS	0.1% FS
温度传感器	有	有	有	有
参考电压	有	有	无	有
电流/mA	6	6	3.5	3.5
输入电压/V	4.75～5.25	4.75～5.25	4.75～5.25	4.75～5.25
温度范围/℃	−40～+85	−40～+85	−40～+85	−40～+85
封装	32-BGA			

表 24-9-6　ADIS 陀螺仪产品性能指标

参　数	型号		
	ADIS16100	ADIS16355	ADIS16130
描述	数字输出陀螺仪	高精度三轴惯性传感器	高精度陀螺仪
量程/(°)·s^{-1}	±300	+/−75～300	±250
比例因子/(°)·s^{-1}·LSB^{-1}	0.244	0.018	14.093
输出	SPI	SPI	SPI
带宽/Hz	0.04k	0.35k	0.35k
噪声/(°)·s^{-1}·$\sqrt{Hz}^{-1}$	0.10	0.05	0.0125
温度传感器	有	有	有
参考电压	有	有	有
电压/V	4.75～5.25	4.75～5.25	5
电流/mA	7	33	73
温度范围/℃	−40～+85	−40～+85	−40～+85
封装	8mm×8mm LGA	23mm×23mm×23mm Mod	36mm×44mm×16mm Mod

注：生产厂为美国 ADI 公司，陕西航天长城测控有限公司（代理），www.tuoluoyi.com。

9.3　加速度传感器

9.3.1　类型及原理

加速度传感器在航空航天中的应用主要可以分为线加速度传感器和振动加速度传感器两大类，线加速度传感器又可以分为液浮摆式加速度传感器和挠性加速度传感器，振动加速度传感器又可分为压电式和磁电式。

（1）液浮摆式加速度传感器

液浮摆式加速度传感器的结构原理如图 24-9-8 所示，它是将具有一定摆性的组件（浮子摆 m）悬浮在浮液中，并由宝石轴承和精密轴尖支承，利用浮子摆感受载体加速度的测量装置。为了提高摆式加速度传感器的精度，将摆放在液体中，使其受到的浮力准确地等于摆的重力。这样，由于摆在液体中处于全浮状态，即摆的密度等于液体的密度，支承摆的负荷几乎为零，从而大大地降低了作用在摆上的干扰力矩。这种加速度传感器敏感加速度的精度达到 1×10^{-5}g。

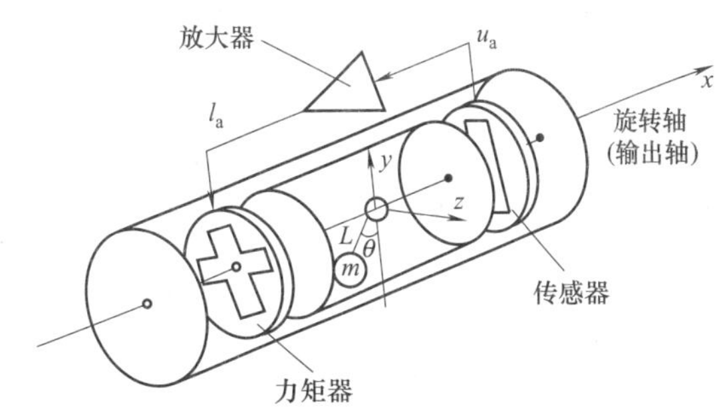

图 24-9-8　液浮摆式加速度传感器的结构原理

（2）挠性加速度传感器

为了降低惯导系统的成本，国内外利用挠性技术开发了挠性加速度传感器。挠性加速度传感器也是一种摆式加速度传感器，其与液浮摆式加速度传感器的主要区别是摆组件不是悬浮在液体中，而是弹性连接在挠性支承体上。最典型的挠性加速度计为石英挠性加速度计，其结构原理如图 24-9-9 所示。

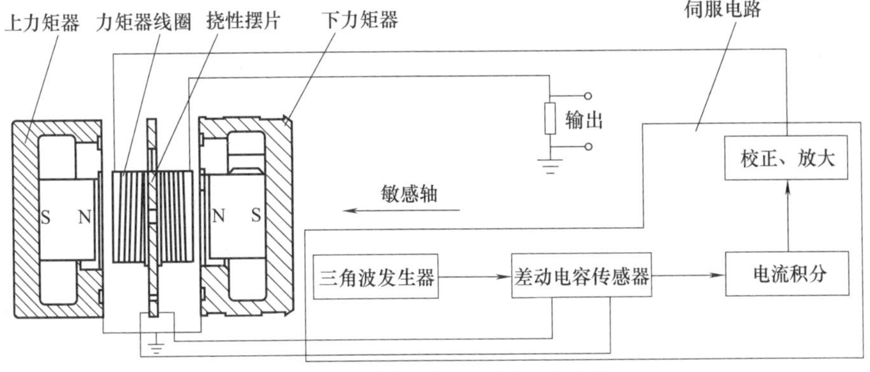

图 24-9-9　石英挠性加速度计工作原理

石英挠性加速度计由表头组件和伺服电路组件构成。表头部分包括检测质量组件、上力矩器组件和下力矩组件。检测质量组件的核心是石英摆片，形成电容传感器的电容极板和传感器、力矩器的引线。力矩器线圈和石英摆片的中间叶片部分构成摆质量。

伺服电路组件包含电容检测器、积分器、补偿放大器等。三角波发生器作为差动电容检测器的载波电源，对信号进行调制。差动电容检测器输出与电容传感器的差动输出成正比的电信号。积分器和补偿放大器对信号进行补偿与矫正，改善系统的静动态品质。

当有加速度作用于检测质量时，摆质量因惯性而偏离平衡位置，电容检测器差动地检测摆质量的位移量，并输出与此位移量成正比的电信号，此电信号经伺服电路放大处理，向力矩器线圈提供电流，该电流与永久磁铁作用，产生一平衡力，以平衡作用于摆质量的惯性力，使摆质量处于新的平衡位置。

（3）压电式振动加速度传感器

压电式振动加速度传感器是根据压电材料的压电效应而设计的。它输出的电信号与振动加速度成正比，积分后可以测量振动速度和振动位移。压电式振动加速度传感器的主要特点如下：

① 内部结构坚固，没有活动部件，是一种惯性式固态传感器，因而寿命较长。

② 频率范围很宽，从几赫兹到几千赫兹甚至几十千赫兹，而且动态范围很大，能测量从零点几个g到几千个g的加速度，这特别适合于宽频带振动测量和分析。

③ 能够设计成耐高温型，能在高温环境中有效地工作，现在压电加速度计最高使用温度为700℃以上，能满足发动机高温部位振动测量的要求。

④ 灵敏度高，稳定性好，体积小，重量轻，安装方便，能进行长时间的振动测量和监测，而且其工作方向是任意的。

（4）磁电式振动加速度传感器

磁电式振动加速度传感器是按照电磁感应原理设计而成的，它产生的电信号与振动速度成正比，经过积分电路可以测量振动位移。磁电式振动加速度传感器的主要特点是输出信号大，输出阻抗低，抗干扰能力和信噪比都比较好，曾广泛应用于发动机的振动测量，特别适用于装卸频繁而环境污染又比较严重的发动机台架试车时的振动测量。但是，由于这种传感器内部有活动元件，使它的可测频率范围，特别是高频上限受到限制，不能满足研究的需要，阻碍了它在要求不断提高的航空发动机振动测量中的进一步应用。另外，磁电式振动加速度传感器的寿命也受到内部磨损的影响，且体积较大，不适合用于发动机的随机振动检测。

9.3.2 主要特性

（1）线加速度传感器

主要用于飞机电传操纵系统和自动飞行控制系统，用于测量飞机纵向、法向及侧向过载，在非工作状态下，传感器可以自行自检测。飞行器在惯性空间运动时，其重心沿航迹方向的运动加速度称为飞行器的线加速度。线加速度是表征飞行器在惯性空间运动姿态的基本物理量。因此，惯性制导系统通过线加速度传感器敏感飞行器的加速度，从加速度数据的一次和两次积分可得到飞行器的速度和位移，通过计算可得到飞行器的航程、距离、角度和方向。显然，惯性制导系统的线加速度传感器必须有很高的精度，否则经过两次积分会导致很大的误差。对于长时间、远距离飞行的飞行器，线加速度传感器的测量精度通常为$10^{-3}\sim10^{-5}$g。

（2）振动加速度传感器

飞行器壳体、发动机和安装在飞行器上的各种装置都是一个弹性系统，在一定条件下，它们都能在其平衡位置附近做往复运动（即振动）。振动加速度传感器即是敏感上述各部件周期性运动的瞬时幅度、速度或加速度。飞船中振动、冲击、噪声等力学参数是非常重要的测量参数，飞船在体积、重量、功耗、可靠性等方面对传感器提出了非常严格的要求。比如所用高频振动传感器体积$<15\times22\text{mm}^3$，质量仅为45g，变换器耗电仅为25mA。

通过振动加速度传感器敏感飞行器各部件的振动可达到如下目的：①防止系统发生共振；②避免系统自振；③减小和消除发动机、涡轮等由于质量不平衡引起的异常振动；④提高机器结构的抗振动能力；⑤减振和隔振；⑥控制和消除噪声。

9.3.3 主要性能参数和选择

（1）精度

在惯性系统中，主要根据其应用条件以及对导弹和制导精度的要求来选取合适精度的加速度计。

① 高精度加速度计一般是指精度优于10^{-6}g的仪表。其主要应用领域为洲际战略导弹制导，核潜艇和远程战略轰炸机的导航，所以称为战略级仪表。高精度加速度计以三浮陀螺加速度计为主。

② 中精度加速度计一般指在$10^{-5}\sim10^{-6}$g范围内的仪表，其主要领域包括中程飞机和大型水面舰艇和中程地地导弹，巡航导弹等的导航，也称为导航级仪表，它们要求加速度计具有中等精度和较高的可靠性。石英挠性加速度计是典型代表。由于MEMS技

术、工艺的发展，微机械加速度的精度能够达到这个级别，目前应用在实验室中较多。

③ 精度低于 10^{-5}g 的加速度计一般称为战术级仪表，其主要应用在大机动活动目标的战术导弹的制导，飞行器和导弹的自动驾驶仪，末制导导引头姿态稳定，制导导弹的制导及火控系统的稳定控制等，另外还有广泛的民用领域。当前，微机械仪表成为这一级别应用的主要候选对象，但实际应用还并不多，主要因为其综合性能还达不到实际应用的要求，在技术上要有待提高。

(2) 频率响应

在选择加速度计时，频率响应是一个非常关键的参数。这个参数通常定为参考频率（通常为 100Hz）的±5%偏差的频率范围。很多加速度计把参数规格延伸到±1dB 或有些情况到±3dB。大部分技术规格书会有一个典型的频率响应曲线来更好地帮助用户。频率范围通常由测试的要求来确定或由用户来决定。

(3) 重量

当加速度计安装测试物体后，测试的加速度会产生改变。这个效果可以通过控制加速度计的重量减少到一个不显著的数量。经验法则，加速度计的重量不能大于测试物体重量的 10%。

9.3.4 典型产品

石英挠性加速度计市面上性能比较好的就是 INNALABS 和 Honeywell 的产品。主要有：QA-3000、QA-2000、INN-202、INN-203、INN-204 等。表 24-9-7 是 INNALABS 的 INN-202 产品指标。除了加速度，还可测量速度、距离和倾角。

INNALABS 的 INN-202 导航级加速度计用于商业场合，在航空航天领域主要应用于直升机、载人和无人飞行机的惯性导航系统。除了加速度，还可测量速度、距离和倾角。

国内生产石英挠性加速度计的单位很多，生产的 CX 型石英挠性加速度计的技术指标如表 24-9-8 所示。

对于振动加速度传感器，ENDEVCO 产品在中国的应用有二十多年历史，表 24-9-9 是在航空航天领域中主要使用的 ENDEVCO 系列振动传感器型号。

表 24-9-7　INNALABS 的 INN-202 产品指标

参　　数	单　　位	值	参　　数	单　　位	值
输入量程	g	±50	冲击	g	70,11ms
偏置	mg	<4	分辨率	μg	1
加速度年稳定性	μg	<350	带宽	Hz	800
温度灵敏性	$\mu g \cdot ℃^{-1}$	<50	电流/供电	mA	<16
比例因子	$mA \cdot g^{-1}$	1.0～1.4	功耗@±15V	mW	<480
距离年稳定性	10^{-6}	<390	输入电压	V DC	±15±10%
标度因数温度系数	$10^{-6}℃^{-1}$	<180	偏温模型		YES
轴偏差	μrad	<2000	SF 温度模型		YES
倾角年稳定性	μrad	<100	尺寸	mm	φ38.1×26
非线性	$\mu g \cdot g^{-2}$	<50	质量	g	<80
工作温度	℃	−55～+85	壳体材料		不锈钢
振动	g,Hz	8g,20～2000Hz			

表 24-9-8　CX 型石英挠性加速度计技术指标

型　　号	CX-1	CX-2	CX-3
测量范围/g	±65	±20	±5
偏置/g	0.01	0.005	0.002
分辨力/μg	≤100	50	10
比例因子/$mA \cdot g^{-1}$	0.7～1.3	0.7～1.5	0.7～1.5
温度灵敏度/$\mu g \cdot ℃^{-1}$	≤300	≤200	≤100
标度因数温度系数/$10^{-6}℃^{-1}$	≤80	≤100	≤50
二阶非线性系数/$\mu g \cdot g^{-2}$	$\leqslant 6\times10^{-5}$	$\leqslant 6\times10^{-5}$	$\leqslant 5\times10^{-5}$
工作电压/V	±12～±18		
参考尺寸/mm	单轴 32×45、25.4×25、20×24 三轴 65×65×65、50×50×50		

表 24-9-9 航空航天领域中使用的 ENDEVCO 系列振动传感器

典型应用	常用型号
发动机振动测试	6237M70，6243M1，6233C，522M17，522M37A，2271A，7722，2777A，6634C，6917B,6917D
飞行试验	65,7290E,7298,8515C,2680,7240C,7251A,6237M70
地面振动测试(GVT)	2221F,7251A
颤振试验	7290E
零部件测试	2220E,35B,8510B
空气动力试验	8515C,8507C

9.4 高度传感器

飞行高度是指飞机在空中时距离某一基准面的垂直距离，可分为以下几种（图24-9-10）：

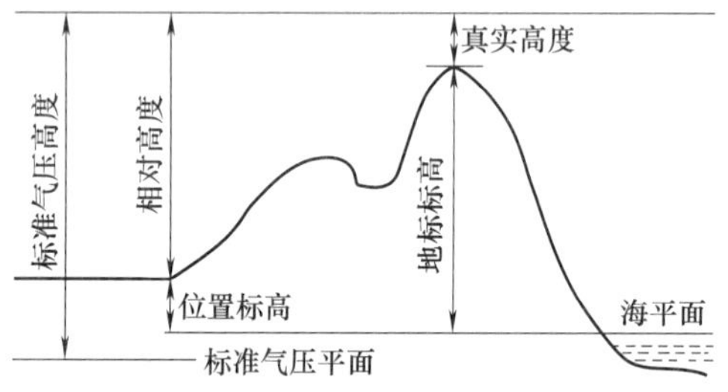

图 24-9-10 几种高度示意图

① 绝对高度：飞机与海平面之间的垂直距离；

② 真实高度：飞机在某地标点时与地标点之间的垂直距离；

③ 相对高度：飞机与某一目标地基准面之间的垂直距离；

④ 标准气压高度：飞机与标准气压平面之间的垂直距离（101.325kPa）。

飞机上仪表的指示高度为绝对高度。

9.4.1 测量原理与分类

用来测量飞行高度的方法有很多种，根据不同的测量原理可以测量出不同定义下的飞行高度。常用的有以下几种：

① 利用无线电波反射特性来测量飞行高度的方法，是将高度测量转换为对时间的测量。电磁波在空中以光速 c 传播且碰到地面能够反射。因此，装在飞机上的无线电发射机将电磁波发射到地面后，机上接收机的天线经 Δt 时间收到反射波，根据 Δt 可测出飞机的真实飞行高度 H。

② 通过测量飞机垂直地面运动的线加速度来测量飞行高度，飞机相对于地面的垂向运动的距离（高度）h、速度 V_y 和加速度 a_y 间的关系如下式所示：

$$h=\int_0^t V_y \mathrm{d}t=\int_0^t\int_0^t a_y \mathrm{d}^2 t$$

③ 通过测量大气参数来测量飞行高度，在重力场内大气的压力、大气密度均随高度增高而减小，尽管各自的变化规律不同，但却都是有规律可循的，于是，可以通过测量大气压力或大气密度来间接测量飞行高度。目前，此类传感器应用最为广泛。利用这种方法检测高度的传感器可称气压式高度传感器，其工作原理如图 24-9-11 所示。气压高度表由机械传动机构、真空膜盒、静压导管和指示部件等部分组成。其中真空膜盒是气压高度表的敏感元件，敏感大气静压力；机械传动机构一般由曲柄连杆和齿轮传动机构组成，用来放大膜盒的位移；静压导管和表壳相连，用以获得大气静压；指示部件由指针和刻度盘构成，用于显示高度值。当一定大气静压力通过静压导管引入并作用在真空膜盒上时，真空膜盒产生相应的位移，不同的大气静压产生不同且唯一大小的位移。真空膜盒产生的位移通过传动机构的放大并转化为相应的转角信息带动指示部件指向相应的高度值。

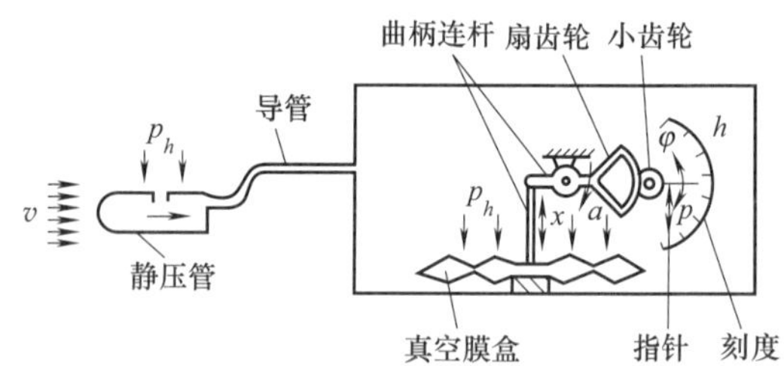

图 24-9-11 气压式高度传感器原理图

气压式高度传感器的优点：

① 在飞行器飞行的任何高度上均可以进行测量；

② 不受地形地貌的限制；

③ 不需要地球表面或其他的陆基装置的配合；

④ 可靠性高、体积小、重量轻。

缺点：

① 调零时所采用的参考平面上的大气压力会随季节等变化而变化，即气压高度表的参考面是不固定的，在不再次调零的情况下会产生误差；

② 测量精度不高。

9.4.2　典型产品

德国百瑞高 44 型海拔仪（BARIGO44）主要性能指标如表 24-9-10 所示。

表 24-9-10　BARIGO44 型海拔仪主要性能指标

海拔高度测量范围	－700～＋9000m（－2.300～＋29.500ft）
气压测量范围	300～1100hPa，真实气压和相对气压，气温
最小显示	1m（放在地面，然后拿起来，读数会增加 1m）
罗盘显示	0～360°，箭头指示方向
外形尺寸	长 73mm，宽 60mm，显示器直径 36mm

注：生产厂为北京首纬世纪科技有限公司，www.51601588.com。

9.5　攻角传感器

攻角（又称迎角）是决定飞机升力和阻力的重要参数，它是飞机机翼的弦线（或飞机纵轴）与迎面气流之间的夹角。所以，测量攻角即是测量气流相对于飞机翼弦平面的方向，也能够给出失速警告和大气数据测量系统、自动控制与领航系统中的控制与补偿信号。它对控制飞机的速度和起飞着陆，以及防止飞机失速极为重要。

目前应用广泛的攻角传感器从工作原理上可以分为机械式与气动式两类，机械式攻角传感器主要利用探头转动的角度获得攻角大小，包括风标式攻角传感器和零压式攻角传感器；气动式攻角传感器通过飞行过程中测量到的压力信息得到攻角信息，包括压差比传感器。

9.5.1　风标式攻角传感器

风标式攻角传感器的工作原理是利用风标对气流的对向特性。传感器包括一个电位计和一个随时跟踪气流转动的方向风标。当攻角为零时，风标与气流方向平行，风标两面所受空气动力相等，风标不会转动；当飞机以某一攻角飞行时，即飞行器姿态角变化时，风标会产生一个与飞行器角度变化相反的角位移。风标两面的空气动力不等，产生压力差，使得风标发生偏转。风标带动转轴转动的角度，可用电位器或同步器等各种角度变换器变换成相应的电信号。同时，转轴安装的配重可以补偿重力对风标位置的影响。风标转轴与电位计同轴连接，因此，风标转动角度与电位计输出电压信号成正比，由此可以确定角度传感器感受到的气流方向与飞行器实际角度的对应关系。安装在飞行器左侧用于测量飞行迎角的传感器称为迎角传感器；安装在飞行器正上方用于测量飞行侧滑角的称为侧滑角度传感器。

风标式攻角传感器结构简单，可靠性强。与其他攻角传感器相比其优势在于，风标式攻角传感器对于攻角的变化更为敏感，特别是在低速飞行条件下，因此攻角测量精度很高。风标式攻角传感器主要有两类，一类是双风标式攻角传感器，另一类是单风标式攻角传感器。二者工作原理基本一致，主要部分由风标、转轴以及角度变换器构成。

（1）双风标攻角传感器

双风标攻角传感器如图 24-9-12（a）所示，是两个可以同时测量攻角与侧滑角的风标组件，常与空速管结合，通过支杆安装在空速管的两侧构成测试空速管，目前主要用于风洞试验以及新机飞行测试等场合，测量飞行或试验过程中的总压、静压攻角以及侧滑角等大气数据。最适于装在机头前方超过机身最大直径 1.5 倍自由流场处，可测得其攻角，测量精度可达±0.1°。

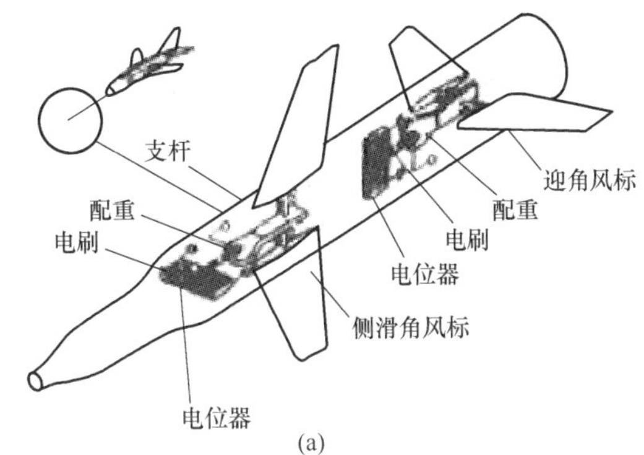

(a)

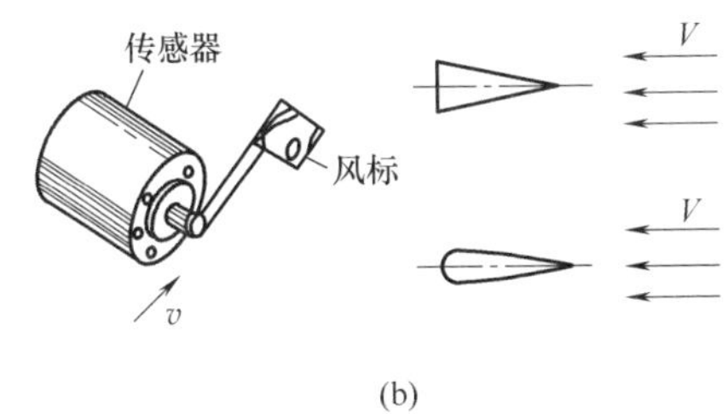

(b)

图 24-9-12　风标式迎角和侧滑角传感器

（2）单风标攻角传感器

单风标传感器与双风标传感器的原理虽然一致，如图 24-9-12（b）所示，但内部结构有所不同，安装的位置也不同。单风标传感器通常安装在机身上，测量得到的是局部攻角，需要进行位置误差校正来获得真攻角。但是对于某些机身不适合安装传感器的飞机，可以将风标式传感器安装在机翼上，但此时的传感器要伸出机翼前缘，避免发动机涡流或其他气流影响。

虽然风标式攻角传感器具有结构简单、对攻角变化敏感、精度高等优点，但是存在以下缺点：

① 风标容易受损，且风标的设计特点容易使操作人员将风标作为手柄移动/安装传感器，加重了风标的损害程度；

② 可动的风标会在飞机飞行时产生一定的阻力；

③ 风标具有一定的高宽比，会影响局部区域气流，对于进行跨音速和超音速飞行的飞行器而言，风标的高宽比会产生局部冲击波。

(3) 典型产品

瑞士史密泰克·伯格公司的 SMV-1 攻角传感器-迎角传感器是一款智能型微型风标，该攻角传感器用来测量攻角（迎角，AOA）、侧滑角（AOS）和其他气流角度。适合航空航天、汽车、风能、风洞和科学研究场合。该攻角传感器采用霍尔效应原理，通过 RS-485 的数据接口提供校准后的绝对角度数据。技术参数如表 24-9-11 所示。

表 24-9-11 SMV-1 传感器技术参数

量程	±360°(几何),±45°(风洞)
精度	优于 0.1°
寿命	20 亿～30 亿次
供电电压	9～32V DC
电流	≈60mA
输出数据	绝对角度[以(°)为单位]
输出频率	最高到 100Hz(可设置)
接线定义	1:电源 VDC+;2:电源地 GRND; 3:RS-485 A+;4:RS-485
分辨率	14 位(≈0.022°)
机械行程	360°
材质	铝,不锈钢,碳纤维
工作温度	−40～+80℃
质量	≈40g

注：生产厂为北京海特航宇技术有限公司，www.htaero.cn。

9.5.2 零压式攻角传感器

由探头、桨叶、气室和角度变换器等部分组成（见图 24-9-13）。探头是一个在中心线两边对称开有两排气孔的圆锥体，其内部有一中间隔板。圆锥体与空心轴刚性连接，在空心轴上固定着桨叶和角度变换器的活动部件。零压式攻角传感器安装在机身或机头侧面，探头旋转轴垂直于飞机对称面，并使进气口 A、B 的对称面与翼弦方向平行。零压式攻角传感器有较好的阻尼，输出的电信号比较平稳，精度也很高（可达 0.1°）。传感器中只有锥形探头（约 10cm 长）露在飞机蒙皮之外，对飞机造成的附加阻力极小。但传感器结构比较复杂，装配精度要求较高。

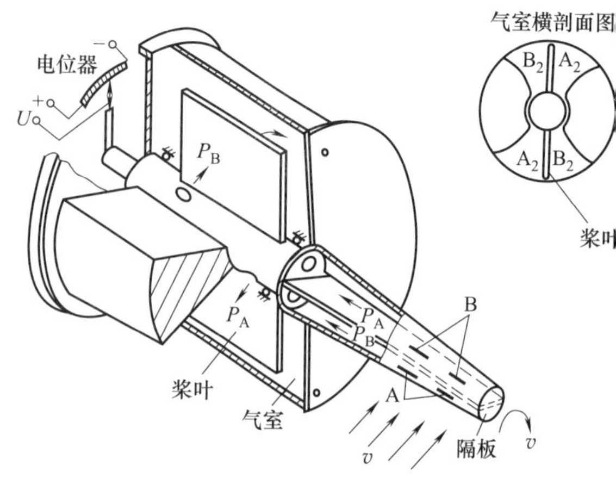

图 24-9-13 零压式攻角传感器

零压式攻角传感器通常安装在机身前端两侧，测量的是飞机飞行过程中的局部攻角。零压式攻角传感器的缺点在于杂质脏污很容易进入到气槽中，会影响其长期工作性能，因此需要定期清理和维护。由于设计原因，当飞机进行大攻角飞行时，气槽容易旋转到背风面，此时传感器很难感受空气来流，从而制约了零压式攻角传感器测量范围的扩展。

9.5.3 压差比攻角传感器

压差比攻角传感器的结构比较简单，主要包括用来测量各种压力的半球形或圆锥形多孔探头、安装在机身上的传感器支撑部分以及连接探头和支撑部分的连接部分（图 24-9-14）。若干气动管道贯穿探头、连接部分和支撑部分，传递压力信息，信号转换装置将压力信号转换为电信号，送入计算机解算攻角。

(a) 压差比传感器

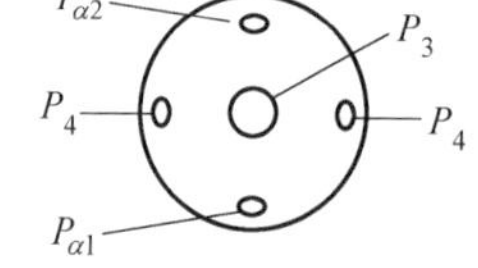

(b) 探头放大图

图 24-9-14 压差比攻角传感器与探头放大图

如图 24-9-14（b）所示，探头一共开有 5 个测压孔，$P_{\alpha 1}$ 和 $P_{\alpha 2}$ 分布在攻角平面上；P_3 位于探头的中心，测量总压；两个测压孔 P_4 测量静压。攻角压差

比 $(P_{\alpha 1}-P_{\alpha 2})/(P_3-P_4)$ 与攻角 α 成正比，利用压差比与攻角的关系，就可以获得攻角信息。由于马赫数会对攻角的测量带来影响，解算出攻角后，还要进行马赫数校正。马赫数可由测量总压与测量静压之比，即 P_3/P_4 获得。探头测得压力后，通过气动管道将压力信号送入信号转换装置，将压力信号转换成电信号，再将电信号送入计算机，进行攻角解算。

与风标式攻角传感器相比，压差比攻角传感器没有风标之类的可动部分，可以减少飞机飞行时的阻力。压差比攻角传感器仅用一个探头测量出的压力信息，可以获得包括攻角在内的多种大气数据信息，降低了大气数据传感器的成本与传感器维护难度。考虑到风标式攻角传感器的风标易受损坏，耐受高温能力弱，一些高速风洞试验采用压差比攻角传感器来进行相关研究。

压差比攻角传感器多安装于机身，测量得到的攻角多是局部攻角，与风标式和零压式攻角传感器一样，要进行位置误差校正。压差比攻角传感器会产生一定的延迟误差，当攻角信息作为飞控系统的输入时，这些延迟误差会带来一些不利的影响。

9.5.4 攻角传感器选用

以上介绍的传感器的主流应用产品的攻角测量范围相差不大，但由于风标式攻角传感器对攻角变化敏感，特别是在低速情况下，使风标式攻角传感器在精度上要优于其他几种传感器。

从传感器结构上考虑，风标式攻角传感器的可动风标容易损坏，且会产生一定的飞行阻力等其他不利影响，零压式攻角传感器的气槽易被污物侵入，而压差比攻角传感器没有可动部分，利用一个半球形或锥形探头就可以测得解算包括攻角在内的多种大气数据所需的信息，减少了成本，降低了维护难度，这是压差比攻角传感器的主要优势。

从应用领域与范围上看，双风标攻角传感器主要用于飞行测试以及风洞试验，单风标、归零压差以及压差比攻角传感器多用来为执行任务飞行的飞行器提供攻角信息，目前单风标和压差比攻角传感器应用比较广泛，而零压式攻角传感器与前两者相比，应用范围较小。

9.6 基于 MEMS 技术的传感器

随着产品可靠性进一步提高和价格降低，制作技术发展的不断成熟和完善，MEMS 传感器在航空航天领域的应用将会在更广泛范围取代传统传感器。MEMS 技术在航天领域应用的优势在于：

① 小的质量和体积，具有低发射质量。

② 低功耗：大部分器件处于电静态。

③ 小的热常数：可用较低功率来维持温度。

④ 抗振动、抗冲击和抗辐射机械装置：如开关可以抗辐射加固，低惯性质量使 MEMS 可抗振动/冲击。

⑤ 高集成度：在一个芯片上集成了多种功能，大大简化了系统的结构。

⑥ 批量制造低成本：大批量生产。

9.6.1 MEMS 惯性导航系统

微型惯性导航系统集微陀螺、微加速度计及其信号处理单元为一体，该系统以硅材料为主，用 MEMS 加工工艺制造而成，其体积和质量比常规惯性导航系统至少下降 2～3 个数量级。采用 MEMS 技术制造的微型惯性测量单元（MIMU），没有转动的部件，在寿命、可靠性、成本、体积和质量等方面都要大大优于常规的惯性仪表。所生产出来的标准化的、高性能航天器姿态测量仪器性能更好，价格更便宜，而且在航空航天平台均能使用。采用 MIMU 器件可使装置的重量大大减轻。

Ekinox 系列高精度战术级 MEMS 惯性导航系统，采用高精度微机电系统（MEMS）惯性器件，高性价比的价格带来光纤陀螺级的精度，结合先进的对准和导航算法，通过扩展卡尔曼滤波（200Hz）进行数据融合输出导航参数，精度较高，无须维护。

系列型号：Ekinox-A（AHRS，姿态方位参考系统），Ekinox-E（INS，惯性导航系统），Ekinox-N（GPS 辅助惯性导航系统），Ekinox-D（双 GPS 辅助惯性导航系统），Ekinox-M（MRU，水下姿态方位传感器），Ekinox-U（水下惯性导航系统）。具体参数见表 24-9-12。

表 24-9-12　Ekinox 系列产品性能

项目	Ekinox-A	Ekinox-E	Ekinox-N	Ekinox-D	Ekinox-M	Ekinox-U
纵横摇精度	0.05°					
方位精度	0.05°				0.5°(磁力仪),0.1°(GPS)	
升降精度	5cm(自调整实时),2.5cm(延时)					
GNSS 位置精度	2cm(RTK)				需结合 SPLITBOX	
辅助设备	里程表,DVL,USBL,EM Log					

注：生产厂为法国 SBG 公司，www.laureltechnologies.com。

第 24 篇

9.6.2 MEMS加速度传感器

在航空航天领域，加速度传感器应用在姿态航向基准系统、捷联惯性测量单元、飞机导航系统、飞行控制系统［包括颤振测试在内的飞行期间结构测试、健康系统测试、稳定性测试、地面振动测试（风洞试验）、模态测试］、发动机控制系统和制导系统等。MEMS加速度计根据测量形式可以分为电容式、压电式和压阻式。其区别在于，电容式加速度计利用惯性质量块在加速度作用下引起悬臂梁变形，通过电容值的变化来获得加速度的大小，具有灵敏度高、噪声低、漂移小的特点；压电式加速度计利用物体运动时内置的质量块会产生压力，使支撑的刚体发生应变产生压电效应，从而把加速度转变成电信号输出，具有尺寸小、重量轻、结构较简单、易于实现高精度测量的特点；压阻式加速度计通过压敏电阻阻值变化来获得加速度，其结构、制作工艺和检测电路都相对简单。

TE Connectivity（TE）生产了一系列专为在严苛环境下长久应用而设计的板载硅 MEMS 加速度传感器，主要产品性能指标见表24-9-13。

9.6.3 MEMS压力传感器

MEMS压力传感器能承受恶劣环境下的剧烈振动、高g过载影响、极端温度与高压。另外，传感器还必须在这种困难环境下表现出完美的性能，具有高精度、低漂移和长期稳定性。同时必须在非常小的封装内满足这些苛刻要求，而且重量要轻。从这些方面来看，MEMS压力传感器能够主宰军用与航空领域。MEMS压力传感器的应用主要包括飞行数据系统、环境与舱压、机身中的液压系统、引擎与辅助电源设备，以及其他各种应用，比如舱门、氧气罩、飞行试验与结构监控。

MEMS压力传感器在航天电子方面主要的厂商：Honeywell（霍尼韦尔）、Amphenol（安费诺）、NXP、TE Connectivity、Omron（欧姆龙）、First Sensor、Merit、Elmos SMI和TDK。这些厂商通过面向多个市场，提供附加值的模组，来促进业务增长。当然，也有一些专门聚焦航天电子和高端市场的厂商，例如 Kulite 或 Memscap。Amphenol 和 GE（通用电气），Sensata、Schrader（施耐德）和 CST，TDK 和 Invensense 以及 Qualcomm（高通）、NXP 和 Freescale（飞思卡尔）之间的合并和并购（M&A）都涉及了压力传感器业务，因此相关业务变得更加集中。表24-9-14列出了 Honeywell（霍尼韦尔）TruStability^{TM} HSC 系列产品的主要性能指标。

表24-9-13 TE系列产品性能指标

项　目	3022	3028	3038	3052A	3058A	3255A
加速度范围(±)/g	2,5,10,20,50,100,200	2,5,10,20,50,100,200	50,100,200,500,2000,6000	2,5,10,20,50,100	2,5,10,20,50,100	25,50,100,250,500
安装类型	黏合剂	螺钉安装	焊接	黏合剂	螺钉安装	焊接
灵敏度范围/mV·g^{-1}	15～20	15～20	1～2	3～12	3～12	4～80
工作温度范围/℃	−40～125	−40～125	−55～125	−40～125	−40～125	−40～125
质量/g	3.1	4.5	0.6	3.1	4.5	1.5
零加速输出/mV	±25	±25	±25	±2	±2	2500±100
满量程输出电压/V DC	±1	±1	±1	±0.6	±0.6	±2
频率响应/Hz	0～150到0～2000	0～150到0～2000	0～100到0～5000	0～150到0～1300	0～150到0～1300	0～800到0～1500
总加速度范围(±)/g	2～200	2～200	50～6000	2～100	2～100	25～500
励磁电压/V DC	2～10	2～10	2～10	2.7～12	2.7～12	2.7～5.5
灵敏度/mV·g^{-1}	0.25,0.5,1,2.5,5,10,20	0.25,0.5,1,2.5,5,10,20	0.1,0.16,0.4,0.8,1,2	0.3,0.6,1.5,3,6,12	0.3,0.6,1.5,3,6,12	4,8,20,40,80

注：生产厂为泰科电子有限公司，www.te.com.cn。

表 24-9-14　　TruStability™ HSC 系列产品主要性能指标

产品	输出	压力范围	测量类型	总误差(%全量程)/%FSS
HSCDAND001BASA3	数字 SPI	0～1bar①	绝压	±1
HSCDAND015PDSA3	数字 SPI	±15psi②	差压	±1
HSCDAND015PG2A3	数字 I^2C 地址:0×28	0～15psi	表压	±1
HSCDAND400MGAA3	模拟式	0～400mbar	表压	±1
HSCDAND600MG2A3	数字 I^2C 地址:0×28	0～600mbar	表压	±1
HSCDANN001BA2A3	数字 I^2C 地址:0×28	0～1bar	绝压	±1
HSCDANN001BG2A5	数字 I^2C 地址:0×28	0～1bar	表压	±1
HSCDANN001PG2A5	数字 I^2C 地址:0×28	0～1bar	绝压	±1
HSCDANN001PGSA5	数字 SPI	±15psi	差压	±1

① 1bar=10^5Pa。

② 1psi=6894.76Pa。

注：生产厂为 Honeywell（霍尼韦尔），sensing. honeywell. com. cn。

第10章 新型传感器

10.1 微机械传感器

微机械传感器是采用微电子和微机械加工技术制造出来的新型传感器。与传统的传感器相比，它具有体积小、重量轻、成本低、功耗低、可靠性高、适于批量化生产、易于集成和实现智能化的特点。同时，微米量级的特征尺寸使得它可以完成某些传统机械传感器所不能实现的功能。目前开发的传感器还有某些不足之处，例如灵敏度低、工作温区窄、精度不高。

微机械传感器按测试参量，可分为如下几类。

① 微加速度传感器：其主要类型有压阻式、电容式、力平衡式和谐振式。

② 微机械陀螺：目前常见的微机械角速度传感器有双平衡环结构，悬臂梁结构、音叉结构、振动环结构等。但是，目前实现的微机械陀螺的精度还不到10°/h，离惯性导航系统所需的0.1°/h相差尚远。

③ 微流量传感器：微流量传感器不仅外形尺寸小，能达到很低的测量量级，而且死区容量小，响应时间短，适合于微流体的精密测量和控制。目前国内外研究的微流量传感器依据工作原理可分为热式（包括热传导式和热飞行时间式）、机械式和谐振式3种。

④ 微机械压力传感器：微机械压力传感器是最早开始研制的微机械产品，也是微机械技术中最成熟、最早开始产业化的产品。从信号检测方式来看，微机械压力传感器分为压阻式和电容式两类；从敏感膜结构来看，有圆形、方形、矩形、E形等多种结构。目前，压阻式压力传感器的精度可达0.05%～0.01%，年稳定性达0.1%/FS，温度误差为0.0002%，耐压可达几百兆帕，过压保护范围可达传感器量程的20倍以上，并能进行大范围下的全温补偿。

⑤ 其他微机械传感器：利用微机械加工技术还可以实现其他多种传感器，如谐振式流体密度传感器、力平衡微机械真空传感器、振梁式微机械力敏传感器等。

10.1.1 微加速度传感器

采用微机电技术制造的微机械加速度传感器在寿命、可靠性、成本、体积和重量等方面都要大大优于常规传感器，使其无论在民用领域，还是在军用领域都有着广泛的应用。在军用上可用于各种飞机装置的加速度测量、振动测量、冲击测量，尤其在武器系统的精确制导系统、弹药的点火控制系统方面有着极其广泛的应用前景。目前微机械加速度传感器的主要工作原理有压阻式、电容式、力平衡式、微机械谐振式加速度传感器。

（1）压阻式微机械加速度传感器

利用硅材料的压阻效应制作的传感器，工作原理是将被测加速度转换为硅材料电阻率的变化来进行加速度测量。压阻式传感器具有加工工艺简单、频率响应好、体积小、测量方法简便、线性度好等优点；其缺点是温度效应严重，通过温度控制电路可以对温度效应进行补偿；灵敏阈差，最小敏感的加速度为1mg。

① 3031系列压阻式微机械加速度传感器 3031系列是一种采用表面封装的压阻硅加速度器，应用于要求体积小、密封、重量轻和成本低的场合。这种加速度传感器由一个悬挂于硅架复合横梁上的微小硅芯片组成，硅芯片随支架的形变而改变其电阻值，上下表面的硅帽提供了超量程保护的能力。这种结构使加速度传感器具有体积小、抗冲击、耐用、内置阻尼和宽带的特点。这种加速度传感器应用于振动/冲击检测、OEM、碰撞/振动测试。其型号定义图如图24-10-1所示，其尺寸图如图24-10-2所示，性能指标如表24-10-1所示。

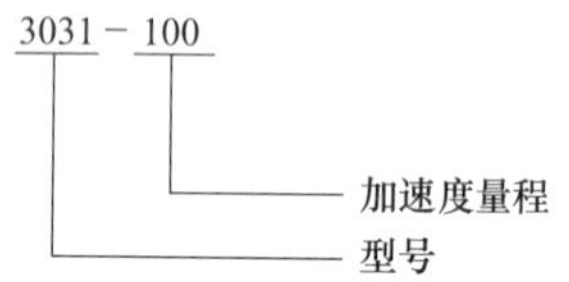

3031 − 100
加速度量程
型号

图 24-10-1 3031系列产品型号定义

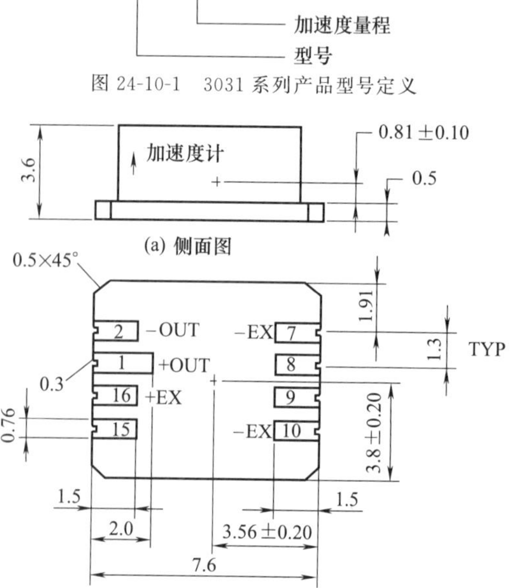

图 24-10-2 3031系列压阻式微机械加速度传感器尺寸图

表 24-10-1　　3031 系列压阻式微机械加速度传感器性能指标

<table>
<tr><td rowspan="2">参　　数</td><td colspan="12">量程</td></tr>
<tr><td colspan="3">±50g</td><td colspan="3">±100g</td><td colspan="3">±200g</td><td colspan="3">±500g</td></tr>
<tr><td>频率响应①/Hz</td><td colspan="3">0～1000</td><td colspan="3">0～1500</td><td colspan="3">0～2000</td><td colspan="3">0～2400</td></tr>
<tr><td>装配谐振频率(最小)/Hz</td><td colspan="3">2000</td><td colspan="3">3000</td><td colspan="3">4000</td><td colspan="3">5000</td></tr>
<tr><td>灵敏度(最小/最大)②/mV・g^{-1}</td><td colspan="3">0.6/1.5</td><td colspan="3">0.3/0.6</td><td colspan="3">0.15/0.3</td><td colspan="3">0.06/0.15</td></tr>
<tr><td>参　　数</td><td colspan="4">最小值</td><td colspan="4">标准值</td><td colspan="4">最大值</td></tr>
<tr><td>零位输出(±)/mV</td><td colspan="4"></td><td colspan="4">5</td><td colspan="4">25</td></tr>
<tr><td>缓冲系数</td><td colspan="4">0.4</td><td colspan="4">0.7</td><td colspan="4">0.9</td></tr>
<tr><td>非线性度③(量程)(±)/%</td><td colspan="4"></td><td colspan="4">0.5</td><td colspan="4">1</td></tr>
<tr><td>横向灵敏度(量程)(±)/%</td><td colspan="4"></td><td colspan="4">1</td><td colspan="4">3</td></tr>
<tr><td>输入输出电阻/kΩ</td><td colspan="4">2.5</td><td colspan="4">3.5</td><td colspan="4">6.5</td></tr>
<tr><td>满量程温度系数④⑤(量程)(±)/%</td><td colspan="4"></td><td colspan="4">1.0</td><td colspan="4">2.0</td></tr>
<tr><td>零点温度系数④⑤(量程)(±)/%</td><td colspan="4"></td><td colspan="4">1.0</td><td colspan="4">2.0</td></tr>
<tr><td>电源电压/V DC</td><td colspan="4"></td><td colspan="4">5.0</td><td colspan="4">10.0</td></tr>
<tr><td>输出噪声⑥(p-p)/μV</td><td colspan="4"></td><td colspan="4">1.0</td><td colspan="4"></td></tr>
<tr><td>输出负载电阻/MΩ</td><td colspan="4">5</td><td colspan="4"></td><td colspan="4"></td></tr>
<tr><td>加速度过载(任何方向)⑦</td><td colspan="4"></td><td colspan="4"></td><td colspan="4">20X</td></tr>
<tr><td>工作温度/℃</td><td colspan="12">－40～＋125</td></tr>
<tr><td>存储温度/℃</td><td colspan="12">－55～＋150</td></tr>
<tr><td>质量/g</td><td colspan="12">0.3</td></tr>
</table>

① 频率响应是指产品灵敏度在直流±5%范围内的频率域。

② 对正加速度输出电压增加，负加速度输出电压减小。

③ 最佳直线拟合。

④ 外部补偿成比率。

⑤ 温度范围：0～50℃，参考温度 25℃。

⑥ 10Hz～1kHz。

⑦ 20×或 2000g，二者取小

注：1. 以上特性在电源电压＝5.0V DC、室温＝25℃（除非有另外说明）时测得。

2. 生产厂为江门市利德电子有限公司，www.leadersensors.com。

② 3028 系列加速度传感器　3028 系列是一种压阻硅加速度计，封装在具有树脂密封陶瓷盖的陶瓷基座上，采用表面贴封装。加速度计由一个悬挂于硅架复合横梁上的微小硅芯片组成，硅芯片随支架的形变而改变其电阻值，上下表面的硅帽提供了超量程保护的能力，这种结构使加速度计具有体积小、抗冲击、耐用、内置阻尼和宽带的特点。每个传感器都具有连续性。这种加速度计应用于振动/冲击检测、模拟分析、动作控制、撞击测试、运输。其型号定义如图 24-10-3 所示，产品尺寸如图 24-10-4 所示，性能指标如表 24-10-2 所示。

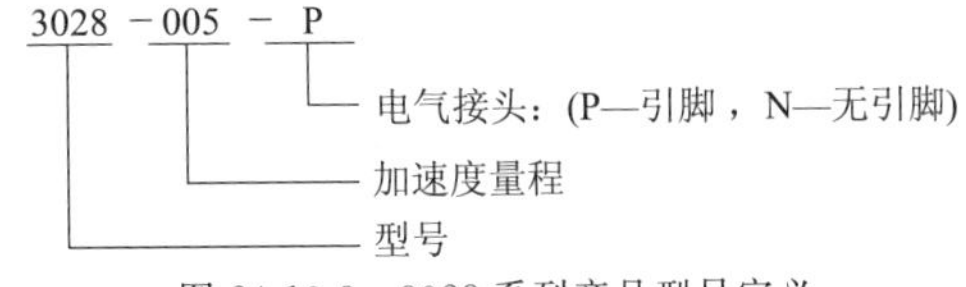

图 24-10-3　3028 系列产品型号定义

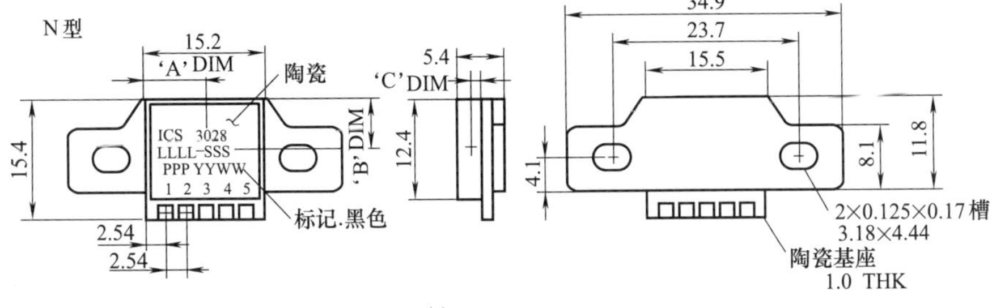

(a)

图 24-10-4

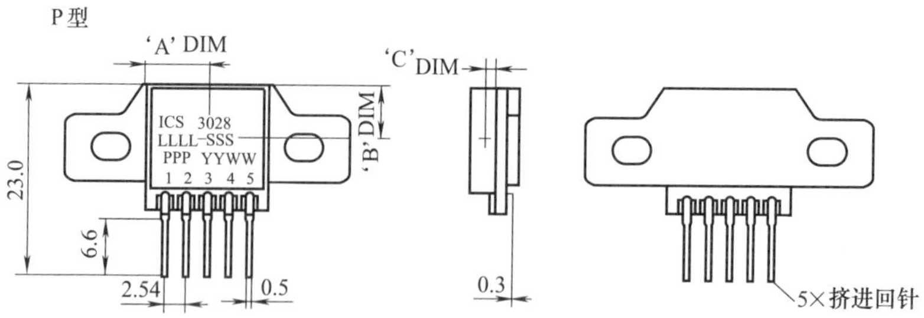

P型

(b)

图 24-10-4 3028系列产品尺寸图

表 24-10-2 3028系列产品性能指标

参 数	量 程			
	±2g	±5g	±10g	±20g
频率响应①②/Hz	0～250	0～300	0～400	0～600
装配谐振频率(最小)③②/Hz	700	800	1000	1500
灵敏度(最大/最小)④/mV·g⁻¹	8.0/20.0	6.0/15.0	3.0/6.0	1.5/3.0

参 数	量 程			
	±50g	±100g	±200g	±500g
频率响应①②/Hz	0～1000	0～1500	0～2000	0～2400
装配谐振频率(最小)③②/Hz	2000	3000	4000	5000
灵敏度(最小/最大)④/mV·g⁻¹	0.6/1.5	0.3/0.6	0.15/0.3	0.06/0.15

参 数	最小值	标准值	最大值
零位输出②(±)/mV		5.0	25.0
缓冲系数③②	0.4	0.7	0.9
非线性度⑤(量程)(±)/%		0.5	1.0
横向灵敏度(量程)(±)/%		1.0	3.0
输入输出电阻②/kΩ	2.5	3.5	6.5
满量程温度系数⑥⑦(量程)(±)/%		1.0	2.0
零点温度系数⑥⑦(量程)(±)/%		1.0	2.0
电源电压/V DC		5.0	10.0
输出噪声⑧(p-p)/μV		1.0	
输出负载电阻/MΩ	5		
加速度过载(任何方向)⑨		20×	
工作温度/℃	－40～＋125		
存储温度/℃	－55～＋150		
质量/g	8.0		
材料	带铝陶瓷盖的铝陶瓷基座		
安装	两个有狭槽的4-40螺纹孔		

① 频率响应是产品灵敏度在直流±5%范围内的频率域。

② 这个参数的实际测试数据附在每个传感器的校准。

③ 对于传感器有一个大于5kHz的共振频率，校准数据单元将指>5kHz，另外，减振系数指N/A。

④ 对正加速度输出电压增加，负加速度输出电压减小。

⑤ 最佳直线拟合。对于满量程是10g或更小的，最大非线性为±2%。

⑥ 外形补偿成比率。每个单元必须指定或测量非补偿型温度系数。另外，也必须提供补偿温度电阻的值。

⑦ 温度范围：0～50℃，参考温度：25℃。

⑧ 10Hz～1kHz。

⑨ 对于±2g、±5g、±10g为400g。对其他形式为20×或2000g，二者取小。

注：1. 以上参数指标是在电源电压=5.0VDC、室温=25℃（除非有另外说明）时测得的。

2. 生产厂为江门市利德电子有限公司，www.leadersensors.com。

③ 意法半导体 A/L IS 系列　意法半导体提供全套的 2 轴和 3 轴模拟加速度传感器和数字加速度传感器系列产品，该系列内置多种智能功能，提供先进的省电模式，具有高的分辨率。性能指标如表 24-10-3 所示。

(2) 电容式加速度微传感器

电容式加速度微传感器通过测量由于质量块运动而引起极板间的电容变化来达到测量加速度的目的。

① ADXL-低 g 系列电容式加速度微传感器性能指标见表 24-10-4。

表 24-10-3　意法半导体 A/L IS 系列性能指标

型号	传感器轴	测试范围/g	输出类型	供电电压(直流)/V	分辨率/bit	消耗电流/mA
AIS226DS	X，Y	±2，±6	数字	3～3.6	14	0.67
AIS326DQ	X，Y，Z	±2，±6	数字	3～3.6	12	0.67
LIS202DL	X，Y	±2，±8	数字	2.16～3.6	8	0.3
LIS244AL	X，Y	±2	模拟	2.4～3.6	—	0.65
LIS244ALH	X，Y	±2，±6	模拟	2.4～3.6	—	0.68
LIS2L02AL	X，Y	±2	模拟	2.4～5.25	—	0.85
LIS2L06AL	X，Y	±2，±6	模拟	2.4～5.25	—	0.85
LIS302DL	X，Y，Z	±2，±8	数字	2.16～3.6	8	0.3
LIS302DLH	X，Y，Z	±2，±4，±8	数字	2.16～3.6	12	0.25
LIS302SG	X，Y，Z	±2	模拟	3～3.6	—	0.65
LIS331AL	X，Y，Z	±2	模拟	3～3.6	—	0.65
LIS331DL	X，Y，Z	±2，±8	数字	2.16～3.6	8	0.3
LIS331DLF	X，Y，Z	±2，±4，±8	数字	2.16～3.6	6	0.25
LIS331DLH	X，Y，Z	±2，±4，±8	数字	2.16～3.6	12	0.25
LIS331DLM	X，Y，Z	±2，±4，±8	数字	2.16～3.6	8	0.25
LIS331HH	X，Y，Z	±6，±12，±24	数字	2.16～3.6	12	0.25
LIS33DE	X，Y，Z	±2，±4，±8	数字	2.16～3.6	—	0.3
LIS344AL	X，Y，Z	±3.5	模拟	2.7～3.3	—	0.69
LIS344ALH	X，Y，Z	±2，±6	模拟	2.4～3.6	—	0.68
LIS352AX	X，Y，Z	±2	模拟	2.16～3.6	—	0.3
LIS35DE	X，Y，Z	±2，±8	数字	2.16～3.6	—	0.3
LIS3L02AL	X，Y，Z	±2	模拟	2.4～3.6	—	0.85
LIS3L02AQ3	X，Y，Z	±2，±6	模拟	2.4～3.6	—	0.85
LIS3L06AL	X，Y，Z	±2，±6	模拟	2.4～3.6	—	0.95
LIS3LV02DL	X，Y，Z	±2，±6	数字	2.16～3.6	12	0.65
LIS3LV02DQ	X，Y，Z	±2，±6	数字	2.16～3.6	12	0.6

注：生产厂为意法半导体，www.stmicroelectronics.com.cn。

表 24-10-4　ADXL-低 g 系列电容式加速度微传感器性能指标

型号	范围/g	灵敏度	灵敏度精度/%	输出类型	典型带宽/kHz	噪声密度/$\mu g \cdot Hz^{-1}$	电源电压/V	电源电流	工作温度范围/℃
ADXL322	±2	420mV·g^{-1}	±10	模拟	2.5	220	2.4～5.25	0.5mA	−20～70
ADXL325	±5	174mV·g^{-1}	±10	模拟	1.6	250	1.8～3.6	350μA	−40～85
ADXL326	±16	57mV·g^{-1}	±10	模拟	1.6	250	1.8～3.6	350μA	−40～85
ADXL327	±2	420mV·g^{-1}	±10	模拟	1.6	250	1.8～3.6	350μA	−40～85
ADXL335	±3	300mV·g^{-1}	±10	模拟	1.6	300	1.8～3.6	350μA	−40～85
ADXL345	±2/4/8/16	up～256LSB·g^{-1}	±10	数字	1.6	—	2.0～3.6	145μA	−40～85
ADXL346	±2/4/8/16	up～256LSB·g^{-1}	±10	数字	1.6	—	1.7～2.75	145μA	−40～85
ADXL320	±5	174mV·g^{-1}	±10	模拟	2.5	250	2.4～5.25	0.48mA	−20～70
ADXL321	±18	57mV·g^{-1}	±10	模拟	2.5	320	2.4～6	0.49mA	−20～70
ADXL103	±1.7	1000mV·g^{-1}	±4	模拟	2.5	110	3～6	0.7mA	−40～125
ADXL203	±1.7	1000mV·g^{-1}	±4	模拟	2.5	110	3～6	0.7mA	−40～125
ADXL213	±1.2	30%·g^{-1}	±10	脉宽调制	2.5	160	3～6	0.7mA	−40～85

② 高 g 系列电容式加速度微传感器（表 24-10-5）

表 24-10-5 ADXL-高 g 系列电容式加速度微传感器性能指标

型号	测量范围 /g	灵敏度 /mV·g^{-1}	灵敏度精度/%	典型带宽 /kHz	噪声密度 /μg·Hz^{-1}	电源电压/V	电源电流 /mA	温度范围 /℃
ADXL001	±70	16	—	22	4000	3.135～6	5	−40～125
ADXL278	±70	27	±5	0.4	1800	4.75～5.25	2.2	−40～105
ADXL78	±70	27	±5	0.4	1800	4.75～5.25	1.3	−40～105

注：生产厂为 Analog Devices Corporate Headquarters，www.Analog.com。

10.1.2 微机械陀螺

角速度一般是用陀螺仪来进行测量的。目前常见的微机械角速度传感器有双平衡环结构，悬臂梁结构、音叉结构、振动环结构等。

ADXRS 系列微机械陀螺产品：输出电压 4.75～5.25V；输出电流 3.5mA；温度范围 −40～105℃，非线性 0.1FS；有温度传感器。技术指标如表24-10-6 所示。

表 24-10-6 ADXRS 系列微机械陀螺产品技术指标

型号 ADXRS-	范围/(°)·s^{-1}	灵敏度 /mV·(°)$^{-1}$·s^{-1}	典型带宽/kHz	噪声密度 /(°)·s^{-1}·Hz^{-1}
610	±300	6	2.5	0.05
613	±150	12.5	3	0.04
614	±50	25	1	0.04
622	±250	7	2.5	0.06

注：生产厂为 Analog Devices Corporate Headquarters，www.analog.com。

10.1.3 微流量传感器

（1）FS1000 系列液体流量传感器

FS1000 系列液体流量传感器可测液体质量流速高达 300mL/min（8mm 管道中的 32 号机械润滑油，等等）；响应时间小于 100ms；压力等级高达 0.2MPa（30psi）；可选报警信号的频道侦测功能；封装和信号调节可根据基本性能定制；低能耗特点。其机械尺寸如图 24-10-5 所示，性能指标如表 24-10-7 所示。

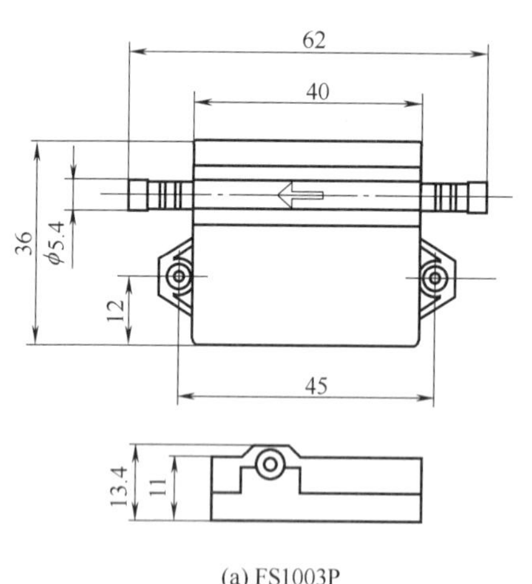

(a) FS1003P

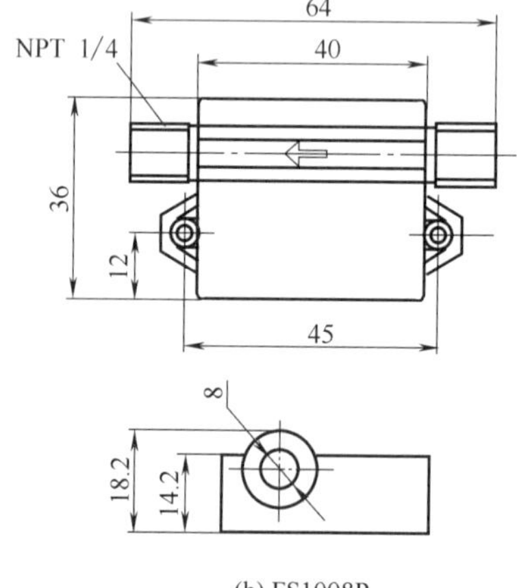

(b) FS1008P

图 24-10-5 FS1000 系列液体流量传感器尺寸图

表 24-10-7 FS1000 系列液体流量传感器性能指标

系列 FS		1001	1003P	1003	1008P
流量范围	水/mL·min^{-1}	0～8	0～70	0～70	0～500
	32 号机械润滑油/mL·min^{-1}	0～5	0～50	0～50	0～300
	煤油/mL·min^{-1}	0～3	0～30	0～30	0～200

续表

系列 FS	1001	1003P	1003	1008P
精度/%	±2.0			
重复性/%	±1.0			
输出	模拟:0.5～4.5V DC/RS232/I^2C			
响应时间/ms	100			
供电/V	8～18			
工作温度/℃	0～+70			
最大压力/MPa	0.5	0.2	0.8	0.2
机械连接	O-ring	V-nozzle	NPT/Rc	NPT
材料	聚碳酸酯			

注：生产厂为美国矽翔微机电系统有限公司，www.siargo.com.cn。

(2) D6F MEMS 流量传感器（表 24-10-8）

表 24-10-8　D6F MEMS 流量传感器性能指标

型号名称	电压范围/V DC	应用介质	流量范围/$L \cdot min^{-1}$	输出/V DC
D6F-□A1 MEMS 流量传感器	10.8～26.4	空气	0～1	模拟输出 1～5(非线性输出)
			0～2	

D6F-01A1-110
D6F-02A1-110

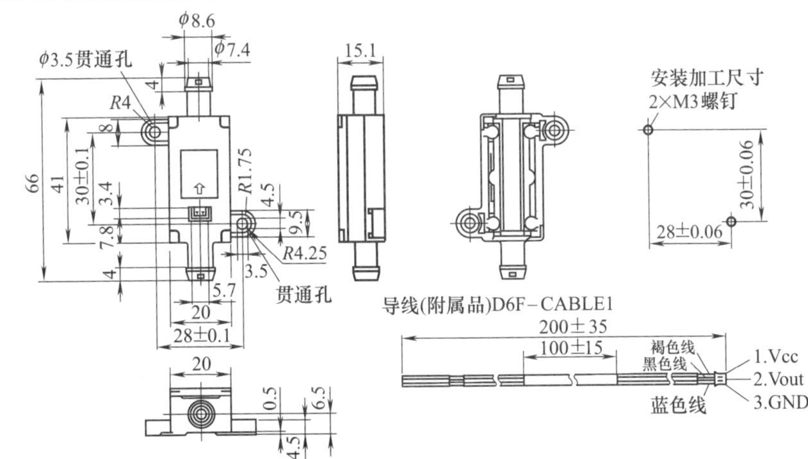

型号名称	电压范围/V DC	应用介质	流量范围/$L \cdot min^{-1}$	输出/V DC
D6F-□N2-02L2 MEMS 流量传感器	10.8～26.4	都市燃气(13A) LP 气体	0～1	1～5(非线性输出)
			0～5	
			0～2	

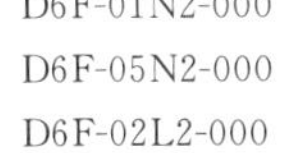
D6F-01N2-000
D6F-05N2-000
D6F-02L2-000

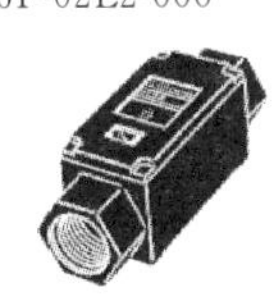

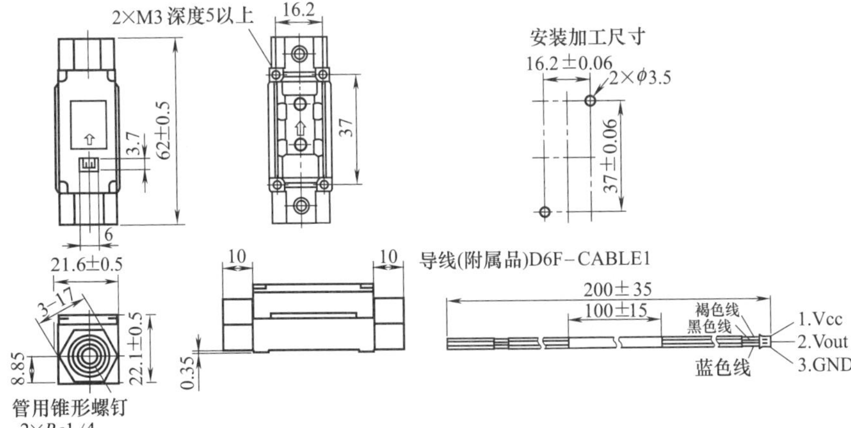

第24篇

续表

型号名称	电压范围/V DC	应用介质	流量范围/L·min^{-1}	输出/V DC
D6F-03A3 MEMS 流量传感器	10.8～26.4	空气	0～3	1～5(非线性输出)
D6F-□A5/D6F-□A6 MEMS 流量传感器	10.8～26.4	空气	0～10	1～5
			0～20	
			0～50	
			0～10	
			0～20	
			0～50	

D6F-03A3-000

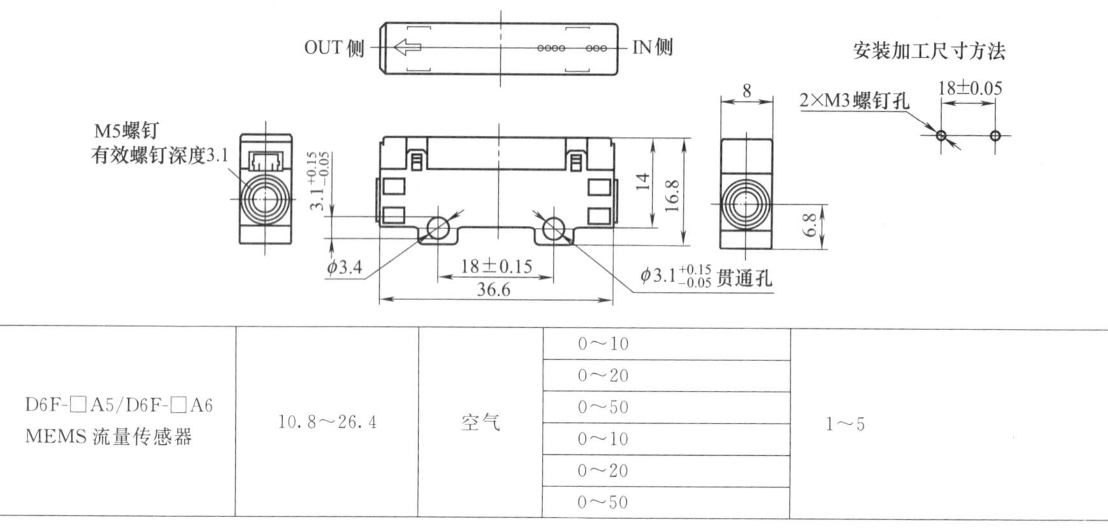

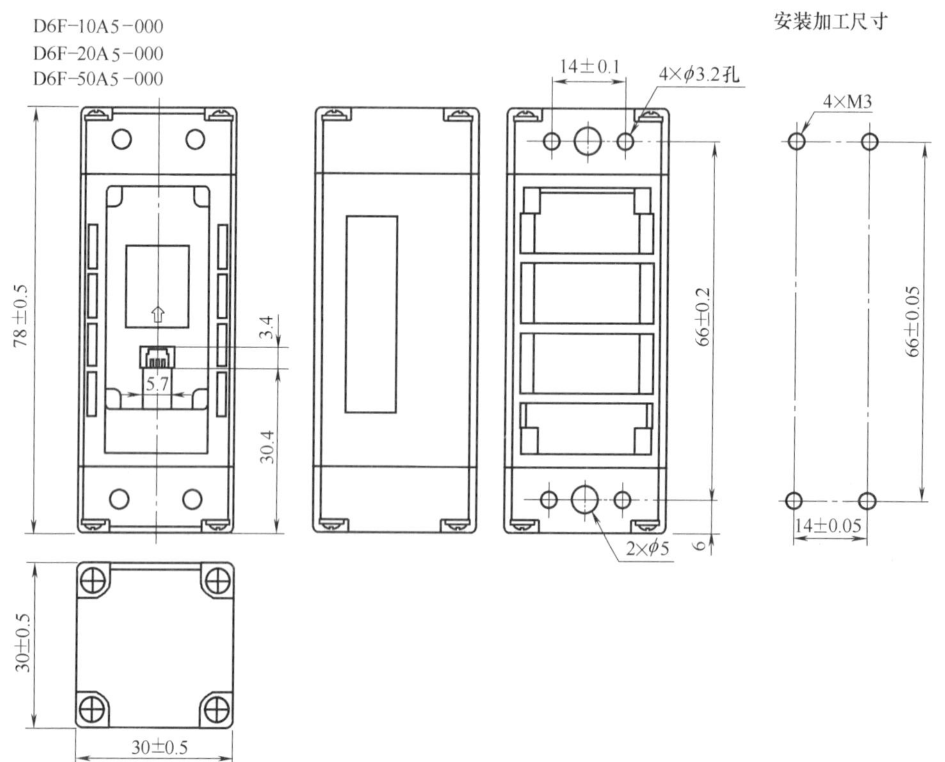

续表

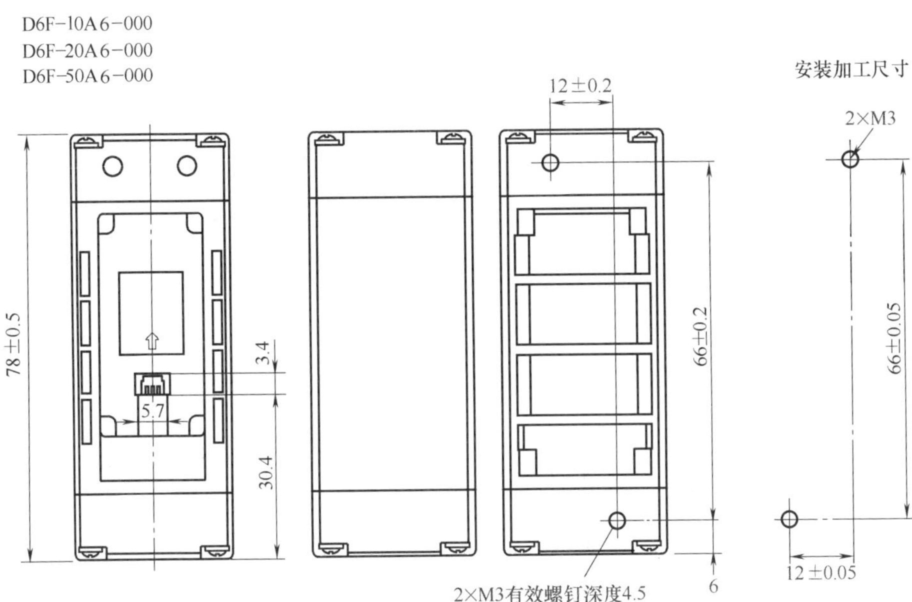

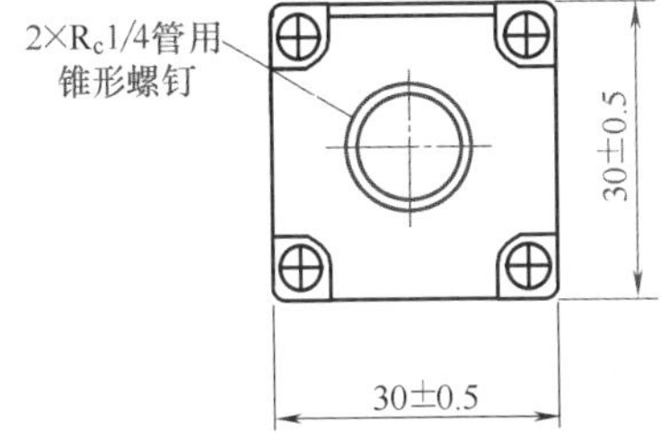

型号名称	电压范围 /V DC	应用介质	流量范围 /L·min⁻¹	输出/V DC
D6F-05N7/-02L7/-30A7 MEMS 流量传感器	10.8～26.4	城市燃气 (13A)LP 气体空气	0～5 0～2 0～30	1～5

续表

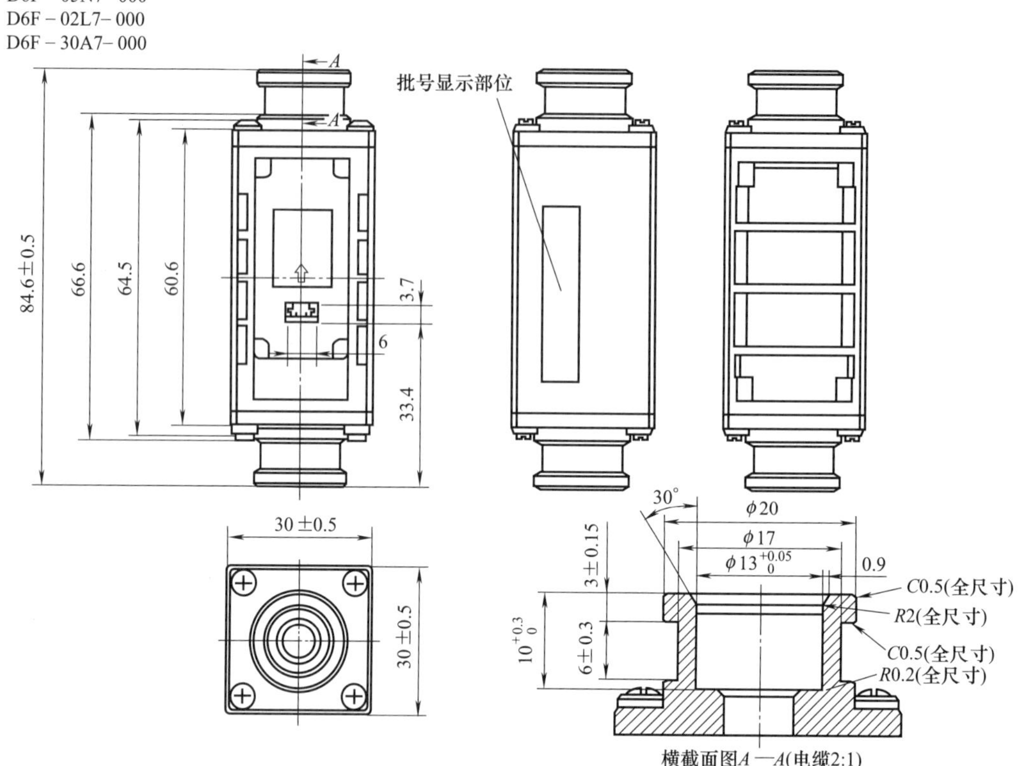

型号名称	电压范围/V DC	应用介质	流量范围/L·min^{-1}	输出/V DC
D6F-W MEMS 风量传感器	10.8～26.4	空气	0～1m·s^{-1}	1～5
			0～4m·s^{-1}	
			0～10m·s^{-1}	

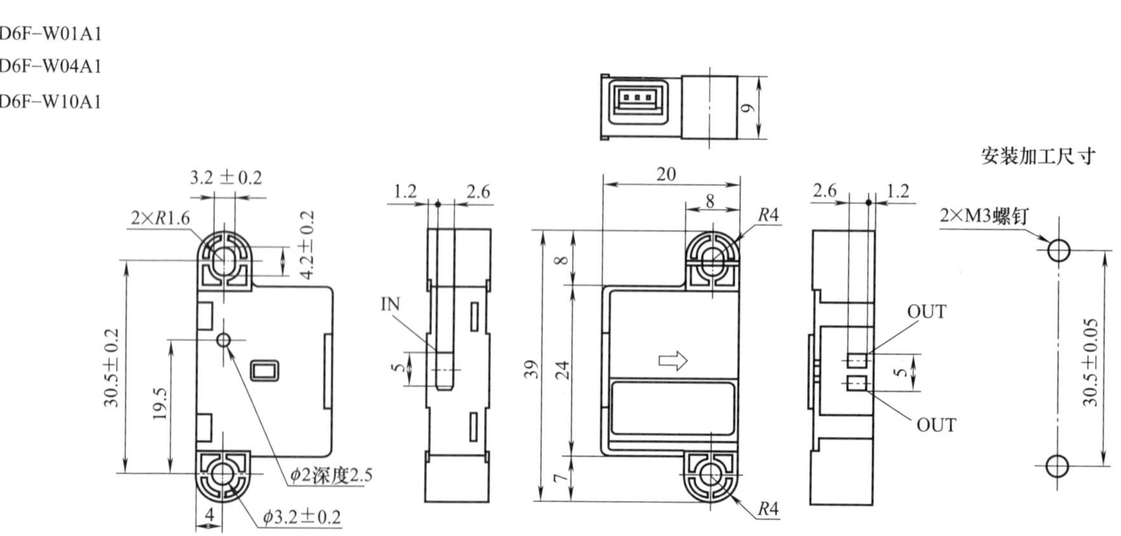

第 24 篇

续表

型号名称	电压范围/V DC	应用介质	流量范围/L·min^{-1}	输出/V DC
D6F-P MEMS风量传感器	4.75～5.25	空气	0～1	0.5～2.4

注：生产厂为欧姆龙，www.ecb.omron.com.cn。

10.1.4　微压力传感器

(1) CYG500系列微型压力传感器

CYG502A绝压型超微型压力传感器为探针形，标准外径为ϕ2.15mm，长度为18mm，传感器的可选量程为100kPa、160kPa、250kPa、400kPa、600kPa、1000kPa、1600kPa、2500kPa、4000kPa绝对压力。

CYG502A绝压传感器用敏感元件正面承压。因此，它仅适用于介质为无腐蚀性，不导电性的干燥气体。工作温区可达－55～＋120℃，也有着非常优秀的高频动态特性，其最低量程的敏感元件的固有频率＞200kHz，上升时间为亚微秒。

CYG503A绝压型微型压力传感器为探针形，标准外径为ϕ3.5mm，长度为18mm，特制的短柱形CYG503AS将长度缩短为12mm。绝压型压力传感器的可选量程为100kPa、160kPa、250kPa、400kPa、600kPa、1000kPa、1600kPa、2500kPa、4000kPa绝对压力。

CYG503G表压型微型压力传感器为探针形、标准外径为ϕ3.5mm，长度为18mm，背压引出毛细管长为12mm。表压型压力传感器的可选量程为160kPa、250kPa、400kPa、600kPa、1000kPa、1600kPa、2500kPa表压力。

CYG504微型螺栓安装型压力传感器是为方便一些用户使用要求的CYG503的衍生品种，绝压、表压均可。

标称尺寸外径5mm的微型表压力传感器CYG505及其衍生的螺纹安装型品种CYG506是专为水流动力学研究设计的。外形尺寸小、对流场扰动小、量程低、灵敏度高、动态频响好，是微型低量程脉动压力传感器。

CYG507的压力敏感元件采用当代最先进的MEMS技术设计与制造。采用CAD技术的力敏结构与版图设计优化了力学模型、双岛膜结构（低微压）和梁膜岛复合结构（超微压），使得压力敏感元件实现了低量程、高灵敏度和优良线性度的统一兼得，应力互补设计和无应力微封装技术实现了量程下的良好稳定性。

CYG507采用敏感元件反面承压，因此它有优良的介质兼容性。CYG507采用准齐平无管腔的封装设计，因此有优良的动态特性，可用频率即使是最低量程500Pa的品种也可达1000Hz以上。CYG507的可选量程为0.5kPa、1kPa、1.6kPa、2.5kPa、4kPa、10kPa、16kPa、25kPa。

标称尺寸外径8mm的圆柱形微型高压传感器CYG508原是为创伤医学、埋植测量高频动态高压设计的，是高频动态压力传感器CYG401的微型化封装产品，也可用于小容积体内爆燃高压、石油勘采压裂测井等要求小尺寸安装的动态高压测试用途。CYG508的标准量程为1MPa、1.6MPa、2.5MPa、4MPa、6MPa、10MPa、16MPa、25MPa、40MPa、60MPa，其余量程需协商特订。CYG508适用于对硅、玻璃、不锈钢、环氧树脂胶相兼容的任何气、液体介质。

CYG511型薄型压力传感器是专为空气动力学研究中、风洞中试验模型表面压力场分布设计的。它尤其适用于模型很薄，无法用打孔安装微型探针型传感器的应用工况。将极薄的CYG511传感器直接贴装或挖浅坑埋下平贴齐模型表面安装。CYG511的极薄的专用柔性引线可直接贴在模型表面上。因此它基本上不影响被测流场。CYG511为绝压测量模式，它的标准量程为100kPa、160kPa、250kPa、400kPa、600kPa、1000kPa、1600kPa、2500kPa、4000kPa，可选订。CYG511外形为薄圆扣式，标称直径为8mm，厚度为2.2mm，引出线为5线柔性电线，长度为1m，在1m终点处接有用PCB板制成的电桥补偿平衡器，柔性电线的厚度为0.15mm，宽度为4mm。

CYG512型薄型压力传感器是专为空气动力学研究中、风洞中超薄型模型上下表面压力场分布设计的，是CYG511的改进型。尤其适用于缩模径向尺寸较大，厚度很小，不能或不容易挖坑贴埋，只能贴于表面的工况。1mm左右的厚度使其对流场的影响减小到很小的程度。CYG512的标准量程为100kPa、160kPa、250kPa、400kPa、600kPa、1000kPa、1600kPa、2500kPa、4000kPa，可选订。CYG512的有两种外形尺寸：一种为薄扣形，8mm直径，总厚度为1.2mm；另一种为薄条片形，6mm×10mm×1mm引出线均为4mm宽、0.15mm厚、1m长柔性引线。薄扣形为不锈钢结构，上表面超薄不锈钢薄膜上有激光钻刻的均布式和螺旋线形进气筛孔。薄条片形无顶盖，仅在贴装敏感元件处覆盖很薄的有机硅保护膜，用户可接自己的实用工况需求进行选择。

CYG513为表压测量模式，它的标准量程为2kPa、5kPa、10kPa、25kPa、40kPa、60kPa、100kPa、160kPa、250kPa、400kPa、600kPa、1000kPa，可选订。CYG513外形为薄圆扣式。最小直径为10mm、厚度为4mm，参考压力既可在背面开口引出（513G），也可以在侧面引线部用毛细管引处（513D），引出线为5线柔性电线，长度为1m，在1m终点处接有用PCB板制成的电桥补偿平衡器，柔性电线的厚度为0.15mm，宽度为4mm（也可用ϕ1.75mm、ϕ2.5mm多芯屏蔽电缆出线）。CYG513由于用敏感元件反面承压，因此它有优良的介质兼容性，也可用于水流动力学用途。它有相当宽的工作温区和非常优良的动态频响特性，可使用在低至零频，高至数万赫兹频带。

各型号尺寸如图24-10-6所示，性能指标如表24-10-9所示。

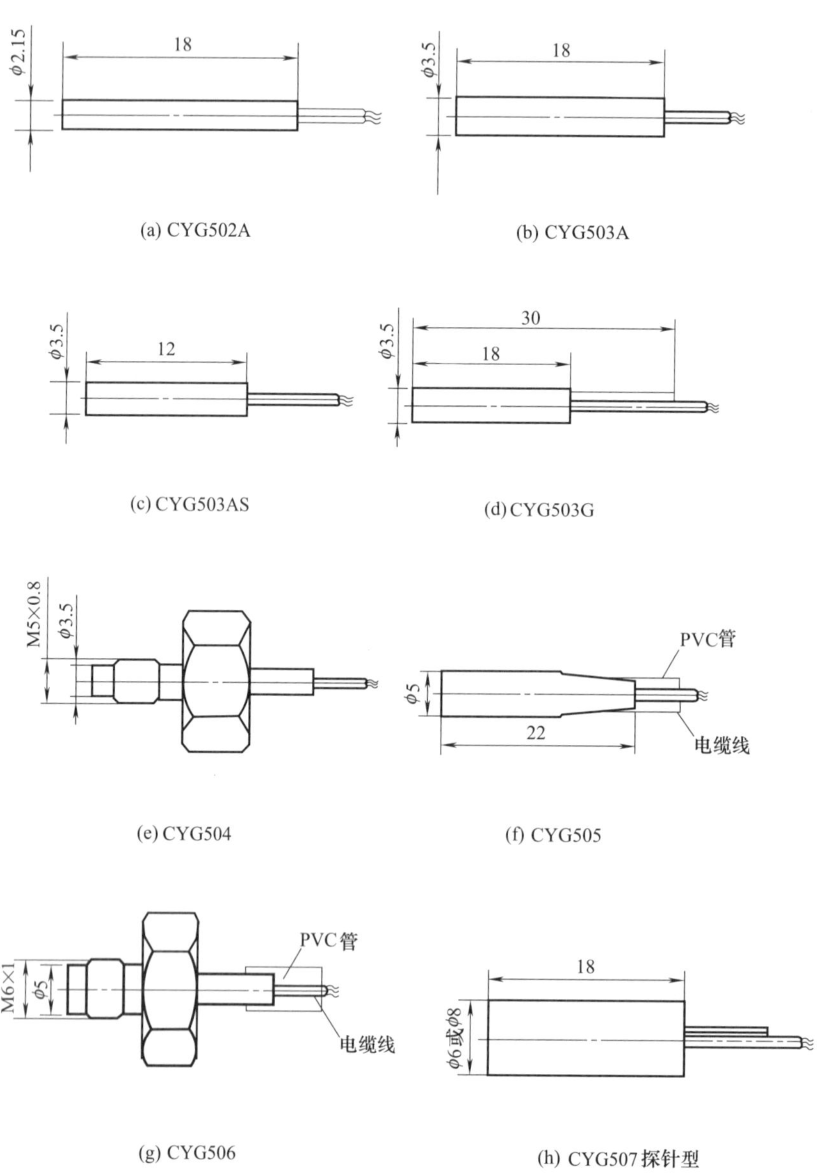

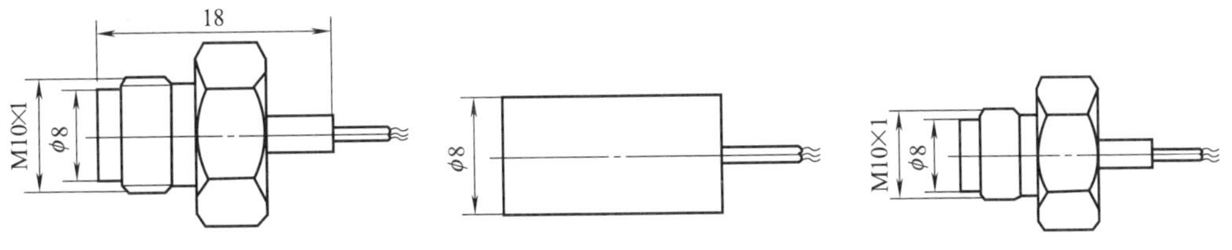

(i) CYG507螺纹安装式　(j) CYG508 圆柱形　(k) CYG508 螺纹安装型

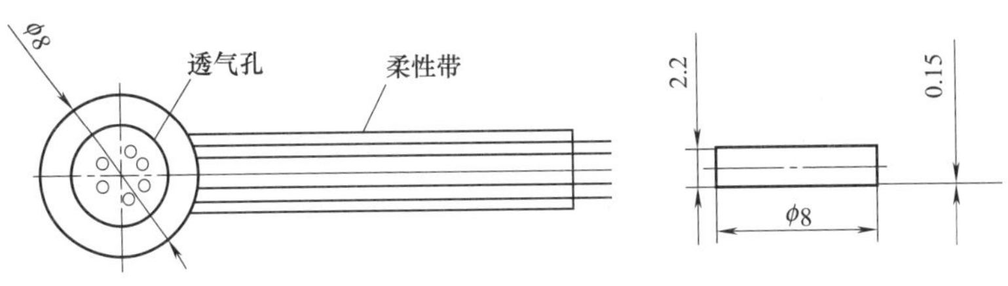

(l) CYG511

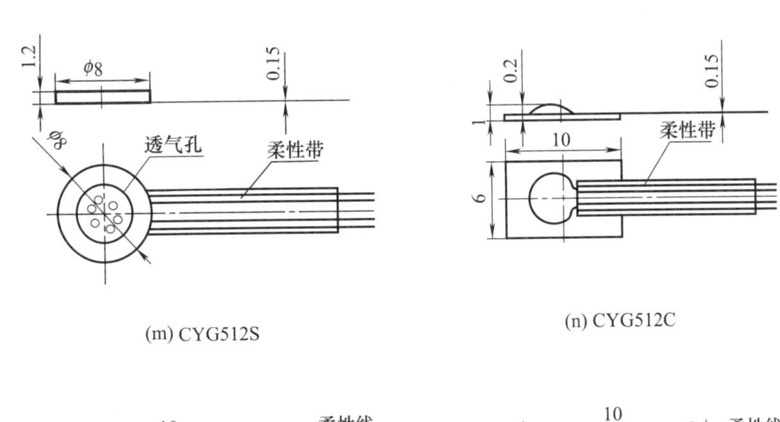

(m) CYG512S　(n) CYG512C

(o) CYG513G　(p) CYG513D

图 24-10-6　CYG500 系列微型压力传感器尺寸图

表 24-10-9　CYG500 系列微型压力传感器性能指标

型号	指标挡级	非线性精度 (±)/%FS	迟滞重复性 /%FS	零位温度系数 /10^{-4} FS・℃$^{-1}$	灵敏度温度系数 /10^{-4}FS・℃$^{-1}$	零位时漂 /(mV/8h) <
CYG 503、504、505、506、508、511、512、513	JA	0.5	0.1	5	5	0.2
	JB	0.2	0.1	2	2	0.1
CYG 507	JA	0.5	0.2	5	5	0.3
	JB	0.2	0.2	3	3	0.2

续表

型　　号	满量程输出/mV		输入输出阻抗/kΩ	输入工作电流/mA	工作温度范围/℃	补偿温度范围/℃	过载能力	加速度灵敏度/%FS·g^{-1}
CYG502 503、504、505、506、511、512	最小值	30	3	1.5(表压型)或 1(绝压型)	−55～+120	−10～+80	额定量程的 200%	<0.001
	典型值	80	5					
	最大值	130	7					
CYG507	最小值	20	2	2 或 1.5	−40～+105	−10～+60	额定量程的 300%	
	典型值	60	5					
	最大值	100	8					
CYG508	最小值	30	3	1.5(恒流源)	−40～+105	−10～+60	额定量程的 200%	<0.0005
	典型值	80	5					
	最大值	130	7					

注：厂商名称：昆山双桥传感器测控技术有限公司，http：//www.sqsensor.com。

(2) HPX 系列微结构压力传感器

HPX 系列微结构压力传感器有两种不同的封装形式：DIP（双列式封装）和 SOIC（小型集成电路）。表压型装置采用 6 插针双列式封装，绝压型采用 8 插针表面贴装小型集成电路。两种传感器都是非放大型和未校准的。这些装置可用于非腐蚀性、非电离的工作流体，如空气和各种干气体等。

HPX 系列微结构压力传感器订购选择如表 24-10-10所示。

1）表压型（双列式封装）HPX 系列微结构压力传感器

① 外形尺寸及接线图见表 24-10-11。

表 24-10-10　　HPX 系列微结构压力传感器订购选择

压力范围/psi	绝压型（小型集成电路）	表压型（双列式封装）
0～5.8(0～300mmHg)	—	HPX005GD
0～30	HPX030AS	HPX030GD
0～50	HPX050AS	HPX050GD
0～100	HPX100AS	HPX100GD

表 24-10-11　　HPX 系列表压型微结构压力传感器外形尺寸及接线图

表压型(双列式封装)

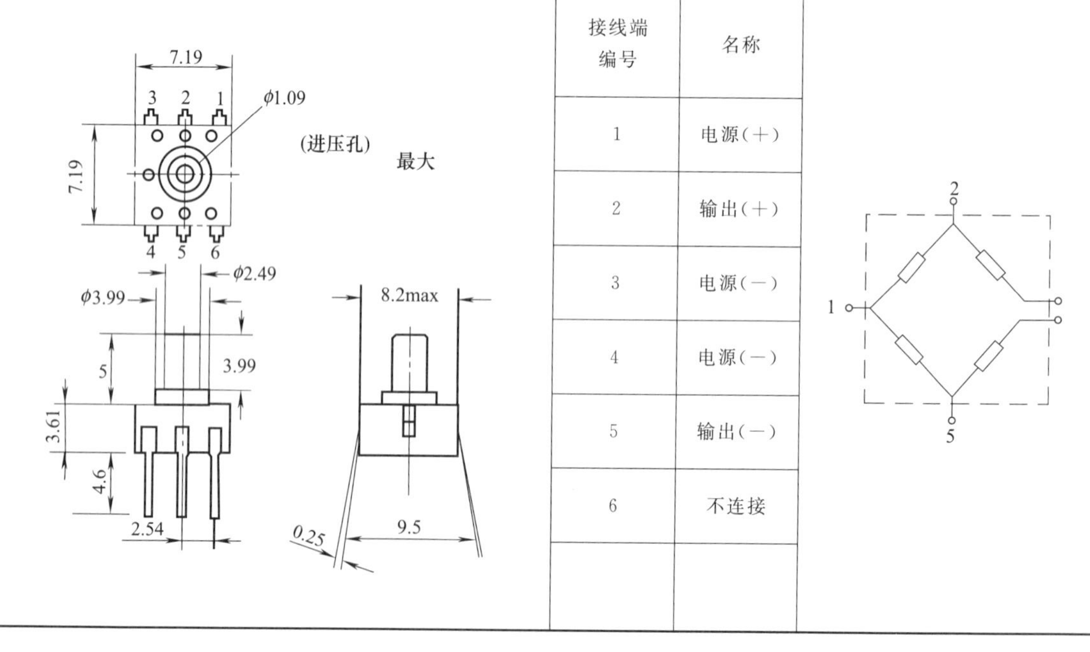

接线端编号	名称
1	电源(+)
2	输出(+)
3	电源(−)
4	电源(−)
5	输出(−)
6	不连接

② 一般技术规格见表 24-10-12。

表 24-10-12

HPX 系列表压型微结构压力传感器一般技术规格

参数	最小	标准	最大
激励 /V	—	3.0	10.0
输入阻抗 /kΩ	4	5	6
输出阻抗 / kΩ	4	5	6

③ 环境技术规格见表 24-10-13。

④ 性能特性见表 24-10-14。

表 24-10-13

HPX 系列表压型微结构压力传感器环境技术规格

参数	特　性
工作温度范围/℃	−20～100
储存温度/℃	−40～125
振动/mm	10～50Hz 时为 1.5
质量/g	<1
寿命	最低 100 万个循环(5.8psi 型为 10 万循环)
导线焊接温度	DIP 焊接槽:在最高 250℃下持续 5s

表 24-10-14　HPX 系列表压型微结构压力传感器性能特性①

压力范围 /psi	线性度(量程)/%	磁滞度(量程)/%	零偏移 /mV	量程② /mV	过压/psi 最大	响应时间③/ms 标准	零偏移的温度系数④(量程) /%·℃⁻¹ 标准	量程的温度系数④(量程) /%·℃⁻¹ 标准
0～5.8	±0.5	±0.5	±20	40±12	15	1.0	±0.08	−0.1～−0.3
0～15	±0.3	±0.3	±30	42±12	45	1.0	±0.08	−0.1～−0.3
0～30	±0.3	±0.3	±30	60±20	90	1.0	±0.08	−0.1～−0.3
0～50	±0.3	±0.3	±30	60±20	150	1.0	±0.08	−0.1～−0.3
0～100	±0.3	±0.3	±30	60±20	300	1.0	±0.08	−0.1～−0.3

① 基准条件（除非另有说明）：供电电压，V_s=(3.0±0.01)V DC；T_a=25℃（77°F）。在供电电压（V_s）范围内，输出为比例型的。

② 量程为特定压力下的输出电压与零压力下的输出（电压）间的代数差。量程与供电电压成比例。

③ 从 0 psi 至满量程压力的响应时间逐步改变，为 10%～90%的上升时间。

④ 温度系数为−20℃和 100℃（−4°F 和 212°F）间的标准值。

注：厂商名称：霍尼韦尔国际公司，http：//www.Honeywell.com。

2）绝压型（SOIC）HPX 系列微结构压力传感器

① 外形尺寸及接线图见表 24-10-15。

表 24-10-15　绝压型 HPX 系列微结构压力传感器外形尺寸及接线图

表压型(双列式封装)

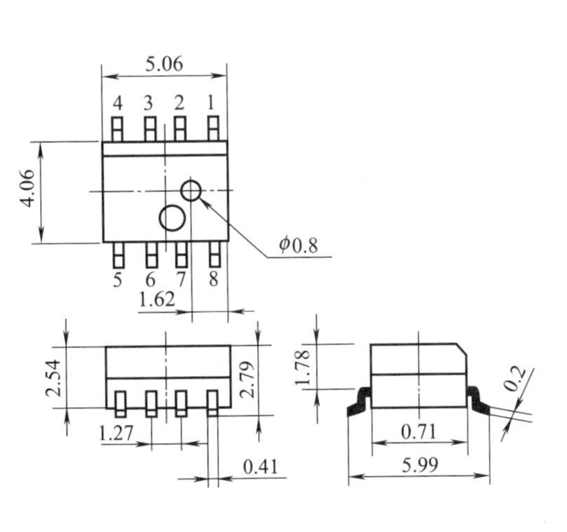

接线端编号	名称
1	不连接
2	输出(+)
3	不连接
4	电源(−)
5	电源(−)
6	输出(−)
7	不连接
8	电源(+)

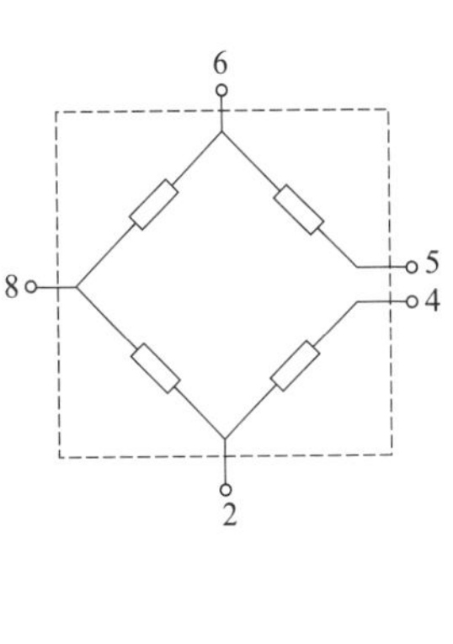

第 24 篇

② 一般技术规格见表24-10-16。

表24-10-16 绝压型HPX系列微结构压力传感器一般技术规格

参数	最小	标准	最大
激励 /V	—	3.0	10.0
输入阻抗 /kΩ	4	5	6
输出阻抗/kΩ	4	5	6

③ 环境技术规格见表24-10-17。

表24-10-17 绝压型HPX系列微结构压力传感器环境技术规格

参数	特性
工作温度范围/℃	−40～125
储存温度/℃	−40～125
振动/mm	10～50Hz时为1.5
质量/g	<1
寿命	最低100万个循环
SMT焊剂	Sn96.5%、Ag3.5%无纯净助溶剂 Sn63%、Pb37%无纯净助溶剂
导线焊接温度	DIP焊接槽:在最高250℃(482°F)下持续5s

④ 性能特性见表24-10-18。

表24-10-18 绝压型HPX系列微结构压力传感器性能特性①

压力范围/psi	线性度(量程)/%	磁滞度(量程)/%	零偏移/mV	量程②/mV	过压/psi最大	响应时间③/ms标准	零偏移的温度系数④(量程)/%·℃$^{-1}$标准	量程的温度系数④(量程)/%·℃$^{-1}$标准
0～15	±0.3	±0.3	±30	87±18	45	1.0	±0.08	−0.1～−0.3
0～30	±0.3	±0.3	±30	60±20	90	1.0	±0.08	−0.1～−0.3
0～50	±0.3	±0.3	±30	60±20	150	1.0	±0.08	−0.1～−0.3
0～100	±0.3	±0.3	±30	60±20	300	1.0	±0.08	−0.1～−0.3

① 基准条件（除非另有说明）：供电电压，V_s=(3.0±0.01)V DC；T_a=25℃（77°F）。在供电电压（V_s）范围内，输出为比例型的。

② 量程为特定压力下的输出电压与零压力下的输出（电压）间的代数差。量程与供电电压成比例。

③ 从0 psi至满量程压力的响应时间逐步改变，为10%～90%的上升时间。

④ 温度系数为−20℃和100℃（−4°F和212°F）间的标准值。

注：生产厂为霍尼韦尔国际公司，www.Honeywell.com。

10.2 智能传感器

智能传感器就是由传感器和微处理器（或微计算机）及相关的电路组成的传感器。传感器将被测量转换成相应的电信号，然后送到信号调理电路中进行滤波、放大、模/数转换后，送到微计算机中。计算机是智能传感器的核心，它不仅可以对传感器测量的数据进行计算、存储、处理，还可以通过反馈回路对传感器进行调节。由于计算机充分发挥了各种软件的功能，可以完成硬件难以完成的任务，从而降低了传感器的制造难度，提高了传感器的性能，降低了成本。智能传感器大体上可以分为三种类型，即具有判断能力的传感器；具有学习能力的传感器；具有创造能力的传感器。

智能传感器具有如下功能：

① 自补偿功能。可以通过软件对传感器的非线性、温漂、时漂、响应时间等进行自动补偿。

② 自校准功能。操作者输入零值或某一标准量值后，自校准软件可以自动地对传感器进行在线校准。

③ 自诊断功能。接通电源后，可以对传感器自检各部分是否正常。在内部出现操作问题时，能够立即通知系统通过输出信号表明传感器发生故障，并可诊断发生故障的部件。

④ 数值处理功能。根据内部的程序自动处理数

据，例如进行统计处理，剔除异常数值等。

⑤ 双向通信功能。智能传感器的微处理器与传感器之间构成闭环，微处理器不但接收、处理传感器的数据，还可以将信息反馈至传感器，对测量过程进行调节和控制，它可以采用一种可懂且可接受的方式与系统接口。

⑥ 信息存储和记忆功能。

⑦ 数字量输出功能。智能传感器输出数字信号，可以很方便地与计算机或接口总线相连。此外，新兴的智能传感器技术还包括遥控设定、可编程序以及防止非法侵袭等特征，在性能上更加完整和先进。

智能传感器按照其结构可以分为三种：

① 模块式智能传感器。这是一种初级的智能传感器。它由许多互相独立的模块组成。将微计算机、信号调理电路模块、输出电路模块、显示电路模块和传感器装配在同一壳体内，便组成了模块式智能传感器。它的集成度低、体积大，但是它是一种比较实用的智能传感器。

② 混合式智能传感器。它是将传感器和微处理器、信号处理电路制作在不同的芯片上，由此便构成了混合式智能传感器。它作为智能传感器的主要种类而广泛应用。

③ 集成式智能传感器。这种传感器是将一个或多个敏感器件与微处理器、信号处理电路集成在同一硅片上。它的结构一般都是三维器件，即立体结构。这种结构是在平面集成电路的基础上一层一层向立体方向制作多层电路。它的制作方法基本上就是采用集成电路的制作工艺，例如光刻、二氧化硅薄膜的生成、淀积多晶硅、激光退火、多晶硅转为单晶硅、PN 结的形成等。最终是在硅衬底上形成具有多层集成电路的立体器件，即敏感器件。同时制作微电脑电路芯片，还可以将太阳能电池电源制作在其上面，这样便形成了集成式智能传感器。它具有人的大脑与五官相结合的功能。其智能化的程度是随着集成化密度的增加而不断提高的。今后，随着传感器技术的发展，还将研制出更高级的集成式智能传感器，它完全可以做到检测、逻辑和记忆等功能集成在一块半导体芯片上，同时，冷却部分也可以制作在立体电路中，利用佩尔捷效应冷却电路。

目前，这类传感器尚处于研究开发阶段，但是已出现不少实用的智能传感器。它可以用来测量温度、气压、湿度、加速度、空气成分、图像等各种物理量。

10.2.1　智能惯性传感器

惯性技术是惯性传感器、惯性稳定、惯性导航、惯性制导和惯性测量等技术的统称，是一项涉及多学科的高新技术，是现代武器系统中一项基本支撑技术。惯性传感器作为惯性技术的核心技术，包括加速度计、转速计和陀螺仪等，可作为智能惯性导航的核心器件，应用于汽车、飞机和航天器件的驾驶和控制，近年来得到了迅速发展。

（1） ADIS 系列惯性传感器

ADIS 系列惯性传感器是一个完整的三轴陀螺仪和三轴加速度计惯性检测系统，提供温度补偿功能。其性能指标见表 24-10-19。

第24篇

表 24-10-19　ADIS 系列惯性传感器性能指标

产品型号	三轴陀螺仪		数字加速计		
	分辨率/bit	设置/(°)·s^{-1}	测量范围/g	分辨率/bit	带宽/Hz
ADIS16300：四自由度惯性传感器	14	±75，±150，±300	±3	13	350
ADIS16364：高精密三轴惯性传感器	14	±75，±150，±300	±5	14	350
ADIS16365：高精密三轴惯性传感器	14	±75，±150，±300	±17	14	350
ADIS16355：高精密度三轴惯性传感器	14	±75，±150，±300	±10	14	350
ADIS16354：高精度三轴惯性传感器	14	±75，±150，±300	±1.7		
ADIS16405：高精密三轴陀螺仪、加速度计、磁力计	14	±75，±150，±300	±18	14	350

注：生产厂为模拟 Devices，Inc.（NYSE：ADI），www.analog.com。

（2） MXA 系列惯性传感器（表 24-10-20）

表 24-10-20 MXA 系列惯性传感器性能指标

产品名称	量程/g	灵敏度	标准 0g 偏移量	工作电压/V	温度范围/℃	封装模式	输出模式
双轴							
MXA2050A	±10.0g(20.0g)每轴	50mV·g^{-1}	1.25V	4.8 典型 2.7～5.25	−40～+105	5.0mm×5.0mm×2.0mm LCC8	模拟
MXA2500M	±1.7g(3.4g)每轴	500mV·g^{-1}	1.25V	3.0～5.25	0～+70(G) −40～+105(M)	5.0mm×5.0mm×2.0mm LCC8	模拟
MXA6500M	±1.0g(2.0g)每轴	500mV·g^{-1}	1.25V	2.7～3.6	0～+70(G) −40～+85(M)	5.0mm×5.0mm×1.55mm LCC8	模拟
MXC6202M	±2.0g(4.0g)每轴	512 counts/g	2048 counts	3.0 典型 2.7～3.6	−10～+70(J) −40～+85(K)	5.0mm×5.0mm×1.55mm LCC8	I^2C
MXD2020E	±1.0g(2.0g)每轴	20% Duty cylce/g	50% Duty cycle	3.0～5.25	−40～+105(E)	5.0mm×5.0mm×2.0mm LCC8	数字(PWM)
MXD6025Q	±2.0g(4.0g)每轴	25% Duty cylce/g	50% Duty cycle	3.0 典型 2.7～3.6	−10～+70	5.0mm×5.0mm×1.55mm LCC8	数字(PWM)
MXD6125Q	±1.0g(2.0g)每轴	12.5% Duty cylce/g	50% Duty cycle	3.0 典型 2.7～3.6	−40～+105(Q)	5.0mm×5.0mm×1.55mm LCC8	数字(PWM)
MXR2010A	±35.0g(70.0g)每轴	10mV·g^{-1}	2.5V	4.8 典型 2.7～5.25	−40～+105	5.0mm×5.0mm×2.0mm LCC8	比例
MXR6150M	±2.0g(4.0g)每轴	150mV·g^{-1}	1.5V	3.0 典型 2.7～3.6	−40～+85	5.0mm×5.0mm×1.55mm LCC8	比例
MXR6400Q	±1.0g(2.0g)每轴	400mV·g^{-1}	1.5V	3.0 典型 2.7～3.6	−40～+105	5.0mm×5.0mm×1.55mm LCC8	比例
MXR6500M	±1.7g(3.4g)每轴	500mV·g^{-1}	1.25V	3.0 典型 2.7～3.6	0～+70(G) −40～+85(M)	5.0mm×5.0mm×1.55mm LCC8	比例
三轴							
MXR9150	±5g(10.0g)每轴	150mV·g^{-1}	1.5V	3.0 典型 2.7～3.6	−40～+85	7.0mm×7.0mm×1.8mm LCC8	比例
MXR9500	±1.5g(3.0g)每轴	500mV·g^{-1}	1.5V	3.0 典型 2.7～3.6	0～+70(G) −40～+85(M)	7.0mm×7.0mm×1.8mm LCC8	比例

注：生产厂为美新半导体（无锡）有限公司，www.memsic.cn。

(3) 光纤陀螺仪

① XW-GS1810 单轴系列光纤陀螺仪 XW-GS1810-98A 光纤陀螺仪为单轴中精度军品级光纤陀螺仪，XW-GS1810-98B 光纤陀螺仪为单轴低精度军品级光纤陀螺仪。这两款产品针对重量轻、体积小、功耗低等特殊要求而设计，采用超辐射发光二极管(SLD) 作光源，光路、电路一体封装，结构简单，安装方便，性能稳定，可广泛应用于导弹、舰船、车辆、测量勘探、机器人、雷达等导航和姿态控制系统中。

XW-GS1810-120 光纤陀螺仪为单轴高精度军品级光纤陀螺仪。该产品采用大功率掺铒光纤激光器(SFS) 作光源，光路、电路一体封装，结构简单，安装方便，性能稳定，可广泛应用于自行火炮、导弹、飞机、舰船的定位定向、导航制导、姿态测量等系统中。主要技术指标如表 24-10-21 所示。

表 24-10-21 XW-GS1810 单轴系列光纤陀螺仪技术指标

项 目	XW-GS1810-98A	XW-GS1810-98B	XW-GS1810-120
零偏稳定性/(°)·h^{-1}	0.05(1σ)	0.1(1σ)	0.02(1σ)
零偏重复性随机游走系数/(°)·h^{-1}	0.05(1σ)	0.1(1σ)	0.02(1σ)
随机游走系数/(°)·$h^{-\frac{1}{2}}$	0.005～0.01	0.05	0.005
标度因数非线性度/10^{-6}	50(1σ)	100(1σ)	50(1σ)
标度因数重复性/10^{-6}	50(1σ)	100(1σ)	50(1σ)
动态范围/(°)·s^{-1}	±300	±300	±300

续表

项　　目	XW-GS1810-98A	XW-GS1810-98B	XW-GS1810-120
带宽/Hz	≥200		
工作温度/℃	−40～+60		
储存温度/℃	−50～+70		
振动条件	4.2g,20～2000Hz	4.2g,20～2000Hz	
外形尺寸/mm	98×98×34		120×120×40
质量/g	≤500	≤500	≤900
安装孔距/mm	80×80	80×80	94×94
安装螺钉	M5	M5	M6
安装面精度/mm	平面度 0.01		

注：生产厂为北京星网宇达科技开发有限公司，www.3dgps.com.cn。

② XW-GS1830 三轴光纤陀螺仪　XW-GS1830 三轴一体光纤陀螺是针对低成本、中低精度应用背景的需求，采用三轴共用技术设计的，成本低、性能稳定；结构上采用光路、电路一体封装，结构简单，安装方便；可应用于小型导弹、制导炸弹的导航制导、姿态测量与控制等系统中。主要技术指标如表 24-10-22所示。

③ Fizoptika 数字光纤陀螺　Fizoptika 数字光纤陀螺通过内置特殊的 A/D 转换电路板，将 Fizoptika 模拟信号的光纤陀螺变成了数字系列光纤陀螺。通过 RS-232 或 RS-485 输出角速率值和辅助信息等数据。Fizoptika 数字系列光纤陀螺启动时间均为 1s，供电电压为+5V。主要技术指标如表 24-10-23 所示。

表 24-10-22　　XW-GS1830 三轴光纤陀螺仪技术指标

零偏稳定性/(°)·h^{-1}		0.5(1σ)
随机游走系数/(°)·$h^{-\frac{1}{2}}$		<0.05
标度因数非线性度/10^{-6}		<100(1σ)
标度因数重复性/10^{-6}		<100(1σ)
动态范围/(°)·s^{-1}		±200
带宽/Hz		200
储存温度/℃		−40～+60
体积/mm		122×71×103
质量/g		<780
输出方式	标准方式	RS-232,RS-422 输出
	波特率	38.4K Baud(或其他标准波特率)
	非标准方式	按用户要求定制
电源要求	供电	±5V 直流电源
	功率	+5V 电源要求 5W,−5V 电源要求 3W
	电源精度	±5%
	电源纹波	20mV

注：生产厂为北京星网宇达科技开发有限公司，www.3dgps.com.cn。

表 24-10-23　　Fizoptika 数字光纤陀螺技术指标

项目	VG951D	VG910D	VG949PD	VG035D
输入范围/(°)·s^{-1}	±80±15%	±200±15%	±300±15%	±100±15%
比例因子/mV·$(°)^{-1}$·s^{-1}	24±15%	10±15%	7±15%	20±15%
频响范围/Hz	0～450	0～1000	0～1000	0～450
噪声(PSD)/mV·$Hz^{-\frac{1}{2}}$	0.01	0.02	0.02	0.01
偏差稳定性(稳态)/mV	0.005(RMS)	0.05(RMS)	0.05(RMS)	0.005(RMS)
比例因子稳定性(稳态)/%	0.05(RMS)	0.05(RMS)	0.05(RMS)	0.05(RMS)
比例因子温漂(全温)/%	3～8	5	5	3～8
启动时间/s	1	1	1	1
工作温度/℃	−30～+70	−30～+70	−30～+70	−30～+70
储存温度/℃	−55～+85	−55～+85	−40～+75	−40～+75

续表

项目	VG951D	VG910D	VG949PD	VG035D
振动	2g,20～500Hz	6g,20～2000Hz	2g,20～500Hz	2g,20～500Hz
冲击,加速度	40g,1ms	90g,1ms	40g,1ms	40g,1ms
平均无故障时间/h	50000(20℃,预计)	20000(20℃,预计)	20000(20℃,预计)	50000(20℃,预计)
寿命(预计)/年	15	15	15	15

注：生产厂为俄罗斯 Fizoptika，北京星网宇达科技开发有限公司（代理），www.3dgps.com.cn。

10.2.2 智能磁场传感器

磁场传感器用于检测磁场的存在，测量磁场的大小，确定磁场的方向或测定磁场的大小、方向是否有改变。磁场传感器为电流传感、接近传感、线性速率或转动速率传感，定向、磁异态检测，角度、位置或位移测量等提供独特的解决方案，广泛用于信息产业、工业自动化、交通运输、电力电子技术、办公自动化、家用电器、生物医学等各个领域。新磁性材料的发展促进了磁场传感器的集成化和智能化。

（1）HMC/HMR 系列磁场传感器

HMC/HMR 系列磁场传感器是美国 Honeywell 公司生产的单片集成化磁场/磁阻传感器，该系列产品有单轴磁场传感器型号，如 HMC1001、HMC1021S 和 HMC1021Z；双轴磁场传感器型号，如 HMC1002、HMC1022、HMC1052 和 HMR3200；三轴磁场传感器型号，如 HMC1023、HMC2003、HMR2300、HMR3000 和 HMR3300 等。这种传感器灵敏度高、可靠性好、体积小、价格低，可作为磁场测量仪和罗盘（如特斯拉计）的探头，用于磁场传感和磁力计、电子罗盘、线性和角位置传感器、车辆识别和检测、GPS 导航和车载信息服务系统等，还可构成高灵敏度的接近开关。广泛应用于罗盘、交通车辆检测、GPS 导航系统、虚拟实景、实验室仪器、医疗仪器、姿态控制、伪钞鉴别、安全检测、位置测量、食品机械、探矿等领域。主要特点和主要性能指标如表 24-10-24所示。

表 24-10-24 HMC/HMR 系列磁场传感器特点和主要性能指标

型号	特 点
HMC1001	单轴,±2G[①],分辨率 27μG
HMC1002	双轴,±2G,分辨率 27μG
HMC1021S	单轴,±6G,分辨率 85μG,引脚排列 2×4
HMC1021Z	单轴,±6G,分辨率 85μG,引脚排列 1×8
HMC1022	双轴,±6G,分辨率 85μG
HMC1023	三轴,±6G,未放大
HMC1052	双轴,±6G,分辨率 120μG,表面贴装小尺寸,引脚排列 2×5
HMC1501	±45℃,分辨率 0.07°
HMC1512	±90℃,分辨率 0.07°
HMC2003	三轴,±2G,0.5～4.5V DC 输出
HMR2300-D21-232	三轴磁场计,232 接口
HMR2300-D21-485	三轴磁场计,485 接口
HMR2300-DEMO-232	三轴磁场计,演示模块,232 接口
HMR3000-D21-232	三轴罗盘,232 接口,方向精度 0.5°
HMR3000-D21-485	三轴罗盘,485 接口,方向精度 0.5°
HMR3000-DEMO-232	三轴罗盘,演示模块,232 接口,方向精度 0.5°
TDCM3	双轴罗盘,方向精度 3°
TDCM3-DEMO	双轴罗盘,方向精度 3°,演示模块
HMR3200	双轴罗盘,方向精度 1°
HMR3200-DEMO-232	双轴罗盘,方向精度 1°,演示模块
HMR3300	三轴罗盘,方向精度 1°
HMR3300-DEMO-RS232	三轴罗盘,方向精度 1°,演示模块

① $1G=10^{-4}T$。

(2) 三维磁阻微电路芯片 (HMC1023) (表 24-10-25)

表 24-10-25　三维磁阻微电路芯片 (HMC1023) 性能指标

特性参数	条　件	最小值	典型值	最大值	单位
电桥电压	电桥电压相对于地	3	5	12	V
电桥电阻	电桥电流=5mA	250	350	450	Ω
工作稳定	环境温度	−40		125	℃
储存温度	环境温度,无系统误差	−55		125	℃
磁场范围	满量程(FS)——所有施加的磁场	−6		6	G
线性度误差	最佳拟合曲线(25℃) ±1G ±3G ±6G		0.05 0.4 1.6		%FS
三轴正交磁场	±3G 3 次来回@25℃		±1		(°)
迟滞误差	±3G 3 次来回@25℃		0.08		%FS
重复性误差	零读数时施加的磁场		0.08		%FS
电桥偏置	偏置=(OUT+)−(OUT−),磁场=0G 置位脉冲后,电桥电压=5V	−10	±2.5	10	mV
灵敏度	电桥电压=5V	0.8	1	1.2	$mV \cdot V^{-1} \cdot G^{-1}$
噪声密度	1Hz 时的密度,电桥电压=5V		48		$nV \cdot Hz^{-1}$
分辨率	带宽=10Hz,电桥电压=5V		85		μG
带宽	磁信号(下限=DC)		5		MHz
偏置电流带	从偏置+至偏置−端测量	40	50	60	Ω
偏置电流带电阻温度系数	T_A=−40～85℃		3900		$10^{-6}℃^{-1}$
偏置磁场	磁场施加在敏感轴方向	4.0	4.6	6.0	$mA \cdot G^{-1}$
置位/复位电流带(1)	从 S/R+至 S/R−测量	2.0	3.0	4.0	Ω
置位/复位电流(1)	2μs 电流脉冲	1.5	2.0	4.0	A
干扰磁场	灵敏度开始降低,用 S/R 脉冲恢复灵敏度	20			G
灵敏度温度系数	T_A=−40～125℃　电桥电压=5V 电桥电流=5mA	−2800	−3000 −600	−3200	$10^{-6}℃^{-1}$
电桥偏置温度系数	T_A=−40～125℃　无置位/复位 电桥电流=5mA　有置位/复位		±500 ±10		$10^{-6}℃^{-1}$
电阻温度系数	−40～125℃　电桥电压=5V		2500		$10^{-6}℃^{-1}$
正交轴干扰	正交磁场=1G　Happlied=±1G		+0.3		%FS
最大暴露磁场	对零点无永久性影响			200	G

注:生产厂为霍尼韦尔(中国)有限公司,www.honeywell.com。

10.2.3　智能压力传感器

表 24-10-26　霍尼韦尔精密智能压力传感器特性

类　型	应　用	关键特性	优　点
精密压力变送器 PPT	航空电子设备,引擎和飞行测试,流量和压力测量	温度范围:−40～+85℃ 精度:±0.05% FSO 与 RS232 或 RS485 兼容的数字或者 0～5V DC 模拟输出	提供独立的压力和传感器温度输出。用户选择特性使其可以根据应用环境进行定制
用于要求 CE 商品认证场合的精密压力变送器 PPT(CE 认证)	航空电子设备,引擎和飞行测试,流量和压力测量	温度范围:−40～+85℃ 精度:±0.05% FSO 与 RS232 或 RS485 兼容的数字或者 0～5V DC 模拟输出	用户选择特性使其可以根据应用环境进行定制。用于欧洲销售的增强型电磁干扰保护和 CE 认证。提供独立的压力和传感器温度输出

第24篇

续表

类 型	应 用	关键特性	优 点
防震压力变送器 PPT-R	航空电子设备，引擎和飞行测试，流量和压力测量	温度范围：－40～＋85℃ 精度：±0.05% FSO 与 RS232 或 RS485 兼容的数字或者 0～5V DC 模拟输出	防止大多数液体渗漏的金属隔离膜 用户选择特性使其可以根据应用环境进行定制 密封设计，结构坚固
防爆精密压力变送器 PPT-R(CE 认证)	需要防爆能力的应用环境，包括工业加工过程、化工炼油和井头压力测量	温度范围：－40～＋85℃ 精度：±0.05% FSO 与 RS232 或 RS485 兼容的数字或者 0～5V DC 模拟输出	密封设计，结构坚固，一体化电缆
用作高度计的精密气压计 HPA	高度计，空运压力测量等应用环境	－40～＋85℃温度范围，0～17.6psi 压力范围内的±0.03 或±0.06% FSO 最高精度，使得系统设计简易 每年最大漂移为 0.02%满量程 低功耗数据获取的 TTL 输出	紧凑，轻巧设计
精密气压计 HPB	气象站，数据浮标和环境数据记录等应用环境	500～1200hPa 压力范围，－40～＋85℃温度范围内，最大精度达到±0.4hPa 或 ± 0.8hPa，每年 0.25hPa 最大漂移 低功耗数据获取的 TTL 输出	紧凑，轻巧设计
PPT0016AWN2VA-S255 气象行业专用的高精度压力传感器	气象测量和大气数据测量行业	长期稳定性：0.3hPa/年(最大值) 工作温度范围：－30～60℃ 压力范围：500～1100hPa	

注：生产厂为霍尼韦尔，www.honeywell.com。

10.2.4 智能温度传感器

(1) ADI 公司模拟型智能温度传感器

表 24-10-27 ADI 公司模拟型智能温度传感器产品性能指标

型号	25℃温度误差/℃	传感器输出	供电电压范围/V	供电电流/μA	工作温度/℃
AD590	±2.5	$+1\mu A \cdot K^{-1}$	＋4～＋30	n/a	－55～＋150
AD22103	±2.5	$+28mV \cdot ℃^{-1}$	＋2.7～＋3.6	600	0～＋100
TMP17	±2.5	$+1\mu A \cdot K^{-1}$	＋4～＋30	305	－40～＋105
TMP37	±2	$+20mV \cdot ℃^{-1}$	＋2.7～＋5.5	50	＋5～＋100
AD22100	±2	$+22.5mV \cdot ℃^{-1}$	＋4～＋6.5	500	0～＋100
TMP35	±1	$+10mV \cdot ℃^{-1}$	＋2.7～＋5.5	50	＋10～＋125
TMP36	±1	$+10mV \cdot ℃^{-1}$	＋2.7～＋5.5	50	－40～＋125
AD595	±1	$+10mV \cdot ℃^{-1}$	＋4.5～＋5.5	300	－55～＋125
AD594	±1	$+10mV \cdot ℃^{-1}$	＋4.5～＋5.5	300	－55～＋125
AC2626	±0.5	$+1\mu A \cdot K^{-1}$	＋4～＋30	298.2	－55～＋150
AD592	±0.3	$+1\mu A \cdot K^{-1}$	＋4～＋30	n/a	－25～＋105
AD597	n/a	$+10mV \cdot ℃^{-1}$	30Vmax	300	－55～＋125
AD596	n/a	$+10mV \cdot ℃^{-1}$	30Vmax	300	－55～＋125

注：生产厂为 ADI 公司亚洲区总部亚德诺半导体技术（上海）有限公司，www.analog.com。

(2) 数字 TMP 系列智能温度传感器

数字 TMP 系列智能温度传感器供电电压范围为 2.7～5.5V，工作温度范围为－40～125℃，TMP100 和 TMP101 的工作温度范围为－55～125℃，其他性能指标如表 24-10-28 所示。

表 24-10-28　数字 TMP 系列智能温度传感器产品性能指标

型号	温度最大分辨率/bits	典型 I_q/μA	接口	温度最小分辨率/bits	描　述
TMP100	12	45	I2C,SMBus	9	具有 I^2C 串行接口的数字温度传感器
TMP101	12	45	I2C,SMBus	9	数字温度传感器,具有 I^2C 串行接口和可编程温度调节/警报功能
TMP105	12	50	I2C,SMBus	9	具有双线接口的数字温度传感器
TMP106	12	50	I2C,SMBus	9	具有双线接口的芯片级封装数字温度传感器
TMP121	12	35	SPI	12	具有 SPI 接口的 1.5℃精度数字温度传感器
TMP122	12	50	SPI	9	具有 SPI 接口的 1.5℃精度可编程温度传感器
TMP123	12	35	SPI	12	具有 SPI 接口的 1.5℃精度数字温度传感器
TMP124	12	50	SPI	9	具有 SPI 的 1.5℃精度可编程数字温度传感器接口
TMP141	10	110	One-wire	10	数字输出温度传感器
TMP175	12	50	I2C,SMBus	9	具有双线接口的数字温度传感器
TMP275	12	50	SMBus	9	0.5C 数字输出温度传感器
TMP400	12	28	SMBus,Two-wire	9	具有 N-Factor 和串联电阻校正的 1C 远程和本地传感器
TMP401	12	25	SMBus,Two-Wire	9	±1℃ Programmable Remote/Local 数字 Out TEMPERATURE SENSOR
TMP411	12	400	SMBus,Two-Wire	9	±1℃ Programmable, Remote/Local, 数字 Out Temperature Sensor
TMP421	12	400	I2C,SMBus		采用 SOT23-8 封装的±1℃远程和本地温度传感器
TMP422	12	400	I2C,SMBus		具有 N-Factor 和串联电阻校正的±1℃远程/本地温度传感器
TMP423	12	400	I2C,SMBus		采用 SOT23-8 封装的±1℃远程和本地温度传感器
TMP441		700	SMBus,Two-Wire		采用 SOT23-8 封装的具有自动 Beta 补偿、串联电阻和 N-Factor 的±1℃温度传感器
TMP442		700	SMBus,Two-Wire		采用 SOT23-8 封装的具有自动 Beta 补偿、串联电阻和 N-Factor 的±1℃温度传感器
TMP75	12	50	I2C,SMBus	9	具有双线接口的数字温度传感器

注：生产厂为德州仪器（TI），focus. ti. com. cn。

10.3　无线传感器

10.3.1　无线温度传感器

10.3.1.1　工作原理

将无线（温度）传感器安装在需要监控的电缆、母排接头处，无线（温度）传感器每 15s 自动唤醒进行一次快速温度测量，并将测量结果发送到无线数据传输基站，该无线数据传输基站会自动应答，并将该传感器的发送时间、身份 ID 号、用户 ID 号、电池容量等信息记录到无线传输基站的 FLASH 存储器中，同时通过通信网络发送到管理中心的主机。

10.3.1.2　无线温度传感器产品

表 24-10-29　无线温度传感器产品性能指标

类型	测温精度/℃	传输视距/m	测温范围/℃	测量时间间隔
DZW－T①	±0.5,±1	50,200,1000	－40～85	5s～1h 可设
WTC401②	±0.5	<150	－40～150	1s～1h 可设
WTC402②			－20～150	

续表

类型	测温精度/℃	传输视距/m	测温范围/℃	测量时间间隔
SMDT104WX[3]	0.5%FS	>100	−50~125	1s~1h 可设
SMDW25−CI[3]	0.25%FS,0.5%FS	≥150	−40~125	
T01.G1[4]	<±0.15K	<300	−30~260	1s~1h 可设

① 生产厂为沈阳市多值电子技术研究所，www.mulv.com.cn。
② 生产厂为杭州时祺科技有限公司，www.shiqitech.com。
③ 生产厂为蚌埠日月仪器研究所，www.sunmoon-china.com。
④ 生产厂为久茂自动化有限公司，www.jumo-china.com。

10.3.2 无线温湿度传感器

表 24-10-30 无线温湿度传感器产品性能指标

类 型	温度采集精度/℃	湿度采集精度/%RH	工作温度/℃	工作频率	无线传输距离	无线采集器尺寸（不包括天线）/mm
ZB-200SE[1]	±0.3	±2	−20~+80	433MHz	空旷地 300m，可级联转发	75×55×28
ZB-200SP[1]	±0.5					143×113×83
DZW−H1[2]	±1	±2	−40~85		50m,200m,1000m	50×24×30
WTH401[3]	±0.5	±2	−20~150	2.4GHz	150m 范围内可调	70×45×20
JWSK-80EW[4]	±0.5	±3	−40~120	2.4GHz	800m（空旷距离），室内 70m	180×130×53
LTM8990[5]	±0.5	±3	−10~+60	433MHz	可靠传输距离>300m	100×80×30

① 生产厂为北京北科驿唐科技有限公司，www.etungtech.com.cn。
② 生产厂为沈阳市多值电子技术研究所，www.mulv.com.cn。
③ 生产厂为杭州时祺科技有限公司，www.shiqitech.com。
④ 生产厂为昆仑海岸，www.kla.cn。
⑤ 生产厂为长英科技（北京），www.zrn360.com。

10.3.3 无线压力传感器

表 24-10-31 无线压力传感器产品性能指标

产品型号	供电方式	量 程	环境温度/℃	系统精度	通信频段	传输距离/m
JYB-KB-CW1000[1]	8A·h/3.6V 锂电（两节）	0~3.5MPa（可定制最大量程 35MPa）	−20~60	±0.25%	428~435.5MHz	200
ZRN-P[2]	1200mA·h 特种锂电池供电	最小 1bar,最高 60MPa,有丰富的可选量程	−55~125	0.2%/0.4%/0.8%/0.5%/1.0%	标准 ISM 频段	50,500,1000 内
ZRN200[2]	电池供电，1~2 年寿命	0~50MPa	−40~+85	±0.2% ±0.5%	标准 ISM 频段	
sm25Y04WX[3]	7.2V/(10A·h)	0~3MPa,0~10MPa,0~30MPa	−40~+85	0.5%FS		>100

① 生产厂为北京昆仑海岸传感器有限公司，www.klha.cn。
② 生产厂为北京中瑞能仪表技术有限公司，www.zrn360.com。
③ 生产厂为蚌埠日月仪器研究所，www.sunmoon-china.com。

10.3.4　无线传感器应用

① 农业环境的自动监测系统。各种环境因素包括水、电、热、光等，对于农业生产非常的重要，利用无线传感网络有效地监测这些环境因素，采集相关的数据并进行适当的环境控制，可以提高农业集约化生产的程度，简化系统复杂性，降低设备的成本，有效地提高农业生产的效率和效果。

② 自然灾害的预防。在一些容易发生泥石流、滑坡等自然灾害的地方，使用无线传感网络及时、长期地对这些地方的地形变化、各种环境因素进行监测，采集相关数据并进行适当的分析，当灾难将要发生时，我们就可以提前发出预警报告以做好准备或采取相应措施防止它们进一步的发生。

③ 火灾、化学现场的数据采集。对于一些人类不适宜进入的但又必须对其环境进行监测的场合，例如火灾、含有大量对人体有害的化学物质的场合，在其中部署一组无线传感网络可以让我们知道这些场合的实时情况，并做出正确的决策，减少灾难造成的损失或者有效地收集到化学现场的环境变化数据，进行有效的分析和研究。

④ 生态环境的监测。随着科学技术的飞速发展，生态环境逐渐被更多人所关注，从研究到保护都需要掌握大面积地域中的大量数据，甚至有些勘测区域人类无法触及，而传感器网络的许多特征正好适应了这样一种需求。例如在非洲不发达地区，每年都有大量的人因为霍乱以及其他水污染的疾病死去，利用无线传感网络，采集并分析这些受污染地区的饮用水质量，并做出相应的保护措施，这样，才能减少受灾的人数。又如世界上最大规模的湿地复原项目 Ravenswood 湿地监控项目，覆盖超过 15000 英亩（1 英亩＝4046.864798m^2）的湿地，需要持续地监测该地域的水质、温度、湿度等重要的参数。通过无线传感网络进行远程控制、维护和升级，可以有效地减少现场勘测的次数，使该项目更顺利地进行下去。

⑤ 军事领域。利用无线传感网络的远程监控能力为军事服务。在战场上布设大量传感器可以收集和中继信息，并对相关原始数据进行过滤，然后把重要的信息传送到各数据融合中心，从而将大量的信息集成为一幅战场全景图，当参战人员需要时可分发给他们，使其对战场态势的感知能力大大提高。

⑥ 企业、家庭监控。在企业、家庭布设无线传感网络，可以实时地监控人员的流动和环境的变化，有利于企业、家庭采取有效的安全防护措施和灾难应变措施。

⑦ 无线传感器网络在 ITS 中的应用。实现智能公交系统中的公交优先功能需要对现有交通信号控制器进行改造。通过添加传感器等辅助设备，交通信号控制器可以估算出公交车辆到达交叉路口的时间（旅行时间），计算出公交车辆在路口是否需要给予优先（可选择乘客数量作为优先权重），然后选择合适的优先控制策略，通过调整绿信比来优先放行公交车辆。交通信号控制器的改造包括：

a. 车载无线通信终端节点；

b. 交叉路口交通信号控制器上集成无线网关；

c. 用于公交车辆定位的终端节点；

d. 通过构建基于 ZigBee 的无线传感器网络可以实现上述功能。

当要临近路口时，车载 ZigBee 无线终端节点进行公交车辆信息广播，路边部署的无线传感器网络获取信息后，公交车辆定位的终端节点对其跟踪获取信息并汇聚到无线传感器网络网关节点上，通过内部连接最后信息传送给交通信号控制器，进行相应的优先处理。

参考文献

[1] GB/T 7665—2005. 传感器通用术语.
[2] GB/T 7666—2005. 传感器命名法及代号.
[3] GB/T 18459—2001. 传感器主要静态性能指标计算方法.
[4] 谢里阳，孙红春，林贵瑜. 机械工程测试技术. 北京：机械工业出版社，2012.
[5] GB/T 13992—2010. 金属粘贴式电阻应变计.
[6] JB/T 6261—1992. 电阻应变仪技术条件.
[7] SJ/T 10435—1993. 半导体电阻应变计总规范（可供认证用）.
[8] JJF 1046—1994. 金属电阻应变计的工作特性.
[9] JJG 623—2005. 电阻应变仪检定规程.
[10] JJG 139—2014. 拉力、压力和万能试验机检定规程.
[11] JJG 144—2007. 标准测力仪检定规程.
[12] JJG 157—2008. 非金属拉力、压力和万能试验机检定规程.
[13] JJG 391—2009. 力传感器.
[14] JJG 455—2000. 工作测力仪检定规程.
[15] JJG 669—2003. 称重传感器检定规程.
[16] JJG 707—2003. 扭矩扳子检定规程.
[17] JJG 808—2014. 标准测力杠杆检定规程.
[18] JJG 995—2005. 静态扭矩测量仪检定规程.
[19] 张洪亭，王明赞. 测试技术. 沈阳：东北大学出版社，2009.
[20] 杨崇志. 特殊新型电子元器件手册. 沈阳：辽宁科学技术出版社，2001.
[21] 余成波 . 传感器与自动检测技术. 北京：高等教育出版社，2009.
[22] 贾明平，张洪亭. 测试技术. 第3版. 北京：高等教育出版社，2016.
[23] 张洪润. 传感器技术大全. 北京：北京航空航天大学出版社，2007.
[24] GB/T 2298—2010. 机械振动、冲击与状态监测 词汇.
[25] GB/T 13866—1992. 振动与冲击测量 描述惯性式传感器特性的规定.
[26] GB/T 14412—2005. 机械振动与冲击 加速度计的机械安装.
[27] GB/T 20485. 1—2008. 振动与冲击传感器校准方法 第1部分：基本概念.
[28] 赵天池. 传感器和探测器的物理原理和应用. 北京：科学出版社，2008.
[29] 范茂军. 传感器技术. 北京：国防工业出版社，2008.
[30] 陈建元. 传感器技术. 北京：机械工业出版社，2008.
[31] 黄鸿，吴石增. 传感器及其应用技术. 北京：北京理工大学出版社，2008.
[32] 付家才. 传感器与检测技术原理及实践. 北京：中国电力出版社，2008.
[33] 施湧潮，梁福平，牛春晖. 传感器检测技术. 北京：国防工业出版社，2007.
[34] 彭军. 传感器与检测技术. 西安：西安电子科技大学出版社，2003.
[35] 周继明，江世明. 传感技术与应用. 中南大学出版社，2005.
[36] 鲍丙豪，周燕，许桢英. 传感器手册. 北京：化学工业出版社，2008.
[37] 张洪润. 传感器应用设计300例. 北京：北京航空航天大学出版社，2008.
[38] 苏彦勋，梁国伟，盛健. 流量计量与测试. 北京：中国计量出版社，2007.
[39] 周庆，(美) 哈格 (R. Haag)，王磊. 实用流量仪表的原理及其应用. 北京：国防工业出版社，2008.
[40] JB/T 9249—1999. 涡街流量传感器.
[41] JJG 198—94. 速度式流量计.
[42] 杜水友，孙莜云，竺惠敏. 压力测量技术及仪表. 北京：机械工业出版社，2005.
[43] 吴宏圣，王忠杰，林长友. 光栅测量技术在数控机床上的应用——光栅尺片. 产品与技术，2014 (6)：99-101.
[44] 赵桂娟. 光栅传感器在数控机床中的应用. 煤矿机械，2009，30 (6)：171-172.
[45] 阎洁，张琦，唐建中，等. 机床定位控制中的智能光栅测控系统. 中国机械工程，1999，10 (6)：1-6.
[46] 王培. 光栅尺在数控机床中的应用. 精密制造与自动化，2018 (1)：59-61.
[47] 唐镜军. 光电脉冲编码器电路原理. 机床电器，2009. 4：32-34.
[48] 胡宗政. 脉冲编码器在数控机床中的典型应用. 机电产品开发与创新，2012，25 (6)：163-165.

[49] 董建国，曾韬. 感应同步器在数控机床位移测量中的应用. 湖南工业职业技术学院学报，2003，3 (1)：8-11.
[50] 李瑾. 旋转变压器的工作原理及应用. 装备制造技术，2013 (10)：149-150.
[51] 罗诗风，夏明霞，王军，等. 一种基于旋转变压器的通用数字式轴角传感器及其误差补偿技术. 机床与液压，2012，40 (30)：93-95，103.
[52] 藤飚. 磁栅产品在数控机床中的应用. 数控机床市场，2009 (12)：33-34.
[53] 范志军. 中频差双频激光干涉测量系统的初步研究. 北京：清华大学，2004.
[54] 陈波. 复杂回转体三维面形精密测量技术研究. 上海：复旦大学，2014.
[55] 方亚彬，陈秉聪，江村超. 二足步行机器人的新型脚力传感器的研究. 机器人，1994 (03)：165-171.
[56] 饶睿坚，来新泉，李玉山. CMOS图像传感芯片的成像技术. 微电子学，2001 (04)：38-41.
[57] GB/T 4475—1995. 敏感元器件术语.
[58] 王岩冰，袁绥华，范宇. 机器人红外接近觉、光纤触觉和握力觉传感器. 传感器技术，1996 (01)：14-20.
[59] 郭彤颖，张辉. 机器人传感器及其信息融合技术. 北京：化学工业出版社，2016.
[60] 樊尚春，乔少杰. 检测技术与系统. 北京：北京航空航天大学出版社，2005.
[61] 皮亦鸣，曹宗杰，闵锐. 卫星导航原理与系统. 成都：电子科技大学出版社，2011.
[62] 潘宏侠. 机械工程测试技术. 北京：国防工业出版社，2009.
[63] 韩建强，刘君华 . 微机械传感器的现状与发展. 电子元件应用，2003：5.
[64] 石庚辰. 微机械加速度传感器及应用. 测控技术，2003，22 (3).
[65] 肖季春. 机械传感器的现状与发展. 传感器，2009，4.
[66] 高国富. 智能传感器及其应用. 北京：化学工业出版社，2005.
[67] 刘凯，陈志东，邹德福等. MEMS传感器和智能传感器的发展. 仪表技术与传感器，2007，9.
[68] 孙利民. 无线传感器网络. 北京：清华大学出版社，2005.

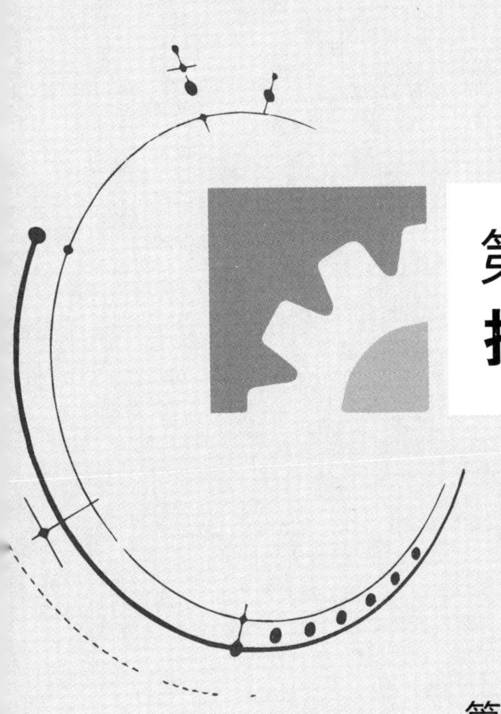

第 25 篇
控制元器件和控制单元

篇主编：王　洁
撰　稿：王　洁　王野牧　谷艳玲　杨国哲
孙洪林　张　靖
审　稿：徐　方

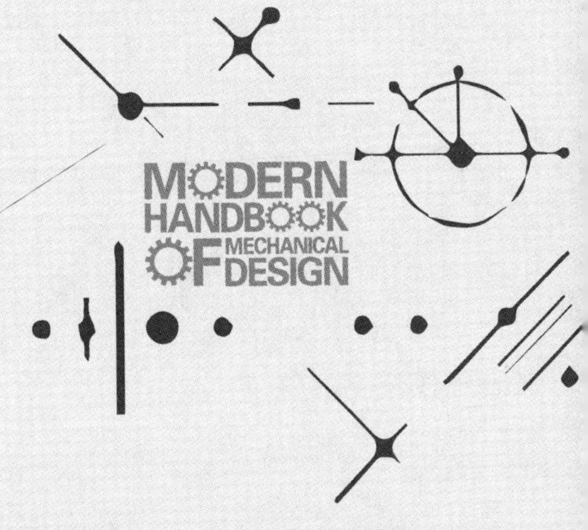

第1章　低压电器

电器是指能够根据外界的要求或所施加的信号，自动或手动接通或断开电路，从而连续或断续改变电路参数或状态，以实现对电路或非电对象的切换、控制、保护、检测和调节的电气设备。低压电器通常是指电压在交流（50Hz 或 60Hz）1200V、直流 1500V 及以下，用来接通或断开电路，以及用来控制、调节和保护用电设备的电器产品。生产机械中所用的控制电器多属低压电器。它广泛应用于机械、农业、国防工业、交通运输、工矿企业等的电力输配电系统、电气传动和自动控制设备及系统中，对电能的输配、应用起开关、控制、保护与调节作用。

常用低压电器主要有：接触器、继电器、熔断器、开关电器、行程开关、按钮及指示灯等。

1.1　低压电器分类及型号说明

1.1.1　低压电器的分类

低压电器的种类很多，按不同的分类方式有着不同的类型。

低压电器按动作性质可分为：非自动电器和自动电器。非自动电器没有动力机构，依靠人力或其他外力来接通或切断电路，如刀开关、转换开关、行程开关等；自动电器有动力机构，可按照指令、信号或参数变化而自动动作，使工作电路接通或切断，如接触器、继电器、自动开关等。

低压电器按用途可分为：控制电器、保护电器和执行电器。控制电器用来控制电动机的启动、反转、调速、制动等动作，如接触器、继电器等；保护电器用来保护电动机，使其安全运行及保护生产机械不受损坏，如熔断器、热继电器、电流继电器等；执行电器用来操纵、带动生产机械和支撑与保持机械装置在固定位置上，如电磁铁、电磁离合器等。大多数电器既可作控制电器，也可作保护电器，它们之间没有明显区别。

1.1.2　低压电器的型号表示方法

低压电器产品有各种各样的结构和用途，不同类型的产品有不同的型号表示方法。不同企业及国外产品型号表示方法也有所不同，具体产品可以参考型号说明。国内低压电器的型号一般由类组代号、设计代号、基本规格代号、辅助规格代号等几部分组成。

① 类组代号　包括类别代号和组别代号，用汉语拼音字母表示，代表低压电器元件所属类别以及在同一类别电器中所属组别。低压电器的类别代号见表 25-1-1。

② 设计代号　用数字表示，表示同类低压电器元件不同设计序列。

③ 基本规格代号　用数字表示，表示同一系列产品中不同规格品种。

④ 辅助规格代号　用数字表示，表示同一系列、同一规格产品中有某种区别的不同产品。

表 25-1-1　低压电器的类别代号

名称	类别代号	名称	类别代号
信号灯	HL	接触器	KM
中间继电器	K	主令控制器	SL
电流继电器	KA	转换开关	QB
电压继电器	KV	自动开关	QF
时间继电器	KT	选择开关	SA
欠电流继电器	KUC	按钮开关	SB
欠电压继电器	KUV	微动开关	SM
过电流继电器	KOC	万能转换开关	SO
速度继电器	KS	接近开关	SQ
压力继电器	KP	行程开关	ST
电磁铁	YA	极限开关	STL
热敏电阻	RT	刀开关	QG
变压器	T	接线端子	XT
电流互感器	TA	热继电器	FR
电压互感器	TV	熔断器	FU

1.1.3　低压电器选型的一般原则

① 低压电器的额定电压应不小于回路的工作电压，即 $U_e \geqslant U_g$。

② 低压电器的额定电流应不小于回路的计算工作电流，即 $I_e \geqslant I_g$。

③ 设备的遮断电流应不小于短路电流，即 $I_{zh} \geqslant I_{ch}$。

④ 热稳定保证值应不小于计算值。

⑤ 按回路启动情况选择低压电器。如，熔断器和自动空气开关就需按启动情况进行选择。

1.2　熔断器

熔断器是一种广泛应用于电力拖动控制系统中的

简单而有效的保护电器。熔断器主要由熔体和安装熔体的绝缘管（绝缘座）组成，具有结构简单、使用和维护方便、价格低廉等优点，应用十分广泛。但熔断器动作准确性较差，熔体断了后需重新更换，而且若只断了一相还会造成电动机的单向运行，所以只用于自动化程度和其动作准确性要求不高的系统中。

1.2.1 熔断器的分类及结构原理

熔断器从结构上分有插入式、螺旋式、密封管式、快速熔断器等。熔断器使用时，它与被保护电路串联，当电路发生短路或严重过载时，熔断器的熔体能自动迅速熔断，从而切断电路，使导线和电气设备不致损坏。

插入式熔断器指熔断体靠导电插件插入底座的熔断器，结构简单、价格低廉、方便更换熔体，常用于照明电路和小容量电动机的短路保护。

螺旋式熔断器是指熔断体的载熔件借螺纹旋入底座而固定的熔断器，实质上是一种有填料封闭式熔断器，具有分断电流较大、体积小、熔丝熔断后能显示、更换熔丝方便、安全可靠等特点。常用于机床电气控制设备中，也可用于电压等级 500V 及以下、电流等级 200A 以下的电路中，作短路保护。

密封管式熔断器分有填料熔断器和无填料熔断器两种。有填料熔断器是指熔体被封闭在充有石英砂等介质作为灭弧填料的熔管内的熔断器，具有分断能力强、保护特性好、使用安全等特点，广泛用于高短路电流的电网或配电装置中，作为电缆、导线、电动机、变压器等电器设备的短路保护。其缺点是熔体熔断后必须更换熔管，经济性较差。无填料熔断器是指熔体被封闭在不充填料的熔管内的熔断器，具有灭弧快、分断能力大、保护特性好、运行安全等特点，广泛用于频繁发生过载和短路故障的场合。

快速熔断器又称半导体器件保护用熔断器，具有快速切断电流的特点，它主要用于半导体整流元件或整流装置的短路保护。由于半导体元件的过载能力很低，只能在极短时间内承受较大的过载电流，因此要求短路保护具有快速熔断的能力。快速熔断器的结构和有填料封闭式熔断器基本相同，但熔体材料和形状不同，它是以银片冲制的有 V 形深槽的变截面熔体。

1.2.2 熔断器的主要技术参数

额定电压：熔断器可以长期工作所能承受的电压。一般交流 550V、380V、220V；直流 440V、220V。

额定电流：分为熔断器的额定电流和熔体的额定电流两种。熔断器的额定电流取决于其各部分长期工作所允许的温升；熔体的额定电流取决于最小熔断电流等因素。一个额定电流等级的熔断器，可以装入等于或低于熔断器额定电流的几个额定电流等级的熔体。

熔断特性：熔断器的熔断时间与通过熔断体的电流的关系称为熔断特性，又称保护特性。

额定分断能力：熔断器能断开的最大短路电流值。

1.2.3 常用熔断器的型号及适用场合

表 25-1-2 熔断器的型号及适用场合

类型	型号	型号意义	特点及应用场合	说明
有填料封闭管式熔断器	RT14 系列圆筒形帽熔断器	RT 14 - □ / □ □ RT：熔断器；14：设计序号；□：熔断器额定电流；□：极数；□：熔断体额定电流	RT14 系列圆筒形帽熔断器适合在交流 50Hz、额定电压至 380V、额定电流至 63A 的配电装置中作过载和短路保护用。RT14 熔断体与 RT28 熔断体通用。此型熔断器不推荐用于电容柜中，若用于电容柜中，建议用 RT36 型替代	符合标准 GB/T 13539 和 IEC 60269
	RT28 系列圆筒形帽熔断器	RT 28 □ □ / □ □ RT：熔断器；28：设计序号；□：熔断器额定电流；□：信号装置；□：极数；□：熔断体额定电流	RT28 型圆筒形帽熔断器适用于交流 50Hz、额定电压至 500V、额定电流至 63A 的配电装置中作过载和短路保护用。此型熔断器不推荐用于电容柜中，若用于电容柜中，建议用 RT36 型替代。氖灯和电阻组成了熔断器底座熔断体熔断信号装置，代号 X	符合标准 GB/T 13539 和 IEC 60269

续表

类型	型号	型号意义	特点及应用场合	说明
有填料封闭管式熔断器	RT29 系列圆筒形帽熔断器	RT 29 - □ / □ RT：熔断器；29：设计序号；□：熔断器额定电流；□：熔断体额定电流	RT29 型圆筒形帽熔断器适合在交流 50Hz、额定电压至 500V、额定电流至 125A 的配电装置中作过载和短路保护用。此型熔断器不推荐用于电容柜中，若用于电容柜中，建议用 RT36 型替代。配撞击器的熔断器，可作为电动机的缺相保护	符合标准 GB/T 13539 和 IEC 60269
	NRT30 系列圆筒形帽熔断器	N RT 30 32 - X N：企业代号；RT：熔断器；30：设计序号；32：熔断器额定电流；X：指示灯代号	NRT30 型圆筒形帽熔断器适合在交流 50Hz、额定电压至 500V、额定电流至 32A 的配电装置中作过载和短路保护用。特别适用于建筑供电线路中与小型断路器配合使用。此型熔断器不推荐用于电容柜中，若用于电容柜中，建议用 RT36 型替代。氖灯和电阻组成了熔断器底座熔断体熔断信号装置，代号 X	符合标准 GB/T 13539 和 IEC 60269
	RT36 系列刀形触头熔断器	RT 36 - □□ / □ RT：熔断器；36：设计序号；□□：尺码；□：熔断体额定电流	RT36 型刀形触头熔断器是一种新型熔断器，具有体积小、重量轻、功耗小、分断能力高等特点，广泛用于电气设备的过载保护和短路保护。本系列产品用于电容柜系统保护时，推荐：选型熔断器≤63A 时，选用 RT36-00 产品；选型熔断器＞63A、≤160A 时，选用 RT36-1 产品；选型熔断器＞160A、≤300A 时，选用 RT36-2 产品；选型熔断器＞300A 时，选用 RT36-3 产品	符合标准 GB/T 13539 和 IEC 60269
	NRT36 系列刀形触头熔断器	N RT 36 - 00 / □ N：企业代号；RT：熔断器；36：设计序号；00：尺码；□：熔断体额定电流	NRT36 型刀形触头熔断器是一种新型熔断器，适用于交流 45～62Hz、额定电压至 690V、额定电流至 160A 的电气电路中作过载或短路保护用。此型熔断器是针对通信行业的最新产品	符合标准 GB/T 13539 和 IEC 60269
	HDLRTO 系列刀形触头熔断器	HDL RTO - □ / □ HDL：企业代号；RTO：熔断器；□：熔断器额定电流；□：熔断体额定电流	HDLRTO 系列刀形触头熔断器适合在交流 50～60Hz、额定电压为 400V(380V)、额定电流至 1000A 的工业电气装置的配电设备中作过载和短路保护用	符合标准 GB/T 13539 和 IEC 60269

续表

类型	型号	型号意义	特点及应用场合	说明
直流熔断器	NRZ系列直流熔断器	N　RZ　36/□ N—企业代码；RZ—直流熔断器；36—设计序号；□—尺码	NRZ36型直流熔断器适用于额定电压不超过DC 1200V、额定电流不超过400A、额定短路能力不超过50kA的直流线路中作短路保护用。广泛用于水电、核电、风力发电、工业自动化控制系统等领域	符合标准GB/T 13539.1—2015和GB/T 13539.4—2016
	CRT系列直流熔断器	C　R　T　36—00 C—通信行业用；R—熔断器；T—刀型触头；36—设计代号；00—尺码	CRT36-00型直流熔断器适用于额定电压不超过DC 80V、额定电流不超过600A、额定短路能力不超过25kA的配电线路中作短路保护用。本产品适用于通信行业，具有小型化、大容量、低功耗和高限流能力等特点	符合标准GB 13539.1—2015、GB/T 13539.4—2016和IEC 60269-1
	NRZ28-20太阳能光伏系统保护用熔断器	N　RZ　28-□/□ N—企业代号；RZ—直流熔断器；28—设计代号；□—熔断器的额定电流；□—熔断体额定电流	NRZ28-20型太阳能光伏系统保护用熔断器适用于额定电压不超过DC 1000V、额定电流不超过20A、额定短路能力不超过35kA的配电线路中作短路保护用	符合标准GB 13539.6—2013、IEC 60269-6
半导体器件保护用熔断器	HDLRS3系列	HDL　RS　3-□/□ HDL—企业代号；RS—熔断器；3—保护可控硅元件用；□—熔断器额定电流；□—熔断体额定电流	HDLRS3系列熔断器额定电压不超过交流50Hz 750V、额定电流不超过1200A，用于半导体器件及其成套装置的短路保护用	符合标准GB/T 13539和IEC 60269
	RS71系列	RS　71　□　□/□ RS—熔断器；71—设计序号；□—尺码；□—连接方式；□—熔断体额定电流	RS71型熔断器额定电压不超过1000V、额定电流不超过1200A，具有分断能力高、限流特性好、周期性负载特性稳定、功率损耗低等特点，能可靠保护半导体器件晶闸管及其成套装置	符合标准GB/T 13539和IEC 60269
	RS1系列	RS　1　□/□ RS—熔断器；1—设计序号；□—尺码；□—熔断体额定电流	RS1型熔断器额定电压不超过交流50/60Hz 690V、额定电流不超过100A，用于半导体器件及其成套装置的短路保护用	符合标准GB/T 13539和IEC 60269

1.2.4　常用熔断器的主要技术参数

表25-1-3　　常用熔断器的主要技术参数

名称	型号	极数	熔断器额定电压/V	熔断器额定电流/A	熔断体特性		
					额定电流等级/A	额定耗散功率/W	额定分断能力/kA
有填料封闭管式圆筒形帽熔断器	RT14-20	单极	380	20	2、4、6、8、10、16、20	≤3	100
	RT14-32	单极	380	32	2、4、6、8、10、16、20、25、32	≤5	100
	RT14-63	单极	380	63	16、20、25、32、40、50、63	≤9.5	100
	RT28-32	单极 双极 三极	500	32	2、4、6、10、16、20、25、32	≤3	50
	RT28-32X		500	32	2、4、6、10、16、20、25、32	≤3	50
	RT28-63		500	63	10、16、20、25、32、40、50、63	≤5	50
	RT28-63X		500	63	10、16、20、25、32、40、50、63	≤5	50
	RT29-16	单极	500	16	2、4、6、8、10、16	≤2.5	100
	RT29-32	单极	500	32	2、4、6、8、10、16、20、25、32	≤3	100
	RT29-36	单极	500	63	10、16、20、25、32、40、50、63	≤5	100
	RT29-125	单极	500	125	25、32、40、50、63、80、100、125	≤9.5	100
	NRT30-32	单极	500	32	2、4、6、10、16、20、25、32	≤3	50

续表

名称	型号	极数	熔断器额定电压/V	熔断器额定电流/A	熔断体特性		
					额定电流等级/A	额定耗散功率/W	额定分断能力/kA
有填料封闭管式刀形触头熔断器	RT36-00C	单极	500	4	4	≤1.5	120
				6	6	≤1.6	
				10	10	≤1.7	
				16	16	≤2	
				20	20	≤2.5	
				25	25	≤3.1	
				32	32	≤3.5	
				36	36	≤3.8	
				40	40	≤4	
				50	50	≤5.3	
				63	63	≤6.1	
				80	80	≤6.9	
				100	100	≤10	
	RT36-00	单极	AC 500、AC 690、DC 250	4	4	≤1.5	120、50、100
				6	6	≤1.6	
				10	10	≤1.7	
				16	16	≤2	
				20	20	≤2.5	
				25	25	≤3.1	
				32	32	≤3.5	
				36	36	≤3.8	
				40	40	≤4	
				50	50	≤5.3	
				63	63	≤6.1	
				80	80	≤6.9	
				100	100	≤10	
				125	125	≤9.6	
				160	160	≤12	
	RT36-0	单极	AC 500、AC 690	4	4	≤1.7	120、50
				6	6	≤2	
				10	10	≤1.8	
				20	20	≤3	
				25	25	≤3.5	
				32	32	≤4.05	
				36	36	≤4	
				40	40	≤5.1	
				50	50	≤7.25	
				63	63	≤8.1	
				80	80	≤10.26	
				100	100	≤12.58	
				125	125	≤15.62	
				160	160	≤16	
	RT36-1	单极	AC 500、AC 690、DC 440	80	80	≤8.25	120、50、100
				100	100	≤12.05	
				125	125	≤13.46	
				160	160	≤16.53	
				200	200	≤20.8	
				224	224	≤22.69	
				250	250	≤23	

续表

名称	型号	极数	熔断器额定电压/V	熔断器额定电流/A	熔断体特性		
					额定电流等级/A	额定耗散功率/W	额定分断能力/kA
有填料封闭管式刀形触头熔断器	RT36-2	单极	AC 500、AC 690、DC 440	125	125	≤21.7	120、50、100
				160	160	≤22.7	
				200	200	≤26.8	
				224	224	≤28.9	
				250	250	≤28.9	
				300	300	≤32	
				315	315	≤32.45	
				355	355	≤33.66	
				400	400	≤34	
	RT36-3	单极	AC 500、AC 690、DC 440	315	315	≤34.45	120、50、100
				355	355	≤35.96	
				400	400	≤38.09	
				425	425	≤40.2	
				500	500	≤45.23	
				630	630	≤48	
	RT36-4	单极	AC 500、DC 440	800	800	≤75.08	120、100
				1000	1000	≤90	
				1250	1250	≤110	
	NRT36-00	单极	500	160	2、4、6、10、16、20、25、32、35、40、50、63、80、100、125、160	≤12	120
			660、690	160		≤12	50
	HDLRTO-100		AC 380	100	30、40、50、60、80、100	≤12	50
	HDLRTO-100		AC 380	200	80、100、120、150、200	≤23	50
	HDLRTO-100		AC 380	400	200、250、300、350、400	≤34	50
	HDLRTO-100		AC 380	600	300、400、500、600	≤48	50
	HDLRTO-100		AC 400	1000	700、800、1000	≤90	50
直流熔断器	NRZ36-0		DC 1200	63	10、16、20、25、32、35、40、50、63	≤25	50
	NRZ36-1		DC 1200	250	63、80、100、125、160、200、250	≤80	50
	NRZ36-2		DC 1200	400	250、300、315、355、400	≤183	50
	CRT36-00		DC 80	600	2、4、6、10、16、20、25、32、35、40、50、63、80、100、125、160、200、224、250、300、315、355、400、425、500、600	≤30	25
	NRZ28-20		1000	20	2、3、4、5、6、8、10、12、15、16、20	≤3	35
半导体器件保护用熔断器	HDLRS3-250		250	50	10、15、20、25、30、40、50	≤15	
				100	50、60、80、100	≤35	
				200	100、125、150、160、180、200	≤50	
				400	150、200、250、300、350、400	≤75	
				600	300、315、350、480、500、600	≤100	
	HDLRS3-500		500	50	10、15、20、25、30、40、50	≤20	50
				100	20、30、40、50、63、80、100	≤50	
				200	100、125、150、160、180、200	≤70	
				400	150、200、250、300、350、400	≤92	
				600	300、315、350、480、500、600	≤115	
				1200	700、750、800、1000、1200	≤200	
	RS711B	单极	400(380)、690(660)、800	160	25	≤8.6	
					32	≤9.9	
					40	≤11.3	
					50	≤13.2	
					63	≤15.7	
					80	≤18.7	
					100	≤22.6	
					125	≤27	
					160	≤40	

续表

名称	型号	极数	熔断器额定电压/V	熔断器额定电流/A	熔断体特性		
					额定电流等级/A	额定耗散功率/W	额定分断能力/kA
半导体器件保护用熔断器	RS711	单极	400(380)、690(660)、800、1000	250	100	≤34	
					125	≤36	
					160	≤40	
					200	≤46	
					250	≤55	
	RS712	单极	400(380)、690(660)、800、1000	400	200	≤47	
					250	≤53	
					280	≤56	
					315	≤62	
					355	≤67	
					400	≤75	
	RS713	单极	400(380)、690(660)、800、1000	630	355	≤65	
					400	≤72	
					450	≤75	
					500	≤83	
					560	≤92	
					630	≤105	
	RS714	单极	400(380)、690(660)、800、1000	1250	700	≤120	
					800	≤145	
					900	≤160	
					1000	≤195	
					1250	≤255	
	RS711BC	单极	400(380)、690(660)、800	160	25	≤8.6	
					32	≤9.9	
					40	≤11.3	
					50	≤13.2	
					63	≤15.7	
					80	≤18.7	
					100	≤22.6	
					125	≤27	
					160	≤40	
	RS711C	单极	400(380)、690(660)、800、1000	250	100	≤34	
					125	≤36	
					160	≤40	
					200	≤46	
					250	≤55	
	RS712C	单极	400(380)、690(660)、800、1000	400	200	≤47	
					250	≤53	
					280	≤56	
					315	≤62	
					355	≤67	
					400	≤75	
	RS713C	单极	400(380)、690(660)、800、1000	630	355	≤65	
					400	≤72	
					450	≤75	
					500	≤83	
					560	≤92	
					630	≤105	

续表

名称	型号	极数	熔断器额定电压/V	熔断器额定电流/A	熔断体特性		
					额定电流等级/A	额定耗散功率/W	额定分断能力/kA
半导体器件保护用熔断器	RS714C	单极	400(380)、690(660)、800、1000	1250	700	≤120	
					800	≤145	
					900	≤160	
					1000	≤195	
					1250	≤255	
	RS14		500、690	20	0.5、1、2、3、4、6、8、10、16、20		
	RS15		500、690	35	0.5、2、3、4、6、8、10、16、25、30、35		
	RS16		500、690	63	1、2、3、4、6、8、16、20、25、30、32、40、50、63		
	RS17		500、690	100	2、4、6、8、10、12、16、20、25、32、40、50、63、80、100		

1.2.5 熔断器的选用原则及应用场合

熔断器一般是根据线路的工作电压和额定电流来选择的。首先选择熔断体的规格，然后根据熔体选择熔断器规格，最后确定熔断器的类型。熔断器的选用原则及应用场合见表 25-1-4。

表 25-1-4 **熔断器的选用原则及应用场合**

应用场合	熔断器的选用原则	备注
一般场合	熔体额定电流≥线路计算电流	按正常工作电流选择
	被保护线路最小短路电流/熔体额定电流≥熔断器动作系数	按短路电流校验动作灵敏性选择。熔断器动作系数一般为 4
电灯照明等一般电路	熔体额定电流≥ 实际负荷电流	
电炉、变压器		
直流电动机		
线绕式异步电动机		
笼式异步电动机	熔体额定电流≥电动机启动电流/K K：计算系数，取决于启动状况的熔断器特性	(K=1.6～2.5)轻载启动、启动时间短的 K 选大一些；重载启动、启动时间长 K 选小一些
静电电容器组熔体的选择	熔体额定电流≥(1.5～2)电容器组的额定电流	
变压器高低压熔体的选择	容量为 160kV·A 的变压器，其高压熔体按 2～3 倍额定电流选择；容量为 160kV·A 以上的变压器，高压熔体按 1.5～2 倍额定电流选择 变压器低压熔体按其额定电流或过负荷电流的 20%选择	
输配电线路	按额定电流选择	熔体额定电流 ≤ 线路的安全电流。而且前一级熔体比后一级熔体的额定电流大 2～3 倍，防止发生越级动作，扩大故障范围

1.3 断路器

断路器又称自动开关、空气开关，是指能接通、承载及分断正常电路条件下的电流，也能在规定的非正常电路条件下接通、承载一定时间和分断电流的一种机械开关电器。不但能用于正常情况时不频繁接通和断开电路，而且当电路中出现过载、短路以及失压等故障时，能自动切断故障电路，有效地保护串接在后面的电气设备，因此在电气控制线路中使用广泛。

1.3.1 断路器的类型

断路器的形式品种繁多，可以按结构形式、安装方式、灭弧介质、灭弧技术、极数等分类。

① 按结构形式可分为框架式、塑料外壳式。框架式断路器又称万能式断路器，一般都有一个钢制的框架，所有零件均安装在这个框架内。

② 按安装方式可分为固定式、插入式和抽屉式。

③ 按灭弧介质可分为空气式、真空式。

④ 按灭弧技术可分为零点灭弧式、限流式。

⑤ 按极数可分为单极、两极、三极和四极。

1.3.2 断路器的主要技术参数

① 额定电压：指断路器在规定条件下长期运行所能承受的工作电压，一般为线电压。常用有交流220V、380V、500V、660V 等。

② 额定电流：指在规定条件下断路器可长期通过的电流，又称为脱扣器额定电流。

③ 额定短路接通能力：指断路器在额定频率和功率因数等规定条件下，能够接通短路电流的能力，用最大预期峰值电流表示。

④ 额定短路分断能力：指断路器在额定频率和功率因数等规定条件下，能够分断的最大短路电流值。

⑤ 额定短时耐受电流：指断路器在规定试验条件下，在指定时间内所能承受的电流值。

⑥ 动作时间：指从电气控制线路出现短路瞬间开始到触头分离、电弧熄灭、电路被完全分断所需要的全部时间，又称为全分断时间，一般为 30～60ms。

⑦ 使用寿命：包括电寿命和机械寿命。指在规定的正常负载条件下动作而不必更换零部件的操作次数，一般电寿命为 0.2 万～1.2 万次，机械寿命为 0.2 万～2 万次。

⑧ 保护特性：主要是指断路器对电流的保护特性。对配电用选择型自动开关，要求有两段或三段保护特性，上一级的可返回时间要大于下一级的断开时间；对电动机保护用自动开关，要求反延时反时限特性尽量和被保护对象的过载特性相配合；对漏电保护开关，要求额定漏电动作电流及额定不动作电流严格符合有关标准，以确保人身和设备安全。

⑨ 限流能力：对限流式自动开关，要求有较高的限流能力。

1.3.3 断路器的型号及适用场合

表 25-1-5 断路器的类型、型号、特点及应用

类型	型号	型号及意义	特点及应用	说明
万能式断路器	NA1 系列	NA 1 - □ / □ NA：万能式断路器；1：设计序号；□：壳架等级额定电流；□：极数	NA1 系列万能式断路器适用于交流 50Hz、额定电压至 AC 690V，额定电流至 6300A 的配电网络中，用来分配电能和保护线路及电源设备免受过载、欠电压、短路、单相接地等故障的危害	壳架等级额定电流（A）：2000、3200、4000、6300 极数：3、4（3 极可省略）
	NA8 系列	NA 8 - □ / □ NA：万能式断路器；8：设计序号；□：壳架等级额定电流；□：极数	NA8 系列万能式断路器额定电流为 200～6300A，额定交流电压 400V、690V，适用于交流 50Hz 的配电网络中，用来分配电能和保护线路及电源设备免受过载、欠电压、短路、单相接地等故障的危害	壳架等级额定电流（A）：2000、4000 极数：3、4（3 极可省略）
	DW15	DW 15 □ - □ DW：万能式断路器；15：设计序号；□：安装结构；□：壳架等级额定电流	DW15 系列万能式断路器适用于交流 50Hz、额定电压至 AC 380V 或 AC 1140V、额定电流至 6300A 的配电网络中，用来分配电能和供电线路及电源设备的过载、欠电压、短路保护之用	安装结构：抽屉式安装结构用“C”表示（仅额定电流 630A）

续表

类型	型号	型号及意义	特点及应用	说明
万能式断路器	DW16	DW 16 - □ DW—万能式断路器；16—设计序号；□—壳架等级额定电流	DW16 系列万能式断路器适用于交流 50Hz，额定电压至 400V，额定电流 200～4000A 的配电网络中，用来分配电能和保护供电线路及电源设备的过载、欠电压、短路，可作为线路不频繁转换用	
	DW17D	DW 17D - □ / □ DW—万能式断路器；17D—设计序号；□—壳架等级额定电流；□—极数	DW17D 系列万能式断路器适用于交流 50Hz、额定电压 400V 或 690V、额定电流至 3900A 的配电网络中，用来分配电能和保护供电线路及电源设备的过载、欠电压、短路，可作为线路不频繁转换用	极数：3、4（3 极可省略）
塑料外壳式断路器	NM 系列	NM 1 □ □ □ □ □ □ □ □ NM—塑料外壳式断路器；1—设计序号；□—壳架等级额定电流；□—分断能力；□—操作方式；□—极数；□—脱扣方式；□—用途代号；□—N 极类型；□—派生代号	NM1 系列塑料外壳式断路器适用于交流 50Hz、额定电压至 690V，额定电流至 1250A 的配电网络中，用来分配电能和保护线路及电源设备免受过载、欠电压、短路等故障的危害。同时也能作为电动机的不频繁启动及过载、短路、欠电压保护	分断能力：S—标准型；H—较高型；R—限流型 操作方式：无—手柄直接操作；P—电动操作；Z—转动手柄操作 用途代号：无—配电用；2—保护电动机用 派生代号：无—常规产品；T—透明盖产品 N 极类型：A—N 极不安装过电流脱扣元件，N 极始终接通；B—N 极不安装过电流脱扣元件，N 极与其他三极一起合分；C—N 极安装过电流脱扣元件，N 极与其他三极一起合分
		NM 7 □ - □ □ □ / □ □ □ □ NM—塑料外壳式断路器；7—设计序号；□—脱扣方式；□—壳架等级额定电流；□—分断能力；□—操作方式；□—极数；□—脱扣器形式；□—用途代号；□—N 极类型	NM7 系列塑料外壳式断路器适用于交流 50Hz、额定电压至 690V、额定电流至 16000A 的配电网络中，用来分配电能和保护线路及电源设备免受过载、欠电压、短路等故障的危害。同时也能作为电动机的不频繁启动及过载、短路、欠电压保护	脱扣方式：无—热磁脱扣；S—电子脱扣器 分断能力：S—标准型；H—较高型 操作方式：无—手柄直接操作；P—电动操作；Z—转动手柄操作 极数：2—2 极；3—3 极 用途代号：无—配电用；2—保护电动机用 N 极类型：同上

续表

类型	型号	型号及意义	特点及应用	说　明
塑料外壳式断路器	NM 系列	NM 8 □-□ □/□/□/□ NM—塑料外壳式断路器 8—设计序号 □—脱扣方式 □—壳架等级额定电流 □—分断能力 □—额定电流 □—极数 □—用途代号	NM8 系列塑料外壳式断路器是新型断路器。其设计体现了最新的限流原理和制造技术，具有小型紧凑、模块化、分断高、零飞弧等特点。适用于交流 50Hz、额定电压至 AC 690V 或 DC 500V，额定电流至 1250A 的电路中，用来接通、分断和承载额定工作电流，并能保护线路及用电设备免受过载、欠电压、短路等故障的损坏	脱扣方式：无—热磁脱扣；S—智能脱扣器 分断能力：S—标准型；H—较高型；R—限流型 极数：2—2 极；3—3 极；4—4 极；4A—N 极不安装过电流脱扣元件，N 极始终接通；4B—N 极不安装过电流脱扣元件，N 极与其他三极一起合分；4C—N 极安装过电流脱扣元件，N 极与其他三极一起合分；4D—N 极安装过电流脱扣元件，N 极始终接通 用途代号：无—配电用；M—保护电动机用
		NM 10-□ □/3 □ □ □ NM—塑料外壳式断路器 10—设计序号 □—壳架等级额定电流 □—分断能力 3—极数 □—脱扣器型式 □—用途代号 □—派生代号	NM10 系列塑料外壳式断路器适用于不频繁操作的交流 50Hz、额定电压至 380V，额定电流至 600A 的配电网络中，用来分配电能和保护线路及电源设备免受过载、欠电压、短路等故障的损坏。也能作为电动机的不频繁启动及过载、短路、欠电压保护	分断能力：无—标准型；H—较高型 用途代号：无—配电用；2—保护电动机用 派生代号：无—常规产品；T—透明盖产品
	DZ15 系列	DZ 15-□/□ 90 □ □ DZ—塑料外壳式断路器 15—设计序号 □—壳架等级额定电流 □—极数 90—液压电磁脱扣器 □—用途代号 □—派生代号	DZ15 系列塑料外壳式断路器适用于交流 50Hz、额定电压至 380V、额定电流至 100A 的电路中，作为配电、电动机的过载及短路保护用，也可作为线路不频繁转换及电动机不频繁启动用	极数：2—2 极；3—3 极 用途代号：1—配电用；2—保护电动机用 派生代号：无—常规产品；T—透明盖产品
	DZ20 系列	DZ 20 □-□ □/□ □ □ □ DZ—塑料外壳式断路器 20—设计序号 □—分断能力 □—壳架等级额定电流 □—操作方式 □—极数 □—脱扣方式 □—用途代号 □—派生代号	DZ20 系列塑料外壳式断路器适用于交流 50Hz、额定电压至 380V、额定电流至 1250A 的电路中，作为配电、电动机的过载及短路保护用，也可作为线路不频繁转换及电动机不频繁启动用	分断能力：Y—标准型；J—较高型；C—经济型 操作方式：无—手柄直接操作；P—电动操作；Z—转动手柄操作 极数：3—3 极 用途代号：1—配电用；2—保护电动机用 派生代号：无—常规产品；T—透明盖产品

续表

类型	型号	型号及意义	特点及应用	说　明
剩余电流动作断路器	NM1LE	NM 1 LE - □ □ □ / □ □ □ □ □ □ □ NM—塑料外壳式断路器；1—设计序号；LE—电子式剩余电流动作断路器；□—壳架等级额定电流；□—短路分断能力；□—操作方式；□—极数；□—脱扣器方式；□—用途；□—四极断路器N极保护类型；□—剩余电流动作特性代号；□—报警形式；□—派生代号	NM1LE 系列剩余电流动作断路器具有体积小、分断能力高、飞弧短及剩余动作电流可调等特点，可带报警触头、分励脱扣器、欠电压脱扣器、辅助触头、旋转手柄操作机构、电动操作机构等附件，可采用板前、板后和插入式等接线方式。适用于交流50Hz，额定电压至400V，额定电流 18～800A 的电路中，提供间接接触保护，防止由于接触故障电流而引起的电气火灾。并可用来保护线路的过载、短路和作为线路的不频繁转换之用	短路分断能力：S—标准型；H—较高型 操作方式：Z—转动手柄操作；P—电动操作；无—手柄直接操作 极数：2—2 极；3—3 极；4—4 极 用途：2—电动机保护；无—配电保护 剩余电流动作特性：Y—延时用，无—非延时用 报警形式：J—带剩余电流动作报警模块；无—不带剩余电流动作报警模块 派生代号：T—透明盖；无—常规产品
	NM7LE	NM 7 LE - □ □ □ / □ □ □ □ NM—塑料外壳式断路器；7—设计序号；LE—电子式剩余电流动作断路器；□—壳架等级额定电流；□—短路分断能力；□—操作方式；□—极数；□—脱扣器方式；□—用途；□—四极断路器N极保护类型	NM7LE 系列剩余电流动作断路器具有体积小、分断能力高、飞弧短及剩余动作电流可调等特点，可带报警触头、分励脱扣器、欠电压脱扣器、辅助触头、旋转手柄操作机构、电动操作机构等附件。适用于交流 50Hz、额定电压至 400V、额定电流 16～630A 的电路中，提供间接接触保护，防止由于接触故障电流而引起的电气火灾。并可用来保护线路的过载、短路和作为线路的不频繁转换之用	短路分断能力：S—标准型 操作方式：Z—转动手柄操作；P—电动操作；无—手柄直接操作 极数：3—3 极；4—4 极 用途：2—电动机保护，无—配电保护
	DZ15LE	DZ 15 LE - □ / □ 90 □ □ □ DZ—塑料外壳式断路器；15—设计序号；LE—电子式剩余电流动作断路器；□—壳架等级额定电流；□—极数；90—液压电磁脱扣器；□—用途；□—四极断路器N极保护类型；□—派生代号	DZ15LE 系列剩余电流动作断路器适用于交流 50Hz，额定电压为 220V 或 380V，额定电流至 100A 的电路中，作剩余电流保护用，也可用来防止设备绝缘损坏，产生接地事故电流引起的火灾危险。并可用来保护线路的过载、短路和作为线路的不频繁转换之用	极数：2—2 极；3—3 极；4—4 极 用途：1—配电保护；2—电动机保护 派生代号：无—常规产品；T—透明盖产品 4 极剩余电流动作断路器的 N 极类型：A 型—N 极不安装电流脱扣元件，且 N 极始终接通，不与其他三极一起分合（为常规产品，A 可省略）；B 型—N 极不安装电流脱扣元件，且 N 极与其他三极一起分合

续表

<table>
<tr><th>类型</th><th>型号</th><th>型号及意义</th><th>特点及应用</th><th>说　明</th></tr>
<tr><td>剩余电流动作断路器</td><td>DZ20L</td><td>DZ 20 L -□/□ □ □ □ □ □
DZ—塑料外壳式断路器
20—设计序号
L—电子式剩余电流动作断路器
□—壳架等级额定电流
□—极数
□—脱扣器方式
□—用途
□—剩余电流动作特性代号
□—报警形式
□—派生代号</td><td>DZ20L 系列剩余电流动作断路器适用于交流 50Hz，额定电压 380V，额定电流至 630A 的配电网络中，作漏电保护用，也可用来防止设备绝缘损坏，产生接地事故电流引起的火灾危险。并可用来分配电能和保护线路及电源设备的过载、短路和作为线路的不频繁转换之用。本产品具有漏电报警不跳闸功能，可应用于不间断电源工作场所</td><td>极数：3N—三极四线；4—4 极
用途：2—电动机保护；无—配电保护
剩余电流动作特性：Y—延时用；无—非延时用
报警形式：J—带剩余电流动作报警模块；无—不带剩余电流动作报警模块
派生代号：T—透明盖；无—常规产品</td></tr>
</table>

1.3.4　常用万能式断路器的主要技术参数

表 25-1-6　　NA1、NA8、DW17D 系列万能式断路器主要性能

<table>
<tr><th rowspan="2">型　号</th><th rowspan="2">额定工作电压 AC/V</th><th rowspan="2">额定绝缘电压 AC/V</th><th rowspan="2">断路器额定电流 I_n/A</th><th colspan="2">额定极限短路分断能力 I_{cu}/kA</th><th colspan="2">额定运行短路分断能力 I_{cs}/kA</th><th colspan="2">额定短时(1s)耐受电流 I_{cw}/kA</th><th rowspan="2">机械寿命/次</th><th rowspan="2">电寿命/次</th><th rowspan="2">操作频率/(次·h^{-1})</th><th rowspan="2">飞弧距离/mm</th><th rowspan="2">极数</th></tr>
<tr><th>400V</th><th>690V</th><th>400V</th><th>690V</th><th>400V</th><th>690V</th></tr>
<tr><td>NA1-1000</td><td>400、690</td><td>800</td><td>200、400、630、800、1000</td><td>42</td><td>25</td><td>30</td><td>20</td><td>30</td><td>20</td><td rowspan="2">免维护：15000
有维护：30000</td><td rowspan="2">AC 400V：6500
AC 690V：3000</td><td rowspan="2"></td><td rowspan="2"></td><td>3、4</td></tr>
<tr><td>NA1-2000</td><td>400、690</td><td>1000</td><td>630、800、1000、1250
1600、2000</td><td>80</td><td>50</td><td>80</td><td>40</td><td>50</td><td>40</td><td>3、4</td></tr>
<tr><td>NA1-3200</td><td rowspan="2">400、690</td><td rowspan="2">1000</td><td rowspan="2">2000、2500
3200、4000</td><td>100</td><td>65</td><td>80</td><td>65</td><td>80</td><td>50</td><td rowspan="2">免维护：10000
有维护：20000</td><td rowspan="2">AC 400V：3000
AC 690V：2000</td><td rowspan="2"></td><td rowspan="2"></td><td rowspan="2">3、4</td></tr>
<tr><td>NA1-4000</td><td>100</td><td>65</td><td>80</td><td>65</td><td>80</td><td>50</td></tr>
<tr><td rowspan="3">NA1-6300</td><td rowspan="3">400、690</td><td rowspan="3">1000</td><td>4000</td><td rowspan="3">120</td><td rowspan="3">85</td><td rowspan="3">100</td><td rowspan="3">75</td><td rowspan="3">100</td><td rowspan="3">75</td><td rowspan="3">免维护：5000
有维护：10000</td><td rowspan="3">AC 400V：1500
AC 690V：1000</td><td rowspan="3"></td><td rowspan="3"></td><td>3、4</td></tr>
<tr><td>5000</td><td>3、4</td></tr>
<tr><td>6300</td><td>3</td></tr>
<tr><td>NA8-1600</td><td>400、690</td><td>1000</td><td>200、400、630、800、1000、1250
1600</td><td>55</td><td>30</td><td>42</td><td>25</td><td>42</td><td>25</td><td>15000</td><td>2000</td><td>20</td><td>0</td><td>3、4</td></tr>
<tr><td>NA8-2500</td><td>415、690</td><td>1000</td><td>1000、1250
1600、2000
2500</td><td>90</td><td>50</td><td>80</td><td>50</td><td>65</td><td>50</td><td>12500</td><td>2000</td><td>10</td><td>0</td><td>3、4</td></tr>
</table>

续表

型号	额定工作电压 AC/V	额定绝缘电压 AC/V	断路器额定电流 I_n/A	额定极限短路分断能力 I_{cu}/kA		额定运行短路分断能力 I_{cs}/kA		额定短时(1s)耐受电流 I_{cw}/kA		机械寿命/次	电寿命/次	操作频率/(次·h^{-1})	飞弧距离/mm	极数
				400V	690V	400V	690V	400V	690V					
NA8-3200	400	1000	1600、2000 2500、3200	100	75	100	75	85		10000	1500	10	0	3、4
NA8-4000	400、690	1000	1000、1250 1600、2000 2500、2900 3200、3600 4000	100	85	100	85	100	85	8000	1500	10	0	3、4
NA8-6300	400	1000	4000、5000 6300	125	85	125	85	100		3000	500	10	0	3
DW17D-1900	400、690		630、800、 1000、1250 1600、1900		50		50			20000	1000			3、4
DW17D-2900	400、690		2000、2500、 2900		80		80			10000	500			3、4
DW17D-3900	380		3200、3900		80		80			10000	500			3、4

表 25-1-7　　DW15、DW16 系列万能式断路器主要性能

型号	额定工作电压 AC/V	额定绝缘电压 AC/V	断路器额定电流 I_n/A	额定极限短路分断能力 I_{cu}/kA		额定运行短路分断能力 I_{cs}/kA		操作力臂/mm	操作力/N	机械寿命/次	电寿命/次	操作频率/(次·h^{-1})	飞弧距离/mm	极数
				380V	1140V	380V	1140V							
DW15C-630	380、1140		200	20	12	20	10	90	200	9000	1000	60		3
DW15-630			200、315、 400、630	30	12	30	10	90	200	9000	1000	60		3
DW15-1600	380、1140		630、800、 1000、1250 1600	40	16	30	12	250	300	4500	500	20		3
DW15-2500	380、1140		1600、2000 2500	60	25	40	20	250	300	4500	500	20		3
DW15-6300	380、1140		2500、3000 4000、5000 6300	80	25	50	25	250	300	3500	500	10		3
DW16-630	400	690	200、250、 315、400、 630	30 $\cos\varphi$= 0.25		25 $\cos\varphi$ =0.25				9000	1000	60	250	3
DW16-2000	400	690	800、1000、 1600、2000	50 $\cos\varphi$= 0.25		30 $\cos\varphi$= 0.25				4500	500	30	350	3
DW16-4000	400	690	2500、 3200、 4000	80 $\cos\varphi$= 0.2		50 $\cos\varphi$ =0.25				2700	300	20	350	3

1.3.5 常用塑料外壳式断路器的主要技术参数

表 25-1-8 NM 系列塑料外壳式断路器主要技术参数

型号	额定绝缘电压 AC/V	额定工作电压 AC/V	壳架等级额定电流 I_{nm}/A	断路器额定电流 I_n/A	额定极限短路分断能力 I_{cu}/kA		额定运行短路分断能力 I_{cs}/kA		极数	飞弧距离 /mm	机械寿命 /次	电寿命 (AC 400V) /次
					400V	690V	400V	690V				
NM1-63S	500	400	63	10、16、20、25、32、40、50、63	25		12.5		3	≤50	20000	3000
NM1-63H	500	400	63	10、16、20、25、32、40、50、63	50		25		3	≤50	20000	3000
	500	400	63	20、25、32、40、50、63	50		25		4	≤50	20000	3000
NM1-125S	800	690	125	16、20、25、32、40、50、63、80、100、125	35	8	17.5	4	2、3	≤50	20000	3000
	800	690	125	80、100、125	35	8	17.5	4	4	≤50	20000	3000
NM1-125H	800	690	125	25、32、40、50、63、80、100、125	50	10	25	5	2、3、4	≤50	20000	3000
NM1-125R	800	690	125	40、63、80、100、125	85	20	42.5	10	3	≤50	20000	3000
NM1-250SGF	800	690	250	100、125、160、180、200、225、250	35	8	17.5	4	2、3	≤50	20000	3000
	800	690	250	125、160、200、225、250	35	8	17.5	4	4	≤50	20000	3000
NM1-250H	800	690	250	100、125、160、180、200、225、250	50	10	25	5	2、3、4	≤50	20000	3000
NM1-250R	800	690	250	125、160、200、225、250	85	20	42.5	10	3	≤50	20000	3000
NM1-400S	800	690	400	225、250、315、350、400	50	10	25	5	3	≤100	10000	2000
	800	690	400	250、315、350、400	50	10	25	5	4	≤100	10000	2000
NM1-400H	800	690	400	225、250、315、350、400	65	20	32.5	10	3	≤100	10000	2000
	800	690	400	250、315、400	65	20	32.5	10	4	≤100	10000	2000
NM1-400R	800	690	400	250、315、400	100	20	50	10	3	≤100	10000	2000
NM1-630S	800	690	630	400、500、630	50	10	25	5	3	≤100	10000	2000
	800	690	630	500、630	50	10	25	5	4	≤100	10000	2000
NM1-630H	800	690	630	400、500、630	65	10	32.5	5	3、4	≤100	10000	2000
NM1-630R	800	690	630	630	100	20	50	10	3	≤100	10000	2000
NM1-800S	800	690	800	630、700、800	50	10	25	5	3	≤100	10000	2000
	800	690	800	630、800	50	10	25	5	4	≤100	10000	2000
NM1-800H	800	690	800	630、700、800	75	30	37.5	15	3	≤100	10000	2000
	800	690	800	630、800	75	30	37.5	15	4	≤100	10000	2000
NM1-800R	800	690	800	800	100	30	50	15	3	≤100	10000	2000
NM1-1250S	800	690	1250	800、1000、1250	65	20	32.5	10	3	≤100	5000	800
NM1-1250H	800	690	1250	800、1000、1250	85	25	42.5	12.5	3	≤100	5000	800
NM7-63	500	380、400、415	63	10、16、20、25、32、40、50、63	25		12.5		3、4		8500	1500

续表

型号	额定绝缘电压 AC/V	额定工作电压 AC/V	壳架等级额定电流 I_{nm}/A	断路器额定电流 I_n/A	额定极限短路分断能力 I_{cu}/kA		额定运行短路分断能力 I_{cs}/kA		极数	飞弧距离 /mm	机械寿命 /次	电寿命 (AC 400V) /次
					400V	690V	400V	690V				
NM7-125	800	380、400、415	125	16、20、25、32、40、50、63、80、100、125	35		17.5		3、4		20000	8000
NM7-250	800	380、400、415	250	100、125、160、180、200、225、250	35		17.5		3、4		20000	2500
NM7-400S	800	380、400、415、690	400	225、250、315、350、400	50		50		3、4		4000	1000
NM7-400H					65	12	32.5	6	3			
NM7-630S	800	380、400、415、690	630	400、500、630	50		25		3、4		4000	1000
NM7-630H					65	15	32.5	7.5	3			
NM7-800S	800	380、400、415、690	800	500、630、700、800	50		25		3、4		2500	500
NM7-800H					75	15	32.5	10	3			
NM7-1600S	750	380、400、415、690	1600	800、1000、1250、1600	50		37.5		3、4		2500	500
NM7-1600H					65	20	50	20	3、4			
NM8-100S	750	690、DC 500	100	16、20、25、32、40、50、63、80、100	50	8	100		2、3、4		8500	1000
NM8-100H					100	10						
NM8-100R					125	20						
NM8S-100S	750	690	100	40、50、63、80、100	50	8	100		3、4		7000	1000
NM8S-100H					70	10						
NM8S-100R					100	20						
NM8-250S	750	690、DC 500	250	100、125、160、180、200、225、250	50	8	100		2、3、4		7000	1000
NM8-250H					100	10						
NM8-250R					125	20						
NM8 S -250S	750	690	250	100、125、160、180、200、225、250	50	8	100		3、4		7000	1000
NM8S -250H					70	10						
NM8S -250R					100	20						
NM8-630S	750	690、DC 500	630	250、315、350、400、500	70	10	100		3、4		4000	1000
NM8-630H					100	20						
NM8-630R					125	35						
NM8S-630S	750	690	630	250、315、350、400、500、630	70	10	100		3、4		4000	1000
NM8S-630H					100	20						
NM8S-630R					125	35						
NM8-1250S	750	690、DC 500	1250	630、700、800、1000、1250	50	10	50		3、4		2500	500
NM8-1250H					70	20						

续表

型号	额定绝缘电压 AC/V	额定工作电压 AC/V	壳架等级额定电流 I_{nm}/A	断路器额定电流 I_n/A	额定极限短路分断能力 I_{cu}/kA		额定运行短路分断能力 I_{cs}/kA		极数	飞弧距离/mm	机械寿命/次	电寿命(AC 400V)/次
					400V	690V	400V	690V				
NM8S-1250S	750	690	1250	630、700、800、1000、1250	50	10	50		3、4		2500	500
NM8S-1250H					70	20						

表 25-1-9　NM10、DZ15、DZ20 系列塑料外壳式断路器主要技术参数

型号	额定绝缘电压 AC/V	额定工作电压 AC/V	壳架等级额定电流 I_{nm}/A	断路器额定电流 I_n/A	额定极限短路分断能力 I_{cu}/kA	额定运行短路分断能力 I_{cs}/kA	极数	飞弧距离/mm	机械寿命/次	操作频率/(次·h^{-1})
NM10-100	380	380	100	20、30、40、50、60、80、100	15	7.5	3	150		
NM10-100H	380	380	100	20、30、40、50、60、80、100	15	10	3	150		
NM10-250	380	380	250	120、150、170、200、250	20	12.5	3	200		
NM10-600	380	380	600	300、400、500、600	30	15	3	200		
DZ15-40		380	40	20、25、32、40	3	3	2	≤50	8500	120
				10、16、20、25、32、40			3			
DZ15-100		380	100	63	5	2.5	2	≤70	8500	120
				100			3			
DZ20Y-100	660	380	100	16、20、32、40、50、63、80、100	18	14	3	80	8500	120
DZ20J-100	660	380	100	32、40、50、63、80、100	35	18	3	80	8500	120
DZ20C-160	660	380	160	100、125、160	12	8	3	80	7000	120
DZ20Y-225	660	380	225	125、160、180、200、225	25	19	3	80	7000	120
DZ20J-225	660	380	225	125、160、200、225	42	25	3	80	7000	120
DZ20Y-400	660	380	400	250、315、350、400	30	23	3	100	4000	60
DZ20J-400	660	380	400	250、315、350、400	42	25	3	100	4000	60
DZ20Y-630	660	380	630	500、630	30	23	3	100	4000	60
DZ20J-630	660	380	630	500、630	50	25	3	100	4000	60
DZ20J-1250	660	380	1250	800、1000、1250	65	32.5	3	120	2500	60

1.3.6　常用剩余电流动作断路器的主要技术参数

表 25-1-10　　NM1LE、NM7LE、DZ15LE、DZ20L 主要技术参数

型　号	额定工作电压 U_n/V	壳架等级额定电流 I_{nm}/A	额定电流 I_n/A	额定剩余动作电流 $I_{\Delta n}$/mA	额定剩余不动作电流 $I_{\Delta no}$/mA	额定极限短路分断能力 I_{cu}/kA	额定运行短路分断能力 I_{cs}/kA	极数	飞弧距离/mm	机械/电寿命/次	操作频率/(次·h^{-1})
NM1LE-125S	230	125	16、20、25、32、40、50、63、80、100、125	30、50、100、200、300、500	15、25、50、100、150、250	30	15	2	≤50	20000	8000
	400							3、4			
NM1LE-125H	230	125	16、20、25、32、40、50、63、80、100、125	30、50、100、200、300、500	15、25、50、100、150、250	50	25	2	≤50	20000	8000
	400							3、4			
NM1LE-250S	230	250	100、125、160、180、200、225、225	30、50、100、200、300、500	15、25、50、100、150、250	30	15	2	≤50	20000	2500
	400							3、4			
NM1LE-250H	230	250	100、125、160、180、200、225、225	30、50、100、200、300、500	15、25、50、100、150、250	50	25	2	≤50	20000	2500
	400							3、4			
NM1LE-400S	400	400	225、250、315、350、400	50、100、200、300、500、1000	25、50、100、150、250、500	50	25	3、4	≤100	4000	1000
NM1LE-400H	400	400	225、250、315、350、400	50、100、200、300、500、1000	25、50、100、150、250、500	65	32.5	3、4	≤100	4000	1000
NM1LE-630S	400	630	400、500、630	100、200、300、500、1000	50、100、150、250、500	50	25	3、4	≤100	4000	1000
NM1LE-630H	400	630	400、500、630	100、200、300、500、1000	50、100、150、250、500	65	32.5	3、4	≤100	4000	1000
NM1LE-800S	400	800	630、700、800	100、200、300、500、1000	50、100、150、250、500	50	25	3、4	≤100	2500	500
NM1LE-800H	400	800	630、700、800	100、200、300、500、1000	50、100、150、250、500	70	35	3、4	≤100	2500	500
NM7LE-125S	400	125	16、20、25、32、40、50、63、80、100、125	30、50、100、200、300、500	15、25、50、100、150、250	35	17.5	3、4	≤50	20000	8000

续表

型号	额定工作电压 U_n/V	壳架等级额定电流 I_{nm}/A	额定电流 I_n/A	额定剩余动作电流 $I_{\Delta n}$/mA	额定剩余不动作电流 $I_{\Delta no}$/mA	额定极限短路分断能力 I_{cu}/kA	额定运行短路分断能力 I_{cs}/kA	极数	飞弧距离/mm	机械/电寿命/次	操作频率/(次·h^{-1})
NM7LE-250S	400	250	100、125、160、180、200、225、225	30、50、100、200、300、500	15、25、50、100、150、250	35	17.5	3、4	≤100	20000	2500
NM7LE-400S	400	400	225、250、315、350、400	50、100、200、300、500、1000	25、50、100、150、250、500	50	25	3、4	≤100	4000	1000
NM7LE-630S	400	630	400、500、630	50、100、200、300、500、1000	25、50、100、150、250、500	50	25	3、4	≤100	4000	1000
DZ15LE-40	220	40	20、32、40	30、50、75、100	15、25、40、50	3		2	≤50	8500	1500
	380							3、4			
DZ15LE-100	220	100	63、80、100	30、50、75、100、300	15、25、40、50、150	5		2	≤70	8500	1500
	380		63、100					3、4			
DZ20L-160	380	160	100、125、160	30、50、75	15、25、37.5	12	6	3N	≤60	7000	1000
			50、63、80、100、125、160	100、150、200、300、500	50、75、100、150			4			
DZ20L-250	380	250	200、250	30、50、75、100、150	15、25、37.5、50、75	15	8	3N	≤60	7000	1000
			160、180、200、225、250	200、300、500	100、150、250			4			
DZ20L-400	380	400	315、350、400	30、50、100、200	15、25、50、100	20	10	3N	≤80	4000	1000
			250、315、350、400	300、500	150、250			4			
DZ20L-600	380	600	500、630	100、200、300、500	50、100、150、250	20	10	3N、4	≤80	4000	1000

1.3.7 断路器的选用原则

(1) 类型选择

应根据电路的额定电流、保护要求和断路器的结构特点等因素来选择断路器的类型。对于额定电流600A 以下、短路电流不大的场合，一般选用塑料外壳式断路器；若额定电流较大，应选用万能式断路器；若短路电流相当大，则应选用限流式断路器；在有漏电保护要求时，还应选用剩余电流动作断路器。

(2) 额定参数的确定

① 断路器的额定电压应不低于线路的额定电压。

② 断路器的额定电流（包括脱扣器）应不小于线路计算的负载电流。

③ 断路器的极限通断能力应大于或等于线路中最大短路电流。

④ 断路器欠电压脱扣器额定电压应等于线路额定电压。

⑤ 线路末端单相对地短路电流与自动开关瞬时或延时脱扣器整定电流之比应大于或等于 1.25。

⑥ 断路器分励脱扣器的额定电压等于控制电源电压。

⑦ 电动传动机构的额定电压等于控制电源电压。

(3) 断路器用于不同场合下的整定值

① 配电用。长延时动作电流整定值等于 0.8～1 倍导线允许载电流；3 倍长延时动作电流整定值的可返回时间大于或等于线路中最大启动电流的电动机启动时间；短延时动作电流整定值大于或等于 1.1×（线路计算负载电流+1.35×电动机启动电流倍数×最大一台电动机额定电流）；短延时的延时时间按被保护对象的热稳定校核；无短延时时，瞬时电流整定值大于或等于 1.1×（线路计算负载电流+电动机启动电流冲击系数×电动机启动电流倍数×最大一台电动机额定电流）；有短延时时，瞬时电流整定值大于或等于 1.1 下级开关进线端计算短路电流。

② 电动机保护用。长延时电流整定值等于电动机额定电流；6 倍长延时电流整定值的可返回时间大于或等于电动机实际启动时间；瞬时整定电流笼型为 8～15 倍脱扣器额定电流，绕线型为 3～6 倍脱扣器额定电流。

1.4 接触器

接触器是在外界输入信号下能够自动接通或断开带有负载的主回路的自动控制电器，除了控制电动机外，还可以用于控制照明、电热、电焊机、电容器等负载，适用于频繁操作、远距离控制强电流电路，并具有工作可靠、寿命长、体积小、低压释放的保护功能等优点，是继电器-接触器控制系统中最重要和最常用的元件之一。

可逆型接触器是一种用于控制较大功率电机正、反转的机械可逆交流接触器，由两台标准型接触器和一个机械互锁单元构成，集中了交流接触器及倒顺开关的优点，操作简单、安全可靠、成本低，主要用于电机的正反向运转、反向制动、恒定运行及点动操作。

接触器能接通和断开负载电流，但不能切断短路电流，因此常与熔断器和热继电器等配合使用。

1.4.1 接触器的分类及结构原理

(1) 分类

接触器品种繁多，其分类方法一般有以下 4 种，目前以第一种分类较多。

① 按主触头所接回路的电流种类，分为交流接触器和直流接触器。

② 按主触头的极数，分为单极、双极、3 极、4 极和 5 极等。

③ 按主触头励磁线圈无电位置，分为常开式、常闭式。

④ 按有无灭弧方式，分为有灭弧装置和无灭弧装置两种。

(2) 结构原理

接触器主要组成部分有：电磁系统、触头、灭弧系统、辅助触头、支架和外壳等。当按钮按下时，线圈通电，静铁芯被磁化，并把动铁芯吸上，带动轴使触头系统进行分、合操作，从而接通或断开回路。当放开按钮时，过程与上述相反。

1.4.2 接触器的主要技术参数

① 额定工作电压 U_e：一般指主触头的额定电压，有交流 380V、660V、1140V 等，直流 220V、440V、660V 等。

② 额定工作电流 I_e：一般指主触头的额定电流，有 6A、9A、12A、16A、25A、40A、100A、160A、250A、400A、600A、1000A 等。

③ 接通和分断能力：指接触器能接通和分断受电设备的电流值。

④ 约定发热电流：在规定条件下试验时，电流在 8h 工作制下，各部分温升不超过极限值时所承载的最大电流。

⑤ 操作频率：指每小时允许操作的次数。

⑥ 机械寿命和电寿命：指主极不带载的情况下，接触器发生机械故障前的平均操作次数。机械寿命与操作频率有关。电寿命指主极没有维护保养的情况

下，带载操作的平均次数。电寿命与使用类别、额定工作电流和额定操作电压有关。

1.4.3 常用接触器的型号及应用场合

表 25-1-11 常用接触器型号说明及应用场合

类型	型号说明	特点及应用	说　明
NC1 系列	NC 1 - □□ □□ □ NC—交流接触器 1—设计序号 □□—规格代号 □□—触头数量种类 □—是否可逆	NC1 系列交流接触器主要用于交流 50Hz 或 60Hz，额定电压至 690V，在 AC-3、400(380)V 使用类别下额定工作电流至 95A 的电路中，供远距离接通和分断电路、频繁地启动和控制交流电动机之用，并可与适当的热过载继电器组成电磁启动器，以保护可能发生操作过负荷的电路。 NC1-N 交流可逆接触器主要用于交流 50Hz 或 60Hz，电压至 690V，额定工作电流至 95A 的电路中，可作电动机可逆控制用，其机械联锁机构保证了两台可逆接触器触头转换的工作可靠性	规格代号：用 400(380)V、AC-3 的额定工作电流数值表示 触头数量：04—四常开主触头(除 18A、32A 外)；10—三常开主触头，一常开辅助触头(32A 以下)；01—三常开主触头，一常闭辅助触头(32A 以下)；11—三常开主触头，一常开一常闭辅助触头(40A 以上)；08—二常开二常闭主触头(除 18A、32A 外)；是否可逆：N—可逆交流接触器；Z—直流操作可带 F4、NCF1 辅助触头，F5 空气延时头及 SR2 浪涌抑制器模块
NC2 系列	NC 2 - □□□ □ / □ NC—交流接触器 2—设计序号 □□□—额定电流 □—派生代号 □—极数	NC2 系列交流接触器主要用于交流 50Hz 或 60Hz，额定电压至 690V，额定工作电流至 800A 的电路中，供远距离接通和分断电路之用，并可与适当的热过载继电器组成电磁启动器，以保护可能发生操作过负荷的电路	额定电流：指 380V、AC-3 的额定工作电流数值 派生代号：N—表示可逆接触器；Z—表示直流操作接触器 极数：3 极或 4 极，不注明表示 3 极 可带 F4 辅助触头和 F5 空气延时头
NC3 系列	NC 3 □ □ □ □ □ NC—交流接触器 3—设计序号 □—额定电流 □—常开主触头数量 □—常闭主触头数量 □—常开辅助触头数量 □—常闭辅助触头数量	NC3 系列交流接触器主要用于交流 50Hz 或 60Hz，额定电压至 380V(NC3-09～16 可至 660V)，额定工作电流至 250A 的电力系统中接通和分断电路之用，并可与适当的热继电器或电子式保护装置组成电动机启动器，以保护可能发生过载的电路	额定电流：指 380V、AC-3 的额定工作电流数值
NC6 系列	NC 6 - □ □□ NC—交流接触器 6—设计序号 □—额定电流 □□—触头数量	NC6 系列交流接触器主要用于交流 50/60Hz，额定电压至 690V，额定电流至 9A 的电路中，供远距离接通和分断电路之用，并可与适当的热过载继电器组成电磁启动器，以保护可能发生操作过负荷的电路	额定电流：指 380V、AC-3 的额定工作电流数值 触头数量：10—三常开主触头，一常开辅助触头；01—三常开主触头，一常闭辅助触头；04—四常开主触头；08—二常开二常闭主触头

续表

类型	型号说明	特点及应用	说　明
NC7 系列	NC 7 - □ - □ / □ NC—交流接触器；7—设计序号；□—额定电流；□—辅助触头数量；□—是否可逆	NC7 系列交流接触器主要用于交流 50/60Hz，额定电压至 690V，在 AC-3、400V 使用类别下额定工作电流至 95A 的电路中，供远距离接通和分断电路之用，并可与适当的热过载继电器组成电磁启动器，以保护可能发生操作过负荷的电路。接触器适宜于频繁启动和控制交流电动机	辅助触头数 9～38A：01—1NC；10—1NO 9～95A：11—1NO+1NC 115～170A：22—2NO+2NC 205 ～ 620A：省略不写—4NO+4NC 是否可逆：N—可逆 可带 NCF1、AX-3 辅助触头、F5 空气延时头及 SR2 浪涌抑制器模块
NC8 系列	NC 8 - □ M □ □ / □ □ / □ / □ NC—交流接触器；8—设计序号；□—额定电流；M—小型；□—常开辅助触头数量；□—常闭辅助触头数量；□—常开主触头数量；□—常闭主触头数量；□—线圈类型；□—是否可逆	NC8 系列交流接触器主要用于交流 50/60Hz，额定电压至 690V，在 AC-3、400(380)V 使用类别下额定工作电流至 500A 的电路中，供远距离接通和分断电路之用，并可与适当的热过载继电器组成电磁启动器，以保护可能发生操作过负荷的电路。接触器适宜于频繁启动和控制交流电动机	小型接触器仅有 NC8-06M、09M、12M 线圈类型：Z—直流型；B—标准型，可省略 是否可逆：N—可逆，非可逆可以省略 可带 F4、F8、NCF8、NCF1 辅助触头，F5 空气延时头及 SR8 浪涌抑制器模块
NC9 系列	NC 9 - □ NC—交流接触器；9—设计序号；□—额定电流	NC9 系列真空交流接触器为立体结构布置，上部为接触系统，下部为电磁系统。磁系统由线圈、铁芯和整流装置组成，装在用铸铝合金制成的底座内。电磁系统采用直流双线圈、双绕组的节能方案。主要用于交流 50/60Hz，额定电压至 1140V，额定工作电流至 1000A 的电路中，供远距离接通和分断电路之用，并可与适当的热过载继电器或电子保护器等组成真空电磁启动器，特别适于组成隔爆型真空电磁启动器	额定电流：指 AC-3 的额定工作电流数值
NC 11 系列	NC 11 - □□ □ □ NC—交流接触器；11—设计序号；□□—规格代号；□—常开主触头数量；□—常闭主触头数量	NC11 系列真空交流接触器为桥式双断点、直动式交流接触器。主要用于电表箱中，控制电表的供电系统。还可以用在洗衣房等的电柜中。也可用于交流 50/60Hz，额定电压至 400V，在 AC-3 使用类别下额定工作电流至 65A 的电路中，供远距离接通和分断电路之用	规格代号：用 400V、AC-3 的额定工作电流数值表示

续表

类型	型号说明	特点及应用	说明
NC100 系列	NC 100 - □□ □□ □ NC：交流接触器；100：设计序号；□□：规格代号；□□：触头数量种类；□：是否可逆	NC100 系列交流接触器主要用于交流 50/60Hz，额定电压至 690V，在 AC-3、400(380)V 使用类别下额定工作电流至 620A 的电路中，供远距离接通和分断电路之用，并可与适当的热过载继电器组成电磁启动器，以保护可能发生操作过负荷的电路。接触器适宜于频繁启动和控制交流电动机	规格代号：用 400(380)V、AC-3 的额定工作电流数值表示 触头种类和数量：10—三常开主触头，一常开辅助触头(38A 及以下)；01—三常开主触头，一常闭辅助触头(38A 及以下)；11—三常开主触头，一常开一常闭辅助触头(40A 及以上) 是否可逆：N—可逆；非可逆可以省略 可带 F4、NCF1 辅助触头、F5 空气延时头及 SR2 浪涌抑制器模块
NCX1 系列	NCX 1 - □ NCX：交流接触器；1：设计序号；□：额定电流	NCX1 系列交流接触器主要适用于交流 50/60Hz，电压至 660V，额定电流至 25A 的电路中，可供远距离接通和分断电路，并可与适当的热过载继电器等组成电磁启动器，以保护可能发生操作过负荷的电路	额定电流：指 380V、AC-3 的额定工作电流数值 可带 F3、F4 辅助触头，F5 空气延时头及浪涌抑制器模块
CJX1 系列	CJX 1 - F □ / □ □ Z CJX：交流接触器；1：设计序号；F：有改进；□：额定电流；□：常开辅助触头数量；□：常闭辅助触头数量；Z：直流操作	CJX1 系列交流接触器为双断点触头的直动式运动结构，具有三对常开主触头。触头支持件与衔铁采用弹性锁连接。主要适用于交流 50/60Hz，额定电压 660～1000V，在 AC-3 使用类别下额定电压为 380V 时额定电流为 9～475A 的电力线路中，作为供远距离接通和分断电路之用，并适用于控制交流电动机启动、停止及反转	额定电流：指 380V、AC-3 的额定工作电流数值 直流操作：无—无直流操作；Z—有直流操作 可带 AX2 侧挂式辅助触头
CJX1/N 系列	CJX 1 - □ / □ □ N CJX：交流接触器；1：设计序号；□：额定工作电流；□：常开辅助触头数量；□：常闭辅助触头数量；N：机械联锁可逆	CJX1/N 系列交流接触器(机械联锁)主要适用于交流 50/60Hz，额定电压 660～1000V，额定工作电流至 475A 的电力线路中，控制交流电动机正转及反转	额定工作电流：指 380V、AC-3 的额定工作电流数值

续表

类型	型号说明	特点及应用	说　明
CJX1-K 系列	CJX 1 - □ / □ □ K CJX—交流接触器 1—设计序号 □—基本规格代号 □—常开辅助触头数量 □—常闭辅助触头数量 K—真空	CJX1-K 系列交流真空接触器主要适用于交流 50/60Hz，额定工作电压至 1000V，额定工作电流至 820A 的电路中，供远距离接通和分断电路之用，并可与适当的热过载继电器或电子保护器等有关保护装置组合成真空电磁启动器，特别适用于组成隔爆型真空电磁启动器，广泛用于矿山、冶炼、石油开采、仓储、化工、军工、建筑等易燃易爆或环境恶劣的场所	基本规格代号：用在 AC-3 使用类别，电压 380V 时的额定工作电流表示 可带 AX2 侧挂式辅助触头
CJX2 系列	CJ X 2 - □□ □□ CJ—交流接触器 X—小型 2—设计序号 □□—额定电流 □□—触头数量	CJX2 系列交流接触器可采用积木式安装方法加装辅助触头组、空气延时头等附件。主要适用于交流 50/60Hz，电压至 690V，在 AC-3、400(380)V 使用类别下额定电流至 95A 的电路中，供远距离接通和分断电路、频繁地启动和控制交流电动机之用，并可与适当的热继电器组成电磁启动器以保护可能发生操作过负荷的电路	额定电流：指 400(380)V、AC-3 的额定工作电流 触头数量：04—四常开主触头；10—三常开主触头，一常开辅助触头(32A 及以下)；01—三常开主触头，一常闭辅助触头(32A 及以下)；11—三常开主触头，一常开一常闭辅助触头(40A 及以上)；08—二常开二常闭主触头(除 18A、32A 外) 可带 F4、NCF1 辅助触头，F5 空气延时头及 SR2 浪涌抑制器模块
CJT1	CJ T 1 - □ CJ—交流接触器 T—触头形式 1—设计序号 □—额定电流	CJT1 系列交流接触器采用新型铜基银触头，灭弧罩由耐弧塑料弧罩和铁栅片组成。适用于交流 50/60Hz，电压至 380V，在 AC-3 使用类别下额定电流至 150A 的线路中，供远距离接通和分断电路之用，并可与适当的热继电器组成电磁启动器，以保护可能发生操作过负荷的电路	触头形式：新型铜基银触头 额定电流：指 380V、AC-3 的额定工作电流数值
CJ12 系列	CJ 12 - □ - □ / □ CJ—交流接触器 12—设计序号 □—派生代号 □—额定电流 □—极数	CJ12 系列交流接触器为开启式，结构为条架平面布置，磁系统由 U 形动静铁芯及线圈组成，动静铁芯均有缓冲装置，主触头系统为单断点转动式结构，陶土纵缝式灭弧罩，具有良好的灭弧性能。辅助触头为桥式双断点，有透明防护罩。适用于交流 50/60Hz、电压至 380V、额定电流至 600A 的电力线路中，供冶金、轧钢等电器设备使用，作远距离接通和分断电路、频繁地启动、停止、反接交流电动机之用	派生代号：Z—直流磁系统 额定电流：指 380V、AC-2 的额定工作电流数值 极数：用数字表示，3 极可不标注

续表

类型	型号说明	特点及应用	说　明
CJ19 系列	CJ 19 - □□ / □ CJ—交流接触器；19—设计序号；□□—规格代号；□—辅助触头数量	CJ19 系列切换电容器交流接触器为直动式、双断点结构，适用于交流 50/60Hz，额定工作电压至 690V 的电力线路中，供低压无功率补偿设备投入或切除低压并联电容器之用。接触器带有抑制涌流装置，能有效地减小合闸涌流对电容的冲击和抑制开断时的过电压	辅助触头数量：20—二常开触头；11——常开一常闭触头；02—二常闭触头；21—二常开一常闭触头；12——常开二常闭触头；01——常闭触头；10——常开触头
CJ20 系列	CJ 20 - □ - □ / □ CJ—交流接触器；20—设计序号；□—额定电流；□—派生代号；□—辅助规格	CJ20 系列交流接触器为直动式、双断点布置，CJ20-10～16 采用双断点简单开断灭弧室，其余均采用塑料栅片灭弧罩，具有分断能力高、可靠性高等特点。CJ20-63～630 产品具有直流通用节电模块。主要用于交流 50/60Hz，额定电压至 660V，额定工作电流至 630A 的电路中，供远距离接通和分断电路之用，并可与适当的热继电器组合，以保护可能发生操作过负荷的电路	额定电流：指 380V、AC-3 的额定工作电流数值 派生代号：J—交流消声节电型；JZ—交、直流通用节电型（仅 CJ20-63 以上提供节电产品） 辅助规格：06 表示 660V
CJ40 系列	CJ 40 - □ □ CJ—交流接触器；40—设计序号；□—额定电流；□—派生代号	CJ40 系列交流接触器主要用于交流 50/60Hz，额定电压至 660V 或 1140V，额定工作电流至 1000A 的电力系统中接通和分断电路，并可与适当的热继电器或电子式保护装置组成电动机启动器，以保护可能发生过载电路	额定电流：指 380V、AC-3 的额定工作电流数值 派生代号：JZ—交、直流通用节电型（仅 CJ40-63 以上规格）
NCK3 系列	NC K 3 - □ / □ □ □ NC—交流接触器；K—空调用；3—设计序号；□—额定电流；□—主触头极数；□—常开辅助触头；□—常闭辅助触头	NCK3 系列空调用交流接触器为立体布置，上部为接触系统，直动桥式双断点，触头采用银合金材料，下部为电磁系统，动铁芯采用电工纯铁制成。主要用于交流 50Hz，额定电压至 380V，额定工作电流至 40A 的电路中，作接通和分断电路之用	额定电流：指 380V、AC-8a 的额定工作电流数值 主触头极数：1—1P＋零线短接
NCK5 系列	NC K 5 □ / □ NC—交流接触器；K—空调用；5—设计序号；□—额定电流；□—触头极数	NCK5 系列空调用交流接触器主要用于暖通空调（HVAC）和制冷行业等电气负载的控制。适用于交流额定电压 230～400V，额定工作电流至 40A 的电路中，作接通和分断电路之用	

第 25 篇

续表

类型	型号说明	特点及应用	说　明
NCH8 系列	NC H 8 □/□ □ NC—交流接触器；H—家用；8—设计序号；□—额定工作电流；□—常开触头极数；□—常闭触头极数	NCH8 系列家用交流接触器主要适用于交流 50/60Hz，额定电压至 400V，额定工作电流至 63A 的电路中，控制家用电器和类似用途的低感微感负载，也可用来控制家用电动机负载，此时控制功率要相应降低。产品应用于家庭、宾馆、公寓等场所，实现自动化功能	
CKJ5 系列	CK J 5-□ CK—交流接触器；J—真空；5—设计序号；□—额定工作电流	CKJ5 系列真空交流接触器主要用于交流 50Hz，额定工作电压至 1140V，额定工作电流至 630A 的电路中，供远距离接通和分断电路之用，并可与适当的热过载继电器或电子保护器等有关保护装置组成真空电磁启动器，特别适用于组成隔爆型真空电磁启动器	
CZ0 系列直流接触器	CZ 0-□/□ □ CZ—直流接触器；0—设计序号；□—额定电流；□—常开主触头数量；□—常闭主触头数量	CZ0 系列直流接触器主要适用于额定电压至 220V，电流至 600A 的直流线路中，供远距离接通和分断直流电路之用，并可适用于直流电动机的频繁启动、停止、换向或反接制动等	
NCZ1 系列直流接触器	NCZ 1-□/□ □ NCZ—直流接触器；1—设计序号；□—额定工作电流；□—常开辅助触头数量；□—常闭辅助触头数量	NCZ1 系列直流接触器主要适用于低压变频器中，作为接通和断开其缓冲电阻的元件，软启动中作为其主回路可控硅旁路接触器，也可用于不间断电源系统、通信电源、工程机械等使用电源的场合	
F3 辅助触头	F3 □ □ F3—辅助触头组；□—常开辅助触头数量；□—常闭辅助触头数量		

续表

类型	型号说明	特点及应用	说明
F4 辅助触头	F4 □ □ F4—辅助触头组；□—常开辅助触头数量；□—常闭辅助触头数量		
F5 空气延时头	F5 □ □ F5—空气延时头；□—延时类型；□—延时范围		延时类型：T—通电延时；D—断电延时 延时范围：0—延时范围 0.1～3s；2—延时范围 0.1～30s；4—延时范围 10～180s
F5 辅助触头	F8 □ □ F8—辅助触头组；□—常开辅助触头数量；□—常闭辅助触头数量		
SR2 浪涌抑制器	SR2 - □ / □ SR2—浪涌抑制器；□—工作电流；□—工作电压		工作电流：A—适用于电流为 9～38A 的接触器；B—适用于电流为 40～95A 的接触器
SR8 浪涌抑制器	SR8 - □ / □ □ SR8—浪涌抑制器；□—配套接触器型号；□—类型；□—电压保护范围		配套接触器型号 A：NC8-06M～12M； B：NC8-09～38； C：NC8-40～100 类型：RV—压敏电阻式； RC—阻容式 电压保护范围：48—24～48V AC/DC；250—110～250V AC/DC(适用于 RV 型)，127～250V AC（适用于 RC 型）；440—380～440V AC
NCF1 触头	NCF1 - □ □ C / □ NCF1—辅助触头；□—常开辅助触头数量；□—常闭辅助触头数量；C—侧挂；□—类型		类型：A—标准型，省略不写；B—NC8-205～500 使用
NCF8 触头	NCF8 □ □ NCF8—辅助触头组；□—常开辅助触头数量；□—常闭辅助触头数量		

第 25 篇

1.4.4 常用接触器的主要技术参数

（1）NC1、NCX1 系列交流接触器性能参数（表 25-1-12）

表 25-1-12 常用 NC1、NCX1 系列交流接触器性能参数

型号	额定绝缘电压/V	额定工作电流/A				约定发热电流/A	可控三相笼型电动机功率(AC-3)/kW			交流线圈功率(50Hz)/V·A			直流线圈功率/W	寿命/万次			选用的熔断器型号
		AC-3		AC-4			220/230V	380/400V	660/690V	吸合	保持	功率/W		电寿命		机械寿命	
		380V	660V	380V	660V									AC-3	AC-4		
NC1-09(Z)	690	9	6.6	3.5	1.5	20	2.2	4	5.5	70	9.0	1.8～2.7	9	100	20	1000	RT16-20
NC1-12(Z)		12	8.9	5	2	20	3	5.5	7.5	70	9.0	1.8～2.7	9	100	20	1000	
NC1-18(Z)		18	12	7.7	3.8	32	4	7.5	10	70	9.5	3～4	11	100	20	1000	RT16-32
NC1-25(Z)		25	18	8.5	4.4	40	5.5	11	15	110	14.0	3～4	11	100	20	1000	RT16-40
NC1-32(Z)		32	21	12	7.5	50	7.5	15	18.5	110	14.0	3～4	11	80	20	800	RT16-50
NC1-40(Z)		40	34	18.5	9	60	11	18.5	30	200	57.0	6～10	20	80	15	800	RT16-63
NC1-50(Z)		50	39	24	12	80	15	22	37	200	57.0	6～10	20	60	15	800	RT16-80
NC1-65(Z)		65	42	28	14	80	18.5	30	37	200	57.0	6～10	20	60	15	800	RT16-80
NC1-80(Z)		80	49	37	17.3	95	22	37	45	200	57.0	6～10	20	60	15	600	RT16-100
NC1-95(Z)		95	49	44	21.3	95	25	45	45	200	57.0	6～10	20	60	15	600	RT16-125
NCX1-9	690	9	5.2	4		40	3	4	4.5	64	7.8			120	15	1000	NT00-16
NCX1-12		12	9	5.5		40	3	5.5	7.5	64	7.8			120	15	1000	NT00-20
NCX1-17		17	13	7.5		40	4	7.5	11	64	7.8			120	15	1000	NT00-25
NCX1-25		25	13	11		40	5.5	11	11	64	7.8			120	15	1000	NT00-32

（2）NC2、NC7、NC100 系列交流接触器性能参数（表 25-1-13）

表 25-1-13 常用 NC2、NC7、NC100 系列交流接触器性能参数

型号		额定工作电压/V	额定工作电流/A		约定发热电流/A	可控三相笼型电动机最大功率/kW		线圈功率/V·A		寿命/万次		操作频率/次·h^{-1}	选用的熔断器型号
			AC-3	AC-4		AC-3		启动	保持	电寿命	机械寿命		
			380V	690V		380V	690V			AC-3		AC-3	
NC2系列	NC2-115(Z)	690	115	86	200	55	80	660	85.5	120	1000	1200	RT16-1
	NC2-150(Z)		150	108	200	75	100	660	85.5	120	1000	1200	RT16-1
	NC2-185(Z)		185	118	275	90	110	966	91.2	100	600	600	RT16-2
	NC2-225(Z)		225	137	275	110	129	966	91.2	100	600	600	RT16-2
	NC2-265(Z)		265	170	315	132	160	840	150	80	600	600	RT16-2
	NC2-330(Z)		330	235	380	160	220	1500	34.2	80	600	600	RT16-3

续表

型号		额定工作电压/V	额定工作电流/A AC-3	额定工作电流/A AC-4	约定发热电流/A	可控三相笼型电动机最大功率/kW AC-3		线圈功率/V·A		寿命/万次		操作频率/次·h^{-1}	选用的熔断器型号
			380V	690V		380V	690V	启动	保持	电寿命 AC-3	机械寿命	AC-3	
NC2系列	NC2-400(Z)	690	400	303	450	200	280	1500	34.2	80	600	600	RT16-3
	NC2-500		500	353	630	250	335	1500	34.2	80	600	600	RT16-4
	NC2-630		630	462	800	335	450	1700	34.2	80	600	600	RT16-4
	NC2-800(AC-3)		800	486	800	450	475	1700	34.2	60	300	600	N4
	NC2-800(AC-4)		630	462	800	335	450	1700	34.2	60	300	600	N4
NC7系列	NC7-09	690	9	1.5	20	4	5.5	70	9.0	100	1000	1200	RT16-20
	NC7-12		12	2	20	5.5	7.5	70	9.0	100	1000	1200	RT16-20
	NC7-18		18	3.8	32	7.5	10	70	9.5	100	1000	1200	RT16-32
	NC7-22		22	3.8	32	11	11	70	9.5	100	1000	1200	RT16-32
	NC7-25		25	4.4	40	11	15	110	14	100	1000	1200	RT16-40
	NC7-32		32	7.5	50	15	18.5	110	19	80	800	600	RT16-50
	NC7-38		38	7.5	50	18.5	18.5	110	19	80	800	600	RT16-50
	NC7-40		40	9	60	18.5	30	200	57	80	800	600	RT16-63
	NC7-50		50	12	80	22	37	200	57	80	800	600	RT16-80
	NC7-65		65	14	80	30	37	200	57	80	800	600	RT16-80
	NC7-80		80	17.3	110	37	45	200	57	80	800	600	RT16-100
	NC7-95		95	21.3	110	45	45	200	57	80	800	600	RT16-125
	NC7-115		115	86	200	55	80	660	91.2	80	600	1200	NT3-225
	NC7-150		150	107	200	75	100	660	91.2	80	600	1200	NT3-225
	NC7-170		170	107	275	90	110	660	91.2	60	600	600	NT3-315
	NC7-205		205	137	275	110	129			60	600	600	RT16-2
	NC7-250		250	170	315	132	160			60	600	600	RT16-2
	NC7-300		300	235	380	160	220			60	600	600	RT16-2
	NC7-410		410	303	450	200	280			60	600	600	RT16-3
	NC7-475		475	353	630	265	335			60	600	600	RT16-48
	NC7-620		620	462	800	335	450			60	600	600	RT16-4
NC 100系列	NC100-09(N)	690	9	1.5	20	4	5.5	70	9.0	100	1000	1200	RT16-20
	NC100-12(N)		12	2	20	5.5	7.5	70	9.0	100	1000	1200	RT16-20
	NC100-18(N)		18	3.8	32	7.5	10	70	9.5	100	1000	1200	RT16-32
	NC100-22(N)		22	3.8	32	11	11	70	9.5	100	1000	1200	RT16-32
	NC100-25(N)		25	4.4	40	11	15	110	14	100	1000	1200	RT16-40

续表

型号		额定工作电压/V	额定工作电流/A		约定发热电流/A	可控三相笼型电动机最大功率/kW		线圈功率/V·A		寿命/万次		操作频率/次·h^{-1}	选用的熔断器型号
			AC-3	AC-4		AC-3		启动	保持	电寿命	机械寿命	AC-3	
			380V	690V		380V	690V			AC-3			
NC100系列	NC100-32(N)	690	32	7.5	50	15	18.5	110	19	80	800	600	RT16-50
	NC100-38(N)		38	7.5	50	18.5	18.5	110	19	80	800	600	RT16-50
	NC100-40(N)		40	9	60	18.5	30	200	57	80	800	600	RT16-63
	NC100-50(N)		50	12	80	22	37	200	57	60	800	600	RT16-80
	NC100-65(N)		65	14	80	30	37	200	57	60	800	600	RT16-80
	NC100-80(N)		80	17.3	95	37	45	200	57	60	600	600	RT16-100
	NC100-95(N)		95	21.3	95	45	45	200	57	60	600	600	RT16-125

（3）NC3、NC6、NC8 系列交流接触器性能参数（表 25-1-14）

表 25-1-14　常用 NC3、NC6、NC8 系列交流接触器性能参数

型号		额定工作电压/V	额定工作电流/A		约定发热电流/A	可控三相笼型电动机最大功率/kW			线圈功率/V·A		寿命/万次		操作频率/次·h^{-1}	选用的熔断器型号
			AC-3	AC-4		AC-3			启动	保持	电寿命	机械寿命	AC-3	
			380V	660V		220V	380V	660V			AC-3			
NC3	NC3-09	690	9		16	2.2	4	3	60	2.2	100	600	600	RT16-32
	NC3-12		12		20	3	5.5	4						
	NC3-16		16		25	4	7.5	5.5						
	NC3-25		25		40	6.5	11		85	3				
	NC3-30		30		45	9	15							RT16-50
	NC3-37		37		45	11	18.5		175	5				RT16-80
	NC3-45		45		60	13	22							
	NC3-65		65		80	18.5	33		270	8				RT16-160
	NC3-85		85		100	25	45							RT16-250
	NC3-105		105		140	30	55		510	9		300		
	NC3-170		170		230	55	90		790	15				RT16-315
	NC3-250		250		300	75	132		1100	16	60			RT16-400
NC6	NC6-06	690	6	3.8	20	1.5	2.2	3	30	4.5	120	1000	1200	RT16-16
	NC6-09		9	5	20	2.2	4	4	30	4.5	120	1000	1200	RT16-20

续表

型号		额定工作电压/V	额定工作电流/A AC-3 380V	额定工作电流/A AC-4 660V	约定发热电流/A	可控三相笼型电动机最大功率/kW AC-3 220V	AC-3 380V	AC-3 660V	线圈功率/V·A 启动	线圈功率/V·A 保持	寿命/万次 电寿命 AC-3	寿命/万次 机械寿命	操作频率/次·h^{-1} AC-3	选用的熔断器型号
NC8	NC8-06M	690	6	3.8	20	1.5	2.2	3	25～40	2～7	120	1000	1200	RT16-20
	NC8-09M		9	4.9	20	2.2	4	4						RT16-20
	NC8-12M		12	4.9	20	4	5.5	5.5						RT16-20
	NC8-09		9	6.7	25	2.2	4	5.5	50～70	6～10				RT16-20
	NC8-12		12	9	25	3	5.5	7.5						RT16-25
	NC8-18		18	9	32	4	7.5	9						RT16-32
	NC8-25		25	14	40	5.5	11	15						RT16-50
	NC8-32		32	17.3	50	7.5	15	18.5						RT16-63
	NC8-38		38	17.3	50	9	18.5	18.5						RT16-63
	NC8-40		40	34	60	11	18.5	30	160～210	13～25				RT16-63
	NC8-50		50	39	80	15	22	33						RT16-80
	NC8-65		65	42	80	18.5	30	37				600		RT16-80
	NC8-80		80	49	125	22	37	45	190～250	17～30				RT16-100
	NC8-100		100	49	125	25	45	45						RT16-125
	NC8-115		115	86	200	37	55	80	600～700	3～5				NT2-224
	NC8-150		150	107	200	45	75	100						NT2-224
	NC8-170		170	107	275	55	90	110						NT3-315
	NC8-205		205	137	300	63	110	132	300～600	5～7	30		600	RT16-400
	NC8-265		265	185	330	75	132	160						RT16-400
	NC8-300		300	235	380	90	160	200	500～800	4～8				RT16-425
	NC8-400		400	303	450	130	200	300					300	RT16-500
	NC8-500		500	354	630	160	250	355						RT16-500

（4）NC9 系列交流接触器性能参数（表 25-1-15）

表 25-1-15　常用 NC9 系列交流接触器性能参数

型号		额定工作电压/V	额定工作电流/A		约定发热电流/A	可控三相笼型电动机功率/kW AC-3		线圈功率/V·A		寿命/万次		操作频率/次·h^{-1}	选用的熔断器型号
			690V	1140V		690V	1140V	启动	工作	电寿命 AC-3	机械寿命	AC-3	
NC9 系列	NC9-160	1140	160	160	160	140	230	580	20.7	60	300	600	RT16-400
	NC9-250		250	250	250	220	380	580	20.7	60	300	600	RT16-400
	NC9-400		400	400	400	350	590	815	22.9	60	300	600	RT16-630
	NC9-630		630	630	630	540	930	815	22.9	60	300	120	RT16-630
	NC9-800		800	800	800	685	1180	1980	105	60	200	120	RT16-800
	NC9-1000		1000	1000	1000	850	1480	1980	105	60	200	120	RT16-1000

（5）NC11 系列交流接触器性能参数（表 25-1-16）

表 25-1-16　常用 NC11 系列交流接触器性能参数

型号	额定绝缘电压/V	额定冲击耐受电压/kV	额定工作电压/V	极数	额定工作电流 ($U_e \leqslant 440V$)/A		约定发热电流/A	可控三相笼型电动机功率/kW		寿命/万次	
					AC-3	AC-1		230V	400V	电寿命 AC-3	机械寿命
NC11-65	690	8	400	4	65	80	80	48.5	30	60	100

（6）CJX1 系列交流接触器性能参数（表 25-1-17）

表 25-1-17　常用 CJX1 系列交流接触器性能参数

型号		额定绝缘电压/V	额定工作电流/A AC-3	额定工作电流/A AC-4	约定发热电流/A	可控三相笼型电动机功率/kW AC-3			可控三相笼型电动机功率/kW AC-4		线圈功率/V·A		寿命/10^6次		操作频率/次·h^{-1}
			380V	380V		220/230V	400/380V	690/660V	400/380V	690/660V	吸合	保持	机械寿命	电寿命 AC-3	AC-3
CJX1	CJX1-9	660	9	3.3	20	2.4	4	5.5	1.4	2.4	68	8.8	10	1.2	1200
	CJX1-12		12	4.3	20	3.3	5.5	7.5	1.9	3.3	68	8.8	10	1.2	1200
	CJX1-16		16	7.7	31.5	4	7.5	11	3.5	6	68	8.8	10	1.2	1200
	CJX1-22		22	8.5	31.5	6.1	11	11	4	6.6	68	8.8	10	1.0	1200
	CJX1-32		32	15.6	40	8.5	15	23	7.5	13	69	9.5	10	1.0	600
	CJX1-45	1000	45	24	63	15	22	39	12.6/12	21.8/20.8	183	25	10	1.0	600
	CJX1-63		63	28	80	18.5	30	55	14.7/14	25.4/24.3	183	25	10	1.0	600

续表

型号		额定绝缘电压/V	额定工作电流/A		约定发热电流/A	可控三相笼型电动机功率/kW					线圈功率/V·A		寿命/10⁶次		操作频率/次·h⁻¹
			AC-3	AC-4		AC-3			AC-4				机械寿命	电寿命	
			380V	380V		220/230V	400/380V	690/660V	400/380V	690/660V	吸合	保持		AC-3	AC-3
CJX1	CJX1-75	1000	75	34	100	22	37	67	17.9/17	30.9/29.5	330	27	10	1.0	600
	CJX1-85		85	42	100	26	45	67	22/21	38/36	330	27	10	1.0	600
	CJX1-110		110	54	160	37	55	100	28.4/27	49/46.9	550	45	10	1.0	600
	CJX1-140		140	68	160	43	75	100	36/35	63/60	550	45	10	1.0	600
	CJX1-170		170	75	210	55	90	156	40/38	69/66	910	60	10	1.0	300
	CJX1-205		205	96	210	64	110	156	52/50	90/86	910	60	10	1.0	300
	CJX1-250		250	110	300	78	132	235	61/58	105/100	1430	80	10	1.0	300
	CJX1-300		300	125	300	93	160	235	69/66	119/114	1430	80	10	1.0	300
	CJX1-400		400	150	400	125	200	375	85/81	147/140	2450	110	10	1.0	300
	CJX1-475		475	150	475	144	250	375	85/81	147/140	2450	110	10	1.0	300
	CJX1-9/Z	660	9	3.3	20	2.4	4	5.5	1.4	2.4	6.5	6.5	10	1.2	1200
	CJX1-12/Z		12	4.3	20	3.3	5.5	7.5	1.9	3.3	6.5	6.5	10	1.2	1200
	CJX1-16/Z		16	7.7	31.5	4	7.5	11	3.5	6	6.5	6.5	10	1.2	1200
	CJX1-22/Z		22	8.5	31.5	6.1	11	11	4	6.6	6.5	6.5	10	1.0	1200
	CJX1F-32	660	32	15.6	45	8.5	15	23	7.5	13	101	11.4	10	1.0	600
	CJX1F-38		38	18.5	45	11	18.5	23	9	15.5	101	11.4	10	1.0	600
CJX 1/N	CJX1-9/N	660	9		20	2.4	4	5.5			68	8.8	3		
	CJX1-12/N		12		20	3.3	5.5	7.5			68	8.8	3		
	CJX1-16/N		16		31.5	4	7.5	11			68	8.8	3		
	CJX1-22/N		22		31.5	6.1	11	11			68	8.8	3		
	CJX1-32/N		32		40	8.5	15	23			69	9.5	3		
	CJX1-45/N	1000	45		63	15	22	39			183	25	2.5		
	CJX1-63/N		63		80	18.5	30	55			183	25	2.5		
	CJX1-75/N		75		100	22	37	67			330	27	2.5		
	CJX1-85/N		85		100	26	45	67			330	27	2.5		
	CJX1-110/N		110		160	37	55	100			550	45	2.5		
	CJX1-140/N		140		160	43	75	100			550	45	2.5		
	CJX1-170/N		170		210	55	90	156			910	60	2		
	CJX1-205/N		205		210	64	110	156			910	60	2		
	CJX1-250/N		250		300	78	132	235			1430	80	2		
	CJX1-300/N		300		300	93	160	235			1430	80	2		
	CJX1-400/N		400		400	125	200	375			2450	110	1.5		
	CJX1-475/N		475		475	144	250	375			2450	110	1.5		

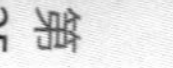

（7）CJX1-K 系列交流接触器性能参数（表 25-1-18）

表 25-1-18 常用 CJX1-K 系列交流接触器性能参数

型号	额定工作电流/A				约定发热电流/A	AC-4 下可控三相笼型电动机最大功率/kW	线圈功率/V·A		机械寿命/10^4次	电寿命/10^4次
	AC-3			AC-4						
	400/380V	690/660V	1000V	400/380V		400/380V	启动	工作		AC-3
CJX1-225/22K	225	225	225	110	330	110	95	7.4	300	60
CJX1-265/22K	265	265	265	132	330	132	95	7.4	300	60
CJX1-300/22K	300	300	300	160	330	160	95	7.4	300	60
CJX1-400/22K	400	400	400	200	610	200	115	6.6	300	60
CJX1-500/22K	500	500	500	250	610	250	115	6.6	300	60
CJX1-630/22K	630	630	630	335	700	335	180	25	200	60
CJX1-820/22K	820	820	820	400	910	400	180	25	200	60

（8）CJX2 系列交流接触器性能参数（表 25-1-19）

表 25-1-19 常用 CJX2 系列交流接触器性能参数

型号		额定绝缘电压/V	额定工作电流/A		约定发热电流/A	可控三相笼型电动机功率/kW			线圈功率			寿命/万次		操作频率/次·h^{-1}	选用的熔断器型号
			AC-3	AC-4		AC-3			吸合/V·A	保持/V·A	功率/W	电寿命	机械寿命		
			380/400V	660/690V		220/230V	380/400V	660/690V				AC-3		AC-3	
CJX2	CJX2-09	690	9	1.5	20	2.2	4	5.5	70	9.0	1.8-2.7	100	1000	1200	RT16-20
	CJX2-12		12	2	20	3	5.5	7.5	70	9.0	1.8-2.7	100	1000	1200	RT16-20
	CJX2-18		18	3.8	32	4	7.5	10	70	9.5	3-4	100	1000	1200	RT16-32
	CJX2-25		25	4.4	40	5.5	11	15	110	14.0	3-4	100	1000	1200	RT16-40
	CJX2-32		32	7.5	50	7.5	15	18.5	110	14.0	3-4	80	800	600	RT16-50
	CJX2-40		40	9	60	11	18.5	30	200	57.0	6-10	80	800	600	RT16-63
	CJX2-50		50	12	80	15	22	37	200	57.0	6-10	60	800	600	RT16-80
	CJX2-65		65	14	80	18.5	30	37	200	57.0	6-10	60	800	600	RT16-80
	CJX2-80		80	17.3	95	22	37	45	200	57.0	6-10	60	600	600	RT16-100
	CJX2-95		95	21.3	95	25	45	45	200	57.0	6-10	60	600	600	RT16-125

(9) CJT1、CJ20、CJ40、CJ12、CJ19系列交流接触器性能参数

表 25-1-20 CJT1、CJ20、CJ40系列交流接触器性能参数

型号		额定绝缘电压/V	额定工作电流/A	约定发热电流/A	可控三相笼型电动机功率/kW				线圈功率		寿命/万次		操作频率/次·h^{-1}	选用的熔断器型号
			AC-3		AC-3				吸合/V·A	保持/V·A	电寿命	机械寿命	AC-3	
			380V		220V	380V	660V	1140V			AC-3			
CJT1	CJT1-10	380	10		2.2	4			65	9	60	300	600	RT16-20
	CJT1-20		20		5.8	10			140	9.5	60	300	600	RT16-50
	CJT1-40		40		11	20			230	19	60	300	600	RT16-80
	CJT1-60		60		17	30			485	95	60	300	600	RT16-160
	CJT1-100		100		28	50			760	105	60	300	600	RT16-250
	CJT1-150		150		43	75			950	110	60	300	600	RT16-315
CJ20	CJ20-10	690	10	10	2.2	4	4		65	9	100	1000	1200	RT16-20
	CJ20-16		16	16	4.5	7.5	11		62	9.5	100	1000		RT16-32
	CJ20-25		2	32	5.5	11	13		93	14	100	1000		RT16-50
	CJ20-40		40	55	11	22	22		175	19	100	1000		RT16-80
	CJ20-63		63	80	18	30	35		480	57	120	1000		RT16-160
	CJ20-100		100	125	28	50	50		570	61	120	1000		RT16-250
	CJ20-160		160	200	48	85	85		855	85.5	120	1000		RT16-315
	CJ20-250	690	250	315	80	132			1710	152	60	600	600	RT16-400
	CJ20-400		400	400	115	200	220		1710	250	60	600		RT16-500
	CJ20-630		630	630	175	300			3578	91.2	60	600		RT16-630
CJ40	CJ40-63	1140	63	80	18.5	30	55		480	57	120	1000	1200	RT16-160
	CJ40-80		80	80	22	37	55		480	57	120	1000	1200	RT16-160
	CJ40-100		100	125	30	45	75		480	57	120	1000	1200	RT16-250
	CJ40-125		25	125	37	55	75	55	480	57	120	1000	1200	RT16-250
	CJ40-160		160	250	45	75	110		880	88	120	1000	1200	RT16-315
	CJ40-200		200	250	55	90	110		880	88	120	1000	1200	RT16-315
	CJ40-250		250	250	75	132	110	110	880	88	120	1000	1200	RT16-315
	CJ40-315		315	500	90	160	300		1710	152	60	600	600	RT16-500
	CJ40-400		400	500	110	220	300		1710	152	60	600	600	RT16-500
	CJ40-500		500	500	150	280	300	220	1710	152	60	600	600	RT16-500
	CJ40-630		630	800	200	335	475		456	11.5	30	300	300	RT17-4/630
	CJ40-800		800	1000	250	450	475		456	11.5	30	300	300	RT17-4/800
	CJ40-1000		1000	1000	360	625	475	600	456	11.5	30	300	300	RT17-4/1250

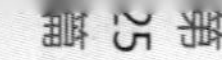

表 25-1-21 CJ12 系列交流接触器性能参数

型号		额定绝缘电压/V	额定工作电压/V	额定工作电流/A		约定发热电流/A	吸引线圈规格/V		寿命/万次		操作频率/次·h⁻¹	选用的熔断器型号
				AC-2	AC-4		交流(50Hz)	直流	电寿命 AC-2	机械寿命		
CJ12	CJ12-100	380	380	100	100	100	127、220、380	110、220	15	300	600	RT16-250
	CJ12-150			150	150	150			15	300	600	RT16-315
	CJ12-250			250	250	250			15	300	600	RT16-400
	CJ12-400			400	400	400			10	100	300	RT16-500
	CJ12-600			600	480	600			10	100	300	RT16-630

表 25-1-22 CJ19 系列切换电容器接触器性能参数

型号		额定绝缘电压/V	可控电容器容量/kVar			额定电流/A	线圈规格/V·A		抑制涌流能力	动作条件
			220/230V	380/400V	660/690V	AC-6b	启动	保持		
CJ19系列	CJ19-25	690	6.7	12.5	18	17	70	9.5	20Ie	吸合：(85～110)% U_s 释放：(20～75)% U_s
	CJ19-32		10	20	26	23	110	14		
	CJ19-43		15	25	36	29	110	14		
	CJ19-63		20	33.3	48	43	200	57		
	CJ19-95		35	50	92	72.2	200	57		
	CJ19-115		40	60	100	87	660	91.2		
	CJ19-150		46	80	120	115	660	91.2		
	CJ19-170		52	90	130	130	660	91.2		

(10) NCK3、NCK5 系列交流接触器性能参数

表 25-1-23 常用 NCK3、NCK5 系列交流接触器性能参数

型号	额定绝缘电压/V	额定工作电压/V	约定发热电流/A	额定工作电流/A	最大通断电流/A	线圈功率/V·A		机械寿命/10^4次	电寿命/万次	
						吸合	保持		AC-8a	AC-8b
NCK3-25	630	220/230 380/400	32	25	150	55	13			
NCK3-32			40	32	192	55	13			
NCK3-40			50	40	240	55	13			
NCK5-25/1	690	220/230	32	25	150			300	3	
NCK5-32/1		220/230	40	32	192			300	3	
NCK5-40/1		220/230	50	40	240			300	3	

续表

型号	额定绝缘电压/V	额定工作电压/V	约定发热电流/A	额定工作电流/A	最大通断电流/A	线圈功率/V·A		机械寿命/万次	电寿命/万次	
						吸合	保持		AC-8a	AC-8b
NCK5-25/2	690	220/230 380/400	32	25	150			400	3	0.6
NCK5-32/2			40	32	192			400	3	0.6
NCK5-40/2			50	40	240			400	3	0.6

(11) NCH8 系列家用交流接触器性能参数

表 25-1-24　NCH8 系列家用交流接触器性能参数

型号	额定绝缘电压/V	额定工作电压/V	额定工作电流/A	约定发热电流/A	接通和分断条件			控制功率/kW	使用类别	机械寿命/万次	电寿命/万次
					I_c/I_e	U_r/U_e	$\cos\phi$				
NCH8-20/20	500	230	20	25	1.5	1.05	0.8	4	AC-1、AC-7a	100	10
	500	230	9	25	8	1.05	0.45	1.2	AC-7b		
NCH8-20/11	500	230	20	25	1.5	1.05	0.8	4	AC-1、AC-7a	100	10
	500	230	9	25	8	1.05	0.45	1.2	AC-7b		
NCH8-20/02	500	230	20	25	1.5	1.05	0.8	4	AC-1、AC-7a	100	10
	500	230	9	25	8	1.05	0.45	1.2	AC-7b		
NCH8-20/40	500	400	20	25	1.5	1.05	0.8	10	AC-1、AC-7a	100	10
NCH8-20/22	500	400	20	25	1.5	1.05	0.8	10	AC-1、AC-7a	100	10
NCH8-25/20	500	230	25	25	1.5	1.05	0.8	5.3	AC-1、AC-7a	100	10
	500	230	9	25	8	1.05	0.45	1.2	AC-7b		
NCH8-25/11	500	230	25	25	1.5	1.05	0.8	5.3	AC-1、AC-7a	100	10
	500	230	9	25	8	1.05	0.45	1.2	AC-7b		
NCH8-25/02	500	230	25	25	1.5	1.05	0.8	5.3	AC-1、AC-7a	100	10
	500	230	9	25	8	1.05	0.45	1.2	AC-7b		
NCH8-25/40	500	400	25	25	1.5	1.05	0.8	16	AC-1、AC-7a	100	10
NCH8-25/22	500	400	25	25	1.5	1.05	0.8	16	AC-1、AC-7a	100	10
NCH8-40/20	500	230	40	63	1.5	1.05	0.8	7.5	AC-1、AC-7a	100	10
NCH8-40/11	500	230	40	63	1.5	1.05	0.8	7.5	AC-1、AC-7a	100	10
NCH8-63/20	500	230	63	63	1.5	1.05	0.8	12	AC-1、AC-7a	100	10
NCH8-63/11	500	230	63	63	1.5	1.05	0.8	12	AC-1、AC-7a	100	10
NCH8-40/40	500	400	40	63	1.5	1.05	0.8	26	AC-1、AC-7a	100	10
NCH8-63/40	500	400	63	63	1.5	1.05	0.8	40	AC-1、AC-7a	100	10

(12) CKJ5 系列交流接触器性能参数

表 25-1-25

CKJ5 系列交流接触器性能参数

型号	额定绝缘电压/V	额定工作电压/V	额定工作电流/A		约定发热电流/A	AC-3 下可控三相笼型电动机最大功率/kW		线圈功率/kW		机械寿命/万次	电寿命/万次	
			AC-3	AC-4		690V	1140V	启动	工作		AC-3	AC-4
CKJ5-125	1140	1140	125	100	125	110	185	287	16	300	60	6
CKJ5-160			160	130	160	140	235	287	16	300	60	3
CKJ5-250			250	200	250	220	370	430	19	300	60	2
CKJ5-400			400	330	400	350	590	703	21	300	60	0.6
CKJ5-630			630	500	630	560	930	1212	41	300	60	0.6

(13) CZ0 系列直流接触器性能参数

表 25-1-26

CZ0 系列直流接触器性能参数

型号	额定工作电压 U_e/V	额定工作电流 I_e/A	分断电流/A	约定发热电流/A	极数	辅助触头数		常开主触头接通及分断能力			常闭主触头接通及分断能力			常开及常闭触头临界接通及分断能力			飞弧距离/mm
						常开	常闭	I/I_e	U/U_e	时间常数/ms	I/I_e	U/U_e	时间常数/ms	I/I_e	U/U_e	时间常数/ms	
CZ0-40/20	220	40	160	40	2	2	2	4	1.05	15	2.5	1.05	7.5	0.2	1.05	7.5	50
CZ0-40/02		40	160	40	2	2	2										50
CZ0-100/10		100	400	100	1	2	2	4	1.05	15	2.5	1.05	7.5	0.2	1.05	7.5	70
CZ0-100/01		100	250	100	1	2	2										70
CZ0-100/20		100	400	100	2	2	2										70
CZ0-150/10		150	600	150	1	2	2	4	1.05	15	2.5	1.05	7.5	0.2	1.05	7.5	1000
CZ0-150/01		150	375	150	1	2	2										1000
CZ0-250/10		150	600	150	2	2	2										1000
CZ0-250/01		250	1000	250	1	3	3	4	1.05	15	2.5	1.05	7.5	0.2	1.05	7.5	120
CZ0-400/10		250	1000	250	1	3	3										120
CZ0-400/20		400	1600	400	1	3	3	4	1.05	15	2.5	1.05	7.5	0.2	1.05	7.5	150
CZ0-600/10		400	1600	400	2	3	3										150
		600	2400	600	1	3	3	4	1.05	15	2.5	1.05	7.5	0.2	1.05	7.5	180

注：热稳定倍数均为 $7I_e$（10s），电动稳定倍数均为 $20I_e$。

(14) NCZ1 系列直流接触器性能参数

表 25-1-27

NCZ1 系列直流接触器性能参数

型号	额定控制电压/V	额定绝缘电压/V	额定电流/A	极数	额定工作电压/V	辅助回路额定工作电压/V	辅助回路额定工作电流/A		使用类别
							AC-15	DC-13	
NCZ1-400/00	AC 380、AC 220 (50Hz)	690	400	1	DC 48	AC 380、AC 220	AC 380V:0.5	0.3	DC-1
NCZ1-400/01			400	1	DC 48	DC 220	AC 220V:0.8		DC-1

1.4.5 接触器的选用原则及应用场合

接触器的应用非常广泛，不同的使用场合和不同的控制对象、不同的工作频繁程度，都应选用不同的接触器。所以选用接触器时必须先充分了解控制对象的使用条件和接触器的性能特点，才能合理选择接触器。

（1）接触器的使用类别

根据控制对象和操作条件的不同，接触器类别见表 25-1-28。

表 25-1-28 **接触器的使用类别及典型应用**

使用类别	接通条件				断开条件				典型应用
	电流	电压	功率因数	时间常数	电流	电压	功率因数	时间常数	
AC-1	I_e	U_e	0.9		I_e	U_e	0.9		应用于功率因数大于或等于 0.95，控制非电感或稍带电感性的交流负载，如加热、配电等
AC-2	$2.5I_e$	U_e	0.7		$2.5I_e$	U_e	0.7		应用于滑环电动机的启动反接制动和寸动中，控制绕线性电动机直接启动反接制动及反转等
AC-3	$7I_e$	U_e	0.4		I_e	$0.2U_e$	0.4		应用于笼型电动机分断正常启动，如：所有标准的笼型电动机、直梯、扶梯、传送带、挖土机、空压机、搅拌机、空调、泵等
AC-4	$6I_e$	U_e	0.4		$6I_e$	U_e	0.4		应用于笼型电动机和滑环电动机的反接制动和寸动，如印刷机械、拉丝机、塔机、起重及冶金行业等
DC-1	I_e	U_e		0.001	I_e	U_e		0.001	控制非电感或稍带电感性的电阻炉负载
DC-2	$2.5I_e$	U_e		0.015	I_e	$0.1U_e$		0.015	控制直流电动机的启动、运转中断开
DC-3	$2.5I_e$	U_e		0.015	$2.5I_e$	U_e		0.015	控制直流电动机的启动、短时反复断开和接通，用于并励电动机的启动、刹车、寸动
DC-5	$2.5I_e$	U_e		0.0075	$2.5I_e$	U_e		0.0075	用于串励电机的启动、刹车、寸动

注：I_e 为额定电流，U_e 为额定电压。

（2）接触器的选用

接触器的选用主要根据工作电压、工作电流、功率来选用，选用的着眼点是在保证可靠工作的前提下，尽量提高其电寿命，而接触器触头的电寿命又与分断电流、操作频率等使用条件密切相关，见表25-1-29。

表 25-1-29 **接触器选用一览表**

接触器使用场合	接触器使用类别	对接触器的要求	选择原则
一般场合	交流：AC-1、AC-3 直流：DC-1、DC-2	仅需断开额定电流，操作时触头磨损很轻，寿命较长	按负载额定电流选择同容量的接触器
机床、轧钢、吊车、煤矿机械、印刷机械	交流：AC-4 直流：DC-3	频繁控制电动机点动及反接制动，经常断开电动机的启动电流	因接触器在此类负载下分断电流操作频率大大提高，所以需降低容量使用才能得到预期的寿命。可根据容量、要求的寿命、操作频率及工作条件等综合考虑

第25篇

续表

接触器使用场合	接触器使用类别	对接触器的要求	选择原则
轧钢、吊车等重复短时工作的绕线性电动机	交流:AC-2 直流:DC-2	反复短期工作	接触器容量先根据启动电流来计算，然后考虑操作频率的影响
长期工作	交流:AC-1	长期工作	选用银或银基合金触头的接触器，按负载额定电流选择同容量的接触器

其他注意事项如下。

① 接触器的额定工作电流应不小于被控电路的最大工作电流。

② 接触器的额定工作电压应不小于被控电路的最大工作电压。

③ 接触器的额定通断能力应大于通断时电路中的实际电流值。

④ 当接触器使用在散热条件较差的场合时，应适当降低接触器的容量使用。

⑤ 直流接触器降低容量使用时，降低容量后的额定工作电流，不应低于在 DC-1 类负载时额定电流的 20%。

⑥ 应根据系统控制要求确定主触头和辅助触头的数量和类型，并注意其通断能力和其他额定参数。

1.5 继电器

继电器是一种当输入量变化到某一定值时，其触头即可接通或分断交、直流小容量控制回路的自动电器。继电器实际上是一种传递信号的电器，可以根据输入信号达到不同的控制目的。继电器是具有隔离功能的自动开关元件，广泛应用于遥控、遥测、通信、自动控制、机电一体化及电力电子设备中，是最重要的控制元件之一。

1.5.1 继电器分类及用途

继电器品种繁多，工作原理与接触器基本相同，其分类方法主要有以下三种。

① 按工作原理或结构特征，分为电磁继电器、时间继电器、热继电器、固体继电器等。

② 按反映的物理量，分为电压继电器、电流继电器、速度继电器、时间继电器、热继电器等。

③ 按动作原理，分为电磁式继电器、电动式继电器、感应式继电器、电子式继电器等。

继电器作为控制元件，主要有如下几种用途。

① 扩大控制范围。例如多触点继电器控制信号达到某一定值时，可以按触点组的不同形式，同时换接、开断、接通多路电路。

② 放大作用。例如，灵敏型继电器、中间继电器等，用一个很微小的控制量，可以控制很大功率的电路。

③ 综合信号。例如，当多个控制信号按规定的形式输入多绕组继电器时，经过比较综合，达到预定的控制效果。

④ 自动、遥控、监测。例如，自动装置上的继电器与其他电器一起，可以组成程序控制线路，从而实现自动化运行。

1.5.2 继电器主要技术参数

① 额定电压：在正常状态下，继电器长期工作线圈所能承受的电压。

② 额定电流：在正常状态下，继电器在额定电压作用下流经线圈的电流。

③ 动作电压：使继电器触头动作的线圈电压。

④ 复位电压：衔铁和触头开始返回到原始位置的线圈电压。

⑤ 动作时间：从往线圈上施加电压开始到继电器节点动作为止的时间。

⑥ 复位时间：从线圈去掉额定电压开始到继电器节点复位为止的时间。

⑦ 触点的通断能力：继电器节点的开闭能力，与负载特性、电流种类和节点结构有关。

⑧ 整定值：执行元件（如触头系统）在进行切换工作时继电器相应输入参数的数值。

1.5.3 电磁继电器

电磁继电器是用控制电流通过线圈所产生的电磁力驱动磁路中的可动部分，实现触点开、闭功能转换的继电器。实际上，电磁继电器是一种用低电压和弱电流电路的通断来控制高电压和强电流的自动开关，通常应用于自动控制电路中，起着自动调节、安全保护、转换电路等作用。

电磁继电器的主要技术参数如下。

① 动作电压：继电器的所有触点从释放状态到达工作状态时所需线圈电压的最小值，一般为75%～80%的额定电压。

② 释放电压：继电器的所有触点从吸合状态恢复到释放状态时线圈电压的最大值，一般为 5%～10%的额定电压。

③ 介质耐压：互不相连导电部分间的绝缘部分承受规定电压而无击穿和规定漏电流的能力。一般情况下常开触点间、触点组间、触点线圈间介质耐压值不同。

常用电磁继电器型号及结构特点如表 25-1-30 所示。电磁继电器主要性能参数见表 25-1-31。

表 25-1-30　常用电磁继电器型号及结构特点

型号	型号意义	结构特点及主要用途	说明
JQX-13F	JQX-13F □ / □ □ □ □ □ JQX-13F：电磁继电器；□：指示灯；□：线圈额定电压；□：交/直流；□：触点形式；□：引出端形式；□：安装方式	JQX-13F 继电器，10A 触点切换能力，交/直流规格齐全，透明防尘罩封装，安装方式多样，备有各种装置式插座选用，可选带状态指示灯	指示灯：D—带状态指示灯；B—带状态指示灯及浪涌抑制（DC）；无—普通型 线圈额定电压：直流—5～220V；交流—6～380V 交/直流：～—交流；—一直流 触点形式：2Z—二组转换 引出端形式：1—PCB 式；6 或省略—插拔式 安装方式：1—顶法兰；2—侧法兰；无—标准
JQX-13FA	JQX-13FA □ / □ □ □ □ □ JQX-13FA：电磁继电器；□：指示灯；□：线圈额定电压；□：交/直流；□：触点形式；□：引出端形式；□：安装方式	JQX-13FA 继电器，20A 触点切换能力，交/直流规格齐全，透明防尘罩封装，安装方式多样，备有各种装置式插座选用，可选带状态指示灯	指示灯：D—带状态指示灯；B—带状态指示灯及浪涌抑制（DC）；无—普通型 线圈额定电压：直流—5～220V；交流—6～380V 交/直流：～—交流；—一直流 触点形式：1Z—一组转换；1D—一组动断；1H—一组动合 引出端形式：1—PCB 式双引出端；1S—PCB 式单引出端；6—插拔式双引出端；6S—插拔式单引出端 安装方式：1—顶法兰；2—侧法兰；无—标准
JQX-10F	JQX-10F / □ □ □ JQX-10F：电磁继电器；□：线圈额定电压；□：交/直流；□：触点形式	JQX-10F 继电器，10A 触点切换能力，2Z、3Z 两种触点形式，交/直流规格齐全，安装方式多样，备有各种装置式插座选用	线圈额定电压：直流—6～220V；交流—6～380V 交/直流：～—交流；—一直流 触点形式：2Z—二组转换；3Z—三组转换
NJDC-12	NJDC-12 / □ □ □ NJDC-12：电磁继电器；□：触点形式；□：线圈额定电压；□：交/直流	NJDC-12 继电器，有 2Z、3Z 两种触点形式，触点切换电流 7.5A，交直流规格齐全，带有测试按钮功能，可以点动，也可以闭合锁定，备有各种装置式插座选用	触点形式：2Z—二组转换；3Z—三组转换 线圈额定电压：直流—6～220V；交流—6～380V 交/直流：VAC—交流；VDC—直流
NJDC-17	NJDC-17 □ / □ □ □ NJDC-17：电磁继电器；□：指示灯；□：触点形式；□：线圈额定电压；□：引出端形式	NJDC-17 继电器，有 2Z、3Z、4Z 三种触点形式，带有可自锁测试按钮，透明防尘罩封装，安装方式多样，备有各种插座选用，可选带状态指示灯	指示灯：D—带状态指示灯；B—带状态指示灯及浪涌抑制（DC）；M—带隔弧罩（用于 4ZS）；无—普通型 触点形式：2Z—二组转换；3ZS—三组动断；4ZS—四组动合 线圈额定电压：直流—5～220V；交流—6～380V 引出端形式：1—PCB 式双引出端；6 或省略—插拔式
JMP2P-I	JMK2P-I / □ □ JMK2P-I：电磁继电器；□：线圈额定电压；□：交/直流	JMK2P-I 继电器，有 2Z、3Z 两种触点形式，触点切换电流 10A，交/直流规格齐全，具有工作状态指示装置，备有各种装置式插座选用	继电器型号：2P—二组转换；3P—三组转换 线圈额定电压：直流—6～220V；交流—6～380V 交/直流：VAC—交流；VDC—直流

续表

型号	型号意义	结构特点及主要用途	说明
NJX-13FW	NJX-13FW □ / □ □ □ □ □ 电磁继电器　指示灯　线圈额定电压　交/直流　触点形式　引出端形式　安装方式	NJX-13FW 继电器，有 2Z、3Z、4Z 三种触点形式，带有可自锁测试按钮，透明防尘罩封装，安装方式多样，备有各种插座选用，可选带状态指示灯	指示灯：D—带状态指示灯；B—带状态指示灯及浪涌抑制(DC)；M—带隔弧罩(用于 4ZS)；无—普通型 线圈额定电压：直流—5～220V；交流—6～380V 交直流：~—交流；-—直流 触点形式：2Z—大二组转换；2ZS—小二组转换；3ZS—三组转换；4ZS—四组转换 引出端形式：1—PCB 式双引出端；6 或省略—插拔式 安装方式：1—顶法兰；2—侧法兰；无—标准

表 25-1-31　**电磁继电器主要性能参数**

型号		额定电压/V	动作电压/V	释放电压/V	线圈电阻/Ω	动作时间/ms	释放时间/ms	介质耐压/V	线圈参数				触点参数					
									额定功率/V	吸合电压/V	释放电压/V	最大电压/V	触点负载（阻性）	最大开关电压/V	最大开关电流/A	最大切换功率	电寿命/次	机械寿命/次
JQX-13F	直流	5	≤3.75	≥0.5	28	≤25	≤25	线圈轭铁间：1500V AC，异组触点间：1500V AC，断开触点间：500V AC	0.9W，1.8V·A	≤75%额定电压	≥10%额定电压	110%额定电压	10A/28V	125	10	2200V·A，280W	1×10⁵	1×10⁷
		6	≤4.5	≥0.6	44													
		12	≤9.0	≥1.2	160													
		24	≤18.0	≥2.4	640													
		36	≤27.0	≥3.6	1440													
		48	≤36.0	≥4.8	1900													
		110	≤82.5	≥11.0	14500													
		127	≤95.3	≥12.7	17000													
		220	≤165	≥22.0	39000													
	交流	6	≤4.8	≥1.2	10.5	≤25	≤25		0.9W，1.8V·A	≤80%额定电压	≥20%额定电压	110%额定电压	10A/220V	250	10	2200V·A，280W	1×10⁵	1×10⁷
		12	≤9.6	≥2.4	44													
		24	≤19.2	≥4.8	180													
		36	≤28.2	≥7.2	380													
		48	≤38.4	≥9.6	650													
		110	≤88	≥22	3670													
		127	≤101.6	≥25.4	4100													
		220	≤176	≥44	14500													
		380	≤304	≥76	39000													

续表

型号		额定电压/V	动作电压/V	释放电压/V	线圈电阻/Ω	动作时间/ms	释放时间/ms	介质耐压/V	线圈参数				触点参数					
									额定功率/V	吸合电压/V	释放电压/V	最大电压/V	触点负载（阻性）	最大开关电压/V	最大开关电流/A	最大切换功率	电寿命/次	机械寿命/次
JQX-13FA	直流	5	≤3.75	≥0.5	28	≤25	≤25	线圈轭铁间：1500V AC，异组触点间：1500V AC，断开触点间：500V AC	0.9W，1.8V·A	≤75%额定电压	≥10%额定电压	110%额定电压	20A/28V	125	20	4400V·A，560W	1×10^5	1×10^7
		6	≤4.5	≥0.6	44													
		12	≤9.0	≥1.2	160													
		24	≤18.0	≥2.4	640													
		36	≤27.0	≥3.6	1440													
		48	≤36.0	≥4.8	1900													
		110	≤82.5	≥11.0	14500													
		127	≤95.3	≥12.7	17000													
		220	≤165	≥22.0	39000													
	交流	6	≤4.8	≥1.2	10.5	≤25	≤25		0.9W，1.8V·A	≤80%额定电压	≥20%额定电压	110%额定电压	20A/220V	250	20	4400V·A，560W	1×10^5	1×10^7
		12	≤9.6	≥2.4	44													
		24	≤19.2	≥4.8	180													
		36	≤28.2	≥7.2	380													
		48	≤38.4	≥9.6	650													
		110	≤88	≥22	3670													
		127	≤101.6	≥25.4	4100													
		220	≤176	≥44	14500													
		380	≤304	≥76	39000													
JQX-10F	直流	6	≤4.5	≥0.6	24	≤20	≤20	线圈轭铁间：1500V AC，异组触点间：1500V AC，断开触点间：500V AC	2W，3V·A	≤75%额定电压	≥10%额定电压	110%额定电压	10A/28V	125	10	2200V·A，280W	1×10^5	1×10^7
		12	≤9.0	≥1.2	80													
		24	≤18.0	≥2.4	360													
		36	≤27.0	≥3.6	840													
		48	≤36.0	≥4.8	1600													
		110	≤82.5	≥11.0	7650													
		220	≤165	≥22.0	29000													
	交流	6	≤4.8	≥1.2	7	≤20	≤20		2W，3V·A	≤80%额定电压	≥20%额定电压	110%额定电压	10A/220V	250	10	2200V·A，280W	1×10^5	1×10^7
		12	≤9.6	≥2.4	19													
		24	≤19.2	≥4.8	80													
		48	≤38.4	≥9.6	400													
		110	≤88	≥22	1600													
		220	≤176	≥44	7300													
		380	≤304	≥76	22500													

续表

型号		额定电压/V	动作电压/V	释放电压/V	线圈电阻/Ω	动作时间/ms	释放时间/ms	介质耐压/V	线圈参数				触点参数					
									额定功率/V	吸合电压/V	释放电压/V	最大电压/V	触点负载（阻性）	最大开关电压/V	最大开关电流/A	最大切换功率	电寿命/次	机械寿命/次
NJDC-12	直流	6	≤4.5	≥0.6	24	≤20	≤20	线圈轭铁间：1500V AC，异组触点间：1500V AC，断开触点间：500V AC	2W，3V·A	≤75%额定电压	≥10%额定电压	110%额定电压	7.5A/28V	125	7.5	1650V·A，210W	1×10^5	1×10^6
		12	≤9.0	≥1.2	80													
		24	≤18.0	≥2.4	360													
		36	≤27.0	≥3.6	840													
		48	≤36.0	≥4.8	1600													
		110	≤82.5	≥11.0	7650													
		220	≤165	≥22.0	29000													
	交流	6	≤4.8	≥1.2	7	≤20	≤20		2W，3V·A	≤80%额定电压	≥20%额定电压	110%额定电压	7.5A/220V	250	7.5	1650V·A，210W	1×10^5	1×10^6
		12	≤9.6	≥2.4	19													
		24	≤19.2	≥4.8	80													
		48	≤38.4	≥9.6	400													
		110	≤88	≥22	1600													
		220	≤176	≥44	7200													
		380	≤304	≥76	22500													
NJDC-17	直流	5	≤3.75	≥0.5	28	≤25	≤25	线圈轭铁间：1500V AC，异组触点间：1500V AC，断开触点间：500V AC	0.9W，1.8V·A	≤75%额定电压	≥10%额定电压	110%额定电压	2Z:10A 2ZS、3ZS:5A 4ZS:3A（22VAC/28V DC）	125	2Z:10A 2ZS、3ZS:5A 4ZS:3A	2Z:2200V·A，280W 2ZS、3ZS:1250V·A，140W 4ZS:750V·A，84W	1×10^5	1×10^7
		6	≤4.5	≥0.6	44													
		12	≤9.0	≥1.2	160													
		24	≤18.0	≥2.4	640													
		36	≤27.0	≥3.6	1440													
		48	≤36.0	≥4.8	1900													
		110	≤82.5	≥11.0	14500													
		127	≤95.3	≥12.7	18000													
		220	≤165	≥22.0	39000													
	交流	6	≤4.8	≥1.2	10.5	≤25	≤25		0.9W，1.8V·A	≤80%额定电压	≥20%额定电压	110%额定电压		250	2Z:10A 2ZS、3ZS:5A 4ZS:3A		1×10^5	1×10^7
		12	≤9.6	≥2.4	44													
		24	≤19.2	≥4.8	160													
		36	≤28.8	≥7.2	380													
		48	≤38.4	≥9.6	650													
		110	≤88	≥22	3300													
		127	≤101.6	≥25.4	4100													
		220	≤176	≥44	14500													
		380	≤304	≥76	39000													

续表

型号		额定电压/V	动作电压/V	释放电压/V	线圈电阻/Ω	动作时间/ms	释放时间/ms	介质耐压/V	线圈参数				触点参数					
									额定功率/V	吸合电压/V	释放电压/V	最大电压/V	触点负载（阻性）	最大开关电压/V	最大开关电流/A	最大切换功率	电寿命/次	机械寿命/次
JMK	直流	6	≤4.5	≥0.6	24	≤20	≤20	线圈轭铁间：1500V AC，异组触点间：1500V AC，断开触点间：500V AC	2W，3V·A	≤75%额定电压	≥10%额定电压	110%额定电压	10A/28V	125	10	22000V·A，280W	1×10^5	1×10^7
		12	≤9.0	≥1.2	80													
		24	≤18.0	≥2.4	360													
		36	≤27.0	≥3.6	840													
		48	≤36.0	≥4.8	1600													
		110	≤82.5	≥11.0	7650													
		220	≤165	≥22.0	29000													
	交流	6	≤4.8	≥1.2	7	≤20	≤20		2W，3V·A	≤80%额定电压	≥20%额定电压	110%额定电压	10A/220V	250	10	22000V·A，280W	1×10^5	1×10^7
		12	≤9.6	≥2.4	19													
		24	≤19.2	≥4.8	80													
		48	≤38.4	≥9.6	400													
		110	≤88	≥22	1600													
		220	≤176	≥44	7300													
		380	≤304	≥76	22500													
NJX13-FW	直流	5	≤3.75	≥0.5	28	≤25	≤25	线圈轭铁间：1500V AC，异组触点间：1500V AC，断开触点间：500V AC	0.9W，1.8V·A	≤75%额定电压	≥10%额定电压	110%额定电压	2Z：10A 2ZS、3ZS：5A 4ZS：3A（22VAC/28V DC）	125	2Z：10A 2ZS、3ZS：5A 4ZS：3A	2Z：2200V·A，280W 2ZS、3ZS：1250V·A，140W 4ZS：750V·A，84W	3×10^5	1×10^7
		6	≤4.5	≥0.6	44													
		12	≤9.0	≥1.2	160													
		24	≤18.0	≥2.4	640													
		36	≤27.0	≥3.6	1440													
		48	≤36.0	≥4.8	1900													
		110	≤82.5	≥11.0	14500													
		127	≤95.3	≥12.7	17000													
		220	≤165	≥22.0	39000													
	交流	6	≤4.8	≥1.2	10.5	≤25	≤25		0.9W，1.8V·A	≤80%额定电压	≥20%额定电压	110%额定电压		250	2Z：10A 2ZS、3ZS：5A 4ZS：3A		3×10^5	1×10^7
		12	≤9.6	≥2.4	44													
		24	≤19.2	≥4.8	180													
		36	≤28.8	≥7.2	380													
		48	≤38.4	≥9.6	650													
		110	≤88	≥22	3670													
		127	≤101.6	≥25.4	4100													
		220	≤176	≥44	14500													
		380	≤304	≥76	39000													

1.5.4 热过载继电器

热过载继电器又称热继电器，是一种利用电流的热效应来切断电路的一种保护电器，常与接触器配合使用，具有结构简单、体积小、价格低、保护性能好等特点，主要用于电动机的过载保护、断相及电流不平衡运行的保护及其他电气设备发热状态的控制。

热过载继电器的工作原理是基于通过电动机的电流产生热量，引起双金属片的弯曲。热过载继电器可在以下两个方面保护电动机：通过检测每相电流保护过载；通过差动装置保护缺相。

（1）热继电器的主要技术参数

① 保护特性：即电流-时间特性，是一种反时限特性。应满足以下要求：

a. 当电动机正常工作时，热继电器不应发生动作。

b. 当电动机过载时，热继电器的动作时间不应过大，以免电动机绕组受损，但动作也不应太快，以充分发挥电动机的过载能力。

c. 能避开交流感应电动机的启动电流，防止误动作。

② 温度补偿范围：−25～40℃。

③ 控制触头的通断能力：要求热继电器控制触头具有一定的通断能力。

④ 复位时间：自动复位时间不大于 5min，手动复位时间大于 2min。

（2）常用热继电器的型号及适用场合

表 25-1-32 常用热继电器的型号说明

型号	型号意义	结构特点及主要用途	说明
NR2 系列	NR 2 - □ NR：热继电器；2：设计序号；□：电流等级	NR2 系列继电器是三相双金属片式结构，具有断相保护、温度补偿、动作指示、测试机构、停止及手动与自动复位按钮等功能。适用于交流 50/60Hz，电压值 690V，电流 0.1～630A 的长期工作或间断长期工作的交流电动机的过载与断相保护	符合 GB 14048.4、GB 14048.5、IEC 60947-4-1 标准
NR4 系列	NR 4 - □ NR：热继电器；4：设计序号；□：电流等级	NR4 系列继电器是三相双金属片式结构，具有差动式断相保护、温度补偿、动作指示、测试机构、停止及手动与自动复位按钮等功能。适用于交流 50/60Hz，电压值 690V、1000V，电流 0.1～180A 的长期工作或间断长期工作的交流电动机的过载与断相保护	符合 GB 14048.4、GB 14048.5、IEC 60947-4-1 标准
NR8 系列	NR 8 - □ NR：热继电器；8：设计序号；□：电流等级	NR8 系列继电器是三相双金属片式结构，具有断相保护、温度补偿、动作指示、测试机构、停止及手动与自动复位按钮等功能。适用于交流 50/60Hz，电压值 690V，电流 0.1～38A 的长期工作或间断长期工作的交流电动机的过载与断相保护	符合 GB 14048.4、IEC 60947-4-1 标准
JR36 系列	JR 36 - □ JR：热继电器；36：设计序号；□：电流等级	JR 系列继电器是三相双金属片式结构，具有断相保护、温度补偿、动作灵活测试机构及手动与自动复位按钮等功能。适用于交流 50/60Hz，电压值 690V，电流 0.25～160A 的长期工作或间断长期工作的交流电动机的过载与断相保护	符合 GB 14048.4、GB 14048.5、IEC 60947-4-1 标准
NRE8 系列	NRE 8 - □ / □ NRE：电子式过载继电器；8：设计序号；□：壳架等级额定电流；□：安装方式	NRE8 电子式热过载继电器是一种应用微控制器的新型节能、高科技电器。对应于同规格双金属片式热继电器可节能 80%以上。该继电器利用微控制器检测主电路的电流波形和电流大小，判断电动机是否过载和断相。适用于交流 50/60Hz、电压 690V 以下，电流为机壳标定的整定电流范围内的电路，作三相电动机的过载与断相保护	符合 GB 14048.4、GB 14048.6、IEC 60947-4-1、UL508 标准

表 25-1-33 NR2、NR4、NR8、JR36、NRE8 热继电器主要性能参数

型号		额定绝缘电压/V	额定电流等级/A	额定冲击耐受电压/V	辅助触头	辅助触头额定电流/A			断相保护	复位方式	温度补偿	脱扣指示	测试按钮	停止按钮	安装方式
						AC-15		DC-13							
						220V	380V	220V							
NR2	NR2-11.5	690	13	6000	1NO+1NC	2.73	1.58	0.2	有	自动或手动	有	有	有	有	插入式
	NR2-25		25												插入式
	NR2-36		36												插入式
	NR2-93		93												插入式
	NR2-150		150												插入式
	NR2-200		200												插入式
	NR2-630		630												独立式
NR4	NR4-12.5	690	12.5		1NO+1NC		1.1		有	自动或手动	有	有	有		插入式
	NR4-25		25												插入式
	NR4-32		32												插入式
	NR4-45		45												插入式
	NR4-63		63												独立式
	NR4-80	1000	80												插入式
	NR4-180		180												独立式
NR8	NR8-11.5	690	13		1NO+1NC	2.61	1.5	0.2	有	自动或手动	有	有	有	有	插入式
	NR8-38		38												插入式
JR36	JR36-20	690	20		1NO+1NC	0.47	0.47		有	自动或手动	有		有		独立式
	JR36-63		63												独立式
	JR36-160		160												独立式
NRE8	NRE8-25	690	32		1NO+1NC	2.5	1.5	0.2	有	手动			有		独立式或插入式
	NRE8-40		40												
	NRE8-100		100												
	NRE8-200		200												
	NRE8-630		630												

表 25-1-34 常用热继电器的额定电流值

型号		额定电流/A	相匹配的接触器型号
NR2	NR2-11.5	0.1～0.16、0.16～0.25、0.25～0.4、0.4～0.63、0.63～1、1～1.6、1.25～2、1.6～2.5、2.5～4、4～6、5.5～8、7～10、9～13	NC6-09
	NR2-25	0.1～0.16、0.16～0.25、0.25～0.4、0.4～0.63、0.63～1、1～1.6、1.25～2、1.6～2.5、2.5～4、4～6、5.5～8、7～10、9～13、12～18、17～25	NC1/CJX2-09～32 NC7/NC100-09～32
	NR2-36	23～32、28～36	NC1/CJX2-32、NC7/NC100-32～38
	NR2-93	23～32、30～40、37～50、48～65、55～70、63～80、80～93	NC1/CJX2-40～95、NC7/NC100-40～95
	NR2-150	80～104、95～120、110～150	NC2/NC7-115～150、NC7-170
	NR2-200	80～125、100～160、125～200	NC2-115～225、NC7-115～170、NC7-205
	NR2-630	160～250、200～315、250～400、315～500、400～630	NC2-185～630、NC7-205～620
NR4	NR4-12.5	0.1～0.16、0.16～0.25、0.25～0.4、0.32～0.5、0.4～0.63、0.63～1、0.8～1.25、1～1.6、1.25～2、1.6～2.5、2～3.2、2.5～4、3.2～5、4～6.3、5～8、6.3～10、8～12.5、10～14.5	CJX1-9 CJX1-12
	NR4-25	0.1～0.16、0.16～0.25、0.25～0.4、0.4～0.63、0.63～1、0.8～1.25、1～1.6、1.25～2、1.6～2.5、2～3.2、2.5～4、3.2～5、4～6.3、5～86.3～10、8～12.5、10～16、12.5～20、16～25	CJX1-16 CJX1-22

第 25 篇

续表

型号		额定电流/A	相匹配的接触器型号
NR4	NR4-32	4～6.3、6.3～10、10～16、12.5～20、16～25、20～32、25～36	CJX1-32、CJX1-38
	NR4-45	1～1.6、1.25～2、1.6～2.5、2～3.2、2.5～4、3.2～5、4～6.3、5～8、6.3～10、8～12.5、10～16、12.5～20、16～25、20～32、25～36、32～40、36～45	CJX1-32、CJX1-38
	NR4-63	0.1～0.16、0.16～0.25、0.25～0.4、0.4～0.63、0.63～1、0.8～1.25、1～1.6、1.25～2、1.6～2.5、2～3.2、2.5～4、3.2～5、4～6.3、5～8、6.3～10、8～12.5、10～16、12.5～20、16～25、20～32、25～40、32～45、40～57、50～63	CJX1-9～63
	NR4-80	16～25、20～32、25～40、32～50、40～57、50～63、57～70、63～80	CJX1-45～85
	NR4-180	55～80、63～90、80～110、90～120、110～135、120～150、135～160、150～180	CJX1-85～170
NR8	NR8-11.5	0.1～0.16、0.16～0.25、0.25～0.4、0.4～0.63、0.63～1、1～1.6、1.25～2、1.6～2.5、2.5～4、4～6、5.5～8、7～10、9～13	NC8-06M～12M、NC8-06M/Z～12M/Z
	NR8-38	0.1～0.16、0.16～0.25、0.25～0.4、0.4～0.63、0.63～1、1～1.6、1.25～2、1.6～2.5、2.5～4、4～6、5.5～8、7～10、9～13、12～18、16～24、23～32、30～38	NC8-09～38
JR36	JR36-20	0.25～0.35、0.32～0.5、0.45～0.72、0.68～1.10、1.0～1.6、1.5～2.4、2.2～3.5	CJT1-10
		3.2～5.0、4.5～7.2、6.8～11、10～16、14～22	CJT1-20～40
	JR36-63	14～22、20～32、28～45、40～63	
	JR36-160	40～63、53～85、75～120、100～160	CJT1-60～150
NRE8	NRE8-25	0.6～1.2、1.2～2.4、2～4、4～8、5～10、7～12、10～20、20～25、22～32	NC1-09～32、NC100-09～38、NC7-09～38
	NRE8-40	2～4、4～8、5～10、10～20、20～40	NC1-40～65、NC7-40～65、NC100-40～65
	NRE8-100	30～65	NC1-40～65、NC7-40～65、NC100-40～65
		50～100	NC1-80～95、NC7-80～95、NC100-80～95
	NRE8-200	85～120、110～160、140～200	NC2-115～225
	NRE8-630	170～250、215～315、275～400、340～500、430～630	NC2-225～630

1.5.5　时间继电器

时间继电器是指从得到输入信号开始经过一定的延时后才输出信号的继电器，广泛用于各种生产工艺过程或设备的自动控制中，实现通电或断电延时。目前应用较多的是晶体管式、电子式、数显示、数字式等。

常用时间继电器型号说明见表 25-1-35。

时间继电器主要技术参数见表 25-1-36。

表 25-1-35　　常用时间继电器型号说明

型号	型号意义	结构特点及主要用途	说　明
JS14A	JS 14 A - □ □ □ JS—时间继电器；14—设计序号；A—改型；□—延时形式；□—波段开关；□—安装方式	JS14A 系列时间继电器适用于交流 50Hz，额定电压 380V 及以下或直流 24V 及以下的控制电路中作延时元件，按预定时间接通或分断电路	延时形式：无—通电延时；D—断电延时 波段开关：0—无波段开关 安装方式：0—装置式；2—外接式；3—装置式带瞬动触点；5—外接式带瞬动触点

续表

型号	型号意义	结构特点及主要用途	说　明
JS14P	JS（时间继电器） 14P（设计序号） - □（特征代号） □（延时规格） / □（额定控制电源电压）	JS14P 系列时间继电器适用于交流 50Hz，额定电压 380V 及以下或直流 240V 及以下的控制电路中作延时元件，按预定时间接通或分断电路	特征代号：21-27—多挡式，指示灯指示，两组转换；M—面板式；不标注—指示灯指示，两组转换
JS14S	JS（时间继电器） 14S（设计序号） - □（特征代号） □（延时规格） / □（额定控制电源电压）	JS14S 系列时间继电器适用于交流 50Hz，额定电压 380V 及以下或直流 24V 及以下的控制电路中作延时元件，按预定时间接通或分断电路	特征代号：A—11 脚面板式，多挡延时型，有清零暂停功能；C—8 脚面板式，单挡延时型，无清零暂停功能；P—8 脚装置式，单挡延时型，无清零暂停功能；不标注—11 脚面板式，单挡延时型，有清零暂停功能
JS11	JS（时间继电器） 11（设计序号） - □（特征代号） □（延时规格） / □（额定控制电源电压）	JS11 系列时间继电器适用于交流 50Hz，额定电压 380V 及以下或直流 220V 及以下的控制电路中作延时元件，按预定时间接通或分断电路	特征代号：J—LED 数码管显示，搅拌机专用，有防护盖；不标注—LED 发光二极管指示
JS11S	JS（时间继电器） 1（设计序号） 1S（数字式） - □（特征代号） □（延时规格） / □（额定控制电源电压）	JS11S 系列时间继电器适用于交流 50Hz，额定电压 380V 及以下或直流 24V 及以下的控制电路中作延时元件，按预定时间接通或分断电路	特征代号：A—14 脚面板式，多挡延时型，带瞬动触点；05/M—13 脚面板式，多挡延时型；06/M—13 脚面板式，多挡延时型；07/M—13 脚面板式，多挡延时型；05/MS—13 脚面板式，多挡延时型，带瞬动触点；06/MS—13 脚面板式，多挡延时型，带瞬动触点；07/MS—13 脚面板式，多挡延时型，带瞬动触点；无—13 脚面板式，单挡延时型，带瞬动触点
JSS1	JS（时间继电器） S（数字式） 1（设计序号） - □（延时范围） □（基本规格代号） / □（安装方式）	JSS1 系列时间继电器适用于交流 50Hz，额定电压 380V 及以下或直流 220V 及以下的控制电路中作延时元件，按预定时间接通或分断电路	安装形式：M—面板式
JSS48A	JSS（时间继电器） 48（设计序号） A（派生代号） - □（特征代号） □（延时规格） / □（额定控制电源电压）	JSS48A 型时间继电器适用于交流 50Hz，额定电压 380V 及以下或直流 220V 及以下的控制电路中作延时元件，按预定时间接通或分断电路	特征代号：2Z—8 脚通电延时一组转换，带清零、暂停功能，多挡延时；11—11 脚通电延时二组转换，带清零、暂停功能，多挡延时；S—8 脚通电延时一组转换，带清零、暂停功能，多挡延时；P2—2 位拨码整定，指示灯型，8 脚通电延时二组转换，单挡延时；P3—3 位拨码整定，指示灯型，8 脚通电延时二组转换，单挡延时；P4—4 位拨码整定，指示灯型，8 脚通电延时二组转换，单挡延时；G2—2 位拨码整定，8 脚通电延时二组转换，单挡延时；G3—3 位拨码整定，8 脚通电延时二组转换，单挡延时；G4—4 位拨码整定，8 脚通电延时二组转换，单挡延时；无—8 脚通电延时一组转换，带清零、暂停功能，多挡延时

第 25 篇

续表

型号	型号意义	结构特点及主要用途	说明
JSS48B	JSS 48 B - □ JSS—时间继电器；48—设计序号；B—派生代号；□—额定控制电源电压	JSS48B 系列时间继电器适用于交流 50Hz，额定电压 380V 及以下或直流 240V 及以下的控制电路中作延时元件，按预定时间接通或分断电路	
JSZ3	JS Z 3 □ □ JS—时间继电器；Z—综合式；3—设计序号；□—特征代号；□—延时规格	JSZ3 时间继电器具有体积小、重量轻、结构紧凑、延时范围广、精度高、可靠性好、寿命长等特点。适用于机床自动控制、成套设备自动控制等要求精度高的自动控制系统作延时控制元件	特征代号：A—基型（通电延时、多挡型）；C—瞬动型（通电延时、多挡型）；F—断电延时；Y—星三角启动延时（通电延时）；K—信号断开延时；R—往复循环延时（通电延时）
JSZ6	JS Z 6 - □ JS—时间继电器；Z—综合式；6—设计序号；□—特征代号	JSZ6 系列时间继电器具有体积小、重量轻、结构紧凑、延时范围广、延时精度高、可靠性好、寿命长等特点。适用于机床自动控制、成套设备自动控制等要求精度高的自动控制系统作延时控制元件	特征代号：2—延时 2 转换；4—延时 4 转换
NJS1	NJS 1 □ / □ NJS—时间继电器；1—设计序号；□—特征代号；□—额定控制电源电压	NJS1 系列时间继电器适用于交流 50Hz，额定电压 380V 及以下或直流 240V 及以下的控制电路中作延时元件，按预定时间接通或分断电路	特征代号：2Z—延时二组转换；11—延时二组转换，有外部复位和暂停功能；K—延时一组转换，瞬时一组转换；S—延时一组转换，循环延时；M—增强型；H—完善型；无—延时一组转换，有外部复位和暂停功能
NJS3	NJS 3 -/ □ □ NJS—时间继电器；3—设计序号；□—特征代号；□—额定控制电源电压	NJS3 系列时间继电器适用于交流 50Hz，额定电压 220V 的控制电路中作延时元件，按预定时间接通或分断电路	特征代号：A—断开延时；B—通电延时；无—间隔延时
NJS3-D	NJS 3 - D / □ NJS—时间继电器；3—设计序号；D—特征代号；□—额定控制电源电压	NJS3-D 系列时间继电器适用于交流 50Hz，额定电压 240V 的控制电路中作延时控制开关使用	特征代号：D—断电延时，金属卤化灯专用
NJS5	NJS 5 - □ □ / □ NJS—时间继电器；5—设计序号；□—特征代号；□—延时规格；□—额定控制电源电压	NJS5 适用于交流 50Hz，额定电压至 400V 或直流 24V 的控制电路中作延时元件，按预定时间接通或分断电路	特征代号：A—通电延时；B—间隔延时；Y—星三角启动延时；M1—通电延时（多挡型）
NJS5-M2	NJS 5 - M2 / □ NJS—时间继电器；5—设计序号；M2—特征代号；□—额定控制电源电压	NJS5-M2 型时间继电器适用于交流 50Hz，额定电压 400V 及以下或直流 24V 及以下的控制电路中作时间控制元件，按预定时间接通或分断电路	特征代号：M2—多延时形式（多挡型）

表 25-1-36 晶体管式、数显式、数字式、电子式时间继电器主要性能参数

型号	额定电压/V		工作方式	触点数量	触点容量			机械寿命/次	电寿命/次	环境温度/℃	延时精度	安装方式
	AC 50Hz	DC			AC-15	DC-13	约定发热电流/A					
JS14A	36、110、127、220、380	24	通电延时	延时 2 转换	220V 0.75A 380V 0.47A	220V 0.27A	5	1×10⁶	1×10⁵	−5～40	≤10%	装置式 外接式
JS14P JS14S	24～48、100～240、220、380	24～48、100～240	通电延时	延时 2 转换			5	1×10⁶	1×10⁵	−5～40	≤1%	装置式 面板式
JS11 JS11S	24～48、100～240、220、380	24～48、100～240	通电延时	延时 2 转换、瞬时 1 转换	220V 0.75A 380V 0.47A	220V 0.27A	3	1×10⁶	1×10⁵	−5～40	≤1%	面板式
JSS1	24～48、100～240、220、380	24～48、100～240	通电延时	延时 2 转换	220V 0.75A 380V 0.47A	220V 0.27A	5	1×10⁶	1×10⁵	−5～40	≤1%	面板式
JSS48A	24～48、100～240、220、380	24～48、100～240	通电延时	延时 1 转换	220V 0.75A 380V 0.47A	220V 0.27A	5	1×10⁶	1×10⁵	−5～40	≤1%	面板式
JSS48A-S	24～48、100～240、220、380	24～48、100～240	循环延时				5	1×10⁶	1×10⁵	−5～40	≤1%	面板式
JSS48A-11 JSS48A-2Z JSS48A-G JSS48A-P	24～48、100～240、220、380	24～48、100～240	通电延时	延时 2 转换	220V 0.75A 380V 0.47A	220V 0.27A	5	1×10⁶	1×10⁵	−5～40	≤1%	面板式
JSS48B	24～48、100～240、220、380	24～48、100～240	通电延时	延时 1 转换	220V 0.75A 380V 0.47A	220V 0.27A	5	1×10⁶	1×10⁵	−5～40	±0.05% ±50ms	面板式
JSZ3A	36、110、127、220、380	24	通电延时	延时 2 转换、延时 1 转换、瞬时 1 转换	220V 0.75A 380V 0.47A	220V 0.27A	5	1×10⁶	1×10⁵	−5～40	≤10%	面板式 装置式 导轨式
JSZ3C		24	通电延时，带瞬动触点					1×10⁶	1×10⁵	−5～40	≤10%	
JSZ3F	110、127、220、380	24	断电延时	延时 1 转换或延时 2 转换	220V 0.75A 380V 0.47A	220V 0.27A	5	1×10⁶	1×10⁵	−5～40	≤10%	面板式 装置式 导轨式
JSZ3K	220、380	24	信号断开延时	延时 1 转换	220V 0.75A 380V 0.47A	220V 0.27A	5	1×10⁶	1×10⁵	−5～40	≤10%	面板式 装置式 导轨式
JSZ3Y	110、220、380	24	星三角启动延时	延时星三角 1 转换	220V 0.75A 380V 0.47A	220V 0.27A	5	1×10⁶	1×10⁵	−5～40	≤10%	面板式 装置式 导轨式
JSZ3R	110、220、380	24	往复循环延时	延时 1 转换	220V 0.75A 380V 0.47A	220V 0.27A	5	1×10⁶	1×10⁵	−5～40	≤10%	面板式 装置式 导轨式

第 25 篇

第25篇

续表

型号	额定电压/V		工作方式	触点数量	触点容量			机械寿命/次	电寿命/次	环境温度/℃	延时精度	安装方式
	AC 50Hz	DC			AC-15	DC-13	约定发热电流/A					
JSZ6-2	36、110、127、220、380	24	通电延时	延时2转换	220V 0.75A 380V 0.47A	220V 0.27A	5	1×10^6	1×10^5	−5～40	≤10%	面板式
JSZ6-4	36、110、127、220、380	24	通电延时	延时4转换			5	1×10^6	1×10^5	−5～40	≤10%	面板式
NJS1	24～48、100～240、220、380	24～48、100～240	通电延时	延时1转换	220V 0.75A 380V 0.47A	220V 0.27A	5	1×10^6	1×10^5	−5～40	±0.05% ±50ms	面板式 装置式
NJS1-2Z	24～48、100～240、220、380	24～48、100～240	通电延时	延时2转换	220V 0.75A 380V 0.47A	220V 0.27A	5	1×10^6	1×10^5	−5～40	±0.05% ±50ms	面板式 装置式
NJS1-11	24～48、100～240、220、380	24～48、100～240	通电延时	延时2转换	220V 0.75A 380V 0.47A	220V 0.27A	5	1×10^6	1×10^5	−5～40	±0.05% ±50ms	面板式 装置式
NJS1-K	24～48、100～240、220、380	24～48、100～240	通电延时	延时1转换、瞬时1转换	220V 0.75A 380V 0.47A	220V 0.27A	5	1×10^6	1×10^5	−5～40	±0.05% ±50ms	面板式 装置式
NJS1-S	24～48、100～240、220、380	24～48、100～240	循环延时	延时1转换	220V 0.75A 380V 0.47A	220V 0.27A	5	1×10^6	1×10^5	−5～40	±0.05% ±50ms	面板式 装置式
NJS1-H	100～240	24、100～240	通电延时、触发延时、往复延时、间隔延时	延时1转换	220V 0.75A 380V 0.47A	220V 0.27A	5	1×10^6	1×10^5	−5～40	±0.01% ±0.05s	面板式
NJS1-M	100～240	24、100～240		延时1转换	220V 0.75A 380V 0.47A	220V 0.27A	5	1×10^6	1×10^5	−5～40	±0.01% ±0.05s	面板式
NJS3	220、110		间隔延时	延时1常开	220V 3A 380V 1.9A	24V 1.1A	6	1×10^6	1×10^5	−5～40		导轨式
NJS3-A	220、110		断开延时				6	1×10^6	1×10^5	−5～40		导轨式
NJS3-B	220、110		通电延时				6	1×10^6	1×10^5	−5～40		导轨式
NJS3-D	220、240		断电延时	延时1常开	240V 3A		16	1×10^6	1×10^5	−5～40		装置式 导轨式
NJS5-A	220、380		通电延时	延时1转换	220V 0.75A，380V 0.47A	220V 0.27A	5	1×10^6	3×10^3	−5～40		导轨式 装置式
NJS5-B	220、380		间隔延时	延时1转换	220V 0.75A，380V 0.47A	220V 0.27A	5	1×10^6	3×10^3	−5～40		导轨式 装置式
NJS5-Y	380		星三角启动延时	延时2常开	220V 0.75A，380V 0.47A	220V 0.27A	5	1×10^6	3×10^3	−5～40		导轨式 装置式
NJS5-M1	36、110、220、380	24	通电延时	延时1转换	220V 0.75A 380V 0.47A	220V 0.27A	5	1×10^6	1×10^5	−5～40		导轨式 装置式
NJS5-M2	110、220、230、240、380、400	24		延时1转换	220V 0.75A 380V 0.47A	220V 0.27A	5	1×10^6	1×10^5	−5～40		导轨式 装置式

1.5.6 其他形式的继电器

其他形式的继电器主要介绍保护类继电器、计数继电器、液位继电器、脉冲继电器、正反转控制继电器和固态继电器。保护类继电器主要用于交流电动机的过载、断相、三相不平衡、接地等保护；计数继电器主要用在控制电路中作计数元件，按预置的数字接通和分断电路；液位继电器是利用液体的导电性控制液面的继电器，当液面达到或低于一定高度时继电器就会动作切断电源，达到自动控制的作用；脉冲继电器能够实现远程控制线路，通过脉冲命令实现多点控制，用于控制阻性负载电路（如白炽灯、低压卤灯、对流式加热器）和感性负载电路（如荧光灯管、放电灯）；正反转控制继电器适用于交流 50Hz，额定控制电源电压至 380V 的控制电路中作时间控制元器件，按预定的时间接通或断开电路；固态继电器是由微电子电路、分立电子器件、电力电子功率器件组成的无触点开关，控制端与负载端的隔离用光电偶合或脉冲信号。固态继电器的输入端用微小的控制信号，达到直接驱动大电流负载。

1.5.6.1 保护类继电器

保护类继电器的型号说明见表 25-1-37。

保护类继电器的主要技术参数见表 25-1-38～表 25-1-41。

表 25-1-37 保护类继电器的型号及适用场合

型号	型号意义	结构特点及主要用途	说 明
NJL1	NJL - 1 □ NJL：漏电保护继电器；1：设计序号；□：额定电流	NJL1 漏电保护继电器是对有致命危险的人身触电提供间接接触保护，适用于中性点直接接地（380V/220V）的低压配电系统，提高电网安全运行能力	
NJL2	NJL 2 - □ / □ Y □ NJL：漏电保护继电器；2：设计序号；□：壳架等级额定电流；□：额定电流；Y：中文液晶显示；□：功能配置代号	NJL2 漏电保护继电器是集剩余电流继电器、接触器、塑壳保护器于一体并具有电流保护、短路保护、过电压保护、缺相保护、漏电保护、自动重合闸、通信功能的综合智能化的保护器，适用于三相四线中性点直接接地的低压电网，用来对人身触电危险提供间接接触保护，也可对线路或用电设备的接地故障、过电压、欠电压及缺相故障等进行保护	功能配置代号：A 型（常规）—液晶显示电流可调；B 型（通信型）—液晶显示电流可调，458 通信
NJYB3	NJYB 3 - □ NJYB：电压保护继电器；3：设计序号；□：功能代号	NJYB3 继电器适用于交流 50Hz，三相三线制 380V、三相四线制 220V 的电路中，作为过电压、欠电压、缺相、断相、三相不平衡控制用，如用于电力控制系统、空调系统、电机等	功能代号：1～16
NJXB3	NJ XB - 3 □ □ NJ：电压保护继电器；XB：相序保护；3：设计序号；□：功能代号；□：温度保护	NJXB3 继电器适用于交流 50Hz，三相三线制 380V、三相四线制 220V 的电路中，作为过电压、欠电压、相序、断相、三相不平衡和 PTC 温度保护器件，接通或分断电路	功能代号：1～18 温度保护：P—PTC 温度保护
NJBK1	NJBK 1 - □ / □ □ NJBK：电动机保护继电器；1：设计序号；□：壳架等级；□：整定电流代号；□：额定控制电源电压	NJBK1 电动机保护继电器适用于交流 50Hz，额定绝缘电压至 690V 以下，额定工作电流 1～400A 的长期工作或间断的交流电动机的过载、断相、三相电流不平衡等保护	壳架等级：80、400 额定控制电源电压：AC 220V、AC 380V 整定电流代号：5、10、30、80、200、400
NJBK2	NJBK 2 - □ / □ □ NJBK：电动机保护继电器；2：设计序号；□：壳架等级；□：额定工作电流；□：额定控制电源电压	NJBK2 电动机保护继电器适用于交流 50Hz，额定绝缘电压至 690V 以下，额定工作电流 1～800A 的长期工作或间断的交流电动机的过载、阻塞、断相、三相电流不平衡、接地及 PTC 温度等保护	壳架等级：200、400、800

表 25-1-38 NJL1 漏电保护继电器主要技术参数

型号	额定工作电压/V	额定辅助电源电压/V	额定电流/A	额定频率/Hz	额定短时耐受电流/A	额定剩余动作电流/mA	额定剩余不动作电流/mA	重合闸时间/s	动作时间/s	输出触头额定容量	输出触头使用类别	环境温度/℃
NJL1-250	380	220	250	50	3000	300、500 可调	150、250 可调	20～60	≤0.3	380V 2A	AC-15	−5～40
NJL1-400	380	220	400	50	4000			20～60	≤0.3	380V 2A		
NJL1-630	380	220	630	50	6300			20～60	≤0.3	380V 2A		

表 25-1-39 NJL2 漏电保护继电器主要技术参数

型号	极数	额定工作电压/V	额定电流/A	额定频率/Hz	额定绝缘电压/V	额定冲击耐受电压/kV	脱扣器类型	极限短路分断能力/kA	运行短路分断能力/kA	过压保护值/V	欠压保护值/V	额定剩余动作电流/mA	剩余电流分断时间/s	延时重合闸时间/s	使用类别
NJL2-100	3P+N	AC 380	40、63、80、100	50	AC 660	6	热磁式	25	18	280(1±5%)	168(1±5%)	100、300、500、800	≤0.3/0.5	20～60	A 类
NJL2-250	3P+N	AC 380	100、160、200、250	50	AC 660	6	热磁式	35	20	280(1±5%)	168(1±5%)	100、300、500、800	≤0.3/0.5	20～60	A 类
NJL2-630	3P+N	AC 380	250、315、400、500、630	50	AC 1000	6	热磁式	65	40	280(1±5%)	168(1±5%)	150、300、500、1000	≤0.3/0.5	20～60	A 类
NJL2-125Y	3P+N	AC 400	40～125 可调	50	AC 800	8	电子式	50	35	(260～300)±5%	(100～180)±5%	50、100、200、300、400、500、800、1000	≤0.3/0.5	30～60	A 类
NJL2-250Y	3P+N	AC 400	100～125 可调	50	AC 800	8	电子式	50	35	(260～300)±5%	(100～180)±5%		≤0.3/0.5	20～60	A 类
NJL2-400Y	3P+N	AC 400	200～400 可调	50	AC 800	8	电子式	65	42	(260～300)±5%	(100～180)±5%	100、200、300、400、500、800、1000	≤0.3/0.5	20～60	A 类
NJL2-630Y	3P+N	AC 400	315～630 可调	50	AC 800	8	电子式	65	42	(260～300)±5%	(100～180)±5%		≤0.3/0.5	20～60	A 类
NJL2-800Y	3P+N	AC 400	400～800 可调	50	AC 800	8	电子式	65	42	(260～300)±5%	(100～180)±5%		≤0.3/0.5	20～60	A 类

表 25-1-40 电压保护继电器主要技术参数

型号	额定控制电源电压/V	接线方式	过电压保护调节范围/V	过电压延时调节范围/s	欠电压保护调节范围/V	欠电压延时调节范围/s	不平衡保护不平衡率调节范围	不平衡延时调节范围/s	相序保护	断相保护	PTC温度保护	机械寿命/次	电寿命/次	环境温度/℃
	AC 50Hz													
NJYB3-1	380	三相三线							有	有	无	1×10^6	1×10^5	−5～40
NJYB3-2	380		$(1.05\sim1.3)U_e$	0.1～10					无	有	无	1×10^6	1×10^5	−5～40
NJYB3-3	380				$(0.7\sim0.95)U_e$	0.1～10			无	有	无	1×10^6	1×10^5	−5～40

续表

型号	额定控制电源电压/V AC 50Hz	接线方式	过电压保护调节范围/V	过电压延时调节范围/s	欠电压保护调节范围/V	欠电压延时调节范围/s	不平衡保护不平衡率调节范围	不平衡延时调节范围/s	相序保护	断相保护	PTC温度保护	机械寿命/次	电寿命/次	环境温度/℃
NJYB3-4	380	三相三线	$(1.05\sim1.3)U_e$	0.1～10	$(0.7\sim0.95)U_e$	0.1～10			无	有	无	1×10^6	1×10^5	−5～40
NJYB3-5	380	三相三线	$(1.05\sim1.3)U_e$	0.1～10	$(0.7\sim0.95)U_e$	0.1～10			有	有	无	1×10^6	1×10^5	−5～40
NJYB3-6	380	三相三线	$(1.05\sim1.3)U_e$	0.1～10	$(0.7\sim0.95)U_e$	0.1～10	固定20%	2	有	有	无	1×10^6	1×10^5	−5～40
NJYB3-7	380	三相三线	固定120% U_e	2	固定80% U_e	2	5%～15%	0.1～10	有	有	无	1×10^6	1×10^5	−5～40
NJYB3-8	380	三相三线	$(1.05\sim1.3)U_e$	0.1～10	$(0.7\sim0.95)U_e$	0.1～10	5%～15%	0.1～10	有	有	无	1×10^6	1×10^5	−5～40
NJYB3-9	220	三相四线	$(1.05\sim1.3)U_e$	0.1～10					无	有	无	1×10^6	1×10^5	−5～40
NJYB3-10	220	两相			$(0.7\sim0.95)U_e$	0.1～10			无	有	无	1×10^6	1×10^5	−5～40
NJYB3-11	220	单相	$(1.05\sim1.3)U_e$	0.1～10	$(0.7\sim0.95)U_e$	0.1～10			无	有	无	1×10^6	1×10^5	−5～40
NJYB3-12	220	三相四线	$(1.05\sim1.3)U_e$	0.1～10	$(0.7\sim0.95)U_e$	0.1～10			有	有	无	1×10^6	1×10^5	−5～40
NJYB3-13	220	三相四线	$(1.05\sim1.3)U_e$	0.1～10	$(0.7\sim0.95)U_e$	0.1～10	固定20%	2	有	有	无	1×10^6	1×10^5	−5～40
NJYB3-14	220	三相四线	固定120% U_e	2	固定80% U_e	2	5%～15%	0.1～10	有	有	无	1×10^6	1×10^5	−5～40
NJXB3-15	220	三相四线	$(1.05\sim1.3)U_e$	0.1～10	$(0.7\sim0.95)U_e$	0.1～10	5%～15%	0.1～10	有	有	无	1×10^6	1×10^5	−5～40
NJXB3-16	220	三相四线							有	有	无	1×10^6	1×10^5	−5～40
NJXB3-1	380	三相三线	$(1.05\sim1.3)U_e$	0.1～10					无	有	无	1×10^6	1×10^5	−5～40
NJXB3-2	380	三相三线			$(0.7\sim0.95)U_e$	0.1～10			无	有	无	1×10^6	1×10^5	−5～40
NJXB3-3	380	三相三线	$(1.05\sim1.3)U_e$	0.1～10	$(0.7\sim0.95)U_e$	0.1～10			无	有	无	1×10^6	1×10^5	−5～40
NJXB3-4	380	三相三线	$(1.05\sim1.3)U_e$	0.1～10	$(0.7\sim0.95)U_e$	0.1～10			有	有	无	1×10^6	1×10^5	−5～40
NJXB3-5	380	三相三线	$(1.05\sim1.3)U_e$	0.1～10	$(0.7\sim0.95)U_e$	0.1～10	固定20%	2	有	有	无	1×10^6	1×10^5	−5～40
NJXB3-6	380	三相三线	固定120% U_e	2	固定80% U_e	2	5%～15%	0.1～10	有	有	无	1×10^6	1×10^5	−5～40
NJXB3-7	380	三相三线	$(1.05\sim1.3)U_e$	0.1～10	$(0.7\sim0.95)U_e$	0.1～10	5%～15%	0.1～10	有	有	无	1×10^6	1×10^5	−5～40
NJXB3-8	380	三相三线									有	1×10^6	1×10^5	−5～40
NJXB3-9	380	三相三线							有	有	有	1×10^6	1×10^5	−5～40
NJXB3-10	380	三相三线							有	有	无	1×10^6	1×10^5	−5～40
NJXB3-11	220	三相四线	$(1.05\sim1.3)U_e$	0.1～10					无	有	无	1×10^6	1×10^5	−5～40
NJXB3-12	220	两相			$(0.7\sim0.95)U_e$	0.1～10			无	有	无	1×10^6	1×10^5	−5～40
NJXB3-13	220	单相	$(1.05\sim1.3)U_e$	0.1～10	$(0.7\sim0.95)U_e$	0.1～10			无	有	无	1×10^6	1×10^5	−5～40
NJXB3-14	220	三相四线	$(1.05\sim1.3)U_e$	0.1～10	$(0.7\sim0.95)U_e$	0.1～10			有	有	无	1×10^6	1×10^5	−5～40
NJXB3-15	220	三相四线	$(1.05\sim1.3)U_e$	0.1～10	$(0.7\sim0.95)U_e$	0.1～10	固定20%	2	有	有	无	1×10^6	1×10^5	−5～40
NJXB3-16	220	三相四线	固定120% U_e	2	固定80% U_e	2	5%～15%	0.1～10	有	有	无	1×10^6	1×10^5	−5～40
NJXB3-17	220	三相四线	$(1.05\sim1.3)U_e$	0.1～10	$(0.7\sim0.95)U_e$	0.1～10	5%～15%	0.1～10	有	有	无	1×10^6	1×10^5	−5～40
NJXB3-18	220	三相四线							有	有	无	1×10^6	1×10^5	−5～40

表 25-1-41 电动机保护继电器主要技术参数

型号	主电路					辅助电路 AC-15						环境温度/℃
	额定绝缘电压/V	额定电流/A	整定电流范围/A	适合电动机功率/kW	额定频率/Hz	额定绝缘电压/V	额定工作电压/V	额定工作电流/A		约定发热电流/A	额定频率/Hz	
								240V	380V			
NJBK1-8/50	690	5	1～5	0.5～2.5	50	380	240,380	1.5	0.95	5	50	－5～40
NJBK1-80/10	690	10	2～10	1～5	50	380	240,380	1.5	0.95	5	50	－5～40
NJBK1-80/30	690	30	6～30	3～15	50	380	240,380	1.5	0.95	5	50	－5～40
NJBK1-80/80	690	80	16～80	8～40	50	380	240,380	1.5	0.95	5	50	－5～40
NJBK1-400/200	690	200	40～200	20～100	50	380	240,380	1.5	0.95	5	50	－5～40
NJBK1-400/400	690	400	80～400	40～200	50	380	240,380	1.5	0.95	5	50	－5～40
NJBK2-200/10	690	10	2～10	1～5	50	380	240,380	1.5	0.95	5	50	－5～40
NJBK2-200/50	690	50	10～50	5～25	50	380	240,380	1.5	0.95	5	50	－5～40
NJBK2-200/200	690	200	40～200	20～100	50	380	240,380	1.5	0.95	5	50	－5～40
NJBK2-200/400	690	400	160～400	80～200	50	380	240,380	1.5	0.95	5	50	－5～40
NJBK2-200/800	690	800	320～800	160～400	50	380	240,380	1.5	0.95	5	50	－5～40
					50	380	240,380	1.5	0.95	5	50	－5～40

1.5.6.2 计数继电器

表 25-1-42 计数继电器的型号及适用场合

型号	型号意义	结构特点及主要用途	说明
NJJ 系列	NJJ □ -/ □ NJJ—电子计数器；□—设计序号；□—额定控制电源电压	NJJ 系列电子计数器使用环境温度－5～40℃，功耗≤3V·A，安装方式为面板式，停电记忆在 10 年以上。主要用于交流 50Hz、额定控制电源电压至 240V 及直流额定控制电源电压至 240V 的控制电路中作计数或计数控制元件	设计序号：1—量值设定，可设定范围 0.01～9.99；3—批处理输出，可设定 0～999999；6—量值设定，可设定范围 0.01～99.999
NJJ5-J	NJJ 5 - J □ □ / □ NJJ—电子计数器；5—设计序号；J—计数器；□—计数器形式；□—面板形式；□—额定工作电压	NJJ5-J 电子计数器适用于交流 50Hz、额定控制电源电压至 240V 及直流额定控制电源电压至 240V 的控制电路中作计数元件	计数器形式：L—低速型，10 次/秒；H—高速型，1000 次/秒 面板形式：无—正常型；E—带扩展面板型
NJJ5-L	NJJ 5 - L □ □ / □ NJJ—电子计数器；5—设计序号；L—累时器；□—累时范围；□—面板形式；□—额定工作电压	NJJ5-L 电子累时器适用于交流 50Hz、额定控制电源电压至 240V 及直流额定控制电源电压至 240V 的控制电路中作累时元件	累时范围：1—99999.9h；2—99h59min59s；3—9999h59min；4—9999d23h 面板形式：无—正常型；E—带扩展面板型

续表

型号	型号意义	结构特点及主要用途	说明
JDM1 系列	JDM 1 - □ □ / □ JDM—计数继电器；1—设计序号；□—特征代号；□—计数速度；□—额定控制电源电压	JDM1 系列计数继电器使用环境温度 −5～40℃，功耗≤3V·A，面板式安装方式，10 年以上停电记忆。主要用于交流 50Hz、额定控制电源电压至 380V 及直流额定控制电源电压至 240V 的控制电路中作计数或计数控制元件	计数速度：L—低速型，30 次/秒；H—高速型，200 次/秒 特征代号：6—6 位计数器；9—4 位计数器
JDM1-14	JDM 1 - 14 □ □ / □ JDM—计数继电器；1—设计序号；14—特征代号；□—计数速度；□—记忆模式；□—额定控制电源电压	JDM1-14 计数继电器使用环境温度 −5～40℃，功耗≤3V·A，面板式安装方式。主要用于交流 50Hz、额定控制电源电压至 380V 及直流额定控制电源电压至 240V 的控制电路中作计数或计数控制元件	计数速度：L—低速型，30 次/秒；H—高速型，200 次/秒 记忆模式：无—无停电记忆；M—10 年以上停电记忆
JDM1-48	JDM 1 - 48 □ □ □ / □ JDM—计数继电器；1—设计序号；48—特征代号；□—计数速度；□—接线端子数；□—记忆模式；□—额定控制电源电压	JDM1-48 计数继电器使用环境温度 −5～40℃，功耗≤3V·A，面板式安装方式。主要用于交流 50Hz、额定控制电源电压至 380V 及直流额定控制电源电压至 240V 的控制电路中作计数或计数控制元件	计数速度：L—低速型，30 次/秒；H—高速型，200 次/秒 接线端子数：8—8 脚；11—11 脚（带 12V 输出供传感器） 记忆模式：无—无停电记忆；M—10 年以上停电记忆
JDM15	JDM 15 G / □ JDM—计数继电器；15—设计序号；G—派生代号；□—额定控制电源电压	JDM15 计数继电器使用环境温度 −5～40℃，功耗≤3V·A，面板式安装方式。主要用于交流 50Hz、额定控制电源电压至 240V 及直流额定控制电源电压至 240V 的控制电路中作计数或计数控制元件	
JDM3	JDM 3 - □ □ □ JDM—计数继电器；3—设计序号；□—计数位数；□—输入信号；□—计数速度	JDM3 电子式计数继电器自带锂电池供电，外型小巧，适用于线路中作计数用	计数位数：6—6 位计数；8—8 位计数 输入信号：无—无电压输入；V—直流电压输入；A—交流电压输入 计数速度：L—低速型，10 次/秒；H—高速型，200 次/秒
SC3L	S C - 3 L □ □ S—电子式；C—液晶显示；3—设计序号；L—累时器；□—累时范围；□—输入信号	SC3L 电子式累时继电器自带锂电池供电，外型小巧，适用于线路中作计数用	累时范围：1—99999.9h；2—99h59min59s；3—9999h59min；4—9999d23h；5—9999h59min59s；6—999999h59min 输入信号：无—无电压输入；V—直流电压输入；A—交流电压输入

表 25-1-43 NJJ1、NJJ3、NJJ6、JDM1-9、JDM1-14、JDM1-48、JDM15G 计数继电器主要技术参数

型号	工作电压/V		电寿命/次	机械寿命/次	输出方式	触点容量		约定发热电流/A	计数位数	计数速度/次·s^{-1}	计数方式	输入信号	输出模式	输出时间/s
	AC 50Hz	DC				AC-15	DC-13							
NJJ1	100～240	24、100～240	1×10^5	1×10^6	一组转换触点、集电极开路输出(30VDC 100mA max)	220V 0.75A	220V 0.27A	5	CR 模式:4 位计数器(4 位红色 LED 为计数值,4 位绿色 LED 为预设值)CT 模式:8 位可逆总和计数器(红色 LED 为高 4 位,绿色 LED 为低 4 位)	1、30、1000(可设定)	加、减、可逆 A、可逆 B、可逆 C	接点输入、传感器输入(NPN/PNP 型可设定)	N、F、C、R、K、P、Q、A	0.01～99.999(输出模式为 C、R、K、P、Q、A 时)
NJJ3	100～240	100～240	1×10^5	1×10^6	一组转换触点、集电极开路输出(30VDC 100mA max)、批处理输出	220V 0.75A、380V 0.47A	220V 0.27A	5	6 位计数器(6 位红色 LED 为计数值,6 位绿色 LED 为预设值)	1、30、1000(可设定)	加、减、可逆 A、可逆 B、可逆 C	接点输入、传感器输入(NPN/PNP 型可设定)	N、F、C、R、K、P、Q、A	0.01～99.999(输出模式为 C、R、K、P、Q、A 时)
NJJ6	100～240	24、100～240	1×10^5	1×10^6	一组转换触点	220V 0.75A、380V 0.47A	220V 0.27A	5	6 位计数器(上排 6 位 LED 为计数值,下排 6 位 LED 为预设值)	1、30、1000(可设定)	加、减、可逆 A、可逆 B、可逆 C	接点输入、传感器输入(NPN/PNP 型可设定)	N、F、C、R、K、P、Q、A	0.01～99.999(输出模式为 C、R、K、P、Q、A 时)
JDM1-9	24～48、100～240、220、380	24～48、100～240	1×10^5	1×10^6	一组转换触点	220V 0.75A、380V 0.47A	220V 0.27A	3	4 位计数器	30、200	加	接点输入、传感器输入(NPN 型)、光耦输入	N	
JDM1-14	24～48、100～240、220、380	24～48、100～240	1×10^5	1×10^6	一组转换触点	220V 0.75A、380V 0.47A	220V 0.27A	3	4 位计数器	30、200	加、加×10、加×100	接点输入、传感器输入(NPN 型)、光耦输入	N	
JDM1-48	24～48、100～240、220、380	24～48、100～240	1×10^5	1×10^6	一组转换触点	220V 0.75A、380V 0.47A	220V 0.27A	3	4 位计数器	30、200	加、加×10、加×100	接点输入、传感器输入(NPN 型)、光耦输入	N	

续表

型号	工作电压/V		电寿命/次	机械寿命/次	输出方式	触点容量		约定发热电流/A	计数位数	计数速度/次·s^{-1}	计数方式	输入信号	输出模式	输出时间/s
	AC 50Hz	DC				AC-15	DC-13							
JDM15G	100～240	100～240	1×10^5	1×10^6	二组转换触点、集电极开路输出（30VDC 100mA max)	220V 0.75A、380V 0.47A	220V 0.27A	5	6位计数器	30、1000（可设定）	加、加×10、加×100、减、可逆A、可逆B、可逆C	接点输入、传感器输入（NPN/PNP型可设定）	N、F、C、R	0.01～99.999（输出模式为C、R时）

表 25-1-44 NJJ5-J、NJJ5-L、JDM1-6 计数继电器主要技术参数

型号	工作电压/V		输出方式	计数位数	计数速度/次·s^{-1}	计数方式	输入信号	复位方式	复位最小脉宽/ms	计数误差/次	功耗/V·A	环境温度/℃	安装方式
	AC 50Hz	DC											
NJJ5-J	100～240	24、100～240	无输出	6位计数器	10、1000	加	接点输入、传感器输入(NPN型)	面板按钮复位	≥20	≤±1	1.5	−5～40	面板式
NJJ5-L	100～240	24、100～240	无输出	6位计数器	10、1000	加	接点输入、传感器输入(NPN型)	面板按钮复位、外部端子复位	≥20	≤±1	1.5	−5～40	面板式
JDM1-6	24～48、100～240、220、380	24～48、100～240	无输出	6位计数器	30、200	加	接点输入、传感器输入(NPN/PNP型)、光耦输入				≤3		

表 25-1-45 JDM3 计数继电器主要技术参数

型号	电源	电池寿命（25℃）/年	显示方式	输出方式	计数位数	计数速度/次·s^{-1}	计数方式	无电压输入	直流电压输入/V	交流电压输入/V	复位方式	复位最小脉宽/s	计数误差/次	环境温度/℃	安装方式
JDM3	内部	6	LED（消“0”型）	无输出	6、8位计数器	10、200	加	接点接通最大电阻：≤10kΩ(计数ON) 接点断开最小电阻：≥500kΩ(计数OFF) 输入最大残余电压：0.5V	L:DC 0～2 H:4～30 （H有效，输入阻抗≥4.7kΩ)	AC/DC 24～240	面板按钮复位、外部端子复位（6位、8位）	≥0.2	≤±1	−5～40	面板式

表 25-1-46 SC3L 累时继电器主要技术参数

型号	电源	电池寿命(25℃)/年	显示方式	输出方式	无电压输入	直流电压输入/V	交流电压输入/V	复位方式	复位最小脉宽/s	累时误差/次	环境温度/℃	安装方式
SC3L	内部	6	LED(消"0"型)	无输出	接点接通最大电阻：≤10kΩ(计数 ON) 接点断开最小电阻：≥500kΩ(计数 OFF) 输入最大残余电压：0.5V	L:DC 0～2； H:4～30(H 有效，输入阻抗≥4.7kΩ)	AC/DC 24～240	面板按钮复位、外部端子复位(6 位、8 位)	≥0.2	≤0.01%	−5～40	面板式

1.5.6.3 正反转控制继电器

表 25-1-47 正反转控制继电器的型号及适用场合

型号	型号意义	结构特点及主要用途	说明
NJZF1	NJZF 1 - □ / □ NJZF：正反转控制继电器；1：设计序号；□：功能代号；□：额定控制电源电压	NJZF1 正反转控制继电器主要用于交流 50Hz，额定控制电源电压至 380V 的控制电路中作时间控制元器件	功能代号：2ZS—数显可调式，二组转换；2Z—固定式，二组转换；3ZS—数显可调式，三组转换；3Z—固定式，三组转换
JZF	JZF - □□ / □ JZF：正反转控制继电器；□□：设计序号；□：额定控制电源电压	JZF 正反转控制继电器适用于交流 50Hz、额定控制电源电压至 380V 的控制电路中作时间控制元器件，按预定的时间接通或断开电路	

表 25-1-48 正反转控制继电器主要技术参数

型号	工作电压/V	控制时间		触点数量	触点容量	约定发热电流/A	机械寿命/次	电寿命/次	控制方式	功耗/V·A	环境温度/℃	安装方式
	AC 50Hz	正、反转	停止/s		AC-15	AC-15						
NJZF1-2ZS	220、380	0.1～9.9min	1～99	2 常开转换	220V 0.75A	5	1×10^6	1×10^5	重复循环	≤3	−5～40	面板式
NJZF1-2Z	220、380	0.5min	5									
NJZF1-3ZS	220、380	0.1～9.9min	1～99	3 常开转换								
NJZF1-3Z	220、380	0.3min	5									
JZF-01	220、380	25s	5	2 常开转换	220V 0.75A、380V 0.47A	3	1×10^6	1×10^5	重复循环		−5～40	装置式
JZF-05	220、380	15s	5	3 常开转换								
JZF-06	220、380	1、2、4、8、16s	0.5、1、2、4	2 常开转换								
JZF-07	220、380	1、2、4、8s	1、2、4									

1.5.6.4 液位继电器

表 25-1-49 液位继电器的型号及适用场合

型号	型号意义	结构特点及主要用途	说明
NJB1-YW	NJB 1 - YW / □ NJB—液位继电器；1—设计序号；YW—功能代号；□—额定控制电源电压	NJB1-YW 液位继电器适用于工业设施和设备、民用水塔、高位水箱、地下蓄水池等场合的水位自动控制之用。不适用于易燃、易爆液体(如油和化学液体等)的液位控制	功能代号：YW—液位控制
NJYW1	NJYW 1 - □ □ / □ NJYW—液位继电器；1—设计序号；□—功能代号；□—电极引线长度；□—额定控制电源电压	NJYW1 液位继电器适用于交流 50Hz、额定控制电源电压至 380V 的控制电路中作为民用水塔、高位水箱、地下蓄水池等场合的液位自动控制之用。不适用于纯净水、易燃、易爆液体(如油和化学液体等)及密度较大的污水等导电性很差的液体的液位控制	功能代号：N—供水、排水型；B—供水、排水带有防止泵抽空型 电极引线长度：L1—引线长度最长为 1km；L2—引线长度最长为 2km

表 25-1-50 NJB1-YW 液位继电器主要技术参数

型号	工作电压/V	电极之间电压 DC/V	触点数量	触点容量	约定发热电流/A	功率消耗/V·A	动作电阻/kΩ	复位电阻/kΩ	响应时间/s	电缆长度/km	指示方式	工作方式	环境温度/℃	安装方式
	AC 50Hz			AC-15										
NJB1-YW	36、110、220、380	12	一组转换触点	220V 0.75A、380V 0.47A	3	<3	5～100	≤250	0.1～10	≤0.1	绿 LED：电源指示 红 LED：控制输出指示	连续工作	−5～40	装置式、导轨式

表 25-1-51 NJYW1 液位继电器主要技术参数

型号	工作电压/V	电极之间电压 DC/V	触点数量	触点容量	约定发热电流/A	功率消耗/V·A	动作电阻/kΩ	释放电阻/kΩ	响应时间/s	电缆长度/km	工作方式	环境温度/℃	安装方式
	AC 50Hz			AC-15									
NJYW1-NL1	36、110、220、	24	一组转换触点	220V 0.75A、380V 0.47A	5	<3	≤25	≥2	动作≤0.08 释放≤0.16	≤1	连续工作	−5～40	装置式、导轨式
NJYW1-NL2	220、380	24	一组转换触点	220V 0.75A、380V 0.47A	5	<3	≤25			≤2		−5～40	
NJYW1-BL1	36、110、220、380	24	一组转换触点	220V 0.75A、380V 0.47A	5	<3	≤25			≤1		−5～40	
NJYW1-BL2	36、110、220、380	24	一组转换触点	220V 0.75A、380V 0.47A	5	<3	≤25			≤2		−5～40	

1.5.6.5 固态继电器

表 25-1-52 NJG1 固态继电器的型号及适用场合

型号	型号意义	结构特点及主要用途	说　明
NJG1	NJG 1 -□ □ □ □ -□ □ □ NJG：固态继电器；1：特征代号；□：单相；□：控制电压类型；□：输出电压类型；□：输入控制电压；□：额定通态电流；□：额定断态电压；□：触发方式	NJG1 固态继电器输入输出之间采用光电隔离，单向可控硅反并联输出，过零导通，内置 RC 吸收回路，MOV 保护，环氧树脂灌胶。广泛应用于电炉加热恒温系统、数控机床、塑料机械、食品机械、包装机械、纺织机械、石油化工仪器设备等自动化控制领域，适合阻性、感性和容性负载	特征代号：1—面板式 控制电压类型：D—直流 输出电压类型：A—交流 额定通态电流：10A—10A；25A—25A；40A—40A 额定断态电压：240V—AC 48～280V；380V—AC 48～440V 触发方式：无—过零触发 输入控制电压：032—DC 4～32V

表 25-1-53 NJG1 系列固态继电器主要输入参数

型号	输入控制电压/V	开通电压 DC/V	关断电压 DC/V	输入控制电流/mA	反极性电压 DC/V	绝缘电压 AC/V		绝缘电阻/MΩ	工作指示	保护方式
						输入与输出间	输入、输出与底板间	DC 500V		
NJG1-10A										
NJG1-25A	DC 4～32	≤4	≥1	≤15	−32	≥4000	≥2500	1000	LED	MOV
NJG1-40A										

型号	输出电压范围/V	输出电压频率/Hz	阻断电压/V	通态电流/A	过载电流/A	最大 I^2t 值 10ms/A^2s	最大浪涌电流 10ms/A	断态电流/mA	通态电压 AC/V	开通时间/ms	关断时间/ms	断态电压临界上升率 dv/dt	最小负载功率因素
NJG1-10A				10	15	110	150						
NJG1-25A	AC 240V：48～280 AC 380V：48～440	47～63	240V：600 380V：800	25	37.5	312	250	≤5	≤1.7	过零型：≤1/2 周期＋1ms	≤1/2 周期＋1ms	500V/μs	0.5
NJG1-40A				40	60	960	440						

1.5.7 继电器的选用

为了延长电动机的寿命，选择合适的热保护非常重要，不仅可以防止电动机运行时异常发热，而且可以确保在机器或厂房设备运转时有最大的连续性，避免任何不必要的停机。不同类型的电动机保护设备是有差异的。继电器的一般选用原则见表 25-1-54。

表 25-1-54 继电器的一般选用原则

继电器种类	特　点	选用原则
电流继电器	电流继电器是根据电流信号而动作的。其特点是匝数少、线径较粗、能通过较大电流	主要根据电路内的电流种类和额定电流的大小来选择
电压继电器	电压继电器是根据电压信号动作的。其特点是匝数多、线径较细、线圈与电源并联	主要根据线路电压种类和额定电压的大小来选择
中间继电器	实质上是电压继电器，但触头多，且能承受较大电流、动作灵敏、动作时间短。可作为中间传递信号及同时控制多条线路用	主要根据控制线路所需触头数及电源电压等级来选择
热继电器	热继电器是根据控制对象的温度变化来控制电流流通的继电器，是利用电流的热效应而动作的电器，主要用来保护电动机防止其过载	一般情况下，热继电器的整定电流应根据电动机的实际负载，在 0.95～1.05 倍电动机额定电流范围内选择；根据电动机的启动时间，选取 6 倍额定电流下具有相应可返回时间的热继电器 断相保护用热继电器的选用：对星形接法的电动机，一般选择三相热继电器即可实现保护；对三角形接法的电动机，应选用带断相运转保护装置的热继电器 在有短路的情况下，热继电器常与熔断器串联使用

续表

继电器种类	特点	选用原则
时间继电器	时间继电器是根据事先设定的时间，实现通电或断电延时	首先根据控制系统确定时间继电器的延时方式是通电延时还是断电延时；然后根据延时精度确定时间继电器的形式；同时应考虑电源参数、环境温度、操作频率的影响
温度继电器	可以直接反映被保护对象的温度变化，当温度达到规定值时继电器动作	

1.6 开关

1.6.1 刀开关

刀开关又称闸刀开关，是一种带有动触头，在闭合位置上与底座上的静触头相契合或分离的一种开关；一般用于不需要经常切断与闭合的交、直流低压电路，是手动电器中结构最简单的一种。它在电路中的作用是：隔离电源，以确保线路和设备的安全；分断负载，如不频繁地接通和分断容量不大的低压电路或直接启动小容量电动机。接线时应将电源线接在上端，负载接在下端，这样拉闸后刀片与电源隔离，可防止意外事故发生。

1.6.1.1 刀开关的类型、用途及特点

(1) 刀开关的类型

根据刀的极数和操作方式，刀开关可分为单极、双极和三极。通常除特殊的大电流刀开关由电动机操作外，一般都采用手动操作方式。根据工作原理、使用条件和结构形式的不同，刀开关可分为刀形转换开关、开启式负荷开关、封闭式负荷开关、熔断器式刀开关和组合开关等。刀开关的型号、用途及特点见表25-1-55。

(2) 刀开关的主要技术参数

① 额定电流：指在规定条件下，开关在长期工作中能承受的最大工作电流，大电流一般为100A、200A、400A、600A、1000A、1500A。

② 额定电压：指在规定条件下，开关在长期工作中能承受的最大电压。

③ 额定通断能力：指在规定条件下，开关在额定电压下能可靠接通和分断的最大电流值。

④ 动稳定电流：发生短路时，通过刀开关且不使其产生变形、损坏、弹出的最大短路电流。

⑤ 机械寿命、电寿命：开关无故障无载操作次数称为机械寿命，开关无故障有载操作次数称为电寿命。

表 25-1-55　　刀开关型号、特点及应用

型号	型号意义	特点及应用	说明
HD/HS	□ □ - □ / □ □ □ □ 类组代号、设计代号、约定发热电流、极数、灭弧装置、操作类型、改进代号	HD系列、HS系列开启式刀开关适用于交流50Hz、额定电压至380V（Ⅱ型为690V以下），额定电流至3000A的成套配电装置中，作为不频繁地手动接通和分断交、直流电路和作隔离开关用。其中中央手柄式的刀开关主要用于动力站，不切断带有电流的电路，作为隔离开关用；侧面操作手柄式刀开关，主要用于动力箱中；中央正面杠杆操作机构刀开关主要用于正面操作、后面维修的开关柜中，操作机构装在正前方	类组代号：HD—开启式刀开关；HS—双投转换式刀开关 设计代号：11—中央手柄式；12—侧方正面杠杆操作机构式；13—中央杠杆操作机构式；14—侧面手柄式 极数：1、2、3、4 灭弧装置：0—不带灭弧装置；1—带灭弧装置 对于中央手柄式：8—板前接线式；9—板后接线式；无—仅板前接线式 操作类型：BX—旋转式操作；无—杠杆式操作 改进代号：Ⅱ—第二代改进型隔离开关；无—第一代刀开关

续表

型号	型号意义	特点及应用	说　明
HD/HS11B系列	□ 11 - □ / □ 8 B □ 类组代号　设计代号　约定发热电流　极数　板前接线　保护型　外观类型	HD/HS11B 系列单投和双投保护型刀开关采用中央手柄式，是 HD11、HS11 的理想替代产品。主要用于低压配电设备中，作不频繁地手动接通和分断、隔离电源之用，极大提高对人身安全的防护性能，防止误触电	类组代号：HD—开启式刀开关；HS—双投转换式刀开关 极数：2、3、4 外观类型：Ⅰ—外观优雅型（仅对单投 100A 和双投 200A）；Ⅱ—外观优雅、体积紧凑型（仅对单投 600A 以下）；T—负载端多接线型（对单投 100A）
HS11F	HS 11 - □ / □ / □ F 刀开关　设计序号　额定电流　额定工作电流　极数　有防护罩	HS11F 系列刀开关额定工作电压 380V(50Hz)，额定工作电流至 200A。产品体积小，流通量大，无需取盖即可安装、接线。适用于在工业企业和家庭用电设备中，作转换网电和自发电线路之用	设计序号：11—中央手柄式 极数：2、3、4
HD/HS13系列	H □ 13 □ - □ / □ □ 刀开关　单投双投类型　设计序号　手动电动类型　约定发热电流　极数　操作类型	HD/HS13 系列大电流刀开关分为电动式（附带手动）和手动式两种，适用于交流 50Hz、额定电压至 380V 或直流至 220V，额定电流 3000～6000A，主要用于配电设备的控制电路中，作为不频繁地电动接通和切断或隔断电源之用。操作应在无负荷下进行	单投双投类型：D—单投；S—双投（仅对电动式） 手动电动类型：D—电动式（附带手动）；无—手动式 极数：1、2、3、4 操作类型：BX—旋转式操作；无—杠杆式操作（仅对手动式）

1.6.1.2　常用开启式刀开关技术参数

表 25-1-56　　HD/HS 系列开启式刀开关技术参数

型号	额定电压/V	额定电流/A	额定通断能力/A			约定发热电流/A	1s 短时耐受电流/kA	机械寿命/次	电寿命/次	操作力/N
			AC 380 $\cos\phi=0.72\sim0.8$	AC 400	AC 690					
HD/HS-100	AC 380	100	100				4	1×10^5	300	≤300
HD/HS-200	AC 380	200	200				4	1×10^5	200	≤300
HD/HS-400	AC 380	400	400				20	1×10^5	200	≤400
HD/HS-600	AC 380	600	600、630				25	5000	200	≤400
HD/HS-630	AC 380	630	600、630				25	5000	200	≤400
HD/HS-1000	AC 380	1000	1000				20	5000	100	≤400
HD/HS-1500	AC 380	1500	1500				30	5000	100	≤400
HD/HS-2000	AC 380	2000					24	3000		≤400
HD/HS-3000	AC 380	3000					36	3000		≤400
HD/HS-160-Ⅱ	AC 400、AC 690	160		160	160	160	4	1×10^5	200	≤300
HD/HS-250-Ⅱ		250		250	200	250	4	1×10^5	200	≤300
HD/HS-400-Ⅱ		400		400	315	400	20	1×10^5	200	≤400
HD/HS-630-Ⅱ		630		630	500	630	25	5000	200	≤400
HD/HS-1000-Ⅱ		1000		1000	800	1000	20	5000	100	≤450
HD/HS-1600-Ⅱ		1600		1500	1250	1600	32	5000	100	≤450

表 25-1-57　HD/HS11B、HS11F 系列开启式刀开关技术参数

型号	额定电压/V	额定绝缘电压/V	额定电流/A	约定发热电流/A	1s 短时耐受电流/kA	机械寿命/次	操作力/N
HD/HS11-100B	AC 380、DC 220		100	100	4	1×10^5	≤300
HD/HS11-200B			200	200	4	1×10^5	≤300
HD/HS11-400B			400	400	20	1×10^5	≤400
HD/HS11-600B			600	600	25	5000	≤400
HD/HS11-1000B			1000	1000	20	3000	≤450
HS11-32F	AC 380	500	32		≥4		
HS11-63F	AC 380	500	63		≥4		
HS11-100F	AC 380	500	100		≥4		
HS11-160F	AC 380	500	160		≥4		
HS11-200F	AC 380	500	200		≥4		

表 25-1-58　HD/HS13 系列电动式大电流刀开关

型号	额定电压/V	额定绝缘电压/V	额定电流/A	极数	约定发热电流/A	额定短时耐受电流/kA	电动机功率/kW	电动机电压/V	操作时间/s	使用类别
HD/HS13-3000	AC 380 DC 220	500	AC/DC 3000	1、2、3	AC/DC 3000	36	DC：0.15	DC 220	≤3	AC20B DC20B
HD/HS13-4000		500	AC/DC 4000	1、2、3	AC/DC 4000	48	DC：0.15	DC 220	≤3	AC20B DC20B
HD/HS13-6000		500	AC/DC 6000	1	AC/DC 6000	72	DC：0.30	DC 220	≤3	AC20B DC20B

1.6.1.3　刀开关的选用原则

刀开关的选择应根据工作电流和电压来选择。

(1) 刀开关结构形式的选择

应根据刀开关的作用和装置的安装形式来选择。如分断负载电流时，应选择带灭弧装置的刀开关。根据装置的安装形式来选择，是否是正面、背面或侧面操作形式，是直接操作还是杠杆传动，是板前接线还是板后接线的结构形式。

(2) 额定电流的选择

刀开关的额定电压，一般应等于或大于电路的额定电压；刀开关的额定电流，一般应等于或大于分断电路中各个负载额定电流的总和。若负载是电动机，则还要考虑启动电流，适当增加刀开关的额定电流。此外，选择刀开关时，还要考虑其动稳定性峰值电流应等于或大于电路可能出现的短路峰值电流。

1.6.2　隔离开关

隔离开关是指在断开位置上能满足对隔离器所规定的隔离要求的一种开关。它不能断开负载电流和短路电流，其接触敞露在空气中，分闸状态下有明显可见的断口，合闸状态下可通过正常工作电流和短路故障电流，主要用于保证设备检修工作的安全和对无载电路的切换操作。

1.6.2.1　隔离开关的类型及用途

(1) 隔离开关的类型

隔离开关的种类很多。按安装地点不同可分为户内式和户外式；按绝缘支柱数目不同可分为单柱式、双柱式、三柱式；按相数不同可分为单相和三相；按用途不同可分为带接地闸刀和不带接地闸刀，前者在隔离开关打开后，接地闸刀合闸，以便进行线路或母线检修。隔离开关可以有手动和电动两种操作机构。隔离开关的型号、特点及应用见表 25-1-59。

(2) 隔离开关的主要技术参数

隔离开关的技术参数一般都标在铭牌上。有额定电压、额定电流、极限通过电流、热稳定电流等。额定电压和额定电流是进行开关选择的依据，极限通过电流是对开关进行稳定校验的依据，热稳定电流则作为开关热稳定校验的依据。

表 25-1-59　隔离开关的型号、特点及应用

型号	型号意义	特点及应用	说　明
HR5 HR6 系列	HR □ - □ / □ □ 熔断器式隔离开关　设计代号　约定发热电流　极数　熔断信号	HR5/6 系列熔断器式隔离开关主要用于额定电压交流 380V 和 660V(45～62Hz)，约定发热电流至 630A 的具有高短路电流的配电电路和电动机电路中，作为电源开关、隔离开关、应急开关，并作为电路保护用，但一般不作为直接开闭单台电动机之用	设计代号：5、6 极数：2、3 熔断信号： 设计序号为 5 时：0—无熔断信号装置型(配有熔断指示器的熔断体)；1—有熔断信号装置型(配有熔断指示器的熔断体) 设计序号为 6 时：0—无开合信号装置型；1—有开合信号装置型(配有微动开关)
NH42 系列	NH 42 - □ / 4 隔离开关　设计代号　约定发热电流　极数	NH42 系列双电源手动隔离开关适用于额定交流电压至 690V(50Hz)、直流 440V 及以下，额定电流至 125A，在工业企业配电设备中，可供两路电源转换作不频繁手动接通和分断电路及隔离电源用	极数：4
NH40/R 系列	NH 40 - □ / □ R □ 隔离开关　设计代号　约定发热电流　极数　配有熔断器组　操作类型	NH40/R 系列隔离开关熔断器组适用于交流 50/60Hz，额定电压为 AC 660、DC 440V 及以下，额定电流 630A 及以下，主要用在具有高短路电流的配电电路和电动机电路中，作为手动不频繁操作的主开关或总开关	极数：3、4 操作类型：W—柜外操作；无—柜内操作
HF40 系列	HF 40 - □ / □ □ □ 隔离开关　设计代号　约定发热电流　极数　有无辅助开关　有无灭弧	HF40 系列防护式隔离器及隔离开关具有防护功能，主要用于低压配电设备中，作手动接通和切断(Ⅱ型开关可分断)、隔离电源之用，提高了人身安全防护性能，防止操作时误触导电部分，在各种动力柜、开关箱中广泛使用	极数：3 有无辅助开关：0—无辅助开关；1—有分合闸指示装置辅助开关 有无灭弧：Ⅱ—隔离开关型，带灭弧装置；无—刀型隔离器，无灭弧装置

1.6.2.2　常用隔离开关的主要技术参数

表 25-1-60　HR5、HR6 熔断器式隔离开关技术参数

型号	额定绝缘电压 U_i/V	额定工作电压 U_e/V	额定工作电流 I_e/A	约定发热电流 /A	使用类别	开关接通和分断能力/A						熔断器				机械寿命 /次	电寿命 /次
						接通			分断			熔体额定电流/A	接通和分断能力				
						I/I_e	U/U_e	$\cos\phi$	I/I_e	U/U_e	$\cos\varphi$		I/I_e	U/U_e	$\cos\varphi$		
HR5-100	690	380	100	100	AC-23B	10	1.05	0.45	8	1.05	0.45	4、6、10、16、20、25、32、35、40、50、63、80、100、125、160	1	1	0.65	3000	600
		660	100	100	AC-22B	3	1.05	0.65	3	1.05	0.65		1	1	0.8	3000	600
HR5-200	690	380	200	200	AC-23B	10	1.05	0.35	8	1.05	0.35	8、100、125、160、200、224、250	1	1	0.65	3000	600
		660	200	200	AC-22B	3	1.05	0.65	3	1.05	0.65		1	1	0.8	3000	600

续表

型号	额定绝缘电压 U_e/V	额定工作电压 U_e/V	额定工作电流 I_e/A	约定发热电流 /A	使用类别	开关接通和分断能力/A						熔断器				机械寿命/次	电寿命/次
						接通			分断			熔体额定电流/A	接通和分断能力				
						I/I_e	U/U_e	$\cos\phi$	I/I_e	U/U_e	$\cos\varphi$		I/I_e	U/U_e	$\cos\varphi$		
HR5-400	690	380	400	400	AC-23B	10	1.05	0.35	8	1.05	0.35	125、160、200、224、250、300、315、355、400	1	1	0.65	1000	200
		660	315	315	AC-22B	3	1.05	0.65	3	1.05	0.65		1	1	0.8	1000	200
HR5-630	690	380	630	630	AC-23B	10	1.05	0.35	8	1.05	0.35	315、355、400、425、500、630	1	1	0.65	1000	200
		660	425	425	AC-22B	3	1.05	0.65	3	1.05	0.65		1	1	0.8	1000	200
HR6-160	660	380	160	160	AC-23B	10	1.05	0.35	8	1.05	0.35	4、6、10、16、20、25、32、35、40、50、63、80、100、125、160					
		660	100	160	AC-22B	3	1.05	0.65	3	1.05	0.65	4、6、10、16、20、25、32、35、40、50、63、80、100					
HR6-250	660	380	250	250	AC-23B	10	1.05	0.35	8	1.05	0.35	80、100、125、160、224、250					
		660	200	250	AC-22B	3	1.05	0.65	3	1.05	0.65	80、100、125、160、200					
HR6-400	660	380	400	400	AC-23B	10	1.05	0.35	8	1.05	0.35	125、160、200、224、250、300、315、355、400					
		660	315	400	AC-22B	3	1.05	0.65	3	1.05	0.65	125、160、200、224、250、300、315					
HR6-630	660	380	630	630	AC-23B	10	1.05	0.35	8	1.05	0.35	315、355、400、425、500、630					
		660	425	630	AC-22B	3	1.05	0.65	3	1.05	0.65	315、355、400、425					

表 25-1-61　NH42 隔离开关主要技术参数

型号	额定绝缘电压/V	介电强度/V	约定发热电流/A	额定冲击耐受电压/kV	额定工作电流 I_e/A			电动机功率/kV		额定短时耐受电流/kA	额定接通能力/A	额定分断能力/A	操作力/N	电寿命/次	机械寿命/次
					415V(AC 22/23) 220V(DC 22/23)	690V(AC 22) 440V(DC 22)	690V(AC 23) 440V(DC 23)	415V	720V						
NH42-16	800	6200	16	8	16	16	16	7.6	15	7	$10I_e$	$8I_e$	40～100	1000	12000
NH42-25	800	6200	25	8	25	25	25	12	15	7	$10I_e$	$8I_e$	40～100	1000	12000
NH42-32	800	6200	32	8	32	32	32	15	22	9	$10I_e$	$8I_e$	40～100	1000	12000
NH42-40	800	6200	40	8	40	40	40	18.5	22	9	$10I_e$	$8I_e$	40～100	1000	12000
NH42-63	800	6200	63	8	63	63	63	25	22	8	$10I_e$	$8I_e$	40～100	1000	12000
NH42-80	800	6200	80	8	80	80	80	40	33	8	$10I_e$	$8I_e$	40～100	1000	12000
NH42-100	800	6200	100	8	100	100	80	50	50	12.6	$10I_e$	$8I_e$	40～100	1000	12000
NH42-125	800	6200	125	8	125	125	80	63	75	12.6	$10I_e$	$8I_e$	40～100	1000	12000

表 25-1-62

NH40/R 隔离开关主要技术参数

型号	额定绝缘电压/V	额定工作电压/V	约定发热电流/A	额定限制短路电流/A		额定工作电流/A		电动机功率/kV		熔断器额定电流/A		操作力/N	电寿命/次	机械寿命/次
				400V	690V	380V(AC 22B)、660V(AC 21BV)	380V(AC 23B)、660V(AC 22BV)	380V、415V	660V、690V	400V	690V			
NH40-100/R	800	400、690	100	100	50	100	80	40	33	100	80	30～50	1000	8500
NH40-125/R	800		125	100	50	125	100	63	55	125	100	40～60	500	7000
NH40-160/R	800		160	100	50	160	125	80	75	160	125	40～60	500	7000
NH40-250/R	800		250	100	50	250	200	132	110	250	200	65～100	500	4000
NH40-400/R	800		400	100	50	400	315	220	185	400	315	65～100	300	4000
NH40-630/R	800		630	100	50	630	425	315	245	630	425	65～100	300	4000

表 25-1-63

HF40、HF40Ⅱ防护式刀形隔离器及隔离开关主要技术参数

型号	约定发热电流/A	额定工作电压/V	额定工作电流/A	额定频率/Hz	极数	额定绝缘电压/V	额定短时耐受电流/kA	使用类别
HF40-63	63	AC380	63	50	3、4	500	2	AC 20A
HF40-80	80	AC380	80		3、4	500	2	AC 20A
HF40-100	100	AC380	100		3、4	500	2	AC 20A
HF40-200	200	AC380	200		3、4	500	4	AC 20A
HF40-400	400	AC380	400		3、4	500	8	AC 20A
HF40-630	630	AC380	630		3	500	12	AC 22A
HF40-63Ⅱ	63	AC415	63		3	800	4	AC 22A
HF40-80Ⅱ	80	AC415	80		3	800	4	AC 22A
HF40-100Ⅱ	100	AC415	100		3	800	4	AC 22A
HF40-125Ⅱ	125	AC415	125		3	800	4	AC 22A
HF40-160Ⅱ	160	AC415	160		3	800	4	AC 22A
HF40-200Ⅱ	200	AC415	200		3	800	4	AC 22A
HF40-315Ⅱ	315	AC415	315		3	800	8	AC 22A
HF40-400Ⅱ	400	AC415	400		3	800	8	AC 22A
HF40-500Ⅱ	500	AC415	500		3	800	12.6	AC 22A
HF40-630Ⅱ	630	AC415	630		3	800	12.6	AC 22A

表 25-1-64

HR20 型户外熔断器式隔离开关

型号	额定绝缘电压/V	额定工作电压/V	额定工作电流/A	约定发热电流/A	额定限制短路电流/kA	熔片额定电流(A)/容量(kV·A)
HR20-200	800	500	200	200	50	120/80、150/100、220/150、300/(180～220)、360/250、470/(315～320)、600/400、630/400
HR20-400			400	400		
HR20-500			500	500		
HR20-630			630	630		
HR20-800			800	800		
HR20-1000			1000	1000		

1.6.2.3　隔离开关的选用原则

额定电压和额定电流是进行隔离开关选择的依据。具体可以参考刀开关的选用原则。

1.6.3　负荷开关

1.6.3.1　负荷开关的分类及特点

（1）负荷开关的分类

负荷开关的种类有封闭式、开启式、户外式等。封闭式负荷开关，俗称铁壳开关，是由刀开关和熔断器组合而成的一种电器，它有灭弧装置，具有通断性能好、操作方便、使用安全等特点；开启式负荷开关，又称胶盖瓷底刀开关或胶木闸刀开关，是由刀开关和熔丝组合而成的一种电器，具有结构简单、价格低廉、使用维修方便等特点。封闭式负荷开关多作为手动不频繁接通、分断电路及线路末端的短路保护之用，还可用作电动机的不频繁启动的控制开关；开启式负荷开关多作为手动不频繁接通与分断有负载电器及小容量线路的短路保护之用。负荷开关的型号、特点及用途见表25-1-65。

（2）负荷开关的主要技术参数

负荷开关的主要技术参数有额定电压、额定电流、极限分断能力等。

表25-1-65　负荷开关的型号、特点及用途

型号	型号意义	特点及用途	说明
HH3系列	HH 3 - □ / □ HH：负荷开关；3：设计代号；□：约定发热电流；□：极数	HH3系列封闭式负荷开关适用于额定工作电压380V、额定工作电流600A、频率为50Hz的交流电路中，可作为手动不频繁地接通、分断有负载的电路，并对电路有过载和短路保护作用	极数:3
HK2系列	HK 2 - □ / □ HK：负荷开关；2：设计代号；□：约定发热电流；□：极数	HK2系列开启式负荷开关适用于交流50Hz，额定电压为单相220V、三相380V及以下，额定电流至100A，可作为电路的总开关、支路开关以及电灯、电热器等操作开关，作为手动不频繁地接通、分断有负载电器及小容量线路的短路保护作用	极数:2、3
HK8系列	HK 8 - □ / □ HK：负荷开关；8：设计代号；□：约定发热电流；□：极数	HK8系列开启式负荷开关适用于交流50Hz，额定电压为单相220V、三相380V及以下，额定电流至63A，可用于家用电器及工业企业配电系统中，作频繁地手动接通与分断有负载电器及小容量线路的短路保护之用	极数:2、3

1.6.3.2　常用负荷开关的主要技术参数

表25-1-66　HH3系列封闭式负荷开关主要技术参数

型号	额定工作电压 U_e /V	额定工作电流 I_e /A	约定发热电流 /A	熔断器极限分断电流/A						额定限制短路电流 /kA	操作循环次数 /次
				接通和分断(AC-21B)			接通和分断(AC-21B)				
				I/I_e	U/U_e	$\cos\varphi$	I/I_e	U/U_e	$\cos\varphi$		
HH3-60	380	60	60	1.5	1.05	0.95	3	1.05	0.65	50	5
HH3-100		100	100								
HH3-200		200	200								
HH3-400		400	400								
HH3-500		500	500								
HH3-600		600	600								

表25-1-67　HK2、HK8开启式负荷开关主要技术参数

型号	额定电压 /V	额定电流 /A	极数	控制交流感应电动机功率/kW	熔丝规格		约定发热电流 /A	环境温度 /℃
					含铜量不少于/%	线径 ϕ 不大于/mm		
HK2-10	AC 220	10	2	1.1	99	0.25	10	−5～40
HK2-16		16		1.5		0.41	16	
HK2-32		32		3.0		0.55	32	
HK2-63		63		4.5		0.81	63	
HK2-16	AC 380	16	3	2.2	99	0.44	16	−5～40
HK2-32		32		4.0		0.72	32	

续表

型号	额定电压/V	额定电流/A	极数	控制交流感应电动机功率/kW	熔丝规格		约定发热电流/A	环境温度/℃
					含铜量不少于/%	线径 ϕ 不大于/mm		
HK2-63	AC 380	63	3	5.5	99	1.12	63	−5～40
HK2-100		100		7.6		1.15	100	
HK8-10	AC 220	10	2	1.1	99.9	0.25	10	−5～40
HK8-16		16		1.5		0.41	16	
HK8-32		32		3.0		0.56	32	
HK8-63		63		4.5		0.81	63	
HK8-16	AC 400	16	3	2.2	99.9	0.44	16	−5～40
HK8-32		32		4.0		0.71	32	
HK8-63		63		5.5		1.12	63	

1.6.3.3 负荷开关的选用原则

额定电压和额定电流是进行负荷开关选择的依据。可以参考刀开关的选用原则。

（1）开启式负荷开关的选择

① 额定电压的选择。开启式负荷开关用于照明电路时，可选用额定电压为 220V 或 250V 的二极开关；用于电动机的直接启动时，可选用额定电压为 380V 或 500V 的三极开关。

② 额定电流的选择。用于照明电路时，开启式负荷开关的额定电流应等于或大于断开电路中各个负载额定电流的总和；若负载是电动机，开关的额定电流应取电动机额定电流的 3 倍。

③ 熔丝的选择。对于变压器、电热器和照明电路，熔丝的额定电流应等于或稍大于实际负载电流；对于配电线路，熔丝的额定电流应等于或略小于线路的安全电流；对于电动机，熔丝的额定电流一般为电动机额定电流的 1.5～2 倍。

（2）封闭式负荷开关的选择

额定电流的选择：封闭式负荷开关用于控制一般电热、照明电路时，开关的额定电流应不小于被控制电路中各个负载额定电流的总和。当用来控制电动机时，考虑到电动机的全压启动电流为其额定电流的4～7 倍，故开关的额定电流应为电动机额定电流的 3 倍。

1.6.4 组合开关

组合开关实质上也是一种刀开关，一般的刀开关的操作手柄是在垂直于其安装面的平面内向上或向下转动，而组合开关的操作手柄是在平行于其安装面的平面内向左或向右转动。组合开关因其可实现多组触头组，故经常作为转换开关使用，但在电气控制线路中也作为隔离开关使用，起不频繁接通和分断电气控制线路的作用。

1.6.4.1 组合开关的类型及特点

（1）组合开关的类型

组合开关在电路中有不同的作用。当在电路中用作隔离开关时，有单极、双极和三极之分，机床电气控制线路中一般采用三极组合开关。常用组合开关的型号说明见表 25-1-68。

（2）组合开关的主要技术参数

① 额定电压。额定电压是指在规定条件下，开关在长期工作中能承受的最高电压。

② 额定电流。额定电流是指在规定条件下，开关在合闸位置允许长期通过的最大工作电流。

③ 通断能力。通断能力指在规定条件下，在额定电压下能可靠接通和分断的最大电流值。

④ 机械寿命。指在需要修理或更换机械零件前所能承受的无载操作次数。

⑤ 电寿命。指在规定的正常工作条件下，不需要修理或更换零件情况下，带负载操作的次数。

表 25-1-68　　常用组合开关的型号说明

型号	型号意义	特点及应用	说明
HZ5	HZ 5 - □ / □ □ □ HZ：组合开关；5：设计序号；□：约定发热电流；□：控制电动机功率；□：定位特征代号；□：接线圈编号	HZ5 组合开关主要用于交流 50/60Hz、电压 380V 及以下的电气线路中，作电源开关和笼型感应电动机的启动、换向、变速开关，也可用作控制线路的换接之用	定位特征代号：L—0°-60°，M—60°-0°-60° 接线圈编号： 电源开关、电动机启动开关：双极—L01；三极—L02，四极—L03 两种电压转换开关：双极—M04；三极—M06 电动机可逆转换开关—M05；星三角启动开关—M07；多速电动机变速开关—M08

续表

型号	型号意义	特点及应用	说明
HZ10	HZ　10　-　□　/　□　□　□ HZ—组合开关；10—设计序号；□—约定发热电流；□—用途形式代号；□—外壳形式代号；□—极数	HZ10 系列组合开关主要用于交流 50/60Hz、电压 380V 及以下，直流电压 220V 及以下的电路中，作手动不频繁地接通或分断电路、换接电源或负载、测量电路之用，也可控制小容量电动机	用途形式代号：P—单电源开关，两电源或两电路换接开关；S—三电路换接开关；G—四电路换接开关 外壳形式代号：M—白塑料壳；无—无外壳 极数：1、2、3、4
HZ12	HZ　12　-　□　/　□ HZ—组合开关；12—设计序号；□—约定发热电流；□—形式代号	HZ12 型电源切断组合开关主要用于交流 50（或 60）Hz、电压至 550V 的电路中，作为电源的切断和接通之用，也可用于接开关闭交流电动机及变压电感性负载	形式代号： 01—普通型电源切断开关； 02—急停型电源切断开关； 03—普通挂锁型电源切断开关； 04—急停挂锁型电源切断开关
NF1	NF　1　-　□ NF—负载型开关；1—设计序号；□—约定发热电流	负载型开关适用于 AC 50/60Hz、690V 及以下的电气线路中，控制主回路、辅助回路、三相电机及其他负载。它是手动隔离开关，可用于启/停控制和急停开关	

1.6.4.2　常用组合开关的主要参数

表 25-1-69　　HZ5 系列主要技术参数

型号	额定电压/V	额定电流/A	约定发热电流/A	额定控制电动机功率/kW	AC-3 时电寿命/次	操作频率/次·h^{-1}
HZ5-10	AC 380	10	10	1.7	20×10^4	120
HZ5-20		20	20	4	20×10^4	120
HZ5-40		40	40	7.5	15×10^4	120

表 25-1-70　　HZ10 系列主要技术参数

型号	额定绝缘电压/V	约定发热电流/A	AC-22A		DC-21A		AC-3A	
			额定电压/V	额定电流/A	额定电压/V	额定电流/A	额定电压/V	额定电流/A
HZ10-10	380	10	380	10	220	10	380	3
HZ10-25		25		25		25	380	6.3
HZ10-60		60		60		60		
HZ10-100		100		100		100		

注：HZ10 系列组合开关的单极开关交流电压为 380V 时，其额定电流降至上述数据的 60%。

表 25-1-71　　HZ12-40 电源切断开关、NF1-32 负载型开关主要技术参数

型号	额定电压/V	额定电流/A	约定发热电流/A	机械寿命/次	电寿命/次	额定控制功率/kW	动作力/N	操作频率/次·h^{-1}
HZ12-40	AC 380	40	40	3×10^4	1×10^4			300
	AC 550	16						
NF1-32	AC 690	32	32	1×10^5	3×10^4	AC 10	≤80	

1.6.4.3　组合开关选用原则

组合开关用作隔离开关时，其额定电流应为低于被隔离电路中各负载电流的总和；用于控制电动机时，其额定电流一般取电动机额定电流的 1.5～2.5 倍。应根据电气控制线路中实际需要，确定组合开关接线方式，正确选择符合接线要求的组合开关规格。

1.6.5　转换开关

万能转换开关是一种由多组结构相同的触头组建叠装而成的多档次、控制多回路的主令电器。主要用于各种控制线路的转换、电压表、电流表的换相测量控制、配电装置线路的转换和遥控，还可用于直接控制小容量电动机的启动、调速和换向。

自动转换开关电器是由一个（或几个）转换开关电器和其他必需的电器组成，用于监测电源电路、并将一个或几个负载电路从一个电源自动转换至另一个电源的电器。主要作用是在两路可用的供电电源/稳压器间，选择一路安全、可靠的电源向负载供电，以保证负载用电的连续性。

1.6.5.1 转换开关的类型及特点

(1) 类型

万能转换开关按手柄形式分为刀型转换开关和手拧式转换开关。刀型转换开关操作不很方便，转换电路只有两条；手拧式转换开关只要拧转手柄即可转换电路，操作方便，因是多节产品，转换电路数目较多，适合较复杂控制系统的需要。目前的常用产品有：LW5、LW6 等系列。

万能转换开关按定位形式分为复位式和定位式，定位角分 30°、45°、60°、90°等数种，由具体系列确定。

万能转换开关按接触系统挡数分为 1～16 不等的单列转换开关。

自动转换开关分为 PC 级和 CB 级。PC 级就是只完成双电源自动转换的功能，而不具备短路电流分断的功能；CB 级是既可以完成双电源转换、又可以具有短路电流保护的功能。转换开关的型号说明见表 25-1-72。

(2) 主要技术参数

万能转换开关的技术参数有工作电压、工作电流、机械寿命、电寿命等。

自动转换开关的技术参数有级别、额定电压、额定工作电流、额定频率、开关极数等。

表 25-1-72 常用转换开关的型号说明

型号	型号意义	特点及应用	说明
LW5D-16	LW 5 D - 16 □ □ / □ LW—万能转换开关；5—设计序号；D—采标代号；16—约定发热电流；□—特征代号；□—操作图编号；□—接触系统节数	LW5D 系列转换开关主要适用于交流 50/60Hz、电压至 380V 及直流电压至 440V 电路中转换电气控制线路（电磁线圈、电气测量仪表、伺服电动机等），也可直接控制 5.5kW 三相笼型感应电动机（启动、可逆转换、变速）	该万能转换开关是主令控制用万能转换开关 接触系统节数：1～16 节
	LW 5 D - 16 5.5 □ / □ LW—万能转换开关；5—设计序号；D—采标代号；16—约定发热电流；5.5—被控电动机最大容量；□—用途代号；□—接触系统节数		该万能转换开关是直接控制电动机用万能转换开关 用途代号：Q1—直接启动；N—可逆转换；S—双速电动机变速；SN—双速电动机变速、可逆
LW6	LW 6 - □ / □ □ LW—万能转换开关；6—设计序号；□—触头座数；□—定位特征代号；□—操作图编号	LW6 系列转换开关主要适用于交流 50/60Hz、电压至 380V 及直流电压至 220V 的机床控制电路中，控制或转换线路。也可用于其他场合控制线路的转换，如电气测量仪表、电磁线圈等	触头座数：1、2、3、4、5、6、8、10，对应的触头对数分别为 3、6、9、12、15、18、24、30
LW112-16	LW 112 - 16 / □ □ / □ / □ / □ LW—万能转换开关；112—设计序号；16—约定发热电流；□—操作类型；□—转换角度代号；□—操作图编号；□—接触系统节数；□—附加功能代号	LW112 转换开关主要适用于交流 50/60Hz、电压 380V 及以下，直流电压 220V 及以下电路中转换电气控制线路和电气测量仪表，也可直接控制 5.5kW 及以下三相交流笼型感应电动机。主要用于仪表、微电机、电磁阀等控制线路中，新增带锁功能，可以实现产品的授权操作	该万能转换开关是主令控制用万能转换开关 操作类型：Z—自复；D—定位自复；无—定位 转换角度代号：3—30°；4—45°；9—90°；49—45°自复 90°定位 接触系统节数：1～12 节 附加功能代号：L—带锁；F—带防护外壳
	LW 112 - 16 / 5.5 □ / □ / □ LW—万能转换开关；112—设计序号；16—约定发热电流；5.5—被控电动机最大容量；□—用途代号；□—接触系统节数；□—附加功能代号		该万能转换开关是直接控制电动机用万能转换开关 用途代号：Q1—直接启动（2 节）；Q2—直接启动（3 节）；N—可逆转换；S—双速电动机变速；SN—双速电动机变速、可逆 附加功能代号：L—带锁；F—带防护外壳

续表

型号	型号意义	特点及应用	说明
LW32-20系列万能转换开关	LW 32 - □ / □ □ / □ 万能转换开关 设计序号 约定发热电流 特征代号 操作图编号 接触系统节数	LW32-20系列转换开关主要适用于交流50/60Hz、额定工作电压440V及以下，直流电压240V及以下的主电路中作接通、分断和转换电路用，也可直接控制小容量电动机和作主令控制及电路测量之用	该万能转换开关是主令控制用万能转换开关
	LW 32 - □ / □ □ / □ 万能转换开关 设计序号 约定发热电流 被控电动机最大容量 用途代号 接触系统节数		该万能转换开关是直接控制电动机用万能转换开关 用途代号：Q—直接启动；N—可逆转换；S—双速电动机变速；SN—双速电动机变速、可逆
NZ7系列自动转换开关	NZ 7 □ - □ □ / □ □ □ 自动转换开关 设计序号 执行断路器类型 壳架等级额定电流 分断能力代号 极数 控制器类型 附加功能代号	NZ7系列自动转换开关适用于交流50Hz，额定工作电压AC 400V、额定工作电流至800A的三相四线双路供电电网中，自动将一个或几个负载电路从一个电源接至另一个电源，以保证负载电路的正常供电	执行断路器类型：B—小型断路器；无—塑料外壳式断路器 分断能力代号：S、H、R 极数：3、4 控制器类型：A—基本型；B—液晶型；C—智能型 附加功能：T—通信功能
NZ8系列自动转换开关	NZ 8 - □ / □ 自动转换开关 设计序号 壳架等级额定电流 极数	NZ8系列自动转换开关适用于交流50Hz，额定工作电压400V、额定工作电流至800A的三相四线双路供电电网中，自动将一个或几个负载电路从一个电源接至另一个电源，以保证负载电路的正常供电。该产品适用于工业、商业、高层和民用住宅等用电场所	壳架等级额定电流：125、250、400、800A 极数：4
NH40SZ系列自动转换开关	NH 40 - □ / □ SZ □ □ H 自动转换开关 设计序号 约定发热电流 极数 双电源自动转换开关 电源转换类型 液晶显示位置 有无箱体	NH40SZ系列（PC级）自动转换开关适用于交流50Hz，额定工作电压380V、额定工作电流至3150A的三相四线双路供电系统，能实现常用电源与备用电源的自动和手动切换，在切换电源过程时，中断向负载供电。适用于要求两路电源供电和电源质量要求高的场合	极数：3—3极；4—4极 电源转换类型：Ⅰ—主电源-备用电源，自投不自复，互为备用，缺相及过、欠电压保护；Ⅱ—主电源-备用电源，自投自复，缺相及过、欠电压保护；Ⅲ—主电源-油机（有自动启动功能），自投自复，缺相及过、欠电压保护 液晶显示位置：Y—液晶显示在本体上；YF—液晶显示在箱体面板上 有无箱体：H—有箱体；无—无箱体

1.6.5.2　常用转换开关的主要技术参数

表 25-1-73　LW 系列主要技术参数

型号	绝缘电压/V		额定工作电压/V		额定工作电流/A		额定发热电流/A		机械寿命/次		电寿命/次		操作频率/次・h^{-1}	
	AC-15	DC-13	AC-15	DC-13	AC-15	DC-13	AC-15	DC-13	AC-15	DC-13	AC-15	DC-13	AC-15	DC-13
LW5D-16	550		500	440	2.0	0.14	16		8×10^5		2×10^4		300	
			380	220	2.6	0.27								
			220	110	4.6	0.55								
LW6	550	550	380	220	5	0.6	5	5	8×10^5	8×10^5	2×10^5	2×10^5	120	120
LW112-16	550		380	220	2.6	0.27	16		8×10^5		2×10^5	2×10^5	300	
LW32			380	220	2.6	0.27								

表 25-1-74　NZ7 系列自动转换开关主要技术参数

型号	额定绝缘电压/V	额定电压(50Hz)/V	额定电流/A	极数	额定冲击耐受电压/kV	短路分断能力代号	额定短路接通能力 I_{cm}/A	额定短路分断能力 I_{cn}/A	额定控制电源电压(50Hz)/V	控制器功耗/W	转换动作时间(无延时)/s	使用类别	寿命/次
NZ7B-63	AC 500	400	20、25、32、40、50、63	3、4	4	H	17	10	230	5	≤2.5	AC-33B	6000
NZ7-63	AC 500	400	10、16、20、25、32、40、50、63	3	6	S	52.5	25	230	≤10	≤3	AC-33B	6000
						H	105	50					
				4		H	105	50					
NZ7-100	AC 800	400	25、32、40、50、63、80、100	3	8	S	73.5	35	230	≤10	≤3	AC-33B	6000
						H	105	50					
						R	187	85					
				4		H	105	50					
NZ7-225	AC 800	400	100、125、160、180、200、225	3	8	S	73.5	35	230	≤10	≤3	AC-33B	6000
						H	105	50					
						R	187	85					
				4		H	105	50					
NZ7-400	AC 800	400	225、250、315、350、400	3	8	S	105	50	230	≤10	≤4	AC-33B	4000
				4		H	143	65					
						R	220	100					

续表

型号	额定绝缘电压/V	额定电压(50Hz)/V	额定电流/A	极数	额定冲击耐受电压/kV	短路分断能力代号	额定短路接通能力 I_{cm}/A	额定短路分断能力 I_{cn}/A	额定控制电源电压(50Hz)/V	控制器功耗/W	转换动作时间(无延时)/s	使用类别	寿命/次
NZ7-630	AC 800	400	400、500、630	3	8	S	105	50	230	≤10	≤4	AC-33B	3000
				4		H	143	65					
						R	220	100					
NZ7-800	AC 800	400	630、700、800	3	8	S	105	50	230	≤10	≤5	AC-33B	3000
				4		H	165	75					
						R	220	100					

表 25-1-75 NZ8 系列自动转换开关主要技术参数

型号	额定绝缘电压/V	额定工作电压(50Hz)/V	额定电流 I_e/A	极数	额定冲击耐受电压/kV	额定限制短路电流/kA	接通分断能力($\cos\varphi=0.35$)	额定控制电源电压(50Hz)/V	循环操作次数		
									通电流/次	不通电流/次	总计/次
NZ8-125	690	400	125	4	8	100	$10I_e$	230	1000	5000	6000
NZ8-250	690	400	250	4	8	100	$10I_e$	230	1000	5000	6000
NZ8-400	690	400	400	34	8	100	$10I_e$	230	1000	3000	4000
NZ8-800	690	400	800	4		100	$10I_e$	230	500	2500	3000

表 25-1-76 NH40SZ 系列自动转换开关主要技术参数

约定发热电流/A	额定绝缘电压/V	额定工作电压(50Hz)/V	额定工作电流 I_e/A	额定冲击耐受电压/kV	额定短时耐受电流/kA	额定接通分断能力	控制电源电压/V	转换时间/s	额定控制功率/W		动作力/N
									启动	正常	
16、20、25、32、40、63、80、100	660	380	16、20、25、32、40、63、80、100	8	5	$6I_e$	220	≤3	300	55	30～50
125、160	660	380	125、160	8	10	$6I_e$	220	≤3	325	62	40～60
200、250	660	380	200、250	8	10	$6I_e$	220	≤3	325	62	65～100
315、400、630	660	380	315、400、630	8	12.6	$6I_e$	220	≤3	355	74	75～120
800	800	380	800	12	26	$6I_e$	220	≤4	400	90	200～300
1000、1250、1600	800	380	1000、1250、1600	12	32	$6I_e$	220	≤4	400	98	200～300
2000、2500、3150	800	380	2000、2500、3150	12	55	$6I_e$	220	≤4	600	120	250～400

1.6.5.3　转换开关的选用

转换开关选用时应按额定电压和工作电流等参数选择合适的系列；按操作需要选择手柄形式和定位特征；按控制要求确定触头数量和接线图编号；同时考虑与其他保护电器配合使用。

选择和使用自动转换开关，首先要确定其级别，是 PC 级还是 CB 级，这将影响到以后如何选择自动转换开关的短路特性。然后再根据其他特性进行选择。

1.6.6　行程开关

行程开关是根据运动部件位置切换电路的自动控制电器。动作时，由挡块与行程开关的滚轮相碰撞，使触头接通或断开用来控制运动部件的运动方向、行程大小或位置保护。行程开关主要用于将机械位移转变为电信号，以改变电动机的运行状态，实现程序控制和限制机械的运动。

1.6.6.1　行程开关的类型、特点及技术参数

（1）行程开关的类型

行程开关主要类型有有触点式和无触点式。无触点式见接近开关。有触点式又分为柱塞式、滚轮式、转动式、转臂式等。常用的产品有 YBLX 系列。行程开关的型号说明见表 25-1-77。

（2）行程开关的技术参数

行程开关的技术参数主要指其动作特性。动作特性名称及定义见表 25-1-78。

表 25-1-77　　行程开关的型号及适用场合

型号	型号意义	特点及应用	说明
YBLX-ME YBLX-WL YBLX-HL	YBLX - □ □ YBLX—行程开关；□—设计序号；□—操作方式	YBLX-ME/WL/HL 系列行程开关适用于交流 50/60Hz、380V 和直流 220V 及以下的电气线路中，作运动机构的行程控制、运动方向或速度的变换、机床的自动控制、运动机构的限位动作、控制行程或程序之用	操作方式说明如下 设计序号为 ME 时：8104—滚轮转臂；8107—可调转动杆；8108—可调滚子转动臂；8111—直压柱塞；8112—直压柱塞横装滚轮；8122—直压柱塞竖装滚轮；8166—万向式Ⅰ型；8169—万向式Ⅱ型；8101—万向式Ⅲ型 设计序号为 WL 时：CA2—单滚轮转动臂；CA12—单滚轮可调转动臂；D—压柱塞式；D2—柱塞滚轮式；NJ—万向式Ⅰ型；NJ/S2—万向式Ⅲ型；CL—可调直杆式 设计序号为 HL 时：5000—滚子转臂；5030—可调滚子转臂式；5050—可调转动杆；5100—直压柱塞式；5200—直压柱塞式带滚轮；5300—万向式弹簧软杆；5500—长臂曲杆传动式
YBLX-K1	YBLX - K 1 / □ 1 1 □ YBLX—行程开关；K—快速；1—设计序号；□—操作方式；1—一对常开触头；1—一对常闭触头；□—派生代号	YBLX-K1 系列行程开关适用于交流 50/60Hz、380V 和直流 220V 及以下的电气线路中，作运动机构的行程控制、运动方向或速度的变换、机床的自动控制、运动机构的限位动作、控制行程或程序之用	操作方式：1—单轮；2—双轮；3—柱塞式；4—滚轮柱塞式；5—万向型 派生代号：M—密封式

续表

型号	型号意义	特点及应用	说明
YBLX-K3	YBLX - K 3 / 20 □ / □ YBLX：行程开关；K：快速；3：设计序号；20：触头对数；□：保护外壳形式；□：操作方式	YBLX-K3 系列行程开关适用于交流 50/60Hz、380V,直流 220V 及以下的电气线路中,作运动机构的行程控制、运动方向或速度的变换、机床的自动控制、运动机构的限位动作、控制行程或程序之用	触头对数:一对常开触头,一对常闭触头 保护外壳形式:K—无保护外壳,开启式;S—竖型保护外壳,底部一个出线孔;H—横型保护外壳,底部和两侧各有一个出线孔 操动方式:Z—柱塞式;L—滚轮柱塞式;B—滚轮转臂式;T—可调滚轮转臂式;D—弹性摆杆式;J—可调金属摆杆式;H1—“叉”式,两轮在同一方向朝前;H2—“叉”式,左轮在前,右轮在后;H3—“叉”式,右轮在前,左轮在后;W—万向式
YBLX-1 YBLX-3	YBLX - □ / □ □ / □ YBLX：行程开关；□：设计序号；□：常开触头对数；□：常闭触头对数；□：形式	YBLX-1、YBLX-3 系列行程开关适用于交流 50/60Hz、380V,直流 220V 及以下的电气线路中,作运动机构的行程控制、运动方向或速度的变换、机床的自动控制、运动机构的限位动作、控制行程或程序之用	设计序号:1、3 形式:K—开启式;H—防护式
YBLX-2 YBLX-19	YBLX - □ / □ □ / □ YBLX：行程开关；□：设计序号；□：操作方式；□：滚轮位置；□：复位方式	YBLX-2、YBLX-19 系列行程开关适用于交流 50/60Hz、380V,直流 220V 及以下的电气线路中,作运动机构的行程控制、运动方向或速度的变换、机床的自动控制、运动机构的限位动作、控制行程或程序之用	设计序号:2、19 操作方式说明如下 设计序号为 2 时:1—单滚轮;2—双滚轮 设计序号为 19 时:0—无滚轮;1—单滚轮;2—双滚轮;K—开启式 滚轮位置: 设计序号为 2 时:1—滚轮装在内侧;2—滚轮装在中间;3—滚轮装在外侧 设计序号为 19 时:0—直动式;1—滚轮装在传动杆内侧;2—滚轮装在传动杆外侧;3—滚轮装在传动杆凹槽或内外各一 复位方式:1—自动复位;2—非自动复位
YBLX-29	YBLX - 29 / □ □ / □ YBLX：行程开关；29：设计序号；□：操作方式；□：数字代号；□：字母代号	YBLX-29 系列行程开关适用于交流 50/60Hz、380V,直流 220V 及以下的电气线路中,作为控制机构的行程和变换运动方向或速度的开关控制	操作方式:1—柱塞式;2—单臂带滚轮;3—二节滚轮式;4—高柱塞式;5—滚轮柱塞式;6—杠杆式;7—滚轮杠杆式 字母代号:H—缓冲;Q—防尘 数字代号:1—接线板引线;2—短杆;3—长杆;4—正面安装
YBLX-JW2	YBLX - JW 2 / 1 1 □ □ YBLX：行程开关；JW：微动型；2：设计序号；1：一对常开触头；1：一对常闭触头；□：操作方式；□：组元件数	YBLX-JW2 系列行程开关适用于交流 50/60Hz、220V,直流 220V 及以下的电气线路中,作为自动控制系统中将机械运动变换为电信号的开关元件使用	操作方式:W1—直进式;W2—横进式;L—滚轮直动式;G—滚轮杠杆传动式;Z—组合式;H—保护式;B—简易保护式

第 25 篇

表 25-1-78

行程开关动作特性名称及定义

名称	定义
动作力 OF	使开关触点动作时所需施加于操动头之力
复位力 RF	使接点回复到正常位置，所需施加于操动头之力
动作行程 PT	操动头从自由位置移动到停留位置所经过的距离或角度
超行程 OT	操动头移动超过动作位置的距离或角度
差程 MD	从动作位置至回复位置的距离或角度
动作位置 OP	触点迅速移到动作接触位置时，操动头的位置
总行程 TT	操动头动作行程的总距离或总角度

1.6.6.2 行程开关的主要性能参数

表 25-1-79

行程开关的主要性能参数

型号	额定电压		额定控制电流		约定发热电流/A	额定控制容量		动作力/N	动作行程	超行程	总行程	机械寿命/次	电气寿命/次	操作频率	
	AC/V	DC/V	AC/A	DC/A		AC/V·A	DC/W							机械/次·min^{-1}	电气/次·min^{-1}
YBLX-ME/8104	380	220	0.8	0.16				≤12	≤35°	≥70°	105°	4×10^5	2.5×10^5	120	30
YBLX-ME/8107															
YBLX-ME/8108															
YBLX-ME/8111	380	220	0.8	0.16				≤15	≤5mm	≥2mm	7mm	4×10^5	2.5×10^5	120	30
YBLX-ME/8112															
YBLX-ME/8122															
YBLX-ME/8166	380	220	0.8	0.16				≤12	≤35°			4×10^5	2.5×10^5	120	30
YBLX-ME/8169															
YBLX-ME/8101															
YBLX-WL/CL	380	220	0.79	0.15				≤20	≤45°	≥15°		4×10^5	2×10^5	120	30
YBLX-WL/CA2															
YBLX-WL/CA12															
YBLX-WL/D	380	220	0.79	0.15				≤30	≤6mm	≥2mm		4×10^5	2×10^5	120	30
YBLX-WL/D2															
YBLX-WL/NJ	380	220	0.79	0.15				≤16	≤45°			4×10^5	2×10^5	120	30
YBLX-WL/NJ/S2															
YBLX-HL/5000	380	220	0.79	0.15				≤16	≤45°	≥15°		3×10^5	2×10^5	120	30
YBLX-HL/5030															
YBLX-HL/5050															
YBLX-HL/5100	380	220	0.79	0.15				≤20	≤5mm	≥2mm		3×10^5	2×10^5	120	30
YBLX-HL/5200															

续表

型号	额定电压		额定控制电流		约定发热电流/A	额定控制容量		动作力/N	动作行程	超行程	总行程	机械寿命/次	电气寿命/次	操作频率	
	AC/V	DC/V	AC/A	DC/A		AC/V·A	DC/W							机械/次·min^{-1}	电气/次·min^{-1}
YBLX-HL/5500	380	220	0.79	0.15				≤10	≤45°			3×10^5	2×10^5	120	30
YBLX-K1-111	380	220	0.8	0.15				≤15	≤45°	≥15°		4×10^5	2×10^5		20
YBLX-K1-211	380	220	0.8	0.15				≤20	≤70°			4×10^5	2×10^5		20
YBLX-K1-311	380	220	0.8	0.15				≤20	≤5mm	≥1mm		4×10^5	2×10^5		20
YBLX-K1-411															
YBLX-K3/20S/Z	380	220	0.8	0.15				≤30	≤7mm	≥2mm		4×10^5	2×10^5		20
YBLX-K3/20H/Z															
YBLX-K3/20S/L															
YBLX-K3/20H/L															
YBLX-K3/20S/B	380	220	0.8	0.15				≤20	≤45°	≥20°		4×10^5	2×10^5		20
YBLX-K3/20H/B															
YBLX-K3/20S/T															
YBLX-K3/20H/T															
YBLX-K3/20S/J															
YBLX-K3/20H/J															
YBLX-K3/20S/D	380	220	0.8	0.15				≤20	≤45°	≥20°		4×10^5	2×10^5		20
YBLX-K3/20H/D															
YBLX-K3/20S/H1	380	220	0.8	0.15				≤30	≤80°			4×10^5	2×10^5		20
YBLX-K3/20H/H1															
YBLX-K3/20S/H2															
YBLX-K3/20H/H2															
YBLX-K3/20S/H3															
YBLX-K3/20H/H3															
YBLX-K3/20S/W	380	220	0.8	0.15				≤20	≤45°			4×10^5	2×10^5		20
YBLX-K3/20H/W															
YBLX-1	380	220			5	200	50	≤30	(7±2)mm	≥1mm		4×10^5	2×10^5		3
YBLX-2	380		2		10			≤40	≤20°	≥3°		3×10^5	1×10^5		3
YBLX-3	380	220	0.79	0.27	5			≤30	≤15mm	≥1mm		4×10^5	2×10^5		3
YBLX-19/K	380	220	0.79	0.1	5			≤10	≤3.5mm	≥0.5mm		6×10^5	2×10^5		20
YBLX-19/001	380	220	0.79	0.1	5			≤16	≤7mm	≥2mm		6×10^5	2×10^5		20
YBLX-19/111	380	220	0.79	0.1	5			≤20	≤45°	≥15°		6×10^5	2×10^5		20
YBLX-19/121															
YBLX-19/131															

续表

型号	额定电压		额定控制电流		约定发热电流/A	额定控制容量		动作力/N	动作行程	超行程	总行程	机械寿命/次	电气寿命/次	操作频率	
	AC/V	DC/V	AC/A	DC/A		AC/V·A	DC/W							机械/次·min^{-1}	电气/次·min^{-1}
YBLX-19/212	380	220	0.79	0.1	5			≤25	≤80°			6×10^5	2×10^5		20
YBLX-19/222															
YBLX-19/232															
YBLX-29/1	380	220	0.26	0.14				≤8	≤2mm	≥0.1mm					
YBLX-29/1/1															
YBLX-29/1H	380	220	0.26	0.14				≤8	≤7mm	≥1mm					
YBLX-29/1H/1															
YBLX-29/2Q	380	220	0.26	0.14				≤16	≤7mm	≥2mm					
YBLX-29/2Q/4															
YBLX-29/2S	380	220	0.26	0.14				≤12	≤7mm	≥2mm					
YBLX-29/2S/4															
YBLX-29/3Q	380	220	0.26	0.14				≤8	≤2mm	≥8mm					
YBLX-29/3Q/4															
YBLX-29/3S	380	220	0.26	0.14				≤12	≤2mm	≥8mm					
YBLX-29/3S/4															
YBLX-29/4Q	380	220	0.26	0.14				≤16	≤7mm	≥2mm					
YBLX-29/4Q/4															
YBLX-29/4S	380	220	0.26	0.14				≤16	≤7mm	≥2mm					
YBLX-29/4S/4															
YBLX-29/5Q	380	220	0.26	0.14				≤16	≤7mm	≥2mm					
YBLX-29/5Q/4															
YBLX-29/4/5	380	220	0.26	0.14				≤16	≤7mm	≥2mm					
YBLX-29/5/5	380	220	0.26	0.14				≤8	≤5mm	≥2mm					
YBLX-29/6/2	380	220	0.26	0.14				≤8	≤7mm	≥2mm					
YBLX-29/6/3	380	220	0.26	0.14				≤6	≤10mm	≥2mm					
YBLX-29/7/2	380	220	0.26	0.14				≤8	≤7mm	≥2mm					
YBLX-29/7/3	380	220	0.26	0.14				≤6	≤10mm	≥2mm					
YBLX-JW2/11	220	0.79	220	0.15				≤7	≤5mm	≥0.5mm		2×10^5	1×10^5	40	20
YBLX-JW2/11B	220	0.79	220	0.15				≤12	≤7mm	≥1mm		2×10^5	1×10^5	40	20
YBLX-JW2/11H	220	0.79	220	0.15				≤16	≤5mm	≥1mm		2×10^5	1×10^5	40	20
YBLX-JW2/11H/L	220	0.79	220	0.15				≤16	≤5mm	≥1mm		2×10^5	1×10^5	40	20
YBLX-JW2/11H/G	220	0.79	220	0.15				≤16	≤7mm	≥0.5mm		2×10^5	1×10^5	40	20
YBLX-JW2/11Z/3	220	0.79	220	0.15				≤20	≤5mm	≥1mm		2×10^5	1×10^5	40	20
YBLX-JW2/11Z/5	220	0.79	220	0.15				≤25	≤5mm	≥1mm		2×10^5	1×10^5	40	20
YBLX-JW2/11H/W1	220	0.79	220	0.15				≤16	≤7mm	≥1mm		2×10^5	1×10^5	40	20
YBLX-JW2/11H/W2	220	0.79	220	0.15				≤16	≤5mm	≥0.5mm		2×10^5	1×10^5	40	20

1.6.6.3　行程开关的选用原则

① 根据使用场合和控制对象来确定行程开关的种类。当生产机械运动速度不太快时，通常选用一般用途的行程开关；当生产机械行走路径不宜设置直动式行程开关时，应选用凸轮轴式的行程开关。

② 根据使用的环境条件，选择开启式或保护式等防护形式。

③ 根据控制电路的电压和电流选择系列。

④ 根据生产机械的运动特征选择行程开关的结构形式。

1.6.7　微动开关

微动开关具有体积小、重量轻、工作灵敏等特点，多用于要求行程控制准确度较高的场合。微动开关还可用作其他电器的触头，如空气式时间继电器、压力继电器等。微动开关的型号说明见表 25-1-80。

1.6.7.1　微动开关的型号及适用场合

表 25-1-80　微动开关型号说明

型号	型号意义	特点及应用	说明
YBLXW-5 系列	YB LX W - 5 / 1 1 □ YB—改进型产品；LX—行程开关；W—微动开关；5—设计序号；1—1 对常闭触头；1—1 对常开触头；□—操作方式	YBLXW-5 系列微动开关适用于交流 50/60Hz、380V，直流 220V 及以下的控制电路中，广泛应用于机械、纺织、轻工、电子仪器等各种机器设备的行程控制、限位保护和连锁等	操作方式：Z—推杆柱塞型；D—短弹簧柱塞型；M—面板安装柱塞型；Q1—面板安装滚轮柱塞型；G3—铰链滚轮横杆型；Q2—面板安装横向滚轮柱塞型；N1—铰链横杆型；N2—压杆型；G1—铰链滚轮长横杆型；G2—滚轮压杆型
YBLXW-6 系列	YB LX W - 6 / 1 1 □ YB—改进型产品；LX—行程开关；W—微动开关；6—设计序号；1—1 对常闭触头；1—1 对常开触头；□—操作方式	YBLXW-6 系列微动开关适用于交流 50/60Hz、380V，直流 220V 及以下的控制电路中，广泛应用于机械、纺织、轻工、电子仪器等各种机器设备的行程控制、限位保护和切换电路元件等使用	操作方式：ZL—直装滚轮型；HL—横装滚轮型；DG—短横模杆型；CG—长横模杆型；BZ—面板安装柱塞型；DL—短杆滚轮型；CL—长杆滚轮型；DDL—短杆单向滚轮型；CA—长按钮型；DA—短按钮Ⅰ型；DA2—短按钮Ⅱ型；CDL—长杆单向滚轮型；W1—万向式Ⅰ型；W2—万向式Ⅱ型；W3—万向式Ⅲ型

1.6.7.2　微动开关的主要性能参数

表 25-1-81　YBLXW-5 型系列微动开关主要性能参数

型号	额定电压		额定控制电流		动作力/N	动作行程/mm	超行程/mm	机械寿命/次	电气寿命/次	操作频率	
	AC/V	DC/V	AC/A	DC/A						机械/次·min^{-1}	电气/次·min^{-1}
YBLXW-5/11Z	380	220	0.79	0.14	≤8.5	≤2.5	≥0.6	6×10^5	3×10^5	240	20
YBLXW-5/11D	380	220	0.79	0.14	≤8.5	≤2.5	≥0.6	6×10^5	3×10^5	240	20
YBLXW-5/11M	380	220	0.79	0.14	≤8.5	≤2.5	≥3	6×10^5	3×10^5	240	20
YBLXW-5/11Q1	380	220	0.79	0.14	≤8.5	≤2.5	≥3	6×10^5	3×10^5	240	20
YBLXW-5/11Q2	380	220	0.79	0.14	≤8.5	≤2.5	≥3	6×10^5	3×10^5	240	20
YBLXW-5/11N1	380	220	0.79	0.14	≤4	≤12	≥3	6×10^5	3×10^5	240	20
YBLXW-5/11N2	380	220	0.79	0.14	≤5	≤9	≥2	6×10^5	3×10^5	240	20
YBLXW-5/11G1	380	220	0.79	0.14	≤4	≤10	≥3	6×10^5	3×10^5	240	20
YBLXW-5/11G2	380	220	0.79	0.14	≤5	≤6	≥2	6×10^5	3×10^5	240	20
YBLXW-5/11G3	380	220	0.79	0.14	≤4	≤7.5	≥2.5	6×10^5	3×10^5	240	20

表 25-1-82 YBLXW-6 型系列微动开关主要性能参数

型号	额定电压		额定控制电流		动作力/N	复位力/N	动作行程	超行程/mm	差程/mm	机械寿命/次	电气寿命/次	操作频率/次·min^{-1}
	AC/V	DC/V	AC/A	DC/A								
YBLXW-6/11BZ	380	220	0.79	0.14	≤6	≥1	≤2.5mm	≥2.5	≤1.2	6×10^5	3×10^5	40
YBLXW-6/11CA	380	220	0.79	0.14	≤6	≥1	≤2.5mm	≥2.5	≤1.2	6×10^5	3×10^5	40
YBLXW-6/11DA	380	220	0.79	0.14	≤6	≥1	≤2.5mm	≥2.5	≤1.2	6×10^5	3×10^5	40
YBLXW-6/11DA2	380	220	0.79	0.14	≤6	≥1	≤2.5mm	≥1	≤0.8	6×10^5	3×10^5	40
YBLXW-6/11CG	380	220	0.79	0.14	≤2	≥0.25	≤5mm	≥4	≤3	6×10^5	3×10^5	40
YBLXW-6/11DG	380	220	0.79	0.14	≤3	≥0.35	≤4mm	≥2.5	≤1.5	6×10^5	3×10^5	40
YBLXW-6/11CL	380	220	0.79	0.14	≤2	≥0.4	≤5mm	≥5	≤2.4	6×10^5	3×10^5	40
YBLXW-6/11DL	380	220	0.79	0.14	≤3	≥0.4	≤4mm	≥2	≤1.5	6×10^5	3×10^5	40
YBLXW-6/11CDL	380	220	0.79	0.14	≤2	≥0.4	≤5mm	≥5	≤2.4	6×10^5	3×10^5	40
YBLXW-6/11DDL	380	220	0.79	0.14	≤3	≥0.4	≤4mm	≥2	≤1.5	6×10^5	3×10^5	40
YBLXW-6/11HL	380	220	0.79	0.14	≤6	≥1	≤1.6mm	≥3	≤1.2	6×10^5	3×10^5	40
YBLXW-6/11ZL	380	220	0.79	0.14	≤6	≥1	≤1.6mm	≥3	≤1.2	6×10^5	3×10^5	40
YBLXW-6/11W1	380	220	0.79	0.14	≤2		≤35°			6×10^5	3×10^5	40
YBLXW-6/11W2	380	220	0.79	0.14	≤2		≤35°			6×10^5	3×10^5	40
YBLXW-6/11W3	380	220	0.79	0.14	≤2		≤35°			6×10^5	3×10^5	40

1.6.8 接近开关

接近开关是无触点开关，是理想的电子开关量传感器，具有使用寿命长、操作频率高、动作迅速可靠等特点，应用广泛。

(1) 接近开关型号及适用场合

表 25-1-83 接近开关型号及适用场合

型号	型号意义	说明
XS 通用型及优化型	XS □ □ □ □ □ □ □ XS—接近开关；□—种类；□—形式；□—材料；□—版本；□—输出；□—功能；□—接线	种类：1—优化型、圆柱、埋入式；2—优化型、圆柱、非埋入式；5—优化型、圆柱、埋入式；6—通用型、圆柱；7—优化型、扁平、非埋入式；8—通用型、扁平 型式：J1—扁平 20×8×8；F1—扁平 32×15×8；E1—扁平 26×26×13；C1—扁平 40×40×15；D1—扁平 80×80×26；L4—圆柱平头 M15；05—圆柱 M5；L6—圆柱平头 M6；06—圆柱平头 M6；08—圆柱 M8；12—圆柱 M12；18—圆柱 M18；30—圆柱 M30 材料：A—塑料；B—铜；S—不锈钢 输出：P—3 线 PNP 直流；N—3 线 NPN 直流；K—3 线 PNP/NPN 直流；D—2 线直流(3/4)；C—2 线直流自动(1/4)；A—模拟量输出、直流；F—2 线交流；M—2 线交/直流；S—2 线交/直流带短路保护 功能：1—模拟量 0～10V；2—模拟量 4～20mA；A—常开；B—常闭；C—1 常开+1 常闭 接线：M8—M8 连接器(S)；M12—M12 连接器(D)；U20—1/2 20UNF 连接器(K)；L01—0.1m 电缆；L2—2m 电缆；L5—5m 电缆；L10—10m 电缆；L01M8—0.1 电缆上带一 M8 连接器；L01M12—0.1 电缆上带一 M12 连接器；L08M8—0.8 电缆上带一 M12 连接器；L01U20—0.1 电缆上带一 U20 连接器；T16—螺纹，M16 线缆密封管

(2) 接近开关主要性能参数

表 25-1-84　　接近开关主要性能参数

型号	工作电压/V	开关频率/Hz	主输出开关容量/mA	标称感应距离(20℃)/mm	适用感应距离(埋入式/非埋入式)/mm	可调区域(埋入式/非埋入式)/mm	标称电流时通态电压降/V	开路状态的漏电流/mA	是否适合埋入金属中安装	输出状态LED指示	电源指示灯	触点形式
XS8E1A1PAL2	DC：10～36	2000	100	15	0～8/0～12	5～10/5～15	≤2		可以埋入金属/非金属中	有	有	NO
XS8E1A1PBL2												NC
XS8E1A1NAL2												NO
XS8E1A1NBL2												NC
XS8E1A1PAM8	DC：10～36	2000	100	15	0～8/0～12	5～10/5～15	≤2		可以埋入金属/非金属中	有	有	NO
XS8E1A1PBM8												NC
XS8E1A1NAM8												NO
XS8E1A1NBM8												NC
XS8E1A1MAL2	AC/DC：24～264	2000	200	15	0～8/0～12	5～10/5～15	≤5.5	≤1.5	可以埋入金属/非金属中	有	有	NO
XS8E1A1MBL2												NC
XS8E1A1MAL01U20												NO
XS8E1A1MBL01U20												NC
XS8C1A1PAL2	DC：10～36	1000	200	25	0～12/0～20	8～15/8～25	≤2		可以埋入金属/非金属中	有	有	NO
XS8C1A1PBL2												NC
XS8C1A1NAL2												NO
XS8C1A1NBL2												NC
XS8C1A1PAM8	DC：10～36	1000	200	25	0～12/0～20	8～15/8～25	≤2		可以埋入金属/非金属中	有	有	NO
XS8C1A1PBM8												NC
XS8C1A1NAM8												NO
XS8C1A1NBM8												NC
XS8C1A1MAL2	AC/DC：24～264	1000	AC 300 DC 200	25	0～12/0～20	8～15/8～25	≤5.5	≤1.5	可以埋入金属/非金属中	有	有	NO
XS8C1A1MBL2												NC
XS8C1A1MAL01U20												NO
XS8C1A1MBL01U20												NC
XS8D1A1PAL2	DC：10～36	150	200	60	0～32/0～48	20～40/20～60	≤2		可以埋入金属/非金属中	有	有	NO
XS8D1A1PBL2												NC
XS8D1A1NAL2												NO
XS8D1A1NBL2												NC
XS8D1A1PAM8	DC：10～36	150	200	60	0～32/0～48	20～40/20～60	≤2		可以埋入金属/非金属中	有	有	NO
XS8D1A1PBM8												NC
XS8D1A1NAM8												NO
XS8D1A1NBM8												NC

第 25 篇

续表

型号	工作电压/V	开关频率/Hz	主输出开关容量/mA	标称感应距离(20℃)/mm	适用感应距离(埋入式/非埋入式)/mm	可调区域(埋入式/非埋入式)/mm	标称电流时通态电压降/V	开路状态的漏电流/mA	是否适合埋入金属中安装	输出状态LED指示	电源指示灯	触点形式
XS8D1A1MAL2	AC/DC：24～264	150	AC 300 DC 200	60	0～32/0～48	20～40/20～60	≤5.5	≤1.5	可以埋入金属/非金属中	有	有	NO
XS8D1A1MBL2												NC
XS8D1A1MAL01U20												NO
XS8D1A1MBL01U20												NC
XS608B1PAL2	DC：10～58	2500	200	2.5	0～2		≤2		埋入金属中安装	有	无	NO
XS608B1PBL2												NC
XS608B1NAL2												NO
XS608B1NBL2												NC
XS608B1PAM12	DC：10～58	2500	200	2.5	0～2		≤2		埋入金属中安装	有	无	NO
XS608B1PBM12												NC
XS608B1NAM12												NO
XS608B1NBM12												NC
XS612B1PAL2	DC：10～58	2500	200	4	0～3.2		≤2		埋入金属中安装	有	无	NO
XS612B1PBL2												NC
XS612B1NAL2												NO
XS612B1NBL2												NC
XS612B1PAM12	DC：10～58	2500	200	4	0～3.2		≤2		埋入金属中安装	有	无	NO
XS612B1PBM12												NC
XS612B1NAM12												NO
XS612B1NBM12												NC
XS612B1MAL2	AC/DC：24～264	AC 25 DC 1000	200	4	0～3.2		≤5.5	≤1.5	埋入金属中安装	有	无	NO
XS612B1MBL2												NC
XS612B1MAU20												NO
XS612B1MBU20												NC
XS612B4PAL2	DC：10～58	2500	200	7	0～5.6		≤2		非埋入金属中安装	有	无	NO
XS612B4PBL2												NC
XS612B4NAL2												NO
XS612B4NBL2												NC
XS612B4PAM12	DC：10～58	2500	200	7	0～5.6		≤2		非埋入金属中安装	有	无	NO
XS612B4PBM12												NC
XS612B4NAM12												NO
XS612B4NBM12												NC
XS618B1PAL2	DC：10～58	1000	200	8	0～6.4		≤2		埋入金属中安装	有	无	NO
XS618B1PBL2												NC
XS618B1NAL2												NO
XS618B1NBL2												NC
XS618B1PAM12	DC：10～58	1000	200	8	0～6.4		≤2		埋入金属中安装	有	无	NO
XS618B1PBM12												NC
XS618B1NAM12												NO
XS618B1NBM12												NC

第25篇

续表

型号	工作电压/V	开关频率/Hz	主输出开关容量/mA	标称感应距离(20℃)/mm	适用感应距离(埋入式/非埋入式)/mm	可调区域(埋入式/非埋入式)/mm	标称电流时通态电压降/V	开路状态的漏电流/mA	是否适合埋入金属中安装	输出状态LED指示	电源指示灯	触点形式
XS618B1MAL2	AC/DC:24～264	AC 25 DC 1000	AC 300 DC 200	8	0～6.4		≤5.5	≤0.8	埋入金属中安装	有	无	NO
XS618B1MBL2												NC
XS618B1MAU20												NO
XS618B1MBU20												NC
XS618B4PAL2	DC:10～58	1000	200	12	0～0.6		≤2		非埋入金属中安装	有	无	NO
XS618B4PBL2												NC
XS618B4NAL2												NO
XS618B4NBL2												NC
XS618B4PAM12	DC:10～58	1000	200	12	0～9.6		≤2		非埋入金属中安装	有	无	NO
XS618B4PBM12												NC
XS618B4NAM12												NO
XS618B4NBM12												NC
XS618B4MAL2	AC/DC:24～264	AC 25 DC 1000	AC 300 DC 200	12	0～9.6		≤5.5	≤0.8	非埋入金属中安装	有	无	NO
XS618B4MBL2												NC
XS618B4MAU20												NO
XS618B4MBU20												NC
XS630B1PAL2	DC:10～58	500	200	15	0～12		≤2		埋入金属中安装	有	无	NO
XS630B1PBL2												NC
XS630B1NAL2												NO
XS630B1NBL2												NC
XS630B1PAM12	DC:10～58	500	200	15	0～12		≤2		埋入金属中安装	有	无	NO
XS630B1PBM12												NC
XS630B1NAM12												NO
XS630B1NBM12												NC
XS630B1MAL2	AC/DC:24～264	AC 25 DC 500	AC 300 DC 200	15	0～12		≤5.5	≤0.8	埋入金属中安装	有	无	NO
XS630B1MBL2												NC
XS630B1MAU20												NO
XS630B1MBU20												NC
XS630B4PAL2	DC:10～58	500	200	22	0～17.6		≤2		非埋入金属中安装	有	无	NO
XS630B4PBL2												NC
XS630B4NAL2												NO
XS630B4NBL2												NC
XS630B4PAM12	DC:10～58	500	200	22	0～17.6		≤2		非埋入金属中安装	有	无	NO
XS630B4PBM12												NC
XS630B4NAM12												NO
XS630B4NBM12												NC
XS630B4MAL2	AC/DC:24～264	AC 25 DC 300	AC 300 DC 200	22	0～17.6		≤5.5	≤0.8	埋入金属中安装	有	无	NO
XS630B4MBL2												NC
XS630B4MAU20												NO
XS630B4MBU20												NC

第25篇

续表

型号	工作电压/V	开关频率/Hz	主输出开关容量/mA	标称感应距离(20℃)/mm	适用感应距离(埋入式/非埋入式)/mm	可调区域(埋入式/非埋入式)/mm	标称电流时通态电压降/V	开路状态的漏电流/mA	是否适合埋入金属中安装	输出状态LED指示	电源指示灯	触点形式
XS7J1A1PAL2	DC：10～36	2000	100	2.5	0～2		≤2		埋入式安装	有		NO
XS7J1A1PBL2												NC
XS7J1A1NAL2												NO
XS7J1A1NBL2												NC
XS7J1A1PAL01M8	DC：10～36	2000	100	2.5	0～2		≤2		埋入式安装	有	20	NO
XS7J1A1PBL01M8												NC
XS7J1A1NAL01M8												NO
XS7J1A1NBL01M8												NC
XS7J1A1DAL2	DC：10～36	4000	100	2.5	0～2		≤4	≤0.5	埋入式安装	有		NO
XS7J1A1DBL2												NC
XS7J1A1DAL01M8												NO
XS7J1A1DBL01M8												NC
XS7J1F1PAL2	DC：10～36	2000	100	5	0～4		≤2		埋入式安装	有		NO
XS7J1F1PBL2												NC
XS7J1F1NAL2												NO
XS7J1F1NBL2												NC
XS7J1F1PAL01M8	DC：10～36	2000	100	5	0～4		≤2		埋入式安装	有		NO
XS7J1F1PBL01M8												NC
XS7J1F1NAL01M8												NO
XS7J1F1NBL01M8												NC
XS7J1F1DAL2	DC：10～36	5000	100	5	0～4		≤4	≤0.5	埋入式安装	有		NO
XS7J1F1DBL2												NC
XS7J1F1DAL01M8												NO
XS7J1F1DBL01M8												NC
XS7J1E1PAL2	DC：10～36	1000	100	10	0～8		≤2		埋入式安装	有		NO
XS7J1E1PBL2												NC
XS7J1E1NAL2												NO
XS7J1E1NBL2												NC
XS7J1E1PAM8	DC：10～36	1000	100	10	0～8		≤2		埋入式安装	有		NO
XS7J1E1PBM8												NC
XS7J1E1NAM8												NO
XS7J1E1NBM8												NC
XS7J1E1DAL2	DC：10～36	1000	100	10	0～8		≤4	≤0.5	埋入式安装	有		NO
XS7J1E1DBL2												NC
XS7J1E1DAM8												NO
XS7J1E1DBM8												NC
XS7J1C1PAL2	DC：10～36	1000	100	15	0～12		≤2		埋入式安装	有		NO
XS7J1C1PBL2												NC
XS7J1C1NAL2												NO
XS7J1C1NBL2												NC
XS7J1C1PAM8	DC：10～36	1000	100	15	0～12		≤2		埋入式安装	有		NO
XS7J1C1PBM8												NC
XS7J1C1NAM8												NO
XS7J1C1NBM8												NC

续表

型号	工作电压/V	开关频率/Hz	主输出开关容量/mA	标称感应距离(20℃)/mm	适用感应距离(埋入式/非埋入式)/mm	可调区域(埋入式/非埋入式)/mm	标称电流时通态电压降/V	开路状态的漏电流/mA	是否适合埋入金属中安装	输出状态LED指示	电源指示灯	触点形式
XS7J1C1DAL2	DC:10～36	1000	100	15	0～12		≤4	≤0.5	埋入式安装	有		NO
XS7J1C1DBL2												NC
XS7J1C1DAM8												NO
XS7J1C1DBM8												NC
XS7J1D1PAL2	DC:10～36	100	100	40	0～32		≤2		埋入式安装	有		NO
XS7J1D1PBL2												NC
XS7J1D1NAL2												NO
XS7J1D1NBL2												NC
XS7J1D1PAM12	DC:10～36	100	100	40	0～32		≤2		埋入式安装	有		NO
XS7J1D1PBM12												NC
XS7J1D1NAM12												NO
XS7J1D1NBM12												NC
XS7J1D1DAL2	DC:10～36	100	100	40	0～32		≤4	≤0.5	埋入式安装	有		NO
XS7J1D1DBL2												NC
XS7J1D1DAM12												NO
XS7J1D1DBM12												NC
XS508B1PAL2	DC:10～36	5000	200	1.5	0～1.2		≤2		埋入式安装	有		NO
XS508B1PBL2												NC
XS508B1NAL2												NO
XS508B1NBL2												NC
XS508B1PAM8	DC:10～36	5000	200	1.5	0～1.2		≤2		埋入式安装	有		NO
XS508B1PBM8												NC
XS508B1NAM8												NO
XS508B1NBM8												NC
XS508B1DAL2	DC:10～58	4000	100	1.5	0～1.2		≤4	≤0.5	埋入式安装	有		NO
XS508B1DBL2												NC
XS508B1DAM12												NO
XS508B1DBM12												NC
XS512B1PAL2	DC:10～36	5000	200	2	0～1.6		≤2		埋入式安装	有		NO
XS512B1PBL2												NC
XS512B1NAL2												NO
XS512B1NBL2												NC
XS512B1PAM8	DC:10～36	5000	200	2	0～1.6		≤2		埋入式安装	有		NO
XS512B1PBM8												NC
XS512B1NAM8												NO
XS512B1NBM8												NC
XS512B1DAL2	DC:10～58	4000	100	2	0～1.6		≤4	≤0.5	埋入式安装	有		NO
XS512B1DBL2												NC
XS512B1DAM12												NO
XS512B1DBM12												NC
XS518B1PAL2	DC:10～36	2000	200	5	0～4		≤2		埋入式安装	有		NO
XS518B1PBL2												NC
XS518B1NAL2												NO
XS518B1NBL2												NC

第25篇

续表

型号	工作电压/V	开关频率/Hz	主输出开关容量/mA	标称感应距离(20℃)/mm	适用感应距离(埋入式/非埋入式)/mm	可调区域(埋入式/非埋入式)/mm	标称电流时通态电压降/V	开路状态的漏电流/mA	是否适合埋入金属中安装	输出状态LED指示	电源指示灯	触点形式
XS518B1PAM8	DC：10～36	2000	200	5	0～4		≤2		埋入式安装	有		NO
XS518B1PBM8												NC
XS518B1NAM8												NO
XS518B1NBM8												NC
XS518B1DAL2	DC：10～58	3000	100	5	0～4		≤4	≤0.5	埋入式安装	有		NO
XS518B1DBL2												NC
XS518B1DAM12												NO
XS518B1DBM12												NC
XS530B1PAL2	DC：10～36	1000	200	10	0～8		≤2		埋入式安装	有		NO
XS530B1PBL2												NC
XS530B1NAL2												NO
XS530B1NBL2												NC
XS530B1PAM8	DC：10～36	1000	200	10	0～8		≤2		埋入式安装	有		NO
XS530B1PBM8												NC
XS530B1NAM8												NO
XS530B1NBM8												NC
XS530B1DAL2	DC：10～58	2000	100	10	0～8		≤4	≤0.5	埋入式安装	有		NO
XS530B1DBL2												NC
XS530B1DAM12												NO
XS530B1DBM12												NC
XS630B4MAL2	AC/DC：24～264	AC 25 DC 300	AC 300 DC 200	8	0～6.4		≤5.5	≤0.8	埋入式安装	有	无	NO
XS630B4MBL2												NC
XS630B4MAU20												NO
XS630B4MBU20												NC
XS106BLPAL2	DC：10～36	3000	50	1.5	0～1.2		≤3		埋入式安装	有	有	NO
XS106BLPBL2												NC
XS106BLNAL2												NO
XS106BLNBL2												NC
XS108BLPAL2	DC：10～36	3000	50	1.5	0～1.2		≤3		埋入式安装	有	有	NO
XS108BLPBL2												NC
XS108BLNAL2												NO
XS108BLNBL2												NC
XS108BLPAM12	DC：10～36	3000	50	1.5	0～1.2		≤3		埋入式安装	有	有	NO
XS108BLPBM12												NC
XS108BLNAM12												NO
XS108BLNBM12												NC
XS208BLPAL2	DC：10～36	3000	50	2.5	0～2		≤3		非埋入式安装	有	有	NO
XS208BLPBL2												NC
XS208BLNAL2												NO
XS208BLNBL2												NC
XS208BLPAM12	DC：10～36	3000	50	2.5	0～2		≤3		非埋入式安装	有	有	NO
XS208BLPBM12												NC
XS208BLNAM12												NO
XS208BLNBM12												NC

（3）接近开关的选用原则

选择接近开关应按有关距离要求选择型号及规格；按输出要求有无触头及触头数量选择合适的输出形式。

1.6.9 光电开关

常用的红外线光电开关，是利用物体对近红外线光束的反射原理，由同步回路感应反射回来的光的强弱而检测物体的存在与否，目前光电传感器首先发出红外线光束到达或透过物体，物体或镜面对红外线光束进行反射，光电传感器接收反射回来的光束，根据光束的强弱判断物体的存在。红外光电开关的种类也很多，有镜反射式、漫反射式、槽式、对射式、光纤式等。

（1）光电开关型号及适用场合

表 25-1-85 光电开关型号及适用场合

型号	型号意义	说明
XU系列	XU □ □ □ □ □ □ □ XU—光电开关；□—形式；□—应用方式；□—材料；□—输出形式；□—触点形式；□—附加功能；□—发射接收	形式：B—圆柱型M18；D—光纤放大器型；F—光纤型；K—扁平紧凑型；M—扁平小型；X—方型 应用方式：0—通用型；1—反射型；2—对射型；5—可调长距离漫反射型；9—极化反射型 材料：A—塑料；B—铜；S—不锈钢 输出形式：P—3线PNP直流；N—3线NPN直流；K—3线PNP/NPN直流；R—继电器输出直流/交流 触点形式：A—一个常开触点NO；B—一个常闭触点NC；C—NO/NC可切换；S—可编程 附加功能：N—无附加功能；T—延时；I—抗干扰；M—自学习；A—警报输出；W—90°端头发射器与接收器；T—发射器；R—接收器

（2）主要技术参数

表 25-1-86 光电开关主要技术参数

型号	工作电压/V	开关频率/Hz	最大/适用感应距离(20℃)/m					主输出开关容量/mA	报警输出开关容量/mA	延时时间	触点形式
			漫射	漫射(带背景抑制功能)	极化发射	对射	反射				
XUB0APSNL2	DC：10～36	250	0.4/0.3	0.12/0.12	3/2	20/15		100			NO/NC可编程
XUB0ANSNL2											
XUB0APSNM12											
XUB0ANSNM12											
XUB0AKSNL2T											
XUB0AKSNM12T											
XUB0BPSNL2	DC：10～36	250	0.4/0.3	0.12/0.12	3/2	20/15		100			NO/NC可编程
XUB0BNSNL2											
XUB0BPSNM12											
XUB0BNSNM12											
XUB0BKSNL2T											
XUB0BKSNM12T											
XUM0APSAL2	DC：10～36	250	0.55/0.4	0.10/0.10	4/3	14/10		100	50		NO/NC可编程
XUM0ANSAL2											
XUM0APSAM8											
XUM0ANSAM8											
XUM0AKSAL2T											
XUM0AKSAM8T											
XUK0AKSAL2	DC：10～36	250	1.2/0.8	0.28/0.28	5.7/4	35/30		100	50		NO/NC可编程
XUK0AKSAM12											
XUK0AKSAL2T											
XUK0AKSAM12T											

续表

型号	工作电压/V	开关频率/Hz	最大/适用感应距离(20℃)/m 漫射	漫射(带背景抑制功能)	极化发射	对射	反射	主输出开关容量/mA	报警输出开关容量/mA	延时时间	触点形式
XUX0AKSAM12	DC：10～36	250	3/2	1.3/1.3	15/11	60/40		100	100		NO/NC 可编程
XUX0AKSAT16											
XUX0AKSAM12T											
XUX0AKSAT16T											
XUK0ARCTL2	DC：10～36 AC：20～264	20	1.2/0.8	0.28/0.28	5.7/4	35/30				通电、断电、单稳状态 0～15s 可调	NO/NC 可编程
XUK0ARCTL2T											
XUX0ARCTT16		20	3/2	1.3/1.3	15/11	60/40				通电、断电、单稳状态 0～15s 可调	NO/NC 可编程
XUX0ARCTT16T											
XUB5APANL2	DC：10～36	500	0.8/0.6					100			NO
XUB5APBNL2											NC
XUB5BPANL2											NO
XUB5BPBNL2											NC
XUB5APANM12	DC：10～36	500	0.8/0.6					100			NO
XUB5APBNM12											NC
XUB5BPANM12											NO
XUB5BPBNM12											NC
XUB9APANL2	DC：10～36	500			3/2			100			NO
XUB9APBNL2											NC
XUB9BPANL2											NO
XUB9BPBNL2											NC
XUB9APANM12	DC：10～36	500			3/2			100			NO
XUB9APBNM12											NC
XUB9BPANM12											NO
XUB9BPBNM12											NC
XUB1APANL2	DC：10～36	500				5.5/4		100			NO
XUB1APBNL2											NC
XUB1BPANL2											NO
XUB1BPBNL2											NC
XUB1APANM12	DC：10～36	500				5.5/4		100			NO
XUB1APBNM12											NC
XUB1BPANM12											NO
XUB1BPBNM12											NC
XUB2AKSNL2T	DC：10～36	500					20/15	100			发射器 对射
XUB2BKSNL2T											
XUB2AKSNM12T											
XUB2BKSNM12T											
XUB2APANL2R	DC：10～36	500					20/15	100			NO
XUB2BPANL2R											
XUB2APANM12R											
XUB2BPANM12R											
XUB2APBNL2R	DC：10～36	500					20/15	100			NC
XUB2BPBNL2R											
XUB2APBNM12R											
XUB2BPBNM12R											

第 25 篇

续表

型号	工作电压/V	开关频率/Hz	最大/适用感应距离(20℃)/m					主输出开关容量/mA	报警输出开关容量/mA	延时时间	触点形式
			漫射	漫射(带背景抑制功能)	极化发射	对射	反射				
XUM5APCNL2	DC：10～30	1000	1					100			NO/NC可切换
XUM5APCNM8											
XUM9APCNL2					2-5						NO/NC可切换
XUM9APCNM8											
XUM2APCNL2						15					NO/NC可切换
XUM2APCNM8											
XUM2APCNL2T											发射器对射
XUM2APCNM8T											
XUM2APCNL2R											NO/NC可切换
XUM2APCNM8R											
XUK5APANL2	DC：10～30	250	1.5/1					100			1NO
XUK5APBNL2											1NC
XUK5APANM12											1NO
XUK5APBNM12											1NC
XUK9APANL2	DC：10～30	250			7.5/5或6/4			100			1NO
XUK9APBNL2											1NC
XUK9APANM12											1NO
XUK9APBNM12											1NC
XUK1APANL2	DC：10～30	250					15/9或10/7	100			1NO
XUK1APBNL2											1NC
XUK1APANM12											1NO
XUK1APBNM12											1NC
XUK2AKSNL2T	DC：10～30	250				45/30或30/20		100			发射器 对射
XUK2APANL2R											1NO
XUK2APBNL2R											1NC
XUK2AKSNM12T											发射器 对射
XUK2APANM12R											1NO
XUK2APBNM12R											1NC
XUX5APANT16	DC：10～36	250	3/2.1					100			1NO
XUX5APBNT16											1NC
XUX5APANM12											1NO
XUX5APBNM12											1NC
XUX9APANT16	DC：10～36	250			15/11			100			1NO
XUX9APBNT16											1NC
XUX9APANM12											1NO
XUX9APBNM12											1NC
XUX1APANT16	DC：10～36	250					20/14	100			1NO
XUX1APBNT16											1NC
XUX1APANM12											1NO
XUX1APBNM12											1NC
XUX0AKSAT16T	DC：10～36	250				60/40		100			发射器 对射
XUX2APANT16R											1NO
XUX2APBNT16R											1NC
XUX0AKSAM12T											发射器 对射
XUX2APANM12R											1NO
XUX2APBNM12R											1NC

续表

型号	工作电压/V	开关频率/Hz	最大/适用感应距离(20℃)/m 漫射	漫射(带背景抑制功能)	极化发射	对射	反射	主输出开关容量/mA	报警输出开关容量/mA	延时时间	触点形式
XUK5ARCNL2	DC:10~36 AC:20~264	20	1.5/1								NO+NC
XUK9ARCNL2					7.5/5						NO+NC
XUK1ARCNL2							15/9				NO+NC
XUK2ARCNL2T						45/30					发射器 对射
XUK2ARCNL2R						45/30					NO+NC
XUX5ARCNT16	DC:10~36 AC:20~264	20	3/2.1								NO+NC
XUX9ARCNT16					15/11						NO+NC
XUX1ARCNT16							20/14				NO+NC
XUX0ARCTT16T						60/40					发射器 对射
XUX2ARCNT16R						60/40					NO+NC

1.6.10 倒顺开关

倒顺开关也叫转换开关。它起接通或断开电源和负载的作用，也可以使电动机正转或反转。其型号说明见表 25-1-87，性能参数见表 25-1-88。

(1) 倒顺开关型号说明及应用

表 25-1-87 **倒顺开关型号说明**

型号	型号意义	应用	说明
HY2系列	HY 2 - □ / □ HY—倒顺开关；2—设计序号；□—额定工作电流；□—相数代号	HY2 系列倒顺开关由手柄、凸轮、触头组成，凸轮和触头装在铁壳内，触头共 5 对，其中一对为正反转共用，两对控制电动机正转，另两对控制电动机反转，触头为桥式双断点。转动手柄，带动凸轮转动，使触头进行接通和分断。HY2 系列倒顺开关主要适用于交流 50/60Hz、额定工作电压至 380V、额定工作电流至 20A 的电动机电路中，用作直接通断单台笼型感应电动机的正转、反转和停止控制	相数代号：用数字表示，三相不表示
HY23系列	HY 23 - 1 3 □ HY—倒顺开关；23—设计序号；1—手柄形式；3—鼓轮节数；□—顺序编号	HY23 系列倒顺开关适用于交流 50/60Hz、额定工作电压至 380V 的电路中，作为电源引入开关，或作为控制操作频率，适用于每小时不大于 300 次的三相笼型感应电动机用	顺序编号：1—电源引入开关，控制电动机启动、停止；2—电源引入开关，控制电动机倒、顺、停；3—电源引入开关，控制电动机倒、顺、停；4—电源引入开关，分相控制

(2) 倒顺开关性能参数

表 25-1-88 **倒顺开关性能参数**

型号	额定工作电压/V	额定工作电流/A	约定发热电流/A	额定控制功率(AC-3)/kW 380V	220V	最大操作力矩/N·m	机械寿命/次	电寿命/次	操作频率/次·h^{-1}
HY2-8	380	8	15	3	1.8	1.96	1×10^5	1.2×10^4	120
HY2-12	380	12	30	5.5	3	2.94	1×10^5	1.2×10^4	120
HY2-20	380	20	30	10	5.5	2.94	1×10^5	1.2×10^4	120
HY23	380	30(AC-22)		3					300

1.6.11　脚踏开关

（1）脚踏开关型号说明

表 25-1-89　**脚踏开关型号说明**

型号	型号意义	应用	说明
YBLT-1 系列	YBLT - 1 / □ □ YBLT：脚踏开关；1：设计序号；□：常闭触头对数；□：常开触头对数	YBLT-1 系列脚踏开关适用于交流 50/60Hz、电压至 380V，直流电压至 220V 的控制线路中，控制机床电气、医疗设备等	常闭触头对数：0、1 常开触头对数：1、2
YBLT-4 系列	YBLT - 4 YBLT：脚踏开关；4：设计序号	YBLT-4 系列脚踏开关适用于交流 50/60Hz、电压至 380V，直流电压至 220V 的控制线路中，控制机床电气、医疗设备等	
YBLT-EKW 系列	YBLT - EKW / 5A / B YBLT：脚踏开关；EKW：设计序号；5A：约定发热电流；B：类别代号	YBLT-EKW 系列脚踏开关适用于交流 50/60Hz、电压至 380V，直流电压至 220V 的控制线路中，控制机床电气、医疗设备等	
YBLT-JDK 系列	YBLT - JDK / 1 1 YBLT：脚踏开关；JDK：设计序号；1：常闭触头对数；1：常开触头对数	YBLT-JDK 系列脚踏开关适用于交流 50/60Hz、电压至 380V，直流电压至 220V 的控制线路中，控制机床电气、医疗设备等	
YBLT-YDT1	YBLT - YDT1 / □ YBLT：脚踏开关；YDT1：设计序号；□：触头组合方式	YBLT-YDT1 系列脚踏开关适用于交流 50/60Hz、电压至 380V，直流电压至 220V 的控制线路中，控制机床电气、医疗设备等	触头组合方式：11——一常开、一常闭；14—两常开、两常闭

（2）脚踏开关性能参数

表 25-1-90　**脚踏开关性能参数**

型号	额定电压/V		额定电流/A		约定发热电流/A	外壳材料
	AC	DC	AC	DC		
YBLT-1	380	220	0.79	0.27	5	铸铁
YBLT-4	380	220	0.79	0.27	3	铸铝合金
YBLT-EKW	380	220	0.8	0.16	5	铸铝合金
YBLT-JDK	380	220	0.79	0.27	5	铸铝合金
YBLT-YDT1	380	220	0.8	0.16	5	铸铝合金、铸铁

1.7　按钮及指示灯

按钮又称按钮开关，是一种短时间接通或断开小电流电路的手动控制器，也是一种专门发号施令的主令电器，用以接通或断开控制回路中的电流。按钮主要用于远距离手动控制各种电磁开关，如接触器、继电器等，从而控制电动机的启动、反转和停止等。指示灯是电光源，品种繁多，应用广泛。这里主要介绍可以与按钮一起使用的指示灯，如白炽灯、LED 灯、信号灯及灯柱等。

1.7.1　按钮的分类及用途

按钮的分类及用途见表 25-1-91。

表 25-1-91 按钮的分类及用途

分类	特点及用途
面板安装式按钮	供开关板上安装固定用
固定安装式按钮	底部有安装固定螺钉孔，适于嵌装在控制柜和控制台的面板上
保护式按钮	具有防护外壳，可防止内部按钮元件受到机械损伤或操作者偶然触及带电部分
紧急式按钮	有蘑菇头突出于保护螺帽之外，供紧急时切断电源用
防水式按钮	具有封闭外壳，可防止雨水的浸入，适于露天安装
防腐式按钮	能防止化工腐蚀气体侵入，适于腐蚀性环境使用
带灯按钮	按钮内装有指示灯，用于发布操作命令或作信号指示
旋转式按钮	操作旋钮发出信号，一般有通、断两个位置
钥匙式按钮	用钥匙插入旋钮进行操作，可防止误操作

1.7.2 常用按钮及指示灯的主要技术参数

（1）按钮的主要技术参数

按钮的主要技术参数有：额定电压、额定电流、机械寿命、电寿命等。

（2）指示灯的主要技术参数

指示灯的主要技术参数：电源的额定电压、额定电流、额定功率、寿命等。

1.7.3 常用按钮及指示灯型号与应用场合

表 25-1-92 常用按钮及指示灯型号与应用场合

类型	型号	特点	说明
NP2系列按钮开关	NP 2 - □ □ □ □ □ □ NP—按钮开关；2—设计序号；□—结构分类；□—形式代号；□—辅助规格代号；□—防护等级；□—有无光源；□—尺寸代码	NP2系列按钮适用于交流50/60Hz、电压至415V及直流工作电压至250V的工业控制电路中，作为电磁启动器、接触器、继电器及其他电气线路的控制之用，带指示灯按钮还适用于灯光信号指示的场合	结构分类：B—金属头；E—塑料头 防护等级：C—头部防护等级IP65；无—IP40 有无光源：LED—带灯按钮、指示灯电源及光源 尺寸代码：$\Phi 30$—尺寸为$D30$；无—尺寸为$D20$
NP3系列按钮开关	NP 3 - □ □ NP—按钮开关；3—设计序号；□—按钮对数；□—开关类型	NP3系列按钮采用全塑外壳，外形美观，结构合理。产品配置橡胶电缆和防水密条，具有良好的防尘、防雨淋性能。适用于交流50/60Hz、电压至380V及直流工作电压至220V的工业控制电路中，适用于露天、有雨雪、多尘埃侵害环境，如起重机、电动葫芦等设备的远程控制用	按钮对数：1～5 开关类型：无—无总电源开关；A—有总电源开关；B—带启动与总停开关；K—带启动与急停开关 除“启动”“总停”和电路总开关“通”“自锁钮”外，其余按钮具有自动复位功能和正反控制的机械联锁机构，有效地保护电路及设备运行
NP4系列按钮开关	NP 4 - □ □ □ □ NP—按钮开关；4—设计序号；□—常开触头对数；□—常闭触头对数；□—形式代号；□—辅助规格代号	NP4系列按钮适用于交流50/60Hz、额定工作压力至380V及直流工作电压至220V的控制系统中，作为电磁启动器、接触器、继电器及其他电气线路的控制之用，带指示灯按钮还适用于灯光信号指示的场合	形式代号：见表25-1-93 辅助规格代号：见表25-1-93
NP6系列按钮开关	NP 6 - □ □ □ □ NP—按钮开关；6—设计序号；□—常开常闭触头对数；□—派生代号；□—辅助规格代号；□—板前形状	NP6系列按钮适用于交流50/60Hz、额定工作压力至220V及直流工作电压至220V的电路控制系统中，作为主令元件或电源开关用，也被广泛用于数控设备、仪器仪表及小型控制设备等各个领域。带指示灯按钮还适用于灯光信号指示的场合	常开、常闭触点对数：11—表示一对常开及一对常闭触头；22—表示两对常开及两对常闭触头 派生代号：见表25-1-93 辅助规格代号：见表25-1-93 板前形状：Y—圆形；F—正方形；J—矩形

第25篇

续表

类型	型号	特点	说明
NP8系列按钮开关	NP 8 - □ □ □ □ NP：按钮开关；8：设计序号；□：常开触头对数；□：常闭触头对数；□：形式代号；□：辅助规格代号	NP8系列按钮适用于交流50/60Hz、电压至415V及直流工作电压至250V的工业控制电路中，作为电磁启动器、接触器、继电器及其他电气线路的控制之用，带指示灯按钮还适用于灯光信号指示的场合	形式代号：见表25-1-93 辅助规格代号：见表25-1-93
LA19系列按钮开关	LA 19 - 11 □ / □ LA：按钮开关；19：设计序号；11：触头对数；□：钮头形式；□：钮头颜色	LA19系列适用于交流50Hz、电压至380V及直流至220V的电磁启动器、接触器、继电器及其他电气线路中，作遥远控制之用	触头对数：11—表示一对常开及一对常闭触头 钮头形式：无——般式；J—蘑菇头式；D—带灯；DJ—带灯蘑菇头 按钮颜色：红、绿、黄、黑、蓝、白
LAY3系列按钮开关	LAY 3 - □ □ □ □ LAY：按钮开关；3：设计序号；□：常开触头对数；□：常闭触头对数；□：派生代号；□：辅助规格代号	LAY3系列适用于交流50Hz、电压至380V及直流至220V的电磁启动器、接触器、继电器及其他电气线路中，作遥远控制之用	派生代号：见表25-1-93 辅助规格代号：见表25-1-93
LAY39系列按钮开关	LAY 39 □ - □ □ □ / □ LAY：按钮开关；39：设计序号；□：安装方式；□：常开触头对数；□：常闭触头对数；□：形式代号；□：辅助规格代号	LAY39系列按钮适用于交流50/60Hz、额定工作压力至380V及直流工作电压至220V的控制系统中，作为电磁启动器、接触器、继电器及其他电气线路的控制之用，带指示灯按钮还适用于灯光信号指示的场合	安装方式：B—塑料中板，塑料螺母紧固安装；无—金属中板，两螺母紧固安装 形式代号：见表25-1-93 辅助规格代号：见表25-1-93
ND1系列信号灯	ND 1 - □ □□ ND：信号灯；1：设计序号；□：基本规格代号；□□：辅助规格代号	ND1系列信号灯所有金属部件均有防腐蚀层；所有连接处有防自动松开措施。适用于交流50/60Hz、380V及以下，直流220V及以下的电信、电气等线路的指示信号、预告信息、事故信号及其他指示信号之用	基本规格代号：表示信号灯颈部尺寸$\phi22$、$\phi25$ 辅助代号： 第一位表示减压形式：2—电阻式；4—电容式 第二位表示灯头形状：0—球形；1—圆形
ND16系列信号灯	ND 16 - □ □□ □ □ □ ND：信号灯；16：设计序号；□：基本规格代号；□□：辅助规格代号；□：结构分类代号；□：放电灯；□：防护等级	ND16系列信号灯的发光器采用LED灯，寿命长、能耗低。隐蔽性的接线端子，安全可靠。适用于交流50/60Hz、额定电压380V及以下或直流工作电压380V及以下的电信、电气等线路中作指示信号、预告信号、事故信号及其他指示信号之用	基本规格代号：表示信号灯颈部尺寸，22表示颈部直径为22mm，16表示颈部直径为25mm 辅助规格代号：见表25-1-93 结构分类代号：2—电阻式；4—电容式 放电灯：F—表示可用于电容器柜的放电灯 防护等级：C—头部防护等级IP65；无—IP40

表 25-1-93 **常用按钮及指示灯规格代号表**

型号	形式代号/派生代号	辅助规格代号		
		第一部分	第二部分	第三部分
NP2	A—平型按钮	1—白；2—黑；3—绿；4—红；5—黄；6—蓝	31—带符号 I;32—带符号°;34—带符号↓;35—带符号↑;36—带符号 II;不带符号的按钮，省略此处两个代号	1—常开;2—常闭;3—2 常开;4—2 常闭;5—1 常开＋1 常闭
	C—ϕ40 蘑菇头自复按钮	1—白；2—黑；3—绿；4—红；5—黄；6—蓝	1—常开;2—常闭;3—2 常开;4—2 常闭;5—1 常开＋1 常闭	
	L—自复高钮			
	P—带罩按钮			
	R—ϕ60 蘑菇头自复按钮			
	D—旋钮型开关	2—二位置锁定;3—三位置锁定;4—二位置复位;5—三位置复位;7—三位置左复右定;8—三位置右复左定	1—常开;2—常闭;3—2 常开;4—2 常闭;5—1 常开＋1 常闭	
	J—旋柄型开关			
	G—钥匙型开关			
	L8—双头按钮	3—平钮;4—平钮＋高钮	2—红＋绿	5—1 常开＋1 常闭
	T—蘑菇头自锁拉动复位	4—红	2—常闭	
	S—蘑菇头自锁、转动复位	4—ϕ30；5—ϕ40；6—ϕ60 钥匙复位:1—ϕ40	3—绿;4—红;5—黄	2—常闭
	W1—自复带灯高钮	1—白；3—绿；4—红;5—黄;6—蓝	6—直接式;8—阻容式(仅 W3)	1—常开;2—常闭;3—2 常开;4—2 常闭;5—1 常开＋1 常闭
	W3—带灯平钮			
	W4—自复带灯蘑菇钮			
	W8—双头带灯按钮	4—平钮＋高钮	6—直接式;8—阻容式	5—1 常开＋1 常闭
	K1—带灯旋钮	2—二位置锁定;3—三位置锁定	1—白；3—绿；4—红;5—黄;6—直接式;6—蓝	1—常开;2—常闭;3—2 常开;4—2 常闭;5—1 常开＋1 常闭
	V—信号灯	6—直接式;8—阻容式	1—白；3—绿；4—红;5—黄;6—蓝	
	V1—经济型信号灯	6—直接式	1—白；3—绿；4—红;5—黄;6—蓝	
NP4	BN—平钮	1—白；2—黑；3—绿；4—红；5—黄；6—蓝		
	GN—高钮			
	BNZS—自锁平钮			
	GNZS—自锁高钮			
	M—蘑菇头复位钮	钮头直径:1—ϕ40	1—白；3—绿；4—红;5—黄;6—蓝	
	ZS—蘑菇头自锁转动复位钮		4—红	
	MD—带灯蘑菇头复位钮		3—绿;4—红;5—黄	
	MZSD—带灯蘑菇头自锁转动复位钮		4—红	
	X—旋钮	旋钮形式:21—二位置锁定;31—三位置锁定;22—二位置复位;33—三位置复位	2—黑;3—绿;4—红	
	XB—旋柄			
	XD—带灯旋钮		1—白；3—绿；4—红;5—黄;6—蓝	
	Y—钥匙型			
	DN—带灯高钮	1—白；3—绿；4—红;5—黄;6—蓝		
	DZS—带灯自锁高钮			

续表

型号	形式代号/派生代号	辅助规格代号		
		第一部分	第二部分	第三部分
NP6	DS—带灯自锁平钮	1—黑；2—白；3—绿；4—红；5—黄；6—蓝；7—橙		
	D—带灯自复平钮			
	BS—自锁平钮			
	B—自复平钮			
	J—蘑菇头自复按钮	3—绿；4—红；5—黄		
	ZS—蘑菇头自锁钮			
	Y—钥匙型	2—二位置锁定；3—三位置锁定		
	X—旋钮型			
	XD—指示灯	1—白；3—绿；4—红；5—黄；6—蓝		
NP8	BN—平钮	1—白；2—黑；3—绿；4—红；5—黄；6—蓝	1—白；2—黑；3—绿；4—红；5—黄；6—蓝	
	GN—高钮			
	M—蘑菇头复位钮	钮头直径：1—$\phi 40$；2—$\phi 60$；3—$\phi 30$	1—白；3—绿；4—红；5—黄；6—蓝	
	ZS—蘑菇头自锁转动复位钮			
	MD—带灯蘑菇头复位钮			
	SD—带灯双头钮	红钮＋绿钮	1—白；3—绿；4—红；5—黄；6—蓝；7—橙；8—透明	
	XD—带灯旋钮	21—二位置锁定；31—三位置锁定；22—二位置复位；33—三位置复位；37—左位置锁定、右位置复位；38—右位置锁定、左位置复位	1—白；2—黑；3—绿；4—红；5—黄；6—蓝	
	X—旋钮型			
	Y—钥匙型			
	S—双头钮	红钮＋绿钮		
	BDN—带灯平钮		1—白；3—绿；4—红；5—黄；6—蓝；7—橙；8—透明	
	GDN—带灯高钮			
	D—指示灯			
LAY3	无字母	一般式	1—白；2—黑；3—绿；4—红；5—黄；6—蓝	
	D—带灯平钮			
	M—蘑菇头式	1—$\phi 35$；2—$\phi 60$	2—黑；3—绿；4—红	
	ZS—自锁式			
	X—旋钮式	2—二位置；3—三位置	2—黑；3—绿；4—红	
	XB—旋柄式			
	Y—钥匙式	2—二位置；3—三位置		
LAY39	BN—自复平钮	1—白；2—黑；3—绿；4—红；5—黄；6—蓝		
	BNZS—自锁平钮			
	GN—自复高钮			
	GNZS—自锁高钮			
	M—自复蘑菇头钮	1—$\phi 40$	3—绿；4—红；5—黄	
	MZS—自锁蘑菇头钮			
	ZS—蘑菇头自锁转动复位钮		4—红	
	MD—带灯自复蘑菇头钮		3—绿；4—红；5—黄	
	MZSD—带灯自锁蘑菇头钮			
	XD—带灯旋钮	21—二位置锁定；31—三位置锁定；22—二位置复位；33—三位置复位	3—绿；4—红；5—黄	
	XBD—带灯旋柄钮			
	X—旋钮		1—白；2—黑；3—绿；4—红；5—黄；6—蓝	

续表

型号	形式代号/派生代号	辅助规格代号		
		第一部分	第二部分	第三部分
LAY39	XBD—旋柄钮	21—二位置锁定;31—三位置锁定;22—二位置复位;33—三位置复位	2—黑;3—绿;4—红	
	Y—钥匙钮		L—钥匙左边拔出;M—钥匙中边拔出(三位置);R—钥匙右边拔出	
	S—双头钮	1—白;3—绿;4—红;5—黄;6—蓝		
	SD—带灯双头钮			
	BDN—带灯自复平钮			
	BNZSD—带灯自锁平钮			
	GDN—带灯自复高钮			
	GNZSD—带灯自锁高钮			
ND16		A—平面梅花圆形灯罩;B—平面圆台形灯罩;C—弧面波纹圆形灯罩;D—弧面圆形灯罩;AS—超短型平面梅花圆形灯罩;BS—超短型平面圆台形灯罩;CS—超短型弧面波纹圆形灯罩;DS—超短型弧面圆形灯罩;BK—快速接线型;S—双色灯;F—蜂鸣器(断续式);FS—蜂鸣器(断续闪烁式);L—蜂鸣器(连续式);CL—蜂鸣器(连续长亮式)		

1.7.4 常用产品的主要技术参数

(1) 常用按钮的主要性能参数

表 25-1-94　　常用按钮主要性能参数

型号	额定绝缘电压/V	额定工作电压/V	额定工作电流/A		约定发热电流/A	电光源额定电压/V			触点电阻/mΩ	机械寿命(×10⁵次)	电气寿命(×10⁵次)
			AC-15	DC-13		LED灯直接式	LED灯阻容式	发光器件电流/mA			
NP2	415	110		0.6	10	6、12、24、48、110、220	380		≤50	平头式、蘑菇头、带灯:100 其余:10	平头、蘑菇头、AC:50 DC:20 其余:10
		125		0.55							
		220	4.5	0.3							
		240	3								
		250		0.27							
		380	2.5								
		415	1.9								
NP3		AC-15:380	2.5						≤50	瞬动型:100 急停自锁:5 其他:25	急停自锁 AC:5 其他 AC:50
		AC-15:220	4.5								
		DC-13:220		0.3							
		DC-13:110		0.6							
NP4	660	110		0.6	10	6、12、24、36、48、110、220、380		≤20	≤50	瞬动型:100 其他:10	瞬动型:AC 50、DC 25 其他:10
		220	4	0.3							
		380	2.5								

续表

型号	额定绝缘电压/V	额定工作电压/V	额定工作电流/A		约定发热电流/A	电光源额定电压/V			触点电阻/mΩ	机械寿命(×10⁵次)	电气寿命(×10⁵次)
			AC-15	DC-13		LED灯直接式	LED灯阻容式	发光器件电流/mA			
NP6	250	24		0.2	3	6、12、24		≤20		瞬动型：100 旋钮：10	瞬动型：AC 50、DC 25 旋钮：10
		110	0.7								
		220	0.5	0.1							
NP8		AC-15:120	6			AC/DC:6、12、24、36 AC:110-220		≤20		平头式、蘑菇头、带灯:300 其余:10	平头、蘑菇头、带灯 AC/DC:25 其余:10
		AC-15:240	3								
		AC-15:415	1.9								
		DC-13:125		0.55							
		DC-13:250		0.25							
LA19	380	110		0.6	5	6、12、24、110、220、380					
		220	4.5	0.3							
		380	2.5								
LAY3		AC-15:220	4.5			6、12、24、110、220、380					
		AC-15:380	2.5								
		DC-13:110		0.6							
		DC-13:220		0.3							
LAY39	380	110		0.7	10				≤50	瞬动型：100 自锁:30 旋钮:10	瞬动型：AC 60、DC 30 其他:10
		220	4	0.3							
		380	2.5								

(2) 信号灯的主要性能参数

表 25-1-95　　信号灯主要性能参数

型号	额定工作电压/V	额定工作电流/mA	光亮度/cd·m^{-2}	基色	工作寿命/h	蜂鸣器参数			
						额定工作电压/V	额定工作电流/mA	光亮度/cd·m^{-2}	响度(10cm)/dB
ND1	AC/DC:6、12、24、36、48、110、220、380 AC:110、220、380	≤20		绿、黄、红、蓝、白	≥30000				
ND16	AC/DC:6、12、24、48、110、220 AC:380	≤20	≥40	绿、黄、红、蓝、白	≥30000	AC/DC:24、36、48、110 AC:220、380	≤20	≥20	70

1.7.5 按钮开关的选用原则

① 根据用途选择开关的形式，如紧急式、钥匙式、指示灯式等。

② 根据使用环境选择按钮开关的种类，如开启式、防水式、防腐式等。

③ 按工作状态和工作情况的要求，选择按钮开关的颜色。

④ 根据额定电压、额定电流等进行选用。

1.8 电源

1.8.1 稳压电源

稳压电源是能为负载提供稳定的交流电或直流电的电子装置，包括交流稳压电源和直流稳压电源两大类。当电网电压或负载出现瞬间波动时，稳压电源会以10～30ms的响应速度对电压幅值进行补偿，使其稳定在±2%以内。稳压电源型号、特点及应用见表25-1-96，其主要性能指标见表25-1-97～表25-1-100。

表 25-1-96　　**稳压电源型号、特点及应用**

型号	型号意义	特点及应用	说明
NPS	NPS □ - □ NPS：稳压电源；□：相数；□：容量	NPS 系列交流精密净化稳压电源采用国际先进的正弦能量分配稳压技术，具有高稳定度、高可靠性、高效率、瞬态响应快及抗干扰能力强等优点，广泛应用于电信、计算机、光学仪器、医疗设备、数控机床、自动控制系统等领域	相数：1—单相；3—三相 容量：单位 kV・A
WYJ	WYJ - □ □ / □ WYJ：直流电源；□：额定输出电压；□：额定输出电流；□：显示方式	WYJ 系列直流电源是稳压、稳流自动转换的高精度直流电源。在稳压状态时，电源输出电压能从 0V 起调。在范围内任意调节，且限流保护点也可任意选择。在稳流状态时，电源输出电流在额定范围内连续可调。广泛应用于工业生产、大中院校实验室、研究所、邮电通信及自动化设备等场所	显示方式：DS1—单路输出，两个数字表；DS2—双路输出，四个数字表；S—LED 数码显示
NKY1	NKY 1 - □ - □ □ / □ NKY：开关电源；1：设计序号；□：输出电压组数；□：输出功率（W）；□：输出直流电压；□：输入电压范围的切换方式	NKY1 系列开关电源是一种新型的直流稳压电源，适用于交流供电不大于 260V，频率为 50/60Hz 的电路。广泛应用于电子电器、机械设备、数控机床、仪器仪表等各种需直流供电的场合	输出电压组数：S—一组输出；D—二组输出；T—三组输出；Q—四组输出 输出直流电压：A—＋3.5V；B—＋5V；C—＋7.5V；D—＋9V；E—＋12V；G—＋15V；I—＋24V；J—＋27V；K—＋36V；L—＋48V；1A—－3.5V；1B—－5V；1C—－7.5V；1D—－9V；1E—－12V；1G—－15V；1I—－24V；1J—－27V；1K—－36V；1L—－48V； 输入电压范围的切换方式（指输入电压在交流 110V 和交流 220V 之间切换的方式）：A—自动切换；F—全范围；S—通过开关选择

NPS 系列智能型净化交流稳压电源双向净化对输入交流电网的常模、共模、浪涌等干扰有很强的抑制力，瞬态响应快；微电脑芯片控制，具有合理的软启动时间，可带负载开机；控制电路集成组件化，工作稳定、重量轻；采用自然风冷方式，能连续工作使用，是理想的稳压电源产品。其性能参数见表 25-1-97。

表 25-1-97　　**NPS 系列智能型净化交流稳压电源性能参数**

<table>
<tr><th>型号</th><th>相数</th><th>输入电压范围/V</th><th>输入频率/Hz</th><th>输出电压/V</th><th>欠压保护/V</th><th>过压保护/V</th><th>过流保护</th><th>最大保护冲击电流</th><th>瞬态电压变化响应时间/ms</th><th>瞬态高功率单脉冲抑制</th><th>输出波形失真度</th><th>耗散功率</th><th>满载功率</th><th>延时输出时间/s</th><th>环境温度/℃</th></tr>
<tr><td>NPS1-1</td><td rowspan="8">单相</td><td rowspan="8">187～253</td><td rowspan="8">50(1±5%)</td><td rowspan="8">220(1±1%)</td><td rowspan="8">185±5</td><td rowspan="8">242～253</td><td rowspan="8">大于额定输入电流的 1.6 倍时</td><td rowspan="8">5 倍额定电流约 1 秒</td><td rowspan="8">≤40</td><td rowspan="8">单相输入 300V，75μs 单脉冲时，输出残余电压＜30V</td><td rowspan="8">＜3%</td><td rowspan="8">＜1.5%</td><td rowspan="8">≥93%</td><td rowspan="8">10</td><td rowspan="8">－10～40</td></tr>
<tr><td>NPS1-2</td></tr>
<tr><td>NPS1-3</td></tr>
<tr><td>NPS1-5</td></tr>
<tr><td>NPS1-10</td></tr>
<tr><td>NPS1-15</td></tr>
<tr><td>NPS1-20</td></tr>
<tr><td>NPS1-30</td></tr>
</table>

续表

型号	相数	输入电压范围/V	输入频率/Hz	输出电压/V	欠压保护/V	过压保护/V	过流保护	最大保护冲击电流	瞬态电压变化响应时间/ms	瞬态高功率单脉冲抑制	输出波形失真度	耗散功率	满载功率	延时输出时间/s	环境温度/℃
NPS3-3	三相	318～438	50±5	380(1±1%)	320±10	418～437									－10～40
NPS3-6															
NPS3-10															
NPS3-15															
NPS3-20															
NPS3-30															
NPS3-45															
NPS3-50															
NPS3-60															
NPS3-100															
NPS3-150															
NPS3-180															

WYJ 系列直流电源具有可靠的限流、短路保护措施，采用电流限制保护时，限流点可任意调节。采用全塑面板，外形新颖美观，操作方便。其性能参数见表 25-1-98。

开关电源是一种电压转换电路，主要的工作内容是升压和降压，广泛应用于现代电子产品。因为开关三极管总是工作在“开”和“关”的状态，所以叫开关电源。开关电源实质就是一个振荡电路，这种转换电能的方式，不仅应用在电源电路，在其他的电路应用也很普遍，如液晶显示器的背光电路、日光灯等。开关电源与变压器相比具有效率高、稳性好、体积小等优点，缺点是功率相对较小，而且会对电路产生高频干扰，电路复杂不易维修等。

表 25-1-98　　WYJ 系列直流电源主要性能参数

型号	输出路数	输入电压范围/V	输入电源频率/Hz	输出电压/V	输出电流/A	保护功能
WYJ/DS1	单路	AC 220(1±10%)	50(1±5%)	0～15	1、2、3、5、10、15、20、30、40	电流限制保护、短路保护
				0～30	2、3、5、10、15、20、30、40	
				0～60	2、3、5、10、15、20、30、40、50	
				0～150	1、2、3、5、10、20	
				0～220	1、2、3、5、10、20	
WYJ/DS2	双路	AC 220(1±10%)	50(1±5%)	0～15	1、2、3、5、10、50	电流限制保护、短路保护
				0～30	2、3、5、10、30、40、50	
				0～60	2、3、5、30、50	

表 25-1-99　　NKY1-S、NKY1-D 开关电源主要性能参数

型号	功率/W	输出电流 DC/A					
		B	E	I	J	K	L
		+5V	+12V	+24V	+27V	+36V	+48V
NKY1-S-15	15	3	1.3	0.7			
NKY1-S-25	25	5	2.1	1.1			
NKY1-S-35	35	7	3	1.5		0.9	
NKY1-S-40	40	8	3.5	1.8			
NKY1-S-50	50	10	4.2	2.1			
NKY1-S-60	60	12	5	2.5			
NKY1-S-100	100	20	8.5	4.5			
NKY1-S-145	145	25	12	6			3.2
NKY1-S-150	150	30	12.5	6.5			3.2
NKY1-S-200	200	40	16.5	8.3			4.2

续表

型号	功率/W	输出电流 DC/A					
		B	E	I	J	K	L
		+5V	+12V	+24V	+27V	+36V	+48V
NKY1-S-240	240	40	20	10			5
NKY1-S-250	250	40	18	10.4			5.2
NKY1-S-300	300	50	25	12.5	11		6.3
NKY1-S-320	320	50	26	12.5	11.8		6.3
NKY1-S-350	350	50	29	14.6	13		7.3
NKY1-S-400	400	60	33	17	14.8		8.3
NKY1-S-500	500	80	41.5	20.8	18.5		10.4
NKY1-D-30	30	4	1				
NKY1-D-30	30	2.2			1		
NKY1-D-50	50	6	2				
NKY1-D-50	50	6			1		
NKY1-D-60	60	4	3				
NKY1-D-60	60	3			1.8		
NKY1-D-100	100	10	4				
NKY1-D-100	100	6			3		
NKY1-D-120	120	12	5				
NKY1-D-120	120	6			3		

表 25-1-100　　NKY1-T、NKY1-Q 开关电源主要性能参数

型号	功率/W	输出电流 DC/A							
		B	E	G	I	1B	1E	1G	1I
		+5V	+12V	+15V	+24V	−5V	−12V	−15V	−24V
NKY1-T-30	30	3	1			0.5			
NKY1-T-30	30	3	1				0.5		
NKY1-T-40	40	5	1			0.5			
NKY1-T-40	40	3	1.5				0.5		
NKY1-T-40	40	3		1				0.5	
NKY1-T-50	50	7			1	0.5			
NKY1-T-50	50	5	1				1		
NKY1-T-50	50	4		1				1	
NKY1-T-50	50	3	1		1				
NKY1-T-60	60	5	2.5			0.5			
NKY1-T-60	60	5	2.5				0.5		
NKY1-T-60	60	6		1.5				0.5	
NKY1-T-100	100	10		2.5					
NKY1-T-100	100	6	2		2			0.5	
NKY1-T-120	120	10	5			1			
NKY1-T-120	120	10	5				0.5		
NKY1-T-120	120	10		3				1	
NKY1-Q-60	60	5.5		1.5		0.5		0.5	
NKY1-Q-60	60	4	1		1		0.5		
NKY1-Q-100	100	6	2		1		1		
NKY1-Q-100	100	13	2			1	0.5		
NKY1-Q-100	100	7	1		2	1			
NKY1-Q-120	120	11	4			1	1		
NKY1-Q-120	120	10		3.5		1		1	
NKY1-Q-120	120	8	2		2		1		
NKY1-Q-180	180	10	2		4		1		
NKY1-Q-180	180	20	5	1		1			
NKY1-Q-250	250	20	6			1	6		

第25篇

1.8.2　稳压器

稳压器是电子工程中自动维持恒定电压的装置，分为直流稳压和交流稳压。稳压器常在电源供应系统中使用，与整流器、电子滤波器等配合工作，提供稳定输出的电压。常用稳压器型号、特点及应用见表 25-1-101，其主要性能参数见表 25-1-102～表 25-1-107。

表 25-1-101　**稳压器型号、特点及应用**

型号	型号意义	特点及应用	说明
TND1/TNS1	TN □ 1 - □ / □ TN—自动稳压器；□—相数；1—设计序号；□—额定容量(kV・A)；□—冷却方式	TN1 系列自动交流稳压器是由接触式调压器及自动控制电路组成。具有体积小、重量轻、外形美观、自身功耗低、保护功能齐全、稳定可靠、输出波形失真小等特点，广泛应用于工业生产、科学研究、医疗卫生、家用电器等电网电压季节性变化大的地区，能给任意负载提供优质电源	相数:D—单相;S—三相 冷却方式：AN 或不标注—空气自然对流的冷却方式；AF—用风扇抽出内部热空气或直接吹冷产品的冷却方式
TND3/TNS3	TN □ 3 - □ / □ TN—自动稳压器；□—相数；3—设计序号；□—稳压电源容量(kV・A)；□—冷却方式	TN3 系列挂壁式交流稳压器是在 TN1 型的基础上，综合各种稳压器的优点研制出的新产品，具有功能齐全、造型新颖、品质优良等特点。可向电脑、复印机、程控电话交换机、工业精密电器、医疗设备、家用电器等设备提供高精度稳定电源	相数:D—单相;S—三相 冷却方式：AN 或不标注—空气自然对流的冷却方式；AF—用风扇抽出内部热空气或直接吹冷产品的冷却方式
TND6/TNS6	TN □ 6 - □ / □ TN—自动稳压器；□—相数；6—设计序号；□—额定容量(kV・A)；□—冷却方式	TN6 系列自动交流稳压器是一种电压范围宽的接触式稳压器，是 TN1 型的升级类产品。由特殊设计的调压器或变压器与控制器或控制电路组成闭环控制系统，通过伺服电机带动电刷调压完成稳压功能。广泛应用于工业生产、科学研究、公用设施、医药卫生、家用电器等领域，给负载提供稳定电源	相数:D—单相;S—三相 冷却方式：AN 或不标注—空气自然对流的冷却方式；AF—用风扇抽出内部热空气或直接吹冷产品的冷却方式
TND1H/TNS1H	TN □ 1 H □ / □ TN—自动稳压器；□—相数；1—设计序号；H—热级；□—额定容量(kV・A)；□—冷却方式	TND1H/TNS1H 系列接触式自动稳压器是在 TND1/TNS1 系列稳压器基础上对其结构、外观、性能进行改进升级的换代产品。具有过热、过流、过压等保护功能，是安全性能高的稳压器	相数:D—单相;S—三相 热级：碳刷接触磨面漆包线的热级—180 级 冷却方式：AN 或不标注—空气自然对流的冷却方式；AF—用风扇抽出内部热空气或直接吹冷产品的冷却方式
TNDZ/TNSZ(DBW/SBW)	TN □ Z - □ / □ TN—自动稳压器；□—相数；Z—柱形铁芯；□—额定容量(kV・A)；□—冷却方式	TNDZ/TNSZ 系列补偿型柱式交流自动稳压器分别与老型号 DBW/SBW 对应，具有容量大、效率高、电压调节平稳、适用负载广泛、能承受瞬时超载、可长期连续工作、设有过压和短路保护功能、使用安装方便、运行可靠等特点，广泛用于工业、农业、交通、邮电、铁路等领域的大型机电设备，提供稳定电源	相数:D—单相;S—三相 冷却方式：AN—空气自然对流的冷却方式；AF—用风扇抽出内部热空气或直接吹冷产品的冷却方式

续表

型号	型号意义	特点及应用	说明
DBW-JW/ SBW-JW	□ B W - JW - □ □：相数；B：补偿式；W：稳压器；JW：微机控制无触点调节；□：额定容量（kV·A）	DBW-JW/SBW-JW 工业级无触点智能稳压器有过压、欠压、过流等保护功能，采用 DSP 运算计量芯片控制技术、快速交流采样技术、有效值校正技术、电流过零切换技术和快速补偿稳压技术，将智能仪表、快速稳压和故障诊断结合在一起，产品安全、高效、精密	相数:D—单相;S—三相
TM	TM - □ TM：自耦调压阶跃型稳压器；□：额定容量（kV·A）	TM 系列超低压全自动交流稳压器是一种采用数字集成电路组成取样控制系统，其优点是具有输入超低压稳压和实现输入电压宽范围稳压的功能。广泛用于通信、医疗、照明系统等用电场所。特别适合部分因电网电压过高或过低造成电器无法正常工作的地区，能自动调整电压到合适范围，以保证电器的正常使用	

TND1/TNS1 系列交流稳压器由接触式调压器及自动控制电路组成。对电压信号进行取样、放大，再控制伺服电机带动转臂及电刷按所需方向转动，使输出电压调整到额定值，达到稳压目的。广泛应用于工业生产、科学研究、医疗卫生、家用电器等电网电压季节性变化大的地区，能给任意负载提供优质电源。其性能参数见表 25-1-102。

TND3 系列挂壁式交流稳压器可不间断工作，具有效率高、波形失真小、调压过程平稳、无瞬时失真现象等特点，能确保有记忆功能的各类高档电器及家用电脑的安全和正常使用，同时采用高分断小型断路器，对电路的短路有良好的保护作用。

表 25-1-102 TND1/TNS1 系列交流稳压器性能参数

型号	相数	额定输出容量/kV·A	输入电压范围/V	输出电压及精度/V	输出欠电压保护值/V	输出过电压保护值/V	频率/Hz	调整时间/s
TND1-0.5	单相	0.5	160～250	10kV·A 及以上:220±4% 5kV·A 及以下:220±4% 和 110±8%	180±8（1.5kV·A 及以下及 110V 输出无保护）	246±4（1.5kV·A 及以下及 110V 输出无保护）	50	≤6(输入电压变化<20V 时)
TND1-1		1						
TND1-1.5		1.5						
TND1-2		2						
TND1-3		3						
TND1-5		5						
TND1-10		10						
TND1-15		15						
TND1-20		20						
TND1-30		30						
TNS1-1.5	三相	1.5	280～430（三相四线制）	相电压 220±4% 线电压 380±4%（三相四线制）	相电压 180±8（4.5kV·A 及以下欠压输出无保护）	相电压 246±4（4.5kV·A 及以下过压输出无保护）	50	≤6(输入电压变化<20V 时)
TNS1-3		3						
TNS1-4.5		4.5						
TNS1-6		6						
TNS1-9		9						
TNS1-15		15						
TNS1-20		20						
TNS1-30		30						
TNS1-45		45						
TNS1-60		60						

表 25-1-103 TND3 系列挂壁式交流稳压器性能参数

型号	相数	额定输出容量/kV·A	输入电压范围/V	输出电压及精度/V	输出欠电压保护值/V	输出过电压保护值/V	长延时时间/min	调整时间/s
TND3-3	单相	3	160～250	220:±4% 110:±8%	180±8	246±4	5±2	≤6(输入电压变化<20V 时)
TND3-5		5						
TND3-7		7						

表 25-1-104 TND6 系列自动交流稳压器性能参数

型号	相数	额定输出容量/kV·A	额定输出电流/A	输入电压范围/V	额定输入电压/V	输出电压及精度/V	输出过电压保护值/V	频率/Hz
TND6-10/AF	单相	10	45.5	130～250	220	220:±4%	246±4	50
TND6-15/AF		15	68.2					

TND1H/TNS1H 系列接触式自动稳压器由特殊设计的调压器或变压器与控制电路组成闭环控制系统，通过伺服电机带动电刷调压完成稳压功能。广泛应用于工业生产、科学研究、公用设施、医药卫生、家用电器等领域，给负载提供稳定电源，确保用电设备的正常运行，其性能参数见表 25-1-105。

DBW-JW、SBW-JW 系列工业级无触点智能稳压器主要由隔离变压器、SCR 模块、CPU 控制核心、安全保护装置组成，实现了全无触点控制。广泛应用于工业、交通、邮电、通信、铁路、科研等领域的大型机电设备、金属加工设备、生产流水线、纺织、医疗、电梯等需要稳压供电的场所。其性能参数见表 25-1-106。

TNDZ (DBW)、TNSZ (SBW) 系列补偿型柱式交流自动稳压器采用补偿技术设计制造，有过电压、过电流保护、开机延时等功能，当电网电压波动或负载电流变化时，能自动稳定输出电压，适用于金属加工设备、大型机电设备、建筑工程设备、各种流水线、邮电、通信、电梯等。

表 25-1-105 TND1H/TNS1H 系列接触式自动稳压器性能参数

型号	相数	额定输出容量/kV·A	输入电压范围/V	输出电压及精度/V	频率/Hz	输出欠电压保护值/V	输出过电压保护值/V	过热保护/分断保护	过流保护/分断保护	输出过压/分断保护	调整时间/s
TND1/H-0.5	单相	0.5	160～250	220:±4%	50/60	180±8(1.5 kV·A 及以下无)	246±4	线圈温度达到设定值时断开输入电源	过电流持续时间达到 0.5～3min 时断开输入电源	输出过电压持续时间达到 0.5～3min 时断开输入电源	≤6(输入电压变化<20V 时)
TND1/H-1		1									
TND1/H-1.5		1.5									
TND1/H-2		2									
TND1/H-3		3									
TND1/H-5		5									
TND1/H-10		10									
TND1/H-10/AF		10									
TNS1/H-1.5	三相	1.5	280～430(三相四线制)	相电压 220±4% 线电压 380±4%	50/60	相电压 180±8(4.5 kV·A 及以下无)	相电压 264±4(4.5 kV·A 及以下无)	线圈温度达到设定值时断开输入电源	过电流持续时间≥0.5～3min 时断开输入电源	输出过电压持续时间≥0.5～3min 时断开输入电源	≤6(输入电压变化<20V 时)
TNS1/H-3		3									
TNS1/H-4.5		4.5									
TNS1/H-6		6									
TNS1/H-9		9									
TNS1/H-15		15									
TNS1/H-20		20									
TNS1/H-30/AF		30									

表 25-1-106 DBW-JW、SBW-JW、TNDZ (DBW)、TNSZ (SBW) 系列稳压器性能参数

型号	额定容量/kV·A	相数	输入电压/V	额定输出电压/V	频率/Hz	稳压精度	响应时间/ms	输出过压保护值/V	过、欠压保护值/V
DBW-JW-5	5	单相	220±15%	220	50～60	±(1～5)%可设定	<40	242±2	输出相电压超过 10%，切断输出或不间断转向旁路
DBW-JW-10	10								
DBW-JW-15	15								
DBW-JW-20	20								
DBW-JW-30	30								
DBW-JW-40	40								
DBW-JW-50	50								
DBW-JW-100	100								

续表

型号	额定容量/kV·A	相数	输入电压/V	额定输出电压/V	频率/Hz	稳压精度	响应时间/ms	输出过压保护值/V	过、欠压保护值/V
SBW-JW-20	20	三相	380±15%	380	50～60	±(1～5)%可设定	<40	418±3.5	
SBW-JW-30	30								
SBW-JW-40	40								
SBW-JW-50	50								
SBW-JW-75	75								
SBW-JW-100	100	三相	380±15%	380	50～60	±(1～5)%可设定	<40	418±3.5	
SBW-JW-150	150								
SBW-JW-180	180								
SBW-JW-200	200								
SBW-JW-225	225								
SBW-JW-250	250								
SBW-JW-300	300								
SBW-JW-500	500								
SBW-JW-1000	1000								
SBW-JW-1500	1500								
SBW-JW-2000	2000								
SBW-JW-2500	2500								
SBW-JW-3000	3000								
TNDZ(DBW)-20	20	单相	220V±20%	220V±5%(可设定)	50～60	±(1～5)%(可设定)	输入电压阶跃15V，输出电压响应时间≤1.5	242±2	
TNDZ(DBW)-30	30								
TNDZ(DBW)-50	50								
TNDZ(DBW)-75	75								
TNDZ(DBW)-100	100								
TNDZ(DBW)-150	150								
TNDZ(DBW)-200	200								
TNSZ(SBW)-30	30	三相	380V±20%	380V±5%(可设定)	50～60	±(1～5)%(可设定)	输入电压阶跃25V，输出电压响应时间≤1.5	418±3.5	
TNSZ(SBW)-50	50								
TNSZ(SBW)-75	75								
TNSZ(SBW)-100	100								
TNSZ(SBW)-150	150								
TNSZ(SBW)-180	180								
TNSZ(SBW)-200	200								
TNSZ(SBW)-225	225								
TNSZ(SBW)-250	250								
TNSZ(SBW)-300	300								
TNSZ(SBW)-320	320								
TNSZ(SBW)-350	350								
TNSZ(SBW)-400	400								
TNSZ(SBW)-450	450								
TNSZ(SBW)-500	500								
TNSZ(SBW)-600	600								
TNSZ(SBW)-800	800								
TNSZ(SBW)-1000	1000								
TNSZ(SBW)-1200	1200								

TM 系列超低压全自动交流稳压器是一种采用数字集成电路组成取样控制系统，控制电磁继电器，改变自耦变压器的抽头，从而达到输出电压稳定的稳压器。广泛用于办公设备、家用冰箱、冰柜、空调、电脑等电器，保证电器的正常工作。其性能参数见表 25-1-107。

表 25-1-107 **TM 系列超低压全自动交流稳压器性能参数**

型号	额定输出容量/kV·A	额定输出电流/A	频率/Hz	额定输入电压/V	输入电压范围/V	额定输出电压及精度/V	输出过电压保护值/V	安装方式
TM-0.5	0.5	2.3	50	220	130～270	220（±10%）	264±4	台式
TM-1	1.	4.5						
TM-1.5	1.5	6.8						
TM-2	2	9.1						
TM-3	3	13.6						壁挂、台式
TM-5	5	22.7						
TM-8	8	36.4						
TM-10	10	45.5						

1.8.3 模块电源

模块电源是可以直接贴装在印刷电路板上的电源供应器，其特点是可为专用集成电路、数字信号处理器、微处理器、存储器、现场可编程门阵列及其他数字或模拟负载提供供电。模块电源型号说明见表 25-1-108，性能参数见表 25-1-109 和表 25-1-110。

表 25-1-108 **模块电源型号、特点及应用**

型号	型号意义	特点及应用	说明
S8TS	S8TS - □ □ □ □ 模块电源 容量 输出电压 连接 总线	S8TS 系列模块电源可以像干电池一样扩大容量	容 量：025—25W；030—30W；060—60W 输出电压：05—5V；12—12V；24—24V 连接：指输入输出连接结构。无—端子台；F—连接器端子 总线：指总线连接器。无—仅基本块；E1—附带总线连接器
S8T-DCBU-01	模块电源直流备用模块	可用总线连接器连接模块型电源基本模块，轻松构成系统	AC 输入中断时能供给 DC 24V 一段时间，防止瞬间停电引起 DC 24V 中断，大幅提高了系统的可靠性
S8T-DCBU-02	模块电源直流缓冲模块	可保证输出电流 2.5A、500ms 的备份时间，最多可以并联 4 台，增加备用容量，包括时间、电流	多数瞬间停电时间在 300ms 以内，该模块几乎可以适用于任何的瞬间停电，防止设备中断、数据丢失和其他瞬间电源故障造成的问题

表 25-1-109 **S8TS 系列模块电源主要性能参数**

型号	容量/W	输入电压 U_i/V	输入电流/A 单独运行/V		并联运行/V		输出电压/V	输出电流/A	过电流保护	过电压保护
			$U_i=100$	$U_i=200$	$U_i=100$	$U_i=200$				
S8TS-025	25	AC 100～240	≤0.7	≤0.4	—	—	5	5	额定负载电流的 105%～125%（单独运行）、100%～125%（并联运行），倒 L 降低型，自动复位	有
S8TS-030	30		≤0.7	≤0.4	≤0.7×台数	≤0.4×台数	12	2.5		有
S8TS-060	60		≤1.0	≤0.5	≤1.0×台数	≤0.5×台数	24	2.5		有

表 25-1-110 **S8T-DCBU-01、S8T-DCBU-02 模块电源主要性能参数**

型号	输入电压 U_i/V	输出电压/V		输出电流/A	备份时间	充电电压/V	充电电流/A	过电流保护	过电压保护
		$U_i=24$V	$U_i=28$V						
S8T-DCBU-01	DC 24～28	24	24	3.7	8min	27.4/26.2	0.35	有	有
				8	4min				
S8T-DCBU-02	DC 24～28	22.5	26.4	2.5	500ms			倒 L 降低型，自动复位，过电流检测点 5.8～6.8A	有
				1.2	1000ms				

1.8.4 逆变电源

NNB 系列逆变电源以 NBB 系列逆变器为主体，配备蓄电池构成长效后备静止不间断电源，采用进口集成 PWM 脉宽调制电路，选用进口大功率推动模块，具有应变快、抗干扰性强、自动稳频、稳压、空载耗损低、效率高、性能可靠等特点。广泛应用于野外无市电场合和经常停电地区，是为其提供交流电的理想设备。其性能参数见表 25-1-111。

1.8.5 UPS 不间断电源

UPS 不间断电源采用国际先进技术制造，具有市电自动稳压和市电完全停止时立即接替供电的功能，技术先进、效率高、体积小、外形美观、可靠性好。专为保护电脑系统，可广泛应用于电脑、智能型精密仪器仪表、邮电通信设备等。性能参数见表 25-1-112。

1.8.6 电源的选用原则

(1) 选择电压形式

根据不同应用场合，选择不同形式的电源。

(2) 确定输出容量

容量 (W)＝输出电压(V)×负荷电流(A)，应确保电源的输出容量大于最大负荷容量。

(3) 负荷电流应小于额定电流

一旦在超高额定电流的状态下使用，则电源内部会发热，从而导致故障发生。若使用，应考虑增加电源容量或采取冷却措施使温度降低。

1.9 其他电器

在本节中主要介绍电动机保护类电器、操作屏、接线端子、变压器、互感器等常用低压电器。

1.9.1 保护类电器

保护类电器主要指用来保护电动机，并保证电动机安全、正常运行及保护生产机械使其不受损坏的电器。可分为启动保护（频敏变阻器、启动器等）、短路保护（如熔断器、断路器、继电器等）、长期过载保护（如热继电器）、零压或欠压保护（如继电器）、零励磁保护（如电流继电器）等。

1.9.1.1 BP 系列频敏变阻器

频敏变阻器是一种利用同一铁芯上线圈之间电流互感原理的电阻元器件，可接入绕线式电机转子回路，用来降低启动电流。所谓频敏，就是对频率敏感，对频率高的电压阻抗大，频率低的电压阻抗小。绕线转子式电动机刚启动时，转子尚未转动，定子绕组产生的旋转磁场高速旋转，转子绕组相对高速切割磁场，产生高频率幅度亦很高的感生电压，转子回路的频敏变阻器呈现高阻抗，降低启动电流；转子旋转起来以后，随着转差率的降低，转子绕组切割磁场的相对速度降低，转子感生电压频率及幅度亦降低；频敏变阻器呈现低阻抗；启动完成后，转差率接近于 0，转子感生电压频率亦接近于 0，频敏变阻器阻抗接近于 0，相当于短接转子绕组，电动机正常运转。

常见频敏变阻器型号及适用范围见表 25-1-113。

表 25-1-111　　NNB 系列逆变电源主要性能参数

型号	输出电压(AC)/V	输出频率/Hz	输出波形	充电输入电压(AC)/V	匹配蓄电池电压/V	切换方式	应急维持时间
NNB-300V·A	220±10%	50±2%	方波	220±10%	12	自动切换	视配电池容量和负载功率而定
NNB-500V·A	220±10%	50±2%	方波	220±10%	12	自动切换	
NNB-300V·A	220±10%	50±2%	方波	220±10%	24	自动切换	
NNB-500V·A	220±10%	50±2%	方波	220±10%	24	自动切换	
NNB-1kV·A	220±10%	50±2%	方波	220±10%	24	自动切换	
NNB-2kV·A	220±10%	50±2%	方波	220±10%	24	自动切换	

表 25-1-112　　UPS 不间断电源主要性能参数

型号	额定容量/V·A	输入电压/V	输出电压/V	输出频率/Hz	输出波形	转换时间/ms	备用时间/min
UPS-500V·A	500	170～265	200～240	50	方波	<10	5～15
UPS-1000V·A	100	170～265	200～240	50	方波	<10	5～15

表 25-1-113 频敏变阻器型号及适用范围

型号	型号及意义	特点及应用	说明
BP8Y	BP 8 Y - □ □□ / □□□ □□ BP：频敏变阻器 8：设计序号 Y：YZR 系列电动机专用 □：铁芯编号 □□：铁芯片数 □□□：线圈最大匝数 □□：导线代号	BP8Y 系列频敏变阻器专用于电动机功率 1.5～200kW，频率为 50Hz 的 YZR 系列起重及冶金用三相异步电动机频繁操作条件下的启动及反接设备。可以直接连接于异步电动机的转子回路中，不需另装接触器等短路设备，能使电动机获得接近恒转矩的机械特性，是理想的启动元件	铁芯编号：1、8、9
BP8R1	BP 8 R 1 - □ □□ / □□□ □□ BP：频敏变阻器 8：设计序号 R：绕线型异步电动机用 1：工作制类型 □：铁芯编号 □□：铁芯片数 □□□：线圈最大匝数 □□：导线代号	BP8R1 系列频敏变阻器专用于电动机功率 2.2～125kW，频率为 50Hz 的 JZR 和 JZR2 系列起重及冶金用三相异步电动机频繁操作条件下的启动及反接设备。可以直接连接于异步电动机的转子回路中，不需另装接触器等短路设备，能使电动机获得接近恒转矩的机械特性，是理想的启动元件	铁芯编号：0、4、5 工作制类型：轻、中载重复短时工作制
BP8R2	BP 8 R 2 - □ □□ / □□□ □□ BP：频敏变阻器 8：设计序号 R：绕线型异步电动机用 2：工作制类型 □：铁芯编号 □□：铁芯片数 □□□：线圈最大匝数 □□：导线代号	BP8R2 系列频敏变阻器专用于电动机功率 10～1050kW，频率为 50Hz 的绕线型三相异步电动机不频繁操作条件下的偶尔短时启动。不能直接连接于异步电动机的转子回路中，需和接触器或其他短接设备并联后，再连接于异步电动机的转子回路中，是水泵和空压机等设备的理想启动元件	铁芯编号：7 号方钢铁芯 工作制类型：轻、中载偶尔短时启动工作制
BP8R3	BP 8 R 3 - □ □□ / □□□ □□ BP：频敏变阻器 8：设计序号 R：绕线型异步电动机用 3：工作制类型 □：铁芯编号 □□：铁芯片数 □□□：线圈最大匝数 □□：导线代号	BP8R3 系列频敏变阻器专用于电动机功率 2.2～2240kW，频率为 50Hz 的绕线型三相异步电动机不频繁操作条件下的偶尔短时启动。不能直接连接于异步电动机的转子回路中，需和接触器或其他短接设备并联后，再连接于异步电动机的转子回路中，是轧钢机和空压机等设备的理想启动元件	铁芯编号：2、3 工作制类型：轻、中、重载偶尔短时启动工作制
BP8R4	BP 8 R 4 - □□ □□ / □□□ □□ BP：频敏变阻器 8：设计序号 R：绕线型异步电动机用 4：工作制类型 □□：功率等级 □□：铁芯编号 □□□：线圈最大匝数 □□：导线代号	BP8R4 系列频敏变阻器专用于电动机功率 14～1000kW，频率为 50Hz 的绕线型三相异步电动机不频繁操作条件下的偶尔短时启动。不能直接连接于异步电动机的转子回路中，需和接触器或其他短接设备并联后，再连接于异步电动机的转子回路中，是鼓风机、破碎机和球磨机等设备的理想启动元件	铁芯编号：钢管 工作制类型：中、重满载偶尔短时启动工作制

表 25-1-114 BP8Y、BP8R1 系列电动机专用频敏变阻器性能参数

电动机型号规格	电动机极数	电动机功率/kW	电动机转子电流/A	每小时启动 100～400 次		每小时启动 400～600 次		每小时启动 600～1000 次	
				频敏电阻型号	每组台数	频敏电阻型号	每组台数	频敏电阻型号	每组台数
YZR-160L	8	7.5	25	BP8Y-110/5004	1	BP8Y-808/10005	1	BP8Y-812/8006	1
YZR-180L	8	11	41	BP8Y-808/6308	1	BP8Y-810/5010	1	BP8Y-808/4012	2 串
YZR-200L	8	15	54	BP8Y-808/5010	1	BP8Y-908/5016	1	BP8Y-908/4516	2 串

续表

电动机型号规格	电动机极数	电动机功率/kW	电动机转子电流/A	每小时启动 100～400 次		每小时启动 400～600 次		每小时启动 600～1000 次	
				频敏电阻型号	每组台数	频敏电阻型号	每组台数	频敏电阻型号	每组台数
YZR-225M	8	22	59	BP8Y-808/4510	1	BP8Y-908/5016	1	BP8Y-912/4516	2 串
YZR-250MA	8	30	69	BP8Y-906/4512	1	BP8Y-910/4016	1	BP8Y-908/3620	2 串
YZR-250MB	8	37	70	BP8Y-906/4512	1	BP8Y-910/4016	1	BP8Y-910/3625	2 串
YZR-280S	8	45	90	BP8Y-912/5616	1	BP8Y-910/3225	2 串	BP8Y-910/4016	2 串 2 并
YZR-280M	8	55	92	BP8Y-912/5616	1	BP8Y-910/3225	2 串	BP8Y-910/4016	2 串 2 并
YZR-315S	8	75	159	BP8Y-908/2225	2 串	BP8Y-910/3216	2 并	BP8Y-912/2820	2 串 2 并
YZR-315M	8	90	160	BP8Y-908/3616	2 并	BP8Y-908/4516	2 串 2 并	BP8Y-912/3220	2 串 2 并
YZR-280S	10	37	153	BP8Y-908/2225	1	BP8Y-912/1832	1	BP8Y-9123220	2 并
YZR-280M	10	45	165	BP8Y-910/2230	1	BP8Y-908/3625	2 并	BP8Y-908/3625	2 串 2 并
YZR-315S	10	55	138	BP8Y-910/2225	1	BP8Y-908/4016	2 并	BP8Y-910/3620	2 串 2 并
YZR-315M	10	75	149	BP8Y-908/2525	2 串	BP8Y-912/1832	2 串	BP8Y-912/2825	2 串 2 并
YZR-355M	10	90	166	BP8Y-908/1832	2 串	BP8Y-912/3216	2 并	BP8Y-912/2825	2 串 2 并
YZR-355LA	10	110	172	BP8Y-910/1832	2 串	BP8Y-908/3616	2 串 2 并	BP8Y-910/2825	3 串 2 并
YZR-355LB	10	132	167	BP8Y-912/1832	2 串	BP8Y-910/3216	2 串 2 并	BP8Y-912/2825	3 串 2 并
YZR-400LA	10	160	244	BP8Y-910/4520	2 串 2 并	BP8Y-912/2825	3 串 2 并	BP8Y-912/1832	5 串 2 并
YZR-400LB	10	200	252	BP8Y-912/3620	2 串 2 并	BP8Y-912/2225	4 串 2 并	BP8Y-912/1832	6 串 2 并
JZR-11-6		2.2	12	BP8R1-003/11203	1	BP8R1-003/11203	1	BP8R1-005/8003	1
JZR-12-6		3.5	12	BP8R1-003/11203	1	BP8R1-005/10003	1	BP8R1-008/8003	1
JZR-21-6		5	21	BP8R1-005/10004	1	BP8R1-008/8004	1	BP8R1-012/6304	1
JZR-22-6		7.5	22	BP8R1-008/10004	1	BP8R1-012/8004	1	BP8R1-510/6304	1
JZR-31-6		11	36	BP8R1-506/6308	1	BP8R1-510/5008	1	BP8R1-406/6308	1
JZR-31-8		7.5	28	BP8R1-008/8006	1	BP8R1-012/6306	1	BP8R1-510/5006	1
JZR-41-8		11	47	BP8R1-506/5010	1	BP8R1-510/4010	1	BP8R1-406/5010	1
JZR-42-8		16	46	BP8R1-508/5010	1	BP8R1-512/4010	1	BP8R1-408/5010	1
JZR-51-8		22	71	BP8R1-512/3216	1	BP8R1-408/4016	1	BP8R1-412/3216	1
JZR-52-8		30	74	BP8R1-406/6316	1	BP8R1-410/4016	1	BP8R1-408/6308	2 并
JZR-61-10		30	133	BP8R1-406/3225	1	BP8R1-410/2525	1	BP8R1-408/4012	2 并
JZR-62-10		45	138	BP8R1-410/3225	1	BP8R1-408/5012	2 并	BP8R1-412/4012	2 并
JZR-63-10		60	180	BP8R1-412/2532	1	BP8R1-410/4016	2 并	BP8R1-408/3216	2 串 2 并
JZR-64-10		65	154	BP8R1-412/3232	1	BP8R1-410/4016	2 并	BP8R1-408/3216	2 串 2 并
JZR-71-10		80	167	BP8R1-408/5016	2 并	BP8R1-412/4016	2 并	BP8R1-410/3216	2 串 2 并
JZR-72-10		100	170	BP8R1-410/5016	2 并	BP8R1-408/4016	2 串 2 并	BP8R1-412/3216	2 串 2 并
JZR-73-10		125	175	BP8R1-412/5016	2 并	BP8R1-410/4016	2 串 2 并	BP8R1-408/3216	2 串 2 并

表 25-1-115 BP8R1 系列重复短时工作制电动机用频敏变阻器性能参数

电动机功率/kW	电动机转子电流/A	每小时启动 250 次以下		每小时启动 250～400 次		每小时启动 400～630 次		每小时启动 630 次以上	
		频敏电阻型号	每组台数	频敏电阻型号	每组台数	频敏电阻型号	每组台数	频敏电阻型号	每组台数
2.0～2.5	12～16	BP8R1-004/10003	1	BP8R1-004/10003	1	BP8R1-006/8004	1	BP8R1-010/6305	1
3.2～4	12～16	BP8R1-006/10003	1	BP8R1-006/10003	1	BP8R1-010/8004	1	BP8R1-508/8006	1
4.1～5	18～22	BP8R1-008/8004	1	BP8R1-008/8004	1	BP8R1-012/6305	1	BP8R1-510/6308	1
6.3～8	19～25	BP8R1-504/12504	1	BP8R1-506/10005	1	BP8R1-510/8006	1	BP8R1-406/8010	1
6.3～8	26～32	BP8R1-504/10005	1	BP8R1-506/8006	1	BP8R1-510/6308	1	BP8R1-406/6312	1
10～12.5	32～40	BP8R1-506/8006	1	BP8R1-510/6308	1	BP8R1-406/6312	1	BP8R1-410/5016	1
10～12.5	41～50	BP8R1-506/6308	1	BP8R1-510/5010	1	BP8R1-406/5016	1	BP8R1-410/4020	1
12.6～16	41～50	BP8R1-508/6308	1	BP8R1-512/5010	1	BP8R1-408/5016	1	BP8R1-412/4020	1
20～25	63～80	BP8R1-512/4016	1	BP8R1-408/4020	1	BP8R1-412/3225	1	BP8R1-410/2532	2 串
26～32	63～80	BP8R1-406/5016	1	BP8R1-410/4020	1	BP8R1-416/3225	1	BP8R1-412/2532	2 串
26～32	125～160	BP8R1-406/2532	1	BP8R1-410/2040	1	BP8R1-416/1650	1	BP8R1-412/2532	2 并

续表

电机动功率/kW	电动机转子电流/A	每小时启动 250 次以下		每小时启动 250～400 次		每小时启动 400～630 次		每小时启动 630 次以上	
		频敏电阻型号	每组台数	频敏电阻型号	每组台数	频敏电阻型号	每组台数	频敏电阻型号	每组台数
40～50	125～160	BP8R1-410/2532	1	BP8R1-416/2040	1	BP8R1-412/3225	2 并	BP8R1-410/2532	2 串 2 并
51～63	125～160	BP8R1-412/2532	1	BP8R1-410/4020	2 并	BP8R1-416/3225	2 并	BP8R1-412/2532	2 串 2 并
64～80	160～200	BP8R1-416/2040	1	BP8R1-412/3225	2 并	BP8R1-410/2532	2 并	BP8R1-416/2040	2 串 2 并
81～100	160～200	BP8R1-410/4020	2 并	BP8R1-416/3225	2 并	BP8R1-412/2532	2 串 2 并	BP8R1-416/2040	2 串 2 并
101～125	160～200	BP8R1-412/4020	2 并	BP8R1-410/3225	2 串 2 并	BP8R1-416/2532	2 串 2 并	BP8R1-416/2040	3 串 2 并

1.9.1.2 启动器

电动机启动器是用于辅助电动机启动的设备，使电动机启动平稳，对电网的冲击小，还能实现对电动机的软停车、制动、过载和缺相保护等。电动机启动器主要用于大型电动机和异步电动机中。电动机启动器的型号及适用范围见表 25-1-116。

表 25-1-116 电动机启动器型号及适用范围

型号	型号意义	特点及应用	说明
NJR2	NJ R 2 □ □ NJ—交流电动机；R—软启动器；2—设计序号；□—控制电动机功率(kW)；□—控制单元	NJR2 系列软启动控制器是以先进的双 CPU 控制技术为核心，控制可控硅模块，实现三相交流异步电动机的软启动、软停止功能，同时具有过载、输入缺相、输出缺相、负载短路、启动限流超时、过压、欠压等多项保护功能。是传统 Y-Δ 启动、自耦降压启动理想的更新换代产品	控制单元：D—三相交流 380V；ZX—在线式；T—三相交流 220V
NS2	NS 2 - □ □ □ NS—交流电动机启动器；2—设计序号；□—壳架等级额定电流；□—结构代号；□—脱扣器额定电流	NS2 系列交流电动机启动器适用于交流电压至 690V，电流 80A 的电路中，作为三相笼型异步电动机的过载、断相、短路保护及不频繁启动控制之用，可作为配电线路保护和不频繁的负载转换，还可作为隔离使用	壳架等级额定电流（A）：25、32、80 结构代号：X—旋钮操作
NQ2	NQ 2 - 15 □ □ NQ—电磁启动器；2—设计序号；15—壳架功率等级；□—结构代号；□—额定控制功率	NQ2 系列电磁启动器采用金属外壳防护式结构，主要适用于交流 50/60Hz、额定工作电压至 660V，额定控制功率至 15kW(电流至 30A)的电路中，用作控制电动机的直接启动、停止和正反向运转，带有热过载继电器的启动器能对电动机的过载或断相起保护作用	结构代号：P—带按钮；N—可逆；NB—可逆不带热继电器；无—不可逆无按钮
QC36	QC 36 - □ □ QC—电磁启动器；36—设计序号；□—基本规格代号；□—结构代号	QC36 系列电磁启动器主要适用于交流 50/60Hz、额定工作电压至 380V，额定工作电流至 100A 的电路中，用于三相笼型感应电动机，使其直接启动、停止和正反向运转，带有热过载继电器的启动器能对电动机的过载或断相起保护作用	基本规格代号：用 380V、AC-3 的最大额定功率值表示 结构代号：用两个字母表示，第一个字母表示外壳材料，T：铁外壳；第二个字母表示功能，A：带按钮，N：可逆
QJX2	QJ X 2 - □ QJ—减压启动器；X—小型；2—设计序号；□—额定工作电流	QJX2 系列“星三角”启动器主要适用于交流 50/60Hz、额定工作电压至 380V，在 AC-3 使用类别，额定工作电流至 95A 的电路中，作为电动机的启动之用，启动器设有空气延时头，可自动进行“星三角”转换，以降低电动机启动电流	

续表

型号	型号意义	特点及应用	说明
XJZ1	X　J　Z　1 - □ X：箱式外壳；J：减压；Z：自耦变压器；1：设计序号；□：控制电动机功率(kW)	XJZ1 系列自耦减压启动器适用于交流 50Hz、额定电压至 380V，额定输出功率 300kW 及以下的三相笼型感应电动机，作不频繁启动用，利用自耦变压器降压的特点，降低启动电流，以减小电动机启动时对输电网络的影响	

(1) NJR2 系列软启动控制器

NJR2-D 系列软启动控制器需外置旁路接触器，电压系列为 380V，功率 7.5～500kW，具有负载适应强、运行稳定可靠等特点；NJR2-ZX 系列在线软启动器不需交流接触器，可直接在线使用，电压系列为 380V，功率 7.5～75kW；NJR2-T 系列软启动控制器主要与成套控制柜配套使用，需配接旁路交流接触器，电压系列为 220V，功率 7.5～160kW。NJR2 系列产品广泛应用于冶金、石油、消防、矿山、供水、市政、食品、水泥等领域的电动机传动设备。

表 25-1-117　　NJR2-D 系列全数字软启动控制器性能参数

型号	额定绝缘电压/V	额定冲击耐受电压/kV	电源电压 AC/V	频率/Hz	软启动时间/s	软停止时间/s	额定电流/A	控制电动机功率/kW
NJR2-7.5D	660	2	380±15%	50/60±2%	2～60	0～60	15	7.5
NJR2-11D							22	11
NJR2-15D							29	15
NJR2-18.5D							36	18.5
NJR2-22D							42	22
NJR2-30D							57	30
NJR2-37D							70	37
NJR2-45D							84	45
NJR2-55D							103	55
NJR2-75D							140	75
NJR2-90D							167	90
NJR2-110D							207	110
NJR2-132D							248	132
NJR2-150D							280	150
NJR2-160D							300	160
NJR2-185D							349	185
NJR2-220D							404	220
NJR2-250D							459	250
NJR2-280D							514	280
NJR2-315D							579	315
NJR2-355D							634	355
NJR2-400D							720	400
NJR2-450D							810	450
NJR2-500D							900	500

表 25-1-118　　NJR2-ZX 系列在线式启动器性能参数

型号	电压 U_e/V	频率/Hz	软启基值电压	启动电流	斜坡下降时间/s	突跳启动时间/s	额定电流/A	控制电动机功率/kW
NJR2-7.5ZX	AC 380±15%	50/60±2%	(30%～70%)U_e	0.5～5 倍的启动电流限制	2～60	0.1	15	7.5
NJR2-11ZX							22	11
NJR2-15ZX							29	15
NJR2-18.5ZX							36	18.5
NJR2-22ZX							42	22
NJR2-30ZX							57	30
NJR2-37ZX							70	37
NJR2-45ZX							84	45
NJR2-55ZX							103	55
NJR2-75ZX							140	75

续表

型号	电压 U_e /V	频率 /Hz	软启基值电压	启动电流	斜坡下降时间/s	突跳启动时间/s	额定电流 /A	控制电动机功率/kW
NJR2-7.5T	AC 220±15%	50/60±2%	(30%～70%)U_e	0.5～5 倍的启动电流限制	2～60	0.1	30	7.5
NJR2-11T							44	11
NJR2-15T							60	15
NJR2-18.5T							74	18.5
NJR2-22T							88	22
NJR2-30T							120	30
NJR2-37T							148	37
NJR2-45T							180	45
NJR2-55T							220	55
NJR2-75T							300	75
NJR2-90T							360	90
NJR2-110T							440	110
NJR2-132T							528	132
NJR2-160T							640	160

(2) NS2 系列交流电动机启动器

表 25-1-119　NS2 系列交流电动机启动器性能参数

型号	脱扣器额定电流 /A	整定电流调节范围 /A	额定极限短路分断能力 I_{cu}、额定运行短路分断能力 I_{cs}/kA										三相电动机额定功率 (AC-3,50/60Hz)/kW						飞弧距离 /mm
			230/240V		400/415V		440 V		500 V		690 V		230/240 V	400 V	415 V	440 V	500 V	690 V	
			I_{cu}	I_{cs}	I_{cu}	I_{cs}	I_{cu}	I_{cs}	I_{cu}	I_{cs}	I_{cu}	I_{cs}							
NS2-25	0.16	0.1～0.16	100	100	100	100	100	100	100	100	100	100	—	—	—	—	—	—	40
NS2-25	0.25	0.16～0.25	100	100	100	100	100	100	100	100	100	100	—	—	—	—	—	—	40
NS2-25	0.4	0.25～0.4	100	100	100	100	100	100	100	100	100	100	—	—	—	—	—	—	40
NS2-25	0.63	0.4～0.63	100	100	100	100	100	100	100	100	100	100	—	—	—	—	—	0.37	40
NS2-25	1	0.63～1	100	100	100	100	100	100	100	100	100	100	—	—	—	0.75	0.37	0.55	40
NS2-25	1.6	1～1.6	100	100	100	100	100	100	100	100	100	100	—	0.37	—	0.55	0.75	1.1	40
NS2-25	2.5	1.6～2.5	100	100	100	100	100	100	100	100	3	2.25	0.37	0.75	0.75	1.1	1.1	1.5	40
NS2-25	4	2.5～4	100	100	100	100	100	100	100	100	3	2.25	0.75	1.5	1.5	1.5	2.2	3	40
NS2-25	6.3	4～6.3	100	100	100	100	50	50	50	50	3	2.25	1.1	2.2	2.2	3	3.7	4	40
NS2-25	10	6～10	100	100	100	100	15	15	10	10	3	2.25	2.2	4	4	4	5.5	7.5	40
NS2-25	14	9～14	100	100	15	7.5	8	4	6	4.5	3	2.25	3	5.5	5.5	7.5	7.5	9	40
NS2-25	18	13～18	100	100	15	7.5	8	4	6	4.5	3	2.25	4	7.5	9	9	9	11	40
NS2-25	23	17～23	50	50	15	6	6	3	4	3	3	2.25	5.5	11	11	11	11	15	40
NS2-25	25	20～25	50	50	15	6	6	3	4	3	3	2.25	5.5	11	11	11	15	18.5	40
NS2-32	32	24～32	50	50	10	5	6	3	4	3	3	2.25	7.5	15	15	15	18.5	25	40
NS2-80B	25	16～25	—	—	35	17.5	—	—	—	—	4	2	—	11	—	—	—	18	50
NS2-80B	40	25～40	—	—	35	17.5	—	—	—	—	4	2	—	18.5	—	—	—	30	50
NS2-80B	63	40～63	—	—	35	17.5	—	—	—	—	4	2	—	30	—	—	—	45	50
NS2-80B	80	56～80	—	—	35	17.5	—	—	—	—	4	2	—	40	—	—	—	55	50

(3) NQ2 系列电磁启动器

NQ2 系列电磁启动器采用金属外壳防护式结构，其内部由 NC1 系列交流接触器和 NR2 系列热继电器组合而成，有不可逆 NQ2-15、带按钮 NQ2-15P、可逆 NQ2-15N、可逆不带热继电器 NQ2-15NB 四种结构。其性能参数见表 25-1-120。

(4) QC36 电磁启动器

QC36 电磁启动器采用金属外壳防护式结构，其内部由 CJT1 系列交流接触器和 JR36 系列热继电器组合而成，该启动器有 QC36-4、QC36-10、QC36-20、QC36-30、QC36-50 五种控制功率等级，每个等级有不可逆、不可逆带按钮、可逆 3 种结构。其性能参数见表 25-1-121。

表 25-1-120　　**NQ2 系列电磁启动器性能参数**

型号	额定工作电流/A	整定电流范围/A	约定发热电流/A	额定功率(AC-3)/kW			带按钮的启动器按钮型号	配装交流接触器型号	配装热过载继电器型号
				660V	380V	220V			
NQ2-15/1	12	0.1～0.16	13	7.5	5.5	3	启动：NP2-EA31 停止：NP2-EA42	NC1-1210	NR2-25
		0.16～0.25							
		0.25～0.4							
		0.4～0.63							
		0.63～1							
		1～1.6							
		1.25～2							
		1.6～2.5							
		2.5～4							
		4～6							
		5.5～8							
		7～10							
		9～13							
NQ2-15/2	18	12～18	18	10	7.5	4		NC1-1810	
NQ2-15/3	25	17～25	25	15	11	5.5		NC1-2510	
NQ2-15/4	32	23～32	36	18.5	15	7.5		NC1-3210	NR2-36
		28～36							

表 25-1-121　　**QC36 电磁启动器性能参数**

型号	额定工作电流/A	整定电流范围/A	最大额定功率(AC-3)/kW		吸引线圈的消耗功率		配装交流接触器型号	配装热过载继电器型号
			380V	220V	启动	吸持		
QC36-4T QC36-4TA QC36-4TN	10	0.25～0.35	4	2.2	65V·A	11V·A,5W	CJT1-10	JR36-20
		0.32～0.5						
		0.45～0.72						
		0.68～1.1						
		1～1.6						
		1.5～2.4						
		2.2～3.5						
		3.2～5						
		4.5～7.2						
		6.8～11						
QC36-10T QC36-10TA QC36-10TN	20	6.8～11	10	5.8	140V·A	22V·A,9W	CJT1-20	JR36-20 JR36-32
		10～16						
QC36-20T QC36-20TA QC36-20TN	40	14～22	20	11	230V·A	32V·A,12W	CJT1-40	JR36-63
		20～32						
		28～45						
QC36-30T QC36-30TA QC36-30TN	60	28～45	30	17	485V·A	95V·A,26W	CJT1-60	JR36-63
		40～63						
QC36-50TN	100	40～63	50	28	760V·A	105V·A,27W	CJT1-100	JR36-160
		53～85						
		75～120						

(5) QJX2 系列“星三角”减压启动器

QJX2 系列“星三角”减压启动器由三台接触器和空气延时头组成，三台接触器均安装在同一个铁底板上，靠左面的接触器为连接主电路进、出线和热过载继电器的主接触器，另两台为星三角转换接触器，空气延时头挂装在主接触器上。其性能参数见表 25-1-122。

表 25-1-122　QJX2 系列“星三角”减压启动器性能参数

型号	额定工作电流 AC-3/A	额定工作电压 AC-3/V	三相电机容量 AC-3/kW	
			220V	380V
QJX2-09	9	380 AC 50/60Hz	4	7.5
QJX2-12	12		5.5	10
QJX2-18	18		11	15
QJX2-25	25		11	18.5
QJX2-32	32		15	25
QJX2-40	40		18.5	33
QJX2-50	50		25	45
QJX2-65	65		30	55
QJX2-80	80		37	63
QJX2-95	95		45	80

表 25-1-123　380V 三相笼型电动机的产品组成

电动机功率 /kW	电动机额定电流 I_e/A	电动机 0.58 I_e/A	启动器型号	与启动器相配热继电器	电流整定范围/A	相配熔断器额定电流/A
7.5	15.5	8.99	QJX2-09	NR2-11.5	7～10	20
9	18.5	10.7	QJX2-12	NR2-11.5	9～13	20
10	20	11.6	QJX2-12	NR2-11.5	9～13	20
11	22	12.8	QJX2-18	NR2-25	12～18	32
15	30	17.4	QJX2-18	NR2-25	12～18	32
18.5	37	21.5	QJX2-25	NR2-25	17～25	50
22	44	25.5	QJX2-32	NR2-36	23～32	63
25	52	30.2	QJX2-32	NR2-36	23～32	63
30	60	34.8	QJX2-40	NR2-93	30～40	80
33	68	39.5	QJX2-40	NR2-93	37～50	80
37	72	41.8	QJX2-50	NR2-93	37～50	100
40	79	45.8	QJX2-50	NR2-93	37～50	100
45	85	49.3	QJX2-50	NR2-93	48～65	100
51	98	56.3	QJX2-65	NR2-93	48～65	125
55	105	60.9	QJX2-65	NR2-93	48～65	125
59	112	65	QJX2-80	NR2-93	63～80	125
63	117	67.9	QJX2-80	NR2-93	63～80	125
75	138	80	QJX2-95	NR2-93	80～93	160
80	147	85.3	QJX2-95	NR2-93	80～93	160

(6) XJZ1 系列自耦减压启动控制箱

XJZ1 系列自耦减压启动控制箱为箱式防护结构，具有过载、断相、电力保护功能。75kW 以下的产品采用自动控制方式，100kW 及以上的产品具有手动和自动两种控制方式。具有电流、电压检测及时间控制转换的功能。其性能参数见表 25-1-124。

第 25 篇

表 25-1-124　　**XJZ1 系列自耦减压启动控制箱性能参数**

型　号	控制电动机功率/kW	额定工作电流/A	自耦变压器功率/kW	电流互感器电流比	热继电器整定电流参考值/A	最大启动时间/s
XJZ1-14	14	28	14	50/5	28	30
XJZ1-20	20	38	20	50/5	38	40
XJZ1-22	22	42	22	75/5	42	
XJZ1-30	30	57	30	75/5	57	
XJZ1-40	40	80	40	100/5	76	60
XJZ1-55	55	103	55	200/5	103	
XJZ1-75	75	140	75	200/5	140	
XJZ1-100	100	200	100	300/5	3.1	80
XJZ1-115	115	230	115	300/5	3.6	
XJZ1-135	135	270	135	600/5	3.2	99
XJZ1-155	155	294	155	600/5	3.7	
XJZ1-190	190	370	190	600/5	2.9	
XJZ1-225	225	410	225	800/5	3.4	
XJZ1-260	260	475	260	800/5	3.0	
XJZ1-300	300	535	300	800/5	3.4	

1.9.1.3　电动机综合保护器

电动机综合保护器主要用于三相电动机在运行中出现的断相、缺相、欠压、过流保护。具有保护灵敏、动作可靠、反时限特性良好、安装调试方便等特点，具有较高的使用价值。其型号及适用范围表 25-1-125，性能参数见表 25-1-126。

表 25-1-125　　**JD 系列电动机综合保护器型号及适用范围**

型号	型号意义	特点及应用
JD-5A	JD - 5 A / □ □ JD：电动机综合保护器；5：设计序号；A：派生代号；□：整定电流代号；□：控制电源电压	JD-5A 系列电动机综合保护器适用于交流 50Hz、额定工作电压 AC 380V 以下，额定工作电流 1～400A 的长期工作或间断工作的交流电动机的断相、过载和三相电流不平衡保护。保护器一般与交流接触器配合使用
JD-5E	JD - 5 E / □ □ JD：电动机综合保护器；5：设计序号；E：派生代号；□：整定电流代号；□：控制电源电压	JD-5E 系列电动机综合保护器适用于交流 50Hz、额定绝缘电压 AC 690V 以下，额定工作电流 1～400A 的长期工作或间断工作的交流电动机的断相和过载保护。保护器一般与交流接触器配合使用
JD-5	JD - 5 □ / □ □ JD：电动机综合保护器；5：设计序号；□：派生代号；□：整定电流代号；□：控制电源电压	JD-5 系列电动机综合保护器适用于交流 50Hz、额定绝缘电压 AC 690V 以下，额定工作电流 0.5～400A 的长期工作或间断工作的交流电动机的断相和过载保护。保护器一般与交流接触器配合使用
JD-8	JD - 8 JD：电动机综合保护器；8：设计序号	JD-8 电动机综合保护器适用于交流 50Hz、额定绝缘电压 AC 690V 以下的电力系统中作低压三相交流电动机的断相和过载等故障保护。保护器一般与交流电动机回路中的接触器配合使用

表 25-1-126　JD 系列电动机综合保护器性能参数

型　号	主电路				辅助电路(AC-15)			
	额定绝缘电压/V	整定电流范围/A	控制电源电压/V	适合电动机功率/kW	额定绝缘电压/V	工作电压/V	额定工作电流/A	约定发热电流/A
JD-5A/	AC 380、50Hz	1～5	220/380	0.5～2.5	AC 380、50Hz	220/380	220V:1.5 380V:0.95	5
JD-5A/20		5～20		2.5～10				
JD-5A/80		20～80		10～40				
JD-5A/200		80～200		40～100				
JD-5A/400		160～400		80～200				
JD-5E/5	AC 690、50Hz	1～5	220/380	0.5～2.5	AC 380、50Hz	220/380	220V:1.5 380V:0.95	5
JD-5E/25		5～25		2.5～12.5				
JD-5E/80		20～80		10～40				
JD-5E/200		80～200		40～100				
JD-5E/400		160～400		80～200				
JD-5/5	AC 690、50Hz	0.5～5	220/380	0.25～2.5	AC 380、50Hz	220/380	220V:1.5 380V:0.95	5
JD-5/20		2～20		1～10				
JD-5/80		20～80		10～40				
JD-5/200		80～200		40～100				
JD-5/400		160～400		80～200				
JD-5(带蜂鸣器)		1～80		0.5～40				
JD-8	AC 690、50Hz	0.5～5	220/380	0.25～2.5	AC 380、50Hz	220/380	220V:1.5 380V:0.95	5
		2～20		1～10				
		20～80		10～40				
		32～80		16～40				
		64～160		32～80				

1.9.2　操作屏

操作屏可以提供全方位的操作和监控，更好地掌控生产过程，实现人与设备之间的完美结合，使设备在最佳状况下运行。部分操作屏主要技术参数见表 25-1-127。

1.9.3　接线端子

接线端子是为了方便导线的连接而应用的，它其实就是一段封在绝缘塑料里面的金属片，两端都有孔可以插入导线，有螺丝用于紧固或者松开，如两根导线，有时需要连接，有时又需要断开，这时就可以用端子把它们连接起来，并且可以随时断开，而不必把它们焊接起来或者缠绕在一起，很方便快捷。一定的压接面积是为了保证可靠接触，以及保证能通过足够的电流。部分常用接线端子的型号、特点及用途见表 25-1-128，其主要技术参数表 25-1-129～表 25-1-133。

表 25-1-127　部分操作屏主要技术参数

型号	显示	分辨率(宽×高)/像素	供电电源	用户内存/可选内存	画面数	控制方式	平均无故障时间/h	尺寸/in	环境温度/℃
TP177A	LCD 液晶显示，4 级蓝度	320×240	DC 24V	512KB/—	250	触摸屏	50000	5.7	0～50
TP177B	LCD 液晶显示，256 色/4 级蓝度	320×240	DC 24V	2048KB/—	500	触摸屏	50000	5.7	0～50
TP277	LCD 液晶显示，256 色	320×240	DC 24V	4000KB /—	500	触摸屏	60000	5.7	0～50
OP73	LCD 液晶显示，黑白	160×48	DC 24V	256KB/—	500	按键式	100000	3	0～50
OP77A	LCD 液晶显示，黑白	160×64	DC 24V	256KB/—	500	按键式	100000	4.5	0～50

续表

型号	显示	分辨率（宽×高）/像素	供电电源	用户内存/可选内存	画面数	控制方式	平均无故障时间/h	尺寸/in	环境温度/℃
OP77B	LCD 液晶显示，黑白	160×64	DC 24V	1024KB/—	500	按键式	100000	4.6	0～50
OP177B	LCD 液晶显示，4 级蓝度/256 色/	320×240	DC 24V	2048KB/—	500	触摸屏/按键式	50000	5.7	0～50
OP277	LCD 液晶显示，256 色	320×240	DC 24V	4000KB /—	500	按键式	60000	5.7	0～50
MP277	LCD 液晶显示，64K 色	640×480	DC 24V	6MB /—	500	触摸屏	50000	7.5	0～50
		640×480	DC 24V	6MB /—	500	触摸屏	50000	10.4	0～50
	LCD 液晶显示，64K 色	640×480	DC 24V	6MB /—	500	按键式	50000	7.5	0～50
		640×480	DC 24V	6MB /—	500	按键式	50000	10.4	0～50
MP77	LCD 液晶显示，64K 色	800×600	DC 24V	12MB /12MB	500	按键式	50000	12.1	0～50
		800×600	DC 24V	12MB/12MB	500	触摸屏	50000	12.1	0～50
	CD 液晶显示，64K 色	1024×768	DC 24V	12MB/12MB	500	触摸屏	50000	15.1	0～50
		1280×1024	DC 24V	12MB /12MB	500	触摸屏	50000	19	0～50

表 25-1-128 **部分常用接线端子的型号、特点及用途**

型号	型号意义	结构特点	用途
JF5	JF5 - □ / □ JF5：接线端子；□：额定截面积；□：每条片数	JF5 是底座封闭型接线座，采用螺钉压接连接，导线端头需压接接线鼻后才能与接线端子连接，采用 G 型导轨安装	适用于频率为 50/60Hz，额定电压至 660V，或直流 440V，额定截面积为 1.5～25mm² 的圆铜导线间作连接之用
TD	TD - □ / □ TD：接线端子；□：额定电流；□：每条片数	TD 系列接线座采用螺钉压接连接，导线端头需压接 TU 型或 TO 型端头后才能与接线端子连接。接线座均有防护罩，采用 C 型安装轨安装	适用于频率为 50/60Hz，额定电压至 690(660)V，额定电流至 200A 的电力和控制电路中的导线间作连接之用
TB	TB - □ □ TB：接线端子；□：额定电流；□：组数	采用螺钉压接连接，导线端头需压接接线鼻后才能与接线端子连接，采用螺钉安装	适用于频率为 50Hz，额定电压至 600V，额定电流至 100A 的电路中，作连接导线之用
TC	TC - □ □ TC：接线端子；□：额定电流；□：组数	采用螺钉压接连接，导线端头需压接接线鼻后才能与接线端子连接，采用螺钉安装	适用于频率为 50/60Hz，额定电压至 600V，额定电流至 100A 的电路中，作连接导线之用
NTJ1	NTJ 1 □ □ / □ NTJ：接线端子；1：设计序号；□：上层额定截面积；□：下层额定截面积；□：每条片数	采用基座与安装脚分离的结构使它具有多种安装方式，可以满足所有标准卡轨，多层可拆且层与层、基座与基座之间的连接采用通用接口的结构，采用 TH35 导轨安装	适用于频率为 50/60Hz，额定电压至 690V 或直流 440V 及以下的电路中作为导线连接及分线之用
NTJ2	NTJ 2 □ / □ - □ NTJ：接线端子；2：设计序号；□：进线额定截面积；□：出线额定截面积；□：出线数量	采用全封闭结构，接线方式为接线鼻接线	适用于频率为 50～60Hz，额定电压至 550V 及以下的单相横式拼装电能计量箱中作为导线连接及分线之用

续表

型号	型号及意义	结构特点	用途
JH9	JH9 - □ / □ 接线端子 额定截面积 每条片数	采用螺钉压接连接，导线端头需压接TU型或TO型端头后才能与接线端子连接。接线座均有防护罩，采用C型安装轨安装	适用于频率为50/60Hz，额定电压至690V，额定截面积为1.5～25mm² 的导线间作连接之用
NTJ3	NTJ 3 - □ 接线端子 设计序号 匹配电能表数量	采用半封闭结构，接线方式为接线鼻接线	适用于频率为50～60Hz，额定电压至550V及以下的单相横式拼装电能计量箱中作为导线连接及分线之用
SAK	SAK - □ / □ 接线端子 额定截面积 每条片数	采用绝缘基座及硬连接用螺钉串联	适用于额定电压至690(660)V，额定截面积2.5～70mm² 的电力和控制回路中，作线端连接之用
JXB	JXB - □ / □ 接线端子 额定截面积 每条片数	采用TH35导轨安装	适用于额定电压至690(660)V，额定截面积2.5～70mm² 的电力和控制回路中，作连接导线之用

表 25-1-129 JF5、JH9、SAK、JXB 系列接线端子的主要技术参数

型号		额定电压/V	额定截面面积/mm²	额定连接能力/mm²
JF5	JF5-1.5/10	660	1.5	
	JF5-2.5/10		2.5	
	JF5-6/10		6	
	JF5-10/10		10	
	JF5-25/10		25	
JH9	JH9-1.5	690	1.5	
	JH9-2.5		2.5	
	JH9-6		6	
	JH9-10		10	
	JH9-25		25	
SAK	SAK-2.5/1	690	2.5	1～2.5
	SAK-4/1		4	1.5～4
	SAK-6/1		6	2.5～6
	SAK-10/1		10	4～10
	SAK-16/1		16	6～16
	SAK-35/1		35	16～35
	SAK-70/1		70	25～70
JXB	JXB-2.5/1	690	2.5	1～2.5
	JXB-4/1		4	1.5～4
	JXB-6/1		6	2.5～6
	JXB-10/1		10	4～10
	JXB-16/1		16	6～16
	JXB-35/35		35	16～35
	JXB-70/1		70	25～70

表 25-1-130　　TD、TB、TC 系列接线端子的主要技术参数

型号		额定电压/V	额定电流/A	组　数
TD	TD-15	690/660	15	
	TD-20		20	
	TD-30		30	
	TD-60		60	
	TD-100		100	
	TD-150		150	
	TD-200		200	
TB	TB-1503	600	15	3
	TB-1504		15	4
	TB-1506		15	6
	TB-1510		15	10
	TB-1512		15	12
	TB-2503		25	3
	TB-2504		25	4
	TB-2506		25	6
	TB-2512		25	12
	TB-4503		45	3
	TB-4504		45	4
	TB-4505		45	5
	TB-4506		45	6
	TB-4512		45	12
	TB-6003		60	3
	TB-6004		60	4
	TB-10003		100	3
	TB-10004		100	4
TC	TC-603	600	60	3
	TC-604		60	4
	TC-1003		100	3
	TC-1004		100	4
	TC-1503		150	3
	TC-1504		150	4
	TC-2003		200	3
	TC-2004		200	4
	TC-3003		300	3
	TC-3004		300	4
	TC-4003		400	3
	TC-4004		400	4
	TC-6003		600	3
	TC-6004		600	4

表 25-1-131　　NTJ1 系列接线端子的主要技术参数

型号	额定电压/V	额定冲击耐受电压/kV	额定电流/A	额定截面面积/mm²
NTJ1-1.5	AC 690 DC 440	2.5	15	1.5
NTJ1-2.5/10			24	2.5
NTJ1-1.5/2.5			上层 15，下层 24	上层 1.5，下层 2.5

表 25-1-132　　NTJ2 系列接线端子的主要技术参数

型号	额定电压/V	进线额定截面面积/mm²	出线额定截面面积/mm²	出线数量
NTJ2-16/10-2	550	16	10	2
NTJ2-25/103		25	10	3
NTJ2-35/10-4		35	10	4

第25篇

表 25-1-133　　**NTJ3 系列接线端子的主要技术参数**

型号	额定电压/V	相线进线额定截面面积/mm²	相线出线额定截面面积/mm²	PE 线进线额定截面面积/mm²	PE 线出线额定截面面积/mm²	N 线进线额定截面面积/mm²	N 线出线额定截面面积/mm²
NTJ3-3	550	16	16	16	16	35	10
NTJ3-6		25	10	25	25		
NTJ3-9		35	10	35	35		

1.9.4　变压器

变压器是把一种电压等级的交流电压变换成另一种或几种不同等级的交流电压的静止电器。同时，变压器还可以用来改变电流、相位、阻抗、相数等。变压器种类繁多、应用广泛。

(1) 部分变压器的型号、特点及用途

表 25-1-134　　**部分变压器的型号、特点及用途**

型号	型号意义	特点及用途	说　明
JBK 系列	JBK □ - □ / □ JBK：机床控制变压器；□：设计序号；□：额定容量；□：热带产品代号	JBK 系列机床控制变压器采用进口材料和先进工艺制造，具有工作可靠、耗能低、体积小、接线安全、实用性广等特点。适用于交流 50/60Hz 的电路中，作为各类机床、机械设备中一般电器的控制电源、局部照明及指示灯电源	设计序号：1、2、3、4、5、6 热带产品代号：TH—湿热带；TA—干热带；无—非热带产品
NDK 系列	NDK □ - □ NDK：控制变压器；□：保护形式；□：额定容量	NDK 系列控制变压器适用于 50/60Hz 的交流电路中，作为各类机床、机械设备等一般电器的控制电源、局部照明及指示灯电源	保护形式：G—过电流保护；R—过热保护；S—过电流、过热双重保护
TDGC2 系列	T □ G C 2 J - □ / □ T：调压器；□：相数；G：干式自冷；C：接触式；2：设计序号；J：经济型；□：额定容量；□：输出电压范围	TDGC2 系列接触调压器是干式自冷自耦式接触调压器，具有波形不失真、体积小、重量轻、效率高、安全可靠、能长期运行等特点。适用于工业科学实验、公用设施中实现调压、控温、调光、功率控制等	相数：D—单相；S—三相
TDGC3E 系列	T □ G C 3 E - □ T：调压器；□：相数；G：干式自冷；C：接触式；3：设计序号；E：电动调压；□：额定容量	TDGC3E 系列接触调压器是 TDGC2 系列接触调压器的改进产品。适用于化工、冶金、仪器仪表、机电制造、科学实验等场所，实现调压、控温、调光、功率控制等	相数：D—单相；S—三相 额定容量：kV·A
NSK 系列	NSK - □ / □ NSK：控制变压器；□：额定输出容量；□：电压等级	NSK 系列三相干式控制变压器为开启式，具有损耗低、噪声小、防护性能好和不污染环境等优点。适用于交流 50/60Hz，额定电压 500V 及以下、额定容量 5kV·A 及以下的电路中作控制或动力电源	额定容量：kV·A 电压等级：kV
NSK-BH 系列	NSK - B H □ / □ NSK：控制变压器；B：箔绕线圈；H：非晶合金铁芯；□：额定输出容量；□：电压等级	NSK-BH 系列低压非晶合金变压器是一种节能效果突出的环保产品，适用于交流 50/60Hz，输出电压低于 1140V 的三相供电场合，如地铁、机场、车站、码头和工厂的输配电场所，作变换电压、动力电源等用	额定输出容量：kV·A 电压等级：kV

续表

型号	型号意义	特点及用途	说　明
NSK(SG2)系列	NSK SG2 - □ NSK：集成变压器；SG2：光伏用；□：额定容量	NSK(SG2)系列变压器是光伏并网逆变器配套专用变压器，具有损耗低、效率高、温升低等优点。适用于交流 50/60Hz，额定电压 690V 及以下电路中	额定容量：kV・A
NSK-SG 系列	NSK - S G □ / □ NSK：控制变压器；S：三相；G：干式；□：额定容量；□：电压等级	NSK-SG 系列太阳能单晶炉专用配套变压器将电网电源三相 380V 电压转换成较低的三相交流 50V 电压，为加热提供电源，以得到设备加热所需的大电流	额定输出容量：kV・A 电压等级：kV

（2）部分变压器的主要技术参数

表 25-1-135　　**JBK 系列变压器主要性能参数**

型号	额定容量/V・A	初级电压/V	次级电压/V		
			控制	照明	指示信号
JBK1-40	40	220/380	110/127/220	24/36/48	6/12
JBK1-63	63				
JBK1-100	100				
JBK1-160	160				
JBK1-250	250				
JBK1-400	400	220/380	110/127/220	24/36/48	6/12
JBK1 -630	630				
JBK1 -1000	1000				
JBK1-1600	1600				
JBK1-2000	2000				
JBK2-40	40	220/380	110/127/220	24/36/48	6/12
JBK2-63	63				
JBK2-100	100				
JBK2-160	160				
JBK2-250	250				
JBK2-400	400				
JBK3-40	40	220/380	110/127/220	24/36/48	6/12
JBK3-63	63				
JBK3-100	100				
JBK3-160	160				
JBK3-250	250				
JBK3-300	300	220/380	110/127/220	24/36/48	6/12
JBK3-400	400				
JBK3-500	500				
JBK3 -630	630				
JBK3-800(立式)	800				
JBK3-800(卧式)	800				
JBK3 -1000	1000				
JBK3-1600	1600				
JBK3-2500	2500				
JBK4-40	40				

续表

型号	额定容量/V・A	初级电压/V	次级电压/V		
			控制	照明	指示信号
JBK4-63	63	220/380	110/127/220	24/36/48	6/12
JBK4-100	100				
JBK4-160	160				
JBK4-250	250				
JBK4-300	300				
JBK4-400	400				
JBK4-500	500				
JBK4 -630	630				
JBK4-800(立式)	800				
JBK4-800(卧式)	800				
JBK5-40	40	380	110	24	6
JBK5-63	63				
JBK5-100	100				
JBK5-160	160				
JBK5-250	250				
JBK5-300	300				
JBK5-400	400				
JBK5-500	500				
JBK5 -630	630				
JBK5-800(立式)	800				
JBK5-800(卧式)	800				
JBK5 -1000	1000				
JBK5-1600	1600				
JBK5-2500	2500				
JBK6-40		380	110	24	6
JBK6-63					
JBK6-100					
JBK6-160					
JBK6-250					
JBK6-400					
JBK6 -630					
JBK6 -1000					
JBK6-1600					
JBK6-2500					
JBK6-3000					

表 25-1-136　NDK 系列变压器主要性能参数

型号	额定容量/V・A	输入电压/V	输出电压/V 及容量/V・A
NDK-25	25	380	110(70)、24(30)
NDK-50	50		
NDK-100	100		
NDK-150	150		
NDK-200	200		
NDK-250	250		
NDK-300	300		
NDK-400	400		
NDK-500	500		
NDK-700	700		
NDK-1000	1000		

表 25-1-137 TDGC2 系列变压器主要性能参数

型号	额定容量/kV·A	相数	额定输入电压/V	额定输出电压/V	额定输出电流/A
TDGC2-0.2	0.2	1	220	0～250	0.8
TDGC2-0.5	0.5	1	220	0～250	2
TDGC2-1	1	1	220	0～250	4
TDGC2-2	2	1	220	0～250	8
TDGC2-3	3	1	220	0～250	12
TDGC2-5	5	1	220	0～250	20
TDGC2-10	10	1	220	0～250	40
TDGC2-15	15	1	220	0～250	60
TDGC2J-0.5	0.5	1	220	0～250	2
TDGC2J-1	1	1	220	0～250	4
TDGC2J-2	2	1	220	0～250	8
TDGC2J-3	3	1	220	0～250	12
TDGC2J-5	5	1	220	0～250	20
TDGC2J-7	7	1	220	0～250	28
TDGC2J-10	10	1	220	0～250	40
TDGC2J-15	15	1	220	0～250	60
TDGC2J-20	20	1	220	0～250	80
TDGC2J-30	30	1	220	0～250	120
TDGC2J-40	40	1	220	0～250	160
TDGC2J-50	50	1	220	0～250	200
TSGC2-1.5	1.5	3	380	0～430	2
TSGC2-3	3	3	380	0～430	4
TSGC2-6	6	3	380	0～430	8
TSGC2-9	9	3	380	0～430	12
TSGC2-15	15	3	380	0～430	20
TSGC2J-3	3	3	380	0～430	4
TSGC2J-6	6	3	380	0～430	8
TSGC2J-9	9	3	380	0～430	12
TSGC2J-15	15	3	380	0～430	20
TSGC2J-20	20	3	380	0～430	27
TSGC2J-30	30	3	380	0～430	40
TSGC2J-40	40	3	380	0～430	54
TSGC2J-50	50	3	380	0～430	67
TDGC3E-0.5	0.5	1	220	0～250	2
TDGC3E-1	1	1	220	0～250	4
TDGC3E-2	2	1	220	0～250	8
TDGC3E-3	3	1	220	0～250	12
TDGC3E-5	5	1	220	0～250	20
TSGC3E-0.5	0.5	3	220	0～250	2
TSGC3E-1	1	3	220	0～250	4
TSGC3E-2	2	3	220	0～250	8
TSGC3E-3	3	3	220	0～250	12
TSGC3E-5	5	3	220	0～250	20

表 25-1-138 NSK 系列变压器主要性能参数

型 号	额定容量/kV·A	额定输入电压/V	额定输出电压/V
NSK-1	1	380	220、380
NSK-1.5	1.5	380	220、380
NSK-2	2	380	220、380

续表

型　　号	额定容量/kV·A	额定输入电压/V	额定输出电压/V
NSK-2.5	2.5	380	220、380
NSK-3	3		
NSK-4	4		
NSK-5	5		
NSK-BH-80	80	660、380	380、220、200
NSK-BH-100	100		
NSK-BH-150	150		
NSK-BH-200	200		
NSK-BH-250	250		
NSK-BH-300	300		
NSK(SG2)-100	100	270/315	400
NSK(SG2)-500	500		
NSK-SG-300	300	380	50

1.9.5 互感器

互感器是一种特殊的变压器，互感器分为电压互感器和电流互感器两大类，其主要作用有：将一次系统的电压、电流信息准确地传递到二次侧相关设备；将一次系统的高电压、大电流变换为二次侧的低电压（标准值）、小电流（标准值），使测量、计量仪表和继电器等装置标准化、小型化，并降低了对二次侧设备的绝缘要求；将二次侧设备以及二次系统与一次系统高压设备在电气方面很好地隔离，从而保证了二次侧设备和人身的安全。

电压互感器分类：按用途分为测量用电压互感器、保护用电压互感器；按绝缘介质分为干式电压互感器、浇注绝缘电压互感器、油浸式电压互感器、气体绝缘电压互感器；按相数分为单相电压互感器、三相电压互感器；按使用条件分为户内型电压互感器、户外型电压互感器。

电流互感器分类：按用途分为测量用电流互感器、保护用电流互感器；按绝缘介质分为干式电流互感器、浇注绝缘电流互感器、油浸式电流互感器、气体绝缘电流互感器；按相数分为单相电流互感器、三相电流互感器；按安装方式分为贯穿式电流互感器、支柱式电流互感器、套管式电流互感器、母线式电流互感器等。

组合式互感器：由电压互感器和电流互感器组合并形成一体的互感器称为组合式互感器，也有把与组合电器配套生产的互感器称为组合式互感器。

（1）部分互感器的型号、特点及用途

表 25-1-139　　互感器的型号、特点及用途

类型	型号	型号意义	特点及用途
电压互感器	JDZ-1	J D Z - 1 J：电压互感器；D：单相；Z：浇注式；1：额定电压(kV)	JDZ-1系列电压互感器是用不饱和树脂浇注的干式电压互感器，适用于户内频率为50Hz、1.14kV及以下的交流电路中作电压、电能测量及继电保护用
	JDZ-6系列	J D Z 6 - 1 J：电压互感器；D：单相；Z：浇注式；6：设计序号；1：额定电压(kV)	JDZ-6系列电压互感器是用热固性酚醛塑料作为绝缘骨架的干式电压互感器，适用于户内频率为50Hz、1.14kV及以下的交流电路中作电压、电能测量及继电保护用
	JDG-4系列	J D G 4 - 0.5 J：电压互感器；D：单相；G：干式；4：设计序号；0.5：额定电压(kV)	JDG-4系列电压互感器是用热固性酚醛塑料作为绝缘骨架的干式电压互感器，适用于户内频率为50Hz、0.5kV及以下的交流电路中作电压、电能测量及继电保护用

续表

类型	型号	型号意义	特点及用途
电流互感器	LM-0.5	L（电流互感器） M（母线式） - 0.5（额定电压（kV））	LM-0.5 型干式电流互感器采用底板固定安装方式，适用于户内额定电压 0.5kV 及以下、50Hz 的交流电路中作电流、电能测量及继电保护用
	LMZ1-0.5	L（电流互感器） M（母线式） Z（浇注绝缘式） 1（设计序号） - 0.5（额定电压（kV））	LMZ1-0.5 型浇注绝缘式电流互感器采用底板固定安装方式，适用于户内额定电压 0.5kV 及以下、50Hz 的交流电路中作电流、电能测量及继电保护用
	LMZ3-0.66	L（电流互感器） M（母线式） Z（浇注绝缘式） 3（设计序号） - 0.66（额定电压（kV））	LMZ3-0.66 型浇注绝缘式电流互感器采用底板或母排固定安装方式，适用于户内额定电压 0.66kV 及以下、50Hz 的交流电路中作电流、电能测量及继电保护用
	LMZW1-0.5	L（电流互感器） M（母线式） Z（浇注绝缘式） W（户外式） 1（设计序号） - 0.5（额定电压（kV））	LMZW1-0.5 型浇注绝缘式电流互感器中间窗口可供一次母线穿过，适用于户外额定电压 0.5kV 及以下、50Hz 的交流电路中作电流、电能测量及继电保护用
	LMZW2-0.5	L（电流互感器） M（母线式） Z（浇注绝缘式） W（户外式） 2（设计序号） - 0.5（额定电压（kV））	LMZW2-0.5 型浇注绝缘式电流互感器中间窗口可供一次母线穿过，适用于户外额定电压 0.5kV 及以下、50Hz 的交流电路中作电流、电能测量及继电保护用

（2）部分互感器的主要技术参数

表 25-1-140　电压互感器主要性能参数

型　号	额定电压比/V	准确级	额定输出/V·A	极限输出/V·A
JDZ-1	380/100	1	5	30
	500/100			
	660/100			
	690/100			
	380～660/100	3	5	30
	660～1140/100			
JDZ6-1	200/100	0.5	15	100
	220/100			
	380/100			
	400/100			
	500/100			
	660/100			
	690/100	0.5	15	100
	1000/100			
	1140/100			

续表

型　　号	额定电压比/V	准确级	额定输出/V·A	极限输出/V·A
JDG4-0.5	200/100	0.5	15	100
	220/100			
	380/100			
	400/100			
	500/100			
	660/100			
	690/100			

表 25-1-141　　电流互感器主要性能参数

型　　号	电流比/A	额定输出/V·A				穿心匝数
		0.5 级	0.5S 级	0.2 级	0.2S 级	
LM-0.5	5/5	5				30
	10/5	5				15
	15/5	5				10
	20/5	5				10
	25/5	5				6
	30/5	5				5
	40/5	5				5
	50/5	5				3
	75/5	5				2
	100/5	5				2
	150/5	5				1
	200/5	5				1
	250/5	5				1
	300/5	5				1
	400/5	5				1
	500/5	5				1
	600/5	5				1
	800/5	10				1
	1000/5	10				1
	1200/5	10				1
	1500/5	10				1
	2000/5	20				1
	2500/5	20				1
	3000/5	20				1
	4000/5	40				1
	5000/5	40				1
LMZ1-0.5	5/5	5	5	5	5	30
	10/5	5	5	5	5	15
	15/5	5	5	5	5	10
	20/5	5	5	5	5	10
	25/5	5	5	5	5	6
	30/5	5	5	5	5	5
	40/5	5	5	5	5	5
	50/5	5	5	5	5	3
	75/5	5	5	5	5	2
	100/5	5	5	5	5	2
	100/5	5	5	5	5	1
	150/5	5	5	5	5	1

续表

型　号	电流比/A	额定输出/V·A				穿心匝数
		0.5级	0.5S级	0.2级	0.2S级	
LMZ1-0.5	200/5	5	5	5	5	1
	250/5	5	5	5	5	1
	300/5	5	5	5	5	1
	400/5	5	5	5	5	1
	500/5	10	5	5	5	1
	600/5	10	5	5	5	1
	750/5	10	5	5	5	1
	800/5	10	5	5	5	1
LMZ3-0.66	5/5	5				
	10/5	5				
	15/5	5				
	20/5	5				
	25/5	5				
	30/5	5				
	40/5	5				
	50/5	5				
	75/5	5				2
	100/5	5				2
	75/5	5				1
	100/5	5				1
	150/5	5				1
	200/5	5				1
	250/5	5				1
	300/5	5				1
	400/5	5				1
	500/5	10				1
	600/5	10	5	5		1
	750/5	10	10	10		1
	800/5	10	10	10		1
	1000/5	10	10	10		1
	1200/5	10	10	10		1
	1500/5	10	10	10		1
	2000/5	20	20	20		1
	2500/5	20	20	20		1
	3000/5	20	20	20		1
	4000/5	20	20	20		1
LMZW1-0.5	150/5	5	5	5		1
	200/5	5	5	5		1
	250/5	5	5	5		1
	300/5	5	5	5		1
	400/5	5	5	5		1
	500/5	10	5	5		1
	600/5	10	5	5		1
	750/5	10	10	10		1
	800/5	10	10	10		1
	1000/5	10	10	10		1
	1200/5	10	10	10		1
	1500/5	10	10	10		1

续表

型号	电流比/A	额定输出/V·A				穿心匝数
		0.5 级	0.5S 级	0.2 级	0.2S 级	
LMZW2-0.5	150/5	5	5	5		1
	200/5	5	5	5		1
	250/5	5	5	5		1
	300/5	5	5	5		1
	400/5	5	5	5		1
	500/5	10	5	5		1
	600/5	10	5	5		1
	750/5	10	10	10		1
	800/5	10	10	10		1
	1000/5	10	10	10		1
	1200/5	10	10	10		1
	1500/5	10	10	10		1

1.9.6 电磁铁

电磁铁是一种把电磁能转换为机械能的电气元件，其用途广泛，可以作为电器的一个部件，也可以单独成为一类电器产品，如牵引、制动、起重电磁铁和电磁离合器、电磁工作台等。电磁铁主要由铁芯和线圈组成，当线圈通电后，气隙减少，主磁通增加，吸引衔铁。

电磁铁可分为交流电磁铁和直流电磁铁。交流电磁铁适用于操作不太频繁、行程较大和动作时间短的执行机构。直流电磁铁适用于动作频繁或要求工作平稳可靠的场合。

（1）常用电磁铁的型号

表 25-1-142 常用电磁铁的型号

型号	型号意义	特点及用途	说明
MQ1 系列	MQ 1 □-□ MQ：牵引电磁铁；1：设计序号；□：基本代号；□：派生代号	MQ1 系列交流牵引电磁铁是单相交流装甲螺管式无罩结构，分拉动式和推动式两种，线圈断电后无复位装置。适用于交流 50Hz、电压至 380V 的控制线路中，作为机械设备及自动化系统的各种操作机构的远距离控制之用	基本代号：以单位为 N 的额定吸力数表示 派生代号：Z—推动式；N—拉动式
MFJ1 系列	MFJ 1 □-□ MFJ：阀用电磁铁；1：设计序号；□：规格代号；□：派生代号	MFJ1 系列交流阀用电磁铁为装甲螺管型推动式，具有防护外壳，无复位装置。适用于交流 50/60Hz，电压至 380V 的电路中，作为电磁阀的控制之用	规格代号：以单位为 N 的额定吸力数表示 派生代号：无—软引线；H—插头式
MZD1 系列	M Z D 1-□ M：电磁铁；Z：制动；D：单相；1：设计序号；□：直径	MZD1 系列交流单相制动电磁铁是由铁芯、衔铁及线圈组成的回转拍合式的工作结构。适用于交流 50/60Hz、电压至 380V 的电路中，主要作为匹配闸瓦制动器的操作装置	直径：匹配制动器的制动轮直径(mm)
MZS1 系列	M Z S 1-□ H M：电磁铁；Z：制动；S：三相；1：设计序号；□：牵引力；H：缓冲器	MZS1 系列三相交流制动电磁铁，行程长，外壳除 MZS1-80 外都用钢板焊接而成，且部分有缓冲装置。适用于交流 50/60Hz、电压至 380V 的电路中，与闸瓦式制动器配套，作为驱动装置用	牵引力：以额定吸力的 10%表示，单位为 N

(2) 常用电磁铁的技术数据

表 25-1-143　　常用电磁铁的技术数据

型号	额定电压/V	额定吸力/N	额定行程/mm	激磁功率(吸持/启动)/V·A	通电持续率	操作频率/次·h^{-1}
MQ1-0.7Z	380	7	10		60%	1200
MQ1-1.5N		15	20			600
MQ1-1.5Z		15	20			600
MQ1-3N		30	25			600
MQ1-3Z		30	25			600
MQ1-5N		50	25			600
MQ1-5Z		50	25			600
MQ1-8N		80	25			600
MQ1-8Z		80	25			600
MQ1-15N		150	50			300
			30			600
MQ1-25N		250	30			600
MFJ1-3	110、220、380	30	5	≤60/390	60%	1800
MFJ1-4		40	6	≤70/580		1800
MFJ1-4.5		45	8	≤70/580		1800
MFJ1-5.5		55	8			1800

表 25-1-144　　MZD1 系列电磁铁技术数据

型号	额定电压/V	电磁铁转矩/N·m		衔铁的重力转矩/N·m	吸持时电流/A	回转角/(°)	操作频率/次·h^{-1}		额定回转角下制动杆的位移/mm
		通电持续率40%	通电持续率100%				长期工作	反复短时工作	
MZD1-100	220、380	5.39	2.94	0.49	0.8	7.5	20	300	2.6～3
MZD1-200		39.2	19.6	3.5	3	5.5			3.2～3.8
MZD1-300		98	39.2	9	8	5.5			4.0～4.4

注：以上是电磁铁电压不低于 85%额定工作电压的技术数据。

表 25-1-145　　MZS1 系列电磁铁技术数据

型号	举重/N	行程/mm	90%额定电压时的吸力/N	衔铁重量/kg
MZS1-15	147	50	196	4.5
MZS1-25	245	50	343	11.2
MZS1-25H	245	50	363	11.2
MZS1-45H	441	50	686	16.5
MZS1A-45H	441	50	686	11.2
MZS1A-80H	784	60	1127	24.6

(3) 电磁铁的选用

选用电磁铁时，应根据系统所要求的牵引力、工作行程、通电持续率、操作频率等来选择。

1.10　应用举例

1.10.1　设计方法简介

自动控制线路原理图的设计方法一般有两种：一种是经验设计法，另一种是逻辑设计法。经验设计法是根据生产工艺的要求，凭借设计人员的实际经验，用一些基本控制线路和典型环节加以合理组合，形成自动控制线路。该方法比较简单，但在设计复杂控制线路时，需要设计人员有丰富的设计经验，并经过反复比较和修改，才能设计出比较完善合理的线路。逻辑分析设计法与数字电路中组合逻辑电路的设计方法类同，该设计方法对复杂线路的设计，可使控制线路简单合理，但设计难度较大。

继电器-接触器控制线路设计程序一般是：首先根据生产机械的工艺过程及它对电气控制线路的要求，选择自动控制的方法和原则；然后设计自动控制线路原理图；再根据原理图选择所需要的电气元件；最后绘出安装接线图。

对自动控制线路设计的基本要求如下。

① 满足生产工艺要求。

② 线路简单，布局合理，电气元件选择正确并得到充分利用。

③ 操作简单、维护方便。

④ 设有各种保护和防止故障发生的环节。

⑤ 能长期、稳定、可靠地工作。

自动控制线路的一般设计思路和应注意的问题如下。

① 掌握生产机械的工艺要求、工作程序、运动变化规律、执行机构的工作方式和生产机械必要的保护。

② 根据工艺要求和工作程序，画出运动部件或程序执行元件的控制电路。对于需要记忆元件状态的电路，应加自锁环节；对于电磁铁等无记忆功能的元件，应利用中间继电器进行记忆。

③ 根据工作程序的要求将各主令控制信号介入对应的线路中。合理选择常开或常闭触头的串并联关系，满足工作程序要求。

④ 将各程序或执行元件间的联锁和互锁接入线路中。对前后程序有时间要求的，要增设时间继电器进行控制。

⑤ 将手动与自动选择、电动控制等各种保护环节接入线路中。

⑥ 检查触头类型及数量。不满足要求时，可用中间继电器。

⑦ 在一条控制线路中，不能有两个交流电器线圈串联，对于大容量的直流电磁铁线圈不能与继电器线圈直接并联，否则会产生误动作或烧毁线圈。

⑧ 去掉多余的线路和触头，简化线路。线路应电器数量少、触头数量少、经济、安全、可靠。

⑨ 最后要进行动作校验，满足工艺和电力拖动对线路的要求。防止产生寄生回路和回路竞争现象。

⑩ 电路设计好后，根据被控对象要求选择电器并确定动作整定值。

⑪ 绘制接线图。为安装和检修方便，在各个电器触头和线圈旁编写标记符号，电气原理图和接线图的标记符号应一致，并列出电器一览表。

⑫ 安装调试后，对不合理处进行修改，使线路更完善。

1.10.2　设计实例

1.10.2.1　龙门刨床横梁升降和卡紧机构电气控制系统设计

龙门刨床是制造行业的重型设备，应用广泛，具有多种控制要求。其中要求龙门刨床的横梁能根据加工工件的不同高度，进行上下移动，龙门刨床的横梁可以带动左右垂直刀架上下移动；进行切削时，要求横梁必须卡紧在立柱上，以保证加工质量和工作安全，如图 25-1-1 所示。一般采用两个电动机分别拖动，一个升降电动机拖动横梁上下移动，另一个卡紧电动机拖动卡紧机构。升降电动机安装在龙门顶上，通过蜗轮蜗杆和丝杠传动副，使横梁上下移动；横梁卡紧电动机通过齿轮机构和丝杠螺母副，使杠杆压块将横梁卡紧或放松，如图 25-1-2 所示。

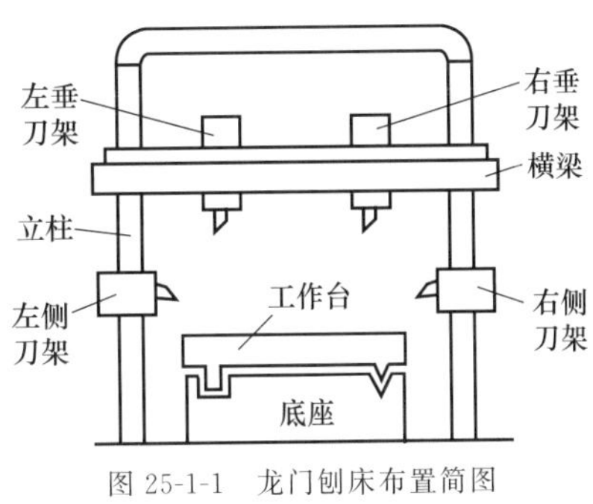

图 25-1-1　龙门刨床布置简图

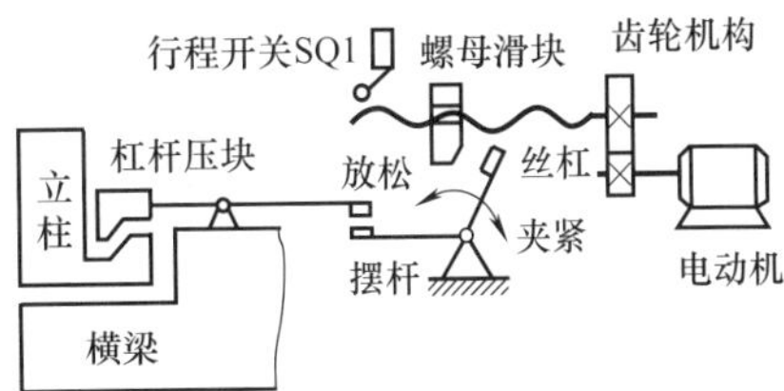

图 25-1-2　龙门刨床横梁卡紧机构原理图

横梁升降和卡紧机构的控制要求如下。

① 操作一般是“点动”，即按一下，移动一下，不按则停止。

② 随加工工件位置的高低变化，横梁应能沿立柱做升降移动，横梁的升降移动由横梁升降电动机实现。

③ 在工件加工过程中，横梁必须卡紧在立柱上，不许松动，横梁的卡紧与放松由横梁卡紧电动机实现。

④ 横梁升降与卡紧之间按顺序进行操作并能自动转换。即按向上或向下移动按钮后，首先使卡紧机构自动放松；横梁放松后，自动转换到横梁向上或向下移动；移动到所需要的位置后，松开按钮，横梁自动卡紧；卡紧后电动机自动停止转动。

⑤ 横梁升降应设有上下行程限位保护。

⑥ 正反向运动之间、横梁移动与卡紧之间要相互联锁，不能同时动作。

龙门刨床横梁的升降与卡紧松开控制，实质上是对升降与卡紧电动机进行控制，包括电动机的正反转、启停和两个电动机的动作顺序等的控制。因此控制电路中至少应包括电动机的正反转、启停和顺序动作等基本控制回路。

(1) 经验设计法

① 主电路设计。如图 25-1-3，采用两个电动机分别拖动，M1 电动机控制横梁上下移动，M2 电动机控制横梁卡紧机构。接触器 KM1、KM2 和 KM3、KM4 构成电动机正反转控制电路。电动机 M1 采用点动控制，电动机 M2 采用顺序自动控制。图 25-1-3 中 FU1、FU2 是熔断器，起短路保护作用，QS 是刀开关。

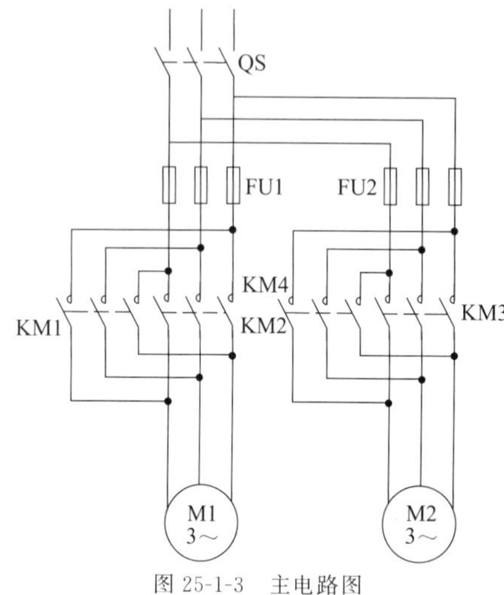

图 25-1-3　主电路图

② 控制电路设计。设计控制电路，首先要选择控制变量，确定控制原则。横梁松开的控制变量，可以是时间或行程，若使用时间变量，不易调整准确，而行程可以直接反映横梁松开的程度，所以采用行程开关 SQ1 检测横梁的松开程度，见图 25-1-4。当横梁松开到一定程度时，螺母滑块带动 SQ1，使 SQ1 的常闭触点断开，表示横梁已经松开，接触器 KM4 线圈失电；同时 SQ1 的常开触点闭合，使上升和下降接触器线圈 KM1 或 KM2 通电，横梁向上或向下移动。

同样，横梁卡紧的控制变量，可以是时间、行程或卡紧力。若使用时间变量，不易调整准确；若使用行程，当卡紧机构磨损后，会因为存在误差使测量不准确；而系统可以直接反映卡紧力的电流变量比较合适，因为卡紧力大电流也大，所以可以借助过电流继电器来检测横梁卡紧的程度。图 25-1-4 中的卡紧电动机 M2 的主电路中（反转卡紧）串接过电流继电器 BC，将其动作电流整定到电动机额定电流的二倍左右，过电流继电器 BC 的常闭触点串接在接触器 KM3 中。当横梁卡紧时，卡紧电动机 M2 电流逐渐增大，当超过电流继电器整定值时，BC 的常闭触点断开，KM3 线圈失电，卡紧电动机 M2 自动停止工作。

根据主电路结构和工艺要求，用按钮 SB1 和 SB2 控制横梁的上升与下降。按下 SB1 或 SB2 后，电动机 M2 正转启动并开始松开横梁，当横梁完全松开后，经机械传动机构压下行程开关 SQ1，发出完成横梁松开信号，电动机 M2 停止转动，同时启动电动机 M1，使横梁移动。当横梁移动到所需位置时，松开按钮 SB1 或 SB2，电动机 M1 停止转动，使 M2 反转卡紧横梁，卡紧同时 SQ1 复位。当横梁卡紧到一定程度时，M2 主电路电流升高，过电流继电器 K1 动作，切断 M2 电路，横梁移动操作结束。

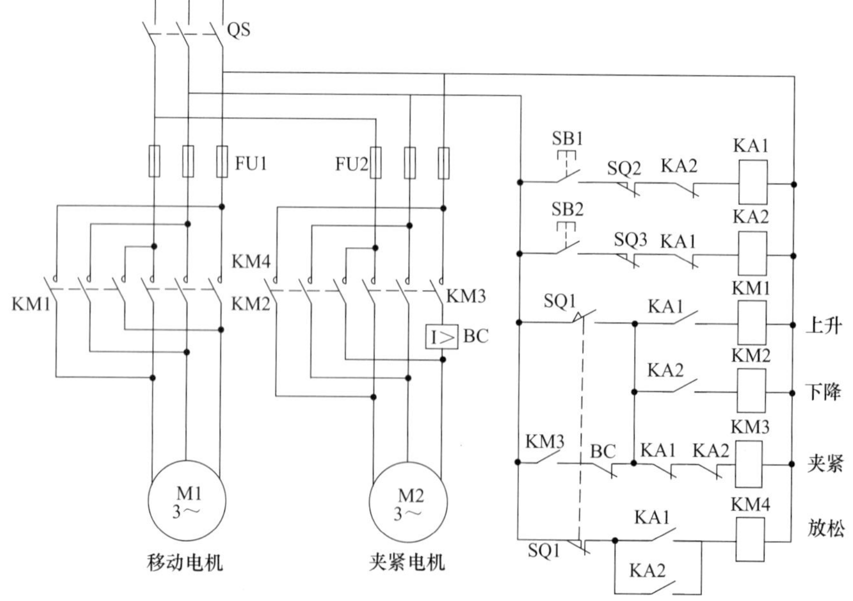

图 25-1-4　横梁主电路和控制电路图

③ 联锁保护电路设计。为防止横梁出现过冲现象，采用行程开关 SQ2 和 SQ3 分别实现横梁上、下行程的限位保护，行程开关 SQ1 不仅反映了横梁放松状态，还起到了横梁移动和卡紧之间的互锁作用。

为实现横梁移动电动机 M1 和卡紧电动机 M2 的正反向运动互锁，采用中间继电器 KA1 和 KA2 的常闭触点互锁电路，其常开触点分别接入接触器 KM1、KM2 的线圈电路中。

④ 电器控制系统工作原理的校核与完善。完成控制电路初步设计方案后，还要根据生产机械的工艺要求，认真校核所设计电路的工作原理，特别要注意分析是否能实现动作的顺序要求、是否会出现误动作、是否有必要的保护电路、是否能保证设备和人身安全等。

（2）逻辑设计法

1）逻辑变量和逻辑函数

作为电气控制的继电器、接触器等电气元件只有两种工作状态，即线圈的得电和失电、触点的闭合与打开，它们都是两个对立的稳定物理状态。在逻辑代数中，把这种具有两个对立的稳定物理状态的量称为逻辑变量。

在继电接触式控制电路中，通常把表征触点状态的逻辑变量称为输入逻辑变量；把表征继电器、接触器等受控元件的逻辑变量称为输出逻辑变量。

如图 25-1-5 所示，用逻辑函数表示为

$$KM=KA\cdot\overline{SB}$$

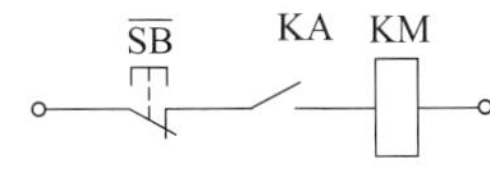

图 25-1-5　逻辑函数表达式

2）逻辑代数的运算法则

① 逻辑与（触点串联）。如图 25-1-6 所示，$KM=KA1\cdot KA2$。

KA1　KA2　KM

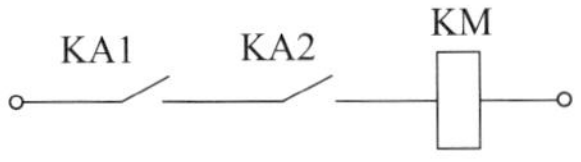

图 25-1-6　“与”逻辑电路

② 逻辑或（触点并联）。如图 25-1-7 所示，$KM=KA1+KA2$。

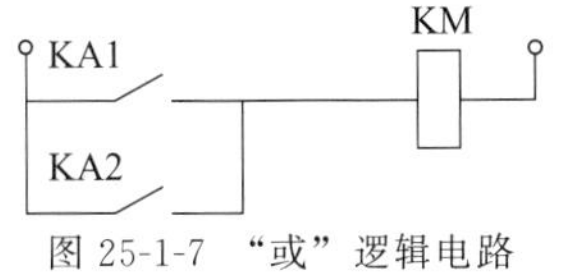

图 25-1-7　“或”逻辑电路

③ 逻辑非。如图 25-1-8 所示，$KM=\overline{KA}$。

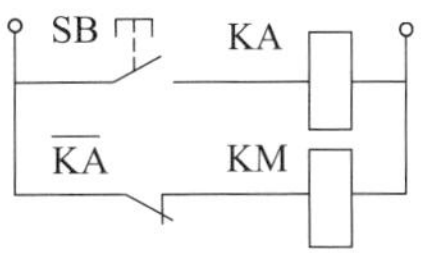

图 25-1-8　“非”逻辑电路

3）龙门刨床横梁升降和卡紧机构电气控制系统设计

① 绘制横梁工作循环图。如图 25-1-9 所示。

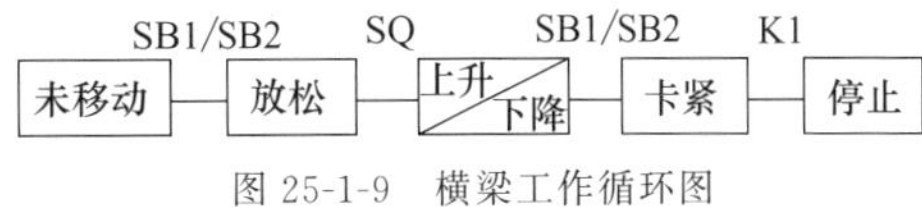

图 25-1-9　横梁工作循环图

② 根据工作循环图画出横梁状态波形图。如图 25-1-10 所示。

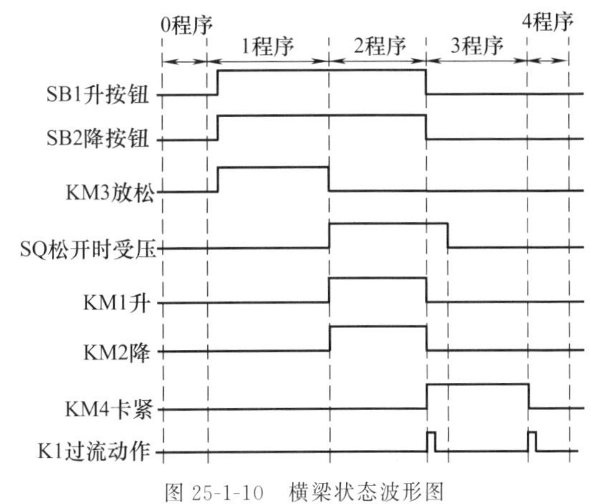

图 25-1-10　横梁状态波形图

③ 列写输出元件的逻辑函数式。列写逻辑函数的原则如下。

a. 输出元件在某程序开启通电，状态从低电平上跳为高电平，波形的“上跳沿”称为开启边界线；输出元件在某程序关断，状态从高电平下跳为低电平，波形的“下跳沿”称为关断边界线。

b. 选择逻辑变量用“与”“或”关系组成逻辑函数，其依据是要保证逻辑输出函数在开关边界线以内的状态为“1”，在开关边界线以外的状态为“0”。

输出元件的一般逻辑函数表达式为

$$F_K=X_{KZ}\cdot X_{KY}+(X_{GZ}+X_{GY})K$$

$$F_K=(X_{GZ}+X_{GY})(X_{KZ}\cdot X_{KY}+K)$$

式中，F_K是输出元件 K 的逻辑函数；X_{KZ}是开启边界线转换主令信号，当它由常态变为受激时，X_{KZ}取其动合触点，即常开触点，当它由受激变为常态时，X_{KZ}取其动断触点，即常闭触点；X_{GZ}是关断边界线转换主令信号，当它由常态变为受激时，X_{GZ}取其动断触点，即常闭触点，当它由受激变为常态

时，X_{GZ}取其动合触点，即常开触点。在开关边界线内，若始终有 $X_{KZ} \cdot X_{KY}=1$，则不需要自锁环节，若不能保持 $X_{KZ} \cdot X_{KY}=1$，则需要自锁环节。

④ 列写输出元件的逻辑函数式。根据以上原则，衡量控制电路输出元件的逻辑函数式如下。

程序 1：放松程序

$$KM3=(SB1+SB2)\overline{SQ1}$$

程序 2：升降程序

$$KM1=SQ1 \cdot \overline{SB2} \cdot SB1 \qquad KM2=SQ1 \cdot \overline{SB1} \cdot SB2$$

程序 3：夹紧程序

$$KM4=\overline{SB1} \cdot \overline{SB2} \cdot SQ1+\overline{KA} \cdot KM4$$

因在程序 3 中，$\overline{SB1}$和$\overline{SB2}$始终为“1”，夹紧程序可为

$$KM4=(SQ1+\overline{BC} \cdot KM4) \cdot \overline{SB1} \cdot \overline{SB2}$$

⑤ 绘制控制电路草图。根据逻辑函数，可对应画出各条支路，然后再将这些支路并联起来，构成总的控制线路草图。应注意元件的触点数，如程序 1、程序 2、程序 3 中有 SQ1，而一个行程开关可能没有这么多触点，在画图时可以将 SQ1 画在最前面，成为 KM1、KM2、KM4 的公共通路。当然也可以利用中间继电器增加等效触点的方法解决。横梁初步设计电路图如图 25-1-11 所示。

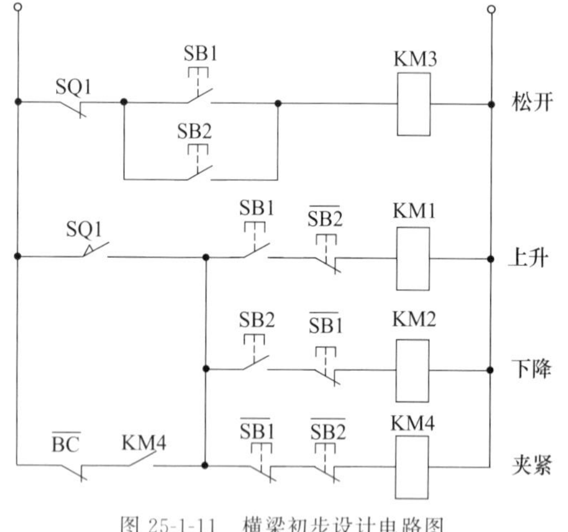

图 25-1-11　横梁初步设计电路图

⑥ 完善化简电路。SB1 和 SB2 的触点分别需要两动断和两动合，数量较多，可以设置中间继电器 KA 来简化，如图 25-1-12 所示。

因为

$$KA=SB1+SB2=SB1$$

所以

$$\overline{KA}=\overline{SB1+SB2}=\overline{SB1} \cdot \overline{SB2}$$

$$KM3=(SB1+SB2)\overline{SQ1}=\overline{SQ1} \cdot KA$$

$$KM4=(SQ1+\overline{BC} \cdot KM4) \cdot \overline{KA}$$

$$KM1=SQ1 \cdot \overline{SB2} \cdot SB1=SQ1 \cdot \overline{SB2} \cdot (SB1+SB2)=SQ1 \cdot \overline{SB2} \cdot KA$$

$$KM2=SQ1 \cdot \overline{SB1} \cdot SB2=SQ1 \cdot \overline{SB1} \cdot KA$$

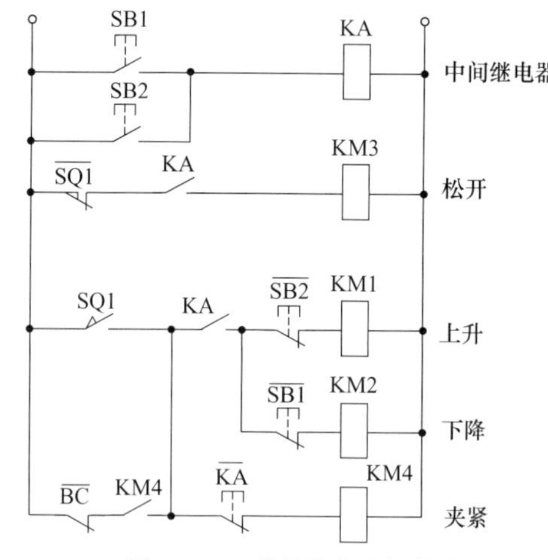

图 25-1-12　横梁简化后电路图

1.10.2.2　运料小车的电气控制系统设计

试设计一个运料小车控制电路，满足以下要求。

① 小车启动后，前进到 A 地后做以下往复运动：到 A 地停 2min 等待装料，然后自动走向 B 地，到 B 地停 2min 等待卸料，然后自动走向 A 地，如图 25-1-13所示。

② 电路有过载和短路保护。

③ 小车可以停留在任意位置。

图 25-1-13　运料小车的往复运动图

下面采用经验设计法进行运料小车的电气控制系统电路设计。

（1）主电路设计

采用一个电动机 M 拖动运料小车，控制小车的 A、B 地往复运动；接触器 KMF、KMR 构成电动机 M 正、反转控制电路，电动机正转时，小车前往 A 地，电动机反转时，小车前往 B 地；FU 是熔断器，起短路保护作用，QS 是刀开关，KH 是热继电器，如图 25-1-14 所示。

（2）控制电路设计

为保证小车在 A、B 处的安全，在 A、B 两端分别设置限位开关 STa 和 STb；时间继电器 KTa 和 KTb 分别设置在 A、B 两端，以保证小车的 2min 等待装料和卸料；为实现小车可以在任意位置停车的要求，增加中间继电器 KA，如图 25-1-15 所示。

第25篇

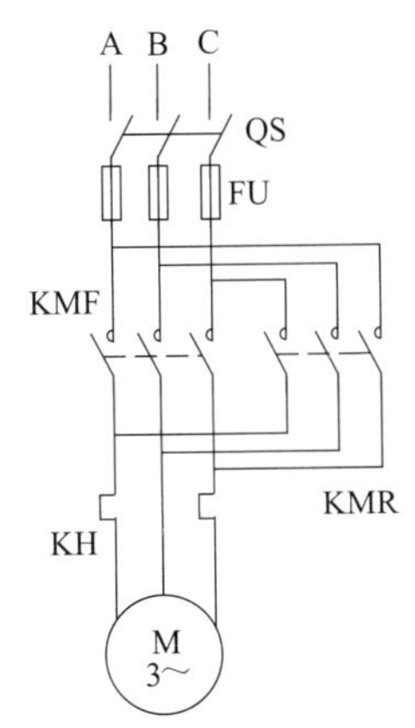

图 25-1-14　运料小车主电路图

图 25-1-15 中，SBF 压下，KMF 接通，小车正向运行，当小车运行到 A 点时，撞上 A 处的限位开关 STa，启动延时 KTa，延时 2min 后，KMR 接通，小车反向运行，当小车运行到 B 点时，撞上 B 处的限位开关 STb，启动延时 KTb，延时 2min 后，KMF 接通，小车正向运行，如此循环下去，小车往返运行。

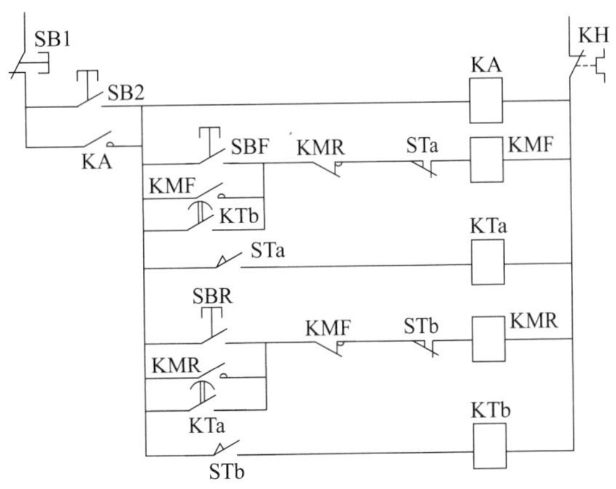

图 25-1-15　运料小车控制电路图

第2章 单 片 机

2.1 单片机分类及应用

单片机是单片微型计算机的简称，是一种集成电路芯片。它采用大规模集成电路技术把具有数据处理能力（如算术运算、逻辑运算、数据传送、中断处理）的中央处理器（CPU）、随机存取数据存储器（RAM）、只读程序存储器（ROM）、输入输出电路（I/O 口）、定时/计数器、串行通信口（SCI）等电路集成到一块单块芯片上，构成一个小而完善的计算机系统。为了适应不同的需求，很多单片机都集成了越来越多的功能电路，如显示驱动电路（LCD 或 LED 驱动电路）、脉宽调制电路（PWM）、D/A 转换器及 A/D 转换器等。这样我们就可以用简单的硬件电路完成复杂的控制任务。单片机准确名称是微控制器 MCU（Microcontroller Unit），它与微型计算机的区别在于单片机是面向控制对象的，因此它的用途、对象专一，目标明确。它可以根据控制对象的不同而具体设计，因此它比通用型控制器更适合控制对象，硬件的批量成本比通用型控制器低。单片机本身就是一个集成电路芯片，在使用时必须根据控制对象设计硬件电路并编写程序，对设计者要求较高。

2.1.1 单片机分类

单片机按其内部数据通道的宽度，可分为 4 位、8 位、16 位、32 位及 64 位单片机；按用途可分为通用型单片机和专用型单片机。专用型单片机是指用途比较专一，出厂时程序已经一次性固化好，不能再修改的单片机。例如电子表里的单片机就是其中的一种，其生产成本很低。通用型单片机的用途很广泛，使用不同的接口电路及编制不同的应用程序就可完成不同的功能。小到家用电器、仪器仪表，大到机器设备和整套生产线都可用单片机来实现自动化控制。我国目前最常用的单片机有：Intel（MCS51 系列、MCS96 系列）、Atmel（AT89 系列、MCS51 内核、AVR 系列）、Microchip（PIC 系列）、Freescale（68HCXX 系列）、Zilog（Z86 系列）、NXP（87、80 系列；MCS51 内核）、Siemens（SAB80 系列、MCS51 内核）、NEC（78 系列）。

由于单片机具有集成度高、功能强、可靠性好、体积小、功耗低、使用方便等一系列优点，已经广泛应用到人们的工作和生活中。单片机在硬件方面日趋多样化，不同厂家、不同系列、不同型号的单片机并存，应用于不同的领域，如家电、玩具、工业设备、仪器、通信等。软件方面由单一的汇编语言发展为汇编语言、C 语言、嵌入式操作系统并存的局面。

2.1.2 单片机应用

正是由于单片机有如此多的优点，其应用领域十分广阔。单片机应用的主要领域如下。

① 智能化家用电器。各种家用电器普遍采用单片机智能化控制代替传统的电子线路控制，如洗衣机、空调、电视机、录像机、微波炉、电冰箱、电饭煲以及各种视听设备等。

② 办公自动化设备。现代办公室中使用的大量通信和办公设备多数嵌入了单片机。如打印机、复印机、传真机、绘图机、考勤机、电话以及通用计算机中的键盘译码、磁盘驱动等。

③ 商业营销设备。在商业营销系统中已广泛使用的电子秤、收款机、条形码阅读器、IC 卡刷卡机、出租车计价器以及仓储安全监测系统、商场保安系统、空气调节系统、冷冻保险系统等都采用了单片机控制。

④ 工业自动化控制。工业自动化控制是最早采用单片机控制的领域之一。如各种测控系统、数控机床、过程控制、机电一体化、PLC 等。在化工、建筑、冶金等各种工业领域都要用到单片机控制。

⑤ 智能化仪表。采用单片机的智能化仪表大大提升了仪表的档次，强化了功能。如数据处理和存储、故障诊断、联网集控等。

⑥ 智能化通信产品。最突出的是手机，当然手机内的芯片属专用型单片机。

⑦ 汽车电子产品。现代汽车的集中显示系统、动力监测控制系统、自动驾驶系统、通信系统和运行监视器（黑匣子）等都离不开单片机，在一部汽车中有几十个单片机。

⑧ 航空航天系统和国防军事、尖端武器等领域。航天飞船、飞机、坦克、军舰、导弹及其辅助系统都能用到单片机。

⑨ 医疗设备。各种医学检查设备、监控系统及治疗设备也采用单片机。

单片机的应用从根本上改变了控制系统传统的设计思想和设计方法。以前利用复杂电子线路或数字电路构成的控制系统实现的大部分控制功能，正在用单片机通过软件方法来实现，并能够实现智能化。以前自动控制中的PID调节，现在可以用单片机实现具有智能化的数字计算控制、模糊控制和自适应控制。这种以软件取代硬件并能提高系统性能的控制技术称为微控技术。随着单片机应用的推广，微控技术将不断发展完善，单片机的应用领域将会越来越广泛。

2.2　基本硬件结构

单片机在硬件上有两种结构，一种是哈佛（Harward）结构，另一种是冯·诺依曼（Von Neumann）结构，也称普里斯顿结构。采用哈佛（Harward）结构的单片机数据线和指令线是分离的，采用冯·诺依曼（Von Neumann）结构的单片机数据线和指令线是分时复用的。

2.2.1　基本组成

单片机种类繁多，其硬件资源不尽相同。从用户角度看，单片机硬件由I/O接口、ALU单元、SRAM、EEPROM、通用寄存器、中断单元、串口通信单元等构成。设计者可根据工程项目对硬件资源的要求，选择与之匹配的单片机。

2.2.2　硬件结构

单片机的硬件结构如图25-2-1所示。

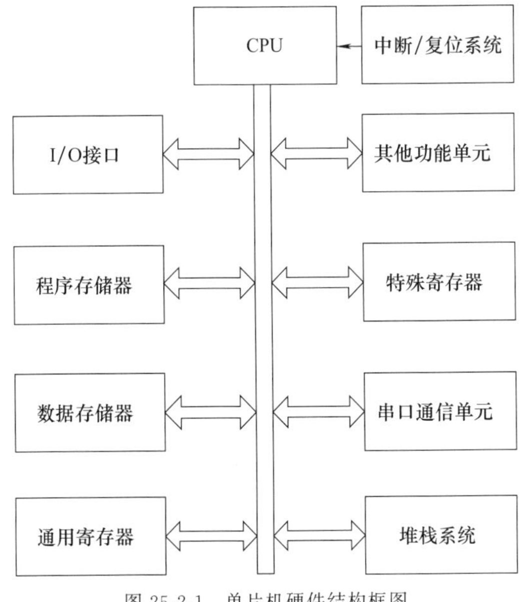

图25-2-1　单片机硬件结构框图

（1）I/O端口

I/O端口是数字输入/输出端口，负责单片机与外部信号交换。不同型号的单片机，其可用的I/O端口不同，应根据工程项目实际要求选择适合的单片机。

（2）CPU

CPU是中央处理器的英文缩写，由运算器ALU和控制器组成。它控制单片机的运行和运算。

（3）程序存储器

程序存储器是可改写只读存储器，用来存储单片机应用程序。应用程序是根据每个工程项目的具体要求设计的。程序存储器的操作完全由程序计数器（PC）控制执行。

（4）数据存储器

数据存储器是随机存储器，为ALU运算提供暂存空间。

（5）通用寄存器

通用寄存器是为ALU运算而设立的。它实质与数据存储器相同，区别在于单片机对通用寄存器的操作有更多的指令，比对数据存储器的操作更方便。

（6）特殊寄存器

特殊寄存器是为单片机中一些特定功能单元服务的专用寄存器，它的每一位都被赋予了特定的含义。通过编程特殊寄存器，可以设置其对应功能单元的功能。

（7）堆栈系统

堆栈系统是按照“后进先出”原则存储数据的数据暂存区，它是数据存储器的一部分，单片机都有专门的堆栈指令。

（8）中断与复位系统

中断系统是为使单片机能处理突发事件而设置的。当单片机正在处理某事件时，接收到一个突发事件请求，单片机中断当前工作转而处理突发事件，处理完成后返回原处继续进行原工作，这样的过程称为中断。实现这样功能的单元就是中断系统。中断过程涉及很多内容，比较复杂，不同型号单片机各不相同。

复位是使程序从头开始，最常见的是上电复位，还有掉电复位等。

（9）串口通信单元

串口通信单元是为与PC机或其他单片机进行数据交换而设置的接口，可通过对特殊寄存器编程设置通信参数。在编程前，通信双方一般要确定通信规约。

（10）其他功能单元

前面我们介绍的是单片机必备的功能单元，由于不同的单片机硬件资源不同，可能还有其他功能单元，如A/D转换器、CAN总线控制器、电压比较器、LCD驱动器、计数器、TWI（I2C）总线接口、PWM输出、E2PROM存储器、看门狗等，我们在结构图中未一一列出，都归到其他功能单元中了。今后在做工程项目时，可以根据不同的功能需要选择不同单片机。

2.2.3 主要特点

① 单片机本身就是一个集成电路芯片，应用属于芯片级应用，需要用户了解单片机芯片的结构、指令系统、集成电路应用技术和系统设计所需要的理论和技术，在使用时必须二次开发，根据控制对象设计硬件电路。相对于 PC 机、PLC 而言，硬件的批量成本低。

② 我们要根据系统控制要求编制单片机软件，一般采用汇编语言和 C 语言。对硬件资源少的系统和实时性要求高的系统一般采用汇编语言，对硬件资源多的系统和程序量大的系统一般采用 C 语言。

③ 不同的单片机有着不同的硬件特征和软件特征，即它们的技术特征均不尽相同，硬件特征取决于单片机芯片的内部结构，用户要使用某种单片机，必须了解该型产品是否满足需要的功能和应用系统所要求的特性指标。这里的硬件特征包括功能特性、控制特性和电气特性等，这些信息需要从生产厂商的技术手册中得到。软件特征是指指令系统特性和开发环境，指令特性即我们熟悉的单片机的寻址方式、数据处理和逻辑处理方式、输入输出特性及对电源的要求等。开发环境包括指令的兼容及可移植性、支持软件（包含可支持开发应用程序的软件资源）及硬件资源。要利用某型号单片机开发特定的应用系统，掌握其结构特征和技术特征是必需的。

2.3 指令系统

单片机指令系统分两类，一类是精简指令集 RISC（Reduced Instruction Set Computer）结构，另一类是复杂指令集 CISC（Complex Instruction Set Computer）结构。采用 RISC 结构的单片机数据线和指令线是分离的，处理器取指令和取数据可同时进行。RISC 执行的是等长精简指令集，CPU 在执行指令的时候速度较快且性能稳定。RISC 可同时执行多条指令，它可将一条指令分割成若干个进程或线程，交由多个处理器同时执行，因此在并行处理方面 RISC 明显优于 CISC。采用 CISC 结构的单片机数据线和指令线是分时复用的，是一种将程序指令存储器和数据存储器合并在一起统一编址的存储器结构。CISC 处理的是不等长指令集，它必须对不等长指令进行分割，因此在执行单一指令的时候需要进行较多的处理工作。

单片机的指令系统是一套控制计算机操作的代码，每条指令规定 MCU 完成某种操作，它由一组二进制数组成，这就是机器码。为了方便人们应用，指令系统通常用汇编语言来描述。指令系统是单片机的重要组成部分之一，是开发单片机的基础。

2.3.1 单片机的编程方法与一般规则

单片机编程有两种方法，一种方法是用汇编语言编程，另一种方法是用 C 语言编程。用汇编语言编程时，设计者必须直接参与 I/O 口的分配、数据存储器的分配、堆栈设定、中断管理等事宜，这就要求设计者对所选用单片机的硬件系统和指令系统非常熟悉，编程难度大。汇编语言适于对时序要求较高、程序量较小的场合。用 C 语言编程不直接面对硬件，编程难度较小，编程周期短，适合对时序要求不高、程序量较大、设计周期短的场合。两种方法比较而言，用汇编语言编写的程序可移植性差，用 C 语言编写的程序可移植性强。两种编程方法各有优缺点，应根据开发项目情况具体选择。

2.3.2 指令系统

由于单片机种类繁多，每种单片机的指令系统都有自己的汇编语言描述形式，在这里无法一一介绍。在此仅就单片机指令系统中具有共性的部分作一简单介绍。

（1）寻址方式

指令的一个重要的组成部分是操作数，指令提取参与运算的数据的方式称为寻址方式。各单片机的寻址方式不尽相同，一般而言，单片机寻址方式有立即寻址、直接寻址、寄存器寻址、寄存器间接寻址等。

（2）指令分类

按功能分类，单片机指令可分为：

① 数据传输类指令；

② 算术操作类指令；

③ 逻辑操作类指令；

④ 控制转移类指令；

⑤ 位操作类指令。

在确定单片机型号后，可根据单片机数据手册中的指令表熟悉单片机指令进行编程。

2.4 常用单片机主要技术参数规格

2.4.1 MCS-51 系列

MCS-51 单片机是美国 INTEL 公司于 1980 年推出的产品，与 MCS-48 单片机相比，它的结构更先进，功能更强，在原来的基础上增加了更多的电路单元和指令，指令数达 111 条，MCS-51 单片机可以算是相当成功的产品，一直到现在，MCS-51 系列或其兼容的单片机仍是应用的主流产品。

MCS-51 系列单片机主要包括 8031、8051 和

8751等通用产品，其主要功能如下：

- 8位CPU；
- 4kbytes程序存储器（ROM）；
- 128bytes的数据存储器（RAM）；
- 32条I/O口线；
- 111条指令，大部分为单字节指令；
- 21个专用寄存器；
- 2个可编程定时/计数器；
- 5个中断源，2个优先级；
- 一个全双工串行通信口；
- 外部数据存储器寻址空间为64KB；
- 外部程序存储器寻址空间为64KB；
- 逻辑操作位寻址功能；
- 双列直插40PinDIP封装；
- 单一+5V电源供电。

MCS-51以其典型的结构和完善的总线专用寄存器的集中管理，众多的逻辑位操作功能及面向控制的丰富的指令系统，堪称一代“名机”，为以后的其他单片机的发展奠定了基础。正因为其优越的性能和完善的结构，导致后来的许多厂商多沿用或参考了其体系结构，有许多大的电气商丰富和发展了MCS-51单片机，像NXP、Dallas、ATMEL等著名的半导体公司都推出了兼容MCS-51的单片机产品，就连我国台湾的WINBOND公司也发展了兼容C51（人们习惯将MCS-51简称C51，如果没有特别声明，两者同指MCS-51系列单片机）的单片机品种。

表 25-2-1 8051系列单片机主要特性

型号/特性	8031AH	8051AH	8051AHP	8751H	8751BH
ROM/EPROM/bytes	ROMless	4K ROM	4K ROM	4K ROM	4K ROM
数据存储器/bytes	128	128	128	128	128
工作频率/MHz	12	12	12	12	12
I/O口	32	32	32	32	32
定时计数器	2	2	2	2	2
UART	1	1	1	1	1
中断源	5	5	5	5	5
PCA通道	0	0	0	0	0
A/D转换通道	0	0	0	0	0
DMA通道	0	0	0	0	0
加密锁	—	0	P	1	2
空闲和掉电模式	—	—	—	—	—

表 25-2-2 80C×1系列/80×2系列单片机主要特性

型号/特性	80C31BH	80C51BH	80C51BHP	87C51	80C32AH	80C52AH	87C52BH
ROM/EPROM/bytes	ROMless	4K ROM	4K ROM	4K EPROM	ROMless	8K ROM	8K EPROM
数据存储器/bytes	128	128	128	128	256	256	256
工作频率/MHz	12/16	12/16	12/16	12/16/20/24	12	12	12
I/O口	32	32	32	32	32	32	32
定时计数器	2	2	2	2	2	2	2
UART	1	1	1	1	1	1	1
中断源	5	5	5	5	6	6	6
PCA通道	0	0	0	0	0	0	0
A/D转换通道	0	0	0	0	0	0	0
DMA通道	0	0	0	0	0	0	0
加密锁	—	1	p	3	—	0	2
空闲和掉电模式	yes	yes	yes	yes	—	—	—

表 25-2-3 8×C32/52/54/58系列单片机主要特性

型号/特性	80C32	80C52	87C52	80C54	87C54	80C58	87C58
ROM/EPROM/bytes	ROMless	8K ROM	8K EPROM	16K ROM	16K EPROM	32K ROM	32K EPROM
数据存储器/bytes	256	256	256	256	256	256	256
工作频率/MHz	12/16/20/24	12/16/20/24	12/16/20/24	12/16/20/24	12/16/20/24	12/16/20/24	12/16/20/24
I/O口	32	32	32	32	32	32	32
定时计数器	3	3	3	3	3	3	3
UART	1	1	1	1	1	1	1
中断源	6	6	6	6	6	6	6
PCA通道	0	0	0	0	0	0	0
A/D转换通道	0	0	0	0	0	0	0
DMA通道	0	0	0	0	0	0	0
加密锁	—	1	3	1	3	1	3
空闲和掉电模式	yes	yes	yes	yes	yes	yes	yes

表 25-2-4 8×C51FA/FB/FC 单片机主要特性

型号/特性	80C51FA	83C51FA	87C51FA	83C51FB	87C51FB	83C51FC	87C51FC
ROM/EPROM/bytes	ROMless	8K ROM	8K EPROM	16K ROM	16K EPROM	32K ROM	32K EPROM
数据存储器/bytes	256	256	256	256	256	256	256
工作频率/MHz	12/16	12/16	12/16/20/24	12/16/20/24	12/16/20/24	12/16/20/24	12/16/20/24
I/O 口	32	32	32	32	32	32	32
定时计数器	3	3	3	3	3	3	3
UART	1	1	1	1	1	1	1
中断源	7	7	7	7	7	7	7
PCA 通道	5	5	5	5	5	5	5
A/D 转换通道	0	0	0	0	0	0	0
DMA 通道	0	0	0	0	0	0	0
加密锁	—	0	3	1	3	1	3
空闲和掉电模式	yes	yes	yes	yes	yes	yes	yes

表 25-2-5 8×L51FA/FB/FC 单片机主要特性

型号/特性	80L51FA	83L51FA	87L51FA	83L51FB	87L51FB	83L51FC	87L51FC
ROM/EPROM/bytes	ROMless	8K ROM	8K OTPROM	16K ROM	16K OTPROM	32K ROM	32K OTPROM
数据存储器/bytes	256	256	256	256	256	256	256
工作频率/MHz	12/16/20	12/16/20	12/16/20	12/16/20	12/16/20	12/16/20	12/16/20
I/O 口	32	32	32	32	32	32	32
定时计数器	3	3	3	3	3	3	3
UART	1	1	1	1	1	1	1
中断源	7	7	7	7	7	7	7
PCA 通道	5	5	5	5	5	5	5
A/D 转换通道	0	0	0	0	0	0	0
DMA 通道	0	0	0	0	0	0	0
加密锁	—	1	3	1	3	1	3
空闲和掉电模式	yes	yes	yes	yes	yes	yes	yes

表 25-2-6 8×C51GB/8×C152 单片机主要特性

型号/特性	80C51GB	83C51GB	87C51GB	80C152JA	80C152JB	83C152JA
ROM/EPROM/bytes	ROMless	8K ROM	8K EPROM	ROMless	ROMless	8K ROM
数据存储器/bytes	256	256	256	256	256	256
工作频率/MHz	12/16	12/16	12/16	16.5	16.5	16.5
I/O 口	48	48	48	40	58	40
定时计数器	3	3	3	2	2	2
UART	1	1	1	1	1	1
中断源	15	15	15	11	11	11
PCA 通道	10	10	10	0	0	0
A/D 转换通道	8	8	8	0	0	0
DMA 通道	0	0	0	2	2	2
加密锁	—	1	3	—	—	0
空闲和掉电模式	yes	yes	yes	yes	yes	yes

表 25-2-7 8×L52/54/58 系列单片机主要特性

型号/特性	80L52	87L52	80L54	87L54	80L58	87L58
ROM/EPROM/bytes	8K ROM	8K OTPROM	16K ROM	16K OTPROM	32K ROM	32K OTPROM
数据存储器/bytes	256	256	256	256	256	256
工作频率/MHz	12/16/20	12/16/20	12/16/20	12/16/20	12/16/20	12/16/20
I/O 口	32	32	32	32	32	32
定时计数器	3	3	3	3	3	3
UART	1	1	1	1	1	1
中断源	6	6	6	6	6	6
PCA 通道	0	0	0	0	0	0
A/D 转换通道	0	0	0	0	0	0
DMA 通道	0	0	0	0	0	0
加密锁	1	3	1	3	1	3
空闲和掉电模式	yes	yes	yes	yes	yes	yes

表 25-2-8 8×C51SL 系列单片机主要特性

型号/特性	80C51SL-BG	81C51SL-BG	83C51SL-BG	80C51SLAH	81C51SLAH	83C51SLAH	87C51SLAH
ROM/EPROM/bytes	ROMless	8K ROM	8K ROM	ROMless	16K ROM	16K ROM	16K EPROM
数据存储器/bytes	256	256	256	256	256	256	256
工作频率/MHz	16	16	16	16	16	16	16
I/O 口	24	24	24	24	24	24	24
定时计数器	2	2	2	2	2	2	2
UART	1	1	1	1	1	1	1
中断源	10	10	10	10	10	10	10
PCA 通道	0	0	0	0	0	0	0
A/D 转换通道	4	4	4	4	4	4	4
DMA 通道	0	0	0	0	0	0	0
加密锁	—	0	—	0	0	0	0
空闲和掉电模式	yes	yes	yes	yes	yes	yes	yes

型号/特性	80C51SLAL	81C51SLAL	83C51SLAL	87C51SLAL
ROM/EPROM/bytes	ROMless	16K ROM	16K ROM	16K EPROOM
数据存储器/bytes	256	256	256	256
工作频率/MHz	16	16	16	16
I/O 口	24	24	24	24
定时计数器	2	2	2	2
UART	1	1	1	1
中断源	10	10	10	10
PCA 通道	0	0	0	0
A/D 转换通道	4			
DMA 通道	0	0	0	0
加密锁	—	0	0	0
空闲和掉电模式	yes	yes	yes	yes

表 25-2-9 AT、TS 系列单片机主要特性

型号/特性	AT89C51	AT89C52	AT89S51	AT89S52	AT89S53	AT87F51	AT87F52
程序存储器/bytes	4K Flash	8K Flash	4K Flash	8K Flash	12K Flash	4K OTP	8K OTP
数据存储器/bytes	128	256	128	256	256	128	256
工作频率/MHz	33	33	24	24	24	33	33
定时/计数器	2	3	2	3	3	2	3
UART 通道	1	1	1	1	1	1	1
A/D 转换器							

续表

型号/特性	AT89C51	AT89C52	AT89S51	AT89S52	AT89S53	AT87F51	AT87F52
WDT	—	—	yes	yes	yes	yes	yes
SPI							
ISP			yes	yes	yes		
工作电压/V	4.0～6.0	4.0～6.0	4.0～6.0	4.0～6.0	4.0～6.0	4.0～6.0	5.0
封装形式	PDIP,PLCC,TQFP	PDIP,PLCC,TQFP	PDIP,PLCC,TQFP	PDIP,PLCC,TQFP	PDIP,PLCC,TQFP	PDIP,PLCC,TQFP	PDIP,PLCC,TQFP
型号/特性	AT89LS51	AT89LS52	AT89LS53	AT89LV51	AT89LV52	AT89LV55	AT89S8252
程序存储器/bytes	4K Flash	8K Flash	12K Flash	4K Flash	8K Flash	20K Flash	8K Flash
数据存储器/bytes	128	256	256	128	256	256	256
工作频率/MHz	16	16	12	16	16	12	24
定时/计数器	2	3	3	2	3	3	3
UART 通道	1	1	1	1	1	1	1
A/D 转换器							
WDT							
SPI							
ISP	yes	yes	yes				yes
工作电压/V	2.7～6.0	2.7～6.0	2.7～6.0	2.7～6.0	2.7～6.0	2.7～6.0	4.6～6.0
封装形式	PDIP,PLCC,TQFP	PDIP,PLCC,TQFP	PDIP,PLCC,TQFP	PDIP,PLCC,TQFP	PDIP,PLCC,TQFP	PDIP,PLCC,TQFP	PDIP,PLCC,TQFP
型号/特性	AT89C1051	AT89C2051	AT89S4051	AT89C51ED2	AT89C51RB2	AT89C51RC	AT89C51RD2
程序存储器/bytes	1K Flash	2K Flash	4K Flash	64K Flash	16K Flash	32K Flash	64K Flash
数据存储器/bytes	64	128	128	256	256	512	256
工作频率/MHz	24	25	26	40	33	40	
定时/计数器	2	2	2		3	3	
UART 通道	1	1	1	1	1	1	1
A/D 转换器							
WDT	—	—	—	yes	yes	yes	yes
SPI				yes	yes		yes
ISP				yes	yes		yes
工作电压/V	2.7～6.0	2.7～6.0	2.7～6.0	2.7～6.0	2.7～6.0	4.6～6.0	2.7～6.0
封装形式	PDIP,SOIC	PDIP,SOIC	PDIP,SOIC	PLCC44 VQFP PLCC68 VQFP64	PDIL40 PLCC44 VQFP44	PDIP PLCC TQFP	PLCC44 VQFPP44 PLCC68 VQFP64
型号/特性	AT80C5112	AT83C5103	AT83C5111	AT83C5112	AT83C51RB2	AT83C51RC2	AT87F55WD
程序存储器/bytes	8K ROM	12K 掩膜	4K 掩膜	8K 掩膜	16K 掩膜	32K 掩膜	
数据存储器/bytes	256	256	256	256	256	256	256
工作频率/MHz	60	16	66	66	60	60	33
定时/计数器	2	2	2	2	3	3	3
UART 通道	1		1	1	1	1	1
A/D 转换器			8				
WDT	yes		yes	yes	yes	yes	yes
SPI		yes	yes	yes			
ISP							
工作电压/V	2.7～5.5	2.7～5.5	2.7～5.5	2.7～5.5	2.7～5.5	2.7～5.5	5.0
封装形式		SSOP16	SSOP16	SSOP16	PLCC,VQFP,PDIP	PLCC,VQFP,PDIP	PLCC,VQFP,PDIP

续表

型号/特性	AT87C5103	AT87C5111	AT87C5112	T83C5101	T83C5102	T87C5101	T89C5115
程序存储器/bytes	12K OTP	4K OTP	8K OTP	16K 掩膜	8K 掩膜	16K OTP	16K Flash
数据存储器/bytes	256	256	256	256	256	256	256
工作频率/MHz	16	66	60	60	66	60	40
定时/计数器	2	2	2	3	3	3	2
UART 通道		1	1	1	1	1	1
A/D 转换器		8	8				8
WDT		yes	yes				yes
SPI	yes	yes	yes				
ISP							yes
工作电压/V	2.7～5.5	2.7～5.5	2.7～5.5	2.7～5.5	2.7～5.5	2.7～5.5	2.7～5.5
封装形式	SSOP16/24	DIL24，SSOP24，SSOP16	LQFP48，PLCC52	DIL24，SO24，SSOP24	DIL24，SO24/28，SSOP24/28	DIL24，SO24/28，SSOP24/28	SO28，PLCC28，QFP32
型号/特性	T89C51AC2	T89C51IC2	T89C51RD2	TS80251G2D	TS80C31X2	TS80C32X2	TS80C51U2
程序存储器/bytes	32K Flash	32K Flash	64K Flash	ROMless			
数据存储器/bytes	256	256	256	1K	128	256	256
工作频率/MHz	40	40	40	24	60	60	60
定时/计数器	3	3	3	3	2	3	3
UART 通道	1	1	1	1	1	1	2
A/D 转换器	8						
WDT	yes	yes	yes	yes			yes
SPI		yes		yes			
ISP	yes	yes	yes				
工作电压/V	2.7～5.5	2.7～5.5	2.7～5.5	2.7～5.5	2.7～5.5	2.7～5.5	2.7～5.5
封装形式	PLCC，VQFP，CA-BGA	PLCC，VQFP	PDIP，PLCC，VQFP	PDIL，PLCC，VQFP	PDIL，PLCC，VQFP	PDIL，PLCC，VQFP	PDIL，PLCC，VQFP
型号/特性	TS80C52X2	TS80C54X2	TS80C58X2	TS83C25G2D	TS83C51RB2	TS83C51RC2	TS83C51RD2
程序存储器/bytes	8K 掩膜	16K 掩膜	32K 掩膜	32K 掩膜	16K 掩膜	32K 掩膜	64K 掩膜
数据存储器/bytes	256	256	256	1K	256	256	256
工作频率/MHz	60	60	60	24	60	60	60
定时/计数器	3	3	3	3	3	3	3
UART 通道	1	1	1	1	1	1	1
A/D 转换器							
WDT		yes					
SPI		yes	yes	yes	yes	yes	yes
ISP							
工作电压/V	2.7～5.5	2.7～5.5	2.7～5.5	2.7～5.5	2.7～5.5	2.7～5.5	2.7～5.5
封装形式	PDIL，PLC，VQFP	PDIL，PLC，VQFP	PDIL，PLC，VQFP	PDIL，PLC，VQFP	PDIP，PLCC，VQFP	PDIP，PLCC，VQFP	PDIP，PLCC，VQFP
型号/特性	TS87251G2D	TS87C51RB2	TS87C51RC2	TS87C51RD2	TS87C52X2	TS87C54X2	TS87C58X2
程序存储器/bytes	32K OTP	16K OTP	32K OTP	64K OTP	8K OTP	16K OTP	32K OTP
数据存储器/bytes	1K	256	256	256	256	256	256
工作频率/MHz	16	60	60	40	60	60	60
定时/计数器	3	3	3	3	3	3	3

续表

型号/特性	TS87251G2D	TS87C51RB2	TS87C51RC2	TS87C51RD2	TS87C52X2	TS87C54X2	TS87C58X2
UART 通道	1	1	1	1	1	1	1
A/D 转换器							
WDT	yes	yes	yes	yes	yes		yes
SPI	yes						
ISP							
工作电压/V	2.7～5.5	2.7～5.5	2.7～5.5	2.7～5.5	2.7～5.5	2.7～5.5	2.7～5.5
封装形式	PDIP,PLCC,VQFP	PDIP,PLCC,VQFP	PDIP,PLCC,VQFP	PDIP,PLCC,VQFP	PDIP,PLCC,VQFP	PDIP,PLCC,VQFP	PDIP,PLCC,VQFP

2.4.2 AVR 单片机

AVR 单片机是 ATMEL 公司推出的较为新颖的单片机，是增强 RISC 内载 Flash 的单片机，其显著的特点为高性能、高速度、低功耗。它取消机器周期，以时钟周期为指令周期，实行作业。AVR 单片机指令以字为单位，且大部分指令都为单周期指令。而单周期既可执行本指令功能，又可同时完成下一条指令的读取。通常时钟频率用 4～8MHz，故最短指令执行时间为250～125ns。AVR 单片机具有最高 MIPS/MW 能力（MIPS：每秒执行百万条指令，M Instruction Per Second），内部采用 HarVard 结构，可直接访问 8MB 程序存储器和 8MB 数据存储器，允许采用 C 语言编程。

AVR 单片机包括 AT90 系列和 ATmega 系列。AT90 系列单片机目前有 AT90S1200、AT90S2313、AT90S4414、AT90S8515、AT90S2323、AT90S2343、AT90SMEG403、AT90SMEG103、AT90S4434、AT90S8535 等多种型号，它们在功能和存储器容量等方面有一定的区别。但是，它们都是比 89 系列要强的单片机。ATmega 系列属于 AVR 中的高档产品，是一款具有极高性价比的单片机，它承袭了 AT90 的特点并有所改进，目前有 ATmega8、ATmega16、ATmega32、ATmega64、ATmega128 等。

表 25-2-10 为 AVR 高速嵌入式单片机主要特性。表 25-2-11 为 AVR 高速嵌入式单片机主要特性（Tiny 系列）。

表 25-2-10　　AVR 高速嵌入式单片机主要特性

器件	Flash /bytes	EEPROM /bytes	SRAM /bytes	在线编程	SPI-Master	UART	WDT	外中断源	RTC	定时/计数器	可编程 I/O
AT90S1200	1K	64	—	√	—	—	√	1	—	1	15
AT90S2313	2K	128	128	√	—	√	√	2	—	2	15
AT90S2323	2K	128	128	√	—	—	√	1	—	1	3
AT90S2343	2K	128	128	√	—	√	√	1	—	1	5
AT90S4414	4K	256	256	√	√	√	√	2	—	2	32
AT90S4434	4K	256	256	√	√	√	√	2	√	2	32
AT90S8515	8K	512	512	√	√	√	√	2	—	2	32
AT90S8535	8K	512	512	√	√	√	√	2	√	3	32
AT90S8534	8K	512	256	—	—	—	—	2	—	2	—
ATmega603	64K	2K	4K	√	√	√	√	8	√	3	32
ATmega103	128K	4K	4K	√	√	√	√	8	√	3	32
ATmega8	8K	512	1K	√	√	1	√	2	√	3	23
ATmega16	16K	512	1K	√	√	1	√	3	√	3	32
ATmega32	32K	1K	2K	√	√	1	√	3	√	3	32
ATmega64	64K	2K	4K	√	√	2	√	8	√	4	53
ATmega128	128K	4K	4K	√	√	2	√	8	√	4	53

续表

器件	模拟比较器	A/D转换	PWM	BOD	V_{cc}/V	速度/MHz	PDIP(P)	PLCC(J)	SOIC(S)	TQFP(A)	LQFP VQFP
AT90S1200	1	—	—	—	5,3	0～12	20	—	20	—	—
AT90S2313	1	—	1	—	5,3	0～10	20	—	20	—	—
AT90S2323	—	—	—	—	5,3	0～10	8	—	8	—	—
AT90S2343	—	—	—	—	5,3	0～10	8	—	8	—	—
AT90S4414	1	—	2	—	5,3	0～8	40	44	—	44	—
AT90S4434	1	8ch 10bit	3	√	5,3	0～8	40	44	—	44	—
AT90S8515	1	—	2	—	5,3	0～8	40	44	—	44	—
AT90S8535	1	8ch 10bit	3	√	5,3	0～8	40	44	—	44	—
AT90S8534	—	6ch 10bit	—	—	5,3	0～8	—	—	—	—	48
ATmega603	1	8ch 10bit	√	—	5,3	0～6	—	—	—	64	—
ATmega103	1	8ch 10bit	√	—	5,3	0～6	—	—	—	64	—
ATmega8	√	6/8ch 10bit	3	√	5,3	0～16	28	—	—	32	—
ATmega16	√	8ch 10bit	4	√	5,3	0～16	40	—	—	44	—
ATmega32	√	8ch 10bit	4	√	5,3	0～16	40	—	—	44	—
ATmega64	√	8ch 10bit	6+2	√	5,3	0～16	—	—	—	64	—
ATmega128	√	8ch 10bit	6+2	√	5,3	0～16		—	—	64	—

表 25-2-11　AVR 高速嵌入式单片机主要特性（Tiny 系列）

器件	Flash/bytes	EEPROM/bytes	SRAM/bytes	在线编程	SPI-Master	UART	WDT	外中断源	ITC	定时/计数器	可编程I/O
Attiny10#	1K	nil	nil	—	—	—	√	1	—	1	5
Attiny10L#	1K	nil	nil	—	—	—	√	1	—	1	5
Attiny11#	1K	nil	nil	—	—	—	√	1	—	1	5
Attiny11L#	1K	nil	nil	—	—	—	√	1	—	1	5
Attiny12#	1K	64	nil	√	—	—	√	1	—	1	6
Attiny12L#	1K	64	nil	√	—	—	√	1	—	1	6
Attiny12V#	1K	64	nil	√	—	—	√	1	—	1	6
Attiny22#	2K	128	128	√	—	—	√	1	—	1	5
Attiny22L#	2K	128	128	√	—	—	√	1	—	1	5

器件	模拟比较器	A/D转换	PWM	接电检测	V_{cc}/V min	速度/MHz	PDIP(P)	PLCC(J)	SOIC(S)	TQFP(A)	LQFP VQFP
Attiny10#	1	—	—	—	4.0	8	8	—	8	—	—
Attiny10L#	1	—	—	—	2.7	4	8	—	8	—	—
Attiny11#	1	—	—	—	4.0	8	8	—	8	—	—
Attiny11L#	1	—	—	—	2.7	4	8	—	8	—	—
Attiny12#	1	—	—	—	4.0	8	8	—	8	—	—
Attiny12L#	1	—	—	—	2.7	4	—	—	8	—	—
Attiny12V#	1	—	—	—	1.8	1	—	—	8	—	—
Attiny22#	—	—	—	—	4.0	8	—	—	8	—	—
Attiny22L#	—	—	—	—	2.7	4	—	—	8	—	—

2.4.3 Freescale 单片机

Freescale 是知名的单片机厂商，从 M6800 开始，开发了广泛的品种，4 位、8 位、16 位、32 位的单片机都能生产，其中典型的代表有：8 位机 M6805、M68HC05 系列，8 位增强型 M68HC11、M68HC12，16 位机 M68HC16，32 位机 M683××。Freescale 单片机的特点之一是在同样的速度下所用的时钟频率较 Intel 类单片机低得多，因而使得高频噪声低，抗干扰能力强，更适合于工控领域及恶劣的环境。Freescale 单片机具有价格低、功能强、可靠性高、功耗小等特点，广泛用于汽车、家电等领域。

表 25-2-12 Freescale 8 位单片机主要特性

型号	RAM /bytes	ROM /bytes	串行口	定时/计数器	总线速度 /MHz	A/D 转换器	电源电压/V	PWM	I/O 口线	中断源
68HC05B6	176	6144 Mask	SCI	4	1,2.1	8	5,3.3	2	32	—
68HC05B8	176	7168 Mask	SCI	4	1,2.1	8	5,3.3	2	32	—
68HC05B16	352	15360 Mask	SCI	4	1,2.1	8	5,3.3	2	32	—
68HC05B32	352	15360 Mask	SCI	4	1,2.1	8	5,3.3	2	32	—
68HC705B16	528	32768 Mask	SCI	4	4,2.1	8	5,3.3	2	32	—
68HC705B32	528	32768 OTP	SCI	4	1,2.1	8	5,3.3	2	32	—
68HC05C8A	176	7744 Mask	SCI,SPI	2	1,2.1	—	5,3.3	—	31	—
68HC705C8A	304	8092 OTP	SCI,SPI	2	1,2.1	—	5,3.3	—	31	—
68HC05C9A	352	15936 Mask	SCI,SPI	2	1,2.1	—	5,3.3	—	31	—
68HC705C9A	352	15932 OTP	SCI,SPI	2	1,2.1	—	5,3.3	—	31	—
68HC705F32	920	32256 OTP	SCI,SPI	8	1.8	8	5,2.7	3	69,80	—
68HC05J1A	64	1024 Mask	—	—	1,2.1	—	5,3.3	—	14	—
68HC705J1A	64	1240 OTP	—	—	1,2.1	—	5,3.3	—	14	—
68HC05J5A	128	2560 Mask	—	1	2.1	—	5,2.2	—	14	—
68HC705J5A	128	2560 OTP	—	1	2.1	—	5,2.2	—	14	—
68HC05JB3	144	2560 Mask	USB1.0	2	3	—	5	—	19	—
68HC705JB3	144	2560 OTP	USB1.0	2	3	—	5	—	19	—
68HC05JJ6	224	6160 Mask	SIOP	2	1.1,2.1	4	5,3	—	14	—
68HC705JJ7	224	6160 EPROM	SIOP	2	2.1,1.05	4	5,3	—	14	—
68HC05JP6	224	6160 Mask	SIOP	2	2.1,1.05	4	5,3	—	22	—
68HC705JP7	224	6160 EPROM	SIOP	2	2.1,1.05	4	5,3	—	22	—
68HC05K3	64	928 Mask	—	—	2.1,1.05	—	5,3	—	10	—
68HC705KJ1	64	1204 EPROM	—	—	4,2.1	—	5,3.3	—	10	—
68HC705L16	512	1640 Mask	SSPI	2	1,2.1	—	5,3.3,2.7	—	39	—
68HC08AB16A	512	16384 Mask	SCI,SPI	8	8	8	5	8	51	—
68HC908AB32	1024	32768 Flash	SCI,SPI	8	8	8	5	8	51	—
68HC908AS32A	1024	32768 Flash	SCI,SPI,J1850	6	8	15	5	6	40	—
68HC908AS60	2048	61872 Flash	SCI,SPI,J1850	6	8,4	8	5	8	—	—

续表

型号	RAM /bytes	ROM /bytes	串行口	定时/计数器	总线速度/MHz	A/D 转换器	电源电压/V	PWM	I/O 口线	中断源
68HC908AS60A	2048	61872 Flash	SCI,SPI,J1850	6	8	15	5	15,6	52,42	—
68HC908AZ60A	2048	6177 Flash	MSCAN12,SCI,SPI	8	8,4	15	5	8	52	—
68HC08BD24	512	25088 Mask	DDC12AB,IIC	2	6	6	5	16	32	—
68HC908BD48	1024	48128 Flash	DDC12AB,IIC,USB	2	6	6	5	16	32	—
68HC908EY16	512	15872 Flash	SCI,SPI	2	8	8	5	4	24	—
68HC908GP32	512	32256 Flash	SCI,SPI	4,2	8.2,4.1	8	5,3	4,2	31	—
68HC908GR4	384	4096 Flash	SCI,SPI	3	8.2,8,4.1	6,4	5,3	3	21,17	—
68HC908GR16	1000	16000 Flash	ESCI,SPI	2	8	8	5	—	37	—
68HC908GT8	512	7680 Flash	SCI,SPI	4	4,8	8	5,3	4	36,34	—
68HC908GT16	512	15872 Flash	SCI,SPI	4	4,8	8	5,3	4	36,34	—
68HC908GZ8	1000	8000 Flash	SPI,CAN2.0 A/B,ESCI	2,1	8	8	5	—	37	—
68HC908GZ16	1000	16000 Flash	SPI,CAN2.0 A/B,ESCI	2,1	8	8	5	—	37	—
68HC08JB1	128	5632 Mask	USB1.1	1	3	—	3	1	13	—
68HC908JB8	256	8192 Flash	USB1.1	2,1	3	—	5.25	2,1	13,37,21	—
68HC08JB8	256	8192 Mask	USB1.1	2,1	3	—	3	2,1	13,37,21	—
68HC908JK1	128	1536 Flash	—	2	4,8	8	5,3	2	15,14	—
68HC08JL3	128	4096 Mask	—	2	4,8	8	5,3	2	22	—
68HC08KH12	384	—	USB1.1	2	6	—	5	2	42	—
68HC908KX2	192	2048 Flash	SCI	2	4,8	4	5.3	2	13	—
68HC908KX8	192	7680 Flash	SCI	2	4,8	4	5.3	2	13	—
68HC908LD64	2048	60928 Flash	DDC12AB,IIC,USB1.1	2	6	6	3.3	8	39	—
68HC908LJ12	512	12288 Flash	SCI,SPI	4,2	4,8	6,4	3.3,5	4,2	32,20	—
68HC11D0	192	—	SCI,SPI	8	3,2	—	5,3	—	16	—
68HC711D3	192	4096 OTP	SCI,SPI	8	3,2	—	5	—	16	—
68HC11E0	512	—	SCI,SPI	8	3,2	8	5,3	—	38	—
68HC11E1	512	512 EEPROM	SCI,SPI	8	3,2	8	5,3	—	38	—
68HC11E9	512	12288 Mask	SCI,SPI	8	3,2,1	8	5,3	—	38	—
68HC11EA9	512	12288 OTP	SCI,SPI	8	2,1	8	5	—	34	—
68HC711E9	512	12288 OTP	SCI,SPI	8	4,3,2,1	8	5,3	—	38	—

续表

型号	RAM /bytes	ROM /bytes	串行口	定时/计数器	总线速度 /MHz	A/D 转换器	电源电压/V	PWM	I/O 口线	中断源
68HC11E20	768	20480 Mask	SCI,SPI	8	3	8	5	—	38	—
68HC711E20	768	20480 Flash	SCI,SPI	8	4,3,2,1	8	5	—	38	—
68HC11F1	1024	512 EEPROM	SCI,SPI	8	5,4,3,2	8	5	—	30	—

表 25-2-13　MC9S12 系列单片机主要特性

型号	RAM /bytes	ROM /bytes	串行口	定时/计数器	总线速度 /MHz	电源电压/V	A/D 转换器	PWM	I/O 口线	中断源
MC9S12A128B	8192	131072 Flash	SCI,SPI,IIC	8	25	5.0	8	4,8	59,91	—
MC9S12A256B	12288	262144 Flash	SCI,SPI,IIC	8	25	5.0	8	4,8	59,91	—
MC9S12A64	4000	64000 Flash	SCI,SPI,IIC	8	25	5.0	8	4,8,7	59,91	—
MC9S12D64	4096	65536 Flash	SCI,IIC,SPI,CAN2.0A/B	8	25	5.0	8	4,8,7	59,91	—
MC9S12DJ64	4000	64000 Flash	SCI,IIC,SPI,CAN2.0A/B,J1850	8	25	5.0	8	4,8,7	59,91	—
MC9S12DB128B	8192	131072 Flash	SCI,SPI,CAN2.0A/B	8	25	5.0	8	8	91	
MC9S12DG128B	8192	131072 Flash	SPI,CAN 2.0A/B	8,7	25	5.0	8	8	59,91	—
MC9S12DG256B	12288	262144 Flash	SCI,SPI,IIC CAN2.0A/B	8	25	5.0	8	4,8	91	—
MC9S12DJ128B	8192	131072	MSCAN12,SCI,IIC,SPI,CAN2.0A/B,J1850	8,7	25	5.0	8	4,8	59,91	—
MC9S12DJ256B	12288	262144 Flash	MSCAN12,SCI,IIC,SPI,CAN2.0A/B	8	25	5.0	8	4,8	59,91	—
MC9S12DP256B	12288	262144	SPI,CAN 2.0A/B,J1850	8	25	5.0	8	8	91	—
MC9S12DT128B	8192	131072 Flash	SCI,IIC,SPI,CAN2.0A/B	8	25	5.0	8	4,8	91	—
MC9S12DT256B	12288	262144	SCI,IIC,SPI,CAN2.0A/B	8	25	5.0	8	8	91	—
MC9S12H256	12288	262144 Flash	SCI,IIC,SPI	8	16	5.0	16	6,3	99	—

表 25-2-14　68HC16 系列单片机主要特性

型号	RAM /bytes	ROM /bytes	串行口	定时器	中断	总线速度 /MHz	电源电压/V	A/D 转换器	WDT	I/O 口线
68HC16Y1	2048	—	SCI,SPI	1	—	16	5	8	yes	24
68HC16Z1	1024	—	SCI,QSPI	2	—	16,20,25	5,3.3	8	yes	16
68HC16Z3	4096	8192 Mask	SCI,QSPI	2	—	16,20,25	5,3.3	8	yes	16

表 25-2-15 M683××系列单片机主要特性

型号	工作频率/MHz	功耗/W	工作电压/V	I/O最大工作电压/V	存储器控制	内部Flash/bytes	内部RAM/bytes	DMA控制	A/D转换器
MC68302	25,33,20,16	0.468	3.3,5	5	—	—	—	yes	—
MC68306	20,16	—	5	5	DRAM	—	—	no	—
MC68331	25,20,16	—	5	5	—	—	—	no	—
MC68332	25,20,16	—	5	5	—	—	2K	no	—
MC68336	25,20	—	5	5	SRAM	—	7.5K	no	16
MC68340	25,16	—	5,3.3	5,3.3	—	—	—	yes	—
MC68360	25,33	—	5,3.3	5	—	—	—	yes	—
MC68375	33	—	3.3	5	Flash	256	10K	no	16
MC68376	25,20	—	5	5	SRAM	—	7.5K	no	

表 25-2-16 MMC2 系列单片机主要特性

型号	工作频率/MHz	功耗/W	工作电压/V	I/O最大工作电压/V	存储器控制	内部Flash/bytes	内部RAM/bytes	DMA控制	A/D转换器
MMC2001	33	0.09	—	3.6	22-16地址总线	—	32K	no	—
MMC2003	16	0.09	1.8～3.6	3.6	22-16地址总线	—	32K	no	—
MMC2107	33	0.66	3.6	3.6	SRAM	128K	8K	no	—
MMC2113	33	0.66	3.6	3.6	SRAM	128K	8K	no	—
MMC2114	33	0.66	3.6	3.6	SRAM	256	32K	no	—

2.4.4 PIC 单片机

PIC 单片机系列是美国微芯公司（Microship）的产品，是当前市场份额增长最快的单片机之一。CPU 采用 RISC 结构，分别有 33、35、58 条指令（视单片机的级别而定），属精简指令集。采用 Harvard 双总线结构，运行速度快（指令周期 160～200ns），高效率运行的原因之一是它能使程序存储器的访问和数据存储器的访问并行处理，这种指令流水线结构，在一个周期内完成两部分工作，一是执行指令，二是从程序存储器取出下一条指令，这样总的看来每条指令只需一个周期（个别除外）。此外，它还具有低工作电压、低功耗、驱动能力强等特点。PIC 系列单片机共分三个级别，即基本级、中级、高级。其中又以中级的 PIC16F873（A）、PIC16F877（A）用得最多。PIC 系列单片机的 I/O 口是双向的，其输出电路为 CMOS 互补推挽输出电路。I/O 端子增加了用于设置输入或输出状态的方向寄存器，从而解决了 51 系列 I/O 端子为高电平时同为输入和输出的状态。当置位 1 时为输入状态，且不管该端子呈高电平或低电平，对外均呈高阻状态；置位 0 时为输出状态，不管该端子为何种电平，均呈低阻状态，有相当的驱动能力，低电平吸入电流达 25mA，高电平输出电流可达 20mA。具有在线调试及编程（ISP）功能。随着 CMOS 工艺的改进和提高，闪速存储器在不断发展和完善，应用越来越广，适用于用量大、档次低、价格敏感的产品。在办公自动化设备、消费电子产品、电讯通信、智能仪器仪表、汽车电子、金融电子、工业控制不同领域都有广泛的应用。

表 25-2-17 PIC12C×××系列单片机主要特性

型号	RAM/bytes	AD转换	ROM/bytes	串行口	工作速度/MHz	定时/计数器	低压型号	封装
PIC12C508	25	—	512	—	4	1+WDT	—	PDIP8,SOIC8
PIC12C508A	25	—	512	—	4	1+WDT	PIC12C508A	PDIP8,SOIC8
PIC12C509	41	—	1024	—	4	1+WDT	—	PDIP8,SOIC8
PIC12C509A	41	—	1024	—	4	1+WDT	PIC12C509A	PDIP8,SOIC8

续表

型号	RAM /bytes	AD 转换	ROM /bytes	串行口	工作速度 /MHz	定时/计数器	低压型号	封装
PIC12C671	128	4	1024	—	10	1+WDT	PIC12LC671	PDIP8,SOIC8
PIC12C672	128	4	2048	—	10	1+WDT	PIC12C672	PDIP8,SOIC8
PIC12CE518	25	—	512	—	4	1+WDT	PIC12LCE518	PDIP8,SOIC8
PIC12CE519	41	—	1024	—	4	1+WDT	PIC12LCE519	PDIP8,SOIC8
PIC12CE673	128	4	1024	—	10	1+WDT	PIC12LCE673	—
PIC12CE674	128	4	2048	—	10	1+WDT	PIC12LCE674	
PIC12CR509A	41	—	1024	—	4	1+WDT	PIC12LCR509A	PDIP8,SOIC8
PIC12CF629	64	—	1024	—	20	2+WDT	—	—
PIC12CF675	64	4	1024	—	20	2+WDT	—	—

表 25-2-18 PIC16C××× 系列单片机主要特性

型号	RAM /bytes	AD 转换	ROM /bytes	串行口	工作速度 /MHz	定时/计数器	低压型号	封装
PIC16C432	128	—	2048	—	20	1+WDT	PICLC432	PDIP8,SOIC8
PIC16C433	128	4	2048	—	10	1+WDT	PIC16LC433	PDIP8,SOIC8
PIC16C505	72	—	1024	—	20	1+WDT	PIC16LC505	PDIP8,SOIC8
PIC16C54	25	—	512	—	20	1+WDT	PIC16LC54-LP	PDIP8,SOIC8
PIC16C55	24	—	512	—	20	1+WDT	PIC16LC55-LP	PDIP8,SOIC8
PIC16C554	80	—	512	—	20	1+WDT	PIC16LC554	PDIP8,SOIC8
PIC16C558	128	—	2048	—	20	1+WDT	PIC16LC558	PDIP8,SOIC8
PIC16C56	25	—	1024	—	20	1+WDT	PIC16LC56	PDIP8,SOIC8
PIC16C57	72	—	2048	—	20	1+WDT	PIC16C57-LP	PDIP8,SOIC8
PIC16C58B	73	—	2048	—	20	1+WDT	PIC16LC58B	PDIP8,SOIC8
PIC16C620	80	—	512	—	20	1+WDT	PIC16LC620	PDIP,SOIC
PIC16C621	80	—	512	—	40	1+WDT	PIC16LC621	PDIP,SOIC
PIC16C622	128	—	2048	—	20	1+WDT	—	PDIP,SOIC
PIC16C62A	128	—	2048	I^2C,SPI	20	3+WDT	PIC16LC62A	PDIP,SOIC
PIC16C63	192	—	4096	USART, I^2C,SPI	20	3+WDT	PIC16LC63	PDIP,SOIC
PIC16C642	176	—	4096	—	20	1+WDT	PIC16LC642	PDIP,SOIC
PIC16C64A	128	—	2048	I^2C,SPI	20	3+WDT	PIC16LC64A	PDIP,SOIC
PIC16C65A	192	—	4096	USART, I^2C,SPI	20	3+WDT	PIC16LC65A	PDIP,SOIC
PIC16C66	368	—	8192	USART, I^2C,SPI	20	3+WDT	PIC16LC66	PDIP,SOIC
PIC16C662	176	—	4096	—	20	1+WDT	PIC16LC662	PDIP,SOIC
PIC16C67	368	—	8192	USART, I^2C,SPI	20	3+WDT	PIC16LC67	PDIP,SOIC

续表

型号	RAM /bytes	AD转换	ROM /bytes	串行口	工作速度 /MHz	定时/计数器	低压型号	封装
PIC16C71	36	4	1024	—	20	1+WDT	PIC16LC71	PDIP,SOIC
PIC16C710	36	4	512	—	20	1+WDT	PIC16LC710	PDIP,SOIC
PIC16C711	68	4	1024	—	20	1+WDT	PIC16LC711	PDIP,SOIC
PIC16C712	128	4	1024	—	20	3+WDT	PIC16LC712	PDIP,SOIC
PIC16C715	128	4	2048	—	20	1+WDT	PIC16LC715	PDIP,SOIC
PIC16C716	128	4	2048	—	20	3+WDT	PIC16LC716	PDIP,SOIC
PIC16C717	256	6	2048	I^2C,SPI	20	3+WDT	PIC16LC717	PDIP,SOIC
PIC16C72	128	5	2048	I^2C^{TM},SPI™	20	3+WDT	PIC16LC72	PDIP,SOIC
PIC16C73A	192	5	4096	USART,I^2C,SPI	20	3+WDT	PIC16LC73A	PDIP,SOIC
PIC16C745	256	5	8192	USB,USART	24	3+WDT	PIC16LC745	PDIP,SOIC
PIC16C74A	192	8	4096	USART,I^2C,SPI	20	3+WDT	PIC16LC74A	PDIP,SOIC
PIC16C76	368	5	8192	USART,I^2C,SPI	20	3+WDT	PIC16LC76	PDIP,SOIC
PIC16C765	256	8	8192	USB,USART	24	3+WDT	—	PDIP,SOIC
PIC16C77	368	8	8192	USART,I^2C,SPI	20	3+WDT	PIC16LC77	PDIP,SOIC
PIC16C770	256	6	2048	I^2C,SPI	20	3+WDT	PIC16LC770	PDIP,SOIC
PIC16C771	256	6	4096	I^2C,SPI	20	3+WDT	PIC16LC771	PDIP,SOIC
PIC16C773	256	6	4096	USART,I^2C,SPI	20	3+WDT	PIC16LC773	PDIP,SOIC
PIC16C774	256	10	4096	USART,I^2C,SPI	20	3+WDT	PIC16LC774	PDIP,SOIC
PIC16C781	128	8	1024	—	20	2+WDT	PIC16LC781	PDIP,SOIC
PIC16C782	128	8	2048	—	20	2+WDT	PIC16LC782	PDIP,SOIC
PIC16C923	176	—	4096	I^2C,SPI	8	3+WDT	PIC16LC923	PDIP,SOIC
PIC16C924	176	5	4096	I^2C,SPI	8	3+WDT	PIC16LC924	PDIP,SOIC
PIC16C925	176	5	4096	I^2C,SPI	20	3+WDT	PIC16LC925	PDIP,SOIC
PIC16C926	336	5	8192	I^2C,SPI	20	3+WDT	PIC16LC926	PDIP,SOIC
PIC16CE623	96	—	512	—	30	1+WDT	PIC16LCE623	PDIP,SOIC
PIC16CE624	96	—	1024	—	30	1+WDT	PIC16LCE624	PDIP,SOIC
PIC16CE625	128	—	2048	—	30	1+WDT	PIC16LCE625	PDIP,SOIC

续表

型号	RAM /bytes	AD 转换	ROM /bytes	串行口	工作速度 /MHz	定时/计数器	低压型号	封装
PIC16CR54C	25	—	512	—	20	1+WDT	PIC16LCR54C	PDIP,SOIC
PIC16CR56A	25	—	1024	—	20	1+WDT	PIC16LCR56A	PDIP,SOIC
PIC16CR57C	72	5	2048	—	20	1+WDT	PIC16LCR57C	PDIP,SOIC
PIC16CR58B	73	—	2048	—	20	1+WDT	PIC16LCR58B	PDIP,SOIC
PIC16CR620A	96	—	4096	—	20	1+WDT	—	PDIP,SOIC
PIC16CR63	192	—	4096	USART, I^2C,SPI	20	3+WDT	PIC16LCR63	PDIP,SOIC
PIC16CR65	192	—	2048	USART, I^2C,SPI	20	3+WDT	PIC16LCR65	PDIP,SOIC
PIC16CR72	128	5	512	I^2C,SPI	20	3+WDT	PIC16LCR72	PDIP,SOIC
PIC16CR83	36	—	1024	—	10	1+WDT	PIC16LCR65	PDIP,SOIC
PIC16CR84	68	—	4096	—	10	1+WDT	PIC16LCR84	PDIP,SOIC

表 25-2-19 PIC16F××× 系列单片机主要特性

型号	RAM /bytes	AD 转换	ROM /bytes	串行口	工作速度 /MHz	定时/计数器	低压型号	封装
PIC16F627	224	—	1024	USART	20	3+WDT	PIC16LF627	PDIP,SOIC
PIC16F628	224	—	2048	USART	20	3+WDT	PIC16LF628	PDIP,SOIC
PIC16F630	64	—	1024	—	20	2+WDT	PIC16LF630	PDIP,SOIC
PIC16F648A	256	—	4096	USART	20	3+WDT	PIC16LF648A	PDIP,SOIC
PIC16F676	64	10	1024	—	20	2+WDT	PIC16LF676	PDIP,SOIC
PIC16F684	128	8	2048	—	20	3	PIC16LF684	PDIP,SOIC
PIC16F688	256	8	4096	—	20	2	PIC16LF688	PDIP,SOIC
PIC16F716	128	—	2048	—	20	3+WDT	PIC16LF716	PDIP,SOIC
PIC16F72	128	5	2048	I^2C,SPI	20	3+WDT	PIC16LF72	PDIP,SOIC
PIC16F73	192	5	4096	USART, I^2C,SPI	20	3+WDT	PIC16LF73	PDIP,SOIC
PIC16F737	368	11	4096	AUSART, MI^2C,SPI	20	3+WDT	PIC16LF737	PDIP,SOIC
PIC16F74	192	8	4096	USART, I^2C,SPI	20	3+WDT	PIC16LF74	PDIP,SOIC
PIC16F747	368	14	8192	AUSART, MI^2C,SPI	20	3+WDT	PIC16LF747	PDIP,SOIC
PIC16F76	368	5	8192	USART, I^2C,SPI	20	3+WDT	PIC16LF76	PDIP,SOIC
PIC16F767	368	11	8192	AUSART, MI^2C,SPI	20	3+WDT	PIC16LF767	PDIP,SOIC
PIC16F77	368	8	8192	USART, I^2C,SPI	20	3+WDT	PIC16LF77	PDIP,SOIC
PIC16F777	368	14	8192	AUSART, MI^2C,SPI	20	3+WDT	PIC16LF777	PDIP,SOIC

续表

型号	RAM /bytes	AD 转换	ROM /bytes	串行口	工作速度 /MHz	定时/计数器	低压型号	封装
PIC16F818	128	5	1024	I^2C,SPI	20	2/1+WDT	PIC16LF818	PDIP,SOIC
PIC16F819	256	5	2048	I^2C,SPI	20	2/1+WDT	PIC16LF819	PDIP,SOIC
PIC16F83	36	—	512	—	10	1+WDT	PIC16LF83	PDIP,SOIC
PIC16F84	68	—	1024	—	10	1+WDT	PIC16LF84	PDIP,SOIC
PIC16F87	368	—	4096	AUSART	20	3	PIC16LF87	PDIP,SOIC
PIC16F870	128	5	2048	USART	20	3+WDT	PIC16LF870	PDIP,SOIC
PIC16F871	128	8	2048	USART	20	3+WDT	PIC16LF871	PDIP,SOIC
PIC16F872	128	5	2048	I^2C,SPI	20	3+WDT	PIC16LF870	PDIP,SOIC
PIC16F873	192	5	4096	USART,I^2C,SPI	20	3+WDT	PIC16LF873	PDIP,SOIC
PIC16F874	192	8	4096	USART,I^2C,SPI	20	3+WDT	PIC16LF874	PDIP,SOIC
PIC16F876	368	8	8192	USART,I^2C,SPI	20	3+WDT	PIC16LF876	PDIP,SOIC
PIC16F877	368	8	8192	USART,I^2C,SPI	20	3+WDT	PIC16LF877	PDIP,SOIC
PIC16F88	368	7	4096	AUSART	20	3+WDT	PIC16LF88	PDIP,SOIC
PIC16FHV450	25	—	512	—	20	1+WDT	—	PDIP,SOIC

表 25-2-20 PIC17C×××系列单片机主要特性

型号	RAM /bytes	AD 转换	ROM /bytes	串行口	工作速度 /MHz	定时/计数器	低压型号	封装
PIC17C42A	232	—	2048	USART	33	4+WDT	PIC17LC42A	PDIP,SOIC
PIC17C43	454	—	4096	USART	33	4+WDT	PIC17LC43	PDIP,SOIC
PIC17C44	454	—	8192	USART	33	4+WDT	PIC17LC44	PDIP,SOIC
PIC17C752	678	12	8192	USART(2),I^2C,SPI	33	4+WDT	PIC17LC752	PDIP,SOIC
PIC17C756A	902	12	16384	USART(2),I^2C,SPI	33	4+WDT	PIC17LC756A	PDIP,SOIC
PIC17C762	678	16	8192	USART(2),I^2C,SPI	33	4+WDT	PIC17LC762	PDIP,SOIC
PIC17C766	902	16	16384	USART(2),I^2C,SPI	33	4+WDT	PIC17LC766	PDIP,SOIC
PIC17CR43	454	—	4096	USART	33	4+WDT	PIC17LCR43	PDIP,SOIC

表 25-2-21 PIC18C×××系列单片机主要特性

型号	RAM /bytes	AD 转换	ROM /bytes	串行口	工作速度 /MHz	定时/计数器	低压型号	封装
PIC18C242	512	5	8192	AUSART,SPI,I^2C	40	4+WDT	PIC18LC242	PDIP8,SOIC8
PIC18C252	1536	5	1638	AUSART,SPI,I^2C	40	4+WDT	PIC18LC252	PDIP8,SOIC8
PIC18C442	512	8	8192	AUSART,SPI,I^2C	40	4+WDT	PIC18LC442	PDIP8,SOIC8

续表

型号	RAM /bytes	AD 转换	ROM /bytes	串行口	工作速度 /MHz	定时/计数器	低压型号	封装
PIC18C452	1536	8	1638	AUSART，SPI，I^2C	40	4+WDT	PIC18LC452	PDIP8，SOIC8
PIC18C601	1536	8	—	AUSART，SPI，I^2C	25	4+WDT	PIC18LC601	PDIP8，SOIC8
PIC18C658	1536	12	1638	AUSART，SPI，I^2C，CAN2. 0B	40	4+WDT	PIC18LC658	PDIP8，SOIC8
PIC18C801	1536	12	—	AUSART，SPI，MI^2C	25	4+WDT	PIC18LC601	PDIP8，SOIC8
PIC18C858	1536	16	1638	AUSART，SPI，I^2C，CAN2. 0B	40	4+WDT	PIC18LC858	PDIP8，SOIC8

表 25-2-22　PIC18F×××系列单片机主要特性

型号	RAM /bytes	AD 转换	ROM /bytes	串行口	工作速度 /MHz	定时/计数器	低压型号	封装
PIC18F1220	256	7	2048	EUSART	40	4+WDT	PIC18LF1220	PDIP8，SOIC8
PIC18F1320	256	7	4096	EUSART	40	4+WDT	PIC18LF1320	PDIP8，SOIC8
PIC18F2220	512	10	2048	AUSART，SPI，MI^2C	40	4+WDT	PIC18LF2220	PDIP8，SOIC8
PIC18F2330	512	10	4096	AUSART，SPI，MI^2C	40	4+WDT	PIC18LF2320	PDIP8，SOIC8
PIC18F2331	512	5	4096	EUSART，SPI，I^2C	40	4+WDT	PIC18LF2331	PDIP8，SOIC8
PIC18F242	768	5	8192	AUSART，SPI，MI^2C	40	4+WDT	PIC18LF242	PDIP8，SOIC8
PIC18F2431	768	5	8192	EUSART，SPI，I^2C	40	4+WDT	PIC18LF2431	PDIP8，SOIC8
PIC18F2439	384	5	6144	AUSART，MI^2C	40	3+WDT	PIC1LF2439	PDIP，SOIC
PIC18F248	768	5	8192	AUSART，MI^2C，SPI，CAN2. 0B	40	4+WDT	PIC18LF248	PDIP，SOIC
PIC18F2515	4096	10	24576	AUSART，MI^2C，SPI	40	1/3	PIC18LF2515	PDIP，SOIC
PIC18F2539	1400	5	12288	AUSART，MI^2C，SPI	40	3+WDT	PIC18LF2539	PDIP，SOIC
PIC18F258	1536	5	16384	AUSART，MI^2C，SPI，CAN2. 0B	40	4+WDT	PIC18LF258	PDIP，SOIC
PIC18F2610	4096	10	32768	AUSART，MI^2C，SPI	40	1/3	PIC18LF2610	PDIP，SOIC

续表

型号	RAM /bytes	AD转换	ROM /bytes	串行口	工作速度 /MHz	定时/计数器	低压型号	封装
PIC18F2620	4096	10	32768	AUSART, MI^2C,SPI	40	1/3	PIC18LF2620	PDIP,SOIC
PIC18F4220	512	13	2048	AUSART, MI^2C,SPI	40	4+WDT	PIC18LF4220	PDIP,SOIC
PIC18F4320	512	13	4096	AUSART, MI^2C,SPI	40	4+WDT	PIC18LF4320	PDIP,SOIC
PIC18F4331	512	9	4096	EUSART, I^2C,SPI	40	2 8bit,3 16bit,WDT	PIC18LF4331	PDIP,SOIC
PIC18F442	768	8	8192	AUSART, MI^2C,SPI	40	4+WDT	PIC18LF442	PDIP,SOIC
PIC18F4431	768	9	8192	EUSART, I^2C,SPI	40	4+WDT	PIC18LF4431	PDIP,SOIC
PIC18F4439	384	8	6144	AUSART, MI^2C,SPI	40	3+WDT	PIC18LF4439	PDIP,SOIC
PIC18F448	768	8	8192	USART, MI^2C, MSPI, CAN2.0B	40	4+WDT	PIC1LF448	PDIP,SOIC
PIC18F4515	4096	13	24576	AUSART, MI^2C,SPI	40	1/3	PIC18LF4515	PDIP,SOIC
PIC18F452	1536	8	16384	AUSART, MI^2C,SPI	40	4+WDT	PIC18LF452	PDIP,SOIC
PIC18F4525	4096	13	24576	AUSART, MI^2C,SPI	40	1/3	PIC18LF4525	PDIP,SOIC
PIC18F4539	1400	8	12288	AUSART, MI^2C,SPI	40	3+WDT	PIC18LF4539	PDIP,SOIC
PIC18F458	1536	8	16384	USART, MI^2C,SPI, CAN2.0B	40	4+WDT	PIC18LF458	PDIP,SOIC
PIC18F4610	4096	13	32768	AUSART, MI^2C,SPI	40	1/3	PIC18LF4610	PDIP,SOIC
PIC18F4620	4096	13	32768	AUSART, MI^2C,SPI	40	1/3	PIC18LF4620	PDIP,SOIC
PIC18F6490	768	12	8192	EUSART, MI^2C,SPI	40	4+WDT	PIC18LF6490	PDIP,SOIC
PIC18F6520	2048	12	16384	AUSART (2), MI^2C,SPI	40	5+WDT	PIC18LF6520	PDIP,SOIC
PIC18F6525	3840	12	8192	2EUSART, MI^2C,SPI	40	2/3	PIC18LF6525	PDIP,SOIC
PIC18F6585	3072	12	24576	AUSART, MI^2C,SPI, CAN2.0B	40	4+WDT	PIC18LF6585	PDIP,SOIC

续表

型号	RAM /bytes	AD 转换	ROM /bytes	串行口	工作速度 /MHz	定时/计数器	低压型号	封装
PIC18F6620	3840	12	32768	AUSART (2), MI^2C,MSPI	25	5+WDT	PIC1LF6620	PDIP,SOIC
PIC18F6621	3840	16	32768	2EUSART, MI^2C,SPI	40	1/3	PIC18LF6621	PDIP,SOIC
PIC18F6680	3072	12	32768	AUSART, MI^2C,SPI, CAN2.0B	40	4+WDT	PIC1LF6680	PDIP,SOIC
PIC18F6720	3072	3840	65536	AUSART (2), MI^2C,SPI	25	5+WDT	PIC18LF6720	PDIP,SOIC
PIC18F8490	3072	768	8192	EUSART, MI^2C,SPI	40	4+WDT	PIC1LF8490	PDIP,SOIC
PIC18F8520	2048	16	16384	AUSART (2), MI^2C,SPI	40	5+WDT	PIC18LF8520	PDIP,SOIC
PIC18F8525	3840	12	24576	2EUSART, MI^2C,SPI	40	2/3	PIC1LF8525	PDIP,SOIC
PIC18F8585	3072	16	24576	AUSART, MI^2C,SPI, CAN2.0B	40	4+WDT	PIC18LF8585	PDIP,SOIC
PIC18F8620	3840	16	32768	AUSART (2), MI^2C,SPI	25	5+WDT	PIC1LF8620	PDIP,SOIC
PIC18F8621	3840	16	32768	2EUSART, MI^2C,SPI	40	2/3	PIC18LF8621	PDIP,SOIC
PIC18F8680	3072	16	32768	AUSART, MI^2C,SPI, CAN2.0B	40	4+WDT	PIC1LF8680	PDIP,SOIC
PIC18F8720	3840	16	65536	AUSART (2), MI^2C,SPI	25	5+WDT	PIC18LF8720	PDIP,SOIC

2.4.5 NXP 单片机

NXP 单片机是由著名半导体公司恩智浦生产。恩智浦提供半导体、系统解决方案和软件，为手机、个人媒体播放器、电视、机顶盒、智能识别应用、汽车以及其他形形色色的电子设备提供更好的感知体验。

表 25-2-23 通用 8 位系列单片机主要特性

型号	P80C31	P80C32	P80C51	P80C52	P80C54	P80C58
程序存储器 ROM/bytes	—	—	4K ROM	8K ROM	16K ROM	32K ROM
数据存储器 RAM/bytes	128	256	128	256	256	256
I/O 口	32	32	32	32	32	32
ISP/IAP	—	—	—	—	—	—

续表

型号	P80C31	P80C32	P80C51	P80C52	P80C54	P80C58
定时计数器	2	3	2	3	3	3
中断	5	6	5	6	6	6
工作频率/MHz	33	33	33	33	33	33
串行通信口	1	1	1	1	1	1
A/D转换器	—	—	—	—	—	—
工作电压/V	2.7～5.5	2.7～5.5	2.7～5.5	2.7～5.5	2.7～5.5	2.7～5.5
封装	PDIP40,PLCC44	PDIP40,PLCC44	PDIP40,PLCC44	PDIP40,PLCC44	PDIP40,PLCC44	PDIP40,PLCC44

表 25-2-24 OTP系列8位单片机主要特性

型号	P87C51	P87C52	P87C54	P87C58	P87C552
程序存储器 ROM/bytes	4K	8K	16K	32K	8K
数据存储器 RAM/bytes	128	256	256	256	256
I/O口	32	32	32	32	48
ISP/IAP	—	—	—	—	—
定时计数器	2	3	3	3	3
中断	5	6	6	6	15
工作频率/MHz	30/33	30/33	30/33	30/33	16
串行通信口	1	1	1	1	UART,I^2C
A/D转换器	—	—	—	—	8路10位
工作电压/V	2.7～5.5	2.7～5.5	2.7～5.5	2.7～5.5	2.7～5.5
封装	PDIP40,PLCC44	PDIP40,PLCC44	PDIP40,PLCC44	PDIP40,PLCC44	PLCC68

表 25-2-25 Flash型8位单片机主要特性

型号	P89C51	P89C52	P89C54	P89C58	P89C51RX2
程序存储器 ROM/bytes	4K	8K	16K	32K	16～64K
数据存储器 RAM/bytes	128	256	256	256	512
I/O口	32	32	32	32	32
ISP/IAP	—	—	—	—	yes
定时计数器	3	3	3	3	4
中断	6	6	6	6	7
工作频率/MHz	33	33	33	33	33
串行通信口	1	1	1	1	UART
A/D转换器	—	—	—	—	—
工作电压/V	2.7～5.5	2.7～5.5	2.7～5.5	2.7～5.5	2.7～5.5
封装	PDIP40,PLCC44	PDIP40,PLCC44	PDIP40,PLCC44	PDIP40,PLCC44	PDIP40,PLCC44,FQP44

表 25-2-26 经济型低功耗OTP单片机主要特性

型号	P87LPC759	P87LPC760	P87LPC761	P87LPC762
程序存储器 OTPROM/bytes	1K	1K	2K	2K
数据存储器 RAM/bytes	64	128	128	128
I/O口	9	9	11	15
ISP/IAP	—	—	—	—
定时计数器	2	2	2	2

续表

型号	P87LPC759	P87LPC760	P87LPC761	P87LPC762
中断	4key+1 外中断	4key+1 外中断	4key+1 外中断	4key+2 外中断
工作频率/MHz	0～20	0～20	0～20	0～20
串行通信口		—	—	I²C 通信口
A/D 转换器	—	—	—	—
工作电压/V	2.7～5.0	2.7～5.0	2.7～5.0	2.7～5.0
封装	PDIP	PDIP,PSOP,TSSOP	PDIP,PSOP,TSSOP	PDIP,PSOP,TSSOP
型号	P87LPC764	P87LPC767	P87LPC768	P87LPC769
程序存储器 OTPROM/bytes	4K	4K	4K	4K
数据存储器 RAM/bytes	128	128	128	128
I/O 口	15/最大 18 个	15/最大 18 个	15/最大 18 个	15/最大 18 个
ISP/IAP	—	—	—	—
定时计数器	2	2	2	2
中断	4key+2 外中断	4key+2 外中断	4key+2 外中断	4key+2 外中断
工作频率/MHz	0～20	0～20	0～20	0～20
串行通信口	I²C 通信口	I²C 通信口	I²C 通信口	I²C 通信口
A/D 转换器	—	8bit A/D	8bit A/D+PWM	8bit A/D+2chaD/A
工作电压/V	2.7～5.0	2.7～5.0	2.7～5.0	2.7～5.0
封装	PDIP,PSOP,TSSOP	PDIP,PSOP	PDIP,PSOP	PDIP,PSOP

表 25-2-27　　低压低功耗 Flash 单片机主要特性

型号	P89LPC901	P89LPC902	P89LPC903	P89LPC906	P89LPC907	P89LPC908
程序存储器 OTPROM/bytes	1K	1K	1K	1K	1K	1K
数据存储器 RAM/bytes	128	128	128	128	128	128
I/O 口	最少 3 个,最多 6 个	最少 3 个,最多 6 个	最少 3 个,最多 6 个	最少 3 个,最多 6 个	最少 3 个,最多 6 个	最少 3 个,最多 6 个
ISP/IAP	—	—	—	—	—	—
定时计数器	2 个 16 位定时/计数器	2 个 16 位定时/计数器	2 个 16 位定时/计数器	2 个 16 位定时/计数器	2 个 16 位定时/计数器	2 个 16 位定时/计数器
中断	2～3 个键盘中断	2～3 个键盘中断	2～3 个键盘中断	2～3 个键盘中断	2～3 个键盘中断	2～3 个键盘中断
工作频率/MHz	0～12	0～12	0～12	0～12	0～12	0～12
串行通信口			有		有	有
A/D 转换器	—	—	—	—	—	—
工作电压/V	2.4～3.6	2.4～3.6	2.4～3.6	2.4～3.6	2.4～3.6	2.4～3.6
封装	SO-8 和 DIP-8 两种	SO-8 和 DIP-8 两种	SO-8 和 DIP-8 两种	SO-8 和 DIP-8 两种	SO-8 和 DIP-8 两种	SO-8 和 DIP-8 两种

型号	P89LPC912	P89LPC913	P89LPC914
程序存储器 Flash-ROM/bytes	1K	1K	1K
数据存储器 RAM/bytes	128	128	128
I/O 口	最少 9 个,最多 12 个	最少 9 个,最多 12 个	最少 9 个,最多 12 个
ICP/IAP	有	有	有
定时计数器	16 位×2	16 位×2	16 位×2

续表

型号	P89LPC912	P89LPC913	P89LPC914
中断	4 个键盘中断,4 个中断优先级	4 个键盘中断,4 个中断优先级	4 个键盘中断,4 个中断优先级
工作频率/MHz	0～12	0～12	0～12
串行通信口	有	有	有
A/D 转换器	—	—	—
工作电压/V	2.4～3.6	2.4～3.6	2.4～3.6
封装	DIP-14 和 SO-14 两种	DIP-14 和 SO-14 两种	DIP-14 和 SO-14 两种

型号	P89LPC920	P89LPC921	P89LPC922	P89LPC930	P89LPC931	P89LPC932
程序存储器/bytes	2K	4K	8K	4K	8K	8K
数据存储器 RAM/bytes	256	256	256	256	256	256
I/O 口	最少 15 个，最多 18 个	最少 15 个，最多 18 个	最少 15 个，最多 18 个	最少 23 个，最多 26 个	最少 23 个，最多 26 个	最少 23 个，最多 26 个
ICP/IAP	有	有	有	有	有	有
定时计数器	16 位×2	16 位×2	16 位×2	16 位×2	16 位×2	16 位×2
中断	8 个键盘中断＋2 个外中断	8 个键盘中断＋2 个外中断	8 个键盘中断＋2 个外中断	8 个键盘中断＋2 个外中断	8 个键盘中断＋2 个外中断	8 个键盘中断＋2 个外中断
工作频率/MHz	0～12	0～12	0～12	0～12	0～12	0～12
串行通信口	有	有	有	有	有	有
A/D 转换器	—	—	—	—	—	—
工作电压/V	2.4～3.6	2.4～3.6	2.4～3.6	2.4～3.6	2.4～3.6	2.4～3.6
封装	DIP-20 和 TSSOP-20 两种	DIP-20 和 TSSOP-20 两种	DIP-20 和 TSSOP-20 两种	DIP-28 和 TSSOP-28 两种	DIP-28 和 TSSOP-28 两种	DIP-28 和 TSSOP-28 两种

2.4.6　MSP430 系列单片机

在 MSP430 选型时，主要着重介绍现在较流行使用的 FLASH 型单片机。因为目前主流单片机也是以 FLASH 型为主，使用得非常广泛。所以在此也针对 MSP430 的 FLASH 型做出了其选型列表。

表 25-2-28　MSP430 FLASH 型单片机主要特性

型号	FLASH	RAM	AD	DA	DMA	LCD 段数	USART	比较器 A	硬件乘法器	定时器	封装类型	I/O
MSP430F1101A	1KB	128B	slope	—	—	—	软件	有	—	4	20SIC TSSOP	14
MSP430F1111A	2KB	128B	slope	—	—	—	软件	有	—	4	20SOIC TSSOP	14
MSP430F1121A	4KB	256B	slope	—	—	—	软件	有	—	4	20SOIC TSSOP	14
MSP430F1122A	4KB	256B	10bit	—	—	—	软件	—	—	4	20SOIC TSSOP	14
MSP430F1132A	8KB	256B	10bit	—	—	—	软件	—	—	4	20SOIC TSSOP	14
MSP430F1222A	4KB	256B	10bit	—	—	—	硬件 1	—	—	4	20SOIC TSSOP	22
MSP430F123	8KB	256B	slope	—	—	—	硬件 1	有	—	4	20SOIC TSSOP	22
MSP430F1232	8KB	256B	10bit	—	—	—	硬件 1	—	—	4	20SOIC TSSOP	22
MSP430F133	8KB	256B	12bit	—	—	—	硬件 1	有	有	7	20SOIC TSSOP	48
MSP430F135	16KB	256B	12bit	—	—	—	硬件 1	有	有	11	20SOIC TSSOP	48
MSP430F147	32KB	1K	12bit	—	—	—	硬件 2	有	有	11	64LQFP	48
MSP430F1471	32KB	1K	slope	—	—	—	硬件 2	有	有	11	64LQFP	48
MSP430F148	48KB	1K	12bit	—	—	—	硬件 2	有	有	11	64LQFP	48

续表

型号	FLASH	RAM	AD	DA	DMA	LCD 段数	USART	比较器 A	硬件乘法器	定时器	封装类型	I/O
MSP430F1481	48KB	2K	slope	—	—	—	硬件 2	有	有	11	64LQFP	48
MSP430F149	60KB	2K	12bit	—	—	—	硬件 2	有	有	11	64LQFP	48
MSP430F1491	60KB	2K	slope	—	—	—	硬件 2	有	有	11	64LQFP	48
MSP430F155	16KB	512K	12bit	12bit	有	—	硬件 1	有	—	11	64LQFP	48
MSP430F156	24KB	512K	12bit	12bit	有	—	硬件 1	有	—	11	64LQFP	48
MSP430F157	32KB	1K	12bit	12bit	有	—	硬件 1	有	—	11	64LQFP	48
MSP430F167	32KB	1K	12bit	12bit	有	—	硬件 2	有	有	11	64LQFP	48
MSP430F168	48KB	1K	12bit	12bit	有	—	硬件 2	有	有	11	64LQFP	48
MSP430F169	60KB	1K	12bit	12bit	有	—	硬件 2	有	有	11	64LQFP	48
MSP430F412	4KB	256B	12bit	—	—	96	软件	有	—	5	64LQFP	48
MSP430F413	8KB	256B	slope	—	—	96	软件	有	—	5	64LQFP	48
MSP430FE423	8KB	256B	slope	—	—	128	硬件 1	有	有	5	64LQFP	14
MSP430FE425	16KB	512B	16bit	—	—	128	硬件 1	有	有	5	64LQFP	14
MSP430FE427	32KB	1K	16bit	—	—	128	硬件 1	有	有	5	64LQFP	14
MSP430FW423	8KB	512B	16bit	—	—	96	软件	有	—	10	64LQFP	48
MSP430FW425	16KB	512B	16bit	—	—	96	软件	有	—	10	64LQFP	48
MSP430FW427	32KB	1K	16bit	—	—	96	软件	有	—	10	64LQFP	48
MSP430F435	16KB	512B	12bit	—	—	160	硬件 1	有	—	8	80,100LQFP	48
MSP430F436	24KB	1K	12bit	—	—	160	硬件 1	有	—	8	80,100LQFP	48
MSP430F437	32KB	1K	12bit	—	—	160	硬件 1	有	—	8	80,100LQFP	48
MSP430F447	32KB	1K	12bit	—	—	160	硬件 2	有	有	12	100LQFP	48
MSP430F448	48KB	2K	12bit	—	—	160	硬件 2	有	有	12	100LQFP	48
MSP430F449	60KB	2K	12bit	—	—	160	硬件 2	有	有	12	100LQFP	48

2.5 选用原则及应用场合

2.5.1 选用原则

单片机系列和型号众多，一般选择原则如下。

（1）使用环境

在使用环境中要考虑环境温度和电磁干扰程度。

根据工作的温度范围不同，单片机可分为商品级（0～＋70℃）、工业级（－40～＋85℃）、汽车级（－40～＋125℃）及军品级（－55～＋125℃）。

根据工作环境的不同，现场的电磁干扰也不同。在工业场合，可能有很多大型电气设备在运行，如果单片机系统工作于这种复杂的电磁环境中，就必须对单片机提出很高的要求。在选择单片机时，要选择电磁兼容性高的单片机。

（2）工作频率

根据控制对象的不同，对单片机工作频率有不同的要求。如果被控对象速度快、实时性高，则应选择工作频率高的单片机。

（3）内存规模

内存包括数据存储器和程序存储器，如果被控对象要求有较复杂的控制算法和较大的计算工作量，就应该选择数据存储器和程序存储器较大的单片机。

（4）I/O 口数量

根据控制对象的实际情况，如输入输出信号数量、按键数量、显示器件数量等因素，决定所需 I/O 口数量，选择与之匹配的单片机。

在以上选用原则中，应适当留有余地，以备系统改进和扩展之需。

2.5.2 应用场合

在机械系统中，可选工控机、PC机、PLC或者单片机作为控制器。单片机本身就是一个可编程芯片，需根据被控对象设计相应的硬件和软件，是一种根据控制对象定制的非标控制器。这一特点决定了使用单片机作为控制器时，设计周期长，对设计者的软件、硬件设计水平要求高。它还可根据控制对象的具体情况选择A/D和D/A变换电路，直接控制，因此，可用于实时性强、速度快的控制对象。所以单片机适合那些实时性强、速度快、体积小、批量成本低、设计时间宽裕的场合。

2.6 应用举例

单片机设计不仅涉及硬件电路设计、印刷线路板设计、软件设计、安装调试等技术，还涉及与被控对象（如机械系统、液压系统等）的配合等问题，对设计者的知识结构和能力有较高的要求。

2.6.1 单片机应用系统设计步骤

(1) 根据工程项目设计硬件电路

① 理解工程项目要求，熟悉系统工艺流程，设计硬件电路框图。

② 根据框图设计各单元电路。

③ 选择合适的单片机。

④ 将各单元电路组成系统硬件电路。

(2) 根据硬件电路设计印刷线路板

在设计印刷线路板时要注意：系统的电磁兼容性；现场易安装性；易调试性。

(3) 硬件安装调试

将线路板和电子元件焊接起来，组成单片机硬件系统。

(4) 软件设计

① 根据项目功能要求和工艺流程设计程序流程图。

② 编写程序。

③ 程序调试。

(5) 软件、硬件综合调试

硬件和软件密不可分，必须结合起来调试，才能排除问题，构成一个比较完善的单片机控制系统。

2.6.2 单片机应用系统设计举例

2.6.2.1 电火花机床单片机控制系统设计

(1) 背景

在油泵油嘴行业中，传统的油嘴加工，多数依靠个人技能所决定的手工操作，产品质量不稳定，生产效率低，劳动强度大，废品率高。

现在可以用电火花机床对油泵油嘴进行加工，采用负极放电方式，即采用黄铜对工件的放电达到加工目的。通过试验得到黄铜对工件的耗损比值，用程序控制所需要的加工深度，使加工出来的油嘴座面完全符合要求，既提高了加工速度，又保证了加工精度，可完全取代传统的风磨加工。为了达到这样的目的，设计了一个单片机控制系统，用来控制电火花机床。

(2) 设计要求

根据油嘴加工工艺及加工工件的参数，由步进电机驱动电极移动，要准确地自动实时采样，改变步进电机的工作频率，以控制步进电机的进给量，为了符合油嘴的座面要求，在加工过程中，根据试验得到的耗损比值，利用查表编程方法来对电极进行实时修正，这是控制砂轮电机完成的。根据不同的粗坯工件的加工深度，采取相应的频率以及控制运行的步数。其工序顺序控制逻辑包括以下内容。

① 快进：在工件安装好后，步进电机必须快进到被加工工件的表面。

② 快回：完成预置的加工量后，步进电机必须快速回到初始位置。

③ 粗磨：粗加工时，步进电机以粗磨速度进给，同时通过改变放电电压，切换放电电容，控制放电火花，放电快，提高加工速度。

④ 精磨：精磨时，放电火花小，加工电压低，这也是通过软件控制继电器切换加工电压和放电电容实现的。

⑤ 粗精磨：本系统可进行粗精磨加工一次完成。在开始加工时采用粗磨，当加工到一定范围以内（如3丝），系统自动转换为精磨加工，这样既提高了加工速度，又保证了精度和光洁度。系统在两种加工方式下能控制火花放电量。

⑥ 分别显示加工的模式状态、设置值、加工剩余量。

⑦ 设立启动、复位、暂停、十位置数位、个位置数位、置数功能键、加工模式选择按键。

(3) 设计过程

1) 单元电路设计

① 电极的进给驱动部件。选用三相步进电机（45BF3）作为电极的进给驱动部件。被控制的步进电机有正转（进刀）、反转（退刀）和停转三种基本工作方式，正反转又各有不同的运行频率（即进刀或退刀速度）要求，进刀、退刀速度是根据软件进行调整的。当步进电机三相绕组按A→AB→B→BC→C→

CA→A的顺序得电，就可实现正转，反之，若按A→AC→C→CB→B→BA→A的顺序得电，就可实现反转，若输出状态始终保持不变，电机也就停止了运行，它需要单片机的3个I/O口控制。

② 加工电压、放电电容切换。加工电压和放电电容的切换用继电器，可用2个I/O口控制。

③ 显示。根据显示要求，可用5位LED数码管，这里采用动态显示，需12个I/O口。

④ 按键。7个按键，可用6个I/O口。

可见，项目要求单片机至少有23个I/O口；由于需要对预设参数存储，需单片机有E2PROM；控制过程及运算不太复杂，程序存储器不用很大；加工速度对单片机时钟要求不高。综上所述，查单片机选型表，可选ATmega16，有32个可用I/O口，16K程序存储器，512BE2PROM，时钟选8M。

2）整体电路设计。将单元电路整合起来，形成完整电路。在设计中，不一定对所有单元都从芯片级开始设计，根据具体情况可以考虑采用现有的商品模块，例如，单片机所用直流电源、产生电火花的脉冲电源等都可以直接选用。

3）制作电路。根据电路原理图画印刷线路板并送厂家制板，做好后可焊接元件并调试。

以上是硬件设计过程。

4）软件设计。根据工作流程要求，设计程序。

① 软件流程。软件总流程如图25-2-2所示。总流程图中各个部分的流程图（如键处理和加工等），如果单独画出来也很复杂，我们不再给出。

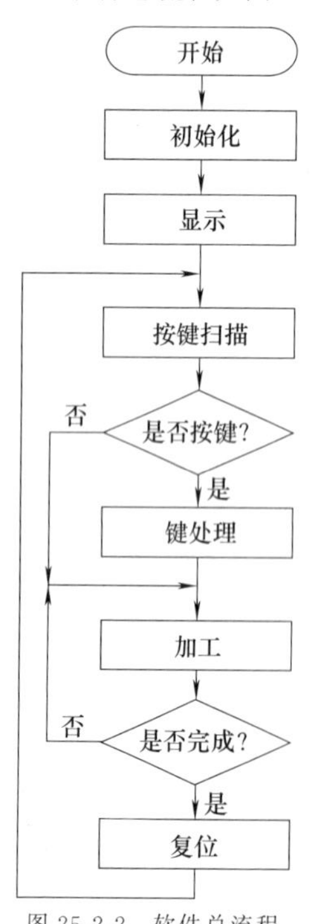

图25-2-2 软件总流程

② 程序编写。程序编写既可以用汇编语言，也可以用C语言（程序略）。

2.6.2.2 某高校学生宿舍用电管理系统设计

本设计所涉及的学生宿舍383间，具体要求如下：

① 计量每个房间实时用电量；

② 每天早晚定时送电、停电；

③ 欠费自动断电；

④ 超负荷自动断电；

⑤ 缴费。

（1）硬件设计

根据设计要求，本设计由上位机（PC机）和下位机（单片机）组成，两者通过485总线通信。上位机负责收费、每天停送电时间设定、超负荷设定、报表、数据统计；下位机负责用电计量、余额存储、停电、送电。在这里只介绍下位机设计。下位机是一个单片机系统，现在单片机种类繁多，很多型号的单片机都能满足设计要求，考虑性价比，在本设计中选用ATMEGE128。考虑到用电量是累计的过程，为了使计量准确，两次读取用电量的时间间隔越小越好，这势必增加存储器的读写次数，因此必须用铁电存储器。另外，由于房间数量多，单片机本身的I/O口不够，必须先通过I/O控制电路扩展后，再去控制各房间。硬件框图如图25-2-3所示。

① 单片机用ATMEGE128。

② 显示屏采用12864，用于循环显示每个房间的用电信息。

③ 铁电存储器用于存储房间用电量。

④ I/O控制单元将单片机的停送电控制信号送到每个房间。

⑤ 计量模块用来测量房间用电量。

根据上面硬件框图设计电路图、画印刷线路板、安装、调试，最终完成硬件设计。

（2）软件设计

根据项目要求和硬件电路，软件流程如图25-2-4所示。

按此流程图设计、调试单片机程序，直至完成项目要求的功能。本项目在某高校经过长时间使用，用户反映其计量准确，可靠性高，维护简单，从设计角度看是比较成功的。

作为单片机应用系统的设计者，必须具备硬件电路设计、电路板设计、软件设计、系统调试等能力，要求较高，一般需要多人协作，才能完成。

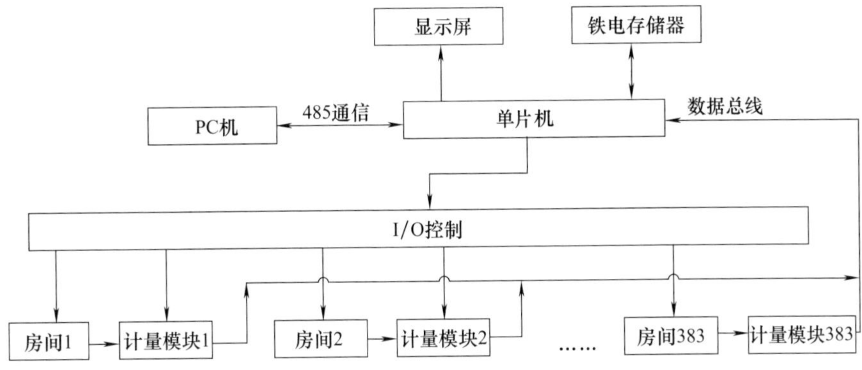

图 25-2-3　单片机系统硬件框图

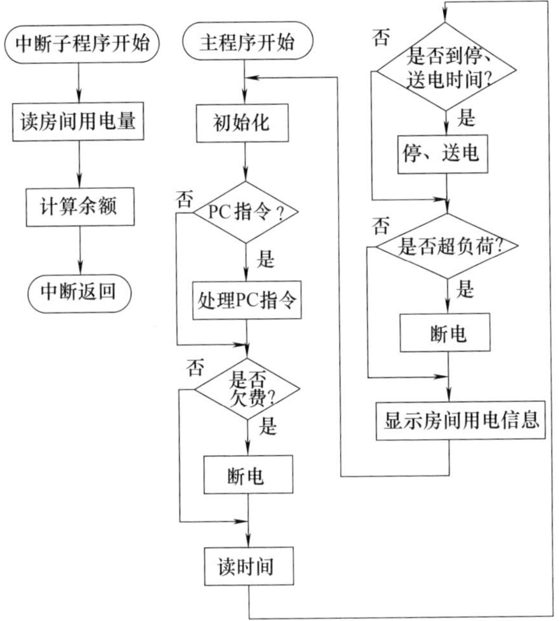

图 25-2-4　单片机系统软件流程图

第 3 章 可编程控制器（PLC）

可编程控制器 PC（Programmable Controller）又称可编程序逻辑控制器 PLC（Programmable Logic Controller），是一种以微处理器为核心用作数字控制的专用计算机。它不仅充分利用微处理器的优点来满足各种工业领域的实时控制要求，同时也照顾到现场电器操作维护人员的技能和习惯，形成一套以继电器梯形图为基础的形象编程语言和模块化的软件结构，使用户程序的编制清晰直观、方便易学，调试和查错都很容易。用户买到所需 PLC 后，只需按说明书或提示，做少量的安装接线和用户程序的编制工作，就可灵活而方便地将 PLC 应用于生产实践。PLC 在现代工业自动化控制中是最值得重视的先进控制技术。PLC 现已成为现代工业控制三大支柱（PLC、CAD/CAM、ROBOT）之一，以其可靠性高、逻辑功能强、体积小、可在线修改控制程序、具有远程通信联网功能、易于与计算机接口、能对模拟量进行控制、具备高速计数与位控等高性能模块等优异性能，日益取代由大量中间继电器、时间继电器、计数继电器等组成的传统继电-接触控制系统，在机械、化工、石油、冶金、电力、轻工、电子、纺织、食品、交通等行业得到广泛应用。PLC 的应用深度和广度已经成为一个国家工业先进水平的重要标志之一。

3.1 基本结构原理

3.1.1 可编程控制器的基本结构

PLC 种类繁多，但其组成结构和工作原理基本相同。PLC 专为工业现场应用而设计，采用了典型的计算机结构，它主要是由 CPU、电源、存储器和专门设计的输入输出接口电路等组成。PLC 的结构框图如图 25-3-1 所示。

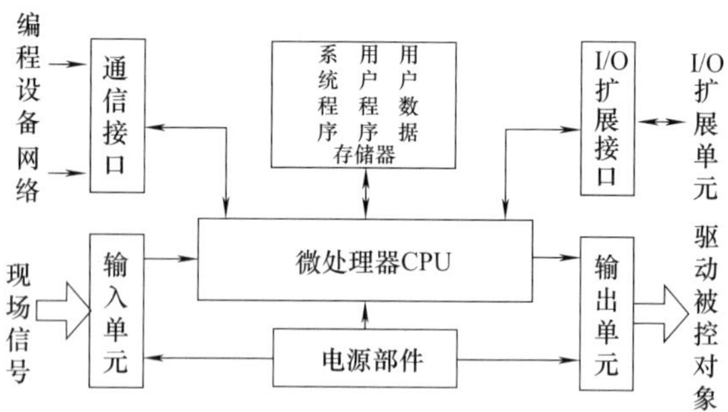

图 25-3-1 PLC 的结构框图

（1）中央处理器

中央处理单元（CPU）一般由控制器、运算器和寄存器组成，这些电路都集成在一个芯片内。CPU 通过数据总线、地址总线和控制总线与存储单元、输入输出接口电路相连接。CPU 是 PLC 的核心，它按 PLC 中系统程序赋予的功能指挥 PLC 有条不紊地进行工作。当 PLC 处于运行方式时，CPU 按循环扫描方式执行用户程序。

CPU 的主要任务有：控制用户程序和数据的接收与存储；用扫描的方式通过 I/O 部件接收现场的状态或数据；诊断 PLC 内部电路的工作故障和编程中的语法错误等；PLC 进入运行状态后，从存储器逐条读取用户指令，经过命令解释后按指令规定的任务进行数据传送、逻辑或算术运算等；根据运算结果，更新有关标志位的状态和输出映像寄存器的内容，再经输出部件实现输出控制、制表打印或数据通信等功能。

（2）存储器

PLC 的存储器包括系统存储器和用户存储器两部分。

系统存储器用来存放由 PLC 生产厂家编写的系统程序，系统程序固化在 ROM 内，用户不能直接更改，它使 PLC 具有基本的功能，能够完成 PLC 设计者规定的各项工作。系统程序质量的好坏，很大程度上决定了 PLC 的性能。

用户存储器包括用户程序存储器（程序区）和功能存储器（数据区）两部分。用户程序存储器用来存放用户针对具体控制任务用规定的 PLC 编程语言编写的各种用户程序，以及用户的系统配置。用户程序存储器根据所选用的存储器单元类型的不同，可以是 RAM（有掉电保护）、EPROM 或 EEPROM 存储器，其内容可以由用户任意修改或增删。用户功能存储器是用来存放（记忆）用户程序中使用器件的 ON/OFF 状态/数值数据等。用户存储器容量的大小，关系到用户程序容量的大小，是反映 PLC 性能的重要指标之一。

（3）输入单元

可编程控制器的输入信号类型可以是开关量、模拟量和数字量。输入单元从广义上分，包含两部分：

一是与被控设备相连接的接口电路，另一部分是输入映像寄存器。输入单元接收来自用户设备的各种控制信号，如限位开关、操作按钮、选择开关、行程开关以及其他一些传感器的信号。通过接口电路将这些信号转换成中央处理器能够识别和处理的信号，并存到输入映像寄存器。

为防止各种干扰信号和高电压信号进入PLC，影响其可靠性或造成设备损坏，现场输入接口电路一般由光电耦合电路进行隔离。

通常PLC的输入类型可以是直流（DC24V）、交流和交直流。输入电路的电源可由外部供给，有的也可由PLC内部提供。对于直流输入，根据现场输入接口电路形式的不同，分为源型输入和漏型输入两种形式。绝大部分欧美品牌的PLC采用漏型输入，而绝大部分亚洲品牌的PLC采用源型输入。图25-3-2所示为采用汇点式的源型直流输入电路图。

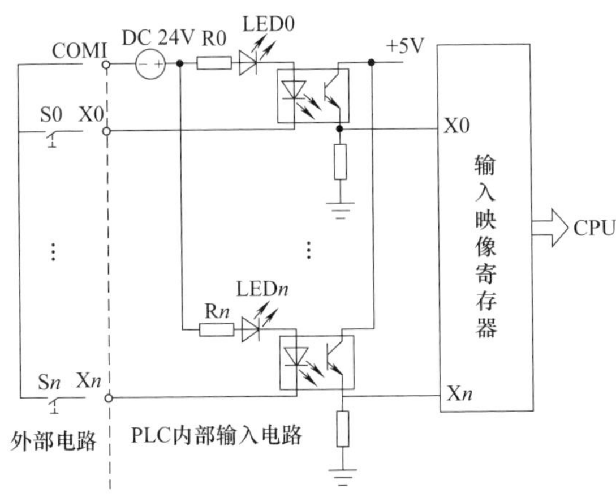

图25-3-2　PLC源型输入电路图

（4）输出单元

可编程控制器的输出信号类型可以是开关量、模拟量和数字量。输出单元从广义上分，包含两部分：一是与被控设备相连接的接口电路，另一部分是输出的映像寄存器。输出接口电路通常有三种类型：继电器输出型、晶体管输出型和晶闸管输出型。每种输出电路都采用电气隔离技术，电源由外部提供，晶体管输出电流一般为100mA，继电器输出电流一般为1.5～2A，输出电流的额定值与负载的性质有关。

为使PLC免受瞬间大电流的作用而损坏，输出端外部接线必须采用保护措施：一是输出公共端接熔断器；二是采用保护电路。对交流感性负载，一般用阻容吸收回路；对直流感性负载，用续流二极管。图25-3-3所示为采用分组式的PLC继电器输出电路图。

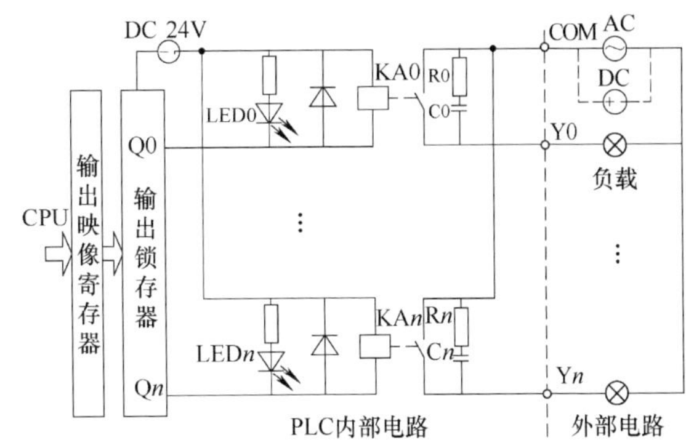

图25-3-3　PLC继电器输出电路图

（5）通信接口

现代PLC一个显著的特点就是具有通信功能，目前主流的PLC一般都具有RS485（或RS232）通信接口，以便连接编程设备、监视器、打印机等外围设备，或连接诸如变频器、温控仪等简单控制设备进行简单的主从式通信，实现“人-机”或“机-机”之间的对话。一些先进的PLC上还具有工业网络通信接口，可以与其他的PLC或计算机相连，组成分布式工业控制系统，实现更大规模的控制，另外还可以与数据库软件相结合，实现控制与管理相结合的综合控制。

（6）编程设备

编程器的作用是供用户进行程序的编制、编辑、调试和监视。

编程器有简易型和智能型两类。简易型的编程器只能联机编程，且往往需要将梯形图转化为机器语言助记符（指令表）后，才能输入。它一般由简易键盘和发光二极管或其他显示器件组成。智能型的编程器又称图形编程器，它可以联机编程，也可以脱机编程，具有LCD或CRT图形显示功能，可以直接输入梯形图和通过屏幕对话。

还可以利用微机（如IBM-PC）作为编程器，PLC生产厂家配有相应的软件包，使用微机编程是PLC发展的趋势。现在已有些PLC不再提供编程器，而只提供微机编程软件，并且配有相应的通信连接电缆。

3.1.2　可编程控制器的工作原理

为了满足工业逻辑控制的要求，同时结合计算机控制的特点，PLC的工作方式采用不断循环的顺序扫描工作方式。每一次扫描所用的时间称为扫描周期或工作周期。CPU从第一条指令执行开始，按顺序逐条地执行用户程序直到用户程序结束，然后返回第一条指令开始新的一轮扫描。PLC就是这样周而复始地重复上述循环扫描的。PLC 工作的全过程可用图 25-3-4 所示的运行框图来表示。整个过程可分为以下几个部分。

第一部分是上电处理。PLC 上电后对系统进行一次初始化，包括硬件初始化和软件初始化，停电保持范围设定及其他初始化处理等。

第二部分是自诊断处理。PLC 每扫描一次，执行一次自诊断检查，确定 PLC 自身的动作是否正常。如 CPU、电池电压、程序存储器、I/O 和通信等是否异常或出错，如检查出异常时，CPU 面板上的 LED 及异常继电器会接通，在特殊寄存器中会存入出错代码。当出现致命错误时，CPU 被强制为 STOP 方式，所有的扫描便停止。

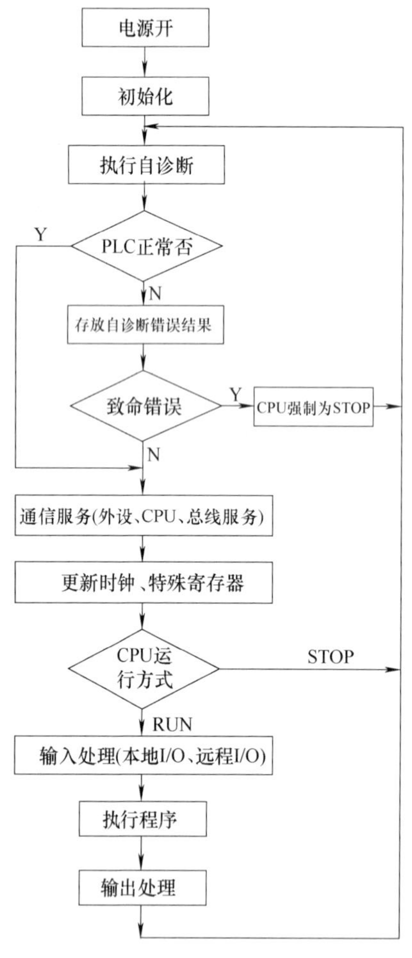

图 25-3-4 PLC 运行框图

第三部分是通信服务。PLC 自诊断处理完成以后进入通信服务过程。首先检查有无通信任务，如有则调用相应进程，完成与其他设备的通信处理，并对通信数据作相应处理；然后进行时钟、特殊寄存器更新处理等工作。

第四部分是程序扫描过程。PLC 在上电处理、自诊断和通信服务完成以后，如果工作选择开关在 RUN 位置，则进入程序扫描工作阶段。先完成输入处理，即把输入端子的状态读入输入映像寄存器中，然后执行用户程序，最后把输出处理结果刷新到输出锁存器中。

当 PLC 处于正常运行时，它将不断重复扫描过程。分析上述扫描过程，如果对远程 I/O、特殊模块和其他通信服务暂不考虑，这样扫描过程就只剩下“输入采样” “程序执行”和“输出刷新”三个阶段了。

(1) 输入采样阶段

PLC 在输入采样阶段，首先扫描所有输入端点，并将各输入状态存入相对应的输入映像寄存器中。此时，输入映像寄存器被刷新。接着，进入程序执行阶段和输出刷新阶段，在此阶段输入映像寄存器与外界隔离，无论输入情况如何变化，其内容保持不变，直到下一个扫描周期的输入采样阶段，才重新写入输入端的新内容。所以一般来说，输入信号的宽度要大于一个扫描周期，否则很可能造成信号的丢失。

(2) 程序执行阶段

根据 PLC 梯形图程序扫描原则，一般来说，PLC 按从左到右、从上到下的步骤顺序执行程序。当指令中涉及输入、输出状态时，PLC 就从输入映像寄存器中“读入”采集到的对应输入端子状态，从元件映像寄存器“读入”对应元件（“软继电器”）的当前状态。然后，进行相应的运算，运算结果再存入元件映像寄存器中。对元件映像寄存器来说，每一个元件（“软继电器”）的状态会随着程序执行过程而变化。

(3) 输出刷新阶段

在所有指令执行完毕后，元件映像寄存器中所有输出继电器的状态（接通/断开）在输出刷新阶段转存到输出锁存器中，通过输出端子和外部电源，驱动外部负载。

3.1.3 可编程控制器的特点和分类

3.1.3.1 特点

现代工业生产是复杂多样的，它们对控制的要求也各不相同。可编程序控制器一经出现就受到了广大工程技术人员的欢迎。它的主要特点如下。

(1) 抗干扰能力强，可靠性高

PLC 在电子线路、机械结构以及软件结构上都吸取了生产厂家长期积累的工业控制经验，主要模块均采用大规模与超大规模集成电路，I/O 系统设计有完善的通道保护与信号调理电路；在结构上对耐热、防潮、防尘、抗震等都有精确考虑；在硬件上采用隔离、屏蔽、滤波、接地等抗干扰措施；在软件上采用数字滤波等抗干扰和故障诊断措施。所有这些使 PLC 具有较高的抗干扰能力。PLC 的平均无故障时间通常在几万小时以上，这是一般微机不能比拟的。

（2）控制系统结构简单，通用性强

PLC 及外围模块品种多，可由各种组件灵活组合成各种大小和不同要求的控制系统。在 PLC 构成的控制系统中，只需在 PLC 的端子上接入相应的输入输出信号线即可。当需要变更控制系统的功能时，可以用编程器在线或离线修改程序，同一个 PLC 装置用于不同的控制对象，只是输入输出组件和应用软件不同。PLC 的输入输出可直接与交流 220V、直流 24V 等强电相连，并有较强的带负载能力。

（3）编程方便，易于使用

PLC 是面向用户的设备，PLC 的设计者充分考虑到现场工程技术人员的技能和习惯。PLC 程序的编制，采用梯形图或面向工业控制的简单指令形式。梯形图与继电器原理图相类似，这种编程语言形象直观，容易掌握，不需要专门的计算机知识和语言，只要是具有一定的电工和工艺知识的人员都可在短时间学会。

（4）功能完善

PLC 的输入输出系统功能完善，性能可靠，能够适应于各种形式和性质的开关量和模拟量的输入输出。由于采用了微处理器，它能够很方便地实现定时、计数、锁存、比较、跳转和强制 I/O 等诸多功能，不仅具有逻辑运算、算术运算、数制转换以及顺序控制功能，还具备模拟运算、显示、监控、打印及报表生成功能。此外，它还可以和其他微机系统、控制设备共同组成分布式或分散式控制系统，还能实现成组数据传送、矩阵运算、闭环控制、排序与查表、函数运算及快速中断等功能。因此 PLC 具有极强的适应性，能够很好地满足各种类型控制的需要。

（5）设计、施工、调试的周期短

采用 PLC 控制，由于其靠软件实现控制，硬件线路非常简洁，并为模块化积木式结构，且已商品化，故仅需按性能、容量（输入输出点数、内存大小）等选用组装，而大量具体的程序编制工作也可在 PLC 到货前进行，因而缩短了设计周期，使设计和施工可同时进行。由于用软件编程取代了硬接线实现控制功能，大大减轻了繁重的安装接线工作，缩短了施工周期。因为 PLC 是通过程序完成控制任务的，采用了方便用户的工业编程语言，且都具有强制和仿真的功能，故程序的设计、修改和调试都很方便，这样可大大缩短设计和投运周期。

（6）体积小，维护操作方便

PLC 体积小，重量轻，便于安装。PLC 的输入输出系统能够直观地反映现场信号的变化状态，还能通过各种方式直观地反映控制系统的运行状态，如内部工作状态、通信状态、I/O 点状态、异常状态和电源状态等，对此均有醒目的指示，非常有利于运行和维护人员对系统进行监视。

3.1.3.2 分类

（1）按 I/O 点数及存储器的容量分类

一般而言，处理的 I/O 点数比较多，则控制关系比较复杂，用户要求的程序存储器容量比较大，要求 PLC 指令及其他功能比较多，指令执行的过程也比较快等。按 PLC 的输入输出点数可将 PLC 分为以下三类。

① 小型 PLC。小型 PLC 的功能一般以开关量控制为主，小型 PLC 输入、输出总点数一般在 256 点以下，用户程序存储器容量在 4KB 以下。现在的高性能小型 PLC 还具有一定的通信能力和少量的模拟量处理能力。这类 PLC 的特点是价格低廉，体积小巧，适合于控制单台设备，开发机电一体化产品。

② 中型 PLC。中型 PLC 的输入、输出总点数在 256～1024 点，用户程序存储器容量大于 8KB。中型 PLC 不仅具有开关量和模拟量的控制功能，还具有更强的数字计算能力，它的通信功能和模拟量处理能力更强大。中型机的指令比小型机更丰富，中型机适用于复杂的逻辑控制系统以及连续生产过程控制场合。

③ 大型 PLC。大型 PLC 的输入、输出总点数在 1024 点以上，用户程序存储器容量达到 8～16MB。大型 PLC 的性能已经与工业控制计算机相当，它具有计算、控制和调节的功能，还具有强大的网络结构和通信联网能力。它可以连接 HMI 作为系统监视或操作界面，能够表示过程的动态流程，记录各种曲线、PID 调节参数选择图，可配备多种智能模块，构成一个多功能系统。这种系统还可以和其他型号的控制器互联，和上位机相连，组成一个集中分散的生产过程和产品质量控制系统。大型机适用于设备自动化控制、过程自

动化控制和过程监控系统。

(2) 根据结构形式分类

① 整体式（箱体式）。整体式结构的特点是将PLC的基本部件，如CPU板、输入板、输出板、电源板等紧凑地安装在一个标准机壳内，构成一个整体，组成PLC的一个基本单元（主机）或扩展单元。基本单元上没有扩展端口，通过扩展电缆与扩展单元相连，以构成PLC不同的配置。整体式结构的PLC体积小，成本低，安装方便。微型和小型PLC一般为整体式结构。

② 模块式。模块式结构的PLC是由一些模块单元构成，这些标准模块如CPU模块、输入模块、输出模块、电源模块和各种功能模块等，将这些模块插在框架上或基板上即可。各模块功能是独立的，外形尺寸是统一的，插入什么模块可根据需要灵活配置。目前，中、大型PLC多采用这种结构形式。

3.2 指令系统

3.2.1 PLC的编程方法与一般规则

无论采用哪种编程语言，PLC最终都是按照指令和软件资源组成的语句表来执行程序的，由于PLC的应用者大多是工控行业的技术人员，他们熟悉电气控制图或者信号流程图，因此，PLC的编程语言必须从形式上符合他们的使用习惯。这样的编程语言才更有利于PLC的应用。

梯形图（ladder）就是与电气控制图相似的一种PLC编程语言。

顺序功能流程图（SFC）就是与信号流程图相似的一种PLC编程语言。

梯形图编程语言和顺序功能流程图编程语言都符合工控行业的国际标准。

(1) 继电器梯形图（LD）

继电器梯形图编程语言是PLC首先采用的编程语言，也是PLC最普遍采用的编程语言。梯形图编程语言是在继电器控制系统原理图的基础上演变而来的。PLC的梯形图与继电器控制系统梯形图的基本思想是一致的，只是在使用符号和表达方式上有一定区别。图25-3-5所示是典型的PLC继电器梯形图示例。左右两条垂直的线称作母线。母线之间是触点的逻辑连接和线圈的输出。继电器梯形图实质上就是PLC内部的一段控制程序，所以常把它称作为程序。又由于它是以电路逻辑图的形式出现的，所以，有时又称它为内部继电器电路图。

(2) 功能模块图（FBD）

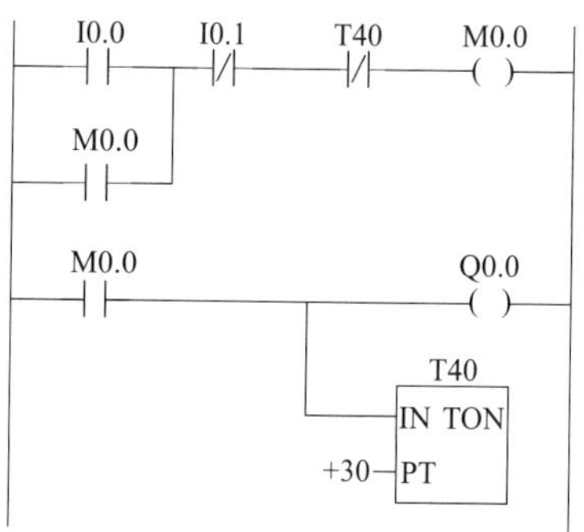

图 25-3-5 PLC继电器梯形图

功能模块图语言是与数字逻辑电路原理图类似的一种PLC编程语言。采用功能模块图的形式来表示模块所具有的功能，不同的功能模块有不同的功能。功能模块图编程语言的特点：以功能模块为单位，分析理解控制方案简单容易；功能模块是用图形的形式表达功能，直观性强，对于具有数字逻辑电路基础的设计人员很容易掌握编程；对规模大、控制逻辑关系复杂的控制系统，由于功能模块图能够清楚表达功能关系，使编程调试时间大大减少。

(3) 顺序功能图（SFC）

顺序功能图亦称功能流程图或状态转移图，是一种图形化的功能性说明语言，专用于描述工业顺序控制程序。使用它可以对具有并发、选择等复杂结构的系统进行编程，一些高档的PLC提供了用于SFC编

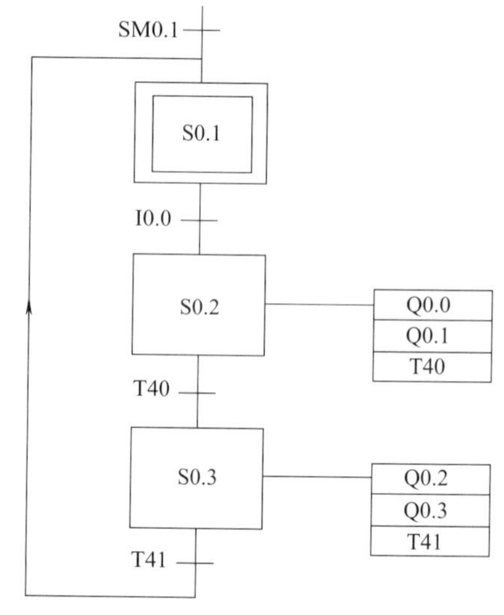

图 25-3-6 PLC顺序功能图

程的指令，但一些低档的 PLC 并不支持 SFC 编程语言。顺序功能图示例如图 25-3-6 所示。

顺序功能图主要由“状态”和“转移”等基本元素组成。通过这些基本元素的不同组合，可以表达各种各样的复杂顺序控制逻辑，控制规律的表达简洁明了。

状态有时也称步，是系统一个相对稳定的阶段，在这个阶段内系统的参量保持不变。系统的参量一旦发生变化，则认为系统转移到了一个新的状态。状态包括初始状态和工作状态，一个系统至少要有一个初始状态，初始状态用双线矩形框表示，工作状态用矩形框表示，工作状态一般都有相对应的动作。每个状态都有一个编号，通常用 PLC 内部的状态元件来保存状态。

（4）指令语句表（IL）

指令表编程语言类似于计算机中的助记符汇编语言，它是可编程控制器最基础的编程语言。所谓指令表编程，是用一个或几个容易记忆的字符来代表可编程控制器的某种操作功能，具体指令的说明将在后面的相关内容中作详细的介绍。指令语句表示例如图 25-3-7 所示。

```
LD     I0.0
O      M0.0
AN     I0.1
AN     T40
=      M0.0
LD     M0.0
=      Q0.0
TON    T40,+30
```

图 25-3-7　PLC 指令语句表（西门子系统）

（5）结构化文本语言（ST）

结构化文本（ST）是一种高级的文本语言，可以用来描述功能、功能块和程序的行为，还可以在顺序功能流程图中描述步、动作和转变的行为。

结构化文本语言表面上与 PASCAL 语言很相似，但它是一个专门为工业控制应用开发的编程语言，具有很强的编程能力，用于对变量赋值、回调功能和功能块、创建表达式、编写条件语句和迭代程序等。结构化文本非常适合应用在有复杂的算术计算的应用中。

结构化文本程序格式自由，可以在关键词与标识符之间任何地方插入制表符、换行字符和注释。对于熟悉计算机高级语言开发的人员来说，结构化语言更是易学易用。此外，结构化文本语言还易读易理解，特别是用有实际意义的标识符、批注来注释时，更是这样。

下面程序是一个用结构化文本程序实现功能块的例子。该实例描述的是如何用功能块控制箱体中的流体，箱体可以通过阀门被注满和倒空，箱体的重量由一个称重单元监视。功能块通过比较两个输入值 FullWeight 和 EmptyWeight 以确定箱体是满的还是空的。

该功能块提供了一个“Command”输入，该输入有四种状态：给箱体加水；保持不变；启动“Stirrer”；清空箱体。实现该功能块算法的结构化文本程序如下：

```
(*箱体状态*)
TYPE_T_STATE:(FULL,NOT_FULL,EMPTIED);
END_TYPE;
(*阀门状态*)
TYPE_T_VALVE:(OPEN,SHUT);END_TYPE;
FUNCTION_BLOCK TankControl
VAR_IN(**)
Command:SINT;
Weight:REAL;
FullWeight,EmptyWeight:REAL;
END_VAR
VAR_OUT(**)
FillValve:T_VALVE:=SHUT;
EmptyValve:T_VALVE:=SHUT;
StirSpeed:REAL:=0.0;
END_VAR
VAR
State:=T_STATE:=EMPTYIED;
END_VAR
```

3.2.2　指令系统

PLC 指令一般由助记符和操作数两部分组成，助记符表示 CPU 执行此命令所要完成的功能，而操作数则指出 CPU 的操作对象。操作数既可以是前面介绍的通道号和继电器编号，也可以是 DM 区或是立即数。立即数可以用十进制数表示，也可以用十六进制数表示。可能影响执行指令的系统标志有：ER（错误标志）、CY（进位标志）、EQ（相等标志）、GR（大于标志）和 LE（小于标志）等。

PLC 具有比较丰富的指令集，按其功能可分为两大类：基本指令和特殊功能指令。以下以欧姆龙系统为例说明。

表 25-3-1　　PLC 的基本逻辑指令

指令名称	指令符	功　　能	操　作　数
取	LD	读入逻辑行或电路块的第一个常开节点	00000～01915 20000～25507 HR0000～1915 AR0000～1515 LR0000～1515 TIM/CNT000～127 TR0～7 TR 仅用于 LD 指令
取反	LD NOT	读入逻辑行或电路块的第一个常闭节点	
与	AND	串联一个常开节点	
与非	AND NOT	串联一个常闭节点	
或	OR	并联一个常开节点	
或非	OR NOT	并联一个常闭节点	
电路块与	AND LD	串联一个电路块	无
电路块或	OR LD	并联一个电路块	
输出	OUT	输出逻辑行的运算结果	00000～01915 20000～25507 HR0000～1915 AR0000～1515 LR0000～1515 TIM/CNT000～127 TR0～7 TR 仅用于 OUT 指令
输出求反	OUT NOT	求反输出逻辑行的运算结果	
置位	SET	置继电器状态为接通	
复位	RSET	使继电器复位为断开	
定时	TIM	接通延时定时器(减算) 设定时间 0～999.9s	TIM/CNT000～127 设定值 0～9999 定时单位为 0.1s 计数单位为 1 次

3.2.2.1　PLC 的基本指令

3.2.2.2　PLC 的功能指令

PLC 提供的功能指令主要用来实现程序控制、数据处理和算术运算等。这类功能指令在简易编程器上一般没有对应的指令键，只是为每个功能指令规定了一个功能代码，用两位数字表示。在输入这类指令时先按下“FUN”键，再按下相应的代码。表 25-3-2 介绍了部分常用的功能指令。

表 25-3-2　　PLC 的功能指令

指令名称	指令符	功　　能
空操作	NOP	不作任何的逻辑操作，也不使用继电器，无需操作数。令应用在程序中留出一个地址，以便调试程序时插入指令，还可用于微调扫描时间
结束	END	单独使用，无需操作数，是程序的最后一条指令，表示程序到此结束。PLC 在执行用户程序时，当执行到 END 指令时就停止执行程序阶段，转入执行输出刷新阶段。可用来分段调试程序
减法	SUB	与 ADD 指令相似，是把两个四位 BCD 数作带借位减法，差值送入指定通道，其操作数同 ADD 指令。在编写 SUB 指令语言时，必须指定被减数、减数和差值的存放通道三个数。执行减法运算前必须加一条清进位位指令 CLC(41)；被减数和减数必须是 BCD 数，否则 25503 置 ON，不执行 SUB 指令；若运算结果有借位，则进位标志继电器 25504 为 ON；若运算结果为零，则专用继电器 25506 变为 ON
跳转开始 跳转结束	JMP JME	指令不带操作数，JMP 表示程序转移开始，JME 表示程序转移结束。JMP/JME 指令组用于控制程序分支。当 JMP 条件为 OFF 时，程序转去执行 JME 后面的第一条指令；当 JMP 的条件为 ON，则整个梯形图按顺序执行，如同 JMP/JME 指令不存在一样。JMP/JME 指令应配对使用，否则 PLC 显示出错
逐位移位	SFT	带两个操作数，以通道为单位，第一个操作数为首通道号 D1，第二个操作数为末通道号 D2。使用的继电器有：000CH～019CH，200CH～252CH，HR00～HR19。移位寄存器有数据输入端(IN)、移位时钟端(CP)及复位端(R)，必须按照输入(IN)、时钟(CP)、复位(R)和 SFT 指令的顺序进行编程。当移位时钟由 OFF→ON 时，将(D1～D2)通道的内容，按照从低位到高位的顺序移动一位，最高位溢出丢失，最低位由输入数据填充。当复位端输入 ON 时，参与移位的所有通道数据均复位，即都为 OFF。如果需要多于 16 位的数据进行移位，可以将几个通道级连起来。使用时：起始通道和结束通道，必须在同一种继电器中且起始通道号≤结束通道号

续表

指令名称	指令符	功 能
锁存	KEEP	使用的操作数有：01000～01915、20000～25515、HR0000～HR1915。相当于锁存器，当置位端（S 端）条件为 ON 时，KEEP 继电器一直保持 ON 状态，即使 S 端条件变为 OFF，KEEP 继电器也还保持 ON，直到复位端（R 端）条件为 ON 时，才使之变 OFF。KEEP 指令主要用于线圈的保持，即继电器的自锁电路可用 KEEP 指令实现。若 SET 端和 RES 端同时为 ON，则 KEEP 继电器优先变为 OFF。锁存继电器指令编写必须按置位行（S 端）、复位行（R 端）和 KEEP 继电器的顺序来编写
前沿微分脉冲 后沿微分脉冲	DIFU DIFD	使用的操作数有：01000～01915、20000～25515、HR0000～HR1915。DIFU 的功能是在输入脉冲的前（上升）沿使指定的继电器接通一个扫描周期之后释放，而 DIFD 的功能是在输入脉冲的后（下降）沿使指定的继电器接通一个扫描周期之后释放
快速定时器	TIMH	操作数占两行，一行为定时器号 000～127（不得与 TIM 或 CNT 重复使用同号），另一行为设定时间。设定的定时时间，可以是常数，也可以由通道 000CH～019CH、20000CH～25515CH、HR0000～HR1915 中的内容决定，但必须为四位 BCD 码
通道移位	WSFT	又称字移位指令，是以字（通道）为单位的串行移位。操作数为首通道号 D1、末通道号 D2。可取 000CH～019CH、200CH～252CH、HR00～HR19。通道移位指令执行时，当移位条件为 ON，WSFT 从首通道向末通道依次移动一个字，原首通道 16 位内容全部复位，原末通道中的 16 位内容全部移出丢失。WSFT 指令在使用时须注意：首通道和末通道必须是同一类型的继电器；首通道号≤末通道号。当移位条件为 ON 时，CPU 每扫描一次程序就执行一次 WSFT 指令。如只要程序执行一次，则应该用微分指令
可逆计数器	CNTR	是对外部信号进行加 1 或减 1 的环形计数。带两个操作数：计数器号 000～127，设定值范围 0000～9999，设定值可以用常数，也可以用通道号，用通道号时，设定值为通道中的内容
比较	CMP	是将 S（源通道）中的内容与 D（目标通道）的内容进行比较，其比较结果送到 PLC 的内部专用继电器 25505、05506、25507 中进行处理后输出，输出状态见表 25-3-3。用于将通道数据 S 与另一通道数据 D 中的十六进制数或四位常数进行比较，S 和 D 中至少有一个是通道数据
数据传送 数据求反传送	MOV MOVN	用于数据的传送。当 MOV 前面的状态为 ON 时，执行 MOV 指令，在每个扫描周期中把 S 中的源数据传送到目标 D 所指定的通道中去。当 MOV 前面的状态为 OFF 时，执行 MOVN 指令，在每个扫描周期中把 S 中的源数据求反后传送到目标 D 所指定的通道中去。执行传送指令后，如果目标通道 D 中的内容全为零，则标志位 25506 为 ON
进位置位 进位复位	STC CLC	是将进位标志继电器 25504 置位（即置 ON）或强制将进位标志继电器 25504 复位（即置 OFF）。当这两条指令前面状态为 ON 时，执行指令，否则不执行。通常在执行加、减运算操作之前，先执行 CLC 指令来清进位位，以确保运算结果的正确
加法	ADD	将两个通道的内容或一个通道的内容与一个常数相加（带进位位），再把结果送至目标通道 D。操作数中被加数 S1、加数 S2、运算结果 D 的内容见表 25-3-4。说明：执行加法运算前必须加一条清进位标志指令 CLC(41) 参加运算；被加数和加数必须是 BCD 数，否则 25503 置 ON，不执行 ADD 指令；若相加后结果有进位，则进位标志继电器 25504 为 ON；若和为零，则专用继电器 25506 变为 ON
互锁 互锁清除	IL ILC	在梯形图的分支处形成新的母线，使某一部分梯形图受到某些条件的控制。IL 和 ILC 指令应当成对配合使用，否则出错。IL/ILC 指令的功能是：如果控制 IL 的条件成立（即 ON），则执行互锁指令。若控制 IL 的条件不成立（即 OFF），则 IL 与 ILC 之间的互锁程序段不执行，即位于 IL/ILC 之间的所有继电器均为 OFF，此时所有定时器将复位，但所有的计数器、移位寄存器及保持继电器均保持当前值。这两条指令不带操作数，IL 指令为互锁条件，形成分支电路，即新母线，以便与 LD 指令联用，表示互锁程序段的开始；ILC 指令表示互锁程序段结束

表 25-3-3 比较结果输出专用继电器状态

SMR	25505	25506	25507
S>D	ON	OFF	OFF
S=D	OFF	ON	OFF
S,D	OFF	OFF	ON

表 25-3-4 加法指令的操作数内容

S1/S2	000～019CH	200～231CH	HR00～HR19	TIM/CNT000～127	DM0000～1023 DM6144～6655	四位 常数
D	010～019CH	200～231CH	HR00～HR19	—	DM0000～1023	—

注：DM6144～6655 不能用程序写入（只能用外围设备设定）。

3.3 常用 PLC 规格和技术参数

可编程控制器的基本性能如下。

(1) 工作速度

工作速度是指 PLC 的 CPU 执行指令的速度及对急需处理的输入信号的响应速度。工作速度是 PLC 工作的基础。速度高了，才可能通过运行程序实现控制，才可能不断扩大控制规模，才可能发挥 PLC 的多种多样的作用。以执行一条基本指令的时间来衡量这个速度。这个时间当然越短越好，已从微秒级缩短到零点几微秒级。随着微处理器技术的进步，这个时间还在缩短。

工作速度关系到 PLC 对输入信号的响应速度，是 PLC 对系统控制是否及时的前提。控制不及时，就不可能准确与可靠，特别是对一些需作快速响应的系统。这就是把工作速度作为 PLC 第一指标的原因。

(2) 控制规模

控制规模代表 PLC 控制能力。

控制规模与速度、内存区的大小有关，还与输入、输出电路数，PLC 指令系统有关。

控制规模是对 PLC 其他性能指标起着制约作用的指标；也是将 PLC 划分为微、小、中、大和特大型的标准。

(3) 组成模块

这个性能是指某型号 PLC 具有多少种模块，各种模块都有什么规格，并各具有什么特点。

一般讲，规模大的、档次高的 PLC 模块的种类多，规格也多，反映它的特点的性能指标也高。相反，小型、档次低的 PLC 模块种类少，规格也少，指标也低。组成 PLC 的模块是 PLC 的硬件基础，只有弄清所选用的 PLC 都具有哪些模块及特点，才能正确选用模块，去组成一台完整的 PLC，以满足控制系统对 PLC 的要求。

常见的 PLC 模块有：CPU 模块，它是 PLC 的硬件核心；电源模块，它为 PLC 运行提供内部工作电源，而且，有的还可为输入电路提供电源；I/O 模块，依点数及电路类型划分为不同规格；底板、机架模块，它为 PLC 各模块的安装提供基板，并为模块间的联系提供总线。

除上述模块，PLC 还有特殊的模块，称为智能模块或功能模块。如 A/D（模入）模块、D/A（模出）模块、高速计数模块、位控模块、温度模块等。这些模块有自己的 CPU，可对信号作预处理或后处理，以简化 PLC 的 CPU 对复杂的控制量的控制。智能模块的种类、特性也大不相同，性能好的 PLC，这些模块种类多，性能也好。通信模块，它接入 PLC 后，可使 PLC 与计算机，或 PLC 与 PLC 进行通信，有的还可实现与其他控制部件，如变频器、温控器通信，或组成局部网络。通信模块代表 PLC 的组网能力，代表着当今 PLC 性能的重要方面。

(4) 内存容量

PLC 内存有用户及系统两大部分。用户内存主要用以存储用户程序，个别的还将其中的一部分划为系统所用。系统内存是与 CPU 配置在一起的。CPU 既要具备访问这些内存的能力，还应提供相应的存储介质。

用户内存大小与可存储的用户程序量有关。内存大，可存储的程序量大，也就可进行更为复杂的控制。

系统内提供的内部器件种类越多，数量越多，越便于 PLC 进行种种逻辑量及模拟控制。它也是代表 PLC 性能的重要指标。内部器件也是 PLC 指令的操作数，不弄清楚是无法编程的。

（5）指令系统

PLC有多少条指令，各条指令又具有什么功能，是了解与使用PLC的重要方面。PLC的指令越来越多，越来越丰富。功能很强的指令、综合多种作用的指令日益增多。

PLC的指令繁多，但主要的有以下几种类型：基本逻辑指令，用于处理逻辑关系，以实现逻辑控制；数据处理指令，用于处理数据；数据运算指令，用于数据的运算；流程控制指令，用以控制程序运行流程；状态监控指令，用以监视及记录PLC及其控制系统的工作状态，对提高PLC控制系统的工作可靠性大有帮助。

并不是所有的PLC都有上述那么多类的指令，也不是所有的PLC都仅有上述几类指令。除了指令，为进行通信，PLC还有相应的协议与通信指令或命令，这些也反映了PLC的性能。

（6）支持软件

为了便于编制PLC程序，多数PLC厂家都开发有关计算机支持软件。从本质上讲，PLC所能识别的只是机器语言。它之所以能使用一些助记符语言、梯形图语言、流程图语言，以至高级语言，全靠为使用这些语言而开发的种种软件。

支持软件不仅编制PLC程序时需要，监控PLC运行，特别是监视PLC所控制的系统的工作状况也需要。所以，多数支持编程的软件，也具有监视PLC工作的功能。

此外，也有专用于监控PLC工作的软件，它多与PLC的监视终端联用。有的PLC厂家或第三方厂家还开发了使用PLC的组态软件，用以实现计算机对PLC控制系统监控，以及与PLC交换数据。PLC的用户也可基于DOS或WINDOWS平台开发用于PLC控制系统的应用软件，以提高PLC系统自动化及智能化水平。这方面的软件已日益受到重视。

总之，为了用好PLC，PLC的支持软件越来越丰富，性能也越来越好，其界面也越来越友好，因此，支持软件的情况如何，已成为评判PLC性能的指标之一。

（7）可靠控制

为使PLC能可靠工作，在硬件与软件两个方面，PLC厂家都采取了很多措施，对一些有特殊可靠要求的PLC，还有相应的特殊措施，如热备、冗余等。可靠措施的目的是加长PLC平均故障间隔时间MTBF（Mean Time Between Failure）及缩短PLC的平均修复时间MTTR（Mean Time To Repair），以提高PLC的有效度*A*（Availability）。*A*值越大越好，它可使PLC系统得到充分的利用。

鉴于可靠工作是PLC的重要特点，至关重要，故有关加长MTBF及缩短MTTR的措施，以及PLC的MTBF与MTTR值也成为PLC性能的重要指标。

（8）经济指标

经济是基础，经济上不合算，不能带来经济效益，使用PLC也就没有基础。所以，这个指标也是重要的。经济指标最简单的就是看价格。一般讲，同样技术性能的PLC，价格低，其经济指标就好。

此外，还要看供货情况，供货不及时，影响使用，价格即使低，也不一定就好；看技术服务，资料不全，用户出现问题得不到技术支持也不好。

对经济指标还要作综合分析，要看使用了PLC能否带来效益，然后，再分析使用哪家的PLC效益更好些。

国内常用的PLC主要包括：西门子SIEMENS、罗克韦尔/AB、施耐德Schneider、ABB、欧姆龙OMRON、三菱Mitsubishi、松下Panasonic、台达Delta、永宏FATEK、丰炜VIGOR、和利时HollySys等。欧美公司在大、中型PLC领域占有绝对优势，日本公司在小型PLC领域占据十分重要的位置。小型PLC的技术源流主要分为日系和欧系，前者以三菱和欧姆龙为代表，后者则以西门子为首。这里仅对西门子SIEMENS、ABB、罗克韦尔/AB、欧姆龙OMRON、三菱Mitsubishi、台达Delta进行介绍。

3.3.1　西门子PLC

德国西门子（SIEMENS）公司生产的可编程序控制器在我国的应用相当广泛，在冶金、化工、印刷生产线等领域都有应用。西门子（SIEMENS）公司的PLC产品包括LOGO、S7-200、S7-1200、S7-300、S7-400等。西门子S7系列PLC体积小、速度快、标准化，具有网络通信能力，功能更强，可靠性高。S7系列PLC产品可分为微型PLC（如S7-200），小规模性能要求的PLC（如S7-300）和中、高性能要求的PLC（如S7-400）等。

SIMATIC S7-200 PLC。S7-200 PLC是超小型化的PLC，它适用于各行各业，各种场合中的自动检测、监测及控制等。S7-200 PLC的强大功能使其无论单机运行，或连成网络都能实现复杂的控制功能。S7-200PLC可提供4个不同的基本型号与8种CPU可供选择使用。

SIMATIC S7-300 PLC。S7-300是模块化小型PLC系统，能满足中等性能要求的应用。各种单独的模块之间可进行广泛组合构成不同要求的系统。与 S7-200 PLC 比较，S7-300 PLC 采用模块化结构，具备高速（0.6～0.1μs）的指令运算速度；用浮点数运算比较有效地实现了更为复杂的算术运算。具备强大的通信功能，S7-300 PLC 可通过编程软件 Step 7 的用户界面提供通信组态功能，这使得组态非常容易、简单。

SIMATIC S7-400 PLC。S7-400 PLC 是用于中、高档性能范围的可编程序控制器。S7-400 PLC 采用模块化无风扇的设计，可靠耐用，同时可以选用多种级别（功能逐步升级）的 CPU，并配有多种通用功能的模板，这使用户能根据需要组合成不同的专用系统。当控制系统规模扩大或升级时，只要适当地增加一些模板，便能使系统升级和充分满足需要。

以 S7-200 系列为主介绍选型，它们的详细信息请查阅厂家技术资料。

S7-200 系列是一种可编程序逻辑控制器（Micro PLC）。它能够控制各种设备，以满足自动化控制需求。S7-200 的用户程序中包括了位逻辑、计数器、定时器、复杂数学运算以及与其他智能模块通信等指令内容，从而使它能够监视输入状态、改变输出状态以达到控制目的。紧凑的结构、灵活的配置和强大的指令集使 S7-200 成为各种控制应用的理想解决方案。其技术指标和 CPU 规范见表 25-3-5～表 25-3-7。

表 25-3-5 **西门子 S7-200 的技术指标**

特性		CPU 221	CPU 22	CPU 224	CPU 224XP	CPU 226
外形尺寸/mm		90×80×62	90×80×62	120.5×80×62	140×80×62	190×80×62
程序存储器/字节	可在运行模式下编辑	4096	4096	8192	12288	16384
程序存储器/字节	不可在运行模式下编辑	4096	4096	12288	16384	24576
数据存储区/字节		2048	2048	8192	10240	10240
掉电保护时间/h		50	50	100	100	100
本机 I/O	数字量	6 入/4 出	8 入/6 出	14 入/10 出	14 入/10 出	24 入/16 出
本机 I/O	模拟量	—	—	—	2 入/1 出	—
扩展模块数量		0 个模块	2 个模块	7 个模块	7 个模块	7 个模块
高速计数器	单相	4 路 30kHz	4 路 30kHz	6 路 30kHz	4 路 30kHz 2 路 200kHz	6 路 30kHz
高速计数器	两相	2 路 20kHz	2 路 20kHz	4 路 20kHz	3 路 20kHz 1 路 100kHz	4 路 20kHz
脉冲输出(DC)		2 路 20kHz	2 路 20kHz	2 路 20kHz	2 路 100kHz	2 路 20kHz
模拟电位器		1	1	2	2	2
实时时钟		配时钟卡	配时钟卡	内置	内置	内置
通信口		1RS-485	1RS-485	1RS-485	2RS-485	2RS-485
浮点数运算		有				
I/O 映像区		256(128 入/128 出)				
布尔指令执行速度		0.22μs/指令				

表 25-3-6 **西门子 S7-200 CPU 常规规范**

模块名称及描述	质量/g	功耗/W	CPU 供电（标称）	通信口	模拟量输入	模拟量输出	可拆卸连接	电流供应/mA	
								+5V DC	+24V DC
CPU221 DC/DC/DC 6 输入/4 输出	270	3	24V DC	1	否	否	否	0	180
CPU221 AC/DC/Relay 6 输入/4 继电器	310	6	120～240VAC	1	否	否	否	0	180
CPU222 DC/DC/DC 8 输入/6 输出	270	5	24V DC	1	否	否	否	340	180
CPU222 AC/DC/Relay 8 输入/6 继电器	310	7	120～240VAC	1	否	否	否	340	180

续表

模块名称及描述	质量/g	功耗/W	CPU供电（标称）	通信口	模拟量输入	模拟量输出	可拆卸连接	电流供应/mA	
								+5V DC	+24V DC
CPU224 DC/DC/DC 14输入/10输出	360	7	24V DC	1	否	否	是	660	280
CPU224 AC/DC/Relay 14输入/10继电器输出	410	10	120～240VAC	1	否	否	是	660	280
CPU224XP DC/DC/DC 14输入/10输出	390	8	24V DC	2	2	1	是	660	280
CPU224XPsi DC/DC/DC 14输入/10输出	390	8	24V DC	2	2	1	是	660	280
CPU224XP AC/DC/继电器 14输入/10继电器输出	440	11	120～240VAC	2	2	1	是	660	280
CPU226 DC/DC/DC 24输入/16输出	550	11	24V DC	2	否	否	是	1000	400
CPU226 AC/DC/继电器 24输入/16继电器	660	17	120～240VAC	2	否	否	是	1000	400

表 25-3-7　西门子 S7-200 CPU 技术规范

项　目		CPU221	CPU222	CPU224	CPU 224XP CPU 224XPsi	CPU226
存储器用户程序大小/字节	运行模式下编辑	4096		8192	12288	16384
	非运行模式下编辑	4096		12288	16384	24576
用户数据/字节		2048		8192	10240	10240
掉电保持	超级电容	50h典型(最少8h,40℃)		100h典型(最少70h,40℃)	100h典型(最少70h,40℃)	
	可选电池	200日典型		200日典型	200日典型	
数字量I/O		6输入/4输出	8输入/6输出	14输入/10输出	14输入/10输出	24输入/16输出
模拟量I/O		无			2输入/1输出	无
数字I/O映像区		256(128入/128出)				
模拟I/O映像区		无	32(16入/16出)	64(32入/32出)		
允许的最大扩展模块		无	2个模块	7个模块1		
允许的最大智能模块		无	2个模块	7个模块1		
脉冲捕捉输入		6	8	14		24
高速计数器总数/个		4		6	6	6
单相计数器		4个30kHz		6个30kHz	4个30kHz 2个200kHz	6个30kHz
两相计数器		2个20kHz		4个20kHz	3个20kHz 1个100kHz	4个20kHz
脉冲输出		2个20kHz(仅限于DC输出)			2个100kHz (仅限于DC输出)	2个20kHz (仅限于DC输出)
定时器		共256定时器:4个定时器(1ms);16个定时器(10ms);236个定时器(100ms)				
计数器		256(由超级电容或电池备份)				

续表

项　　目	CPU221	CPU222	CPU224	CPU 224XP CPU 224XPsi	CPU226
内部存储器位掉电保存	256(由超级电容或电池备份)112(存储在 EEPROM)				
时间中断	2 个 1ms 分辨率				
边沿中断	4 个上升沿和/或 4 个下降沿				
模拟电位计	1 个 8 位分辨率		2 个 8 位分辨率		
布尔量运算执行速度	0.22μs/指令				
实时时钟	可选卡件		内置		
卡件选项	存储器、电池和实时时钟		存储卡和电池卡		
端口(受限电源)	1 个 RS-485 口		2 个 RS-485 口		
自由口波特率	1.2k～115.2k 波特				
每段最大电缆长度	使用隔离中继器:187.5k 波特可达 1000m,38.4k 波特可达 1200m 未使用隔离中继器:50m				
最大站点数	每段 32 个站,每个网络 126 个站				
最大主站数	32				
点到点(PPI 主站模式)	是(NETR/NETW)				
MPI 连接	共 4 个,2 个保留(1 个给 PG,1 个给 OP)				

为了更好地满足应用要求，S7-200 系列提供多种类型的扩展模块，可以利用这些扩展模块完善 CPU 的功能。其类型和规范见表 25-3-8～表 25-3-11。

表 25-3-8　　西门子 S7-200 扩展模块

扩展模块	类　　型			
数字量模块				
输入	8×DC 输入	8×AC 输入	16×DC 输入	
输出	4×DC 输出	4×继电器	8×继电器	
	8×DC 输出	8×AC 输出		
混合	4×DC 输入/4×DC 输出	8×DC 输入/8×DC 输出	16×DC 输入/16×DC 输出	32×DC 输入/32×DC 输出
	4×DC 输入/4×继电器	8×DC 输入/8×继电器	16×DC 输入/16×继电器	32×DC 输入/32×继电器
模拟模块				
输入	4×模拟输入	8×模拟输入	4×热电偶输入	8×热电偶输入
	2×RTD 输入	4×RTD 输入		
输出	2×模拟输出	4×模拟输出		
混合	4×模拟输入			
	4×模拟输出			

表 25-3-9　　西门子 S7-200 数字量扩展模块常规规范（可拆卸）

模块名称及描述	尺寸 ($W \times H \times D$)/mm	质量 /g	功耗 /W	电　　流	
				+5V DC	+24V DC
EM221 DI8×24V DC	46×80×62	150	2	30mA 接通	4mA/输入
EM221 DI8×120/230V AC	71.2×80×62	160	3	30mA	—
EM221 DI16×24V DC	71.2×80×62	160	3	70mA 接通	4mA/输入

续表

模块名称及描述	尺寸 (W×H×D)/mm	质量 /g	功耗 /W	电流	
				+5V DC	+24V DC
EM222 DO4×24V DC-5A	46×80×62	120	3	40mA	—
EM222 DO4×继电器-10A	46×80×62	150	4	30mA 接通	20mA/输出
EM222 DO8×24V DC	46×80×62	150	2	50mA	—
EM222 DO8×继电器	46×80×62	170	2	40mA 接通	9mA/输出
EM222 DO8×120/230V AC	71.2×80×62	165	4	110mA	—
EM223 24V DC 4 入/4 出	46×80×62	160	2	40mA 接通	4mA/输入
EM223 24V DC 4 入/4 继电器	46×80×62	170	2	40mA 接通	9mA/输出 4mA/输入
EM223 24V DC 8 入/8 出	71.2×80×62	200	3	80mA 接通	4mA/输入
EM223 24V DC 8 入/8 继电器	71.2×80×62	300	3	80mA 接通	9mA/输出 4mA/输入
EM223 24V DC 16 入/16 出	137.3×80×620	360	6	160mA 接通	4mA/输入
EM223 24V DC 16 入/16 继电器	137.3×80×620	400	6	150mA 接通	9mA/输出 4mA/输入
EM223 24V DC 32 进/32 出	196×80×62	500	9	240mA 接通	4mA/输入
EM223 24V DC 32 进/32 继电器	196×80×62	580	13	205mA ON	9mA/输出 4mA/输入

表 25-3-10　　西门子 S7-200 模拟量扩展模块常规规范（不可拆卸）

模块名称及描述	尺寸 (W×H×D)/mm	质量 /g	功耗 /W	电流	
				+5V DC	+24V DC
EM231 模拟量输入,4 输入	71.2×80×62	183	2	20mA	60mA
EM231 模拟量输入,8 输入	71.2×80×62	190	2	20mA	60mA
EM232 模拟量输出,2 输出	46×80×62	148	2	20mA	70mA(两个输出都是 20mA)
EM232 模拟量输出,4 输出	71.2×80×62	190	2	20mA	100mA(所有输出都是 20mA)
EM235 模拟量混合模块 4 输入/1 输出	71.2×80×62	186	2	30mA	60mA(输出为 20mA)

表 25-3-11　　西门子 S7-200 热电偶和 RTD 模块常规规范

模块名称及描述	尺寸 (W×H×D)/mm	质量 /g	功耗 /W	电流/mA	
				+5V DC	+24V DC
EM231 模拟输入热电偶,4 输入	71.2×80×62	210	1.8	87	60
EM231 模拟输入 RTD,2 输入	71.2×80×62	210	1.8	87	60

3.3.2　ABB PLC

ABB 集团总部位于瑞士苏黎世。ABB 的 AC31 系列 PLC 包括 3 种下属系列产品，即 40 系列、50 系列和 90 系列。40 系列 PLC 与 50 系列 PLC 在外形和应用上完全一致，但 40 系列产品不支持 CS31 和 MODBUS 通信。40 系列 PLC 和 50 系列 PLC 是法国 ABB 生产的产品，而 90 系列 PLC 则是德国 ABB 生产的产品。90 系列 PLC 的编程软件可以兼容 40 系列 PLC 和 50 系列 PLC，反之则只能部分兼容。

表 25-3-12 是 40 系列 PLC、50 系列 PLC 选型表，它们的详细信息请查阅厂家相关技术资料。

继 AC31 可编程控制器后，推出全新可升级可编程控制器 AC500。与其他同类产品相比，在产品的功能和规模方面都有一些独有的优势和特点。

首先，AC500 系列产品的功能灵活、可拓展性强。传统 PLC 产品的小型、中型和大型的软硬件差别非常大，系统的拓展性很有局限。而 AC500 仅通过 5 种不同内存和速度的 CPU 就可以实现系统的全面升级。这依赖于 AC500 可编程控制器特有的模块化结构，把小型系统扩展到中大型系统，CPU 底板、I/O 模块、通信模块，甚至编程环境都是通用的，系统升级换代只需要换一个 CPU 单元，无需更换系统软硬件。

表 25-3-12　　40、50 系列 PLC 主机 CPU 的基本参数

项　目		40 系列			50 系列		
		07 CR 41 24V DC	07 CT 41 24V DC	07 CR 41 120/230V AC	07 KR 51 24V DC	07 KT 51 24V DC	07 KR 51 120/230V AC
开关量输入		8 PNP 和 NPN			8 PNP 和 NPN		
电压值		24V DC			24V DC		
开关量输出		6 继电器	6 晶体管	6 继电器	6 继电器	6 晶体管	6 继电器
负载电流容量	24V DC	2A/5A	1A	2A/5A	2A/5A	1A	2A/5A
	24～230V AC	2A AC-1	0.5A	2AAC-1	2AAC-1	0.5A	2AAC-1
模块扩展能力		6			6		
CS 31 接口		no			最多 31 个远程单元 （可定义为 MODBUS 主或从）		
用于编程的接口		1 个 RS 232			1 个 RS 232/RS 485		
（在线）用户存储量		17000 字（通常：8.5k 指令）			17000 字（通常：8.5k 指令）		
（无在线）用户存储量		8500 字（通常：4k 指令）			8500 字（通常：4k 指令）		
用户程序及常数存储		Flash EPROM			Flash EPROM		
数据存储		SRAM			SRAM		
数据备份		无			电池		
1k 字节程序运行		0.4ms			0.4ms		
中断		2 个硬件，1 个软件			2 个硬件，1 个软件		
时钟		有			有		
编程软件		AC31GRAF（IEC 1131-3）Windows 平台			AC31GRAF Windows 平台（IEC 1131-3）		
子程序		12			12		

注：40 系列 PLC 只能组建成为独立系统。考虑到许多备自投的应用场合仅仅需要逻辑控制而不需要进行信息传输，而且 40 系列 PLC 价格较之 50 系列 PLC 为低，因此建议在工程中尽量使用 40 系列 PLC。

其次 AC500 系列产品在总线通信方面表现卓越，有通用的 FBP 总线技术，可以并行连接不同的总线系统，可同时支持 Profibus-DP、Modbus、CANopen 和 DeviceNET 等各种不同的总线类型。再有就是产品I/O 模块的通用性好，一方面 I/O 模块采用和底板分离的结构，可实现工程预接线，给系统集成带来极大方便；另一方面表现在 ABB 在普通的模块上集成可设置 I/O 功能，即这些 I/O 既可以用作输入，也可以用作输出，这是完全由用户自己来决定的自由 I/O。AC500 用于构建通信管理中心，在应用时需要配备底板、存储器、电池及各种接口等附件。一般选择集成以太网口的 CPU 单元，将 RJ45 通信接口与上位系统连接，而本体的 2 个 COM 接口则分别连接到人机界面与通过 CS31 总线连接 AC31-50 系列 PLC 单元。

通信管理中心通过以太网与上位系统以（10～100）MB 的速率交换信息。通信规约采用以太网上的 MODBUS/TCP，也可使用 OPC（OLE for process control）方式交换信息。

AC500 系统有三种不同级别的 CPU（PM571、PM581/582 和 PM590/591），以及多种现场总线的通信模块（PROFIBUS DP、CANopen、DeviceNet 和 Ethernet）。

表 25-3-13～表 25-3-15 是 AC500 系统简介，它们的详细信息请查阅厂家相关技术资料。

表 25-3-13　　AC500 系列 PLC 基本参数（一）

CPU 单元	
型　号	描　述
PM571	24V DC 供电，64kB 程序内存，有内存卡插孔，2 个 COM 串口，RS232/485 可设，1 个 FBP 接口，带 LCD 显示屏
PM571-ETH	24V DC 供电，64kB 程序内存，有内存卡插孔，2 个 COM 串口，RS232/485 可设，1 个 FBP 接口，带 LCD 显示屏，集成以太网网口

第25篇

续表

CPU 单元	
型　号	描　述
PM581	24V DC 供电，256kB 程序内存，有内存卡插孔，2 个 COM 串口，RS232/485 可设，1 个 FBP 接口，带 LCD 显示屏
PM581-ARCNET	24V DC 供电，256kB 程序内存，有内存卡插孔，2 个 COM 串口，RS232/485 可设，1 个 FBP 接口，带 LCD 显示屏，集成 ARCNET 接口
PM581-ETH	24V DC 供电，256kB 程序内存，有内存卡插孔，2 个 COM 串口，RS232/485 可设，1 个 FBP 接口，带 LCD 显示屏，集成以太网网口
PM582	24V DC 供电，512kB 程序内存，有内存卡插孔，2 个 COM 串口，RS232/485 可设，1 个 FBP 接口，带 LCD 显示屏
PM582-ETH	24V DC 供电，512kB 程序内存，有内存卡插孔，2 个 COM 串口，RS232/485 可设，1 个 FBP 接口，带 LCD 显示屏，集成以太网网口
PM590	24V DC 供电，2MB 程序内存，有内存卡插孔，2 个 COM 串口，RS232/485 可设，1 个 FBP 接口，带 LCD 显示屏
PM590-ARCNET	24V DC 供电，2MB 程序内存，有内存卡插孔，2 个 COM 串口，RS232/485 可设，1 个 FBP 接口，带 LCD 显示屏，集成 ARCNET 接口
PM590-ETH	24V DC 供电，2MB 程序内存，有内存卡插孔，2 个 COM 串口，RS232/485 可设，1 个 FBP 接口，带 LCD 显示屏，集成以太网网口
PM591	24V DC 供电，4MB 程序内存，有内存卡插孔，2 个 COM 串口，RS232/485 可设，1 个 FBP 接口，带 LCD 显示屏
PM591-ARCNET	24V DC 供电，4MB 程序内存，有内存卡插孔，2 个 COM 串口，RS232/485 可设，1 个 FBP 接口，带 LCD 显示屏，集成 ARCNET 接口
PM591-ETH	24V DC 供电，4MB 程序内存，有内存卡插孔，2 个 COM 串口，RS232/485 可设，1 个 FBP 接口，带 LCD 显示屏，集成以太网网口
CPU 底板	
TB511-ARCNET	1 个 CPU 插槽，1 个通信模块插槽，集成 ARCNET 接口
TB511-ETH	1 个 CPU 插槽，1 个通信模块插槽，集成 Ethernet 以太网 RJ45 接口
TB521-ARCNET	1 个 CPU 插槽，2 个通信模块插槽，集成 ARCNET 接口
TB521-ETH	1 个 CPU 插槽，2 个通信模块插槽，集成 Ethernet 以太网 RJ45 接口
TB541-ETH	1 个 CPU 插槽，4 个通信模块插槽，集成 Ethernet 以太网 RJ45 接口

表 25-3-14　AC 500 系列 PLC 基本参数（二）

通信模块	
型　号	描　述
CM572-DP	PROFIBUS DP 主站通信模块，RS485 接口，12Mbit/s
CM575-DN	DeviceNet 主站通信模块，RS485 接口
CM577-ETH	以太网通信模块带 2 个 RJ45 端口，集成 HUB 功能
CM578-CN	CANopen 主站通信模块，RS485 接口

表 25-3-15　　AC 500 系列 PLC 基本参数（三）

I/O 模块	
型　号	描　述
DI524	数字量输入模块，32 DI，24V DC
DC522	数字量输入/输出模块，16 DC，输入/输出可设置，晶体管输出，24V DC/0.5A
DC523	数字量输入/输出模块，24 DC，输入/输出可设置，晶体管输出，24V DC/0.5A
DC532	数字量输入/输出模块，16 DI/16 DC，16 点为数字量输入，24V DC 此外 16 点为数字量输入/输出可设置，晶体管输出 24V DC，0.5A
DX522	数字量输入/输出模块，8 DI/8 DO：8 点数字量输入，24V DC：8 点继电器输出 230V AC，3A
DX531	数字量输入/输出模块，8 DI/4 DO：8 点数字量输入，230V AC：4 点继电器输出 230V AC，3A
AI523	模拟量输入模块，16 AI：0～10V，±10V，0/4～20mA，PT100，PT1000，Ni1000 12 位分辨率，供电电源 24V DC
AO523	模拟量输出模块，16 AO：±10V，0/4～20mA（最大 8 路电流输出），12 位分辨率，供电电源 24V DC
AX521	模拟量输入/输出模块，4 AI/4 AO。4 AI：0～10V，±10V，0/4～20mA，PT100 PT1000，Ni1000，12 位分辨率；4 AO：±10V，0/4～20mA，12 位分辨率，供电电源 24V DC
AX522	模拟量输入/输出模块，8 AI/8 AO。8 AI：0～10V，±10V，0/4～20mA，PT100，PT1000，Ni1000，12 位分辨率；8 AO：±10V，0/4～20mA（最大 4 路电流输出），12 位分辨率
底板	
TU515	集成螺钉接线端子，24V DC 电源供电
TU516	集成弹簧接线端子，24V DC 电源供电
TU531	集成螺钉接线端子，230V AC 电源供电
TU532	集成弹簧接线端子，230V AC 电源供电
TU551-CS31	CS31 总线接口模块底板，分布式 I/O 集成螺钉端子
TU552-CS31	CS31 总线接口模块底板，分布式 I/O 集成弹簧端子

3.3.3　AB 罗克韦尔 PLC

美国 Rockwell Allen-Bradley（AB）自动化总部位于美国威斯康星州，密尔沃基市，是一家工业自动化跨国公司，为制造业提供一流的动力、控制和信息技术解决方案。罗克韦尔（Rockwell）自动化公司 PLC 主要有 Micro800 系列、小型 MicroLogix PLC 和大型 ControlLogix PLC。Micro800 产品：2080 Micro810 控制器；2080 Micro830 控制器；2080 Micro800 插件模块；联合组件工作台软件包。小型 MicroLogix PLC 系列产品：MicroLogix1000；MicroLogix1100；MicroLogix 1200；MicroLogix 1400；MicroLogix1500。

小型 MicroLogix PLC 系列产品：MicroLogix1000 体积小巧、功能全面，适合小型控制系统；MicroLogix1200 能够在空间有限的环境中，为用户提供强大的控制功能，满足不同应用项目的需要；MicroLogix1500 不仅功能完善，而且还能根据应用项目的需要进行灵活扩展，适用于要求较高的控制系统。

中型 CompactLogix PLC 提供面向低端到中型应用的 Logix 解决方案。典型的应用包括设备级别的控制应用（只要求有限的输入输出数量以及有限的通信要求）。Compactlogix 1769-L31 提供两个串行通信接口。1769-L32C 和 1769-L35CR 控制器提供一个集成的 ControlNet 通信口。1769-L32E 和 1769-L35E 提供一个集成的以太网接口。从中心 CompactLogix 控制器通过 EtherNet/IP、控制网、设备网来远程控制输入输出和现场设备，实现不同地点的分布式控制。

表 25-3-16　MicroLogix 1000 PLC 选型表

型　号	电源/V	输入点数目	输出点数目	高速输入/输出
1761-L16AWA	120/240V AC	10 点 120V AC	6 继电器输出	无
1761-L32AWA	120/240V AC	20 点 120V AC	12 继电器输出	无
1761-L20AWA-5A	120/240V AC	12 点 120V AC,4 通道模拟量	8 继电器输出,1 模拟量	无
1761-L32AAA	120/240V AC	20 点 120V AC	10 晶体管输出,2 继电器输出	无
1761-L16NWA	120/240V AC	10 点 24V DC/AC	6 继电器输出	无
1761-L10BWA	120/240V AC	6 点 24V DC	4 继电器输出	1 个 6.6kHz 输入
1761-L16BWA	120/240V AC	10 点 24V DC	6 继电器输出	1 个 6.6kHz 输入
1761-L20BWA-5A	120/240V AC	12 点 24V DC,4 通道模拟量	8 继电器输出,1 模拟量	1 个 6.6kHz 输入
1761-L32BWA	120/240V AC	20 点 24V DC	12 继电器输出	1 个 6.6kHz 输入
1761-L10BWB	24V DC	6 点 24V DC	4 继电器输出	1 个 6.6kHz 输入
1761-L16BWB	24V DC	10 点 24V DC	6 继电器输出	1 个 6.6kHz 输入
1761-L20BWB-5A	24V DC	12 点 24V DC,4 通道模拟量	8 继电器输出,1 模拟量	1 个 6.6kHz 输入
1761-L32BWB	24V DC	20 点 24V DC	12 继电器输出	1 个 6.6kHz 输入
1761-L10BXB	24V DC	6 点 24V DC	2 场效应管输出,2 继电器输出	1 个 6.6kHz 输入
1761-L16BBB	24V DC	10 点 24V DC	4 场效应管输出,2 继电器输出	1 个 6.6kHz 输入
1761-L32BBB	24V DC	20 点 24V DC	10 场效应管输出,2 继电器输出	1 个 6.6kHz 输入
1761-L16NWB	24V DC	10 点 24V DC/AC	6 继电器输出	无

大型 ControlLogix PLC 集中了 Logix 通用平台的多种优点——通用的编程环境、通用的通信网络、通用的控制引擎，提供了一个既能满足高性能应用需求又易于使用的环境。Controllogix 在编程软件、控制器和输入输出方面的紧密集成降低了在试运行和正常操作的开发成本和时间。Controllogix 内容容量最大可扩展到 8MB，Controllogix 控制器支持高标准过程控制应用，提供了在一个单一的集成环境中对运动控制指令进行高速处理的功能。Controllogix 处理器提供可选的用户内存模块（750kB 到 8MB 字节），能解决有大量输入输出点数系统的应用问题（支持多达 4000 点模拟量和 128000 点数字量）。除了内置的 RS-232（DF1/DH-485 协议）通信口外，网络通信的接口是模块化的。

表 25-3-16 是 MicroLogix 1000 PLC 选型表，详细信息请查阅厂家相关技术资料。

3.3.4　欧姆龙 PLC

日本 OMRON（欧姆龙）电机株式会社是世界上生产 PLC 的著名厂商之一。SYSMAC C 系列 PLC 产品以其良好的性能价格比被广泛地应用于化学工业、食品加工、材料处理和工业控制过程等领域，其产品在日本的销量仅次于三菱，居第二位，在我国也是应用非常广泛的 PLC 之一。

OMRON C 系列 PLC 产品门类齐、型号多、功能强、适应面广。大致可以分成微型、小型、中型和大型四大类产品。整体式结构的微型 PLC 机是以 C20P 为代表的机型。叠装式（或称紧凑型）结构的微型机以 CJ 型机最为典型，它具有超小型和超薄型的尺寸。小型 PLC 机以 P 型机和 CPM 型机最为典型，这两种都属坚固整体型结构，具有体积更小、指令更丰富、性能更优越，通过 I/O 扩展可实现 10～140 点输入输出点数的灵活配置，并可连接可编程终端直接从屏幕上进行编程。CPM 型机是 OMRON 产品用户目前选用最多的小型机系列产品。OMRON 中型机以 C200H 系列最为典型，主要有 C200H、C200HS、C200HX、C200HG 和 C200HE 等型号产品。中型机在程序容量、扫描速度和指令功能等方面都优于小型机，除具备小型机的基本功能外，它同时可配置更完善的接口单元模块，如模拟量 I/O 模块、温度传感器模块、高速计数模块、位置控制模块、通信连接模块等。可以与上位计算机、下位 PLC 机及各种外部设备组成具有各种用途的计算机控制系统和工业自动化网络。

在一般的工业控制系统中，小型 PLC 机要比大、中型机的应用更广泛。在电气设备的控制应用方面，一般采用小型 PLC 机都能够满足需求。

以下是欧姆龙 PLC 常用系列简介，它们的详细信息请查阅厂家技术资料。

3.3.4.1 微型机

表 25-3-17 欧姆龙 PLC 微型机功能简介

SYSMAC CPM1A	SYSMAC CPM2A	SYSMAC CPM2C
微型 PLC 的标准机型。用于小型设备、小点数配电箱的省空间化经济型。小型机种包含了 CPU 为 AC 电源、DC 电源、继电器输出、晶体管输出的 4 种不同型号。电源、输出 I/O 点数等按需要选择使用	为通用 PT 更方便地监控机器运行、进行温度设定标准内置 RS-232C。同时搭载了脉冲输入输出功能进行简单定位等，充分实现小型机的高功能、高附加价值的性能。另外，端子台可以脱卸，充分考虑维护性能的提高。扩展I/O单元、模拟量单元等，均与 CPM1A 的扩展单元兼容	在超小型的外表下集合了有效控制器的多彩的功能。CPU 具有继电器输出/晶体管输出、端子台链接器连接、时钟功能有误等多种型号(仅限 DC 电源)。可根据现场情况选择输出类型、I/O 点数。另外，通用 8 点/10 点/16 点/2024 点/32 点的扩展 I/O 单元，最多可控制 192 点输入输出

表 25-3-18 欧姆龙 PLC 微型机一般规格参数

项　目		CPM1A				CPM2A				CPM2C	
电源电压	AC 电源型	AC 100～240V 50/60Hz								—	
	DC 电源型	DC 24V									
允许电源电压	AC 电源型	AC 85～264V									
	DC 电源型	DC 20.4～26.4V									
消耗电力	AC 电源型	10 点	20 点	30 点	40 点	20 点	30 点	40 点	60 点	10、20 点(继电器输出)	其余
		30V·A 以下		60V·A 以下		60V·A 以下				—	
	DC 电源型	6W 以下		20W 以下		20W 以下				4W	3W
浪涌电流		30A 以下		60A 以下		60A 以下				25A 以下	
外供电源(仅 AC 型)	电源电压	DC 24V								—	
	电源输出容量	200mA		300mA		300mA				—	
绝缘电阻		电源 AC 外部所有端子与 PE 端子间 20MΩ 以上(DC 500V)									
耐电压电源		AC 外部所有端子与 PE 端子间 AC 2 300V 50/60Hz 1min 漏电流 10mA 以下									
抗干扰性		与 IEC61000-4-4 2kV 一致(电源型)									
振动		以 JIS C0040 为标准：10～57Hz，振幅 0.075mm；57～150Hz，加速度 9.8m/s^2 在 X、Y、Z 方向各 80min(每次振动 8min×实验次数 10 次＝合计 80min)									
冲击		以 JIS C0041 为标准，147m/s^2，在 X、Y、Z 方向各 3 次									
使用环境温度		0～55℃									
使用环境湿度		10%～90%RH(不结露)									
使用气体环境		无腐蚀性气体									
保存环境温度		－20～＋75℃									
端子螺钉尺寸		M3									
电源保持		AC 电源型：10ms 以上/DC 电源型：2ms 以上									
质量	AC 电源型	400g 以下	500g 以下	600g 以下	700g 以下	650g 以下	700g 以下	800g 以下	1000g 以下	—	
										20 点(继电器)	其余
	DC 电源型	300g 以下	400g 以下	500g 以下	600g 以下	550g 以下	600g 以下	700g 以下	900g 以下	250g 以下	200 以下

注：扩展 I/O 单元的电源由 CPU 单元供给。质量 300g，其他都以 CPU 单元为准。

表 25-3-19 欧姆龙 PLC 微型机性能规格

项　目		CPM1A 系列 CPU 单元	CPM2A 系列 CPU 单元	CPM2C 系列 CPU 单元
控制方式		存储程序法		
输入输出控制方式		循环扫描直接输出，即时刷新处理		
编程方式		梯形图方式		
指令长度		1 步/1 指令、1～5 步/1 指令		
指令种类	基本指令	14 种		
	特殊指令	79 种 139 个	105 种 185 个	

续表

项目		CPM1A系列CPU单元				CPM2A系列CPU单元				CPM2C系列CPU单元			
执行时间	基本指令	LD指令:1.72μs(CPM1A系列)				LD指令:0.64μs							
	特殊指令	MOV指令:16.3μs				MOV指令:7.8μs							
程序容量		2048字				4096字							
最大I/O点数	本体	10点	20点	30点	40点	20点	30点	40点	60点	10点	20点	32点	10点(S系列)
	扩展时	—	—	90点	100点	80点	90点	100点	120点	170点	180点	192点	362点
输入继电器[①]		00000～00915(0～9CH)											
输出继电器[①]		01000～01915(10～19CH)											
内部辅助继电器		512点:20000～23115(200～231CH)				928点:02000～04915(020～049CH)、20000～22715(200～227CH)							
特殊辅助继电器		384点:23200～25515(232～255CH)				448点:22800～25515(228～255CH)							
暂存继电器		8点(TR0～7)											
保持继电器		320点:HR0000～1915(HR00～19CH)											
辅助记忆继电器		256点:AR0000～1515(AR00～15CH)				384点:AR0000～2315(AR00～23CH)							
链接继电器		256点:LR0000～1515(LR00～15CH)											
定时器/计数器		128点:TIM/CNT000～127 100ms定时器:TIM000～127 10ms定时器:TIM000～127 减法计算、可逆计数				256点:TIM/CNT000～255 1ms定时器(TMHH指令)、10ms定时器(TIMH指令)、100ms定时器(TIM指令)、 1s/10s定时器(TIML指令)、减法计数器(CNT指令)、可逆计数器(CNTR指令)							
数据存储器	读写	1024字(DM0000～1023)				读/写2048字(DM0000～2047)、DM2000～2021为异常履历区域							
	只读	512字(DM6144～6655)				只读456字(DM6144～6599) PC系统设定56字(DM6600～6655)							
中断处理外部中断		10点	20点	30点	40点	输入中断							
						4点				2点	4点		2点
						输入中断的计数器模式、脉冲捕捉通用							
		2点(响应时间0.3ms以下)		4点(响应时间0.3ms以下)		内部定时器中断 1点(定时中断或单触发中断)							
停电保持功能		保持继电器(HR)、辅助记忆继电器(AR)、计数器(CNT)、数据存储器(DM)中的内容能保存											
存储器后备		闪存:用户程序、数据存储(只读)(无电池保持) 超级电容:输出存储(读写)、保持继电器、辅助记忆继电器、计数器(保持20天/环境温度25℃)											
自我诊断功能/程序检查		CPU异常(WDT)、存储设备检查、I/O总线检查/无EDN命令、程序异常(在运转时进行检查)											
脉冲输出		1点、2kHz(仅限晶体管输出型)											
输入时间		常数1ms/2ms/4ms/8ms/16ms/32ms/64ms/128ms,其中任何一个都可设定											
模拟量		2点(0～200)											
高速计数器		1点 单相5kHz或2相2.5kHz(线性计数方式) 加法模式:0～65535(16位) 加减法模式:－32767～32767(16位)				1点(单相20kHz/2相5kHz、线性模式)							
						计数检查中断:							
						1点(目标值一致中断或带状区域比例中断)							
						输入中断(计数器模式):							
						4点				2点	4点	2点	
						计数中断:							
						4点				2点	4点	2点	
						输入中断、脉冲捕捉通用							
脉冲锁存输入		与外部中断输入共用(最小输入脉冲宽幅0.2ms)				4点(最小脉冲输入:50μs以下)							

① 不作为输入输出使用的继电器，可用作内部辅助继电器。

第25篇

表 25-3-20 欧姆龙 PLC 微型机 CPM1A、CPM2A CPU 单元

形状	电源	输出输入形式	输入总数	输出总数	型号	
					CPM1A	CPM2A
10 点输入输出 CPU 单元	AC 电源	继电器输出	6 点	4 点	CPM1A-10CDR-A-V1	
		晶体管输出(漏型)			CPM1A-10CDT-A-V1	
		晶体管输出(源型)			CPM1A-10CDT1-A-V1	
	DC 电源	继电器输出			CPM1A-10CDR-D-V1	
		晶体管输出(漏型)			CPM1A-10CDT-D-V1	
		晶体管输出(源型)			CPM1A-10CDT1-D-V1	
20 点输入输出 CPU 单元	AC 电源	继电器输出	12 点	8 点	CPM1A-20CDR-A-V1	CPM2A/2AH-20CDR-A
		晶体管输出(漏型)			CPM1A-20CDT-A-V1	CPM2A-20CDT-D
		晶体管输出(源型)			CPM1A-20CDT1-A-V1	CPM2A-20CDT1-D
	DC 电源	继电器输出			CPM1A-20CDR-D-V1	CPM2A-20CDR-D
		晶体管输出(漏型)			CPM1A-20CDT-D-V1	
		晶体管输出(源型)			CPM1A-20CDT1-D-V1	
30 点输入输出 CPU 单元	AC 电源	继电器输出	18 点	12 点	CPM1A-30CDR-A-V1	CPM2A/2AH-30CDR-A
		晶体管输出(漏型)			CPM1A-30CDT-A-V1	CPM2A-30CDT-D
		晶体管输出(源型)			CPM1A-30CDT1-A-V1	CPM2A-30CDT1-D
	DC 电源	继电器输出			CPM1A-30CDR-D-V1	CPM2A-30CDR-D
		晶体管输出(漏型)			CPM1A-30CDT-D-V1	
		晶体管输出(源型)			CPM1A-30CDT1-D-V1	
40 点输入输出 CPU 单元	AC 电源	继电器输出	24 点	16 点	CPM1A-40CDR-A-V1	CPM2A/2AH-40CDR-A CPM2AH-S40CDR-A (CompoBus/S 总线主站功能)
40 点输入输出 CPU 单元	AC 电源	晶体管输出(漏型)	24 点	16 点	CPM1A-40CDT-A-V1	CPM2A-40CDT-D
		晶体管输出(源型)			CPM1A-40CDT1-A-V1	CPM2A-40CDT1-D
	DC 电源	继电器输出			CPM1A-40CDR-D-V1	CPM2A-40CDR-D
		晶体管输出(漏型)			CPM1A-40CDT-D-V1	
		晶体管输出(源型)			CPM1A-40CDT1-D-V1	
60 点输入输出 CPU 单元	AC 电源	继电器输出	26 点	24 点		CPM2A/2AH-60CDR-A
		继电器输出				CPM2AE-60CDR-A
	DC 电源	继电器输出				CPM2A-60CDR-D
		晶体管输出(漏型)				CPM2A-60CDT-D
		晶体管输出(源型)				CPM2A-60CDT1-D

表 25-3-21 欧姆龙 PLC 微型机 CPM1A、CPM2A 扩展单元

形状	输出形式	输入点数	输出点数	型号
扩展 I/O 单元	继电器输出	24 点	16 点	CPM1A-40EDR
	晶体管输出(漏型)			CPM1A-40EDT
	晶体管输出(源型)			CPM1A-40EDT1
	继电器输出	12 点	8 点	CPM1A-20EDR1
	晶体管输出(漏型)			CPM1A-20EDT
	晶体管输出(源型)			CPM1A-20EDT1
	—	8 点	—	CPM1A-8ED
	继电器输出	—	8 点	CPM1A-8ER
	晶体管输出(漏型)	—	8 点	CPM1A-8ET
	晶体管输出(源型)			CPM1A-8ET1

续表

形　状	输出形式	输入点数	输出点数	型　号
模拟量输入输出单元	模拟量(256 分辨率)	2 点	1 点	CPM1A-MAD01
	模拟量(6000 分辨率)	2 点	1 点	CPM1A-MAD11
	模拟量(256 分辨率)	4 点	1 点	CPM1A-MAD02
	模拟量(6000 分辨率)	4 点	—	CPM1A-AD041
	模拟量(6000 分辨率)	—	4 点	CPM1A-DA041
DeviceNet I/O 单元	—	32 点 I/O 连接	32 点 I/O 连接	CPM1A-DRT21
CompoBus/S I/O 单元	—	8 点 I/O 连接	8 点 I/O 连接	CPM1A-SRT21

表 25-3-22　欧姆龙 PLC 微型机 CPM1A、CPM2A 温度传感器单元

形　状	输入输出形式	型　号
温度传感器单元	2 热电偶输入	CPM1A-TS001
	4 热电偶输入	CPM1A-TS002
	2 铂电阻输入	CPM1A-TS101
	4 铂电阻输入	CPM1A-TS102
温度传感器与模拟量输出单元	2 铂电阻输入、1 模拟量输出	CPM1A-TS101-DA

表 25-3-23　欧姆龙 PLC 微型机 DC 电源型用电源单元

形　状	输　入	输　出	型　号
AC 电源单元	AC 100～240V 输入	DC 24V、600mA 输出	CPM2C-PA201

表 25-3-24　欧姆龙 PLC 微型机 CPM2C CPU 单元

单　元　型	需要 I/O 连接器数	输入	输出	计时	型　号	
10 点输入输出型 输入:6 点 继电器输出:4 点	端子台型	—	DC 24V 6 点	继电器 4 点	—	CPM2C-10CDR-D
					○	CPM2C-10C1DR-D
10 点输入输出型 输入:6 点 晶体管输出:4 点	连接器 （富士通产）	2	DC 24V 6 点	晶体管 （漏型）4 点	—	CPM2C-10CDTC-D
		2			○	CPM2C-10C1DTC-D
		2		晶体管 （源型）4 点	—	CPM2C-10CDT1C-D
		2			○	CPM2C-10C1DT1C-D
	连接器(MIL)	2	DC 24V 6 点	晶体管 （漏型）4 点	—	CPM2C-10CDTM-D
		2			○	CPM2C-10C1DTM-D
		2		晶体管 （源型）4 点	—	CPM2C-10CDT1M-D
		2			○	CPM2C-10C1DT1M-D
20 点输入输出型 输入:12 点 晶体管输出:8 点	端子台型	2	DC 24V 12 点	继电器 8 点	—	CPM2C-20CDR-D
		2			○	CPM2C-20C1DR-D
	连接器	2		晶体管 （漏型）8 点	—	CPM2C-20CDTC-D
		2			○	CPM2C-20C1DTC-D
		2		晶体管 （源型）8 点	—	CPM2C-20CDT1C-D
		2			○	CPM2C-20C1DT1C-D
	连接器 （MIL）	2	DC 24V 12 点	晶体管 （漏型）8 点	—	CPM2C-20CDTM-D
		2			○	CPM2C-20C1DTM-D
		2		晶体管 （源型）8 点	—	CPM2C-20CDT1M-D
		2			○	CPM2C-20C1DT1M-D

续表

单　元　型	需要 I/O 连接器数	输入	输出	计时	型　　号	
32 点输入输出型 输入:16 点 晶体管输出:16 点	连接器 (富士通产)	2	DC 24V 16 点	晶体管 (漏型)16 点	—	CPM2C-32CDTC-D
		2		晶体管 (源型)16 点	—	CPM2C-32CDT1C-D
	连接器(MIL)	2	DC 24V 16 点	晶体管 (漏型)16 点	—	CPM2C-32CDTM-D
		2		晶体管 (源型)16 点	—	CPM2C-32CDT1M-D
可编程从站 带 DeviceNet 从站 带 CompoBus/S 主站 10 点输入输出型 输入:6 点 晶体管输出:4 点	连接器 (富士通产)	1	DC 24V 6 点	晶体管 (漏型)4 点	○	CPM2C-S100C-DRT
		1		晶体管 (源型)4 点	○	CPM2C-S110C-DRT
带 CompoBus/S 主站 10 点输入输出型 输入:6 点 晶体管输出:4 点	连接器 (富士通产)	1	DC 24V 6 点	晶体管 (漏型)4 点	○	CPM2C-S100C
		1		晶体管 (源型)4 点	○	CPM2C-S110C

表 25-3-25　　欧姆龙 PLC 微型机 CPM2C 扩展 I/O 单元

单　元　型		需要 I/O 连接器数	输　　入	输　　出	型　　号
输入扩展 I/O 单元 输入:8 点	连接器 (富士通产)	1	DC 24V 8 点	—	CPM2C-8EDC
	连接器(MIL)	1	DC 24V 8 点	—	CPM2C-8EDM
输入扩展 I/O 单元 输入:16 点	连接器 (富士通产)	1	DC 24V 16 点	—	CPM2C-16EDC
	连接器(MIL)	1	DC 24V 16 点	—	CPM2C-16EDM
输出扩展 I/O 单元 继电器输出:8 点	端子台型	—	—	继电器 8 点	CPM2C-8ER
输出扩展 I/O 单元 晶体管输出:8 点	连接器 (富士通产)	1	—	晶体管(漏型)8 点	CPM2C-8ETC
		1	—	晶体管(源型)8 点	CPM2C-8ET1C
	连接器(MIL)	1	—	晶体管(漏型)8 点	CPM2C-8ETM
		1	—	晶体管(源型)8 点	CPM2C-8ET1M
输出扩展 I/O 单元 晶体管输出:16 点	连接器 (富士通产)	1	—	晶体管(漏型)16 点	CPM2C-16ETC
		1	—	晶体管(源型)16 点	CPM2C-16ET1C
	连接器(MIL)	1	—	晶体管(漏型)16 点	CPM2C-16ETM
		1	—	晶体管(源型)16 点	CPM2C-16ET1M
10 点输入输出型 输入:6 点 继电器输出:4 点	端子台型	—	DC 24V 6 点	继电器 4 点	CPM2C-10EDR
20 点输入输出型 输入:12 点 继电器输出:8 点	端子台型	—	DC 24V 12 点	继电器 8 点	CPM2C-20EDR
24 点输入输出型 输入:16 点 晶体管输出:8 点	连接器 (富士通产)	2	DC 24V 16 点	晶体管(漏型)8 点	CPM2C-24EDTC
		2		晶体管(源型)8 点	CPM2C-24EDT1C
	连接器(MIL)	2	DC 24V 16 点	晶体管(漏型)8 点	CPM2C-24EDTM
		2		晶体管(源型)8 点	CPM2C-24EDT1M

续表

单 元 型		需要 I/O 连接器数	输 入	输 出	型 号
32 点输入输出型 输入:16 点 晶体管输出:16 点	连接器（富士通产）	2	DC 24V 16 点	晶体管(漏型)16 点	CPM2C-32EDTC
		2		晶体管(源型)16 点	CPM2C-32EDT1C
	连接器(MIL)	2	DC 24V 16 点	晶体管(漏型)16 点	CPM2C-32EDTM
		2		晶体管(源型)16 点	CPM2C-32EDT1M

表 25-3-26 欧姆龙 PLC 微型机 CPM2C 温度传感器单元

形 状	输入输出形式	型 号
温度传感器单元	2 热电偶输入	CPM2C-TS001
	2 铂电阻输入	CPM2C-TS101
温度传感器与模拟量输出单元	2 铂电阻输入、1 模拟量输出	CPM1A-TS101-DA

表 25-3-27 欧姆龙 PLC CPM2C 模拟量输入输出单元

单 元	规 格	型 号
模拟量输入输出单元	模拟量输入 2 点、输出 1 点	CPM2C-MAD11

表 25-3-28 欧姆龙 PLC CPM2C DC 电源型用电源单元

形 状	输 入	输 出	型 号
AC 电源单元	AC 100～240V	DC 24V、600mA	CPM2C-PA201

3.3.4.2 小型机

(1) CJ 系列 CPU 机架

CJ 系列 CPU 机架由电源单元、CPU 单元、构成单元（基本 I/O 单元、特殊 I/O 单元、CPU 高功能单元）、端板构成，如图 25-3-8 所示。

(2) 设备一览（表 25-3-29）

(3) 单元种类

SYSMAC CJ 系列的单元分 3 种。种类不同，可安装的单元数也有所不同，如表 25-3-30 所示。

(4) CJ 系列 CPU 单元

选择 CJ 系列 CPU 单元的型号，可以通过以下要点来进行。

① 最大输入输出点数。

② 最大构成单元台数。

③ 最大程序容量（最大程序容量不能扩展，请特别注意）。

④ 数据存储容量。

⑤ 指令处理速度。

⑥ 有无内置输入输出。

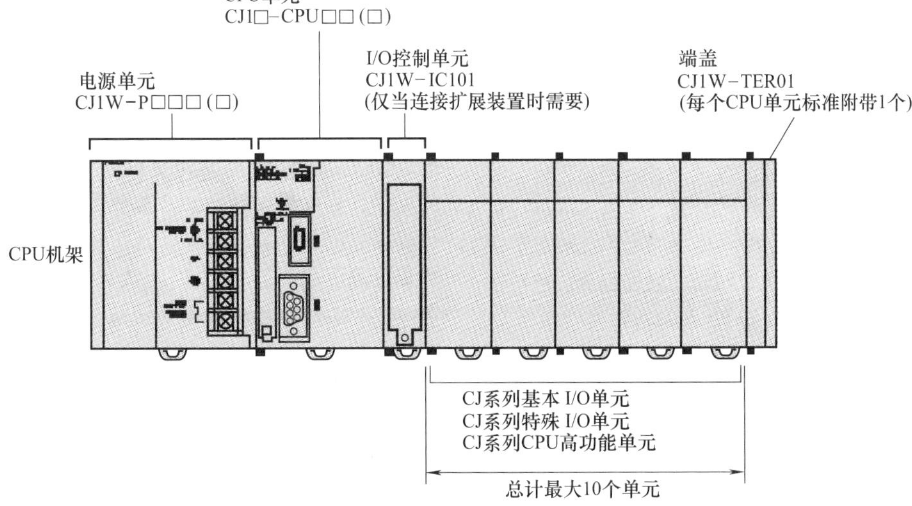

图 25-3-8 欧姆龙 PLC 小型机外观

表 25-3-29 欧姆龙 PLC 小型机设备一览表

机架名	单元名	必要台数
CPU 机架	电源单元	1 台
	CPU 单元(I/O 控制单元 CJ1W-IC101)	1 台(扩展机架使用时:1 台)
	最大构成单元数	最多 10 台(每个 CPU 都一样),基本 I/O 单元、特殊 I/O 单元、CPU 高功能单元的台数任意,不含 I/O 控制单元
	端板	1 个(CPU 单元中附带)

表 25-3-30 欧姆龙 PLC 小型机单元种类

种类	内容	单元识别方法	安装单元
基本 I/O 单元	节点输入、节点输出的单元	根据安装位置,按照 CPU 单元识别	没有特别限制
特殊 I/O 单元	在基本 I/O 单元基础上的高功能单元。带有节点输入、节点输出以外的功能。与 CPU 单元数据交换区域的容量根据 CPU 高级功能单元(包括网络通信单元),小点与 CPU 总线单元不同	根据正面旋转开关设定的单元号 No.0～95,按照 CPU 单元识别	最多可安装至 96 号(根据型号 1 台可能占 1～4 号)
CPU 高功能单元	可通过 CPU 总线与 CPU 单元进行数据交换的高功能单元。与 CPU 单元数据交换区域的容量根据 CPU 高级功能单元,大点与 CPU 总线单元不同	根据正面旋转开关设定的单元号 No.0～F,按照 CPU 单元识别	最多可安装 16 台

3.3.5 三菱 PLC

三菱 PLC 在中国市场常见的有以下型号：FR-FX1N；FR-FX1S；FR-FX2N；FR-FX3U；FR-FX2NC；FR-A；FR-Q。

FX1S 系列三菱 PLC 是一种集成型小型单元式 PLC，且具有完整的性能和通信功能等扩展性。FX1N 系列是三菱电机推出的功能强大的普及型 PLC，具有扩展输入输出，模拟量控制和通信、连接功能等扩展性，广泛应用于一般的顺序控制。

FX2N 系列具有高速处理及可扩展大量满足单个需要的特殊功能模块等特点，为工厂自动化应用提供最大的灵活性和控制能力。

FX3U 系列是三菱电机公司推出的新型第三代三菱 PLC，基本性能大幅提升，晶体管输出型的基本单元内置了 3 轴独立最高 100kHz 的定位功能，并且增加了新的定位指令，从而使得定位控制功能更加强大，使用更为方便。FX3U 系列产品为 FX2N 系列的替代产品。

Q 系列 PLC 是三菱公司从原 A 系列 PLC 基础上发展过来的中、大型 PLC 系列产品，Q 系列 PLC 采用了模块化的结构形式，系列产品的组成与规模灵活可变，最大输入输出点数达到 4096 点；最大程序存储器容量可达 252K 步，采用扩展存储器后可以达到 32M；基本指令的处理速度可以达到 34ns；其性能水平居世界领先地位，可以适合各种中等复杂机械、自动生产线的控制场合。Q 系列 PLC 的基本组成包括电源模块、CPU 模块、基板、I/O 模块等。通过扩展基板与 I/O 模块可以增加 I/O 点数，通过扩展储存器卡可增加程序储存器容量，通过各种特殊功能模块可提高 PLC 的性能，扩大 PLC 的应用范围。Q 系列 PLC 可以实现多 CPU 模块在同一基板上的安装，CPU 模块间可以通过自动刷新来进行定期通信或通过特殊指令进行瞬时通信，以提高系统的处理速度。特殊设计的过程控制 CPU 模块与高分辨率的模拟量输入/输出模块，可以适合各类过程控制的需要。最大可以控制 32 轴的高速运动控制 CPU 模块，可以满足各种运动控制的需要。

FX3G 系列 PLC 内置大容量程序存储器，最高 32K 步，标准模式时基本指令处理速度可达 0.21μs，大幅扩充的元件数量，可更加自由地编辑程序并进行数据处理。另外，浮点数运算和中断处理能力强。FX3G 本体自带两路高速通信接口（RS422&USB），可同步使用，通信配置选择更加灵活。晶体管输出型基本单元内置最高三轴 100kHz 独立脉冲输出，可使用软件编辑指令简便进行定位设置。在程序保护方面，FX3G 可设置两级密码，区分设备制造商和最终用户的访问权限。密码程序保护功能可锁住 PLC，直到新的程序载入。

第三代 FX3 系列 PLC 更加完善了产品的扩展性，独具双总线扩展方式。使用左侧总线可扩展连接模拟量/通信适配器（最多四台），数据传输效率更高，并简化了程序编制工作；右侧总线则充分考虑到与原有系统的兼容性，可连接 FX 系列传统 I/O 扩展和特殊功能模块。基本单元上还可安装两个扩展板，完全可根据客户的需要搭配出最贴心的控制系统。

以下是三菱 PLC 中 FX 系列简介，它们的详细信息请查阅厂家相关技术资料。

FX 系列 PLC 为单元型，内含 CPU、电源和固定搭配的输入/输出。FX 系列 PLC 根据输入输出点数不同及功能分为多个不同的系列，见表 25-3-31。

输入/出点数在 30 点以内可使用 FX1S 系列。

输入/出点数在 128 点以内可使用 FX1N 系列。

输入/出点数在 256 点以内可使用 FX2N 系列。

FX 系列 PLC 型号的含义如下。

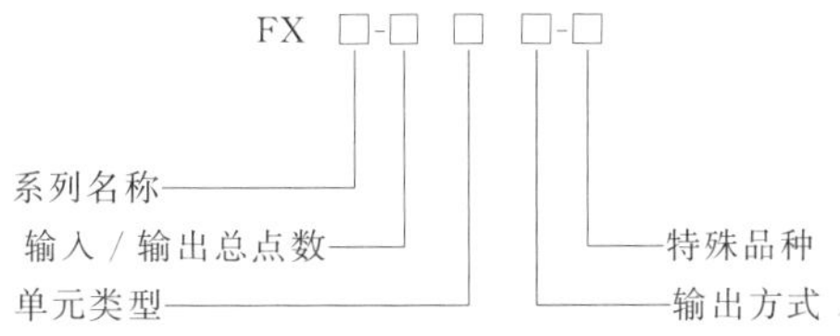

其中系列名称：如 0、2、0S、1S、0N、1N、2N、2NC 等；

单元类型：M——基本单元；
E——输入输出混合扩展单元；
EX——扩展输入模块；
EY——扩展输出模块；

输出方式：R——继电器输出；
S——晶闸管输出；
T——晶体管输出；

特殊品种：D——DC 电源，DC 输出；
A1——AC 电源，AC（100～120V）输入或 AC 输出模块；
H——大电流输出扩展模块；
V——立式端子排的扩展模块；
C——接插口输入输出方式；
F——输入滤波时间常数为 1ms 的扩展模块。

如果特殊品种一项无符号，为 AC 电源、DC 输入、横式端子排、标准输出。

例如 FX2N-32MT-D 表示 FX2N 系列，32 个 I/O 点基本单位，晶体管输出，使用直流电源，24V 直流输出型。

表 25-3-31　三菱 PLC FX 系列功能简介

FX1S 系列	FX1N 系列	FX2N 系列	FX1NC、FX2NC 系列
三菱 PLC 是一种集成型小型单元式 PLC，且具有完整的性能和通信功能等扩展性。如果考虑安装空间和成本是一种理想的选择	三菱电机推出的功能强大的普及型 PLC。具有扩展输入输出，模拟量控制和通信、链接功能等扩展性。是一款广泛应用于一般的顺序控制 PLC	三菱 PLC 是 FX 家族中最先进的系列。具有高速处理及可扩展大量满足单个需要的特殊功能模块等特点，为工厂自动化应用提供最大的灵活性和控制能力	在保持了原有强大功能的基础上实现了极为可观的规模缩小 I/O 型接线接口，降低了接线成本，并大大节省了时间

表 25-3-32　三菱 PLC 性能规格

项目		型号			
		FX1S	FX1N	FX2N/FX2NC	FX1NC
运算控制方式		对保存的程序循环扫描的方式，有中断指令			
输入输出控制方式		有批处理方式（执行 END 指令时）、输入输出刷新指令、脉冲捕捉功能			
程序语言		指令表方式＋步进梯形图方式（可以用 SFC）表示			
程序内存	内置存储容量形式	有 2000 步内置 EEPROM	有 8000 步内置 EEPROM		
		（不需要备用电池）、口令保护功能			
	存储盒	EEPROM 8000 步（不过，FX1S 只可以使用 2000 步）		16000 步	无
	RUN 时写入功能	有（PLC RUN 时可以修改程序）			

续表

项目		型号			
		FX1S	FX1N	FX2N/FX2NC	FX1NC
实时时钟	时钟功能	内置1980～2079年(有闰年修正),可以切换公历2位、4位			
指令的种类	顺控、步进梯形图	顺控指令:27个,步进梯形图指令:2个			
	应用指令	85种167个		132种309个	89种
运算处理指令	基本指令	0.55～0.7μs/指令		0.08μs/指令	0.55～0.7μs/指令
	应用指令	3.7～数百微秒/指令		1.52～数百微秒/指令	
输入输出计数	输入点数	X000～X017 不可以扩展	X000～X177	X000～X267	X000～X177
	输出点数	Y000～Y015 不可以扩展	Y000～X177	Y000～X267	Y000～X177
输入继电器/输出继电器		取决于输入规格以及输出规格			
辅助继电器	一般用	M0～M383,384点			
	保持用	M384～M511,128点			
	特殊用	M8000～M8255,256点			
状态	初始状态	S0～S9,10点			
	一般用	S10～S127,118点			
	保持用	所有点停电保持(S0～S127)			
定时器(On延时)	100ms	T0～T62(0.1～3276.7s)		T0～T199	
	10ms	如果M8028为ON,T32～T62为10ms定时器	T200～T245	T200～T245	T200～T245
		(0.01～327.67s)			
	1ms	T63	T246～T249	T246～T249	T246～T249
		(0.001～32.767s)			
模拟电位器		VR1:D8030,VR2:D80312点(0～255)			
计数器	16位增计数	C0～C15,16点(0～32,767计数)			
	16位增计数(保持)	C16～C31,16点(0～32,767计数)			
	32位增计数(保持)	C235～C255:1相,60kHz/2点,10kHz/4点;2相,30kHz/1点,5kHz/1点			
数据寄存器(成对使用时为32位)	16位通用	D0～D127,128点			
	16位通用(保持)	D128～D255,128点			
	文件寄存器(保持)	D1000～D2499,1500点		D1000～D7999,7000点	
		(通过参数设定,可以从D1000开始以500点为单位,在程序区域EEPROM设定文件寄存器)			
	16位特殊用	D8000～D8255,256点			
	16位变址	V0～V7,Z0～Z7,16点			

第25篇

续表

<table>
<tr><td colspan="2" rowspan="2">项　　目</td><td colspan="4">型　　号</td></tr>
<tr><td>FX1S</td><td>FX1N</td><td>FX2N/FX2NC</td><td>FX1NC</td></tr>
<tr><td rowspan="2">指针</td><td>JUMP、CALL 分支用</td><td>P0～P63，64 点</td><td>P0～P127，128 点</td><td>P0～P127，128 点</td><td>P0 ～ P127，128 点</td></tr>
<tr><td>输入中断</td><td colspan="2">10□□～15□□，6 点</td><td colspan="2">10□□～18□□，9 点</td></tr>
<tr><td>嵌套</td><td>主控用</td><td colspan="4">N0～N7，8 点</td></tr>
<tr><td rowspan="2">常数</td><td>10 进制数(K)</td><td colspan="4">16 位：－32，768～＋32，767；32 位：－2，147，483，648～＋2，147，483，647</td></tr>
<tr><td>16 进制数(H)</td><td colspan="4">16 位：0～FFFF；32 位：0～FFFFFFFF</td></tr>
</table>

表 25-3-33　　三菱 PLC 规格概况

<table>
<tr><td colspan="2" rowspan="2">项　　目</td><td colspan="6">型　　号</td></tr>
<tr><td>FX1S</td><td>FX1N</td><td>FX2N</td><td>FX1NC</td><td colspan="2">FX2NC</td></tr>
<tr><td rowspan="4">电源、输入输出</td><td>电源规格</td><td colspan="3">AC 电源型：100～240V
DC 电源型：24V</td><td colspan="3">DC 24V</td></tr>
<tr><td>输入规格</td><td colspan="3">DC 24V 7mA/5mA
无电压节点，或者 NPN 开路型集电极晶体管输入(光电隔离)</td><td colspan="3"></td></tr>
<tr><td>输出规格</td><td colspan="3">继电器输出类型：2A/1 点，8A/4 点公共端；AC 250V，D30V max
晶体管输出类型：0.5A/1 点，0.8A/4 点；公共端 DC 5～30V</td><td colspan="3">晶体管输出类型：0.1A/1 点，0.8A/8 点；公共端 DC 5～30V</td></tr>
<tr><td>输入输出扩展</td><td colspan="3">通过安装功能扩展板，就可以实现小计数输入输出扩展或模拟量输入输出扩展</td><td>可以连接 FX1N、FX2N 扩展单元</td><td colspan="2">可以连接 FX2NC 扩展单元</td></tr>
<tr><td rowspan="9">性能</td><td>程序内存</td><td colspan="3">2000 步内置(不需要备用电池的 EEPROM)、注释输入、可以在 RUN(运行)时写入可以装载带程序传送功能的存储盒(最大 2000 步)</td><td colspan="3">8000 步内置(不需要备用电池的 EEPROM)、注释输入、可以在 RUN(运行)时写入可以装载带程序传送功能的存储盒(最大 16000 步)</td></tr>
<tr><td>时钟功能</td><td colspan="6">内置实时时钟(有时间设定指令、时间比较指令)</td></tr>
<tr><td>高速处理</td><td colspan="6">有输入输出刷新指令、输入滤波器调整指令、输入中断功能、脉冲捕捉功能</td></tr>
<tr><td>最大输入输出点数</td><td colspan="3">30 点(不可以扩展)</td><td>256</td><td>128</td><td>256</td></tr>
<tr><td rowspan="2">辅助继电器/定时器</td><td colspan="3" rowspan="2">辅助继电器：512 点/定时器：64 点</td><td rowspan="2">辅助继电器：3072 点/定时器：256 点</td><td>辅助继电器：1536 点</td><td>辅助继电器：3072 点</td></tr>
<tr><td colspan="2">定时器：256 点</td></tr>
<tr><td rowspan="2">计数器</td><td colspan="3">一般 16 位增计数器：32 点</td><td>一般 16 位增计数器：35 点</td><td colspan="2">一般 16 位增计数器：200 点，16 位减计数器：35 点</td></tr>
<tr><td colspan="6">高速 32 位增减计数器：1 相，60kHz/2 点，10kHz/4 点；2 相，30kHz/1 点，5kHz/1 点</td></tr>
<tr><td>数据寄存器</td><td colspan="3">一般用 256 点，变址用 16 点，文件用最大可以设定为 1500 点</td><td colspan="3">一般用 8000 点，变址用 16 点，文件用最大可以设定为 7000 点</td></tr>
</table>

续表

<table>
<tr><th colspan="2" rowspan="2">项　目</th><th colspan="5">型　号</th></tr>
<tr><th>FX1S</th><th>FX1N</th><th>FX2N</th><th>FX1NC</th><th>FX2NC</th></tr>
<tr><td rowspan="2">性能</td><td>模拟电位器</td><td colspan="3">内置 2 点，用 FX1N8AV-BD 型的功能扩展板可以增加 8 点</td><td>FX2N8AV-BD 型的功能扩展板可以增加 8 点</td><td>无</td></tr>
<tr><td>功能扩展板</td><td colspan="3">可以安装 FX1N-□□□-BD 型的功能扩展板</td><td>可以安装 FX2N-□□□-BD 型的功能扩展板</td><td>无</td></tr>
<tr><td rowspan="4">其他</td><td>特殊适配器</td><td colspan="3">可以用 FX1NCNV-BD 来连接</td><td colspan="2">可以用 FX2NCNV-BD 来连接</td></tr>
<tr><td rowspan="2">显示模块</td><td colspan="3">可以内置 FX1N5DM。可以外接 FX1N10DM</td><td>可以外接 FX10DM</td><td>可以外接 FX1N10DM</td></tr>
<tr><td colspan="5">（也可以直接连接 GOT、ET 系列显示器）</td></tr>
<tr><td>外围设备机型选择</td><td colspan="5">选择 FX1S 或 FX2。不过，选择 FX2 使用时有限制</td></tr>
</table>

表 25-3-34　　三菱 PLC CPU 单元（AC 电源，DC 输入型）

<table>
<tr><th rowspan="2">型　号</th><th rowspan="2">合计总数</th><th colspan="4">输入输出计数，输入输出形式</th><th rowspan="2">尺寸
（宽×厚×高）/mm</th></tr>
<tr><th colspan="2">输　入</th><th colspan="2">输　出</th></tr>
<tr><td>FX1S-10MR-001</td><td rowspan="2">10 点</td><td rowspan="2">6 点</td><td rowspan="2">DC 24V</td><td rowspan="2">4 点</td><td>继电器</td><td rowspan="2">60×75×90</td></tr>
<tr><td>FX1S-10MT-001</td><td>晶体管</td></tr>
<tr><td>FX1S-14MR-001</td><td rowspan="2">14 点</td><td rowspan="2">8 点</td><td rowspan="2">DC 24V</td><td rowspan="2">6 点</td><td>继电器</td><td rowspan="2">60×75×90</td></tr>
<tr><td>FX1S-14MT-001</td><td>晶体管</td></tr>
<tr><td>FX1S-20MR-001</td><td rowspan="2">20 点</td><td rowspan="2">12 点</td><td rowspan="2">DC 24V</td><td rowspan="2">8 点</td><td>继电器</td><td rowspan="2">75×75×90</td></tr>
<tr><td>FX1S-20MT-001</td><td>晶体管</td></tr>
<tr><td>FX1S-30MR-001</td><td rowspan="2">30 点</td><td rowspan="2">16 点</td><td rowspan="2">DC 24V</td><td rowspan="2">14 点</td><td>继电器</td><td rowspan="2">100×75×90</td></tr>
<tr><td>FX1S-30MT-001</td><td>晶体管</td></tr>
<tr><td>FX1N-24MR-001</td><td rowspan="2">24 点</td><td rowspan="2">14 点</td><td rowspan="2">DC 24V</td><td rowspan="2">10 点</td><td>继电器</td><td rowspan="2">90×75×90</td></tr>
<tr><td>FX1N-24MT-001</td><td>晶体管</td></tr>
<tr><td>FX1N-40MR-001</td><td rowspan="2">40 点</td><td rowspan="2">24 点</td><td rowspan="2">DC 24V</td><td rowspan="2">16 点</td><td>继电器</td><td rowspan="2">130×75×90</td></tr>
<tr><td>FX1N-40MT-001</td><td>晶体管</td></tr>
<tr><td>FX1N-60MR-001</td><td rowspan="2">60 点</td><td rowspan="2">36 点</td><td rowspan="2">DC 24V</td><td rowspan="2">24 点</td><td>继电器</td><td rowspan="2">175×75×90</td></tr>
<tr><td>FX1N-60MT-001</td><td>晶体管</td></tr>
<tr><td>FX2N-80MR-001</td><td rowspan="2">80 点</td><td rowspan="2">40 点</td><td rowspan="2">DC 24V</td><td rowspan="2">40 点</td><td>继电器</td><td rowspan="2">285×87×90</td></tr>
<tr><td>FX2N-80MT-001</td><td>晶体管</td></tr>
<tr><td>FX2N-128MR-001</td><td>128 点</td><td>64 点</td><td>DC 24V</td><td>64 点</td><td>继电器</td><td>350×87×90</td></tr>
<tr><td>FX2N-16MR-001</td><td rowspan="2">16 点</td><td rowspan="2">8 点</td><td rowspan="2">DC 24V</td><td rowspan="2">8 点</td><td>继电器</td><td rowspan="2">130×87×90</td></tr>
<tr><td>FX2N-16MT-001</td><td>晶体管</td></tr>
<tr><td>FX2N-32MR-001</td><td rowspan="2">32 点</td><td rowspan="2">16 点</td><td rowspan="2">DC 24V</td><td rowspan="2">16 点</td><td>继电器</td><td rowspan="2">150×87×90</td></tr>
<tr><td>FX2N-32MT-001</td><td>晶体管</td></tr>
<tr><td>FX2N-48MR-001</td><td rowspan="2">48 点</td><td rowspan="2">24 点</td><td rowspan="2">DC 24V</td><td rowspan="2">24 点</td><td>继电器</td><td rowspan="2">182×87×90</td></tr>
<tr><td>FX2N-48MT-001</td><td>晶体管</td></tr>
<tr><td>FX2N-64MR-001</td><td rowspan="2">64 点</td><td rowspan="2">32 点</td><td rowspan="2">DC 24V</td><td rowspan="2">32 点</td><td>继电器</td><td rowspan="2">220×87×90</td></tr>
<tr><td>FX2N-64MT-001</td><td>晶体管</td></tr>
</table>

表 25-3-35　　三菱 PLC CPU 单元（DC 电源，AC 输入型）

型　号	合计总数	输入输出计数,输入输出形式				尺寸（宽×厚×高）/mm
		输　入		输　出		
FX1S-10MR-D	10 点	6 点	DC 24V	4 点	继电器	60×49×90
FX1S-10MT-D					晶体管	
FX1S-14MR-D	14 点	8 点	DC 24V	6 点	继电器	60×49×90
FX1S-14MT-D					晶体管	
FX1S-20MR-D	20 点	12 点	DC 24V	8 点	继电器	75×49×90
FX1S-20MT-D					晶体管	
FX1S-30MR-D	30 点	16 点	DC 24V	14 点	继电器	100×49×90
FX1S-30MT-D					晶体管	
FX1N-24MR-D	24 点	14 点	DC 24V	10 点	继电器	90×75×90
FX1N-24MT-D					晶体管	
FX1N-40MR-D	40 点	24 点	DC 24V	16 点	继电器	130×75×90
FX1N-40MT-D					晶体管	
FX1N-60MR-D	60 点	36 点	DC 24V	24 点	继电器	175×75×90
FX1N-60MT-D					晶体管	
FX2N-32MR-D	32 点	16 点	DC 24V	16 点	继电器	150×87×90
FX2N-32MT-D					晶体管	
FX2N-48MR-D	48 点	24 点	DC 24V	24 点	继电器	182×87×90
FX2N-48MT-D					晶体管	
FX2N-64MR-D	64 点	32 点	DC 24V	32 点	继电器	220×87×90
FX2N-64MT-D					晶体管	
FX2N-80MR-D	80 点	40 点	DC 24V	40 点	继电器	285×87×90
FX2N-80MT-D					晶体管	

表 25-3-36　　三菱 PLC FX1NC CPU 单元

型　号	合计点数	输入输出计数,输入输出形式				尺寸（宽×厚×高）/mm
		输　入		输　出		
FX1NC-16MT	16 点	8 点	DC 24V	8 点	晶体管	35×87×90
FX1NC-32MT	32 点	16 点	DC 24V	16 点	晶体管	35×87×90

表 25-3-37　　三菱 PLC FX2NC CPU 基本单元

型　号	合计点数	输入输出计数,输入输出形式				尺寸（宽×厚×高）/mm
		输　入		输　出		
FX2NC-16MR-T	16 点	8 点	DC 24V	8 点	晶体管	35×89×90
FX2NC-16MT	16 点	8 点	DC 24V	8 点	晶体管	35×87×90
FX2NC-32MT	32 点	16 点	DC 24V	16 点	晶体管	35×87×90
FX2NC-64MT	64 点	32 点	DC 24V	32 点	晶体管	60×87×90
FX2NC-96MT	96 点	48 点	DC 24V	48 点	晶体管	86×87×90

3.3.6 台达 PLC

台达 PLC（Programmable Logic Controller）又名台达可编程、台达可编程控制器、台达可编程序控制等，是台达为工业自动化领域专门设计的、实现数字运算操作的电子装置。

台达 PLC 采用可以编制程序的存储器，用来在其内部存储执行逻辑运算、顺序运算、计时、计数和算术运算等操作的指令，并能通过数字式或模拟式的输入和输出，控制各种类型的机械或生产过程。

台达 PLC 及其有关的外围设备都是按易于与工业控制系统形成一个整体、易于扩展其功能的原则而设计的。

AH500 系列：模块化中型 PLC，高端产业机械与系统整合应用的智能解决方案，高端软硬件全面整合的自动化系统。ISPSoft 编辑软件提供五种编程语言及图形化界面；延伸背板及远程 I/O 背板可共享，增加硬件规划的弹性；支持模块热插拔功能，利于维护。采用双核多任务运算处理器，DIO 最大支持点数为 4352＋128000 远程点，AIO 最大支持通道数为 512＋4000 个远程通道；程序容量最大 256k 步；数据寄存器增加为 64k 字节；高速的程序处理能力（基本指令运算能力：处理 1k 步只需 0.3ms）；CPU 模块内建 RS-232/422/485、Mini USB、Ethernet、SD Card 1.0（兼容各类存储卡）；多元化模块选择，包含数字 I/O、模拟 I/O、温度、网络、运动控制模块等。

DVP-EH3 系列：运动控制功能，DVP-E 系列最高级主机，适合更复杂的应用，程序及数据寄存器容量加大，高速脉冲输出：4 点 200kHz，内置 1 个 RS232 口、1 个 RS485 口，可扩展 COM3，均支持 MODBUS 主/从站模式，支持 4 点 200kHz 硬件高速计数器，增加多种运动控制指令（遮蔽、对标、手摇轮、立即变速等），以达到高速精准定位控制功能，有效应用在贴标机、包装机、印刷机等设备上，直线/圆弧插补运动控制功能，外部输入中断提升为 16 个中断输入，具有完整的程序保护功能。应用范围：高速三轴伺服焊接机、高速裁板机、棒材送料机、生产线分散监控系统等。

DVP-ES2/EX2/ES2-C 系列：整合的通信功能，内置 1 组 RS-232，2 组 RS-485 通信端口，均支持 MODBUS 主/从站模式；新推出 DVP32ES2-C CANopen 1Mbps 通信型主机，以及 DVP30EX2 模拟/温度混合型主机；DVP-ES2 提供 16/20/24/32/40/60 点 I/O 主机，满足各种应用；DVP20EX2 内置 12-bit 4AI/2AO，同时可搭配 14-bit AIO 扩展模块，配合内置 PID Auto Tuning 功能，提供完整的模拟控制解决方案；DVP30EX2 提供模拟/温控整合型控制器，内置 16-bit 3AI/1AO 搭配内置温度 PID Auto Tuning 功能，提供完整的模拟控制解决方案。应用范围：圆织机、电梯控制、包装机、送料机、电容剪脚机（步进电机控制）、食品加工机、景观喷水池、纺纱机、卷线机（张力控制）、输送带（转速控制）。

表 25-3-38 台达 PLC 电气规格

项 目	交 流	直 流
电源电压	100～240V AC(－15%～10%),50/60Hz±5%	24V DC(－15%～20%)
电源熔断器容量	2A/250V AC	2A/250V AC
突波电压耐受量	1500V AC(Primary-secondary);1500V AC(Primary-PE);500V AC(Secondary-PE)	
绝缘阻抗	5MΩ 以上(所有输入/输出点对地之间 500V DC)	
接地	接地端配线之线径不得小于电源线之线径(多台 PLC 同时使用,请务必单点接地)	
操作/储存环境	储存:温度－40～70℃,湿度 5%～95% 操作:温度 0～55℃,湿度 50%～95%,污染等级 2	

第 25 篇

表 25-3-39　　台达 PLC 输出点电气规格

项　　目	继电器 R	电晶体 T	
		一般	高速
最高交换(工作)频率	负载 ON/OFF 控制	10kHz	50kHz/100kHz/200kHz
电流规格 ES/EX SS SA/SX/ SC EH2/SV	 2A 1.5A 1.5A 1.5A 2A	0.3A/1 点@40℃	<1kHz,0.3A/1@40℃ ≥1kHz,30mA/1 点@40℃
电压规格	250V AC/30V DC	30V DC	
反应时间	10ms	OFF→ON:20μs ON→OFF:30μs	EH2/SV0.5μs SC1μs SA/SX2μs

表 25-3-40　　台达 PLC 主机

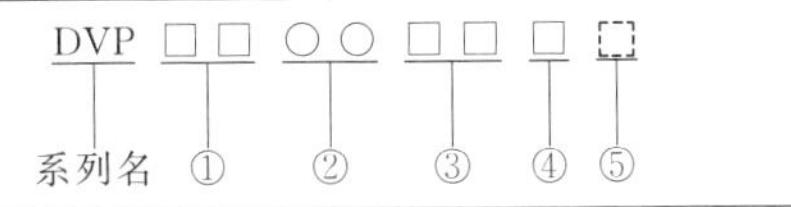

①输出/输入点数合计	
②机种区分	ES:ES 主机单元 EX:EX 主机单元 SS:SS 主机单元 SA:SA 主机单元 SX:SX 主机单元 SC:SC 主机单元 SV:SV 主机单元 PM:PM 主机单元 EH:EH 主机单元
③输入电源	00:AC 电源输入 11:DC 电源输入
④输出形态	R:继电器 T:电晶体 M:差动信号混合型
⑤版本升级码	

表 25-3-41　台达 PLC DI/DO 扩充单元

DVP □□ ○ ○ □□ □
系列名 ① ② ③ ④ ⑤

①输出/输入点数合计	
②机种区分	X:ES/EX 主机使用 S:SS/SA/SX/SC/SV 主机使用 H:EH/PM 主机使用
③I/O 类型区分	M:输入点 N:输出点 P:输入/输出混合
④输入电源	00:AC 电源输入 11:DC 电源输入
⑤输出形态	R:继电器 T:电晶体

表 25-3-42　台达 PLC AI/AO 扩充单元

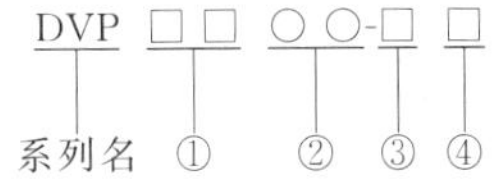

①输出/输入通道数合计	
②机种区分	AD:类比/数位转换模组 DA:数位/类比转换模组 PT:PT100 型温度模组 TC:热电耦型温度模组 XA:AD 及 DA 混合型模组
③适用机种区分	S:SS/SA/SX/SC/SV 主机使用 H:EH/PM 主机使用 SL:SV 主机使用(左侧扩充) E:ES 主机专用
④版本升级码	

表 25-3-43　台达 PLC PI/PO 扩充单元

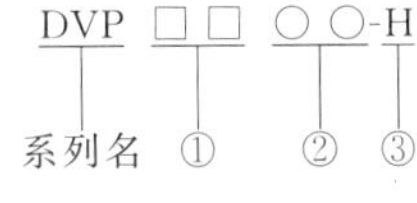

①输出/输入通道数合计	
②机种区分	HC:高速计数器模组 PU:单轴定位模组
③适用机种区分	H:EH/PM 主机使用 S:SS/SA/SX/SC/SV 主机使用 SL:SV 主机使用(左侧扩充)

表 25-3-44　　**台达 PLC 功能比较**

条　件	规格要求	主机机种							
		ES	EX	EH2	SS	SA	SC	SX	SV
电源	AC	◎	◎	○					
	DC				○	○	○	○	○
I/O 点数	256 点以下	△	△		△	△	△	△	
	512 点以下			△					△
程式容量	8K 以下	○	○		○	○	○	○	
	16K 以下			○					○
输出形式	电晶体	◎	◎	◎	◎	◎	◎	◎	◎
	继电器	◎	◎	◎	◎	◎	◎	◎	◎
	差动信号			◎					
通信要求	3 个通信口(RS-232/485)			○					
	Ethernet			△					△
	DeviceNet			△		△	△	△	△
	CANopen			△					
	PROFIBUS			△		△	△	△	△
定位机能	2 轴输出	○	○	○	○	○	○	○	
	4 轴输出			◎					○
	2 轴补间			○					○
	4 轴以上			△	△	△	△	△	△
	200kHz 高速			○	△	△	△	△	○
类比机能	2 通道以下							○	
	2 通道以下		○	△	△	△	△	△	△
高速计数	2 通道以下	○	○		○	○	○	○	
	2 通道以上			○					○
	200kHz 高速			○					○

注：○—主机本身具备此功能；◎—依型号而定；△—连接扩展机或功能卡可达到此功能。

表 25-3-45　　**台达 PLC EH2 系列主机**

品　名	电源供应	输出方式	输入	输出	型　号
EH2 标准型主机	100～240V AC 电源	继电器	8	8	DVP16EH00R2
	100～240V AC 电源	电晶体	8	8	DVP16EH00T2
		继电器	12	8	DVP20EH00R2
	100～240V AC 电源	电晶体	12	8	DVP20EH00T2
		内建独立两轴 200kHz 脉波输出			
	100～240V AC 电源	电晶体	12	16	DVP32EH00T2
		内建独立两轴 200kHz 脉波输出			
	100～240V AC 电源	继电器	16	16	DVP32EH00R2
	100～240V AC 电源	类比	16	16	DVP32EH00M2
	100～240V AC 电源	继电器	16	16	DVP32EH00R2-L
		电晶体	16	16	DVP32EH00T2-L
	100～240V AC 电源	电晶体	24	16	DVP40EH00T2
		内建独立四轴 200kHz 脉波输出			

续表

品　名	电源供应	输出方式	输入	输出	型　号
EH2 标准型主机	100～240V AC 电源	继电器	24	16	DVP40EH00R2
	100～240V AC 电源	继电器	24	24	DVP48EH00R2
	100～240V AC 电源	电晶体	24	24	DVP48EH00T2
	100～240V AC 电源	继电器	32	32	DVP64EH00R2
	100～240V AC 电源	电晶体	32	32	DVP64EH00T2
	100～240V AC 电源	继电器	40	40	DVP80EH00R2
	100～240V AC 电源	电晶体	40	40	DVP80EH00T2
基本指令执行时间		0.24μs		输出指令执行时间	

表 25-3-46　　台达 PLC ES/EX 系列主机

品　名	电源供应	输出方式	输入	输出	型　号
ES 标准型主机	100～240V AC 电源	继电器	8	6	DVP14ES00R2
	100～240V AC 电源	电晶体	8	6	DVP14ES00T2
	100～240V AC 电源	继电器	16	8	DVP24ES00R2
	100～240V AC 电源	电晶体	16	8	DVP24ES00T2
	100～240V AC 电源	继电器	18	12	DVP30ES00R2
	100～240V AC 电源	电晶体	18	12	DVP30ES00T2
	100～240V AC 电源	继电器	16	16	DVP32ES00R2
	100～240V AC 电源	电晶体	16	16	DVP32ES00T2
	100～240V AC 电源	继电器	24	16	DVP40ES00R2
	100～240V AC 电源	电晶体	24	16	DVP40ES00T2
	100～240V AC 电源	继电器	24	24	DVP48ES00R2
	100～240V AC 电源	电晶体	24	24	DVP48ES00T2
	100～240V AC 电源	继电器	36	24	DVP60ES00R2
	100～240V AC 电源	电晶体	36	24	DVP60ES00T2
EX 类比型主机	100～240V AC 电源	继电器	8	6	DVP20EX00R2
		类比	4	2	
	100～240V AC 电源	电晶体	8	6	DVP20EX00T2
		类比	4	2	
	24V DC 电源	继电器	8	6	DVP20EX11R2
		类比	4	2	
基本指令执行时间		3.8μs		输出指令执行时间	

表 25-3-47　　台达 PLC S 系列主机

品　名	电源供应	输出方式	输入	输出	型　号
SS 标准型主机	24V DC 电源	继电器	8	6	DVP14SS11R2
	24V DC 电源	电晶体	8	6	DVP14SS11T2
SA 进阶型主机	24V DC 电源	继电器	8	4	DVP12SA11R
	24V DC 电源	电晶体	8	4	DVP12SA11T

续表

品　名	电源供应	输出方式	输入	输出	型　号
SX 类比型主机	24V DC 电源	继电器	6	4	DVP10SX11R
		类比	2	2	
	24V DC 电源	电晶体	6	4	DVP10SX11T
		类比	2	2	
SC 定位型主机	24V DC 电源	电晶体	8	4	DVP12SC11T
基本指令执行时间		3.8μs		输出指令执行时间	
SV 扩充型主机	24V DC 电源	继电器	16	12	DVP28SV11R
	24V DC 电源	电晶体	16	12	DVP28SV11T
	内建独立四轴 200kHz 脉波输出				
基本指令执行时间	0.24μs		输出指令执行时间		

表 25-3-48　　台达 PLC PM 系列主机

品　名	电源供应	输出方式	输入	输出	型　号
专业运动控制型主机	100～240V AC	差动	8	8	DVP20PM00D
		（内建独立两轴 500kHz 脉波输出）			
基本指令执行时间		3.3μs		输出指令执行时间	

表 25-3-49　　台达 PLC 应用

型　号	最 佳 应 用
DVP-EX2	包装机、纺纱机、卷线机（张力控制）、输送带（转速控制）、食品加工机、景观喷水池
DVP-ES2	是顺序控制主机的代表，提供小型 PLC 最具经济效益的解决方案 圆织机、电梯控制、包装机、送料机、电容剪脚机（步进电机控制）、食品加工机、景观喷水池
DVP-EX	是具有极佳性价比的模拟功能主机。除支持数字输入/输出外，并内置多通道模拟输入/输出；整合通信功能来架构完整的控制网络，满足大多数小型 PLC 的应用需求 包装机、纺纱机、卷线机（张力控制）、输送带（转速控制）、食品加工机、景观喷水池
DVP-EH2	以优异的运算速度著称，除具备高容量的程序规划空间，内设众多应用指令及通信指令外；搭配多样化的特殊扩展模块与功能卡，使主机更能发挥强大效能
DVP-ES	是顺序控制主机的代表，提供小型 PLC 最具经济效益的解决方案 圆织机、电梯控制、包装机、送料机、电容剪脚机（步进电机控制）、食品加工机、景观喷水池
DVP-SS	属于薄型轻巧的台达 PLC，提供普通使用的顺序控制功能 印刷机、染料机、容器填注机（配方应用）、生产线工作站监测（PLC Easy LinK）
DVP-SA	属于薄型轻巧的台达 PLC，相比于标准型的台达 PLC，能提供较大的程序容量与运算效能 纺纱机、输送带（转速控制）、卷线机（张力控制）

3.4　选用原则及应用场合

3.4.1　选用原则

3.4.1.1　机型的选择

PLC 机型选择的基本原则是，在满足功能要求的前提下，选择最可靠、维护使用最方便以及性能价格比最优的机型。

在工艺过程比较固定、环境条件较好（维修量较小）的场合，建议选用整体式结构的 PLC；其他情况则最好选用模块式结构的 PLC。

对于开关量控制以及以开关量控制为主、带少量模拟量控制的工程项目，一般其控制速度无需考虑，因此，选用带 A/D 转换、D/A 转换、加减运算、数据传送功能的低档机就能满足要求。

而在控制比较复杂、控制功能要求比较高的工程项目中（如要实现 PID 运算、闭环控制、通信联网等），可视控制规模及复杂程度来选用中档或高档机。其中高档机主要用于大规模过程控制、全 PLC 的分布式控制系统以及整个工厂的自动化等。根据不同的应用对象，表 25-3-50 列出了 PLC 的几种功能选择。

对于一个大型企业系统，应尽量做到机型统一。这样，同一机型的 PLC 模块可互为备用，便于备品备件的采购和管理；同时，其统一的功能及编程方法也有利于技术力量的培训、技术水平的提高和功能的开发；此外，由于其外部设备通用，资源可以共享，因此，配上位计算机后即可把控制各独立系统的多台 PLC 连成一个多级分布式控制系统，这样便于相互通信，集中管理。

表 25-3-50　PLC 的功能及应用场合

序号	应用对象	功能要求	应用场合
1	替代继电器	继电器触点输入/输出、逻辑线圈、定时器、计数器	替代传统使用的继电器，完成条件控制和时序控制功能
2	数学运算	四则数学运算、开方、对数、函数计算、双倍精度的数学运算	设定值控制、流量计算；PID 调节、定位控制和工程量单位换算
3	数据传送	寄存器与数据表的相互传送等	数据库的生成、信息管理、BAT-CH（批量）控制、诊断和材料处理等
4	矩阵功能	逻辑与、逻辑或、异或、比较、置位（位修改）、移位和变反等	这些功能通常按“位”操作，一般用于设备诊断、状态监控、分类和报警处理等
5	高级功能	表与块间的传送、校验和双倍精度运算、对数和反对数、平方根、PID 调节等	通信速度和方式、与上位计算机的联网功能、调制解调器等
6	诊断功能	PLC 的诊断功能有内诊断和外诊断两种。内诊断是 PLC 内部各部件性能和功能的诊断，外诊断是中央处理机与 I/O 模块信息交换的诊断	—
7	串行接口（RS-232C）	一般中型以上的 PLC 都提供一个或一个以上串行标准接口（RS-232C），以连接打印机、CRT、上位计算机或另一台 PLC	—
8	通信功能	现在的 PLC 能够支持多种通信协议。比如现在比较流行的工业以太网等	对通信有特殊要求的用户

3.4.1.2　输入/输出的选择

PLC 是一种工业控制系统，它的控制对象是工业生产设备或工业生产过程，工作环境是工业生产现场。它与工业生产过程的联系是通过 I/O 接口模块来实现的。

通过 I/O 接口模块可以检测被控生产过程的各种参数，并以这些现场数据作为控制信息对被控对象进行控制。同时通过 I/O 接口模块将控制器的处理结果送给被控设备或工业生产过程，从而驱动各种执行机构来实现控制。PLC 从现场收集的信息及输出给外部设备的控制信号都需经过一定距离，为了确保这些信息正确无误，PLC 的 I/O 接口模块都具有较好的抗干扰能力。根据实际需要，一般情况下，PLC 都有许多 I/O 接口模块，包括开关量输入模块、开关量输出模块、模拟量输入模块、模拟量输出模块以及其他一些特殊模块，使用时应根据它们的特点进行选择。

（1）确定 I/O 点数

根据控制系统的要求确定所需要的 I/O 点数时，应再增加 20% 的备用量，以便随时增加控制功能。对于一个控制对象，由于采用的控制方法不同或编程水平不同，I/O 点数也应有所不同。

表 25-3-51 列出了典型传动设备及常用电气元件所需的开关量的 I/O 点数。

表 25-3-51 典型传动设备及常用电气元件所需的开关量的 I/O 点数

序号	电气设备、元件	输入点数	输出点数	序号	电气设备、元件	输入点数	输出点数
1	Y-启动的笼型异步电动机	4	3	12	光电管开关	2	—
2	单向运行的笼型异步电动机	4	1	13	信号灯	—	1
3	可逆运行的笼型异步电动机	5	2	14	拨码开关	4	—
4	单向变极电动机	5	3	15	三挡波段开关	3	—
5	可逆变极电动机	6	4	16	行程开关	1	—
6	单向运行的直流电动机	9	6	17	接近开关	1	—
7	可逆运行的直流电动机	12	8	18	制动器	—	1
8	单线圈电磁阀	2	1	19	风机	—	1
9	双线圈电磁阀	3	2	20	位置开关	2	—
10	比例阀	3	5	21	单向运行的绕线转子异步电动机	3	4
11	按钮	1	—	22	可逆运行的绕线转子异步电动机	4	5

(2) 开关量输入/输出

通过标准的输入/输出接口可从传感器和开关（如按钮、限位开关等）接收信号及控制（开/关）设备（如指示灯、报警器、电动机启动器等）。典型的交流输入/输出信号为24～240V，直流输入/输出信号为5～240V。

尽管输入电路因制造厂家不同而不同，但有些特性是相同的。如用于消除错误信号的抖动电路；免于较大瞬态过电压的浪涌保护电路等。此外，大多数输入电路在高压电源输入和接口电路的控制逻辑部分之间都设有可选的隔离电路。

在评估离散输出时，应考虑熔丝、瞬时浪涌保护和电源与逻辑电路间的隔离电路。熔丝电路也许在开始时花费较多，但可能比在外部安装熔丝耗资要少。

(3) 模拟量输入/输出

模拟量输入/输出接口一般用来感知传感器产生的信号。这些接口可用于测量流量、温度和压力，并可用于控制电压或电流输出设备。这些接口的典型量程为－10～＋10V、0～＋10V、4～20mA或10～50mA。

一些制造厂家在PLC上设计有特殊模拟接口，因而可接收低电平信号，如RTD、热电偶等。一般来说，这类接口模块可用于接收同一模块上不同类型的热电偶或RTD混合信号。

(4) 特殊功能输入/输出

在选择一台PLC时，用户可能会面临一些特殊类型且不能用标准I/O实现的I/O限定，如定位、快速输入、频率等。此时用户应当考虑供销厂商是否提供有特殊的有助于最大限度减小控制作用的模块。有些特殊接口模块自身能处理一部分现场数据，从而使CPU从耗时的任务处理中解脱出来。

(5) 智能式输入/输出

当前，PLC的生产厂家相继推出了一些智能式的输入/输出模块。一般智能式输入/输出模块本身带有处理器，可对输入或输出信号作预先规定的处理，并将处理结果送入CPU或直接输出，这样可提高PLC的处理速度并节省存储器的容量。

智能式输入/输出模块有高速计数器（可作加法计数或减法计数）、凸轮模拟器（用作绝对编码输入）、带速度补偿的凸轮模拟器、单回路或多回路的PID调节器、ASCII/BASIC处理器、RS-232C/422接口模块等。表25-3-52归纳了选择PLC的I/O接口模块的一般规则。

表 25-3-52 选择 PLC 的 I/O 接口模块的一般规则

I/O模块类型	现场设备或操作(举例)	说明
离散输入模块和I/O模块	选择开关、按钮、光电开关、限位开关、电路断路器、接近开关、液位开关、电动机启动器触点、继电器触点、拨盘开关	输入模块用于接收ON/OFF或OPENED/CLOSED(开/关)信号，离散信号可以是直流的，也可以是交流的
离散输出模块和I/O模块	报警器、控制继电器、风扇、指示灯、扬声器、阀门、电动机启动器、电磁线圈	输出模块用于将信号传递到ON/OFF或OPENED/CLOSED(开/关)设备。离散信号可以是交流或直流
模拟量输入模块	温度变送器、压力变送器、湿度变送器、流量变送器、电位器	将连续的模拟量信号转换成PLC处理器可接受的输入值
模拟量输出模块	模拟量阀门、执行机构、图表记录器、电动机驱动器、模拟仪表	将PLC处理器的输出转为现场设备使用的模拟量信号(通常是通过变送器进行)
特种I/O模块	电阻、电偶、编码器、流量计、I/O通信、ASCII、RF型设备、称重计、条形码阅读器、标签阅读器、显示设备	通常用作位置控制、PID和外部设备通信等

表 25-3-53　　估算 PLC 存储器容量的公式

控制目的	公　　式	说　　明
代替继电器	$M=K_m(10D_I+5D_O)$	D_I 为数字(开关)量输入信号；D_O 为数字(开关)量输出信号；A_I 为模拟量输入信号；K_m 为每个节点所占存储器字节数；M 为存储器容量
模拟量控制	$M=K_m(10D_I+5D_O+100A_I)$	
多路采样控制	$M=K_m[10D_I+5D_O+100A_I+(1+采样点)\times 0.25]$	

3.4.1.3　PLC 存储器类型及容量选择

PLC 系统所用的存储器基本上由 PROM、E-PROM及 RAM 三种类型组成，存储容量则随机器的大小变化，一般小型机的最大存储能力低于 6KB，中型机的最大存储能力可达 64KB，大型机的最大存储能力可上兆字节。使用时可以根据程序及数据的存储需要来选用合适的机型，必要时也可专门进行存储器的扩充设计。

PLC 的存储器容量选择和计算的第一种方法是：根据编程使用的节点数精确计算存储器的实际使用容量。第二种为估算法，用户可根据控制规模和应用目的，按照表 25-3-53 的公式来估算。为了使用方便，一般应留有 25％～30％的裕量，获取存储容量的最佳方法是生成程序，即用了多少字。知道每条指令所用的字数，用户便可确定准确的存储容量。

3.4.1.4　软件选择

在系统的实现过程中，PLC 的编程问题是非常重要的。用户应当对所选择 PLC 产品的软件功能有所了解。通常情况下，一个系统的软件总是用于处理控制器具备的控制硬件的。但是，有些应用系统也需要控制硬件部件以外的软件功能。例如，一个应用系统可能包括需要复杂数学计算和数据处理操作的特殊控制或数据采集功能。指令集的选择将决定实现软件任务的难易程度。可用的指令集将直接影响实现控制程序所需的时间和程序执行的时间。

3.4.1.5　支撑技术条件的考虑

选用 PLC 时，有无支撑技术条件同样是重要的选择依据。支撑技术条件包括下列内容。

（1）编程手段

① 便携式简易编程器主要用于小型 PLC，其控制规模小，程序简单，可用简易编程器。

② CRT 编程器适用于大中型 PLC，除可用于编制和输入程序外，还可编辑和打印程序文本。

③ 由于 IBM-PC 已得到普及推广，IBM-PC 及其兼容机编程软件包是 PLC 很好的编程工具。目前，PLC 厂商都在致力于开发适用自己机型的 IBM-PC 及其兼容机编程软件包，并获得了成功。

（2）进行程序文本处理

① 简单程序文本处理以及图、参量状态和位置的处理，包括打印梯形逻辑。

② 程序标注，包括触点和线圈的赋值名、网络注释等，这对用户或软件工程师阅读和调试程序非常有用。

③ 图形和文本的处理。

（3）程序储存方式

对于技术资料档案和备用资料来说，程序的储存方法有磁带、软磁盘或 EEPROM 存储程序盒等方式，具体选用哪种储存方式，取决于所选机型的技术条件。

（4）通信软件包

对于网络控制结构或需用上位计算机管理的控制系统，有无通信软件包是选用 PLC 的主要依据。通信软件包往往和通信硬件一起使用，如调制解调器等。

3.4.1.6　PLC 的环境适应性

由于 PLC 通常直接用于工业控制，生产厂都把它设计成能在恶劣的环境条件下可靠地工作。尽管如此，每种 PLC 都有自己的环境技术条件，用户在选用时，特别是在设计控制系统时，对环境条件要给予充分的考虑。

一般 PLC 及其外部电路（包括 I/O 模块、辅助电源等）都能在表 25-3-54 所列的环境条件下可靠工作。

表 25-3-54　　PLC 的工作环境

序号	项　　目	说　　明
1	温度	工作温度范围为 0～55℃，最高为 60℃，储存温度范围为 －40～＋85℃
2	湿度	相对湿度 5％～95％，无凝结霜
3	振动和冲击	满足国际电工委员会标准
4	电源	采用 220V 交流电源，允许变化范围为 －15％～＋15％，频率为 47～53Hz，瞬间停电保持 10ms
5	环境	周围空气不能混有可燃性、爆炸性和腐蚀性气体

3.4.2　应用场合

目前，PLC在国内外已广泛应用于钢铁、石油、化工、电力、建材、机械制造、汽车、轻纺、交通运输、环保及文化娱乐等各个行业，使用情况大致可归纳为如下几类。

（1）开关量的逻辑控制

这是PLC最基本、最广泛的应用领域，它取代传统的继电器电路，实现逻辑控制、顺序控制，既可用于单台设备的控制，也可用于多机群控及自动化流水线。如注塑机、印刷机、订书机械、组合机床、磨床、包装生产线、电镀流水线等。

（2）模拟量控制

在工业生产过程中，有许多连续变化的量，如温度、压力、流量、液位和速度等都是模拟量。为了使可编程控制器处理模拟量，必须实现模拟量（Analog）和数字量（Digital）之间的A/D转换及D/A转换。PLC厂家都生产配套的A/D和D/A转换模块，使可编程控制器用于模拟量控制。

（3）运动控制

PLC可以用于圆弧运动或直线运动的控制。从控制机构配置来说，早期直接用于开关量I/O模块连接位置传感器和执行机构，现在一般使用专用的运动控制模块。如可驱动步进电机或伺服电机的单轴或多轴位置控制模块。世界上各主要PLC厂家的产品几乎都有运动控制功能，广泛用于各种机械、机床、机器人、电梯等场合。

（4）过程控制

过程控制是指对温度、压力、流量等模拟量的闭环控制。作为工业控制计算机，PLC能编制各种各样的控制算法程序，完成闭环控制。PID调节是一般闭环控制系统中用得较多的调节方法。大中型PLC都有PID模块，目前许多小型PLC也具有此功能模块。PID处理一般是运行专用的PID子程序。过程控制在冶金、化工、热处理、锅炉控制等场合有非常广泛的应用。

（5）数据处理

现代PLC具有数学运算（含矩阵运算、函数运算、逻辑运算）、数据传送、数据转换、排序、查表、位操作等功能，可以完成数据的采集、分析及处理。这些数据可以与存储在存储器中的参考值比较，完成一定的控制操作，也可以利用通信功能传送到别的智能装置，或将它们打印制表。数据处理一般用于大型控制系统，如无人控制的柔性制造系统；也可用于过程控制系统，如造纸、冶金、食品工业中的一些大型控制系统。

（6）通信及联网

PLC通信含PLC间的通信及PLC与其他智能设备间的通信。随着计算机控制的发展，工厂自动化网络发展得很快，各PLC厂商都十分重视PLC的通信功能，纷纷推出各自的网络系统。新近生产的PLC都具有通信接口，通信非常方便。

从PLC具体的控制对象和类型来看，它有如下几个方面的特点。

1）用于顺序逻辑控制。

这是早期PLC与现代PLC都具备的基本控制类型。如电站设备的自动启停、石油化工各种阀门的自动关闭、机床电气控制、高炉上料、货物存取（仓库、停车场）、电梯控制等各种单机、多机群、自动生产线的控制等。

2）用于闭环过程控制。

现代的中高档PLC都具有PID控制功能，可监控多个回路进行PID调节控制，能对温度、流量、位置、速度等进行闭环过程控制，如锅炉、冷冻、反应堆、自动电焊机等。

3）用于机械加工的数字控制和机器人的控制。

PLC能和机械加工中的数控机床与加工中心结合进行数值控制。PLC也用于对自动化生产网络中的机器人进行控制，如对自动加工生产线或自动焊接线上的机器人的多维机械动作的控制。

4）用于组成多级分布式控制系统。

PLC是组成多级分布式控制系统的底层车间生产级的基本设备。可和其他各级通过工业局域网通信，以实现全厂自动化生产网络的计算机集成制造系统的生产方式。目前各大PLC生产厂家都分别建立了自己的多级分布式控制系统。

3.5　应用举例

3.5.1　简单应用

3.5.1.1　三相异步电动机正反转控制

当前在工业控制领域广泛使用的PLC具有功能强、可靠性高、抗干扰能力强、安装维护方便等很多优点。以西门子S7-200PLC系统为例介绍三相异步电动机正反转PL控制。图25-3-9是用接触器和继电器控制的交流电机正反转电路，该电路具有接触器自锁、互锁以及过载、失压等保护功能，在工矿企业生产中广泛使用，是比较经典的控制电路。

合上空气开关接通三相电源。

① 正向启动：按下正向启动按钮SB3，KM1通

电吸合并自锁，主触头闭合接通电动机，即正向运行。

② 反向启动：按下反向启动按钮 SB2，KM2 通电吸合并通过辅助触点自锁，常开主触头闭合换接了电动机三相的电源相序，即反向运行。

③ 互锁环节：具有禁止功能在线路中起安全保护作用。KM1 线圈回路串入 KM2 的常闭辅助触点，KM2 线圈回路串入 KM1 的常闭触点。当正转接触器 KM1 线圈通电动作后，KM1 的辅助常闭触点断开了 KM2 线圈回路，若使 KM2 得电吸合，必须先使 KM1 断电释放，其辅助常闭触头复位，这就防止了 KM1、KM2 同时吸合造成相间短路，这一线路环节称为互锁环节。

④ 电动机的过载保护由热继电器 FR 完成。

通过图 25-3-9 可知，输入控制点有：停止按钮 SB1、正转启动按钮 SB2、反转按钮 SB3，输出控制点有交流接触器的常开辅助触点 KM1 和 KM2、常闭辅助触点 KM1 和 KM2 以及 KM1 和 KM2 的线圈。I/O 分配表如表 25-3-55。

根据 I/O 分配表画出 PLC 控制系统接线图，如图 25-3-10 所示。

控制程序的编写（梯形图编程），使用 STEP7—Micro/WIN32 编程软件，该软件功能强大，使用方便。程序编写完成后可进行运行监控、模拟调试、修改直到完全符合控制需要。程序编写要注意自锁和互锁环节，正转控制中用正转输出 Q0.0 的开节点并联在 I0.0 上实现自锁，用反转输出 Q0.1 的闭节点串在线路中做互锁。反转控制中也一样，反转用 Q0.1 开

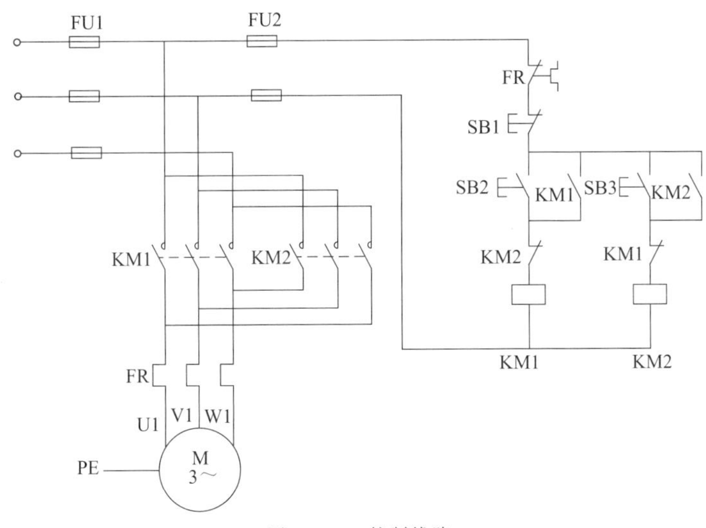

图 25-3-9　控制线路

表 25-3-55　　三相异步电动机正、反转控制的 I/O 分配表

输入端口			输出端口		
外部电器	对应输入点	作用	外部电器	对应输出点	作用
SB1	I0.2	停止按钮	KM1	Q0.0	正转接触器
SB2	I0.0	正启动按钮	KM2	Q0.1	反转接触器
SB3	I0.1	反启动按钮			

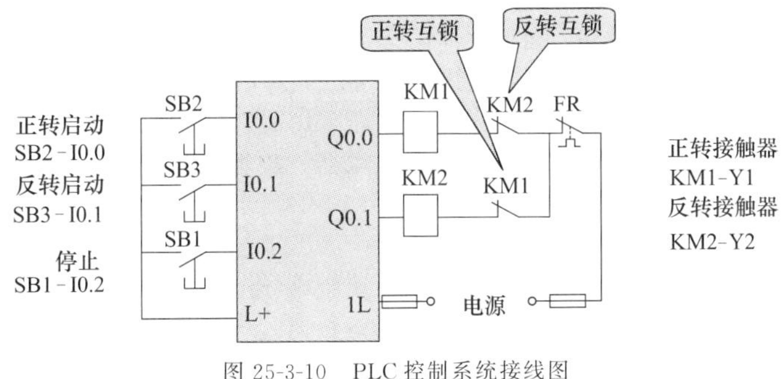

图 25-3-10　PLC 控制系统接线图

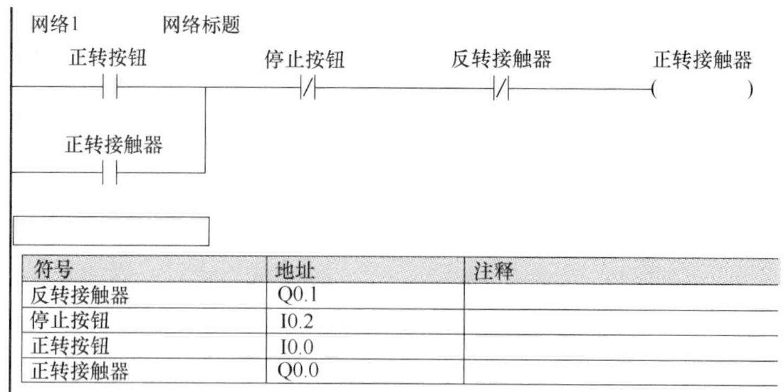

符号	地址	注释
反转接触器	Q0.1	
停止按钮	I0.2	
正转按钮	I0.0	
正转接触器	Q0.0	

图 25-3-11　正转部分梯形图

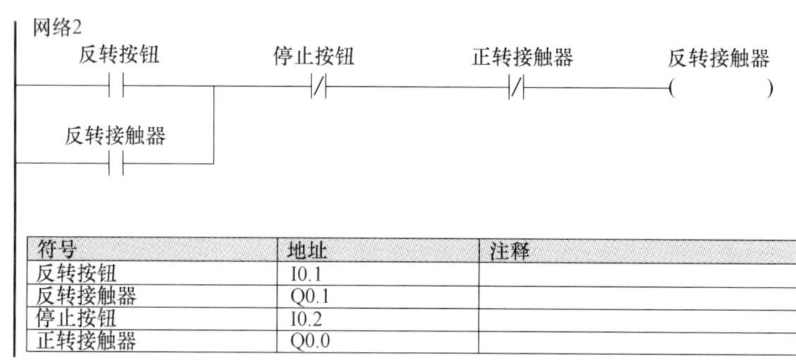

符号	地址	注释
反转按钮	I0.1	
反转接触器	Q0.1	
停止按钮	I0.2	
正转接触器	Q0.0	

图 25-3-12　反转部分梯形图

节点自锁，Q0.0 闭节点实现互锁。使用 PLC 编程中的“启保停”控制，所谓“启保停”控制，就是“启动开节点”和“输出开节点”并联后再和“停止节点”串联。“启保停”控制在 PLC 编程中是很重要的控制方法，在各种控制系统中都会用到。图 25-3-11 为正转部分梯形图、图 25-3-12 为反转部分梯形图。

控制线路连接需要注意的是图 25-3-9 中的热继电器在程序中不能实现其功能，所以必须外接在电路中，另外接触器实现的互锁虽然在程序里有互锁，但这种“软互锁”不能真正实现防止外部电路短路，所以在接线时要在外接线路中接入接触器常闭辅助触点以实现“硬互锁”。

按 PLC 程序设计的梯形图输入程序。运行软件，在界面中点击【打开】选出 PLC 程序文件，开启后点击工具栏【PLC】→【传送】→【写入】。在弹出的窗口中选择【范围设置】，输入程序的步长，点击【确认】即可。正确连接好输入线路，观察输出指示灯动作情况是否正确，如不正确则检查程序，直到正确为止；正确连接好输出线路，观察接触器动作情况、方向指示情况、数码管的显示情况，如不正确，则检查输出线路连接及 I/O 接口。

3.5.1.2　三相异步电动机Y/△启动

电动机启动的条件：启动电流足够小，启动时间足够短，启动转矩足够大。而在启动时，启动电流是额定电流的（4～7）倍。小一点的电动机可以采用直接启动，对于 7.5kW 以上电动机可能需采用降压启动。正常运转时定子绕组为接成三角形连接的三相交流异步电动机，在需要降压启动时，可采用Y/△降压启动的方法。Y/△降压启动：启动时先将定子绕组接成星形，电动机运转平稳后换回三角形连接进行全压运行。

以三菱 FX 系统为例介绍三相异步电动机星三角启动控制。在工业应用场合，较大功率电动机常采用星三角降压启动控制方式，在继电器控制回路中，通常采用 1 只断路器、3 只交流接触器、1 只热保护继电器、若干按钮等电气元件构成控制电路，如图 25-3-13所示。

① 在主电路中 KM 和 KMY闭合使电动机定子绕组组成Y连接，KM 和 KM△实现电动机在△连接下运行。

② 接触器 KMY与 KM△不能同时通电，否则会

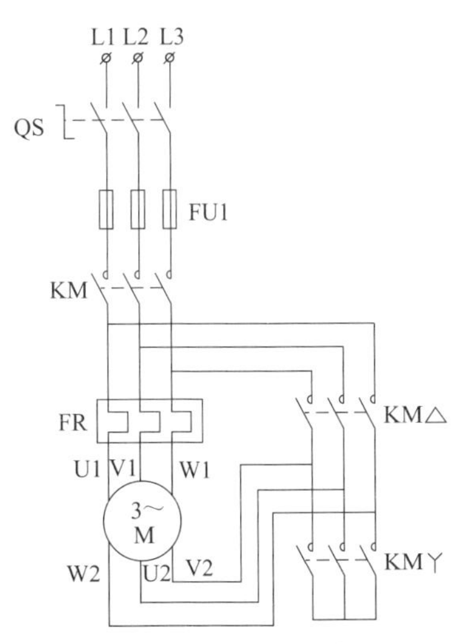

图 25-3-13　控制电路

造成电源短路，故应考虑互锁作用。

③ 在梯形图中需要清楚控制线路元器件的输入量、输出量。输入量如启动按钮和停止按钮。输出量，即控制电动机的接触器，而时间继电器 KT 不能作为输入量与输出量，因为它是利用 PLC 内部的定时器指令实现定时功能。

控制要求：如图 25-3-14 所示，按下启动按钮 SB1，KT 和 KM丫线圈得电，之后 KM 线圈得电并自锁，进行丫形启动。当 KT 的延时触点断开，KM丫线圈失电，丫形启动过程结束，同时 KM△线圈得电，电动机进入正常运行状态。在此过程中，按下 SB 或热继电器 FR 动作，电动机无条件停止。图 25-3-15 和图 25-3-16 为电动机丫/△降压启动样形图。

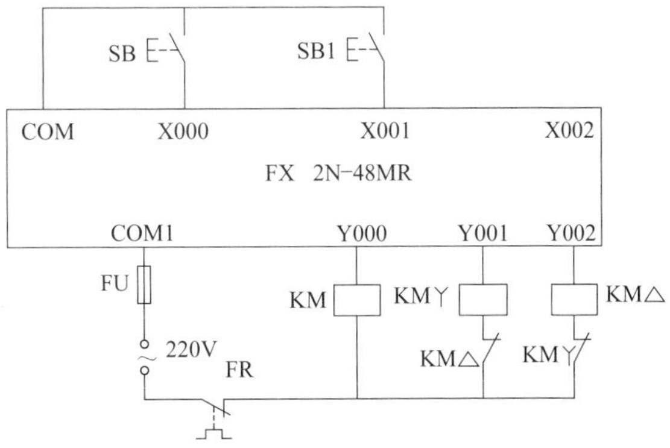

图 25-3-14　电动机丫/△启动 PLC 外部接线图

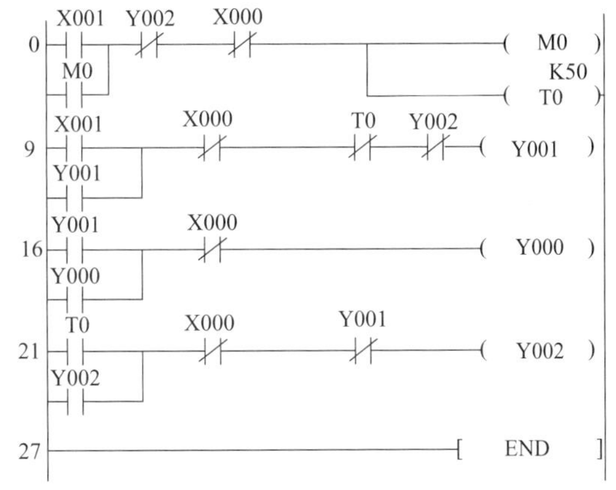

图 25-3-15　电动机丫/△降压启动梯形图

(a) 用辅助继电器优化

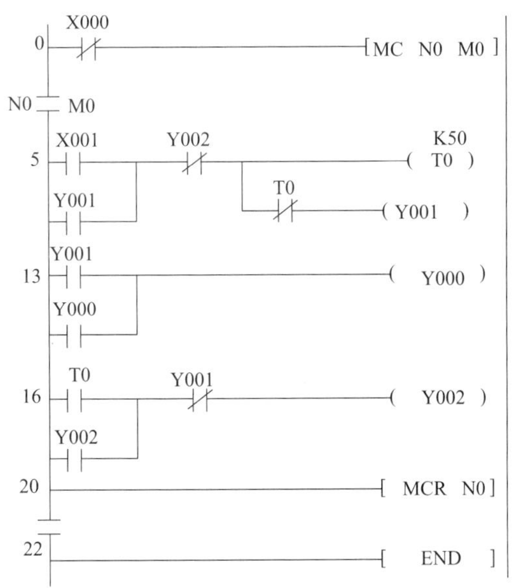

(b) 用主控指令优化

图 25-3-16　电动机丫/△降压启动优化梯形图

I/O 点的分配如下：

X000：SB（停止）　Y000：KM（主接触器）（定时器 T0）

X001：SB1（启动）　Y001：KMY（星形连接）

Y002：KM△（三角形连接）

注意事项：

① Y/△降压启动电路只适用于△形接线的 380V 笼型异步电动机，不可用于Y接线的电动机，因为启动时已是Y接线，电动机全压启动当转入△运行时电动机绕组会因电压过高而烧毁。

② 接线时应注意电动机首尾端接线的相序不可有错，如果接线有错，在通电运行时会出现启动电动机正反转，若运行时电动机反转，会由于电动机突然反转电流剧增烧毁电机。

③ 若需要调换电动机旋转方向，应在电源开关负荷侧调电源为好，这样操作不容易造成电动机首尾端接线错误。

④ 启动时间不能过短或过长，过短的话电动机的转速还未提起来，如果切换运行电动机的启动电流还会很大，造成电压波动；启动时间过长，电动机的转速会随之转起来，电动机会因低电压大电流而发热烧毁，时间继电器的初步时间确定一般按电动机 1kW 用（0.6～0.8）s 整定。

3.5.2　PLC 在机械手步进控制中的应用

机械手是工业自动控制领域中经常遇到的一种控制对象。机械手可以完成许多工作，如搬物、装配、切割、喷染等，应用非常广泛。应用 PLC 控制机械手实现各种规定的工序动作，可以简化控制线路，节省成本，提高劳动生产率。图 25-3-17 是机械手搬运物品示意图。

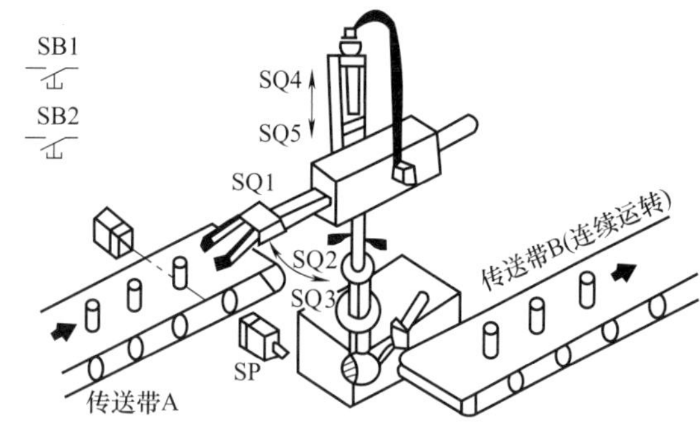

图 25-3-17　机械手搬运物品示意图

图中机械手的任务是将传送带 A 上的物品搬运到传送带 B。为使机械手动作准确，在机械手的极限位置安装了限位开关 SQ1、SQ2、SQ3、SQ4、SQ5，对机械手分别进行抓紧、左转、右转、上升、下降动作的限位，并发出动作到位的输入信号。传送带 A 上装有光电开关 SP，用于检测传送带 A 上物品是否到位。机械手的启、停由图中的启动按钮 SB1、停止按钮 SB2 控制。

传送带 A、B 由电动机拖动。机械手的上、下、左、右、抓紧、放松等动作由液压驱动，并分别由六个电磁阀来控制。

（1）机械手的动作流程

传送带 B 处于连续运行状态，故不需要用 PLC 控制。

机械手及传送带 C 顺序动作的要求如下。

① 按下启动按钮 SB1 时，机械手系统工作。首先上升电磁阀通电，手臂上升，至上升限位开关动作。

② 左转电磁阀通电，手臂左转，至左转限位开关动作。

③ 下降电磁阀通电，手臂下降，至下降限位开关动作。

④ 启动传送带 A 运行，由光电开关 SP 检测传送带 A 上有无物品送来，若检测到物品，则抓紧电磁阀通电，机械手抓紧，至抓紧限位开关动作。

⑤ 手臂再次上升，至上升限位开关再次动作。

⑥ 右转电磁阀通电，手臂右转，至右转限位开关动作。

⑦ 手臂再次下降，至下降限位开关再次动作。

⑧ 放松电磁阀通电，机械手松开手爪，经延时 2s 后，完成一次搬运任务，然后重复循环以上过程。

⑨ 按下停止按钮 SB2 或断电时，机械手停止在现行工步上，重新启动时，机械手按停止前的动作继续工作。

根据对机械手的顺序动作要求，可以画出时序图，如图 25-3-18 所示。由时序图可作出图 25-3-19 所示的机械手动作流程图。

（2）PLC 选型及其 I/O 点编号分配

① PLC 的选型。由于机械手系统的输入/输出节点少，要求电气控制部分体积小、成本低，并能够用计算机对 PLC 进行监控和管理，故选用日本 OMRON（立石）公司生产的多功能小型 C20P 主机。该机输入点为 12，输出点为 8。内部主要有：136 个辅助继电器、16 个特殊功能继电器、160 个保

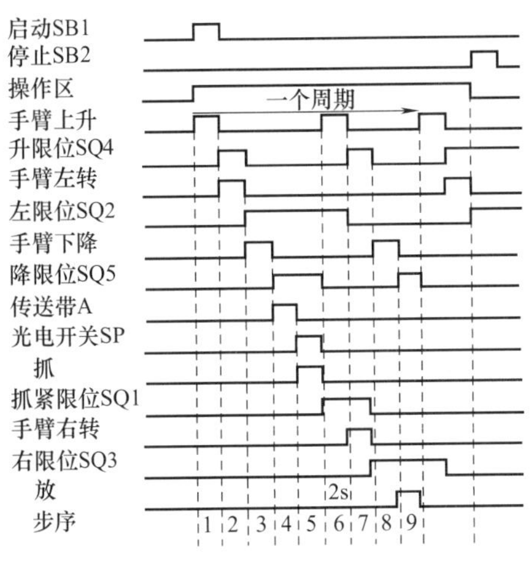

图 25-3-18　机械手顺序动作时序图

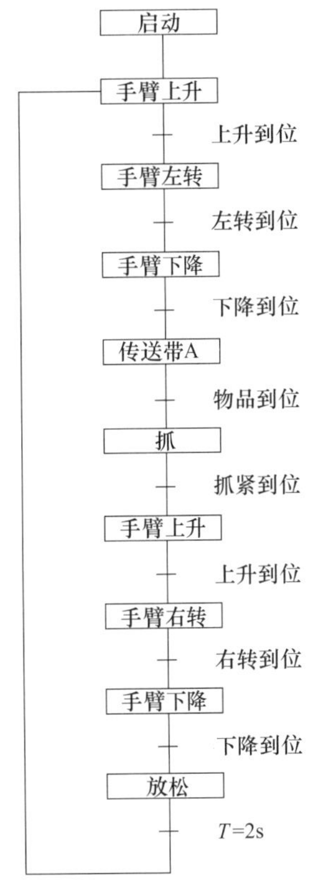

图 25-3-19　机械手动作流程图

持继电器、8 个暂存继电器、48 个定时/计数器、64 个 16 位数据存储器。

② I/O 点编号分配。根据机械手动作流程图，可以确定电气控制系统的 I/O 点分配，如表 25-3-56 所示。

表 25-3-56　机械手控制 I/O 分配

输入设备	输入点号	输出设备	输出点号
启动按钮 SB1	0000	传送带 A 运行	0500
停止按钮 SB2	0001	左转电磁阀	0501
抓紧限位开关 SQ1	0002	右转电磁阀	0502
左转限位开关 SQ2	0003	上升电磁阀	0503
右转限位开关 SQ3	0004	下降电磁阀	0504
上升限位开关 SQ4	0005	抓紧电磁阀	0505
下降限位开关 SQ5	0006	放松电磁阀	0506
物品检测	0007	定时器	TIM 00

根据图 25-3-19 和表 25-3-56，可以编制出状态转移图，如图 25-3-20 所示。

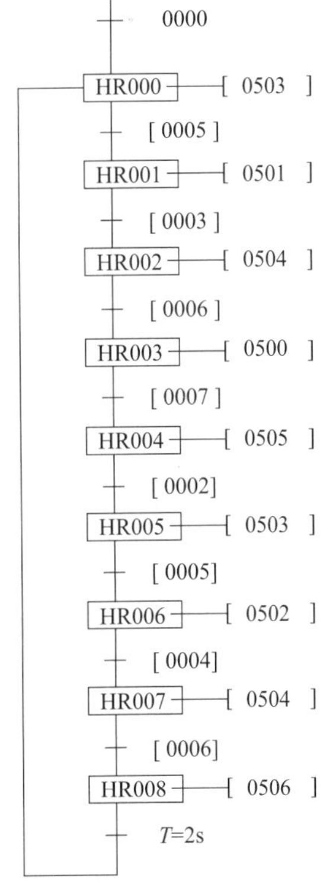

图 25-3-20　机械手状态转移图

(3) 编程及程序运行

① 用步进指令编程。根据图 25-3-20，编制步进梯形图，如图 25-3-21 所示。

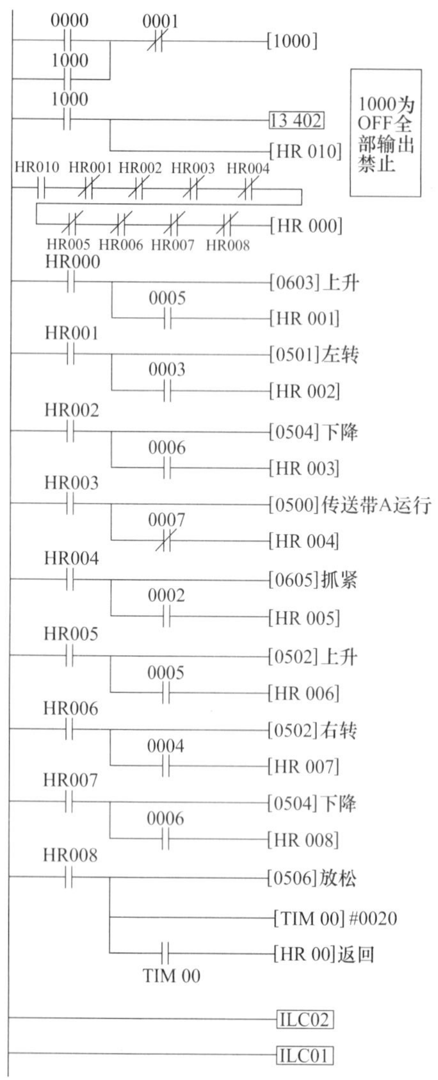

图 25-3-21　步进梯形图

图 25-3-21 中，“全部输出禁止”部分的作用是在停止时禁止全部输出，使机械手停止在现行的工步上；重新启动时又能从停止前的工步继续动作。

在状态由 HR010 转移至 HR000 的条件中，增加了保持继电器的常闭触点，其作用是：当机械手工作在某一中间工步时，若 PLC 断电或停止运行，机械手停止在中间工步上。PLC 复电或重新投入运行后，由于保持继电器 HR 具有状态断电保护的功能，因此在重新启动时，某一个是断开的，使得 HR000 不能置位，机械手只能从停止前被置位的保持继电器的后续工步继续动作。

② 程序运行。按下启动按钮 SB1，输入点 0000 为 ON，则作为互锁条件的辅助继电器 1000 为 ON，互锁指令 IL 接通，IL 与 ILC 之间的线圈正常工作，“全部输出禁止”解除。若常闭触点都为 ON，保持继电器 HR000 接通，输出点 0503 使上升电磁阀得电，手臂上升。当手臂上升到位时，上升限位开关使输入点 0005 闭合，保持继电器 HR001 接通，HR000 复位，输出点 0501 使左转电磁阀得电，手臂左转。以后每当一步动作到位，限位条件满足时，状态转移，进行下一工步动作。当状态转移到 HR008 为 ON 时，输出点 0506 使放松电磁阀得电，机械手放松，同时定时器 TIM00 计时。当计时到 2s，状态又转移到 HR000，程序又重新从第一工步开始循环。

停止时，按下停止按钮 SB2，0001 断开，辅助继电器 1000 为 OFF，互锁指令断开，全部输出被禁止，但各保持继电器的状态是断电保护的，机械手停在现行的工步上。当重新按启动按钮时，互锁指令接通，停止前的输出被恢复，机械手继续在停止前某保持继电器为 ON 的工步动作。

3.5.3　用 PLC 实现分段液位的控制

在众多生产领域中，经常需要对储槽、储罐、水池等容器中的液位进行监控，以往常采用传统的继电器接触控制，使用硬连接电器多，可靠性差，自动化程度不高，目前已有许多企业采用先进控制器对传统接触控制进行改造，大大提高了控制系统的可靠性和自控程度，为企业提供了更可靠的生产保障。下面介绍一种采用可编程控制器（PLC）对液位进行监控的方法，其电路结构简单，投资少（可利用原有设施改造），监控系统不仅自动化程度高，还具有在线修改功能，灵活性强，适用于多段液位监控场合。

(1) 控制要求

控制系统可以根据生产的需要将液位分为多段来设定，并分段显示，当液位为最低限时，自动启动料泵加液，液位到达设定值时发出声光报警，并停泵；操作人员可通过确认按钮解除音响报警信号，闪烁灯光转平光；系统具有手动/自动两种控制方式，并设有试验功能。

(2) PLC 选型

目前在国内市场上有从美国、德国、日本等国引进的多种系列 PLC，国内也有许多厂家组装、开发数十种 PLC，故 PLC 系列标准不一，功能参差不齐，价格悬殊。在此情况下，PLC 的选择应着重考虑 PLC 的性能价格比，选择可靠性高、功能相当、负载能力合适、经济实惠的PLC。下面介绍以四段液位控制对象为例，据对多种因素的分析比较及对监控系统输入、输出点数的要求，选用日本立石（OMRON）公司C20P型PLC。

（3）系统硬件配置

为实现液位的手动/自动控制，需要输入口12点，输出口8点，选用C20P 20点I/O单元的PLC，输入光电隔离，输出继电器隔离，负载能力强；液位检测采用干簧管传感器，手动/自动转换、运行/试验转换和液位设定采用双位旋钮，手动启泵、停泵和确认、试验采用常开按钮；输出选用电子音响报警器和24V直流指示灯、继电器。图25-3-22为系统硬件配置图。

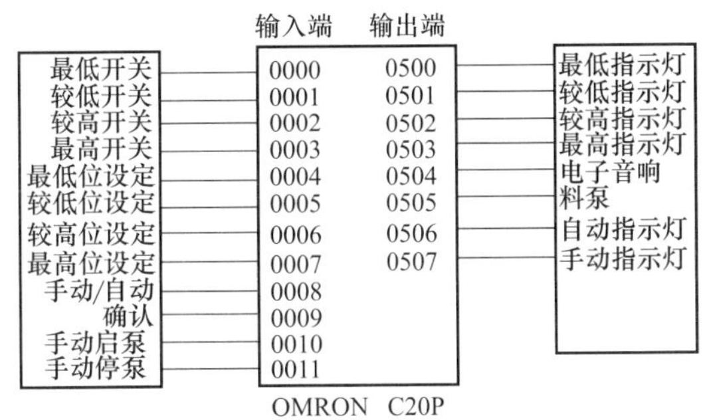

图25-3-22 系统硬件配置图

为节省输入口数量，节省投资，本系统运行/试验功能的转换采用了对I/O模块接线的优化，使PLC输入模块中1个输入节点起到2个输入节点的作用，完成PLC工作在两种方式下的I/O功能。图25-3-23为I/O模块接线的优化。

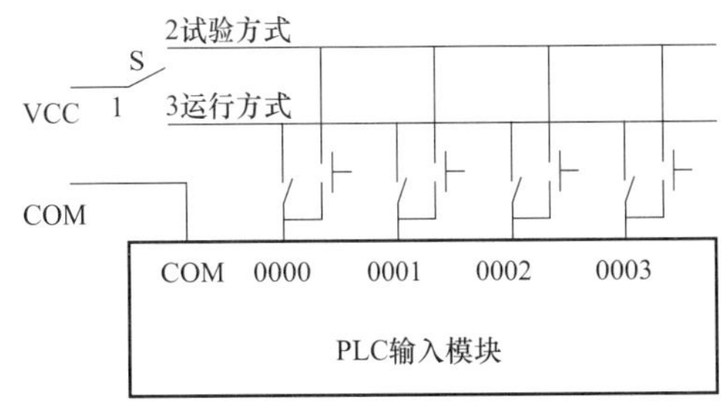

图25-3-23 I/O模块接线的优化

系统正常运行时，运行/试验转换旋钮S接通1-3节点，各试验按钮不起作用，液位信号由各干簧管传感器传输给PLC；系统处于试验状态时，S接通1-2节点，各传感器输入信号不起作用，此时可用各试验按钮模拟各段液位信号传输给PLC。两种控制方式下的两个信号共用一个输入节点，成倍提高I/O端口的利用率，节省I/O点数。

（4）系统软件设计

1）控制程序流程图。图25-3-24为系统流程图。

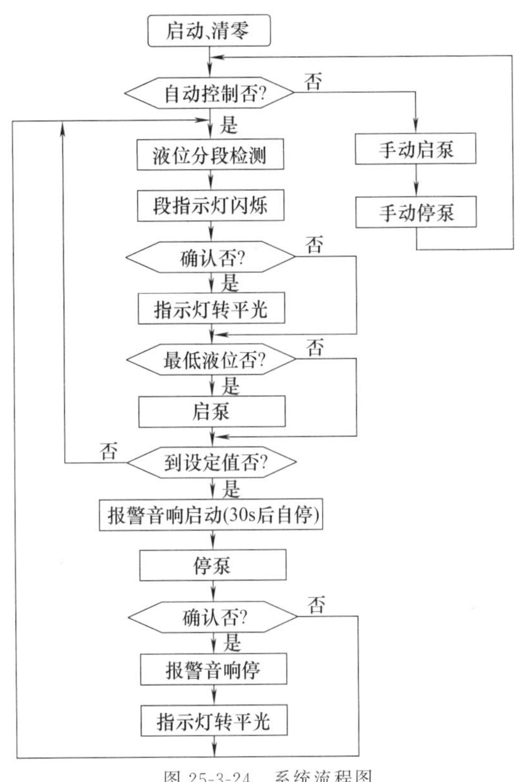

图25-3-24 系统流程图

2）编程说明。

① 本系统为液位的双位控制系统。液位可分四段设定和显示，在最低液位时自动启泵，当液位到达设定值时自动停泵。

② 采用IL/ILC分支指令，通过0008旋钮实现手动/自动两种功能的选择，当0008旋钮闭合时，自动指示灯亮，系统执行IL/ILC分支内程序，完成自动监控；当0008旋钮打开时，手动指示灯亮，系统执行分支外程序，通过0010、0011旋钮实现手动启泵、停泵。

③ 液位由0004～0007旋钮分最低、较低、较高、最高四段设定，系统设置由低到高的优先权，即当多个设定旋钮同时闭合时，低液位设定优先。

④ 采用干簧管检测液位时，当液位到达检测点时其触点闭合，指示灯点亮；液位离开检测点时其触点打开，为保证相应测量段指示灯不立即熄灭及不受液位波动的影响，每段指示灯的控制均采用KEEP保持指令，只有当液位上升或下降到相邻段时指示灯

才熄灭。

⑤ 当液位到达检测点时，液位指示灯闪烁，灯光闪烁因子采用内部闪烁内标 1902，以 1s 为周期闪烁；若液位到达设定值时，自动停泵，并设置电子音响报警，报警声设计为响 3s 停 2s，循环 30s 后自停，或在 30s 内按 0009 确认按钮停音响，指示灯转平光。电子音响报警和泵的启停同样考虑液位的波动影响，设计时采用 KEEP 保持指令和 DIFU 微分指令联合使用。

⑥ 首次开车时，液位低于或高于最低液位时，需先手动启泵，再切换成自动运行；或先进入试验方式，按最低液位试验按钮启动料泵，再进入自动运行方式。

3）PLC 梯形图。图 25-3-25 为 PLC 梯形图。

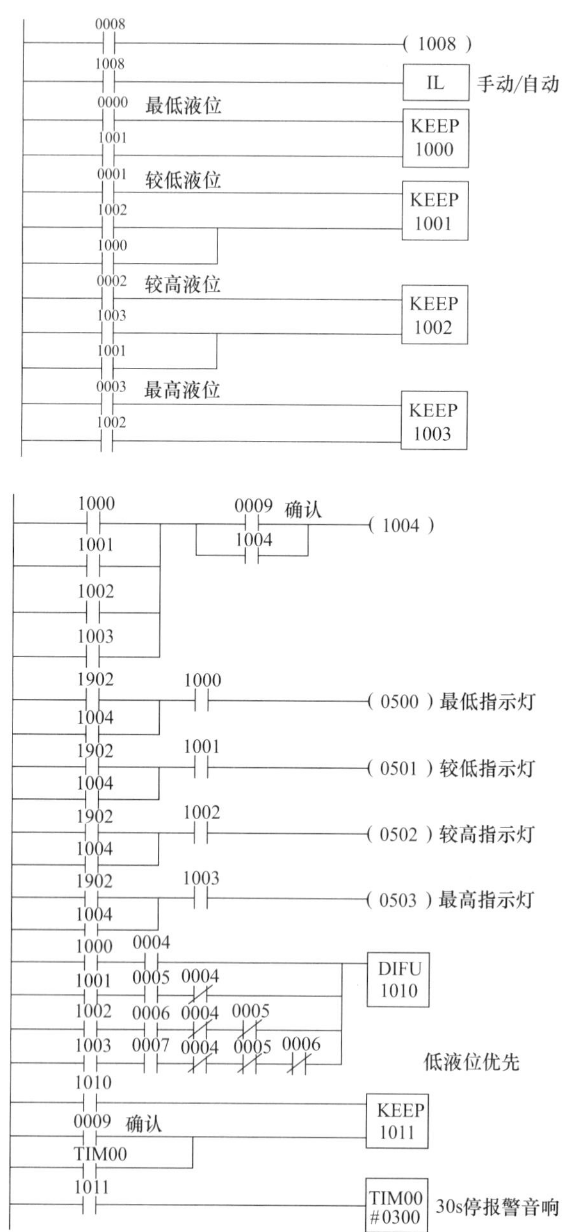

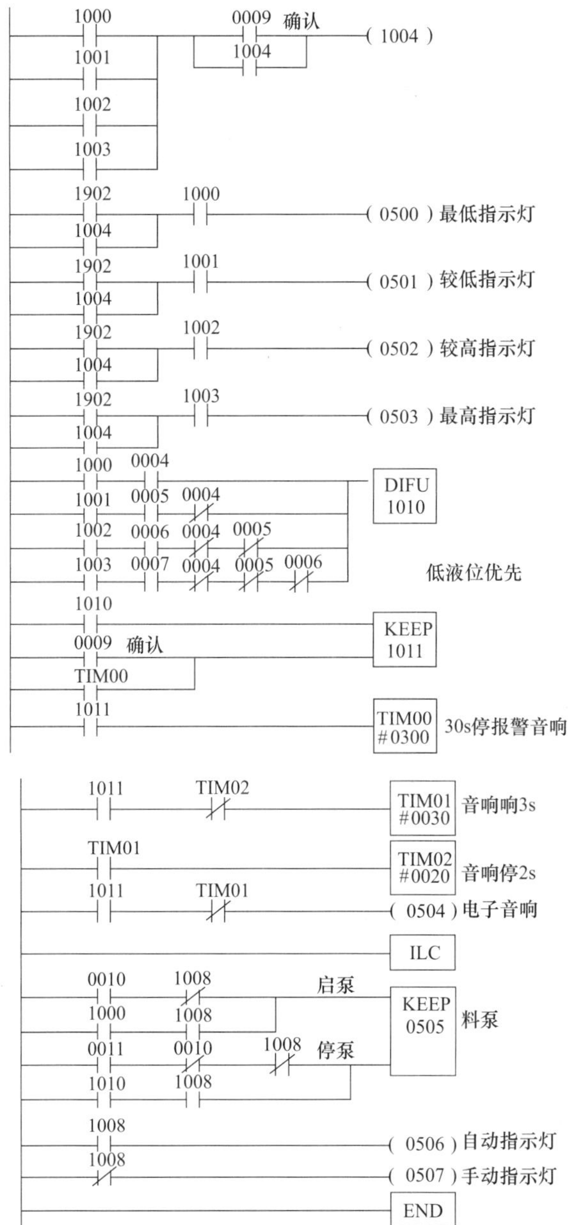

图 25-3-25　PLC 梯形图

第4章　变　频　器

4.1　变频器的分类、组成和结构原理

变频器是一种对交流电动机（异步电动机或同步电动机）进行转速调节的驱动装置。

4.1.1　变频器的分类

表 25-4-1　　变频器分类

分类方法	分　　类	
按变流有无中间直流环节分	交-直-交变频器	
	交-交变频器	
按主电路工作方式分	电压型变频器	
	电流型变频器	
按输出电压调制方式分	正弦波脉冲宽度调制(SPWM)	
	脉冲幅值调制(PAM)	
按变频器对电动机控制方式分	U/f 控制变频器	
	SF 控制变频器(即转差频率控制)	
	VC 控制变频器(即矢量控制)	
	直接转矩控制变频器	
	直接速度控制变频器	
	其他控制方式变频器(非线性控制、自适应控制、滑模变结构控制、智能控制)	
按用途分	作静止电源用变频器	
	作调速电源用变频器	通用变频器
		专用变频器
按承受电压高低分	低压变频器(供电电压<1kV)	
	中压变频器(1kV≤供电电压<10kV)	
	高压变频器(供电电压≥10kV)	
按器件在拓扑电路中的通断方式分	硬开关变频器	
	软开关变频器	
按供电电源的相数分	单相输入变频器	
	三相输入变频器	
按机壳外形分	塑壳变频器	
	铁壳变频器	
	柜式变频器	
按输出功率大小分	小功率变频器	
	中功率变频器	
	大功率变频器	
按主开关器件分	IGBT 绝缘栅双极型晶体管	
	GOT 门极关断晶闸管	
	BJT 双极晶体管	

4.1.2　变频器的组成

如图 25-4-1 所示，变频器由主电路［整流器、中间直流环节（中间直流储能环节）、逆变器］和控制电路组成。

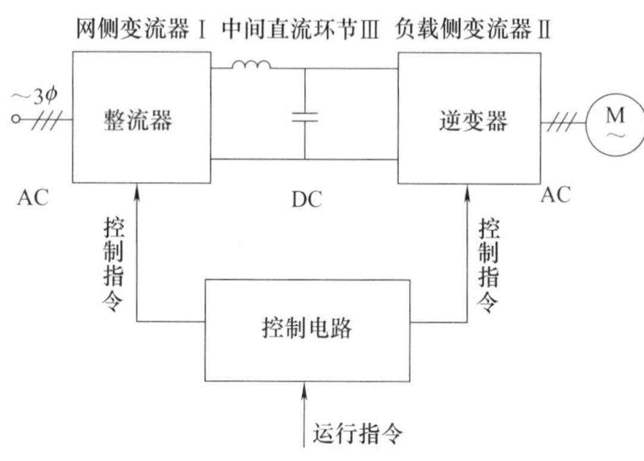

图 25-4-1　变频器的基本构成

通用变频器基本电路如图 25-4-2 所示，通用变频器一般均采用交-直-交的方式。基本电路由 4 个主要部分组成。

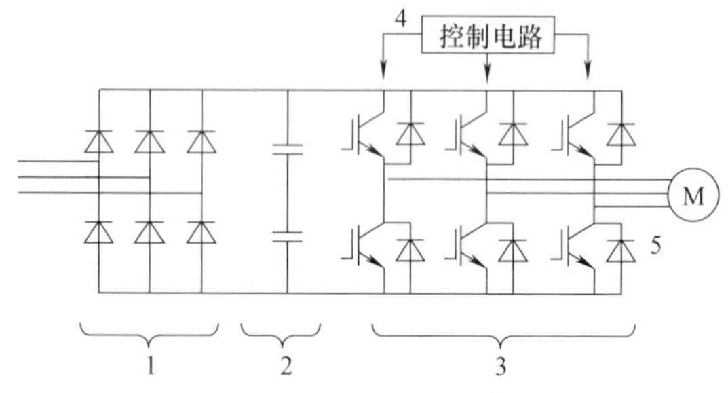

图 25-4-2　通用变频器基本电路
1—整流部分；2—滤波部分；3—逆变部分；4—控制部分；5—负载

（1）整流部分

通常又称为电网侧变流部分，把交流电整流为直流电。常见的低压整流部分是由二极管构成的不可控三相桥式电路或由晶闸管构成的三相可控桥式电路。而对中压大流量的整流部分，则采用多重化 12 脉冲以上的变流器。

（2）滤波部分

把脉动较大的交流电进行滤波变成比较平滑的直流电；逆变器的负载是异步电动机，属于感性负载，

因此在中间直流部分与电动机之间总会有无功功率的交换，这种无功能量的交换一般都需要中间直流环节的储能元件如电容或电感来缓冲。

(3) 逆变部分

通常又被称为负载侧变流部分，把直流电又转换成三相交流电，这种逆变电路一般是利用功率开关元件按照控制电路的驱动、输出脉冲宽度被调制的PWM波，或者正弦脉宽调制SPWM波，当这种波形的电压加到负载上时，由于负载电感作用，使电流连续化，变成接近正弦形波的电流波形。

(4) 控制电路

用来产生输出逆变桥所需要的各驱动信号，这些信号是受外部指令决定的，有频率、频率上升下降速率、外部通断控制以及变频器内部各种各样的保护和反馈信号的综合控制等。

4.1.3　变频器的结构原理

以通用变频器为例，调速的基本原理基于以下公式

$$n_1=\frac{60f_1}{P} \tag{25-4-1}$$

式中　n_1——电动机同步转速，r/min；

f_1——定子供电电源频率，Hz；

P——磁极对数。

一般异步电动机转速 n 与同步转速 n_1 之间存在一个滑差关系

$$n=n_1(1-S)=\frac{60f_1}{P}(1-S) \tag{25-4-2}$$

式中　n——异步电动机转速，r/min；

S——异步电动机转差率。

由式（25-4-2）可知，调速可通过改变 f_1、P、S 其中任意一种来实现，对异步电动机最好的方法是改变频率 f_1，实现调速控制。由电动机理论，三相异步电动机每相电势的有效值与下式有关。

$$E_1=4.44f_1N_1\Phi_m \tag{25-4-3}$$

式中　E_1——定子每相电势有效值，V；

f_1——定子供电电源频率，Hz；

N_1——定子绕组有效匝数；

Φ_m——定子磁通，Wb。

由式（25-4-3）可分两种情况分析。

(1) 在频率低于供电的额定电源频率时属于恒转矩调速

变频器设计时，为维持电动机输出转矩不变，必须维持每极气隙磁通 Φ_m 不变，从式（25-4-3）可知，也就是要使 $E_1/f_1=$常数。如忽略定子漏阻抗压降，可以认为供给电动机的电压 U_1 与频率 f_1 按相同比例变化，即 $U_1/f_1=$常数。但是在频率较低时，定子漏阻抗压降已不能忽略，因此要人为地提高定子电压，作为漏阻抗压降的补偿，维持 $E_1/f_1\approx$常数，此时变频器输出 U_1/f_1 关系如图25-4-3中的曲线2，而不再是曲线1。

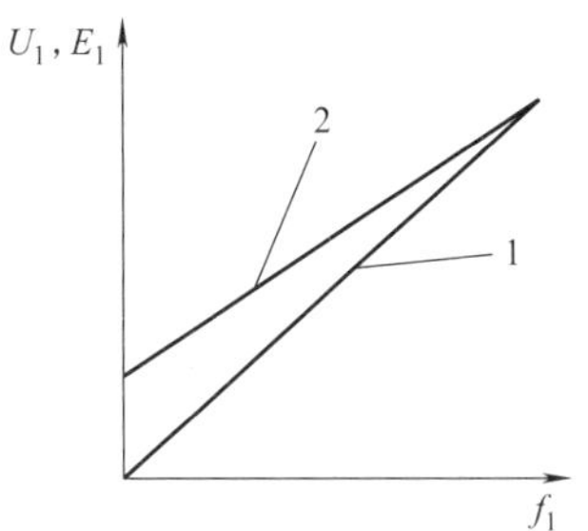

图25-4-3　U_1/f_1 关系

1—$U_1/f_1=$常数；2—$E_1/f_1=$常数

多数变频器在频率低于电动机额定频率时，输出的电压 U_1 和频率 f_1 类似图25-4-3中曲线2，并且随着设置不同，可改变补偿曲线的形状，使用者要根据实际电动机运行情况调整。

(2) 在频率高于定子供电的额定电源频率时属于恒功率调速

此时变频器的输出频率 f_1 提高，但变频器的电源电压由电网电压决定，不能继续提高。根据公式(25-4-3)，E_1 不能变，f_1 提高必然使 Φ_m 下降，由于 Φ_m 与电流或转矩成正比，因此也就使转矩下降，转矩虽然下降了，但因转速升高了，所以它们的乘积并未变，转矩与转速的乘积表征着功率。因此这时电动机处在恒功率输出的状态下运行。异步电动机变频调速恒转矩和恒功率区域状态的特性如图25-4-4所示。

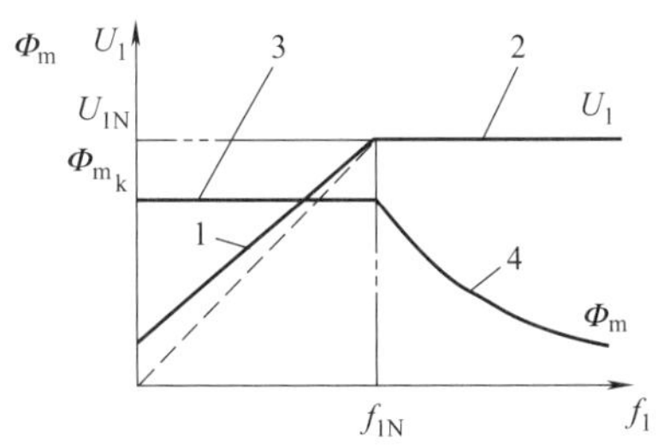

图25-4-4　异步电动机调速时的输出特性

1—恒转矩时的电压曲线；2—恒功率时的电压曲线；

3—恒转矩时的转矩曲线；4—恒功率时的转矩曲线

Φ_m 的大小表征电机转矩大小，因此 Φ_m 曲线可看作转矩曲线

由以上分析可知，通用变频器对异步电动机调速时，输出频率和电压是按一定规律改变的，在额定频

率以下，变频器的输出电压随输出频率升高而升高，即所谓变压变频调速（VVVF）。而在额定频率以上，电压并不变，只改变频率。

实际上多数变频调速场合是用于额定频率以下，低频时采用的补偿都是为了解决低频转矩的下降，其采用的方式多种多样。有矢量控制技术、直接转矩控制技术以及拟超导技术（森兰变频特有专利技术）等。其作用不外乎动态地改变低频时的变频器输出电压、输出相位或输出频率，也就是利用电路和电脑技术，实时地而不是固定地改变图 25-4-4 中曲线 1 的形状达到低速时力矩提升，并且稳定运行，又不至于电流太大而造成故障。

4.1.4　变频器的主要特点

变频调速的性能最好，调速范围大，静态稳定性好，运行效率高。采用通用变频器对笼型异步电动机进行调速控制，由于使用方便、可靠性高并且经济效益显著，所以逐步得到推广。

4.2　常用变频器技术参数、规格

4.2.1　VFD 系列产品的技术参数、规格

（1）型号说明（图 25-4-5）

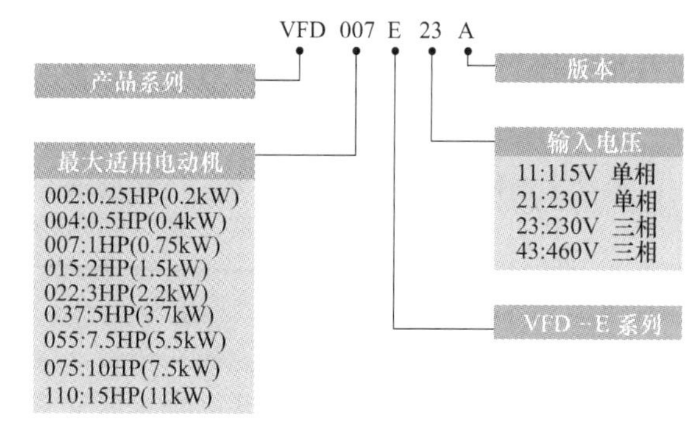

图 25-4-5　VFD 系列产品型号说明

（2）VFD 系列产品的技术参数、规格

表 25-4-2　115V 三相系列变频器各型号的适用电动机功率及输出容量

型号 \ 容量 \ 功率	适用电动机功率/kW		
	0.2	0.4	0.75
	额定输出容量/kV·A		
	0.6	1.0	1.9
VFD-E	√	√	√
VFD-EL	√	√	√
VFD-L	√	√	
VFD-M-Z			√
VFD-S	√	√	√

表 25-4-3　230V 单相/三相系列变频器各型号的适用电动机功率及输出容量

型号 \ 容量 \ 功率	适用电动机功率/kW													
	0.2	0.4	0.75	1.5	2.2	3.7	5.5	7.5	11	15	18.5	22	30	37
	额定输出容量/kV·A													
	0.6	1.0	1.9	2.5	4.2	6.5	9.5	12.5	18.3	24.7	28.6	34.3	45.7	55
VFD-B			√	√	√	√	√	√	√	√	√	√	√	√
VFD-E	√	√	√	√	√	√	√	√						
VFD-EL	√	√	√	√	√	√								
VFD-F			√	√	√	√	√	√	√	√	√	√	√	√
VFD-L	√	√	√	√										
VFD-M		√	√	√	√	√	√							
VFD-M-Z			√	√	√									
VFD-S	√	√	√	√	√									
VFD-V			√	√	√	√	√	√	√	√	√	√	√	√
VFD-VE			√	√	√	√	√	√	√	√	√	√	√	√
VFD-VL							√	√	√	√	√	√		

第 25 篇

表 25-4-4 460V 三相系列变频器各型号的适用电动机功率及输出容量

型号＼功率/容量	适用电动机功率/kW																					
	0.4	0.75	1.5	2.2	3.7	5.5	7.5	11	15	18.5	22	30	37	45	55	75	90	110	132	1600	1850	2200
	额定输出容量/kV·A																					
	1.2	2.3	3.2	4.2	6.5	10	14	18	24	29	34	46	56	69	84	114	137	168	198	236	282	328
VFD-B		V	V	V	V	V	V	V	V	V	V	V	V	V	V	V						
VFD-B-P				V	V	V	V	V	V	V	V	V	V	V								
VFD-E	V	V	V	V	V	V	V	V														
VFD-EL	V	V	V	V	V																	
VFD-F		V	V	V	V	V	V	V	V	V	V	V	V	V	V	V	V	V	V	V	V	V
VFD-G						V	V	V	V	V	V	V	V	V	V	V	V	V	V	V	V	V
VFD-M		V	V	V	V	V	V															
VFD-M-Z	V	V	V	V																		
VFD-S	V	V	V	V																		
VFD-V		V	V	V	V	V	V	V	V	V	V	V	V	V	V	V						
VFD-VE		V	V	V	V	V	V	V	V	V	V	V	V	V	V	V						
VFD-VL						V	V	V	V	V	V											

表 25-4-5 575V 三相系列变频器各型号的适用电动机功率及输出容量

型号＼功率/容量	适用电动机功率/kW															
	0.4	0.75	1.5	2.2	3.7	5.5	7.5	11	15	18.5	22	30	37	45	55	75
	额定输出容量/kV·A															
	1.2	2.3	3.2	4.2	6.5	10	14	18	24	29	34	46	56	69	84	114
VFD-B		V	V	V	V	V	V	V	V	V	V	V	V	V	V	V
VFD-M		V	V	V	V	V	V									

表 25-4-6 VFD 系列产品的其他技术参数、规格

	型号	VFD-B	VFD-B-P	VFD-E	VFD-EL	VFD-F	VFD-G	VFD-L	VFD-M	VFD-M-Z	VFD-S	VFD-V	VFD-VE	VFD-VL
控制特性	控制方式	正弦波 PWM/(V/F 控制 & 无传感器向量控制)		正弦波 PWM/(V/F 控制)				SVWM 空间向量调变(载波频率 3～10kHz)	正弦波 PWM/(V/F 控制 & 无传感器向量控制)		正弦波 PWM/(V/F 控制)	正弦波 PWM 方式可选择 1:向量控制;2:转矩控制;3:V/F 控制	正弦波 PWM(1:F/V;2:VF+PG;3:SVC;4:FOC+PG;5:TQR+PG)	1:F/V;2:VF+PG;3:SVC;4:FOC+PG;5:TQR+PG;6:FOC+PG(PM)
	速度控制范围											1∶100(外接 PG 可达 1∶1000)		
	速度控制精度											±0.5%(外接 PG 可达±0.02%)		
	速度反应能力											5Hz(向量控制可达 30Hz)		
	最高输出频率/Hz											0.00～400.00	0.00～600.00	0.00～120.00
	频率输出精度											数字指令±0.005%,模拟指令±0.5%		
	频率设定分辨率/Hz	0.01						0.1				数字指令:0.01,模拟指令:0.001 f_{max}(10bit)	数字指令:0.01,模拟指令:1/4096 f_{max}(12bit)	
	输出频率分辨率/Hz	0.1	0.01					0.1				0.01		
	转矩特性(提升)	自动转矩补偿/自动转差补偿										启动转矩在 5.0Hz 时可达 150%以上	启动转矩在 0.5Hz 时可达 150%	
		启动转矩在 1.0Hz 时可达 150% 的额定转矩		启动转矩在 3.0Hz 时可达 150% 的额定转矩	启动转矩在 5.0Hz 时可达 150% 的额定转矩	启动转矩在 1.0Hz 时可达 150% 的额定转矩		启动转矩在 5.0Hz 时可达 150%以上						
	过负载能力	额定输出电流的 150%，运行 60s	V/F 控制:额定输出电流的 120%，60s;向量控制:额定输出电流的 150%，60s	额定输出电流的 150%,运行 60s			$f>$15Hz:额定输出电流的 150%，60s;$f<$15Hz:额定输出电流的 120%，60s	额定输出电流的 150%,运行 60s				最大 200%转矩电流		
	转矩精度												±5%	±5%
	加速/减速时间/s	0.1～3600		0.1～600		1～36000/0.1～3600/0.01～360		0.1～600				0.00～600.00/0.0～6000.0		

续表

型号		VFD-B	VFD-B-P	VFD-E	VFD-EL	VFD-F	VFD-G	VFD-L	VFD-M	VFD-M-Z	VFD-S	VFD-V	VFD-VE	VFD-VL
控制特性	失速防止位准	以变频器额定电流的 20%～250%设定				以变频器额定电流的 20%～150%设定	以额定电流的 20%～250%设定	以额定电流的 20%～200%设定			以变频器额定电流的 20%～250%设定			
	回升制动转矩	同 VFD-M 系列		同 VFD-M 系列					大约 20%(外接选购的制动电阻可达 125%)			大约 20%	大约 20%	大约 20%
	V/F 曲线	任意 V/F 曲线设定及 1.5、1.7、2、3 次方曲线		任意 V/F 曲线设定		同 VFD-B 系列	任意 V/F 曲线设定					4 点任意 V/F 曲线及 2 次方曲线		
运转特性	频率设定信号	电位器，0～+10V DC/0～+5V DC(后者仅限 VFD-B-P、VFD-F)，4～20mA，15 段速，寸动，RS-485					0～1A，0～10V，15 个预设频率，RS-485	同 VFD-B，3 段速	同 VFD-B，7 段速		0～+10V DC，4～20mA，RS-485	+10V，±10V，4～20mA	+10V，±10V，0～20mA，4～20mA，RS-485，15 段速	0～10V，±10V，4～20mA
	运转操作信号	2 线/3 线式；寸动运转；RS485；多功能的 AUTO-RUN 运转						M0～M3 组成各运转模式；RS-485	2 线/3 线式；寸动运转；RS485；多功能的 AUTO-RUN 运转					
	输入端子	16 段可预设速度，15 段可程序运行，4 段加减速	多段速指令 0～15 选择，4 段加减速	15 段可预设速度，2 段加减速		16 段可预设速度，15 段可程序运行，4 段加减速	多段速指令 0～15 选择，4 段加减速切换	段速指令 0～3 选择，第一、二加减速切换指令	7 段可预设速度切换，7 段自动程序运行，2 段加减速		8 段可预设速度，第一/第二加减速时间			
	输出端子	驱动器准备完成、过热预警、紧急停止												
	模拟信号输出	可指示输出频率/电流/电压/频率命令/转速/功率因数信号输出		可指示输出频率/电流信号输出		同 VFD-B 系列			可指示输出频率/电流信号输出	同 VFD-B 系列	对应实际输出频率或输出电流			
故障信号节点		故障时节点“ON”		故障时节点“ON”					故障时节点“ON”					
内置功能		自动稳压输出调节，加速/减速 S 曲线设定，过电压、过电流失速防止，异常记录，禁止反转，瞬时停电再启动，直流制动，自动转矩补偿、转差补偿，自动调试电动机参数，载波频率调整，输出频率上下限设定，参数重置及密码锁定，向量控制，PG 反馈控制(个别系列无此控制)，PID 反馈控制，外部计数，可过程控制，MODBUS 通信，异常重置、异常再启动、节能运转、数字频率信号输出												

第25篇

续表

型号	VFD-B	VFD-B-P	VFD-E	VFD-EL	VFD-F	VFD-G	VFD-L	VFD-M	VFD-M-Z	VFD-S	VFD-V	VFD-VE	VFD-VL
保护功能	过电压,过电流,低电压,外部异常中断,过载保护,过热,接地保护										电动机保护,过电流保护,接地漏电流保护,过载保护,电压保护,输入电源过压保护,过温保护,瞬时停电再启动(VFD-VL 无此功能)		
	低电流,IGBT 模块短路	自我测试			IGBT 模块短路	低电流	自我测试			瞬时停电再启动,接地漏电流保护			
操作面板	内设功能键,LED 显示器,状态指示 LED 灯,可设定频率,显示实际输出频率、输出电流、使用者自定单位,参数浏览及修改设定、参数锁定,异常故障显示,可执行运转、停止、重置、正转/反转、寸动运转												
环境温度/℃	−10~40		−10~50		−10~40								−10~45
变频器名称	泛用向量型变频器	高功能/平板型变频器	高功能/弹性扩展变频器	多功能迷你型变频器	风机水泵专用型变频器	塑料及空油压专用型变频器	高功能简易型变频器	迷你型超低噪声变频器	跑步机型专用变频器	多功能简单型变频器	磁束向量控制变频器	高性能磁束向量控制变频器	电梯专用变频器

4.2.2 ATV 系列产品的技术参数、规格

(1) 型号说明(图 25-4-6)

ATV 61 H…M3

产品系列——ATV

ATV61 系列——61

输入电压——H

最大适用电动机功率——M3

图 25-4-6 ATV 系列产品型号说明

(2) ATV 系列产品的技术参数、规格

表 25-4-7 变频器特性——输出频率范围

参数 \ 型号	ATV21	ATV31	ATV61		ATV71		ATV68
			ATV 61H…M3 ATV61HD11M3X…HD37M3X ATV 61H075N4…HD37N4	ATV 61HD45M3X…HD90M3X ATV 61HD45N4…HC63N4 ATV 61H…Y、ATV 61W…N4 ATV 61W…N4C	ATV 71H…M3、ATV 71P…N4Z ATV 71HD11M3X…HD37M3X ATV 71H075N4…HD37N4 ATV 71W075N4…WD37N4	ATV 71HD45M3X…HD75M3X ATV 71HD45N4…HC50N4 ATV 71H…Y ATV 71WD45N4…WD75N4	
输出频率范围/Hz	0.5~200	0~500	0.5~1000	0.5~500	0~1600	0~500	0~300

表 25-4-8 变频器特性——可设置的开关频率

型号 参数	ATV21				ATV31	ATV61				ATV71	
	ATV 21H075M3X… HD15M3X, H075N4… HD15N4	ATV 21W075N4… WD15N4, W075N4C… WD15N4C	ATV 21HD18M3X …HD30M3X, HD18N4 …HD75N4	ATV 21WD18N4 …WD75N4, WD18N4C …WD75N4C	ATV31	ATV 61H…M3, HD11M3X… HD45M3X, H075N4 …HD75N4	ATV61HD55M3X, HD75M3X, HD90M3X, HC11N4… HC63N4, HD37Y… HC80Y	ATV61HD90N4, HU30Y… HD30Y, WD18N4… WD90N4, WD18N4C… WD90N4C	ATV 61W075N4… WD15N4, W075N4C… WD15N4C	ATV71H…M3, HD11M3X, HD15M3X, H075N4… HD30N4, W075N4… WD30N4, P075N4Z… PD11N4Z, HU22Y… HD30Y	ATV 71HD55M3X, HD75M3X, HD90N4… HC50N4, HD18M3X, HD45M3X, HD37N4… HD75N4, WD37N4… WD75N4
可设置的开关频率（额定开关频率）/kHz	12		8		2～16 在运行中可调	12	2.5	4	8	4	2.5

表 25-4-9 变频器特性——速度范围

型号 参数	ATV21	ATV31	ATV61	ATV71		ATV68
				ATV 71H…M3 ATV 71H…M3X ATV 71…N4 ATV 71H…Y ATV 71P…N4Z	ATV 71H…M3383 ATV 71H…M3X383 ATV 71H…N4383	
速度范围	1～10	1～50	在开环模式下为1～100,无速度反馈	异步电动机： 在带有编码器反馈的闭环模式下为1～1000 在没有速度反馈的开环模式下为1～100 同步电动机： 在没有速度反馈的开环模式下为1～50 在带有编码器反馈的闭环模式下为1～1000(仅适用右列型号)		1～100(高力矩配置)

表 25-4-10 变频器特性——电动机控制模式

参数 \ 型号		ATV21	ATV61	ATV71	
				ATV 71H…M3 ATV 71H…M3X ATV 71p…N4 ATV 71H…Y ATV 71P…N4Z	ATV 71H…M3383 ATV 71H…M3X383 ATV 71H…N4383
电动机控制模式	异步电动机	节能比；平方电压/频率比；恒定电压/频率比；恒定电压/频率比，带有自动 IR 补偿；无传感器的磁通矢量控制(FVC)(电流矢量)	无传感器的磁通矢量控制(FVC)(电压矢量)；电压/频率比(2 点或 5 点)；节能比	带有传感器的磁通矢量控制(FVC)(电流矢量)；无传感器的磁通矢量控制(SFVC)(电压或电流矢量)；电压/频率比(2 或 5 个点)；用于不平衡负载的 ENA(能量适配)系统	
	同步电动机	无速度反馈的电流磁通矢量控制		无速度反馈的矢量控制	有速度反馈的矢量控制 无速度反馈的矢量控制

表 25-4-11 变频器电源特性

参数 \ 型号	ATV21		ATV31				ATV61				ATV71				ATV68
	ATV 21H…M3X	ATV 21…N4，ATV 21W…N4C	ATV 31p…M2p	ATV 31p…M3X	ATV 31p…N4p	ATV 31p…S6X	ATV 61H075M3…HU75M3	ATV 61H…M3，ATV 61H…M3X	ATV 61p…N4，ATV 61W…N4C	ATV 61H…Y	ATV 71H075M3…HU75M3	ATV 71H…M3，ATV 71H…M3X	ATV 71…N4，ATV 71P…N4Z	ATV 71H…Y	
电压/V	200－15%～240＋10%，3 相	380－15%～480＋10%，3 相	200－15%～240＋10%，单相	200－15%～240＋10%，3 相	380－15%～500＋10%，3 相	525－15%～600＋10%，3 相	200－15%～240＋10%，单相	200－15%～240＋10%，3 相	380－15%～480＋10%，3 相	500－15%～690＋10%，3 相	200－15%～240＋10%，单相	200－15%～240＋10%，3 相	380－15%～480＋10%，3 相	500－15%～690＋10%，3 相	3 相电源，电压-频率：400V±15%，50/60Hz±5%；440V±10%，60Hz ± 5%；460V－10%～480V＋10%，60Hz±5%；500V－15%～500V＋10%，50Hz±5%
频率/Hz	50－5%～60＋5%														

表 25-4-12 ATV 系列变频器其他技术参数、规格

参数 \ 型号		ATV21	ATV31	ATV61	ATV71	ATV68
适用功率范围/kW		0.75～75	0.18～15	0.75～800	0.37～630	75～500(高力矩) 90～630(标准力矩)
变频器特性	速度精度	对于 $0.2T_n \sim T_n$ 的转矩变化，额定滑差的±10%，无速度反馈		同 ATV21	对于 $0.2T_n \sim T_n$ 的转矩变化，在带有编码器反馈的闭环模式下为额定速度的±0.01%，没有速度反馈时为额定滑差的± 10%	无编码器速度反馈卡： －30%额定滑差>10%电动机额定速度 －50%额定滑差<5%电动机额定速度 带编码器速度反馈卡高速精度±0.01%
	转矩精度	±15%		在开环模式下为±15%，无速度反馈	在带有编码器反馈的闭环模式下为±5% 在没有速度反馈的开环模式下为±15%	
	瞬时过转矩	电动机额定转矩的 120%(典型值为±10%)，持续 60s	电动机额定力矩的 170%～200%(典型值)	电动机额定转矩的 130%(典型值为±10%)，持续 60s	电动机额定转矩的 170%(典型值为±10%)，持续 60s 电动机额定转矩的 220%(典型值为±10%)，持续 2s	
	制动力矩	有制动电阻时，电动机额定力矩的 100%连续性，最高为 150%持续 60s 无制动电阻时，电动机额定力矩值(典型值)，根据额定值确定		电动机额定转矩的 30%，无制动电阻器(典型值)，带有可选制动电阻器时最高可达 125%	额定转矩的 30%，没有制动电阻器(典型值)，在安装有制动电阻器或起重电阻器选件时最高可达 150%	最大 30%电动机额定转矩(无制动单元)典型值，最大 150%时带一个或多个附加制动单元
	最大瞬时电流	变频器额定电流的 110%，持续 60s(典型值)	变频器额定电流的 150%，持续 60s(典型值)	ATV61H … M3，H … M3X，H…N4 变频器额定电流的 130%，持续 60s(典型值) ATV61H … Y，W … N4，W…N4C 变频器额定电流的 120%，持续 60s(典型值)	变频器额定电流的 150%，持续 60s(典型值) 变频器额定电流的 165%，持续 2s(典型值)	－400V、440V 和 500V：150%额定电流，(高力矩运行 60s 后 120%连续运行)，120%额定电流，(标准力矩或变力矩运行 60s 后 100%连续运行) －460V：150%额定电流运行 60s 后 100%连续运行
	电压/频率比	无传感器磁通矢量控制 可能的选择：泵和风扇特性针对专用电机的节能或常力矩 U/f				ATV-68C…N4：无传感器的磁场向量控制，考虑节能配置的恒力矩或变力矩使用 ATV-68FC…N4：高精度传动带传感器的磁场向量控制

续表

参数		ATV21	ATV31	ATV61	ATV71	ATV68
变频器特性	频率环	同 ATV61 系列	带速度环稳定性和增益的出厂设定	结构可调的 PI 调节器，用于与机器相适应的速度响应（精度、速度）		
	滑差补偿	无论何种负载都自动进行。可被禁止或进行调节，在电压/频率比中不可用				
电源特性	信号指示	1 个红色 LED：LED 发光表示变频器有电压				显示模拟块上有 3 个指示灯：准备；工作；故障
	输出电压	最大电压等于线电压				
	电气绝缘	在电源与控制元件之间（输入、输出、电源）				
电气控制特性	模拟输入	2 个输入端：可分别通过开关设置电流或电压模拟输入和设置为模拟输入或 PTC 探头输入	3 个输入端：分别为电压输入、双极性模拟电压输入 和模拟电流输入	2 个输入端：分别是双极性差分模拟输入和可使用软件设置的电压或电流模拟输入。还有其他可选输入	2 个输入端：分别是双极性微分模拟输入和可通过软件设置的电流或电压模拟输入。还有其他可选输入	2 个输入端：分别为电压输入和电流输入
	模拟输出	1 个可通过开关设置的电流或电压模拟输出	2 个可配置的输出：电压输出和电流输出（不可同时使用）	1 个可使用软件设置的电压或电流模拟输出或一个逻辑输出	1 个可设置的电压或电流模拟输出或作为一个逻辑输出	1 个可编程模拟电流输出
	逻辑输入	3 个可编程逻辑输入和正逻辑、负逻辑输入	6 个可编程逻辑和正逻辑、负逻辑输入	5 个可编程逻辑输入，1 个可通过开关设置为逻辑输入或设置为 PTC 探头输入、逻辑输入和正逻辑、负逻辑		正、负逻辑输入
	加速与减速斜坡	斜坡图： 线性斜坡，可分别进行调节，调节范围为 0.01～3200s；自适应基于负载的加速和减速斜坡时间	斜坡曲线： 线性，可从 0.1～999.9s 分别调整	斜坡曲线： 线性斜坡，可分别进行调节，调节范围为 0.01～9000s		
			S 形斜坡、U 形斜坡或定制的斜坡 如果超过制动能力，自动适应减速斜坡时间，当使用制动电阻器时可禁止自动适应功能			
	制动直到停止	通过可编程逻辑输入上的命令进行直流注入制动				
		周期可在 0～20s 之间调节或连续进行，电流可在 0～I_n 之间调节，频率阈值可在 0 与最大频率之间调节	一旦估计的 $f<0.1$Hz(0.5Hz)，就自动进行直流注入，时间可在 0～60s(30s)之间调节或连续进行，电流可在 0～1.2I_n 之间调节（仅在开环模式下） 注：括号内数据针对 ATV31 系列			

续表

<table>
<tr><th colspan="3">参数 \ 型号</th><th>ATV21</th><th>ATV31</th><th>ATV61</th><th>ATV71</th><th>ATV68</th></tr>
<tr><td rowspan="3">电气控制特性</td><td colspan="2">主要的变频器保护与安全特性</td><td colspan="4">防止过热;功率级保护;电动机各相之间短路;输入电源中断;输出相与地线之间出现过电流;直流母线上出现过电压;控制电路断路;超过速度限幅;线路电源过电压与欠电压;输入缺相</td><td></td></tr>
<tr><td rowspan="2">频率分辨率</td><td>显示单元</td><td colspan="4">0.1Hz</td><td></td></tr>
<tr><td>模拟输入</td><td>0.024/50Hz(11 位)</td><td>0.1～100Hz</td><td colspan="2">0.024/50Hz(11 位)</td><td></td></tr>
<tr><td rowspan="4">环境特性</td><td colspan="2">相对湿度</td><td colspan="5">5%～95%,没有冷凝或滴水,符合 IEC 60068-2-3</td></tr>
<tr><td colspan="2">运行时环境温度</td><td>－10～＋40℃,无降容
最高可达 50℃,有降容</td><td>ATV 31C…、31K…:－10～＋40℃,无降容
ATV 31H…:－10～＋50℃,无降容(有保护盖);－10～＋60℃,有降容(无保护盖)</td><td>ATV 61Hp … p:－10～＋50℃,无降容
最高＋60℃,有降容
ATV 61Wp … p:－10～＋40℃,无降容</td><td>ATV 71Hp … p、P … N4Z、Wp…p:－10～＋50℃,无降容;最高可达＋60℃,有降容</td><td></td></tr>
<tr><td colspan="2">储存温度/℃</td><td colspan="4">－25～＋70</td><td></td></tr>
<tr><td colspan="2">最大工作高度</td><td colspan="5">1000m,无降容
1000～3000m,每升高 100m,电流降容 1%</td></tr>
</table>

4.2.3 CDI 系列产品的技术参数、规格

(1) 型号说明 (图 25-4-7)

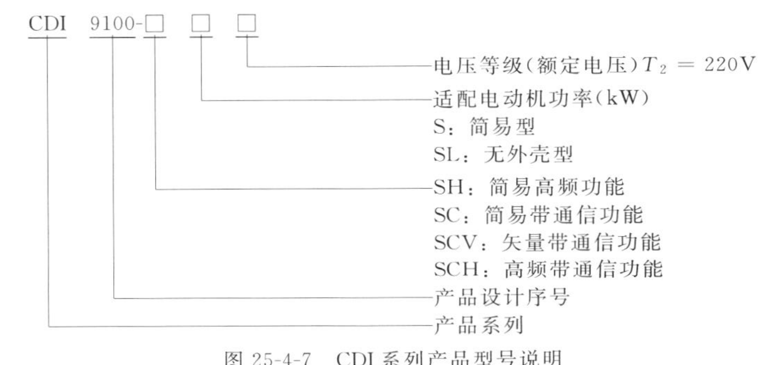

图 25-4-7 CDI 系列产品型号说明

（2）CDI 系列产品的技术参数、规格

表 25-4-13　CDI 系列产品的技术参数、规格

项目			CDI9200	CDI9100-S/SL	CDI9100-SH	CDI9100-SC	CDI9100-SCV	CDI9100-SCH
控制	调制方式		空间电压矢量					
控制	控制方式		V/F 控制				开环电流矢量控制，V/F 控制	V/F 控制
控制	频率设定分辨率/Hz		同 CDI9100-SC	数字：0.01 模拟：0.05/50，输出频率范围：0～400	数字：0.1 模拟：0.1，输出频率范围：0～1200	数字：0.01（100Hz 以下），0.1（100Hz 以上） 模拟：0.05/50，输出频率范围：0～400		数字：0.1 模拟：0.1，输出频率范围：0～1200
控制	频率精度	数字量	0.01% f_{max}					
控制	频率精度	模拟量	0.1% f_{max}					
控制	V/F 比率		线性，平方，任意 V/F					
控制	过载能力		同 CDI9100-SCH 系列				额定电流 150%-1min，额定电流 200%-0.5s	
控制	转矩补偿		手动转矩补偿（0～30%），自动转矩补偿					
运行	输入信号	运行方式	键盘/端子/RS485 通信					
运行	输入信号	频率设定	模拟：0～10V/0～5V，2～10V/4～20mA/0～20mA 数字：键盘/RS485 通信	模拟：VF 端子，IF 端子 数字：键盘		模拟电压给定、模拟电流给定、脉冲给定 、键盘给定、RS485 通信给定，可通过多种方式随时切换		
运行	输入信号	启动信号	正转，反转					
运行	输入信号	多段速度	至多可以设定 8 个速度（使用多功能端子）					
运行	输入信号	加减速时间	同 CDI9100-SC 系列	0.1～3600s，加减速时间可切换 加减速方式：线性		0.1～6000s，加减速时间可切换 加减速方式：线性、S 曲线		
运行	输入信号	紧急停止	中断变频器的输出					
运行	输入信号	寸动	慢速运行					
运行	输入信号	自动运行	通过设定的参数自动运行（7 段速度）					
运行	输入信号	故障复位	当保护功能处于有效状态时，可以自动复位故障状态					
运行	输出信号	运行状态	频率检测等级，过电压，欠电压，运行，停止，恒速，自动程序运行，过载报警，变频器过热（注：后两项适用 CDI9200、CDI9100-SCV）					
运行	输出信号	故障输出	触点输出-交流 250V、1A，直流 30V、1A			触点输出：交流 250V、3A，直流 30V、3A		
运行	输出信号	模拟输出	同 CDI9100-SCH（注：无输出电压：2～10V）	FM 输出：0～10V，0～20mA，可切换		从输出频率、输出电压、VF、IF、|VF- IF|中选择（输出电压：0～10V、2～10V、0～20mA、4-20mA）		
运行	运行功能		直流制动，频率限制，跳频，滑差补偿，反转保护，PID 控制等	直流制动，频率限制，滑差补偿，反转保护等		直流制动，频率限制，滑差补偿，反转保护，跳频，PID 控制等	直流制动，频率限制，跳频，滑差补偿，反转保护，PID 控制，计数，定长，能耗制动，风扇可控等	直流制动，频率限制，跳频，滑差补偿，反转保护，PID 控制，计数，定长，能耗制动，风扇可控等

续表

项目		CDI9200	CDI9100-S/SL	CDI9100-SH	CDI9100-SC	CDI9100-SCV	CDI9100-SCH
保护功能	变频器保护	同 CDI9100-SCV 系列	过压、模块故障保护、欠压、故障保护			恒速过流、加速过流、减速过流、恒速过压、加速过压、减速过压、模块故障保护、欠压、过热、过载、外部故障保护、EEPROM 故障保护	同 CDI9100-S/SL 系列
	变频器报警	堵转防护，过载报警，温度传感器故障					
	瞬间掉电	小于 15ms：连续运行 大于 15ms：允许自动重新启动					
显示	键盘 运行信息	同 CDI9100-SCH 系列	设定频率、输出频率、输出电压、母线电压、输入信号、反馈值		设定频率、输出频率、输出电压、母线电压、输入信号、反馈值、电动机同步转速	设定频率、输出电流、输出电压、母线电压、输入信号、反馈值、模块温度、输出频率、电动机同步转速	
	键盘 错误信息	当故障保护时的运行状态，保存有 4 个故障历史信息					
环境	环境温度/℃	−10～40					
	储存温度/℃	−20～65					
	环境湿度	最大 90% RH（不结露）					
	高度/振动	1000m 以下，5.9m/s²（=0.6g）以下					
	应用地点	无腐蚀气体、易燃气体、油雾或粉尘及其他					
冷却方式		强制风冷					

4.2.4 MM 系列产品的技术参数、规格

表 25-4-14 MM 系列产品的技术参数、规格

参数 \ 型号	MM410	MM420	MM430	MM440
输入电压和功率范围	1AC 200V～240V±10%，0.12～0.75kW 1AC 100V～120V±10%，0.12～0.55kW	1AC 200V～240V±10%，0.12～3kW 3AC 200V～240V±10%，0.12～5.5kW 3AC 380V～480V±10%，0.37～11kW	3AC 380V～480V±10% 7.5～250kW（VT）	1AC 200V～240V±10% 0.12～3kW 3AC 200V～240V±10% 0.12～45kW 3AC 380V～480V±10% 0.37～200kW 3AC 500V～600V±10% 0.75～75kW

续表

型号 参数	MM410	MM420	MM430	MM440
输入频率/Hz	47～63			
输出频率/Hz	0～650		7.5～90kW:0～650 110～250kW:0～267	0.12～75kW:0～650Hz(V/F 方式)(CT)、0～200Hz(矢量控制方式)(VT) 90～200kW:0～267Hz(V/F 方式)(CT)、0～200Hz(矢量控制方式)(VT)
功率因数	0.98	≥0.95		
变频器效率/%	96～97		7.5～90kW:96～97 110～250kW:97～98	96～97
过载能力	可达额定电流的 150%,持续时间 60s,可后续额定电流的 85%,持续时间 240s,周期时间 5min	1.5 倍额定输出电流,60s(重复周期每 300s 一次)	7.5～90kW:140%负载电流过载能力,5min 内持续时间 3s;或 5min 内持续 60s 110%过载 110～250kW:150%负载电流过载能力,5min 内持续时间 1s;或 5min 内持续 59s 110%过载	(CT)0.12～75kW:5min 持续 60s 150%过载;或 5min 持续 3s 200%过载 (CT)90～200kW:5min 持续 57s 136%过载;或 5min 持续 3s 160%过载 (VT)5.5～90kW:5min 持续 3s 140%过载;或 5min 持续 60s 110%过载 (VT)110～250kW:5min 持续 1s 150%过载;或 5min 持续 59s 110%过载
合闸冲击电流	小于额定输入电流			
控制方式	线性 V/F;平方 V/F;可编程的 V/F	线性 V/F;平方 V/F;可编程的 V/F;磁通电流控制(FCC)	线性 V/F;平方 V/F;可编程的 V/F;磁通电流控制(FCC);节能控制	矢量控制,转矩控制、线性 V/F;平方 V/F;可编程 V/F;磁通电流控制(FCC)
PWM 频率	8kHz(标准的设置);2～16kHz(每级可调整 2kHz)	16kHz(230V,单相/三相交流变频器的标准配置) 4kHz(400V,三相交流变频器的标准配置) 2～16kHz(每级调整 2kHz)	7.5～90kW:4kHz(标准配置),2～16kHz(每级可调整 2kHz) 110～250kW:2kHz(标准配置),2～4kHz(每级可调整 2kHz)	0.12～75kW:4kHz(标准配置),16kHz(230V,0.12～5.5kW 变频器的标准配置)2～16kHz(每级调整 2kHz); 90～200kW:2kHz(VT 下的标准配置);4kHz(CT 下的标准配置),2～8kHz(每级调整 2kHz)
固定频率	3 个,可编程	7 个,可编程	15 个,可编程	
跳转频带	1 个,可编程	4 个,可编程		
频率设定值的分辨率	10 位二进制的模拟输入 0.01Hz 串行通信输入	0.01Hz,数字设定;0.01Hz,串行通信设定,10 位二进制数的模拟设定		
数字输入	3 个可自由编程的数字输入,不带隔离,PNP 型接线;可与 SIMATIC 兼容	3 个完全可编程的带隔离的数字输入;可切换为 PNP/NPN	6 个,可自由编程(带电位隔离);可切换为 PNP/NPN 型接线	6 个,可编程(带电位隔离);可切换为高电平/低电平有效(PNP/NPN 线路)

续表

参数 \ 型号	MM410	MM420	MM430	MM440
模拟输入	1个(0～10V),可标定或作为第4个数字输入使用	1个,用于设定值输入或PI控制器输入(0～10V),可标定;也可以作为第4个数字输入使用	2个可编程的模拟输入 0～10V,0～20mA和−10～+10V(AIN1) 0～10V,0～20mA(AIN2) 两个模拟输入可以作为第7和第8个数字输入使用	
继电器输出	1个,可编程,30V DC/5A(电阻性负载),250V AC/2A(电感性负载)		3个可编程30V DC/5A(电阻性负载),250 V AC/2A(电感性负载)	
模拟输出		1个,可编程(0～20mA)	2个,可编程(0/4～20mA)	2个,可编程(0～20mA)
串行接口	RS-485,按USS协议操作	RS485,RS232,可选		
电磁兼容性	符合EN61800-3标准的各种内置EMC滤波器(EN55011 B级标准的限定值)	可带内置A级EMC滤波器;作为选件,可以带有EMC滤波器,使之符合EN55011A级或B级标准	7.5～90kW:带内置A级滤波器,变频器不带滤波器的情况下;7.5～15.0kW:EMC滤波器,作为选件可采用B级,符合EN 55011标准	可选用EMCA级或B级滤波器,符合EN 55011标准的要求,也可采用带有内置A级滤波器的变频器
制动	直流制动,复合制动	直流制动,复合制动	直流注入制动,复合制动	直流制动、复合制动、动力制动、集成制动器
保护等级	IP20	IP20	IP20	IP20
工作温度范围	−10～+50℃		7.5～90kW:−10～+40℃(+14～+104℉) 110～250kW:0～+40℃(+32～+104℉)	CT-10～+50℃ VT-10～+40℃ 0～+40℃
存放温度	−40～+70℃			
相对湿度	<95%RH,无结露			
海拔高度	海拔1000m以下使用时不需降低额定值运行	海拔1000m以下使用时不需降低额定值运行	7.5～90kW:海拔1000m以下使用时不需降低额定值运行 110～250kW:海拔2000m以下使用时不需降低额定值运行	0.12～75kW:海拔1000m以下使用时不需降低额定值运行 90～200kW:海拔2000m以下使用时不需降低额定值运行
保护功能	欠电压;过电压;过负载;接地;短路;电动机失步;闭锁电动机;电动机过温;变频器过温			
		参数互锁		参数PIN保护

4.2.5　OMRON 系列产品的技术参数、规格

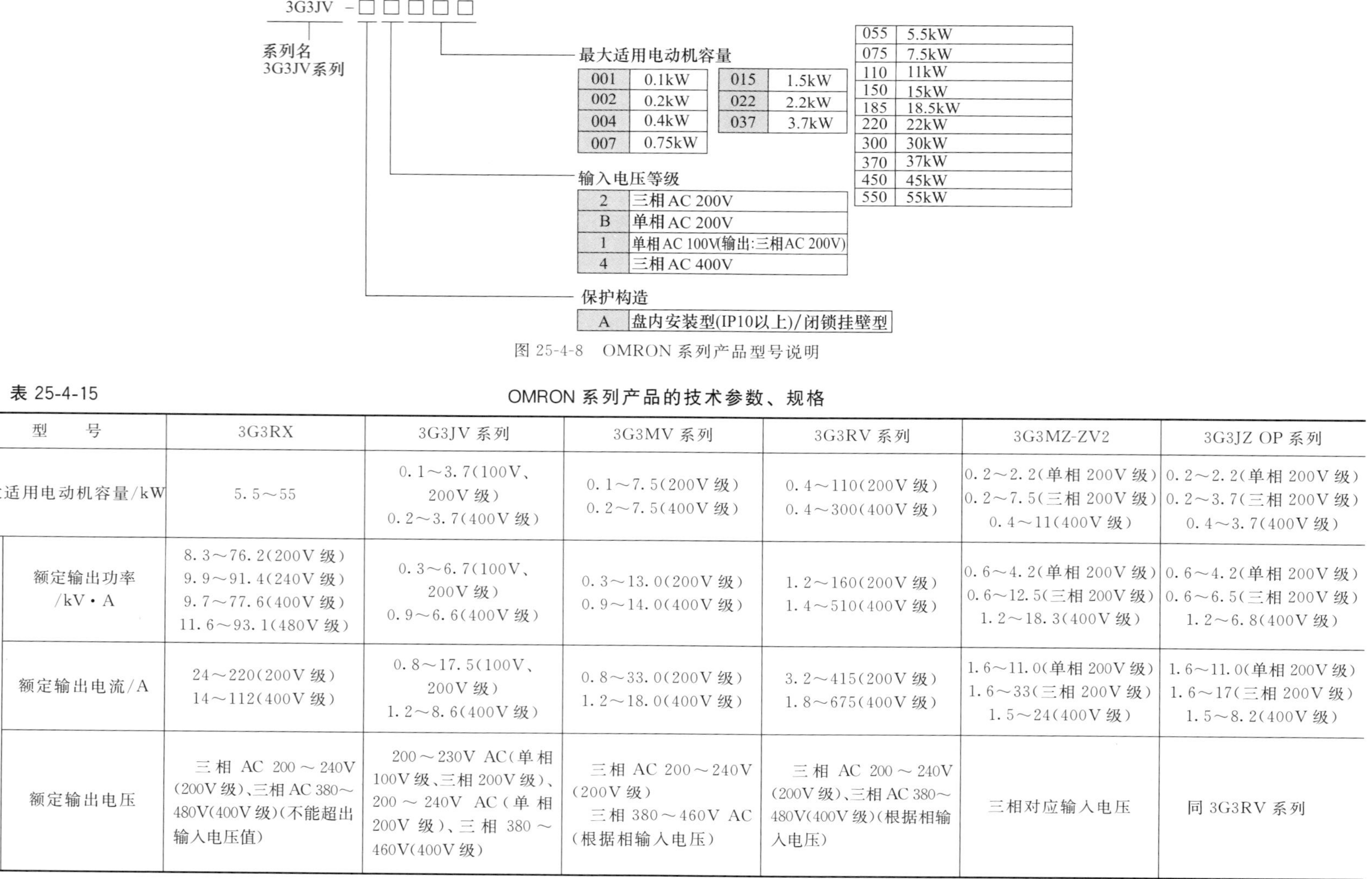

图 25-4-8　OMRON 系列产品型号说明

表 25-4-15　　OMRON 系列产品的技术参数、规格

型　号		3G3RX	3G3JV 系列	3G3MV 系列	3G3RV 系列	3G3MZ-ZV2	3G3JZ OP 系列
最大适用电动机容量/kW		5.5～55	0.1～3.7(100V、200V 级) 0.2～3.7(400V 级)	0.1～7.5(200V 级) 0.2～7.5(400V 级)	0.4～110(200V 级) 0.4～300(400V 级)	0.2～2.2(单相 200V 级) 0.2～7.5(三相 200V 级) 0.4～11(400V 级)	0.2～2.2(单相 200V 级) 0.2～3.7(三相 200V 级) 0.4～3.7(400V 级)
输出规格	额定输出功率/kV·A	8.3～76.2(200V 级) 9.9～91.4(240V 级) 9.7～77.6(400V 级) 11.6～93.1(480V 级)	0.3～6.7(100V、200V 级) 0.9～6.6(400V 级)	0.3～13.0(200V 级) 0.9～14.0(400V 级)	1.2～160(200V 级) 1.4～510(400V 级)	0.6～4.2(单相 200V 级) 0.6～12.5(三相 200V 级) 1.2～18.3(400V 级)	0.6～4.2(单相 200V 级) 0.6～6.5(三相 200V 级) 1.2～6.8(400V 级)
	额定输出电流/A	24～220(200V 级) 14～112(400V 级)	0.8～17.5(100V、200V 级) 1.2～8.6(400V 级)	0.8～33.0(200V 级) 1.2～18.0(400V 级)	3.2～415(200V 级) 1.8～675(400V 级)	1.6～11.0(单相 200V 级) 1.6～33(三相 200V 级) 1.5～24(400V 级)	1.6～11.0(单相 200V 级) 1.6～17(三相 200V 级) 1.5～8.2(400V 级)
	额定输出电压	三相 AC 200～240V(200V 级)、三相 AC 380～480V(400V 级)(不能超出输入电压值)	200～230V AC(单相 100V 级、三相 200V 级)、200～240V AC(单相 200V 级)、三相 380～460V(400V 级)	三相 AC 200～240V(200V 级) 三相 380～460V AC(根据相输入电压)	三相 AC 200～240V(200V 级)、三相 AC 380～480V(400V 级)(根据相输入电压)	三相对应输入电压	同 3G3RV 系列

续表

型号			3G3RX	3G3JV 系列	3G3MV 系列	3G3RV 系列	3G3MZ-ZV2	3G3JZ OP 系列
控制特性	高谐波电流对策			可以连接直流电抗器(可选)(容量大于 22kW 的内藏直流电抗器)				
	控制方式		正弦波 PWM 方式	正弦波 PWM 方式(V/F 控制)	正弦波 PWM 方式(V/F 控制或矢量控制)			正弦波 PWM 方式
	载波频率/kHz		0.5～15	2.5～10.0		2.0～15.0	1～15	2～15
	频率控制范围/Hz		0.1～400			0.1～150(CT 可选) 0.1～400(VT 可选)	0.1～600	
	频率精度(温度变动)	数字设定	±0.01%	±0.01%(−10～+50℃)		±0.01%(−10～+40℃)		
		模拟设定	±0.2%(+25℃±10℃)	±0.5%(+25℃±10℃)				
	频率设定分辨率	数字设定	0.01Hz	0.1Hz(f<100Hz 时) 1Hz(f≥100Hz 时)	0.01Hz(f<100Hz 时)、0.1Hz(f≥100Hz 时)		数字设定同 3G3MV 系列	
		模拟设定	最大频率/4000	0.06Hz/60Hz(1/1000 相当)				
	输出频率分辨率/Hz		0.01					
	过载能力		1min 额定输出电流的 150%(对于 3G3RV 系列 CT 可选)					
	外部频率设定信号		0～+10V DC,−10～+10V(10kΩ)/4～20mA(100Ω)	切换:0～+10V DC(20kΩ)/4～20mA(250Ω)/0～20mA(250Ω)		0～+10V,4～20mA	切换:0～+10V DC(47kΩ)/4～20mA(250Ω)/频率设定旋钮/多段速指令	
	加减速时间		0.01～3600.0s(直线、曲线设定)	0.0～999s(加速、减速按时间设定)	0.0～6000s(独立加速和减速设定)	0.01～6000.0s(独立加速和减速设定)	0.0～600.0s(加速和减速时间单独设定)	
	制动转矩			约 20%(不能连接制动电阻/制动单元)	约 20%(带制动电阻情况下可达 125%～150%)			
	电压/频率特性		30～400Hz 的基础频率上 V/F 可作选择性更改	任意 V/F 形式设定	设定电压矢量控制/用户 V/F 模式	无 PG 矢量控制或选择 15 种类的固定 V/F 类型或任意 V/F 类型设定	电压矢量控制/任意 V/F 模式	任意 V/F 形式设定

续表

型号		3G3RX	3G3JV 系列	3G3MV 系列	3G3RV 系列	3G3MZ-ZV2	3G3JZ OP 系列
保护功能	马达保护	电子热敏的保护					
	瞬间过电流保护	额定输出电流的约 220%以上时停止	额定输出电流的约 250%以上时停止		额定输出电流的约 200%以上时停止	额定输出电流的约 240%以上时停止	
	过载保护	电子热敏保护	额定输出电流的约 150%持续 1min 停止(对于 3G3RV 系列 VT 时为 120%)				
	过电压保护	主回路直流电压约 DC390 时停止(400V 级为 780V)	主回路直流电压约 DC410V 以上时停止(400V 级为 820V 以上)				
	电压不足保护	主回路直流电压 175V(400V 级为 345V)以上时停止	主回路直流电压 200V 以下时停止(单相 AC200V 型为 160V 以下,400V 级为 400V 以下)		主回路直流电压 190V(400V 级为约 380V)以上时停止	同 3G3MV 系列	
	瞬间停电补偿	15ms 以上时停止	无(15ms 以上时停止)、约 0.5s 内运转继续,在普通运转上选择	15ms 以上停止,若变频器设置为瞬时停电中断模式时,若停电在约 0.5s 内时运行将继续	15ms 以上停止,通过停电处理的设定,若停电在约 2s 内时运行将继续	15ms 以上停止或运行继续时间设定(0.1～5.0s)	
	散热片过热		110℃±10℃检出		热敏电阻保护	90℃时检出	
	接地保护	短路保护	额定输出电流水平的保护				
	充电中显示		主回路直流电压 50V 或以上时亮灯				

4.3 选用原则及应用场合

4.3.1 选用原则

1）变频器的输出功率和电流选择必须等于或大于被驱动异步电动机的功率和电流。

2）必须认清变频器调速与机械变速存在本质上的区别。

3）变频器的选用型号应根据使用要求而作仔细考虑。

① 基本考虑内容是使用环境条件、电网电压、负载大小及性质。

② 环境温度长期较高，安装在通风冷却不良的机柜内时，会造成变频器寿命缩短。电子器件、特别是电解电容等器件，在高于额定温度后，每升高10℃寿命会下降一半，因此环境温度应保持较低，除设置完善的通风冷却系统以保证变频器正常运行外，在选用上增大一个容量等级，以使额定运行时，温升有所下降是完全有必要的。

③ 电网电压处于不正常时，将有害于变频器。电压过高，如380V的线电压上升到450V就会造成损坏，因此电网电压超过使用手册规定范围的场合，要使用变压器调整，以确保变频器的安全。

④ 高海拔地区因空气密度降低，散热器不能达到额定散热器效果，一般在1000m以上，每增加100m容量下降10%，必要时可加大容量等级，以免变频器过热。

⑤ 使用于不同用途时，选择变频器的系列型号应作分析，对于一般用途变频器，采用V/F=常数控制方式已可满足，对于负载变化范围大，而且又要求较高运转精度的场合，特别是低速时要求有稳定的速度和负载能力时，则要选用矢量控制等方式的变频器，对数控机床等精密传动还要采用闭环控制和有速度传感器的方式，相应的变频器也要有这些配合的接口，选用时需要综合考虑。

⑥ 变频器使用于不同场所，对变频器的防护等级要作选择，为防止鼠害、异物等进入，应作防护选择，常见IP10、IP20、IP30、IP40等级分别能防止$\phi 50$、$\phi 12$、$\phi 2.5$、$\phi 1$固体物进入。

⑦ 当变频器为降低电动机噪声而将调制频率重新设置得较高并超过出厂设置频率时，会造成变频器损耗增大。设置频率越高，损耗越大，因此要适当减载。

⑧ 矢量控制方式只能对应一台变频器驱动一台电机，而且变频器的额定电流应等于或大于电机额定电流，电机的实际使用电流不能比额定电流太小（不低于变频器额定电流的1/8）。为了正确地使用矢量控制，在驱动前，变频器对电动机冷态参数还需进行输入或自动识别。

⑨ 一台变频器驱动多台电动机时，变频器容量应比多台电动机容量之和大，并且只能选择V/F控制模式，不能用矢量控制模式。

⑩ 当多台变频器的逆变单元共用一个整流/回馈单元时，即采用公共直流母线方式，有利于多台逆变器制动能量的储存和利用，此时整流/回馈单元的容量要足够大，并要有防止小功率变频器整流桥过载损坏的措施。使用中对多台电动机不能同时制动。

⑪ 对风机水泵类负载（即平方律负载）；如原来使用阀门、风门调节流量，当改用变频器调速控制流量时，就会带来大幅度的节能。而摩擦类负载（恒转矩负载），使用变频调速的节能效果基本上不能体现，对用机械变速扩大转矩的场合，使用变频器还可能带不动负载，这在选用时必须充分注意！在这些场合使用变频器，其目的是工作机械需要作速度调整。

4.3.2 应用场合

交流变频调速器经历近20年的发展及应用，已逐步被人们接受并成为当代电动机调速的主流。由于变频器体积小、重量轻、精度高、工艺先进、功能丰富、保护齐全、可靠性高、操作简便、通用性强、易形成闭环控制等优点，它优于以往的任何调速方式，如变极调速、调压调速、滑差调速、串级调速、整流子电机调速、液力偶合调速等，因而深受钢铁、有色、石油、石化、化工、化纤、纺织、机械、电力、建材、煤炭、医药、造纸、卷烟、城市供水及污水处理等行业的欢迎。

表 25-4-16 变频调速器应用场合

场合	说明	场合	说明
空调负载类	用变频装置，拖动空调系统的冷冻泵、冷水泵、风机是一项非常好的节电技术。目前，全国出现不少专做空调节电的公司，其中主要技术是变频调速节电	破碎机类负载	冶金矿山、建材应用的破碎机、球磨机类负载采用变频后效果显著
		大型窑炉煅烧炉类负载	冶金、建材、烧碱等大型工业转窑（转炉）采用变频控制，效果很好

续表

场　　合	说　　明	场　　合	说　　明
压缩机类负载	压缩机也属于应用广泛类负载。低压的压缩机在各工业部门都普遍应用，高压大容量压缩机在钢铁（如制氧机）、矿山、化肥、乙烯等行业都有较多应用。采用变频调速，均带来启动电流小、节电、优化设备使用寿命等优点	堆取料机类负载	堆取料机是煤场、码头、矿山物料堆取的主要设备，主要功能是堆料和取料。实现自动堆料和半自动取料，提高了设备可靠性，设备运行平稳，无冲击和摇动现象，取料过程按 $1/\cos\varphi$ 规律回转调速，提高了斗轮回转取料效率和皮带运煤的均匀度
轧机类负载	在冶金行业，过去大型轧机多用交-交变频器，近年来采用交-直-交变频器，轧机交流化已是一种趋势，尤其在轻负载轧机中采用通用变频器，满足低频带载启动，机架间同步运行，恒张力控制，操作简单可靠	风机类负载	风机类负载是量大面广的设备，钢厂、电厂、有色、矿山、化工、纺织、化纤、水泥、造纸等行业应用较多。多数采用调节挡板开度来调节风量，浪费大量电能，采用变频调速，既可节电、又减少机械磨损，延长设备寿命
卷扬机类负载	卷扬机类负载采用变频调速，稳定、可靠。铁厂的高炉卷扬设备是主要的炼铁原料输送设备。它要求启、制动平稳，加减速均匀，可靠性高。用交流变频器可以取得理想的效果	搅拌机类负载	化工、医药行业搅拌机非常多，采用变频调速取代其他调速方式效果很好
		纺丝机类负载	纺丝的工艺复杂，工位多，要求张力控制，有的要求位置控制。采用变频调速效果良好
转炉类负载	转炉类负载，用交流变频替代直流机组简单可靠，运行稳定	特种电源类负载	许多电源，如实验电源、飞机拖动电源（400Hz）都可用变频装置来完成，好处是投资少、见效快、体积小、操作简单
辊道类负载	辊道类负载，多在钢铁冶金行业，采用交流电机变频控制，可提高设备可靠性和稳定性	造纸机类负载	我国造纸工业的造纸机，要求精度高的多采用SCR直流调速方式，有的用滑差电动机、整流子电动机。由于存在滑环和炭刷，造成可靠性和精度不高，因而造纸机械的变频化已是大势所趋
泵类负载	泵类负载，量大面广，包括水泵、油泵、化工泵、泥浆泵、砂泵等，有低压中小容量泵，也有高压大容量泵。 许多自来水公司的水泵、化工和化肥行业的化工泵、往复泵、有色金属等行业的泥浆泵等采用变频调速，均产生非常好的效果	洗熨设备类负载	较大宾馆的洗衣机和熨衣设备以往多采用机械调速或者变级调速，只能提供一种速度或几种速度，对需要多次反复洗熨的织物不甚理想。采用变频调速，大大提高洗衣机的效率
吊车、翻斗车类负载	吊车、翻斗车等负载转矩大且要求平稳，正反频繁且要求可靠。变频装置控制吊车、翻斗车可满足这些要求	音乐喷泉类负载	非常招揽游人的音乐喷泉，其水的高低和量的大小是靠变频控制的
拉丝机类负载	生产钢丝的拉丝机，要求高速、连续化生产。钢丝强度为 200kgf/mm^2，调速系统要求精度高、稳定度高且要求同步	磨床等机械类负载	磨床主轴电机转速很高，需要电源的频率也高，有200Hz、400Hz甚至800Hz。以前主轴电动机的电源多由中频发电机组拖动，中频机组体积大、效率低、噪声大、精度差
运送车类负载	煤矿的原煤装运车或钢厂的钢水运送车等采用变频技术效果很好。启停快速，过载能力强，正反转灵活，达到煤面平整、重量正确（不多装或少装），基本上不需要人工操作，提高了原煤生产效率，节约了电能	卷烟机类负载	在卷烟行业采用变频器可以解决无级调速和可靠性问题
		减振和降低噪声型负载	不少负载，如大型空压机、中频机组等噪声大、振动大。采用变频技术，可以减振降噪，达到标准以内
电梯高架游览车类负载	由于电梯是载人工具，要求拖动系统高度可靠，又要频繁加减速和正反转，电梯动态特性和可靠性提高，增加了电梯乘坐的安全感、舒适感和效率。过去电梯调速直流居多，近几年逐渐转为交流电动机变频调速	印染机类负载	大部分印染机械都是多单元联合工作的设备。工艺上要求各单元以相同的线速度同步运行并保持张力恒定，否则会产生断布、缠布、色度不均、色彩度不够、缩水率过大等质量问题。以往的印染机械无论是共电源方式或分电源方式，都是采用直流调速系统 因为直流电机固有的缺点，印染行业逐步采用交流变频技术。圆网印花机由进布单元、印花单元、烘房导带单元及落布单元组成，属于印染调速系统中复杂的一种。采用变频调速形成速度链控制。同步性能好，精度高，可靠性高
给料机类负载	冶金、电力、煤炭、化工等行业，给料机众多，无论是圆盘给料机、还是振动给料机，采用变频调速效果均非常显著。采用变频调速后，由于是异步机，可靠性高、节电，更重要的是，和温度变送器闭环保证了输送物料的准确，不至于使氧化剂输送过量超温而造成事故，保证了生产的有序性		

续表

场　　合	说　　明
注塑机类负载	注塑机是塑料加工成形的关键设备，数量多，耗电大。过去的节电方式多为通过△形（三角形）转换成Y形（星形）来节电，效果一般。采用变频调速不改变注塑机原来的结构，控制油泵几个过程的压力或流量（如锁模、合模、射胶、保压、脱模、退模等），可节电20%～52%，较好地取代了过去的比例阀节流调速方式，大幅度降低能耗，一些注塑厂进行了变频改造
污水处理等环保类负载	变频调速可用在三个方面：工业污水处理；垃圾电厂；工业排烟、排气、除尘的控制
玻璃、陶瓷、制药、饮料、食品、包装等生产线负载	玻璃、陶瓷、制药、饮料、食品、包装等生产线采用变频调速，均取得很好的效果
海上采油平台类负载	石油钻井采用交流电动机变频调速要比直流调速好得多，尤其是在风沙、灰尘大的地方，因为交流电动机可靠。海洋石油钻井平台，需要变频调速装置
潜油电泵类负载	
聚酯切片类负载	聚酯切片是石化行业主要产品之一，由于变频调速精度高，便于多个控制点控制，平稳可靠、使用变频调速后可以提高产品质量

4.4　应用举例——MM440变频调速系统在铣床上的应用

在电气传动领域，交流电动机传动约占整个电气传动容量的80%以上，而直流电动机传动则只有20%左右。但在电动机调速领域，直流电动机调速又占80%，而交流电动机还不到20%，特别是高性能调速系统，非直流机调速不可，由于交流电动机的调速性能差，以致长时间无法与直流电动机匹敌。随着计算机控制技术与交流变频技术的发展，各种工业控制设备都在朝着功能完善、计算机化、智能化、高度集成化、高可靠性方向发展，变频技术的飞跃发展改变了交流变频调速系统的面貌。从近年来变频调速的应用与各种新建生产线的设备配置来看，交流传动大有取代直流传动的趋势，这其中离不了变频调速的功劳。西门子的交流变频器在中国的交流电机调速中应用广泛。下面介绍MICROMASTER440在铣床上的应用实例。

（1）工艺过程

某公司压延厂具有两条铝铸锭铣面生产线，即1#、2#铣床。这两条生产线位于铝热轧生产线的龙头，从熔铸厂来的铸锭在铣床上经过铣面后方可进入下一道工序。

铣锭的生产工艺过程：铸锭由天车平放到受料辊道→辊道送至垂直起落架→铸锭旋转90°送到床面夹具上→夹具夹紧床面开始前进→由主轴电机带动的刀盘铣面→机床后退至起架位置→放平铸锭→辊道将铸锭送入翻锭机内→铸锭旋转180°→辊道将铸锭送到起落架→再次铣另一面→放回辊道→天车吊起。

（2）方案选取

两条生产线设备配置基本一致，整个生产线的传动电动机使用的是交流电动机，根据实际情况，铣床有两台电动机必须调速，一台是床面移动电动机，根据铣削厚度与负载电流决定进给速度；一台是翻锭机电动机，翻转速度必须具备高、低两挡速度，才能保证生产的进度与停车的准确性。

根据生产工艺要求，必须对床面移动电动机与翻锭机电动机进行速度调节，考虑到改进方案的可行性与系统运行的可靠性，本系统中采用了两台MICROMASTER 440变频器（翻锭机电动机选用18kW变频器，床面移动电机选用22kW电动机）对两台电动机进行变频调速。两台铣床共用了四台变频器。这样的方案有如下的优点。

a. 易于安装、参数设置和调试。

b. 具有多个数字和模拟的输入、输出接口。

c. 模块化设计，配置非常灵活。

d. 脉宽调制的频率高，因而电动机运行的噪声低。

e. 具有多种运行控制方式，可实现无传感器的矢量控制和各种V/F控制。

f. 内置的直流注入制动，制动快速。

g. 具有PID控制功能的闭环控制，控制器的参数可自动整定。

h. 控制线路简单，变频器各种保护功能完善，便于使用和维护。

i. 内置几组设定参数可以互相切换，一台变频器可以控制几个交替工作的电动机。

下面重点介绍床面移动电动机的变频调速控制。

（3）系统硬件的组成

铣床的床面移动电动机原先为直流电动机，采用模拟系统作调速器，由于直流电动机的维护工作量大，工作环境较差，无备件，现改为交流电动机传动，床面前进时，操作人员根据主轴电动机的电流，用电位器调节床面前进速度，床面后退时，设为高、低两挡速度，先以高速退回，到减速点时，以低速退回到停车位置。系统的硬件以变频调速器MICROMASTER为传动控制设备，其硬件结构如图25-4-9所示。

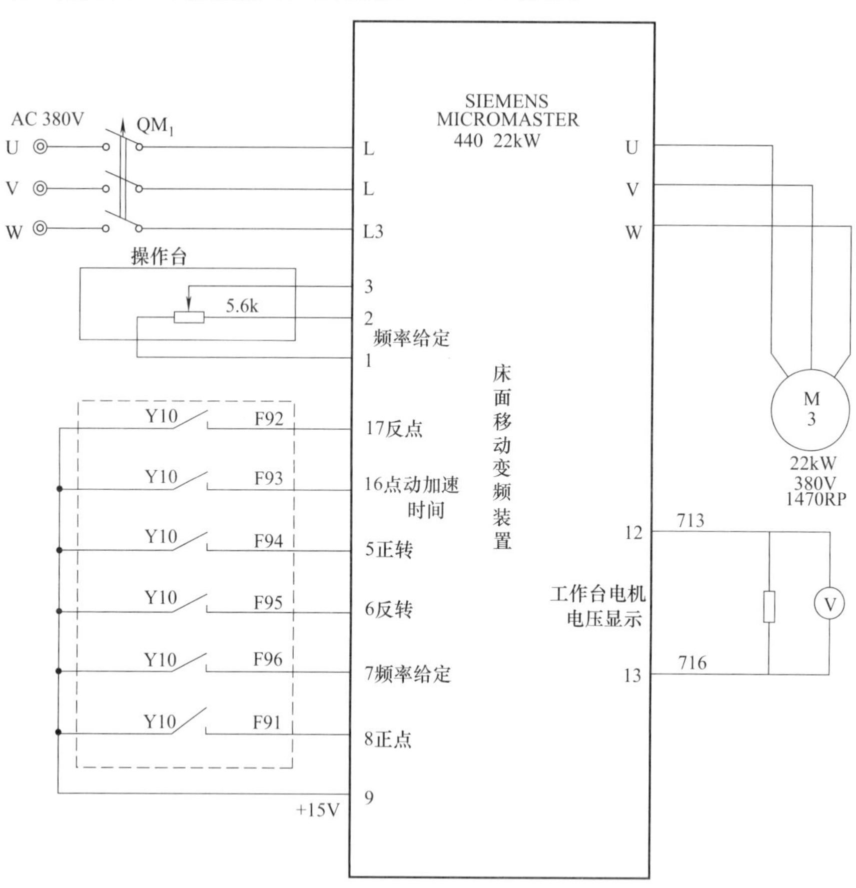

图25-4-9　变频器控制硬件结构

（4）系统控制

该型号变频器通过设置参数P1300可实现多种不同的运行方式来控制变频器输出电压和电动机转速间的关系：线性V/F（电压/频率）关系，抛物线V/F控制，多点V/F控制，与电压设定值无关的V/F控制，无传感器矢量控制等。本系统中采用了无传感器矢量控制方式，在这种方式下，用固有的滑差补偿对电动机的速度进行控制。采用这种方式，可以得到大的转矩、改善瞬态响应特性、具有优良的速度稳定性，而且在低频时可以提高电动机的转矩。在变频器的L1、L2、L3端输入交流380V工作电源。变频器的控制接线端接收PLC的输出信号。根据实际操作需要，在不同的工作方式下，变频器的速度如下。

① 调整方式时：PLC输出正点和反点信号到变频器的8#和17#端，变频器以固定频率进行点动。

② 正常工作时：分为床面前进和退回。床面前进时根据主轴电流大小用电位器控制床面前进速度。床面退回时，固定高、低两挡频率，先以高速退回，到达减速点后减速到低速直到停车位置。

（5）结论

铣床的床面移动电动机改为交流电动机，由MICROMASTER440变频器作调速器后，变频器作为数字调速器完全满足了生产的需要，发挥了很好的作用，并且维护量少，可靠性高，提高了设备的装机水平。

第5章 工 控 机

工控机就是工业控制计算机，是一种采用总线结构，对生产过程及其机电设备、工艺装备进行检测与控制的工具总称。它具有重要的计算机属性和特征，如具有计算机CPU、硬盘、内存、外设及接口，并有实时的操作系统、控制网络和协议、计算能力，友好的人机界面等。它是一种加固的增强型个人计算机，它可以作为一个工业控制器在工业环境中可靠运行。工控机通俗地说就是专门为工业现场而设计的计算机。现在，更时髦的叫法是产业电脑或工业电脑，英文简称IPC，全称Industrial Personal Computer。早在20世纪80年代初期，美国AD公司就推出了类似IPC的MAC-150工控机，随后美国IBM公司正式推出工业个人计算机IBM7532。由于IPC的性能可靠、软件丰富、价格低廉，而在工控机中异军突起，后来居上，应用日趋广泛。

5.1 基本结构原理

5.1.1 组成

工业控制计算机的基本组成框图如图25-5-1所示，由计算机和外围设备两大部分组成。外围设备由许多与工业对象相互联系的装置组成，它们一方面把工业对象的生产过程参数取出，经过转换变成计算机能够接受的二进制代码；另一方面把计算机发出的控制命令转换成改变工业对象控制变量的信号。计算机一般又可分为主机和人机联系设备两部分。主要根据外围设备发送来的工业对象的生产工况参数，按照人们预先建立的数学模型和管理人员通过人机联系设备送来的控制信息，自动地分析、计算，作出判断，向外部设备和人机联系设备不时地发出控制命令控制工业对象的生产，并与管理人员进行联系。人机联系设备包括输入设备、打印机、显示器、声光报警器等。管理人员通过人机联系设备和主机交换信息，从而适当地对工业对象的生产过程进行一些必要的干预。

5.1.2 基本结构

工业控制计算机（IPC）即基于PC总线的工业电脑。据2000年IDC统计，目前PC机已占到通用计算机的95%以上，因其价格低、质量高、产量大、软硬件资源丰富，已被广大的技术人员所熟悉和认可。

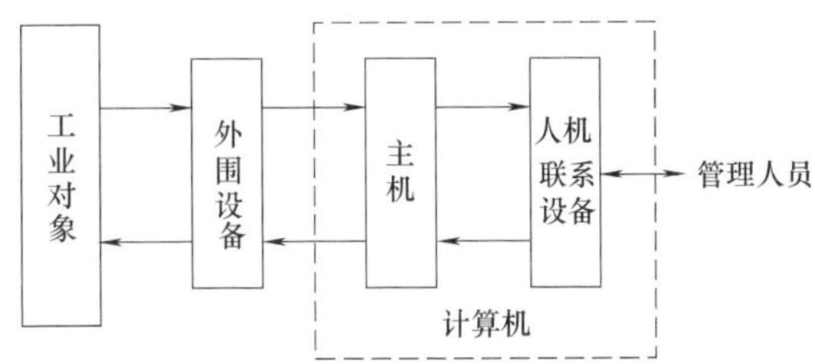

图25-5-1 工业控制计算机的基本组成框图

IPC的主要结构如下。

（1）全钢机箱

IPC的全钢机箱是按标准设计的，抗冲击、抗振动、抗电磁干扰，内部可安装同PC-bus兼容的无源底板。

（2）无源底板

无源底板的插槽由ISA和PCI总线的多个插槽组成，ISA或PCI插槽的数量和位置根据需要有一定选择，该板为四层结构，这种结构方式可以减弱板上逻辑信号的相互干扰和降低电源阻抗。底板可插接各种板卡，包括CPU卡、显示卡、控制卡、I/O卡等。

（3）工业电源

为AT开关电源，平均无故障运行时间达到250000h。

（4）CPU卡

IPC的CPU卡有多种，根据尺寸可分为长卡和半长卡，根据处理器可分为不同类型主板，用户可视需要任意选配。其主要特点是：工作温度0～60℃；装有“看门狗”计时器；低功耗，最大时为5V/2.5A。

（5）其他配件

IPC的其他配件基本上都与PC机兼容，主要有CPU、内存、显卡、硬盘、键盘、鼠标、光驱、显示器等。

国内生产工控机的厂家有研祥、华北工控、研华、爱雷丝等。工控机箱标准长度为19in，高度为4U。

（6）适用领域

目前，IPC已被广泛应用于工业及人们生活的方方面面。例如：控制现场、路桥收费、医疗、环保、通信、智能交通、监控、语音、排队机、POS、数控机床、加油机、金融、石化、物探、野外便携、环保、军工、电力、铁路、高速公路、航天、地铁等。

5.1.3　主要特点

工控机通俗地说就是专门为工业现场而设计的计算机，而工业现场一般具有强烈的振动，灰尘特别多，另有很高的电磁场力干扰等特点，且一般工厂均是连续作业，即一年中一般没有休息。因此，工控机与普通计算机相比必须具有以下特点。

① 机箱采用钢结构，具有较高的防磁、防尘、防冲击的能力。

② 机箱内有专用底板，底板上有 PCI 和 ISA 插槽。

③ 机箱内有专门电源，电源有较强的抗干扰能力。

④ 要求具有连续长时间工作能力。

⑤ 一般采用便于安装的标准机箱（4U 标准机箱较为常见）。

5.1.4　工控机分类

工控机按照性能和用途分类，可分为通用工业电脑、嵌入式 PC、工业工作站、加固计算机以及其他系统平台，见表 25-5-1。

表 25-5-1　工控机分类

分　类	功能及特点
通用工业电脑	基本结构包括显示器、通用工业电脑机箱、PC 主板等配件。按结构可分为分体式和一体化式。显示器根据用户需求不同分为触摸式和非触摸式。通用工业电脑机箱根据用户的使用情况，分为上架式和壁挂式两种。上架式，市场上最为常见的工控机是标准的 4U 高度、19in 上架式机箱，一般应用在标准的机柜之中，此外还有 1U、2U、3U、5U 和 7U 高度的机箱。壁挂式，由于需要把控制中心(IPC)放置在设备之中，因此对工控机的体积有较为严格的要求
嵌入式 PC	即“嵌入”(Embedded)到设备内部，提供用户接口，管理数据输入、输出，指导设备工作的计算机。与通用工业电脑比较，从外观上，更加紧凑、小巧，集成度更高，应用上，低功耗、全密闭、较强的实时处理能力、工作于恶劣环境
工业工作站	与通用工业电脑主要区别就是支持 PICMG 标准，根据应用场合需要，在电磁兼容性、安全性、抗冲击、抗振动、防尘、防水等方面有针对性地进行选择。其中 CPU 卡、显卡、内存都根据用户需要进行选择，通常配有高分辨率的大屏幕显示器及容量很大的内存储器和外部存储器，并且具有较强的信息处理功能和高性能的图形、图像处理功能以及联网功能
加固计算机	为适应各种恶劣环境，在计算机设计时，对影响计算机性能的各种因素，如系统结构、电气特性和机械物理结构等，采取相应保证措施的计算机，又称抗恶劣环境计算机。其特点是：具有强的环境适应性、高可靠性和高可维护性；系列化、标准化和模块化；专用软件的开发是其应用的关键
其他系统平台	适应一些特定的场合所设计出来的具有高性能价格比、低成本、可维护性好、通风等特点的系统平台，市场上主要以 Compact PCI 系统平台为主

5.2　常用工控机主要技术参数和规格

技术参数和规格是选用工控机的重要依据。通常选用工控机都是直接选用一体化式机，下面以研华、研祥、阿尔泰、NI 系列通用工业电脑、一体化工业工作站为例进行说明。

5.2.1　研华工控机

表 25-5-2　工业平板电脑主要技术参数

型　号	主 要 特 征
PPC-177T	17in TFT SXGA LCD 支持 Intel®Core™2Duo 处理器，最高可达 2.16GHz 系统内存最高可达 4GB(DDR2 200 针，SODIMM 插槽×2) 一个 PCI-e 扩展槽(PCI 可选) 一个 MiniPCI 插槽，Type Ⅱ CF 卡×1；IDE 接口(主) 内置 CF 卡接口(IDE 接口用于引导 OS)

续表

型 号	主要特征
PPC-175T	17in TFT SXGA LCD 支持 Intel®Pentium®/Celeron ®M，最高可达 1.8GB/1.5GB 系统内存最高可达 2GB(DDR RAM) 一个 PCI 扩展槽 内置 CF 卡接口(IDE 接口用于引导 OS)
PPC-174T	17in TFT SXGA LCD 支持 Intel®Pentium®4CPU，最高可达 3.06GHz 系统内存最高可达 2GB(DDR SDRAM) 可移动 3.5in HDD 磁盘盒 可用电阻式、电容式，SAW 和红外触摸屏
PPC-155T	15in TFT XGA LCD Intel®Pentium®/Celeron®M 最高可达 1.8GB/1.5GB 系统内存最高可达 2GB(DDR RAM) 内置 CF 卡接口(IDE 接口用于引导 OS) 两个 10/100Mbps 以太网接口，两个 IEEE1394 接口 可用电阻式、电容式，SAW 和红外触摸屏
PPC-S154T	Intel®Pentium®4-M 处理器，最高支持 2.2GHz 系统内存最高可达 1GB(DDR SDRAM) 1 个 MiniPCI 插槽 支持 1 个内部 CompactFlashTM>Type Ⅱ 插槽
PPC-154T	15in TFT XGA LCD Intel®Pentium®4 处理器，最高可达 3.06GHz 系统内存最高可达 2GB(DDR SDRAM) 可选六合一读卡器(MS，SD，SM，MC 和 CFtype Ⅰ/Ⅱ 插槽) 内置 PCMCIA TypeⅡ×2
PPC-125T	12.1in TFT SVGA(800×600)LCD；[XGA(1024×768)可选] Intel®Core™2Duo 处理器，最高可达 2.16GHz 系统内存最高可达 4GB[DDR2 200 针，SODIMMsocket×2] 一个 PCI 插槽或一个 PCIExpress 插槽可选 一个 MiniPCI 插槽，TypeⅡ CF 卡×1；IDE 接口(主) 内置 CF 卡接口(IDE 接口可用于引导 OS)两个 Gigabit 千兆以太网接口 支持 HDD(SATA 接口)
PPC-103T	10.4in TFT SVGA LCD 显示屏 Pentium ® Ⅲ 或 Celeron™ 处理器，主频最高可至 850MHz 系统内存最大可至 256MB (SDRAM) 可选 1 个 PCI/ISA 扩展槽，1 个 CompactFlash™ Ⅰ 型卡接口(True IDE 模式)
PPC-L126T	12.1in TFT SVGA LCD 板载 VIAEden667MHz 处理器 系统内存最高可至 1GB(SDRAM) 1 个 CompactFlash™ Ⅱ 型卡插槽(True IDE 模式) 1 个 MiniPCI 插槽 可选 1 个 PCI/ISA 扩展
PPC-L106T	10.4in TFT LCD 板载 AMD Geode™ LX800(500MHz)CPU 系统内存最高可达 1GB SDRAM(默认内置 256MB) 一个 CompactFlashType Ⅰ/Ⅱ 插槽(True IDE 模式) 可选 PCI/ISA 扩展套件 RS-485 支持自动数据流控制

续表

型　　号	主要特征
PPC-L61T	6.5in TFT VGA LCD 板载 AMD Geode LX800 CPU 系统内存最高可达 1GB(DDR SDRAM) 一个 CompactFlash®Type Ⅰ/Ⅱ插槽(TrueIDE 模式) Microsoft ®Windows®CE6.0 和 XP Embedded 可用 可通过 BIOS 调节 RS-232/422/485
SPC-58C	5.6in 彩色 TFT LCD 电阻式触摸屏 IntelXScale®PXA270CPU 和 MicrosoftWindows®CE5.0 带 COM,USB,LAN,CF 和音频接口 开放式架构:适合从内带外安装 低功耗无风扇
SPC-65A	6.4in colorTFT LCD panel 和电阻式触摸屏 IntelXScale®PXA270 CPU 和 Microsoft Windows®CE5.0 Adobe®FlashPlayer&JavaVirtualMachine(JVM)(可选) 面板安装方式:铝制前面板,适合从外到内安装 带 COM,USB,LAN,CF 和音频接口

表 25-5-3　　嵌入式 PC 主要技术参数

型　　号	主要技术参数
TPC-1282T	工业等级 12.1in TFT 液晶显示器,背光寿命可达 50000h 搭配第五代 Intel®Core™处理器,4GB(DDR3L)内存 紧凑型无风扇系统设计及铝合金前面板 全平面五线电阻触摸屏,前面板防护等级 IP66 支持 PCIe 及 MiniPCIe 扩展 支持通过 iDoor 模组进行系统 IO 及隔离数字 IO 扩展 支持通过 iDoor 模组进行工业现场总线扩展 支持通过 iDoor 模组进行 3G/GPS/GPRS/WiFi 通信扩展 支持通过 iDoor 模组进行存储扩展 机壳接地保护 支持 HDMI 及音频多媒体 支持研华 SNMP 代理 支持研华 SusiAccess 远程设备管理软件
TPC-1581WP	工业级 15.6in 高清 TFT 液晶屏,50000h LED 背光寿命 英特尔第四代酷睿 i3-4010U 处理器,4GB(DDR3L)内存 16∶9 宽屏幕,投射电容式多点触控屏 前面板 IP66 防护等级,面板安装 内置智能键和 Home 键,轻松设置直观的用户界面 彩色 LED 指示灯显示操作状态 创新 iDoor 技术,支持多种 IO 和隔离数字 IO 接口扩展 创新 iDoor 技术,支持多种现场总线协议扩展 创新 iDoor 技术,支持 3G/GPS/WiFi 通信扩展 创新 iDoor 技术,支持磁性随机存储卡扩展 机壳接地保护 支持 HDMI 接口和音频多媒体传输 抗 7H 硬度划伤触摸表面

续表

型　号	主要技术参数
TPC-1582H	工业等级 15in XGA TFT 液晶显示器，50000h LED 背光寿命 英特尔第四代酷睿 i3 1.7GHz 处理器，4GB(DDR3L)内存 紧凑型无风扇系统设计及铝合金前面板 五线电阻触摸屏，前面板防护等级 IP65，面板安装 支持 PCIe 及 MiniPCIe 扩展 创新 iDoor 技术，支持多种 IO 和隔离数字 IO 接口扩展 创新 iDoor 技术，支持多种现场总线协议扩展 创新 iDoor 技术，支持 3G/GPS/WiFi 通信扩展 创新 iDoor 技术，支持磁性随机存储卡扩展 机壳接地保护 支持 HDMI 接口和音频多媒体传输 支持研华 SusiAccess 远程设备管理软件
TPC-1782H	工业等级 17in XGA TFT 液晶显示器，50000h LED 背光寿命 英特尔第四代酷睿 i3 1.7GHz 处理器，4GB(DDR3L)内存 紧凑型无风扇系统设计及铝合金前面板 五线电阻触摸屏，前面板防护等级 IP65，面板安装 支持 PCIe 及 MiniPCIe 扩展 创新 iDoor 技术，支持多种 IO 和隔离数字 IO 接口扩展 创新 iDoor 技术，支持多种现场总线协议扩展 创新 iDoor 技术，支持 3G/GPS/WiFi 通信扩展 创新 iDoor 技术，支持磁性随机存储卡扩展 机壳接地保护 支持 HDMI 接口和音频多媒体传输 支持研华 SusiAccess 远程设备管理软件
TPC-1881WP	工业级 18.5in 高清 TFT 液晶屏，50000h LED 背光寿命 英特尔第四代酷睿 i3-4010U/i7-4650U 处理器，4GB/8GB(DDR3L)内存 16∶9 宽屏幕，投射电容式多点触控屏 前面板 IP66 防护等级，面板安装 内置智能键和 Home 键，轻松设置直观的用户界面 彩色 LED 指示灯显示操作状态 创新 iDoor 技术，支持多种 IO 和隔离数字 IO 接口扩展 创新 iDoor 技术，支持多种现场总线协议扩展 创新 iDoor 技术，支持 3G/GPS/WiFi 通信扩展 创新 iDoor 技术，支持磁性随机存储卡扩展 机壳接地保护 支持 HDMI 接口和音频多媒体传输 抗 7H 硬度划伤触摸表面
TPC-1551H	Intel®Atom™处理器(高达 1.33GHz) 15in XGA TFT LED backlight LCDs −20～60℃宽操作温度 紧凑型压铸铝合金前面板 无风扇冷却系统 前面板符合 NEMA4/IP65 标准 支持 Microsoft®WindowsXP/XPe/CE 支持双千兆网 串口隔离保护 EnergyStar 认证

续表

型号	主要技术参数
TPC-1251H	Intel®Atom^{TM}处理器(高达 1.33GHz) 12.1in SVGA TFT LCD -20~60℃宽幅操作温度 紧凑型压铸铝合金前面板 无风扇冷却系统 前面板符合 NEMA4/IP65 标准 支持 Microsoft®WindowsXP/XPe/CE 支持双千兆网 串口隔离保护 EnergyStar 认证
TPC-651T	工业级 5.7in VGA TFT 液晶屏,50000h LED 背光寿命 Intel®Atom^{TM} E3827 1.75GHz 双核处理器,4GB(DDR3L)内存 -20~60℃宽温操作 全平面五线电阻触摸屏,铝合金前面板防护等级 IP66 彩色 LED 指示灯显示操作状态 支持全尺寸 MiniPCIe 扩展 创新 iDoor 技术,支持多种功能扩展(需要选购配件) 紧凑型嵌入式无风扇系统,地板接地保护 支持直流/交流电压输入(根据电源适配器选择) 支持研华 SNMP 代理 支持研华 SusiAccess 远程设备管理软件
TPC-1051WP	工业级 10.1in TFT 液晶屏,25000h LED 背光寿命 Intel®Atom^{TM} E3827 1.75GHz 处理器,4GB (DDR3L)内存 16:9 宽屏幕,投射电容式多点触控屏 前面板 IP66 防护等级,面板安装 内置智能键和 Home 键,轻松设置直观的用户界面 彩色 LED 指示灯显示操作状态 支持 iDoor 模组扩展(搭配选装套件) 机壳接地保护 抗 7H 硬度划伤触摸表面 支持直流/交流电压输入(根据电源适配器选择) 支持研华 SNMP 代理 支持研华 SusiAccess 远程设备管理软件
TPC-1251T	工业级 12.1in XGA TFT 液晶屏,50000h LED 背光寿命 英特尔 Atom^{TM} E3827 1.75GHz 处理器,4GB(DDR3L)内存 宽温设计,工作温度-20~60℃ 前面板防护等级:全平面 IP66/非全平面 IP65 前面板 LED 指示灯直观显示工作状态 全尺寸 MiniPCIe 扩展槽 支持多种接口的创新 iDoor 技术模块扩展,包括隔离数字 IO 接口、多种现场总线协议、3G/GPS/WiFi 通信模块、磁性随机存储卡等 紧凑型无风扇系统,铝合金前面板,机壳接地保护 支持研华 SNMP 代理 支持研华 SUSIAccess 远程设备管理软件
TPC-1551T	工业级 15in XGA TFT 液晶屏,50000h LED 背光寿命 Intel®Atom^{TM} E3827 1.75GHz 处理器,4GB(DDR3L)内存 宽温设计,工作温度-20~60℃ 前面板防护等级:全平面 IP66/非全平面 IP65 前面板 LED 指示灯直观显示工作状态 强固型 5 线电阻式触摸屏 全尺寸 MiniPCIe 扩展槽 创新 iDoor 技术,支持多种功能扩展(需要选购配件) 紧凑型无风扇系统,铝合金前面板,机壳接地保护 支持研华 SNMP 代理 支持研华 SUSIAccess 远程设备管理软件

续表

型　号	主要技术参数
TPC-1551WP	工业级 15.6in 高清 TFT 液晶屏，50000h LED 背光寿命 Intel®Atom™E3827 1.75GHz 处理器，4GB(DDR3L)内存 16：9 宽屏幕，投射电容式多点触控屏 前面板 IP66 防护等级，面板安装 内置智能键和 Home 键，轻松设置直观的用户界面 彩色 LED 指示灯显示操作状态 支持 iDoor 模组扩展(搭配选装套件) 机壳接地保护 抗 7H 硬度划伤触摸表面 支持直流/交流电压输入(根据电源适配器选择) 支持研华 SNMP 代理 支持研华 SusiAccess 远程设备管理软件
TPC-1751T	工业级 17in SXGA TFT 液晶屏，50000h LED 背光寿命 Intel® Atom™ E3827 1.75GHz 双核/Intel® Celeron® J1900 2GHz 四核处理器，4GB (DDR3L)内存 宽温设计，工作温度－20～60℃ 前面板防护等级：全平面 IP66/非全平面 IP65 前面板 LED 指示灯直观显示工作状态 强固型 5 线电阻式触摸屏 全尺寸 MiniPCIe 扩展槽 创新 iDoor 技术，支持多种功能扩展(需要选购配件) 紧凑型无风扇系统，铝合金前面板，机壳接地保护 支持研华 SNMP 代理 支持研华 SUSIAccess 远程设备管理软件
TPC-1840WP	18.5in WXGA TFT 液晶显示器 AMD 双核 T56E 1.65GHz 处理器，支持外接 APU，图形处理性能卓越 16：9 宽屏幕，投射电容式多点触控屏 内置功能键和 Home 键，轻松设置直观的用户界面 抗 7H 硬度划伤触摸表面 边盖可开，便于维护 Cfast/HDD/mini-PCIe 部件 支持 Mini-PCIe 扩展 支持通过 HDMI 接口扩展第二显示器 支持高清音频报警 前面板 LED 指示灯直观显示工作状态 全平面前面板，防护等级 IP66 紧凑型设计，压铸镁合金前面板 无风扇制冷系统
TPC-2140WP	21.5in 全高清 TFT 液晶显示器 AMD 双核 T56E1.65GHz 处理器，支持外接 APU，图形处理性能卓越 16：9 宽屏幕，投射电容式多点触控屏 内置功能键和 Home 键，轻松设置直观的用户界面 抗 7H 硬度划伤触摸表面 边盖可开，便于维护 Cfast/HDD/mini-PCIe 部件 支持 Mini-PCIe 扩展 支持通过 HDMI 接口扩展第二显示器 支持高清音频报警 前面板 LED 指示灯直观显示工作状态 全平面前面板，防护等级 IP66 紧凑型设计，压铸镁合金前面板 无风扇制冷系统

续表

型　号	主要技术参数
TPC-8100TR	10.4in SVGA 液晶显示器，分辨率 800×600，亮度 400nits Intel®Atom N2600 1.6GHz 双核处理器 5H 硬度电阻触摸屏 前面板含备选键盘 母板/子板带涂层，可预防恶劣天气 全机身防护等级 IP65，防水 M12 接口 防风雨的光学绑定技术 压铸铝合金加固外壳 宽温操作：−30～70℃ 通过铁路行业 EN50155 认证
SPC-1881WP	18.5in WXGA TFT 液晶显示器 英特尔®酷睿™ i3-4010U1.70GHz 处理器 16∶9 宽屏幕，投射电容式多点触控屏 内置智能键和 Home 键，轻松设置直观的用户界面 7H 硬度抗划伤触摸表面 全机身防护等级 IP65，M12 防水接口 支持 Mini-PCIe 扩展 彩色 LED 指示灯显示操作状态 无风扇冷却系统
SPC-1840WP	18.5in WXGA TFT 液晶显示器 AMD 双核 1.65GHz 处理器，独立 GPU，具备卓越图形能力 16∶9 宽屏幕，投射电容式多点触控屏 内置智能键和 Home 键，轻松设置直观的用户界面 7H 硬度抗划伤触摸表面 全机身防护等级 IP65，M12 防水接口 支持 Mini-PCIe 扩展 彩色 LED 指示灯显示操作状态 无风扇冷却系统
FPM-8151H	15in XGA TFT LED 背光式 LCD 显示屏 316L 不锈钢前面板 前面板符合 NEMA4/IP65 防护等级 −20～60℃(−4～140℉)宽工作温度 增强型 5 线电阻式触摸屏 DirectVGA&DVI-D 视频输入接口 触摸屏支持 ComboRS-232&USB 支持 24V DC 输入及 100～240V AC 输入(可选 AC 适配器) 前面板支持可锁固 OSD 控制键 符合 ULCID2 认证 符合 ATEXClassI，Zone2 认证
SPC-2140WP	21.5in 全高清 TFT 液晶显示器 AMD 双核 1.65GHz 处理器，独立 GPU，具备卓越图形能力 16∶9 宽屏幕，投射电容式多点触控屏 内置智能键和 Home 键，轻松设置直观的用户界面 7H 硬度抗划伤触摸表面 全机身防护等级 IP65，M12 防水接口 支持 Mini-PCIe 扩展 彩色 LED 指示灯显示操作状态 无风扇冷却系统

表 25-5-4　**一体化工业工作站主要技术参数**

型　号	主要技术参数
AWS-8259	15in LCD 显示屏 9 槽无源底板 PCA-6109P4 带 4 个 PCI、4 个 ISA、1 个 CPU 插槽 PCA-6109 是 9 槽 ISA 无源底板 前面板集成触控板、USB 口 总重量 18.5kg 尺寸 482mm×356mm×229mm
AWS-8248V	15in LCD 显示屏 14 槽工作站 板卡安装模块化设计 前面板带 OSD 和操作键 总重量 25.5kg 尺寸 482mm×356mm×465mm
AWS-8129H	12in LCD 显示屏 3ISA，4PCI，2 个 PICMG 槽无源底板 前置软驱电源开关，超薄光驱 前出口 USB 端口 前面板带 USB 端口 前面板带集成触控板、OSD 和操作键 总重量 17kg 尺寸 482mm×266mm×317mm

表 25-5-5　**加固计算机主要技术参数**

型　号	主要技术参数
IPPC-5211WS	不锈钢机身，IP69K 防尘防水 可拆卸产品组合，多种功能配件可选 运行温度：0～50℃ 21.5 寸全高清 TFT 液晶显示器 16：9 宽屏幕，投射电容式多点触控屏 支持创新 iDoor 技术及电线 内置智能键和 Home 键，轻松设置直观的用户界面 全平面前面板，7H 硬度抗划伤 4GB(DDR3L)内存 无风扇冷却系统 支持研华 SNMP 代理
IPPC-6152A	Intel®Core™ 2QuadCPU(最高支持 2.8GHz)/Core™ 2DuoCPU(最高支持 3.0GHz) 双通道 DDR3 内存，容量高达 4GB 提供 2 个 PCI-E 扩展槽 双千兆以太网，Intel®vPro 技术 前端 USB 接口，系统重置功能 控制盒采用羽翼设计，方便元件安装和维护
IPPC-6172A	Intel®Core™ 2QuadCPU(最高支持 2.8GHz)/Core™ 2DuoCPU(最高支持 3.0GHz) 双通道 DDR3 内存，容量高达 4GB 提供 2 个 PCI-E 扩展槽 双千兆以太网，Intel®vPro 技术 前端 USB 接口，系统重置功能 控制盒采用羽翼设计，方便元件安装和维护

续表

型　　号	主要技术参数
IPPC-6192A	19in SXGA TFT LCD，带触摸屏 Intel®Core^{TM} 2 四核处理器（高达 2.8GHz）/Core^{TM} 2 双核处理器（高达 3.0GHz） 系统内存支持双通道 DDR3 SDRAM，容量高达 4GB 2 个 PCI 扩展槽 双千兆以太网，IntelvPro 技术 支持 2×2.5in SATA HDDs，可连 RAID0/1 前端 USB 接口，带系统重置功能 前面板平密封设计 控制盒可羽翼式开启，便于组件安装和维护 前面板符合 NEMA4/IP65 等级

5.2.2　研祥工控机

表 25-5-6　**工业平板电脑主要技术参数**

型　　号	主要技术参数
PPC-1561V	高性能 Intel 双核 CPU，无风扇整机设计 15in 高亮工业级显示屏，前面板面膜可防止视觉疲劳 拥有 6 个串口，双 PCI 插槽，超强扩展能力 支持工业 wifi 和 3G 功能，用户使用更加灵活 兼容 CF 卡和硬盘，硬盘采用抽拉设计，易更换 电源端子处预留远程开关机功能，方便客户引出开关机键 支持 BIOS 杀毒、硬件一键还原和备份，保重数据安全 量身打造符合自动化领域的结构外观 前面板达 IP65 防护等级
PPC-1781	采用 Intel 第四代高性能 CPU 标配 2G DDR3 内存（可升级 4G、8G、16G） 支持 2 个 2.5in 笔记本硬盘，采用抽接设计，易更换 扩展丰富：2 个 PCI，1 个 PCI/PCIe，2 个 PCIe 扩展插槽 双 Mini-PCIe，支持 Wifi 和 3G 功能 全新的串口电路和软件设计，实现不拆机任意设置串口模式 宽电压，双电源选择，适应各种应用环境 前面板 IP65 防护等级 支持 VESA 支架、嵌入式面板安装
PPC-1261V	高性能 Intel 双核 CPU，密闭无风扇设计，高散热性能 12.1in 高亮工业级显示屏，提供高分屏和普分屏两种选择 拥有 6 个串口，Audio/并口/GPIO 接口可灵活选择 支持工业 wifi 和 3G 功能，用户使用更加灵活 同时兼容 CF 卡和硬盘，可选配 2 个内置 CAN 接口 电源端子处预留远程开关机功能，方便客户引出开关机键 支持 BIOS 杀毒、硬件一键还原和备份，保证数据安全 前面板达 IP65 防护等级
PPC-1005	低功耗节能型 AMD 内核 10.4in LED 高亮工业级显示屏，高清晰度，低能耗 触摸屏拥有高灵敏度、高精准度、高强度 通信接口采用隔离设计，通信稳定可靠 全密闭无风扇结构，防尘防污 −30℃ 极限低温下可靠运行，适应野外作业 电磁抗扰度达 3 级，满足电力行业应用需求 前面板达 IP65 防护等级

表 25-5-7　**嵌入式 PC 主要技术参数**

型　　号	主要技术参数
MEC-5031	超薄尺寸、灵活集成 双扩展槽、功能灵活配置 控制柜式安装 超多的通信串口，支持 RS232、RS422、RS485 VGA、DVI-I 显示 多扩展槽，满足 PCI，PCIE，EPI 扩展 支持 WiFi 和 3G 功能扩展 支持多种存储类型 全固态电容，满足－20～70℃工作温度 采用无风扇设计，增强可靠性能 高集成度、模块化设计 模块间采用 CPCI 高可靠连接器 防反接保护，支持 DC9～30V 宽电压供电 采用 Intel@ATOM D525 双核低功耗处理器/IntelCeleronJ1900 2.42GHz(四核)CPU 最大支持 4GB DDR3 内存 支持一键还原功能，方便备份和回复系统 支持 RemotePowerKey(远程电源开关按键)，便于客户端系统集成后控制
MEC-5071	采用 Intel QM87 芯片组 支持酷睿 I7-4712HQ、I5-4410E、I3-4110E、Celeron®Processor 2000E 系列处理器 支持 2 个 DDR3-SODIMM 最大支持 16GB 内存 支持 USB3.0 接口 2 个 MiniPCI-E 扩展槽 实现 3G、WiFi 多种应用 支持硬盘 RAID 0/1 配置、系统可支持 DC9～30V 直接供电，也可通过电源适配器实现 AC 220V 输入
MEC-5031-M	采用 Intel®CeleronJ1900 2.0GHz 四核低功耗处理器 4GB DDR3 内存，最大支持 8GB 内存 板载 M-SATA 插槽、MINIPCI_E 插槽，扩展 M-SATA 硬盘和无线网卡、3G/4G 功能 串口防护等级高(ESDprotection:airgap±15kV，contact±8kV) 支持 USB3.0 设备 网口 PXE 引导功能，支持无盘启动
MEC-5071-S	支持 INTELLGA1151 针脚的第六代 I3/I5/I7Core™ Processor、Intel ®Pentium®Processor 、Intel®Celeron®Processor Intel®H110Chipset 芯片组 最大支持 2 个 SO-SIMM 槽，32GB 内存 2 个串口(COM1～COM2 为 RS-232/422/485 可选) 2 个 USB2.0 接口 2 个 MiniPCIE 扩展槽(其中一个仅 SATA＋USB) 1 个 SIM 卡槽
MEC-5071-M	采用板载 Intel ®Core™ I7-6500U2.5GHz/i5-6300U2.4GHz 双核低功耗处理器 板载 4GB DDR3 内存，抗振性能好 板载 M-SATA 插槽、MINIPCI_E 插槽，扩展 M-SATA 硬盘和无线网卡、3G 功能 支持 USB3.0 设备 网口 PXE 引导功能，支持无盘启动

表 25-5-8 一体化工业工作站主要技术参数

型 号	主要技术参数
IPC-620H-H110	支持英特尔(Intel)酷睿第六代、七代 I3/I5/I7 支持两条 DDR4 内存插槽，最大 32GB 支持 VGA、HDMI、DVI-D 任意三选二组合显示 丰富 IO 接口(10 个 USB、10 个串口) 2 个 PCI+1 个 PCIEX4(实际速度 X4)+1 个 PCIEX16
IPC-630	高性能，支持英特尔第二、三代 i3/i5/i7 处理器 小体积，紧凑型桌面壁挂整机，可与无风扇整机媲美 多串口，整机标配 6 个 COM 口 扩展强，2×PCI，1×PCIE×4，1×PCIE×16 好维护，上盖采用翻盖式设计，检修拆装方便快捷
IPC-810E	兼容性：具有导轨和助拔装置，兼容公司 EPE 新主板 整机加强：机箱两侧压有加强筋，很大程度上提高了机箱强度 开盖方便：箱盖后部开有握手位，方便箱盖抽拉 方便防尘网的更换：防尘网框抽拉部位结构设计有导轨，方便抽拉更换防尘网 EMC：光驱部位折边设计，与机箱紧密贴合，抗辐射能力加强
IPC-820	前面板带 LCD 屏，进行温度实时监控、电源硬盘运行状态显示 兼容性：可加装有导轨和助拔装置，兼容 EPE 新主板 整机加强：机箱两侧压有加强筋，很大程度上提高了机箱强度 开盖方便：箱盖后部开有握手位，方便箱盖抽拉 方便防尘网的更换：防尘网框抽拉部位结构设计有导轨，方便抽拉更换防尘网 EMC：光驱部位折边设计，与机箱紧密贴合，抗辐射能力加强
IPC-620H	支持 Intel 第四代 i3/i5/i7 处理器，性能提高 突破业界 IPC 机箱最小尺寸，可与无风扇整机媲美 整机标配 6 个 COM 口，可通过 LPC 总线再扩展 4 个 可选扩 4×PCI 或 2×PCI，1×PCIE×4，1×PCIE×16 上盖采用翻盖式设计，检修拆装方便快捷 搭配专用 FlexATX 板卡，防振式驱动器架设计
IPC-860	兼容 ATX、EATX、EPE 三类主板 最高兼容 4 个抽拉硬盘模块/可选抗振或带 RAID 功能 前面板嵌入 LCM 显示模块，外观时尚，且可人机互动 专业的散热设计，保证双路高阶处理器及硬盘组合散热通道畅通 丰富的扩展功能，支持全高全长直插扩展 简易的安装方法，上盖免工具拆装设计方式，便于拆装维护 专业的 EMC 设计，具有超强的抗电磁干扰和防辐射能力
IPC-620	突破业界 IPC 整机最小尺寸，可与无风扇整机媲美 产品采用 G41 平台，性价比高 上盖采用翻盖式设计，检修拆装方便快捷 在小体积下仍拥有良好扩展性能，可选扩 2/4×PCI；1×PCIE×4；1×PCIE×16 搭配专用 FlexATX 板卡，防振式驱动器架设计，保证系统在运输与振动中稳定运行
IPC-6805E	灵活的安装方式，可做壁挂式或台式机使用 机箱前面板带安全门，USB 置于安全门内，有效保证数据和使用安全性 兼容 FSC、EPI、EPE、Mini ITX 各类总线主板 支持 6 槽标准 PICMG 1.0；5 槽标准 PICMG1.3；4、5 槽标准 EPI 2.0；4 槽标准 EPE 底板 防振式驱动器设计，增强整机抗振耐冲击性能

表 25-5-9 加固计算机主要技术参数

型号	主要技术参数
JEC-1502	15in 上翻盖加固便携机，模块化设计，支持军用极端恶劣环境和传统工业环境两种配置；采用加固、抗振动、抗冲击专有设计技术；电磁兼容性好；工业主板可选，兼容性高，配置灵活；适用于车载、机载和野外使用
JEC-1503C	15in 上翻盖加固便携机采用加固、抗振动、抗冲击专有设计技术，电磁兼容性好，陆军五项（军工版本），适用于车载、机载和野外使用
JPC-8203	GJB 322A 车载初级加固型计算机，Intel® Core™ i5-520E/2.40GHz CPU，最大扩展 4GB DDR3，I/O 接口齐全，航空插座与 PC 接口可选，机箱采用优质不锈钢板成形，硬质铝合金面板，整机三防处理，主板无风扇，散热良好，工作稳定可靠
JEC-1503D	高性能 Intel 第四代 CPU，15.6in 宽温 16：9LED 屏，亮度调节，阳光可视，独立显卡，高清运用，轻薄便携，携带方便

5.2.3 阿尔泰工控机

表 25-5-10 工业平板电脑主要技术参数

型号	主要技术参数
HMI1013	Linux2.6.30 操作系统，AT91SAM9263 处理器，主频 200MHz，内存 SDRAM 64MB，32 位数据总线，存储器 NandFlash 256MB，掉电非易失，电源接口 24V 供电 1 个 RS232 调试串口，三线接口，波特率设置为 115200bps 2 个 RS485 通信接口，工业级标准 RS485 接口 2 路主（HOST）USB，USB2.0 协议，波特率高达 12Mbps 2 路 10/100M 以太网口，自动侦测 10/100M 网络环境 3 路隔离输出，隔离电压 2500V_{rms} 3 路隔离输入，隔离电压 2500V_{rms} 3 路 16 位非隔离 AI 接口，采样频率 50kHz 以上，输入信号类型为电流（4～20mA），内部电阻为 125R 1 路 16 位 AO 接口，输出信号类型为电流（4～20mA），最大可带负载 300Ω 10.4in TFT-LCD，分辨率 800×600
HMI0711	操作系统：WinCE5.0 CPU：Atmel 公司 AT91SAM9263 处理器 SDRAM：64MB，32 位数据总线，NandFlash 256MB，掉电非易失，220MB 用户空间（可升级到 1GB） RS232 串口 1 个，五线接口，波特率高达 115200bps 调试串口 1 个，三线串口，波特率设置为 115200bps RS485 接口 1 个，工业级标准 RS485 接口 Ethernet1 个，10M/100Mbps 自适应 6 层 PCB 设计，稳定性高，抗干扰能力强 采用 12～36V 宽范围直流供电
HMI0712	操作系统：WinCE5.0 CPU：Atmel 公司 AT91SAM9263 处理器，主频 200MHz SDRAM：64MB，32 位数据总线，NandFlash 256MB，掉电非易失，220MB 用户空间（可升级到 1GB） RS232 串口 1 个 RS232 隔离串口，五线接口，波特率高达 115200bps 调试串口 1 个，三线串口，波特率设置为 115200bps RS485 接口 1 个，工业级标准 RS485 接口 USB HOST2 个，USB2.0 协议，波特率高达 12Mbps USB DEVICE1 个，USB2.0 协议，波特率高达 12Mbps Ethernet1 个，10M/100Mbps 自适应 采用 12～36V 宽范围直流供电

续表

型号	主要技术参数
TPC12A1	CPU:Intel® BayTrail-IE3800 系列处理器 芯片组:BayTrail-I(SOC) 内存:ECC2GB DDR3 LSODIMM(可选 4GB) 12.1in TFT LED 1 个 SATA2.0 接口 1 个 mSATA 接口 2 路 RS232 串口,1 路 RS232/RS422/RS485 复用串口 1 个 VGA 接口(分辨率:1920×1080) 操作系统 Win7/Win8/Linux
TPC10A1	CPU:Intel® BayTrail-IE3800 系列处理器 内存:2GB DDR3 L1600SODIMM(可选 4GB) 10.4in TFT LED(1024×768)触摸屏 1 个 2.5in SATA 硬盘(标配 2.5in 机械硬盘),1 个半高 mSATA 硬盘(选配) 3 个 USB2.0,1 个 USB3.0 1 路 RS232 串口,2 路 RS232/RS422/RS485 复用串口 1 个 VGA 接口(分辨率:1920×1080) 1 路以太网口 供电电源:5V(+5%/-3%)(对应型号 TPC10A1-A-A1),9~30V(对应型号 TPC10A1-A-A2) 系统功耗:15W 操作系统:Win7/Win8/Win10/Linux
HMI1021(10.4in)	操作系统:WinCE5.0 CPU:SAMSUNG 公司 S3C2450 处理器,主频 533MHz 内存:128MB,DDR2 NandFlash:256MB,掉电非易失,可升级到 1GB CF 卡接口:1 个,支持 256MB~8GB(TRUEIDE 模式) SD 卡接口:1 个,支持容量可达 2GB 10.4in TFT 液晶屏,4 线电阻式触摸屏 RS232 串口:1 个七线全功能串口,1 个三线隔离串口,波特率高达 115200bps;1 个,三线串口,波特率设置为 115200bps RS485 接口 1 个,工业级标准 RS485 接口 Ethernet1 个,10M/100Mbps 自适应 功率:4W 采用 12~36V 宽范围直流供电
HMI1221(12in)	操作系统:WinCE5.0 CPU:SAMSUNG 公司 S3C2450 处理器,主频 533MHz 内存:128MB,DDR2 NandFlash:256MB,掉电非易失,可升级到 1GB 12.1in TFT 液晶屏,4 线电阻式触摸屏 2 个 RS232 隔离串口,1 个七线全功能接口,1 个三线串口,波特率高达 115200bps;1 个隔离调试串口,三线接口,波特率设置为 115200bps;1 个,工业级标准 RS485 接口 CF 卡接口 1 个,支持 256MB~8GB(TRUEIDE 模式);SD 卡接口 1 个,支持容量可达 2GB 功率:12W 采用 20~36V 宽范围直流供电
HMI1022(10.4in)	操作系统:WinCE5.0 CPU:SAMSUNG 公司 S3C2450 处理器,主频 533MHz 内存:128MB,DDR2 NandFlash256MB,掉电非易失,可升级到 1GB CF 卡接口 1 个,支持 256MB~8GB(TRUEIDE 模式) SD 卡接口 1 个,支持容量可达 2GB 10.4in TFT 液晶屏,4 线电阻式触摸屏 RS232 串口:2 个七线全功能串口,2 个五线串口,波特率高达 115200bps;调试串口 1 个,三线串口,波特率设置为 115200bps 1 个工业级标准 RS485 接口

续表

型号	主要技术参数
HMI0812(8in)	操作系统:WinCE5.0 CPU:Atmel 公司 AT91SAM9263 处理器,主频 200MHz SDRAM:64MB,32 位数据总线 NandFlash:256MB,掉电非易失,220MB 用户空间(可升级到 1GB) 8in TFT 液晶屏,4 线电阻式触摸屏 RS232 串口 2 个,1 个五线接口,1 个三线接口,波特率高达 115200bps 调试串口 1 个,三线串口,波特率设置为 115200bps RS485 接口 1 个,工业级标准 RS485 接口 功率:5W 采用 12～36V 宽范围直流供电
HMI1012(10.4in)	操作系统:WinCE5.0 CPU:Atmel 公司 AT91SAM9263 处理器,主频 200MHz SDRAM:64MB,32 位数据总线 NandFlash:256MB,掉电非易失,220MB 用户空间(可升级到 1GB) 10.4in TFT 液晶屏,4 线电阻式触摸屏 RS232 串口 2 个隔离串口,1 个五线全功能串口,1 个三线串口,波特率高达 115200bps 调试串口 1 个,三线串口,波特率设置为 115200bps RS485 接口 1 个,工业级标准 RS485 接口 功率:6W 采用 24V 直流供电,接口隔离

表 25-5-11　嵌入式 PC 主要技术参数

型号	主要技术参数
FLB96A2	处理器:Intel® BayTrail-IE3845 芯片组:BayTrail-I(SOC) 内存:4GB DDR3 L1600SODIMM 1 个 DVI-D 接口(分辨率:1920×1080,60Hz),1 个 VGA 接口(分辨率:1920×1080,60Hz) 1 个 SATA2.0 接口(支持 2.5in HDD),1 个 mSATA 接口(支持全高卡) 4 个 USB2.0,1 个 USB3.0,1 个 Line-out1 个 Mic-in 1 个 MiniPCIe 接口(支持全高卡,SIM 卡座用于 3G 通信) 外输出 6 路,内置 2 路(支持 RS232/RS485/RS422 模式选择) 1 个电源指示,1 个 SATA 指示 2 路 10/100/1000Base-TIntel82574L 控制器 3 个 PCI 插槽 供电电源:9～30V DC 系统功耗:15W 操作系统:Win7/Win8/Win10/Linux
FMB99A1	处理器:Intel® BayTrail-IE38451.91GHz4Core 内存:SODIM ECC 204pin 1333MHz 1.35V 4GB 拥有 2 路隔离串口,2 路以太网口,32 路模拟量输入接口,12 路数字量输入接口,1 路 PC104Plus 总线
FLB93A1	处理器:Intel® BayTrail-IE3800 系列 内存:4GB DDR3 1600LVW/ECC SODIMM(可选 2GB) 总线接口 1 个 MiniPCIe 1 个 SATA2.0 接口,1 个 mSATA 接口,1 个 VGA 接口(分辨率:1920×1080,60Hz) 4 个 USB2.0,1 个 USB3.0,1 个音频接口输出,2 路以太网口 供电电源:5V,系统功耗:15W 操作系统:Win7/Win8/Linux

续表

型号	主要技术参数
FLB99A1	处理器:Intel® BayTrail-IE3800 系列 内存:DDR3 SODIM ECC 204pin 1333MHz1.35V(最大4GB带校验) MinPCIe 接口;PC/104-Plus 1个VGA接口(分辨率:1920×1080,60Hz),1个DVI-D接口 1个22pinSATA2.0接口,1个mSATA接口 2路隔离全串口(RS232/RS485/RS422模式可选),8路四线串口(RS232/RS485/RS422模式可选),16路四线串口(RS232/RS485),6路以太网口 供电电源:220V AC 系统功耗:20W 操作系统:Win7/Win8/Linux
FLB93B1	处理器:Intel® N2930/1.83GHz四核处理器,TDP功耗7.5W 内存:DDR3 4GB LVDS1个,支持双通道24BIT;HDMI1个;VGA1个,支持VGA、HDMI、LVDS同步/异步显示 SATAII硬盘接口1个,传输速度可达3Gbps;MSATA插槽1个,支持SSD/WIFI,SSD传输速度达3Gbps TYPEⅡ插槽1个 1×Mini-PCIE插槽支持WIFI/3G模块;2×USB2.0接口;1×HDMI接口;1×VGA接口;2×RJ-45网络接口;1×Lineout(绿色);1×8～36V DC JACK输入;1×LVDS接口(2×15pin),支持双通道24BITLCD显示;1×LVDSINVERTER(1×6pin);1×VGA1接口(2×5pin)与DB15相同信号;6×RS232串口,COM2支持485/422,且具有第9PIN带电功能;1×TX-RXCOMRS485/422接口2×3Pin;4×USB2.0接口;1×PS/2鼠标键盘接口(1×6Pin);1×AUDIO前面板音频接口(2×5pin);1×SIM卡座;1×PWROUT硬盘供电接口;1×FP1前面板功能按钮和指示灯接口(2×5pin);1×ATX_4pin做8～36V输入输出电源接口;1×CPUFAN风扇接口4pin;1×SYSFAN迷你风扇接口3pin;支持4路输入输出GPIO BIOS:AMI64MB FlashROM 以太网接口2×Intel82583V千兆网卡芯片,支持网络唤醒/PXE功能 供电电源:8～36VDC,单电源输入
FLB93E1	处理器:Intel® 3317U/1.7GHz双核处理器,TDP功耗17W,采用Intel® NM70高速芯片组 内存:DDR3代4G内存 LVDS1个,支持双通道24BIT;HDMI1个;VGA1个,支持VGA、HDMI、LVDS同步/异步显示 SATAII硬盘接口1个,传输速度可达3Gbps MSATA插槽1个,支持SSD/WIFI,SSD传输速度达3Gbps;TYPEⅡ插槽1个 板载ALC6626声道高保真音频控制器,支持MIC/Line-out.功放 1×Mini-PCIE插槽支持WIFI/3G模块;2×USB2.0接口;1×HDMI接口;1×VGA接口;2×RJ-45网络接口;1×Lineout(绿色);1×12V DC JACK输入;1×LVDS接口(2×15pin),支持双通道24BITLCD显示;1×LVDSINVERTER(1×6pin);1×JVGA1接口(2×5pin)与DB15相同信号;6×RS232串口,COM2支持485/422,且具有第9PIN带电功能;1×TX-RXCOMRS485/422接口2×3Pin;4×USB2.0接口;1×PS/2鼠标键盘接口(1×6Pin);1×AUDIO前面板音频接口(2×5pin);1×SIM卡座;1×PWROUT硬盘供电接口;1×FP1前面板功能按钮和指示灯接口(2×5pin);1×ATX_12V可做+12V输入输出电源接口;1×CPUFAN风扇接口4pin;1×SYSFAN迷你风扇接口3pin;支持4路输入输出GPIO;AMI32MBFlashROM;以太网接口2×Intel82583V千兆网卡芯片,支持网络唤醒/PXE功能;12VDC,单电源输入
FLB96A1	处理器:Intel® BayTrail-IE3800系列 芯片组:BayTrail-I(SOC) 内存:4GB DDR3 LSODIMM 1个DVI-D接口(分辨率:1920×1080,60Hz),1个VGA接口(分辨率:1920×1080,60Hz);1个SATA2.0接口(支持2.5in HDD),1个mSATA接口(支持全高卡);4个USB2.0,1个USB3.0,1个Lint-out,1个Mic-in,1个MiniPCIe接口(支持全高卡,SIM卡座用于3G通信);6路全串口(支持RS232/RS485/RS422模式选择);网口2路10/100/1000Base-T,Intel82574L控制器;供电电源:5V(+5%/-3%) 系统功耗:15W 操作系统:Win7/Win8/Win10/Linux

第25篇

续表

型号	主要技术参数
FLB96D1	处理器:Intel® 1037U/1.8GHz 双核处理器,TDP 功耗 17W,采用 Intel® NM70 高速芯片组 内存:1×SODDR Ⅲ 插槽,支持 1600/1333MHz 内存,最大支持 8GB;LVDS1 个,支持双通道 24BIT;HDMI2 个;VGA1 个,支持 VGA、HDMI、LVDS 同步/异步显示;SATA Ⅱ 硬盘接口 2 个,传输速度可达 3Gbps 板载 ALC6626 声道高保真音频控制器,支持 MIC/Line-out. 功放,功放建议使用 3Ω,2W 喇叭 1×Mini-PCIE 插槽支持 WIFI/3G 模块(跳线控制功能互换);1×MSATA 插槽支持 SSD/WIFI,SSD 传输速度达 6Gbps(跳线控制功能互换);4×USB2.0 接口;1×HDMI 接口;1×VGA 接口;1×RJ-45 网络接口;1×Lineout(绿色);1×Mic(红色);1×12V DC JACK 输入;1×LVDS 接口(2×15pin),支持双通道 24BITLCD 显示;1×LVDS 背光接口(1×6pin);1×JHDMI 接口(2×8Pin);1×JVGA1 接口(2×5pin)与 DB15 相同信号;6×RS232 串口,COM2/COM3 支持 485/422,且具有第 9PIN 带电功能;1×RS485/422 接口 2×5Pin;1×LPT 打印口(2×13pin);4×USB2.0 接口(Mini-PCIE 插槽若支持 3G 模块,其主板只支持 2 个 USB2.0);1×PS/2 鼠标键盘接口(1×6Pin);1×前面板音频接口(2×5pin);1×SIM 卡座;2×硬盘供电接口;1×前面板功能按钮和指示灯接口(2×5pin);1×4pinATX12V 输入输出电源接口;1×CPU 风扇接口 4pin;1×系统风扇接口 3pin;支持 4 路输入输出 GPIO BIOS:AMI32Mb FlashROM 以太网接口:1×RTL8111E 千兆网卡芯片,支持网络唤醒/PXE 功能 12VDC,单电源输入
FLB96C5	处理器:Intel® Core™第四代高性能处理器,Intel® Celeron® Processor2000E2.20GHz 2Core2MCache,Intel® QM87Express 芯片组 内存:DDR3 LSDRAM 最大 16GB DVI-I1 个(分辨率:1920×1080,60Hz),2 个 DisplayPort 4 个 USB2.0,2 个 USB3.0;4 路 RS232(其中 2 路 RS232/RS485/RS422 模式可选);1 个 LineOut,1 个 MIC;32 路 GPIO 接口;2 路 CAN 总线接口 1 个 PCIeX8+PCIeX16 的主插槽,2 个 PCI 扩展插槽,1 个 PCIeX8 扩展插槽,1 个 PCIeX16 扩展插槽(仅支持 X8 信号) 带宽 10/100/1000Base-T 控制器 Intel{C}{C}R{C}{C}82574L/I218-V 2 个 SATA3.0 接口,1 个 CFast 接口,1 个 mSATA/MiniPCIe 接口(自适应,仅支持半高/全高卡) 供电电源:9~30V、DC 系统功耗:45W 操作系统:Win7/Win8/Win10/Linux

5.2.4 NI RXI 工控机

表 25-5-12 PXI 控制器主要技术参数

型号	总线连接器	处理器内核	控制器操作系统	最大控制器带宽	可移动硬盘	Express Card 插槽	TPM
PXI-8820	PXIController	IntelCeleron	Windows 732-bit	132MB/s	否	否	否
PXI-8820	PXIController	IntelCeleron	LabVIEWReal-Time	132MB/s	否	否	否
PXI-8840	PXIController	IntelCorei5	Windows764-bit	132MB/s	否	否	否
PXI-8840	PXIController	IntelCorei5	LabVIEWReal-Time	132MB/s	否	否	否
PXI-8840	PXIController	IntelCorei7	Windows764-bit	132MB/s	否	否	否
PXI-8840	PXIController	IntelCorei7	Windows1064-bit	132MB/s	否	否	否
PXI-8840	PXIController	IntelCorei7	LabVIEWReal-Time	132MB/s	否	否	否
PXIe-8100	PXIeController	IntelCeleron	LabVIEWReal-Time	1GB/s	否	否	否
PXIe-8135	PXIeController	IntelCorei7	Windows732-bit	8GB/s	否	否	否
PXIe-8135	PXIeController	IntelCorei7	Windows764-bit	8GB/s	否	否	否
PXIe-8135	PXIeController	IntelCorei7	LabVIEWReal-Time	8GB/s	否	否	否
PXIe-8820	PXIeController	IntelCeleron	Windows732-bit	1GB/s	否	否	否
PXIe-8820	PXIeController	IntelCeleron	LabVIEWReal-Time	1GB/s	否	否	否
PXIe-8821	PXIeController	IntelCorei3	Windows764-bit	2GB/s	否	否	否
PXIe-8821	PXIeController	IntelCorei3	Windows1064-bit	2GB/s	否	否	否

续表

型号	总线连接器	处理器内核	控制器操作系统	最大控制器带宽	可移动硬盘	Express Card 插槽	TPM
PXIe-8821	PXIeController	IntelCorei3	LabVIEWReal-Time	2GB/s	否	否	否
PXIe-8840	PXIeController	IntelCorei5	Windows764-bit	2GB/s	否	否	否
PXIe-8840	PXIeController	IntelCorei5	LabVIEWReal-Time	2GB/s	否	否	否
PXIe-8840	PXIeController	IntelCorei7	Windows764-bit	8GB/s	否	否	否
PXIe-8840	PXIeController	IntelCorei7	Windows1064-bit	8GB/s	否	否	否
PXIe-8840	PXIeController	IntelCorei7	LabVIEWReal-Time	8GB/s	否	否	否
PXIe-8880	PXIeController	Xeon8 核	Windows10	24GB/s	否	否	是
PXIe-8880	PXIeController	Xeon8 核	Windows10	24GB/s	否	否	是
PXIe-8880	PXIeController	Xeon8 核	LabVIEWReal-Time	24GB/s	否	否	否

5.3 常用数据输入输出板卡及模块

工控机的外设主要包括数据采集以及工业通信设备。对工控机而言，数据的输入与输出就是由对应的数据输入/输出板卡及模块来完成；工控机之间或与其他设备之间的通信是由通信卡或通信模块完成的。数据采集通常指将计算机外边的电信号自动采集到计算机中以便进行进一步的分析、处理。实现数据采集(DAQ)功能的计算机扩展卡或模块可以通过 USB、PXI、PCI、PCIExpress、火线（1394）、PCMCIA、ISA、CompactFlash、485、232、以太网、各种无线网络等总线接入个人计算机中。

在工业现场，会安装很多的各种类型的传感器，如压力、温度、流量、声音、电参数等，受现场环境的限制，传感器信号（如压力传感器）输出的电压或者电流信号不能远传或者因为传感器太多、布线复杂，就会选用分布式或者远程的采集卡（模块）在现场把信号较高精度地转换成数字量，然后通过各种远传通信技术（如 485、232、以太网、各种无线网络）把数据传到计算机或者其他控制器中进行处理，这种也算数据采集卡（模块）的一种，只是它对环境的适应能力更强，可以应对各种恶劣的工业环境。

针对数据采集及通信的计算机外设分类如表 25-5-13 所示。

表 25-5-13 工控机外设分类

工控机外设	数据采集	插入式板卡	模拟量输入卡
			模拟量输出卡
			数字量 I/O 卡
			多功能卡
		标准模块	模拟量输入模块
			模拟量输出模块
			数字量 I/O 模块
			多功能模块
	工业通信	通信卡	ISA 通信卡
			PCI 通信卡
			PC/104 通信卡
		标准模块	转换模块
			交换模块

5.3.1 研华数据输入输出板卡及模块

(1) 数据采集卡

表 25-5-14 模拟量输入板卡主要技术参数

型号	主要技术参数
PCI-1713U	32 路单端或 16 路差分模拟量输入，或组合输入方式 输入范围：双极性±10V，±5V，±2.5V，±1.25V，±0.625V 12 位 A/D 转换分辨率，A/D 转换器的采样速率可达 100kS/s，卡上 4096 采样 FIFO 缓冲器 2500VDC 隔离保护 总线类型：PCI
PCI-1714	4 通道单端模拟量输入 12 位 A/D 转换器，转换速率可达 30MHz，4 个 A/D 转换器同时采样，32K 板载 FIFO，多种 A/D 触发模式 总线类型：PCI
PCI-1715U	32 路单端或 16 路差分模拟量输入，或一个组合输入 输入范围：双极性±10V，±5V，±2.5V，±1.25V，±0.625V 12 位分辨率的 A/D 转换，高达 500kS/s 采样速率的 A/D 转换 2500V DC 隔离保护 板上 1024 采样 FIFO 缓存 总线类型：PCI

续表

型号	主要技术参数
PCI-1747U	64路单端或32路差分模拟量输入,或组合输入方式 输入范围:双极性±10V,±5V,±2.5V,±1.25V,±0.625V 16位高分辨率,250kS/s采样速率 用于AL的1024采样FIFO 2500V DC隔离保护 总线类型:PCI
PCIE-1802	8/4通道同步采集,每通道可达216kS/s 24位分辨率,动态范围115dB 宽电压输入范围:±0.2～10V 内置抗混叠滤波器,适用于测量集成电子压电(IEPE)传感器,软件配置可提供4或10mA激励电流,软件可选AC/DC偶合,全自动校对,多卡同步采集 总线类型:PCIE
PCIE-1840	4通道同步采集,每通道可达125MHz,16位分辨率,时间交错采样,频率为500MHz,不间断的数据流功能,2GB内存 可选择输入抗阻1M或500hm 内置可调谐的抗混叠滤波器 AC/DC偶合支持 总线类型:PCIE
PCL-813B	32路单端模拟量输入 12位逐次比较式A/D转换器 总线类型:ISA

表 25-5-15　**模拟量输出板卡主要技术参数**

型号	主要技术参数
PCI-1720U	4路模拟量输出 输出范围:±5V,±10V,0～20mA,4～20mA 12位D/A输出通道,2500V DC隔离保护 总线类型:PCI
PCI-1721	4路模拟量输出 输出范围:±5V,±10V,0～20mA,4～20mA 12位D/A输出通道,5MHz最大数字更新速率 总线类型:PCI
PCI-1723	8路模拟量输出 输出范围:±10V,0～20mA,4～20mA 每个模拟量输出通道带一个16位DAC 总线类型:PCI 系统重新热启动后保持输出值,2端(16路)用户定义数字量输入/输出
PCI-1724U	高密度32路模拟量输出通道 输出范围:±10V,0～20mA、4～20mA 同步输出功能,热重启系统后保持输出值,板卡ID开关
PCI-1727U	2路独立模拟量输出 输出范围:±5V,4～20mA 14位D/A输出通道 支持5V和3.3V的通用PCI,同步输出功能

续表

型号	主要技术参数
PCL-726	6 路独立 D/A 输出 多种电压范围:±10V,±5V,0～5V,0～10V 和 4～20mA 电流环(汇) 12 位分辨率双缓冲 D/A 转换器 16 路数字量输入及 16 路数字量输出 ISA 数据总线
PCL-727	12 路独立 D/A 输出 12 位分辨率双缓冲 D/A 转换器 多种输出范围:±5V,0～5V,0～10V 和 4～20mA 电流环(汇) 16 路数字量输入及 16 路数字量输出 ISA 数据总线
PCL-728	2 路独立 D/A 输出 12 位分辨率双缓冲 D/A 转换器 多种输出范围:0～5V(单极性),0～10V(单极性),±5V(双极性),±10V(双极性),电流环 4～20mA,0～20mA 输入与输出之间超过 500V DC 时进行隔离保护 2 个 DB-9 接口,便于接线 ISA 数据总线

表 25-5-16 数字量 I/O 卡主要技术参数

型号	主要技术参数
PCL-731	48 位通用非隔离数字量 I/O 卡 仿真 8255PPI 模式 0 提供具有比 8255 更高驱动能力的缓冲电路 中断处理 输出状态回读 ISA 数据总线
PCL-730	32 路隔离 DIO 通道(16 路输入和 16 路输出) 输入范围:5～24V DC,输出范围:5～40V DC 高输出驱动能力 隔离 I/O 通道高电压隔离(1000V DC) 中断处理 ISA 数据总线
PCL-733	32 路隔离双向数字量输入通道 输入范围 5～24V DC 高电压隔离(2500VDC) 中断能力 用于隔离输入通道的 D 型接口 ISA 数据总线
PCL-734	32 路隔离数字量输出通道 输出通道高电压隔离(1000V DC) 高输出驱动能力 用于隔离输出通道的 D 型接口 隔离输出通道上的高汇点电流(200mA/每通道) ISA 数据总线
PCI-1752U	64 路隔离数字量输出 输出范围 5～40V DC 输出通道高电压隔离(2500V DC) 2000V DC ESD 保护 宽输出范围(5～40V DC) 高度集成的 100-pinSCSI 接口 PCI 总线

续表

型号	主要技术参数
PCI-1758	128通道隔离数字输出,PCI-1758UDIO为64通道 输出通道高压隔离(2500V DC) 输出范围:5～40V DC 隔离输出通道高灌电流(最高90mA/通道) 端口电流保护 BoardID™开关 输出状态回读 热系统复位后保留的数字输出值 可编程开启状态 看门狗计时器 128隔离数字输入通道(PCI-1758UDIO位64) 输入范围:5～25V DC ESD高保护,数字过滤功能 各通道中断处理能力
PCI-1730U	32路隔离DIO通道(16路输入和16路输出) 32路TTL电平DIO通道(16路输入和16路输出) 高输出驱动能力 中断处理能力 2个20针接口用于隔离数字量I/O通道,2个接口用于TTL数字量I/O通道 用于隔离输入和输出通道的D型接口 PCI总线
PCI-1750	16路隔离DI和16路隔离DO通道 输入范围5～50V DC 隔离电压2500V DC 隔离输出通道高汇点电流(200mA/每通道) 支持干接点或5～48V支流输入 中断处理 PCI总线
PCI-1752U	64路隔离数字量输出 输出通道高电压隔离(2500V DC) 2000V DC ESD保护 宽输入范围(5～40V DC) 隔离输出通道上的高汇点电流(最大200mA/每通道) 输出状态回读 PCI总线
PCIE-1753	与PCI-1753完全兼容 96通道TTL数字I/O板 8255PPI模拟模式0 提供具有比8255更高的驱动能力的缓冲电路 中断处理能力 回读输出状态 支持输入数据的模式匹配和状态函数的变化 热复位后保持I/O设置和输出状态32 同时支持干湿接点 高密度100针SCSI连接器
PCIE-1751	48路TTL数字量I/O 仿真8255PPI模式0 提供具有比8255更高的驱动能力的缓冲电路 3通道定时器/计数器 中断响应功能 DO支持干湿接点 系统重启后保持I/O端口设置和DO状态 DI模式匹配和状态改变中断能力 DI通道可编程数字滤波 DO输出状态回读

续表

型号	主要技术参数
PCIE-1730	32 通道隔离 DI/O(16 通道数字输入,16 通道数字输出) 32 通道 TTLDI/O(16 通道数字输入,16 通道数字输出) 高输出驱动能力 中断处理能力 隔立 DI/O 通道 2×20 芯连接器和 TTLDI/O 通道 2 连接器 隔离输入和输出通道 D 型连接器 输出通道高压隔离:2500V DC
PCIE-1752	输出范围宽广:5~40V DC 隔离输出通道高灌电流(500mA/通道) 2000V DC ESD 保护 高压隔离(2500V DC) 中断处理能力
PCIE-1756	输出范围宽广:5~40V DC 隔离输出通道高灌电流(500mA/通道) 2000V DC ESD 保护 高压隔离(2500V DC) 中断处理能力 输入范围宽广:10~30V DC DI 分组+/－电压输入 过电压保护(70V DC) 高压隔离(2500V DC)
PCIE-1760	8 路隔离数字量输入通道计数器/时钟功能 8 继电器输出通道 2 个光隔离脉冲 PWM 输出 显示继电器工作状态的 LED 指示灯 可跳线选择的干接点/湿接点输入信号 用于加事件计数器的数字量输入 用于可编程滤波器功能的数字量输入 用于模式匹配功能的数字量输入 用于状态改变中断功能的数字量输入 BoardID™开关
PCIE-1754	输出范围宽广:10~30V DC DI 分组+/－电压输入 过电压保护(70V DC) 高压隔离(2500V DC) 输出状态回读 系统热重置后保持输出设置和数值 通道冻结功能
PCI-1735U	32 路 TTL 数字量输入 32 路 TTL 数字量输出 高输出驱动能力低输入负载 3 个可编程计数器/定时器通道 PCI 总线
PCI-1737U	24 路 TTL 数字量 I/O 仿真 8255PPI 模式 0 中断处理 Opto-22 兼容 50 针接口 通用 PCI 卡

续表

型号	主要技术参数
PCI-1739U	48路TTL数字量I/O 仿真8255PPI模式0 中断处理 输出状态回读 通用PCI卡
PCI-1751	48位TTL数字量I/O 中断处理 仿真8255PPI模式0 提供比8255更高的驱动能力的缓冲电路 输出状态回读 通用PCI卡
PCI-1753	96位数字量I/O 仿真8255PPI模式0 提供具有比8255更高的驱动能力的缓冲电路 多中断源处理能力 输出状态回读 通用PCI卡
PCI-1757UP	24TTL数字量I/O线 小尺寸PCI卡 8255PPI仿真模式0 缓冲电路提供高驱动能力 输出状态回读 通用PCI卡

表25-5-17　　多功能卡主要技术参数

型号	主要技术参数
PCI-1710	16路单端或8路差分模拟量输入,或组合方式输入 输入范围:双极性±10V,±5V,±2.5V,±1.25V,±0.625V 12位A/D转换器,采样速率可达100kS/s 板载4K采样FIFO缓冲器 每个输入通道的增益可编程 PCI总线
PCI-1711	16路单端模拟量输入 输入范围:双极性±10V,±5V,±2.5V,±1.25V,±0.625V 12位A/D转换器 采样速率可达100kHz 板载1K采样 FIFO缓冲器 每个输入通道的增益可编程 自动通道/增益扫描 PCI总线
PCI-1712	16路单端或8路差分或组合输入方式 输入范围:双极性±10V,±5V,±2.5V,±1.25V,±0.625V 12位A/D转换器 采样速率可达1MHz PCI总线
PCI-1716	16路模拟量输入 输入范围:双极性±10V,±5V,±2.5V,±1.25V,±0.625V 16位高分辨率 带1KFIFO 采样速率250kS/s PCI总线

续表

型号	主要技术参数
PCI-1718	ISA 兼容 PCL-818HD/818HG 16 种单头或 8 种差分模拟输入 12 位模拟/数字转换器，采样速率高达 100kHz 可编程增益 自动通道/增益扫描 内建先进先出 FIFO 存储(1024V DC) 隔离保护(2500V DC) 12 位模拟输出通道 通用 PCI 总线(支持 3.3V 或 5V PCI 总线信号)，BoardID™ 开关
PCI-1742U	16 路单端或 8 路差分模拟量输入，或组合输入方式 输入范围：双极性±10V，±5V，±2.5V，±1.25V，±0.625V 16 位 DAC 采样速率：最大 1MS/s 用于 AL 的 1024 采样 2 路 16 位模拟量输出 通用 PCI 总线
PCL-818HD	16 路单端或 8 路差分模拟量输入 输入范围：双极性±10V，±5V，±2.5V，±1.25V，±0.625V 12 位 A/D 转换器 采用速率：100kHz 1 路模拟量输出 输入范围：双极性 0～5V，0～10V 6 路数字量输入及 16 路数字量输出 ISA 数据总线
PCL-818L	16 路单端或 8 路差分模拟量输入 输入范围：双极性±10V，±5V，±2.5V，±1.25V，±0.625V 12 位 A/D 转换器 采用速率：100kHz 1 路模拟量输出 输入范围：双极性 0～5V，0～10V 16 路数字量输入及 16 路数字量输出 ISA 数据总线
PCL-818LS	16 个单端或 8 个差分模拟输入 40kHz 12 位模拟/数字转换器 输入通道可编程增益(多达 8 个) 自动通道/增益 DMA 扫描 16 数字输入和 16 个数字输出 低成本 PCL-818L 方案，支持 PCLD-8115 和 PCL-10137
PCL-812PG	16 路单端 12 位模拟量输入 2 路 12 位模拟量输出，采样速率可编程，最快达 30kHz 16 路数字量输出 带 DMA 或中断的 A/D
PCIE-1812	8 路差分模拟量输入，最高可达 250kS/s，16 位分辨率 2 路模拟量输出，最高可达 3MS/s，16 位分辨率 自动校准功能 2 个模拟触发器和 2 个数字触发器 32 个可编程数字 I/O 通道，带中断功能 4 个 32 位可编程计数器/定时器/编码器 支持 BoardIDTM 开关 支持 MicrosoftWindows10，8，7

续表

型号	主要技术参数
PCIE-1810	16路模拟输入,最高可达800kS/s,12位分辨率 2路模拟输出,最高可达500kS/s,12位分辨率 支持数字触发和模拟触发(仅限于AI) 24个可编程数字I/O通道,2个32位可编程计数器 2个32位可编程计数器/定时器 板载FIFO存储器(4k采样) 自动通道/增益扫描 支持微软Windows7/XP
PCIE-1816	16路模拟输入,高达1MS/s,16位分辨率 2路模拟量输出,高达3MS/s,16位分辨率 模拟量输入输出支持模拟和数字触发器 模拟量输出支持波形生成 24路可编程数字I/O通道 2个32位可编程计数器/定时器 板载FIFO存储器(4k采样) 支持微软Windows8(仅桌面控制模式)/7/XP

(2) 数据采集模块

表25-5-18 模拟量输入模块主要技术参数

型号	主要技术参数
ADAM-4019+	8路差分模拟量输入 输入类型:mV,V,mA 采样速率:10采样点/秒 输入范围:±100mV,±500mV,±1V,±2.5V,±5V,±10V,±20mA,4~20mA
ADAM-5017	8路差分模拟量输入 分辨率:16位 采样速率:10采样点/秒 输入类型:mV,V,mA 输入范围:±150mV,±500mV,±1V,±5V,±10V和±20mA
ADAM-6017	8路差分模拟量输入 带2路数字量输出 分辨率:16位 采样速率:10采样点/秒 输入类型:mV,V,mA 输入范围:±150mV,±500mV,±5V,±10V,0-20mA,4~20mA 光隔离:2000VRMS

表25-5-19 模拟量输出模块主要技术参数

型号	主要技术参数
ADAM-4021	1路模拟量输出 分辨率:12位 输出类型:V,mA 输出范围:0~10V,0~20mA,4~20mA
ADAM-5024	1路模拟量输出 分辨率:12位 输出类型:V,mA 输出范围:0~10V,0~20mA,4~20mA

表 25-5-20 数字量 I/O 模块主要技术参数

型号	主要技术参数
ADAM-4052	8 路数字量输入通道 逻辑电平 0:+1V 最大 逻辑电平 1:+3～30V 隔离电压 5000VRMS
ADAM-5051	16 路数字量输入通道 输入电压:30V 最大 逻辑电平 0:+1V 最大 逻辑电平 1:3.5～30V
ADAM-5056/5056D	16 路数字量输出通道 数字量输入:集电极开路 30V(100mA 最大负载) 输入电压:30V 最大
ADAM-4055	8 路数字量输出 8 路数字量输入通道 干接点: 逻辑电平 0:接地 逻辑电平 1:开路 湿接点: 逻辑电平 0:+3V 最大 逻辑电平 1:10～50V
ADAM-4050	8 路数字量输出 7 路数字量输入通道 逻辑电平 0:+1V 最大 逻辑电平 1:3.5～30V
ADAM-6050	6 路数字量输出 12 路数字量输入 干接点: 逻辑电平 0:接地 逻辑电平 1:开路 湿接点: 逻辑电平 0:3V 最大 逻辑电平 1:10～30V 隔离电压 2000VRMS

表 25-5-21 多功能模块主要技术参数

型号	主要技术参数
ADAM-4024	4 路模拟量输出 输出类型:V,mA 输出范围:±10V,0～20mA,4～20mA 分辨率:12 位 4 路数字量输入通道 干接点: 逻辑电平 0:+1V 最大 逻辑电平 1:10～30V DC
ADAM-4012	1 路模拟量输入通道 输入类型:mV,V,mA 输入范围:±150mV,±500mV,±1V,±5V,±10V 和±20mA 1 路数字量输入通道 逻辑电平 0:+1V 最大 逻辑电平 1:3.5～30V 2 路数字量输出通道

续表

型号	主要技术参数
ADAM-6024	6 路差分模拟量输入 采样速率：10 采样点/秒 输入范围：±10V，0～20mA，4～20mA 2 路模拟量输出 输出范围：0～10V，0～20mA，4～20mA 2 路数字量输入 干接点： 逻辑电平 0：接地 逻辑电平 1：开路 湿接点： 逻辑电平 0：+3V 最大 逻辑电平 1：10～30V 2 路数字量输出

（3）工业通信卡

表 25-5-22 **ISA 通信卡主要技术参数**

型号	主要技术参数
PCL-740	RS-232，RS-422，RS-485 或电流环接口 带 16 字节 FIFO 的 16C550UART 传输速率可达 115kbps 灵活的 I/O 地址及 IRQ 选择 IRQ：3，4，5，6，7，9，10，11，12 或 15
PCL-741	2 个独立的 RS-232/电流环接口 每个端口对 RS-232/电流环独立组态 带 16 字节 FIFO 的 16C550UART 传输速率可达 115kbps

表 25-5-23 **PCI 通信卡主要技术参数**

型号	主要技术参数
PCI-1602UP	2 端口 RS-232（PCI-1604UP） 2 端口 RS-422/485（PCI-1602UP） 自动 RS-485 数据流控制 最高速率可达 921.6kbps 基于 Windows 的工具
PCI-1602	符合 PCI 总线协议 2.2 支持串行速度高达 921.6kbps，支持任何波特率设置 RS-422/485 的 2 端口接口 PCI 即插即用，自动分配输入/输出地址 支持操作系统：Windows98/ME/2000/XP 浪涌保护
PCI-1604	符合 PCI 总线协议 2.2 速度高达 921.6kbps 2 端口 RS-23 PCI 即插即用自动分配输入/输出地址 操作系统支持：Windows2000/XP/Vista/7，WindowsCE5.0/6.0，Linux 和 QNX 2000V DC 文件加密传输 EFT 保护 2500V DC 隔离保护 RS-232 提高系统性能的中断状态寄存器

续表

型号	主要技术参数
PCI-1610	符合 PCI 总线协议 2.2 支持串行速度高达 921.6kbps，任意波特率设置 4 个 RS-232 端口 OXuPC1954UART 支持 128 字节先进先出 FIFO 标准 PCI 即插即用自动分配输入/输出地址 提高系统性能的中断状态寄存器 通用 PCI，支持 3.3V 或 5V PCI 总线信号 1000V DC 浪涌保护
PCI-1612	符合 PCI 总线协议 2.2 支持串行速度高达 921.6kbps，任意波特率设置 4 端口 RS-232/422/485，OXuPC1954UART 支持 128 字节先进先出 FIFO 标准 PCI 即插即用自动分配输入/输出地址 支持操作系统：Windows2000/XP/Vista/7，WindowsCE5.0/6.0，Linux 和 QNX 提高系统性能的中断状态寄存器 实用程序（ICOM 工具）强大，易用 通用 PCI，支持 3.3V 或 5V PCI 总线信号 1000V DC 浪涌保护
PCI-1620	符合 PCI 总线协议 2.2 支持串行速度高达 921.6kbps，任意波特率设置 8 端口 RS-232，或 8 端口 RS-422/485 OXuPC1954UARTs 支持 128 字节先进先出 FIFO 标准 PCI 即插即用自动分配输入/输出地址 提高系统性能的中断状态寄存器 RS-485 数据流自动控制 通用 PCI，支持 3.3V 或 5V PCI 总线信号 1000V DC 浪涌保护
PCI-1622	符合 PCI 总线协议 2.2 支持串行速度高达 921.6kbps，任意波特率设置 8 端口 RS-232，或 8 端口 RS-422/485 OXuPC1954UARTs 支持 128 字节先进先出 FIFO 标准 PCI 即插即用自动分配输入/输出地址 支持操作系统：Windows2000/XP/Vista/7，WindowsCE5.0/6.0，Linux，和 QNX 提高系统性能的中断状态寄存器 预留终端电阻空间 RS-485 数据流自动控制 实用程序（ICOM 工具）强大，易用 通用 PCI，支持 3.3V 或 5V PCI 总线信号 1000V DC 浪涌保护

表 25-5-24　　PC/104 通信卡主要技术参数

型号	主要技术参数
PCM-3610	高传输速率 RS-485 数据流自动控制通过跳 线选择中继号 支持 Windows® 95/98/ME/NT/2000/XP，Linux，Windows® CE 驱动
PCM-3612	16byteFIFO 4 个 LED 指示 TX 和 RX 状态 可选过压保护 支持 Windows® 98/ME/2000/XP，WinCE3.0

续表

型号	主要技术参数
PCM-3614	4个独立RS-422/485串口 自动RS-485数据流控制 传输速率可达921.6kbps 每个端口共享IRQ Windows® 95/98/NT/ME/2000/XP,Windows® C驱动程序和工具程序 内置终端电阻 LED显示:TX,RX 标准TX,RX端口:COM1,COM2,COM3,COM4兼容
PCM-3620	支持USBECHI1.0,PHCI1.0a 支持4 * USB2.0,速度可达480M 支持3 * IEEE1394a,速度可达400M IEEE1394aOHCI1.1
PCM-3680	同时操作两个独立CAN网络 高速传输达500kbps 16MHzCAN控制频率 1000V DC光纤隔离保护确保系统可靠 各端口IRP选择广泛:IRQ3,4,5,6,7,9,10,11,12,15 LED灯指示各端口传输/接收状态 直接内存映射快速接入CAN控制器 包括WindowsDLL图书馆和范例 支持Windows2000/XP/VistaandLinux
PCM-3680I	PCI-104协议 同时操作两个不同的CAN网络 高速传输达1Mbps 16MHzCAN控制器pinl 2500V DC光纤隔离保护确保系统可靠 PCIPnP自动分配输入/输出地址 LED灯指示各端口传输/接收状态 包括WindowsDLL图书馆和范例 支持高操作温度:-40～85℃ 支持Windows2000/XP/Vista和Linux

(4) 转换及交换模块

表 25-5-25　　转换模块主要技术参数

型号	主要技术参数
EKI-2541S	提供一个10/100Mbps以太网RJ45型连接器 提供一个100Mbps单模SC型光纤连接口 LinkFaultPass-Through(LFP)内部路线设置 支持全/半双工流量控制 支持存储转发传送机制 支持自适应 支持MDI/MDI-X自动交叉连接 支持3000V DC电源浪涌保护 支持4000V DC以太网ESD保护 支持12～48V DC冗余电源输入 提供灵活的安装方式:DIN导轨安装、壁挂安装 支持-10～60℃工作温度

续表

型号	主要技术参数
EKI-2741	提供一个10/100Mbps以太网RJ45型连接器 提供一个100Mbps SC或SFP型光纤连接器 支持DIP开关全/半双工设置 支持MDI/MDI-X自动交叉连接 支持10/100/1000Mpbs自适应 支持3000V DC电源浪涌保护 支持4000V DC以太网ESD保护 支持12～48V DC冗余电源输入 提供灵活的安装方式：DIN导轨安装、壁挂安装 支持－10～60℃工作温度 LinkFaultPass-Through(LFP)内部跳线设置

表 25-5-26 **交换模块主要技术参数**

型号	主要技术参数
EKI-2525M	提供4个10/100Mbps以太网端口，带有RJ-45连接器 提供1个100Mbps多模SC型光纤端口 支持全双工/半双工流量控制 支持MDI/MDI-X自动跨接 提供广播风暴保护 提供冗余12～48V DC电源输入 提供灵活的安装方式：DIN导轨安装，面板式安装

5.3.2 阿尔泰数据输入输出板卡及模块

(1) 数据采集卡

表 25-5-27 **模拟量输入板卡主要技术参数**（总线方式：PCI）

型号	主要技术参数
PCI8532	4通道同步，单端模拟输入 精度12位 单通道20MS/s，4通道同步，每通道最高5MS/s 32K字(点)FIFO存储器 AD量程：±5V，±1V 软件触发、ATR触发、DTR触发、TRG0～TRG7 信号触发(用于多卡同步) 偶合方式：直流、交流 支持多卡同步 软件自动校准
PCI8520	通道数：2通道同步，单端模拟输入 精度：8位 采样频率：130MS/s 存储器深度：256MB的DDR2存储器 每通道存储深度：128MB AD量程：±5V，±1V(另可定制±500mV，±200mV，±100mV) 触发源：软件触发、ATR触发、DTR触发、TRG0～TRG7信号触发(用于多卡同步) 偶合方式：直流、交流 模拟输入阻抗：1MΩ(另可选50Ω)

续表

型号	主要技术参数
PCI8996	通道数：8 路单端 精度：24 位 倍频模式：256 倍、128 倍、64 倍 输入量程：±10V，±1V 采样频率：200kS/s 存储器深度：8K 字（点）FIFO 存储器 触发模式：软件内部触发和硬件外部触发 触发源：DTR、TRIG0、TRIG1、TRIG7、STAR 触发源
PCI9018	通道数：16 路差分 精度：14 位 输入量程：±10V（可定制±5V） 采样频率：80kS/s 通道切换方式：16 通道 4 芯片独立工作 存储器深度：256MB DDR2 触发模式：软件内部触发和硬件外部触发 触发源：ATR、DTR 程控增益：1、2、4、8 倍（默认）或 1、2、5、10 倍或 1、10、100、1000 倍，每通道增益可选 AD 校准：软件自动校准 模拟输入阻抗：10MΩ
PCI9008	通道数：16 路差分 精度：14 位 输入量程：±10V，±5V 或 0～5V，0～2.5V 采样频率：80kS/s 通道切换方式：16 通道 4 芯片独立工作 存储器深度：8K 字（点）FIFO 存储器 触发模式：软件内部触发和硬件外部触发 触发源：ATR、DTR 程控增益：1、2、4、8 倍（默认）或 1、2、5、10 倍或 1、10、100、1000 倍 AD 校准：软件自动校准 模拟输入阻抗：10MΩ
PCI8018	通道数：单端 16 路/差分 16 路 精度：14 位 通道切换方式：16 通道 4 芯片独立工作 采样速率：每通道最高 80kHz AD 量程：±10V（默认）或 0～2.5V，0～5V AD 触发方式：多种模拟量，数字量触发方式
PCI9757	通道数：差分 4 路 精度：16 位 采样频率：800kHz AD 缓存：8K 字（点）FIFO 存储器 通道切换方式：4 通道 4 芯片独立工作 AD 量程：±10V，±5V，±2.5V，0～10V，0～5V（各通道量程单独可选） 触发模式：软件内部触发和硬件外部触发 触发源：ATR、DTR、CONVST_IN 信号 模拟输入阻抗：10MΩ
PCI8757	通道数：差分 4 路 精度：16 位 采样频率：每通道 800kHz 通道切换方式：4 通道 4 芯片独立工作 AD 量程：±10V，±5V，±2.5V，0～10V，0～5V 存储器深度：8K 字（点）FIFO 存储器 触发模式：软件内部触发和硬件外部触发 触发源：ATR、DTR、CONVST_IN 信号 模拟输入阻抗：10MΩ

表 25-5-28　**模拟量输出板卡主要技术参数**

型号	主要技术参数
PCI2303	通道数:4 路 精度:16 位 隔离电压:1500V DC 单极性电压:0～5V,0～10V 双极性电压:±5V,±10V 电流:0～10mA,4～20mA
PCI8201	8 路电压输出或 8 路电流输出 精度:12 位 输出量程: 电压:0～5V(默认),0～10V,0～10.8V,±5V,±10V,±10.8V; 电流:0～10mA,4～20mA 点速率:最高 100kHz 上电自动清零 光电隔离模拟量输出
PCI8250	通道数:8 路 精度:12 位 输出量程:0～5V(默认),0～10V,±2.5V,±5V,±10V 转换频率:单通道转换频率 100kHz 输出类型:光电隔离输出 隔离电压:2500V_{rms}(1min) 输出阻抗:50Ω 支持多卡同步,最多可同步 4 块卡
PCI8304	通道数:32 路同步输出 精度:16 位 输出量程:0～5V,0～10V,±2.5V,±5V,±10V DA 转换速率:单通道最高 100kHz(±10V) 触发源:内触发和外触发(DTR) 支持多卡同步,最多可同步 4 块卡 模拟输出阻抗:50Ω

表 25-5-29　**数字量 I/O 板卡主要技术参数**

型号	主要技术参数
PCI2322	通道数:96 路(共提供 12 组 8 位可同步的 DIO 端口,每组 DIO 端口可独立配置为输入或输出) 输入类型:TTL 输入电平:高电平 2～5.25V,低电平 0～0.8V 输出电平:高电平最低 2.4V,低电平最高 0.5V 端口上电状态 支持外部信号的 1 通道 32 位事件计数器 支持产生定时中断的 1 通道 32 位定时器
ART2536	通道数:96 路 TTL/DTL 兼容 PA0 端口(DIO0～DIO7)、PB0 端口(DIO8～DIO15)、 PC0 端口(DIO16～DIO23)、PA1 端口(DIO24～DIO31)、 PB1 端口(DIO32～DIO39)、PC1 端口(DIO40～DIO47)、 PA2 端口(DIO48～DIO55)、PB2 端口(DIO56～DIO63)、 PC2 端口(DIO64～DIO71)、PA3 端口(DIO72～DIO79)、 PB3 端口(DIO80～DIO87)、PC3 端口(DIO88～DIO95) 每组可单独设置为输入或输出 功耗:0.3W 供电电压:5V

续表

型号	主要技术参数
PCI2320	通道数:64 路 输入类型:光隔离 输入电平:0～24V,无极性,高电平 5～24V,低电平 0～1.5V 隔离电压:3750V_{rms} 输入阻抗:2.4kΩ,0.5W 中断源数字量输入通道 DI0 和 DI1 中断响应上升沿
ART2535	通道数:48 路 TTL/DTL 兼容 DIO0～DIO7、DIO8～DIO15、DIO16～DIO23、 DIO24～DIO31、DIO32～DIO39、DIO40～DIO47 六组,每组可单独设置为输入或输出 逻辑电平 0:0.8V(最大) 逻辑电平 1:2.2～5V 内部跳线可选择输入 最大负载:5V,8mA
PCI2310	①数字量输入 通道数:32 路 输入类型:光隔离 最高切换频率:10kHz(方波) 隔离电压:3750V DC 中断源数字量输入通道 DI0 中断响应上升沿触发 ②数字量输出 通道数:32 路 输出类型:光隔离 最高切换频率 10kHz(方波) 隔离电压:2500V DC

表 25-5-30　**多功能板卡主要技术参数**

型号	主要技术参数
PCI8521	模拟量输入: 8 通道同步,差分模拟输入 精度:16 位 采样频率:1MS/s 存储器深度:512MB 的 DDR2 存储器 每通道存储深度:64MB AD 量程:±10V,±5V,±2.5V(另可定制 0～10V,0～5V 量程) 触发源:软件触发、ATR 触发、DTR 触发、TRG0～TRG7 信号触发(用于多卡同步) 程控增益:1、2、4、8 倍(默认)或 1、2、5、10 倍或 1、10、100、1000 倍 模拟输入阻抗:10MΩ 支持多卡同步 软件自动校准 数字量输入:8 路高电平的最低电压 2V;低电平的最高电压 0.8V 数字量输出:16 路高电平的最低电压 4.45V;低电平的最高电压 0.5V 上电输出:低电平 电气标准 DI:TTL 兼容 DO:CMOS 兼容

续表

型号	主要技术参数
PCI2318	①模拟量输入 单端 32 路/差分 16 路 精度:16 位 采样频率:250kS/s AD 量程:±10V,±5V,±2.5V,0～10V,0～5V 程控增益:1、2、4、8 倍(默认)或 1、2、5、10 倍或 1、10、100、1000 倍 模拟输入阻抗:10MΩ ②模拟量输出 通道数:4 路 精度:12 位 输出类型:电压或电流 量程电压:±10V,±5V,0～10V,0～5V;电流:0～10mA,4～20mA
PCI2321	通道数:48 路(共提供 6 组 8 位可同步的 DIO 端口,每组 DIO 端口可独立配置为输入或输出) 输入类型:TTL 输入电平高电平:2～5.25V;低电平:0～0.8V 输出电平高电平:最低 2.4V;低电平:最高 0.5V 端口上电状态数字量输入 输出驱动能力源电流:15mA;灌电流:48mA 中断功能:INT1 中断模式、INT2 中断模式
PCI2362	数字量输入/输出 通道数:48 路双向数字量输入/输出通道,24 路数字量输入通道,24 路数字量输出通道 电气标准:TTL、DTL 兼容 输入输出信号最高切换频率:10M(方波) 定时/计数器功能 通道数 3 路 电气标准 TTL、DTL 兼容 软件设置各个通道的 CLK 时钟来源、GATE 门控信号

(2) 数据采集模块

表 25-5-31　模拟量输入模块主要技术参数

型号	主要技术参数
DAM-3019	输入类型:8 路交流市电开关输入检测(90～275V AC) 状态 1 电压范围:90～275V AC 状态 0 电压范围:0～90V AC 9 路 LED 指示灯,其中 8 路指示 220V 市电开关输入状态,1 路指示设备运行状态 供电电压:直流 7～30V 功耗:0.4W/24V DC 通信协议:ModbusRTU 市电采集输入端采用光电隔离
DAM-3037	模拟量输入类型:热电偶、电流、电压 热电偶类型:J、K、T、E、R、S、B 通道输入:8 路差分 分辨率:16 位 精度:±0.1% 输入阻抗:20MΩ/V,125Ω/mA 隔离电压:2500V_{rms}(浪涌保护电压)
DAM-3043	采样频率:10Hz 分辨率:16 位 精度:±0.1% 输入连接方式:2,3 或 4 线

续表

型号	主要技术参数
DAM-3048	输入类型:Pt100(385)、Pt1000、Cu100、Cu50、BA1、BA2、B53 供电电压:15～30V 采样频率:10Hz 分辨率:16bit 精度:0.2% 输入连接方式:2或3线 零点漂移:0.5μV/℃ CMR 50/60Hz:150dB NMR 50/60Hz:100dB 隔离电压:2500V_{rms}(浪涌保护电压) 电源:未处理+10～+30V DC 满量程漂移:1.0μV/℃ 功耗:1.1W,24V DC
DAM-3050	输入类型:直流电流 4路差分 采样速率:<10Hz 分辨率:16Bit 精度:±1% 隔离电压:1000V DC 电源:未处理+10～+30V DC 功耗:4.4W,24V DC
DAM-3053	模拟量输入类型:4通道电压±30V,4通道电流±10A 采样频率:<10Hz 分辨率:16位 电压精度:±0.2% 电流精度:±0.5%
DAM-3054	输入量程:±10V,±5V,0～10V,0～5V,±20mA,0～20mA,4～20mA 通道数4路差分 采样频率:100Hz 分辨率:16位 精度:±0.2%
DAM-3054P	输入类型:±5V、±10V、0～5V、0～10V、±20mA、0～20mA、4～20mA 供电电压:15～30V 采样频率:100Hz 分辨率:16bit 精度:0.2% 功耗:0.8W/24V DC 零点漂移:5μV/℃ 满量程漂移:3μV/℃ 电源:24V DC 隔离电压:3000V DC

表 25-5-32 模拟量输出模块主要技术参数

型号	主要技术参数
DAM-3060C	输出范围:0～20mA、4～20mA 分辨率:12位 精度:±0.2% 可编程输出转换速率
DAM-3060V	输出范围:0～10V、0～5V、±5V、±10V 分辨率:12位 精度:±0.2% 可编程输出速率

续表

型号	主要技术参数
DAM-3601A	测温点数:128 测温范围:−40～+120℃ 测温精度:0.0625℃ 传感器排序方式:自动排序和手动排序 支持美国 DALLA1-wire 总线数字化温度传感器 8 通道 DS18B20 温度传感器输入 支持标准:Modbus 协议 电源极性保护

表 25-5-33　数字量 I/O 模块主要技术参数

型号	主要技术参数
DAM-E3011	I/O 类型:8DI(差分)/1DO 输入电平湿接点 逻辑电平 0:1V(最大) 逻辑电平 1:4～30V 数字量输出:集电极开路 30V(200mA 最大负载) 隔离电压:3750V 电源未调理:10～30V DC 功耗:1.5W,24V DC 输入通道可作为 500Hz 计数器使用 输出通道可作为 500Hz 脉冲输出 支持 10/100Mbps 以太网 提供默认网页或可定制网页
DAM-E3012	I/O 类型:16DI 数字量输入湿接点 逻辑电平 0:+1V;逻辑电平 1:+4～+30V 隔离电压:3750V 电源未调理:10～30V DC 功耗:2W,24V DC 输入通道可作为 500Hz 计数器使用 支持 10/100Mbps 以太网 提供默认网页或可定制网页
DAM-E3013	I/O 类型:16DI 数字量输入干接点:接地或开路 数字量输入湿接点:逻辑电平 0:+1V;逻辑电平 1:+4～+30V 隔离电压:3750V 电源未调理:10～30V DC 功耗:2W,24V DC 输入通道可作为 500Hz 计数器使用 支持 10/100Mbps 以太网 提供默认网页或可定制网页
DAM-E3062	输出通道:2 路 分辨率:12 位 输出类型:三方隔离 0～5V/10V 或 0～20mA,4～20mA 隔离电压:2000V DC 电源未调理:10～30V DC 功耗:1.4W,24V DC 支持 10/100Mbps 以太网 提供默认网页或可定制网页

续表

型号	主要技术参数
DAM-E3070D	计数输入 2 通道独立的 32 位计数器 输入类型:隔离或非隔离 频率输入:最大 100kHz 隔离电压:隔离 3750V 或不隔离 可编程数字滤波器 5 位 7 段 LED 显示(仅支持 3070D) 支持 10/100Mbps 以太网
DAM-E3056AH(U)	输入通道:单端 8 路/差分 4 路 输入类型:V 输入量程:±5V,±10V,0～5V,0～10V 分辨率:16 位 采样频率:500Hz 隔离电压:3000V DC 电源未调理:10～30V DC 功耗:0.8W,24V DC 支持 10/100Mbps 以太网 提供默认网页或可定制网页

表 25-5-34　多功能模块主要技术参数

型号	主要技术参数
DAM-E3011	I/O 类型:8DI(差分)/1DO 输入电平: 湿接点:逻辑电平 0:1V(最大);逻辑电平 1:+4～+30V 数字量输出:集电极开路 30V(200mA 最大负载) 隔离电压:3750V 电源未调理:10～30V DC 功耗:1.5W,24V DC 输入通道可作为 500Hz 计数器使用 输出通道可作为 500Hz 脉冲输出 支持 10/100Mbps 以太网 提供默认网页或可定制网页
DAM-E3016	I/O 类型:12DI&4 路集电极开路输出 数字量输入干接点:接地或开路 湿接点:逻辑电平 0:+1V;逻辑电平 1:+4～+30V 数字量输出:集电极开路 30V(200mA 最大负载) 隔离电压:3750V 电源未调理:10～30V DC 功耗:2W,24V DC 输入通道可作为 500Hz 计数器使用 输出通道可作为 500Hz 脉冲输出 支持 10/100Mbps 以太网 提供默认网页或可定制网页
DAM-E3017	I/O 类型:2DI&8 路继电器输出 数字量输入 湿接点:逻辑电平 0:+1V 逻辑电平 1:+4V～+30V 继电器输出 触点容量:350V AC,0.13A;继电器接通时间 0.7ms;继电器断开时间:0.05ms;隔离电压:5000V 隔离电压:3750V 电源未调理:10～30V DC 功耗:2.5W,24V DC 输入通道可作为 500Hz 计数器使用 支持 10/100Mbps 以太网 提供默认网页或可定制网页

(3) 光纤通信卡

表 25-5-35 光纤通信卡主要技术参数

型号	主要技术参数
PCIe7840	X8/2.0PCIExpress 接口 4 层双向 2.5Gbps 光纤收发模块接口 底层数据传输协议:Aurora 板载 512MBDDR3 存储器 可提供与数据采集卡远距离通信的解决方案 光纤模块指标 光纤接口:支持 LCSFP 模块 传输速率:2.5Gbps 支持全双工传输
PCIe7100	X1PCIExpress 接口 数据读/写:DMA 方式 1 路双向 2.5Gbps 光纤收发模块接口 底层数据传输协议:Aurora 板载 256MB,DDR3 存储器 可提供数据采集卡远距离通信的解决方案 光纤模块指标 双 LC 连接器;支持 3.3V 供电 FTLF1421P1BTL(型号之一) 传输速度>2.5Gb/S 波长:1310nm 光纤界面 支持全双工传输 光纤接口支持 LCSFP 模块 传输速度:2.5Gbps
PCH2600	传输速度:200Mbps 传输距离:可达 30km 总线类型:PCI 总线 FIFO4K 字节,32 位,2K 独立接收/发送 支持"点对点"传输模式 支持全双工传输 独立接收/发送 防信号干扰 防电气老化和化学腐蚀
PCI2600	传输速度:200Mbps 传输距离:可达 30km 总线类型:PCI 总线 FIFO4K 字节,32 位 支持"点对点"传输模式 支持全双工传输 独立接收/发送 防信号干扰 防电气老化和化学腐蚀
CPCI9002	单板集成 2 路双向 2.5Gbps 的光纤收发模块 大规模 FPGA 实现对光纤收发模块的驱动和数据传输协议,数据传输协议可兼容用户端的光纤收发协议 集成 1 片 ADSP-TS201S 处理器,实现数据的预处理 集成 4 路 560MBps 高速 LINK 通信口,实现板间高速数据交换 支持 CPCI 接口的 VisualDSP++调试,调试效率是 JTAG 的数十倍

5.4 选用原则及应用场合

5.4.1 选用原则

在工业生产中对工控机应用有着较高的要求，如对这些要求不重视或考虑不全面，重则引发控制失灵、生产工艺流程被打乱、通信失灵等问题，轻则引发系统数据丢失、操作界面消失等现象，以上所有的因素均会影响企业的正常生产。因此应合理选择工控机及数据输入、输出单元，通常对工控机的选择应遵循以下原则。

（1）技术指标原则

根据设备的技术指标来选择工控机，并把能否满足技术指标作为第一要素进行考虑。技术指标主要是指用户对某些性能的具体需求。如：工作环境温度、使用条件、使用寿命、某些被控量的精度值等。例如，对于某些重要的军事、航天零部件，能否加工制造出合格产品是最重要的，其他因素，像造价、成品率等相对来讲是比较次要的因素，为满足某些关键及苛刻的技术指标，就必须选择特定的工控机系统。

（2）可靠性原则

工控机的可靠性最重要的体现是机箱及其相关器件的选择。工控机能否在恶劣环境下可靠地工作与机箱有很大关系。三维的抗振动和冲击是最基本的指标，它不只是指机箱本身，更重要的是保证机箱内部各部件能牢固结合，整体能承受外部的机械振动、冲击，满足防尘和散热性要求。机箱的各部件之间必须有良好的导电性能，保证在运行时的同电位状态，同时整体具备良好的接地性能，在机箱与操作者人体接触的表面采用喷漆，使其具有一定的绝缘性能，而与机架或机柜接触的表面，则宜采用电镀以保证导电性，为了防止长期在潮湿等不良环境下表面生锈和腐蚀，机箱原材料的选取和表面处理也显得非常重要。另外，工控机内部的电源会直接影响工控机的工作，电源必须是工业级的，不但应满足各种电源的安全标准，而且能承受工业现场电网中可能存在的波动和干扰，同时保证本身不会对电网造成干扰和影响，最好还应有自动保护功能。

（3）扩展性原则

工控机由于采用底板＋CPU卡结构，因而具有很强的输入输出功能，最多可扩充几十个板卡，能与工业现场的各种外设、板卡（如通道控制器、视频监控系统、车辆检测仪等）相连，以完成各种任务。用户可根据自身设备所需要实现的功能，选择合理的插槽数目，并根据未来的技术扩充需求预留备用板卡及模块接口。对于选用哪些板卡插槽及模块接口，也没有一定之规，总体来讲要跟上时代技术的发展步伐。例如，某些传统的数控机床厂家，为保障其早期在ISA技术上的投资，会以传统的ISA控制卡为主。而一些从事视频监控的厂家，由于ISA卡的带宽根本无法满足苛刻的视频带宽需求，必然要采用PCI视频捕捉卡，但是也可能会同时选择几个ISA界面的I/O卡配合摄像头云台使用。因此，用户对ISA和PCI插槽的需求是多种多样的。

（4）使用空间原则

工控机在很多情况下是应用于某个系统之中，常常被放置在某个设备之中或上架。因此对尺寸有较严格的要求。根据用户的使用情况，分为一体化式和分体式两种。一体化式结构紧凑，体积小，重量轻，安装灵活，因此散热性能及扩展能力应该被着重考虑。分体式安装空间较大，在工业现场可嵌入到机箱、机柜中或置于操作台上，做人机显示操作界面（工程师站或操作员站），易于维修，散热性能好，因此可靠性能及抗干扰性能应该着重考虑。

（5）性能价格比原则

工控机的主要性能指标是速度、容量、可靠性、能耗及抗干扰性。在选择工控机的时候，在满足使用性能的情况下，对比不同厂家的产品进行综合考虑，只要认真地货比三家，比产品水平、比质量、比配置、比功能、比运行费用，最后再比价格，是可以买到性能价格比合理的工控机的。如果通过有信誉的专业技术机构进行咨询代理，也是可以选购到性能价格比合理的工控机的。在使用厂家没有指定要求的情况下，通常应该本着“够用即合理”的选用原则。

5.4.2 应用场合

根据工控机在控制系统中的作用，可将其归入如下几个应用场合。

（1）数据采集

数据采集是工控机应用于生产过程控制最早的一种类型。其主要对生产过程大量参数作巡回检测、处理、分析、记录以及参数的超限报警。对大量参数的积累和实时分析，可以达到对生产过程进行各种趋势分析，操作人员根据这些信息完成对执行机构的控制。这种应用方式，工控机不直接参与过程控制，对生产过程不直接产生影响。

（2）数据采集与控制

在数据采集的基础上，根据规定的控制规律进行运算，将分析结果与控制器中的给定值进行比较，计算出应输出的控制信号值，然后发出指令直接去控制执行机构，使各个被控制量达到预定的要求。工控机的这种应用使得设备自动化程度大大提高，适合于快速过程控制和对多个对象的控制。图25-5-2为数据采集与控制流程图。

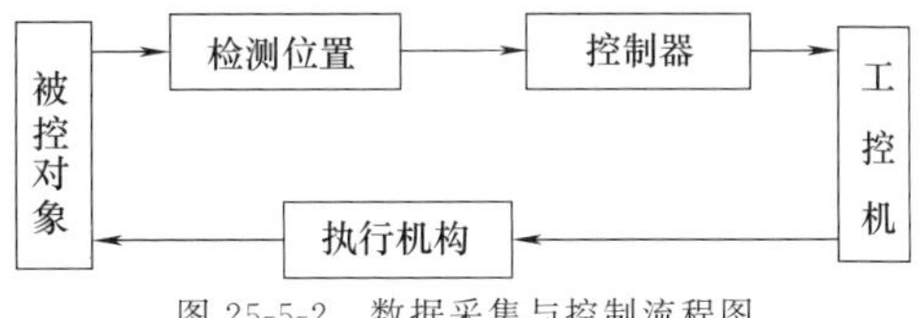

图25-5-2 数据采集与控制流程图

（3）监督管理

监督管理是工控机根据原始工艺信息和其他参

第25篇

数，按照描述生产过程的数学模型或其他方法，自动地改变控制器中的给定值（数据采集与控制中控制器的给定值是不可改变的），从而使生产过程始终处于最优状态（如保持高质量、高效率、低消耗、低成本等）。监督控制的效果，主要取决于数学模型的优劣。图 25-5-3 为监督管理流程图。

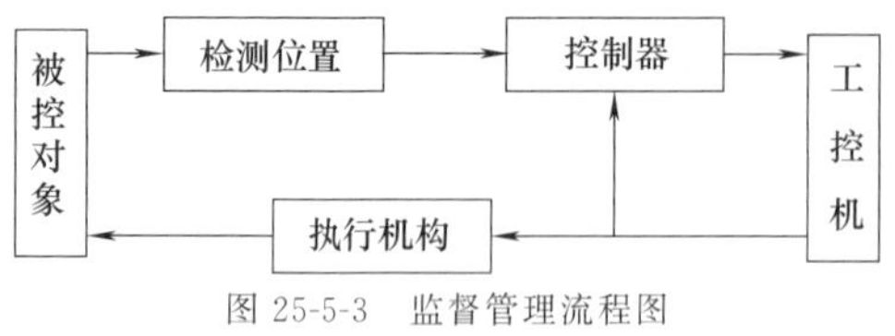

图 25-5-3　监督管理流程图

(4) 集散控制

集散控制又称分布控制，是用分散在不同地点的若干台工控机分别控制生产过程中多个控制回路，同时又可集中获取数据和集中管理。集散控制系统具有控制分散、信息集中、系统模块化程度高、数据通信能力强、界面友好、人机接口丰富、可靠性高等特点。图 25-5-4 为集散控制流程图。

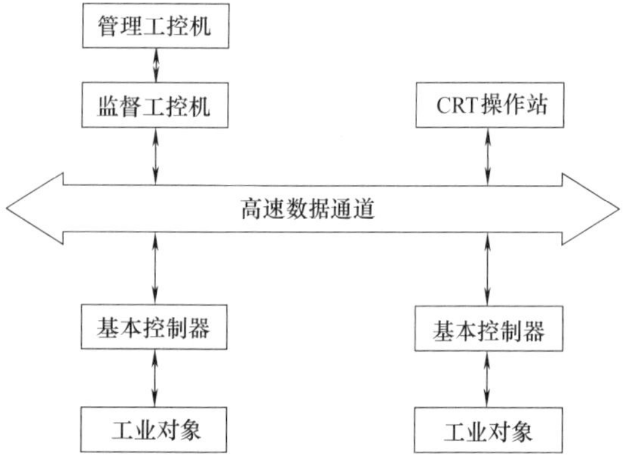

图 25-5-4　集散控制流程图

随着工控机应用的逐渐普及及扩大，以上应用场合的界限已变得越来越模糊，可以说工控机已经应用到了所有的工业控制领域。

5.5　应用举例

本节以 XXC 单喷嘴流量试验器为例，介绍工控机的实际应用。该试验器是专门为航空发动机燃油喷嘴试验件进行综合性能检测而开发的一种新型试验器。试验器以 RP-3 航空煤油为工作介质，主要测试喷嘴试验件在不同温度、压力条件下，喷嘴的喷雾锥角大小及 12 等分周向转角中流量均匀度特性是否合格。它由一台工控机统一完成测量及控制工作，只有 12 扇形区流量收集器上下移动部分由人工操作完成（按甲方要求设计）。

5.5.1　试验器的主要技术要求

① 工作介质：RP-3 航空煤油（GB 6537—2006），密度为 0.775～0.830g/cm^3。

② 燃油压力：调节范围 0.5～10MPa，要求连续可调。

③ 燃油流量：0.1～1kg/min，要求连续可测。

④ 测试精确度：±0.5％。

⑤ 试验油液温度：(20±2)℃。

⑥ 试验器主要用于 XXC 燃油喷嘴的流量不均匀度和喷雾锥角的测试。

⑦ 在不同喷嘴压力等级下，排风装置排风量可调。

⑧ 试验器排出的风要经油雾分离装置分离，煤油不可排放到大气中，煤油要循环使用。

⑨ 试验器要实时显示喷嘴的喷射状态及流量不均匀的状态。

⑩ 试验器具备打印报表及试验数据管理、查询功能。

⑪ 整台设备高度约 1700mm，外表美观、结构紧凑、操作方便、安全可靠。

5.5.2　试验器主要技术环节的实现方法

由于该试验器控制复杂、精度高，同时，又具备数据管理及打印报表功能，所以采用工控机构成计算机测控系统，完成对设备的控制工作。

① 针对液压系统的工作介质为 RP-3 航空煤油，而这种介质不同于一般的普通液压油，其黏性很低，润滑特性不好，渗透力很强，导致液压泵、阀等液压元件的泄漏比较大，测试精度降低，使用寿命大大缩短。所以为保证液压控制系统正常、准确、可靠、稳定地工作，液压系统中核心部件均采用原装进口产品，并适用于煤油工作环境，有一些按甲方要求采用防爆产品。

② 针对燃油压力要求连续调节、并且调节范围较大的特点，采用比例溢流阀及比例节流阀联合调节压力的方法，在喷嘴前端设置压力传感器检测压力值，由以上器件构成闭环压力控制系统实现压力的精确调节。

③ 由于被测燃油流量的绝对测量值较小而测量范围比较大，测量精度较高，最终选择德国进口质量流量计来完成此项工作，该质量流量计具备二次仪表显示及 4～20mA 变送输出功能。

④ 为实现对试验器上各工作点上的压力及温度的控制，选用相应的压力传感器及温度传感器，为节

约成本，传感器为国内产品。

⑤ 为实现对油液温度控制要求，考虑到温度控制精度较低，并且系统发热量较小，所以采用循环水冷却的方式进行冷却，使油箱中油液温度满足实验要求。

⑥ 针对实验器需要进行燃油喷嘴的流量不均匀度和喷雾锥角两项测试，为了排除机械部件对油雾气流进而对喷射雾化体的影响，采用两个喷射舱的布局结构，两个喷射舱的机械结构完全不同，一个用于喷射角度的测量；另一个用于流量不均匀度的测量。

⑦ 采用机器视觉系统来识别流量不均匀度和喷雾锥角，由USB摄像机将流量不均匀度和喷雾锥角图像传输到计算机中，通过图像识别技术实现对上述两个量的测量。

⑧ 针对试验器要具有油雾分离功能的要求，喷射舱1和2的下部各安装一个排风盘，圆盘上开有周向均布的蜂巢形排风孔，在排风机的作用下，使油雾沿圆周方向均匀快速从喷射舱排出，可使喷射舱中多余的飘浮在空气中的煤油颗粒被排除，保证喷射面的界限清晰、易于识别，这样，照相机才可能拍摄出清晰的燃油喷射角度及收集器流量不均匀度照片，进而保证测量精度。

⑨ 由于不同压力情况下，喷嘴的喷射雾化状态不同，喷射舱中多余的飘浮在空气中的煤油颗粒状态也不同，需要采用不同的排风量来进行排风调节，最终采用交流变频调速的方法调节排风量。

⑩ 油雾分离装置分离采用韩国进口产品。

5.5.3　液压和气压控制系统简介

（1）工作原理简介

根据试验器技术要求，液压系统的工作介质为RP-3航空煤油，这种介质不同于一般的普通液压油，为保证液压控制系统的正常、准确、可靠、稳定的工作，液压系统中所有元器件必须适用于煤油工作环境。另外，试验器中12扇区流量收集装置的移动及翻转是由汽缸驱动完成的，两个喷射舱排风工作状态的切换也是由气动蝶阀完成的，所以试验器中还有一部分气动控制系统。液压及气动控制系统原理图如图25-5-5所示。

（2）与计算机测控系统有关的元件信号汇总（表25-5-36）

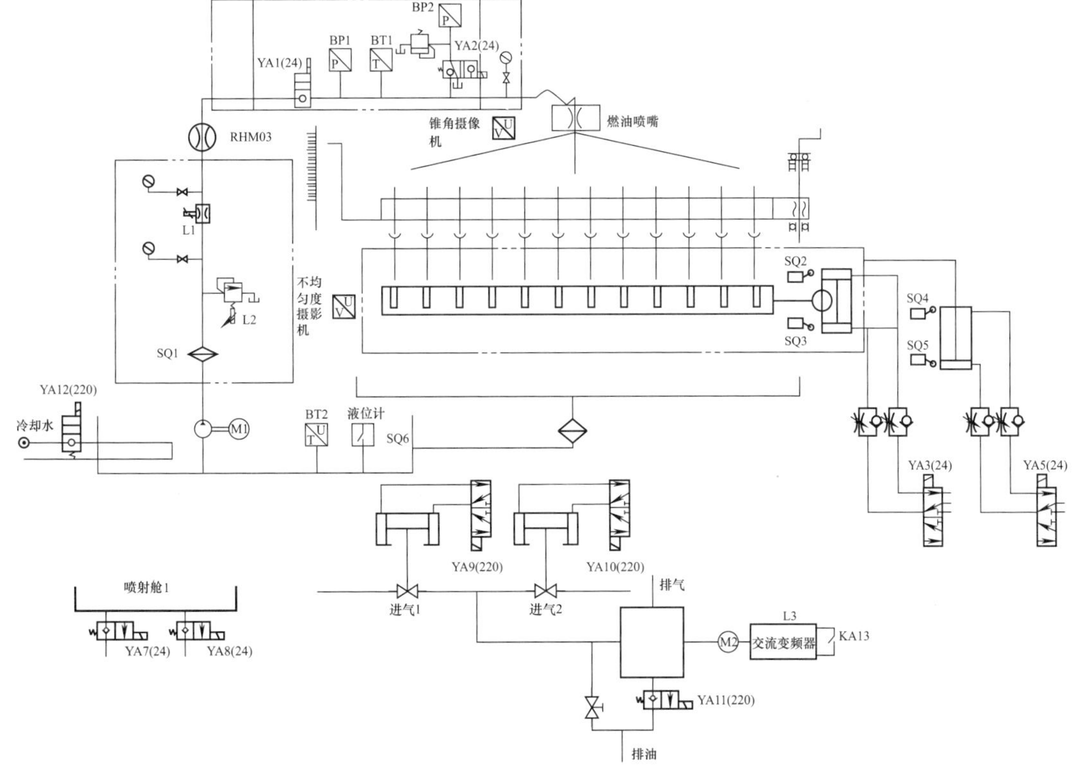

图25-5-5　液压及气动控制系统原理图

表 25-5-36　　液压系统主要元件信号汇总

名　称	符号	信号种类	数量	生产厂家
喷嘴入口压力变送器	BP1	AI(4～20mA 输出)	1	广东康宇
喷嘴入口小级别压力变送器	BP2	AI(4～20mA 输出)	1	广东康宇
喷嘴温度传感器	BT1	AI(4～20mA 输出)	1	广东康宇
油箱温度传感器	BT2	AI(4～20mA 输出)	1	广东康宇
比例节流阀	L1	AO(0～10V 输入)	1	瑞士 WANDFLUH
比例溢流阀	L2	AO(0～10V 输入)	1	瑞士 WANDFLUH
排风机变频器	L3	AO(0～10V 输入)	1	韩国 YHB
出口滤油堵塞报警	SQ1	DI(机械触点)	1	平菲滤清器
翻转汽缸前位	SQ2	DI(机械触点)	1	SMC
翻转汽缸后位	SQ3	DI(机械触点)	1	SMC
横移汽缸前位	SQ4	DI(机械触点)	1	SMC
横移汽缸后位	SQ5	DI(机械触点)	1	SMC
液位计低报警	SQ6	DI(机械触点)	1	罗斯蒙特仪表
喷嘴前电磁阀	YA1	DO(线圈)	1	亚德克
喷嘴压力切换阀	YA2	DO(线圈)	1	亚德克
翻转阀电磁阀	YA3	DO(线圈)	1	亚德克
横移阀电磁阀	YA5	DO(线圈)	1	亚德克
放油电磁阀 1	YA7	DO(线圈)	1	亚德克
放油电磁阀 2	YA8	DO(线圈)	1	亚德克
进气阀 1	YA9	DO(线圈)	1	亚德克
进气阀 2	YA10	DO(线圈)	1	亚德克
排油阀 1	YA11	DO(线圈)	1	亚德克
冷却水阀电磁阀	YA12	DO(线圈)	1	亚德克

5.5.4　试验器电气系统硬件部分

试验器的电气控制部分实质上就是一套计算机测控系统。采用一体化工控机，主要是厂家要求，其结构紧凑，体积小，重量轻，安装灵活，实际上采用工业平板电脑足以满足要求。

电控柜内安装抽雾排风机的变频器，其对数据采集卡产生强烈的干扰作用，尽管数据采集卡具有采集路数多、成本较低、速度快等优点，但由于该试验器的采集信号路数少，对采样速度要求不高，而对可靠性要求很高，因此采用基于现场总线 RS-485 的分布式数据采集控制模块 ADAM5000/485，它是一种低成本的分布式 I/O 系统，可以与 PC 主机进行通信，其优点是易维护、布线简单、可靠性高，缺点是采样速度低、成本较高。

电气原理图如图 25-5-6 所示，需要控制的部分有：液压泵电动机的启停、抽雾排风机的启停。模拟量输入模块 ADAM-5017H 共采集 5 路模拟信号：喷嘴前压力信号 BP1 或 BP2、喷嘴前温度信号 BT1、油箱温度信号 BT2 以及流量变送器流量信号 BQ1。模拟量输出模块 ADAM-5024 共输出 3 路模拟信号：1 路比例溢流阀的 0～10V 直流电压控制信号、1 路比例流量阀的 0～10V 直流电压控制信号及 1 路抽雾排风机变频器的 0～10V 直流电压控制信号。数字量输入模块 ADAM-5052 共采集 4 路数字信号：2 路翻转气缸上下限限位开关信号和 2 路平移汽缸的上下限限位开关信号。数字量输出模块 ADAM-5056 共输出 13 路的数字信号：13 个中间继电器的触点信号，用来控制所有电磁换向阀、电磁铁线圈的得失电以及变频器的控制开关。电气部分主要元件汇总见表 25-5-37。

表 25-5-37　　电气部分主要元件汇总

名　称	数量	生产厂家	简　介
工控机 AWS-8259T-XAE/TP-XAE	1	研华	CPU:Intel Pentium 4 内存:2GB 硬盘:160GB USB:4 个 USB 2.0 接口 机箱:AWS-8259 15in 液晶显示器 前面板带操作员触控板和 OSD 不锈钢机箱,符合 NEMA4/IP65 9 槽无源底板

续表

名 称	数量	生产厂家	简 介
现场总线 I/O 系统 ADAM-5000/485	1	研华	分布式 RS-485 数据采集控制系统
数字量输入模块 ADAM-5052	1		8 路隔离数字量输入模块
数字量输出模块 ADAM-5056	1		16 路数字量输出模块
模拟量输入模块 ADAM-5017H	1		8 路模拟量输入模块
模拟量输出模块 ADAM-5024	1		4 路模拟量输出模块
抽雾排风机 YOC-350	1	韩国 YHB	0.75kW
液压泵电动机	1	沈阳伟业	型号 YB90L-6,功率 1.1kW
面板安装开关电源	2	研华	PWR-244:输出 24V,最大电流 3A,有短路和过载保护,可在平面上安装
变频器	1	伟创	AC20-73-1R5G
打印机	1	惠普	HP1010
照相机	2	方诚	ID130M

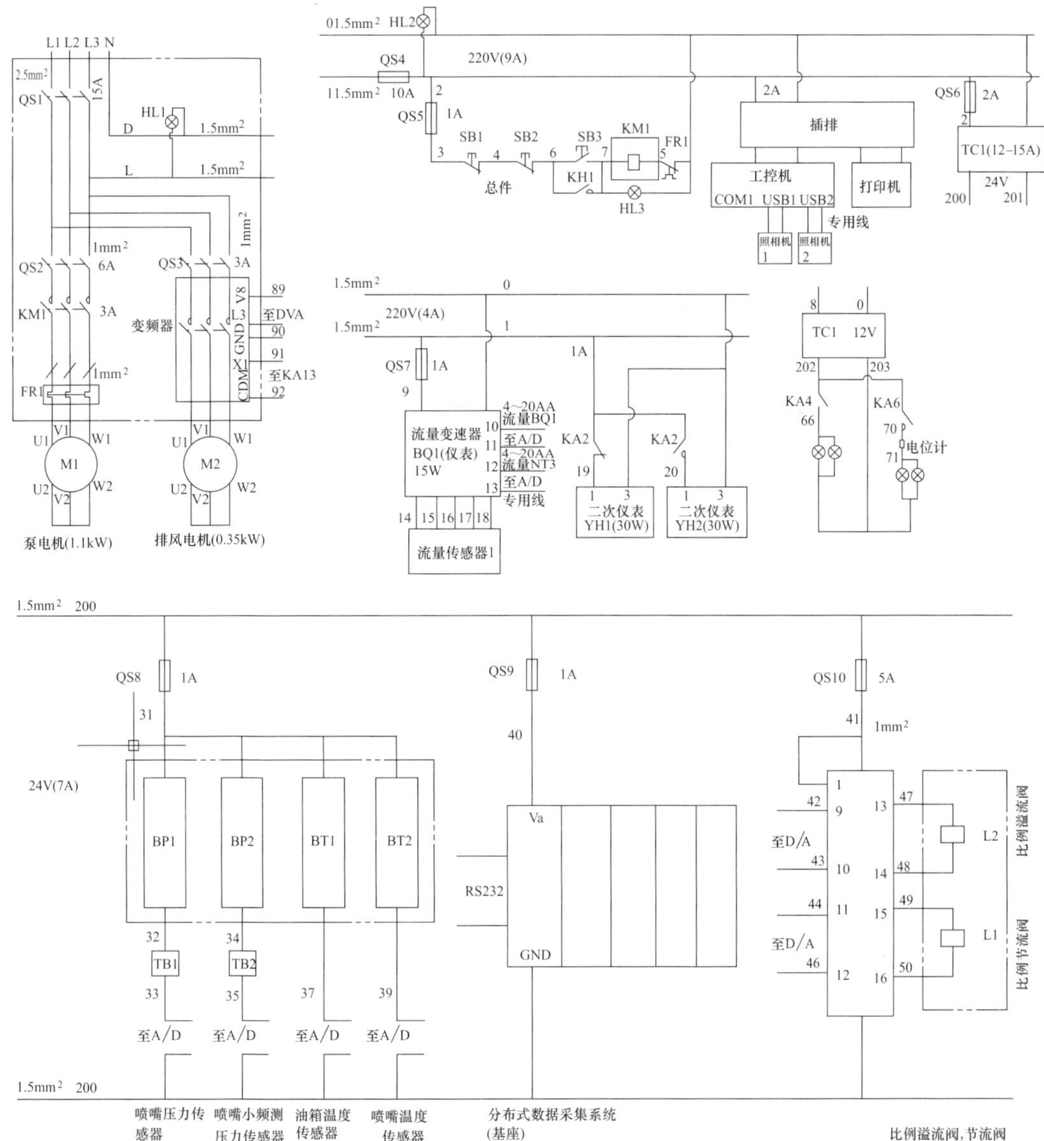

图 25-5-6

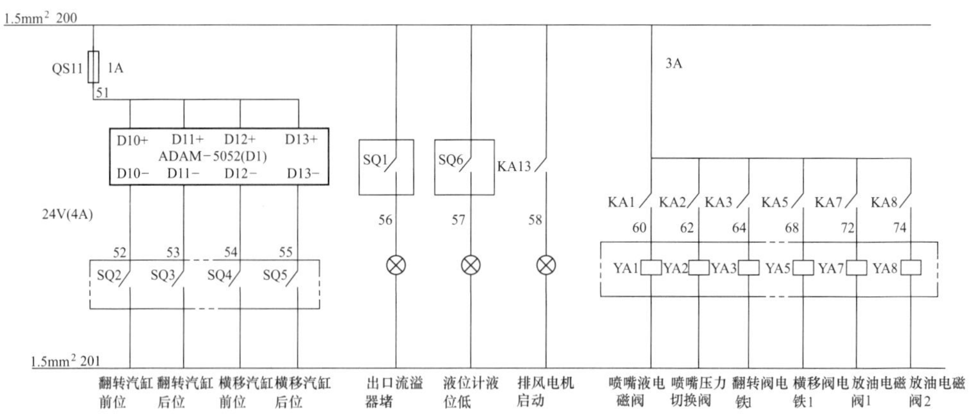

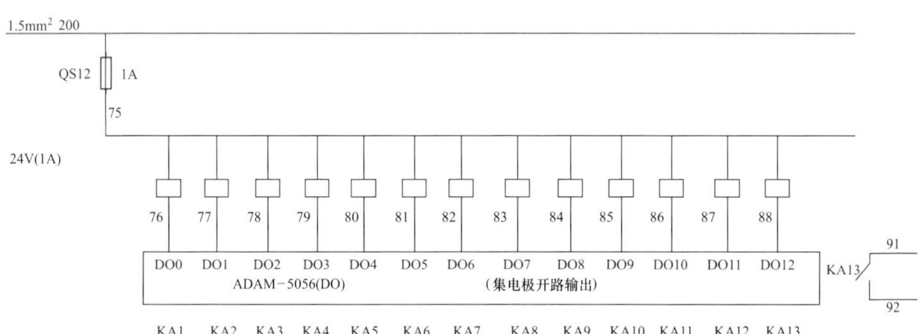

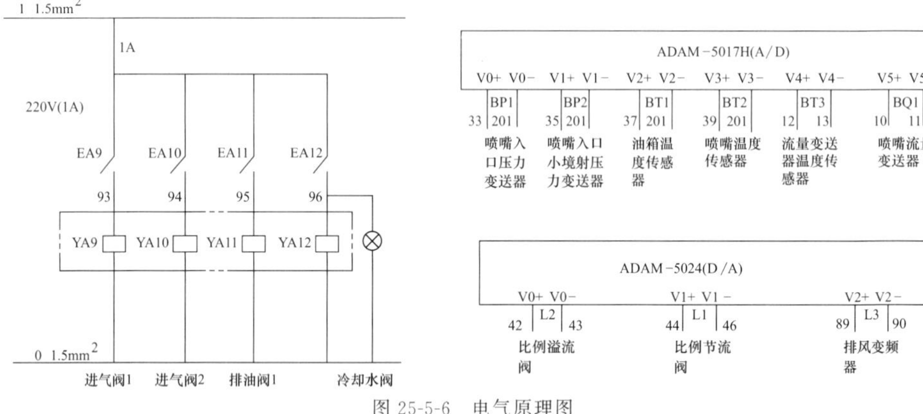

图 25-5-6 电气原理图

5.5.5 试验器电气系统软件部分

5.5.5.1 系统软件环境

工控机采用 WINDOWS XP 操作系统，采用 MS ACCESS 数据库存储数据，采用 Visual Basic 6.0 及 Visual C++作为编程软件，采用 Excel 作为报表工具。

数据采集、控制、数据存储部分由 Visual Basic 应用程序实现。

图像识别部分由 Visual C++应用程序实现。由 MS ACCESS 存储数据。

5.5.5.2 软件主要功能

(1) 数据采集、闭环控制

用程序实现数据的自动采集及闭环控制。

(2) 工作周期计算

在一个工作周期内，工控机需要完成模拟信号和数字信号的采集，经过处理之后，发出模拟信号和数字信号完成所需的控制功能。工控机的工作周期 T 为

$$T = T_1 + T_2 + T_3 + T_4 + T_5 = 109 + 31 + 31 + 32 + 0 = 203(\text{ms}),$$

T_1——模拟信号采集（AI）响应时间；ADAM-5017H 可读取全部 8 个通道的数据，命令执行时间 109ms；

T_2——数字信号采集（DI）响应时间，ADAM-5052 可读取全部 8 个通道的数据，命令执行时间 31ms；

T_3——模拟信号（AO）输出响应时间，ADAM-5024 可发送全部 4 个通道的数据，命令执行时间 31ms；

T_4——数字信号（DO）输出响应时间，ADAM-5056 可发送全部 16 个通道的数据，命令执行时间 32ms；

T_5——工控机处理所需时间，这个时间相对信号采集与发送可以忽略不计。

（3）图像拍照

用软件控制工业相机，进行图像拍照。

（4）图像处理

试验时，由高分辨率数字摄像机分别拍摄喷雾锥角和有机玻璃收集器 2 内液面形状，再经视频采集卡输入到工控机中，经图像处理，主要指对图像进行各种加工（如灰度变换、阈值变换等）以改善图像的效果。然后通过软件识别技术自动计算出喷雾锥角和 12 扇形区流量的不均匀度，并自动存储、打印试验数据及真实的喷射角度、有机玻璃收集器 2 内液面形状图片。

（5）不均匀度识别

所谓的不均匀度，是指单个喷嘴的喷雾周向不均匀度，即在距喷嘴端面一定距离处，垂直于喷嘴中心线的某个圆截面上的 n（一般 $n \geqslant 10$，本试验器 $n=12$）个等分扇形区域内，所收集的燃料分布的不均匀程度。用 δ 表示，定义公式如下

$$\delta = \frac{q_{V\max} - q_{V\min}}{q_{V\max}} \times 100\%$$

式中，$q_{V\max}$ 和 $q_{V\min}$ 分别表示 n 个扇形区域内所对应的测量杯中燃油最大和最小高度。

通过硬件结构将喷嘴喷雾收集到 12 扇形区中，通过相机拍照、图像处理、不均匀度识别及计算，不均匀度数据保存，实现不均匀度的识别、数据保存功能。

（6）锥角识别

喷雾锥角定义：工程上常用的表示法是以喷口为中心，在距喷嘴端面 l 处与喷雾曲面的交点连线的夹角 α，称为条件雾化角，见图 25-5-7。一般对于小流量喷嘴 $l=40 \sim 80$mm，大流量的喷嘴 $l=100 \sim 250$mm。本试验器测试的喷嘴为小流量喷嘴，因此取 $l=50$mm。

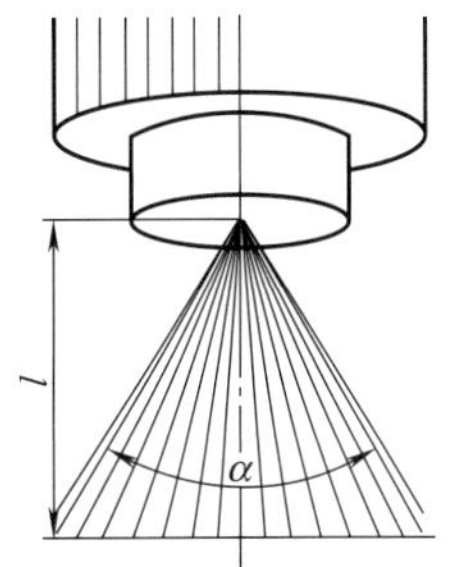

图 25-5-7 喷雾锥角示意图

当系统压力达到稳定，通过拍照、图像处理、锥角识别、数据保存，实现锥角的识别、数据保存功能。

（7）数据保存

保存图像识别配置信息。

试验件信息保存到数据库中。

各压力、流量下的测试值、不均匀度、锥角信息保存到数据库中。

（8）报表打印

将压力、流量信息，各压力、流量下测得的不均匀度、锥角信息，标准要求信息，按照一定格式生成 Excel 报表，并打印。

试验过程完全自动化，不需要人为干预，但是遇到紧急的情况也可以立即停止试验。

第6章 数控系统

6.1 数控系统的分类、组成及功能

6.1.1 数控系统的定义

数控系统是数字控制系统的简称，英文名称为 Numerical Control System，早期是由硬件电路构成的，称为硬件数控（Hard NC），1970 年以后，硬件电路元件逐步由专用的计算机代替，称为计算机数控系统。计算机数控（Computerized numerical control，简称 CNC）系统是用计算机控制加工功能，实现数值控制的系统。CNC 系统是根据计算机存储器中存储的控制程序，执行部分或全部数值控制功能，并配有接口电路和伺服驱动装置的专用计算机系统。

6.1.2 数控系统的分类

（1）按数控系统的结构分类

1）传统专用型数控系统。这类数控系统的硬件由数控系统生产厂家自行开发，具有很强的专用性，经过了长时间的使用，质量和性能稳定可靠，目前还占领着制造业的大部分市场。但由于其采用一种完全封闭的体系结构，往往存在以下缺点。

① 用户的应用、维修以及操作人员培训完全依赖于数控系统生产厂家，系统维护费用较高。

② 系统功能的扩充以及更新完全依赖于公司的技术水平，周期比较长。

③ 大量市售廉价通用软硬件在专用数控系统上无法使用，功能比较单一。

因此，随着开放式体系结构数控系统的不断发展，这种传统专用型数控系统的市场正在受到挑战，市场份额已经在逐渐减小。

2）PC 嵌入 NC 结构的开放式数控系统。如 FANUC16i/18i、Simens840D、NumIO60 等数控系统。这类数控系统与传统专用型数控系统相比，结构上具备一些开放性，功能十分强大，但系统软硬件结构十分复杂，系统价格也十分昂贵，一般的中小型数控机床生产厂家没有经济能力去购买。

3）NC 嵌入 PC 结构的开放式数控系统。这种数控系统的硬件部分由开放式体系结构的运动控制卡与 PC 机构成。运动控制卡通常选用高速 DSP 作为 CPU，具有很强的运动控制和 PLC 控制能力。如日本 MAZAK 公司用三菱电机的 MELDASMAGIC 64 构造的 MAZATROL 640 CNC。这种数控系统的开放性能比较好，并且对功能进行改进也比较方便，系统的控制功能主要由运动控制卡来实现，机床硬件发生改变时，只需要修改相应部分的控制软件，并且系统性价比也比较高，能够满足大多数的数控机床生产厂家的需要。

4）全软件型的开放式数控系统。这是一种最新型的开放式体系结构的数控系统，所有的数控功能（包括插补、位置控制等）全部都是由计算机软件来实现。与前几种数控系统相比，全软件型开放式数控系统具有最高的性价比，因而最有生命力。其典型产品有美国 MDSI 公司的 Open CNC、德国 Power Automation 公司的 PA8000NT，以及 NUM 公司的 NUM1020 系统等。

（2）按被控机床的运动轨迹分类

1）点位控制数控系统（图 25-6-1）。控制工具相对工件从某一加工点移到另一个加工点之间的精确坐标位置，而对于点与点之间移动的轨迹不进行控制，且移动过程中不作任何加工。这一类系统的设备有数控钻床、数控坐标镗床和数控冲床等。

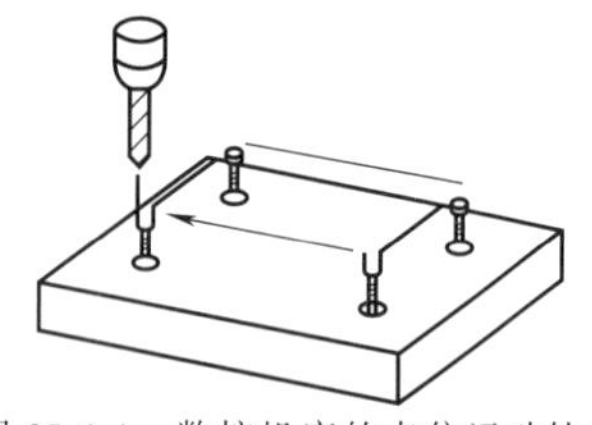

图 25-6-1 数控机床的点位运动轨迹

2）直线控制数控系统。不仅要控制点与点的精确位置，还要控制两点之间的工具移动轨迹是一条直线，且在移动中工具能以给定的进给速度进行加工，其辅助功能要求也比点位控制数控系统多，如它可能被要求具有主轴转速控制、进给速度控制和刀具自动交换等功能。此类控制方式的设备主要有简易数控车床、数控镗铣床等。

3）轮廓控制数控系统（图 25-6-2）。这类系统能够对两个或两个以上坐标方向进行严格控制，即不仅控制每个坐标的行程位置，同时还控制每个坐标的运动速度。各坐标的运动按规定的比例关系相互配合，精确地协调起来连续进行加工，以形成所需要的直线、斜线或曲线、曲面。采用此类控制方式的设备有数控车床、铣床、加工中心、电加工机床和特种加工机床等。

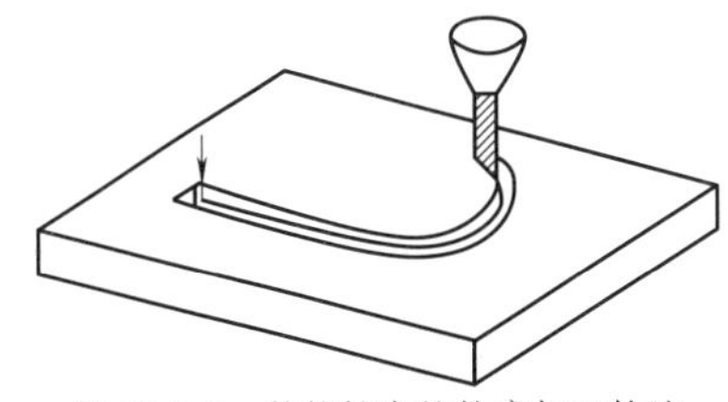

图 25-6-2 数控铣床的轮廓加工轨迹

(3) 按伺服系统分类

按照伺服系统的控制方式，可以把数控系统分为以下几类。

1) 开环控制数控系统（图 25-6-3）。这类数控系统不带检测装置，也无反馈电路，以步进电动机为驱动元件。CNC 装置输出的指令进给脉冲经驱动电路进行功率放大，转换为控制步进电动机各定子绕组依次通电/断电的电流脉冲信号，驱动步进电动机转动，再经机床传动机构（齿轮箱、丝杠等）带动工作台移动。这种方式控制简单，价格比较低廉，被广泛应用于经济型数控系统中。

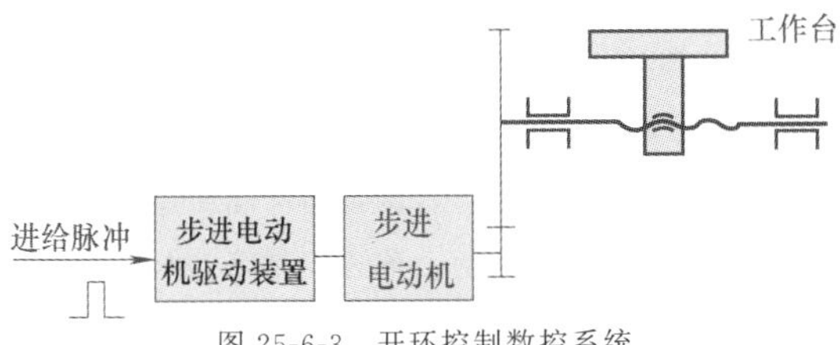

图 25-6-3 开环控制数控系统

2) 半闭环控制数控系统。位置检测元件被安装在电动机轴端或丝杠轴端，通过角位移的测量间接计算出机床工作台的实际运行位置（直线位移），并将其与 CNC 装置计算出的指令位置（或位移）相比较，用差值进行控制，其控制框图如图 25-6-4 所示。由于闭环的环路内不包括丝杠、螺母副及机床工作台这些大惯性环节，由这些环节造成的误差不能由环路所矫正，其控制精度不如闭环控制数控系统，但其调试方便，可以获得比较稳定的控制特性，因此在实际应用中，这种方式被广泛采用。

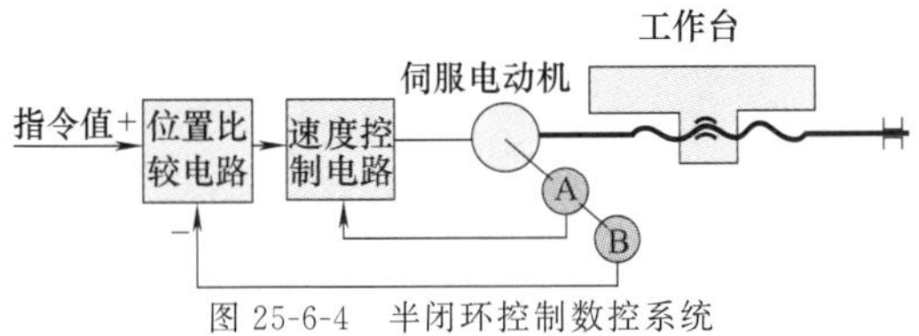

图 25-6-4 半闭环控制数控系统

3) 全闭环控制数控系统。位置检测装置安装在机床工作台上，用以检测机床工作台的实际运行位置（直线位移），并将其与 CNC 装置计算出的指令位置（或位移）相比较，用差值进行控制，其控制框图如图 25-6-5 所示。这类控制方式的位置控制精度很高，但由于它将丝杠、螺母副及机床工作台这些大惯性环节放在闭环内，调试时，其系统稳定状态很难达到。

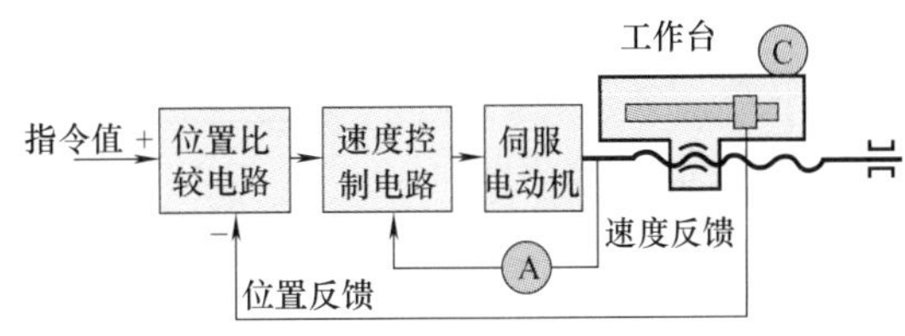

图 25-6-5 全闭环控制数控系统

(4) 按数控系统功能水平分类

1) 经济型数控系统。又称简易数控系统，通常仅能满足一般精度要求的加工，能加工形状较简单的直线、斜线、圆弧及带螺纹类的零件，采用的微机系统为单板机或单片机系统，如：经济型数控线切割机床、数控钻床、数控车床、数控铣床及数控磨床等。

2) 普及型数控系统。通常称为全功能数控系统，这类数控系统功能较多，但不追求过多，以实用为准。

3) 高档型数控系统。指加工复杂形状工件的多轴控制数控系统，且其工序集中、自动化程度高、功能强、具有高度柔性。用于具有 5 轴以上的数控铣床，大、中型数控机床，五面加工中心，车削中心和柔性加工单元等。

6.1.3 CNC 系统组成

CNC 系统是在传统硬结构数控（NC）的基础上发展起来的，它主要由硬件和软件两大部分组成。其核心是计算机数字控制装置。它采用了计算机作为控制部件，通过系统控制软件配合系统硬件，合理地组织、管理数控系统的输入、数据处理、插补和输出信息，控制执行部件，使数控机床按照操作者的要求进行自动加工。

CNC 系统类型很多，主要有铣床、车床、加工中心等。CNC 系统由计算机数控装置（CNC 装置）、输入设备、输出设备、主轴驱动装置和进给（伺服）驱动装置（包括检测装置）等组成，如图 25-6-6 所示。

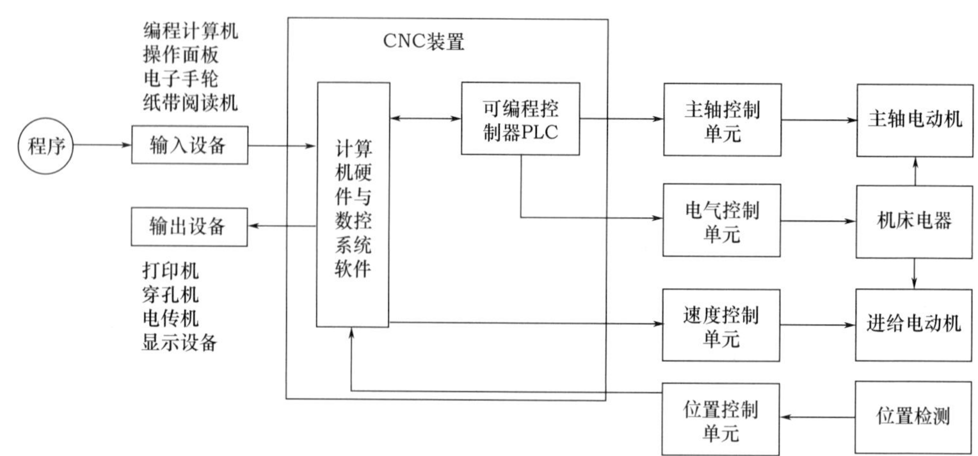

图 25-6-6　CNC 系统的组成

在图 25-6-6 中，数控系统一般是指图中的 CNC 装置。CNC 装置由计算机硬件、系统软件和相应的 I/O 接口构成的专用计算机与可编程控制器 PLC 组成。专用计算机进行机床运动的数字控制，PLC 进行机床开关量逻辑控制。

6.1.4　计算机数控装置的组成

CNC 装置由硬件和软件组成。硬件由微处理器 (CPU)、存储器、位置控制、输入/输出 (I/O) 接口、可编程序控制器 (PLC)、图形控制、电源等模块组成，硬件组成如图 25-6-7 所示。软件则由系统软件和应用软件组成。为了实现 CNC 系统各项功能而编制的专用软件，称为系统软件。在系统软件的控制下，CNC 装置对输入的加工程序自动进行处理并发出相应的控制指令及进给控制信号。系统软件由管理软件和控制软件组成，如图 25-6-8 所示。管理软件承担零件加工程序的输入输出、I/O 处理、系统的显示和故障诊断。控制软件则承担译码处理、刀具补偿、速度处理、插补运算、位置控制等工作。

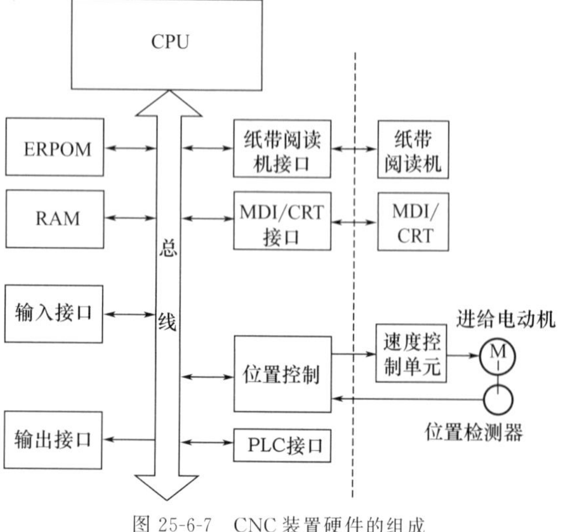

图 25-6-7　CNC 装置硬件的组成

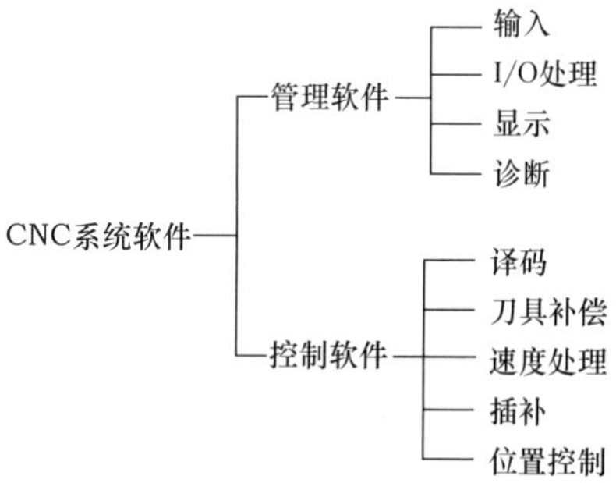

CNC系统软件
- 管理软件
  - 输入
  - I/O处理
  - 显示
  - 诊断
- 控制软件
  - 译码
  - 刀具补偿
  - 速度处理
  - 插补
  - 位置控制

图 25-6-8　CNC 装置系统软件的组成

(1) 计算机数控装置中的微型计算机

微型计算机是计算机数控装置中的核心，与通用计算机一样，它包括中央处理器 (CPU)、内部存储器、I/O 接口以及时钟、译码等辅助电路。

① 中央处理器由运算器和控制器两部分组成。运算器是对数据进行算术和逻辑运算的部件。在运算过程中，运算器不断地得到由存储器提供的数据，并将运算的中间结果送回存储器暂时保存起来。控制器从存储器中依次取出组成程序的指令，经过译码后向数控系统的各部分按顺序发出执行操作的控制信号，使指令得以执行。因此，控制器是统一指挥和控制数控系统各部件的中央机构，它一方面向各个部件发出执行任务的指令，另一方面又接收执行部件发回的反馈信息，控制器根据程序中的指令信息和这些反馈信息，决定下一步的操作命令。

② 存储器用于存储系统软件和零件加工程序，并将运算的中间结果以及处理后的结果储存起来。它包括存放系统控制软件的存储器 (ROM) 和存放中

间数据的存储器（RAM）两部分。ROM中的系统控制软件程序是由数控系统生产厂家写入的，用来完成CNC系统的各项功能。数控机床操作者将各自的加工程序存储在RAM中，供数控系统用于控制机床加工零件，RAM还可作为系统程序执行过程中的活动场所，用于堆栈、参数保存、中间运算结果保存等。

③ 输入/输出接口是中央处理器和外界联系的通路，它提供物理的连接手段，完成必要的数据格式和信号形式的转换。I/O接口按功能可分为两类：一类连接常规的输入输出设备以实现程序的输入输出及人机交互的界面，称为通用的I/O接口；另一类则连接专用的控制和检测装置，实现机床的位置和工作状态的控制与检测，这是CNC系统专有的，称为机床控制I/O接口。

（2）输入/输出装置

输入/输出部分包括各种类型的输入输出设备（又称外部设备）和输入/输出接口控制部件。其外部设备主要包括光电阅读机、CRT显示器、键盘、穿孔机以及面板等。其中光电阅读机是用来输入系统程序和零件加工程序的；CRT作为显示器及监控之用；键盘主要用作输入操作命令及编辑修改数据，也可以用作少量零件加工程序的输入；穿孔机则作为复制零件程序纸带之用，以便保存和检查零件程序；操作面板可供操作员改变操作方式、输入设定数据以及启停加工等。典型的输入/输出接口控制部件有纸带输入机接口、盒式磁带输入机接口、数控系统操作面板接口、进给伺服控制接口以及字符显示器（CRT）接口等。

（3）可编程序控制器（PLC）

数控机床的控制在控制侧（即NC侧）有各坐标轴的运动控制，在机床侧（即MT侧）有各种执行机构的逻辑顺序控制。可编程序控制器处于NC和MT之间，对NC和MT的输入、输出信息进行处理，用软件实现机床侧的控制逻辑，亦即用PLC提高CNC系统的灵活性、可靠性和利用率，并使结构更紧凑。

数控机床用可编程序控制器有内装型（built in type）和独立型（stand-alone type）两种。内装型PLC从属于CNC系统，其硬件电路可与CNC其他电路制在同一块印制板上，也可做成一块单独的电路板。对于CPU的配置，可与CNC共享，也可单独配置CPU。

内装PLC与NC间的信号传递只在CNC系统内部进行，与外部信息交换则通过CNC的输入/输出电路。独立型PLC独立于CNC系统，本身具有完备的硬件和软件功能，可以独立完成所规定的控制任务。独立型PLC的功能易于扩展，硬件配置上增减灵活。

PLC的应用程序（application program），即PLC程序，通常用梯形图表示。编制PLC程序的设备有PLC专用编程机、编程器，有PLC编程功能的CNC系统或配有PLC编程系统软件的个人计算机（或工作站）。

（4）位置控制装置

位置控制装置由伺服机构和执行元件组成。伺服机构包括速度控制单元和位置控制单元两部分。经插补运算得到的每个坐标轴在单位时间间隔内的位移量送往位置控制单元，由它生成伺服电动机速度指令发往速度控制单元。速度控制单元接收速度反馈信号，对伺服电动机进行速度闭环控制；同时位置控制单元接收实际位置反馈，并修正速度指令，实现机床运动的准确控制。执行元件可以是交流或直流伺服电动机。

6.1.5 CNC系统功能

数控系统的功能通常包括基本功能和选择功能。基本功能是数控系统必备的功能，包括数控加工程序解释、数据处理、进给轴控制和开关量控制功能。选择功能是供用户根据机床特点和用途进行选择的功能。CNC系统的功能主要反映在准备功能G指令代码和辅助功能M指令代码上。由于数控机床的类型、用途不同，CNC系统的功能差别很大，下面介绍其主要功能。

（1）基本功能

① 控制功能。CNC系统能控制的轴数和能同时控制（联动）的轴数是其主要性能之一。控制轴有移动轴和回转轴。通过轴的联动可以完成轮廓轨迹的加工。一般数控车床只需二轴控制，二轴联动；一般铣床需要二轴半或三轴控制、三轴联动；一般加工中心为多轴控制，三轴联动。控制轴数越多，特别是同时控制的轴数越多，CNC系统的功能越强，编制程序也越困难。

② 准备功能。准备功能也称G指令代码，它是使数控机床做好某种操作准备的指令，用地址G和数字表示，ISO标准中规定准备功能有G00～G99共100种。目前，有的数控系统也用到00～99之外的数字。准备功能包括数控轴的基本移动、程序暂停、平面选择、坐标设定、刀具补偿、基准点返回、固定循环、公英制转换等。

③ 插补功能。CNC系统是通过软件插补来实现刀具运动轨迹控制的。插补功能的任务，包括插补计算和按一定速度的插补输出。插补计算是在一个加工程序段轨迹的起、终点之间，进行中间点的计算，分

别向各个坐标轴发出方向、大小都确定的协调的运动系列命令，通过各个轴运动的合成，产生数控加工程序段要求的运动轨迹。根据曲线的基点（起、终点）插补出的轨迹与要求的轨迹相比，误差不能超过一定的容差范围，这一点从插补计算的角度能够做到，插补的结果还应以确定的速度输出给各个坐标轴。为保证在运行速度影响下的轨迹精度，需要专门的速度预计算程序进行处理。

速度预计算程序进行轨迹运行的自动加减速处理，使插补速度命令与系统实际的加速度相适应，当出现大的速度变化（如绕行小圆弧）时，因受系统动态性能影响，系统难以跟踪给定的轨迹，此时速度预计算程序自动取消数控加工程序给定的轨迹速度，以便保证轨迹精度。更好的速度预计算程序具有超前功能，它预先分析多个数控加工程序段，进行相应速度预计算和处理。

数控加工程序的译码、在插补计算开始前进行的几何数据处理、速度与计算等统称为数控加工程序的预处理。插补计算程序又称为插补器。

④ 进给功能。CNC系统的通过几何数据处理（数控加工程序段的几何变换、补偿计算、速度预计算和插补计算等）功能所提供的位置指令和速度指令被送往每一个进给轴单元，作为各个进给轴调节器的输入。CNC系统的进给功能用F指令代码直接指定数控机床加工的进给速度。

a. 切削进给速度。以每分钟进给的毫米数指定刀具的进给速度，如100mm/min。对于回转轴，表示每分钟进给的角度。

b. 同步进给速度。以主轴每转进给的毫米数规定的进给速度，如0.02mm/r。只有主轴上装有位置编码器的数控机床才能指定同步进给速度，用于切削螺纹的编程。

c. 进给倍率。操作面板上设置了进给倍率开关，倍率可以在0～200%之间变化，每挡间隔10%。使用倍率开关不用修改程序就可以改变进给速度，并可以在试切零件时随时改变进给速度或在发生意外时随时停止进给。

⑤ 主轴功能。主轴功能就是指定主轴转速的功能。

a. 转速的编码方式。一般用S指令代码指定。一般用地址符S后加两位数字或四位数字表示，单位分别为r/min和mm/min。

b. 指定恒定线速度。该功能可以保证车床和磨床加工工件端面质量和不同直径的外圆的加工具有相同的切削速度。

c. 主轴定向准停。该功能使主轴在径向的某一位置准确停止，有自动换刀功能的机床必须选取有这一功能的CNC装置。

⑥ 补偿功能。补偿功能是为了使数控加工程序编制过程能相对独立，不用事先考虑实际使用的机床类型和刀具几何尺寸而设计的。在数控系统中允许采用多种坐标系，要求操作者在加工前，工件转卡后，输入工件零点（编程零点）相对机床零点的偏移量，坐标几何变换程序确定各种坐标系下的坐标值与机床坐标系的关系。实际所采用刀具的几何尺寸各异，当操作者在加工前输入了实际使用的刀具参数（如刀具长度和刀具半径）后，应使刀架相关点按刀具参数相对编程轨迹进行偏移，即进行刀具补偿，补偿计算程序完成各种刀具补偿所需的计算。另外，补偿计算程序还必须协调数控装置外部随机的、动态的影响，如操作者利用机床操作面板上的旋转开关，对进给速度和主轴转速的修正（一般修正速度为编程速度的0～150%，有些可达200%），以及由随机负载或机床结构的热变形等造成的影响。

补偿功能是通过输入到CNC系统存储器的补偿量，根据编程轨迹重新计算刀具的运动轨迹和坐标尺寸，从而加工出符合要求的工件。补偿功能主要有以下种类。

a. 刀具的尺寸补偿。如刀具长度补偿、刀具半径补偿和刀尖圆弧补偿。这些功能可以补偿刀具磨损以及换刀时对准正确位置，简化编程。

b. 丝杠的螺距误差补偿和反向间隙补偿或者热变形补偿。通过事先检测出丝杠螺距误差和反向间隙，并输入CNC系统中，在实际加工中进行补偿，从而提高数控机床的加工精度。

⑦ 辅助功能。即开关量控制功能，一般由可编程控制器（PLC）实现。辅助功能用来指定主轴的启、停和转向；切削液的开和关；刀库的启和停等。此外，它还能实现一些机床状态的监测和诊断功能，如，一般开关功能应和几何数据的处理相同步、如正使用的刀具的几何语句未执行完时，PLC不能执行换刀命令等。一般用M指令代码表示。各种型号的数控装置具有的辅助功能差别很大，而且有许多是自定义的。

（2）可选功能

可选功能不仅提高了数控加工过程和操作的方便性和舒适性，而且拓宽了数控系统的适用范围，使制造系统中制造单元的集成成为可能。

① 编程功能。数控系统可提供各种数控加工程序的编程工具，鉴于价格和功能方面的考虑，这些编程工具可以是简单的手工编程系统、自动编程系统及面向车间的编程WOP（workshop oriented programming）系统。自动编程系统用计算机代替手工编程系统，编程人员根据被加工零件的几何图形和工艺要求，用自动编程语言写出源程序并输入计算机，由计算机自动生成数控加工程序。WOP利用图形编程，操作简单，编程人员不需使用抽象的语言，只要以图形交互方式进行零件描述，利用WOP系统推荐的工艺数据，根据自己的生产经验进行选择和优化修正，WOP系统就能自动生成数控加工程序。

② 图形模拟功能。数控系统在不启动机床的情况下，可在显示器上进行各种加工过程的图形模拟，特别是对难以观察的内部加工及被切削液、防护罩等挡住的加工部分的检查，编程者可利用图形模拟功能检查和优化所编写的数控加工程序，减少机床的准备时间。

使用图形加工模拟器由两个目的，其一，检查在加工运动中和换刀过程中是否会出现碰撞及刀具干涉，并检查工件的轮廓和尺寸是否正确；其二，识别不必要的加工运动（如空切削），将其去掉或改为快速运动，减少加工时间。

③ 监测和诊断功能。为保证加工过程的正确进行，避免机床、工件和刀具的损坏，应使用监测和诊断功能。这种功能可以直接置于数控装置的控制程序中，也可为附加的、可直接执行的功能模块形式。监测和诊断功能可以对机床进行，如对机床的动态运行、几何精度和润滑状态的检查处理；对数控系统本身的硬件和软件进行，如数控系统硬件配置、硬件电路导通和断开、各硬件组成部分功能及各软件功能的检查处理；还可以对加工过程进行的检查处理，如对刀具磨损、刀具断裂、工件储存和表面质量的检查处理。

对数控系统进行完全的监测和诊断是很复杂的，需要通过几个或多个监测和诊断功能模块的运行及硬件的配合才能进行故障定位。

④ 测量和校正功能。机床机械精度不足、机械结构受温度影响、刀具磨损以及一些随机因素将会导致加工位置的变化。对经常变化的量，如工件的夹紧装置（夹紧公差）、刀具磨损和受温度影响导致的主轴伸长等，可借助于测量装置、传感器和探测器测出机床、刀具和工件的位置变化，查出相应的校正值进行补偿。对随机的误差，如主轴上升误差，通常在开动机床时，在机床上一次性测量，并存入校正存储单元中，用于后续相应操作的校正。

⑤ 用户界面。用户界面是数控系统与其使用者之间的界面，是数控系统提供给用户调试和使用机床的全部辅助手段，如屏幕、开关、按键、手轮等人工控制元件，用户可自由查看的过程和信息、可定义的数据和功能键、可规定的软件钥匙、可连接的硬件接口等。数控系统应为用户提供尽可能多的自由性，使系统适应性强，灵活多变。如要使所购置的数控系统对应具体的机床，可利用用户界面对数控系统进行应用性构造，即将运动轴、主轴、手轮、测量系统、调节环参数、插补方式、速度和加速度等配置和规定以参数形式置入数控系统；利用用户界面，可使数控装置的控制也具有可编程性。用户界面的适应性是一个数控系统的质量和开放性的标志。

⑥ 通信功能。数控装置能够与可编程控制器进行通信，对驱动装置和传感器可采用现场总线网实现通信连接，远程诊断也需要通过通信的方式实现，要将数控单元集成到先进制造系统中，通信也起着重要的作用，如可以通过MAP/MMS（制造自动化协议/制造报文规范）支持的网络来实现。

⑦ 单元功能。为提高生产率，并使各个设备得到充分的利用，要求制造系统中各种机床和设备相互紧密配合，为此可采用先进的制造系统。如柔性制造单元（FMC）、柔性制造系统（FMS）和计算机集成制造系统（CIMS）等，为适应先进制造系统，可为数控机床配置单元功能，即为其配置任务管理、托盘管理和刀具管理功能。

⑧ 其他功能。在数控系统中还有一些其他功能，如企业和机床数据统计功能、数控加工程序管理器功能等。

若将企业和机床数据统计软件集成到数控系统中，可使数控系统的功能范围得到扩展。统计数据分为任务数据（任务期限、设备时间、件数和废品率等）、人员数据（出勤情况和工作时间等）以及机床数据（生产时间、停机时间、故障原因和故障时间等），通过统计数据的应用，能初步分析管理和加工的情况。

在数控系统中还可以集成数控加工程序管理器，进行数控加工主程序和子程序信息（程序号、程序版本、程序状态、运行时间等）的管理，提供工件加工必要的配备需求（如刀具、设备和测量手段等），为某种工件的加工作准备。

CNC系统的核心是CNC装置。由于使用了计算机，系统具有软件功能，又用PLC代替了传统的机床电器逻辑控制装置，使系统更小巧，其灵活性、通用性、可靠性更好，易于实现复杂的数控功能，使用、维护也更方便，并具有与上位机连接及进行远程通信的功能。

6.1.6 计算机数控装置的工作原理

CNC装置在其硬件环境支持下，按照系统监控软件的控制逻辑，对输入、译码处理、数据处理、刀具补偿、速度控制、插补运算与位置控制、I/O 处理、显示和诊断等方面进行控制，如图 25-6-9 所示。

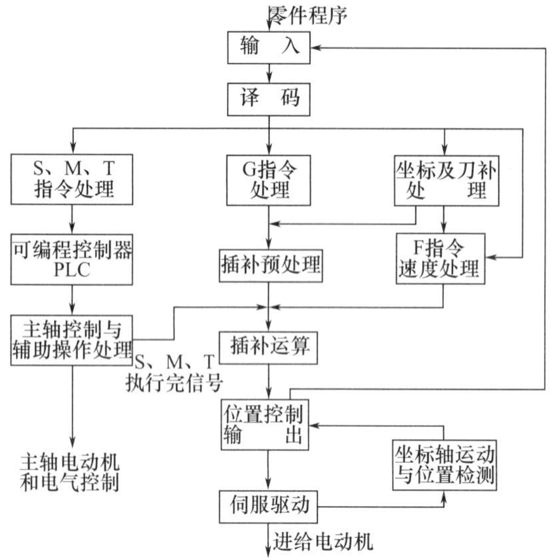

图 25-6-9　CNC 的工作流程

（1）输入

输入到 CNC 装置的有零件加工程序、机床参数和刀具补偿数据。机床参数一般在机床出厂时或在用户安装调试时已经设定好，所以输入 CNC 系统的主要是零件加工程序和刀具补偿数据。输入方式有纸带输入、键盘输入、磁盘输入，上级计算机 DNC 通信输入等。CNC 输入工作方式有存储方式和 NC 方式。存储方式是将整个零件程序一次全部输入 CNC 内部存储器中，加工时再从存储器中把程序一个一个调出。该方式应用较多。NC 方式是 CNC 一边输入一边加工的方式，即在前一程序段加工时，输入后一个程序段的内容。

（2）译码处理

译码处理程序将零件程序以一个程序段为单位进行处理，把其中零件的轮廓信息（起点、终点、直线或圆弧等）、要求的加工速度（F、S）以及其他辅助功能（T、M）等信息按一定的语法规则解释（编译）成计算机能够识别的数据形式，并以一定的数据格式存放在指定的内存专用区域。编译过程中还要进行语法检查，发现错误立即报警。

（3）数据处理

数据处理程序一般包括刀具半径补偿、速度计算以及辅助功能的处理等。一般来说，对输入数据处理程序的实时性要求不高。输入数据处理进行得充分一些，可减轻加工过程中实时性较强的插补运算及速度控制程序的负担。

刀具半径补偿是将零件轮廓轨迹转化为刀具中心轨迹，CNC 装置通过对刀具半径的自动补偿来控制刀具中心轨迹，从而大大减少编程人员的工作量。

速度计算是将编程的刀具移动速度进行计算处理，转化为机床各坐标轴运动的分速度，控制机床切削加工。

辅助功能处理的主要工作是识别标志，在程序执行时发出信号，使机床运动部件执行相应动作，如主轴启停、换刀、工件夹紧与松开、冷却液的开关等。

（4）插补运算及位置控制

插补运算程序完成 CNC 系统中插补器的功能，即实现坐标轴脉冲分配的功能。脉冲分配包括点位、直线以及曲线三个方面。由于现代微机具有完善的指令系统和相应的算术子程序，给插补计算提供了许多方便。可以采用一些更方便的数学方法提高轮廓控制的精度，而不必顾忌会增加硬件线路。插补计算是实时性很强的程序，要尽可能减少程序中的指令条数，即缩短进行一次插补运算的时间。因为这个时间直接决定了插补进给的最高速度。在有些系统中还采用粗插补与精插补相结合的方法：软件只作粗插补，即每次插补一个小线段；硬件再将小线段分成单个脉冲输出，完成精插补。这样既可提高进给速度，又能使计算机空出更多的时间进行必要的数据处理。

插补运算的结果输出，经过位置控制部分（这部分工作既可由软件完成，也可由硬件完成）控制伺服系统运动，控制刀具按预定的轨迹加工。位置控制的主要任务是在每个采样周期内，将插补计算出的理论位置与实际反馈位置相比较，用其差值去控制进给电动机。在位置控制中，通常还要完成位置回路的增益调整、各坐标方向的螺距误差补偿和反向间隙补偿，以提高机床的定位精度。

水平较高的管理程序可使多道程序并行工作，如在插补运算与速度控制的空闲时刻进行数据的输入处理，即调用各功能子程序，完成下一数据段的读入、译码和数据处理工作，且保证在本数据段加工过程中将下一数据段准备完毕，一旦本数据段加工完毕就立即开始下一数据段的插补加工。有的管理程序还安排进行自动编程工作，或对系统进行必要的预防性诊断。

（5）输入/输出处理

输入/输出处理主要是处理 CNC 装置和机床之间来往信号输入、输出和控制。CNC 装置和机床之间必须通过光电隔离电路进行隔离，确保 CNC 装置稳定运行。

（6）显示

CNC 装置显示主要是为操作者提供方便，通常应具有：零件程序显示、参数显示、机床状态显示、刀具加工轨迹动态模拟图形显示、报警显示等功能。

（7）诊断程序

CNC装置利用内部自诊断程序可以进行故障诊断，主要有启动诊断和在线诊断两种。

① 启动诊断是指CNC装置每次从通电开始至进入正常的运行准备状态中，系统相应的自诊断程序通过扫描自动检查系统硬件、软件及有关外设等是否正常。只有当检查到的各个项目都确认正确无误后，整个系统才能进入正常运行的准备状态。否则，CNC装置将通过网络、TFT、CRT或用硬件（如发光二极管）报警方式显示故障的信息。此时，启动诊断过程不能结束，系统不能投入运行。只有排除故障之后CNC装置才能正常运行。

② 在线诊断是指在系统处于正常运行状态中，由系统相应的内装诊断程序，通过定时中断扫描检查CNC装置本身及外设。只要系统不停电，在线诊断就持续进行。

6.2 数控系统的硬件结构

6.2.1 CNC系统的硬件构成特点

随着大规模集成电路技术和表面安装技术的发展，CNC系统硬件模块及安装方式不断改进。从CNC系统的总体安装结构看，有整体式结构和分体式结构两种。

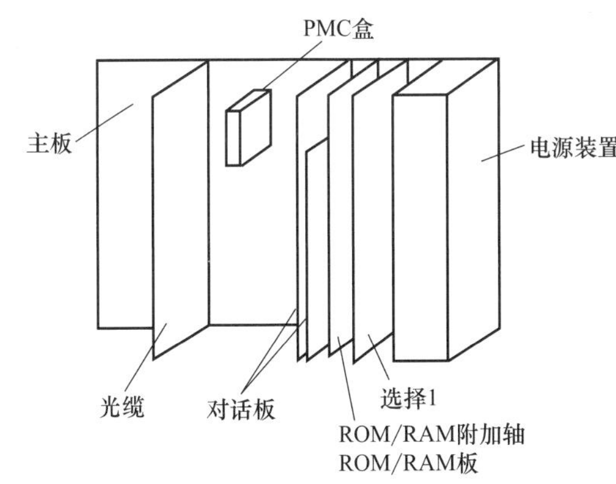

图 25-6-10 大板式结构示意图

整体式结构是把CRT和MDI面板、操作面板以及功能模块板组成的电路板等安装在同一个机箱内。这种方式的优点是结构紧凑，便于安装，但有时可能造成某些信号连线过长。分体式结构通常把CRT和MDI面板、操作面板等制成一个部件，而把功能模块组成的电路板安装在一个机箱内，两者之间用导线或光纤连接。许多CNC机床把操作面板也单独作为一个部件，这是由于所控制机床的要求不同，操作面板也应相应地改变，制成分体式有利于更换和安装。

从组成CNC系统的电路板的结构特点来看，有两种常见的结构，即大板式结构和模块化结构。大板式结构的特点是，一个系统一般都有一块大板，称为主板。大板式结构如图25-6-10所示，主板上装有主CPU和各轴的位置控制电路等。其他相关的子板（完成一定功能的电路板），如ROM板、零件程序存储器板和PLC板都直接插在主板上面，组成CNC系统的核心部分。由此可见，大板式结构紧凑，体积小，可靠性高，价格低，有很高的性价比，也便于机床的一体化设计。大板式结构虽有上述优点，但它的硬件功能不易变动，不利于组织生产。模块化结构的特点是将CPU、存储器、输入输出控制分别制成插件板（称为硬件模块）硬、软件模块形成一个特定的功能单元，称为功能模块。功能模块间有明确定义的接口，接口是固定的，成为工厂标准或工业标准，彼此可以进行信息交换。这种模块化结构的CNC系统设计简单，有良好的适应性和扩展性，试制周期短，调整维护方便，效率高。

从CNC系统使用的CPU及结构来分，CNC系统的硬件结构一般分为单CPU和多CPU结构两大类。初期的CNC系统和现在的一些经济型CNC系统一般采用单CPU结构，而多CPU结构可以满足数控机床高进给速度、高加工精度和许多复杂功能的要求，适应于并入FMS和CIMS运行的需要，从而得到了迅速的发展，也反映了当今数控系统的新水平。

6.2.2 单CPU结构GNC系统的硬件结构

单CPU结构CNC系统的基本结构包括CPU、总线、I/O接口、存储器、串行接口和CRT/MDI接口等，还包括数控系统控制单元部件和接口电路，如位置控制单元、PLC接口、主轴控制单元、速度控制单元、穿孔机和纸带阅读机接口以及其他接口等。图25-6-11所示为一种单CPU结构的CNC系统框图。

CPU主要完成控制和运算两方面的任务。控制功能包括：内部控制，对零件加工程序的输入/输出控制，对机床加工现场状态信息的记忆控制等。运算任务是完成一系列的数据处理工作：译码、刀具补偿计算、运动轨迹计算、插补运算和位置控制的给定值与反馈值的比较运算等。在经济型CNC系统中，常采用8位微处理器芯片或8位、16位的单片机芯片。中高档的CNC系统通常采用16位、32位甚至64位的微处理器芯片。

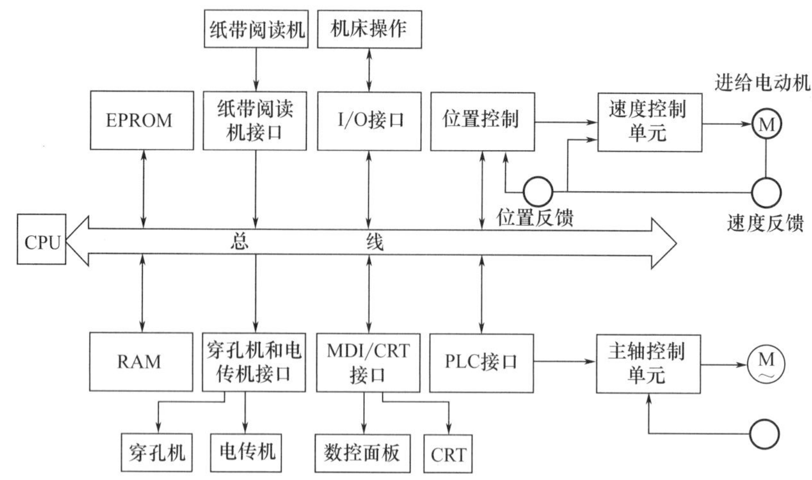

图 25-6-11 单 CPU 结构 CNC 系统框图

单 CPU 结构的 CNC 系统通常采用总线结构。总线是微处理器赖以工作的物理导线，按其功能可以分为三组总线，即数据总线（DB）、地址总线（AB）和控制总线（CB）。

CNC 装置中的存储器包括只读存储器（ROM）和随机存储器（RAM）两种。系统程序存放在可擦可编程只读存储器（EPROM）中，由生产厂家固化，即使断电，程序也不会丢失。系统程序只能由 CPU 读出，不能写入。运算的中间结果，需要显示的数据，运行中的状态、标志信息等存放在 RAM 中。它可以随时读出和写入，断电后，信息就消失。加工的零件程序、机床参数、刀具参数等存放在有后备电池的 CMOS RAM 中，或者存放在磁泡存储器中，这些信息在这种存储器中能随机读出，还可以根据操作需要写入或修改，断电后，信息仍然保存。

CNC 装置中的位置控制单元主要对机床进给运动的坐标轴位置进行控制。位置控制的硬件一般采用大规模专用集成电路位置控制芯片或控制模板实现。

CNC 系统接受指令信息的输入有多种形式，如光电式纸带阅读机、磁带机、磁盘、计算机通信接口等形式，以及利用数控面板上的键盘操作的手动数据输入（MDI）和机床操作面板上手动按钮、开关量信息的输入。所有这些输入都要有相应的接口来实现。CNC 系统的输出也有多种形式，如程序的穿孔机、电传机输出、字符与图形显示的 CRT 输出、位置伺服控制和机床强电控制指令的输出等，同样要有相应的接口来实现。

单 CPU 结构 CNC 系统的特点是：CNC 系统的所有功能都是通过一个 CPU 进行集中控制、分时处理来实现的；该 CPU 通过总线与存储器、I/O 控制元件等各种接口电路相连，构成 CNC 系统的硬件；结构简单，易于实现；由于只有一个 CPU 的控制，功能受字长、数据宽度、寻址能力和运算速度等因素的限制。

6.2.3 多 CPU 结构 CNC 系统的硬件结构

多 CPU 结构 CNC 系统是指在 CNC 系统中有两个或两个以上的 CPU 能控制系统总线或主存储器进行工作的系统结构。

现代的 CNC 系统大多采用多 CPU 结构。在这种结构中，每个 CPU 完成系统中规定的一部分功能，独立执行程序，它与单 CPU 结构相比，提高了计算机的处理速度。多 CPU 结构的 CNC 系统采用模块化设计，将软件和硬件模块形成一定的功能模块。模块间有明确的符合工业标准的接口，彼此间可以进行信息交换。这样可以形成模块化结构，缩短了设计制造周期，并且具有良好的适应性和扩展性，结构紧凑。多 CPU 结构的 CNC 系统由于每个 CPU 分管各自的任务，形成若干个模块，如果某个模块出了故障，其他模块仍能照常工作；并且插件模块更换方便，可以使故障对系统的影响减到最低程度，提高了可靠性；性价比高，适合于多轴控制、高进给速度、高精度的数控机床。

（1）多 CPU 结构 CNC 系统的典型结构

① 共享总线结构。在这种结构的 CNC 系统中，只有主模块有权控制系统总线，且在某一时刻只能有一个主模块占有总线，如有多个主模块同时请求使用总线会产生竞争总线问题。

共享总线结构的各模块之间的通信，主要依靠存储器实现，采用公共存储器的方式。公共存储器直接插在系统总线上，有总线使用权的主模块都能访问，可供任意两个主模块交换信息，其结构框图如图 25-6-12所示。

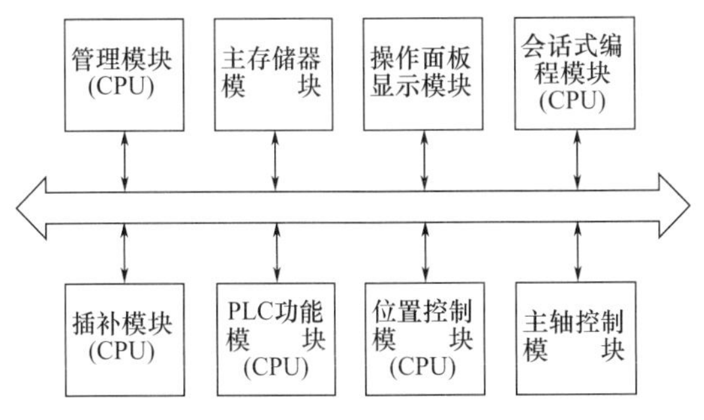

图 25-6-12　共享总线的多 CPU 结构的 CNC 系统结构框图

② 共享存储器结构。在该结构中，采用多端口存储器来实现各 CPU 之间的互联和通信，每个端口都配有一套数据、地址、控制线，以供端口访问，由多端控制逻辑电路解决访问冲突，如图 25-6-13 所示。当 CNC 系统功能复杂要求 CPU 数量增多时，会因争用共享存储器而造成信息传输的阻塞，降低系统的效率，其扩展功能较为困难。

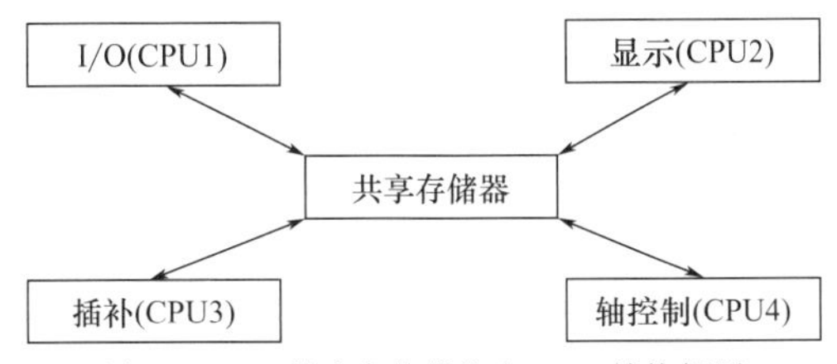

图 25-6-13　共享存储器的多 CPU 结构框图

（2）多 CPU 结构 CNC 系统基本功能模块

① 管理模块。该模块是管理和组织整个 CNC 系统工作的模块，主要功能包括：初始化、中断管理、总线裁决、系统出错识别和处理、系统硬件与软件诊断等。

② 插补模块。该模块用于在完成插补前，进行零件程序的译码、刀具补偿、坐标位移量计算、进给速度处理等预处理，然后进行插补计算，并给定各坐标轴的位置值。

③ 位置控制模块。对坐标位置给定值与由位置检测装置测到的实际位置值进行比较并获得差值，进行自动加减速、回基准点、对伺服系统滞后量进行监视和漂移补偿，最后得到速度控制的模拟电压（或速度的数字量），去驱动进给电动机。

④ PLC 模块。零件程序的开关量（S、M、T）和机床面板来的信号在这个模块中进行逻辑处理，实现机床电气设备的启、停控制，刀具交换，转台分度，工件数量和运转时间的计数等。

⑤ 命令与数据输入/输出模块。指零件程序、参数和数据，各种操作指令的输入/输出，以及显示所需要的各种接口电路。

⑥ 存储器模块。指程序和数据的主存储器或功能模块数据传送用的共享存储器。

6.3　CNC 系统的软件结构

CNC 系统的软件是为完成 CNC 系统的各项功能而专门设计和编制的，是数控加工系统的一种专用软件，又称为系统软件（系统程序）。CNC 系统软件的管理作用类似于计算机的操作系统的功能。不同的 CNC 装置，其功能和控制方案也不同，因而各系统软件在结构上和规模上差别较大，各厂家的软件互不兼容。现代数控机床的功能大都采用软件来实现，所以，系统软件的设计及功能是 CNC 系统的关键。

数控系统是按照事先编制好的控制程序来实现各种控制的，而控制程序是根据用户对数控系统所提出的各种要求进行设计的。在设计系统软件之前必须细致地分析被控制对象的特点和对控制功能的要求，决定采用哪一种计算方法。在确定好控制方式、计算方法和控制顺序后，将其处理顺序用框图描述出来，使系统设计者对所设计的系统有一个明确而又清晰的轮廓。

6.3.1　CNC 装置软硬件的界面

在 CNC 系统中，软件和硬件在逻辑上是等价的，即由硬件完成的工作原则上也可以由软件来完成。但是它们各有特点：硬件处理速度快，造价相对较高，适应性差；软件设计灵活、适应性强，但是处理速度慢。因此，CNC 系统中软、硬件的分配比例是由性能价格比决定的。这也在很大程度上涉及软、硬件的发展水平。一般说来，软件结构首先要受到硬件的限制，软件结构也有独立性。对于相同的硬件结构，可以配备不同的软件结构。实际上，现代 CNC 系统中软、硬件界面并不是固定不变的，而是随着软、硬件的水平和成本，以及 CNC 系统所具有的性能不同而发生变化。图 25-6-14 给出了不同时期和不同产品中的三种典型的 CNC 系统软、硬件界面。

CNC 装置是在硬件的支持下执行软件的全过程。软件和硬件各有不同的特点，软件设计灵活，适应性强，但处理速度慢；硬件处理速度快，但成本较高。因此在 CNC 装置中，数控功能的实现大致分为三种

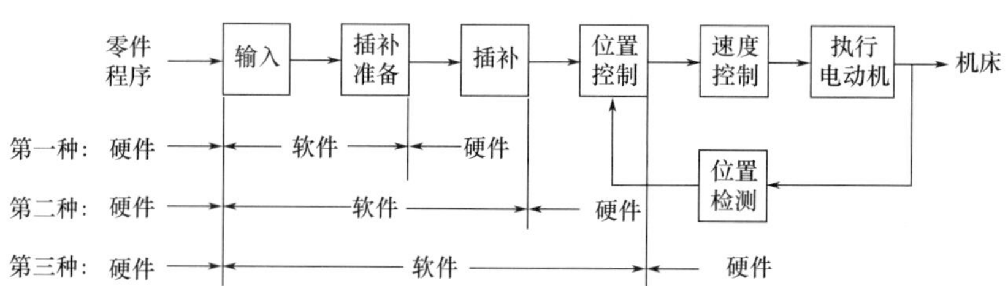

图 25-6-14　CNC 中三种典型的软硬件界面

情况：第一种情况是由软件完成输入、插补前的准备，硬件完成插补和位置控制；第二种情况是由软件完成输入、插补前的准备、插补，硬件完成位置的控制；第三种情况是由软件完成输入、插补前的准备、插补及位置控制的全部工作。

6.3.2　CNC 系统控制软件的结构特点

（1）CNC 系统的多任务性

CNC 系统作为一个独立的过程数字控制器应用于工业自动化生产中，其多任务性表现在它的管理软件必须完成管理和控制两大任务。其中系统管理包括输入，I/O 处理，通信、显示、诊断以及加工程序的编制管理等程序。系统的控制部分包括：译码、刀具补偿、速度处理、插补和位置控制等软件，如图 25-6-15所示。

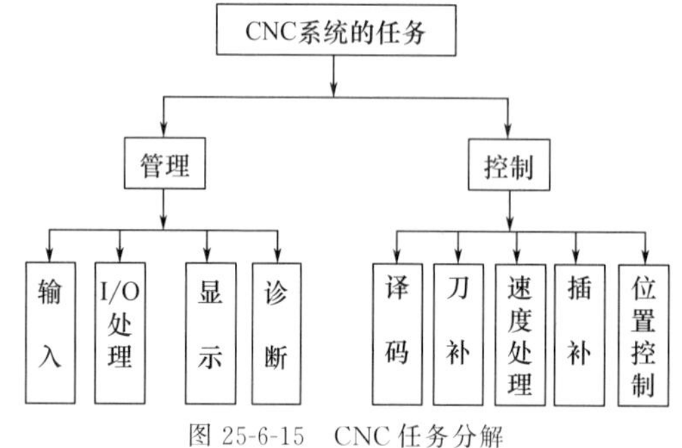

图 25-6-15　CNC 任务分解

同时，CNC 系统的这些任务必须协调工作。也就是在许多情况下，管理和控制的某些工作必须同时进行。例如，为了便于操作人员能及时掌握 CNC 的工作状态，管理软件中的显示模块必须与控制模块同时运行；当 CNC 处于 NC 工作方式时，管理软件中的零件程序输入模块必须与控制软件同时运行。而控制软件运行时，其中一些处理模块也必须同时进行。如为了保证加工过程的连续性，即刀具在各程序段间不停刀，译码、刀补和速度处理模块必须与插补模块同时运行，而插补又必须与位置控制同时进行等，这种任务并行处理关系如图 25-6-16 所示。

实际上，CNC 系统是一个专用的实时多任务计算机系统，其软件必然会融合现代计算机软件技术中的许多先进技术，其中最突出的是多任务并行处理和多重实时中断技术。

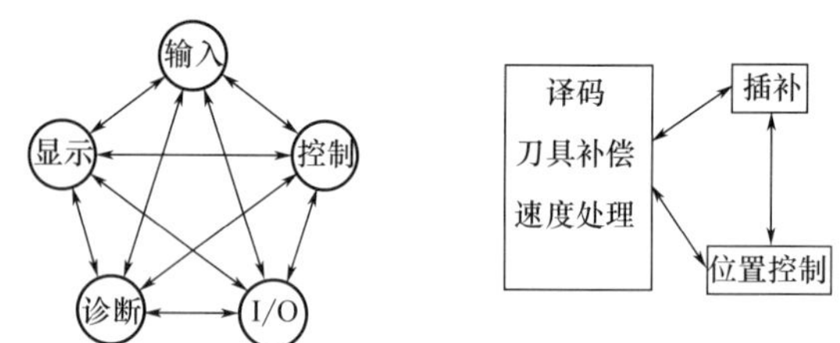

图 25-6-16　CNC 的任务并行处理关系

（2）并行处理

并行处理是指计算机在同一时刻或同一时间间隔内完成两种或两种以上性质相同或不相同的工作。并行处理的优点是提高了运行速度。

并行处理分为“资源重复”法、“时间重叠”法和“资源共享”法等。

资源重复是用多套相同或不同的设备同时完成多种相同或不同的任务。如在 CNC 系统硬件设计中采用多 CPU 的系统体系结构来提高处理速度。

资源共享是根据“分时共享”的原则，使多个用户按照时间顺序使用同一套设备。

时间重叠是根据流水线处理技术，使多个处理过程在时间上相互错开，轮流使用同一套设备的几个部分。

目前 CNC 装置的硬件结构中，广泛使用“资源重复”的并行处理技术。如采用多 CPU 的体系结构来提高系统的速度。而在 CNC 装置的软件中，主要采用“资源分时共享”和“资源重叠的流水处理”方法。

① 资源分时共享并行处理方法。在单 CPU 的 CNC 装置中，要采用 CPU 分时共享的原则来解决多任务的同时运行。各个任务何时占用 CPU 及各个任务占用 CPU 时间的长短，是首先要解决的两个时间分配的问题。在 CNC 装置中，各任务占用 CPU 是用循环轮流和中断优先相结合的办法来解决。图 25-6-17 所

示为一个典型的CNC装置各任务分时共享CPU的时间分配。

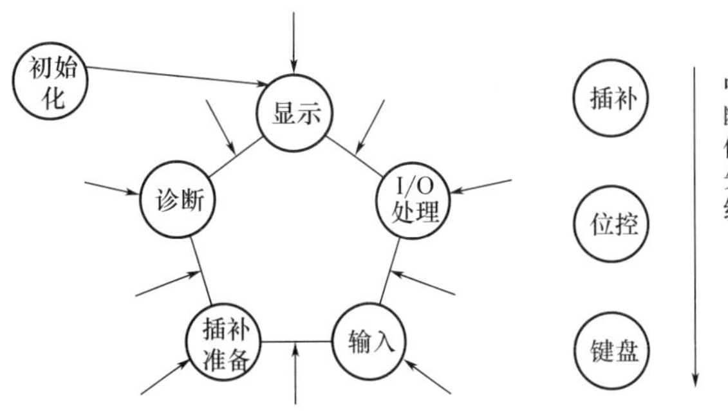

图 25-6-17　CPU分时共享的并行处理

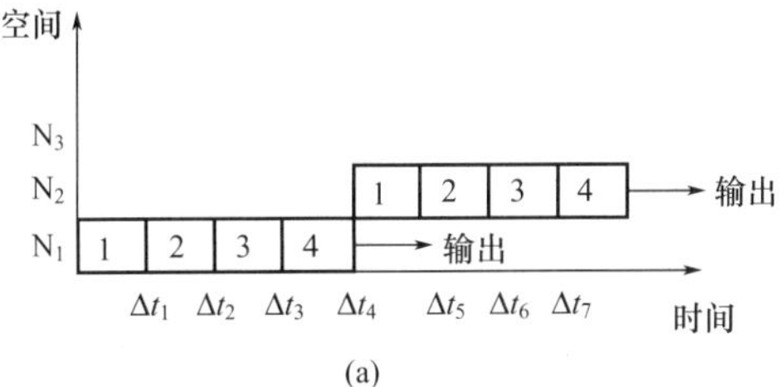

(a)

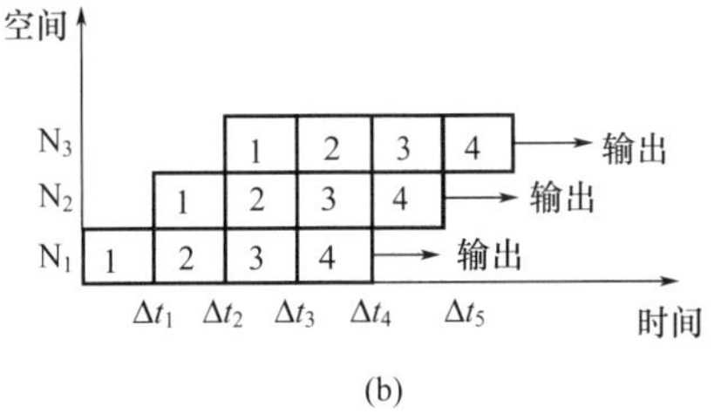

(b)

图 25-6-18　时间重叠流水处理

系统在完成初始化任务后自动进入时间分配循环中，依次轮流处理各任务。而对于系统中一些实时性很强的任务则按优先级排队，分别处于不同的中断优先级上作为环外任务，环外任务可以随时中断环内各任务的执行。

每个任务允许占有CPU的时间受到一定的限制，对于某些占有CPU时间较多的任务，如插补准备(包括译码、刀具半径补偿和速度处理等)，可以在其中的某些地方设置断点，当程序运行到断点处时，自动让出CPU，等到下一个运行时间内自动跳到断点处继续运行。

② 时间重叠流水并行处理方法。当CNC装置在自动加工工作方式时，其数据的转换过程将由零件程序输入、插补准备、插补、位置控制四个子过程组成。如果每个子过程的处理时间分别为 Δt_1、Δt_2、Δt_3、Δt_4，那么一个零件程序段的数据转换时间将是 $t=\Delta t_1+\Delta t_2+\Delta t_3+\Delta t_4$。如果以顺序方式处理每个零件的程序段，则第一个零件程序段处理完以后再处理第二个程序段，依此类推。图 25-6-18(a) 表示了这种顺序处理时的时间空间关系。从图中可以看出，两个程序段的输出之间将有一个时间为 t 的间隔。这种时间间隔反映在电动机上就是电动机的时停时转，反映在刀具上就是刀具的时走时停，这种情况在加工工艺上是不允许的。

消除这种间隔的方法是用时间重叠流水处理技术。采用流水处理后的时间空间关系如图 25-6-18(b) 所示。

流水处理的关键是时间重叠，即在一段时间间隔内不是处理一个子过程，而是处理两个或更多的子过程。从图 25-6-18(b) 中可以看出，经过流水处理以后，从时间 Δt_4 开始，每个程序段的输出之间不再有间隔，从而保证了刀具移动的连续性。流水处理要求处理每个子过程的运算时间相等，然而CNC装置中每个子过程所需的处理时间都是不同的，解决的方法是取最长的子过程处理时间为流水处理时间间隔。这样在处理时间间隔较短的子过程时，当处理完后就进入等待状态。

在单CPU的CNC装置中，流水处理的时间重叠只有宏观上的意义，即在一段时间内，CPU处理多个子过程，但从微观上看，每个子过程是分时占用CPU时间。

(3) 实时中断处理

CNC系统软件结构的另一个特点是实时中断处理。CNC系统程序以零件加工为对象，每个程序段中有许多子程序，它们按照预定的顺序反复执行，各个步骤间关系十分密切，有许多子程序的实时性很强，这就决定了中断成为整个系统不可缺少的重要组成部分。CNC系统的中断管理主要由硬件完成，而系统的中断结构决定了软件结构。

CNC的中断类型如下。

① 外部中断。主要有纸带光电阅读机中断、外部监控中断（如紧急停、量仪到位等）和键盘操作面板输入中断。前两种中断的实时性要求很高，将它们放在较高的优先级上，而键盘和操作面板的输入中断则放在较低的中断优先级上。在有些系统中，甚至用查询的方式来处理它。

② 内部定时中断。主要有插补周期定时中断和位置采样定时中断。在有些系统中将两种定时中断合二为一。但是在处理时，总是先处理位置控制，然后处理插补运算。

③ 硬件故障中断。它是各种硬件故障检测装置发出的中断。如存储器出错，定时器出错，插补运算超时等。

④ 程序性中断。它是程序中出现的异常情况的报警中断。如各种溢出，除零等。

6.3.3　常规 CNC 系统的软件结构

CNC 系统的软件结构决定于系统采用的中断结构。在常规的 CNC 系统中，已有的结构模式有中断型和前后台型两种结构模式。

(1) 中断型结构模式

中断型软件结构的特点是除了初始化程序之外，整个系统软件的各种功能模块分别安排在不同级别的中断服务程序中，整个软件就是一个大的中断系统。其管理的功能主要通过各级中断服务程序之间的相互通信来解决。

一般在中断型结构模式的 CNC 软件体系中，控制 CRT 显示的模块为低级中断（0 级中断），只要系统中没有其他中断级别请求，总是执行 0 级中断，即系统进行 CRT 显示。其他程序模块，如译码处理、刀具中心轨迹计算、键盘控制、I/O 信号处理、插补运算、终点判别、伺服系统位置控制等处理，分别具有不同的中断优先级别。开机后，系统程序首先进入初始化程序，进行初始化状态的设置、ROM 检查等工作。初始化后，系统转入 0 级中断 CRT 显示处理。此后系统就进入各种中断的处理，整个系统的管理是通过每个中断服务程序之间的通信方式来实现的。

例如，FANUC-BESK 7CM CNC 系统是一个典型的中断型软件结构。整个系统的各个功能模块被分为 8 级不同优先级的中断服务程序，如表 25-6-1 所示。其中伺服系统位置控制被安排成很高的级别，因为机床的刀具运动实时性很强。CRT 显示被安排的级别最低，即 0 级，其中断请求是通过硬件接线始终保持存在。只要 0 级以上的中断服务程序均未发生的情况下，就进行 CRT 显示。1 级中断相当于后台程序的功能，进行插补前的准备工作。1 级中断有 13 种功能，对应着口状态字中的 13 个位，每位对应于一个处理任务。在进入 1 级中断服务时，先依次查询口状态字的 0～12 位的状态，再转入相应的中断服务（表 25-6-2）。其处理过程见图 25-6-19。“口状态字”的置位有两种情况：一是由其他中断根据需要置 1 级中断请求的同时置相应的“口状态字”；二是在执行 1 级中断的某个口子处理时，置“口状态字”的另一位。当某一口的处理结束后，程序将“口状态字”的对应位清除。

2 级中断服务程序的主要工作是对数控面板上的各种工作方式和 I/O 信号的处理。3 级中断则是对用户选用的外部操作面板和电传机的处理。

4 级中断最主要的功能是完成插补运算。7CM 系统中采用了“时间分割法”（数据采样法）插补。此方法经过 CNC 插补计算输出的是一个插补周期 T（8ms）的 F 指令值，这是一个粗插补进给量，而精插补进给量则是由伺服系统的硬件与软件来完成的。一次插补处理分为速度计算、插补计算、终点判别和进给量变换四个阶段。

5 级中断服务程序主要对纸带阅读机读入的孔信号进行处理。这种处理基本上可以分为输入代码的有效性判别、代码处理和结束处理三个阶段。

6 级中断主要完成位置控制、4ms 定时计时和存储器奇偶校验工作。

7 级中断实际上是工程师的系统调试工作，非使用机床的正式工作。

中断请求的发生，除了第 6 级中断是由 4ms 时钟发生之外，其余的中断均靠别的中断设置，即依靠各中断程序之间的相互通信来解决。例如第 6 级中断

表 25-6-1　FANUC-BESK 7CM CNC 系统的 8 级中断功能

中断级别	主要功能	中断源
0	控制 CRT 显示	硬件
1	译码、刀具中心轨迹计算，显示器控制	软件，16ms 定时
2	键盘监控，I/O 信号处理，穿孔机控制	软件，16ms 定时
3	操作面板和电传机处理	硬件
4	插补运算、终点判别和转段处理	软件，8ms 定时
5	纸带阅读机读纸带处理	硬件
6	伺服系统位置控制处理	4ms 实时钟
7	系统测试	硬件

表 25-6-2　FANUC-BESK 7CM CNC 系统 1 级中断的 13 种功能

口状态字	对应口的功能
0	显示处理
1	公英制转换
2	部分初始化
3	从存储区（MP、PC 或 SP 区）读一段数控程序到 BS 区
4	轮廓轨迹转换成刀具中心轨迹
5	“再启动”处理
6	“再启动”开关无效时，刀具回到断点“启动”处理
7	按“启动”按钮时，要读一段程序到 BS 区的预处理
8	连续加工时，要读一段程序到 BS 区的预处理
9	纸带阅读机反绕或存储器指针返回首址的处理
A	启动纸带阅读机，使纸带正常进给一步
B	置 M、S、T 指令标志及 G96 速度换算
C	置纸带反绕标志

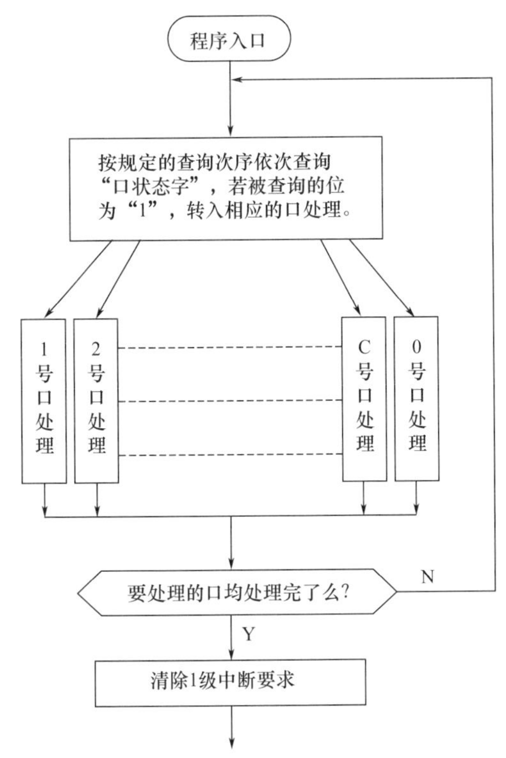

图 25-6-19　1 级中断各口处理转换框图

程序中每两次设置一次第 4 级中断请求（8ms）；每四次设置一次第 1、2 级中断请求。插补的第 4 级中断在插补完一个程序段后，要从缓冲器中取出一段并作刀具半径补偿，这时就置第 1 级中断请求，并把 4 号口置“1”。

下面介绍 FANUC-BESK 7CM 中断型 CNC 系统的工作过程及其各中断程序之间的相互关联。

① 开机。开机后，系统程序首先进入初始化程序，进行初始化状态的设置，ROM 检查工作。初始化结束后，系统转入 0 级中断服务程序，进行 CRT 显示处理。每 4ms 的间隔，进入 6 级中断。由于 1 级、2 级和 4 级中断请求均按 6 级中断的定时设置运行，此后系统就进入轮流对这几种中断的处理。

② 启动纸带阅读机输入纸带。做好纸带阅读机的准备工作后，将操作方式置于“数据输入”方式，按下面板上的主程序 MP 键。按下纸带输入键，控制程序在 2 级中断“纸带输入键处理程序”中启动一次纸带阅读机。当纸带上的同步孔信号读入时产生 5 级中断请求。系统响应 5 级中断，从输入存储器中读入孔信号，并将其送入 MP 区，然后再启动一次纸带阅读机，直到纸带结束。

③ 启动机床加工。

a. 当按下机床控制面板上的“启动”按钮后，在 2 级中断中，判定“机床启动”为有效信息，置 1 级中断 7 号口状态，表示启动按钮后要求将一个程序段从 MP 区读入 BS 区中。

b. 程序转入 1 级中断，在处理到 7 号口状态时，置 3 号口状态，表示允许进行“数控程序从 MP 区读入 BS 区”的操作。

c. 在 1 级中断依次处理完后返回 3 号口处理，把一数控程序段读入 BS 区，同时置已有新加工程序段读入 BS 区标志。

d. 程序进入 4 级中断，根据“已有新加工程序段读入 BS 区”的标志，置“允许将 BS 内容读入 AS”的标志，同时置 1 级中断 4 号口状态。

e. 程序再转入 1 级中断，在 4 号口处理中，把 BS 内容读入 AS 区中，并进行插补轨迹计算，计算后置相应的标志。

f. 程序再进入 4 级中断处理，进行其插补预处理，处理结束后置“允许插补开始”标志。同时由于 BS 内容已读入 AS，因此置 1 级中断的 8 号口，表示要求从 MP 区读一段新程序段到 BS 区。此后转入速度计算→插补计算→进给量处理，完成第一次插补工作。

g. 程序进入 6 级中断，把 4 级中断送出的插补进给量分两次进给。

h. 再进入 1 级中断，8 号口处理中允许再读入一段，置 3 号口。在 3 号口处理中把新程序段从 MP 区读入 BS 区。

i. 反复进行 4 级、6 级、1 级等中断处理，机床在系统的插补计算中不断进给，显示器不断显示出新的加工位置值。

整个加工过程就是由以上各级中断进行若干次处理完成的。由此可见，整个系统的管理采用了中断程序间的各种通信方式实现的。其中包括：

ⓐ 设置软件中断。第 1、2、4 级中断由软件定时实现，第 6 级中断由时钟定时发生，每 4ms 中断一次。这样每发生两次 6 级中断，设置一次 4 级中断请求，每发生四次 6 级中断，设置一次 1、2 级中断请求。将 1、2、4、6 级中断联系起来。

ⓑ 每个中断服务程序自身的连接是依靠每个中断服务程序的“口状态字”位。如 1 级中断分成 13 个口，每个口对应“口状态字”的一位，每一位对应处理一个任务。进行 1 级中断的某口的处理时可以设置“口状态字”的其他位的请求，以便处理完某口的操作时立即转入其他口的处理。

ⓒ 设置标志。标志是各个程序之间通信的有效手段。如 4 级中断每 8ms 中断一次，完成插补预处理功能。而译码、刀具半径补偿等在 1 级中断中进行。当完成了其任务后应立刻设置相应的标志，若未

设置相应的标志，CNC 会跳过该中断服务程序继续往下进行。

（2）前后台型结构模式

该结构模式的 CNC 系统的软件分为前台程序和后台程序。前台程序是指实时中断服务程序，实现插补、伺服、机床监控等实时功能。这些功能与机床的动作直接相关。后台程序是一个循环运行程序，完成管理功能和输入、译码、数据处理等非实时性任务，也叫背景程序，管理软件和插补准备在这里完成。后台程序运行中，实时中断程序不断插入，与后台程序相配合，共同完成零件加工任务。图 25-6-20 所示为前后台软件结构中实时中断程序与后台程序的关系图。这种前后台型的软件结构一般适合单处理器集中式控制，对 CPU 的性能要求较高。程序启动后先进行初始化，再进入后台程序环，同时开放实时中断程序，每隔一定的时间中断发生一次，执行一次中断服务程序，此时后台程序停止运行，实时中断程序执行后，再返回后台程序。

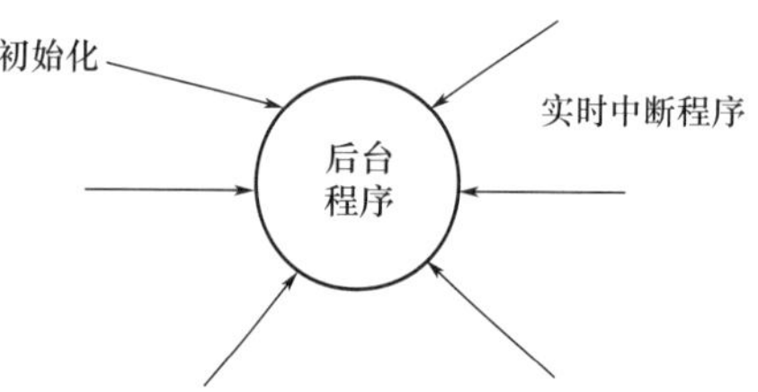

图 25-6-20 前后台软件结构中实时中断程序与后台程序的关系图

美国 A-B7360 CNC 软件是一种典型的前后台型软件。其结构框图如图 25-6-21 所示。该图的右侧是实时中断程序处理的任务，主要的可屏蔽中断有 10.24ms 实时时钟中断、阅读机中断和键盘中断。其中阅读机中断优先级最高，10.24ms 实时时钟中断优先级次之，键盘中断优先级最低。阅读机中断仅在输入零件程序时启动了阅读机后才发生，键盘中断也仅在键盘方式下发生，而 10.24ms 中断总是定时发生的。左侧则是背景程序处理的任务。背景程序是一个循环执行的主程序，而实时中断程序按其优先级随时插入背景程序中。

当 A-B7360 CNC 控制系统接通电源或复位后，首先运行初始化程序，然后，设置系统有关的局部标志和全局性标志；设置机床参数；预清机床逻辑 I/O 信号在 RAM 中的映像区；设置中断向量；并开放 10.24ms 实时时钟中断，最后进入紧停状态。此时，机床的主轴和坐标轴伺服系统的强电时断开的，程序处于对“紧停复位”的等待循环中。由于 10.24ms 时钟中断定时发生，控制面板上的开关状态随时被扫描，并设置了相应的标志，以供主程序使用。一旦操作者按了“紧停复位”按钮，接通机床强电时，程序下行，背景程序启动。首先进入 MCU 总清（即清除零件程序缓冲区、键盘 MDI 缓冲区、暂存区、插补参数区等），并使系统进入约定的初始控制状态（如 G01、G90 等），接着根据面板上的方式进行选择，

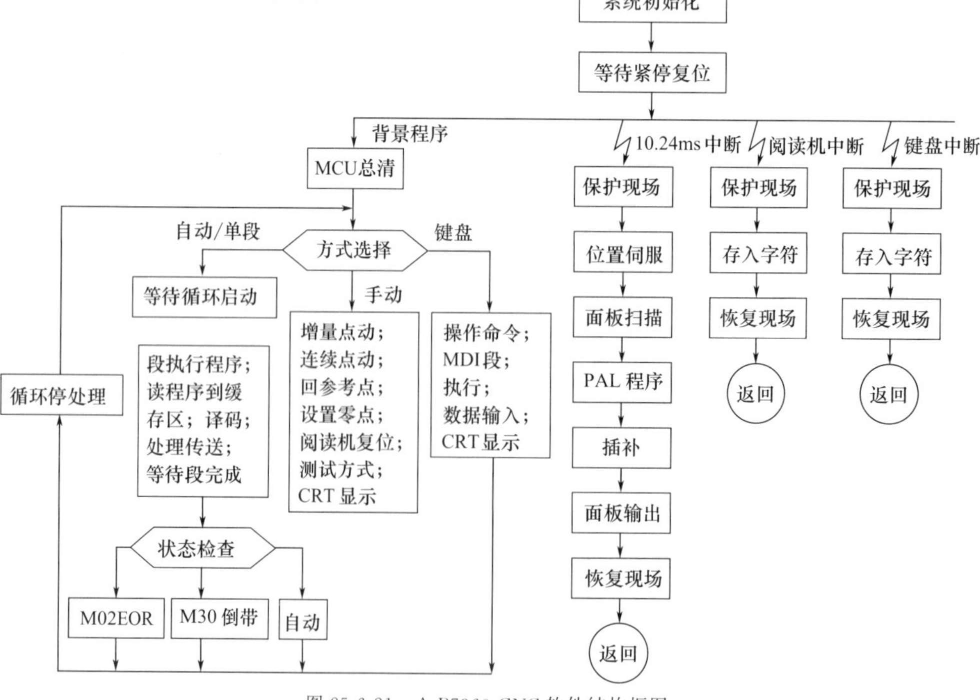

图 25-6-21 A-B7360 CNC 软件结构框图

进入相应的方式服务环中。各服务环的出口又循环到方式选择行程，一旦 10.24ms 时钟中断程序扫描到面板上的方式开关状态发生了变化，背景程序便转到新的方式服务环中。无论背景程序处于何种方式服务中，10.24ms 的时钟中断总是定时发生。

在背景程序中，自动/单段是数控加工中的最主要的工作方式，在这种工作方式下的核心任务是进行一个程序段的数据预处理，即插补预处理。即一个数据段经过输入译码、数据处理后，就进入就绪状态，等待插补运行。所以图 25-6-21 中段执行程序的功能是将数据处理结果中的插补用信息传送到插补缓冲器，并把系统工作寄存器中的辅助信息（S、M、T 代码）送到系统标志单元，以供系统全局使用。在完成了这两种传送之后，背景程序设立一个数据段传送结束标志及一个开放插补标志。在这两个标志建立之前，定时中断程序尽管照常发生，但是不执行插补及辅助信息处理等工作，仅执行一些例行的扫描、监控等功能。这两个标志的设置体现了背景程序对实时中断程序的控制和管理。这两个标志建立后，实时中断程序即开始执行插补、伺服输出、辅助功能处理，同时，背景程序开始输入下一程序段，并进行一个新数据段的预处理。在这里，系统设计者必须保证在任何情况下，在执行当前一个数据段的实时插补运行过程中必须将下一个数据段的预处理工作结束，以实现加工过程的连续性。这样，在同一时间段内，中断程序正在进行本段的插补和伺服输出，而背景程序正在进行下一段的数据处理。即在一个中断周期内，实时中断占用一部分时间，其余时间给背景程序。

一般情况下，下一段的数据处理及其结果传送比本段插补运行的时间短，因此，在数据段执行程序中有一个等待插补完成的循环，在等待过程中不断进行 CRT 显示。由于在自动/单段工作方式中，有段后停的要求，所以在软件中设置循环停请求。若整个零件程序结束，一般情况下要停机。若仅仅本段插补加工结束而整个零件程序未结束，则又开始新的循环。循环停处理程序是处理各种停止状态的，例如在单段工作方式时，每执行完一个程序段时就设立循环停状态，等待操作人员按循环启动按钮。如果系统一直处于正常的加工状态，则跳过该处理程序。

关于中断程序，除了阅读机和键盘中断是在其特定的工作情况下发生外，主要是 10.24ms 的定时中断。该时间是 7360 CNC 的实际位置采样周期，也就是采用数据采样插补方法（时间分割法）的插补周期。该实时时钟中断服务程序是系统的核心。CNC 的实时控制任务包括位置伺服、面板扫描、机床逻辑（可编程应用逻辑 PAL 程序）、实时诊断和轮廓插补等都在其中实现。

6.4 数控系统的 I/O 接口

6.4.1 CNC 装置的输入/输出和通信要求

一般对 CNC 装置输入、输出和通信有四个方面的要求。

① 用户要能将数控命令、代码输入系统，系统要具备拨盘、纸带、键盘、软驱、串口、网络之类的设备。

② 需具备按程序对继电器、电动机等进行控制的能力和对相关开关量（如超程、机械原点等）进行检测的能力。

③ 系统有操作信息提示，用户能对系统执行情况、电动机运动状态等进行监视，系统需配备有 LED（light emitting diode，数码管），CRT（cathode ray tube，阴极射线管），LCD（liquid crystal display，液晶显示器），TFT（thin-film transistor，薄膜晶体管）等显示接口电路。

④ 随着工厂自动化（factory automation，FA）及计算机集成制造系统（CIMS）的发展，CNC 装置作为分布式数控系统（DNC）及柔性制造系统 FMS 的重要基础部件，应具有与 DNC 计算机或上级主计算机直接通信的功能或网络通信功能，以便于系统管理和集成。

6.4.2 数控系统的 I/O 接口电路的作用和要求

一般接收机床操作面板上的开关、按钮信号、机床的各种开关信号，把某些工作状态显示在操作面板的指示灯上，把控制机床的各种信号送到强电柜等工作都要经过 I/O 接口来完成。因此，I/O 接口是 CNC 装置和机床、操作面板之间信号交换的转换接口。

I/O 接口电路的作用和要求如下。

① 进行必要的电隔离，防止干扰信号的串入和强电对系统的破坏。

② 进行电平转换和功率放大，CNC 系统的信号往往是 TFL 脉冲或电平信号，而机床提供和需要的信号却不一定是 TFL 信号，而且有的负载比较大，因此需要进行信号的电平转换和功率放大。

在数控系统的 I/O 接口电路中，常用的器件有光电耦合器和继电器（如簧式继电器、固态继电器等）。

图 25-6-22 所示为开关量信号输入接口电路，常用于限位开关、手持点动、刀具到位、机械原点、传感器的输入等，对于一些有过渡过程的开关量还要增

加适当的电平整形转换电路。图 25-6-23 为开关量信号输出接口电路，可用于驱动 24V 小型继电器。在这些电路中要根据信号特点选择相应速度、耐压、负载能力的光电耦合器和三极管。

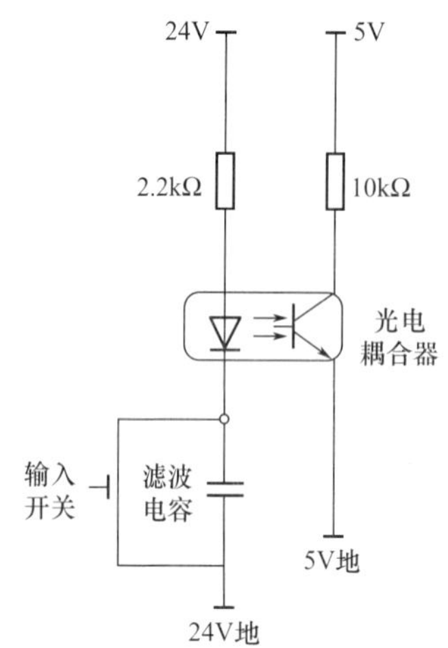

图 25-6-22 开关量信号输入接口电路

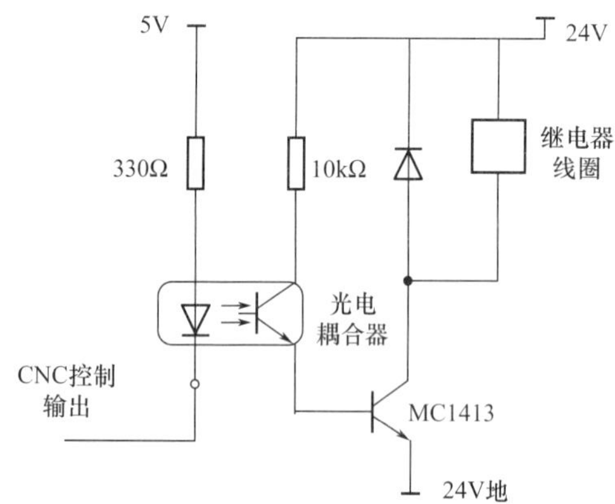

图 25-6-23 开关量信号输出接口电路

6.4.3 机床 I/O 接口

机床控制 I/O 接口的有关电路有以下几种。

(1) 光电隔离电路

为了防止强电系统干扰及其他干扰信号通过通用 I/O 接口进入微机，影响其工作，通常采用光电隔离的方法，即外部信号需经过光电耦合器与微机发生联系，外部信号与微机无直接的电气联系。光电耦合器是一种以光的形式传递信号的器件，其输入端为一发光二极管，输出端为光敏器件。如发光二极管导通发光，光敏器件就受光而导通；反之光敏器件截止。这样就通过光电耦合器实现了信息的传递。图 25-6-24 所示为常见的几种光电耦合器，其中：普通型工作频率在 100kHz 以下；高速型由于响应速度高，工作频率可达 1MHz。以上两种光电耦合器主要用于信号的隔离。达林顿输出型由于输出部分构成达林顿形式，从而可以直接驱动继电器等器件；晶闸管输出型的输出部分为光控晶闸管，它通常用于交流大功率的隔离驱动场合。

图 25-6-25 所示为光电隔离输出电路。图 (a) 为同相输出电路，图 (b) 为反相输出电路。控制信号经 74LS05 集电极开路门反相后驱动光电耦合器的输入发光二极管。当控制信号为低电平，74LS05 不吸收电流，发光二极管不导通，从而输出的发光三极管截止，同相电路输出电压为零，反相电路输出电压为高电平 (12V)。当控制信号为高电平，74LS05 吸收电流，发光二极管导通发光，光敏三极管受到激励导通。同相输出高电平（接近 12V），反相输出电平接近零。

光电隔离电路有以下作用。

① 隔离作用。它将输入端与输出端两部分电路的地线分开，各自使用一套电源供电，信息通过光电转换单向传递。另外，由于光电耦合器输入端与输出端之间的绝缘电阻非常大，寄生电容很小，所以干扰信号很难从输出端反馈到输入端，从而较好地隔离了干扰信号。

② 进行信号电平转换。隔离电路通过光电耦合器能很方便地将微机的输出信号变成+12V的信号。

(2) 信息转换电路

信息转换电路主要完成以下几个方面的转换。

① 数字脉冲转换。在使用以步进电动机为驱动元件的计算机数控装置中，由于步进电动机的驱动信号为脉冲电平，所以要进行数字脉冲转换。应用微机很容易实现数字脉冲的转换工作。只要按照一定的相序向 I/O 接口分配脉冲序列，脉冲信号经光电隔离和功率放大后，就可控制步进电动机按一定的方向转动。数字脉冲转换接口电路如图 25-6-26 所示。

② D/A、A/D 转换。机床控制 I/O 接口中，还常用到 D/A、A/D 转换。图 25-6-27 所示的直流伺服电动机的控制回路中，就增加了 D/A 转换电路。微

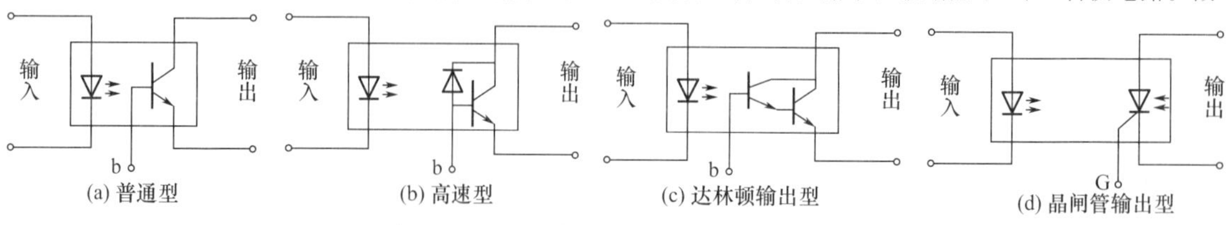

图 25-6-24 几种常用的光电耦合器结构原理图

(a) 同相输出电路

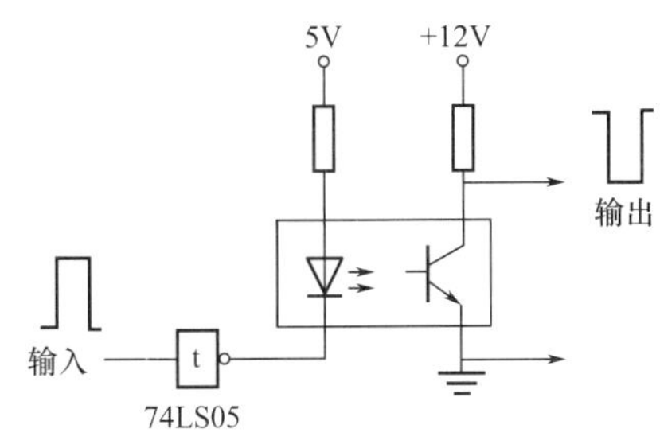

(b) 反相输出电路

图 25-6-25 光电隔离输出电路

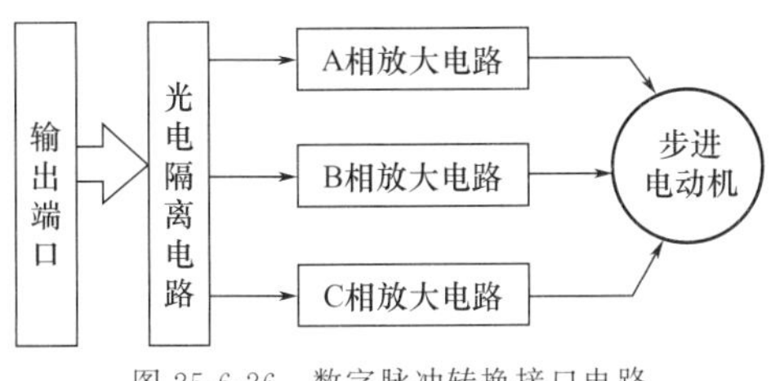

图 25-6-26 数字脉冲转换接口电路

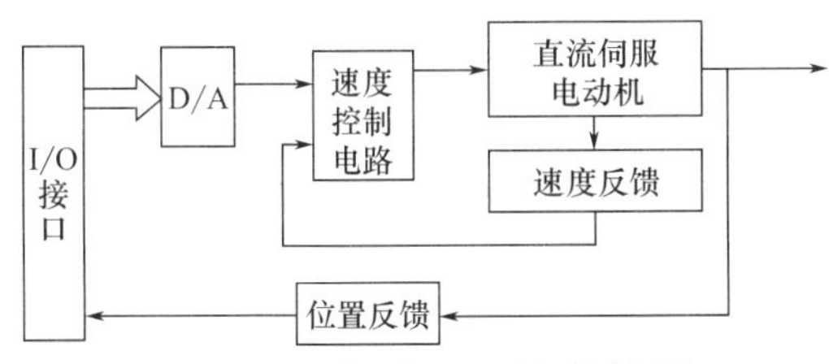

图 25-6-27 直流伺服电动机控制回路

机送出的对应伺服电动机转速的数字量经 D/A 转换电路转换，就成为模拟电压信号，控制伺服电动机的运转。

③ 弱电强电转换。计算机数控系统中的微机信号一般要经过功率放大后，才能控制主轴电动机等执行元件的动作，而这些动作与强电系统有关。图 25-6-28所示为一典型的交流电动机控制回路。微机送出电动机启停信号，经光电隔离、功率放大等来控制交流电动机的运转或停止。

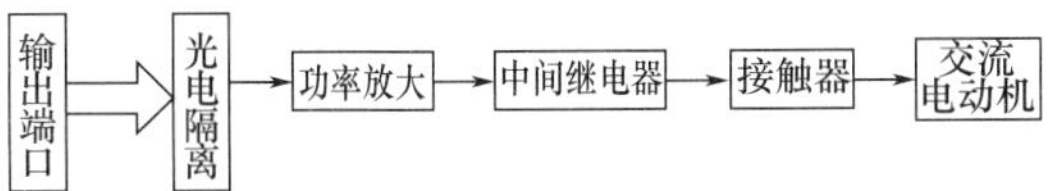

图 25-6-28 交流电动机控制回路

6.4.4 通用 I/O 接口

通用 I/O 接口部分是指外部设备与微处理器之间的连接电路。一般情况下，外部设备与存储器之间不能直接通信，必须靠微处理器传递信息。通过微处理器对通用 I/O 接口的读写操作，完成外部设备与微处理器之间信息的输入或输出。根据通用 I/O 接口传输信息的方向不同，将微处理器向外部设备送出信息的接口称为输出接口，将外部设备向微处理器传送信息的接口称为输入接口。除了这两种单向接口外，还有一种具有两个方向都可以传送信息的双向接口。

6.5 数控机床用可编程序控制器

6.5.1 数控系统 PLC 的类型

在中、高档数控机床中，PLC 是 CNC 系统的重要组成部分。除了一些经济型（或称简易型）数控机床，仍采用继电器逻辑控制电路（RLC）外，现代全功能型数控机床均采用“内装型”（built-in type）PLC 或“独立型”（stand-alone type）PLC。

（1）内装型 PLC

内装型 PLC 是指 PLC 包含在数控系统 CNC 中，它从属于 CNC，与 CNC 装于一体，成为集成化不可分割的一部分。PLC 与 CNC 间的信号传送在 CNC 装置内部实现。PLC 与数控机床之间的信号传送则通过 CNC 输入/输出接口电路实现，如图 25-6-29 所示。

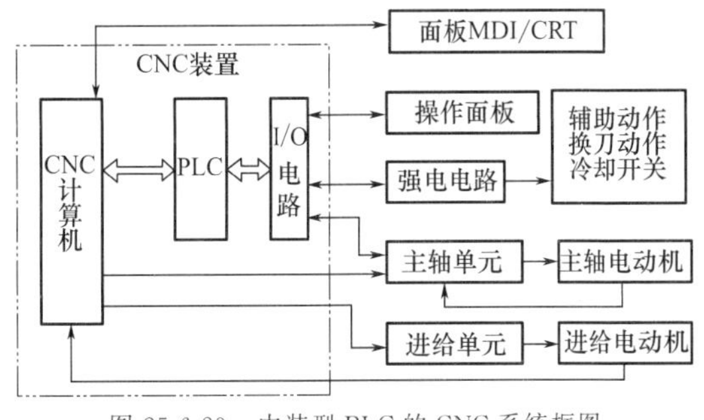

图 25-6-29 内装型 PLC 的 CNC 系统框图

它与独立型 PLC 相比具有如下特点。

① 内装型 PLC 的性能指标由所从属的 CNC 系统的性能、规格来确定。它的硬件和软件部分被作为 CNC 系统的基本功能统一设计。具有结构紧凑、适配能力强等优点。

② 内装型 PLC 有与 CNC 共用微处理器和具有专用微处理器两种类型。前者利用 CNC 微处理器的余力来发挥 PLC 的功能，I/O 点数较少；后者由于有独立的 CPU，多用于顺序程序复杂、动作速度要求快的场合。

③ 内装型 PLC 与 CNC 其他电路通常装在一个机箱内，共用一个电源和地线。

④ 内装型 PLC 的硬件电路可与 CNC 其他电路制作在同一块印制电路板上，也可以单独制成附加印制电路板，供用户选择。

⑤ 内装型 PLC，对外没有单独配置的输入/输出电路，而使用 CNC 系统本身的输入/输出电路。

⑥ 采用 PLC，扩大了 CNC 内部直接处理的窗口通信功能，可以使用梯形图编辑和传送高级控制功能，且造价低，提高了 CNC 的性能价格比。

(2) 独立型 PLC

独立型 PLC 是完全独立于 CNC 装置、具有完备的硬件和软件功能、能够独立完成规定控制任务的装置，如图 25-6-30 所示。

独立型 PLC 具有以下特点。

① 根据数控机床对控制功能的要求可以灵活选购或自行开发通用型 PLC。一般来说单机数控设备所需 PLC 的 I/O 点数多在 128 点以下，少数设备在 128 点以上，选用微型和小型 PLC 即可。而大型数控机床、FMC、FMS、FA（工厂自动化）、CIMS，则选用中型和大型 PLC。

② 要进行 PLC 与 CNC 装置的 I/O 连接，PLC 与机床侧的 I/O 连接。CNC 和 PLC 装置均有自己的 I/O 接口电路，需将对应的 I/O 信号的接口电路连接起来。通用型 PLC，一般采用模块化结构，装在插板式笼箱内。I/O 点数可通过 I/O 模块或者插板的增减灵活配置，使得 PLC 与 CNC 的 I/O 信号的连接变得简单。

③ 可以扩大 CNC 的控制功能。在闭环（或半闭环）数控机床中，采用 D/A 和 A/D 模块，由 CNC 控制的坐标运动称为插补坐标，而由 PLC 控制的坐标运动称为辅助坐标，从而扩大了 CNC 的控制功能。

④ 在性能/价格比上不如内装型 PLC。

总的来看，单微处理器的 CNC 系统采用内装型 PLC 为多，而独立型 PLC 主要用在多微处理器 CNC 系统、FMC、FMS、FA、CIMS 中，具有较强的数据处理、通信和诊断功能，成为 CNC 与上级计算机联网的重要设备。单机 CNC 系统中的内装型和独立型 PLC 的作用是一样的，主要是协助 CNC 装置实现刀具轨迹控制和机床顺序控制。

6.5.2 数控机床中 PLC 控制功能的实现

PLC 处于 CNC 装置和机床之间，用 PLC 程序代替以往的继电器线路，主要完成各执行机构的逻辑顺序（M、S、T 功能）控制，即按照预先规定的逻辑顺序对诸如主轴的启停、转向、转数，刀具的更换，工件的夹紧、松开，液压、气动、冷却、润滑系统的运行等进行控制。

(1) M 功能的实现

M 功能也称辅助功能，其代码用字母“M”后跟随 2 位数字表示。根据 M 代码的编程，可以控制主轴的正反转及停止、主轴齿轮箱的变速、冷却液的开关、卡盘的夹紧和松开以及自动换刀装置的取刀和还刀等。某数控系统设计的基本辅助功能如表 25-6-3 所示。

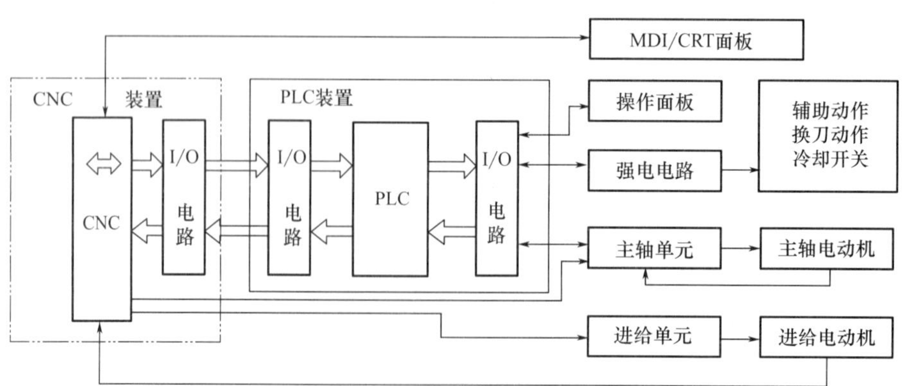

图 25-6-30 独立型 PLC 的 CNC 系统框图

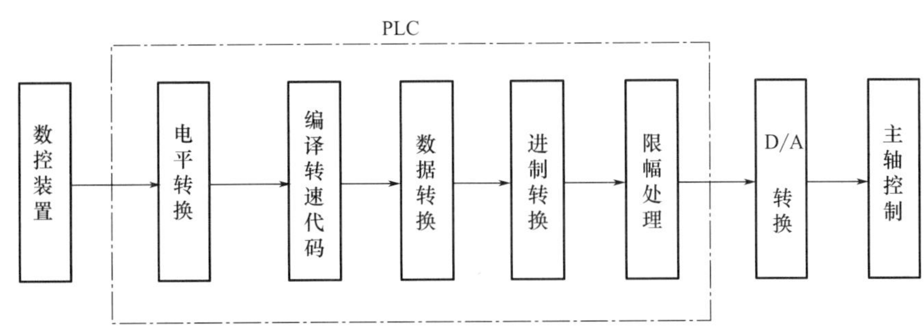

图 25-6-31 S2 位代码在 PLC 中的处理框图

表 25-6-3 基本辅助功能动作类型

辅助功能代码	功 能	类型
M00	程序暂停	A
M01	选择停止	A
M02	程序结束	A
M03	主轴顺时针旋转	I
M04	主轴逆时针旋转	I
M05	主轴停	A
M06	自动换刀	C
M07	液态冷却开	I
M08	雾态冷却开	I
M09	冷却液关	A
M10	夹紧	H
M11	松开	H
M30	程序结束并返回	A

表 25-6-3 中辅助功能的执行条件是不完全相同的。有的辅助功能在经过译码处理传送到工作寄存器后就立即起作用，故称为前作用辅助功能，并记为 I 类，如 M03、M04 等。有些辅助功能要等到它们所在程序段中的坐标轴运动完成之后才起作用，故称为后作用辅助功能，并记为 A 类，如 M05、M09 等。有些辅助功能只在本程序段内起作用，当后续程序段到来时便失效，记为 C 类，如 M06 等。还有一些辅助功能一旦被编入执行后便一直有效，直至被注销或取代为止，记为 H 类，如 M10、M11 等。根据这些辅助功能动作类型的不同，在译码后的处理方法也有所差异。

例如，在数控加工程序被译码处理后，CNC 系统控制软件就将辅助功能的有关编码信息通过 PLC 输入接口传送到 PLC 内的相应寄存器中，然后供 PLC 的逻辑处理软件扫描采样，并输出处理结果，用来控制有关的执行元件。

(2) S 功能的实现

S 功能主要完成主轴转速的控制，并且常用 S2 位代码形式和 S4 位代码形式来进行编程。S2 位代码编程是指 S 代码后跟随 2 位十进制数字来指定主轴转速，共有 100 级（S00～S99）分度，并且按等比级数递增，其公比为 1.12，即相邻分度的后一级速度比前一级速度增加约 12%。这样根据主轴转速的上下限和上述等比关系就可以获得一个 S2 位代码与主轴转速（BCD 码）的对应表格，它用于 S2 位代码的译码。图 25-6-31 所示为 S2 位代码在 PLC 中的处理框图，图中“编译转速代码”和“数据转换”实际上就是针对 S2 位代码查出主轴转速的大小，然后将其转换成二进制数，并经上下限幅处理后，将得到的数字量进行 D/A 转换，输出一个 0～10V 或 0～5V 或 −10～10V 的直流控制电压给主轴伺服系统或主轴变频器，从而保证了主轴按要求的速度旋转。

S4 位代码编程是指 S 代码后跟随 4 位十进制数字，用来直接指定主轴转速，例如，S1500 就直接表示主轴转速为 1500r/min，可见 S4 位代码表示的转速范围为 0～9999r/min。显然，它的处理过程相对于 S2 代码形式要简单一些，也就是它不需要图中“编译转速代码”和“数据转换”两个环节。另外，图 25-6-31 中“限幅处理”的目的实质上是为了保证主轴转速处于一个安全范围内，例如将其限制在20～3000r/min 范围内，这样一旦给定超过上下边界时，则取相应边界值作为输出即可。

在有的数控系统中为了提高主轴转速的稳定性，保证低速时的切削力，还增设了一级齿轮箱变速，并且可以通过辅助功能代码来进行换挡选择。例如，使用 M38 可将主轴转速变换成 20～600r/min 范围，用 M39 代码可将主轴转速变换成 600～3000r/min 范围。

S4 代码编程的 S 功能软件流程如图 25-6-32 所示。

在这里还要指出的是，D/A 转换接口电路既可安排在 PLC 单元内，也可安排在 CNC 单元内；既可以由 CNC 或 PLC 单独完成控制任务，也可以由两者配合完成。

(3) T 功能的实现

T 功能即为刀具功能，T 代码后跟随2～5 位数字表示要求的刀具号和刀具补偿号。数控机床根据 T

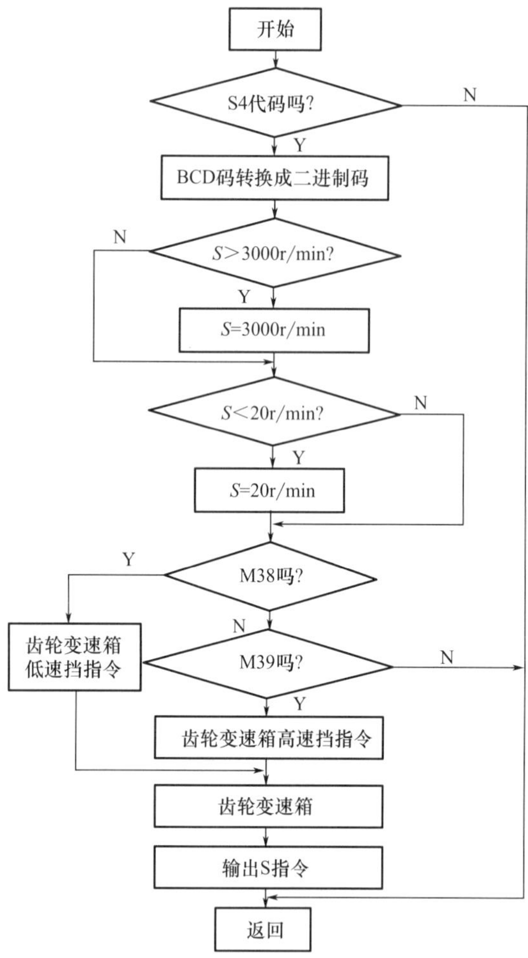

图 25-6-32　S4 代码编程的 S 功能软件流程图

代码通过 PLC 可以管理刀库，自动更换刀具，也就是说根据刀具和刀具座的编号，可以简便、可靠地进行选刀和换刀控制。

根据取刀/还刀位置是否固定，可将换刀功能分为随机存取换刀控制和固定存取换刀控制。在随机存取换刀控制中，取刀和还刀与刀具座编号无关，还刀位置是随机变动的。

在随机存取换刀控制中，当取出所需的刀具后，刀库不需转动，而是在原地立即存入换下来的刀具。这时，取刀、换刀、存刀一次完成，缩短了换刀时间，提高了生产效率，但刀具控制和管理要复杂一些。在固定存取换刀控制中，被取刀具和被还刀具的位置都是固定的，也就是说换下的刀具必须放回预先安排好的固定位置。显然，后者增加了换刀时间，但其控制要简单些。

图 25-6-33 所示为采用固定存取换刀控制方式的 T 功能处理框图，另外，数控加工程序中有关 T 代码的指令经译码处理后，由 CNC 系统控制软件将有关信息传送给 PLC，在 PLC 中进一步经过译码并在刀具数据表内检索，找到 T 代码指定刀号对应的刀具编号（即地址），然后与目前使用的刀号相比较。如果相同则说明 T 代码所指定的刀具就是目前正在使用的刀具，当然不必再进行换刀操作，而返回原入口处。若不相同则要求进行更换刀具操作，即首先将主轴上的现行刀具归还到它自己的固定刀座上，然后回转刀库，直至新的刀具位置为止，最后取出所需刀具装在刀架上。至此才完成了整个换刀过程。T 功能处理的软件流程如 25-6-34 所示。

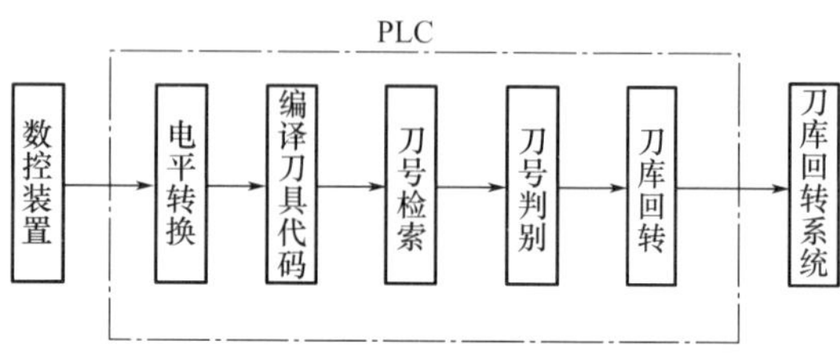

图 25-6-33　采用固定存取换刀控制方式的 T 功能处理框图

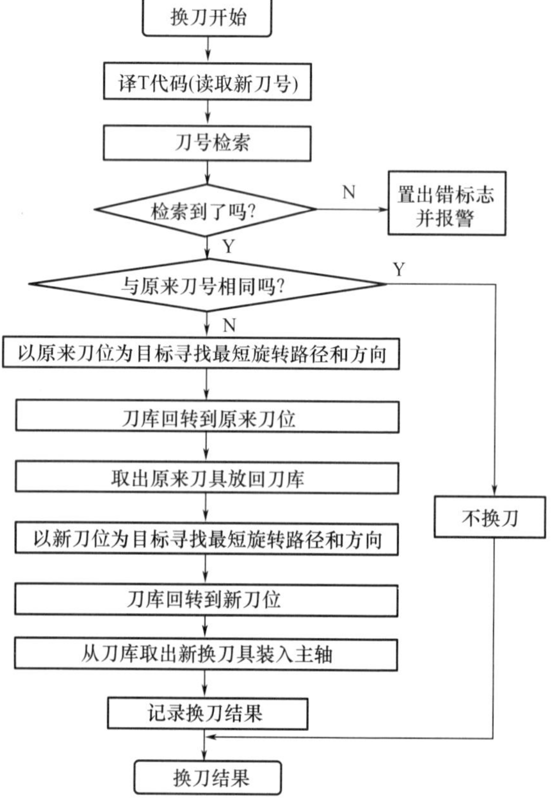

图 25-6-34　T 功能处理的软件流程图

6.5.3　PLC 在数控机床上的应用举例

数控机床的 PLC 提供了完整的编程语言，利用编程语言，按照不同的控制要求可编制不同的控制程序。梯形图方法是目前使用最广泛的编程方法，有时又称继电器梯形逻辑图编程，它在形式上类似于继电器控制电路图，简单、直观、易读、好懂。

数控机床中的 PLC 编程步骤如下。

① 确定控制对象。

② 制作输入和输出信号电路原理图、地址表和 PLC 数据表。

③ 在分析数控机床工作原理或动作顺序的基础上，用流程图、时序图等描述信号与机床运动之间的逻辑顺序关系，设计制作梯形图。

④ 把梯形图转换成指令表的格式，然后用编程器键盘写入顺序程序，再用仿真装置或模拟台进行调试、修改。

⑤ 将经过反复调试并确认无误的顺序程序固化到 EPROM 中，并将程序存入软盘或光盘，同时整理出有关图纸及维护所需资料。

表 25-6-4 中所列为 FANUC PLC 梯形图的图形符号。

下面以数控机床主轴定向控制为例说明 PLC 在数控机床上的应用。

在数控机床进行加工时，自动交换刀具或精镗孔都要用到主轴定向功能。图 25-6-35 所示为数控机床主轴定向功能的 PLC 控制梯形图。

图 25-6-35 所示的梯形图中 AUTO 为自动工作状态信号，手动时 AUTO 为“0”，自动时为“1”。M06 是换刀指令，M19 是主轴定向指令，这两个信号并联作为主轴定向控制的控制信号。RST 为 CNC 系统的复位信号。ORCM 为主轴定向继电器。ORAR 为从机床输入的定向到位信号。另外，这里还设置了定时器 TMR 功能，来检测主轴定向是否在规定时间内完成。通过手动数据输入（MDI）面板在监视器上设定 4.5s 的延时数据，并存储在第 203 号数据存储单元。当在 4.5s 内不能完成定向控制时，将发出报警信号。R1 为报警继电器。图 25-6-34 中的梯形图符号旁的数据表示 PLC 内部存储器的单元地址，如“200.7”表示数据存储器中第 200 号存储单元的第 7 位，这些地址可由 PLC 程序编制人员根据需要来指定。

表 25-6-4　FANUC PLC 梯形图的图形符号

符　号	说　明
A	PLC 中的继电器触点，A 为常开，B 为常闭
B	
A	从 CNC 侧输入信号，A 为常开，B 为常闭
B	
A	从机床侧（包括机床操作面板）输入的信号，A 为常开，B 为常闭
B	
A	PLC 中的定时器触点，A 为常开，B 为常闭
B	
	PLC 中的继电器线圈
	输出到 CNC 侧的继电器线圈
	输出到机床侧的继电器线圈
	PLC 中定时器线圈

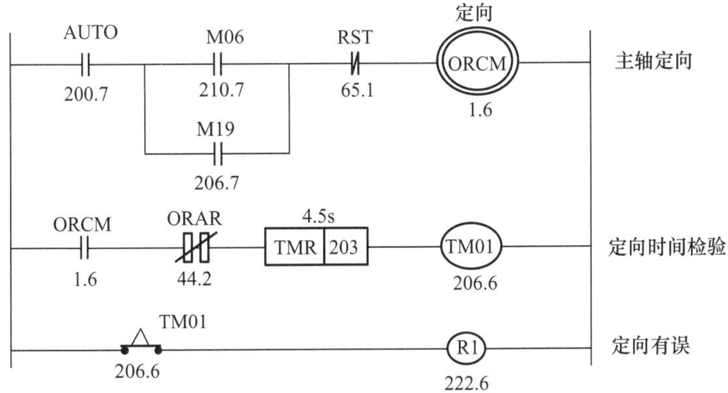

图 25-6-35　数控机床主轴定向功能的 PLC 控制梯形图

6.6 常用数控系统技术参数规格

6.6.1 FANUC 数控系统

日本发那科（FANUC）公司创建于 1956 年，1959 年首先推出了电液步进电动机，在后来的若干年中逐步发展并完善了以硬件为主的开环数控系统。1985 年 FANUC 公司又推出了数控系统 0，它的目标是体积小、价格低，适用于机电一体化的小型机床，因此它与适用于中、大型的系统 10、11、12 一起组成了这一时期的全新系列产品。在硬件组成方面以最少的元件数量发挥最高的效能为宗旨，采用了新型高速高集成度处理器，共有专用大规模集成电路芯片 6 种，其中 4 种为低功耗 CMOS 专用大规模集成电路，专用的厚膜电路 3 种。三轴控制系统的主控制电路包括输入、输出接口、PMC（Programmable Machine Control）和 CRT 电路等都在一块大型印制电路板上，与操作面板 CRT 组成一体。系统 0 的主要特点有：彩色图形显示、会话菜单式编程、专用宏功能、多种语言（汉、德、法）显示、目录返回功能等。1987 年 FANUC 公司又成功研制出数控系统 15，被称之为划时代的人工智能型数控系统，它应用了 MMC（Man Machine Control）、CNC、PMC 的新概念。系统 15 采用了高速度、高精度、高效率加工的数字伺服单元，数字主轴单元和纯电子式绝对位置检出器，还增加了 MAP（Manufacturing Automatic Protocol）、窗口功能等。

6.6.2 西门子数控系统

西门子（SINUMERIK）数控系统是德国西门子公司的产品。西门子凭借在数控系统及驱动产品方面的专业思考与深厚积累，不断制造出机床产品的典范之作，为自动化应用提供了日趋完美的技术支持。

西门子数控系统具有高度的模块化、开放性以及规范化的结构，适于操作、编程和监控。主要包括：控制及显示单元、PLC 输入/输出单元（PP）、PROFIBUS 总线单元、伺服驱动单元、伺服电机等部分。

表 25-6-5 FANUC 常用数控系统性能比较

型号		最多路径数	最多总控制轴数	最多同时控制轴数
FAUNC PowerMotion i-MODEL A 系列		4	32	4
FAUNC 0i-MODEL F 系列	0i-MF 加工中心用 CNC		11	4
	0i-TF 车床用 CN		12	4
	0i-PF 冲床用 CNC		7	4
FAUNC 30i/31i/32i/35i-MODEL B 系列	30i-MODEL B	10～15	96(72 进给轴，24 主轴)	
	31i-MODEL B	6	34(26 进给轴，8 主轴)	4
	31i-MODEL B5	6	34(26 进给轴，8 主轴)	5
	32i-MODEL B	2	20(12 进给轴，8 主轴)	4
	35i-MODEL B	4	20(16 进给轴，4 主轴)	4
FAUNC 0i 系列/FAUNC 0i Mate-MODEL D 系列	0i-MD 加工中心用 CNC		8	4
	0i Mate-MD 加工中心用 CNC		6	4
	0i-TD 车床用 CNC		11	4
	0i Mate-TD 车床用 CNC		6	
	0i-PD 冲床用 CNC		7	4

表 25-6-6 西门子主流数控系统性能比较

型号	840Dsl	808D ADVANCED	828D
优化的数字一体化解决方案	10个方式组 10个通道 31个进给轴/主轴	最多支持5根进给轴/主轴	可配置最大轴数:车床版8轴/铣床版6轴
进给轴功能	加速度控制(jerk) 跟随模式 用于倒圆和倒角的单独路径进给 固定点停止功能(travel to fixed stop) 可编程的同步轴功能(TRAIL)	基于SIMOTICS M-1PH1的全新数字化主轴解决方案 SINAMICS V70伺服驱动器及SIMOTICS S-1FL6伺服电机支持3倍过载	
主轴功能	各种螺纹切削功能 自动换挡 主轴定向 加工中主轴同步	SINAMICS V70 Spindle 伺服驱动器及SIMOTICS M-1PH1主轴电机支持2倍过载	
坐标变换	笛卡尔坐标点到点(PTP)移动 级联变换 一般变换		A、B、C样条插补(可选) 3D图形模拟(可选)
同步动作	快速输入/输出 同步动作及高速辅助功能输出,包括3种同步功能 通过同步动作对进给轴和主轴进行定位 间隙控制 连续修整(平行修整,刀具偏置在线修改) 异步子程序 不同操作模式的覆盖功能	数控单元与伺服驱动器之间的总线通信保证了位置闭环控制 支持精优曲面功能 支持自动伺服优化功能 可自动优化CNC和伺服驱动器参数 支持动态伺服控制功能(DSC)	
编程支持	操作方便的程序编辑器 支持几何尺寸输入和循环编程 钻削、铣削和车削工艺循环 支持车床和铣床ShopTurn/ShopMill编程和操作	支持数控单元与PC间的以太网通信	programGUIDE编程向导,针对大批量生产的灵活、高效的编程方式 ISO语言编译器,兼容各种编程语言 ShopMill/ShopTurn工步式编程,针对单件小批量加工的快速编程方式(可选)
刀具管理	刀具半径补偿 通过刀具编号换刀 刀具管理 TDI刀具管理功能		刀具管理功能可以管理256个刀具和512个刀沿
监控功能	工作区域限制 限位开关监控 位置监控 2D/3D保护区域主轴速度限制 安全检测持续监控(过温、电池、电压、存储器、风扇监控) 通过Solution Partner,集成刀具监控和诊断	支持基于OPC和SIMATIC. net的数据采集和监控	

续表

型号	840Dsl	808D ADVANCED	828D
补偿功能	基于速度的前馈控制 温度补偿 象限误差补偿 悬垂补偿 空间误差补偿（VCS plus） 减振功能 VIBX	可选不带 Y 轴的端面转换和柱面转换、基本龙门轴、轮廓手轮及双向螺距误差补偿功能 支持摩擦补偿功能	动态前馈控制和温度补偿功能
PLC	集成 SIMATIC S7，兼容 CPU 317-2DP/319-3PN/DP STEP7 编程语言 经由 PROFIBUS DP 的分布式 I/O		PLC 梯形图最大步数 24000 内置 PLC 梯形图查看器和编辑器，可在线进行简单的梯形图编辑 最多可接 5 个 PP 72/48D 纯数字模块或 PP 72/48D 2/2A 数字模拟混合模块 360 个数字输入/240 个数字输出，10 个模拟输入/10 个模拟输出
驱动系统	SINAMICS S120 书本型 SINAMICS S120 装机装柜型 SINAMICS S120 模块型	可选横版和竖版的数控单元及机床控制面板 支持多语言版本，包括简体中文、英语、葡萄牙语、俄语及德语等 11 种语言	
适用	加工中心	车/铣	车/铣

6.6.3 广州数控数控系统

广州数控设备有限公司（简称广州数控、GSK）成立于 1991 年，历经创业、创新、创造，成为国内首批高新技术企业，是国内专业技术领先的成套智能装备解决方案提供商，被誉为中国南方数控产业基地。

表 25-6-7 广州数控铣床系统和车床系统性能比较

型号		GSK988D 系列		GSK988TR 系列	
		M 铣床系统	CNC 车/铣系统	CNC 车/铣系统	桁架控制系统
控制轴数	最多总控制轴数（包括 Cs 轴、PMC 轴）	6	10		
	路径内轴数	6	6	6	6
	路径数	1	2		
	最多控制主轴数	3	4		
	路径内主轴数	3	3	3	0

型号	GSK980TDc 系列 车床数控系统	GSK980TDi 系列 车床数控系统	GSK980TTC 系列 双通道车床数控系统
控制轴数	最大控制轴数：5 轴	最大控制轴数：5 轴	通道数：2 个
	最大联动轴数：5 轴（直线插补），2 轴（圆弧插补）	最大联动轴数：5 轴（直线插补），2 轴（圆弧插补）	最大控制轴数：6 轴 PLC 控制轴数：6 轴
	PLC 控制轴数：5 轴	PLC 控制轴数：5 轴	各通道控制轴数：0～5 轴（参数设定） 各通道最大联动轴数：5 轴（直线插补），2 轴（圆弧插补）

6.6.4 华中数控系统

表 25-6-8 华中车削数控系统 CNC 功能比较

型号	HNC-818AT	HNC-818BT	HNC-808E
CNC 功能	最大控制轴：9 进给轴＋2 主轴 联动轴数：6 轴	最大控制轴：9 进给轴＋2 主轴 联动轴数：6 轴	最大控制轴：3 进给轴＋1 主轴 联动轴数：3 轴

续表

型号	HNC-818AT	HNC-818BT	HNC-808E
CNC功能	最小插补周期:0.5ms 最小分辨率:10～4mm/deg/in	最小插补周期:0.5ms 最小分辨率:10～4mm/deg/in	最小分辨率:1μm
	最大移动速度:999.999 米/分钟(与驱动单元、机床相关)	最大移动速度:999.999m/min(与驱动单元、机床相关)	最大移动速度:24m/min
	直线、圆弧、螺纹、NURBS 插补功能 参考点返回	直线、圆弧、螺纹、NURBS 插补功能 参考点返回	
	自动加减速控制(直线/S 曲线) 坐标系设定	自动加减速控制(直线/S 曲线) 坐标系设定	自动加减速控制(直线/S 曲线)参考点返回
	MDI 功能 M、S、T 功能 加工过程图形仿真和实时跟踪	MDI 功能 M、S、T 功能 加工过程图形仿真和实时跟踪	MDI 功能 M、S、T 功能 ν　ν 加工过程图形 静态仿真和实时跟踪 加工过程图形仿真现实和实时跟踪
	内部二级电子齿轮 简单车削循环 复合车削循环	内部二级电子齿轮 简单车削循环 复合车削循环	内部二级电子齿轮 简单车削循环 复合车削循环
	小线段最大前瞻段数:2048 程序段处理速度:7200 段/s	小线段最大前瞻段数:2048 程序段处理速度:7200 段/s	

表 25-6-9　　华中铣削数控系统 CNC 功能比较

型号	HNC-848	HNC-818AM	HNC-818BM	HNC-808M	HNC-818BT
CNC功能	最大控制轴:9 进给轴+4 主轴 联动轴数:9 轴	最大控制轴:9 进给轴+2 主轴 联动轴数:6 轴	最大控制轴:9 进给轴+2 主轴 联动轴数:6 轴	最大通道数为 1 通道,最大支持 4 进给轴和 1 主轴	最大控制轴:9 进给轴+2 主轴 联动轴数:6 轴
	最小插补周期:0.125m 最小分辨率:10～6mm/deg/in	最小插补周期:0.5ms 最小分辨率:10～4mm/deg/in	最小插补周期:0.5m 最小分辨率:10～4mm/deg/in	最小分辨率:1μm 最大移动速度:24m/min	最小插补周期:0.5ms 最小分辨率:10～4mm/deg/in
	最大移动速度:999.999m/min(与驱动单元、机床相关)	最大移动速度:999.999m/min(与驱动单元、机床相关)	最大移动速度:999.999m/min(与驱动单元、机床相关)		最大移动速度:999.999m/min(与驱动单元、机床相关)
	直线、圆弧、螺纹、NURBS 插补功能 参考点返回	直线、圆弧、螺纹、NURBS 插补功能 参考点返回	直线、圆弧、螺纹、NURBS 插补功能 参考点返回		直线、圆弧、螺纹、NURBS 插补功能 参考点返回
	自动加减速控制(直线/S 曲线) 坐标系设定	自动加减速控制(直线/S 曲线) 坐标系设定	自动加减速控制(直线/S 曲线) 坐标系设定	自动加减速控制(直线/S 曲线)参考点返回	自动加减速控制(直线/S 曲线) 坐标系设定
	MDI 功能 M、S、T 功能 加工过程图形仿真和实时跟踪	MDI 功能 M、S、T 功能 加工过程图形仿真和实时跟踪	MDI 功能 M、S、T 功能 加工过程图形仿真和实时跟踪	M、S、T 功能 MDI 功能 坐标系设定 加工过程图形仿真现实和实时跟踪	MDI 功能 M、S、T 功能 加工过程图形仿真和实时跟踪
	内部二级电子齿轮 固定铣削循环	内部二级电子齿轮 固定铣削循环	内部二级电子齿轮 固定铣削循环	内部二级电子齿轮 加工过程图形静态仿真和实时跟踪	内部二级电子齿轮 简单车削循环 复合车削循环
	小线段最大前瞻段数:2048 程序段处理速度:7200 段/s	小线段最大前瞻段数:2048 程序段处理速度:7200 段/s	小线段最大前瞻段数:2048 程序段处理速度:7200 段/s	钻孔循环 铣削循环(选件)	小线段最大前瞻段数:2048 程序段处理速度:7200 段/s

6.7 数控系统的选择

随着市场需求多样化，机床制造商往往提供同一种机床可配置多种数控系统的选择、数控系统中多种功能的选择。

一般机床制造商提供的机床配置的数控系统分主流的系统及可适应的系统，主流系统对它来说相对技术成熟性好一些，但对使用用户来说又另有要求，例如对名牌系统的质量追求、希望在国内有较好的售后服务技术条件、在用户单位使用的数控系统相对集中几家的要求，以便于使用掌握和维修配件准备。所以用户单位都愿望配置自己信得过、比较熟悉的数控系统。

在可供选择系统中性能的高低直接影响设备价格构成，因此不能片面追求高水平、新系统，而应该以满足主机性能为主，对系统性能和价格等做一个综合分析，选用合适系统。目前数控系统种类、规格极其繁多，世界上比较著名的有日本 FANUC、德国 SINUMERIK、法国 NUM、意大利 FIDIA、西班牙 FAGOR、美国 AB 罗克韦尔，各大机床制造商都有自己的一些系统如 MAZAK、OKUMA 等，国内的航天集团、机电集团、华中理工大学、辽宁蓝天系列、南京大方集团、北方凯奇等，每家公司都有一系列的各种规格产品。用户选择系统的基本原则是：性能价格比、使用维修方便、系统的市场寿命（不能选淘汰系统，否则使用几年后找不到维修备件）。

数控系统中除基本功能以外还有很多选择功能，对配在机床上的系统，由于机床使用基本要求所需的数控系统选择功能已由制造商选配，用户可以根据自己的生产管理、测量要求、刀具管理、程序编制要求等，额外再选择一些功能列入订货单中，例如 DNC 接口联网要求等。

第 7 章　工业机器人

7.1　工业机器人系统组成及设计应用

工业机器人是一种能模拟人的手、臂的部分动作，按照预定的程序、轨迹及其他要求，实现抓取、搬运工件或操纵工具的自动化装置，将在实现智能化、多功能化、柔性自动化生产、提高产品质量、代替人在恶劣环境条件下工作中发挥重大作用。

工业机器人一般应由机械系统和电气系统组成，如表 25-7-1 所示。

表 25-7-1　工业机器人的系统组成

机械系统	机械系统是完成抓取工件或工具实现所需运动的机构部件，它包括以下几部分 ①手部：是工业机器人直接与工件或工具接触用来完成握持工件或工具的机构，有些工业机器人直接将工具（如焊枪、喷枪、容器）装在手部位置，而不再设置手部 ②腕部：是连接手部与臂部的机构，主要用来确定手部工作方位、姿态并适当扩大臂部动作范围 ③臂部：是支承腕部、手部，实现较大范围运动的机构 ④机身：是用来支承臂部、安装驱动装置及其他装置的机构 ⑤行走机构：是扩大工业机器人活动范围的机构，有的是专门的行走装置，有的是轨道、滚轮机构
电气系统	电气系统是将能量转化并传递给机械系统的部件，它能够通过人机交互接收操作者的任务，通过信号检测获取机器人的相关状态，并根据任务和状态在中央处理单元计算出机器人相应的驱动动力，使机器人机构按照预定工序运行，它包括： ①驱动部件：向电动机、真空泵等执行机构提供动力。随驱动源不同，驱动系统的传动方式有液动式、气动式、电动式和机械式四种 ②检测传感部件：主要检测工业机器人系统机构的运动位置、姿态、温度等物理量 ③人机交互部件：主要实现工业机器人的人机交互，操作者可以下达任务并获取机器人的运行状态 ④中央处理单元：是工业机器人的控制中心，它控制工业机器人按规定的程序运动，可记忆各种指令信息（如动作顺序、运动轨迹、运动速度及时间等），同时按指令信息向各执行元件发出指令。必要时还可对机器人动作进行监视，当动作有误或发生故障时即发出警报信号 驱动部件一般是强电电路，而检测传感部件、人机交互部件和中央处理单元一般是弱电电路，在实际的工业机器人产品中，电气系统有专门的控制柜，统一由中央处理单元支配

7.1.1　SCARA 型装配机器人系统设计原理及应用

SCARA 是具有选择顺应性的装配机器人。这种机器人在水平方向具有顺应性，而在垂直方向则具有很大的刚性，最适合于装配作业使用。

（1）用户需求

SCARA 机器人用于装配 40 火花式电雷管，代替人从事易燃易爆的危险作业。电雷管的组成如图 25-7-1（a）所示。需要机器人完成的任务是：①将导电帽弹簧组合件装在雷管体上；②将小螺钉拧到雷管体上，把导电帽、弹簧组合件和雷管体连成一体；③检测雷管体外径、总高度及雷管体与导电帽之间是否短路。装配前雷管体倒立在 10 行×10 列的料盘 5 上，弹簧与导电帽的组合件插放在另一个 10 行×10 列的料盘 6 上，小螺钉散放在振动料斗 8 中，装配好的成品放在 10 行×10 列料盘 7 上，如图 25-7-1（b）所示。机器人在装配点的重复定位精度可达±0.05 mm，电雷管重约 100g，一次装配过程约需 20s。

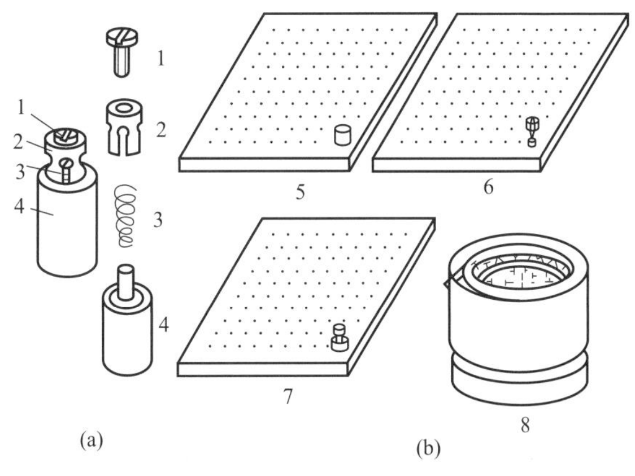

图 25-7-1　40 火花式电雷管的组成及料盘
1—螺钉；2—导电帽；3—弹簧；4—雷管体；5～7—料盘；8—振动料斗

（2）机械系统设计方案

如图 25-7-2 所示，SCARA 型机器人的机械系统结构可设计成由左、中、右三只手臂组成，左右手臂的结构基本相同，大臂长 200mm，小臂长（肘关节至手部中心）为 160mm。两立柱间距为 710mm，总高度约 820mm（可适当调整）。左（右）手臂各有大臂 1（1′）、小臂 2（2′）、手腕 3（3′）和手部 4

(4′)；驱

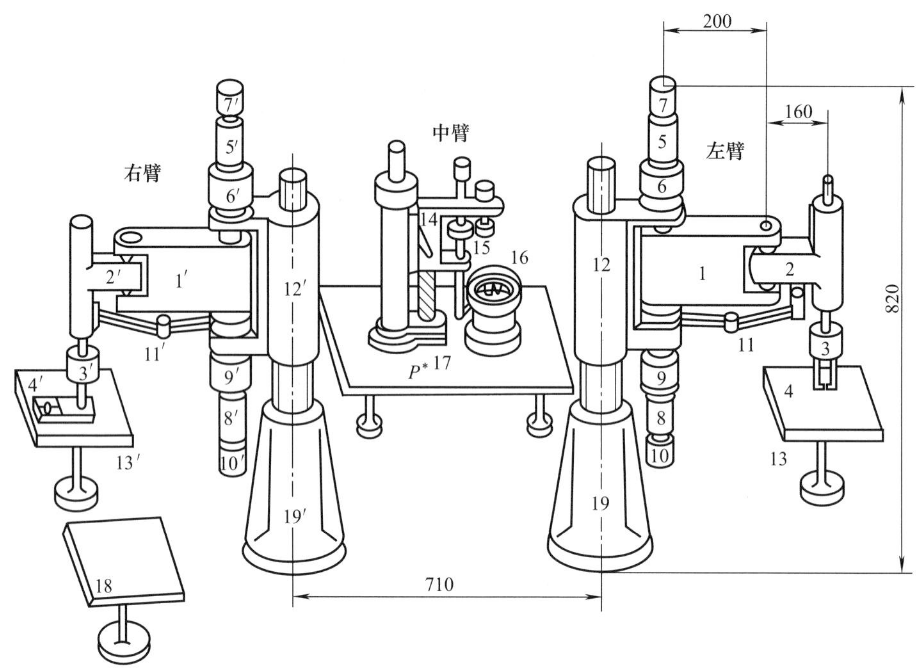

图 25-7-2　SCARA 型机器人机械系统构成

动大臂的为步进电动机 5（5′）、谐波减速器 6（6′）与位置反馈用光电编码器 7（7′）；驱动小臂的为步进电动机 8（8′）、谐波减速器 9（9′）与位置反馈用光电编码器 10（10′）；另外还有平行四连杆机构 11（11′）；整个手臂安装在支架和立柱 12（12′）上，并由基座 19（19′）支承。手腕的升降、回转和手爪的开闭都是气动的，因此有相应的气缸、输气管路。右臂右侧雷管料盘为 13′、左臂左侧为导电帽与弹簧组合件料盘 13，第三只手臂（中臂）为拧螺钉装置，放在左、右手臂中间的工件上，装有摆动臂 14 和气动改锥 15，它的左侧装有供螺钉用的振动料斗 16。成品料盘 18 安装在右手臂的右前方。

(3) 电气系统设计方案

参考表 25-7-1，SCARA 机器人的电气系统可按照以下几个部分设计。

① 驱动部件。机器人两手臂在 XY 平面内的运动是由步进电动机驱动的，所选用的步进电动机型号为 70BF10、六相、按 2-3 方式分配，共 12 拍，电动机的启动频率为 600 步/s，达到运行频率 24000 步/s，所需的启动时间为 0.6s。一个关节的电动机驱动系统见图 25-7-3。

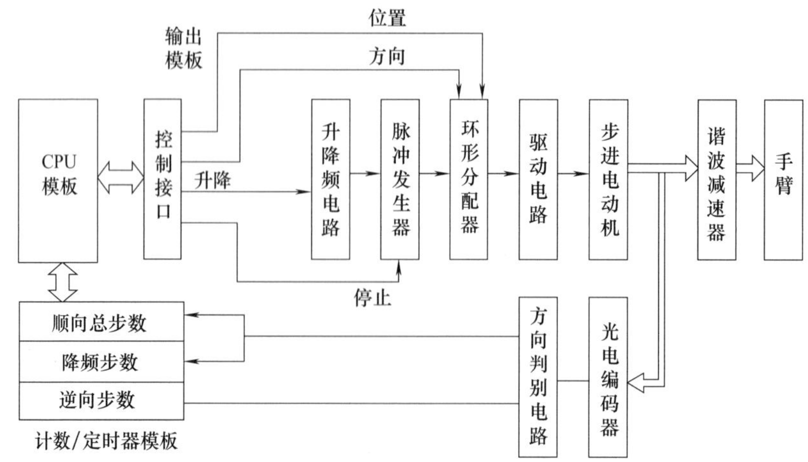

图 25-7-3　一个关节的电动机驱动系统

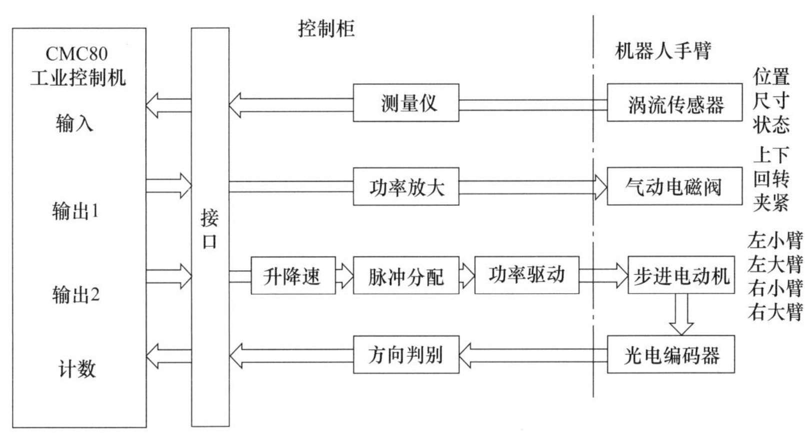

图 25-7-4　检测传感部件框图

② 检测传感部件。如图 25-7-4 所示，可由 7 个 CSA-816 型电涡流传感器分别检测两手臂到达装配点的位置、雷管的直径与高度、手爪是否抓住雷管体与弹簧组件、雷管体与导电帽的短路状态等。这些信号送到测量仪与设定值进行比较，确定是否合格或过、欠，再经过测量接口电路，送到 CMC80 工业控制机进行处理、产生中断信号。四台步进电动机的轴伸端分别与左、右大小臂连接，使手臂在装配点与取（放）工件点之间运动。当手臂回到装配点，相应的电涡流传感器发出到位信号，计算机收到这一信号后，发出停止命令，使步进电动机与相应的手臂停止运动。当手臂到达取（放）工件点，由计数器记录的步进电动机步进步数与预置步数相一致时，计算机发出停止命令。在步进电动机的另一轴伸端分别连接一个光电编码器，步进电动机每走一步，光电编码器发一个脉冲。步进电动机的转动方向由方向判别电路判别。

③ 中央处理单元。机器人选用 CMC80 微型计算机作为主控制器，具有比较丰富的功能模板，可根据需要选用若干模板组成预定功能的自动检测和控制系统。采用国际通用的微机用 STD 标准总线，系统的组成和扩展比较方便。CMC80 计算机的组成如图 25-7-5 所示，各块模板的主要功能如下。

a. CPU 板（编号 8400）。采用 Z80CPU，主频 2MHz，允许三种中断方式：板上内存 RAM（2116）或 EPROM（2716）为 2～16K；板上有一个编程调试板接口；一个 2×8 位并行接口，一个 RS232C 串行接口。

b. 内存扩展板（8401）。可将内存扩展 16～32K，RAM（2116）或 EPROM（2716）均可，寻址空间为 4000H 至 BFFFH。

c. 32 路输入板（8422）。内有两片 Z80-PIO，其中一片经光电耦合器（TIL113）接收外部输入信号，即 16 路光隔离输入信号。一片经反相器接收外部输入信号，即 16 路 TTL 输入，每路输入均可产生中断信号。

d. 64 路光隔离输出板（8430）。内有 8 片 8D 锁存器，共 64 位，全部经过光电耦合器（TILI13）输出。

e. 32 路计数/定时器板（8428）。内装 8 片 Z80-CTC，每片有 4 个计数/定时器通道，共 32 个通道，其中 16 个为光电隔离计数/定时器通道，16 个为 TTL 计数/定时器通道，每个通道均可产生中断。

f. 编程调试板（8490）。与 CPU 板相配合进行人机联系，用于编制程序，进行系统和接口的调试、诊断、运行，可直接在板上进行 EPROM 的写入、程序的转储、数字结果的显示等。该板上有 6 个七段 LED 显示、30 个小键盘、磁带机接口等。

g. 机箱电源。微机机箱采用 19in 标准机箱，内装有六路高抗干扰、高精度直流稳压电源供机箱各模板使用，也可由面板引出线供外部电路使用。各路电源均有短路、过载保护，过载时有声光报警。

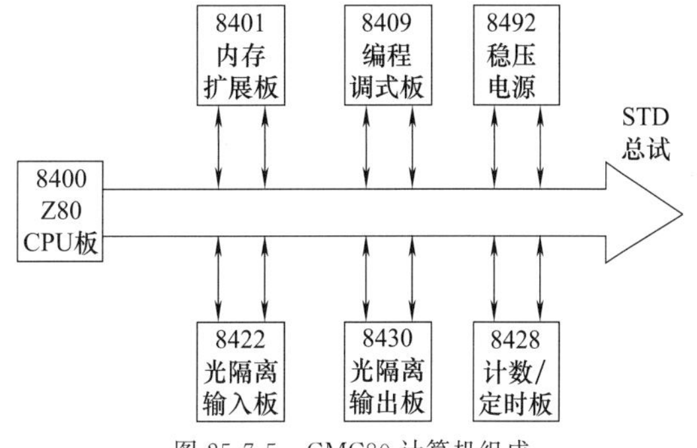

图 25-7-5　CMC80 计算机组成

第25篇

中央处理单元向驱动部件输出控制信号共有两个部分。一部分占用 17 路，通过控制接口电路、功率放大电路驱动气动电磁阀。根据计算机指令，使左、右手腕分别做升、降、回转动作，使手爪做闭合夹紧动作等。另一部分占用 16 路，通过控制接口电路分别向 4 台步进电动机发出位置、升降速、方向及停止信号，并通过升降速电路、脉冲分配器、功率驱动电路，使步进电动机按照预定的程序做启动、升速、高速运行和降速、停止等动作。

(4) SCARA 机器人控制原理

开机后，计算机发出指令，首先使两手臂先后返回装配点清零，然后，右手移动到雷管体料盘停在预定的某行某列位置上，手腕下降，手爪夹紧雷管体，手腕抬起并翻转 180°使雷管体杆芯朝上。与此同时，左手移动到导电帽、弹簧组件料盘并停在某行某列位置上，手腕下降，手爪夹紧导电帽、弹簧组件，手腕抬起。此后，右手返回到装配点。接着左手也返回到装配点，手腕边压下、边回转，将导电帽弹簧组件装到雷管体的杆芯上，左手离开装配点。此时螺钉已在振动料斗中自动整列排队、逐个落下，第三只手臂取螺钉后摆动到装配点，压下气动改锥将螺钉旋入雷管体杆芯的螺孔中，右手抓取雷管体时检测直径是否过大（不合格）或过小（抓空），左手抓取弹簧导电帽组件时，检测是否抓空，第三只手的改锥压下之前检测螺钉有无，装配完成后检测雷管高度是否合格，是否符合短路要求。如果没有螺钉，第三只手返回，再次去取螺钉，进行拧螺钉动作。对于不合格品则放到备好的废品盒内。计算机对总工件数和废品数进行统计，当装满一料盘成品（100 件）时发出呼叫信号，工人将成品盘搬走，换上一个空料盘，继续装配。

7.1.2 BJDP-1 型机器人系统设计原理及应用

BJDP-1 型机器人为全电动式、五自由度、具有连续轨迹控制等功能的多关节型示教再现型机器人。

(1) 用户需求

用于高噪声、高粉尘等恶劣环境的喷砂作业。

(2) 机械系统设计方案

如图 25-7-6 所示，BJDP-1 型机器人可设计成五个自由度，分别是立柱回转（L）、大臂回转（D）、小臂回转（X）、腕部俯仰（W_1）、腕部转动（W_2）。

其尺寸参数和所设计方案达到的性能要求见表25-7-2。

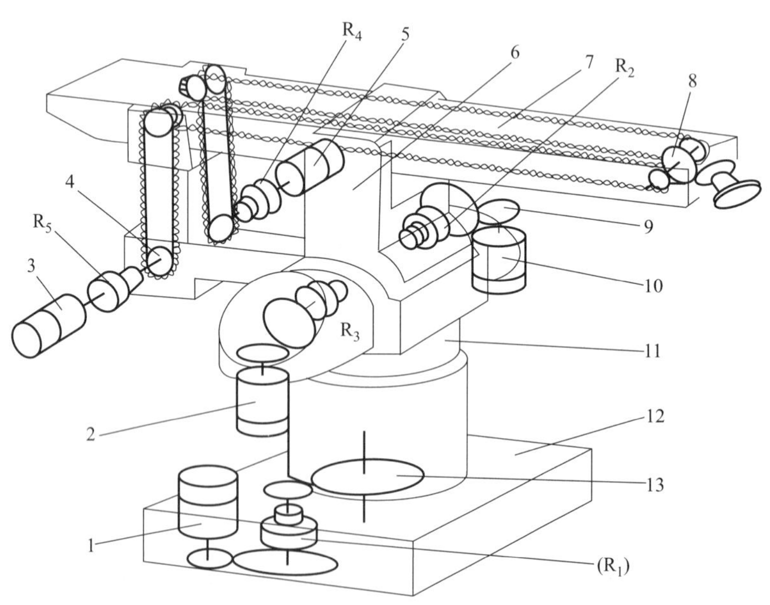

图 25-7-6 BJDP-1 型机器人机构传动方案

1—立柱驱动电机 M_1；2—小臂驱动电机 M_3；3—腕部回转电动机 M_5；4—链轮链条；5—腕部俯仰电动机 M_4；6—大臂；7—小臂；8,9—锥齿轮；10—大臂驱动电动机 M_2；11—立柱；12—基座门；13—直齿轮；R_1、R_2、R_3、R_4、R_5—谐波减速器

表 25-7-2　　BJDP-1 型机器人设计要求

项　目		规　格			项目	规　格
关节形式		转动关节			可搬重量	100 N
自由度		五			重复定位精度	±0.5 mm
运动范围		角度/(°)	最大速度/(°/s)	臂长/mm	本体重量	6000N
					示教方式	间接示教
	L	±135	30		示教点数	大于 1000 个点
	D	±35	40	600	驱动方式	直流伺服电动机 SCR 驱动
	X	+17～−14	40	800	控制方式	连续轨迹(直线插补)
	W_1	±45	70	180	控制轴数	五轴同步控制
	W_2	±135	70		存储容量	RAM 16K、ROM 32K

(3) 电气系统设计方案

BJDP-1 型机器人的电气系统可采用图 25-7-7 的方案，可参考表 25-7-1，按照以下几个部分设计。

① 驱动部件。采用电动机驱动，电动机为永磁式直流伺服电动机（功率 400W，最高转速 2000r/min，额定电流 12A)。各关节采用双环速度闭环控制，如图 25-7-8 所示，通过晶闸管三相全波可控整流可逆电路实现闭环控制，内环为电流反馈环，采用纯比例调节，外环为速度环，采用带有非线性特性的 PID 调节器。

② 检测传感部件。通过装在电动机轴上的增量式光电编码器将关节转角变换成数字脉冲，然后经方向判别电路将变换后的脉冲分成正转脉冲和反转脉冲，用可逆计数器记录这些脉冲数，从而实现由转角向数字量的变换，由于电动机轴上的光电编码器输出的数字脉冲频率与电动机转速成正比，因此只要将码盘的脉冲频率变换成与频率成比例的电压就能测出电动机的转速，所以速度检测就是进行频率/电压转换 (f/V)，由 f/V 的输出作为速度负反馈。

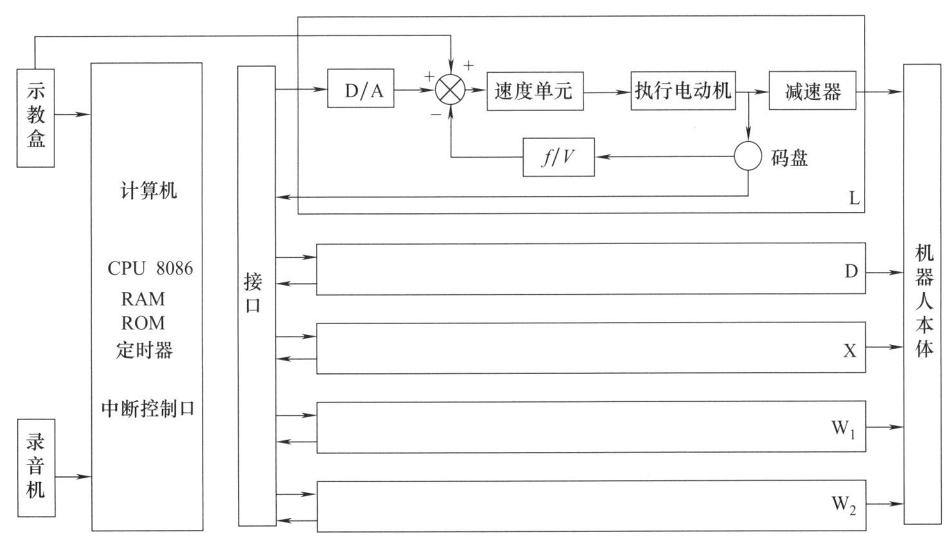

图 25-7-7　BJDP-1 型机器人电气系统框图

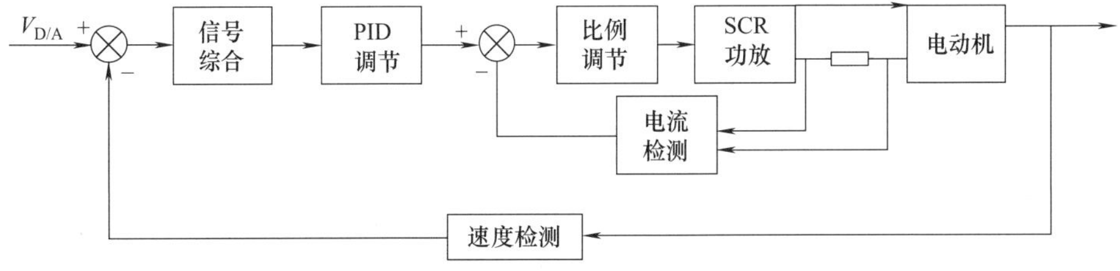

图 25-7-8　速度控制单元框图

③ 人机交互部件。可为 BJDP-1 机器人设计示教盒，实现人机交互，可采用点动按键和指令按键，对机器人各关节的运动位置进行示教，利用指令按键完成某一指定的操作动作，实现示教、再现的各种功能。

④ 中央处理单元。实现机器人示教、校验、再现的控制功能，包括示教数据编辑、坐标正逆变换、直线插补运算以及伺服系统闭环控制。

中央处理单元的硬件组成如图 25-7-9 所示，CPU 为 Intel8086，主频 5MHz，RAM 16K 主要用于存储示教数据，ROM 32K 存储计算机的监控程序和示教再现的全部控制程序，两片 8259A 中断控制器相连，共有 15 级中断，用于向计算机输入示教、校验、再现的所有控制指令，定时器 8253 用于产生计算机实时时钟信号，通过中断实现采样控制，A/D 变换器完成将机器人关节转角 θ_L、θ_D、…、θ_{W_2} 转换成数字量，变换器为 16 位，主要由光电（码盘）编码器（包括方向判别、可逆计数、清零电路及与计算机的接口电路）组成，D/A 变换器位数为 9 位，由一片集成 D/A 变换器 DAC0832 和一个触发器、反相器、运算放大器组成，基准电源 5V，输出是双极性的。

（4）BJDP-1 型机器人控制原理

关节坐标如图 25-7-10 所示，图中 X、Y、Z 为直角坐标系。θ_1 ~ θ_5 为指定的关节坐标，分别对应五路 A/D 变换器得到的数值，其方向如图中“+”“－”号所示。

θ_1——立柱 L_1 相对基座 L_0 的转角；

θ_2——大臂 L_2 与铅垂线的夹角；

θ_3——小臂 L_3 与水平面的夹角；

θ_4——手腕轴 L_4 与小臂 L_3 延长线的夹角；

θ_5——差动轮系中的转角，θ_5 与 θ_4 合成的结果是手部相对于手腕的转角；

A——姿态参数，且 $A=\theta_3+\theta_4$ 即手腕轴线与水平面的夹角；

B——姿态参数，$B=\theta_4-\theta_3$，即喷枪与铅垂面的夹角（喷枪与手腕垂直固定）；

P——加工点，其在直角坐标系中的位置为（x，y，z）。

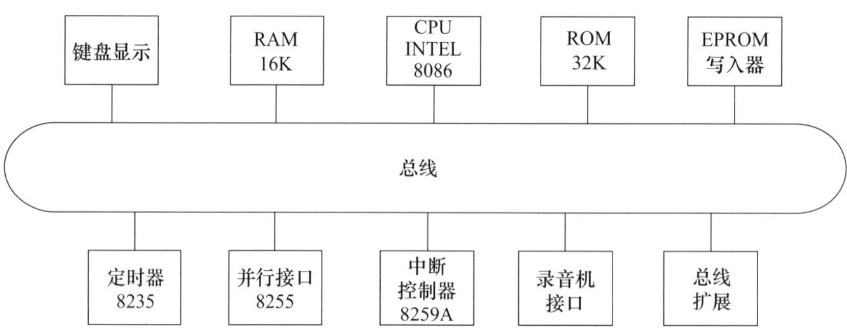

图 25-7-9 中央处理单元的硬件组成

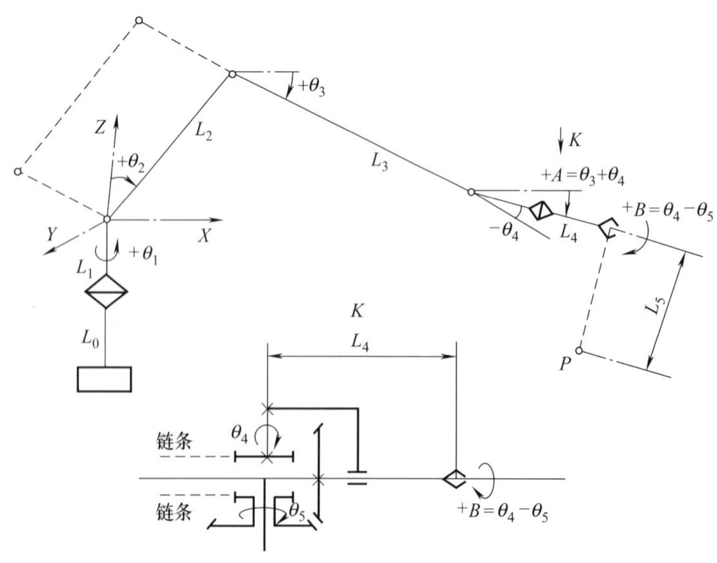

图 25-7-10 关节坐标

关节坐标到直角坐标的正变换，示教点的关节坐标 $\theta_1 \sim \theta_5$ 与直角坐标（x，y，z）及姿态参数 A、B 的正变换公式为

$$\begin{cases} x=(-L_5S_AC_B+L_4C_A+L_3C_3+L_2S_2)C_1+L_5S_1S_B \\ y=(-L_5S_AC_B+L_4C_A+L_3C_3+L_2S_2)S_1-L_5C_1S_B \\ z=-L_5C_AC_B-L_4S_A-L_3S_3+L_2C_2 \\ A=\theta_3+\theta_4 \\ B=\theta_4-\theta_5 \end{cases}$$

式中，$C_i=\cos\theta_i$，$S_i=\sin\theta_i$（$i=1$，2，…，5，A，B）；L_i（$i=2$，…，5）为各臂杆长度。

示教时，通过手动操作使机器人达到预想的位置和姿态，中央处理单元通过检查传感部件读进关节坐标 θ_i，然后经坐标正变换，转换为工作点 P 的位姿参数存入内存。

做直线插补运算时，取机器人的零位（如图 25-7-11所示）为每次工作的初始位置。工作完后又返回到这个初始位置。零位坐标为 $\Theta_0=[\theta_1, \theta_2, \theta_3, \theta_4, \theta_5]^T=[0, 0, 0, 0, 0]^T$，$X_0=[x, y, z, A, B]^T=[x_0, 0, z_0, 0, 0]^T$

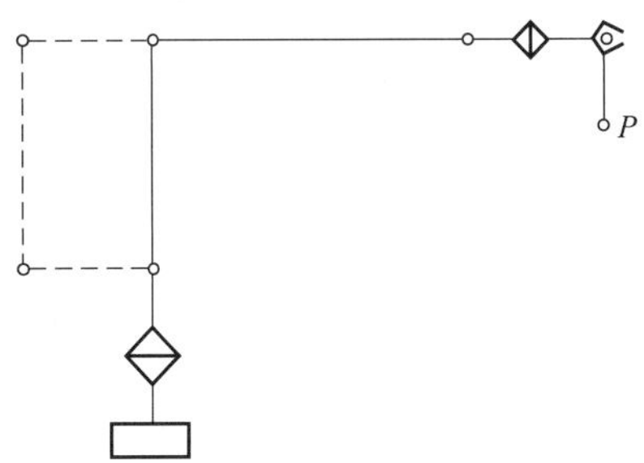

图 25-7-11　机器人零位

要在第 i 点和第 $i+1$ 点之间进行直线插补，通过示教取第 i 个工作点的位姿坐标是（x_i，y_i，z_i，A_i，B_i），第 $i+1$ 个示教数据（x_{i+1}，y_{i+1}，z_{i+1}，A_{i+1}，B_{i+1}），则

$$\Delta x'_{i+1}=x_{i+1}-x_i;\quad \Delta y'_{i+1}=y_{i+1}-y_i;$$
$$\Delta z'_{i+1}=z_{i+1}-z_i;\quad \Delta A'_{i+1}=A_{i+1}-A_i;$$
$$\Delta B'_{i+1}=B_{i+1}-B_i$$

v_{i+1} 为示教速度；$N_{i+1}=\text{INT}\left[\dfrac{\sqrt{\Delta x'^2_{i+1}+\Delta y'^2_{i+1}+\Delta z'^2_{i+1}}}{v_{i+1}}\right]$ 表示一个采样周期内所走的距离，则运动增量如下

$$\Delta x_{i+1}=\frac{\Delta x'_{i+1}}{N_{i+1}};\quad \Delta y_{i+1}=\frac{\Delta y'_{i+1}}{N_{i+1}};$$
$$\Delta z_{i+1}=\frac{\Delta z'_{i+1}}{N_{i+1}};\quad \Delta A_{i+1}=\frac{\Delta A'_{i+1}}{N_{i+1}};$$
$$\Delta B_{i+1}=\frac{\Delta B'_{i+1}}{N_{i+1}}$$

然后由直线插补得到的位姿增量经坐标逆变换，转换成关节坐标的增量作为各关节伺服系统的给定值，控制机器人按给定轨迹运动。逆变换的计算式为

$$\Delta\theta_1=\frac{C_1\Delta y-S_1\Delta x+L_5C_B\Delta B}{C_1x+S_1y}$$
$$\Delta\theta_2=\frac{C_3M-S_3N}{L_2C_{2-3}}$$
$$\Delta\theta_3=-\frac{S_2M+C_2N}{L_3C_{2-3}}$$
$$\Delta\theta_4=\Delta A-\Delta\theta_3$$
$$\Delta\theta_5=\Delta\theta_4-\Delta B$$

式中　$M=C_1\Delta x+S_1\Delta y+(C_1y-S_1x)\Delta\theta_1+(L_4S_A+L_5C_AC_B)\Delta A-L_5S_AS_B\Delta B$

$N=\Delta Z+(L_4C_A-L_5S_AC_B)\Delta A-L_5C_AS_B\Delta B$

$C_i=\cos\theta_i$，$C_{2-3}=\cos(\theta_2-\theta_3)$，$S_i=\sin\theta_i$

每当实时时钟中断之后，计算机就采样五个关节的坐标值，然后与坐标逆变换出来的五个坐标给定值进行比较，求出关节误差，经数字 PID 运算输出关节速度控制系统的控制信号，经 D/A 变换后送到速度控制单元。数字 PID 算式是带有前馈和积分分离的 PID 算式

$$u(k)=K_pe(k)+K_d\Delta e(k)+K_I\sum_{i=0}^{k}e(i)+K_f\Delta\theta(k)$$

当 $|e(k)|\leqslant\varepsilon$ 时引入积分，当 $|e(k)|>\varepsilon$ 时取消积分。式中，K_p 为比例常数；K_d 为微分常数；K_I 为积分常数；K_f 为前馈常数。前馈信号的引入是为了提高系统的速度跟踪精度，积分项是为了提高系统抗负载扰动的能力，比例项是为了保证位置精度，而微分项是为了提高系统的稳定性。

7.1.3　并联机器人系统设计原理及应用

并联机器人可作为航天飞船对接器等，还可作为航海潜艇救援器等；在工业上可作为大件装配机器人；在医疗上可作为精密操作的微动机器人。近年来还出现了虚拟轴的并联运动加工中心。

缆索并联机构是并联机构学的一个分支，一般由六根缆索控制动平台，下面以缆索并联机器人为例说明并联机器人的设计方法。

（1）用户需求

图 25-7-12 所示是并联机构在航空工业中的应用。操作者在缆索平台上，对飞机进行维护修理，为适应不同的工作条件，有些缆索并联机器人经过变型，外形结构都有明显的差异，缆索的长度由电动机控制，动平台下安装不同的执行设备，可以广泛地应用于完成陆地、水中、空间的各种工作条件下的机械作业，特别是在大型工作面上的工作。

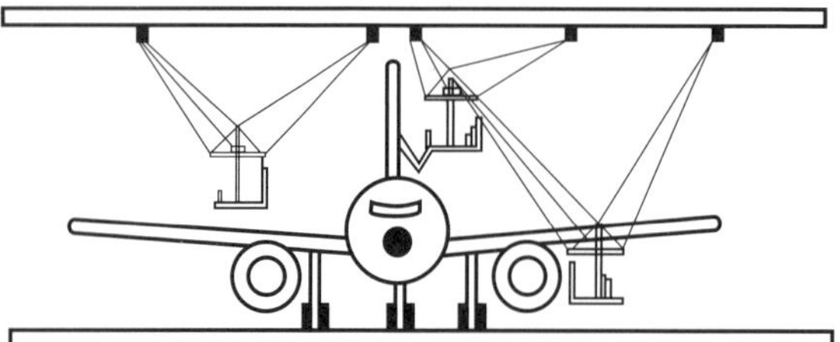

图 25-7-12 用于航天工业飞机维修的并联运动平台

（2）机械系统设计

图 25-7-13 为开发出的原型，六根支承分别两两连接，整个原型结构对称，提高了刚度，保证了上平台（基础平台）的水平，可承载比自身重十倍以上的重物。

选用的具体结构参数如下：基础平台边长 1000mm；动平台边长 250mm；基础平台距地面高度为 1700mm；三支承点落在直径为 1500mm 的圆上，圆心与基础平台重心在水平面投影点重合。

图 25-7-13 开发的吊机原型

（3）电气系统设计

使用的硬件条件是：PCI 四串口卡，矢量伺服电动机（Cool Muscle）与基于 PC 机的 Win XP 操作系统下的各种软件。矢量伺服电动机（Cool Muscle）实际是个矢量驱动伺服系统，该产品集电动机、控制器、驱动器、编码器为一体，是一个全积分闭环矢量驱动伺服系统，内含 32-bit 精简指令计算机、分辨力高达每周 50000 细分的编码器、驱动电源及电动机，具有体积小、控制简单、可靠性及定位精度高、性价比高的优点，是实现精密运动的理想电动机。

（4）缆索并联机器人控制原理

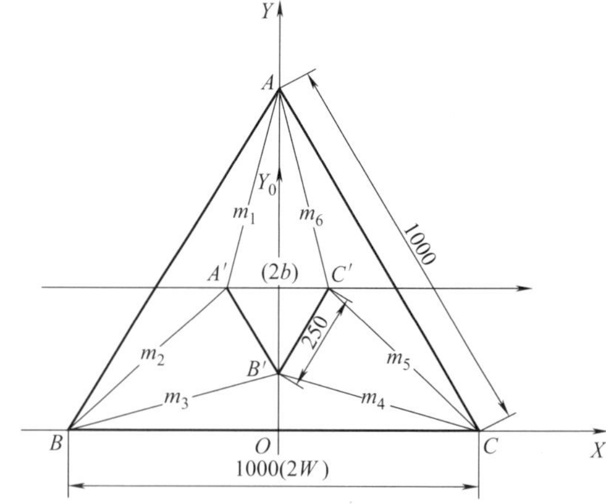

图 25-7-14 选用并联基架的数学模型

① 建立数学模型。如图 25-7-14 所示是所选用并联基架的俯视图，将坐标系定在顶架的三角形上，动坐标系位于动平台上。则顶架三顶点 A、B、C 在固定坐标系的矢量坐标为

$$A:(0 \quad \sqrt{3}L \quad 0)^{\mathrm{T}}$$

$$B:(-L \quad 0 \quad 0)^{\mathrm{T}}$$

$$C:(L \quad 0 \quad 0)^{\mathrm{T}}$$

同理，动平台上三顶点 A_0、B_0、C_0 在动坐标的矢量坐标为

$$A_0:(-l \quad 0 \quad 0)^{\mathrm{T}}$$

$$B_0:(0 \quad -\sqrt{3}l \quad 0)^{\mathrm{T}}$$

$$C_0:(l \quad 0 \quad 0)^{\mathrm{T}}$$

L、l 分别是顶架和动平台的边长代号。

设动平台原点 O_0，在固定坐标系中的坐标为 O_0：$(x \quad y \quad z)^{\mathrm{T}}$。

绕 Z 轴的转角为 θ，同时坐标变换矩阵设为 T，则 A_0、B_0、C_0 在固定坐标系中，可表示为

$$A_1=TA_0+O_0,\ B_1=TB_0+O_0,\ C_1=TC_0+O_0$$

其中

$$T=\begin{pmatrix} a_{11} & a_{12} & a_{13} \\ a_{21} & a_{22} & a_{23} \\ a_{31} & a_{32} & a_{33} \end{pmatrix}$$

在这里，由于动平台不绕 X，Y 轴转动，所以其方向余弦为 0。

$$T=\begin{pmatrix} \cos\theta & -\sin\theta & 0 \\ \sin\theta & \cos\theta & 0 \\ 0 & 0 & 1 \end{pmatrix}$$

$$A_1=\begin{pmatrix} \cos\theta & -\sin\theta & 0 \\ \sin\theta & \cos\theta & 0 \\ 0 & 0 & 1 \end{pmatrix}\begin{pmatrix} -1 \\ 0 \\ 0 \end{pmatrix}+\begin{pmatrix} x \\ y \\ z \end{pmatrix}$$

$$B_1=\begin{pmatrix}\cos\theta & -\sin\theta & 0\\ \sin\theta & \cos\theta & 0\\ 0 & 0 & 1\end{pmatrix}\begin{pmatrix}0\\ -\sqrt{3}l\\ 0\end{pmatrix}+\begin{pmatrix}x\\ y\\ z\end{pmatrix}$$

$$C_1=\begin{pmatrix}\cos\theta & -\sin\theta & 0\\ \sin\theta & \cos\theta & 0\\ 0 & 0 & 1\end{pmatrix}\begin{pmatrix}1\\ 0\\ 0\end{pmatrix}+\begin{pmatrix}x\\ y\\ z\end{pmatrix}$$

从图 25-7-14 中可以看出，六根绳索长度 m_1、m_2、m_3、m_4、m_5、m_6 可用向量 AA_1、BA_1、BB_1、CB_1、CC_1、AC_1的模表示。

如：$\|AA_1\|=|A-A_1|$

$$=\left|\begin{pmatrix}0\\ \sqrt{3}L\\ 0\end{pmatrix}-\begin{pmatrix}\cos\theta & -\sin\theta & 0\\ \sin\theta & \cos\theta & 0\\ 0 & 0 & 1\end{pmatrix}\begin{pmatrix}-1\\ 0\\ 0\end{pmatrix}+\begin{pmatrix}x\\ y\\ z\end{pmatrix}\right|$$

同理,可得：

$$\|BA_1\|=\left|\begin{pmatrix}-L\\ 0\\ 0\end{pmatrix}-\begin{pmatrix}\cos\theta & -\sin\theta & 0\\ \sin\theta & \cos\theta & 0\\ 0 & 0 & 1\end{pmatrix}\begin{pmatrix}-1\\ 0\\ 0\end{pmatrix}+\begin{pmatrix}x\\ y\\ z\end{pmatrix}\right|$$

$$\|BB_1\|=\left|\begin{pmatrix}-L\\ 0\\ 0\end{pmatrix}-\begin{pmatrix}\cos\theta & -\sin\theta & 0\\ \sin\theta & \cos\theta & 0\\ 0 & 0 & 1\end{pmatrix}\begin{pmatrix}0\\ -\sqrt{3}l\\ 0\end{pmatrix}+\begin{pmatrix}x\\ y\\ z\end{pmatrix}\right|$$

$$\|CB_1\|=\left|\begin{pmatrix}L\\ 0\\ 0\end{pmatrix}-\begin{pmatrix}\cos\theta & -\sin\theta & 0\\ \sin\theta & \cos\theta & 0\\ 0 & 0 & 1\end{pmatrix}\begin{pmatrix}0\\ -\sqrt{3}l\\ 0\end{pmatrix}+\begin{pmatrix}x\\ y\\ z\end{pmatrix}\right|$$

$$\|CC_1\|=\left|\begin{pmatrix}L\\ 0\\ 0\end{pmatrix}-\begin{pmatrix}\cos\theta & -\sin\theta & 0\\ \sin\theta & \cos\theta & 0\\ 0 & 0 & 1\end{pmatrix}\begin{pmatrix}1\\ 0\\ 0\end{pmatrix}+\begin{pmatrix}x\\ y\\ z\end{pmatrix}\right|$$

$$\|AC_1\|=\left|\begin{pmatrix}0\\ -\sqrt{3}L\\ 0\end{pmatrix}-\begin{pmatrix}\cos\theta & -\sin\theta & 0\\ \sin\theta & \cos\theta & 0\\ 0 & 0 & 1\end{pmatrix}\begin{pmatrix}1\\ 0\\ 0\end{pmatrix}+\begin{pmatrix}x\\ y\\ z\end{pmatrix}\right|$$

在上式中，只有 θ、x、y、z 未知，动平台的空间运动可以简化成空间内一点（动坐标原点 O_0）的运动，这是在默认 $\theta=0$ 时的情况。在实时控制中，正是以它们作为变量，实时计算绳长的变化量。例如，设定动平台的初始位置为固定坐标系垂直下方 1400mm 处，动坐标原点 O_0。位置为［$x=0$、$y=(L+l)/\sqrt{3}$、$c=1400$、$\theta=0$］，经计算，此时绳长为 1473.3mm，这样就完成平台的初始化工作。以后将此点定为零位点。

② 工作平台的受力分析。工作平台受力分析是指拉动平台的六根绳索在瞬时状态受力的大小。受力分析是进行工作空间分析的前提，也是进行可靠性设计的依据。前面已经用向量表示出六根绳长，并利用求模公式计算六根绳索的瞬时长度。则可在此基础上，进而求得各绳的受力。因为向量已知后，根据六根绳索向量相对于固定坐标 X、Y、Z 方向的偏转角，即可求出在此方向的分力。根据受力平衡原理，在平台慢速运动的情况下，可近似看作等速运动，则可建立如下方程

$$F_i>0$$

$$\sum F_x=0\qquad \sum F_y=0\qquad \sum F_z=0$$

$$\sum M_x=0\qquad \sum M_y=0\qquad \sum M_z=0$$

以 m_1 即向量 AA_1 为例，令 a 即 AA_1 相对与 X、Y、Z 方向的余弦分别为 $\cos\alpha_1$、$\cos\beta_1$、$\cos\gamma_1$ 分别为：$\cos\alpha_1=\dfrac{a_x}{\sqrt{a_x^2+a_y^2+a_z^2}}$；$\cos\beta_1=\dfrac{a_y}{\sqrt{a_x^2+a_y^2+a_z^2}}$；

$$\cos\gamma_1=\frac{a_z}{\sqrt{a_x^2+a_y^2+a_z^2}}$$

设被起重的物重力为 m_1，受力为 F_1，则在 X、Y、Z 方向的分力为 $F_1\cos\alpha_1$、$F_1\cos\beta_1$、$F_1\cos\gamma_1$，同理可解其他绳索在其他方向上的力，由此可建立六元一次方程组的系数矩阵

$$\begin{pmatrix}\cos\alpha_1 & \cos\alpha_2 & \cos\alpha_3 & \cos\alpha_4 & \cos\alpha_5 & \cos\alpha_6 & 0\\ \cos\beta_1 & \cos\beta_2 & \cos\beta_3 & \cos\beta_4 & \cos\beta_5 & \cos\beta_6 & 0\\ \cos\gamma_1 & \cos\gamma_2 & \cos\gamma_3 & \cos\gamma_4 & \cos\gamma_5 & \cos\gamma_6 & G\\ l\cos\beta_1 & l\cos\beta_2 & l\cos\beta_3+\sqrt{3}l\cos\alpha_3 & l\cos\beta_4+\sqrt{3}l\cos\alpha_4 & 0 & 0 & 0\\ 2l\cos\gamma_1 & 2l\cos\gamma_2 & l\cos\gamma_3 & l\cos\gamma_4 & 0 & 0 & GL\\ 0 & 0 & \sqrt{3}l\cos\gamma_3 & \sqrt{3}l\cos\gamma_4 & 0 & 0 & \frac{\sqrt{3}}{3}GL\end{pmatrix}$$

当该系数矩阵为非奇异阵时，方程有唯一解，动平台可能在工作空间内，还要根据其他工作空间限定条件继续分析。当该系数矩阵为奇异阵时，一定是工作空间以外的点。所以，用上述方程联立求解工作空间范围时，必要的条件，即 A 为非奇异阵，且解大于零。在满足力平衡的前提下，控制六根缆索长度变化以完成动平台运动要求，是控制 6 个电动机的转速的协调同步。

7.2　典型工业机器人产品选用

目前国际比较知名的工业机器人生产厂商主要有

瑞士的ABB，德国的库卡，日本的发那科和安川，它们的产品占据世界绝大多数份额，我国的新松机器人公司这几年发展也很快，本节主要介绍欧洲和国产的机器人产品。

工业机器人的选择，主要参考厂商提供的一些技术参数，一般有以下几个方面。

① 有效载荷：标明了机器人的负荷能力。这项参数与机器人的运动速度有关，通常指正常运行速度下所能握取的工件重量，有些厂家会提供如手腕等不同部位的负荷能力，可以根据需求具体选择。

② 工作范围：机器人所夹持工件达到的空间范围。其中主要提供最大可达范围，具体生产安排时还需参考厂家提供的技术手册，会给出各关节在不同转角时工件的工作空间。

③ 重定位精度：是指多次操作机器人使其末端运行到同一坐标点产生的距离偏差大小。其高低取决于位置控制方式以及运动部件本身的制造精度和刚度，与握取重量、运动速度等也有密切关系。

④ 轨迹定位精度：是指机器人末端按预定轨迹运行时产生的距离偏差大小。此参数在对运行轨迹精度要求高如焊接等的生产极为重要。

⑤ 运动速度：厂家会提供各关节的最大运行速度。它与机器人握取重量、定位精度等参数都有密切关系，同时也直接影响机器人的生产节拍。

⑥ 自由度：工业机器人自由度越多，其动作越灵活，适应性越强，但结构也相应越复杂。一般具有4～6个自由度即可满足使用要求。

7.2.1 ABB工业机械手

ABB公司由阿西亚公司（ASEA）与布朗勃法瑞公司（BBC）于1988年合并组建，总部设在瑞士的苏黎世，ABB是世界领先的机器人制造厂商，在瑞典、挪威和中国等地设有机器人研发、制造和销售基地，其在1994年入住中国上海，为包括车身、冲压、动力总成和涂装自动化在内的汽车行业和零部件供应商、消费品、铸造、塑料和金属加工工业提供服务。

表25-7-3 ABB多关节机器人

多关节机器人系列		型号	负载/kg	工作范围/m	重定位精度/mm	安装[③]方法	用途[④]	特性
	IRB120	IRB120-3/0.6	3/4[①]	0.58	0.01	a,c,d,e	1,2,5,8,9	最小
		IRB120T	3	0.58	0.01			
	IRB1200	IRB1200-7/0.7	7	0.7	0.02	a,c,d,e	1,2,5,8,9	小巧
		IRB1200-5/0.9	5	0.9	0.025			
	IRB140	IRB140-6/0.8	6	0.81	0.03	a,b,c,d	1,2,5,6,8,9,10,11	小快强
		IRB140T	6	0.81	0.03			
	IRB1410	IRB1410	5	1.44	0.02	a	1	坚固弧焊
	IRB1520ID	IRB1520ID	4	1.5	0.05	a	1	精确弧焊

续表

多关节机器人系列		型号	负载/kg	工作范围/m	重定位精度/mm	安装[3]方法	用途[4]	特性
	IRB1600	IRB1600-6/1.2	6	1.2	0.02	a,b,c,d,e	1,2,3,8,9,10,11	全能
		IRB1600-6/1.45	6	1.45	0.02			
		IRB1600-10/1.2	10	1.2	0.02			
		IRB1600-10/1.45	10	1.45	0.05			
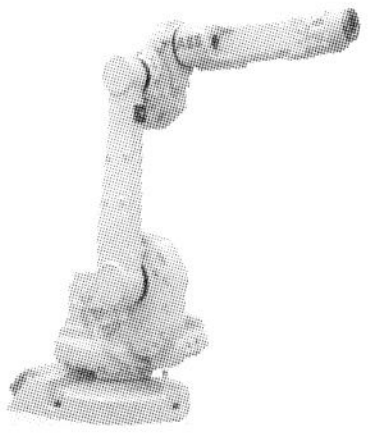	IRB1660ID	IRB1660ID-4/1.55	4	1.55	0.02	a,b,c,d	1,8,9	专业弧焊
		IRB1660ID-6/1.55	6	1.55	0.02			
	IRB2400	IRB2400/10	12	1.55	0.05	a,d	1,2,5,6,7,8,9,11,16	物料搬运机械管理
		IRB2400/16	20	1.55	0.05			
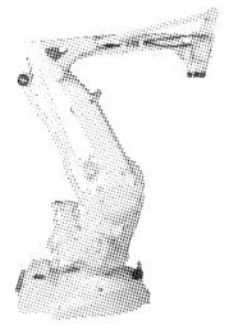	IRB260	IRB260	30	1.56	0.01	a	11	柔性包装
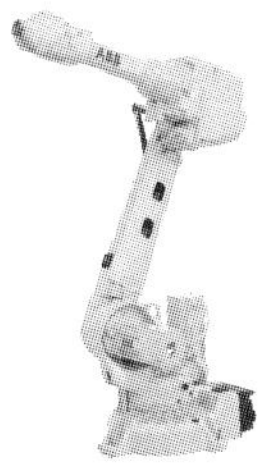	IRB2600	IRB2600-12/1.65	12	1.65	0.04	a,b,c,d,e	1,2,6,8,9	短臂
		IRB2600-20/1.65	20	1.65	0.04			
		IRB2600-12/1.85	12	1.85	0.04			长臂
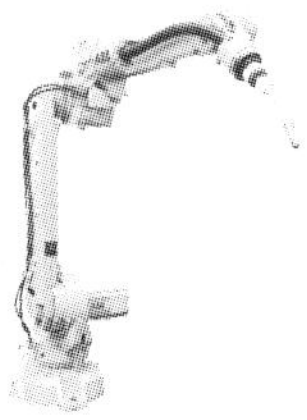	IRB2600ID	IRB2600ID-8/2.00	8	2	0.023	a,b,c,d,e	1,8,9	手腕纤细管线紧固
		IRB2600ID-15/1.85	15	1.85	0.026			

续表

多关节机器人系列	型号	负载/kg	工作范围/m	重定位精度/mm	安装[③]方法	用途[④]	特性
IRB4400	IRB4400/60	60	1.96	0.19	a,e	2,3,5,6,7,8,9,11,12,14 16	机身紧凑
	IRB4400L/10	10	2.53	0.05			
IRB460	IRB460	110	2.4	0.2	a,e	12	高速码垛
IRB4600	IRB4600-45/2.05	45	2.05	0.05	a,b,d,e	2,3,5,6,7,8,9,11,12,14	新标准
	IRB4600-60/2.05	60	2.05	0.06			
	IRB4600-20/2.50	20	2.51	0.05			
	IRB4600-40/2.55	40	2.55	0.06			
IRB660	IRB660-180/3.15	180	3.15	0.1	a	9,11,12	堆垛包装线
	IRB660-250/3.15	250	3.15	0.1			
IRB6620	IRB6620	150	2.2	0.1	a,b,d	2,3,5,6,7,8,9,11,12,13 16	车辆抓取点焊
IRB6620LX	IRB6620LX	150	1.9	0.04	a,c	1,2,9,17	机械管理直线轴

续表

多关节机器人系列		型号	负载/kg	工作范围/m	重定位精度/mm	安装[③]方法	用途[④]	特性
	IRB6640	IRB6640-235/2.55	235	2.55	0.05	a	8,9,13	重型搬运适合各类应用
		IRB6640-185/2.80	185	2.8	0.05			
	IRB6650S	IRB6650S-90/3.9	90	3.9	0.15	e	2,5,7,8,9,13	支架安装
		IRB6650S-125/3.5	125	3.5	0.15			
		IRB6650S-200/3.0	200	3	0.15			
	IRB6660	IRB6660-100/3.3	100	3.35	0.1	a	2,5,6,7,8,9,12,15	压机管理铸造预加工
		IRB6660-130/3.1	130	3.1	0.11			
		IRB6660-205/1.9	205	1.93	0.07			
	IRB6700	IRB6700-150	150/145[②]	3.2	0.1	a,d	2,3,8,9,13,16	第七代大型机
		IRB6700-155	155/140[②]	2.85	0.1			
		IRB6700-175	175/155[②]	3.05	0.1			
		IRB6700-200	200/175[②]	2.6	0.1			
		IRB6700-205	205/200[②]	2.8	0.1			
		IRB6700-235	235/220[②]	2.65	0.1			
		IRB6700-245	245/220[②]	3	0.1			
		IRB6700-300	300/270[②]	2.7	0.1			
		IRB6700Inv-245	245/210[②]	2.9	0.1			
		IRB6700Inv-300	300/270[②]	2.6	0.1			
	IRB760	IRB760	450	3.18	0.05	a	12	重型码垛
	IRB7600	IRB7600-150	150	3.5	0.2	a	2,3,8,9,13,16	重载
		IRB7600-325	325	3.1	0.1			
		IRB7600-340	340	2.8	0.3			
		IRB7600-400	400	2.55	0.2			
		IRB7600-500	500	2.55	0.1			

续表

多关节机器人系列		型号	负载/kg	工作范围/m	重定位精度/mm	安装[③]方法	用途[④]	特性
	IRB8700	IRB8700-550/4.20	550/475[②]	4.2	0.1	a	2,3,8,9,13	重载
		IRB8700-800/3.50	800/630[②]	3.5	0.1			

① "/" 前为不带垂直手腕，"/" 后为带垂直手腕。

② "/" 前为不采用 LeanID，"/" 后为采用 LeanID。

③ a—落地式；b—倾斜式；c—壁挂式；d—倒置式；e—搁架式。

④ 1—弧焊；2—装配；3—铸件清理；4—涂装/喷漆；5—切割/修边；6—涂胶/密封；7—打磨/抛光；8—机加工；9—物料搬运；10—拣料；11—包装；12—堆垛；13—点焊；14—喷漆；15—压机管理；16—弯板机管理；17—机械管理。

注：由于篇幅所限，表中只给出了负载、工作范围、重定位精度这三个重要参数，供初步选型使用，如需要其他参数可以在其官网下载或联系厂商购买索要对应型号的技术手册。

表 25-7-4　ABB 并联机器人

并联机器人系列		型号	负载/kg	工作范围/mm	重定位精度/mm	轴数/个	安装方法	用途
	IRB360	IRB360-1/800	1	800	0.1	4	倒置式	物料搬运、弧焊、拣料、包装
		IRB360-1/1130	1	1130	0.1	3/4		
		IRB360-1/1600	1	1600	0.1	4		
		IRB360-3/1130	3	1130	0.1	3/4		
		IRB360-6/1600	6	1600	0.1	4		
		IRB360-8/1130	8	1130	0.1	4		

表 25-7-5　ABB 喷涂机器人

喷涂机器人系列		型号	负载/kg	工作范围/m	重定位精度/mm	安装方法[①]	用途	特性
	IRB52	IRB52	7	1.2	0.15	a	喷涂	中小零件喷涂
	IRB580	IRB580-12/1220	10	2.2	0.3	a	喷涂	高精度中空手腕
		IRB580-12/1620	10	2.6	0.3	a		
		IRB580-13	10	2.6	0.3	b		
		IRB580-16	10	2.6	0.3	d		
	IRB5350	IRB5350	7		0.2	b,c	喷涂	汽车内饰喷涂

续表

喷涂机器人系列		型号	负载/kg	工作范围/m	重定位精度/mm	安装方法[①]	用途	特性
	IRB5400	IRB5400-12	25	3.1	0.15	a	喷涂	细长臂省时省料
		IRB5400-13	25	3.1	0.15	b		
		IRB5400-14	25	3.1	0.15	c		
		IRB5400-22	25	3.1	0.15	a		粗长臂省时省料
		IRB5400-23	25	3.1	0.15	b		
		IRB5400-24	25	3.1	0.15	c		
	IRB5500	IRB5500-22	13	5.821	0.15	a	喷涂	范围广机器使用寿命长
		IRB5500-23	13	5.821	0.15	b		
		IRB5500-25	13	2.975	0.15	d		

① a—落地式；b—洁净墙面导轨；c—室内导轨；d—倒置式。

7.2.2　库卡（KUKA）工业机械手

KUKA 公司由 Johann Joseph Keller 和 Jakob Knappich 于 1898 年在德国奥格斯堡创立，亚洲业务的总部设立于上海，从这里将机器人推向亚洲市场。

表 25-7-6　KUKA 小型机器人

小型机器人系列		型号	负载/kg	工作范围/m	重定位精度/mm	安装方法[①]	用途[②]	特性
	KR3AGILUS	KR3R540	3	0.541	0.02	a,b,c,d	1,2,8,5,13,16,18	狭小空间电子行业
	KR AGILUS sixx	KR6R700sixx	6	0.706	0.03	a,c,d	1,2,8,4,5,7,13,16,18	紧凑快速
		KR6R900sixx	6	0.901				
		KR10R900sixx	10	0.901				
		KR10R1100sixx	10	1.101				
	KR AGILUS fivve	KR6R700fivve	6	0.726	0.01	a,d a,d a,d	1,2,8,4,5,7,13,16,18	紧凑精确快速
		KR6R900fivve	6	0.9				
		KR10R900fivve	10	0.9				
		KR10R1100fivve	10	1.1				

续表

小型机器人系列		型号	负载/kg	工作范围/m	重定位精度/mm	安装方法[①]	用途[②]	特性
	LBR iiwa	LBR iiwa 7 R800	7	0.8	0.1	a,b,c,d	1,3,5,8,13,16,17 14,19	敏捷接触力可缓冲
		LBR iiwa 14 R820	14	0.82	0.15			

① a—落地式；b—倾斜式；c—壁挂式；d—倒置式。

② 1—在其他机床处操作；2—塑料加工设备；3—测量、检测和检验；4—金属压铸机、铸造设备；5—堆垛；6—锻造设备；7—金属切削机床；8—包装及拣配；9—激光焊；10—保护气体焊接；11—激光切割；12—点焊；13—涂抹粘接剂、密封剂或类似材料；14—机械加工；15—水射流切割；16—固定；17—置入、组装；18—钎焊；19—其他涂层；20—其他种类的安装、拆卸。

表 25-7-7 KUKA 低载荷机器人

低载荷机器人系列		型号	负载/kg	工作范围/m	重定位精度/mm	安装方法[①]	用途[②]	特性
	KR CYBERTECH nano	KR 6 R1820	6	1.82	0.04	a,b,c,d	1,2,3 5,8,9,10,13 14,20	搬运小件手腕最小
		KR 8 R1620	8	1.62				
		KR 10 R1420	10	1.42				
	KR CYBERTECH arc nano	KR 6 R1820 arc HW	6	1.82	0.04	a,b,c,d	9,10,13	轨迹精确轴腕中空
		KR 8 R1420 arc HW	8	1.42				
		KR 8 R1620 arc HW	8	1.62				
	KR CYBERTECH	KR 8 R2010	8	2.013	0.04	a,b,c,d	1,2,3,4,5,6,7,8,9,10,14 17,20	搬运大型件
		KR 12 R1810	12	1.813				
		KR 16 R1610	16	1.612				
		KR 16 R2010	16	2.013				
		KR 20 R1810	20	1.813				
		KR 22 R1610	22	1.612				
	KR CYBERTECH arc	KR 8 R2100 arc HW	8	2.013	0.04	a,b,c,d	1,3,5,7,8,9,10,11 13,14 18,20	轨迹精确

续表

低载荷机器人系列		型号	负载/kg	工作范围/m	重定位精度/mm	安装方法[①]	用途[②]	特性
	KR CYBERTECH KS-F	KR 20 R2010 KS-F	20	2.01	0.04	a	1,3,5,7,8,9,10,11 13,14	置于平台

注：同表 25-7-6。

表 25-7-8　**KUKA 中载荷机器人**

中载荷机器人系列		型号	负载/kg	工作范围/m	重定位精度/mm	安装方法[①]	用途[②]	特性
	KR 30-3	KR 30-3	30	2.033	0.06	a,d	1,2,3,4,5,6,7,8,10,13 18,20	坚固 精确 快速 激光焊接
	KR 60-3	KR 60 L30-3	30	2.429				
		KR 60 L45-3	45	2.23				
		KR 60-3	60	2.033				
	KR 30 L16-2	KR 30 L16-2	16	3.102	0.07	a,d	1,2,3,4,5,6,7,8,18,20	铸造
	KR 30-3 HA	KR 30-3 HA	30	2.033	0.05	a,d	1,2,3,4,5,6,7,8,10,13 18	汽车行业
	KR 60-3HA	KR 60 L30-3 HA	30	2.429				
		KR 60 L45-3 HA	45	2.23				
		KR 60-3 HA	60	2.033				
	KR 30-4 KS	KR 30-4 KS	30	2.233	0.06	a	1,2,3,4,6,7,8,10,13	下探机器人
	KR 60-4 KS	KR 60 L30-4 KS	30	2.628				
		KR 60 L30-4 KS	45	2.43				
		KR 60-4 KS	60	2.233				

续表

中载荷机器人系列		型号	负载/kg	工作范围/m	重定位精度/mm	安装方法[①]	用途[②]	特性
	KR 60L16-2 KS	KR 60 L16-2 KS	16	2.952	0.06	a	1,2,3,4,6,7,8,10,13	下探机器人

注：同表25-7-6。

表25-7-9　　KUKA高载荷机器人

高载荷机器人系列		型号	负载/kg	工作范围/m	重定位精度/mm	安装方法[①]	用途[②]	特性
	KR QUANTEC prime K	KR 90 R3700 prime K	90	3.701	0.6	a	1,2,6,8,9,12,13	下探机器人
		KR 120 R3500 prime K	120	3.501				
		KR 150 R3300 prime K	150	3.301				
		KR 180 R3100 prime K	180	3.101				
		KR 210 R2900 prime K	210	2.901				
	KR QUANTEC ultra K	KR 120 R3900 ultra K	120	3.901	0.06	a	1,2,6,8,9,12,13	高强度下探机器人
		KR 150 R3700 ultra K	150	3.701				
		KR 180 R3500 ultra K	180	3.501				
		KR 210 R3300 ultra K	210	3.301				
		KR 240 R3100 ultra K	240	3.101				
		KR 270 R2900 ultra K	270	2.901				
		KR 270 R3100 ultra K	270	3.101				
	KR QUANTEC pro	KR 90 R2700 pro	90	2.696	0.06	a	1,2,6,7,8,9,10,11 12,13 19,20	点焊 钎焊 搬运
		KR 120 R2500 pro	120	2.496				

续表

高载荷机器人系列	型号	负载/kg	工作范围/m	重定位精度/mm	安装方法[①]	用途[②]	特性
KR QUANTEC extra	KR 90 R3100 extra	90	3.095	0.06	a	2,3,5,6,7,8,9,10,11,12 13,19 20	全能
	KR 120 R2900 extra	120	2.896				
	KR 150 R2700 extra	150	2.696				
	KR 180 R2500 extra	180	2.496				
	KR 210 R2700 extra	210	2.696				
KR QUANTEC prime	KR 150 R3100 prime	150	3.095	0.06	a	1,2,3,5,6,7,8,9,10,11 12,13 19,20	点焊
	KR 180 R2900 prime	180	2.896				
	KR 210 R2700 prime	210	2.696				
	KR 240 R2500 prime	240	2.496				
	KR 240 R2700 prime	240	2.696				
KR QUANTEC ultra	KR 210 R2500 ultra	210	3.095	0.06	a	1,2,3,5,6,7,8,9,10,11 12,13 19,20	铸造 高强度
	KR 240 R2900 ultra	240	2.896				
	KR 270 R2700 ultra	270	2.696				
	KR 300 R2500 ultra	300	2.496				
KR QUANTEC extra HA	KR 90 R2900 extra HA	90	2.896	0.04	a	2,3,5,6,7,8,9,10,12,13 19,20	手腕 精度 更高
	KR 90 R3100 extra HA	90	3.095				
	KR 120 R2700extra HA	120	2.696				
KR QUANTEC nano	KR 120 R1800 nano	120	1.803	0.06	a	1,2,3,4,5,6,7,8,9,12,13 17,20	轻盈 点焊 电机 磨削
	KR 160 R1570 nano	160	1.573				

续表

高载荷机器人系列		型号	负载/kg	工作范围/m	重定位精度/mm	安装方法①	用途②	特性
	KR QUANTEC nano F exclusive	KR 120 R2100 nano F exclusive	120	2.1	0.05	a	1,2,3,4,5,6,7,8,9,12,13 17,20	铸铁铸成坚固
		KR 180 R2100 nano F exclusive	180	2.1				

注：同表 25-7-6。

表 25-7-10　KUKA 重载机器人

重载机器人系列		型号	负载/kg	工作范围/m	重定位精度/mm	安装方法①	用途②	特性
	KR 360 FORTEC	KR 240 R3330	240	3.326	0.08	a,d	1,2,3,4,5,6,7,8,12,14 15,16 17,19	汽车搬运重件
		KR 280 R3080	280	3.076				
		KR 360 R2830	360	2.826				
	KR 500 FORTEC	KR 340 R3330	340	3.326				铣削
		KR 420 R3080	420	3.076				
		KR 500 R2830	500	2.826				
	KR 600 FORTEC	KR 420 R3330	420	3.326	0.08	a	1,2,4,6,7,8,12,14 15,16 17,19	更修长
		KR 510 R3080	510	3.076				
		KR 600 R2830	600	2.826				
	KR 500 FORTEC MT	KR 480 R3330 MT	480	3.326	0.08	a	1,2,4,5,6,7,8,12,14,16 17,19	铸造可配机床工具
		KR 500 R2830 MT	500	2.286				

续表

重载机器人系列		型号	负载/kg	工作范围/m	重定位精度/mm	安装方法[①]	用途[②]	特性
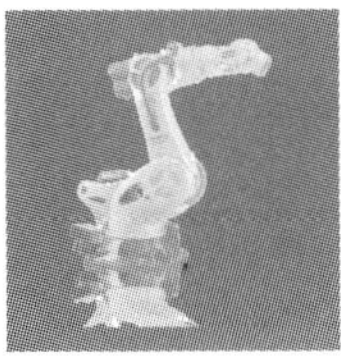	KR 1000 titan	KR 1000 L750 titan	750	3.601	0.1	a	1,2,4,5,6,7,8,12,14,16 17,20	力大范围远
		KR 1000 titan	1000	3.202				

注：同表 25-7-6。

表 25-7-11　　KUKA 码垛机器人

码垛机器人系列		型号	负载/kg	工作范围/m	重定位精度/mm	安装方法	用途	特性
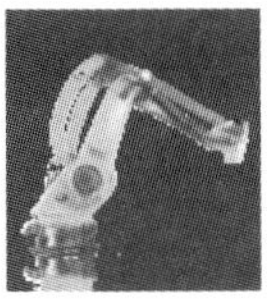	KR 40 PA	KR 40 PA	40	2.091	0.05	落地	码垛	欧标托盘最小码垛
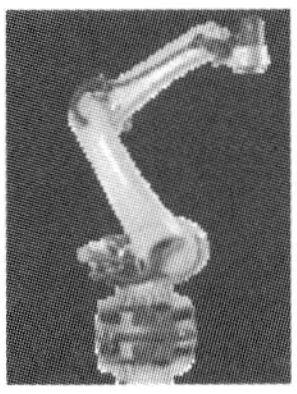	KR QUANTEC PA	KR 120 R3200 PA	120	3.195	0.06	落地	码垛	速度快轴腕中空
		KR 180 R3200 PA	180	3.195				
		KR 240 R3200 PA	240	3.195				
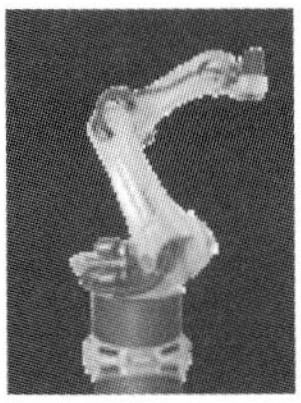	KR 300-2 PA	KR 300-2 PA	300	3.15	0.08	落地	码垛	耐用
	KR 470-2 PA	KR 470-2 PA	470	3.15				
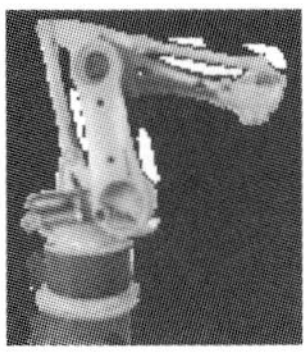	KR 700 PA	KR 700 PA	700	3.32	0.15	落地	码垛	高速重载

续表

码垛机器人系列		型号	负载/kg	工作范围/m	重定位精度/mm	安装方法	用途	特性
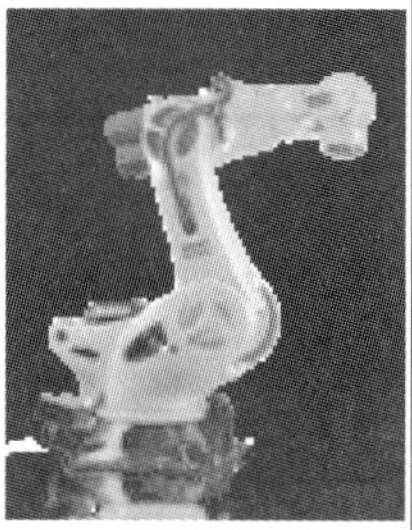	KR 1000 L950 tiatan PA	KR 1000 L950 titan PA	950	3.601	0.1	落地	码垛	重载
	KR 1000 1300 titan PA	Kr 1000 1300 titan PA	1300	3.202				

7.2.3　新松（SIASUN）工业机械手

新松机器人公司位于沈阳，依托于中科院沈阳自动化所建立，是我国最大的机器人生成厂商，拥有自主知识产权和核心技术，最近几年发展迅猛，其产品在汽车、机床等行业得到应用。

表 25-7-12　　新松多关节机器人

多关节机器人系列		负载/kg	工作范围/m	重定位精度/mm	安装方法[①]	用途[②]	特性
	柔性协作机器人	5	0.8	0.02	a,d,e	1,5,6,7,10	力觉缓冲 电子行业
	4kg 工业机器人	4	0.672	0.03	b	1,2,3,4,6,5,11,12	电子信息 教育培训
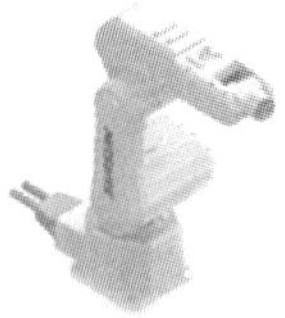	SR4B	4	0.596	0.02	a,b,c,d	1,2,6	精确敏捷 力觉视觉
	SR5B	5	0.727				
	SR5CL	5	0.906				
	SR6C	6	1.393	0.05	a,b,c,d	1,2,6,8,9,10,15	低载常用
	SR6CL	6	1.788				
	SR10C	10	1.393				
	SR10AL	10	1.957				
	SRP16AL_Ⅰ	16	2.801	0.25	a,b,c,d	9	自动化喷涂
	SRP16A_Ⅱ	16	2.702				

续表

多关节机器人系列	负载/kg	工作范围/m	重定位精度/mm	安装方法[①]	用途[②]	特性
 SR20A	20	1.76	0.05	a,b,c,d	1,2,6,7,10	磨抛
 SR35A	35	2.538	0.1	a,b,d	1,2,6,9,10,16,17,18	中载喷涂
SR35B	35	2.358				
SR50A	50	2.05				
SR50B	50	2.15				
SR80A	80	2.05				
SR80B	80	2.15				
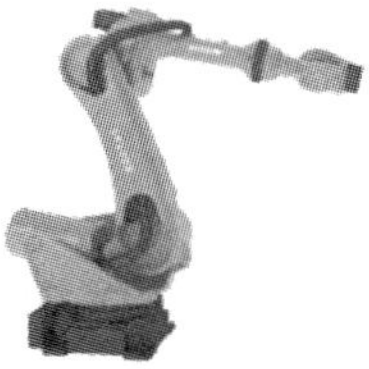 SR120B	120	3.007	0.2	a	1,2,7,10,13,14,15,17	点焊 高负载
SR120D	120	3.007				
SR165B	165	2.658				
SR210B	210	2.658				
SR210D	210	2.658				
 SRS210D	210	3.05	0.2	a	1,2,7,10,13,14,15,17	运动范围更大下探
 SR360AL	360	3.2	0.3	a	1,2,7,10,14,17	运动范围更大
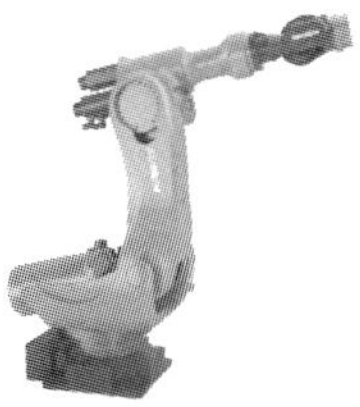 SR360A	360	2.525	0.5	a	1,2,7,10,14,17	重载
SR500A	500	2.525				

① a—落地式；b—倾斜式；c—壁挂式；d—倒置式；e—悬臂式。

② 1—装配；2—搬运；3—螺纹连接；4—粘接；5—包装；6—检测；7—打磨；8—弧焊；9—涂装；10—上下料；11—电子；12—食品饮料；13—点焊；14—铸造；15—冲压；16—涂胶；17—锻造；18—水切割；19—分拣；20—雕刻。

表 25-7-13　　新松并联机器人

并联机器人系列		负载/kg	工作范围/m	重复、绝对、旋转定位精度/mm	用途①	特性
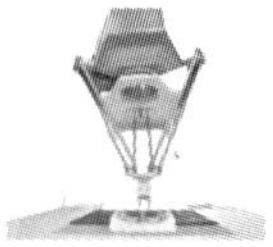	SRBL3A	3	0.5	0.05、0.4、—	1,2,5,7,10,19,20	灵活
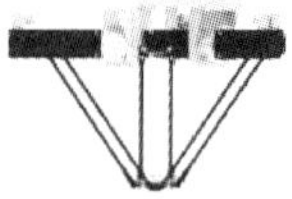	SRBD500	3	0.5	0.02、0.3、—	1,2,5,7,19	精确高速拾放
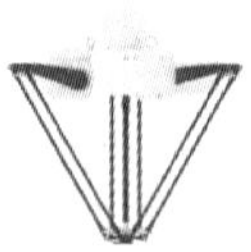	SRBD1100	8	1.1	0.05、0.5、0.5°	1,2,5,7,19	含不锈钢型号
	SRBD1100Z	3	1.1	0.02、0.2、0.2°	1,2,5,7,10,19,20	精确
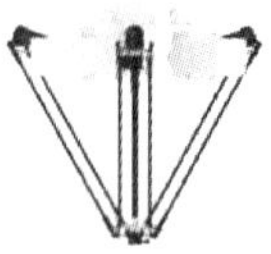	SRBD1600	15	1.6	0.05、0.5、0.5°	1,2,5,19	与视觉、输送结合

① 1—装配；2—搬运；3—螺纹连接；4—粘接；5—包装；6—检测；7—打磨；8—弧焊；9—涂装；10—上下料；11—电子；12—食品饮料；13—点焊；14—铸造；15—冲压；16—涂胶；17—锻造；18—水切割；19—分拣；20—雕刻。

表 25-7-14　　新松码垛机器人

码垛机器人系列		负载/kg	工作范围/m	重定位精度/mm	安装方法	用途	特性
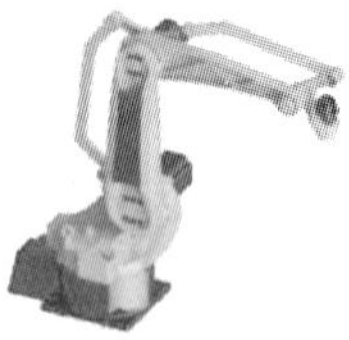	SRM13A	13	1.43	0.06	落地式	码垛	最小
	SRM120A	120	2.5	0.2	落地式	码垛	高速

续表

码垛机器人系列		负载/kg	工作范围/m	重定位精度/mm	安装方法	用途	特性
	SRM160A	160	3.05	0.4	落地式	码垛	柔性码垛
	SRM300A	300	3.05				
	SRB80A	80	1.3	0.5～1	落地式	码垛	装箱
	SRB250A	250	2.2				

参考文献

[1] 邓星钟．机电传动控制．第四版．武汉：华中科技大学出版社，2007.

[2] 齐占庆，王振臣．机床电气控制技术．第5版．北京：机械工业出版社，2013.

[3] 王仁祥．常用低压电器原理及其控制技术．第2版．北京：机械工业出版社，2009.

[4] 葛剑青．低压配电与低压电器简明手册．北京：电子工业出版社，2008.

[5] 徐江海．单片机应用技术．北京：机械工业出版社，2011.

[6] 张志霞，张楠楠，王永刚等．单片机原理．北京：中国水利水电出版社，2014.

[7] 马潮．AVR单片机嵌入式系统原理与应用实践．第2版．北京：北京航空航天大学出版社，2011.

[8] 李秀忠．单片机原理及应用．广州：华南理工大学出版社，2009.

[9] S7-200 CN可编程序控制器手册［M］．西门子（中国）有限公司自动化与驱动集团，2005.

[10] 李道霖．电气控制与PLC原理及应用［M］．北京：电子工业出版社，2004.

[11] 张进秋．可编程控制器原理及应用实例［M］．北京：机械工业出版社，2005.

[12] 朱文杰．S7-200PLC编程设计与案例分析［M］．北京：机械工业出版社，2009.

[13] 甘能．基于PLC控制技术在工业自动化中的应用研究［J］．电子技术与软件工程，2015（06）：159-160.

[14] 杨东，雷勇，涂国强，潘振宇，俞巧军．基于西门子PLC控制的隧道风机系统设计［J］．自动化仪表，2015，36（09）：65-68.

[15] 王啸东．PLC控制系统设计方法解析［J］．自动化与仪器仪表，2011（01）：43-48.

[16] 齐占庆，王振臣．电气控制技术［M］．北京：机械工业出版社，2002.

[17] 史国生．电气控制与可编程控制器技术［M］．北京：化学工业出版社，2003.

[18] 郭艳萍．变频器应用技术．北京：北京师范大学出版社，2009.

[19] 宋爽．变频技术及应用．北京：高等教育出版社，2008.

[20] 薛迎成．工控机及组态控制技术原理与应用．北京：中国电力出版社，2007.

[21] 任玉田，焦振学，王宏甫．机床计算机数控技术．北京：北京理工大学出版社，1996.

[22] 叶伯生．计算机数控系统原理、编程与操作．武汉：华中理工大学出版社，1998.

[23] 王永章．机床的数字控制技术．哈尔滨：哈尔滨工业大学出版社，1999.

[24] 毕承恩．现代数控机床．北京：机械工业出版社，1991.

[25] 机电一体化技术手册编委会．机电一体化技术手册．北京：机械工业出版社，1994.

[26] 严爱珍．机床数控原理与系统．北京：机械工业出版社，1999.

[27] 杨有军．数字控制技术与数控机床．北京：机械工业出版社，1999.

[28] 廖效果，朱启逑．数字控制机床．武汉：华中理工大学出版社，1992.

[29] 刘雄伟．数控加工理论与编程技术．北京：机械工业出版社，1994.

[30] 吴祖育，秦鹏飞．数控机床．上海：上海科学技术出版社，1990.

[31] 王润孝．机床数控原理与系统．西安：西北工业大学出版社，1989.

[32] 胡崇岳．现代交流调速技术．北京：机械工业出版社，1998.

[33] 郭庆鼎．交流伺服系统．北京：机械工业出版社，1999.

[34] 刘又午，杜君文．数字控制机床．北京：机械工业出版社，1997.

第 26 篇
电动机

篇主编：时献江

撰　稿：时献江　杜海艳　王　昕　柴林杰

审　稿：邵俊鹏

第 1 章　常用驱动电动机

1.1　电动机的分类、特性和用途

1.1.1　电动机的分类

电动机包括驱动电动机、控制电动机和信号电动机三大类，每个大类还可以细分成很多小的种类，表 26-1-1 给出了常用电动机的基本种类。本章仅介绍驱动电动机。

表 26-1-1　电动机的主要种类

<table>
<tr><td rowspan="15">驱动电动机</td><td rowspan="5">直流电动机</td><td colspan="4">永磁式直流电动机</td></tr>
<tr><td rowspan="4">电磁式直流电动机</td><td colspan="3">他励直流电动机</td></tr>
<tr><td colspan="3">并励直流电动机</td></tr>
<tr><td colspan="3">串励直流电动机</td></tr>
<tr><td colspan="3">复励直流电动机</td></tr>
<tr><td rowspan="10">交流电动机</td><td rowspan="3">同步电动机(单相或三相)</td><td colspan="3">永磁式同步电动机</td></tr>
<tr><td colspan="3">凸极式同步电动机</td></tr>
<tr><td colspan="3">隐极式同步电动机</td></tr>
<tr><td rowspan="7">异步电动机</td><td colspan="3">单相异步电动机</td></tr>
<tr><td rowspan="6">三相</td><td rowspan="5">笼型</td><td>普通笼型</td></tr>
<tr><td>高转差率式</td></tr>
<tr><td>深槽式</td></tr>
<tr><td>双笼型</td></tr>
<tr><td>多速电动机</td></tr>
<tr><td colspan="2">绕线型</td></tr>
<tr><td rowspan="13">控制电动机</td><td rowspan="5">步进电动机</td><td colspan="4">两相永磁式步进电动机</td></tr>
<tr><td colspan="4">三相反应式步进电动机</td></tr>
<tr><td rowspan="3">混合式</td><td colspan="3">两相混合式步进电动机</td></tr>
<tr><td colspan="3">三相混合式步进电动机</td></tr>
<tr><td colspan="3">五相混合式步进电动机</td></tr>
<tr><td rowspan="4">伺服电动机</td><td rowspan="2">直流伺服</td><td colspan="3">永磁式直流伺服电动机</td></tr>
<tr><td colspan="3">电磁式直流伺服电动机</td></tr>
<tr><td rowspan="2">交流伺服</td><td colspan="3">永磁同步式交流伺服电动机</td></tr>
<tr><td colspan="3">笼型异步式交流伺服电动机</td></tr>
<tr><td rowspan="4">直线电动机</td><td colspan="4">交流直线感应电动机</td></tr>
<tr><td colspan="4">交流直线同步电动机</td></tr>
<tr><td colspan="4">直流直线电动机</td></tr>
<tr><td colspan="4">直线步进电动机</td></tr>
<tr><td rowspan="3">信号电动机</td><td colspan="5">自整角机</td></tr>
<tr><td colspan="5">旋转变压器</td></tr>
<tr><td colspan="5">测速发电机</td></tr>
</table>

1.1.2　电动机产品型号

根据国家标准 GB/T 4831—2016《旋转电机产品型号编制方法》的规定。产品型号由产品代号、规格代号、特殊环境代号和补充代号四部分组成，并按下列顺序排列：

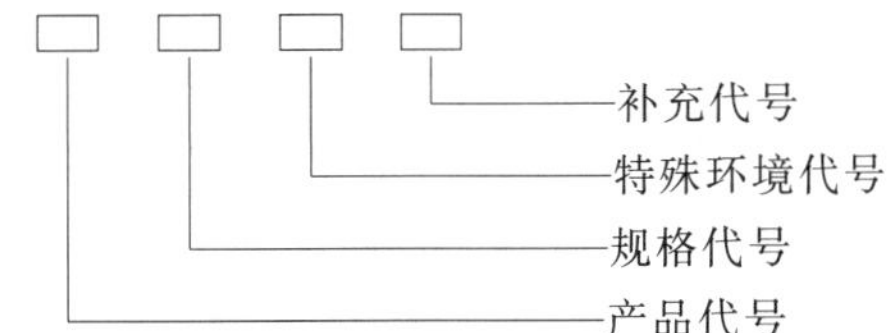

(1) 产品代号

产品代号由电动机类型代号、电动机特点代号、设计序号和励磁方式代号四个小节顺序组成。

类型代号用汉语拼音字母表征电动机各种类型，主要有：Y—异步电动机、T—同步电动机、Z—直流电动机、H—交流换向电动机、Q—潜水电泵、F—纺织用电动机等。

特点代号用汉语拼音字母表征电动机的性能、结构或用途，主要有：A—增安型、B—隔爆型。

设计序号指电动机产品的设计顺序，用阿拉伯数字表示，对于第一次设计的产品，不标注设计序号。

(2) 规格代号

规格代号用中心高、铁芯外径、机座号、机壳外径、轴伸直径、凸缘代号、机座长度（机座长度采用国际通用字母符号来表示，S 表示短机座，M 表示中机座，L 表示长机座）、铁芯长度（铁芯长度按由短至长顺序用数字 1、2、3……表示）、功率、电流等级、转速或极数等来表示。

主要系列的规格代号，按表 26-1-2 规定。

(3) 特殊环境代号

电动机的特殊环境代号按表 26-1-3 的规定选用，如同时适用于一个以上的特殊环境时，则按表 26-1-3 的顺序排列。

(4) 补充代号

仅适用于有此要求的电动机。

常见产品型号示例见表 26-1-11。

1.1.3　电动机的结构及安装型式

旋转电动机的结构及安装型式代号，由“国际安装”(international mounting) 的英文缩写字母“IM”表

表 26-1-2 **电动机产品型号表示法**（GB/T 4831—2016）

序号	系列产品	规格代号
1	小型异步电动机	中心高(mm)—机座长度(字母代号)—铁芯长度(数字代号)—极数
2	大中型异步电动机	中心高(mm)—铁芯长度(数字代号)—极数
3	小型直流电动机	中心高(mm)—铁芯长度(数字代号)
4	小功率电动机	中心高或机壳外径(mm)—(或/) 机座长度(字母代号)—铁芯长度、电压、转速(均用数字代号)
5	交流换向器电动机	中心高或机壳外径(mm)—(或/) 铁芯长度、转速(均用数字代号)

表 26-1-3 **特殊环境代号表示法**（GB/T 4831—2016）

"高"原用	"船"(海) 用	户"外"用	化工防"腐"用	"热"带用	"湿热"带用	"干热"带用
G	H	W	F	T	TH	TA

示，空一格后为大写字母"B"代表"卧式安装"；或用大写字母"V"代表"立式安装"，连同表26-1-4，表26-1-5中所示的1位或2位数字以及表26-1-6中的一个可选字母表示。

卧式安装电动机的代号由字母IM加一空格，随后为字母B及1位或2位数字组成，见表26-1-4。

立式安装电动机的代号由字母IM加一空格，随后为字号V及1位或2位数字组成，见表26-1-5。

表 26-1-4 **卧式安装电动机型式代号**（IM B××）（GB/T 997—2008）

代号	示意图	结构及安装型式	代号	示意图	结构及安装型式
IM B3	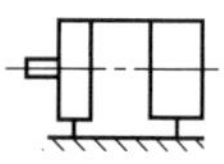	端盖式轴承数为2,有底脚,底脚在下 借底脚安装	IM B14	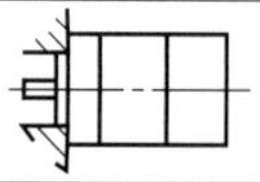	端盖式轴承数为2,有凸缘,端盖有止口,无通孔,凸缘在D端 借D端的凸缘面安装
IM B5	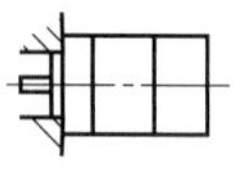	端盖式轴承数为2,端盖上带凸缘,凸缘有通孔,凸缘在D端 借D端凸缘面安装	IM B15	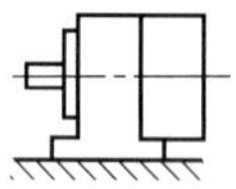	D端无端盖或轴承,端盖式轴承数为1,有底脚,底脚在下 借底脚安装,用机座D端作附加安装
IM B6	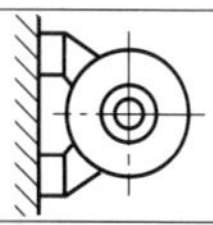	端盖式轴承数为2,有底脚,从D端看底脚在左边 借底脚安装	IM B20	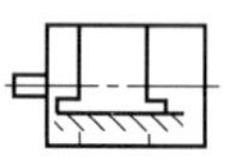	端盖式轴承数为2,有抬高的底脚,底脚在下 借底脚安装
IM B7	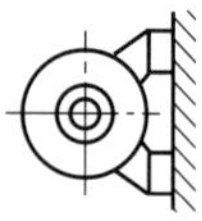	端盖式轴承数为2,有底脚,从D端看底脚在右边 借底脚安装	IM B25	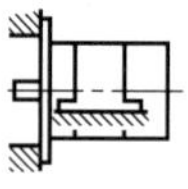	端盖式轴承数为2,有抬高的底脚,底脚在下;有凸缘,端盖凸缘在D端,凸缘上有通孔 借底脚安装,用凸缘作附加安装
IM B8	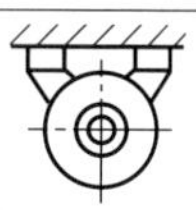	端盖式轴承数为2,有底脚,底脚在上 借底脚安装	IM B30	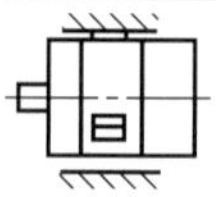	端盖式轴承数为2,在端盖或机座上有3到4只搭子 借搭子安装
IM B9	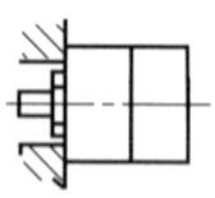	D端无端盖或轴承,端盖式轴承数为1 借D端的机座面安装	IM B34	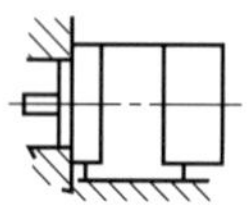	端盖式轴承数为2,有底脚,底脚在下;有凸缘,凸缘在D端;端盖有止口,无通孔 借底脚安装,用D端的凸缘面作附加安装
IM B10	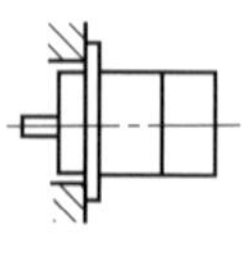	端盖式轴承数为2,有凸缘,D端有特殊的凸缘 借D端的凸缘面安装	IM B35	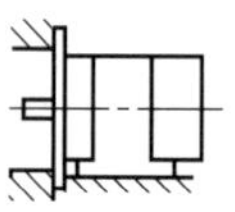	端盖式轴承数为2,有底脚,底脚在下;端盖上带凸缘,凸缘有通孔,凸缘在D端 借底脚安装,用D端的凸缘面作附加安装

注：D端—电动机的动力输出端（drive-end of the machine，D-end）；N端—电动机的非动力输出端（non drive-end of the machine，N-end）。

表 26-1-5　**立式安装电动机型式代号**（IM V××）（GB/T 997—2008）

代号	示意图	结构及安装型式	代号	示意图	结构及安装型式
IM V1	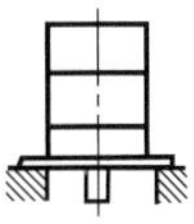	端盖式轴承数为 2，端盖上带凸缘，凸缘有通孔，凸缘在 D 端，D 端向下 借 D 端凸缘面安装	IM V15	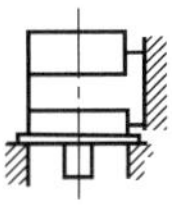	端盖式轴承数为 2，有底脚，D 端端盖上带凸缘，凸缘有通孔或端盖上带止口，无通孔，D 端向下 借底脚安装，有 D 端的凸缘面作附加安装
IM V2	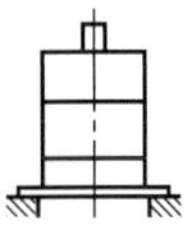	端盖式轴承数为 2，端盖上带凸缘，凸缘有通孔，凸缘在 N 端，D 端向上 借 N 端凸缘面安装	IM V16	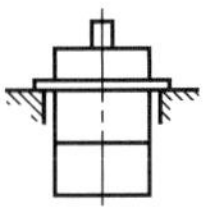	端盖式轴承数为 2，D 端有特殊的凸缘，D 端向上 借 N 端的凸缘面安装
IM V3	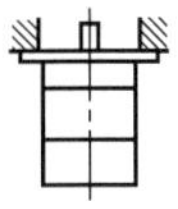	端盖式轴承数为 2，端盖上带凸缘，凸缘有通孔，凸缘在 D 端，D 端向上 借 D 端凸缘面安装	IM V17	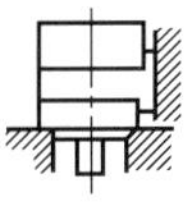	端盖式轴承数为 2，有底脚，有凸缘，端盖上带止口，无通孔，凸缘在 D 端，D 端向下 借底脚安装，有 D 端的凸缘面作附加安装
IM V4	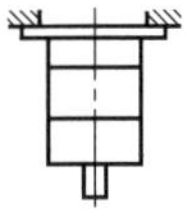	端盖式轴承数为 2，端盖上带凸缘，凸缘有通孔，凸缘在 N 端，D 端向下 借 N 端凸缘面安装	IM V18	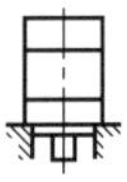	端盖式轴承数为 2，有凸缘端盖带止口，无通孔，凸缘在 D 端，D 端向下 借 D 端凸缘面安装
IM V5	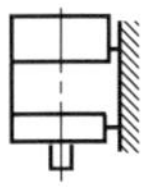	端盖式轴承数为 2，有底脚，D 端向下 借底脚安装	IM V19	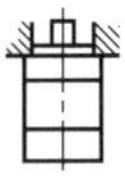	端盖式轴承数为 2，有凸缘，端盖带止口，无通孔，凸缘在 D 端，D 端向上 借 D 端凸缘面安装
IM V6	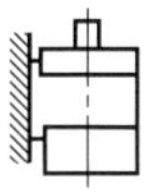	端盖式轴承数为 2，有底脚，D 端向上 借底脚安装	IM V30	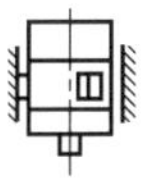	端盖式轴承数为 2，在端盖或机座上有 3～4 只搭子，D 端向下 借搭子安装
IM V8	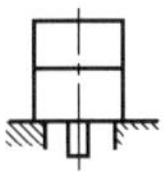	端盖式轴承数为 1，D 端无端盖或轴承，D 端向下 借 D 端机座端面安装	IM V31	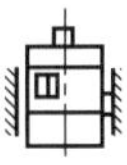	端盖式轴承数为 2，在端盖或机座上有 3～4 只搭子，D 端向上 借搭子安装
IM V9	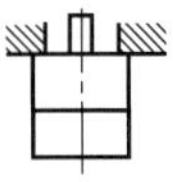	端盖式轴承数为 1，D 端无端盖或轴承，D 端向上 借 D 端机座端面安装	IM V35	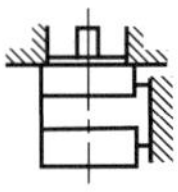	端盖式轴承数为 2，有底脚，端盖上带凸缘，凸缘有通孔，凸缘在 D 端，D 端向上 借底脚安装，用 D 端的凸缘面作附加安装
IM V10	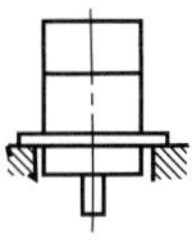	端盖式轴承数为 2，D 端有特殊的凸缘，D 端向下 借 D 端的凸缘面安装	IM V37	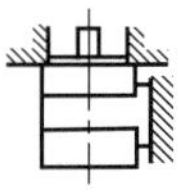	端盖式轴承数为 2，有底脚，有凸缘，端盖上带止口，无通孔，凸缘在 D 端，D 端向上 借底脚安装，用 D 端的凸缘面作附加安装
IM V14	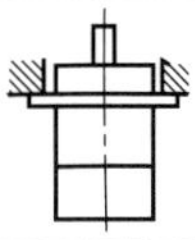	端盖式轴承数为 2，D 端有特殊的凸缘，D 端向上 借 D 端的凸缘面安装			

表示接线盒位置的可选字母见表 26-1-6，在表示接线盒位置时，应根据下面的规则以末位字母作代号：

① 有底脚的电动机从 D 端视之，底脚应在 6 点钟方向；

② 只带凸缘且有泄水孔的电动机从 D 端视之，泄水孔应在 6 点钟方向；

③ 其他结构没有代号。

表 26-1-6 接线盒位置代号（GB/T 997—2008）

字母代号	接线盒位置	
R	右	3 点钟方向
B	底部	6 点钟方向
L	左	9 点钟方向
T	顶部	12 点钟方向
—	未规定	

1.1.4 电动机外壳防护等级分类

电动机外壳防护等级的代号由“国际防护”（International Protection）的简称字母“IP”及附在后面的两位数字构成。标志示例如下图所示，各数字的含义见表 26-1-7。

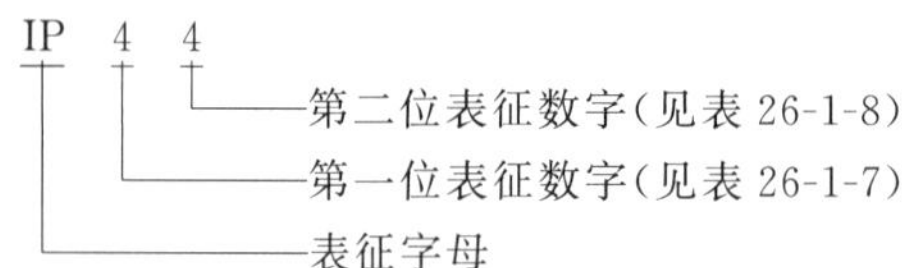

说明：

(1) 第一位表征数字

第一位表征数字表示外壳对人和壳内部件的防护等级。

表 26-1-7 中第三栏说明第一位表征数字代表的防护等级所能“防止”进入壳内的物体细节，也表示能防止的最小固体异物尺寸。

(2) 第二位表征数字

第二位表征数字表示由于外壳进水而引起有害影响的防护等级，见表 26-1-8。

当只需用一个表征数字表示某一防护等级时，被省略的数字应以字母 X 代替，例如 IPX5 或 IP2X。

(3) 补充字母

当防护的内容有所增加，可由第二位数字后的补充字母表示。如对具有特殊应用的电动机（如安装在船舶甲板上的开路冷却电动机，在停机时进出风口都是关闭的），数字后可加一个字母以表示为防止进水而引起有害影响的试验是在电动机静止（用字母 S）还是在运转（用字母 M）的状态下进行。在这种情况下电动机任一状态下的防护等级均应表明，例如 IP55S/IP20M 表示。

常用的电动机防护等级有 IP23、IP44、IP54 和 IP55 等。

1.1.5 电动机冷却方法（IC 代码）

冷却方法的代码是由表征字母“国际冷却”（international cooling）的英文缩写字母“IC”和附加表征字母和数字组成。

第一位数字表征冷却回路的布置，第二位和第三位数字分别表征初级和次级冷却介质运动的推动方法，表征字母及数字的含义见表 26-1-9。

常见的电动机冷却方法有 IC0A1（简化标记为 IC01），IC4A1A1（简化标记为 IC411）等。

1.1.6 电动机的工作方式分类

根据电动机发热和冷却情况，以及负载持续时间不同将电动机运行方式分成三大种工作制，工作制可细分为 9 类，如表 26-1-10 所示。

表 26-1-7 电动机外壳的防护分级表征数字（GB/T 4942.1—2006）

第一位表征数字	防护等级	
	简述	含义
0	无防护电动机	无专门防护
1	防护大于 50mm 固体的电动机	能防止大面积的人体(如手)偶然或意外地触及或接近壳内带电或转动部件,但不能防止故意接触,能防止直径大于 50mm 的固体异物进入壳内
2	防护大于 12mm 固体的电动机	能防止手指或长度不超过 80mm 的类似物体触及或接近壳内带电或转动部件,能防止直径大于 12mm 的固体异物进入壳内
3	防护大于 2.5mm 固体的电动机	能防止直径大于 2.5mm 的工具或导线触及或接近壳内带电或转动部件,能防止直径大于 2.5mm 的固体异物进入壳内
4	防护大于 1mm 固体的电动机	能防止直径或厚度大于 1mm 的导线或片条触及或接近壳内带电或转动部件,能防止直径大于 1mm 的固体异物进入壳内
5	防尘电动机	能防止触及或接近壳内带电或转动部件,进尘量不足以影响电动机的正常运行

第 26 篇

表 26-1-8　　**电动机外壳的防护分级表征数字**（GB/T 4942.1—2006）

第二位表征数字	防护等级	
	简述	含义
0	无防护电动机	无专门防护
1	防滴电动机	垂直滴水应无有害影响
2	15°防滴电动机	当电动机从正常位置向任何方向倾斜至15°以内任一角度时，垂直滴水应无有害影响
3	防淋水电动机	与垂直线呈60°角范围内的淋水应无有害影响
4	防溅水电动机	承受任何方向的溅水应无有害影响
5	防喷水电动机	承受任何方向的喷水应无有害影响
6	防海浪电动机	承受猛烈的海浪冲击或强烈喷水时，电动机的进水量应不达到有害的程度
7	防浸水电动机	当电动机浸入规定压力的水中经规定时间后，电动机的进水量应不达到有害的程度
8	潜水电动机	电动机在制造厂规定的条件下能长期潜水。电动机一般为水密型，某些类型电动机也可允许水进入，但应不达到有害的程度

表 26-1-9　　**电动机冷却方法代码定义**（GB/T 1993—1993）

特征数字	简要说明	定　义
回路布置		
0	自由循环	冷却介质从周围介质直接地自由吸入，然后直接返回到周围介质(开路)
3	进出管或进出通道循环	冷却介质通过进口管或通道从远方介质吸入，流经电动机后，通过出口管或通道回到远方介质(开路)
4	机壳表面冷却	初级冷却介质在电动机内的闭合回路内循环，并通过机壳表面把热量(包括经定子铁芯和其他热传导部件传递到机壳表面的热量)，传递到最终冷却介质，即周围环境介质。机壳外部表面可以是光滑的或带肋的，也可以带外罩，以改善热传递效果
5	内装式冷却器(用周围环境介质)	初级冷却介质在闭合回路内循环，并通过与电动机成为一体的内装式冷却器把热量传给最终冷却介质，后者为周围环境介质
推动方法		
0	自由对流	依靠温度差促使冷却介质运动，转子的风扇作用可忽略不计
1	自循环	冷却介质运动与电动机转速有关，或因转子本身的作用，或为此目的专门设计并安装在转子上的部件使介质运动，也可以是由转子拖动的整体风扇或泵的作用促使介质运动
5	内装式独立部件	由整体部件驱动介质运动，该部件所需动力与主机转速无关，例如自带驱动电动机的风扇或泵
附加表征字母		
A、F、H、W、U	表示冷却介质	A—空气，可不写；F—氟利昂；H—氢气；W—水；U—油

1.1.7　电动机的工作定额

定额是由制造厂对符合指定条件的电动机所规定的，并在铭牌上标明的电量和机械量的全部数值及其持续时间和顺序，例如短时工作 30min 的功率及其他电量和机械量。常用的定额有下面三种。

(1) 最大连续定额

是制造厂对电动机负载和各种条件的规定，按照这些规定电动机应能满足产品标准的各项要求作长期运行，此时电动机温升可达到稳定数值。大多数的电动机一般都是以连续工作制 S1 为基准的最大连续定额。

(2) 短时定额

是制造厂在保证电动机能满足产品标准的各项要求时，对电动机负载、运行时间和各种条件的规定。这时电动机应在实际冷却状态下启动，并在规定的时限内运行，该时限应为下列数值之一：10min、30min、60min 或 90min。

(3) 周期工作定额

是制造厂在保证电动机能满足产品标准的各项要求、按指定的工作周期运行时，对电动机负载和各种条件的规定。周期工作定额电动机应符合 S3～S8 工作制之一，无特殊规定时每一工作周期的时间为 10min。负载持续率 FC 应为下列数值之一：15%、25%、40% 或 60%。对 S4、S5 及 S7 工作制，如工作周期特别短，该时间及其表达方法可由产品标准另行规定。

此外，尚有等效连续定额和非周期工作定额。

定额类型的标志方法与工作制相同，应在额定输出之后作出定额类型的标志，如不说明，都应理解为最大连续定额。

表 26-1-10 **电动机工作方式分类表**（GB/T 755—2008）

定额	工作制	标记	说明	负载图	负载持续率 FC	参数说明
连续	长期连续工作制 S1		在恒定负载下的运动时间足以使电动机达到热稳定	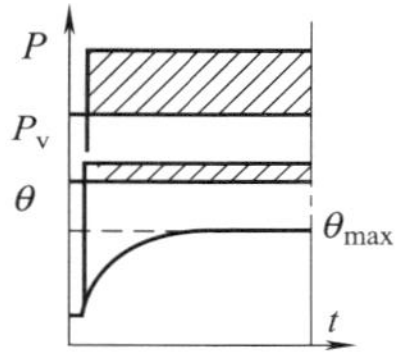		P——负载 P_v——电气损耗 θ——温度 θ_{max}——达到的最高温度 t——时间
短时	短时工作制 S2	S2 后标以工作制的持续时间 Δt_P 的值，例如：S2 60min	在恒定负载下按给定的时间运行。该时间不足以使电动机达到热稳定，随之即断能、停转足够时间，使电动机再度冷却到与冷却介质温度之差在 2K 以内	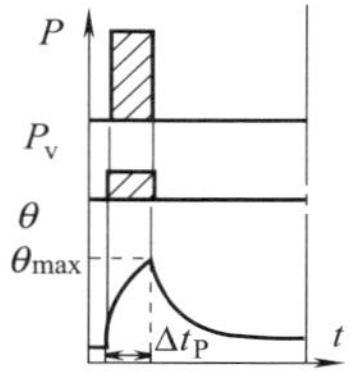		Δt_P——恒定负载运行时间 其余参数同 S1 S2 时，Δt_P 的定额值优先采用 10min、30min、60min 或 90min
周期	断续周期工作制 S3	S×后标以工作制的负载持续率 FC 的值，例如：S3 25%	按一系列相同的工作周期运行，每一周期包括一段恒定负载运行时间和一段断能、停转时间。这种工作制中每一周期的启动电流不致对温升产生显著影响	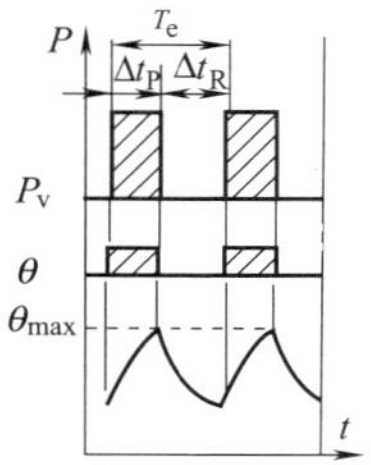	$FC=\frac{\Delta t_P}{T_C}\times 100\%$	T_C——负载周期 Δt_R——停机和断能时间 其余参数同 S2 S3 时，T_C 的定额值为 10min
	包括启动的断续周期工作制 S4		按一系列相同的工作周期运行，每一周期包括一段对温升有显著影响的启动时间、一段恒定负载运行时间和一段断能、停转时间	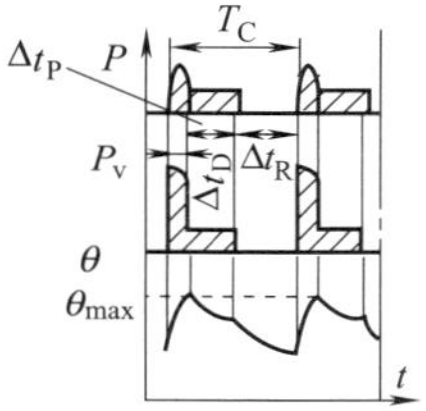	$FC=\frac{\Delta t_D+\Delta t_P}{T_C}\times 100\%$	Δt_D——启动/加速时间 其余参数同 S3

续表

定额	工作制	标　记	说　明	负　载　图	负载持续率 FC	参数说明
周期	包括电制动的断续周期工作制 S5	S×后标以工作制的负载持续率 FC 的值，例如：S3 25%	按一系列相同的工作周期运行，每一周期包括一段启动时间、一段恒定负载运行时间、一段快速电制动时间和一段断能、停转时间		$FC=\frac{\Delta t_D+\Delta t_P+\Delta t_F}{T_C}\times100\%$	Δt_F——电制动时间 其余参数同 S4
	连续周期工作制 S6		按一系列相同的工作周期运行，每一周期包括一段恒定负载运行时间和一段空载运行时间，无断能、停转时间		$FC=\frac{\Delta t_P}{T_C}\times100\%$	参数同 S3 S6 时，T_C 的定额值为 10min
	包括电制动的连续周期工作制 S7		按一系列相同的工作周期运行，每一周期包括一段启动时间、一段恒定负载运行时间和一段电制动时间，无断能、停转时间		$FC=1$	参数同 S5
	包括负载和转速相应变化的连续周期工作制 S8		按一系列相同的工作周期运行，每一周期包括一段在预定转速下恒定负载运行时间、一段或几段在不同转速下恒定负载运行时间（例如变极多速感应电动机），无断能、停转时间		$FC_1=\frac{\Delta t_D+\Delta t_{P1}}{T_C}\times100\%$ $FC_2=\frac{\Delta t_{F1}+\Delta t_{P2}}{T_C}\times100\%$ $FC_3=\frac{\Delta t_{F2}+\Delta t_{P3}}{T_C}\times100\%$	n——转速 $\Delta t_{P1},\Delta t_{P2},\Delta t_{P3}$——恒定负载运行时间 $\Delta t_{F1},\Delta t_{F2}$——电制动时间 其余参数同 S7

续表

定额	工作制	标记	说明	负载图	负载持续率 FC	参数说明
周期	负载和转速作非周期变化工作制 S9	S9 后标以工作制的负载持续率 FC 的值，例如：S9 25%	负载和转速在允许的范围内作非周期变化。这种工作制包括经常性过载，其值可远远超过基准负载	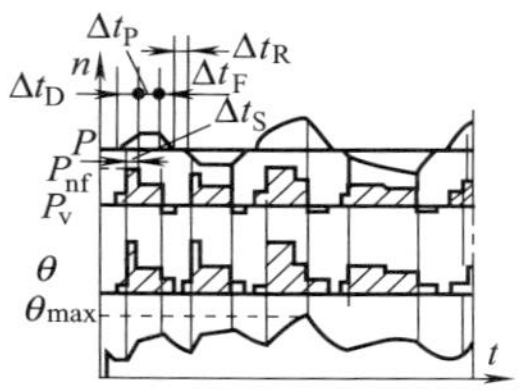		Δt_S——过载时间 其余参数同 S8

1.1.8 常用电动机的特点及用途

表 26-1-11 常用电动机的特点及用途

类别	系列名称	主要性能及结构特点	用途	工作条件	安装形式	典型型号及含义
一般异步电动机	Y 系列（IP44）封闭式三相异步电动机	效率高，耗电少，性能好，噪声低，振动小，体积小，重量轻，运行可靠，维修方便。为 B 级绝缘。结构为全封闭、自扇冷式，能防止灰尘、铁屑、杂物侵入电动机内部。冷却方式为 IC0141	适用于灰尘多、土扬水溅的场合，如农业机械、矿山机械、搅拌机、碾米机、磨粉机等，为一般用途电动机	1. 海拔不超过 1000m 2. 环境温度不超过 40℃ 3. 额定电压为 380V，额定频率为 50Hz 4. 3kW 以下为 Y 连接，4kW 及以上为△连接 5. 工作方式为连续使用（S1）	B3 B5 B35	Y132S2-2 Y——异步电动机 132——中心高，mm S2——S 表示机座长，2 表示 2 号铁芯长 2——极数
	Y 系列（IP23）防护式笼型三相异步电动机	为一般用途防滴式电动机，可防止直径大于 12mm 的小固体异物进入机壳内，并防止沿垂直线呈 60°角或小于 60°角的淋水对电动机的影响。同样机座号 IP23 比 IP44 提高一个功率等级。主要性能同 IP44。绝缘为 B 级，冷却方式为 IC01	适用于驱动无特殊要求的各种机械设备，如金属切削机床、鼓风机、水泵、运输机械等	同 Y 系列（IP44）	同 Y 系列（IP44）	Y160L2-2 Y——异步电动机 160——中心高，mm L2——机座长（长机座，2 号铁芯长） 2——极数
	YR 系列（IP44）绕线转子三相异步电动机	电动机有良好的密封性，广泛用于机械工业粉尘多、环境较恶劣的场所。电动机冷却方式为自扇冷却 IC0141，B 级绝缘	适用于矿山、冶金等行业	1. 定子绕组△连接，转子绕组 Y 连接 2. 其他同 Y 系列（IP44）	B3 B35 V1	YR250M2-8 R——绕线转子

续表

类别	系列名称	主要性能及结构特点	用途	工作条件	安装形式	典型型号及含义
一般异步电动机	YR 系列(IP23)绕线转子三相异步电动机	电动机转子采用绕线型绕组，使电动机能在较小的启动电流下提供较大的转矩，并能在一定范围内调速。冷却方式为 IC01，绝缘为 B 级	适用于不含易燃、易爆或腐蚀性气体的场所，如压缩机、卷扬机、拔丝机、传送带、印刷机等	同 YR 系列(IP44)	B3	YR160LL-4 R——绕线转子
	YH 系列高转差率三相异步电动机	为 Y(IP44)派生系列，转差率高，启动转矩大，启动电流小，机械特性软，能承受冲击负荷。电动机转子采用高电阻铝合金制造。冷却方式为 IC0141，B 级绝缘	适用于传动转动惯量较大和冲击负荷以及正反转次数较多的金属加工机床，如锤击机、剪切机、冲击机、锻冶机等	1. 为 S3 工作方式 2. 其他同 Y 系列(IP44)	B3 B5 B35	
	YEJ 系列电磁铁制动三相异步电动机	为全封闭、自扇冷、笼型转子具有附加圆盘型直流电磁铁制动的三相异步电动机，是 Y 系列电动机加上直流电磁铁制动器组合而成的产品，可使配套主机快速停机和准确定位。电动机约加长 20%	适用于要求快速停止、准确定位的场合，如起重运输、食品、轻工、包装、印刷、水泥、建筑、木工、化工、机床等方面，广泛用于自动生产线上	同 Y 系列(IP44)	B3 B5 B6 B7 B8 B35	YEJ100L2-4 E——制动 J——附加电磁制动器
	YEP 系列傍磁制动三相异步电动机	YEP 系列制动电动机是在 Y 系列电动机基础上附加一个制动器组成，电动机接通三相交流电源，产生一个旋转磁场，由于分磁铁结构限制，转子部分磁通产生轴向磁拉力使制动盘与刹车圈脱离，电动机运转。断电后，在弹簧力作用下制动，电动机停转	同 YEJ 系列电动机相同	1. 工作方式 S3 2. 其他同 Y 系列(IP44)	B3 B5 B6 B7 B8 B35	YEP132S4 EP——傍磁制动
变速和减速异步电动机	YD 系列变极多速三相异步电动机	改变 Y 系列 (IP44) 电动机定子绕组的接线方法以改变极对数，得到多种转速。对简化变速系统和节约能源有意义。绝缘等级 B 级，冷却方式同 Y 系列	适用于机床、矿山、冶金、纺织等需变速的各种传动	1. 工作方式 S1 2. 其他同 Y 系列 (IP44)	B3、B5、B6、B7、B8、B35、V1、V3、V5、V6、V15、V32	

续表

类别	系列名称	主要性能及结构特点	用途	工作条件	安装形式	典型型号及含义
变速和减速异步电动机	YCJ 系列齿轮减速三相异步电动机	是 Y 系列(IP 主 4)的派生系列，由同轴式减速器和全封闭自冷式电动机构成一个整体。输出转速低，转矩大，体积小，噪声小，运行可靠。B 级绝缘，IC0141 冷却方式	适用于驱动低转速传动机械，可供矿山、冶金、制糖、造纸、化工、橡胶等行业设备配套	1. 工作方式 S1 2. 其他同 Y 系列(IP44)	B5、B6、B7、B8、V1、V5	
	YCT、YCTD 系列电磁调速三相异步电动机	由电磁转差离合器、拖动电动机、测速发电动机组成，配上专用控制器可进行恒转矩无级调速，并有速度负反馈的自动调节系统。在最高转速时传递效率高。用在驱动离心式水泵、风机等负载场合节能效果显著，拖动电动机为 4 极笼型 Y 系列电动机，借端盖装在离合器机座上。YCTD 系列与 YCT 系列相比，相同功率的电动机要缩小 1～2 个机座号，额定最高转速平均提高 4.2%。B级绝缘，空气冷却	适用于装载机械、化纤、电线电缆、造纸、印刷、水泥、橡胶、电力、水泵、风机等要求无级变速机械设备	1. 户内使用 2. 介质中不含有铁磁性物质、尘埃或腐蚀金属、破坏绝缘的气体 3. 控制器电源为 220V、50Hz 4. 环境温度 −15～+40℃ 5. 海拔 1000m 以下	B3	YCTD112-4A(B) C——电磁 T——调速 D——低电阻端环 112——中心高，mm 4——拖动电动机极数 A(B)——拖动电动机功率等级
	YZR、YZ 系列起重及冶金用三相异步电动机	YZR 系列为绕线转子电动机，YZ 系列为笼型转子电动机，有较高的机械强度及过载能力，承受冲击及振动，转动惯量小，适合频繁快速启动及正反转频繁的制动场合。绝缘为 F、H 级，冷却方式 IC0141、IC0041	适用于室内外多尘环境及启动、逆转次数频繁的起重机械和冶金设备等	1. 工作方式 S3 2. 海拔不超过 1000m 3. 环境温度不超过 40℃（F 级）、60℃（H 级）	IM1001 IM1002 IM1003 IM1004 IM3001 IM3003 IM3011 IM3013	YZR132M1-6 Z——起重及冶金用 R——绕线转子（笼型转子无 R）
隔爆异步电动机	YB 系列隔爆型异步电动机	为全封闭自扇冷式隔爆笼型电动机，是 Y 系列(IP44)的派生产品。它的外壳、端盖、接线盒座、接线盒盖等零件组成外部防爆外壳，接线盒具有良好的防爆性能，位于电动机顶部。改变接线盒的位置可从四个方向进线。电动机冷却方式为 IC0141，绝缘等级为 F 级	广泛用于有爆炸性气体混合物存在的场所作一般用途驱动电动机	1. 环境空气温度不超过 40℃ 2. 海拔不超过 1000m 3. 频率 50Hz，电压 380、220、660 或 380/660、220/380V 4. 工作方式 S1	B3、V1	YB355S2-2-W(TH) B——隔爆型 W——气候防护 （W——户外，TH——湿热带）

续表

类别	系列名称	主要性能及结构特点	用　途	工作条件	安装形式	典型型号及含义
振动异步电动机	YZO 系列振动异步电动机	为各类振动机械通用型激振源，全封闭结构设计，保证电动机在无爆炸性场所工作。调节两块偏心块夹角的大小可实现振动电动机激振力的无级调节。B 级绝缘，防护等级为 IP54	广泛用于电力、建材、煤炭、矿山、冶金、化工、轻工及铸造等行业作为振动给料机、振动的落砂机、振动筛分机等设备的振源	1. 环境温度不超过 40℃ 2. 海拔不超过 1000m 3. 相对湿度不超过 95% 4. 电源为三相交流 50Hz、380V	B3 V1	YZO-10-2A(B) YZO——普通型振动电动机 10——额定激振力，kN 2——电动机极数 A——结构代号，底脚与端盖相连（B——底脚与机座相连）
小功率电动机	YS 系列三相异步电动机	体积小，重量轻，结构简单，运行可靠，维修方便。两个端盖式轴承。绝缘级为 E 级，防护等级 IP44，冷却方式：机座号 63 以上为 IC0141，56 以下为 IC0041	广泛应用在机械传动设备上，如小型机床，冶金、化工、纺织、医疗器械及日用电器	1. 环境温度不超过 40℃，最低 −15℃ 2. 相对湿度不超过 90% 3. 海拔不超过 1000m 4. 电源频率 50Hz、电压 220/380V 5. 工作方式 S1	B3(V5、V6) B14(V18、V19) B34 B5(V1、V3) B35(B36)	
	YU 系列电阻启动异步电动机	冷却方式 IC0141，其他同 YS 系列	适用于不需要较高的启动转矩而启动电流允许较大的一般机械传动，如小型机床、鼓风机、医疗器械、工业缝纫机、排风扇等	1. 额定电压 220V 2. 其他同 YS 系列	同 YS 系列	
	YC 系列电容启动异步电动机	同 YU 系列	适用于启动转矩不高、启动电流不大的一般机械传动；功率较大的电动机适用于小型机床、水泵、冷冻机、空气压缩机、木工机械等	同 YU 系列	同 YS 系列	
	YY 系列电容运转异步电动机	同 YS 系列	用于要求平稳及启动转矩小的传动设备上，如录音机、风扇、记录仪表等	同 YU 系列	同 YS 系列	
直流电动机	Z4 系列直流电动机	Z4 系列直流电动机可用直流电源供电，更适用于静止整流电源供电，转动惯量小，有较好的动态性能，能承受高负载变化，适用于需平滑调速、效率高、自动稳速，反应灵敏的控制系统。外壳防护等级为 IP21S，冷却方式为 IC06，绝缘等级 F	广泛用于轻工机械，纺织、造纸和冶金工业等调速要求高的自动化传动系统	1. 额定电压 160V，在单相桥式整流供电下一般需带电抗器工作。440V 电动机不接电抗器 2. 海拔不超过 1000m 3. 环境温度不超过 40℃ 4. 工作方式 S1	B3、B35、B5、V1、V15	Z4-112/2-1 Z——直流电动机 4——设计序号 112——机座中心高为 112mm 2——极数 1——1 号铁芯长度

1.2 电动机的选择方法及功率计算

1.2.1 电动机的种类选择

为生产机械选择电动机的种类，首先考虑的是电动机性能应该满足生产机械的要求，例如启动转矩、调速性能指标及各种运行状态等。在这个前提下，优先选用结构简单、价格便宜、运行可靠、维护方便的电动机。在这方面，交流电动机优于直流电动机，鼠笼式优于绕线式。

要求转速恒定，或要求改善功率因数的情况下，例如容量较大时，选择同步电动机。

调速范围要求很大、调速要求平滑、准确的位置控制或拖动系统过渡过程有特殊要求的较大功率生产机械，如高精度数控机床、龙门刨床、可逆轧钢机、造纸机、矿井卷扬机等，使用他励直流电动机。

要求启动转矩大，机械特性软的生产机械，如电车、电气机车、重型起重机等，使用串励或复励直流电动机。

一般调速要求不高的生产机械尽量优先选用鼠笼式三相异步电动机。普通的鼠笼异步电动机广泛应用于机床、水泵、通风机等。高启动转矩的鼠笼式异步电动机应用于要求启动转矩较大的生产机械，如空气压缩机、带式输送机等。多速电动机应用于有级调速的生产机械，如电梯、某些机床等。

启动、制动比较频繁，启动、制动转矩要求较大，而且有调速要求的生产机械，如桥式起重机、矿井提升机、压缩机和可逆轧钢机等，都广泛使用绕线式异步电动机。

一些特殊场合，如果存在易爆炸气体或尘埃多的场合，不能使用直流电动机，而使用交流异步电动机。

直流电动机由于存在换向问题，限制了它向高转速、大容量发展。而异步电动机在转速高、电压高和容量大等方面远远超过直流电动机。近些年来，异步电动机变频调速技术的发展，交流电力拖动系统具有了很好的调速性能。因此，应用时应优先选用交流异步电动机变频调速系统。

不同使用条件和要求下电动机类型的选择也可参考表 26-1-12。

表 26-1-12 不同使用条件和要求下电动机类型的选择

使用条件	要　　求	选择电动机类型
电源	单相工频电源 三相工频电源 直流电源 中频电源	单相电动机 三相电动机 直流电动机 中频电动机
机械特性	负载转矩增加,转速变化不大 特性软,负载转矩增加,转速明显下降 高启动转矩 较大的最大转矩	各类异步电动机,并励直流电动机 串励电动机 三相异步电动机,单相异步电动机,串励电动机 三相异步电动机
转速	直接驱动,转速高于 3000r/min 转速无严格要求,在 500～3000r/min 范围 恒速 调速	中频电动机,直流电动机,串励电动机 各类异步电动机 同步电动机 直流电动机,变频调速用三相异步电动机
工作条件	频繁启动 常堵转,恒力矩	高转差率三相异步电动机,绕线式异步电动机,单相电容运转异步电动机 力矩电动机
经济性	短时工作,启动转矩不大,价格低廉 高效率,启动转矩不大 高效率,高启动转矩	罩极异步电动机 单相电容运转异步电动机 单相双值电容异步电动机

1.2.2 电动机型式的选择

表 26-1-13 电动机型式选择原则

安装位置	立式/卧式	一般情况下多用卧式;立式价格较高,往往是为了简化传动装置又必须垂直运转时才采用(如立式深井泵等)
轴伸端个数	单端轴伸/双端轴伸	多数情况下采用单端轴伸;特殊情况下(如要同时拖动两台生产机械等)用双端轴伸

续表

防护方式	开启式	在定子两侧与端盖上开有较大的通风口，散热好，价格便宜，但容易进入水气、灰尘、水滴、铁屑和油垢等杂物。通常只在清洁、干燥的环境下使用
	防护式	在机座下面开有通风口，散热较好，能防止水滴、铁屑等从上方落入电动机，但不能防止潮气及灰尘进入。一般在较清洁、干净的环境都可用防护式电动机
	封闭式	这类电动机又可分为自冷扇式、他冷扇式及密封式三种。前二种可用在潮湿、多尘埃、有腐蚀性气体、易受风雨等较恶劣的环境中。第三种可浸在液体中使用，如潜水泵、水和潮气均不能侵入
	防爆式	应用在有易燃、易爆气体的环境，如矿井、油库、煤气站等

1.2.3　额定电压的选择

电动机电压等级、相数、频率都要与供电电压相一致。我国生产电动机额定电压与额定功率的情况如表 26-1-14 所示，供选择额定电压时用。

表 26-1-14　电动机的额定电压

电压/V	容量范围/kW		
	交流电动机		
	同步	笼型异步	绕线式异步
380 6000 10000	3～320 250～10000 1000～10900	0.37～110 200～5000	0.6～320 200～500
	直流电动机		
110 220 440 60～870	0.25～110 0.25～320 1.0～500 500～4600		

1.2.4　额定转速的选择

额定功率相同的电动机，额定转速越高，体积越小，造价越低，电动机转子越细长，转动惯量越小，启、制动时间短。

当生产机械所需额定转速一定的前提下，电动机额定转速越高，则势必增大传动机构的速比，机构也越复杂，而且传动损耗也越大。

通常电动机额定转速不低于 500r/min。因此正确选择电动机的额定转速需要根据具体生产机械的要求，综合考虑上面诸因素后才能确定。例如：

不需要调速的高、中速机械，如泵、鼓风机、压缩机可选相应额定转速的电动机；

不需调速的低速机械如研磨机、破碎机、某些化工机械等可选用相应转速的电动机或减速比较小的减速机构；

调速要求不高的各种生产机床，则可选择转速稍高的电动机配以减速机构或选多极电动机；

调速要求较高的生产机械应考虑生产机械最高转速与电动机最高转速相适应，配合采用电气调速措施。

1.2.5　额定功率的选择与计算

1.2.5.1　长期工作制时电动机功率选择

(1) 恒定负载下电动机额定功率的选择与计算

某些生产机械，如水泵、鼓风机电动机连续工作时间长，其工作时间 $t_g>(3\sim4)T_C$，可达几小时甚至几十小时，其启动时间只占整个工作时间的极少部分，启动过程的时间短，发热少，不影响稳态温升，这类生产机械适合选用连续工作制电动机来拖动。根据负载特性，在计算出负载功率 P_Z 后，采用下式选择电动机的额定功率 P_N：

$$P_N \geqslant P_Z \tag{26-1-1}$$

若电动机实际运行条件符合规定（标准的散热条件和标准的环境温度），即可保证运行中稳定温升 θ_m 不超过允许最高温升 θ_{max}，因而不必再进行发热计算。

几种不同情况下的负载功率 P_Z 计算公式可参考表 26-1-15。

当环境温度与标准温度相差较大时，应对电动机的额定功率进行修正。

设环境温度为 40℃时选择电动机的允许温升为 θ_{max}，额定功率为 P_N，则环境温度为 θ 时，电动机的允许温升为 $\theta_{max}+(40℃-\theta)$，电动机允许的输出功率为 P_θ，它们之间的关系为：

$$P_\theta = P_N\sqrt{1+\frac{40℃-\theta}{\theta_{max}}(k+1)} \tag{26-1-2}$$

式中，k 为不变损耗（空载损耗）与额定负载下可变损耗（铜损耗）之比，如表 26-1-16 所示。

在实际工作中，当环境温度不同时，电动机的功率也可以简单地按表 26-1-17 进行修正。

表 26-1-15 **恒定负载功率计算公式汇总表**

负载类型		功率 P_Z/kW 计算公式	参 数 说 明
摩擦负载	直线运动	$P_Z=\frac{\mu Fv}{1000\eta}$	μ——摩擦因数 F——物体作用在摩擦表面的垂直压力,N v——物体运行速度,m/s η——传动装置效率
	旋转运动	$P_Z=\frac{\mu\omega Fr}{1000\eta}$	μ——摩擦因数 F——物体作用在摩擦表面的垂直压力,N ω——物体旋转角速度,rad/s r——轴承的旋转半径,m η——传动装置效率
加速负载	直线运动	$P_Z=\frac{mav}{1000\eta}$	m——物体的质量,kg a——物体的加速度,m/s² v——物体运行速度,m/s η——传动装置效率
	旋转运动	$P_Z=\frac{Ja_\theta\omega}{1000\eta}$	J——转动惯量,kg·m²,见表 26-1-18 a_θ——物体的角加速度,m/s² ω——物体旋转角速度,rad/s η——传动装置效率
重力负载		$P_Z=\frac{mgv}{1000\eta}$	m——物体的质量,kg g——物体的重力加速度,m/s² v——物体运行速度,m/s η——传动装置效率
流体负载	泵类	$P_Z=\frac{Q\gamma H}{1000\eta_1\eta}$	Q——流量,m³/s H——总扬程,m γ——液体密度,kg/m³ η_1——泵效率: 高压离心泵 $\eta_1=0.5\sim0.8$ 低压离心泵 $\eta_1=0.3\sim0.6$ 活塞泵 $\eta_1=0.8\sim0.9$ η——传动装置效率,直接传动 $\eta=1$
	风机类	$P_Z=\frac{Qp}{1000\eta_1\eta}$	Q——流量,m³/s p——风机出口压力,Pa η_1——风机效率: 大型 $\eta_1=0.5\sim0.8$ 中型离心式 $\eta_1=0.3\sim0.5$ 小型叶轮式 $\eta_1=0.2\sim0.35$ η——传动装置效率,直接传动 $\eta=1$

表 26-1-16 **k 系数表**

普通用直流电动机	起重冶金用直流电动机	笼型异步电动机	起重冶金用小型绕线转子异步电动机	起重冶金用大型绕线转子异步电动机
1～1.5	0.5～0.9	0.5～0.7	0.45～0.6	0.9～1.0

表 26-1-17 **不同最高环境温度下电动机功率修正**

环境温度/℃	30	35	40	45	50	55
电动机功率增减百分比/%	+8	+5	0	−5	−12.5	−25

此外，电动机工作环境的海拔高度对温升也有影响，海拔越高，虽然气温降低，但由于空气稀薄，散热条件恶化，使电动机允许输出功率有所下降。电工标准规定，在海拔高度大于 1000m、而小于 4000m 时，以 1000m 为基础，每超过 100m，允许温升在原有基础上下降 1%，因此电动机需降低额定功率使用。

典型物体的转动惯量和飞轮矩计算公式如表 26-1-18所示。

(2) 变负载下电动机额定功率的选择

变负载下电动机额定功率选择一般分成三步：

第一步，计算并绘制生产机械负载曲线，计算平均负载功率 P_Z；

第二步，根据负载功率 P_Z，预选电动机的额定功率 P_N，应使 $P_N \geqslant P_Z$；

第三步，校核预选电动机。一般先校核发热温升，再校核过载能力，必要时校核启动能力，如果校核通不过，则从第二步开始重新进行，直到校核通过为止。

平均负载功率计算方法有平均功率法和平均转矩法，计算公式如表 26-1-19 所示。

校核方法主要有平均损耗法、等效电流法、等效转矩法和等效功率法等，计算公式如表 26-1-19所示。

表 26-1-18　　典型物体的转动惯量和飞轮矩计算公式

名称	形状尺寸	转动惯量 J/kg·m²	飞轮矩 GD^2/N·m²	参数说明
实心圆柱体	d，l	$J=\dfrac{md^2}{8}=\dfrac{\pi l\gamma d^4}{32g}$	$GD^2=\dfrac{mgd^2}{2}=\gamma\dfrac{\pi}{8}ld^4$	γ——材料的密度，kg/m³ d——圆柱体直径，m l——圆柱体长度，m m——圆柱体质量，kg g——重力加速度，m/s²
空心圆柱体	d_1，d_2，l	$J=\dfrac{m(d_1^2-d_2^2)}{8}=\dfrac{\pi l\gamma(d_1^4-d_2^4)}{32g}$	$GD^2=\dfrac{mg(d_1^2-d_2^2)}{2}=\gamma\dfrac{\pi}{8}l(d_1^4-d_2^4)$	
实心圆锥体	d	$J=\dfrac{3md^2}{4}$	$GD^2=\dfrac{3}{10}gmd^2$	

表 26-1-19　　连续工作制、变负载下负载功率计算公式汇总

负载功率曲线	额定功率 P_N/kW 预选和发热校验公式			参数说明	注释
P，P_1，P_2，P_3，P_4，t，t_1，t_2，t_3，t_4，t_X	预选电动机	平均功率法	$P_Z=\dfrac{1}{t_X}\sum\limits_{i=1}^{4}P_it_i$ $P_N \geqslant (1.1\sim1.6)P_Z$	P_i——一个周期内 t_i 时间段内的功率损耗，kW t_X——一个周期时间 P_Z——平均负载功率，kW	按此公式预选的电动机必须通过下面的发热校核
		平均转矩法	$M_Z=\dfrac{1}{t_X}\sum\limits_{i=1}^{4}M_it_i$ $P_Z=\dfrac{M_pn_e}{9535.4}$ $P_N \geqslant (1.1\sim1.6)P_Z$	M_i——在 t_i 时间段内相应转矩，N·m t_X——周期时间 n_e——电动机额定转速，r/min M_Z——平均转矩，N·m P_Z——平均功率，kW	
P，P_1，P_2，P_3，P_4，t，t_1，t_2，t_3，t_4，t_X	它扇冷式电动机发热校核	平均损耗法	$p_{eq}=\dfrac{1}{t_X}\sum\limits_{i=1}^{4}p_it_i \leqslant p_N$	p_{eq}——平均损耗 p_i——在 t_i 时间段内的损耗 p_N——额定损耗 t_X——周期时间	
		等效电流法	$I_{eq}=\sqrt{\dfrac{\sum\limits_{i=1}^{4}I_i^2t_i}{t_X}} \leqslant I_N$	I_{eq}——等效电流，A I_i——在 t_i 时间段内的电流，A I_N——额定电流，A t_X——周期时间	经常启动、制动的异步电动机，以及深槽式、双笼型异步电动机不能用等效电流法，而只能用平均损耗法

续表

负载功率曲线	额定功率 P_N/kW 预选和发热校验公式			参数说明	注释
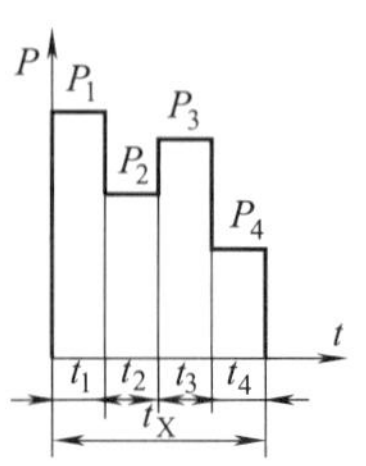	它扇冷式电动机发热校核	等效转矩法	$T_{eq}=\sqrt{\dfrac{\sum_{i=1}^{4}T_i^2t_i}{t_X}}\leqslant T_N$	T_{eq}——等效转矩，N·m T_i——在 t_i 时间段内的转矩，N·m T_N——额定转矩，N·m t_X——周期时间	不适用串励直流电动机和等效电流法不允许的电动机类型
		等效功率法	$P_{eq}=\sqrt{\dfrac{\sum_{i=1}^{4}P_i^2t_i}{t_X}}\leqslant P_N$	P_{eq}——等效功率，kW P_i——在 t_i 时间段内的功率，kW P_N——额定功率，kW t_X——周期时间	不适应于等效转矩法的电动机以及转速有变化的电动机
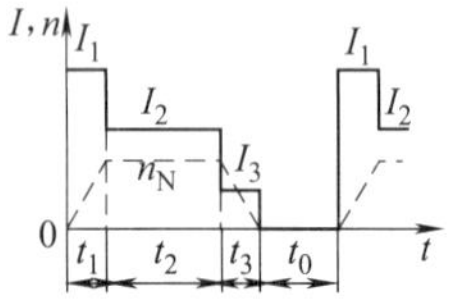	自扇冷式电动机发热校核①	等效电流法	$I_{eq}=\sqrt{\dfrac{\sum_{i=1}^{4}I_i^2t_i}{\alpha(t_1+t_4)+t_2+t_3+\beta t_0}}\leqslant I_N$	I_{eq}——等效电流，A I_i——在 t_i 时间段内的电流，A I_N——额定电流，A	直流电动机： $\alpha=0.75$ $\beta=0.5$ 异步电动机： $\alpha=0.5$ $\beta=0.25\sim0.35$
		等效转矩法	$T_{eq}=\sqrt{\dfrac{\sum_{i=1}^{4}T_i^2t_i}{\alpha(t_1+t_4)+t_2+t_3+\beta t_0}}\leqslant T_N$	T_{eq}——等效转矩，N·m T_i——在 t_i 时间段内的转矩，N·m T_N——额定转矩，N·m	
		等效功率法	$P_{eq}=\sqrt{\dfrac{\sum_{i=1}^{4}P_i^2t_i}{\alpha(t_1+t_4)+t_2+t_3+\beta t_0}}\leqslant P_N$	P_{eq}——等效功率，kW P_i——在 t_i 时间段内的功率，kW P_N——额定功率，kW	
	过载能力的校验		$T_m=0.81\lambda_mT_N>T_{mL}$	T_m——预选电动机的最大电磁转矩 T_{mL}——负载图中的最大转矩 λ_m——电动机的允许的过载系数，见表 26-1-22	

① 对于自扇冷式电动机，在低速运转时，启动加速和制动减速时其散热条件恶化，温升将增大，因此在计算中要考虑这种因素，即在上述校核公式根号内分母的加速时间 t_1 和减速时间 t_4 中乘以 $\alpha<1$ 系数，若还有停车时间 t_0 也应进行折扣，即乘 $\beta<1$ 系数。

等效发热校核计算时，要求变化负载在某一个时间段内是恒定的，如果是非恒定的，则需要采用相应的等效计算方法将其换算成恒定值，对于三角形（如表 26-1-20 中 t_1 段的虚线负载曲线）和梯形（如表 26-1-20中 t_5 段的虚线负载曲线）负载可按表 26-1-20 相应的等效公式计算。如果负载为曲线负载，需要人工先将其简化成表 26-1-20 中 t_1 或 t_5 段对应的三角或梯形负载曲线（虚线），然后再根据相应的公式计算。对于水平缓慢变化的曲线可直接简化成恒定直线即可（如表 26-1-20 中 $t_2\sim t_4$ 段对应的简化水平直线）。注意简化时应保证所绘等效直线是曲线的均值或中值。

1.2.5.2　短时工作制电动机功率选择

短时工作制电动机的特点是：电动机工作时间短，$t_g<(3\sim4)T_C$，在工作时间内温度达不到稳定值；停车时间 t_0 很长，$t_0>(3\sim4)T_C$，电动机的温度足以降到和周围环境温度一样，即温升足以降到零。属于此类的生产机械有机床的辅助运动机械、某些冶金辅助机械、水闸闸门启闭机等。

国家标准中有专供短时工作制使用的电动机，其标准工作时间 t_g 分为 15min、30min、60min 和 90min 四种，每一种又有不同的功率和转速。因此可以按生产机械的功率、工作时间及转速的要求，由产品目录直接选用不同规格的电动机。在没有合适的短时工作制的电动机时，也可采用断续周期工作制的电动机来代替，或选取连续工作制的电动机来代替，具体选择方法如表 26-1-21 所示。

表 26-1-20　**非恒值变化负载的等效值计算公式**

负载(电流)变换曲线①	等效计算公式①		参数说明
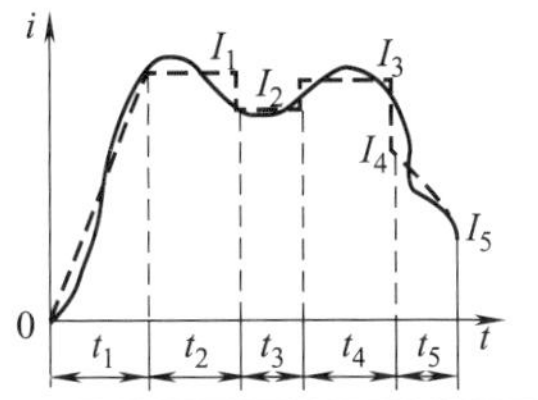	矩形	I_1, I_2, I_3	恒直线段不用求等效值，直接利用绘制的直线段即可
	三角形	$I_{dx1}=\sqrt{\frac{1}{t_1}\int_0^{t_1}\frac{I_1^2}{t_1^2}t^2\mathrm{d}t}=\frac{I_1}{\sqrt{3}}$	I_{dx1}——第 1 段(t_1)的等效电流值
	梯形	$I_{dx5}=\sqrt{\frac{I_4^2+I_4I_5+I_5^2}{3}}$	I_{dx5}——第 5 段(t_5)的等效电流值

① 本表负载曲线图和计算公式均以电流负载为例，转矩和功率负载时的等效计算方法与此相同。

表 26-1-21　**短时工作制电动机功率计算公式**

项目	负载变化曲线 功率 P_N 选择公式		参数说明
选取短时工作制的电动机	$t_{gz}=t_g$	$P_N \geqslant P_g = P_Z$	t_g——短时工作制标准工作时间 t_{gz}——短时工作制时实际工作时间 P_Z——短时负载功率，kW
	$t_{gz}\neq t_g$	$P_N=\frac{P_Z}{\sqrt{t_g/t_{gz}}}$	
选取连续工作制的电动机	$\lambda_m \leqslant K_T$	$\lambda_m=\sqrt{\frac{1+k\mathrm{e}^{-\frac{t_g}{T_\theta}}}{1-\mathrm{e}^{-\frac{t_g}{T_\theta}}}}$ $P_N \geqslant \frac{P_Z}{\lambda_m}$	t_g——短时工作制标准工作时间 k——电动机额定运行时不变损耗与可变损耗的比值，见表 26-1-16 T_θ——发热时间常数 λ_m——电动机的允许功率过载系数，可根据 t_g 和 T_θ 由左边公式计算，也可查表 26-1-22 取得 P_Z——短时负载功率，kW K_T——电动机转矩过载系数，K_T＝最大转矩/额定转矩，可由电动机的技术数据表查得
	$\lambda_m > K_T$	$P_N \geqslant \frac{P_Z}{0.81K_T}$	
选取断续工作制的电动机	t_g＝30min 的短时制相当于 FC＝15%连续制 t_g＝60min 的短时制相当于 FC＝25%连续制 t_g＝90min 的短时制相当于 FC＝40%连续制		t_g——短时工作制标准工作时间

注：若实际工作时间极短，$t_g<(3\sim4)T_C$，只需从过载能力及启动能力选电动机连续工作方式的额定功率，发热温升已经不是主要问题，也不需再进行温升校核。但对笼式异步电动机，还需要进行启动能力的校验。

表 26-1-22　**各种电动机的允许功率过载系数 λ_m**

电动机类型	过载能力 λ_m
直流电动机	2(特殊型可达 3～4)
绕线式异步电动机	2～2.5(特殊型可达 3～4)
笼型异步电动机	1.8～3
同步电动机	2～2.5(特殊型可达 3～4)

1.2.5.3　周期断续工作方式电动机额定功率选择

在断续周期工作方式下，每个周期往往都有启动、制动和停车各阶段，要求电动机具有启动和过载能力强、机械强度大、惯性小等特点。因此，一般应选择能满足这些要求的断续周期工作制电动机。

恒定负载时，可根据生产机械的负载持续率、功率和转速从产品目录中直接选取合适的电动机。若是变化负载，可按等效功率进行选择并校验。

若生产机械的负载持续率 $FC_Z\%$ 与标准负载持续率 $FC\%$ 不同，需要把负载功率 P_Z 换算成接近标准负载持续率时的等效功率 P_L，按下式换算：

$$P_L=P_Z\sqrt{\frac{FC_Z\%}{FC\%}} \tag{26-1-3}$$

再根据等效功率 P_L 来选择电动机的额定功率。

当 $FC_Z\%<10\%$ 应按短时工作制选择电动机，若 $FC_Z\%>60\%$ 应按连续工作制选择。

1.2.5.4　选择电动机功率的统计法

实际选择电动机功率时，还可以采用类比法和统计方法近似估算电动机的功率。采用统计法的常用机床类设备的配用电动机容量的经验计算公式如表 26-1-23所示。

表 26-1-23 常见设备的电动机功率的统计计算公式

工作机械类型	配用电动机容量 P/kW 经验计算公式	参 数 说 明
普通车床	$P=35.6D^{1.54}$	D——工件的最大直径，m
立式车床	$P=20D^{0.88}$	D——工件的最大直径，m
摇臂钻床	$P=0.064D^{1.19}$	D——最大钻孔直径，mm
卧式镗床	$P=0.04D^{1.17}$	D——镗杆直径，mm
龙门铣床	$P=\frac{B^{1.15}}{166}$	B——工作台宽度，mm
外圆磨床	$P=0.1KB$	B——砂轮宽度，mm K——考虑砂轮主轴采用不同轴承时的系数。当采用滚动轴承时 $K=0.8\sim1.1$；若采用滑动轴承时 $K=1.1\sim1.3$

1.2.5.5 调速电动机的功率选择

表 26-1-24 调速电动机的功率计算公式

电动机类型	负载类型	配用电动机容量 P_N/kW 计算公式	参 数 说 明	配用交流变频器功率 P_V/kW
直流电动机	恒转矩负载（降压调速）	$P_N\geqslant\frac{T_Z n_{max}}{9550}$	n_{max}——最大转速，r/min T_Z——负载转矩，N·m	—
	恒功率负载（降压调速）	$P_N=DP_Z$	P_Z——负载功率，kW D——调速范围	
	恒功率负载（弱磁调速）	$P_N\geqslant P_Z$	P_Z——负载功率，kW	
三相交流变频调速异步电动机	恒转矩负载（如传送带）	$P_N\geqslant\frac{T_Z n_N}{9550}$	n_N——额定转速，r/min T_Z——负载转矩，N·m	$P_V\geqslant P_N$
	平方律负载（如风机水泵）			
	恒功率负载（如切削机床）	$P_N\geqslant i\frac{T_Z n_N}{9550}$	n_N——电动机额定转速，r/min T_Z——负载转矩，N·m i——系数，等于电动机额定转速/电动机变频后的工作转速	

随着交流变频技术的发展，交流变频调速有取代直流调速的趋势。目前，国内外一些电动机厂已设计生产了各类变频调速专用电动机，供配套选用。如果没有相应的专用变频电动机，也可采用普通笼型异步电动机代替。

1.2.6 带冲击负载对电动机额定功率选择的影响

具有冲击负载的生产机械的负载图如表 26-1-25 所示，其特点是负载在工作时间中做剧增及剧减的变化，并作周期性地交替，属于这种类型的生产机械有冲床、压力机、轧钢机、锻锤等。

具有冲击负载的生产机械广泛采用带飞轮的电力拖动系统，此时在冲击负载作用下，拖动系统减速，负载的一部分由飞轮释放出的贮存动能来克服，而电动机只承担余下的部分。当冲击负载过去后，负载突减，电动机带飞轮加速，飞轮补充动能，以帮助电动机克服冲击负载。飞轮在工作循环中起到平衡负载的作用，使电动机的损耗降低，从而可以降低所选电动机的额定功率。

带附加飞轮拖动系统中电动机功率的选择步骤如下：

① 预选电动机；

② 预选附加飞轮的飞轮矩；

③ 绘制电动机的负载图；

④ 校验电动机的发热；

⑤ 校验过载能力。

具体计算公式如表 26-1-25 所示。

表 26-1-25　**带冲击负载时的电动机功率计算公式**

负载变化曲线	计算公式		参数说明
P, T_{LM}, T_L, T_L, T_0, P_2, T_0', t_{gM}, O, t	预选电动机	$T_Z=\dfrac{\sum T_i t_i}{\sum t_i}$ $T_N \geqslant (1.1\sim1.3)T_Z$	T_Z——一个工作循环的平均转矩，N·m T_i——在 t_i 时间段内的转矩，N·m T_N——额定转矩，N·m
	预选附加飞轮的飞轮矩	$GD^2=\dfrac{375T_N t_{gM}}{n_0 s_N \ln\dfrac{T_{LM}-T_0'}{T_{LM}-K_T T_N}}$ $T_0'\approx(0.2\sim0.3)T_N$	n_0——直流电动机的空载转速或交流电动机的同步转速 s_N——直流电动机的额定静差率或交流电动机的额定转差率 T_N——电动机的额定电磁转矩 t_{gM}——最严重的冲击负载段的持续时间 T_{LM}——最严重的冲击负载段的负载转矩 K_T——电动机的过载倍数 注：当空载时间较长时，可取 $T_0'=T_0$，T_0 为冲击负载段的起始转矩
	发热校核	$T_{eq}=\sqrt{\dfrac{\sum\limits_{i=1}^{4}T_i^2 t_i}{\alpha(t_1+t_4)+t_2+t_3+\beta t_0}}\leqslant T_N$	T_{eq}——等效转矩，N·m T_i——在 t_i 时间段内的转矩，N·m T_N——额定转矩，N·m 校验方法可参考表 26-1-19
	校验过载能力	$K_T T_N \geqslant T_{LM}$	T_{LM}——负载图中的最大负载，N·m

1.2.7　驱动电动机的功率计算实例

例 1　一台与电动机直接连接的低压离心式水泵，流量为 50m³/h，总扬程为 18m，转速 $n=1450$ r/min，泵的效率为 0.48，工作环境温度不高于 30℃，试选择拖动电动机。

解：按表 26-1-15，泵类负载机械功率为：

$$P_L=\frac{Q\gamma H}{1000\eta_1\eta} \tag{26-1-4}$$

已知：流量 $Q=50\text{m}^3/\text{h}=0.0139\text{m}^3/\text{s}$；

总扬程 $H=18\text{m}$；

液体水 $\gamma=9810\text{N/m}^3$；

泵效率 $\eta_1=0.48$；

η 为传动装置效率，直接连接为 0.95～1.0，带传动为 0.9，本例取 $\eta=0.95$。

于是，负载功率为：

$$P_L=\frac{0.0139\times9810\times18}{1000\times0.48\times0.95}=5.38\text{kW}$$

水泵一般应该采用连续工作制，所以选用全封闭自扇冷式 Y 系列电动机，查表 26-1-26 可得电动机型号为 Y132S-4，$P_N=5.5\text{kW}$，$n=1440\text{r/min}$（虽略低于负载转速，但实际上由于 $P_L<P_N$ 时，$n>n_N$，所以转速不会相差多少）。

当环境温度按 30℃ 计时，电动机的功率应进行修正。

取 $k=0.6$，电动机为 D 级绝缘，$\theta_{max}=90℃$，则由式（26-1-2）得：

$$\begin{aligned}P&=P_N\sqrt{1+\frac{40-\theta}{\theta_{max}}(k+1)}\\&=P_N\sqrt{1+\frac{40-30}{90}(0.6+1)}\\&=1.085P_N\end{aligned}$$

此时可以降一级选取 Y112M-4 型电动机，其 P_N 为 4kW，修正后为 $P=1.085\times4\text{kW}=4.34\text{kW}$，仍低于负载的机械功率 P_L，故不能选用，只能选用原来的 Y132S-4 型。

由于直联式水泵所需的启动转矩很小，一般笼型感应电动机都能满足其启动要求，所以不必进行启动能力的校验。

例 2　某生产机械采用四极绕线式异步电动机拖动。已知转矩曲线共分五段，转矩依次为 200N·m，120N·m，100N·m，−100N·m 和 0N·m，各段时间为 6s，40s，50s，10s 和 20s，其中第一段为启动，第四段为制动，第五段为停歇，连续周期运转。

试选择合适电动机。

解：采用电气启动和制动的绕线式异步电动机，可以认为转矩近似与电流成正比，可采用等效转矩法。因启动、制动和停歇时间散热条件恶化，将表 26-1-19 中的相应公式［如式（26-1-5）所示］时间乘以小于 1 的系数，异步电动机启动、制动时间的系数 $\alpha=0.5$，停歇时间系数 $\beta=0.25$，则

$$T_{eq}=\sqrt{\frac{T_1^2t_1+T_2^2t_2+\cdots+T_n^2t_n}{t_1+t_2+\cdots+t_n}}$$

$$=\sqrt{\frac{200^2\times6+120^2\times40+100^2\times50+(-100)^2\times10}{0.5\times6+40+50+0.5\times10+0.25\times20}}$$

$$=\sqrt{\frac{1416000}{103}}=117.3\text{N}\cdot\text{m} \tag{26-1-5}$$

应选 YR200L1-4 型的 18.5kW 电动机。

校验过载能力为

$$T_m=0.81\lambda_m T_N=0.81\times3\times120.6=293.1\text{N}\cdot\text{m}$$

T_m大于最大负载转矩 $T_{LM}=200\text{N}\cdot\text{m}$，所选电动机合适。

例 3　某大型车床刀架快速移动机构，采用短时工作制电动机拖动，已知刀架质量 $G=500$ kg，移动速度 $v=15\text{m/min}$，导轨摩擦因数 $\mu=0.1$，传动机构的效率 $\eta=0.2$。要求电动机的转速约为 1400r/min，求刀架快速移动电动机的功率。

解：负载功率 P_L

$$P_L=\frac{G\mu v}{1000\eta}=\frac{500\times9.8\times0.1\times15/60}{1000\times0.2}=0.613\text{kW}$$

要求电动机的转速约为 1400r/min，可选 Y 系列四极笼型异步电动机，取其过载系数 $\lambda_m=2.2$，故：

$$P_N\geqslant\frac{P_L}{\lambda_m}=0.278\text{kW}$$

查表 26-1-26，选用 Y80M1-4 型电动机，$P_N=0.55\text{kW}$，$n_N=1390\text{r/min}$。

例 4　图26-1-1 中绘出了具有尾绳和摩擦轮的矿井提升机的示意图。电动机直接与摩擦轮 1 相连接，摩擦轮旋转，靠摩擦力带动绳子及罐笼 3（内有矿车及矿物 G）提升或下放。尾绳系在两罐笼之下，以平衡提升机左右两边绳子的重量。提升机用双电动机拖动，试计算电动机功率。

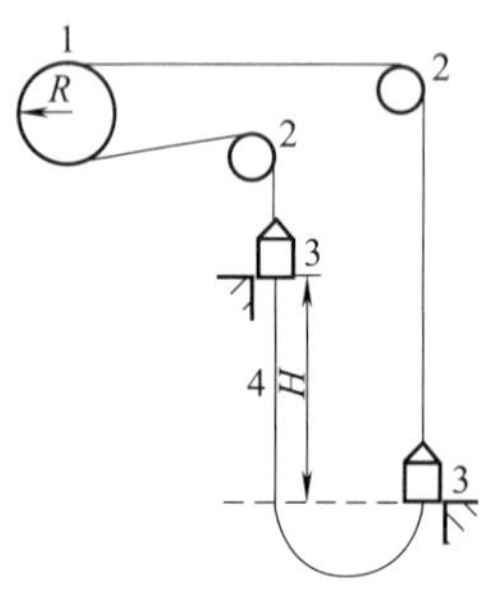

图 26-1-1　矿井提升机示意图

已知下列数据：

井深 $H=915\text{m}$；

负载重 $G=58800\text{N}$，每个罐笼重 $G_3=77150\text{N}$，主绳与尾绳每米重 $G_4=106\text{N/m}$；

摩擦轮直径 $d_1=6.44\text{m}$，摩擦轮飞轮惯量 $GD_1^2=2730000\text{N}\cdot\text{m}^2$；

导轮直径 $d_2=5\text{m}$，导轮飞轮惯量 $GD_2^2=584000\text{N}\cdot\text{m}^2$；

额定提升速度 $v_N=16\text{m/s}$，提升加速度 $a_1=0.89\text{m/s}^2$，提升减速度 $a_3=1\text{m/s}^2$；

周期长 $T_C=89.2\text{s}$；

摩擦用增加负载重的 20%考虑。

预选电动机功率

$$P_N=(1.1\sim1.6)P_Z \tag{26-1-6}$$

$$P_Z=k\frac{1.2Gv_N}{1000} \tag{26-1-7}$$

式中 $k=1.2\sim1.25$，为考虑启动及制动过程中加速转矩的系数，取 $k=1.25$ ，则

$$P=1.25\times\frac{1.2\times58800\times16}{1000}\text{kW}\approx1400\text{kW}$$

每个电动机功率为 700kW，转速为：

$$n_N=\frac{60v_N}{\pi d_1}=\frac{60\times16}{\pi\times6.44}\text{r/min}=47.5\text{r/min}$$

对功率为 700kW、转速为 47.5r/min 电动机，查手册得其飞轮矩为：

$$GD_D^2=1065000\text{N}\cdot\text{m}^2$$

阻转矩为：

$$T_Z=1.2G\frac{d_1}{2}=1.2\times58800\times\frac{6.44}{2}\text{N}\cdot\text{m}$$

$$=227203\text{N}\cdot\text{m}$$

加速时间为：

$$t_1=\frac{v_N}{a_1}=\frac{16}{0.89}\text{s}=18\text{s}$$

加速阶段罐笼行经高度：

$$h_1=\frac{1}{2}a_1t_1^2=\frac{1}{2}\times0.89\times18^2\text{m}=144.2\text{m}$$

减速时间：

$$t_3=\frac{v_N}{a_3}=\frac{16}{1}\text{s}=16\text{s}$$

减速阶段罐笼行经高度：

$$h_3=\frac{1}{2}a_3t_3^2=\frac{1}{2}\times1\times16^2\text{m}=128\text{m}$$

稳定速度罐笼行经高度：

第 26 篇

$h_2=H-h_1-h_3=915-144.3-128=642.7\text{m}$

稳定速度运行时间：

$$t_2=\frac{h_2}{v_N}=\frac{642.7}{16}\text{s}=40.2\text{s}$$

间歇时间：

$$t_0=T_C-t_1-t_2-t_3=(89.2-18-40.2-16)\text{s}=15\text{s}$$

折算到电动机轴上系统总的飞轮矩：

$$GD^2=GD_a^2+GD_b^2$$

式中，GD_a 为系统中转动部分的飞轮矩；GD_b 为系统中直线运动部分的飞轮矩。

导轮转速：

$$n_2=\frac{60v_N}{\pi d_2}=\frac{60\times16}{\pi\times5}\text{r/min}=61\text{r/min}$$

两导轮折算到电动机轴上的飞轮矩为：

$$\begin{aligned}2(GD_2^2)'&=2GD_2^2\left(\frac{n_2}{n_N}\right)^2\\&=2\times584000\left(\frac{61}{47.5}\right)^2\text{N}\cdot\text{m}^2\\&=1926262\text{N}\cdot\text{m}^2\end{aligned}$$

$$GD_a^2=2GD_D^2+GD_1^2+2(GD_2^2)'=6780000\text{N}\cdot\text{m}^2$$

计算系统直线部分重量折算到电动机轴上总的飞轮矩。

系统直线部分总重量：

$$G'=G+2G_3+G_4L$$

式中　$L\approx2H+90=(2\times915+90)\text{m}=1920\text{m}$。

$$\begin{aligned}G'&=G+2G_3+G_4L\\&=(58800+2\times77150+106\times1920)\text{N}\\&=416700\text{N}\end{aligned}$$

直线部分重量折算到电动机轴上的飞轮矩：

$$\begin{aligned}GD_b^2&=\frac{365G'v_N^2}{n_N^2}=\frac{365\times416700\times16^2}{47.5^2}\text{N}\cdot\text{m}^2\\&=17253838\text{N}\cdot\text{m}^2\end{aligned}$$

系统总的飞轮矩：

$$GD^2=GD_a^2+GD_b^2=24040100\text{N}\cdot\text{m}^2$$

加速阶段的加速转矩：

$$T_{a1}=\frac{GD^2}{375}\left(\frac{dn}{dt}\right)_1=\frac{GD^2}{375}\frac{n_N}{t_1}=169171\text{N}\cdot\text{m}$$

减速阶段的动态转矩：

$$T_{a3}=\frac{GD^2}{375}\left(\frac{dn}{dt}\right)_3=-\frac{GD^2}{375}\frac{n_N}{t_3}=-190317\text{N}\cdot\text{m}$$

电动机转矩 $T=T_Z+T_a$

- 加速阶段 ($t_1=18\text{s}$) $T_1=(227203+169171)\text{N}\cdot\text{m}=396374\text{N}\cdot\text{m}$
- 稳定运行阶段 ($t_2=40.2\text{s}$) $T_2=227203\text{N}\cdot\text{m}$
- 减速阶段 ($t_1=16\text{s}$) $T_3=(227203-190317)\text{N}\cdot\text{m}=36886\text{N}\cdot\text{m}$
- 间歇阶段 ($t_1=15\text{s}$) $T_0=0$

根据上列数据绘制电动机负载转矩图如图 26-1-2 所示。

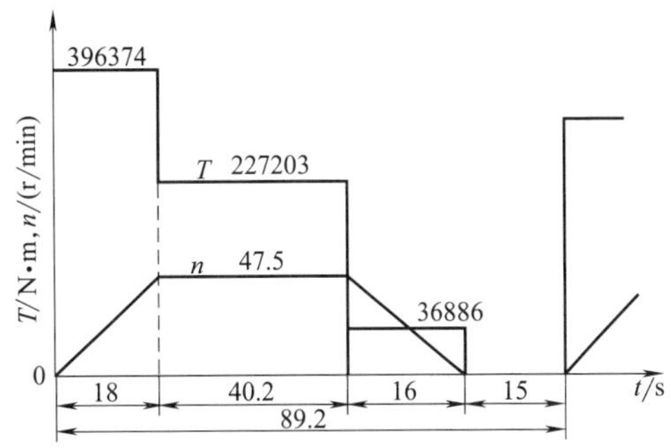

图 26-1-2　电动机负载转矩图

等效转矩 T_{eq} 为：

$$T_{eq}=\sqrt{\frac{T_1^2t_1+T_2^2t_2+T_3^2t_3}{at_1+t_2+at_3+\beta t_0}}$$

式中，散热恶化系数 $a=0.75$，$\beta=0.5$，则：

$$\begin{aligned}T_{eq}&=\sqrt{\frac{396374^2\times18+227203^2\times40.2+36886^2\times16}{0.75\times18+40.2+0.75\times16+0.5\times15}}\text{N}\cdot\text{m}\\&=259386\text{N}\cdot\text{m}\end{aligned}$$

过载能力校验：

$$\frac{T_1}{T_{eq}}=\frac{396374}{259386}=1.53<2$$

两电动机的等效功率：

$$P_{eq}=\frac{T_{eq}n_N}{9550}=1290\text{kW}$$

由于 $P_{eq}<P_N=1400\text{kW}$，电动机发热及过载能力校验通过。

1.3　常用驱动电动机规格

1.3.1　一般异步电动机规格及技术参数

1.3.1.1　Y 系列（IP44）三相异步电动机

Y 系列电动机是全封闭自冷式笼型三相异步电动机。它集中了国内外的先进技术，是全国统一设计的新系列产品。

Y 系列电动机具有高效、节能、启动转矩高、噪声小、可靠性高、寿命长等优点。安装尺寸和功率等级完全符合 IEC 标准。采用 B 级绝缘，外壳防护等级为 IP44，冷却方式为 IC411，额定电压为 380V，额定频率为 50Hz，3kW 及以下为“Y”接法，4kW 以上为“△”接法。

Y 系列电动机用于一般无特殊要求的机械设备，如风机、水泵、机床、搅拌机等。

Y 系列（IP44）电动机的技术数据、安装尺寸及外形尺寸见表 26-1-26～表 26-1-32。

表 26-1-26　　**Y 系列（IP44）三相异步电动机技术数据（380V）**

型号	额定功率 /kW	额定转速 /r·min^{-1}	额定电流 /A	效率 /%	功率因数 cosφ	堵转电流	堵转转矩	最大转矩	噪声/dB(A)		飞轮力矩 /N·m^2	质量 /kg
						相对额定电流(或转矩)的倍数			1 级	2 级		
同步转速 3000r/min(2 极)												
Y80M1-2	0.75	2830	1.8	75.0	0.84	6.5	2.2	2.3	66	71	0.0075	16
Y80M2-2	1.1		2.5	77.0	0.86	7.0					0.0090	17
Y90S-2	1.5	2840	3.4	78.0	0.85				70	75	0.012	22
Y90L-2	2.2		4.7	80.5	0.86						0.014	25
Y100L-2	3	2870	6.4	82.0	0.87				74	79	0.029	34
Y112M-2	4	2890	8.2	85.5							0.055	45
Y132S1-2	5.5	2900	11		0.88		2.0		78	83	0.109	67
Y132S2-2	7.5		15	86.2							0.126	72
Y160M1-2	11	2900	22	87.2					82	87	0.377	115
Y160M2-2	15		29	88.2							0.449	125
Y160L-2	18.5		36	89.0	0.89			2.2			0.550	147
Y180M-2	22	2940	43						87	92	0.75	173
Y200L1-2	30	2950	57	90.0					90	95	1.24	232
Y200L2-2	37		70	90.5							1.39	250
Y225M-2	45	2970	84	91.5						97	2.33	312
Y250M-2	55		103						92		3.12	387
Y280S-2	75		140	92.0					94	99	5.97	515
Y280M-2	90		167	92.5							6.75	566
Y315S-2	110	2980	200			6.8	1.8		94	104	11.8	922
Y315M-2	132		237	93.0							18.2	1010
Y315L1-2	160		286	93.5							20.0	1085
Y315L2-2	200		356								24.1	1220
同步转速 1500r/min(4 极)												
Y80M1-4	0.55	1390	1.5	73.0	0.76	6.0	2.4	2.3	56	67	0.018	17
Y80M2-4	0.75		2.0	74.5			2.3				0.021	17
Y90S-4	1.1	1400	2.8	78.0	0.78	6.5			61		0.021	25
Y90L-4	1.5		3.7	79.0	0.79				62		0.027	26
Y100L1-4	2.2	1430	5.0	81.0	0.82	7.0	2.2		65	70	0.054	34
Y100L2-4	3		6.8	82.5	0.81						0.067	35
Y112M-4	4	1440	8.8	84.5	0.82				68	74	0.095	47
Y132S-4	5.5		12	85.5	0.84				70	78	0.214	68
Y132M-4	7.5		15	87.0	0.85				71		0.296	79
Y160M-4	11	1460	23	88.0	0.84				75	82	0.747	122
Y180M-4	18.5	1470	36	91.0	0.86		2.0				0.918	174
Y180L-4	22		43	91.5							1.39	192
Y200L-4	30		57	92.2	0.87				79	84	1.58	253

续表

型号	额定功率/kW	额定转速/r·min^{-1}	额定电流/A	效率/%	功率因数 $\cos\varphi$	堵转电流	堵转转矩	最大转矩	噪声/dB(A)		飞轮力矩/N·m^2	质量/kg
						相对额定电流(或转矩)的倍数			1 级	2 级		
同步转速 1500r/min(4 极)												
Y225S-4	37	1480	70	91.8	0.87	7.0	1.9	2.3	79	84	2.62	294
Y225M-4	45		84	92.3	0.88						4.06	327
Y250M-4	55		103	92.6			2.0		81	86	4.69	381
Y280S-4	75		140	92.7			1.9		85	90	6.6	535
Y280M-4	90		164	93.5	0.89						11.2	634
Y315S-4	110		201	93.5		6.8	1.8		93	98	14.6	912
Y315M-4	132	1490	241	94.0					96	101	31.1	1048
Y315L1-4	160		291	94.5							36.2	1105
Y315L2-4	200		354								41.3	1260
同步转速 1000r/min(6 极)												
Y90S-6	0.75	910	2.3	72.5	0.70	5.5	2.0	2.2	56	65	0.029	23
Y90L-6	1.1		3.2	73.5	0.72						0.035	25
Y100L-6	1.5	940	4.0	77.5	0.74	6.0			62	67	0.069	33
Y112M-6	2.2		5.6	80.5							0.138	45
Y132S-6	3	960	7.2	83.0	0.76	6.5			66	71	0.286	63
Y132M1-6	4		9.4	84.0	0.77						0.357	73
Y132M2-6	5.5		13	85.3	0.78						0.449	84
Y160M-6	7.5	970	17	86.0				2.0	69	75	0.881	119
Y160L-6	11		25	87.0					70		1.16	147
Y180L-6	15		31	89.5	0.81		1.8			78	2.07	195
Y200L1-6	18.5		38	89.8	0.83				73		3.15	220
Y200L2-6	22		45	90.2							3.60	250
Y225M-6	30	980	60		0.85		1.7		76	81	5.47	292
Y250M-6	37		72	90.8	0.86		1.8				8.34	408
Y280S-6	45		85	92.0	0.87				79	84	13.9	536
Y280M-6	55		104								16.5	595
Y315S-6	75	990	141	92.8					87	92	41.1	990
Y315M-6	90		168	93.2							47.8	1080
Y315L1-6	110		204	93.5			1.6				54.5	1150
Y315L2-6	132		245	93.8							61.2	1210
同步转速 750r/min(8 极)												
Y132S-8	2.2	710	5.6	59	0.71	5.5	2.0	2.0	61	66	0.314	63
Y132M-8	3		7.3	62	0.72						0.395	79
Y160M1-8	4	715	9.5	65	0.73	6.0			64	69	0.753	118
Y160M2-8	5.5		12.7	69	0.74						0.931	119
Y160L-8	7.5		17.0	72	0.75	5.5			67	72	1.26	145
Y180L-8	11	730	24.4	76	0.77	6.0	1.7				2.03	184
Y200L-8	15		32.9	79	0.76		1.8		70	75	3.39	250
Y225S-8	18.5	735	39.7	81			1.7				4.91	266
Y225M-8	22		46.4	82	0.78		1.8				5.47	292

续表

型号	额定功率/kW	额定转速/r·min⁻¹	额定电流/A	效率/%	功率因数cosφ	堵转电流	堵转转矩	最大转矩	噪声/dB(A) 1级	噪声/dB(A) 2级	飞轮力矩/N·m²	质量/kg
						相对额定电流(或转矩)的倍数						
同步转速 750r/min(8 极)												
Y250M-8	30	735	61.6	84	0.80	6.0	1.6	2.0	73	78	8.34	405
Y280S-8	37	740	76.1	86	0.79						13.9	520
Y280M-8	45		90.8	87.5	0.80						16.5	592
Y315S-8	55		111	89		6.5	1.8		82	87	47.9	1000
Y315M-8	75		150	90	0.81						55.8	1100
Y315L1-8	90		179		0.82						63.7	1160
Y315L2-8	110		219	93		6.3					72.3	1230
同步转速 600r/min(10 极)												
Y315S-10	45	590	100	91.5	0.74	6.2	1.4	2.0	82	87	47.9	990
Y315M-10	55		123	92							63.7	1150
Y315L2-10	75		164	92.5	0.75						71.5	1220

表 26-1-27 Y 系列（IP44）三相异步电动机安装及外形尺寸（B3 结构）

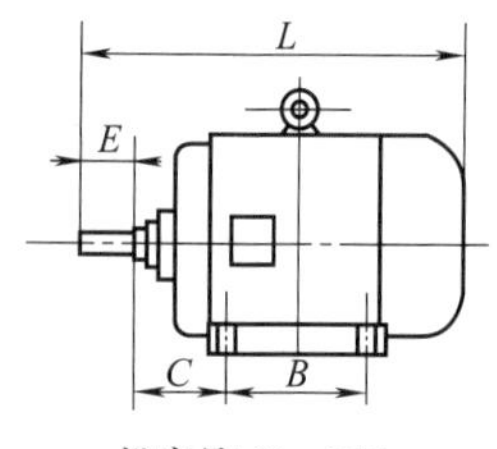

机座号160～315

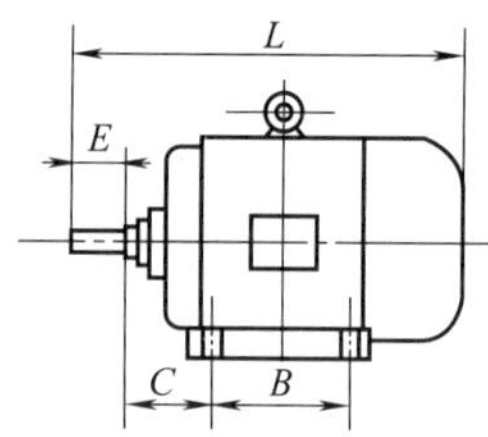

机座号80～132，355

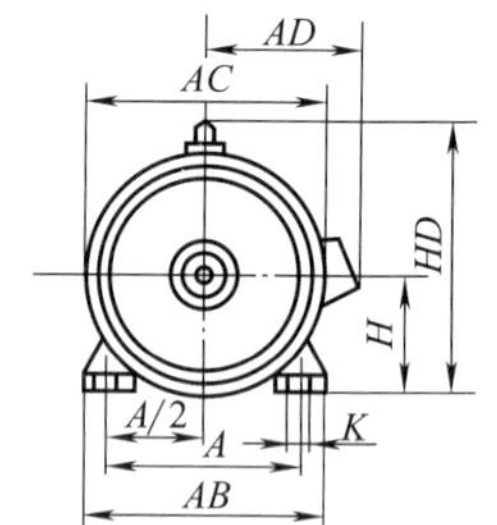

机座	极数	安装尺寸/mm A	B	C	D	E	F	G	H	K	外形尺寸/mm AB	AC	AD	HD	L
80	2、4、6、8	125	100	50	19	40	6	15.5	80	10	165	175	145	214	295
90S	2、4、6、8	140	100	56	24	50	8	20	90	10	180	195	155	250	315
90L	2、4、6、8	140	125	56	24	50	8	20	90	10	180	195	155	250	340
100L	2、4、6、8	160	140	63	28	60	8	24	100	12	205	215	180	270	385
112M	2、4、6、8	190	140	70	28	60	8	24	112	12	230	240	190	300	400
132S	2、4、6、8	216	140	89	38	80	10	33	132	12	270	275	210	345	470
132M	2、4、6、8	216	178	89	38	80	10	33	132	12	270	275	210	345	510
160M	2、4、6、8	254	210	108	42	110	12	37	160	15	320	330	255	420	615
160L	2、4、6、8	254	254	108	42	110	12	37	160	15	320	330	255	420	670
180M	2、4、6、8	279	241	121	48	110	14	42.5	180	15	355	380	280	455	700
180L	2、4、6、8	279	279	121	48	110	14	42.5	180	15	355	380	280	455	740
200L	2、4、6、8	318	305	133	55	110	16	49	200	19	395	420	305	545	770
225S	4、8	356	286	149	60	140	18	53	225	19	435	470	335	555	815
225M	2	356	311	149	55	110	16	49	225	19	435	470	335	555	820
	4、6、8	356	311	149	60	140	18	53	225	19	435	470	335	555	845
250M	2	406	349	168	60	140	18	53	250	24	490	510	370	615	910
	4、6、8	406	349	168	65	140	18	58	250	24	490	510	370	615	910
280S	2	457	368	190	65	140	18	58	280	24	550	580	410	680	985
	4、6、8	457	368	190	75	140	20	67.5	280	24	550	580	410	680	985
280M	2	457	419	190	65	140	18	58	280	24	550	580	410	680	1035
	4、6、8	457	419	190	75	140	20	67.5	280	24	550	580	410	680	1035

续表

机座	极数	安装尺寸/mm									外形尺寸/mm				
		A	B	C	D	E	F	G	H	K	AB	AC	AD	HD	L
315S	2	508	406	216	65	140	18	58	315	28	635	645	530	845	1160
	4、6、8、10	508	406	216	80	170	22	71	315	28	635	645	530	845	1270
315M	2	508	457	216	65	140	18	58	315	28	635	645	530	845	1190
	4、6、8、10	508	508	216	80	170	22	71	315	28	635	645	530	845	1300
315L	2	508	508	216	65	140	18	58	315	28	635	645	530	845	1190
	4、6、8、10	508	508	216	80	170	22	71	315	28	645	645	530	845	1300
355M	2	610	560	245	75	140	20	67.5	355	28	730	710	655	1010	1500
	4、6、8、10	610	630	254	95	170	25	86	355	28	730	710	655	1010	1530
355L	2	610	630	254	75	140	20	67.5	355	28	730	710	655	1010	1500
	4、6、8、10	610	630	254	95	170	25	86	355	28	730	710	655	1010	1530

表 26-1-28　Y 系列（IP44）三相异步电动机安装及外形尺寸（B5 结构）

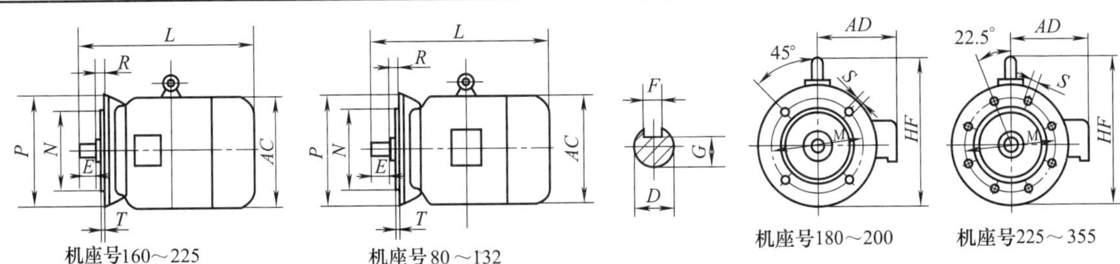

机座号160～225　机座号 80～132　机座号180～200　机座号225～355

机座	极数	安装尺寸/mm										外形尺寸/mm			
		D	E	F	G	M	N	P	R	S	T	AC	AD	HF	L
80	2、4、6、8	19	40	6	15.5	165	130	200	0	4×ϕ12	3.5	175	145	235	295
90S	2、4、6、8	24	50	8	20	165	130	200	0	4×ϕ12	3.5	195	155	250	315
90L	2、4、6、8	24	50	8	20	165	130	200	0	4×ϕ12	3.5	195	155	270	340
100L	2、4、6、8	28	60	8	24	215	180	250	0	4×ϕ15	4	215	180	280	385
112M	2、4、6、8	28	60	8	24	215	180	250	0	4×ϕ15	4	240	190	360	400
132S	2、4、6、8	38	80	10	33	265	230	300	0	4×ϕ15	4	275	210	360	470
132M	2、4、6、8	38	80	10	33	265	230	300	0	4×ϕ15	4	275	210	360	510
160M	2、4、6、8	42	110	12	37	300	252	350	0	4×ϕ19	5	330	255	430	615
160L	2、4、6、8	42	110	12	37	300	250	350	0	4×ϕ19	5	330	255	430	670
180M	2、4、6、8	48	110	14	42.5	300	250	350	0	4×ϕ19	5	380	280	430	700
180L	2、4、6、8	48	110	14	42.5	300	250	350	0	4×ϕ19	5	380	280	450	740
200L	2、4、6、8	55	110	16	49	350	300	400	0	4×ϕ19	5	420	305	545	770
225S	2、4、6、8	60	140	18	53	400	350	450	0	8×ϕ19	5	470	335	555	815
225M	2	55	110	16	49	400	350	450	0	8×ϕ19	5	470	335	555	820
	4、6、8	60	140	18	53	400	350	450	0	8×ϕ19	5	470	335	555	845
250M	2	60	140	18	53	500	450	550	0	8×ϕ19	5	510	370	640	910
	4、6、8	65	140	18	58	500	450	550	0	8×ϕ19	5	510	370	640	910
280S	2	65	140	18	58	500	450	550	0	8×ϕ19	5	580	410	675	985
	4、6、8	75	140	20	67.5	500	450	550	0	8×ϕ19	5	580	410	675	985
280M	2	65	140	18	58	500	450	550	0	8×ϕ19	5	580	410	675	1035
	4、6、8	75	140	20	67.5	500	450	550	0	8×ϕ19	5	580	410	675	1035
315S	2	65	140	18	58	600	550	660	0	8×ϕ24	6	645	530	830	1160
	2、4、6、8	80	170	22	71	600	550	660	0	8×ϕ24	6	645	530	830	1270
315M	2	65	140	18	58	600	550	660	0	8×ϕ24	6	645	530	830	1190
	2、4、6、8	80	170	22	71	600	550	660	0	8×ϕ24	6	645	530	830	1300
315L	2	65	140	20	58	600	550	660	0	8×ϕ24	6	645	530	830	1190
	2、4、6、8	80	170	25	71	600	550	660	0	8×ϕ24	6	645	530	830	1300
355M	2	75	140	20	67.5	740	680	800	0	8×ϕ24	6	710	655	1000	1500
	2、4、6、8	95	170	25	86	740	680	800	0	8×ϕ24	6	710	655	1000	1530
355L	2	75	140	20	67.5	740	680	800	0	8×ϕ24	6	710	655	1000	1500
	2、4、6、8	95	170	25	86	740	680	800	0	8×ϕ24	6	710	655	1000	1530

表 26-1-29 Y 系列（IP44）电动机安装尺寸（B35 结构）

机座号160～315

机座号80～132,355

机座号80～200

机座号225～355

机座	极数	安装尺寸/mm															外形尺寸/mm				
		A	B	C	D	E	F	G	H	K	M	N	R	P	S	T	AB	AC	AD	HD	L
80	2、4、6、8	125	100	50	19	40	6	15.5	80	10	165	130	0	200	4×ϕ12	3.5	165	175	145	214	295
90S	2、4、6、8	140	100	56	24	50	8	20	90	10	165	130	0	200	4×ϕ12	3.5	180	195	155	250	315
90L	2、4、6、8	140	125	56	24	50	8	20	90	10	165	130	0	200	4×ϕ12	3.5	180	195	155	250	340
100L	2、4、6、8	160	140	63	28	60	8	24	100	12	215	180	0	250	4×ϕ12	4	205	215	180	270	385
112M	2、4、6、8	190	140	70	28	60	8	24	112	12	215	180	0	250	4×ϕ15	4	230	240	190	300	400
132S	2、4、6、8	216	140	89	38	80	10	33	132	12	265	230	0	300	4×ϕ15	4	270	275	210	345	470
132M	2、4、6、8	216	178	89	38	80	10	33	132	12	265	230	0	300	4×ϕ15	4	270	275	210	345	510
160M	2、4、6、8	254	210	108	42	110	12	37	160	15	300	250	0	350	4×ϕ15	5	320	330	255	420	615
160L	2、4、6、8	254	254	108	42	110	12	37	160	15	300	250	0	350	4×ϕ19	5	320	330	255	420	670
180M	2、4、6、8	279	241	121	48	110	14	42.5	180	15	300	250	0	350	4×ϕ19	5	355	380	280	455	700
180L	2、4、6、8	279	279	121	48	110	14	42.5	180	15	300	250	0	350	4×ϕ19	5	355	380	280	455	740
200L	2、4、6、8	318	305	133	55	110	16	49	200	19	350	300	0	400	4×ϕ19	5	395	420	305	505	770
225S	4.8	356	286	149	60	140	18	53	225	19	400	350	0	450	8×ϕ19	5	435	470	335	555	815
225M	2	356	311	149	55	110	16	49	225	19	400	350	0	450	8×ϕ19	5	435	470	335	555	820
	4、6、8	356	311	149	60	140	18	53	225	19	400	350	0	450	8×ϕ19	5	435	470	335	555	845
250M	2	406	349	168	60	140	18	53	250	24	500	450	0	550	8×ϕ19	5	490	510	370	615	910
	4、6、8	406	349	168	65	140	18	53	250	24	500	450	0	550	8×ϕ19	5	490	510	370	615	910
280S	2	457	368	190	65	140	18	58	280	24	500	450	0	550	8×ϕ19	5	550	580	410	680	985
	4、6、8	457	368	190	75	140	20	67.5	280	24	500	450	0	550	8×ϕ19	5	550	580	410	680	985

续表

机座	极数	安装尺寸/mm															外形尺寸/mm				
		A	*B*	*C*	*D*	*E*	*F*	*G*	*H*	*K*	*M*	*N*	*R*	*P*	*S*	*T*	*AB*	*AC*	*AD*	*HD*	*L*
280M	2	419	419	190	65	140	18	58	280	24	500	450	0	550	8×ϕ19	5	550	580	410	680	1035
	4、6、8	419	419	190	75	140	20	67.5	280	24	500	450	0	550	8×ϕ19	5	550	580	410	680	1035
315S	2	508	406	216	65	140	18	58	315	28	600	550	0	660	8×ϕ24	6	645	645	530	845	1160
	2、4、6、8	508	406	216	80	170	22	71	315	28	600	550	0	660	8×ϕ24	6	635	645	530	845	1270
315M	2	508	457	216	65	140	18	58	315	28	600	550	0	660	8×ϕ24	6	635	645	530	845	1190
	2、4、6、8	508	457	216	80	170	22	71	315	28	600	550	0	660	8×ϕ24	6	635	645	530	845	1300
315L	2	508	508	216	65	140	20	58	315	28	600	550	0	660	8×ϕ24	6	635	645	530	845	1190
	2、4、6、8	508	508	216	80	170	25	71	315	28	600	550	0	660	8×ϕ24	6	635	645	530	845	1300
355M	2	610	560	254	75	140	20	67.5	355	28	740	680	0	800	8×ϕ24	6	730	710	655	1010	1500
	2、4、6、8	610	560	254	95	170	25	86	355	28	740	680	0	800	8×ϕ24	6	730	710	655	1010	1530
355L	2	610	630	254	75	140	20	67.5	355	28	740	680	0	800	8×ϕ24	6	730	710	655	1010	1500
	2、4、6、8	610	630	254	95	170	25	86	355	28	740	680	0	800	8×ϕ24	6	730	710	655	1010	1530

表 26-1-30　Y 系列（IP44）电动机安装尺寸（V1 结构）

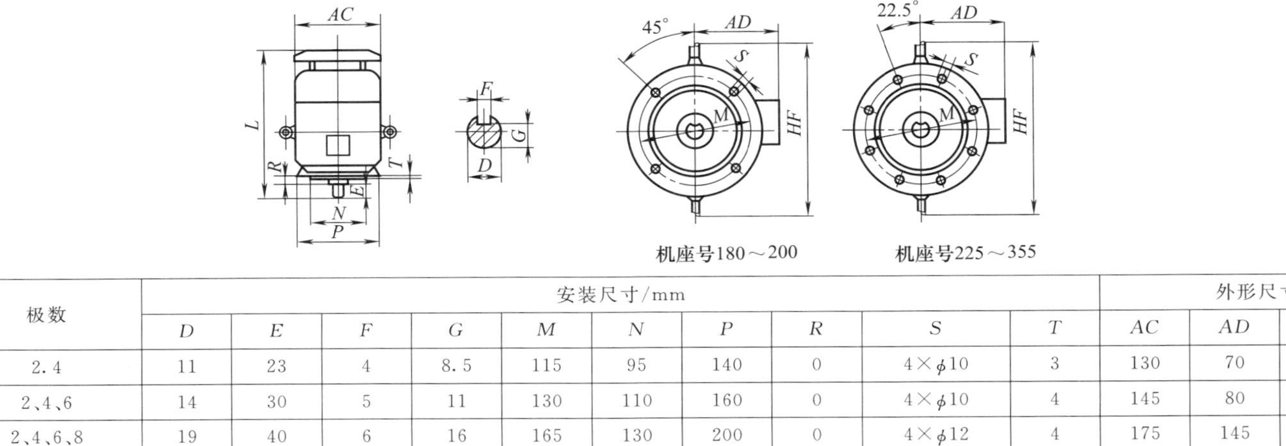

机座	极数	安装尺寸/mm										外形尺寸/mm			
		D	*E*	*F*	*G*	*M*	*N*	*P*	*R*	*S*	*T*	*AC*	*AD*	*HF*	*L*
63	2.4	11	23	4	8.5	115	95	140	0	4×ϕ10	3	130	70	185	130
71	2、4、6	14	30	5	11	130	110	160	0	4×ϕ10	4	145	80	200	140
80	2、4、6、8	19	40	6	16	165	130	200	0	4×ϕ12	4	175	145	235	215
90S	2、4、6、8	24	50	8	20	165	130	200	0	4×ϕ12	4	195	155	250	225

续表

机座	极数	安装尺寸/mm										外形尺寸/mm			
		D	E	F	G	M	N	P	R	S	T	AC	AD	HF	L
90L	2、4、6、8	24	50	8	20	165	130	200	0	4×ϕ12	4	195	155	270	225
100L	2、4、6、8	28	60	8	24	215	180	250	0	4×ϕ15	4	215	180	280	260
112M	2、4、6、8	28	60	8	24	215	180	250	0	4×ϕ15	4	240	190	360	270
132S	2、4、6、8	38	80	10	33	265	230	300	0	4×ϕ15	4	275	210	360	290
132M	2、4、6、8	38	80	10	33	265	230	300	0	4×ϕ15	4	275	210	360	290
160M	2、4、6、8	42	110	12	37	300	252	350	0	4×ϕ19	5	330	255	430	345
160L	2、4、6、8	42	110	12	37	300	250	350	0	4×ϕ19	5	330	255	430	345
180M	2、4、6、8	48	110	14	43	300	250	350	0	4×ϕ19	5	380	280	430	790
180L	2、4、6、8	48	110	14	43	300	250	350	0	4×ϕ19	5	380	280	450	830
200L	2、4、6、8	55	110	16	49	350	300	400	0	4×ϕ19	5	420	305	545	831
225S	2、4、6、8	60	140	18	53	400	350	450	0	8×ϕ19	5	470	335	555	881
225M	2	55	110	16	49	400	350	450	0	8×ϕ19	5	470	335	555	876
	4、6、8	60	140	18	53	400	350	450	0	8×ϕ19	5	470	335	555	906
250M	2	60	140	18	53	500	450	550	0	8×ϕ19	5	510	370	640	981
	4、6、8	65	140	18	58	500	450	550	0	8×ϕ19	5	510	370	640	981
280S	2	65	140	18	58	500	450	550	0	8×ϕ19	5	580	410	675	1065
	4、6、8	75	140	20	68	500	450	550	0	8×ϕ19	5	580	410	675	1115
280M	2	65	140	18	58	500	450	550	0	8×ϕ19	5	580	410	675	1065
	4、6、8	75	140	20	68	500	450	550	0	8×ϕ19	5	580	410	675	1115
315S	2	65	140	18	58	600	550	660	0	8×ϕ24	6	645	530	830	1285
	2、4、6、8	80	170	22	71	600	550	660	0	8×ϕ24	6	645	530	830	1315
315M	2	65	140	18	58	600	550	660	0	8×ϕ24	6	645	530	830	1395
	2、4、6、8	80	170	22	71	600	550	660	0	8×ϕ24	6	645	530	830	1425
315L	2	65	140	20	58	600	550	660	0	8×ϕ24	6	645	530	830	1395
	2、4、6、8	80	170	25	71	600	550	660	0	8×ϕ24	6	645	530	830	1425
355M	2	75	140	20	68	740	680	800	0	8×ϕ24	6	710	655	1000	1640
	2、4、6、8	95	170	25	86	740	680	800	0	8×ϕ24	6	710	655	1000	1670
355L	2	75	140	20	68	740	680	800	0	8×ϕ24	6	710	655	1000	1640
	2、4、6、8	95	170	25	86	740	680	800	0	8×ϕ24	6	710	655	1000	1670

1.3.1.2　Y 系列（IP23）三相异步电动机

表 26-1-31　Y 系列（IP23）三相异步电动机技术数据（380V）（JB/T 5271—2010）

型号	额定功率/kW	额定转速/r·min^{-1}	额定电流/A	效率/%	功率因数 cosφ	堵转电流	堵转转矩	最大转矩	噪声/dB(A) 1级	噪声/dB(A) 2级	转动惯量/kg·m^2	质量/kg
						相对额定电流（或转矩）的倍数						
同步转速 3000r/min(2 极)												
Y160M1-2	11	2928	22.5	87.5	0.85	7.0	1.9	2.2	74	76		
Y160M2-2	15	2928	22.9	88	0.88		1.7		84	86		
Y160L1-2	18.5	2929	35.5	89	0.89		1.8					
Y160L22-2	22	2928	42.0	89.5			2.0					160
Y180M-2	30	2938	57.2				1.7		87	89		
Y180L2-2	37	2939	69.8	90.5			1.9					220
Y200M-2	45	2952	84.5	91					89	91		
Y200L-2	55	2950	103	91.5								310
Y225M-2	75	2955	140			6.8	1.8		91	93		380
Y250S-2	90	2966	167	92			1.7		96	98		
Y250M-2	110		202	92.5	0.90							465
Y280M-2	132	2967	241				1.6		98	100		750
Y315S-2	160	2970	296				1		104	106		
Y315M1-2	185	2960	342									
Y315M2-2	200	2970	367	93								
Y315M3-2	220	2960	404	93.5								
Y315M4-2	250	2970	457	93.8	0.88				106	108		
Y355M2-2	280	2975	514	94	0.89	6.5						
Y355M3-2	315	2975	572									
Y355L1-2	355	2985	643	94.3								
同步转速 1500r/min(4 极)												
Y160L1-4	15	1458	30.1	88	0.86	7.0	2.0	2.2	79	81		
Y160L2-4	18.5		36.8	89								160
Y180M-4	22	1457	43.5	89.5			1.9					
Y180L-4	30	1467	58	90.5	0.87				86	88		230
Y200M-4	37	1473	71.4				2.0					
Y200L-4	45	1475	85.9	91.5					88	90		310
Y225M-4	55	1476	104		0.88		1.8					330
Y250S-4	75	1480	141	92		6.8	2.0		92	94		
Y250M-4	90		168	92.5			2.2					400
Y280S-4	110	1482	209				1.7					
Y280M-4	132	1483	245	93			1.8		102	104		820
Y315S-4	160		306			6.5	1.4					
Y315M1-4	185	1480	349	93.5	0.88	6.5	1.4	2.2	102	104		
Y315M2-4	200		375	93.8								
Y315M3-4	220		413	94								
Y315M4-4	250		467	94.3					105	107		
Y355M2-4	280		507	94.3	0.89	6.0	1.2					
Y355M3-4	315		564	94.3	0.90		1					
Y355L1-4	355		634	94.5								

续表

型号	额定功率/kW	额定转速/r·min⁻¹	额定电流/A	效率/%	功率因数 cosφ	堵转电流	堵转转矩	最大转矩	噪声/dB(A)		转动惯量/kg·m²	质量/kg
						相对额定电流(或转矩)的倍数			1 级	2 级		
同步转速 1000r/min(6 极)												
Y160M-6	7.5	971	16.9	85	0.79	6.5	2.0	1.8	77	79		160
Y160L-6	11		24.7	86.5	0.78							
Y180M-6	15	974	33.8	88	0.81		1.8		80	82		
Y180L-6	18.5	975	38.3	88.5	0.83							215
Y200M-6	27	978	45.5	89	0.85		1.7					295
Y200L-6	30	975	60.3	90.5								
Y225M-6	37	982	78.1	91	0.87		1.8		83	85		360
Y250S-6	45	983	87.4		0.86				86	88		
Y250M-6	55		106	91.5	0.87							465
Y280S-6	75	986	143	92	0.88				89	91		
Y280M-6	90		171	93	0.87							820
Y315S-6	110	990	209	93.5			1.3		96	98		
Y315M1-6	132		251	93.8					99	101		
Y315M2-6	160		304	94								
Y355M1-6	185		344			6.0	1.1					
Y355M2-6	200		372	94	0.81	6.0			96	98		
Y355M3-6	220		404	94	0.81	6.0			99	101		
Y355M4-6	250		458	94.3	0.81	6.0			96	98		
Y355L1-6	280			94.3	0.88	6.0			99	101		
Y355L2-6	280		513	94	0.79	6.0			98	100		
同步转速 750r/min(8 极)												
Y160M-8	5.5	723	13.7	83.5	0.73	6.0	2.0	2.0	71	73		
Y160L-8	7.5		18.3	85					74	76		150
Y180M-8	11	727	26.1	86.5	0.74		1.8					
Y180L-8	15	726	34.3	87.5	0.76				80	82		215
Y200M-8	18.5	728	41.8	88.5	0.78		1.7					
Y200L-8	22	729	46.2	89			1.8					295
Y225M-8	30	734	63.2	89.5	0.81		1.7		83	85		360
Y250S-8	37	735	78	90	0.80		1.6					
Y250M-8	45	736	94.4	90.5			1.8		86	88		465
Y280S-8	55	740	115	92								
Y280M-8	75		154	91	0.81	6.0	1.8	2.0	89	91		820
Y315S-8	90		185	91.5			1.3		92	94		
Y315M1-8	110		226	92.8				1.8	93	96		
Y315M2-8	132		269	93.3					96	98		

续表

型号	额定功率/kW	额定转速/r·min⁻¹	额定电流/A	效率/%	功率因数 cosφ	堵转电流	堵转转矩	最大转矩	噪声/dB(A)		转动惯量/kg·m²	质量/kg
						相对额定电流(或转矩)的倍数			1 级	2 级		
同步转速 600r/min(10 极)												
Y315S-10	55	590	123	91.5	0.74	6.5	1.2	1.8	92	94		
Y315M1-10	75		165	92	0.75							
Y315M2-10	90		196		0.76				97	97		
Y355M2-10	110		232	92.5	0.78		1.0					
Y355M3-10	132		274	92.8	0.79	5.5						97
Y355L1-10	160		332									
Y355L2-10	185		383	93								
同步转速 500r/min(12 极)												
Y355M4-12	90	490	201	92	0.74	5.5	1.0	1.8	93	95		93
Y355L1-12	110		241	92.3								
Y355L2-12	132		289	92.5					97	99		97

表 26-1-32 Y 系列(IP23)三相异步电动机安装尺寸及外形尺寸(B3 结构形式)

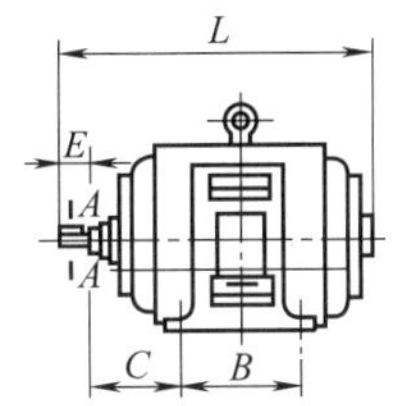

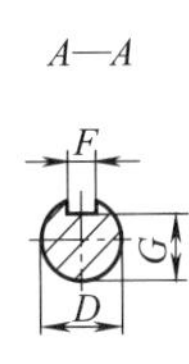

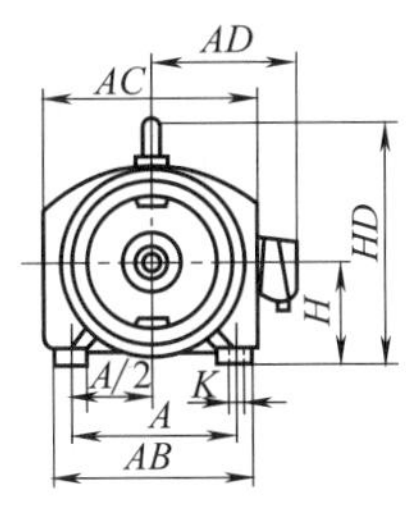

机座号	安装尺寸/mm													外形尺寸/mm					
	D		E		F		G		H	A	B	C	K	AB	AC	AD	HD	L	
	2 极	4、6、8、10 极	2 极	4、6、8、10 极	2 极	4、6、8、10 极	2 极	4、6、8、10 极										2 极	4、6、8、10 极
160M	48k6		110		14		42.5		160	254	210	108	15	330	380	290	440	676	
160L											254								
180M	55m6				16		49		180	279	241	121		350	420	325	505	726	
180L											279								
200M	60m6		140		18		53		200	318	267	133	19	400	465	350	570	820	
200L											305							886	
225M	60m6	65m6					53	58	225	356	311	149		450	520	395	640	880	
250S	65m6	75m6			18	20	58	67.5	250	406		168	24	510	550	410	710	930	
250M							58	67.5		457	349							960	
280S		80m6		170		22	58	71	280	457	368	190		570	610	485	785	1090	
280M	65m6	80m6	140	170	18	22	58		280	457	419	190	24	570	610	485	785	1140	
315S	70m6	90m6			20	25	62.5	81	315	508	406	216	28	680	792	586	928	1130	1160
315M											457							1240	1270
355M	75m6	100m6	140	210	20	28	67.5	90	355	610	560	254	28	820	980	630	1120	1550	1620
355L											630							1620	1690

1.3.1.3　Y2 系列（IP54）三相异步电动机

Y2 系列三相异步电动机是在 Y 系列电动机基础上更新设计的一般用途低压三相异步电动机，基本系列达到了当代国际先进水平。它是取代 Y 系列的更新换代产品。

Y2 系列电动机系全封闭、外扇冷式、笼型结构。具有设计新颖、造型美观、噪声低、效率转矩高、启动性能好、结构紧凑、使用维修方便等特点。整机采用 F 级绝缘，且按国际惯例的绝缘结构评定方法设计，从而大大提高了整机安全可靠性。Y2 系列电动机的冷却方式为 IC411，安装尺寸及功率等级完全符合 ICE 标准规定。

Y2 系列电动机可广泛应用于机床、风机、水泵、压缩机和交通运输、农业、食品加工等各类机械传动设备。

Y2 系列三相异步电动机的技术数据、安装尺寸及外形尺寸见表 26-1-33～表 26-1-39。

表 26-1-33　　Y2 系列三相异步电动机技术数据（380V）

型　号	额定功率 /kW	额定转速 /r·min⁻¹	额定电流 /A	效率 /%	功率因数 cosφ	堵转电流	堵转转矩	最大转矩	噪声 /dB(A)	转动惯量 /kg·m²	质量 /kg
						相对额定电流（或转矩）的倍数					
同步转速 3000r/min（2 极）											
Y2-631-2	0.18	2720	0.53	65	0.80	5.5	2.2	2.2	61	—	5
Y2-632-2	0.25		0.69	68	0.81					—	5.4
Y2-711-2	0.37	2740	0.99	70	0.81	6.1			64	—	7.8
Y2-712-2	0.55		1.40	73	0.82			2.3			10
Y2-801-2	0.75	2830	1.83	75	0.83				67	0.00075	16
Y2-802-2	1.1		2.58	77	0.84	7.0				0.00090	17
Y2-90S-2	1.5	2840	3.43	79					72	0.0012	22
Y2-90L-2	2.2		4.85	81	0.85					0.0014	25
Y2-100L-2	3.0	2870	6.31	83	0.87	7.5			76	0.0029	33
Y2-112M-2	4.0	2890	8.10	85	0.88				77	0.0055	45
Y2-132S1-2	5.5	2900	11.0	86					80	0.0109	64
Y2-132S2-2	7.5		14.9	87						0.0126	70
Y2-160M1-2	11	2930	21.3	88	0.89				86	0.0377	117
Y2-160M2-2	15		28.8	89	0.89					0.0449	125
Y2-160L-2	18.5	2930	34.7	90	0.90					0.055	147
Y2-180M-2	22	2940	41.0	90			2.0		89	0.075	180
Y2-200L1-2	30	2950	55.5	91.2					92	0.124	240
Y2-200L2-2	37		67.9	92						0.139	255
Y2-225M-2	45	2970	82.3	92.3						0.233	309
Y2-250M-2	55		101	92.5					93	0.312	403
Y2-280S-2	75		134	93					94	0.597	544
Y2-280M-2	90		160	93.8	0.91					0.675	620
Y2-315S-2	110	2980	195	94		7.1	1.8	2.2	96	1.18	980
Y2-315M-2	132		233	94.5						1.82	1080
Y2-315L1-2	160		279	94.6	0.92				99	2.08	1160
Y2-315L2-2	200		348	94.8						2.41	1190
Y2-355M-2	250		433	95.3			1.6		103	3.56	1760
Y2-355L-2	315		544	95.6						4.16	1850
同步转速 1500r/min（4 极）											
Y2-631-4	0.12	1310	0.44	57	0.72	4.4	2.1	2.2	52	—	5.2
Y2-632-4	0.18		0.62	60	0.73					—	5.5

第 26 篇

续表

型　号	额定功率/kW	额定转速/r·min^{-1}	额定电流/A	效率/%	功率因数cosφ	堵转电流	堵转转矩	最大转矩	噪声/dB(A)	转动惯量/kg·m^2	质量/kg
						相对额定电流（或转矩）的倍数					
同步转速1500r/min(4极)											
Y2-711-4	0.25	1330	0.79	65	0.75	5.2	2.1	2.2	55	—	7
Y2-712-4	0.37		1.12	67	0.75					—	7.5
Y2-801-4	0.55	1390	1.57	71	0.75		2.4	2.3	58	0.0018	17
Y2-802-4	0.75		2.03	73	0.76	6.0	2.3			0.0021	18
Y2-90S-4	1.1	1400	2.89	75	0.77				61	0.0021	22
Y2-90L-4	1.5		3.70	78	0.79					0.0027	27
Y2-100L1-4	2.2	1430	5.16	80	0.81	7.0			64	0.0054	34
Y2-100L2-4	3.0		6.78	82	0.82					0.0067	38
Y2-112M-4	4.0	1440	8.80	84					65	0.0095	43
Y2-132S-4	5.5		11.7	85	0.83				71	0.0214	68
Y2-132M-4	7.5		15.6	87	0.84		2.2			0.0296	81
Y2-160M-4	11	1460	22.3	88					75	0.0747	123
Y2-160L-4	15		30.1	89	0.85	7.5				0.0918	144
Y2-180M-4	18.5	1470	36.5	90.5	0.86				76	0.139	182
Y2-180L-4	22		43.2	91						0.158	190
Y2-200L-4	30		57.6	92		7.2			79	0.262	270
Y2-225S-4	37	1480	69.9	92.5	0.87				81	0.406	284
Y2-225M-4	45		84.7	92.8						0.469	320
Y2-250M-4	55		103	93					83	0.66	427
Y2-280S-4	75		140	93.8					86	1.12	562
Y2-280M-4	90	1490	167	94.2						1.46	667
Y2-315S-4	110		201	94.5	0.88	6.9	2.1	2.2	93	3.11	1000
Y2-315M-4	132		240	94.8						3.62	1100
Y2-315L1-4	160		287	94.9	0.89				97	4.13	1160
Y2-315L2-4	200		359	95						4.94	1270
Y2-355M-4	250		443	95.3	0.90				101	5.67	1700
Y2-355L-4	315		556	95.6						6.66	1850
同步转速1000r/min(6极)											
Y2-711-6	0.18	850	0.74	56	0.66	4.0	1.9	2.0	52	—	7
Y2-712-6	0.25		0.95	59	0.68					—	7.5
Y2-801-6	0.37	890	1.30	62	0.70	4.7			54	0.00158	17
Y2-802-6	0.55		1.79	65	0.72			2.1		0.0021	19
Y2-90S-6	0.75	910	2.29	69		5.5	2.0		57	0.0029	23
Y2-90L-6	1.1		3.18	72	0.73					0.0035	25
Y2-100L-6	1.5	940	3.94	76	0.75				61	0.0069	33
Y2-112M-6	2.2		5.60	79	0.76	6.5			65	0.0138	45
Y2-132S-6	3.0	960	7.40	81			2.1		69	0.0286	63
Y2-132M1-6	4.0		9.80	82						0.0357	73
Y2-132M2-6	5.5		12.9	84	0.77					0.0449	84
Y2-160M-6	7.5	970	17.0	86	0.78		2.0		73	0.0881	119
Y2-160L-6	11		24.2	87.5	0.81	7.0				0.116	147
Y2-180L-6	15		31.6	89						0.207	195
Y2-200L1-6	18.5		38.6	90	0.83				76	0.315	220
Y2-200L2-6	22		44.7	90	0.84		2.1			0.360	250
Y2-225M-6	30	980	59.3	91.5	0.86		2.0		76	0.547	292
Y2-250M-6	37		71.0	92			2.1		78	0.83	408

续表

型 号	额定功率/kW	额定转速/r·min^{-1}	额定电流/A	效率/%	功率因数 cosφ	堵转电流	堵转转矩	最大转矩	噪声/dB(A)	转动惯量/kg·m^2	质量/kg
						相对额定电流（或转矩）的倍数					
同步转速 1000r/min(6 极)											
Y2-280S-6	45	980	86.0	92.5	0.86	7.0	2.1	2.0	80	1.39	536
Y2-280M-6	55		105	92.8						1.65	595
Y2-315S-6	75	990	141	93.5			2.0		85	4.11	990
Y2-615M-6	90		169	93.8						4.28	1080
Y2-315L1-6	110		206	94		6.7				5.45	1150
Y2-315L2-6	132		244	94.2	0.87					6.12	1210
Y2-355M1-6	160		292	94.5	0.88		1.9		92	8.85	1600
Y2-355M2-6	200		365	94.7						9.55	1700
Y2-355L-6	250		455	94.9						10.63	1800
同步转速 750r/min(8 极)											
Y2-801-8	0.18	630	0.88	51	0.61	3.3	1.8	1.9	52	0.00158	17
Y2-802-8	0.25	640	1.15	54						0.0021	19
Y2-90S-8	0.37	660	1.49	62		4.0		2.0	56	0.0029	23
Y2-90L-8	0.55		2.18	63						0.0035	25
Y2-100L1-8	0.75	690	2.17	71	0.67				59	0.0069	33
Y2-100L2-8	1.1		2.39	73	0.69	5.0				0.0107	38
Y2-112M-8	1.5	680	4.50	75		6.0			61	0.0149	50
Y2-132S-8	2.2	710	6.00	78	0.73				64	0.0314	63
Y2-132M-8	3.0		7.90	79	0.73					0.0395	79
Y2-160M1-8	4.0	720	10.3	81			1.9		68	0.0753	118
Y2-160M2-8	5.5		13.6	83	0.74		2.0			0.0931	119
Y2-160L-8	7.5		17.8	85.5	0.75					0.126	145
Y2-180L-8	11	730	25.1	87.5	0.76	6.6			70	0.203	184
Y2-200L-8	15		34.1	88					73	0.339	750
Y2-225S-8	18.5		40.6	90			1.9			0.491	266
Y2-225M-8	22	740	47.4	90.5	0.78					0.547	292
Y2-250M-8	30		64.0	91	0.79				75	0.834	405
Y2-280S-8	37		78.0	91.5					76	1.39	520
Y2-280M-8	45		94.0	92						1.65	592
Y2-315S-8	55		111	92.8	0.81		1.8		82	4.79	1000
Y2-315M-8	75		151	93						5.58	1100
Y2-315L1-8	90		178	93.8	0.82					6.37	1160
Y2-315L2-8	110		217	94		7.2			90	7.23	1230
Y2-355M1-8	132		261	93.7						10.55	1600
Y2-355M2-8	160		315	94.2						11.73	1700
Y2-355L-8	200		388	94.5	0.83					12.86	1800
同步转速 600r/min(10 极)											
Y2-315S-10	45	590	100	91.5	0.75	6.2	1.5	2.0	82	4.79	810
Y2-315M-10	55		121	92						6.37	930
Y2-315L1-10	75		162	92.5	0.76					7.0	1045
Y2-315L2-10	90		191	93	0.77					7.15	1115
Y2-315M1-10	110		230	93.2	0.78	6.0	1.3		90	12.55	1500
Y2-315M2-10	132		275	93.5						13.75	1600
Y2-355L-10	160		334	93.5						14.86	1700

表 26-1-34　Y2 系列三相异步电动机 B3 安装尺寸及外形尺寸（机座号 80～90 无吊环）

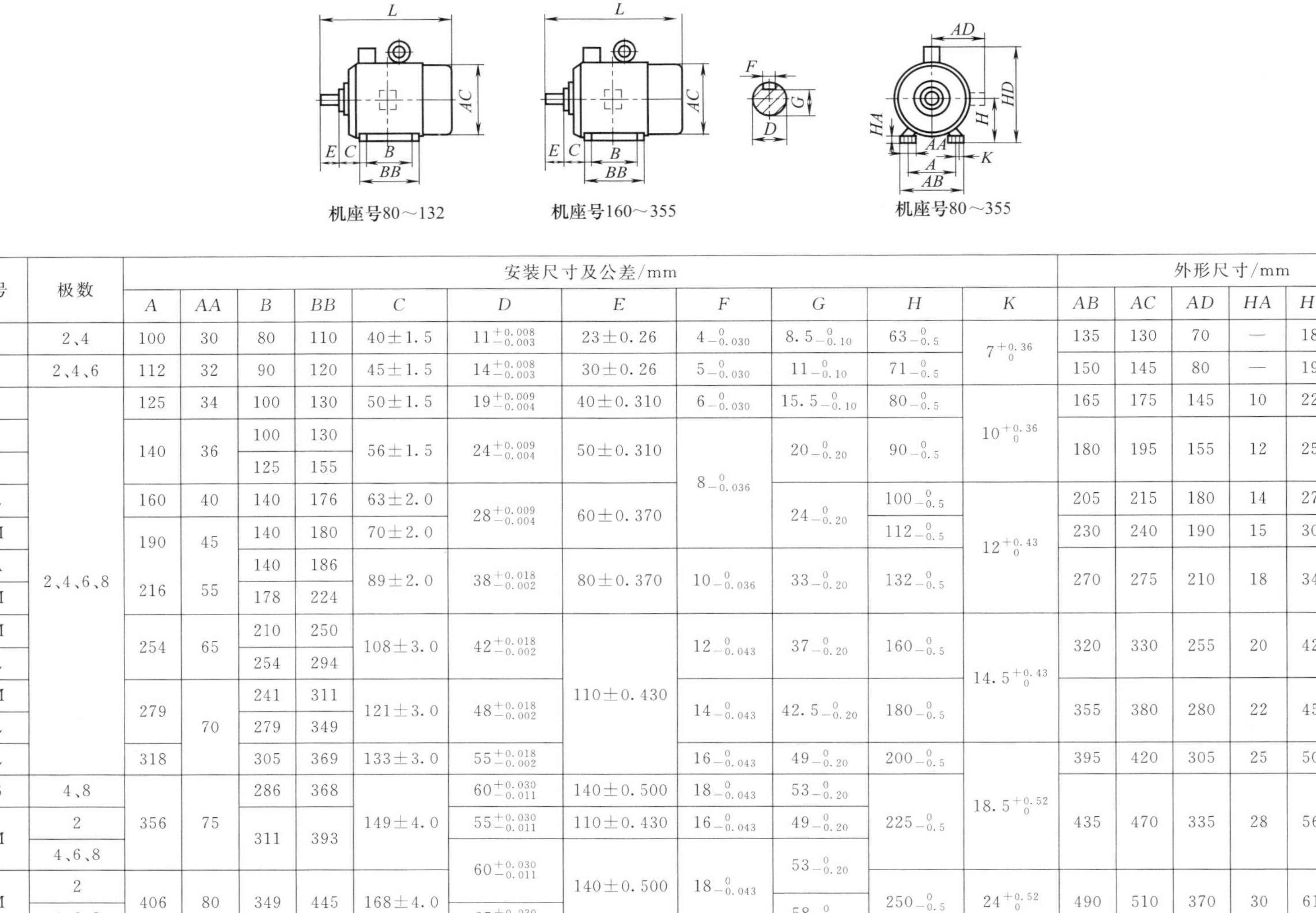

机座号	极数	安装尺寸及公差/mm											外形尺寸/mm					
		A	*AA*	*B*	*BB*	*C*	*D*	*E*	*F*	*G*	*H*	*K*	*AB*	*AC*	*AD*	*HA*	*HD*	*L*
63M	2、4	100	30	80	110	40±1.5	$11^{+0.008}_{-0.003}$	23±0.26	$4^{0}_{-0.030}$	$8.5^{0}_{-0.10}$	$63^{0}_{-0.5}$	$7^{+0.36}_{0}$	135	130	70	—	180	230
71M	2、4、6	112	32	90	120	45±1.5	$14^{+0.008}_{-0.003}$	30±0.26	$5^{0}_{-0.030}$	$11^{0}_{-0.10}$	$71^{0}_{-0.5}$		150	145	80	—	195	255
80M	2、4、6、8	125	34	100	130	50±1.5	$19^{+0.009}_{-0.004}$	40±0.310	$6^{0}_{-0.030}$	$15.5^{0}_{-0.10}$	$80^{0}_{-0.5}$	$10^{+0.36}_{0}$	165	175	145	10	220	295
90S		140	36	100	130	56±1.5	$24^{+0.009}_{-0.004}$	50±0.310	$8^{0}_{-0.036}$	$20^{0}_{-0.20}$	$90^{0}_{-0.5}$		180	195	155	12	250	320
90L				125	155													345
100L		160	40	140	176	63±2.0	$28^{+0.009}_{-0.004}$	60±0.370		$24^{0}_{-0.20}$	$100^{0}_{-0.5}$	$12^{+0.43}_{0}$	205	215	180	14	270	385
112M		190	45	140	180	70±2.0					$112^{0}_{-0.5}$		230	240	190	15	300	400
132A				140	186	89±2.0	$38^{+0.018}_{-0.002}$	80±0.370	$10^{0}_{-0.036}$	$33^{0}_{-0.20}$	$132^{0}_{-0.5}$		270	275	210	18	345	470
132M		216	55	178	224													510
160M		254	65	210	250	108±3.0	$42^{+0.018}_{-0.002}$	110±0.430	$12^{0}_{-0.043}$	$37^{0}_{-0.20}$	$160^{0}_{-0.5}$	$14.5^{+0.43}_{0}$	320	330	255	20	420	615
160L				254	294													670
180M		279	70	241	311	121±3.0	$48^{+0.018}_{-0.002}$		$14^{0}_{-0.043}$	$42.5^{0}_{-0.20}$	$180^{0}_{-0.5}$		355	380	280	22	455	700
180L				279	349													740
200L		318		305	369	133±3.0	$55^{+0.018}_{-0.002}$		$16^{0}_{-0.043}$	$49^{0}_{-0.20}$	$200^{0}_{-0.5}$	$18.5^{+0.52}_{0}$	395	420	305	25	505	770
225S	4、8	356	75	286	368	149±4.0	$60^{+0.030}_{-0.011}$	140±0.500	$18^{0}_{-0.043}$	$53^{0}_{-0.20}$	$225^{0}_{-0.5}$		435	470	335	28	560	815
225M	2			311	393		$55^{+0.030}_{-0.011}$	110±0.430	$16^{0}_{-0.043}$	$49^{0}_{-0.20}$								820
	4、6、8						$60^{+0.030}_{-0.011}$	140±0.500	$18^{0}_{-0.043}$	$53^{0}_{-0.20}$								845
250M	2	406	80	349	445	168±4.0					$250^{0}_{-0.5}$	$24^{+0.52}_{0}$	490	510	370	30	615	910
	4、6、8						$65^{+0.030}_{-0.011}$			$58^{0}_{-0.20}$								

续表

机座号	极数	安装尺寸及公差/mm											外形尺寸/mm					
		A	AA	B	BB	C	D	E	F	G	H	K	AB	AC	AD	HA	HD	L
280S	2	457	85	368	485	190±4.0	$65^{+0.030}_{+0.011}$	140±0.500	$18^{\ 0}_{-0.043}$	$58^{\ 0}_{-0.20}$	$280^{\ 0}_{-1.0}$	$24^{+0.52}_{\ 0}$	550	580	410	35	680	985
	4、6、8						$75^{+0.030}_{+0.011}$		$20^{\ 0}_{-0.052}$	$67.5^{\ 0}_{-0.20}$								
280M	2			419	536		$65^{+0.030}_{+0.011}$		$18^{\ 0}_{-0.043}$	$58^{\ 0}_{-0.20}$								1035
	4、6、8						$75^{+0.030}_{+0.011}$		$20^{\ 0}_{-0.052}$	$67.5^{\ 0}_{-0.20}$								
315S	2	508	120	406	616	216±4.0	$65^{+0.030}_{+0.011}$		$18^{\ 0}_{-0.043}$	$58^{\ 0}_{-0.20}$	$315^{\ 0}_{-1.0}$	$28^{+0.52}_{\ 0}$	635	645	530	45	845	1240
	4、6、8、10						$80^{+0.030}_{+0.011}$	170±0.500	$22^{\ 0}_{-0.052}$	$71^{\ 0}_{-0.20}$								1270
315M	2			457	676		$65^{+0.030}_{+0.011}$	140±0.500	$18^{\ 0}_{-0.043}$	$58^{\ 0}_{-0.20}$								1350
	4、6、8、10						$80^{+0.030}_{+0.011}$	170±0.500	$22^{\ 0}_{-0.052}$	$71^{\ 0}_{-0.20}$								1380
315L	2			508	726		$65^{+0.030}_{+0.011}$	140±0.500	$18^{\ 0}_{-0.043}$	$58^{\ 0}_{-0.20}$								1350
	4、6、8、10						$80^{+0.030}_{+0.011}$	170±0.500	$22^{\ 0}_{-0.052}$	$71^{\ 0}_{-0.20}$								1380
355M	2	610	116	560	820	254±4.0	$75^{+0.030}_{+0.011}$	140±0.500	$20^{\ 0}_{-0.052}$	$67.5^{\ 0}_{-0.20}$	$355^{\ 0}_{-1.0}$		730	710	655	52	1010	1500
	4、6、8、10						$95^{+0.035}_{+0.013}$	170±0.570	$25^{\ 0}_{-0.052}$	$86^{\ 0}_{-0.20}$								1530
355L	2			630			$75^{+0.030}_{+0.011}$	140±0.500	$20^{\ 0}_{-0.052}$	$67.5^{\ 0}_{-0.20}$								1500
	4、6、8、10						$95^{+0.035}_{+0.013}$	170±0.570	$25^{\ 0}_{-0.052}$	$86^{\ 0}_{-0.20}$								1530

表 26-1-35　Y2 系列三相异步电动机 B5 安装尺寸及外形尺寸（机座号 80～90 无吊环）

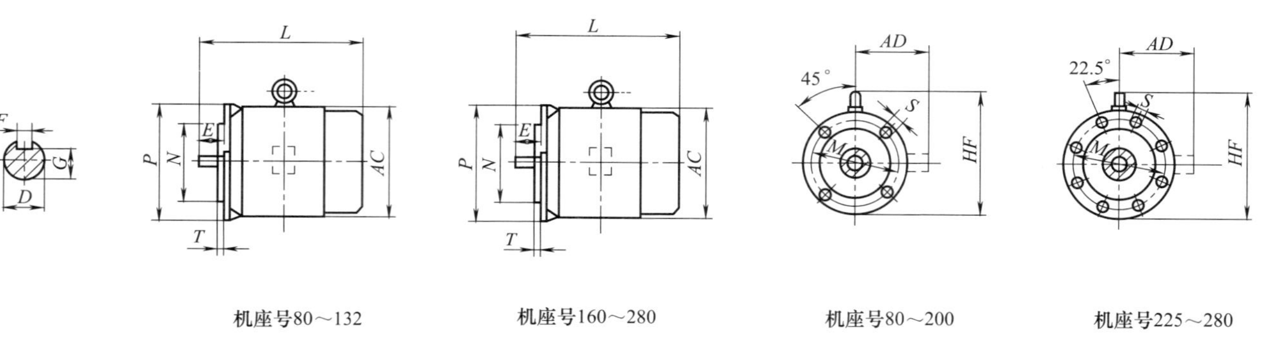

续表

机座号	凸缘号	极数	安装尺寸及公差/mm									外形尺寸/mm			
			D	E	F	G	M	N	P	S	T	AC	AD	HF	L
63M	FF115	2、4	$11^{+0.008}_{-0.003}$	23±0.26	$4^{0}_{-0.030}$	$8.5^{0}_{-0.10}$	$115^{+0.013}_{-0.009}$	$95^{+0.013}_{-0.009}$	140±1.5	$10^{+0.36}_{0}$	$3^{0}_{-0.1}$	130	70	130	230
71M	FF130	2、4、6	$14^{+0.008}_{-0.003}$	30±0.26	$5^{0}_{-0.030}$	$11^{0}_{-0.10}$	$130^{+0.013}_{-0.009}$	$110^{+0.013}_{-0.009}$	160±1.5		$3.5^{0}_{-0.12}$	145	80	145	255
80M	FF165	2、4、6、8	$19^{+0.009}_{-0.004}$	40±0.310	$6^{0}_{-0.030}$	$15.5^{0}_{-0.10}$	$165^{+0.014}_{-0.011}$	$130^{+0.014}_{-0.011}$	200±1.5	$12^{+0.43}_{0}$		175	145	185	295
90S			$24^{+0.009}_{-0.004}$	50±0.310	$8^{0}_{-0.036}$	$20^{0}_{-0.20}$						195	155	195	320
90L															345
100L	FF215		$28^{+0.009}_{-0.004}$	60±0.370		$24^{0}_{-0.20}$	$215^{+0.014}_{-0.011}$	$180^{+0.014}_{-0.011}$	250±2.0	$14.5^{+0.43}_{0}$	$4^{0}_{-0.12}$	215	180	245	385
112M												240	190	265	400
132A	FF265		$38^{+0.018}_{-0.002}$	80±0.370	$10^{0}_{-0.036}$	$33^{0}_{-0.20}$	$265^{+0.016}_{-0.013}$	$230^{+0.016}_{-0.013}$	300±2.0			275	210	315	470
132M															510
160M	FF300		$42^{+0.018}_{-0.002}$	110±0.430	$12^{0}_{-0.043}$	$37^{0}_{-0.20}$	$300^{+0.016}_{-0.013}$	$250^{+0.016}_{-0.013}$	350±3.0	$18.5^{+0.52}_{0}$	$5^{0}_{-0.12}$	330	255	385	615
160L															670
180M			$48^{+0.018}_{-0.002}$		$14^{0}_{-0.043}$	$42.5^{0}_{-0.20}$						380	280	430	700
180L															740
200L	FF350		$55^{+0.018}_{-0.002}$		$16^{0}_{-0.043}$	$49^{0}_{-0.20}$	350±0.016	300±0.016	400±3.0			420	305	480	770
225S	FF400	4、8	$60^{+0.030}_{-0.011}$	140±0.500	$18^{0}_{-0.043}$	$53^{0}_{-0.20}$	400±0.018	350±0.018	450±4.0			470	335	535	815
225M		2	$55^{+0.030}_{-0.011}$	110±0.430	$16^{0}_{-0.043}$	$49^{0}_{-0.20}$									820
		4、6、8	$60^{+0.030}_{-0.011}$	140±0.500	$18^{0}_{-0.043}$	$53^{0}_{-0.20}$									845
250M	FF500	2					500±0.020	450±0.020	550±4.0			510	370	595	910
		4、6、8	$65^{+0.030}_{-0.011}$			$58^{0}_{-0.20}$									
280S		2										580	410	650	985
		4、6、8	$75^{+0.030}_{-0.011}$		$20^{0}_{-0.052}$	$67.5^{0}_{-0.20}$									
280M		2	$65^{+0.030}_{-0.011}$		$18^{0}_{-0.043}$	$58^{0}_{-0.20}$									1035
		4、6、8	$75^{+0.030}_{-0.011}$		$20^{0}_{-0.052}$	$67.5^{0}_{-0.20}$									

表 26-1-36　　Y2 系列三相异步电动机 B35 安装尺寸及外形尺寸（机座号 80～90 无吊环）

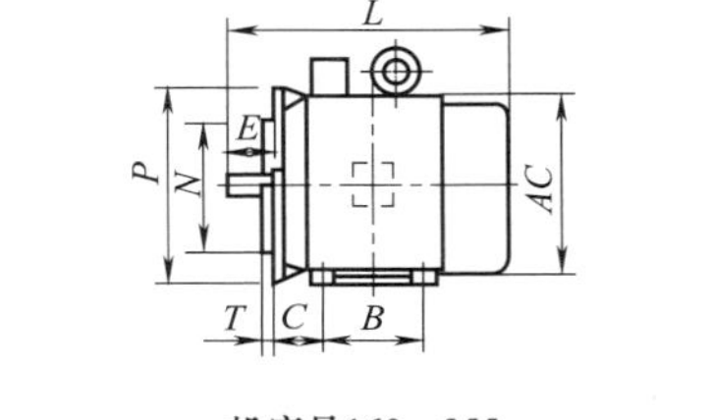
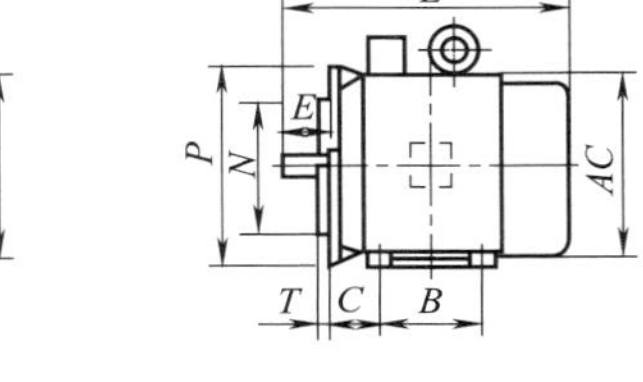
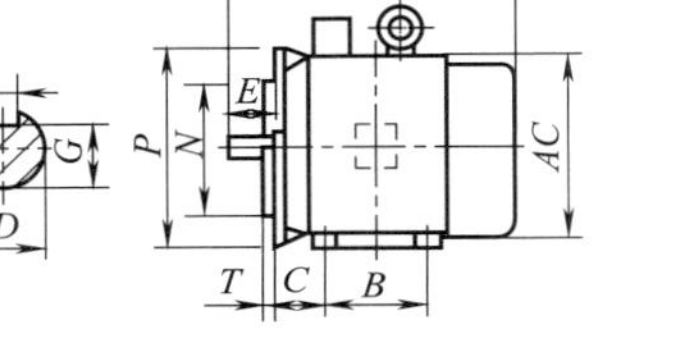

机座号80～132　　机座号160～355　　机座号80～200　　机座号225～355

续表

机座号	凸缘号	极数	安装尺寸及公差/mm												
			A	AA	B	C	D	E	F	G	H	K	M	N	P
63M	FF115	2、4	100	30	80	40±1.5	$11^{+0.008}_{-0.003}$	23±0.26	$4^{0}_{-0.030}$	$8.5^{0}_{-0.10}$	$63^{0}_{-0.5}$	$7^{+0.36}_{0}$	$115^{+0.013}_{-0.009}$	$95^{+0.013}_{-0.009}$	140±1.5
71M	FF130	2、4、6	112	32	90	45±1.5	$14^{+0.008}_{-0.003}$	30±0.26	$5^{0}_{-0.030}$	$11^{0}_{-0.10}$	$71^{0}_{-0.5}$		$130^{+0.013}_{-0.009}$	$110^{+0.013}_{-0.009}$	160±1.5
80M	FF165	2、4、6、8	125	34	100	50±1.5	$19^{+0.009}_{-0.004}$	40±0.310	$6^{0}_{-0.030}$	$15.5^{0}_{-0.10}$	$80^{0}_{-0.5}$	$10^{+0.36}_{0}$	$165^{+0.014}_{-0.011}$	$130^{+0.014}_{-0.011}$	200±1.5
90S			140	36	100	56±1.5	$24^{+0.009}_{-0.004}$	50±0.310	$8^{0}_{-0.036}$	$20^{0}_{-0.20}$	$90^{0}_{-0.5}$				
90L					125										
100L	FF215		160	40	140	63±2.0	$28^{+0.009}_{-0.004}$	60±0.370		$24^{0}_{-0.20}$	$100^{0}_{-0.5}$	$12^{+0.43}_{0}$	$215^{+0.014}_{-0.011}$	$180^{+0.014}_{-0.011}$	250±2.0
112M			190	45	140	70±2.0					$112^{0}_{-0.5}$				
132A	FF265		216	55	140	89±2.0	$38^{+0.018}_{+0.002}$	80±0.370	$10^{0}_{-0.036}$	$33^{0}_{-0.20}$	$132^{0}_{-0.5}$		$265^{+0.016}_{-0.013}$	$230^{+0.016}_{-0.013}$	300±2.0
132M					178										
160M	FF300		254	65	210	108±3.0	$42^{+0.018}_{+0.002}$	110±0.430	$12^{0}_{-0.043}$	$37^{0}_{-0.20}$	$160^{0}_{-0.5}$	$14.5^{+0.43}_{0}$	$300^{+0.016}_{-0.013}$	$250^{+0.016}_{-0.013}$	350±3.0
160L					254										
180M			279	70	241	121±3.0	$48^{+0.018}_{+0.002}$		$14^{0}_{-0.043}$	$42.5^{0}_{-0.20}$	$180^{0}_{-0.5}$				
180L					279										
200L	FF350		318		305	133±3.0	$55^{+0.018}_{+0.002}$		$16^{0}_{-0.043}$	$49^{0}_{-0.20}$	$200^{0}_{-0.5}$	$18.5^{+0.52}_{0}$	350±0.016	300±0.016	400±3.0
225S	FF400	4、8	356	75	286	149±4.0	$60^{+0.030}_{+0.011}$	140±0.500	$18^{0}_{-0.043}$	$53^{0}_{-0.20}$	$225^{0}_{-0.5}$		400±0.018	350±0.018	450±4.0
225M		2			311		$55^{+0.030}_{+0.011}$	110±0.430	$16^{0}_{-0.043}$	$49^{0}_{-0.20}$					
		4、6、8					$60^{+0.030}_{+0.011}$	140±0.500	$18^{0}_{-0.043}$	$53^{0}_{-0.20}$					
250M	FF500	2	406	80	349	168±4.0					$250^{0}_{-0.5}$	$24^{+0.52}_{0}$	500±0.020	450±0.020	550±4.0
		4、6、8					$65^{+0.030}_{+0.011}$			$58^{0}_{-0.20}$					
280S		2	457	85	368	190±4.0					$280^{0}_{-1.0}$				
		4、6、8					$75^{+0.030}_{+0.011}$		$20^{0}_{-0.052}$	$67.5^{0}_{-0.20}$					
280M		2			419		$65^{+0.030}_{+0.011}$		$18^{0}_{-0.043}$	$58^{0}_{-0.20}$					
		4、6、8					$75^{+0.030}_{+0.011}$		$20^{0}_{-0.052}$	$67.5^{0}_{-0.20}$					
315S	FF600	2	508	120	406	216±4.0	$65^{+0.030}_{+0.011}$		$18^{0}_{-0.043}$	$58^{0}_{-0.20}$	$315^{0}_{-1.0}$	$28^{+0.52}_{0}$	600±0.022	550±0.022	660±4.0
		4、6、8、10					$80^{+0.030}_{+0.011}$	170±0.500	$22^{0}_{-0.052}$	$71^{0}_{-0.20}$					
315M		2			457		$65^{+0.030}_{+0.011}$	140±0.500	$18^{0}_{-0.043}$	$58^{0}_{-0.20}$					
		4、6、8、10					$80^{+0.030}_{+0.011}$	170±0.500	$22^{0}_{-0.052}$	$71^{0}_{-0.20}$					
315L		2			508		$65^{+0.030}_{+0.011}$	140±0.500	$18^{0}_{-0.043}$	$58^{0}_{-0.20}$					
		4、6、8、10					$80^{+0.030}_{+0.011}$	170±0.500	$22^{0}_{-0.052}$	$71^{0}_{-0.20}$					
355M	FF740	2	610	116	560	254±4.0	$75^{+0.030}_{+0.011}$	140±0.500	$20^{0}_{-0.052}$	$67.5^{0}_{-0.20}$	$355^{0}_{-1.0}$		740±0.025	680±0.025	800±4.0
		4、6、8、10					$95^{+0.035}_{+0.013}$	170±0.500	$25^{0}_{-0.052}$	$86^{0}_{-0.20}$					
355L		2			630		$75^{+0.030}_{+0.011}$	140±0.500	$20^{0}_{-0.052}$	$67.5^{0}_{-0.20}$					
		4、6、8、10					$95^{+0.035}_{+0.013}$	170±0.500	$25^{0}_{-0.052}$	$86^{0}_{-0.20}$					

续表

机座号	凸缘号	极数	安装尺寸及公差/mm		外形尺寸/mm					
			S	T	AB	AC	AD	HA	HD	L
63M	FF115	2、4	$10^{+0.36}_{0}$	$3^{0}_{-0.1}$	135	130	70	—	180	230
71M	FF130	2、4、6		$3.5^{0}_{-0.12}$	150	145	80	—	195	255
80M	FF165	2、4、6、8	$12^{+0.43}_{0}$	$4^{0}_{-0.12}$	165	175	145	10	220	295
90S					180	195	155	12	250	320
90L										345
100L	FF215		$14.5^{+0.43}_{0}$		205	215	180	14	270	385
112M					230	240	190	15	300	400
132A	FF265				270	275	210	18	345	470
132M										510
160M	FF300		$18.5^{+0.52}_{0}$	$5^{0}_{-0.12}$	320	330	255	20	420	615
160L										670
180M					355	380	280	22	455	700
180L										740
200L	FF350				395	420	305	25	505	770
225S	FF400	4、8			435	470	335	28	560	815
225M		2								820
		4、6、8								845
250M	FF500	2			490	510	370	30	615	910
		4、6、8								
280S		2			550	580	410	35	680	985
		4、6、8								
280M		2								1035
		4、6、8								
315S	FF600	2	$24^{+0.52}_{0}$	$6^{0}_{-0.15}$	635	645	530	45	845	1240
		4、6、8、10								1270
315M		2								1350
		4、6、8、10								1380
315L		2								1350
		4、6、8、10								1380
355M	FF740	2			730	710	655	52	1010	1500
		4、6、8、10								1530
355L		2								1500
		4、6、8、10								1530

表 26-1-37 Y2 系列三相异步电动机 V1 安装尺寸及外形尺寸

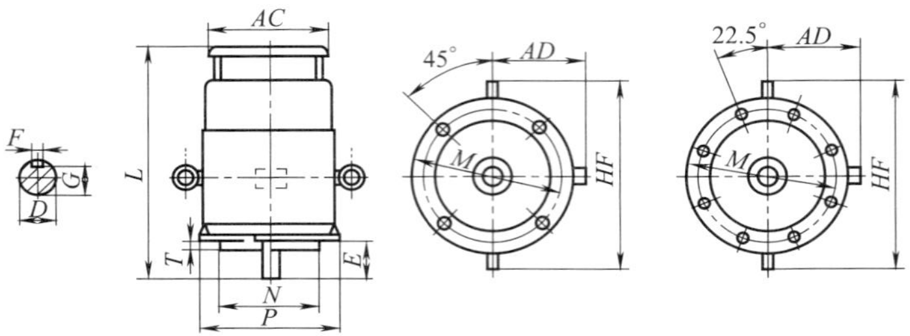

机座号180～355　　机座号180～200　　机座号225～355

机座号	凸缘号	极数	安装尺寸及公差/mm									外形尺寸/mm			
			D	E	F	G	M	N	P	R[①]	T	AC	AD	HF	L
180M	FF300	2、4、6、8	$48^{+0.018}_{+0.002}$	110±0.430	$14^{\ 0}_{-0.043}$	$42.5^{\ 0}_{-0.20}$	$300^{+0.016}_{-0.013}$	$250^{+0.016}_{-0.013}$	350±3.0	0±3.0	$5^{\ 0}_{-0.12}$	380	280	500	760
180L															800
200L	FF350		$55^{+0.018}_{+0.002}$		$16^{\ 0}_{-0.043}$	$49^{\ 0}_{-0.20}$	350±0.016	300±0.016	400±3.0			420	305	550	840
225S	FF400	4、8	$60^{+0.030}_{+0.011}$	140±0.500	$18^{\ 0}_{-0.043}$	$53^{\ 0}_{-0.20}$	400±0.018	350±0.018	450±4.0	0±4.0		470	335	610	905
225M		2	$55^{+0.030}_{+0.011}$	110±0.043	$16^{\ 0}_{-0.043}$	$49^{\ 0}_{-0.20}$									910
		4、6、8	$60^{+0.030}_{+0.011}$	140±0.500	$18^{\ 0}_{-0.043}$	$53^{\ 0}_{-0.20}$									935
250M	FF500	2					500±0.020	450±0.020	550±4.0			510	370	650	1015
		4、6、8	$65^{+0.030}_{+0.011}$			$58^{\ 0}_{-0.20}$									
280S		2										580	410	720	1110
		4、6、8	$75^{+0.030}_{+0.011}$		$20^{\ 0}_{-0.052}$	$67.5^{\ 0}_{-0.20}$									
280M		2	$65^{+0.030}_{+0.011}$		$18^{\ 0}_{-0.043}$	$58^{\ 0}_{-0.20}$									1150
		4、6、8	$75^{+0.030}_{+0.011}$		$20^{\ 0}_{-0.052}$	$67.5^{\ 0}_{-0.20}$									
315S	FF600	2	$65^{+0.030}_{+0.011}$		$18^{\ 0}_{-0.043}$	$58^{\ 0}_{-0.20}$	600±0.022	550±0.022	660±4.0		$6^{\ 0}_{-0.15}$	645	530	900	1360
		4、6、8、10	$80^{+0.030}_{+0.011}$	170±0.500	$22^{\ 0}_{-0.052}$	$71^{\ 0}_{-0.20}$									1390
315M		2	$65^{+0.030}_{+0.011}$	140±0.500	$18^{\ 0}_{-0.043}$	$58^{\ 0}_{-0.20}$									1470
		4、6、8、10	$80^{+0.030}_{+0.011}$	170±0.500	$22^{\ 0}_{-0.052}$	$71^{\ 0}_{-0.20}$									1510
315L		2	$65^{+0.030}_{+0.011}$	140±0.500	$18^{\ 0}_{-0.043}$	$58^{\ 0}_{-0.20}$									1470
		4、6、8、10	$80^{+0.030}_{+0.011}$	170±0.500	$22^{\ 0}_{-0.052}$	$71^{\ 0}_{-0.20}$									1510
355M	FF740	2	$75^{+0.030}_{+0.011}$	140±0.500	$20^{\ 0}_{-0.052}$	$67.5^{\ 0}_{-0.20}$	740±0.025	680±0.025	800±4.0			710	655	1010	1640
		4、6、8、10	$95^{+0.035}_{+0.013}$	170±0.570	$25^{\ 0}_{-0.052}$	$86^{\ 0}_{-0.20}$									1670
355L		2	$75^{+0.030}_{+0.011}$	140±0.500	$20^{\ 0}_{-0.052}$	$67.5^{\ 0}_{-0.20}$									1640
		4、6、8、10	$95^{+0.035}_{+0.013}$	170±0.570	$25^{\ 0}_{-0.052}$	$86^{\ 0}_{-0.20}$									1670

① R 为凸缘配合面至轴肩的距离，图中未注出。

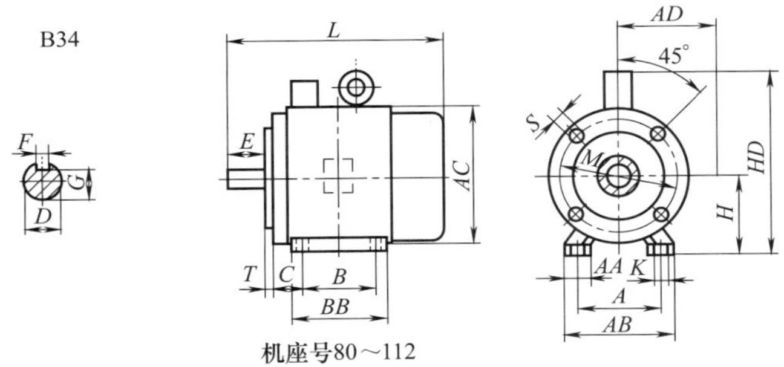

B34

机座号80～112

图 26-1-3　Y2 系列三相异步电动机 B34 安装尺寸及外形尺寸图

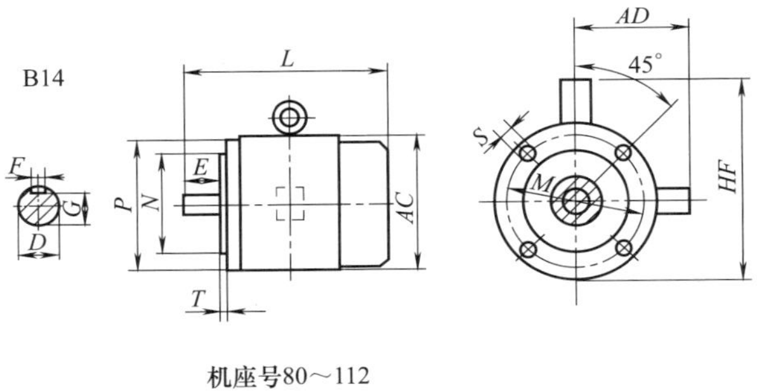

B14

机座号80～112

图 26-1-4　Y2 系列三相异步电动机 B14 安装尺寸及外形尺寸图

表 26-1-38　Y2 系列三相异步电动机 B34 安装尺寸及外形尺寸

机座号	凸缘号	极数	安装尺寸及公差/mm											外形尺寸/mm				
			A	*AA*	*B*	*BB*	*C*	*D*	*E*	*F*	*G*	*H*	*K*	*AB*	*AC*	*AD*	*HD*	*L*
63M	FT175	2、4	100	30	80	110	40±1.5	$11^{+0.008}_{-0.003}$	23±0.26	$4^{0}_{-0.030}$	$8.5^{0}_{-0.10}$	$63^{0}_{-0.5}$	$7^{+0.36}_{0}$	135	130	70	180	230
71M	FT185	2、4、6	112	32	90	120	45±1.5	$14^{+0.008}_{-0.003}$	30±0.26	$5^{0}_{-0.030}$	$11^{0}_{-0.10}$	$71^{0}_{-0.5}$		150	145	80	195	255
80	FT100	2、4、6、8	125	34	100	130	50±1.5	$19^{+0.009}_{-0.004}$	40±0.31	$6^{0}_{-0.030}$	$15.5^{0}_{-0.10}$	$80^{0}_{-0.5}$	$10^{+0.36}_{0}$	165	175	145	220	295
90S	FT115		140	36	100	130	56±1.5	$24^{+0.009}_{-0.004}$	50±0.31	$8^{0}_{-0.036}$	$20^{0}_{-0.20}$	$90^{0}_{-0.5}$		180	195	155	250	320
90L					125	155												345
100L	FT130		160	40	140	176	63±2.0	$28^{+0.009}_{-0.004}$	60±0.37		$24^{0}_{-0.20}$	$100^{0}_{-0.5}$	$12^{+0.43}_{0}$	205	215	180	270	385
112M			190	45	140	180	70±2.0					$112^{0}_{-0.5}$		230	240	190	300	400

表 26-1-39　Y2 系列三相异步电动机 B14 安装尺寸及外形尺寸

机座号	凸缘号	极数	安装尺寸及公差/mm										外形尺寸/mm			
			D	*E*	*F*	*G*	*M*	*N*	*P*	*R*①	*S*	*T*	*AC*	*AD*	*HF*	*L*
63M	FT115	2、4	$11^{+0.008}_{-0.003}$	23±0.26	$4^{0}_{-0.030}$	$8.5^{0}_{-0.10}$	$75^{+0.012}_{-0.007}$	$60^{+0.012}_{-0.007}$	90±1.0	0±1.0	M5	$2.5^{0}_{-0.1}$	130	70	130	230
71M	FT130	2、4、6	$14^{+0.008}_{-0.003}$	30±0.26	$5^{0}_{-0.030}$	$11^{0}_{-0.10}$	$85^{+0.012}_{-0.007}$	$70^{+0.012}_{-0.007}$	105±1.0		M6	$3.0^{0}_{-0.10}$	145	80	145	255
80	FT165	2、4、6、8	$19^{+0.009}_{-0.004}$	40±0.310	$6^{0}_{-0.030}$	$15.5^{0}_{-0.10}$	$100^{+0.012}_{-0.007}$	$80^{+0.012}_{-0.007}$	120±1.0	0±1.5			175	145	185	295
90S			$24^{+0.009}_{-0.004}$	50±0.310	$8^{0}_{-0.036}$	$20^{0}_{-0.20}$	$115^{+0.013}_{-0.009}$	$95^{+0.013}_{-0.009}$	140±1.5		M8		195	155	195	320
90L																345
100L	FT215		$28^{+0.009}_{-0.004}$	60±0.370		$24^{0}_{-0.20}$	$130^{+0.013}_{-0.009}$	$110^{+0.013}_{-0.009}$	160±1.5			$3.5^{0}_{-0.12}$	215	180	245	385
112M													240	190	265	400

① *R* 为凸缘配合面至轴肩的距离，图中未注出。

1.3.1.4 Y3 系列（IP55）三相异步电动机

Y3 系列三相异步电动机是在 Y 系列、Y2 系列三相异步电动机基础上采用新材料、新工艺设计的。该系列电动机采用优质的冷轧硅钢片作为导磁材料，具有设计新颖、造型美观、噪声低、转矩高、启动性能好、结构紧凑、使用维护方便等特点。其效果完全符合 GB 18613—2012《中小型三相异步电动机能效限定值及节能评价值》的规定，采用 F 级绝缘，且全系列温升按 B 级考核，从而大大提高了安全可靠性。

电动机的安装尺寸符合 IEC 标准规定。

Y3 系列电动机可广泛应用于机床、风机、水泵、压缩机和交通运输、农业食品加工等各类机械传动设备。

Y3 系列三相异步电动机的技术数据、安装尺寸及外形尺寸见表 26-1-40～表 26-1-45。

表 26-1-40 **Y3 系列三相异步电动机技术数据**（JB/T 10447—2004）

型号	额定功率/kW	满载时					堵转电流	堵转转矩	最大转矩	转动惯量
		电压/V	转速/r·min^{-1}	电流/A	效率/%	功率因数 cosφ	相对额定电流（或转矩）的倍数			/kg·m^2
Y3-80M1-2	0.75	380	2845	1.8	75.0	0.83	6.1	2.2	2.3	0.00075
Y3-80M2-2	1.1	380	2835	2.5	76.2	0.84	7.0	2.2	2.3	0.00090
Y3-90S-2	1.5	380	2850	3.3	78.5	0.84	7.0	2.2	2.3	0.0012
Y3-90L-2	2.2	380	2855	4.6	81.0	0.85	7.0	2.2	2.3	0.0014
Y3-100L-2	3	380	2860	6.1	82.6	0.87	7.5	2.2	2.3	0.0029
Y3-112M-2	4	380	2890	7.9	84.2	0.88	7.5	2.2	2.3	0.0055
Y3-132S1-2	5.5	380	2905	10.8	85.7	0.88	7.5	2.2	2.3	0.0109
Y3-132S2-2	7.5	380	2900	14.3	87.0	0.88	7.5	2.2	2.3	0.0126
Y3-160M1-2	11	380	2930	20.8	88.4	0.89	7.5	2.2	2.3	0.0377
Y3-160M2-2	15	380	2930	27.7	89.4	0.90	7.5	2.2	2.3	0.0449
Y3-160L-2	18.5	380	2935	33.7	90.0	0.90	7.5	2.0	2.3	0.0550
Y3-180M-2	22	380	2950	40.3	90.5	0.90	7.5	2.0	2.3	0.075
Y3-200L1-2	30	380	2955	54.4	91.4	0.90	7.5	2.0	2.3	0.124
Y3-200L2-2	37	380	2955	66.0	92.0	0.90	7.5	2.0	2.3	0.139
Y3-225M-2	45	380	2960	81.0	92.5	0.90	7.5	2.0	2.3	0.233
Y3-250M-2	55	380	2970	99.0	93.0	0.90	7.5	2.0	2.3	0.312
Y3-280S-2	75	380	2970	134.0	93.6	0.90	7.5	2.0	2.3	0.597
Y3-280M-2	90	380	2970	159.0	93.9	0.91	7.5	2.0	2.2	0.675
Y3-315S-2	110	380	2975	193.0	94.0	0.91	7.5	1.8	2.2	1.18
Y3-315M-2	132	380	2975	230.0	94.5	0.91	7.1	1.8	2.2	1.82
Y3-315L1-2	160	380	2975	277.0	94.6	0.92	7.1	1.8	2.2	2.08
Y3-315L2-2	200	380	2980	343.5	94.8	0.92	7.1	1.8	2.2	2.41
Y3-355M-2	250	380	2985	428.5	95.2	0.92	7.1	1.6	2.2	3.56
Y3-355L-2	315	380	2985	536.5	95.4	0.92	7.1	1.6	2.2	4.16
Y3-80M1-4	0.55	380	1390	1.5	71.0	0.75	5.2	2.3	2.3	0.0018
Y3-80M2-4	0.75	380	1380	2.0	73.0	0.76	6.0	2.3	2.3	0.0021
Y3-90S-4	1.1	380	1390	2.8	76.2	0.77	6.0	2.3	2.3	0.0021
Y3-90L-4	1.5	380	1400	3.6	78.5	0.79	6.0	2.3	2.3	0.0027
Y3-100L1-4	2.2	380	1420	5.0	81.0	0.81	7.0	2.3	2.3	0.0054
Y3-100L2-4	3	380	1420	6.6	82.6	0.82	7.0	2.3	2.3	0.0067

续表

型　　号	额定功率/kW	满载时					堵转电流	堵转转矩	最大转矩	转动惯量
		电压/V	转速/r·min^{-1}	电流/A	效率/%	功率因数 cosφ	相对额定电流(或转矩)的倍数			/kg·m^2
Y3-112M-4	4	380	1430	8.7	84.2	0.82	7.0	2.3	2.3	0.0095
Y3-132S-4	5.5	380	1445	11.7	85.7	0.83	7.0	2.3	2.3	0.0214
Y3-132M-4	7.5	380	1450	15.4	87.0	0.84	7.0	2.3	2.3	0.0296
Y3-160M-4	11	380	1455	22.5	88.4	0.84	7.0	2.3	2.3	0.0747
Y3-160L-4	15	380	1455	30.0	89.4	0.85	7.5	2.2	2.3	0.0918
Y3-180M-4	18.5	380	1465	36.0	90.0	0.86	7.5	2.2	2.3	0.139
Y3-180L-4	22	380	1465	42.5	90.5	0.86	7.5	2.2	2.3	0.158
Y3-200L-4	30	380	1470	57.0	91.4	0.86	7.2	2.2	2.3	0.262
Y3-225S-4	37	380	1475	69.5	92.0	0.87	7.2	2.2	2.3	0.406
Y3-225M-4	45	380	1475	83.5	92.5	0.87	7.2	2.2	2.3	0.469
Y3-250M-4	55	380	1480	102.5	93.0	0.87	7.2	2.2	2.3	0.66
Y3-280S-4	75	380	1485	137.2	93.6	0.87	7.2	2.2	2.3	1.12
Y3-280M-4	90	380	1485	164.5	93.9	0.87	7.2	2.2	2.3	1.46
Y3-315S-4	110	380	1485	197.0	94.5	0.88	6.9	2.1	2.2	3.11
Y3-315M-4	132	380	1485	235.0	94.9	0.88	6.9	2.1	2.2	3.62
Y3-315L1-4	160	380	1485	282.0	94.9	0.89	6.9	2.1	2.2	4.13
Y3-315L2-4	200	380	1485	355.0	95.2	0.89	6.9	2.1	2.2	4.94
Y3-355M-4	250	380	1490	440.0	95.2	0.90	6.9	2.1	2.2	5.67
Y3-355L-4	315	380	1490	550.0	95.6	0.90	6.9	2.1	2.2	6.66
Y3-80M1-6	0.37	380	880	1.23	62.0	0.70	5.0	2.0	2.0	0.00158
Y3-80M2-6	0.75	380	880	1.8	75.0	0.83	6.1	2.2	2.3	0.0021
Y3-90L-6	1.1	380	910	3.13	72.0	0.73	5.5	2.0	2.1	0.0035
Y3-100L-6	1.5	380	930	3.95	76.0	0.75	5.5	2.0	2.1	0.0069
Y3-112M-6	2.2	380	940	5.53	79.0	0.76	6.5	2.0	2.1	0.0138
Y3-132S-6	3	380	960	7.3	81.0	0.76	6.5	2.1	2.1	0.0286
Y3-132M1-6	4	380	960	9.5	82.0	0.76	6.5	2.1	2.1	0.0357
Y3-132M2-6	5.5	380	960	12.6	84.0	0.77	6.5	2.1	2.1	0.0449
Y3-160M-6	7.5	380	970	16.6	86.0	0.77	6.5	2.0	2.1	0.0881
Y3-160L-6	11	380	970	23.8	87.5	0.78	6.5	2.0	2.1	0.116
Y3-180L-6	15	380	975	30.7	89.0	0.81	7.0	2.0	2.1	0.207
Y3-200L1-6	18.5	380	980	37.4	90.0	0.81	7.0	2.1	2.1	0.315
Y3-200L2-6	22	380	980	43.9	90.0	0.83	7.0	2.1	2.1	0.360
Y3-225M-6	30	380	985	58.4	91.5	0.84	7.0	2.0	2.1	0.547
Y3-250M-6	37	380	985	71.4	92.0	0.85	7.0	2.1	2.1	0.83
Y3-280S-6	45	380	985	86.0	92.5	0.86	7.0	2.1	2.0	1.39
Y3-280M-6	55	380	985	103.5	92.8	0.86	7.0	2.1	2.0	1.65
Y3-315S-6	75	380	985	140.5	93.5	0.86	7.0	2.0	2.0	4.11

续表

型　号	额定功率/kW	满载时					堵转电流	堵转转矩	最大转矩	转动惯量
		电压/V	转速/r·min⁻¹	电流/A	效率/%	功率因数 cosφ	相对额定电流(或转矩)的倍数			/kg·m²
Y3-315M-6	90	380	985	167.5	93.8	0.86	7.0	2.0	2.0	4.28
Y3-315L1-6	110	380	985	203.0	94.0	0.86	6.7	2.0	2.0	5.45
Y3-315L2-6	132	380	985	243.0	94.2	0.87	6.7	1.9	2.0	6.12
Y3-355M-6	160	380	990	291.5	94.5	0.88	6.7	1.9	2.0	8.85
Y3-355L1-6	200	380	990	361.5	94.5	0.88	6.7	1.9	2.0	9.55
Y3-355L2-6	250	380	990	450.5	94.5	0.88	6.7	1.8	2.0	10.63
Y3-80M1-8	0.18	380	645	0.83	51.0	0.61	3.3	1.8	1.9	0.00158
Y3-80M2-8	0.25	380	645	1.1	54.0	0.61	3.3	1.8	1.9	0.0021
Y3-90S-8	0.37	380	675	1.5	62.0	0.61	4.0	1.8	1.9	0.0029
Y3-90L-8	0.55	380	670	2.1	63.0	0.61	4.0	1.8	2.0	0.0035
Y3-100L1-8	0.75	380	685	2.4	70.0	0.67	4.0	1.8	2.0	0.0069
Y3-100L2-8	1.1	380	680	3.3	72.0	0.69	5.0	1.8	2.0	0.0107
Y3-112M-8	1.5	380	685	4.4	75.0	0.69	5.0	1.8	2.0	0.0149
Y3-132S-8	2.2	380	710	6.1	78.0	0.70	6.0	1.8	2.0	0.0314
Y3-132M-8	3	380	710	8.0	79.0	0.72	6.0	1.8	2.0	0.0395
Y3-160M1-8	4	380	720	10.1	81.0	0.73	6.0	1.9	2.0	0.0753
Y3-160M2-8	5.5	380	720	13.4	83.0	0.74	6.0	2.0	2.0	0.0931
Y3-160L-8	7.5	380	720	17.6	85.5	0.75	6.0	2.0	2.0	0.126
Y3-180L-8	11	380	730	25.5	87.5	0.75	6.6	2.0	2.0	0.203
Y3-200L-8	15	380	730	33.6	88.0	0.76	6.6	2.0	2.0	0.339
Y3-225S-8	18.5	380	730	40.4	90.0	0.76	6.6	1.9	2.0	0.491
Y3-225M-8	22	380	730	47.2	90.5	0.78	6.6	1.9	2.0	0.547
Y3-250M-8	30	380	735	64.0	91.0	0.78	6.6	1.9	2.0	0.834
Y3-280S-8	37	380	735	77.5	91.5	0.79	6.6	1.9	2.0	1.39
Y3-280M-8	45	380	735	93.7	92.0	0.79	6.6	1.8	2.0	1.65
Y3-315S-8	55	380	735	111.0	92.8	0.81	6.6	1.8	2.0	4.79
Y3-315M-8	75	380	735	149.5	93.0	0.81	6.6	1.8	2.0	5.58
Y3-315L1-8	90	380	735	177.5	93.7	0.82	6.6	1.8	2.0	6.37
Y3-315L2-8	110	380	735	215.5	94.0	0.82	6.4	1.8	2.0	7.23
Y3-355M1-8	132	380	745	255.5	93.7	0.82	6.4	1.8	2.0	10.55
Y3-355M2-8	160	380	745	308.5	94.2	0.82	6.4	1.8	2.0	11.73
Y3-355L-8	200	380	745	383.0	94.5	0.83	6.4	1.8	2.0	12.86
Y3-315S-10	45	380	590	96.5	91.5	0.75	6.2	1.5	2.0	4.79
Y3-315M-10	55	380	590	116.8	92.0	0.75	6.2	1.5	2.0	6.37
Y3-315L1-10	75	380	590	156.3	92.5	0.76	6.2	1.5	2.0	7.0
Y3-315L2-10	90	380	590	187.6	93.0	0.77	6.2	1.5	2.0	7.15
Y3-355M1-10	110	380	595	224.4	93.2	0.78	6.0	1.3	2.0	12.55
Y3-355M2-10	132	380	595	271.0	93.5	0.78	6.0	1.3	2.0	13.75
Y3-355L-10	160	380	595	325.3	93.5	0.78	6.0	1.3	2.0	14.86

表 26-1-41　Y3 系列三相异步电动机 B3 安装尺寸及外形尺寸（机座号 80～90 无吊环）

机座号80～132　　机座号160～355　　机座号80～355

机座号	级数	安装尺寸及公差/mm																		外形尺寸/mm					
		A	AA	B	BB	C		D		E		F		G		H		K		AB	AC	AD	HA	HD	L
80	2、4、6、8	125	34	100	130	50	±1.5	19	+0.009 −0.004	40	±0.310	6	0 −0.030	15.5	0 −0.010	80	0 −0.5	10	+0.360 0	165	175	145	10	220	295
90S		140	36	100	130	56		24		50		8	0 −0.036	20	0 −0.20	90				180	195	155	12	250	320
90L				125	155																				345
100L		160	40	140	176	63	±2.0	28		60	±0.370			24		100		12	+0.430 0	205	215	180	14	270	385
112M		190	45	140	180	70										112				230	240	190	15	300	400
132S		216	55	140	186	89		38	+0.018 +0.002	80		10		33		132				270	275	210	18	345	470
132M				178	224																				510
160M		254	65	210	250	108	±3.0	42		110	±0.430	12	0 −0.043	37		160		15		320	330	255	20	420	615
160L				254	294																				670
180M		279	70	241	311	121		48				14		42.5		180				355	380	280	22	455	700
180L				279	349																				740
200L		318		305	369	133		55	+0.030 +0.011			16		49		200		19	+0.520 0	395	420	305	25	505	770
225S	4、8	356	75	286	368	149	±4.0	60		140	±0.500	18		53		225				435	470	335	28	560	815
225M	2			311	393			55		110	±0.430	16		49											820
	4、6、8							60		140	±0.500	18		53											845
250M	2	406	80	349	445	168										250		24		490	510	370	30	615	910
	4、6、8							65						58											
280S	2	457	85	368	485	190										280	0 −0.10			550	580	410	35	680	985
	4、6、8							75				20	0 −0.052	67.5											
280M	2			419	536			65				18	0 −0.043	58											1035
	4、6、8							75				20	0 −0.052	67.5											

续表

机座号	级数	安装尺寸及公差/mm																		外形尺寸/mm					
		A	AA	B	BB	C		D		E		F		G		H		K		AB	AC	AD	HA	HD	L
315S	2	508	120	406	616	216	±4.0	65	+0.030 +0.011	140	±0.500	18	0 −0.043	58	0 −0.20	315	0 −0.10	28	+0.520 0	635	645	530	45	845	1160
	4、6、8、10							80		170		22	0 −0.052	71											1270
315M	2			457	676			65		140		18	0 −0.043	58											1190
	4、6、8、10							80		170		22	0 −0.052	71											1300
315L	2			508	726			65		140		18	0 −0.043	58											1190
	4、6、8、10							80		170		22	0 −0.052	71											1300
355M	2	610	116	568	820	254		75		140		20		67.5		355				730	710	650	52	1010	1500
	4、6、8、10							95	+0.035 +0.013	170	±0.570	25		86											1530
355L	2			630				75	+0.030 +0.011	170	±0.500	20		67.5											1500
	4、6、8、10							95	+0.035 +0.013	140	±0.570	25		86											1530

表 26-1-42　　Y3 系列三相异步电动机 B5 安装尺寸及外形尺寸（机座号 80～90 无吊环）

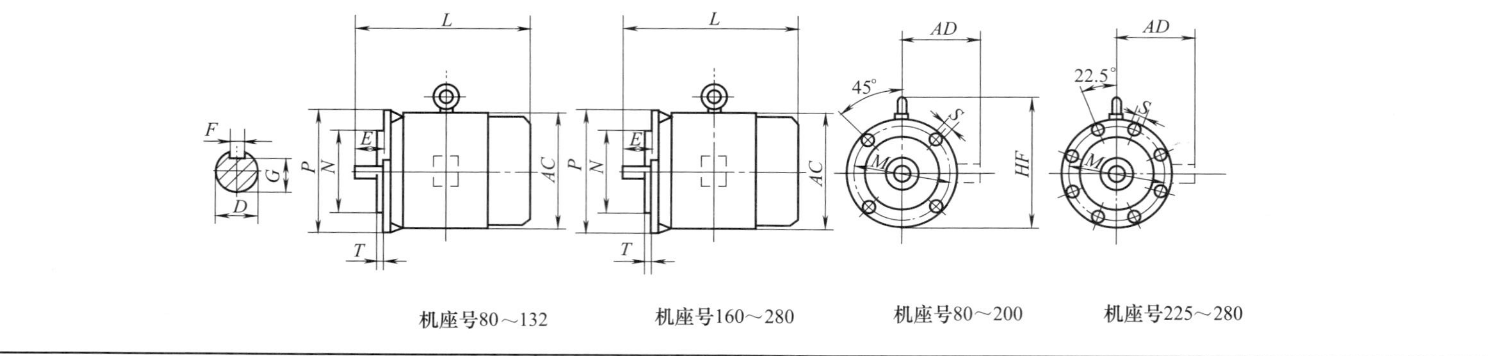

机座号80～132　　机座号160～280　　机座号80～200　　机座号225～280

续表

机座号	凸缘号	级数	安装尺寸及公差/mm																		外形尺寸/mm			
			D		E		F		G		M	N		P	R[1]		S		T		AC	AD	HF	L
80	FF165	2、4 6、8	19	+0.009 +0.004	40	±0.310	6	0 −0.030	15.5	0 −0.10	165	130	+0.014 −0.011	200	0	±0.15	4×ϕ12	+0.430 0	3.5	0 −0.120	175	145	185	295
90S			24		50		8	0 −0.036	20	0 −0.20											195	155	195	320
90L																								345
100L	FF215		28		60	±0.370			24		215	180		250		±2.0	4×ϕ15		4		215	180	245	385
112M																					240	190	265	400
132S	FF265		38	+0.018 +0.002	80		10		33		265	230	+0.016 −0.013	300										470
132M																					275	210	315	510
160M	FF300		42		110	±0.480	12	0 −0.043	37		300	250		350		±3.0	4×ϕ19	+0.520 0	5		330	255	385	615
160L																								670
180M			48				14		42.5												380	280	430	700
180L																								740
200L	FF350		55	+0.030 +0.011			16		49		350	300	±0.01	400							420	305	480	770
225S	FF400	4、8	60		140	±0.500	18		53		400	350	±0.018	450		±4.0	8×ϕ19				470	335	535	815
225M		2	55		110	±0.430	16		49															820
		4、6、8	60		140	±0.500	18		53															845
250M	FF500	2																			510	370	595	910
		4、6、8	65						58		500	450	±0.020	550							580	410	650	985
280S		2																						
		4、6、8	75				20	0 −0.052	67.5															
280M		2	65				18	0 −0.043	58															1035
		4、6、8	75				20	0 −0.052	67.5															

① R 为凸缘配合面至轴伸肩的距离，图中未注出。

第26篇

表 26-1-43　　Y3 系列三相异步电动机 B35 安装尺寸及外形尺寸（机座号 80～90 无吊环）

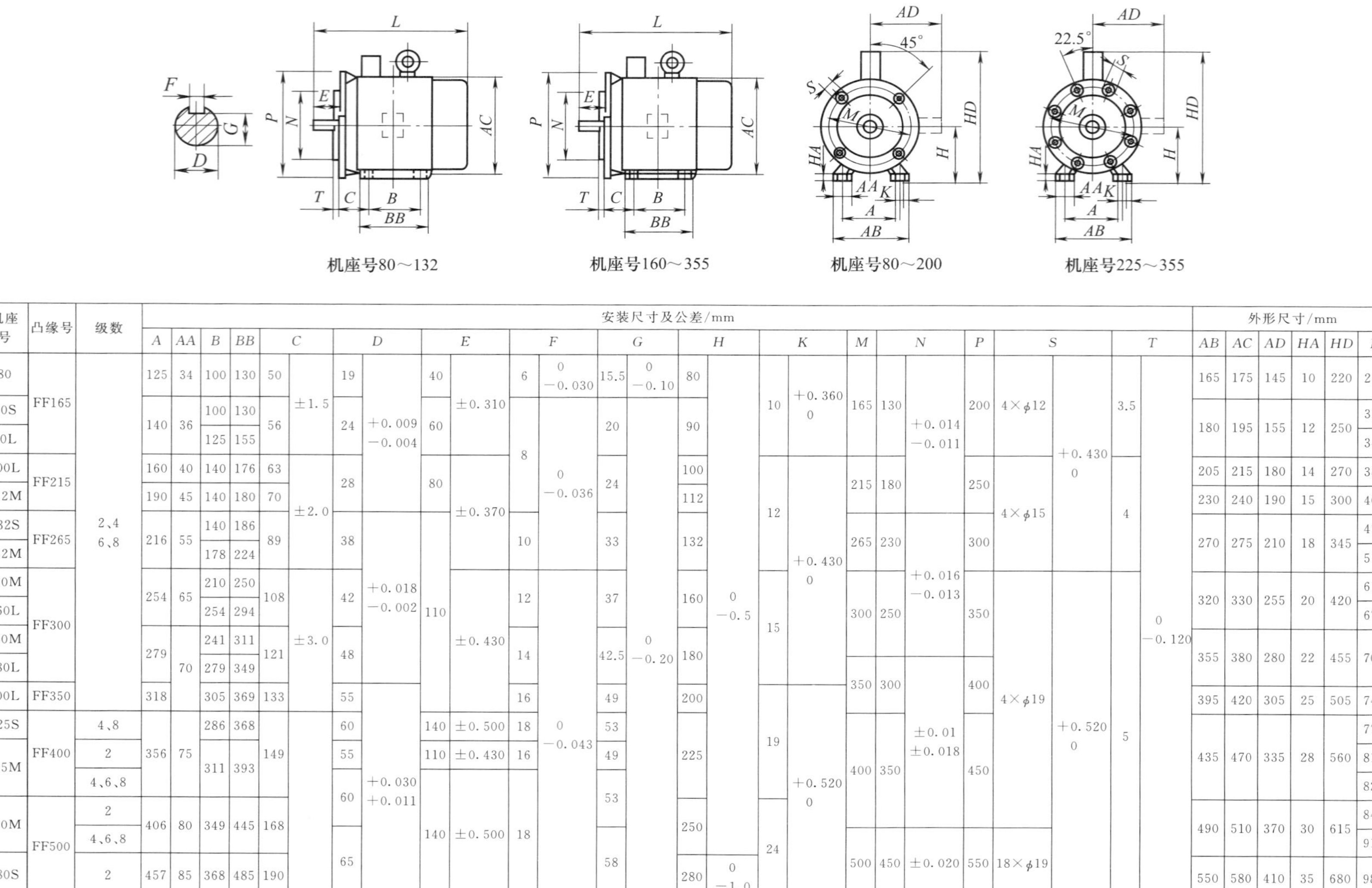

机座号	凸缘号	级数	安装尺寸及公差/mm A	AA	B	BB	C		D		E		F		G		H		K		M	N		P	S		T		外形尺寸/mm AB	AC	AD	HA	HD	L
80	FF165	2、4、6、8	125	34	100	130	50	±1.5	19	+0.009 −0.004	40	±0.310	6	0 −0.030	15.5	0 −0.10	80	0 −0.5	10	+0.360 0	165	130	+0.014 −0.011	200	4×ϕ12	+0.430 0	3.5	0 −0.120	165	175	145	10	220	295
90S			140	36	100	130	56		24		60		8	0 −0.036	20	0 −0.20	90												180	195	155	12	250	320
90L					125	155																												345
100L	FF215		160	40	140	176	63	±2.0	28		80	±0.370			24		100		12	+0.430 0	215	180		250	4×ϕ15		4		205	215	180	14	270	385
112M			190	45	140	180	70										112												230	240	190	15	300	400
132S	FF265		216	55	140	186	89		38				10		33		132				265	230	+0.016 −0.013	300					270	275	210	18	345	470
132M					178	224																												510
160M	FF300		254	65	210	250	108	±3.0	42	+0.018 −0.002	110	±0.430	12	0 −0.043	37		160		15		300	250		350	4×ϕ19	+0.520 0	5		320	330	255	20	420	615
160L					254	294																												670
180M			279	70	241	311	121		48				14		42.5		180												355	380	280	22	455	700
180L					279	349															350	300	±0.01 ±0.018	400										
200L	FF350		318		305	369	133		55	+0.030 +0.011			16		49		200		19	+0.520 0									395	420	305	25	505	740
225S	FF400	4、8	356	75	286	368	149		60		140	±0.500	18		53		225				400	350		450					435	470	335	28	560	770
225M		2			311	393			55		110	±0.430	16		49																			815
		4、6、8							60		140	±0.500	18		53																			820
250M	FF500	2	406	80	349	445	168										250		24										490	510	370	30	615	845
		4、6、8							65						58						500	450	±0.020	550	18×ϕ19									910
280S		2	457	85	368	485	190										280	0 −1.0											550	580	410	35	680	985

续表

机座号	凸缘号	级数	安装尺寸及公差/mm A	AA	B	BB	C		D		E		F		G		H		K		M	N		P	S		T		外形尺寸/mm AB	AC	AD	HA	HD	L
280S	FF500	4、6、8	457	85	368	485	190	±4.0	75	+0.030 +0.011	140	±0.500	20	0 −0.052	67.5	0 −0.20	280	0 −1.0	24	+0.520 0	500	450	±0.020	550	8×ϕ19	+0.520 0	5	0 −0.120	550	580	410	35	680	985
280M		2			419	536			65				18	−0.043	58																			1035
		4、6、8							75				20	0 −0.052	67.5						600	550	±0.022											
315S	FF600	2	508	120	406	616	216		65				18	0 −0.052	58		315		28					660	8×ϕ24		6	0 −0.150	635	645	530	45	845	1160
		4、6、8、10							80		170		22	0 −0.043	71																			1270
315M		2			457	676			65		140		18	0 −0.052	58																			1190
		4、6、8、10							80		170		22	0 −0.052	71																			1300
315L		2			508	726			65		140		18	0 −0.043	58																			1190
		4、6、8、10							80		170		22	0 −0.052	71																			1300
355M	FF740	2	610	116	568	820	254		75		140		20		67.5		355				740	680	±0.025	800					730	710	655	52	1010	1500
		4、6、8、10							95	+0.035 +0.013	170	±0.570	25		86																			1530
355L		2			630				75	+0.030 +0.011	140	±0.500	20		67.5																			1500
		4、6、8、10							95	+0.035 +0.013	170	±0.570	25		86																			1530

表 26-1-44　Y3 系列三相异步电动机 V1 安装尺寸及外形尺寸

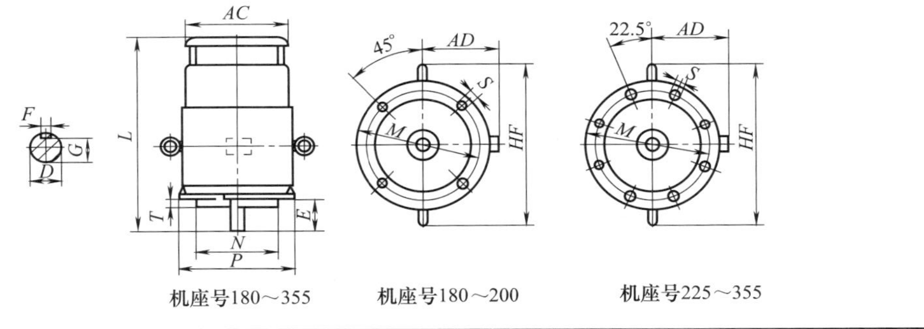

机座号180～355　机座号180～200　机座号225～355

续表

机座号	凸缘号	级数	安装尺寸及公差/mm																	外形尺寸/mm			
			D		E		F		G		M	N		P	S		T		AC	AD	HF	L
180M	FF300	2、4、6、8	48	+0.018 +0.002	110	±0.430	14	0 −0.043	42.5	0 −0.20	300	250	+0.016 −0.013	350	4×ϕ19	+0.520 0	5	0 −0.120	380	280	500	760
180L																						800
220L	FF350		55	+0.030 +0.011			16		49		350	300	±0.016	400					420	305	550	840
225S	FF400	4、8	60		140	±0.500	18		53		400	350	±0.018	450	8×ϕ19				470	335	610	905
225M		2	55		110	±0.430	16		49													910
		4、6、8	60		140	±0.500	18		53													935
250M	FF500	2									500	450	±0.020	550					510	370	650	1015
		4、6、8	65						58													
280S		2																	580	410	720	1110
		4、6、8	75				20	0 −0.052	67.5													
280M		2	65				18	0 −0.043	58													1150
		4、6、8	75				20	0 −0.052	67.5													
315S	FF600	2	65				18	0 −0.052	58		600	550	±0.022	650	8×ϕ24		6	0 −0.150	645	530	900	1280
		4、6、8、10	80		170		22	0 −0.043	71													1510
315M		2	65		140		18	0 −0.052	58													1310
		4、6、8、10	80		170		22	0 −0.052	71													1430
315L		2	65		140		18	0 −0.043	58													1310
		4、6、8、10	80		170		22	0 −0.052	71													1430
355M	FF740	2	75		140		20		67.5		740	680	±0.025	800					710	655	1010	1640
		4、6、8、10	95	+0.035 +0.013	170	±0.570	25		86													1670
355L		2	75	+0.030 +0.011	140	±0.570	20		67.5													1640
		4、6、8、10	95	+0.035 +0.013	170	±0.570	25		86													1670

表 26-1-45　Y3 系列三相异步电动机 B14、B34 安装尺寸及外形尺寸（机座号 80～90 无吊环）

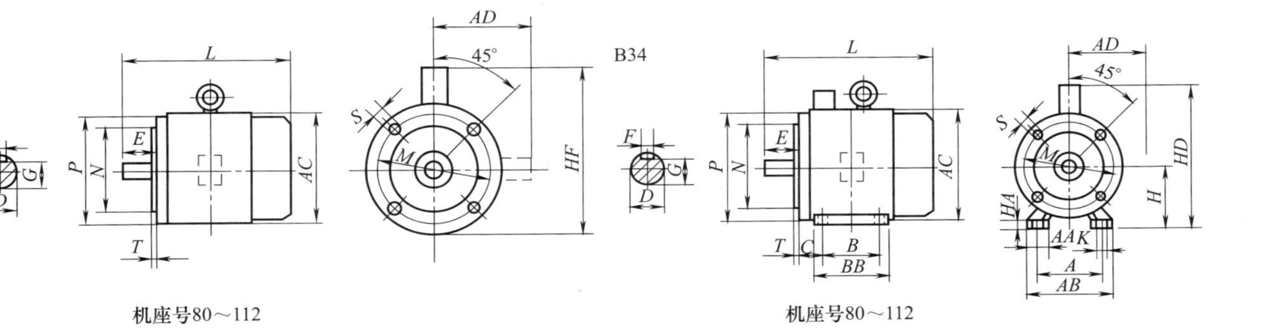

机座号	凸缘号	级数	安装尺寸及公差/mm D		E		F		G		M	N		P	S	T		外形尺寸/mm AC	AD	HF	L
80	FF100	2、4 6、8	19	+0.009 +0.004	40	±0.310	6	0 −0.030	15.5	0 −0.10	100	80	+0.013 −0.009	120	4×M6	3.0	0 −0.100	175	145	185	295
90S	FF115		24		50		8	0 −0.036	20	0 −0.20	115	95		140	4×M8			195	155	195	320
90L																					345
100L	FF130		28		60	±0.370			24		130	110		160		3.5	0 −0.120	215	180	245	385
112M																		240	190	265	400

机座号	级数	安装尺寸及公差/mm A	AA	B	BB	C		D		E		F		G		H		K		外形尺寸/mm AB	AC	AD	HA	HD	L
80	2、4、 6、8	125	34	100	130	50	±1.5	19	+0.009 −0.004	40	±0.310	6	0 −0.030	15.5	0 −0.010	80	0 −0.5	10	+0.360 0	165	175	145	10	220	295
90S		140	36	100	130	56		24		50		8	0 −0.036	20	0 −0.20	90				180	195	155	12	250	320
90L				125	155																				345
100L		160	40	140	176	63	±2.0	28		60	±0.370			24		100		12	+0.430 0	205	215	180	14	270	385
112M		190	45	140	180	70										112				230	240	190	15	300	400

1.3.1.5 M2QA、QAL 系列三相异步电动机

（1）系列代号及定义

M2QA 112 M 2 A

- A：铁芯长度；A—短铁芯；M—长铁芯
- 2：极数
- M：机座长度：S—短机座；M—中机座；L—长机座
- 112：机座号：以机座中心高（mm）表示
- M2QA：电机类型：M2QA—铸铁扇冷笼型三相异步电动机；QAL—铸铝扇冷笼型三相异步电动机

（2）M2QA 全封闭三相异步铸铁电动机

M2QA 全封闭三相异步铸铁电动机的设计与制造符合 IEC 60034、IEC 60072、DIN 42673。M2QA 系列电动机具有较好的电气与力学性能。工作电压：220～240V、380～420V、660～690V，额定频率：50/60Hz，安装方式：卧式 B3、立式（法兰安装）B5、立卧式 B35 等。

① 技术数据

表 26-1-46 全封闭三相异步铸铁电动机（IP55、IC411）技术数据

<table>
<tr><th>型号代码</th><th>输出功率/kW</th><th>转速/r·min⁻¹</th><th>效率/%</th><th>功率因数cosφ</th><th>电流/A</th><th>额定转矩/N·m</th><th>堵转转矩/额定转矩</th><th>最大转矩/额定转矩</th><th>转动惯量/kg·m²</th><th>质量/kg</th><th>声压级/dB(A)</th></tr>
<tr><td colspan="12">3000r/min 2 极 380V 50Hz</td></tr>
<tr><td>M2QA 71M2A</td><td>0.37</td><td>2765</td><td>70.0</td><td>0.83</td><td>0.97</td><td>1.27</td><td rowspan="10">2.2</td><td rowspan="10">2.2</td><td>0.00030</td><td>10</td><td>56</td></tr>
<tr><td>M2QA 71M2B</td><td>0.55</td><td>2780</td><td>73.0</td><td>0.835</td><td>1.37</td><td>1.89</td><td>0.00037</td><td>11</td><td>56</td></tr>
<tr><td>M2QA 80M2A</td><td>0.75</td><td>2825</td><td>75.5</td><td>0.86</td><td>1.75</td><td>2.52</td><td>0.00091</td><td>16</td><td>57</td></tr>
<tr><td>M2QA 80M2B</td><td>1.1</td><td>2840</td><td>77.5</td><td>0.855</td><td>2.52</td><td>3.68</td><td>0.00107</td><td>17</td><td>58</td></tr>
<tr><td>M2QA 90S2A</td><td>1.5</td><td>2835</td><td>79.0</td><td>0.895</td><td>3.23</td><td>5.03</td><td>0.00135</td><td>21</td><td>61</td></tr>
<tr><td>M2QA 90L2A</td><td>2.2</td><td>2835</td><td>81.5</td><td>0.89</td><td>4.61</td><td>7.37</td><td>0.00163</td><td>24</td><td>61</td></tr>
<tr><td>M2QA 100L2A</td><td>3</td><td>2845</td><td>83.0</td><td>0.895</td><td>6.14</td><td>10.02</td><td>0.00402</td><td>33</td><td>65</td></tr>
<tr><td>M2QA 112M2A</td><td>4</td><td>2885</td><td>85.0</td><td>0.915</td><td>7.82</td><td>13.17</td><td>0.00671</td><td>42</td><td>67</td></tr>
<tr><td>M2QA 132S2A</td><td>5.5</td><td>2905</td><td>87.5</td><td>0. 90</td><td>10.7</td><td>17.99</td><td>0.01241</td><td>58</td><td>70</td></tr>
<tr><td>M2QA 132S2B</td><td>7.5</td><td>2905</td><td>87.5</td><td>0.90</td><td>14.5</td><td>24.53</td><td>0.01491</td><td>63</td><td>70</td></tr>
<tr><td>M2QA 160M2A</td><td>11</td><td>2900</td><td>90.0</td><td>0.91</td><td>20.41</td><td>35.85</td><td rowspan="3">2.5</td><td>3.0</td><td>0.0436</td><td>112</td><td>72</td></tr>
<tr><td>M2QA 160M2B</td><td>15</td><td>2920</td><td>90.0</td><td>0.91</td><td>27.82</td><td>49.06</td><td rowspan="2">3.2</td><td>0.0551</td><td>122</td><td>72</td></tr>
<tr><td>M2QA 160L2A</td><td>18.5</td><td>2920</td><td>90.5</td><td>0.91</td><td>34.13</td><td>60.30</td><td>0.06549</td><td>142</td><td>72</td></tr>
<tr><td>M2QA 180M2A</td><td>22</td><td>2940</td><td>90.8</td><td>0.91</td><td>40.45</td><td>71.46</td><td>2.3</td><td rowspan="2">2.8</td><td>0.08805</td><td>170</td><td>75</td></tr>
<tr><td>M2QA 200L2A</td><td>30</td><td>2950</td><td>91.2</td><td>0.91</td><td>54.90</td><td>96.95</td><td>2.5</td><td>0.14821</td><td>235</td><td>81</td></tr>
<tr><td>M2QA 200L2B</td><td>37</td><td>2950</td><td>91.7</td><td>0.91</td><td>67.36</td><td>119.6</td><td>2.4</td><td>3.0</td><td>0.16822</td><td>254</td><td>81</td></tr>
<tr><td>M2QA 225M2A</td><td>45</td><td>2965</td><td>92.2</td><td>0.90</td><td>82.39</td><td>144.7</td><td>2.5</td><td>2.8</td><td>0.29345</td><td>328</td><td>81</td></tr>
<tr><td>M2QA 250M2A</td><td>55</td><td>2955</td><td>93.2</td><td>0.90</td><td>100</td><td>177.4</td><td>2.4</td><td>3.0</td><td>0.3784</td><td>390</td><td>84</td></tr>
<tr><td>M2QA 280S2A</td><td>75</td><td>2965</td><td>94.0</td><td>0. 91</td><td>131.9</td><td>241.0</td><td>2.5</td><td>3.3</td><td>0.587</td><td>504</td><td>85</td></tr>
<tr><td>M2QA 280M2A</td><td>90</td><td>2965</td><td>94.3</td><td>0.91</td><td>159</td><td>289.2</td><td>2.3</td><td>3.2</td><td>0.615</td><td>560</td><td>85</td></tr>
<tr><td>M2QA 315S2A</td><td>110</td><td>2980</td><td>94.0</td><td>0.92</td><td>193</td><td>352.5</td><td rowspan="4">1.8</td><td rowspan="4">2.2</td><td>1.4083</td><td>910</td><td>88</td></tr>
<tr><td>M2QA 315M2A</td><td>132</td><td>2980</td><td>94.5</td><td>0.92</td><td>231</td><td>423.0</td><td>1.5584</td><td>1010</td><td>88</td></tr>
<tr><td>M2QA 315L2A</td><td>160</td><td>2975</td><td>94.6</td><td>0.93</td><td>276</td><td>512.9</td><td>1.7256</td><td>1070</td><td>88</td></tr>
<tr><td>M2QA 315L2B</td><td>200</td><td>2975</td><td>94.8</td><td>0.93</td><td>345</td><td>641.4</td><td>1.9405</td><td>1120</td><td>88</td></tr>
<tr><td>M2QA 355M2A</td><td>250</td><td>2980</td><td>95.4</td><td>0.92</td><td>435.1</td><td>802</td><td>2.3</td><td rowspan="2">2.8</td><td>3.05</td><td>1438</td><td>89</td></tr>
<tr><td>M2QA 355L2A</td><td>315</td><td>2980</td><td>96.0</td><td>0.92</td><td>544.8</td><td>1011</td><td>2</td><td>3.6</td><td>1726</td><td>89</td></tr>
<tr><td colspan="12">1500r/min 4 极 380V 50Hz</td></tr>
<tr><td>M2QA 71M4A</td><td>0.25</td><td>1385</td><td>66.0</td><td>0.74</td><td>0.78</td><td>1.71</td><td rowspan="2">2.1</td><td rowspan="3">2.0</td><td>0.00053</td><td>11</td><td>43</td></tr>
<tr><td>M2QA 71M4B</td><td>0.37</td><td>1385</td><td>69.0</td><td>0.78</td><td>1.05</td><td>2.53</td><td>0.00066</td><td>11</td><td>45</td></tr>
<tr><td>M2QA 80M4A</td><td>0.55</td><td>1400</td><td>73.5</td><td>0.75</td><td>1.52</td><td>3.73</td><td rowspan="2">2.4</td><td>0.00145</td><td>16</td><td>46</td></tr>
<tr><td>M2QA 80M4B</td><td>0.75</td><td>1405</td><td>74.5</td><td>0.78</td><td>1.97</td><td>5.06</td><td>2.2</td><td>0.00174</td><td>17</td><td>46</td></tr>
</table>

续表

型号代码	输出功率/kW	转速/r·min^{-1}	效率/%	功率因数 cosφ	电流/A	额定转矩/N·m	堵转转矩/额定转矩	最大转矩/额定转矩	转动惯量/kg·m^2	质量/kg	声压级/dB(A)
1500r/min　4 极　380V 50Hz											
M2QA 90S4A	1.1	1390	77.0	0.80	2.72	7.50	2.3	2.2	0.00254	21	52
M2QA 90L4A	1.5	1380	78.5	0.80	3.64	10.31			0.00317	25	52
M2QA 100L4A	2.2	1420	81.5	0.824	4.98	14.69			0.00679	33	53
M2QA 100L4B	3	1410	82.5	0.85	6.5	20.18			0.00862	36	53
M2QA 112M4A	4	1420	84.5	0.84	8.57	26.71			0.01306	45	56
M2QA 132S4A	5.5	1420	85.0	0.87	11.3	36.73			0.02673	60	59
M2QA 132S4B	7.5	1430	88.0	0.85	15.2	49.74			0.03432	73	59
M2QA 160M4A	11	1455	89.5	0.87	21.46	71.95	2.4	2.8	0.06543	116	66
M2QA 160M4B	15	1455	90.0	0.88	28.78	98.12	2.3	2.4	0.09349	137	66
M2QA 180M4A	18.5	1465	91.0	0.88	35.10	120.2		3.0	0.16049	170	66
M2QA 180L4A	22	1465	91.5	0.90	40.59	142.9	2.4	3.1	0.18046	186	66
M2QA 200L4A	30	1465	92.3	0.89	55.47	194.9	2.2	2.8	0.2819	254	71
M2QA 225S4A	37	1475	92.6	0.85	71.42	238.8			0.37	308	73
M2QA 225M4A	45	1475	92.8	0.87	84.64	290.4			0.42	335	73
M2QA 250M4A	55	1475	93.4	0.87	102.8	354.9		3.0	0.78	450	76
M2QA 280S4A	75	1475	93.8	0.88	138	484	2.4	2.6	1.10	534	78
M2QA 280M4A	90	1475	94.1	0.88	165.1	580.7		2.8	1.35	592	78
M2QA 315S4A	110	1485	94.5	0.89	199	706.9	2.1	2.2	2.08596	930	80
M2QA 315M4A	132	1485	94.8	0.89	238	848.3			3.1848	1030	80
M2QA 315L4A	160	1480	94.9	0.90	285	1029			3.6765	1050	86
M2QA 315L4B	200	1480	95.0	0.90	355	1286			4.2516	1100	86
M2QA 355M4A	250	1490	95.3	0.905	440.4	1594		2.6	6.77	1546	87
M2QA 355L4A	315	1490	95.6	0.905	553.2	2008		2.3	8.2	1821	87
1000r/min　6 极　380V 50Hz											
M2QA 71M6A	0.18	905	55.5	0.685	0.72	1.89	1.8	1.8	0.00058	10	42
M2QA 71M6B	0.25	885	60.0	0.65	0.98	2.68			0.00074	11	42
M2QA 80M6A	0.37	925	63.5	0.695	1.29	3.80	1.9		0.00159	17	45
M2QA 80M6B	0.55	920	65.0	0.71	1.82	5.68			0.00196	18	45
M2QA 90S6A	0.75	915	71.0	0.755	2.13	7.79	2.0	2.2	0.00292	21	48
M2QA 90L6A	1.1	915	73.0	0.77	2.98	11.42			0.00379	25	48
M2QA 100L6A	1.5	935	76.0	0.79	3.8	15.24			0.00999	32	51
M2QA 112M6A	2.2	935	79.0	0.77	5.5	22.35			0.01559	40	54
M2QA 132S6A	3	955	82.0	0.81	6.87	29.84			0.03116	55	56
M2QA 132M6A	4	955	84.0	0.77	9.39	39.79			0.04074	65	56
M2QA 132M6B	5.5	945	85.5	0.795	12.3	54.71			0.05332	75	61
M2QA 160M6A	7.5	970	88.0	0.79	16.39	73.84		2.3	0.09231	119	62
M2QA 160L6A	11	965	88.5	0.80	23.61	108.3	2.2		0.12970	140	63
M2QA 180LA	15	980	89.0	0.84	30.48	146.2	2.3	2.8	0.2418	180	64
M2QA 200L6A	18.5	975	90.6	0.84	36.94	180.3	2.2		0.34174	231	64
M2QA 200L6B	22	975	90.9	0.84	43.79	214.4	2.1		0.46837	254	66

续表

型号代码	输出功率/kW	转速/r·min^{-1}	效率/%	功率因数 cosφ	电流/A	额定转矩/N·m	堵转转矩/额定转矩	最大转矩/额定转矩	转动惯量/kg·m^2	质量/kg	声压级/dB(A)
1000r/min　6 极　　380V 50Hz											
M2QA 225M6A	30	980	90.5	0.78	64.57	292.3	2.2	2.8	0.62691	308	68
M2QA 250M6A	37	980	92.0	0.90	68.5	360.6	2.3		0.97	382	69
M2QA 280S6A	45	975	82.4	0.87	85.1	437.6		2.4	1.25	482	70
M2QA 280M6A	55	975	92.8	0.88	102.3	534.9	2.0	2.5	1.485	532	70
M2QA 315S6A	75	990	93.5	0.87	140	723.5		2.0	3.1942	920	70
M2QA 315M6A	90	990	93.8	0.87	168	868.2			3.723	1010	70
M2QA 315L6A	110	990	94.3	0.88	201	1061.1			4.2564	1060	75
M2QA 315L6B	132	990	94.5	0.88	241	1273.3			5.1577	1120	75
M2QA 355M6A	160	990	94.7	0.90	285.2	1530	2.1	2.4	7.8	1360	75
M2QA 355M6B	200	990	94.9	0.90	355.8	1913	2.0	2.3	9.1	1551	75
M2QA 355L6A	250	990	95.1	0.905	441.3	2319		2.4	11.4	2057	75
750r/min　8 极　　380V 50Hz											
M2QA 80M8A	0.18	695	51.0	0.61	0.88	2.46	1.8	1.9	0.00111	16	42
M2QA 80M8B	0.25	695	54.0	0.61	1.16	3.41			0.00326	17	42
M2QA 90S8A	0.37	695	62.0	0.61	1.49	5.05			0.00541	21	46
M2QA 90L8A	0.55	695	63.0	0.61	2.18	7.50		2.0	0.00756	24	46
M2QA 100L8A	0.75	695	70.0	0.67	2.43	10.23			0.00971	31	53
M2QA 100L8B	1.1	695	71.5	0.68	3.45	15.01			0.01186	34	53
M2QA 112M8A	1.5	695	75.0	0.68	4.47	20.46			0.01559	42	55
M2QA 132S8A	2.2	705	80.5	0.745	5.6	29.59			0.03625	56	55
M2QA 132M8A	3	705	81.0	0.78	7.21	40.35			0.04141	64	56
M2QA 160M8A	4	715	84.0	0.76	9.52	53.06	2.1	2.5	0.0676	105	58
M2QA 160M8B	5.5	715	85.5	0.76	12.86	72.95			0.09524	125	58
M2QA 160L8A	7.5	715	88.5	0.77	17.11	99.5			0.12122	142	58
M2QA 180M8A	11	725	87.7	0.79	24.12	143.9	2.0	2.8	0.23645	176	61
M2QA 200L8A	15	725	88.9	0.78	32.86	196.2	2.3		0.37103	235	63
M2QA 225S8A	18.5	740	89.9	0.75	41.69	238.8	2.1		0.53287	290	65
M2QA 225M8A	22	740	90.4	0.76	48.65	283.9	2.2		0.65825	302	65
M2QA 250M8A	30	740	91.1	0.80	63	387.2	2.3	2.6	0.975	392	67
M2QA 280S8A	37	735	91.6	0.80	76.7	477.5	2.1	2.7	1.25	488	68
M2QA 280M8A	45	735	92.2	0.80	92.7	580.7			1.485	548	68
M2QA 315S8A	55	735	92.8	0.83	108	709.8	1.8	2.0	3.6942	930	65
M2QA 315M8A	75	735	93.0	0.83	148	967.9			4.9591	1010	68
M2QA 315L8A	90	735	93.8	0.83	176	1161.5			5.8205	1070	68
M2QA 315L8B	110	735	94.0	0.84	212	1419.6			6.7537	1140	68

② 安装尺寸

表 26-1-47　　**外形及安装尺寸**　　mm

底座安装型式电动机 IMB3，IMB6，IMB7，IMB8，IMV5，IMV6 三相电动机，底座式，接线盒顶部安装

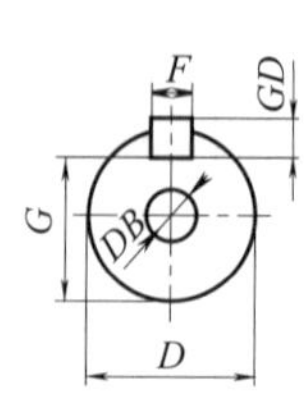

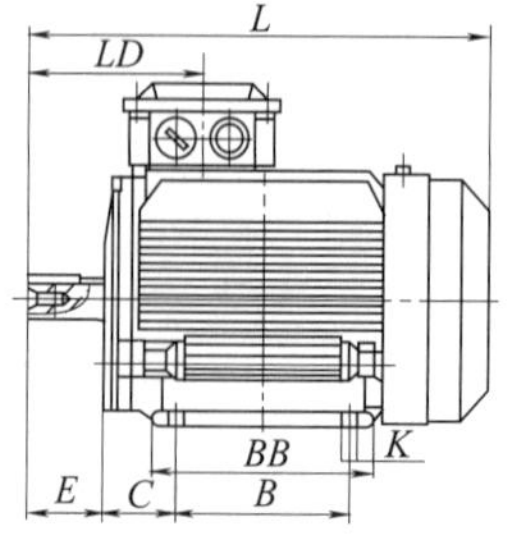

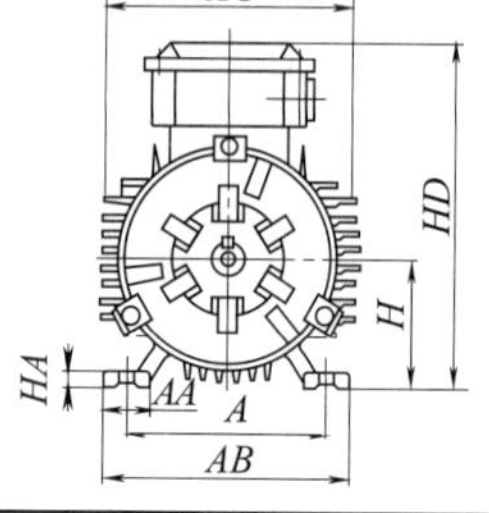

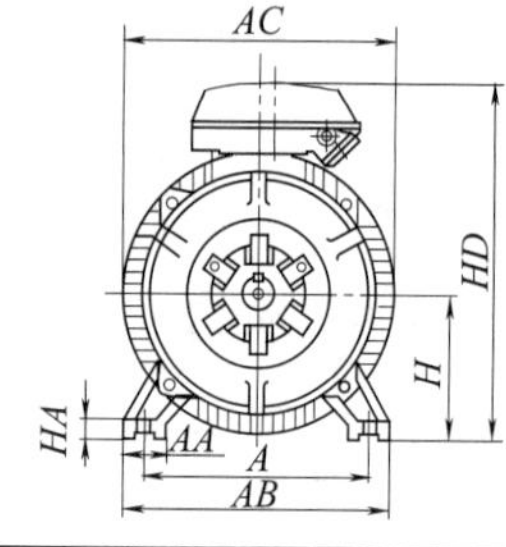

续表

三相电动机，底座式，接线盒右侧安装

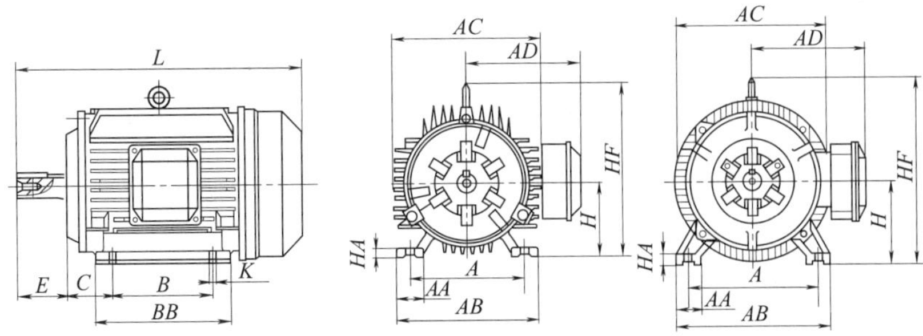

凸缘安装型式电动机 IMB5，IMV1，IMV3，机座带底脚、端盖带凸缘式电动机 IMB35，IMV15，IMV36
三相电动机，机座带底脚、端盖带凸缘式，接线盒顶部安装

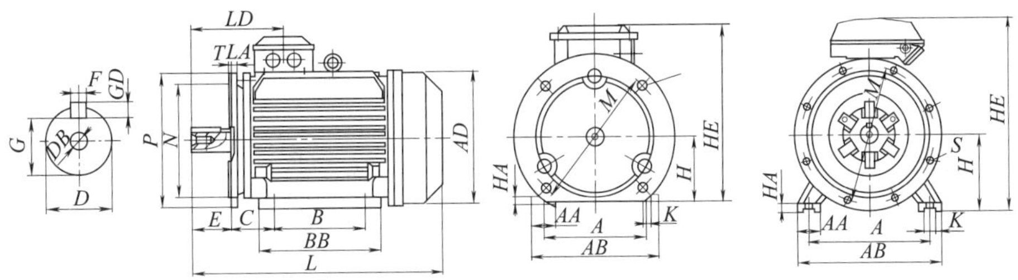

三相电动机，机座带底脚、端盖带凸缘式，接线盒右侧安装

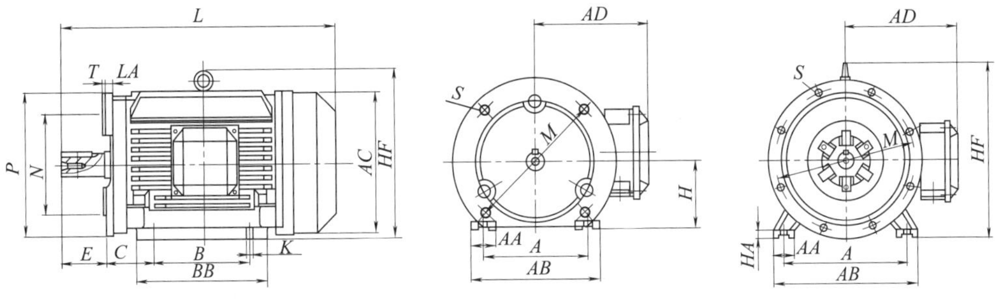

三相电动机，凸缘式

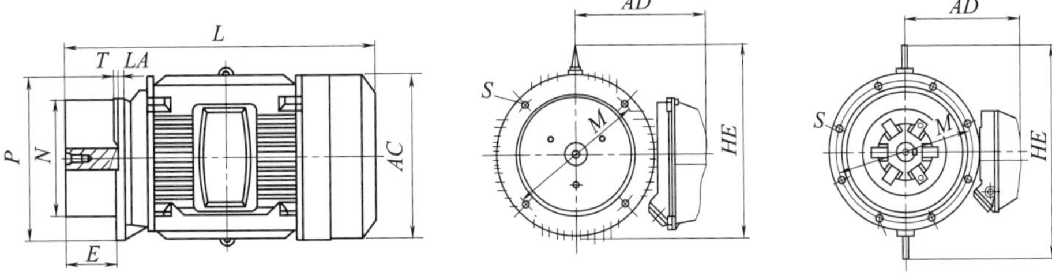

续表

机座号	极数	A	AA	AB	AC	B	BB	C	D	E	F	G	GD	DB	H	HA	HD	HF	K	L	LD	AD	LA	M	N	P	S	T	HE
71M	2～6	112	30	145	145	90	120	45	14j6	30	5	11	5	M5	71	10	200	—	ϕ7	255	100	120	9	ϕ130	ϕ110	ϕ160	4×ϕ10	3.5	165
80M	2～8	125	35	160	165	100	135	50	19j6	40	6	15.5	6	M6	80	12	225	170	ϕ10	285	116	145	9	ϕ165	ϕ130	ϕ200	4×ϕ12	3.5	200
90S	2～8	140	35	175	180	100	140	56	24j6	50	8	20	7	M8	90	12	240	185	ϕ10	310	128	150	10	ϕ165	ϕ130	ϕ200	4×ϕ12	3.5	200
90L	2～8	140	35	175	180	125	165	56	24j6	50	8	20	7	M8	90	12	240	185	ϕ10	335	128	150	10	ϕ165	ϕ130	ϕ200	4×ϕ12	3.5	200
100L	2～8	160	40	200	205	140	180	63	28j6	60	8	24	7	M10	100	14	275	245	ϕ12	380	138	175	11	ϕ215	ϕ180	ϕ250	4×ϕ15	4	270
112M	2～8	190	50	240	225	140	190	70	28j6	60	8	24	7	M10	112	15	295	265	ϕ12	395	144	185	11	ϕ215	ϕ180	ϕ250	4×ϕ15	4	278
132S	2～8	216	55	270	265	140	205	89	38k6	80	10	33	8	M12	132	18	335	300	ϕ12	465	169	205	12	ϕ265	ϕ230	ϕ300	4×ϕ15	4	320
132M	2～8	216	55	270	265	178	240	89	38k6	80	10	33	8	M12	132	18	335	300	ϕ12	505	169	205	12	ϕ265	ϕ230	ϕ300	4×ϕ15	4	320
160M	2～8	254	60	325	330	210	265	108	42k6	110	12	37	8	M16	160	22	420	380	ϕ15	600	250	260	15	ϕ300	ϕ250	ϕ350	4×ϕ19	5	400
160L	2～8	254	60	350	330	254	310	108	42k6	110	12	37	8	M16	160	22	420	380	ϕ15	645	250	260	15	ϕ300	ϕ250	ϕ350	4×ϕ19	5	400
180M	2～4	279	70	350	355	241	315	121	48k6	110	14	42.5	9	M16	180	22	455	420	ϕ15	670	270	275	18	ϕ300	ϕ250	ϕ350	4×ϕ19	5	420
180L	4～8	279	70	390	355	279	350	121	48k6	110	14	42.5	9	M16	180	22	455	420	ϕ15	710	270	275	18	ϕ300	ϕ250	ϕ350	4×ϕ19	5	420
200L	2～8	318	70	390	395	305	380	133	55m6	110	16	49	10	M20	200	25	530	470	ϕ19	770	285	325	20	ϕ350	ϕ300	ϕ400	4×ϕ19	5	470
225S	4～8	356	75	435	440	288	380	149	60m6	140	18	53	11	M20	225	28	580	520	ϕ19	820	340	355	20	ϕ400	ϕ350	ϕ450	8×ϕ19	5	520
225M	2	356	75	435	440	311	405	149	55m6	110	16	49	10	M20	225	28	580	520	ϕ19	815	310	355	20	ϕ400	ϕ350	ϕ450	8×ϕ19	5	520
225M	4～8	356	75	435	440	311	405	149	60m6	140	18	53	11	M20	225	28	580	520	ϕ19	840	340	355	20	ϕ400	ϕ350	ϕ450	8×ϕ19	5	520
250M	2	406	80	490	515	349	455	168	60m6	140	18	53	11	M20	250	30	645	580	ϕ24	930	360	375	22	ϕ500	ϕ450	ϕ550	8×ϕ19	5	655
250M	4～8	406	80	490	515	349	455	168	65m6	140	18	58	11	M20	250	30	645	580	ϕ24	930	360	375	22	ϕ500	ϕ450	ϕ550	8×ϕ19	5	655
280S	2	457	85	555	540	368	490	190	75m6	140	18	58	11	M20	280	35	715	645	ϕ24	975	355	415	22	ϕ500	ϕ450	ϕ550	8×ϕ19	5	725
280S	4～8	457	85	555	540	368	490	190	75m6	140	20	67.5	12	M20	280	35	715	645	ϕ24	975	355	415	22	ϕ500	ϕ450	ϕ550	8×ϕ19	5	725
280M	2	457	85	555	540	419	540	190	65m6	140	18	58	11	M20	280	35	715	645	ϕ24	1040	355	415	22	ϕ500	ϕ450	ϕ550	8×ϕ19	5	725
280M	4～8	457	85	555	540	419	540	190	75m6	140	20	67.5	12	M20	280	35	715	645	ϕ28	1040	355	415	22	ϕ500	ϕ450	ϕ550	8×ϕ19	5	725
315S	2	508	120	640	630	406	575	216	65m6	140	18	58	11	M20	315	45	870	—	ϕ28	1190	400	550	24	ϕ600	ϕ550	ϕ660	8×ϕ24	6	800
315S	4～8	508	120	640	630	406	575	216	80m6	170	22	71	14	M20	315	45	870	—	ϕ28	1220	430	550	24	ϕ600	ϕ550	ϕ660	8×ϕ24	6	800
315M	2	508	120	640	630	457	685	216	65m6	140	18	58	11	M20	315	45	870	—	ϕ28	1300	400	550	24	ϕ600	ϕ550	ϕ660	8×ϕ24	6	800
315M	4～8	508	120	640	630	457	685	216	80m6	170	22	71	14	M20	315	45	870	—	ϕ28	1330	430	550	24	ϕ600	ϕ550	ϕ660	8×ϕ24	6	800
315L	2	508	120	640	630	508	685	216	65m6	140	18	58	11	M20	315	45	870	—	ϕ28	1300	400	550	24	ϕ600	ϕ550	ϕ660	8×ϕ24	6	800
315L	4～8	508	120	640	630	508	685	216	80m6	170	22	71	14	M20	315	45	870	—	ϕ28	1330	430	550	24	ϕ600	ϕ550	ϕ660	8×ϕ24	6	800
355M	2	610	120	730	710	560	750	250	70m6	140	20	62.5	12	M20	355	52	1010	—	ϕ35	1495	480	650	25	ϕ740	ϕ680	ϕ800	8×ϕ24	6	1020
355M	4～6	610	120	730	710	560	750	250	100m6	210	28	90	16	M24	355	52	1010	—	ϕ35	1565	480	650	25	ϕ740	ϕ680	ϕ800	8×ϕ24	6	1020
355L	2	610	120	730	710	630	750	250	70m6	140	20	62.5	12	M20	355	52	1010	—	ϕ35	1495	480	650	25	ϕ740	ϕ680	ϕ800	8×ϕ24	6	1020
355L	4～6	610	120	730	710	630	750	250	100m6	210	28	90	16	M24	355	52	1010	—	ϕ35	1565	480	650	25	ϕ740	ϕ680	ϕ800	8×ϕ24	6	1020

表 26-1-48　底座安装型式，IMB14，IMV18，IMV19，机座带底脚、端盖带凸缘式，IMB34，小凸缘安装型式电动机 IMB14

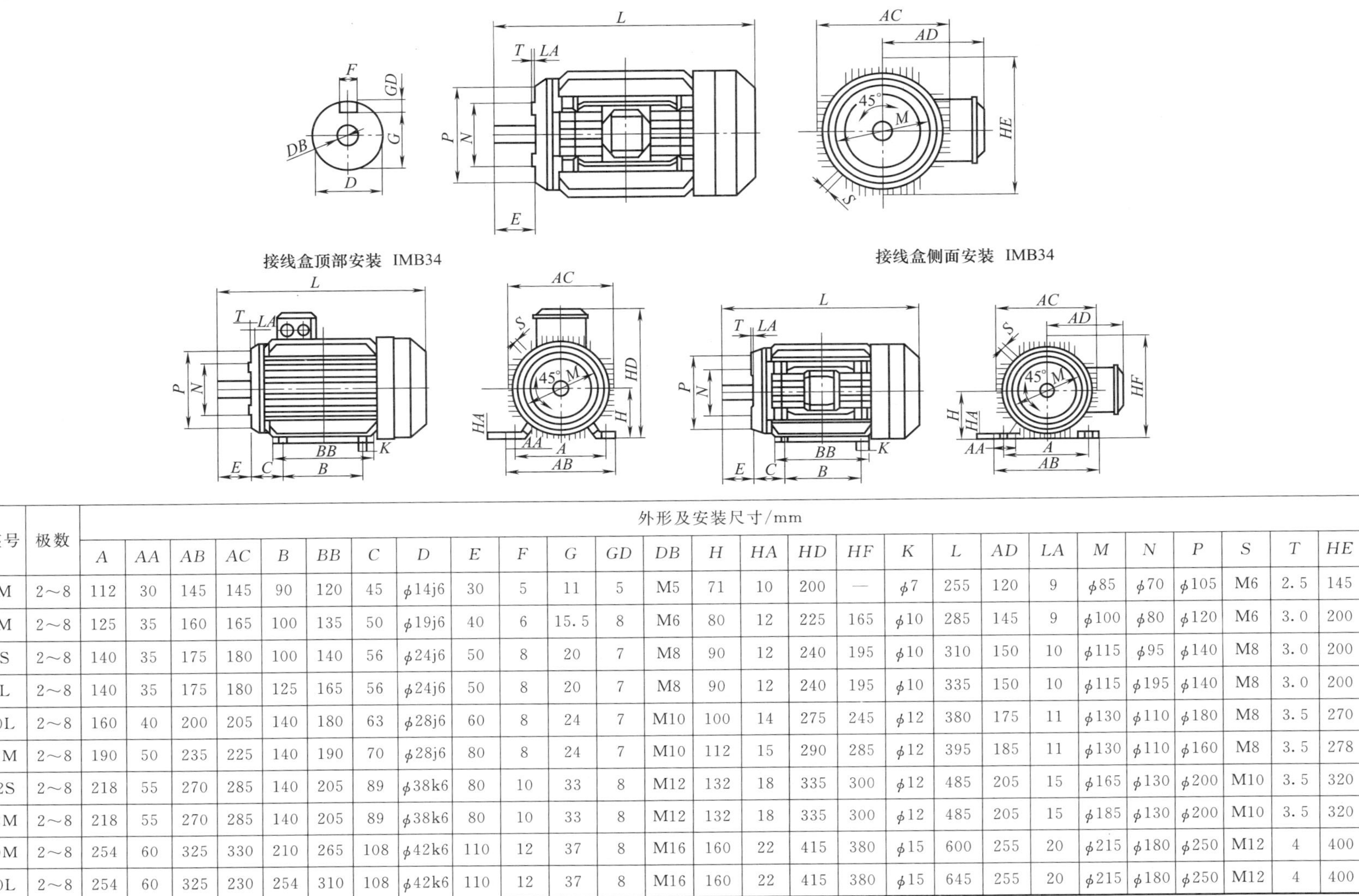

机座号	极数	外形及安装尺寸/mm																								
		A	AA	AB	AC	B	BB	C	D	E	F	G	GD	DB	H	HA	HD	HF	K	L	AD	LA	M	N	P	S	T	HE
71M	2～8	112	30	145	145	90	120	45	ϕ14j6	30	5	11	5	M5	71	10	200	—	ϕ7	255	120	9	ϕ85	ϕ70	ϕ105	M6	2.5	145
80M	2～8	125	35	160	165	100	135	50	ϕ19j6	40	6	15.5	8	M6	80	12	225	165	ϕ10	285	145	9	ϕ100	ϕ80	ϕ120	M6	3.0	200
90S	2～8	140	35	175	180	100	140	56	ϕ24j6	50	8	20	7	M8	90	12	240	195	ϕ10	310	150	10	ϕ115	ϕ95	ϕ140	M8	3.0	200
90L	2～8	140	35	175	180	125	165	56	ϕ24j6	50	8	20	7	M8	90	12	240	195	ϕ10	335	150	10	ϕ115	ϕ195	ϕ140	M8	3.0	200
100L	2～8	160	40	200	205	140	180	63	ϕ28j6	60	8	24	7	M10	100	14	275	245	ϕ12	380	175	11	ϕ130	ϕ110	ϕ180	M8	3.5	270
112M	2～8	190	50	235	225	140	190	70	ϕ28j6	80	8	24	7	M10	112	15	290	285	ϕ12	395	185	11	ϕ130	ϕ110	ϕ160	M8	3.5	278
132S	2～8	218	55	270	285	140	205	89	ϕ38k6	80	10	33	8	M12	132	18	335	300	ϕ12	485	205	15	ϕ165	ϕ130	ϕ200	M10	3.5	320
132M	2～8	218	55	270	285	140	205	89	ϕ38k6	80	10	33	8	M12	132	18	335	300	ϕ12	485	205	15	ϕ185	ϕ130	ϕ200	M10	3.5	320
160M	2～8	254	60	325	330	210	265	108	ϕ42k6	110	12	37	8	M16	160	22	415	380	ϕ15	600	255	20	ϕ215	ϕ180	ϕ250	M12	4	400
160L	2～8	254	60	325	230	254	310	108	ϕ42k6	110	12	37	8	M16	160	22	415	380	ϕ15	645	255	20	ϕ215	ϕ180	ϕ250	M12	4	400

（3）QAL 系列铝壳三相异步电动机

QAL 系列铝壳三相异步电动机具有重量轻、外形美观的特点，电动机采用 F 级绝缘；进口轴承；冷却方式为 IC411，防护等级 IP55。适用于各类精巧型的机器与设备。

QAL 系列铝壳三相异步电动机的技术数据及外形和安装尺寸见表 26-1-49、表 26-1-50。

表 26-1-49　　QAL 系列铝壳三相异步电动机技术数据

型号	功率/kW	额定转速/r·min^{-1}	效率/%	功率因数 $\cos\varphi$	额定电流/A	堵转电流/额定电流	堵转转矩/额定转矩	最大转矩/额定转矩	噪声/dB(A)	振动	质量/kg
QAL56M2A	0.09	2625	52.0	0.65	0.38	4.5	2.3	2.0	57	1.8	3.2
QAL56M2B	0.12	2680	57.0	0.68	0.45	4.5			57		3.4
QAL63M2A	0.18	2720	65.0	0.73	0.55	5.5		2.2	57		3.9
QAL63M2B	0.25	2725	66.0	0.76	0.72	5.5			57		4.4
QAL71M2A	0.37	2700	70.0	0.81	0.94	6.1			60		6.2
QAL71M2B	0.55	2720	73.0	0.82	1.33	6.1		2.3	60		6.3
QAL80M2A	0.75	2810	75.0	0.83	1.74	5.8	2.2		60		8.3
QAL80M2B	1.1	2790	77.0	0.85	2.43	6.2			61		9
QAL90S2A	1.5	2840	78.5	0.84	3.28	6.0			62		12.5
QAL90L2A	2.2	2840	81.5	0.84	4.64	6.0	2.0		62		14
QAL100L2A	3	2860	82.6	0.87	6.03	7.5			66		20.5
QAL112M2A	4	2890	85.0	0.88	7.72	7.1			66		26
QAL132S2A	5.5	2910	85.7	0.88	10.53	7.5			66		40
QAL132S2B	7.5	2890	87.0	0.88	14.14	7.5			66		44
QAL56M4A	0.06	1340	50.0	0.65	0.27	4.0	2.4		54		3.2
QAL56M4B	0.09	1330	52.0	0.69	0.36	4.2			54		3.4
QAL63M4A	0.12	1330	59.0	0.70	0.42	4.5			54		4
QAL63M4B	0.18	1330	62.0	0.70	0.60	4.5			59		4.5
QAL71M4A	0.25	1345	65.0	0.74	0.75	5.2			59		6.1
QAL71M4B	0.37	1370	67.0	0.75	1.06	5.8			59		6.7
QAL80M4A	0.55	1390	71.0	0.77	1.45	5.3			60		8.9
QAL80M4B	0.75	1360	73.0	0.77	1.93	5.3	2.3		61		9.6
QAL90S4A	1.1	1390	77.4	0.75	2.74	4.7			61		12.5
QAL90L4A	1.5	1390	78.5	0.76	3.63	5.2			64		15
QAL100L4A	2.2	1425	81.0	0.81	4.84	6.8	2.2		64		19.2
QAL100L4B	3	1420	82.6	0.82	6.39	7.1			64		23
QAL112M4A	4	1440	85.0	0.82	8.28	6.4	2.1		64		29
QAL132S4A	5.5	1450	85.7	0.83	11.16	7.0			64		43.5
QAL132M4A	7.5	1465	87.0	0.84	14.81	7.0			64		53.5
QAL71M6A	0.18	860	53.0	0.63	0.78	4.0	2.0	2.0	54		6.4
QAL71M6B	0.25	860	62.0	0.63	0.92	4.0			54		6.5
QAL80M6A	0.37	940	65.0	0.64	1.28	4.5		2.1	57		8.5
QAL80M6B	0.55	930	66.0	0.66	1.82	4.5			57		9.2
QAL90S6A	0.75	915	72.5	0.70	2.13	5.0		2.2	57		12
QAL90L6A	1.1	915	73.5	0.72	3.00	5.0			60		14
QAL100L6A	1.5	920	77.0	0.74	3.80	5.5			61		19.5
QAL112M6A	2.2	935	80.5	0.74	5.33	5.5			61		28
QAL132S6A	3	960	83.0	0.76	6.86	6.3			64		38
QAL132M6A	4	965	84.0	0.77	8.93	6.4			64		45
QAL132M6B	5.5	965	85.0	0.78	11.97	6.5			64		54

表 26-1-50　　QAL 系列铝壳三相异步电动外形尺寸　　mm

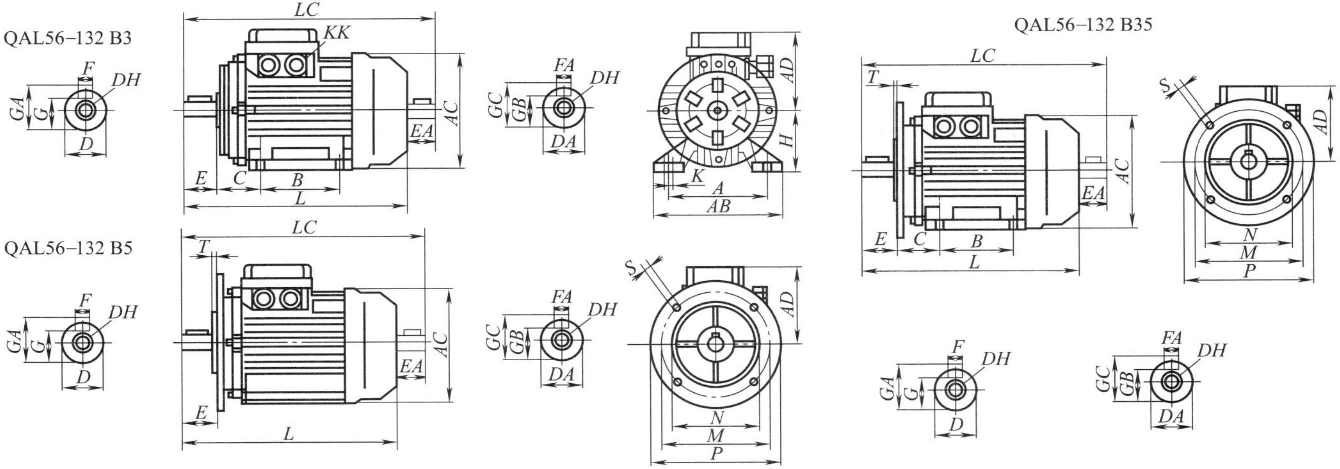

QAL56-132 B3　　QAL56-132 B5　　QAL56-132 B35

机座号	A	AB	AC	AD	B	C	D	DH	E	F	G	H	K	L	M	N	P	S	T	LC	DA	EA	GC	GB	GA	FA
56M	90	110	110	96	71	36	ϕ9	M4×12	20	3	7.2	56	6	189	100	80	120	ϕ7	3	217	9	20	10.2	7.2	10.2	3
63M	100	122	122	99	80	40	ϕ14	M5×12	30	5	11	63	7	225	115	95	140	ϕ9	3	245	11	23	12.5	8.5	16	4
71M	112	136	138	109	90	45	ϕ14	M5×12	30	5	11	71	7	250	130	110	160	ϕ9	3.5	274	14	30	16	11	16	5
80M	125	154	157	112	100	50	ϕ19	M6×16	40	6	15.5	80	9.5	278	165	130	200	ϕ12	3.5	330	14	30	16	11	21.5	5
90S	140	174	175	120	100	56	ϕ24	M8×19	50	8	20	90	9	320	165	130	200	ϕ12	3.5	385	19	40	21.5	15.5	27	6
90L	140	174	175	120	125	56	ϕ24	M8×19	50	8	20	90	11.5	335	165	130	200	ϕ15	4	385	19	40	21.5	15.5	27	6
100L	160	194	196	139	140	63	ϕ28	M10×22	60	8	24	100	11	377	215	180	250	ϕ15	4	443	28	60	31	24	31	8
11M	190	224	220	156	140	70	ϕ28	M10×22	60	8	24	112	11	395	215	180	250	ϕ15	4	465	28	60	31	24	31	8
132S	216	256	260	185	140	89	ϕ38	M12×28	80	10	33	132	13	472	265	230	300	ϕ15	4	597	38	80	41	33	41	10
132M	216	256	260	185	178	89	ϕ38	M12×28	80	10	33	132	13	510	265	230	300	ϕ15	4	597	38	80	41	33	41	10

1.3.1.6 1LG0 系列三相异步电动机

1LG0 系列三相异步电动机的生产及安装尺寸符合企业标准 Q/321081KYA04—2006 和相关国际 DIN/VDE/EN 及 IEC 通用标准的规定。1LG0 系列三相异步电动机具有如下优越的电动机性能。

① 高性能的防护等级。电动机标准配置为 IP55 防护等级，可以用于含尘的或潮湿的环境中。

② 良好的绝缘性能，增加电动机使用寿命。标准电动机采用 F 级绝缘系统，并按 B 级考核（80K），增加了电动机运行的可靠性，提高了电动机的使用寿命。

③ 优良的转子加工制造工艺。全新的转子（轴）加工设备。每个转子加工完成后，都会做好妥善防护，并刷涂防护涂层。高标准的动平衡精度控制。选用高性能的轴承及润滑脂，保证轴承关键部件连续长期的可靠运行。

④ 选用高性能的轴承润滑脂。轴承选用 Unirex N3 新型润滑脂，保证轴承关键部件连续长期的可靠运行。

另外，在结构设计方面也有以下优点。

① 灵活的引出线方向。电动机出线盒的安装位置可以在电动机的左侧、顶部及右侧，同时接线盒自身可旋转 4×90°安装。用户在订货时可指定接线盒的位置及出线口的方向。考虑到热保护装置的安装，接线盒采用双孔进线。

② 新颖的电动机造型。端盖结构采用浅端盖设计，增加了环状散热筋。全系列采用铸铁接线盒。

（1）系列代号及定义

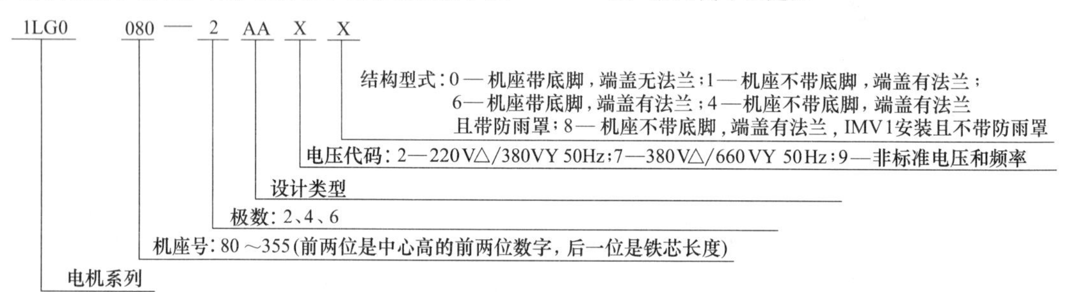

（2）1LG0 系列三相异步电动机技术数据

表 26-1-51 1LG0 系列三相异步电动机技术数据（380V）

机座号	型号	额定功率/kW	额定转速/r·min⁻¹	效率(满载)/%	功率因数 cosφ	额定电流/A	额定转矩/N·m	启动电流	启动转矩	最大转矩	转动惯量/kg·m²	质量/kg
								直接启动对额定电流(转矩)的倍数				
220V△/380VY 50Hz，3000r/min，2 极												
80M	1LG0 080-2AA..	0.75	2845	76	0.83	1.81	2.5	6.1	2.3	2.7	0.0008	14
80M	1LG0 083-2AA..	1.1	2840	77.4	0.84	2.57	3.7	7	2.3	2.5	0.0009	14
90S	1LG0 090-2AA..	1.5	2840	79	0.84	3.43	5	6.9	2.3	2.3	0.0012	22
90L	1LG0 096-2AA..	2.2	2840	81.1	0.85	4.85	7.4	6.9	2.3	2.8	0.0014	24
100L	1LG0 106-2AA..	3	2860	83	0.88	6.31	10	6.9	2.3	2.8	0.0039	33
380V△/660VY 50Hz，3000r/min，2 极												
112M	1LG0 113-2AA..	4	2880	85	0.88	8.1	13.3	7.2	2.3	2.8	0.0055	48
132S	1LG0 130-2AA..	5.5	2900	86	0.88	11	18.1	7.5	2.3	2.8	0.0109	58
132S	1LG0 131-2AA..	7.5	2900	87	0.88	14.9	24.7	7.4	2.3	2.8	0.013	63
160M	1LG0 163-2AA..	11	2930	88.4	0.89	21.2	35.9	7.5	2.5	2.6	0.038	105
160M	1LG0 164-2AA..	15	2930	89.4	0.89	28.6	48.9	7.3	2.5	2.9	0.045	115
160L	1LG0 166-2AA..	18.5	2930	91	0.9	34.3	60.3	7.2	2.5	2.8	0.055	128
180M	1LG0 183-2AA..	22	2940	91.2	0.89	41.2	71.5	7.5	2.3	2.9	0.075	165
200L	1LG0 206-2AA..	30	2950	91.4	0.9	55.4	97.1	6.9	2.2	2.9	0.124	225
200L	1LG0 207-2AA..	37	2950	92	0.9	67.9	120	7.1	2.3	2.9	0.139	246
225M	1LG0 223-2AA..	45	2960	92.5	0.9	82.1	145	7.3	2.5	2.9	0.233	296
250M	1LG0 253-2AB..	55	2965	93	0.9	100	177	7.5	2.5	2.9	0.312	390
280S	1LG0 280-2AB..	75	2970	93.6	0.9	135	241	7.5	2.3	2.9	0.597	504
280M	1LG0 283-2AB..	90	2970	93.9	0.91	160	289	7.5	2.0	2.3	0.675	536
315S	1LG0 310-2AC..	110	2975	94	0.91	195	353	7.1	1.8	2.2	1.18	865
315M	1LG0 313-2AC..	132	2975	94.5	0.91	233	424	7.1	1.8	2.2	1.55	960
315L	1LG0 316-2AC..	160	2975	94.6	0.92	279	514	7	1.9	2.5	1.76	1035
315L	1LG0 317-2AC..	200	2975	94.8	0.92	348	642	7.1	1.8	2.2	2.02	1160
355M	1LG0 353-2AC..	220	2987	94.8	0.92	383	703	7.1	1.4	2.2	3.02	1545

续表

机座号	型号	额定功率 /kW	额定转速 /r·min^{-1}	效率（满载）/%	功率因数 cosφ	额定电流 /A	额定转矩 /N·m	启动电流	启动转矩	最大转矩	转动惯量 /kg·m^2	质量 /kg
								直接启动对额定电流（转矩）的倍数				
355M	1LG0 354-2AC..	250	2987	95.2	0.9	444	799	7.1	1.4	2.2	3.56	1650
355L	1LG0 356-2AC..	280	2987	95.2	0.9	497	895	7.1	1.4	2.2	3.84	1650
355L	1LG0 357-2AC..	315	2987	95.4	0.9	558	1007	7.1	1.4	2.2	4.16	1790
220V△/380VY 50Hz，1500r/min，4 极												
80M	1LG0 080-4AA..	0.55	1390	71	0.75	1.57	3.8	5	2.4	2.6	0.002	14
80M	1LG0 083-4AA..	0.75	1380	73	0.76	2.05	5.2	5.8	2.4	2.6	0.002	15
90S	1LG0 090-4AA..	1.1	1390	76.2	0.76	2.89	7.6	5.8	2.3	2.5	0.0021	21
90L	1LG0 096-4AA..	1.5	1390	78.5	0.79	3.67	10.3	5.8	2.4	2.8	0.003	23
100L	1LG0 106-4AA..	2.2	1410	81	0.8	5.16	14.9	6	2.4	2.3	0.007	31
380V△/660VY 50Hz，1500r/min，4 极												
112M	1LG0 113-4AA..	4	1435	84.5	0.82	8.8	26.6	6.2	2.3	2.8	0.0095	44
132S	1LG0 130-4AA..	5.5	1440	86	0.82	11.8	36.5	6.5	2.3	2.8	0.0214	61
132M	1LG0 133-4AA..	7.5	1440	87.2	0.84	15.6	49.7	7.0	2.5	2.8	0.0296	71
160M	1LG0 163-4AA..	11	1460	89	0.83	22.6	72	7.0	2.4	2.9	0.075	110
160L	1LG0 166-4AA..	15	1460	90	0.84	30.1	98.1	7.5	2.5	2.9	0.092	132
180M	1LG0 183-4AA..	18.5	1470	90.6	0.86	36.1	120.2	7.0	2.3	2.9	0.139	164
180L	1LG0 186-4AA..	22	1470	91.4	0.86	42.5	143	7.0	2.4	2.9	0.158	180
200L	1LG0 206-4AA..	30	1470	92.1	0.86	57.5	195	7.0	2.3	2.8	0.262	225
225S	1LG0 220-4AA..	37	1475	92.6	0.87	69.8	240	6.9	2.2	2.7	0.406	285
225M	1LG0 223-4AA..	45	1475	92.8	0.87	84.7	291	6.9	2.2	2.3	0.469	305
250M	1LG0 253-4AA..	55	1480	93	0.87	103	355	7.1	2.4	2.8	0.66	400
280S	1LG0 280-4AA..	75	1480	93.8	0.87	140	484	6.8	2.3	2.8	1.12	553
280M	1LG0 283-4AA..	90	1480	94.3	0.87	167	580	7.2	2.4	2.8	1.46	582
315S	1LG0 310-4AB..	110	1480	94.6	0.88	201	710	6.2	2.3	2.8	3.11	900
315M	1LG0 313-4AB..	132	1480	94.9	0.88	240	852	6.1	2.2	2.8	3.29	995
315L	1LG0 316-4AB..	160	1480	95.1	0.89	287	1032	6.5	2.2	2.8	3.79	1070
315L	1LG0 317-4AB..	200	1480	95.3	0.89	358	1291	6.4	2.1	2.8	4.49	1220
355M	1LG0 353-4AB..	220	1490	95	0.89	395	1410	6.9	1.6	2.2	4.82	1645
355M	1LG0 354-4AB..	250	1490	95.2	0.87	459	1602	6.9	1.6	2.2	5.67	1685
355L	1LG0 356-4AB..	280	1490	95.2	0.87	514	1794	6.9	1.6	2.2	6.13	1780
355L	1LG0 357-4AB..	315	1490	95.2	0.87	578	2019	6.9	1.6	2.2	6.66	1890
220V△/380VY 50Hz，1000r/min，6 极												
80M	1LG0 083-6AA..	0.55	885	65	0.72	1.79	5.9	4.7	1.9	2.1	0.003	16
90S	1LG0 090-6AA..	0.75	910	69	0.72	2.29	7.9	5	2	2.3	0.0029	20
90L	1LG0 096-6AA..	1.1	910	72	0.73	3.18	11.5	5	2.1	2.3	0.0035	23
100L	1LG0 106-6AA..	1.5	920	76	0.75	4	15.6	5	2.2	2.4	0.0069	31
112M	1LG0 113-6AA..	2.2	935	80	0.75	5.6	22.5	5	2.4	2.4	0.0138	40
380V△/660VY 50Hz，1000r/min，6 极												
132M	1LG0 133-6AA..	4	960	82	0.76	9.8	38.2	6	2.1	2.8	0.036	68
132M	1LG0 134-6AA..	5.5	960	84.4	0.77	12.9	52.5	6.4	2.1	2.8	0.045	75
160M	1LG0 163-6AA..	7.5	970	86	0.77	17.2	71.6	6.5	2	2.7	0.088	104
160L	1LG0 166-6AA..	11	970	87.5	0.78	24.5	105.1	6.5	2	2.9	0.116	127
180L	1LG0 186-6AA..	15	970	89	0.83	30.9	143	6.5	2.2	2.7	0.207	167
200L	1LG0 206-6AB..	18.5	980	90	0.81	38.6	177	6.5	2.2	2.8	0.315	210
200L	1LG0 207-6AB..	22	980	90	0.83	44.7	210	6.5	2.1	2.6	0.36	223
225M	1LG0 223-6AB..	30	980	91.7	0.84	59.2	287	6.5	2	2.6	0.547	290
250M	1LG0 253-6AB..	37	980	92	0.86	71	353	6.9	2.1	2.8	0.834	375
280S	1LG0 280-6AB..	45	980	92.5	0.86	86	430	7	2.2	2.8	1.39	492
280M	1LG0 283-6AB..	55	980	92.8	0.86	105	525	7	2.1	2	1.65	530
315S	1LG0 310-6AB..	75	989	93.5	0.86	142	724	7	2.3	2.8	4.11	820
315M	1LG0 313-6AB..	90	989	93.8	0.86	170	869	6.2	2	2.7	4.28	895
315L	1LG0 316-6AB..	110	989	94.3	0.86	206	1062	6.2	2	2.6	5.45	1010
315L	1LG0 317-6AB..	132	989	94.6	0.87	244	1274	6.5	2	2.8	6.12	1080
355M	1LG0 353-6AB..	160	989	94.5	0.88	292	1609	6.7	1.9	2	8.85	1590
355M	1LG0 354-6AB..	185	989	94.5	0.88	338	1861	6.7	1.9	2	8.98	1660
355M	1LG0 355-6AB..	200	989	94.7	0.88	365	2012	6.7	1.9	2	9.55	1730
355L	1LG0 356-6AB..	220	989	94.7	0.88	401	2213	6.7	1.9	2	10.09	1835

(3) 1LG0 系列三相异步电动机外形及安装尺寸

表 26-1-52　1LG0 系列三相异步电动机外形及安装尺寸（IMB3，机座带底脚、端盖上无凸缘）　mm

机座号 80～90　　机座号100～132　　机座号160～355

机座号③		安装尺寸及公差													外形尺寸					
		A	B	C	D 基本尺寸	D 极限偏差	E	F 基本尺寸	F 极限偏差	G① 基本尺寸	G① 极限偏差	H 基本尺寸	K②	AB	AC	AD	HD	L	L₁
80M	1LG0080～1LG0083	125	100	50	19	+0.009 −0.004	40	6	+0 −0.030	15.5	+0 −0.10	80	10	165	164	145	220	295	335
90S	1LG0090	140	100	56	24		50	8	+0 −0.036	20	0 −0.2	90		180	184	155	250	320	375
90L	1LG0096		125															345	400
100L	1LG0106、1LG0107	160	140	63	28		60			24		100	12	205	204	180	270	385	445
112M	1LG0113	190	140	70								112		230	228	190	300	400	465
132S	1LG0130、1LG0131	216	140	89	38	+0.018 −0.002	80	10		33		132		270	267	210	345	470	555
132M	1LG0133、1LG0134		178															510	593
160M	1LG0163、1LG0164	254	210	108	42		110	12	0 −0.043	37		160	15	320	325	255	420	615	735
160L	1LG0166		254															665	779
180M	1LG0183	279	241	121	48			14		42.5		180		355	366	280	455	700	810
180L	1LG0186		279															730	848
200L	1LG0206、1LG0207	318	305	133	55	+0.030 −0.011		16		49		200	19	395	408	305	305	770	880
225S	1LG0220	356	286	149	60		140	18		53		225		435	456	335	560	815	965
225M	1LG0223		311		55		110	16		49								820	935
					60		140	18		53								845	990
250M	1LG0253	406	349	168								250	24	490	504	370	615	915	1060
					65					58									
280S	1LG0280	457	368	190								280		550	566	410	680	960	1105
					75			20	+0 −0.052	67.5								980	1125
280M	1LG0283		419		65			18	+0 −0.043	58		315	28	635	639	530	845	1010	1156
					75			20	+0 −0.052	67.5								1030	1176
315S	1LG0310	508	406	216	65			18	+0 −0.043	58								1190	1330
					80		170	22	+0 −0.052	71								1220	1390
315M	1LG0313		457		65		140	18	+0 −0.043	58								1300	1440
					80		170	22	+0 −0.052	71								1330	1500
315L	1LG031～1LG0317		508		65		140	18	+0 −0.043	58								1300	1440
					80		170	22	+0 −0.052	71								1330	1500
355M	1LG035～1LG0355	610	560	254	75		140	20	+0 −0.052	67.5		355		730	718	655	1010	1500	1640
					95	+0.035 −0.013	170	25		86								1530	1700
355L	1LG035～1LG0357		630		75	+0.030 −0.011	140	20		67.5								1500	1640
					95	+0.035 −0.013	170	25		86								1530	1700

①$G=D-GE$，GE的极限偏差对机座号80M1LG0080～1LG0083为$\left(\begin{smallmatrix}+0.10\\0\end{smallmatrix}\right)$其余为$\left(\begin{smallmatrix}+0.20\\0\end{smallmatrix}\right)$。②$K$孔的位置度公差以轴伸的轴线为准。③同一机座号的第1行为2极，第2行为4、6极时的数据。

表 26-1-53　1LG0 系列三相异步电动机外形及安装尺寸［IMB35，机座带底脚、端盖上有凸缘（带通孔）］　mm

机座号 80～90　　机座号100～132　　机座号160～355　　机座号 80～200　　机座号 225～355

机座号⑤		安装尺寸及公差																						外形尺寸					
		A	B	C	D		E	F		G①		H	K②	M	N		P③	R④		S②		T		AB	AC	AD	HD	L	L1
					基本尺寸	极限偏差		基本尺寸	极限偏差	基本尺寸	极限偏差	基本尺寸			基本尺寸	极限偏差		基本尺寸	极限偏差	基本尺寸	极限偏差	基本尺寸	极限偏差						
80M	1LG0080～1LG0083	125	100	50	19	+0.009 -0.004	40	6	+0 -0.030	15.5	+0 -0.10	80	10	165	130	+0.014 -0.011	200	0	±1.5	12	+0.430 0	3.5	0 +0.120	165	164	145	220	295	335
90S	1LG0090	140	100	56	24		50	8	+0 -0.036	20	0 -0.2	90												180	184	155	250	320	375
90L	1LG0096		125																									345	400
100L	1LG0106、1LG0107	160	140	63	28		60			24		100	12	215	180		250		±2.0	15		4		205	204	180	270	385	445
112M	1LG0113	190	140	70								112												230	228	190	300	400	465
132S	1LG0130、1LG0131	216	140	89	38	+0.018 -0.002	80	10		33		132		265	230	+0.016 -0.013	300							270	267	210	345	470	555
132M	1LG0133、1LG0134		178																									510	593
160M	1LG0163、1LG0164	254	210	108	42		110	12	+0 -0.043	37		160	15	300	250		350		±3.0	19	+0.520 0	19		320	325	255	420	615	735
160L	1LG0166		254																									667	779
180M	1LG0183	279	241	121	48		110	14		42.5		180												355	366	280	455	700	510
180L	1LG0186		279																									730	848
200L	1LG0206～1LG0207	318	305	133	55	+0.030 -0.011		16		49		200	19	350	300	±0.016	400							395	408	305	505	770	880
225S	1LG0220	356	286	149	60		140	18		53		225		400	350	±0.018	450		±4.0					435	456	335	560	815	965
225M	1LG0223		311		55		110	16		49																		820	935
					60		140	18		53																		845	990
250M	1LG0253	406	349	168								250	24	500	450	±0.020	550							490	504	370	615	910	1060
					65					58																			
280S	1LG0280	457	368	190								280												550	566	410	680	960	1105
					75			20	+0 -0.052	67.5																		980	1125
280M	1LG0283		419		65			18	+0 -0.043	58																		1010	1156
					75			20	+0 -0.052	67.5																		1030	1176
315S	1LG0310	508	406	216	65			18	+0 -0.043	58		315	28	600	550	±0.022	660			24		24	0 +0.150	635	639	530	845	1190	1330
					80		170	22	+0 -0.052	71																		1220	1390
315M	1LG0313		457		65		140	18	+0 -0.043	58																		1300	1440
					80		170	22	+0 -0.052	71																		1330	1500
315L	1LG031…1LG0317		508		65		140	18	+0 -0.043	58																		1300	1440
					80		170	22	+0 -0.052	71																		1330	1500
355M	1LG035…1LG0355	610	560	254	75		140	20	+0 -0.052	67.5		355		740	680	±0.025	800							730	718	655	1010	1500	1640
					95	+0.035 -0.013	170	25		86																		1530	1700
355L	1LG035…1LG0357		630		75	+0.030 -0.011	140	20		67.5																		1500	1640
					95	+0.035 -0.013	170	25		86																		1530	1700

①$G=D-GE$，GE 的极限偏差对机座号 80M1LG0080～1LG0083 为 $\binom{+0.010}{0}$ 其余为 $\binom{+0.020}{0}$。②K、S 孔的位置度公差以轴伸的轴线为准。③P 尺寸为最大极限尺寸。④R 为凸缘配合面至轴伸肩的距离。⑤同一机座号的第 1 行为 2 极，第 2 行为 4 或 6 极时的数据。

表 26-1-54　　1LG0 系列三相异步电动机外形及安装尺寸（IMB5，机座不带底脚、端盖上有凸缘（带通孔））　　mm

机座号80～90　机座号100～132　机座号160～280　机座号80～132　机座号160～200　机座号225～280

机座号⑤		安装尺寸及公差																	外形尺寸			
		D		E	F		G①		M	N		P③	R④		S②		T		AC	HF	L	L_1
		基本尺寸	极限偏差		基本尺寸	极限偏差	基本尺寸	极限偏差		基本尺寸	极限偏差		基本尺寸	极限偏差	基本尺寸	极限偏差	基本尺寸	极限偏差				
80M	1LG0080～1LG0083	19	+0.009 −0.004	40	6	0 −0.030	15.5	0 −0.10	165	130	+0.014 −0.011	200	0	±1.5	12	+0.430 0	3.5	0 +0.120	164	235	295	335
905	1LG0090	24		50	8	0 −0.036	20	0 −0.2											184	255	320	375
90L	1LG0096																				345	400
100L	1LG0106、1LG0107	28		60			24		215	180		250		±2.0	15		4		204	290	385	445
112M	1LG0113																		228	315	400	465
132S	1LG0130、1LG0131	38	+0.018 −0.002	80	10		33		265	230	+0.016 −0.013	300							267	360	470	555
132M	1LG0133、1LG0134																				510	593
160M	1LG0163、1LG0164	42		110	12	0 −0.043	37		300	250		350		±3.0	19	+0.520 0	5		325	480	615	735
160L	1LG0166																				665	779
180M	1LG0183	48		110	14		42.5												366	510	700	810
180L	1LG0186																				730	848
200L	1LG0206…1LG0207	55	+0.030 −0.011		16		49		350	300	±0.016	400							408	570	770	880
225S	1LG0220	60		140	18		53		400	350	±0.018	450		±4.0					456	615	815	965
225M	1LG0223	55		110	16		49														820	935
		60		140	18		53														845	990
250M	1LG0253								500	450	±0.020	550							504	685	915	1060
		65					58															
280S	1LG0280																		580	650	960	1105
		75			20	3 −0.052	67.5														980	1125
280M	1LG0283	65			18	0 −0.043	58														1010	1156
		75			20	0 −0.052	67.5														1030	1176

① $G=D-GE$，GE 的极限偏差对机座号 80M1LG0080…1LG0083 为 $\binom{+0.10}{0}$ 其余为 $\binom{+0.20}{0}$。②S 孔的位置度公差以轴伸的轴线为准。③P 尺寸为最大极限尺寸。④R 为凸缘配合面至轴伸肩的距离。⑤同一机座号的第 1 行为 2 极，第 2 行为 4 或 6 极时的数据。

表 26-1-55　1LG0 系列三相异步电动机外形及安装尺寸（IMV1，立式安装、机座不带底脚、端盖上有凸缘（带通孔）轴伸向下）　mm

机座号80～90　机座号100～132　机座号160～355　机座号80～132　机座号160～200　机座号225～355

机座号⑤		外形尺寸																				
		D		E		F		G①		M	N		P③	R④		S②		T		AC	HF	L
		基本尺寸	极限偏差	基本尺寸	极限偏差	基本尺寸	极限偏差	基本尺寸	极限偏差		基本尺寸	极限偏差		基本尺寸	极限偏差	基本尺寸	极限偏差	基本尺寸	极限偏差			
80M	1LG0080～1LG0083	19	+0.009 −0.004	40	±0.310	6	0 −0.030	15.5	0 −0.1	165	130	+0.014 −0.011	200	0	±1.5	12	+0.430 −0	3.5	0 −0.120	164	235	355
90S	1LG0090	24		50		8	0 −0.036	20	0 −0.2											184	255	380
90L	1LG0096																					405
100L	1LG0106,1LG0107	28		60	±0.370			24		215	180		250		±2.0	15		4		204	290	445
112M	1LG0113																			228	315	460
132S	1LG0130,1LG0131	38	+0.018 −0.002	80		10		33		265	230	+0.016 −0.013	300							267	360	530
132M	1LG0133,1LG0134																					570
160M	1LG0163,1LG0164	42		110	±0.430	12	0 −0.043	37		300	250		350		±3.0	19	+0.520 0	5		325	480	685
160L	1LG0166																					735
180M	1LG0183	48				14		42.5												366	510	770
180L	1LG0186																					800
200L	1LG0206,1LG0207	55	+0.030 −0.011			16		49		350	300	±0.016	400							408	570	840
225S	1LG0220	60		140	±0.500	18		53		400	350	±0.018	450		±4.0					456	615	885
225M	1LG0223	55		110	±0.430	16		49														890
		60		140	±0.500	18		53														915
250M	1LG0253									500	450	±0.020	550							504	685	995
		65						58														
280S	1LG0280																			566	760	1040
		75				20	0 −0.052	67.5														1060
280M	1LG0283	65				18	0 −0.043	58														1090
		75				20	0 −0.052	67.5														1110
315S	1LG0310	65				18	0 −0.043	58		600	550	±0.022	660			24		6	0 +0.150	639	950	1270
		80		170		22	0 −0.052	71														1300
315M	1LG0313	65		140		18	0 −0.043	58														1380
		80		170		22	0 −0.052	71														1410
315L	1LG031～1LG0317	65		140		18	0 −0.043	58														1380
		80		170		22	0 −0.052	71														1410
355M	1LG035～1LG0355	75		140		20		67.5		740	680	±0.025	800							718	1125	1580
		95	+0.035 −0.013	170		25		86														1610
355L	1LG035～1LG0357	75	+0.030 −0.011	140		20		67.5														1580
		95	+0.035 −0.013	170		25		86														1610

①$G=D-GE$，GE 的极限偏差对机座号 80M1LG0080～1LG0083 为$\begin{pmatrix}+0.10\\0\end{pmatrix}$其余为$\begin{pmatrix}+0.20\\0\end{pmatrix}$。②$S$ 孔的位置度公差以轴伸的轴线为准。③P 尺寸为最大极限尺寸。④R 为凸缘配合面至轴伸肩的距离。⑤同一机座号的第 1 行为 2 极，第 2 行为 4 或 6 极时的数据。

1.3.1.7 YR 系列绕线转子三相异步电动机

YR 系列（IP44）电动机为一般用途绕线转子三相异步电动机，具有效率高、过载能力强、启动转矩大、结构可靠、外形美观等优点。特别是机座等基本结构件与 Y（IP44）基本系列电动机通用，给用户配套互换带来方便。

本系列电动机能在较小的启动电流下提供较大的启动转矩，并能在一定范围内调节速度，它广泛用于下述场合：①需要比鼠笼转子电动机更大的启动转矩；②馈电线路容量不足以启动鼠笼转子电动机；③需要小范围调速；④联成“电轴”作同步传动。如压缩机、榨糖机、纺织机、卷扬机、拉丝机、传输机等机械。

YR 系列（IP44）三相异步电动机的技术数据、安装尺寸及外形尺寸见表 26-1-56～表 26-1-59。

（1）YR 系列（IP44）电动机技术数据

表 26-1-56 YR 系列（IP44）电动机技术数据（JB/T 7119—2010）

型号	功率/kW	转速/$r \cdot min^{-1}$	电流(380V 时)/A	效率/%	功率因数 $\cos\varphi$	最大转矩/额定转矩	转子		噪声(LW)/dB(A)	转动惯量/$kg \cdot m^2$	质量/kg
							电压/V	电流/A			
同步转速 1500r/min											
YR132M1-4	4	1440	9.3	84.5	0.77	3.0	230	11.5	82	0.0895	80
YR132M2-4	5.5	1440	12.6	86.0	0.77	3.0	272	13.0	82	0.104	95
YR160M-4	7.5	1460	15.7	87.5	0.83	3.0	250	19.5	86	0.238	130
YR160L-4	11	1460	22.5	89.5	0.83	3.0	276	25.0	86	0.294	155
YR 180L-4	15	1465	30.0	89.5	0.85	3.0	278	34.0	90	0.448	205
YR 200L1-4	18.5	1465	36.7	89.0	0.86	3.0	247	47.5	90	0.8	265
YR 200L2-4	22	1465	43.2	90.0	0.86	3.0	293	47	90	0.862	290
YR 225M1-4	30	1475	57.6	91.0	0.87	3.0	360	51.5	92	1.58	380
YR 250M1-4	37	1480	71.4	91.5	0.86	3.0	289	79	92	2.17	440
YR 250M2-4	45	1480	85.9	91.5	0.87	3.0	340	81	94	2.37	490
YR 280S-4	55	1480	103.8	91.5	0.88	3.0	485	70	94	4.09	670
YR 280M-4	75	1480	140	92.5	0.88	3.0	354	128	98	5.04	800
同步转速 1000r/min											
YR 132M1-6	3	955	8.20	80.5	0.69	2.8	206	9.5	82	0.127	80
YR 132M2-6	4	955	10.7	82.0	0.69	2.8	230	11.0	82	0.148	95
YR 160M-6	5.5	970	13.4	84.5	0.74	2.8	144	14.5	82	0.3	135
YR 160L-6	7.5	970	17.9	86.0	0.74	2.8	266	18.0	85	0.3598	155
YR 180M-6	11	975	23.6	87.5	0.81	2.8	310	22.5	85	0.676	205
YR 200L1-6	15	975	31.8	88.5	0.81	2.8	198	48.0	88	1.057	280
YR 225M1-6	18.5	980	38.3	88.5	0.83	2.8	187	62.5	88	1.617	335
YR 225M2-6	22	980	45.0	89.5	0.83	2.8	224	61.0	88	1.77	365
YR 250M1-6	30	980	60.3	90.0	0.84	2.8	282	66.0	91	3.0	450
YR 250M2-6	37	980	73.9	90.5	0.84	2.8	331	69.0	91	3.245	490
YR 280S-6	45	985	87.9	91.5	0.85	2.8	362	76.0	94	5.45	680
YR 280M-6	55	985	106.9	92.0	0.85	2.8	423	80.0	94	6.03	730
同步转速 750r/min											
YR160M-8	4	715	10.7	82.5	0.69	2.4	216	12	78	0.113	135
YR160L-8	5.5	715	14.1	83.0	0.71	2.4	230	15.5	78	0.142	155
YR180L-8	7.5	725	18.4	85.0	0.73	2.4	255	19	82	0.24	190
YR200L1-8	11	725	26.6	86.0	0.73	2.4	152	46	82	0.403	280
YR225M1-8	15	735	34.5	88.0	0.75	2.4	189	58	86	0.69	365
YR225M2-8	18.5	735	42.1	89.0	0.75	2.4	211	54	86	0.81	390
YR250M1-8	22	735	48.1	89.0	0.76	2.4	210	65.5	86	1.19	450
YR250M2-8	30	735	66.1	89.5	0.77	2.4	270	69	90	1.39	500
YR280S-8	37	735	78.2	91.0	0.79	2.4	281	81.5	90	2.14	680
YR280M-8	45	735	92.9	92.0	0.80	2.4	359	76	93	2.73	800

（2）YR 系列（IP44）电动机外形及安装尺寸

表 26-1-57　YR 系列（IP44）电动机 B35 外形及安装尺寸　mm

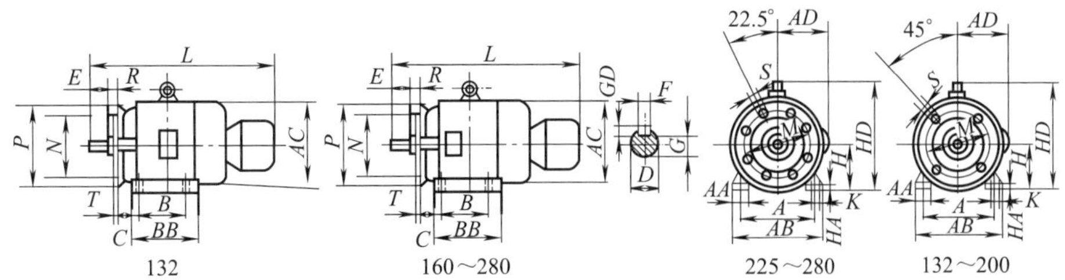

机座号	安装尺寸															外形尺寸							
	A	B	C	D	E	F×GD	G	H	K	T	M	N	P	R	S	AA	AB	AC	AD	BB	HA	HD	L
YR132M	216	178	89	38	80	10×8	33	132	ϕ12	4	265	230	300	0	4×ϕ15	60	280	280	210	238	18	315	745
YR160M	254	210	108	42	110	12×8	37	160	ϕ15	5	300	250	350	0	4×ϕ19	70	330	335	255	270	20	385	820
YR160L		254																		314			865
YR180L	279	279	121	48	110	14×9	42.5	180	ϕ15	5	300	50	350	0	4×ϕ19	70	355	375	285	349	22	430	920
YR200L	318	305	133	55	110	16×10	49	200	ϕ19	5	350	300	400	0	4×ϕ19	70	395	425	310	379	25	475	1045
YR225M	356	311	149	60	140	18×11	53	225	ϕ19	5	400	350	450	0	8×ϕ19	75	435	470	345	393	28	530	1115
YR250M	406	349	168	65	140	18×11	58	250	ϕ24	5	500	450	550	0	8×ϕ19	80	490	515	385	455	30	575	1260
YR280S	457	368	190	75	140	20×12	67.5	280	ϕ24	5	500	450	550	0	8×ϕ19	85	550	575	410	530	35	640	1355
YR280M		119																		581			1405

表 26-1-58　YR 系列（IP44）三相异步电动机 V1 安装尺寸及外形尺寸　mm

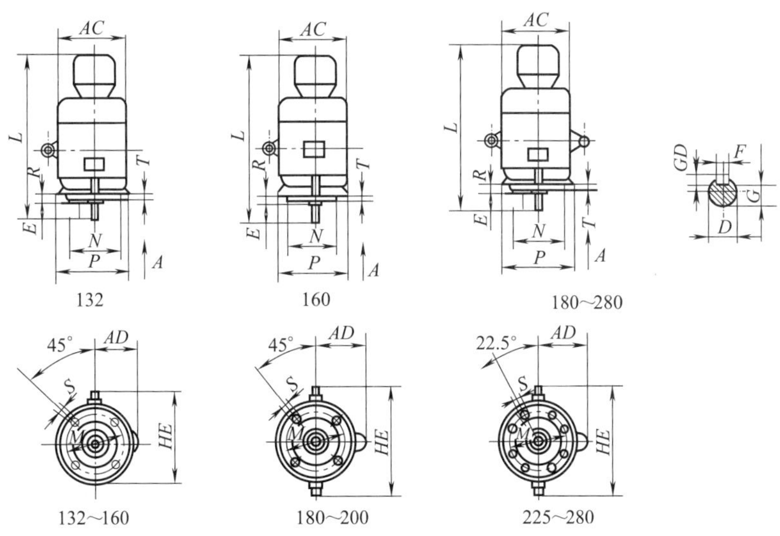

机座号	安装尺寸										外形尺寸			
	D	E	F×GD	G	T	M	N	P	R	S	AD	AC	HE	L
YR132M	38	80	10×8	33	4	265	230	300	0	4×ϕ15	210	280	315	745
YR160M	42	110	12×8	37	5	300	250	350	0	4×ϕ19	265	335	385	820
YR160L														865

第
26
篇

续表

机座号	安装尺寸										外形尺寸			
	D	*E*	*F*×*GD*	*G*	*T*	*M*	*N*	*P*	*R*	*S*	*AD*	*AC*	*HE*	*L*
YR180L	48	110	14×49	42.5	5	300	250	350	0	4×ϕ19	285	375	500	920
YR200L	55	110	16×10	49	5	350	300	400	0	4×ϕ19	315	425	550	1045
YR225M	60	140	18×11	53	5	400	356	450	0	8×ϕ19	345	470	610	1115
YR250M	65	140	18×11	58	5	500	450	550	0	8×ϕ19	385	515	650	1260
YR280S	75	140	20×12	67.5	5	500	450	550	0	8×ϕ19	410	575	720	1355
YR280M														1405

表 26-1-59　YR 系列（IP44）电动机 B35 外形及安装尺寸　mm

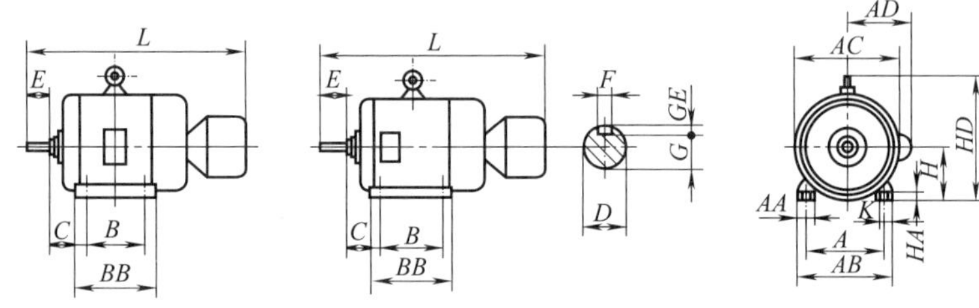

机座号	安装尺寸									外形尺寸						
	A	*B*	*C*	*D*	*E*	*F*×*GE*	*G*	*H*	*K*	*AA*	*AB*	*AC*	*AD*	*BB*	*HD*	*L*
YR132M	216	178	89	38	80	10×8	33	132	ϕ12	60	280	280	210	238	315	745
YR160M	254	210	108	42	110	10×8	37	160	ϕ15	70	330	335	255	270	385	820
YR160L	254	254	108	42	110	12×8	37	160	ϕ15	70	330	335	255	314	385	865
YR180L	279	279	121	48	110	14×9	42.5	180	ϕ15	70	355	375	285	349	430	920
YR200L	318	305	133	55		16×10	49	200	ϕ19	75	395	425	310	379	475	1045
YR225M	356	311	149	60	140	18×11	53	225	ϕ19	75	435	470	345	393	530	1115
YR250M	406	349	168	65		18×11	58	250	ϕ24	80	490	515	385	455	575	1260
YR280S	457	368	190	75	140	20×12	67.5	280	ϕ24	85	550	575	575	530	640	1355
YR280M		419												581		1405

(3) YR 系列（IP23）三相异步电动机

表 26-1-60　YR3 系列（IP23）三相异步电动机技术数据（JB/T 5269—2007）

型号	功率 /kW	转速 /r·min^{-1}	电流 (380V 时) /A	效率 /%	功率因数 cosφ	最大转矩/额定转矩	转子 电压 /V	转子 电流 /A	噪声(LW) /dB(A)	转动惯量 /kg·m^2	质量 /kg
同步转速 1500r/min											
YR160M-4	7.5	1421	16.0	84	0.84	2.8	260	19	83	0.099	
YR160L1-4	11	1434	22.6	86.5	0.85	2.8	275	26	83	0.122	
YR160L2-4	15	1444	30.2	87	0.85	2.8	260	37	85	0.149	

续表

型号	功率 /kW	转速 /r·min⁻¹	电流 (380V 时) /A	效率 /%	功率因数 cosφ	最大转矩/ 额定转矩	转子 电压 /V	转子 电流 /A	噪声(LW) /dB(A)	转动惯量 /kg·m²	质量 /kg
同步转速 1500r/min											
YR180M-4	18.5	1426	36.1	87	0.88	2.8	197	61	85	0.25	
YR180L-4	22	1434	42.5	88	0.88	3.0	232	61	85	0.273	
YR200M-4	30	1439	57.7	89	0.88	3.0	255	76	89	0.455	
YR200L-4	37	1448	70.2	89	0.86	3.0	316	74	89	0.553	335
YR225M1-4	45	1442	86.7	89	0.88	2.5	240	120	92	0.65	350
YR225M2-4	55	1448	104.7	90	0.88	2.5	288	121	92	0.74	380
YR250S-4	75	1453	141.7	90.5	0.89	2.5	449	105	92	1.338	440
YR250M-4	90	1457	167.9	91	0.89	2.5	524	107	92	1.5	490
YR280S-4	110	1458	201.3	91.5	0.89	3.0	349	196	92	2.275	
YR280M-4	132	1463	239.0	92.5	0.89	3.0	419	194	92	2.598	880
同步转速 1000r/min											
YR160M-6	5.5	949	12.7	82.5	0.77	2.5	279	13	79	0.143	
YR160L-6	7.5	949	16.9	83.5	0.78	2.5	260	19	80	0.164	162
YR180M-6	11	940	24.2	84.5	0.78	2.8	146	50	80	0.313	
YR180L-6	15	947	32.6	85.5	0.79	2.8	187	53	83	0.37	
YR200M-6	18.5	949	39	86.5	0.81	2.8	187	65	83	0.543	
YR200L-6	22	955	45.5	87.5	0.82	2.8	224	63	83	0.638	315
YR225M1-6	30	955	59.4	87.5	0.85	2.2	227	86	86	0.809	335
YR225M2-6	37	964	73.1	89	0.85	2.2	287	82	86	0.934	365
YR250S-6	45	966	88	89	0.85	2.2	307	93	89	1.653	450
YR250M-6	55	967	105.7	89.5	0.86	2.2	359	97	89	1.88	490
YR280S-6	75	969	141.8	90.5	0.88	2.5	392	121	92	2.88	
YR280M-6	90	972	166.7	91	0.89	2.5	481	118	92	3.513	880
同步转速 750r/min											
YR160M-8	4	703	10.5	81	0.71	2.2	262	11	77	0.142	
YR160L-8	5.5	705	14.2	81.5	0.71	2.2	243	15	77	0.162	160
YR180M-8	7.5	692	18.4	82	0.73	2.2	105	49	80	0.309	
YR180L-8	11	699	26.8	83	0.73	2.2	140	53	80	0.363	
YR200Ma8	15	706	36.1	85	0.73	2.2	153	64	83	0.536	
YR200L-8	18.5	712	44	86	0.73	2.2	187	64	83	0.63	
YR225M-8	22	710	48.6	86	0.78	2.0	161	90	83	0.791	365
YR225M2-8	30	713	65.3	87	0.79	2.0	200	97	86	0.905	390
YR250S-8	37	715	78.9	87.5	0.79	2.0	218	110	86	1.605	450
YR250M-8	45	720	95.5	88.5	0.79	2.0	264	109	88	1.833	500
YR280S-8	55	723	114	89	0.82	2.2	279	125	88	2.638	
YR280M-8	75	725	152.1	90	0.82	2.2	359	131	91	3.428	880

(4) YR3 系列 (IP23) 电动机外形及安装尺寸

表 26-1-61 YR3 系列 (IP23) 三相异步电动机安装尺寸及外形尺寸 mm

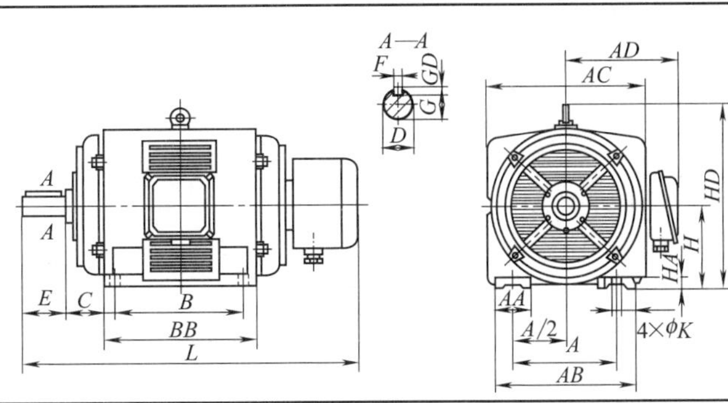

续表

机座号	安装尺寸										外形尺寸							
	A	*A*/2	*B*	*C*	*D*	*E*	*F*×*GD*	*G*	*H*	*K*	*AA*	*AB*	*AC*	*AD*	*BB*	*HA*	*HD*	*L*
YR160M	254	127	210	108	48	110	14×9	42.5	160	15	70	330	380	290	270	20	440	900
YR160L			254												315			
YR180M	279	139.5	241	121	55	110	16×10	49	180	15	70	350	420	325	315	22	505	1030
YR180L			279												350			
YR200M	318	159	267	133	60	140	18×11	53	200	19	80	400	405	350	355	25	570	1070
YR200L			305												395			1040
YR225M	356	178	311	149	65	140	18×11	58	225	19	90	450	520	395	395	28	640	1190
YR250S	406	203	311	168	75	140	20×12	67.5	250	24	100	510	550	410	420	30	710	1260
YR250M			349												455			1290
YR280S	457	228.5	368	190	80	170	22×14	71	280	24	110	570	610	450	530	35	785	1430
YR280M			419												585			1480

1.3.1.8 YH 系列高转差率三相异步电动机

YH 系列高转差率三相异步电动机是 Y 系列三相异步电动机的派生产品。其外形及安装尺寸、功率等级、绝缘等级、防护等级、冷却方式均与 Y 系列完全相同。

YH 系列电动机具有转差率高、堵转转矩大、堵转电流小、机械特性软、承受冲击负载和体积小、重量轻、性能优良、运行可靠等特点。适用于传动飞轮转矩较大和不均匀冲击负载以及正反转次数较多的金属加工机床，如锤击机、剪切机、冲压机、锻压机等。

YH 系列高转差率三相异步电动机技术数据见表 26-1-62 和表 26-1-63，外形及安装尺寸与 Y 系列电动机相同，详见表 26-1-27～表 26-1-30。

表 26-1-62 YH 系列高转差率三相异步电动机技术数据（JB/T 6449—2010）

机座号	额定功率/kW	在额定功率时						堵转电流	堵转转矩	最大转矩	转动惯量/kg·m²	质量/kg
		转速/r·min⁻¹	电流/A	负载持续率/%	转差率/%	效率/%	功率因数 cos*φ*	相对额定电流(或转矩)的倍数				
同步转速 3000r/min												
YH801-2	0.75	2670	1.87	60	11	71.0	0.86	5.5	2.7	2.7	0.00075	16
YH802-2	1.1	2670	2.63	60	11	73.0	0.87				0.0009	17
YH90S-2	1.5	2670	3.67	40	11	73.0	0.85				0.0012	22
YH90L-2	2.2	2670	5.15	40	11	75.5	0.86				0.0014	25
YH100L-2	3	2700	6.89	40	10	76.0	0.87				0.00290	33
YH112M-2	4	2730	8.81	40	9	77.5	0.89				0.0055	45
YH132S1-2	5.5	2730	11.9	40	9	78.0	0.90				0.0109	64
YH132S2-2	7.5	2730	16.0	25	9	78.5	0.91				0.0126	70
YH160M1-2	11	2760	22.9	25	8	81.0	0.90				0.0377	117
YH160M2-2	15	2760	30.5	25	8	82.0	0.91				0.0449	125
YH160L-2	18.5	2760	37.4	25	8	82.5	0.91				0.055	147

续表

机座号	额定功率 /kW	在额定功率时						堵转电流	堵转转矩	最大转矩	转动惯量 /kg·m²	质量 /kg
		转速 /r·min⁻¹	电流 /A	负载持续率 /%	转差率 /%	效率 /%	功率因数 cosφ	相对额定电流(或转矩)的倍数				
同步转速 1500r/min												
YH801-4	0.55	1305	1.65	60	13	66.5	0.76				0.0018	17
YH802-4	0.75	1305	2.18	60	13	68.0	0.77				0.0021	18
YH90S-4	1.1	1305	2.98	60	13	70.0	0.80				0.0021	22
YH90L-4	1.5	1305	3.96	60	13	72	0.80				0.0027	27
YH100L1-4	2.2	1305	5.52	40	13	73	0.83		2.7	2.7	0.0054	34
YH100L2-4	3.0	1305	7.42	40	13	74	0.83				0.0067	38
YH112M-4	4.0	1335	9.51	40	11	77	0.83				0.0095	43
YH132S-4	5.5	1350	12.5	40	10	77.5	0.86				0.0214	68
YH132M-4	7.5	1350	17.0	40	10	78	0.87				0.0296	81
YH160M-4	11	1365	24.3	25	9	80	0.86	5.5			0.0747	123
YH160L-4	15	1380	32.3	25	8	82.0	0.86				0.0918	144
YH180M-4	18.5	1380	38.5	25	8	82.0	0.89				0.139	182
YH200L-4	22	1380	45.2	25	8	83.0	0.89				0.158	190
YH225S-4	30	1380	61.0	25	8	84.0	0.89		2.6	2.6	0.262	270
YH225M1-4	37	1395	74.4	25	7	84.0	0.90				0.406	284
YH255M2-4	45	1395	88.9	25	7	84.5	0.91				0.469	320
YH250M-4	55	1395	108	25	7	86.0	0.90				0.66	427
YH280S-4	75	1395	144	15	7	86.0	0.92				1.12	562
YH280M-4	90	1395	172	15	7	86.5	0.92				1.46	667
同步转速 1000r/min												
YH90S-6	0.75	870	2.48	60	13	66.5	0.69				0.0029	23
YH90L-6	1.1	870	3.46	60	13	67	0.72				0.0035	25
YH100L-6	1.5	880	4.28	40	12	70	0.76				0.0069	33
YH112M-6	2.2	880	6.02	40	12	73	0.76	5.0	2.7	2.7	0.0138	45
YH132S-6	3.0	900	7.69	40	10	76	0.78				0.0286	63
YH132M1-6	4.0	900	10	40	10	77	0.79				0.0357	73
YH132M2-6	5.5	900	13.6	40	10	78	0.79				0.0449	84
YH160M-6	7.5	890	17.8	25	11	79	0.81				0.0881	119
YH160L-6	11	890	25.8	25	11	80	0.81				0.116	147
YH180L-6	15	910	33.5	25	9	82	0.83	5.0	2.5	2.5	0.207	195
YH200L1-6	18.5	920	39.8	25	8	82	0.86				0.315	220
YH200L2-6	22	920	46.6	25	8	82.5	0.87				0.360	250
YH225M-6	30	930	62.7	25	8	83	0.87				0.547	292
YH250M-6	37	930	75.2	25	7	84	0.89	5.5	2.5	2.5	0.834	408
YH280S-6	45	930	90.9	25	7	84.5	0.89				1.39	536
YH280M-6	55	930	110	25	7	85	0.89				1.65	595

续表

机座号	额定功率/kW	在额定功率时 转速/r·min^{-1}	电流/A	负载持续率/%	转差率/%	效率/%	功率因数 cosφ	堵转电流	堵转转矩	最大转矩	转动惯量/kg·m^2	质量/kg
								相对额定电流(或转矩)的倍数				
同步转速 750r/min												
YH132S-8	2.2	660	6.27	60	12	73	0.73	4.5	2.6	2.6	0.0314	63
YH132M-8	3.0	660	8.21	60	12	74	0.75				0.0395	79
YH160M1-8	4.0	670	10.5	60	11	77	0.75	4.5	2.4	2.4	0.0753	118
YH160M2-8	5.5	670	13.9	60	11	78	0.77				0.0931	119
YH160L-8	7.5	670	18.5	60	11	79	0.78				0.126	145
YH180L-8	11	675	27.3	25	10	76.5	0.80				0.203	184
YH200L-8	15	683	36.6	25	9	77.5	0.80				0.339	250
YH225S-8	18.5	683	45	25	9	80	0.78				0.491	266
YH225M-8	22	683	51.6	25	9	81	0.80				0.547	292
YH250M-8	30	690	67.4	25	8	81.5	0.83				0.834	405
YH280S-8	37	690	84.6	25	8	82.0	0.81				1.39	520
YH280M-8	45	690	99.8	25	8	82.5	0.83				1.65	592

表 26-1-63 在不同负载下电动机的输出功率

型　号	YH 系列在不同负载下电动机的输出功率/kW				
	FC=15%	*FC*=25%	*FC*=40%	*FC*=60%	*FC*=100%
YH801-2	1.0	0.9	0.8	0.75	0.65
YH802-2	1.5	1.3	1.2	1.1	1.0
YH90S-2	1.8	1.6	1.5	1.3	1.1
YH90L-2	2.7	2.4	2.2	2.0	1.8
YH100L-2	3.8	3.3	3.0	2.7	2.4
YH112M-2	5.0	4.4	4.0	3.6	3.2
YH132S1-2	7.0	6.0	5.5	5.0	4.4
YH132S2-2	8.5	7.5	6.7	6.0	5.3
YH160M1-2	12.5	11	9.8	8.8	7.8
YH160M2-2	17	15	13.5	12	10.6
YH160L-2	21	18.5	16.5	14.5	13
YH801-4	0.75	0.65	0.6	0.55	0.48
YH802-4	1.0	0.9	0.8	0.75	0.66
YH90S-4	1.5	1.4	1.2	1.1	1.0
YH90L-4	2.0	1.8	1.6	1.5	1.3
YH100L1-4	2.8	2.5	2.2	2.0	1.8
YH100L2-4	3.8	3.3	3.0	2.7	2.4
YH112M-4	5.0	4.5	4.0	3.6	3.2

续表

型　号	YH 系列在不同负载下电动机的输出功率/kW				
	FC＝15％	*FC*＝25％	*FC*＝40％	*FC*＝60％	*FC*＝100％
YH132S-4	7.0	6.0	5.5	5.0	4.3
YH132M-4	9.5	8.4	7.5	6.6	6.0
YH160M-4	12.5	11	9.8	8.8	7.6
YH160L-4	16	15	13	11.5	10
YH180M-4	21	18.5	16.5	14.8	13
YH180L-4	25	22	20	17.8	15.8
YH200L-4	34	30	27	24	21
YH225S-4	42	37	33	29	25
YH225M-4	51	45	40	35	30
YH250M-4	62	55	49	43	37
YH280S-4	75	66	59	52	45
YH280M-4	90	79	70	62	54
YH90S-6	1.0	0.9	0.8	0.75	0.6
YH90L-6	1.5	1.3	1.2	1.1	0.9
YH100L-6	1.9	1.7	1.5	1.3	1.1
YH112M-6	2.7	2.4	2.2	1.9	1.7
YH132S-6	3.7	3.2	3.0	2.6	2.3
YH132M1-6	5.0	4.3	4.0	3.5	3.0
YH132M2-6	6.5	6.0	5.5	4.5	4.0
YH160M-6	8.5	7.5	7.0	6.0	5.0
YH160L-6	12.5	11	10	8.5	7.5
YH180L-6	17	15	13.5	11.5	10
YH200L1-6	21	18.5	17	14.5	12.5
YH200L2-6	25	22	20	17	15
YH225M-6	34	30	27	23	20
YH250M-6	42	37	34	29	25
YH280S-6	51	45	41	35	31
YH280M-6	62	55	50	42	37
YH132S-8	3.2	2.8	2.7	2.2	1.9
YH132M-8	4.4	3.8	3.7	3.0	2.6
YH160M1-8	6.0	5.1	5.0	4.0	3.4
YH160M2-8	8.1	7.1	6.5	5.5	4.7
YH160L-8	10.1	8.7	8.5	7.5	6.5
YH180L-8	12.5	11	10.5	8.5	7.2
YH200L-8	17	15	14	11.5	10
YH225S-8	21	18.5	18	14.5	12.5
YH225M-8	25	22	21	17	14.5
YH250M-8	34	30	29	23	20
YH280S-8	42	37	35	28	24
YH280M-8	52	45	43	34	29

注：表中各 *FC* 下的输出功率为近似计算值；*FC* 为 100％者，表示电动机作为连续工作制（S1）运行。

1.3.1.9 YX系列高效率节能三相异步电动机

YX系列高效率三相异步电动机是Y系列（IP44）的派生产品。该电动机适合用于不含易燃、易爆或腐蚀性气体的一般场所和年运行时间长、负载率高的机械设备配套，如风机、泵、化工和纺织机械等。

YX系列与Y系列（IP44）相比（相应规格比较），效率平均提高3%左右。YX系列（全系列）效率平均值为91.2%，且在50%～100%负荷范围内有较平坦的效率特性，在75%负荷时，效率值较100%负荷时还高0.4%左右。因此，对于长期连续运行的场合有利于实际运行电能的节约和减少用户支出费用，尤其使用在年运行2000 h以上的场合节电效果尤为显著。

电动机的功率等级、安装尺寸、防护等级与Y系列相同，因此可以与Y系列（IP44）异步电动机互换。

YX系列高效率三相异步电动机的技术数据见表26-1-64，外形及安装尺寸与Y系列（IP44）异步电动机相同，详见表26-1-27～表26-1-30。

表26-1-64 YX系列高效率三相异步电动机主要技术数据（H80～280mm）（JB/T 10686—2006）

型号	额定功率/kW	转速/r·min^{-1}	电流/A	效率/% 输出功率/额定功率 100%	75%	50%	功率因数 cosφ	堵转转矩/额定转矩	堵转电流/额定电流	最大转矩/额定转矩	质量/kg
同步转速3000r/min											
YX100L-2	3	2880	5.9	86.5	86.8	86.3	0.89	2.0	8.0	2.2	35
YX112M-2	4	2910	7.7	88.3	88.6	88	0.89	2.0	8.0	2.2	48
YX132S1-2	5.5	2920	10.6	88.6	88.9	88.2	0.89	1.8	8.0	2.2	70
YX132S2-2	7.5	2920	14.3	89.7	90.2	89.4	0.89	1.8	8.0	2.2	75
YX160M1-2	11	2950	20.9	90.8	91.2	90.4	0.88	1.8	8.0	2.2	135
YX160M2-2	15	2950	27.8	92	92.4	91.6	0.89	1.8	8.0	2.2	146
YX160L-2	18.5	2950	34.3	92	92.4	91.7	0.89	1.8	8.0	2.2	157
YX180M-2	22	2950	40.1	92.5	92.5	92.1	0.90	1.8	8.0	2.2	195
YX200L1-2	30	2960	54.5	93	93	92.7	0.90	1.8	7.5	2.2	258
YX200L2-2	37	2950	67.0	93.2	93.4	93	0.90	1.8	7.5	2.2	275
YX225M-2	45	2970	80.8	94	94	93.5	0.89	1.8	7.5	2.2	332
YX250M-2	55	2980	99.7	94.2	94.2	93.6	0.89	1.8	7.5	2.2	472
YX280S-2	75	2970	135.8	94.2	94.4	93.7	0.89	1.8	7.5	2.2	565
YX280M-2	90	2980	162.6	94.5	94.6	94	0.86	1.8	7.5	2.2	605
同步转速1500r/min											
YX100L1-4	2.2	1440	4.7	86.3	87	86.5	0.82	2	8	2.2	36
YX100L2-4	3	1440	6.4	86.5	87.2	86.6	0.82	2	8	2.2	41
YX112M-4	4	1460	8.3	88.3	89	88.5	0.83	2	8	2.2	52
YX132S-4	5.5	1460	11.2	89.5	90.2	89.5	0.83	2	8	2.2	75
YX132M-4	7.5	1460	14.8	90.3	90.7	90.3	0.85	2	8	2.2	82
YX160M-4	11	1470	20.9	91.8	92	91.6	0.87	2	8	2.2	133
YX160L-4	15	1470	28.5	91.8	92.2	91.7	0.87	2	8	2.2	157
YX180M-4	18.5	1480	35.2	93	93.2	92.8	0.86	1.8	8	2.2	190
YX180L-4	22	1480	41.7	93.2	93.5	93	0.86	1.8	8	2.2	205
YX200L-4	30	1480	56	93.5	93.8	93.5	0.87	1.8	7.5	2.2	274

续表

型号	额定功率/kW	转速/r·min^{-1}	电流/A	效率/% 输出功率/额定功率 100%	75%	50%	功率因数 cosφ	堵转转矩/额定转矩	堵转电流/额定电流	最大转矩/额定转矩	质量/kg
同步转速 1500r/min											
YX225S-4	37	1490	68.9	93.8	94.2	93.7	0.87	1.8	7.5	2.2	324
YX225M-4	45	1480	83.5	94.1	94.5	94	0.87	1.8	7.5	2.2	349
YX250M-4	55	1490	100.2	94.5	94.8	94.2	0.88	1.8	7.5	2.2	447
YX280S-4	75	1490	136.7	94.7	95	94.6	0.88	1.8	7.5	2.2	605
YX280M-4	90	1490	161.7	95	95.2	94.8	0.89	1.8	7.5	2.2	670
同步转速 1000r/min											
YX100L-6	1.5	960	3.8	82.4	82.8	82	0.72	2	7	2	35
YX112M-6	2.2	970	5.3	85.3	85.8	84.8	0.74	2	7	2	48
YX132S-6	3	980	6.9	87.2	87.5	86.8	0.76	2	7	2	70
YX132M1-6	4	970	9	88	88.4	87.6	0.77	2	7	2	77
YX132M2-6	5.5	970	12.1	88.5	88.8	88.3	0.78	2	7	2	85
YX160M-6	7.5	980	16	90	90.4	89.6	0.79	2	7	2	127
YX160L-6	11	980	23.4	90.4	91	90.2	0.79	2	7	2	155
YX180L-6	15	980	30.7	91.7	92.2	91.5	0.81	1.8	7	2	195
YX200L1-6	18.5	980	36.9	91.7	92.2	91.5	0.83	1.8	7	2	250
YX200L2-6	22	980	43.2	92.1	92.5	91.8	0.84	1.8	7	2	270
YX225M-6	30	990	57.7	93	93.4	92.8	0.85	1.8	7	2	327
YX250M-6	37	930	70.8	93.4	93.8	93.2	0.85	1.8	7	2	441
YX280S-6	45	990	84	93.6	94	93.4	0.87	1.8	7	2	540
YX280M-6	55	990	102.4	93.8	94.2	93.6	0.87	1.8	7	2	95

1.3.1.10 YEJ 系列电磁制动三相异步电动机

YEJ 系列电磁制动三相异步电动机用于各类要求快速制动、准确定位、往复运转的机械设备。

YEJ 系列电磁制动三相异步电动机的技术数据见表 26-1-65 和表 26-1-66，外形及安装尺寸与 Y 系列（IP44）异步电动机相同，详见表 26-1-27～表 26-1-30。

（1）YEJ 系列电磁制动三相异步电动机技术参数

表 26-1-65　YEJ 系列电磁制动三相异步电动机主要技术数据（JB/T 6456—2010）

<table>
<tr><th rowspan="2">型号</th><th rowspan="2">额定功率/kW</th><th colspan="4">满载时</th><th>堵转电流</th><th>堵转转矩</th><th>最大转矩</th><th rowspan="2">静制动力矩不小于/N·m</th><th rowspan="2">励磁功率/W</th><th rowspan="2">转动惯量/kg·m^2</th><th rowspan="2">空载制动时间不大于/s</th><th rowspan="2">空载启动次数 Z_0/次·h^{-1}</th></tr>
<tr><th>转速/r·min^{-1}</th><th>电流/A</th><th>效率/%</th><th>功率因数 cosφ</th><th colspan="3">相对额定电流(或转矩)的倍数</th></tr>
<tr><td colspan="14">同步转速 3000r/min(2 极)</td></tr>
<tr><td>YEJ801-2</td><td>0.75</td><td>2825</td><td>1.9</td><td>73</td><td>0.84</td><td rowspan="5">7.0</td><td rowspan="5">2.2</td><td rowspan="5">2.2</td><td rowspan="2">7.5</td><td rowspan="2">50</td><td>0.00428</td><td rowspan="5">0.20</td><td rowspan="2">1400</td></tr>
<tr><td>YEJ802-2</td><td>1.1</td><td>2825</td><td>2.6</td><td>76</td><td>0.86</td><td>0.00496</td></tr>
<tr><td>YEJ90S-2</td><td>1.5</td><td>2840</td><td>3.4</td><td>79</td><td>0.85</td><td rowspan="2">15</td><td rowspan="2">60</td><td>0.0074</td><td rowspan="2">1100</td></tr>
<tr><td>YEJ90L-2</td><td>2.2</td><td>2840</td><td>4.7</td><td>82.0</td><td>0.86</td><td>0.00933</td></tr>
<tr><td>YEJ100L-2</td><td>3.0</td><td>2880</td><td>6.4</td><td>82.0</td><td>0.87</td><td>30</td><td>80</td><td>0.01064</td><td>800</td></tr>
</table>

第26篇

续表

型号	额定功率/kW	满载时				堵转电流	堵转转矩	最大转矩	静制动力矩不小于/N·m	励磁功率/W	转动惯量/kg·m^2	空载制动时间不大于/s	空载启动次数 Z_0/次·h^{-1}
		转速/r·min^{-1}	电流/A	效率/%	功率因数 cosφ	相对额定电流(或转矩)的倍数							
同步转速 3000r/min(2 极)													
YEJ112M-2	4.0	2890	8.2	85.5	0.87	7.0	2.2	2.3	40	110	0.03199	0.25	600
YEJ132S1-S	5.5	2900	11.1	85.5	0.88		2.0		75	130	0.06434		400
YEJ132S2-S	7.5	2900	15	86.2	0.88						0.0724		
YEJ160M1-2	11	2930	21.8	87.2	0.88			2.2	150	150	0.22853	0.35	300
YEJ160M2-2	15	2930	29.4	88.2	0.88						0.26623		
YEJ160L-2	18.5	2930	35.5	89	0.89						0.316		
YEJ180M-2	22	2940	42.2	89	0.89				200		0.37637		200
YEJ200L1-2	30	2950	56.9	90	0.89				300	200	0.739	0.45	150
YEJ200L2-2	37	2950	69.8	90.5	0.89						0.8181		
YEJ225M-2	45	2970	83.9	91.5	0.89				450		1.269		100
同步转速 1500r/min(4 极)													
YEJ801-4	0.55	1390	1.6	73	0.76	6.0	2.4	2.3	7.5	50	0.00866	0.20	2500
YEJ802-4	0.75	1390	2.1	74.5	0.76		2.3				0.01073		
YEJ90S-4	1.1	1400	2.7	78	0.78	6.5			15	60	0.01132		2000
YEJ90L-4	1.5	1400	3.7	79	0.79						0.0143		
YEJ100L1-4	2.2	1420	5.0	81	0.82	7.0	2.2		30	80	0.02733		1500
YEJ100L2-4	3.0	1420	6.8	82.5	0.81						0.03506		
YEJ112M-4	4.0	1440	8.8	84.5	0.82				40	110	0.04969	0.35	1000
YEJ132S-4	5.5	1440	11.6	85.5	0.84				75	130	0.11584	0.40	600
YEJ132M-4	7.5	1440	15.4	87	0.85						0.15404	0.40	
YEJ160M-4	11	1460	22.6	88	0.84				150	150	0.3986	0.50	450
YEJ160L-4	15	1460	30.3	88.5	0.85			2.2			0.68288	0.50	
YEJ180M-4	18.5	1470	35.9	91	0.86		2.0		200		0.68667	0.60	350
YEJ180L-4	22	1470	42.5	91.5	0.86						0.7677	0.60	
YEJ200L-4	30	1470	56.8	92.2	0.87				300	200	1.3963	0.70	200
YEJ225S-4	37	1480	69.8	91.8	0.87		1.9		450		2.158	0.80	120
YEJ225M-4	45	1480	84.2	92.3	0.88						2.463	0.80	
同步转速 1000r/min(6 极)													
YEJ90S-6	0.75	910	2.3	72.5	0.70	5.5	2.0	2.2	15	60	0.01514	0.25	3500
YEJ90L-6	1.1	910	3.2	73.5	0.72						0.01815	0.25	
YEJ100L-6	1.5	940	4.0	77.5	0.74	6.0			30	80	0.03573	0.30	2500
YEJ112M-6	2.2	940	5.6	80.5	0.74				40	110	0.07639	0.35	2000
YEJ132S-6	3.0	960	7.2	83	0.76	6.5			75	130	0.15437	0.40	1200
YEJ132M1-6	4.0	960	9.4	84	0.77						0.1906	0.40	
YEJ132M2-6	5.5	960	12.6	85.3	0.78			2.0			0.2384	0.40	

续表

<table>
<tr><th rowspan="3">型号</th><th rowspan="3">额定功率/kW</th><th colspan="4">满　载　时</th><th>堵转电流</th><th>堵转转矩</th><th>最大转矩</th><th rowspan="3">静制动力矩不小于/N・m</th><th rowspan="3">励磁功率/W</th><th rowspan="3">转动惯量/kg・m²</th><th rowspan="3">空载制动时间不大于/s</th><th rowspan="3">空载启动次数 Z_0/次・h^{-1}</th></tr>
<tr><th rowspan="2">转速/r・min⁻¹</th><th rowspan="2">电流/A</th><th rowspan="2">效率/%</th><th rowspan="2">功率因数 cosφ</th><th colspan="3">相对额定电流(或转矩)的倍数</th></tr>
<tr></tr>
<tr><td colspan="14">同步转速 1000r/min(6 极)</td></tr>
<tr><td>YEJ160M-6</td><td>7.5</td><td>970</td><td>17</td><td>86</td><td>0.78</td><td rowspan="6">6.5</td><td rowspan="2">2.0</td><td rowspan="6">2.0</td><td rowspan="2">150</td><td rowspan="3">150</td><td>0.45813</td><td>0.50</td><td rowspan="2">1000</td></tr>
<tr><td>YEJ160L-6</td><td>11</td><td>970</td><td>24.6</td><td>87</td><td>0.78</td><td>0.59078</td><td>0.50</td></tr>
<tr><td>YEJ180L-6</td><td>15</td><td>970</td><td>31.4</td><td>89.5</td><td>0.81</td><td rowspan="3">1.8</td><td>200</td><td>0.9919</td><td>0.60</td><td>300</td></tr>
<tr><td>YEJ200L1-6</td><td>18.5</td><td>970</td><td>37.7</td><td>89.8</td><td>0.83</td><td rowspan="2">300</td><td rowspan="3">200</td><td>1.6609</td><td>0.70</td><td rowspan="2">600</td></tr>
<tr><td>YEJ200L2-6</td><td>22</td><td>970</td><td>44.6</td><td>90.2</td><td>0.83</td><td>1.838</td><td>0.70</td></tr>
<tr><td>YEJ225M-6</td><td>30</td><td>980</td><td>59.5</td><td>90.2</td><td>0.85</td><td>1.7</td><td>450</td><td>2.639</td><td>0.80</td><td>300</td></tr>
<tr><td colspan="14">同步转速 750r/min(8 极)</td></tr>
<tr><td>YEJ132S-8</td><td>2.2</td><td>710</td><td>5.8</td><td>80.5</td><td rowspan="2">0.72</td><td rowspan="2">5.5</td><td rowspan="5">2.0</td><td rowspan="9">2.0</td><td rowspan="2">75</td><td rowspan="2">130</td><td>0.15534</td><td>0.40</td><td rowspan="2">1300</td></tr>
<tr><td>YEJ132M-8</td><td>3.0</td><td>710</td><td>7.7</td><td>82</td><td>0.19184</td><td>0.40</td></tr>
<tr><td>YEJ160M1-8</td><td>4.0</td><td>720</td><td>9.9</td><td>84</td><td>0.73</td><td rowspan="2">6.0</td><td rowspan="3">150</td><td rowspan="4">150</td><td>0.37563</td><td>0.50</td><td rowspan="3">1000</td></tr>
<tr><td>YEJ160M2-8</td><td>5.5</td><td>720</td><td>13.3</td><td>85</td><td>0.74</td><td>0.4714</td><td>0.50</td></tr>
<tr><td>YEJ160L-8</td><td>7.5</td><td>720</td><td>17.3</td><td>86</td><td>0.75</td><td>5.5</td><td>0.60538</td><td>0.50</td></tr>
<tr><td>YEJ180L-8</td><td>10</td><td>730</td><td>17.7</td><td>87.5</td><td>0.77</td><td rowspan="4">6.0</td><td>1.7</td><td>200</td><td>0.9636</td><td>0.60</td><td>800</td></tr>
<tr><td>YEJ200L-8</td><td>15</td><td>730</td><td>34.1</td><td>88</td><td>0.76</td><td>1.8</td><td>300</td><td rowspan="3">200</td><td>1.194</td><td>0.70</td><td>600</td></tr>
<tr><td>YEJ225S-8</td><td>18.5</td><td>730</td><td>41.3</td><td>89.5</td><td>0.76</td><td>1.7</td><td rowspan="2">450</td><td>2.299</td><td>0.80</td><td rowspan="2">300</td></tr>
<tr><td>YEJ225M-8</td><td>22</td><td>730</td><td>47.6</td><td>90</td><td>0.78</td><td>1.8</td><td>2.436</td><td>0.80</td></tr>
</table>

表 26-1-66　　制动器技术数据

<table>
<tr><th rowspan="2">型号</th><th rowspan="2">额定制动转矩/N・m</th><th rowspan="2">衔铁行程/mm</th><th colspan="2">释放时间/s</th><th rowspan="2">制动器功率(75℃)/W</th><th rowspan="2">质量/kg</th></tr>
<tr><th>开关在交流侧断开</th><th>开关在直流侧断开</th></tr>
<tr><td>YEJ80</td><td>7.5</td><td rowspan="9">0.4～1.0</td><td>0.2</td><td>0.015</td><td>30</td><td>5</td></tr>
<tr><td>YEJ90</td><td>15</td><td>0.2</td><td>0.025</td><td>36</td><td>5.5</td></tr>
<tr><td>YEJ100</td><td>30</td><td>0.35</td><td>0.03</td><td>45</td><td>7</td></tr>
<tr><td>YEJ112</td><td>40</td><td>0.45</td><td>0.04</td><td>80</td><td>10</td></tr>
<tr><td>YEJ132</td><td>75</td><td>0.5</td><td>0.045</td><td>80</td><td>15</td></tr>
<tr><td>YEJ160</td><td>150</td><td>0.6</td><td>0.045</td><td>90</td><td>30</td></tr>
<tr><td>YEJ180</td><td>220</td><td>0.7</td><td>0.05</td><td>90</td><td>30</td></tr>
<tr><td>YEJ200</td><td>300</td><td>0.8</td><td>0.05</td><td>150</td><td>40</td></tr>
<tr><td>YEJ225</td><td>450</td><td>0.9</td><td>0.05</td><td>150</td><td>45</td></tr>
</table>

（2）制动电动机电源接法和制动器时间特性

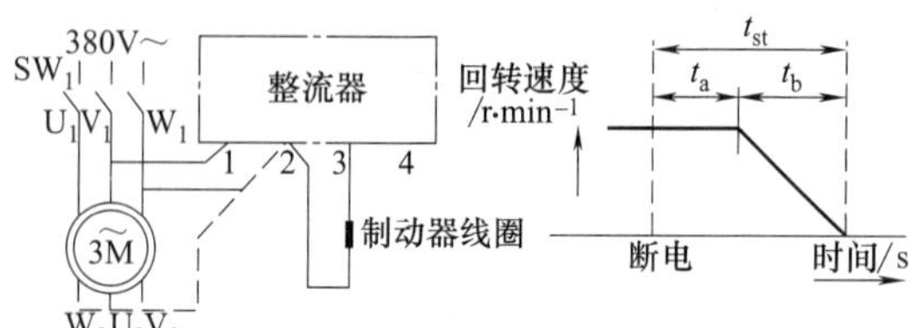

(a) 开关(SW_1)在交流侧断开(释放时间0.2～0.9s)

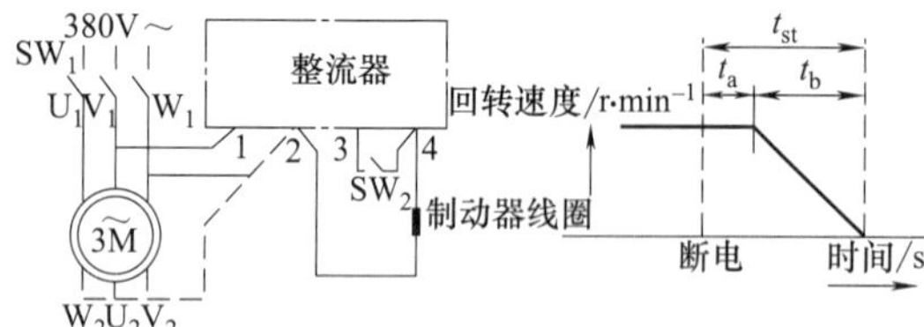

(b) 开关(SW_2)在直流侧断开(释放时间0.015～0.05s)

图 26-1-5 制动电动机电源接法和制动器时间特性图

t_{st}—全制动时间；t_a—释放时间；t_b—摩擦制动时间；
注：机座号 100 以下按虚线接线为 AC220V→DC99V；
机座号 112 以上，按实线接线为 AC380C→DC170V

（3）制动电动机的选择及计算

1）允许每小时启动次数

$$Z_L = Z_0 K_P K_j K_T \tag{26-1-8}$$

$$K_j = \frac{GD_M^2}{GD_M^2 + GD_L^2} \tag{26-1-9}$$

$$K_T = \frac{T_H - T_A}{T_H} \tag{26-1-10}$$

$$T_H \approx \frac{1}{2}(T_{st} + T_{max}) \tag{26-1-11}$$

式中 Z_0——电动机空载每小时启动次数，次/h；
K_P——系数，见图 26-1-6；
GD_M^2——制动电动机的飞轮矩，N·m²；
GD_L^2——负载的飞轮矩，N·m²；
T_A——制动电动机启动过程中平均阻力转矩，N·m；
T_{st}——制动电动机的堵转转矩，N·m；
T_{max}——制动电动机的最大转矩，N·m。

根据功率与转速求出额定转矩后，就可求出 T_{st} 和 T_{max}。

2）停止时间

$$t_{st} \approx t_a + t_b \approx t_a + \frac{(GD_M^2 + GD_L^2)n}{375(M_B + M_L)} \tag{26-1-12}$$

式中 t_{st}——全制动时间，s；
t_a——释放时间，s；
t_b——摩擦制动时间，s；
n——制动电动机额定转速，r/min；
M_B——制动电动机制动转矩，N·m；
M_L——折算到电动机轴上的负载阻力转矩，N·m。

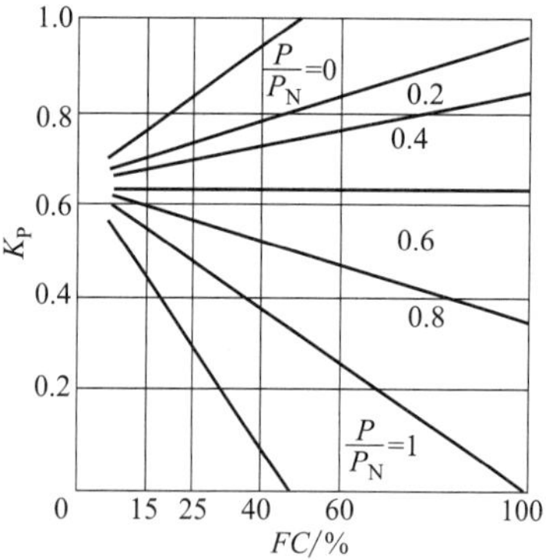

图 26-1-6 K_P 系数图

P—负载功率，kW；P_N—制动电动机额定功率，kW；
FC—负载持续率

3）选用举例

已知制动电动机型号是 YEJ112M-4，负载功率 3.2kW，负载持续率 25%，启动次数 200 次/h，负载的飞轮矩 0.25N·m²，启动阻力转矩 25N·m。

解：

① 允许每小时启动次数计算

查性能表 Z_0＝1000 次/h。

由性能表查到转动惯量 J_M 为 0.04969kg·m²，换算成飞轮矩为 $GD_M^2 = 4g \times 0.04969 = 1.95$N·m²，则

$$K_j = \frac{1.95}{1.95 + 0.25} = 0.886$$

由性能表可以算出 T_H＝58.4 N·m，则

$$K_T = \frac{58.4 - 25}{58.4} = 0.57$$

$P/P_N = 3.2/4 = 0.8$，由 $FC = 25\%$查图 26-1-6，$K_P = 0.56$，所以 $Z_L = 1000 \times 0.886 \times 0.57 \times 0.56 = 283$ 次/h＞200 次/h，满足要求。

② 停止时间计算

快速全制动时间为：

$$t_{st} = 0.04 + \frac{(1.95 + 0.25) \times 1440}{375 \times (40 + 25)} = 0.17\text{s}$$

慢速全制动时间为：

$$t_{st} = 0.45 + \frac{(1.95 + 0.25) \times 1440}{375 \times (40 + 25)} = 0.58\text{s}$$

选用的制动电动机满足实际要求。

1.3.2 变速异步电动机规格及技术参数

1.3.2.1 YD 系列（IP44）变极多速三相异步电动机

YD 系列变极多速三相异步电动机是 Y 系列

(IP44) 三相异步电动机主要派生系列之一。该系列电动机由于具有可随负载性质的要求而变化转速，从而达到功率的合理匹配和简化变速系统的特点，是机械系统节约能耗的理想动力之一。在机床、矿山、冶金、纺织、印染、化工和农机等领域得到广泛的应用。

YD 系列变极多速三相异步电动机相对于国内同类型其他系列电动机具有效率高、堵转转矩大、噪声低、振动小、运行安全可靠等特点。电动机采用 B 级绝缘，额定电压为 380V，额定频率为 50Hz，外壳防护等级为 IP44，冷却方式为 IC411，连续工作 (S1)。

YD 系列电动机的功率等级及功率等级与安装尺寸的对应关系与国外同类型先进产品相当。因而与国外同类型先进产品之间具有良好的互换性。

YD 系列电动机的技术数据和外形及安装尺寸见表 26-1-67～表 26-1-71。

表 26-1-67　YD 系列变极多速三相异步电动机技术数据 (JB/T 7127—2010)

型号	同步转速 /r·min⁻¹	额定功率 /kW	额定电流 /A	效率 /%	功率因数 cosφ	堵转电流	堵转转矩	最大转矩	声功率级 /dB(A)	质量 /kg
						相对额定电流(或转矩)的倍数				
YD801-4/2	1500	0.45	1.4	66	0.74	6.5	1.5	1.8	79	17
	3000	0.55	1.51	65	0.85	7	1.7			
YD802-4/2	1500	0.55	1.66	68	0.74	6.5	1.6		79	18
	3000	0.75	2.03	66	0.85	7	1.8			
YD90S-4/2	1500	0.85	2.27	74	0.77	6.5	1.8		79	22
	3000	1.1	2.73	71	0.85	7	2			
YD90S-6/4	1000	0.65	2.27	64	0.68	6	1.6		75	25
	1500	0.85	3.34	70	0.79	6.5	1.4			
YD90S-8/6	750	0.35	1.58	56	0.6	5	1.8		74	21
	1000	0.45	1.36	70	0.72	6	2			
YD90L-4/2	1500	1.3	3.84	76	0.78	6.5	1.8		83	25
	3000	1.8	4.35	73	0.85	7	2			
YD90L-6/4	1000	0.85	2.8	66	0.7	6	1.6		75	26
	1500	1.1	2.93	71	0.79	6.5	1.5			
YD90L-8/4	750	0.45	1.87	58	0.63	5.5	1.6		75	24
	1500	0.75	1.82	72	0.87	6.5	1.4			
YD90L-8/6	750	0.45	1.93	59	0.6	5	1.7		73	24
	1000	0.65	1.91	71	0.73	6	1.8			
YD100L1-4/2	1500	2	4.81	78	0.81	6.5	1.7		87	34
	3000	2.4	5.58	76	0.86	7	1.9			
YD100L1-6/4	1000	1.3	3.81	74	0.7	6	1.7		78	35
	1500	1.8	4.44	77	0.8	6.5	1.4			
YD100L2-4/2	1500	2.4	5.56	79	0.83	6.5	1.6		87	36
	3000	3	6.65	77	0.89	7	1.7			
YD100L2-6/4	1000	1.5	4.34	75	0.7	6	1.6		78	36
	1500	2.2	5.43	77	0.8	6.5	1.4			
YD100L-8/4	750	0.85	3.06	67	0.63	5.5	1.6		78	35
	1500	1.5	3.5	74	0.88	6.5	1.4			
YD100L-8/6	750	0.7	2.92	65	0.6	5	1.8		73	35

第 26 篇

续表

型　号	同步转速 /r・min⁻¹	额定功率 /kW	额定电流 /A	效率 /%	功率因数 cosφ	堵转电流	堵转转矩	最大转矩	声功率级 /dB(A)	质量 /kg
						相对额定电流(或转矩)的倍数				
YD100L-8/6	1000	1.1	2.05	75	0.73	6	1.9	1.8	73	35
YD100L-6/4/2	1000	0.75	2.62	67	0.65	5.5	1.8		87	36
	1500	1.3	3.66	72	0.75	6	1.6			
	3000	1.8	4.53	71	0.85	7	1.6			
YD112M-4/2	1500	3.3	7.37	82	0.83	5.5	1.9		87	45
	3000	4	8.64	79	0.89	7	2			
YD112M-6/4	1000	2.2	5.71	78	0.75	6	1.8		82	44
	1500	2.8	6.74	77	0.82	6.5	1.5			
YD112M-8/4	750	1.5	5.02	72	0.63	5.5	1.7		82	43
	1500	2.4	5.31	78	0.88	6.5	1.7			
YD112M-8/6	750	1.3	1.67	72	0.61	5	1.7		75	43
	1000	1.8	4.8	78	0.73	6	1.9			
YD112M-6/4/2	1000	1.1	3.52	73	0.66	5.5	1.7		87	44
	1500	2	5.14	74	0.81	6	1.4			
	3000	2.4	5.8	74	0.85	7	1.6			
YD112M-8/4/2	750	0.65	2.66	59	0.63	4.5	1.4		87	45
	1500	2	5.14	74	0.81	6	1.3			
	3000	2.4	5.8	74	0.85	7	1.2			
YD112M-8/6/4	750	0.85	3.72	62	0.56	5.5	1.7		82	44
	1000	1	3.06	68	0.73	6.5	1.3			
	1500	1.5	3.53	75	0.86	7	1.5			
YD132S-4/2	1500	4.5	9.81	83	0.84	8.5	1.7		91	65
	3000	5.5	11.89	79	0.89	7	1.8			
YD132S-6/4	1000	3	7.69	79	0.75	6	1.8		82	65
	1500	4	9.5	78	0.82	6.5	1.7			
YD132S-8/4	750	2.2	6.96	75	0.64	5.5	1.5		82	59
	1500	3.3	7.17	80	0.88	6.5	1.7			
YD132S-8/6	750	1.8	5.8	76	0.62	5	1.6		79	59
	1500	2.4	6.24	80	0.83	6	1.9			
YD132M-4/2	1500	6.5	13.83	84	0.85	6.5	1.7		91	71
	3000	8	17.07	80	0.89	7	1.8			
YD132S-6/4/2	1000	1.8	5.14	75	0.71	5.5	1.4		91	65
	1500	2.6	6.1	78	0.83	6	1.3			
	3000	3	7.38	71	0.87	7	1.7			
YD132S-8/4/2	750	1	3.61	69	0.61	4.5	1.4		91	68
	1500	2.6	6.1	78	0.83	6	1.2			
	3000	3	7.08	74	0.87	7	1.4			

续表

型　号	同步转速 /r·min^{-1}	额定功率 /kW	额定电流 /A	效率 /%	功率因数 cosφ	堵转电流	堵转转矩	最大转矩	声功率级 /dB(A)	质量 /kg
						相对额定电流(或转矩)的倍数				
YD132S-8/6/4	750	1.1	4.1	68	0.6	5.5	1.4	1.8	82	68
	1000	1.5	4.22	74	0.73	6.6	1.3			
	1500	1.8	4.03	78	0.87	7	1.3			
YD132M-6/4	1000	4	9.75	82	0.76	6	1.6		82	71
	1500	5.5	12.29	80	0.85	6.5	1.4			
YD132M-8/4	750	3	8.99	78	0.65	5.5	1.5		82	65
	1500	4.5	9.37	82	0.89	6.5	1.6			
YD132M-8/6	750	2.6	8.17	78	0.62	5	1.9		79	65
	1000	3.7	9.39	82	0.73	6	1.9			
YD132M1-6/4/2	1000	2.2	6.03	77	0.72	5.5	1.3		91	78
	1500	3.3	7.46	80	0.84	6	1.3			
	3000	4	8.79	76	0.91	7	1.7			
YD132M2-6/4/2	1000	2.6	6.86	80	0.72	5.5	1.5		91	80
	1500	4	9.07	80	0.84	6	1.4			
	3000	5	10.84	77	0.91	7	1.7			
YD132M-8/4/2	750	1.3	5.26	71	0.61	4.5	1.5		91	79
	1500	3.7	8.37	80	0.84	6	1.3			
	3000	4.5	10.02	75	0.91	7	1.4			
YD132M1-8/6/4	750	1.5	5.18	71	0.62	5.5	1.3		82	79
	1000	2	5.41	77	0.73	6.5	1.5			
	1500	2.2	4.86	79	0.87	7	1.4			
YD132M2-8/6/4	750	1.8	6.13	72	0.62	5.5	1.5		82	80
	1000	2.6	6.84	78	0.74	6.5	1.5			
	1500	3	6.55	80	0.87	7	1.5			
YD160M-4/2	1500	9	18.5	87	0.85	6.5	1.6		95	123
	3000	11	22.9	82	0.89	7	1.8			
YD160M-6/4	1000	6.5	15.1	84	0.78	6	1.5		86	119
	1500	8	17.4	82	0.84	6.5	1.5			
YD160M-8/4	750	5	13.9	83	0.66	5.5	1.5		86	119
	1500	7.5	15.2	84	0.89	6.5	1.6			
YD160M-8/6	750	4.5	13.3	83	0.62	5	1.6		83	119
	1000	6	14.7	85	0.73	6	1.9			
YD160M-12/6	500	2.6	11.6	74	0.46	4	1.2		79	119
	1000	5	11.9	84	0.76	6	1.4			
YD160M-6/4/2	1000	3.7	9.5	82	0.72	5.5	1.5		95	124
	1500	5	11.2	81	0.84	6	1.3			
	3000	6	13.2	76	0.91	7	1.4			

续表

型号	同步转速/r·min^{-1}	额定功率/kW	额定电流/A	效率/%	功率因数 cosφ	堵转电流	堵转转矩	最大转矩	声功率级/dB(A)	质量/kg
						相对额定电流(或转矩)的倍数				
YD160M-8/4/2	750	2.2	7.6	75	0.59	4.5	1.4	1.8	95	124
	1500	5	11.2	81	0.84	6	1.4			
	3000	6	13.2	76	0.91	7	1.4			
YD160M-8/6/4	750	3.3	10	79	0.62	5.5	1.7		86	120
	1000	4	9.9	81	0.7	6.5	1.4			
	1500	5.5	11.6	83	0.87	7	1.5			
YD160L-4/2	1500	11	22.3	87	0.86	6.5	1.7		95	144
	3000	14	28.8	82	0.9	7	1.9			
YD160L-6/4	1000	9	20.6	85	0.78	6	1.6		86	107
	1500	11	23.4	83	0.85	6.5	1.7			
YD160L-8/4	750	7	19	85	0.66	5.5	1.5		86	147
	1500	11	21.8	86	0.89	6.5	1.6			
YD160L-8/6	750	6	17.5	84	0.62	5	1.6		83	147
	1000	8	19.4	86	0.73	6	1.9			
YD160L-12/6	500	3.7	3.7	76	0.46	4	1.2		83	147
	1000	7	7	85	0.79	6	1.4			
YD160L-6/4/2	1000	4.5	11.4	83	0.72	5.5	1.5		95	145
	1500	7	15.1	83	0.85	6	1.2			
	3000	9	18.8	79	0.92	7	1.3			
YD160L-8/4/2	750	2.8	9.2	77	0.6	4.5	1.3		95	145
	1500	7	15.1	83	0.85	6	1.2			
	3000	9	18.8	79	0.92	7	1.3			
YD160L-8/6/4	750	4.5	13.8	80	0.62	5.5	1.6		86	147
	1000	6	14.5	83	0.75	6.5	1.6			
	1500	7.5	15.6	84	0.87	7	1.5			
YD180M-4/2	1500	15	29.4	89	0.87	6.5	1.8		95	182
	3000	18.5	36.7	85	0.9	7	1.9			
YD180M-6/4	1000	11	25.9	85	0.76	6	1.6		90	292
	1500	14	29.8	84	0.85	6.5	1.7			
YD180M-8/6	750	7.5	21.9	84	0.62	6	1.9		83	295
	1500	10	24.2	86	0.73	7	1.9			
YD180L-4/2	1500	18.5	35.9	89	0.88	6.5	1.6		95	190
	3000	22	42.7	86	0.91	7	1.8			
YD180L-6/4	1000	13	29.4	86	0.78	6	1.7		90	224
	1500	16	33.6	85	0.85	7	1.7			

续表

型号	同步转速 /r·min^{-1}	额定功率 /kW	额定电流 /A	效率 /%	功率因数 cosφ	堵转电流	堵转转矩	最大转矩	声功率级 /dB(A)	质量 /kg
						相对额定电流(或转矩)的倍数				
YD180L-8/4	750	11	26.7	87	0.72	6	1.5	1.8	90	254
	1500	17	32.3	88	0.91	7	1.5			
YD180L-8/6	750	9	24.8	85	0.65	5	1.8		86	224
	1000	12	28.3	86	0.75	6	1.8			
YD180L-12/6	500	5.5	19.6	79	0.54	4	1.3		83	224
	1000	10	20.5	86	0.86	6	1.3			
YD180L-8/6	750	7	20.2	81	0.65	6.5	1.6		90	205
	1000	9	20.6	83	0.8	7	1.5			
	1500	12	24.1	84	0.9	7	1.4			
YD180L-12/8/6/4	500	3.3	13	72	0.56	5	1.6		90	210
	750	5	16	79	0.67	6.5	1.5			
	1000	6.5	14	82	0.88	6.5	1.3			
	1500	9	19	83	0.88	7	1.3			
YD200L1-4/2	1500	26	49.9	89	0.89	6.5	1.4		98	270
	3000	30	58.3	85	0.92	7	1.6			
YD200L1-6/4	1000	18.5	41.4	87	0.78	6.5	1.6		90	250
	1500	22	44.7	86.5	0.86	7	1.5			
YD200L1-8/4	750	14	33	87	0.74	6	1.8		90	261
	1500	22	41.3	88	0.92	7	1.7			
YD200L1-8/6	750	12	32.6	86	0.65	5	1.8		88	250
	1000	17	39.1	87	0.76	6	2			
YD200L1-12/6	500	7.5	24.5	83	0.56	4	1.5		86	270
	1000	13	26.4	87	0.86	6	1.5			
YD200L1-8/6/4	750	10	24.8	85	0.72	6.5	1.6		90	301
	1000	13	28.4	86	0.81	7	1.5			
	1500	17	33.4	86	0.9	7	1.4			
YD200L1-12/8/6/4	500	4.5	17	74	0.56	5	1.3		90	285
	750	7	20	81	0.67	6.5	1.3			
	1000	8	17	83	0.88	6.5	1.3			
	1500	11	23	84	0.88	7	1.3			
YD200L2-4/2	1500	26	49.9	89	0.89	6.5	1.4		98	270
	3000	30	58.3	85	0.92	7	1.6			
YD200L2-6/4	1000	18.5	41.4	87	0.78	6.5	1.6		90	250
	1500	22	44.7	86.5	0.86	7	1.5			
YD200L2-8/4	750	17	40.1	87	0.74	6	1.5		92	301
	1500	26	48.8	88	0.92	7	1.7			

续表

型号	同步转速 /r·min^{-1}	额定功率 /kW	额定电流 /A	效率 /%	功率因数 $\cos\varphi$	堵转电流	堵转转矩	最大转矩	声功率级 /dB(A)	质量 /kg
						相对额定电流(或转矩)的倍数				
YD200L2-8/6	750	15	40.3	87	0.65	5	1.8	1.8	88	301
	1000	20	45.4	88	0.76	6	2			
YD200L2-12/6	500	9	28.9	83	0.75	4	1.5		86	301
	1000	15	30.1	87	0.87	6	1.5			
YD200L2-8/6/4	750	10	24.8	85	0.72	6.5	1.6		90	301
	1000	13	28.4	86	0.81	7	1.5			
	1500	17	33.4	86	0.9	7	1.4			
YD200L2-12/8/6/4	500	5.5	20	75	—	5	1.3		90	301
	750	8	22	81	—	6.5	1.3			
	1000	10	21	83	—	6.5	1.3			
	1500	13	27	84	—	7	1.3			
YD225S-4/2	1500	32	60.7	90	0.89	6.5	1.4		98	318
	3000	37	71.7	86	0.92	7	1.6			
YD225S-6/4	1000	22	44.2	88	0.86	6.5	1.8		92	330
	1500	28	56.2	86.5	0.87	7	1.8			
YD225S-8/6	750	15	34.8	87	—	6.5	1.6		90	330
	1500	20	39.9	88	—	7	1.5			
YD225S-12/6	500	9	38.9	83	—	4	1.5		98	330
	1000	15	40.3	87	—	6	1.5			
YD225S-8/6/4	750	14	34.8	86	0.7	6.5	1.6		92	330
	1000	18.5	39.9	87	0.81	7	1.6			
	1500	24	46.6	87	0.9	7	1.4			
YD225M-4/2	1500	37	69.4	91	0.89	6.5	1.6		100	354
	3000	45	86.4	86	0.92	7	1.6			
YD225M-6/4	1000	26	52.2	88	0.86	6.5	1.8		94	344
	1500	32	66	85.5	0.90	7	1.8			
YD225M-8/4	750	24	53.2	89	0.77	6	1.5		94	340
	1500	34	66.7	88	0.88	7	1.5			
YD225M-12/6	500	12	35.2	85	0.61	4	1.5		86	292
	1000	20	39.7	88	0.87	6	1.5			
YD225M-8/6/4	750	17	42.4	87	0.70	6.5	1.6		92	360
	1000	22	45.2	87	0.85	7	1.6			
	1500	28	54.3	87	0.92	7	1.4			
YD225M-12/8/6/4	500	7	21	81	0.63	5	1.6		90	340
	750	11	27	84	0.73	6.5	1.6			
	1000	13	26	85	0.88	6.5	1.5			
	1500	20	39	86	0.92	7	1.3			

续表

型　号	同步转速 /r・min^{-1}	额定功率 /kW	额定电流 /A	效率 /%	功率因数 $\cos\varphi$	堵转电流	堵转转矩	最大转矩	声功率级 /dB(A)	质量 /kg
						相对额定电流(或转矩)的倍数				
YD250M-4/2	1500	45	84.4	91	0.89	6.5	1.6	1.8	100	427
	3000	52	104.4	87	0.92	7	1.6			
YD250M-6/4	1000	32	62.1	90	0.87	6.5	1.5		94	479
	1500	42	80.6	86.5	0.91	7	1.3			
YD250M-8/4	750	30	64.9	90	0.78	6	1.6		94	479
	1500	42	78.8	89	0.91	7	1.7			
YD250M-12/6	500	15	42.1	86	0.63	4	1.5		89	408
	1000	24	47.1	89	0.87	6	1.5			
YD250M-8/6/4	750	24	55.2	88	0.75	6.5	1.5		92	490
	1000	26	52.8	88	0.85	7	1.6			
	1500	34	63.8	88	0.92	7	1.4			
YD250M-12/8/6/4	500	9	26	82	0.63	5	1.6		92	479
	750	14	34	85	0.75	6.5	1.6			
	1000	16	33	85	0.88	6.5	1.5			
	1500	26	49	87	0.92	7	1.3			
YD280S-4/2	1500	60	111.3	91	0.90	6.5	1.4		102	597
	3000	72	135.1	88	0.92	7	1.5			
YD280S-6/4	1000	42	81.5	90	0.87	6.5	1.5		94	614
	1500	55	106.7	87	0.90	7	1.3			
YD280S-8/4	750	40	83.5	91	0.80	6	1.6		94	585
	1500	55	102	90	0.91	7	1.7			
YD280S-12/6	500	20	54.8	88	0.63	4	1.5		89	536
	1000	30	58.9	89	0.87	6	1.5			
YD280S-8/6/4	750	30	68.3	89	0.75	6.5	1.5		94	667
	1000	34	67.5	89	0.86	7	1.6			
	1500	42	77.9	89	0.92	7	1.4			
YD280M-8/6/4	750	34	77.4	89	0.75	6.5	1.4		94	740
	1000	37	73.4	89	0.86	7	1.5			
	1500	50	92.8	89	0.92	7	1.4			
YD280S-12/8/6/4	500	11	32	83	0.63	5	1.6		92	650
	750	18.5	43	87	0.75	6.5	1.6			
	1000	20	41	85	0.88	6.5	1.5			
	1500	34	65	87	0.92	7	1.3			
YD280M-4/2	1500	72	133.6	91	0.90	6.5	1.4		102	667
	3000	82	152.2	88	0.93	7	1.5			
YD280M-6/4	1000	55	106.7	90	0.87	6.5	1.6		98	710
	1500	67	139.7	87	0.89	7	1.3			

续表

型　号	同步转速 /r·min⁻¹	额定功率 /kW	额定电流 /A	效率 /%	功率因数 cosφ	堵转电流	堵转转矩	最大转矩	声功率级 /dB(A)	质量 /kg
						相对额定电流(或转矩)的倍数				
YD280M -8/4	750	47	96.9	91	0.81	6	1.6	1.8	98	710
	1500	67	122.9	90	0.92	7	1.7			
YD280M-12/6	500	24	63.7	88	0.65	4	1.5		89	585
	1000	7	72.6	89	0.87	6	1.5			
YD280M-12/8/6/4	500	13	37	84	0.63	5	1.7		94	730
	750	22	51	87	0.7	6.5	1.7			
	1000	24	49	85	0.88	6.5	1.6			
	1500	40	75	88	0.92	7	1.5			

表 26-1-68　　YD 系列电动机（B3）外形尺寸　　mm

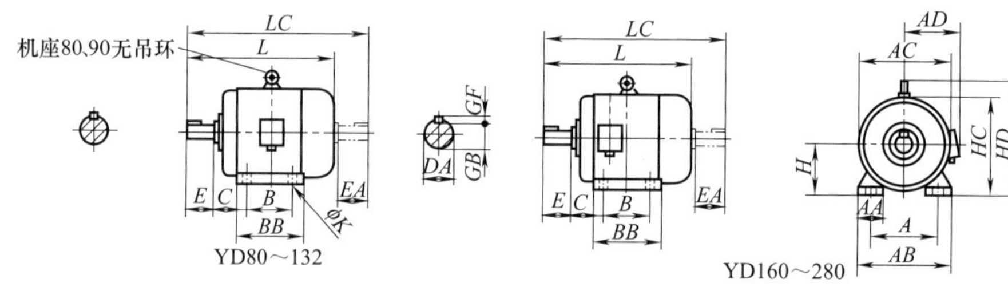

机座号	A	AA	AB	AC	AD	B	BB	C	H	HC	HD	K	L	LC
80	125	37	165	165	150	100	135	50	80	170	—	10	285	332
90S	140		180	175	155			56	90	190			310	368
90L						125	160						335	393
100L	160	42	205	205	180	140	180	63	100	—	245	12	380	445
112M	190	52	245	230	190		185	70	112		265		400	463
132S	216	63	280	270	210		205	89	132		315		475	559
132M						178	243						515	597
160M	254	73	330	325	255	210	275	108	160		385	15	600	717
160L						254	320						645	761
180M	279		355	360	285	241	315	121	180		430		670	783
180L						279	353						710	821
200L	318		395	400	310	305	378	133	200		475	19	775	881
225S	356	83	435	450	345	286	382	149	225		530		820	934
225M						311	407						845	959
250M	406	88	490	495	385	349	458	168	250		575	24	930	1036
280S	457	93	550	555	410	368	535	190	280		640		1000	1147
280M						419	586						1050	1198

注：第二轴肩到风罩距离约 8mm，表中 L、LC 等外形尺寸为最大值。

表 26-1-69　　YD 系列电动机（B5）外形尺寸　　mm

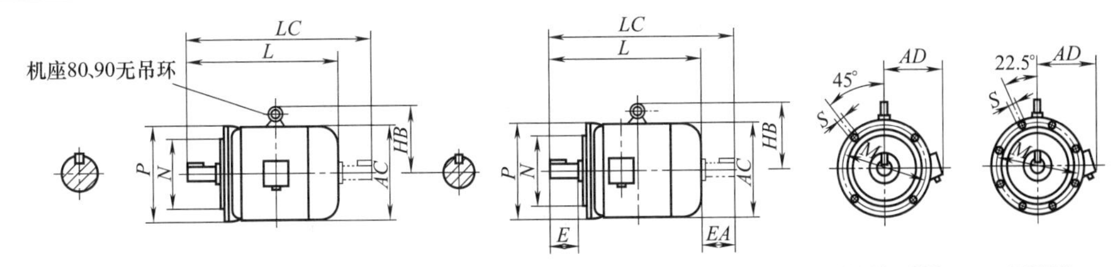

YD80～132　YD160～225　YD80～200　YD225

机座号	AC	AD	HB	L	LC	M	N	P	S
80	165	150	—	285	332	165	130	200	4×ϕ12
90S	175	155	—	310	368			200	4×ϕ12
90L				335	393				
100L	205	180	145	380	445	215	180	250	4×ϕ15
112M	230	190	160	400	463				
132S	270	210	178	475	559	265	230	300	4×ϕ15
132M				515	597				
160M	325	255	215	600	717	300	250	350	4×ϕ19
160L				645	761				
180M	360	285	250	670	783	300	250	350	4×ϕ19
180L				710	821				
200L	400	310	280	775	881	350	300	400	4×ϕ19
225S	450	345	298	820	934	400	350	450	8×ϕ19
225M				845	959				

表 26-1-70　　YD 系列（B35）外形尺寸　　mm

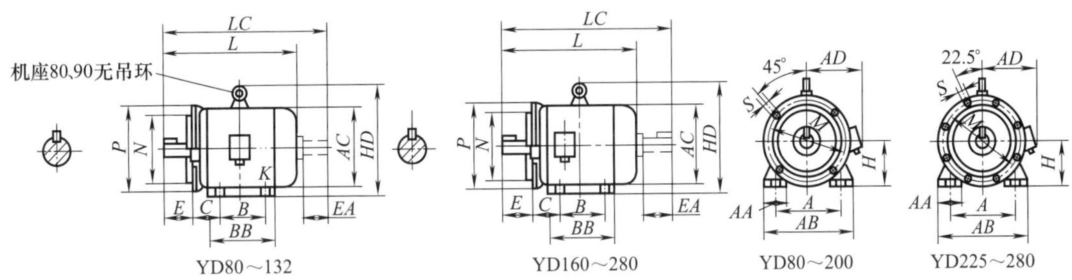

YD80～132　YD160～280　YD80～200　YD225～280

机座号	A	AA	AB	AC	AD	B	BB	C	H	HD	K	L	LC	M	N	P	S
80	125	37	165	150	150	100	135	50	80	—	10	285	332	165	130	200	4×ϕ12
90S	140		180	175	155		135	56	90			310	368				
90L						125	160					335	393				
100L	160	42	205	205	180	140	180	63	100	245	12	380	445	215	180	250	4×ϕ15
112M	190	52	245	245	190		185	70	112	265		400	463				
132S	216	63	280	280	210		205	89	132	315		475	559	265	230	300	
132M						178	243					515	595				
160M	254	73	330	330	255	210	275	108	160	385	15	600	717	300	250	350	4×ϕ19
160L						254	320					645	761				
180M	279	73	355	355	285	241	315	121	180	430		670	783				
180L						279	353					710	821				
200L	318	73	395	395	310	305	378	133	200	475	19	775	881	350	300	400	
225S	356	83	435	435	345	286	382	149	225	530		820	934	400	350	450	8×ϕ12
225M						311	407					845	959				
250M	406	88	490	490	385	349	458	168	250	575	24	930	1036	500	450	550	
280S	457	93	550	550	410	368	535	190	280	640		1000	1147				
280M						419	586					1050	1198				

第26篇

表 26-1-71　　YD 系列（V1）外形尺寸　　mm

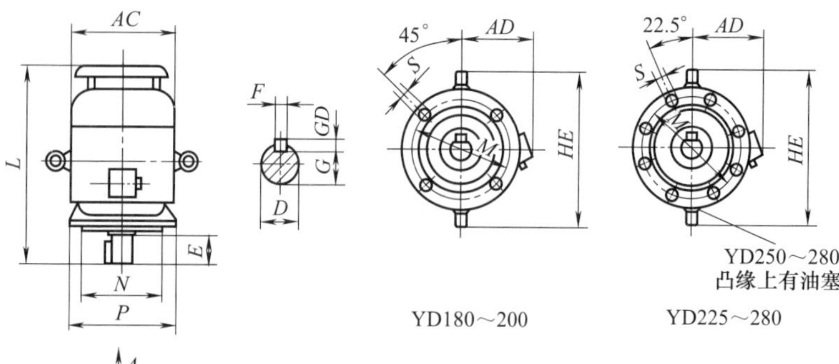

机座号	AC	AD	L	D	E	F	G	GD	HE	M	N	P	S
180M	360	285	730	48	110	14	42.5	9	500	300	250	350	4×ϕ19
180L			770										
200L	400	310	850	55		16	49	10	550	350	300	400	
225S	450	345	910	60	140	18	53	11	610	400	350	450	8×ϕ19
225M			935										
250M	495	385	1035	65			58		650	500	450	550	
280S	555	410	1120	75		20	67.5	12	720				
280M			1170										

1.3.2.2　YCT、YCTD 系列电磁调速三相异步电动机

YCT 系列电磁调速电动机是 Y 系列异步电动机的主要派生系列。电磁调速电动机由拖动电动机（Y 系列电动机）、电磁转差离合器和控制器三部分组成，可用于恒转矩负载场合，特别适宜在递减转矩负载中使用（例如离心式水泵和风机），有较明显的节能效果。

YCT 系列电磁调速电动机能在规定的调速范围内均匀地、连续地无级调速，并能输出额定转矩，电动机在运行中当负载转矩变动时可通过控制器的速度负反馈系统自动调节离合器的励磁电流，使输出转速基本上保持不变。

YCTD 系列为低电阻端环电磁调速异步电动机，与 YCT 系列相比，相同功率的电动机要缩小 1～2 个机座号，额定最高转速平均提高 4.2%，具有高效、小型、轻量化等特点。该电动机适用于装载机械、化纤、电线电缆、造纸、水泥、钢铁、橡胶、印刷、电力和起重机械等要求调速的场合，尤其适用于离心风机和水泵的速度调节，以控制流量，有显著的节能效果。也可用于恒转矩负载的无级调速。

表 26-1-72　　YCT 系列电磁调速三相异步电动机技术数据（380V）（JB/T 7123—2010）

型　号	拖动电动机功率/kW	额定转矩/N·m	调整范围/r·min^{-1}	转速变化率/%	电源	质量/kg
YCT112-4A	0.55	3.6	125～1250	2.5	三相交流 50Hz 380V	50
YCT112-4B	0.75	4.9				53
YCT132-4A	1.1	7.13				75
YCT132-4B	1.5	9.72				77
YCT160-4A	2.2	14.1				112
YCT160-4B	3	19.2				117
YCT180-4A	4	25.2				157
YCT200-4A	5.5	35.1				224
YCT200-4B	7.5	47.7				244
YCT225-4A	11	69				340
YCT225-4B	15	94	132～1320			360
YCT250-4A	18.5	116				480

续表

型　　号	拖动电动机功率/kW	额定转矩/N·m	调整范围/r·min^{-1}	转速变化率/%	电源	质量/kg
YCT250-4B	22	137	132～1320	2.5	三相交流 50Hz 380V	502
YCT280-4A	30	189				632
YCT315-4A	37	232				870
YCT315-4B	45	282				910
YCT355-4A	55	344	440～1320			1300
YCT355-4B	75	469				1410
YCT355-4C	90	546	600～1320			1460

注：1. 转速变化率 $=\dfrac{100\%\text{额定转矩时的转速}-10\%\text{额定转矩时的转速}}{\text{额定最高转速}}\times 100\%$

2. 输出功率 $=\dfrac{\text{输出额定转矩（N·m）}\times\text{输出转速（r/min）}}{9550}$

表 26-1-73　　YCT 立式外形及安装尺寸　　mm

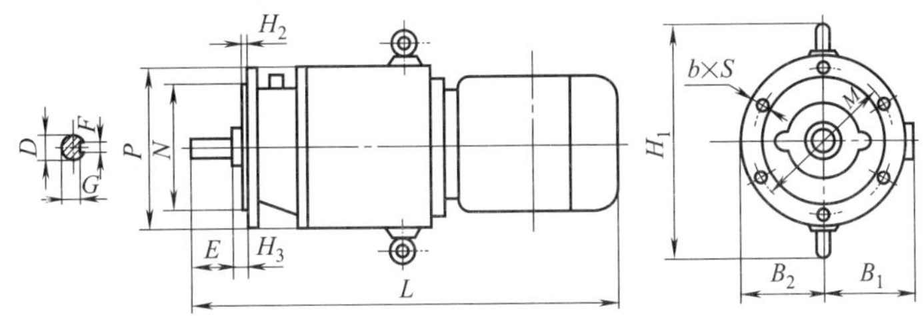

型号	外形及安装尺寸														
	D	E	F	G	M	N	P	H_2	H_3	S	b	B_1	B_2	H_1	L
YCT112-4A	$19^{+0.009}_{-0.004}$	40±0.31	$6^{+0}_{-0.030}$	$15.5^{+0}_{-0.1}$	215	$180^{+0.014}_{-0.011}$	250	4	0	$15^{+0.8}_{0}$	6	150	112	320	540
YCT112-4B															
YCT132-4A	$24^{+0.009}_{-0.004}$	50±0.31	$8^{+0}_{-0.036}$	$20^{+0}_{-0.2}$					5±1.5			158	132	390	570
YCT132-4B															595
YCT160-4A	$28^{+0.009}_{-0.004}$	60±0.37		$24^{+0}_{-0.2}$	265	$230^{+0.016}_{-0.013}$	300	5	8±1.5			185	160	425	645
YCT160-4B															665
YCT180-4A					300	$250^{+0.016}_{-0.013}$	350					188	180	480	685
YCT200-4A	$38^{+0.018}_{+0.002}$	80±0.37	$10^{+0}_{-0.036}$	$33^{+0}_{-0.2}$						19^{+1}_{0}		230	200	530	805
YCT200-4B															845
YCT225-4A	$42^{+0.018}_{+0.002}$	110±0.43	$12^{+0}_{-0.043}$	$37^{+0}_{-0.2}$	350	300±0.018	400				8	255	225	610	965
YCT225-4B															1010
YCT250-4A	$48^{+0.018}_{+0.002}$		$14^{+0}_{-0.043}$	$42.5^{+0}_{-0.2}$	450	400±0.018	500					285	250	670	1130
YCT250-4B															1170
YCT280-4A	$55^{+0.030}_{+0.011}$		$16^{+0}_{-0.043}$	$49^{+0}_{-0.2}$				6				320	280	730	1260
YCT280-4B															
YCT315-4A	$60^{+0.030}_{+0.011}$	140±0.45	$18^{+0}_{-0.043}$	$53^{+0}_{-0.2}$	500	450±0.020	550					345	315	815	1400
YCT315-4B															1425
YCT355-4A	$65^{+0.030}_{+0.011}$		$20^{+0}_{-0.052}$	$58^{+0}_{-0.2}$	740	680±0.025	800			24^{+1}_{0}		385	355	1030	1500
YCT355-4B	$75^{+0.030}_{+0.011}$			$67.5^{+0}_{-0.2}$								410			1630
YCT355-4C															1660

表 26-1-74 YCT 卧式外形及安装尺寸 mm

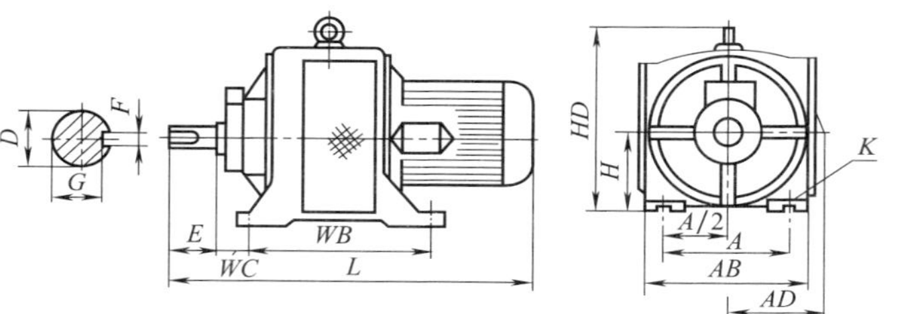

型号	外形及安装尺寸													
	A	A/2	D	E	F	G	K	WB	WC	H	AB	AD	HD	L
YCT112-4A	190±0.7	95±0.5	$19^{+0.009}_{-0.004}$	40±0.31	$6^{+0}_{-0.02}$	$15.5^{+0}_{-0.1}$	$12^{+0.43}_{0}$	210±0.7	40±1.5	$112^{+0}_{-0.5}$	273	150	275	520
YCT112-4B														
YCT132-4A	216±0.7	108±0.5	$24^{+0.009}_{-0.004}$	50±0.31	$8^{+0}_{-0.036}$	$20^{+0}_{-0.2}$		241±0.7		$132^{+0}_{-0.5}$	305	158	330	550
YCT132-4B														570
YCT160-4A	254±1.05	127±0.75	$28^{+0.009}_{-0.004}$	60±0.37		$24^{+0}_{-0.2}$	$15^{+0.43}_{0}$	267±1.05	45±1.5	$160^{+0}_{-0.5}$	340	185	385	645
YCT160-4B														
YCT180-4A	279±1.05	139.5±0.75						305±1.05		$180^{+0}_{-0.5}$	375	188	430	685
YCT200-4A	318±1.05	159±0.75	$38^{+0.018}_{+0.002}$	80±0.37	$10^{+0}_{-0.036}$	$33^{+0}_{-0.2}$	$19^{+0.52}_{0}$	356±1.05	50±1.5	$200^{+0}_{-0.5}$	420	230	485	805
YCT200-4B														845
YCT225-4A	356±1.05	178±0.75	$42^{+0.018}_{+0.002}$	110±0.43	$12^{+0}_{-0.043}$	$37^{+0}_{-0.2}$		406±1.05	56±1.5	$225^{+0}_{-0.5}$	485	255	530	965
YCT225-4B														1010
YCT250-4A	406±1.05	203±1	$48^{+0.018}_{+0.002}$		$14^{+0}_{-0.43}$	$42.5^{+0}_{-0.2}$	$24^{+0.52}_{0}$	457±1.4	63±2	$250^{+0}_{-0.5}$	540	255	580	1130
YCT250-4B														1170
YCT280-4A	457±1.4	228.5±1	$55^{+0.030}_{+0.011}$		$16^{+0}_{-0.043}$	$49^{+0}_{-0.2}$		508±1.4	70±2	$280^{+0}_{-1.0}$	580	320	655	1260
YCT315-4A	508±1.4	254±1	$60^{+0.030}_{+0.011}$	140±0.5	$18^{+0}_{-0.043}$	$53^{+0}_{-0.2}$	$28^{+0.52}_{0}$	560±1.4	89±2	$315^{+0}_{-1.0}$	650	345	720	1400
YCT315-4B														1425
YCT355-4A	610±1.4	305±1	$65^{+0.030}_{+0.011}$			$58^{+0}_{-0.2}$		630±1.4	108±3	$355^{+0}_{-1.0}$	755	385	875	1500
YCT355-4B			$75^{+0.030}_{+0.011}$		$20^{+0}_{-0.052}$	$67.5^{+0}_{-0.2}$						410		1630
YCT355-4C														1660

表 26-1-75　YCTD 系列电磁调速三相异步电动机技术尺寸（JB/T 6450—2010）

型号	额定功率/kW	额定转矩/N·m	堵转转矩/额定转矩	额定调速范围/$r \cdot min^{-1}$	噪声/dB(A)	型号	额定功率/kW	额定转矩/N·m	堵转转矩/额定转矩	额定调速范围/$r \cdot min^{-1}$	噪声/dB(A)
100-4A	0.55	3.6	1.8	1250～100	75	180-4B	15	94	1.5	1350～100	90
100-4B	1.75	4.9				200-4A	18.5	116		1375～100	
112-4A	1.1	7.1				200-4B	22	137			
112-4B	1.5	9.7			78	225-4A	30	189			97
132-4A	2.2	14.1		1300～100		250-4A	37	232		1375～250	
132-4B	3	19.2			82	250-4B	45	282			99
132-4C	4	25.2				280-4A	55	344		1400～250	
160-4A	5.5	35.1		1350～100		315-4A	75	469			103
160-4B	7.5	47.7			86	315-4B	90	564			
180-4A	11	69									

表 26-1-76　YCTD 系列电磁调速三相异步电动机外形及安装尺寸　mm

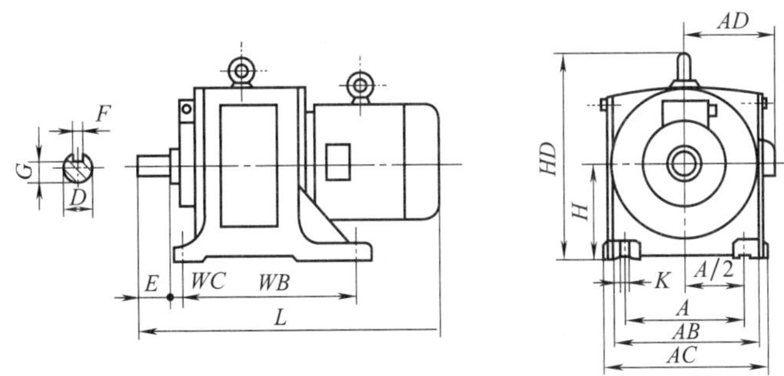

机座号	安装尺寸													外形尺寸				
	A	A/2	WB	WC		D	E		F	G	H		K	AB	AC	AD	HD	L
100-4A	160	80	203	40	±1.5	19j6	40	±0.31	6	15.5	100	0 −0.5	12	210	225	150	260	530
100-4B																		
112-4A	190	95	228	45		24j6	50		8	20	112			250	275	165	285	660
112-4B																		
132-4A	215	107.5	267			28j6	60	±0.37		24	132			310	330	195	365	730
132-4B																		
132-4C																		
160-4A	279	139.5	305	70	±2.0	38k6	80		10	33	160		15	380	400	235	435	900
160-4B																		
180-4A	318	159	368			42k6	110	±0.43	12	37	180			430	450	270	490	1080
180-4B																		
200-4A	356	178	457	89		48k6			14	42.5	200		19	500	520	295	540	1190
200-4B																		
225-4A	406	203	500			55m6			16	49	225			530	550	320	580	1290
250-4A	406	203	457			60m6	140	±0.50	18	53	250		24	530	550	350	600	1480
250-4B																		
280-4A	457	228.5	508			65m6				58	280	0 −1.0		580	610	390	665	1520
315-4A	508	254	560			75m6			20	61.5	315		28	650	690	420	790	1670
315-4B																		

1.3.2.3 YVP（IP44）系列变频调速三相异步电动机

变频调速电动机的应用日趋广泛，主要应用于风机、水泵及压缩机等负载变化较大的场合，节能效果显著；也用于精密机械等需要过程控制、要求定位和随动性能较高的场合。

变频电动机为适应变频电源对电动机产生的影响，采取了对应的技术措施，例如：提高了绝缘水平，在机械强度、振动噪声及散热方面采取了相应措施。单独装有轴流风机，在不同转速下均有较好的冷却效果。

该电动机 5～50Hz 为恒转矩运行区，5～100Hz 为恒功率运行区，调速比为 1∶20，运行方式为 S1。为了正确选用变频器的类型和容量匹配，应明确生产机械的负载性质，即为恒转矩性质还是平方转矩性质或为恒功率性质。

本系列电动机的功率等级和安装尺寸与 Y 系列（IP44）或 YZ 系列（IP54）电动机相同（风罩比 YZ 系列电动机稍长）。

（1）技术数据

表 26-1-77 YVP（IP44）系列变频调速三相异步电动机（JB/T 7118—2014）

型号	额定功率/kW	额定转矩/N·m	额定电流/A	堵转转矩/额定转矩	转子转动惯量/kg·m²	质量/kg
同步转速 1500r/min						
YVP90S-4	1.1	7.5	2.8		0.0021	22
YVP90L-4	1.5	10	3.8		0.0027	27
YVP100L1-4	2.2	14.7	5.2		0.0054	33
YVP100L2-4	3	19.9	7		0.0067	37
YVP112M-4	4	26.5	9		0.0095	44
YVP132S-4	5.5	36.5	12		0.0214	80
YVP132M-4	7.5	49	15.5		0.0296	97
YVP160M-4	11	72	22.6		0.0747	125
YVP160L-4	15	98	30.5		0.112	140
YVP180M-4	18.5	120	36.2		0.139	210
YVP180L-4	22	143	43		0.158	250
YVP200L-4	30	195	58	1.25	0.262	300
YVP225S-4	37	239	70		0.406	360
YVP225M-4	45	290	84		0.469	400
YVP250M-4	55	355	104		0.66	480
YVP280S-4	75	484	140		1.12	565
YVP280M-4	90	581	164		1.46	680
YVP315S-4	110	705	200		3.11	870
YVP315M-4	132	846	242		3.62	1025
YVP315L1-4	160	1025	290		4.13	1095
YVP315L2-4	200	1282	365		4.94	1160
YVP355M1-4	220	1410	402		7.41	1600
YVP355M2-4	250	1604	461		7.62	1680
YVP355L-4	280	1800	518		7.71	1800
同步转速 1000r/min						
YVP90S-6	0.75	7.9	2.5		0.0029	22
YVP90L-6	1.1	11.2	3.5		0.0035	27
YVP100L-6	1.5	15.2	4.4		0.0069	37
YVP112M-6	2.2	22	6.1		0.0138	44
YVP132S-6	3	30	7.5	1.25	0.0286	80
YVP132M1-6	4	40	9.5		0.0357	92
YVP132M2-6	5.5	54	12.8		0.0881	97
YVP160M-6	7.5	74	18		0.0932	125
YVP160L-6	11	108	26		0.116	140
YVP180L-6	15	148	34		0.207	250
YVP200L1-6	18.5	182	38		0.315	300
YVP200L2-6	22	217	45		0.36	320
YVP225M-6	30	292	60		0.547	400
YVP250M-6	37	361	72		0.834	480
YVP280S-6	45	438	85		1.39	565
YVP280M-6	55	536	104		1.65	680
YVP315S-6	75	723	140	1.25	4.11	870
YVP315M-6	90	868	168		4.78	1025
YVP315L1-6	110	1061	205		5.45	1095
YVP315L2-6	132	1273	245		6.12	1160
YVP355M1-6	160	1537	295		7.83	1600
YVP355M2-6	200	1922	375		7.9	1680
YVP355L1-6	220	2112	410		8.2	1800
YVP355L2-6	250	2400	467		8.8	1880
同步转速 750r/min						
YVP132S-8	2.2	30	5.9		0.0314	80
YVP132M-8	3	40	7.75		0.0395	92
YVP160M1-8	4	53	10		0.0753	119
YVP160M2-8	5.5	73	13.5		0.0931	125
YVP160L-8	7.5	99	18		0.126	140
YVP180L-8	11	144	25		0.203	250
YVP200L-8	15	196	34		0.339	300
YVP225S-8	18.5	242	41		0.491	360
YVP225M-8	22	284	48		0.547	400
YVP250M-8	30	387	63	1.25	0.834	480
YVP280S-8	37	477	78.5		1.39	565
YVP280M-8	45	581	93.5		1.65	680
YVP315S-8	55	710	114		4.79	870
YVP315M-8	75	968	154		5.58	1025
YVP315L1-8	90	1161	179		6.37	1095
YVP315L2-8	110	1419	218		7.23	1160
YVP355M1-8	132	1700	254		8.4	1600
YVP355M2-8	160	2051	303		8.6	1680
YVP355L-8	200	2560	378		8.8	1800

（2）外形及安装尺寸

表 26-1-78 YVP 机座带底脚、端盖无凸缘的外形及安装尺寸 mm

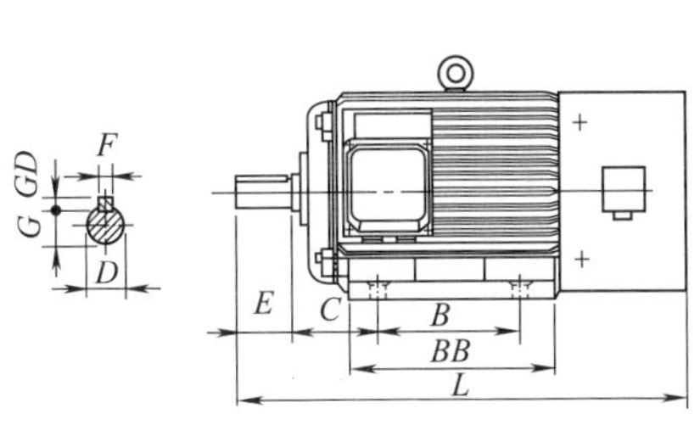

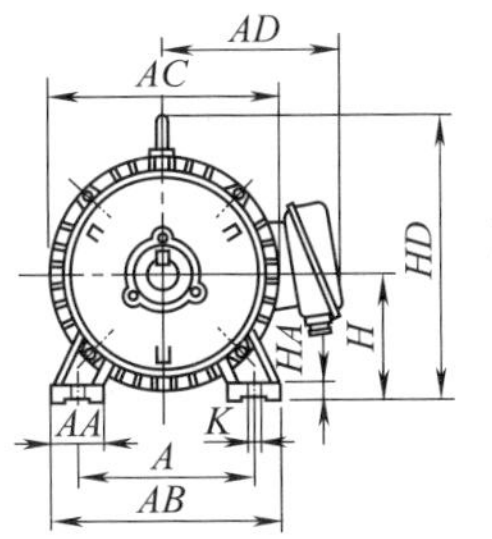

B3(机座号80～355)
B6、B7、B8、V5、V6
(机座号80～160)

机座号	安装尺寸											外形尺寸							
	H		A	B	C	D		E	F×GD	G	K	AB	AC	AD	AA	BB	HD	HA	L
90S	90	0 −0.5	140	100	56	24	+0.009 −0.004	50	8×7	20	10	180	175	155	36	130	190	12	400
90L				125												155			430
100L	100		160	140	63	28		60		24	12	205	205	180	40	176	245	14	465
112M	112		190		70							245	230	190	50	180	265	15	490
132S	132		216		89	38	+0.018 +0.002	80	10×8	33		280	270	210	60	200	315	18	525
132M				178												238			575
160M	160		254	210	108	42		110	12×8	37	15	330	325	255	70	270	385	20	645
160L				254												314			690
180M	180		279	241	121	48			14×9	42.5		355	360	285		311	430	22	810
180L				279												349			850
200L	200		318	305	133	55	+0.030 +0.011		16×10	49	19	395	400	310		379	475	25	890
225S	225		356	286	149	60		140	18×11	53		435	450	345	75	368	530	28	930
225M				311												393			970
250M	250		406	349	168	65				58	24	490	495	385	80	455	575	30	1050
280S	280	0 −1.0	457	368	190	75			20×12	67.5		550	555	410	85	530	640	35	1100
280M				419												581			1180
315S	315		508	406	216	80		170	22×14	71	28	628	645	460	120	610	760	45	1300
315M				457												660			1350
315L				508												750			1450
355M	355		610	560	254	95	+0.035 +0.013		25×14	86		740	750	680		780	1030	50	1650
355L				630															1750

表 26-1-79 机座无底脚、端盖带凸缘的外形及安装尺寸 mm

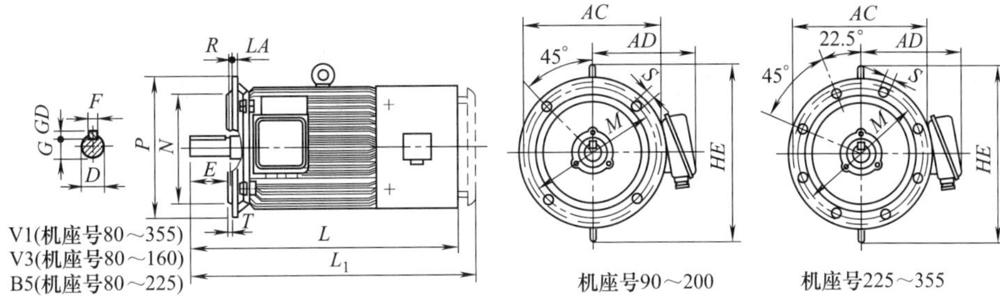

V1(机座号80～355)
V3(机座号80～160)
B5(机座号80～225)

机座号90～200

机座号225～355

续表

机座号	安装尺寸												外形尺寸					
	D		E	F×GD	G	M	N		P	R	S	T	AC	AD	LA	HE	L_1	L
90S	24	+0.009 −0.004	50	8×7	20	165	130	+0.014 −0.011	200	0	φ12	3.5	175	155	12	—	—	400
90L																		430
100L	28		60		24	215	180		250		φ15	4	205	180	14			465
112M													230	190				490
132S	38	+0.018 +0.002	80	10×8	33	265	230	+0.016 −0.013	300				270	210				525
132M																		575
160M	42		110	12×8	37	300	250		350		φ19	5	325	255	16			645
160L																		690
180M	48			14×9	42.5								360	285	18	500	870	810
180L																	910	850
200L	55	+0.030 +0.011		16×10	49	350	300	±0.016	400				400	310		550	965	890
225S	60		140	18×11	53	400	350	±0.018	450				450	345	20	610	1020	930
225M																	1060	970
250M	65				58	500	450	±0.020	550				495	385	22	650	1170	1050
280S	75			20×12	67.5								555	410		720	1220	1100
280M																	1300	1180
315S	80		170	22×14	71	600	550	±0.022	600		φ24	6	645	460	25	900	1450	1300
315M																	1500	1350
315L																	1600	1450
355M	95	+0.035 +0.013		25×14	86	740	680	±0.025	800				750	680	28	1035	1850	1650
355L																	1950	1750

表 26-1-80　　机座带底脚、端盖带凸缘的外形及安装尺寸　　mm

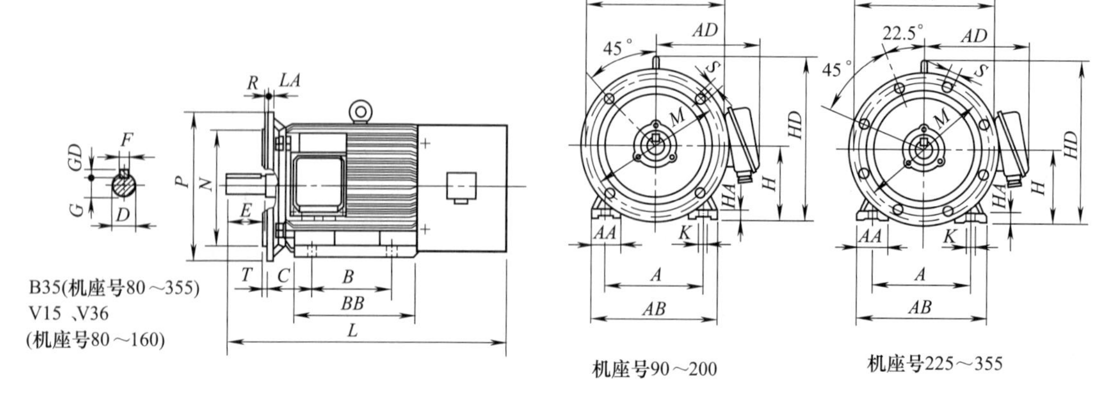

B35(机座号80～355)
V15、V36
(机座号80～160)

机座号90～200

机座号225～355

续表

机座号	安装尺寸																		外形尺寸								
	H		A	B	C	D		E	$F\times GD$	G	K	M	N		P	R	S	T	AB	AC	AD	AA	BB	HD	HA	L	LA
90S	90	0 −0.5	140	100	56	24	+0.009 −0.004	50	8×7	20	10	165	130	+0.014 −0.011	200	0	ϕ12	3.5	180	175	155	36	130	190	12	400	12
90L				125																			155			430	
100L	100		160	140	63	28		60		24	12	215	180		250		ϕ15	4	205	205	180	40	176	245	14	465	14
112M	112		190		70														245	230	190	50	180	265	15	490	
132S	132		216		89	38	+0.018 +0.002	80	10×8	33		265	230	+0.016 −0.013	300				280	270	210	60	200	315	18	525	
132M				178																			238			575	
160M	160		254	210	108	42		110	12×8	37	15	300	250		350		ϕ19	5	330	325	255	70	270	385	20	645	16
160L				254																			314			690	
180M	180		279	241	121	48			14×9	42.5									355	360	285		311	430	22	810	18
180L				279																			349			850	
200L	200		318	305	133	55	+0.030 +0.011		16×10	49	19	350	300	±0.016	400				395	400	310		379	475	25	890	
225S	225		356	286	149	60		140	18×11	53		400	350	±0.018	450				435	450	345	75	368	530	28	930	20
225M				310																			393			970	
250M	250		406	349	168	65				58	24	500	450	±0.020	550				490	495	385	80	455	575	30	1050	22
280S	280	0 −1.0	457	368	190	75			20×12	67.5									550	555	410	85	530	640	35	1100	
280M				419																			581			1180	
315S	315		508	406	216	80		170	22×14	71	28	600	550	±0.022	600		ϕ24	6	628	645	460	120	610	760	45	1300	25
315M				457																			660			1350	
315L				508																			750			1450	
355M	355		610	560	254	95	+0.035 +0.013		25×14	86		740	680	±0.025	800				740	750	680		780	1030	50	1650	28
355L				630																						1750	

1.3.2.4 QABP变频调速三相异步电动机

QABP系列电动机集国内外同类电动机产品优点，应用计算机辅助设计技术进行设计。可与国内外同类型变频器相配套，互换性、通用性强。电动机采用笼型结构，运行可靠，维护方便。电动机装有单独轴流风机，保证电动机在不同转速下有较好的冷却效果。电动机绝缘采用国际上广泛使用的F级绝缘结构，提高了电动机的可靠性。电动机的标注方法、功率、底脚尺寸及中心高等参数与M2QA和QA系列异步电动机完全相同。

本系列电动机广泛应用于轻工、纺织、化工、冶金和机床等需要变频调速传动装置的行业中。

(1) QABP变频调速三相异步电动机技术数据

表 26-1-81 QABP变频调速三相异步电动机技术数据

型号	标称功率/kW	额定电流/A	额定转矩/N·m	额定转速/$r \cdot min^{-1}$	最大转矩/额定转矩	转动惯量/$kg \cdot m^2$	质量/kg
同步转速3000r/min 2级 50Hz							
71M2A	0.37	1.0	1.18	2850	2.8	0.0003	12
71M2B	0.55	1.4	1.75	2845	2.8	0.00037	13
80M2A	0.75	1.82	2.4	2850	2.8	0.00091	19
80M2B	1.1	2.55	3.5	2845	2.8	0.00107	20
90S2A	1.5	3.4	4.8	2865	2.8	0.00135	24
90L2A	2.2	4.8	7	2860	2.8	0.00163	27
100L2A	3	6.5	9.6	2890	2.8	0.00402	37
112M2A	4	8.4	12.7	2900	2.8	0.00671	46
132S2A	5.5	11.2	17.5	2920	2.8	0.01241	64
132S2B	7.5	15.3	23.9	2920	2.8	0.01491	69
160M2A	11	22.2	35	2930	3.0	0.0436	118
160M2B	15	29.9	47.8	2930	3.0	0.0551	128
160L2A	18.5	36.1	58.9	2930	3.0	0.0655	148
180M2A	22	43.1	70	2940	2.8	0.08805	182
200L2A	30	57.5	95.5	2955	2.7	0.1482	247
200L2B	37	71.5	117.8	2955	2.7	0.1682	266
225M2A	45	84.1	143.3	2970	2.8	0.2935	342
250M2A	55	104.8	175	2965	2.9	0.3784	406
280S2A	75	134.6	239	2972	3.0	0.587	535
280M2A	90	163.7	287	2972	3.0	0.615	591
315S2A	110	197.6	350	2980	2.5	1.4083	945
315M2A	132	234	420	2980	2.5	1.5584	1045
315L2A	160	279	509	2979	2.5	1.7256	1105
315L2B	200	349	637	2978	2.5	1.9405	1155
355M2A	250	436	797	2980	2.5	3.05	1478
355L2A	315	545	1004	2980	2.5	3.6	1766
同步转速1500r/min 4极 50Hz							
71M4A	0.25	0.86	1.59	1420	2.8	0.00053	12.8
71M4B	0.37	1.24	2.36	1415	2.8	0.00066	12.8
80M4A	0.55	1.56	3.5	1415	2.8	0.00145	19
80M4B	0.75	2.03	4.8	1410	2.8	0.00174	20
90S4A	1.1	3.04	7	1425	2.8	0.00254	24
90L4A	1.5	4.06	9.6	1425	2.8	0.0317	28

续表

型号	标称功率/kW	额定电流/A	额定转矩/N·m	额定转速/r·min^{-1}	最大转矩/额定转矩	转动惯量/kg·m^2	质量/kg
同步转速 1500r/min　4 极　50Hz							
100L4A	2.2	5.22	14	1430	2.8	0.00679	36
100L4B	3	7.1	19.1	1435	2.8	0.00862	40
112M4A	4	8.9	25.5	1435	2.8	0.01306	49
132S4A	5.5	11.9	35	1450	2.9	0.027	66
132S4B	7.5	15.8	47.8	1450	2.9	0.0344	79
160M4A	11	23.4	70	1460	2.9	0.0654	122
160L4A	15	30.7	95.5	1460	2.9	0.0935	143
180M4A	18.5	36.5	117.8	1470	3.0	0.1605	182
180L4A	22	43.3	140.1	1470	3.0	0.1805	198
200L4A	30	59.6	191	1475	3.0	0.282	266
225S4A	37	74.9	235.6	1480	3.1	0.37	322
225M4B	45	89.2	286.5	1480	3.1	0.42	349
250M4A	55	103	350	1485	3.1	0.78	465
280S4A	75	140	478	1485	3.1	1.10	565
280M4A	90	168	573	1485	3.1	1.35	623
315S4A	110	203	700	1488	3.1	2.8596	965
315M4A	132	242	840	1488	3.1	3.1848	1065
315L4A	160	292	1019	1488	3.1	3.6765	1085
315L4B	200	371	1273	1488	3.2	4.2516	1135
355M4A	250	437	1592	1490	3.2	6.77	1586
355L4A	315	556	2008	1490	3.2	8.2	1861
同步转速 1000r/min　6 极　50Hz							
80M6A	0.37	1.41	3.53	935	2.8	0.00159	19
80M6B	0.55	1.95	5.25	930	2.8	0.00196	20
90S6A	0.75	2.41	7.2	940	2.8	0.00292	25
90L6A	1.1	3.32	10.5	934	2.8	0.00379	29
100L6A	1.5	4.2	14.3	955	2.8	0.00999	36
112M6A	2.2	6.05	21	960	2.8	0.01559	44
132S6A	3	7.35	28.7	960	2.8	0.03116	61
132M6A	4	9.7	38.2	965	2.8	0.04074	71
132M6B	5.5	13.2	52.5	965	2.8	0.05332	81
160M6A	7.5	17.9	71.6	975	2.8	0.09231	125
160L6A	11	28.5	105.1	975	2.8	0.1297	146
180M6A	15	33.8	143.3	980	3.0	0.2418	192
200L6A	18.5	39.4	176.7	980	3.0	0.34174	244
200L6B	22	46.4	210.1	980	3.0	0.4684	268
225M6A	30	63.7	286.5	985	3.0	0.6269	322
250M6A	37	73.7	353.4	985	3.0	0.97	398
280S6A	45	86.8	429.8	985	3.0	1.25	513
280M6A	55	105	525	985	3.0	1.485	563

续表

型号	标称功率/kW	额定电流/A	额定转矩/N·m	额定转速/r·min^{-1}	最大转矩/额定转矩	转动惯量/kg·m^2	质量/kg
同步转速 1000r/min 6 极 50Hz							
315S6A	75	142	716	990	3.0	3.1942	955
315M6A	90	173	860	990	3.1	3.723	1045
315L6A	110	205	1051	991	3.1	4.2564	1095
315L6B	132	250.5	1261	991	3.1	5.1577	1155
355M6A	160	296	1530	991	3.1	7.8	1400
355M6B	200	371	1910	991	3.1	9.1	1591
355L6A	250	456	2388	992	3.1	11.4	2097
同步转速 750r/min 8 极 50Hz							
100L8A	0.75	2.78	9.6	715	2.8	0.00971	35
100L8B	1.1	3.84	14	715	2.8	0.01186	38
112M8A	1.5	5.3	19.1	715	2.8	0.01559	46
132S8A	2.2	6.1	28	715	2.8	0.03625	62
132M8A	3	7.7	38.2	710	2.8	0.04141	70
132M8B	4	10.6	50.9	720	2.8	0.0676	111
160M8A	7.5	14.4	70	720	2.8	0.09524	131
160L8A	11	19.5	95.5	720	2.8	0.12122	148
180L8A	15	25.6	140.1	730	2.9	0.2365	188
200L8A	18.5	35.1	191	730	3.0	0.37103	247
225S8A	22	42.7	235.5	740	3.0	0.5329	304
225M8A	30	49.2	280.1	740	3.0	0.6583	316
250M8A	37	63.8	382	740	3.0	0.975	408
280S8A	45	76.4	471.1	740	3.0	1.25	519
280M8A	55	94.1	573	740	3.0	1.485	579
315S8A	75	109	700	741	3.0	3.6842	965
315M8A	90	145	955	741	3.0	4.9591	1045
315L8A	110	176	1146	741	3.0	5.8205	1105
315L8B	150	215	1401	741	3.0	6.7537	1175

（2）外形及安装尺寸（见表 26-1-47、表 26-1-48）

1.3.3 YZ、YZR 系列起重及冶金用三相异步电动机

YZ、YZR 系列起重及冶金用三相异步电动机适用于各种型式的起重机械及冶金辅助设备的电力传动。电动机可频繁启动、制动和正反转。能在额定电压下直接启动，并具有启动力矩大、启动电流小、机械强度高等特点。电动机的基准工作制为 S3，基准负载持续率为 40%，也可以在短时、断续或周期性工作制下工作。电动机绝缘等级分 F 和 H 级两种，起重机械一般选 F 级，冶金辅助机械大多数因环境温度高而选用 H 级。电动机的冷却方式 H132 及以下为 IC410，H132 以上则为 IC411，电动机防护等级分 IP44 和 IP54 两种。

YZR 系列为绕线转子电动机，YZ 系列为笼型转子电动机。

该系列电动机适用于各种类型的起重机械及其他类似设备的电力驱动，适用于短时或断续周期性工作制，频繁启动、制动及有显著振动冲击的设备。

（1）技术数据

表 26-1-82　YZ 系列起重及冶金用三相异步电动机技术数据（JB/T 10104—2011）

运行方式	S3　6 次启动/h														转动惯量/kg·m^2	质量/kg
工作定额	15%			25%			40%									
型号	额定功率/kW	额定电流/A	转速/r·min^{-1}	额定功率/kW	额定电流/A	转速/r·min^{-1}	额定功率/kW	额定电流/A	转速/r·min^{-1}	最大转矩（相对额定电流（或转矩）的倍数）	堵转转矩（相对额定电流（或转矩）的倍数）	堵转电流（相对额定电流（或转矩）的倍数）	效率/%	功率因数 cosφ		
同步转速 1000r/min　6 极　50Hz																
YZ112M	2.2	6.5	810	1.8	4.9	892	1.5	4.3	920	2.7	2.4	4.5	69.5	0.77	0.1	58
YZ132M1	3.0	7.5	804	2.5	6.5	920	2.2	5.9	935	2.9	3.1	5.2	74.0	0.75	0.21	80
YZ132M2	5.0	11.6	890	4.0	9.2	915	3.7	8.8	912	2.8	3.0	5.5	79.0	0.79	0.23	91.5
YZ160M1	7.5	16.8	903	6.3	14.1	922	5.5	12.5	933	2.7	2.5	4.9	80.6	0.83	0.42	118.5
YZ160M2	11	25.4	926	8.5	18.0	943	7.5	15.9	948	2.9	2.4	5.5	83.0	0.86	0.53	131.5
YZ160L	15	32.0	920	13	28.7	936	11	24.6	953	2.9	2.7	6.2	84.0	0.85	0.71	152
同步转速 750r/min　8 极　50Hz																
YZ160L	11	27.4	675	9	21.1	694	7.5	18.0	705	2.7	2.5	5.1	82.4	0.77	0.77	152
YZ180L	15	35.3	654	13	30.0	675	11	25.8	694	2.5	2.6	4.9	80.9	0.81	1.3	205
YZ200L	22	47.5	686	18.5	40.0	697	15	33.1	710	2.8	2.7	6.1	86.2	0.80	2.3	276
YZ225M	33	69.0	687	26	53.5	701	22	45.8	712	2.9	2.9	6.2	87.5	0.83	3.0	347
YZ250M1	42	89.0	663	35	74.0	681	30	63.3	694	2.5	2.7	5.5	85.7	0.84	5.3	462

运行方式	S3　6 次启动/h															
工作定额	15%				25%				40%							
型　号	额定功率/kW	额定电流/A	额定转子电流/A	转速/r·min^{-1}	额定功率/kW	额定电流/A	额定转子电流/A	转速/r·min^{-1}	额定功率/kW	额定电流/A	额定转子电流/A	最大转矩 相对额定转矩倍数	空载电流/A	转速/r·min^{-1}	效率 η/%	功率因数 cosφ
同步转速 1000r/min　6 极																
YZR112M	2.2	6.6	18.4	725	1.8	5.3	13.4	815	1.5	4.63	12.5	2.2	3.4	866	62.9	0.79
YZR132M1	3.0	8	16.1	855	2.5	6.5	12.9	892	2.2	6.05	12.6	2.9	4.0	908	72.5	0.76
YZR132M2	5	12.3	18.2	875	4.0	9.7	14.2	900	3.7	9.2	14.5	3.5	5.6	908	77.0	0.8
YZR160M1	7.5	18.5	35.4	910	6.3	16.4	29.4	921	5.5	15	25.7	2.6	8.0	930	75.7	0.74
YZR160M2	11	24.6	39.6	908	8.5	19.6	29.8	930	7.5	18	26.5	2.8	11.2	940	79.4	0.80
YZR160L	15	34.7	39	920	13	28.6	31.6	942	11	24.9	27.6	2.5	13.0	945	83.7	0.82
YZR180L	20	42.6	58.7	946	17	26.7	49.8	955	15	33.8	46.5	3.2	18.8	962	85.7	0.81
YZR200L	33	62	68	942	26	56.1	82.4	956	22	49.1	69.9	2.9	26.6	964	86.0	0.80
YZR225M	40	80	101	947	34	70	85	957	30	62	74.4	3.3	29.9	962	88.3	0.83
YZR250M1	50	99	123	950	42	80	103	960	37	7.05	91.5	3.1	26.5	960	89.2	0.90
YZR250M2	63	121	134	947	52	97	110	958	45	84.5	95	3.5	28.2	965	90.6	0.89
YZR280S	75	144	169.5	960	63	118	142	966	55	101.5	119.8	3.0	34.0	969	91.0	0.90
YZR280M	100	185	166	960	85	—	144	972	75	142	128	—	—	969	—	—
同步转速 750r/min　8 极																
YZR160L	11	27.5	35.3	676	9.0	22.4	28.1	694	7.5	19.1	23.0	2.7	12.7	705	79.8	0.75

续表

运行方式	S3 6 次启动/h															
工作定额	15%				25%				40%							
型号	额定功率/kW	额定电流/A	额定转子电流/A	转速/r·min^{-1}	额定功率/kW	额定电流/A	额定转子电流/A	转速/r·min^{-1}	额定功率/kW	额定电流/A	额定转子电流/A	最大转矩 相对额定转矩倍数	空载电流/A	转速/r·min^{-1}	效率η/%	功率因数cosφ
同步转速 750r/min 8 极																
YZR180L	15	34.0	56.0	690	13	29.1	47.8	700	11	27.0	44.0	2.7	14.8	700	81.1	0.77
YZR200L	22	48.0	81.0	690	18.5	40.0	67.2	701	15	33.5	53.5	2.9	17.8	712	86.2	0.79
YZR225M	33	70.0	92.0	696	26	55.0	71.2	708	22	46.9	59.1	3.0	24.2	715	87.4	0.82
YZR250M1	42	75.0	97.5	710	35	64.0	80.0	715	30	63.4	68.8	2.6	31.4	720	87.8	0.82
YZR250M2	52	103.0	98.0	706	42	86.0	79.0	716	37	78.1	70.0	2.7	36.9	720	89	0.83
YZR280S									45							
YZR280M	75	150	132	715	63	126	110	722	55	110.5	92.5	2.9	52.3	725	89.5	0.84
同步转速 600r/min 10 极																
YZR280S	55	112	235.2	564	42	92	177.1	571	37	84.8	153.2	2.8	44.2	572	87	0.76
YZR280M	63	146	241	548	55	127	207	556	45	103.8	165	3.2	63.6	560	85.6	0.78

注：1. 表中转速为非标准值，仅供参考。

2. 电动机工作制分为 S2～S9 八种，本表按基准工作制（S3，$FC=40\%$），每个周期为 10min。

3. 电动机分为：一般环境电动机，其外壳防护等级为 IP44；冶金环境用电动机，其外壳防护等级为 IP54。

（2）外形及安装尺寸

表 26-1-83 卧式安装、机座不带底角、端盖有凸缘的外形及安装尺寸

（安装型式 IM3001、IM3003） mm

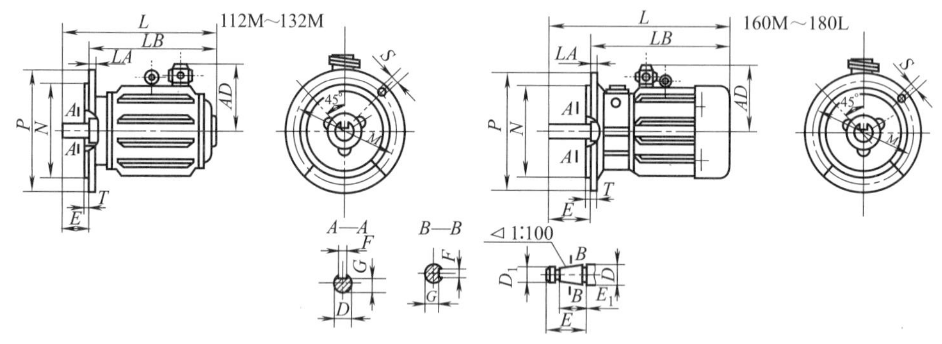

型号	凸缘号	安装尺寸													外形尺寸					
		D	D_1	E	E_1	F	G	M	N (j6)	P	R	S	T	孔数	AD	LA	L		LB	
																	YZ	YZR	YZ	YZR
112M	FF215	32k6		80		10	27	215	180	250	0±2	15	4	4	220	14	430	595	350	515
132M	FF265	38k6		80		10	33	265	230	300	0±2	15	4	4	230	14	495	645	415	565
160M	FF300	48k6		110		14	42.5	300	250	350	0±3	19	5	4	260	18	700	828	590	718
160L	FF300	48k6		110		14	42.5	300	250	350	0±3	19	5	4	260	18	743	872	633	762
180L	FF300	55	M36×3	110	82	14	19.9	300	250	350	0±3	19	5	4	280	18	735	915	625	805

注：R 为凸缘配合面至轴肩的距离，D_2 为定、转子接线口尺寸。

表 26-1-84　卧式外形及安装尺寸（安装型式 IM1001、IM1002、IM1003、IM1004）　mm

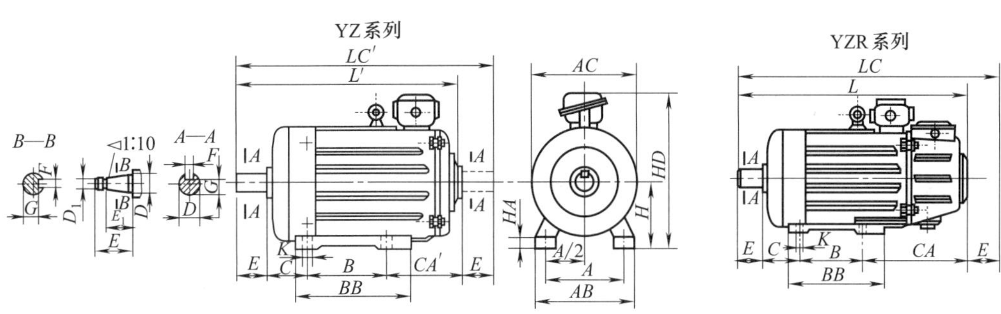

型号	安装尺寸													
	A	$A/2$	B	C	CA	CA'	D	D_1	E	E_1	F(N9)	G	H	K	螺栓直径
YZ、YZR 112M	190	95	140	70	300	135	32k6		80		10	27	112	12	M10
YZ、YZR 132M	216	108	178	89	300	150	38k6		80		10	33	132	12	M10
YZ、YZR 160M	254	127	210	108	330	180	48k6		110		14	42.5	160	15	M12
YZ、YZR 160L	254	127	254	108	330	180	48k6		110		14	42.5	160	15	M12
YZ、YZR 180L	279	139.5	279	121	360	180	55	M36×3	110	82	14	19.9	180	15	M12
YZ、YZR 200L	318	159	305	133	400	210	60	M42×3	140	105	16	21.4	200	19	M16
YZ、YZR 225M	356	178	311	149	450	258	65	M42×3	140	105	16	23.9	225	19	M16
YZ、YZR 250M	406	203	349	168	540	295	70	M48×3	140	105	18	25.4	250	24	M20
YZR280S	457	228.5	368	190	540		85	M56×4	170	130	20	31.7	280	24	M20
YZR280M	457	228.5	419	190	540		85	M56×4	170	130	20	31.7	280	24	M20
YZR315S	508	254	406	216	600		95	M64×4	170	130	22	35.2	315	28	M24
YZR315M	508	254	457	216	600		95	M64×4	170	130	22	35.2	315	28	M24
YZR355M	610	305	560	254	630		110	M80×4	210	165	25	41.9	355	28	M24
YZR355L	610	305	630	254	630		110	M80×4	210	165	25	41.9	355	28	M24
YZR400L	686	343	710	280	630		130	M100×4	250	200	28	50	400	35	M30

型号	外形尺寸								
	AB	AC	BB	LC	LC'	HD	L	L'	HA
YZ、YZR 112M	250	245	235	670	505	335	590	420	18
YZ、YZR 132M	275	285	260	727	577	365	645	495	20
YZ、YZR 160M	320	325	290	858	718	425	758	608	25
YZ、YZR 160L	320	325	335	912	762	425	800	650	25
YZ、YZR 180L	360	360	380	980	800	465	870	685	25
YZ、YZR 200L	405	405	400	1118	928	510	975	780	28
YZ、YZR 225M	455	430	410	1190	908	545	1050	850	28
YZ、YZR 250M	515	480	510	1337	1092	605	1195	935	30
YZR280S	575	535	530	1438		665	1265		32
YZR280M	575	535	580	1489		665	1315		32
YZR315S	640	620	580	1562		750	1390		35
YZR315M	640	620	630	1613		750	1440		35
YZR355M	740	710	730	1864		840	1650		38
YZR355L	740	710	800	1934		840	1720		38
YZR400L	855	840	910	2120		950	1865		45

表 26-1-85　　立式安装、机座不带底角、端盖有凸缘、轴身向下的外形及安装尺寸

（安装型式 IM3011、IM3013）　　mm

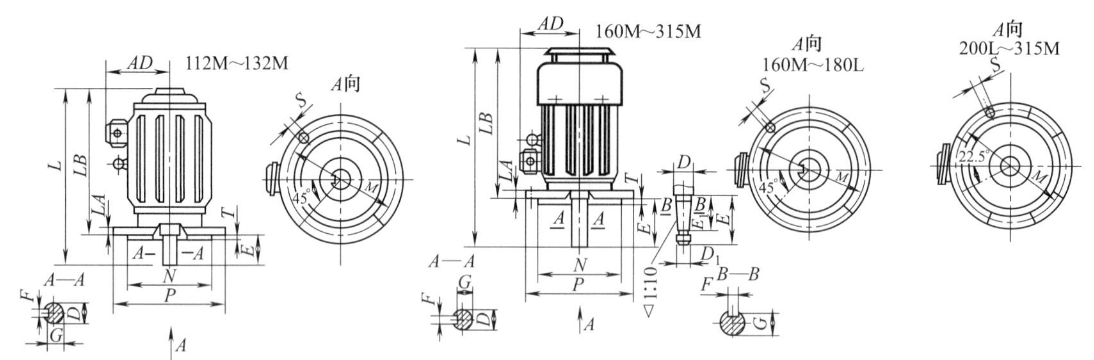

<table>
<tr><th rowspan="3">型号</th><th rowspan="3">凸缘号</th><th colspan="15">安 装 尺 寸</th><th colspan="6">外 形 尺 寸</th></tr>
<tr><th rowspan="2">D</th><th rowspan="2">D1</th><th rowspan="2">E</th><th rowspan="2">E1</th><th rowspan="2">F</th><th rowspan="2">G</th><th rowspan="2">M</th><th rowspan="2">N
(j6)</th><th rowspan="2">P</th><th rowspan="2">S</th><th rowspan="2">螺栓
直径</th><th rowspan="2">T</th><th rowspan="2">孔数</th><th rowspan="2">AD</th><th rowspan="2">LA</th><th colspan="2">L</th><th colspan="2">LB</th></tr>
<tr><th>YZ</th><th>YZR</th><th>YZ</th><th>YZR</th></tr>
<tr><td>YZ、YZR 112M</td><td>FF215</td><td>32k6</td><td rowspan="4"></td><td rowspan="2">80</td><td rowspan="5"></td><td rowspan="2">10</td><td>27</td><td>215</td><td>180</td><td>250</td><td rowspan="2">15</td><td rowspan="2">M12</td><td rowspan="2">4</td><td rowspan="5">4</td><td>220</td><td rowspan="2">14</td><td>430</td><td>595</td><td>350</td><td>515</td></tr>
<tr><td>YZ、YZR 132M</td><td>FF265</td><td>38k6</td><td>33</td><td>265</td><td>230</td><td>300</td><td>230</td><td>495</td><td>645</td><td>415</td><td>565</td></tr>
<tr><td>YZ、YZR 160M</td><td rowspan="2">FF300</td><td rowspan="2">48k6</td><td rowspan="3">110</td><td rowspan="3">14</td><td rowspan="2">42.5</td><td rowspan="3">300</td><td rowspan="3">250</td><td rowspan="3">350</td><td rowspan="8">19</td><td rowspan="8">M16</td><td rowspan="8">5</td><td rowspan="2">260</td><td rowspan="3">18</td><td>700</td><td>828</td><td>590</td><td>718</td></tr>
<tr><td>YZ、YZR 160L</td><td>743</td><td>872</td><td>633</td><td>762</td></tr>
<tr><td>YZ、YZR 180L</td><td rowspan="2">FF400</td><td>55</td><td>M36×3</td><td>19.9</td><td>280</td><td>735</td><td>915</td><td>625</td><td>805</td></tr>
<tr><td>YZ、YZR 200L</td><td>60</td><td rowspan="2">M42×3</td><td rowspan="3">140</td><td>82</td><td rowspan="2">16</td><td>21.4</td><td rowspan="2">400</td><td rowspan="2">350</td><td rowspan="2">450</td><td rowspan="5">8</td><td rowspan="2">320</td><td rowspan="2">20</td><td>855</td><td>1050</td><td>715</td><td>910</td></tr>
<tr><td>YZ、YZR 225M</td><td rowspan="4">FF500</td><td>65</td><td rowspan="2">105</td><td>23.9</td><td>915</td><td>1110</td><td>775</td><td>970</td></tr>
<tr><td>YZ、YZR 250M</td><td>70</td><td>M48×3</td><td>18</td><td>25.4</td><td rowspan="3">500</td><td rowspan="3">450</td><td rowspan="3">550</td><td>355</td><td rowspan="3">22</td><td>1005</td><td>1266</td><td>865</td><td>1126</td></tr>
<tr><td>YZR280S</td><td rowspan="2">85</td><td rowspan="2">M56×4</td><td rowspan="4">170</td><td rowspan="2">130</td><td rowspan="2">20</td><td rowspan="2">31.7</td><td rowspan="2">385</td><td rowspan="4"></td><td>1370</td><td rowspan="4"></td><td>1200</td></tr>
<tr><td>YZR280M</td><td>1420</td><td>1250</td></tr>
<tr><td>YZR315S</td><td rowspan="2">FF600</td><td rowspan="2">95</td><td rowspan="2">M64×4</td><td rowspan="2"></td><td rowspan="2">22</td><td rowspan="2">35.2</td><td rowspan="2">600</td><td rowspan="2">550</td><td rowspan="2">660</td><td rowspan="2">24</td><td rowspan="2">M20</td><td rowspan="2">6</td><td rowspan="2"></td><td rowspan="2">435</td><td rowspan="2">25</td><td>1475</td><td>1305</td></tr>
<tr><td>YZR315M</td><td>1525</td><td>1355</td></tr>
</table>

1.3.4　防爆异步电动机

防爆异步电动机主要用于煤炭、石油、化工等行业。隔爆型电动机采用隔爆外壳把可能产生火花、电弧和危险温度的电气部分与周围爆炸性气体混合物隔开。一旦爆炸性气体进入外壳内引燃爆炸，外壳不会损坏，也不会引燃周围爆炸性混合物；增安型电动机是在正常运行条件下出现电弧、火花或危险高温的电动机结构上，采取一些机械、电气和热的保护措施，使之进一步避免在正常条件下出现电弧、火花和高温的危险，从而确保其隔爆安全性。

1.3.4.1　YB2 系列隔爆型三相异步电动机

YB2 系列隔爆型三相异步电动机的技术数据、安装尺寸及外形尺寸见表 26-1-86～表26-1-88。

第 26 篇

表 26-1-86 YB2 系列隔爆型三相异步电动机技术数据（380V/660V）（JB/T 7565.1—2011）

型号	额定功率/kW	额定转速/r·min⁻¹	额定电流/A	效率/%	功率因数 cosφ	堵转电流	堵转转矩	最大转矩	噪声/dB(A) 1级	噪声/dB(A) 2级	转动惯量/kg·m²	质量/kg
						相对额定电流（或转矩）的倍数						
同步转速 3000r/min（2 极）												
YB2-631-2	0.18	2800	0.52	66	0.80	5.0	2.2	2.3	60	62	—	—
YB2-632-2	0.25		0.69	68	0.81						—	—
YB2-711-2	0.37		0.99	70		5.5			63	65	—	—
YB2-712-2	0.55		1.38	73	0.83						—	—
YB2-801-2	0.75	2825	1.81	75	0.84	7.0		2.2	66	71	0.0042	22
YB2-802-2	1.1		2.52	77	0.86						0.005	24
YB2-90S-2	1.5	2840	3.44	78	0.85				70	75	0.0075	33
YB2-90L-2	2.2		4.74	82	0.86						0.0097	37
YB2-100L-2	3.0	2880	6.39		0.87				74	79	0.0174	43
YB2-112M-2	4.0	2890	8.17	85.5							0.0303	54
YB2-132S1-2	5.5	2900	11.1		0.88		2.0		78	83	0.0631	79
YB2-132S2-2	7.5		15	86.2							0.0733	87
YB2-160M1-2	11	2930	21.78	87.2					82	87	0.21	134
YB2-160M2-2	15		29.36	88.2							0.25	149
YB2-160L-2	18.5		35.49	89	0.89						0.31	167
YB2-180M-2	22	2940	42.2						87	92	0.37	210
YB2-200L1-2	30		56.9	90					90	95	0.63	290
YB2-200L2-2	37	2950	69.8	90.5							0.73	304
YB2-225M-2	45		83.96	91.5						97	1.28	380
YB2-250M-2	55	2970	102.6						92		1.55	449
YB2-280S-2	75		139.9						94	99	1.89	640
YB2-280M-2	90		167	92							2.02	710
YB2-315S-2	110	2980	195.4	94	0.91		1.8	2.3	95	97	2.26	1100
YB2-315M-2	132		233.2	94.5							2.42	1160
YB2-315L1-2	160		279.3	94.6	0.92				98	100	2.76	1350
YB2-315L-2	185		323								3.22	1500
YB2-315L2-2	200		348.4	94.8							3.41	1600
YB2-355S1-2	185		323	94.6							3.86	1690
YB2-355S2-2	200		348.4	94.8							4.82	
YB2-355M1-2	220		383.2				1.6	2.4	102	104	5.46	1840
YB2-355M2-2	250		433.2	95.3							6.22	2100
YB2-355L1-2	280		485.2								6.54	2260
YB2-355L2-2	315		544.1	95.6								
同步转速 1500r/min（4 极）												
YB2-631-4	0.12	1380	0.44	58	0.72	4.0	2.0	2.2	51	53	—	—
YB2-632-4	0.18		0.59	63	0.73						—	—
YB2-711-4	0.25		0.78	66	0.74				54	56	—	—
YB2-712-4	0.37		1.09	69	0.75						—	—
YB2-801-4	0.55	1390	1.51	73	0.76	6.5	2.2		56	67	0.006	22
YB2-802-4	0.75		2.0	74.5							0.0077	24

续表

<table>
<tr><th rowspan="2">型号</th><th rowspan="2">额定功率/kW</th><th rowspan="2">额定转速/r·min^{-1}</th><th rowspan="2">额定电流/A</th><th rowspan="2">效率/%</th><th rowspan="2">功率因数 cosφ</th><th>堵转电流</th><th>堵转转矩</th><th>最大转矩</th><th colspan="2">噪声/dB(A)</th><th rowspan="2">转动惯量/kg·m^2</th><th rowspan="2">质量/kg</th></tr>
<tr><th colspan="3">相对额定电流(或转矩)的倍数</th><th>1 级</th><th>2 级</th></tr>
<tr><td colspan="13">同步转速 1500r/min(4 极)</td></tr>
<tr><td>YB2-90S-4</td><td>1.1</td><td>1390</td><td>2.75</td><td>78</td><td>0.78</td><td rowspan="2">6.7</td><td rowspan="9">2.2</td><td rowspan="17">2.2</td><td>61</td><td rowspan="2">67</td><td>0.012</td><td>33</td></tr>
<tr><td>YB2-90M-4</td><td>1.5</td><td rowspan="3">1400</td><td>3.65</td><td>79</td><td>0.79</td><td>62</td><td>0.015</td><td>37</td></tr>
<tr><td>YB2-100L1-4</td><td>2.2</td><td>5.03</td><td>81</td><td>0.82</td><td rowspan="15">7.0</td><td rowspan="2">65</td><td rowspan="2">70</td><td>0.031</td><td>43</td></tr>
<tr><td>YB2-100L2-4</td><td>3.0</td><td>6.82</td><td>82.5</td><td>0.81</td><td>0.039</td><td>47</td></tr>
<tr><td>YB2-112M-4</td><td>4.0</td><td rowspan="3">1440</td><td>8.77</td><td>84.5</td><td>0.82</td><td>68</td><td>74</td><td>0.059</td><td>58</td></tr>
<tr><td>YB2-132S-4</td><td>5.5</td><td>11.64</td><td>85.5</td><td>0.84</td><td>70</td><td rowspan="2">78</td><td>0.113</td><td>80</td></tr>
<tr><td>YB2-132M-4</td><td>7.5</td><td>15.4</td><td>87</td><td>0.85</td><td>71</td><td>0.167</td><td>96</td></tr>
<tr><td>YB2-160M-4</td><td>11</td><td rowspan="2">1460</td><td>22.6</td><td>88</td><td>0.84</td><td>75</td><td rowspan="4">82</td><td>0.36</td><td>148</td></tr>
<tr><td>YB2-160L-4</td><td>15</td><td>30.3</td><td>88.5</td><td>0.85</td><td rowspan="3">77</td><td>0.42</td><td>166</td></tr>
<tr><td>YB2-180M-4</td><td>18.5</td><td rowspan="3">1470</td><td>35.9</td><td>91</td><td rowspan="2">0.86</td><td rowspan="3">2.0</td><td>0.68</td><td>210</td></tr>
<tr><td>YB2-180L-4</td><td>22</td><td>42.48</td><td>91.5</td><td>0.72</td><td>234</td></tr>
<tr><td>YB2-200L-4</td><td>30</td><td>56.83</td><td>92.2</td><td rowspan="2">0.87</td><td rowspan="3">79</td><td rowspan="3">84</td><td>0.81</td><td>320</td></tr>
<tr><td>YB2-225S-4</td><td>37</td><td rowspan="5">1480</td><td>70.39</td><td>91.8</td><td rowspan="2">1.9</td><td>1.21</td><td>360</td></tr>
<tr><td>YB2-225M-4</td><td>45</td><td>84.18</td><td>92.3</td><td rowspan="3">0.88</td><td>1.85</td><td>383</td></tr>
<tr><td>YB2-250M-4</td><td>55</td><td>102.6</td><td>92.6</td><td>2.0</td><td>81</td><td>86</td><td>2.32</td><td>530</td></tr>
<tr><td>YB2-280S-4</td><td>75</td><td>139.7</td><td>92.7</td><td rowspan="2">1.9</td><td rowspan="2">85</td><td rowspan="2">90</td><td>2.86</td><td>650</td></tr>
<tr><td>YB2-280M-4</td><td>90</td><td>164.5</td><td>93.5</td><td rowspan="3">0.89</td><td>3.34</td><td>780</td></tr>
<tr><td>YB2-315S-4</td><td>110</td><td rowspan="5">1485</td><td>198.7</td><td>94.5</td><td rowspan="11">7.0</td><td rowspan="11">2.1</td><td rowspan="11">2.4</td><td rowspan="2">92</td><td rowspan="2">94</td><td>4.68</td><td>1150</td></tr>
<tr><td>YB2-315M-4</td><td>132</td><td>237.7</td><td>94.8</td><td>4.96</td><td>1200</td></tr>
<tr><td>YB2-315L1-4</td><td>160</td><td>284.3</td><td rowspan="2">95.0</td><td rowspan="9">0.90</td><td rowspan="5">96</td><td rowspan="5">98</td><td>5.22</td><td>1320</td></tr>
<tr><td>YB2-315L-4</td><td>185</td><td>328.7</td><td>5.43</td><td>1420</td></tr>
<tr><td>YB2-315L2-4</td><td>200</td><td>354.6</td><td>95.2</td><td>5.62</td><td>1500</td></tr>
<tr><td>YB2-355S1-4</td><td>185</td><td rowspan="6">1488</td><td>328.7</td><td>95.0</td><td>6.45</td><td>1700</td></tr>
<tr><td>YB2-355S2-4</td><td>200</td><td>354.6</td><td rowspan="2">95.2</td><td>6.56</td><td>1800</td></tr>
<tr><td>YB2-355M1-4</td><td>220</td><td>390.1</td><td rowspan="4">100</td><td rowspan="4">102</td><td>6.88</td><td>1830</td></tr>
<tr><td>YB2-355M2-4</td><td>250</td><td>441.9</td><td rowspan="2">95.5</td><td>7.22</td><td>1940</td></tr>
<tr><td>YB2-355L1-4</td><td>280</td><td>494.9</td><td>7.46</td><td>2080</td></tr>
<tr><td>YB2-355L2-4</td><td>315</td><td>556.2</td><td>95.6</td><td>7.68</td><td>2260</td></tr>
<tr><td colspan="13">同步转速 1000r/min(6 极)</td></tr>
<tr><td>YB2-711-6</td><td>0.18</td><td rowspan="6">910</td><td>0.67</td><td>62</td><td>0.66</td><td rowspan="4">4.0</td><td rowspan="4">1.9</td><td rowspan="16">2.0</td><td rowspan="2">51</td><td rowspan="2">53</td><td></td><td></td></tr>
<tr><td>YB2-712-6</td><td>0.25</td><td>0.89</td><td rowspan="2">63</td><td>0.68</td><td></td><td></td></tr>
<tr><td>YB2-801-6</td><td>0.37</td><td>1.27</td><td>0.70</td><td rowspan="2">53</td><td rowspan="2">55</td><td></td><td></td></tr>
<tr><td>YB2-802-6</td><td>0.55</td><td>1.76</td><td>66</td><td rowspan="2">0.72</td><td></td><td></td></tr>
<tr><td>YB2-90S-6</td><td>0.75</td><td>2.25</td><td>72.5</td><td rowspan="4">6.0</td><td rowspan="9">2.0</td><td rowspan="2">56</td><td rowspan="2">65</td><td></td><td>34</td></tr>
<tr><td>YB2-90L-6</td><td>1.1</td><td>3.16</td><td>73.5</td><td>0.73</td><td></td><td>37</td></tr>
<tr><td>YB2-100L-6</td><td>1.5</td><td rowspan="2">940</td><td>3.97</td><td>77.5</td><td rowspan="2">0.76</td><td rowspan="2">62</td><td rowspan="2">67</td><td></td><td>43</td></tr>
<tr><td>YB2-112M-6</td><td>2.2</td><td>5.61</td><td>80.5</td><td></td><td>54</td></tr>
<tr><td>YB2-132S-6</td><td>3.0</td><td rowspan="3">960</td><td>7.23</td><td>83</td><td>0.77</td><td rowspan="8">6.5</td><td rowspan="3">66</td><td rowspan="3">71</td><td></td><td>79</td></tr>
<tr><td>YB2-132M1-6</td><td>4.0</td><td>9.4</td><td>84</td><td rowspan="2">0.78</td><td></td><td>90</td></tr>
<tr><td>YB2-132M2-6</td><td>5.5</td><td>12.56</td><td>85.3</td><td>0.46</td><td>100</td></tr>
<tr><td>YB2-160M-6</td><td>7.5</td><td rowspan="5">970</td><td>17</td><td>86</td><td rowspan="2">0.79</td><td>69</td><td rowspan="2">75</td><td>0.61</td><td>144</td></tr>
<tr><td>YB2-160L-6</td><td>11</td><td>24.63</td><td>87</td><td rowspan="2">70</td><td>1.01</td><td>166</td></tr>
<tr><td>YB2-180L-6</td><td>15</td><td>31.44</td><td>89.5</td><td>0.81</td><td rowspan="3">1.8</td><td rowspan="3">78</td><td>1.62</td><td>215</td></tr>
<tr><td>YB2-200L1-6</td><td>18.5</td><td>37.71</td><td>89.8</td><td rowspan="2">0.83</td><td rowspan="2">73</td><td>1.84</td><td>275</td></tr>
<tr><td>YB2-200L2-6</td><td>22</td><td>44.65</td><td>90.2</td><td>2.43</td><td>300</td></tr>
</table>

续表

型号	额定功率/kW	额定转速/r·min^{-1}	额定电流/A	效率/%	功率因数 cosφ	堵转电流	堵转转矩	最大转矩	噪声/dB(A)		转动惯量/kg·m^2	质量/kg
						相对额定电流(或转矩)的倍数			1 级	2 级		
同步转速 1000r/min(6 极)												
YB2-225M-6	30	980	59.45	90.2	0.86	6.5	1.8	2.0	76	81	2.68	368
YB2-250M-6	37		72	90.8							3.46	516
YB2-280S-6	45		85.42	92	0.86				79	84	3.97	620
YB2-280M-6	55		104.4								4.57	700
YB2-315S-6	75	985	141.7	93.5		7.0	2.0	2.2	84	86	4.57	1080
YB2-315M-6	90		169.5	93.8							4.83	1140
YB2-315L1-6	110		206.7	94.0							5.32	1310
YB2-315L2-6	132		244.7	94.2	0.87						5.95	1400
YB2-355S-6	160		292.3	94.5	0.88				91	93	7.32	1650
YB2-355M1-6	185		338								7.89	1760
YB2-355M2-6	200		364.6	94.7							8.17	1970
YB2-355L1-6	220		401.1								8.25	2140
YB2-355L2-6	250		454.3	95.0							8.36	2250
同步转速 750r/min(8 极)												
YB2-801-8	0.18	710	0.86	52	0.61	3.3	1.8	1.9	51	53		
YB2-802-8	0.25		1.13	55								
YB2-90S-8	0.37		1.44	63	0.62	4.0		2.0	55	57		
YB2-90L-8	0.55		2.07	64	0.63							
YB2-100L1-8	0.75		2.36	71	0.68				58	60		
YB2-100L2-8	1.1		3.32	73	0.69							
YB2-112M-8	1.5		4.4	75					60	62		
YB2-132S-8	2.2		5.81	81	0.75	5.5	2.0		61	66		79
YB2-132M-8	3.0		7.72	82								90
YB2-160M1-8	4.0	720	9.91	84		6.0			64	69	0.32	130
YB2-160M2-8	5.5		13.29	85	0.76						0.46	144
YB2-160L-8	7.5		17.67	86		5.5			67	72	0.61	166
YB2-180L-8	11	730	25.1	86.5		6.0	1.7				1.06	215
YB2-200L-8	15		34.08	88	0.78		1.8		70	75	1.6	283
YB2-225S-8	18.5		41.32	89.5			1.7				2.28	337
YB2-225M-8	22		47.6	90	0.79		1.8				2.74	365
YB2-250M-8	30		62.96	90.5							3.67	515
YB2-280S-8	37	740	78.2	91					73	78	5.16	620
YB2-280M-8	45		93.2	91.7	0.81						5.82	700
YB2-315S-8	55		111.2	92.8		6.5	1.9	2.2	81	83	6.74	920
YB2-315M-8	75		151.3	93							7.35	1100
YB2-315L1-8	90	750	177.8	93.8	0.82	6.7	2.0		89	91	8.79	1120
YB2-315L2-8	110		216.8	94							9.18	1300
YB2-355S-8	132		259.6	94.2							10.19	1640
YB2-355M-8	160		313.4	94.6							11.24	1820
YB2-355L1-8	185		362.3								12.48	2100
YB2-355L2-8	200		386.2	94.8	0.83						13.56	2200
同步转速 600r/min(10 极)												
YB2-315S-10	45	585	99.1	92	0.75	6.0	1.5	2.1	81	83		
YB2-315M-10	55		121.1									

续表

型号	额定功率/kW	额定转速/r·min^{-1}	额定电流/A	效率/%	功率因数 cosφ	堵转电流	堵转转矩	最大转矩	噪声/dB(A)		转动惯量/kg·m^2	质量/kg
						相对额定电流(或转矩)的倍数			1 级	2 级		
同步转速 600r/min(10 极)												
YB2-315L1-10	75		162.1	92.5	0.76							
YB2-315L2-10	90		190.9	93	0.77	6.0	1.5		81	83		
YB2-355S-10		585										
YB2-355M1-10	110		229.9	93.2				2.1				
YB2-355M2-10	132		275	93.5	0.78	5.5	1.3		89	91		
YB2-355L1-10	160		333	93.6								
YB2-355L2-10	185		385									

表 26-1-87　YB2 系列隔爆型三相异步电动机安装尺寸及外形尺寸　mm

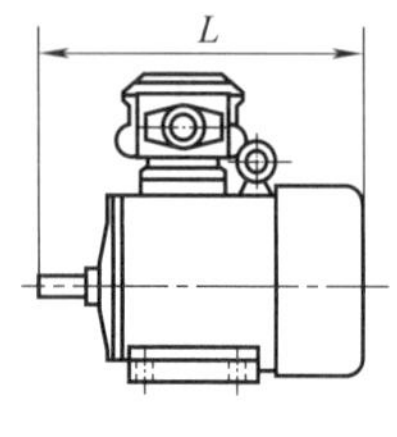

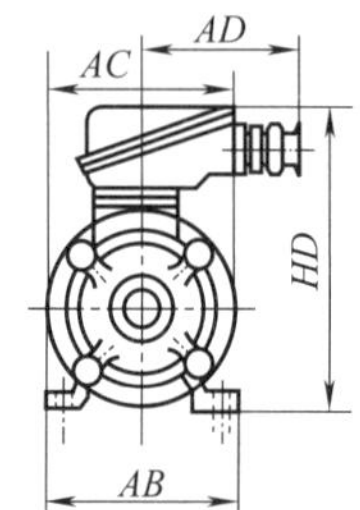

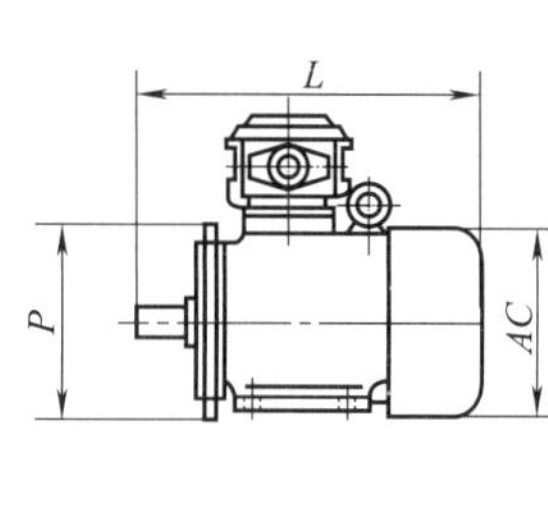

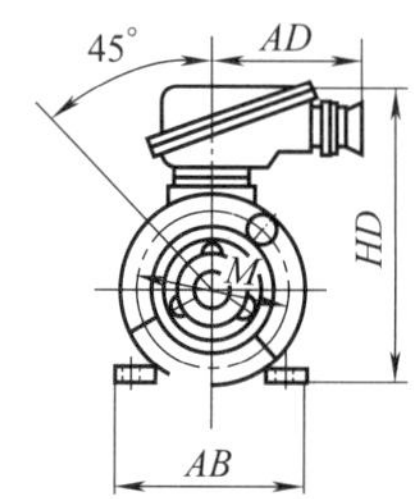

机座号	极数	AB	AC	P	AD	HD	L	进线口管螺纹	机座号	极数	AB	AC	P	AD	HD	L	进线口管螺纹
80	2、4	165	165			340	330		225S	4、8						845	
90S		180	180	200		355	360		225M	2	435	450	450	290	670	840	M48×2
90L	2、4、6				180		385	M30×2		4、6、8						870	
100L		200	205	250		380	430		250M		490	500			770	935	
112M		245	230			400	460		280S	2、4、6、8	545	560	550	330		1010	
132S		280	270	300		470	510		280M						830	1060	
132M							550		315S	2						1240	
160M		330	325		210	530	655	M36×2		4、6、8、10						1270	M64×2
160L	2、4、6、8			350			695		315M	2	640	630	660	400		1320	
180M		355	360			565	730			4、6、8、10					1020	1350	
180L							750		315L	2						1410	
200L		390	400	400	290	625	805	M48×2		4、6、8、10						1440	

表 26-1-88　mm

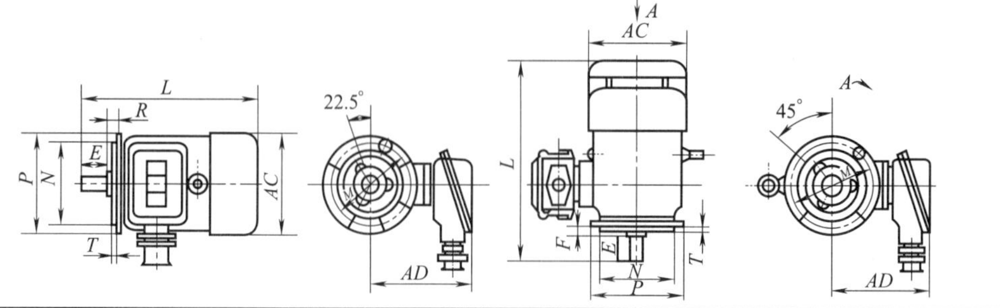

续表

机座号	极数	AC	P	AD	L	进线口管螺纹	机座号	极数	AC	P	AD	L	进线口管螺纹
80	2、4	165	200	260	330	M30×2	225S	4、8	450	450	445	915	M48×2
90S	2、4、6	180		265	360		225M	2				910	
90L					385			4、6、8				940	
100L		205	250	280	430		250M	2、4、6、8	500	550	520	1025	M64×2
112M		230		290	460		280S		560		550	1100	
132S	2、4、6、8	270	300	340	510	M36×2	280M					1150	
132M					550		315S	2	630	660		1340	
160M		325	350	370	655			4、6、8、10			660	1370	
160L					695		315M	2				1420	
180M		360		385	730			4、6、8、10				1450	
180L					750		315L	2				1530	
200L		400	400	425	805	M48×2		4、6、8、10				1560	

1.3.4.2 YA 系列增安型三相异步电动机

表 26-1-89 YA 系列增安型三相异步电动机技术数据 (380V) (JB/T 9595.1—2015)

型号	功率 /kW	t_E /s	温度组别	满载电流 /A	满载转速 /r·min^{-1}	满载效率 /%	满载功率因数 cosφ	堵转电流	堵转转矩	最大转矩	启动电流	转动惯量 /kg·m^2	质量 /kg
								相对额定电流(或转矩)的倍数					
同步转速 3000r/min(2 极)													
YA801-2	0.75	14.5	T3	1.8	2840	75.0	0.84	7.0	2.0	2.2	5.1	0.0042	16
YA802-2	1.1	10.9		2.5		77.0	0.86				5.0	0.005	17
YA90S-2	1.5	7.9		3.4		78.0	0.85				5.7	0.0075	22
YA90L-2	2.2	6.1		4.7		80.5	0.86				5.9	0.0097	25
YA100L-2	3			6.4	2880	82.0	0.87				6.8	0.0174	34
YA112M-2	4	6.7		8.2	2890	85.5			2.2		7.2	0.0303	45
YA132S1-2	5.5	9.81		10.7	2900		0.88		2.0		6.8	0.0631	66
YA132S2-2	7.5	7.9		14.3		86.2						0.0733	71
YA160M1-2	11	9.0	T2	21.0	2930	87.2			1.8		6.3	0.205	121
YA160M2-2		18.8	T3			88.0	0.91		2.0		6.5	0.205	
YA160M2-2	15	7.4	T2	29.0		88.2	0.88		1.8		6.3	0.248	131
YA160L1-2		15.4	T3	28.6		89.0	0.91		2.0		6.4	0.248	
YA160L2-2	18.5	13.5	T2	35.5			0.89				6.6	0.307	145
YA180M1-2		9.6	T3	34.9	2940	88.5	0.91		1.5		6.1	0.362	178
YA180M2-2	22	14.1	T2	42.2		89.0	0.89		2.0		6.2	0.366	
YA200L1-2		12.8	T3	41.5	2950	88.5	0.91		1.5		6.0	0.588	240
YA200L1-2	30	15.5	T2	56.9		90.0	0.89		2.0			0.629	
YA200L2-2		9.9	T3	56.0		89.5	0.91		1.5			0.721	256
YA200L2-2	37	11.4	T2	69.8		90.5	0.89		2.0		6.8	0.721	
YA255M-2		13.4	T3	68.3	2960		0.91		1.5		5.4	1.2	322
YA255M-2	45	18.8	T2	84.0		91.5	0.89		2.0		5.5	1.278	
YA250M-2		9.9	T3	83.0	2970	90.5	0.91		1.5		6.5	1.45	320
YA250M-2	55	16.1	T2	102.6		91.5	0.89		2.0		5.8	1.55	400
YA280S-2		9.6	T3	99.0		91.0	0.91		1.5		4.6	2.8	535
YA280S-2	75	13.8	T2	140.0					1.9		6.0	2.87	
YA280M-2		6.6	T3	137.0					1.5		4.5	2.85	620
YA280M-2	90	11.5	T2	163.0		91.5			1.9		6.2	3.3	590

续表

型号	功率/kW	t_E/s	温度组别	满载电流/A	满载转速/$r \cdot min^{-1}$	满载效率/%	满载功率因数 cosφ	堵转电流	堵转转矩	最大转矩	启动电流	转动惯量/$kg \cdot m^2$	质量/kg
								相对额定电流(或转矩)的倍数					
同步转速 3000r/min(2 极)													
YA315S1-2	90	42.3	T2	168.0	2970	92.5	0.88	7.0	1.1	2.2	6.7	7.5	1000
YA315S2-2		17.0	T3						1.2				
YA315S2-2	110	38.7	T2	205.3					1.1		6.2		1400
YA315M-2		17.9	T3		2980				1.2		6.3		
YA315M-2	132	35.2	T2	242.3		93.0	0.89		1.1		6.4	8	
YA315L-2		16.5	T3						1.2		6.6	8.5	1650
YA315L-2	160	43.1	T2	292.0		93.5			1.1			9.5	
YA355M1-2		9.9	T3	292.2					1.2		6.0	9.8	1540
YA355M1-2	185	21.8	T2	339.6		93.0			1.1		6.6	9.9	
YA355M2-2		8.6	T3	337.8		93.5			1.2		6.1	10	1610
YA355M2-2	200	21.2	T2	365.3					1.1		5.7	12	
YA355L1-2		8.2	T3						1.2		6.4		1850
YA355L1-2	220	20.2	T2	395.1		94.0	0.90		1.1		5.9	12.2	
YA355L2-2		9.7	T3						1.2		5.3	12.2	1970
YA355L2-2	250	17.2	T2	449.0					1.1		6.4	12.5	
YA400L1-2	250		T3	449.2					1.2				
YA400L1-2	280		T2	500.2					1.1				
YA400L2-2			T3						1.2				
YA400L2-2	315		T2	559.7		95.0			1.1				
YA400L3-2			T3						1.2				
同步转速 1500r/min(4 极)													
YA801-4	0.55	18.1	T3	1.6	1400	73.0	0.74	6.0	2.2	2.2	4.1	0.006	18
YA802-4	0.75	14.5		2.1		74.5					4.3	0.0077	
YA90S-4	1.1	10.6		2.8		77.5	0.76	6.5			4.8	0.012	22
YA90L-4	1.5	9.5		3.7		78.5	0.78				4.9	0.06	27
YA100L1-4	2.2	9.9		5.1		81.0	0.81	7.0			5.6	0.031	33
YA100L2-4	3.0	6.6		6.9	1425	82.5	0.80				6.5	0.039	38
YA112M-4	4.0	6.7		8.9		84.5	0.81				6.8	0.069	49
YA132S-4	5.5	9		11.4	1440	85.5	0.83				6.4	0.113	67
YA132M-4	7.5	8.2		15.2		87	0.84				6.6	0.167	80
YA160M-4	11			22.6		88			1.9		6.0	0.396	126
YA160L-4	15	6.8		30		88.5	0.85				6.2	0.496	139
YA180M-4	18.5	18.4	T2	35.9		81.0	0.86		2.0		6.8	0.706	80
YA180L-4		9.9	T3	35.7	1470	80.5	0.87		1.9		6.0		198
YA180L-4	22	16.8	T2	42.5		81.5	0.86		2.0		6.8	0.75	198
YA200L-4		10.9	T3						1.9		6.3	1.2	258
YA200L-4	30	18	T2	56.8		82.2	0.87		2.0		6.5	1.3	
YA225S-4		11.3	T3	57.2	1480	91.2			1.9		6.1	2.4	308
YA225S-4	37	22	T2	70.4	1470	91.8						2.18	303
YA225M-4		10.8	T3	69.8	1480	91.5	0.88		1.8		5.7	2.5	338
YA225M-4	45	20.3	T2	74.2		92.5			1.9		5.9	2.4	
YA250M-4		14	T3	84.4		92.0			1.7		5.8	3.5	425
YA250M-4	55	16.3	T2	102.5		92.5			2.0		6.4	3.35	
YA280S-4		12.1	T3	100.0		92.2	0.90		1.7		5.8	5.95	565
YA280S-4	75	20.4	T2	138.0		92.1	0.88		1.9		6.0		
YA280M-4		9.2	T3	135.0		93			1.7		6.4	6.2	667
YA280M-4	90	17.7	T2	163.0		93.5	0.89		1.9		6.7		

续表

型号	功率/kW	t_E/s	温度组别	满载电流/A	满载转速/r·min^{-1}	满载效率/%	满载功率因数 cosφ	堵转电流	堵转转矩	最大转矩	启动电流	转动惯量/kg·m^2	质量/kg
								相对额定电流(或转矩)的倍数					
同步转速 1500r/min(4 极)													
YA315S2-4	90	10.9	T3	167.1	1485	93.0	0.88	6.8	1.0	2.2	6.9	10.8	1000
YA315S2-4	110	23.5	T2	204.2				7.0	0.9		6.4	11.2	
YA315M-4		10.8	T3				0.89		1.0		6.7	11.9	1100
YA315M-4	132	22.8	T2	242.3					0.9		6.6	12	
YA315L-4		10.9	T3						1.0		6.9	12.5	1450
YA315L-4	160	21.9	T2	292.1		93.5			0.9		6.7	14	
YA355M1-4		10.7	T3						1.0		5.9		1530
YA355M1-4	185	26.4	T2	337.7					0.9		5.1		
YA355M2-4		9.7	T3						1.0		6.1		1828
YA355M2-4	200	23.8	T2	365.2					0.9		5.7		
YA355L1-4		9.4	T3						1.0		6.2		
YA355L1-4	220	23.0	T2	395.1		94.0	0.90		0.8		5.7		2040
YA355L2-4	220	11.5	T3	395.1					0.9		5.1		2300
YA355L2-4	250	22.3	T2	448.9					0.8		5.8		
YA400L1-4			T3						0.9				
YA400L1-4	280		T2	500.1		94.5			0.8				
YA400L2-4			T3						0.9				
YA400L2-4	315		T2	559.8		95.0			0.8				
YA400L3-4			T3						0.9				

型号	功率/kW	t_E/s	温度组别	满载电流/A	满载转速/r·min^{-1}	满载效率/%	满载功率因数 cosφ	堵转电流	堵转转矩	最大转矩	启动电流	转动惯量/kg·m^2	质量/kg
同步转速 1000r/min(6 极)													
YA90S-6	0.75	22.3	T2	2.3	910	72.0	0.70	6.0	2.0	2.0	3.7	0.017	23
YA90L-6	1.1	18.8	T2 T3	3.2		73.0	0.72				3.6	0.02	25
YA100L-6	1.5	13.1		4.2	938	77.0	0.73				4.3	0.039	33
YA112M-6	2.2	10.9		5.7	940	80.0		6.1			4.9	0.068	45
YA132S-6	3.0	15.1		7.2	960	83.0	0.75	5.0			5.7	0.161	63
YA132M1-6	4	13.0		9.3		84.0	0.77	6.5			5.8	0.203	73
YA132M2-6	5.5	12.2		12.3		85.3	0.78				5.6	0.258	80
YA160M-6	7.5	9.5		17.0	970	86.0	0.77				5.5	0.462	121
YA160L-6	11	7.7		25.0		87.0	0.81				5.6	0.615	139
YA180L-6	15	7.8		31.4		89.5	0.83		1.8	1.8	6.2	1.06	185
YA200L1-6	18.5	8.6		37.7		89.8						1.6	235
YA200L2-6	22	8.1		44.6		90.2	0.84				6.1	1.84	250
YA225M-6	30	9.5		60.2			0.86		1.7	1.7	6.5	2.74	303
YA250M-6	37	11.1		72.0	985	92.9	0.87		1.8	1.8	6.0	5.05	403
YA280S-6	45	11.8		84.0	980	92.0					5.9	7.28	540
YA280M-6	55	10.7		102.0							5.8	8.89	595

型号	功率/kW	t_E/s	温度组别	满载电流/A	满载转速/r·min^{-1}	满载效率/%	满载功率因数 cosφ	堵转电流	堵转转矩	最大转矩	启动电流	转动惯量/kg·m^2	质量/kg
同步转速 1000r/min(6 极)													
YA315S2-6	75	15.6	T2 T3	143.2	990	92.5	0.87	6.8	1.5	1.5	6.6	13	1010
YA315M-6	90	16.7		169.9							6.1	15.3	1100
YA315L-6	110	13.6		207.7							6.7	17.8	1200
YA355M1-6	132	14.7		246.5		93.5		7.0			6.5	21.7	1690
YA355M2-6	160			298.8							6.4		1800
YA355L2-6	185	14.4		345.5									2120
YA355L2-6	200	14.4		373.6									2120
YA400L1-6	220			408.7		94.0						23	
YA400L2-6	250			464.4									

续表

型号	功率/kW	t_E/s	温度组别	满载电流/A	满载转速/r·min⁻¹	满载效率/%	满载功率因数cosφ	堵转电流	堵转转矩	最大转矩	启动电流	转动惯量/kg·m²	质量/kg
								相对额定电流(或转矩)的倍数					
同步转速 750r/min(8 极)													
YA132S-8	2.2	19.4		5.8	710	80.5	0.71	5.5			4.4	0.12	63
YA132M-8	3	15.9		7.8		81.5	0.72				4.5	0.2	79
YA160M1-8	4	13.0		10.0		84.0		6.0	2.0		5.1	0.36	120
YA160M2-8	5.5	12.6		13.3	720	85.0	0.74				4.9	0.46	131
YA160L-8	7.5	12.0		17.7		86.0	0.75	5.5				0.61	140
YA180L-8	11	14.5	T2 T3	25.4	730	86.5			1.7	2.0	5.7	1.06	185
YA200L-8	15	12.0		34.1		88.0	0.76		1.8		5.1	1.6	235
YA225S-8	18.5	13.4		41.3	735	89.5			1.7		4.9	2.28	285
YA225M-8	22	13.0		47.6		90.0	0.78	6.0			4.8	2.74	303
YA250M-8	30	13.4		63.0		90.5	0.80		1.8		5.5	5.05	402
YA280S-8	37	12.8		76.0	740	91.0	0.79					7.28	520
YA280M-8	45	12.2		91.0		91.7	0.80				5.4	8.89	592
同步转速 750r/min(8 极)													
YA315S-8	55			113.5								13	
YA315M-8	75			154.8		92.0	0.80		1.0			5.3	
YA315L-8	90			185.5								17.8	
YA355M1-8	110	18.1	T2 T3	225.8		92.5					5.7		1200
YA355M2-8	132	16.1		266.3	740	93.0		6.5		2.0	6.0	21.7	1500
YA355L1-8	160	15.8		321.0					0.9		5.9		1800
YA355L2-8	185	15.4		371.1		93.5	0.81				5.6		1995
YA400L1-8	200			401.2								23	
YA400L2-8	220			439.0		94.0			0.8				
同步转速 600r/min(10 极)													
YA315S-10	45			101.0		91.5	0.74						920
YA315M-10	55	16.1		123		92.0					4.2	10.0	
YA315L-10	75	15.2	T2 T3	164	580	92.5	0.75	6.6	1.3	2.0	4.0		
YA355M-10	90	18.0		186		93.0	0.77				4.9		930
YA355M-10	110	18.0		228			0.78				4.9	11.0	1140
YA355L-10	132			272		93.5							1200
同步转速 500r/min(12 极)													
YA315S-12	45	20.6		5.8		92.0	0.72				5.1	10.0	63
YA315M-12	55	20.0		7.8							5.1		79
YA355M-12	75		T2 T3		490	93.0	0.73	6.5	1.2	2.0			1140
YA355M-12	90											11.0	1450
YA355L-12	110	11.4				93.5	0.75				5.6		1500

表 26-1-90　　增安型三相异步电动机外形及安装尺寸　　mm

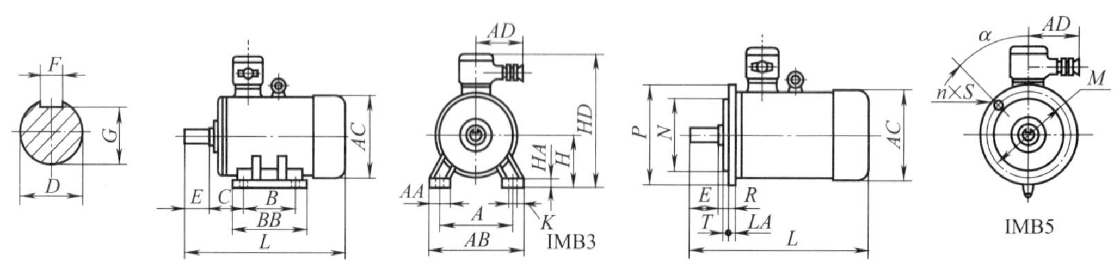

续表

机座号	凸缘 IMB35 IMV1	凸缘 IMB14 IMB34	A	B	C	D		E		F		G		H	K	凸缘 IMB35、IMB5、IMV1						
						极数																
						2 极	≥4 极	2 极	≥4 极	2 极	≥4 极	2 极	≥4 极			M	N	P	R	α	n×S	T
80	FF165	FF100	125	100	50	19		40		6		15.5		80	10	165	130	200	0	45°	4×ϕ12	3.5
90S	FF165	FF115	140	100	56	24		50		8		20		90	10	165	130	200	0	45°	4×ϕ12	3.5
90L	FF165	FF115	140	125	56	24		50		8		20		90	10	215	130	200	0	45°	4×ϕ12	3.5
100L	FF215	FF130	160	140	63	28		60		8		24		100	12	215	180	250	0	45°	4×ϕ15	4.0
112M	FF215	FF130	190	140	70	28		60		8		24		112	12	265	180	250	0	45°	4×ϕ15	4.0
132S	FF265		216	140	89	38		80		10		33		132	12	265	230	300	0	45°	4×ϕ15	4.0
132M	FF265		216	178	89	38		80		10		33		132	12	300	230	300	0	45°	4×ϕ15	4.0
160M	FF300		254	210	108	42		110		12		37		160	15	300	250	350	0	45°	4×ϕ19	5.0
160L	FF300		254	254	108	42		110		12		37		160	15	300	250	350	0	45°	4×ϕ19	5.0
180M	FF300		279	241	121	48		110		14		42.5		180	15	300	250	350	0	45°	4×ϕ19	5.0
180L	FF300		279	279	121	48		110		14		42.5		180	15	350	250	350	0	45°	4×ϕ19	5.0
200L	FF350		318	305	133	55		110		16		49		200	19	400	300	400	0	45°	4×ϕ19	5.0
225S	FF400		356	286	149	55	60	110	140	16	18	49	53	225	19	400	350	450	0	22.5°	8×ϕ19	5.0
225M	FF400		356	311	149	55	60	110	140	16	18	49	53	225	19	500	350	450	0	22.5°	8×ϕ19	5.0
250M	FF500		406	349	168	60	65	140	140	18	18	53	58	250	24	500	450	550	0	22.5°	8×ϕ19	5.0
280S	FF500		457	368	190	65	75	140	140	18	20	58	67.5	280	24	500	450	550	0	22.5°	8×ϕ19	5.0
280M	FF500		457	419	190	65	75	140	140	18	20	58	67.5	280	24	600	450	550	0	22.5°	8×ϕ19	5.0
315S	FF600		508	406	216	65	80	140	170	18	22	58	71	315	28	600	550	660	0	22.5°	8×ϕ24	6.0
315M	FF600		508	457	216	65	80	140	170	18	22	58	71	315	28	600	550	660	0	22.5°	8×ϕ24	6.0
315L	FF600		508	508	216	65	80	140	170	18	22	58	71	315	28	740	550	660	0	22.5°	8×ϕ24	6.0
355M	FF740		610	560	254	75	95	140	170	20	25	67.5	86	355	28	740	680	800	0	22.5°	8×ϕ24	6.0
355L	FF740		610	630	254	75	95	140	170	20	25	67.5	86	355	28	940	680	800	0	22.5°	8×ϕ24	6.0
400L	FF740		686	710	280	80	100		210		28		90	400	35	940	680	1000	0	22.5°	8×ϕ28	6.0

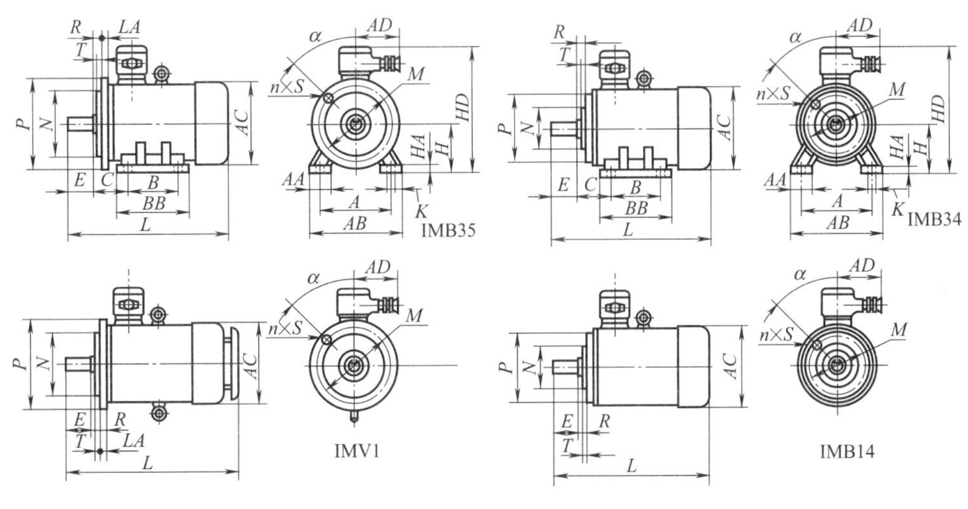

续表

尺寸							进线口管螺纹		AA	AB	AC	AD	BB	HA	HD	LA	L			
凸缘号 IMB14、IMB34																	2 极		≥4 极	
M	N	P	R	α	n×S	T	单口	双口									其他	V1	其他	V1
100	80	120	0	45°	4×M6	3.0	M24×1.5		34	165	165	155	135	10	230	15	330	375	330	375
115	95	140	0	45°	4×M8	3.0	M24×1.5		36	180	180	155	135	14	240	15	360	405	360	405
115	95	140	0	45°	4×M8	3.0	M24×1.5		36	180	180	155	160	14	240	15	385	430	385	430
130	110	160	0	45°	4×M8	3.5	M24×1.5		40	205	200	155	180	14	270	18	430	485	430	485
130	110	160	0	45°	4×M8	3.5	M24×1.5		50	245	225	155	185	16	300	18	460	520	460	520
							M24×1.5		60	280	265	155	242	18	340	20	550	630	550	630
							M24×1.5		60	280	265	155	242	18	340	20	550	630	550	630
							M36×2		70	330	320	190	275	20	420	20	670	730	655	730
							M36×2		70	330	320	190	320	20	420	20	710	770	695	770
							M36×2		70	355	360	190	325	22	470	20	730	800	730	800
							M36×2		70	355	360	190	365	22	470	20	750	820	750	820
							M48×2	M48×2	70	395	400	240	385	25	525	22	810	880	810	880
							M48×2	M48×2	75	435	450	240	375	28	590	22	845	915	845	915
							M48×2	M48×2	75	435	450	240	400	28	590	22	870	910	870	940
							M64×2	M48×2	80	490	500	255	430	30	650	25	975	1025	935	1075
							M64×2	M48×2	85	550	560	255	505	35	710	25	1060	1170	1060	1170
							M64×2	M48×2	85	550	560	255	505	35	750	25	1080	1170	1060	1170
							M85×3	M64×2	132	630	630	400	525	32	1000	28	1315	1415	1180	1280
							M85×3	M64×2	132	630	630	400	580	32	1000	28	1405	1505	1290	1390
							M85×3	M64×2	132	630	630	400	710	32	1000	28	1525	1625	1410	1510
							M85×3	M72×2	150	760	760	400	700	35	1090	30	1510	1610	1450	1550
							M85×3	M72×2	150	760	760	400	800	35	1090	30	1665	1765	1560	1660
							M85×3	M72×2	160	800	800	400	830	38	1160	36				

1.3.5 YZO系列振动源三相异步电动机

YZO系列振动电动机是动力源与振动源结合为一体的激振源，卧式振动电动机是在转子轴两端各安装一组可调偏心块，利用轴及偏心块高速旋转产生的离心力得到激振力。振动电动机具有激振力利用率高、能耗小、噪声低、寿命长、激振力可以无级调节、使用方便等优点，振动电动机可以应用于一般振动机械，如：振动破碎机、振动筛分机、振动打包机、振动落砂机、振动造型机、振动打桩机、振动提升机、振动充填机、料仓的振动装置等。

YZO系列振动电动机的技术数据、外形及安装尺寸见表26-1-91和表26-1-92。

表 26-1-91　YZO 系列振动源三相异步电动机技术参数

型号	激振力 /kN	功率 /kW	电流 /A	振动次数 /次·min^{-1}	质量 /kg	安装螺栓	图示
YZO-1-2	1	0.09	0.32	2900	9	M8	(a)
YZO-2-2	2	0.18	0.59		16	M10	
YZO-3-2	3	0.25	0.78		20	M12	
YZO-5-2	5	0.37	1.1		26	M16	
YZO-10-2A	10	0.75	1.96		45	M20	(b)
YZO-20-2A	20	0.5	3.66		80	M24	
YZO-30-2A	30	2.2	5.1		120	M30	
YZO-50-2B	50	3.7	8.47		190	M36	(d)
YZO-2-4	2	0.12	0.47	1450	16	M10	(a)
YZO-3-4	3	0.18	0.68		22	M12	
YZO-5-4	5	0.25	0.87		30	M16	
YZO-8-4	8	0.37	1.18		55	M20	(c)
YZO-10-4	10	0.55	1.76		57		
YZO-16-4	16	0.75	2.17		90	M24	(d)
YZO-17-4	17	0.85	2.2		70		(c)
YZO-20-4	20	1.1	3.18		95		
YZO-30-4	30	1.5	3.8		120	M30	
YZO-32-4	32				130		(d)
YZO-50-4	50	2.2	5.57		200	M36	
YZO-75-4A	75	3.7	8.9		290	M42	
YZO-100-4A	100	6.3	14.41	—	650	M36	(e)
YZO-1.5-6	1.5	0.12	0.5		21	M12	(a)
YZO-3-6	3	0.25	0.99		35	M16	
YZO-5-6	5	0.37	1.37	970	60	M20	(c)
YZO-6-6	6	0.4	1.4				(d)
YZO-10-6	10	0.75	2.47		75	M24	(c)、(d)
YZO-20-6	20	1.5	4.47		110	M30	
YZO-30-6	30	2.2	6.22		200	M36	(d)
YZO-50-6A	50	3.7	9.37		300	M42	
YZO-75-6A	75	5.5	13.6		450	M48	
YZO-100-6A	100	7.5	18.08		700	M36	(e)
YZO-140-6A	140	10	23.83		860		
YZO-5-8	5	0.37	1.73	720	75	M24	(c)
YZO-10-8	10	0.75	2.79		120	M30	
YZO-20-8	20	1.5	4.93		200	M36	(d)
YZO-30-8A	30	2.2	6.72		300	M42	
YZO-50-8A	50	3.7	9.77		450	M48	
YZO-75-8A	75	5.5	14.15		750	M36	(e)
YZO-100-8A	100	7.5	18.55		860	M42	
YZO-140-8A	140	10	24.44		1000	—	

注：型号中 A 为底脚与端盖相连，B 为底脚与机座相连，无补充代号为安装尺寸相同，结构可为 A 或 B。

表 26-1-92　YZO 系列振动源三相异步电动机外形及安装尺寸　mm

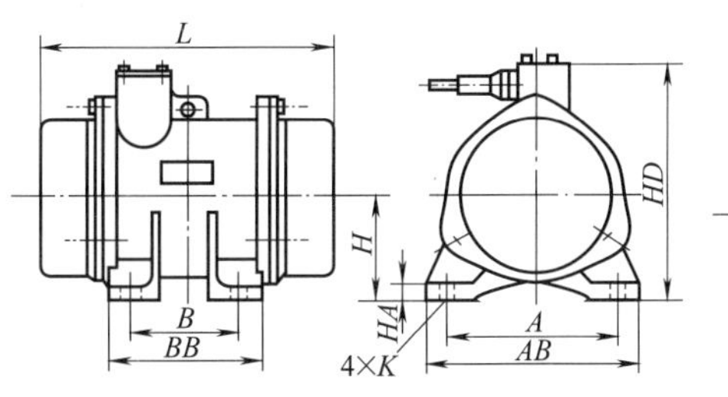

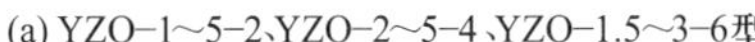
(a) YZO-1～5-2、YZO-2～5-4、YZO-1.5～3-6型

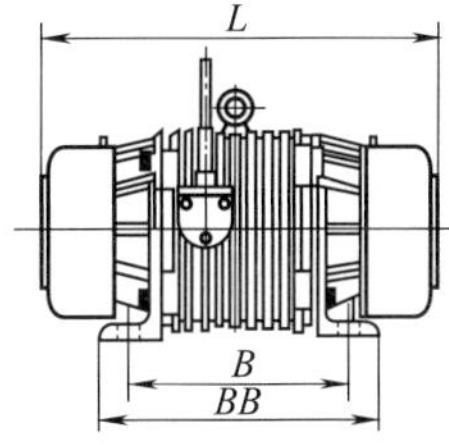

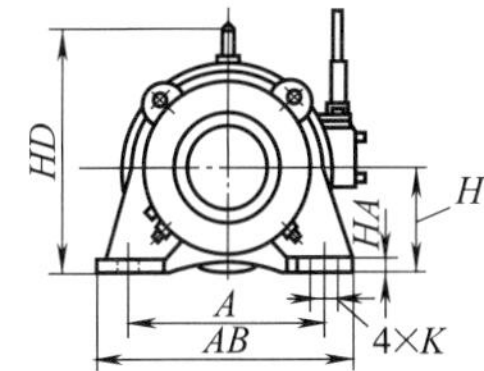

(b) YZO-10～30-2A型

第26篇

续表

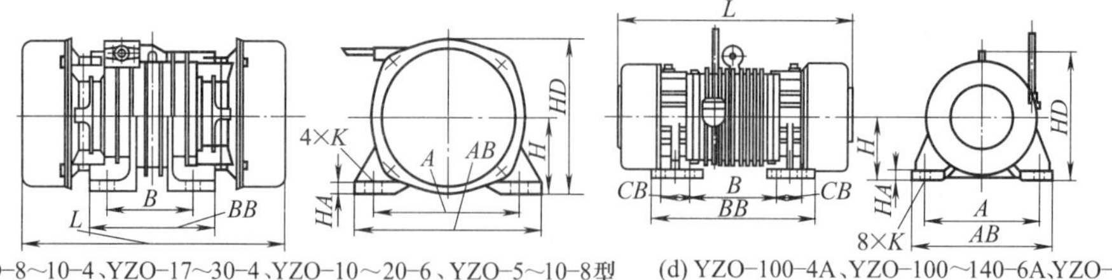

(c) YZO-8～10-4、YZO-17～30-4、YZO-10～20-6、YZO-5～10-8型　(d) YZO-100-4A、YZO-100～140-6A、YZO-75～140-8A型

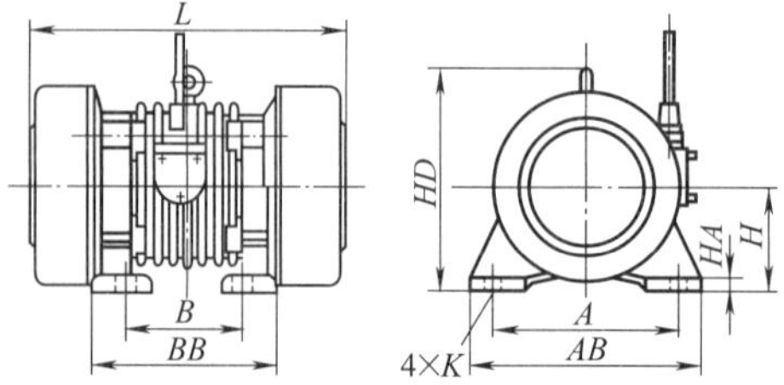

(e) YZO-50-2B、YZO-16-4、YZO-32～50-4、YZO-75-4A、YZO-6～30-6、YZO-50～75-6、YZO-20-8、YZO-30～50-8A型

型号	A	B	H	AB	BB	HA	HD	L	CB	K
YZO-1-2	120	40	63	145	70	10	150	190	130	10
YZO-2-2	150	80	90	180	130	12	190	230		12
YZO-3-2		90						245		14
YZO-5-2	180	110	100	220	150	14	220	310		18
YZO-10-2A	190	210		240	260	16	240	370		22
YZO-20-2A	250	260	130	310	330	20	310	440		26
YZO-30-2A	290	300	160	360	370	25	385	475		32
YZO-50-2B	350	220	190	430	310	33	400	580		39
YZO-2-4	150	80	90	180	130	12	190	240		12
YZO-3-4		90						250		14
YZO-5-4	180	110	100	220	150	14	220	315		18
YZO-8-4	220	140	120	270	215	15	250	380		22
YZO-10-4					200	16		400		
YZO-16-4	260	150	140	320	240	22	315	420		26
YZO-17-4	240	140	130	300	210	20	260			
YZO-20-4	260	150	140	320	240	22	300	470		
YZO-30-4	310	170	160	380		28	330	490		33
YZO-32-4					280	25	340			
YZO-50-4	350	220	180	430	350	30	400	560		39
YZO-75-4A	380	250	215	480	400	35	460	650		45
YZO-100-4A	540	340	260	640	690	40	590	890		39
YZO-1.5-6	150	90	90	180	130	12	190	255		14
YZO-3-6	180	110	100	220	150	14	220	350		18
YZO-5-6	220	140	120	270	200	16	250	400		22
YZO-6-6						15		410		
YZO-10-6	260	150	140	320	240	18	300	450		26
YZO-20-6	310	170	160	380		20	330	530		33
YZO-30-6	350	220	180	430	350	30	400	560		39
YZO-50-6A	380	250	215	480	400	35	460	665		45
YZO-75-6A	440	280	240	550	440	40	520	700		52
YZO-100-6A	540	340	260	640			590	890		39
YZO-140-6A								960		
YZO-5-8	260	150	140	320	240	18	300	450		26
YZO-10-8	310	170	160	380		20	330	530		33
YZO-20-8	350	220	180	430	350	30	440	600		39
YZO-30-8A	380	250	215	480	400	35	460	670		45
YZO-50-8A	440	280	240	550	440	40	520	700		52
YZO-75-8A	540	340	260	640	690		590	910		30
YZO-100-8A	600	370	280	710	770		640	1010	150	45
YZO-140-8A								1100		

1.3.6　小型盘式制动电动机

三相盘式制动异步电动机是一种封闭、自冷式新型异步电动机。具有技术性能先进，结构新颖、紧凑、体积小、轴向尺寸短、制动力矩大、制动迅速、定位准确、运行可靠、维护方便等优点，具有启动迅速和断电瞬时刹停的功能。三相盘式制动异步电动机适用于频繁启动，负载保持，紧急刹停，准确定位的各种机械，用做主传动和辅助传动。该机是起重机械、锻压机床、建筑机械、纺织机械、印刷机械、木工机械、自动包装机械、碎纸机械及减速机、风机、泵类机械等理想的配套设备。

用于一般机械的 YPE 系列和起重机械用的 YHHPY系列盘式制动电动机技术数据、外形及安装尺寸见表 26-1-93～表 26-1-96。

表 26-1-93　　YPE 三相异步盘式制动电动机技术数据

型　号	额定功率/kW	额定电流/A	额定转速/$r \cdot min^{-1}$	制动力矩/$N \cdot m$	转动惯量/$kg \cdot m^2$	工作方式	效率/%	功率因数 $\cos\varphi$	堵转电流/额定电流	堵转转矩/额定转矩	最大转矩/额定转矩	质量/kg
YPE-100S2-4Z	0.1	0.48	1380	1.8	0.012	S2-30min	55	0.58	5	1.8	2.0	8
YPE100-4	0.1	0.48		1.8	0.012	S1	55	0.58				8
YPE-200S2-4Z	0.2	0.85		3.43	0.012	S2-30min	63	0.61				8
YPE200-4	0.2	0.80		3.43	0.012	S1	63	0.61				13
YPE-400S2-4Z	0.4	1.47		6.86	0.035	S2-30min	68	0.68				13
YPE400-4	0.4	1.25		6.86	0.035	S1	68	0.68				14
YPE-500S2-4Z	0.5	1.66		6.86	0.04	S2-30min	68	0.68				14
YPE500-4	0.5	1.46		6.86	0.04	S1	68	0.68				15
YPE-750S2-4Z	0.75	2.6		10.4	0.04	S2-30min	70	0.68				15
YPE750-4	0.75	2.35		10.4	0.04	S1	70	0.68		2.0	2.5	20
YPE-1100S2-4Z	1.1	3.41		15.2	0.137	S2-30min	72	0.68	6			21
YPE-1500S2-4Z	1.5	4.76		20.8	0.28	S2-30min	73	0.70				33
YPE-2200S2-4Z	2.2	6.8		30.4	0.28	S2-30min	75	0.70				33
YPE-3000S2-4Z	3.0	10.2		41.6	0.28	S2-30min	75	0.70				34

注：1. 电压 380V，频率 50Hz，绝缘等级 B，防护等级 IP54，冷却方式 IC004，接法 Y。

2. 用于一般机械盘式制动电动机。

表 26-1-94　　YHHPY 起重用盘式制动电动机技术数据

型　号	额定功率/kW	额定电流/A	额定转速/$r \cdot min^{-1}$	制动力矩/$N \cdot m$	转动惯量/$kg \cdot m^2$	工作方式	效率/%	功率因数 $\cos\varphi$	堵转电流/额定电流	堵转转矩/额定转矩	最大转矩/额定转矩	质量/kg
YHHPY200-4	0.2	0.85	1380	1.38	0.012	S4-40%	65	0.61	4	2.0	2.0	8
YHHPY400-4	0.4	1.47		2.77	0.035	S4-40%	68	0.68	4.5		2.0	14
YHHPY800-4	0.8	2.75		5.54	0.04	S4-25%	68	0.68	5		2.0	16
YHHPY1500-4	1.5	4.7		10.4	0.28	S4-25%	70	0.68	5		2.5	26
YHHPY2200-4	2.2	6.8		15.2	0.28	S4-25%	73	0.72	5		2.5	36
YHHPY3000-4	3	10		20.8	0.28	S4-25%	75	0.72	5		2.5	38

注：1. 电压 380V，频率 50Hz，绝缘等级 B，防护等级 IP54，冷却方式 IC0041，接法 Y。

2. 用于起重用盘式制动电动机。

表 26-1-95 YPE 三相异步盘式制动电动机外形及安装尺寸 mm

型号	外形尺寸						安装尺寸										
	L	LB	LA	AC	DA	KL	D (j6)	G (h9)	GD (h9)	F	N (h9)	P	M (±0.2)	E	R	S	T
YPE-100S2-4Z	151	79	13	164	59	131	11	8.5	4	4	130	200	180	23	6	7	3
YPE100-4	151	79	13	164		131	11	8.5	4	4	130	200	180	23		7	3
YPE-200S2-4Z	151	79	13	164		131	11	8.5	4	4	130	200	180	23		7	3
YPE200-4	156	91	15	196		148	11	8.5	4	4	180	235	215	23		11	3
YPE-400S2-4Z	163	91	15	196		148	14	11	5	5	180	235	215	30		11	3
YPE400-4	163	91	15	196		148	14	11	5	5	180	235	215	30		11	3
YPE-500S2-4Z	163	91	15	196		148	14	11	5	5	180	235	215	30		11	3
YPE500-4	163	93	15	196		148	14	11	5	5	180	235	215	30		11	3
YPE-750S2-4Z	163	93	15	196		148	19	16	5	5	180	235	215	30		11	3
YPE750-4	190	108	13	233		168	19	16	5	5	230	290	265	30		14	4
YPE-1100S2-4Z	205	108	13	233		168	19	16	5	5	230	290	265	50		14	4
YPE-1500S2-4Z	220	122	15	268		183	24	20	7	8	250	325	300	50		14	5
YPE-2200S2-4Z	220	122	15	268		183	24	20	7	8	250	325	300	50		14	5
YPE-3000S2-4Z	220	122	15	268		183	24	20	7	8	250	325	300	50		14	5

表 26-1-96　　YHHPY 起重用盘式制动电动机外形及安装尺寸　　mm

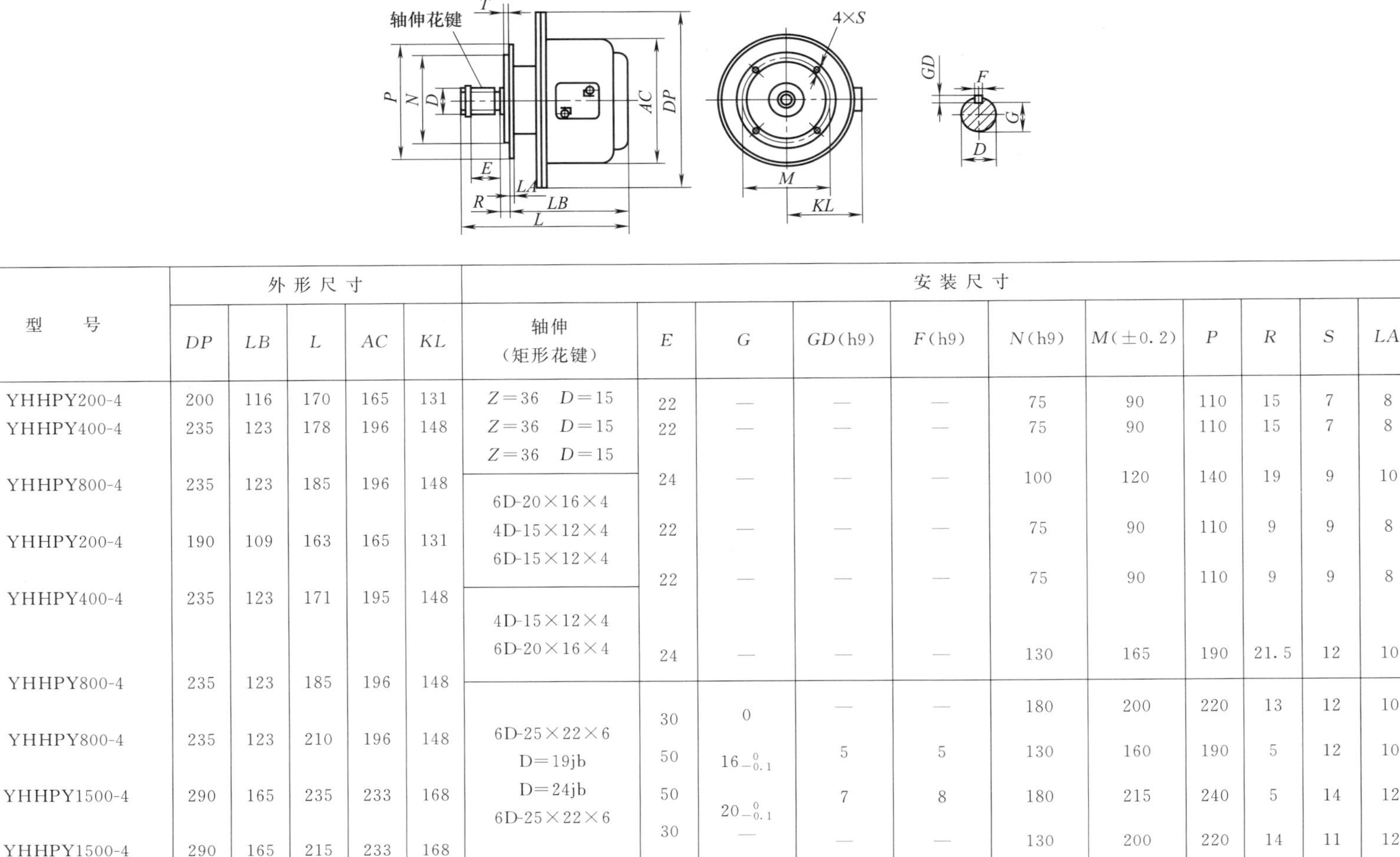

型　号	外形尺寸					安装尺寸											
	DP	LB	L	AC	KL	轴伸（矩形花键）	E	G	GD(h9)	F(h9)	N(h9)	M(±0.2)	P	R	S	LA	T
YHHPY200-4	200	116	170	165	131	Z=36　D=15	22	—	—	—	75	90	110	15	7	8	4
YHHPY400-4	235	123	178	196	148	Z=36　D=15	22	—	—	—	75	90	110	15	7	8	4
YHHPY800-4	235	123	185	196	148	Z=36　D=15	24	—	—	—	100	120	140	19	9	10	4
YHHPY200-4	190	109	163	165	131	6D-20×16×4 4D-15×12×4 6D-15×12×4	22	—	—	—	75	90	110	9	9	8	3
YHHPY400-4	235	123	171	195	148		22	—	—	—	75	90	110	9	9	8	3
YHHPY800-4	235	123	185	196	148	4D-15×12×4 6D-20×16×4	24	—	—	—	130	165	190	21.5	12	10	4
						6D-25×22×6	30	0	—	—	180	200	220	13	12	10	4
YHHPY800-4	235	123	210	196	148	D=19jb	50	$16_{-0.1}^{0}$	5	5	130	160	190	5	12	10	4
YHHPY1500-4	290	165	235	233	168	D=24jb	50	$20_{-0.1}^{0}$	7	8	180	215	240	5	14	12	4
YHHPY1500-4	290	165	215	233	168	6D-25×22×6	30	—	—	—	130	200	220	14	11	12	4

1.3.7 小功率异步电动机

常用小功率电动机有 YY、YU、YC、YS 系列等，其中 YS 系列为小功率三相异步电动机，全封闭结构，外壳防护 IP44。63 及以上机座为自扇冷式 IC0141，56 及以下机座为自冷式 IC0041。

YU 系列为小功率单相电阻启动异步电动机；YC 系列为小功率单相电容启动异步电动机；YY 系列为小功率单相电容运转异步电动机，该三系列电动机为全封闭结构，外壳防护等级为 IP44 。冷却方式为自扇冷式 IC411。

YS 系列电动机适宜于一般驱动用；YU 系列电动机适用于小型机床、鼓风机、医疗器械、工业缝纫机、排风扇等设备上；YC 系列电动机适用于空气压缩机、泵、冰箱、医疗器械及各种满载启动的机械；YY 系列电动机适用于家用电器、泵、风扇、记录仪表等设备上。

常用 YY、YU、YC、YS 系列小功率电动机技术数据、外形及安装尺寸如表 26-1-97～表 26-1-103 所示（其中电流、转速为非标准数据）。

表 26-1-97 YS 系列三相异步电动机技术数据（220/380V、50Hz）（JB/T 1009—2016）

<table>
<tr><th rowspan="2">机座号</th><th rowspan="2">铁芯</th><th rowspan="2">功率/W</th><th rowspan="2">转速/r·min^{-1}</th><th rowspan="2">电流/A</th><th rowspan="2">效率/%</th><th rowspan="2">功率因数 cosφ</th><th>堵转电流</th><th>堵转转矩</th><th>最大转矩</th><th rowspan="2">噪声/dB(A)</th></tr>
<tr><th colspan="3">相对额定电流(或转矩)的倍数</th></tr>
<tr><td colspan="11">同步转速 3000r/min （2 极）,220V</td></tr>
<tr><td rowspan="2">45</td><td>1</td><td>16</td><td rowspan="10">2800</td><td>0.09</td><td>46</td><td>0.57</td><td rowspan="12">6.0</td><td rowspan="10">2.3</td><td rowspan="14">2.3</td><td rowspan="3">65</td></tr>
<tr><td>2</td><td>25</td><td>0.12</td><td>52</td><td>0.60</td></tr>
<tr><td rowspan="2">50</td><td>1</td><td>40</td><td>0.17</td><td>55</td><td>0.65</td></tr>
<tr><td>2</td><td>60</td><td>0.23</td><td>60</td><td>0.66</td><td rowspan="5">70</td></tr>
<tr><td rowspan="2">56</td><td>1</td><td>90</td><td>0.32</td><td>62</td><td>0.68</td></tr>
<tr><td>2</td><td>120</td><td>0.38</td><td>67</td><td>0.71</td></tr>
<tr><td rowspan="2">63</td><td>1</td><td>180</td><td>0.53</td><td>69</td><td>0.75</td></tr>
<tr><td>2</td><td>250</td><td>0.67</td><td>72</td><td>0.78</td></tr>
<tr><td rowspan="2">71</td><td>1</td><td>370</td><td>0.96</td><td>73.5</td><td>0.80</td><td rowspan="3">75</td></tr>
<tr><td>2</td><td>550</td><td>1.35</td><td>75.5</td><td>0.82</td></tr>
<tr><td rowspan="2">80</td><td>1</td><td>750</td><td rowspan="4">—</td><td>1.75</td><td>76.5</td><td rowspan="3">0.85</td><td rowspan="3">2.2</td></tr>
<tr><td>2</td><td>1100</td><td rowspan="3">—</td><td>77</td><td>78</td></tr>
<tr><td>90S</td><td rowspan="2">—</td><td>1500</td><td>78.5</td><td rowspan="2">7.0</td><td rowspan="2">83</td></tr>
<tr><td>90L</td><td>2200</td><td>81</td><td>0.86</td><td>2.0</td></tr>
<tr><td colspan="11">同步转速 1500r/min （4 极）,220V</td></tr>
<tr><td rowspan="2">50</td><td>1</td><td>25</td><td rowspan="10">1400</td><td>0.17</td><td>42</td><td>0.53</td><td rowspan="12">6.0</td><td rowspan="11">2.4</td><td rowspan="14">2.4</td><td rowspan="2">60</td></tr>
<tr><td>2</td><td>40</td><td>0.22</td><td>50</td><td>0.54</td></tr>
<tr><td rowspan="2">56</td><td>1</td><td>60</td><td>0.28</td><td>56</td><td>0.58</td><td rowspan="5">65</td></tr>
<tr><td>2</td><td>90</td><td>0.38</td><td>58</td><td>0.61</td></tr>
<tr><td rowspan="2">63</td><td>1</td><td>120</td><td>0.48</td><td>60</td><td>0.63</td></tr>
<tr><td>2</td><td>180</td><td>0.65</td><td>64</td><td>0.66</td></tr>
<tr><td rowspan="2">71</td><td>1</td><td>250</td><td>0.83</td><td>67</td><td>0.68</td></tr>
<tr><td>2</td><td>370</td><td>1.12</td><td>69.5</td><td>0.72</td><td rowspan="3">70</td></tr>
<tr><td rowspan="2">80</td><td>1</td><td>550</td><td rowspan="4">—</td><td>1.55</td><td>73.5</td><td>0.73</td></tr>
<tr><td>2</td><td>750</td><td>2.01</td><td>75.5</td><td>0.75</td><td rowspan="3">2.3</td></tr>
<tr><td>90S</td><td rowspan="2">—</td><td>1100</td><td rowspan="2">—</td><td>78</td><td>0.78</td><td rowspan="2">6.5</td><td>73</td></tr>
<tr><td>90L</td><td>1500</td><td>79</td><td>0.79</td><td>78</td></tr>
<tr><td colspan="11">同步转速 1000r/min （6 极）,220V</td></tr>
<tr><td rowspan="2">71</td><td>1</td><td>180</td><td rowspan="6">—</td><td rowspan="6">—</td><td>59</td><td>0.61</td><td rowspan="5">5.5</td><td rowspan="6">2.0</td><td rowspan="4">2.0</td><td rowspan="2">60</td></tr>
<tr><td>2</td><td>250</td><td>63</td><td>0.62</td></tr>
<tr><td rowspan="2">80</td><td>1</td><td>370</td><td>68</td><td>0.62</td><td rowspan="3">65</td></tr>
<tr><td>2</td><td>550</td><td>71</td><td>0.64</td></tr>
<tr><td>90S</td><td rowspan="2">—</td><td>750</td><td>73</td><td>0.68</td><td rowspan="2">2.1</td></tr>
<tr><td>90L</td><td>1100</td><td>74</td><td>0.70</td><td>6.0</td><td>68</td></tr>
</table>

续表

机座号	铁芯	功率/W	转速/r·min^{-1}	电流/A	效率/%	功率因数 cosφ	堵转电流	堵转转矩	最大转矩	噪声/dB(A)
							相对额定电流(或转矩)的倍数			
同步转速 750r/min (8 极),220V										
71	1	90	—	—	49	0.52	4.5	1.8	1.9	55
	2	120			52					
80	1	180			58					
	2	250			62	0.54				
90S	—	370			68	0.58				60
90L		550			69	0.60				
同步转速 3000r/min (2 极),380V										
63	1	90	2800	1.09	56	0.67	12	1.5	1.8	70
	2	120		1.36	58	0.69	14	1.4		
71	1	180		1.89	60	0.72	17	1.3		
	2	250		2.40	64	0.74	22	1.1		
80	1	370		3.36	65	0.77	30			75
	2	550		—	68	0.79	42	1.0		
90S	—	750			68	0.80	55	0.8		
90L		1100			—		90			78
同步转速 1500r/min (4 极),380V										
63	1	60	1400	1.23	39	0.57	9	1.7	1.8	65
	2	90		1.64	43	0.58	12	1.5		
71	1	120		1.88	50		14			
	2	180		2.49	53	0.62	17	1.4		
80	1	250		3.11	58	0.63	22	1.2		
	2	370		4.24	62	0.64	30			70
90S	—	550		—	66	0.69	42	1.0		
90L		750			68	0.73	55			

表 26-1-98 YU 系列电阻启动单相异步电动机技术数据(220V、50Hz)(JB/T 1010—2017)

机座号	铁芯	功率/W	转速/r·min^{-1}	电流/A	效率/%	功率因数 cosφ	堵转电流/A	堵转转矩	最大转矩	噪声/dB(A)
								相对额定转矩的倍数		
同步转速 3000r/min 2 极										
63	1	90	2800	1.09	56	0.67	12	1.5	1.8	70
	2	120		1.36	58	0.69	14	1.4		
71	1	180		1.89	60	0.72	17	1.3		
	2	250		2.40	64	0.74	22	1.1		
80	1	370		3.36	65	0.77	30			75
	2	550		—	68	0.79	42	1.0		
90S	—	750			68	0.80	55	0.8		
90L		1100			—		90			78
同步转速 1500r/min 4 极										
63	1	60	1400	1.23	39	0.57	9	1.7	1.8	65
	2	90		1.64	43	0.58	12	1.5		
71	1	120		1.88	50		14			
	2	180		2.49	53	0.62	17	1.4		
80	1	250		3.11	58	0.63	22	1.2		
	2	370		4.24	62	0.64	30			70
90S	—	550		—	66	0.69	42	1.0		
90L		750			68	0.73	55			

表 26-1-99 YC 系列电容启动单相异步电动机技术数据（220V、50Hz）（JB/T 1011—2017）

机座号	铁芯	功率/W	转速/r·min^{-1}	电流/A	效率/%	功率因数 cosφ	堵转电流/A	堵转转矩	最大转矩	噪声/dB(A)
								相对额定电流(或转矩)的倍数		
同步转速 3000r/min 2 极										
71	1	180	2800	1.89	60	0.72	12	3.0	1.8	70
	2	250		2.40	64	0.74	15			
80	1	370		3.36	65	0.77	21	2.8		75
	2	550		4.65	66	0.79	29			
90S	—	750		5.94	70	0.80	37	2.5		
90L		1100		—	72	0.80	60			78
100L	1	1500			74	0.81	80			83
	2	2200			75	0.81	120	2.2		
120M	—	3000			76	0.82	150			87
132S		3700			77	0.82	175			
同步转速 1500r/min 4 极										
71	1	120	1400	1.88	50	0.58	9	3.0	1.8	65
	2	180		2.49	53	0.62	12	2.8		
80	1	250		3.11	58	0.63	15			
	2	370		4.24	62	0.64	21	2.5		70
90S	—	550		5.70	66	0.69	29			
90L		750		6.77	68	0.73	37			
100L	1	1100		—	71	0.74	60			73
	2	1500			73	0.75	80			78
120M	—	2200			74	0.76	120	2.2		
132S		3000			75	0.77	150			82
132M		3700			76	0.79	175			
同步转速 1000r/min 6 极										
90S	—	250	—	—	54	0.50	20	2.5	1.8	60
90L		370	—	—	58	0.55	25			65
100L	1	550	—	—	60	0.60	35			
	2	750	—	—	61	0.62	45	2.2		
120M	—	1100	—	—	63	0.65	70			68
132S		1500	—	—	68	0.68	90	2.0		73
132M		2200	—	—	70	0.76	130			

表 26-1-100 YY 系列电容启动单相异步电动机技术数据（220V、50Hz）（JB/T 1012—2017）

机座号	铁芯	功率/kW	转速/r·min^{-1}	效率/%	功率因数 cosφ	堵转电流/A	堵转转矩	噪声/dB(A)
							相对额定转矩的倍数	
同步转速 3000r/min 2 极								
45	1	16	2800	35	0.90	1	0.6	65
	2	25		40		1.2		
50	1	40		47		1.5	0.5	
	2	60		53		2		70
56	1	90		56	0.92	2.5		
	2	120		60		3.5		
63	1	180		65		5	0.4	
	2	250		66		7		
71	1	370		67		10	0.35	75
	2	550		70		15		
80	1	750		72		20	0.32	
	2	1100		75	0.95	30		78
90S	—	1500		76		45	0.3	83
90L	—	2200		77		65		

第26篇

续表

机座号	铁芯	功率 /kW	转速 /r·min⁻¹	效率 /%	功率因数 cosφ	堵转电流 /A	堵转转矩 相对额定转矩的倍数	噪声 /dB(A)
同步转速 1500r/min　4 极								
45	1	10	1400	24	0.85	0.8	0.55	60
	2	16		33		1		
50	1	25		38		1.2		
	2	40		45		1.5		
56	1	60		50	0.90	2	0.45	65
	2	90		55		2.5		
63	1	120		57		3.5	0.4	
	2	180		59		5		
71	1	250		61	0.92	7	0.35	
	2	370		62		10		70
80	1	550		64		15		
	2	750		68		20	0.32	
90S	—	1100		71	0.95	30		73
90L	—	1500		73		45	0.3	78

表 26-1-101　　YY、YU、YC、YS 系列 IMB35（IMB36）型电动机外形及安装尺寸　　mm

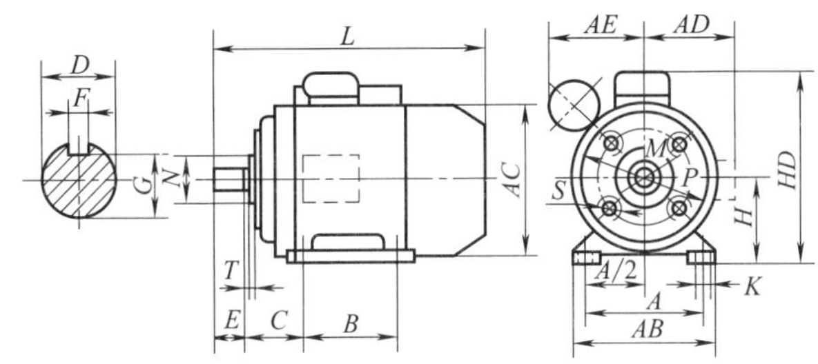

机座号	凸缘号	安装尺寸															外形尺寸					
		A	B	C	D	E	F	G	H	K	M	N	P	R	S	T	AB	AC	AD	AE	HD	L
90S	FF165	140	100	56	24	50	8	20	90	10	165	130	200	0	12	3.5	180	185	160	120	220 (240)	335 (370)
90L			125																			360 (400)
100L	FF215	160	140	63	28	60		24	100	12	215	180	250		15	4.0	205	220	180	130	260	430
112M		190		70					112								245	250	190	140	300	455
132S	FF265	216		89	38	80	10	33	132		265	230	300				280	290	210	155	350	525
132M			178																			565

注：1. YS、YU、YY、系列只有机座号 90。

2. 括号中 *L* 和 *HD* 为 YC 系列的值。

表 26-1-102　　YY、YU、YS 系列电动机外形及安装尺寸　　mm

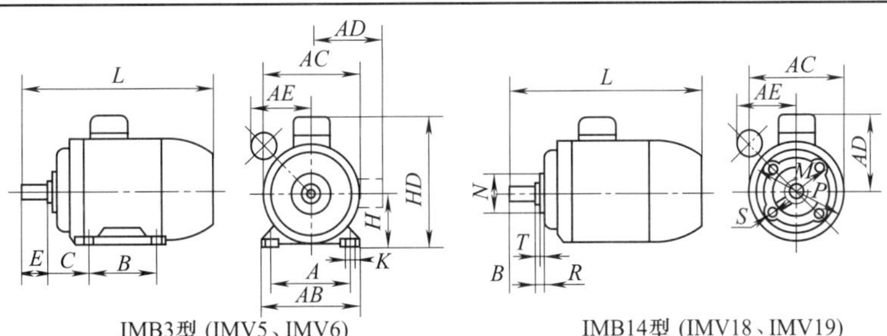

IMB3型 (IMV5、IMV6)　　IMB14型 (IMV18、IMV19)

续表

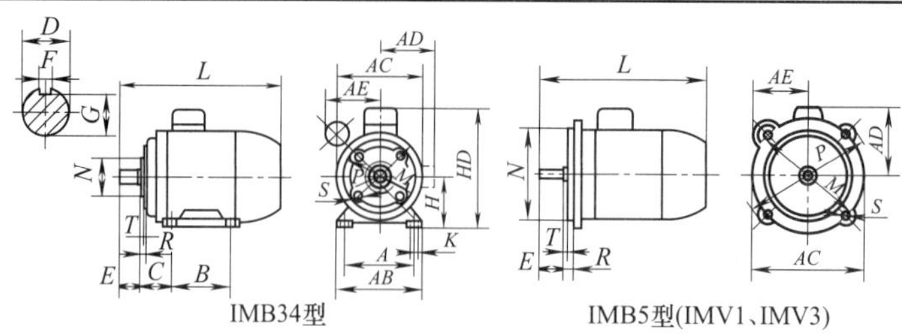

IMB34型　　IMB5型(IMV1、IMV3)

<table>
<tr><th rowspan="3">机座号</th><th colspan="9" rowspan="2">安装尺寸</th><th colspan="11">安装尺寸</th><th colspan="9">外形尺寸　不大于</th></tr>
<tr><th colspan="6">IMB34、IMB14</th><th colspan="5">IMB5</th><th colspan="5">IMB34、IMB3</th><th colspan="4">IMB5</th></tr>
<tr><th>A</th><th>B</th><th>C</th><th>D</th><th>E</th><th>F</th><th>G</th><th>H</th><th>K</th><th>M</th><th>N</th><th>P</th><th>R</th><th>S</th><th>T</th><th>M</th><th>N</th><th>P</th><th>R</th><th>S</th><th>T</th><th>AB</th><th>AC</th><th>AD</th><th>HD</th><th>L</th><th>AC</th><th>AD</th><th>L</th><th>AE</th></tr>
<tr><td>45</td><td>71</td><td>56</td><td>28</td><td>9</td><td>20</td><td>3</td><td>7.2</td><td>45</td><td>4.8</td><td>45</td><td>32</td><td>60</td><td>0</td><td>M5</td><td>2.5</td><td>—</td><td>—</td><td>—</td><td>—</td><td>—</td><td>—</td><td>90</td><td>100</td><td>90</td><td>115</td><td>150</td><td>—</td><td>—</td><td>—</td><td>—</td></tr>
<tr><td>50</td><td>80</td><td>63</td><td>32</td><td>9</td><td>20</td><td>3</td><td>7.2</td><td>50</td><td>5.8</td><td>55</td><td>40</td><td>70</td><td>0</td><td>M5</td><td>2.5</td><td>—</td><td>—</td><td>—</td><td>—</td><td>—</td><td>—</td><td>100</td><td>110</td><td>100</td><td>125</td><td>155</td><td>—</td><td>—</td><td>—</td><td>—</td></tr>
<tr><td>56</td><td>90</td><td>71</td><td>36</td><td>9</td><td>20</td><td>3</td><td>7.2</td><td>56</td><td>5.8</td><td>65</td><td>50</td><td>80</td><td>0</td><td>M5</td><td>2.5</td><td>—</td><td>—</td><td>—</td><td>—</td><td>—</td><td>—</td><td>115</td><td>120</td><td>110</td><td>135</td><td>170</td><td>—</td><td>—</td><td>—</td><td>—</td></tr>
<tr><td>63</td><td>100</td><td>80</td><td>40</td><td>11</td><td>23</td><td>4</td><td>8.5</td><td>63</td><td>7</td><td>75</td><td>60</td><td>90</td><td>0</td><td>M5</td><td>2.5</td><td>115</td><td>95</td><td>140</td><td>0</td><td>10</td><td>3.0</td><td>130</td><td>130</td><td>125</td><td>165</td><td>230</td><td>130</td><td>125</td><td>250</td><td>85</td></tr>
<tr><td>71</td><td>112</td><td>90</td><td>45</td><td>14</td><td>30</td><td>5</td><td>11</td><td>71</td><td>7</td><td>85</td><td>70</td><td>105</td><td>0</td><td>M6</td><td>2.5</td><td>130</td><td>110</td><td>160</td><td>0</td><td>10</td><td>3.5</td><td>145</td><td>145</td><td>140</td><td>180</td><td>255</td><td>145</td><td>140</td><td>275</td><td>95</td></tr>
<tr><td>80</td><td>125</td><td>100</td><td>50</td><td>19</td><td>40</td><td>6</td><td>15.5</td><td>80</td><td>10</td><td>100</td><td>80</td><td>120</td><td>0</td><td>M6</td><td>3.0</td><td>165</td><td>130</td><td>200</td><td>0</td><td>12</td><td>3.5</td><td>160</td><td>165</td><td>150</td><td>200</td><td>295</td><td>165</td><td>150</td><td>300</td><td>110</td></tr>
<tr><td>90L</td><td rowspan="2">140</td><td rowspan="2">125</td><td rowspan="2">56</td><td rowspan="2">24</td><td rowspan="2">50</td><td rowspan="2">8</td><td rowspan="2">20</td><td rowspan="2">90</td><td rowspan="2">10</td><td rowspan="2">115</td><td rowspan="2">95</td><td rowspan="2">140</td><td rowspan="2">0</td><td rowspan="2">M8</td><td rowspan="2">3.0</td><td rowspan="2">165</td><td rowspan="2">130</td><td rowspan="2">200</td><td rowspan="2">0</td><td rowspan="2">12</td><td rowspan="2">3.5</td><td rowspan="2">180</td><td rowspan="2">185</td><td rowspan="2">160</td><td rowspan="2">220</td><td>310</td><td rowspan="2">185</td><td rowspan="2">160</td><td>335</td><td rowspan="2">120</td></tr>
<tr><td>90L</td><td>335</td><td>360</td></tr>
</table>

表 26-1-103　　YC 系列电容启动异步电动机外形及安装尺寸　　mm

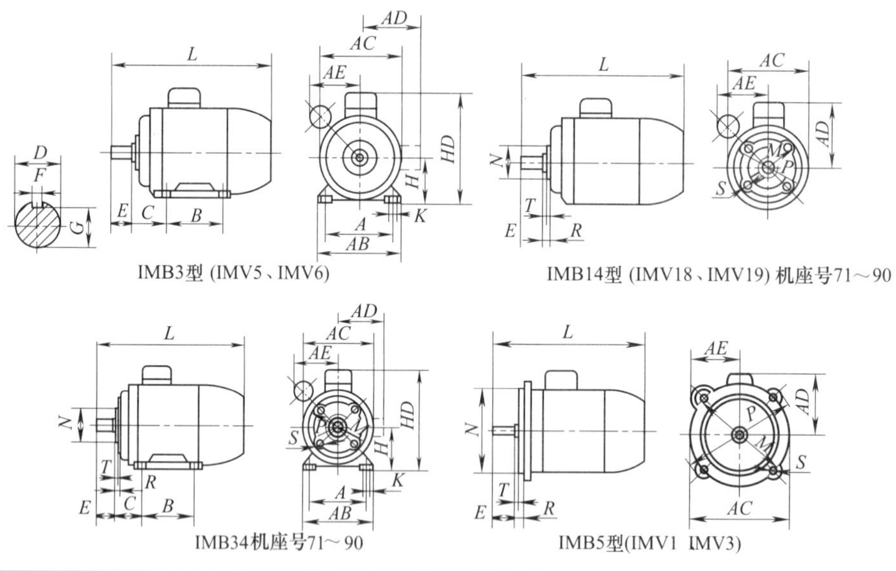

IMB3型 (IMV5、IMV6)　　IMB14型 (IMV18、IMV19) 机座号71～90

IMB34机座号71～90　　IMB5型(IMV1 IMV3)

<table>
<tr><th rowspan="2">机座号</th><th colspan="9">安装尺寸</th><th colspan="6">安装尺寸(IMB34、IMB14)</th></tr>
<tr><th>A</th><th>B</th><th>C</th><th>D</th><th>E</th><th>F</th><th>G</th><th>H</th><th>K</th><th>M</th><th>N</th><th>P</th><th>R</th><th>S</th><th>T</th></tr>
<tr><td>71</td><td>112</td><td>90</td><td>45</td><td>14</td><td>30</td><td>5</td><td>11</td><td>71</td><td>7</td><td>85</td><td>70</td><td>105</td><td rowspan="4">0</td><td rowspan="2">M6</td><td>2.5</td></tr>
<tr><td>80</td><td>125</td><td rowspan="2">100</td><td>50</td><td>19</td><td>40</td><td>6</td><td>15.5</td><td>80</td><td rowspan="3">10</td><td>100</td><td>80</td><td>120</td><td rowspan="3">3</td></tr>
<tr><td>90S</td><td rowspan="2">140</td><td rowspan="2">56</td><td rowspan="2">24</td><td rowspan="2">50</td><td rowspan="4">8</td><td rowspan="2">20</td><td rowspan="2">90</td><td rowspan="2">115</td><td rowspan="2">95</td><td rowspan="2">140</td><td rowspan="2">M8</td></tr>
<tr><td>90L</td><td>125</td></tr>
<tr><td>100L</td><td>100</td><td rowspan="3">140</td><td>63</td><td rowspan="2">28</td><td rowspan="2">60</td><td rowspan="2">14</td><td>100</td><td rowspan="4">12</td><td>—</td><td>—</td><td>—</td><td>—</td><td>—</td><td>—</td></tr>
<tr><td>112M</td><td>190</td><td>70</td><td>112</td><td>—</td><td>—</td><td>—</td><td>—</td><td>—</td><td>—</td></tr>
<tr><td>132S</td><td rowspan="2">216</td><td rowspan="2">89</td><td rowspan="2">38</td><td rowspan="2">80</td><td rowspan="2">10</td><td rowspan="2">33</td><td rowspan="2">132</td><td>—</td><td>—</td><td>—</td><td>—</td><td>—</td><td>—</td></tr>
<tr><td>132M</td><td>178</td><td>—</td><td>—</td><td>—</td><td>—</td><td>—</td><td>—</td></tr>
</table>

第 26 篇

续表

机座号	安装尺寸和外形尺寸																
	IMB5						IMB34、IMB3						IMB14、IMB5			
	M	*N*	*P*	*R*	*S*	*T*	*AB*	*AC*	*AD*	*AE*	*HD*	*L*	*AC*	*AD*	*AE*	*L*
71	130	110	160	0	10	3.5	145	145	140	95	180	255	145	140	93	255
80	165	130	200		12		160	165	150	110	200	295	165	150	110	295
90S							180	185	160	120	240	370	185	160	120	370
90L												400				400
100L	215	180	250		15	4.0	205	200	180	130	260	430	220	180	130	430
112M							245	250	190	140	300	455	250	190	140	455
132S	265	230	300				280	290	210	155	350	525	290	210	155	525
132M												565				565

1.3.8 单相异步电动机

1.3.8.1 YL 系列单相双值电容异步电动机

YL 系列单相双值电容异步电动机广泛应用于冷冻机、泵、风机、小型机床及农副业和家用电器等方面。由于实现了单、三相同机座、同容量，给原先采用三相电动机作动的设备制造厂带来极大的便利，用户可在同一设备上采用单相或采用三相电动机，为在无三相电源广大地区使用的小型机械装备所使用的三相异步电动机提供了互换的可能性。

本系列电动机的外壳防护等级为 IP44，冷却方式为 IC0141。电动机额定频率 50Hz，额定电压 220V，工作方式为连续运行。

YL 系列单相双值电容异步电动机的技术数据和外形及安装尺寸见表 26-1-104～表 26-1-107 所示。

表 26-1-104 YL 系列双值电容单相异步电动机技术条件（JB/T 7588—2010）

型号	额定功率/kW	效率/%	功率因数 cos*φ*	堵转电流	堵转转矩	声功率级/dB	
				相对额定转矩(电流)的倍数		1 级	2 级
同步转速 3000r/min，2 极							
80M1	0.75	73	0.92	6	1.8	70	75
80M2	1.1	75	0.95				
90S	1.5	76			1.7	73	78
90L	2.2	77					
100L1	3	79				78	83
112M	3.7	80					
132S1	5.5	81				83	88
同步转速 1500r/min，4 极							
80M1	0.55	69	0.92	5	1.8	65	70
80M2	0.75	71	0.95				
90S	1.1	72			1.7	68	73
90L	1.5	74					
100L1	2.2	76				73	78
100L2	3	78					
112M	3.7	79		5.5		78	83
132S1	5.5	80					
132S2							

表 26-1-105　**机座带底脚、端盖上无凸缘的电动机**　mm

机座号	极数	安装尺寸及公差																	外形尺寸				
		A	A/2	B	C		D		E		F		G		H		K		AB	AE	AD	HD	L
80	2、4	125	62.5	100	50	±1.5	19	+0.009 −0.004	40	±0.31	6	0 −0.030	15.5	0 −0.10	80	0 −0.5	10	+0.36 0	165	220	150	210	355
90S		140	70		56		24		50		8	0 −0.036	20	0 −0.20	90				180	240	160	250	380
90L				125																			405
100L		160	80	140	63	±2.0	28		60	±0.37			24		100		12	+0.43 0	205	260	180	265	455
112M		190	95		70										112				245	280	190	285	475
132S		216	108		89		38	+0.018 −0.002	80		10		33		132				280	300	210	335	550

注：$GE=D-G$。GE 的极限偏差对机座号 80 为 $\left(^{+0.18}_{-0}\right)$，其余 $\left(^{+0.28}_{-0}\right)$。

表 26-1-106　**机座带底脚、端盖上有凸缘的电动机**　mm

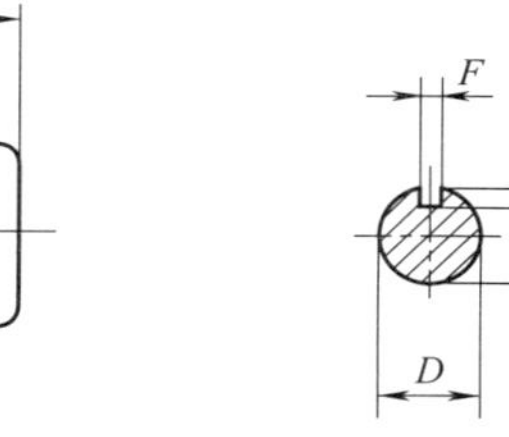

续表

机座号	凸缘号	安装尺寸及公差																				外形尺寸				
		D		E		F		G		M	N		P	R		S		T		凸缘孔数	AE	AD	HF	L
80	FT165	19	+0.009 −0.004	40	±0.31	6	0 −0.030	15.5	0 −0.10	165	130	+0.014 −0.011	200	0	±1.5	12	+0.43 0	3.5	0 −0.12	4	220	150	210	355
90S		24		50		8	0 −0.036	20	0 −0.20												240	160	250	380
90L																								405
100L	FT215	28		60	±0.37			24		215	180		250		±2.0	15		4.0			260	180	265	455
112M																					280	190	285	475
132S	FT265	38	+0.018 +0.002	80		10		33		265	230	+0.016 −0.013	300								300	210	335	550

注：$GE=D-G$。GE 的极限偏差对机座号 80 为（$^{+0.18}_{-0}$），其余（$^{+0.28}_{-0}$）。

P 尺寸为最大极限偏差值。

R 为凸缘配合面至轴肩的距离。

表 26-1-107　**机座带底脚、端盖上有凸缘的电动机**　mm

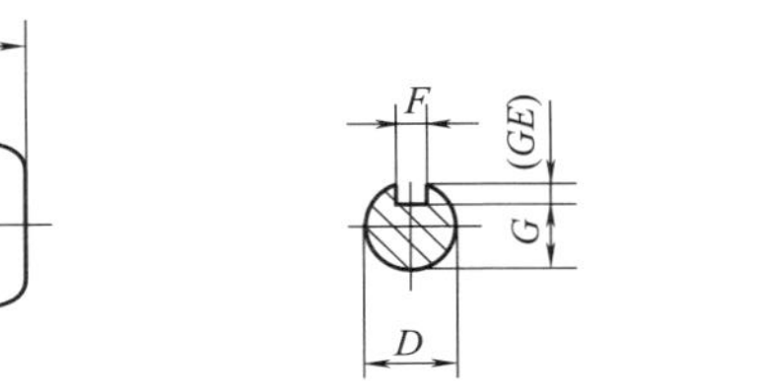

机座号	凸缘号	安装尺寸及公差																											外形尺寸					
		A	B	C		D		E		F		G		H		K		M	N		P	R		S		T		凸缘孔数	AB	AE	AD	HD	L
80	FT165	125	100	50	±1.5	19	+0.009 −0.004	40	±0.31	6	0 −0.030	15.5	0 −0.10	80	0 −0.5	10	+0.36 0	165	130	+0.014 −0.011	200	0	±1.5	12	+0.43 0	3.5	0 −0.12	4	165	220	150	210	355
90S		140		56		24		50		8	0 −0.036	20	0 −0.20	90															180	240	160	250	380
90L			125																														405
100L	FT215	160	140	63	±2.0	28		60	±0.37			24		100		12	+0.43 0	215	180		250		±2.0	15		4.0			205	260	180	260	455
112M		190		70										112															245	280	190	285	475
132S	FT265	216		89		38	+0.018 +0.002	80		10		33		132				265	230	+0.016 −0.013	300								280	300	210	335	550

注：$GE=D-G$。GE 的极限偏差对机座号 80 为（$^{+0.18}_{-0}$），其余（$^{+0.28}_{-0}$）。

P 尺寸为最大极限偏差值。

R 为凸缘配合面至轴肩的距离。

1.3.8.2　YBDC2 系列隔爆型电容启动单相异步电动机

YBDC2 系列隔爆型电容启动单相异步电动机的技术数据、外形及安装尺寸见表 26-1-108～表 26-1-113 所示。

表 26-1-108　YBDC2 系列隔爆型电容启动单相异步电动机技术数据（380V）（JB/T 6201—2006）

<table>
<tr><th rowspan="2">型　号</th><th rowspan="2">额定功率
/kW</th><th rowspan="2">效率/%</th><th rowspan="2">功率因数
cosφ</th><th rowspan="2">堵转电流
/A</th><th>堵转转矩</th><th rowspan="2">声功率级
/dB(A)</th><th rowspan="2">质量
/kg</th></tr>
<tr><th>相对额定转矩的倍数</th></tr>
<tr><td colspan="8">同步转速 3000r/min,2 极</td></tr>
<tr><td>71M1</td><td>0.18</td><td>60</td><td>0.72</td><td>12</td><td rowspan="2">3.0</td><td rowspan="2">70</td><td>35</td></tr>
<tr><td>71M2</td><td>0.25</td><td>64</td><td>0.74</td><td>15</td><td>48</td></tr>
<tr><td>80M1</td><td>0.37</td><td>65</td><td>0.77</td><td>21</td><td rowspan="2">2.8</td><td rowspan="3">75</td><td>70</td></tr>
<tr><td>80M2</td><td>0.55</td><td>68</td><td>0.79</td><td>29</td><td>75</td></tr>
<tr><td>90S</td><td>0.75</td><td>70</td><td rowspan="2">0.80</td><td>37</td><td rowspan="3">2.5</td><td>135</td></tr>
<tr><td>90L</td><td>1.10</td><td>72</td><td>60</td><td>78</td><td>146</td></tr>
<tr><td>100L1</td><td>1.50</td><td>74</td><td rowspan="2">0.81</td><td>80</td><td rowspan="2">83</td><td>157</td></tr>
<tr><td>100L2</td><td>2.20</td><td>75</td><td>120</td><td rowspan="3">2.2</td><td>195</td></tr>
<tr><td>112M</td><td>3.00</td><td>76</td><td rowspan="2">0.82</td><td>150</td><td rowspan="2">87</td><td>258</td></tr>
<tr><td>132S</td><td>3.70</td><td>77</td><td>175</td><td>275</td></tr>
<tr><td colspan="8">同步转速 1500r/min,4 极</td></tr>
<tr><td>71M1</td><td>0.12</td><td>50</td><td>0.58</td><td>9</td><td>3.0</td><td rowspan="3">65</td><td>36</td></tr>
<tr><td>71M2</td><td>0.18</td><td>53</td><td>0.62</td><td>12</td><td rowspan="2">2.8</td><td>41</td></tr>
<tr><td>80M1</td><td>0.25</td><td>58</td><td>0.63</td><td>15</td><td>52</td></tr>
<tr><td>80M2</td><td>0.37</td><td>62</td><td>0.64</td><td>21</td><td rowspan="5">2.5</td><td rowspan="3">70</td><td>75</td></tr>
<tr><td>90S</td><td>0.55</td><td>66</td><td>0.69</td><td>29</td><td>82</td></tr>
<tr><td>90L</td><td>0.75</td><td>68</td><td>0.73</td><td>37</td><td>133</td></tr>
<tr><td>100L1</td><td>1.10</td><td>71</td><td>0.74</td><td>60</td><td>73</td><td>157</td></tr>
<tr><td>100L2</td><td>1.50</td><td>73</td><td>0.75</td><td>80</td><td rowspan="2">78</td><td>190</td></tr>
<tr><td>112M</td><td>2.20</td><td>74</td><td>0.76</td><td>120</td><td rowspan="3">2.2</td><td>205</td></tr>
<tr><td>132S</td><td>3.00</td><td>75</td><td>0.77</td><td>150</td><td rowspan="2">82</td><td>274</td></tr>
<tr><td>132M</td><td>3.70</td><td>76</td><td>0.79</td><td>175</td><td>324</td></tr>
<tr><td colspan="8">同步转速 1000r/min,6 极</td></tr>
<tr><td>90S</td><td>0.25</td><td>54</td><td>0.50</td><td>20</td><td rowspan="3">2.5</td><td>60</td><td>35</td></tr>
<tr><td>90L</td><td>0.37</td><td>58</td><td>0.55</td><td>25</td><td rowspan="3">65</td><td>48</td></tr>
<tr><td>100L1</td><td>0.55</td><td>60</td><td>0.60</td><td>35</td><td>70</td></tr>
<tr><td>100L2</td><td>0.75</td><td>61</td><td>0.62</td><td>45</td><td rowspan="2">2.2</td><td>77</td></tr>
<tr><td>112M</td><td>1.10</td><td>63</td><td>0.65</td><td>70</td><td>68</td><td>85</td></tr>
<tr><td>132S</td><td>1.50</td><td>68</td><td>0.68</td><td>90</td><td rowspan="2">2.0</td><td rowspan="2">73</td><td>127</td></tr>
<tr><td>132M</td><td>2.20</td><td>70</td><td>0.70</td><td>130</td><td>155</td></tr>
</table>

表 26-1-109　**机座不带底脚，端盖有凸缘（带螺孔）的电动机**（IMB14 或 IMV18、IMV19）　mm

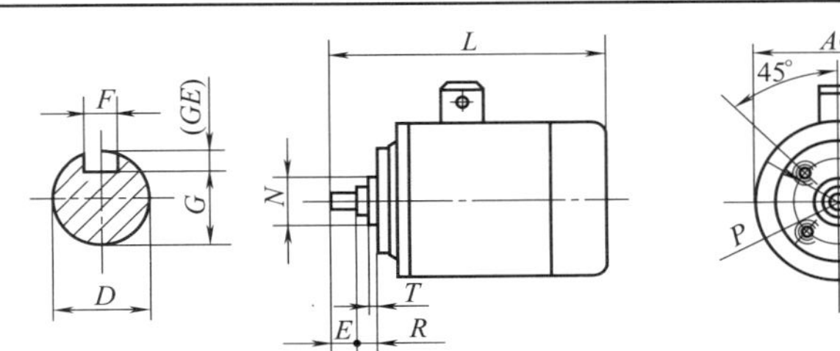

机座号	凸缘号	安装尺寸及公差																		外形尺寸		
		D		E		F		G		M	N		P	R		S	T		凸缘孔数	AC	AD	L
71M	FT85	14	+0.008 −0.003	30	±0.2	5	0 −0.030	11	0 −0.1	85	70	+0.012 −0.007	105	0	±1.0	M6	2.5	0 −0.1	4	155	175	305
80M	FT100	19	+0.009 −0.004	40	±0.3	6		15.5		100	80		120		±1.5		3			165	190	330
90S	FT115	24		50		8	0 −0.036	20	0 −0.2	115	95	+0.013 −0.009	140			M8				185	205	380
90L																						410

注：$G=D-GE$。GE 的极限偏差对机座号 80 及以下为 $\left({}^{+0}_{-0.10}\right)$，其余 $\left({}^{+0.2}_{-0}\right)$。
P 尺寸为最大极限偏差值。
R 为凸缘配合面至轴肩的距离。

表 26-1-110　**机座带底脚、端盖上有凸缘（带螺孔）的电动机**（IMB34）　mm

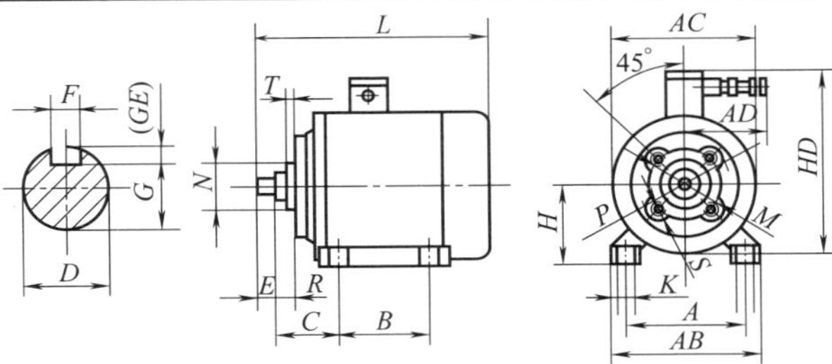

机座号	凸缘号	安装尺寸及公差																								外形尺寸				
		A	B	C		D		E		F		G		H		K		M	N		P	R		S	T		凸缘孔数	AB	AC	AD	HD	L
71M	FT85	112	90	45	±1.5	14	+0.008 −0.003	30	±0.2	5	0 −0.030	11	0 −0.1	71	0 −0.5	7	+0.36 0	85	70	+0.012 −0.007	105	0	±1.0	M6	2.5	0 −0.1	4	145	155	160	250	305
80M	FT100	125	100	50		19	+0.009 −0.004	40	±0.3	6		15.5		80				100	80		120		±1.5		3			165	165	180	270	330
90S	FT115	140		56		24		50		8	0 −0.036	20	0 −0.2	90		10		115	95	+0.013 −0.009	140			M8				180	185	205	285	380
90L			125																													410

注：$G=D-GE$。GE 的极限偏差对机座号 80 及以下为 $\left({}^{+0}_{-0.10}\right)$，其余 $\left({}^{+0.2}_{-0}\right)$。
P 尺寸为最大极限偏差值。
R 为凸缘配合面至轴肩的距离。

表 26-1-111 **机座带底脚、端盖上无凸缘（带螺孔）的电动机**（IMB3 或 IMB5、IMV6） mm

<table>
<tr><th rowspan="2">机座号</th><th colspan="16">安装尺寸及公差</th><th colspan="5">外形尺寸</th></tr>
<tr><th>A</th><th>B</th><th colspan="2">C</th><th colspan="2">D</th><th colspan="2">E</th><th colspan="2">F</th><th colspan="2">G</th><th colspan="2">H</th><th colspan="2">K</th><th>AB</th><th>AC</th><th>AD</th><th>HD</th><th>L</th></tr>
<tr><td>71M</td><td>112</td><td>90</td><td>45</td><td>±1.5</td><td>14</td><td>+0.008
−0.003</td><td>30</td><td>±0.2</td><td>5</td><td>0
−0.030</td><td>11</td><td>0
−0.1</td><td>71</td><td>0
−0.5</td><td>7</td><td>+0.36
0</td><td>145</td><td>155</td><td>160</td><td>250</td><td>305</td></tr>
<tr><td>80M</td><td>125</td><td>100</td><td>50</td><td></td><td>19</td><td>+0.009
−0.004</td><td>40</td><td>±0.3</td><td>6</td><td></td><td>15.5</td><td></td><td>80</td><td></td><td>10</td><td></td><td>165</td><td>165</td><td>180</td><td>270</td><td>320</td></tr>
<tr><td>90S</td><td>140</td><td></td><td>56</td><td></td><td>24</td><td></td><td>50</td><td></td><td>8</td><td>0
−0.036</td><td>20</td><td>0
−0.2</td><td>90</td><td></td><td></td><td></td><td>180</td><td>185</td><td>205</td><td>285</td><td>380</td></tr>
<tr><td>90L</td><td></td><td>125</td><td></td><td></td><td></td><td></td><td></td><td></td><td></td><td></td><td></td><td></td><td></td><td></td><td></td><td></td><td></td><td></td><td></td><td></td><td>410</td></tr>
<tr><td>100L</td><td>160</td><td>140</td><td>63</td><td>±2.0</td><td>28</td><td></td><td>60</td><td></td><td></td><td></td><td>24</td><td></td><td>100</td><td></td><td>12</td><td>+0.43
0</td><td>205</td><td>205</td><td>230</td><td>300</td><td>440</td></tr>
<tr><td>112M</td><td>190</td><td></td><td>70</td><td></td><td></td><td></td><td></td><td></td><td></td><td></td><td></td><td></td><td>112</td><td></td><td></td><td></td><td>245</td><td>250</td><td></td><td></td><td>455</td></tr>
<tr><td>132S</td><td>216</td><td></td><td>89</td><td></td><td>38</td><td>+0.018
+0.002</td><td>80</td><td></td><td>10</td><td></td><td>33</td><td></td><td>132</td><td></td><td></td><td></td><td>280</td><td>290</td><td></td><td>350</td><td>520</td></tr>
<tr><td>132M</td><td></td><td>178</td><td></td><td></td><td></td><td></td><td></td><td></td><td></td><td></td><td></td><td></td><td></td><td></td><td></td><td></td><td></td><td></td><td></td><td></td><td>565</td></tr>
</table>

注：$G=D-GE$。GE 的极限偏差对机座号 80 及以下为（$^{+0}_{-0.10}$），其余（$^{+0.2}_{-0}$）。

表 26-1-112 **机座带底脚、端盖上有凸缘（带通孔）的电动机**（IMB35、IMB36） mm

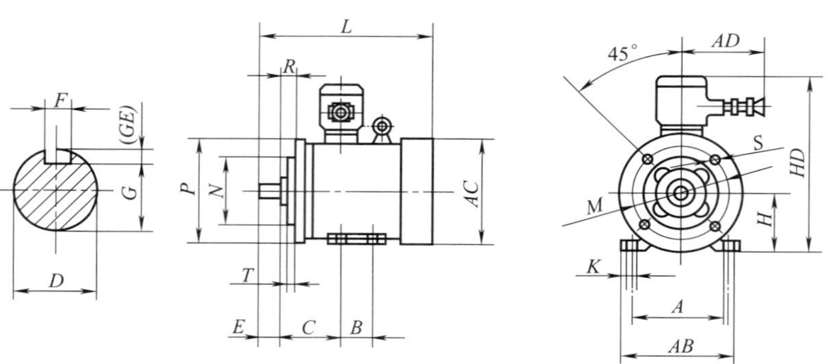

续表

机座号	凸缘号	安装尺寸及公差 A	B	C		D		E		F		G		H		K		M	N		P	R		S		T		外形尺寸 AB	AC	AD	HD	L
90S	FT165	140	100	56	±1.5	24	+0.009 −0.004	50	±0.3	8	0 −0.036	20	0 −0.2	90	0 −0.5	10	+0.36 0	165	130	+0.014 −0.011	200	0	±1.5	12	+0.43 0	3.5	0 −0.12	180	180	160	350	370
90L			125																													400
100L	FT215	160	140	63	±2.0	28		60				24		100		12	+0.43 0	215	180		250		±2.0	15		4.0		205	220	180	400	440
112M		190		70										112														245	250	190	420	460
132S	FT265	216		89		38	+0.018 +0.002	80		10		33		132				265	230	+0.016 −0.013	300							280	290	210	450	525
132M			178																													565

注：$G=D-GE$。GE 的极限偏差为（$^{+0.2}_{-0}$）。

P 尺寸为最大极限偏差值。

R 为凸缘配合面至轴肩的距离。

表 26-1-113　卧式安装或立式安装、机座不带底脚、端盖上有凸缘（带通孔）的电动机（IMB5 或 IMV1、IMV3）　mm

机座号	凸缘号	安装尺寸及公差 D		E		F		G		M	N		P	R		S		T		外形尺寸 AC	AD	L 卧式	L 立式
71M	FT130	14	+0.008 −0.003	30	±0.2	5	0 −0.030	11	0 −0.1	130	110	+0.013 −0.009	160	0	±1.5	10	+0.36 0	3.0	0 −0.10	145	170	300	340
80M	FT165	19	+0.009 −0.004	40	±0.3	6		15.5		165	130	+0.014 −0.011	200			12	+0.43 0	3.5	0 −0.12	165	240	330	375
90S		24		50		8		20												185	260	360	405
90L																						385	430
100L	FT215	28		60			0 −0.036	24	0 −0.2	215	180		250		±2.0	15		4.0		220	300	440	485
112M																				250	310	460	520
132S	FT265	38	+0.018 +0.002	80		10		33		265	230	+0.016 −0.013	300							290	320	510	590
132M																						550	630

注：$G=D-GE$。GE 的极限偏差对机座号 80 及以下为（$^{+0}_{-0.10}$），其余（$^{+0.2}_{-0}$）。

P 尺寸为最大极限偏差值。

R 为凸缘配合面至轴肩的距离。

1.3.9　Z4系列直流电动机

Z4系列直流电动机具有体积小、性能好、重量轻、输出功率大、效率高及可靠性高等特点。电动机为连续工作制（S1），绝缘等级为F级，防护等级为IP23S或IP21S，冷却方式为他冷强迫通风，独立供电，电动机冷却方式为IC06。

电动机的励磁方式为他励，励磁电压为180V，启动他励电动机时，需在接通电枢回路之前接通磁场线圈至额定电压，停车时先切断电枢回路，然后断开磁场电路，避免在启动和停止时因弱磁引起过速。额定电压为160V的电动机，在单相桥式整流供电时，电枢回路需接入电抗器以抑制脉动电流，其电感值如技术数据表中所示。额定电压为440V时不需外接电抗器。

在额定电压以下用调压调速时为恒转矩。其最低转速均规定不低于20r/min，此时仍能维持额定转矩，转速平稳。减小电枢电压为恒转矩调速，减小励磁电压为恒功率调速。调速范围见技术数据表。

Z4系列直流电动机广泛用作各类机械的传动源，诸如冶金工业轧机传动，金属切削机床、造纸、印刷、纺织、印染、水泥、塑料挤出机械等。

Z4系列直流电动机技术参数、外形及安装尺寸见表26-1-114～表26-1-116。

表26-1-114　　Z4系列直流电动机技术参数（JB/T 6316—2006）

型号	额定功率/kW	额定转速/r·min⁻¹			磁场转速/r·min⁻¹	电枢电流/A	励磁功率/W	电枢回路电阻(20℃)/Ω	电枢回路电感/mH	磁场电感/H	外接电感/mH	效率/%	转动惯量/kg·m²	质量/kg
		160V	400V	440V										
Z4-100-1	2.2	1490			3000	17.9	315	1.19	11.2	22	15	67.8	0.044	72
	1.5	955	2630		2000	17.9		2.17	21.4	13	15	58.5		
	4			2960	4000	13.3		2.82	26	18		78.9		
	4		1310		4000	12						80.1		
	2			1480	3000	10.7		9.12	86	18		68.4		
	2.2		860		3000	6.6						70.6		
	1.4			990	2000	6.5		16.76	163	18		60.3		
	1.5				2000	5.1						63.2		
Z4-112/2-1	3	1540			3000	4.77	320	0.785	7.1	14	20	69.1	0.072	100
	2.2	975			2000	24		1.498	14.1	13	20	62.1		
	5.5		2630		4000	16.4		1.933	17.9	17		79.9		
	5.5			2940	4000	14.7						81.1		
	2.8		1340		3000	9.1		6	59	17		71.2		
	3			1500	3000	8.6						72.8		
	1.9		855		2000	6.9		11.67	110	13		61.1		
	2.2			965	2000	7.1						63.5		
Z4-112/2-2	4	1450			3000	31.3	350	0.567	6.2	14	12	72.6	0.088	107
	3	1070			2000	24.8		0.934	10.3	14	10	66.8		
	7		2660		4000	20.4		1.305	14	19		82.4		
	7.5			2980	4000	19.7						83.5		
	3.7		1320		3000	11.7		4.24	48.5	19		74.1		
	4			1500	3000	11.2						76		
	2.6		895		2000	9		7.62	83	14		65.1		
	3			1010	2000	9.1						67.3		
Z4-112/4-1	5.5	1520			3000	42.5	500	0.38	3.85	6.8	6.5	73	0.128	106
	4	990			2000	33.7		0.741	7.7	6.7	4.5	64.9		
	10		2680		3500	29		0.89	9	6.8		82.7		
	11			2950	3500	28.8						83.3		
	5		1340		1800	15.7		3.01	30.5	6.8		74.3		
	5.5			1480	1800	15.4						75.7		
	3.7		855		1100	13		5.78	60	6.7		65.2		
	4			980	1100	12.2						68.7		

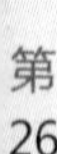

续表

型　号	额定功率/kW	额定转速/r・min⁻¹ 160V	400V	440V	磁场转速/r・min⁻¹	电枢电流/A	励磁功率/W	电枢回路电阻(20℃)/Ω	电枢回路电感/mH	磁场电感/H	外接电感/mH	效率/%	转动惯量/kg・m²	质量/kg
Z4-112/4-2	5.5	1090			2000	43.5	570	0.441	5.1	7.8	6	69.5	0.156	114
	13		2740		3600	37		0.574	6.4	5.8		84.4		
	15			3035	3600	38.6						85.4		
	6.7		1330		1800	20.6		2.21	24.1	7.8		76.8		
	7.5			1480	1800	20.6						78.4		
	5		955		1200	16.1		3.46	40.5	5.8		71.1		
	5.5			1025	1200	15.7						71.9		

型　号	额定功率/kW	额定转速/r・min⁻¹ 400V	440V	磁场转速/r・min⁻¹	电枢电流/A	励磁功率/W	电枢回路电阻(20℃)/Ω	电枢回路电感/mH	磁场电感/H	效率/%	转动惯量/kg・m²	质量/kg
Z4-132-1	18.5	2610		4000	52.2	650	0.368	5.3	6.5	85	0.32	140
	18.5		2850	4000	47.1					85.9		
	10	1330		2100	30.1		1.309	18.9	8.9	79.4		
	11		1480	2200	29.6					80.9		
	7	865		1600	22.7		2.56	37.5	6.3	71.9		
	7.5		975	1600	21.4					74.5		
Z4-132-2	20	2800		3600	55.4	730	0.226	3.65	10	87.8	0.4	160
	22		3090	3600	55.3					88.3		
	15	1360		2500	44.5		0.811	13.5	7.7	81.2		
	15		1510	2500	39.5					83.4		
	10	905		1400	31.1		1.565	26	6	75.6		
	11		995	1400	30.5					77.7		
Z4-132-3	27	2720		3600	74.5	800	0.1905	3.4	21	88.2	0.48	180
	30		3000	3600	75					88.6		
	18.5	1390		2100	53.2		0.531	9.8	6.6	83.6		
	18.5		1540	2200	47.6					84.7		
	13.5	945		1600	40.5		0.976	19.4	6.5	79.4		
	15		1050	1600	40.5					80.5		
Z4-160-11	33	2710		3500	93.4	820	0.1835	3.15	10	87.4	0.64	220
	37		3000							88.5		
	19.5	1350		3000	58.8		0.593	10.4	7.7	80.4		
	22		1500							82.6		
Z4-160-22	40.5	2710		3500	113	920	0.1426	2.7	10	88.2	0.76	242
	45		3000							89.1		
Z4-160-21	16.5	900		2000	50.5		0.862	17.7	6	77.9		
	18.5		1000							79.4		
Z4-160-32	49.5	2710		3500	137	1050	0.097	2.07	11	89.1	0.88	268
	55		3010							90.2		
Z4-160-31	27	1350		3000	77.8		0.376	8.3	10	84.7		
	30		1500							85.7		
	19.5	900		2000	59.1		0.675	15.2	6.3	79.1		
	22		1000							81.7		
Z4-180-11	33	1350		3000	95.4	1200	0.29	5.8	7.1	84.7	1.52	326
	37		1500							86.5		
	16.5	670		1900	51.4		0.947	17.6	5.6	75.5		
	18.5		750							78.1		
	13	540		1400	42.4		1.264	25	5.6	73		
	15		600							74.1		

续表

型 号	额定功率/kW	额定转速/r·min⁻¹ 400V	440V	磁场转速/r·min⁻¹	电枢电流/A	励磁功率/W	电枢回路电阻(20℃)/Ω	电枢回路电感/mH	磁场电感/H	效率/%	转动惯量/kg·m²	质量/kg
Z4-180-22	67	2710		3400	185	1400	0.0555	1.16	6.9	89.5	1.72	350
	75		3000							90.7		
Z4-180-21	40.5	1350		2800	115		0.2125	4.65	6.6	85.8		
	45		1500							87		
	27	900		2000	79		0.419	9.3	7.3	82.2		
	30		1000							83.7		
	19.5	670		1400	61		0.756	15.7	7.1	77.3		
	22		750							79.7		
	16.5	540		1600	52		1.003	21.9	5	73.8		
	18.5		600							76.8		
Z4-180-31	33	900		2000	97	1500	0.332	7.7	6.6	82.8	1.92	380
	37		1000							83.6		
	19.5	540		1250	62		0.801	19	6.6	74.8		
	22		600							76.6		
Z4-180-42	81	2710		3200	221	1700	0.051	1.16	12	91	2.2	410
	90		3000							91.3		
Z4-180-41	50	1350		3000	139		0.1417	3.2	5.7	87.5		
	55		1500							87.7		
	27	670		2000	80		0.459	10.4	6.3	80.4		
	30		750							81.1		
Z4-200-12	99	2710		3000	271	1400	0.0373	0.83	7.62	90.2	3.68	485
	110		3000							91.6		
Z4-200-11	40.5	900		2000	118		0.2653	8.4	7.01	83.4		
	45		1000							85.5		
	33	670		1600	99		0.369	10.6	7.77	80.2		
	37		750							82.9		
	19.5	450		1000	64		0.93	21.9	7.3	72.2		
	22		500							77.4		
Z4-200-21	67	1350		3000	188	1500	0.0885	2.8	6.78	88.7	4.2	530
	75		1500							89.6		
	27	540		1000	82		0.535	14	9.64	78.8		
	30		600							80.4		
Z4-200-32	119	2710		3200	322	1750	0.0266	0.79	10.9	91.7	4.8	580
	132		3000							92.4		
Z4-200-31	81	1350		2800	224		0.0771	2.6	5.61	88.7		
	90		1500							90		
	49.5	900		2000	141		0.1751	4.8	8.54	85.6		
	55		1000							87.1		
	40.5	670		1400	119		0.283	8.5	8.35	82.5		
	45		750							84.1		
	33	540		1200	101		0.42	12.2	8.42	79.6		
	37		600							82		
	27	450		750	84		0.598	17.1	8.4	77.5		
	30		500							79.5		
Z4-225-11	99	1360		3000	276	2300	0.0664	2.1	4.45	87.9	5	680
	110		1500							89.4		
	67	900		2000	193		0.1406	4.9	4.28	84.4		
	75		1000							86.5		
	49	680		1300	146		0.2433	8.7	5.77	81.2		
	55		750							84		

续表

型号	额定功率/kW	额定转速/r·min^{-1}		磁场转速/r·min^{-1}	电枢电流/A	励磁功率/W	电枢回路电阻(20℃)/Ω	电枢回路电感/mH	磁场电感/H	效率/%	转动惯量/kg·m^2	质量/kg
		400V	440V									
Z4-225-11	40	540		1200	123	2300	0.356	9.5	6.38	78.2	5	680
	45		600							80.8		
	33	450		1000	103		0.476	15.2	6.1	76.5		
	37		500							78.8		
Z4-225-21	49	540		1000	148	2470	0.2648	9.5	4.14	79.3	5.6	740
	55		600							82.4		
	40	450		1000	125		0.397	13.7	5.41	76.6		
	45		500							78.9		
Z4-225-31	119	1360		2400	327	2580	0.0454	1.5	5.33	89.3	6.2	800
	132		1500							90.5		
	81	900		2000	227		0.093	3.4	5.3	86.9		
	90		1000							88		
	67	680		2250	197		0.167	5.1	5.44	82.5		
	75		750							85.1		
Z4-250-12	144	1360		2100	399	2500	0.0444	1.3	4.29	88.8	8.8	890
	160		1500							89.8		
Z4-250-11	99	900		2000	281		0.911	2.4	4.55	86.2		
	110		1000							88.1		
Z4-250-21	167	1360		2200	459	2750	0.0325	0.91	4.28	89.8	10	970
	185		1500							90.5		
	81	680		2250	234		0.1306	3.9	5.41	83.2		
	90		750							85.2		
Z4-250-31	180	1360		2400	493	2850	0.0281	0.87	5.32	90.4	11.2	1070
	200		1500							91.5		
	119	900		2000	334		0.0668	1.7	5.46	87.4		
	132		1000							89.1		
	67	540		2000	204		0.202	4	4	80.8		
	75		600							84.6		
	49	450		1500	152		0.305	7.3	5.1	78.5		
	55		500							82.4		
Z4-250-41	198	1360		2400	539	3000	0.0237	0.93	6.19	91	12.8	1180
	220		1500							91.7		
Z4-250-42	144	900		2000	401		0.0485	1.9	4.53	88		
	160		1000							89.2		
Z4-250-41	99	680		1900	283		0.0102	2.6	5.3	85.8		
	110		750							87.4		
	81	540		1600	236		0.141	4.7	6.36	83.4		
	90		600							85		
	67	450		1500	201		0.195	5.1	4.97	80		
	75		500							83.4		
Z4-280-11	226	1355		2000	614	3100	0.02134	0.69	4.58	90.9	16.4	1280
	250		1500							91.6		
Z4-280-22	253	1355		1800	684	3500	0.01796	0.77	5.3	91.5	18.4	1400
	280		1500							92.1		
Z4-280-21	180	900		2000	498		0.0373	1.2	4.46	89.1		
	200		1000							90.1		
	119	675		1600	333		0.0662	2.3	4.37	87.1		
	132		750							88.6		

续表

型　号	额定功率/kW	额定转速/r·min^{-1} 400V	440V	磁场转速/r·min^{-1}	电枢电流/A	励磁功率/W	电枢回路电阻(20℃)/Ω	电枢回路电感/mH	磁场电感/H	效率/%	转动惯量/kg·m^2	质量/kg
Z4-280-21	99	540		1500	281	3500	0.093	3.1	4.57	84.7	18.4	1400
	110		600							86		
Z4-280-32	284	1360		1800	768	3600	0.01493	0.59	6.94	91.7	21.2	1500
	315		1500							92.6		
Z4-280-31	198	900		2000	545		0.0314	1.1	5.54	89.7		
	220		1000							90.6		
Z4-280-32	144	675		1700	402		0.0532	2	5.47	87.8		
	160		750							89.1		
Z4-280-31	118	540		1000	339		0.0839	2.6	5.77	85.4		
	132		600							86.8		
	80	450		1400	234		0.1377	5.3	9.03	84.1		
	90		500							85.4		
Z4-280-42	225	900		1800	616	4000	0.02545	0.96	5.29	90.2	24	1700
	250		1000							91.1		
Z4-280-41	166	675		1900	464		0.0457	1.7	5.19	88.1		
	185		750							89.4		
	98	450		1000	282		0.0993	3.7	6.86	85.1		
	110		500							86.9		
Z4-315-12	321	1360		1800	865	3850	0.015	0.39	8.64	92.2	21.2	1890
	355		1500							92.8		
	253	900		1600	690		0.02355	0.46	5.06	90.4		
	280		1000							91.6		
	180	680		1900	500		0.04371	0.83	4.97	88.4		
	200		750							89.4		
Z4-315-11	144	540		1900	409		0.06919	1.3	7.6	86.4		
	160		600							87.4		
	118	450		1600	344		0.1	2.3	9.43	84.4		
	132		500							86.3		
	98	360		1200	294		0.1415	2.9	9.96	81.7		
	110		400							84.3		
Z4-315-22	284	900		1600	772	4350	0.02034	0.49	5.91	91	24	2080
	315		1000							91.5		
	225	680		1600	624		0.03392	0.74	18.8	88.7		
	250		750							89.6		
Z4-315-21	166	540		1600	468		0.05382	1.2	25	87.2		
	185		600							88.5		
	143	450		1500	413		0.076	1.5	19	84.7		
	160		500							86		
Z4-315-32	320	900		1600	867	4650	0.01658	0.39	23.1	91	27.2	2290
	355		1000							92		
	252	680		1600	698		0.03043	0.82	21.5	89.1		
	280		750							89.8		
	180	540		1500	501		0.04536	0.95	31.6	88.2		
	200		600							89.4		
Z4-315-31	118	360		1200	344		0.01002	2.1	23.3	83.2		
	132		400							85.3		
Z4-315-42	361	900		1400	971	5200	0.1302	0.33	29	92.1	30.8	2520
	400		1000							92.7		

续表

型　号	额定功率/kW	额定转速/r・min⁻¹ 400V	440V	磁场转速/r・min⁻¹	电枢电流/A	励磁功率/W	电枢回路电阻(20℃)/Ω	电枢回路电感/mH	磁场电感/H	效率/%	转动惯量/kg・m²	质量/kg
Z4-315-42	284	680		1600	778	5200	0.02364	0.67	20.8	90	30.8	2520
	315		750							90.7		
	225	540		1600	626		0.03554	0.87	21.9	88.3		
	250		600							89		
Z4-315-41	166	450		1500	468		0.055	1.4	37.4	87.3		
	185		500							88.3		
	143	360		1200	416		0.0803	1.8	22.2	84		
	160		400							85.3		
Z4-355-12	406	900		1500	1094	4700	0.01259	0.36	37.6	91.8	42	2890
	450		1000							92.8		
	321	680		1500	877		0.02087	0.59	28.1	90.4		
	355		750							91.2		
Z4-355-11	253	540		1500	697		0.02952	0.91	22	89.2		
	280		600							90.2		
	180	450		1500	506		0.0502	1.5	8.91	87.6		
	200		500							88.9		
	166	360		1200	478		0.066	1.8	22.4	84.9		
	185		400							85.9		
Z4-355-22	361	680		1600	978	5600	0.01583	0.44	15.6	90.8	46	3170
	400		750							91.7		
	284	540		1500	783		0.02676	0.81	34.7	89.5		
	315		600							90.5		
	225	450		1600	624		0.03462	1	20.5	88.4		
	250		500							89.5		
Z4-355-21	180	360		1200	511		0.5642	1.6	35.5	86.3		
	200		400							87.5		
Z4-355-32	406	680		1100	1098	6000	0.01362	0.39	19	91.3	52	3490
	450		750							92.1		
	320	540		1600	877		0.02153	0.7	24.3	89.9		
	355		600							91		
	284	450		1500	789		0.0293	0.91	18.5	88.3		
	315		500							89.5		
Z4-355-31	197	360		1200	559		0.04957	1.3	34.6	86.8		
	220		400							88.4		
Z4-355-42	361	540		1300	985	6500	0.01836	0.64	29.6	90.5	60	3840
	400		600							91.2		
	320	450		1200	882		0.02361	0.76	17.7	88.9		
	355		500							89.2		
	225	360		1200	627		0.0358	1.2	17.7	87.5		
	250		400							88.8		
Z4-400-22	435	680		1400	1175	5700	0.0139	0.33	7.85	90.8	74	4500
	480		750							92		
Z4-400-21	235	360		1200	675		0.0497	1	7.3	84.8		
	260		400							86.3		
	180	270		900	537		0.0804	1.6	7.44	81.8		
	200		300							83.1		
Z4-400-32	500	680		1400	1340	6400	0.0112	0.3	9.57	91.2	84	4900
	550		750							92.5		

续表

型号	额定功率/kW	额定转速/r·min⁻¹ 400V	额定转速/r·min⁻¹ 440V	磁场转速/r·min⁻¹	电枢电流/A	励磁功率/W	电枢回路电阻(20℃)/Ω	电枢回路电感/mH	磁场电感/H	效率/%	转动惯量/kg·m²	质量/kg
Z4-400-32	400	540		1300	1083	6400	0.0162	0.35	4.51	89.9	84	4900
	440		600							91.1		
	344	450		1300	952		0.0248	0.58	6	88.1		
	380		500							89.5		
Z4-400-31	270	360		1200	768		0.03821	0.82	6.11	86		
	300		400							87.5		
	208	270		900	611		0.0659	1.5	5.89	82.8		
	230		300							84		
Z4-400-42	435	540		1300	1175	7100	0.0134	0.32	5.54	90.8	94	5300
	480		600							92		
	390	450		1400	1070		0.0201	0.47	6.86	88.6		
	430		500							90		
Z4-400-41	316	360		1200	880		0.0274	0.73	5.41	87.7		
	350		400							89		
	235	270		900	676		0.0508	1.2	5.38	84		
	260		300							85.4		
Z4-450-22	472	540		1200	1286	6500	0.0133	0.29	10.2	90.8	138	5600
	520		600							92.1		
	408	450		1400	1114		0.0159	0.41	7.99	90		
	450		500							91.3		
	362	360		1200	1010		0.0232	0.61	5.79	88.1		
	400		400							89.4		
Z4-450-21	253	270		900	720		0.0415	1	5.82	85.8		
	280		300							87.1		
Z4-450-32	500	540		1200	1358	7100	0.0134	0.39	19.6	90.8	156	6000
	550		600							92		
	453	450		1300	1228		0.0145	0.32	7.36	90		
	500		500							91.4		
	408	360		1200	1130		0.0205	0.53	7.17	88.5		
	450		400							89.7		
	309	270		900	875		0.0342	0.83	4.8	85.9		
	340		300							87.1		
Z4-450-31	200	180		600	595		0.0751	1.9	9.09	81.3		
	220		200							82.6		
Z4-450-42	545	540		1100	1492	7800	0.0134	0.51	28.2	90.3	174	6700
	600		600							91.5		
	500	450		1100	1367		0.0145	0.43	18.6	90		
	550		500							91.4		
	453	360		1200	1254		0.0178	0.42	5.85	88.9		
	500		400							90		
	345	270		900	972		0.0275	0.81	5.62	86.8		
	380		300							88.1		
Z4-450-41	235	180		600	698		0.0612	1.7	5.73	81.7		
	260		200							83		

表 26-1-115　**卧式、机座带底脚外形及安装尺寸**　mm

Z4-100～Z4-160

Z4-180～Z4-450

型号	安装尺寸													外形尺寸						
	A	B	C	D	E	F	GA	DA	EA	FA	GC	H	K	L	L_1	AB	AC	AD	HD	h_1
Z4-100-1	160	318	63	24	50	8	27	24	50	8	27	100	12	500	580	197	234	179	398	10
Z4-100-2		358												540	620					
Z4-112/2-1	190	337	70	28	60	8	31	28	60	8	31	112	12	544	612	221	255	202	452	10
Z4-112/2-2		367												574	642					
Z4-112/2-3		407												614	682					
Z4-112/2-4		477												684	752					
Z4-112/4-1	190	347	70	32	80	10	35	32	80	10	35	112	12	573	642	221	255	202	452	10
Z4-112/4-2		387												613	682					
Z4-112/4-3		437												663	732					
Z4-112/4-4		497												723	792					
Z4-132-1	216	355	89	38	80	10	41	38	80	10	41	132	12	619	814	260	295	240	527	12
Z4-132-2		405												669	864					
Z4-132-3		465												729	924					
Z4-132-4		545												809	1004					
Z4-160-11	254	411	108	48	110	14	51.5	48	110	14	51.5	160	15	744	953	316	346	383	625	14
Z4-160-12		476												809	986					
Z4-160-21		451												784	993					
Z4-160-22		516												849	1026					

续表

型号	安装尺寸													外形尺寸						
	A	B	C	D	E	F	GA	DA	EA	FA	GC	H	K	L	L_1	AB	AC	AD	HD	h_1
Z4-160-31	254	501	108	48	110	14	51.5	48	110	14	51.5	160	15	834	1034	316	346	383	625	14
Z4-160-32		566												899	1076					
Z4-160-41		561												894	1103					
Z4-160-42		626												959	1136					
Z4-160-51		631												964	1173					
Z4-160-52		696												1029	1206					
Z4-180-11	279	436	121	55	110	16	59	55	110	16	59	180	15	794	1022	356	390	305	731	16
Z4-180-12		501												859	1087					
Z4-180-21		476												834	1062					
Z4-180-22		541												899	1127					
Z4-180-31		526												884	1112					
Z4-180-32		591												949	1177					
Z4-180-41		586												944	1172					
Z4-180-42		651												1009	1237					
Z4-180-51		656												1014	1242					
Z4-180-52		721												1079	1307					
Z4-200-11	318	566	133	65	140	18	69	65	140	18	69	200	19	977	1158	396	430	355	779	18
Z4-200-12		614												1025	1206					
Z4-200-21		606												1017	1198					
Z4-200-22		654												1065	1246					
Z4-200-31		686												1097	1278					
Z4-200-32		734												1145	1326					
Z4-200-41		756												1167	1348					
Z4-200-42		804												1215	1396					
Z4-225-11	356	701	149	75	140	20	79.5	75	140	20	79.5	225	19	1140	1605	440	474	398	981	20
Z4-225-12		761												1200	1665					
Z4-225-21		751												1190	1655					
Z4-225-22		811												1250	1715					
Z4-225-31		811												1250	1715					
Z4-225-32		871												1310	1775					
Z4-250-11	406	715	168	85	170	22	90	75	140	20	79.5	250	24	1225	1657	490	524	432	1031	25
Z4-250-12		775												1285	1717					
Z4-250-21		765												1275	1707					

续表

型号	安装尺寸													外形尺寸						
	A	B	C	D	E	F	GA	DA	EA	FA	GC	H	K	L	L_1	AB	AC	AD	HD	h_1
Z4-250-22	406	825	168	85	170	22	90	75	140	20	79.5	250	24	1335	1767	490	524	432	1031	25
Z4-250-31		825												1335	1767					
Z4-250-32		885												1395	1827					
Z4-250-41		895												1405	1837					
Z4-250-42		955												1465	1897					
Z4-280-11	457	762	190	95	170	25	100	85	170	22	90	280	24	1315	1748	550	584	462	1130	25
Z4-280-12		852												1405	1838					
Z4-280-21		822												1375	1808					
Z4-280-22		912												1465	1898					
Z4-280-31		892												1445	1878					
Z4-280-32		982												1535	1968					
Z4-280-41		972												1525	1958					
Z4-280-42		1062												1615	2048					
Z4-280-51		1062												1615	2048					
Z4-280-52		1152												1705	2138					
Z4-315-091	508	817	216	100	210	28	106	95	170	25	100	315	28	1462	1827	620	654	497	1221	30
Z4-315-092		907												1552	1917					
Z4-315-11		887												1532	1897					
Z4-315-12		977												1622	1987					
Z4-315-21		967												1612	1977					
Z4-315-22		1057												1702	2067					
Z4-315-31		1057												1702	2067					
Z4-315-32		1147												1792	2157					
Z4-315-41		1157												1802	2167					
Z4-315-42		1247												1892	2257					
Z4-355-081	610	818	254	110	210	28	116	110	210	28	116	355	28	1539	1860	700	734	701	1301	30
Z4-355-082		908												1629	1950					
Z4-355-091		888												1609	1930					
Z4-355-092		978												1699	2020					
Z4-355-11		968												1689	2010					
Z4-355-12		1058												1779	2100					
Z4-355-21		1058												1779	2100					
Z4-355-22		1148												1869	2190					

续表

型号	安装尺寸													外形尺寸						
	A	B	C	D	E	F	GA	DA	EA	FA	GC	H	K	L	L_1	AB	AC	AD	HD	h_1
Z4-355-31	610	1158	254	110	210	28	116	110	210	28	116	355	28	1879	2200	700	734	701	1301	30
Z4-355-32		1248												1969	2290					
Z4-355-41		1268												1989	2310					
Z4-355-42		1358												2079	2400					
Z4-400-11	686	959	280	120	210	32	127	120	210	32	127	400	35	1732	1817	790	830	750	1620	35
Z4-400-12		1079												1852	1937					
Z4-400-21		1039												1812	1897					
Z4-400-22		1159												1932	2017					
Z4-400-31		1129												1902	1987					
Z4-400-32		1249												2022	2107					
Z4-400-41		1229												2002	2087					
Z4-400-42		1349												2122	2207					
Z4-450-11	800	1061	315	140	250	36	148	140	250	36	148	450	35	1944	2050	890	924	800	1720	40
Z4-450-12		1181												2064	2070					
Z4-450-21		1151												2034	2140					
Z4-450-22		1271												2154	2260					
Z4-450-31		1251												2134	2240					
Z4-450-32		1371												2254	2360					
Z4-450-41		1361		160	300	40	169							2294	2350					
Z4-450-42		1481												2414	2470					
Z4-450-51		1481												2414	2470					
Z4-450-52		1601												2534	2590					

注：所有型号均可带厂方出品的 ZYS-A 型直流测速发电机，此时电动机长度尺寸 L 要增 300mm。

表 26-1-116　卧式、机座带底脚、端盖带凸缘外形及安装尺寸　mm

Z4-100～Z4-160

Z4-180～Z4-315

续表

型　号	安装尺寸																		外形尺寸				
	A	B	C	D	E	F	GA	DA	EA	FA	GC	H	K	M	N	S	孔数	T	P	AB	AD	HD	L	L_1
Z4-100-1	160	318	63	24	50	8	27	24	50	8	27	100	12	215	180	15	4	4	250	197	179	398	500	580
Z4-100-2		358																					540	620
Z4-112/2-1	190	337	70	28	60	8	31	28	60	8	31	112	12	215	180	15	4	4	250	221	202	452	544	612
Z4-112/2-2		367																					574	642
Z4-112/2-3		407																					614	682
Z4-112/2-4		477																					684	752
Z4-112/4-1	190	347	70	32	80	10	35	32	80	10	35	112	12	215	180	15	4	4	250	221	202	452	573	642
Z4-112/4-2		387																					613	682
Z4-112/4-3		437																					663	732
Z4-112/4-4		497																					723	792
Z4-132-1	216	355	89	38	80	10	41	38	80	10	41	132	12	265	230	15	4	4	300	260	240	527	619	814
Z4-132-2		405																					669	864
Z4-132-3		465																					729	924
Z4-132-4		545																					809	1004
Z4-160-11	254	411	108	48	110	14	52	48	110	14	52	160	15	300	250	19	4	5	350	316	283	625	744	953
Z4-160-12		476																					986	986
Z4-160-21		451																					993	993
Z4-160-22		516																					1026	1026
Z4-160-31		501																					1043	1043
Z4-160-32		566																					1076	1076
Z4-160-41		561																					1103	1103
Z4-160-42		626																					1136	1136
Z4-160-51		631																					1173	1173
Z4-160-52		696																					1206	1206
Z4-180-11	279	436	121	55	110	16	59	55	110	16	59	180	15	350	300	19	4	5	400	356	305	731	794	1022
Z4-180-12		501																					859	1087
Z4-180-21		476																					834	1062
Z4-180-22		541																					899	1127
Z4-180-31		526																					884	1112
Z4-180-32		591																					949	1177
Z4-180-41		586																					944	1172
Z4-180-42		651																					1009	1237
Z4-180-51		656																					1014	1242
Z4-180-52		721																					1079	1307

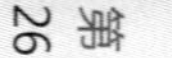

续表

型号	安装尺寸																		外形尺寸				
	A	B	C	D	E	F	GA	DA	EA	FA	GC	H	K	M	N	S	孔数	T	P	AB	AD	HD	L	L_1
Z4-200-11	318	566	133	65	140	18	69	65	140	18	69	200	19	400	350	19	8	5	450	396	355	779	977	1158
Z4-200-12		614																					1025	1206
Z4-200-21		606																					1017	1198
Z4-200-22		654																					1065	1246
Z4-200-31		686																					1097	1278
Z4-200-32		734																					1145	1326
Z4-200-41		756																					1167	1348
Z4-200-42		804																					1215	1396
Z4-225-11	356	701	149	75	140	20	80	75	140	20	80	225	19	500	450	19	8	5	550	440	398	981	1140	1605
Z4-225-12		761																					1200	1665
Z4-225-21		751																					1190	1655
Z4-225-22		811																					1250	1715
Z4-225-31		811																					1250	1715
Z4-225-32		871																					1310	1775
Z4-250-11	406	715	168	85	170	22	90	75	140	20	80	250	24	600	550	24	8	6	660	490	432	1031	1225	1657
Z4-250-12		775																					1717	1717
Z4-250-21		765																					1707	1707
Z4-250-22		825																					1767	1767
Z4-250-31		825																					1767	1767
Z4-250-32		885																					1827	1827
Z4-250-41		895																					1837	1837
Z4-250-42		955																					1897	1897
Z4-280-11	457	762	190	95	170	25	100	85	170	22	90	280	24	600	550	24	8	6	660	550	462	1130	1315	1748
Z4-280-12		852																					1405	1838
Z4-280-21		822																					1375	1808
Z4-280-22		912																					1465	1898
Z4-280-31		892																					1445	1878
Z4-280-32		982																					1535	1968
Z4-280-41		972																					1525	1958
Z4-280-42		1062																					1615	2048
Z4-280-51		1062																					1615	2048
Z4-280-52		1152																					1705	2138
Z4-315-11	508	887	216	100	210	28	106	95	170	25	100	315	28	740	680	24	8	6	800	620	497	1221	1532	1897
Z4-315-12		977																					1622	1987
Z4-315-21		967																					1612	1977
Z4-315-22		1057																					1702	2067
Z4-315-31		1057																					1702	2067
Z4-315-32		1147																					1792	2157
Z4-315-41		1157																					1802	2167
Z4-315-42		1247																					1892	2257

注：所有型号均可带厂方生产的 ZYS-A 型直流测速发电机，此时电动机长度尺寸 L 要增 300mm。

1.3.10　电动机滑轨

表 26-1-117　　滑轨（1）

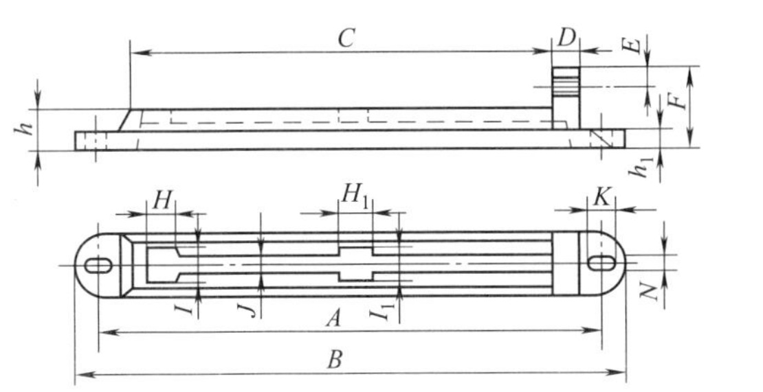

规格	安装尺寸/mm																	配电动机功率/kW	质量/kg
	A	B	C	D	E	F	G	H	H_1	I	h	h_1	I_1	J	K	N	M		
14″	450	530	365	30	40	105	70	30	—	28	50	22	—	14	26	18	1/2″	0.6～2	12
16″	500	570	400				75	38		30					27			2.5～4	15
18″	560	630	460	35		110	80	40		34	60			16	30	20		4.5～7	18
20″	610	680	510			120	100	42		40	65	26					5/8″	9.5～10	24
24″	710	780	610			130	102							18	32	24		10.5～15	31.5
26″	760	830	660		43		110								36			15.5～20	41.5
30″	900	1000	760	40	50	150	116	—	40	—	86	36	45	24	40	32	3/4″	20.5～30	56
36″	1040	1140	890	54	55		130		43		90	50	55		42			30.5～40	72
40″	1140	1280	1000	65		160	142				85	45		26				40.5～55	92

表 26-1-118　　滑轨（2）

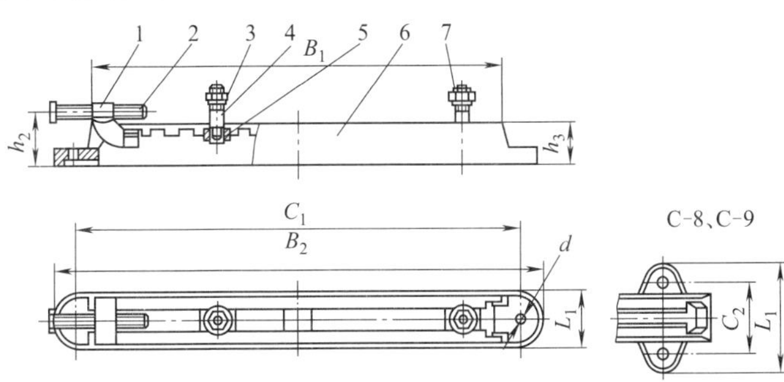

型号	主要尺寸/mm								件 1	件 5	件 6	件 4	件 3	件 2	件 7	质量/kg
	B_1	B_2	C_1	C_2	h_2	h_3	L_1	d	移动卡爪	滑块	路轨	螺柱 GB/T 900	螺母 GB/T 6170	螺栓 GB/T 5783	垫圈 GB/T 93	
C-3	370	440	410		44	36	44	12	C-3			M10×35	BM10	M12×80	10	3.8
C-4	430	510	470		55	45	52	14	C-4			M10×40	BM10	M12×90	10	5.3
C-5	570	670	620		67	55	72	18	C-5			M12×50	BM12	M16×110	12	12.5
C-6	630	770	720		74	60	75	18	C-6			M12×60	BM12	M16×120	12	17.5
C-7	770	930	870		88	70	70	24	C-7			M16×75	BM16	M20×150	16	31
C-8	900	950	700	175	95	75	75	28	C-8			M20×95	BM20	M24×180	20	45
C-9	1030	1090	800	190	105	85	85	28	C-9			M20×105	BM20		20	69

第26篇

表 26-1-119 滑轨（3） mm

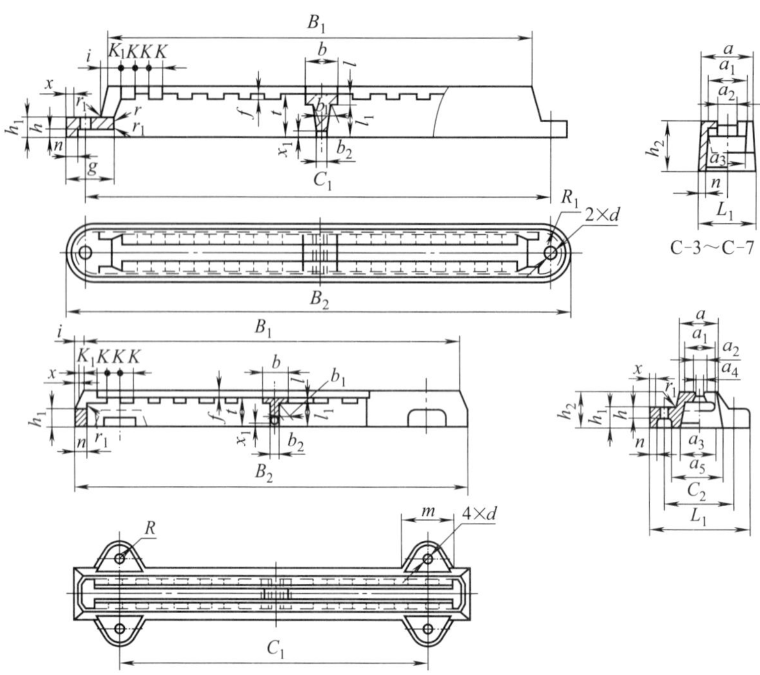

型号	B_1	B_2	C_1	C_2	a	a_1	a_2	a_3	a_4	a_5	L_1	d	b	b_1	b_2	h	h_1
C-3	370	440	410		40	30	16	26			44	12	25	8	6	10	15
C-4	430	510	470		50	36	18	32			54	14	30	8	6	10	18
C-5	570	670	620		66	48	25	44			72	18	40	10	8	15	22
C-6	630	770	720		68	50	25	46			75	18	45	12	8	15	26
C-7	770	930	870		90	68	30	64			105	24	50	16	10	20	30
C-8	900	950	700	175	100	78	38	74	36	125	255	28	70	16	12	20	35
C-9	1030	1090	800	190	110	86	38	78	35	130	270	28	70	16	12	20	35
型号	h_2	K	K_1	f	l	l_1	t	g	i	n	x	x_1	m	R	R_1	r	r_1
C-3	36	14	20	5	10	22	30	35	7	7	1	5			22	10	4
C-4	45	17	30	5	8	34	39	42	7	8	1	5			27	15	4
C-5	55	20	30	6	10	41	47	50	10	10	2	8			36	15	5
C-6	60	25	25	8	12	40	50	56	20	10	2	8			37.5	15	5
C-7	70	30	30	9	14	51	60	62	25	12	3	8			52.5	15	5
C-8	75	35		10	14	53	63		25	15	3	10	105	40		15	
C-9	85	35		12	15	58	73		30	15	3	10	120	40		15	

表 26-1-120 移动卡爪 mm

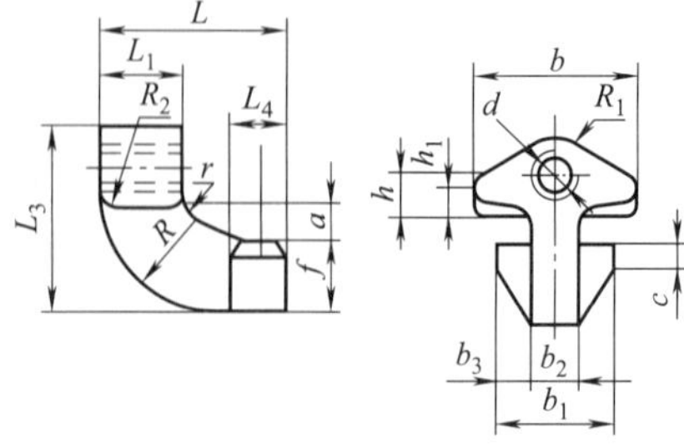

续表

型号	d	b	b_1	b_2	b_3	L	L_1	L_3	L_4	h	h_1	R	R_1	R_2	a	f	r	c
C-3	M12	40	24	12	6	40	20	38	11	8	6	20	10	32	8	12	2	4
C-4	M12	48	30	15	7.5	50	25	50	14	10	7	25	14	40	8	18	2.5	5
C-5	M16	65	40	18	11	60	30	60	17	12	8	30	16	48	10	22	3	4
C-6	M16	65	40	20	10	70	30	69	20	14	10	35	16	56	13	26	3.5	6
C-7	M20	90	60	27	16.5	90	45	88	27	18	13	45	22	72	13	35	4.5	7
C-8	M24	100	70	30	20	100	50	95	30	20	14	50	25	80	15	35	5	10
C-9	M24	110	70	30	20	100	50	100	30	20	14	50	25	80	15	40	5	12

表 26-1-121　　滑块　　mm

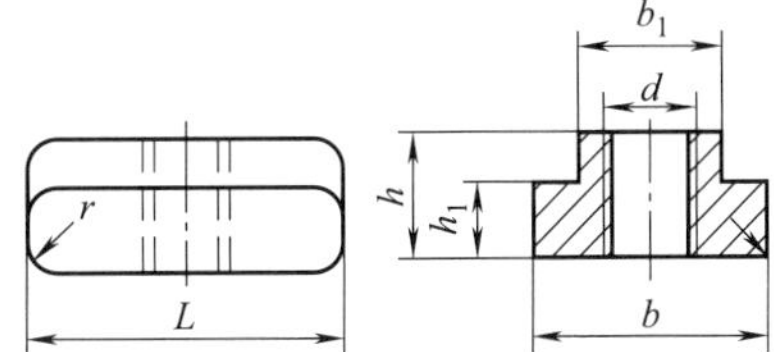

型号	d	b	b_1	h	h_1	L	r
C-3	M10	22	14	12	8	30	2
C-4	M10	28	16	15	8	38	2
C-5	M12	38	22	20	14	44	4
C-6	M12	40	22	22	15	52	4
C-7	M16	60	26	24	15	68	5
C-8 C-9	M20	66	32	30	20	76	5

第2章 控制电动机

2.1 步进电动机

2.1.1 常用步进电动机的类型、特点及用途

步进电动机是一种将电脉冲信号转换成机械角位移（或线位移）的执行元件。只要控制输入脉冲的数量、频率和电动机绕组的通电顺序，便可获得所需的转角、转速以及转动方向，而不受负载变化的影响，所以很容易用微机实现数字控制。当无脉冲输入时，在绕组电流的激励下，步进电动机可以锁相。

（1）步进电动机特点及用途

① 步距值不受各种干扰因素（如电压的波动、电流的数值和波形、温度的变化等）的影响，只要在它们的大小未引起步进电动机产生“丢步”现象之前，就不影响其正常工作。

② 步进电动机的步距角有误差，转子转过一定的步数，也会有一定的累积误差，但是每转一圈的累积误差为零，所以步距误差不长期积累。

③ 控制性能好，转子转动惯量小、动态响应快、易于启停、正反转和变速控制。

④ 低速时转矩大、速度控制比较简单、外形尺寸小，所以广泛应用于打印机、绘图机、复印机等机电一体化产品及各类机床、切割机、轻工、包装、医疗器械、机器人等自动控制设备中。

（2）步进电动机的类型

步进电动机按其工作原理可分为反应式（VR）、永磁式（PM）和混合式（HB）三种主要类型，其相数有二相、三相、四相、五相、六相等多种选择。步进电动机的类型见表26-2-1。

表26-2-1 步进电动机的类型及特点

类型	结构形式	特点
反应式步进电动机(VR)	定子和转子不含永久磁铁，定子上嵌有绕组线圈，线圈轮流通电时，便产生一个旋转的磁场，吸引转子一步一步地转动	•绕组线圈一旦断电，磁场即消失，所以掉电后不自锁 •结构简单、材料成本低、驱动容易 •定子和转子加工方便，步距角较小 •动态性能较差，容易出现低频振荡现象，电动机温升较高，噪声大
永磁式步进电动机(PM)	转子由永久磁铁制成，定子采用软磁钢，定子上的绕组轮流通电，建立的磁场与永久磁钢的恒定磁场相互吸引与排斥产生转矩	•绕组线圈在换相通电时，不需要太大的电流，绕组断电时具有自锁能力，可用作定位驱动 •动态性能好、驱动电流小，电动机不易发热 •与VR电动机相比，输出转矩大，但转子惯量也较大 •步距角较大，与之配套的驱动电源一般要求具有细分功能
混合式步进电动机(HB)	集中了永磁式和反应式结构上的特点，转子上嵌有永久磁铁，既有永久磁铁也有励磁源，气隙部分为可变磁阻结构	•输出转矩大、步距角小、效率高 •动态性能好、驱动电源电流小、功耗低 •成本相对较高，但性价比高

2.1.2 步进电动机的参数及其选择

（1）相数

相数是指产生不同对极N、S磁场的激磁线圈对数，即电动机内部的线圈组数，目前常用的有二相、三相、四相、五相步进电动机。电动机相数不同，其步距角也不同，在没有细分驱动器时，用户主要靠选择不同相数的步进电动机来满足自己步距角的要求。

（2）拍数

完成一个磁场周期性变化所需脉冲数或导电状态，或指电动机转过一个齿距角所需脉冲数，以四相电动机为例，有四相四拍运行方式，即AB—BC—CD—DA—AB，四相八拍运行方式，即A—AB—B—BC—C—CD—D—DA—A。

（3）步距角

步距角是指对应一个脉冲信号，电动机转子转过的角位移，用θ表示，可由式（26-2-1）来计算。

$$\theta=360°/\text{每转步数}=\frac{360°}{z_r m} \tag{26-2-1}$$

第26篇

式中　z_r——转子齿数；

m——运行拍数，通常等于相数或相数的整数倍，即

$$m=KN \tag{26-2-2}$$

式中　N——电动机的相数；

K——绕组通电方式。单拍时，$K=1$；双拍时，$K=2$。

(4) 定位转矩

定位转矩是指电动机在不通电状态下，电动机转子自身的锁定力矩（由磁场齿形的谐波以及机械误差造成的）。由于反应式步进电动机的转子不是永磁材料，所以它没有定位转矩，如果允许被控对象处于自由状态，则可选用反应式步进电动机，如果不允许被控对象处于自由状态，则应选用永磁式或混合式步进电动机。

(5) 最大静转矩

也叫保持转矩，是指电动机在通电状态下，电动机不做旋转运动时，电动机转轴的锁定力矩，即定子锁住转子的力矩。它反映了步进电动机承受外加转矩的特性，此转矩是衡量电动机几何尺寸的标准，与驱动电压及驱动电源等无关。

通常步进电动机在低速时的力矩接近保持转矩。由于步进电动机的输出力矩随速度的增大而不断衰减，输出功率也随速度的增大而变化，所以保持转矩就成了衡量步进电动机性能的重要参数之一。

(6) 启动转矩

启动转矩是指步进电动机单相绕组励磁时所能带动的极限负载转矩。它可以通过最大静转矩进行折算，如表 26-2-2 所示。

表 26-2-2　步进电动机的启动转矩与最大静转矩的关系

电动机相数	3		4		5	
运行拍数	3	6	4	8	5	10
启动转矩/最大静转矩	0.5	0.866	0.707	0.707	0.809	0.951

(7) 矩频特性

步进电动机的输出转矩随着运行频率的升高而逐渐下降，输出转矩与频率的关系称作矩频特性。步进电动机的矩频特性有两种，一种是启动矩频特性，另一种是运行矩频特性。

(8) 启动频率

启动频率是指步进电动机空载时的极限启动频率。电动机带载后，启动频率要下降。启动频率主要取决于负载的转动惯量，二者之间的关系可以用启动惯频特性曲线来描述。用户可以根据厂家提供的启动惯频特性曲线来决定带载时的启动频率。

(9) 连续运行频率

步进电动机启动后，不失步地连续升速，所能达到的最高频率，称作连续运行频率。产品样本所提供的极限运行频率，是指电动机在空载时的最高运行频率。带载后的连续运行频率需要根据负载转矩的大小，可从矩频特性曲线上查找。

2.1.3　步进电动机的计算与选型

2.1.3.1　步进电动机的选型原则

① 电动机的矩频特性能满足机械系统的负载转矩要求，并有一定的余量保证其运行可靠。

② 步距角要与机械系统匹配，这样可以得到机床所需的脉冲当量。

③ 机械系统的负载惯量和机床要求的启动频率，要与步进电动机的惯性频率特性相匹配并有一定的余量，使之最高连续工作频率能满足机床快速移动的需要。

2.1.3.2　步进电动机选型的计算公式

(1) 脉冲当量和传动链的传动比计算

① 脉冲当量应该根据进给传动系统的精度要求来确定。如果取得太大，无法满足系统精度要求；如果取得太小，要么机械系统难以实现，要么对系统的精度和动态特性提出的要求过高，使经济性降低。对于开环系统来说，一般取 0.005～0.01mm 为宜。

② 传动链的传动比可按下式计算

$$i=\frac{\theta p}{360°\delta} \tag{26-2-3}$$

式中　θ——步进电动机的步距角，(°)；

p——滚珠丝杠的基本导程，mm；

δ——移动部件的脉冲当量，mm。

(2) 折算到步进电动机转轴上的总转动惯量的计算

步进电动机的选择离不开转动惯量的计算，加在步进电动机转轴上的总转动惯量 J_{eq}

$$J_{eq}=J_M+J_d \tag{26-2-4}$$

式中　J_M——电动机转子的转动惯量；

J_d——传动系统折算到电动机转轴上的负载惯量。

J_d主要是指减速装置、滚珠丝杠以及移动部件折算到电动机转轴上的总转动惯量。表 26-2-3 给出常见传动系统折算到电动机转轴上的负载惯量计算公式，以便于分析计算。

表 26-2-3 常见传动机构折算到电动机轴上的负载惯量及负载转矩计算公式

名称	示意图	折算到电动机轴上的负载惯量 J_d/kg·m^2	折算到电动机轴上的负载转矩 T_L/N·m	参数说明
丝杠传动		$J_d=J_1+i^2\left[(J_2+J_S)+W\left(\frac{p}{2\pi}\right)^2\right]$	$T_L=\frac{\mu Wg+F}{2\pi\eta}\times p\times i$	W——可动部分总质量,kg J_1——小齿轮轴及电动机轴的转动惯量,kg·m^2 J_2——大齿轮的转动惯量,kg·m^2 J_S——丝杠的转动惯量,kg·m^2 p——丝杠的螺距,m i——丝杠到电动机的减速比 μ——摩擦因数 F——轴向荷重,N η——进给传动系统的总效率 g——重力加速度,m/s^2
齿轮齿条传动		$J_d=J_1+i^2(J_2+W\cdot R^2)$	$T_L=\frac{\mu Wg+F}{\eta}\times R\times i$	J_1——Ⅰ轴转动惯量,kg·m^2 J_2——Ⅱ轴及其上面齿轮的转动惯量,kg·m^2 W——可动部分总质量,kg i——减速比 μ——摩擦因数 F——轴向荷重,N η——进给传动系统的总效率 g——重力加速度,m/s^2 R——小齿轮 Z 的分度圆半径,m
钢丝带传动			$T_L=\frac{\mu Wg+F}{\eta}\times\frac{D}{2}\times i$	W——可动部分总质量,kg i——减速比 μ——摩擦因数 F——轴向荷重,N D——最终段带轮的直径,m η——进给传动系统的总效率 g——重力加速度,m/s^2
送料辊		$J_d=J_1+i^2(J_2+W\cdot R^2)$		W——可动部分总质量,kg J_1——小齿轮轴及电动机轴的转动惯量,kg·m^2 J_2——大齿轮的转动惯量,kg·m^2 i——减速比 R——圆柱体半径,m

(3) 折算到电动机轴上的负载转矩的计算

电动机轴上的负载转矩一般由三部分组成，其一是由切削分力产生的切削负载转矩；其二是由导轨摩擦力产生的摩擦负载转矩；其三是由滚珠丝杠的预紧而产生的附加负载转矩（通常忽略不计）。常见传动机构折算到电动机轴上的负载转矩计算方法见表26-2-3。

(4) 折算到电动机轴上的总负载转矩的计算

折算到电动机轴上的总负载转矩计算公式

$$T_{eq}=T_a+T_L \tag{26-2-5}$$

式中 T_{eq}——折算到电动机轴上的总负载转矩；

T_L——电动机轴上的负载转矩；

T_a——电动机轴上的加速转矩。

$$T_a=J_{eq}\varepsilon=\frac{2\pi J_{eq}n_m}{60t_a}=\frac{2\pi n_m}{60t_a}(J_M+J_d) \tag{26-2-6}$$

式中 J_{eq}——步进电动机转轴上的总转动惯量，kg·m^2；

ε——电动机转轴的角加速度，rad/s^2；

n_m——所需的电动机最大转速，r/min；

J_M——电动机的转动惯量，kg·m^2；

J_d——机械系统折算到电动机轴上的负载惯量，kg·m^2；

t_a——加速时间，s。

2.1.3.3　步进电动机的初选

将上述计算所得的 T_{eq} 乘上一个系数 K，用 KT_{eq}的值来初选步进电动机的最大静转矩，其中的系数 K 称作安全系数。因为在工厂应用中，当电网电压降低时，步进电动机的输出转矩会下降，可能造成丢步，甚至堵转。所以，在选择步进电动机最大静转矩的时候，需要考虑安全系数 K，对于开环控制，一般应在 2.5～4 之间选取。

此后，对于初选好的步进电动机，还需要按以下步骤进行校核。

2.1.3.4　步进电动机的性能校核

(1) 最快工作进给速度时电动机输出转矩校核

由最快工作进给速度 v_{maxf} (mm/min) 和系统脉冲当量 δ (mm /脉冲)，可计算出电动机对应的运行频率为：

$$f_{maxf}=\frac{v_{maxf}}{60\delta} \tag{26-2-7}$$

从初选的步进电动机的矩频特性曲线，找出运行频率 f_{maxf}所对应的输出转矩 T_{maxf}，检查 T_{maxf}是否大于最大工作负载转矩 T_{eq}。若是，则满足要求；若否，则需要重新选择电动机。

(2) 最快空载移动时电动机运行频率校核

由最快空载移动速度 v_{max} (mm/min) 和系统脉冲当量 δ (mm /脉冲)，算出电动机对应的运行频率 f_{max}，检查 f_{max}有没有超出所选电动机的极限空载运行频率。

(3) 启动频率的确定

步进电动机的启动频率是随其轴上负载转动惯量的增加而下降的，所以需要根据初选出的步进电动机的启动惯频特性曲线，找出电动机转轴上总转动惯量 J_{eq}所对应的启动频率 f_L，当产品资料不提供惯频特性曲线时，也可以通过下式对 f_L进行估算：

$$f_L=\frac{f_q}{\sqrt{1+J_{eq}/J_M}} \tag{26-2-8}$$

式中　f_q——电动机空载启动频率，Hz，可由产品资料查得；

J_{eq}——加在步进电动机转轴上的总转动惯量，$kg \cdot m^2$；

J_M——步进电动机转子转动惯量，$kg \cdot m^2$。

从式 (26-2-8) 可知，步进电动机克服惯性负载的启动频率 f_L肯定小于空载启动频率 f_q。要想保证步进电动机启动时不失步，任何时候的启动频率都必须小于 f_L。

2.1.3.5　步进电动机的选型步骤

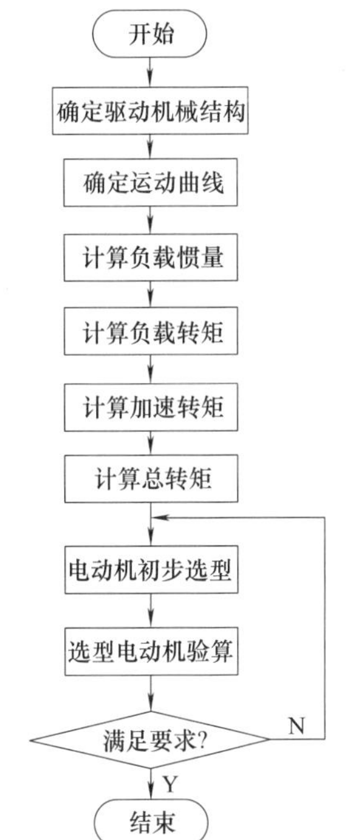

图 26-2-1　步进电动机的选型步骤

2.1.3.6　步进电动机选型实例

假设某机械系统如图 26-2-2 所示，试选择步进电动机的类型，其中系统各参数如下。

工件最大速度：$v_{max}=1.5$m/min

滑动部分质量：$W=50$kg

丝杠导程：$p=0.004$m

丝杠长度：$L=1.4$m

丝杠直径：$d=0.012$m

联轴器质量：$M=0.2$kg

联轴器外径：$D=0.04$m

摩擦因数：$\mu=0.3$

移动距离：$l=0.0275$m

加速时间：$t_a=0.1$s

机械效率：$\eta=0.9$

① 电动机转速

$$n_m=\frac{v_{max}}{p}=\frac{1.5}{0.004}=375\text{r/min}$$

② 折算到电动机轴上的负载惯量 J_d

滑动部分转动惯量：$J_1=W\left(\frac{p}{2\pi}\right)^2=50\times\left(\frac{0.004}{2\pi}\right)^2=0.2\times10^{-4}\ kg \cdot m^2$

滚珠丝杠转动惯量：$J_S=\frac{\pi}{32}\rho L d^4=\frac{\pi}{32}\times 7.87\times 10^3\times 1.4\times 0.012^4=0.224\times 10^{-4}\text{kg}\cdot\text{m}^2$（设滚珠丝杠的材料为铁，其密度为 $7.87\times 10^3\text{kg/m}^3$）

联轴器转动惯量：$J_c=\frac{1}{8}MD^2=\frac{1}{8}\times 0.2\times 0.04^2=0.4\times 10^{-4}\text{kg}\cdot\text{m}^2$

因此，折算到电动机轴上的负载惯量：

$$J_d=J_c+J_S+J_1=0.824\times 10^{-4}\ \text{kg}\cdot\text{m}^2$$

③ 折算到电动机轴上的负载转矩 T_L

根据表 26-2-3 的计算公式，折算到电动机轴的负载转矩 T_L 为：

$$T_L=\frac{\mu Wg+F}{2\pi\eta}\times p\times i$$

$$=\frac{0.3\times 50\times 9.8+0}{2\pi\times 0.9}\times 0.004\times 1$$

$$=0.104\ \text{N}\cdot\text{m}$$

④ 电动机轴上的加速转矩 T_a

$$T_a=\frac{2\pi n_m}{60t_a}(J_M+J_d)$$

$$=\frac{2\pi\times 375\times(J_M+0.824\times 10^{-4})}{60\times 0.1}$$

$$=0.032+392.7J_M(\text{N}\cdot\text{m})$$

式中　J_M——电动机的转动惯量，$\text{kg}\cdot\text{m}^2$。

⑤ 折算到电动机轴上的总转矩 T_{eq}

$$T_{eq}=T_a+T_L=0.104+0.032+392.7J_M$$

$$=0.136+392.7J_M(\text{N}\cdot\text{m})$$

⑥ 电动机选择

取安全系数 $K=2$，则必需转矩：

$$T_M=KT_{eq}=2\times(0.136+392.7J_M)$$

$$=0.272+785.4J_M\ (\text{N}\cdot\text{m})$$

初步选定电动机型号为 2S57Q-0956，其转子惯量为 $J_M=0.3\times 10^{-4}\ \text{kg}\cdot\text{m}^2$

则有：

$$T_{eq}=0.136+392.7J_M$$

$$=0.136+392.7\times 0.3\times 10^{-4}$$

$$=0.1478\ \text{N}\cdot\text{m}$$

$$T_M=0.272+785.4J_M$$

$$=0.272+785.4\times 0.3\times 10^{-4}$$

$$=0.296\ \text{N}\cdot\text{m}$$

2S57Q-0956 的最大静转矩（保持转矩）为 0.9>0.296，步距角 $\theta=1.8°$。

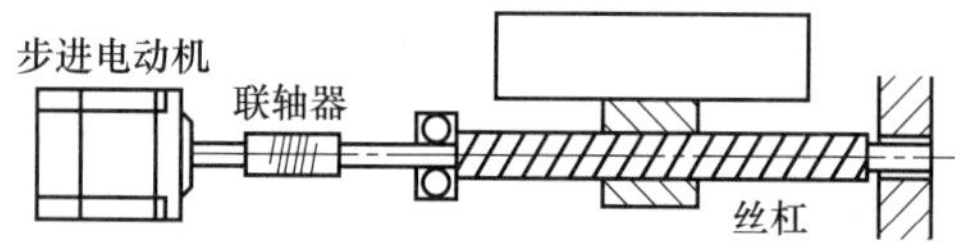

图 26-2-2　步进电动机选型实例图

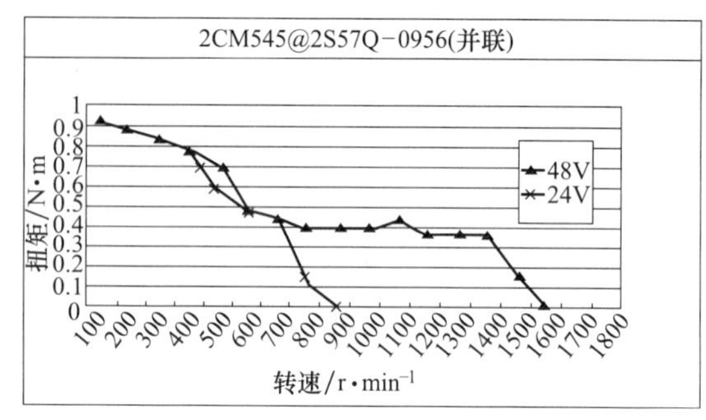

图 26-2-3　2S57Q-0956 矩频特性曲线

⑦ 电动机验算

工件最快速度对应的电动机转速为 $n_m=375$ r/min，则对应的运行频率为

$$f_m=\frac{n_m\times 360°}{60\times\theta}=\frac{375\times 360°}{60\times 1.8}=1250\text{Hz}$$

从图 26-2-3 中 2S57Q-0956 的矩频特性曲线上可以看出，此速度（或频率）时电动机的输出转矩大于 T_{eq}，故此电动机满足要求。

2.1.4　常用步进电动机的技术特性

2.1.4.1　步进电动机的型号标注方法

步进电动机的型号标注各个厂家有所不同，但也有共同点。常见的标注方法如下：

××× BF ×××　　　　如 110BF003

××× BY ×××　　　　如 90BY004

××× BYG ××××××　　如 110BYG3502

标注中的“B”表示步进电动机，“F”表示反应式，“Y”表示永磁式，“YG”表示混合式。前面的一组符号为数字（2～3 位），表示电动机的外径（单位为 mm），后面的一组字符通常表示励磁绕组的相数或其他代号。

2.1.4.2　BYG 系列两相混合式步进电动机

(1) 型号含义

56 BYG 2 50 C K - S A S S B L - 024 1

- 设计代码
- 相电流：008—0.8A；015—1.5A；024—2.4A；030—3A；040—4A；050—5A
- 接线形式：L—引出线，2相4线；C—引出线，2相8线；Q—接插件；T—端子；A—航空插头
- 尺寸制式：M—公制；B—英制；H—特殊尺寸
- 机壳形状：R—圆形；S—方形
- 轴键形式：F—铣扁；S—光轴；H—半圆键；K—平键
- 轴伸长度：A—标准；B—加长
- 轴伸形式：S—单；B—双
- 设计类别：缺省—第一版本
- 机身长度
- 转子齿数：50—50齿
- 相数：2—两相
- 结构形式：BYG—混合式
- 机座号：28；35；42；56；57；86；110；130

（2）主要技术参数（表 26-2-4）

表 26-2-4　BYG 系列两相混合式步进电动机主要技术参数

规格型号	相数	步距角 /(°)	相电流 /A	保持转矩 /N·m	转动惯量 /g·cm²	相电阻 /Ω	相电感 /mH	定位转矩 /N·m	重量 /kg	适配驱动器
28BYG250CK-0071	2	0.9/1.8	0.7	0.09	12	3.4	1.6	0.006	0.15	SD-20403
35BYG250BK-0081	2	0.9/1.8	0.8	0.11	14	5.7	7	0.012	0.18	
39BYG250BK-0051	2	1.8	0.5	0.065	11	6.6	7.5	0.005	0.12	
42BYG250AK-0151	2	0.9/1.8	1.5	0.23	38	1.3	2.1	0.012	0.21	SD-20403 SD-20504
42BYG250BK-0151	2	0.9/1.8	1.5	0.43	57	2.1	5.0	0.015	0.23	
42BYG250CK-0151	2	0.9/1.8	1.5	0.54	82	2.0	3.85	0.025	0.36	
56BYG250BK-0241	2	0.9/1.8	2.4	0.65	180	0.95	2.4	0.03	0.48	SD-20504 SD-20403 SD-20806 SD-20506A
56BYG250CK-0241	2	0.9/1.8	2.4	1.04	260	1.2	4.0	0.04	0.6	
56BYG250DK-0241	2	0.9/1.8	2.4	1.72	460	1.5	5.4	0.07	1	
56BYG250EK-0601	2	0.9/1.8	6	2.5	750	0.5	1.8	0.12	1.5	
57BYG250B-0152	2	0.9/1.8	1.5	0.7	150	1.1	6.2	0.04	0.75	SH-20403 SH-20504 SH-20803N SH-20806N SH-20806N-D SH-20806CN
57BYG250C-0152	2	0.9/1.8	1.5	1	200	1.5	8.7	0.04	1.0	
57BYG250E-0152	2	0.9/1.8	1.5	1.5	330	2.3	13.4	0.06	1.5	
86BYG250A-0202	2	0.9/1.8	2.0	2.5	1540	1.7	9.0	0.2	2.0	SH-20504 SH-20504D SH-20806N SH-20806N-D SH-20806CN SH-20806D SH-21006C SH-21006AN
86BYG250B-0202	2	0.9/1.8	2.0	5	3000	2.6	16.0	0.2	3.2	
86BYG250B-0302	2	0.9/1.8	3.0	5	3000	1.2	7.2	0.2	3.2	
86BYG250C-0302	2	0.9/1.8	3.0	7	4500	1.6	26	0.2	4.24	
86BYG250AN-0361	2	0.9/1.8	3.6	2.4	560	0.9	7.2	0.12	1.5	
86BYG250BN-0401	2	0.9/1.8	4.0	5	1200	1.1	11	0.21	2.6	
86BYG250CN-0501	2	0.9/1.8	5.0	7.5	4280	0.8	6.8	0.36	3.6	
86BYG250AS-0601	2	1.8	6.0	3.6	1000	0.33	2.48	0.1	1.8	SD-20504 SD-20506A SD-20806 SD-21007 SD-22208
86BYG250BS-0551	2	1.8	5.5	4.6	1400	0.46	4	0.12	2.3	
86BYG250DS-0601	2	1.8	6.0	8.0	2700	0.44	3.73	0.24	3.8	

续表

规格型号	相数	步距角/(°)	相电流/A	保持转矩/N·m	转动惯量/g·cm²	相电阻/Ω	相电感/mH	定位转矩/N·m	重量/kg	适配驱动器
110BYG250C-0403	2	0.9/1.8	4.0	12	11000	0.50	5.1	2.4	8.7	SD-22208 SD-21007
110BYG250D-0503	2	0.9/1.8	5.0	18	15000	0.65	6.5	4.0	10.7	
110BYG260C-0402	2	0.75/1.5	4.0	12	11000	0.52	6.0	2.4	8.7	
110BYG260D-0503	2	0.75/1.5	5.0	18	15000	0.67	7.0	4.0	10.7	
130BYG250D-SAKRMT -0602	2	0.9/1.8	6.0	25	37000	0.65	13.8	1.0	12	SH-22206A
130BYG250D-SAKRHA-0602	2	0.9/1.8	6.0	25	33000	0.54	6.5	4.0	11.5	
130BYG250E-SAKRHA-0602	2	0.9/1.8	6.0	35	46300	0. 8	16.7	1.2	15.1	
130BYG250E-SAKRHA-0602	2	0.9/1.8	6.0	35	48300	0.58	8.7	6.0	15	

（3）矩频特性曲线

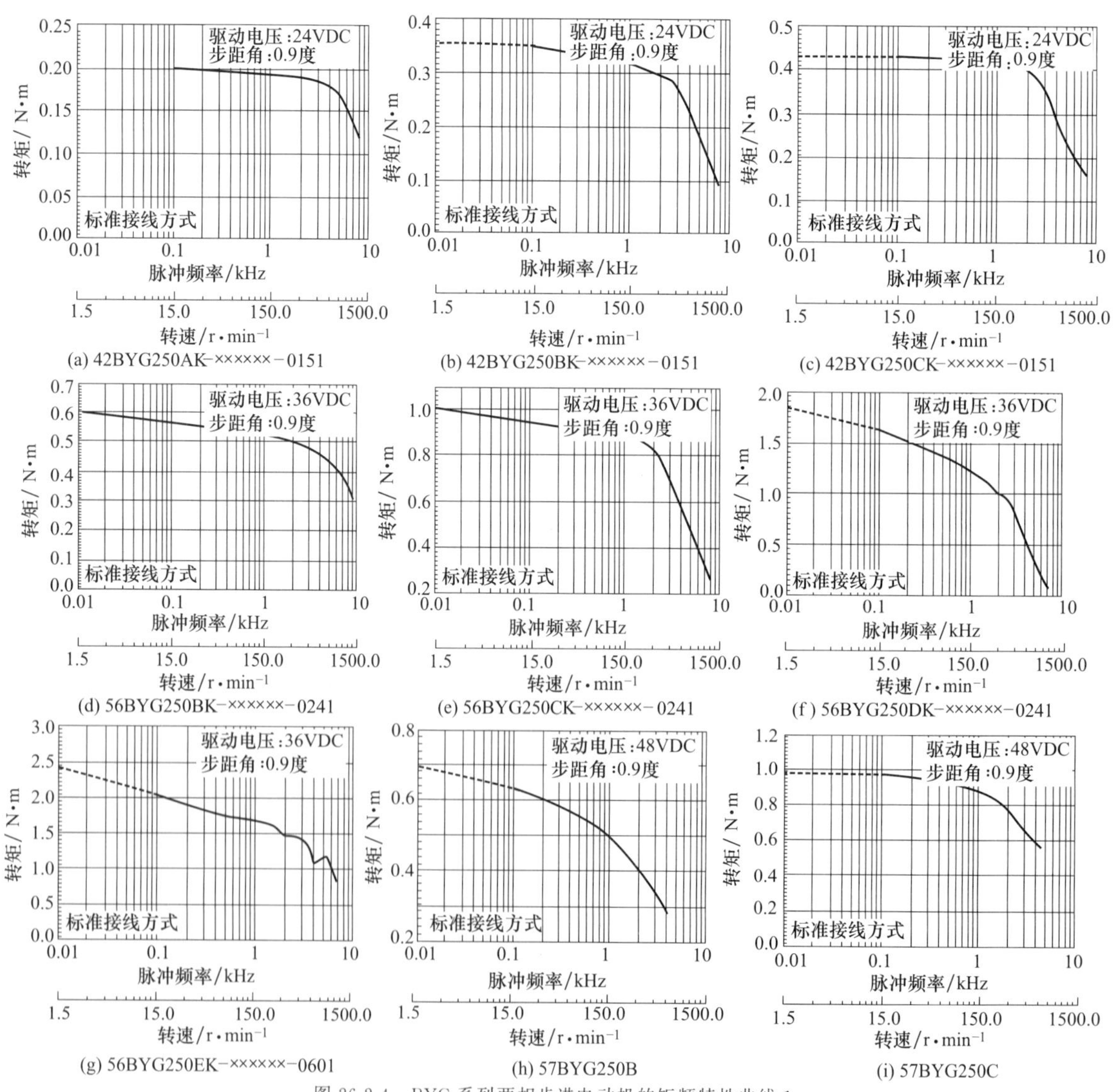

图 26-2-4 BYG 系列两相步进电动机的矩频特性曲线 1

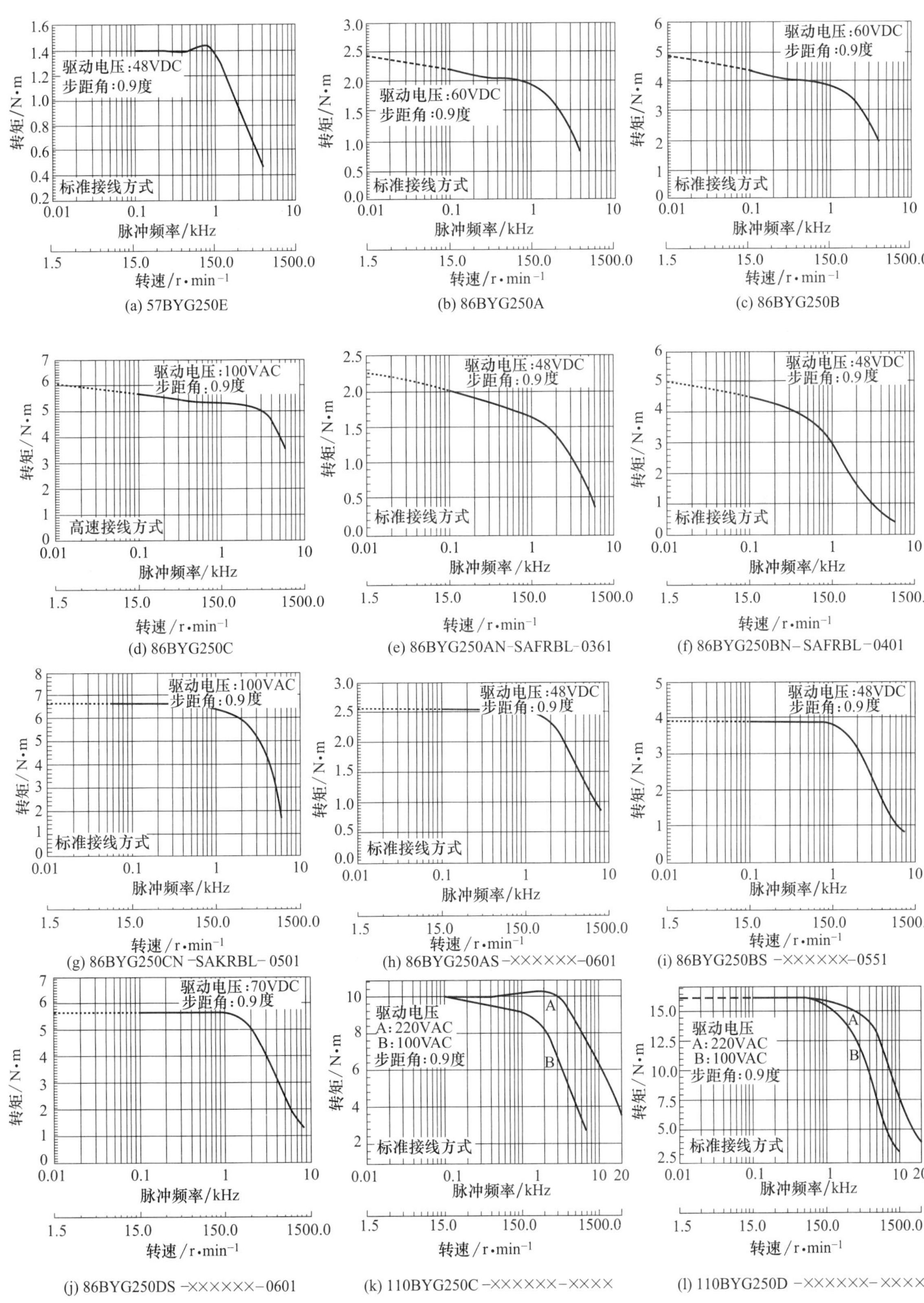

图 26-2-5　BYG 系列两相步进电动机的矩频特性曲线 2

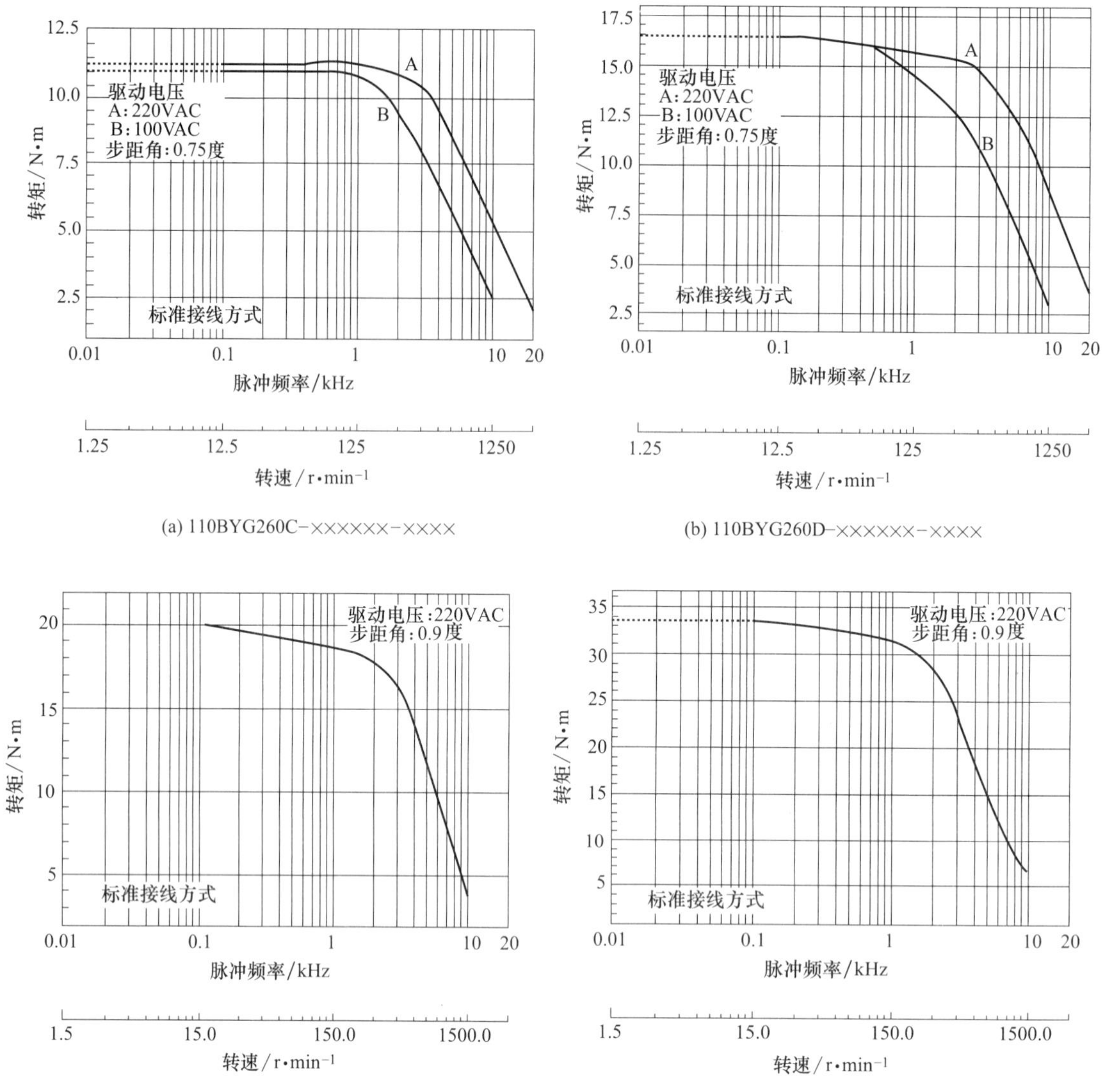

(a) 110BYG260C-××××××-××××

(b) 110BYG260D-××××××-××××

(c) 130BYG250D-××××××-0602

(d) 130BYG250E-××××××-0602

图 26-2-6 BYG 系列两相步进电动机的矩频特性曲线 3

（4）外形及安装尺寸

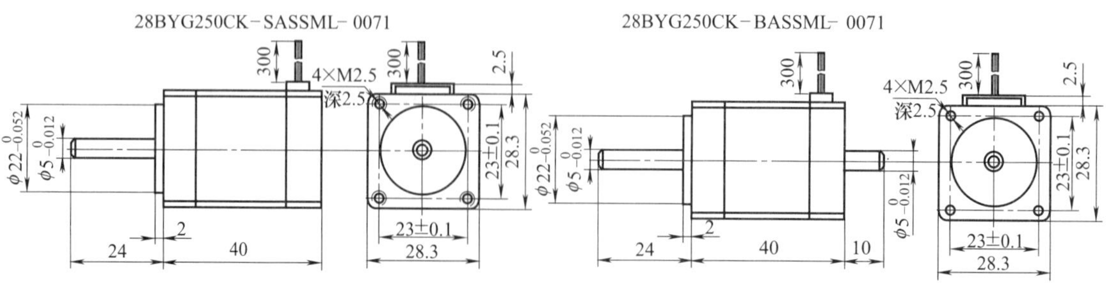

35BYG250BK-SASSML-0081

35BYG250BK-BASSML-0081

39BYG250BK-SASSML-0051

39BYG250BK-BASSML-0051

图 26-2-7　BYG 系列两相步进电动机外形及安装尺寸

表 26-2-5　42BYG250×K-SASSML-0151 系列外形及安装尺寸

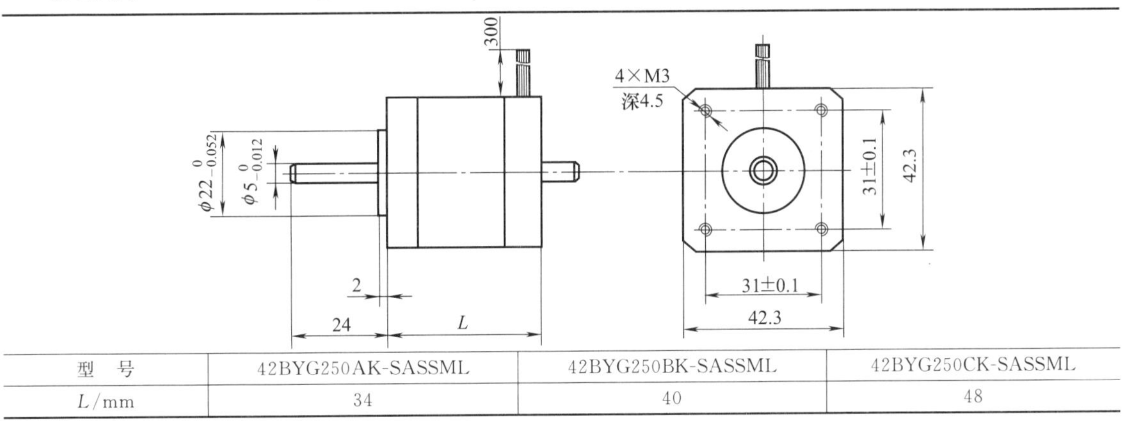

型　号	42BYG250AK-SASSML	42BYG250BK-SASSML	42BYG250CK-SASSML
L/mm	34	40	48

表 26-2-6　42BYG250×K-BASSML-0151 系列外形及安装尺寸

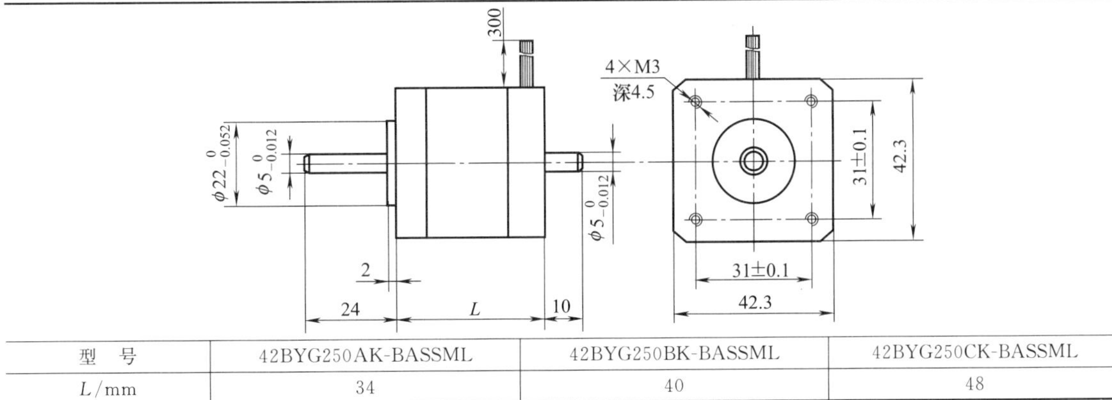

型　号	42BYG250AK-BASSML	42BYG250BK-BASSML	42BYG250CK-BASSML
L/mm	34	40	48

表 26-2-7 56BYG250×K-SASSBL-××××系列外形及安装尺寸

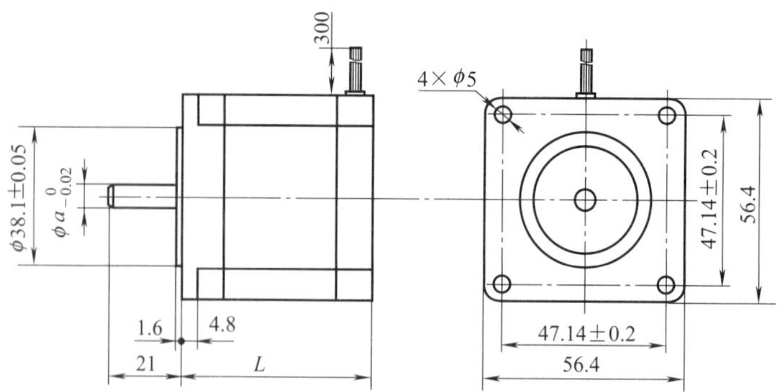

型 号	56BYG250BK-SASSBL	56BYG250CK-SASSBL	56BYG250DK-SASSBL	56BYG250EK-SASSBL
a/mm	6.35	6.35	6.35	8
L/mm	45	54	76	111

表 26-2-8 56BYG250×K-BASSBL-0241 系列外形及安装尺寸

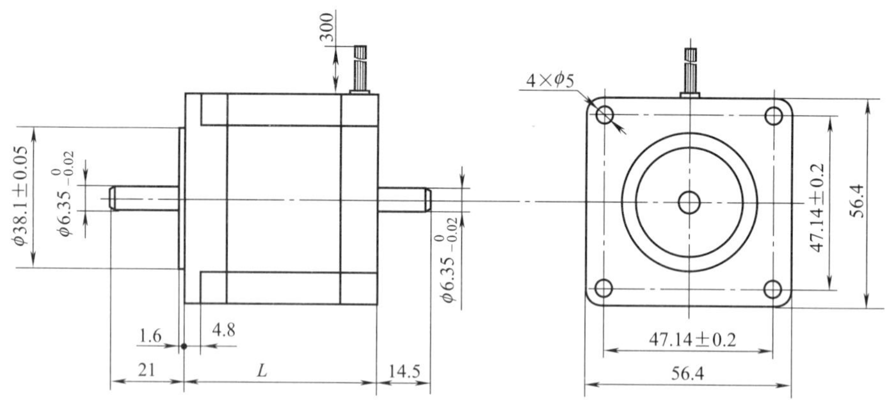

型 号	56BYG250BK-BASSBL	56BYG250CK-BASSBL	56BYG250DK-BASSBL
L/mm	45	54	76

表 26-2-9 56BYG250DK-SASSHL-0241 系列外形及安装尺寸

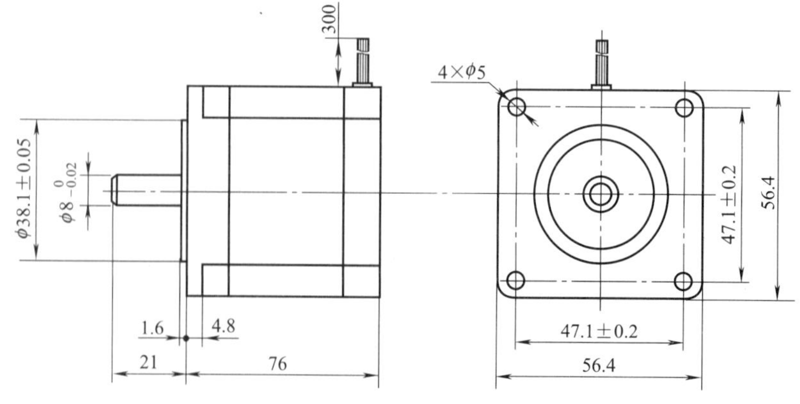

表 26-2-10　57BYG250×-SAFRM×-××××系列外形及安装尺寸

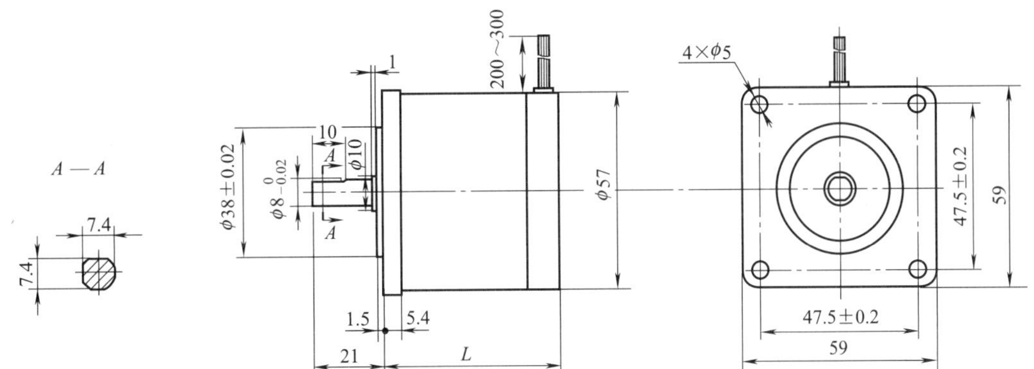

型　号	57BYG250B-SAFRMx	57BYG250C-SAFRMx	57BYG250E-SAFRMx
L/mm	66	82	113

注：57BYG250C-SBFRMC 电动机轴长 31mm，其他尺寸同 57BYG250C-SAFRMC。

表 26-2-11　57BYG250×-BAFRMC- 0152 系列外形及安装尺寸

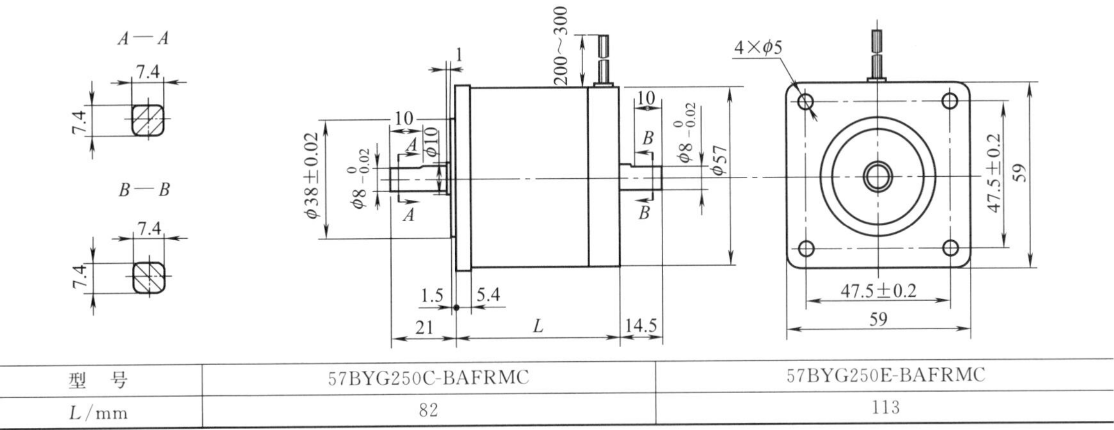

型　号	57BYG250C-BAFRMC	57BYG250E-BAFRMC
L/mm	82	113

表 26-2-12　86BYG250×-SAFRB×-××××系列外形及安装尺寸

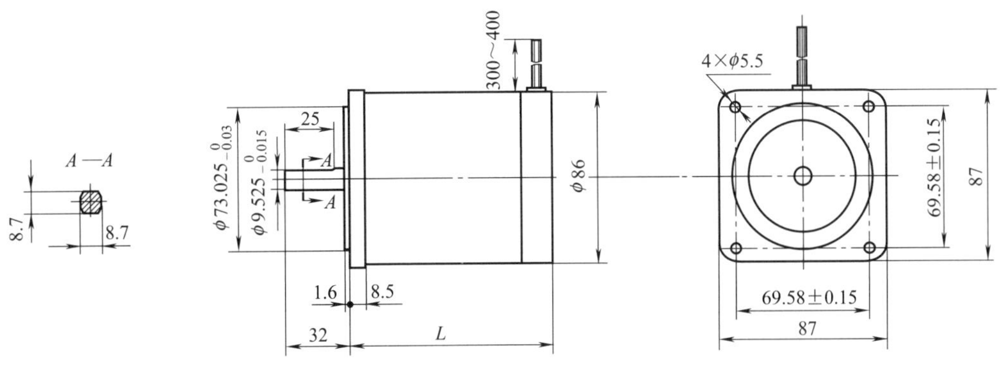

型　号	86BYG250A-SAFRBx	86BYG250B-SAFRBx	86BYG250C-SAFRBx
L/mm	73	104	137

表 26-2-13 86BYG250B-BAFRB×-××××外形及安装尺寸

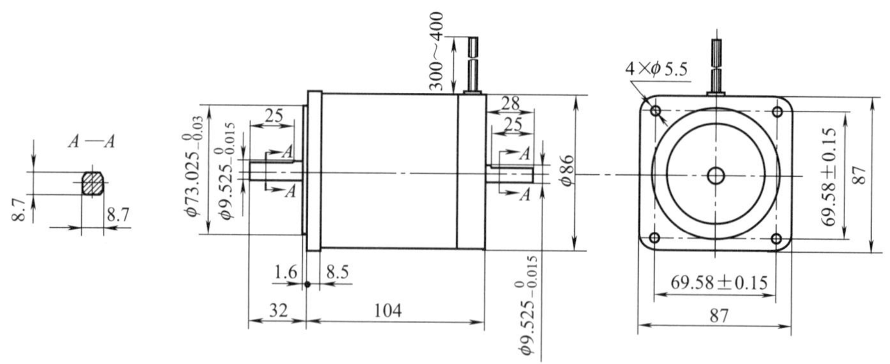

表 26-2-14 86BYG250×N-SAFRBL-××××系列外形及安装尺寸

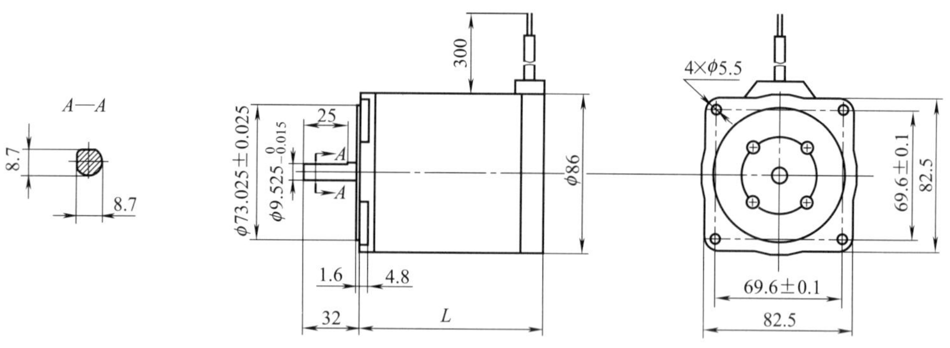

型 号	86BYG250AN-SAFRBL	86BYG250BN-SAFRBL
L/mm	63	91

表 26-2-15 86BYG250CN-SAKRBL-0501 系列外形及安装尺寸

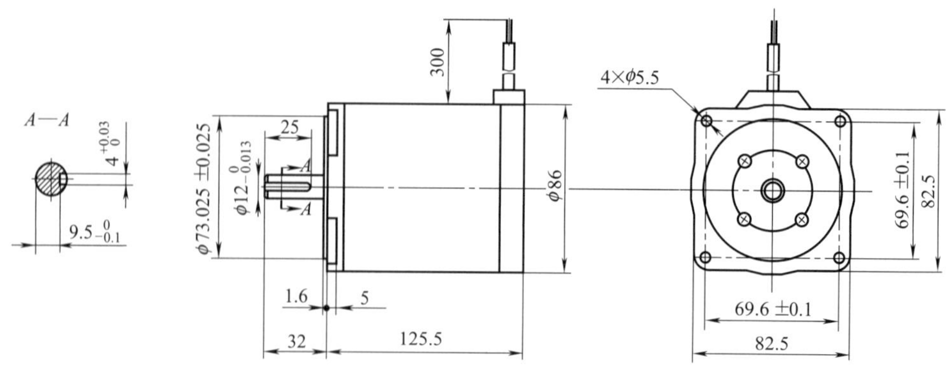

表 26-2-16　　86BYG250×S-SAFSBL-××××系列外形及安装尺寸

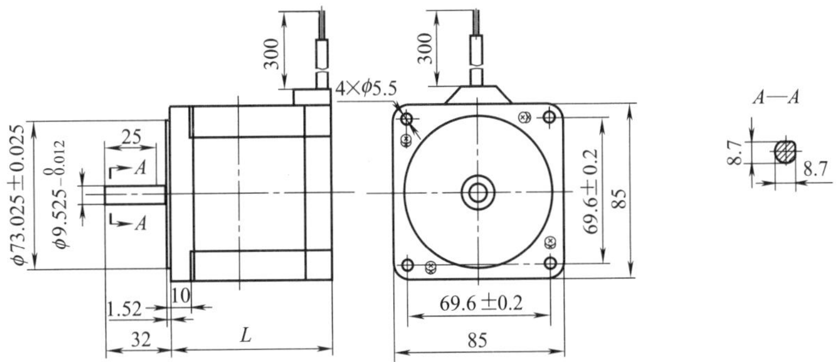

型　号	86BYG250AS-SAFSBL	86BYG250BS- SAFSBL
L/mm	65	80

表 26-2-17　　86BYG250DS-SAKSBL-0601 系列外形及安装尺寸

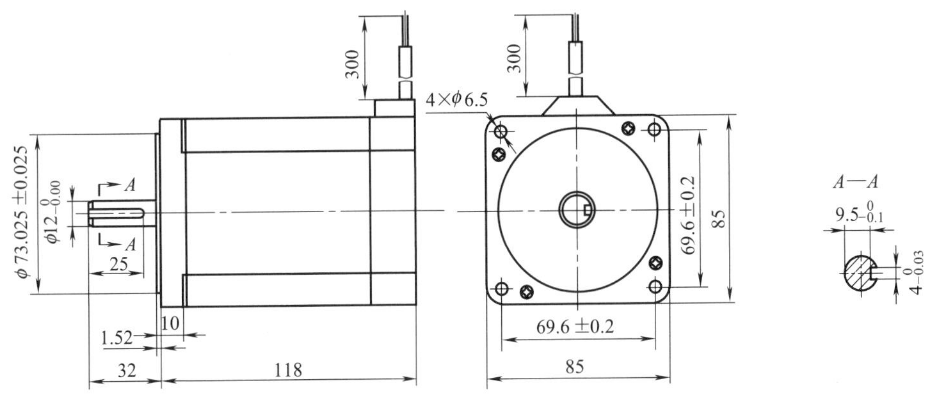

表 26-2-18　　86BYG250×S-SAKSML-××××系列外形及安装尺寸

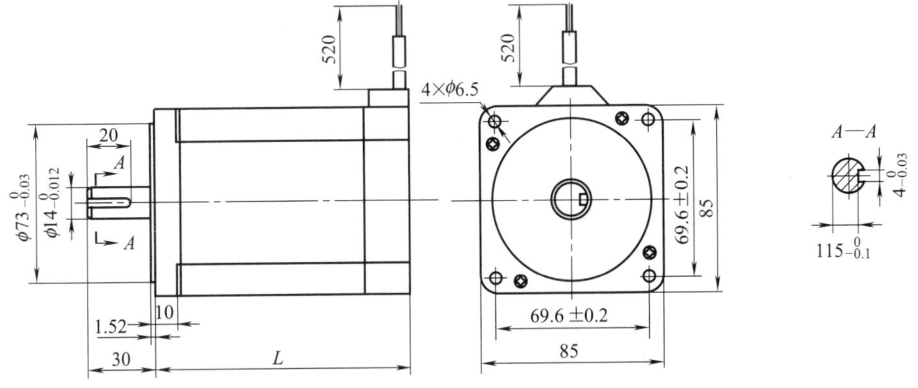

型　号	86BYG250BS-SAKSML	86BYG250DS-SAKSML
L/mm	80	115

表 26-2-19 110BYG2×××-SAKRMA-××××系列外形及安装尺寸

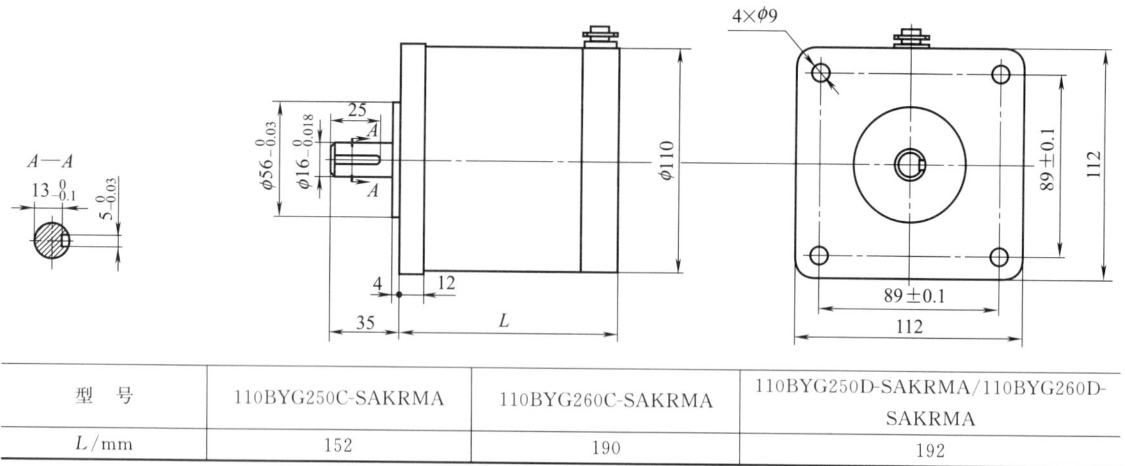

型　号	110BYG250C-SAKRMA	110BYG260C-SAKRMA	110BYG250D-SAKRMA/110BYG260D-SAKRMA
L/mm	152	190	192

表 26-2-20 110BYG2×××-SAHRHA-××××系列外形及安装尺寸

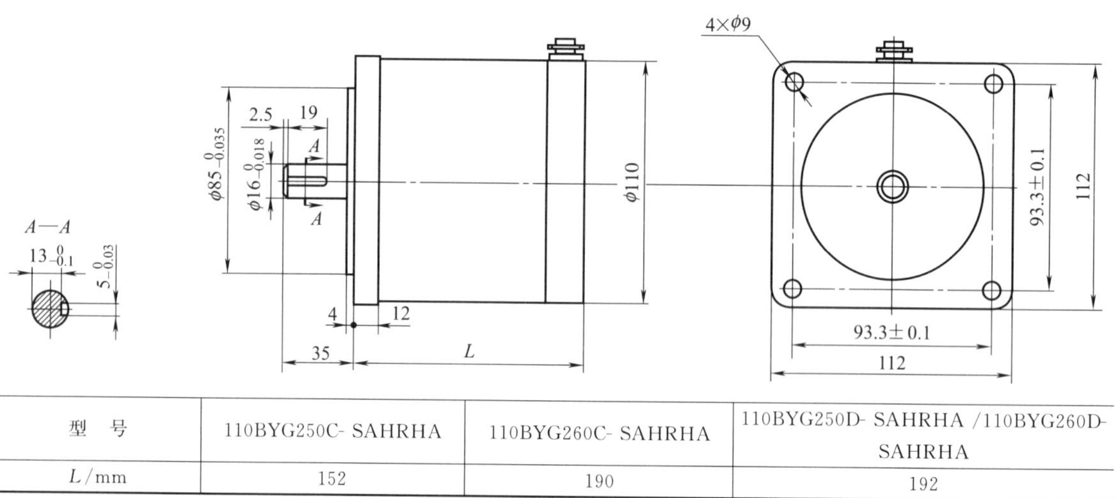

型　号	110BYG250C- SAHRHA	110BYG260C- SAHRHA	110BYG250D- SAHRHA /110BYG260D-SAHRHA
L/mm	152	190	192

表 26-2-21 130BYG250×-SAKRMT- 0602 系列外形及安装尺寸

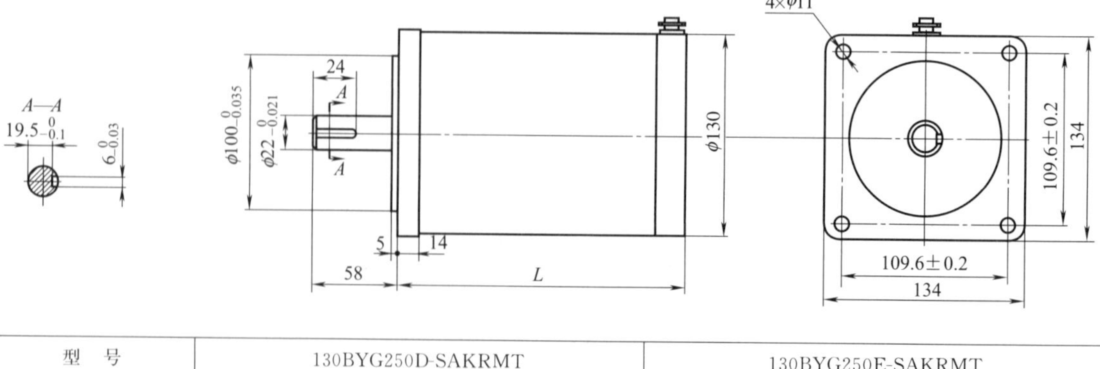

型　号	130BYG250D-SAKRMT	130BYG250E-SAKRMT
L/mm	225	255

表 26-2-22　　130BYG250×-SAKRHA-0602 系列外形及安装尺寸

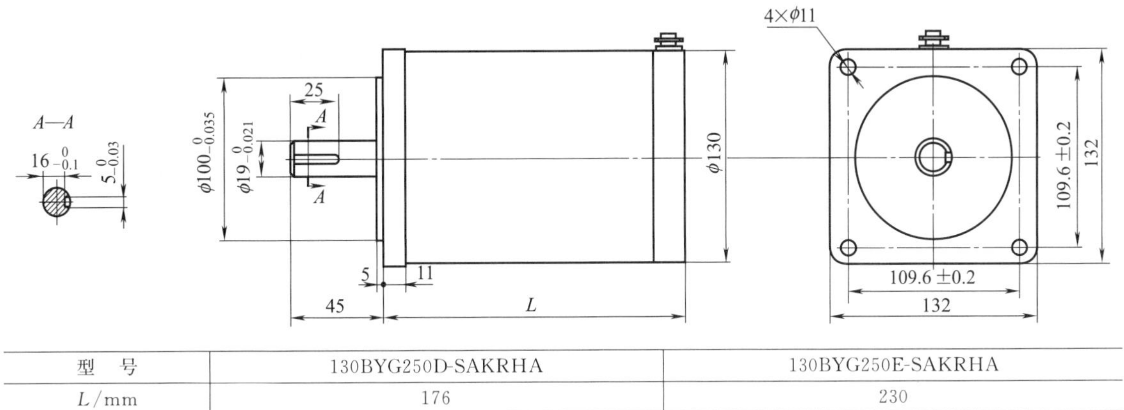

型　号	130BYG250D-SAKRHA	130BYG250E-SAKRHA
L/mm	176	230

2.1.4.3 BYG 系列三相混合式步进电动机

(1) 型号含义

设计代码

相电流：020—2A；030—3A　040—4A；045—4.5A；050—5A；060—6A

接线形式：L—引出线,3相3线；A—航空插头

尺寸制式：M—公制；B—英制；H—特殊尺寸

机壳形状：R—圆形；S—方形

轴键形式：K—平键；S—光轴

轴伸长度：A—标准；B—加长

轴伸形式：S—单；B—双

电压等级：L—低压；H—高压

机身长度

转子齿数：50—50齿

相数：3—三相

结构形式：BYG—混合式

机座号：57;60;86;110;130

(2) 主要技术参数（表 26-2-23）

表 26-2-23　　BYG 系列三相混合式步进电动机主要技术参数

规格型号	相数	步距角/(°)	相电流/A	相电阻/Ω	相电感/mH	保持转矩/N·m	定位转矩/N·m	电压/V(DC)	转动惯量/g·cm²	重量/kg	适配驱动器
57BYG350BL-0601	3	0.6/1.2	6.0	0.36	0.69	0.45	0.07	24～70	100	0.5	SD-30807 SD-31007
57BYG350CL-0601	3	0.6/1.2	6.0	0.36	1.13	0.9	0.08	24～70	220	0.75	
57BYG350DL-0601	3	0.6/1.2	6.0	0.42	1.64	1.5	0.08	24～70	380	1.1	
60BYG350CL-0451	3	0.6/1.2	4.5	0.36	0.76	0.9	0.04	24～70	260	0.8	SD-30806
60BYG350DL-0451	3	0.6/1.2	4.5	0.37	1.1	1.5	0.07	24～70	460	1.3	
60BYG350CLS-SASSML-0562	3	1.2	5.6	0.7	1.1	0.9	0.04	24～70	300	0.8	SD-30807 SD-31007
60BYG350DLS-SASSML-0582	3	1.2	5.8	0.68	1.36	1.5	0.07	4～70	480	1.3	

续表

规格型号	相数	步距角/(°)	相电流/A	相电阻/Ω	相电感/mH	保持转矩/N·m	定位转矩/N·m	电压/V(DC)	转动惯量/g·cm²	重量/kg	适配驱动器
86BYG350AH-0201	3	0.6/1.2	2.0	5.86	25.5	2.5	0.4	80～350	1320	2	SD-31007 SD-32208
86BYG350BH-0201	3	0.6/1.2	2.0	6.97	31.1	5	0.4	80～350	2400	3	
86BYG350CH-0301	3	0.6/1.2	3.0	3.17	19.5	7	0.4	80～350	3480	4	
86BYG350AL-0601	3	0.6/1.2	6.0	0.9	3.6	2.5	0.4	24～70	1320	2	SD-30807
86BYG350BL-0601	3	0.6/1.2	6.0	1.2	5.2	5	0.4	24～70	2400	3	
86BYG350CL-0601	3	0.6/1.2	6.0	1.6	6.7	7	0.4	24～70	3480	4	
110BYG350BH-0501	3	0.6/1.2	5.0	0.9	8.5	8	0.5	80～350	9720	6.6	SD-32208
110BYG350CH-0501	3	0.6/1.2	5.0	0.9	12.6	12	0.5	80～350	13560	9	
110BYG350DH-0501	3	0.6/1.2	5.0	0.9	11	16	0.6	80～350	17400	11.1	
130BYG350CH-0602	3	0.6/1.2	6.0	1.75	14.6	23	0.6	80～350	25000	13.5	
130BYG350DH-0602	3	0.6/1.2	6.0	2.0	18	25	0.8	80～350	30000	16.5	
130BYG350EH-0602	3	0.6/1.2	6.0	2.3	22	35	1.0	80～350	35000	17.5	
130BYG350FH-0602	3	0.6/1.2	6.0	3.0	29	45	1.2	80～350	45500	22	

(3) 矩频特性曲线

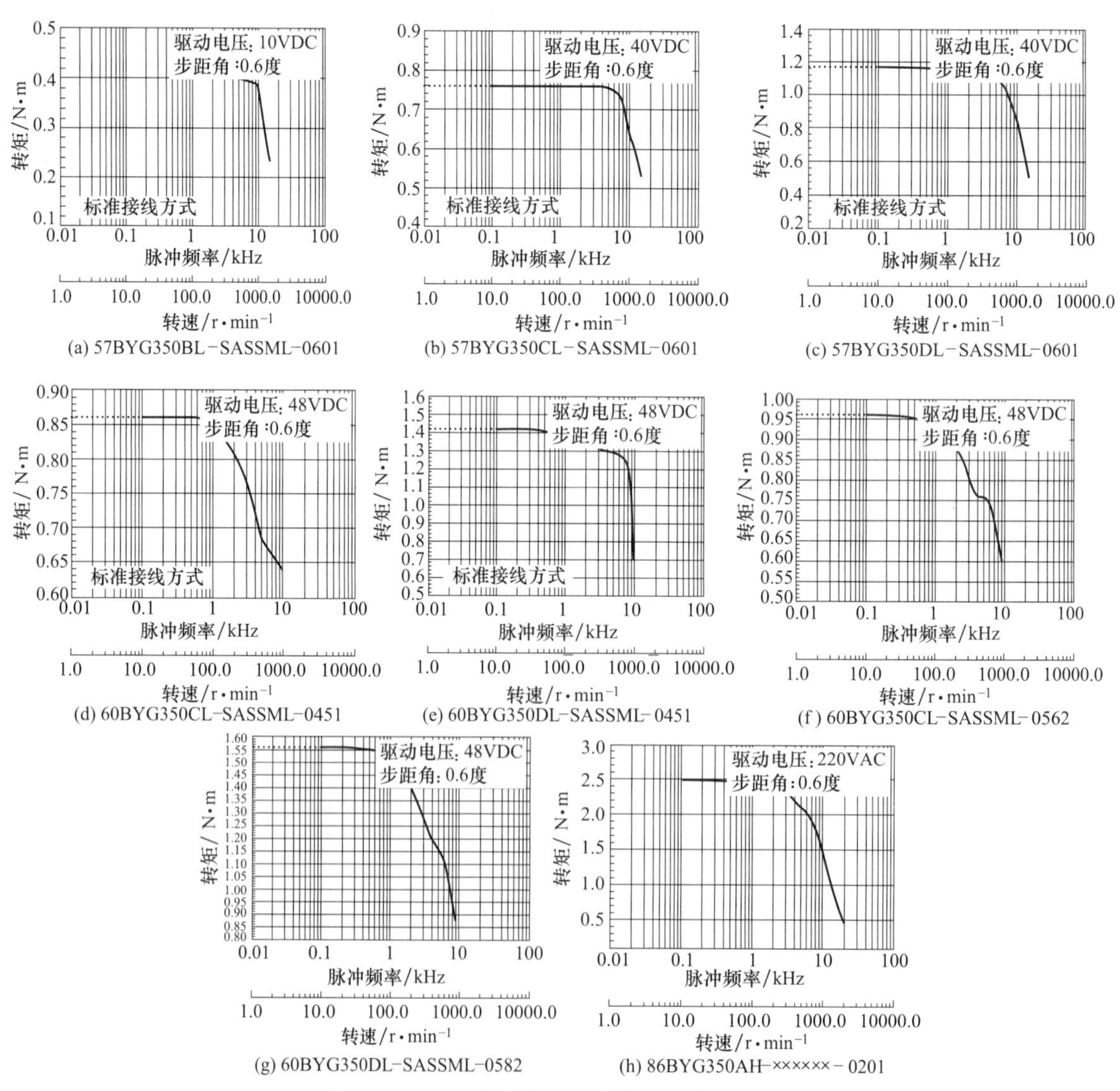

(a) 57BYG350BL-SASSML-0601　(b) 57BYG350CL-SASSML-0601　(c) 57BYG350DL-SASSML-0601

(d) 60BYG350CL-SASSML-0451　(e) 60BYG350DL-SASSML-0451　(f) 60BYG350CL-SASSML-0562

(g) 60BYG350DL-SASSML-0582　(h) 86BYG350AH-××××××-0201

图 26-2-8　BYG 系列三相步进电动机矩频特性曲线 1

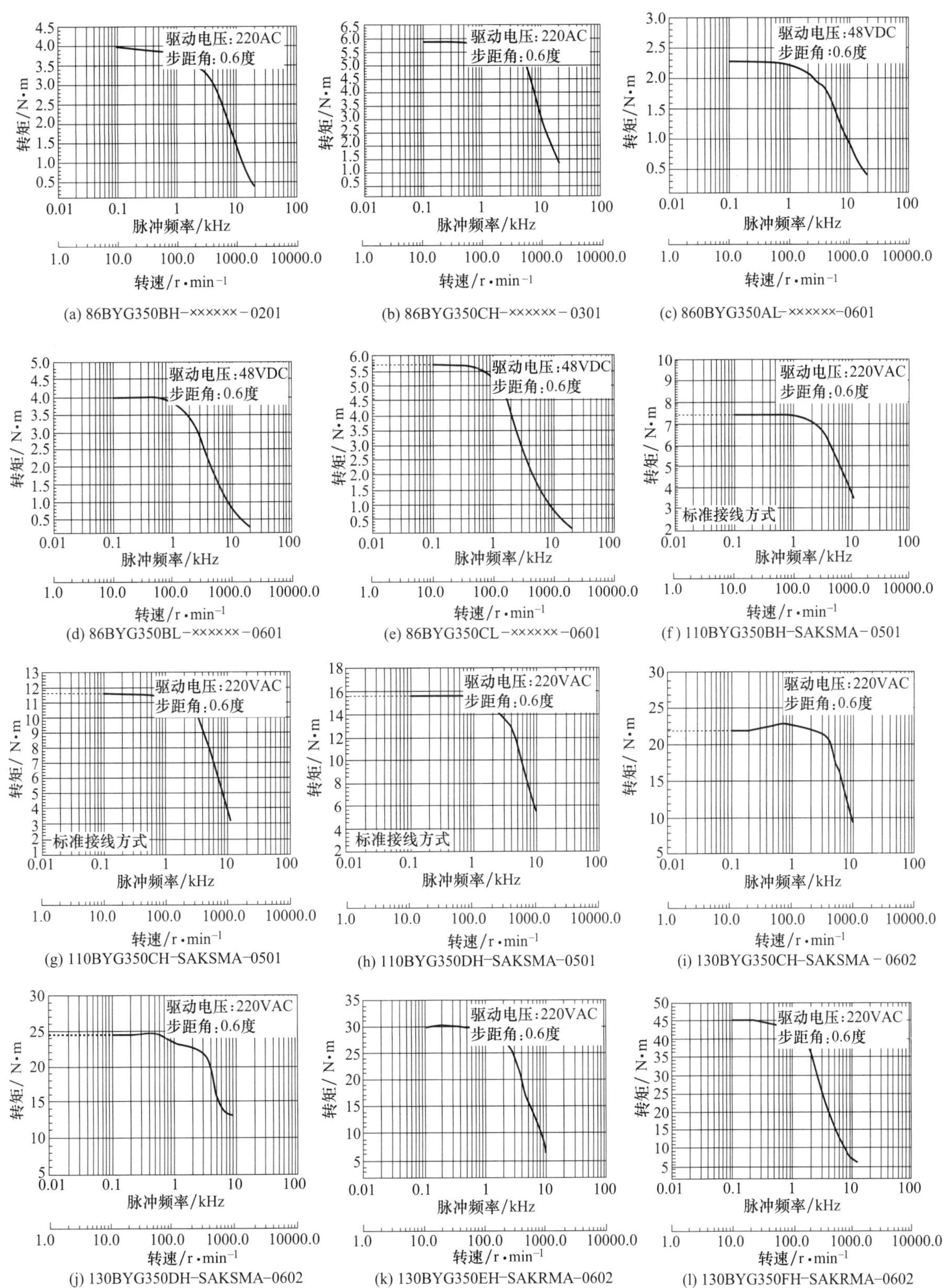

图 26-2-9　BYG 系列三相步进电动机矩频特性曲线 2

(4) 外形及安装尺寸

表 26-2-24 57BYG 系列三相步进电动机外形及安装尺寸

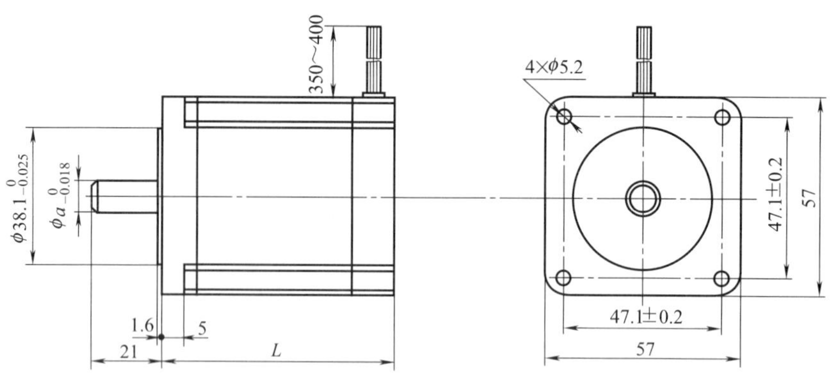

型 号	57BYG350BL-SASSML	57BYG350CL-SASSML	57BYG350DL-SASSML
a/mm	6.35	8	8
L/mm	43	56	78.9

表 26-2-25 60BYG 系列三相步进电动机外形及安装尺寸

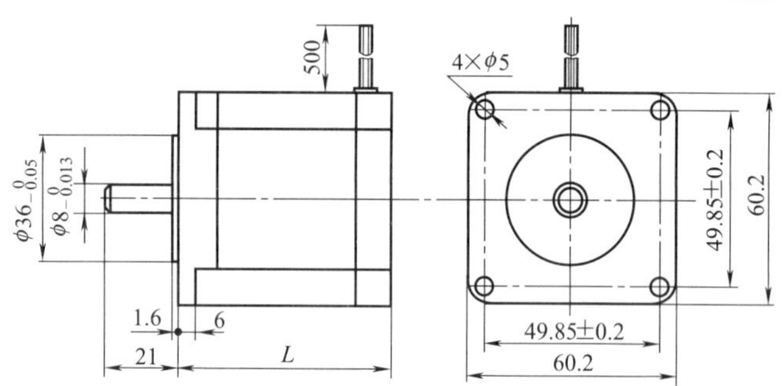

型 号	60BYG350CL-SASSML	60BYG350DL-SASSML
L/mm	54.5	76.5

表 26-2-26 60BYG（S）系列三相步进电动机外形及安装尺寸

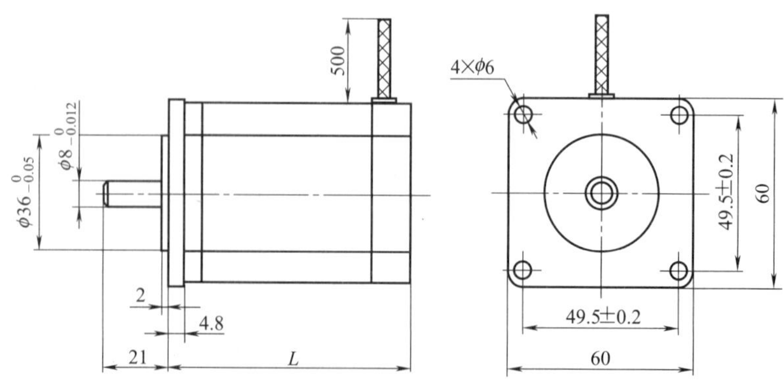

型 号	60BYG350CLS-SASSML	60BYG350DLS-SASSML
L/mm	56	79

表 26-2-27　　86BYG350 ×× - SAKSML-×××× 系列外形及安装尺寸

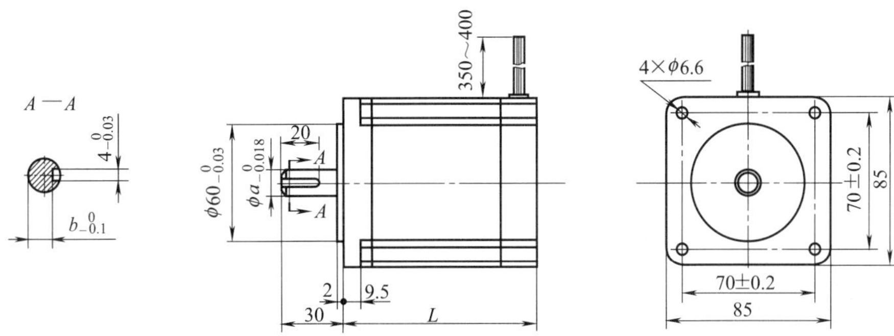

型　号	86BYG350AH-SAKSML 86BYG350AL-SAKSML	86BYG350BH-SAKSML 86BYG350BL-SAKSML	86BYG350CH-SAKSML 86BYG350CL-SAKSML
a/mm	12	12	14
b/mm	9.5	9.5	11.5
L/mm	69	97	125

表 26-2-28　　86BYG350××-SAKSHL-×××× 系列外形及安装尺寸

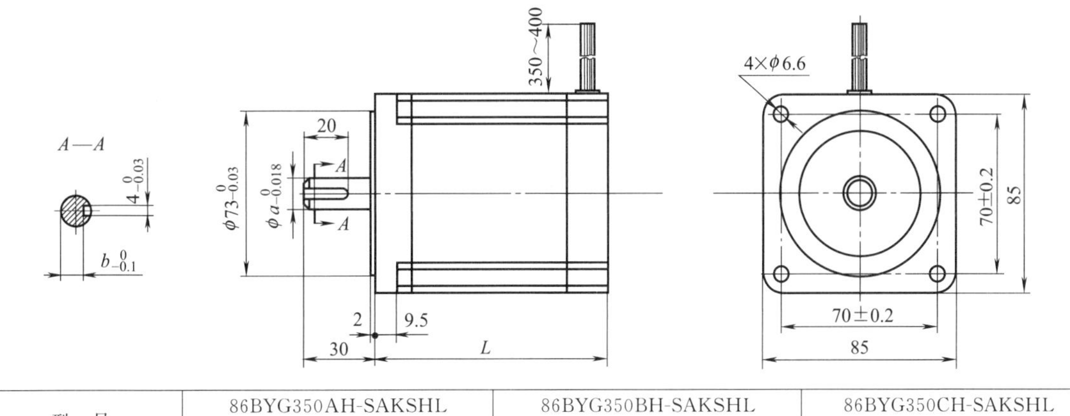

型　号	86BYG350AH-SAKSHL 86BYG350AL-SAKSHL	86BYG350BH-SAKSHL 86BYG350BL-SAKSHL	86BYG350CH-SAKSHL 86BYG350CL-SAKSHL
a/mm	12	12	14
b/mm	9.5	9.5	11.5
L/mm	69	97	125

表 26-2-29　　110BYG 系列三相步进电动机外形及安装尺寸

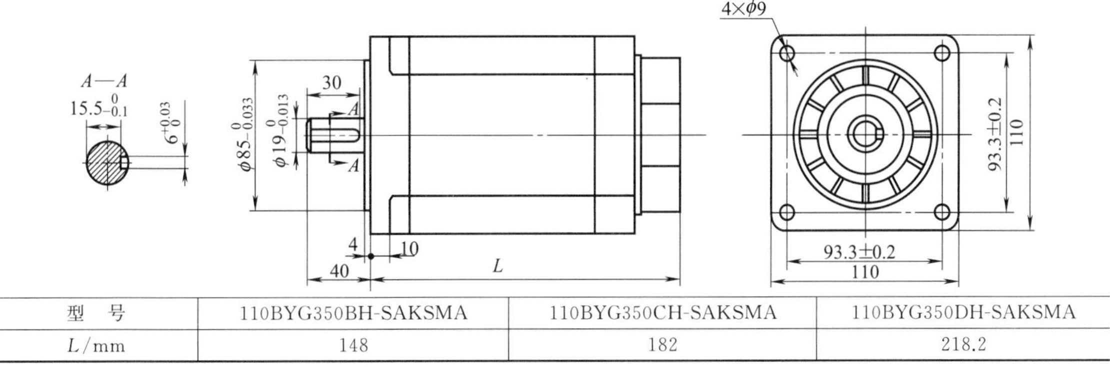

型　号	110BYG350BH-SAKSMA	110BYG350CH-SAKSMA	110BYG350DH-SAKSMA
L/mm	148	182	218.2

第 26 篇

表 26-2-30 130BYG 系列三相步进电动机外形及安装尺寸

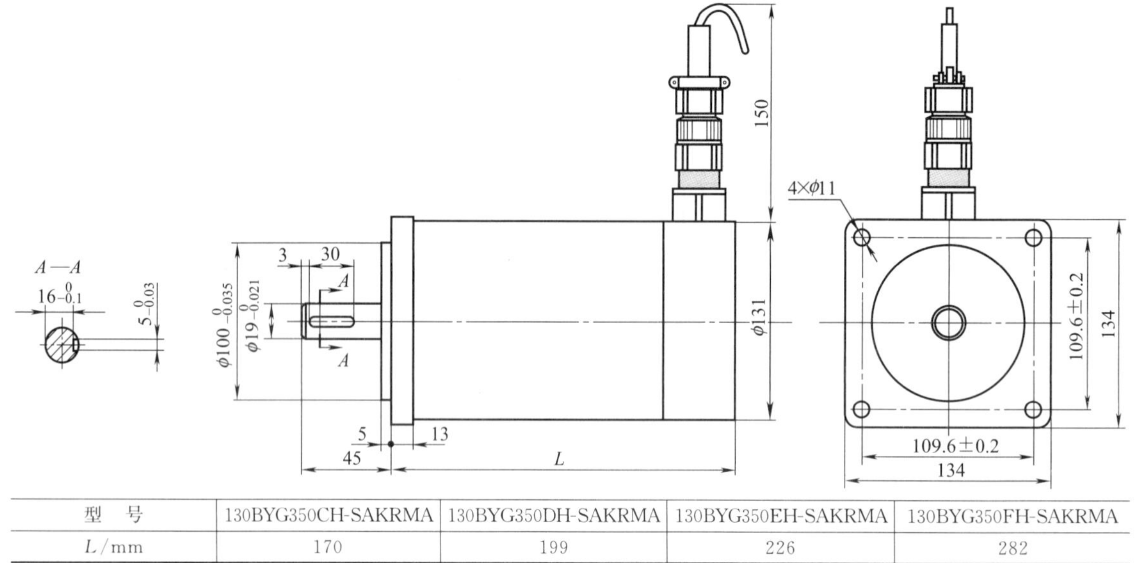

型　号	130BYG350CH-SAKRMA	130BYG350DH-SAKRMA	130BYG350EH-SAKRMA	130BYG350FH-SAKRMA
L/mm	170	199	226	282

2.1.4.4 BYG 系列五相混合式步进电动机

(1) 型号含义

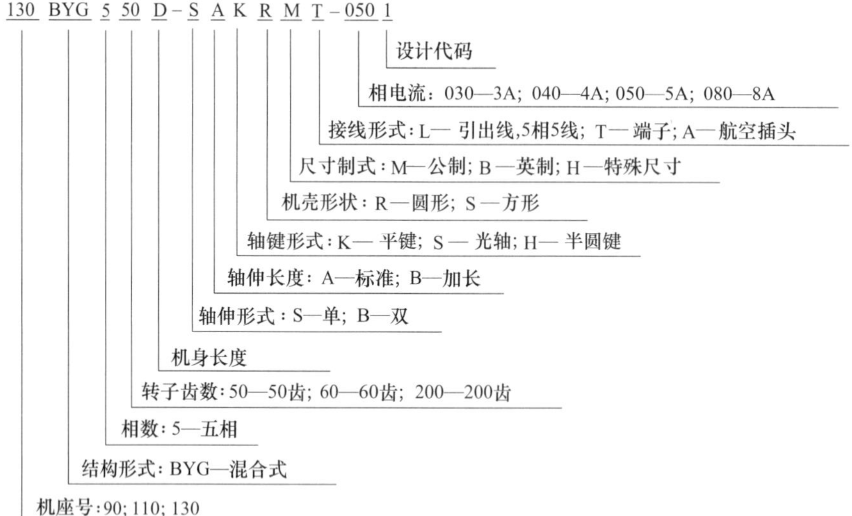

(2) 主要技术参数

BYG 系列五相混合式步进电动机主要技术参数见表 26-2-31。

表 26-2-31 BYG 系列五相混合式步进电动机主要技术参数

规格型号	相数	步距角 /(°)	相电流 /A	相电阻 /Ω	相电感 /mH	保持转矩 /N·m	定位转矩 /N·m	转动惯量 /g·cm²	重量 /kg	适配驱动器
90BYG550A-0301	5	0.36/0.72	3.0	0.2	2.0	2.0	0.1	2300	2.2	SH-50806B
90BYG550B-0301	5	0.36/0.72	3.0	0.4	4.0	4.0	0.2	4500	3.4	
90BYG550C-0301	5	0.36/0.72	3.0	1.6	7.9	6.0	1.0	8000	4.6	
90BYG5200B-0301	5	0.09/0.18	3.0	0.4	4.0	5.0	0.5	4500	3.4	
90BYG5200D-0301	5	0.09/0.18	3.0	0.8	8.0	10	1.0	9000	5.9	

续表

规格型号	相数	步距角 /(°)	相电流 /A	相电阻 /Ω	相电感 /mH	保持转矩 /N·m	定位转矩 /N·m	转动惯量 /g·cm²	重量 /kg	适配驱动器
110BYG550B-0301	5	0.36/0.72	3.0	0.7	10.0	8	0.5	9700	6.4	SH-50806B
110BYG550C-0301	5	0.36/0.72	3.0	1.0	15.0	14	0.6	14600	8.4	
110BYG550D-0301	5	0.36/0.72	3.0	1.3	20.0	18	0.7	19500	10.4	
110BYG5200B-0301	5	0.09/0.18	3.0	0.7	10.0	10	0.6	10000	6.4	
110BYG5200C-0301	5	0.09/0.18	3.0	1.0	15.0	14	0.7	15000	8.4	
130BYG550D-0501	5	0.36/0.72	5.0	0.6	7.5	25	0.8	37000	12	SH-51008
130BYG550E-0801	5	0.36/0.72	8.0	0.25	7.8	35	1.2	46300	15.1	

（3）矩频特性曲线

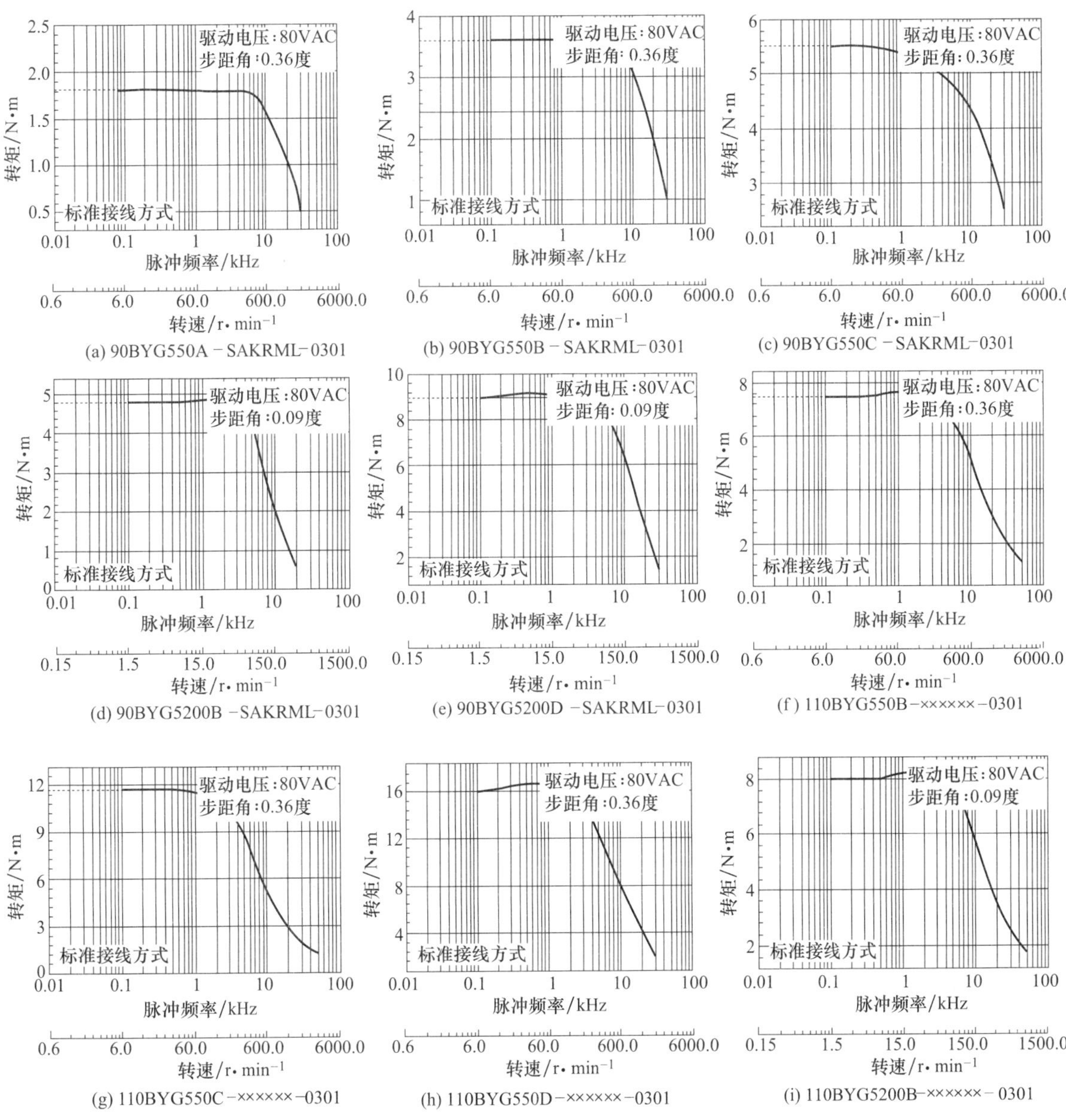

(a) 90BYG550A－SAKRML-0301

(b) 90BYG550B－SAKRML-0301

(c) 90BYG550C－SAKRML-0301

(d) 90BYG5200B－SAKRML-0301

(e) 90BYG5200D－SAKRML-0301

(f) 110BYG550B-××××××-0301

(g) 110BYG550C-××××××-0301

(h) 110BYG550D-××××××-0301

(i) 110BYG5200B-××××××-0301

图 26-2-10

第26篇

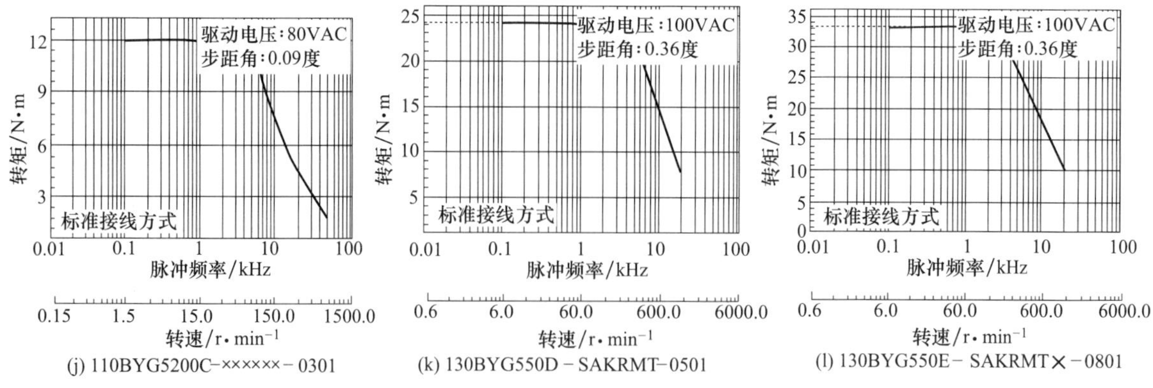

图 26-2-10 BYG 系列五相步进电动机矩频特性曲线

(4) 外形及安装尺寸

表 26-2-32 90BYG 系列五相步进电动机外形及安装尺寸 mm

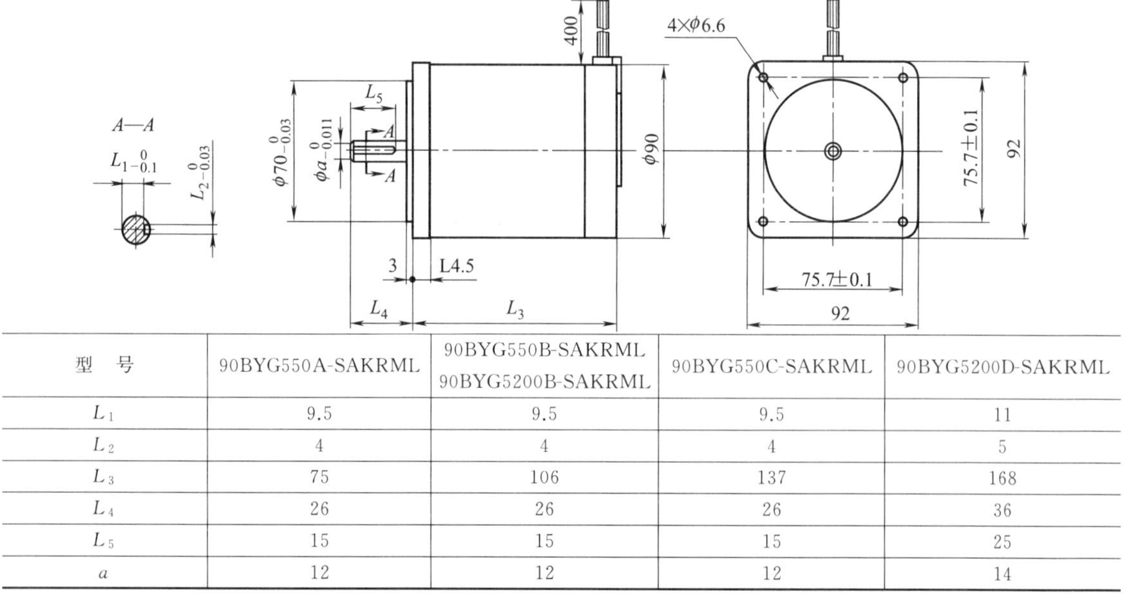

型 号	90BYG550A-SAKRML	90BYG550B-SAKRML 90BYG5200B-SAKRML	90BYG550C-SAKRML	90BYG5200D-SAKRML
L_1	9.5	9.5	9.5	11
L_2	4	4	4	5
L_3	75	106	137	168
L_4	26	26	26	36
L_5	15	15	15	25
a	12	12	12	14

表 26-2-33 110BYG550×-SAKRMA-0301 系列五相步进电动机外形及安装尺寸

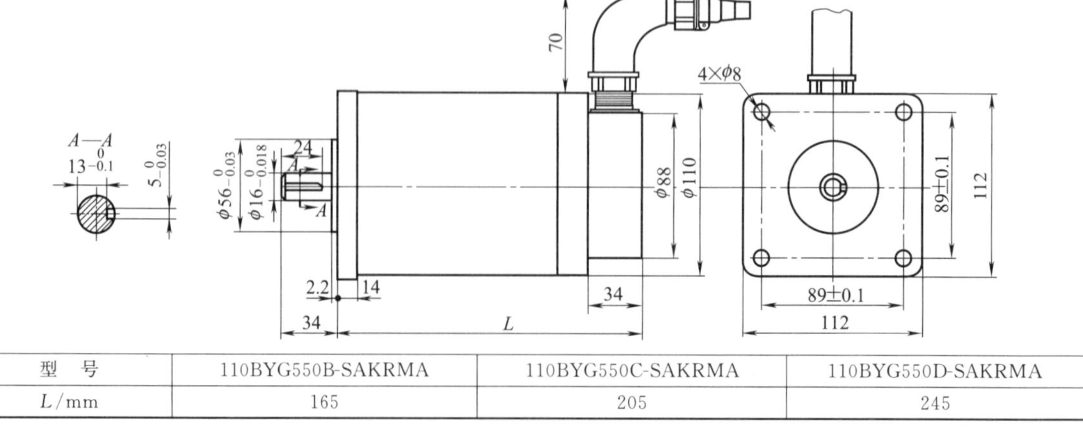

型 号	110BYG550B-SAKRMA	110BYG550C-SAKRMA	110BYG550D-SAKRMA
L/mm	165	205	245

表 26-2-34 110BYG5×××-SAKRMT-0301 系列五相步进电动机外形及安装尺寸

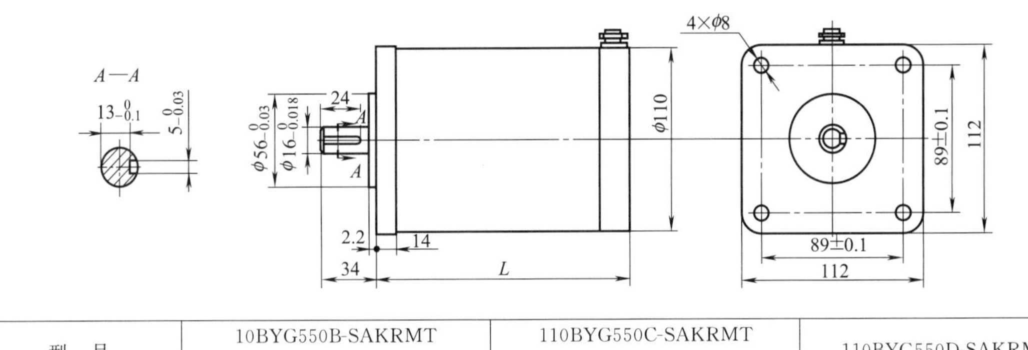

型 号	10BYG550B-SAKRMT 110BYG5200B-SAKRMT	110BYG550C-SAKRMT 110BYG5200C-SAKRMT	110BYG550D-SAKRMT
L/mm	157	195	235

表 26-2-35 110BYG550×-BAKRMT-0301 系列五相步进电动机外形及安装尺寸

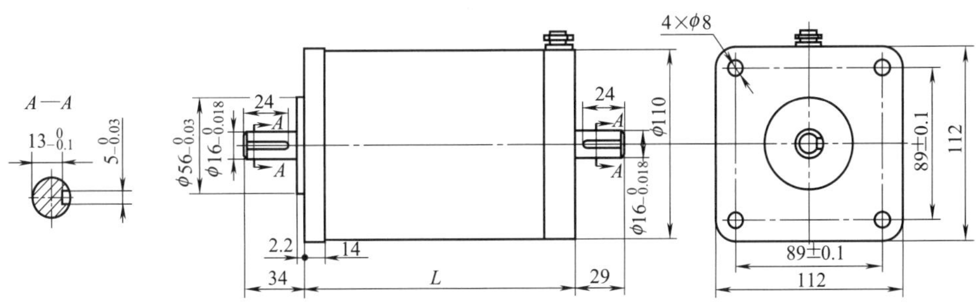

型 号	10BYG550B-BAKRM	110BYG550C-BAKRMT	110BYG550D-BAKRMT
L/mm	157	195	235

表 26-2-36 130BYG550×-SAKRMT-×××× 系列五相步进电动机外形及安装尺寸

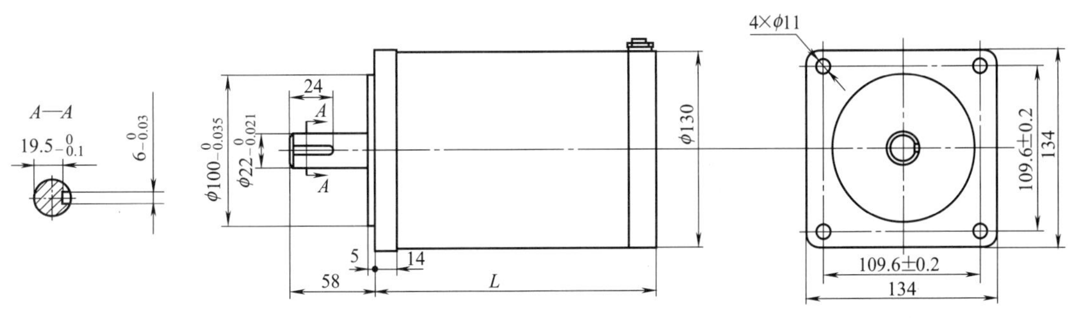

型 号	130BYG550D-BAKRMT	130BYG550E-BAKRMT
L/mm	225	255

表 26-2-37　　130BYG550E-SAKRMA-0801 系列五相步进电动机外形及安装尺寸

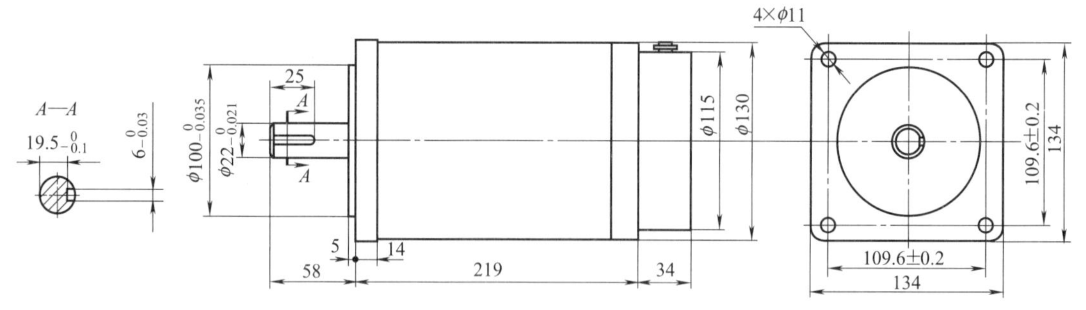

2.1.4.5　混合式步进电动机驱动器

表 26-2-38　　混合式步进电动机驱动器的主要技术参数

项目	相数	规格型号	额定电压	额定输出电流/A	最大细分	指令脉冲方式	控制信号幅值/V	控制信号接线方式	适配电动机
数字系列	两相	SD-20403	12～40V(DC)	0.5～2.6A(峰值)	128	单脉冲	3～24	共阳	28/35/39/42/56
		SD-20504	24～50V(DC)	1.2～4.0A (峰值)	128	单脉冲	3～24	双端	42/56/86
		SD-20506A	20～50V(AC)	2.4～6.0A (峰值)	128	单脉冲	5	双端	56/86
		SD-20806	24～70V(DC)	2.4～6.0A (峰值)	128	单脉冲	3～24	双端	56/86
		SD-21007	60～100V(AC)	2.5～7A(峰值)	128	单脉冲	3～24	双端	86/110
		SD-22208	80～220V(AC)	4.0～7.5A (有效值)	128	单脉冲	3～24	双端	86/110
	三相	SD-30807	24～70V(DC)	3.0～7.0A (峰值)	30000 步	单脉冲	3～24	双端	57/60/86
		SD-31007	60～100V(AC)	2.5～7A(峰值)	30000 步	单脉冲	3～24	双端	57/60/86
		SD-32208	80～220V(AC)	2.0～7.5A (有效值)	30000 步	单脉冲	3～24	双端	86/110/130
标准系列	两相	SH-20402N	10～40V(DC)	0.5～2.0A(峰值)	64	单/双脉冲	5	共阳	28/35/39/42
		SH-20403	10～40V(DC)	0.9～3.0 A (峰值)	64	单/双脉冲	5	共阳	28/35/39/42/56
		SH-20504	24～50V(DC)	2.5～4.0A (峰值)	40	单/双脉冲	5	双端	56/86
		SH-20806E	24～70V(DC)	1.5～5.5A (峰值)	64	单脉冲	3～24	双端	42/56/86
	三相	SH-32206	80～220V(AC)	2.0～6.0A(有效值)	30000 步	单/双脉冲	5	双端	86/110/130
		SH-32206N	80～220V(AC)	2.0～6.0A(有效值)	30000 步	单/双脉冲	5	双端	86/110/130
		SH-32215	80～220V(AC)	1.6～15.3A(有效值)	30000 步	单/双脉冲	3～24	双端	86/110/130
	五相	SH-50806B	80V(AC)	6.0 A (有效值)	2	单/双脉冲	5	双端	90/110
		SH-51008	100V(AC)	8.0 A (有效值)	2	单/双脉冲		双端	130

2.1.4.6　KINCO 系列两相、三相混合式步进电动机及驱动器

(1) 产品特点及用途

KINCO 系列两相、三相系列混合式步进电动机系统具有细分倍频高、定位精度高、运行平稳、振动噪声小，响应频率高及使用简单、性价比好等特点，广泛应用于如气动打标机、刻字机、小型雕刻机、绘图机及数控机床等各种自动化设备和仪器中。

(2) 型号的含义

① 步进电动机

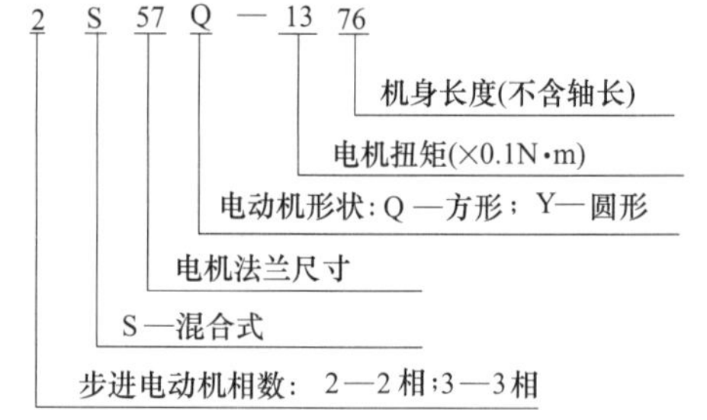

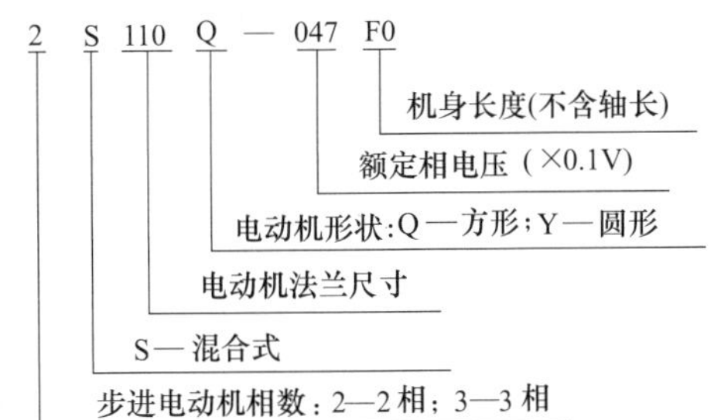

② 驱动器

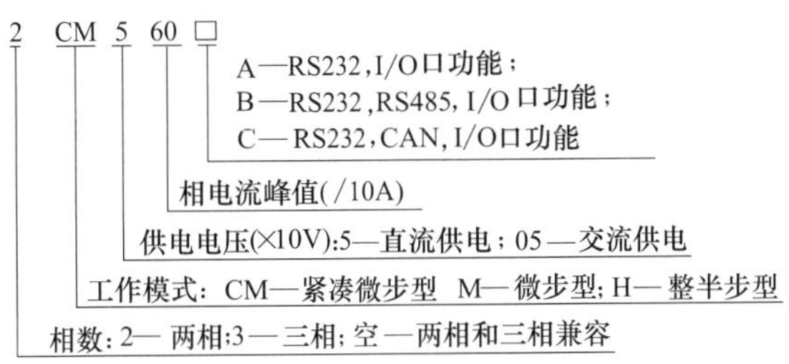

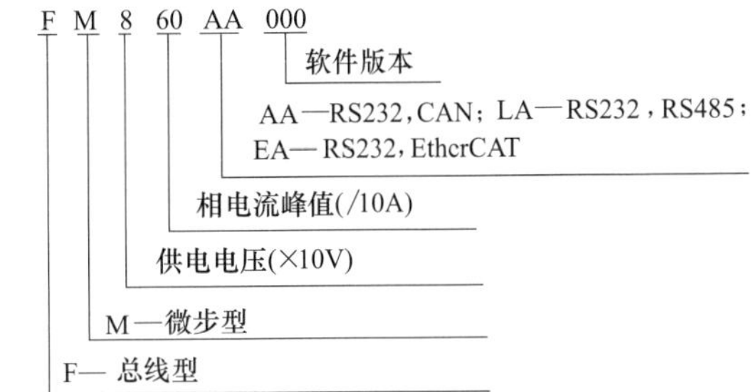

（3）主要技术参数

表 26-2-39　　KINCO 混合式步进电动机主要技术参数

规格型号	相数	步距角/(°)	保持转矩/N·m	相电流/A 串联	相电流/A 并联	相电阻/Ω (±10%)	相电感/mH (±20%)	转动惯量/kg·cm^2	引线数量	电动机轴径/mm	轴类型	质量/kg	适配驱动器	
2S42Q-0240	2	1.8	0.22	0.4		12.5	21	0.054	4	5	光轴	0.28	2CM525 CM422B CM422C	CM880A CM880B CM880C FM860-AA-000 FM860-LA-000 FM880-EA-000
2S42Q-0348	2	1.8	0.34	0.7	1.4	4.6	4	0.068	8	5	光轴	0.36		
2S57Q-0541	2	1.8	0.5	0.7	1.5	3.6	4.1	0.135	8	6.35	平台	0.45		
2S57Q-0956	2	1.8	0.9	1.96	3.92	0.8	1.2	0.3	8	6.35	平台	0.7	2CM545 2CM560 2CM860	
2S57Q-1376	2	1.8	1.3	1.96	3.92	1	2.1	0.48	8	6.35	平台	1		
2S57Q-2280	2	1.8	2.2	2.8	5.6	0.8	1.8	0.53	8	8	平台	1.1	2CM560 2CM860 2CM880	
2S57Q-25B2	2	1.8	2.5	2.9	6	1	1.8	0.8	8	8	平台	1.7		
2S86Q-3465	2	1.8	3.4	6		0.3	1.7	1	4	13	平键	1.7	2CM880 2CM0870 2H1160 2M1180N	
2S86Q-4580	2	1.8	4.5	6		0.38	3.5	1.4	4	13	平键	2.3		
2S86Q-85B8	2	1.8	8.5	6		0.6	6	3.4	4	13	平键	3.7		
2S86Q-051F6	2	1.8	12.8	6		0.85	10	4	4	15.875	平键	5.3		
2S110Q-03999	2	1.8	11.7	5.5		0.7	9.8	5.5	4	19	平键	5	2H1160 2M1180N 2M2280N	
2S110Q-047F0	2	1.8	21	6.5		0.72	12.8	10.9	4	19	平键	8.4		
2S110Q-054K1	2	1.8	30	8		0.67	11	16.2	4	19	平键	11.7		
2S130Y-039M0	2	1.8	27	6		0.65	13.8	33.3	4	19	平键	13	2M2280N	
2S130Y-063R8	2	1.8	40	7		0.9	9.5	48.4	4	19	平键	19		
3S57Q-04056	3	1.2	0.9	5.6		0.7	1.7	0.3	4	6.35	光轴	0.72	3CM880	
3S57Q-04079	3	1.2	1.5	5.8		1.05	2.4	0.48	4	8	光轴	1		
3S85Q-04097	3	1.2	4	5.8		1.1	4.6	2.32	4	12	月牙键	2.7		
3S85Q-040F7	3	1.2	7.5	4		1.78	17.1	0.44	4	14	平键	5.3	3M2280N	

表 26-2-40 KINCO 混合式步进电动机驱动器主要技术参数

系列	相数	规格型号	峰值电流	电压	细分数/p·s^{-1}	重量/kg	外形尺寸/mm
CM 系列	2 相细分型	2CM525	0.3～2.5A	24～50V DC	200～25600	0.25	118×75.5×25.4
		2CM545	1.0～4.5A	24～50V DC	200～25600		
		2CM560	1.8～6A	24～50V DC	200～25600		
		2CM860	1.8～6A	24～70V DC	200～25600		
		2CM880	2.4 ～8A	24～70V DC	200～25600	0.253	118×75.5×34
		2CM0870	2.4 ～7.2A	18～80V AC	400～ 51200	0.696	151×97.5×57.5
	3 相细分型	3CM880	2.4 ～8A	24～70V DC	400～25600	0.253	118×75.5×34
	2&3 相细分型	CM422B	0.1～2.5A	12～40V DC	200～ 65535	0.11	93×56×21
		CM422C	0.1～2.5A	12 ～40V DC	200～65535	0.11	93×56×21
		CM880A	0.15～8A	24～70V DC	200～65535	0.29	108×75.5×34
		CM880B	0.15～8A	24 ～70V DC	200～65535	0.253	108×75.5×34
		CM880C	0.15～8A	24 ～70V DC	200～65535	0.253	108×75.5×34
M 系列	2 相细分型	2M412	0.2～1.2A	12～40V DC	400～ 51200	0.13	76×60×35.2
	2 相整半步型	2H1160	2.5～6.5A	60～123V AC	200～400	1.77	200×123×86.5
	2 相细分型	2M1180N	4.5～8A	77～123V AC	400～25600	1.5	201×147×66
		2M2280N	4.5～8A	220V AC±15%	400～25600	1.5	
	3 相细分型	3M2280N	2.8～8A	220V AC±15%	400～20000	1.5	
FM 系列	2&3 相细分型	FM860-LA-000	0.15～8A	24～70V DC	200～65535	0.36	134.5×75.5×34
		FM860-AA-000					
		FM880-EA-000	0.1～10A				

（4）矩频特性曲线图

2CM525 @ 2S42Q－0240

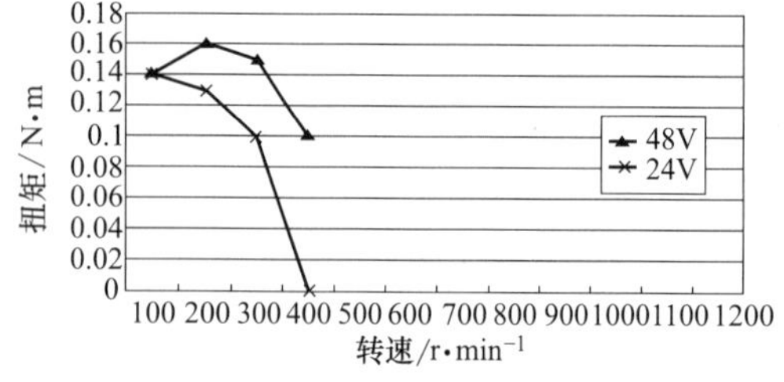

2CM525 @ 2S42Q－0348(串联)

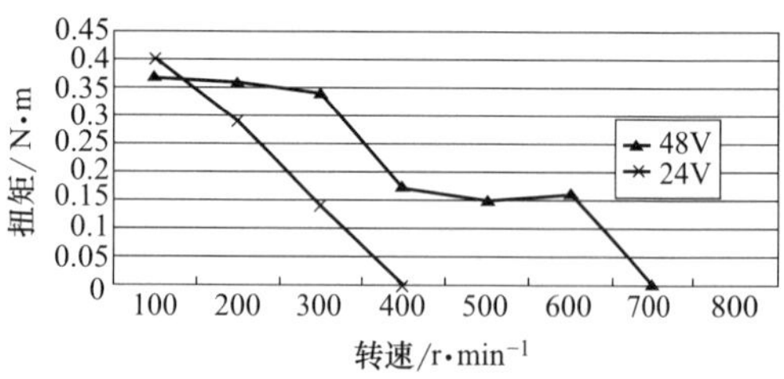

2CM525 @ 2S42Q－0348(并联)

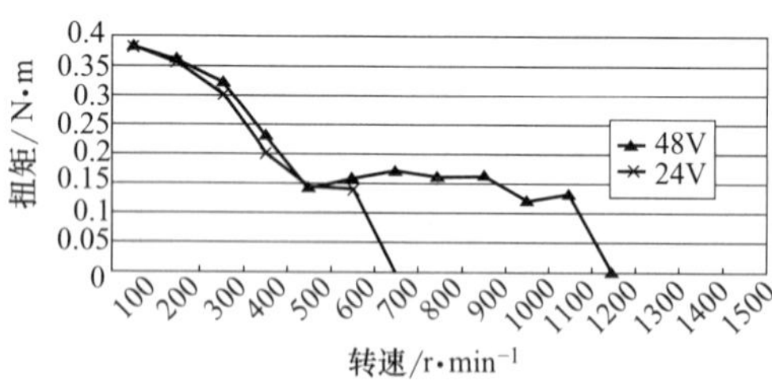

2CM880 @ 2S57Q－25B2(串联)

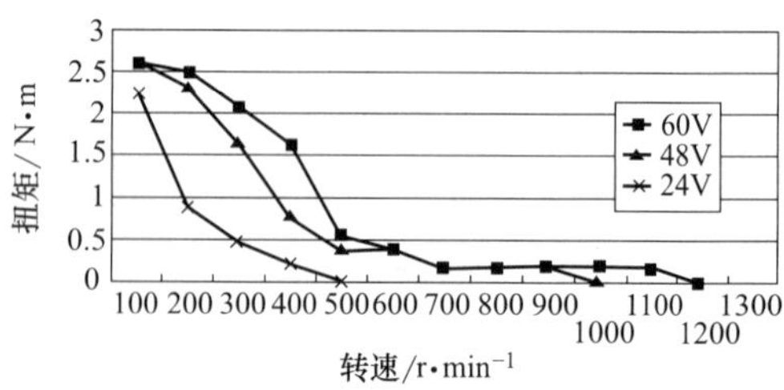

2CM880 @ 2S57Q－25B2(并联)

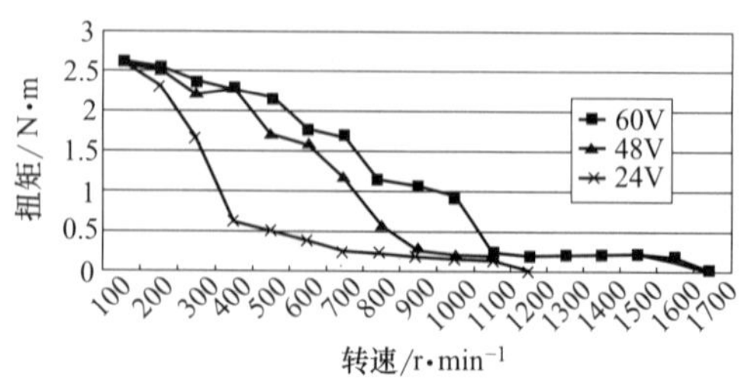

2CM880 @ 2S57Q－2280(串联)

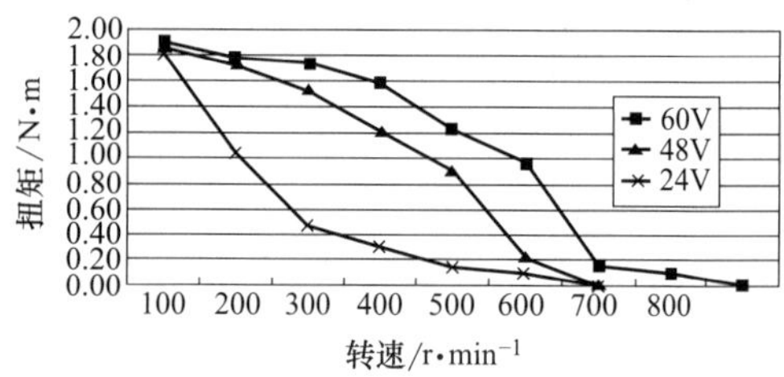

2CM880 @ 2S57Q－2280(并联)

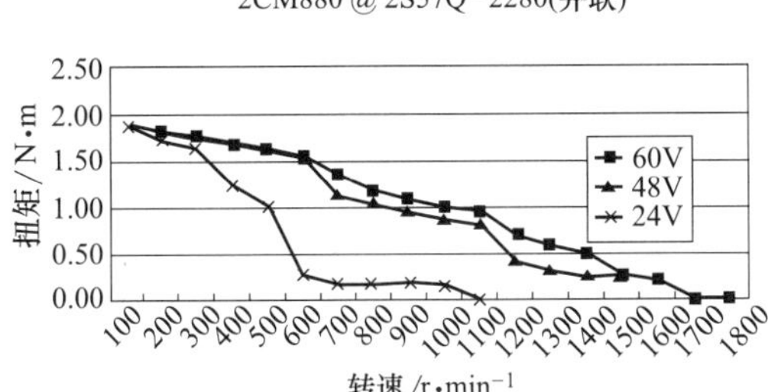
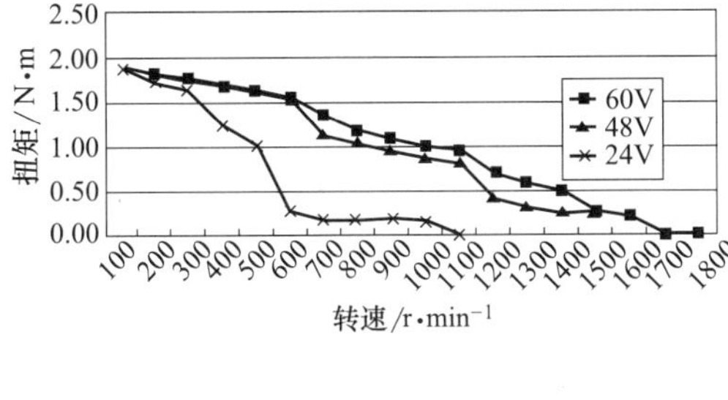
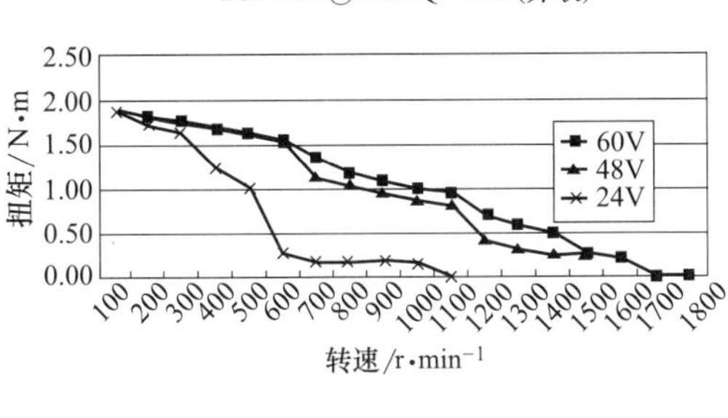

2CM545 @ 2S57Q－1376(串联)

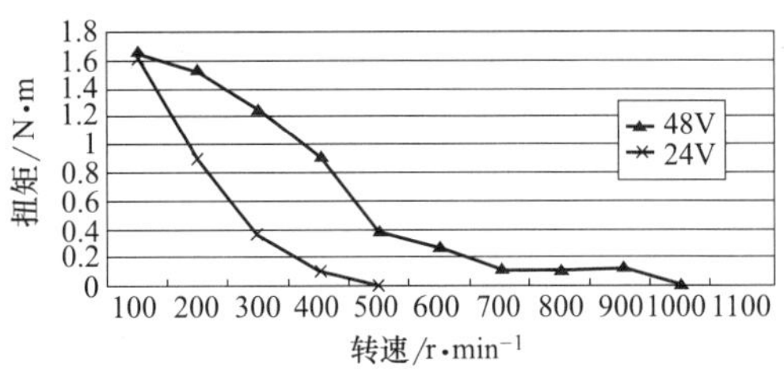

2CM545 @ 2S57Q－1376(并联)

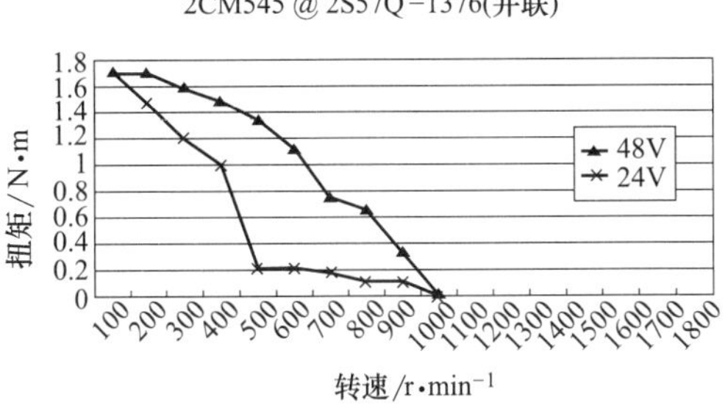

2CM545 @ 2S57Q－0956(串联)

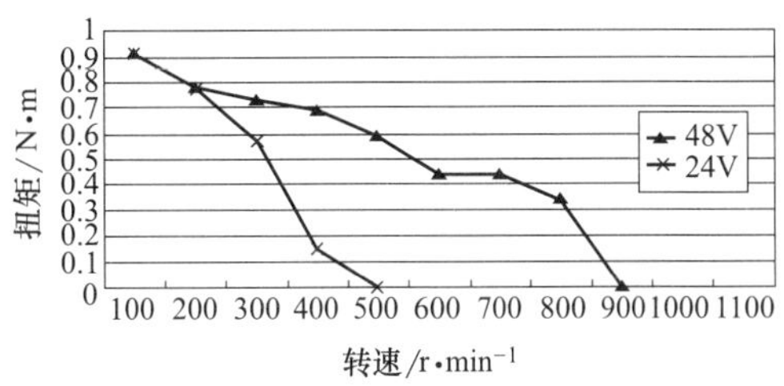

2CM545 @ 2S57Q－0956(并联)

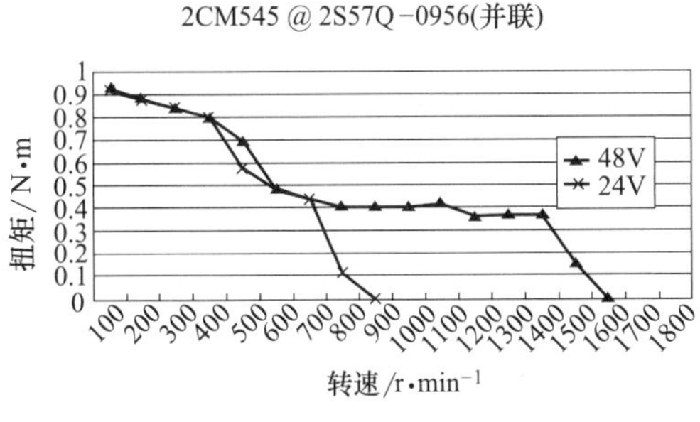

2CM525 @ 2S57Q－0541(串联)

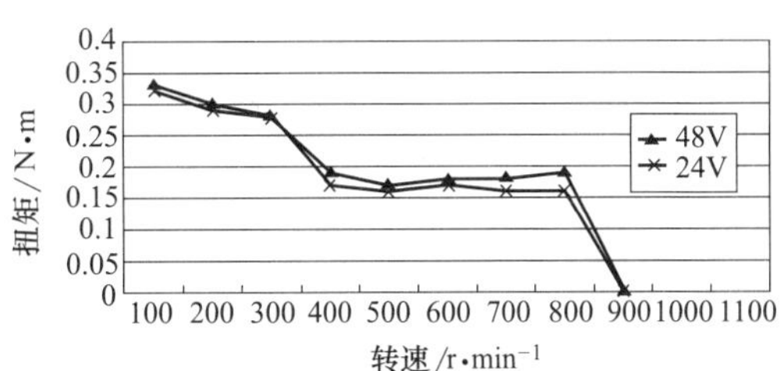

2CM525 @ 2S57Q－0541(并联)

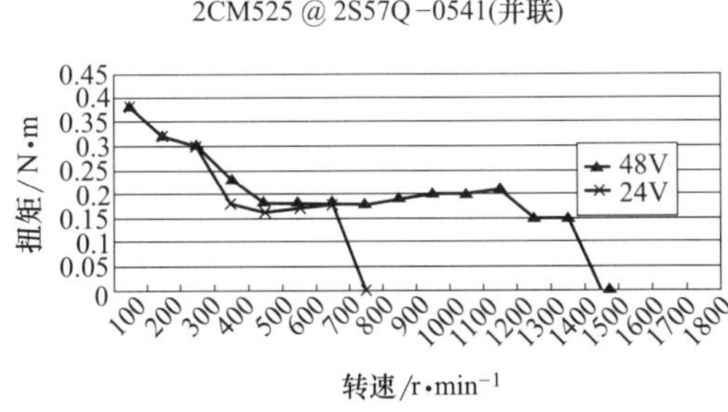

2CM880 @ 2S86Q－85B8

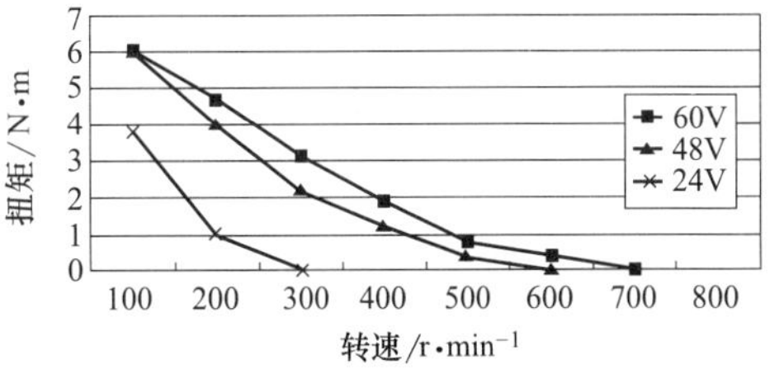

2CM880 @ 2S86Q－4580

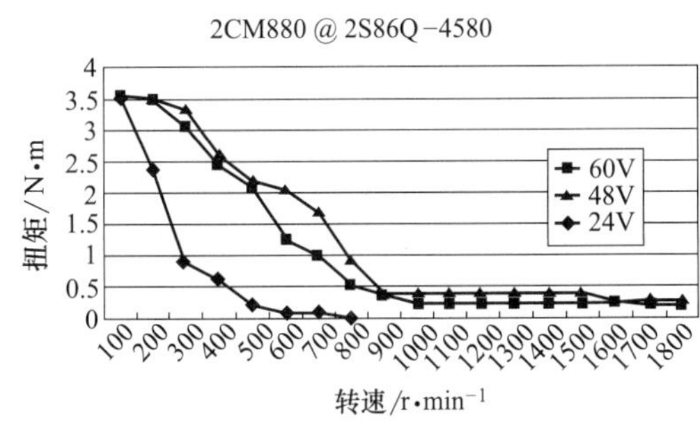

2CM880 @ 2S86Q－3465

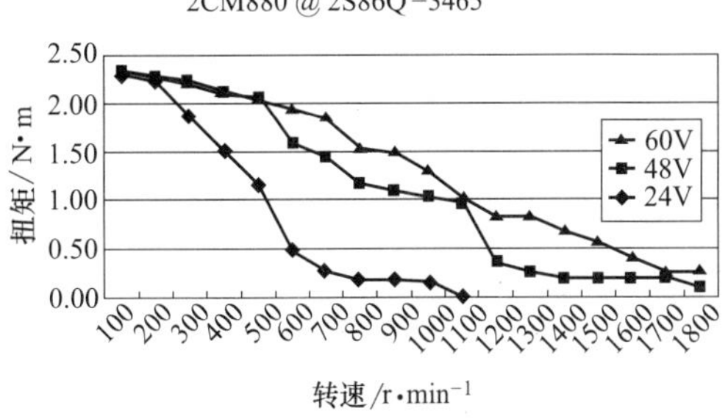

图 26-2-11

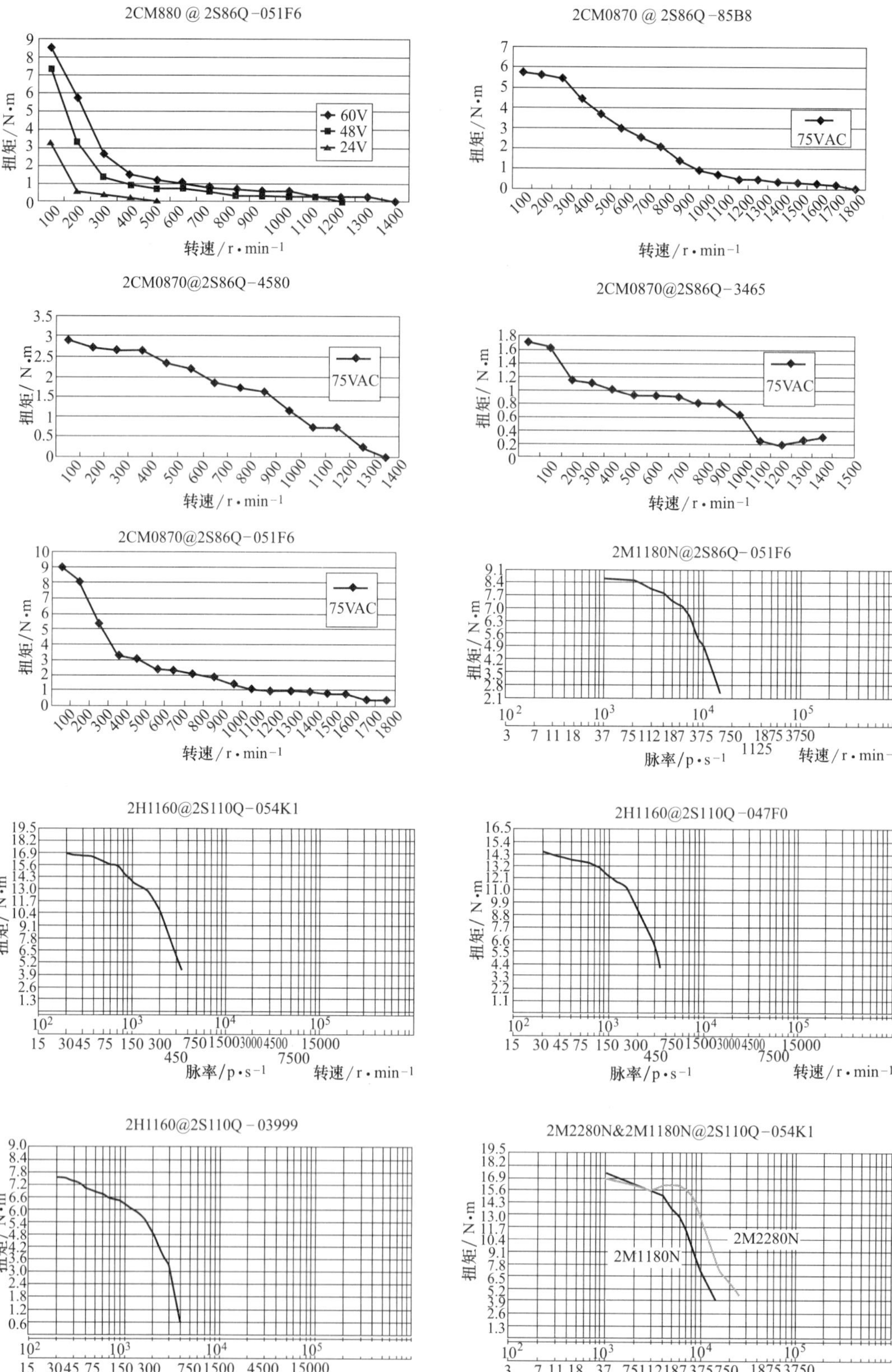
2CM880 @ 2S86Q -051F6
60V
48V
24V
扭矩/N·m
转速/r·min⁻¹
2CM0870 @ 2S86Q -85B8
75VAC
2CM0870@2S86Q-4580
75VAC
2CM0870@2S86Q-3465
75VAC
2CM0870@2S86Q-051F6
75VAC
2M1180N@2S86Q- 051F6
脉率/p·s⁻¹
2H1160@2S110Q-054K1
2H1160@2S110Q -047F0
2H1160@2S110Q - 03999
2M2280N&2M1180N@2S110Q-054K1
2M2280N
2M1180N

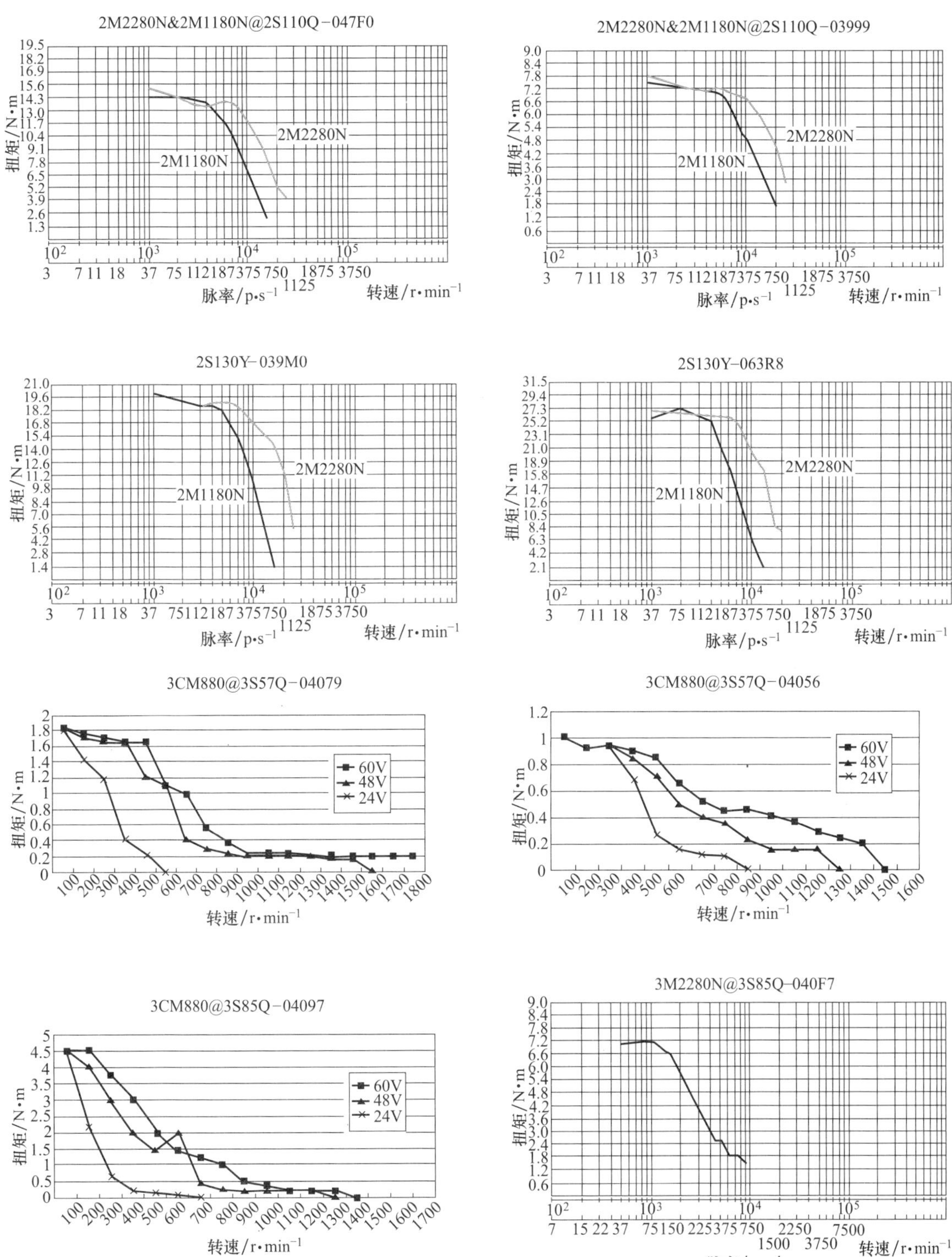

图 26-2-11　KINCO 系列三相混合式步进电动机矩频特性曲线

(5) 外形及安装尺寸

表 26-2-41　　42系列两相步进电动机外形及安装尺寸

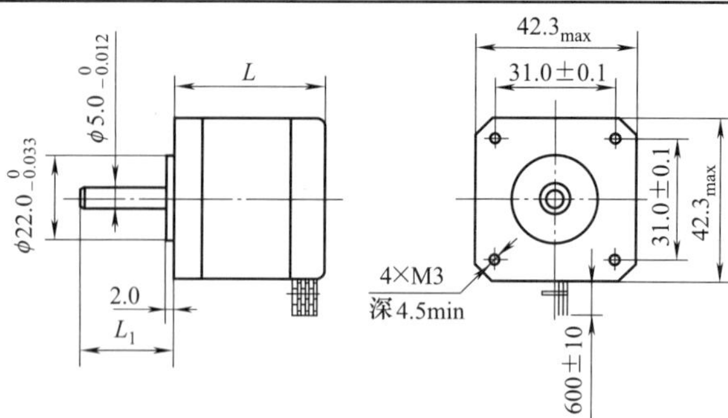

型　号	2S42Q-0240	2S42Q-0348
L/mm	40	48
L_1/mm	16±0.5	24±0.5

表 26-2-42　　57系列两相步进电动机外形及安装尺寸

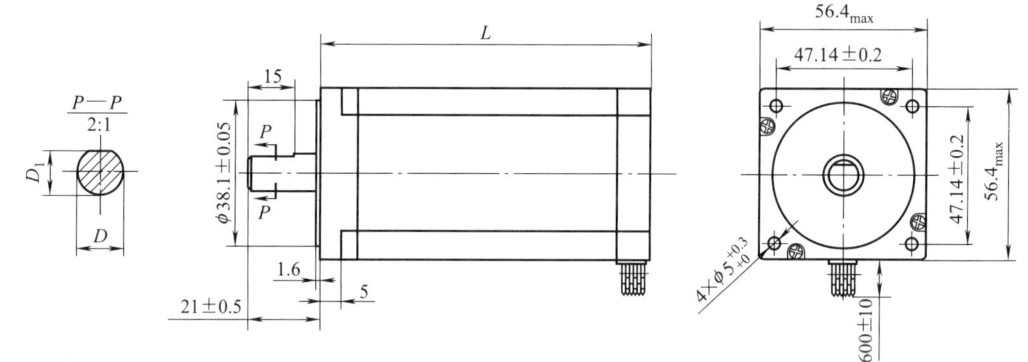

型　号	2S57Q-0541	2S57Q-0956	2S57Q-1376	2S57Q-2280	2S57Q-25B2
L/mm	41	56	76	80	112
D/mm	ϕ6.35	ϕ6.35	ϕ6.35	ϕ8.0	ϕ8.0
D_1/mm	5.8±0.1	5.8±0.1	5.8±0.1	7.5±0.1	7.5±0.1

表 26-2-43　　86系列两相步进电动机外形及安装尺寸

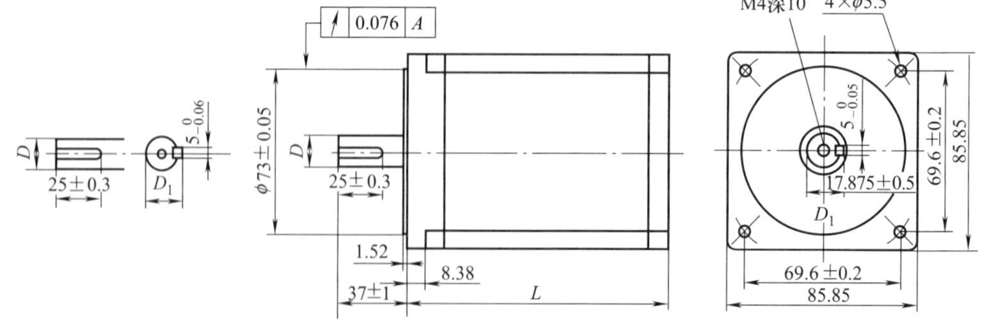

型　号	2S86Q-3465	2S86Q-4580	2S86Q-85B8	2S86Q-051F6
L/mm	65	80	118	156
D/mm	ϕ13	ϕ13	ϕ13	ϕ15.875
D_1/mm	$15^{+0.2}_{-0.3}$	$15^{+0.2}_{-0.3}$	$15^{+0.2}_{-0.3}$	$17.875^{+0.2}_{-0.3}$

表 26-2-44　110 系列两相步进电动机外形及安装尺寸

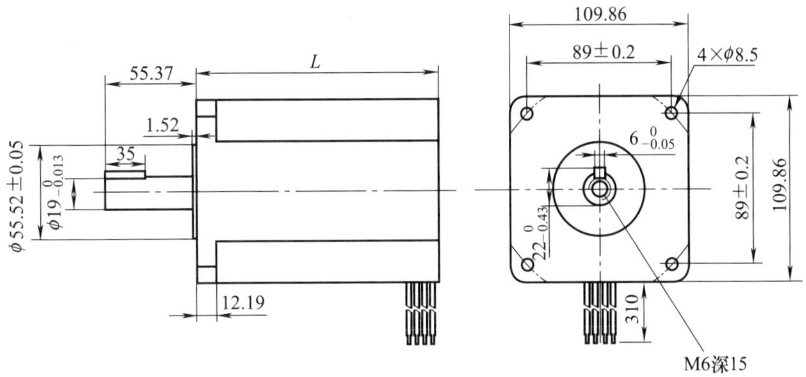

型　号	2S110Q-03999	2S110Q-047F0	2S110Q-054K1
L/mm	99	150	201

表 26-2-45　130 系列两相步进电动机外形及安装尺寸

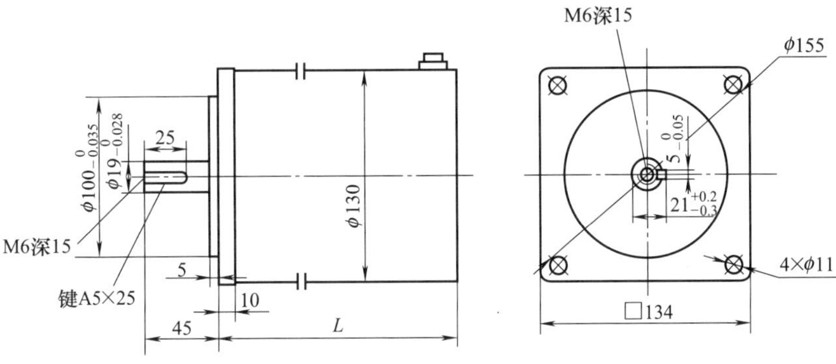

型　号	2S130Y-039M0	2S130Y-063R8
L/mm	165	230

表 26-2-46　3S57Q 系列三相步进电动机外形及安装尺寸

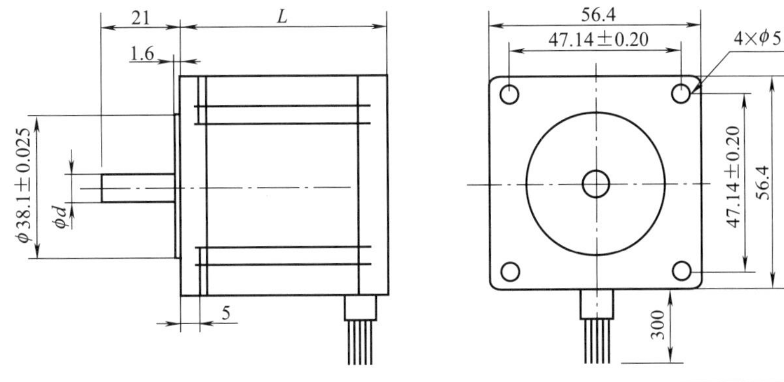

型　号	3S57Q-04056	3S57Q-04079
L/mm	56	79
d/mm	$6.35_{-0.013}^{0}$	$8_{-0.013}^{0}$

表 26-2-47　　3S85Q-04097 系列三相步进电动机外形及安装尺寸

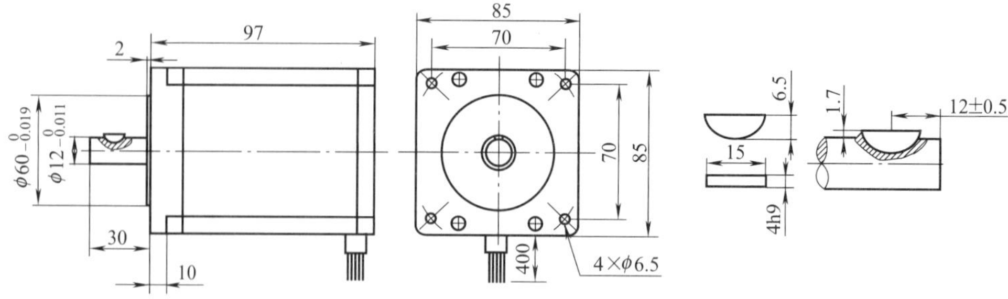

表 26-2-48　　3S85Q-040F7 系列三相步进电动机外形及安装尺寸

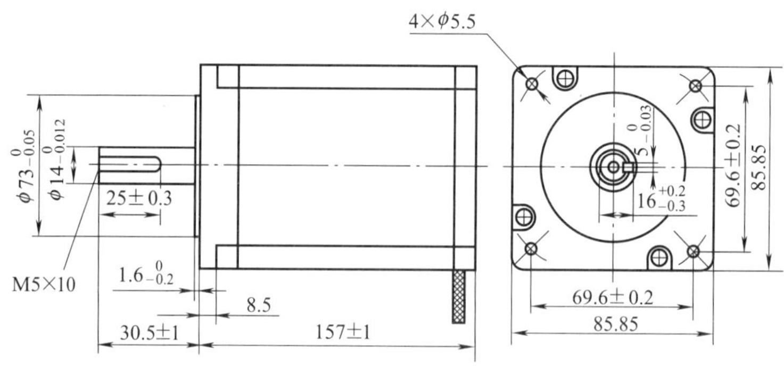

2.1.4.7　VRDM 系列三相混合式步进电动机

五相步进电动机的接线和相电流切换技术比较复杂，生产成本很高，为了追求高效益、低成本，达到最佳的性能价格比，VRDM 系列步进电动机吸取五相电动机的优点，与其配套的驱动器采用了交流伺服电动机驱动器工作方式，这种电动机系统彻底解决了传统步进电动机低速爬行、有共振区、噪声大、高速转矩小、启动频率低和驱动器可靠性差等缺点，因此被称为具有交流伺服电动机运行特性的步进电动机系统。该产品以优越的性能，广泛地应用于数控机床、机器人，医疗器械、自动化主产线等各类自动化设备及生产线之中。

（1）产品的特点及用途

① 采用特殊的结构、优良的材质和先进的制造工艺；

② 采用特殊机械加工工艺，电动机定转子间气隙仅为 50μm；

③ 电动机转子定子直径比提高到 59%，大大提高了电动机的工作转矩；

④ 磁极数多于五相步进电动机，平稳性和定位精度远高于五相混合式步进电动机；

⑤ 采用交流伺服控制原理，具有交流伺服电动机运行特性；

⑥ 几乎无共振区、无爬行、无噪声；

⑦ 高压驱动，大大提高了高速转矩；

⑧ 可按两相和五相电动机的步数工作，可取代两相和五相电动机；

⑨ 电动机的转矩与电动机的每转步数无关；

⑩ 空载启动速度 4.7～8.0r/s（因电动机不同而异）。

（2）主要技术参数

VRDM 系列三相混合式步进电动机各型号及其对应主要技术参数见表 26-2-49。

表 26-2-49　　VRDM 系列三相混合式步进电动机主要技术参数

型号	电动机型号	步数/(步/r)	相电压/V	相电流/A	额定转矩/N·m	保持转矩/N·m	最高启动转速/r·s^{-1}	转动惯量/kg·cm^2	重量/kg	接线方式(线数)	配套驱动器
57 型	VRDM364/LHA	200/400/500/1000/2000/4000/5000/10000	40V(DC)	5.2	0.45	0.51	6.3	0.1	0.45	6	D921
	VRDM366/LHA			5.8	0.9	1.02		0.22	0.72		
	VRDM368/LHA				1.5	1.74		0.38	1.1		
90 型	VRDM397/LHA				1.7	1.92		1.1	1.65		
	VRDM3910/LHA				3.7	4.18		2.2	2.7		
	VRDM397/LWA		325V(AC)	1.75	2	2.26	5.3	1.1	1.65		WD3-007
	VRDM397/LWB								2.05	3	
	VRDM3910/LWA			2	4	4.52		2.2	2.7	6	
	VRDM3910/LWB								3.1	3	
	VRDM3913/LWA			2.25	6	6.78	5.3	3.3	3.8	6	
	VRDM3913/LWB								4.2	3	WD3-008 WDM3-008
110 型	VRDM31117/LSB			2.5	12	13.92		10.5	8		
	VRDM31117/LWB			4.1			4.7				
	VRDM31122/LWB			4.75	16.5	19.14		16	11		

(3) 外形及安装尺寸

表 26-2-50　　VRDM 系列 57 型、90 型电动机外形及安装尺寸　　mm

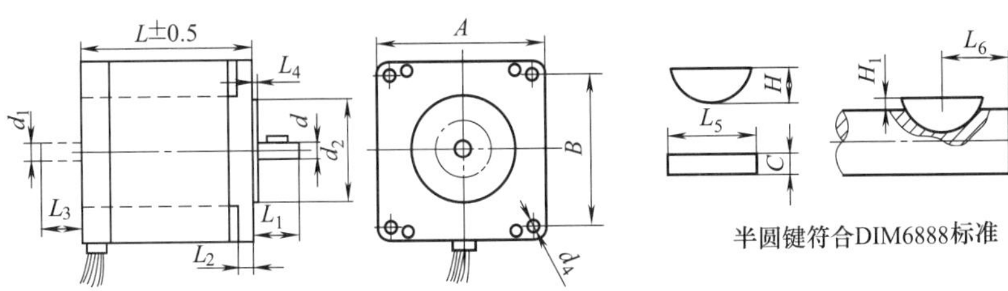

型　号	VRDM364	VRDM366	VRDM368	VRDM397	VRDM3910	VRDM3913
A	57.2			85		
B	47.14			70		
L	42	56	79	67.5/110①	97.5/140①	127.5/170①
L_1	21			30		
L_2	5			10		
L_3	20			30±1.5		
L_4	1.6			2		
L_5	—			12	15	
L_6				12±0.5		
d	$6.35_{-0.013}$		$8_{-0.013}$	12h6		14h6
d_1	$6.35_{-0.013}$		$8_{-0.013}$	14h6		
d_2	38.1±0.025			60h6		
d_4	5.2			6.5		
H	没有键			6.5		
H_1				1.7	1.7	2.2
C				4h9	4h9	5h9

① 表示 LWB 型电动机长度尺寸，其他尺寸与 LWA 通用，单位为 mm。

表 26-2-51 VRDM 系列 110 型电动机外形及安装尺寸

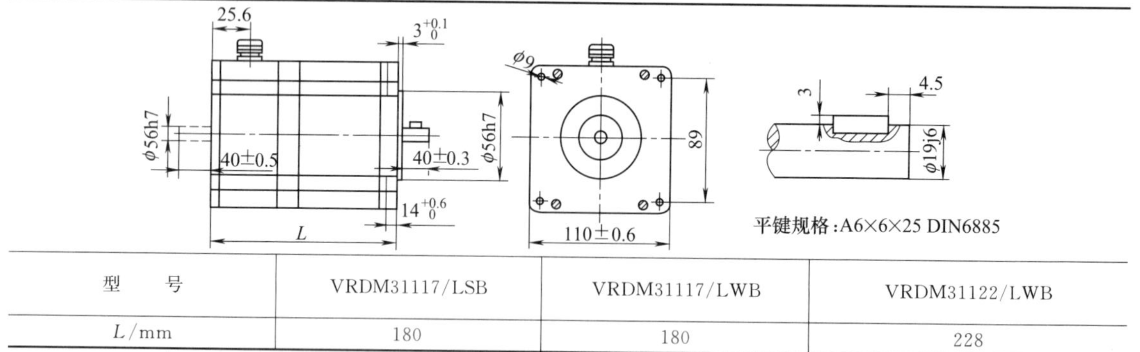

型 号	VRDM31117/LSB	VRDM31117/LWB	VRDM31122/LWB
L/mm	180	180	228

2.1.4.8 BY 系列微型永磁式步进电动机

(1) 产品特点及用途

BY 系列永磁式步进电动机规格齐全，技术性能指标已达到国外同类产品先进水平。该产品主要用于打印机、复印机、传真机等计算机外部设备及医疗仪器、舞台灯光、工业自动化仪器等设备。

(2) 型号的含义

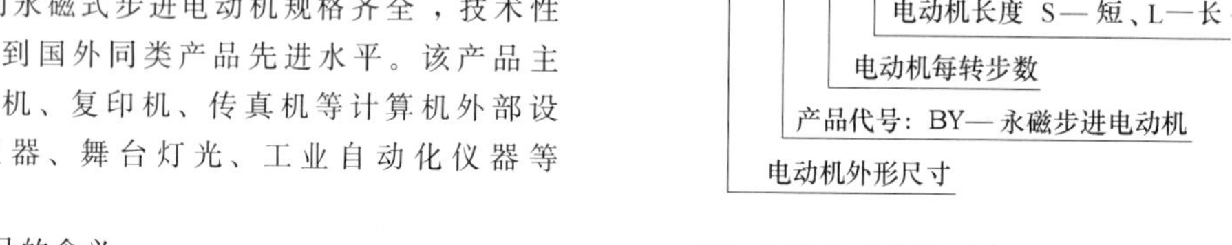

(3) 主要技术参数（表 26-2-52）

表 26-2-52 BY 系列微型永磁步进电动机的主要技术参数

型 号	步距角/(°)	相数	电压 /V	电流 /A	电阻 /Ω	最大静转矩/g·cm	定位转矩/g·cm
15BY20L01	18	2	5	0.5	10	27	10
15BY20L02	18	2	12	0.065	190	40	16
20BY20L01	18	2	5	0.5	10	60	20
20BY20L02	18	2	5	0.39	13	40	20
25BY24L01	15	4	9	0.45	20	135	60
25BY24L02	15	4	12	0.4	30	130	75
25BY48L01	7.5	4	3	0.3	10	90	45
35BY24L01	15	4	24	0.282	85	450	150
35BY48S01	7.5	2	5	0.71	7	250	50
35BY48L01	7.5	2	12	0.2	60	550	120
42BY48S01	7.5	4	12	0.3	40	550	100
42BY48L01	7.5	4	12	0.18	70	550	125
57BY48L01	7.5	4	12	0.57	21	1500	425

(4) 外形及安装尺寸

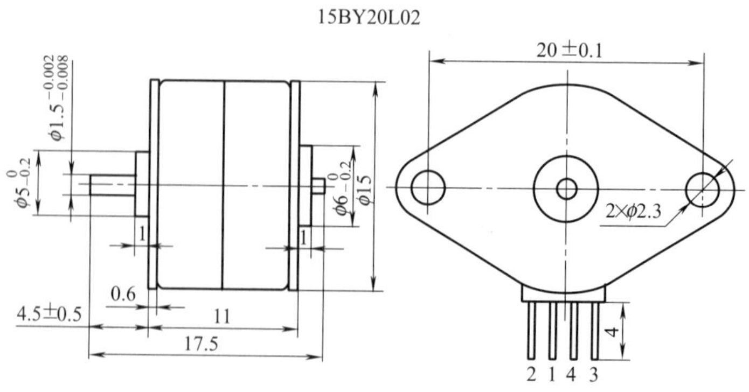

第 26 篇

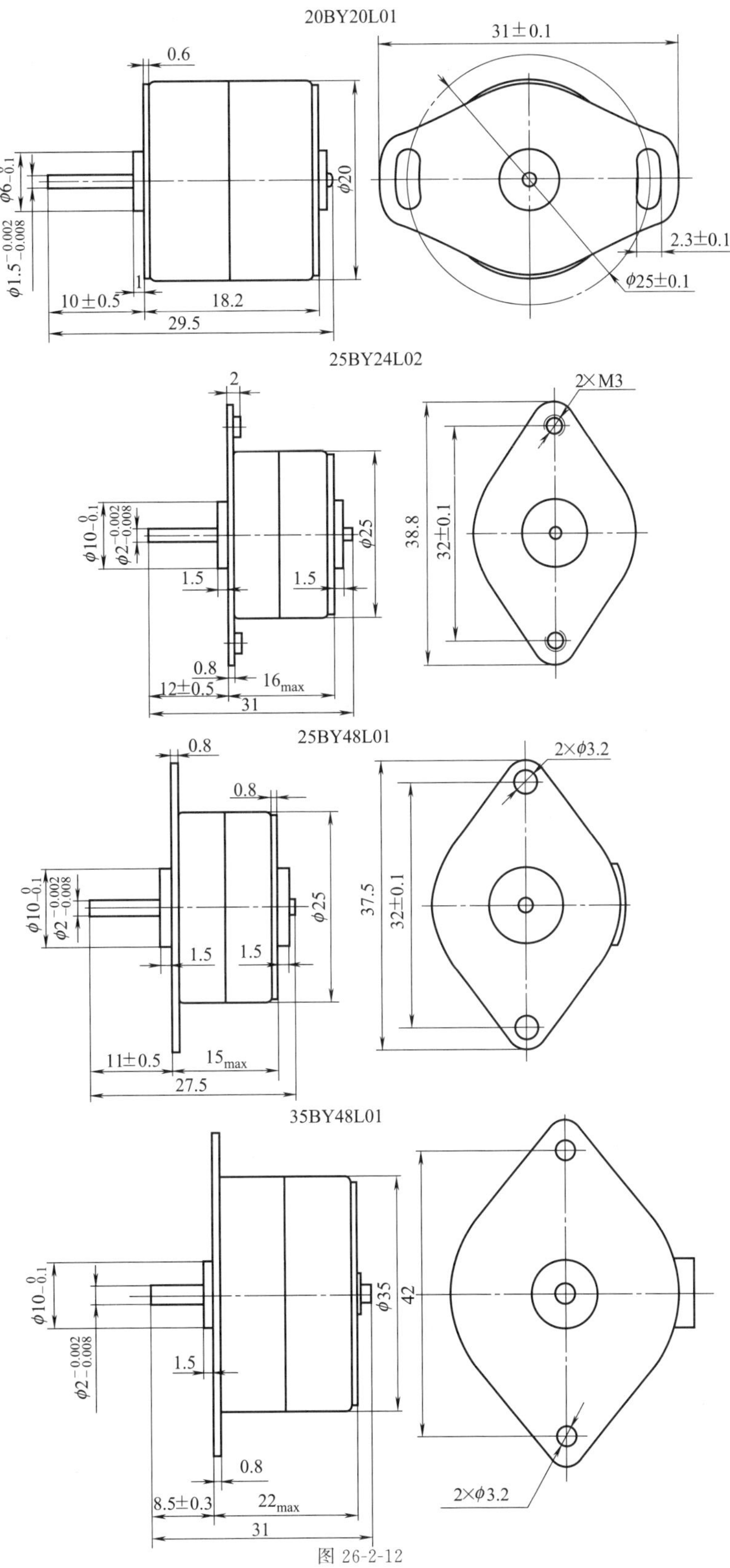

图 26-2-12

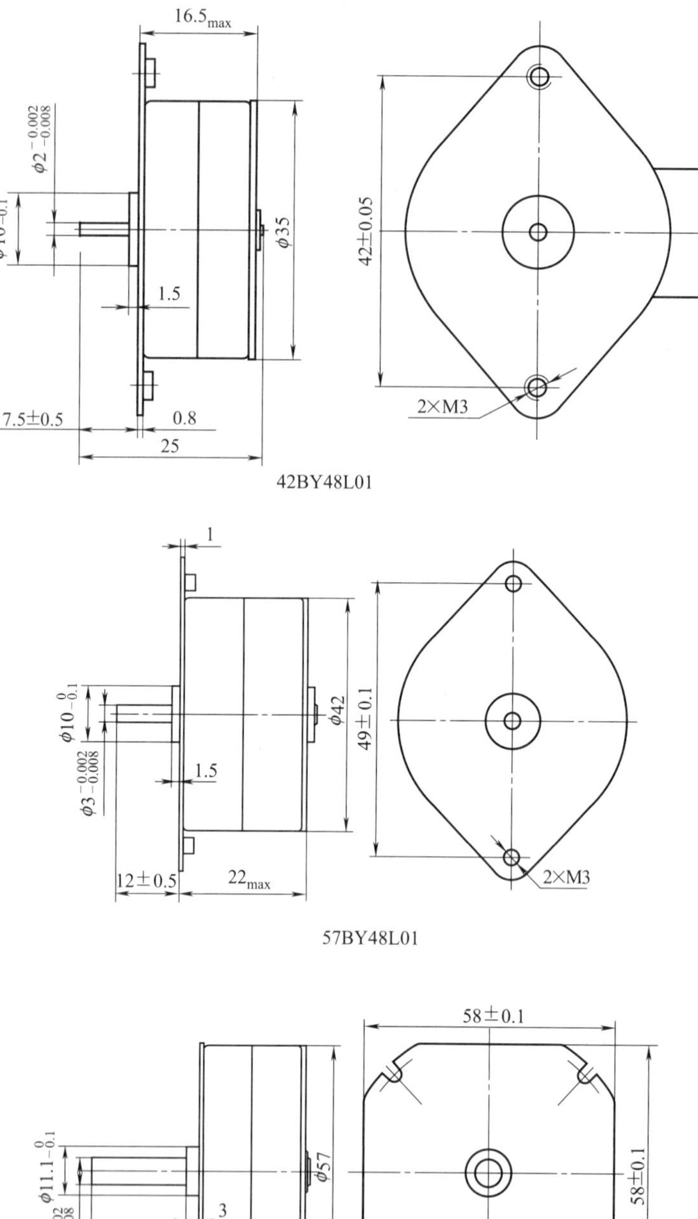

图 26-2-12　BY 系列微型永磁步进电动机外形及安装尺寸

2.2　直流伺服电动机

2.2.1　直流伺服电动机简介

直流伺服电动机在机电一体化设备中作执行元件，其功能是将输入的电压控制信号快速转换为轴上的角速度和角位移输出。直流伺服电动机具有如下特点。

① 可控性好。具有线性的调节特性，其转速正比于控制电压的大小；转向取决于控制电压的极性或相位；控制电压为零时，转子能立即停转。

② 稳定性好。能在较宽的速度范围内稳定运行。

③ 响应快。有较大的启动转矩和较小的转动惯量，在控制信号发生变化时，伺服电动机的转速能快速跟随变化。

④ 堵转转矩大。

⑤ 控制能力低，能耗小。

2.2.2　直流伺服电动机的类型及选用原则

直流伺服电动机分为有刷直流电动机和无刷直流电动机。有刷电动机成本低，结构简单，启动转矩大，调速范围宽，控制容易，需要维护，但维护方便(换碳刷)，产生电磁干扰，对环境有要求。近年来，由于交流调速电动机技术的发展，市场的趋向发生变化，但是，由于以小型电动机为代表直流无刷电动机具有效率高、控制容易、速度及成本低等优点，仍然有相当数量的有刷直流电动机在应用，一般用于对成本敏感的普通工业和民用场合。

无刷直流电动机采用电子部件替代传统电刷换相器，保留了直流电动机的优良调速特性，低速力矩大，调速范围宽，电动机体积小、效率高，同时克服了有刷直流电动机电刷容易打火、寿命短、维护复杂等缺点，与异步电动机调速系统相比，无刷直流电动机具有体积小、效率高、过载能力强、系统简单，低速恒力矩等特点，故广泛应用于医疗器械、仪器仪表、化工、轻纺以及家用电器等各个领域。如计算机硬盘驱动器的主轴电动机，录像机中的伺服电动机，均数以百万计的运用无刷直流电动机。

直流伺服电动机选择原则见表26-2-53。

表26-2-53　直流伺服电动机选择原则

选择要点	考虑内容
电源	要求有直流电源，一般应尽可能与系统所用电源类型一致
功率大小	一般来说，相同机座号的直流伺服电动机比交流伺服电动机功率大
系统要求	1. 随动系统要求伺服电动机机电时间常数小，启动和反转频率高； 2. 短时工作制的伺服系统要求伺服电动机能以较小的体积和重量给出较大的堵转转矩和功率； 3. 连续工作制的伺服系统主要要求伺服电动机寿命长； 4. 对于有恒转矩或恒功率要求的驱动系统，要考虑伺服电动机的恒转矩区或恒功率区转速范围大小； 5. 对于低速系统，要考虑伺服电动机的低速稳定性，亦可选用带有减速装置的伺服电动机

2.2.3　常用直流伺服电动机的技术特性

2.2.3.1　BL系列无刷直流电动机及驱动器

(1) 技术特点

环境温度　0～50℃；环境湿度　<85%RH；绝缘等级　B级；耐振动/耐冲击　0.5/2.5g。其中92BL系列产品获得3C认证。

(2) 型号含义

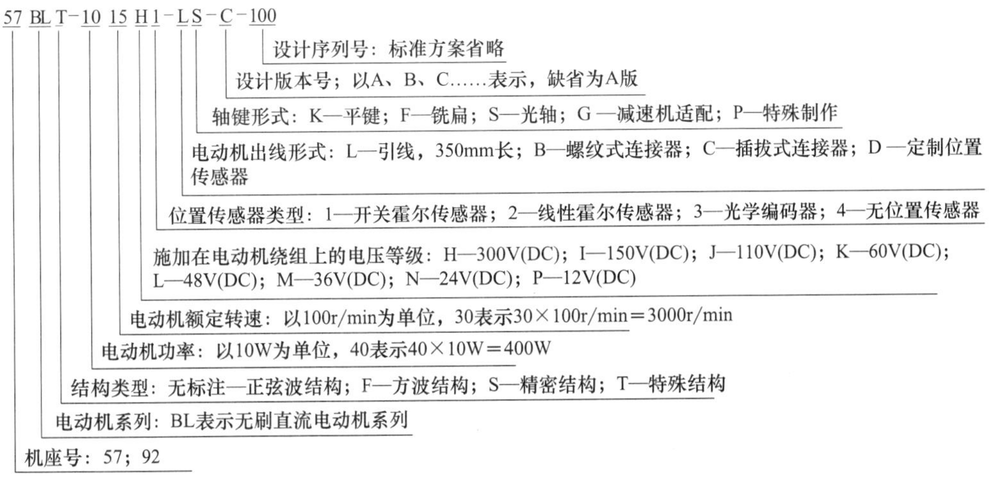

57 BL T-10 15 H 1-L S-C-100

- 100：设计序列号：标准方案省略
- C：设计版本号：以A、B、C……表示，缺省为A版
- S：轴键形式：K—平键；F—铣扁；S—光轴；G—减速机适配；P—特殊制作
- L：电动机出线形式：L—引线，350mm长；B—螺纹式连接器；C—插拔式连接器；D—定制位置传感器
- 1：位置传感器类型：1—开关霍尔传感器；2—线性霍尔传感器；3—光学编码器；4—无位置传感器
- H：施加在电动机绕组上的电压等级：H—300V(DC)；I—150V(DC)；J—110V(DC)；K—60V(DC)；L—48V(DC)；M—36V(DC)；N—24V(DC)；P—12V(DC)
- 15：电动机额定转速：以100r/min为单位，30表示30×100r/min=3000r/min
- 10：电动机功率：以10W为单位，40表示40×10W=400W
- T：结构类型：无标注—正弦波结构；F—方波结构；S—精密结构；T—特殊结构
- BL：电动机系列：BL表示无刷直流电动机系列
- 57：机座号：57；92

(3) 主要技术参数

BL系列无刷直流电动机的主要技术参数见表26-2-54，其驱动器的主要技术参数见表26-2-55。

表 26-2-54 **BL 系列无刷直流电动机的主要技术参数**

规格型号	额定功率/W	额定电压/V	额定转速/r·min^{-1}	额定转矩/N·m	最大转矩/N·m	定位转矩/N·m	额定电流/A	最大电流/A	极对数	重量/kg	外形尺寸/mm	适配驱动器
57BL-1010H1-LS-C	100	220(AC)	1000	0.96	1.92	0.02	0.5	1.0	5	1.5	60×60×126	BL-2203C
57BL-1015H1-LS-C	100	220(AC)	1500	0.64	1.28	0.015	0.5	1.0	5	1.1	60×60×103	BL-2203C
57BL-1030H1-LS-C	100	220(AC)	3000	0.32	0.64	0.01	0.6	1.02	5	0.8	60×60×73	BL-2203C
57BL-1080H1-LS-C	100	220(AC)	8000	0.12	0.24	0.01	0.52	1.04	5	0.8	60×60×73	BL-2203C V1.B
57BL-2030H1-LS-C	200	220(AC)	3000	0.64	1.28	0.015	1.1	2.0	5	1.1	60×60×103	BL-2203C
57BL-3030H1-LS-C	300	220(AC)	3000	0.96	1.92	0.02	1.6	3.0	5	1.5	60×60×126	BL-2203C
57BL-0730N1-LS-C	70	24(DC)	3000	0.23	0.46	0.01	4.0	8.0	5	0.8	60×60×73	BL-0408
57BL-0880N1-LS-C	80	24(DC)	8000	0.095	0.19	0.01	6.2	12.4	5	0.8	60×60×73	BL-0408 V1.5
92BL-2015H1-LK-C	200	220(AC)	1500	1.3	2.6	0.04	0.81	1.62	5	2.5	92×92×86	BL-2203C
92BL-4015H1-LK-C	400	220(AC)	1500	2.6	5.2	0.08	2.0	3.68	5	3.6	92×92×116	BL-2203C
92BL-4030H1-LK-C	400	220(AC)	3000	1.3	2.6	0.04	2.0	3.72	5	2.5	92×92×86	BL-2203C
92BL-5015H1-LK-C	500	220(AC)	1500	3.2	6.4	0.09	2.04	4.08	5	5.0	92×92×146	BL-2203C
92BL-5030H1-LK-C	500	220(AC)	3000	1.59	3.18	0.08	2.77	5.55	5	3.6	92×92×116	BL-2203C
92BL-6030H1-LK-C	600	220(AC)	3000	1.9	3.8	0.09	3.2	6.4	5	5.0	92×92×146	BL-2203C

表 26-2-55 **BL 系列无刷直流电动机驱动器规格型号一览表**

规格型号		BL-0408	BL-2203C
供电电源		直流 24～48V,容量 0.2kV·A	单相 220V(AC)(±15%),50Hz,容量 0.8kV·A
额定功率		最大 100W(依所选电动机确定)	最大 600W(依所配电动机而定)
额定转速		依所选电动机确定	依所选电动机确定(8000r/min,最大)
额定转矩		依所选电动机确定	
调速范围		100r/min 至额定转速	150r/min 至额定转速
速度变动率对负荷		±1%以下(额定转速)	±2%以下(额定转速)
速度变动率对电压		±1%以下(电源电压±10%,额定转速无负载)	
速度变动率对温度		±2%以下(25～40℃额定转速无负载)	
绝缘电阻		在常温常压下>100MΩ	
绝缘强度		在常温常压下 0.5kV,1min	在常温常压下 1kV,1min
冷却方式		强制风冷	内置风扇冷却(在重载和恶劣环境下需要提供辅助散热)
使用环境	场合	尽量避免粉尘、油雾及腐蚀性气体	
	温度	0～45℃	
	湿度	<80%RH,无凝露,无结霜	
	震动	5.9m/s^2(最大)	
保存温度		-20～65℃	
体积		142mm×87mm×46mm	183mm×116mm×63mm
重量		0.52kg	1.0kg

（4）外形及安装尺寸

表 26-2-56　　57 系列的外形及安装尺寸

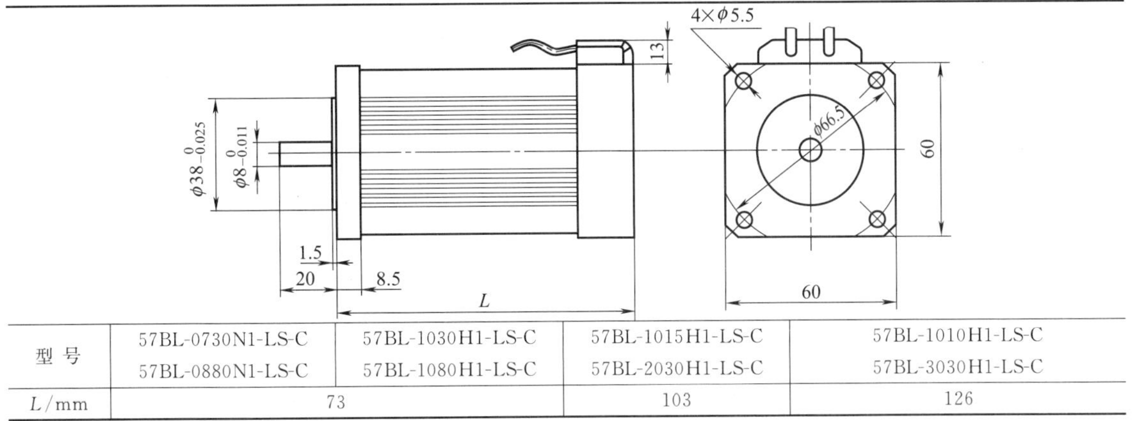

型 号	57BL-0730N1-LS-C 57BL-0880N1-LS-C	57BL-1030H1-LS-C 57BL-1080H1-LS-C	57BL-1015H1-LS-C 57BL-2030H1-LS-C	57BL-1010H1-LS-C 57BL-3030H1-LS-C
L/mm	73		103	126

表 26-2-57　　92 系列的外形及安装尺寸

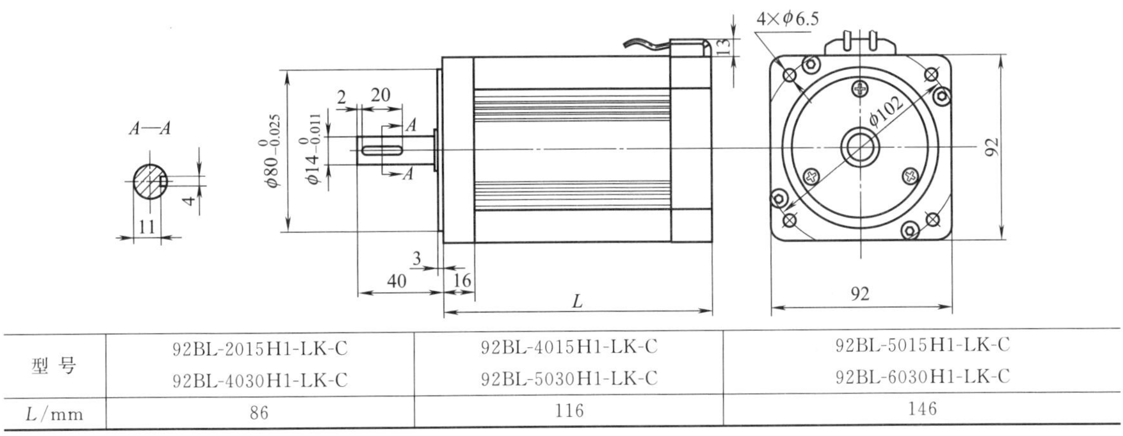

型 号	92BL-2015H1-LK-C 92BL-4030H1-LK-C	92BL-4015H1-LK-C 92BL-5030H1-LK-C	92BL-5015H1-LK-C 92BL-6030H1-LK-C
L/mm	86	116	146

2.2.3.2　FBL 系列无刷直流电动机及驱动器

（1）产品特点及用途

电动机安装尺寸仅 90mm、机身全长仅 80mm，但输出效率却高达 120W。故具有小型、高效率的特点，为设备小型化作贡献。

因转速变化极小，故具有出色的转速稳定性。不同于变频方式，几乎不会因负载变化而造成速度变动。

具有广泛的速度控制范围，均匀转矩，不但可在 300～3000r/min 范围内进行调速，而且从低速到高速皆能输出固定转矩。

具有适宜搬送精密、易碎工作物的缓慢启动、缓慢减速功能。此外，还具备多段速度控制及瞬时停止功能，可对应各种用途。

（2）型号含义

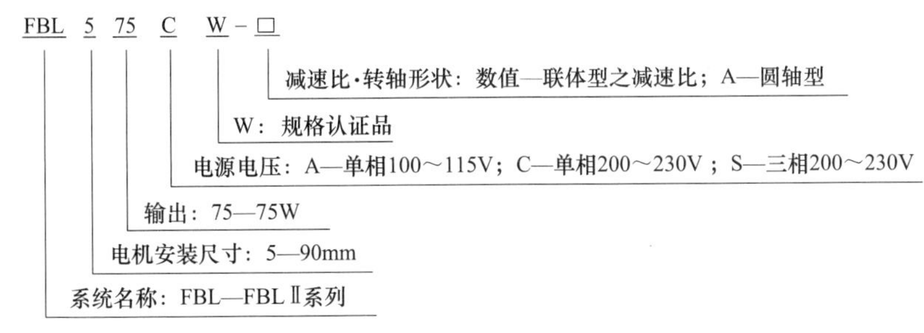

（3）主要技术参数

表 26-2-58　　FBL 系列无刷直流电动机的主要技术参数

型号		联体型	FBL575AW-□	FBL575CW-□	FBL575SW-□	FBL5120AW-□	FBL5120CW-□	FBL5120SW-□
		圆轴型	FBL575AW-A	FBL575CW-A	FBL575SW-A	FBL5120AW-A	FBL5120CW-A	FBL5120SW-A
额定输出/W			75			120		
电源输入	电压/V		单相 100～115 ±10%	单相 200～230 ±10%	三相 200～230 ±10%	单相 100～115 ±10%	单相 200～230 ±10%	三相 200～230 ±10%
	频率/Hz		50/60					
	额定输入电流/A		2.3	1.4	0.75	3.0	1.8	1.0
	最大输入电流/A		2.6	2.0	1.2	3.8	2.7	1.6
配套驱动器			FBLD75AW	FBLD75CW	FBLD75SW	FBLD120AW	FBLD120CW	FBLD120SW
额定转矩/N·m			0.25			0.4		
启动转矩/N·m			0.32			0.5		
圆轴型机型的容许负载惯性惯量①/10^{-4}kg·m^2			3.75			5.6		
联体型机型的减速比			5～200					
额定转速/r·min^{-1}			3000					
速度控制范围/r·min^{-1}			300～3000					
速度变动率	对负载		－1%以下　0～额定转矩、3000r/min 时					
	对电压②		±1%以下　电源电压±10%、3000r/min 无负载时					
	对温度		±1%以下　0～50℃、3000r/min 无负载时					
质量/kg			联体型为 3.0；圆轴型为 1.5			联体型为 4.0；圆轴型为 2.5		

① 容许负载惯性的数值系指圆轴型的数值。联体型的容许负载惯性惯量 见表 26-2-59。

② 单相 100～115V 输入型的速度变动率为 100V±10%、115V±10% 以内的数值。

注：1. 型号的□中为减速器的减速比数值。

2. 各规格数值均是电动机单体的数值。

表 26-2-59　　联体型的容许负载惯性惯量　　10^{-4}kg·m^2

型号 \ 减速比	5	10	15	20	30	50	100	200
FBL575AW-□ FBL575CW-□ FBL575SW-□ FBL5120AW-□ FBL5120CW-□ FBL5120SW-□	25	100	225	400	900	2500	2500	2500

表 26-2-60　　联体型的容许转矩　　N·m

型号	转速范围/r·min^{-1}	60～600	30～300	20～200	15～150	10～100	6～60	3～30	1.5～15
	减速比	5	10	15	20	30	50	100	200
FBL575AW-□ FBL575CW-□ FBL575SW-□		1.1	2.3	3.4	4.5	6.5	10.8	21.5	30
FBL5120AW-□ FBL5120CW-□ FBL5120SW-□		1.8	3.6	5.4	7.2	10.3	17.2	30	30

注：1. 型号的□中为减速比的数值。

2. 阴影部分表示与电动机同一运转方向。其他则为相反方向。

表 26-2-61 容许悬挂负载·容许轴向负载

型号		减速比	容许悬挂负载/N		容许轴向负载/N
			距轴端 10mm	距轴端 20mm	
联体型	FBL575AW-□ FBL575CW-□ FBL575SW-□ FBL5120AW-□ FBL5120CW-□ FBL5120SW-□	5	300	400	150
		10～20	400	500	
		30～200	500	650	
圆轴型	FBL575AW-A FBL575CW-A FBL575SW-A	—	130	150	尽量避免向电动机施加轴向负载。即使在无法避免时，轴向负载值亦不宜超过电动机本身重量的一半
	FBL5120AW-A FBL5120CW-A FBL5120SW-A	—	160	170	

(4) 外形尺寸（见图 26-2-13）

2.2.3.3 SY 系列有刷直流伺服电动机

(1) 产品特点及用途

SY 系列直流伺服电动机系永磁性直流伺服电动机。该电动机具有体积小、重量轻、伺服性能好、性能指标高等优点。广泛应用于自动控制系统中作执行元件，亦可作驱动元件。

FBL575AW-□、FBL575CW-□、FBL575SW-□（联体型）（减速器：GFB5G □）

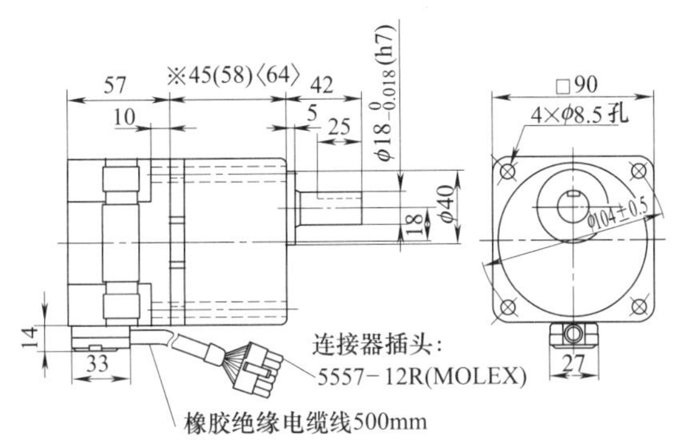

键-键槽(联体型附件)

25±0.2 $6_{-0.03}^{\ 0}$ $6_{-0.03}^{\ 0}$ $6_{\ 0}^{+0.040}$ $3.5_{\ 0}^{+0.1}$

※ GFB5G5～GFB5G20 的尺寸

( )内数值为 GFB5G30～GFB5G100 的尺寸

〈 〉内数值为 GFB5G200 的尺寸

FBL575AW-A、FBL575CW-A、FBL575SW-A（圆轴型）

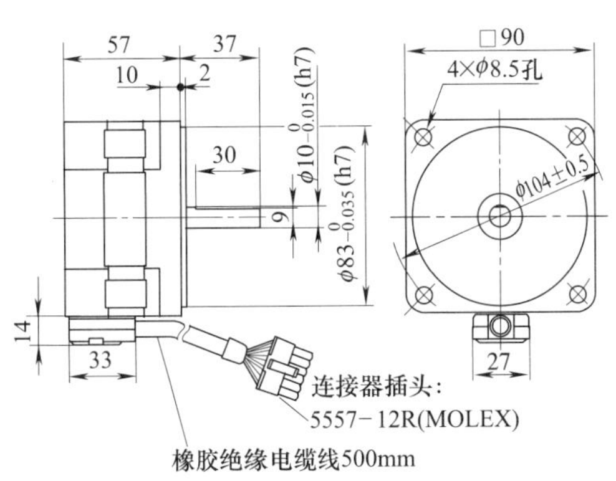

FBL5120AW-A、FBL5120CW-A、FBL5120SW-A（圆轴型）

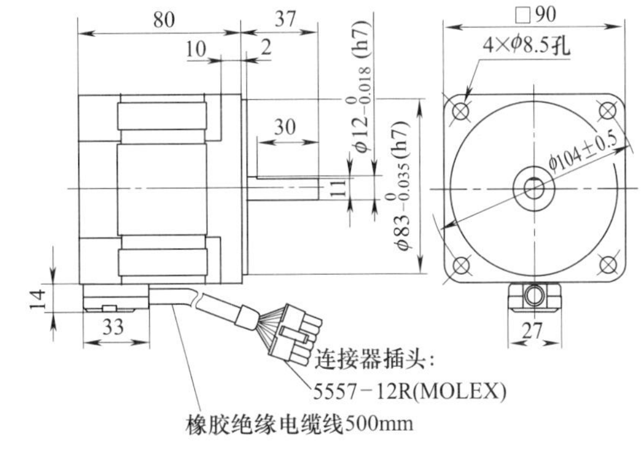

图 26-2-13

FBL5120AW-□、FBL5120CW-□、FBL5120SW-□（联体型）（减速机：GFB5G □）

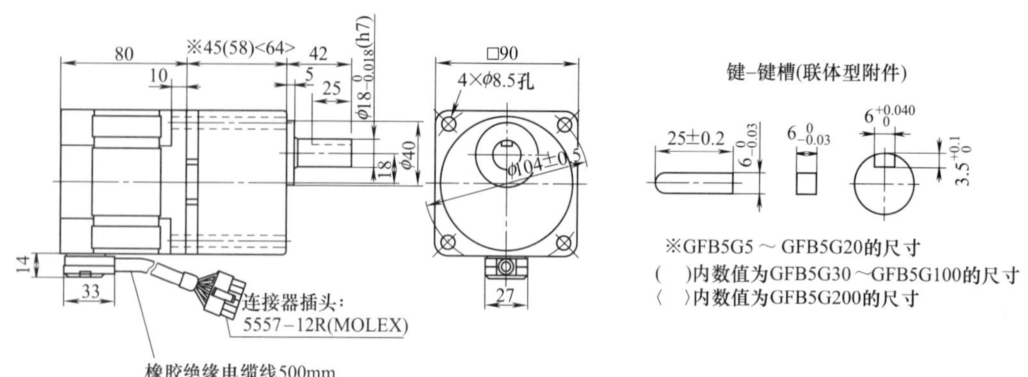

图 26-2-13 FBL 系列无刷电动机外形尺寸

（2）主要技术参数

表 26-2-62 SY 系列永磁式直流伺服电动机技术数据

型号	额定电压 /V	额定电流 /A	额定转速 /r·min^{-1}	额定转矩 /N·m	空载转速 /r·min^{-1}	空载电流 /A	堵转转矩 /N·m	堵转电流 /A
24SY002	28	0.4	6500					
24SY01	12	0.23	2700	4.4×10^{-3}	4200	0.05		
24SY02	12	0.36	4000	4.9×10^{-3}	6000	0.06		
26SY01	18	0.95	5000	—	5000±10%			
J28SY10	27	0.65	9000	11.76×10^{-3}			78.4±15.68	1.31
J30SY01	24	2	6000	4.5×10^{-3}	8100	0.05		
36SY01	27	1.7	4200	53.9×10^{-3}		0.35		
36SY02	27	1.0	5050	31.1×10^{-3}		0.18		
40SY01	27	3.8	4200	0.1372				
J74SY01	56	30	12000	1.03				
160SY01	48	2.2	160	5				
160SY02	60	15	600	10				

（3）外形尺寸

24SY01

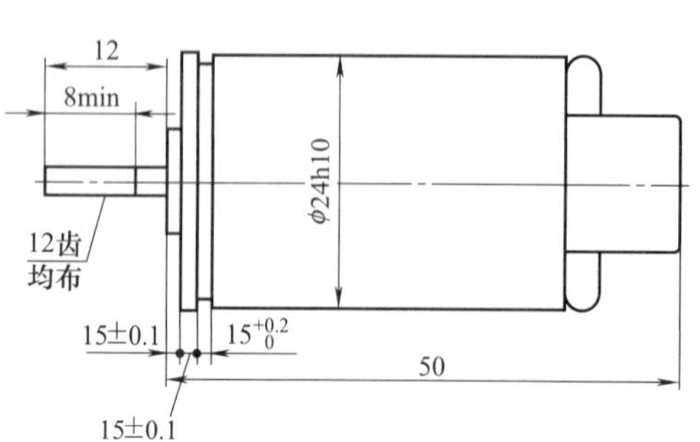

模数	0.2
齿数	12
压力角	20°
变位系数	0.3
精度等级	GB/T 2363—1990

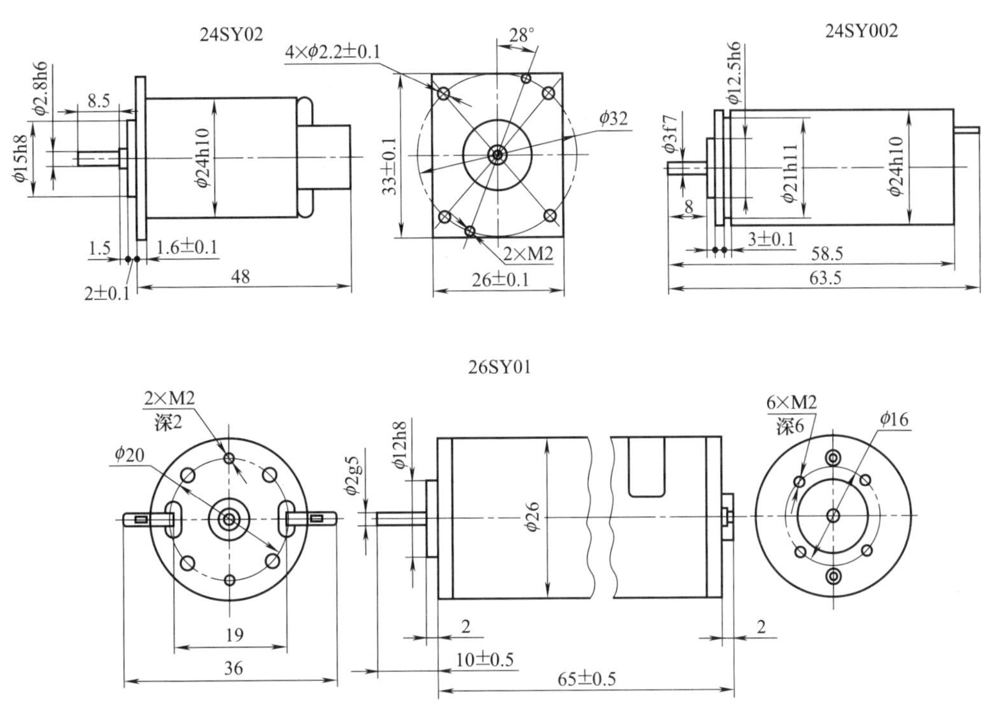
24SY02
φ2.8h6
8.5
φ15h8
φ24h10
1.5
1.6±0.1
2±0.1
48
4×φ2.2±0.1
28°
φ32
33±0.1
2×M2
26±0.1
24SY002
φ12.5h6
φ3f7
φ21h11
φ24h10
8
3±0.1
58.5
63.5
26SY01
2×M2
深2
φ20
19
36
φ12h8
φ2g5
φ26
2
10±0.5
65±0.5
2
6×M2
深6
φ16

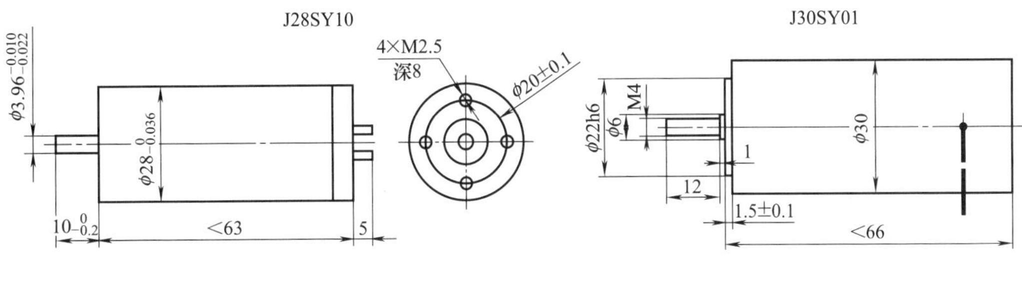
J28SY10
φ3.96-0.010 -0.022
φ28 0 -0.036
10 0 -0.2
<63
5
4×M2.5
深8
φ20±0.1
J30SY01
φ22h6
φ6
M4
φ30
1
12
1.5±0.1
<66

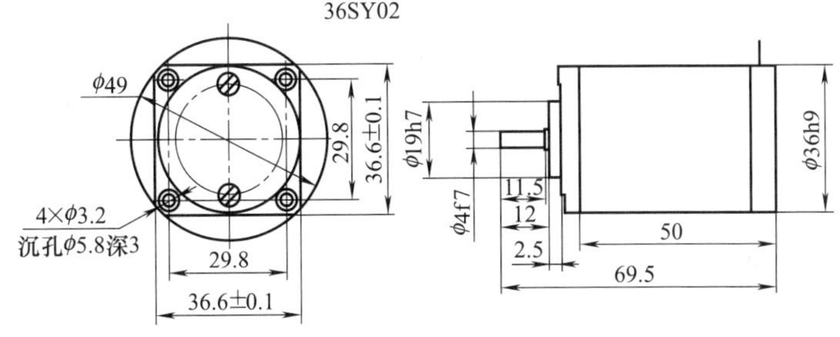
36SY02
φ49
29.8
36.6±0.1
4×φ3.2
沉孔φ5.8深3
29.8
36.6±0.1
φ19h7
φ4f7
11.5
12
2.5
50
69.5
φ36h9

图 26-2-14

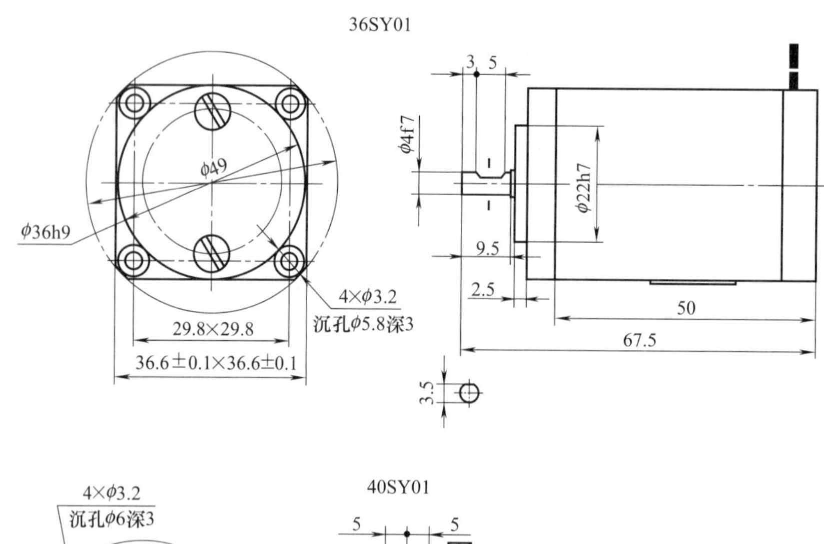

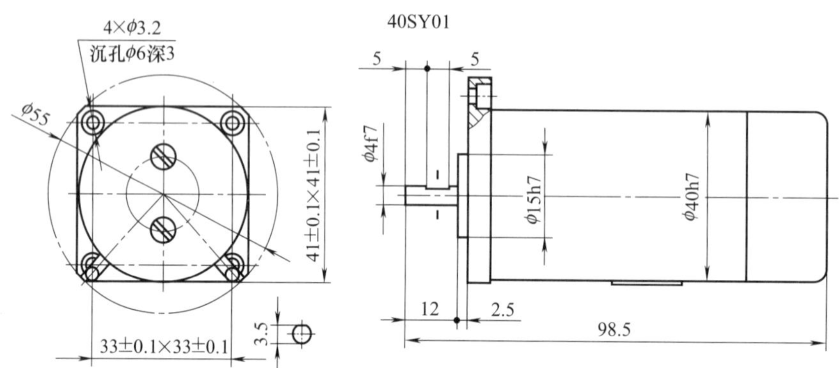

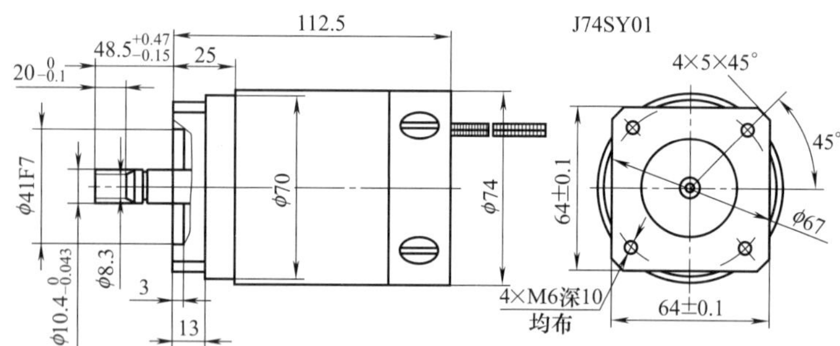

渐开线花键参数	外花键
模数	0.8
齿数	12
分度圆压力角	30°
分度圆直径	φ9.6
分度圆齿厚	1.26Sd2-I

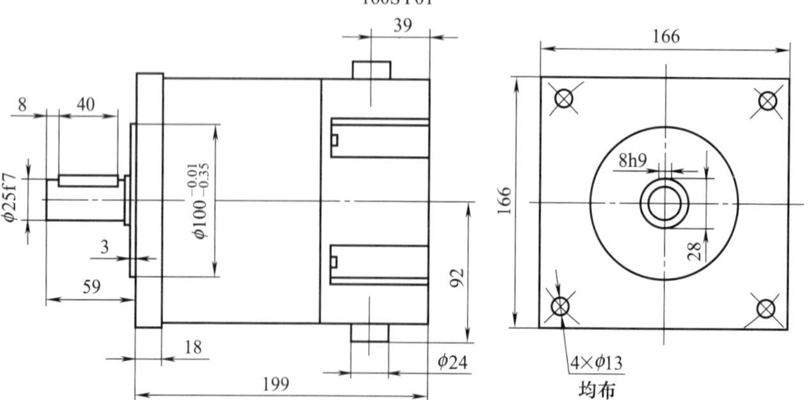

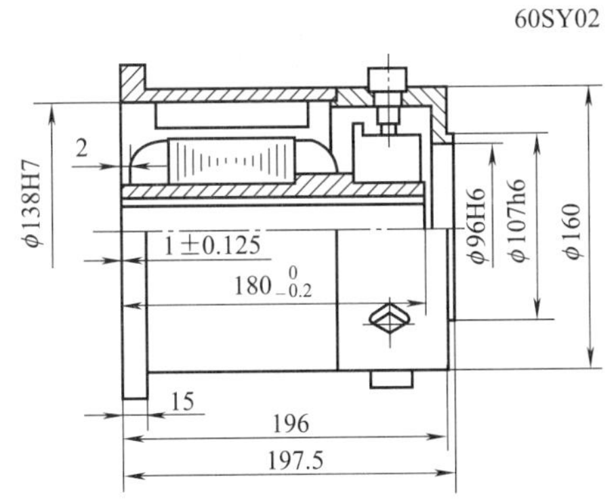

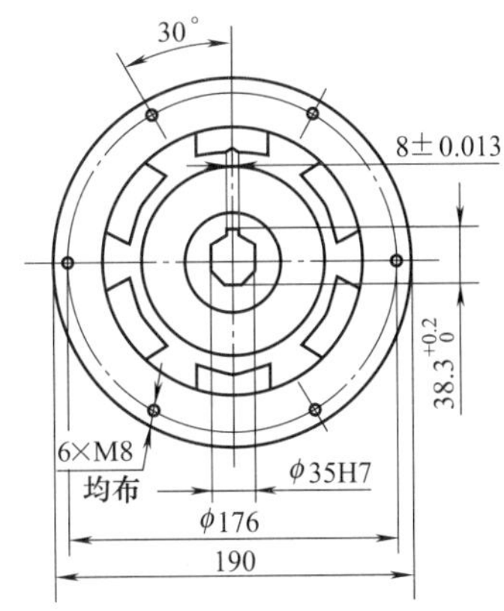

图 26-2-14　SY 系列有刷直流伺服电动机外形及安装尺寸

2.2.3.4　SZ 系列有刷直流伺服电动机

(1) 产品特点及用途

SZ 系列微型直流伺服电动机广泛应用于各种机械设备及自动控制等系统中，用作执行元件，也可用作驱动元件。本系列电动机是我国自行设计的新系列产品，同老系列 S 系列产品相比，具有体积小，重量轻，性能指标高等特点，且产品系列化程度高，零部件通用化程度强。

按激磁方式 SZ 系列电动机分为他激（并激）、串激、复激三种。

按使用环境条件 SZ 系列电动机分为普通型和湿热带型两类。SZ 系列电动机可制成表 26-2-63 所示的安装结构型式。

表 26-2-63　SZ 系列直流伺服电动机的安装结构型式

安装结构类型	安装结构型式代号		机座号
	单 轴 伸	双 轴 伸	
机壳外圆安装	A5	AA5	55-130
端盖凸缘安装	A3	AA3	55-130
底 脚 安 装	A1	AA1	70-130

(2) 型号说明

130　SZ　05　F / H1

- H1：结构特征代号：基型结构按表 26-2-63 规定；派生结构用 H1、H2 ……等表示
- F：激磁方式代号：C—串激式；F—复激式；不注明—他激(并激)式
- 05：铁芯长度代号：01～49—短铁芯产品；51～99—长铁芯产品；101～149—特长铁芯产品
- SZ：产品代号：SZ—电磁式直流伺服电动机
- 130：机座号：用 55、70、90、110、130 表示，其相应机座外径为 55mm、70mm、90mm、110mm、130mm

(3) 技术参数

表 26-2-64　SZ 系列有刷直流伺服电动机技术参数

型号	转矩/mN·m	转速/r·min⁻¹	功率/W	电压/V 电枢	电压/V 励磁	电流(不大于)/A 电枢	电流(不大于)/A 励磁	允许顺逆转速差/r·min⁻¹	转动惯量(不大于)/mN·m·s²	质量/kg(不大于)	附注
70SZ01	127	3000	40.0	24	24	3.00	0.500	200	0.058	1.5	
70SZ02	127	3000	40.0	27	27	2.60	0.440	200	0.058		
70SZ03	127	3000	40.0	48	48	1.60	0.250	200	0.058		
70SZ04	127	3000	40.0	110	110	0.60	0.110	200	0.058		
70SZ05	108	6000	68.0	24	24	4.80	0.500	300	0.058		
70SZ06	108	6000	68.0	27	27	4.40	0.440	300	0.058		
70SZ06/H1	108	6000	68.0	27	27	4.40	0.440	300	0.058		
70SZ07	108	6000	68.0	48	48	2.40	0.250	300	0.058		
70SZ08	108	6000	68.0	110	110	1.00	0.110	300	0.058		
70SZ09F	108	1800	20.0	220	220	0.23	0.030		0.058		复励

续表

型号	转矩/mN·m	转速/r·min^{-1}	功率/W	电压/V		电流(不大于)/A		允许顺逆转速差/r·min^{-1}	转动惯量(不大于)/mN·m·s^2	质量/kg(不大于)	附注
				电枢	励磁	电枢	励磁				
70SZ51	176	3000	55.0	24	24	4.00	0.570	200	0.070	1.7	
70SZ52	176	3000	55.0	27	27	3.50	0.500	200	0.070		
70SZ53	176	3000	55.0	48	48	1.90	0.310	200	0.070		
70SZ54	176	3000	55.0	110	110	0.80	0.130	200	0.070		
70SZ55	147	6000	92.0	24	24	6.00	0.570	300	0.070		
70SZ56	147	6000	92.0	27	27	5.40	0.500	300	0.070		
70SZ57	147	6000	92.0	48	48	3.00	0.310	300	0.070		
70SZ58	147	6000	92.0	110	110	1.20	0.130	300	0.070		
70SZ59	93	8000～10000	88.0	110	110	1.32	0.130	400	0.070		
70SZ61/H3	176	3000	55.0	27	27	3.50	0.490	200	0.070		
70SZ62/H2	398	6000	250.0	28	28	18.00	0.500		0.070		复励负载4min,空载6min,冷却至室温
70SZ63/H3	147	6000	92.0	24	24	6.00	0.600	300	0.070		
70SZ64	127	3000	40.0	160	175	0.46	0.900	200	0.070		
70SZ65/H5	176	4500	83.0	36	36	3.50	0.320	350	0.070		
70SZ101	167	7500～9500	148.0	110	110	1.95	0.120	400		2	
70SZ101/H4	167	7500～9500	148.0	110	110	1.95	0.120	400			
70SZ103	294	2750	85.0	48	24	3.00	0.720	180			短时工作30min
70SZ104/H1	392	10000	410.0	27	27	30.00	0.600	500			短时工作2min
70SZ105/H2	539	6000	338.0	28	28	22.00	0.420				复励负载4min,空载6min,冷却至室温
70SZ106	150	7000	110.0	200	200	0.75	0.083	350			
90SZ01	323	1500	50.0	110	110	0.66	0.200	100	0.180	底角安装结构为3；其他为2.8	
90SZ02	323	1500	50.0	220	220	0.33	0.110	100	0.180		
90SZ03	294	3000	92.0	110	110	1.20	0.200	200	0.180		
90SZ03/H2	294	3000	92.0	110	110	1.20	0.200	200	0.180		
90SZ04	294	3000	92.0	220	220	0.60	0.110	200	0.180		
90SZ05	294	3000	92.0	24	24	6.10	0.800	200	0.180		
90SZ10	294	3000	92.0	180	200	0.75	0.110	200	0.180		
90SZ11	294	3000	92.0	36	36	4.00	0.520	200	0.180		
90SZ12/H5	294	3300	100.0	27	27	6.10	0.900	220	0.180		
90SZ13	323	1000	34.0	180	200	0.33	0.120	80	0.180		
90SZ14	323	1500	50.0	180	200	0.44	0.120	100	0.180		
90SZ15	294	2250	69.0	180	200	0.56	0.120	150	0.180		
90SZ16	323	1500	50	48	48	1.5					
90SZ49/T1	294	3000	92	27		5.5					
90SZ51	510	1500	80.0	110	110	1.10	0.230	100	0.250	底角安装结构为3.8；其他为3.6	
90SZ52	510	1500	80.0	220	220	0.55	0.130	100	0.250		
90SZ53	480	3000	150.0	110	110	2.00	0.230	200	0.250		
90SZ54	480	3000	150.0	220	220	1.00	0.130	200	0.250		
90SZ54/H8	480	3000	150.0	220	220	1.00	0.130	200	0.250		
90SZ55	510	1500	80.0	24	24	5.00	1.000	100	0.250		
90SZ57	319	15000	500.0	220	220	3.70	0.130	700	0.250		短时．2min
90SZ58	319	15000	500.0	55	56	16.00	0.470	700	0.250		短时．2min
90SZ60	824	1500	130.0	60	60	4.00	0.520	100	0.250		短时．2min
90SZ61/H1	294	3000	92.0	48	48	2.90	0.490	200	0.250		
90SZ62/H4	510	3000	160.0	36	36	6.70	0.620	200	0.250		

续表

型号	转矩/mN·m	转速/r·min^{-1}	功率/W	电压/V		电流(不大于)/A		允许顺逆转速差/r·min^{-1}	转动惯量(不大于)/mN·m·s^2	质量/kg(不大于)	附注
				电枢	励磁	电枢	励磁				
90SZ64	510	1000	54.0	180	200	0.48	0.140	70	0.250	底角安装结构为3.8；其他为3.6	
90SZ65	510	1500	80.0	180	200	0.68	0.140	100	0.250		
90SZ66	480	2250	113.0	180	200	0.90	0.140	150	0.250		
90SZ67	480	3000	150.0	180	200	1.25	0.140	200	0.250		
90SZ68C/H7	176	13000	240.0	24		18.00			0.250		串励,短时,1h
90SZ69	245	6000	150.0	220	220	1.10	0.130	300	0.250		
90SZ71	480	3000	150.0	42	42	4.90	0.630	200	0.250		
110SZ01	784	1500	123.0	110	110	1.80	0.270	100	0.560	底角安装结构为6.1；其他为5.8	
110SZ02	784	1500	123.0	220	220	0.90	0.130	100	0.560		
110SZ03	637	3000	200.0	110	110	2.80	0.270	200	0.560		
110SZ04	637	3000	200.0	220	220	1.40	0.130	200	0.560		
110SZ07	477	10000	500.0	110	110	7.20	0.420	500	0.560		短时,10min
110SZ10/H5	686	500	36.0	12	12	4.80	2.500	30	0.560		
110SZ12	637	3000	200.0	160	190	1.80	0.140	200	0.560		
110SZ13C/H10	318	6000	200.0	110		2.80			0.560		串励
110SZ14	784	1000	82.0	180	200	0.67	0.140	70	0.560		
110SZ15	784	1500	123.0	180	200	0.98	0.140	100	0.560		
110SZ16	637	2250	150.0	180	200	1.20	0.140	150	0.560		
110SZ49F/H13	477	3000	150.0	48		4.80	0.150				复励
110SZ51	1177	1500	185.0	110	110	2.50	0.320	100	0.760	底角安装结构为7.9；其他为7.6	
110SZ51/H7	1177	1500	185.0	110	110	2.50	0.320	100	0.760		
110SZ52	1177	1500	185.0	220	220	1.25	0.160	100	0.760		
110SZ52/H8	1177	1500	185.0	220	220	1.25	0.160	100	0.760		
110SZ53	980	3000	308.0	110	110	4.00	0.320	200	0.760		
110SZ53/H1	980	3000	308.0	110	110	4.00	0.320	200	0.760		
110SZ53/H4	980	3000	308.0	110	110	4.00	0.320	200	0.760		
110SZ53/H6	980	3000	308.0	110	110	4.00	0.320	200	0.760		
110SZ54	980	3000	308.0	220	220	2.00	0.160	200	0.760		
110SZ55	980	3000	308.0	24	24	16.50	1.300	200	0.760		
110SZ55/H11	980	3000	308.0	24	24	16.50	1.300	200	0.760		
110SZ56	1177	1000	123.0	110	110	1.70	0.320	100	0.760		
110SZ56/H3	1177	1000	123.0	110	110	1.70	0.320	100	0.760		
110SZ57	824	1450	125.0	54	54	3.24	0.540		0.760		
110SZ57	824	2000	172.0	54	54	4.50	0.540		0.760		借调小磁场电流实现
110SZ59	1274	3000	400.0	96	96	5.50	0.270	200	0.760		短时,1h
110SZ59/H2	1274	3000	400.0	96	96	5.50	0.270	200	0.760		短时,1h
110SZ60	980	3000	308.0	110	110	4.00	0.320	200	0.760		
110SZ61	843	1700	150.0	12	12	17.00	2.100	120	0.760		
110SZ62	980	3000	308.0	220	250	1.80	0.130	200	0.760		
110SZ63/H12	573	3000	180.0	48	48	5.40	0.660	200	0.760		
110SZ63FL/H12	574	3000	180.0	48	48	5.00			0.760		复励
110SZ64	1177	1500	185.0	180	220	1.32	0.180	100	0.760		
110SZ65	980	2250	230.0	180	200	1.65	0.180	150	0.760		
110SZ66	980	3000	308.0	180	200	2.15	0.180	200	0.760		
110SZ67	1177	1000	123.0	180	200	0.85	0.180	100	0.760		

续表

型号	转矩/mN·m	转速/r·min^{-1}	功率/W	电压/V		电流(不大于)/A		允许顺逆转速差/r·min^{-1}	转动惯量(不大于)/mN·m·s^2	质量/kg(不大于)	附注
				电枢	励磁	电枢	励磁				
130SZ01	2256	1500	355.0	110	110	4.40	0.280	100	1.960	底角安装结构为12.5；其他为11.8	
130SZ02	2256	1500	355.0	220	220	2.20	0.180	100	1.960		
130SZ02/H6	2256	1500	355.0	220	220	2.20	0.180	100	1.960		
130SZ02/H7	2256	1500	355.0	220	220	2.20	0.180	100	1.960		
130SZ03	1912	3000	600.0	110	110	7.60	0.280	200	1.960		
130SZ03/H1	1912	3000	600.0	110	110	7.60	0.280	200	1.960		
130SZ03M/H5	1912	3000	600.0	110	110	7.60	0.280	200	1.960		
130SZ04	1912	3000	600.0	220	220	3.80	0.180	200	1.960		
130SZ04/H8	1912	3000	600.0	220	220	3.80	0.180	200	1.960		
130SZ04M/H5	1912	3000	600.0	220	220	3.80	0.180	200	1.960		
130SZ05F/H1	1275	3000	400.0	110	110	5.40	0.230		1.960		复励
130SZ06	2256	750	177.0	110	110	2.30	0.280	75	1.960		
130SZ07M/H1	1593	1500	250.0	220	220	1.60	0.160	100	1.960		
130SZ08M/H1	1593	1500	250.0	180	180	1.80	0.280	100	1.960		
130SZ09/H3	1912	2000	400.0	24	24	24.00	0.820	130	1.960		并励
130SZ11	2256	1500	355.0	180	180	3.00	0.140	100	1.960		
130SZ12	1912	3000	600.0	180	200	5.00	0.140	200	1.960		
130SZ13C	1912	2500	500.0	160		5.00		150	1.960		串励场控
130SZ14C	1912	1500	300.0	180		2.50			1.960		串励
130SZ16/H10	1470	2000	300.0	90	220	4.70	0.170	130	1.960		
130SZ17F/H12	1912	2000	400.0	24	24	2.50	0.550		1.960		复励
130SZ18	2256	1000	236.0	180	200	1.90	0.160	100	1.960		
130SZ19/H13	2256	750	177.0	80	80	3.30	0.420	50	1.960		带制动器，制动力矩 1.2N·m
130SZ22/H23	1147	2500	300.0	48	48	8.50	0.520	150	1.960		短时、30min
130SZ61/H20	2867	2500	750.0	160	180	6.00	0.240	150	1.960		
130SZ49F/T1	2256	1500	355.0	48	48	4.80	0.220				复励
130SZ61/H21	2867	2500	750.0	160	180	6.00	0.240	180			
130SZ80/T1	2867	1500	450.0	220	220	2.80	0.031				

(4) 外形及安装尺寸

表 26-2-65 70、90、110 系列外形及安装尺寸（A5、AA5） mm

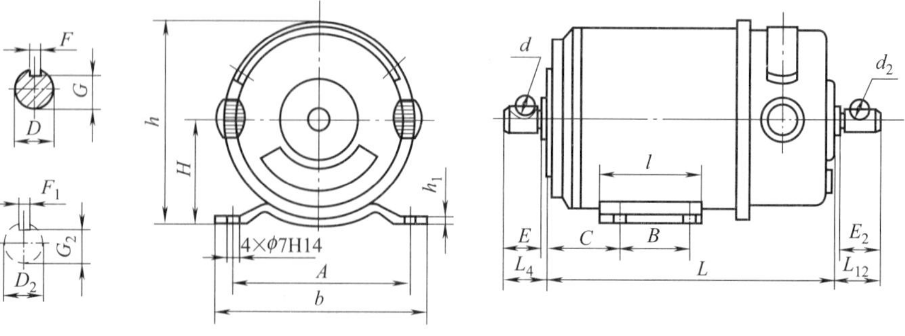

续表

型号	H	h	h_1	A	b	C	B	l	L	D	E	L_4	F	G	d	D_2	E_2	L_{12}	F_1	G_2	d_2
	—	—	—	(±0.25)	—	—	(±0.25)	—	—	(h6)	—	—	+0.005 −0.015	(h11)	(H11)	(h6)	—	—	+0.005 −0.015	(h11)	(H11)
70SZ01-49	42.5	79.5	5	74	90	22	39	55	114	6	12	16	2	4.3	7	5	12	13.5	2	3.3	7
70SZ51-99									124												
70SZ101-149									136												
90SZ01-49	$50_{-0.4}$	97.5	3	100	116	26.5	44	64	127	8	16	18	2	5.2	10	6	14	16	2	4.3	7
90SZ51-99						40.5			147												
110SZ01-49	$63_{-0.5}$	120.5	4	115	130	32	70	85	164	10	20	22	3	7.3	10	8	16	18	2	5.2	10
110SZ51-99						47			194												

表 26-2-66　70、90、110 系列外形及安装尺寸（A3、AA3）　mm

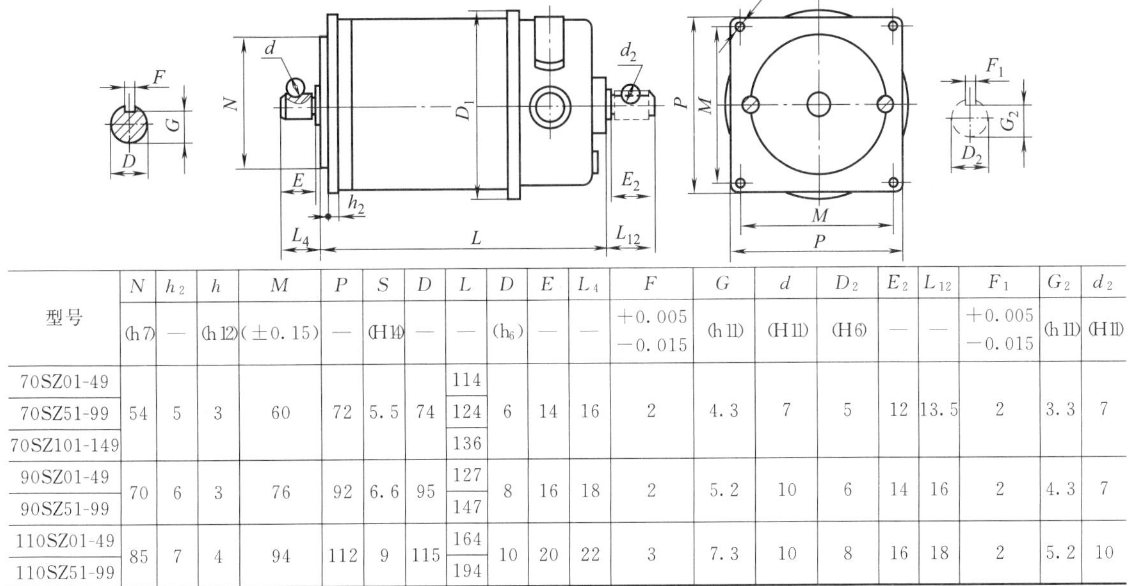

型号	N	h_2	h	M	P	S	D	L	D	E	L_4	F	G	d	D_2	E_2	L_{12}	F_1	G_2	d_2
	(h7)	—	(h12)	(±0.15)	—	(H14)	—	—	(h_6)	—	—	+0.005 −0.015	(h11)	(H11)	(H6)	—	—	+0.005 −0.015	(h11)	(H11)
70SZ01-49	54	5	3	60	72	5.5	74	114	6	14	16	2	4.3	7	5	12	13.5	2	3.3	7
70SZ51-99								124												
70SZ101-149								136												
90SZ01-49	70	6	3	76	92	6.6	95	127	8	16	18	2	5.2	10	6	14	16	2	4.3	7
90SZ51-99								147												
110SZ01-49	85	7	4	94	112	9	115	164	10	20	22	3	7.3	10	8	16	18	2	5.2	10
110SZ51-99								194												

表 26-2-67　90、110 系列外形及安装尺寸（A1、AA1）　mm

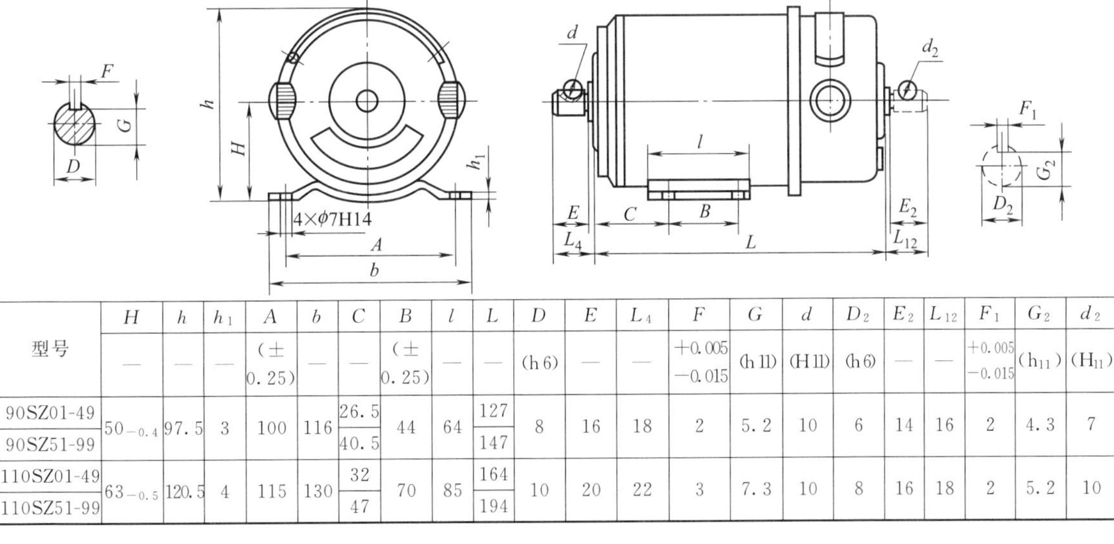

型号	H	h	h_1	A	b	C	B	l	L	D	E	L_4	F	G	d	D_2	E_2	L_{12}	F_1	G_2	d_2
	—	—	—	(±0.25)	—	—	(±0.25)	—	—	(h6)	—	—	+0.005 −0.015	(h11)	(H11)	(h6)	—	—	+0.005 −0.015	(h_{11})	(H_{11})
90SZ01-49	$50_{-0.4}$	97.5	3	100	116	26.5	44	64	127	8	16	18	2	5.2	10	6	14	16	2	4.3	7
90SZ51-99						40.5			147												
110SZ01-49	$63_{-0.5}$	120.5	4	115	130	32	70	85	164	10	20	22	3	7.3	10	8	16	18	2	5.2	10
110SZ51-99						47			194												

表 26-2-68 130SZ01～49 系列外形及安装尺寸（A5、AA5）

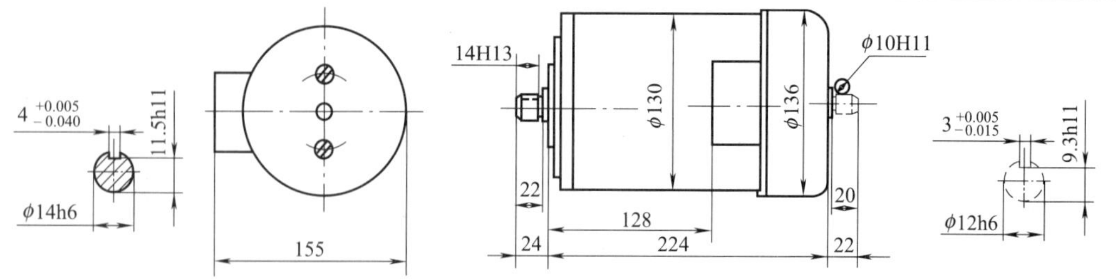

表 26-2-69 130SZ01～49 系列外形及安装尺寸（A3、AA3）

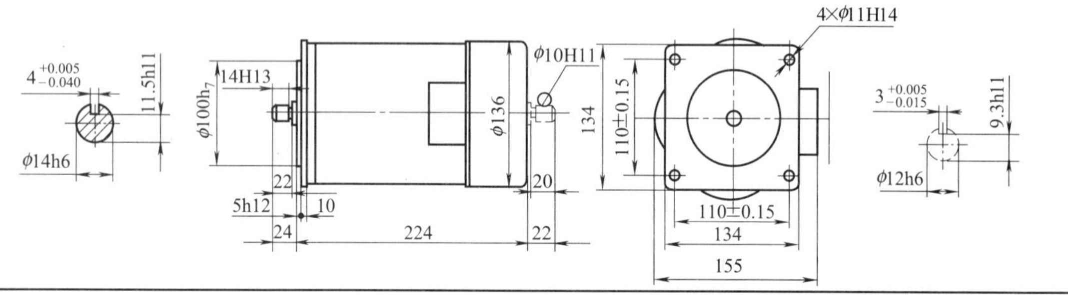

表 26-2-70 130SZ01～49 系列外形及安装尺寸（A1、AA1）

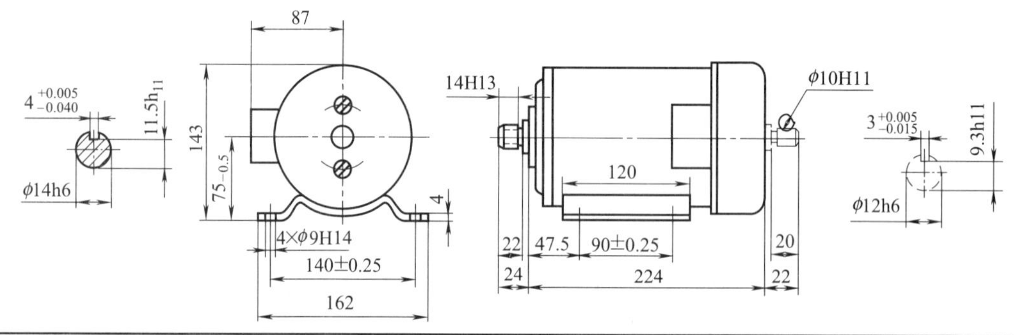

2.3 交流伺服电动机

2.3.1 交流伺服电动机简介

交流伺服电动机的种类很多，按其结构形式可分为同步交流伺服电动机和感应式交流伺服电动机。同步交流伺服电动机又分为永磁式同步交流伺服电动机和励磁式同步交流伺服电动机。

永磁式同步交流伺服电动机根据其磁极的结构，可分为凸极型和隐极型两种；感应式交流伺服电动机又分为一相、二相和三相等几种；图 26-2-15 所示为交流伺服电动机的几种结构示意图，目前常用做伺服电动机的主要是永磁式同步交流伺服电动机和感应式交流伺服电动机。

永磁式同步交流伺服电动机的结构特点是，转子用永磁材料制成，构成转子磁极，定子与感应式交流电动机一样装有绕组，以产生旋转磁场。由于旋转磁场与转子磁极的相互作用，转子可以和旋转磁场相同的旋转速度同步旋转。

感应式交流伺服电动机结构和普通笼型感应电动机相同。

2.3.2 交流伺服电动机的工作特性及参数

目前，常用的伺服电动机主要是永磁式交流伺服电动机，其工作特性曲线如图 26-2-16 所示。电动机的工作区域被划分为连续工作和间断工作两个区域，在连续工作区（Ⅰ）内，电动机任何转速与转矩的组合都可以使电动机长时间稳定连续运行，虽然在该区域内随着电动机转速的升高，转矩略有下降，但下降

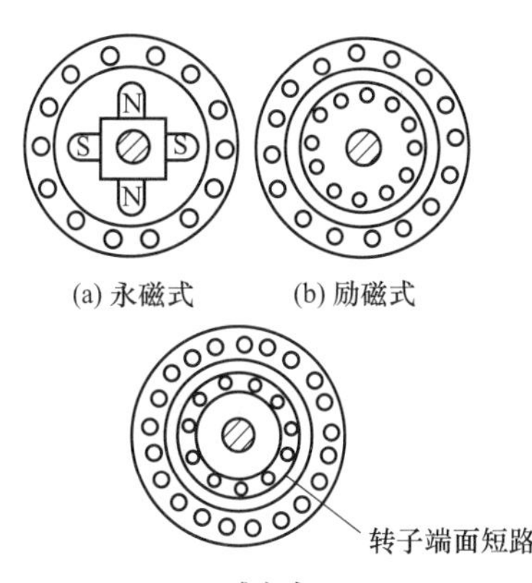

图 26-2-15　交流伺服电动机结构示意

的幅度不大，基本能够保证恒转矩输出。一般来说，永磁式交流伺服电动机的机械特性较硬，间断工作区（Ⅱ）的范围大且不封顶，有利于提高电动机的加、减速能力。交流伺服电动机的主要技术参数如下。

1）额定转矩　指电动机在额定转速下所能输出的长时间工作转矩。通常折算到电动机轴上的负载力矩应小于电动机的额定转矩。

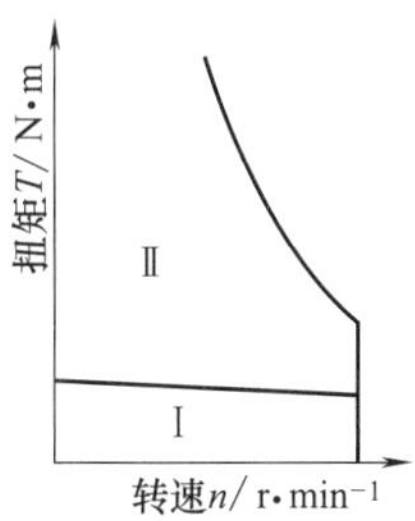

图 26-2-16　永磁式交流伺服电动机工作特性曲线

2）瞬时最大转矩　指电动机在短时间内可输出的最大转矩，它反映了电动机瞬时过载能力。从电动机的工作特性曲线可以看出，永磁式交流伺服电动机的瞬时转矩可以达到很大的数值，并且可以是额定转矩的数倍，因此，折算到电动机轴上的最大加速力矩应小于电动机提供的瞬时最大转矩。

3）转动惯量　对电动机转子转动时惯性的度量。交流伺服电动机的转子惯量较小，故允许电动机高速工作。

4）额定转速　指电动机在额定功率条件下运行时的转速，有时也称额定转速为电动机的最高转速。在通常情况下，交流伺服电动机的调速范围都在额定转速以下。

5）额定功率　指电动机在额定状态下电动机轴输出功率的额定值，是电动机长时间连续运行所能输出的最大功率。电动机可在额定功率条件下长时间连续运行而不致过热，否则，电动机将产生过热，而长时间过热则有烧坏电动机的危险。

2.3.3　交流伺服电动机的选择原则与容量计算

2.3.3.1　交流伺服电动机容量选择的基本原则与步骤

伺服电动机主要用于位置和速度控制系统中，其动力选择除了考虑电动机的功率与转矩参数外，还要考虑系统的转动惯量匹配问题，一般选择伺服电动机主要从额定转速、负载转矩、转动惯量、加速/减速时间和运行模式等几个方面考虑。

一般情况下，选择伺服电动机需满足下列情况：

① 电动机最大转速＞系统所需之最高移动转速；

② 电动机的转子惯量与负载惯量相匹配；

③ 连续负载工作转矩≤电动机额定转矩；

④ 系统最大转矩（加速转矩）≤电动机瞬时最大转矩。

（1）伺服电动机容量选择的基本原则

1）伺服电动机额定转速的选取

伺服电动机选择首先确保机床的快进速度，使其折算到电动机主轴的转速应严格控制在电动机的额定转速之内。

如图 26-2-17 和式（26-2-9）所示，当工作台以最大直线速度 V_{max}（m/min）移动时，伺服电动机的实际转速 n 应小于或等于其额定转速 n_m（r/min）。

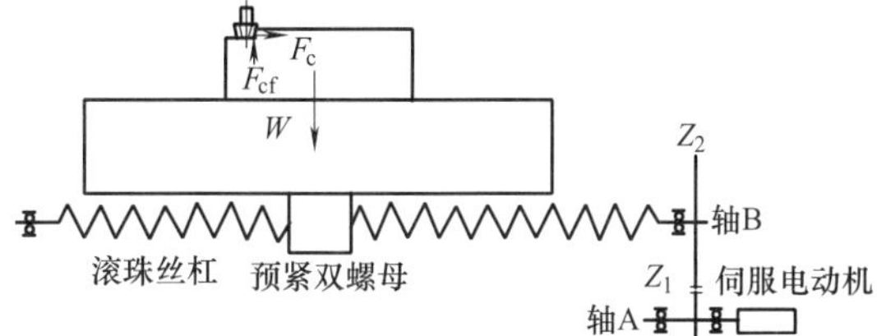

图 26-2-17　伺服进给驱动系统简图

$$n=\frac{V_{max}}{L}\times\frac{Z_2}{Z_1}\leqslant n_m \qquad (26\text{-}2\text{-}9)$$

式中　L——丝杠导程，m；

Z_1——齿轮 1 的齿数；

Z_2——齿轮 2 的齿数。

2）转动惯量匹配原则。负载惯量对伺服电动机的控制特性和快速移动的加/减速时间有很大的影响，这直接影响系统的反应灵敏性和稳定性，下面进行分析。

仅考虑动态特性的电动机系统运动方程为：

$$T_M-T_L=(J_M+J_L)\frac{d\omega}{dt} \qquad (26\text{-}2\text{-}10)$$

式中 T_M——电动机所产生的转矩；

T_L——负载转矩；

J_M——电动机转子的转动惯量；

J_L——负载的总转动惯量；

$\frac{d\omega}{dt}$——角加速度。

由式（26-2-10）可知，角加速度$\frac{d\omega}{dt}$的大小直接影响系统的动态特性，$\frac{d\omega}{dt}$越小，则由控制器发出的指令到系统执行完毕的时间越长，系统响应速度就越慢；反之，系统响应就快。

伺服系统要求伺服电动机能快速跟踪指令的变化。对一个定位运动而言，就是要求以最短的时间（$\frac{d\omega}{dt}$大）到达目标位置。换一种说法，就是在直接驱动负载的定位过程中，负载以最大的功率变化率将输入功率转换为输出功率。

伺服电动机以瞬时最大转矩 T_{max}进行加/减速运动时的功率变化率最大，此时电动机的角加速度$\frac{d\omega}{dt}$及加速转矩 T_L计算公式如下：

$$\frac{d\omega}{dt}=\frac{T_{max}}{(J_M+J_L)}$$
$$T_L=J_L\times\frac{d\omega}{dt}=\frac{J_L\times T_{max}}{(J_M+J_L)} \quad (26\text{-}2\text{-}11)$$

而伺服电动机系统的负载功率变化率为：

$$\frac{dP}{dt}=\frac{T_L^2}{J_L}=\left(\frac{J_L\times T_{max}}{J_M+J_L}\right)^2\frac{1}{J_L}=\frac{J_L\times T_{max}^2}{(J_M+J_L)^2} \quad (26\text{-}2\text{-}12)$$

可以看出：

当 J_L远大于 J_M时，$\frac{dP}{dt}=\frac{T_{max}^2}{J_L}$，$J_L$越大，负载的功率变化率越小。

当 J_L远小于 J_M时，$\frac{dP}{dt}=\frac{J_L\times T_{max}^2}{J_M}$，$J_L$越大，负载的功率变化率越小。

显然负载功率变化率存在着一个最大值，且在上述两者之间，即 J_L等于 J_M时，$\frac{dP}{dt}=\frac{T_{max}^2}{4}$，与负载惯量大小无关，负载的功率变化率应为最大值。此时具有最大负载功率，称为伺服电动机惯量匹配。如果电动机惯量和负载惯量不匹配，就会出现电动机惯量和负载惯量之间动量传递时发生较大的冲击。

通常当负载惯量 J_L小于伺服电动机转子惯量 J_M时，此时，系统处于大马拉小车状态，不会出现上述问题，此时系统的经济型不好，只有在对系统响应要求特别高的场合才使用；当负载惯量 J_L等于伺服电动机转子惯量 J_M时，此时处于“惯量匹配”状态，负载功率变化率最大，系统响应最快；但当负载惯量 J_L大于伺服电动机转子惯量 J_M，且大于 5 倍以上，电动机的可操控性大大下降，甚至会使伺服放大器不能在正常调节范围内工作。为了保证系统的反应灵敏性和满足系统的稳定性，负载惯量比（J_L/J_M）应限制在 2.5～5 之内，即：

$$1\leqslant\frac{J_L}{J_M}\leqslant(2.5\sim5) \quad (26\text{-}2\text{-}13)$$

需要注意的是，不同系列型号的伺服电动机给出的允许负载电动机惯量比是不同的，可能是 3 倍、15 倍或 30 倍等，需要根据厂家给定的伺服电动机样本确定。通常推荐标准为：750W 以下的电动机为 20 倍以下，1000W 以上的电动机为 10 倍以下。

另外，由于伺服电动机成本较高，应尽量选择小惯量、大惯量比的电动机，可能条件下尽量考虑减速装置，以提高系统的经济性。

3）原则上可以根据负载条件来直接选择选择伺服电动机。在电动机轴上所有的负载有两种，即阻尼转矩和惯量负载。这两种负载都要正确地计算，其值应满足下列条件。

① 空载转矩 T_{emp}，机床等设备空载运行时，加在电动机上的力矩应小于电动机的连续额定力矩的 50%以下。否则，在切削或加/减速时电动机就可能过热。

② 负载转矩 T_{mS}，加载周期以及过载时间都在提供的特性曲线的准许范围以内。在正常工作状态下，负载转矩 T_{mS}不超过电动机额定转矩 T_{MS}的 80%～90%。为了计算方便，表 26-2-3 给出了常见传动机构的负载转矩计算公式。

对于切削负载转矩，正常工作状态下，切削负载转矩 T_{mS}不超过电动机额定转矩 T_{MS}的 80%。

$$T_{mS}=T_cD^{\frac{1}{2}}\leqslant T_{MS}\times80\% \quad (26\text{-}2\text{-}14)$$

式中，T_c为最大切削转矩（N・m）；D 为最大负载比。

③ 加减速转矩 T_{AC}，电动机在加速/减速过程中的转矩，应在加减速区（或间断工作区）之内。

对初选电动机，根据机械系统的要求，加减速转矩必须小于机械系统要求值。由于负载力矩能够帮助电动机减速，因此，如果加速能在允许时间内完成的话，减速也可在相同的时间内完成，因此只需核算加速转矩即可。加速转矩计算公式如下。

$$T_{AC}=\frac{2\pi n_{max}}{60t_{AC}}(J_M+J_L)+T_L \quad (26\text{-}2\text{-}15)$$

式中　T_{AC}——加速/减速转矩，N·m；

t_{AC}——加速/减速时间，s；

J_M——伺服电动机惯性矩，kg·m²；

J_L——对电动机轴换算的负载惯性矩，kg·m²；

T_L——对电动机轴换算的负载转矩，N·m；

n_{max}——最高转速，r/min。

若 T_L大于初选电动机的额定转矩但小于电动机的瞬时最大转矩（5～10 倍额定转矩），也可以认为电动机初选合适。

当伺服定位采用等加、减速度控制时，其速度时间变化曲线如图 26-2-18 所示，其中加速/减速时间 t_{AC}，最大运行速度时间 t_2。当要求系统的响应较快时，也就是要求 t_{AC}较小时，需要核算加减速时间，使其大于伺服系统的允许最小值。根据式(26-2-12)，加速/减速时间计算公式为：

$$t_{AC}=\frac{2\pi(J_M+J_L)(n_{max}-n_0)}{60(T_{AC}-T_L)} \quad (26\text{-}2\text{-}16)$$

式中　n_0——加速初始启动转速或减速终止转速，r/min。

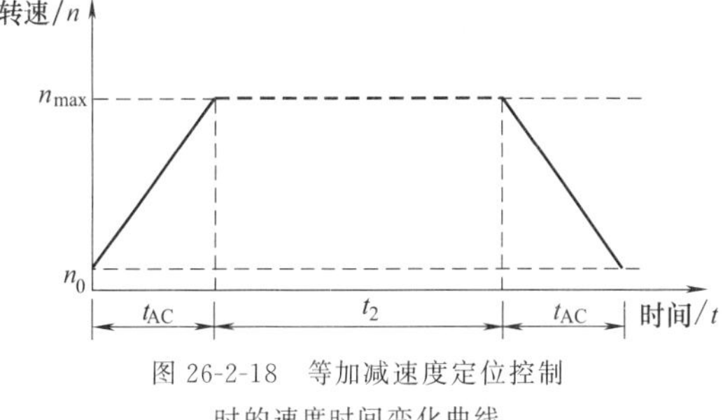

图 26-2-18　等加减速度定位控制时的速度时间变化曲线

t_{AC}应满足下式要求：

$$t_{AC}\geqslant\frac{3}{K_s} \quad (26\text{-}2\text{-}17)$$

式中，K_s为伺服系统的开环增益，根据不同的产品及厂家取值不同，通常取 8～25s⁻¹，加工中心一般取 20s⁻¹左右。

④ 当电动机工作在频繁定位、加/减速频繁以及负载波动工作情况时会使电动机发热，所以还需要计算一个工作周期的负载力矩的均方根值 T_{rms}，并使其小于电动机的额定力矩 T_e。

例如当采用图 26-2-19 所示的工作方式时，一个循环周期的负载力矩的均方根值 T_{rms}计算公式为：

$$T_{rms}=\sqrt{\frac{T_1^2\times t_1+T_2^2\times t_2+T_3^2\times t_3}{t_x=t_0+t_1+t_2+t_3}} \quad (26\text{-}2\text{-}18)$$

式中　t_1，T_1——启动时间（s）和加速转矩，N·m；

t_2，T_2——正常运行时间（s）和负载转矩，N·m；

t_3，T_3——减速时间（s）和减速转矩，N·m；

t_0——停歇时间，s；

t_x——循环时间，s。

当 $T_{rms}\leqslant T_e$，即实际转矩小于额定转矩，则可以按指定的运行模式连续运行。

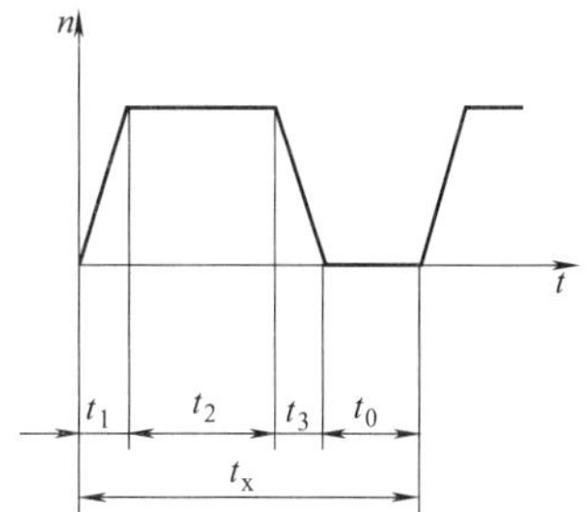

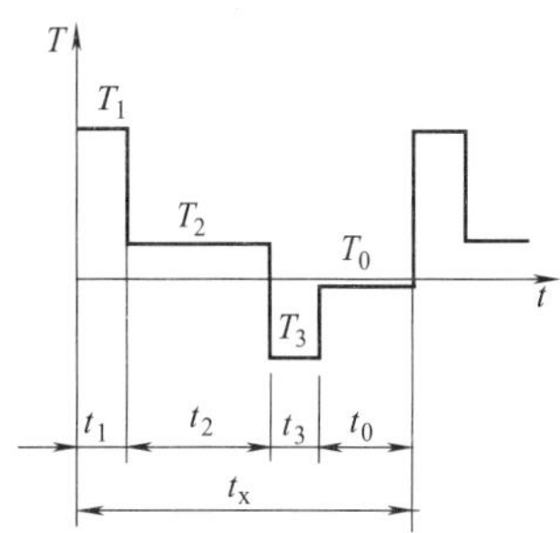

图 26-2-19　伺服电动机的典型定位控制工作方式

4）根据上述计算结果确定电动机额定转矩，计算、选择电动机功率。

暂不考虑加减速转矩 T_{AC}，选取上述计算转矩中的最大值作为负载转矩 T_L参考值，根据系统的额定转速，按下式选择电动机功率 P_z：

$$P_z=\frac{T_L n}{9535.4\eta} \quad (26\text{-}2\text{-}19)$$

式中　T_L——换算到电动机轴的负载转矩，N·m；

n——伺服电动机额定转速，r/min；

η——传动系统的总效率。

对于工作在加/减速频繁定位的电动机，还需要按式（26-2-18）核算负载力矩的均方根值 T_{rms}是否符合要求。

5）控制精度

交流伺服电动机的控制精度取决于伺服精度（驱动器、电动机、编码器精度）和机械精度（丝杠，导轨），另外还和负载状况（如是否超载，波动是否过大）有关。编码器精度由电动机轴后端的旋转编码器脉冲的分辨率保证，一般来说，单位脉冲数量越多精度越高。对于带标准 2500 线编码器的电动机而言，若驱动器内部采用了四倍频技术，其脉冲当量为 360°/10000＝0.036°。对于带 17 位编码器的电动机而言，驱动器每接收 131072 个脉冲电动机转一圈，即其脉冲当量为 360°/131072＝0.0027466°。用户可以根据这些参数初步确定控制精度能否达到要求。

需要说明的是，由于受系统特性及脉冲质量的影响，实际系统远远达不到根据编码器计算的理论控制精度。

（2）伺服电动机容量选择的步骤

伺服电动机容量选择的步骤如图 26-2-20 所示。需要说明的一点是，对于图中"重新审定机械规格"，即当 $T_{rms}>T_e$ 时，需重新审查以下项目。

① 在允许范围内，将加速/减速时间加长一些；

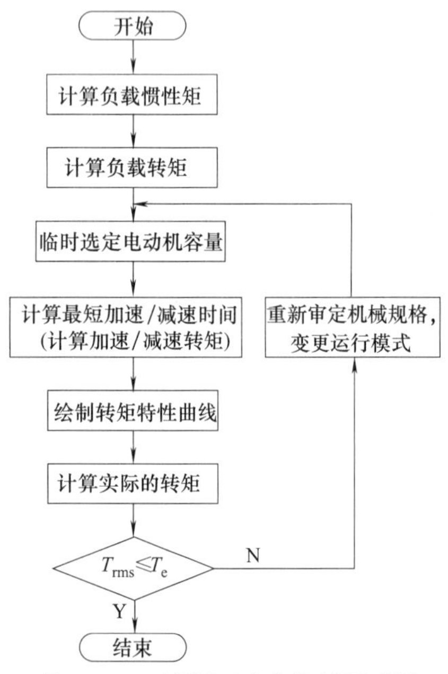

图 26-2-20 伺服电动机容量选择流程图

② 延长运转频率（增加循环时间长度）；

③ 当旋转速度有余量时，加大减速比；

④ 加大电动机容量；

⑤ 当升降机械停止时间长时，加机械制动；

⑥ 在高频率运行时，尽量加大减速比，减小惯性矩。

2.3.3.2 伺服电动机容量选择实例

例 1 伺服电动机驱动旋转工作台示意图如图 26-2-21 所示。已知：圆盘质量 $M=50$kg，圆盘直径 $D=500$mm，圆盘最高转速 60r/min，请选择伺服电动机及减速器。

计算圆盘转动惯量：

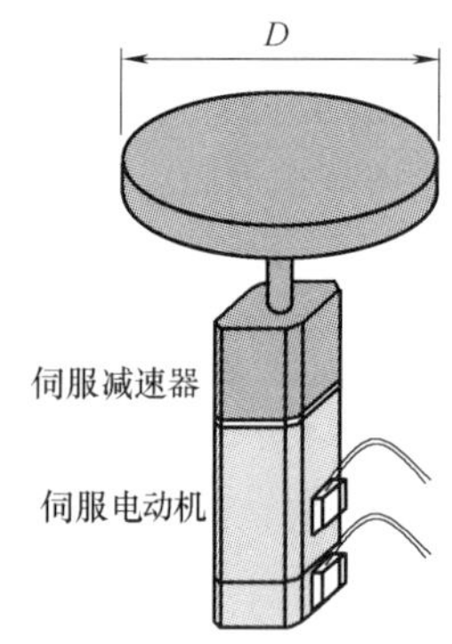

图 26-2-21 伺服电动机驱动旋转工作台示意

根据圆柱形物体惯量计算公式

$J_L=MD^2/8=50\times2500/8=15625\text{kg}\cdot\text{cm}^2$

假设减速器减速比 1∶R，则折算到伺服电动机轴上负载惯量为 15625 / R^2。下面按照负载惯量 $J_L<3$倍电动机转子惯量 J_M的原则选择电动机。

如果选择 ECMA 低惯量 400W 电动机，$J_M=0.277\text{kg}\cdot\text{cm}^2$，则 $15625/R^2<3\times0.277$，$R^2>18803$，$R>137$。此时输出转速＝3000/137＝22r/min，不能满足要求。

如果选择 ECMA 中高惯量 500W 电动机，$J_M=8.17\text{kg}\cdot\text{cm}^2$，则 $15625/R^2<3\times8.17$，$R>25$，输出转速＝2000/25＝80r/min，满足要求。

这种传动方式阻力很小，可以忽略转矩计算，直接采用惯量匹配原则设计即可。

例 2 假设某伺服电动机直接驱动工作台移动重物，如图 26-2-22 所示，试选择伺服电动机的容量。

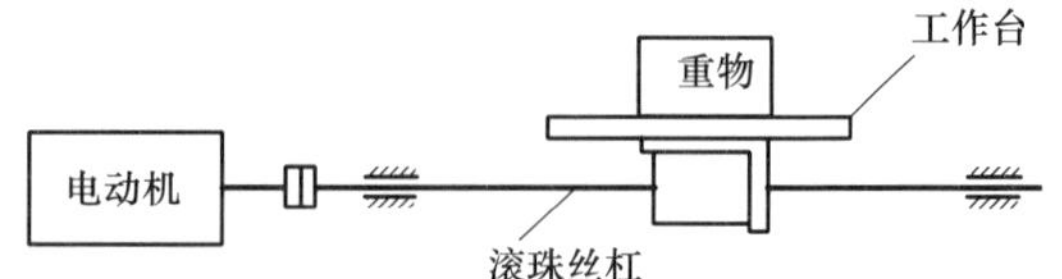

图 26-2-22 伺服电动机直接驱动工作台示意

① 结构参数

输送质量 $W=20$ kg；

丝杠螺距 $p=0.01$ m；

丝杠直径 $d=0.02$ m；

丝杠长度 $l=0.5$ m；

推力 $F=0$ kg（无）；

机械传动效率 $\eta=0.9$；

移动摩擦系数 $\mu=0.1$；

联轴器惯量 $J_C=1\times10^{-6}$ kg·m²；

丝杠机械惯量 J_B。

② 运行参数

采用图 26-2-19 所示的运行方式，主要参数如下：

加速时间　$t_1=0.1\ s$；

匀速时间　$t_2=0.8s$；

减速时间　$t_3=0.1\ s$；

循环时间　$t_X=2s$。

③ 最大移动速度 v_{max}

由于采用直接传动，减速比 $i=1$，若预选电动机的额定转速 $n=3000$ r/min，工作台的最大移动速度为 v_{max}：

$$v_{max}=\frac{np}{60}i=\frac{3000\times 0.01}{60}\times 1=0.5\ m/s$$

④ 负载惯性矩 J_L

首先计算丝杠折算到电动机轴的负载惯性矩 J_1，根据表 26-2-18 的计算公式，有：

$$J_1=\frac{\pi\gamma l d^4}{32g}i^2=\frac{3.14\times 9.81\times 7.85\times 10^3\times 0.5\times 0.02^4}{32\times 9.81}\times 1^2$$

$$=0.6\times 10^{-4}\text{kg}\cdot\text{m}^2$$

这里假设滚珠丝杠的材料为钢，其密度 $\gamma=7.85\times 10^3$ kg/m³。

根据表 26-2-3 的计算公式，移动部分质量折算到电动机轴的负载惯性矩 J_2 为：

$$J_2=W\left(\frac{1}{2\pi}\times\frac{p}{1000}\right)^2\times 1^2=20\left(\frac{1}{2\pi}\times\frac{10}{1000}\right)^2$$

$$=0.5\times 10^{-4}\text{kg}\cdot\text{m}^2$$

于是，总负载惯性矩 J_L 为：

$$J_L=J_1+J_2+J_c=(0.6+0.5+0.1)\times 10^{-4}$$

$$=1.2\times 10^{-4}\text{kg}\cdot\text{m}^2$$

⑤ 换算到电动机轴端的负载转矩 T_L

根据表 26-2-3 的计算公式，对电动机换算的负载转矩 T_L 为：

$$T_L=\frac{\mu W\times 9.81+F}{2\pi\eta}\times p\times i$$

$$=\frac{0.1\times 20\times 9.81+0}{2\pi\times 0.9}\times 0.01\times 1=0.035\text{N}\cdot\text{m}$$

⑥ 电动机容量预选

$$T_e\geqslant\frac{T_L}{0.8}=\frac{0.035}{0.8}=0.044\ \text{N}\cdot\text{m}$$

假设选电动机转速为 3000 r/min，根据式（26-2-19）计算需要电动机功率：

$$P_Z\geqslant\frac{T_e n}{9535.4\eta}=\frac{0.044\times 3000}{9535.4\times 0.9}=0.015\ \text{kW}$$

选择 MSMF（低惯量）MBDLT21SF A6 系列电动机（$P_e=0.2$ kW；$J_M=0.14\times 10^{-4}$ kg·m²；$T_e=0.64$N·m；$T_{AC}=1.91$N·m）。此时惯量比为：

$$\frac{J_L}{J_M}=\frac{1.2\times 10^{-4}}{0.14\times 10^{-4}}=8.57<20\text{ 倍}$$

按额定转矩也可以选择 0.1kW 的电动机，此时惯量比为 25 倍，惯量比过大，不符合快速定位要求。

⑦ 核算加减速转矩 T_{AC}

加减速时间 $t_{AC}=t_1=0.1$s，根据式（26-2-15），此时的加减速转矩 T_{AC} 为（假设 $n_0=0$）：

$$T_{AC}=\frac{2\pi(J_M+J_L)(n_{max}-n_0)}{60t_{AC}}+T_L$$

$$=\frac{2\pi(0.14+1.2)\times 10^{-4}\times 3000}{60\times 0.1}+0.035$$

$=0.589$N·m<1.91N·m(200W 电动机的最大转矩)

同理可以计算减速转矩 T_3

$$T_3=\frac{2\pi(J_M+J_L)(n_{max}-n_0)}{60t_3}-T_L$$

$$=0.52\text{N}\cdot\text{m}$$

⑧ 运行模式及热校核

假设运行模式同图 26-2-19，根据式（26-2-18），则等效转矩为：

$$T_{rms}=\sqrt{\frac{T_1^2\times t_1+T_2^2\times t_2+T_3^2\times t_3}{t_X}}$$

$$=\sqrt{\frac{0.589^2\times 0.1+0.035^2\times 0.8+0.52^2\times 0.1}{2}}$$

$$=0.177\text{N}\cdot\text{m}$$

等效转矩 T_{rms} 也小于所预选电动机的额定转矩（$T_e=0.64$ N·m），可以用指定的运行模式连续运行。

⑨ 最终选择结果

伺服电动机：A6 系列伺服电动机 MSMF（低惯量）MBDLT21SF（200 W，转速为 3000 r/min）。

例 3　假设某伺服电动机驱动传送带移动工件，如图 26-2-23 所示，试选择伺服电动机的容量。

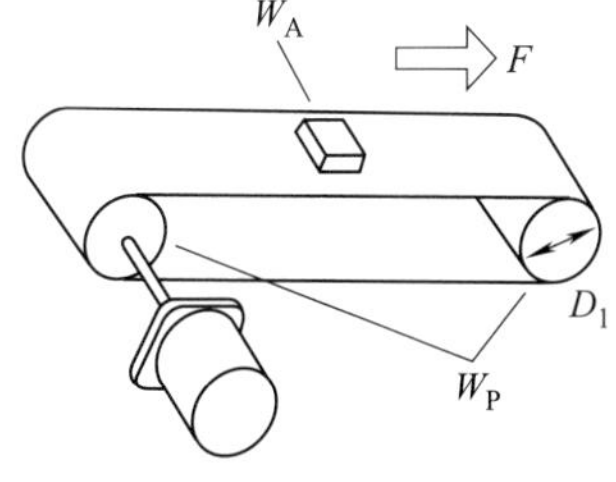

图 26-2-23　伺服电动机驱动传送带示意

① 结构参数

工件部分的质量　$W_A=2$kg（含传送带）；

带轮直径　$D=0.05$m；

带轮质量　$W_P=0.05$m；

传动效率　$\eta=0.8$；

联轴器惯量　$J_C=0$（电动机轴直接连接）；

皮带机械惯量　J_B；

皮带轮惯量 J_P。

② 运行参数

加速时间 $t_1=0.1\text{s}$；

匀速时间 $t_2=0.8\text{s}$；

减速时间 $t_3=0.1\text{s}$；

循环时间 $t_X=2\text{s}$；

移动距离 $L=1\text{m}$。

③ 负载部分的惯量

$$\begin{aligned}J_L&=J_C+J_B+J_P\\&=J_C+\frac{1}{4}W_A\times D^2+\frac{1}{8}W_P\times D^2\times 2\\&=0+\frac{1}{4}\times 2\times 0.05^2+\frac{1}{8}0.5\times 0.05^2\times 2\\&=15.6\times 10^{-4}\text{kg}\cdot\text{m}^2\end{aligned}$$

④ 预选电动机

选择 MSMF 系列小惯量 750 W 电动机，根据表26-2-75，其 $J_M=0.96\times 10^{-4}\text{kg}\cdot\text{m}^2$。

⑤ 惯量比

$$\frac{J_L}{J_M}=\frac{15.6\times 10^{-4}}{0.96\times 10^{-4}}=16.3\text{ 倍}\leqslant 20\text{ 倍}$$

⑥ 最高转速（v_{max}）

$$L=\frac{1}{2}\times t_1\times v_{max}+t_2\times v_{max}+\frac{1}{2}\times t_3\times v_{max}$$

$$l=\frac{1}{2}\times 0.1\times v_{max}+0.8\times v_{max}+\frac{1}{2}\times 0.1\times v_{max}$$

$$0.9\times v_{max}=1$$

因此，$v_{max}=\frac{1}{0.9}=0.111\text{m/s}$。

⑦ 计算转速 n

$$n=v_{max}\frac{60}{\pi D}=\frac{0.111\times 60}{3.14\times 0.05}=424.2\text{r/min}$$

$n<3000\text{r/min}$（MSMF 750W 电动机的额定转速）。

⑧ 计算转矩

运行转矩 T_2：

$$\begin{aligned}T_2&=\frac{D}{2\eta}(\mu g W_A+F)=\frac{0.05}{2\times 0.8}(0.1\times 9.8\times 3+0)\\&=0.061\text{N}\cdot\text{m}\end{aligned}$$

加速时转矩 T_1：

$$\begin{aligned}T_1&=\frac{(J_L+J_M)\ \times 2\pi n\ (\text{r/s})}{t_1}+T_2\\&=\frac{(15.6+0.87)\ \times 10^{-4}\times 2\pi\times 7.08}{0.1}+0.061\\&=0.812\text{N}\cdot\text{m}\end{aligned}$$

减速时转矩 T_3：

$$\begin{aligned}T_3&=\frac{(J_L+J_M)\ \times 2\pi n\ (\text{r/s})}{t_3}-T_2\\&=\frac{(15.6+0.87)\ \times 10^{-4}\times 2\pi\times 7.08}{0.1}-0.061\\&=0.69\text{N}\cdot\text{m}\end{aligned}$$

⑨ 校核最大转矩

加速时转矩 T_1 最大，$T_1=0.812\text{N}\cdot\text{m}<7.16\text{N}\cdot\text{m}$（MSMF 750W 电动机的最大转矩），符合要求。

⑩ 校核有效转矩

$$\begin{aligned}T_{rms}&=\sqrt{\frac{(T_1^2\times t_1+T_2^2\times t_2+T_3^2\times t_3}{t_x}}\\&=\sqrt{\frac{0.812^2\times 0.1+0.061^2\times 0.8+0.69^2\times 0.1}{2}}\\&=0.24\text{N}\cdot\text{m}\end{aligned}$$

$T_{rms}=0.24\text{N}\cdot\text{m}<2.39\text{N}\cdot\text{m}$（MSMF 750W 电动机的额定转矩），符合要求。

结论：根据以上计算及分析，最终选择功率为 750 W，转速为 3000 r/min 的 MSMF 系列伺服电动机。

2.3.4 常用交流伺服电动机的技术特性

2.3.4.1 MINAS A6 系列交流伺服电动机

MINAS A6 系列为全数字化交流伺服系统，为 A4、A5 系列的升级换代产品。该系统响应快、精度高，是目前体积最小、重量最轻的交流伺服系统产品之一。该产品已经广泛应用于数控机床、机器人、轻工机械、纺织机械、医疗器械、自动化生产线等各种有精确调速、定位及运动轨迹要求的场合。

（1）系统特点

1）自动调整

① 高性能的实时自动调整增益。

② 根据负载惯量的变化，与自适应滤波器配合，从低刚性到高刚性都可以自动调整增益。

③ 具备异常速度检测功能，因此可以将增益调整过程中产生的异常速度调整到正常。

2）高速度响应、高精度定位

① 速度响应频率最高达 3.2kHz。

② 通过新升级了的适合增益，大幅度缩短了调整时间。可自动设定和调整自适应陷波滤波器功能及各种增益。

③ 通过 CPU 等硬件的更新以及采用新型算法，实现了更高速的响应性。同时，可自动去除根据共振产生的微振动、根据机械的摇动产生的振动等，实现了高精度的定位。

3）低振动

① 内置自适应滤波器，可以根据机械共振频率不同而自动地调整陷波滤波器的频率。

② 可以控制由于机械不稳定以及共振频率变化

而发生的噪声。

③ 内置了不同于自适应滤波器的两个独立通道的滤波器。

④ 内置了两个通道的振动抑制滤波器，可以抑制刚性较低的机械在启动和停止时产生的振动。

⑤ 两个通道的振动频率，可以根据旋转方向的不同而自动地切换；或者也可以分别对应于由于外部输入信号切换而产生的机械位置变化所导致的振动频率。

4）多种控制方式

① 速度控制方式——输入模拟电压，供用户方便灵活地设定运行速度及其变化。

② 位置控制方式——输入信号是脉冲，可以是正/反转脉冲、A/B 相脉冲、脉冲/符号等三种形式。采用位置控制方式时，该交流伺服系统的使用就和利用步进电动机一样方便，用户可以采用电子线路、单片机、PC 机或其他方式非常简便地实现数控功能。

③ 转矩控制方式——用电压信号来限定伺服电动机所能输出的最大转矩，单纯选用转矩控制方式时，此时的交流伺服电动机可实现“力矩电动机”的功能。

以上三种基本控制方式还可以进行复合控制，以便实现更复杂的控制功能。另外，系统还能提供诸如伺服系统启闭、控制方式确认、左/右转向锁定、停车锁定选择、报警清除等许多控制信号的输入端口，使该系统的使用十分方便。系统还有自动检查接线状态的功能，便于用户判别接线的错误，使系统工作更为可靠。

（2）系列代号及定义

① 伺服电动机驱动器

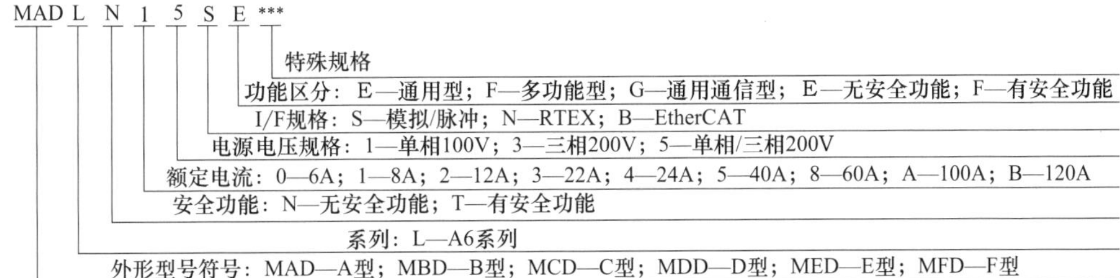

② 伺服电动机

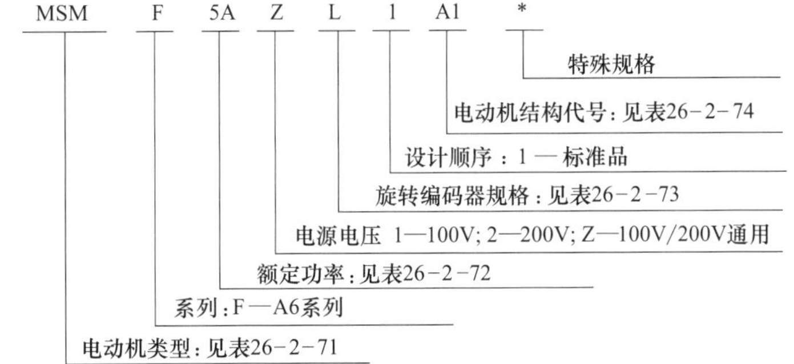

表 26-2-71　　伺服电动机类型表

符号	MSM	MQM	MDM	MGM	MHM
类型	低惯量 50W～5.0kW	中惯量/扁平型 100～400W	中惯量 1.0～5.0kW	中惯量/低速大转矩 0.85～4.4kW	高惯量 50W～5.0kW

表 26-2-72　　额定功率代号表

记号	5A	01	02	04	08	09	10	13	15	18	20	29	30	40	44	50
额定功率/kW	0.05	0.1	0.2	0.4	0.75	0.85,1.0	1.0	1.3	1.5	1.8	2.0	2.9	3.0	4.0	4.4	5.0

表 26-2-73　　编码器规格

记号	方式	脉冲数	分辨率	线数
L	绝对式	23bit	8388608	7

表 26-2-74 **电动机结构代号表**

(80mm 以下)MSMF(50～1000W)										(100～220mm)MSMF、MHMF、MDMF、MGMF									
符号		轴规格		保持制动器		油封		编码器端子		符号		轴规格		保持制动器		油封		编码器端子	
		直轴	带键带螺纹	无	有	无	有	连接器 JN	导线			直轴	带键	无	有	有	带保护唇	连接器 JN2(小型)	连接器 JN10(大型)②
A	1	●		●		●		●		C	5	●		●		●		●	
A	2	●		●		●			●	C	6	●		●		●			●
B	1	●			●	●		●		C	7	●		●			●	●	
B	2	●			●	●			●	C	8	●		●			●		●
C	1	●		●			●	●		D	5	●			●	●		●	
C	2	●		●			●		●	D	6	●			●	●			●
D	1	●			●		●	●		D	7	●			●		●	●	
D	2	●			●		●		●	D	8	●			●		●		●
S	1		●	●		●		●		G	5		●	●		●		●	
S	2		●	●		●			●	G	6		●	●		●			●
T	1		●		●	●		●		G	7		●	●			●	●	
T	2		●		●	●			●	G	8		●	●			●		●
U	1		●	●			●	●		H	5		●		●	●		●	
U	2		●	●			●		●	H	6		●		●	●			●
V	1		●		●		●	●		H	7		●		●		●	●	
V	2		●		●		●		●	H	8		●		●		●		●

(80mm 以下) MHMF(50～1000W)、MQMF(100～400W)										
符号		轴规格		保持制动器		油封			编码器端子①	
		直轴	带键带螺纹	无	有	无	有	有带保护唇	连接器 JN	导线
A	1	●		●		●			●	
A	2	●		●		●				●
B	1	●			●	●			●	
B	2	●			●	●				●
C	1	●		●			●		●	
C	2	●		●			●			●
C	3	●		●				●	●	
C	4	●		●				●		●
D	1	●			●		●		●	
D	2	●			●		●			●
D	3	●			●			●	●	
D	4	●			●			●		●
S	1		●	●		●			●	
S	2		●	●		●				●
T	1		●		●	●			●	
T	2		●		●	●				●
U	1		●	●			●		●	
U	2		●	●			●			●
U	3		●	●				●	●	
U	4		●	●				●		●
V	1		●		●		●		●	
V	2		●		●		●			●
V	3		●		●			●	●	
V	4		●		●			●		●

① 连接器型：IP67；导线型：IP65。

② 电动机侧编码器的连接器（也适用于锁紧式）。

③ A6 系列伺服电动机技术数据

表 26-2-75 MINAS A6 系列交流伺服电动机技术数据

系列	电源电压/V	额定输出功率/kW	适配驱动器型号	外形分类	额定转矩/N·m	最大转矩/N·m	额定电流/A	最大电流/A	额定/最大转速/r·min^{-1}	电动机惯量/10^{-4} kg·m^2 无制动器	电动机惯量/10^{-4} kg·m^2 有制动器	变压器容量/kV·A	制动器(有/无)	质量/kg
MSMF(低惯量)	100	0.05	MADLT01SF MADLN01SG MADLN01SE	A	0.16	0.48	1.1	4.7	3000/6000	0.026	0.029	0.4	无	0.32
		0.1	MADLT11SF MADLN11SG MADLN11SE		0.32	0.95	1.6	6.9		0.048	0.051			0.47
		0.2	MBDLT21SF MBDLN21SG MBDLN21SE	B	0.64	1.91	2.5	10.6		0.14	0.17	0.5		0.82
		0.4	MCDLT31SF MCDLN31SG MCDLN31SE	C	1.27	3.82	4.6	19.5		0.27	0.30	0.9		1.2
	200	0.05	MADLT05SF MADLN05SG MADLN05SE	A	0.16	0.48	1.1	4.7	3000/6000	0.026	0.029	0.5	有	0.53
		0.1			0.32	0.95				0.048	0.051			0.68
		0.2	MADLT15SF MADLN15SG MADLN15SE		0.64	1.91	1.5	6.5		0.14	0.17			1.3
		0.4	MBDLT25SF MBDLN25SG MBDLN25SE	B	1.27	3.82	2.4	10.2		0.27	0.30	0.9		1.7
		0.75	MCDLT35SF MCDLN35SG MCDLN35SE	C	2.39	7.16	4.1	17.4		0.96	1.06	1.3	无	2.3
													有	3.1
		1	MDDLT45SF MDDLN45SG MDDLN45SE	D	3.18	9.55	5.7	24.2		1.26	1.36	1.8	无	2.8
													有	3.6
			MDDLT55SF MDDLN55SG MDDLN55SE	D	3.18	9.55	6.6	28	3000/5000	2.15	2.47	2.3	无	3.6
													有	4.7
		1.5			4.77	14.3	8.2	35		3.10	3.45		无	4.6
													有	5.6
		2.0	MEDLT83SF MEDLN83SG MEDLN83SE	E	6.37	19.1	11.3	48		4.06	4.41	3.8	无	5.6
													有	6.6
		3.0	MFDLTA3SF MFDLNA3SG MFDLNA3SE	F	9.55	28.6	18.1	77		7.04	7.38	4.5	无	8.7
													有	9.9
		4.0	MFDLTB3SF MFDLNB3SG MFDLNB3SE	F	12.7	38.2	19.6	83	3000/4500	14.4	15.6	7.5	无	11.5
													有	13.2
		5.0			15.9	47.7	24.0	102		19.0	20.2		无	14.5
													有	16.1

续表

系列	电源电压/V	额定输出功率/kW	适配驱动器型号	外形分类	额定转矩/N·m	最大转矩/N·m	额定电流/A	最大电流/A	额定/最大转速/r·min^{-1}	电动机惯量/10^{-4} kg·m^2 无制动器	电动机惯量/10^{-4} kg·m^2 有制动器	变压器容量/kV·A	制动器(有/无)	质量/kg
MQMF(中惯量)	100	0.1	MADLT11SF MADLN11SG MADLN11SE	A	0.32	1.11	1.6	7.9	3000/6500	0.15	0.18	0.4	无	0.54(0.57:带油封)
		0.2	MBDLT21SF MBDLN21SG MBDLN21SE	B	0.64	2.23	2.1	10.4		0.50	0.59	0.5		1.1(1.2)
	200	0.4	MCDLT31SF MCDLN31SG MCDLN31SE	C	1.27	4.46	4.1	20.3		0.98	1.06	0.9		1.5(1.6)
		0.1	MADLT05SF MADLN05SG MADLN05SE	A	0.32	1.11	1.1	5.5	3000/6500	0.15	0.18	0.5	有	0.79(0.82)
		0.2	MADLT15SF MADLN15SG MADLN15SE		0.64	2.23	1.4	6.9		0.50	0.59			1.5(1.6)
		0.4	MBDLT25SF MBDLN25SG MBDLN25SE	B	1.27	4.46	2.1	10.4		0.98	1.06	0.9		2.0(2.1)
MHMF(高惯量)	100	0.05	MADLT01SF MADLN01SG MADLN01SE	A	0.16	0.56	1.1	5.5	3000/6500	0.038	0.042	0.4	无	0.29(0.31)
		0.1	MADLT11SF MADLN11SG MADLN11SE		0.32	1.11	1.6	7.9		0.071	0.074			0.40(0.42)
		0.2	MBDLT21SF MBDLN21SG MBDLN21SE	B	0.64	2.23	2.1	10.4		0.29	0.31	0.5		0.75(0.78)
		0.4	MCDLT31SF MCDLN31SG MCDLN31SE	C	1.27	4.46	4.1	20.3		0.56	0.58	0.9		1.1(1.2)
	200	0.05	MADLT05SF MADLN05SG MADLN05SE	A	0.16	0.56	1.1	5.5	3000/6500	0.038	0.042	0.5	有	0.51(0.53)
		0.1			0.32	1.11				0.071	0.074			0.62(0.64)
		0.2	MADLT15SF MADLN15SG MADLN15SE		0.64	2.23	1.4	6.9		0.29	0.31			1.1(1.2)
		0.4	MBDLT25SF MBDLN25SG MBDLN25SE	B	1.27	4.46	2.1	10.4		0.56	0.58	0.9		1.5(1.6)
		0.75	MCDLT35SF MCDLN35SG MCDLN35SE	C	2.39	8.36	3.8	18.8	3000/6000	1.56	1.66	1.3	无	2.2(2.3)
													有	2.9(3.0)
		1	MDDLT55SF MDDLN55SG MDDLN55SE		3.18	11.1	5.7	28.2		2.03	2.13	2.3	无	2.7(2.8)
													有	3.4(3.5)
		1.0	MDDLT45SF MDDLN45SG MDDLN45SE	D	4.77	14.3	5.2	22	2000/3000	22.9	24.1	1.8	无	6.1
													有	7.6

续表

系列	电源电压/V	额定输出功率/kW	适配驱动器型号	外形分类	额定转矩/N·m	最大转矩/N·m	额定电流/A	最大电流/A	额定/最大转速/r·min^{-1}	电动机惯量/10^{-4} kg·m^2 无制动器	电动机惯量/10^{-4} kg·m^2 有制动器	变压器容量/kV·A	制动器(有/无)	质量/kg
MHMF(高惯量)	200	1.5	MDDLT55SF MDDLN55SG MDDLN55SE	D	7.16	21.5	8.0	34	2000/3000	33.4	34.6	2.3	无	7.7
													有	9.2
		2.0	MEDLT83SF MEDLN83SG MEDLN83SE	E	9.55	28.6	12.5	53		55.7	61.0	3.8	无	11.3
													有	14.6
		3.0	MFDLTA3SF MFDLNA3SG MFDLNA3SE	F	14.3	43.0	17.0	72		85.3	90.7	4.5	无	13.8
													有	17.2
		4.0	MFDLTB3SF MFDLNB3SG MFDLNB3SE		19.1	57.3	20	85		104	110	7.5	无	16.2
													有	19.4
		5.0			23.9	71.6	23.3	99		146	151		无	19.6
													有	22.8
MDMF(中惯量)	200	1.0	MDDLT45SF MDDLN45SG MDDLN45SE	D	4.77	14.3	5.2	22	2000/3000	6.18	7.40	1.8	无	4.6
													有	6.1
		1.5	MDDLT55SF MDDLN55SG MDDLN55SE		7.16	21.5	8.0	34		9.16	10.4	2.3	无	5.7
													有	7.2
		2.0	MEDLT83SF MEDLN83SG MEDLN83SE	E	9.55	28.6	9.9	42		12.1	13.3	3.8	无	6.9
													有	8.4
		3.0	MFDLT45SF MFDLN45SG MFDLN45SE	F	14.3	43.0	16.4	70		18.6	19.6	4.5	无	9.3
													有	10.9
		4.0	MFDLTB3SF MFDLNB3SG MFDLNB3SE		19.1	57.3	20.0	85		46.9	52.3	7.5	无	13.4
													有	16.8
		5.0			23.9	71.6	23.3	99		58.2	63.0		无	15.6
													有	19.0
MGMF(中惯量)	200	0.85	MDDLT45SF MDDLN45SG MDDLN45SE	D	5.41	14.3	5.9	22	1500/3000	6.18	7.40	1.8	无	4.6
													有	6.1
		1.3	MDDLT55SF MDDLN55SG MDDLN55SE		8.28	23.3	9.3	37		9.16	10.4	2.3	无	5.7
													有	7.5
		1.8	MEDLT83SF MEDLN83SG MEDLN83SE	E	11.5	28.7	11.8	42		12.1	13.3	3.8	无	6.9
													有	8.4
		2.9	MFDLTB3SF MFDLNB3SG MFDLNB3SE	F	18.5	45.2	19.3	67		46.9	52.3	7.5	无	13.4
													有	16.8
		4.4			28.0	70.0	27.2	96		58.2	63.0		无	15.6
													有	19.0

④ 输出轴的允许负载

表 26-2-76　　MINAS A6 系列交流伺服电动机输出轴的允许负载

电动机系列	电动机输出	安装时/N 径向负载	安装时/N 轴向负载 A 方向	安装时/N 轴向负载 B 方向	运转时/N 径向负载	运转时/N 轴向负载 A、B 方向
MSMF	50W，100W	147	88	117.6	68.6	58.8
	200W，400W	392	147	196	245	98
	750W，1000W	686	294	392	392	147
	1.0kW，1.5kW，2.0kW，3.0kW，	980	588	686	490	196
	4.0kW，5.0kW	980	588	686	784	343
MQMF	100W	147	88	117.6	68.6	58.8
	200W，400W	392	147	196	245	98
MHMF	50W	147	88	117.6	68.6	49
	100W	147	88	117.6	68.6	58.8
	200W，400W	392	147	196	245	98
	750W，1000W	686	294	392	392	147
	1.0kW，1.5kW	980	588	686	490	196
	2.0kW，3.0kW，4.0kW，5.0kW	1666	784	980	784	343
MDMF	1.0kW，1.5kW，2.0kW	980	588	686	490	196
	3.0kW				784	343
	4.0kW	1666	784	980		
	5.0kW					
MGMF	0.85kW，1.3kW，1.8kW	980	588	686	686	196
	2.9kW	1666	784	980	1176	490
	4.4kW	1666	784	980	1470	490

径向负载(P)方向

L　轴　P　L/2

轴向负载(A、B)方向

电动机　A　B

⑤ 外形尺寸

表 26-2-77　MINAS A6 系列交流伺服电动机外形及安装尺寸（MSMF 低惯量系列，导线型）　mm

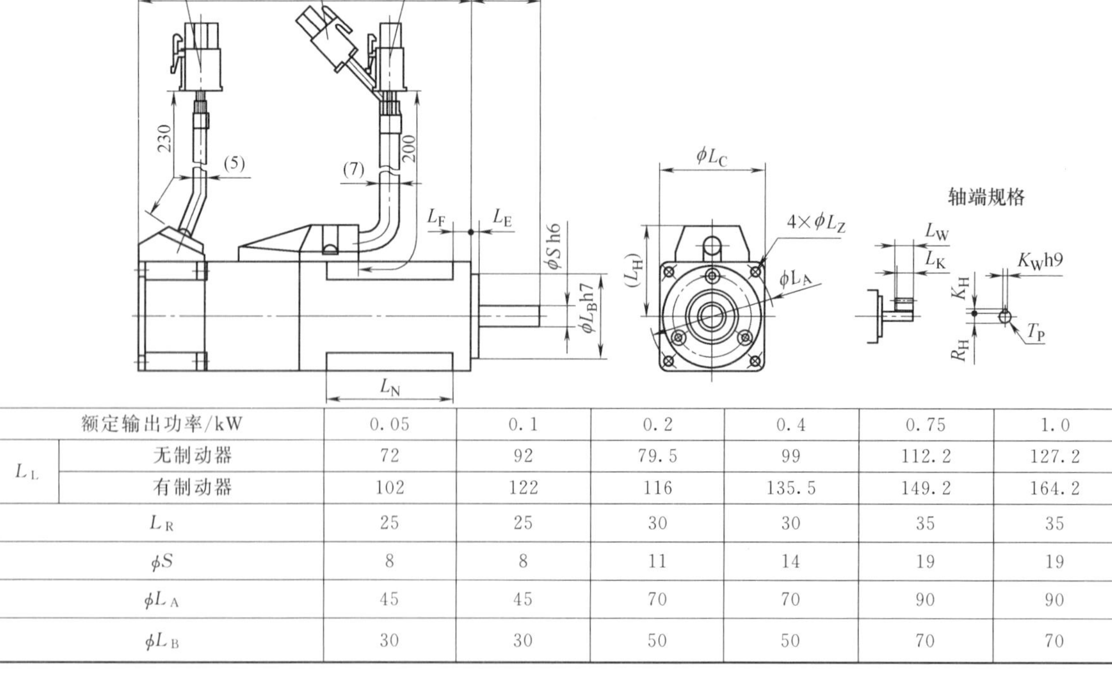

额定输出功率/kW		0.05	0.1	0.2	0.4	0.75	1.0
L_L	无制动器	72	92	79.5	99	112.2	127.2
	有制动器	102	122	116	135.5	149.2	164.2
L_R		25	25	30	30	35	35
ϕS		8	8	11	14	19	19
ϕL_A		45	45	70	70	90	90
ϕL_B		30	30	50	50	70	70

第 26 篇

续表

额定输出功率/kW		0.05	0.1	0.2	0.4	0.75	1.0
ϕL_C		38	.38	60	60	80	80
L_E		3	3	3	3	3	3
L_F		6	6	6.5	6.5	8	8
L_H		32	32	43	43	53	53
L_N		26.5	46.5	—	—	—	—
ϕL_Z		3.4	3.4	4.5	4.5	6	6
键	L_W	14	14	20	25	25	25
	L_K	12.5	12.5	18	22.5	22	22
	K_W	3	3	4	5	6	6
	K_H	3	3	4	5	6	6
	R_H	6.2	6.2	8.5	11	15.5	15.5
	T_P	M3 深 6	M3 深 6	M4 深 8	M5 深 10	M5 深 10	M5 深 10

表 26-2-78　MINAS A6 系列交流伺服电动机外形及安装尺寸（MSMF 低惯量系列，连接器型）　mm

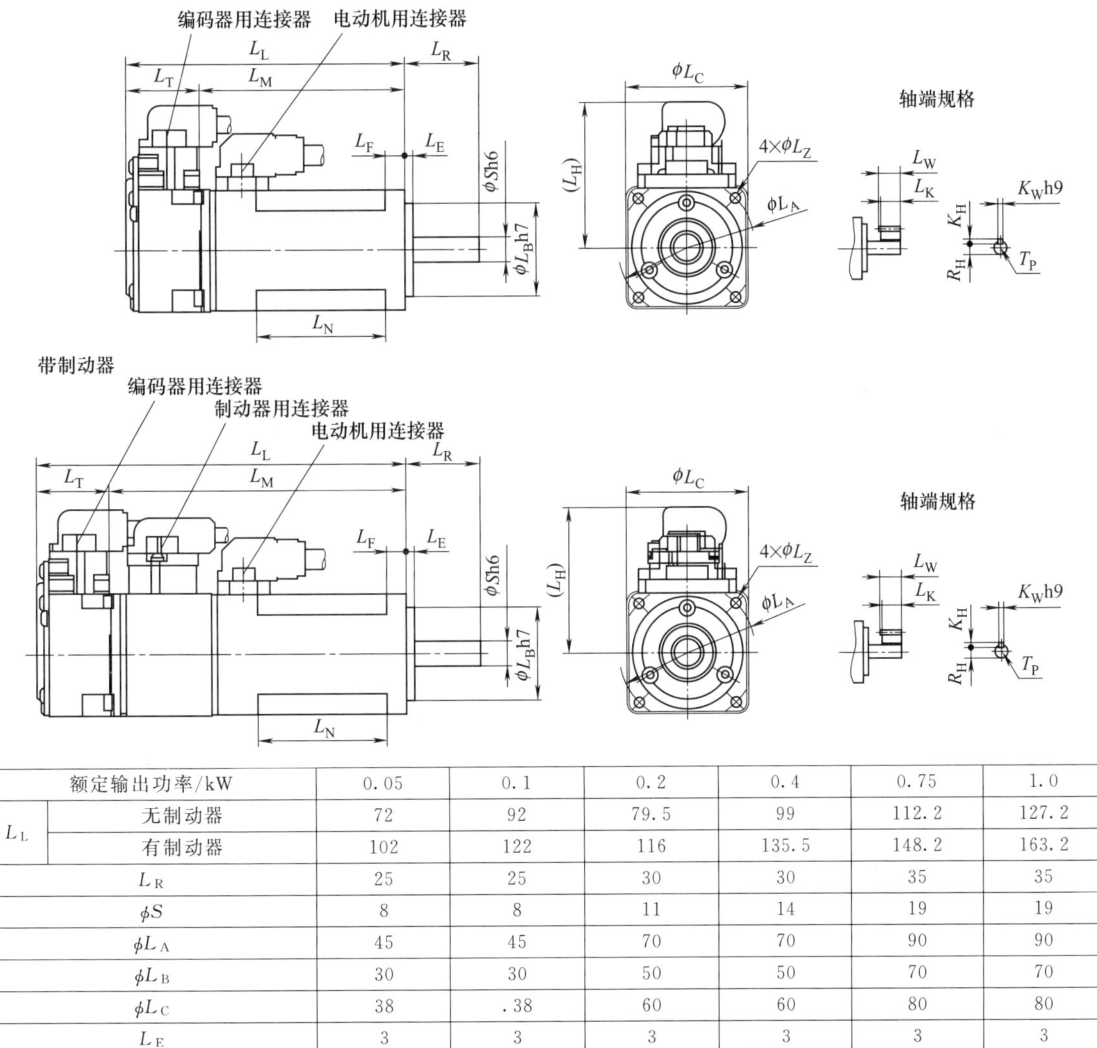

额定输出功率/kW		0.05	0.1	0.2	0.4	0.75	1.0
L_L	无制动器	72	92	79.5	99	112.2	127.2
	有制动器	102	122	116	135.5	148.2	163.2
L_R		25	25	30	30	35	35
ϕS		8	8	11	14	19	19
ϕL_A		45	45	70	70	90	90
ϕL_B		30	30	50	50	70	70
ϕL_C		38	.38	60	60	80	80
L_E		3	3	3	3	3	3
L_F		6	6	6.5	6.5	8	8
L_H		46.6	46.6	52.5	52.5	60	60

续表

额定输出功率/kW		0.05	0.1	0.2	0.4	0.75	1.0
L_M	无制动器	48	68	56.5	76	86.2	101.2
	有制动器	78	98	93	112.5	122.2	137.2
L_T		24	24	23	23	26	26
L_N		23	43	—	—	—	—
ϕL_Z		3.4	3.4	4.5	4.5	6	6
键	L_W	14	14	20	25	25	25
	L_K	12.5	12.5	18	22.5	22	22
	K_W	3	3	4	5	6	6
	K_H	3	3	4	5	6	6
	R_H	6.2	6.2	8.5	11	15.5	15.5
	T_P	M3 深 6	M3 深 6	M4 深 8	M5 深 10	M5 深 10	M5 深 10

表 26-2-79 MINAS A6 系列交流伺服电动机外形及安装尺寸（MSMF 低惯量系列，编码器连接器 JN2） mm

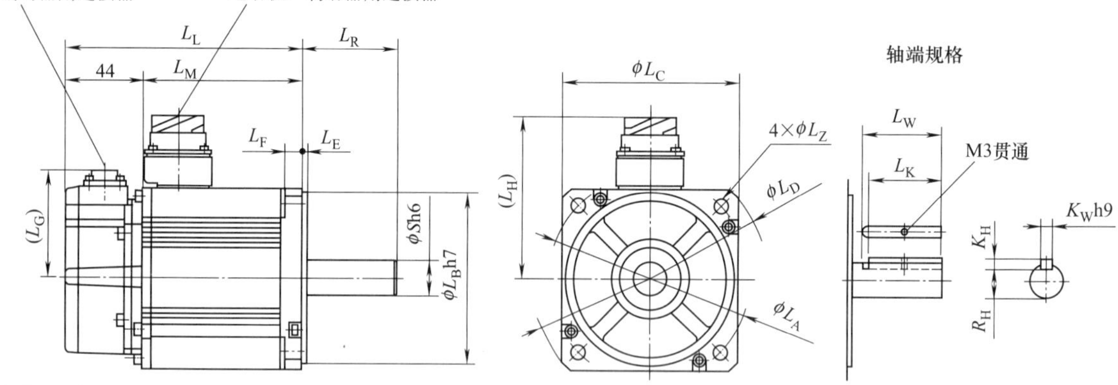

额定输出功率/kW		1.0	1.5	2.0	3.0	4.0	5.0
L_L	无制动器	136	154.5	173.5	185	204	239
	有制动器	163	181.5	200.5	210	232	267
L_R		55	55	55	55	65	65
ϕS		19	19	19	22	24	24
ϕL_A		115	115	115	145	145	145
ϕL_B		95	95	95	110	110	110
ϕL_C		100	100	100	120	130	130
ϕL_D		135	135	135	162	165	165
L_E		3	3	3	3	6	6
L_F		10	10	10	12	12	12
L_G		60	60	60	60	60	60
L_H	无制动器	90	90	90	113	118	118
	有制动器	101	101	101	113	118	118
L_M	无制动器	92	110.5	129.5	141	160	195
	有制动器	119	137.5	156.5	166	188	223
ϕL_Z		9	9	9	9	9	9
键	L_W	45	45	45	45	55	55
	L_K	42	42	42	41	51	51
	K_W	6	6	6	8	8	8
	K_H	6	6	6	7	7	7
	R_H	15.5	15.5	15.5	18	20	20

表 26-2-80　MINAS A6 系列交流伺服电动机外形及安装尺寸（MSMF 低惯量系列，编码器连接器 JL10）　mm

额定输出功率/kW		1.0	1.5	2.0	3.0	4.0	5.0
L_L	无制动器	137	155.5	174.5	186	205	240
	有制动器	164	182.5	201.5	211	233	268
L_R		55	55	55	55	65	65
ϕS		19	19	19	22	24	24
ϕL_A		115	115	115	145	145	145
ϕL_B		95	95	95	110	110	110
ϕL_C		100	100	100	120	130	130
ϕL_D		135	135	135	162	165	165
L_E		3	3	3	3	6	6
L_F		10	10	10	12	12	12
L_G		84	84	84	84	84	84
L_H	无制动器	90	90	90	113	118	118
	有制动器	101	101	101	113	118	118
L_M	无制动器	92	110.5	129.5	141	160	195
	有制动器	119	137.5	156.5	166	188	223
ϕL_Z		9	9	9	9	9	9
键	L_W	45	45	45	45	55	55
	L_K	42	42	42	41	51	51
	K_W	6	6	6	8	8	8
	K_H	6	6	6	7	7	7
	R_H	15.5	15.5	15.5	18	20	20

表 26-2-81　MINAS A6 系列交流伺服电动机外形及安装尺寸（MQMF 系列，导线型）　mm

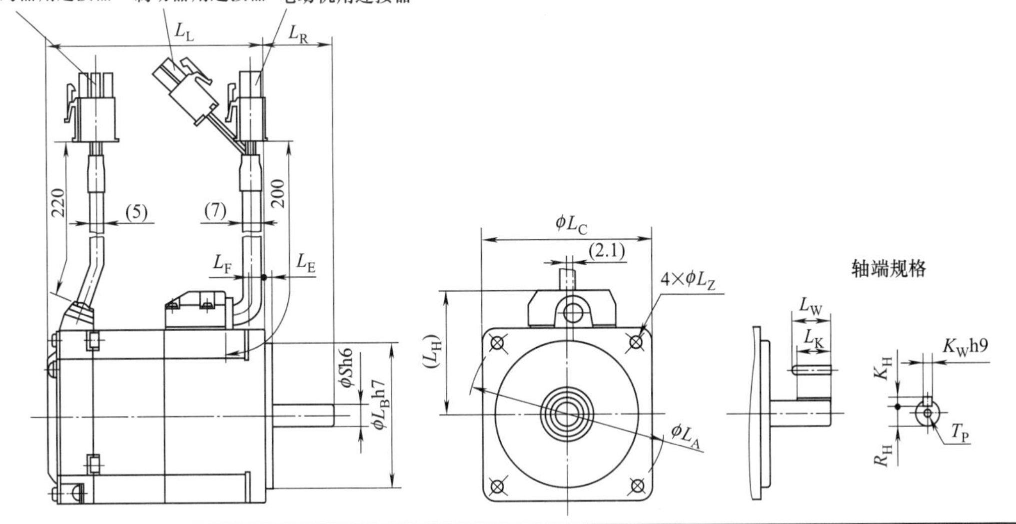

续表

额定输出功率/kW			0.1	0.2	0.4
L_L	无油封	无制动器	56.2	62.3	74.8
		有制动器	77.5	85.9	98.4
	有油封	无制动器	59.7	65.8	78.3
		有制动器	81	89.4	101.9
L_R			25	30	30
S			8	11	14
ϕL_A			70	90	90
ϕL_B			50	70	70
ϕL_C			60	80	80
L_E			3	3	3
L_F			5.7	8	8
L_H			43	53	53
ϕL_Z			4.5	6	6
键	L_W		14	20	25
	L_K		12.5	18	22.5
	K_W		3	4	5
	K_H		3	4	5
	R_H		6.2	8.5	11
	T_P		M3 深度 6	M4 深度 8	M5 深度 10

表 26-2-82　MINAS A6 系列交流伺服电动机外形及安装尺寸（MQMF 系列，连接器型）　mm

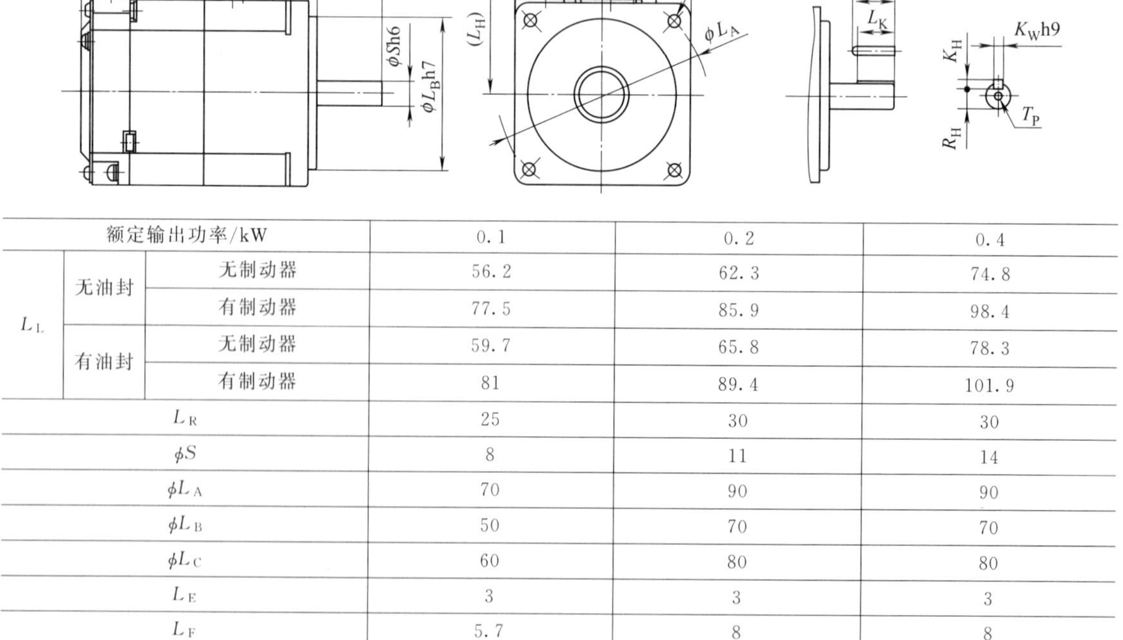

额定输出功率/kW			0.1	0.2	0.4
L_L	无油封	无制动器	56.2	62.3	74.8
		有制动器	77.5	85.9	98.4
	有油封	无制动器	59.7	65.8	78.3
		有制动器	81	89.4	101.9
L_R			25	30	30
ϕS			8	11	14
ϕL_A			70	90	90
ϕL_B			50	70	70
ϕL_C			60	80	80
L_E			3	3	3
L_F			5.7	8	8
L_H			44	54	54

续表

额定输出功率/kW			0.1	0.2	0.4
L_M	无油封	无制动器	39.7	45.8	58.3
		有制动器	61	69.4	81.9
	带油封	无制动器	43.2	49.3	61.8
		有制动器	64.5	72.9	85.4
L_T			16.5	16.5	16.5
ϕL_Z			4.5	6	6
键	L_W		14	20	25
	L_K		12.5	18	22.5
	K_W		3	4	5
	K_H		3	4	5
	R_H		6.2	8.5	11
	T_P		M3 深度 6	M4 深度 8	M5 深度 10

表 26-2-83　MINAS A6 系列交流伺服电动机外形及安装尺寸［MQMF 系列，导线型、带油封（带保护唇）］

mm

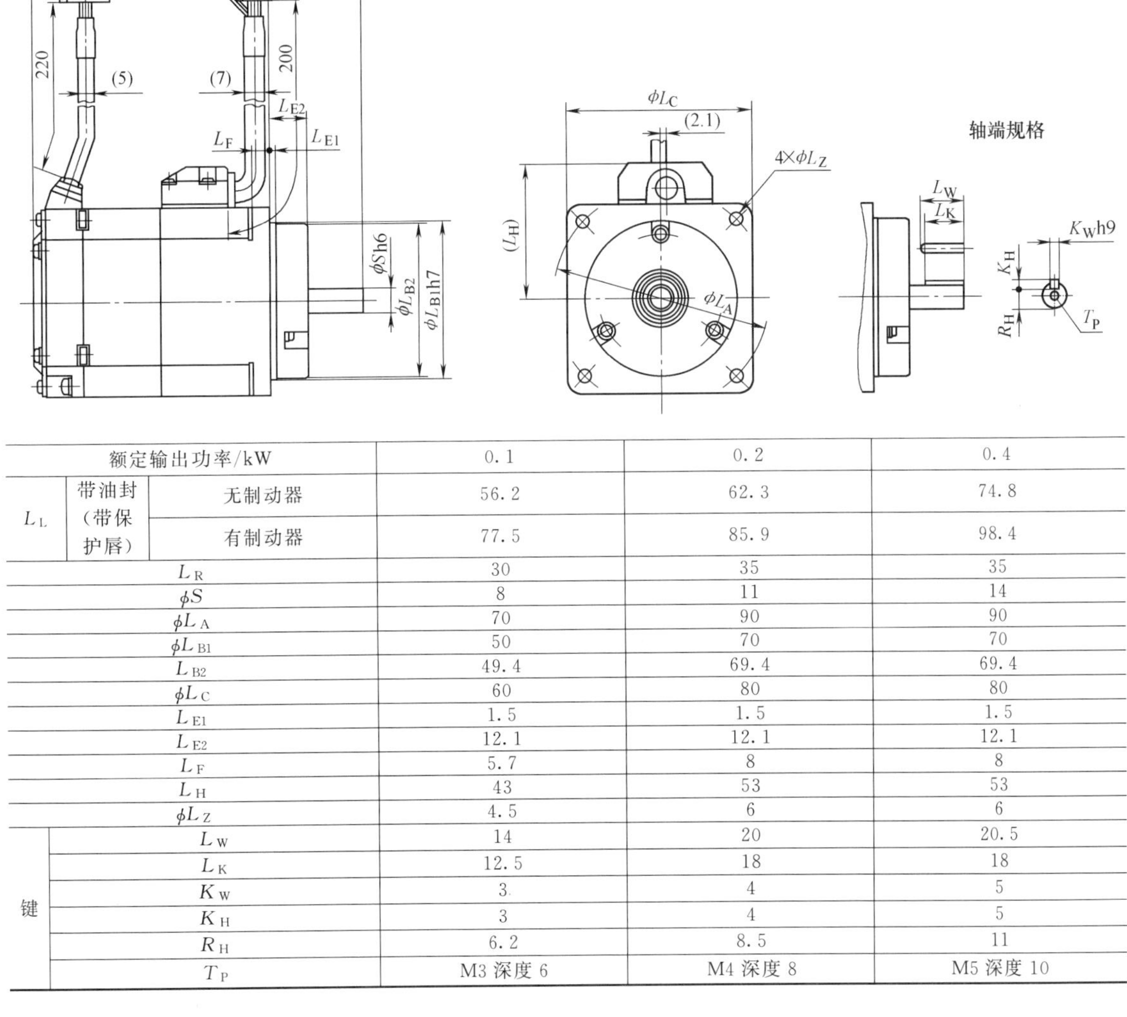

额定输出功率/kW			0.1	0.2	0.4
L_L	带油封（带保护唇）	无制动器	56.2	62.3	74.8
		有制动器	77.5	85.9	98.4
L_R			30	35	35
ϕS			8	11	14
ϕL_A			70	90	90
ϕL_{B1}			50	70	70
L_{B2}			49.4	69.4	69.4
ϕL_C			60	80	80
L_{E1}			1.5	1.5	1.5
L_{E2}			12.1	12.1	12.1
L_F			5.7	8	8
L_H			43	53	53
ϕL_Z			4.5	6	6
键	L_W		14	20	20.5
	L_K		12.5	18	18
	K_W		3	4	5
	K_H		3	4	5
	R_H		6.2	8.5	11
	T_P		M3 深度 6	M4 深度 8	M5 深度 10

表 26-2-84 MINAS A6 系列交流伺服电动机外形及安装尺寸
［MQMF 系列，连接器型、带油封（带保护唇）］ mm

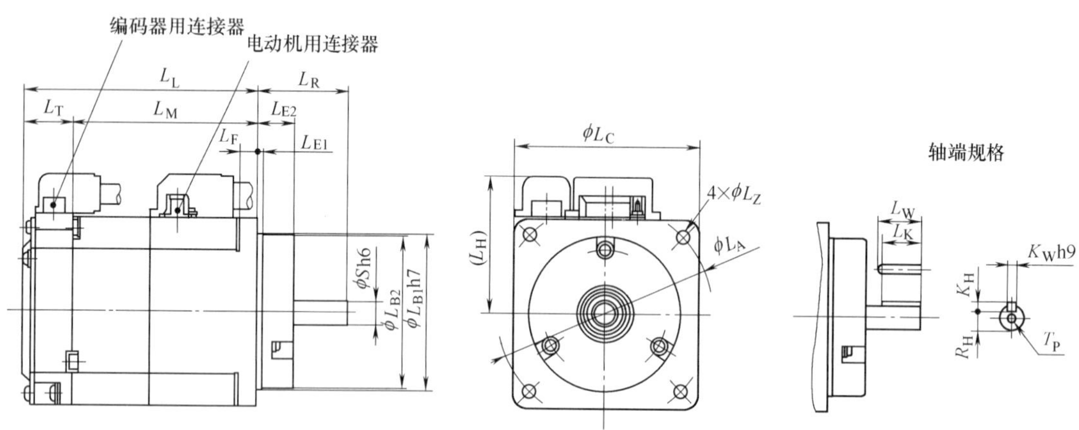

额定输出功率/kW			0.1	0.2	0.4
L_L	带油封（带保护唇）	无制动器	56.2	62.3	74.8
		有制动器	77.5	85.9	98.4
L_R			30	35	35
ϕS			8	11	14
ϕL_A			70	90	90
ϕL_{B1}			50	70	70
L_{B2}			49.4	69.4	69.4
ϕL_C			60	80	80
L_{E1}			1.5	1.5	1.5
L_{E2}			12.1	12.1	12.1
L_F			5.7	8	8
L_H			44	54	54
L_M	无制动器		39.7	45.8	58.3
	带制动器		61	69.4	81.9
L_T			16.5	16.5	16.5
ϕL_Z			4.5	6	6
键	L_W		14	20	20.5
	L_K		12.5	18	18
	K_W		3	4	5
	K_H		3	4	5
	R_H		6.2	8.5	11
	T_P		M3 深度 6	M4 深度 8	M5 深度 10

第26篇

表 26-2-85 MINAS A6 系列交流伺服电动机外形及安装尺寸（MDMF 系列，编码器连接器 JN2）　mm

额定输出功率/kW		1.0	1.5	2.0	3.0	4.0	5.0
L_L	无制动器	121	135	149	177	160	175
	有制动器	149	163	177	205	189	204
L_R		55	55	55	65	70	70
ϕS		22	22	22	24	35	35
ϕL_A		145	145	145	145	200	200
ϕL_B		110	110	110	110	114.3	114.3
ϕL_C		130	130	130	130	176	176
ϕL_D		165	165	165	165	233	233
L_E		6	6	6	6	3.2	3.2
L_F		12	12	12	12	18	18
L_G		60	60	60	60	60	60
L_H	无制动器	105	105	105	118	140	140
	有制动器	116	116	116	118	140	140
L_M	无制动器	77	91	105	133	116	131
	有制动器	105	119	133	161	145	160
ϕL_Z		9	9	9	9	13.5	13.5
键	L_W	45	45	45	55	55	55
	L_K	41	41	41	51	50	50
	K_W	8	8	8	8	10	10
	K_H	7	7	7	7	8	8
	R_H	18	18	18	20	30	30

MINAS A6 系列交流伺服电动机外形及安装尺寸(MDMF 系列，编码器连接器 JL10)

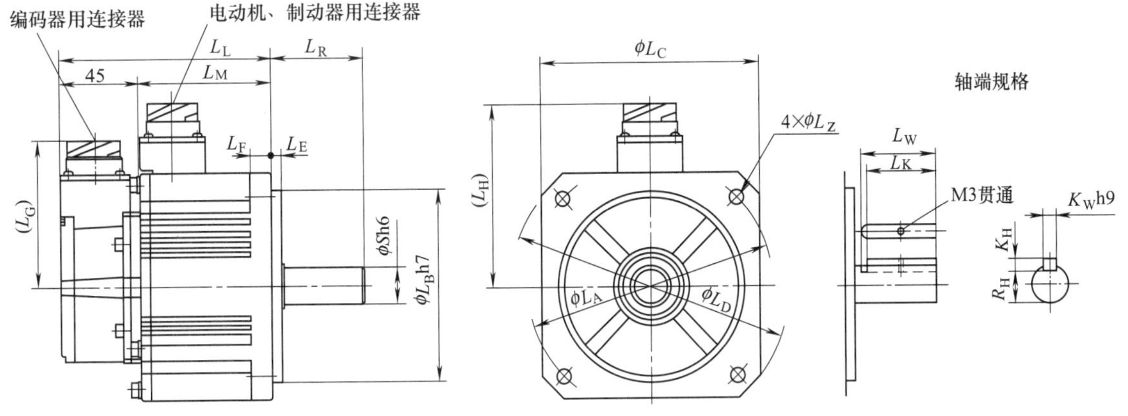

续表

额定输出功率/kW		1.0	1.5	2.0	3.0	4.0	5.0
L_L	无制动器	122	136	150	178	161	176
	有制动器	150	164	178	206	190	205
L_R		55	55	55	65	70	70
ϕS		22	22	22	24	35	35
ϕL_A		145	145	145	145	200	200
ϕL_B		110	110	110	110	114.3	114.3
ϕL_C		130	130	130	130	176	176
ϕL_D		165	165	165	165	233	233
L_E		6	6	6	6	3.2	3.2
L_F		12	12	12	12	18	18
L_G		84	84	84	84	84	84
L_H	无制动器	105	105	105	118	140	140
	有制动器	116	116	116	118	140	140
L_M	无制动器	77	91	105	133	116	131
	有制动器	105	119	133	161	145	160
ϕL_Z		9	9	9	9	13.5	13.5
键	L_W	45	45	45	55	55	55
	L_K	41	41	41	51	50	50
	K_W	8	8	8	8	10	10
	K_H	7	7	7	7	8	8
	R_H	18	18	18	20	30	30

表 26-2-86 MINAS A6 系列交流伺服电动机外形及安装尺寸（MGMF 系列，编码器连接器 JN2） mm

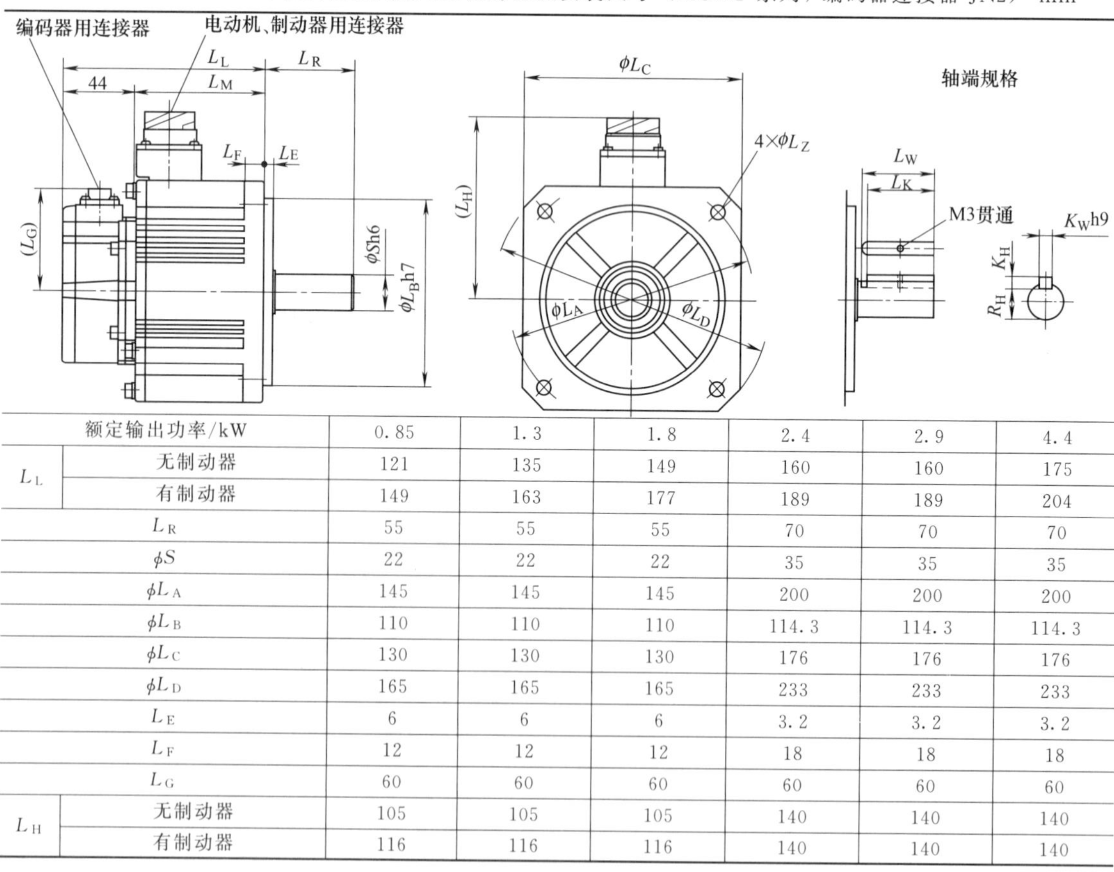

额定输出功率/kW		0.85	1.3	1.8	2.4	2.9	4.4
L_L	无制动器	121	135	149	160	160	175
	有制动器	149	163	177	189	189	204
L_R		55	55	55	70	70	70
ϕS		22	22	22	35	35	35
ϕL_A		145	145	145	200	200	200
ϕL_B		110	110	110	114.3	114.3	114.3
ϕL_C		130	130	130	176	176	176
ϕL_D		165	165	165	233	233	233
L_E		6	6	6	3.2	3.2	3.2
L_F		12	12	12	18	18	18
L_G		60	60	60	60	60	60
L_H	无制动器	105	105	105	140	140	140
	有制动器	116	116	116	140	140	140

续表

额定输出功率/kW		0.85	1.3	1.8	2.4	2.9	4.4
L_M	无制动器	77	91	105	116	116	131
	有制动器	105	119	133	145	145	160
ϕL_Z		9	9	9	13.5	13.5	13.5
键	L_W	45	45	45	55	55	55
	L_K	41	41	41	50	50	50
	K_W	8	8	8	10	10	10
	K_H	7	7	7	8	8	8
	R_H	18	18	18	30	30	30

MINAS A6 系列交流伺服电动机外形及安装尺寸（MGMF 系列，编码器连接器 JL10）　mm

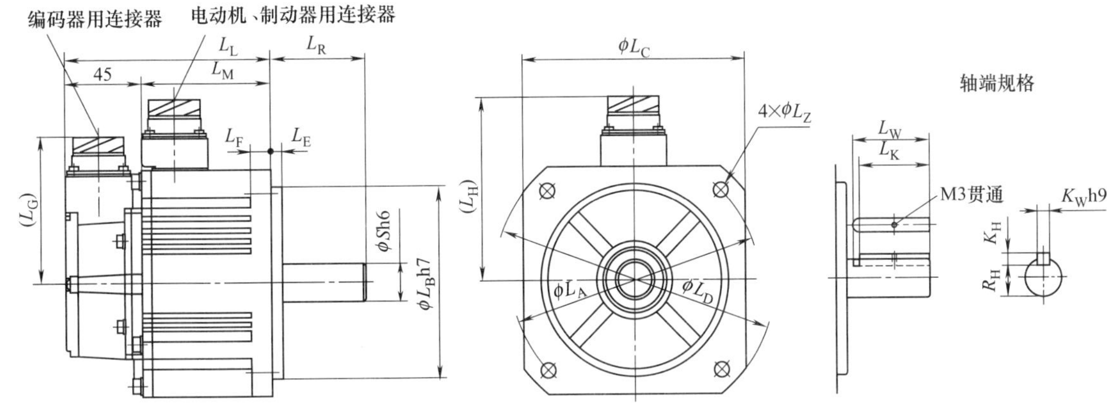

额定输出功率/kW		0.85	1.3	1.8	2.4	2.9	4.4
L_L	无制动器	122	136	150	161	161	176
	有制动器	150	164	178	190	190	205
L_R		55	55	55	70	70	70
ϕS		22	22	22	35	35	35
ϕL_A		145	145	145	200	200	200
ϕL_B		110	110	110	114.3	114.3	114.3
ϕL_C		130	130	130	176	176	176
ϕL_D		165	165	165	233	233	233
L_E		6	6	6	3.2	3.2	3.2
L_F		12	12	12	18	18	18
L_G		84	84	84	84	84	84
L_H	无制动器	105	105	105	140	140	140
	有制动器	116	116	116	140	140	140
L_M	无制动器	77	91	105	116	116	131
	有制动器	105	119	133	145	145	160
ϕL_Z		9	9	9	13.5	13.5	13.5
键	L_W	45	45	45	55	55	55
	L_K	41	41	41	50	50	50
	K_W	8	8	8	10	10	10
	K_H	7	7	7	8	8	8
	R_H	18	18	18	30	30	30

表 26-2-87 MINAS A6 系列交流伺服电动机外形及安装尺寸（MHMF 系列，导线型和连接器型）　mm

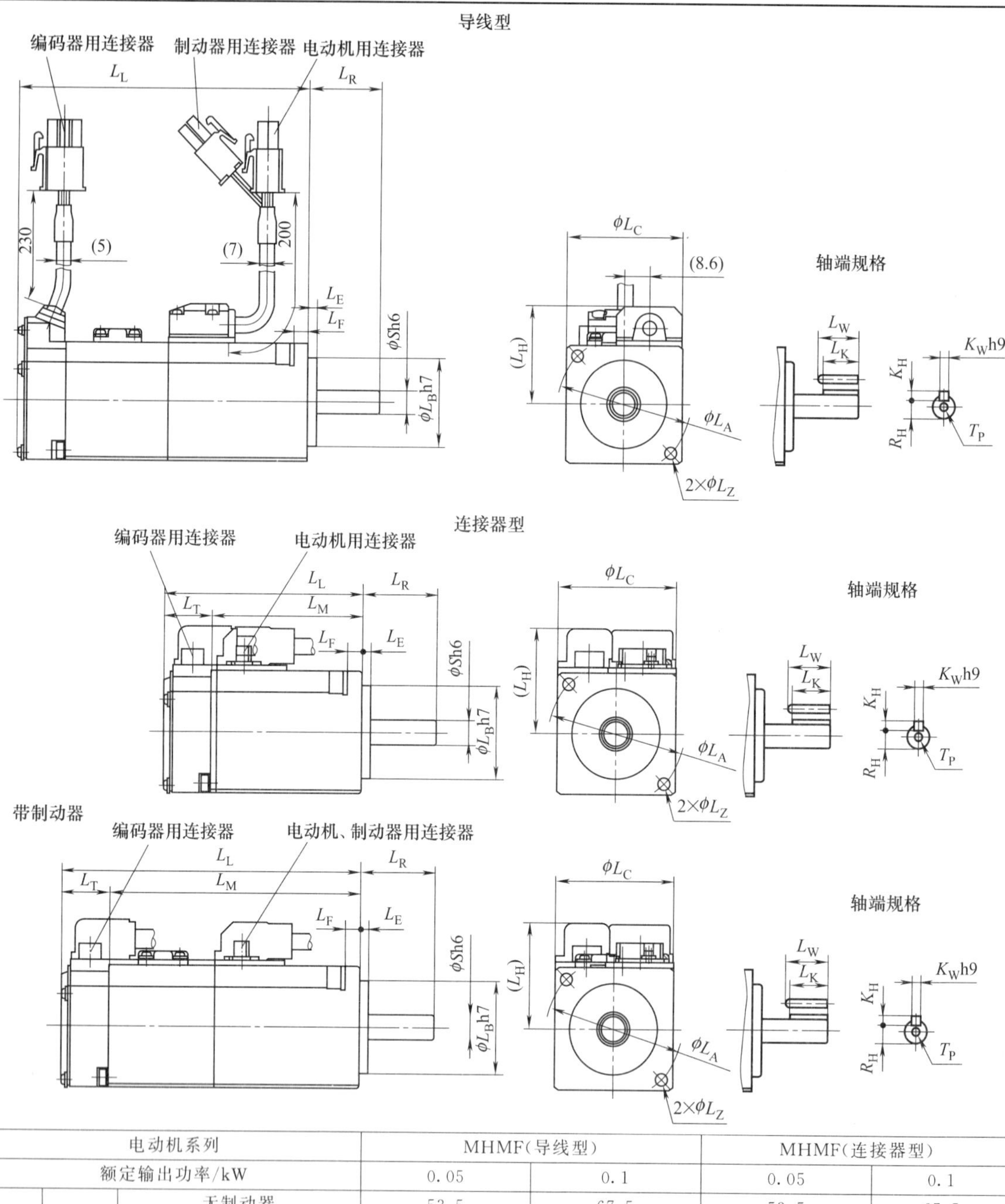

电动机系列			MHMF(导线型)		MHMF(连接器型)	
额定输出功率/kW			0.05	0.1	0.05	0.1
L_L	无油封	无制动器	53.5	67.5	53.5	67.5
		有制动器	87.4	101.4	87.4	101.4
	有油封	无制动器	57.5	71.5	57.5	71.5
		有制动器	91.4	105.4	91.4	105.4
L_R			25			
ϕS			8			
ϕL_A			46			
ϕL_B			30			
ϕL_C			40			

第26篇

续表

电动机系列			MHMF(导线型)		MHMF(连接器型)	
额定输出功率/kW			0.05	0.1	0.05	0.1
L_E			3			
L_F			5			
L_H			33	33	34.5	34.5
L_M	无油封	无制动器	—	—	36.9	50.9
		有制动器	—	—	70.8	84.8
	带油封	无制动器	—	—	40.9	54.9
		有制动器	—	—	74.8	88.8
L_T			—	—	16.6	
ϕL_Z			4.3			
键	L_W		14			
	L_K		12.5			
	K_W		3			
	K_H		3			
	R_H		6.2			
	T_P		M3 深度 6			

表 26-2-88　MINAS A6 系列交流伺服电动机外形及安装尺寸（MHMF 系列，导线型和连接器型带油封）

mm

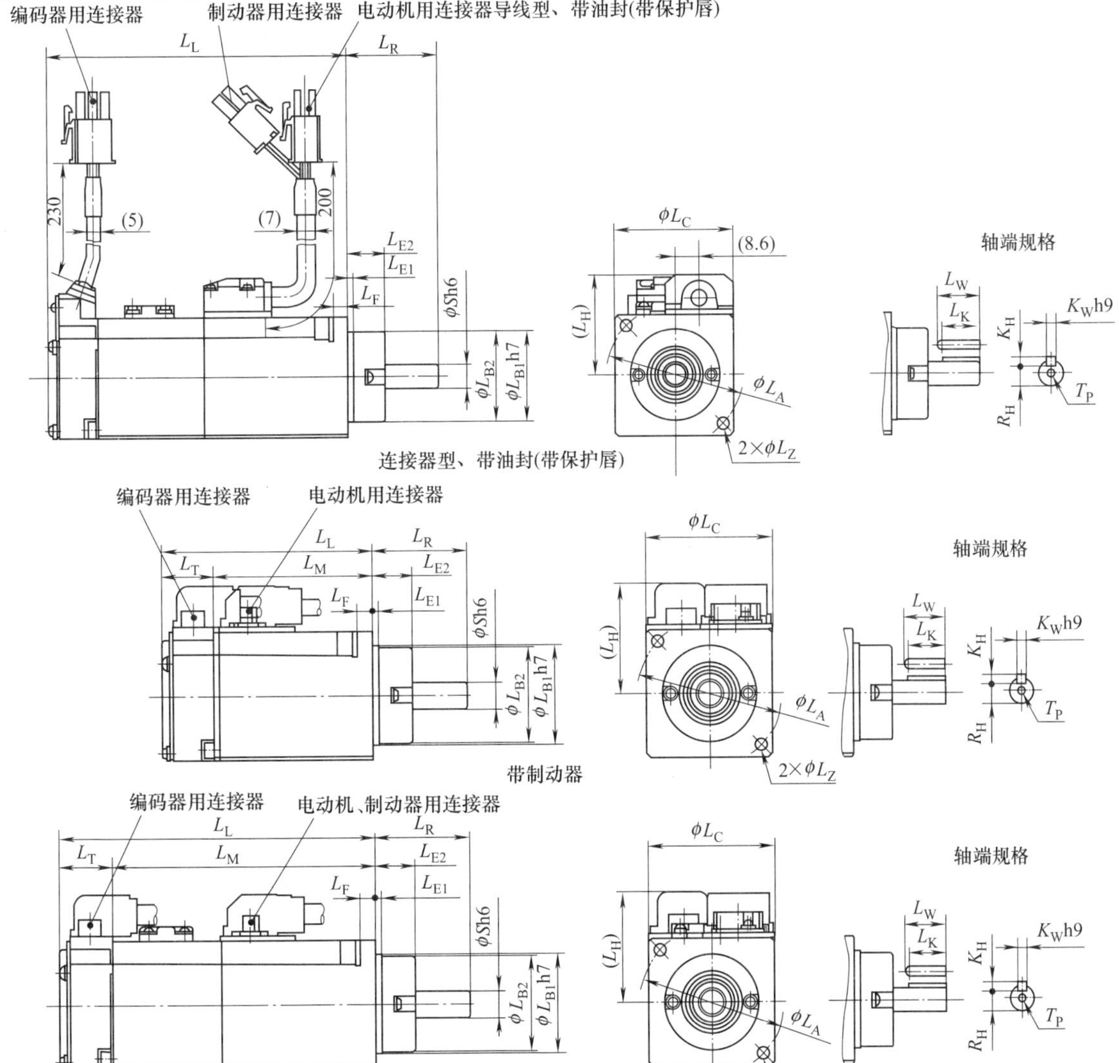

续表

电动机系列			MHMF[导线型、带油封(带保护唇)]		MHMF[连接器型、带油封(带保护唇)]	
额定输出功率/kW			0.05	0.1	0.05	0.1
L_L	[带油封(带保护唇)]	无制动器	53.5	67.5	53.5	67.5
		有制动器	87.4	101.4	87.4	101.4
L_R			30			
ϕS			8			
ϕL_A			46			
ϕL_{B1}			30			
L_{B2}			29.6			
ϕL_C			40			
L_{E1}			1.5			
L_{E2}			12.1			
L_F			5			
L_H			33	33	34.5	34.5
L_M		无制动器	—		36.9	50.9
		有制动器	—		70.8	84.8
L_T			—		16.6	
ϕL_Z			4.3			
键	L_W		14			
	L_K		12.5			
	K_W		3			
	K_H		3			
	R_H		6.2			
	T_P		M3 深度 6			

表 26-2-89 MINAS A6 系列交流伺服电动机外形及安装尺寸（MHMF 200W～1.0kW，导线型） mm

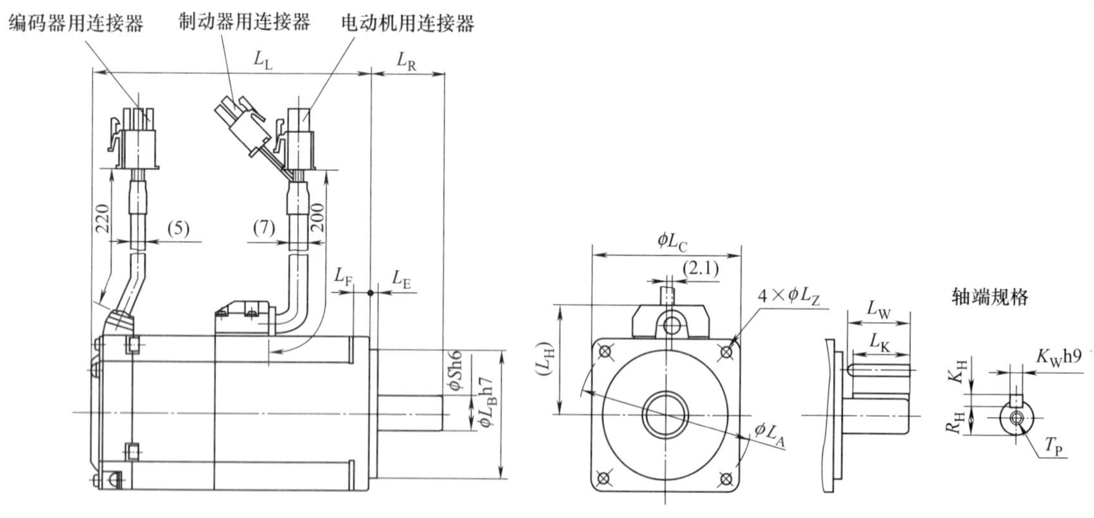

额定输出功率/kW			0.2	0.4	0.75	1.0
L_L	无油封	无制动器	67.5	84.5	91.9	104.7
		有制动器	96.8	113.8	125.5	138.3
	有油封	无制动器	71	88	95.4	108.2
		有制动器	100.3	117.3	129	141.8
L_R			30		35	
ϕS			11	14	19	
ϕL_A			70		90	

续表

额定输出功率/kW		0.2	0.4	0.75	1.0
ϕL_B		50		70	
ϕL_C		60		80	
L_E		3			
L_F		6.5		8	
L_H		43		53	
ϕL_Z		4.5		6	
键	L_W	20	25		
	L_K	18	22.5	22	
	K_W	4	5	6	
	K_H	4	5	6	
	R_H	8.5	11	15.5	
	T_P	M4 深度 8	M5 深度 10		

表 26-2-90　MINAS A6 系列交流伺服电动机外形及安装尺寸（MHMF 200W～1.0kW，连接器型）　mm

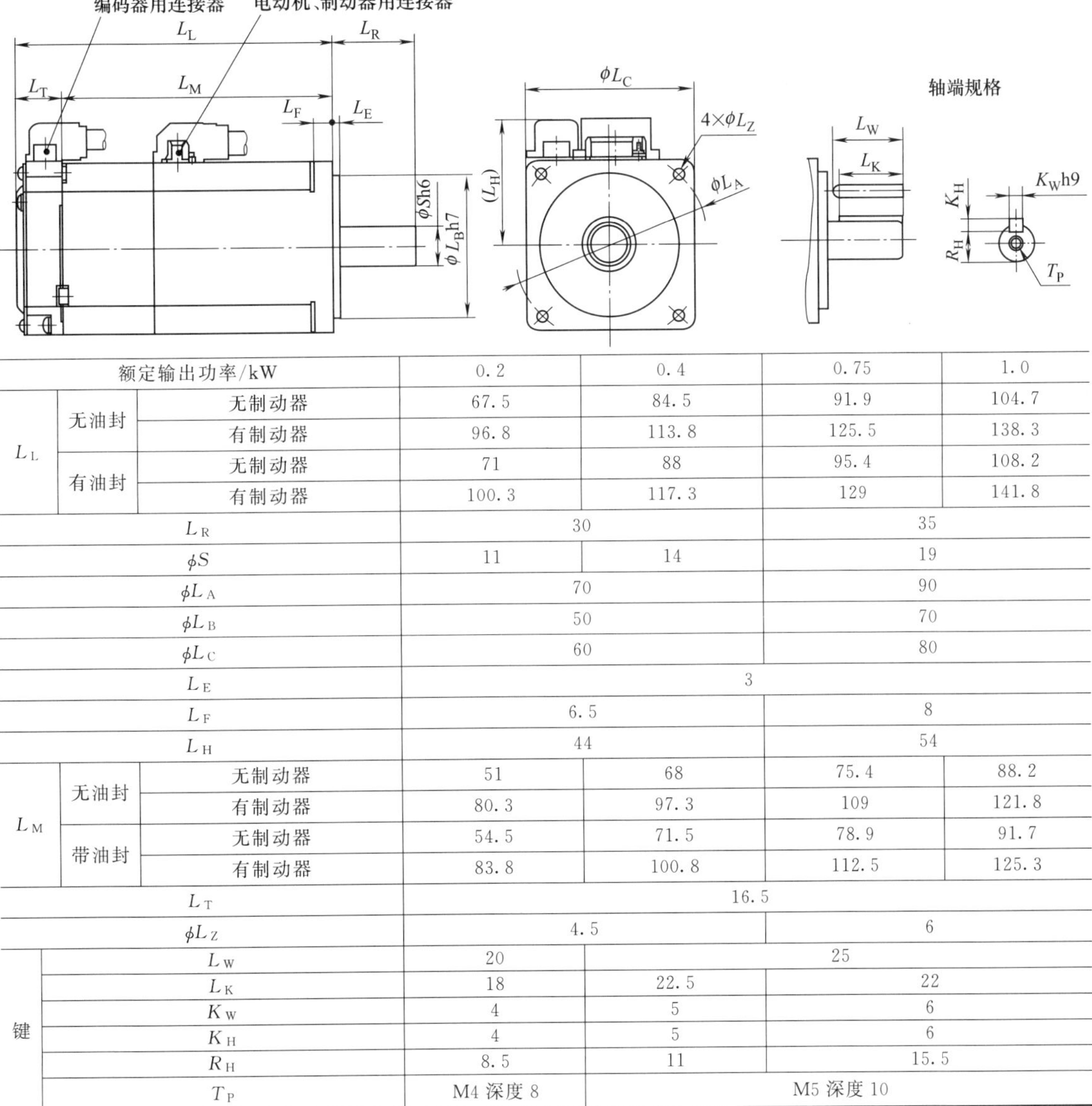

额定输出功率/kW			0.2	0.4	0.75	1.0
L_L	无油封	无制动器	67.5	84.5	91.9	104.7
		有制动器	96.8	113.8	125.5	138.3
	有油封	无制动器	71	88	95.4	108.2
		有制动器	100.3	117.3	129	141.8
L_R			30		35	
ϕS			11	14	19	
ϕL_A			70		90	
ϕL_B			50		70	
ϕL_C			60		80	
L_E			3			
L_F			6.5		8	
L_H			44		54	
L_M	无油封	无制动器	51	68	75.4	88.2
		有制动器	80.3	97.3	109	121.8
	带油封	无制动器	54.5	71.5	78.9	91.7
		有制动器	83.8	100.8	112.5	125.3
L_T			16.5			
ϕL_Z			4.5		6	
键	L_W		20	25		
	L_K		18	22.5	22	
	K_W		4	5	6	
	K_H		4	5	6	
	R_H		8.5	11	15.5	
	T_P		M4 深度 8	M5 深度 10		

表 26-2-91　　MINAS A6 系列交流伺服电动机外形及安装尺寸

[MHMF 200W～1.0kW，导线型、带油封（带保护唇)]

mm

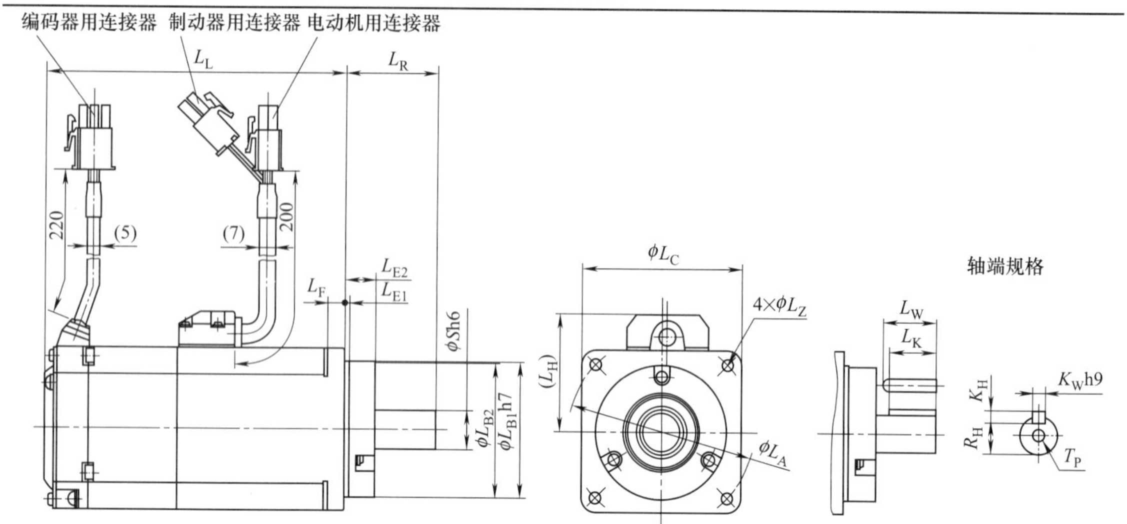

额定输出功率/kW			0.2	0.4	0.75	1.0
L_L	带油封（带保护唇）	无制动器	67.5	84.5	91.9	104.7
		有制动器	96.8	113.8	125.5	138.3
L_R			35		40	
ϕS			11	14	19	
ϕL_A			70		90	
ϕL_{B1}			50		70	
L_{B2}			49.4		69.4	
ϕL_C			60		80	
L_{E1}			1.5			
L_{E2}			12.1			
L_F			6.5		8	
L_H			43		53	
ϕL_Z			4.5		6	
键	L_W		20	20.5	25	
	L_K		18	18	22	
	K_W		4	5	6	
	K_H		4	5	6	
	R_H		8.5	11	15.5	
	T_P		M4 深度 8	M5 深度 10		

表 26-2-92　MINAS A6 系列交流伺服电动机外形及安装尺寸 [MHMF 200W～1.0kW，连接器型、带油封（带保护唇)]

mm

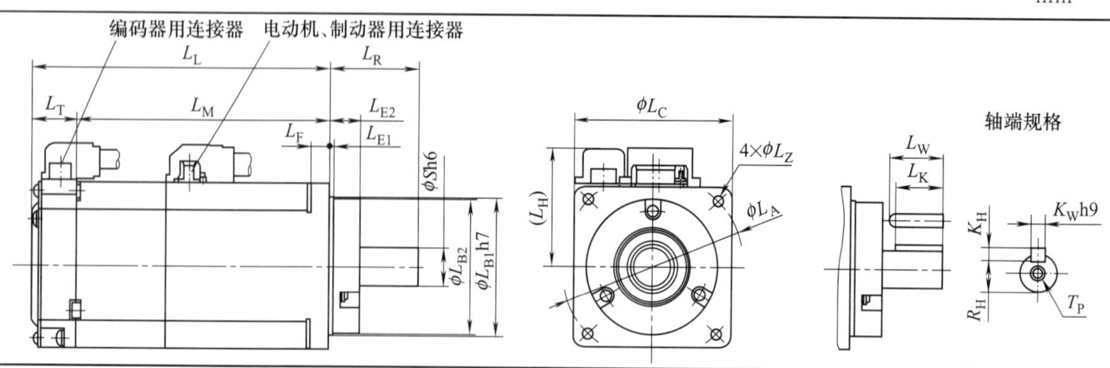

续表

额定输出功率/kW			0.2	0.4	0.75	1.0
L_L	带油封（带保护唇）	无制动器	67.5	84.5	91.9	104.7
		有制动器	96.8	113.8	125.5	138.3
L_R			35		40	
ϕS			11	14	19	
ϕL_A			70		90	
ϕL_{B1}			50		70	
L_{B2}			49.4		69.4	
ϕL_C			60		80	
L_{E1}			1.5			
L_{E2}			12.1			
L_F			6.5		8	
L_H			44		54	
L_M	无制动器		51	68	75.4	88.2
	有制动器		80.3	97.3	109	121.8
L_T			16.5			
ϕL_Z			4.5		6	
键	L_W		20	20.5	25	
	L_K		18	18	22	
	K_W		4	5	6	
	K_H		4	5	6	
	R_H		8.5	11	15.5	
	T_P		M4 深 8	M5 深 10		

表 26-2-93　MINAS A6 系列交流伺服电动机外形及安装尺寸（MHMF 1.0～5.0kW，连接器型 JN2）

mm

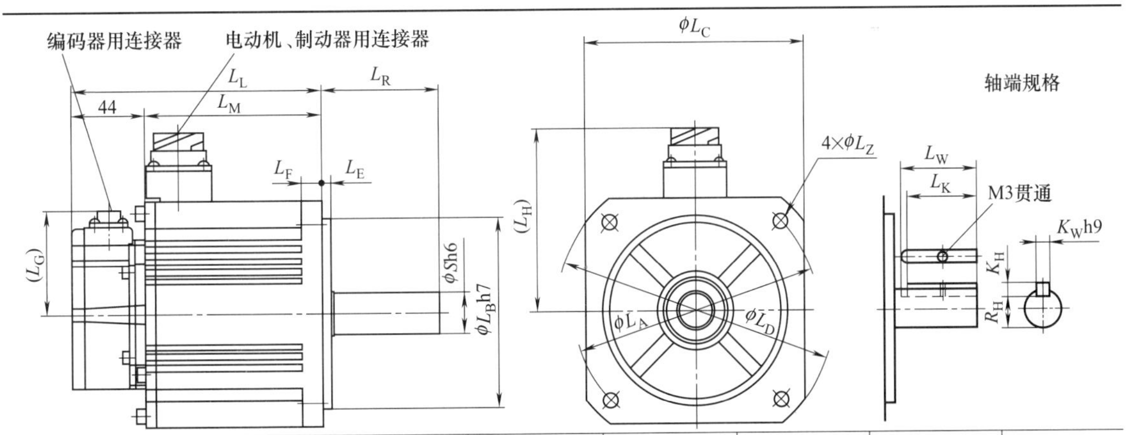

额定输出功率/kW		1.0	1.5	2.0	3.0	4.0	5.0
L_L	无制动器	149	163	160	175	189.5	205.5
	有制动器	177	191	189	204	218.5	234.5
L_R		70		80			
ϕS		22		35			
ϕL_A		145		200			
ϕL_B		110		114.3			
ϕL_C		130		176			
L_D		165		233			
L_E		6		3.2			

续表

额定输出功率/kW		1.0	1.5	2.0	3.0	4.0	5.0
L_F		12		18			
L_G		60					
L_H	无制动器	105		140			
	有制动器	116		140			
L_M	无制动器	105	119	116	131	145.5	161.5
	有制动器	133	147	145	160	174.5	190.5
ϕL_Z		9		13.5			
键	L_W	45		55			
	L_K	41		50			
	K_W	8		10			
	K_H	7		8			
	R_H	18		30			

表 26-2-94 MINAS A6 系列交流伺服电动机外形及安装尺寸（MHMF 1.0～5.0kW，连接器型 Jl10）

mm

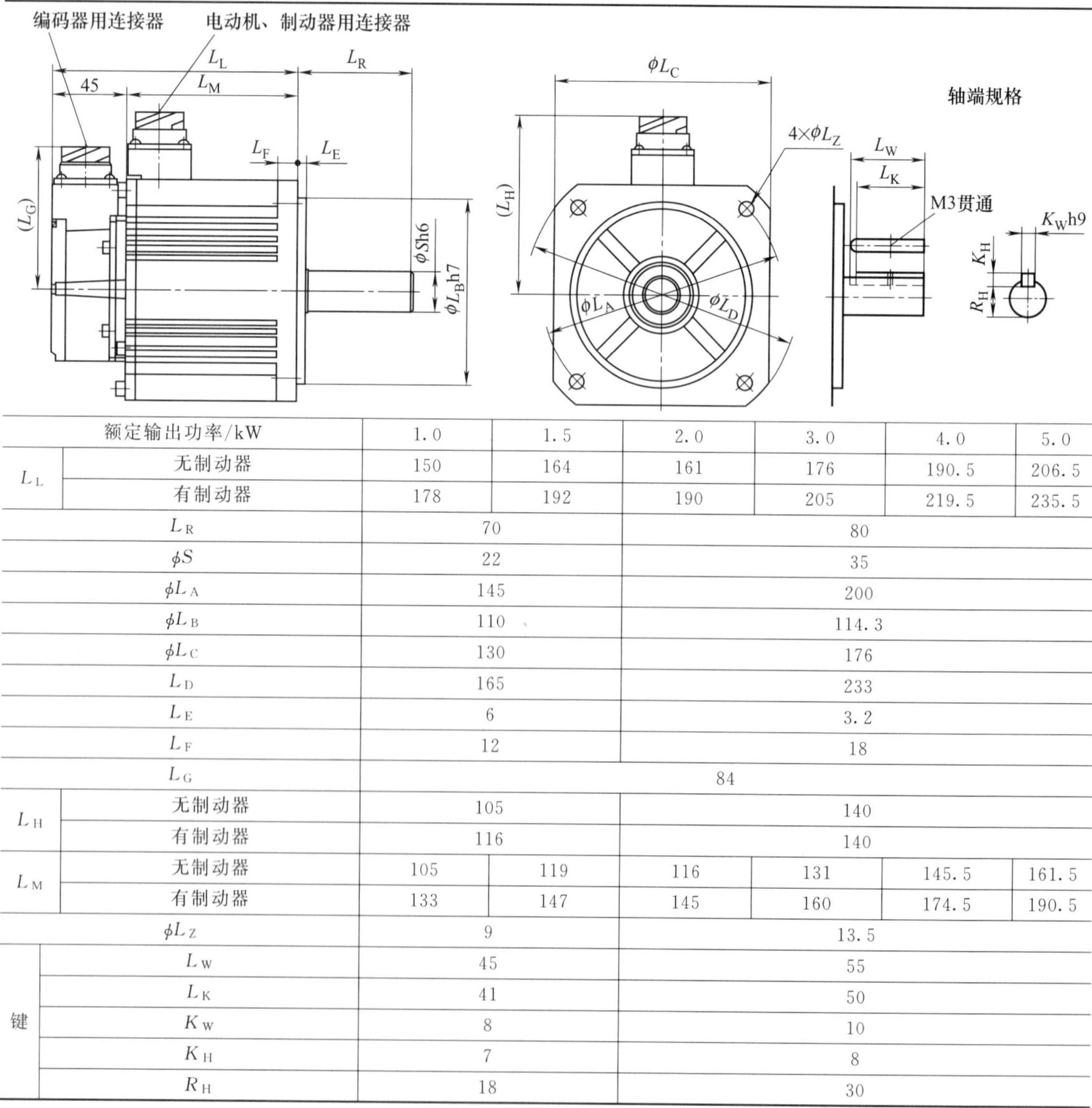

额定输出功率/kW		1.0	1.5	2.0	3.0	4.0	5.0
L_L	无制动器	150	164	161	176	190.5	206.5
	有制动器	178	192	190	205	219.5	235.5
L_R		70		80			
ϕS		22		35			
ϕL_A		145		200			
ϕL_B		110		114.3			
ϕL_C		130		176			
L_D		165		233			
L_E		6		3.2			
L_F		12		18			
L_G		84					
L_H	无制动器	105		140			
	有制动器	116		140			
L_M	无制动器	105	119	116	131	145.5	161.5
	有制动器	133	147	145	160	174.5	190.5
ϕL_Z		9		13.5			
键	L_W	45		55			
	L_K	41		50			
	K_W	8		10			
	K_H	7		8			
	R_H	18		30			

2.3.4.2　SIGMA 7 系列交流伺服电动机

（1）SIGMA 7 系列交流伺服电动机型号定义

SGM7J — 01 A 7 A 2 S

- S：制动油封规格：1—无制动油封；S—带油封；C—带DC24V制动；E—带油封，带DC24V制动
- 2：轴端规格：见表26-2-96
- A：设计顺序：A—SGM7A/SGM7P(防护等级IP65)；C—SGM7J/SGM7G；E—SGM7P(防护等级IP67)
- 7：串行编码器规格：7—24位绝对值型；F—24位增量型
- A：电压：A—AC200V
- 01：伺服电动机的功率代号，见表26-2-95
- SGM7J：Σ—7系列伺服电动机SGM7J/SGM7A/SGM7G/SGM7P

表 26-2-95　SGMA 7 系列交流伺服电动机的容量　kW

记号	SGM7J	SGM7A	SGM7G	SGM7P	记号	SGM7J	SGM7A	SGM7G	SGM7P
A5	0.05	0.05			15		1.5		1.5
01	0.1	0.1		0.1	20		2.0	1.8	
C2	0.15	0.15			25		2.5		
02	0.2	0.2		0.2	30		3.0	2.9①	
03			0.3		40		4.0		
04	0.4	0.4		0.4	44			4.4	
05			0.45		50		5.0		
06	0.6	0.6			55			5.5	
08	0.75	0.75		0.75	70		7.0		
09			0.85		75			7.5	
10		1			1A			11	
13			1.3		1E			15	

① 将 SGM7G-30A 与 SGD7S-200A 组合使用时的数值。

表 26-2-96　轴端规格

符号	规格	SGM7J	SGM7A	SGM7G	SGM7P
2	直轴，无键槽	◎	◎	◎	◎
6	直轴，无键槽，带螺孔	◎	◎	◎	◎
B	带双面平面座	◎	◎①		

① 符号 B 不支持 1.5kW 以上的机型。

（2）SIGMA 7 系列交流伺服电动机技术规格

表 26-2-97　SGMA 7 系列交流伺服电动机通用技术规格表

项目		规格
电压		三相 220V(AC)
额定时间		连续
耐热等级		SGM7A-A5～10A(UL：A，CE：B)；SGM7A-15～70A(UL：F，CE：F)； SGM7J(UL：A，CE：B)；SGM7P(UL：B，CE：B)；SGM7G(UL：F，CE：F)；
绝缘电阻		DC500V，10MΩ 以上
绝缘耐压		AC1500V，1min
励磁方式		永磁型
安装方式		法兰型
连接方式		直接连接
旋转方向		正转指令下从负载侧观察时，逆时针旋转(CCW)
振动等级①		V15
环境条件	环境温度	0～40℃(40～60℃时，可降低额定值后使用)
	环境湿度	20%～80%RH(不得结露)
	安装场所	室内无腐蚀性或爆炸性气体的场所 通风良好，灰尘、垃圾及湿气少的场所 便于检查和清扫的场所 海拔 1000m 以下(1000～2000m 时，可降低额定值后使用) 不会产生强大磁场的场所
	保管环境	在电动机不通电的状态下保管时，请遵守下列环境要求 保管温度：－20～60 ℃(不冻结) 保管湿度：20%～80%RH(不结露)

第26篇

续表

项目		内容
抗冲击强度②	冲击加速度（以法兰面为标准）	490m/s^2
	冲击次数	2次
抗振性③	振动加速度（以法兰面为标准）	49m/s^2（SGM7A、SGM7J、SGM7P、SGM7G），其中：24.5m/s^2（前后方向）（SGM 15～50A时、SGM7G）；14.7m/s^2（SGM 70A）
保护结构		全封闭自冷IP67（轴贯通部分除外）（SGM7J、SGM7A、SGM7G） 全封闭自冷IP65（轴贯通部分除外）（SGM7P无减速器） 全封闭自冷IP55（轴贯通部分除外）（SGM7P带减速器）

① V15表示单台伺服电动机额定转速时，振动的振幅小于15μm。

② 水平安装伺服电动机轴时，上下方向上的抗冲击强度如下图所示。

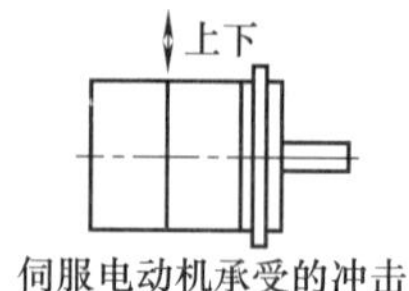

伺服电动机承受的冲击

③ 水平安装伺服电动机轴时，上下、左右、前后3个方向上的抗振性如下图所示。此外，作用于伺服电动机上的振动强度因用途而异。因此，务必通过实际产品确认振动加速度。

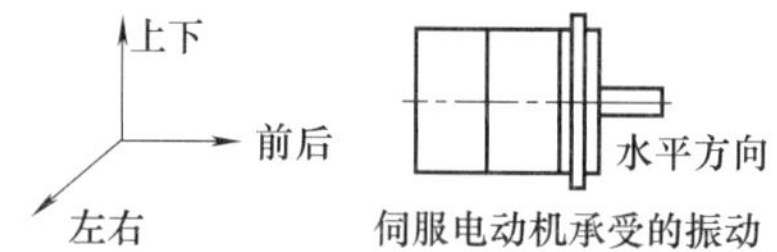

伺服电动机承受的振动

表26-2-98　　SGMA 7系列交流伺服电动机技术数据

系列	型号	额定输出功率/kW	组合伺服单元 SGD7S	组合伺服单元 SGD7W	额定转矩/N·m	最大转矩/N·m	额定电流/A	最大电流/A	额定/最大转速/r·min^{-1}	转矩系数/N·m·A^{-1}	转子转动惯量/10^{-4}kg·m^2	额定功率变化率/kW·s^{-1}	额定角加速度/rad·s^{-2}
SGM7J-	A5A	0.05	R70A	1R6A①，2R8A①	0.159	0.557	0.55	2.0	3000/6000	0.316	0.0395（0.0475）	6.40（5.32）	40200（33400）
	01A	0.1	R90A		0.318	1.11	0.85	3.1		0.413	0.0659（0.0739）	15.3（13.6）	48200（43000）
	C2A	0.15	1R6A	1R6A，2R8A①	0.477	1.67	1.6	5.7		0.321	0.0915（0.0995）	24.8（22.8）	52100（47900）
	02A	0.2	1R6A		0.637	2.23	1.6	5.8		0.444	0.263（0.333）	15.4（12.1）	24200（19100）
	04A	0.4	2R8A	2R8A，5R5A①，7R6A①	1.27	4.46	2.5	9.3		0.544	0.486（0.556）	33.1（29.0）	26100（22800）
	06A	0.6	5R5A	5R5A，7R6A	1.91	6.69	4.2	15.3		0.493	0.800（0.870）	45.6（41.9）	23800（21900）
	08A	0.75	5R5A		2.39	8.36	4.4	16.9		0.584	1.59（1.77）	35.9（32.2）	15000（13500）

续表

系列	型号	额定输出功率/kW	组合伺服单元 SGD7S	组合伺服单元 SGD7W	额定转矩/N·m	最大转矩/N·m	额定电流/A	最大电流/A	额定/最大转速/r·min^{-1}	转矩系数/N·m·A^{-1}	转子转动惯量/10^{-4}kg·m^2	额定功率变化率/kW·s^{-1}	额定角加速度/rad·s^{-2}
SGM7A-	A5A	0.05	R70A	1R6A①,2R8A①	0.159	0.557	0.57	2.1	3000/6000	0.304	0.0217 (0.0297)	11.7 (8.51)	73200 (53500)
	01A	0.1	R90A		0.318	1.11	0.89	3.2		0.384	0.0337 (0.0417)	30.0 (24.2)	94300 (76200)
	C2A	0.15	1R6A	1R6A,2R8A①	0.477	1.67	1.5	5.6		0.332	0.0458 (0.0538)	49.7 (42.2)	104000 (88600)
	02A	0.2			0.637	2.23	1.5	5.9		0.458	0.139 (0.209)	29.2 (19.4)	45800 (30400)
	04A	0.4	2R8A	2R8A,5R5A①,7R6A①	1.27	4.46	2.4	9.3		0.576	0.216 (0.286)	74.7 (56.3)	58700 (44400)
	06A	0.6	5R5A	5R5A,7R6A	1.91	6.69	4.5	16.9		0.456	0.315 (0.385)	115 (94.7)	60600 (49600)
	08A	0.75			2.39	8.36	4.4	16.8		0.584	0.775 (0.995)	73.7 (59.8)	30800 (25000)
	10A	1.0	120A		3.18	11.1	6.4	23.2		0.541	0.971 (1.15)	104 (87.9)	32700 (27600)
	15A	1.5			4.90	14.7	9.3	28		0.590	2.00 (2.25)	120 (106)	24500 (21700)
	20A	2.0	180A		6.36	19.1	12.1	42		0.561	2.47 (2.72)	164 (148)	25700 (23300)
	25A	2.5	200A		7.96	23.9	15.6	51		0.538	3.19 (3.44)	199 (184)	24900 (23100)
	30A	3.0			9.80	29.4	17.9	56		0.582	7.00 (9.20)	137 (104)	14000 (10600)
	40A	4.0	300A		12.6	37.8	25.4	77		0.519	9.60 (11.8)	165 (134)	13100 (10600)
	50A	5.0			15.8	47.6	27.6	84		0.604	12.3 (14.5)	203 (172)	12800 (10800)
	70A	7.0	550A		22.3	54.0	38.3	105		0.604	12.3	404	18100
SGM7G-	03A	0.3	3R8A	5R5A,7R6A	1.96	5.88	2.8	8.0	1500/3000	0.776	2.48 (2.73)	15.5 (14.1)	7900 (7180)
	05A	0.45			2.86	8.92	3.8	11		0.854	3.33 (3.58)	24.6 (22.8)	8590 (7990)
	09A	0.85	7R6A		5.39	14.2	6.9	17		0.859	13.9 (16.0)	20.9 (18.2)	3880 (3370)
	13A	1.3	120A		8.34	23.3	10.7	28		0.891	19.9 (22.0)	35.0 (31.6)	4190 (3790)
	20A	1.8	180A		11.5	28.7	16.7	42		0.748	26.0 (28.1)	50.9 (47.1)	4420 (4090)
	30A	2.9	330A		18.6	54.0	23.8	70		0.848	46.0 (53.9)	75.2 (64.2)	4040 (3450)
	30A②	2.4	200A		15.1	45.1	19.6	56		0.848	46.0 (53.9)	49.5 (42.2)	3280 (2800)
	44A	4.4	330A		28.4	71.6	32.8	84		0.934	67.5 (75.4)	119 (107)	4210 (3770)
	55A	5.5	470A		35.0	102	37.2	110		1.00	89.0 (96.9)	138 (126)	3930 (3610)

续表

系列	型号	额定输出功率/kW	组合伺服单元 SGD7S	组合伺服单元 SGD7W	额定转矩/N·m	最大转矩/N·m	额定电流/A	最大电流/A	额定/最大转速/r·min^{-1}	转矩系数/N·m·A^{-1}	转子转动惯量/10^{-4}kg·m^2	额定功率变化率/kW·s^{-1}	额定角加速度/rad·s^{-2}
SGM7G-	75A	7.5	550A		48.0	119	54.7	130	1500/3000	0.957	125 (133)	184 (173)	3840 (3610)
	1AA	11	590A		70.0	175	58.6	140	1500/2000	1.38	242 (261)	202 (188)	2890 (2680)
	1EA	15	780A		95.4	224	78.0	170		1.44	303 (341)	300 (267)	3150 (2800)
SGM7P-	01A	0.1	R90A	1R6A①,2R8A①	0.318	0.955	0.86	2.8	3000/6000	0.401	0.0592 (0.0892)	17.1 (11.3)	53700 (35600)
	02A	0.2	2R8A	2R8A,5R5A①,7R6A①	0.637	1.91	2.0	6.4		0.355	0.263 (0.415)	15.4 (9.7)	24200 (15300)
	04A	0.4			1.27	3.82	2.6	8.4		0.524	0.409 (0.561)	39.6 (28.8)	31100 (22600)
	08A	0.75	5R5A	5R5A,7R6A	2.39	7.16	5.4	16.5		0.476	2.10 (2.98)	27.2 (19.1)	11400 (8020)
	15A	1.5	120A		4.77	14.3	9.2	28.0		0.559	4.02 (4.90)	56.6 (46.4)	11900 (9730)

① 配套 Σ-7W 伺服单元时，与配套 Σ-7S 相比，可能出现无法调高增益，性能降低等情况。
② 将 SGM7G-30A 与 SGD7S-200A 组合使用时的数值。
注：括号内为带保持制动器的伺服电动机的值。

(3) SIGMA 7 系列交流伺服电动机外形尺寸

表 26-2-99 SGM7J-A5/01/C3 型伺服电动机外形尺寸 mm

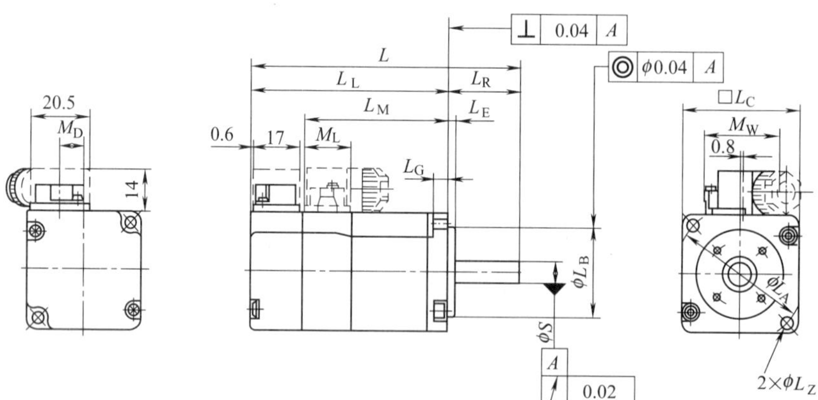

型号	L	L_L	L_M	法兰尺寸 L_R	L_E	L_G	□L_C	ϕL_A	ϕL_B	ϕL_Z	ϕS	M_D	M_W	M_L	质量/kg
SGM7J-A5A□A2□	81.5 (122)	56.5 (97)	37.9	25	2.5	5	40	46	$30_{-0.021}^{0}$	4.3	$8_{-0.009}^{0}$	8.8	25.8	16.1	0.3 (0.6)
SGM7J-01A□A2□	93.5 (134)	68.5 (109)	49.9	25	2.5	5	40	46	$30_{-0.021}^{0}$	4.3	$8_{-0.009}^{0}$	8.8	25.8	16.1	0.4 (0.7)
SGM7J-C2A□A2□	105.5 (153.5)	80.5 (128.5)	61.9	25	2.5	5	40	46	$30_{-0.021}^{0}$	4.3	$8_{-0.009}^{0}$	8.8	25.8	16.1	0.5 (0.8)

注：1. 括号内为带保持制动器的伺服电动机的值。
2. 轴伸尺寸见表 26-2-113 和表 26-2-114，下同。

第26篇

表 26-2-100　SGM7J-02/04/06/08 型伺服电动机外形尺寸　mm

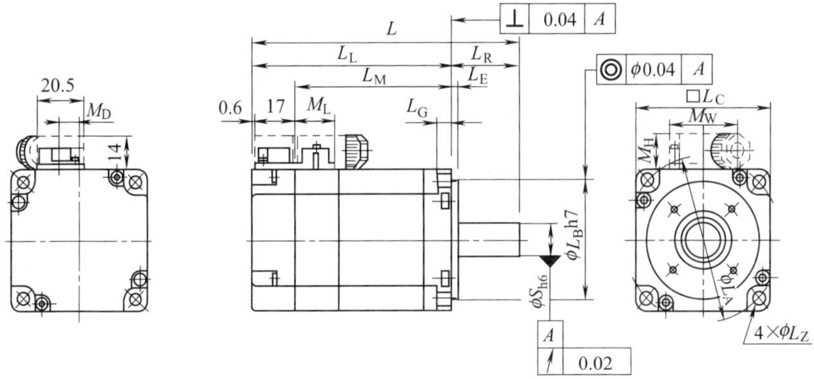

型 号	L	L_L	L_M	法兰尺寸							ϕS	M_D	M_W	M_H	M_L	质量/kg
				L_R	L_E	L_G	□L_C	ϕL_A	ϕL_B	ϕL_Z						
SGM7J-02A□A2□	99.5 (140)	69.5 (110)	51.2	30	3	6	60	70	$50_{-0.025}^{0}$	5.5	$14_{-0.011}^{0}$	8.5	28.7	14.7	17.1	0.8 (1.4)
SGM7J-04A□A2□	115.5 (156)	85.5 (126)	67.2	30	3	6	60	70	$50_{-0.025}^{0}$	5.5	$14_{-0.011}^{0}$	8.5	28.7	14.7	17.1	1.1 (1.7)
SGM7J-06A□A2□	137.5 (191.5)	107.5 (161.5)	89.2	30	3	6	60	70	$50_{-0.025}^{0}$	5.5	$14_{-0.011}^{0}$	8.5	28.7	14.7	17.1	1.6 (2.2)
SGM7J-08A□A2□	137 (184)	97 (144)	78.5	40	3	8	80	90	$70_{-0.030}^{0}$	7	$19_{-0.013}^{0}$	13.6	38	14.7	19.3	2.2 (2.8)

表 26-2-101　SGM7A-05/01/C2 型伺服电动机外形尺寸　mm

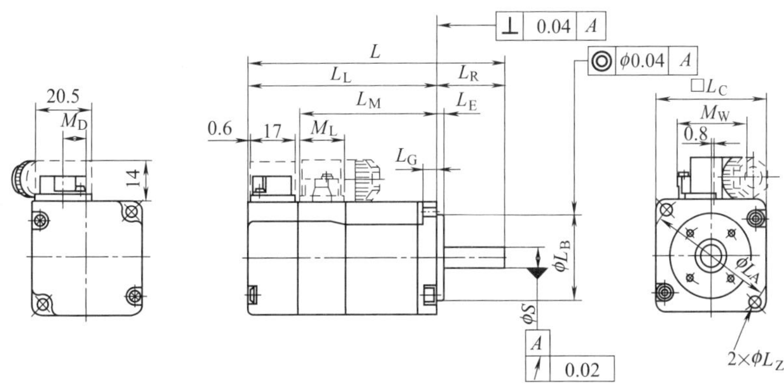

型 号	L	L_L	L_M	法兰尺寸							ϕS	M_D	M_W	M_L	质量/kg
				L_R	L_E	L_G	□L_C	ϕL_A	ϕL_B	ϕL_Z					
SGM7A-05A□A2□	81.5 (122)	56.5 (97)	37.9	25	2.5	5	40	46	$30_{-0.021}^{0}$	4.3	8	8.8	25.8	16.1	0.3 (0.6)
SGM7A-01A□A2□	93.5 (134)	68.5 (109)	49.9	25	2.5	5	40	46	$30_{-0.021}^{0}$	4.3	8	8.8	25.8	16.1	0.4 (0.7)
SGM7A-C2A□A2□	105.5 (153.5)	80.5 (128.5)	61.9	5	2.5	5	40	46	$30_{-0.021}^{0}$	4.3	8	8.8	25.8	16.1	0.5 (0.8)

表 26-2-102 SGM7A-02～10 型伺服电动机外形尺寸 mm

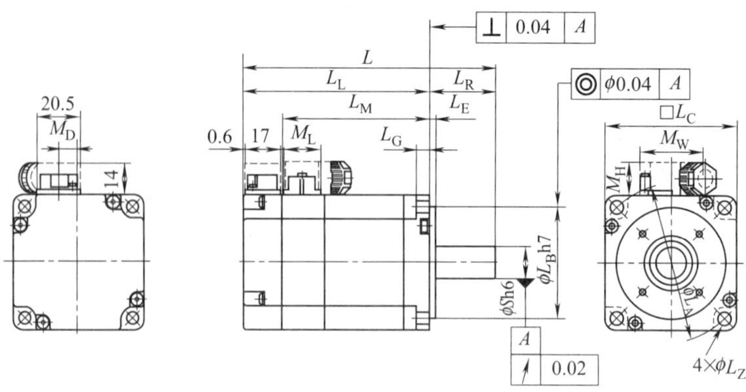

型号	L	L_L	L_M	法兰尺寸							ϕS	M_D	M_W	M_H	M_L	质量/kg
				L_R	L_E	L_G	□L_C	ϕL_A	ϕL_B	ϕL_Z						
SGM7A-02A□A2□	99.5 (140)	69.5 (110)	51.2	30	3	6	60	70	$50_{-0.025}^{0}$	5.5	$14_{-0.011}^{0}$	8.5	28.7	14.7	17.1	0.8 (1.4)
SGM7A-04A□A2□	115.5 (156)	85.5 (126)	67.2	30	3	6	60	70	$50_{-0.025}^{0}$	5.5	$14_{-0.011}^{0}$	8.5	28.7	14.7	17.1	1.2 (1.8)
SGM7A-06A□A2□	137.5 (191.5)	107.5 (161.5)	89.2	30	3	6	60	70	$50_{-0.025}^{0}$	5.5	$14_{-0.011}^{0}$	8.5	28.7	14.7	17.1	1.6 (2.2)
SGM7A-08A□A2□	137 (184)	97 (144)	78.5	40	3	8	80	90	$70_{-0.030}^{0}$	7	$19_{-0.013}^{0}$	13.6	38	14.7	19.3	2.3 (2.9)
SGM7A-10A□A2□	162 (209)	122 (169)	103.5	40	3	8	80	90	$70_{-0.030}^{0}$	7	$19_{-0.013}^{0}$	13.6	38	14.7	19.3	3.1 (3.7)

表 26-2-103 SGM7A 15/20/25 型伺服电动机外形尺寸（无保持制动器） mm

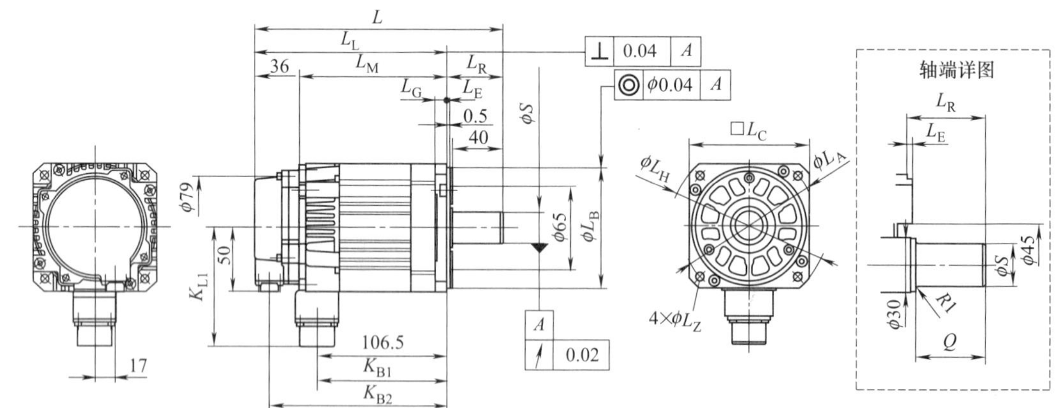

型号	L	L_L	L_M	L_R	K_{B1}	K_{B2}	K_{L1}	法兰尺寸							轴端尺寸		质量/kg
								ϕL_A	ϕL_B	□L_C	L_E	L_G	ϕL_H	ϕL_Z	ϕS	Q	
SGM7A-15A□A21	202	157	121	45	107	145	94	115	$95_{-0.035}^{0}$	100	3	10	130	7	$24_{-0.013}^{0}$	40	4.6
SGM7A-20A□A21	218	173	137	45	123	161	94	115	$95_{-0.035}^{0}$	100	3	10	130	7	$16_{-0.011}^{0}$	40	5.4
SGM7A-25A□A21	241	196	160	45	146	184	94	115	$95_{-0.035}^{0}$	100	3	10	130	7	$16_{-0.011}^{0}$	40	6.8

表 26-2-104　　SGM7A 30/40/50 型伺服电动机外形尺寸（无保持制动器）　　mm

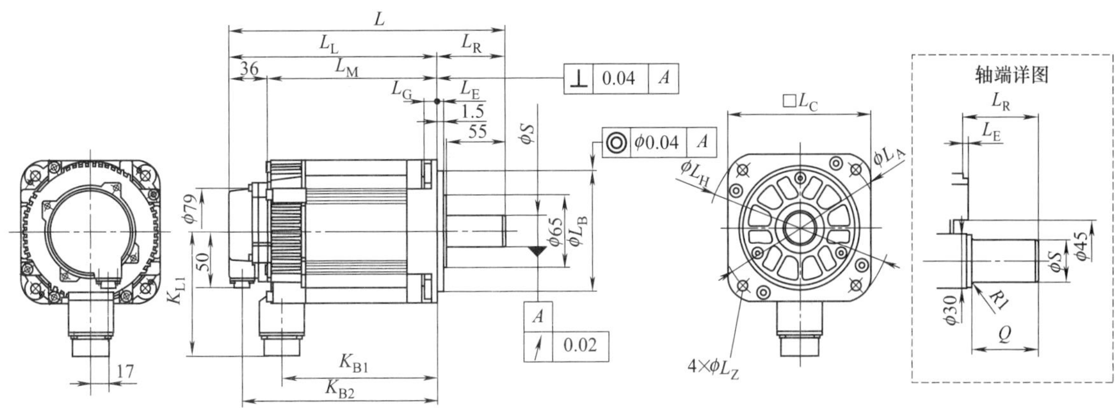

型号	L	L_L	L_M	L_R	K_{B1}	K_{B2}	K_{L1}	法兰尺寸							轴端尺寸		质量/kg
								ϕL_A	ϕL_B	$\square L_C$	L_E	L_G	ϕL_H	ϕL_Z	ϕS	Q	
SGM7A-30A□A21	257	194	158	63	145	182	114	145	$110_{-0.035}^{0}$	130	6	12	165	9	$28_{-0.013}^{0}$	55	10.5
SGM7A-40A□A21	296	233	197	63	184	221	114	145	$110_{-0.035}^{0}$	130	6	12	165	9	$28_{-0.013}^{0}$	202	13.5
SGM7A-50A□A21	336	273	237	63	224	261	114	145	$110_{-0.035}^{0}$	130	6	12	165	9	$28_{-0.013}^{0}$	202	16.5

表 26-2-105　　SGM7A-70A 型伺服电动机外形尺寸（无保持制动器）　　mm

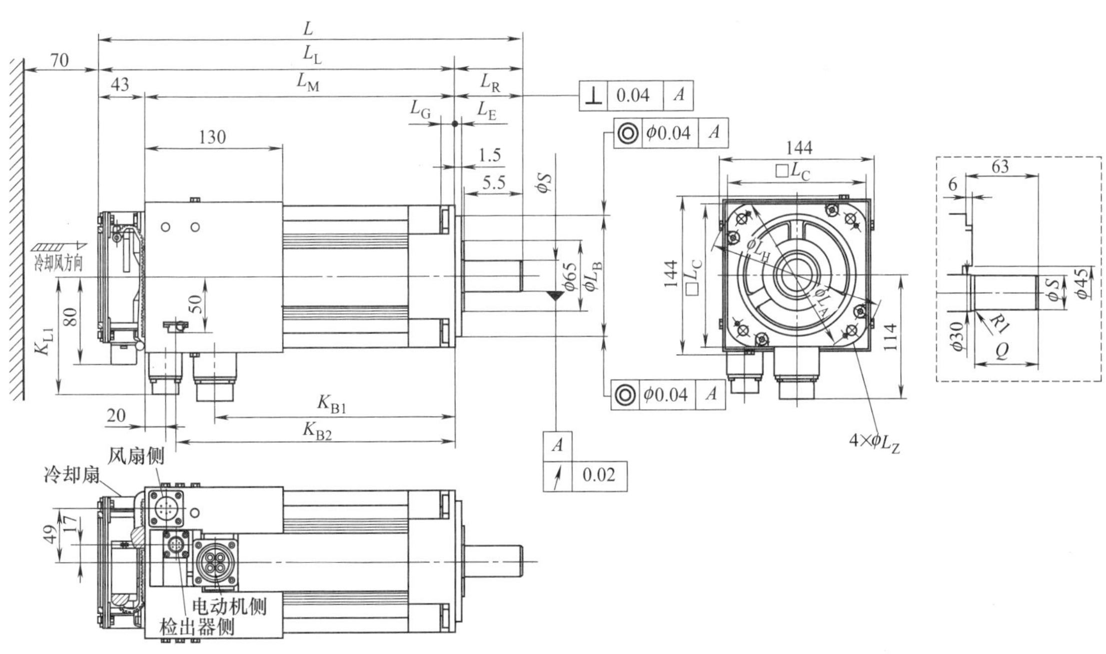

型号	L	L_L	L_M	L_R	K_{B1}	K_{B2}	K_{L1}	法兰尺寸							轴端尺寸		质量/kg
								ϕL_A	ϕL_B	$\square L_C$	L_E	L_G	ϕL_H	ϕL_Z	ϕS	Q	
SGM7A-70A□A21	397	334	291	63	224	261	108	145	$110_{-0.035}^{0}$	130	6	12	165	9	$28_{-0.013}^{0}$	55	18.5

表 26-2-106 SGM7A 15～25 型伺服电动机外形尺寸（带保持制动器） mm

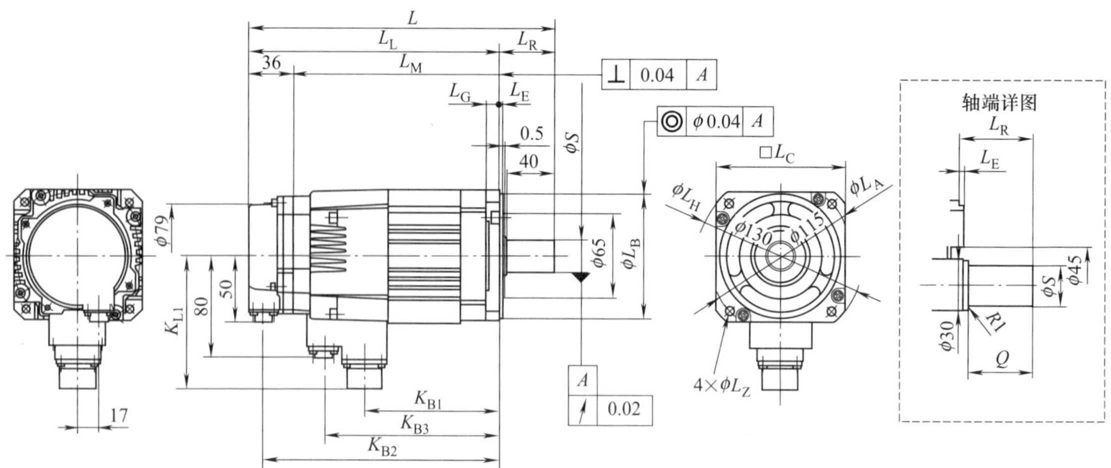

型号	L	L_L	L_M	L_R	K_{B1}	K_{B2}	K_{B3}	K_{L1}	法兰尺寸							轴端尺寸		质量/kg
									ϕL_A	ϕL_B	$\square L_C$	L_E	L_G	ϕL_H	ϕL_Z	ϕS	Q	
SGM7A-15A□A21	243	198	162	45	107	186	139	102	115	$95_{-0.035}^{0}$	100	3	10	130	7	$24_{-0.013}^{0}$	40	6.0
SGM7A-20A□A21	259	214	178	45	123	202	155	102	115	$95_{-0.035}^{0}$	100	3	10	130	7	$16_{-0.011}^{0}$	40	6.8
SGM7A-25A□A21	292	247	211	45	156	235	188	102	115	$95_{-0.035}^{0}$	100	3	10	130	7	$16_{-0.011}^{0}$	40	8.7

表 26-2-107 SGM7A 30～50 型伺服电动机外形尺寸（带保持制动器） mm

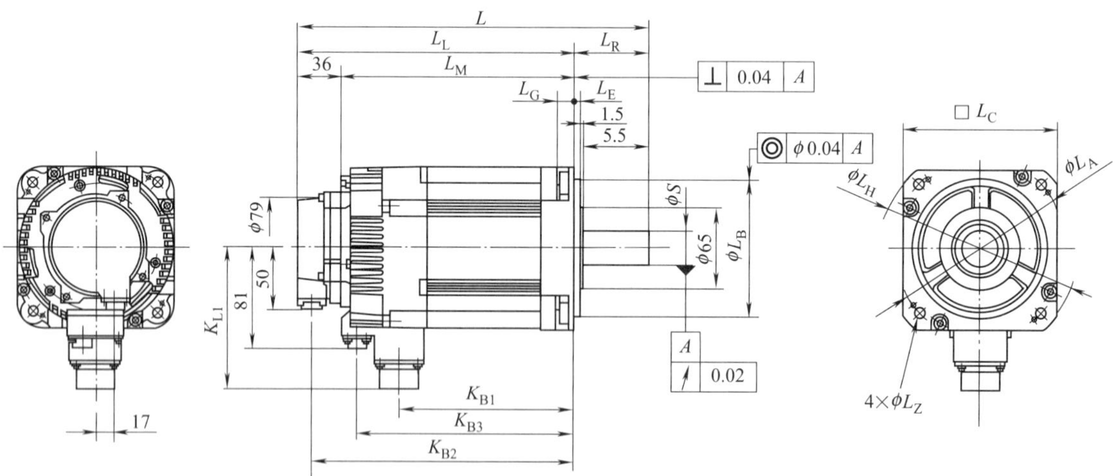

型号	L	L_L	L_M	L_R	K_{B1}	K_{B2}	K_{B3}	K_{L1}	法兰尺寸							轴端尺寸		质量/kg
									ϕL_A	ϕL_B	$\square L_C$	L_E	L_G	ϕL_H	ϕL_Z	ϕS	Q	
SGM7A-30A□A21	293	232	196	63	145	220	181	119	145	$110_{-0.035}^{0}$	130	6	12	165	9	$28_{-0.013}^{0}$	55	13
SGM7A-40A□A21	332	269	233	63	184	257	220	119	145	$110_{-0.035}^{0}$	130	6	12	165	9	$28_{-0.013}^{0}$	202	16
SGM7A-50A□A21	372	309	273	63	224	297	260	119	145	$110_{-0.035}^{0}$	130	6	12	165	9	$28_{-0.013}^{0}$	202	19

表 26-2-108　　SGM7P-01/02/04 型伺服电动机外形尺寸　　mm

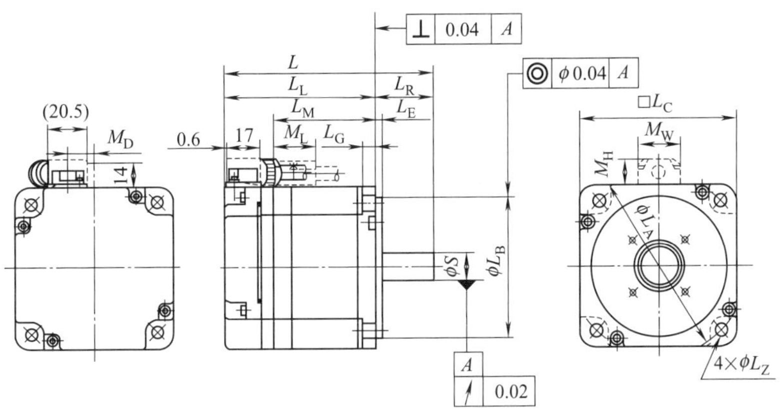

型号	L	L_L	L_M	法兰尺寸							ϕS	M_D	M_W	M_H	M_L	质量/kg
				L_R	L_E	L_G	$\square L_C$	ϕL_A	ϕL_B	ϕL_Z						
SGM7P-01A□A2□	85 (115)	60 (90)	36	25	3	6	60	70	50	5.5	8	8.5	19	12	20	0.5 (0.7)
SGM7P-02A□A2□	97 (128.5)	67 (98.5)	43	30	3	8	80	90	70	7	14	13.6	21	13	21	1.1 (1.6)
SGM7P-04A□A2□	107 (138.5)	77 (108.5)	53	30	3	8	80	90	70	7	14	13.6	21	13	21	1.4 (1.9)

表 26-2-109　　SGM7P-08/15 型伺服电动机外形尺寸　　mm

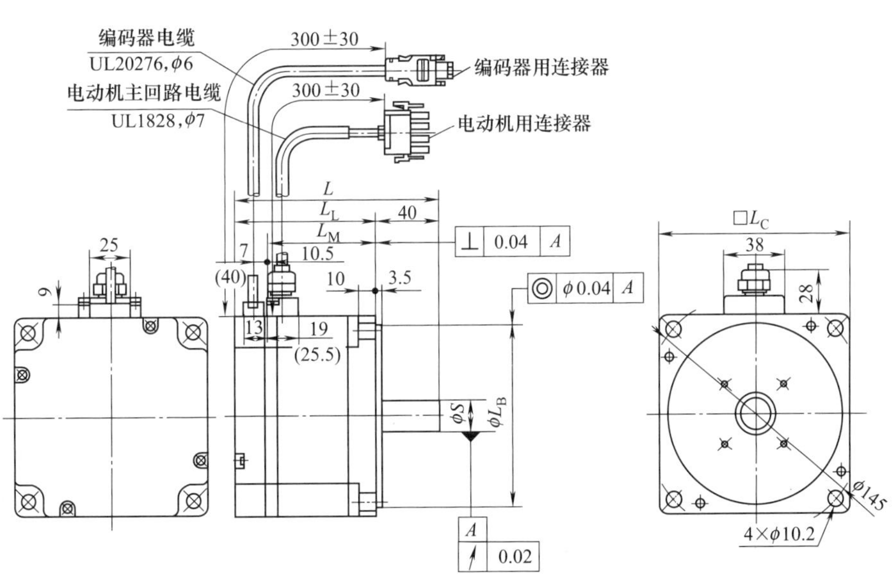

型号	L	L_L	L_M	ϕL_B	$\square L_C$	ϕS	质量/kg
SGM7P-08A□A2□	126.5 (160)	86.5 (120)	67.6	$110_{-0.035}^{0}$	120	$19_{-0.013}^{0}$	4.2 (5.7)
SGM7P-15A□A2□	154.5 (187.5)	114.5 (147.5)	95.6	$110_{-0.035}^{0}$	120	$19_{-0.013}^{0}$	6.6 (8.1)

表 26-2-110　　SGM7G 03/05 型伺服电动机外形尺寸　　mm

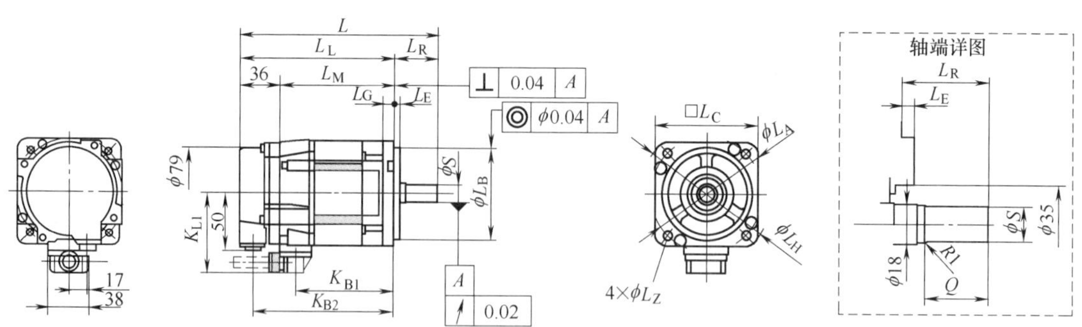

型号	L	L_L	L_M	L_R	K_{B1}	K_{B2}	K_{L1}	法兰尺寸							轴端尺寸		质量/kg
								φL_A	φL_B	□L_C	L_E	L_G	φL_H	φL_Z	φS	Q	
SGM7G-03A□A21	166	126	90	40	75	114	70	100	$80_{-0.030}^{0}$	90	5	10	120	6.6	$16_{-0.011}^{0}$	30	2.6
SGM7G-05A□A21	179	139	103	40	88	127	70	100	$80_{-0.030}^{0}$	90	5	10	120	6.6	$16_{-0.011}^{0}$	30	3.2

表 26-2-111　　SGM7G 09～75 型伺服电动机外形尺寸　　mm

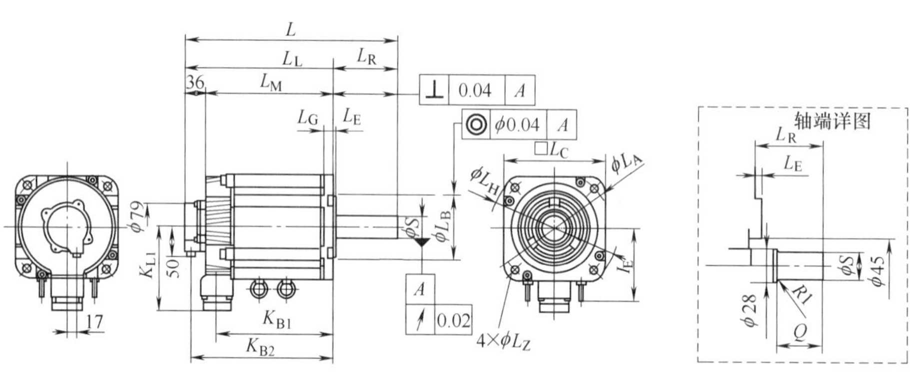

型号	L	L_L	L_M	L_R	K_{B1}	K_{B2}	I_E	K_{L1}	法兰尺寸							轴端尺寸		质量/kg
									φL_A	φL_B	□L_C	L_E	L_G	φL_H	φL_Z	φS	Q	
SGM7G-09A□A21	195	137	101	58	83	125	—	104	145	$110_{-0.035}^{0}$	130	6	12	165	9	$24_{-0.013}^{0}$	40	5.5
SGM7G-13A□A21	211	153	117	58	99	141	—	104	145	$110_{-0.035}^{0}$	130	6	12	165	9	$24_{-0.013}^{0}$	40	7.1
SGM7G-20A□A21	229	171	135	58	117	159	—	104	145	$110_{-0.035}^{0}$	130	6	12	165	9	$24_{-0.013}^{0}$	40	8.6
SGM7G-30A□A21	239	160	124	79	108	148	—	134	200	$114.3_{-0.025}^{0}$	180	3.2	18	230	13.5	$35_{0}^{+0.01}$	76	13.5
SGM7G-44A□A21	263	184	148	79	132	172	—	134	200	$114.3_{-0.025}^{0}$	180	3.2	18	230	13.5	$35_{0}^{+0.01}$	76	17.5
SGM7G-55A□A21	334	221	185	113	163	209	123	144	200	$114.3_{-0.025}^{0}$	180	3.2	18	230	13.5	$42_{-0.016}^{0}$	110	21.5
SGM7G-75A□A21	380	267	231	113	209	255	123	144	200	$114.3_{-0.025}^{0}$	180	3.2	18	230	13.5	$42_{-0.016}^{0}$	110	29.5

表 26-2-112　　SGM7G 1A/1E 型伺服电动机外形尺寸　　mm

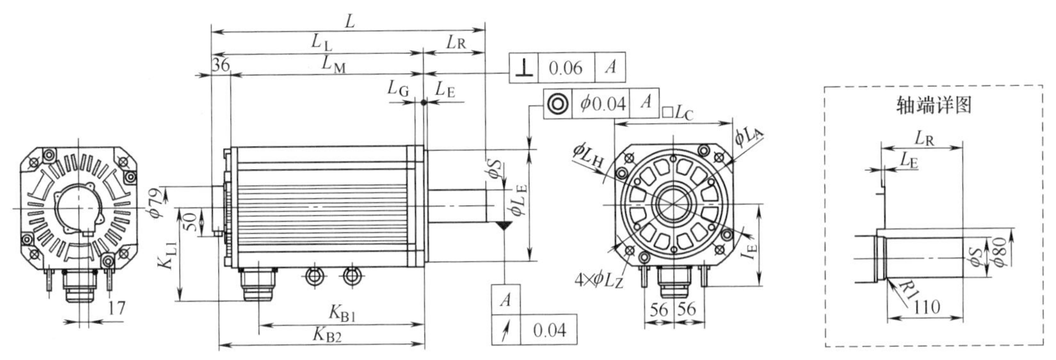

型号	L	L_L	L_M	L_R	K_{B1}	K_{B2}	I_E	K_{L1}	法兰尺寸							轴端尺寸		质量/kg
									ϕL_A	ϕL_B	$\square L_C$	L_E	L_G	ϕL_H	ϕL_Z	ϕS	Q	
SGM7G-1AA□A21	447	331	295	116	247	319	150	168	235	$200_{-0.046}^{0}$	220	4	20	270	13.5	$42_{-0.016}^{0}$	50	57
SGM7G-1EA□A21	509	393	357	116	309	381	150	168	235	$200_{-0.046}^{0}$	220	4	20	270	13.5	$55_{+0.011}^{+0.030}$	60	67

表 26-2-113　　伺服电动机轴端尺寸　　mm

伺服电动机型号		轴端形式及尺寸图													
		代号：2(直轴无键槽)		代号：6(直轴、带键槽、带螺孔)							代号：B(带双面平面座)				
尺寸代号		L_R	ϕS	L_R	Q_K	ϕS	W	T	U	P	L_R	Q_H	ϕS	H_1	H_2
SGM7J-	A5/01/C2	25	$8_{-0.009}^{0}$	25	14	$8_{-0.009}^{0}$	3	3	1.8	M3X6L	25	15	$8_{-0.009}^{0}$	7.5	7.5
	02～6	30	$14_{-0.011}^{0}$	30	14	$14_{-0.011}^{0}$	5	5	3	M5X8L	30	15	$14_{-0.011}^{0}$	13	13
	08	40	$19_{-0.013}^{0}$	40	22	$19_{-0.013}^{0}$	6	6	3.5	M6X10L	40	22	$19_{-0.013}^{0}$	18	18
SGM7A-	A5/01/C2	25	$8_{-0.009}^{0}$	25	14	$8_{-0.009}^{0}$	3	3	1.8	M3X6L	25	15	$8_{-0.009}^{0}$	7.5	7.5
	02～6	30	$14_{-0.011}^{0}$	30	14	$14_{-0.011}^{0}$	5	5	3	M5X8L	30	15	$14_{-0.011}^{0}$	13	13
	08～10	40	$19_{-0.013}^{0}$	40	22	$19_{-0.013}^{0}$	6	6	3.5	M6X10L	40	22	$19_{-0.013}^{0}$	18	18
SGM7P-	01	25	$8_{-0.009}^{0}$	25	14	$8_{-0.009}^{0}$	3	3	1.8	M3X6L	—	—	—	—	—
	02/04	30	$14_{-0.011}^{0}$	30	14	$14_{-0.011}^{0}$	5	5	3	M5X8L	—	—	—	—	—
	08/15	40	$19_{-0.013}^{0}$	40	22	$19_{-0.013}^{0}$	6	6	3.5	M6X10L	—	—	—	—	—

表 26-2-114　　SGM7A 型伺服电动机轴端尺寸　　mm

轴端形式及尺寸图		伺服电动机型号 SGM7A-			
		15	20	25	30
代号：2(直轴无键槽)					
	L_R	45			63
	Q	40			55
	ϕS	$24_{-0.013}^{0}$			$28_{-0.013}^{0}$

续表

轴端形式及尺寸图		伺服电动机型号 SGM7A-			
		15	20	25	30
代号:6(直轴、带键槽、带螺孔)					
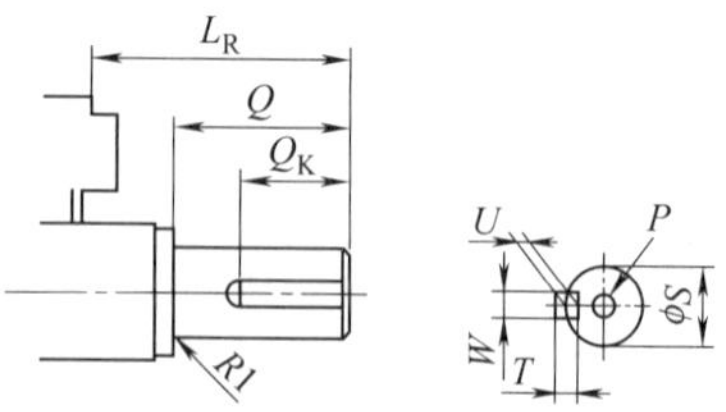	L_R	45			63
	Q	40			55
	Q_K	32			50
	ϕS	$24_{-0.013}^{\ 0}$			$28_{-0.013}^{\ 0}$
	W	8			
	T	7			
	U	4			
	P	M8×16L			

(4) 轴端负载的允许范围

运行中，伺服电动机的轴端所承受的轴向负载、径向负载要控制在如表 26-2-115 所示的允许范围之内，请根据此要求设计机械系统。表中的允许径向负载是可以施加在输出轴端部的最大负载。

表 26-2-115　**伺服电动机的允许径向负载和轴向负载**

伺服电动机的型号		允许径向负载/N	允许轴向负载/N	L_F/mm	参考图
SGM7J-	A5A	78	54	20	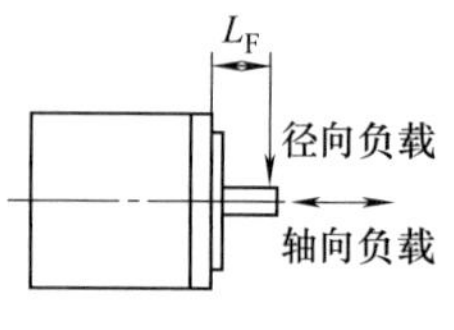
	01A	78	54		
	C2A	78	54		
	02A	245	74	25	
	04A	245	74		
	06A	245	74		
	08A	392	147	35	
SGM7A-	A5A	78	54	20	
	01A	78	54		
	C2A	78	54		
	02A	245	74	25	
	04A	245	74		
	06A	245	74		
	08A	392	147	35	
	10A	392	147		
	15A	686	196	45	
	20A	686	196		
	25A	686	196		
	30A	980	392	63	
	40A	1176	392		
	50A	1176	392		
	70A	1176	392		
SGM7P-	01A	78	49	20	
	02A	245	68	25	
	04A	245	68		
	08A	392	147	35	
	15A	490	147		
SGM7G-	03A	490	98	40	
	05A	490	98		
	09A	490	98	58	
	13A	686	343		
	20A	980	392		
	30A	1470	490	79	
	44A	1470	490		
	55A	1764	588	113	
	75A	1764	588		
	1AA	4998	2156	116	
	1EA	4998	2156		

2.3.4.3　ECM 系列交流伺服电动机

（1）ECM-A3 系列代号及定义

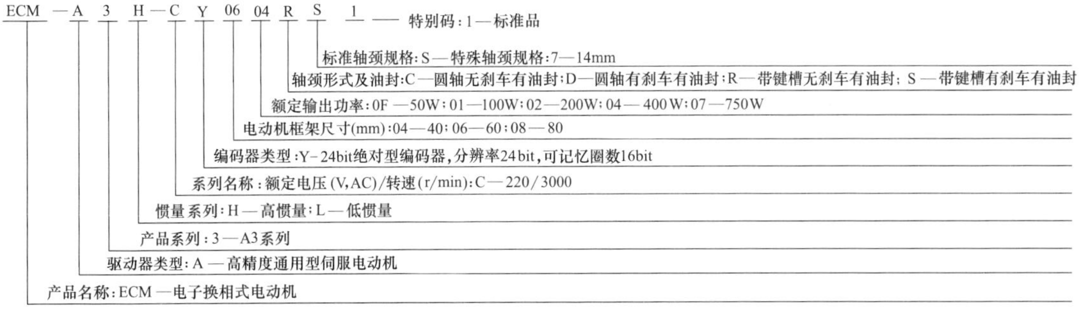

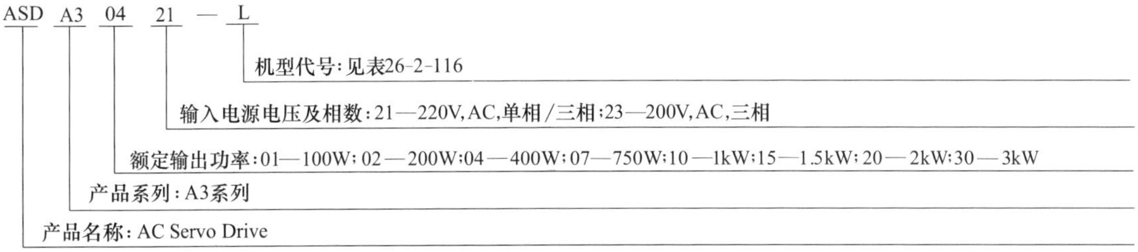

ECM —A 3 H —C Y 06 04 R S 1 —— 特别码：1—标准品

标准轴颈规格：S—特殊轴颈规格：7—14mm

轴颈形式及油封：C—圆轴无刹车有油封；D—圆轴有刹车有油封；R—带键槽无刹车有油封；S—带键槽有刹车有油封

额定输出功率：0F—50W；01—100W；02—200W；04—400W；07—750W

电动机框架尺寸(mm)：04—40；06—60；08—80

编码器类型：Y-24bit绝对型编码器，分辨率24bit，可记忆圈数16bit

系列名称：额定电压(V,AC)/转速(r/min)：C—220/3000

惯量系列：H—高惯量；L—低惯量

产品系列：3—A3系列

驱动器类型：A—高精度通用型伺服电动机

产品名称：ECM—电子换相式电动机

ECM C F W 13 08 R S

标准轴颈规格：S

轴颈形式及油封：C—圆轴无刹车有油封；D—圆轴有刹车有油封；R—带键槽无刹车有油封
S—带键槽有刹车有油封；P—带键槽无刹车无油封；Q—带键槽无刹车有油封

额定输出功率：08—850W；10—1.0kW；15—1.5kW；18—1.8kW；20—2kW；30—3kW

电动机框架尺寸(mm)：10—100；13—130；18—180

编码器类型：W—22bit绝对型编码器，分辨率22bit，可记忆圈数16bit

系列名称：额定电压(V,AC)/转速(r/min)：C—220/3000；E—220/2000；F—220/1500；G—220/1000

驱动器类型：C—高精度交流伺服电动机

产品名称：ECM—电子换相式电动机

ASD A3 04 21 —L

机型代号：见表26-2-116

输入电源电压及相数：21—220V,AC,单相/三相；23—200V,AC,三相

额定输出功率：01—100W；02—200W；04—400W；07—750W；10—1kW；15—1.5kW；20—2kW；30—3kW

产品系列：A3系列

产品名称：AC Servo Drive

表 26-2-116　ASDA-A3 系列伺服驱动器机型代号

代码	PT 模式脉冲输入	PR 模式	RS-485	CANopen	全闭环控制	模拟电压控制	DMCNET	电子凸轮 E-CAM	STO	二次平台
L	○	○	○	×	○	○	×	×	×	○
F	○	○	○	○	○	○	×	○	○	○
M	×	○	×	×	○	×	○	○	×	○

表 26-2-117 ECM-A3/ECMC 系列伺服电动机技术数据

系列		额定输出功率/kW	额定转矩/N·m	最大转矩/N·m	转矩系数/N·m·A^{-1}	额定电流/A	最大电流/A	额定/最大转速/r·min^{-1}	电动机转子惯量/kg·cm^2	质量/kg 不带刹车	质量/kg 带刹车
ECM-A3L低惯量	ECM-A3L-C①040F	0.05	0.159	0.557	0.237	0.67	2.62	3000/6000	0.0231	0.38	0.68
	ECM-A3L-C①0401	0.1	0.32	1.12	0.36	0.89	3.5		0.0405	0.5	0.8
	ECM-A3L-C①0602	0.2	0.64	1.92	0.44	1.45	5.0		0.09	1.1	1.6
	ECM-A3L-C①0604	0.4	1.27	3.82	0.48	2.65	8.5		0.15	1.4	1.9
	ECM-A3L-C①0804			3.82	0.49	2.6	8.6		0.355	2.05	2.85
	ECM-A3L-C①0807	0.75	2.39	7.17	0.469	5.1	15.9		0.513	2.8	3.6
ECM-A3H高惯量	ECM-A3H-C①040F	0.05	0.159	0.557	0.241	0.67	2.68		0.043	0.38	0.68
	ECM-A3H-C①0401	0.1	0.32	1.12	0.356	0.9	3.52		0.0742	0.5	0.8
	ECM-A3H-C①0602	0.2	0.64	2.24	0.44	1.45	5.4		0.25	1.1	1.6
	ECM-A3H-C①0604	0.4	1.27	4.45	0.48	2.65	9.9		0.45	1.4	1.9
	ECM-A3H-C①0804			4.44	0.49	2.6	9.4		0.92	2.05	2.85
	ECM-A3H-C①0807	0.75	2.39	8.36	0.53	4.5	16.6		1.51	2.8	3.6
ECMC,100~180框,中惯量	ECMC-C①1010	1.0	3.18	9.54	0.44	7.3	21.9	3000/5000	2.65	4.3	4.7
	ECMC-E①1310	1.0	4.77	14.3	0.85	5.6	16.8	2000/3000	8.41	7.0	8.4
	ECMC-E①1315	1.5	7.16	21.5	0.87	8.3	24.9		11.2	7.5	8.9
	ECMC-E①1320	2.0	9.55	28.7	0.87	11.01	33		14.6	7.8	9.2
	ECMC-E①1820	2.0	9.55	28.7	0.85	11.2	33.7		34.7	13.5	17.5
	ECMC-E①1830	3.0	14.32	43	0.89	16.1	48.3		55	18.5	22.5
	ECMC-F①1308	0.85	5.41	13.8	0.76	7.1	19.4	1500/3000	13.6	8.6	10
ECMC,130框,高惯量	ECMC-F①1313	1.3	8.34	11.48	0.66	12.6	38.6		20	9.4	10.8
	ECMC-F①1318	1.8	23.3	28.7	0.88	13	36		24.9	10.5	11.9
	ECMC-F①1830	3.0	19.10	57.3	0.98	19.4	58.2		55	18.5	22.5

表 26-2-118 ECM-A3 伺服驱动器与配套电动机对应参照表

伺服电动机							对应驱动器		
系列		电源	输出/W	型号	连续输出电流/A	瞬时最大输出电流/A	型号	连续输出电流/A	瞬时最大输出电流/A
低惯量	ECM-A3L 3000r/min	单/三相	50	ECM-A3L-C①040F②③1	0.67	2.62	ASD-A3-0121	0.9	3.54
			100	ECM-A3L-C①0401②③1	0.89	3.5			
			200	ECM-A3L-C①0602②③1	1.45	5.55	ASD-A3-0221	1.55	7.07
			400	ECM-A3L-C①0604②③1	2.65	9.2	ASD-A3-0421	2.6	10.61
			400	ECM-A3L-C①0804②③1	2.6	8.6			
			750	ECM-A3L-C①0807②③1	5.1	15.9	ASD-A3-0721	5.1	21.21
中惯量	ECMC-C 3000 r/min	单/三相	1000	ECMC-C①1010②③	7.3	21.9	ASD-A3-1021	7.3	24.75
	ECMC-E 2000r/min	单/三相	1000	ECMC-E①1310②③	5.6	16.8			
			1500	ECMC-E①1315②③	8.3	24.9	ASD-A3-1521	8.30	35.36
			2000	ECMC-E①1320②③	11.01	33	ASD-A3-2023	13.40	53.03
			2000	ECMC-E①1820②③	11.22	33.7			
	ECMC-F 1500 r/min	三相	3000	ECMC-E①1830②③	16.1	48.3	ASD-A3-3023	19.40	70.71

续表

<table>
<tr><th colspan="6">伺服电动机</th><th colspan="3">对应驱动器</th></tr>
<tr><th colspan="2">系列</th><th>电源</th><th>输出/W</th><th>型号</th><th>连续输出电流/A</th><th>瞬时最大输出电流/A</th><th>型号</th><th>连续输出电流/A</th><th>瞬时最大输出电流/A</th></tr>
<tr><td rowspan="9">高惯量</td><td rowspan="6">ECM-A3H 3000r/min</td><td rowspan="6">单/三相</td><td>50</td><td>ECM-A3H-C1040F231</td><td>0.67</td><td>2.68</td><td rowspan="2">ASD-A3-0121</td><td rowspan="2">0.9</td><td rowspan="2">3.54</td></tr>
<tr><td>100</td><td>ECM-A3H-C10401231</td><td>0.9</td><td>3.52</td></tr>
<tr><td>200</td><td>ECM-A3H-C10602231</td><td>1.45</td><td>5.7</td><td>ASD-A3-0221</td><td>1.55</td><td>7.07</td></tr>
<tr><td>400</td><td>ECM-A3H-C10604231</td><td>2.65</td><td>10.2</td><td rowspan="2">ASD-A3-0421</td><td rowspan="2">2.6</td><td rowspan="2">10.61</td></tr>
<tr><td>400</td><td>ECM-A3H-C10804231</td><td>2.6</td><td>9.4</td></tr>
<tr><td>750</td><td>ECM-A3H-C10807231</td><td>4.5</td><td>16.6</td><td>ASD-A3-0721</td><td>5.1</td><td>21.21</td></tr>
<tr><td rowspan="3">ECMC-F 1500r/min</td><td rowspan="3">单/三相</td><td>850</td><td>ECMC-F1130823</td><td>7.1</td><td>19.4</td><td>ASD-A3-1021</td><td>7.3</td><td>24.75</td></tr>
<tr><td>1300</td><td>ECMC-F1131323</td><td>12.6</td><td>38.6</td><td rowspan="2">ASD-A3-2023</td><td rowspan="2">13.40</td><td rowspan="2">53.03</td></tr>
<tr><td>1800</td><td>ECMC-F1131823</td><td>13</td><td>36</td></tr>
</table>

注：伺服电动机型号中的1为编码器类型；2为刹车或键槽/油封类型；3为轴颈形式。

表 26-2-119　ECM-A3/ECMC 系列伺服电动机外形尺寸［80 机架号（及）以下系列］　mm

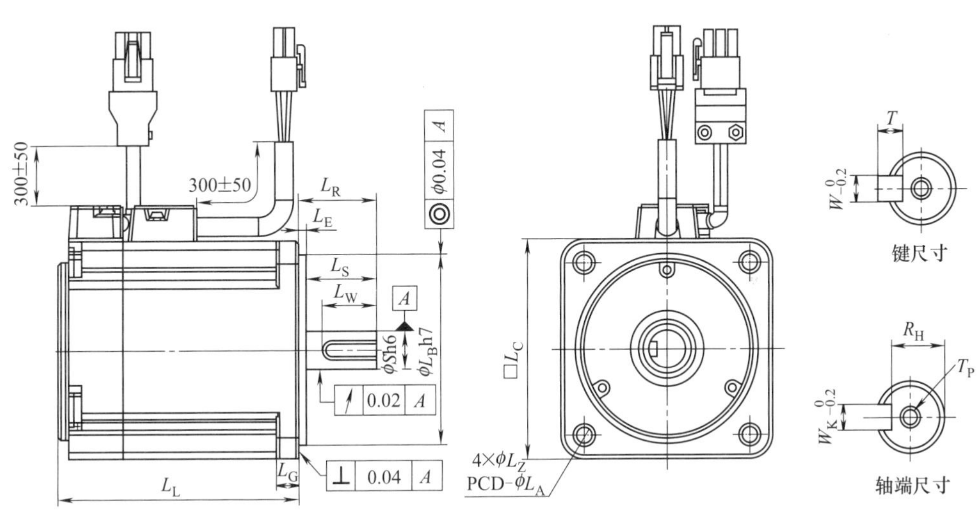

<table>
<tr><th>机架号</th><th>电动机型号</th><th>□L_C</th><th>ϕL_Z</th><th>ϕL_A</th><th>ϕS</th><th>ϕL_B</th><th>L_L（不带刹车）</th><th>L_L（带刹车）</th><th>L_S</th><th>L_R</th><th>L_E</th><th>L_G</th><th>L_W</th><th>R_H</th><th>W_K</th><th>W</th><th>T</th><th>T_P</th></tr>
<tr><td rowspan="2">40</td><td>C1040F2S3</td><td rowspan="2">40</td><td rowspan="2">4.5</td><td rowspan="2">46</td><td rowspan="2">$8_{-0.009}^{0}$</td><td rowspan="2">$30_{-0.021}^{0}$</td><td>70.6</td><td>105.4</td><td>21.5</td><td rowspan="2">25</td><td rowspan="2">2.5</td><td rowspan="2">5</td><td rowspan="2">16</td><td rowspan="2">6.2</td><td rowspan="2">3</td><td rowspan="2">3</td><td rowspan="2">3</td><td rowspan="2">M3×6</td></tr>
<tr><td>C104012S3</td><td>85.3</td><td>120.1</td><td>22.5</td></tr>
<tr><td rowspan="2">60</td><td>C106022S3</td><td rowspan="2">60</td><td rowspan="2">5.5</td><td rowspan="2">70</td><td rowspan="3">$14_{-0.011}^{0}$</td><td rowspan="2">$30_{-0.021}^{0}$</td><td>84</td><td>117.6</td><td rowspan="3">27</td><td rowspan="3">30</td><td rowspan="4">3</td><td rowspan="2">7.5</td><td rowspan="3">20</td><td rowspan="3">11</td><td rowspan="3">5</td><td rowspan="3">5</td><td rowspan="3">5</td><td rowspan="3">M4×8</td></tr>
<tr><td>C106042S3</td><td>106</td><td>139.7</td></tr>
<tr><td rowspan="2">80</td><td>C10804273</td><td rowspan="2">80</td><td rowspan="2">6.6</td><td rowspan="2">90</td><td>$50_{-0.025}^{0}$</td><td>93.7</td><td>131.2</td><td>8</td></tr>
<tr><td>C208072S3</td><td>$19_{-0.013}^{0}$</td><td>$70_{-0.03}^{0}$</td><td>115.8</td><td>153.2</td><td>37</td><td>40</td><td></td><td>25</td><td>15.5</td><td>6</td><td>6</td><td>6</td><td>M6×10</td></tr>
</table>

注：伺服电动机型号中之1为编码器类型；2为轴颈形式和油封类型。

第 26 篇

表 26-2-120 ECM-A3/ECMC 系列伺服电动机外形尺寸（100/130/180 机架号） mm

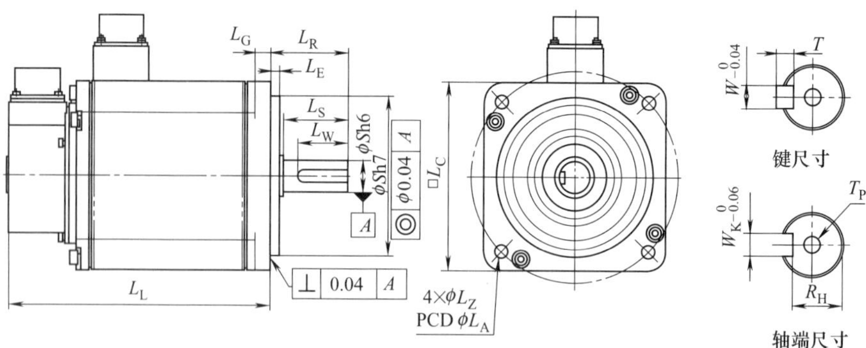

机架号	型号	L_C	ϕL_Z	ϕL_A	ϕS	ϕL_B	L_L（不带刹车）	L_L（带刹车）	L_S	L_R	L_E	L_G	L_W	R_H	W_K	W	T	T_P
100	C①1010②S	100	9	115	$8_{-0.009}^{0}$	$8_{-0.009}^{0}$	153.3	192.5	37	45	5	12	32	18	8	8	7	M6×20
130	E①1310②S	130		145		$8_{-0.009}^{0}$	147.5	183.5	47	55	6	11.5	36					
	E①1315②S						167.5	202										
	E①1320②S						187.5	216										
	F①1308②S						152.5	181										
	F①1313②S						187.5	216										
	F①1318②S						202	230.7										
180	E①1820②	180	13.5	200	$8_{-0.009}^{0}$	$8_{-0.009}^{0}$	169	203.1	73	79	4	20	63	30	10	10	8	M12×25
	F①1830②						202.1	235.3										

注：伺服电动机型号中之①为编码器类型；②为轴颈形式和油封类型。

（2）ECMA-C 系列代号及定义

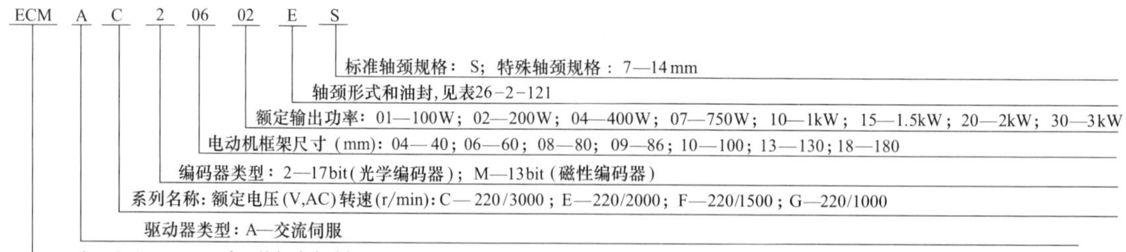

ASD B2 04 21 — B

机种代号：E—标准品

电源电压规格：21—单相 220V,AC；23—三相200V,AC

额定输出功率：01—100W；02—200W；04—400W；07—750W；10—1kW；15—1.5kW；20—2kW；30—3kW

产品系列：B2系列

产品名称：交流伺服电动机驱动器

表 26-2-121 电动机轴颈形式和油封

轴颈形式和油封	无刹车无油封	有刹车无油封	无刹车有油封	有刹车有油封
光轴	A	B	C	D
键槽	E	F	G	H
键槽（带螺纹孔）	P	Q	R	S

表 26-2-122 ECMA 系列伺服电动机技术数据

系列		额定输出功率/kW	额定转矩/N·m	最大转矩/N·m	转矩系数/N·m·A^{-1}	额定电流/A	最大电流/A	额定/最大转速/r·min^{-1}	电动机转子惯量/kg·cm^2	质量/kg	
										不带刹车	带刹车
低惯量	ECMA-C△0401	0.1	0.32	0.96	0.36	0.90	2.70	3000/5000	0.037	0.5	0.8
	ECMA-C△0602	0.2	0.64	1.92	0.41	1.55	4.65		0.177	1.2	1.5
	ECMA-C△0604□s	0.4	1.27	3.82	0.49	2.60	7.80		0.277	1.6	2.0
	ECMA-C△0804								0.68	2.1	2.9
	ECMA-C△0807	0.75	2.39	7.16	0.47	5.1	15.3		1.13	3.0	3.8
	ECMA-C△0907			7.14	0.65	3.66	11	3000/3000	1.93	2.9	3.69
	ECMA-C△0910	1.0	3.18	8.78	0.75	4.25	12.37		2.62	3.8	5.5
	ECMA-C△1010			9.54	0.44	7.3	21.9	3000/5000	2.65	4.3	4.7
	ECMA-C△1020	2.0	6.37	19.11	0.53	12.05	36.15		4.45	6.2	7.2
	ECMA-C△1330	3.0	9.55	8.65	0.56	17.2	47.5	3000/4500	12.7	7.8	9.2
中高惯量	ECMA-E△1305	0.5	2.39	7.16	0.83	2.90	8.70	2000/3000	8.17	6.8	8.2
	ECMA-E△1310	1.0	4.77	14.3	0.85	5.6	16.8		8.41	7.0	8.4
	ECMA-E△1315	1.5	7.16	21.48	0.87	8.3	24.9		11.18	7.5	8.9
	ECMA-E△1320	2.0	9.55	28.65	0.87	11.01	33.03		14.59	7.8	9.2
	ECMA-E△1820				0.85	11.22	33.66		34.68	13.5	17.5
	ECMA-E△1830	3.0	14.32	42.97	0.89	16.1	48.3		54.95	18.5	22.5
	ECMA-E△1835	3.5	16.71	50.13	0.87	19.2	57.6				
	ECMA-G△1303	0.3	2.86	8.59	1.15	2.5	7.5	1000/2000	8.17	6.8	8.2
	ECMA-G△1306	0.6	5.73	17.19	1.19	4.8	14.4		8.41	7.0	8.4
	ECMA-G△1309	0.9	8.59	21.48	1.15	7.5	22.5		11.18	7.5	8.9
	ECMA-F△1308	0.85	5.41	13.8	0.76	7.1	19.4	1500/3000	13.6	8.6	10.0
	ECMA-F△1313	1.3	8.3	23.3	0.66	12.6	38.6		20	9.4	10.8
	ECMA-F△1318	1.8	11.48	28.7	0.88	13	36		24.9	10.5	11.9
	ECMA-F△1830	3.0	19.10	57.29	0.98	19.4	58.2	3000/5000	54.95	18.5	22.5
高惯量	ECMA-C△0604□H	0.4	1.27	3.82	0.49	2.6	7.8		0.743	1.8	2.2
	ECMA-C△0604□H	0.75	2.39	71.6	0.47	5.1	15.3		2.91	3.4	3.9

表 26-2-123 伺服驱动器与配套电动机对应参照表

驱动器		对应伺服电动机
100W	ASD-B2-0121-B	ECMA-C20401 S(S—8mm)
200W	ASD-B2-0221-B	ECMA-C20602 S(S—14mm)
400W	ASD-B2-0421-B	ECMA-C20604 S(S—14mm) ECMA-CM0604PS(S—14mm) ECMA-C20804 7(7—14mm) ECMA-E21305 S(S—22mm) ECMA-G21303 S(S—22mm)
750W	ASD-B2-0721-B	ECMA-C20807 S(S—19mm) ECMA-C20907 S(S—16mm) ECMA-G21306 S(S—22mm) ECMA-GM1306PS(S—22mm)
1000W	ASD-B2-1021-B	ECMA-C21010 S(S—22mm) ECMA-C20910 S(S—16mm) ECMA-E21310 S(S—22mm) ECMA-G21309 S(S—22mm) ECMA-GM1309PS(S—22mm)
1500W	ASD-B2-1521-B	ECMA-E21315 S(S—22mm)

续表

<table>
<tr><th colspan="2">驱动器</th><th>对应伺服电动机</th></tr>
<tr><td>2000W</td><td>ASD-B2-2023-B</td><td>ECMA-C21020 S(S—22mm)
ECMA-E21320 S(S—22mm)
ECMA-E21820 S(S—35mm)</td></tr>
<tr><td>3000W</td><td>ASD-B2-3023-B</td><td>ECMA-E21830 S (S—35mm)
ECMA-F21830 S (S—35mm)</td></tr>
</table>

注：以伺服电动机的额定电流的三倍来设计伺服驱动器的规格。

表 26-2-124　　ECMA 系列伺服电动机外形尺寸［80 机架号（含）以下系列］　　mm

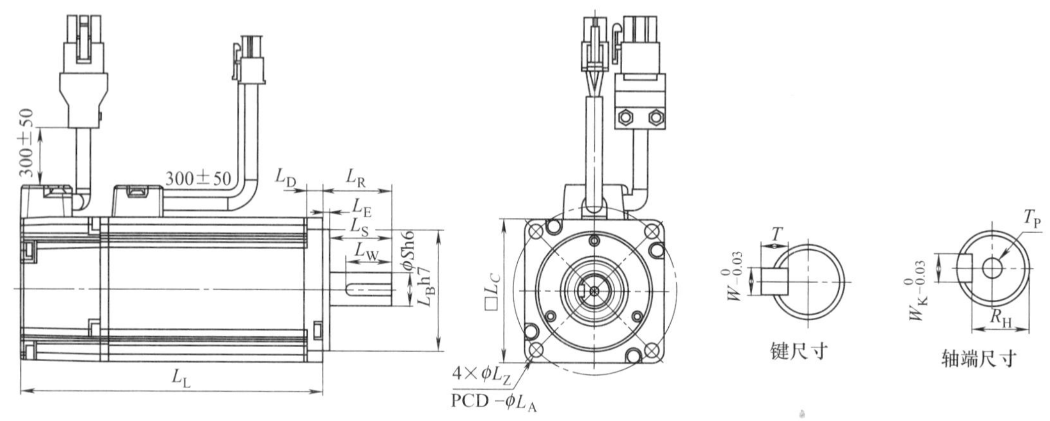

<table>
<tr><th rowspan="2">型号</th><th rowspan="2">$\square L_C$</th><th rowspan="2">ϕL_Z</th><th rowspan="2">ϕL_A</th><th rowspan="2">ϕS</th><th rowspan="2">ϕL_B</th><th colspan="2">L_L</th><th rowspan="2">L_S</th><th rowspan="2">L_R</th><th rowspan="2">L_E</th><th rowspan="2">L_G</th><th rowspan="2">L_W</th><th rowspan="2">R_H</th><th rowspan="2">W_K</th><th rowspan="2">W</th><th rowspan="2">T</th><th rowspan="2">T_P</th></tr>
<tr><th>不带刹车</th><th>带刹车</th></tr>
<tr><td>C△0401□S</td><td>40</td><td>4.5</td><td>46</td><td>$8_{-0.009}^{0}$</td><td>$30_{-0.021}^{0}$</td><td>100.6</td><td>136.8</td><td>20</td><td>25</td><td>2.5</td><td>5</td><td>16</td><td>6.2</td><td>3</td><td>3</td><td>3</td><td>M3×8</td></tr>
<tr><td>C△0602□S</td><td rowspan="3">60</td><td rowspan="3">5.5</td><td rowspan="3">70</td><td rowspan="4">$14_{-0.011}^{0}$</td><td rowspan="3">$50_{-0.025}^{0}$</td><td>105.5</td><td>141.6</td><td rowspan="4">27</td><td rowspan="4">30</td><td rowspan="8">3</td><td rowspan="3">7.5</td><td rowspan="4">20</td><td rowspan="4">11</td><td rowspan="4" colspan="3">5</td><td rowspan="4">M4×15</td></tr>
<tr><td>C△0604□S</td><td>130.7</td><td>166.8</td></tr>
<tr><td>C△0604□H</td><td>145.8</td><td>176.37</td></tr>
<tr><td>C△0804□7</td><td rowspan="3">80</td><td rowspan="3">6.6</td><td rowspan="3">90</td><td rowspan="3">$70_{-0.03}^{0}$</td><td>112.3</td><td>152.8</td><td rowspan="5">8</td></tr>
<tr><td>C△0807□S</td><td rowspan="2">$19_{-0.013}^{0}$</td><td>138.3</td><td>178</td><td rowspan="2">32</td><td rowspan="4">35</td><td rowspan="2">25</td><td rowspan="2">15.5</td><td rowspan="2" colspan="3">6</td><td rowspan="2">M6×20</td></tr>
<tr><td>C△0807□H</td><td>151.1</td><td>189</td></tr>
<tr><td>C△0907□S</td><td rowspan="2">86</td><td rowspan="2">6.6</td><td rowspan="2">100</td><td rowspan="2">$16_{-0.011}^{0}$</td><td rowspan="2">$80_{-0.03}^{0}$</td><td>130.2</td><td>161.3</td><td rowspan="2">30</td><td rowspan="2">20</td><td rowspan="2">13</td><td rowspan="2" colspan="3">5</td><td rowspan="2">M5×15</td></tr>
<tr><td>C△0910□S</td><td>153.2</td><td>184.3</td></tr>
</table>

注：1. □表示轴端形式/刹车或油封编号。

2. 伺服电动机型号中之△表示编码器类型（1 表示增量型，20bit；2 表示增量型，17bit ）。

表 26-2-125　　ECMA 系列伺服电动机外形尺寸（100/130 机架号）　　mm

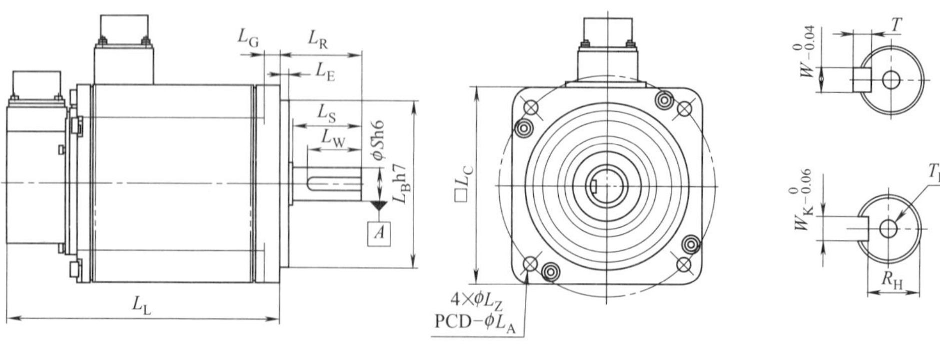

第26篇

续表

机架号	型号	□L_C	ϕL_Z	ϕL_A	ϕS	ϕL_B	L_L 不带刹车	L_L 带刹车	L_S	L_R	L_E	L_G	L_W	R_H	W_K	W	T	T_P
100	C△1010□S	100	9	115	$22_{-0.013}^{\ 0}$	$95_{-0.035}^{\ 0}$	153.3	192.5	37	45	5	12	32	18	8	8	7	M6×20
	C△1020□S						199	226										
130	E△1330□4	130		145	$24_{-0.013}^{\ 0}$	$110_{-0.035}^{\ 0}$	187.5	216	47	55	6	11.5	36	20				
	E△1305□S				$22_{-0.013}^{\ 0}$		147.5	183.5						18				
	E△1310□S						147.5	183.5										
	E△1315□S						167.5	202										
	E△1320□S						187.5	216										
	F△1308□S						152.5	181										
	F△1313□S						187.5	216										
	F△1318□S						202	230.7										
	G△1303□S						147.5	183.5										
	G△1306□S						147.5	183.5										
	G△1309□S						163.5	198										

注：1. □表示轴端类型/刹车或油封编号。

2. 伺服电动机型号中之△表示编码器类型（1 表示增量型，20bit；2 表示增量型，17bit）。

表 26-2-126　　ECMA 系列伺服电动机外形尺寸（180 机架号）　　mm

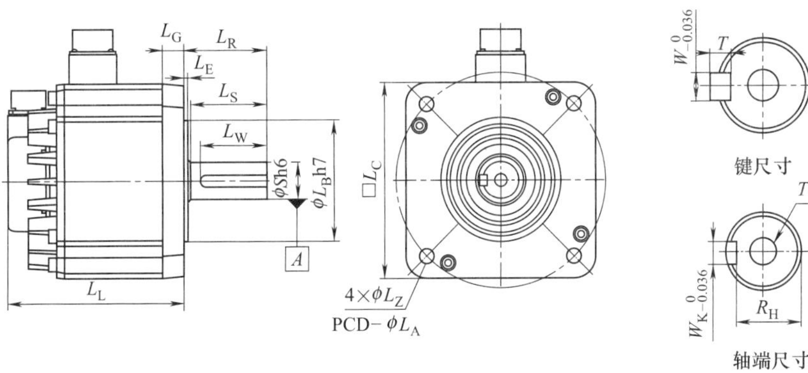

型号	□L_C	ϕL_Z	ϕL_A	ϕS	ϕL_B	L_L 不带刹车	L_L 带刹车	L_S	L_R	L_E	L_G	L_W	R_H	W_K	W	T	T_P
E△1820□S	180	13.5	200	$35_{-0.016}^{\ 0}$	$114.3_{-0.035}^{\ 0}$	169	203.1	73	79	4	20	63	30	10	10	8	M12×25
E△1830□S						202.1	235.3										
F△1830□S																	
E△1835□S																	

注：1. □表示轴端类型/刹车或油封编号。

2. 伺服电动机型号中之△表示编码器类型（1 表示增量型，20bit；2 表示增量型，17bit）。

2.4　直线电动机

2.4.1　概述

直线电动机是一种能将电能直接转换成直线机械运动的电动机，其不需要像滚珠丝杠一类的中间传动机构，与常规的旋转电动机相比，它具有以下优点。

① 采用直线电动机不需要任何中间转换装置而直接产生推力，简化了系统机械结构，保证了运行的可靠性，其传递效率高、重量轻、制造成本低、易于维护。

② 直线电动机通过电能直接产生直线电磁推力，

其运动时无机械接触，使传动零部件无磨损，从而大大减少了机械损耗。

③ 由于直线电动机结构简单，且它的初级铁心在嵌线后可以用环氧树脂等密封成整体，所以可以在一些特殊场合中应用，例如可在潮湿环境，甚至在水中使用。

④ 直线电动机的散热效果也较好，特别是常用的扁平型短初级直线电动机，初级的铁心和绕组端部直接暴露在空气中，同时次级很长，具有很大的散热面，热量很容易散发掉，所以这一类直线电动机的热负荷可以取得较高，并且不需要附加冷却装置。

目前，直线电动机驱动系统作为一种崭新的进给驱动方式已呈现出强大的生命力，已经在高精度加工数控机床、机器人等工业场合得到一定程度的应用。但是，作为一种新型电动机，目前还未得到广泛应用，主要原因是它存在着一些不足之处，主要表现在以下三个方面。

① 与同容量旋转电动机相比，由于气隙大，直线电动机（主要是感应式直线电动机）的效率和功率因数较低，而且滑差率也较大。

② 没有减速机构等力矩放大机构，其是齿轮减速比为1的电动机，这既是它的优点也是它的缺点。

③ 功耗大，启动电流大，启动推力易受到电压波动的影响。

因此，在直线运动的装置或系统中，是否采用直线电动机驱动，需要进行综合考虑，在充分权衡了直线电动机驱动的利弊得失之后，才能做出是否采用直线电动机的决定。

2.4.2 直线电动机的原理及分类

直线电动机可以看成是一台旋转电动机按径向剖开，并展成平面而成，如图26-2-24所示。由定子演变而来的一侧称为初级，由转子演变而来的一侧称为次级。在实际应用时，将初级和次级制造成不同的长度，以保证在所需行程范围内初级与次级之间的耦合保持不变。直线电动机可以是短初级长次级，也可以是长初级短次级。考虑到制造成本、运行费用，以直线感应电动机为例：当初级绕组通入交流电源时，便在气隙中产生行波磁场，次级在行波磁场切割下，将感应出电动势并产生电流，该电流与气隙中的磁场相作用就产生电磁推力。如果初级固定，则次级在推力作用下做直线运动；反之，则初级做直线运动。

如果按结构型式分类，直线电动机主要可分为扁平型、圆筒型（或管型）、圆盘型和圆弧型四种。如果按工作原理分，则有交流直线感应电动机、交流直线同步电动机、直线直流电动机和直线步进电动机等。

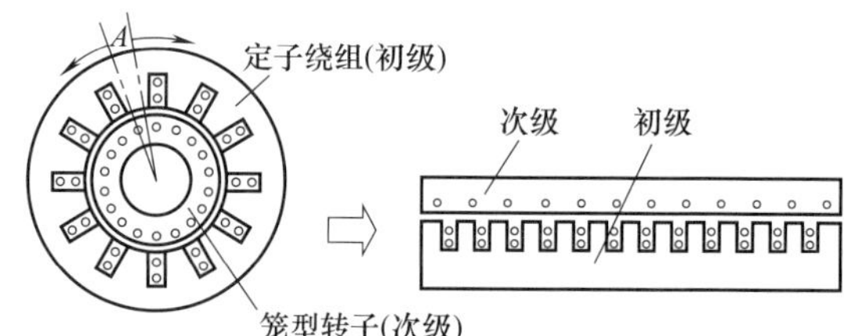

图 26-2-24 直线电动机结构示意图

由于直线电动机的结构是基于旋转电动机形成的，它的伺服运动控制技术也具有伺服旋转电动机的特点，所以直线电动机也是伺服电动机的一种。实际上，伺服电动机在广义上可分为两类：旋转伺服电动机和直线伺服电动机，目前直线伺服电动机多采用交流伺服控制技术。

2.4.3 直线伺服电动机的容量选择及示例

典型的直线伺服电动机应用结构示意图如图26-2-25所示，运行模式如图26-2-26所示，其中主要参数定义及计算数值如表26-2-127所示。

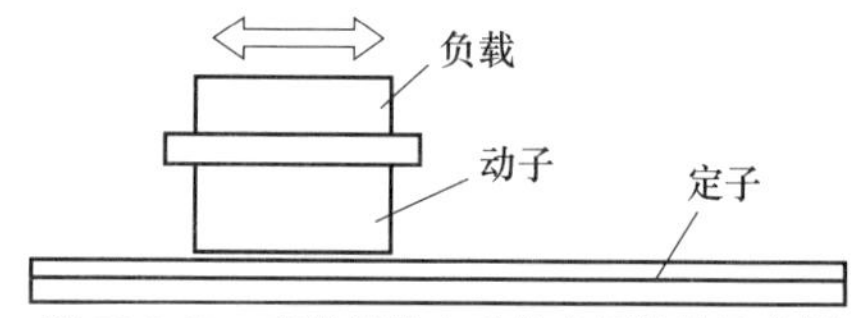

图 26-2-25 直线伺服电动机应用结构示意图

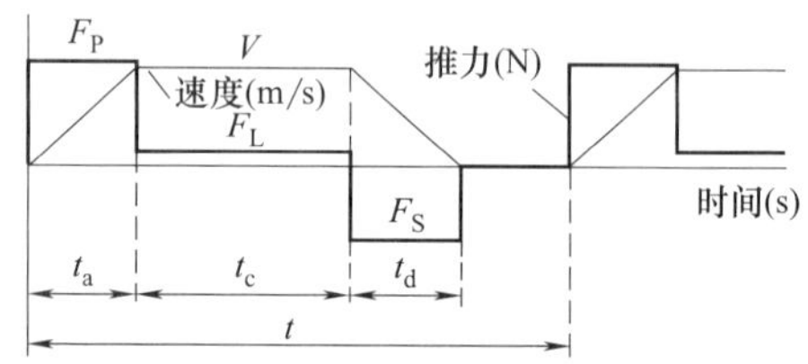

图 26-2-26 直线伺服电动机运行模式

表 26-2-127 计算参数定义及数值

名称	符号	数值
负载质量	m_W	1kg
工作台质量	m_T	2kg
速度	v	2m/s
传送长度	L	0.76m
摩擦因数	μ	0.2
加速时间	t_a	0.02s
恒速时间	t_c	0.36s
减速时间	t_d	0.02s
周期	t	0.5s
直线运动部分承受的外力	F	0

（1）首先计算稳态推力（电动机动子除外）

$$F_L=[9.8\times\mu\times(m_W+m_T)]+F=9.8\times0.2\times(1+2)+0=5.88\ \text{N} \quad (26\text{-}2\text{-}20)$$

（2）计算加速时推力（电动机动子除外）

$$F_P=(m_W+m_T)\times\frac{v}{t_a}+F_L$$

$$=(1+2)\times\frac{2}{0.02}+5.88=305.88\text{N} \quad (26\text{-}2\text{-}21)$$

（3）直线伺服电动机的预选

① 选型条件

- F_P≤最大推力×0.9
- F_S≤最大推力×0.9
- F_{rms}≤额定推力×0.9

② 可根据选型条件，参考表 26-2-139，预选为以下电动机。

- 直线伺服电动机动子：SGLGW-60A253CP
- 直线伺服电动机定子：SGLGM-60□□□C

预选伺服电动机的各项参数如表 26-2-128 所示。

表 26-2-128　预选伺服电动机各项参数表

项　　目	值
最大推力	440N
额定推力	147N
动子质量(m_M)	0.82kg
电动机磁吸力(F_{att})	0

（4）预选的伺服电动机的确认

① 计算稳态推力

$$F_L=\mu\times[9.8\times(m_W+m_T+m_M)+F_{att}]$$

$$=0.2\times[9.8\times(1+2+0.82)+0]=7.5\text{N}$$

② 加速时推力校核

$$F_P=(m_W+m_T+m_M)\times\frac{v}{t_a}+F_L$$

$$=(1+2+0.82)\times\frac{2}{0.02}+7.5=389.5\text{N} \quad (26\text{-}2\text{-}22)$$

F_P≤最大推力×0.9=396　N…可以使用

③ 减速时推力校核

$$F_S=(m_W+m_T+m_M)\times\frac{v}{t_a}-F_L$$

$$=(1+2+0.82)\times\frac{2}{0.02}-7.5=374.5\text{N} \quad (26\text{-}2\text{-}23)$$

F_S≤最大推力×0.9=396N，可以使用。

④ 有效推力校核

$$F_S=\sqrt{\frac{F_P{}^2t_a+F_L{}^2t_c+F_S{}^2t_d}{t}}=$$

$$=\sqrt{\frac{389.5^2\times0.02+7.5^2\times0.36+374.5^2\times0.02}{0.5}}$$

$$=108.3\text{N} \quad (26\text{-}2\text{-}24)$$

F_{rms}≤额定推力×0.9=132.3N，可以使用。

（5）选型结果

以上校核表明预选电动机可用。

2.4.4　常用直线伺服电动机的技术数据与外形尺寸

2.4.4.1　Linear Σ系列直线伺服电动机

（1）LinearΣ系列直线伺服电动机的型号标记

① 转子

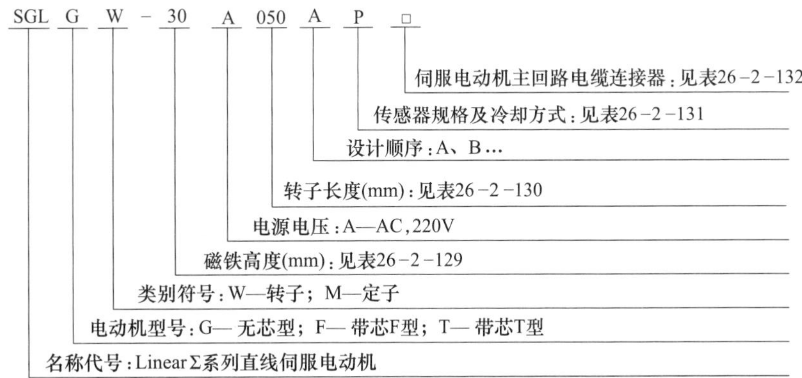

表 26-2-129　转子、定子磁铁高度代码详解

型号	磁铁高度符号—磁铁高度/mm				
SGLG 型(无芯型)	30—30	40—40	60—60	90—86	
SGLFW2 型(带芯 F 型)	30—30	45—45	90—90	1D—135	
SGLFW 型(带芯 F 型)	20—20	35—36	50—47.5	1Z—9	
SGLT 型(带芯 T 型)	20—20	35—36	40—40	50—51	80—76.5

第26篇

表 26-2-130　　**转子长度代码详解**

型号	转子长度符号—转子长度/mm							
SGLG 型(无芯型)	050—50	080—80	140—140	200—199	253—252.5	365—365	370—367	535—535
SGLFW2 型(带芯 F 型)	070—70	120—125	200—205	230—230	380—384	560—563		
SGLFW 型(带芯 F 型)	090—91	120—127	200—215	230—235	380—395			
SGLT 型(带芯 T 型)	170—170	320—315	400—394.2	460—460	600—574.2			

表 26-2-131　　**传感器规格及冷却方式**

型号	符号	规格		相应机型
		磁极传感器	冷却方式	
SGLG 型(无芯型)	无	无	自冷	所有机型
	C	无	空冷	SGLGW-40A、60A、90A
	H	有	空冷	
	P	有	自冷	所有机型
SGLFW2 型(带芯 F 型)	S	有、带热保护器		
	T	无、带热保护器		
SGLFW 型(带芯 F 型)	P	有		
	无	无		
SGLT 型(带芯 T 型)	无	无	自冷	所有机型
	C	无	水冷	SGLTW-40、80
	H	有	水冷	
	P	有	自冷	所有机型

表 26-2-132　　**伺服电动机主回路电缆连接器及冷却方式**

型号	符号	电缆连接器规格或冷却方式	相应机型
SGLG 型(无芯型)	无	Tyco Electronics Japan TE Connectivity 制连接器	所有机型
	D	INTERCONNECTRON 制连接器	SGLGW-30A、40A、60A
SGLFW2 型(带芯 F 型)	无	自冷	
	L	水冷	
SGLFW 型(带芯 F 型)	无	Tyco Electronics Japan TE Connectivity 制连接器	所有机型
		INTERCONNECTRON 制连接器	SGLFW-35、50、1Z□200B
SGLT 型(带芯 T 型)	无	Tyco Electronics Japan TE Connectivity 制连接器	SGLTW-20A□□□□□ 35A□□□□□
		MS 连接器	SGLTW-40A□□□B□ 80A□□□B□
		无连接器	SGLTW-35A□□□H□ 50A□□□H□

② 定子

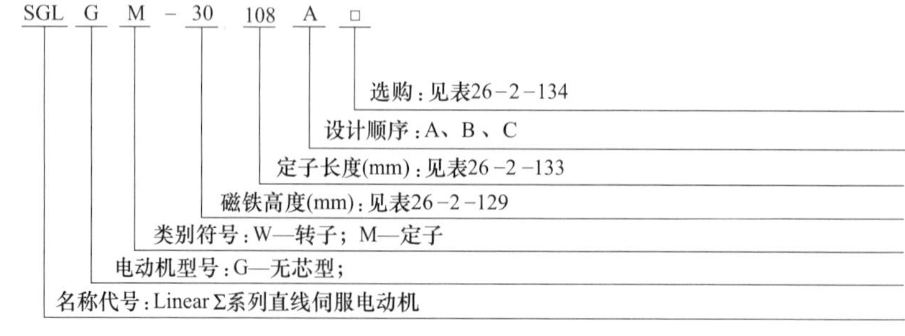

表 26-2-133　**定子长度代码详解**

型号	定子长度符号—转子长度/mm								
SGLG 型(无芯型)	090—90	108—108	216—216	225—225	360—360	405—405	432—432	450—450	504—504
SGLFW2 型(带芯 F 型)	270—270	306—306	450—450	510—510	630—630	714—714			
SGLFW 型(带芯 F 型) SGLT 型(带芯 T 型)	324—324	405—405	540—540	675—675	756—756	945—945			

表 26-2-134　**选购选项**

型号	符号	规格	相应机型
SGLG 型(无芯型)	无	标志型	所有机型
	-M	高推力型	SGLGM-40A、60A
SGLFW 型(带芯 F 型)	无	无选购件	
	C	带磁铁盖	
SGLT 型(带芯 T 型)	无	无选购件	—
	C	带磁铁盖	所有机型
	Y	带基板磁铁盖	SGLTM-20、35、40、80

③ 配套Σ-7、Σ-7S 伺服驱动单元

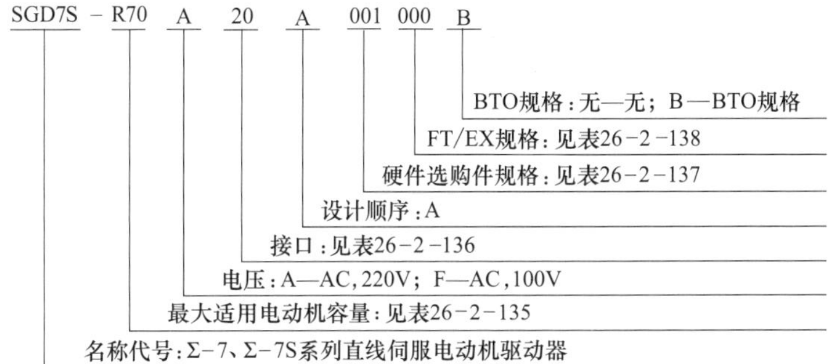

表 26-2-135　**最大适用电动机容量**

电压	符号—规格(电动机功率/kW)				
三相,AC,220V	R70—0.05	R90—0.1	1R6—0.2	2R8—0.4	3R8—0.5
	5R5—0.75	7R6—1.0	120—1.5	180—2.0	200—3.0
	330—5.0	470—6.0	550—7.5	590—11	780—15
单相,AC,100V	R70—0.05	R90—0.1	2R1—0.2	2R8—0.4	

表 26-2-136　**接口**

符号	规　格
00	模拟电压、脉冲系列指令型
10	MECHATROLINK-Ⅱ通信指令型
20	MECHATROLINK-Ⅲ通信指令型
E0	指令可选安装型

表 26-2-137　**硬件选购件规格**

符号	规格	相应机型
无	无选购件	所有机型
000		
001	机架安装规格	SGDT7S-R70A～330A,SGDT7S-R70F～2R8F
	管道通风规格	SGDT7S-470A～780A
002	涂漆处理	所有机型
008	单相 200V 电源输入规格	SGDT7S-120A

第 26 篇

续表

符号	规格	相应机型
020	无动态制动器功能	SGDT7S-R70A～2R8A,SGDT7S-R70F～2R8F
	外置动态制动器电阻器	SGDT7S-3R8A～780A

表 26-2-138 FT/EX 规格

符号	规格
无、00	无
F82	特定电动机组合用途功能选项,SGM7D 电动机驱动
F83	特定电动机组合用途功能选项,SGM7D 电动机驱动、分度用途功能

(2) Linear Σ系列直线伺服电动机技术数据、外形尺寸

表 26-2-139 Linear Σ 系列直线伺服电动机转子技术数据(与标准型定子组合时)

直线伺服电动机动子型号 SGLGW-		30A		40A			60A			90A		
		050C	080C	140C	253C	365C	140C	253C	365C	200C	370C	535C
额定速度①	m/s	1.5	1.5	2.0	2.0	2.0	2.3	2.3	2.3	1.8	1.5	1.5
最高速度①	m/s	5.0	5.0	5.0	5.0	5.0	4.8	4.8	4.8	4.0	4.0	4.0
额定推力①②	N	12.5	25	47	93	140	70	140	210	325	550	750
最大推力①	N	40	80	140	280	420	220	440	660	1300	2200	3000
额定电流①	A	0.51	0.79	0.80	1.6	2.4	1.2	2.2	3.3	4.4	7.5	10.2
最大电流①	A	1.6	2.5	2.4	4.9	7.3	3.5	7.0	10.5	17.6	30.0	40.8
动子质量	kg	0.10	0.15	0.34	0.60	0.87	0.42	0.76	1.1	2.2	3.6	4.9
推力参数	N/A	26.4	33.9	61.5	61.5	61.5	66.6	66.6	66.6	78.0	78.0	78.0
感应电压常数	V/[(m/s)/相]	8.80	11.3	20.5	20.5	20.5	22.2	22.2	22.2	26.0	26.0	26.0
电动机参数	$N/\sqrt{W}$	3.66	5.63	7.79	11.0	13.5	11.1	15.7	19.2	26.0	36.8	45.0
电气时间常数	ms	0.19	0.41	0.43	0.43	0.43	0.45	0.45	0.45	1.4	1.4	1.4
机械时间常数	ms	7.5	4.7	5.6	5.0	4.8	3.4	3.1	3.0	3.3	2.7	2.4
热电阻(带散热片)	K/W	5.19	3.11	1.67	0.87	0.58	1.56	0.77	0.51	0.39	0.26	0.22
热电阻(无散热片)	K/W	8.13	6.32	3.02	1.80	1.23	2.59	1.48	1.15	1.09	0.63	0.47
磁吸引力②	N	0	0	0	0	0	0	0	0	0	0	0
容许最大可搬运质量	kg	1.7	3.4	5.9	12	18	9.9	19	48	110	190	260
容许最大可搬运质量(外置再生、带 DB 电阻时)	kg	1.7	3.4	5.9	12	18	9.9	19	48	110	190	260
组合定子 SGLGM-		30□□□A		40□□□C□			60□□□C□			90□□□A		
组合串行转换单元 JZDP-□□□□-		250	251	252	253	254	258	259	260	264	265	266
组合伺服单元	SGD7S-	R70A,R70F	R90A,R90F		1R6A,2R1F	2R8A,2R8F	1R6A,2R1F	2R8A,2R8F	5R5A	120A	180A	200A
	SGD7W-	1R6A				2R8A	1R6A	2R8A	5R5A	—		

① 与伺服单元组合并运行后，电枢线圈温度为 100℃ 时的值。其他项目为 20℃时的值。各值均为标准值。

② 额定推力表示安装在以下尺寸的铝制散热片上，且环境温度为 40℃时的连续容许推力值。

表 26-2-140　　动子：SGLGW-30A□□□C□外形及安装尺寸

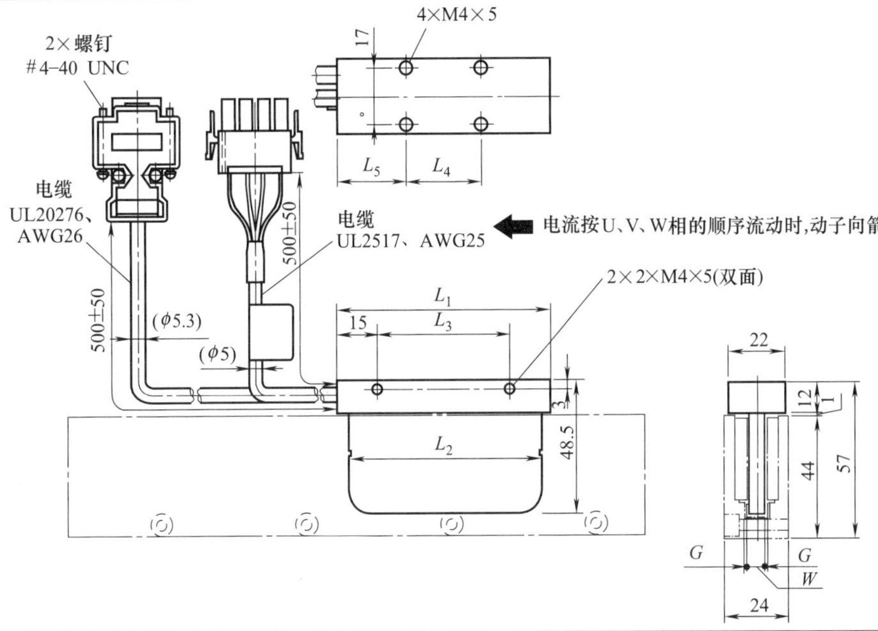

动子型号 SGLGW-	L_1 /mm	L_2 /mm	L_3 /mm	L_4 /mm	L_5 /mm	W /mm	G(气隙)	总质量① ≈/kg
30A050C□	50	48	30	20	20	5.9	0.85	0.14
30A080C□	80	72	50	30	25	5.7	0.95	0.19

① 表示带磁极传感器的动子的质量。

表 26-2-141　　标准型定子：SGLGM-30□□□A 外形及安装尺寸

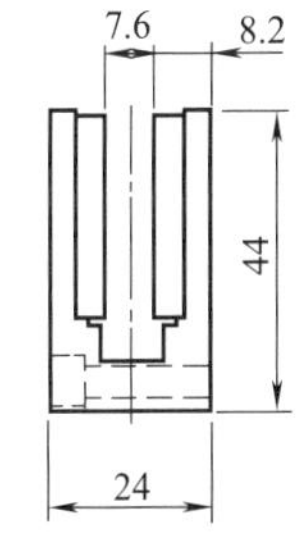

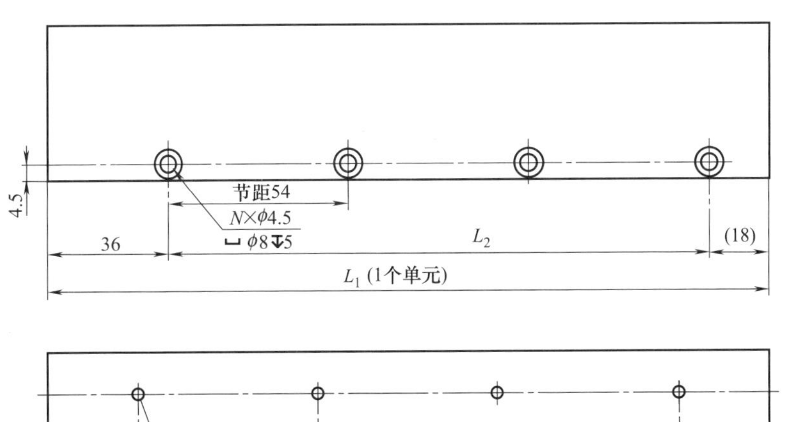

定子型号 SGLGM-	L_1/mm	L_2/mm	N/mm	总质量①≈/kg
30108A	$108^{-0.1}_{-0.3}$	54	2	0.6
30216A	$216^{-0.1}_{-0.3}$	162	4	1.1
30432A	$432^{-0.1}_{-0.3}$	378	8	2.3

① 表示带磁极传感器的动子的质量。

表 26-2-142 动子：SGLGW-40A□□□C□外形及安装尺寸

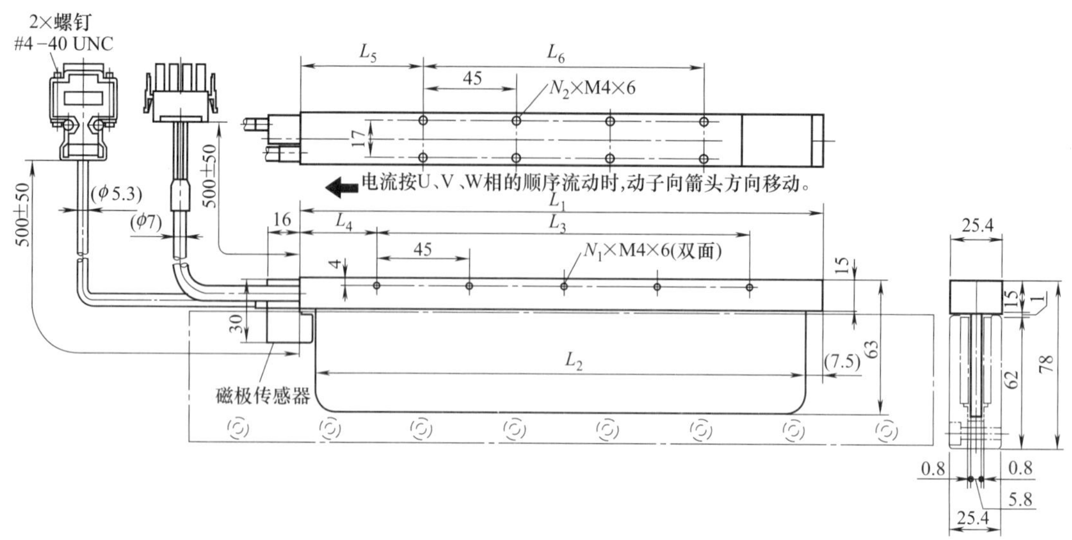

动子型号 SGLGW-	L_1 /mm	L_2 /mm	L_3 /mm	L_4 /mm	L_5 /mm	L_6 /mm	N_1 /mm	N_2 /mm	总质量① ≈/kg
40A140C_	140	125	90	30	52.5	45	3	4	0.40
40A253C_	252.5	237.5	180	37.5	60	135	5	8	0.66
40A365C_	365	350	315	30	52.5	270	8	14	0.93

①表示带磁极传感器的动子的质量。

表 26-2-143 标准型定子：SGLGM-40□□□C（无底面安装孔）、SGLGM-40□□□CT（带底面安装孔）外形及安装尺寸

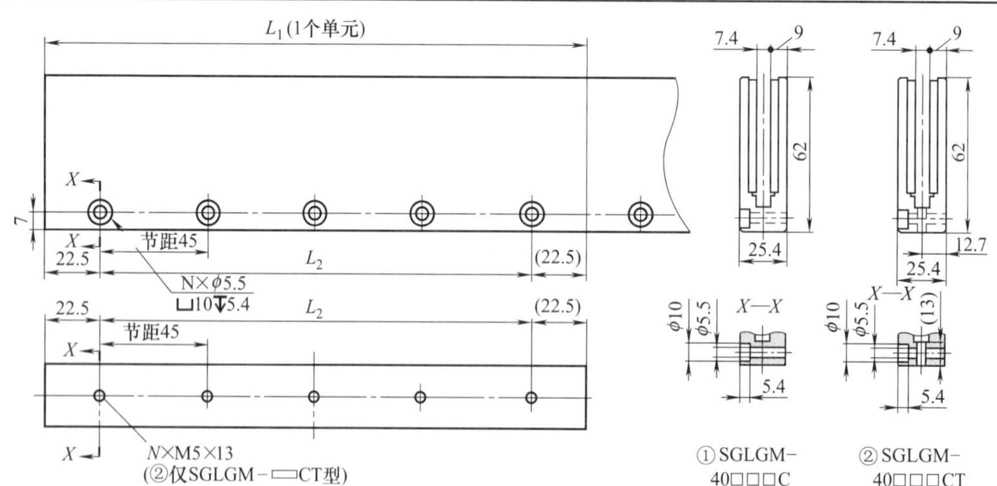

类型	定子型号 SGLGM-	L_1/mm	L_2/mm	N/mm	总质量①≈/kg
标准型	40090C 或 40090CT	$90^{-0.1}_{-0.3}$	45	2	0.8
	40225C 或 40225CT	$225^{-0.1}_{-0.3}$	180	5	2.0
	40360C 或 40360CT	$360^{-0.1}_{-0.3}$	315	8	3.1
	40405C 或 40405CT	$405^{-0.1}_{-0.3}$	360	9	3.5
	40450C 或 40450CT	$450^{-0.1}_{-0.3}$	405	10	3.9

① 表示带磁极传感器的动子的质量。

表 26-2-144 动子：SGLGW-60A□□□C□D 外形及安装尺寸

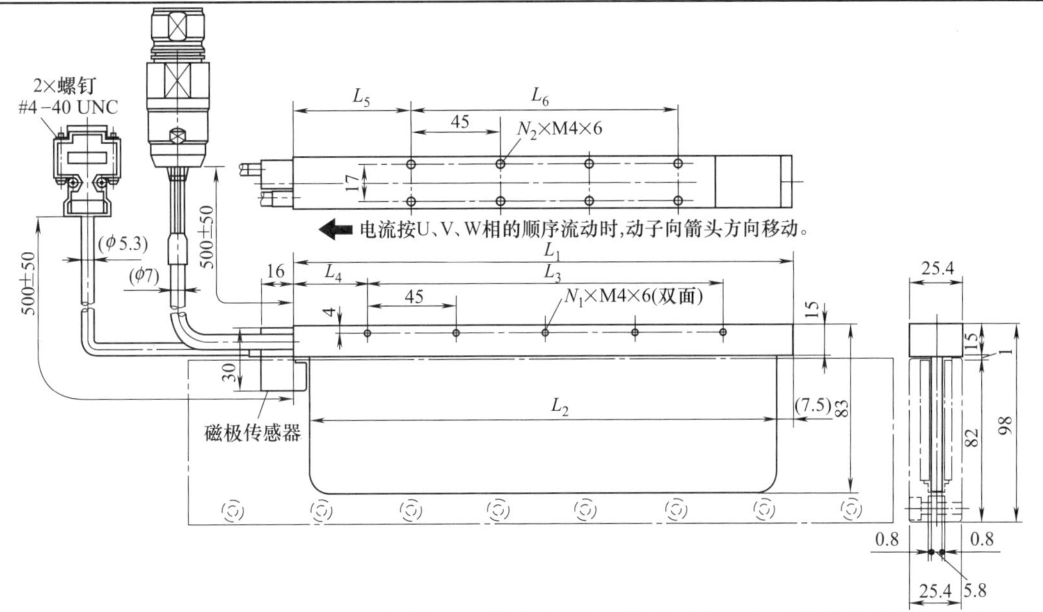

动子型号 SGLGW-	L_1/mm	L_2/mm	L_3/mm	L_4/mm	L_5/mm	L_6/mm	N_1/mm	N_2/mm	总质量[①]≈/kg
60A140C□	140	125	90	30	52.5	45	3	4	0.48
60A253C□	252.5	237.5	180	37.5	60	135	5	8	0.82
60A365C□	365	350	315	30	52.5	270	8	14	1.16

① 表示带磁极传感器的动子的质量。

表 26-2-145 标准型定子：SGLGM-60□□□C（无底面安装孔）、SGLGM-60□□□CT（带底面安装孔）外形及安装尺寸

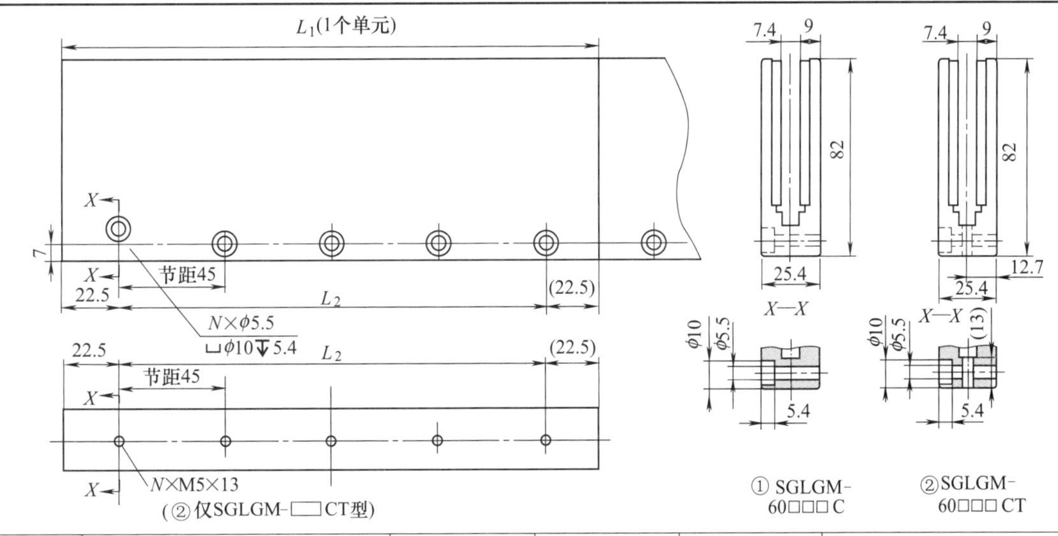

类型	定子型号 SGLGM-	L_1/mm	L_2/mm	N/mm	总质量[①]≈/kg
标准型	60090C 或 60090CT	$90_{-0.3}^{-0.1}$	45	2	1.1
	60225C 或 60225CT	$225_{-0.3}^{-0.1}$	180	5	2.6
	60360C 或 60360CT	$360_{-0.3}^{-0.1}$	315	8	4.1
	60405C 或 60405CT	$405_{-0.3}^{-0.1}$	360	9	4.6
	60450C 或 60450CT	$450_{-0.3}^{-0.1}$	405	10	5.1

① 表示带磁极传感器动子的质量。

表 26-2-146 动子：SGLGW-90A□□□C□外形及安装尺寸

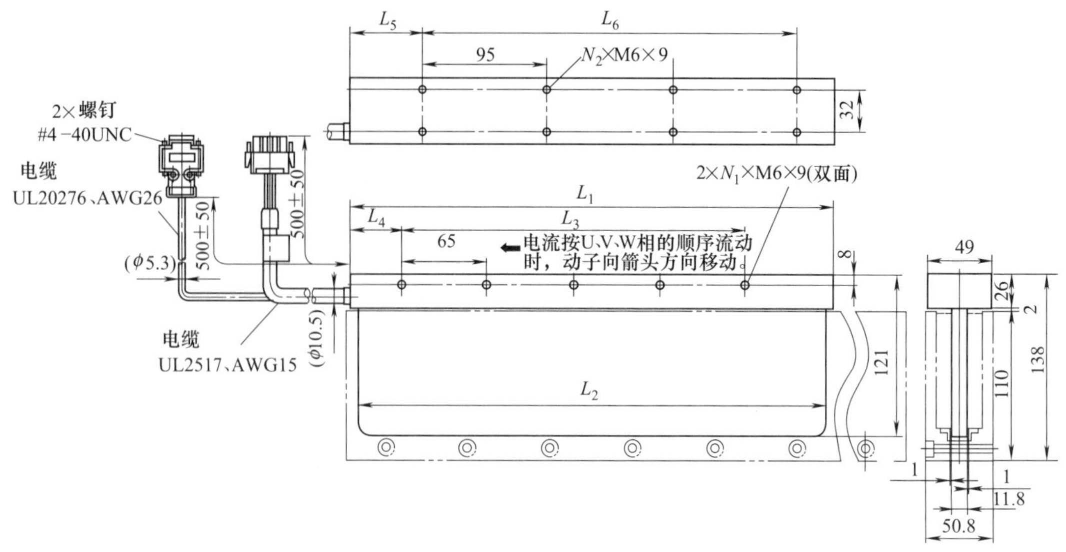

动子型号 SGLGW-	L_1/mm	L_2/mm	L_3/mm	L_4/mm	L_5/mm	L_6/mm	N_1/mm	N_2/mm	总质量[①]≈/kg
90A200C□	199	189	130	40	60	95	3	4	2.2
90A370C□	367	357	260	40	55	285	5	8	3.65
90A535C□	535	525	455	40	60	380	8	10	4.95

① 表示带磁极传感器动子的质量。

表 26-2-147 标准型定子：SGLGM-90□□□A 外形及安装尺寸

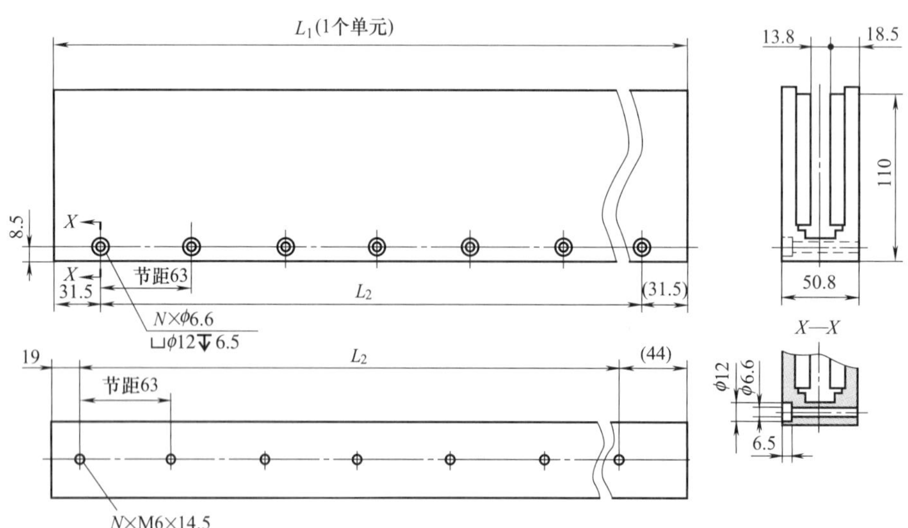

定子型号 SGLGM-	L_1/mm	L_2/mm	N/mm	总质量[①]≈/kg
90252A	$252_{-0.3}^{-0.1}$	189	4	7.3
90504A	$504_{-0.3}^{-0.1}$	441	8	14.7

① 表示带磁极传感器的动子的质量。

第26篇

2.4.4.2　SGLC 系列方筒型直线伺服电动机

SGLC 系列方筒型直线伺服电动机具有以下特点：

① 由于定子为两端支撑型，因此便于替代滚珠丝杠机构；

② 与滚珠丝杠系统相比，可实现高速、高精度的定位，有助于缩短生产周期；

③ 没有滚珠丝杠那样的机械接触部，且不需使用润滑剂，便于维护。

（1）SGLC 系列方筒型直线伺服电动机型号标记

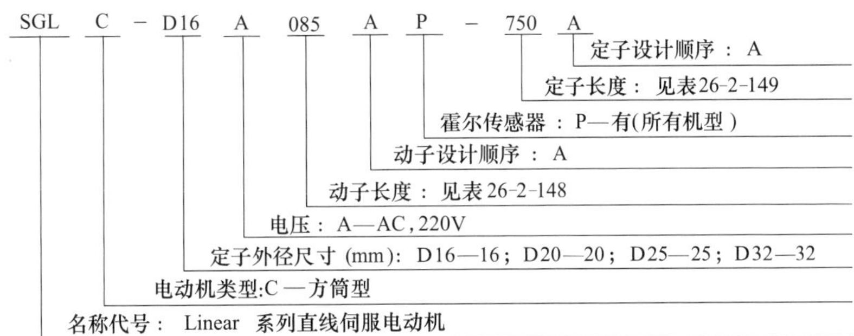

表 26-2-148　　动子长度代码详解

符号	规格/mm	定子外径尺寸符号	符号	规格/mm	定子外径尺寸符号
085	85	D16	100	100	D20
115	115	D16	125	125	D25
135	135	D20	145	145	D16
165	165	D32	170	170	D20，D25
215	215	D25	225	225	D32
285	285	D32			

表 26-2-149　　定子长度代码详解

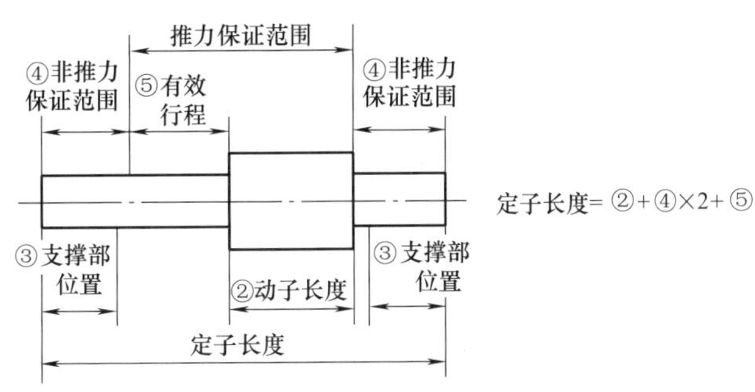

<table>
<tr><td rowspan="4" colspan="2">动子型号
SGLCW-</td><td colspan="5">定子长度制作范围/mm</td><td>定制品</td></tr>
<tr><td colspan="5">标准品</td><td rowspan="2">定子长度/mm</td></tr>
<tr><td colspan="5">①定子长度/mm</td></tr>
<tr><td></td><td>②动子长度/mm</td><td>③支撑部位置长度/mm</td><td>④非推力保证范围长度/mm</td><td>⑤有效行程长度/mm</td><td>最小长度～最大长度</td></tr>
<tr><td rowspan="9">D16A</td><td rowspan="9">085AP
115AP
145AP</td><td rowspan="3">300</td><td>85</td><td rowspan="3">30</td><td rowspan="3">375</td><td>140</td><td rowspan="3">240～420
(间隔 30mm)</td></tr>
<tr><td>115</td><td>110</td></tr>
<tr><td>145</td><td>80</td></tr>
<tr><td rowspan="3">510</td><td>85</td><td rowspan="6">45</td><td rowspan="6">52.5</td><td>320</td><td rowspan="6">480～750
(间隔 30mm)</td></tr>
<tr><td>115</td><td>290</td></tr>
<tr><td>145</td><td>260</td></tr>
<tr><td rowspan="3">750</td><td>85</td><td>560</td></tr>
<tr><td>115</td><td>530</td></tr>
<tr><td>145</td><td>500</td></tr>
</table>

续表

动子型号 SGLCW-		定子长度制作范围/mm 标准品 ①定子长度/mm	②动子长度/mm	③支撑部位置长度/mm	④非推力保证范围长度/mm	⑤有效行程长度/mm	定制品 定子长度/mm 最小长度～最大长度
D20A	100AP 135AP 170AP	350	100	35	45	160	280～490（间隔 35mm）
			135			125	
			170			90	
		590	100	50	60	370	555～870（间隔 35mm）
			135			335	
			170			300	
		870	100			650	
			135			615	
			170			580	
D25A	125AP 170AP 215AP	450	125	45	57.5	210	360～630（间隔 45mm）
			170			165	
			215			120	
		750	125	60	72.5	480	705～1110（间隔 45mm）
			170			435	
			215			390	
		1110	125			840	
			170			795	
			215			750	
D32A	165AP 225AP 285AP	600	165	60	75	280	480～840（间隔 60mm）
			225			225	
			285			165	
		1020	165	90	105	645	960～1500（间隔 60mm）
			225			585	
			285			525	
		1500	165			1125	
			225			1065	
			285			1005	

② 配套Σ-V 系列伺服单元

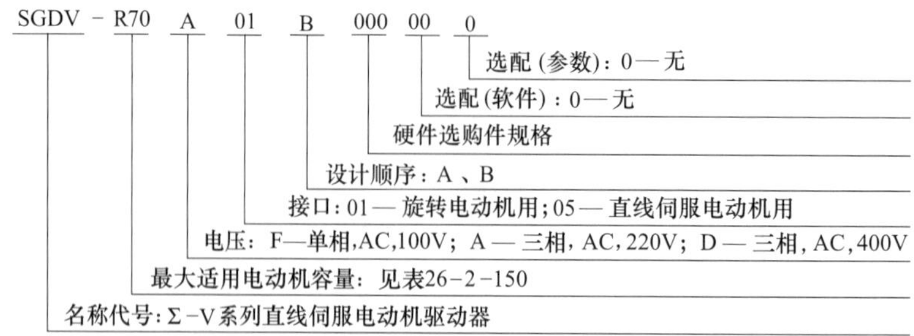

表 26-2-150　　最大适用电动机容量

电压	符号—规格（电动机功率/kW）				
三相，AC，200V	R70—0.05	R90—0.1	1R6—0.2	2R8—0.4	3R8—0.5
	5R5—0.75	7R6—1.0	120—1.5	180—2.0	200—3.0
	330—5.0	470—6.0	550—7.5	590—11	780—15
单相，AC，100V	R70—0.05	R90—0.1	2R1—0.2	2R8—0.4	
三相，AC，400V	1R9—0.5	3R5—1.0	5R4—1.5	8R4—2.0	120—3.0
	170—5.0	210—6.0	260—7.5	280—11	370—15

(2) SGLC 系列方筒型直线伺服电动机技术数据

表 26-2-151 SGLC 系列方筒型直线伺服电动机技术数据

直线伺服电动机型号		D16A			D20A			D25A			D32A		
SGLC-		085A	115A	145A	100A	135A	170A	125A	170A	215A	165A	225A	285A
最高速度[3]	m/s	4.0	4.0	4.0	4.0	4.0	4.0	4.0	4.0	4.0	4.0	4.0	4.0
额定推力[1]	N	17	25	34	30	45	60	70	105	140	90	135	180
额定电流[1]	A	0.59	0.53	0.66	0.98	0.98	1.19	1.42	1.75	3.49	1.57	2.79	2.79
瞬间最大推力[1]	N	60	90	120	150	225	300	280	420	560	420	630	840
瞬间最大电流[1]	A	2.07	2.07	2.52	4.90	4.90	5.95	5.68	6.98	12.96	7.32	13.01	13.01
动子质量	kg	0.3	0.4	0.5	0.6	0.8	1.0	1.0	1.4	1.8	1.8	2.5	3.2
推力常数	N/A	31.2	46.8	51.3	33.0	49.5	54.3	53.1	64.8	43.2	61.8	52.2	69.6
感应电压常数	V/(m/s)	10.4	15.6	17.1	11.0	16.5	18.1	17.7	21.6	14.4	20.6	17.4	23.2
电极常数	$N/\sqrt{W}$	4.8	5.9	6.7	7.5	9.2	10.4	10.0	12.4	15.4	16.2	20.2	23.0
电气时间常数	ms	0.18	0.18	0.17	0.38	0.32	0.41	0.18	0.59	0.65	0.76	1.18	1.58
机械时间常数	ms	13.1	11.7	11.3	10.70	9.50	9.30	10.1	9.2	7.6	6.9	6.3	6.0
热电阻(带散热片)	K/W	3.35	2.9	1.64	1.66	1.45	1.29	1.00	0.68	0.61	0.77	0.53	0.49
热电阻(不带散热片)	K/W	6.79	5.24	4.26	4.35	3.38	2.76	2.99	2.29	1.81	1.87	1.43	1.16
磁吸引力[2]	N	0	0	0	0	0	0	0	0	0	0	0	0
抗冲击强度	冲击加速度:98m/s²;冲击次数:2 次												
抗振性(振动加速度)	动子:24.5m/s²(上下、左右、前后 3 个方向) 定子:轴方向 24.5m/s²;上下、水平方向 4.9m/s²												
适用伺服单元型号 SGDV-		R70□	R70□	R90□	1R6A,2R1F	1R6A,2R1F	2R8A,2R1F	1R6A,2R1F	2R8□	5R5A	2R8□	5R5A	5R5A

① 本表的“推力-速度特性”的值是在和伺服单元组合运行后，电枢线圈温度达到 100℃时的值，其他的是 20℃时的值。

② 是作用于动子和定子之间的理论上的磁吸引力。吸引力因组装后的间隙不平衡而发生作用。

③ 请将利用速度控制（模拟量电压指令）运行时的额定速度设为 1.5m/s。

(3) SGLC 系列方筒型直线伺服电动机的外形及安装尺寸

表 26-2-152 SGLC-D16A□□□AP 型动子外形及安装尺寸 mm

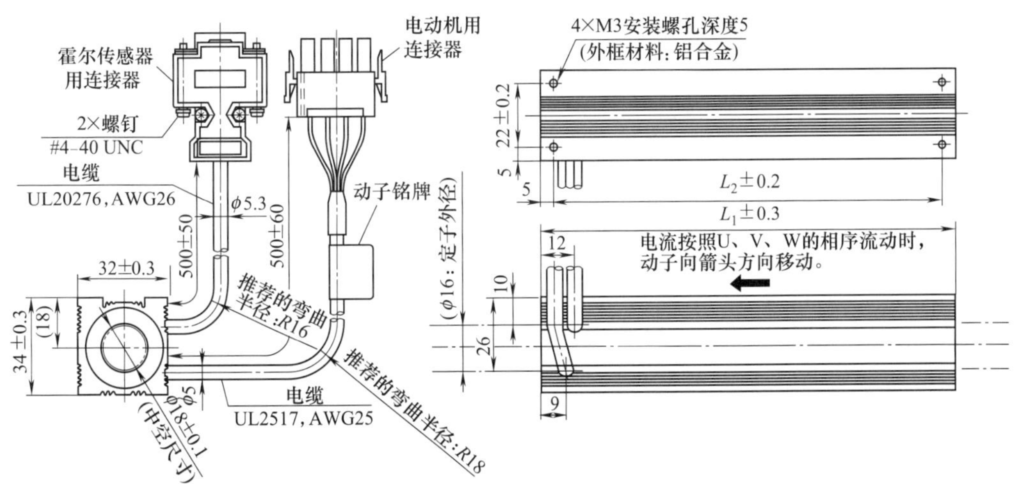

动子型号 SGLCW-	L_1	L_2	质量[1]≈/kg
D16A085AP	85	75	0.3
D16A115AP	115	105	0.4
D16A145AP	145	135	0.5

① 表示带霍尔传感器单元的质量。

表 26-2-153 SGLC-D16A□□□A 型定子外形及安装尺寸 mm

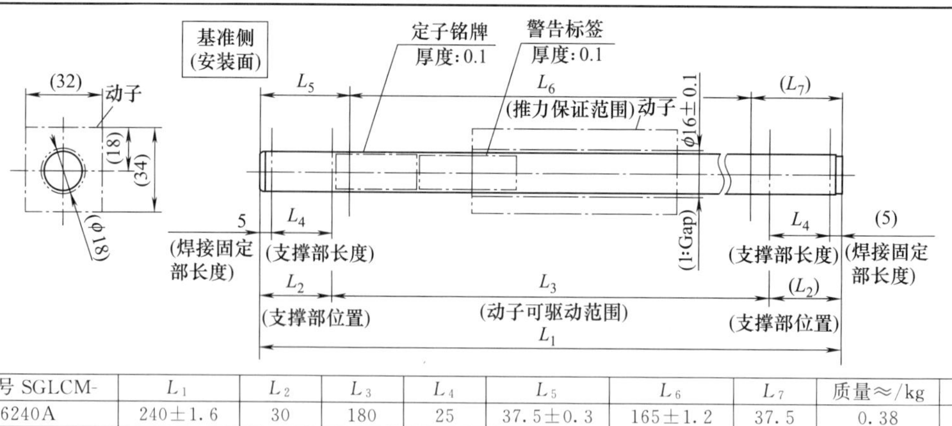

定子型号 SGLCM-	L_1	L_2	L_3	L_4	L_5	L_6	L_7	质量≈/kg	备注
D16240A	240±1.6	30	180	25	37.5±0.3	165±1.2	37.5	0.38	—
D16270A	270±1.6	30	210	25	37.5±0.3	195±1.2	37.5	0.43	
D16300A	300±1.6	30	240	25	37.5±0.3	225±1.2	37.5	0.48	标准
D16330A	330±1.6	30	270	25	37.5±0.3	255±1.2	37.5	0.53	—
D16360A	360±1.6	30	300	25	37.5±0.3	285±1.2	37.5	0.58	—
D16390A	390±1.6	30	330	25	37.5±0.3	315±1.2	37.5	0.63	
D162420A	420±1.6	30	360	25	37.5±0.3	345±1.2	37.5	0.68	
D16480A	480±2.5	45	390	40	52.5±0.3	375±2.1	52.5	0.75	
D16510A	510±2.5	45	420	40	52.5±0.3	405±2.1	52.5	0.80	标准
D16540A	540±2.5	45	450	40	52.5±0.3	435±2.1	52.5	0.85	—
D16570A	570±2.5	45	480	40	52.5±0.3	465±2.1	52.5	0.90	
D16600A	600±2.5	45	510	40	52.5±0.3	495±2.1	52.5	0.95	
D16630A	630±2.5	45	540	40	52.5±0.3	525±2.1	52.5	1.0	
D16660A	660±2.5	45	570	40	52.5±0.3	555±2.1	52.5	1.05	
D16690A	690±2.5	45	600	40	52.5±0.3	585±2.1	52.5	1.1	
D16720A	720±2.5	45	630	40	52.5±0.3	615±2.1	52.5	1.15	
D16750A	750±3	45	660	40	52.5±0.3	645±2.5	52.5	1.2	标准

表 26-2-154 SGLC-D20A□□□AP 型动子外形及安装尺寸 mm

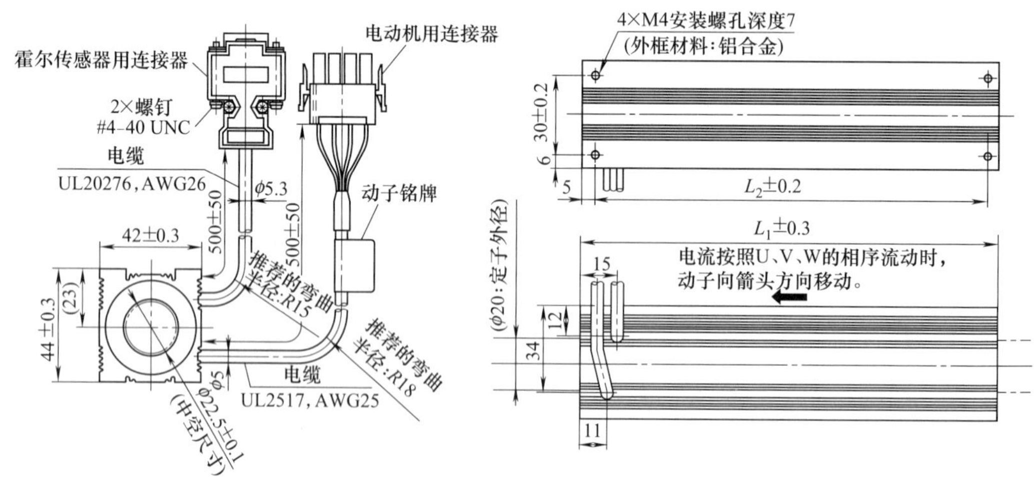

动子型号 SGLCW-	L_1	L_2	质量[①]≈/kg
D20A100AP	100	90	0.6
D20A135AP	135	125	0.8
D20A170AP	170	160	1.0

① 表示带霍尔传感器单元的质量。

表 26-2-155　　SGLC-D20A□□□A 型定子外形及安装尺寸　　mm

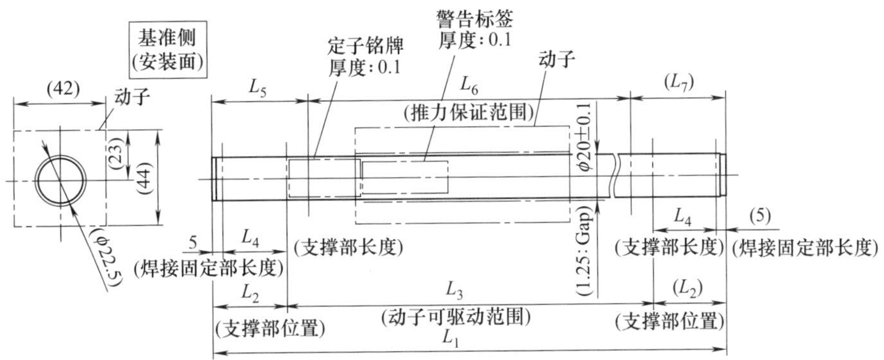

定子型号 SGLCM-	L_1	L_2	L_3	L_4	L_5	L_6	L_7	质量≈/kg	备注
D20280A	280±1.6	35	210	30	45±0.3	190±1.2	45	0.68	—
D20315A	315±1.6	35	245	30	45±0.3	225±1.2	45	0.77	
D20350A	350±1.6	35	280	30	45±0.3	260±1.2	45	0.86	标准
D20385A	385±1.6	35	315	30	45±0.3	295±1.2	45	0.95	—
D20420A	420±1.6	35	350	30	45±0.3	335±1.2	45	1.0	
D20455A	455±1.6	35	385	30	45±0.3	365±1.2	45	1.1	
D20490A	490±1.6	35	420	30	45±0.3	400±1.2	45	1.2	
D20555A	555±2.5	50	455	45	60±0.3	435±2.1	60	1.35	
D20590A	590±2.5	50	490	45	60±0.3	470±2.1	60	1.45	标准
D20625A	625±2.5	50	525	45	60±0.3	505±2.1	60	1.55	—
D20660A	660±2.5	50	560	45	60±0.3	540±2.1	60	1.6	
D20695A	695±2.5	50	595	45	60±0.3	575±2.1	60	1.7	
D20730A	730±2.5	50	630	45	60±0.3	610±2.1	60	1.8	
D20765A	765±2.5	50	665	45	60±0.3	645±2.1	60	1.9	
D20800A	800±2.5	50	700	45	60±0.3	680±2.1	60	2.0	
D20835A	835±2.5	50	735	45	60±0.3	715±2.1	60	2.1	
D20870A	870±3	50	770	45	60±0.3	750±2.5	60	2.2	标准

表 26-2-156　　SGLC-D25A□□□AP 型动子外形及安装尺寸　　mm

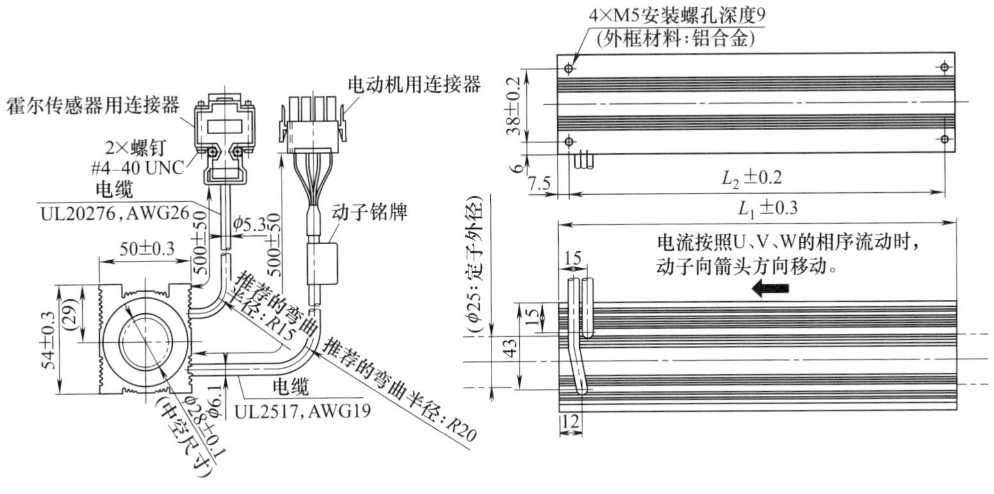

续表

动子型号 SGLCW-	L_1	L_2	质量①≈/kg
D25A125AP	125	110	1.0
D25A170AP	170	153	1.4
D25A215AP	215	200	1.8

① 表示带霍尔传感器单元的质量。

表 26-2-157 SGLC-D25A□□□A 型定子外形及安装尺寸 mm

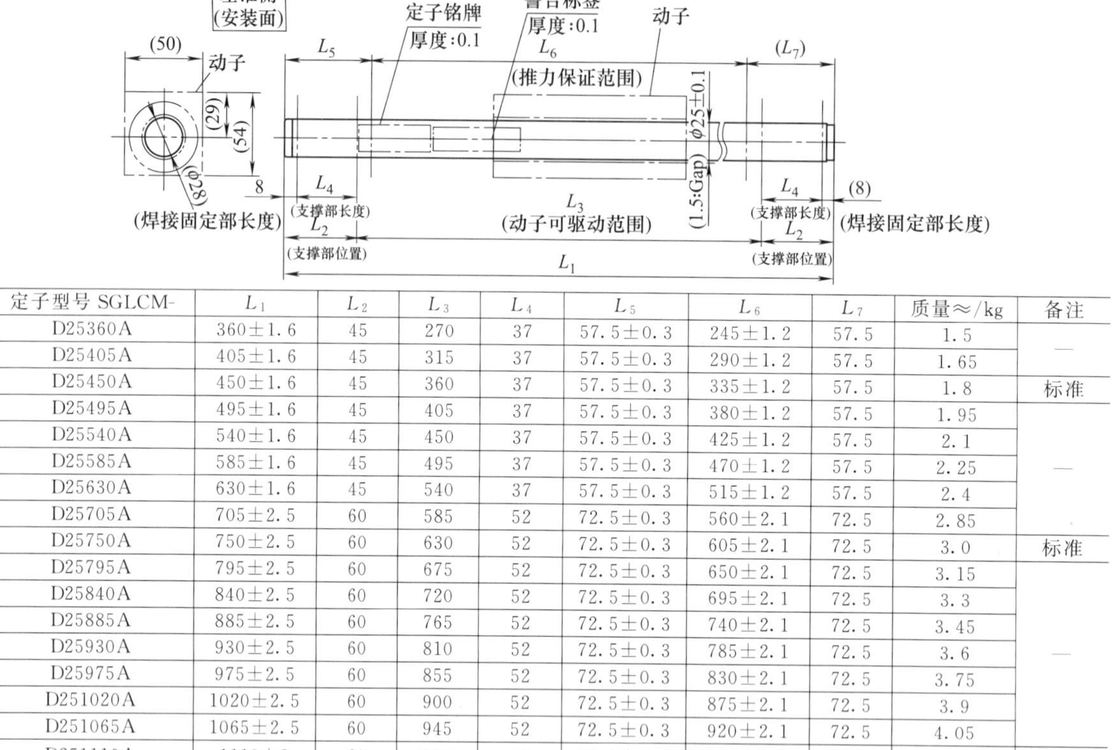

定子型号 SGLCM-	L_1	L_2	L_3	L_4	L_5	L_6	L_7	质量≈/kg	备注
D25360A	360±1.6	45	270	37	57.5±0.3	245±1.2	57.5	1.5	—
D25405A	405±1.6	45	315	37	57.5±0.3	290±1.2	57.5	1.65	
D25450A	450±1.6	45	360	37	57.5±0.3	335±1.2	57.5	1.8	标准
D25495A	495±1.6	45	405	37	57.5±0.3	380±1.2	57.5	1.95	—
D25540A	540±1.6	45	450	37	57.5±0.3	425±1.2	57.5	2.1	
D25585A	585±1.6	45	495	37	57.5±0.3	470±1.2	57.5	2.25	
D25630A	630±1.6	45	540	37	57.5±0.3	515±1.2	57.5	2.4	
D25705A	705±2.5	60	585	52	72.5±0.3	560±2.1	72.5	2.85	
D25750A	750±2.5	60	630	52	72.5±0.3	605±2.1	72.5	3.0	标准
D25795A	795±2.5	60	675	52	72.5±0.3	650±2.1	72.5	3.15	—
D25840A	840±2.5	60	720	52	72.5±0.3	695±2.1	72.5	3.3	
D25885A	885±2.5	60	765	52	72.5±0.3	740±2.1	72.5	3.45	
D25930A	930±2.5	60	810	52	72.5±0.3	785±2.1	72.5	3.6	
D25975A	975±2.5	60	855	52	72.5±0.3	830±2.1	72.5	3.75	
D251020A	1020±2.5	60	900	52	72.5±0.3	875±2.1	72.5	3.9	
D251065A	1065±2.5	60	945	52	72.5±0.3	920±2.1	72.5	4.05	
D251110A	1110±3	60	990	52	72.5±0.3	965±2.5	72.5	4.2	标准

表 26-2-158 SGLC-D32A□□□AP 型动子外形及安装尺寸 mm

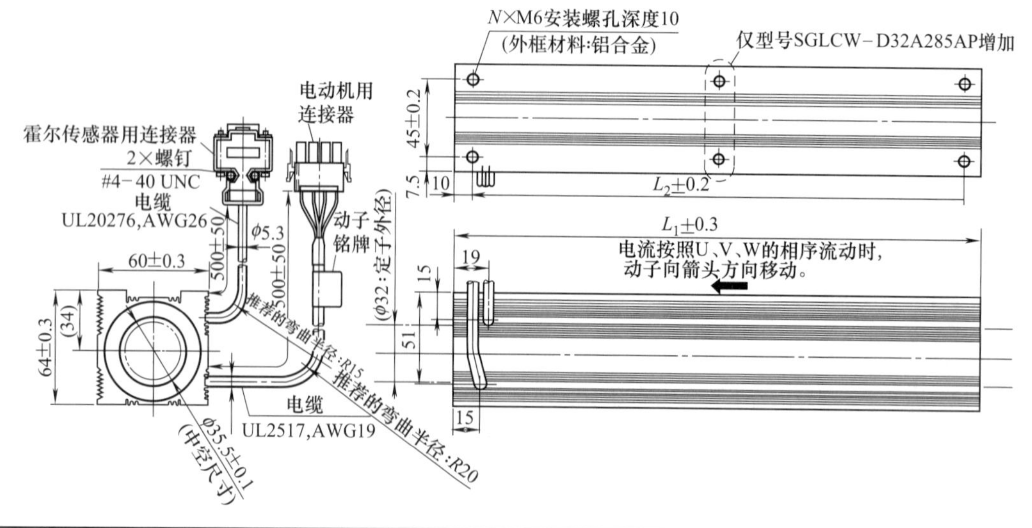

续表

动子型号 SGLCW-	L_1	L_2	质量[①]≈/kg
D32A165AP	165	145	1.8
D32A225AP	225	205	2.5
D32A285AP	285	265	3.2

① 表示带霍尔传感器单元的质量。

表 26-2-159　SGLC-D32A□□□A 型外形安装尺寸　mm

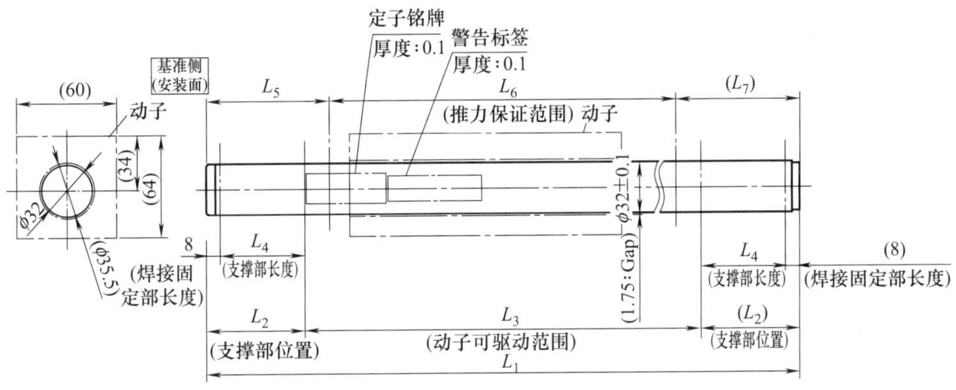

定子型号 SGLCM-	L_1	L_2	L_3	L_4	L_5	L_6	L_7	质量≈/kg	备注
D32480A	480±1.6	60	360	52	75±0.3	330±1.2	75	3.0	—
D32540A	540±1.6	60	420	52	75±0.3	390±1.2	75	3.4	
D32600A	600±1.6	60	480	52	75±0.3	450±1.2	75	3.8	标准
D32660A	660±1.6	60	540	52	75±0.3	510±1.2	75	4.2	—
D32720A	720±1.6	60	600	52	75±0.3	570±1.2	75	4.6	
D32780A	780±1.6	60	660	52	75±0.3	630±1.2	75	5.0	
D32840A	840±1.6	60	720	52	75±0.3	690±1.2	75	5.4	
D32960A	960±2.5	90	780	82	105±0.3	750±2.1	105	5.9	
D321020A	1020±2.5	90	840	82	105±0.3	810±2.1	105	6.3	标准
D321080A	1080±2.5	90	900	82	105±0.3	870±2.1	105	6.7	—
D321140A	1140±2.5	90	960	82	105±0.3	930±2.1	105	7.1	
D321200A	1200±2.5	90	1020	82	105±0.3	990±2.1	105	7.5	
D321260A	1260±2.5	90	1080	82	105±0.3	1050±2.1	105	7.9	
D321320A	1320±2.5	90	1140	82	105±0.3	1110±2.1	105	8.3	
D321380A	1380±2.5	90	1200	82	105±0.3	1170±2.1	105	8.7	
D321440A	1440±2.5	90	1260	82	105±0.3	1230±2.1	105	9.1	
D321500A	1500±3	90	1320	82	105±0.3	1290±2.5	105	9.5	标准

2.4.4.3　Σ-Trac 系列直线滑块

Σ-Trac 系列直线滑块具有以下特点：

① 实现了长行程、高速和高精度（重复定位精度为±1.0μm 以下）；

② 可以在一个磁道上配置多个滑台，且可独立驱动；

③ 备有通用型（标准型）和高精度型 2 种。

（1）Σ-Trac 系列直线滑块型号标记

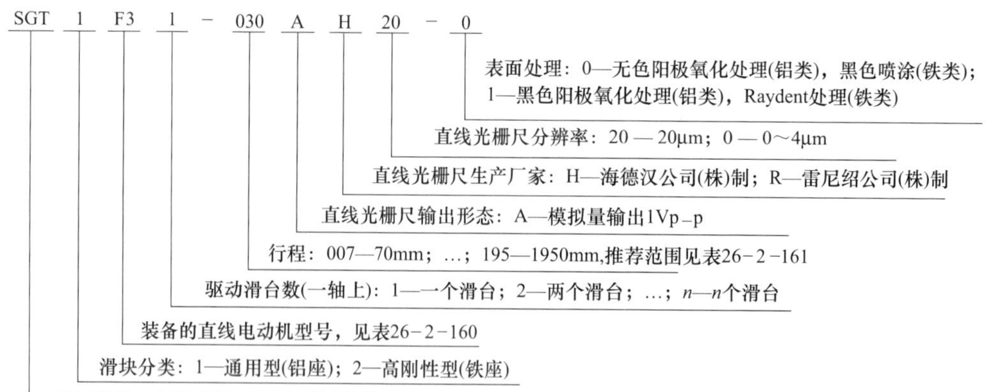

表 26-2-160　　装备的直线电动机型号

符号	直线电动机动子型号	符号	直线电动机动子型号	符号	直线电动机动子型号	符号	直线电动机动子型号
F3	SGLFW-35A120A	FA	SGLFW-50A380B	GF	SGLFW-40A365C	GI	SGLFW-60A365C
F4	SGLFW-35A230A	GD	SGLFW-40A140C	GG	SGLFW-60A140C		
F9	SGLFW-50A200B	GE	SGLFW-40A253C	GH	SGLFW-60A253C		

表 26-2-161　　Σ-Trac 系列直线滑块行程一览表

型　号	行程（最小）	行程（最大）
SGT□F3□-□□□	80mm	1950mm
SGT□F4□-□□□	180mm	1830mm
SGT□F9□-□□□	70mm	1830mm
SGT□FA□-□□□	170mm	1650mm
SGT□GD□-□□□	90mm	1300mm
SGT□GE□-□□□	120mm	1200mm
SGT□GF□-□□□	140mm	1080mm
SGT□GG□-□□□	90mm	1300mm
SGT□GH□-□□□	120mm	1200mm
SGT□GI□-□□□	140mm	1080mm

（2）Σ-Trac 系列直线滑块技术数据

表 26-2-162　　Σ-Trac 系列直线滑块电动机主要技术数据

滑块型号①	电动机型号 SGLFW-	适合伺服单元型号 SGDV-		额定推力/N	最大推力/N	最高速度/m·s⁻¹	最大可搬运质量/kg②	重复定位精度/μm
		单相 AC100V	三相 AC200V					
SGT1F3□-□□□AH20-0	35A120A	2R1F	1R6A	80	220	5.0	30	±1.0
SGT1F4□-□□□AH20-0	35A230A	—	3R8A	160	440	5.0	70	±1.0
SGT1F9□-□□□AH20-0	50A200B	—	5R5A	280	600	5.0	100	±1.0
SGT1FA□-□□□AH20-0	50A380B	—	120A	560	1200	5.0	215	±1.0
SGT1GD□-□□□AH20-0	40A140CP	R90F	R90A	47	140	5.0	25	±1.0
SGT1GE□-□□□AH20-0	40A253CP	2R1F	1R6A	93	280	5.0	50	±1.0
SGT1GF□-□□□AH20-0	40A365CP	2R8F	2R8A	140	420	5.0	80	±1.0
SGT1GG□-□□□AH20-0	60A140C	2R1F	1R6A	70	220	5.0	40	±1.0
SGT1GH□-□□□AH20-0	60A253C	2R8F	2R8A	140	440	5.0	80	±1.0
SGT1G1□-□□□AH20-0	60A365C		5R5A	210	660	5.0	110	±1.0

① 滑块型的□□□内根据行程长度填入表 26-2-164～表 26-2-168 中的行程符号。

② 加速度为 4.9m/s²时。

（3）Σ-Trac 系列直线滑块外形及安装尺寸

表 26-2-163　　SGT1F31 型外形及安装尺寸

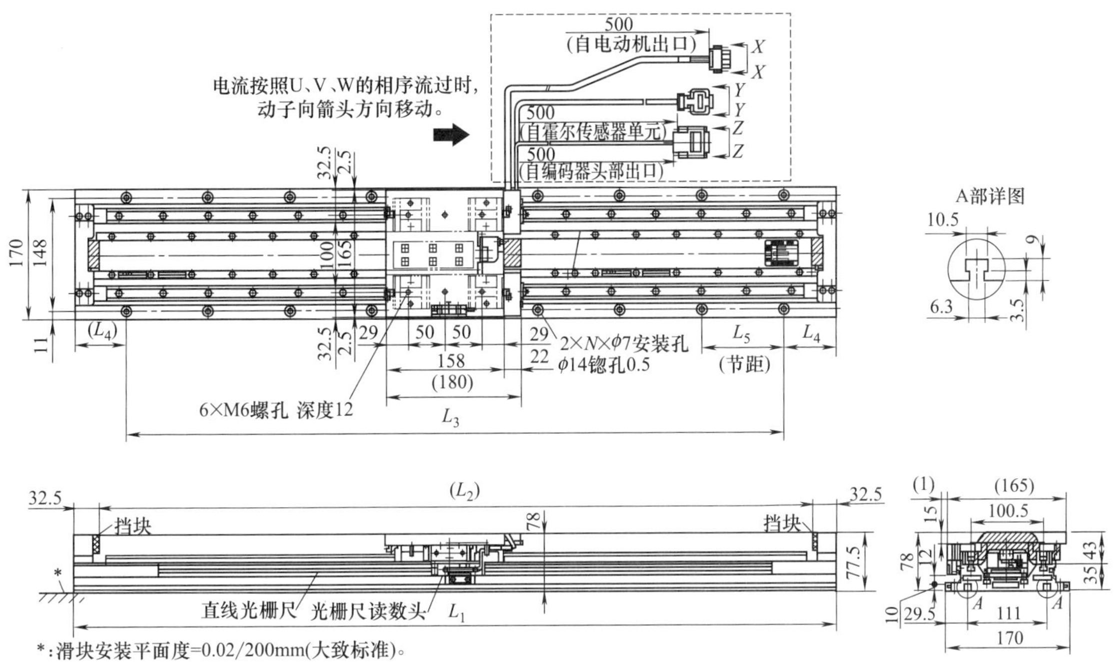

*:滑块安装平面度=0.02/200mm(大致标准)。

行程/mm		L_1/mm	L_2/mm	L_3/mm	L_4/mm	L_5/mm	N	总质量/kg
行程符号	行程长度							
008	80	360	295	270	45	90	4	9.1
030	300	580	515	440	70	110	5	13.0
041	410	690	625	550			6	14.9
052	520	800	735	660			7	16.8
063	630	910	845	770			8	18.6
074	740	1020	955	880			9	20.5
085	850	1130	1065	990			10	22.5
096	960	1240	1175	1100			11	24.5
107	1070	1350	1285	1210			12	26.3
118	1180	1460	1395	1320			13	28.3
129	1290	1570	1505	1430			14	30.1
140	1400	1680	1615	1540			15	32.0
151	1510	1790	1725	1650			16	34.0
162	1620	1900	1835	1760			17	35.9
173	1730	2010	1945	1870			18	37.8
184	1840	2120	2055	1980			19	39.7
195	1950	2230	2165	2090			20	41.5

第 26 篇

表 26-2-164 SGT1F41 型外形及安装尺寸

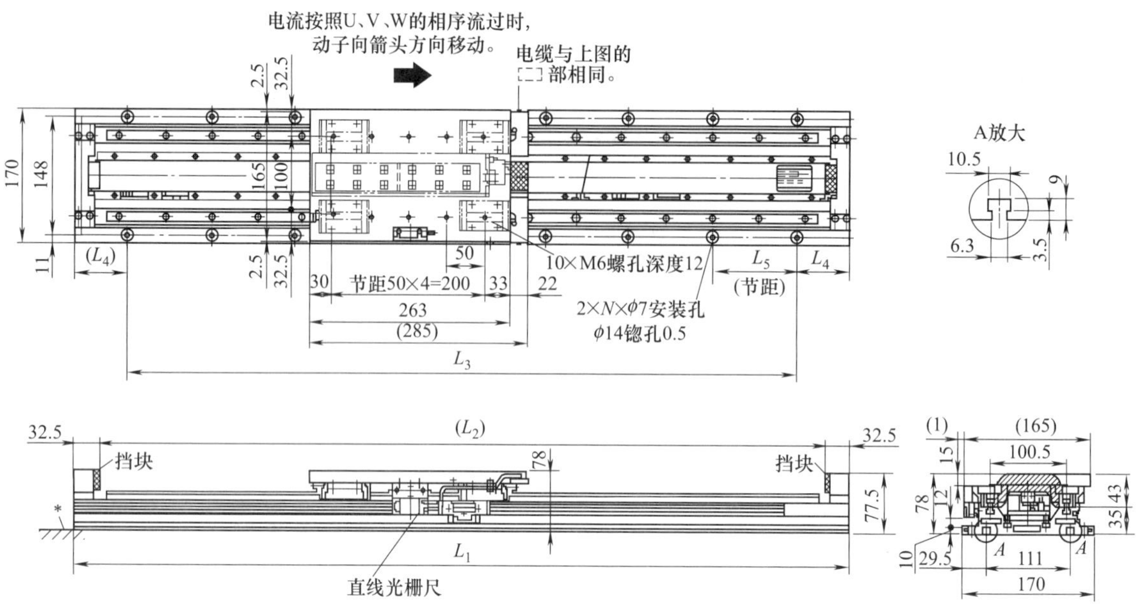

行程/mm		L_1/mm	L_2/mm	L_3/mm	L_4/mm	L_5/mm	N	总质量/kg
行程代号	行程长度							
018	180	580	515	440	70	110	5	15.1
029	290	690	625	550			6	17.0
040	400	800	735	660			7	18.9
051	510	910	845	770			8	20.7
062	620	1020	955	880			9	22.7
073	730	1130	1065	990			10	24.6
084	840	1240	1175	1100			11	27.1
095	950	1350	1285	1210			12	28.5
106	1060	1460	1395	1320			13	30.4
117	1170	1570	1505	1430			14	32.2
128	1280	1680	1615	1540			15	34.2
139	1390	1790	1725	1650			16	36.1
150	1500	1900	1835	1760			17	38.1
161	1610	2010	1945	1870			18	39.9
172	1720	2120	2055	1980			19	41.9
183	1830	2230	2165	2090			20	42.6

表 26-2-165　　SGT1F91 外形及安装尺寸

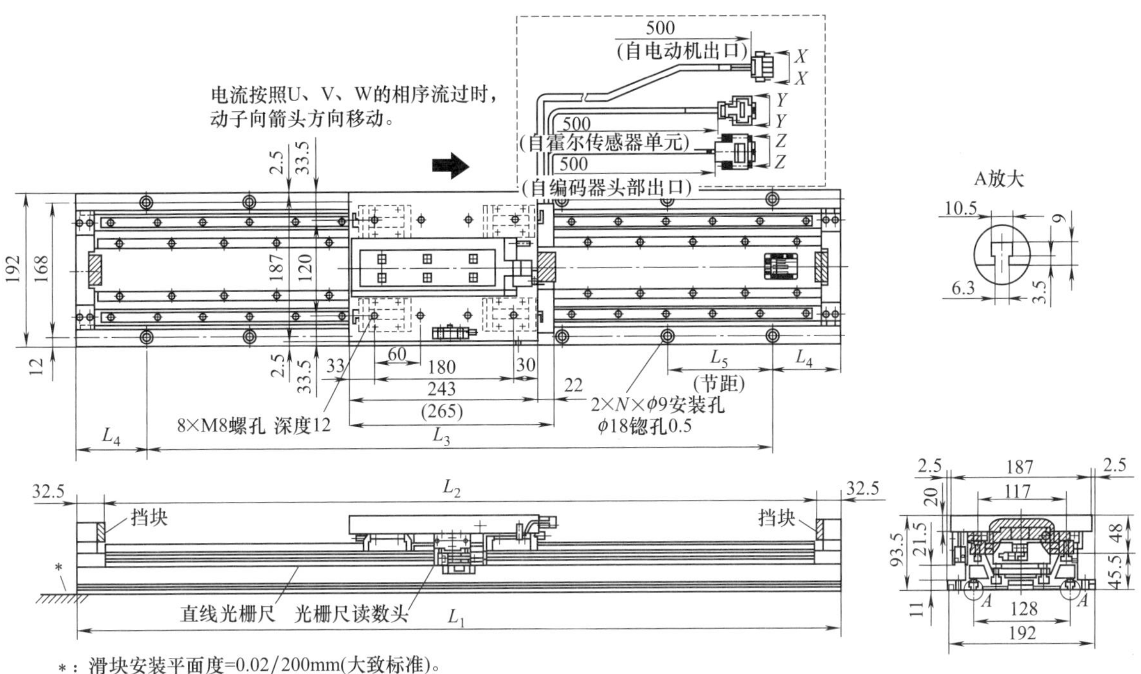

*：滑块安装平面度=0.02/200mm(大致标准)。

行程/mm		L_1/mm	L_2/mm	L_3/mm	L_4/mm	L_5/mm	N	总质量/kg
行程代号	行程长度							
007	70	440	375	300	70	100	4	15.9
035	350	720	655	540	90	135	5	21.3
048	480	850	785	675	87.5		6	24.1
062	620	990	925	810	90		7	26.9
075	750	1120	1055	945	87.5		8	29.5
089	890	1260	1195	1080	90		9	32.2
102	1020	1390	1325	1215	87.5		10	35.0
116	1160	1530	1465	1350	90		11	37.7
129	1290	1660	1595	1485	87.5		12	40.3
143	1430	1800	1735	1620	90		13	43.0
156	1560	1930	1865	1755	87.5		14	45.8
170	1700	2070	2005	1620	90		15	48.5
183	1830	2200	2135	2025	87.5		16	51.2

表 26-2-166 SGT1FA1 型外形及安装尺寸

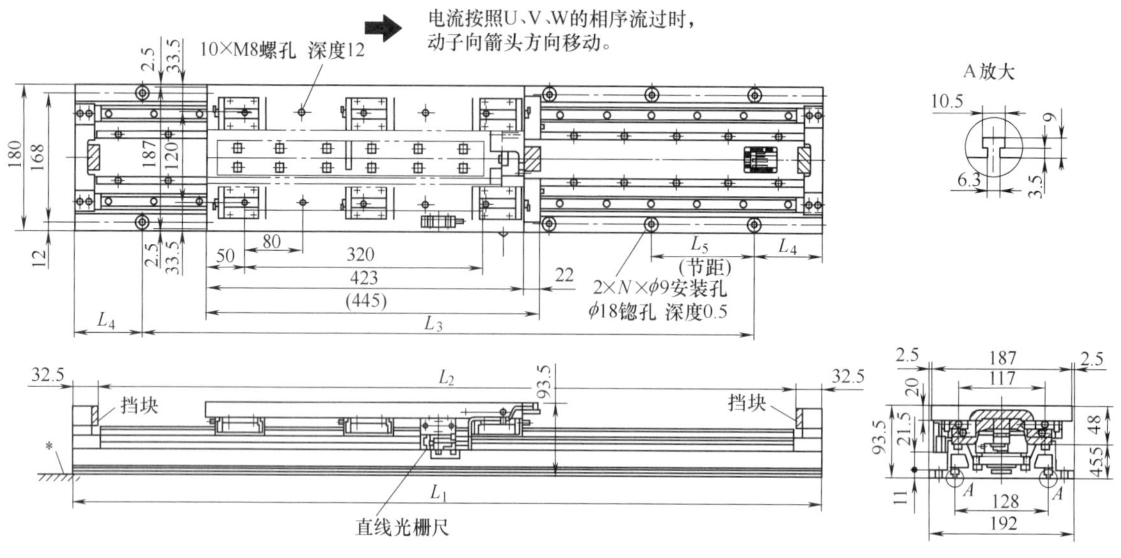

行程/mm		L_1/mm	L_2/mm	L_3/mm	L_4/mm	L_5/mm	N	总质量/kg
行程代号	行程长度							
017	170	720	655	540	90	135	5	27.0
030	300	850	785	675	87.5		6	29.8
044	440	990	925	810	90		7	32.6
057	570	1120	1055	945	87.5		8	35.2
071	710	1260	1195	1080	90		9	37.9
084	840	1390	1325	1215	87.5		10	40.7
098	980	1530	1465	1350	90		11	43.4
111	1110	1660	1595	1485	87.5		12	46.0
125	1250	1800	1735	1620	90		13	48.7
138	1380	1930	1865	1755	87.5		14	51.5
152	1520	2070	2005	1890	90		15	54.2
165	1650	2200	2135	2025	87.5		16	56.9

表 26-2-167 SGT1GD1、SGT1GE1、SGT1GF1 型外形及安装尺寸

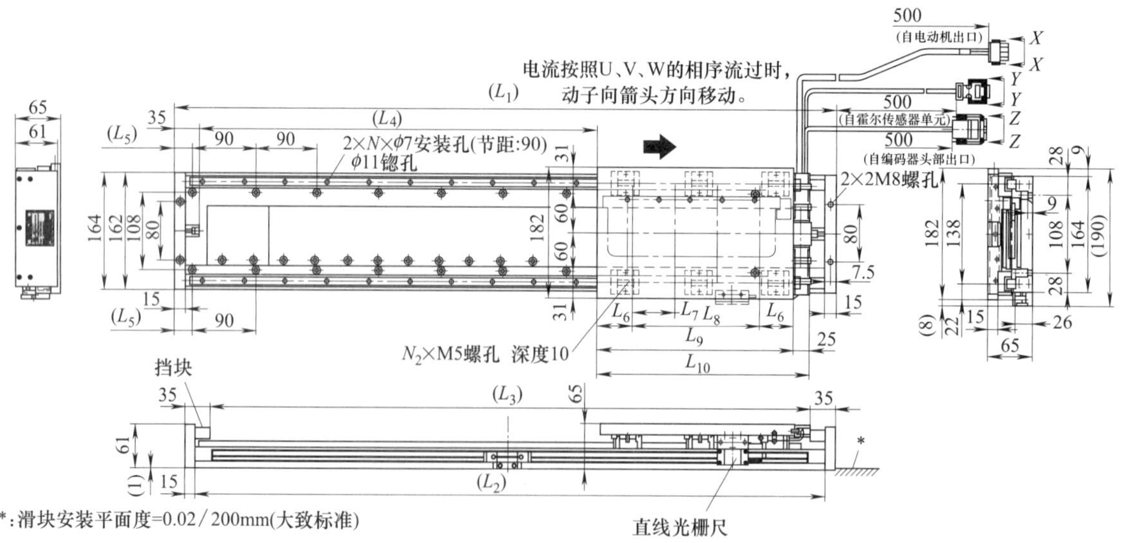

*:滑块安装平面度=0.02/200mm(大致标准)

续表

滑块型号	行程/mm		尺寸/mm										N	N_2	总质量/kg
	行程符号	行程长度	L_1	L_2	L_3	L_4	L_5	L_6	L_7	L_8	L_9	L_{10}			
SGT1GD1-□□□AH20-0	009	90	410	380	340	140	25	32.5	55	110	175	200	5	9	12.3
	022	220	545	515	475	275	47.5						6		15.3
	036	360	680	650	610	410	25						8		18.4
	049	490	815	785	745	545	47.5						9		21.5
	063	630	950	920	880	680	25						11		24.5
	076	760	1085	1055	1015	815	47.5						12		27.6
	090	900	1220	1190	1150	950	25						14		30.6
	103	1030	1355	1325	1285	1085	47.5						15		33.7
	117	1170	1490	1460	1420	1220	25						17		36.8
	130	1300	1625	1595	1555	1355	47.5						18		39.8
SGT1GE1-□□□AH20-0	012	120	545	515	475	170	47.5	50	60	180	280	305	6		16.8
	025	250	680	650	610	305	25						8		19.9
	039	390	815	785	745	440	47.5						9		22.9
	052	520	950	920	880	575	25						11		26.0
	066	660	1085	1055	1015	710	47.5						12		29.0
	079	790	1220	1190	1150	845	25						14		32.1
	093	930	1355	1325	1285	980	47.5						15		35.2
	106	1060	1490	1460	1420	1115	25						17		38.2
	110	1100	1535	1505	1465	1160	47.5						17		39.3
	120	1200	1625	1595	1555	1250	47.5						18		41.3
SGT1GF1-□□□AH20-0	014	140	680	650	610	190	25	47.5	60	300	395	420	8	18	21.1
	027	270	815	785	745	325	47.5						9		24.2
	041	410	950	920	880	460	25						11		27.3
	054	540	1085	1055	1015	595	47.5						12		30.3
	068	680	1220	1190	1150	730	25						14		33.4
	081	810	1355	1325	1285	865	47.5						15		36.4
	095	950	1490	1460	1420	1000	25						17		39.5
	108	1080	1625	1595	1555	1135	47.5						18		42.6

表 26-2-168　SGT1GG1、SGT1GH1、SGT1GI1 型外形及安装尺寸

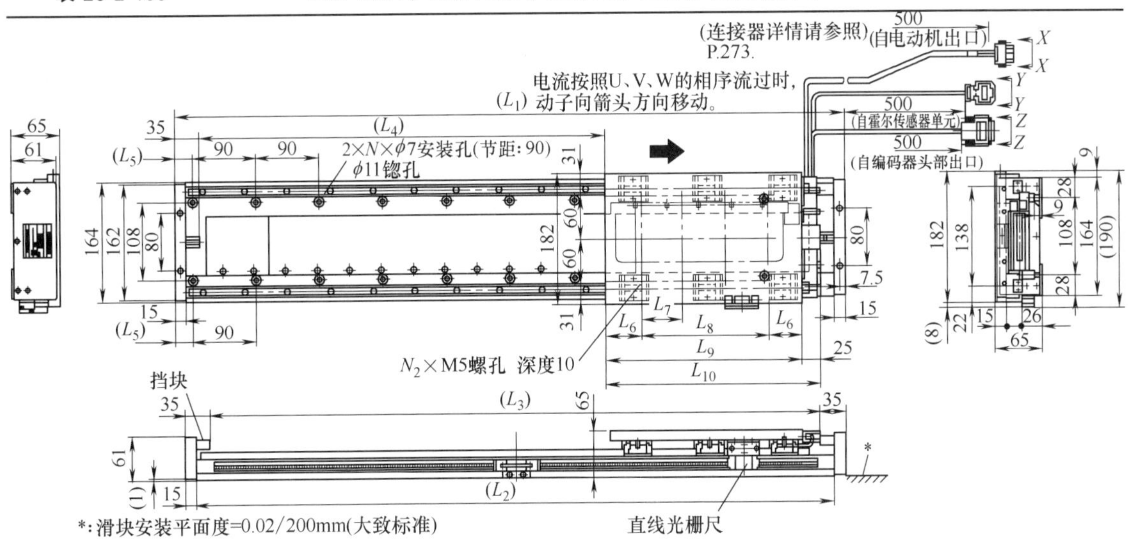

续表

滑块型号	行程/mm		尺寸/mm										N	N_2	总质量/kg
	行程符号	行程长度	L_1	L_2	L_3	L_4	L_5	L_6	L_7	L_8	L_9	L_{10}			
SGT1GG1-□□□AH20-0	009	90	410	380	340	140	25	32.5	55	110	175	200	5	9	12.3
	022	220	545	515	475	275	47.5						6		15.4
	036	360	680	650	610	410	25						8		18.5
	049	490	815	785	745	545	47.5						9		21.5
	063	630	950	920	880	680	25						11		24.6
	076	760	1085	1055	1015	815	47.5						12		27.7
	090	900	1220	1190	1150	950	25						14		30.7
	103	1030	1355	1325	1285	1085	47.5						15		33.8
	117	1170	1490	1460	1420	1220	25						17		36.9
	130	1300	1625	1595	1555	1355	47.5						18		39.9
SGT1GH1-□□□AH20-0	012	120	545	515	475	170	47.5	50	60	180	280	305	6		17.0
	025	250	680	650	610	305	25						8		20.0
	039	390	815	785	745	440	47.5						9		23.1
	052	520	950	920	880	575	25						11		26.1
	066	660	1085	1055	1015	710	47.5						12		29.2
	079	790	1220	1190	1150	845	25						14		32.3
	093	930	1355	1325	1285	980	47.5						15		35.3
	106	1060	1490	1460	1420	1115	25						17		38.4
	110	1100	1535	1505	1465	1160	47.5						17		39.4
	120	1200	1625	1595	1555	1250	47.5						18		41.5
SGT1GI1-□□□AH20-0	014	140	680	650	610	190	25	47.5	60	300	395	420	8	18	21.4
	027	270	815	785	745	325	47.5						9		24.4
	041	410	950	920	880	460	25						11		27.5
	054	540	1085	1055	1015	595	47.5						12		30.5
	068	680	1220	1190	1150	730	25						14		33.6
	081	810	1355	1325	1285	865	47.5						15		36.7
	095	950	1490	1460	1420	1000	25						17		39.7
	108	1080	1625	1595	1555	1135	47.5						18		42.8

第 3 章　信号电动机与微型电动机

3.1　测速发电机

3.1.1　测速发电机简介

测速发电机是一种检测机械转速的电磁装置。它能把机械转速变换成电压信号，其输出电压与输入的转速成正比关系。

测速发电机按输出信号的形式，可分为交流测速发电机和直流测速发电机两大类。交流测速发电机又有同步测速发电机和异步测速发电机两种。前者的输出电压虽然也与转速成正比，但输出电压的频率也随转速而变化，所以只作指示元件用；后者是目前应用最多的一种，尤其是空心杯转子异步测速发电机性能较好。直流测速发电机有电磁式和永磁式两种。虽然它们存在机械换向问题，会产生火花和无线电干扰，但输出不受负载性质的影响，也不存在相角误差，所以在实际中的应用也较广泛。

电磁式直流测速发电机励磁绕组由外部直流电源供电，通电时产生磁场。目前，我国生产的 CD 系列直流测速发电机为电磁式。永磁式直流测速发电机的定子磁极是由永久磁钢做成，所以可省去励磁电源。具有结构简单、使用方便等特点，近年来发展较快。其缺点是永磁材料的价格较贵，受机械振动易发生程度不同的退磁。为防止永磁式直流测速发电机的特性变坏，必须选用矫顽力较高的永磁材料。目前，我国生产的 CY 系列直流测速发电机为永磁式。

永磁式直流测速发电机按其应用场合不同，可分为普通速度型和低速型。前者的工作转速一般在每分钟几千转以上，最高可达每分钟一万转以上；而后者一般在每分钟几百转以下，最低可达每分钟一转以下。由于低速测速发电机能和低速力矩电动机直接耦合，省去了中间的齿轮传动装置，消除了由于齿轮间隙带来的误差，提高了系统的精度和刚度，因而在国防、科研和工业生产等各种精密自动化技术中得到了广泛应用。

3.1.2　直流测速发电机

3.1.2.1　CY 系列永磁直流测速发电机

(1) 技术数据（表 26-3-1）

表 26-3-1　CY 型永磁直流测速发电机技术数据

型　号	输出斜率 /V·kr^{-1}·min^{-1}	线性误差 /%	最大线性工作转速/r·min^{-1}	波纹系数有效值/%	输出电压不对称度/%	最小负载电阻 /kΩ
28CY01	5	1	3000	≤5	±1	10
28CY02	7	≤1	3000	≤5	≤1	10
J28CY03	4.2	≤0.5	6000	≤1.5	≤0.5	10
J28CY04	7	≤1	3000	≤3.5	≤1	10
32CY01	3	≤4	5500		≤±1	13
75CY02	60	≤0.5	3000	≤0.5	≤0.5	2.25
75CY03	70	≤0.5	2200	≤0.5	≤0.5	8.6
J90CY01	12	≤1	6000	≤1	≤1	2
130CY01A	40	≤0.5	4500	≤0.5	≤0.5	10
130CY01B	20	≤0.5	1000	≤0.5	≤0.5	10
130CY02	100	≤0.5	600	≤0.5	≤0.5	4
160CY01S	150	≤0.5	1000	≤0.5	≤0.5	1.5
160CY02S	55	≤0.5	2000	≤0.5	≤0.5	0.55
180CY01	333	≤0.5	300	≤0.5	≤1	0.5
180CY02	100	≤0.5	1000	≤0.5	≤1	0.5

(2) 外形及安装尺寸

表 26-3-2 CY 系列永磁直流测速发电机外形及安装尺寸 mm

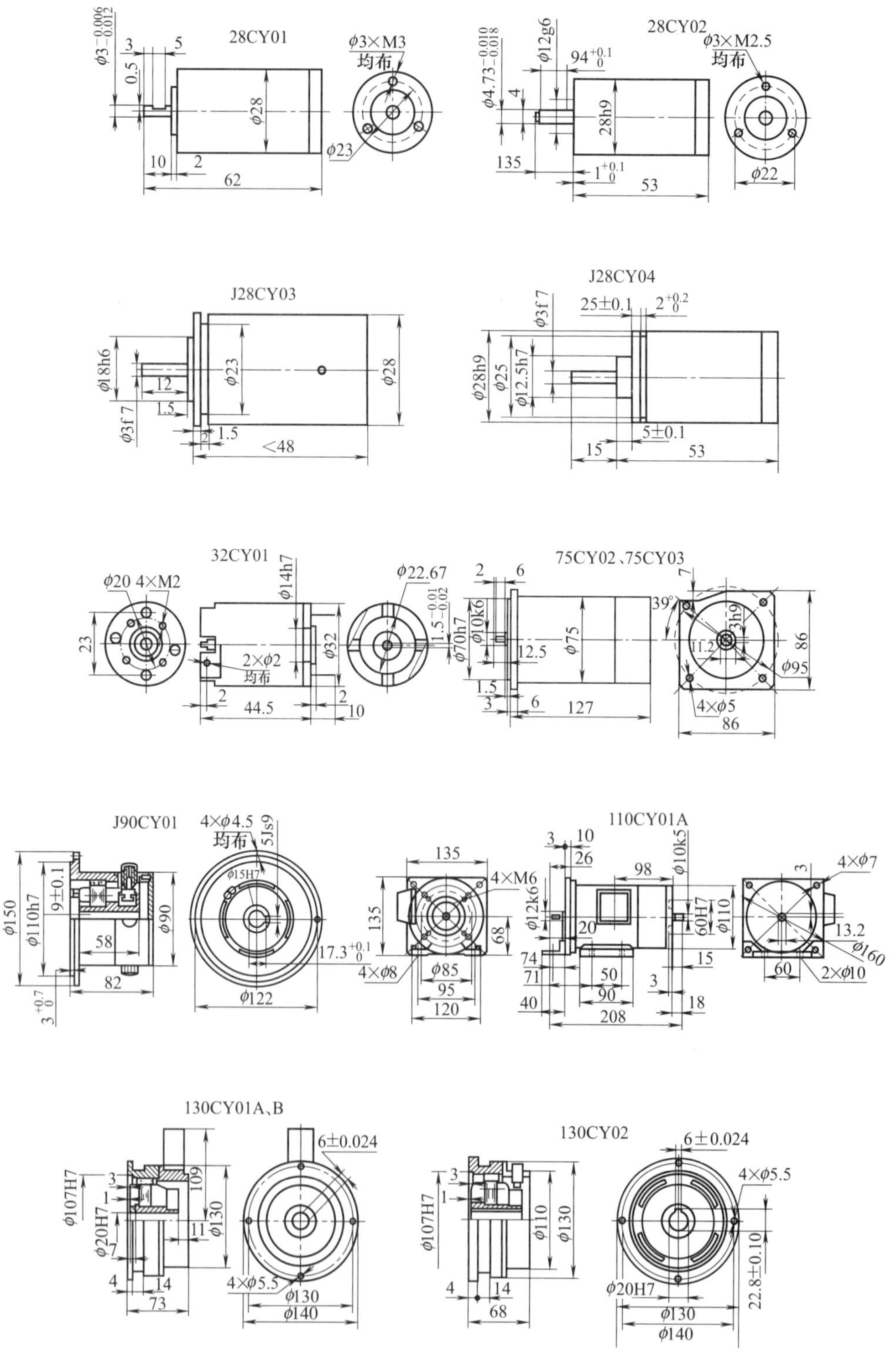

28CY01

28CY02

J28CY03

J28CY04

32CY01

75CY02、75CY03

J90CY01

110CY01A

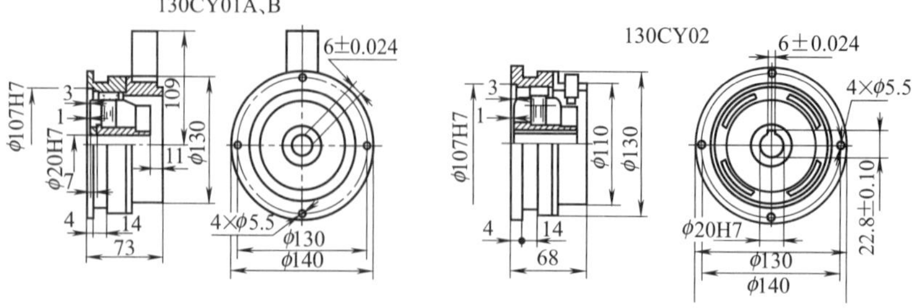

续表

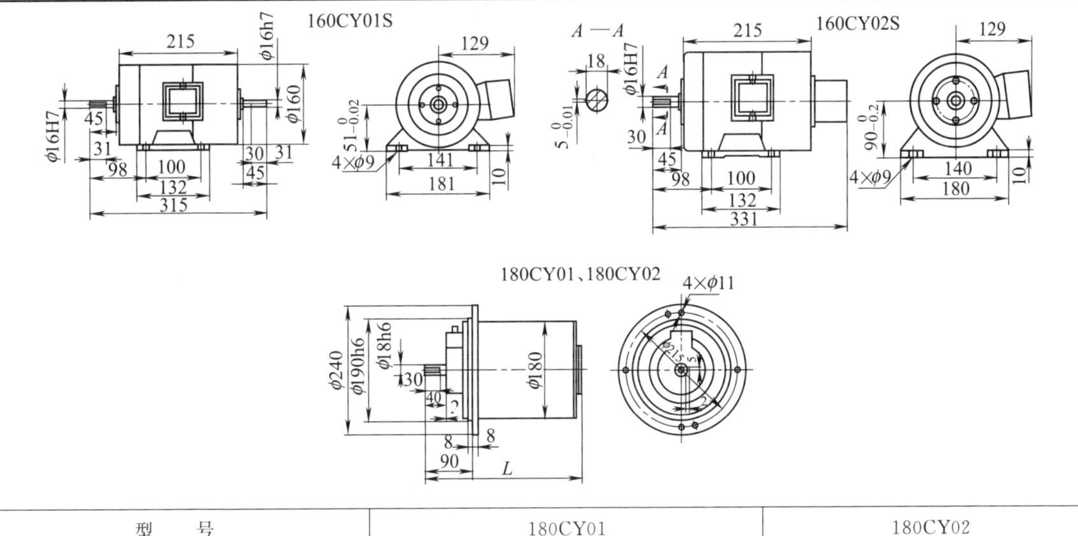

型　　号	180CY01	180CY02
L/mm	290	239

3.1.2.2　CYB 系列带温度补偿永磁直流测速发电机

CYB 系列带温度补偿永磁直流测速发电机可用作伺服系统和数控装置的速度控制、控制系统中阻尼及普通的速度指示用。它与一般的直流测速发电机相比，在提供一定的功率输出的情况下，具有较高的精度。环境温度在 0～55℃范围变化时，测速发电机的空载输出电压变化不大于 0.05%/10℃，具有很高的稳定性。

(1) 技术数据（表 26-3-3）

表 26-3-3　　CYB 型永磁直流测速发电机技术数据

型　　号	最大输出功率/W	额定电流/A	输出斜率/V·kr^{-1}·min^{-1}	线性误差/%	最大线性工作转速/r·min^{-1}	波纹系数有效值/%	输出电压不对称度/%	直流电阻/Ω
75CYB01	14	0.08	60	≤0.5	3000	≤0.5	≤0.5	110
75CYB01A	1.7	0.028	60	≤0.5	1000	≤0.5	≤0.5	110
75CYB02	9.9	0.09	110	≤0.5	2500	≤1.0	≤0.5	402
75CYB04	42	0.3	40	≤1	3500	≤1.0	≤1.0	52
75CYB05	36	0.12	120	≤1	2500	≤1.0	≤1.0	422.6
130CYB	25	0.125	100	≤0.5	2000	≤0.5	≤0.5	39.5
130CYB01S	25	0.125	100	≤0.5	2000	≤0.5	≤0.5	39.5
130CYB03S	25	0.4	60	≤0.5	1000	≤0.5	≤0.5	15
130CYB04S	25	0.2	120	≤0.5	1000	≤0.5	≤0.5	61
170CYB01	50	0.2	100	≤0.5	2500	≤0.5	≤0.5	5.7
170CYB02	20	0.2	100	≤0.5	1000	≤0.5	≤1.0	46
170CYB02B	20	0.2	100	≤0.5	1000	≤0.5	≤1.0	50.1
170CYB02S	20	0.2	100	≤0.5	1000	≤0.5	≤1.0	46
170CYB03S	40	0.333	150	≤0.5	800	≤0.5	≤0.5	10.4
170CYB04	50	0.25	200	≤0.5	1000	≤0.5	≤0.5	19.5
170CYB05	50	0.8	60	≤0.5	1000	≤0.5	≤0.5	2
192CYB	30	0.15	100	≤0.5	2000	≤0.5	≤1.0	5.4

（2）外形及安装尺寸

表 26-3-4　　CYB 型永磁直流测速发电机外形及安装尺寸　　mm

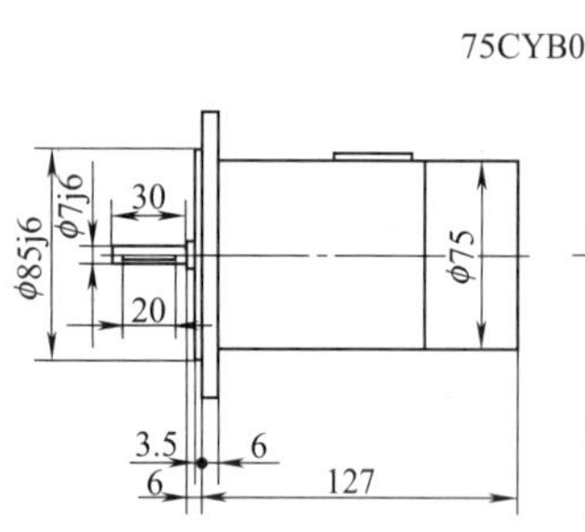

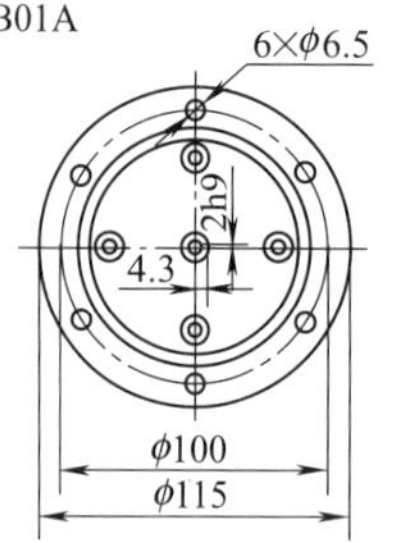

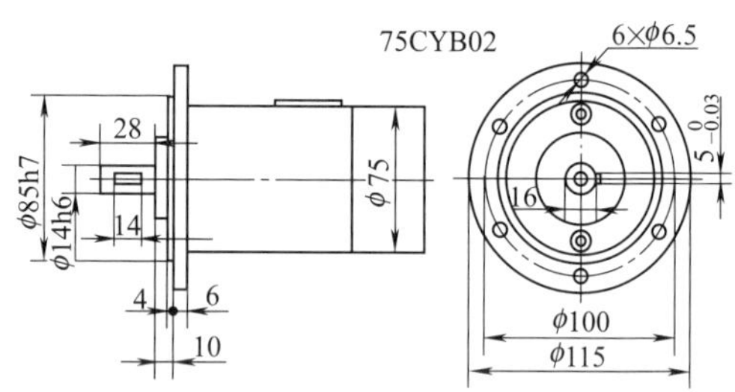

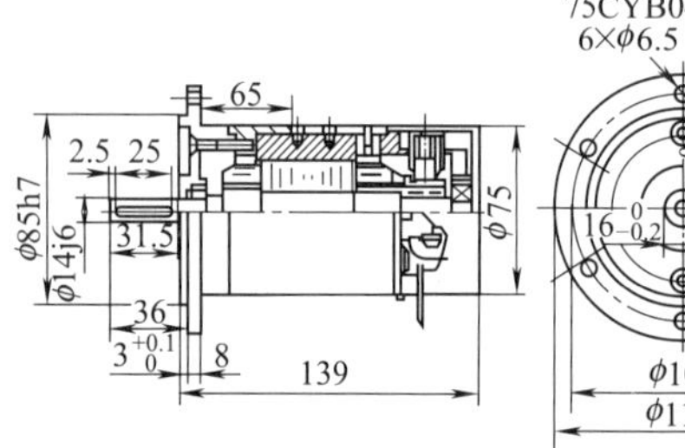

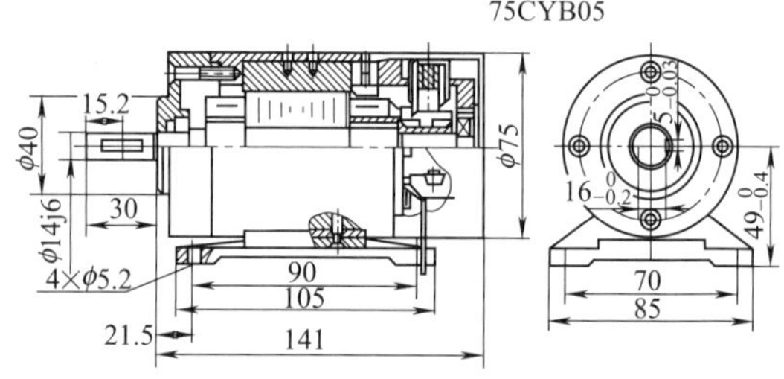

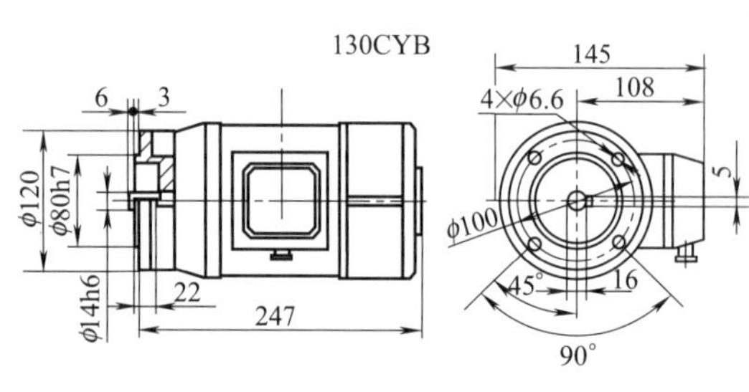

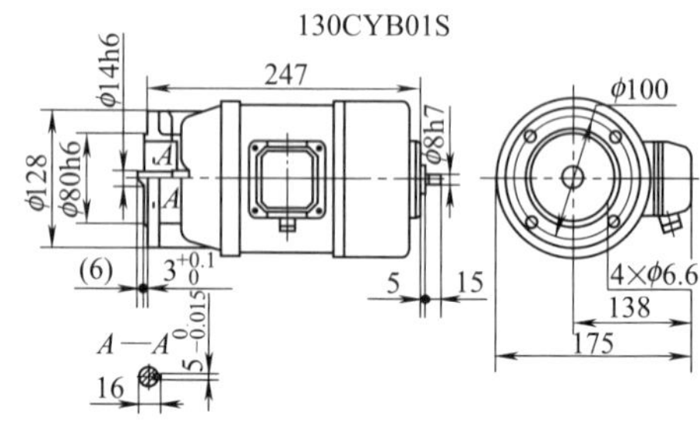

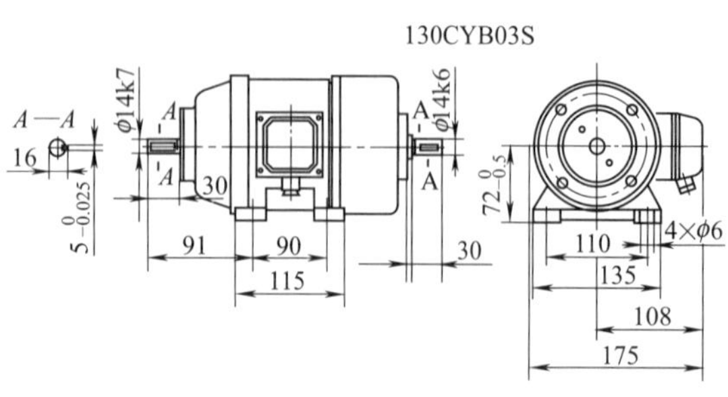

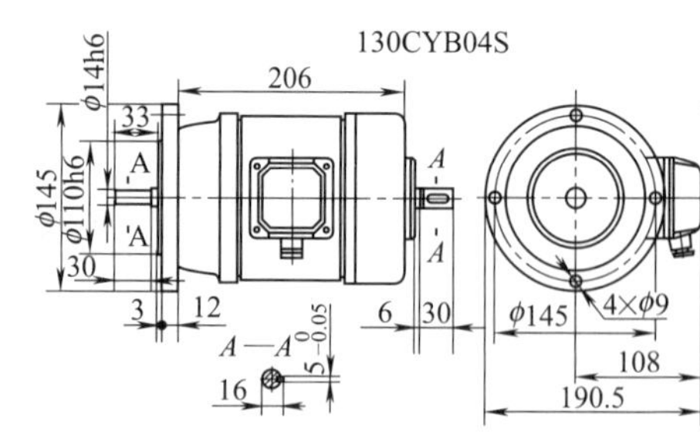

续表

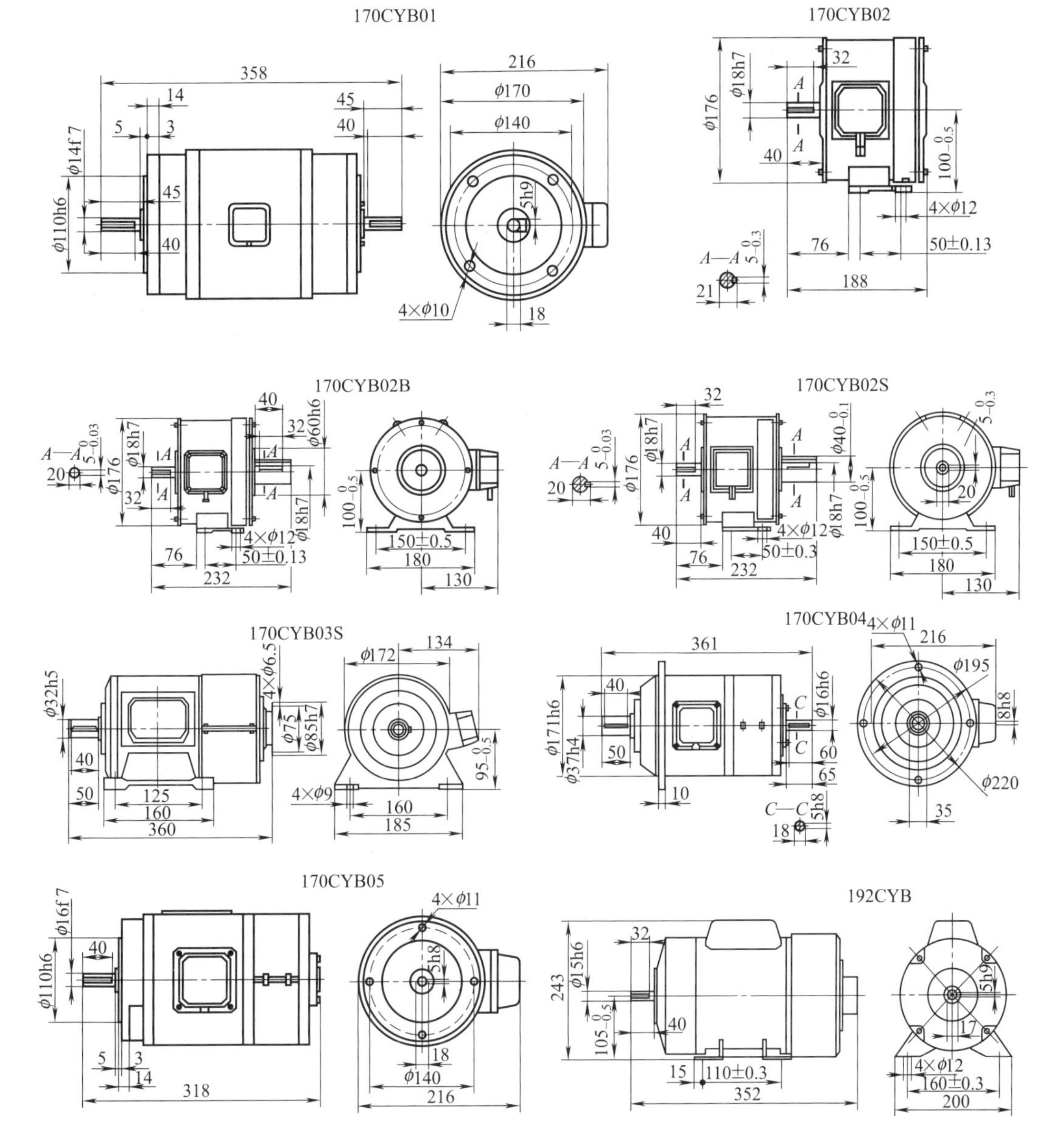

170CYB01　170CYB02

170CYB02B　170CYB02S

170CYB03S　170CYB04

170CYB05　192CYB

3.1.2.3 CYD 型永磁低速直流测速发电机

(1) 技术数据（表 26-3-5）

表 26-3-5　CYD 型永磁低速直流测速发电机技术数据

型号	输出斜率/V·kr^{-1}·min^{-1}	线形误差/%	最大线性工作转速/r·min^{-1}	波纹系数有效值/%	输出电压不对称度/%	最小负载电阻/kΩ
J86CYD01	0.15	≤1	360	≤5	≤2	2
130CYD-27	≥0.283	≤1	300	≤1	≤1	9
130CYD-60	≥0.623	≤1	100	≤1	≤1	50
130CYD-110	1.1	≤1	30	≤4	≤1	170
150CYD01	≥0.283	≤1	300	≤1	≤1	10
200CYD01	2	≤0.5	120	≤0.8	≤1	—

（2）外形尺寸

表 26-3-6　　CYD型永磁直流测速发电机外形及安装尺寸　　mm

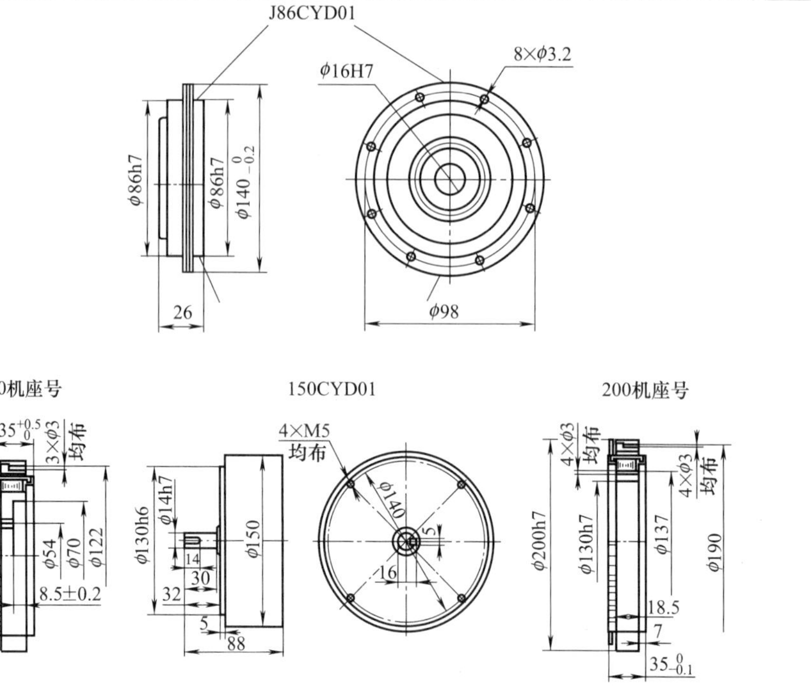

3.1.3　CK系列交流测速发电机

CK系列交流测速发电机的特点是转动惯量小（空心杯转子），反应速度快；输出电势的频率不随转速的变化而改变；输出特性线性度好、精度高；运行可靠，无电磁干扰。

（1）技术数据（表26-3-7）

表 26-3-7　　CK系列交流测速发电机技术数据

型号	励磁电压 /V	频率 /Hz	励磁电流 /A	励磁功率 /W	同相速敏变压比 /±5%	同相线性误差/%	零速输出电压总有效值/mV	转速范围 /r·min⁻¹
J36CK4A	115	400	≤0.08	≤4	0.0783	≤0.3	≤45	3600
J36CK4B	36	400	≤0.25	≤4	0.0833	≤0.2	≤15	3600
J45CK4A	115	400	≤0.23	≤6	0.0783	≤0.2	≤50	3600
20CK4A	26	400	0.045	0.65	0.5	≤0.3	≤20	3600
28CK1-01	115	400	0.027	2.1	1.08	≤0.2	≤40	3600
28CK4A	115	400	0.08	4.5	2.6～2.75	≤0.3	≤60	3600
28CK4B	36	400	0.25	5.0	0.8	≤0.5	≤20	3600
36CK4A	115	400	0.08	4.0	2.85～3.0	≤0.3	≤60	3600
36CK4B	36	400	0.25	4.0	1.0	≤0.2	≤15	3600
45CK4A	115	400	0.23	6.0	3.0	≤0.2	≤60	3600
45CK5A	110	50	0.11	7.5	3.0	≤0.5	≤25	1800
55CK5A	110	50	0.05	2.5	5.0	≤1.0	≤50	1800

注：J××CK××的外形尺寸和电气原理与××CK××相同。

（2）外形及安装尺寸（表 26-3-8）

表 26-3-8　　CK 型交流测速发电机外形及安装尺寸　　mm

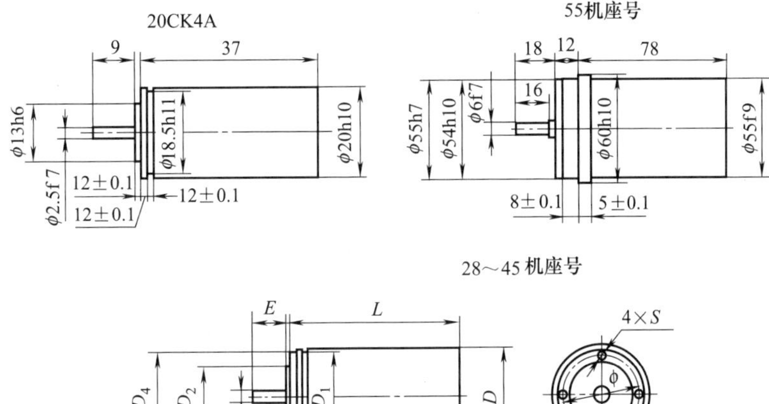

机座号	尺寸和公差											
	D	D_1	D_2	D_3	D_4	E	h_1	h_2	h_3	h_4	ϕ	S	L
	H10	H11	H9	F7	H6	—	±0.1	±0.1	±0.1	±0.2	±0.1	—	(≤)
28	28	26.5	18	3	26	10	1.5	1.5	1.5	1.5	22	M2.5	50.5
36	36	34.5	22	4	32	12	1.5	2.5	2.0	2.0	27	M3	60.0
45	45	42.0	25	4	41	12	1.5	2.5	2.0	2.0	33	M3	70.0

注：28CK1-01 之 D_2＝15.875，D_4＝25.4，ϕ＝20.62。

3.2　ZY 型永磁微型直流电动机

ZY 型永磁直流电动机是按用户要求设计制造的专用电动机。该类电动机又分为 ZYB 直流泵用电动机、ZY 直流减速电动机、ZYW 直流稳速电动机。

（1）技术数据（表 26-3-9）

表 26-3-9　　ZY 型永磁直流电动机技术数据

型号	额定电压/V	额定功率/W	额定电流/A	额定转速/r·min^{-1}	额定转矩/N·m	减速比	工作制
20ZY01	50	2.7	0.2	17000	1.5×10^{-3}	—	断续周期
20ZY02	28	1.4	0.2	9000±900	1.47×10^{-3}	—	—
20ZYW	27	1.2	0.25	4000+100	$\geqslant2.94\times10^{-3}$	—	—
20ZYW02	27	1.1	0.25	4000+120	2.65×10^{-3}	—	—
22ZYW	40	0.37	0.15	19.7±0.2	186.3×10^{-3}	601∶1	—
25ZY01	11.3	1.6	0.3	1920±96	7.86×10^{-3}	—	断续周期
25ZY02	29	3.2	0.4	9000	3.43×10^{-3}	—	—
25ZYW01	28	—	0.6	9000±1800	$(0.98\sim21.6)\times10^{-3}$	—	—
26ZY01	18	—	0.4(堵转)	2300±10%（空载）	17.5×10^{-3}(堵转)	—	—
26ZY02	18	—	0.4(堵转)	2300±10%（空载）	17.5×10^{-3}(堵转)	—	—
27ZY02	28	7	0.54	5500±10%	12×10^{-3}	—	—
27ZY-3.5	27	≥3.5	0.3	5500±10%	—	—	—
ZD-11	27	1.0/2.2	1.6/3	8500/18000	11.76×10^{-3}	稳速精度≤3%	双速

续表

型号	额定电压/V	额定功率/W	额定电流/A	额定转速/r·min^{-1}	额定转矩/N·m	减速比	工作制
35ZY01	27	12.3	0.8	6000	19.6×10^{-3}	—	—
35ZYB-3	24	3.5	0.6	7000±1050		—	—
36ZY-01	28	11.3	1.15	5000±1090	21.56×10^{-3}	—	短时
36ZY-02	28	11.3	1.15	5000	21.56×10^{-3}	—	短时
36ZY03-CJ*	28	11.3	1.15	250±10%	400×10^{-3}	20∶1	—
40ZY-01	28	(36)	2.6	6400±10%	55×10^{-3}	—	短时
40ZY-02	24	(143)	1.2	3500	39.2×10^{-3}	—	—
40ZY-03*	28	(36)	2.6	6400	55×10^{-3}	20	短时
40ZY04△	28	(36)	2.6	6400	54.8×10^{-3}	20	短时
40ZY-DZ10△*	24	(14.3)	1.1	3500±15%	39.2×10^{-3}	—	—
40ZY01	115	(32.7)	0.7	4700±15%	60×10^{-3}	—	短时
53ZY01	24	(27.7)	2.06	4480±10%	59×10^{-3}	—	—
53ZY-02	12	(27.7)	3.8	4480	59×10^{-3}	—	—
53ZY03	24	28	2	4000±10%	68.6×10^{-3}	—	—
60ZY01	28	15.6	2	270±11%	0.552	—	—
62ZY-01	9.5	350	70	≥6500	0.4	—	短时
63ZY-01	30	(24.4)	1.6	2700±10%	86.24×10^{-3}	—	—
63ZY-02	30	(24.4)	1.6	2700±10%	86.24×10^{-3}	—	—
63ZY02-CJ*	30	(36)	1.6	270	(0.86)	10∶1	—
63ZY03	30	(24.4)	1.6	2700±10%	86.24×10^{-3}	—	—
63ZY03-CJDZ△	30	24	1.6	270	(0.86)	10∶1	—
71ZY-01	110	90.5	2.1	1350±10%	0.64	—	—
78ZY01	24	74.4	4.3+10%	3950±10%	180×10^{-3}	—	—
78ZY02	24	71.6	5.4+10%	5700±10%	120×10^{-3}	—	—
ZY-3	24	≥3.2	0.5	74.7	—	32.14∶1	—
270ZY01	237	12000	60	3000	38.2	—	S2,30min
270ZY02	237	6000	32.6	2000	28.85	—	S2,30min

注：表中“*”表示带减速器；“△”表示带减速器和制动器。

(2) 外形及安装尺寸

表 26-3-10　　ZY型永磁直流电动机外形及安装尺寸　　mm

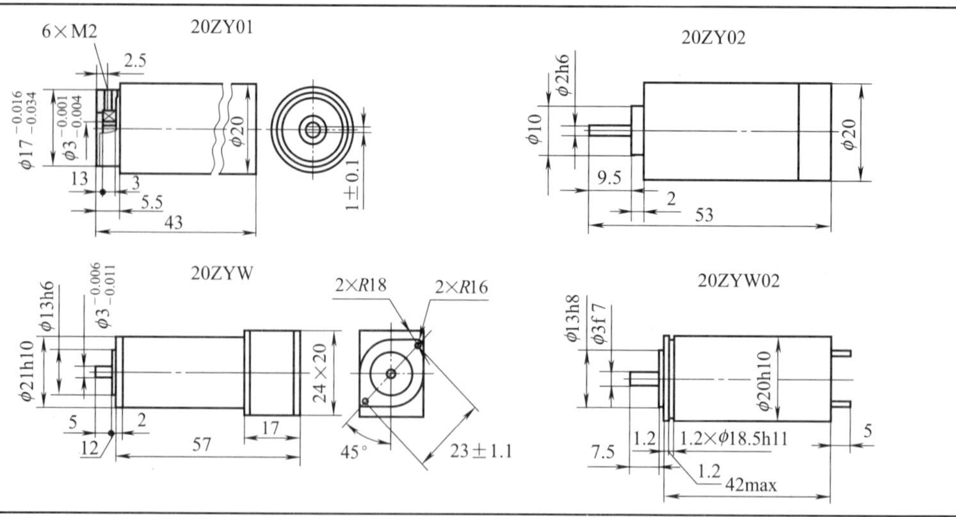

续表

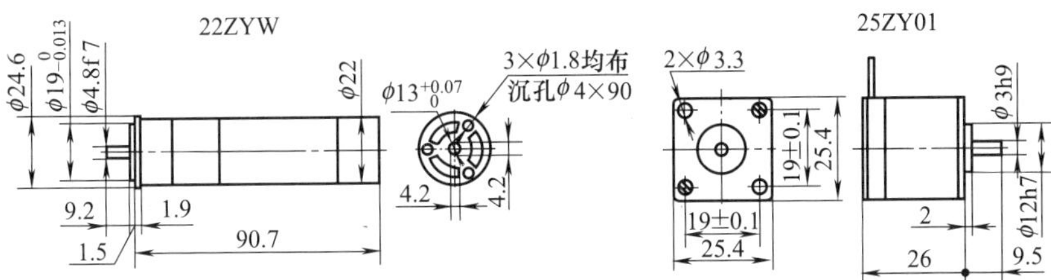

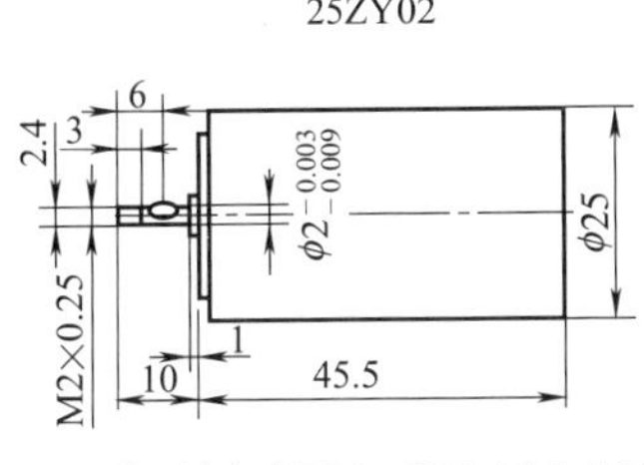

注：键为半圆键，其尺寸为0.4×4

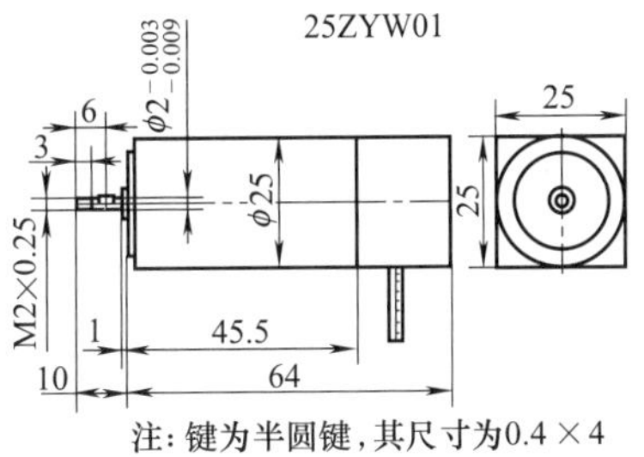

注：键为半圆键，其尺寸为0.4 ×4

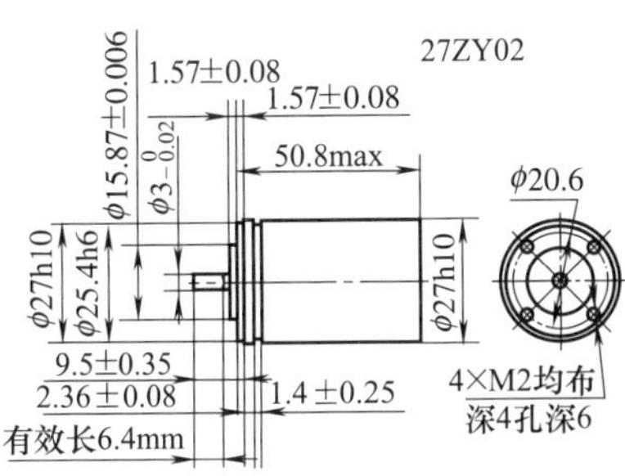

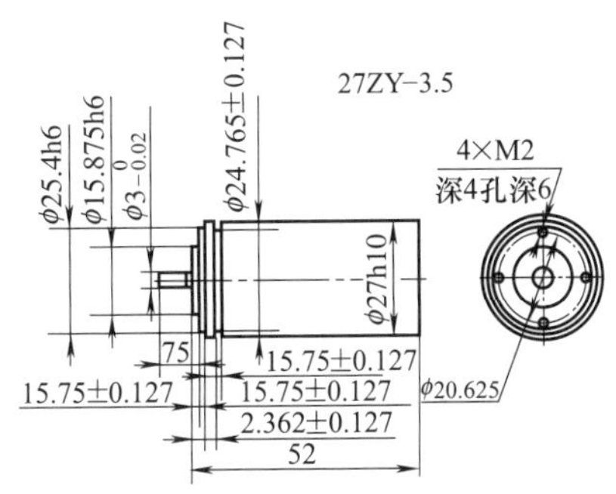

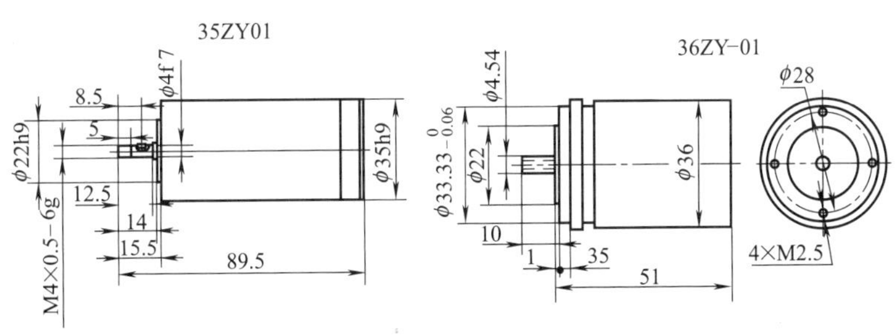

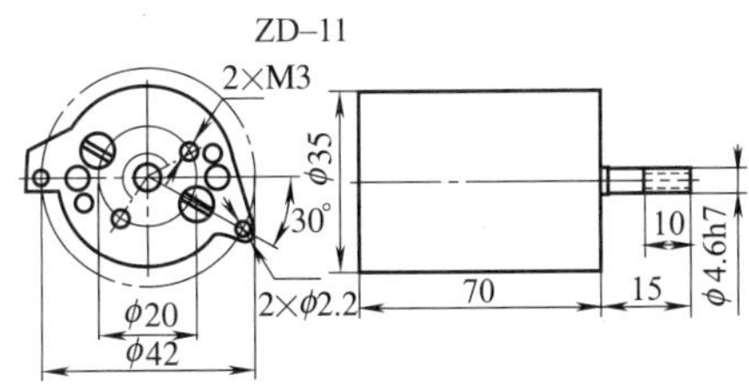

续表

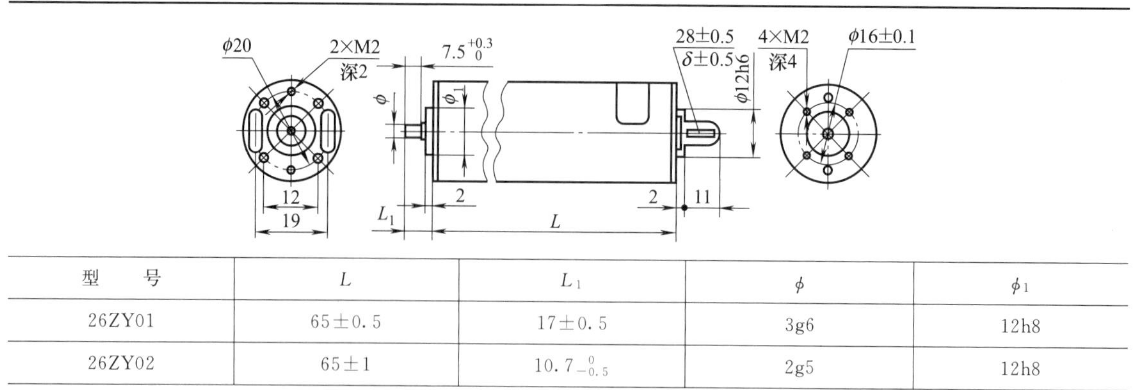

型 号	L	L_1	ϕ	ϕ_1
26ZY01	65±0.5	17±0.5	3g6	12h8
26ZY02	65±1	$10.7_{-0.5}^{0}$	2g5	12h8

35ZYB-3

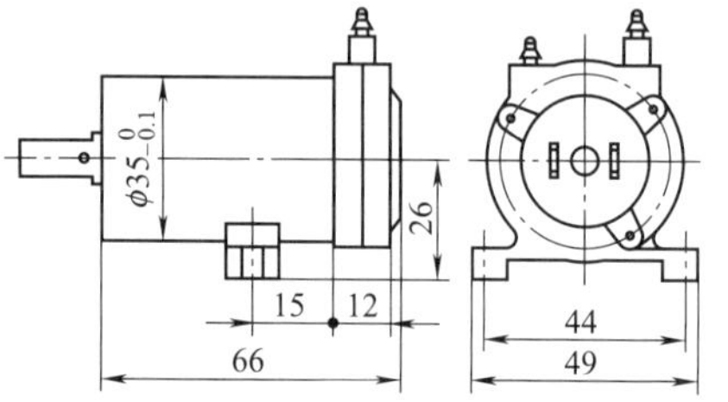

36ZY-02

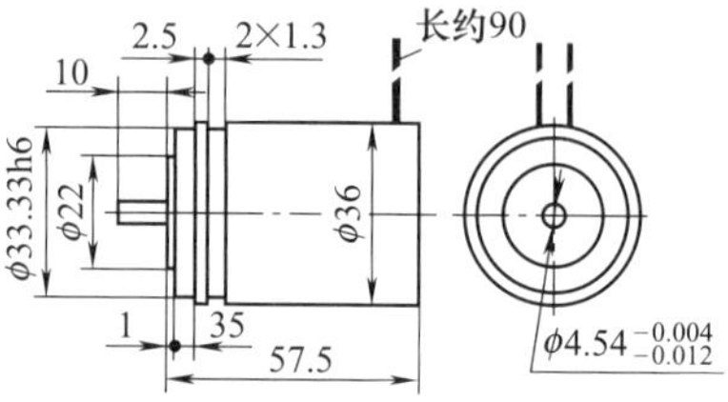

36ZY03-CJ

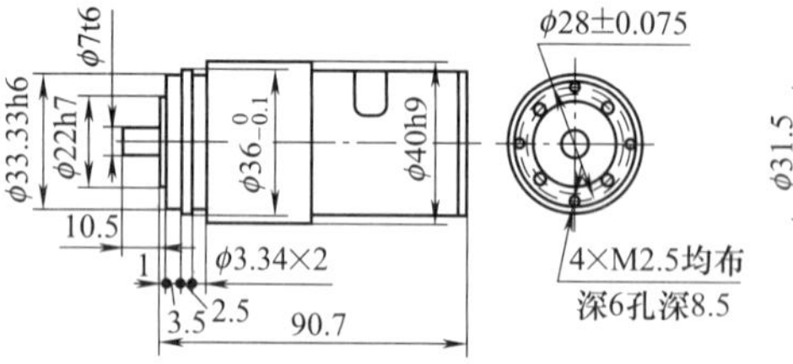

40ZY-01

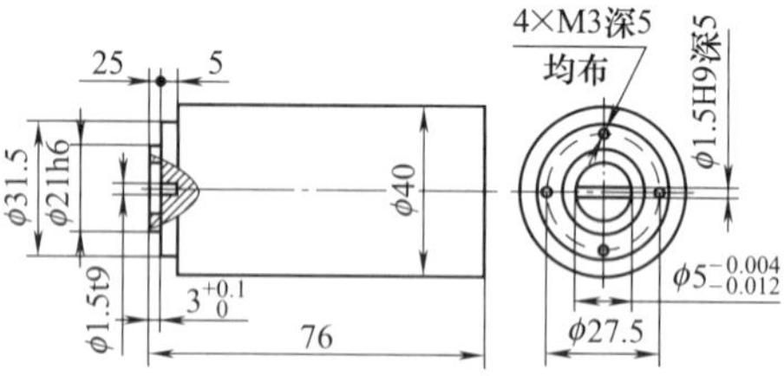

40ZY-02

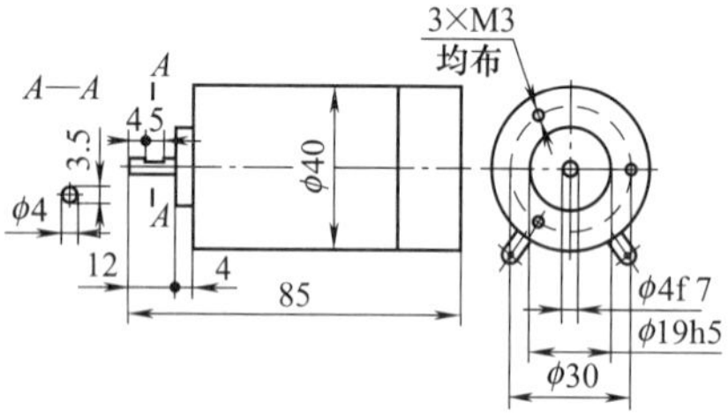

40ZY-03

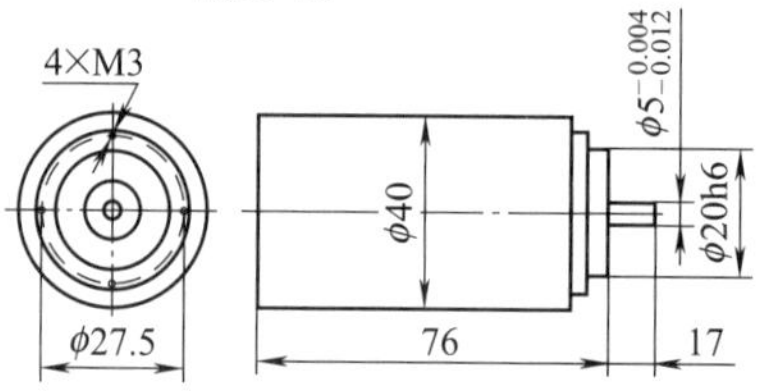

40ZY-04

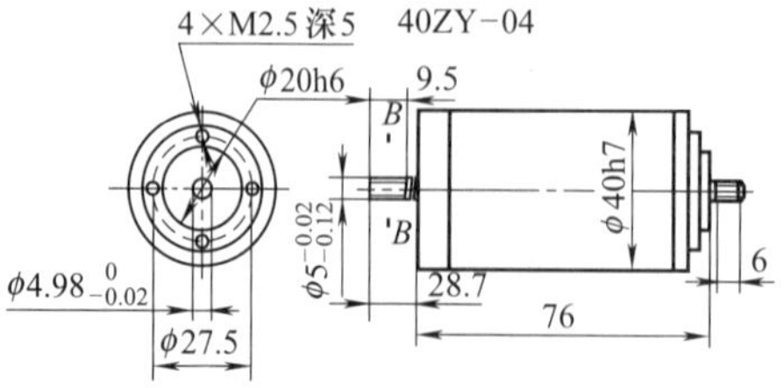

40ZY01

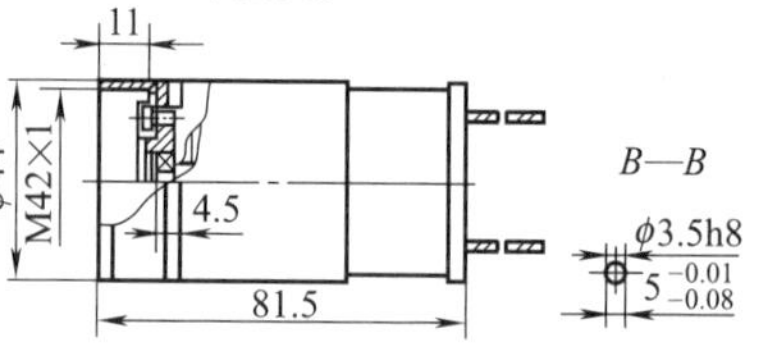

续表

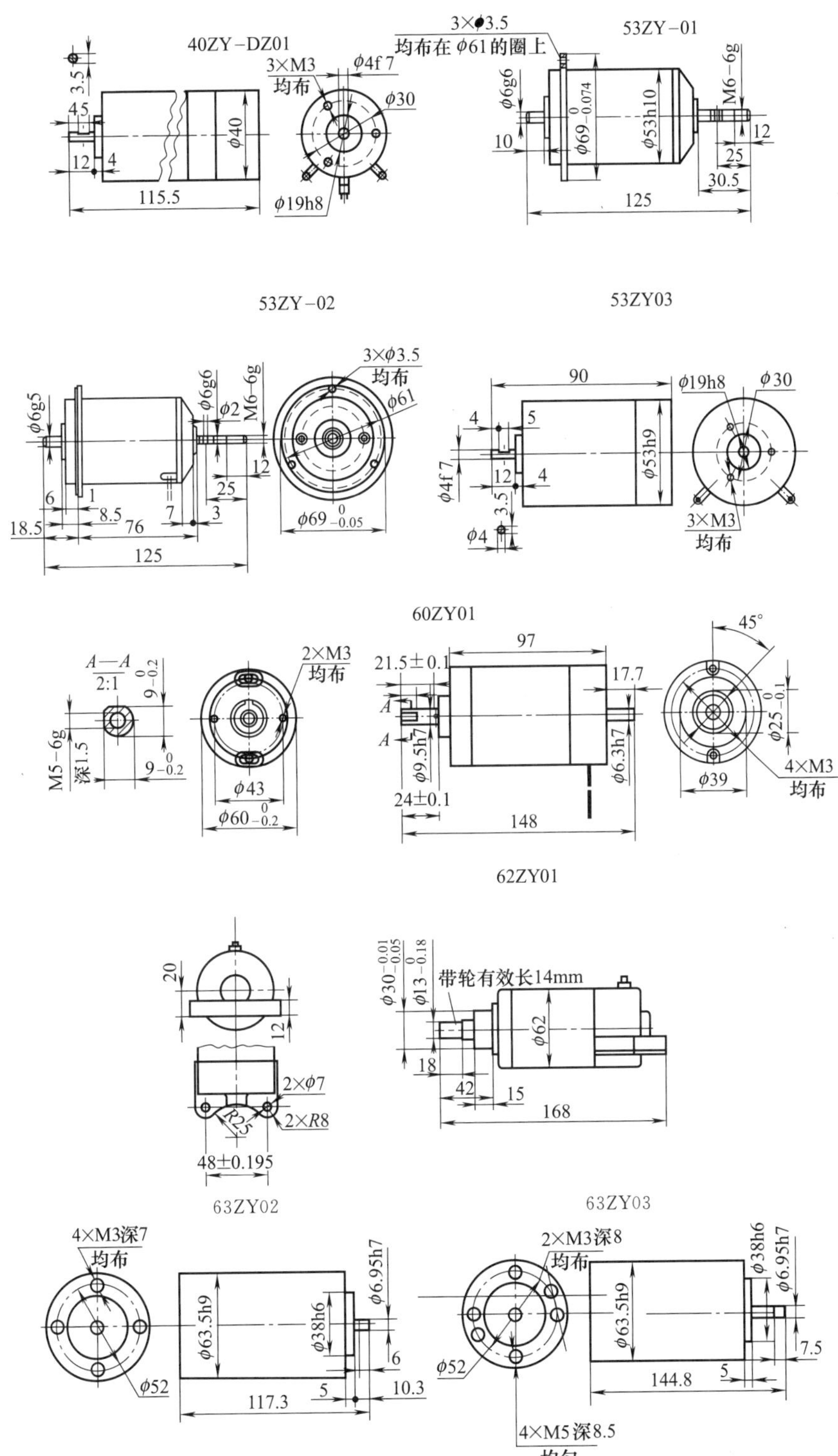
40ZY-DZ01
53ZY-01
53ZY-02
53ZY03
60ZY01
62ZY01
63ZY02
63ZY03
3×M3
均布
3×ϕ3.5
均布在ϕ61的圈上
带轮有效长14mm
4×M3深7
2×M3深8
4×M5深8.5
均匀

续表

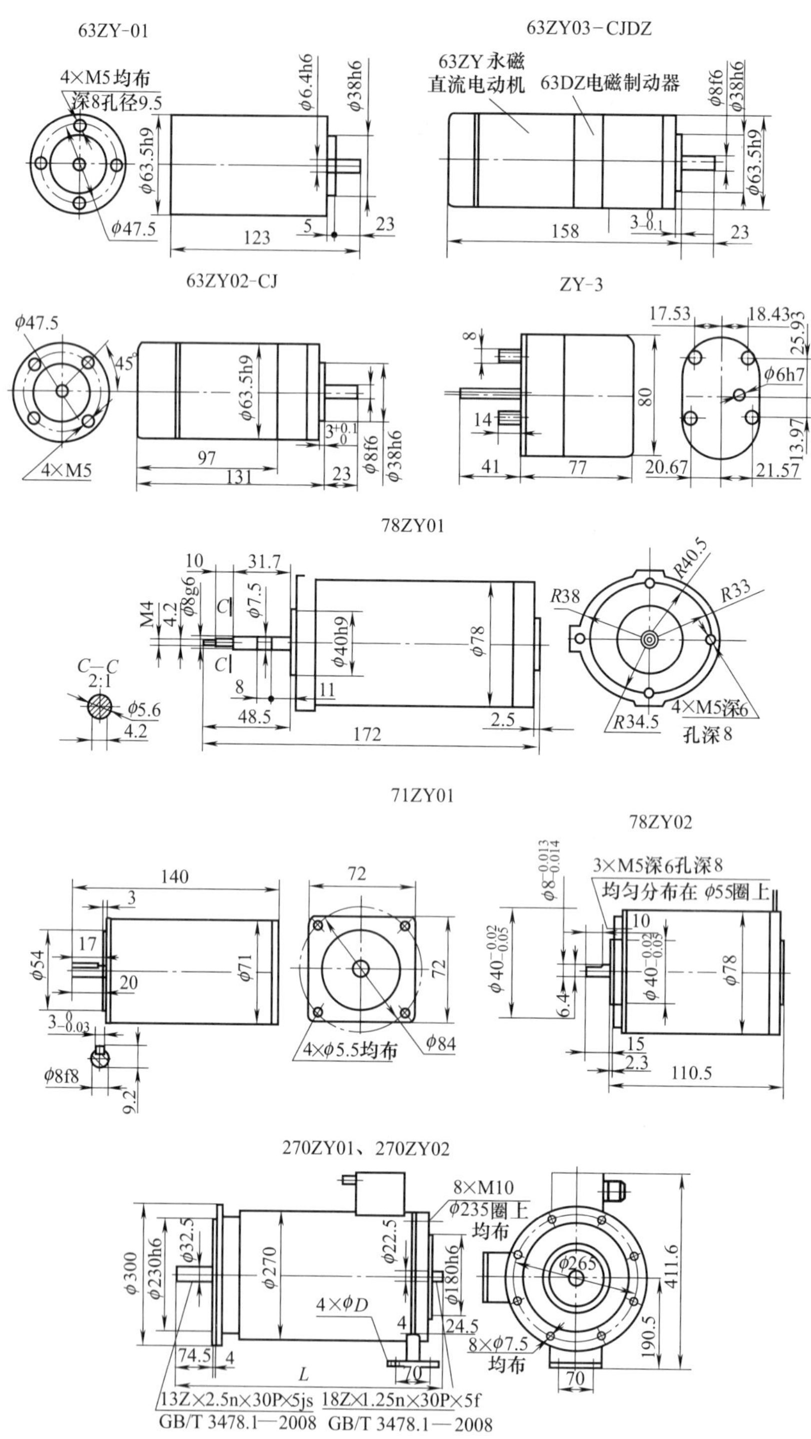

型　　号	D	L
270ZY01	13	550
270ZY02	9	475

表 26-3-11　**轴伸齿轮参数**

型　号	模数 m	齿数 Z	齿形角 α	变位系数 x	精度等级
27ZY02	0.2	13	20°	—	7-d GB/T 2363—1990
27ZY-3.5	0.2	13	20°	—	7-d GB/T 2363—1990
36ZY-01	0.25	16	20°	+0.08	7-c GB/T 2363—1990
40ZY-04	0.3	14	20°	+0.03	7-c GB/T 2363—1990
ZD-11	0.4	9	20°	0.3	7-c GB/T 2363—1990
62ZY01	1	10	20°	0.525	7-c GB/T 2363—1990
63ZY02,03	0.5	11	20°	0.55	7-c GB/T 2363—1990

附录 主要控制电动机生产企业汇总

名 称	网 址	主要产品
北京和利时电机技术有限公司	http://www.hollysys-electric.com	BYG系列混合式步进电动机;BL系列无刷直流电动机;GS系列交流伺服电动机
深圳市步科电气有限公司	http://www.kinco.cn/	KINCO系列混合式步进电动机
沈阳莱茵机电有限公司(德国百格拉公司中国总代理)	http://www.germanytek.com	VRDM系列百格拉步进电动机
常州市丰源微特电机有限公司	http://www.fy-motor.com	BY系列微型永磁式步进电动机
东方马达中国总公司,欧立恩拓电机商贸(上海)有限公司	http://www.orientalmotor.com.cn	FBL系列无刷直流电动机
西安微电机研究所	http://www.micromotor.com.cn	SY系列有刷直流伺服电动机,CY、CYB、CYD系列直流测速发电机,CK系列交流测速发电机,ZY型永磁直流电动机
济南科亚电子科技有限公司	http://www.jnky.com	SZ系列有刷直流伺服电动机
淄博博山山特电机厂	http://www.shantedianji.cn	SZ系列有刷直流伺服电动机
松下电器机电(中国)有限公司	http://industrial.panasonic.com	MINAS A6系列交流伺服电动机
安川电机(上海)有限公司	http://www.yaskawa.com.cn	SIGMA 7系列交流伺服电动机,Σ-Trac等系列直线电动机
台达电子	http://www.deltagreentech.com.cn	ECM系列交流伺服电动机
上海ABB电机有限公司	http://www.abb.com.cn	M2QA,QAL系列交流异步电动机

参 考 文 献

[1] 成大先主编. 机械设计手册. 第六版. 第4卷. 北京：化学工业出版社，2016.
[2] 史家顺主编. 机械设计手册（新版）. 第5卷. 北京：机械工业出版社，2004.
[3] 电机工程手册编辑委员会. 机械工程手册. 第9卷. 第2版. 北京：机械工业出版社，1996.
[4] 周希章，周全等编著. 如何正确选用电动机. 北京：机械工业出版社，2004.
[5] 蔡方耀著. 电动机应用计算指南. 北京：中国计划出版社，1998.
[6] 周定颐. 电机及电力拖动. 第2版. 北京：机械工业出版社，2006.
[7] 李发海. 电机与拖动基础. 第2版 . 北京：清华大学出版社，2002.
[8] 汤天浩编著. 电机及拖动基础. 北京：机械工业出版社，2008.
[9] 叶云岳编著. 直线电机技术手册. 北京：机械工业出版社，2003.
[10] 谢卫主编. 控制电机. 北京：中国电力出版社，2008.
[11] 巫付专，王晓雷主编. 控制电机及其应用. 北京：电子工业出版社，2008.
[12] [日] 海老原大树. 电动机技术实用手册. 王益全译. 北京：科学出版社，2006.